대기환경
산업기사 필기

예문사

머리말...

본서는 한국산업인력공단 최근 출제기준에 맞추어 구성하였으며 대기환경 산업기사 필기시험을 준비하는 수험생 여러분들이 효율적으로 공부할 수 있도록 필수내용만 정성껏 담았습니다.

○ 본 교재의 특징

1. 최근 출제경향에 맞추어 핵심이론과 계산문제 및 풀이 수록
2. 각 단원별로 출제비중 높은 내용 표시
3. 최근 대기환경 관련 법규, 공정시험기준 수록 및 출제비중 높은 내용 표시
4. 핵심필수문제(이론) 및 최근 기출문제풀이의 상세한 해설 수록

차후 실시되는 시험문제들의 해설을 통해 미흡하고 부족한 점을 계속 수정·보완해 나가도록 하겠습니다.

끝으로, 이 책을 출간하기까지 끊임없는 성원과 배려를 해주신 예문사 관계자 여러분, 주경야독 윤동기 이사님, 정용민 팀장, 달팽이 박수호님, 인천의 친구 김성기에게 깊은 감사를 전합니다.

저자 **서 영 민**

● 대기환경산업기사 출제기준(필기)

직무분야	환경·에너지	중직무분야	환경	자격종목	대기환경산업기사	적용기간	2025.1.1.~2025.12.31

○ 직무내용 : 대기오염으로 인한 국민건강이나 환경에 관한 위해를 예방하기 위해 대기환경관리계획 수립, 시설인·허가 및 관리, 실내공기질 관리, 악취관리, 이동오염원 관리, 측정분석·평가를 통해 대기환경을 적정하고 지속가능하도록 관리·보전하는 직무이다.

필기검정방법	객관식	문제수	80	시험시간	2시간

필기과목명	문제수	주요항목	세부항목	세세항목
대기오염개론	20	1. 대기오염	1. 대기오염의 특성	1. 대기오염의 정의 2. 대기오염의 원인 3. 대기오염인자
			2. 대기오염의 현황	1. 대기오염물질 배출원 2. 대기오염물질 분류
			3. 실내공기오염	1. 배출원 2. 특성 및 영향
		2. 대기환경기상	1. 기상영향	1. 대기안정도의 분류 및 판정 2. 안정도에 따른 오염물질의 확산 및 예측 3. 대기확산이론
			2. 기상인자	1. 바람 2. 체감율 3. 역전현상 4. 열섬효과 등
		3. 광화학오염	1. 광화학반응	1. 이론 2. 영향인자 3. 반응
		4. 대기오염의 영향 및 대책	1. 대기오염의 피해 및 영향	1. 인체에 미치는 영향 2. 동·식물에 미치는 영향 3. 재료와 구조물에 미치는 영향
			2. 대기오염사건	1. 대기오염사건별 특징 2. 대기오염사건의 피해와 그 영향
			3. 광화학오염	1. 원인 물질의 종류 2. 특징 3. 영향 및 피해
			4. 산성비	1. 원인 물질의 종류 2. 특징 3. 영향 및 피해

필기 과목명	문제수	주요항목	세부항목	세세항목
			5. 대기오염대책	1. 연료 대책 2. 자동차 대책 3. 기타 산업시설의 대책 등
		5. 기후변화 대응	1. 지구온난화	1. 원인 물질의 종류 2. 특징 3. 영향 및 대책 4. 국제적 동향
			2. 오존층 파괴	1. 원인 물질의 종류 2. 특징 3. 영향 및 대책 4. 국제적 동향
대기 오염 방지 기술	20	1. 입자 및 집진의 기초	1. 입자동력학	1. 입자에 작용하는 힘 2. 입자의 종말침강속도 산정 등
			2. 입경과 입경분포	1. 입경의 정의 및 분류 2. 입경분포의 해석
			3. 먼지의 발생 및 배출원	1. 먼지의 발생원 2. 먼지의 배출원
			4. 집진원리	1. 집진의 기초이론 2. 통과율 및 집진효율 계산 등
		2. 집진기술	1. 집진방법	1. 직렬 및 병렬연결 2. 건식집진과 습식집진 등
			2. 집진장치의 종류 및 특징	1. 중력집진장치의 원리 및 특징 2. 관성력집진장치의 원리 및 특징 3. 원심력집진장치의 원리 및 특징 4. 세정식집진장치의 원리 및 특징 5. 여과집진장치의 원리 및 특징 6. 전기집진장치의 원리 및 특징 7. 기타집진장치의 원리 및 특징
			3. 집진장치 설계	1. 각종 집진장치의 기본설계시 고려 인자 2. 각종 집진장치의 처리성능과 특성 3. 각종 집진장치의 효율산정 등
			4. 집진장치의 운전 및 유지관리	1. 중력집진장치의 운전 및 유지관리 2. 관성력집진장치의 운전 및 유지관리 3. 원심력집진장치의 운전 및 유지관리 4. 세정식집진장치의 운전 및 유지관리 5. 여과집진장치의 운전 및 유지관리 6. 전기집진장치의 운전 및 유지관리 7. 기타집진장치의 운전 및 유지관리

필기 과목명	문제수	주요항목	세부항목	세세항목
		3. 유해가스 및 처리	1. 유해가스의 특성 및 처리이론	1. 유해가스의 특성 2. 유해가스의 처리이론(흡수, 흡착 등)
			2. 유해가스의 발생 및 처리	1. 황산화물 발생 및 처리 2. 질소산화물 발생 및 처리 3. 휘발성유기화합물 발생 및 처리 4. 악취 발생 및 처리 5. 기타 배출시설에서 발생하는 유해가스 처리
			3. 유해가스 처리설비	1. 흡수 처리설비 2. 흡착 처리설비 3. 기타 처리설비 등
			4. 연소기관 배출가스 처리	1. 배출 및 발생 억제기술 2. 배기가스 처리기술
		4. 환기 및 통풍	1. 환기	1. 자연환기 2. 국소환기
			2. 통풍	1. 통풍의 종류 2. 통풍장치
			3. 유체의 특성	1. 유체의 흐름 2. 유체역학 방정식
		5. 연소이론	1. 연료의 종류 및 특성	1. 고체연료의 종류 및 특성 2. 액체연료의 종류 및 특성 3. 기체연료의 종류 및 특성
			2. 공기량	1. 이론산소량 및 이론공기량 2. 공기비(과잉공기계수) 3. 연소에 소요되는 공기량
			3. 연소가스 분석 및 농도산출	1. 연소가스량 및 성분분석 2. 연소생성물의 농도계산 3. 연소설비
			4. 발열량과 연소온도	1. 발열량의 정의와 종류 2. 발열량 계산 3. 연소실 열발생율 및 연소온도 계산 등
			5. 연소기관 및 오염물	1. 연소기관의 분류 및 구조 2. 연소기관별 특징 및 배출오염물질

필기과목명	문제수	주요항목	세부항목	세세항목
대기오염공정시험기준(방법)	20	1. 일반분석	1. 분석의 기초	1. 총칙 2. 적용범위
			2. 일반분석	1. 단위 및 농도, 온도표시 2. 시험의 기재 및 용어 3. 시험기구 및 용기 4. 시험결과의 표시 및 검토 등
			3. 기기분석	1. 기체크로마토그래피 2. 자외선가시선분광법 3. 원자흡수분광광도법 4. 비분산적외선분광분석법 5. 이온크로마토그래피 6. 흡광차분광법 등
			4. 유속 및 유량 측정	1. 유속 측정 2. 유량 측정
			5. 압력 및 온도 측정	1. 압력 측정 2. 온도 측정
		2. 시료채취	1. 시료채취방법	1. 적용범위 2. 채취지점수 및 위치선정 3. 일반사항 및 주의사항 등
			2. 가스상물질	1. 시료채취법 종류 및 원리 2. 시료채취장치 구성 및 조작
			3. 입자상 물질	1. 시료채취법 종류 및 원리 2. 시료채취장치 구성 및 조작
		3. 측정방법	1. 배출오염물질측정	1. 적용범위 2. 분석방법의 종류 3. 시료채취, 분석 및 농도산출
			2. 대기중 오염물질 측정	1. 적용범위 2. 측정방법의 종류 3. 시료채취, 분석 및 농도산출
			3. 연속자동측정	1. 적용범위 2. 측정방법의 종류 3. 성능 및 성능시험방법 4. 장치구성 및 측정조작
			4. 기타 오염인자의 측정	1. 적용범위 및 원리 2. 장치구성 3. 분석방법 및 농도계산

필기과목명	문제수	주요항목	세부항목	세세항목
대기환경관계법규	20	1. 대기환경보전법	1. 총칙	
			2. 사업장 등의 대기 오염물질 배출규제	
			3. 생활환경상의 대기 오염물질 배출규제	
			4. 자동차·선박 등의 배출가스의 규제	
			5. 보칙	
			6. 벌칙(부칙포함)	
		2. 대기환경보전법 시행령	1. 시행령 전문 (부칙 및 별표 포함)	
		3. 대기환경보전법 시행규칙	1. 시행규칙 전문 (부칙 및 별표 포함)	
		4. 대기환경관련법	1. 대기환경보전 및 관리, 오염 방지와 관련된 기타법령(환경정책기본법, 악취방지법, 실내공기질 관리법 등 포함)	

목차...

PART 01 대기오염 개론

01. 대기오염의 정의 ··· 1-3
02. 대기의 조성 ··· 1-4
03. 대기오염의 규모 ··· 1-11
04. 대기환경지표 : 대기오염도 판단지표 ················· 1-12
05. 대기오염의 원인 ··· 1-17
06. 대기오염물질 배출원 ··· 1-18
07. 대기 복사에너지 ··· 1-29
08. 대기오염사건 ·· 1-36
09. 실내공기오염 ·· 1-43
10. 가스상 물질의 종류와 영향 ································ 1-50
11. 중금속의 종류와 영향 ··· 1-79
12. 입자상 물질의 종류와 영향 ································ 1-90
13. 식물에 미치는 영향 ·· 1-102
14. 지구환경 문제 ··· 1-106
15. 바람에 관여하는 힘 ·· 1-119
16. 바람의 종류 ·· 1-121
17. 국지환류(국지풍)의 종류 ··································· 1-123
18. 대기안정도 ·· 1-128
19. 기온역전 ·· 1-141
20. 연기의 형태 ·· 1-145
21. 대기확산과 모델 ··· 1-149
22. 유효굴뚝높이 연기의 상승고 ······························ 1-163
23. Sutton의 확산방정식 ·· 1-166
24. Down Wash 및 Down Draught ······················· 1-178

PART 02 연소공학

▶ **열역학 기초**
- 01. 온도 ··· 2-3
- 02. 압력 ··· 2-5
- 03. 열량 ··· 2-6
- 04. 비열 ··· 2-8
- 05. 열용량 ·· 2-9
- 06. 이상기체 법칙 ··· 2-10
- 07. 잠열 및 현열 ·· 2-16
- 08. 비중 및 밀도 ·· 2-18
- 09. 점성 ··· 2-19

▶ **연소공학**
- 01. 연소이론 ·· 2-21
- 02. 연소형태 ·· 2-44
- 03. 연료 ··· 2-52
- 04. 연소장치 및 연소방법 ··· 2-76
- 05. 통풍장치 ·· 2-92
- 06. 매연(검댕, 그을음) 발생 ··· 2-99
- 07. 장치의 부식 ·· 2-101
- 08. 연소계산 ··· 2-102
- 09. 자동차의 연소 ··· 2-190

PART 03 대기오염 방지기술

01. 입자동력학 ··· 3-3
02. 입경과 입경분포 ·· 3-9
03. 입경분포의 해석 ·· 3-12
04. 입자의 물리적 특성 ·· 3-18
05. 집진원리 ··· 3-21
06. 집진장치 ··· 3-35
07. 유해가스 처리 ·· 3-100
08. 황산화물 처리 ·· 3-122
09. 질소산화물 처리 ·· 3-134
10. 염소(Cl_2) 및 염화수소(HCl) 처리 ···························· 3-143
11. 불소(F_2) 및 불소화합물 처리 ···································· 3-148
12. 일산화탄소(CO) 처리 ·· 3-151
13. 악취처리 ··· 3-152
14. 휘발성 유기화합물(VOC) 처리 ····································· 3-155
15. 다이옥신류 제어 ·· 3-157
16. 기초유체 역학 ·· 3-160
17. 자연환기 ··· 3-181
18. 국소환기(국소 배기) ·· 3-185
19. 후드(Hood) ·· 3-187
20. 덕트(Duct) ·· 3-209
21. 송풍기(Fan) ··· 3-218

PART 04 대기 공정시험기준

- 화학기초 ····· 4−3
- 농 도 ····· 4−9
- 총 칙 ····· 4−12
- 일반시험방법 ····· 4−13
- 정도보증/정도관리 ····· 4−18
- 실험실 안전 ····· 4−22
- 시료 전처리 ····· 4−23
- 분석방법 ····· 4−25
  - 01. 기체크로마토그래피법 ····· 4−25
  - 02. 자외선/가시선 분광법 ····· 4−34
  - 03. 원자흡수분광광도법 ····· 4−39
  - 04. 비분산 적외선분광분석법 ····· 4−46
  - 05. 이온크로마토그래피법 ····· 4−52
  - 06. 흡광차분광법 ····· 4−55
  - 07. 고성능 액체크로마토그래피 ····· 4−57
  - 08. X−선 형광분광법 ····· 4−60
- 배출가스 중 가스상 물질의 시료채취방법 ····· 4−62
- 배출가스 중 입자상 물질의 시료채취방법 ····· 4−69

- ▶ 배출가스 중 휘발성 유기화합물질(VOCs)의 시료채취방법 ·········· 4-88
- ▶ 배출가스 유속 및 유량 측정방법 ·········· 4-91
- ▶ 배출가스 중 무기물질 측정방법 ·········· 4-93
  - 01. 배출가스 중 먼지 ·········· 4-93
  - 01-1. 배출가스 중 먼지-반자동식 측정법 ·········· 4-93
  - 01-2. 배출가스 중 먼지-수동식 측정법 ·········· 4-95
  - 01-3. 배출가스 중 먼지-자동식 측정법 ·········· 4-96
  - 02. 비산먼지 ·········· 4-97
  - 02-1. 비산먼지-고용량 공기시료채취법 ·········· 4-97
  - 02-2. 비산먼지-저용량 공기시료채취법 ·········· 4-100
  - 02-3. 비산먼지-베타선법 ·········· 4-102
  - 02-4. 비산먼지-광학기법 ·········· 4-103
  - 03. 배출가스 중 암모니아 ·········· 4-104
  - 03-1. 배출가스 중 암모니아의 분석방법 ·········· 4-104
  - 04. 배출가스 중 일산화탄소 ·········· 4-106
  - 04-1. 배출가스 중 일산화탄소의 분석방법 ·········· 4-106
  - 05. 배출가스 중 염화수소 ·········· 4-109
  - 05-1. 이온크로마토그래피 ·········· 4-109
  - 05-2. 자외선/가시선분광법-싸이오사이안산제이수은법 ·········· 4-111
  - 06. 배출가스 중 염소 ·········· 4-114
  - 06-1. 배출가스 중 염소의 분석방법 ·········· 4-114
  - 06-2. 자외선/가시선분광법-4-피리딘카복실산-피라졸론법 ····· 4-115
  - 07. 배출가스 중 황산화물 ·········· 4-116
  - 07-1. 배출가스 중 황산화물의 분석방법 ·········· 4-116
  - 08. 배출가스 중 질소산화물 ·········· 4-119
  - 08-1. 배출가스 중 질소산화물의 분석방법 ·········· 4-119
  - 09. 배출가스 중 이황화탄소 ·········· 4-122
  - 09-1. 배출가스 중 이황화탄소의 분석방법 ·········· 4-122
  - 10. 배출가스 중 황화수소 ·········· 4-124
  - 10-1. 배출가스 중 황화수소의 분석방법 ·········· 4-124

11. 배출가스 중 플루오린화합물 ·· 4−126
11−1. 배출가스 중 플루오린화합물의 분석방법 ······················ 4−126
12. 배출가스 중 사이안화수소 ·· 4−129
12−1. 배출가스 중 사이안화수소의 분석방법 ··························· 4−129
13. 배출가스 중 매연 ··· 4−131
14. 배출가스 중 산소 ··· 4−132
14−1. 배출가스 중 산소측정방법 ·· 4−132
15. 철강공장의 아크로와 연결된 개방형 여과집진시설의 먼지 ······ 4−134
16. 유류 중 황함유량 분석방법 ·· 4−135
17. 배출가스 중 미세먼지(PM−10 및 PM−2.5) ····················· 4−138
18. 도로 재비산먼지 연속측정방법 ··· 4−141
19. 배출가스 중 하이드라진 ·· 4−143
20. 배출가스 중 응축성 미세먼지(CPM−2.5) ························· 4−144
21. 배출가스 중 수분량 ··· 4−145

▶ **배출가스 중 금속화합물 측정방법** ··································· **4−146**
  01. 배출가스 중 금속화합물 ··· 4−146
  01−1. 배출가스 중 금속화합물−원자흡수분광광도법 ············· 4−147
  01−2. 배출가스 중 금속화합물−유도결합플라스마/원자발광분광법 ·· 4−151
  02. 배출가스 중 비소화합물 ··· 4−155
  02−1. 배출가스 중 비소화합물−수소화물 생성 원자흡수분광광도법 ·· 4−155
  02−2. 배출가스 중 비소화합물−흑연로 원자흡수분광광도법 ······· 4−157
  02−3. 배출가스 중 비소화합물−유도결합플라스마/원자발광분광법 ·· 4−158
  03. 배출가스 중 카드뮴화합물 ·· 4−159
  03−1. 배출가스 중 카드뮴화합물−원자흡수분광광도법 ··········· 4−159
  03−2. 배출가스 중 카드뮴화합물−유도결합플라스마/원자발광분광법 ·· 4−159
  04. 배출가스 중 납화합물 ··· 4−160
  04−1. 배출가스 중 납화합물−원자흡수분광광도법 ················· 4−160
  04−2. 배출가스 중 납화합물−유도결합플라스마/원자발광분광법 ·· 4−160
  05. 배출가스 중 크로뮴화합물 ·· 4−161
  05−1. 배출가스 중 크로뮴화합물−원자흡수분광광도법 ··········· 4−161
  05−2. 배출가스 중 크로뮴화합물−유도결합플라스마/원자발광분광법 ·· 4−161

06. 배출가스 중 구리화합물 ·· 4-162
06-1. 배출가스 중 구리화합물-원자흡수분광광도법 ················· 4-162
06-2. 배출가스 중 구리화합물-유도결합플라스마/원자발광분광법 ·· 4-162
07. 배출가스 중 니켈화합물 ·· 4-163
07-1. 배출가스 중 니켈화합물-원자흡수분광광도법 ················· 4-163
07-2. 배출가스 중 니켈화합물-유도결합플라스마/원자발광분광법 ·· 4-163
08. 배출가스 중 아연화합물 ·· 4-164
08-1. 배출가스 중 아연화합물-원자흡수분광광도법 ················· 4-164
08-2. 배출가스 중 아연화합물-유도결합플라스마/원자발광분광법 ·· 4-164
09. 배출가스 중 수은화합물 ·· 4-165
09-1. 배출가스 중 수은화합물의 분석방법 ······························· 4-165
10. 배출가스 중 베릴륨화합물 시험방법 ··································· 4-166

▶ **배출가스 중 휘발성 유기화합물 측정방법** ························· **4-167**
01. 배출가스 중 폼알데하이드 및 알데하이드류 ······················· 4-167
01-1. 배출가스 중 폼알데하이드 및 알데하이드류의 분석방법 ··· 4-167
02. 배출가스 중 브로민화합물 ·· 4-169
02-1. 배출가스 중 브로민화합물의 분석방법 ···························· 4-169
03. 배출가스 중 페놀화합물 ·· 4-170
03-1. 배출가스 중 페놀화합물의 분석방법 ······························· 4-170
04. 배출가스 중 다환방향족탄화수소류-기체크로마토그래피 ········ 4-172
05. 배출가스 중 다이옥신 및 퓨란류-기체크로마토그래피 ·········· 4-174
06. 배출가스 중 벤젠 ··· 4-177
06-1. 배출가스 중 벤젠-기체크로마토그래피 ···························· 4-177
07. 배출가스 중 총 탄화수소 ·· 4-179
07-1. 배출가스 중 총 탄화수소의 분석방법 ····························· 4-179
08. 휘발성 유기화합물질(VOCs) 누출확인방법 ························· 4-182
09. 배출가스 중 사염화탄소, 클로로폼, 염화바이닐
  -기체크로마토그래피 ·· 4-185
10. 배출가스 중 벤젠, 이황화탄소, 사염화탄소, 클로로폼,
  염화비닐의 동시측정법 ··· 4-187
11. 배출가스 중 휘발성 유기화합물-기체크로마토그래피 ············ 4-188

12. 배출가스 중 1,3-뷰타다이엔-기체크로마토그래피 ·············· 4-191
13. 배출가스 중 다이클로로메테인-기체크로마토그래피 ·············· 4-192
14. 배출가스 중 트라이클로로에틸렌-기체크로마토그래피 ·············· 4-192
15. 배출가스 중 벤조(a)피렌-기체크로마토그래피/질량분석법 ·············· 4-193
16. 배출가스 중 에틸렌옥사이드 분석방법 ·············· 4-193
17. 배출가스 중 N, N-다이메틸폼아마이드 분석방법 ·············· 4-193
18. 배출가스 중 다이에틸헥실프탈레이트 분석방법 ·············· 4-193
19. 배출가스 중 벤지딘 분석방법 ·············· 4-194
20. 배출가스 중 바이닐아세테이트 분석방법 ·············· 4-194
21. 배출가스 중 아닐린 분석방법 ·············· 4-194
22. 배출가스 중 이황화메틸 분석방법 ·············· 4-194
23. 배출가스 중 프로필렌옥사이드 분석방법 ·············· 4-194
24. 배출가스 중 흡광차 분광법(암모니아, 벤젠) ·············· 4-195
25. 배출가스 중 수동형 개방경로 적외선 분광법
    (일산화탄소, 이산화황, 이산화질소, 염화수소) ·············· 4-195
26. 배출가스 중 벤조(a)피렌-기체크로마토그래피/질량 분석법 ·············· 4-195
27. 플레어가스 발열량 ·············· 4-195

▶ **배출가스 중 연속자동측정방법** ·············· **4-196**
  01. 굴뚝연속자동측정기기의 기능-아날로그 통신방식 ·············· 4-196
  02. 굴뚝연속자동측정기기의 기능-디지털 통신방식 ·············· 4-197
  03. 굴뚝연속자동측정기 설치방법 ·············· 4-198
  04. 굴뚝연속자동측정기기 먼지 ·············· 4-201
  05. 굴뚝연속자동측정기 이산화황 ·············· 4-203
  06. 굴뚝연속자동측정기기 질소산화물 ·············· 4-207
  07. 굴뚝연속자동측정기기 염화수소 ·············· 4-210
  08. 굴뚝연속자동측정기기 플루오린화수소 ·············· 4-211
  09. 굴뚝연속자동측정기기 암모니아 ·············· 4-212
  10. 굴뚝연속자동측정기기 배출가스 유량 ·············· 4-213

▶ **먼지-굴뚝배출가스에서 연속자동측정방법** ·············· **4-216**

▶ **무기가스상-굴뚝배출가스에서 연속자동측정방법** ·············· **4-216**

▶ **환경대기 시료채취방법** ··· 4-217
    01. 환경대기 시료채취방법 ·· 4-217
▶ **환경대기 중 무기물질 측정방법** ·· 4-224
    01. 환경대기 중 아황산가스 측정방법 ·· 4-224
    02. 환경대기 중 일산화탄소 측정방법 ·· 4-231
    03. 환경대기 중 질소산화물 측정방법 ·· 4-234
    04. 환경대기 중 먼지 측정법 ·· 4-237
    04-1. 환경대기 중 미세먼지(PM-10) 자동측정법-베타선법 ······ 4-238
    04-2. 환경대기 중 미세먼지(PM-10) 측정방법-중량농도법 ······ 4-238
    04-3. 환경대기 중 미세먼지(PM-2.5) 측정방법-중량농도법 ······ 4-238
    04-4. 환경대기 중 미세먼지(PM-2.5) 자동측정법-베타선법 ······ 4-238
    05. 환경대기 중 옥시던트 측정방법 ·· 4-239
    06. 환경대기 중 탄화수소 측정법 ·· 4-243
    07. 환경대기 중 석면측정용 현미경법 ·· 4-246
    07-1. 환경대기 중 석면측정용 현미경법-위상차현미경법 ·········· 4-246
    08. 환경대기 중 미세먼지(PM2.5)-중량 농도법 ··························· 4-249
    09. 환경대기 중 초미세먼지(PM2.5)-베타선법(자동측정법) ········· 4-251
    10. 환경대기 중 미세먼지(PM10)-베타선법(자동측정법) ············· 4-253
    11. 환경대기 중 미세먼지(PM10) 측정방법(중량농도법) ·············· 4-254
▶ **환경대기 중 금속화합물 측정방법** ·· 4-255
    01. 환경대기 중 금속화합물 ·· 4-255
    02. 환경대기 중 금속화합물-원자흡수분광법 ································ 4-256
    03. 환경대기 중 금속화합물-유도결합플라스마 분광법 ·············· 4-258
    04. 환경대기 중 구리화합물 ·· 4-260
    04-1. 환경대기 중 구리화합물-원자흡수분광법 ····························· 4-260
    04-2. 환경대기 중 구리화합물-유도결합플라스마 분광법 ·········· 4-260
    05. 환경대기 중 납화합물 ·· 4-261
    05-1. 환경대기 중 납화합물-원자흡수분광법 ································ 4-261
    05-2. 환경대기 중 납화합물-유도결합플라스마 분광법 ·············· 4-261
    05-3. 환경대기 중 납화합물-자외선/가시선 분광법 ····················· 4-262
    06. 환경대기 중 니켈화합물 ·· 4-263

06-1. 환경대기 중 니켈화합물-원자흡수분광법 ·················· 4-263
06-2. 환경대기 중 니켈화합물-유도결합플라스마 분광법 ············ 4-263
07. 환경대기 중 비소화합물 ·· 4-264
07-1. 환경대기 중 비소화합물-수소화물발생 원자흡수분광법 ······ 4-264
07-2. 환경대기 중 비소화합물-유도결합플라스마 분광법 ············ 4-265
07-3. 환경대기 중 비소화합물-흑연로원자흡수분광법 ················ 4-266
08. 환경대기 중 아연화합물 ·· 4-267
08-1. 환경대기 중 아연화합물-원자흡수분광법 ························ 4-267
08-2. 환경대기 중 아연화합물-유도결합플라스마 분광법 ············ 4-267
09. 환경대기 중 철화합물 ·· 4-268
09-1. 환경대기 중 철화합물-원자흡수분광법 ···························· 4-268
09-2. 환경대기 중 철화합물-유도결합플라스마 분광법 ················ 4-268
10. 환경대기 중 카드뮴화합물 ·· 4-269
10-1. 환경대기 중 카드뮴화합물-원자흡수분광법 ······················ 4-269
10-2. 환경대기 중 카드뮴화합물-유도결합플라스마 분광법 ·········· 4-269
11. 환경대기 중 크롬화합물 ·· 4-270
11-1. 환경대기 중 크롬화합물-원자흡수분광법 ·························· 4-270
11-2. 환경대기 중 크롬화합물-유도결합플라스마 분광법 ············ 4-270
12. 환경대기 중 베릴륨화합물 ·· 4-271
12-1. 환경대기 중 베릴륨화합물-유도결합플라스마 분광법 ·········· 4-271
13. 환경대기 중 코발트화합물 ·· 4-272
13-1. 환경대기 중 코발트화합물-유도결합플라스마 분광법 ·········· 4-272
14. 환경대기 중 수은습성 침적량 측정법 ························ 4-272
15. 환경대기 중 수은-냉증기 원자흡수분광법 ···················· 4-272
16. 환경대기 중 수은-냉증기 원자형광광도법 ···················· 4-272

▶ **환경대기 중 휘발성 유기화합물 측정방법** ························ **4-273**

01. 환경대기 중 벤조(a)피렌 시험방법 ······························ 4-273
02. 환경대기 중 다환방향족탄화수소류(PAHs)
    -기체크로마토그래피/질량분석법 ································ 4-275
03. 환경대기 중 알데하이드류-고성능액체크로마토그래피법 ······· 4-277
04. 환경대기 중 유해휘발성 유기화합물(VOC)의 시험방법
    -고체흡착법 ·· 4-278

PART 05 대기환경 관계 법규

▶ 환경정책 기본법 ·· 5-3
　제1장 용어(정의) ··· 5-3
　제2장 환경기준 ·· 5-3
　제3장 주요 내용 ··· 5-4

▶ 대기환경보전법 ·· 5-5
　제1장 총칙 ··· 5-5
　제2장 사업장 등의 대기오염물질 배출규제 ····················· 5-20
　제3장 생활환경상의 대기오염물질 배출규제 ··················· 5-57
　제4장 자동차·선박 등의 배출가스규제 ···························· 5-70
　제5장 보칙 ··· 5-105
　제6장 벌칙 ··· 5-118

▶ 악취방지법 ·· 5-122
　제1장 총칙 ··· 5-122
　제2장 사업장 악취에 대한 규제 ····································· 5-123
　제3장 생활악취의 방지 ·· 5-130
　제4장 검사 등 ·· 5-132
　제5장 보칙 ··· 5-134
　제6장 벌칙 ··· 5-134

▶ 실내공기질 관리법 ··· 5-136

PART 06 핵심필수문제(이론)

핵심필수문제(이론) 654문제 ·· 6-3

PART 07 기출문제 풀이

2018년 제1회 대기환경산업기사 ·· 7-3
2018년 제2회 대기환경산업기사 ·· 7-21
2018년 제4회 대기환경산업기사 ·· 7-40

2019년 제1회 대기환경산업기사 ·· 7-59
2019년 제2회 대기환경산업기사 ·· 7-79
2019년 제4회 대기환경산업기사 ·· 7-99

2020년 통합 1·2회 대기환경산업기사 ·· 7-118
2020년 제3회 대기환경산업기사 ·· 7-136

2021년 제1회 CBT 복원·예상문제 ·· 7-155
2021년 제2회 CBT 복원·예상문제 ·· 7-174
2021년 제4회 CBT 복원·예상문제 ·· 7-193

2022년 제1회 CBT 복원·예상문제 ·· 7-212
2022년 제2회 CBT 복원·예상문제 ·· 7-230
2022년 제4회 CBT 복원·예상문제 ·· 7-249

2023년 제1회 CBT 복원·예상문제 ·· 7-268
2023년 제2회 CBT 복원·예상문제 ·· 7-287
2023년 제4회 CBT 복원·예상문제 ·· 7-306

2024년 제1회 CBT 복원·예상문제 ·· 7-326
2024년 제2회 CBT 복원·예상문제 ·· 7-345
2024년 제3회 CBT 복원·예상문제 ·· 7-365

PART 01

대기오염 개론

1

대입수능
체계

01 대기오염의 정의

(1) WHO(세계보건기구)
대기 중에 인위적으로 배출된 오염물질이 한 가지 또는 그 이상이 존재하여 오염물질의 양, 농도 및 지속시간이 어떤 지역의 불특정 다수인에게 불쾌감을 일으키는 상태

(2) 일반적 정의
한가지 혹은 그 이상의 물질이 옥외의 대기에서 인간 및 동·식물, 재산에 위해를 줄 수 있는 양의 농도, 지속시간으로 존재하여 생활이나 재산의 향유 및 업무의 수행을 부당하게 침해하는 상태

(3) 대기환경보전법
대기오염물질이란 대기오염의 원인이 되는 가스·입자상 물질로서 환경부령으로 정하는 것을 말한다.
① 가스
   물질이 연소·합성·분해될 때에 발생하거나 물리적 성질로 인하여 발생하는 기체상 물질을 말한다.
② 입자상 물질
   물질이 파쇄·선별·퇴적·이적될 때, 그 밖에 기계적으로 처리되거나 연소·합성·분해될 때에 발생하는 고체상 또는 액체상의 미세한 물질을 말한다.

(4) 대기
① 지구 중력장(에너지)에 이끌려 지표를 덮고 있는 기체의 층으로 고도가 높아지면 대기가 적어진다.
② 공기는 물에 비해 탄성이 약하며, 약 0~50℃의 온도범위 내에서 공기는 보통 이상기체의 법칙을 따른다.
③ 공기의 절대습도란 절대적인 수증기의 양, 즉 단위부피의 공기 속에 함유된 수증기량의 값이며 수증기량이 일정하면 절대습도는 온도가 변하더라도 절대 변하지 않는다.

(5) 대기권
지구표면을 둘러싸고 있는 공기의 층으로 주로 질소와 산소 성분으로 구성되어 있다.

학습 Point
대기의 정의 숙지

02 대기의 조성

(1) 개요
① 대기의 수직온도 분포에 따라 대류권, 성층권, 중간권, 열권으로 구분할 수 있다.
② 대기의 온도는 위쪽으로 올라갈수록, 대류권에서는 하강, 성층권에서는 상승, 중간권에서 하강, 다시 열권에서는 상승한다.
③ 대기의 밀도는 기온이 낮을수록 높아지므로 고도에 따른 기온분포로부터 밀도분포가 결정된다.

(2) 대류권
① 대류권은 위도 45도의 경우 지표에서부터 평균 11~12 km까지의 높이이며 극지방으로 갈수록 낮아진다(적도 : 16~17 km, 중위도 : 10~12 km, 극 : 6~8 km).
② 구름이 끼고 비가 오는 등의 기상현상은 대류권에 국한되어 나타난다.
③ 기상요소의 수평분포는 위도, 해륙분포 등에 의하여 지역에 따라 다르게 나타나지만 연직방향에 따른 변화가 더욱 크다.
④ 대류권의 하부 1~2 km까지를 대기경계층(행성경계층)이라 하고, 이 대기경계층의 상층은 지표면의 영향을 직접 받지 않으므로 자유대기라고도 부른다. 즉, 대류권의 자유대기는 행성경계층의 상층으로 지표면의 영향을 직접 받지 않는 층이다.
⑤ 행성경계층(Planetary Boundary Layer)에서는 지표면의 마찰의 영향을 받기 때문에 풍속이 지표에서 멀어질수록 강하게 분다.
⑥ 대기경계층은 지표면의 마찰영향을 직접 받아서 기상요소의 일변화가 일어나는 층이다.
⑦ 대류권의 고도는 겨울철에 낮고, 여름철에 높으며, 보통 저위도 지방이 고위도 지방에 비해 높다.
⑧ 대류권에서는 고도가 높아짐에 따라 단열팽창에 의해 약 6.5℃/km씩 낮아지는 기온감률 때문에 공기의 수직혼합이 일어난다. 즉, 기층이 불안정하여 대류현상이 일어나기 쉽다.
⑨ 대기의 4개 층 중 가장 얇지만 질량의 80%가 이곳에 존재한다.
⑩ 대류권의 상부에서 다른 층으로 전이되는 영역을 대류권계면이라 부르며, 이 지역에서는 고도에 따른 온도감소가 나타나지 않는다.
⑪ 대류권에서 고도에 따른 온도가 감소함에도 불구하고 때로는 온도가 고도에 따라 증가하는 역전층이 나타나는 경우도 있다.

⑫ 대류권 내 건조대기의 성분 및 조성
  ㉠ 농도가 매우 안정된 성분으로는 산소(O_2), 질소(N_2), 아르곤(Ar) 등이다.
  ㉡ 지표 부근의 표준상태에서의 건조공기의 구성성분은 부피농도로, 질소>산소>아르곤>이산화탄소 순이다.
  ㉢ 이산화질소(NO_2), 암모니아(NH_3) 성분은 농도가 쉽게 변하는 물질에 해당한다.
  ㉣ 오존의 평균농도는 0.04 ppm 정도로 지역별 오염도에 따라 일변화가 매우 크다.
  ㉤ Ar(아르곤)은 농도가 안정된 물질에 속하며 그 농도는 0.934% 정도를 나타낸다.
  ㉥ CH_4(메탄)은 쉽게 농도가 변하지 않는 물질에 해당한다.
  ㉦ 쉽게 농도가 변하지 않는 물질로서 농도의 크기순은 Ne>He>Kr>Xe이다.

(3) 성층권

① 성층권의 고도는 약 11 km에서 50 km까지이다.
② 성층권역에서는 고도에 따라 온도가 증가하고, 하층부의 밀도가 커서 안정한 상태를 나타낸다. 즉, 대기의 대류현상이 나타나지 않는다.
③ 하층부의 밀도가 커서 매우 안정한 상태를 유지하므로 공기의 상승이나 하강 등의 연직운동은 억제된다.
④ 성층권에서 고도에 따라 온도가 상승하는 이유는 성층권의 오존이 태양광선 중의 자외선을 흡수하기 때문이다.
⑤ 화산분출 등에 의하여 미세한 분진이 이 권역에 유입되면 수년간 남아있게 되어 기후에 영향을 미치기도 한다.
⑥ 자외선복사에너지는 성층권을 통과할수록 서서히 감소하여 가장 낮은 온도는 성층권 하부에서 나타난다.
⑦ 성층권계면에서의 온도는 지표보다 약간 낮으나 성층권 계면 이상의 중간권에서 기온은 다시 하강한다.
⑧ 오존층
  ㉠ 오존농도의 고도분포는 지상 약 20~25 km 내에서 평균적으로 약 10 ppm(10,000 ppb)의 최대 농도를 나타낸다.
  ㉡ 오존의 생성 및 분해반응에 의해 자연상태의 성층권 영역에서는 일정한 수준의 오존량이 평형을 이루어, 다른 대기권 영역에 비해 농도가 높은 오존층이 생긴다.
  ㉢ 지구 전체의 평균오존량은 약 300 Dobson 전후이지만, 지리적 또는 계절적으로는 평균치의 ±50% 정도까지 변화한다(적도 200 Dobson, 극지방 400 Dobson).
  ㉣ 290 nm 이하(약 0.3 μm 이하)의 단파장인 UV-C는 대기 중의 산소와 오존분자 등의 가스 성분에 의해 그 대부분이 흡수되어 지표면에 거의 도달하지 않는다.

즉, 오존층의 O_3는 주로 자외선 파장(200~290 nm)의 태양빛을 흡수하여 대류권 지상의 생명체를 보호한다.
㉤ 오존층에서는 오존의 생성과 소멸이 계속적으로 일어나면서 오존의 농도를 유지한다.
㉥ 성층권의 오존층이 대부분 자외선을 차단한 후 대류권으로 들어오는 태양빛의 파장은 280 nm 이상이다. 즉, 약 0.3 μm 이하의 단파장에서 성층권의 오존층에 의한 태양빛의 흡수가 있다.

> **Reference | Dobson Unit (DU)**
>
> 1 Dobson은 지구 대기 중 오존의 총량을 0℃, 1기압의 표준상태에서 두께로 환산했을 때 0.01 mm(10 μm)에 상당하는 양을 의미한다. 즉, 10 μm 두께의 오존을 지표에 깔 수 있을 정도의 오존의 양을 말하며 이는 평방 미터당 2.69×10^{20}개의 오존원자가 있는 정도이다.

(4) 중간권

① 중간권의 고도는 약 50 km에서 90 km까지이다.
② 고도에 따라 온도가 낮아지며, 지구대기층 중에서 가장 기온이 낮은 구역이 분포한다.
③ 대기층에서 가장 낮은 온도를 나타내는 부분은 중간권의 상층부분으로 약 -90℃에 달한다.
④ 대기는 불안정하여 점진적으로 대류현상은 나타나지만, 수증기가 거의 없으므로 기상현상은 일어나지 않는다.
⑤ 유성체(Meteoroid)로부터 지구를 보호하는 역할을 한다(마찰에 의해 중간권에서 연소).
⑥ 중간권 이상에서의 온도는 대기의 분자운동에 의해 결정된 온도로서 직접 관측된 온도와는 다르다.

(5) 열권

① 열권의 고도는 약 80 km 이상이며, 이 권역에서는 분자들이 전리상태에 있기 때문에 전리층이라고도 한다.
② 질소나 산소가 파장 0.1 μm 이하의 자외선을 흡수하기 때문에 온도가 증가한다.
③ 대기의 밀도가 매우 작기 때문에 충돌에 의한 에너지전달과정이 없다.
④ 이온과 자유전자들이 분포하며 전기적 현상(전리층, 오로라)이 발생한다.
⑤ 공기가 매우 희박하여, 낮과 밤의 기온차가 심하다.
⑥ 대류권과 비교했을 때 열권에서 분자의 운동속도는 매우 느리지만 공기평균 자유행로는 길다.

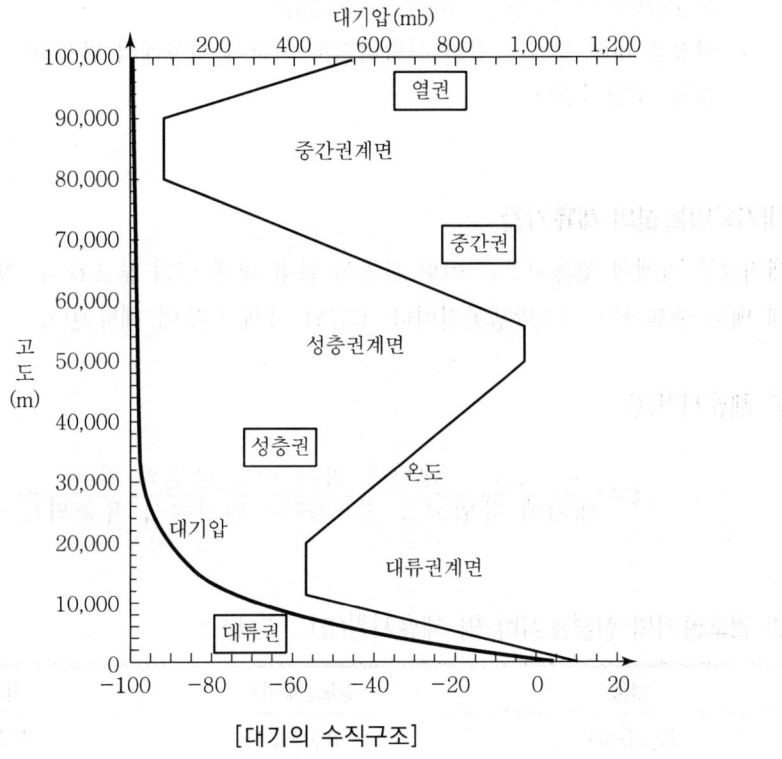

[대기의 수직구조]

(6) 대기 조성에 따른 구분

① 균질층(Homosphere)
  ㉠ 지상 0~80(88) km 정도까지의 고도를 갖는다.
  ㉡ 수분을 제외하고는 질소 및 산소 등 분자조성비가 어느 정도 일정하다.
  ㉢ 균질층 내의 공기는 건조가스로서 지상 0~30 km 정도까지 공기의 98%가 존재하고 있다.
  ㉣ 지표부근 건조대기의 일반적인 부피농도 크기 순서(표준상태에서 건조공기 조성)

  > 질소 > 산소 > 아르곤 > 탄산가스 > 네온 > 헬륨 > 일산화탄소 > 크립톤 > 크세논
  > (N_2) (O_2) (Ar)   (CO_2)   (Ne) (He)   (CO)   (Kr)   (Xe)

  ㉤ 농도가 매우 안정된 성분으로는 질소, 산소, 아르곤, 이산화탄소 등이다.

② 이질층(Heterosphere)
  ㉠ 고도 80 km 이상을 이질층이라 분류한다.
  ㉡ 이질층은 보통 4개 층으로 분류되며 질소층, 산소원자층, 헬륨층, 수소원자층으로

분류한다(수소원자층 : 3,600~9,600 km).
ⓒ 이질층 내의 공기는 강한 산화력으로 인하여 지상에서 발생되어 상승한 이물질을 산화, 소멸시킨다.

(7) 대기오염물질의 체류기간

대기성분 기체의 체류시간은 어떤 물질이 환경 내에 널리 분포될 수 있는지를 결정하는 데 매우 중요하며 자연발생물질이나 오염된 기체 모두에 해당된다.

① 체류시간(t)

$$t = \frac{\text{대기에 있는 어떤 물질의 양}}{\text{대기에 유입되는 속도(또는 대기에서 유출되는 속도)}}$$

② 건조공기의 성분조성비 및 체류시간(0℃, 1 atm)

성분	농도(체적)	체류시간
N_2(질소)	78.09%	4×10^8 year
O_2(산소)	20.94%	6,000 year
Ar(아르곤)	0.93%	주로 축적
CO_2(이산화탄소)	0.035%	7~10 year
Ne(네온)	18.01 ppm	주로 축적
He(헬륨)	5.20 ppm	주로 축적
H_2(수소)	0.4~1.0 ppm	4~7 year
CH_4(메탄)	1.5~1.7 ppm	3~8 year
CO(일산화탄소)	0.01~0.2 ppm	0.5 year
H_2O(물)	0~4.0 ppm	변동성
O_3(오존)	0.02~0.07 ppm	변동성
N_2O(아산화질소)	0.05~0.33 ppm	5~50 year
NO_2(이산화질소)	0.001 ppm	1~5 day
SO_2(아황산가스)	0.0002 ppm	1~5 day

필수 문제

01 어떤 혼합기체의 부피 조성이 질소가스 70%와 이산화탄소 30%로 이루어졌다. 이 혼합기체의 평균분자량은?

풀이 평균분자량 = (N_2 분자량×0.7) + (CO_2 분자량×0.3) = (28×0.7) + (44×0.3) = 32.8

필수 문제

02 어떤 혼합가스 성분을 분석한 결과 CO_2가 5%이고 나머지가 N_2로 구성되어 있다면 이 혼합가스의 밀도(kg/m^3)는?

풀이 혼합가스밀도 = $\dfrac{질량}{부피}$ = $\dfrac{[(44 \times 0.05) + (28 \times 0.95)]g}{22.4L}$ = $1.29 g/L (kg/m^3)$

필수 문제

03 공기의 조성비가 다음과 같을 때 공기의 평균분자량(g)과 공기밀도(kg/m^3)를 구하시오?(단, 표준상태 0℃, 1기압)

질소 : 78.2%, 산소 21%, 아르곤 0.5%, 이산화탄소 0.3%

풀이
(1) 공기의 평균 분자량 = 각 성분 가스의 분자량(g)×체적 분율(%)
$$= \frac{[(28(N_2) \times 78.2) + (32(O_2) \times 21.0) + (39.95(Ar) \times 0.5) + (44(CO_2) \times 0.3)]}{100}$$
$$= \frac{2,894.78}{100} = 28.95g$$

(2) 공기밀도 = $\dfrac{질량}{부피}$ = $\dfrac{28.95g}{22.4L}$ = $1.29 g/L (= kg/m^3)$

필수 문제

04 대류권 내에서 CO_2의 평균농도가 350 ppm이고 대류권의 평균높이가 11 km일 때, 대류권 내에 존재하는 CO_2의 무게(ton)는?(단, 지구의 반지름은 6,400 km라 가정)

> **풀이**
> CO_2(ton) = 대류권 체적 × CO_2 농도
> 대류권 체적 = 대류권까지 체적(대류권을 포함한 체적) − 지구체적
> $= \frac{4}{3}\pi r^3 - \frac{4}{3}\pi r^3$
> $= \frac{4}{3} \times 3.14 \times [11,000 + (6,400 \times 10^3)]^3 \text{m}^3$
> $\quad - \frac{4}{3} \times 3.14 \times (6,400 \times 10^3)^3 \text{m}^3$
> $= (1.1032 \times 10^{21})\text{m}^3 - (1.0975 \times 10^{21})\text{m}^3$
> $= 5.7 \times 10^{18} \text{m}^3$
> $= 5.7 \times 10^{18}\text{m}^3 \times 350/10^6 \times 44\text{kg}/22.4\text{m}^3 \times 1\text{ton}/1,000\text{kg}$
> $= 3.92 \times 10^{12} \text{ton}$

학습 Point

① 각 권역의 특징 숙지
② 균질층 대기성분 비율 숙지

03 대기오염의 규모

(1) 지방규모

① 5 km 정도의 규모이다.
② 지방규모의 오염문제는 하나 또는 수 개의 대규모 오염원에 의해 규모가 결정된다.
③ 오염물질이 배출되는 고도가 낮을 경우 그 주변에 큰 영향을 줄 수 있다.
④ 자동차, 발전소 및 산업시설에서 배출되는 오염물질이 지역문제를 일으킨다.

(2) 도시규모

① 50 km 정도의 규모이다.
② 도시규모의 대기오염문제는 개별 오염원이 그 원인이 된다(지방규모도 동일함).
③ 도시의 오염문제는 2차 오염물질 생성에 원인으로 작용한다.
④ 대규모 도시지역의 중요한 대기오염 문제는 광화학 반응에 의한 오존의 생성이다.

(3) 지역규모

① 50~500 km 정도의 규모이다.
② 지역규모의 대기오염은 도시지역의 산화제 문제, 지역에서 발생한 오염물질이 지역의 배경농도에 첨가되는 문제, 시정장애문제의 3가지 형태로 분류된다.

(4) 대륙규모

① 500~수천 km 정도의 규모이다.
② 대륙규모의 가장 큰 문제는 이웃 국가에 영향을 미칠 수도 있는 국가대기오염정책이다.

(5) 지구규모

① 지구 전체의 규모이다.
② 오존층 파괴, 지구 온난화 및 체르노빌 원자력 발전소 사고 등 지구 전체에 문제를 일으킨다.

 학습 Point
> 각 규모별 특징 숙지

04 대기환경지표 : 대기오염도 판단지표

(1) 환경지표의 필요성
① 환경의 질에 대해 정부와 일반국민 간에 공통적으로 쉽게 이해함
② 국민에게 환경에 대한 권리와 의무를 인식하게 함
③ 환경정책의 종합적인 목표설정 및 환경정책에 활용함

(2) PSI (Pollutant Standard Index)
① 개요
   ㉠ 일반국민이 이해하기 힘든 오염물질의 측정단위·수치를 쉽게 이해하고 표현할 수 있도록 나타내는 오염물질의 표준지표이다.
   ㉡ 1976년 EPA에서 대기오염수준을 0~500까지 점수화하여 대기오염도를 표현하였다.
② PSI 지표에 사용되는 오염물질
   ㉠ 아황산가스(SO_2)
   ㉡ 일산화탄소(CO)
   ㉢ 질소산화물(NO_2)
   ㉣ 오존(O_3)
   ㉤ 부유분진(TSP) : TSP는 1987년 이후 PM-10으로 변경
   ㉥ 아황산가스와 부유분진의 혼합물(SO_2+TSP)
③ PSI 지표등급 판정
   각각 오염물질의 PSI 값을 산정한 후 그중 가장 높은 값을 선정한다.
④ PSI 값과 대기질 상태

PSI 값	대기질 구분
0~50	양호(Good)
51~100	보통(Moderate)
101~200	나쁨(Unhealthful)
201~300	매우 나쁨(Very Unhealthful)
301~500	위험(위해 : Hazardous)

(3) AEI (Air Environment Index)

① 개요

AEI 지수는 PSI에 적용되었던 오염물질 인자를 사용하며 0~100의 범위로 하여 나타내는 오염물질의 지표이다.

② AEI 지표등급 판정

가장 높은 오염지수를 선정하여 AEI 값으로 판정한다.

③ AEI 등급 및 값

등급	AEI 지수	표현	비고
I	0~20	양호(Good)	-
II	20~40	보통(Moderate)	-
III	40~60	나쁨(Unhealthful)	증상은 민감한 사람에게 나타남
IV	60~80	매우 나쁨(Very Unhealthful)	건강한 사람에게도 자극
V	80~100	위해(Hazardous)	건강한 사람에게도 질병발생 우려 있음

(4) ORAQI (Oak Ridge Air Quality Index)

① 개요

대기오염 정도를 0~1,000까지 점수화하여 환경기준치와 비교하여 나타내는 지표이다.

② ORAQ 지표에 사용되는 오염물질

㉠ SO_2

㉡ CO

㉢ NO_2

㉣ O_3

㉤ TSP(PM10)

③ ORAQI 지표등급 판정

각 오염물질 기준치의 2배, 5배, 10배를 근거로 총지표를 계산하여 판정한다.

④ ORAQI 값과 대기질 상태

ORAQI 값	대기질 구분
0~20	우수
21~40	양호
41~60	보통
61~80	나쁨
81~100	아주 나쁨
101 이상	위험

(5) API (Air Pollution Index)
① 개요
대기 중 각종 오염물질의 농도, 즉 대기오염 정도를 일반국민들이 쉽게 알 수 있도록 한 지표이다.
② API 등급 및 상태

오염도	상태
1	대기상태가 깨끗한 자연대기
2	대기상태가 약간 오염된 대기
3	인체 및 동식물에 피해를 주기 시작하는 오염된 대기
4	대기상태가 심하게 오염된 대기
5	대기상태가 극심하여 일반국민이 피해야 할 정도의 오염된 대기

필수 문제

01 표준상태에서 SO_2 농도가 $1.28\,g/m^3$이라면 몇 ppm인가?

> **풀이** 농도(ppm) $= 1,280\,mg/m^3 \times \dfrac{22.4\,mL}{64\,mg}$
> $= 448\,ppm\,(mL/m^3)$

필수 문제

02 B-C유 보일러 배출가스 중 SO_2 농도가 표준상태에서 560 ppm으로 측정되었다면 몇 mg/m^3인가?

> **풀이** 농도$(mg/m^3) = 560\,ppm\,(mL/m^3) \times \dfrac{64\,mg}{22.4\,mL}$
> $= 1,600\,mg/Sm^3$

필수 문제

03 200℃, 1 atm에서 이산화황의 농도가 $2.0\,g/m^3$이다. 표준상태에서는 몇 ppm인가?

> **풀이** 농도(ppm) $= 2.0\,g/m^3 \times \dfrac{22.4\,mL}{64\,mg} \times 10^3\,mg/g \times \dfrac{273+200}{273}$
> $= 1,212.82\,ppm$

필수 문제

04 A사업장 굴뚝에서의 암모니아 배출가스가 30 mg/m³로 일정하게 배출되고 있는데, 향후 이 지역 암모니아 배출허용기준이 20 ppm으로 강화될 예정이다. 방지시설을 설치하여 강화된 배출허용기준치의 70%로 유지하고자 할 때, 이 굴뚝에서 방지시설을 설치하여 저감해야 할 암모니아의 농도는 몇 ppm인가?(단, 모든 농도조건은 표준상태로 가정)

> **풀이**
> 농도(ppm) = $30\,\text{mg/m}^3 \times \dfrac{22.4\,\text{mL}}{17\,\text{mg}} = 39.53\,\text{ppm}$
> 유지배출허용기준치 = $20\,\text{ppm} \times 0.7 = 14\,\text{ppm}$
> 저감해야 할 농도(ppm) = $39.53 - 14 = 25.53\,\text{ppm}$

필수 문제

05 염화수소 1 V/V ppm에 상당하는 W/W ppm은?(단, 표준상태기준, 공기의 밀도는 1.293 kg/m³)

> **풀이**
> 농도(ppm) = $1\,\text{mL/m}^3 \times \dfrac{36.5\,\text{mg}}{22.4\,\text{mL}} \times \text{m}^3/1.293\,\text{kg} = 1.26\,\text{mg/kg(ppm)}$

학습 Point

① PSI 지표 오염물질 및 PSI 값과 대기질 상태 관계 숙지
② AEI 등급판정 숙지
③ API 등급 및 상태 숙지

05 대기오염의 원인

(1) 자연적인 발생원
인간의 활동과 무관한 자연현상에 의해 발생된다.
① 화산활동에 의한 화산재 및 각종 가스(주 : 유황)
② 산불 및 바람에 의한 비산되는 물질
③ 황사현상
④ 꽃가루 및 동·식물의 부패와 발효에 의해 발생되는 물질
⑤ 바다에서 발생하는 해염입자

(2) 인위적인 발생원
인간의 활동에 의해 발생된다.
① 각종 연료사용으로 인한 연소 ② 각종 제품제조의 산업설비
③ 자동차 운행   ④ 농약
⑤ 폐기물 소각

(3) 특징
① 자연적인 발생원에 의한 대기오염물질 발생량은 인위적인 발생원에서의 발생량보다 훨씬 많다.
② 자연적인 발생원에서 배출되는 오염물질들은 넓은 공간으로 확산 및 분산되어 그 농도가 아주 낮게 된다.
③ 자연적인 발생원에서 배출되는 오염물질들은 강우현상, 대기 중 산화반응 및 토양으로의 흡수를 통하여 자정될 수도 있다.
④ 인위적인 발생원에서 배출되는 오염물질들은 국지적으로 분산되므로 대기 중에서 그 농도는 높아진다.
⑤ 일반적으로 대부분 대기오염은 인위적인 발생원에서 배출되는 것을 의미한다.
⑥ 인위적 발생 오염물질은 크게 1차 오염물질과 2차 오염물질로 구분할 수 있다.

학습 Point
대기오염의 특징 숙지

06 대기오염물질 배출원

(1) 대기오염물질 배출원의 구분

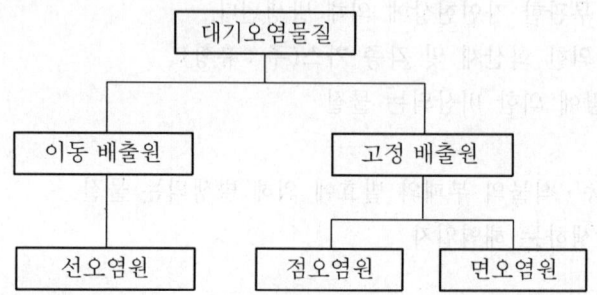

(2) 고정 배출원
① 점오염원(Point Source)
  ㉠ 하나의 시설이 대량의 오염물질을 배출하는 오염원
  ㉡ 영향범위가 넓게 나타남
  ㉢ 예 : 소각로, 화력발전소, 대규모공장 및 산업시설 등
② 면오염원(Area Source)
  ㉠ 소규모 점오염원이 다수 존재하여 오염물질을 발생시킴으로써 해당지역에 커다란 점오염원 형태를 나타냄
  ㉡ 대기확산이 활발하지 않아 지표면에 강한 영향을 미침
  ㉢ 예 : 연료연소 배출원, 주거난방, 건설현장의 비산먼지, 휘발성 유기화합물 배출원

(3) 이동배출원
① 선오염원(Line Source)
  ㉠ 오염원이 고정되어 있지 않은 이동배출원
  ㉡ 대기확산이 활발하지 않아 지표면에 강한 영향을 미침
  ㉢ 도로변 주변에 대기오염문제를 야기시킴
  ㉣ 예 : 자동차, 선박, 기차, 비행기

(4) 1차 오염물질

① 정의
발생원에서 직접 대기로 배출되는 오염물질

② 종류
- ㉠ 에어로졸(입자상 물질)
- ㉡ SO_2, NO_x, NH_3, CO, CO_2, HCl, Cl_2, N_2O_3, HNO_3, CS_2, SiO_2, H_2SO_4, HC(방향족 탄화수소)
- ㉢ $NaCl$(바닷물의 물보라 등이 배출원)
- ㉣ CO_2, Pb, Zn, Hg 금속산화물

(5) 2차 오염물질

① 개요
- ㉠ 발생원에서 배출된 1차 오염물질이 상호 간 또는 공기와의 반응에 의해서 생성된 오염물질을 의미한다.
- ㉡ 1차 오염물질들이 대기 중에서 물리·화학적 과정에 의해 부차적으로 생성되는 오염물질을 말한다.
- ㉢ 배출된 오염물질이 자외선과 탄화수소의 촉매로 광화학반응 등을 통하여 활성·분해되어 성상이 다른 오염물질로 광산화물이 대표적이다.

② 종류
에어로졸(H_2SO_4 mist), O_3, PAN($CH_3COOONO_2$), 염화니트로실(NOCl), 과산화수소(H_2O_2), 아크롤레인(CH_2CHCHO), PBN($C_6H_5COOONO_2$), 알데히드(Aldehydes ; RCHO), SO_2, SO_3, NO_2, 케톤(R-CO-R′)

③ 예
- ㉠ 아산화황이 대기 중에서 산화하여 생성된 삼산화황
- ㉡ 이산화질소의 광화학반응에 의하여 생성된 일산화질소
- ㉢ 질소산화물의 광화학반응에 의한 원자상 산소와 대기 중의 산소가 결합하여 생성된 오존

④ 광화학 반응
- ㉠ 광화학 반응
  - ⓐ 대류권에서 광화학대기오염에 영향을 미치는 대기오염상 중요한 물질은 900nm 이하의 빛을 흡수하는 물질이다.(900nm 이상은 적외선 파장 범위이기 때문에 광화학반응에 영향을 주지 못함)

ⓑ 대기 중의 어떤 종류의 분자는 태양빛을 흡수하여 여기 상태가 되거나 분해한다.

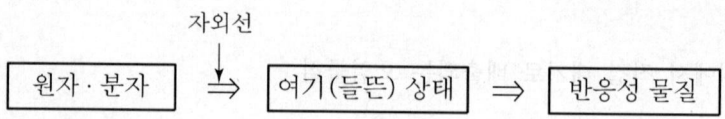

ⓒ 질소산화물(NO_x)의 광화학 반응
ⓐ 대기 중에서 산화반응
    $NO \rightarrow NO_2$로 전환 의미, 즉 $2NO + O_2 \rightarrow 2NO_2$
ⓑ 광화학 반응
    NO_2는 자외선(430 nm 이하 : 202~422 nm) 및 일부 가시광선 흡수
    $NO_2 + h\nu(자외선) \rightarrow NO + O$: 광분해 반응
    $NO + NO_2 + H_2O \rightarrow 2HNO_2$
    $HNO_2 + h\nu \rightarrow OH + NO$
ⓒ O_3의 생성반응
    대기 중의 오존농도는 보통 NO_2로 산화되는 NO의 양에 비례하여 증가하며 NO에서 NO_2로의 산화가 거의 완료되고, NO_2가 최고농도에 도달하면서 O_3 농도가 증가하기 시작한다.
    $O + O_2 + M \rightarrow O_3 + M$; M : 제3의 물질(예 : N_2)
ⓓ 순환반응
    생성 O_3가 NO와 반응하므로 최종적인 O_3 농도는 증가하지 않음
    $NO + O_3 \rightarrow NO_2 + O_2$
ⓒ NO_2의 광화학반응(광분해) Cycle

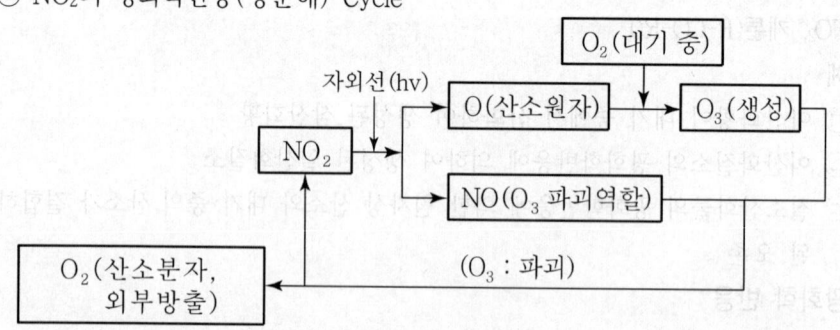

(생성 O_3 모두 NO에 의해 파괴되어 대기 중 O_3 축적은 발생하지 않음)

ⓔ 휘발성 유기화합물(VOC) 존재시 광화학 반응
ⓐ 자외선에 의한 NO_2의 광분해 반응

$$NO_2 + h\nu \rightarrow NO + O$$

ⓑ O(산소원자)의 O_3 생성 및 VOC와 반응 RO_2(과산화기) 생성

$$O + O_2 + M \rightarrow O_3 + M$$

$$O_3 + VOC \rightarrow RO_2$$

ⓒ RO_2 와 NO 의 반응

$$RO_2 + NO \rightarrow NO_2 + RO$$

$$NO_2 + h\nu \rightarrow NO + O$$

$$O + O_2 + M \rightarrow O_3 + M$$

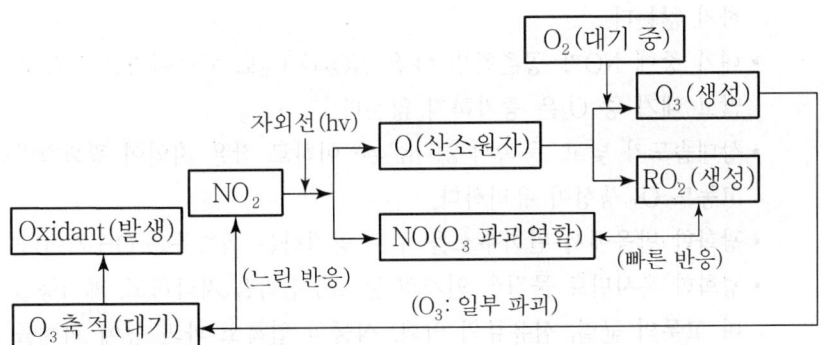

(VOC의 산화로 생성된 RO_2는 O_3를 파괴시키는 NO와 반응하여 O_3 파괴를 방해하는 역할을 하므로 대기 중 O_3은 축적하게 됨)

- 오존은 200~320 nm의 파장에서 강한 흡수가, 450~700 nm에서는 약한 흡수를 나타낸다.
- NO 광산화율이란 탄화수소에 의하여 NO가 NO_2로 산화되는 비율을 뜻하며, ppb/min의 단위로 표현된다.(대기 중 오존농도는 보통 NO_2로 산화되는 NO의 양에 비례하여 증가함)
- 과산화기가 산소와 반응하여 오존이 생성될 수 있다.
- 오존의 탄화수소 산화(반응)율은 원자상태의 산소에 의한 탄화수소의 산화에 비해 상당히 느리게 진행된다.
- 광화학스모그의 형성과정에서 하루 중 농도의 최대치가 나타나는 시간대가 일반적으로 빠른 순서는 NO > NO_2 > O_3이다. 즉, NO와 HC의 반응에 의해 오전 7시경을 전후로 NO_2가 상당한 비율로 발생하기 시작한다.
- 성층권의 오존층이 대부분의 자외선을 차단한 후 대류권으로 들어오는 태양빛의 파장은 280 nm 이상의 파장이다.

- NO에서 NO_2로의 산화가 거의 완료되고 NO_2가 최고 농도에 도달하는 때부터 O_3가 증가되기 시작한다.
- NO_2는 도시대기오염물질 중에서 가장 중요한 태양빛 흡수기체로서 420nm 이상의 가시광선에 의해 NO와 O로 광분해된다.
- 케톤은 파장 300~700 nm에서 약한 흡수를 하여 광분해한다.
- 알데히드(RCHO)는 파장 313 nm 이하에서 광분해하며 일출 후 계속 증가하다가 12시 전후를 기점으로 감소한다. 즉, O_3 생성에 앞서 반응초기부터 생성되며 탄화수소의 감소에 대응한다.
- SO_2는 파장 200~290 nm에서 강한 흡수가 일어나지만 대류권에서는 광분해하지 않는다.
- 대기 중에 NO가 공존하면 O_3은 NO_2와 O_2로 되돌아가므로 O_3은 축적되지 않고 대기 중 O_3은 증가하지 않는다.
- 상대습도가 낮고, 풍속이 2.5 m/sec 이하로 작은 지역이 광화학반응에 의한 고농도 O_3 생성이 유리하다.
- 광화학 반응에서 탄화수소를 주로 공격하는 화학종은 OH 기이다.
- 광화학 옥시던트 물질은 인체의 눈, 코, 점막을 자극하고, 폐기능을 약화시키며 고무의 균열, 섬유류의 약화, 식물의 엽록소 파괴 등에 피해를 준다.
- 정상상태일 경우 오존의 대기 중 오존농도는 NO_2와 NO비, 태양빛의 강도 등에 의해 좌우된다.
- 광화학적 산화반응을 통해 생성된 물질들은 강한 산화반응을 하기 때문에 산화성 스모그, 광화학 스모그, LA형 스모그라고 한다.
- 광화학반응을 통해 생성된 에어로졸은 대부분 황산염류, 질산염류 등으로 가시광선의 파장과 비슷한 크기를 가지기 때문에 미산란(Mie scattering) 효과에 의해 대기의 색깔변화와 가시도를 감소시킨다.
- 휘발성유기화합물(VOC)의 우리나라에서 배출비중이 가장 큰 배출원은 유기용제 사용이다.

Reference | 광화학 Smog 반응

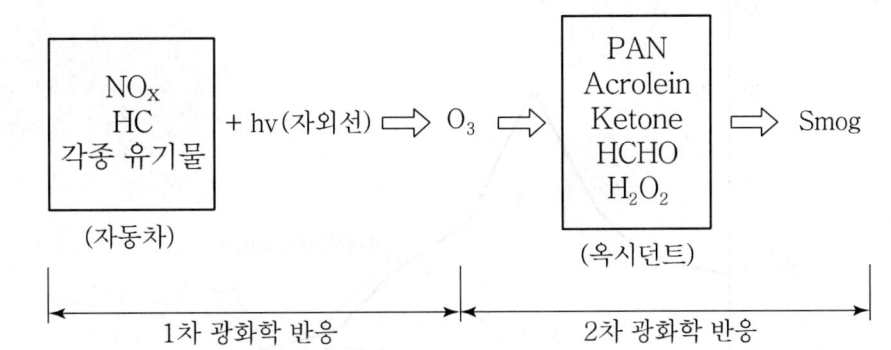

1. 광화학 Smog의 3대 원인 인자
   (1) NO_x(NO_2는 도시대기오염물 중에서 가장 중요한 태양빛 흡수기체)
   (2) HC(올레핀계) : 올레핀계 탄화수소가 광화학 활성이 가장 강함
   (3) 자외선(380~400 nm)

2. 광화학 Smog의 발생조건
   (1) 자외선의 강도가 큰 경우(시간당 일사량이 $5MJ/m^2$ 이상으로 큰 경우)
   (2) 공기의 정체가 크고 대기오염물질의 배출량(NO_x, VOC)이 많은 경우
   (3) 기온역전이 형성된 경우(대기 안정)
   (4) 혼합고가 낮은 경우
   (5) 기압경도가 완만하여 풍속 4m/sec 이하(2.5m/sec 이하)의 약풍이 지속될 경우

3. 광화학 산화제(옥시던트)의 농도에 영향을 미치는 요인
   (1) 빛(자외선)의 강도
   (2) 빛(자외선)의 지속시간
   (3) 반응물의 양
   (4) 대기 안정도(기온역전)

4. 대표적 산화물질(옥시던트)
   (1) PAN   (2) PB_zN
   (3) PBN   (4) PPN
   (5) O_3 (6) H_2SO_4, HNO_3
   (7) Aldehyde   (8) H_2O_2

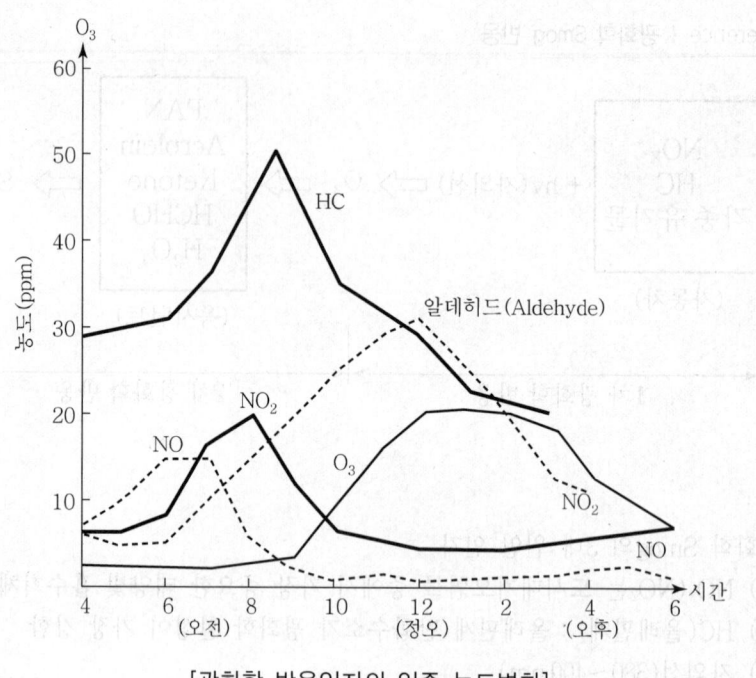

[광화학 반응인자의 일중 농도변화]

(6) 1, 2차 대기오염물질

① 정의
발생원에서 직접 및 대기 중에서 화학반응을 통해 생성되는 물질이다.

② 종류
SO_2, SO_3, NO, NO_2, $HCHO$, H_2SO_4, 케톤(Ketones), 유기산(Organic Acid), 알데히드(Aldehydes) 등

(7) 대기오염물질의 배출업종(배출원)

대기오염물질 배출업의 사업장 분류기준은 대기오염물질의 연간 총발생량으로 한다.

① 아황산가스 : SO_2
  ㉠ 용광로
  ㉡ 제련소
  ㉢ 석탄화력발전소
  ㉣ 펄프제조공장
  ㉤ 황산제조공장
  ㉥ 염료제조공장

② 황화수소 : H_2S
　　㉠ 석유정제　　　　　　　　　　　㉡ 석탄건류
　　㉢ 가스공업(도시가스제조업 포함)　㉣ 형광물질 원료 제조
　　㉤ 하수처리장
③ 암모니아 : NH_3
　　㉠ 비료공업　　　　　　　　　　　㉡ 냉동공업
　　㉢ 나일론 제조공장　　　　　　　　㉣ 표백 및 색소 공장
　　㉤ 암모니아 제조공장
④ 염화수소 : HCl
　　㉠ 소다공업　　　　　　　　　　　㉡ 활성탄 제조
　　㉢ 금속제련　　　　　　　　　　　㉣ 플라스틱 공업
　　㉤ 염산제조　　　　　　　　　　　㉥ 쓰레기소각장(PVC 소각)
⑤ 염소 : Cl_2
　　㉠ 소다공업　　　　　　　　　　　㉡ 농약 제조
　　㉢ 화학공업
⑥ 일산화탄소 : CO
　　㉠ 코크스 제조　　　　　　　　　　㉡ 내연기관(자동차 배기)
　　㉢ 제철공업　　　　　　　　　　　㉣ 탄광공업
　　㉤ 석유화학공업
⑦ 질소산화물 : NO_x
　　㉠ 내연기관(보일러)　　　　　　　㉡ 폭약제조
　　㉢ 비료제조　　　　　　　　　　　㉣ 필름제조
　　㉤ 금속부식　　　　　　　　　　　㉥ 아크
⑧ 불화수소 : HF(불소화합물)
　　㉠ 인산비료공업(화학비료공업)　　㉡ 유리공업
　　㉢ 요업　　　　　　　　　　　　　㉣ 알루미늄공업
⑨ 이황화탄소 : CS_2
　　㉠ 비스코스 섬유공업　　　　　　　㉡ 이황화탄소 제조공장
⑩ 시안화수소 : HCN
　　㉠ 청산제조업　　　　　　　　　　㉡ 가스공업
　　㉢ 제철공업　　　　　　　　　　　㉣ 화학공업
⑪ 포름알데히드 : $HCHO$
　　㉠ 합성수지공업　　　　　　　　　㉡ 피혁제조공업
　　㉢ 포르말린 제조공업　　　　　　　㉣ 섬유공업

⑫ 브롬 : Br$_2$
　㉠ 염료　　　　　　　　　　　㉡ 의약품
　㉢ 농약제조
⑬ 페놀 : C$_6$H$_5$OH
　㉠ 타르공업　　　　　　　　　㉡ 도장공업
　㉢ 화학공업　　　　　　　　　㉣ 의약품
⑭ 벤젠 : C$_6$H$_6$
　㉠ 포르말린 제조　　　　　　　㉡ 도장공업
　㉢ 석유정제
⑮ 비소 : As
　㉠ 화학공업　　　　　　　　　㉡ 유리공업(착색제)
　㉢ 피혁 및 동물의 박제에 방부제로 사용
　㉣ 살충제(과수원의 농약분무작업)
⑯ 카드뮴 : Cd
　㉠ 카드뮴 제련　　　　　　　　㉡ 도금공업
　㉢ 아연제련공업
⑰ 납 : Pb(납화합물)
　㉠ 도가니 제조공장　　　　　　㉡ 건전지 및 축전지 제조공장
　㉢ 고무가공 공장　　　　　　　㉣ 가솔린 자동차 배출가스
　㉤ 인쇄　　　　　　　　　　　㉥ 크레용, 에나멜, 페인트 제조공업
⑱ 아연 : Zn
　㉠ 산화아연 제조　　　　　　　㉡ 금속아연 용융공업
　㉢ 아연도금　　　　　　　　　㉣ 청동의 주조 및 가공
⑲ 크롬 : Cr
　㉠ 크롬산 및 중크롬산 제조공업　㉡ 화학비료공업
　㉢ 염색공업　　　　　　　　　㉣ 시멘트 제조업
　㉤ 피혁제조업
⑳ 니켈 : Ni
　㉠ 석탄화력발전소　　　　　　㉡ 디젤엔진 배기
　㉢ 석면제조　　　　　　　　　㉣ 니켈광산 및 정련
㉑ 구리 : Cu
　㉠ 구리광산 및 제련소　　　　　㉡ 도금공장
　㉢ 농약제조

필수 문제

01 교통밀도가 6,000대/h, 차량평균속도가 95 km/h 인 고속도로상에서 차량 1대의 평균 탄화수소 방출량이 0.2×10^{-2} g/s·대 일 때 고속도로에서 방출되는 총탄화수소의 양(g/s·m)은?

풀이 총탄화수소량(g/s·m)

$$= \frac{6{,}000 \text{대/hr} \times 0.2 \times 10^{-2} \text{g/sec·대}}{95 \times 10^{3} \text{m/hr}} = 1.26 \times 10^{-4} \text{g/sec·m}$$

필수 문제

02 어떤 대기오염 배출원에서 이산화질소를 0.2 %(V/V) 포함한 물질이 30 m³/s 로 배출되고 있다. 1년 동안 이 지역에서 배출되는 이산화질소의 배출량(ton)은 얼마인가? (단, 표준상태를 기준으로 하며, 배출원은 연속가동된다고 한다.)

풀이 이산화질소배출량(ton)
= 30m³/sec × 0.002 × 46kg/22.4m³ × 60sec/min × 60min/hr × 24hr/day × 365day/year
= 3,885,685kg × ton/1,000kg = 3,885.69ton

필수 문제

03 체적이 100 m³ 인 복사실의 공간에서 오존(O_3)의 배출량이 분당 0.2 mg 인 복사기를 연속 사용하고 있다. 복사기 사용 전 실내 오존의 농도가 0.13 ppm 이라고 할 때, 2시간 30분 사용 후 복사실의 오존농도(ppb)는?(단, 0℃, 1기압 기준, 환기 없음)

풀이 오존의 농도 = 복사기 사용 전 농도 + 복사기 사용으로 증가된 농도

사용 전 농도 = 0.13ppm × 10³ppb/ppm = 130ppb

사용으로 증가된 농도

$$= \frac{0.2 \text{mg/min} \times 150 \text{min} \times 22.4 \text{mL}/48 \text{mg}}{100 \text{m}^3} = 0.14 \text{ppm}(140 \text{ppb})$$

= 130 + 140 = 270ppb

필수 문제

04 120m³인 복사실에서 오존배출량이 분당 240μg인 복사기를 연속사용하고 있다. 이 복사기를 사용하기 전의 실내오존의 농도가 196μg/Nm³ 라고 할 때, 6시간 사용 후 복사실의 오존농도(ppb)는?(단, 0℃, 1기압, 환기 없음)

풀이

오존의 농도 = 복사기 사용 전 농도 + 복사기 사용으로 증가된 농도

사용 전 농도 = 196μg/Nm³

사용으로 증가된 농도

$$= \frac{240\mu g/min \times 6hr \times 60min/hr}{120m^3} = 720\mu g/Nm^3$$

$$= 196 + 720 = 916\mu g/Nm^3$$

$$= 916\mu g/Nm^3 \times \frac{22.4mL}{48mg} \times 1mg/10^3\mu g$$

$$= 0.42746ppm \times 10^3 ppb/ppm = 427.47ppb$$

학습 Point

① 2차 대기오염물질 내용 숙지
② 광화학 smog반응 내용 숙지
③ 광화학 반응인자의 일중 농도변화 숙지
④ 대기오염물질 배출업종 내용 숙지

07 대기 복사에너지

(1) 태양에너지
① 태양에너지는 지구상에 미치는 에너지의 근원이다.
② 태양은 고온의 가스로 구성되어 있고 계속적인 핵융합으로 에너지가 생성된다.
③ 태양의 평균 표면온도는 약 6,000 °K 정도이다.
④ 태양복사는 우주공간을 방사선 형태로 퍼져나가며 그 강도는 거리의 2승에 반비례하여 감소한다(거리의 역이승 법칙).
⑤ 태양복사에너지의 세기는 가시광선 영역에서 가장 강하고, 0.5 μm의 파장에서 최대에너지를 방출한다.

(2) 태양상수
① 정의
지구의 대기권 밖에서 햇빛(태양광선)에 수직인 1 cm²의 면적에 1분 동안 들어오는 태양복사에너지의 양을 말한다.
② 태양상수의 값
2 cal/cm² · min(1,380 W/m²)
③ 지표에 도달하는 태양복사에너지(E)
지표면 1 cm²의 면적이 1분 동안 받는 평균복사에너지

$$E = \frac{1분\ 동안에\ 받는\ 총에너지}{전\ 지구의\ 표면적} = \frac{\pi R_e^2 I}{4\pi R_e^2} = \frac{I}{4}$$
$$= 0.5\ cal/cm^2 \cdot min$$

여기서, R_e : 지구 반지름
I : 태양상수

(3) 태양고도

$$\sin\alpha = \sin\phi \cdot \sin\delta + \cos\phi \cdot \cos\delta \cdot \cos h$$

여기서, α : 지구상 어떤 지점의 태양고도각
ϕ : 지구상 어떤 지점의 위도
δ : 태양의 적위
h : 시간각

> **Reference | 지표상에 도달하는 일사량 변화에 영향을 주는 요소**
> ① 태양 입사각의 변화
> ② 계절
> ③ 대기의 두께(optical air mass)

(4) 복사

① 전자기파
   ㉠ 복사는 전자기파 형태로 에너지(열)가 매질을 통하지 않고 고온에서 저온의 물체로 직접 전달되므로 진공상태(매질이 없음)인 우주공간상에서도 전달될 수 있다.
   ㉡ 전자기파의 파장범위는 매우 넓으며 단파장(X-선)에서 장파장(AM전파)까지 매우 다양하나 물리적인 성질(전달속도, 회절, 굴절, 반사)은 동일하다.
   ㉢ 대기 중에서의 복사는 보통 0.1~100 μm 파장영역에 속한다.
   ㉣ 대기 복사파장 영역 중 인간이 느낄 수 있는 가시광선은 보라색인 0.36 μm~붉은색인 0.75 μm까지이다.

② 흑체
   ㉠ 입사된 복사에너지를 완전히 흡수하는 가장 이상적인 물체를 흑체(Black Body)라 한다.
   ㉡ 지구상에 존재하는 물체의 복사 특성은 흑체와 유사하다고 간주한다.
   ㉢ 주어진 온도에서 이론상 최대에너지를 복사하는 물체를 흑체라고 한다.

③ 스테판-볼츠만의 법칙(Stefan-Boltzmann's Law)
   ㉠ 정의
      복사에너지 중 파장에 대한 에너지 강도가 최대가 되는 파장과 흑체의 표면온도의 관계를 나타내는 법칙 즉, 흑체 복사를 하는 물체에서 방출되는 복사강도는 그 물체의 절대온도의 4승에 비례한다.
   ㉡ 관련식
      흑체 표면의 단위면적으로부터 단위시간에 방출되는 전파장의 복사에너지의 양(흑체의 전복사도) E는 흑체의 절대온도 4승에 비례한다.

$$E = \sigma T^4$$

여기서, E : 흑체 단위표면적에서 복사되는 에너지
T : 흑체의 표면 절대온도
σ : 스테판-볼츠만 상수(5.67×10^{-8} W/m² · K⁴)

필수 문제

01 스테판-볼츠만의 법칙에 의할 때 표면온도가 1,000 K 에서 2,000 K 가 되었다면 흑체에서 복사되는 에너지는 몇 배가 되는가?

풀이

$E = \sigma T^4$ 이므로

$\left(\dfrac{T_2}{T_1}\right)^4 = \left(\dfrac{2,000}{1,000}\right)^4 = 16$ 배

필수 문제

02 도시지역이 시골지역보다 태양의 복사열량이 10% 감소한다고 한다. 도시지역의 지상온도가 250 K일 때 시골지역의 지상온도는 얼마나 되겠는가?(단, 스테판-볼츠만의 법칙을 이용함)

풀이

$E = \sigma \times T^4$
우선 도시지역의 복사에너지를 구함
  $E = (5.67 \times 10^{-8}) \times 250^4 = 221.48$ (W/m²)
시골지역의 복사에너지
  $E = 221.48 \times 1.1 = 243.63$ (W/m²)
시골지역의 지상온도
  $243.63 = (5.67 \times 10^{-8}) \times T^4$
  $T^4 = 4,296,825,000$ K
  $T = 256.03$ K

④ 비인의 변위법칙(Wiens Displacement Law)
  ㉠ 정의
    최대에너지 파장과 흑체 표면의 절대온도와는 반비례함을 나타내는 법칙으로 파장의 길이가 작을수록 표면온도가 높은 물체이다.
  ㉡ 관련식

$$\lambda_m = \frac{a}{T} = \frac{2,897}{T}$$

    여기서, λ_m : 복사에너지 중 파장에 대한 에너지강도가 최대가 되는 파장(μm)
           T : 흑체의 표면온도(K)
           a : 비례상수

⑤ 플랑크의 법칙(Planck's Distribution Law of Emission)
  ㉠ 정의
    흑체로부터 복사되는 에너지강도를 표면온도와 파장의 함수로 나타내며 방정식으로 표현된다.
  ㉡ 관련식
    흑체에서 복사되는 에너지 중 파장 λ와 $\lambda + \Delta\lambda$ 사이에 들어 있는 에너지량을 E_λ라 하면

$$E_\lambda = C_1 \lambda^{-5} [\exp(C_2/\lambda T) - 1]^{-1}$$

$$E_\lambda = h\nu = h\frac{C}{\lambda}$$

    여기서, E_λ : 파장이 λ인 복사에너지의 에너지 강도
           T : 흑체의 표면온도(K)
           C : 빛의 속도(3.0×10^8 m/sec)
           h : Planck's 상수
           V : 진동수
           C_1, C_2 : 상수

  ㉢ 타 법칙과의 관계
    ⓐ 플랑크의 방정식을 적분 : 스테판 볼츠만의 법칙 확인가능(흑체에서 방출되는 총복사에너지는 표면온도의 4승에 비례

ⓑ 플랑크의 방정식을 미분 : 비인의 변위법칙 확인가능(최대에너지 파장은 표면온도에 반비례)

> **Reference | 키르히호프의 법칙**
>
> ① 열역학평형 상태하에서는 어떤 주어진 온도에서 매질의 방출계수와 흡수계수의 비는 매질의 종류에 관계없이 온도에 의해서만 결정된다는 법칙이다.
> ② 복사를 흡수하는 성질이 있는 물체에는 반드시 복사를 방출하는 성질이 있다는 것과, 또 복사를 완전히 흡수하는 물체는 그 온도에서 가능한 최대의 복사를 방출하는 물체라는 것을 나타낸다.
> ③ 주어진 온도에서 어떤 물체의 파장 λ의 복사선에 대한 흡수율은 동일온도와 파장에 대한 그 물체의 복사율과 같다.
> ④ 이 법칙은 국소적 열역학 평형에 대해서도 확장된다.

(5) 복사평형

지구가 흡수하는 태양복사에너지와 지구표면에서 방출되는 지구복사에너지가 평형상태를 이루어 지구의 평균기온이 일정하게 유지된다는 의미이다.

① 태양복사 및 지구복사
  ㉠ 태양복사
    ⓐ 파장 0.5 μm 정도에서 복사속밀도 값이 최대(0.4~0.7 μm의 파장범위에 43% 분포)
    ⓑ 단파복사(태양은 표면온도가 약 6,000 K 정도로 높아 파장이 짧은 복사에너지를 많이 방출)
  ㉡ 지구복사
    ⓐ 파장 14 μm 정도에서 복사속밀도 값이 최대(2.5~25 μm의 파장범위에 95% 분포)
    ⓑ 장파복사(지구는 표면온도가 288 K 정도로 낮아 파장이 긴 복사에너지를 많이 방출)
② 비어의 법칙(Beer-Lambert's Law)
  ㉠ 정의
     어떤 매질을 통과하는 빛의 복사속밀도는 통과한 거리에 따라 지수적으로 감소함을 나타내는 법칙이다.

ⓒ 관련식

대기층을 통과하는 동안의 태양복사의 감쇄는 K(감쇄계수), ρ(매질밀도), S(통과거리)에 좌우되며 K는 대기층의 조성물질의 성분에 영향을 받는다.

$$I = I_0 \exp(-K\rho S)$$

여기서, I : 매질로 입사 후 빛의 복사 속 밀도
I_0 : 매질로 입사 전 빛의 복사 속 밀도
K : 감쇄계수
ρ : 매질의 밀도
S : 통과거리

③ 대기의 흡수

㉠ 지표면에서 측정된 태양복사에너지는 적외선 파장 영역에서 강한 흡수대를 나타내며 이는 주로 수증기에 의한 흡수이다.
㉡ 파장이 작은 자외선(0.31 μm 〉)은 산소분자 및 오존에 의해 거의 모두 흡수된다.
㉢ 파장이 긴 가시광선 영역에서는 흡수가 아주 적게 나타난다.
㉣ 지구복사의 흡수는 수증기와 탄산가스(CO_2)가 가장 큰 역할을 하며 수증기에 의한 흡수는 적외선 영역, CO_2는 2.5~3 μm, 4~5 μm의 파장영역에 대해서 이루어진다.
㉤ 대기의 창(Atmospheric Window)
대기에 의한 흡수가 약하여 8~12 μm의 파장영역의 복사는 대기에 의하여 거의 흡수되지 않고 지구대기권을 그대로 통과하는데 이 파장영역을 대기의 창이라 한다.

④ 산란

㉠ 개요

ⓐ 지구대기 중에서 광선이 기체분자 및 에어로졸에 부딪쳐 여러 방향으로 퍼져나가게 되는 현상이며 산란의 세기는 입사되는 빛의 파장(λ)에 대한 입자크기(반경)의 비에 의해 결정된다.
ⓑ 빛을 입자가 들어있는 어두운 상자 안으로 도입시킬 때 산란광이 나타나며 이것을 틴달빛이라고 한다.
ⓒ 입자에 빛이 조사될 때 산란의 경우, 동일한 파장의 빛이 여러 방향으로 다른 강도로 산란되는 반면, 흡수의 경우는 빛에너지가 열, 화학반응의 에너지로 변환된다.
ⓓ Mie 산란의 결과는 모든 입경에 대하여 적용되나, Rayleigh 산란의 결과는 입사빛의 파장에 대하여 입자가 대단히 작은 경우에만 적용된다.

㉡ 레일라이 산란(Rayleigh Scattering)

ⓐ 빛의 산란강도는 광선 파장의 4승에 반비례한다는 법칙으로 Rayleigh는 "맑은 하늘 또는 저녁 노을은 공기분자에 의한 빛의 산란에 의한 것"이라는 것을 발견하였다.

ⓑ 입자의 반경이 입사광선의 파장보다 훨씬 작은 경우에 산란효과가 뚜렷하게 나타난다. 즉, 산란을 일으키는 입자의 크기가 전자파 파장보다 훨씬 작은 경우에 일어난다.(레일라이 산란은 [파장/입자직경]가 10보다 클 때 나타나는 산란현상, 즉 전자기파가 그 파장의 1/10 이하의 반지름을 가지는 입자에 의해 산란되는 현상)
ⓒ 입자의 반경이 작을수록 산란이 더 잘 일어난다.
ⓓ 맑은 날 하늘이 푸르게 보이는 이유는 태양광선의 공기에 의한, 즉 레일리 산란 특성에 의해 파장이 짧은 청색광이 긴 적색광보다 더욱 강하게(많이) 산란되기 때문이다. 즉, 레일라이산란에 의해 가시광선 중에서는 청색광이 많이 산란되고 적색광이 적게 산란된다.

ⓒ 미산란(Mie Scattering)
ⓐ 광선이 파장과 이를 산란시키는 입자의 반경이 같은 경우에 산란효과가 뚜렷하게 나타난다.(입자의 크기가 빛의 파장과 거의 같거나 큰 경우에 나타나는 산란)
ⓑ 태양복사에너지는 지표면에 도달하기 전에 대기 중에 있는 여러 물질에 의해 산란되어 그 양이 줄어들게 된다. 특히 대기 중의 먼지나 입자의 직경이 전자파의 파장과 거의 같은 크기의 경우, 하늘은 백색이나 뿌옇게 흐려져 일사량의 감소를 초래하며 간접적으로 대기오염도를 예측할 수 있는데 이와 같은 현상을 미산란이라 한다.
ⓒ 광화학 반응에 의해 생성된 물질은 미산란 효과에 의해 대기의 파장변화와 가시도의 감소를 초래한다.

⑤ 알베도(Albedo)
지구지표의 반사율을 나타내는 지표. 즉 알베도는 입사에너지에 대하여 반사되는 에너지의 의미며 지표면 상태 중 일반적으로 얼음이 알베도가 가장 크다.

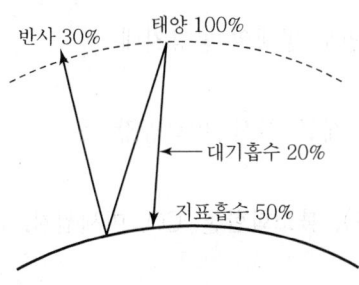

반사하는 30%를 반사율 또는 알베도라 한다.

 학습 Point

① 태양상수 내용 숙지 ② 스테판-볼츠만의 법칙 내용 숙지
③ 플랑크의 법칙 내용 숙지 ④ 레일라이 및 미산란 내용 숙지
⑤ 알베도 내용 숙지

08 대기오염사건

(1) 크라카타우섬 사건

① 발생연도

1883년

② 발생장소

인도네시아 Krakatau 섬

③ 원인

대분화가 발생(유황 포함 유해가스) : 화산폭발사건

④ 피해

그 지역 주민에게 막대한 건강에 대해 피해 야기

⑤ 특징

자연적인 대기오염 사건

(2) 뮤즈계곡 사건

① 발생연도

1930년 12월

② 발생장소

벨기에 Meuse Valley

③ 환경조건

분지, 무풍, 기온역전, 연무 발생의 공장지대

④ 원인

금속, 발전, 유리, 아연, 제철, 황산, 비료공장 등

⑤ 원인물질

SO_2, H_2SO_4(황산미스트), 불소화합물, CO, 미세입자, 금속산화물 등

⑥ 피해

㉠ 약 60여 명의 사망자(평상시 사망자 수의 10배) 및 전 연령층에서 급성호흡기 자극성 증상의 환자 발생

㉡ 식물, 조류에 치명적인 영향을 미침

㉢ 급성호흡기 자극성 질환, 심장과 폐의 만성질환

⑦ 특징

최초의 인위적인 대기오염사건

(3) 도쿄 요꼬하마 사건

① 발생연도

1946년 겨울

② 발생장소

도쿄 요꼬하마 공업지역

③ 환경조건

무풍, 농연무의 공업지역

④ 원인물질

원인불명이나 도쿄 요꼬하마 공업지역 공장의 배출가스로 추정

⑤ 피해

심한 천식환자 발생

(4) 도노라 사건

① 발생연도

1948년 10월

② 발생장소

미국 펜실베니아주의 공업도시인 Donora

③ 환경조건

분지, 무풍, 기온역전, 연무의 공업지역

④ 원인

제철, 전선, 아연, 황산공장

⑤ 원인물질

SO_2, 황산 mist, NO_x, 미세입자

⑥ 피해

㉠ 18명 사망

㉡ 약 6,000명의 심폐증 환자발생(인구 14,000명 중 43% 발생)

(5) 포자리카 사건
① 발생연도
  1950년 11월
② 발생장소
  멕시코의 공업단지인 Poza Rica
③ 환경조건
  기온역전, 지상형 분지, 안개
④ 원인
  공장의 부주의로 인한 누출사고
⑤ 원인물질
  H_2S
⑥ 피해
  • 22명 사망
  • 320명 급성중독(기침, 호흡곤란, 점막자극)

(6) 런던 Smog 사건
① 발생연도
  1952년 12월
② 발생장소
  영국 London
③ 환경조건
  기온역전(복사성 역전), 하천평지, 무풍, 연무, 높은 습도, 대도시
④ 원인
  가정난방용 및 화력발전소의 석탄연소
⑤ 원인물질
  SO_2, 분진(부유먼지), 에어로졸 등
⑥ 피해
  ㉠ 3주 동안 4,000명, 2개월 동안 8,000명 사망
  ㉡ 전 연령층에 만성기관지염, 천식, 기관지 확장증, 폐섬유증 등
⑦ 특징
  최대의 사망자수를 기록한 대기오염사건

(7) 로스앤젤레스 Smog 사건

① 발생연도
   1954년 7월부터 여름
② 발생장소
   미국 Los Angeles
③ 환경조건
   기온역전, 해안분지, 백색연무, 급격한 인구증가(대도시) 등
④ 원인
   자동차 증가에 따른 석유계 연료소비(자동차배출가스의 광화학반응)
⑤ 원인물질
   CO, CO_2, SO_3, NO_2, 올레핀계 탄화수소, 광화학적 산화물(알데히드, 아크로레인, 오존, PAN 등) 형성
⑥ 피해
   ㉠ 눈, 코, 기도, 폐의 지속적 점막 자극
   ㉡ 고무제품 균열 및 건축물 손상에 따른 재산상 손실
   ㉢ 일상생활의 불쾌감 야기

[London Smog와 LA Smog의 비교]

구분	London 형(1952년)	LA 형(1954년)
특징	Smoke+Fog의 합성	광화학작용(2차성 오염물질의 스모그 형성)
반응·화학반응	• 열적 환원반응 • 연기+안개 → 환원형 Smog	• 광화학적 산화반응 • $HC + NO_x + h\nu$ → 산화형 Smog
발생시 기온	4℃ 이하	24℃ 이상(25~30℃)
발생시 습도	85% 이상	70% 이하
발생시간	새벽~이른 아침, 저녁	주간(한낮)
발생 계절	겨울(12~1월)	여름(7~9월)
일사량	없을 때	강한 햇빛
풍속	무풍	3m/sec 이하
역전 종류	복사성 역전(방사형) : 접지역전	침강성 역전(하강형)
주오염 배출원	• 공장 및 가정난방 • 석탄 및 석유계 연료의 연소 • 원인물질 : SO_2, 부유먼지	• 자동차 배기가스 • 석유계 연료의 연소 • 원인물질 : NO_x, O_3, PAH, HC
시정거리	100m 이하	1.6~0.8km 이하
Smog 형태	차가운 취기가 있는 농무형	회청색의 농무형
피해	• 호흡기 장애, 만성기관지염, 폐렴 • 심각한 사망률(인체에 대해 직접적 피해)	• 점막자극, 시정악화 • 고무제품 손상, 건축물 손상

Reference | 방사성 역전

밤과 아침 사이에 지표면이 냉각되어 공기온도가 낮아지기 때문에 발생. 즉 지표에 접한 공기가 그보다 상공의 공기에 비하여 더 차가워져 생기는 현상

Reference | 침강성 역전

고기압권에서 공기가 하강하여 기온이 단열압축으로 승온되어 발생하는 현상이며, 넓은 범위에 걸쳐 시간에 무관하게 장기적으로 지속됨

(8) 세베소 사건

① 발생연도

1976년 7월

② 발생장소

이탈리아 세베소시 농약제조회사

③ 원인

농약제조공장에서 다량의 유독성 가스 누출

④ 원인물질

염소가스, 다이옥신(Dioxins)

⑤ 피해

수백 마리 동물이 죽거나 병들고 사람들에게 피부병을 유발함

(9) 보팔 사건

① 발생연도

1984년 12월

② 발생장소

인도의 Bhopal

③ 원인

살충제(비료) 공장(유니온 카바이드사)에서 유독가스 1시간 누출

④ 원인물질

메틸이소시아네이트 : Methyl Iso Cyanate (MIC ; CH_3CNO)

⑤ 피해

약 1,200~2,500명 사망 및 2만 명 이상 응급조치

(10) 체르노빌 사건

① 발생연도

1986년 4월

② 발생장소

우크라이나공화국의 체르노빌 원자력 발전소

③ 원인

원자로 제4호기 폭발(멜팅다운)

④ 원인물질
  방사성 물질(방사능)
⑤ 피해
  수천~수만 명의 환자 및 난민 발생 추정

> **Reference**
> 뮤즈계곡사건, 도노라사건 및 런던스모그의 공통적인 주요대기오염 원인물질은 SO_2이며 환경조건은 무풍, 기온역전이다.

> **학습 Point**
> London, LA형 Smog 내용 비교 숙지

09 실내공기오염

(1) 개요
① 실내공기오염이란 주택, 공공건물, 지하시설물, 병원, 교통수단 등의 다양한 실내공간의 공기가 오염된 상태를 의미한다.
② 실내공기오염은 매우 복합적인 원인(온열환경요소인 온도·습도·기류·복사열과 가스성분인 일산화탄소·이산화탄소·질소산화물 및 부유분진, 미생물)에 의해 발생되며, 실외대기오염보다 인체에 미치는 영향이 더욱 중요하다는 사실을 인식하지 못하는 현실이다.
③ 실내공기오염의 지표물질은 이산화탄소이다.

(2) 실내오염의 주요원인(주요 배경)
① 인구의 밀집화
② 실내생활화(1일 약 80% 이상 실내생활)
③ 실내공간의 밀집화
④ 건물의 밀폐화로 인한 오염된 공기순환

(3) 실내공기환경에 미치는 영향요소
① 물리적 요소
   온도, 습도, 풍속 등
② 화학적 요소
   일산화탄소, 질소산화물, 담배연기 등
③ 생물학적 요소
   세균, 바이러스 등

> **Reference**
> 실내공기오염의 지표라는 관점에서 볼 때 세균의 위험성은 그 자체의 병원성보다 오히려 세균의 수가 문제시되는 경우가 많다.

(4) 실내오염물질의 발생원 분류 및 특징

① 분류
  ㉠ 가스상 물질
    ⓐ 라돈(Rn) : 건축재료, 물, 나무
    ⓑ 포름알데히드(HCHO) : 가구류, 담배연기, 각종 절연재료
    ⓒ NH_3 : 대사작용
    ⓓ VOC : 용제류, 접착제, 화장품
    ⓔ PAH : 담배연기
  ㉡ 입자상 물질
    ⓐ 석면 : 절연재료, 각종 난연성 물질
    ⓑ 먼지(PM) : 방향제
    ⓒ 알레르기 : 진드기, 애완동물의 털

② 대표적 실내공기 오염물질 특징
  ㉠ 라돈(Radon) : Rn
    ⓐ 주기율표에서 원자번호가 86번으로, 화학적으로 불활성 물질(거의 반응을 일으키지 않음)이며 흙 속에서 방사선 붕괴를 일으키는 지구상에서 발견된 약 70여 가지의 자연방사능 중 하나의 물질이다.
    ⓑ 무색, 무취로 사람이 매우 흡입하기 쉬운 기체로 액화되어도 색을 띠지 않는 물질이며, 토양, 콘크리트, 대리석, 지하수, 건축자재 등으로부터 공기 중으로 방출된다.
    ⓒ 자연계에 널리 존재하며, 주로 건축자재를 통하여 인체에 영향을 미치고 있다.
    ⓓ 자연계의 물질 중에 함유된 우라늄-238 계열의 연속붕괴과정에서 만들어진 라듐-226의 괴변성 생성물질로서 인체에 폐암을 유발시키는 오염물질이다(라듐의 핵분열시 생성되는 물질이 라돈임).
    ⓔ 우라늄과 라듐은 Rn-222의 발생원에 해당하며, Rn-222의 반감기는 3.8일이며, 그 낭핵종도 같은 종류의 알파선을 방출하지만 화학적으로는 거의 불활성이다.
    ⓕ 라돈은 공기에 비하여 약 9배 무거워 지하공간에서 농도가 높게 나타나며 농도 단위는 PCi/L(Bq)를 사용한다.(1 PCi/L = 37 Bq/m³)
    ⓖ 라돈의 α붕괴에 의하여 미세입자 상태인 라돈의 딸핵종(낭핵종)이 생성되어 호흡기로 현저히 흡입 시 폐포 및 기관지에 부착되어 α선을 방출하여 폐암을 유발한다.
  ㉡ 포름알데히드(HCHO)
    ⓐ 상온에서 자극성 냄새를 갖는 가연성 무색 기체로 폭발의 위험성이 있으며 비중은 약 1.03이며, 합성수지공업, 피혁공업 등이 주된 배출업종이다.
    ⓑ VOC의 한 종류로 가장 일반적인 오염물질 중 하나이고, 건물 내부에서 발견되

는 오염물질 중 가장 심각한 오염물질이다.
ⓒ 환원성이 강한 물질이며 산화시키면 포름산이 되고 물에 잘 녹고 40% 수용액을 포르말린이라 한다.
ⓓ 방부제, 옷감, 잉크, 페놀수지의 원료로서 발포성 단열재, 실내가구, 가스난로의 연소, 광택제, 카펫, 접착제 등의 새 자재에서 주로 방출되며, 살균·방부제 등으로 이용된다.
ⓔ 인체흡수 경로상 호흡기에 의한 흡입에 의한 독성이 가장 강하며, 농도 1 ppm 이하에서 눈, 코 등의 자극증상과 피부질환, 구토, 정서불안정 증상을 나타낸다.
ⓕ 피부, 눈 및 호흡기계에 강한 자극효과를 가지며 폐수종(급성폭로시)과 알레르기성 피부염 및 직업성 천식을 야기한다.

ⓒ 석면 : Asbestos
ⓐ 석면은 자연계에서 산출되는 길고, 가늘며, 강한 섬유상 물질로서 굴절성, 내열성, 내압성, 절연성, 불활성이 높고 산·알칼리 등 화학약품에 대한 저항성이 강하다.(석면이나 광물성 섬유들은 장력강도와 열 및 전기적인 절연성이 크고, 화학적으로 분해가 잘 되지 않음)
ⓑ 광물성 규산염의 총칭이며 사문석, 각섬석이 지열 및 지하수의 작용으로 인하여 섬유화된 것이다.
ⓒ 석면의 발암성은 청석면(크로시돌라이트)>갈석면(아모사이트)>온석면 순이다.
ⓓ 석면은 얇고 긴 섬유의 형태로서 규소, 수소, 마그네슘, 철, 산소 등의 원소를 함유하며 그 기본구조는 산화규소(SiO_2)의 형태를 취한다.
ⓔ 슬레이트, 보온재, 단열재, 페인트의 첨가제, 브레이크 라이닝의 원료로 사용된다.
ⓕ 건물이 낡은 경우나 해체공사 시에는 석면먼지가 공기 중에 부유하므로 노동재해의 중요한 요인으로 간주되기도 한다.
ⓖ 석면폐, 기관지염, 호흡곤란 등 폐기능 장해가 인정되며 폐암, 중피종암, 늑막암, 위암을 발생시킨다.
ⓗ 석면의 공업적 생산 및 소비량은 백석면인 사문석 계통이 가장 많고 청석면, 갈석면의 각섬석 계통이 적다.
ⓘ 석면에 폭로되어 중피종이 발생되기까지의 기간은 일반적으로 폐암보다는 긴 편이나 20년 이하에서 발생하는 예도 있다.
ⓙ 석면의 유해성은 청색면이 백색면보다 강하다.
ⓚ 미국에서 가장 일반적인 것으로는 크리소타일(백석면)이 있다.

Reference | 석면의 종류 및 특성

그룹	종류	화학식	특성	주요성분 Si Mg Fe
사문석 Serpentine	크리소타일 (백석면) Chrysotile	$Mg_3(Si_2O_5)(OH)_4$ 흰색	• 가늘고 부드러운 섬유 • 휨 및 인장강도 큼 • 가장 많이 사용(미국에서 발견되는 석면 중 95% 정도) • 내열성 (500℃에서 섬유조직하에 결정 생성) • 가직성 • 광택은 비단광택이고 경도는 2.5이다.	40 38 2
각섬석 Amphibole	아모사이트 (갈석면) Amosite	$(FeMg)SiO_3$ 밝은 노란색	• 취성 및 고내열성 섬유 • 내열성, 내산성, 가직성 없음	50 2 40
	크로시도라이트 (청석면) Crocidolite	$Na_2Fe(SiO_3)_2$ $FeSiO_3H_2O$ 청색	• 석면광물 중 가장 강함, 취성 • 내열성, 내산성, 부분적 가직성	50 - 40
	안소필라이트 Anthophylite	$(MgFe)_7Si_8O_{22}(OH)_2$ 밝은 노란색	• 취성 흰색섬유 • 거의 사용치 않음	58 29 6
	트레모라이트 Tremolite	$Ca_2Mg_5Si_8O_{22}(HO)_2$ 흰색	거의 사용치 않음	55 15 2
	악티노라이트 Actinolite	$CaO_3(MgFe)O_4SiO_2$ 흰색	거의 사용치 않음	55 15 2

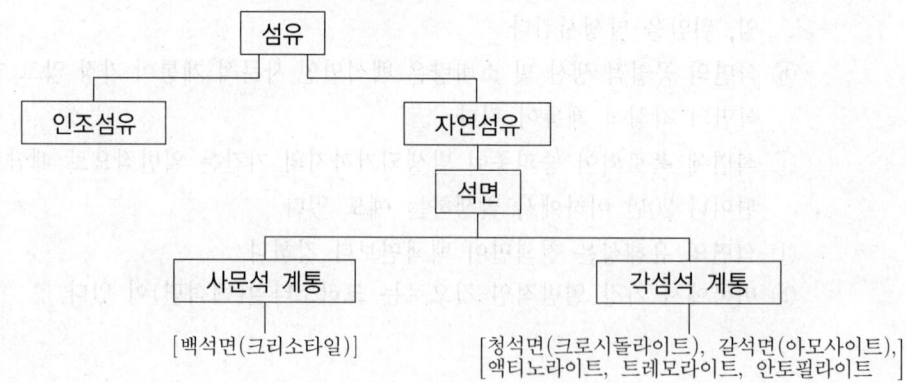

[석면의 구분]

- 석면폐증(Asbestosis)
    ① 석면을 취급하는 작업에 4~5년 종사시 폐하엽부위에 다발하며 흉막을 따라 폐중엽이나 설엽으로 퍼져가며 주로 폐하엽에서 발생한다.
    ② 흡입된 석면섬유가 폐의 미세기관지에 부착하여 기계적인 자극에 의해 섬유증식증이 진행되며 폐의 석면분진 침착에 의한 섬유화이며, 흉막의 섬유화와는 무관하다.
    ③ 석면분진의 크기는 길이가 5~8 μm보다 길고, 두께가 0.25~1.5 μm보다 얇은 것이 석면폐증을 잘 일으킨다.
    ④ 인체에 대한 영향은 규폐증과 거의 비슷하지만 구별되는 증상으로 폐암을 유발시킨다(결정형 실리카가 폐암을 유발하며 폐암발생률이 높은 진폐증).
    ⑤ 폐암, 중피종암, 늑막암, 위암 등을 일으킨다.
    ⑥ 석면폐증의 용혈작용은 석면 내의 Mg에 의해서 발생되며 적혈구의 급격한 증가증상이다.
    ⑦ 비가역적이며, 석면노출이 중단된 후에 악화되는 경우도 있다.
    ⑧ 폐의 석면화(섬유화)는 폐조직의 신축성을 감소시키고, 가스교환능력을 저하시키므로 결국 혈액으로의 산소공급이 불충분하게 된다.

- 규폐증(Silicosis)
    ① 규폐증은 결정형 규소(암석 : 석영분진)에 직업적으로 노출된 근로자에게 발생하는 진폐증의 일종이다.
    ② 유리규산(SiO_2) 분진 흡입으로 폐에 만성섬유증식이 나타난다.
    ③ 유리규산(석영) 분진에 의한 규폐성 결정과 폐포벽 파괴 등 망상내피계 반응은 분진입자의 크기가 2~5 μm일 때 자주 일어난다.
    ④ 폐결핵을 합병증으로 폐하엽부위에 많이 생긴다.

ㄹ) 휘발성 유기화합물 : VOC
  ⓐ 전 지구적으로 볼 때 자연에서 발생하는 생물학적 NMHC(Non Methane Hydrocarbon) 발생량이 인위적인 NMHC 발생량보다 많다.
  ⓑ 일반적 의미의 휘발성 유기화합물은 NMHC, 할로겐족 탄화수소화합물, 알코올, 알데히드, 케톤 같은 산소결합 탄화수소화합물들을 내포한다.
  ⓒ 자연적인 휘발성 유기화합물은 대류권의 오존생성 및 지구온난화 등과도 관련이 있다.
  ⓓ VOC의 발생원은 건축재료, 페인트, 세탁용 용제, 살충제, 가솔린 제조, 접착제

등이 있으며 우리나라의 경우 최근 총배출량으로 가장 큰 부분 배출원은 유기용제 사용이다.
ⓔ VOC의 주요오염물질은 벤젠, 톨루엔, 크실렌, 에틸렌, 펜타클로로벤젠, 디클로로벤젠 등이 있다.
ⓕ 유기용제(주 : 벤젠, 톨루엔, 크실렌)는 피부로 흡수되기 쉬우며 휘발성이 커 호흡기를 통한 흡수로 중독을 일으키기 쉽다.
ⓖ 방향족 유기용제로 고농도, 장시간 노출되면 피로감, 정신착란, 현기증 등의 증상이 나타나고 암을 유발하기도 한다.
ⓗ 벤젠은 상온, 상압에서 무색의 휘발성 액체이며, 끓는점은 약 80℃ 정도이고, 인화성이 강하다.
ⓘ 벤젠은 호흡기를 통해 약 50% 정도 흡수되며, 장기간 폭로시 혈액장애, 간장장애를 일으키고 재생불량성 빈혈, 백혈병을 유발시킨다.
ⓙ 톨루엔은 무색액체이며, 끓는점은 약 111℃ 정도이고, 휘발성이 강하고 그 증기는 폭발성이 있다.
ⓚ 톨루엔은 방향족 탄화수소 중 급성 전신중독을 유발하는데 독성이 가장 강한 물질이며 벤젠보다 더 강하게 중추신경계의 억제재로 작용한다.

> **Reference**
>
> 실내공기오염의 지표라는 관점에서 볼 때 세균의 위험성은 그 자체의 병원성보다 오히려 세균의 수가 문제시되는 경우가 많다.

(5) 실내공기오염 관련 질환

① 빌딩증후군(SBS ; Sick Building Syndrome)
  ㉠ 빌딩 내 거주자가 밀폐된 공간에서 유해한 환경에 노출되었을 때 눈, 피부, 상기도의 자극, 피부발작, 두통, 피로감 등과 같이 단기간 내에 진행되는 급성적인 증상을 말한다.
  ㉡ 점유자들이 건물에서 보내는 시간과 관계하여 특별한 증상이 없이 건강과 편안함에 영향을 받는 것을 말한다.
  ㉢ 빌딩증후군 증상은 건물의 특정 부분에 거주하는 거주자들에게 나타날 수도 있고, 또 건물 전체에 만연되어 있을 수 있으며, 인공적인 공기조절이 잘 안 되고 실내공기가 오염된 상태에서 흡연에 의한 실내공기오염이 가중되고 실내온도·습도 등

이 인체의 생리기능에 부적합함으로써 생기는 일종의 환경유인성 신체 증후군이라 할 수 있다.

② 복합화학물질 민감증후군(MCS ; Multiple Chemical Sensitivity)
㉠ 오염물질이 많은 건물에서 살다가 몸에 화학물질이 축적된 사람들이 다른 곳에서 그와 유사한 물질에 노출만 되어도 심각한 반응을 나타내는 경우이며 화학물질 과민증이라고도 한다.
㉡ 미국의 세론. G. 란돌프박사는 특정화학물질에 오랫동안 접촉하고 있으면 나중에 잠시 접하는 것만으로도, 두통이나 기타 여러 가지 증상이 생기는 현상이라고 명명하였다.

③ 새집증후군(SHS ; Sick House Syndrome)
집, 건축물 신축시 사용하는 건축자재나 벽지 등에서 나오는 유해물질로 인해 거주자들이 느끼는 건강상 문제 및 불쾌감을 이르는 용어이며, 주요 원인물질로는 마감재나 건축자재에서 배출되는 휘발성 유기화합물(VOCs) 중 포름알데히드(HCHO)와 벤젠, 톨루엔, 클로로포름, 아세톤, 스틸렌 등이다.

④ 빌딩 관련 질병현상(BRI ; Building Related Illness)
㉠ 건물 공기에 대한 노출로 인해 야기된 질병을 의미하며 병인균(Etilogic Agent)에 의해 발발되는 레지오넬라병(Legionnair's Disease), 결핵, 폐렴 등이 있다.
㉡ 증상의 진단이 가능하며 공기 중에 부유하는 물질이 직접적인 원인이 되는 질병을 의미한다. 또한 빌딩증후군(SBS)에 비해 비교적 증상의 발현 및 회복은 느리지만 병의 원인 파악이 가능한 질병이다.

> **Reference | 실내공기질 유지기준 및 권고기준 항목**
> (1) 유지기준
>   ① 미세먼지(PM-10), ② 이산화탄소, ③ 포름알데히드, ④ 총부유세균, ⑤ 일산화탄소
>   ⑥ 미세먼지(PM-2.5)
> (2) 권고기준
>   ① 이산화질소, ② 라돈, ③ 총휘발성유기화합물, ④ 곰팡이

> **학습 Point**
> 라돈, 석면, VOC의 특징 숙지

10 가스상 물질의 종류와 영향

(1) 대기오염물질의 인체침입경로
① 호흡기
   ㉠ 인체에 들어오는 가장 영향이 큰 침입경로는 호흡기이다.
   ㉡ 오염물질의 흡수속도는 그 오염물질의 공기 중 농도와 용해도, 폐까지 도달하는 양은 그 오염물질의 용해도에 의해서 결정된다.
② 피부
   ㉠ 피부를 통한 흡수량은 접촉피부면적 및 그 오염물질의 유해성과 비례하며 오염물질이 침투될 수 있는 피부면적은 약 $1.6\,m^2$이며 피부흡수량은 전 호흡량의 15% 정도이다.
   ㉡ 피부를 통한 대표적 흡수물질은 4에틸납, 이황화탄소 등이 있다.
③ 소화기
   소화기(위장관)를 통한 흡수량은 위장관의 표면적, 혈류량, 오염물질의 물리적 성질에 좌우되며 우발적, 고의에 의하여 섭취된다.

(2) 대기오염물질이 건강에 미치는 영향인자
① 대기오염물질의 종류 및 농도
② 발생지형 및 기후조건
③ 대기오염물질 폭로되는 시간 및 폭로빈도
④ 개인의 감수성
⑤ 생활환경 및 생활조건

(3) 인체에 미치는 피해의 일반적 특징
① 대기오염의 피해도(K : 오염물질지수)

$$K = C \times T \text{ (Haber 법칙)}$$

여기서, C : 대기오염물질의 농도
T : 폭로지속시간

② 풍속이 낮고 기온역전 조건에서 피해 정도가 크며 일반주택지역보다는 공장 및 그 주변지역 주민에게서 더 많은 피해를 호소한다.
③ 단일오염물질에 대한 피해보다는 복합(혼합)오염물질의 상가작용 및 상승작용에 의해 피해가 크게 나타난다.

> **Reference**
>
> 1. 상가작용(Additive Effect)
>   ① 대기 중 오염인자가 2종 이상 혼재하는 경우에 있어서 혼재하는 오염인자가 인체의 같은 부위에 작용함으로써 그 유해성(피해)이 가중되는 것을 말한다.
>   ② 상대적 위해성 수치로 표현하면
>   2+3=5
>   여기서, 수치는 위해성의 크기
> 2. 상승작용(Synergism Effect)
>   ① 각각 단일물질에 폭로되었을 때 위해성보다 훨씬 위해성이 커지는 것을 말한다.
>   ② 상대적 위해성 수치로 표현하면
>   2+3=10
>   여기서, 수치는 위해성의 크기

(4) 황산화물(SOx)

① 개요
  ㉠ 자연에 존재하는 석탄 및 석유류는 0.1~0.5% 이상의 유황을 함유하여 연소 시 황산화물이 다량 발생하며, 부유먼지와 더불어 상승작용을 일으켜 인체에 미치는 영향이 크다.
  ㉡ 황산화물의 종류로는 SO_2(아황산가스), SO_3(삼산화황), H_2SO_3(아황산), H_2SO_4(황산) 및 황산염($CaSO_4$: 황산칼슘, $CuSO_4$: 황산구리, $MgSO_4$: 황산마그네슘) 등이 있다.
  ㉢ 황산화물 중 배기가스 내에서는 SO_2, SO_3 형태(SO_2 : SO_3의 발생비율 40~80 : 1)가 주를 이루며 그 중에서도 SO_2가 대부분이다. 따라서 배기가스 측정에 있어서도 SO_2를 주로 한다.
  ㉣ 전 지구적 규모로 볼 때 해양을 통해 자연적 발생원 중 가장 많은 양의 황화합물이 DMS(CH_3SCH_3) 형태로 배출되고 있으며, 일부는 H_2S, OCS(카르보닐황), CS_2 형태로 배출되고 있다.
  ㉤ 황화합물은 산화상태가 클수록 증기압이 커지고 용해성도 증가한다.

ⓑ 자연적인 발생원은 해면 및 육지로부터의 H_2S의 발생, 바다 소금물에 의한 SO_4^{2-}의 방출이다.
ⓢ 양모, 면, 나일론, 셀룰로오스 섬유, 레이온 등 각종 섬유는 황산화물의 미세한 액적에 의해 섬유색깔이 탈색 또는 퇴색되며 인장력이 감소된다. 즉, 인장강도를 크게 떨어뜨린다.
ⓞ 금속을 부식시키며, 습도가 높을수록 부식률은 증가한다.

② SO_2 (아황산가스)
  ㉠ 개요
   ⓐ SO_2는 분자량 64.06, 기체 밀도 2.9 g/cm³, 액체비중 1.43이며 이산화황, 무수아황산이라고도 부른다.
   ⓑ 비가연성인 폭발성이 있는 무색의 자극성 기체로서 융점은 -75.5℃, 비점은 -10℃ 정도이며, 환원성이 있고, 표백현상도 나타낸다.
   ⓒ 불쾌하고 자극적인 취기가 있는 무색의 기체이며, 물에 잘 녹고 초산, 에탄올, 클로로포름, 에테르에도 용해된다.
   ⓓ 지구규모보다는 산성비와 같은 국지적인 환경오염에 기여가 크다.
  ㉡ 특징
   ⓐ SO_2는 물에 대한 용해도가 높아 구름의 액적, 빗방울, 지표수 등에 쉽게 녹아 H_2SO_3를 생성한다. 또한 H_2SO_3는 산소와 결합하여 H_2SO_4를 생성시킨다.
   ($SO_3 + H_2O \rightarrow H_2SO_4$)
   ⓑ 연소과정에서 배출되는 SO_2는 대류권에서 거의 광분해되지 않으며 파장 280~290 nm 및 220 nm 이하에서 광흡수가 나타난다. 광분해가 가능하지 않은 이유는 저공에 도달하는 것보다 더 짧은 파장이 요구되기 때문이다.
   ⓒ 모든 SO_2의 광화학은 일반적으로 전자적으로 여기된 상태의 SO_2의 분자반응들만 포함한다.
   ⓓ 낮은 농도의 올레핀계 탄화수소도 NO가 존재하면 SO_2를 광산화시키는 데 상당히 효과적일 수 있다.
   ⓔ 파라핀계 탄화수소는 NO_2와 SO_2가 존재하여도 Aersol을 거의 형성시키지 않는다.
   ⓕ 대기 중 SO_2는 약 30% 정도가 황산염으로 전환되며, 평균 체류시간은 약 1~4(5)일 정도로 짧다.
   ⓖ 대기 중으로 유입된 SO_2는 물에 잘 녹고 반응성이 크므로 입자상 물질의 표면이나 물방울에 흡착된 후 비균질반응에 의해 대부분 황산염(SO_4^{2-})으로 산화

되어 제거된다.
ⓗ 가스상태의 SO_2는 대기압하에서 환원제 및 산화제로 모두 작용할 수 있다.
ⓘ SO_2가 황산미스트로 되면 위해성이 약 10배 정도 증가한다.
ⓙ 대기 중 SO_2는 시간당 약 0.1~0.2% 씩 태양광선에 의해 산화되어서 매우 작은 입자를 형성하기도 한다.
ⓚ 물에 대한 용해도가 매우 높기 때문에 흡입된 대부분의 가스는 상기도 점막에서 흡수된다.
ⓛ 환원성 표백제로도 이용되고 화석연료의 연소에 의해서도 발생한다.

ⓒ 인체에 미치는 영향
ⓐ 인체에 미치는 피해는 농도와 노출시간이 문제가 되며, 주로 호흡기 계통의 질환을 일으킨다.
ⓑ 적당히 노출시는 상부호흡기에 영향을 미치며 단독호흡보다 먼지나 액적 등과 동시에 흡입시 황산미스트가 되어 SO_2보다 독성이 약 10배 정도 증가한다.
ⓒ SO_3는 호흡기 계통에서 분비되는 점막에 흡착되어 H_2SO_4된 후, 조직에 작용하여 궤양을 일으킨다.
ⓓ 흡입된 SO_2의 95% 이상은 수용성 기체이므로 상기도에 흡수되며, 잔여량이 비강 또는 인후에 흡수된다.
ⓔ 기관지염 및 호흡저항의 상승, 폐기종을 유발하며 시야감소도 나타난다.
ⓕ SO_2는 고농도일수록 비강 또는 인후에서 많이 흡수되며 저농도인 경우에는 극히 낮은 비율로 흡수된다.

ⓔ 재산상의 피해
ⓐ 금속 및 재료를 부식시키며 습도가 높을 경우 부식속도가 증가된다(부식은 SO_2에 의한 것이 아니라 H_2O와 작용하여 형성된 H_2SO_4에 의한 것으로 공기가 SO_2를 함유하면 부식성이 매우 강하게 된다.) 즉, 대기 중에서 형성되는 아황산 및 황산은 석회, 대리석, 시멘트 등 각종 건축재료를 약화시킨다.
ⓑ 건축물, 고무제품류 등을 퇴색 및 노화시킨다.
ⓒ 섬유의 인장강도를 크게 떨어뜨리며 가죽, 종이 등의 품질을 떨어뜨린다.
ⓓ SO_2는 대기 중의 분진과 반응하여 황산염이 형성됨으로써 대부분의 금속을 부식시킨다. 즉, 황산화물은 대기 중 또는 금속표면에서 황산으로 변함으로써 부식성을 더 강하게 한다.

🔍 **Reference** | 일반적으로 대기오염물질이 차지하는 비중

$$SO_2 > NO_2 > CO_2 > CH_4$$

③ H₂S(황화수소)
   ㉠ 개요
      ⓐ 녹는점 -89.9℃, 끓는점 -61.8℃, 비중 0.96인 썩은 계란 냄새가 나는 무색의 기체이다.
      ⓑ 많은 탄화수소를 용해하며 공기 중에서 연소하여 이산화황이 되고 독성이 강하여 취급에 주의하여야 한다.
   ㉡ 특징
      ⓐ 강질산, 강산화성 물질, 금속분과 격렬한 반응, 공기와 혼합하면 폭발 혼합물을 생성한다(폭발범위 4.3~46%, 발화점 260℃).
      ⓑ 연소시 아황산가스가 발생하고 인체, 금속, 목재에 부식성이 있다.
   ㉢ 인체에 미치는 영향
      ⓐ 고농도 흡입 시 두통, 현기증, 보행불능 및 호흡장애를 일으키고 중추신경을 마비시켜 실신이 일어나기도 한다.
      ⓑ 점막을 자극하여 각막염, 눈의 통증, 각막수포, 시각불명료 등을 일으킨다.
   ㉣ 재산상의 피해
      ⓐ 금속표면에 검은색 피막을 형성시키고 페인트 등을 변색시킨다.
      ⓑ 황화수소에 저항성이 강한 금속은 Au(금), Pt(백금) 등이다.

④ CS₂(이황화탄소)
   ㉠ 개요
      ⓐ 분자량 76.14, 녹는점 -111.53℃, 끓는점 46.25℃, 인화점 -30℃이고 상온에서 무색 투명하고 휘발성이 강하면서 순수한 경우에는 냄새가 거의 없지만 일반적으로 불쾌한 냄새가 나는 유독성 액체로 공기 중에서 서서히 분해되어 황색을 나타낸다.(상온에서도 빛에 의해 서서히 분해되며 인화되기 쉽다.)
      ⓑ 보통 목탄 또는 메탄과 증기상태의 황을 750~1,000℃에서 반응시켜 제조한다.
      ⓒ 주로 비스코스레이온과 셀로판 제조공정 중에 사용되어 배출하는 오염물질이며 사염화탄소 생산 시 원료로도 사용되어 배출된다.
      ⓓ 햇빛에 파괴될 정도로 불안정하지만, 전도성, 부식성은 비교적 약하다.
      ⓔ CS₂의 증기는 공기보다 약 2.64배 정도 무겁다.
   ㉡ 인체에 미치는 영향
      ⓐ 급성중독시 알코올, 클로로포름 등의 마취작용과 비슷하고, 심한 경우 호흡곤란으로 사망할 수 있다.
      ⓑ 만성중독시 전신권태, 두통, 현기증 등을 일으키며 가벼운 빈혈 등도 나타날 수 있다.

ⓒ CS_2는 지용성이므로 피부에 동통을 유발하여 화상으로 이어질 수도 있다.
ⓓ 피부를 통해서도 흡수되지만 대부분 상기도를 통해 체내흡수되며, 중추신경계에 대한 특징적인 독성작용으로 심한 급성 혹은 아급성 뇌병증을 유발한다.

⑤ OCS(카르보닐황)
㉠ 대류권에서 매우 안정하므로 거의 화학적인 반응을 하지 않고 서서히 성층권으로 유입되며 광분해반응에 종속된다.
㉡ 반응성이 작아 청정대류권에서 가장 높은 농도를 나타내는 황화합물(수백 ppt 정도)로 간주되며, 거의 일정한 수준의 농도를 유지한다.

필수 문제

01 A공장에서 배출되는 아황산가스의 농도가 400 ppm이다. 이 공장에서 시간당 배출가스양이 75.5 m³이라면 하루에 발생되는 아황산가스는 몇 kg인가?(단, 표준상태기준, 공장은 연속 가동됨)

아황산가스양(kg/day) = 75.5m³/hr × 400mL/m³ × 64mg/22.4mL × kg/10⁶mg × 24hr/day
= 2.07kg/day

(5) 질소산화물(NO_x)

① 개요
㉠ 질소산화물은 대기 중에 NO, NO_2, NO_3, N_2O, N_2O_3, N_2O_4, N_2O_5 등이 존재하지만 대기오염 측면에서 중요한 물질은 화석연료 연소 시 배출하는 NO(일산화질소)와 NO_2(이산화질소)이며 개략적인 비는 NO : NO_2(90 : 10) 정도이다.
㉡ 연료의 연소 시에 주로 배출(NO_x의 약 90%)되며, 올레핀계 탄화수소와 함께 태양광선(자외선)에 의한 광화학 스모그를 생성한다.
㉢ 질소산화물은 유기물의 분해 시 생성되기도 하며, 마을저장고에서 일하는 농부들에게 Silo Filter Disease를 일으키기도 한다.
㉣ NO_x는 직접적으로 눈에 대한 자극을 주지 않으며 기관지염, 폐기종 및 폐렴, 천식 증상은 SO_x과 비슷하다.
㉤ 전 세계 질소화합물의 배출량 중 자연적인 추정배출량은 인위적인 추정배출량보

다 약 5~15배 정도 많으며(인위적인 질소화합물 배출량은 자연적 배출량의 10% 정도로 거의 대부분이 연소과정에서 발생) 연간 총배출량은 주로 배출원별로는 난방, 연료별로는 석탄사용이 제일 큰 비중을 차지한다.
- ⓗ 연료 중의 질소화합물은 일반적으로는 천연가스보다 석탄에 많으며 중유, 경유순으로 적어진다. 특히 천연가스에는 질소성분이 거의 없으므로 연료의 NO_x 생성은 무시할 수 있다.
- ⓢ 대기 중에서의 추정 체류시간은 NO와 NO_2가 약 2~5일, N_2O가 약 20~100년 정도이다.
- ⓞ NO_x는 혈중헤모글로빈과 결합하여 메트헤모글로빈을 형성함으로써 산소 전달을 방해한다.
- ⓩ NO_x는 그 자체로도 인체에 해롭지만 광화학스모그의 원인물질로도 중요한 역할을 한다.
- ⓒ NO_x에 저항성이 약한 식물로는 담배, 해바라기 등이 있다.
- ⓚ NO_x는 각종 섬유를 탈착시키며 철 등의 금속을 부식시킨다.

② NO_x의 생성특성

NO_x 생성에 영향을 미치는 인자는 불꽃온도, 연소실 체류시간, 과잉공기량 등이며 이 생성인자를 변화시켜 NO_x 발생량을 조절할 수 있다.
- ㉠ 일반적으로 동일 발열량을 기준으로 NO_x 배출량은 석탄>오일>가스 순이다.
- ㉡ 연료 NO_x는 주로 질소성분을 함유하는 연료의 연소과정에서 생성된다.
- ㉢ 천연가스에는 질소성분이 거의 없으므로 연료의 NO_x 생성은 무시할 수 있다.
- ㉣ 고정오염원에서 배출되는 질소산화물은 주로 NO(연소과정에서 처음 발생되는 NO_x는 NO)이며, 소량(약 5%)의 NO_2를 함유하며 연소불꽃온도가 높을수록 NO 발생이 많아진다. 즉, 연소실 온도가 높을 때가 낮을 때보다 많은 NO_x가 배출된다.

> **Reference | 연료 중 질소화합물의 NO_x로의 변환율**
>
> ① 일반적 변환율은 30~50% 정도로 연료와 공기와의 혼합특성, 연소장치의 특성에 따라 변화한다.
> ② 연소온도는 변환율에 거의 영향 주지 않는다.
> ③ 공기비 증가에 따라 변환율도 비례하여 증가한다.
> ④ 질소화합물의 종류는 변환율에 영향을 미치지 않는다.

③ NO(일산화질소)
  ㉠ NO는 주로 연소시에 배출되는 무색의 기체로 물에 난용성이며, 비중은 1.27이고 혈중 헤모글로빈과 결합력이 CO보다 수백 배 더 강하여 NO-Hb을 생성, 체내의 산소운반능력을 감소시키는 역할을 한다.
  ㉡ NO의 독성은 NO_2의 독성보다 1/5 정도이며 O_3의 1/10~1/15 정도이다.
  ㉢ 연소과정 중 고온에서 발생하는 주된 질소화합물의 형태로 NO 자체로는 독성이 크지 않아 피해가 뚜렷하게 나타나지는 않는다.
  ㉣ NO는 주로 교통량이 많은 도심의 이른 아침에 하루 중 최고치가 나타난다.
  ㉤ NO는 대기 중에서 O_3 또는 Oxidant(산화제) 존재하에 쉽게 NO_2로 산화되며 중추신경장애로 마비 및 경련을 유발한다.

④ NO_2(이산화질소)
  ㉠ 공기에 대한 비중이 1.59이며, 질식성이 있고 적갈색의 자극성을 가진 가스이다.
  ㉡ NO_2의 급성피해는 자극성 가스로서 눈과 코를 강하게 자극하고 기관지염, 폐기종, 폐렴 등을 일으킨다.
  ㉢ NO_2의 대기 중 체류시간은 NO와 같이 약 2~5일 정도이며 파장 0.42 mm 이상의 가시광선에 의해 광분해되는 물질이다.
  ㉣ NO_2는 대기 중에서 습도가 높은 경우 OH(수산화기)와 반응 후 HNO_3(질산)을 형성하여 금속을 부식시키며 산성비의 원인이 되며 해안지역에서는 해염입자와 반응하여 질산염을 생성하며 대기 중에서 제거된다.
  ㉤ NO_2는 태양광선에 의해 탄화수소와 반응하여 광화학 스모그를 형성하며 광화학반응으로 생성된 옥시던트는 눈을 자극한다(NO_2의 광화학적 분해작용으로 대기 중의 O_3 농도가 증가하고 HC가 존재하는 경우에는 Smog를 생성시킨다). 즉, 도시대기오염물 중에서 가장 중요한 태양빛 흡수기체이다.
  ㉥ NO_2의 독성은 NO 독성보다 약 5~6(7)배 정도 강하고 혈색소와 친화력이 강하여 용혈을 일으키며 NO보다는 수중용해도가 높다.
  ㉦ 젊은 식물세포에 영향을 주며 식물 잎 전체에 흑갈색의 맥간반점을 유발시킨다.
  ㉧ NO_2는 호흡기질환에 대한 면역성 감소를 야기시키며 혈중 헤모글로빈과 결합하여 메트헤모글로빈을 형성함으로써 산소전달을 방해한다.
  ㉨ NO_2의 피해는 농도에 영향을 받으며 폭로시간에는 상관없다.
  ㉩ NO_2는 서울을 비롯한 대도시 지역의 1990~2000년 동안 오염농도가 CO, Pb, SO_2에 비해 크게 감소하지 않은 경향을 보였다.
  ㉪ NO_2는 가시광선을 흡수하므로 0.25 ppm 정도의 농도에서 가시거리를 상당히 감소시킨다.

> **Reference | 옥시던트(Oxidants)**

광산화물질은 2차 오염물질로서 대기 중에서 질소산화물과 탄화수소가 자외선에 의한 촉매반응으로 광화학스모그가 생성되어 축적된다. 또한 광화학반응으로 생성된 옥시던트는 주로 눈을 자극하며 DNA, RNA에도 작용하여 유전인자에 변화를 일으킨다.

(1) 오존(O_3)
   ① 특이한 냄새가 나며 기체는 엷은 청색, 액체·고체는 각각 흑청색, 암자색을 나타낸다.
   ② 분자량 48, 비등점 $-11.9℃$, 밀도 $2.144\,g/L$, 비중 1.67로 공기 중에 약 오십만분의 일(1/500,000) 정도 존재시에도 감지가 가능하며 물에 난용성이다.
   ③ 건축물의 퇴색, 고무제품의 균열을 유발시킨다.

(2) 포름알데히드(HCHO)
   ① 무색기체로 자극성이 강하고 물에 잘 녹고, 에테르, 알코올에도 용해되며 아세트알데히드(CH_3CHO)의 증기와 공기 중에서 폭발성을 나타낸다.
   ② 분자량 30.03, 비중 20℃에서 0.85(공기를 1.0으로 기준할 경우는 1.03), 비등점 $-19.5℃$, 인화점 300℃로 금속부식성을 가지며 방부제, 옷감, 잉크 등의 원료로 사용된다.
   ③ 실내공기오염원으로 피혁공업, 합성수지공업, 건축자재(UFFI ; Urea Formaldehyde Form Insulation), 실내가구, 가스난로 연소, 흡연, 접착제 등이 배출원이다.
   ④ 피부, 눈 및 호흡기계에 강한 자극효과를 가지며 폐부종(급성폭로시)과 알레르기성 피부염 및 직업성 천식을 야기한다.

(3) 아크로레인($CH_2=CHCHO$)
   ① 휘발성, 폭발성이 있으며 비등점은 52.5℃, 인화점은 $-18℃$이다.
   ② 자극적인 냄새가 나는 무색액체로 상당한 독성이 있고 공기 중에 쉽게 강산화되며 불안정하여 용도는 한정되어 있으나, 유기합성의 원료로 사용될 수 있다.

(4) 질산과산화아세틸(PAN)
   ① PAN은 Peroxyacetyl Nitrate의 약자이며 $CH_3COOONO_2$의 분자식을 갖고 강산화제 역할을 하며 대기 중에서의 농도는 0.1 ppm 내외이다.
   ② PAN의 생성반응식(대기 중 탄화수소로부터의 광화학반응으로 생성)
   $CH_3COOO + NO_2 \rightarrow CH_3COOONO_2$

   구조식은
   $$CH_3-\overset{\overset{O}{\|}}{C}-O-O-NO_2$$

   ③ PAN은 불안정한 화합물이므로 광화학반응에 의해 분해도 가능하며 강한 산화력과 눈에 대한 자극성이 있는 광화학 옥시던트이다.
   ④ PBN(Peroxybenzoyl Nitrate)는 PAN보다 100배 이상 눈에 강한 통증을 주며, 빛을 분산(흡수)시키므로 가시거리를 단축(감소)시킨다.(PAN도 가시거리 감소)

구조식은

$$C_2H_5-\overset{\overset{O}{\|}}{C}-O-O-NO_2 [C_2H_5COOONO_2]$$

⑤ R기가 Propionyl 기이면 PPN(Peroxypropionyl Nitrate)이 되며 화학식은 $C_2H_5COOONO_2$이다.
⑥ 식물에 미치는 영향은 유리화, 은백색 또는 청동색 광택을 나타내며, 주로 해면조직에 피해를 준다(식물의 잎에 흑반병 발생).
⑦ 어린 잎(초엽)에 가장 민감하며 지표식물로는 강낭콩, 시금치, 상추, 셀러리 등이 있다.

⑤ N_2O(아산화질소)
  ㉠ 질소가스와 오존의 반응으로 생성되거나 미생물활동에 의해 발생하며, 특히 토양에 공급되는 비료의 과잉 사용이 문제가 되고 있다.
  ㉡ N_2O는 대류권에서는 태양에너지에 대하여 매우 안정한 온실가스로 알려져 있고, 성층권에서는 오존층 파괴물질(오존분해물질)로 알려져 있다.
  ㉢ 투명하고 감미로운 향기와 단맛을 지니고 있으며 웃음가스라고도 한다. 주로 사용하는 용도는 마취제이다.
  ㉣ 성층권에서는 N_2O가 오존과 반응하여 NO를 생성한다. 즉, 오존을 분해하는 물질이다.
  ㉤ NO와 NO_2에 비해 N_2O가 장기간 대기 중에 체류(5~50year)하며 보통 대기 중에 약 0.5ppm 정도 존재한다.

⑥ 대기 중 농도변화
  ㉠ NO는 주로 교통량이 많은 이른 아침(오전 7~9시)에 하루 중 최고치를 나타낸다. 즉, 대기 중에서 최고 농도가 나타나는 시간이 가장 이른 것이 NO이며 NO와 탄화수소의 반응에 의해 NO_2는 오전 7시경을 전후로 해서 상당한 비율로 발생하기 시작한다.
  ㉡ NO_2의 농도 최고치는 NO 농도 최고치 기준 약 1시간 후에 나타나는데 그 이유는 NO가 태양복사에너지를 흡수하여 NO_2로 산화되면 NO농도는 감소, NO_2의 농도는 증가하기 때문이다.
  ㉢ NO가 강한 태양복사에너지에 의하여 NO_2로 산화되기 때문에 NO_2는 한여름철에 높은 농도를 나타내며 오존의 농도가 최대에 도달할 때 통상적으로 아주 적게 생성된다.
  ㉣ NO_2가 먼저 형성된 후에 O_3가 형성된다. 즉 O_3 농도가 최고치(오후 2~4시경)에 이르기 전에 NO_2의 최고농도가 나타난다.

⑩ 퇴근시간대에도 NO 농도가 다소 증가하는 추세를 나타내는데 오후에는 오전보다 평균풍속이 높고 대기혼합작용이 활발하기 때문에 오전 농도만큼 높지는 않다.

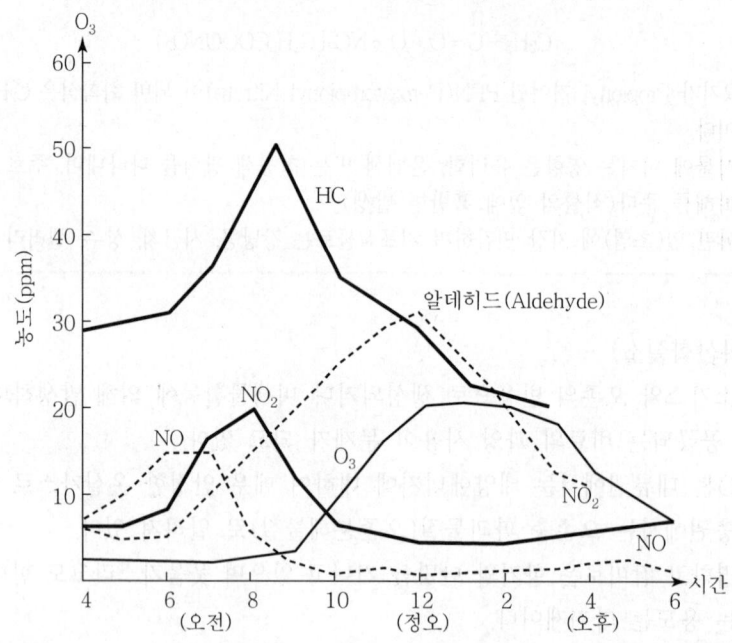

(6) 일산화탄소(CO)

① 개요
  ㉠ CO는 분자량 28.01, 비중 0.968, 비등점 −191.5℃, 인화점 608.9℃, 폭발한계 12.5~75%로 불꽃이 존재시 쉽게 폭발하는 성질이 있다.
  ㉡ 냄새가 없는 맹독성, 무색 기체로 각종 유해한 화합물을 생성한다.
  ㉢ CO의 배경농도는 남반구는 0.04~0.06ppm, 북반구는 0.1~0.2ppm이다.

② 특징
  ㉠ 인위적 배출은 가연성분(탄소 및 유기물)의 불완전 연소 시나 자동차의 배출가스에서 많이 발생되고 자연적 발생원은 화산폭발, 테르펜류의 산화, 클로로필의 분해, 해수 중 미생물의 작용, 산불 등이 있다.
  ㉡ 대기 중에서 CO_2로 산화되기 어렵고 물에 난용성이므로 수용성 가스와는 달리 비에 의한 영향을 거의 받지 않는다.
  ㉢ 대기 중에서 평균 체류시간은 발생량과 대기 중 평균농도로부터 1~3개월로 추정되고 있다.

㉣ 토양 박테리아의 활동에 의하여 CO_2로 산화되어 대기 중에서 제거되고 대류권 및 성층권에서의 광화학반응에 의해 대기 중에서도 제거된다.

㉤ CO는 다른 물질에 대한 흡착현상을 거의 나타내지 않으며, 유해한 화학반응 또한 거의 일으키지 않는다. 또한 물에 난용성이기 때문에 강수에 의한 영향을 거의 받지 않는다.

㉥ 도시 대기 중의 CO 농도가 높은 것은 연소 등에 의한 배출량은 많은 반면, 토양면적 등의 감소에 따라 제거능력이 감소하기 때문이다.

㉦ 지구의 위도별 CO 농도는 북위 중위도 부근(북위 50° 부근)에서 최대치를 보인다.

㉧ CO는 산소보다 혈액 내 헤모글로빈(Hb)과 친화력이 200~300배(210배) 정도 강하여 카르복시 헤모글로빈(CO-Hb)을 형성함으로써 혈액의 산소전달기능(산소운반능력)을 방해한다. 또한 일반적으로 1% HbCO(Carboxyhemoglobin) 이하에서 인체에 대한 영향은 아주 미약한 편이다.

㉨ CO는 인체 호흡기 자극증상은 없으며 식물에도 큰 영향을 미치지는 않지만 급성 중독시 운동신경 및 근육마비, 현기증, 구토, 두통 등의 증상이 나타난다.

㉩ CO는 100 ppm 정도에서 인체와 식물에 해로우며 1~3주간 노출되어도 고등식물에 대한 피해는 약하다.

㉪ 인체에 대한 독성은 농도와 흡입시간과 관계가 있고 일산화탄소에 노출시 인체에 아주 강한 영향을 받는 장기는 심장이다.

㉫ 유해한 화학반응을 거의 일으키지 않는 편이다.

㉬ 풍향과 풍속이 일정한 경우 도로 부근의 농도는 교통량과 비례하여 CO 발생량이 증가되는 경향을 보인다.

㉭ 비흡연자보다 흡연자의 체내 일산화탄소 농도가 높다.

[CO-Hb의 농도에 따른 인체 영향]

COHb 농도(%) (혈중)	1시간	8시간	인체 증상
	대기 중 CO(ppm)		
비흡연가 : 2~2.5% 비흡연가 : 5%		10~15 30	시간 감각 약화됨 시력장애
2.5~3.0	70~85	15~18	관상동맥 환자의 운동능력 저하
3.0~4.0	85~100	18~30	호흡기 질환 환자에게 영향 운동시 다리 통증
4.0~6.5	100~207	30~45	중추신경계 영향 작업능력 저하
10			과격한 근육활동시 숨이 참
20	400~500		일반활동에도 숨이 참 간헐적 두통 발생
30	1,000		주의력 산만, 피로감, 신경과민
40~50	1,000(1~2 hr)		두통, 정신착란
60~70	1,000(4~5 hr)		의식혼탁, 호흡중추 마비
80	1,500~2,000(4~5 hr)		사망

필수 문제

01 흡연 시의 일산화탄소 농도가 250 ppm일 때, 혈액 속의 카르복시헤모글로빈(HbCO)의 평형농도(%)는?(단, 혈액 속의 카르복시헤모글로빈(HbCO)과 옥시헤모글로빈(HbO_2)의 평형농도는 아래의 식을 이용하고, P_{CO} 및 P_{O_2}는 흡입가스 중 일산화탄소와 산소의 분압을 나타내며, 폐 속에 있는 가스의 산소함유량은 대기의 조성과 같다고 가정)

$$\frac{[HbCO]}{[HbO_2]} = 210 \left[\frac{P_{CO}}{P_{O_2}}\right]$$

풀이

가정 : 공기 중 산소농도 → 21%

HbCO의 농도 → x

HbO_2의 농도 → 100 - x

$$\frac{[HbCO]}{[HbO_2]} = 210\left[\frac{P_{CO}}{P_{O_2}}\right]$$

P_{CO} : 250 ppm

P_{O_2} : 21%(210,000 ppm)

$$\frac{[x]}{[100-x]} = 210\left(\frac{250}{210,000}\right) = 0.25$$

x(HbCO) = 20%

(7) 이산화탄소(CO_2)

① 개요
  ㉠ 분자량 44, 비등점 −78℃, 비중 1.53으로 무색, 무미의 기체이며 압력을 가할 경우 쉽게 액화되는 성질이 있다.
  ㉡ 정상대기 중에 농도는 약 0.03%(315~320 ppm) 정도 존재하며 체류시간은 약 7~10년이다.
  ㉢ 미생물의 분해작용과 화석연료의 연소 및 산림파괴에 의하여 발생한다.
  ㉣ 실내환기량 산정을 위한 실내공기오염 지표물질이다.

② 특징
  ㉠ 고층대기에서 광화학적인 분해반응을 일으키는 경우를 제외하면 대류권 내에서는 화학적으로 극히 안정한 편이다.
  ㉡ 탄소의 순환에서 탄소(CO_2로서)의 가장 큰 저장고 역할을 하는 부분은 해수이다.
  ㉢ 수증기와 함께 지구온난화에 중요하게 기여하고 있는 기체이다(지구온실효과에 대한 추정기여도는 CO_2가 50% 정도로 가장 높음).
  ㉣ 전 지구적인 배출량은 화석연료 연소 등에 의한 인위적인 배출량이 자연적인 배출량보다 훨씬 적다.(인위적 배출량 1.4×10^{10} ton/year ; 자연적 배출량 10^{12} ton/year)
  ㉤ 미국 하와이 마우나로아에서 측정한 CO_2 계절별 농도는 1년을 주기로 봄, 여름에는 감소하는 경향을 나타내고 겨울철에는 증가하는 계절의 편차를 보이는데 이는 봄-여름철의 경우 식물이 광합성 작용으로 인해 CO_2를 흡수하기 때문인 것으로 해석된다.
  ㉥ 실외에서는 온실가스로 작용하며 실내공기오염의 지표물질이며 대기 중 다량존재 시 수용액의 pH를 낮추는 역할을 한다.

ⓧ 잠재적인 대기오염물질로 취급되고 있는 물질이며 대기 중 농도는 북반구의 경우 계절적으로는 보통 봄부터 여름에는 감소하고 가을부터 겨울에 증가한다.
ⓞ 지구 북반구의 CO_2 농도가 상대적으로 높으며 대기 중에 배출되는 CO_2는 식물에 의한 흡수보다 해수에 의한 흡수가 몇십 배 많다.
ⓩ CO_2의 증가는 탄산염을 함유한 석회석 등으로 만든 건축물에 피해를 주며 이때의 반응식은 $CO_2 + CaCO_3 + H_2O \rightarrow Ca(HCO_3)_2$ 이다.
ⓒ 풍향과 풍속이 일정한 경우 도로 부근 농도는 교통량과 비례하여 CO_2량이 증가되는 경향을 보인다.
㉠ CO_2 자체만으로는 특별한 독성이 없으나 호흡기 중에 CO가 많아지면 상대적으로 O_2의 양이 부족해서 산소결핍증을 유발한다.
㉡ 현재 대기중의 CO_2 농도는 약 410ppm 정도이다.

(8) 오존(O_3)

① 성층권 오존
㉠ 자외선 조사에 의해 산소분자들끼리 분해와 결합을 반복적으로 하여 일정량을 유지하려 한다.
㉡ 성층권에서 오존의 역할은 태양복사에너지 중 유해 자외선을 흡수, 결과적으로 지표 생태계를 보호하는 역할을 한다.

② 대류권 오존(지표면 오존)
㉠ 대류권에서의 오존은 국지적인 광화학스모그로 생성된 옥시던트의 지표물질이다. 즉, 오존은 태양빛, 자동차 배출원인 질소산화물과 휘발성 유기화합물(HC) 등에 의해 일어나는 복잡한 광화학반응으로 생성되어 강력한 산화 작용을 한다.
㉡ 대기 중 NO_2가 태양에너지에 의해 NO와 O로 광분해되고 원자 상태의 O가 공기 중 산소분자(O_2) 및 HC가 결합, O_3 및 PAN 등 여러 옥시던트를 형성(광화학반응)하며 옥시던트의 약 90% 정도가 O_3이다.(올레핀계 탄화수소가 탄화수소 중 평균적으로 광화학활성이 가장 강함)
㉢ 질소산화물은 오존의 직접적인 전구물질이며 대기 중 지표면 오존의 농도는 NO_2로 산화된 NO량에 비례하여 증가한다.
㉣ 대기 중 오존의 배경농도(자연적으로 존재하는 오존농도)는 약 20~50 ppb 또는 10~20 ppb(0.02~0.05 ppm 또는 0.01~0.02 ppm) 정도이나 계절, 위도에 따라 차이가 난다.
㉤ 오염된 대기 중의 오존은 로스앤젤레스 스모그 사건에서 처음 확인되었다.
㉥ 대류권의 오존은 온실가스로도 작용하며 2차 대기오염물질에 해당한다.
㉦ 대류권에서 광화학반응으로 생성된 오존은 대기 중에서 주로 야간에 NO_2와 반응하여 소멸된다.

- ⓞ 오염된 대기 중에서 오존 농도에 영향을 주는 것은 태양빛의 강도, NO_2/NO비, 반응성 탄화수소농도 등이다.
- ⓩ 대류권에서 오존의 생성률은 과산화기의 농도와 관계가 깊다. 즉, 과산화기가 산소와 반응하여 오존이 생길 수 있다.
- ⓧ 도시나 전원지역의 대기 중 오존농도는 가끔 NO_2의 광해리에 의해 생성될 때보다 높은 경우가 있는데, 이는 오존을 소모하지 않고 NO가 NO_2로 산화하기 때문이다.
- ㉠ 청정지역의 오존농도의 일변화는 도시지역보다 작으므로 대기 중 NO, NO_2 농도 변화에 따른 오존의 광화학적 생성과 소멸을 밝히기에 불리하다.
- ㉡ 대류권에서 광화학반응으로 생성된 오존은 대기 중에서 소멸되고 VOC에 의해 일부 축적된다.
- ㉢ 국지적인 광화학스모그로 생성된 Oxidant의 지표물질이다.

③ 특징
- ㉠ 월별 농도변화 양상 중 약간의 불규칙성을 제외하고서는 광화학반응에 의해 도시 대기 중의 오존농도는 일사량이 많은 계절, 즉 여름에 농도가 높게 나타난다(하고 동저 형태).
- ㉡ 물에는 잘 용해되지 않고 대기 중 불안정하기 때문에 자기분해 반응을 한다.
- ㉢ 지표에서의 오존은 200~300 nm의 파장에서 강한 흡수가, 450~700 nm에서는 약한 흡수가 있다.
- ㉣ 대류권에서 자연적 오존은 질소산화물과 식물에서 방출된 탄화수소의 광화학반응으로 생성되며 식물로부터 배출되는 탄화수소의 한 예로서, 테르펜은 소나무에서 생기며, 소나무향을 가진다.
- ㉤ 오존은 하루 중 일사량이 높았을 때 최고농도를 나타내고, 상대습도가 낮으며 풍속이 2.5m/sec 이하로 작은 지역이 오존생성에 유리하다.

④ 피해
- ㉠ 인체에 있어서는 주로 호흡기 계통에 직접적인 피해를 입혀 기관지염을 일으키며 섬모운동의 기능장해 및 폐수종과 폐충혈 등을 유발시킨다. 또한 반복 노출되면 가슴통증, 기관지염, 심장질환, 천식 등을 일으킨다.
- ㉡ 인체 유전인자(DNA, RNA에 오존이 작용)에 변화를 초래할 수 있다. 즉, 염색체 이상을 일으키며 적혈구의 노화를 초래한다.
- ㉢ 산화력이 강하여 눈을 자극하고, 섬모운동의 기능장애를 일으킬 수 있다.
- ㉣ 타이어나 고무절연제 등 고무제품에 노화를 초래하여 균열을 일으키며 착색된 각종 섬유를 탈색(퇴색)시킨다.

⑤ 지표오존 증가시 저감대책(대도시, 하절기)
  ㉠ 차량의 배출허용기준을 강화한다.
  ㉡ 배연탈질 설비를 설치한다.
  ㉢ 연소 및 소각조건을 개선한다.

(9) 불소(F_2) 및 그 화합물
① 개요
  ㉠ 불소(Fluorine)는 원자량 19, 비등점 $-188℃$로 일반적으로 상온에서 무색의 발연성 기체상태로 존재하며 강한 자극성을 나타내고 물에 잘 녹으며, 불소화합물로는 F_2, HF, SiF_4, H_2SiF_6 등이 있다.
  ㉡ 불소화합물의 형태로 대부분 인산비료, 알루미늄, 각종 중금속의 제조공정에서 발생한다.
② 특징
  ㉠ 반응성이 풍부하므로 단분자로는 거의 존재하지 않는다.
  ㉡ 주로 어린잎에 민감하며, 잎의 끝 또는 가장자리가 탄다.
  ㉢ 불소화합물에 강한 식물은 담배, 목화, 고추 등이다.

(10) 폴리클로리네이티드바이페닐(PCB)
① 개요
  ㉠ 많은 수(242종)의 이성질체가 있으며 염소화 정도에 따라 비중 1.18~1.74, 끓는점 275~360℃이며 물에 불용성이고 용기용매에는 용해도가 좋다.
  ㉡ 산과 알칼리에 안정하며 열에 안정한 불연성 화합물로 구리 이외의 일반금속을 침해하지 않는다.
② 특징
  ㉠ 토양과 해수 중에서 장기간 잔류하고 인체에 흡입시 간, 신경 및 피부 등에 심각한 장해를 일으킨다.
  ㉡ 식물연쇄를 거쳐 사람이나 가축의 체내에 축적된다.

(11) 포스겐($COCl_2$)
① 개요
  ㉠ 분자량이 98.9이며, 독특한 풀냄새가 나는 무색(시판용품은 담황녹색)의 기체(액화가스)로 끓는점은 약 8.2℃, 융점은 $-128℃$이며 화학반응성, 인화성, 폭발성 및 부식성이 강하다.

ⓒ 클로로포름, 사염화탄소 등이 산화시에도 생성되며 합성수지, 고무, 합성섬유, 도료, 의약품, 용제 등의 원료로 사용된다.

② 특징

㉠ 포스겐 자체는 자극성이 경미하고, 건조상태에서는 부식성이 없으나, 수분이 존재하면 가수분해되어 염산이 생기므로 금속을 부식시킨다.

ⓒ 최루, 흡입에 의한 재채기, 호흡곤란 등의 급성중독 증상을 나타내며 몇시간 후에 폐수종을 일으켜 사망할 수 있다.

ⓒ 수중에서 재빨리 염산으로 분해되어 거의 급성 전구증상 없이 치사량을 흡입할 수 있으므로 매우 위험하다.

㉣ 물이 쉽게 용해되지 않는 기체이며, 인체에 대한 유독성은 강한 편이다.

(12) 탄화수소류(HC)

① 개요

㉠ 지구 전체적으로 발생량은 인위적 발생량보다 자연적 발생량이 많으며 인위적 발생량은 전체 발생량의 약 1% 정도로 자동차 감속시 많이 발생한다.

ⓒ HC는 대기 중에서 여러 물질(산소, 질소, 염소, 황 등)과 반응하여 여러 종류의 탄화수소 유도체를 생성한다.

ⓒ VOC는 다양한 배출원을 가지며 우리나라의 경우 최근 큰 배출량을 차지하는 배출원은 유기용제 사용이다.

㉣ 대기 중의 광화학 반응에서 탄화수소와 반응하여 2차 오염물질을 형성하는 화학종은 $-OH$, NO, NO_2 등이며 CO는 광화학반응에 의하여 대기 중에서 제거된다.

② 분류

㉠ 지방족(사슬모양)

ⓐ 포화탄화수소(파라핀계)

ⓑ 불포화탄화수소
- 알칸계(메탄계 탄화수소) → C_nH_{2n+2} : 단일결합
- 알켄계(에틸렌계 탄화수소) → C_nH_{2n} : 이중결합
- 알킨계(아세틸렌계 탄화수소) → C_nH_{2n-2} : 삼중결합

ⓒ 방향속(고리모양)

ⓐ 방향족 : 벤젠, 톨루엔, 크실렌, 니트로벤젠, 클로로벤젠, 아닐린 등

ⓑ 이원소족 : 피리딘[C_5H_5]

ⓒ 치환족 : 사이크로헥산[C_6H_{12}]

③ 특징

㉠ 탄화수소류 중에서 올레핀계 화합물(이중결합)은 포화 탄화수소나 방향족 탄화수

소보다 대기 중에서 반응성이 크다.
ⓒ 불포화 탄화수소(이중결합, 삼중결합)는 반응성이 높아 광화학 반응을 일으킨다.
ⓒ 지방족 탄화수소는 단일결합으로 되어 있어 반응성이 불포화 탄화수소류보다 작다.
ⓔ 방향족 탄화수소류는 벤젠고리를 가진 것으로 석탄을 건류하여 생기는 콜타르를 증류한 후 얻은 화합물을 말하며, BTX(Benzene, Toluene, Xylene)가 대표적 물질로 대기 중에서 고체로 존재한다.
ⓜ 다핵방향족 탄화수소(PAH)는 벤젠고리(2개 이상)를 함유하며 독성 물질이 많고 일부는 발암물질로 정하여져 있다. 특히 3,4-벤조피렌은 자동차배기가스, 담배, 석탄 연기 등에서 발생하며 발암물질이다.
ⓑ 대기환경 중 탄화수소는 기체, 액체 및 고체로 존재하는데, 탄소원자가 1~4개인 탄화수소는 상온, 상압에서 기체로, 탄소수가 5개 이상인 것은 액체 또는 고체로 존재한다.
ⓢ 방향족 탄화수소는 대기 중에서 고체로 존재하며, 메탄계 탄화수소의 지구배경농도는 약 1.5 ppb이다.
ⓞ 탄화수소류 중에서 이중결합을 가진 올레핀계 화합물은 포화탄화수소나 방향족 탄화수소보다 대기 중에서 반응성이 크다.
ⓩ 방향족 탄화수소는 대기 중에서 고체로 존재한다.

🔍 Reference | 벤조피렌
① 탄화수소류 중 대표적인 발암물질이다.
② 환경호르몬이다.
③ 연소과정에서 생성된다.
④ 숯불에 구운 쇠고기 등 가열로 검게 탄 식품, 담배연기, 자동차배기가스, 석탄타르 등에 포함되어 있다.

(13) 할로겐화 탄화수소
① 개요
  ㉠ 할로겐화 탄화수소는 탄화수소화합물(CH_4, C_2H_6, C_3H_8 등) 중 수소원자의 하나 또는 하나 이상이 할로겐화 원소(Cl, F, Br, I 등)로 치환된 화합물을 말한다.
  ㉡ 표준비점은 약 -90℃~80℃ 정도이며 상온에서는 안정하다.
  ㉢ 불연성이며 화학반응성이 낮고 일반적으로 독성은 낮다.
② 할로겐화 탄화수소의 일반적 독성작용
  ㉠ 다발성이며 중독성
  ㉡ 연속성

ⓒ 중추신경제의 억제작용
② 점막에 대한 중등도 자극효과
③ 특성
㉠ 일반적으로 할로겐화 탄화수소의 독성의 정도는 화합물의 분자량이 클수록, 할로겐 원소가 커질수록 증가한다.
㉡ 할로겐화된 기능기가 첨가되면 마취작용이 증가하여 중추신경계에 대한 억제작용이 증가하며 기능기 중 할로겐족(F, Cl, Br 등)의 독성이 가장 크다.
㉢ 포화탄화수소는 탄소수가 5개 정도까지는 갈수록 중추신경계에 대한 억제 작용이 증가한다.
㉣ 알켄족이 알칸족보다 중추신경계에 대한 억제작용이 크다.
㉤ 냉각제, 금속세척, 플라스틱과 고무의 용제 등으로 사용된다.
㉥ 할로겐화 탄화수소 중 사염화탄소(CCl_4)는 가열하면 포스겐이나 염소로 분해되며, 신장장애를 유발하며, 간에 대한 독성작용이 심하다.
㉦ 대부분의 할로겐화 탄화수소 화합물은 중추신경계 억제작용과 점막에 대한 중등도의 자극효과를 가진다.

(14) 벤젠(C_6H_6)

① 개요
㉠ 상온, 상압에서 향긋한 냄새를 가진 무색 투명한 휘발성 액체로 인화성이 강하며 분자량 78.11, 비점(끓는점) 80.1℃, 물에 대한 용해도는 1.8 g/L이다.
㉡ 석유정제, 포르말린 제조 등에서 발생되며 체내흡수는 대부분 호흡기를 통해 이루어지며 염료, 합성고무 등의 원료 및 페놀 등의 화학물질 제조에 사용되고 중추신경계에 대한 독성이 크다.
㉢ 원유에서 골타르를 분류하고 경유의 부분을 재증류하여 얻어지며, 석유의 접촉분해와 접촉개질에 의해서도 얻어진다.
② 특징
㉠ 체내에서 페놀로 대사하여 황산 혹은 글루크론산과 결합하여 소변으로 배출된다. 즉, 페놀은 벤젠의 생물학적 노출지표로 이용된다.
㉡ 인체 내로 흡수된 벤젠은 지방이 풍부한 피하조직과 골수에서 고농도로 오래 잔존 가능하여 혈중 농도보다 20배나 더 높은 농도를 유지하기도 한다.
㉢ 벤젠치환화합물(대표적 : 톨루엔, 크실렌)은 노출에 따른 영구적 혈액장애는 일으키지 않는다.

② 방향족 탄화수소 중 저농도 장기간 폭로(노출)되어 만성중독(조혈장해)을 일으키는 경우에는 벤젠의 위험도가 가장 크다.
⑩ 장기간 폭로시 혈액장애, 간장장애, 재생불량성 빈혈을 일으킨다.
⑭ 벤젠 폭로에 의해 발생되는 백혈병은 주로 급성 골수아성 백혈병(Acute Myeloblastic Leulkemia)이다.
⊗ 혈액장애는 혈소판 감소, 백혈구 감소증, 빈혈증을 말하며 범혈구 감소증이라 한다.
⊙ 만성장해로서 조혈장해는 비가역적 골수손상(골수독성 : 골수이상증식증후군) 등을 의미하며 천천히 진행한다. 또한 급성독성 시 마취 증상이 강하고 두통, 운동실조 등을 일으킬 수 있다.
㉛ 고농도의 벤젠증기는 마취작용이 있고 약하기는 하지만 눈 및 호흡기 점막을 자극한다.
㉜ 조혈장해는 벤젠중독의 특이증상(모든 방향족 탄화수소가 조혈장해를 유발하지 않음)이다.
㉠ 벤젠고리에 히드록시기(수소와 산소로 이루어진 작용기 -OH)가 붙어 있는 화합물은 페놀(C_6H_5OH)이라고 한다.

(15) 톨루엔($C_6H_5CH_3$)

① 개요
㉠ 방향의 무색액체로 휘발성이 강하고 인화, 폭발의 위험성이 있으며 분자량 92.13, 비점 110.63℃, 물에 대한 용해도는 5.15 g/L이다.
㉡ 피부로도 흡수되며 증기형태로 흡입시 약 50% 정도가 체내에 남는다.

② 특징
㉠ 방향족 탄화수소 중 급성 전신중독을 유발하는 데 가장 독성이 강한 물질이며 뇌 손상도 유발시킨다.
㉡ 벤젠보다 더 강하게 중추신경계의 억제제로 작용한다.
㉢ 영구적인 혈액장해를 일으키지 않고(벤젠은 영구적 혈액장해) 골수 장해도 일어나지 않는다.
㉣ 생물학적 노출지표는 요중 마뇨산 및 혈중 톨루엔이고 생물학적 노출기준(BEI)은 요중 마뇨산 1.6 g/g-크레아티닌, 혈중 톨루엔 0.05 mg/L 이다.
㉤ 주로 간에서 마뇨산으로 되어 요로 배설된다.

(16) 다환(다핵)방향족 탄화수소(PAH)

① 개요
㉠ 석탄, 기름, 가스, 쓰레기, 각종 유기물질의 불완전연소가 일어나는 동안에 형성된

화학물질 그룹이다.
    ⓒ 대부분 PAH는 물에 잘 용해되지 않고 공기 중에 쉽게 휘발하는 성질이 있다.
② 특징
    ㉠ 고리 형태를 갖고 있는(벤젠고리가 2개 이상 연결된 것으로 20여 가지 이상이 있음) 방향족 탄화수소로서 미량으로도 암 및 돌연변이를 일으킬 수 있다.
    ㉡ 철강제조업의 코크스제조공정, 담배의 흡연, 연소공정, 석탄건류, 아스팔트 포장, 굴뚝 청소 시 발생한다.
    ㉢ PAH는 비극성의 지용성 화합물이며 소화관을 통하여 흡수된다.
    ㉣ PAH는 시토크롬 P-450의 준개체단에 의하여 대사되고, PAH의 대사에 관여하는 효소는 P-448로 대사되어 중간산물이 발암성을 나타낸다.
    ㉤ 대사 중에 산화아렌(Arene Oxide)를 생성하고 잠재적 독성이 있다.
    ㉥ 연속적으로 폭로된다는 것은 불가피하게 발암성으로 진행됨을 의미한다.
    ㉦ PAH는 배설을 쉽게 하기 위하여 수용성으로 대사되는데 체내에서 먼저 PAH가 Hydroxylation(수산화)되어 수용성을 돕는다.
    ㉧ PAH의 발암성 강도는 독성강도와 연관성이 크다.
    ㉨ 고농도의 PAH는 지방분을 포함하는 모든 신체조직에 유입되어 간, 신장 등에 축적된다.
    ㉩ 대부분 공기역학적 직경이 $2.5\mu m$ 미만인 입자상 물질이다.

(17) 암모니아(NH_3)

① 개요
    ㉠ 알칼리성으로 자극적인 냄새가 강한 무색의 가스이며 쉽게 액화되어 액체상태로 공업분야(비료, 냉동제 등)에 많이 이용된다.
    ㉡ 물에 대한 용해가 잘 되고(수용성) 폭발성(폭발범위 16~25%)이 있다.
② 특징
    ㉠ 피부, 점막에 대한 자극성과 부식성이 강하여 고농도의 암모니아가 눈에 들어가면 시력장해를 일으킨다.
    ㉡ 고농도의 가스 흡입 시 폐수종을 일으키고 중추작용에 의해 호흡정지를 초래한다.
    ㉢ 암모니아 중독 시 비타민 C가 해독에 효과적이다.
    ㉣ 아황산가스와 동일하게 물에 대한 용해도가 높기 때문에 흡입된 대부분의 가스가 상기도 점막에서 흡수되므로 즉각적으로 자극증상을 유발한다.
    ㉤ 대기 중 강우에 의해 잘 제거된다.

(18) 브롬(Br, 브롬화합물)
① 개요

브롬(취소)은 할로겐 원소의 하나이며 상온에서는 적갈색의 자극적인 냄새가 나는 액체로 존재하며 부식성이 강하다.

② 특징
- ㉠ 부식성, 휘발성이 강하고 독성이 많아 실내오염 및 대기를 오염시킨다.
- ㉡ 의약품이나 사진의 재료, 살균제 등으로 사용된다.
- ㉢ 톡 쏘는 듯한 냄새가 나며 피부, 눈, 호흡기관(주로 상기도에 대하여 급성 흡입효과) 등에 자극을 주고 부식작용도 유발한다.
- ㉣ 고농도하에서는 일정기간이 지나면 폐수종을 유발하기도 하며 만성폭로 시 구강과 혀가 갈색으로 변색되며 호흡 시 독특한 냄새가 나고, 피부반점이 생긴다는 보고도 있다.

(19) 염화비닐(C_2H_3Cl)
① 개요

클로로포름과 비슷한 냄새가 나는 무색의 기체로 공기와 폭발성 혼합가스를 만들며 염화비닐수지 제조에 사용된다.

② 특징
- ㉠ 장기간 폭로될 때 간조직 세포에서 여러 소기관이 증식하고 섬유화 증상이 나타나 간에 혈관육종(Hemangiosarcoma)을 일으킨다.
- ㉡ 만성폭로되면 레이노증후군(레이노 현상), 말단 골연화증, 간·비장의 섬유화가 일어난다.
- ㉢ 그 자체 독성보다 대사산물에 의하여 독성작용을 일으킨다.
- ㉣ 문맥압이 상승하여 식도 정맥류 및 식도출혈을 일으킬 수 있다.

(20) 삼염화에틸렌($CHCl = CCl_2$: 트리클로로에틸렌)
① 개요

클로로포름과 같은 냄새가 나는 무색투명한 액체이며 인화성, 폭발성이 있고 금속의 탈지, 세정제, 일반용제로 널리 사용된다.

② 특징
- ㉠ 마취작용이 강하며, 피부·점막에 대한 자극은 비교적 약하다.
- ㉡ 고농도 노출에 의해 간 및 신장에 대한 장해를 유발한다.

ⓒ 폐를 통하여 흡수되고 삼염화에틸렌과 삼염화초산으로 대사된다.
ⓓ 중추신경계를 억제하며 간과 신장에 미치는 독성은 사염화탄소에 비해 낮은 편이다.

(21) 사염화탄소(CCl_4)

① 개요

특이한 냄새(에테르와 비슷)가 나는 무색의 액체로 소화제, 탈지세정제, 용제로 이용된다.

② 특징

ⓐ 고농도로 폭로시 간장이나 신장 장해를 유발하며, 초기 증상으로 지속적인 두통, 구역 및 구토, 간 부위의 압통 등의 증상을 일으키는 할로겐화 탄화수소이다.

ⓑ 피부로도 흡수되며 피부, 간장, 신장, 소화기, 중추신경계에 장해를 일으키는데 특히 간장에 대한 독성작용을 가진 물질로 유명하다.

ⓒ 가열하면 포스겐이나 염소(염화수소)로 분해되어 주의를 요한다.

ⓓ 폐를 통해 흡수되어 간에서 과산화작용에 의해 중심소엽성 괴사를 일으킨다.

(22) 아크릴아마이드($H_2C = CH - CONH_2$)

① 개요

아크릴아마이드는 폴리아크릴아마이드(Polyacrylamide) 물질을 구성하는 물질이며 마감제 및 응집침전제로 사용된다.

② 특징

ⓐ 지용성으로 주로 피부를 통하여 흡수되며 언어장애, 다발성 신경염(말초신경염)을 일으킨다.

ⓑ 다량의 아크릴아마이드는 실험용 쥐에 투여하면 임이 유발되고 사람의 경우 신경계통에 위험을 초래할 수 있다는 사실이 밝혀져 발암물질 및 유전적 변이를 일으킬 수 있는 물질로 알려져 있다.

(23) 불화수소(HF ; Hydrogen Flouride)

① 개요

HF(플루오린화 수소)는 플루오린과 수소의 화합물로 수소결합을 하며 코를 찌르는 자극성 취기를 나타내고 빙점(녹는점)은 −8.37℃, 비점(끓는점) 19.54℃, 비중은 14℃에서 0.988이다.

② 특징
  ㉠ 온도에 따라 액체나 기체로 존재하는 무색의 부식성 독성물질이다.
  ㉡ 석유, 알루미늄, 플라스틱, 염료 등의 사업장에서 촉매제로 널리 이용된다.
  ㉢ 반응성이 풍부하여 각종 금속의 산화물, 수산화물 등과 반응하여 그 염을 생성한다.
  ㉣ 고농도시엔 호흡기 점막자극을 유발한다.
  ㉤ 용매로서는 대부분의 유기·무기화합물을 녹인다.
  ㉥ 알루미늄 제조공정에서 Na_3AlFe, AlF_3가 약 1,000℃에서 HF를 발생시킨다.

(24) 염화수소(HCl)

① 무색의 자극성 기체로 물에 녹는 것은 염산이며 염소화합물, 염화비닐 제조에 이용되고 주요 사용공정은 합성, 세척 등이다.
② 물에 대한 용해는 잘 되며 SO_2보다 식물에 미치는 영향이 훨씬 적으며 한계농도는 10 ppm 에서 수시간 정도이다.
③ 피부나 점막에 접촉하면 염산이 되어 염증, 부식 등이 커지며 장기간 흡입시 폐수종(폐렴)을 일으킨다.
④ 주로 눈과 기관지계를 자극하며 소다공업, 플라스틱 제조, 활성탄 제조공정, 염화에틸렌 제조용의 염소 급속 냉각시설에서 발생한다.
⑤ HCl은 SO_2보다 식물에 미치는 영향이 훨씬 적으며 한계농도는 10ppm에서 수 시간 정도이다.

(25) 염소(Cl_2)

① 상온에서 강한 자극성 냄새가 나는 황록색(녹황색) 기체이며 산화제, 표백제, 수돗물의 살균제 및 염소화합물 제조에 이용한다.
② 물에 대한 용해도는 0.7% 정도이고 피부나 점막에 부식성, 자극성 작용을 한다(부식성은 염화수소의 20배).
③ 기관지염을 유발하며 만성작용으로 치아산식증이 일어난다.
④ 염소는 암모니아에 비해 훨씬 수용성이 약하므로 후두에 부종만을 일으키기보다는 호흡기계 전체에 영향을 미친다.
⑤ 표백공업, 소다공업, 화학공업, 농약제조시에 발생한다.

(26) 시안화수소(HCN)

① 상온에서 무색투명한 비점이 낮은 액체(일부 기체)로 폭발성이 강하고 물에 대한 용해도도 매우 크고 복숭아씨 냄새와 비슷한 자극취를 내며 비중은 약 0.7 정도로 약간 방향성을 가진다.
② 유성섬유, 플라스틱, 시안염 제조에 사용되며 원형질(Protoplasmic) 독성이 나타난다.
③ 인화성이 있고 연소 시 유독가스를 발생시킨다.
④ 물·알코올, 에테르 등과 임의의 비율로도 혼합되며, 그 수용액은 극히 약산성을 나타낸다.
⑤ 독성은 두통, 갑상선 비대, 코 및 피부자극 등이며 중추신경계의 기능 마비를 일으켜 심한 경우 사망에 이른다.
⑥ 호기성 세포가 산소 이용에 관여하는 시토크롬 산화제를 억제한다. 즉, 시안이온이 존재하여 산소를 얻을 수 없다.

(27) 아닐린($C_6H_5NH_2$)

① 특유의 냄새가 나는 투명기체로 연료 중간체와 향료의 제조원료로 이용된다.
② 메트헤모글로빈(Methemoglobin)을 형성하여 간장, 신장, 중추신경계 장해를 일으키며 시력과 언어장해 증상을 유발한다.

(28) 악취

① 정의
황화수소, 메르캅탄류, 아민류, 기타 자극성 있는 기체상 물질이 사람의 후각을 자극하여 불쾌감, 혐오감을 주는 냄새를 말한다.
② 최소감지농도(Detection Threshold)
매우 엷은 농도의 냄새는 아무것도 느낄 수 없지만 이것을 서서히 진하게 하면 어떤 농도가 되고, 무엇인지 모르지만 냄새의 존재를 느끼는 농도로 나타나는데 이 최소농도를 최소감지농도라 한다.
③ 최소인지농도(Recognition Threshold)
농도를 짙게 해가면 냄새 질이나 어떤 느낌의 냄새인지를 표현할 수 있는 시점이 나오게 되는데 이 최저농도가 되는 곳을 최소인지 농도라 한다.
④ 냄새물질의 특성
㉠ 냄새는 화학적 구성보다는 구성그룹배열에 의해 나타나는 물리적 차이에 의해 결

정된다는 견해가 지배적이며 증기압이 높은 물질일수록 일반적으로 악취는 더 강하다고 볼 수 있다.
ⓒ 냄새가 강한 일부 물질은 물과 지방질에 용해 가능하며 일반적으로 냄새물질은 화학반응성이 풍부하다.
ⓒ 파라핀(Paraffin) 및 CS_2를 제외한 악취물질들은 적외선을 강하게 흡수한다.
ⓔ 악취는 통상 분자 내부 진동에 의존한다고 가정되므로 라만변이와 냄새는 서로 관련이 있다.
ⓜ 활성탄과 같은 흡착제는 악취유발물질을 대량으로 흡착 가능하다.
ⓗ 물리적 자극량과 인간의 감각강도의 관계는 웨버-페흐너(Weber-Fechner) 법칙이 잘 맞고 후각에도 잘 적용된다.
ⓢ 불포화도(2중결합 및 3중결합의 수)가 높으면 냄새가 보다 강하게 난다.
ⓞ 분자 내 수산기의 수는 1개일 때가 가장 강하고 수가 증가하면 약해져 무취에 이른다.
ⓩ 냄새물질의 골격이 되는 탄소수는 저분자일수록 관능기 특유의 냄새가 강하고 자극적이나 8~13에서 가장 향기가 강하다.
ⓒ 분자량이 큰 물질(300 이상)은 냄새강도가 분자량에 반비례하여 단계적으로 약해지는 경향이 있고 특정물질은 냄새가 거의 없다.
ⓚ 실온에서 대다수는 액상이나 고체로 존재하는 경우도 있다.
ⓣ 화학물질이 냄새물질로 되기 위해서는 친유성과 친수성기의 양기를 가져야 한다.
ⓟ 냄새물질이 비교적 저분자인 것은 휘발성이 높은 것을 의미한다.
ⓗ 냄새분자를 구성하는 원소로는 C, H, O, N, S, Cl 등이고 냄새물질은 화학반응성이 풍부하여 산화·환원반응, 중합·분해반응, 에스테르화·가수분해반응이 잘 일어난다.
㉮ 락톤 및 케톤화합물은 환상이 클수록 냄새가 강해지고, 탄소수가 8~13일 때 가장 강하다.
㉯ 에스테르 화합물은 구성하는 산이나 알코올류보다 방향이 우세하다.
㉰ 분자 내에 황 및 질소가 있으면 냄새가 강하다.
㉱ 냄새물질은 불쾌감과 작업능률 저하를 가져온다.
㉲ 냄새물질은 대부분 흡수, 흡착에 의해 제거가 가능하다.

[주요 악취물질의 특성]

원인물질명	냄새	발생원	최소감지농도(ppm)	비고
황화수소(H_2S)	달걀 썩는 냄새	약품제조, 정유공장, 펄프제조	0.00041	황화합물
메틸메르캅탄(CH_3SH)	양배추(양파) 썩는 냄새	석유정제, 가스제조, 약품제조, 펄프제조, 분뇨, 축산	0.0001	황화합물
이산화황(SO_2)	유황 냄새	화력발전연소	0.055	황화합물
암모니아(NH_3)	분뇨자극성 냄새	분뇨, 축산, 수산	0.1	질소화합물
트리메틸아민 [$(CH_3)_3N$]	생선 썩은 냄새	분뇨, 축산, 수산	0.0001	질소화합물
아세트알데하이드 (CH_3CHO)	자극적 곰팡이 냄새	화학공정	0.002	알데하이드류
프로피온알데하이드 (CH_3CH_2CHO)	자극적이고 새콤하며 타는 듯한 냄새		0.002	알데하이드류
톨루엔($C_6H_5CH_3$) 스티렌($C_6H_5CH=CH_2$) 자일렌[$C_6H_4(CH_3)_2$] 벤젠(C_6H_6)	용제, 시너(가솔린) 냄새	화학공정	0.9 0.03 0.38~0.058 2.7	탄화수소류
염소(Cl_2)	자극적인 냄새	화학공정	0.314	할로겐원소
피로피온산 노말부티르산	자극적이고 신 냄새 땀 냄새		– –	지방산류

기타 : ① 아크로레인(CH_2CHCOH)

　　　　자극적인 냄새가 나는 무색액체이며 지방이 연소시 발생하는 발암물질이고 독성이 특별히 강하여 눈, 폐를 심하게 자극하며 석유화학, 약품제조시 발생(최소 감지농도 : 0.0085 ppm)

　　② 에틸아민($CH_3CH_2NH_2$)

　　　　암모니아취 물질로 수산가공, 약품제조시 발생(최소감지농도 : 0.046 ppm)

　　③ 아세트산에틸($CH_3CO_2C_2H_5$) (최소감지농도 : 0.87 ppm)

　　④ 프로피온산(CH_3CH_2COOH)

　　⑤ 메틸이소부틸케톤[$CH_3COCH_2CH(CH_3)_2$]

Reference | 악취물질의 최소감지농도

① 초산(아세트산 : CH_3COOH) : 0.0057ppm
② 아세톤(CH_3COCH_3) : 42ppm
③ 이황화탄소(CS_2) : 0.21ppm
④ 포름알데히드 : 0.50ppm
⑤ 페놀 : 0.00028ppm
⑥ 아닐린 : 0.0015ppm
⑦ 피리딘 : 0.063ppm

Reference | Weber-Fechner 법칙

물리화학적 자극량과 인간의 감각강도의 관계를 나타낸 법칙이다.
$I = K \cdot \log C + b$
여기서, I : 냄새(악취) 세기
C : 악취물질의 농도
K : 냄새물질별 상수
b : 상수(무취농도의 가상대수치)

Reference | 악취물질 중 알데히드류의 특성 및 종류

1. 특성
   자극적이며 새콤하고 타는 듯한 냄새를 발생시킨다.
2. 종류
   ① 아세트알데히드(CH_3CHO)
   ② 프로피온알데히드(CH_3CH_2CHO)
   ③ n-부티르알데히드[$CH_3(CH_2)_2CHO$]
   ④ i-부티르알데히드[$(CH_3)_2CHCHO$]

Reference

염소, 포스겐 및 질소산화물 등의 상기도 자극증상은 경미한 반면, 수 시간 경과 후 오히려 폐포를 포함한 하기도의 자극증상은 현저하게 나타나는 편이다.

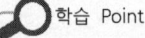

Point

1. 대기오염물질의 인체침입경로 내용 숙지
2. 각 대기오염물질의 특징 숙지(출제비중 매우 높음)

11 중금속의 종류와 영향

(1) 납(Pb)

① 개요
  ㉠ 납은 부드러운 청회색(청색 또는 은회색)의 금속으로 고밀도와 내식성이 강한 특성을 갖는다.
  ㉡ 대기 중에 납은 입자직경이 0.1~5 μm로 존재하며 주로 호흡기를 통하여 체내에 흡수된다.

② 발생원
  ㉠ 가솔린(휘발유) 자동차의 연소배기가스 : Knocking 방지제의 첨가 물질인 Tetraethy Lead(4에틸납, 옥탄가 향상제) 및 Tetramethy-Lead(4메틸납 : 세척제) 연소시 대기 중으로 배출되며 대기 중 납의 상당부분(≒95%)을 차지한다.
  ㉡ 납 제련소 및 납광산
  ㉢ 건전지, 축전지 생산
  ㉣ 인쇄소
  ㉤ 고체폐기물의 소각

③ 특성
  ㉠ 대부분의 납화합물은 물에 잘 녹지 않고 융점은 327℃, 끓는점 1,620℃이며 무기납과 유기납으로 구분한다.
  ㉡ 소화기로 섭취된 납은 입자의 크기에 따라 다르지만 약 10% 정도만이 소장에서 흡수되고, 나머지는 대변으로 배출된다. 또한 인체 내 노출된 납의 90% 이상은 뼈 조직에 축적된다.
  ㉢ 세포 내에서 SH기와 결합하여 포르피린과 Heme 합성에 관여하는 효소를 포함한 여러 세포의 효소작용을 방해하고 적혈구 내의 전해질이 감소되어 적혈구 생존기간이 짧아지고 심한 경우 용혈성 빈혈이 나타나기도 한다.(인체혈액 헤모글로빈의 기본요소인 포르피린 고리의 형성을 방해함으로써 헤모글로빈의 형성을 억제함)
  ㉣ 헴(Heme) 합성의 장해로 주요증상은 빈혈증이며 혈색소량의 감소, 적혈구의 생존기간 단축, 파괴가 촉진된다. 즉, 헤모글로빈의 형성을 억제한다.
  ㉤ 납 중독의 주요 증상은 위장계통의 장해, 신경·근육계통의 장해, 중추신경장해, 경련이며 만성납중독현상은 혈액증상, 신경증상, 위장관증상 등으로 나눌 수 있다.
  ㉥ 초기에 납빈혈이 나타나며 망상적혈구와 친염기성 적혈구의 수가 증가한다.
  ㉦ 매우 낮은 농도에서 어린이에게 학습장애 및 기능 저하를 초래하며 이는 소아 이미증(Pica) 환자에게서 발생하기 쉽다.

◎ 납 성분을 함유한 도료는 황화수소(H_2S)와 반응하여 검은색의 PbS로 된다.
ⓒ 납의 중독증상으로는 조혈기능장애로 인한 빈혈이며, 이 증상이 계속되면 신경계통을 침해하여 간이나 신경에 영향을 미친다. 또한 시신경 위축에 의한 실명, 사지의 경련도 일으킬 수 있다.
ⓔ 만성중독 시에는 혈중 프로토폴피린이 현저하게 증가한다.
ⓚ 특징적인 5대 만성중독증상으로는 연창백, 연연, 코프로폴피린뇨, 호염기성 점적혈구, 심근마비 등을 들 수 있다.
ⓔ 납중독의 해독제로 Ca-EDTA, 페니실아민, DMSA 등을 사용한다.

(2) 수은(Hg)

① 개요
  ㉠ 수은은 원자량 200.59, 비중 13.6, 은백색을 띠며 아주 무거운 금속으로 상온에서 액체상태의 유일한 금속이며 수은합금(아말감)을 만드는 특징이 있다.
  ㉡ 증기 또는 먼지의 형태로 대기 중에 배출되고 미량으로도 인체에 영향을 미치며 널리 알려진 피해는 유기수은에 의한 미나마타병으로 구심성 시야협착, 난청, 언어장해 등이 나타난다.
  ㉢ 수은(메틸수은)에 의한 중독증상은 일반적으로 Hunter-Russel 증후군으로 일컬어지고 있다.

② 발생원
  ㉠ 무기수은(금속수은)
    ⓐ 형광등, 온도계, 체온계, 혈압계 제조
    ⓑ 수은전지, 아말감, 페인트, 농약, 살균제 제조
  ㉡ 유기수은
    ⓐ 의약, 농약, 펄프 제조
    ⓑ 종자소독

③ 특성
  ㉠ 융점이 38.97℃, 비등점은 356.6℃로 상온에서 기화하여 수은증기를 만든다.
  ㉡ 상온에서는 산화되지 않으나 비등점보다 낮은 온도에서 가열시 독성이 강한 산화수은이 발생하며 수은화합물은 유기수은화합물과 무기수은화합물로 대별된다.
  ㉢ 유기수은 중 알킬수은화합물의 독성은 무기수은화합물의 독성보다 매우 강하고 탄소-수은결합도 강하다.
  ㉣ 금속수은은 수은증기를 흡입하면 대부분 흡수되나 경구 섭취 시에는 소구를 형성하므로 위상관으로는 잘 흡수되지 않는다.

ⓜ 유기수은 중 메틸수은, 에틸수은은 모든 경로로 흡수가 잘되고 특히 소화관으로 흡수는 100% 정도이며 사지감각 이상, 구음장애, 청력장애, 구심성 시야협착, 소뇌성운동질환 등의 주요증상이 특징이다.

ⓗ 금속수은은 전리된 수소이온이 단백질을 침전시키고 -SH기 친화력을 가지고 있어 세포 내 효소반응을 억제함으로써 독성작용을 일으킨다.

ⓢ 금속수은은 뇌, 혈액, 심근 등, 무기수은은 신장, 간장, 비장 등, 알킬수은은 간장, 신장, 뇌 등에 축적된다.

ⓞ 금속수은은 대변보다 소변으로 배설이 잘 되며, 유기수은 화합물은 대변으로 주로 배설되고, 알킬수은은 대부분 담즙을 통해 소화관으로 배설되지만 소화관에서 재흡수도 일어난다.

ⓩ 신장 및 간에 고농도 축적 현상이 일반적이며 혈액 내 수은 존재 시 약 90%는 적혈구 내에서 발견된다.

ⓒ 수은중독의 특징적인 증상은 사지감각이상, 구음장애, 청력장애, 구심성 시야협착, 소뇌성 정신질환, 구내염, 근육진전, 정신증상으로 분류된다.

ⓚ 전신증상으로는 중추신경계통 특히, 뇌조직에 심한 증상이 나타나 정신장해를 일으킬 수 있고 유기수은(알킬수은) 중 메틸수은은 미나마타(Minamata)병을 발생시킨다.

ⓣ 만성중독의 경우 전형적인 증상은 특수한 구내염, 눈, 입술, 혀, 손발 등이 빠르고 엷게 떨리고, 손과 팔의 근력이 저하되며, 다발성신경염도 일어난다고 보고된다.

(3) 카드뮴(Cd)

① 개요
   ㉠ 카드뮴은 청색을 띤 은백색의 금속으로 부드럽고 연성이 있는 금속이며, 물에는 잘 녹지 않고 산에는 잘 녹으며 가열시 쉽게 증기화한다.
   ㉡ 주로 산화카드뮴이나 황산카드뮴으로 존재하고 내식성이 강한 금속이다.

② 발생원
   ㉠ 아연광석의 채광이나 제련과정에서 나오는 부산물
   ㉡ 카드뮴 축전기 제조

③ 특성
   ㉠ 융점이 320.9℃, 비등점은 767℃로 산소와 결합시 흄을 만들며 흄이 많이 발생할 때는 갈색의 연기처럼 보인다.
   ㉡ 주로 호흡기나 소화기를 통해 인체에 흡수되며 칼슘 결핍시 장 내에서 칼슘 결합 단백질의 생성이 촉진되어 카드뮴의 흡수가 증가된다.

ⓒ 카드뮴이 체내에 들어가면 간에서 혈장 단백질(Metallothionein) 생합성이 촉진되어 폭로된 중금속의 독성을 감소시키는 역할을 하나 다량의 카드뮴일 경우 합성이 되지 않아 중독작용을 일으킨다.
ⓔ 체내에 흡수된 카드뮴은 혈액을 거쳐 2/3 는 간과 신장에 축적되며 배설은 대단히 느리다.
ⓜ 간, 신장, 장관벽에 축적하여 효소의 기능유지에 필요한 –SH기와 반응하여 조직세포에 독성작용을 일으킨다.
ⓗ 호흡기를 통한 독성이 경구독성보다 약 8배 정도 강하고 산화카드뮴에 의한 장해가 가장 심하다.
ⓢ 만성 폭로시 가장 흔한 증상은 단백뇨(신장기능 장해 : 신결석증)이며 골격계 장해(골연화증), 폐기능 장해도 유발한다. 또한 후각신경의 마비와 동맥경화증이나 고혈압증의 유발요인이 되기도 한다.
ⓞ 급성폭로로는 화학성 폐렴(폐에 강한 자극 증상) 및 구토, 복통, 설사, 급성위장염 등이 나타나며 기관지염증을 일으키는 경우도 있다.
ⓩ 산피질에서 임계농도에 이르면 처음에는 저분자량의 단백질의 배설이 증가하는데, 계속적으로 폭로되면 아미노산뇨, 당뇨, 고칼슘뇨증, 인산뇨 등의 증상을 가지는 Fanconi씨 증후군으로 진행된다.
ⓧ 카드뮴에 의한 질환은 수질오염으로 인하여 발생한 이따이이따이병이 있다.

(4) 크롬(Cr)

① 개요

크롬은 단단하면서 부서지기 쉬운 회색금속으로 여러 형태의 산화합물로 존재하며 그 독성은 원자상태에 따라 달라진다.

② 발생원
  ㉠ 피혁(가죽)공업　　　　㉡ 염색공업 및 안료제조
  ㉢ 시멘트 제조　　　　　㉣ 방부제, 약품제조

③ 특성
  ㉠ 융점이 1,905℃, 비등점은 2,200℃로 자연 중에는 주로 3가 형태로 존재하고 6가크롬은 적다.
  ㉡ 인체에 유해한 것은 6가크롬(중크롬산)이며 3가크롬보다 6가크롬이 체내흡수가 많다.
  ㉢ 호흡기, 소화기, 피부를 통하여 체내에 흡수되며 호흡기가 가장 중요하다.
  ㉣ 3가 크롬보다 6가 크롬이 체내흡수가 많고 3가 크롬은 피부흡수가 어려우나 6가 크롬은 쉽게 피부를 통과한다.

ⓜ 크롬은 생체에 필수적인 금속으로 결핍 시에는 인슐린의 저하로 인한 것과 같은 탄수화물의 대사 장애를 일으키며 저농도에서는 염증과 궤양을 일으키기도 한다.
ⓑ 6가크롬은 생체막을 통해 세포 내에서 3가로 환원되어 간, 신장, 부갑상선, 폐, 골수에 축적되며, 대부분은 대변을 통해 배설된다.
ⓢ 급성폭로 시 신장장애(혈뇨증, 요독증), 위장장해, 급성폐렴을 일으킨다.
ⓞ 만성폭로 시 점막의 염증, 비중격천공, 피부궤양, 폐암, 기관지암, 비강암을 발생시킨다.
ⓩ 만성중독은 코, 폐 및 위장의 점막에 병변을 일으키는 것이 특징이다.

(5) 베릴륨(Be)

① 개요
매우 가벼운 금속으로 높은 장력을 가지고 있으며 회색빛(육방정 결정체)이 나고 베릴륨 합금은 전기 및 열의 전도성이 크다.

② 발생원
㉠ 합금제조　　　　㉡ 원자로 작업
㉢ 우주항공산업　　㉣ 산소화학합성

③ 특징
㉠ 융점이 1,280℃, 비등점은 2,970℃로 더운 물에 약간 용해되고 약산과 약알칼리에는 용해되는 성질이 있다.
㉡ 마모와 부식에 강하며 저농도에서도 장해는 일반적으로 아주 크게 나타난다.
㉢ 베릴륨화합물은 흡입, 섭취 혹은 피부접촉으로는 거의 흡수되지 않으며, 폐에 잔존할 수 있고, 뼈, 간, 비장에 침착될 수 있고, 신배설은 느리고 다양하다.
㉣ 용해성 화합물은 침입 후 다른 조직에 분포하며 산모의 모유를 통하여 태아에게까지 영향을 미친다.
㉤ 급성폭로는 주로 용해성 베릴륨화합물(염화물, 황화물, 불화물)이 일으키며 인후염, 기관지염, 폐부종, 접촉성 피부염 등이 발생한다.
㉥ 만성폭로 시에는 육아 종양, 화학적 폐렴, 폐암을 발생시킨다.
ⓢ 폭로되지 않은 사람에게서는 검출되지 않으므로 우선 폭로를 확진할 수 있다.
ⓞ 베릴륨 폐증은 Neighborhood Case라고도 불린다.
ⓩ 독성이 강하고, 폐포에 축적되어 베릴리오시스를 생성, 쥐에게서는 심각한 병과 발암성이 나타난다.

(6) 비소(As)

① 개요

은빛 광택을 내는 비금속(유사금속 : Metaled)으로서 가열하면 녹지 않고 승화되면 피부 특히, 겨드랑이나 국부 등에 습진형 피부염이 생기며 피부암이 유발되는 물질이며 인체에 대표적인 인체의 국소증상으로 손·발바닥에 나타나는 각화증, 각막궤양, 비중격천공, Mee's Line, 탈모 등을 유발하는 물질이다.

② 발생원
- ㉠ 화학공업
- ㉡ 유리공업(착색제)
- ㉢ 피혁 및 동물의 박제에 방부제로 사용
- ㉣ 살충제(과수원의 농약 분무 작업)
- ㉤ 토양의 광석 등 자연계에 널리 분포

③ 특성
- ㉠ 자연계에서는 3가 및 5가의 원소로서 삼산화비소, 오산화비소의 형태로 존재하며 독성작용은 5가보다는 3가의 비소화합물이 강하다. 특히 물에 녹아 아비산을 생성하는 삼산화비소가 가장 독성이 강력하다.
- ㉡ 비소의 분진과 증기는 호흡기를 통해 체내에 흡수되고 비소화합물이 상처에 접촉됨으로써 피부를 통하여 흡수될 수도 있다.
- ㉢ 체내에서 -SH 기를 갖는 효소작용을 저해시켜 세포호흡에 장해를 일으킨다.
- ㉣ 골조직(뼈) 및 피부는 비소의 주요한 축적장기이며 뼈에는 비산칼륨 형태로 축적되고 배출은 대부분 뇨를 통해 이루어진다.
- ㉤ 혈관 내 용혈을 일으키며 두통, 오심, 흉부압박감을 호소하기도 하며 10 ppm 정도에 폭로되면 혼미, 혼수, 사망에 이른다.
- ㉥ 대표적 3대 증상으로는 복통, 빈뇨, 황달 등이다.
- ㉦ 만성적인 폭로에 의한 국소증상으로는 손·발바닥에 나타나는 각화증, 각막궤양, 비중격 천공, 탈모 등을 들 수 있다.
- ㉧ 급성폭로는 섭취 후 수분 내지 수시간 내에 일어나며 오심, 구토, 복통, 피가 섞인 심한 설사를 유발한다.
- ㉨ 급성 또는 만성중독으로는 용혈을 일으켜 빈혈, 과빌리루빈혈증 등이 생긴다.
- ㉩ 급성중독일 경우 치료방법으로는 활성탄과 하제를 투여하고 구토를 유발시킨다.
- ㉪ 쇼크의 치료에는 강력한 수액제와 혈압상승제를 사용한다.

(7) 망간(Mn)

① 개요

철강제조에서 직업성 폭로가 가장 많고 알루미늄, 구리와 합금제조, 용접봉의 용도를 가지며 계속적인 폭로로 전신의 근무력증, 수전증, 파킨슨씨 증후군이 나타나며 금속열을 유발한다.

② 발생원
  ㉠ 특수강철 생산(망간 함유 80% 이상 합금)
  ㉡ 망간 건전지
  ㉢ 전기용접봉 제조업
  ㉣ 산화제(화학공업)

③ 특성
  ㉠ 마모에 강한 특성 때문에 최근에 금속제품에 널리 활용되며 인간을 비롯한 대부분 생물체에는 필수적인 금속으로서 동·식물에서는 종종 결핍이 보고되고 있다.
  ㉡ 호흡기, 소화기 및 피부를 통하여 체내에 흡수되며 이중 호흡기를 통한 경로가 가장 많고 또 가장 위험하다.
  ㉢ 체내에 흡수된 망간은 혈액에서 신속하게 제거되어 10~30%는 간에서 축적되며 뇌혈관막과 태반을 통과하기도 한다.
  ㉣ 만성폭로 시 무력증, 식욕감퇴 등의 초기증세를 보이다 심해지면 중추신경계의 특정부위를 손상시켜 파킨슨 증후군과 보행장해 및 말이 느리고 단조로워진다.
  ㉤ 급성폭로 시 열, 오한, 호흡곤란 등의 증상을 특징으로 하는 금속열을 일으키고 급성고농도에 노출 시에는 화학성 폐렴, 간독성, 조증(들뜸병)의 정신병 양상을 나타낸다.

(8) 구리(Cu)

① 열, 전기의 전도성이 크며 습한 공기 중에서는 CO_2와 반응하여 녹청[$(Cu(OH)_2CuCO_3)$]이 생긴다.
② 청동, 모빌(Monel)과 같이 비철합금, 도금, 용접봉 등에 함유되어 있다.
③ 증기상태의 구리화합물은 호흡기 질환, 눈·피부에 심한 자극을 유발하며 대기 중 부유하는 카드뮴 및 망간은 구리의 유독성에 많은 영향을 끼친다.
④ 급성노출 시에는 코, 목의 자극증상과 메스꺼움, 금속열 등을 유발한다.

(9) 니켈(Ni)

① 니켈은 모넬(Monel), 인코넬(Inconel), 인콜리(Incoloy)와 같은 합금과 스테인리스 강에 포함되어 있다.
② 도금, 합금, 제강 등의 생산과정에서 발생한다.
③ 정상 작업에서는 용접으로 인하여 유해한 농도까지 니켈흄이 발생되지 않는다. 그러나 스테인리스 강이나 합금을 용접할 때에는 고농도의 노출에 대해 주의가 필요하다.
④ 니켈은 위장관으로 거의 흡수되지 않으며 가용성 니켈염과 니켈 카보닐은 호흡기를 통해 쉽게 흡수된다.
⑤ 급성폭로 시에는 폐부종, 폐렴이 발생되며 만성중독 장해는 폐, 비강, 부비강에 암이 발생되고 간·장에도 손상이 발생된다.
⑥ 가용성 니켈화합물에 폭로된 후 흔한 증상으로는 피부증상이다.
⑦ 니켈은 촉매역할을 하며 대기 중 SO_2를 SO_3로 산화하여 황산박층을 만들고 난 후 황산니켈로 변한다.

(10) 철(Fe)

① 철은 강의 주성분이며 산화철은 용접작업에 노출되었을 때 발생되는 주요 물질이다.
② 산화철 흄은 코, 목, 폐에 자극을 일으키며 장기간 노출되면 폐에 축적되고 이를 흉부촬영시 X선으로 확인할 수 있다. 이러한 상태를 산화철폐증이라고 하며 용접진폐증의 주된 형태이다.
③ 철은 대기오염물질의 농도, 습도와 온도가 높을수록 부식속도가 빠르지만 일정한 시간이 흐르면 보호막이 생겨 부식속도가 떨어진다.

(11) 아연(Zn)

① 납땜용 자재에서 주로 발생되며 가장 중요한 건강장해로 알려져 있는 것은 금속열이다.
② Fume 이 공기 중에 산화한 것을 흡입하면 금속열을 일으킨다.
③ 아연은 SO_2와 수증기가 공존할 때 표면에 피막을 형성해서 보호막 역할을 한다.

(12) 불소(F)

① 자극성의 황갈색 기체로 체내에 들어온 불소는 뼈를 연화시키고, 그 칼슘화합물이 치아에 침착되어 반상치를 나타낸다.
② 일반적으로 뼈에 가장 많이 축적되는 물질이 불소이다.

(13) 인(P)

① 황린, 인산염 증기의 흡입에 의해 중독되며 독성이 매우 강하다.
② 주로 농약제조, 농약사용 시에 중독 위험이 있다.
③ 건강장해 증상은 권태, 식욕부진, 소화기장애, 빈혈, 황달 증세가 나타난다.
④ 증상은 X-ray를 거쳐 정확한 진단을 내려야 한다.

(14) 알루미늄(Al)

① 알루미늄 화합물은 위장관에서 다른 원소의 흡수에 영향을 미칠 수 있는데 불소의 흡수를 억제하고 칼슘과 철 화합물의 흡수를 감소시키며 소장에서 인과 결합하여 인 결핍과 골연화증을 유발한다.
② 알루미늄 독성작용으로 인간에게서 입증된 2개의 주요 조직은 뼈와 뇌이고, 알루미늄 열은 결막염, 습진, 상기도 자극을 유발한다.
③ 알루미늄은 산화되어 Al_2O_3를 표면에 형성하여 대기오염물질을 방지하는 보호막 역할을 한다.

(15) 금속증기열(Metal Fume Fever)

① 개요
금속이 용융점 이상으로 가열될 때 형성되는 고농도의 금속산화물을 흄 형태로 흡입함으로써 발생되는 일시적인 질병이며 금속 증기를 들이마심으로써 일어나는 열, 특히 아연에 의한 경우가 많으므로 이것을 아연열이라고 하는데, 구리, 니켈 등의 금속 증기에 의해서도 발생한다.

② 발생원인 물질
　　㉠ 아연　　　　　　㉡ 구리
　　㉢ 망간　　　　　　㉣ 마그네슘
　　㉤ 니켈　　　　　　㉥ 납

③ 증상
　　㉠ 금속증기에 폭로 후 몇 시간 후에 발병되며 체온상승, 목의 건조, 오한, 기침, 땀이 많이 발생하고 호흡곤란이 생긴다(감기 증상과 비슷).
　　㉡ 증상은 12~24시간(또는 24~48시간) 후에는 자연적으로 없어지게 된다.
　　㉢ 기폭로 된 근로자는 일시적 면역이 생긴다.
　　㉣ 특히 아연 취급작업장에는 당뇨병 환자는 작업을 금지한다.

㉤ 금속증기열은 폐렴, 폐결핵의 원인이 되지는 않는다.
㉥ 철폐증은 철분진 흡입시 발생되는 금속열의 한 형태이다.
㉦ 월요일 열(Monday Fever)이라고도 한다.

(16) 셀레늄(Se)

① 구조가 다른 여러 동소체가 있으나, 가장 안정한 것은 회색의 금속 셀레늄이며 이 회색 셀레늄은 광전도체이고 셀레늄 동소체 중에서 유일하게 전기를 통하며 217℃에서 녹아 암갈색 액체가 되고 685℃에서 끓는다.
② 셀레늄은 대부분의 다른 원소들과 반응하여 화합물을 만드나, 반응성은 산소나 황보다는 작고 물에 녹지 않으며, 공기 중에서 푸른빛을 내며 연소하여 SeO_2(이산화 셀레늄)이 된다.
③ 금속양 원소로서 화성암, 퇴적암, 황과 구리를 함유한 무기질 광석에 많이 분포되어 있으며 상업용 셀레늄은 주로 구리의 전기분해 정련시 찌꺼기로부터 추출된다.
④ 주로 폐, 위장관 혹은 손상된 피부를 통해 흡수되고, 간에서 유기 셀레늄의 형태로 대사된다.
⑤ 인체에 필수적인 원소로서 적혈구가 산화됨으로써 일어나는 손상을 예방하는 글루타티온과산화효소의 보조인자 역할을 한다.
⑥ 생체 내에 미량 존재함으로써 생물의 생존에 필수적인 요소로서 당 대사과정에서의 탈탄산반응에 관여하는 동시에 비타민 E의 증가나 지방분 감소에도 효과가 있으며, 특히 As의 길항체로서도 관여한다.
⑦ 인체 폭로시 숨을 쉴 때나 땀을 흘릴 때 마늘냄새가 나며, 만성적인 대기 중 폭로시 오심과 소화불량과 같은 위장관 증상도 호소하며 격막염을 일으키는데 이를 'Rose Eye'라고 부른다.
⑧ 급성폭로시 심한 호흡기 자극을 일으켜 기침, 흉통, 호흡곤란 등을 유발하며, 심한 경우 폐부종을 동반한 화학성 폐렴이 생기기도 한다.

(17) 바나듐(V)

① 은회색의 전이금속으로 단단하나 연성(잡아 늘이기 쉬운 성질)과 전성(펴 늘일 수 있는 성질)이 있고 주로 화석연료, 특히 석탄 및 중유에 많이 포함되고 코·눈·인후의 자극을 동반하여 격심한 기침을 유발한다.
② 원소 자체는 반응성이 커서 자연상태에서는 화합물로만 존재하며 산화물 보호피막을 만들기 때문에 공기 중 실온에서는 잘 산화되지 않으나 가열하면 산화된다.

③ 내부식성이 좋고 알칼리, 황산, 염산에 대해서 안정하다.
④ 독성 정도는 산화상태에 따라 다르며 오산화물(오산화바나듐)의 독성이 강하다.
⑤ 바나듐은 주 바나듐이 들어 있는 금속을 가공하는 과정(오산화바나듐 제조공정, 촉매제, 합금강제조)에서 먼지로 흡입되어 호흡기 계통에 이상 증세를 가져온다.
⑥ 바나듐에 폭로되면 인지질 및 지방분의 합성, 혈장 콜레스테롤치가 저하되며, 만성폭로시 설태가 낄 수 있다.
⑦ 광부나 석탄연료 배출구 주위에 거주하는 사람들의 폐 중 농도가 증대된다.
⑧ 뼈에 소량 축적될 수 있으며, 배설은 주로 신장을 통해 이루어진다.
⑨ 만성폭로 시 설태가 끼며, 혈장 콜레스테롤 치수가 저하될 수 있다.
⑩ 급성폭로 시 다량의 눈물이 나는 등의 증상을 일으키며 폐렴이 생길 수 있다.
⑪ 폐기능 검사상 폐쇄성 양상을 나타낸다.
⑫ 다른 영양물질의 대사 장해를 일으키기도 한다.

(18) 탈리움(Thalliume)

① 탈리움은 탈모제나 구서제의 성분으로 대개 이를 섭취함으로써 중독이 발생하며 치사량은 약 1.0 mg이다.
② 증상은 대개 12시간 이내에 구토, 복통 및 설사, 운동실조 및 감각이상 등의 신경학적 증세가 발생한다.
③ 탈리움의 수용성염은 위장관, 피부, 호흡기를 통해 흡수되고, 배설은 신장을 통해 주로하며, 나머지는 다른 조직상에 저장된다.

> **Reference** | 금속의 부식속도
>
> 철 > 아연 > 구리 > 알루미늄

> **학습 Point**
>
> 각 중금속의 특성 숙지(Pb, Hg, Cd, Cr, As 출제비중 높음)

12 입자상 물질의 종류와 영향

(1) 개요
① 입자상 물질(Aerosol)은 공기 중에 포함된 고체 및 액체상의 미립자를 말한다. 입자상 물질은 먼지 또는 에어로졸(Aerosol)로 통용되고 있으며 주로 물질의 파쇄, 선별 등 기계적 처리 혹은 연소, 합성, 분해 시에 발생하는 고체상 또는 액체상의 미세한 물질이다.
② 고체상 물질은 먼지, 흙, 검댕 등이고 액체미립자는 미스트, 스모그, 박무 등이다.
③ 스모그와 스모크 등은 고체이거나 액체로 존재한다.
④ 대기 중에 존재하는 입자상 물질은 태양 및 지구의 복사에너지를 분산시키거나 흡수하기도 하는데, 특히 0.1~1 μm 크기의 입자는 가시거리에 많은 영향을 미치고 인체의 폐 속으로의 침투도가 최대가 된다.

(2) 조대입자와 미세입자
① 조대입자(Coarse Particle)
  ㉠ 바람에 날린 토양 및 해염을 비롯하여 기계적 분쇄과정을 거쳐 주로 생성된다. 즉 자연적 발생원에 의한 것이 대부분이다.
  ㉡ 대기 중 배출 후 비교적 빠른 시간(수분 내지 수 기간) 내에 지표면에 침적하여 대기오염에 대한 기여도는 높지 않다.
② 미세입자(Fine Particle)
  ㉠ 인위적 발생원 즉, 화석연료의 연소, 자동차 배기가스에 의한 것이 대부분을 차지한다.
  ㉡ 일부 가스상 물질이 대기 중 응축반응과정을 거쳐 입자상 물질로 변환된 2차 입자상 물질이 있다.
  ㉢ 1~2 μm 이하의 미세입자가 세정(Rain Out) 효과가 작은 이유는 브라운운동을 하기 때문이다.
  ㉣ 질소산화물과 탄화수소의 반응에 의해 0.2 μm 이하의 입자가 발생한다.

> **Reference | 먼지의 자연적 발생원**
> ① 화산의 폭발에 의해서 분진과 SO_2가 발생한다.
> ② 사막과 같이 지면의 먼지가 바람에 날릴 경우 통상 0.3 μm 이상의 입자상 물질이 발생한다.
> ③ 자연적으로 발생한 O_3과 자연대기 중 탄화수소(HC) 간의 광화학적 기체반응에 의해 0.2 μm 이상의 입자가 발생한다.

> **Reference | 입자 크기별 구분**
>
> ① 핵영역 : 평균입자 지름이 0.1μm 이하인 영역, 연소 등 화학반응에 의해 핵으로 형성된 부분
> ② 집적영역 : 0.1~2.5μm인 영역, 핵영역이나 조대영역의 입자에 비해 대기에 잘 제거되지 않으며 체류시간도 길다.
> ③ 조대영역 : 2.5μm보다 큰 영역, 대부분 기계적 작용에 의해 생성된다.
> ④ 핵영역과 집적영역의 미세입자는 입자에 의한 여러 대기오염현상을 일으키는 데 큰 역할을 한다.

> **Reference**
>
> 1. PM10
>   공기역학적 직경을 기준으로 10 μm 이하의 입자상 물질을 말하며, 호흡성 먼지 양의 척도를 나타낸다.
> 2. Rain Wash
>   대기 중 오염물질이 빗물에 씻겨내리는 현상
> 3. Rain Out
>   산성우의 장거리 이동의 요인이 되는 오염물질을 핵으로 응결하여 중력에 의해 강하되는 현상

(3) 종류

① 에어로졸(Aerosol)
  ㉠ 정의
    유기물의 불완전 연소시 발생한 액체나 고체의 미세한 입자가 공기 중에 부유되어 있는 혼합체이며 가장 포괄적인 용어이다. 연무체 또는 연무질이라고도 한다.
  ㉡ 특징
    ⓐ 비교적 안정적으로 부유하여 존재하는 상태를 에어로졸이라고도 한다.
    ⓑ 기체 중에 콜로이드 입자가 존재하는 상태의 의미도 있다.

② 먼지(Dust)
  ㉠ 정의
    입자의 크기가 비교적 큰 고체입자로서 대기 중에 떠다니거나 흩날리는 입자상 물질을 말한다.
  ㉡ 특성
    ⓐ 입자의 크기는 1~100 μm 정도이고 물질의 운송 또는 처리과정에서 발생한다.
    ⓑ 20 μm 이상의 입경을 갖는 먼지를 강하먼지라 하며 대기 중에 체류하지 못하

고 가라앉는다.
ⓒ 0.1~10 μm 범위의 입경을 갖는 먼지를 부유먼지라 하며 대기 중에 체류하여 떠다니는 먼지를 말한다.
③ 훈연(Fume)
㉠ 정의
금속이 용해되어 액상물질로 되고 이것이 가스상 물질로 기화된 후 다시 응축되어 고체미립자로 보통 크기가 0.1 또는 1 μm 이하이므로 호흡성 분진의 형태로 체내에 흡입되어 유해성도 커진다. 즉 Fume은 금속이 용해되어 공기에 의해 산화되어 미립자가 분산하는 것이다.
㉡ 특성
ⓐ 금속 산화물과 같이 가스상 물질이 승화, 증류 및 화학반응 과정에서 응축될 때 주로 생성되는 고체입자이다.
ⓑ 아연과 납산화물의 훈연은 고온에서 휘발된 금속의 산화와 응축과정에서 생성된다.
ⓒ 입자크기 1 μm 이하로 활발한 브라운 운동으로 상호충돌에 의해 응집하며 응집한 후 재분리는 쉽지 않다.
ⓓ 일반적으로 훈연은 금속의 연소과정(금속정련) 및 도금공정에서 발생하며 입자의 크기가 균일성을 갖는다.
④ 매연(Smoke)
㉠ 정의
불완전연소로 만들어진 미세입자(에어로졸의 혼합체)로서 크기는 0.01~1.0 μm 정도이다.
㉡ 특성
ⓐ 기체와 같이 활발한 브라운 운동을 하며 쉽게 침강하지 않고 대기 중에 부유하는 성질이 있다.
ⓑ 주로 탄소성분과 연소물질로 구성되어 있다.
⑤ 연무(Mist)
㉠ 정의
액체의 입자가 공기 중에 비산하여 부유확산되어 있는 것을 말하며 입자의 크기는 보통 100 μm 이하(0.01~10 μm 정도)이며 미립자 등의 핵 주위에 공기가 응축하여 생기거나 큰 물체로부터 분산하여 생기는 입자를 말한다.
㉡ 특성
ⓐ 증기의 응축 또는 화학반응에 의해 생성되는 액체입자로서 주성분은 물로서 안

개와 구별된다.
ⓑ 일반적으로 안개(Fog)보다 투명하고 수평 시정거리가 1 km 이상으로 회백색을 띤다.
ⓒ 미스트가 증발되면 증기화될 수 있다.

⑥ 안개(Fog)
  ㉠ 정의
    대기 중의 수분 및 증기가 냉각응축되어 생성되는 액체이며 크기는 1~10 μm(5~50 μm) 정도이다.
  ㉡ 특성
    ⓐ 분산질은 액체입자이고 눈에 보이는 입자상 물질을 뜻하며 시정 수평거리는 보통 1 km 미만이다.
    ⓑ 습도는 100% 또는 여기에 가까운 경우로 눈에 보이는 입자상 물질이다.
  ㉢ 대기오염물질과 수분이 반응하여 산성을 띤 산성안개도 있다.

⑦ 검댕(Soot)
  ㉠ 정의
    탄소함유물질의 불완전연소로 형성된 입자상 오염물질로서 탄소입자의 응집체이다.
  ㉡ 특성
    입자크기는 1.0 μm 이상이며 대표적 물질인 PAH(다환방향족 탄화수소)는 발암물질로 알려져 있다.

⑧ 박무(Haze)
  ㉠ 정의
    ⓐ 대부분 광화학 반응으로 생성되며 수분, 오염물질, 먼지 등으로 구성되고 입자크기는 1 μm(10 μm) 이하이다.
    ⓑ 아주 작은 다수의 건조입자(습도 70% 이하)가 대기 중 떠 있는 현상을 말한다.
  ㉡ 특성
    ⓐ 대기 중에서 시정거리는 보통 1 km 미만이고 상대습도는 70% 이하이다.
    ⓑ 시정을 나쁘게 하며, 색깔로써 안개와 구별된다.

⑨ 스모그(Smog)
  ㉠ 정의
    Smoke와 Fog가 결합된 상태이며 광화학 생성물과 수증기가 결합하여 에어로졸이 된다. 즉, 가스의 응축과정에서 생성된다.
  ㉡ 특성
    입자크기는 보통 1 μm보다 작고 Mist 보다는 포괄적인 개념으로 해석된다.

(4) 입자상 물질의 크기 결정방법

① 가상직경

　㉠ 공기역학적 직경(Aero-Dynamic Diameter)

　　ⓐ 대상 먼지와 침강속도가 같고 단위밀도가 $1\,g/cm^3$이며, 구형인 먼지의 직경으로 환산된 직경이다.(측정하고자 하는 입자상 물질과 동일한 침강속도를 가지며 밀도가 $1\,g/cm^3$인 구형 입자의 직경)

　　ⓑ 입자의 크기를 입자의 역학적 특성, 즉 침강속도(Setting Velocity) 또는 종단속도(Terminal Velocity)에 의하여 측정되는 입자의 크기를 말한다.

　　ⓒ 입자의 공기 중 운동이나 호흡기 내의 침착기전을 설명할 때 유용하게 사용한다.

　　ⓓ 공기 중 먼지입자의 밀도가 $1g/cm^3$보다 크고, 구형에 가까운 입자의 공기역학적 직경은 실제 광학직경보다 항상 크다.

　㉡ 질량 중위 직경(Mass Median Diameter)

　　ⓐ 입자 크기별로 농도를 측정하여 50%의 누적분포에 해당하는 입자크기를 말한다.

　　ⓑ 입자를 밀도, 크기 형태에 따라 측정기기의 단계별로 질량을 측정한 것이다.

　　ⓒ 직경분립충돌기(Cascade Impactor)를 이용하여 측정한다.

② 기하학적(물리적) 직경

　- 광학, 전자, 주사 현미경을 이용하는 방법으로 투영된 입자의 모양이 원형이 아닐 때 입자의 최장 또는 최단 크기로 정의하거나 여러 방향으로 나누어 크기를 측정하여 산출평균한 값으로 광학직경(Optical Diameter)이라고도 한다.

　- 입자직경의 크기는 페렛직경, 등면적직경, 마틴직경 순으로 작아지며, 측정위치에 따라 그 투영면적이 상이하기 때문에 정확한 산출에 어려움이 있다.

　㉠ 마틴직경(Martin Diameter)

　　ⓐ 먼지의 면적을 2등분하는 선의 길이로 선의 방향은 항상 일정하여야 하며 과소평가할 수 있는 단점이 있다.

　　ⓑ 입자의 2차원 투영상을 구하여 그 투영면적을 2등분한 선분 중 어떤 기준선과 평행인 것의 길이(입자의 무게중심을 통과하는 외부경계면에 접하는 이론적인 길이 ; 입자상 물질의 그림자를 2개의 등면적으로 나눈 선의 길이)를 직경으로 사용하는 방법이다.

　㉡ 페렛직경(Feret Diameter)

　　먼지의 한쪽 끝 가장자리와 다른 쪽 가장자리 사이의 거리로 과대평가될 가능성이 있는 입자성 물질의 직경이다. 즉, 입자의 투영면적의 가장자리에 접하는 가장 긴 선의 길이를 말한다.

ⓒ 등면적직경(Projected Area Diameter)
  ⓐ 먼지의 면적과 동일한 면적을 가진 원의 직경으로 가장 정확한 직경이다.
  ⓑ 측정은 현미경 접안경에 Porton Reticle을 삽입하여 측정한다.
  즉, $D = \sqrt{2^n}$ [$D(\mu m)$는 입자직경, n은 Porton Reticle에서 원의 번호]

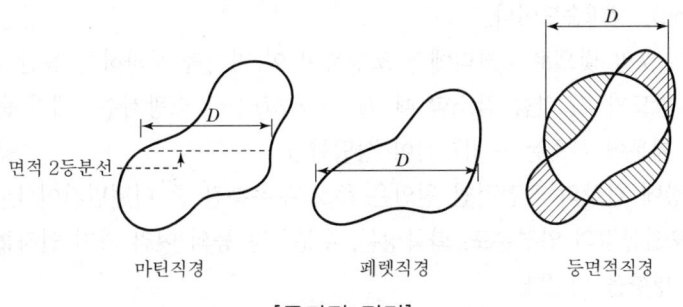

[물리적 직경]

🔎 Reference | 역학적 등가상당 직경

1. 개요
   역학적 등가상당 직경은 비구형입자의 크기를 역학적으로 산출하는 방법 중의 하나로 본래의 입자와 밀도 및 침강속도가 동일하다고 가정한 구형입자의 직경을 말한다.

2. Stokes 직경
   스토크스 직경은 알고자 하는 입자상 물질과 같은 밀도 및 침강속도를 갖는 입자상 물질의 직경을 말한다.(입자의 모양이 실제로 구형이 아니더라도 동일한 침강속도와 밀도를 갖는 구형입자의 직경을 의미)

3. Aero-Dynamic Diameter(공기역학적 직경)
   대상 먼지와 침강속도가 같고 단위밀도가 $1\,g/cm^3$이며 구형입자의 직경으로 환산된 직경을 말한다.

4. Stokes 및 Aero-Dynamic Diameter의 차이점
   공기역학적 직경은 단위밀도($1\,g/cm^3$)를 갖는 구형입자로 가정하는 데 비해 스토크스 직경은 대상입자상 물질의 밀도를 고려한다는 점이 차이점이다.

🔎 Reference | 입자상 물질 측정방법 구분

(1) 중량농도법
  ① β-ray 흡수법
  ② 다단식 충돌판 측정법(Cascade Impactor)
  ③ Piezobalance(압전천칭식 디지털분진계)
(2) 개수농도법
  정전식 분급법

(5) 가시거리(가시도 : Visibility)

① 개요
  ㉠ 고농도의 오염물질을 동반한 가시도의 감소는 빛의 산란과 흡수에 기인되며 시정감소에 영향을 미치는 요인은 가스상 오염물질, 입자상 부유오염물질, 무기탄소(Element Carbon), 상대습도이다.
  ㉡ 강도가 I인 빛으로 x거리에서 조명하여 이 거리를 통과하는 동안 흡수와 분산으로 빛의 강도가 dI 만큼 감소할 때 $dI = -\sigma I dx$ (σ : 소광계수 : 대기 중에서 빛이 줄어들기 때문에 부호는 $-$임) 식이 성립한다.
  ㉢ 시정장애 현상의 직접적인 원인은 주로 부유분진 중 미세먼지이다.
  ㉣ 2차 오염물질의 입경분포, 화학성분, 수분함량 등의 여러 가지 인자들이 시정장애 현상에 영향을 미친다.
  ㉤ 시정장애 물질들은 주민의 호흡기계 건강에 영향을 미친다.

② 가스상 오염물질
  ㉠ 가스상 오염물질에 의한 시정거리 악화는 주로 빛의 흡수에 의한 효과가 작용하며 중요물질은 NO_2 이다.
  ㉡ NO_2는 430 nm 이하에서 복사에너지를 흡수하며, 빛의 총소멸에 대한 기여도는 매우 낮은(약 10%) 편이다.
  ㉢ 석양노을 및 대기가 오염된 지역의 갈색 Haze 현상은 NO_2의 흡수현상 때문이다.

③ 입자상 부유오염물질
  ㉠ 입자상 부유오염물질에 의한 시정거리 악화는 주로 빛의 산란과 흡수에 의한 효과가 작용한다.
  ㉡ 가시도의 감소는 작은 입자의 농도에 관계되며, 0.1~1 μm의 작은 입자는 빛의 산란에 가장 크게 작용한다.
  ㉢ 빛의 총소멸에 대한 기여도는 높은(약 50~90%) 편이다.

④ 무기탄소(Element Carbon)
  ㉠ 주로 입자상태에서만 빛을 흡수하여 무기탄소의 총소멸에 대한 기여도는 50%(도심지역) 이상이 된다.
  ㉡ 유기탄소(Organic Carbon)은 광화학적 반응에 의해 시정을 악화시킨다.

⑤ 상대습도
  상대습도가 50~90%로 증가함에 따라 시정악화 현상이 현저해진다. 즉, 가시거리는 습도에 의하여 크게 영향을 받는다.

(6) 상대습도 70%일 때 최대시정거리

$$L = \frac{1,000 \times A}{G}$$

여기서, L : 최대시정거리(km) : 가시거리
G : 먼지농도($\mu g/m^3$)
A : 상수 1.2(0.6~2.4)

(7) 파장 5,240 Å 일 때 시정거리

$$L_v = \frac{5.2 \times \rho \times r}{K \times G}$$

여기서, L_v : 시정거리(km ; m)
K : 분산면적비
G : 먼지농도($\mu g/m^3$; g/cm^3)
ρ : 먼지밀도(g/m^3)
r : 먼지반경(μm)

(8) 빛의 전달률 계수(COH ; Coefficient Of Haze)

① 개요
  ㉠ 대기 중의 먼지에 대한 대기질의 오염도를 평가하는 방법으로 깨끗한 여과지에 먼지를 모은 다음 빛전달률의 감소를 측정함으로써 결정되며 COH의 계수는 1,000 m를 기준으로 측정된 값이다.
  ㉡ COH 값이 0이면 빛전달률이 양호함을 의미하고 이 값이 커질수록 빛전달률이 적게 되며, 대기질은 오염된 것을 의미한다.
  ㉢ COH는 빛전달률을 측정 시 광화학적 밀도가 0.01이 되도록 하는 여과지상의 빛을 분산시키는 고형물의 양을 의미한다.

② 관련식

$$\text{COH}(1{,}000\,\text{m당}) = \frac{\text{분진의 광학적 밀도}/0.01}{L} \times 10^3$$

여기서, L : 총이동거리(m) = 속도(m/sec)×시간(sec)
분진의 광학적 밀도 = $\log(\text{불투명도})$
$= \log\left(\dfrac{1}{\text{빛의 전달률}}\right)$

빛의 전달률 = $\dfrac{I_t}{I_0} \times 100$

I_0 : 입사세기
I_t : 투과세기

③ 특성
  ㉠ COH 산출식에서 불투명도란 더러운 여과지를 통과한 빛전달분율이 역수로 정의된다.
  ㉡ COH 산출식에서 광학적 밀도는 불투명도의 log 값으로 정의된다.
  ㉢ COH 값이 0이면 깨끗한 것이며, 빛 전달분율이 0.977이면 COH 값은 1이 된다.
  ㉣ COH는 광학적 밀도를 0.01로 나눈 값이다.

(9) Beer-Lambert 법칙
  ① 개요
    ㉠ 광원으로부터 광도 I_0로 나온 빛이 대기를 통과시 대기 중의 입자 및 기체 등에 의해 흡수 산란되어 거리 X를 통과하는 빛의 광도 I는 약해지는 관계의 법칙이다.
    ㉡ 시정거리는 대기 중 입자의 산란계수, 입자농도에 반비례하며 입자밀도, 입자직경에 비례한다.
  ② 관련식

$$I = I_0 \exp[-b_{ext} \cdot X]$$

여기서, b_{ext} = 가스상 물질의 산란계수 + 가스상 물질의 흡수계수
          + 입자상 물질의 산란계수 + 입자상 물질의 흡수계수
      = 빛 소멸계수(Extinction Coefficient)
   X : 시정거리(km)

필수 문제

01 분진의 농도가 0.075 mg/m³ 인 지역의 상대습도가 70% 일 때 가시거리(km)는?(단, 계수는 1.2로 가정)

풀이 시정거리(L) : 상대습도 70%

$$L(km) = \frac{1{,}000 \times A}{G} = \frac{1{,}000 \times 1.2}{0.075 \text{ mg/m}^3 \times 1{,}000 \text{ }\mu\text{g/mg}} = 16 \text{ km}$$

필수 문제

02 상대습도가 70%이고, 상수를 1.2로 정의할 때 가시거리가 12 km라면 먼지농도(μg/m³)는?

풀이 상대습도 70%일 때 가시거리(L)

$$L = \frac{1{,}000 \times A}{G}$$

$$G(\mu\text{g/m}^3) = \frac{1{,}000 \times 1.2}{12 \text{km}} = 100 \mu\text{g/m}^3$$

필수 문제

03 파장이 5,240 Å 인 빛 속에서 밀도가 0.85 g/cm³ 이고, 지름이 0.8 μm 인 기름방울의 분산면적비 K가 4.1 이라면 가시도가 2,414 m 되기 위해서 분진의 농도(g/m³)는 얼마여야 하는가?

풀이 시정거리(L_v) : 파장 5,240 Å

$$L_v(\text{m}) = \frac{5.2 \times \rho \times r}{K \times G}$$

$$G = \frac{5.2 \times \rho \times r}{K \times L_v}$$

$\rho = 0.85 \text{g/cm}^3 \times 10^6 \text{cm}^3/\text{m}^3 = 0.85 \times 10^6 \text{g/m}^3$

$r = 0.8 \mu\text{m} \times 0.5 = 0.4 \mu\text{m}$

$$= \frac{5.2 \times 0.85 \times 10^6 \text{g/m}^3 \times 0.4 \mu\text{m}}{4.1 \times 2,414 \text{m} \times 10^6 \mu\text{m/m}}$$

$$= 1.79 \times 10^{-4} \text{g/m}^3$$

필수 문제

04 파장이 5,240 Å 인 빛 속에서 밀도가 0.95 g/cm³, 직경 0.6 μm 인 기름방울의 분산면적비가 4.5 일 때 먼지농도가 0.4 mg/m³ 이라면 가시거리는 약 몇 km인가?(단, 파장 5,240 Å일 때 식 이용)

풀이 시정거리(L_v) : 파장 5,240Å

$$L_v = \frac{5.2 \times \rho \times r}{K \times G}$$

$\rho = 0.95 \text{g/cm}^3 \times 10^6 \text{cm}^3/\text{m}^3 = 0.95 \times 10^6 \text{g/m}^3$

$r = 0.6 \mu\text{m} \times 0.5 = 0.3 \mu\text{m}$

$G = 0.4 \text{mg/m}^3 \times 10^3 \mu\text{g/mg} = 4 \times 10^2 \mu\text{g/m}^3 = 0.4 \times 10^{-3} \text{g/m}^3$

$$= \frac{5.2 \times (0.95 \times 10^6) \text{g/m}^3 \times 0.3 \mu\text{m}}{4.5 \times (4 \times 10^2) \mu\text{g/m}^3} = 823.33 \text{m} \times 1\text{km}/1,000\text{m} = 0.82 \text{km}$$

05

빛의 소멸계수(σ_{ext})가 0.45 km^{-1}인 대기에서, 시정거리의 한계를 빛의 강도가 초기 강도의 95%가 감소했을 때의 거리라고 정의할 때, 이때 시정거리 한계(km)는?(단, 광도는 Lambert-Beer 법칙을 따르며, 자연대수로 적용)

풀이

Beer-Lambert 법칙
$I = I_0 \cdot \exp[-b_{ext} \cdot X]$
$(1-0.95) = 1 \times \exp(-0.45 \times X)$
$\ln 0.05 = -0.45 X$
$X(km) = 6.66 \, km$

06

먼지의 농도를 측정하기 위해 여과지를 통해 공기의 속도를 0.3 m/sec로 하여 1.5시간 동안 여과시킨 결과, 깨끗한 여과지에 비하여 사용된 여과지의 빛전달률이 80%였다면 1,000 m당 COH는?

풀이

$$COH(1,000\,m당) = \frac{분진의\ 광학적\ 밀도/0.01}{L} \times 1,000$$

$$분진의\ 광학적\ 밀도 = \log\left(\frac{1}{빛전달률}\right)$$

$$= \log\left(\frac{1}{0.8}\right) = 0.0969$$

$L(총이동거리, m) = 0.3\,m/sec \times 1.5\,hr \times 3,600\,sec/1\,hr = 1,620\,m$

$$= \frac{0.0969/0.01}{1,620} \times 1,000 = 5.98$$

학습 Point

① 입자물질의 크기 내용 숙지
② 가시거리 내용 숙지(출제비중 높음)
③ Beer-Lambert 법칙 숙지

13 식물에 미치는 영향

(1) 아황산가스(SO₂)

① 피해 현상
   ㉠ 고엽이나 노엽보다 생활력이 왕성한 잎이 피해를 많이 입으며 피해를 입은 부위는 황갈색 내지 회백색으로 퇴색된다.
   ㉡ 0.1~1ppm에서도 수시간 내 고등식물에 피해를 준다.
   ㉢ 식물잎 뒤쪽 표피 밑의 세포 Parenchyma가 피해를 입기 시작한다.
   ㉣ 엽맥을 따라 형성되는 백화현상이나 네크로시스가 대표적이며 백화현상에 의한 맥간반점이 형성된다.
   ㉤ 황갈색 내지 회백색 반점 및 잎맥 사이(맥간)의 표백이 나타나고 온도가 높아 기공이 열려 있는 낮 동안과 습도가 높을 때 피해현상이 뚜렷이 나타난다. 즉, 피해 부분은 엽육세포이다.
   ㉥ 반점 발생 경향은 맥간반점을 띤다.

② SO₂에 저항성이 강한 식물
   까치밤나무, 수랍목, 협죽도, 옥수수, 감귤, 글라디올러스, 장미, 개나리, 양배추, 쥐당나무(정치목) 등

③ SO₂에 민감한(약한) 식물
   ㉠ 자주개나리(알파파)
      지표식물(대기오염을 사람보다 먼저 인지하고 환경피해 정도를 알려주는 식물)
   ㉡ 목화, 보리(대맥), 콩, 메밀, 담배, 시금치, 고구마, 전나무, 소나무, 낙엽송, 코스모스, 양상치 등

④ 한계농도
   ㉠ 식물이 피해를 받지 않을 정도의 농도를 의미한다.
   ㉡ 8 hr 노출 시 약 0.8 mg/m³(0.05 ppm 이하)

(2) 오존(O₃)

① 피해현상
   ㉠ 잎의 책상세포 및 표피에 영향을 주어 회백색 도는 갈색 반점이 발생, 엽록소 파괴, 동화작용 억제, 산소작용의 저해를 유발한다.
   ㉡ 잎의 색소 형성, 회갈색 반점 형성, 얼룩표백 등이 나타난다.

ⓒ 늙은 잎에 가장 민감하게 작용하고 어린잎에는 영향이 적으며 셀룰로오스를 손상시킨다.
ⓓ 식물의 피해 정도는 기공의 개폐, 증산작용의 대소 등에 따라 달라진다.
ⓔ 0.2ppm 정도의 농도에서 2~3시간 접촉하면 피해를 일으킨다.

② O_3에 저항성이 강한 식물
사과, 복숭아, 아카시아, 해바라기, 국화, 양배추, 제비꽃, 귤 등

③ O_3에 민감한(약한) 식물
ⓐ 담배(지표식물)
ⓑ 시금치, 파, 포도, 자주개나리, 밀감, 토란 등

④ 한계농도
4 hr 노출시 약 59 $\mu g/m^3$(0.03 ppm 이하)

(3) 불소 및 그 화합물(HF)

① 피해 현상
ⓐ 주로 잎의 끝이나 가장자리의 발육부진이 두드러지며 균에 의한 병이 발생하며 어린잎에 피해가 현저한 편이다.(잎의 선단부나 엽록부에 피해)
ⓑ 불화수소는 식물의 잎을 주로 갈색 또는 상아색으로 변색시키며(황화현상) 특히 어린잎에 현저하다.
ⓒ 적은 농도에서도 피해를 주며 식물에 대한 독성이 SO_2보다 약 100배 정도 강하다.
ⓓ 불소 및 그 화합물은 알루미늄의 전해공장이나 인산비료 공장에서 HF 또는 SiF_4 형태로 배출된다.

> **Reference | 식물에 피해 영향 정도**
>
> $HF > SO_3 > O_3 > PAN > NO > CO$ [고등식물 : $HF > Cl_2 > O_3 > SO_2 > NO_2 > CO$]

② HF에 저항성이 강한 식물
자주개나리, 장미, 콩, 담배, 목화, 리일락, 시금치, 토마토, 민들레, 질경이, 명아주 등

③ HF에 민감한(약한) 식물
글라디올러스, 옥수수, 살구, 복숭아, 어린소나무, 메밀, 자두 등

④ 한계농도
5~6주 노출 시 약 0.08~0.1 $\mu g/m^3$(0.1 ppb 이하)

(4) PAN (광화학 Smog)

① 피해현상
  ㉠ 잎의 표면이 유리화, 은백색의 광택화되어 표피세포 파괴현상으로 백색이나 반점이 생긴다.
  ㉡ 잎의 해면연조직에 영향을 미치며 어린잎에 가장 민감하게 작용한다.
② PAN(광화학 Smog)에 저항성이 강한 식물
  사과, 벚꽃, 밀감, 옥수수, 무, 수선화 등
③ PAN(광화학 Smog)에 민감한(약한) 식물
  강낭콩, 시금치, 상추, 셀러리, 장미, 고무나무 등
④ 한계농도
  6 hr 노출시 약 50 $\mu g/m^3$(0.01 ppm 이하)

(5) 황화수소(H_2S)

① 피해현상
  ㉠ 일반적으로 독성은 크지 않으나 어린잎의 성장기에는 피해가 크다.
  ㉡ 어린잎 및 새싹에 가장 많은 영향을 미치고 기부와 잎의 가장자리에 피해를 준다.
② H_2S에 저항성이 강한 식물,
  복숭아, 사과, 딸기, 카네이션 등
③ H_2S에 민감한(약한) 식물
  코스모스, 무, 오이, 토마토, 클로버, 담배, 대두 등

(6) 이산화질소(NO_2)

① 잎 전체에 영향을 주는 것이 특징이며, 암모니아에 접촉하여 수 시간이 지나면 잎 전체가 불규칙적인 갈색 또는 흑색으로 변한다.
② 주로 엽육세포에 영향을 미치며 젊은 잎에 가장 민감하게 작용한다.
③ 꽃과식물에는 잎 전체, 소나무 등에는 잎침 내부에 갈색(흑갈색) 반점을 유발시킨다.
④ 한계농도는 4 hr 노출시 4,700~5,000 $\mu g/m^3$(2.5 ppm 이하) 정도이다.

(7) 암모니아(NH_3)

① 잎 전체에 영향을 주는 것이 특징이며, 암모니아에 접촉하여 수시간 지나면 잎 전체가 갈색 또는 흑색이 된다.

② 성숙한 잎에 가장 민감하게 작용하며 최초의 증상은 잎 선단부에 경미한 황화현상으로 나타난다.
③ NH_3에 민감한 식물(지표식물)은 토마토, 해바라기, 메밀 등이다.
④ 토마토, 메밀 등은 40ppm 정도의 암모니아 가스 농도에서 1시간이 지나면 피해증상이 나타난다.
⑤ 독성은 HCl과 비슷한 정도이다.

(8) 에틸렌(C_2H_4)

① 매우 낮은 농도에서 피해를 나타내며, 주된 증상으로 상편생장, 전두운동의 저해, 황화현상과 빠른 낙엽, 줄기의 신장저해, 성장감퇴 등이 있다.
② 잎의 모든 부분에 피해가 나타나며 증상으로는 잎의 기형화, 꽃의 탈리 등이 나타난다.
③ 어린 가지의 성장을 억제시키며 이상낙엽을 유발한다.
④ 대표적 지표식물은 스위트피, 토마토, 메밀 등이다.(0.1ppm 정도의 저농도에서도 스위트피와 토마토에 상편생장을 일으킴)
⑤ 에틸렌가스에 대한 저항성이 가장 큰 식물은 양배추이며 클로버, 상추 등도 크다.

(9) 염소(Cl_2)

① 잎의 외피, 엽육세포에 피해가 나타나며 증상으로는 잎맥 사이의 표백현상, 기관탈리가 나타난다.
② 성숙한 잎에 가장 민감하게 작용한다.
③ 식물의 피해한계는 290 $\mu g/m^3$(2 hr 노출) 정도이다.

(10) 일산화탄소(CO)

① 식물에는 큰 영향을 미치지 않는다.
② 약 500ppm 정도에서는 토마토잎에 피해를 준다.
③ 100ppm까지는 1~3주간 노출되어도 고등식물에 대한 피해는 약하다.

학습 Point
SO_2, O_3, HF가 식물에 미치는 내용 및 각 오염물질에 대한 지표식물 숙지

14 지구환경 문제

(1) 산성비

① 정의

산성비란 보통 빗물의 pH가 5.6보다 낮게 되는 경우를 말하는데, 이는 자연상태에 존재하는 CO_2(≒330~370 ppm)가 빗방울에 흡수되어 평형을 이루었을 때의 pH를 기준으로 한 것이다.

② 주요 원인물질

㉠ H_2SO_4(≒65%) : SO_4^{2-}
㉡ HNO_3(≒30%) : NO_3^-
㉢ HCl(≒5%) : Cl^-

③ 특성

㉠ 산성비는 인위적으로 배출된 SO_x 및 NO_x 화합물질이 대기 중에서 황산 및 질산으로 변환되어 발생한다.
㉡ 산성비는 인체에 피부염을 유발하고 하천 및 호수를 산성화한다. 또한 하천 및 호수 바닥에 포함하고 있는 알루미늄이나 망간 등을 용출시켜 오염을 유발한다.
㉢ 건축물(석고, 대리석 등)의 풍화 및 금속물체의 부식을 일으킨다.
㉣ 식물 잎에 포함하고 있는 칼슘, 마그네슘 등을 녹여 유실시킴으로써 열매 및 씨의 성장을 방해한다.
㉤ 산성비가 토양에 내리면 토양은 산적 성격이 약한 교환기부터 순차적으로 Ca^{2+}, Mg^{2+}, Na^+, K^+ 등의 교환성 염기를 방출하고, 그 교환자리에 H^+가 흡착되어 치환된다.
㉥ 교환성 Al은 산성의 토양에만 존재하는 물질이고, 교환성 H와 함께 토양 산성화의 주요한 요인이 된다.
㉦ Al^{3+}은 뿌리의 세포분열이나 Ca 또는 P의 흡수 및 흐름을 저해한다.
㉧ 토양의 양이온 교환기는 강산적 성격을 갖는 부분과 약산적 성격을 갖는 부분으로 나누는데, 결정성의 점토광물은 강산적이고 결정도가 낮은 점토광물은 약산적이다.
㉨ 토양과 흡착되어 있는 양이온을 교환성 양이온이라 하는데 이 중 양적으로 많은 것은 Ca^{2+}, Mg^{2+}, Na^+, K^+, Al^{3+}, H^+ 등 6종이다.
㉩ Al^{3+}와 H^+ 이외의 양이온을 교환성 염기라 하며, 토양 pH는 흡착되어 있는 교환성 양이온에 의해 결정된다.
㉪ 토양입자는 일반적으로 ⊖하전으로 대전되어 각종 양이온을 정전기적으로 흡착하고 있다.

④ 산성비와 관련된 국제협약
　㉠ 제네바 협약
　　ⓐ 1979년 제네바 협약은 유럽에서의 산성비 문제가 심각하고, 국경이동 대기오염을 통제하기 위한 국제적 협약이 필요하다는 요청에 따라, 주로 유럽지역의 국가를 중심으로 체결된 조약이다.
　　ⓑ 이 협약은 대기오염원이 될 수 있는 물질이 먼 거리까지 이동할 수 있다는 점을 고려하여, 환경보호 분야, 특히 대기오염 분야에서의 상호협력 강화에 중점을 두고 있다.
　㉡ 헬싱키 의정서
　　1987년에 발효된 협약으로 스웨덴 호수의 산성도 증가의 주요요인이 인접국가로부터 이동되는 장거리 이동 오염물질에 상당부분 기인한다는 결론에 따라 유황배출 또는 월경이동을 최저 30% 삭감하도록 한 협약이다.
　㉢ 소피아 의정서
　　ⓐ 1988년 불가리아 소피아에서 산성비의 원인물질인 질소산화물 삭감에 관한 의정서가 체결되었다.
　　ⓑ 소피아 의정서의 주요내용은 질소산화물 배출량 또는 국가 간 이동량의 최저 30%를 삭감하는 것에 관한 것이다.

(2) 온실효과

① 개요
　㉠ 전 지구의 평균 지상기온은 지구가 태양으로부터 받고 있는 태양에너지와 지구가 적외선 형태로 우주로 방출하고 이는 에너지의 균형으로부터 결정된다. 이 균형은 대기 중의 CO_2, 수증기(H_2O) 등 흡수 기체가 큰 역할을 하고 있다.
　㉡ 대기의 온실효과는 실제 온실에서의 보온작용과 같은 원리가 아니며, 온실기체가 대기 중에서 계속 축적되어 발생하는 지구대류권의 온도증가 현상이다.
② 온실효과가스
　㉠ 온실가스(온실기체)란 파장이 짧은 태양광선(가시광선 등)은 그대로 통과시키지만 태양광에 의해 따뜻해진 지표가 방사하는 파장이 긴 적외선을 잘 흡수하는 광화학적 성질을 가진 기체이다.
　㉡ 온실가스는 아주 넓은 7~20 μm 이상 파장범위의 적외선을 흡수하여 지구온도를 상승시켜 마치 온실의 유리 같은 효과를 낸다. 즉, 가시광선은 통과시키고 적외선을 흡수해서 열을 밖으로 나가지 못하게 함으로써 보온작용을 하는 것을 대기의 온실효과라 한다.

ⓒ 대표적 지구온실가스
  CO_2, CH_4, CFC, N_2O, O_3(대류권), 수증기
ⓔ 온실효과에 대한 기여도
  CO_2 > CFC11, CFC12 > CH_4 > N_2O
ⓜ CH_4는 지표 부근 대기 중 농도(지표 부근 배경농도)가 약 1.5 ppm 정도이고 매년 0.9%씩 증가하며 주로 미생물의 유기물 분해작용에 의해 발생하며, 적외선의 특수 파장을 흡수하여 온실기체로 작용한다.
ⓗ N_2O는 대기 중에 존재하는 기체상의 질소산화물 중 대류권에서 온실가스로 작용하고 대기 중 농도가 약 3 ppm으로 매년 0.2~0.3% 증가한다. 일명 웃음기체라고도 하며 성층권에서는 오존층 파괴물질로 작용한다. 발생원으로는 토양 중 생물사체 및 배설물의 분해, 질소비료 대량 사용에 의한 미생물의 분해에 의한다.
ⓢ O_3는 온실가스 중 동일한 부피에서 분자량이 가장 크므로 가장 무거운 물질이다.
ⓞ 온실가스들은 각각 적외선 흡수대가 있으며, CO_2의 주요흡수대는 파장 13~17 μm 정도이며 O_3는 9~10 μm 정도, CH_4, N_2O의 주요 흡수대는 7~8 μm, 프레온 11, 12의 흡수대는 11~12 μm이다.
ⓩ 온실가스가 증가하면 대류권에서 적외선 흡수량이 많아져서 온실효과가 증대된다.
ⓒ 수증기(H_2O)는 지구온실효과에 대한 기여도가 가장 큰 물질이지만 인위적인 대기오염물질이 아니기 때문에 기여도에서 일반적으로 제외한다.
ⓚ 다른 온실가스의 증가로 인한 지구온도 상승 시 해수표면에서 증발량이 많아져(수증기 양 증가) 지구온실효과는 더욱 가중된다.

③ 온실효과 영향
  ㉠ 지구평균기온이 연평균 0.03℃씩 증가하는 추세이다.
  ㉡ 해수면의 상승으로 인한 육지 감소(식량생산 감소), 전염병 발생, 수자원문제(지하수 및 강주변 염분 증가)가 발생한다.
  ㉢ 생태계 변화 또는 파괴가 발생한다.
  ㉣ 온난화에 의한 해면상승은 전 지구적으로 일정하지 않다.
  ㉤ 지구온난화는 대류권 오존의 생성반응을 촉진시켜 오존의 농도가 증가한다.
  ㉥ 기온상승과 토양의 건조화는 생물 성장의 남방한계 및 북방한계에도 영향을 준다.
  ㉦ 기상조건의 변화는 대기오염의 발생횟수와 오염농도에 영향을 준다.

🔍 Reference

1. 엘니뇨(ElNino) 현상
   ① 엘니뇨란 스페인어로 '남자아이' 또는 '아기예수'라는 뜻으로 전 지구적으로 발생하는 대규모의 기상현상으로 대기와 해양의 상호작용으로 열대 동태평양에서 중태평양에 걸친 광범위한 구역에서 해수면의 상승을 유발한다.
   ② 열대 태평양 남미해안으로부터 중태평양에 이르는 넓은 범위에서 해수면의 온도가 평년보다 보통 0.5℃ 이상 높은 상태가 6개월 이상 지속되는 현상을 의미한다.
   ③ 엘니뇨가 발생하는 이유는 태평양 적도 부근에서 동태평양의 따뜻한 바닷물을 서쪽으로 밀어내는 무역풍이 불지 않거나 불어도 약하게 불기 때문이다.
   ④ 엘니뇨로 인한 피해가 주요농산물 생산지역인 태평양 연안국에 집중되어 있어 농산물 생산이 크게 감축되고 있다.
   ⑤ 엘니뇨 시기에는 서태평양의 기압이 높아지고 남태평양의 기압이 내려가는 남방진동이 나타난다.

2. 라니냐(La Nina) 현상
   ① 라니냐란 스페인어로 '여자아이'라는 뜻으로 엘니뇨 현상의 반대의미이다.
   ② 라니냐가 발생하는 이유는 적도무역풍이 평년보다 강해지며, 서태평양의 해수면과 수온이 평년보다 상승하게 되고, 찬 해수의 용승현상 때문에 적도 동태평양에서 저수온 현상이 강화되어 나타난다.
   ③ 해수면의 온도가 6개월 이상 0.5℃ 이상 낮은 현상이 지속되어 엘니뇨 현상과 마찬가지로 기상이변의 주요원인이 된다.

3. 관계
   엘니뇨와 라니냐는 서로 독립적인 현상이 아니라 반대위상을 가지는 자연계의 진동현상이라 할 수 있다.

④ 교토의정서
   ㉠ 기후변화 협약 제3차 당사국총회(COP-3)에서 구속력 있는 온실가스 감축의무를 명문화한 교토의정서를 채택하였다.
   ㉡ 교토의정서는 선진국에게 강제성 있는 감축의무 목표를 설정하고 온실가스를 상품으로 거래하게 한 것이 가장 큰 의의이다.
   ㉢ 6종류의 온실가스 설정(저감 및 관리대상 온실가스)
   CO_2, CH_4, N_2O, HFC(수소불화탄소), PFC(과불화탄소), SF_6(육불화황)
   단, CFC는 몬트리올 의정서에 의해 미리 규제를 받고 있고 H_2O는 자연계에서 순환되므로 제외하였다.

㉣ 시장원리에 의해 온실가스를 상품처럼 거래할 수 있도록 한 유연성 체제인 교토메커니즘을 도입하였다.

⑤ 교토메커니즘
  ㉠ 공동이행제도(JI ; Joint Implementation)
    감축의무가 있는 선진국 사이에서 온실가스 감축사업을 공동으로 수행하는 것을 인정하여 한 국가가 다른 국가에 투자하여 감축한 온실가스 감축량의 일부분을 투자국의 감축실적으로 인정하는 제도이다.
  ㉡ 청정개발체제(CDM ; Clean Development Mechanism)
    ⓐ 선진국이 개발도상국에서 온실가스 감축사업을 수행하여 달성한 실적을 선진국의 감축목표 달성에 활용할 수 있도록 하는 제도이다.
    ⓑ 선진국은 감축목표 달성에 사용할 수 있는 온실가스 감축량을 얻고 개발도상국은 선진국으로부터 기술이전 및 재정지원, 고용창출 등을 기대할 수 있다.
  ㉢ 배출권거래제(ET ; Emission Trading)
    온실가스 감축의무국가가 의무감축량을 초과하여 달성 시 이 초과분을 다른 온실가스 감축의무국가와 거래 가능하게 한 제도이다.

⑥ 지구온난화지수(GWP ; Grobal Warming Potential)
  ㉠ 같은 질량일 경우 온실가스별로 지구온난화에 영향을 미치는 정도를 나타낸 수치로 이 값이 클수록 지구온난화에 대한 기여도가 크다는 의미이다. 즉, 온실기체들의 구조상 또는 열축적능력에 따라 온실효과를 일으키는 잠재력을 지수로 표현한 것이다.
  ㉡ 이산화탄소 1을 기준으로 하여 메탄 21, 아산화질소 310, 수소불화탄소 140~11,700, 과불화탄소 6,500~9,200(11,700), 육불화황 23,900 등이다.

🔍 Reference | 온실가스 특성

온실가스	지구온난화지수 (GWP)	온난화 기여도 (%)	수명(연)	주요 배출원
CO_2	1	55	100~250	연소반응/산업공정(소성반응)
CH_4	21	15	12	폐기물처리과정/농업/ 가축배설물(축산)
N_2O	310	6	120	화학산업/농업(비료)
HFCs	140~11,700(1,300)	24	70~550	냉매/용제/발포제/세정제
PFCs	6,500~11,700(7,000)			냉동기/소화기/세정제
SF_6	23,900			전자제품 및 변압기의 절연체

> **Reference | 기후변화협약**
>
> 1992년 채택되고 1994년에 발효된 기후변화협약은 대기 중 온실가스의 안정화를 목표로, 형평성, 공통의 차별화된 책임, 대응능력, 지속가능발전(ESSD) 등을 원칙으로 하고 있다.

> **Reference | 리우선언**
>
> ① 1992년 6월 '지구를 건강하게, 미래를 풍요롭게'라는 슬로건 아래 개최된 지구 정상회담에서 환경과 개발에 관한 기본적인 원칙을 표방한 선언이다.
> ② 인간은 지속 가능한 개발을 위한 관심의 중심으로 자연과 조화를 이룬 건강하고 생산적인 삶을 향유하여야 한다는 주요원칙을 담고 있다.

> **Reference | 오슬로협약**
>
> 폐기물의 해양에 따른 온실가스 감축목표와 관련한 국제협약

> **Reference | 기후생태계 변화유발물질**
>
> 6대 온실가스 + CFC(염화불화탄소)

(3) 오존층 파괴

① 정의

성층권에서의 오존층은 태양으로부터 복사되는 유해 자외선을 흡수, 차단하는 필터와 같은 역할을 하여 지구생명체를 보호하고 지구온도를 적절하게 조절해주는 기능을 한다. 이 오존층은 자연적으로 생성과 소멸을 반복하여 평형상태를 유지하고 있으나 인위적으로 배출된 대기오염물질이 자연생성 오존양보다 더 많이 오존층을 파괴하여 균형이 깨지는 것을 의미한다.

② 오존층

㉠ 오존층이란 성층권에서도 오존이 더욱 밀집해 분포하는 지상 약 20~30 km 구간을 말하며 오존의 최대 농도는 약 10 ppm 정도이다.

㉡ 오존층에서는 오존의 생성과 소멸이 계속적으로 일어나면서 오존의 농도를 유지

하며 또한 지표면의 생물체에 유해한 자외선을 흡수한다. 성층권의 오존층 농도가 감소하면 지표면에 보다 많은 양의 자외선이 도달한다.
ⓒ 오존의 생성 및 분해반응에 의해 자연상태의 성층권영역에서는 일정수준의 오존량이 평형을 이루게 되고, 다른 대기권역에 비해 오존의 농도가 높은 오존층이 생긴다.
② 오존층의 두께를 표시하는 단위는 돕슨(Dobson)이며, 지구 대기 중의 오존총량을 표준상태에서 두께로 환산했을 때 1 mm를 100돕슨으로 정하고 있다. 즉, 1 Dobson은 지구 대기 중 오존의 총량을 0℃, 1기압의 표준상태에서 두께로 환산하였을 때 0.01 mm에 상당하는 양이다.
⑩ 지구 전체의 평균오존 전량은 약 300 Dobson이지만, 지리적 또는 계절적으로 그 평균값의 ±50% 정도까지 변화하고 있다.(오존총량은 적도상에서 약 200 Dobson, 극지방에서 약 400 Dobson)
ⓗ 290 nm 이하의 단파장인 UV-C는 대기 중의 오존분자 등의 가스성분에 의해 그 대부분이 흡수되어 지표면에 거의 도달하지 않는다.
ⓐ 성층권을 비행하는 초음속 여객기(SST plane)에서 NO가 배출되며, 이는 촉매적으로 오존을 파괴한다.

③ **성층권에서 오존의 생성 및 소멸**
㉠ 성층권에서 오존은 광화학 반응에 의하여 생성반응과 소멸반응을 반복적으로 하여 자연계에서 오존농도를 평형 상태로 유지시키고 있다.
㉡ 각종 인위적 발생에 의한 오존층 파괴물질 등에 의해 생성반응보다 소멸(파괴)반응이 크면 오존층은 점차 얇아져 특정지역에서는 구멍(오존층)을 생성하게 한다.
㉢ 생성 및 소멸반응

[생성]

$$O_2 \xrightarrow{240\,nm(h\nu)} 2O$$
$$O_2 + O + M \rightarrow O_3 + M$$

ⓐ 오존은 성층권에서는 대기 중의 산소분자가 주로 240 nm 이하의 자외선에 의해 광분해되어 생성된다.
ⓑ 여기서 M은 제3의 물질로 에너지를 받아들이는 물질을 의미하며, 대표적 물질은 질소(N_2)이다.

[소멸]

$$O_3 \xrightarrow{240\sim300\,nm(hv)} O_2 + O\cdot$$

오존은 파장 240~300 nm(200~290 nm)의 자외선에 의하여 광분해되어 소멸(분해)된다.

[파괴]

ⓐ CFC계열 화합물(프레온가스)이 성층권에 도달하면 자외선에 의해 분해(라디칼반응)되어 염소원자(반응성이 큰 염소라디칼)가 형성된다.

$$CF_xCl_y \xrightarrow{hv} CF_xCl_{y-1} + Cl\cdot$$

ⓑ 염소원자는 오존과 반응하여 오존파괴를 진행한다.

$$Cl\cdot + O_3 \longrightarrow \cdot ClO + O_2$$

ⓒ 일산화염소(·ClO)는 산소원자와 반응하여 염소원자 되어 위의 ⓑ반응이 일어난다. 즉 이러한 반응 과정이 연속적으로 반복되어 오존층이 파괴된다.

$$\cdot ClO + O \rightarrow O_2 + Cl\cdot$$

ⓓ 오존층 파괴지수(ODP ; Ozone Depletion Potential)
CFC 11의 오존층 파괴영향을 1로 하였을 경우, 오존층 파괴에 영향을 미치는 물질의 상대적 영향을 나타내는 값으로 단위중량당 오존의 소모능력을 의미한다.

[특정물질 및 오존파괴지수(ODP)]

군	호	특정물질의 종류	화학식	오존파괴지수
Ⅰ	①	트리클로로플루오르메탄(CFC-11)	$CFCl_3$	1.0
	②	디클로로디플루오르메탄(CFC-12)	CF_2Cl_2	1.0
	③	트리클로로트리플루오르에탄(CFC-113)	$C_2F_3Cl_3$	0.8
	④	트리클로로트리플루오르에탄(CFC-114)	$C_2F_4Cl_2$	1.0
	⑤	클로로펜타플루오르에탄(CFC-115)	C_2F_5Cl	0.6
Ⅱ	⑥	브로모트리플루오르메탄(Halon-1301)	CF_3Br	10.0
	⑦	브로모클로로디플루오르메탄(Halon-1211)	CF_2BrCl	3.0
	⑧	디브로모테트라플루오르에탄(Halon-2402)	$C_2F_4Br_2$	6.0
Ⅲ	⑨	클로로트리플루오르메탄(CFC-13)	CF_3Cl	1.0
	⑩	펜타클로로플루오르에탄(CFC-111)	C_2FCl_5	1.0
	11	테트라클로로디풀오르에탄(CFC-112)	$C_2F_2Cl_4$	1.0
	12	헵타클로로플루오르프로판(CFC-211)	C_3Cl_7	1.0
	13	헥사클로로디플루오르프로판(CFC-212)	$C_3F_2Cl_6$	1.0
	14	펜타클로로트리플루오르프로판(CFC-213)	$C_3F_3Cl_5$	1.0
	⑮	테트라클로로테트라풀루오르프로판(CFC-214)	$C_3F_4Cl_4$	1.0
	16	트리클로로펜타플루오르프로판(CFC-215)	$C_3F_5Cl_3$	1.0
	17	디클로로헥사플루오르프로판(CFC-216)	C_3FCl_2	1.0
	⑱	크로로헵타플루오르프로판(CFC-217)	C_3F_7Cl	1.0
Ⅳ	⑲	사염화탄소	CCl_4	1.1
Ⅴ	⑳	1,1,1-트리클로로에탄(메틸클로로포름)	$C_2H_3Cl_3$	0.1
Ⅵ	㉑	디클로로프루오르메탄(HCFC-21)	$CHFCl_2$	0.04
	㉒	클로로디플루오르메탄(HCFC-22)	CHF_2Cl	0.055
	㉓	클로로플루오르에탄(HCFC-31)	CH_2FCl	0.02
	24	테트라클로로플루오르에탄(HCFC-121)	C_2HFCl_4	0.01-0.04
	25	트리클로로디플루오르에탄(HCFC-122)	$C_2HF_2Cl_3$	0.02-0.08
	26	디클로로트리플루오르에탄(HCFC-12(HCFC-123)	$C_2HF_3Cl_2$	0.02-0.06
	㉗	디클로로트리플루오르에탄(HCFC-123)	$CHCl_2CF_3$	0.02
	㉘	디클로로트리플루오르에탄(HCFC-124)	C_2HF_4Cl	0.02-0.04
	㉙	디클로로트리플루오르에탄(HCFC-124)	$CHClCF_3$	0.022
	㉚	트리클로로플루오르에탄(HCFC-131)	$C_2H_2FCl_3$	0.007-0.05
	31	디클로로디플루오르에탄(HCFC-132)	$C_2H_2F_2Cl_2$	0.008-0.05
	32	클로로트리플루오르에탄(HCFC-133)	$C_2H_2F_3Cl$	0.02-0.06
	㉝	디클로로플루오르에탄(HCFC-141)	$C_2H_3FCl_2$	0.005-0.07
	㉞	디클로로플루오르에탄(HCFC-141b)	CH_3CFCl_2	0.11
	㉟	크로로디플루오르에탄(HCFC-142)	$C_2H_3F_2Cl$	0.008-0.07
	36	클로로플루오르에탄(HCFC-142b)	CH_3CF_2Cl	0.065
	37	클로로플루오르에탄(HCFC-151)	C_2H_4FCl	0.003-0.005

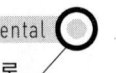

군	호	특정물질의 종류	화학식	오존파괴지수
Ⅵ	38	헥사클로로플루오르프로판(HCFC-221)	C_3HFCl_6	0.015-0.07
	㊴	펜타클로로디플루오르프로판(HCFC-222)	$C_3HF_2Cl_5$	0.01-0.09
	40	테트라클로로트리플루오르프로판(HCFC-223)	$C_3HF_3Cl_4$	0.01-0.08
	41	트리클로로테트라플루오르프로판(HCFC-224)	$C_3HF_4Cl_3$	0.01-0.09
	42	디클로로펜타플루오르프로판(HCFC-225)	$C_3HF_5Cl_2$	0.02-0.07
	43	디클로로펜타플루오르프로판(HCFC-225ca)	$CF_3CF_2CHCl_2$	0.025
	44	디클로로펜타플루오르프로판(HCFC-225cb)	CF_2ClCF_2CHClF	0.033
	㊺	클로로헥사플루오르프로판(HCFC-226)	C_3HF_6Cl	0.02-0.10
	46	펜타클로로플루오르프로판(HCFC-231)	$C_3H_2FCl_5$	0.05-0.09
	47	테트라크로로디플루오르프로판(HCFC-232)	$C_3H_2F_2Cl_4$	0.008-0.10
	48	트리크로로트리플루오르프로판(HCFC-233)	$C_3H_2F_3Cl_3$	0.007-0.23
	49	디클로로테트라플루오르프로판(HCFC-234)	$C_3H_2F_4Cl_2$	0.01-0.28
	50	크로로펜타플루오르프로판(HCFC-235)	$C_3H_2F_5Cl$	0.03-0.52
	51	테트라클로로플루오르프로판(HCFC-241)	$C_3H_3FCl_4$	0.004-0.09
	52	트리클로로플루오르프로판(HCFC-242)	$C_3H_3F_2Cl_3$	0.005-0.13
	(53)	디클로로트리플루오르프로판(HCFC-243)	$C_3H_3F_3Cl_2$	0.007-0.12
	54	클로로테트라플루오르프로판(HCFC-244)	$C_3H_3F_4Cl$	0.009-0.14
	55	트리크로로플루오르프로판(HCFC-251)	$C_3H_4FCl_3$	0.001-0.01
	56	디크로로디플루오르프로판(HCFC-252)	$C_3H_4F_2Cl_2$	0.005-0.04
	57	클로로트리플루오르프로판(HCFC-253)	$C_3H_4F_3Cl$	0.003-0.03
	58	디크로로플루오르프로판(HCFC-261)	$C_3H_5FCl_2$	0.002-0.02
	59	클로로디플루오르프로판(HCFC-262)	$C_3H_5F_2Cl$	0.002-0.02
	60	클로로플루오르프로판(HCFC-271)	C_3H_6FCl	0.001-0.03
Ⅶ	(61)	디브로모플루오르메탄	$CHFBr_2$	1.00
	(62)	브로모디플루오르메탄(HBFC-22B1)	CHF_2Br	0.74
	(63)	브로모플루오르메탄	CH_2FBr	0.73
	(64)	테트라브로모플루오르에탄	C_2HFBr_4	0.3-0.8
	(65)	트리브로모디플루오르에탄	$C_2HF_2Br_3$	0.5-1.8
	66	디브로모트리플루오르에탄	$C_2HF_3Br_2$	0.4-1.6
	67	브로모테트라플루오르에탄	C_2HF_4Br	0.7-1.2
	68	트리브로모플루오르에탄	$C_2H_2FBr_3$	0.1-1.1
	69	디브로모디플루오르에탄	$C_2H_2F_2Br_2$	0.2-1.5
	70	브로모트리플루오르에탄	$C_2H_2F_3Br$	0.7-1.6
	71	디브로모플루오르에탄	$C_2H_3FBr_2$	0.1-1.7
	72	브로모디플루오르에탄	$C_2H_3F_2Br$	0.2-1.1
	73	브로모플루오르에탄	C_2H_4FBr	0.07-0.1
	74	헥사브로모플루오르프로판	C_3HFBr_6	0.3-1.5

군	호	특정물질의 종류	화학식	오존파괴지수
Ⅶ	75	펜타브로모디플루오르프로판	$C_3HF_2Br_5$	0.2 – 1.9
	76	테트라브로모트리플루오르프로판	$C_3HF_3Br_4$	0.3 – 1.8
	77	트리브로모테트라플루오르프로판	$C_3HF_4Br_3$	0.5 – 2.2
	78	디브로모펜타플루오르프로판	$C_3HF_5Br_2$	0.9 – 2.0
	79	브로모헥사플루오르프로판	C_3HF_6Br	0.7 – 3.3
	80	펜타브로모플루오르프로판	$C_3H_2FBr_5$	0.1 – 1.9
	81	테트라브로모플루오르프로판	$C_3H_2F_2Br_4$	0.2 – 2.1
	82	트리브로모트리플루오르프로판	$C_3H_{12}F_3Br_3$	0.2 – 5.6
	83	디브로모테트라플루오르프로판	$C_3H_2F_4Br_2$	0.3 – 7.5
	84	브로모펜타플루오르프로판	$C_3H_2F_5Br$	0.9 – 14
	85	테트라브로모플루오르프로판	$C_3H_3FBr_4$	0.08 – 1.9
	86	트리브로모디플루오르프로판	$C_3H_3F_2Br_3$	0.1 – 3.1
	87	디브로모트리플루오르프로판	$C_3H_3F_3Br_2$	0.1 – 2.5
	88	브로모테트라플루오르프로판	$C_3H_3F_4Br$	0.3 – 4.4
	89	트리브로모플루오르프로판	$C_3H_4FBr_3$	0.03 – 0.3
	90	디브로모디플루오르프로판	$C_3H_4F_2Br_2$	0.1 – 1.0
	91	브로모트리플루오르프로판	$C_3H_4F_3Br$	0.07 – 0.8
	92	디브로모플루오르프로판	$C_3H_5FBr_2$	0.04 – 0.4
	93	브로모디플루오르프로판	$C_3H_5F_2Br$	0.07 – 0.8
	94	브로모플루오르프로판	C_3H_6FBr	0.02 – 0.7
Ⅷ	95	브로모클로로메탄	CH_2BrCl	0.12
Ⅸ	96	메틸브로마이드(다만, 수출입 농산물 검역용은 제외한다)	CH_3Br	0.6

Reference | CFC-115

① 용도 : 냉각, 거품크림안정제   ② 대류권 잔류기간 : 약 500년

Reference | 오존파괴물질의 평균수명

① CFC-11 : 55년   ② CFC-12 : 116년
③ CFC-13 : 400년   ④ HCFC-22 : 15.8년
⑤ CFC-113 : 110년   ⑥ CFC-114 : 220년
⑦ CFC-115 : 550년   ⑧ CFC-123 : 1.6년
⑨ CFC-124 : 6.6년

Reference | 프레온가스(CFC ; Chloro Fluoro Carbons)

① 동일 분자량을 가진 유기화합물보다 끓는점이 낮다.
② 인체에 독성이 없고, 가연성·부식성이 없다.
③ 무색, 무취, 폭발성이 없는 매우 안정한 가스이다.
④ 산·알칼리에도 안정하고 기름류를 잘 용해시키는 성질이 있어 작은 틈새에도 침투력이 좋다.
⑤ 냉장고·에어컨의 냉매, 스프레이 분무제·소화제·발포제·세정제로 이용된다.
⑥ 대기 중 파괴되는 기간이 평균 70~550년 정도로 매우 안정한 물질이므로 거의 분해되지 않고 성층권 영역까지 확산된다.
⑦ 종류
- CFC-11[CCl_3F] : 프레온 11
- CFC-12[CCl_2F_2] : 프레온 12
- CFC-113[CCl_2FCClF_2]
- CFC-114[$CClF_2CClF_2$]
- CFC-115[$CClF_2CF_3$]

⑧ 명명법
  100 자릿수 → 분자 중의 탄소(C)의 수 −1
  10 자릿수 → 분자 중의 수소(H)의 수 +1
  1 자릿수 → 분자 중의 플루오르(F)의 수

  예) $C_2Cl_3F_3$ 프레온가스의 명명법
    분자 중 탄소의 수 : 2−1=1 ┐
    분자 중 수소의 수 : 0+1=1 ├ CFC 113
    분자 중 불소의 수 : 3   ┘

⑨ 구조식(화학식)

```
       [CFC-11]                [CFC-12]
          Cl                      F
          |                       |
      Cl - C - Cl             Cl - C - Cl
          |                       |
          F                       F
```

1-117

⑤ 오존층 보호를 위한 국제협약
  ㉠ 비엔나 협약
    비엔나 협약은 1985년 3월에 만들어진 오존층 보호를 위한 최초의 협약이다. 즉, 오존층 파괴의 영향으로부터 지구와 인류를 보호하기 위해 최초로 만들어진 보편적인 국제협약이다.
  ㉡ 몬트리올 의정서(제1차 당사국회의)
    1987년 9월 오존층 파괴물질의 생산 및 소비감축, 즉 생산·소비량을 규제하기 위해 채택한 것이 몬트리올 의정서이다.
  ㉢ 런던회의(제2차 당사국회의)
    1990년 런던에서 몬트리올 의정서의 내용을 보완·개정한 내용을 담고 있다.
  ㉣ 코펜하겐회의(1992년)

Reference | 바젤 협약

1989년 스위스 바젤에서 체결된 협약으로 유해 폐기물의 국가 간 이동 및 처리에 관한 규제를 다루고 폭발성·인화성·독성 등을 가진 폐기물을 규제대상 물질로 정하여 국가 간 이동을 금지하는 것이 주 내용이다.

Reference | 소피아 의정서(소피아 조약)

질소산화물 배출량 또는 국가 간 이동량의 최저 30% 삭감에 관한 국가 간 장거리 이동 대기오염 협약이다.

Reference | 람사협약

자연자원의 보전과 현명한 이용을 위한 습지보전 협약이다.

Reference | CITES

멸종위기에 처한 야생동식물의 보호를 위한 협약이다.

Reference | 헬싱키 의정서

유황배출량 또는 국가 간 이동량 최저 30% 삭감에 관한 협약이다.

학습 Point

1. 온실효과가스 및 영향 내용 숙지
2. 오존층파괴 중 성층권에서 오존의 생성 및 소멸 내용 숙지
3. 특정물질 및 ODP관계 숙지(출제비중 높음)

15 바람에 관여하는 힘

오염물이 대기 내에서 확산하는 경우 가장 큰 영향을 미치는 기상현상은 바람이다.

(1) 기압경도력(Pressure gradient force)
① 일반적으로 수평면상의 고기압과 저기압의 기압 차이에 의해 생기는 힘을 의미한다.
② 바람 발생의 근본 원인이 되는 것이 기압경도력이다.
③ 수평기압경도력은 등압선의 간격이 좁으면 강해지고, 반대로 간격이 넓으면 약해진다.

(2) 전향력(코리올리 힘, Coriolis Force)
① 지구의 자전에 의해 생기는 가속도에 의한 힘, 즉 지구의 자전에 의해 운동하는 물체에 작용하는 힘을 의미하며 운동의 방향만 변화시키고 속도에는 영향을 미치지 않는다.
② 지구자전에 의한 전향력 때문에 북반구에서는 항상 움직이는 물체의 운동방향의 오른쪽 직각($90°$) 방향으로 작용한다.
③ 지구자전에 의한 전향력 때문에 남반구에서는 항상 움직이는 물체의 운동방향의 왼쪽 직각($90°$) 방향으로 작용한다.
④ 전향력은 극지방에서 최대가 되고 적도지방에서는 최소가 된다.
⑤ 전향력의 크기는 위도, 지구자전 각속도, 풍속의 함수로 나타낸다.
⑥ 코리올리의 힘이라고도 하며 힘의 방향은 기압경도력과 반대이다.

$$C = V \times f = 2\Omega \sin\phi V$$

여기서, C : 코리올리의 힘(전향력)
　　　　V : 물체(단위질량을 갖는 공기덩어리)의 속도
　　　　f : 코리올리 인자(전향 인자)
　　　　　　$f = 2\Omega \sin\phi$
　　　　　　　Ω : 지구자전 각속도(7.27×10^{-5} rad/sec)
　　　　　　　ϕ : 물체가 있는 지점의 위도
　　　　극지방에서 최대, 적도지방에서 최솟값(0)을 가짐

(3) 원심력(Centrifugal Force)
① 원심력은 곡선의 바깥쪽으로 향하는 힘이다.
② 지구자전 중 원심력(C_f)

$$C_f = \Omega^2 R \cos\phi$$

여기서, Ω : 지구 자전각속도
R : 지구의 반경
ϕ : 위도
적도지방에서 최대, 극지방에서 최소값(0)을 가짐

(4) 마찰력(Friction Force)
① 마찰력은 지표 부근에서 풍속에 비례하여 진행방향에 대하여 반대방향으로 작용하는 힘이다.
② 마찰력은 지표 부근의 풍속을 감소시키는 중요한 역할을 한다. 이는 고도 상층으로 올라갈수록 마찰효과가 작아지기 때문이다.
③ 마찰력의 크기는 지표의 조도와 풍속에 비례하며 풍향의 변화에도 관계가 있다.

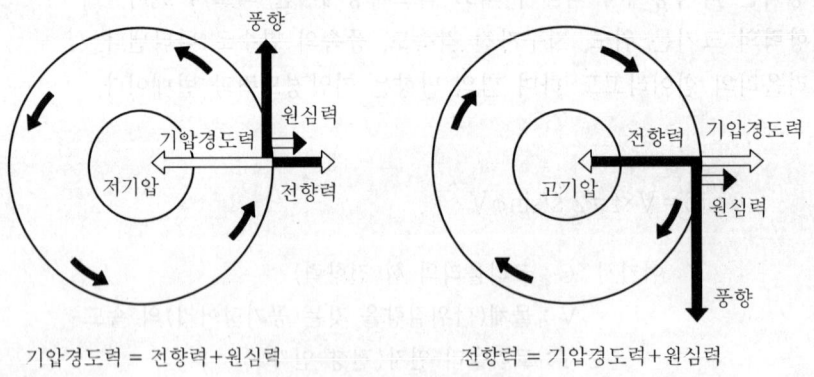

기압경도력 = 전향력+원심력   전향력 = 기압경도력+원심력

[바람에 관여하는 힘의 평형 : 북반구]

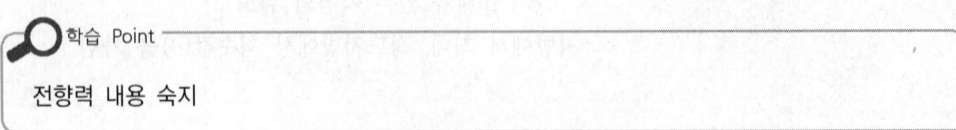

학습 Point
전향력 내용 숙지

16 바람의 종류

(1) 지균풍(Geostrophic Wind)
① 지표면으로부터의 마찰력이 무시될 수 있는 고도(상층 ; 행성경계층 PBL보다 높은 고도 ≒1km 이상)에서 등압선이 직선(등압선과 평행)일 경우 코리올리 힘(전향력)과 기압경도력의 두 힘만으로 완전히 등압선에 평행하게 직선운동을 하는 수평바람을 의미한다.
② 고공풍이므로 마찰력의 영향이 거의 없다.
③ 지균풍에 영향을 주는 기압경도력과 전향력은 크기가 같고 방향이 반대이다.
④ 등압선이 평행인 경우 북반구에서는 관측자가 지구를 향하여 내려다볼 때 저기압지역이 풍향의 왼쪽에 위치한다.

(2) 경도풍(Gradient Wind)
① 등압선이 곡선인 경우, 원심력·기압경도력·전향력의 세 힘이 평형을 이루는 상태에서 등압선을 따라 부는 바람이다.
② 북반구의 저기압에서는 시계 반대방향으로 회전하면서 위쪽으로 상승하면서 불고 고기압에서는 시계방향으로 회전하면서 분다.
③ 경도풍은 일반적으로 지상 500~700m 높이에서 등압선을 따라 불며 고기압일 때 경도풍의 힘의 평형은 (전향력=기압경도력+원심력)이고 저기압일 때 경도풍의 힘의 평형은 (기압경도력=전향력+원심력)이다.

(3) 지상풍(Surface Wind)
① 마찰층(Friction Layer ; 지표면이 거칠기 변화로 마찰의 영향을 받는 층) 내의 바람을 의미한다.
② 지상풍에 관여하는 힘은 기압경도력, 마찰력, 전향력이다.
③ 마찰층 내의 바람은 높이에 따라 항상 시계방향으로 각천이(Angular Shift)가 생기며 위로 올라갈수록 변하는 양은 감소하여 실제 풍향은 천천히 지균풍에 가까워진다. 이를 에크만 나선(Ekman Spiral ; 마찰영향에 따른 풍향, 풍속의 변화이론)이라 한다.
④ 마찰층 내의 바람은 위로 올라갈수록 그 변화량이 감소한다.
⑤ 마찰층 이상 고도에서 바람의 고도변화는 기온분포에 의존한다.

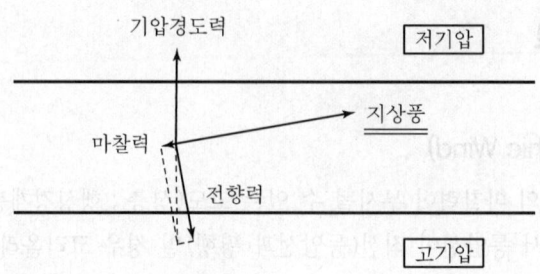

[마찰력에 의한 지상풍]

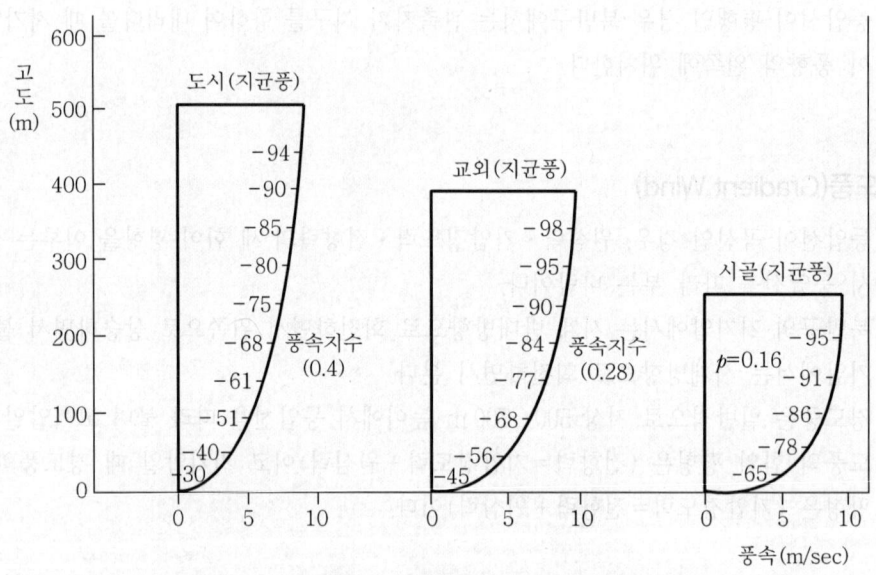

[지면거칠기, 고도에 따른 풍속분포]

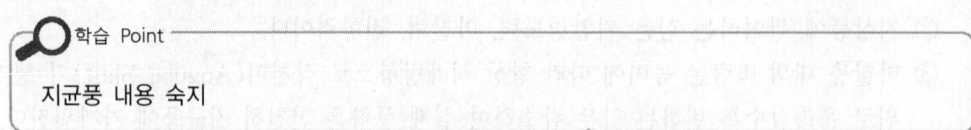

지균풍 내용 숙지

17 국지환류(국지풍)의 종류

육지와 바다는 서로 다른 열적 성질 때문에 주간에는 바다로부터 야간에는 육지로부터 바람이 부는 해륙풍이 생겨난다.

(1) 해륙풍

해륙풍은 임해지역의 바다와 육지의 비열차 또는 비열용량차에 의해 발달하며 해륙풍이 장기간 지속될 경우 폐쇄된 국지순환의 결과로 해안가에 산업도시가 있는 지역에서는 대기오염물질의 축적이 일어날 수 있다.

① 육풍
  ㉠ 육지에서 바다로 향해 부는 바람이다.
  ㉡ 주로 밤에 분다.
  ㉢ 바다의 온도 냉각률이 육지에 비해 작아서 기압차에 의해 육지에서 바다 쪽 5~6 km 정도까지 바람이 불며 겨울철에 빈발한다.
  ㉣ 육풍은 해풍에 비해 풍속이 작고, 수직·수평적인 영향범위가 적은 편이다.
② 해풍
  ㉠ 바다에서 육지로 향해 부는 바람이다.
  ㉡ 주로 낮에 분다.
  ㉢ 바다보다 육지가 빨리 데워져서 육지의 공기가 상승하기 때문에 바다에서 육지로 8~15 km 정도까지 바람이 분다.(낮 동안 햇빛에 데워지기 쉬운 육지 쪽 지표상에 상승기류가 형성되어 바다에서 육지로 부는 바람)
  ㉣ 대규모 바람이 약한 맑은 여름날에 발달하기 쉽다.
  ㉤ 해풍의 가장 전면(내륙쪽)에서는 해풍이 급격히 약해져서 해풍의 수렴구역이 생기는데 이 수렴구역을 해풍전선이라 한다.
③ 해풍이 육풍보다 영향을 미치는 거리가 일반적으로 길다. 즉, 해풍이 육풍보다 강한 것이 특징이다.

> **Reference | 푄풍(Fohn wind)**
> ① 육지의 경사면을 따라 하강하는 바람의 일종으로 습윤한 바람이 산맥을 넘을 경우 고온건조해지는 현상을 의미한다. 즉 고도가 높은 산맥에 직각으로 강한 바람이 부는 경우에는 산맥의 풍하쪽으로 건조한 바람이 불어 내리는데 이러한 바람을 말한다.
> ② 공기의 온도가 높고 건조하여 화재위험성이 높다.
> ③ 로키산맥의 동쪽경사면을 따라 흐르는 것을 치누크라고 한다.
> ④ 산맥의 정상을 기준으로 북상쪽 경사면을 따라 공기가 상승하면서 건조단열변화를 하기 때문에 평지에서보다 기온이 약 1℃/100m의 비율로 하강한다.

(2) 산곡풍
① 곡풍
  ㉠ 산의 사면(비탈면)을 따라 상승하는 바람이다. 즉, 골짜기에서 정상부분으로 분다.
  ㉡ 주로 낮에 분다.
  ㉢ 일출이 시작되면 산 정상에서의 가열이 크므로 상승하는 기류가 생성된다.
② 산풍
  ㉠ 밤에 경사면이 빨리 냉각되어 경사면 위의 공기 온도가 같은 고도의 경사면에서 떨어져 있는 공기의 온도보다 차가워져 경사면 위의 공기 전체가 아래로 침강하게 되어 부는 바람이다.
  ㉡ 사면 상부에서부터 장파복사 냉각이 시작되어 중력에 의한 하강기류가 생겨 부는 바람이다. 즉, 경사면 → 계곡 → 주계곡으로 수렴하면서 풍속이 가속되기 때문에 낮에 산 위쪽으로 부는 곡풍보다 더 강하다.
  ㉢ 주로 밤에 분다.

(3) 전원풍
① 도시 중심부에 축적된 열이 주변 교외지역보다 많아 온도가 상승하여 상승기류가 형성되어 상승된 공기의 부족분만큼 교외지역에서 채우는 바람이 도심지역으로 부는데, 이를 전원풍이라 한다.
② 도시열섬효과에 의해 생성되는 바람이다.

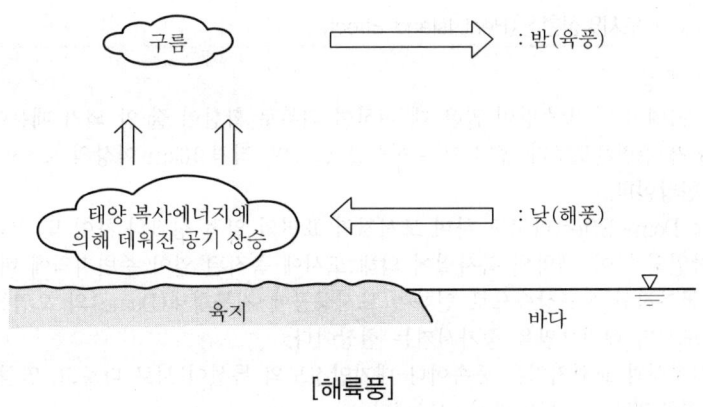

[해륙풍]

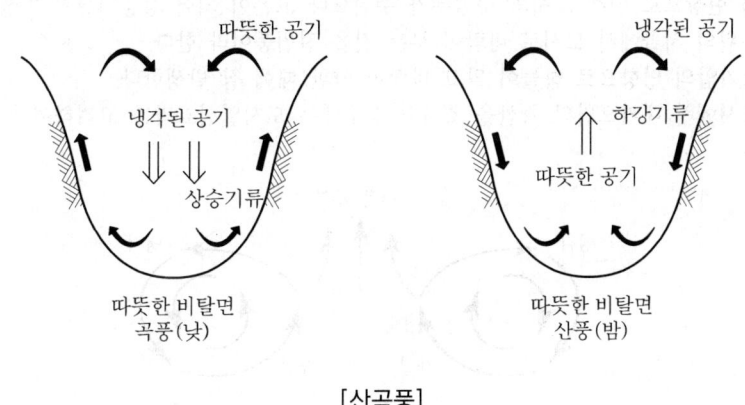

[산곡풍]

Reference | 도시열섬현상(Heat Island Effect)

1. 개요 및 특징
   (1) 대도시에서 열 방출량이 많은 데 비하여 외부로 확산이 잘 안 되기 때문에 시내(도시) 온도가 주변온도보다 높게 되는 현상을 말하며, 직경 10km 이상의 도시에서 잘 나타나는 현상이다.
   (2) Dust Dome Effect라고도 하며 도시지역 표면의 열적 성질의 차이 및 지표면에서의 증발잠열의 차이, 태양의 복사열에 의해 도시에 축적된 열이 주변지역에 비해 크기 때문에 국부적인 온도상승으로 인하여 도시상공에 지붕형태(Dome)의 오염물질이 형성되어 도시의 대기오염을 증가시키는 현상이다.
   (3) 도시지역과 교외지역은 풍속이나 대기안정도의 특성이 서로 다르고, 열섬 규모와 현상은 시공간적으로 다양하게 나타낸다.
   (4) 도시지역에서의 풍속은 교외지역에 비하여 평균적으로 25~30% 감소하며 주로 밤에 잘 발생한다.
   (5) 이 현상으로 인해 도시의 중심부가 주위보다 고온이 되어 상승기류가 발생하고 도시 주위의 시골에서 도시로 바람이 부는 것을 전원풍이라 한다.
   (6) 고기압의 영향으로 하늘이 맑고 바람이 약한 때에 잘 발생한다.
   (7) 도시에서 대기오염의 확산을 조사할 경우에는 도시열섬효과를 고려하여야 한다.

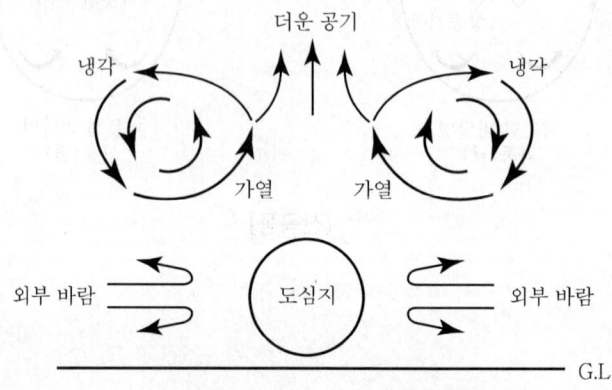

[도심 열섬현상 개략도]

2. 원인
   (1) 도시지역의 인구 집중에 따른 인공열 발생의 증가
   (2) 도시의 건물 등 구조물에 의한 거칠기 길이의 변화(건물이 많아서 태양열의 흡수가 많기 때문)
   (3) 지표면의 열적 성질 차이(도시의 지표면은 도로포장률이 높기 때문에 시골보다 열용량이 크고 열전도율이 높아 원인이 됨)
   (4) 단위면적당 연료소모가 많음

3. 피해

(1) 도시지역이 주변 교외지역보다 온도가 높아진다.
(2) 오염물질 확산이 불량하여 도시지역의 오염도가 가중된다.
(3) 도시의 온도 증가에 따른 상승기류로 인하여 대기오염물질이 응결핵으로 작용하여 주변지역보다 운량과 강우량이 증가하며 안개가 자주 발생한다.
(4) 건조해져 코 기관지염증의 원인이 되며 태양복사량과 관련된 비타민 D의 결핍을 초래한다.

Reference | 바람장미(Wind Rose)

① 바람장미는 풍향별로 관측된 바람의 발생빈도와 풍속을 16방향인 막대기형으로 표시한 기상도형이다.
② 풍향은 중앙에서 바람이 불어오는 쪽으로 막대모양으로 표시하고, 풍향 중 주풍은 가장 빈번히 관측된 풍향을 말하며 막대의 길이가 가장 긴 방향이다.
③ 관측된 풍향별로 발생빈도를 %로 표시한 것을 방향량(Vector)이라 하며, 바람장미의 중앙에 숫자로 표시한 것을 무풍률이라 한다.
④ 풍속은 막대의 굵기로 표시하며 풍속이 0.2 m/sec 이하일 때를 정온(Calm) 상태로 본다.

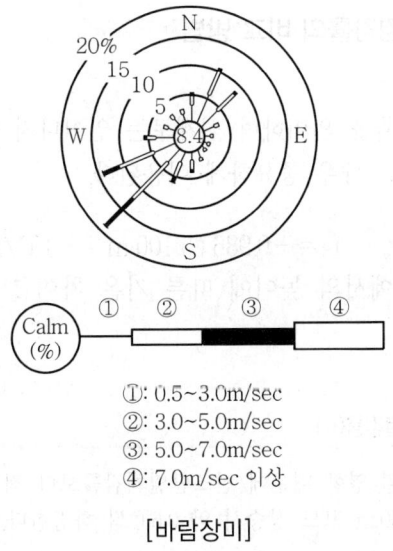

①: 0.5~3.0m/sec
②: 3.0~5.0m/sec
③: 5.0~7.0m/sec
④: 7.0m/sec 이상

[바람장미]

학습 Point

① 해륙풍 및 산곡풍 내용 숙지
② 푄풍 내용 숙지
③ 도시열섬현상 숙지

18 대기안정도

대기안정도와 난류는 대기경계층 내에서 오염물질의 확산 정도를 결정하는 중요한 인자이다.

(1) 분류
① 정적인 안정도
  ㉠ 건조단열체감률
  ㉡ 온위
② 동적인 안정도
  ㉠ 파스퀼의 안정도 수
  ㉡ 리차드슨 수

(2) 건조단열체감률과 환경감률의 비교 방법
① 건조단열감률(r_d)
   이론적인 기온체감률을 의미하며 실제로는 일어나지 않으나 실제 대기의 난류특성 평가시 평가척도로는 매우 중요하게 이용된다.

$$r_d = -0.986\,℃/100\,m ≒ -1\,℃/100\,m$$
[대류권에서의 높이에 따른 기온 차이를 이론적으로 표시]

🔍 Reference | 습윤단열감률(r_s)

① 대기 중 공기의 잠열 영향 때문에 건조단열체감률보다 적게 온도가 하강한다.
② 습윤상태 공기는 100 m 고도 상승시 약 0.6℃씩 하강한다.

$$r_s ≒ -0.6\,℃/100\,m$$

> **Reference | 대류응결고도**
>
> 지표 부근의 공기덩어리가 지면으로부터 열을 받으면 부력을 얻어 상승하게 되는데, 상승과정에서 단열변화가 이루어져 어떤 고도에 이르면 상승한 공기 중에 들어있는 수증기는 포화되고 응결이 이루어진다. 이와 같이 열적상승에 의해 응결이 이루어지는 고도를 대류응결고도라 한다.

② **환경감률(r)**

대기의 고도에 따른 수직 온도분포를 실제 측정한 값을 의미하며, 실제적인 기온체감률이다.

③ **체감률 비교에 따른 대기안정도**

㉠ 과단열(불안정)
ⓐ 불안정 상태로 환경감률이 건조단열감률보다 큰 경우에 해당한다.
ⓑ 고도가 높아짐에 따라 기온체감률이 $-1℃/100\,m$를 초과한다.
ⓒ 태양복사열에 의한 지표가열이 매우 활발한 날 또는 한랭한 기류가 온난한 지표 위로 이동하는 경우 나타난다.
ⓓ 대기 중 오염물질의 확산이 가장 잘 이루어진다.
ⓔ 고도증가에 따라 온위가 감소하는 대기 상태이다.
ⓕ $r_d < r$ 또는 $\left(\dfrac{-dT}{dZ}\right)_{env} > r_d$ 로 나타낸다.

㉡ 중립
ⓐ 환경감률이 건조단열감률의 기온체감률 기울기가 같은 경우에 해당한다.
ⓑ 수직이동한 기류가 부력의 증감 없이 일정한 대기의 상태이다.
ⓒ 고도증가에 따라 온위가 변하지 않고 일정한 대기 상태이다.
ⓓ $r_d = r$ 또는 $\left(\dfrac{-dT}{dZ}\right)_{env} = r_d$ 로 나타낸다.

㉢ 미단열(준단열, 약안정)
ⓐ 고도가 높아짐에 따라 기온체감률이 $-1℃/100\,m$보다 완만한 감률을 가지며 대기상태는 다소 안정하게 된다.

ⓑ 건조단열감률이 환경감률보다 큰 경우에 해당한다.
ⓒ 일반적으로 중위도지방에서 많이 나타나는 대기상태이다.

ⓓ $\boxed{r_d > r}$ 또는 $\boxed{\left(\dfrac{-dT}{dZ}\right)_{env} < r_d}$ 로 나타낸다.

㉣ 등온
ⓐ 주위 대기의 온도가 고도와는 관계없이 일정한 대기의 상태이다.

ⓑ $\boxed{r=0}$ 또는 $\boxed{\left(\dfrac{-dT}{dZ}\right)_{env} = 0}$ 로 나타낸다.

㉤ 안정(역전)
ⓐ 건조단열감률이 환경감률보다 아주 큰 경우에 해당한다.
ⓑ 고도가 높아질수록 기온도 증가되는 대기의 상태이다.
ⓒ 기온의 증감이 반대경향으로 나타나 기온의 역전층이라 하고 대기오염물질 확산이 잘 이루어지지 않고 정체하여 오염이 악화될 수 있는 대기조건이다.
ⓓ 연기 환산폭도 가장 작아 최대 착지거리가 크다.

ⓔ $\boxed{r_d \gg r}$ 또는 $\boxed{\left(\dfrac{-dT}{dZ}\right)_{env} \ll r_d}$ 로 나타낸다.

> 🔍 **Reference | 낮과 밤의 기온 및 기온의 연직분포**
>
> 1. 낮에는 고도(지중에서는 깊이)에 따라 온도가 감소하므로 기온감률은 음의 값이 되며 이러한 상태를 체감상태라 한다.
> 2. 밤에는 고도에 따라 온도가 상승하여 기온감률은 양의 값이 되며 이러한 상태를 기온역전이라 한다.
> 3. 지표에 가까울수록 낮에 기온이 더 높고 밤에 기온은 더 낮으므로 기온의 일교차는 지표면 부근에서 가장 크다.
> 4. 고도에 따른 온도의 기울기는 지표면 부근에서 가장 크고, 고도(또는 깊이)에 따라 감소한다.
> 5. 현열은 낮에는 지표에서 공기 중으로, 밤에는 공기 중에서 지표로 향한다.

Reference

1. 조건부 불안정 조건
   $r_d > r > r_s$ (건조단열감률 > 환경감률 > 습윤단열감률)

2. 절대 불안정 조건
   $r > r_d > rs$

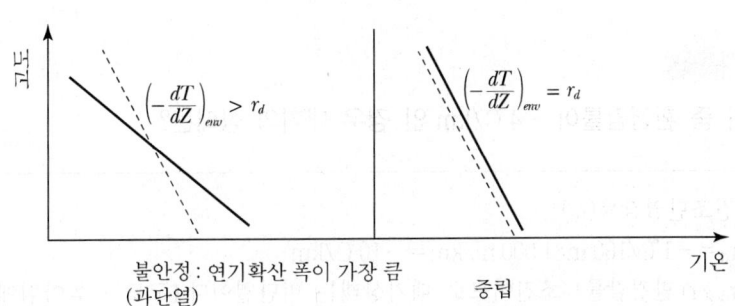

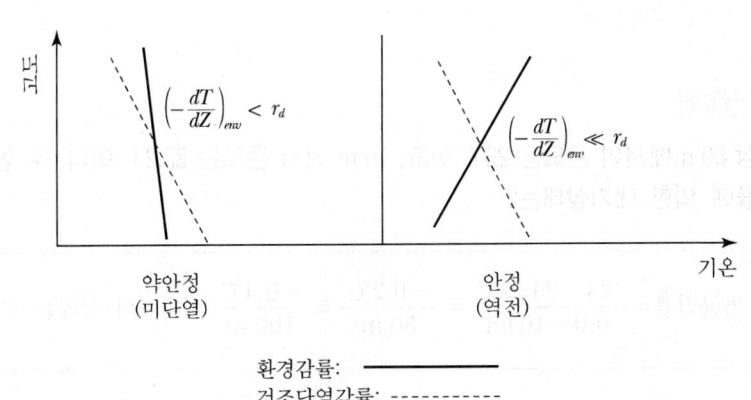

환경감률: ─────
건조단열감률: ---------

[대기안정도와 체감률]

필수 문제

01 지상으로부터 500 m까지의 평균 기온감률은 −1.18℃/100 m 이다. 100 m 고도에서 기온이 16.2℃ 라 하면 고도 440 m 에서의 기온(℃)은?

> **풀이** 440 m에서의 기온(℃) = 16.2℃ − [1.18℃/100 m×(440−100) m] = 12.19℃

필수 문제

02 대기 중 환경감률이 −4℃/km 인 경우 대기의 상태는?

> **풀이** 건조단열감률(r_d)
> r_d = −1℃/100 m×1,000 m/km = −10℃/km
> r_d > r(환경감률) 조건이므로 대기상태는 미단열이다. (고도가 높아짐에 따라 기온감률이 −1℃/100m보다 완만한 감률을 가지며 대기상태는 다소 안정함)

필수 문제

03 지상 60 m에서의 온도는 23℃ 이고, 10 m 에서 온도는 23.2℃ 이다. 두 높이 간의 평균감률에 의한 대기상태는?

> **풀이** 평균감률 = $\dfrac{(23-23.2)℃}{(60-10)m} = \dfrac{-0.2℃}{50\,m} = \dfrac{-0.4℃}{100\,m}$; 대기의 상태는 미단열이다.

(3) 온위(Potential temperature)

① 개요
  ㉠ 공기가 건조단열적으로 하강 또는 상승하여 기압이 1,000 mbar 인 고도까지 이동시켰을 경우의 온도를 온위라 한다.
  ㉡ 어느 공기의 온위가 같으면 밀도도 같게 되며, 밀도는 온위에 반비례하므로 온위가 높을수록 공기밀도는 작아진다.
  ㉢ 온위는 온도와 압력의 특수한 대기조합이 연관된 건조단열을 정의하는 한 방법이다.

② 환경감률이 건조단열감률과 같은 기층에서의 온위는 일정하고 대기의 상태는 중립을 나타낸다.
⑩ 온위는 보존성이 있어 기단의 종류 및 특성의 파악시 이용되고 공기의 상승이나 하강을 예측할 수 있다.
⑪ 온위의 수직분포에서 대기안정도 판단이 가능하며 대기오염물질의 거동을 파악하는 데 이용된다.

② 관련식

$$온위(\theta) = T\left(\frac{P_0}{P}\right)^{R/C} = T\left(\frac{1,000}{P}\right)^{0.288}$$

여기서, θ : 온도(K)
T : 기온(K)
P : 기온측정고도에서 기압(mbar)
P_0 : 기준고도에서 기압(1,000 mbar)
R, C : 상수

③ 대기안정도 판정
고도에 따라 온위가 감소하면 대기는 불안정하고 증가하면 대기는 안정하다.
㉠ 불안정

$$\left(\frac{dT}{dZ}\right)_{env} < 0$$

고도가 증가함에 따라 온위 감소
㉡ 중립

$$\left(\frac{dT}{dZ}\right)_{env} = 0$$

고도가 증가함에 따라 온위 변화 없음
㉢ 안정

$$\left(\frac{dT}{dZ}\right)_{env} > 0$$

고도가 증가함에 따라 온위 증가

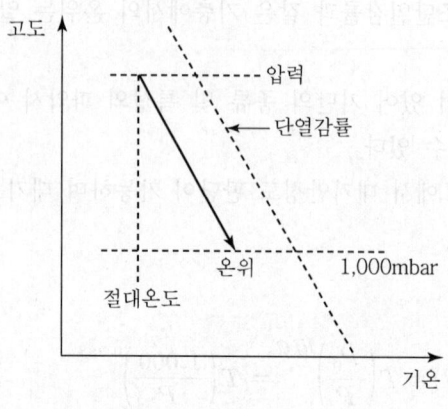

[온위의 단열]

필수 문제

01 2,000 m에서 대기압력(최초기압)이 860 mbar, 온도가 5℃, 비열비 K가 1.4일 때 온위(Potential Temperature)는?(단, 표준압력은 1,000 mbar)

풀이 온위$(\theta) = T\left(\dfrac{1,000}{P}\right)^{0.288} = (273+5) \times \left(\dfrac{1,000}{860}\right)^{0.288} = 290.34\,\text{K}$

필수 문제

02 기압과 기온이 각각 930 mbar, 18℃인 고도에서의 온위는?(단, 표준기압은 1,000 mbar이다.)

풀이 온위$(\theta) = T\left(\dfrac{1,000}{P}\right)^{0.288} = (273+18) \times \left(\dfrac{1,000}{930}\right)^{0.288} = 297.15\,\text{K}$

> **Reference | 라디오존데(Radiosonde)**
>
> 1. 라디오존데란 대기 상층의 기상요소(고도별 온도, 기압, 습도, 풍향, 풍속)를 자동적으로 측정하여 소형 송신기에 의해 지상으로 송신하는 장치이다.
> 2. 각 관측기계는 5 m/sec의 속도로 상승하는 기구에 실려 20~30 km의 상공에 이르기까지 관측과 송신을 계속하면서 기상요소를 관측한다.
> 3. WWW(세계기상감시계획)의 일환으로 실시하는 관측으로, 대기의 입체적인 분석을 위하여 매우 유용하게 이용된다.

(4) 파스퀼 안정도수(PSC ; Pasquill Stability Class)

① 개요
  ㉠ Pasquill은 확산추정 시 변동측정법을 추천하였으며, 광범위한 추정에 필요한 기상자료를 이용하여 확산의 계획안을 제출하였다.
  ㉡ 주간에는 일사강도(일사량)와 풍속, 야간에는 운량과 풍속으로부터 6단계 즉 매우 불안정한 A등급부터 매우 안정한 F등급으로 분류하며 대기확산모델의 입력자료용으로 가장 널리 사용된다.
  ㉢ 비교적 정확하고 계산에 필요한 기상관측이 용이하며 태양복사량, 지상 10 m 고도에서 풍량, 풍속, 운량, 운고로부터 계산된다.
  ㉣ 낮에는 풍속이 2 m/sec 이하로 약할수록, 일사량은 강할수록 대기안정도 등급은 강한 불안정 상태를 나타낸다.

② 문제점
  ㉠ PSC는 일사강도의 기준이 주관적이다.
  ㉡ 안정도 등급이 불연속적이다.
  ㉢ 높은 굴뚝에서의 안정도 등급에는 부적절하다.(PSC는 지표면에서의 등급)
  ㉣ 도시열섬현상, 시표서질기 등의 고려가 불가능하다. 즉, 지표가 거칠고 **열섬효과**가 있는 도시나 지면의 성질이 균일하지 않은 곳에서는 오차가 크게 나타날 수 있다.

(5) 리차드슨 수(R_i ; Richardson Number)

① 개요

  ㉠ 근본적으로 대류난류를 기계적인 난류로 전환시키는 비율을 측정한 값으로 지구 경계층에서의 기류안정도를 나타내는 척도로 이용된다.
  ㉡ R_i는 두 층(상하층 : 보통 지표에서 수 m와 10 m 내외의 고도)에서 기온과 풍속을 동시에 측정한 무차원 수이다.
  ㉢ R_i는 풍속 측정이 중요한데, 이는 풍속차의 제곱에 반비례하기 때문이다.

[리차드슨 수(R_i)와 대기안정도]

R_i	−1.0	−0.1	−0.01	0	+0.01	+0.1	+1.0
대기운동	자유대류	자유대류 증가		강제대류	강제대류 감소		대류 없음
안정도		불안정		중립		안정	

② 관련식

$$리차드슨\ 수(R_i) = g/T \cdot \frac{\Delta T/\Delta Z}{(\Delta u/\Delta Z)^2} : \text{Panofsky의 } R_i \text{식}$$

여기서, g : 그 지역의 중력가속도(지구 중력가속도)
  T : 절대온도(잠재온도)
  ΔT : 두 층의 온도차
  ΔZ : 두 층의 고도차
  Δu : 두 층의 풍속차
  $\Delta T/\Delta Z$: 자유대류의 크기(수직방향 온위경도)
  $\Delta u/\Delta Z$: 강제대류의 크기(수직방향 풍속경도)

③ 특징

  ㉠ 기계적 난류(강제대류)와 대류난류(자유대류) 중 어느 것이 지배적인가를 추정할 수 있다.
  ㉡ R_i이 큰 음의 값을 가지면 대류가 지배적이어서 바람이 약하게 되어 강한 수직운동이 일어나며, 굴뚝의 연기는 수직 및 수평 방향으로 빨리 분산한다.
  ㉢ 0의 값에 접근할수록 분산이 줄어든다.

㉣ "$0 < R_i < 0.25$"의 경우는 성층(Stratification)에 의해서 약화된 기계적 난류(강제난류)가 존재함을 나타내고, "$R_i > 0.25$"의 경우는 수직방향의 혼합은 거의 없게 되고 수평상의 소용돌이만 남게 된다.

㉤ "$R_i = 0$"은 중립상태로 분산이 줄어들어 기계적 난류(강제 대류)가 지배적인 상태이다.

㉥ "$R_i < -0.04$"의 경우 대류난류(자유대류)에 의한 혼합이 지배적이다.(대기안정도 : 불안정)

㉦ "$-0.03 < R_i < 0$"의 경우 기계적 난류와 대류가 존재하나 기계적 난류가 혼합을 주로 일으킨다.

㉧ 풍속의 수직분포가 대수적 분포일 경우 R_i의 범위는 "$-0.01 < R_i < 0.01$"정도이다.

(6) 고도에 따른 풍속

① 개요

일반적으로 바람은 지표면의 거칠기에 의해 마찰을 받으므로 풍속은 고도가 증가함에 따라 마찰에 의한 영향이 적으므로 증가한다.

② 관련식

㉠ Deacon식 : 풍속의 지수법칙(실용적으로 사용됨)

$$\left(\frac{U_2}{U_1}\right) = \left(\frac{Z_2}{Z_1}\right)^P$$

$$U_2 = U_1 \times \left(\frac{Z_2}{Z_1}\right)^P$$

여기서, U_2 : 고도 Z_2에서의 풍속(m/sec)
U_1 : 고도 Z_1에서의 풍속(m/sec)
Z_2 : 임의의 고도(m)
Z_1 : 기준 고도(m)
P : 풍속지수

㉡ Sutton 식

$$U_2 = U_1 \times \left(\frac{Z_2}{Z_1}\right)^{\frac{2}{2-n}}$$

여기서, n : 대기안정도 계수(강한 안정 0.5, 강한 불안정 0.2)

필수 문제

01 지상 10 m에서의 풍속이 4 m/sec일 때, 44 m 높이에서의 풍속(m/sec)은 얼마인가?(단, Deacon의 지수법칙 이용, 풍속지수 0.2)

> **풀이**　$U_2 = U_1 \times \left(\dfrac{Z_2}{Z_1}\right)^P = 4 \times \left(\dfrac{44}{10}\right)^{0.2} = 5.38 \text{ m/sec}$

필수 문제

02 지표높이 10 m에서의 풍속이 4 m/sec일 때 상공의 풍속이 6 m/sec가 되는 위치의 높이는?(단, 풍속지수는 0.28, Deacon 법칙 적용)

> **풀이**　$U_2 = U_1 \times \left(\dfrac{Z_2}{Z_1}\right)^P$
>
> $6 = 4 \times \left(\dfrac{Z_2}{10}\right)^{0.28}$
>
> $Z_2 = 42.55 \text{ m}$

필수 문제

03 지상 10 m에서의 풍속은 3.0 m/sec이다. 지상고도 100 m에서 기상상태가 매우 불안정할 때와 안정할 때의 풍속비율은?(단, Deacon의 Power Law를 적용하고, 대기안정도에 따른 풍속지수값은 매우 불안정할 때는 0.15, 안정할 때는 0.6을 적용한다.)

> **풀이**　$U_2 = U_1 \times \left(\dfrac{Z_2}{Z_1}\right)^P$
>
> 매우 불안정 : $U = 3 \times \left(\dfrac{100}{10}\right)^{0.15} = 4.238 \text{ m/sec}$
>
> 안정 : $U = 3 \times \left(\dfrac{100}{10}\right)^{0.6} = 11.94 \text{ m/sec}$
>
> 풍속비율 $= \dfrac{4.238}{11.94} = 0.355$

(7) 최대혼합깊이(최대혼합고, MMD ; Maximum Mixing Depth)

① 개요
  ㉠ 기온이 상승된 지표 부근의 공기는 상층 공기와의 밀도차에 의하여 대류가 발생하는데, 상하 혼합이 활발한 지상으로부터 이 층까지의 높이를 혼합층이라 하며, 혼합층 고도가 최대가 될 때를 최대혼합고(최대혼합깊이)라고 한다.
  ㉡ 열부상효과에 의하여 대류에 의한 혼합층의 깊이가 결정되는데, 이를 최대혼합깊이라 한다.
  ㉢ 과단열감률이 생기면 반드시 대류현상이 있게 되고, 이때 대류가 이루어지는 최대고도를 최대혼합고라 한다. 즉, 최대혼합고가 높으면 높을수록 오염물질이 넓게 퍼져서 농도를 낮추어 피해를 줄인다.
  ㉣ 가열되지 않은 기단과 주위의 대기를 이상기체라고 하면 대기 중에서 기간이 가열에 의해 위로 가속될 때 기단의 가속도식은 $\left[\dfrac{dv}{dt} = \left(\dfrac{\text{가열 후 기단온도} - \text{주변 대기온도}}{\text{주변 대기온도}}\right) \times \text{중력가속도}\right]$로 볼 수 있다.

② 특징
  ㉠ MMD는 실제로 지표 위 수 km까지의 실제 공기의 온도 종단도를 작성함으로써 결정된다.
  ㉡ 야간에 역전이 심할 경우에는 그 값이 거의 0이 될 수도 있고, 대기오염의 심화가 나타난다.(일반적으로 대단히 안정된 대기에서의 MMD는 불안정한 대기에서보다 MMD가 작음)
  ㉢ MMD 값은 통상적으로 밤에 가장 낮으며, 낮 시간 동안 증가한다. 낮 시간 동안에는 통상 2~3km 값을 나타내기도 한다.(오후 2시를 전후로 해서 일중 최대치 나타냄)
  ㉣ 계절적으로 최대혼합깊이는 겨울에 최소가 되고 이른 여름에 최댓값을 나타낸다.
  ㉤ 환기량은 혼합층의 높이와 혼합층 내의 평균풍속을 곱한 값으로 정의된다.
  ㉥ 최대혼합고 값이 1,500m 이하인 경우에 통상 대도시 지역에서의 대기오염이 심화된다는 보고가 있다.(MMD가 높은 날은 대기오염이 적음)
  ㉦ MMD 자료는 통상 1개월간의 평균치로서 가용한다.

③ 관련식
오염물질의 농도는 혼합고도의 3승에 반비례한다.

$$C \simeq \dfrac{1}{H^3}$$

여기서, C : 오염농도(ppm), H : 혼합고도(m)

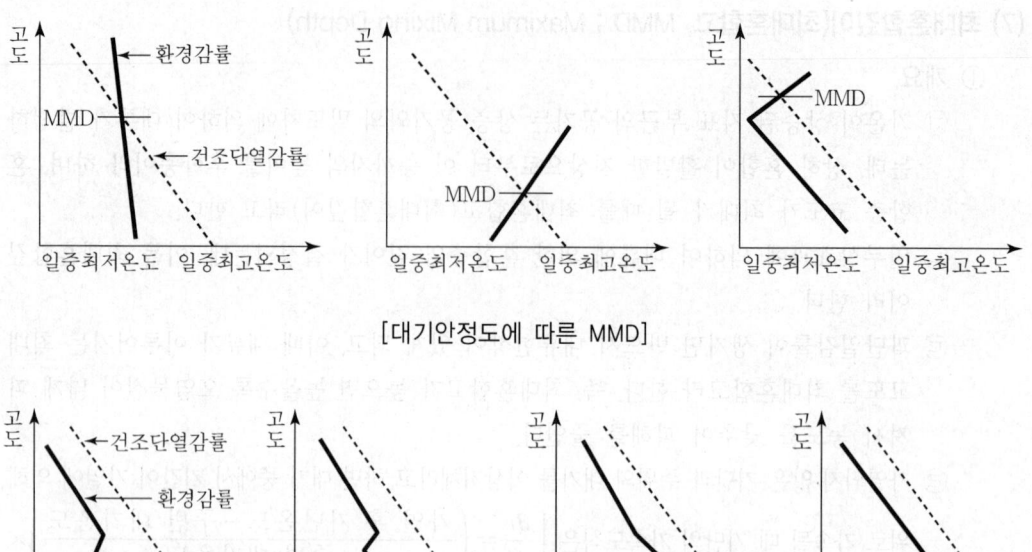

[대기안정도에 따른 MMD]

(일출 전)　(일출 후)　(오후 2시경: 한낮)　(일몰 후)

[오후 2시경 : MMD 최대　　일출 전 : 역전층 최대]

[기온의 변화(1day)]

필수 문제

01 최대혼합고도를 300 m 로 예상하여 오염물질 농도를 5 ppm 으로 예측하였다. 그러나 실제 관측된 최대혼합고도는 500 m 이었다. 이때 실제 나타날 오염 농도(ppm)는?

풀이 오염물질 농도는 혼합고도의 3승에 반비례

$$C_2 = C_1 \times \left(\frac{MMD_1}{MMD_2}\right)^3 = 5\,\text{ppm} \times \left(\frac{300}{500}\right)^3 = 1.08\,\text{ppm}$$

학습 Point

① 건조단열체감률과 환경감률의 비교방법 숙지
② 온위 관련식 내용 숙지
③ 리차드슨 수 내용 숙지
④ 고도에 따른 풍속 관련식 내용 숙지
⑤ MMD 내용 숙지

19 기온역전

(1) 개요
① 대류권에서는 일반적으로 고도가 높아짐에 따라 온도는 감소하나 반대로 고도가 높아짐에 따라 온도도 높아지는 층을 역전층이라 하며, 이 역전층 내에서는 오염물질이 확산되지 못하고 축적되어 오염물질농도가 높아지게 된다.
② 일반적으로 가을과 겨울은 역전의 기간이 길며, 자주 발생한다.

(2) 분류
기온역전은 역전층이 발생하는 위치에 따라 접지역전과 공중역전으로 분류한다.

① 접지(지표)역전
   ㉠ 복사역전   ㉡ 이류역전
② 공중역전
   ㉠ 침강역전   ㉡ 전선형 역전
   ㉢ 해풍형 역전 ㉣ 난류역전

(3) 복사역전(Radiative Inversion)
① 개요
주로 맑은 날 야간에 지표면에서 발산되는 복사열로 인하여 복사냉각이 시작되면 이로 인해 온도가 상공으로 소실되어 지표 냉각이 일어나 지표면의 공기층이 냉각된 지표와 접하게 되어 주로 밤부터 이른 아침 사이에 복사역전이 형성되며 낮이 되면 일사에 의해 지면이 가열되므로 곧 소멸된다.

② 특징
   ㉠ 지표에 접한 공기가 그보다 상공의 공기에 비하여 더 차가워져서 생기는 현상이며 지표 가까이에 형성되므로 지표역전(접지역전)이라고도 한다.
   ㉡ 대기오염물질 배출원이 위치하는 대기층에서 주로 발생한다.
   ㉢ 일출 직전에 하늘이 맑고 습도가 낮고, 바람이 없는 경우에 강하게 생성된다. 즉, 구름이 낀 날이나 센바람이 부는 날에는 잘 생기지 않는다.
   ㉣ 보통 가을부터 봄에 걸쳐 날씨가 좋고, 바람이 약하며, 습도가 적을 때 자정 이후 아침까지 잘 발생하고, 낮이 되면 일사로 인해 지면이 가열되면 곧 소멸되는 역전

의 형태이다.
ⓛ 방사역전(Radiation Inversion)과 같은 의미이며, 이는 겨울철 맑은 날 이른 아침에 주로 발생한다.
ⓗ 지표면 부근의 공기는 상층대기보다 밀도가 크다.
ⓐ 대기가 안정한 상태로 지표 부근의 오염물질이 축적되어 심각한 대기오염을 유발할 수 있으며 대기오염물질이 강우, 바람에 의하여 분산 또는 감소될 가능성은 적다.
ⓞ 안개가 발생하기 쉽고 매연이 소산되기 어려워 지표 부근의 오염농도가 커진다.
ⓩ 복사역전은 눈이 덮인 지역의 경우 알베도가 0.8보다 크고, 태양에서의 복사열전달이 최소가 되기 때문에 오전의 복사적인 현상이 연장되는 경향이 있다.

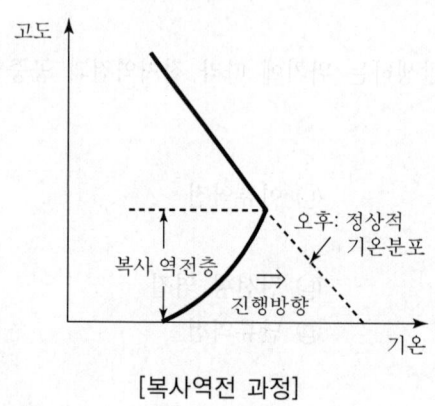

[복사역전 과정]

(4) 이류역전
① 따뜻한 공기가 차가운 지표면 위로 흘러갈 때 발생한다.
② 따뜻한 하층이 상대적으로 찬 지표면에 의해 냉각되어 발생한다.

(5) 침강역전
① 개요
  고기압 중심부분에서 기층이 서서히 침강하면서 기온이 단열변화(단열압축)하여 기층이 승온되어 발생하는 현상이다. 즉, 단열압축에 의하여 가열되어 하층의 온도가 낮은 공기와의 경계에 역전층을 형성하고 매우 안정하며 대기오염물질의 연직확산을 억제하는 역전현상이다.
② 특징
  ㉠ 고기압이 정체하고 있는 넓은 범위에 걸쳐서 시간에 무관하게 장기적으로 지속된다.

   ⓒ 침강역전이 낮은 고도까지 하강하면 대기오염의 농도는 증가하는 경향이 있다.
   ⓓ 대도시에서 발생한 대기오염 사건(로스앤젤레스 스모그)과 밀접한 관계가 있는 역전형태이다.
   ⓔ 배출원 상부에서 주로 발생하고 단기간의 오염문제라기보다는 장기간 지속 시 오염물질의 장기축적 문제를 야기할 수 있다.
   ⓕ 대개 지상 1,000~2,000 m 또는 3,000 m 상공에 형성된다.
   ⓖ 역전층에는 석유계 배출가스나 매연이 축적되고 광화학 작용에 의한 스모그가 발생된다.
  ③ 상부면(Top)과 하부면(Bottom)의 기층의 온도차 변화
   역선풍(Anticyclone)구역 내에서 차가운 공기가 장시간 침강(단열적)하였을 경우

$$\left(\frac{dT}{dP}\right)_{Top} > \left(\frac{dT}{dP}\right)_{Bottom}$$

   온도는 상부면의 기층이 하부면의 기층보다 높다.

(6) 전선형 역전(Frontal Inversion)

비교적 높은 고도에서 따뜻한 공기와 차가운 공기가 부딪쳐 따뜻한 공기가 차가운 공기 위로 상승하면서 전선을 이룰 때 발생하며 공중역전에 해당한다. 또한 빠른 속도로 움직이는 경향이 있어서 오염문제에 심각한 영향을 주지는 않는 편이다.

(7) 해풍형 역전(See-Breeze Inversion)

바다에서 차가운 바람이 더워진 육지 위로 불 때 전선면이 형성되면서 발생하는 역전으로, 이동성이므로 오염물질을 오랫동안 정체시키지는 않는 편이다.

(8) 난류형 역전

난류 발생시의 기온분포, 즉 건조단열감률 분포 상단에서 형성되는 역전층으로, 난류로 인하여 대기오염물질농도는 낮아진다.

(9) 지형성 역전

산을 넘는 푄기류가 산골짜기로 통과할 때 발생하는 역전이며, 이 역전층은 산골짜기, 분지 등으로 냉기가 모일 경우 발생한다.

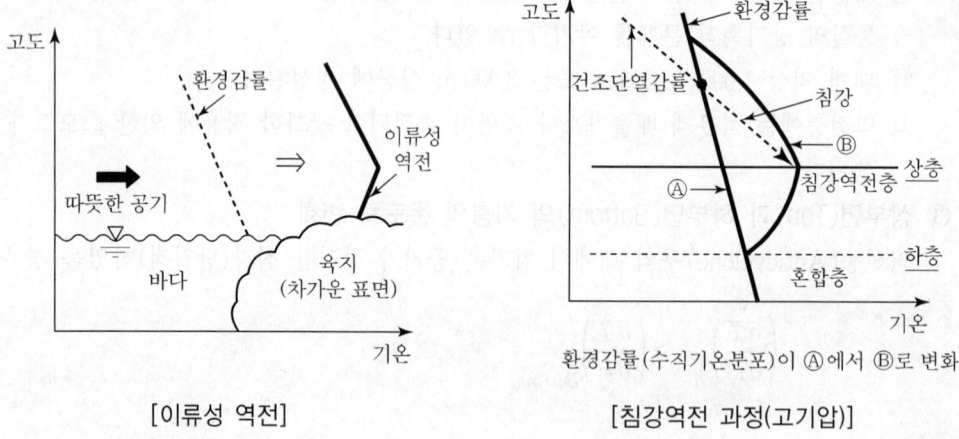

[이류성 역전]　　　　[침강역전 과정(고기압)]

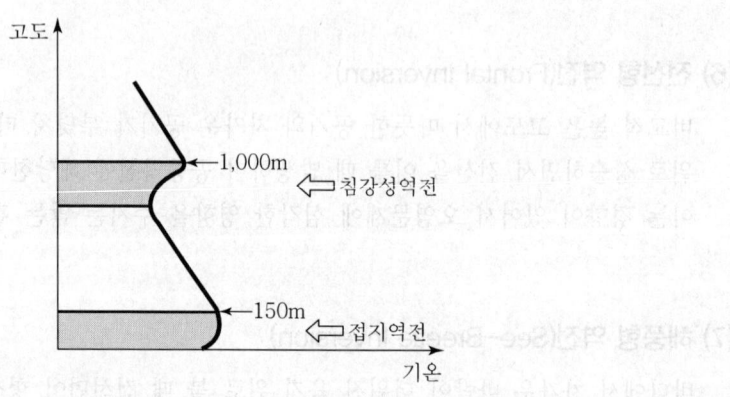

[접지역전과 침강역전이 동시에 발생하는 경우]

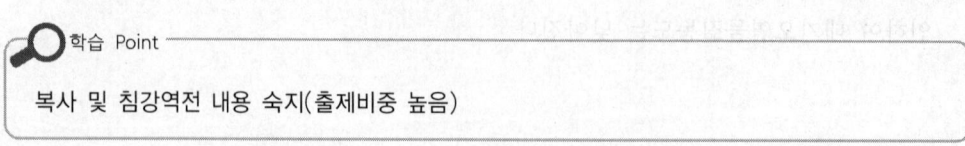

복사 및 침강역전 내용 숙지(출제비중 높음)

20 연기의 형태

굴뚝에서 연기가 퍼져 확산되는 모양은 굴뚝 상단부 배출 고도에서의 풍속 및 고도에 따른 기온분포에 따라 대표적으로 6가지의 형태를 나타낸다.

(1) Looping(환상형)
① 공기의 상층으로 갈수록 기온이 급격히 떨어져서 대기상태가 크게 불안정하게 되며, 연기는 상하 좌우방향으로 크고 불규칙하게 난류를 일으키며 확산되는 연기 형태이다.
② 대기가 불안정하여 난류가 심할 때, 즉 풍속이 매우 강하여 혼합이 크게 일어날 때 발생한다.
③ 오염물질의 연직 확산이 굴뚝 부근의 지표면에서는 국지적, 일시적인 고농도 현상이 발생되기도 한다.(순간 농도는 가장 높음)
④ 지표면이 가열되고 바람이 약한 맑은 날 낮(오후)에 주로 일어난다.
⑤ 과단열감률조건(환경감률이 건조단열감률보다 큰 경우)일 때, 즉 대기가 불안정할 때 발생한다.
⑥ 연기는 상·하층 공기의 혼합운동을 하기 때문에 오염물질 농도는 빨리 희석(확산)되며 지표면까지 이동한다.
⑦ 최대착지거리는 가까워지며 최대착지농도는 높게 나타난다.
⑧ 굴뚝이 낮은 경우에는 풍하 쪽 지상에 강한 오염이 생기며, 고·저기압에 상관없이 발생한다. 즉, 굴뚝 가까운 곳에서 지표농도가 높게 나타날 수 있다.

(2) Conning(원추형)
① 대기상태가 중립인 경우 연기의 배출형태이다.
② 발생시기는 바람이 다소 강하거나 구름이 많이 낀 날에 자주 관찰된다.
③ 연기 Plume 내 오염물의 단면분포가 전형적인 가우시안 분포를 나타낸다.
④ 연기의 이동이 수직보다 수평이 크기 때문에 오염물질이 먼 거리까지 이동할 수 있다.

(3) Fanning(부채형)
① 대기상태가 안정조건(건조단열감률이 환경감률보다 큰 경우)일 때 발생한다.
② 상하의 확산 폭이 적어 지표에 미치는 오염도는 적으나, 굴뚝의 높이가 낮으면 지표 부근에 심각한 오염문제를 발생시킨다.

③ 대기가 매우 안정한 상태일 때에 아침과 새벽에 잘 발생하며, 강한 역전조건에서 잘 생긴다.
④ 풍향이 자주 바뀔 때에는 뱀이 기어가는 연기모양이 된다.
⑤ 연기가 배출되는 상당한 고도까지도 강안정한 대기가 유지될 경우, 즉 기온역전현상을 보이는 경우 연직운동이 억제되어 발생한다.
⑥ 최대착지거리는 멀어지며 최대착지농도는 낮게 나타난다.
⑦ 연기는 수직, 즉 상하 분산이 최소이고 수평이동이 매우 크게 나타나 연기가 마치 부채를 펼쳐놓은 것처럼 퍼져나가는 형태이다.
⑧ 고기압 구역에서 하늘이 맑고 바람이 약하면 지표로부터 열방출이 커서 한밤으로부터 아침까지 복사역전층이 생길 때에 발생하는 연기모양이다.
⑨ 연기의 수직방향 분산은 최소가 되고, 풍향에 수직되는 수평방향의 분산도 매우 적다.

(4) Fumigation(훈증형)
① 대기의 하층은 불안정, 그 상층은 안정상태일 경우에 나타나는 연기의 형태이며 상층에서 역전이 발생하여 굴뚝에서 배출되는 연기가 아래쪽으로만 확산되는 형태로서 보통 30분 이상 지속되지는 않는다.
② 오염물질 배출구 바로 주위에서 오염 정도가 심하며 오염물질의 배출 높이가 역전층 높이보다 낮은 곳에 위치하는 경우에 지표면에서의 오염물질 농도가 일시적으로 높아질 수 있다.
③ 하늘이 맑고 바람이 약한 날의 아침에 주로 발생한다.
④ 야간에 발생한 접지역전층이 일출 후 지표면 가열에 의하여 하층대류가 활발해지면서 발생한다.
⑤ 오염물의 확산, 침적이 왕성하므로 지표의 농도는 최대치에 도달한다.
⑥ 일시적으로 나타나는, 즉 과도기적인 현상이다.

(5) Lofting(지붕형)
① 굴뚝의 높이보다 더 낮게 지표 가까이에 역전층(안정)이 이루어져 있고, 그 상공에는 대기가 불안정한 상태일 때 주로 발생한다.
② 고기압 지역에서 하늘이 맑고 바람이 약한 늦은 오후(초저녁)나 이른 밤에 주로 발생하기 쉽다.
③ 연기에 의한 지표에 오염도는 가장 적게 되며 역전층 내에서 지표배출원에 의한 오염도는 크게 나타난다.
④ 훈증형과 마찬가지로 일시적으로 나타나는 과도기적인 현상이다.
⑤ 고도에 따른 온도분포가 Fumigation형에 대한 조건과 반대이다.

(6) Trapping(구속형)

① 고기압지역에서 상층은 침강형 역전(공중역전층)이 형성되고, 하층은 복사형 역전을 형성할 때 나타난다.
② 굴뚝상단의 일정높이에 역전층이 존재하고, 그 하층에도 역전층이 존재하는 때에 관찰되며 배출된 연기는 이들 역전층 사이에 갇혀 있는 형태로 나타난다.

> **Reference | 연기의 확산 형태 중 역전층이 존재하는 형태**
>
> 1. Fanning(부채형)
> 2. Lofting(지붕형)
> 3. Trapping(구속형)

> **Reference | 연기의 분산형 순서(맑은 여름날, 해가 뜬 후부터 오후 최고 기온까지)**
>
> Fanning → Fumigation → Conning → Looping

① Looping(환상형)

불안정

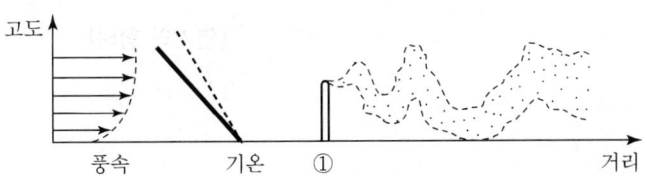

② Conning(원추형)

중립(안정)

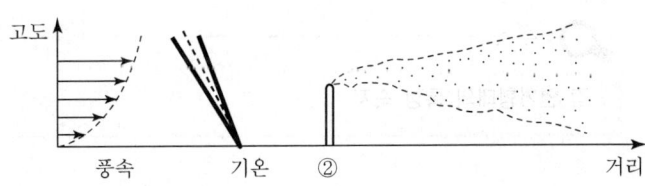

③ Fanning(부채형)

지표역전(안정)

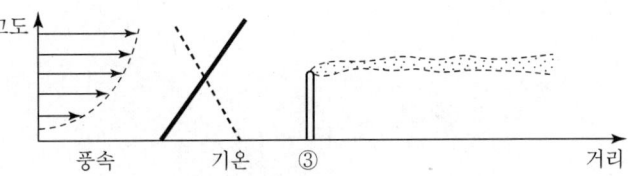

④ Fumigation(훈증형)

　　상층, 안정

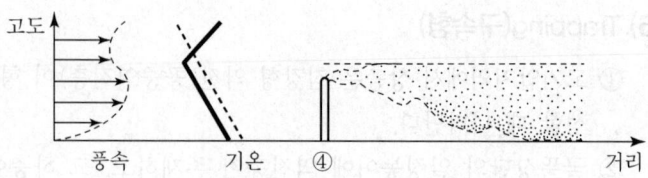

⑤ Lofting(지붕형)

　　하층, 안정

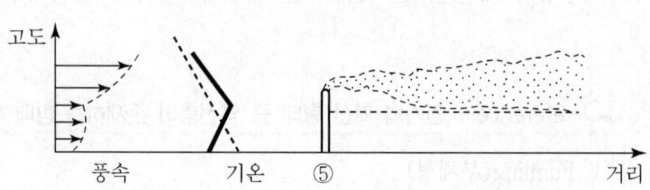

⑥ Trapping(구속형)

　　상·하층 안정

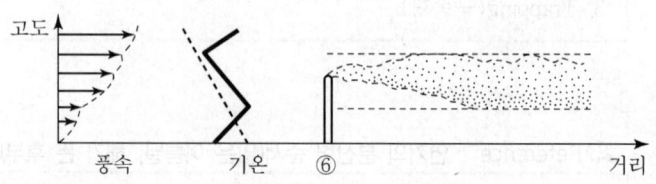

실선(———) : 환경감률
점선(-------) : 건조단열감률

[연기의 형태]

> 🔍 학습 Point
> 　각 연기형태의 특징 숙지

21 대기확산과 모델

대기확산모델이란 배출된 오염물질이 대기 중에서 확산·이동되어 나타나는 농도를 물리·화학적인 이론을 바탕으로 정량적으로 계산될 수 있도록 프로그램화한 것을 말한다.

(1) 가우시안 모델(Gaussian Model)

① 개요 및 특징
㉠ 점오염원에서는 풍하방향으로 확산되어 가는 Plume(연기의 모양)이 정규분포(Gaussian)한다는 가정하에 유도, 즉 연기의 확산은 정상상태로 가정한다.
㉡ 주로 평탄지역에 적용되도록 개발되어 왔으나 최근 복잡지형에도 적용이 가능하도록 개발되고 있다.
㉢ 간단한 화학반응을 묘사할 수 있는 모델이다.
㉣ 장·단기적 대기오염도 예측에 사용이 용이하다.

② 가정조건
㉠ 오염물질의 배출이 점오염원이며 연속적이기 때문에 풍하방향(x축)으로의 확산은 무시한다.(x축의 확산은 이류이동이 지배적, 즉 $V_x=0$) 즉, 연직방향의 풍속은 통상 수평방향의 풍속보다 상대적으로 크기가 작기 때문에 연직방향의 풍속은 무시한다.(연기 내 반응은 무시한다.)
㉡ 오염물질은 Plume 내에서 소멸 및 다른 물질로 전환되지 않으며, 지표반사가 없고 침투한다고 가정한다.(연기분산은 steady state이다.)
㉢ 오염물질의 농도분포는 x축(풍하방향), y축(수평방향), Z축(수직방향)으로 정규분포(가우스분포)한다고 간주한다.
㉣ 바람에 의한 오염물질의 주 이동방향은 x축이며, 풍속 u는 일정하다.
㉤ 배출오염물질은 기체(입경이 미세한 Aerosol 포함)이다.
㉥ 난류확산계수는 일정하다.
㉦ x방향을 주바람 방향으로 고려하면 y방향(풍횡방향)의 풍속은 0이다.

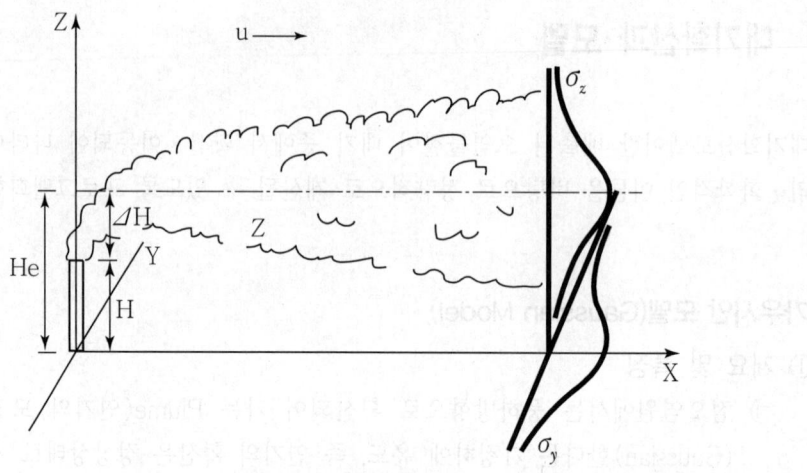

[가우시안 모델의 요소]

(2) 가우시안 확산모델의 수식

① 기본식

x방향에는 정상흐름 평균풍속이 있고 확산이 없으며 정상흐름 평균풍속에 대하여 수직인 평균풍속, Z방향에는 확산망이 있고 배출원에서 시간당 Q의 물질이 방출되는 경우 Y-Z 면의 농도분포를 정규분포로 가정한다.

$$C = \frac{Q}{2\pi u \sigma_y \sigma_z} \exp\left\{-\frac{1}{2}\left(\frac{y^2}{\sigma_y^2} + \frac{z^2}{\sigma_z^2}\right)\right\}$$

여기서, C : 오염물질의 농도(g/m^3, $\mu g/m^3$)

Q : 배출원에서 오염물질 배출속도(배출량 : g/sec)

u : 굴뚝높이(굴뚝상단)에서의 평균풍속(m/sec)

σ_y : Y축에 대한 확산계수(수평방향의 확산계수 : Y축의 오염농도 표준편차 또는 확산폭 : m)

σ_z : Z축에 대한 확산계수(수직방향의 확산계수 : Z축의 오염농도 표준편차 또는 확산폭 : m)

z : 농도를 구하려는 지점의 높이로서 지표면으로부터의 농도를 구하려는 지점까지수직거리(연직방향의 높이)

🔍 **Reference | 가우시안 모델**

1. 특징
   ① 입력자료의 수집이 간편 용이함
   ② 계산시간이 적게 소요됨
   ③ 응용성이 높음
   ④ 대기확산을 해석하는 방법으로 가장 많이 이용됨
   ⑤ 모델의 전개과정에서 도입된 여러 가정조건으로 인하여 그 자체가 많은 제한을 가지고 있음
   ⑥ 대기확산에 있어서 가장 중요한 변수인 수평, 수직 확산폭(표준편차)의 결정 등에 문제점이 있음

2. 제한성
   ① 수평방향 확산폭(y) 및 수직방향 확산폭(Z)의 값들이 정확하지 않아 실제 확산모델에 적용하는 것에 어려움이 있음
   ② 마찰에 의한 수직확산을 고려할 수 없음(풍속을 일정하다고 가정하므로)
   ③ 연기의 지면흡수, 침전, 화학적 변화를 고려하지 않아 장기간 오염농도 추정시 단기간 확산계수 적용할 경우 오차를 유발할 수 있음

🔍 **Reference | 가우시안 모델에서 수평 및 수직방향의 표준편차(σ_y, σ_z)의 가정조건**

1. 시료채취시간은 약 10분으로 간주한다.
2. 지표는 평탄하다고 간주한다.
3. 표준편차값은 고도에 따라 변하는 값으로 고도는 대기 중에서 하부 수백 m에 국한하여 사용한다.
4. σ_y, σ_z값은 대기의 안정상태와 풍하거리 x의 함수이다.

② 유효굴뚝높이 고려한 식

배출가스가 유효굴뚝높이(He : Effective Stack Height)에서 Z축을 He 만큼 평행이동 함으로써 유효굴뚝을 고려한 식이다.

㉠ $z \geq 0$: z방향의 +영역농도

$$c(x, y, z, He) = \frac{Q}{2\pi u \sigma_y \sigma_z} \exp\left[-\frac{1}{2}\left\{\left(\frac{y}{\sigma_y}\right)^2 + \left(\frac{z-H}{\sigma_z}\right)^2\right\}\right]$$

ⓒ $z \geqq 0$: z방향의 $-$영역농도

$$c(x, y, z, He) = \frac{Q}{2\pi u \sigma_y \sigma_z} \exp\left[-\frac{1}{2}\left\{\left(\frac{y}{\sigma_y}\right)^2 + \left(\frac{z+H}{\sigma_z}\right)^2\right\}\right]$$

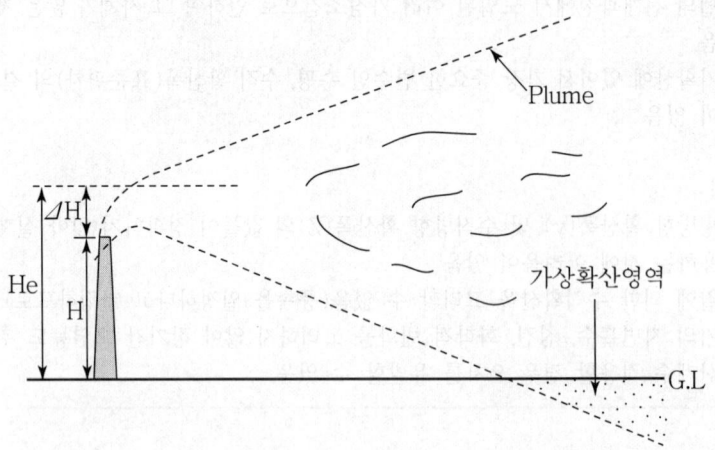

[유효굴뚝높이를 고려한 가우시안 확산모델식]

③ 지표반사와 유효굴뚝높이를 고려한 식
  ㉠ 배출가스가 수직방향으로 확산되어 지표면에 도달시 더 이상 확산되지 못하고 중첩되어 농도가 높아지는 경우를 고려한 식이다.
  ㉡ 지표면으로부터 고도 H에 위치하는 점오염원 – 지면으로부터 반사가 있는 경우에 사용한다.

$$c(x, y, z, He) = \frac{Q}{2\pi u \sigma_y \sigma_z} \exp\left[-\frac{1}{2}\left\{\left(\frac{y}{\sigma_y}\right)^2\right\}\right] \times \left[\exp\left\{-\frac{1}{2}\left(\frac{z-H_e}{\sigma_z}\right)^2\right\} + \exp\left\{-\frac{1}{2}\left(\frac{z+H_e}{\sigma_z}\right)^2\right\}\right]$$

여기서, H_e : 유효굴뚝높이(m)

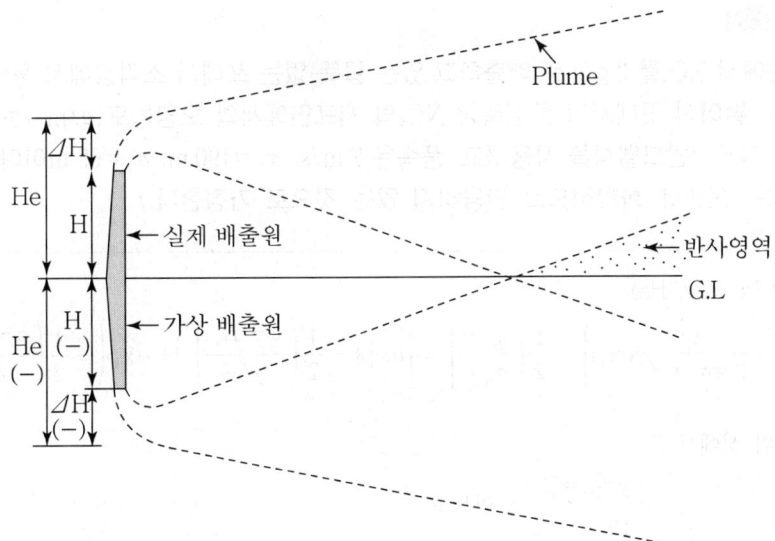

④ 확산(Plume) 중심축상 농도
　㉠ y=0 및 지표면(z=0)의 농도를 의미한다.
　㉡ 지표면에서 오염물질의 반사를 고려한, 지표중심선에 따른 오염물의 농도변화를 예측하는 식이다.

$$c(x, 0, 0, He) = \frac{Q}{\pi u \sigma_y \sigma_z} \times \exp\left[-\frac{1}{2}\left(\frac{He}{\sigma_z}\right)^2\right]$$

⑤ 지면 오염원 농도
　He=0 의 농도를 의미한다.

$$c(x, 0, 0, 0) = \frac{Q}{\pi u \sigma_y \sigma_z} \times \exp\left[-\frac{1}{2}\left(\frac{0}{\sigma_y}\right)^2\right]$$
$$= \frac{Q}{\pi u \sigma_y \sigma_z}$$

필수 문제

01 지상에서 NO_x를 3 g/s로 배출하고 있는 굴뚝 없는 쓰레기 소각장에서 풍하 방향으로 3 km 떨어진 곳에서의 중심축상 NO_x의 지표면에서의 오염농도(g/m^3)는 얼마인가? (단, 가우시안모델식을 사용하고, 풍속은 7 m/s, $\sigma_y = 190$ m, $\sigma_z = 65$ m이며, NO_x는 배출되는 동안에 화학적으로 반응하지 않는 것으로 가정한다.)

풀이

$$C(x, y, z, He) = \frac{Q}{2\pi\sigma_y\sigma_z U}\exp\left[-\frac{1}{2}\left(\frac{y}{\sigma_y}\right)^2\right] \times \left[\exp\left(-\frac{1}{2}\left(\frac{z-H_e}{\sigma_z}\right)^2\right) + \exp\left(-\frac{1}{2}\left(\frac{z+H_e}{\sigma_z}\right)^2\right)\right]$$

위 식에서

$\left.\begin{array}{l} y = z = 0 \\ He = 0 \end{array}\right]$ 이므로

$$C = \frac{Q}{\pi u \sigma_y \sigma_z}$$
$$= \frac{3\text{ g/sec}}{3.14 \times 7\text{ m/sec} \times 190\text{ m} \times 65\text{ m}} = 1.1 \times 10^{-5}\text{ g/m}^3$$

02 가우시안모델의 대기오염 확산방정식을 적용할 때 지면에 있는 오염원으로부터 바람 부는 방향으로 200m 떨어진 연기의 중심축상 지상 오염농도(mg/m^3)는?(단, 오염물질의 배출량은 6g/sec, 풍속은 3.5m/sec, σ_y, σ_z는 각각 22.5m, 12m이다.)

풀이

$$C(x, y, z, He) = \frac{Q}{2\pi\sigma_y\sigma_z U}\exp\left[-\frac{1}{2}\left(\frac{y}{\sigma_y}\right)^2\right] \times \left[\exp\left(-\frac{1}{2}\left(\frac{z-H_e}{\sigma_z}\right)^2\right) + \exp\left(-\frac{1}{2}\left(\frac{z+H_e}{\sigma_z}\right)^2\right)\right]$$

위 식에서

$\left.\begin{array}{l} y = z = 0 \\ He = 0 \end{array}\right]$ 이므로

$$C = \frac{Q}{\pi u \sigma_y \sigma_z}$$
$$= \frac{6\text{ g/sec}}{3.14 \times 3.5\text{ m/sec} \times 22.5\text{ m} \times 12\text{ m}}$$
$$= 2.021 \times 10^{-3}\text{ g/m}^3 \times 1,000\text{ mg/g} = 2.021\text{ mg/m}^3$$

필수 문제

03 유효높이(H)가 60 m 인 굴뚝으로부터 SO_2가 125 g/s 의 속도로 배출되고 있다. 굴뚝높이에서의 풍속은 6 m/s 이고 풍하거리 500 m 에서 대기안정 조건에 따라 편차 σ_y는 36 m, σ_z는 18.5 m 이었다. 이 굴뚝으로부터 풍하거리 500 m 의 중심선상의 지표면 농도($\mu g/m^3$)는?(단, 가우시안모델식을 사용하고, SO_2는 배출되는 동안에 화학적으로 반응하지 않는다고 가정한다.)

풀이

$$C(x, y, z, He) = \frac{Q}{2\pi\sigma_y\sigma_z U}\exp\left[-\frac{1}{2}\left(\frac{y}{\sigma_y}\right)^2\right] \times \left[\exp\left(-\frac{1}{2}\left(\frac{z-H_e}{\sigma_z}\right)^2\right) + \exp\left(-\frac{1}{2}\left(\frac{z+H_e}{\sigma_z}\right)^2\right)\right]$$

위 식에서

중심선상의 지표면 농도 y=z=0

$$C(x, 0, 0, He) = \frac{Q}{\pi u \sigma_y \sigma_z} \times \exp\left[-\frac{1}{2}\left(\frac{H_e}{\sigma_z}\right)^2\right]$$

$$= \frac{125 \text{ g/sec} \times 10^6 \text{ }\mu g/g}{3.14 \times 6 \text{ m/sec} \times 36 \text{ m} \times 18.5 \text{ m}} \times \exp\left[-\frac{1}{2}\left(\frac{60 \text{ m}}{18.5 \text{ m}}\right)^2\right]$$

$$= 51.77(\mu g/m^3)$$

필수 문제

04 SO_2가 유효높이 100 m 인 굴뚝으로부터 150 g/s 의 속도로 배출되고 있다. 굴뚝높이에서의 풍속은 5 m/s 이고, 대기의 안정도는 0 이다. 이때 굴뚝으로부터 1,000 m 거리에서의 지표중심선상의 농도(ppb)는?(단, 안정도 0일 때 1,000 m 지점의 σ_y=68 m, σ_z=32 m, 농도계산은 $C = \frac{Q}{\pi u \sigma_y \sigma_z}\exp\left[-\frac{1}{2}\left(\frac{H_e}{\sigma_z}\right)^2\right]$ 이용하여, 표준상태로 가정)

풀이

$$C = \frac{Q}{\pi u \sigma_y \sigma_z}\exp\left[-\frac{1}{2}\left(\frac{H_e}{\sigma_z}\right)^2\right]$$

Q=150 g/sec×10^6 μg/g=150×10^6 μg/sec

$$= \frac{150 \times 10^6 \text{ }\mu g/sec \times 22.4 \text{ }\mu L/64 \text{ }\mu g}{3.14 \times 5 \text{ m/sec} \times 68 \text{ m} \times 32 \text{ m}} \times \exp\left[-\frac{1}{2}\left(\frac{100 \text{ m}}{32 \text{ m}}\right)^2\right]$$

$$= 11.64 \text{ }\mu L/m^3 (11.64 \text{ ppb})$$

필수 문제

05 1시간에 1,000대의 차량이 고속도로 위에서 평균시속 80 km로 주행하며, 각 차량의 평균탄화수소 배출률은 0.2 g/s이다. 바람이 고속도로와 측면 수직방향으로 5 m/s로 불고 있다면 도로지반과 같은 높이의 평탄한 지형의 풍하 500 m 지점에서의 지상오염 농도($\mu g/m^3$)는?(단, 대기는 중립상태이며, 풍하 500 m에서의 σ_z = 15 m, $C(x, y, 0) = \dfrac{2q}{(2\pi)^{\frac{1}{2}}\sigma_z U}\exp\left[-\dfrac{1}{2}\left(\dfrac{H}{\sigma_z}\right)^2\right]$를 이용)

풀이

$$C(x, y, 0) = \frac{2q}{(2\pi)^{\frac{1}{2}}\sigma_z u}\exp\left[-\frac{1}{2}\left(\frac{H}{\sigma_z}\right)^2\right]$$

q(탄화수소 양 : g/m·sec) = 0.2 g/sec · 대 × 1,000대/hr × hr/80 km × km /1,000 m
  = 0.0025 g/m · sec

u = 5 m/sec
σ_z = 15 m
H = 0

$$= \frac{2 \times 0.0025 \text{ g/m·sec} \times 10^6 \mu g/g}{(2\pi)^{\frac{1}{2}} \times 15 \text{ m} \times 5 \text{ m/sec}} \times \exp\left[-\frac{1}{2}\left(\frac{0}{15 \text{ m}}\right)^2\right]$$

= 26.59 $\mu g/m^3$

(3) 와동확산모델(Eddy Diffusion Model)

① 개요 및 특징
  ㉠ 혼합길이(Mixing Length)의 개념을 포함하고 있으며, 대기이동이론에 가장 기본적인 모델이다.
  ㉡ 정상상태조건하에서 단위면적당 확산되는 물질의 이동속도는 농도의 기울기에 비례하는 Fick의 확산방정식으로 설명되며, 실제 대기에 적용하기 위해서는 몇 가지 가정이 전제되어야 한다.

② 가정조건(Fick의 확산방정식을 실제 대기에 적용시키기 위해 추가하는 가정)
  ㉠ 바람에 의한 오염물의 주 이동방향은 x축이다.
  ㉡ 확산과정은 안정상태(정상상태 : dc/dt = 0)이다. 즉 풍향, 풍속, 온도, 시간에 따른 농도변화가 없는 정상상태이다.

ⓒ 오염물은 연속적인 점오염원으로부터 계속적으로 방출된다.
ⓓ 단열과정은 안정상태이고 풍속은 x, y, z 좌표시스템의 어느 점에서든 일정하다.
(바람은 시간 경과에 따라 변하지 않으며 Plume의 단면전체에 풍속은 균일함)
ⓔ 오염물이 x축을 따라 이동하는 것은 하류(풍하)로의 확산에 의한 물질이동보다 더 강하다.

③ Fick의 확산방정식
㉠ Fick의 확산방정식은 오염물이 기체일 경우 적용되며 시간에 따른 오염물 농도의 변화를 선형화한 여러 항으로 구성된다.

$$\frac{dc}{dt} = K_x \frac{\sigma^2 c}{\sigma x^2} + K_y \frac{\sigma^2 c}{\sigma y^2} + K_z \frac{\sigma^2 c}{\sigma z^2}$$

여기서, c : 농도
t : 시간
K_x, K_y, K_z : 각 x, y, z 좌표축 방향에서의 소용돌이 확산계수
(세 개의 직각 좌표상의 와동확산계수)

㉡ 방정식을 선형화할 때 고려할 항
ⓐ 바람에 의한 수평방향 이류항
ⓑ 난류에 의한 분산항
ⓒ 분자확산에 의한 항

(4) 상자모델(Box Model)

① 개요 및 특징
㉠ 여러 개의 평행한 선으로 면을 나누어서 각 선을 선오염으로 간주하여 전체 농도를 구하는 방법이다.
㉡ 보다 간단하고 직관적이 방법의 요구시 상자모델을 이용하여 농도를 구한다.

② 가정조건
㉠ 고려되는 공간에서 오염물의 농도는 균일하다.
㉡ 오염물 배출원이 지표면 전역에 균등하게 분포되어 있다.
㉢ 오염원은 배출과 동시에 균등하게 혼합된다.
㉣ 고려되는 공간의 수직단면에 직각방향으로 부는 바람의 속도가 일정하여 환기량

이 일정하다.
⑩ 오염물의 분해는 일차 반응에 의한다.(오염물은 다른 물질로 전환되지 않고 지표면에 흡수되지 않음)

(5) 분산모델(Dispersion Model)
① 개요
기상학의 기본원리에 의하여 대기오염의 영향 등을 예측하는 모델이며, 특정한 오염원의 배출속도와 바람에 의한 분산요인을 입력자료로 하여 수용체 위치에서의 영향을 계산한다.
② 특징
㉠ 2차 오염원의 확인이 가능하다.
㉡ 지형 및 오염원의 작업조건에 영향을 받는다.
㉢ 미래의 대기질을 예측할 수 있다.
㉣ 새로운 오염원이 지역 내에 생길 때, 매번 재평가를 하여야 한다.
㉤ 점, 선, 면 오염원의 영향을 평가할 수 있다.
㉥ 단기간 분석 시 문제가 된다.
㉦ 특정오염원의 영향을 평가할 수 있는 잠재력을 가지고 있으나 기상과 관련하여 대기 중의 무작위적 특성을 적절하게 묘사할 수 없으므로 결과에 대한 불확실성이 크다.
㉧ 먼지의 영향평가는 기상의 불확실성과 오염원이 미확인인 경우에 문제점을 가진다.
③ 대기오염원 영향 평가시 요구되는 입력자료
㉠ 오염물질의 배출속도(배출량) 및 온도
㉡ 배출원의 위치 및 높이
㉢ 굴뚝의 높이(유효굴뚝높이) 및 재질, 직경
㉣ 오염원의 가동시간
㉤ 방지시설의 효율
④ 주요 대기분산모델의 특징
㉠ ISCST(Industrial Source Complex Model for Short Term)
ⓐ 공업단지와 같은 여러 점오염원에 적용한다.
ⓑ CRSTER 모델의 수정모델이다.
ⓒ 주로 단기농도 예측에 사용된다.
㉡ ISCLT(Industrial Complex Model for Long Term)
ⓐ 점, 선, 면(주로 면 오염원) 오염원에 적용한다.

ⓑ 가우시안 모델로서 미국에서 널리 이용되는 범용적인 모델이다.
ⓒ 주로 장기농도 계산용의 모델이다.
ⓓ AQDM과 CDM을 합친 모델로 Pasquill 안정도 등급에 의한 농도를 계산한다.

ⓒ TCM(Texas Climatological Model)
ⓐ 점, 면 오염원 및 비반응성 오염물질에 적용한다.
ⓑ 주로 장기적인 평균농도 계산용의 모델이며 우리나라에서 많이 사용된다.
ⓒ 풍향, 풍속(Briggs의 연기상승식) 및 안정도의 빈도분포(Pasquill-Gifford의 확산 계수식)로부터 계산한다. (CDM과 유사함)

ⓔ ADMS(Atmospheric Dispersion Model System)
ⓐ 가우시안 모델을 적용하며 적용배출원 형태는 점, 선, 면이다.
ⓑ 도시지역에서 오염물질의 이동을 계산하는 모델이다.
ⓒ 영국에서 많이 사용했던 모델이다.

ⓜ AUSPLUME(Australian Plume Model)
ⓐ 가우시안 모델로서 미국의 ISCST와 ISCLT 모델을 개조하여 만든 모델이다.
ⓑ 호주에서 많이 사용했던 모델이다.

ⓗ UAM(Urban Airshed Model)
ⓐ 점, 면 오염원에 적용한다.
ⓑ 미국에서 개발되었고 광화학모델을 이용하여 계산하는 모델이다.
ⓒ 도시지역에서 광화학반응을 고려하여 오염물질의 이동을 계산한다.

ⓢ HIWAY
ⓐ 선 오염원에 적용한다.
ⓑ 주로 단기성 농도 예측에 사용된다.
ⓒ 도로변 풍하지역에서의 보존성 오염물질의 매시간 농도를 농도가 정규분포한다는 가정하여 계산한다.
ⓓ HIWAY-2는 HIWAY 모델을 수정한 단기성 모델이며 이동배출원의 도로굴곡, 소용돌이 확산, 풍속도 고려한 모델이다.

ⓞ MM5
ⓐ 미국에서 개발되었으며, 기상예측에 주로 사용된다.
ⓑ 바람장모델로 바람장을 계산하는 모델이다.

ⓩ RAMS(Regional Atmospheric Model System)
ⓐ 미국에서 개발되었다.

ⓑ 바람장모델로서 바람장과 오염물질 분산을 동시에 계산할 수 있다.
ⓩ CTDMPLUS
　ⓐ 점, 면 오염원에 적용한다.
　ⓑ 미국에서 개발되었으며, 가우시안모델을 적용한다.
　ⓒ 복잡한 지형에 대해 오염물질의 이동을 계산하는 모델이다.
㋩ RAM
　ⓐ 평탄한 지형의 점, 면 오염원에 적용한다.
　ⓑ 농도분포를 매시간 기상조건으로서의 정상상태를 가정하여 매시간별로 예측하는 단기성 모델이다.
　ⓒ 연속배출원의 공간적 오염물 농도분포(수평, 수직확산)를 계산하는 모델이다.
　ⓓ 바람장모델로 바람장과 오염물질의 분산을 동시에 계산한다.
㉡ CDM
　ⓐ 평탄한 지형의 점, 면 오염원에 적용한다.
　ⓑ 장기적인 평균농도를 계산하는 모델이다.
　ⓒ 풍향, 풍속, 대기안정도의 빈도분포로부터 계산한다.
㉢ CALINE
　ⓐ 선 오염원에 적용한다.
　ⓑ 장기적인 농도를 계산하는 모델이다.
　ⓒ 고속도로에서 자동차로 인한 일산화탄소(CO) 등의 확산예측 및 혼합고를 고려하여 계산한다.
㉮ SMOGS TOP(Statistical Models of Groundlevel Term Ozone Pollution)
　ⓐ 벨기에에서 개발한 모델이다.
　ⓑ 통계모델로서 도시지역의 오존농도를 계산하는 데 이용된다.

(6) 수용모델(Receptor Model)
① 개요
수용체에서 오염물질의 특성을 분석한 후 오염원의 기여도를 평가하는 모델이며, 수리통계학적으로 분석한다.
② 특징
㉠ 새로운 오염원이나 불확실한 오염원과 불법배출 오염원을 정량적으로 확인, 평가할 수 있다.

⊙ 지형, 기상학적 정보가 없이도 사용 가능하다.
© 현재나 과거에 일어났던 일을 추정하여 미래를 위한 전략을 세울 수 있으나, 미래 예측은 어렵다.
② 오염원의 조업 및 운영상태에 대한 정보 없이도 사용 가능하다.
⑩ 측정자료를 입력자료로 사용하므로 시나리오 작성이 곤란하다.
⑪ 수용체 입장에서 평가가 현실적으로 이루어질 수 있다.
⊗ 환경과학 전반(입자상 및 가스상 물질, 가시도 문제 등)에 응용 가능하다.
⊙ 모델의 분류로는 오염물질의 분석방법에 따라 현미경분석법과 화학분석법으로 구분할 수 있다.

③ **수용모델의 분석법**
  ③ 광학현미경법
    입경이 큰 입자를 대상으로 입자의 외관 및 형상을 관찰하여 그 크기를 측정할 수 있다.
  © 전자주사현미경법
    광학현미경보다 작은 입자를 측정할 수 있고, 정상적으로 먼지의 오염원을 확인할 수 있다.
  © 시계열분석법
    대기오염 제어의 기능을 평가하고 특정오염원의 경향을 추적할 수 있으며, 타 방법을 통해 제시된 오염원을 확인하는 데 매우 유용한 정성적 분석법이다.
  ② 공간계열법
    시료채취기간 중 오염배출속도 및 기상학 등에 크게 의존하여 분산모델과 큰 연관성을 갖는다.

> **Reference | 대기확산모델의 종류**
>
> 1. 예측기간
>   ① 장기모델
>   월별, 계절별, 연간의 장기간 평균농도 계산
>   ② 단기모델
>   1시간, 수시간의 단기간 평균농도 계산
> 2. 대상오염원(배출원)
>   ① 점오염원
>   발전소, 소각장 등 대규모 배출시설(일반적으로 배출허가시설 3종 이상 업소)
>   ② 면오염원
>   주택, 군소배출시설, 상업지역 등 소형 오염원

③ 선오염원
   자동차, 선박, 철도, 항공 등 이동오염원
3. 연기확산 형태
   ① 'Plume' 모델
      연기가 배출구에서부터 착지지점까지 연속되는 것으로 계산하는 모델
   ② Puff 모델
      단위시간에 배출된 연기를 하나의 커다란 공기 덩어리로 가정하여 시간에 따른 풍향변화와 안정도별 확산계수에 따라 농도를 계산한다. Lagrangian 모델이 대표적인 Puff 모델
   ③ Eulerian 모델
      대상지역을 작은 상자로 나누어 각 상자에서의 바람장, 확산도, 화학반응 등을 계산하는 모델
4. 확산이론(확산방정식)
   ① BOX 모델
      대상 지역을 상자로 간주하여 그 공간 내 평균농도를 계산하나 부정확함
   ② Gaussian 모델
      일반적으로 가장 많이 사용
   ③ 3차원 수치모델
      Lagrangian, Eulerian 모델 등으로 매우 정교하나 고도의 기술을 필요로 함

필수 문제

01 부피가 1,000m³ 이고 환기가 되지 않은 작업장에서 화학반응을 일으키지 않는 오염물질이 50 mg/min 씩 배출되고 있다. 작업을 시작하기 전에 측정한 이물질의 평균농도가 10 mg/m³ 이라면 1시간 30분 이후의 작업장의 평균농도(mg/m³)는?(단, 상자모델을 적용하며, 작업시간 전·후의 온도 및 압력조건은 동일하다.)

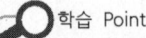 평균농도(mg/m³) = $\dfrac{50\text{mg/min} \times 90\text{min}}{1,000\text{m}^3}$ + 10mg/m³ = 14.5mg/m³

학습 Point

① 가우시안 확산모델의 수식 내용 숙지
② 분산모델 및 수용모델의 비교특징 숙지(출제비중 높음)

22 유효굴뚝높이 연기의 상승고

(1) 유효굴뚝높이

① 개요
  ㉠ 실제 굴뚝높이보다 굴뚝에서 배출되는 연기(Plume)가 더 높은 고도까지 상승하는 경우 이 고도를 유효굴뚝높이(Effective Stack Height)라고 한다.
  ㉡ 유효굴뚝높이를 상승시키는 가장 좋은 방법은 배출가스의 온도를 높이는 것이다.
  ㉢ 유효굴뚝높이를 위한 계산식에는 연기(Plume) 상승에 따른 농도변화의 영향이 고려되지 않았다.

② 유효굴뚝높이 결정 인자 및 영향
  ㉠ 배출된 오염물질이 가지는 운동량(오염물질배출속도, Momentum)
  ㉡ 배출온도에 의한 부력
  ㉢ 굴뚝의 특성
  ㉣ 기상조건 및 상태
  ㉤ 오염물의 물리·화학적 특성
  ㉥ 유효굴뚝높이는 연도배출가스의 열배출률이 클수록(배출가스양 증가), 배출가스의 유속이 클수록, 외기와의 온도차가 클수록, 굴뚝의 통풍력이 클수록 증가한다.

> **Reference | 신설 공장의 굴뚝높이 결정시 고려사항**
> ① 공장에서 방출될 대기오염물질의 양(Q)
> ② 최대허용농도(C)
> ③ 고려되어야 할 하류지점까지의 거리(X)와 풍속(U)

③ 관련식

$$He = H + \Delta H$$

여기서, He : 유효굴뚝높이(유효굴뚝고)
H : 실제 굴뚝높이
ΔH : 연기(Plume)의 상승높이

(2) 유효굴뚝의 연기 상승높이 관련식

① 오염물질 배출속도에 의한 연기 상승 : 운동량(관성력이 지배하는 연기)

㉠ Ruppy 식 : 기본식

$$\Delta H = 1.5 \left(\frac{V_s}{u} \right) \times D$$

여기서, ΔH : 연기(Plume)의 상승높이(m)
V_s : 굴뚝에서 연기의 배출속도(m/sec)
D : 굴뚝의 직경(m)
u : 굴뚝 출구 주위부분의 풍속(m/sec)

㉡ Smith 식

$$\Delta H = \left(\frac{V_s}{u} \right)^{1.4} \times D$$

㉢ Brigg 식
ⓐ 중립 및 불안정 조건

$$\Delta H = 3.0 \left(\frac{V_s}{u} \right) \times D$$

ⓑ 안정조건

$$\Delta H = 1.5 \left(\frac{F_m}{u \sqrt{s}} \right)^{\frac{1}{3}}$$

여기서, s : 안정도 지수
F_m : 관성력

② 부력에 의한 연기 상승(열부력)
   ㉠ Holland 식(기본식)

$$\Delta H = \frac{V_s \cdot D}{u}\left[1.5 + 2.68 \times 10^{-3} P \cdot D\left(\frac{T_s - T_a}{T_s}\right)\right]$$

   여기서, P : 압력(mbar)
   T_s : 배기가스의 절대온도(273+℃)
   T_a : 대기의 절대온도(273+℃)

   ㉡ 부력을 이용한 식

$$\Delta H = 150 \times \frac{F}{u^3}$$

$$\Delta H = \frac{114\, CF^{1/3}}{u}$$

   여기서, F : 부력 $= g\left(\dfrac{D}{2}\right)^2 V_s\left(\dfrac{T_s - T_a}{T_a}\right)$

   ㉢ Mosse(Carson) 식

$$\Delta H = C \times \frac{1}{u^2} \times g V_s \left(\frac{D}{2}\right)^2 \times \left(\frac{T_s - T_a}{T_a}\right)$$

   여기서, C : 상수(일반적 150)
   g : 중력가속도(9.8 m/sec²)

학습 Point

유효굴뚝의 연기상승높이 관련식 숙지

23 Sutton의 확산방정식

(1) 최대착지농도

① 개요
  ㉠ 최대착지농도(C_{max})는 배출량(Q)에 정비례한다.
  ㉡ 최대착지농도(C_{max})는 유효굴뚝높이(H_e) 및 실제 굴뚝높이(H)에서의 평균풍속에는 반비례한다.

② 관련식

$$C_{max} = \frac{2Q}{\pi e u H_e^2} \left(\frac{\sigma_z}{\sigma_y} \right)$$

여기서, C_{max} : 최대착지농도
  e : 자연대수의 밑수값(2.72)
  u : H_e에서의 평균풍속(m/sec)
  H_e : 유효굴뚝높이(m)
  Q : 오염물질 배출량(m³/sec)
  σ_y : 수평방향 확산계수(m)
  σ_z : 수직방향 확산계수(m)

$$C_{max} \propto \frac{1}{H_e^2} \ : \ C_{max} \propto \frac{1}{u}$$

$$C_{max} \propto Q$$

③ 최대착지농도를 감소시키기 위한 방법
  ㉠ 배출가스 온도를 가능한 한 높게 한다.
  ㉡ 배출가스 속도를 높인다.
  ㉢ 저농도 원료를 사용한다.
  ㉣ 굴뚝을 높게 한다.

> Reference
>
> ① 유효연돌높이를 높여 C_{max}를 1/2로 감소시킬 경우 상승유효연돌높이
>   상승유효연돌높이 = $\sqrt{2}$ × 유효연돌높이
> ② C_{max} 경우 x축상의 거리
>   x축상의 거리(σ_z) = $\dfrac{유효연돌높이}{\sqrt{2}}$ = 0.707 × 유효연돌높이

(2) 최대착지거리

① 개요
  ㉠ 최대착지거리(X_m)는 유효굴뚝높이(H_e)에 비례한다.
  ㉡ 최대착지거리(X_m)는 수직방향 확산계수(σ_z)에 반비례한다.
  ㉢ 최대착지거리(X_m)는 대기안정도가 불안정할수록 작고 안정할수록 크다.

② 관련식

$$X_m = \left(\dfrac{H_e}{\sigma_z}\right)^{\frac{2}{2-n}}$$

여기서, X_m : 최대착지농도가 나타나는 지점(m)
     σ_z : 수직방향 확산계수(m)
     H_e : 유효굴뚝높이(m)
     n : 안정도계수(일반적으로 안정 0.5, 불안정 0.25)

> Reference | 경도모델(K-이론모델)
>
> ① Sutten의 K-이론모델식에서 대기오염물질의 확산은 오염물질 농도경도에 비례한다.
> ② K-이론모델의 가정
>   ⓐ 오염배출원에서 무한히 멀어지면 오염농도는 0이 된다.
>   ⓑ 오염물질은 지표를 침투하지 못하고 반사한다.
>   ⓒ 배출된 오염물질은 소멸하거나 생성되지 않고 계속 흘러만 갈 뿐이다.
>   ⓓ 배출원에서 배출된 오염물질량 및 오염물질의 농도는 무한하다.
>   ⓔ 연기의 축에 직각인 단면에서 오염물질의 농도분포는 가우스분포이다.
>   ⓕ 풍하 측으로 지표면은 평평하고 균일하다.
>   ⓖ 풍하 쪽으로 가면서 대기안정도 및 확산계수는 일정하다.

필수 문제

01 굴뚝의 실제높이가 30 m 이고, 반지름은 2 m 이다. 이때 배출가스의 분출속도가 20 m/s 이고, 풍속이 5 m/s 일 때 유효굴뚝높이는?(단, $\Delta H = 1.5 \times \left(\dfrac{V_s}{u}\right) \times D$ 이용)

풀이
$$H_e = H + \Delta H$$
$$\Delta H = 1.5 \times \left(\dfrac{V_s}{u}\right) \times D = 1.5 \times \left(\dfrac{20}{5}\right) \times (2 \times 2) = 24\,\text{m}$$
$$= 30 + 24 = 54\,\text{m}$$

필수 문제

02 연기의 배출속도 50 m/s, 평균풍속 300 m/min, 유효굴뚝높이 55 m, 실제 굴뚝높이 24 m 인 경우 굴뚝의 직경(m)은?(단, $\Delta H = 1.5 \times (V_s/U) \times D$식 적용)

풀이
$$\Delta H = 1.5 \times \left(\dfrac{V_s}{u}\right) \times D$$
$$\Delta H = H_e - H = 55 - 24 = 31\,\text{m}$$
$$31\,\text{m} = 1.5 \times \left(\dfrac{50\,\text{m/sec}}{300\,\text{m/min} \times \text{min}/60\,\text{sec}}\right) \times D$$
$$D = 2.07\,\text{m}$$

필수 문제

03 굴뚝의 반경이 1.5 m, 평균풍속이 180 m/min 인 경우 굴뚝의 유효연돌높이를 24 m 증가시키기 위한 굴뚝 배출가스의 속도(m/sec)?(단, 연기의 유효상승높이 $\Delta H = 1.5 \times \dfrac{V_s}{u} \times D$ 이용)

풀이
$$\Delta H = 1.5 \times \left(\dfrac{V_s}{u}\right) \times D$$
$$24\,\text{m} = 1.5 \times \left(\dfrac{V_s}{180\,\text{m/min} \times \text{min}/60\,\text{sec}}\right) \times (1.5 \times 2)\,\text{m}$$
$$V_s = 16\,\text{m/sec}$$

제1편 대기오염 개론

필수 문제

04 내경이 2 m이고, 실제 높이가 50 m 인 연돌에서 15 m/sec 로 배출되는 배기가스의 온도는 127℃, 대기 중의 공기압은 1기압, 기온은 27℃ 이다. 연돌 배출구에서의 풍속이 5 m/sec 일 때, 유효연돌높이(m)는?(단, Holland의 연기 상승높이 결정식은 다음과 같다.)

$$\Delta H = \frac{V_s \cdot d}{U}\left[1.5 + 2.68 \times 10^{-3} \cdot P\left(\frac{T_s - T_a}{T_s}\right) \times d\right]$$

풀이
$$H_e = H + \Delta H$$
$$\Delta H = \frac{V_s \cdot d}{U}\left[1.5 + 2.68 \times 10^{-3} \times P\left(\frac{T_s - T_a}{T_s}\right) \times d\right]$$
$$= \frac{15 \times 2}{5}\left[1.5 + (2.68 \times 10^{-3}) \times 1{,}013.2 \left(\frac{(273+127)-(273+27)}{273+127}\right) \times 2\right]$$
$$= 17.15 \text{ m} \qquad [\text{note}: 1 \text{ atm} = 1{,}013.2 \text{ mbar}]$$
$$= 50 + 17.15 = 67.15 \text{ m}$$

필수 문제

05 굴뚝높이 50 m, 배출 연기온도 200℃, 배출 연기속도 30 m/s, 굴뚝직경이 2 m 인 화력발전소가 있다. 주변 대기온도가 20℃ 이고, 굴뚝 배출구에서 대기 풍속이 10 m/s이며, 대기압은 1,000 mb 인 조건에서 다음 Holland 식을 이용한 연기의 유효굴뚝높이(m)는?

$$\Delta H = \frac{V_s \cdot d}{U}\left[1.5 + 2.68 \times 10^{-3} \cdot P_a\left(\frac{T_s - T_a}{T_s}\right) \times d\right]$$

풀이
$$H_e = H + \Delta H$$
$$\Delta H = \frac{V_s \cdot d}{U}\left[1.5 + 2.68 \times 10^{-3} \cdot P\left(\frac{T_s - T_a}{T_s}\right) \times d\right]$$
$$= \frac{30 \times 2}{10}\left[1.5 + 2.68 \times 10^{-3} \times 1{,}000 \left(\frac{(273+200)-(273+20)}{273+200}\right) \times 2\right]$$
$$= 21.24 \text{ m}$$
$$= 50 + 21.24 = 71.24 \text{ m}$$

필수 문제

06 굴뚝 직경 3 m, 배출속도 10 m/sec, 배출온도 500 K, 대기온도 27℃, 풍속 4.2 m/sec 일 때, 유효상승고(Δh)는?(단, $\Delta h = \dfrac{114\, CF^{1/3}}{u}$, $C = 1.58$, $F = g\left(\dfrac{D}{2}\right)^2 V_s \left(\dfrac{T_s - T_a}{T_a}\right)$를 이용하여 계산할 것)

풀이 유효상승고(Δh) = $\dfrac{114\, CF^{1/3}}{u}$

$$F(\text{부력}) = g\left(\dfrac{D}{2}\right)^2 V_s \left(\dfrac{T_s - T_a}{T_a}\right)$$

$$= 9.8 \times \left(\dfrac{3}{2}\right)^2 \times 10 \times \left(\dfrac{500 - (273 + 27)}{(273 + 27)}\right) = 147 \text{ m}^4/\text{sec}^3$$

$$= \dfrac{114 \times 1.58 \times 147^{1/3}}{4.2} = 226.33 \text{ m}$$

필수 문제

07 높이 40m인 굴뚝으로부터 20m/sec로 연기가 배출되고 있다. 굴뚝 반지름은 2m, 굴뚝 주위로 풍속은 4m/sec, 배출가스의 열방출률은 4,000kJ/sec 일 때, 아래의 식을 이용하여 유효굴뚝의 높이를 계산하면?(단, Holland의 식은 아래와 같고, Q_h는 열방출률(kJ/sec) $\Delta H(m) = \dfrac{Vs \cdot d}{U} \times \left(1.5 + 0.0096 \times \dfrac{Q_h}{Vs \cdot d}\right)$)

풀이 $H_e = H + \Delta H$

$$\Delta H = \dfrac{Vs \cdot d}{U}\left(1.5 + 0.0096 \times \dfrac{Q_h}{Vs \cdot d}\right)$$

$$= \dfrac{20 \times 4}{4} \times \left[1.5 + \left(0.0096 \times \dfrac{4,000}{20 \times 4}\right)\right] = 39.6 \text{ m}$$

$$= 40 + 39.6 = 79.6 \text{ m}$$

필수 문제

08 내경이 2 m 인 굴뚝에서 온도 440 K 의 연기가 6 m/s 의 속도로 분출되며 분출지점에서의 주변 풍속은 3 m/s 이다. 대기의 온도가 300 K, 중립조건일 때 연기의 상승 높이 (Δh)는? (단, $\Delta H = \dfrac{114\, CF^{1/3}}{u}$ 이용, $C=1.58$, $F=$부력매개변수)

> **풀이** 연기상승높이(Δh) $= \dfrac{114\, CF^{1/3}}{u}$
>
> $F(\text{부력}) = g\left(\dfrac{D}{2}\right)^2 V_s \left(\dfrac{T_s - T_a}{T_a}\right)$
>
> $\qquad\qquad = 9.8 \times \left(\dfrac{2}{2}\right)^2 \times 6 \times \left(\dfrac{440-300}{300}\right) = 27.44\, \text{m}^4/\text{sec}^3$
>
> $= \dfrac{114 \times 1.58 \times 27.44^{1/3}}{3} = 181.09\, \text{m}$

필수 문제

09 불안정한 조건에서 굴뚝방출 가스속도가 13 m/sec, 굴뚝의 안지름이 3.6 m, 가스온도가 167℃, 기온이 20℃, 풍속이 7 m/sec 일 때 연기의 상승높이(유효상승고)는? (단, 불안정 조건시 연기의 상승높이 $\Delta h = 150 \times \dfrac{F}{u^3}$ 이며, F는 부력을 나타낸다.)

> **풀이** 유효상승고(Δh) $= 150 \times \dfrac{F}{u^3}$
>
> $F(\text{부력}) = g\left(\dfrac{D}{2}\right)^2 V_s \left(\dfrac{T_s - T_a}{T_a}\right)$
>
> $\qquad\qquad = 9.8 \times \left(\dfrac{3.6}{2}\right)^2 \times 13 \times \left(\dfrac{(273+167)-(273+20)}{(273+20)}\right)$
>
> $\qquad\qquad = 207.1\, \text{m}^4/\text{sec}^3$
>
> $= 150 \times \dfrac{207.1}{7^3} = 90.56\, \text{m}$

필수 문제

10 직경 4 m인 굴뚝에서 연기가 10 m/s 의 속도로 풍속 5 m/s 인 대기로 방출된다. 대기는 27℃, 중립상태 $\left(\dfrac{\Delta\theta}{\Delta Z}=0\right)$ 이고, 연기의 온도가 167℃ 일 때 TVA 모델에 의한 연기의 상승고(m)는?(단, TVA 모델 : $\Delta H = \dfrac{173 \cdot F^{1/3}}{U \cdot \exp(0.64\Delta\theta/\Delta Z)}$, 부력계수 $F = [g \cdot Vs \cdot d^2(Ts-Ta)]/4T_a$를 이용할 것)

풀이

연기상승고$(\Delta H) = \dfrac{173 \cdot F^{1/3}}{U \cdot \exp(0.64\Delta\theta/\Delta Z)}$

F(부력계수) $= \dfrac{g \cdot V_s \cdot d^2(T_s - T_a)}{4T_a}$

$= \dfrac{9.8 \times 10 \times 4^2[(273+167)-(273+27)]}{4 \times (273+27)}$

$= 182.93 \, \text{m}^4/\text{sec}^3$

$\dfrac{\Delta\theta}{\Delta z}$ (온도)는 중립상태이기 때문에 0

$= \dfrac{173 \times 182.93^{1/3}}{5 \times \exp(0.64 \times 0)} = 196.41 \, \text{m}$

필수 문제

11 내경 3,000 mm 인 굴뚝으로부터 5,000 kJ/s 의 열을 가진 연기가 25 m/s 의 속도로 방출되고 있다. 주위의 풍속이 300 m/min 일 때 연기의 상승고(m)는?(단, 연기의 상승고는 Carson과 Moses의 식 $\Delta H = -0.029V_sd/U + 2.62Q_h^{1/2}/U$를 이용할 것)

풀이

연기상승고$(\Delta H) = \left(-0.029 \dfrac{V_s d}{u}\right) + \left(2.62 \dfrac{Q_h^{1/2}}{u}\right)$

$= \left[-0.029 \times \dfrac{(25 \times 3,000 \, \text{mm} \times 1 \, \text{m}/1,000 \, \text{mm})}{(300 \, \text{m/min} \times 1 \, \text{min}/60 \, \text{sec})}\right]$

$\quad + \left[2.62 \times \dfrac{(5,000)^{1/2}}{(300 \, \text{m/min} \times 1 \, \text{min}/60 \, \text{sec})}\right]$

$= 36.62 \, \text{m}$

필수 문제

12 Sutton의 확산방정식에서 현재 굴뚝의 유효고도가 40 m 일 때, 최대지표농도를 1/4로 낮추려면 굴뚝의 유효고도를 얼마만큼 더 증가시켜야 하는가?(단, 기타 조건은 같다고 가정한다.)

풀이 최대착지농도(C_{max})

$C_{max} = \dfrac{2Q}{\pi e u He^2} \times \dfrac{\sigma_z}{\sigma_y}$ 에서 기타 조건이 같으므로

$C_{max} = \dfrac{1}{He^2}$

$H_e = \dfrac{1}{\sqrt{C_{max}}} = \dfrac{1}{\sqrt{1/4}} = 2$

H_e 2배 증가시 C_{max}는 1/4로 감소하므로
나중 유효연돌높이 = 40 m×2 = 80 m
증가시켜야 하는 높이 = 80 − 40 = 40 m

🔍 Reference
상승유효연돌높이 = $\sqrt{4}$ × 유효연돌높이 = $\sqrt{4}$ × 40 = 80 m

필수 문제

13 어떤 공장의 현재 유효연돌고의 높이가 44 m 이다. 이때의 농도에 비해 유효연돌고를 높여 최대지표농도를 1/2로 감소시키고자 한다. 다른 조건이 모두 같다고 가정할 때 유효연돌고의 높이(m)는?

풀이 $C_{max} = \dfrac{1}{H_e^2}$

$H_e = \dfrac{1}{\sqrt{C_{max}}} = \dfrac{1}{\sqrt{1/2}} = 1.4142$

유효연돌고높이(m) = 44×1.4142 = 62.23 m

🔍 Reference
유효연돌고높이 = $\sqrt{2}$ × 유효연돌높이 = $\sqrt{2}$ × 44 = 62.23 m

필수 문제

14 굴뚝배출가스양 15 m³/sec, HCl의 농도 802 ppm, 풍속 20 m/sec, $K_y = 0.07$, $K_z = 0.08$ 인 중립대기조건에서 중심축상 최대지표농도가 1.61×10^{-2} ppm 인 경우 굴뚝의 유효고(m)는?(단, Sutton의 확산식을 이용한다.)

풀이

$$C_{\max} = \frac{2Q}{\pi \cdot e \cdot u \cdot H_e^2}\left(\frac{K_z}{K_y}\right)$$

$$1.61 \times 10^{-2} = \frac{2 \times (15 \times 802)}{\pi \times e \times 20 \times H_e^2} \times \left(\frac{0.08}{0.07}\right)$$

$$\pi \times e \times 20 \times H_e^2 \times 0.07 = 119{,}552.795$$

$$H_e^2 = 9{,}999.708$$

$$H_e = \sqrt{9{,}999.708} = 99.99\,\text{m}$$

필수 문제

15 Sutton의 확산식을 이용하여 $C_{\max}$ (ppm)를 구하시오.(단, σ_y, $\sigma_z = 0.05$, $u = 10$ m/sec, $H_e = 100$ m, $Q = 10$ sm³/sec, SO$_x$의 농도 1,500 ppm)

풀이

$$C_{\max} = \frac{2Q}{\pi \cdot e \cdot u \cdot H_e^2}\left(\frac{\sigma_z}{\sigma_y}\right) = \frac{2 \times 10 \times 1{,}500}{\pi \times e \times 10 \times 100^2} \times \left(\frac{0.05}{0.05}\right) = 0.035\,\text{ppm}$$

필수 문제

16 유효굴뚝높이가 100 m 이고, SO$_2$의 배출량이 115 g/s 인 화력발전소가 있다. 굴뚝배출구에서 대기풍속이 5 m/s 일 때 최대착지농도(μg/m³)는?(단, $C_{\max} = \dfrac{0.1171\,Q}{U\sigma_y\sigma_z}$ 이용, $\sigma_y = 250$ m, $\sigma_z = 140$ m)

풀이

$$C_{\max} = \frac{0.1171\,Q}{u \cdot \sigma_y \cdot \sigma_z} = \frac{0.1171 \times 115\,\text{g/sec} \times 10^6\,\mu\text{g/g}}{5 \times 250 \times 140} = 76.95\,\mu\text{g/m}^3$$

필수 문제

17 유효굴뚝높이 60 m 에서 유량 980,000 m³/day, SO₂ 1,200 ppm 으로 배출되고 있다. 이때 최대지표농도(ppb)는?(단, Sutton의 확산식을 사용하고, 풍속은 6 m/s, 이 조건에서 확산계수 K_y=0.15, K_z=0.18이다.)

풀이
$$C_{\max} = \frac{2\,Q}{\pi \cdot e \cdot u \cdot H_e^{\,2}} \left(\frac{\sigma_z}{\sigma_y}\right)$$
$$= \frac{2 \times 980,000\,\text{m}^3/\text{day} \times \text{day}/86,400\,\text{sec} \times 1,200\,\text{ppm}}{\pi \times e \times 6 \times 60^2} \times \left(\frac{0.18}{0.15}\right)$$
$$= 0.17718\,\text{ppm} \times 10^3\,\text{ppb/ppm}$$
$$= 177.18\,\text{ppb}$$

필수 문제

18 유효굴뚝높이와 지표상 최고오염농도와의 관계식에서 지상 최고농도를 현재의 1/5로 하려면 유효굴뚝높이를 원래의 몇 배로 하여야 하는가?(단, 기타 대기조건은 같은 조건이며, Sutton식을 이용)

풀이
$$C_{\max} = \frac{1}{H_e^{\,2}}$$
$$H_e = \frac{1}{\sqrt{C_{\max}}} = \frac{1}{\sqrt{1/5}} = 2.24 \ (\text{즉, 원래의 2.24배이다.})$$

필수 문제

19 주변환경조건이 동일하다고 할 때, 굴뚝의 유효고도가 1/3로 감소한다면 하류중심선의 최대지표농도는 어떻게 변화하는가?(단, Sutton 의 확산식을 이용)

풀이
$$C_{\max} = \frac{1}{H_e^{\,2}} = \frac{1}{(1/3)^2} = 9 \ (\text{즉, 9배 증가한다.})$$

필수 문제

20 굴뚝유효고도가 70m에서 90m로 높아졌다면 굴뚝의 풍하측 중심축상 지상최대오염농도는 70일 때의 것과 비교하면 몇 %가 되겠는가?(단, Sutton의 확산식을 이용)

풀이
$$C_{\max} = \frac{1}{H_e^2}$$

$$\frac{\left(\dfrac{1}{90^2}\right)}{\left(\dfrac{1}{70^2}\right)} \times 100 = 60.49\%$$

필수 문제

21 유효굴뚝높이 100 m 정도에서 확산계수가 $K_y = K_z = 0.1$ 이고, 풍속 $u = 5$ m/sec이다. 지표면에서의 대기오염농도가 최대가 되는 착지거리는 얼마인가(m)?(단, 대기상태는 중립이며, 안정도계수$(n) = 0.25$)

풀이
최대착지거리(X_m)
$$X_m = \left(\frac{H_e}{K_z}\right)^{\frac{2}{2-n}} = \left(\frac{100}{0.1}\right)^{\frac{2}{2-0.25}}$$
$$= 2,682.7 \text{ m}$$

필수 문제

22 Sutton의 확산식에서 지표고도에서 최대오염이 나타나는 풍하 측 거리(m)는?(단, $K_y = K_z = 0.07$, $H_e = 155$ m, $\dfrac{2}{2-n} = 1.14$)

풀이
$$X_m = \left(\frac{H_e}{K_z}\right)^{\frac{2}{2-n}} = \left(\frac{155}{0.07}\right)^{1.14} = 6,509.78 \text{ m}$$

23

굴뚝으로부터 배출되는 SO_2가 풍하 측 5,000 m 지점에서 지표 최고농도를 나타냈을 때, 유효굴뚝높이(m)는?(단, Sutton의 확산식을 사용하고, 수직확산계수는 0.07, 대기안정도 지수(n)는 0.25이다.)

풀이

$$X_m = \left(\frac{H_e}{\sigma_z}\right)^{\frac{2}{2-n}}$$

$$5,000 = \left(\frac{H_e}{0.07}\right)^{\frac{2}{2-0.25}}$$

$$H_e = 120.70\,\mathrm{m}$$

24

풍속이 2m/s인 어느 날 저유소의 탱크가 폭발하여 벤젠 100kg이 순식간에 배출되었다. 사고 후 저유소에서 풍하방향으로 600m 떨어진 지점의 지면에 연기의 중심부가 도달하는 데 소요되는 시간은 몇 분인가?(단, instantaneous puff equation $C = \dfrac{2Q_P}{(2\pi)^{3/2}\sigma_x\sigma_y\sigma_z} \cdot \exp\left[-\dfrac{1}{2}\left(\dfrac{x-ut}{\sigma_x}\right)^2\right]$ 이용)

풀이

$$\text{소요시간(min)} = \frac{\text{거리}}{\text{속도}} = \frac{600\mathrm{m}}{2\mathrm{m/sec} \times 60\mathrm{sec/min}} = 5\,\mathrm{min}$$

학습 Point

최대착지농도 및 최대착지거리 내용 및 관련식 숙지(출제비중 높음)

24 Down Wash 및 Down Draught

(1) Down Wash(세류현상)

① 정의
  ㉠ 연기가 굴뚝 아래로 흩날리어 굴뚝 밑부분에 오염물질의 농도가 높아지는 현상을 Down Wash라 한다.
  ㉡ 오염물질의 토출속도에 비해 굴뚝높이에서의 풍속이 크면 연기가 굴뚝 아래로 향하여 오염물질이 흩날리어 굴뚝 일부분에 오염물질의 농도가 높아지는 현상을 말한다($V_s/u < 1 \sim 2$ 경우 생김).

② Down Wash 방지조건

$$\frac{V_s}{u} > 2 \, [V_s > 2\,u]$$

여기서, V_s : 굴뚝배출가스의 유속(오염물질 토출속도)
  u : 풍속(굴뚝높이에서의 풍속)

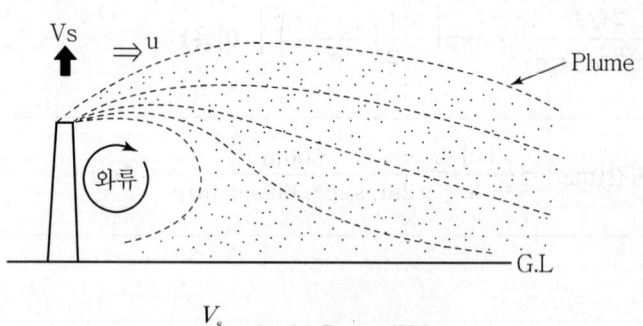

$\dfrac{V_s}{u} < 1 \sim 2$: Down Wash

[Down Wash]

(2) Down Draught(역류현상)

① 정의

굴뚝의 높이가 건물보다 높은 경우 건물의 뒤편에 공동현상이 생기고 이 공동에 대기오염물질의 농도가 높아지는 현상, 즉 연기가 굴뚝 주변 건물이나 지형물의 배후에서 발생되는 와류(소용돌이)에 연기가 말려 들어가는 현상이며, 건물은 바람의 영향에 의해 하류 측에 난류를 발생시킨다.

② Down Draught 방지조건

㉠ 굴뚝높이를 주변 건물높이의 2.5배 이상 높게 한다.
㉡ 배출가스의 온도를 높여 부력 및 운동력을 증가시킨다.
㉢ 굴뚝 상부에 정류판을 설치한다.

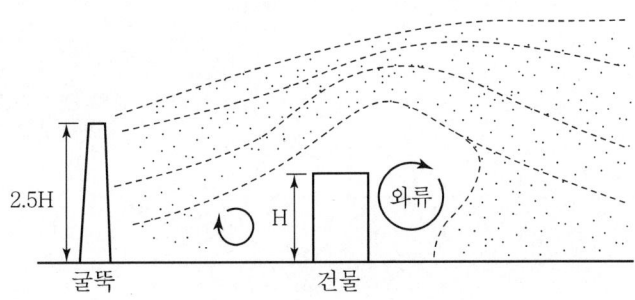

굴뚝높이 : 2.5 H(바람직)

[Down Draught]

> 학습 Point
>
> Down Wash 내용 숙지

(2) Down Draught(하강통풍)

① 정의

굴뚝 높이가 주위의 건물보다 낮은 경우 연기가 건물에 부딪혀서 건물의 벽을 따라 밑으로 내려오거나, 공기의 흐름 관계로 배기가스가 배출되어 바로 하강하는 현상으로 대기오염이 국지적 지역에 심하게 미치며 악취 유발 및 위생에 해롭다.

② Down Draught 방지대책

㉠ 풍속 5m/sec 이상일 경우에 많이 발생된다.
㉡ 굴뚝높이를 주위 건물 높이의 2.5배 이상으로 높인다.

[Down Draught]

PART 02 연소공학

열역학 기초

01 온도

어떤 물질의 온랭의 정도를 표시하는 척도이다.

(1) 섭씨온도
① 'Celsius도'라고도 하며 단위는 '℃'이다.
② 0℃, 760 mmHg(표준대기압) 상태에서 순수한 물의 빙점(어는점)을 0℃, 비점(끓는점)을 100℃로 정하여 100등분 후 1개의 눈금을 1℃로 한 온도이다.

(2) 화씨온도
① 'Fahrenheit도'라고도 하며 단위는 '°F'이다.
② 0℃, 760 mmHg(표준대기압) 상태에서 순수한 물의 빙점(어는점)을 32°F, 비점(끓는점)을 212°F로 정하여 180등분 후 1개의 눈금을 1°F로 한 온도이다.
③ 섭씨온도와 관련식

$$℃ = \frac{5}{9}(화씨온도 - 32) = (°F - 32)/1.8 \qquad [1℃ = 1.8°F]$$

$$°F = (\frac{9}{5} \times 섭씨온도) + 32 = 32 + (℃ \times 1.8)$$

(3) 절대온도
① 'Kelvin도'라고도 하며 단위는 'K'이다.

② -273.15℃에서 모든 물체의 운동이 정지(최저에너지 상태)하는 순간을 0℃로 기준으로 하는 온도이다.

③ 섭씨온도와 관련식

$K = 273.16 + t℃$

$$K = 273 + t℃$$

④ Rankin 온도(°R)

절대온도 0 K는 -459.58°F와 같다.

$°R = 459.58 + t(°F)$

$$°R = 460 + t(°F) = 1.8 \times K$$

> 🔍 학습 Point
>
> 섭씨온도 및 화씨온도 환산 숙지

02 압력

단위면적에 작용하는 힘의 크기로 표시된다.

(1) 표준대기압
① 대기압은 기압계로 측정된 압력으로, 일반적으로 mmHg로 표시된다.
② 표준대기압은 공기가 누르는 힘(면적 1 cm²에 대기가 누르는 힘)이며 0℃, 760 mmHg 상태의 압력이다.
③ 표준대기압의 단위환산

$1 \text{ atm} = 1.0332 \text{ kg}_f/\text{cm}^2 = 760 \text{ mmHg(Torr)} = 10,332 \text{ mmAQ}$
$= 14.7 \text{ lb/in}^2\text{(PSI)} = 29.9 \text{ inHg} = 1.01325 \text{ bar}$
$= 1,013.23 \text{ millibar} = 101,325 \text{ Pa(N/m}^2) = 1,033.6 \text{ cmH}_2\text{O} = 1.013 \times 10^6 \text{ dyne/cm}^2$

(2) 절대압력
① 완전 진공상태에서의 기준압력으로 1 N의 힘이 단위면적(1 m²)에 가해질 때의 압력을 의미한다.
② 절대압력은 게이지압력에 표준대기압을 더한 압력이다.

(3) 계기(게이지) 압력
① 대기압을 0으로 계산한 압력으로, 계기에 나타낸 압력을 의미한다.
② 측정압력과 대기압과의 차를 나타내며 단위는 psig로 표시된다.

(4) 압력의 단위환산
① SI 단위

$1 \text{ N/m}^2 = 1 \text{ Pa} = 1/9.81 \text{ kg}_f/\text{m}^2 = 1/32.2 \text{ lb/ft}^2$

② 절대 단위

$1 \text{ bar} = 10^6 \text{ dyne/cm}^2 = 10^5 \text{ N/m}^2 = 750.5 \text{ mmHg} = 1,000 \text{ millibar}$

03 열량

(1) 칼로리(cal)
① 1기압하에서 순수한 물 1 g을 14.5℃에서 15.5℃까지 온도를 1℃ 올리는 데 소요된 열량을 Calorie라 한다. 1 cal는 일반적으로 1기압하에서 1 g의 물(얼음, 수증기)을 1℃ 올리는 데 필요한 열량이다.
② 칼로리 단위환산
  1 kcal = 1,000 cal = 3.968 Btu = 427 kg · m = 4.2 kJ

(2) B.T.U(British Thermal Unit)
① 순수한 물 1 lb(454 g)을 61.5°F에서 62.5°F까지 온도를 1°F 올리는 데 소요된 열량을 말한다.
② Btu 단위환산
  1 Btu = 0.252 kcal = 252 cal

> **Reference | 엔탈피(Enthalpy)**
>
> ① 어떤 반응이 자발적으로 일어날지의 여부는 엔탈피, 즉 반응으로 인해 생기는 열변화와 엔트로피, 즉 반응물과 생성물의 무질서도에 의해 결정된다.
> ② 엔탈피는 반응경로와 무관하여 물질의 양에 비례한다.
> ③ 반응물이 생성물보다 에너지상태가 높으면 발열반응이고, 흡열반응은 반응계의 엔탈피가 증가한다.
> ④ 관련식
>
> $$\Delta H = C_p \Delta T = \Delta Q$$
>
> 여기서, ΔH : 엔탈피 변화량
> $\Delta H < 0$ (발열반응)
> $\Delta H > 0$ (흡열반응)
> ΔT : 온도변화량
> ΔQ : System의 열량변화
>
> ⑤ 엔트로피
>   System의 무질서도에 대한 직접적인 척도이며 무질서가 커질수록 엔트로피도 증가한다.

제2편 연소 공학

필수 문제

01 아래 식을 이용하여 $C_2H_4(g) \rightarrow C_2H_6(g)$로 되는 반응의 엔탈피(kJ)는?

$2C + 2H_2(g) \rightarrow C_2H_4(g) \quad \Delta H = 52.3 kJ$
$2C + 3H_2(g) \rightarrow C_2H_6(g) \quad \Delta H = -84.7 kJ$

엔탈피(ΔH) = ΔQ 즉 엔탈피는 system의 열량변화이므로
$\Delta H = -84.7kJ - (+52.3kJ) = -137.0kJ$

Reference | 깁스(Gibbs) 자유에너지

(1) 자유에너지는 화학반응의 평형상태를 설명할 때 쓰이는 열역학 변수의 하나로 반응의 엔트로피와 엔탈피 변화를 절충한 함수이다.

(2) 자유에너지(G) = 엔탈피(H) − [(절대온도(T)×엔트로피(S)]
  ① G변화는 부피 변화를 수반하지 않고도 얻을 수 있는 최대일의 척도이다.
  ② 자유에너지를 사용해서 일을 하면 자발적인 반응에서 G가 감소하여야 한다.
  ③ 평형상태에서 $\Delta G = 0$ 이다.
  ④ $\Delta G < 0$ 이면 반응은 자발적, 즉 변화의 방향을 결정해 주는 것이다.
  ⑤ 엔탈피가 감소하고 엔트로피가 증가하면 G는 감소한다.
  ⑥ 혼합물 경우 ΔG는 반응물과 생성물의 농도에 관계한다.

Reference | 열량 단위 비교

kcal	B.T.U
1	3.968
0.252	1

1 B.T.U을 대기압 상태에서 물 1b의 온도를 1°F 올리는 데 필요한 열량

학습 Point

깁스 자유에너지 내용 숙지

04 비열

어떤 물질 1g의 온도를 1℃ 올리는 데 필요한 열량이다.

① 순수한 물의 비열
  ㉠ 모든 물질 중 가장 큼
  ㉡ 1 cal/g·℃
② 기체의 비열
  ㉠ 정적비열(CV)
    체적(부피)이 일정한 상태에서의 비열
  ㉡ 정압비열(CP)
    압력을 일정하게 유지시킨 후의 비열
  ㉢ 비열비(K)

$$K = \frac{CP}{CV} : \text{CP는 항상 CV보다 큼}$$

$$R = CP - CV$$

여기서, R : 기체상수

③ 특징
  ㉠ 상태함수가 아니고 경로에 따라 달라지는 양이다.
  ㉡ 단열화염온도를 이론적으로 산출하기 위해 알아야 하는 열역학적 성질 중의 하나이다.
  ㉢ 반응조건에 상관없이 동일한 값을 가지므로 연소반응에서 항상 상수로 취급한다.
  ㉣ 이상기체의 경우 항상 정압비열은 정적비열보다 큰 값을 가진다.

05 열용량

일정한 양의 물질의 온도를 1℃ 올리는 데 필요한 열량이다.

$$\Delta H = m \cdot C \cdot \Delta t \,(\text{cal})$$

여기서, ΔH : 필요 열량
  m : 질량
  C : 비열
  Δt : 온도변화

🔍 Reference | 각 물질의 비열 ℃

① 물 : 1 kcal/kg · ℃
② 얼음 : 0.5 kcal/kg · ℃
③ 공기 : 0.24 kcal/kg · ℃
④ 중유 : 0.45 kcal/kg · ℃

06 이상기체 법칙

이상기체는 분자 상호 간에 인력이 거의 작용하지 않고, 기체분자 자신의 부피도 없으며 공기는 약 0~50℃ 온도 범위 내에서 보통 이상기체의 법칙을 따른다.

(1) 보일의 법칙(Boyle's Law)

1) 정의
부피와 압력관계이며 일정한 온도에서 일정량의 기체의 부피는 압력에 반비례한다.

2) 관련식

$$PV = K(\text{상수}) : V \propto \frac{1}{P}$$

$$P_1 V_1 = P_2 V_2 \qquad \frac{P_1}{P_2} = \frac{V_2}{V_1}$$
(1 → 초기   2 → 최종)

(2) 샤를의 법칙(Charle's Law)

1) 정의
부피와 온도관계이며 일정한 압력에서 일정량의 부피는 절대온도에 비례한다.

2) 관련식

$$V = K(\text{상수}) \, T$$

$$\frac{V_1}{T_1} = \frac{V_2}{T_2}$$
(1 → 초기   2 → 최종)

$$V_2 = \frac{V_1 T_2}{T_1} = V_1\left(1 + \frac{1}{273} \times t\right)$$

모든 기체의 부피는 압력이 일정할 때 온도 1℃ 상승시마다 1/273 만큼 증가된다.

필수 문제

01 25℃에서 부피가 40 L인 기체가 40℃로 증가하는 경우 증가한 부피(L)를 구하시오.

> **풀이**
> $V_2 = V_1\left(1 + \dfrac{t}{273}\right)$
> 우선 V_1을 구하면
> $40 = V_1\left(1 + \dfrac{25}{273}\right)$ $V_1 = 36.64\ L$
> $V_2 = 36.64\left(1 + \dfrac{40}{273}\right) = 42.01\ \text{L}$
> 증가부피(L) = 42.01 - 40 = 2.01 L

필수 문제

02 상온 25℃에서 기스의 체적이 400 m³이었다. 이때 기온이 35℃로 상승하였다면 가스 체적(m³)은?

> **풀이** 가스체적(m³) = $400\ \text{m}^3 \times \dfrac{273 + 35}{273 + 25} = 413.42\ \text{m}^3$

(3) 보일-샤를의 법칙(Boyle-Chares's Law)

1) 정의

   모든 기체의 부피는 절대온도에 비례하고 압력에 역비례한다.

2) 관련식

$$\frac{PV}{T} = K(상수)$$

$$\frac{P_1 V_1}{T_1} = \frac{P_2 V_2}{T_2}$$

(1 → 초기   2 → 최종)

$$V_2 = V_1 \times \frac{T_2}{T_1} \times \frac{P_1}{P_2}$$

$$P_2 = P_1 \times \frac{V_1}{V_2} \times \frac{T_2}{T_1}$$

> **Reference** | 배출가스의 밀도(r)
>
> $$r = r_0 \times \frac{273}{273 + T} \times \frac{P_a}{760}$$
>
> 여기서, r_0 : 0℃, 1기압(760 mmHg)로 환산한 밀도
> P_a : 배출가스 정압
> T : 배출가스 절대온도

필수 문제

01 0℃, 1 atm 에서 질소산화물 50 L 는 150℃, 740 mmHg 에서 부피가 얼마인가?

[풀이]
$$\frac{P_1 V_1}{T_1} = \frac{P_2 V_2}{T_2}$$

$$V_2 = V_1 \times \frac{T_2}{T_1} \times \frac{P_1}{P_2} = 50\,L \times \left(\frac{273+150}{273}\right) \times \left(\frac{760}{740}\right) = 79.57\,L$$

필수 문제

02 표준상태에서 A시료의 체적은 51 Nm³ 이다. 25 ℃ 820 mmHg 에서의 체적(m³)은?

[풀이]
$$\frac{P_1 V_1}{T_1} = \frac{P_2 V_2}{T_2}$$

$$V_2 = V_1 \times \frac{T_2}{T_1} \times \frac{P_1}{P_2} = 51\,\text{Nm}^3 \times \left(\frac{273+25℃}{273+0℃}\right) \times \left(\frac{760}{820}\right) = 51.59\,\text{m}^3$$

(4) 이상기체 방정식

보일, 샤를, 아보가드로 법칙을 결합하여 유래한 방정식이다.

$$PV = nRT$$

여기서, P : 가스의 압력
V : 가스의 부피
n : 몰수 $= \left(\dfrac{m}{M} = \dfrac{\text{가스의 질량}}{\text{가스의 분자량}}\right)$
R : 기체상수 $= \dfrac{PV}{nT} = \dfrac{(1\,\text{atm}) \times (22.414\,\text{L})}{(1\,\text{mol}) \times (273.15\,\text{K})}$
　　　　　$= 0.082057\,\text{L} \cdot \text{atm/mole} \cdot \text{K}$
　　　　　$= 8.314\,\text{J/mol} \cdot \text{K}$
　　　　　$= 1.987\,\text{cal/mol} \cdot \text{K}$
T : 가스의 절대온도

$$\rho = \frac{m}{V} = \frac{PM}{RT}$$

여기서, ρ : 기체의 밀도

$$M = \frac{mRT}{PV} = \frac{\rho RT}{P}$$

여기서, M : 기체(가스)의 물질량(분자량)

필수 문제

01 20℃, 대기압 상태에서 이산화탄소의 밀도(kg/m³)는?

풀이
$$\rho = \frac{PM}{RT}$$
$$= \frac{1 \text{ atm} \times 44 \text{ g/mol} \times \text{kg}/1{,}000 \text{ g}}{(0.082057 \text{ L} \cdot \text{atm/mole} \cdot \text{K}) \times (273 + 20)\text{K} \times \text{m}^3/1{,}000 \text{ L}} = 1.83 \text{ kg/m}^3$$

필수 문제

02 온도 및 압력이 각각 40℃, 750 mmHg 일 때 NO_2 200 g 이 차지하는 부피(L)를 구하시오.

풀이
$$PV = \frac{m}{M}RT$$
$$V = \frac{m}{M} \times \frac{RT}{P}$$
$$= \frac{200 \text{ g}}{46 \text{ g}} \times \frac{(0.082057 \text{ L} \cdot \text{atm/mole} \cdot \text{K}) \times (273 + 40)\text{K}}{750 \text{ mmHg} \times (1 \text{ atm}/760 \text{ mmHg})} = 113.16 \text{ L}$$

> **Reference | 라울(Raoult)의 법칙**
>
> ① 정의
> 여러 성분이 있는 용액에서 증기가 나올 때 증기의 각 성분의 부분압은 용액의 분압과 평형을 이룬다는 법칙
> ② 예
> 휘발성인 에탄올을 물에 녹인 용액의 증기압은 물의 증기압보다 높다. 그러나 비휘발성인 설탕을 물에 녹인 용액인 설탕물의 증기압은 물의 증기압보다 낮다.

필수 문제

03 배출가스의 온도가 150℃이고 음압(-)이 120 mmH$_2$O 일 때 배출가스의 밀도(kg/m^3)는?(단, 표준상태에서 배출가스의 밀도는 1.29 kg/m^{3}이고 대기압은 1 atm)

$$r = r_0 \times \frac{273}{273+T} \times \frac{P_a}{760}$$
$$= 1.29 \times \frac{273}{273+150} \times \frac{760-(120/13.6)}{760} = 0.82 \text{kg/m}^3$$
[Note : 1 mmHg = 13.6 mmH$_2$O]

> **학습 Point**
>
> 보일·샤를의 법칙 관련식 숙지

07 잠열 및 현열

(1) 잠열

1) 정의
온도의 변화는 없고 다만 물질의 상태변화 시에만 소요되는 열량이다.

2) 종류
① 융해열
　㉠ 0℃의 얼음이 0℃의 물로 되려면 80 cal/g의 열량이 필요한데, 이 열량을 융해열이라 한다.
　㉡ 일정한 온도에서 1mol의 고체를 액체로 만들기 위해 필요한 에너지를 말한다.
　　(얼음의 융해열 : 6.0kJ/mol=80kcal/kg)
② 증발잠열(기화열)
　㉠ 100℃의 포화수가 100℃의 건조증기로 되려면 539 cal/g의 열량이 필요한데, 이 열량을 기화열이라 한다.
　㉡ 일정한 온도에서 1mol의 액체를 기체로 만들기 위해 필요한 에너지를 말한다.
　　(물의 기화열 : 40.7kJ/mol=539kcal/kg)

(2) 현열

1) 정의
물질에 의하여 흡수 또는 방출된 열이 물질의 상태변화에는 사용되지 않고 온도변화(온도상승)로만 나타나는 열량이다. 즉, 물질의 상태변화 없이 어떤 물질의 온도변화에 따른 소요 열량이다.

2) 관련식

$$Q(kcal) = 질량(kg) \times 정압비열(kcal/kg \cdot ℃) \times 온도차(℃)$$

여기서, Q : 현열(소요열량 의미)

필수 문제

01 0℃일 때 물의 융해열과 100℃일 때 물의 기화열을 합한 열량(kcal/kg)은?

> **풀이**
> 융해열(0℃ 얼음이 0℃의 물로 될 때 필요한 열량) : 80 kcal/kg
> 기화열(100℃ 포화수가 100℃의 건조증기로 될 때 필요한 열량) : 539 kcal/kg
> 총열량 = 80 + 539 = 619 kcal/kg

🔍 Reference | 슈미트 수(Schmidt Number)

① 슈미트 수는 물체 표면에 형성되는 경계층 내의 물질이동과 상관관계를 나타내는 무차원수이다.
② 일반적인 유체에서의 슈미트 수는 수백 정도를 나타낸다.
③ 슈미트 수는 유체 고유의 성질에 의해 정해지며 기체나 액체 모두 마찬가지로 임계점 근방을 제외하고는 압력과 관계없이 주로 온도에 의해 변화하는데 기체일 경우에는 그 변화폭이 아주 미소하다.
④ 관련식

$$S_n = \frac{\mu}{\rho D} = \frac{운동량의\ 확산속도}{물질의\ 확산속도}$$

여기서, S_n : 슈미트 수
 μ : 유체의 점성계수
 ρ : 유체의 밀도
 D : 물질분자의 확산계수[열전도에서(프란틀 수 : Prandtl Number)에 해당]

🔍 Reference | 루이스 수(Lewis Number)

① 루이스 수는 물질 이동과 열 이동의 상관관계를 나타내는 무차원수이다.
② 온도의 확산속도에 대한 물질의 확산속도의 비를 의미한다.
③ 관련식

$$L_e = \frac{hc}{D \cdot AB} = \frac{온도의\ 확산속도}{물질의\ 확산속도}$$

여기서, L_e : 루이스 수
 hc : 열확산도
 D : 물질(질량)의 확산속도
 A, B : 성분

08 비중 및 밀도

(1) 비중
① 비중은 임의의 온도에서 부피를 갖는 기준물질의 질량과 기준물질과 동일 부피의 어떤 물질의 질량비를 의미하며 대기환경 관점에서는 공기의 분자량을 기준으로 하여 그 해당 기체가 몇 배 더 무거운가로 표시하거나 공기밀도에 대하여 몇 배 더 큰 비인가로 표시한다.
② 비중의 단위는 무차원이다.

(2) 밀도
① 단위체적당 유체의 질량을 밀도라 한다.
② 관련식

$$\text{밀도}(\rho) = \frac{\text{질량}(kg)}{\text{체적}(m^3)}$$

(3) 비중량
① 단위체적당 유체의 중량(무게)을 비중량이라 한다.
② 관련식

$$\text{비중량}(\gamma) = \frac{\text{중량}(kg)}{\text{체적}(m^3)} = \frac{m \cdot g}{V} = \rho \cdot g$$

여기서, $kg/m^3 = kg_f/m^3 = kg$중$/m^3$

(4) 비체적
① 단위 질량의 체적으로, 밀도의 역수를 비체적이라 한다.
② 관련식

$$\text{비체적}(V_s) = \frac{\text{체적}(m^3)}{\text{질량}(kg)} = \frac{1}{\rho}$$

09 점성

(1) 점도(점성도 : 점성계수)

① 점성은 유체분자 상호 간에 작용하는 분자응집력과 인접유체층 간의 분자운동에 의하여 생기는 운동량 수송에 기인한다.
② 유체가 흐르며 분자들 간 상대적인 운동을 할 경우 층과 층 사이에 마찰저항이 발생하는데 이를 점도 또는 점성도라 하며 액체의 점도는 기체에 비해 아주 크며, 대개 분자량이 증가하면 함께 증가한다.
③ 온도가 증가하면 대개 액체의 점도는 감소하고, 기체의 점도는 상승한다.
④ 온도에 따른 액체의 운동점도(kinematic viscosity)의 변화폭은 절대점도의 경우보다 좁다.
⑤ 액체의 점성계수는 주로 분자응집력에 의하므로 온도의 상승에 따라 낮아진다.
⑥ 점성계수는 온도에 의해 영향을 받지만 압력과 습도에는 거의 영향을 받지 않는다.
⑦ Hagen의 점성법칙에서 점성의 결과로 생기는 전단응력은 유체의 속도구배에 비례한다.

(2) 점성(점도)의 단위

① 푸아즈(Poise)가 사용된다.
② 1 poise = 1 g/cm · sec[cgs단위] = 10^{-1} kg/m · sec [mks단위]
③ 1 poise의 1/100을 Centi-Poise[CP]라고 한다. 즉, 1 CP = 10^{-2} g/cm · sec

(3) 동점도(동점성계수)

① 유체의 점도(점성계수)를 그의 밀도로 나눈 값을 의미한다.
② 단위로는 Stokes(cm²/sec)가 쓰이며 이것의 1/100을 Centistokes[CS]라 한다.
③ 관련식

$$\text{동점성계수}(V) = \frac{\text{점성계수}}{\text{유체밀도}}$$

필수 문제

01 1 Centi-Poise 를 kg/m·sec 로 나타내시오.

> **풀이** 1 CP = 0.01 g/cm·sec × 1 kg/1,000 g × 100 cm/1 m = 0.001 kg/m·sec

연소공학

01 연소이론

(1) 연소의 정의
① 연소는 연료 중 가연성 물질(C.H.S)이 산소와 반응하여 열, 빛, 이산화탄소, 수증기를 급속히 발생시키는 산화현상이다.
② 연소는 많은 열을 수반하는 발열화학 반응이다.
③ 연소는 고속의 발열반응으로 일반적으로 빛을 수반하는 현상의 총칭이다.

(2) 연소의 3요소 : 연소의 조건
1) 가연성(가연성 물질)
   ① 개요
      산화되기 쉬운 물질을 의미하며 가연성 물질을 산화시키는 대표적 물질로는 산소, 산화질소, 할로겐계 물질 등이 있다.
   ② 가연물 구비조건
      ㉠ 반응열(발열량)이 클 것
      ㉡ 열전도율이 낮을 것
      ㉢ 활성화 에너지가 작을 것
      ㉣ 산소와 친화력이 우수할 것
      ㉤ 연소접촉 표면적이 클 것
      ㉥ 연쇄반응을 일으킬 수 있을 것
      ㉦ 흡열반응을 일으키지 않을 것
      ㉧ 화학적으로 활성이 강할 것

> **Reference | 활성화에너지**
> 화학반응을 일으키기 위해 필요로 하는 최소한의 에너지를 의미한다.

2) 산소공급원
   ① 공기　　　　　　　　　　② 산소

3) 점화원(열원)
   ① 정의
      연소를 위해 연료물질에 활성화에너지를 주는 물질(고온, 열)을 의미한다.
   ② 화기
      ㉠ 전기 불꽃　　　　　　㉡ 정전기 불꽃
      ㉢ 마찰 불꽃　　　　　　㉣ 단열압축에 의한 열

> **Reference | 가연한계**
> ① 일반적으로 가연한계는 산화제 중의 산소분율이 커지면 넓어진다.
> ② 파라핀계 탄화수소의 가연범위는 비교적 좁다.
> ③ 기체연료는 압력이 증가할수록 가연한계가 넓어지는 경향이 있다.
> ④ 혼합기체의 온도를 높게 하면 가연범위는 넓어진다.

(3) 완전연소

1) 정의

   산소가 충분한 상태에서 가연성 물질을 다시 연소시킬 수 없는 상태로 완전히 산화되는 연소로 연소 후 발생되는 물질 중에서 가연성분이 없는 연소를 의미하며, 연소장치에서의 완전연소 여부는 배출가스의 분석결과로 판정할 수 있다.

2) 완전연소 반응식의 예

   $C + O_2 \rightarrow CO_2 + 97,000 \text{ kcal/mol}$

   $H_2 + \dfrac{1}{2} O_2 \rightarrow H_2O + 68,000 \text{ kcal/mol}$

   $S + O_2 \rightarrow SO_2 + 79,000 \text{ kcal/mol}$

3) 완전연소 구비조건 : 3 T
   ① 온도(Temperature)
      연료를 인화점 이상 예열하기 위한 충분한 온도

② 시간(Time)
  완전연소를 위한 충분한 체류시간
③ 혼합(Turbulence)
  연료와 공기의 충분한 혼합
④ 기타
  ㉠ 충분한 연소실 용적
  ㉡ 공기의 충분한 공급

필수 문제

01 CO_2 50 kg을 표준상태에서의 부피(m^3)로 나타내시오.(단, CO_2 이상기체, 표준상태로 간주)

풀이 부피(m^3) = $50\,kg \times \dfrac{22.4\,m^3}{44\,kg}$ = $25.45\,m^3$

(4) 불완전연소

1) 정의

가연성 물질이 연소한 후 생성되는 생성물이 재연소 가능한 형태로 배출되는 연소를 의미한다.

2) 불완전연소 반응식의 예

$C + \dfrac{1}{2}O_2 \rightarrow CO + 29{,}000\,kcal/mol$

🔎 Reference

① 정상연소
  연소에 필요한 산소가 일정 속도로 공급되어 일정한 속도로 진행되는 연소
② 비정상 연소
  연소가 폭발과 같이 일정한 속도로 진행되지 않는 연소

3) 불완전연소의 발생원인
   ① 산소공급원이 부족한 경우
   ② 주위 온도 및 연소실 온도가 너무 낮은 경우
   ③ 연료 조성이 적당하지 않은 경우
   ④ 연소기구 형태가 적합하지 않은 경우
   ⑤ 환기 및 배기가 충분하지 않은 경우
   ⑥ 불꽃이 냉각된 경우

(5) 착화온도(착화점, 발화점, 발화온도)

1) 정의
   가연성 물질이 점화원 없이 주위의 축적된 산화열에 의하여 연소를 일으키는 최저 온도이며, 착화온도(발화점)가 낮은 물질일수록 위험성이 크다.

2) 인화점과 비교
   ① 발화점과 인화점은 서로 아무런 관계가 없다.
   ② 발화점은 일반적으로 인화점보다 수백 ℃씩 높은 온도를 나타낸다.
   ③

	발화점	인화점
점화원	없음	있음
필요인자	물질농도 및 에너지	물질농도
연소 System	밀폐계(외부에서 가열)	개방계(국부적 열원에 의한 발화현상)

3) 착화온도(착화점)가 낮아지는 조건
   ① 동질물질인 경우 화학적으로 발열량이 클수록
   ② 화학결합의 활성도가 클수록(반응활성도가 클수록)
   ③ 공기 중의 산소농도 및 압력이 높을수록
   ④ 분자구조가 복잡할수록(분자량이 클수록)
   ⑤ 비표면적이 클수록
   ⑥ 열전도율이 낮을수록
   ⑦ 석탄의 탄화도가 작을수록
   ⑧ 공기압, 가스압 및 습도가 낮을수록
   ⑨ 활성화 에너지가 작을수록

> **Reference**
> ① 인화점
> 가연성 물질에 불씨(점화원)를 접촉 시 불이 붙는 최저온도이며 가연성 액체연료의 위험성을 나타내는 척도로 사용된다. 또한 인화점에서는 외부에서의 열을 제거하면 연소가 중단된다.
> ② 연소점
> 인화점보다 5~10℃ 높은 온도이며 점화원을 제거하더라도 계속하여 연소할 수 있는 온도이다.

4) 자연발화점
   ① 정의
      가연성 물질이 점진적으로 산화되면서 축적된 산화열이 발화되는 최저온도이다. 즉, 공기가 충분한 상태에서 연료를 일정 온도 이상으로 가열했을 때 외부에서 점화하지 않더라도 연료 자신의 연소열에 의해 연소가 일어나는 최저온도이다.
   ② 자연발화의 형태
      ㉠ 산화열에 의한 발화   ㉡ 분해열에 의한 발화
      ㉢ 흡착열에 의한 발화   ㉣ 미생물에 의한 발화
   ③ 자연발화의 충족조건
      ㉠ 주위 온도가 높을 것   ㉡ 열전도율이 낮을 것
      ㉢ 발열량이 클 것   ㉣ 비표면적이 넓을 것

5) 연료의 착화온도
   ① 고체연료
      ㉠ 코크스 : 500~600℃   ㉡ 무연탄 : 370~500℃
      ㉢ 목탄 : 320~400℃   ㉣ 역청탄 : 250~400℃
      ㉤ 갈탄 : 250~350℃, 갈탄(건조) : 250~400℃
   ② 액체연료
      ㉠ 경유 : 592℃   ㉡ B중유 : 530~580℃
      ㉢ A중유 : 530℃   ㉣ 휘발유 : 500~550℃
      ㉤ 등유 : 400~500℃
   ③ 기체연료
      ㉠ 도시가스 : 600~650℃ ㉡ 코크스 : 560℃
      ㉢ 수소가스 : 550℃   ㉣ 프로판가스 : 493℃

ⓜ LPG(석유가스) : 440~480℃   ⓗ 천연가스(주 : 메탄) : 650~750℃
ⓢ 발생로가스 : 700~800℃

> **Reference | 연소(화염)온도**
> ① 이론단열연소온도는 실제 연소온도보다 높다.
> ② 공기비를 크게 할수록 연소온도는 낮아진다.
> ③ 실제 연소온도는 연소로의 열손실에 영향을 받는다.
> ④ 평형단열연소온도는 이론단열연소온도와 같지 않다.

(6) 폭발

1) 정의
가연성 기체 또는 액체열의 발생속도가 열의 이동속도를 상회하는 현상으로 급격한 압력의 발생 또는 해방의 결과로 매우 빠르게 연소를 진행하여 파열되거나 팽창되어 매우 큰 파괴력을 일으키는 현상이다.

2) 폭발의 종류
① 화학적 폭발
폭발성 혼합가스의 점화 등으로 화학적 화합물의 치환 또는 반응에 의한 폭발현상
② 압력의 폭발
고압압력용기 폭발, 보일러 팽창탱크 폭발 등 기기장치에서 압력의 일시적 상승으로 인한 폭발
③ 분해폭발
가압에 의한 단일가스(아세틸렌, 산화에틸렌, 히드라진)가 분해하여 폭발
④ 중합폭발
중합반응(시안화수소, 단량체)에 의한 중합력에 의한 폭발
⑤ 촉매폭발
촉매(일광, 직사광선)에 의한 폭발
⑥ 분진폭발
분진인자(알루미늄, 마그네슘)의 충격 및 충돌에 의한 폭발

(7) 폭굉 (Detonation)

1) 정의
   ① 가스 중의 음속보다 화염전파속도가 큰 경우, 파면선단에 충격파(미기압파)라는 소용돌이 형태의 압력으로 격렬한 파괴작용이 일어나는데, 이를 폭굉이라 한다.
   ② 연소파의 전파속도가 음속을 초월하는 것으로 연소파의 진행에 앞서 충격파가 진행되어 심한 파괴작용을 동반한다.

2) 폭속 (폭굉속도)
   1,000~3,500 m/sec (정상연소속도 : 0.03(1)~10 m/sec)

3) 폭굉온도 및 압력
   ① 온도 : 250~500 ℃
   ② 압력 : 50 atm

4) 폭굉유도거리 (Detonation Inducement Distance)
   ① 정의
      최초의 정상적인(완만한) 연소상태에서 격렬한 폭굉으로 진행할 때까지의 거리를 말한다.
   ② 폭굉유도거리가 짧아지는 요건
      ㉠ 정상의 연소속도가 큰 혼합가스일수록
      ㉡ 관 속에 방해물이 있거나 관내경이 작을수록
      ㉢ 압력이 높을수록
      ㉣ 점화원의 에너지가 강할수록

(8) 가스의 폭발범위

1) 폭발범위
   ① 가연성 가스가 공기 중에 존재할 때 폭발할 수 있는 농도의 범위를 부피(%)로 나타내고 농도가 높은 쪽을 폭발상한계, 농도가 낮은 쪽을 폭발하한계로 표현한다.
   ② 폭발한계 농도 이하에서는 폭발성 혼합가스를 생성하기 어렵다.

2) 가연성 가스의 폭발범위에 따른 위험도 증가 요인
① 폭발하한농도가 낮을수록 위험도 증가
② 폭발상한과 폭발하한의 차이가 클수록 위험도 증가
③ 가스온도가 높고 압력이 클수록 폭발범위 증가
④ 폭발한계농도 이하에서는 폭발성 혼합가스를 생성하기 어려움

3) 폭발범위와 압력의 관계
① 가스압력이 높을수록 발화온도는 낮아짐
② 가스압력이 높을수록 폭발범위는 커짐(하한값은 크게 변하지 않으나 상한값이 크게 커짐)
③ 수소의 경우는 10 atm(1 MPa) 정도까지는 폭발범위가 작아지고 그 이상 압력에서는 다시 점점 커짐
④ 일산화탄소(CO 또는 N_2, 공기 System) 경우는 압력이 높을수록 폭발범위가 작아짐
⑤ 가스의 압력이 대기압 이하로 낮아지는 경우는 폭발범위가 작아짐
⑥ 연소물질 중 Mist 성분이 포함되어 있으면 폭발범위는 현저히 커짐

4) 가스의 위험도(H)
① 개요
  ㉠ 폭발범위를 하한계 값으로 나눈 것이며 가연성 가스의 위험 정도를 판단하는 데 목적이 있다.
  ㉡ 가스의 위험도 값이 클 경우 폭발(연소)하기 쉬운 가스이다.

② 관련식

$$H = \frac{U-L}{L}$$

여기서, H : 위험도
U : 폭발상한계값(%)
L : 폭발하한계값(%)

5) 르샤틀리에(Le Chatelier) 법칙
   ① 개요
      ㉠ 혼합가스의 폭발범위를 구하는 식으로 점화원에 의해 폭발을 일으킬 수 있는 혼합가스 중의 가연성 가스의 부피(%)를 의미한다.
      ㉡ 열역학적인 평형이동에 관한 원리로서 평형상태에 있는 물질계의 온도, 압력을 변화시키면 그 변화를 감소시키는 방향으로 반응이 진행되어 새로운 평형에 도달한다는 의미가 있다.
   ② 관련식

$$\frac{100}{L} = \frac{V_1}{L_1} + \frac{V_2}{L_2} + \cdots\cdots + \frac{V_n}{L_n}$$

여기서, L : 혼합가스 폭발한계치(하한계, 상한계)
$L_1,\ L_2,\ L_n$: 각 성분가스의 단독 폭발한계치(하한계, 상한계)
$V_1,\ V_2,\ V_n$: 각 성분가스의 부피 분포 비율(%)

$$L = \frac{100}{\frac{V_1}{L_1} + \frac{V_2}{L_2} + \cdots\cdots + \frac{V_n}{L_n}}$$

필수 문제

01 아래의 조성을 가진 혼합기체의 하한 연소범위(%)는?

성분	조성(%)	하한 연소범위(%)
메탄	80	5.0
에탄	15	3.0
프로판	4	2.1
부탄	1	1.5

풀이

$$\frac{100}{LEL} = \frac{V_1}{L_1} + \frac{V_2}{L_2} + \frac{V_3}{L_3} + \frac{V_4}{L_4} = \frac{80}{5.0} + \frac{15}{3.0} + \frac{4}{2.1} + \frac{1}{1.5}$$

$$LEL = 4.24(\%)$$

필수 문제

02 CH_4 30%, C_2H_6 30%, C_3H_8 40%인 혼합가스의 폭발범위는?(단, CH_4 폭발범위 5~15%, C_2H_6 폭발범위 3~12.5%, C_3H_8 폭발범위 2.1~9.5% 르샤틀리에의 식 이용)

풀이

폭발하한치(LEL)

$$\frac{100}{LEL} = \frac{30}{5} + \frac{30}{3} + \frac{40}{2.1}$$

$$LEL = 2.85\%$$

폭발상한치(UEL)

$$\frac{100}{UEL} = \frac{30}{15} + \frac{30}{12.5} + \frac{40}{9.5}$$

$$UEL = 11.61\%$$

폭발범위 : 2.85~11.61%

Reference | 각 가스의 폭발한계값(상온, 1atm)

가스	폭발하한치(%)	폭발상한치(%)
일산화탄소(CO)	12.5	74.0
수소(H_2)	4.0	75.0
메탄(CH_4)	5.0	15.0
아세틸렌(C_2H_2)	2.5	81.0
에틸렌(C_2H_4)	2.7	36.0
에탄(C_2H_6)	3.0	12.4
프로필렌(C_3H_6)	2.2	9.7
프로판(C_3H_8)	2.1	9.5
부틸렌(C_4H_8)	1.7	9.9
부탄(C_4H_{10})	1.8	8.5

(9) 불활성화

1) 최소산소농도 (MOC ; Minimum Oxygen Concentration)
   ① 개요
   화염을 전파하기 위해 요구되는 최소한의 산소농도를 의미하며 폭발방지에 유용한 기준이다.
   ② 관련식

$$MOC = 연소(폭발)하한치 \times \frac{O_2의\ 몰수}{연료의\ 몰수}$$

필수 문제

01 Propane의 최소산소농도(MOC)는?(단, Propane의 폭발하한계는 2.1 Vol%이다.)

> **풀이** $MOC = 폭발하한치 \times \dfrac{O_2\ 몰수}{연료\ 몰수}$
>
> 탄화수소의 연소반응식
>
> $C_mH_n + \left(m + \dfrac{n}{4}\right)O_2 \rightarrow mCO_2 + \left(\dfrac{n}{2}\right)H_2O$
>
> $C_3H_8 + 5O_2 \rightarrow 3CO_2 + 4H_2O$
>
> $= 2.1 \times \dfrac{5}{1} = 10.5\%$

(10) 탄화도

1) 개요
    ① 석탄의 성분이 변화되는 진행 정도, 즉 석탄이 탄화되는 정도를 나타내는 지수로 석탄의 탄화도가 저하하면 탄화수소가 감소하여 수분과 이산화탄소가 증가하여 발열량은 낮아진다.
    ② 석탄 탄화작용이 진행됨에 따라 고정탄소는 증가, 휘발성분은 감소한다.
    ③ 고정탄소에 대한 휘발분의 비율(고정탄소/휘발분)을 연료비라 하며 석탄의 탄화 정도를 나타내는 지수이다.
    ④ 탄화도가 증가하면 산소의 농도가 감소한다.
    ⑤ 가장 양질의 연료가 탄화도가 높다.

2) 탄화도의 크기

> 무연탄 > 역청탄(유연탄) > 갈탄 > 이탄 > 목재

3) 탄화도가 높아질 경우 나타나는 현상
    ① 착화온도가 높아진다.
    ② 고정탄소가 증가한다.
    ③ 발열량이 높아진다.
    ④ 연료비[고정탄소(%)/휘발분(%)]가 증가한다.
    ⑤ 연소속도가 늦어진다.
    ⑥ 수분 및 휘발분이 감소한다.
    ⑦ 비열이 감소한다.
    ⑧ 산소의 양이 감소한다.
    ⑨ 매연발생률이 감소한다.

(11) 연소속도

1) 개요
연소속도는 연료가 착화되면서 나타나는 연소반응의 빠르기를 의미하며, 연소속도가 급격하게 진행할 때를 폭발이라 한다.

2) 특징
① 기체연료의 연소속도는 가연물(연료)과 산소의 혼합물 초기농도가 높아질수록 증가한다.
② 연료의 연소 시 CO_2, H_2O, N_2 등의 연소생성물의 농도가 높아지면 연소속도는 감소된다.

3) 연소속도를 지배하는 요인
① 공기 중의 산소의 확산속도(분무시스템의 확산)
② 연료용 공기 중의 산소농도
③ 반응계의 온도 및 농도(반응계 : 가연물 및 산소)
④ 활성화에너지
⑤ 산소와의 혼합비
⑥ 촉매

4) 가연물질의 연소속도

물질	수소	아세틸렌	프로판 및 일산화탄소	메탄
연소속도 (cm/sec)	290	150	43	37

(12) 화학적 반응속도론(연소반응속도론)

1) 화학반응속도
   ① 화학반응속도는 반응물이 화학반응을 통하여 생성물을 형성할 때 단위시간당 반응물이나 생성물의 농도변화를 의미한다.
   ② 반응시간이 경과함에 따라 반응물은 점점 작아지므로 (-)가 되고, 생성물은 시간이 경과함에 따라 생성량이 많아져 (+)가 된다.
   ③ 화학반응속도는 반응물, 생성물 중 어느 하나만 측정되면 구할 수 있다.
   ④ 일련의 연쇄반응에서 반응속도가 가장 늦은 반응단계를 속도결정단계라 한다.
   ⑤ 반응의 활성화 에너지가 클수록 반응속도는 느려진다.
   ⑥ 반응속도상수, 온도, 반응의 차수(0차, 1차, 2차)가 클수록 반응속도는 빨라진다.
   ⑦ 반응속도식은 온도와 가연성 물질 농도에 의존한다.

2) 일반적 화학반응식

$$\frac{dc}{dt} = -k \cdot c^n$$

여기서, k : 반응계수(속도상수)
n : 반응차수(0차, 1차, 2차)
c : 반응물질의 농도

3) 0차 반응(Zero Order Reaction)
   ① 개요
      ㉠ 반응물의 농도를 무제한 증가할지라도 반응속도에는 영향을 미치지 않는 반응을 0차 반응이라 한다.
      ㉡ 반응속도가 반응물의 농도에 영향을 받지 않는, 즉 농도에 무관한 반응을 의미하며 시간에 대한 농도변화는 그래프상 직선으로 표현된다.
   ② 관련식

$$C_t = -kt + C_0$$

여기서, C_t : t시간 후 남은 반응물의 농도
k : 0차 반응의 속도상수(mol/L·hr)
C_0 : 초기($t=0$)에서의 반응물의 농도

$$x = kt$$

여기서, x : t시간 후 반응한 농도

$$\text{반감기} = a/2K$$

여기서, a : 초기($t=0$) 반응물의 농도

4) 1차 반응(First Order Reaction)
① 개요
반응속도가 반응물의 농도에 비례하여 진행되는 반응이며 시간에 대한 농도변화는 그래프상 직선이 아닌 곡선으로 표현된다.(단, 시간에 대한 농도의 대수로 표현하면 직선이 됨)

② 관련식

$$C_t = C_0 e^{-k \cdot t}$$

여기서, C_t : t시간 후 남은 반응물의 농도
C_0 : 초기($t=0$) 반응물의 농도
k : 1차 반응의 속도상수(hr^{-1}, 1/hr)

$$\ln\left(\frac{C_t}{C_0}\right) = -kt$$

$$\text{반감기} = \frac{\ln 2}{K}$$

5) 2차 반응(Second Order Reaction)
① 개요
반응속도가 반응물의 농도제곱에 비례하여 진행하는 반응이며, 시간에 대한 농도의 역수로 표현하면 직선이 된다.
② 관련식

$$\frac{1}{C_t} - \frac{1}{C_0} = Kt$$

6) 반응속도상수와 온도
① 연료와 공기가 혼합된 상태에서는 균질반응을 하고, 균질반응속도는 Arrhenius 식으로 나타내며, 반응속도상수는 온도가 가장 중요한 인자이다.
② Arrhenius 법칙(반응속도상수를 온도의 함수로 나타낸 방정식)

$$K = Ae^{-\left(\frac{E_a}{RT}\right)}$$

여기서, K : 반응속도상수
A : Frequency Factor(빈도계수) 또는 Pre Exponential Factor
E_a : 활성화 에너지
T : 절대온도
R : 기체상수

$$\ln k = -\frac{E_a}{RT} + \ln A$$

위 식을 1에서 2까지 적분하면

$$\ln \frac{k_2}{k_1} = \frac{E_a}{R}\left(\frac{1}{T_1} - \frac{1}{T_2}\right)$$

$$\ln k = -\frac{E_a}{2.303R} \cdot \frac{1}{T} + \log A$$

7) 평형상수

① 화학평형

화학반응에서 정반응속도와 역반응속도가 같아, 즉 반응생성물의 농도와 역반응 생성물의 농도가 균형을 이루는 것을 의미한다.

② 관련식

$$aA + bB \underset{K_2}{\overset{K_1}{\rightleftharpoons}} cC + dD$$

$$Kc = \frac{[C]^c [D]^d}{[A]^a [B]^b}$$

여기서, Kc : 화학평형상수

$$Kc = \frac{K_1}{K_2}$$

K_1 : 정반응 속도상수
K_2 : 역반응 속도상수
$[A][B][C][D]$: 각 반응, 생성물의 농도

필수 문제

01 1,000초 동안 반응물의 1/2 이 분해되었다면 반응물이 1/250 이 남을 때까지는 얼마의 시간(sec)이 필요한가?(단, 1차 반응기준)

풀이
$$\ln \frac{C_t}{C_0} = -kt$$
$$k = -\frac{1}{t}\ln\left(\frac{C_t}{C_0}\right) = -\frac{1}{1,000}\ln\left(\frac{1/2}{1}\right) = 0.000693 \sec^{-1}$$
$$\ln\left(\frac{1/250}{1}\right) = -0.000693 \sec^{-1} \times t$$
$$t = 7,967.48 \sec$$

필수 문제

02 어떤 1차 반응에서 1,000 sec 동안 반응물의 1/2 이 분해되었다면 반응물의 1/10 이 남을 때까지의 시간(sec)은?

풀이
$$\ln\frac{C_t}{C_0} = -kt$$
$$k = -\frac{1}{t}\ln\left(\frac{C_t}{C_0}\right) = -\frac{1}{1,000}\ln\left(\frac{1/2}{1}\right) = 0.000693 \sec^{-1}$$
$$\ln\left(\frac{1/10}{1}\right) = -0.000693 \sec^{-1} \times t$$
$$t = 3,322.63 \sec$$

필수 문제

03 어떤 화학과정에서 반응물질을 25% 분해하는 데 41.3분 소요된다는 것을 알았다. 이 반응이 1차라고 가정할 때, 속도상수(S^{-1})는?

풀이
$$\ln\frac{C_t}{C_0} = -kt$$
$$\ln\left(\frac{0.75}{1}\right) = -k \times 41.3 \min \quad [\text{반응 후 생성물} = 100 - 25 = 75\%(0.75)]$$
$$k = 0.00697 \min^{-1} \times 1\min/60\sec = 0.0001161 S^{-1} (1.161 \times 10^{-4} S^{-1})$$

필수 문제

04 암모니아농도가 용적비로 215 ppm 인 실내공기를 송풍기로 환기시킬 때 실내용적이 4,040 m³ 이고, 송풍량이 111 m³/min 이면 농도를 11 ppm 으로 감소시키기 위한 시간은?

풀이
$$\ln\frac{C_t}{C_0} = -kt$$
$$k = \frac{\text{송풍량}}{\text{작업장용적}} = \frac{111 \text{m}^3/\min}{4,040 \text{m}^3} = 0.02747 \min^{-1}$$
$$\ln\left(\frac{11}{215}\right) = -0.02747 \times t$$
$$t = 108.22 \min$$

필수 문제

05 A→B+C의 연소반응식에 있어서 반응 개시 후 3분이 경과하였을 때 A의 농도는 몇 mol/L 인가?(단, 위 반응은 1차 반응(반응속도가 A농도로 1차로 비례)이며 속도상수 (K)는 $3.5 \times 10^{-1} \min^{-1}$, A의 초기농도는 12 mol/L)

풀이
$$\ln \frac{C_t}{C_0} = -kt$$
$$\ln\left(\frac{C_t}{12}\right) = (-3.5 \times 10^{-1}) \times 3$$
$$C_t = e[(-3.5 \times 10^{-1}) \times 3] \times 12 = 4.19 \text{ mol/L}$$

필수 문제

06 NH_3를 제조하는 작업장(10 m×100 m×10 m)에서 NH_3 10 kg 이 누출되어 전 작업장 내로 확산되었다. 이때 송풍능력 100 m³/min 의 송풍기를 사용하여 허용농도로 환기시키는 데 소요되는 시간(hr)은?

(단, $-\dfrac{d[A]}{dt} = K[A]$, NH_3 허용농도 25 ppm, 표준상태 기준)

풀이
$$\ln \frac{C_t}{C_0} = -kt$$

$$C_0 (NH_3 \text{ 농도}) = \frac{NH_3 \text{양}}{\text{작업장 용적}} \times 10^6$$

$$= \frac{10 \text{ kg} \times \dfrac{22.4 \text{ m}^3}{17 \text{ kg}}}{(10 \times 100 \times 10) \text{m}^3} \times 10^6 = 1,317.65 \text{ ppm}$$

$C_t = 25$ ppm

$$K = \frac{\text{송풍량}}{\text{작업장 용적}} = \frac{100 \text{ m}^3/\min}{(10 \times 100 \times 10) \text{m}^3} = 0.01 \min^{-1}$$

$$\ln\left(\frac{25}{1,317.65}\right) = -0.01 \times t$$

$t = 396.47 \min \times \text{hr}/60 \min = 6.61$ hr

07 창고에 화재가 발생하여 적재된 A화합물이 5분 동안에 1/2 이 소실되었다. 이 화합물의 90%가 소실되는 데 소요되는 시간(min)은?(단, 연소반응은 2차 반응으로 진행된다.)

풀이
$$\frac{1}{C_t} - \frac{1}{C_0} = kt$$
$$\frac{1}{0.5} - \frac{1}{1} = k \times 5, \ k = 0.2 \min^{-1}$$
$$\frac{1}{0.1} - \frac{1}{1} = 0.2 \min^{-1} \times t$$
$$t = 45 \min$$

08 A+B ⇌ C+D 반응에서 A와 B의 반응물질이 각각 1 mol/L 이고, C와 D의 생성물질이 각각 0.5 mol/L일 때, 평형상수 값을 구하시오.

풀이
평형상수(Kc)
$$Kc = \frac{[C][D]}{[A][B]} = \frac{[0.5][0.5]}{[0.5][0.5]} = 1$$
(생성물질 각 0.5 mol/L ⇒ 반응물질 각 0.5 mol/L 의미)

09 A(g) → 생성물 반응에서 그 반감기가 0.693/K 인 반응은 몇 차 반응인가?(단, k는 속도상수)

풀이
$$\ln\left(\frac{C_t}{C_0}\right) = -kt$$
$$\ln 0.5 = -k \times t$$
$t = 0.693/K$이므로 1차 반응

필수 문제

10 1,000K에서 아래 반응식 (a), (b) 각각의 평형상수 Kp_1, Kp_2는 아래와 같다. 아래 식을 이용하여 다음의 반응(c) $CO_2(g) \rightleftarrows CO(g) + 1/2O_2(g)$의 1,000K에서의 평형상수는?

(a) $H_2O(g) \rightleftarrows H_2(g) + 1/2O_2(g)$, $Kp_1 = 8.73 \times 10^{-11}$
(b) $CO_2(g) + H_2(g) \rightleftarrows H_2O(g) + CO(g)$, $Kp_2 = 7.29 \times 10^{-11}$

풀이

$H_2O \rightleftarrows H_2 + 1/2\,O_2$

$$Kp_1 = \frac{[H_2][O_2]^{\frac{1}{2}}}{[H_2O]} = 8.73 \times 10^{-11}$$

$$[O_2]^{\frac{1}{2}} = 8.73 \times 10^{-11} \times \frac{[H_2O]}{[H_2]}$$

$CO_2 + H_2 \rightleftarrows H_2O + CO$

$$Kp_2 = \frac{[H_2O][CO]}{[CO_2][H_2]} = 7.29 \times 10^{-11}$$

$$\frac{[CO]}{[CO_2]} = 7.29 \times 10^{-11} \times \frac{[H_2]}{[H_2O]}$$

$CO_2 \rightleftarrows CO + 1/2\,O_2$

$$Kc = \frac{[CO][O_2]^{\frac{1}{2}}}{[CO_2]}$$

$$= \frac{[CO]}{[CO_2]} \times [O_2]^{\frac{1}{2}}$$

$$= \left[7.29 \times 10^{-11} \times \frac{[H_2]}{[H_2O]}\right] \times \left[8.73 \times 10^{-11} \times \frac{[H_2O]}{[H_2]}\right] = 6.36 \times 10^{-21}$$

필수 문제

11 가우시안 확산모델을 이용하여 화력발전소에서 10 km 떨어지고, 평균풍속이 1 m/s인 주거지역의 SO_2농도를 계산하였더니 0.05 ppm 이었다. SO_2의 화학반응(1차 반응)을 고려한다면 주거지역의 SO_2 농도(ppm)는 얼마인가?(단, SO_2의 대기 중에서 반응속도상수는 $4.8 \times 10^{-5} s^{-1}$이고 1차 반응을 이용하여 계산할 것)

풀이

$$C_t = C_o \cdot e^{-(k \cdot t)}$$
$$t(\text{소요시간}) = \text{거리}/\text{속도} = 10{,}000\text{m}/(1\text{m/sec}) = 10{,}000\text{sec}$$
$$= 0.05 \times e^{-(4.8 \times 10^{-5} \times 10{,}000)} = 0.03\text{ppm}$$

필수 문제

12 어떤 0차 반응에서 반응을 시작하고 반응물의 1/2이 반응하는 데 30분이 걸렸다. 반응물의 90%가 반응하는 데 소요되는 시간(min)은?

풀이

$$C_t = -kt + C_o$$
$$C_t - C_o = -kt$$
$$-0.5 = -k \times 30\text{min}, \ k = 0.0167\text{min}^{-1}$$
$$0.9 = 0.0167 \times t$$
$$t = 53.89\text{min}$$

필수 문제

13 벤젠 소각 시 소각상수 k가 500℃에서 0.00011/s, 600℃에서 0.14/s일 때 벤젠소각에 필요한 활성화에너지(kcal/mol)는?(단, 벤젠의 연소반응은 1차 반응으로 가정, 속도상수 k는 Arrhenius식 이용)

풀이

$$\ln\frac{k_2}{k_1} = \frac{E_a}{R}\left(\frac{1}{T_1} - \frac{1}{T_2}\right)$$
$$\ln\frac{0.14}{0.00011} = \frac{E_a}{1.987}\left(\frac{1}{273+500} - \frac{1}{273+600}\right)$$
$$7.14 = 0.0000745 E_a$$
$$E_a = 95{,}838\text{cal/mol} \times \text{kcal}/1{,}000\text{cal} = 95.84\text{kcal/mol}$$

14 어떤 반응에서 0℃에서의 반응속도상수가 $0.001 s^{-1}$이고 100℃에서의 반응속도상수가 $0.05 s^{-1}$일 때 활성화에너지(kJ/mol)는?

[풀이]

$$K = Ae^{-\frac{E_a}{RT}}$$

$$\ln K = -\frac{E_a}{RT} + \ln A$$

$$\ln \frac{k_2}{k_1} = \frac{E_a}{R}\left(\frac{1}{T_1} - \frac{1}{T_2}\right)$$

$$\ln \frac{0.05}{0.001} = \frac{E_a}{8.314}\left(\frac{1}{273+0} - \frac{1}{273+100}\right)$$

$$3.912 = 0.0001181 E_a$$

$$E_a = 33,124 \,\text{J/mole} \times \text{kJ}/1,000\,\text{J}$$

$$\quad\quad = 33.12 \,\text{kJ/mol}$$

Reference | 너셀 수(Nusselt Number ; Nu)

① 전도열 이동속도에 대한 대류열 이동속도의 비
② 강제대류 열전달에서 Nu가 클수록 대류열전달이 활발함
③ 관계식
$$Nu = \frac{hL}{k} = \frac{대류계수}{전도계수}$$

학습 Point

① 가연물 구비조건 내용 숙지
② 착화온도 낮아지는 조건 내용 숙지
③ 폭굉유도거리 내용 숙지
④ 르샤틀리에 법칙 관련식 숙지
⑤ 탄화도가 높을 경우 나타나는 현상 내용 숙지
⑥ 1차 반응 관련식 숙지

02 연소형태

가연물의 종류에 따른 연소형태 종류

연료	연소형태(연소방식)
기체 연료	예혼합연소(Premixed Burning) 확산연소(Diffusive Burning) 부분예혼합연소(Semi-Premixed Burning)
액체 연료	증발연소(Evaporating Combustion) 분무연소(Spray Burning) 액면연소(Pool Burning) 등심연소(Wick Combustion) : 심화연소
고체 연료	증발연소(Evaporating Combustion) 분해연소(Decomposing Combustion) 표면연소(Surface Combustion) 자기연소(내부연소)

(1) 확산연소법

1) 정의

가연성 연료와 외부공기가 서로 확산에 의해 혼합하면서 화염을 형성하는 연소형태, 즉 연료를 버너노즐로부터 분리시켜 외부공기와 일정속도로 혼합하여 연소하는 방법이다.(버너 내에서 공기와 혼합시키지 않고 버너노즐에서 연료가스를 분사하고 연료와 공기를 일정속도로 혼합하여 연소)

2) 특징

① 연소용 공기와 기체연료(가스)를 예열할 수 있다.
② 붉고 화염이 길다.
③ 그을음이 발생하기 쉽다.(연료분출속도가 큰 경우)
④ 역화(Back Fire)의 위험이 없다.
⑤ 주로 탄화수소가 적은 발생로가스, 고로가스 등에 적용되는 연소방식이다. 천연가스에도 사용될 수 있다.

3) 확산연소에 사용되는 버너의 종류
    ① 포트형(기체연료와 공기를 동시에 고온으로 예열 가능)
    ② 버너형

4) 확산화염의 형태
    ① 자연분류 확산화염
        화염이 버너로부터 정지상태에 있는 공기 내에 분출되어 연료분류의 계면에 형성
    ② 동축류 확산화염
        화염이 버너 연료와 공기류가 같은 축에 분출되어 연료류의 계면에 형성
    ③ 대향류 확산화염
        화염이 대항하는 연료와 공기류의 분리점 부근에 형성
    ④ 대향류 분류화염
        화염이 공기류에 대항하여 분출된 연료분류의 계면에 형성

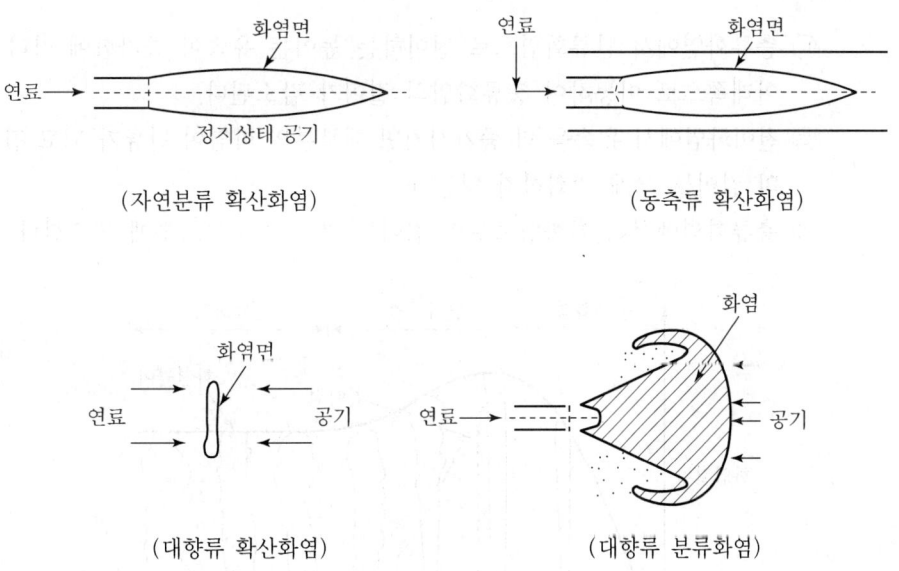

[확산화염의 형태]

5) 분류확산화염
   ① 개요
   동축류 확산화염 중 연료류의 속도가 주위의 공기류 속도보다 빠른 화염 및 자유분류 확산화염을 합하여 분류확산화염이라 한다.
   ② 특징
   ㉠ 분류속도가 작은(느린) 영역에서는 화염의 표면이 매끈한 층류화염이 형성되며, 이 층류화염의 길이는 버너 구경의 제곱과 연료의 유속에 비례하여 증가한다.

   $$x_f \propto \frac{d^2 \cdot V_{fu}}{D_f}$$

   여기서, x_f : 화염의 길이
   d^2 : 버너의 구경
   V_{fu} : 연료의 유속
   D_f : 연료의 확산계수

   ㉡ 층류화염에서 난류화염으로 전이하는 높이는 유속이 증가함에 따라 급속히 아래쪽으로 이동하여 층류화염의 길이가 감소된다.
   ㉢ 천이화염에서 유속을 더 증가시키면 대부분의 화염이 난류가 되고 전체 화염의 길이는 크게 변화하지 않는다.
   ㉣ 층류화염에서 난류화염으로의 전이는 분류 레이놀드수에 의존한다.

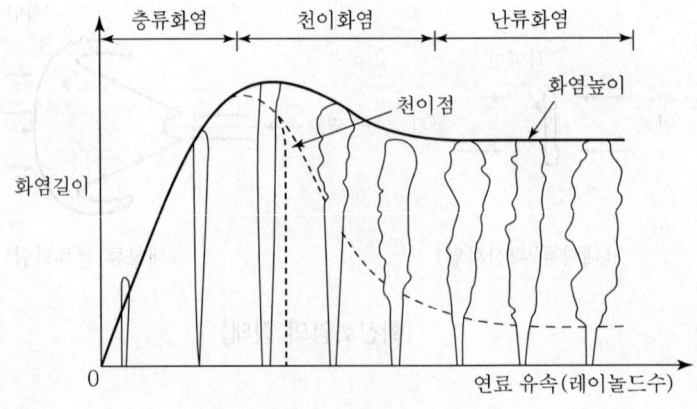

[분류확산화염의 변화]

(2) 예혼합연소법

1) 정의
① 기체연료가 공기와 미리 혼합된 상태에서 버너에 의해 연소실 내에 분출시켜서 연소가 이루어지는 방법으로 연소효율이 100%까지도 가능하다.
② 연소기 내부에서 연료와 공기의 혼합비가 변하지 않고 균일하게 연소가 가능하다.

2) 특징
① 화염온도가 높아 연소부하가 큰 경우에 사용이 가능하다.
② 혼합기의 분출속도가 느릴 경우 역화의 위험이 있어 역화방지기를 부착해야 한다.(기체연료의 연소방법 중 역화위험이 가장 큼)
③ 연소조절이 쉽다.(연료와 공기의 혼합비가 일정하여 균일하게 연소됨)
④ 난류가 생성되므로 화염이 짧고, 완전연소로 인한 그을음 생성량은 적다.
⑤ 예혼합연소에 사용되는 고압버너는 기체연료의 압력을 $2kg/cm^2$ 이상으로 공급하므로 연소실 내의 압력은 정압이다.

3) 공기의 양에 따른 버너의 종류
① 전1차식   ② 분젠식   ③ 세미분젠식

> **Reference | 역화(Back Fire)의 원인**
>
> 역화현상은 가스노즐 분출속도가 연소속도보다 느리게 되면 화염이 버너 내부에서 연소하는 현상이다.
>
> ① 1차 공기가 과대한 경우
> ② 버너 노즐부의 과열로 인하여 연소속도가 증가한 경우
> ③ 염공이 확대된 경우
> ④ 분출가스압이 저하된 경우
> ⑤ 인화점이 낮은 연료 및 유류성분 중 물, 이물질이 포함된 경우
> ⑥ 점화시간 지연 및 압력이 과대한 경우

> **Reference | 부분예혼합연소(절충식 연소방법)**
>
> ① 연소용 공기의 일부를 미리 연료와 혼합하고, 나머지 공기는 연소실 내에서 혼합하여 확산 연소시키는 방식으로 소형 또는 중형 버너로 사용되는 기체연료의 연소방식이다.
> ② 소형 또는 중형 버너로 널리 사용되며, 기체연료 또는 공기의 분출속도에 의해 생기는 흡인력을 이용하여 공기 또는 연료를 흡인한다.

(3) 증발연소

1) 정의

   화염으로부터 열을 받으면 가연성 증기가 발생하는 연소, 즉 액체연료가 액면에서 증발하여 가연성 증기로 되어 산소와 반응한 후 착화되어 화염이 발생하고 증발이 촉진되면서 연소, 즉 물질이 직접 기화하면서 연소가 이루어지는 것을 의미한다. (비교적 융점이 낮은 고체연료가 연소하기 전에 액상으로 융해한 후 증발하여 연소하는 형태이다)

2) 특징

   ① 연료의 증발속도가 연소속도보다 빠르면 불완전 연소가 된다.
   ② 증발온도가 열분해온도보다 낮은 경우 증발연소된다.

3) 적용연료

   ① 휘발유, 등유, 경유, 알코올(중유는 제외)
   ② 나프탈렌, 벤젠
   ③ 양초

4) 기타

   탄소 성분이 많은 중질유 등의 연소에서는 초기에는 증발연소를 하고, 그 열에 의해 연료 성분이 분해되면서 연소한다.

(4) 분무연소

1) 정의

   액체연료를 분무화하여 미립자로 만든 후 공기에 혼합하여 연소시키는 방법이다.

2) 분무연소의 예

   디젤기관

(5) 분해연소

1) 정의

   고체연료가 가열되면 연소 초기에 열분해가 일어나서 가연성 가스가 발생하며, 이를 공기와 혼합하여 긴 화염을 발생시키면서 확산연소하는 과정을 분해연소라 한다.

(분해온도가 증발온도보다 낮은 고체연료가 기상 중에 화염을 동반하여 연소할 경우 관찰되는 연소형태이다.)

2) 특징
① 열분해는 증발온도보다 분해온도가 낮은 경우에 가열에 의해 발생된다.
② 고체연료는 일반적으로 연소 전에 분해되어 가연성 가스가 발생된다.
③ 착화온도에 도달하기 전에 휘발분이 생성되고 그것이 연소되면서 착화연소가 시작된다.

3) 분해연소의 예
① 석탄, 목재(휘발분을 가짐)
② 중유(증발이 어려움)

(6) 표면연소

1) 정의
고체연료 표면에 고온을 유지시켜 표면에서 반응을 일으켜 내부로 연소가 진행되는 연소방법이다.

2) 특징
① 흑연, 코크스, 목탄 등과 같이 대부분 탄소만으로 되어 있고 휘발분이 적은 고체연료의 가장 대표적인 연소방법이다.
② 고체연료 표면에 산소가 반응하여 불꽃 없이 적열 후 연소된다. 즉, 코크스나 석탄 등이 고온연소 시 고체 표면이 빨갛게 빛을 내면서 반응하는 연소로 화염이 없는 연소형태이다.
③ 증발, 분해되지 못하고 표면의 탄소로부터 직접 연소되는 현상이다. 즉, 휘발분의 함유율이 적은 물질이 연소될 때 표면의 탄소분부터 직접 연소된다.

3) 표면연소 예
① 코크스, 숯(목탄), 흑연
② 금속
③ 석탄(분해연소와 탄소의 표면연소의 두 반응에서 이루어짐)

(7) 자기연소(내부연소)

1) 정의

외부공기 없이 고체 자체의 산소 분해에 의하여 연소하면서 내부로 연소가 폭발적으로 진행되는 방법이다.

2) 자기연소의 예
① 니트로글리세린(nitroglycerine)
② 화약, 폭약(TNT)

(8) 그을림 연소

숯불과 같이 불꽃을 동반하지 않는 열분해와 표면연소의 복합 형태라 볼 수 있다.

(9) 기화연소

연료를 고온의 물체에 접촉 또는 충돌시켜서 액체를 가연성 증기로 변환 후 연소시키는 방식이다.

> **Reference | 화격자 연소**
> ① 고정된 층을 연소용 공기가 통과하면서 연소가 일어난다.
> ② 모닥불이나 화재 등도 이 화격자 연소의 일종이다.
> ③ 금속격자 위에 연료를 깔고 아래에서 공기를 불어 연소시키는 형태이다.

> **Reference**
> 분사연소, COM연소, 미분연소는 연료의 표면적을 넓게 하여 연소반응이 원활하게 이루어지도록 하는 연소형태이다.

제2편 연소 공학

필수 문제

01 액화프로판 700kg을 기화시켜 9.5 Sm³/hr로 연소시킨다면 약 몇 시간 사용할 수 있는가?(단, 표준상태 기준)

[풀이] 사용시간(hr) = $\dfrac{700\text{kg} \times 22.4\text{Sm}^3/44\text{kg}}{9.5\text{Sm}^3/\text{hr}}$ = 37.51hr   [$C_3H_8 = (12 \times 3) + 8 = 44$]

학습 Point
① 확산연소법 및 예혼합연소법 내용 숙지
② 역화의 원인 내용 숙지

03 연료

(1) 정의
연료란 공기 중의 산소에 의한 연소반응에서 열을 얻기 위한 물질, 즉 연소열을 경제적으로 이용할 수 있는 물질이며 상온에서 형태 및 성질에 따라 고체, 액체, 기체연료로 구분한다.

(2) 연료의 구비조건
① 공급, 저장, 운반 및 취급이 편리할 것
② 인체에 무해해야 하고 대기오염의 영향이 적을 것
③ 단위용적당 발열량이 클 것
④ 안정성이 있고 경제적이며 점화성이 좋을 것
⑤ 가격이 저렴하고 매장량이 풍부해야 할 것
⑥ 저장 및 사용에 있어서 안정성이 있을 것

(3) 연료의 요소

1) 주성분
① 탄소(C), 수소(H)
② 주성분이 발열량을 좌우한다.

2) 불순물
산소(O), 질소(N), 황(S), 수분(H_2O), 회분(Ash)

3) 가연성분
고정탄소(C), 수소(H), 황(S), 휘발성분

(4) 고체연료

1) 고체연료의 구성성분

   ① 원소분석

   탄소(C), 수소(H), 산소(O), 질소(N), 황(S), 회분(Ash), 수분(H_2O)

   ② 공업분석

   ㉠ 공업분석은 건류나 연소 등의 방법으로 석탄을 공업적으로 이용할 때 석탄의 특성을 표시하는 분석방법이다.

   ㉡ 수분(H_2O), 회분(Ash), 휘발성분, 고정탄소. 이 중 휘발분 및 고정탄소는 고체연료 연소 시 기준이 된다.

   ③ 원료조성

   ㉠ 고체연료의 C/H비는 15~20 정도이다.

   ㉡ 고체연료는 액체연료에 비하여 수소함유량은 적고 산소함유량은 많다.

   ㉢ 고체연료의 분자량은 300~800 전후이다.

2) 고체연료의 장단점

   ① 장점

   ㉠ 노천야적이 가능하다.

   ㉡ 저장 및 취급이 용이하다.

   ㉢ 매장량이 풍부하다.(구하기 쉬움)

   ㉣ 특수목적에 사용할 수 있다.(연소성이 느린 점을 이용)

   ㉤ 연소장치가 간단하고 가격이 저렴하다.

   ㉥ 에너지 밀도가 낮다.

   ② 단점

   ㉠ 완전연소가 곤란하다.

   ㉡ 회분이 많아 재(Ash)가 다량 발생하며 재처리가 곤란하다.

   ㉢ 전처리(건조, 분쇄 등)가 필요하다.

   ㉣ 연소효율이 낮아 고온을 얻기 힘들다.

   ㉤ 연소조절이 어렵고 매연이 발생한다.

   ㉥ 착화연소가 곤란하며 연료의 배관수송이 어렵다.

   ㉦ 품질이 균일하지 못하다.

   ㉧ 연소 시 많은 공기가 필요하므로 연소장치가 대형화된다.

3) 고체연료의 종류
　① 천연물질
　　숯, 목재, 이탄, 갈탄, 역청탄, 무연탄 등
　② 가공물질
　　목탄, 코크스, 반성코크스, 연탄 등

4) 고체연료에 함유된 주요성분의 특징
　① 수분
　　㉠ 착화성 불량(수분증발 후 연소하기 때문)
　　㉡ 열손실 초래(기화열을 소비하기 때문)
　　㉢ 점화가 어렵고 열효율을 낮춤
　　㉣ 통기 및 통풍이 불량해짐(화층의 균일성을 방해하기 때문)
　② 회분
　　㉠ 발열량 저하로 연료가치 저하
　　㉡ 연소불량 초래(연소효율 저하)
　　㉢ 통풍 방해(클링커 발생 때문)
　③ 휘발분
　　㉠ 휘발분이 많을수록 발열량을 저하시킴
　　㉡ 휘발분이 많을수록 연소효율이 저하되고 매연(그을음) 발생이 심함
　　㉢ 휘발분이 많을수록 연료가치가 낮아짐(불완전 연소생성물이 발생하기 때문)
　　㉣ 휘발분이 많을수록 점화가 쉬움
　④ 고정탄소
　　㉠ 고정탄소의 값이 클수록 발열량을 증가시킴
　　㉡ 고정탄소의 값이 클수록 불꽃(청색)이 짧아지고 점화시기를 늦춤
　　㉢ 고정탄소의 값이 클수록 열효율을 증가시킴(연소성을 좋게 함)
　　㉣ 고정탄소의 값이 클수록 매연발생이 적음
　　㉤ 고정탄소의 값이 클수록 복사선의 강도가 큼
　⑤ 연료비 = $\dfrac{\text{고정탄소(\%)}}{\text{휘발분(\%)}}$
　　㉠ 탄화도가 커짐에 따라 연료비 증가
　　㉡ 연료비가 높을수록 양질의 석탄을 의미(대표적 : 무연탄)

⑥ 기공률 = $\dfrac{1 - 겉보기비중}{참비중} \times 100$

　일반적으로 기공률은 코크스가 큼

⑦ 착화온도

　㉠ 압력이 높을수록 착화온도 저하

　㉡ 발열량이 클수록 산소량 증가

> **Reference | 고정탄소**
>
> ① 정의
>
> 　일반적으로 공업분석항목에 고정탄소, 수분, 회분, 휘발분이 있으며, 이때 고정탄소는 100%에서 수분과 회분, 휘발분 함량을 뺀 나머지를 말한다.
>
> ② 계산
>
> 　수분(%) + 휘발분(%) + 회분(%) + 고정탄소(%) = 100%
>
> 　고정탄소(%) = 100 - [수분(%) + 휘발분(%) + 회분(%)]

> **Reference | 회분(Ash) 측정**
>
> 회분은 시료 1g을 실온에서 500℃까지는 60분, 500~815℃에서는 30~60분, 815±10℃에서 함량이 될 때까지 가열, 연소한 후의 잔류분, 즉 석탄이 완전히 연소하고 난 후에 남게 되는 불연성의 잔존물을 말한다.

> **Reference**
>
> 휘발분의 조성은 고탄화도 역청탄에서는 탄화수소가스 및 타르성분이 많아 발열량이 높다.

5) 석탄

① 석탄 분류

　㉠ 점결성에 따른 분류

　　ⓐ 강점결탄 ─ 굳은 코크스를 얻음
　　　　　　　 └ 고도 역청탄

　　ⓑ 약점결탄 ─ 취약한 코크스를 얻음
　　　　　　　 └ 반역청탄, 저도 역청탄

ⓒ 비점결탄 ┌ 전혀 융합되지 않음
　　　　　　└ 무연탄, 반무연탄, 갈탄

🔍 Reference | 점결성

석탄이 가열되면 연화·융화되어 가소성을 띠나, 이때 응용되지 않는 부분은 팽창되면서 굳어져 탄력 있는 다공성 물질로 변화하는데 이 성질이 점결성이며, 열화되면 낮아지고 회분이 많으면 그 경향이 커진다.

ⓒ 탄화도에 따른 분류
　ⓐ 토탄(이탄) < 아탄 < 갈탄 < 역청탄(유연탄) < 무연탄
　ⓑ 석탄의 탄화 정도를 나타내는 지수인 연료비 = $\dfrac{고정탄소(\%)}{휘발분(\%)}$ 에 의해 무연탄이 탄화도, 탄소분(고정탄소)의 값이 가장 높고 휘발성분의 값은 가장 적다.
　ⓒ 연료비가 높을수록 양질의 석탄이며 무연탄이 가장 높다.
　ⓓ 무연탄은 고정탄소량이 많아 연료비가 가장 높다.
　ⓔ 석탄의 탄화도가 저하하면 탄화수소가 감소하며 수분과 이산화탄소가 증가하여 발열량은 낮아진다.
　ⓕ 석탄의 비중은 석탄화도가 진행됨에 따라 증가되는 경향을 보인다.
　ⓖ 건조된 석탄은 석탄화도가 진행된 것일수록 착화온도가 상승한다.

🔍 Reference | 탄화도

긴 지질시대를 거쳐 생성된 석탄은 그 산출상태와 성질에 있어서 많은 차이점을 갖게 되는데 지질조건과 생성지층에 따라 생성속도와 성상이 달라지게 된다. 이와 같은 변화과정을 석탄화 또는 탄화라고 하고, 그 진행 정도를 석탄화도 또는 탄화도라고 한다.

② 석탄의 풍화작용
　㉠ 정의
　　석탄을 대기 중에 장기간 방치하면 공기 중의 산소와 산화작용에 의해 표면 광택이 저하되고 연료비가 감소하는 현상이다.

ⓒ 원인
  ⓐ 수분, 휘발분이 많은 경우
  ⓑ 입자가 작은 경우
  ⓒ 외기온도가 높은 경우
  ⓓ 바로 출하된 석탄인 경우
ⓒ 피해
  ⓐ 휘발분 및 점결성이 감소함
  ⓑ 발열량이 저하함
  ⓒ 석탄 고유 광택이 변하여 표면광택이 저하함
  ⓓ 연하고 물러져 분탄이 되기 쉬움
③ 석탄의 자연발화현상
  ㉠ 개요
    ⓐ 풍화작용의 지속 및 석탄의 저장방법이 불량하면 탄층 내부온도가 60℃ 이상이 되어 완만하게 발생하는 열이 내부에 축적되어 스스로 점화하여 연소하는 현상이다.
    ⓑ 자연발화 가능성이 높은 갈탄 및 아탄은 정기적으로 탄층 내부의 온도를 측정할 필요가 있다.
  ㉡ 대책
    ⓐ 실내온도를 60℃ 이하로 유지 및 건조한 곳에 저장함
    ⓑ 탄층의 높이 제한(옥내 2m 이하, 옥외 4m 이하) : 퇴적은 가능한 낮게 함
    ⓒ 적당한 저장기간 정함(30일 이내가 바람직)
    ⓓ 저장 시 탄의 종류별로 구분
    ⓔ 탄 내부의 통기시설 설치
④ 석탄의 특징
  ㉠ 석탄회분의 용융 시 SiO_2, Al_2O_3 등의 산성 산화물량이 많으면 회분의 용융점이 높아진다.
  ㉡ 점결성은 석탄에서 코크스 생산 시 중요한 성질이다.
  ㉢ 연료조성 변화에 따른 연소특성으로 수분은 착화불량과 열손실을, 회분은 발열량 저하 및 연소불량을 초래한다.
  ㉣ 석탄의 휘발분은 매연발생의 요인이 되며 비중은 탄화도가 진행될수록 커진다.
  ㉤ 석탄을 고온건류하여 코크스를 생산할 때 온도는 1,000~1,200℃ 정도이고, 저온건류 시는 500~600℃이다.

ⓗ 석탄의 착화온도는 수분함유량에 크게 영향을 받으며, 무연탄의 착화온도는 보통 440~550℃ 정도이며, 비열은 약 0.31kcal/kg·℃ 정도로 석탄화도가 진행함에 따라 비열은 감소한다.
ⓢ 건조된 석탄은 탄화도가 진행된 것일수록 착화온도가 상승한다.
ⓞ 고정탄소의 함량이 큰 연료는 발열량이 높다.
ⓩ 석탄에 함유된 수분형태는 고유수분, 부착수분, 결합수분(화합수분)으로 구분된다.

🔍 Reference | 갈탄

① 휘발분이 많기 때문에 착화성이 좋음
② 착화온도는 520~720K 정도로 비교적 낮음

🔍 Reference | 아탄

① 순발열량이 낮음
② 다량의 수분을 포함
③ 유효하게 이용할수록 열량이 적다는 단점

〈고체연료의 특성 비교〉

구분	목탄	코크스	무연탄	갈탄	역청탄	이탄	아탄
비중	0.3~0.6	0.6~1.4	1.5~1.8	1.0~1.3	1.2~1.7	0.8~1.1	1.0~1.3
착화온도(℃)	350~400	500~600	440~450	250~450	300~400	250~300	200~220
고위발열량 (kcal/kg)	6,800~ 7,500	6,800~ 7,500	7,500~ 8,100	3,500~ 5,000	5,000~ 7,300	3,500~ 4,500	2,500~ 4,800
수분(%)	6	2	3	9	3	17	12
회분(%)	2	10	12	17	12	12	23
휘발분(%)	42	3	10	37	37	47	37
고정탄소(%)	50	85	75	37	48	24	28
연료비	1.2 정도	28 정도	7.5 이상	1 이하	1.0~4	-	-

6) 코크스

① 개요
- ㉠ 코크스란 점결탄을 주성분으로 하는 원료탄(역청탄)을 고온(≒1,000℃) 건류하여 얻어진 2차 연료이다.
- ㉡ 건류란 공기의 공급 없이 가열, 즉 열분해하는 것을 의미한다.

② 특징
- ㉠ 코크스의 주성분은 탄소이며 주로 코크스로에서 제조함
- ㉡ 회분은 석탄 중 회분이 그대로 남기 때문에 원탄의 양보다 많음
- ㉢ 휘발성분이 거의 없어 착화하기 어려움
- ㉣ 발열량은 6,800~7,500(8,000) kcal/kg, 이론공기량은 8.0~9.0 Sm^3/Sm^3
- ㉤ 열분해이므로 매연 발생이 거의 없음
- ㉥ 역청탄을 저온건류해서 얻어지는 반성코크스는 휘발분이 많고, 착화성도 좋음

> **Reference | 역청(bitumen)탄**
> ① 비튜멘은 역청이라고도 부르며, 천연적으로 나는 탄화수소류 또는 그 비금속유도체 등의 혼합물의 총칭으로서 원유나 아스팔트, 피치, 석탄 등을 말한다.
> ② 역청탄의 이론공기량은 7.5~8.5 Sm^3/Sm^3이며 탄소함유율은 75~90%, 휘발분은 20~45% 정도 함유한다.
> ③ 역청탄은 흑색고체이며, 비점결성에서 강점결성까지 다양한 범주의 성질을 가진다.
> ④ 역청탄은 착화온도가 330~450℃이며, 연소시 황색화염을 수반하며, 건류하여 코크스, 석탄타르, 석탄가스 등을 생산하는 데 많이 사용된다.
> ⑤ 역청탄은 산업용으로 아주 다양하게 사용되며 발전용, 보일러용으로 사용된다.

필수 문제

01 석탄을 공업분석하여 다음과 같은 결과를 얻었다. 이 석탄의 연료비는?

구분	함량(%)
수분	2.1
회분	15.0
휘발분	36.4

> **풀이** 연료비 = $\dfrac{\text{고정탄소}(\%)}{\text{휘발분}(\%)}$
>
> 고정탄소(%) = 100 − (수분 + 회분 + 휘발분)
> = 100 − (2.1 + 15.0 + 36.4) = 46.5%
>
> 휘발분(%) = 36.4%
>
> = $\dfrac{46.5}{36.4}$ = 1.28

7) 석탄 슬러리 연소

석탄 슬러리 연료는 석탄분말에 기름을 혼합한 COM과 물을 혼합한 CWM으로 대별된다.

① COM(Coal Oil Mixture) 연소
  ㉠ COM은 주로 석탄분말과 중유의 혼합연료이다. 유해성분을 포함하고 있으므로 재와 매연처리, 연소가스의 연소실 내 체류시간을 미분탄 정도로 고려할 필요가 있다.(석탄 52.9% + 중유 38% + 물 10% 혼합)
  ㉡ 배출가스 중의 질소산화물(NOx), 황산화물(SOx), 분진농도는 미분탄 연소와 중유연소의 평균 정도가 되며 별도의 탈황, 탈질설비가 필요하다.
  ㉢ 화염길이는 미분탄 연소와 비슷하고, 화염안정성은 중유연소와 유사하다.
  ㉣ 미분탄의 침강을 방지하기 위해 계면활성제를 사용하며 Ballmill 등을 사용하여 중유 내에서 석탄을 분쇄, 혼합하여 제조한다.
  ㉤ COM은 연소실 내의 체류시간의 부족, 분사변의 폐쇄와 마모, 재의 처리 등에 주의할 필요가 있다.
  ㉥ 중유보다 미립화 특성이 양호하다.
  ㉦ 표면연소 시기에는 COM 연소의 경우 연소온도가 높아진 만큼, 표면연소가 가속된다고 볼 수 있다.
  ㉧ 분해연소 시기에는 COM 연소의 경우 50 wt%(w/w) 중유에 휘발분이 추가되는 형태로 되기 때문에 미분탄 연소보다는 분무연소에 더 가깝다.
  ㉨ 중유 전용 보일러의 경우 별도의 개조가 필요하다.

② CWM(Coal Water Mixture) 연소
  ㉠ 물과 석탄을 섞어서 유체로 만든 석탄슬러리 연료이다.

ⓛ 석탄과 물이 분리되어 침강되지 않도록 계면활성제를 혼합한 연료이다.
ⓒ 저농도 CWM은 석탄(50%), 물(50%)이고 고농도 CWM은 석탄(70%), 물(30%)이다.
ⓐ CWM은 잘 연소되지 않는 특성이 있으나 분무시키면 양호하게 연소 가능하다.
ⓜ 취급하기 안전하고, 수송이 간편하며, 지하저장탱크를 이용할 수 있는 장점이 있다.
ⓗ COM에 비하여 100% 석탄전환이 가능하며 원가가 저렴하다.
ⓢ COM의 경우 상온에서는 점도가 높아 유동성이 없으므로 항상 가열하여 사용하지만 CWM은 상온에서도 가열이 불필요하다.
ⓞ 액상으로 수송·저장이 용이하며, 수송 중 비산, 열량의 감소, 자연발화의 영향이 없다.
ⓩ 미분탄연소보다 100~150℃ 정도 낮아 질소산화물의 발생이 억제된다.
ⓒ 기존 석탄연소 발전보다 설비비가 적게 드나 COM 연료보다 수송관 및 버너 등의 마모는 심하다.
ⓚ 표면연료 시기에는 물의 증발열만큼 화염과 연소가스 온도가 낮아지며 석탄 입자는 응집한 상태로 표면연소를 하기 때문에 미연소분의 비율이 증가한다.
ⓣ 분해연소 시기에는 30 wt%(w/w)의 물이 증발하여 증발열을 빼앗음과 동시에 휘발분과 산소를 희석하기 때문에 화염의 안정성이 나쁘다.

> **Reference** | 연료의 표면적을 넓게 하여 연소반응이 원활하게 이루어지도록 하는 연료형태 종류
> ① 분사연소   ② COM연소   ③ 미분연소

(5) 액체연료

1) 액체연료의 구성성분(원소분석)

탄소(C), 수소(H), 산소(O), 질소(N), 황(S), 회분(Ash), 수분(H_2O)

2) 액체연료(주 : 석유)의 장단점

① 장점
ⓐ 타 연료에 비하여 발열량이 높다.
ⓑ 석탄 연소에 비하여 매연발생이 적다.

ⓒ 연소효율 및 열효율이 높다.
ⓓ 회분이 거의 없어 재의 발생이 없고 기체연료에 비해 밀도가 커 저장에 큰 장소를 필요로 하지 않고 연료의 수송도 간편하다.
ⓔ 점화, 소화, 연소조절이 용이하며 일정한 품질을 구할 수 있다.
ⓕ 계량과 기록이 쉽고 저장 중 변질이 적다.

② 단점
ⓐ 역화, 화재(인화)가 발생할 수 있어 위험이 크며 연소온도가 높아 국부가열의 위험성이 존재한다.
ⓑ 중질유의 연소에서는 황성분으로 인하여 SO_2, 매연이 다량 발생한다.
ⓒ 국내 자원이 적고, 수입에의 의존 비율이 높으며 소량의 재 중에 금속산화물이 장해원인이 될 수 있다.
ⓓ 사용 버너에 따라 고압연료분사시 소음이 발생된다.

3) 비중
온도가 1℃ 상승함에 따라 부피는 0.0007 증가하고 비중은 0.00065 감소한다.
① 비중이 커질 때의 특성
ⓐ 연소온도가 낮아지며 연소성도 나빠진다.
ⓑ 탄화수소비(C/H)가 커진다 : 중유 > 경유 > 등유 > 가솔린
ⓒ 발열량이 감소한다.
ⓓ 화염의 휘도가 커진다.(중유가 가장 큼)
ⓔ 착화점(인화점)이 높아진다 : 중유 > 경유 > 등유 > 가솔린
ⓕ 점도가 증가한다.
ⓖ 잔류탄소가 증가한다.
② 비중 시험방법
ⓐ 비중병법(가장 정확한 측정방법)
ⓑ 비중계법
ⓒ 비중천평법
ⓓ 치환법

4) 점도
① 개요
ⓐ 점도는 유체가 운동할 때 나타나는 마찰의 정도를 나타내고, 동점도는 절대점도를 유체의 밀도로 나눈 것이다.

ⓒ 비중이 작을수록, 온도는 높을수록 점도는 낮아진다.
　　　ⓓ 동점도가 감소하면 끓는점과 인화점이 낮아지고, 완전연소된다.
　② 고점도 경우의 피해
　　　㉠ 연소상태 불량(화염 스파크 발생)
　　　㉡ 버너 Tip(선단)에 카본(C) 부착
　　　㉢ 송유 곤란 및 불완전연소 가능성
　③ 저점도 경우의 피해
　　　㉠ 인화점이 낮아지며 고점도보다 유동점이 낮음
　　　㉡ 역화 발생 및 완전연소 가능성
　　　㉢ 연료소비량 과다 증가

5) 인화점
　① 개요
　　　㉠ 인화점은 불씨 접촉에 의해 불이 점화되는 최저의 온도이며 화기에 대한 위험도를 나타낸다. 즉, 액체연료의 표면에 인위적으로 불씨를 가했을 때 연소하기 시작하는 최저온도를 말한다.
　　　㉡ 인화점이 높으면(140℃ 이상) 착화가 곤란하고, 낮으면 연소는 잘 되나 역화의 위험이 있다.
　　　㉢ 인화 후 연소가 지속되는 온도를 연소점이라 하며, 연소점은 인화점보다 7~10℃ 정도 높다.
　　　㉣ 석유의 증기압은 40℃에서의 압력(kg/cm^2)으로 나타내며, 증기압이 큰 것은 인화점 및 착화점이 낮아서 위험하다.(증기압이 낮으면 인화점이 높아 연소효율 저하)
　　　㉤ 인화점은 보통 그 예열온도보다 약 5℃ 이상 높은 것이 좋다.
　　　㉥ 인화점이 낮을수록 연소는 잘 되나 위험하며, C중유는 보통 70℃ 이상(90~120℃)이고 가솔린은 -20~-40℃(-50~0℃), 경유는 50~70℃, 등유는 30~70℃이다.
　② 인화점 시험방법
　　　㉠ 태그 밀폐식
　　　　석유제품에 적용(인화점 80℃ 이하)
　　　㉡ 태그 개방식
　　　　휘발성 가연물질에 적용(인화점 80℃ 이하)

ⓒ 클리블랜드 개방식
　　　윤활유류에 적용(인화점 80℃ 이상, 단 중유류 제외)
　　ⓓ 펜스키마르텐스 밀폐식
　　　석유류에 적용(인화점 50℃ 이상)
　　ⓔ 에벨펜스키 밀폐식
　　　석유류에 적용(인화점 50℃ 이하)

6) 유동점
　① 개요
　　유동점은 배관수송 중 유체온도를 서서히 냉각하였을 때 연료유를 유동시킬 수 있는 최저의 온도, 즉 액체연료가 흐를 수 있는 최저속도이다.
　② 특징
　　ⓐ 일반적으로 유동점은 응고점보다 2.5℃ 높게 나타난다.
　　ⓑ 유동점이 매우 높은 경우 유동이 불가능하고 설비에 고장을 유발할 수 있다.
　　ⓒ 고점도 중유가 저점도 중유보다 유동점이 더 높다.
　　ⓓ 유동점은 저온에서 중유를 취급할 경우의 난이도를 나타내는 척도가 될 수 있다.

7) 잔류탄소
　공기 부족 시 고온가열하면 건류 상태로 되어 탄소성분이 응축하여 생기는 탄소성분을 잔류탄소라 한다.

8) 회분
　① 개요
　　석유계 연체연료 중 중유에 포함되어 있는 불순물이 연소하여 금속산화물 형태의 고체형상으로 되는 것을 회분이라 한다.
　② 특징
　　ⓐ 회분 포함시 연료의 질을 떨어뜨리며 분진을 발생시킨다.
　　ⓑ 회분의 구성성분은 주로 마그네슘, 칼륨, 규소 등이다.
　　ⓒ 연소효율이 떨어지며 연소 후 배출물질이 많아진다.

9) 황 성분
　① 연소 시 SO_2(아황산가스)를 발생시키며 150℃ 이하 시 저온부식의 원인이 된다.

② 다량의 황 성분이 포함된 연료는 발열량이 감소되며 인화점은 증가한다.
③ 황 성분 포함 시 연료의 질이 저하되며 매연이 발생된다.

🔍 Reference | 황(S) 성분의 함량순서

중유 > 경유 > 등유 > 휘발유 > LPG

10) 수분
수분 존재 시 발열량이 저하되며 고유수분이 증가되어 연소 시 맥동의 원인이 된다.

11) 액체연료의 종류 및 특성
① 특성
　㉠ 주된 액체연료는 석유류이며, 석유류는 자연적으로 존재하고, 비중은 0.78~0.97 정도로 석유의 비중이 커지면 탄화수소비(C/H)가 증가된다.
　㉡ 석유류는 화학적으로 대부분이 탄화수소(HC)의 혼합물이다.
　㉢ 일반적으로 중질유는 방향족계 화합물을 30% 이상 함유하고, 상대적으로 밀도 및 점도가 높은 반면, 경질유는 방향족계 화합물을 10% 미만 함유하고 밀도 및 점도가 낮은 편이다.
　㉣ 일반적으로 API가 34° 이상이면 경질유(API가 30~34°이면 중질유), API가 30° 이하이면 중질유로 분류한다.
　㉤ 점도가 낮을수록 유동점이 낮아지므로 일반적으로 저점도의 중유는 고점도의 중유보다 유동점이 낮다.
　㉥ 석유류의 증기압이 큰 것은 착화점이 낮아서 위험하다.

🔍 Reference | API (American Petrdeum Institute) 지표

미국석유협회(API)가 제정한 석유비중 표시방법으로 원유나 석유제품의 비중을 나타내는 지표이다. 일반적으로 탄화수소가 많을수록 비중이 커진다.

② 종류
　㉠ 휘발유(가솔린, Gasolin)
　　ⓐ 주성분 : C, H(탄소수 : 5~12)
　　ⓑ 비등점 : 30~200℃ [인화점 : -50~0℃]
　　ⓒ 비중 : 0.7~0.8

ⓓ 고위발열량 : 11,000~11,500 kcal/kg
ⓔ 석유정제 중 가장 경질의 물질이다.
ⓕ 옥탄가 80 이상을 고급 가솔린이라 하며, 옥탄가 상승을 위해 사용되는 물질은 4 에틸납이다.

ⓒ 등유(Kerosene)
　ⓐ 주성분 : C, H(탄소수 : 10~14)
　ⓑ 비등점 : 150~280℃(180~300℃)[인화점 : 30~70℃]
　ⓒ 비중 : 0.78~0.82
　ⓓ 고위발열량 : 11,000~11,500 kcal/kg
　ⓔ 등유는 용도에 따라 1호등유(난방연료), 2호등유(세정용, 용제)로 구분된다.
　ⓕ 휘발유와 유사한 방법으로 정제하며 무색 내지 담황색이고 인화점은 휘발유보다 높다.

ⓒ 경유(Light Oil)
　ⓐ 주성분 : C, H(탄소수 : 11~19)
　ⓑ 비등점 : 200~320℃(250~350℃)
　ⓒ 비중 : 0.8~0.9
　ⓓ 고위발열량 : 11,000~11,500 kcal/kg
　ⓔ 정제한 경유는 무색에 가깝고, 착화성 적부는 Cetane 값으로 표시되며, 세탄값 40~60 정도의 것이 좋은 편이다.
　ⓕ 착화성 및 인화성이 좋고 점도가 적당하며 수분 및 침전물을 함유하지 않는다.

ⓔ 중유(Heavy Oil)
　ⓐ 주성분 : C, H(O, S, N)(탄소수 : 17 이상)
　ⓑ 비등점 : 230~360℃[인화점 : 90~120℃]
　ⓒ 비중 : 0.92~0.97(4℃ 물에 대한 15℃ 중유의 중량비)
　ⓓ 고위발열량 : 10,000~11,000 kcal/kg
　ⓔ 중유는 상압증류, 감압증류, 잔유를 의미하며 벙커유라고도 한다.
　ⓕ 점도에 따라 A중유, B중유, C중유 3가지로 분류(C중유>B중유>A중유)하며 수송 시 적정점도는 500~1,000cst 정도이다.
　ⓖ 황성분 함유율이 높다.(특히 C중유)
　ⓗ 중유 성상은 비중, 점도, 유동점, 인화점, 잔류탄소, 회분, 수분, 황성분, 불순물 등으로 나타낸다.(비중이 클수록 유동점, 점도가 증가)
　ⓘ 인화점이 낮은 경우에는 역화의 위험성이 있고, 높을 경우(140℃ 이상)에는

착화가 어렵다.(중유의 인화점 : ≒70℃ 이상)
ⓙ 인화점은 보통 그 예열온도보다 약 5℃ 이상 높은 것이 좋다.
ⓚ 중유 중의 잔류탄소의 함량은 7~16% 정도이다.(잔류탄소함량이 많아지면 점도는 높아짐)
ⓛ 점도가 낮은 것은 일반적으로 낮은 비점의 탄화수소를 함유한다.

12) 석유계 액체연료의 탄수소비(C/H)

① C/H비가 클수록 이론공연비는 감소한다.
② C/H비가 클수록 방사율이 크며(장염 발생) 휘도가 높아진다.
③ C/H비가 클수록 비교적 비점이 높고 매연이 발생되기 쉽다.(파라핀계가 매연 발생량이 가장 적음)
④ 중질연료일수록 C/H비가 크다.(중유>경유>등유>휘발유)
⑤ C/H는 연소공기량 및 발열량, 연료의 연소특성에 영향을 준다.
⑥ C/H비 크기순서는 올레핀계>나프텐계>아세틸렌>프로필렌>프로판이다.
⑦ 석유의 비중이 커지면 C/H비가 증가하고 발열량은 감소한다.

13) 액체연료의 미립화 영향 요인

① 분사압력　　　　　② 분사속도(분무유량)
③ 연료의 점도　　　　④ 분무거리　　　　　⑤ 분사각도

🔍 Reference | 석유계 액체연료의 주성분 구분

액체연료의 대부분은 원유의 정제에 의해 만드는 석유계 연료로서 많은 탄화수소의 화합물들(파라핀계, 나프탈렌계, 방향족 등)이다.

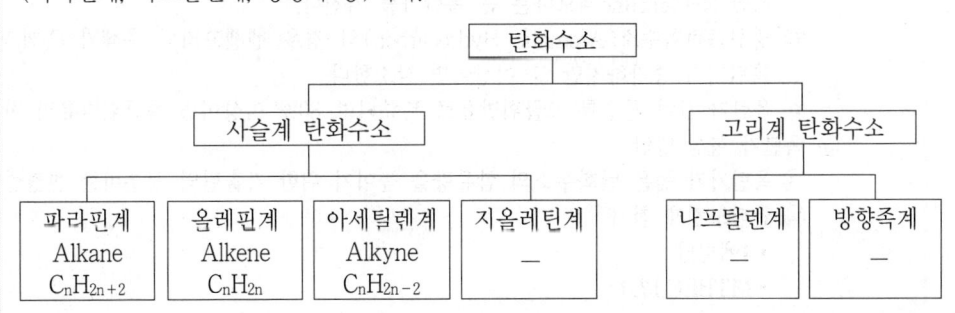

단, n : 탄소(C)의 개수

- 알케인(Alkane) : 단일결합의 포화탄화수소(파라핀계 탄화수소)
- 알켄(Alkene) : 이중결합의 불포화탄화수소(올레핀 또는 에틸렌계 탄화수소)
- 알카인(Alkyne) : 삼중결합의 불포화탄화수소(아세틸렌계 탄화수소)

◎ Reference | 석유계 액체연료의 구성원소

원소	C	H	S	N
조성(%)	83~87	12~15	0.1~4.0	0.05~0.8

◎ Reference | 옥탄가 및 세탄가

1. 옥탄가(Octane Number)
   (1) 개요
     ① 옥탄가란 가솔린의 안티노킹성(Anti-Knocking)을 나타내는 척도로 가솔린의 품질을 결정하는 요소이다.
     ② 가솔린 연료에 존재하는 탄화수소 중에서 안티노킹성이 가장 높은 이소옥탄(iSO-Octane : iSO-C_8H_{18} : 2,2,4-Trimethyl Pentane)이 나타내는 안티노킹성을 100으로 하고, 안티노킹성이 가장 작은 노말헵탄(n-Heptane : n-C_7H_{16})이 나타내는 안티노킹성을 옥탄가 0으로 정의한다.
     ③ 관련식
       옥탄가는 이소옥탄, 노말헵탄의 혼합물이 나타내는 옥탄가를 이소옥탄의 부피로 나타낸다.

       $$옥탄가(\%) = \frac{이소옥탄}{이소옥탄 + 노말헵탄} \times 100(\%)$$

     ④ 특징
       ㉠ 파라핀계(N-Paraffine)에서는 탄소 수가 증가할수록 옥탄가가 저하하여 C_7에서 옥탄가는 0이다.
       ㉡ 이소파라핀계(iSO-Paraffine)에서는 Methyl 측쇄(결사슬)가 많을수록, 특히 중앙부에 집중할수록 옥탄가는 증가한다.
       ㉢ 나프텐계(Naphthene : Cyclo-Alkane)는 방향족계 탄화수소보다는 옥탄가가 작지만 N-Paraffine계보다는 큰 옥탄가를 가진다.
       ㉣ 방향족탄화수소(Aromatic Hydrocarbon)의 경우 벤젠고리의 측쇄가 C_3까지는 옥탄가가 증가하지만 그 이상이면 감소한다.
       ㉤ 옥탄가 값이 클수록 고급휘발유로 분류되며, 80% 이상이면 특급휘발유라 한다.
     ⑤ 옥탄가 향상 방안
       ㉠ 옥탄가가 높은 탄화수소의 함유량을 높이기 위한 가솔린의 성분비를 변경한다.
       ㉡ 안티노킹제 첨가
         • 4에틸납
         • MTBE(11%)

2. 세탄가(Cetane Number)
   (1) 개요
     ① 세탄가란 디젤기관의 착화성(점화성, Lgnition Quality)을 정량적으로 평가하는 데

이용되는 수치이며, 이 값이 클수록 디젤노킹을 일으키기 어려워진다.
② 점화성능이 우수한 Cetane(N-hexadecane)의 점화성능을 100으로 정하고, 점화 성능이 좋지 않은 α-Methylnaphthalene을 0으로 정하여 이들 물질의 혼합물이 나타내는 세탄가를 Cetane의 부피로 나타낸다.
③ 관련식

$$세탄가(\%) = \frac{n-세탄}{(n-세탄)+(\alpha-메틸나프탈렌)} \times 100(\%)$$

④ 특징
  ㉠ 디젤엔진의 노킹은 착화지연으로 발생하는 것으로 세탄가가 높아지게 되면 착화성이 좋아져서 디젤노킹이 감소한다.
  ㉡ 세탄가를 높이면 점화지연을 줄여 엔진 내 연소를 균등하게 할 수 있으며 결과적으로 급격한 압력상승을 방지하여 소음·진동을 저감하게 된다.
  ㉢ 일반적으로 경유의 세탄가는 45 이상으로 정하여져 있으며 착화성이 좋은 경우 40~60의 세탄값의 범위를 갖는다.

Reference | 에멀전 연료

① 에멀전이란 어느 액체 내에 다른 액체의 작은 물방울이 균일하게 분산하고 있는 상태를 의미한다.
② 물을 첨가한 만큼의 과열증기 잠열손실이 증가된다.
③ 분무연료의 미립자화가 촉진되기 때문에 저산소연소 시에도 먼지발생을 억제할 수 있다.
④ 열효율이 낮고 장기 운전시 부식의 문제가 있다.

Reference | 알코올 연료

① 에탄올(C_2H_5OH)
  • 특유의 냄새와 맛이 있고 상온에서는 무색의 액체로 존재한다.
  • 수소결합을 하며 다른 알코올, 에테르, 클로로포름 등에 녹을 수 있다.
② 프로판올(C_3H_7OH)
  프로판올은 프로판의 수소 하나가 히드록시기로 치환된 화합물로 1-프로판올(n-프로판올) 및 2-프로판올(이소프로판올) 2개의 이성질체가 있다.
③ 부탄올(C_4H_9OH)
  • 부탄 또는 이소부탄의 수소원자 한 개를 수산기로 치환한 화합물의 총칭으로 지방족 포화알코올의 일종이다.
  • 부틸알코올이라고도 하며 n-부탄올, 2-부탄올, 이소부탄올(발효부탄올), 3-부탄올의 4개의 이성질체가 있다.
④ 펜탄올($C_5H_{11}OH$)
  에테르, 아세톤, 벤젠 등 많은 유기물을 용해하며, 무색의 독특한 냄새를 가지고, 8종의 이성질체가 있다.

> **Reference | 오일 셰일(Oil Shale)**
>
> 케로겐(kerogen)이라 불리는 유기질 물질이 스며들어 있는 혈암 같은 암반을 말하는 것으로, 이 물질은 원래 식물이 수백만 년 동안 석유로 토화되어 유기물질에 흡수된 것이다. 이것이 압력을 받아 성층화가 이루어져 이 물질을 만들게 된다.

> **Reference | 나프타(naphtha)**
>
> ① 가솔린과 유사하거나 또는 약간 높은 끓는점 범위의 유분으로 240℃에서 96% 이상이 증류되는 성분을 말한다.
> ② 옥탄가가 낮아 직접적으로 내연기관의 연료로 사용될 수 없기 때문에 가솔린에 혼합하거나 석유화학 원료용으로 주로 사용된다.

> **Reference**
>
> 메탄올과 같이 산소를 함유한 연료의 경우 발열량은 일반석유계 액체연료보다 낮아진다.

(6) 기체연료

1) 개요

① 기체연료는 천연가스를 제외하면 타 기체 및 고체연료에서 제조되고 석유계 가스와 석탄가스로 분류된다.
② 기체연료는 연소시 공급연료 및 공기량을 밸브를 이용하여 간단하게 임의로 조절할 수 있어 부하변동 범위가 넓다.
③ 기체연료는 수소와 산소함유량이 낮다.

2) 장점

① 적은 과잉공기(공기비)로 완전연소가 가능하며 연료의 예열이 쉽다.
② 연료 속에 회분 및 유황 함유량이 적어 배연가스 중 SO_2, 먼지, 검댕 등 대기오염물질 발생량이 매우 적다.
③ 연소효율이 높고 연소조절, 점화 및 소화가 용이하다.
④ 저발열량의 것(저질연료)으로도 고온을 얻을 수 있고 전열효율을 높일 수 있다.
⑤ 연소율의 가연범위(Turn-down Ratio, 부하 변동범위)가 넓어 연소조절이 용이하다.

3) 단점
① 다른 연료에 비해 연료밀도가 낮아 수송효율이 낮고, 취급이 곤란하며 위험성이 크다.
② 공기와 혼합해서 점화하면 폭발 등의 위험이 있다.
③ 다른 연료에 비해 저장이 곤란하고 시설비가 많이 든다.

4) 기체연료의 종류
① 천연가스(NG ; Natural Gas)
  ㉠ 지하 분출가스를 직접 채취하며 그 중 탄화수소(메탄)를 주성분으로 하는 가연성 가스이며 발열량은 9,000~12,000kcal/Sm³ 정도이다.
  ㉡ 성상에 따라 건성가스(상온상태에서 액화되지 않는 성분으로 구성된 가스)와 습성가스(압축 시 상온에서 쉽게 액화되는 가스)로 크게 구분된다.
  ㉢ 습성가스의 주성분은 메탄, 에탄이고 프로판, 부탄 등을 포함하며 주로 유전지대에서 생산한다. 또한 건성가스의 주성분은 메탄으로 도시가스용으로 많이 사용한다.
  ㉣ 천연가스의 이론공기량은 약 8.5~10.0(8.0~9.5)Sm³/Sm³ 정도이다.
  ㉤ 천연가스의 수분, 기타의 잔류물을 제거하여 200기압 정도로 압축하여 자동차의 연료로 사용하면 옥탄가가 높기 때문에 유리하다.
  ㉥ 기화시 공기보다 가볍고(비중 0.62) 액화 시 체적이 감소(기체의 1/600)한다.
  ㉦ 냉열 이용이 가능하고 천연고무에 대한 용해성은 없다.
  ㉧ 다른 기체연료보다 폭발한계가 5~15%로 좁고 화염전파속도도 36.4cm/sec로 늦어 안전한 편이다.

> **Reference | 천연가스 이론공기량**
>
> 주성분 CH_4 기준으로 계산하면
> $CH_4 + 2O_2 \rightarrow CO_2 + 2H_2O$
> 이론공기량(A_0) = $\dfrac{O_0}{0.21}$ = $\dfrac{2}{0.21}$ = $9.52 Sm^3/Sm^3$

② 액화석유가스(LPG ; Liquified Petroleum Gas)
  ㉠ LPG는 상온에서 약간의 압력(10~20 atm)을 가하면 쉽게 액화시킬 수 있는 석유계 탄화수소이며 이론공기량은 20.8~24.7Sm³/Sm³이다.

ⓒ 탄소수가 3~4개까지 포함되는 탄화수소류가 주성분으로 C_3H_8(프로판), C_4H_{10}(부탄) 등이며 시판되고 있는 LPG의 구성은 프로판 70%, 부탄 30% 정도 된다.
　　ⓒ 대부분 석유정제 시 부산물로 얻어지며 가정, 업무용으로 많이 사용된다.
　　ⓔ 비중이 공기보다 무거워(공기보다 1.5~2.0배 정도) 누출 시 인화, 폭발의 위험성이 높은 편이다.(LPG는 밀도가 공기보다 커서 누출시 건물의 바닥에 모이게 되고 LNG는 공기보다 가벼워 건물의 천장에 모이는 경향이 있다.)
　　ⓜ 액체에서 기체로 기화할 때 증발열이 90~100 kcal/kg 이므로 취급상 주의를 요한다. 또한 착화온도는 405~466℃ 정도이다.
　　ⓗ 발열량이 약 20,000~30,000 kcal/Sm³ 이상으로 LNG보다 높은 편이며, 황 성분이 적고 독성이 없다.
　　ⓢ 원유, 천연가스에서 회수(산출)되거나 나프타의 분해에 의해 얻어지기도 하지만 대부분 석유정제 시 부산물로 얻어진다.
　　ⓞ 상온, 상압 상태에서는 가스이며 저장 및 수송 시에는 액체상태로 취급이 간단하다. 즉, 사용에 편리한 기체연료의 특징과 수송 및 저장에 편리한 액체연료의 특징을 겸비하고 있다.(액화 시 가스상태보다 부피가 약 1/250로 되어 저장, 수송 등 취급이 용이)
　　ⓩ 유지 등을 잘 녹이기 때문에 고무패킹이나 유지로 갠 도포제로 누출을 막는 것은 곤란하다.
　　ⓧ 기화 및 액화가 용이하고 연소시 많은 공기가 필요하다.
③ 액화천연가스(LNG ; Liquified Natural Gas)
　　㉠ LNG는 CH_4(메탄)을 주성분으로 하는 천연가스를 1기압하에서 -168℃(-162℃) 정도로 냉각하여 액화시킨 연료로 대량 수송 및 저장을 가능하게 한다.
　　㉡ 주성분은 대부분이 메탄이고 그 외에 에탄, 프로판, 부탄 등으로 구성되어 있다.
　　㉢ 도시가스용으로 주로 사용되며 청결한 무공해 가스이다.
　　㉣ 비중이 공기보다 작아 쉽게 축적되지 않는다.
　　㉤ LPG에 비하여 발열량은 40~50% 정도로 작다.
④ 석탄가스(Coal Gas)
　　㉠ 석탄가스는 석탄을 건류할 때 생성되는 가스를 총칭한다.
　　㉡ 주성분으로는 수소(H_2) 및 메탄(CH_4)이고 발열량은 약 5,000 kcal/Sm³ 정도로 높은 편이다.
　　㉢ 코크스로에서 제조된 것을 Cokes Gas라 하며 제철소에서 코크스 제조 시 부산물로 발생되는 가스가 코크스로의 연료에 사용된다.

⑤ 고로가스(Blast Furance Gas)
  ㉠ 제철용 고로에서 얻어지는 부산물 가스이다. 즉, 용광로에서 선철을 제조할 때 발생한다.
  ㉡ 발생로 가스와 유사하지만 이산화탄소(CO_2)와 분진이 많고 발열량은 약 900 kcal/Sm^3 정도이다.
  ㉢ 주성분은 질소(N_2) 및 일산화탄소(CO)이고 제철공장에서 에너지원 및 동력용으로 사용된다.

⑥ 발생로 가스
  ㉠ 코크스나 석탄, 목재 등을 적열상태로 가열하여 공기 혹은 산소를 보내어 불완전 연소해서 얻어진 가스이며 이론공기량은 0.93~1.29 Sm^3/Sm^3이다.(일반적으로 발생로 가스는 코크스나 석탄을 불완전연소해서 얻은 가스라고도 함)
  ㉡ 가열된 석탄 또는 코크스에 공기와 수증기를 연속적으로 주입하여 부분적으로 산화반응시킴으로써 얻어지는 기체연료이다.
  ㉢ 주성분은 질소(N_2) 및 일산화탄소(CO)이고 발열량은 약 3,700 kcal/Sm^3 정도이다.
  ㉣ 가연성분은 일산화탄소(25~30%), 수소(10~15%) 및 약간의 메탄이다. 또한 제조상 공기공급에 의해 다량의 질소를 함유하고 있다.

⑦ 수성가스
  ㉠ 고온으로 가열된 무연탄이나 코크스 등에 수증기를 반응시켜 발생하는 가스이다.
  ㉡ 주성분은 수소(H_2), 일산화탄소(CO)이고 발열량은 약 2,600~5,100 kcal/Sm^3 정도이다.
  ㉢ 이론공기량은 2.34~4.69 Sm^3/Sm^3이다.

⑧ 오일가스
  ㉠ 석유류의 분해에 의해서 얻어지는 가스이다.
  ㉡ 오일가스의 제조방법에는 열분해, 부분연소, 수증기 개질, 수소화 분해 등이 있다.
  ㉢ 주성분은 수소(H_2), 포화탄화수소이고 발열량은 약 3,000~10,000 kcal/Sm^3 정도이다.
  ㉣ 이론공기량은 1.26~10.76 Sm^3/Sm^3이다.

⑨ 도시가스
  ㉠ 가스제조사에서 일반 가정에 공급되는 가스로 주로 석유계 가스가 공급된다.
  ㉡ LPG, 오일가스 등 가스를 단독 또는 혼합하여 정해진 열량으로 조절하여 공급된다.

⑩ 전로가스
선철을 제강과정에서 강철로 만드는 제강과정에서 발생하는 가스로서 주성분은 일산화탄소이다.

⑪ DME(Dimethyl Ether)
  ㉠ 상온상압에서 무색투명한 기체이며, 물성이 LPG와 유사한 기압에서 액화된다.
  ㉡ 점도가 경유에 비해 낮고 산소함유율이 34.8% 정도로 높아 매연이 적은 편이다.
  ㉢ 고무와 반응하여 팽창하거나 용해되는 특성이 있어 재질에 주의해야 한다.
  ㉣ 자동차 연료의 하나로, 자기착화성이 좋고 디젤엔진에 적용이 가능하여 석유 대체용 연료로 쓰인다. 산소함유 연료로 연소 시에 부유먼지는 전혀 발생하지 않는다.
  ㉤ 유황을 함유하지 않으므로 SOx는 발생하지 않고, NOx도 최대한 배출을 억제할 수 있다.
  ㉥ 공기 중 장기노출시에는 비활성적이며(안전한 화합물) 부식성, 발암성과 마취성이 없어 인체에 무해하다.
  ㉦ 세탄가가 55 이상으로 높아 경유를 대체할 수 있고, 물성이 LPG와 유사한 특성이 있으며, 발열량은 경유에 비해 낮은 편이다.

🔍 Reference | 기체연료의 성분

1. 가연성
   CH_4, C_3H_8, C_3H_6, C_2H_4, CO, H_2

2. 불연성
   CO_2, N_2, W(수분)

🔍 Reference | 각 성분의 발열량

① CH_4(메탄) : Hh(13,265 kcal/kg), Hℓ(11,953 kcal/kg)
            Hh(9,500 kcal/Sm³), Hℓ(8,500 kcal/Sm³)
② C_2H_4(에틸렌) : Hh(12,399 kcal/kg), Hℓ(11,349 kcal/kg)
            Hh(16,606 kcal/Sm³), Hℓ(15,200 kcal/Sm³)
③ C_3H_8(프로판) : Hh(12,033 kcal/kg), Hℓ(11,079 kcal/kg)
            Hh(23,637 kcal/Sm³), Hℓ(21,762 kcal/Sm³)

④ C_4H_{10}(부탄) : Hh(11,837 kcal/kg), Hℓ(10,932 kcal/kg)
　　　　　　　 Hh(30,650 kcal/Sm³), Hℓ(28,306 kcal/Sm³)
⑤ C_5H_{12}(펜탄) : Hh(11,714 kcal/Sm³), Hℓ(10,839 kcal/Sm³)
⑥ C_6H_{14}(헥산) : Hh(11,546.8 kcal/Sm³), Hℓ(10,692 kcal/Sm³)
⑦ C_7H_{16}(헵탄) : Hh(11,489 kcal/Sm³), Hℓ(10,650 kcal/Sm³)
⑧ C_8H_{18}(옥탄) : Hh(11,447 kcal/Sm³), Hℓ(10,618 kcal/Sm³)
⑨ 수소 : Hh(3,050 kcal/Sm³), Hℓ(2,500 kcal/Sm³)

필수 문제

01 프로판 450kg을 기화시킨다면 표준상태에서 기체의 용적(Sm³)은?

> **풀이** 기체용적(Sm³) = 450kg × 22.4Sm³/44kg = 229.09Sm³

필수 문제

02 액체프로판 440kg을 기화시켜 8Sm³/hr로 연소시킨다면 약 몇 시간 사용할 수 있는가? (단, 표준상태기준)

> **풀이** 시간(hr) = 440 kg × 22.4 Sm³/44 kg × hr/8 Sm³
> 　　　　　 = 28 hr

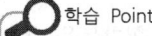학습 Point
① 각 연료의 내용 숙지(출제비중 높음)
② 옥탄가 및 세탄가 내용 숙지

04 연소장치 및 연소방법

(1) 고체연료의 연소장치
1) 화격자 연소장치(Grate Of Stoker Incinerator)
① 개요
㉠ 화격자 연소란 고체연료를 고정 또는 이동 화격자 위에서 연소하는 방식이다. 화격자는 주입된 고체연료를 운반시켜 연소되게 하는 역할 및 화격자 사이에 공기가 통과하도록 하는 기능을 하며, 화격자 하부로 재가 화격자를 통하여 쉽게 낙하하여 재를 제거한다.
㉡ 하향식 연소방식은 상향식에 비하여 연료의 양(소각물의 양)을 반 정도로 감소시키며 휘발성이 많고 열분해가 쉬운 물질을 연소할 경우 적용한다.
㉢ 산포식 스토커, 계단식 스토커에 의한 연소방식은 화격자 연소장치에 속한다.
② 화격자 연소장치 종류
㉠ 산포식 스토커
㉡ 계단식 스토커
㉢ 하급식 스토커
㉣ 체인 스토커
③ 투입방식에 따른 구분
㉠ 상부 투입식
ⓐ 투입되는 연료와 공기의 공급방향이 향류로 교차되는 형태, 즉 연료와 공기흐름이 반대방향이다.(착화면의 이동방향과 공기흐름이 같음)
ⓑ 정상상태의 고정층은 상부로부터 석탄층, 건조층, 건류층, 환원층, 산화층, 회층, 화격자순으로 구성된다.
ⓒ 공급된 연료(석탄)는 연소가스에 의해 가열되어 건류층에서 휘발분을 방출한다.
ⓓ 코크스화한 석탄은 환원층에서 아래의 산화층에서 발생한 CO_2를 CO로 환원한다.
ⓔ 수동스토커 및 산포식 스토커가 대표적이며 저품질 석탄의 연소에 적합하다.
ⓕ 연소시 화격자 상에 고정층을 형성하지 않으면 안 되므로 분상의 석탄은 그대로 사용하기가 곤란하다.
ⓖ 하부 투입식보다 더 고온이 되고 CO_2에서 CO로 변화속도가 빠르다.

ⓒ 하부 투입식
  ⓐ 투입되는 연료와 공기흐름이 같은 방향이다.(착화면의 이동방향과 공기흐름이 반대)
  ⓑ 연료층이 연소가스에 직접 접하지 않고 가열은 오직 고온의 산화층으로부터 방사되는 복사열에 의하여 연소된다.
  ⓒ 정상상태의 고정층은 상부로부터 회층, 환원층, 산화층, 건류층, 공급연료층, 화격자로 구성된다.
  ⓓ 공급공기량이 과다하면 연소상태가 불안정하게 되어 소화될 수 있다.
  ⓔ 수분이 많고 저위발열량이 낮은 연료, 난연성 및 착화하기 어려운 연료 연소에 적합하다.
ⓒ 십자 투입식
  ⓐ 투입되는 연료와 공기흐름이 어느 정도의 각도를 유지하고 공기는 공급연료에서 연소층으로 흐른다.
  ⓑ 연소층과 회층 사이에는 건류층, 환원층, 산화층의 3개 층으로 나누어져 있다.
  ⓒ 화층은 공기공급 방향에서 연료층 → 건류층 → 산화층 → 환원층으로 구성된다.

④ 화격자 종류
  ㉠ 이동식 화격자
    주입연료를 잘 운반시키나 뒤집지 못하는 문제점이 있다.
  ㉡ 복동식 화격자
    고정된 화격자 사이에 폐기물이 끼어 막히는 경우가 생긴다.
  ㉢ 부채형 반전식 화격자
    교반력이 커서 저질쓰레기의 소각에 적당하며 부채형 화격자의 90° 왕복운동에 의해 폐기물을 이송시킨다.
  ㉣ 역동식 화격자
    화격자 상에서 건조, 연소, 후연소가 이루어지므로 폐기물 교반 및 연소조건이 양호하고 소각효율이 높으나 화격자의 마모가 심하다.
  ㉤ 병렬요동식 화격자
    ⓐ 고정화격자와 가동화격자를 횡방향으로 나란히 배치하고 가동화격자를 전후로 왕복운동시킨다.
    ⓑ 비교적 강한 이송력을 갖고 있고, 화격자 눈의 메워짐이 별로 없다는 장점은 있으나 낙진량이 많고 냉각작용이 부족하다.

ⓗ 이상식 화격자

건조, 연소, 후연소의 각 화격자에 높이 차이를 두어 낙하시킴으로써 폐기물층을 혼합하며 내구성이 좋다.

ⓘ 흔들이식 화격자

⑤ 장점

㉠ 연속적인 소각과 배출이 가능하다.
㉡ 경사화격자 방식의 경우는 수분이 많거나 발열량이 낮은 연료도 어느 정도 연소가 가능하다.
㉢ 용량부하가 크며 전자동운전이 가능하다.

⑥ 단점

㉠ 수분이 많거나 플라스틱같이 열에 쉽게 용해되는 물질에 의한 화격자 막힘의 염려가 있다.
㉡ 체류기간이 길고 교반력이 약하여 국부가열이 발생할 염려가 있다.
㉢ 고온 중에서 기계적 가동에 의해 금속부의 마모 및 손실이 심하게 나타난다.
㉣ 클링커 장애(Clinker Trouble)가 문제가 되는 연소장치이다.

🔍 Reference | 폰 롤 시스템(Von Roll System)

① 일련의 왕복식 화격자들을 사용하여 폐기물을 소각로 내에서 이동시키면서 연소시키는 방식
② 화격자의 구성
  ㉠ 건조화격자
  ㉡ 연소화격자
  ㉢ 후연소화격자

🔍 Reference | 체인 스토커(Chain Stoker)

① 고체연료 연소장치 중 하급식 연소방식이다.
② 연소과정이 미착화탄 → 산화층 → 환원층 → 회층으로 변하여 연소된다.
③ 연료층을 항상 균일하게 제어할 수 있고, 저품질 연료도 유효하게 연소시킬 수 있어 쓰레기 소각로에 많이 이용되는 화격자연소장치이다.

🔍 Reference

화격자연소로에서 석탄연소시 화염이동속도 입경이 작을수록, 발열량이 높을수록, 공기가 높을수록, 석탄화가 낮을수록 화염이동속도는 커진다.

2) 고정상 연소장치(Fixed Bed Incinerator)
   ① 개요
      연소로 내의 화상 위에서 연료물질을 연소하는 방식의 화격자로서 적재가 불가능한 슬러지(오니), 입자상 물질, 열을 받아 용융해서 착화연소하는 물질(플라스틱)의 연소에 적합하다.
   ② 구조에 따른 구분
      ㉠ 경사식
         ⓐ 연료의 건조, 연소에 대하여 기계적 가동부분이 없어 기계적 고장이 없고 건설비가 저렴하다는 장점이 있다.
         ⓑ 경사식의 적용을 위해서는 연료물질이 접착성이 없고 성상이 일정하여야 한다.
      ㉡ 수평식
         회분이 적은 고분자계 연료 연소에 적합하며 연소장치 밖에 설치된 송풍기에 의하여 연소공기를 균등하게 강제 송풍해야 한다.
   ③ 장점
      ㉠ 화격자에 적재가 불가능한 슬러지, 입자상 물질의 연료를 연소할 수 있다.
      ㉡ 열에 열화, 용해되는 플라스틱을 잘 연소시킬 수 있다.
   ④ 단점
      ㉠ 체류기간이 길고 교반력이 약하여 국부가열이 발생할 수 있다.
      ㉡ 연소효율이 나쁘고 잔사용량이 많이 발생된다.

3) 미분탄 연소장치(Pulverized Coal Incinerator)
   ① 개요
      석탄의 표면적을 크게(0.1 mm 정도 크기로 분쇄) 하고 1차공기 중에 부유시켜서 공기와 함께 노 내로 흡입시켜 연소시키는 방법이다. 적은 공기비로도 완전연소가 가능하며, 화력발전소나 시멘트 소성로와 같은 대형 대용량 연소시설에서 석탄으로 연소시키고자 할 때 가장 적합한 연소방식이다.
   ② 특징
      ㉠ 반응속도는 탄의 성질, 공기량 등에 따라 변한다.
      ㉡ 연소에 요하는 시간은 대략 입자 지름의 제곱에 비례한다.
      ㉢ 부하변동에 쉽게 적응할 수 있으므로 대형과 대용량 설비에 적합하다.
      ㉣ 최초의 분해연소 시에 다량의 가연가스를 방출하고 곧 이어서 고정탄소의

표면연소가 시작된다.

③ 장점
- ㉠ 같은 양의 석탄에서는 화격자 연소보다 연료의 접촉표면적이 대단히 커지고, 공기와의 접촉 및 열전달도 좋아지므로 작은 공기비로도 완전연소가 가능하다.
- ㉡ 점화 및 소화 시 열손실은 적고 부하의 변동에 쉽게 적응할 수 있다.
- ㉢ 연소속도가 빠르고 높은 연소효율을 기대할 수 있다.
- ㉣ 연소량의 조절이 용이, 즉 연소제어가 용이하고 과잉공기에 열손실이 적다.
- ㉤ 사용연료의 범위가 넓어 스토커 연소에 적합하지 않은 점결탄과 낮은 발열량의 탄 등 저질탄에도 유효하게 사용할 수 있다.
- ㉥ 대용량 보일러에 적용할 수 있다.

④ 단점
- ㉠ 설치 및 유지비가 고가이다.
- ㉡ 비산분진의 배출량 및 재비산이 많고 집진장치가 필요하다.
- ㉢ 분쇄기 및 배관 중에 폭발의 우려 및 수송관의 마모가 일어날 수 있다.
- ㉣ 역화, 폭발의 위험성이 있다.(단, 역화는 분출가스압이 제한된 경우 발생)
- ㉤ 소용량 보일러에 적용할 수 없다.

> **Reference | 접선기울형(접선기울기형) 버너(Tangential Titling Burner)**
> ① 미분탄 연소로에 사용되는 버너 중 하나이며 화염을 상하로 이동시켜서 과열을 방지할 수 있도록 되어 있다.
> ② 사각연소로인 경우 각 모퉁이에 3~5개의 버너가 높이가 다르게 설치되어 있다.
> ③ 1차 공기 및 석탄 주입관 끝은 10~30° 정도의 각 범위에서 조정할 수 있도록 되어 있다.

4) 유동층 연소장치(Fluidized Bed Combustion)
① 개요
- ㉠ 하부에서 공기를 주입하여 불활성층인 모래를 유동시켜 이를 가열시키고 상부에서 연료물질을 주입하여 연소하는 형식이며 유동층은 보유열량이 높아 ($1.42 \times 10^5 \, kcal/m^3$) 최적의 연소조건을 형성하여 유동층 내의 온도는 항상 700~800°C을 유지하면서 연소한다. 또한 유동화가 행해지는 공기유속의 범위는 한정되어 있으며 통상 0.3~4m/sec 정도이다.
- ㉡ 모래 대신 석탄을 이용하는 방식을 석탄의 유동층 연소방식이라 하며 미분탄 장치가 필요하지 않다.(미분탄연소와는 달리 고체연료를 분쇄할 필요가 없고,

이에 따른 동력손실이 없다.)
ⓒ 유동층연소는 다른 연소법에 비해 NOx 생성 억제가 잘 되고, 화염층을 작게 할 수 있으므로 장치의 규모도 작게 할 수 있다.
ⓔ 높은 열용량을 갖는 균일온도의 층내에서는 화염전파는 필요 없고, 층의 온도를 유지할 만큼의 발열만 있으면 된다.
ⓜ 연료의 층내 체류시간이 길어 저발열량의 석탄도 완전연소가 가능하다.

② 유동층 매체(유동사)의 구비조건
  ㉠ 불활성이어야 하고 내마모성이 있어야 한다.
  ㉡ 열에 대한 충격이 강하고 융점이 높아야 한다.
  ㉢ 입도분포가 균일하고 미세하여야 한다.
  ㉣ 비중이 작아야 한다.
  ㉤ 공급이 안정되고 가격이 저렴하여야 한다.

③ 장점
  ㉠ 유동매체의 열용량이 커서 액상, 기상 및 고형폐기물의 전소 및 환소가 가능하다.
  ㉡ 일반 소각로에서 소각이 어려운 난연성 폐기물의 소각에 적합하며, 특히 폐유, 폐윤활유 등의 소각에 탁월하다.
  ㉢ 반응시간이 빨라 소각시간이 짧다.(유동층을 형성하는 분체와 공기와의 접촉면적이 큼)
  ㉣ 연소효율이 높아 미연소분이 적고 2차연소실이 불필요하다.(미연분의 생성량이 적어 회분매립으로 인한 2차 공해가 감소됨)
  ㉤ 연소온도가 미분탄연소로에 비해 낮고 과잉공기량이 낮아 NOx 생성억제에 효과가 있다.(노 내에서 산성가스의 제거가 가능하며 별도의 배연탈황설비 불필요함)
  ㉥ 기계적 구동부분이 적어 고장률이 낮다. 즉, 유동매체에 석회석 등의 탈황제를 사용하여 노 내 탈황도 가능하다.
  ㉦ 노 내 온도의 자동제어로 열회수가 용이하다.(격심한 입자의 운동으로 층내가 균일온도로 유지됨)
  ㉧ 유동매체의 축열량이 높은 관계로 단시간 정지 후 가동시 보조연료 사용 없이 정상가동이 가능하다.
  ㉨ 전열면적이 적게 들고, 석탄의 유동층 연소방식은 미분탄 장치가 불필요하다.
  ㉩ 주방쓰레기, 슬러지 등 수분함량이 높은 폐기물을 층 내에서 건조와 연소를 동시에 할 수 있다.
  ㉪ 연료의 층내체류시간이 길어 저발열량의 석탄도 완전연소가 가능하다.

④ 단점
  ㉠ 층의 유동으로 상으로부터 찌꺼기의 분리가 어려우며 운전비, 특히 동력비가 높다.
  ㉡ 대형의 고형폐기물은 투입이나 유동화를 위해 파쇄가 필요하다.
  ㉢ 유동매체의 손실로 인한 보충이 필요하다.
  ㉣ 재나 미연탄소의 배출이 많다.
  ㉤ 부하변동에 쉽게 대응할 수 없다. 즉, 적응성이 낮은 편이다.
  ㉥ 수명이 긴 Char는 연소가 완료되지 않고 배출될 수 있으므로 재연소장치에서의 연소가 필요하다.
⑤ 유동층 연소에서 부하변동에 대한 보완대책
  ㉠ 공기분산판을 분할하여 층을 부분적으로 유동시킨다.
  ㉡ 유동층을 몇 개의 셀로 분할하여 부하에 따라 작동시키는 수를 변화시킨다.
  ㉢ 층의 높이를 변화시킨다.

5) 회전식 연소로(Rotary Kiln)
  ① 개요
    회전하는 원통형 소각로로서 경사진 구조로 되어 있는 회전식 소각로이며 길이와 직경의 비는 2~10, 회전속도는 0.3~1.5 rpm 정도로 투입되는 연소물질은 교반·건조·이동되면서 연소된다.
  ② 장점
    ㉠ 넓은 범위의 액상 및 고상폐기물을 소각할 수 있다.
    ㉡ 액상이나 고상폐기물을 각각 수용하거나 혼합하여 처리할 수 있다.
    ㉢ 경사진 구조로 용융상태의 물질에 의하여 방해받지 않는다.
    ㉣ 소각 전처리(예열, 혼합, 파쇄)가 크게 요구되지 않는다.
    ㉤ 소각시 공기와의 접촉이 좋고 효율적으로 난류가 생성된다.
    ㉥ 소각에 방해 없이 재의 연속적 배출이 가능하다.
    ㉦ 체류시간을 조절할 수 있다.
    ㉧ 독성물질의 파괴효율이 높다.(1,400℃ 이상 가동 가능)
  ③ 단점
    ㉠ 처리량이 적을 경우 설치비가 많이 소요된다.
    ㉡ 노에서의 공기유출이 크므로 종종 대량의 과잉공기가 필요하다.
    ㉢ 대기오염 제어시스템에 대하여 분진부하율이 높다.
    ㉣ 2차 연소실이 필요하고 연소효율이 낮은 편이다.

ⓜ 구형 형태의 폐기물은 완전연소가 끝나기 전에 굴러떨어질 수 있다.
ⓑ 대기 중으로 부유물질이 발생할 수 있다.
ⓢ 대형폐기물로 인한 내화재의 파손이 발생하므로 주의를 요한다.
ⓞ 소각재 배출 시 열손실이 크다.

> **Reference | 폐타이어의 연료화 방식**
> ① 액화법에 의한 연료추출방식
> ② 열분해에 의한 오일추출방식
> ③ 직접연소방식

(2) 액체연료의 연소장치

1) 기화연소방식(증발연소)
   ① 연료를 고온의 물체에 접촉 또는 충돌시켜 액체를 가연성 증기로 변환 후 연소시키는 방식이며 일반적으로 증발식 연소는 경질유의 연소에 적합하다.
   ② 증발식 버너 종류
      ㉠ 포트형 버너(포트식 연소)
         ⓐ 기름을 접시모양의 용기에 넣어 점화하면 연소열로 인해 액면이 가열되어 발생되는 증기가 외부에서 공급되는 공기와 혼합연소하는 방식으로, 휘발성이 좋은 경질유의 연소에 효과적이다.
         ⓑ 접시형태의 용기에 연료를 투입, 노 내의 열이나 방사열로 증발시켜 연소하는 버너이다.
         ⓒ 포트액면 연소는 액면에서 증발한 연료가스 주위를 흐르는 공기와 혼합하면서 연소하는 것으로 연소속도는 주위 공기의 흐름속도에 거의 비례하여 증가한다.
      ㉡ 심지형 버너(심지식 연소)
         ⓐ 주로 등유연소장치에서 모세관현상에 의해 증발연소시키는 방식으로 심지에 의해 연료저장소 속의 기름을 흡입하여 연소하는 버너이며 점화 및 소화시 공기와 혼합이 나빠 그을음 및 악취가 발생한다.
         ⓑ 심지연소는 공급공기의 유속이 낮을수록, 공기의 온도가 높을수록 화염의 높이가 높아진다.

ⓒ 증발식 버너(증발식 연소)
ⓐ 경질유(등유, 경유, 디젤유) 연소에 적합한 방식으로 방사열에 의해 공급된 연소용 공기와 혼합되어 연소하는 방식이다.
ⓑ 증발연소는 일반적으로 가정용 석유스토브, 보일러 등 연료가 경질유이며, 소형인 것을 사용한다.
ⓓ 월프레임형 버너
회전하는 연료노즐에서 오일을 수평으로 방사하여 코일이나 노 내의 열로서 가열된 화점에 접촉시켜 증발이 일어나 연소하는 방식이다.

2) 분무화연소방식
① 연료(주로 중유)를 미세하게 분무하여 공기와 혼합하여 연소시키는 방식이다.
② 충돌분무화식에서 분무화 입경은 연료의 점도와 표면 장력이 클수록 커진다.
③ 분무방식에 따라 유압식 버너, 회전식 버너, 고압공기식 버너, 저압공기식 버너 등으로 구분한다.
④ 충돌분무화식에서 분무화 입경을 작게 하기 위한 연료 예열온도는 85±5℃ 정도이다.
⑤ 이류체 분무화식은 증기 또는 공기의 분무화 매체를 사용하여 분무화시키는 방식이다.
⑥ 분무연소기에서 그을음이 생성되는 것을 방지하기 위해서는 배기가스 재순환 등에 의해서 연소용 공기의 O_2 농도를 증가시켜 포위염(envelope flame) 형성을 조장한다.

3) 유류연소 버너가 갖추어야 할 조건
① 연료유를 미립화해서 공기와 혼합하여 단시간에 완전연소를 시켜야 한다.
② 넓은 부하범위에 걸쳐 기름의 미립화가 가능해야 한다.
③ 소음 발생이 적어야 한다.
④ 점도가 높은 기름도 적은 동력비로써 미립화가 가능해야 한다.

4) 유압식 버너(유압분무식 버너)
① 개요
오일펌프로 연료 자체에 고압력을 가하여 분사하여 분무화시키는 버너이다.

② 특징
- ㉠ 연료분사범위(연소용량)
  30~3,000 L/hr(또는 15~2,000 L/hr)
- ㉡ 유량조절범위
  환류식 1 : 3, 비환류식 1 : 2로 유량조절범위가 좁아 부하변동에 적응하기 어렵다.
- ㉢ 유압
  5~30 kg/cm² 정도
- ㉣ 분사(분무) 각도
  ⓐ 40~90° 정도의 넓은 각도
  ⓑ 연료유의 분사각도는 기름의 압력, 점도 등으로 약간 달라진다.
- ㉤ 특성
  ⓐ 대용량 버너 제작이 용이하다.
  ⓑ 유량은 유압의 평방근에 비례하고 고점도의 기름은 분무화가 불량하다.
  ⓒ 구조가 간단하여 유지보수가 용이하다.
  ⓓ 부하변동이 적은 곳에 적당하다.
  ⓔ 유량조절범위가 다른 버너에 비해 좁아 부하변동에 적응하기 어렵다.
  ⓕ 연료의 점도가 크거나, 유압이 5 kg/cm² 이하가 되면 분무화가 불량하다.

5) 회전식 버너

① 개요

고속회전하는 Atomizer의 원심력에 의하여 연료유를 비산시켜 분무화하는 기능을 갖춘 형식의 버너이며 분무는 기계적 원심력과 공기를 이용한다.(3,000~10,000rpm 으로 회전하는 컵모양의 분무컵에 송입되는 연료유가 원심력으로 비산됨과 동시에 송풍기에서 나오는 1차 공기에 의해 분무되는 형식이다.)

② 특징
- ㉠ 연료분사범위(연소용량)
  5~1,000 L/hr(연료유 분사유량은 직결식이 1,000 L/hr 이하, 벨트식이 2,700 L/hr 이하)
- ㉡ 유량조절범위
  1 : 5 (유압식 버너에 비해 연료유의 분무화 입경은 비교적 크다.)
- ㉢ 유압
  0.3~0.5 kg/cm² 정도

ⓔ 분사(분무) 각도
　　　40~80° 정도로 큼
　　ⓜ 특성
　　　ⓐ 비교적 넓게 퍼지는 화염을 나타낸다.
　　　ⓑ 부하변동이 있는 중소형 보일러에 주로 사용한다.
　　　ⓒ 유압식 버너에 비해 분무입자가 비교적 크므로 중유의 점도가 작을수록 분무상태가 좋아지며 점도가 작을수록 분무화 입경이 작아진다.
　　　ⓓ 직결식은 분무컵의 회전수와 전동기의 회전수가 일치하는 방식으로 3,000~3,500 rpm 정도이다.
　　　ⓔ 점도와 비중이 작은 저급연료에 적합하며 유량이 적으면 분무화가 불량해진다.
　　　ⓕ 연소실의 구조에 따라 화염의 형상을 조절할 수 있다.

6) 고압공기식 버너(고압기류 분무식 버너)
　① 개요
　　분무매체(증기 또는 공기)에 압력으로 분사, 분무화시켜 연소시키는 버너이며 분무매체의 압력이 높은 것이 고압공기식 버너이다.
　② 특징
　　㉠ 연료분사범위(연소용량)
　　　ⓐ 외부혼합식 : 3~500 L/hr
　　　ⓑ 내부혼합식 : 10~1,200 L/hr
　　㉡ 유량조절범위
　　　1 : 10 정도로 커서 부하변동에 적응이 용이하다.
　　㉢ 유압
　　　2~8 kg/cm² 정도(증기압 또는 공기압 2~10 kg/cm²)
　　㉣ 분사(분무) 각도
　　　30°(20~30°) 정도
　　㉤ 특성
　　　ⓐ 고점도 사용에도 적합하다.(연료유의 점도가 큰 경우도 분무화 용이함)
　　　ⓑ 장염(가장 좁은 각도의 긴 화염)이나 연소 시 소음이 크게 발생된다.
　　　ⓒ 제강용평로, 연속가열로, 유리용해로 등의 대형가열로에 많이 사용된다.
　　　ⓓ 분무에 필요한 1차 공기량은 이론연소공기량의 7~12% 정도이다.
　　　ⓔ 외부혼합식보다 내부혼합식의 버너가 양호한 분무화가 된다.
　　　ⓕ 무화 시 무화매체를 증기로 하면 연료가 예열되어 연소효율을 증가시킬 수 있다.

7) 저압공기식 버너(저압기류 분무식 버너)

① 개요

분무매체(공기)에 압력으로 분사, 분무화시켜 연소시키는 버너이며 분무매체의 압력이 낮은 것이 저압공기식 버너이다.

② 특징

㉠ 연료분사범위(연소용량)

2~300 L/hr

㉡ 유량조절범위

1 : 5 정도

㉢ 유압

0.3~0.5 kg/cm²

㉣ 분사(분무) 각도

30~60° 정도

㉤ 특성

ⓐ 구조상 소형설비(소형 가열로 등에 적합)

ⓑ 무화 시 공기압력에 따라 공기량을 증감할 수 있다.

ⓒ 공기와 연료의 공급방법에 따라 연동형과 비연동형 저압기류식 공기버너가 있다.

ⓓ 자동연소제어가 용이하며 비교적 좁은 각도의 짧은 화염을 가진다.

ⓔ 분무에 필요한 공기량은 이론연소공기량의 30~50% 정도면 된다.

8) 건타입(Gun Type) 버너

① 개요

유압식과 공기분무식을 합한 형식의 버너이다.

② 특징

㉠ 유압은 보통 7 kg/cm² 이상이다.

㉡ 연소가 양호하고 전자동 연소가 가능하다.

㉢ 소형으로서 소용량에 적합하다.

🔍 Reference | 분무연소기의 자동제어방법(시퀸스제어)

① 안전장치가 별도로 필요하다.
② 분무연소기의 자동정화, 자동소화, 연소량, 자동제어 등이 행해진다.
③ 화염이 꺼진 경우 화염검출기가 소화를 검출하고 점화플러그를 다시 작동시킨다.
④ 지진에 의해서 감지기가 작동하면 연료개폐밸브가 닫힌다.

(3) 기체연료의 연소장치

1) 확산연소장치(확산형 가스버너)
   ① 개요
   기체연료와 연소용 공기를 버너 내에서 혼합하지 않고 내화재료로 제작된 넓은 화구에서 공기와 가스를 연소실로 보내어 혼합하여 연소시키는 방법이다.
   ② 종류
   ㉠ 포트형
   ⓐ 내화재료로 구성된 화구에서 공기 및 가스를 각각 송입하여 공기와 가스 연료를 다 같이 고온 예열할 수 있는 형태로 연소시키는 버너로 버너 자체가 노 벽과 함께 내화벽돌로 조립되어 노 내부에 개구된 것이며 가스와 공기를 함께 가열할 수 있는 장점이 있다.
   ⓑ 노 내부에서 연소가 완료되도록 가스와 공기의 유속을 결정하며 구조상 가스와 공기압이 높지 못한 경우에 사용한다.
   ⓒ 포트 입구가 작으면 슬래그가 부착해서 막힐 우려가 있으므로 주의한다.
   ⓓ 고발열량 탄화수소를 사용할 경우는 가스압력을 이용하여 노즐로부터 고속으로 분출케 하여 그 힘으로 공기를 흡인하는 방식을 취한다.
   ⓔ 가스 및 공기의 온도와 밀도를 고려하여 밀도가 큰 가스 출구는 상부에, 밀도가 작은 공기 출구는 하부에 배치되도록 하여 양쪽의 밀도차에 의한 혼합이 잘 되도록 한다.
   ㉡ 버너형
   공기와 가스연료를 가이드벤으로 하여금 혼합하여 연소시키는 버너로 연료선택의 사용범위가 넓다.
   ⓐ 선회버너
   기체연료와 공기를 안내날개에 의하여 혼합시키는 형식으로 저질연료(고로가스)를 연소시키는 데 적합하다.
   ⓑ 방사형 버너
   천연가스와 같은 고발열량 연료를 연소시키는 데 가장 적합한 버너이다.
   ③ 특징
   ㉠ 화염이 길고 그을음이 발생하기 쉽다.
   ㉡ 역화의 위험이 없으며 가스와 공기를 예열할 수 있다.
   ㉢ 사용상 조작범위가 넓고 장염을 만든다.

㉣ 주로 탄화수소가 적은 발생로가스, 고로가스에 적용되는 연소방식이고, 천연 가스에도 사용될 수 있다.

2) 예혼합 연소장치 (예혼합형 가스버너)

① 개요
㉠ 기체연료가 공기와 미리 혼합된 상태에서 버너에 의해 연소시키는 방법이다.
㉡ 난류가 형성되므로 화염길이가 짧고, 완전연소로 인한 그을음 생성량은 적다.
㉢ 화염온도가 높아 연소부하가 큰 경우에 사용이 가능하다.
㉣ 혼합기의 분출속도가 느릴 경우 역화의 위험이 있다.

② 종류
㉠ 저압버너
ⓐ 역화방지를 위해 1차 공기량을 이론공기량의 약 60% 정도만 흡입하고 2차 공기는 노 내의 압력을 부압(음압)으로 하여 공기를 흡입시켜 연소시킨다.
ⓑ 가스연료의 압력은 60~160 mmH$_2$O 정도이며 송풍기가 필요 없다.
ⓒ 일반적으로 연료는 도시가스이며 가정용 및 소형공업용으로 많이 사용된다.
㉡ 고압버너
ⓐ 노 내를 정압(양압)으로 하여 고온분위기를 얻을 수 있는 버너이다.
ⓑ 가스연료의 압력은 2 kg/cm^2 이상으로 공급하므로 연소실 내의 압력은 정압이며 소형의 가열로에 사용된다.
ⓒ 일반적으로 연료는 LPG, 압축도시가스이다.
㉢ 송풍버너
연소용 공기를 노즐을 이용 가압 분사시켜 가스연료를 흡인, 혼합, 연소시키는 형태의 버너이다.(노내 압력 : 정압)

> **Reference | 소각법(연소법)**

1. 직접화염소각(직접화염재연소기)
   ① 오염물질을 직접 화염(불꽃)으로 소각하는 방법으로 재연소법(After Burner)이라고도 한다.
   ② 가연성 폐가스(HC, H_2, NH_3, HCN) 및 유독가스 제거에 널리 이용되며 배출량이 많은 경우에 유용하다.
   ③ 오염가스 농도가 LEL(연소하한값)의 50% 이상인 경우에 적용한다.
   ④ 연소실 설계 시 반응시간은 0.2~0.7초, 반응온도는 650~870℃, 혼합은 연료 및 산소, 오염물질이 잘 혼합되도록 하고, 배기가스의 적정온도 유지를 위해 혼합연료의 양과 연료가스양 및 체류시간 등을 잘 조절하여야 한다.
   ⑤ 고온상태에서 NO_x 발생이 많고 불완전 연소 시 CO 및 HCHO 등이 발생된다.
   ⑥ 연료소비가 많아(오염 농도 낮은 경우 보조연료 필요) 운전비용이 증가하므로 폐열회수장치를 이용하는 것이 경제적으로 바람직하다.
   ⑦ 연료 중 C/H 비가 3 이상일 경우 그을음이나 검댕이 발생되며 그 대책으로는 수증기의 주입으로 C/H 비를 낮추면 된다.
   ⑧ 장점
     ㉠ 가연성 오염물질의 완전 제지가 가능하다.
     ㉡ 시설이 배기의 유량과 농도가 크게 변하지 않는 한 잘 적응할 수 있다.
     ㉢ 연소장치의 효율저하가 없다.
     ㉣ 경제적인 열회수가 가능하다.
   ⑨ 단점
     ㉠ 시설비와 운영비가 비교적 많은 편이다.
     ㉡ 연소생성물에 대한 독성의 우려가 있다.

2. 촉매연소(촉매산화법)
   ① 오염가스를 촉매(백금, 파라디움, 코발트 등)을 사용하여 고온연소법에 비해 낮은 반응온도(≒400~500℃)에서 단시간(수백 분의 1 sec)에 소각시키는 방법이다.
   ② 일반적으로 VOC의 함유량이 적은 저농도의 가연물질과 공기를 함유하는 기체 폐기물에 대하여 적용된다.
   ③ 배출가스를 높은 온도로 예열하지 않으며 따라서 NO_x의 발생이 거의 없다.
   ④ 대부분의 촉매는 800~900℃ 이하에서 촉매역할이 활발하므로 촉매의 온도상승은 50~100℃ 정도로 유지하는 것이 좋다.
   ⑤ 소각효율은 약 85% 이상이며 압력손실이 적어 운전상 경제적이다.
   ⑥ 구리, 금, 은, 아연, 카드뮴, 납, 수은, 황 및 분진 등은 촉매독 역할을 하여 촉매의 수명을 단축시킨다.

Reference | 폐열회수장치 설치소각로의 특성

① 연소가스 배출부분과 수증기보일러관에서 부식이 발생한다.
② 소각로의 수증기 생산설비로 인해 조작이 복잡하다.
③ 열회수로 연소가스온도와 부피를 줄일 수 있다.
④ 소각로 온도조절을 위해 과잉공기량이 적게 요구된다.
⑤ 공기와 연소가스의 양이 비교적 적으므로 용량이 작은 송풍기를 쓸 수 있다.
⑥ 수증기 생산을 위한 수냉로벽, 보일러 등 설비가 필요하다.

Reference | 화염을 유지하기 위한 보염기

① 공기유동에 대해 소용돌이를 발생시켜 화염의 순환영역을 만들어 화염의 안정화, 즉 화염 유지를 꾀한다.
② 공기유동에 대해 연료를 역방향으로 분사하고 국부공기유속을 화염전파속도보다 작게 한다.
③ 원추형 보염기는 원추의 가장자리에서 말려들게 한 소용돌이에 의하여 주로 보염작용을 행한다.
④ 축류형 보염기는 날개의 후방에 생기는 소용돌이에 의하여 주로 보염작용을 행한다.

Reference | 연소부산물 클링커

① 연료층의 내부온도가 높을 때 회분이 환원분위기 속에서 고온열화로 발생한다.
② 연료연소층의 교반속도를 적절히 조절하여 클링커 발생량을 줄인다.
③ 연료연소층의 온도분포가 균일한 경우 클링커 발생이 억제된다.
④ 연료 중의 회분유입을 억제하여 클링커 발생을 예방할 수 있다.

학습 Point

1. 고정상 연소장치 및 유동층 연소장치 내용 숙지
2. 기화연소방식 내용 숙지
3. 예혼합 연소장치 내용 숙지

05 통풍장치

통풍이란 연소용 공기의 노내 유입력, 연소배기가스의 옥외 유출력을 의미하며, 통풍장치란 연소장치 내부에 배출된 연소가스를 대치할 공기를 공급하는 장치를 말한다.

(1) 통풍장치의 구분

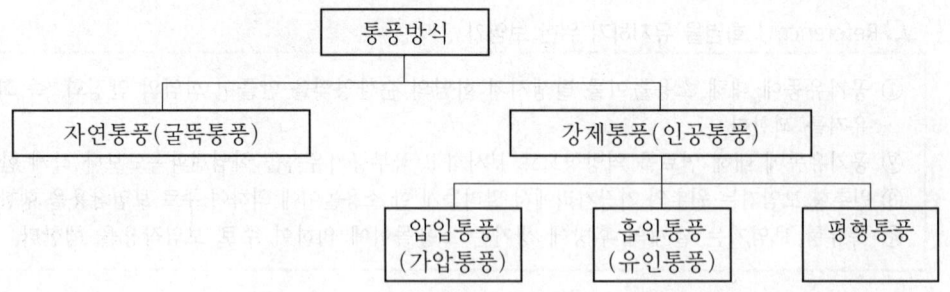

(2) 자연통풍

1) 개요
굴뚝 내외부의 공기밀도 및 가스밀도 차에 의한 통풍력이 발생하여 이루어진다.

2) 자연통풍력 상승조건
① 배기가스의 온도가 높을수록
② 외기온도가 낮을수록
③ 굴뚝(연돌)의 높이가 높을수록
④ 연돌의 단면적이 작고, 내부의 굴곡이 작을수록
⑤ 외기주입량이 없을수록
⑥ 계절별로는 여름보다 겨울에 통풍력이 높아짐
⑦ 굴뚝통로를 단순하게 함
⑧ 굴뚝가스의 체류시간을 증가시킴

3) 통풍력 계산

$$Z = 273H\left(\frac{r_a}{273+t_a} - \frac{r_g}{273+t_g}\right) = H(r_a - r_g)$$

여기서, Z : 통풍력(mmH$_2$O, mmAQ, kg/m^2)
H : 굴뚝의 높이(m)
r_a : 공기밀도(비중)(kg/m^3)
r_g : 배기가스 밀도(비중)(kg/m^3)
t_a : 외기 온도(℃)
t_g : 배기가스 온도(℃)

🔍 Reference | 공기의 밀도와 배기가스의 밀도가 같을 때

$$Z = 355H\left(\frac{1}{273+t_a} - \frac{1}{273+t_g}\right)$$

4) 특징
① 소음이 거의 발생하지 않으며 동력 소모가 없다.
② 소요량에 적용 가능하다.
③ 연소실 구조가 복잡한 형태에는 부적당하며 통풍효율이 낮다.
④ 통풍력은 연돌조건(높이, 단면적), 온도조건(배기가스, 공기)에 영향을 받는다.

(3) 강제통풍

1) 개요

송풍기 및 배풍기를 이용하는 통풍방식이다.

2) 종류
① 압입통풍
㉠ 연소용 공기를 노 앞에서 설치된 가압송풍기를 이용하여 강제로 연소실 내부로 압입하는 통풍방식이다.

ⓒ 연소용 공기를 예열할 수 있고 가압연소가 가능하다.
ⓒ 연소실 열부하율을 높일 수 있다.(열부하율이 너무 높으면 노벽의 수명 단축)
ⓔ 노 내압이 정압(+)으로 유지된다.
ⓜ 송풍기의 고장이 적고 점검, 유지, 보수가 용이하다.
ⓗ 역화의 위험성이 있고 배기가스의 유속은 6~8 m/sec 정도이다.
ⓢ 흡인통풍방식보다 송풍기의 동력 소모가 적다.

② 흡인통풍
ⓐ 연기가스를 송풍기로 흡인하여 노 내의 압력을 부압(-)으로 하여 배기가스를 굴뚝에 흡인시켜 배출하는 통풍방식이다.
ⓑ 압입통풍에 비하여 통풍력이 크다.
ⓒ 노 내압이 부압(-)으로 냉기침입의 우려가 있으나 역화의 위험성은 없다.
ⓓ 굴뚝의 통풍저항이 큰 경우에 적합하다.
ⓔ 배풍기의 점검 및 보수가 어렵고 수명이 짧다.
ⓗ 소요동력이 많이 요구되고 연소배기가스에 의한 부식이 발생한다.
ⓢ 대형의 배풍기가 필요하며 연소용 공기를 예열할 수 없다.
ⓞ 연소효율이 낮고 배기가스에 의한 마모가 발생한다.

③ 평형통풍
ⓐ 연소실 전면, 후면에 각 송풍기 및 배풍기를 부착한 병용식 통풍방식이다.
ⓑ 연소실의 구조가 복잡하여도 통풍이 잘 이루어진다.
ⓒ 통풍력이 커서 대형 연소로(보일러)에 적합하다.
ⓓ 통풍 및 노 내 압력의 조절이 용이하나 소음이 크고 설비비 및 유지비가 많이 소요된다.
ⓜ 통풍손실이 큰 연소설비에 사용되고 동력소모도 크다.
ⓗ 열가스의 누기 및 냉기의 침입이 없다.

3) 특징
① 통풍 효율이 양호하다.
② 통풍 조절이 용이하다.
③ 소음이 많고 동력비가 증가된다.
④ 상대적으로 연돌의 높이가 낮아도 무방하다.
⑤ 외기공기온도, 배기가스온도의 영향을 받지 않는다.

(4) 굴뚝 내 평균가스온도(t_{mg})

$$t_{mg} = \frac{t_1 - t_2}{\ln\left(\dfrac{t_1}{t_2}\right)} \, (℃)$$

여기서, t_1 : 굴뚝입구 온도(℃)
t_2 : 굴뚝출구 온도(℃)

필수 문제

01 연돌 내 연소가스온도가 180℃이고 외부공기의 온도가 25℃일 때 통풍력(mmH₂O)은?(단, 연돌의 높이는 25m)

풀이
$$Z = 355H\left(\frac{1}{273+t_a} - \frac{1}{273+t_g}\right)$$
$$= 355 \times 25\left[\frac{1}{(273+25)} - \frac{1}{(273+180)}\right] = 10.19 \, \text{mmH}_2\text{O}$$

필수 문제

02 다음 조건에서의 자연통풍력(mmH₂O)을 구하시오.

굴뚝 높이 50m, 굴뚝 내 평균배기가스온도 250℃, 외부대기온도 25℃
표준상태에서 배기가스와 외부대기의 비중량은 1.3kg/Sm³으로 동일
단, 굴뚝 내에서의 마찰손실 및 압력손실은 무시

풀이
$$Z = 355H\left(\frac{1}{273+t_a} - \frac{1}{273+t_g}\right)$$
$$= 355 \times 50\left[\frac{1}{(273+25)} - \frac{1}{(273+250)}\right] = 25.62 \, \text{mmH}_2\text{O}$$

※ $Z = 273 \times 50\left[\dfrac{1.3}{(273+25)} - \dfrac{1.3}{(273+250)}\right]$ 으로 계산하여도
결과는 동일(25.6 mmH₂O)함

필수 문제

03 굴뚝높이가 70m, 배기가스의 평균온도가 120℃일 때, 통풍력은 15.41mmH₂O 이다. 배기가스 온도를 230℃로 증가시키면 통풍력(mmH₂O)은 얼마가 되는가?(단, 외기온도는 20℃이며, 대기 비중량과 가스의 비중량은 표준상태에서 1.3kg/Sm³ 이다.)

[풀이] 공기밀도와 배기가스밀도가 같은 경우

$$Z = 355H\left(\frac{1}{273+t_a} - \frac{1}{273+t_g}\right)$$

$$= 355 \times 70 \times \left[\frac{1}{(273+20)} - \frac{1}{(273+230)}\right] = 35.41 \text{ mmH}_2\text{O}$$

필수 문제

04 연돌높이가 70 m 이고 대기온도 및 배기가스의 온도는 각각 28℃, 150℃ 일 경우 연돌의 통풍력을 1.5배 증가시키기 위한 배기가스의 온도는 얼마의 값을 가져야 되는지 계산하시오.(단, 대기 및 배기가스의 비중량은 1.3 kg/Sm³, 연돌높이는 변함 없음)

[풀이] 150℃에서의 통풍력

$$Z = 355H\left(\frac{1}{273+t_a} - \frac{1}{273+t_g}\right)$$

$$= 355 \times 70\left[\frac{1}{(273+28)} - \frac{1}{(273+150)}\right] = 23.81 \text{ mmH}_2\text{O}$$

1.5배 증가시킨 통풍력(Z')
$Z' = 1.5Z = 1.5 \times 23.81 = 35.72 \text{ mmH}_2\text{O}$
배출가스온도(t_g)

$$35.72 \text{ mmH}_2\text{O} = 355 \times 70\left[\frac{1}{(273+28)} - \frac{1}{(273+t_g)}\right]$$

$$t_g = \frac{1}{\left(\frac{1}{273+28}\right) - \left(\frac{35.72}{355 \times 70}\right)} - 273 = 257.55 \text{℃}$$

05 굴뚝높이가 50 m, 배기가스의 평균온도가 120℃일 때, 통풍력은 15.4 mmH₂O이다. 배기가스 온도를 200℃로 증가시키면 통풍력(mmH₂O)은 얼마나 되는가?(단, 외기온도는 20℃이며, 대기 비중량과 가스의 비중량은 표준상태에서 1.3 kg/Sm³이다.)

> **풀이**
> $Z(\mathrm{mmH_2O}) = 355H \left[\dfrac{1}{273+t_a} - \dfrac{1}{273+t_g} \right]$
> $15.41 = 355H \times \left[\dfrac{1}{273+20} - \dfrac{1}{273+120} \right]$
> $H = 49.984 \, (\mathrm{m})$
> $Z = 355 \times 49.984 \times \left[\dfrac{1}{273+20} - \dfrac{1}{273+200} \right]$
> $\quad = 23.05 \, (\mathrm{mmH_2O})$

06 연돌 내의 배기가스의 평균온도가 325℃, 대기의 온도는 25℃이다. 이때 통풍력을 40 mmH₂O 로 하기 위한 연돌의 높이(m)는?(단, 연소가스와 공기의 표준상태에서의 밀도는 1.3 kg/Nm³이고, 연돌 내의 압력손실은 무시)

> **풀이**
> $Z = 355H \left(\dfrac{1}{273+t_a} - \dfrac{1}{273+t_g} \right)$
> $40 = 355 \times H \times \left[\dfrac{1}{(273+25)} - \dfrac{1}{(273+325)} \right]$
> $H = 66.93 \, \mathrm{m}$

필수 문제

07 굴뚝에서 가스의 평균속도를 구할 때는 평균가스온도를 사용한다. 굴뚝입구의 온도가 245℃ 이고, 출구의 온도가 160℃ 일 때 굴뚝 내 평균가스온도(℃)는?

굴뚝 내 평균가스온도(t_{mg})

$$t_{mg} = \frac{t_1 - t_2}{\ln\left(\frac{t_1}{t_2}\right)} (℃) = \frac{245 - 160}{\ln\left(\frac{245}{160}\right)} = 199.49℃$$

학습 Point

① 자연통풍력 상승조건 숙지
② 통풍력 계산식 숙지(출제비중 높음)
③ 강제통풍 3종류 내용 숙지

06 매연(검댕, 그을음) 발생

매연은 연소화염 속에 생성되는 탄소미립자이다.

(1) 개요
① -C-C-의 탄소결합을 절단하기보다는 탈수소가 쉬운 쪽이 매연이 생기기 쉽다.
② 연료의 C/H(탄수소비)의 비율이 클수록 매연이 생기기 쉽다.
   [C중유 > B중유 > A중유]
③ 탈수소, 중합반응 및 고리화합물(방향족) 등과 같은 반응이 일어나기 쉬운 탄화수소 일수록 매연이 잘 생긴다.
   [타르 > 고휘발 역청탄 > 중유 > 저휘발 역청탄 > 아탄 > 경질유 > 등유 > 석탄가스 > LPG > 천연가스]
④ 분해나 산화하기 쉬운 탄화수소는 매연 발생이 적다.
⑤ 중질유일수록 매연이 생성되기 쉽다.
⑥ 탄화수소(CH)의 종류에 따라 매연량이 달라지며 분자량이 클수록(탄수소비가 클수록) 매연 발생량이 많다.(파라핀계 탄화수소가 매연발생량 가장 적음)
⑦ 연료의 휘발분이 많고 점성이 클수록 매연 발생은 많다.
⑧ 중유를 연소시킬 때 연소실 열발생률 이상으로 중유를 주입하면 검댕이 발생한다.
⑨ 공기비가 작을수록 불완전연소로 인하여 매연이 많이 발생한다.

(2) 매연 발생원인
① 통풍력이 부족 또는 과대한 경우
② 연소실의 체적이 적은 경우
③ 무리하게 연소하는 경우
④ 연소실의 온도가 낮은 경우
   (화염온도가 높은 경우 매연 발생은 작으나 발열속도보다 전열면 등으로의 방열속도 가 빨라 불꽃의 온도가 낮은 경우 발생하기 쉽다.)
⑤ 연소장치가 불량한 경우
⑥ 운전자의 취급이 미숙한 경우
⑦ 연료의 질이 해당 보일러에 적정하지 않은 경우

(3) 매연 방지대책

① 통풍력을 적절하게 유지할 것
② 연소실 및 연소장치를 점검, 개선할 것
③ 무리하게 연소하지 말 것
④ 연소기술을 향상시킬 것
⑤ 적합한 연료를 사용할 것
⑥ 후단에 매연집진장치를 설치할 것

학습 Point

매연발생원인 및 방지대책 내용 숙지

07 장치의 부식

(1) 저온부식

1) 개요
① 저온부식은 150℃ 이하의 전열면에 응축하는 황산, 질산, 염산 등의 산성염에 의하여 발생된다.
② 황산(H_2SO_4)은 연소가스 중 SO_2가 산화하여 SO_3로 되고 H_2O와 반응하여 생성되며 금속 등에 부착하여 부식의 원인이 된다.

2) 저온부식의 방지대책
① 내산성 금속재료를 사용한다.
② 저온부식이 일어날 수 있는 금속표면은 내식재료로 피복을 한다.
③ 연소가스온도를 산노점 온도보다 높게 유지해야 한다.
④ 예열공기를 사용하거나 보온시공을 한다.
⑤ 과잉공기를 줄여서 연소한다.(SO_2의 산화 방지)
⑥ 연료를 전처리하여 유황분을 제거한다.
⑦ 연소실 및 연돌에 공기누입을 방지한다.

(2) 고온부식

1) 개요
① 회분 중에 포함되어 있는 바나듐(V) 성분이 연소에 의해 5산화 바나듐(V_2O_5)이 되어 고온 전열면에 융착하여 그 부분을 부식시킨다.
② V_2O_5의 융점이 약 650℃ 정도이므로 고온부식은 이 온도에서 발생한다.

2) 고온부식의 방지대책
① 연료(중유)를 전처리하여 바나듐을 제거한다.
② 첨가제를 사용해 바나듐의 융점을 높여 전열면에 부착하는 것을 방지한다.
③ 연소가스의 온도를 바나듐의 융점 이하로 유지하여 운전한다.
④ 고온부식이 일어날 수 있는 전열면 표면에 보호 피복을 한다.
⑤ 전열면의 온도가 높아지지 않도록 설계시 반영한다.

> 학습 Point
>
> 저온부식 원인 및 대책 내용 숙지

08 연소계산

연소라 함은 고속의 발열반응으로 일반적으로 빛을 수반하는 현상의 총칭, 즉 가연물질과 산소와의 급격한 화학반응이다.

(1) 연료 구성

1) 연료의 구성요소
탄소(C), 수소(H), 산소(O), 황(S), 질소(N), 회분(Ash), 휘발분(V), 수분(W : H_2O)

2) 가연성 물질 3원소
① 탄소(C), 수소(H), 황(S) [단, 기체의 경우 CO, H_2, 각종 탄화수소, 황화합물]
② 가연 3원소의 연소반응에서 가연물질이 연소하기 위한 공기량, 연소생성가스양을 구할 수 있다.

> **Reference | 공기조성**
> ① 산소 ─ 부피 : 21%
> ─ 중량 : 23%(23.2%)
> ② 질소 ─ 부피 : 79%
> ─ 중량 : 77%(76.8%)

(2) 가연 3원소의 연소반응식

1) 탄소(C)
① 부피식

  C + O_2 → CO_2 ; [$2CO + O_2 → 2CO_2$]
 12 kg 22.4 Sm^3 22.4 Sm^3
  1 kg 1.867 Sm^3(22.4/12) 1.867 Sm^3(22.4/12)

② 중량식

  C + O₂ → CO₂
  12 kg   32 kg   44 kg
  1 kg   2.67 kg(32/12)   3.67 kg(44/12)

③ 발열량

  C + O₂ → CO₂ + 97,200 kcal/kmol
  C + O₂ → CO₂ + 8,100 kcal/kg(97,200/12)

> 🔍 Reference | 열량단위
>
> - kcal/kmol은 열량단위이며 가연성분 1 kg 분자량의 연소시 발열량은 kcal/kg이다. 즉, kcal/kg의 단위는 가연성분(1/1 kg분자량 : 12kg)에 대한 열량 단위이다.
> - $97{,}200 \text{ kcal/kmol} \times \dfrac{1}{12} = 8{,}100 \text{ kcal/kg}$

2) 수소(H)

① 부피식

  H_2 + $\dfrac{1}{2}O_2$ → H_2O ; [$2H_2 + O_2 \rightarrow 2H_2O$]
  2 kg   11.2 Sm³   22.4 Sm³
  1 kg   5.6 Sm³(11.2/2)   11.2 Sm³(22.4/2)

② 중량식

  H_2 + $\dfrac{1}{2}O_2$ → H_2O
  2 kg   16 kg   18 kg
  1 kg   8 kg(16/2)   9 kg(18/2)

③ 발열량

  $H_2 + \dfrac{1}{2}O_2$ → H_2O + 68,000 kcal/kmol
  $H_2 + \dfrac{1}{2}O_2$ → H_2O + 34,000 kcal/kg(68,000/2)

3) 황(S)

① 부피식

S	+	O_2	→	SO_2
32 kg		22.4 Sm^3		22.4 Sm^3
1 kg		0.7 Sm^3 (22.4/32)		0.7 Sm^3 (22.4/32)

② 중량식

S	+	O_2	→	SO_2
32 kg		32 kg		64 kg
1 kg		1 kg (32/32)	→	2 kg (64/32)

③ 발열량

S + O_2 → SO_2 + 80,000 kcal/kmol
S + O_2 → SO_2 + 2,500 kcal/kg (80,000/32)

(3) 일반탄화수소 (C_mH_n)의 연소반응식

1) 기본식

$$C_mH_n + \left(m + \frac{n}{4}\right)O_2 \rightarrow mCO_2 + \left(\frac{n}{2}\right)H_2O$$

2) 연소방응식 예

① 메탄(CH_4)
  $CH_4 + 2O_2 \rightarrow CO_2 + 2H_2O$

② 아세틸렌(C_2H_2)
  $C_2H_2 + 2.5O_2 \rightarrow 2CO_2 + H_2O$

③ 에틸렌(C_2H_4)
  $C_2H_4 + 3O_2 \rightarrow 2CO_2 + 2H_2O$

④ 에탄(C_2H_6)
  $C_2H_6 + 3.5O_2 \rightarrow 2CO_2 + 3H_2O$

⑤ 프로핀(C_3H_4)
  $C_3H_4 + 4O_2 \rightarrow 3CO_2 + 2H_2O$

⑥ 프로필렌(C_3H_6)
  $C_3H_6 + 4.5O_2 \rightarrow 3CO_2 + 3H_2O$

⑦ 프로판(C_3H_8)
  $C_3H_8 + 5O_2 \rightarrow 3CO_2 + 4H_2O$

⑧ 부틴(C_4H_6)
  $C_4H_6 + 5.5O_2 \rightarrow 4CO_2 + 3H_2O$

⑨ 부틸렌(C_4H_8)
  $C_4H_8 + 6O_2 \rightarrow 4CO_2 + 4H_2O$

⑩ 부탄(C_4H_{10})
  $C_4H_{10} + 6.5O_2 \rightarrow 4CO_2 + 5H_2O$

⑪ 벤젠(C_6H_6)

$C_6H_6 + 7.5O_2 \rightarrow 6CO_2 + 3H_2O$

(4) 이론산소량

연료를 이론적으로 완전연소시키는 데 소요되는 최소한의 산소량을 의미한다.

1) 고체 및 액체연료

고체, 액체 연료 1 kg의 연소 시 이론산소량(O_0)

① 부피식

$$O_0 = \frac{22.4}{12}C + \frac{11.2}{2}\left(H - \frac{O}{8}\right) + \frac{22.4}{32}S$$

$$= 1.867C + 5.6\left(H - \frac{O}{8}\right) + 0.7S$$

$$= 1.867C + 5.6H - 0.7O + 0.7S (Sm^3/kg)$$

② 중량식

$$O_0 = \frac{32}{12}C + \frac{16}{2}\left(H - \frac{O}{8}\right) + \frac{32}{32}S$$

$$= 2.667C + 8\left(H - \frac{O}{8}\right) + S$$

$$= 2.667C + 8H - O + S (kg/kg)$$

> **Reference | 유효수소$\left(H - \frac{O}{8}\right)$**
>
> ① 유효수소는 연료 내에 포함된 수분을 보정하는 것을 의미한다.
> ② 가연물질에 결합수로서 포함하는 수소를 제외한 유효수소분에 대한 소요산소를 나타낸다.
> ③ 유효수소는 실제 연소에 참여할 수 있는 수소의 양으로 전체수소에서 산소와 결합된 수소량을 제외한 양 $\left(H - \frac{O}{8}\right)$을 의미한다.

2) 기체연료

기체연료의 이론산소량은 완전연소에 필요한 산소량의 합에서 기체연료 자체에 포함된 산소량을 제외한 것이다.

① 부피식

$$O_0 = 0.5H_2 + 0.5CO + 2CH_4 + \cdots + \left(m + \frac{n}{4}\right)C_mH_n - O_2(Sm^3/Sm^3)$$

$$= 0.5H_2 + 0.5CO + 2CH_4 + 2.5C_2H_2 + 3C_2H_4 + 5C_3H_8 + 6.5C_4H_{10} + 1.5H_2S - O_2$$

② 중량식

$$O_0 = \frac{1/2 \times 32}{22.4}H_2 + \frac{1/2 \times 32}{22.4}CO + \frac{2 \times 32}{22.4}CH_4 + \cdots$$

$$+ \left(\frac{32m + 8n}{22.4}\right)C_mH_n - \frac{32}{22.4}O_2(kg/Sm^3)$$

필수 문제

01 탄소(C) 5 kg을 완전연소시킨다면 산소는 몇 Nm^3가 필요한가?

> **풀이** 연소방정식
>
> $\quad$ C $\quad + \quad$ O_2 $\quad \rightarrow \quad$ CO_2
>
> 12 kg $\quad$: $\quad$ 22.4 Nm^3
>
> $\,$ 5 kg $\quad$: $\quad$ $O_2(Nm^3)$
>
> $O_2(Nm^3) = \dfrac{5 \text{ kg} \times 22.4 \text{ Nm}^3}{12 \text{ kg}} = 9.33 \text{ Nm}^3$

필수 문제

02 이론적으로 순수한 탄소 3 kg을 완전연소시키는 데 필요한 산소의 양(kg)은?

> **풀이** 연소반응식
>
> $\quad$ C $\quad + \quad$ O_2 $\quad \rightarrow \quad$ CO_2

$$12 \text{ kg} : 32 \text{ kg}$$
$$3 \text{ kg} : O_2(\text{kg})$$
$$O_2(\text{kg}) = \frac{3 \text{ kg} \times 32 \text{ kg}}{12 \text{ kg}} = 8 \text{ kg}$$

필수 문제

03 부탄 1kg을 표준상태에서 완전연소시키는 데 필요한 이론산소의 양(kg)은?

풀이

연소반응식

$$C_4H_{10} + 6.5O_2 \rightarrow 4CO_2 + 5H_2O$$

58kg : 6.5×32kg

1kg : O_2(kg)

$$O_2(\text{kg}) = \frac{1\text{kg} \times (6.5 \times 32)\text{kg}}{58\text{kg}} = 3.59 \text{ kg}$$

필수 문제

04 기체연료의 혼합물 조성이 Ethylene 20%, Ethane 40%, Propane 40% 이다. 이 기체연료 3 kmol 의 질량(kg)은?

풀이

$$혼합물(\text{kg/kmol}) = \frac{[(C_2H_4 \times 20) + (C_2H_6 \times 40) + (C_3H_8 \times 40)]}{100}$$

$$= \frac{[(28 \times 20) + (30 \times 40) + (44 \times 40)]}{100} = 35.2 \text{ kg/kmol}$$

기체연료질량(kg) = 35.2 kg/kmol × 3 kmol = 105.6 kg

필수 문제

05 표준상태에서 메탄 6 Sm³을 완전연소시 요구되는 이론산소의 무게(kg)는?

풀 이

$$CH_4 + 2O_2 \rightarrow CO_2 + 2H_2O$$
22.4 Sm³ : 2×32 kg
6 Sm³ : O_2(kg)

$$O_2(kg) = \frac{6\,Sm^3 \times (2 \times 32)\,kg}{22.4\,Sm^3} = 17.14\,kg$$

필수 문제

06 CO_2 50 kg 을 표준상태에서의 부피(m³)로 나타내시오.(단, CO_2는 이상기체이고 표준상태로 간주)

풀 이

연소반응식
$$C + O_2 \rightarrow CO_2$$
44 kg : 22.4 m³
50 kg : x(m³)

$$부피(m^3) = \frac{50\,kg \times 22.4\,m^3}{44\,kg} = 25.45\,m^3$$

필수 문제

07 수소 1 kg 이 완전연소되었을 때 필요한 이론적 산소요구량(kg)과 연소생성물인 수분의 양(kg)은 각각 얼마인가?

풀 이

이론적 산소요구량

$$H_2 + \frac{1}{2}O_2 \rightarrow H_2O$$

2 kg : 16 kg
1 kg : O_2(kg)

$$O_2(kg) = \frac{1\,kg \times 16\,kg}{2\,kg} = 8\,kg$$

수분의 양

$$H_2 + \frac{1}{2}O_2 \rightarrow H_2O$$

2 kg : 18 kg

1 kg : H_2O(kg)

$$H_2O(kg) = \frac{1\,kg \times 18\,kg}{2\,kg} = 9\,kg$$

필수 문제

08 탄소 70kg과 수소 20kg을 완전연소시키는 데 필요한 이론적인 산소의 양(kg)은?

[풀이]

$$C + O_2 \rightarrow CO_2$$

12 kg : 32 kg

70 kg : O_2(kg)

$$O_2(kg) = \frac{70\,kg \times 32\,kg}{12\,kg} = 186.67\,kg$$

$$H_2 + \frac{1}{2}O_2 \rightarrow H_2O$$

2 kg : 16 kg

20 kg : O_2(kg)

$$O_2(kg) = \frac{20\,kg \times 16\,kg}{2\,kg} = 160\,kg$$

이론산소량(kg) = 186.67 + 160 = 346.67 kg

필수 문제

09 Butane 4 Sm^3을 완전연소할 경우 필요한 이론산소량(Sm^3)은?

[풀이]

부탄(C_4H_{10}) 연소방정식

$$C_4H_{10} + 6.5O_2 \rightarrow 4CO_2 + 5H_2O$$

22.4Sm^3 : 6.5×22.4Sm^3

4Sm^3 : O_2(Sm^3)

$$O_2(Sm^3) = \frac{4Sm^3 \times (6.5 \times 22.4)Sm^3}{22.4Sm^3} = 26\,Sm^3$$

필수 문제

10 원소구성비(무게)가 C : 75%, O : 9%, H : 10%, S : 6%인 석탄 1kg을 완전연소시킬 때 필요한 이론산소량(kg)은?

> **풀이**
> 이론산소량(O_0)
> O_0(kg/kg) $= 2.667C + 8H - O + S$
> $= (2.667 \times 0.75) + (8 \times 0.1) - 0.09 + 0.06 = 2.77 \text{kg/kg} \times 1\text{kg} = 2.77 \text{ kg}$

필수 문제

11 연료 조성을 원소분석한 결과 중량비가 C : 69%, H : 6%, O : 18%, N : 5%, S : 2%였다. 100 kg 연소시 필요한 이론산소량(Sm^3)은?

> **풀이**
> 이론산소량(O_0 : 부피)
> $O_0(Sm^3) = 1.867C + 5.6H - 0.7O + 0.7S$
> $= (1.867 \times 0.69) + (5.6 \times 0.06) - (0.7 \times 0.18) + (0.7 \times 0.02)$
> $= 1.51 \ Sm^3/\text{kg} \times 100 \text{ kg} = 151 \ Sm^3$

필수 문제

12 공기 중의 CO_2 가스부피가 5%를 넘으면 인체가 해롭다고 한다. 지금 450 m^3 되는 방에서 문을 닫고 80%의 탄소를 가진 숯을 약 몇 kg을 태우면 인체에 해로운 상태로 접어들겠는가?(단, 기존 공기 중 CO_2 가스 부피는 고려하지 않으며, 표준상태를 기준으로 하고 탄소성분은 완전연소해서 모두 CO_2로 된다.)

> **풀이**
> $C + O_2 \rightarrow CO_2$에 인체에 해로운 CO_2량 고려 계산
> 12kg : 22.4m^3
> $x \times 0.8$: 450$m^3 \times 0.05$
> $x(C : \text{kg}) = \dfrac{12\text{kg} \times 450m^3 \times 0.05}{0.8 \times 22.4m^3} = 15.07 \text{kg}$

(5) 이론공기량

- 연료를 이론적으로 완전연소시키는 데 소요되는 최소한의 공기량을 의미하며 연료의 화학적 조성에 따라 다르다.
- 연소용 공기 중의 수분은 연료 중의 수분이나 연소시 생성되는 수분량에 비해 매우 적으므로 보통 무시할 수 있다.

1) 고체 및 액체연료

고체, 액체연료 1 kg의 연소시 이론공기량(A_0)

① 부피식

$$A_0 = \frac{1}{0.21}\left[\frac{22.4}{12}C + \frac{11.2}{2}\left(H - \frac{O}{8}\right) + \frac{22.4}{32}S\right]$$

$$= \frac{1}{0.21}(1.867C + 5.6H - 0.7O + 0.7S)$$

$$= 8.89C + 26.67H - 3.33O + 3.33S \,(Sm^3/kg)$$

② 중량식

$$A_0 = \frac{1}{0.232}\left[\frac{32}{12}C + \frac{16}{2}\left(H - \frac{O}{8}\right) + \frac{32}{32}S\right]$$

$$= \frac{1}{0.232}(2.667C + 8H - O + S)$$

$$= 11.49C + 34.48H - 4.31O + 4.31S \,(kg/kg)$$

2) 기체연료

① 부피식

$$A_0 = \frac{1}{0.21}\left[0.5H_2 + 0.5CO + 2CH_4 + \cdots + \left(m + \frac{n}{4}\right)C_mH_n - O_2\right](Sm^3/Sm^3)$$

② 중량식

$$A_0 = \frac{1}{0.232}\left[\frac{0.5\times32}{22.4}H_2 + \frac{0.5\times32}{22.4}CO + \frac{2\times32}{22.4}CH_4 + \cdots \right.$$

$$\left. + \left(\frac{32m + 8n}{22.4}\right)C_mH_n - \frac{32}{22.4}O_2\right](kg/Sm^3)$$

3) 각 연료의 이론공기량(A_0) 근사치 범위
   ① 기체연료
      ㉠ LNG(천연가스) : 7.8~13.6 Sm^3/Sm^3　㉡ LPG(석유가스) : 20.8~24.7 Sm^3/Sm^3
      ㉢ 코크스 : 8.0~9.0 Sm^3/Sm^3
      ㉣ 발생로 가스 : 1 Sm^3/Sm^3 미만(0.93~1.29 Sm^3/Sm^3)
      ㉤ 도시가스 : 1.6 Sm^3/Sm^3 미만　㉥ 고로가스 : 0.7~0.9 Sm^3/Sm^3
      ㉦ 수소 : 2.4 Sm^3/Sm^3　　　　　㉧ 메탄 : 9.5 Sm^3/Sm^3
      ㉨ 에탄 : 17 Sm^3/Sm^3
   ② 액체연료
      ㉠ 휘발유 : 11.3~11.5 Sm^3/kg　　㉡ 등유 : 11.39 Sm^3/kg
      ㉢ 경유 : 10.32 Sm^3/kg　　　　　㉣ 중유 : 10.16~10.5 Sm^3/kg
      ㉤ 메탄올 : 5.04 Sm^3/kg
   ③ 고체연료
      ㉠ 목탄 : 7.2~8 Sm^3/kg　　　　　㉡ 코크스 : 6.9~7.5 Sm^3/kg
      ㉢ 무연탄 : 7.5~8.6 Sm^3/kg　　　㉣ 갈탄 : 3.2~5.3 Sm^3/kg
      ㉤ 역청탄 : 6.3~8 Sm^3/kg　　　　㉥ 아탄 : 2.6~5.3 Sm^3/kg

필수 문제

01 수소가스 5 Sm^3을 완전연소시키기 위한 이론 연소공기량(Sm^3)은?

> **풀이**
> 연소반응식
>
> $$H_2 \quad + \quad \frac{1}{2}O_2 \quad \rightarrow \quad H_2O$$
>
> $22.4\ Sm^3$: $0.5 \times 22.4\ Sm^3$
> $5\ Sm^3$: $O_2(Sm^3)$
>
> $$O_2 = \frac{5\ Sm^3 \times (0.5 \times 22.4)\ Sm^3}{22.4\ Sm^3} = 2.5\ Sm^3$$
>
> $$A_0 = \frac{O_0}{0.21} = \frac{2.5}{0.21} = 11.9\ Sm^3$$

필수 문제

02 탄소 80%, 수소 10%, 산소 8%, 황 2%로 조성된 중유의 완전연소에 필요한 이론공기량(Sm³/kg)은?

풀이 이론공기량(A_0)

$$A_0(Sm^3/kg) = \frac{1}{0.21}[1.867C + 5.6H - 0.7O + 0.7S]$$

$$= \frac{1}{0.21}[(1.867 \times 0.8) + (5.6 \times 0.1) - (0.7 \times 0.08) + (0.7 \times 0.02)] = 9.58\ Sm^3/kg$$

필수 문제

03 탄소, 수소 및 황의 중량비가 83%, 14%, 3%인 폐유 3 kg을 연소하는 데 필요한 이론공기량(Sm³)은?

풀이 이론공기량(A_0)

$$A_0(Sm^3) = \frac{1}{0.21}[1.867C + 5.6H + 0.7S]$$

$$= \frac{1}{0.21}[(1.867 \times 0.83) + (5.6 \times 0.14) + (0.7 \times 0.03)]$$

$$= 11.21\ Sm^3/kg \times 3\ kg = 33.64\ Sm^3$$

필수 문제

04 중유의 성분분석 결과 탄소 : 82%, 수소 : 11%, 황 : 3%, 산소 : 1.5%, 기타 2.5%라면 이 중유의 완전연소시 시간당 필요한 이론공기량(Sm³/hr)은?(단, 연료사용량 : 100 L/hr, 연료비중 0.95, 표준상태 기준)

풀이 이론공기량(A_0)

$$A_0(Sm^3/kg) = \frac{1}{0.21}[1.867C + 5.6H - 0.7O + 0.7S)$$

$$= \frac{1}{0.21}[(1.867 \times 0.82) + (5.6 \times 0.11) - (0.7 \times 0.015) + (0.7 \times 0.03)]$$

$$= 10.27\ Sm^3/kg \times 100\ L/hr \times 0.95\ kg/L = 975.65\ Sm^3/hr$$

필수 문제

05 어떤 연료의 원소 조성이 다음과 같을 때 이론공기량(Sm^3/kg)은?(단, 가연분 80%(C=45%, H=10%, O=40%, S=5%), 수분 10%, 회분 10%)

풀이 이론공기량(A_0)

$$A_0(Sm^3/kg) = \frac{1}{0.21}[1.867C + 5.6H - 0.7O + 0.7S]$$

가연분 중 각 성분 : C = 0.8×45 = 36%
  H = 0.8×10 = 8%
  O = 0.8×40 = 32%
  S = 0.8×5 = 4%

$$= \frac{1}{0.21}[(1.867 \times 0.36) + (5.6 \times 0.08) - (0.7 \times 0.32) + (0.7 \times 0.04)]$$
$$= 4.4 \ Sm^3/kg$$

필수 문제

06 다음 조성을 가진 석탄 1 kg을 완전연소시킬 때의 이론공기량(Sm^3)은?(단, 석탄의 조성은 중량 %로 탄소 70%, 수소 5%, 황 2%, 산소 4%, 수분 2%, 회분 17%이다.)

풀이 이론공기량(A_0)

$$A_0(Sm^3) = \frac{1}{0.21}[1.867C + 5.6H - 0.7O + 0.7S]$$
$$= \frac{1}{0.21}[(1.867 \times 0.7) + (5.6 \times 0.05) - (0.7 \times 0.04) + (0.7 \times 0.02)]$$
$$= 7.49 \ Sm^3/kg \times 1 \ kg$$
$$= 7.49 \ Sm^3$$

필수 문제

07 탄소, 수소의 중량조성이 각각 85%, 15% 인 액체연료를 매시간당 127kg 로 완전연소 할 경우 필요한 이론공기량(Sm^3/hr)은?

풀이 이론공기량(A_0)

$$A_0(Sm^3/hr) = \frac{1}{0.21}[1.867C + 5.6H]$$

$$= \frac{1}{0.21}[(1.867 \times 0.85) + (5.6 \times 0.15)]$$

$$= 11.56\ Sm^3/kg \times 127\ kg/hr = 1,468.12\ Sm^3/hr$$

필수 문제

08 메탄올(CH_3OH) 3 kg 이 연소하는 데 필요한 이론공기량(Sm^3)은?

풀이 이론공기량(A_0)

$$A_0(Sm^3) = \frac{1}{0.21}[1.867C + 5.6H - 0.7O]$$

CH_3OH의 분자량에 대한 각 성분 구성비
CH_3OH 분자량 $= C + H_4 + O = 12 + (1 \times 4) + 16 = 32$

$C = 12/32 = 0.375$
$H = 4/32 = 0.125$
$O = 16/32 = 0.500$

$$= \frac{1}{0.21}[(1.867 \times 0.375) + (5.6 \times 0.125) - (0.7 \times 0.5)]$$

$$= 5.0\ Sm^3/kg \times 3\ kg = 15\ Sm^3$$

다른 방법(연소반응식)
$CH_3OH + 1.5O_2 \rightarrow CO_2 + 2H_2O$

32 kg : $1.5 \times 22.4\ Sm^3$
3 kg : $O_0(Sm^3)$

$$O_0(Sm^3) = \frac{3\ kg \times (1.5 \times 22.4\ sm^3)}{32\ kg} = 3.15\ Sm^3$$

$$A_0(Sm^3) = \frac{3.15}{0.21} = 15\ Sm^3$$

필수 문제

09 에탄올 1 kg을 완전연소시킬 때 필요한 이론공기량(Sm^3)은?

[풀이]

연소반응식

$$C_2H_5OH + 3O_2 \rightarrow 2CO_2 + 3H_2O$$

46 kg : $3 \times 22.4\,Sm^3$

1 kg : $O_2(Sm^3)$

$$O_2(Sm^3) = \frac{1\,kg \times (3 \times 22.4)\,Sm^3}{46\,kg} = 1.46\,Sm^3$$

$$A_0(Sm^3) = \frac{O_0}{0.21} = \frac{1.46}{0.21} = 6.96\,Sm^3$$

필수 문제

10 3,000 kg의 석탄이 완전연소시키는 데 소요되는 이론공기량(kg)은?(단, 석탄은 모두 탄소로 구성되어 있다고 가정함)

[풀이]

연소반응식

$$C + O_2 \rightarrow CO_2$$

12 kg : 32 kg

3,000 kg : $O_0(kg)$

$$O_0(kg) = \frac{3,000\,kg \times 32\,kg}{12\,kg} = 8,000\,kg$$

$$A_0(kg) = \frac{8,000}{0.232} = 34,482.76\,kg$$

필수 문제

11 CH_4 95%, O_2 5%로 조성된 가스 1 Nm^3을 연소하기 위해 필요한 이론공기량(Nm^3)은?

풀이 이론공기량(A_0) : 기체

$$A_0(Nm^3) = \frac{1}{0.21}[2CH_4 - O_2]$$

$$= \frac{1}{0.21}[(2 \times 0.95) - 0.05] = 8.81 \, Nm^3/Nm^3 \times 1 Nm^3 = 8.81 Nm^3$$

필수 문제

12 부피비로 CH_4 80%, O_2 10%, N_2 10% 인 연료가스 1.5 Nm^3을 완전연소시키기 위해 필요한 이론공기량(Nm^3)은?

풀이 이론공기량(A_0) : 기체

$$A_0(Nm^3) = \frac{1}{0.21}[2CH_4 - O_2]$$

$$= \frac{1}{0.21}[(2 \times 0.8) - 0.1] = 7.14 \, Nm^3/Nm^3 \times 1.5 \, Nm^3 = 10.71 \, Nm^3$$

필수 문제

13 CH_4 80%, O_2 3%, CO 7%, H_2 10% 의 조성으로 된 가스 1 Sm^3를 완전연소하는 데 필요한 이론공기량(Sm^3/Sm^3)은?

풀이 이론공기량(A_0) : 기체

$$A_0(Sm^3/Sm^3) = \frac{1}{0.21}[0.5H_2 + 0.5CO + 2CH_4 - O_2]$$

$$= \frac{1}{0.21}[(0.5 \times 0.1) + (0.5 \times 0.07) + (2 \times 0.8) - 0.03] = 7.88 \, Sm^3/Sm^3$$

필수 문제

14 C_6H_6 5 Sm^3 가 완전연소하는 데 소요되는 이론공기량(Sm^3)은?

[풀이]

이론공기량(A_0) : 탄화수소류

$$A_0(Sm^3) = \frac{1}{0.21}\left(m + \frac{n}{4}\right)$$
$$= 4.76m + 1.19n$$
$$= (4.76 \times 6) + (1.19 \times 6)$$
$$= 35.7\ Sm^3/Sm^3 \times 5\ Sm^3$$
$$= 178.5\ Sm^3$$

다른 방법(연소방정식)

$$C_6H_6\ +\ 7.5O_2\ \rightarrow\ 6CO_2\ +\ 3H_2O$$
22.4 Sm^3 : 7.5×22.4 Sm^3
5 Sm^3 : $O_0(Sm^3)$

$$O_0(Sm^3) = \frac{5\ Sm^3 \times (7.5 \times 22.4)\ Sm^3}{22.4\ Sm^3} = 37.5\ Sm^3$$

$$A_0(Sm^3) = \frac{37.5}{0.21} = 178.5\ Sm^3$$

필수 문제

15 30 g의 에탄(C_2H_6)을 완전연소시키기 위한 이론공기량(L)은?(단, 0℃ 1기압 기준)

[풀이]

완전 연소방정식

$$C_2H_6\ +\ 3.5O_2\ \rightarrow\ 2CO_2\ +\ 3H_2O$$
30 g : 3.5×22.4 L
30 g : $O_0(L)$

$$O_0(L) = \frac{30\ g \times (3.5 \times 22.4)\ L}{30\ g} = 78.4\ L$$

$$A_0(L) = \frac{78.4}{0.21} = 373.33\ L$$

제2편 연소 공학

필수 문제

16 부피비 99%인 CH_4과 미량의 불순물로 구성된 탄화수소혼합가스 3 L를 완전연소 시 필요한 이론적공기량(L)은?

풀이

$$CH_4 + 2O_2 \rightarrow CO_2 + 2H_2O$$
$$1Sm^3 : 2Sm^3$$
$$30\,L \times 0.99 : O_0(L)$$

$$O_0(L) = \frac{(3\,L \times 0.99) \times 2Sm^3}{1Sm^3} = 5.94\,L$$

$$A_0 = \frac{5.94}{0.21} = 28.29\,L$$

필수 문제

17 부피비율로 프로판 30%, 부탄 70%로 이루어진 혼합가스 1 L를 완전연소시키는 데 필요한 이론공기량(L)은?

풀이

프로판(C_3H_8)의 연소반응식
$$C_3H_8 + 5O_2 \rightarrow 3CO_2 + 4H_2O$$
이론산소량 5 L(30%)

부탄(C_4H_{10})의 연소반응식
$$C_4H_{10} + 6.5O_2 \rightarrow 4CO_2 + 5H_2O$$
이론산소량 6.5 L(70%)

혼합시 이론산소량(O_0)

$$O_0(L) = \frac{(0.3 \times 5) + (0.7 \times 6.5)}{0.3 + 0.7} = 6.05\,L$$

이론공기량(A_0)

$$A_0(L) = \frac{6.05}{0.21} = 28.81\,L$$

필수 문제

18 혼합가스에 포함된 기체의 조성이 부피기준으로 메탄이 10%, 프로판 30%, 부탄이 60%인 가스연료가 있다. 이 기체 연료 1 L를 연소하는 데 필요한 이론 공기량은 몇 L인가?(단, 연료와 공기는 동일 조건의 기체이며 완전연소라고 가정함)

풀이

메탄(CH_4)의 연소반응식
$CH_4 + 2O_2 \rightarrow CO_2 + 2H_2O$
이론산소량 2 L(10%)

프로판(C_3H_8)의 연소반응식
$C_3H_8 + 5O_2 \rightarrow 3CO_2 + 4H_2O$
이론산소량 5 L(30%)

부탄(C_4H_{10})의 연소반응식
$C_4H_{10} + 6.5O_2 \rightarrow 4CO_2 + 5H_2O$
이론산소량 6.5 L(60%)

혼합시 이론산소량(O_0)

$O_0(L) = \dfrac{(0.1 \times 2) + (0.3 \times 5) + (0.6 \times 6.5)}{0.1 + 0.3 + 0.6} = 5.6 \text{ L}$

이론공기량(A_0)

$A_0(L) = \dfrac{5.6}{0.21} = 26.67 \text{ L}$

필수 문제

19 옥탄 5.3 kg을 완전연소시키기 위하여 소요되는 이론공기량(kg)은?

풀이

연소반응식
$C_8H_{18} + 12.5O_2 \rightarrow 8CO_2 + 9H_2O$
114 kg : 12.5×32 kg
5.3 kg : O_0(kg)

$O_0(kg) = \dfrac{5.3 \text{ kg} \times (12.5 \times 32) \text{ kg}}{114 \text{ kg}} = 18.59 \text{ kg}$

$A_0(kg) = \dfrac{18.59}{0.232} = 80.13 \text{ kg}$

필수 문제

20 프로판(C_3H_8) : 부탄(C_4H_{10})이 40% : 60%의 용적비로 혼합된 기체 1 Sm^3이 완전연소시 CO_2 발생량(Sm^3)은?

풀이

프로판(C_3H_8)의 연소반응식
$C_3H_8 + 5O_2 \rightarrow 3CO_2 + 4H_2O$
CO_2 발생량 $3Sm^3$(40%)

부탄(C_4H_{10})의 연소반응식
$C_4H_{10} + 6.5O_2 \rightarrow 4CO_2 + 5H_2O$
CO_2 발생량 $4Sm^3$(60%)

혼합시 CO_2 발생량
$CO_2(Sm^3) = \dfrac{(0.4 \times 3) + (0.6 \times 4)}{0.4 + 0.6} = 3.6\ Sm^3$

필수 문제

21 프로판과 부탄을 용적비 1 : 1로 혼합한 가스 1 Sm^3를 이론적으로 완전연소할 때 발생하는 CO_2의 양(Sm^3)은?(단, 표준상태기준)

풀이

$C_3H_8 + 5O_2 \quad \rightarrow \quad 3CO_2 + 4H_2O$
$\quad 1\ Sm^3 \quad : \quad 3\ Sm^3$
$\quad 0.5\ Sm^3 \quad : \quad CO_2(Sm^3) \qquad CO_2(Sm^3) = 1.5 Sm^3$

$C_4H_{10} + 6.5O_2 \quad \rightarrow \quad 4CO_2 + 5H_2O$
$\quad 1\ Sm^3 \quad : \quad 4\ Sm^3$
$\quad 0.5\ Sm^3 \quad : \quad CO_2(Sm^3) \qquad CO_2(Sm^3) = 2 Sm^3$

$CO_2 = 1.5 + 2 = 3.5 Sm^3$

필수 문제

22 어떤 연료의 이론공기량이 10 m³이라면 질소의 부피(m³)는?

풀이   질소(N_2)의 부피(m^3) = $(1-0.21) \times A_0 = 0.79 \times 10 = 7.9\ m^3$

필수 문제

23 완전연소를 위하여 산소의 양이 10 m³ 필요하다면 이론적인 공기량(Nm³)은?

풀이   이론공기량(A_0)
$$A_0(Nm^3) = \frac{O_0}{0.21} = \frac{10\ Nm^3}{0.21} = 47.62\ Nm^3$$

필수 문제

24 이론공기량이 20 kg 이라고 하면 산소의 중량(kg)은?

풀이   산소(O_2)의 중량(kg) = $0.232 \times A_0 = 0.232 \times 20\ kg = 4.64\ kg$

필수 문제

25 완전연소를 위한 산소의 양이 10 kg 필요하다면 공급해야 할 이론적인 공기량(m³)은?(단, 공기분자량 29)

풀이   이론공기량(A_0) : 중량
$$A_0(kg) = \frac{O_0}{0.232} = \frac{10\ kg}{0.232} = 43.10\ kg$$
이론공기량(A_0) : 부피
$$A_0(m^3) = 43.10\ kg \times \left(\frac{22.4\ m^3}{29\ kg}\right) = 33.29\ m^3$$

필수 문제

26 Butane 몇 kg을 완전연소 시 이론적으로 필요한 공기량이 649kg 이 되겠는가?

풀이

이론공기량(A_0) = O_0/0.232

649kg = O_0/0.232 O_0 = 150.57kg

C_4H_{10} + 6.5O_2 → 4CO_2 + 5H_2O

58kg : 6.5×32kg

C_4H_{10}(kg) : 150.57kg

C_4H_{10}(kg) = $\dfrac{58\text{kg} \times 150.57\text{kg}}{6.5 \times 32\text{kg}}$ = 41.99kg

필수 문제

27 어떤 연료의 무게가 10 kg 이며 수소 18%, 산소가 3% 가 존재한다면 연소할 수 있는 유효수소의 양(kg)은?

풀이

유효수소(kg) = 전체수소량 – 산소와 결합한 수소량

$= H - \dfrac{O}{8}$

산소와 결합한 수소량

H_2 + $\dfrac{1}{2}O_2$ → H_2O

2 kg : 0.5×32 kg

H(kg) : 0.3 kg   (연료 내 산소량 = 10 kg×0.03 = 0.3 kg)

H(kg) = $\dfrac{2 \text{ kg} \times 0.3 \text{ kg}}{(0.5 \times 32) \text{ kg}}$ = 0.0375 kg

= (10×0.18)kg – 0.0375 kg = 1.76 kg

필수 문제

28 기체연료의 부피가 1 m³ 일 때 이론공기량(m³)은?(단, 수소 60%, 일산화탄소 15%, 프로판 25%)

풀이 이론공기량(A_0)

$$A_0(m^3/m^3) = \frac{1}{0.21}[(0.5 \times H_2) + (0.5 \times CO) + \cdots + (m + \frac{n}{4})C_mH_n - O_2]$$

$$= \frac{1}{0.21}[(0.5 \times 0.6) + (0.5 \times 0.15) + (3 + \frac{8}{4}) \times 0.25]$$

$$= 7.74 \, m^3/m^3 \times 1m^3 = 7.74 m^3$$

필수 문제

29 액화프로판 660 kg 을 기화시켜 9.9 Sm³/hr 로 연소시킨다면 약 몇 시간 사용할 수 있는가?(단, 표준상태 기준)

풀이 사용시간(hr) = $\dfrac{연소량(Sm^3)}{연소율(Sm^3/hr)} = \dfrac{660 \, kg \times (22.4 \, Sm^3/44 \, kg)}{9.9 \, Sm^3/hr} = 33.94 \, hr$

(6) 실제공기량과 공기비

- 연소시 실제로는 이론공기량(A_0)보다 많은 양의 공기를 공급하여야 완전연소가 가능하다.
- 실제공기량(A)은 이론공기량과 공기비(m)를 적용하여 산출한다.

1) 공기비(m) : 과잉공기계수

A_0에 대한 A의 비로 나타낸다.

$$m = \frac{A}{A_0} \quad (A = m \cdot A_0)$$

여기서, m : 공기비(과잉공기계수)
A : 실제공기량
A_0 : 이론공기량

2) 과잉공기량(A^+)

$$A^+ = A - A_0 = mA_0 - A_0 = A_0(m-1) \quad ; \quad m = 1 + \left(\frac{A^+}{A_0}\right)$$

$$\text{과잉산소량(잔존산소량)} = 0.21(m-1)A_0$$

3) 과잉공기율(A')

$$A' = \frac{A - A_0}{A_0} = \frac{A_0(m-1)}{A_0} = m - 1 \quad ; \quad m = A' + 1$$

4) 공기비 산출방법

① 연소가스의 조성을 이용(배기가스의 분석결과치를 주어진 경우)

㉠ 완전연소 시(CO=O)

$$m = \frac{21}{21 - O_2}$$

㉡ 불완전연소 시

(CO=O) 경우

$$m = \frac{N_2}{N_2 - 3.76 O_2}$$

(CO≠O) 경우

$$m = \frac{N_2}{N_2 - 3.76(O_2 - 0.5CO)}$$

$$N_2(\%) = 100 - [CO_2 + O_2 + CO]$$

② CO_{2max}(최대탄산가스율)을 알고 있을 경우

가연물질 중 수소 성분이 매우 적어야 적용

$$m = \frac{CO_{2\max}}{CO_2}$$

여기서, CO_{2max} : 최대탄산가스율(공기 중 산소가 모두 CO_2로 변화하여 연소가스 중의 CO_2 비율이 최대가 된 것을 의미)

$$m = \frac{G - G_0}{A_0} + 1$$

여기서, G : 실제 연소가스양
G_0 : 이론 연소가스양

(7) 공기비의 영향

1) 공기비가 클 경우(과잉공기량의 공급이 많을 경우)
   ① 공연비가 커지고 연소실 내 연소온도가 낮아진다.
   ② 통풍력이 증대되어 배기가스에 의한 열손실이 증대한다.
   ③ 배기가스 중 황산화물(SO_2), 질소산화물(NO_2)의 함량이 증가하여 연소장치의 전열면 부식이 촉진된다.
   ④ CH_4, CO 및 C 등 연료 중의 가연성 물질의 농도가 감소되는 경향을 보인다.
   ⑤ 에너지 손실이 커진다.
   ⑥ 연소가스의 희석 효과가 높아진다.
   ⑦ 화염의 크기는 작아지고 완전연소가 가능해진다.

2) 공기비가 작을 경우
   ① 불완전 연소로 인하여 배기가스 내 매연의 발생이 크다.
   ② 불완전 연소로 인하여 연소가스의 폭발위험성이 크다.
   ③ 연소배출가스 중의 CO, HC의 오염물질 농도가 증가한다.
   ④ 열손실에 큰 영향을 주어 연소효율이 저하된다.
   ⑤ 가연성분과 산소의 접촉이 원활하게 이루어지지 못한다.

> **Reference | 연료의 공기비**
> ① 고체연료 : 1.4~2.0
> ② 액체연료 : 1.2~1.4
> ③ 기체연료 : 1.1~1.3

필수 문제

01 실제공기량과 이론공기량의 비를 과잉공기비 라고 한다. 연소 후 배기가스 중 5%의 O_2가 함유되어 있다면 과잉공기비는?(단, 기체연료의 연소, 완전연소로 가정함)

풀이 공기비(m)
$$m = \frac{21}{21-O_2} = \frac{21}{21-5} = 1.31$$

필수 문제

02 어떤 액체연료를 보일러에서 완전연소시켜 그 배출가스를 Orset 분석장치로서 분석하여 CO_2 15%, O_2 5%의 결과를 얻었다면 과잉공기계수는?(단, CO 발생량은 없다.)

풀이 공기비(m)

$$m = \frac{21}{21 - O_2} = \frac{21}{21 - 5} = 1.31$$

필수 문제

03 탄소, 수소의 중량조성이 각각 86%, 14%인 액체연료를 매시 100 kg 연소한 경우, 배기가스 분석치가 CO_2 12.5%, O_2 3.5%, N_2 84%였다면 과잉공기계수는?

풀이 $$m = \frac{N_2}{N_2 - 3.76 O_2} = \frac{84}{84 - (3.76 \times 3.5)} = 1.18$$

필수 문제

04 배출가스 중 일산화탄소가 전혀 없는 완전연소가 일어나고 이때 공기비가 1.4라면 배출가스 중의 산소량(%)은?

풀이
$$m = \frac{21}{21 - O_2}$$
$$1.4 = \frac{21}{21 - O_2}$$
$$O_2 = 6\%$$

필수 문제

05 배기가스의 분석치가 CO_2 10%, O_2 5%, N_2 85% 이면 연소 시 공기비는?

풀이 공기비(m)

$$m = \frac{N_2}{N_2 - 3.76 O_2} = \frac{85}{85 - (3.76 \times 5)} = 1.28$$

필수 문제

06 어느 석탄을 사용하여 가열로의 배기가스를 분석한 결과 CO_2 14.5%, O_2 6%, N_2 79%, CO 0.5% 였다. 이 경우의 공기비는?

풀이 공기비(m)

$$m = \frac{N_2}{N_2 - 3.76(O_2 - 0.5 CO)} = \frac{79}{79 - 3.76[6 - (0.5 \times 0.5)]} = 1.38$$

필수 문제

07 Methane과 Propane이 용적비 1 : 1의 비율로 조성된 혼합가스 1 Sm³를 완전연소시키는 데 20 Sm³의 실제공기가 사용되었다면 이 경우 공기비는?

풀이

$$m = \frac{A}{A_0}$$

$A = 20\,Sm^3$

$A_0 \to$ Methane 연소반응식

$CH_4 + 2O_2 \to CO_2 + 2H_2O$

Propane 연소반응식

$C_3H_8 + 5O_2 \to 3CO_2 + 4H_2O$

혼합시 이론산소량 $= \dfrac{(2 \times 0.5) + (5 \times 0.5)}{0.5 + 0.5} = 3.5\,Sm^3$

$A_0 = \dfrac{3.5}{0.21} = 16.67\,Sm^3$

$= \dfrac{20}{16.67} = 1.2$

필수 문제

08 탄소 80%, 수소 20%인 액체연료를 1 kg/min로 연소시킬 때 배기가스 성분이 CO_2 15%, O_2 5%, N_2 80%였다면 실제 공급된 공기량(Sm^3/hr)은?

> **풀이** 실제공기량(A)
> $A = m \times A_0$
> $m = \dfrac{N_2}{N_2 - 3.76 O_2} = \dfrac{80}{80 - (3.76 \times 5)} = 1.31$
> $A_0 = \dfrac{1}{0.21}[1.867C + 5.6H]$
> $ = \dfrac{1}{0.21}[(1.867 \times 0.8) + (5.6 \times 0.2)] = 12.45 \, Sm^3/kg$
> $= 1.31 \times 12.45 \, Sm^3/kg \times 1 \, kg/min \times 60 \, min/hr = 978.57 \, Sm^3/hr$

필수 문제

09 C 85%, H 15%의 액체연료를 100 kg/hr로 연소하는 경우, 연소 배기가스의 분석결과가 CO_2 12%, O_2 4%, N_2 84%였다면 실제연소용 공기량(Sm^3/hr)은?(단, 표준상태 기준)

> **풀이** 실제공기량(A)
> $A = m \times A_0$
> $m = \dfrac{N_2}{N_2 - 3.76 O_2} = \dfrac{84}{84 - (3.76 \times 4)} = 1.22$
> $A_0 = \dfrac{1}{0.21}(1.867C + 5.6H)$
> $ = \dfrac{1}{0.21}[(1.867 \times 0.85) + (5.6 \times 0.15)] = 11.56 \, Sm^3/kg$
> $= 1.22 \times 11.56 \, Sm^3/kg \times 100 \, kg/hr = 1,410.32 \, Sm^3/hr$

10 중량조성이 탄소 85%, 수소 15% 인 액체연료를 매시 100kg 연소한 후 배출가스를 분석하였더니 분석치가 CO_2 12.5%, CO 3%, O_2 3.5%, N_2 81% 였다. 이때 매시간당 필요한 실제공기량(Sm^3/hr)은?

풀이 실제공기량(A)
$A = m \times A_0$
$$m = \frac{N_2}{N_2 - 3.76(O_2 - 0.5CO)} = \frac{81}{81 - 3.76[(3.5 - (0.5 \times 3)]} = 1.1$$
$$A_0 = \frac{1}{0.21}(1.867 \times 0.85) + (5.6 \times 0.15) = 11.56 \, Sm^3/kg$$
$= 1.1 \times 11.56 \, Sm^3/kg \times 100 \, kg/hr = 1,271.6 \, Sm^3/hr$

11 메탄올 5 kg을 완전연소시키는 데 필요한 실제공기량(Sm^3)은?(단, 과잉공기계수 m = 1.3)

풀이 실제공기량(A)
$A = m \times A_0$

$CH_3OH + 1.5O_2 \rightarrow CO_2 + 2H_2O$
$32 \, kg \quad : \quad 1.5 \times 22.4 \, Sm^3$
$5 \, kg \quad : \quad O_2(Sm^3)$

$$O_2(Sm^3) = \frac{5kg \times (1.5 \times 22.4) \, Sm^3}{32 \, kg} = 5.25 \, Sm^3$$

$= 1.3 \times \dfrac{5.25}{0.21} = 32.5 \, Sm^3$

필수 문제

12 연소에 필요한 이론공기량이 1.49 Nm³/kg 이고 공기비는 1.8 이었다. 하루 연소량이 200 ton 일 경우 실제 필요한 공기량(Nm³/hr)은?

> **풀이** 실제공기량(A)
> $A = m \times A_0$
> $m = 1.8$
> $A_0 = 1.49 \, Nm^3/kg$
> $= 1.8 \times 1.49 \, Nm^3/kg \times 200 \, ton/day \times 1,000 \, kg/ton \times day/24 \, hr = 22,350 \, Nm^3/hr$

필수 문제

13 CH_4 95%, CO_2 2%, O_2 1%, N_2 2% 인 연료가스 1 Nm³ 에 대하여 10.8 Nm³ 의 공기를 사용하여 연소하였다. 이때의 공기비는?

> **풀이** $m = \dfrac{A}{A_0}$
> $A = 10.8 \, Nm^3$
> $A_0 = \dfrac{1}{0.21}[2CH_4 - O_2]$
> $= \dfrac{1}{0.21}[(2 \times 0.95) - 0.01)] = 9 \, Nm^3$
> $= \dfrac{10.8}{9} = 1.2$

필수 문제

14 어떤 연료의 원소 조성이 다음과 같고 실제공기량이 6 Sm³ 일 때 공기비는?(단, 가연분 60%(C=45%, H=10%, O=40%, S=5%), 수분 30%, 회분 10%)

풀이 공기비(m)

$$m = \frac{A}{A_0}$$

$A = 6 \text{ Sm}^3$

$$A_0 = \frac{1}{0.21}(1.867C + 5.6H - 0.7O + 0.7S)$$

가연분 중 각 성분계산 : C = 0.6×45 = 27%
H = 0.6×10 = 6%
O = 0.6×40 = 24%
S = 0.6×5 = 3%

$$A_0 = \frac{1}{0.21}[(1.867 \times 0.27) + (5.6 \times 0.06) - (0.7 \times 0.24) + (0.7 \times 0.03)] = 3.3 \text{ Sm}^3$$

$$= \frac{6}{3.3} = 1.8$$

필수 문제

15 CH_4 95%, CO_2 1%, O_2 4%인 기체연료 1 Sm³ 에 대하여 12 Sm³ 의 공기를 사용하여 연소하였다면 이때의 공기비는?

풀이 $m = \dfrac{A}{A_0}$

$$A_0 = \frac{1}{0.21} O_0$$

가연성분인 CH_4만 고려하고 기체연료 내의 산소는 분자상태이기 때문에 (-)한다.

$CH_4 + 2O_2 \rightarrow CO_2 + 2H_2O$

$$= \frac{1}{0.21}(2 \times 0.95 - 0.04) = 8.86 \text{ Sm}^3$$

$$= \frac{12}{8.86} = 1.35$$

필수 문제

16 A 연료가스가 부피로 H_2 9%, CH_4 2%, CO 30%, O_2 3%, N_2 56% 의 구성비를 갖는다. 이 기체연료를 1기압하에서 25% 의 과잉공기로 연소시킬 경우 연료 1 Sm^3 당 요구되는 실제공기량(Sm^3)은?

풀이

실제공기량$(A) = m \times A_0$

$m = 1.25$

$$A_0(Sm^3/Sm^3) = \frac{1}{0.21}[0.5H_2 + 0.5CO + 2CH_4 - O_2]$$

$$= \frac{1}{0.21}[(0.5 \times 0.09) + (0.5 \times 0.3) + (2 \times 0.02) - 0.03]$$

$$= 0.976\,Sm^3/Sm^3 \times 1\,Sm^3 = 0.976\,Sm^3$$

$$= 0.976\,Sm^3 \times 1.25 = 1.22\,Sm^3$$

(7) 공기연료비(AFR)

1) 개요
모든 산소가 연료와 반응하여 완전히 소멸되는 경우, 즉 완전연소시 공급되는 공기와 연료의 비율을 나타내며 부피기준의 공연비는 [공기몰수/연료몰수]로, 무게기준의 공연비는 [공기단위중량/연료단위중량]으로 나타낸다.

2) 관련식
① 부피식

$$AFR = \frac{공기의\ 몰수(Air-mole)}{연료의\ 몰수(Fuel-mole)}$$

$$AFR = \frac{산소의\ 몰수/0.21}{연료의\ 몰수}$$

② 무게(중량)식

$$AFR = \frac{공기의\ 중량(Air-kg)}{연료의\ 중량(Fuel-kg)}$$

$$AFR = \frac{공기의\ 몰수 \times 분자량}{연료의\ 몰수 \times 분자량}$$

3) 공연비와 유해가스 발생농도의 관계
① 공연비를 이론치보다 높이면 공기량이 많아지기 때문에 완전연소에 가까워져 CO 및 HC의 양은 감소하고 NO_x 및 CO_2의 양은 증가한다.
② 공연비를 이론치보다 낮추면 공기량이 부족해지기 때문에 불완전 연소에 가까워져 CO 및 HC의 양은 증가한다.
③ 연소 시 공연비에 따른 HC, CO, CO_2의 발생변화량

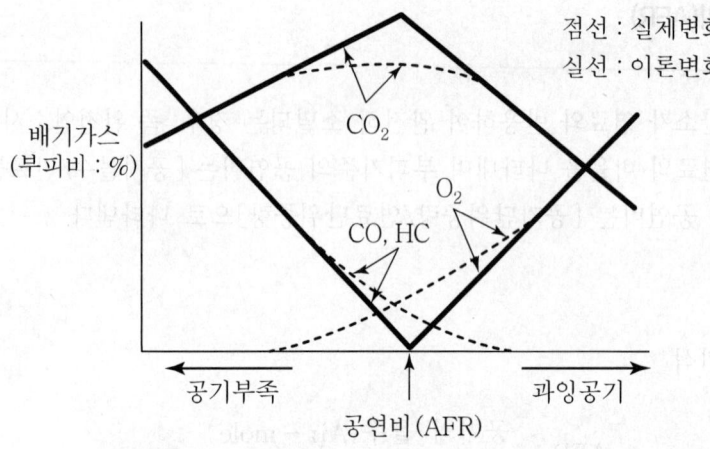

[공연비와 배기가스 농도]

필수 문제

01 메탄을 이론적으로 완전연소시킬 때 부피를 기준으로 한 공기연료비(AFR)는?(단, 표준상태 기준)

 풀이

CH_4의 연소반응식

$CH_4 + 2O_2 \rightarrow CO_2 + 2H_2O$

1 mole   2 mole

$AFR = \dfrac{\text{산소의 mole}/0.21}{\text{연료의 mole}} = \dfrac{2/0.21}{1} = 9.52$

필수 문제

02 Methane 1 mole 이 공기비 1.2 로 연소하고 있을 때 부피기준의 공연비(Air Fuel Ratio)는?

풀이

CH_4의 연소반응식

$CH_4 + 2O_2 \rightarrow CO_2 + 2H_2O$

1 mole   2 mole

$AFR = \dfrac{(\text{산소의 mole}/0.21) \times \text{공기비}}{\text{연료의 mole}} = \dfrac{(2/0.21) \times 1.2}{1} = 11.43$

필수 문제

03 옥탄(C_8H_{18})을 완전연소시킬 때의 AFR을 부피 및 중량기준으로 각각 구하시오. (단, 표준상태 기준)

> **[풀이]**
>
> C_8H_{18}의 연소반응식
>
> C_8H_{18} + $12.5O_2$ → $8CO_2$ + $9H_2O$
> 1 mole   12.5 mole
>
> 부피기준 $AFR = \dfrac{\text{산소의 mole}/0.21}{\text{연료의 mole}}$
>
> $= \dfrac{12.5/0.21}{1} = 59.5$ mole air/mole fuel
>
> 중량기준 $AFR = 59.5 \times \dfrac{28.95}{114} = 15.14$ kg air/kg fuel
>
> [114 : 옥탄의 분자량, 28.95 : 건조공기 분자량]

필수 문제

04 Nonane을 이론적으로 완전연소시킬 때 무게기준으로 한 공연비(AFR)는? (단, 표준상태 기준)

> **[풀이]**
>
> C_9H_{20} + $14O_2$ → $9CO_2$ + $10H_2O$
> 1 mole   14 mole
>
> 부피기준 $AFR = \dfrac{\text{산소의 mole}/0.21}{\text{연료의 mole}}$
>
> $= \dfrac{14/0.21}{1} = 66.67$ mole air/mole fuel
>
> 중량기준 $AFR = 66.67 \times \dfrac{28.95}{128} = 15.07$ kg air/kg fuel

필수 문제

05 Methane을 공기 중에서 완전연소시킬 때 이론 연소용 공기와 연료의 질량비(이론연소용 공기의 질량/연료의 질량, kg/kg)는?

풀이

$$CH_4 + 2O_2 \rightarrow CO_2 + 2H_2O$$

16 kg : 2×32 kg

$$AFR = \frac{\text{이론 연소용 공기의 질량}}{\text{연료의 질량}} = \frac{(2 \times 32)\,kg/0.232}{16\,kg} = 17.24$$

(8) 등가비(ϕ : Equivalent Ratio)

1) 개요
연소과정에서 열평형을 이해하기 위한 관계식으로 공기비의 역수, 즉 상호반비례 관계이다.

2) 관련식

$$\phi = \frac{(\text{실제의 연료량/산화제})}{(\text{완전연소를 위한 이상적 연료량/산화제})} = \frac{1}{m}$$

3) ϕ에 따른 특성
① $\phi = 1$
  ㉠ $m = 1$
  ㉡ 완전연소에 알맞은 연료와 산화제가 혼합된 경우로 이상적 연소형태이다.
② $\phi > 1$
  ㉠ $m < 1$
  ㉡ 연료가 과잉으로 공급된 경우로 불완전 연소형태이다.
  ㉢ 일반적으로 CO는 증가하고 NO는 감소한다.
③ $\phi < 1$
  ㉠ $m > 1$
  ㉡ 공기가 과잉으로 공급된 경우로 완전연소형태이다.
  ㉢ CO는 완전연소를 기대할 수 있어 최소가 되나, NO는 증가한다.
  ㉣ 열손실이 많아진다.

필수 문제

01 메탄 1 mole 이 공기비 1.4 로 연소하는 경우 등가비는?

풀이 등가비$(\phi) = \dfrac{1}{m} = \dfrac{1}{1.4} = 0.71$

(9) 이론연소가스양

1) 고체 및 액체연료

① 이론건연소가스양(G_{od})

㉠ G_{od}는 배기가스 중 수증기(수분)가 포함되지 않은 상태의 조건이다.

㉡ 이론 공기량(A_0)으로 연소시 C, H, S 성분의 연소생성물 및 공기 내 질소의 양을 계산하여 연소가스양을 구한다.

$$G_{od} = A_0 \times 0.79 + \frac{22.4}{12}C + \frac{22.4}{32}S + \frac{22.4}{28}N$$

$$= (1-0.21)A_0 + 1.867C + 0.7S + 0.8N$$

$$= A_0 - 0.21\left[\frac{1.867C + 5.6\left(H - \frac{O}{8}\right) + 0.7S}{0.21}\right] + 1.867C + 0.7S + 0.8N$$

부피 : $G_{od} = A_0 - 5.6H + 0.7O + 0.8N \, (Sm^3/kg)$

여기서, C : $C + O_2 \rightarrow CO_2 \left[\dfrac{22.4\,sm^3}{12\,kg} = 1.867\,sm^3/kg\right]$

H_2 : $H_2 + 1/2O_2 \rightarrow H_2O \left[\dfrac{22.4\,sm^3}{2\,kg} = 11.2\,sm^3/kg\right]$

S : $S + O_2 \rightarrow SO_2 \left[\dfrac{22.4\,sm^3}{32\,kg} = 0.7\,sm^3/kg\right]$

N_2 : 연소반응 없음 $\left[\dfrac{22.4\,sm^3}{28\,kg} = 0.8\,sm^3/kg\right]$

H_2O : 연소반응 없음 $\left[\dfrac{22.4\,sm^3}{18\,kg} = 1.244\,sm^3/kg\right]$

중량 : $G_{od} = 12.5C + 26.49H - 3.31O + 5.31S + N$
$= (1 - 0.232)A_0 + 3.67C + 2S + N \,(kg/kg)$

② 이론습연소가스양(G_{ow})

㉠ G_{od}에 수증기(수분)가 포함되는 상태의 조건이다.

㉡ 연소용 공기 중의 수분은 연료 중의 수분이나 연소 시 생성되는 수분량에 비해 매우 적으므로 보통 무시할 수 있다.

부피 : $G_{ow} = G_{od} + 11.2H + 1.244W$
$= (1-0.21)A_0 + 1.867C + 0.7S + 0.8N + 11.2H + 1.244W$
$= A_0 + 5.6H + 0.7O + 0.8N + 1.244W \, (Sm^3/kg)$

중량 : $G_{ow} = (1-0.232)A_0 + 3.76C + 9H + 2S + N + W \, (kg/kg)$

2) 기체연료

$G_{od} = (1-0.21)A_0 + \Sigma$ 연소생성물 (Sm^3/Sm^3)

여기서, Σ 연소생성물 : 주로 N_2, CO_2, H_2O

$G_{ow} = G_{od} + H_2O \, (Sm^3/Sm^3)$
$G_{od} = G_{ow} - H_2O$

대부분 기체연료는 탄화수소(C_mH_n)의 형태이므로

$G_{od} = 0.79A_0 + (m) \, (Sm^3/Sm^3)$

$G_{ow} = 0.79A_0 + \left(m + \dfrac{n}{2}\right)(Sm^3/Sm^3)$

3) 발열량을 이용한 간이식(Rosin 식)

① 고체연료

㉠ 이론공기량(A_0)

$$A_0 = 1.01 \times \frac{저위발열량(H_l)}{1,000} + 0.5$$

ⓒ 이론연소가스양(G_0)

$$G_0 = 0.89 \times \frac{저위발열량(H_l)}{1,000} + 1.65$$

② 액체연료
  ㉠ 이론공기량(A_0)

$$A_0 = 0.85 \times \frac{저위발열량(H_l)}{1,000} + 2$$

  ㉡ 이론연소가스양(G_0)

$$G_0 = 1.11 \times \frac{저위발열량(H_l)}{1,000}$$

필수 문제

01 C : 80%, H : 20% 인 연료를 1 kg/hr 연소시 발생되는 이론건배기가스양(Sm³/hr)은?

풀이
이론건배기가스양(G_{od})
$G_{od} = (1 - 0.21) A_0 + 1.867C$

$A_0 = \dfrac{1}{0.21} [(1.867 \times 0.8) + (5.6 \times 0.2)] = 12.45$ Sm³/kg×1kg/hr

$= (0.79 \times 12.45) + (1.867 \times 0.8) = 11.33$ Sm³/hr

[다른 방법]
$G_{od} = A_0 - 5.6H = 12.45 - (5.6 \times 0.2) = 11.33$ Sm³/hr

02 다음 조건에서 이론습연소가스양(Sm^3)은?

C : 80%, H : 10%, O : 5%, S : 5%
고체연료 사용량 1 kg

[풀이] 이론습연소가스양(G_{ow})

$G_{ow} = A_0 + 5.6H + 0.7O$

$A_0 = \dfrac{1}{0.21}[(1.867 \times 0.8) + (5.6 \times 0.1) + (0.7 \times 0.05) - (0.7 \times 0.05)]$

$= 9.78\ Sm^3/kg \times 1\ kg = 9.78\ Sm^3$

$= 9.78 + (5.6 \times 0.1) + (0.7 \times 0.05) = 10.38\ Sm^3$

03 중유조성이 탄소 87%, 수소 11%, 황 2%였다면 이 중유연소에 필요한 이론습연소가스양(Sm^3/kg)은?

[풀이] 이론습연소가스양(G_{ow})

$G_{ow} = A_0 + 5.6H$

$A_0 = \dfrac{1}{0.21}[(1.867 \times 0.87) + (5.6 \times 0.11) + (0.7 \times 0.02)] = 10.73\ Sm^3/kg$

$= 10.73 + (5.6 \times 0.11) = 11.35\ Sm^3/kg$

[다른 풀이 방법]

$G_{ow} = 0.79A_0 + CO_2 + H_2O + SO_2$

$A_0 = 10.73\ Sm^3/kg$

$CO_2 = 1.867 \times 0.87 = 1.624\ Sm^3/kg$

$H_2O = 11.2 \times 0.11 = 1.232\ Sm^3/kg$

$SO_2 = 0.7 \times 0.02 = 0.014\ Sm^3/kg$

$= (0.79 \times 10.73) + (1.624) + (1.232) + (0.014) = 11.35\ Sm^3/kg$

필수 문제

04 메탄 $1Sm^3$을 완전연소시 G_{od} 및 $G_{ow}(Sm^3)$을 구하면?

> **풀이**
>
> 이론습연소가스양(G_{ow})
> $G_{ow} = (1-0.21)A_0 +$ 연소생성물의 합
> A_0(이론공기량)은 연소반응식에 의해 구함
> $CH_4 + 2O_2 \rightarrow \underline{CO_2 + 2H_2O}$
>   연소생성물
> $A_0 = \dfrac{1}{0.21} \times 2Sm^3/Sm^3 = 9.52\ Sm^3/Sm^3 \times 1\ Sm^3 = 9.52\ Sm^3$
> $= (0.79 \times 9.52) + (1+2) = 10.52\ Sm^3$
>
> 이론건연소가스양(G_{od})
> $G_{od} = G_{ow} - H_2O$
> $= (1-0.21)A_0 +$ 연소생성물(수분 제외)
>   연소반응식
> $CH_4 + 2O_2 \rightarrow \underline{CO_2}$
>   연소생성물
> $= (0.79 \times 9.52) + 1 = 8.52\ Sm^3$

필수 문제

05 저위발열량 11,500 kcal/kg 인 중유를 완전연소시키는 데 필요한 이론습연소가스양 (Sm^3/kg)은?(단, 표준상태 기준, Rosin의 식 적용)

> **풀이**
>
> 액체연료 이론습연소가스양(G_0)
> $G_0 = 1.11 \times \dfrac{저위발열량(H_l)}{1,000} = 1.11 \times \dfrac{11,500}{1,000} = 12.77\ Sm^3/kg$

필수 문제

06 저위발열량 11,500 kcal/kg 인 중유를 연소시키는 데 필요한 이론공기량(m^3/kg)은? (단, Rosin식 이용)

풀이 이론공기량(A_0) : 액체연료 Rosin식

$$A_0 = 0.85 \times \frac{H\ell}{1,000} + 2 = 0.85 \times \frac{11,500}{1,000} + 2 = 11.78 \, m^3/kg$$

필수 문제

07 에탄의 이론건조연소가스양(Sm^3/Sm^3)은?

풀이 연소반응식
$C_2H_6 + 3.5O_2 \rightarrow 2CO_2 + 3H_2O$
이론건조연소가스양(G_{od})
$G_{od} = 0.79A_0 + CO_2$

$$A_0 = \frac{1}{0.21} \times O_0 = \frac{1}{0.21} \times 3.5 = 16.67 \, Sm^3/Sm^3$$
$$= (0.79 \times 16.67) + 2 = 15.17 \, Sm^3/Sm^3$$

필수 문제

08 Propane 2.5 Sm^3를 완전연소시킬 때 이론건조연소가스양(Sm^3)은?

풀이 연소반응식

$\quad\quad C_3H_8 \ + \ 5O_2 \ \rightarrow \ 3CO_2 \ + \ 4H_2O$
$22.4 \, Sm^3 \ : \ 5 \times 22.4 \, Sm^3 \quad\quad 3 \times 22.4 \, Sm^3$
$\ 2.5 \, Sm^3 \ : \ O_0(Sm^3) \quad\quad\quad CO_2(Sm^3)$

$$O_0(Sm^3) = \frac{2.5 \, Sm^3 \times (5 \times 22.4) \, Sm^3}{22.4 \, Sm^3} = 12.5 \, Sm^3$$

$$CO_2(Sm^3) = \frac{2.5 \, Sm^3 \times (3 \times 22.4) \, Sm^3}{22.4 \, Sm^3} = 7.5 \, Sm^3$$

이론건조연소가스양(G_{od})
$G_{od} = 0.79A_0 + CO_2$

$$A_0 = \frac{1}{0.21} \times O_0 = \frac{1}{0.21} \times 12.5 = 59.52 \, Sm^3$$
$$= (0.79 \times 59.52) + 7.5 = 54.52 \, Sm^3$$

(10) 실제연소가스양

실제연소가스양은 이론연소가스양과 과잉공기량의 합으로 구할 수 있다.

1) 고체 및 액체연료

① 실제건연소가스양(G_d)

　㉠ G_d는 배기가스 중 수증기(수분)가 포함되지 않은 상태의 조건이다. 즉 실제습연소가스양(G_w)에서 수분을 제외하면 된다.

　㉡ G_d는 이론건연소가스양(G_{od})과 과잉공기량(Ⓐ)을 합한 것이다.

$$G_d = G_{od} + Ⓐ$$
$$= G_{od} + (m-1)A_0$$
$$= [A_0 - 5.6H + 0.7O + 0.8N] + (m-1)A_0$$

$$G_d = mA_0 - 5.6H + 0.7O + 0.8N \,(Sm^3/kg)$$
$$= (m - 0.21)A_0 + 1.867C + 0.7S + 0.8N$$

② 실제습연소가스양(G_w)

　㉠ G_d에 수증기(수분)가 포함되는 상태의 조건이다.

　㉡ G_w는 이론습연소가스양(G_{ow})과 과잉공기량(Ⓐ)을 합한 것이다.

$$G_w = G_o + Ⓐ$$
$$= G_{ow} + (m-1)A_0$$
$$= [A_0 + 5.6H + 0.7O + 0.8N] + 1.244W + (m-1)A_0$$

$$G_w = mA_0 + 5.6H + 0.7O + 0.8N + 1.244W \,(Sm^3/kg)$$
$$= (m - 0.21)A_0 + 1.867C + 11.2H + 0.7S + 0.8N + 1.244W$$

2) 기체연료

대부분 기체연료는 탄화수소(C_mH_n)의 형태이다.

① 탄화수소의 연소반응식

$$C_mH_n + \left(m + \frac{n}{4}\right)O_2 \rightarrow mCO_2 + \frac{n}{2}H_2O$$

② 실제건연소가스양(G_d)

$G_d = (m-1)A_0 + G_{od}$
$= (m-0.21)A_0 + \Sigma$ 연소생성물(Sm^3/Sm^3)
$= mA_0 + 1 - 1.5H_2 - 0.5CO - 2CH_4 - 2C_2H_4$

③ 실제습연소가스양(G_w)

$G_w = (m-1)A_0 + G_{ow}$
$= (m-0.21)A_0 + \Sigma$ 연소생성물(Sm^3/Sm^3)
$= G_d + H_2O$ (Sm^3/Sm^3)
$= mA_0 + 1 - \dfrac{1}{2}(H_2 + CO)$

필수 문제

01 A 액체연료를 완전연소한 결과 습배출연소가스양이 18.6 Sm^3/kg 이었다. 이 연료의 이론공기량이 11.9 Sm^3/kg 일 때 이론습배출가스양이 12.8 Sm^3/kg 이었다면 공기비(m)는?

풀이
$G_w = G_{ow} + (m-1)A_0$
$18.6 = 12.8 + (m-1)11.9$
$m = 1.49$

필수 문제

02 프로판 1 Sm^3 을 공기비 1.2 로 완전연소시킬 경우, 발생되는 건조연소가스양(Sm^3)은?

풀이
연소반응식
$C_3H_8 + 5O_2 \rightarrow 3CO_2 + 4H_2O$
실제건조연소가스양(G_d)
$G_d = (m-0.21)A_0 + CO_2$
$A_0 = \dfrac{1}{0.21} \times O_0 = \dfrac{1}{0.21} \times 5 = 23.81\ Sm^3/Sm^3 \times 1\ Sm^3 = 23.81\ Sm^3$
$= [(1.2-0.21) \times 23.81] + 3 = 26.57\ Sm^3$

필수 문제

03 메탄 $1\,Sm^3$을 공기과잉계수 1.5로 연소시킬 경우 실제습윤연소가스양(Sm^3)은?

풀이

연소반응식
$CH_4 + 2O_2 \rightarrow CO_2 + 2H_2O$
실제습윤연소가스양(G_w)
$G_w = (m - 0.21)A_0 + CO_2 + H_2O$

$A_0 = \dfrac{1}{0.21} \times O_0 = \dfrac{1}{0.21} \times 2 = 9.52\,Sm^3/Sm^3 \times 1\,Sm^3 = 9.52\,Sm^3$

$= [(1.5 - 0.21) \times 9.52] + 1 + 2 = 15.28\,Sm^3$

필수 문제

04 $C:85\%$, $H:10\%$, $O:2\%$, $S:2\%$, $N:1\%$로 구성된 중유 $1\,kg$를 완전연소시킨 후 오르자트 분석결과 연소가스 중의 O_2 농도는 5.0%였다. 건조연소가스양(Sm^3/kg)은?

풀이

$G_d = (m - 0.21)A_0 + 1.867C + 0.7S + 0.8N$

$A_0 = \dfrac{1}{0.21}[(1.867 \times 0.85) + (5.6 \times 0.1) - (0.7 \times 0.02) + (0.7 \times 0.02)] = 10.22\,Sm^3/kg$

$m = \dfrac{21}{21 - O_2} = \dfrac{21}{21 - 5} = 1.313$

$= [(1.313 - 0.21) \times 10.22] + (1.867 \times 0.85) + (0.7 \times 0.02) + (0.8 \times 0.01) = 12.88\,Sm^3/kg$

필수 문제

05 어떤 액체연료 $1\,kg$ 중 $C:85\%$, $H:10\%$, $O:2\%$, $N:1\%$, $S:2\%$가 포함되어 있다. 이 연료를 공기비 1.3으로 완전연소시킬 때 발생하는 실제습배출가스양(Sm^3/kg)은?

풀이

$G_w = mA_0 + 5.6H + 0.7O + 0.8N + 1.244W\,(Sm^3/kg)$

$A_0 = \dfrac{1}{0.21}[(1.867 \times 0.85) + (5.6 \times 0.1) - (0.7 \times 0.02) + (0.7 \times 0.02)] = 10.22\,Sm^3/kg$

$= (1.3 \times 10.22) + (5.6 \times 0.1) + (0.7 \times 0.02) + (0.8 \times 0.01) = 13.87\,Sm^3/kg$

필수 문제

06 연료 1 kg을 연소하여 발생되는 건연소가스양이 12.50 Sm³/kg 이다. 이때 연료 1 kg 중에 포함된 수소의 중량비가 20%라면 습연소가스양(Sm³/kg)은 얼마인가?

풀이 │ 실제습윤연소가스양(G_w)
$G_w = G_d + H_2O = 12.50 \text{ Sm}^3/\text{kg} + (22.4 \text{ Sm}^3/2 \text{ kg} \times 0.2) = 14.74 \text{ Sm}^3/\text{kg}$

필수 문제

07 CH_4 0.5 Sm³, C_2H_6 0.5 Sm³를 공기비 1.5 로 완전연소시킬 경우 습연소가스양(Sm³/Sm³)은?

풀이 │
$G_w = G_{ow} + (m-1)A_0$
$G_{ow} = 0.79A_0 + CO_2 + H_2O$

$$CH_4 + 2O_2 \rightarrow CO_2 + 2H_2O$$
$1\,m^3 : 2\,m^3 \quad : \quad 1\,m^3 : 2\,m^3$
$0.5\,m^3 : 1\,m^3 \quad : \quad 0.5\,m^3 : 1\,m^3$

$$C_2H_6 + 3.5O_2 \rightarrow 2CO_2 + 3H_2O$$
$1\,m^3 : 3.5\,m^3 \quad : \quad 2\,m^3 : 3\,m^3$
$0.5\,m^3 : 1.75\,m^3 \quad : \quad 1\,m^3 : 1.5\,m^3$

$= [0.79 \times (1+1.75)/0.21] + (0.5+1) + (1+1.5) = 14.35 \text{ Sm}^3/\text{Sm}^3$
$= 14.35 + (1.5-1) \times [(1+1.75)/0.21] = 20.89 \text{ Sm}^3/\text{Sm}^3$

필수 문제

08 프로판 1 kg 을 완전연소시 발생하는 CO_2량(kg)과 아세틸렌(C_2H_2) 1 kg 을 완전연소시 발생하는 CO_2량(kg)의 비는?(단, 아세틸렌 연소시 CO_2량/프로판 연소시 CO_2량)

풀이 │ 프로판, 연소반응식
$C_3H_8 + 5O_2 \rightarrow 3CO_2 + 4H_2O$
$44 \text{ kg} \quad : \quad 3 \times 44 \text{ kg}$

$$\begin{array}{ll}1\,kg & : \quad CO_2(kg)\end{array}$$

$$CO_2(kg) = \frac{1\,kg \times (3 \times 44)\,kg}{44\,kg} = 3\,kg$$

아세틸렌, 연소반응식

$$\begin{array}{lcl}C_2H_2 \;+\; 2.5O_2 & \to & 2CO_2 \;+\; H_2O \\ 26\,kg & : & 2\times 44\,kg \\ 1\,kg & : & CO_2(kg)\end{array}$$

$$CO_2(kg) = \frac{1\,kg \times (2 \times 44)\,kg}{26\,kg} = 3.38\,kg$$

$$CO_2\text{량의 비} = \frac{3.38\,kg}{3\,kg} = 1.13$$

필수 문제

09 프로판(C_3H_8) 2 kg을 과잉공기계수 1.15로 완전 연소시킬 때 발생하는 실제 습연소가스양(kg)은?

풀이

연소반응식

$$\begin{array}{lcccccc}C_3H_8 & + & 5O_2 & \to & 3CO_2 & + & 4H_2O \\ 44\,kg & : & 5\times 32\,kg & : & 3\times 44\,kg & : & 4\times 18\,kg \\ 2\,kg & : & O_0(kg) & : & CO_2(kg) & : & H_2O(kg)\end{array}$$

습연소가스양(G_w)

$$G_w = (m - 0.232) \times A_0 + CO_2 + H_2O$$

$$O_0 = \frac{2\,kg \times (5 \times 32)\,kg}{44\,kg} = 7.27\,kg$$

$$CO_2 = \frac{2\,kg \times (3 \times 44)\,kg}{44\,kg} = 6\,kg$$

$$H_2O = \frac{2\,kg \times (4 \times 18)\,kg}{44\,kg} = 3.27\,kg$$

$$A_0 = \frac{1}{0.232} \times O_0 = \frac{1}{0.232} \times 7.27 = 31.34\,kg$$

$$= [(1.15 - 0.232) \times 31.34] + 6 + 3.27 = 38.04\,kg$$

필수 문제

10 연소가스 중의 수분을 측정하였더니 건조가스 1 Sm³ 당 150 g 이었다. 이 건조가스에 대한 수증기의 용량비(V/V%)는?

> **풀이** 수증기 용량(%) = $\dfrac{\text{수분량}}{\text{건조가스양}} \times 100$
>
> 건조가스양(L) = 1,000 L
>
> 수분량(L) = 150 g × $\dfrac{22.4 \text{ L}}{18 \text{ g}}$ = 186.67 L
>
> = $\dfrac{186.67 \text{ L}}{1,000 \text{ L}} \times 100 = 18.67\%$

필수 문제

11 Butane 1 Sm³을 과잉공기 20 %로 완전연소시켰을 때 생성되는 습배출가스 중 CO_2의 농도(vol%)는?

> **풀이** 연소반응식
>
> $C_4H_{10} + 6.5O_2 \rightarrow 4CO_2 + 5H_2O$
>
>   1 m³ : 6.5 m³   4 m³   5 m³
>
> 실제습연소가스양 = $(m - 0.21)A_0 + \Sigma CO_2 + \Sigma H_2O$
>
> $A_0 = \dfrac{1}{0.21} \times O_0 = \dfrac{1}{0.21} \times 6.5 = 30.95 \text{ Sm}^3/\text{Sm}^3$
>
> = [(1.2 − 0.21) × 30.95] + 4 + 5 = 39.64 Sm³/Sm³
>
> CO_2 농도(%) = $\dfrac{CO_2 \text{ 가스양}}{\text{실제습연소가스양}} \times 100$
>
> = $\dfrac{4}{39.64} \times 100 = 10.09\%$

(11) 최대 이산화탄소 농도 : CO_{2max}

1) 개요
   ① CO_{2max}는 연료 중의 탄소를 완전연소시킬 때 공기 중의 산소가 전부 CO_2로 바뀐 최대연소가스의 비율, 즉 배기가스 중에 포함되어 있는 CO_2의 최대치를 의미하며, 이론공기량으로 연소시 그 값이 가장 커진다.
   ② CO_{2max}는 이론공기량으로 완전연소 시 이론건조연소가스양(G_{od}) 중 CO_2의 백분율을 의미하며 연소가스 중 CO_2의 농도가 최댓값을 갖도록 연소하는 것이 이상적이다.
   ③ CO_{2max}는 연소방식에 관계없이 일정하며 연료의 조성에는 관련이 있다.

2) 관련식

$$CO_{2max}(\%) = \frac{CO_2 \text{량}}{G_{od}} \times 100 \text{(기본식)}$$

여기서, CO_2량 : 단위연료당 CO_2 발생량
G_{od} : 이론건조연소가스양(Sm^3/kg)

① 고체 및 액체연료

$$CO_{2max}(\%) = \frac{1.867C}{G_{od}} \times 100 = \frac{187C}{G_{od}}$$

여기서, C : 연료 내 탄소량

② 기체연료

$$CO_{2max}(\%) = \left(\frac{CO + CO_2 + CH_4 + 2C_2H_2 + 2C_2H_4 + 2C_2H_6 + 3C_3H_8}{G_{od}}\right) \times 100$$

$$CO_{2max}(\%) = \frac{\Sigma CO_2 \text{량}}{G_{od}} \times 100$$

여기서, ΣCO_2량 : 배기가스 내의 총 CO_2량
G_{od} : 이론건조연소가스양(Sm^3/Sm^3)

③ 완전연소

$$CO_{2max}(\%) = \frac{CO_2}{100 - \left(\frac{O_2}{0.21}\right)} \times 100 = \frac{CO_2}{건연소가스부피 - 과잉공기부피} \times 100$$

$$CO_{2max}(\%) = \frac{21 \times CO_2}{21 - O_2} = m \times CO_2$$: CO = 0일 때

여기서, CO_2 : 배기가스 내의 CO_2 농도 비율(%)
m : 과잉공기비

④ 불완전연소

$$CO_{2max}(\%) = \frac{21 \times (CO_2 + CO)}{21 - O_2 + 0.395CO} = m \times CO_2$$: CO ≠ 0일 때

여기서, CO : 배기가스 내의 CO 농도 비율(%)

3) 공기비(m)와 CO_{2max}(%)의 관계

① 완전연소

$$m = \frac{21}{21 - O_2} = \frac{CO_{2max}(\%)}{CO_2(\%)}$$

② 불완전연소

$$m = \frac{21N_2}{21N_2 - 79[O_2 - 0.5CO]} = \frac{N_2}{N_2 - 3.76O_2}$$

4) 각종 연료의 CO_{2max} 값(%)

① 탄소 : 21
② 갈탄 : 19.0~19.5
③ 역청탄 : 18.5~19.0
④ 코크스 : 20.0~20.5
⑤ 코크스로 가스 : 11.0~11.5
⑥ 고로가스 : 24.0~25.0

필수 문제

01 공기비를 1.3으로 하는 어떤 연료를 연소시킬 때 배출가스 조성을 분석한 결과 CO_2가 11% 이었다면 $CO_{2max}(\%)$는?

> **풀이**
>
> $$m = \frac{CO_{2max}(\%)}{CO_2(\%)}$$
>
> $CO_{2max}(\%) = m \times CO_2(\%) = 1.3 \times 11 = 14.3\%$

필수 문제

02 이론공기량을 사용하여 C_3H_8을 완전연소시킬 때 건조가스 중의 $CO_{2max}(\%)$는?

> **풀이**
>
> $$CO_{2max}(\%) = \frac{CO_2 \text{ 양}}{G_{od}} \times 100$$
>
> 연소반응식
>
> C_3H_8 + $5O_2$ → $3CO_2$ + $4H_2O$
>
> 22.4 Sm³ : 5×22.4 Sm³ : 3×22.4 Sm³
>
> $G_{od} = (1 - 0.21)A_0 + CO_2$
>
> $A_0 = \frac{1}{0.21} \times O_0 = \frac{1}{0.21} \times 5 = 23.81 \text{ m}^3/\text{m}^3$
>
> $= (0.79 \times 23.81) + 3 = 21.81 \text{ m}^3/\text{m}^3$
>
> $= \frac{3}{21.81} \times 100 = 13.76\%$

필수 문제

03 배출가스 분석 결과 $CO_2 = 15.6\%$, $O_2 = 5.8\%$, $N_2 = 78.6\%$, $CO = 0.0\%$ 일 때 $CO_{2max}(\%)$ 와 공기과잉계수(m)는?

> **풀이**
>
> 완전연소[CO = 0]
>
> $$CO_{2max}(\%) = \frac{21 \times CO_2}{21 - O_2} = \frac{21 \times 15.6}{21 - 5.8} = 21.55$$
>
> $$m = \frac{21}{21 - O_2} = \frac{1}{21 - 5.8} = 1.38$$

필수 문제

04 석탄연소 후 배출가스의 성분분석 결과가 $CO_2=15\%$, $O_2=5\%$, $N_2=80\%$ 일 때, $CO_{2max}(\%)$는?

> **풀이** $CO_{2max}(\%) = \dfrac{21 \times CO_2}{21 - O_2} = \dfrac{21 \times 15}{21 - 5} = 19.69\%$

필수 문제

05 C=82(중량%), H=14(중량%), S=4(중량%) 인 중유의 CO_{2max}은 몇 %인가? (단, 표준상태, 건조가스 기준)

> **풀이** $CO_{2max}(\%) = \dfrac{1.867C}{G_{od}} \times 100 = \dfrac{CO_2}{G_{od}} \times 100$
>
> $G_{od} = A_0 - 5.6H$
>
> $A_0 = \dfrac{1}{0.21} \times O_0$
>
> $\quad = \dfrac{1}{0.21} \times [(1.867 \times 0.82) + (5.6 \times 0.14) + (0.7 \times 0.04)] = 11.16 \, m^3/kg$
>
> $\quad = 11.16 - (5.6 \times 0.14) = 10.38 \, Sm^3/kg$
>
> $\quad = \dfrac{(1.867 \times 0.82)}{10.38} \times 100 = 14.75(\%)$

필수 문제

06 순수한 탄소 $1 \, Nm^3$가 완전연소시 배출되는 $CO_{2max}(\%)$는?

> **풀이** $CO_{2max}(\%) = \dfrac{CO_2}{G_{od}} \times 100$
>
> $G_{od} = N_2 + CO_2$

$$\text{연소반응식}$$
$$C + O_2 \rightarrow CO_2$$
$$= \left(O_2 \times \frac{79}{21}\right) + CO_2 = (1 \times 3.76) + 1 = 4.76 \, Nm^3/Nm^3$$
$$= \frac{1}{4.76} \times 100 = 21\%$$

필수 문제

07 공기를 사용하여 CO를 완전연소시킬 때 연소가스 중의 $CO_{2max}(\%)$는?

풀이
$$CO_{2max}(\%) = \frac{CO_2}{G_{od}} \times 100$$
$$G_{od} = (1 - 0.21)A_0 + CO_2$$
연소반응식
$$CO + \frac{1}{2}O_2 \rightarrow CO_2$$
$$A_0 = \frac{1}{0.21} \times O_0 = \frac{1}{0.21} \times 0.5 = 2.38 \, m^3/kg$$
$$= (0.79 \times 2.38) + 1 = 2.88 \, m^3/kg$$
$$= \frac{1}{2.88} \times 100 = 34.72\%$$

필수 문제

08 탄소 82%, 수소 18% 조성을 갖는 액체연료의 $CO_{2max}(\%)$는?(단, 표준상태 기준)

풀이
$$CO_{2max}(\%) = \frac{CO_2}{G_{od}} \times 100 = \frac{1.867 \times C}{G_{od}}$$
$$G_{od} = A_0 - 5.6H$$

$$A_0 = \frac{1}{0.21}O_0$$
$$= \frac{1}{0.21} \times [(1.867 \times 0.82) + (5.6 \times 0.18)] = 12.09 \text{ m}^3/\text{kg}$$
$$= 12.09 - (5.6 \times 0.18) = 11.08 \text{ m}^3/\text{kg}$$
$$= \frac{(1.867 \times 0.82)}{11.08} \times 100 = 13.82\%$$

필수 문제

09 탄소 85%, 수소 15%의 구성비를 갖는 중유를 연소할 때 $CO_{2max}(\%)$ 은?(단, 공기비는 1.1 이다.)

풀이
$$CO_{2max}(\%) = \frac{1.867C}{G_{od}} \times 100$$
$$G_{od} = mA_0 - 5.6H$$
$$A_0 = \frac{1}{0.21} \times [(1.867C + 5.6H]$$
$$= \frac{1}{0.21} \times [(1.867 \times 0.85) + (5.6 \times 0.15)] = 11.56 \text{ m}^3$$
$$= (1.1 \times 11.56) - (5.6 \times 0.15) = 11.87 \text{ m}^3$$
$$= \frac{(1.867 \times 0.85)}{11.87} \times 100 = 13.37\%$$

(12) 연소가스의 조성에 따른 농도

1) 연소가스(배기가스) 중 산소농도

$$O_2 \text{ 농도}(\%) = \frac{O_2(\text{과잉공기 중 산소량})}{G} \times 100$$
$$= \frac{(m-1)A_0 \times 0.21}{G} \times 100$$

여기서, G : 연소가스양(실제)
$(m-1)A_0$: 과잉공기량

2) 연소가스(배기가스) 중 SO_2 농도

① 고체 및 액체연료

$$SO_2(\%) = \frac{SO_2}{G} \times 100 = \frac{0.7S}{G} \times 100 \quad G(m^3/kg)$$

$$SO_2(ppm) = \frac{SO_2}{G} \times 10^6 = \frac{0.7S}{G} \times 10^6 \quad G(m^3/kg)$$

② 기체연료

$$SO_2(\%) = \frac{SO_2}{G} \times 100 \quad G(m^3/m^3)$$

$$SO_2(ppm) = \frac{SO_2}{G} \times 10^6 \quad G(m^3/m^3)$$

3) 연소가스(배기가스) 중 CO_2 농도

소각로의 연소효율을 판단하는 인자는 배출가스 중 이산화탄소의 농도이다.

① 고체 및 액체연료

$$CO_2(\%) = \frac{CO_2}{G} \times 100 = \frac{1.867C}{G} \times 100$$

$G(m^3/kg)$

② 기체연료

$$CO_2(\%) = \frac{CO_2}{G} \times 100$$

$G(m^3/m^3)$

4) 건조가스 내의 먼지농도

$$먼지농도(mg/m^3) = \frac{md(mg/kg)}{G_d(m^3/kg)} = \frac{단위연료당\ 먼지\ 배출량}{건조가스양}$$

5) 연소가스(배기가스) 중 N_2 농도

연료 중 질소성분이 존재하지 않을 경우에 적용한다.

$$N_2(\%) = \frac{mA_0 \times (1-0.21)}{G} \times 100 = \frac{실제공기\ 내의\ 질소량}{G} \times 100$$

필수 문제

01 C_3H_8(프로판)과 C_2H_6(에탄)의 혼합가스 $1\,Nm^3$을 완전연소시킨 결과 배기가스 중 CO_2의 생성량이 $2.8\,Nm^3$이었다. 이 혼합가스의 mole 비(C_3H_8/C_2H_6)는 얼마인가?

[풀이]

프로판 연소반응식
$$C_3H_8 + 5O_2 \rightarrow 3CO_2 + 4H_2O$$
$1\,Nm^3$: $3\,Nm^3$
$x\,(Nm^3)$: $3x\,(Nm^3)$

에탄 연소반응식
$$C_2H_6 + 3.5O_2 \rightarrow 2CO_2 + 3H_2O$$
$1\,Nm^3$: $2\,Nm^3$
$(1-x)(Nm^3)$: $2(1-x)(Nm^3)$

CO_2 생성량 $= 2.8\,Nm^3 = 3x + 2(1-x)$
$2.8 = 3x + 2(1-x)$
$x\,(C_3H_8) = 0.8$ 이므로 $(1-x) = 0.2$

혼합가스 mole 비 $= \dfrac{C_3H_8}{C_2H_6} = \dfrac{0.8}{0.2} = 4$

필수 문제

02 Propane과 Ethane의 혼합가스 $3\,Sm^3$을 이론적으로 완전연소시킨 결과 배기가스 중 탄산가스의 생성량이 $7.1\,Sm^3$이었다면 이 혼합가스 중의 Propane과 Ethane의 mole 비(C_3H_8/C_2H_6)는?

[풀이]

Propane 연소반응식
$$C_3H_8 + 5O_2 \rightarrow 3CO_2 + 4H_2O$$
$1\,Sm^3$: $3\,Sm^3$
$x\,(Sm^3)$: $3x\,(Sm^3)$

Ethane 연소반응식
$$C_2H_6 + 3.5O_2 \rightarrow 2CO_2 + 3H_2O$$
$1\,Sm^3$: $2\,Sm^3$
$(3-x)(Sm^3)$: $2(3-x)(Sm^3)$

$$CO_2 \text{ 생성량} = 7.1 \text{ Sm}^3 = 3x + 2(3-x)$$
$$7.1 = 3x + 2(3-x)$$
$$x(C_3H_8) = 1.1 \text{이므로 } (3-x) = 1.9$$
$$\text{혼합가스 mole 비} = \frac{C_3H_8}{C_2H_6} = \frac{1.1}{1.9} = 0.58$$

필수 문제

03 어떤 액체연료의 조성이 무게비로 탄소 81.0%, 수소 14.0%, 황 2.0%, 산소 3.0%인 연료가 있다. 이 연료 65 kg을 완전연소시킬 때 생성되는 이산화탄소(CO_2)의 양(kg)은?

풀이 C의 완전연소반응식

$$C + O_2 \rightarrow CO_2$$
12 kg : 44 kg
65 kg × 0.81 : CO_2(kg)

$$CO_2(\text{kg}) = \frac{(65 \text{ kg} \times 0.81) \times 44 \text{ kg}}{12 \text{ kg}} = 193.05 \text{ kg}$$

필수 문제

04 중유의 원소 조성은 C : 88%, H : 12% 이다. 이 중유를 완전연소시킨 결과, 중유 1 kg당 건조배기가스양이 15.8 Nm³ 이었다면, 건조배기가스 중의 CO_2 농도(V/V%)는?

풀이
$$CO_2(\%) = \frac{CO_2}{G_d} \times 100 = \frac{1.867 \times C}{G_d} \times 100$$
$$= \frac{(1.867 \times 0.88) \text{Nm}^3/\text{kg}}{15.8 (\text{Nm}^3/\text{kg})} \times 100 = 10.39\%$$

필수 문제

05 탄소 87%, 수소 13%인 경유 1 kg을 공기비 1.3으로 완전연소시켰을 때, 실제건조연소가스 중 CO_2 농도(%)는?

풀이
$$CO_2(\%) = \frac{CO_2}{G_d} \times 100 = \frac{1.867 \times C}{G_d} \times 100$$

$$A_0 = \frac{1}{0.21}[(1.867 \times 0.87) + (5.6 \times 0.13)] = 11.20 \, m^3/kg$$

$$G_{od} = (0.79 \times A_0) + CO_2 = (0.79 \times 11.20) + (1.867 \times 0.87) = 10.472 \, m^3/kg$$

$$G_d = G_{od} + (m-1)A_0 = 10.472 + [(1.3-1) \times 11.2] = 13.832 \, m^3/kg$$

$$= \frac{1.867 \times 0.87}{13.832} \times 100 = 11.74\%$$

필수 문제

06 용적비로 Propane : Butane = 3 : 1 로 혼합된 가스 1 Sm^3를 이론적으로 완전연소할 경우 발생되는 CO_2량(Sm^3)은?

풀이
Propane 연소방정식
$C_3H_8 + 5O_2 \rightarrow 3CO_2 + 4H_2O$
Butane 연소방정식
$C_4H_{10} + 6.5O_2 \rightarrow 4CO_2 + 5H_2O$

$$CO_2(Sm^3) = \left(3 \times \frac{3}{4}\right) + \left(4 \times \frac{1}{4}\right) = 3.25 \, Sm^3$$

필수 문제

07 유황 1.0%가 함유된 중유 1 kg을 연소하는 보일러에서 배출되는 가스 중 황산화물의 농도(ppm)는?(단, 중유 1 kg당 굴뚝배출연소가스양은 13 Sm^3이다.)

풀이
$$SO_2(ppm) = \frac{SO_2}{G_d} \times 10^6$$

$$\begin{array}{ccc} S & \to & SO_2 \\ 32\,kg & : & 22.4\,Sm^3 \\ 1\,kg \times 0.01 & : & SO_2(Sm^3) \end{array}$$

$$SO_2(Sm^3) = \frac{1\,kg \times 0.01 \times 22.4\,Sm^3}{32\,kg} = 0.007\,Sm^3$$

$$= \frac{0.007\,Sm^3}{13\,Sm^3} \times 10^6 = 538.46\,ppm$$

필수 문제

08 C, H, S의 중량(%)이 각각 85%, 13%, 2%인 중유를 공기과잉계수 1.2로 연소시킬 때 건조배기 중의 이산화황의 부피분율(%)은?(단, 황성분은 전량 이산화황으로 전환된다고 가정함)

풀이

$$SO_2(\%) = \frac{SO_2}{G_d} \times 100 = \frac{0.7S}{G_d} \times 100$$

$$G_d = mA_0 - 5.6H$$

$$A_0 = \frac{1}{0.21} \times O_0$$

$$= \frac{1}{0.21} \times [(1.867 \times 0.85) + (5.6 \times 0.13) + (0.7 \times 0.02)] = 11.09\,Sm^3/kg$$

$$= (1.2 \times 11.09) - (5.6 \times 0.13) = 12.58\,Sm^3/kg$$

$$= \frac{(0.7 \times 0.02)}{12.58} \times 100 = 0.11(\%)$$

[다른 풀이]

$$SO_2(\%) = \frac{SO_2}{G_d} \times 100 = \frac{0.7S}{G_d} \times 100$$

$$A_0 = 11.09\,Sm^3/Sm^3$$

$$G_d = 0.79A_0 + CO_2 + SO_2 + (m-1)A_0$$

$$= (0.79 \times 11.09) + (1.867 \times 0.85) + (0.7 \times 0.02) + [(1.2-1) \times 11.09]$$

$$= 12.58\,Sm^3/Sm^3$$

$$= \frac{(0.7 \times 0.02)}{12.58} \times 100 = 0.11(\%)$$

필수 문제

09 C : 78%, H : 22%로 구성되어 있는 액체연료 1 kg을 공기비 1.2로 연소하는 경우에 C의 1%가 검댕으로 발생된다고 하면 실제 건연소가스 1 Sm³ 중의 검댕의 농도 (g/Sm³)은?

풀이 검댕농도(g/Sm³) = $\dfrac{\text{C의 발생량}}{G_d(\text{배기가스양})}$

C발생량(g) = 0.78×0.01 kg/kg×10³g/kg = 7.8 g/kg

$G_d = mA_0 - 5.6H$

$A_0 = \dfrac{O_0}{0.21}$

$O_0 = 1.867C + 5.6H$
 = (1.867×0.78) + (5.6×0.22) = 2.69 Sm³/kg

= $\dfrac{2.69}{0.21}$ = 12.8 Sm³/kg

= (1.2×12.8) − (5.6×0.22) = 14.13 Sm³/kg

= $\dfrac{7.8\,\text{g/kg}}{14.13\,\text{Sm}^3/\text{kg}}$ = 0.552 g/Sm³

필수 문제

10 중유 중 황(S) 함량 3%인 것을 6,400 kg/hr로 연소시 5분 동안 생성되는 황산화물의 양(Sm³)은?(단, 중유 중 황은 모두 SO₂로 되며, 표준상태 기준)

풀이 연소반응식
 S + O₂ → SO₂
 32 kg : 22.4 Sm³
 6,400 kg/hr×0.03 : SO₂(Sm³)

$SO_2(\text{Sm}^3) = \dfrac{(6{,}400\,\text{kg/hr} \times 0.03) \times 22.4\,\text{Sm}^3}{32\,\text{kg}}$
 = 134.4 Sm³/hr×5 min×hr/60 min = 11.2 Sm³

필수 문제

11 1.5%(무게기준) 황분을 함유한 석탄 1,143 kg 을 이론적으로 완전연소시킬 때 SO_2 발생량(Sm^3)은?(단, 표준상태 기준이며, 황분은 전량 SO_2로 전환)

> **풀이** 연소반응식
>
> $$S + O_2 \rightarrow SO_2$$
>
> 32 kg : 22.4 Sm^3
>
> 1,143 kg×0.015 : $SO_2(Sm^3)$
>
> $SO_2(Sm^3) = \dfrac{(1,143 \text{ kg} \times 0.015) \times 22.4 \text{ Sm}^3}{32 \text{ kg}} = 12.0 \text{ Sm}^3$

필수 문제

12 어느 보일러에서 시간당 1 ton 의 중유연소시 배출가스 중 SO_2 배출량이 10 Nm^3/hr 였다면 이 중유의 S 함량은 몇 %인가?(단, 중유 중의 황성분은 모두 SO_2로 배출된다고 가정하고, 중량 % 기준)

> **풀이** 연소반응식
>
> $$S + O_2 \rightarrow SO_2$$
>
> 32 kg : 22.4 Nm^3
>
> 1,000 kg/hr×S : 10 Nm^3
>
> $S = \dfrac{32 \text{ kg} \times 10 \text{ Nm}^3}{1,000 \text{ kg/hr} \times 22.4 \text{ Nm}^3} = 0.01428 \times 100 = 1.43\%$

필수 문제

13 시간당 1 ton 의 석탄을 연소시킬 때 발생하는 SO_2 는 0.31 Nm^3/min 였다. 이 석탄의 황 함유량(%)은?(단, 표준상태를 기준으로 하고, 석탄 중의 황 성분은 연소하여 전량 SO_2가 된다.)

풀이 연소방정식

$$S \quad + \quad O_2 \quad \rightarrow \quad SO_2$$

32 kg : 22.4 Nm^3
1,000 kg/hr×hr/60 min×S : 0.31 Nm^3

$$S = \frac{32 \text{ kg} \times 0.31 \text{ Nm}^3}{16.67 \text{ kg/min} \times 22.4 \text{ Nm}^3} = 0.0265 \times 100 = 2.66\%$$

필수 문제

14 황 함유량이 질량 %로 1.4%인 중유를 매시 100 ton 연소시킬 때 SO_2의 배출량(Sm^3/hr)은?(단, 표준상태를 기준으로 하고, 황은 100% 반응하며, 이 중 5%는 SO_3로 배출, 나머지는 SO_2로 배출된다.)

풀이 연소반응식

$$S \quad + \quad O_2 \quad \rightarrow \quad SO_2$$

32 kg : 22.4 Sm^3
100 ton/hr×0.014×(1−0.05) : $SO_2(Sm^3$/hr)

$$SO_2(Sm^3/hr) = \frac{(100 \text{ ton/hr} \times 0.014 \times 0.95) \times 22.4 \text{ Sm}^3 \times 1,000 \text{ kg/ton}}{32 \text{ kg}}$$

$$= 931 \text{ Sm}^3/hr$$

필수 문제

15 S 함량 3%인 벙커C유 100 kL를 사용하는 보일러에 S 함량 1%인 벙커C유를 30% 섞어 사용하면 SO_2 배출량은 몇 % 감소하는가?(단, 벙커C유 비중은 0.95, 벙커C유 중의 S는 모두 SO_2로 전환됨)

풀이

- 황 함량 3%일 때

$$S + O_2 \rightarrow SO_2$$
$$32\text{kg} : 22.4\text{Sm}^3$$
$$100\text{kL} \times 950\text{kg/m}^3 \times 0.03 : SO_2(\text{Sm}^3) \quad SO_2 = 1{,}995\text{Sm}^3$$

- 황 함량 3%(70%) + 1%(30%)일 때

$$S + O_2 \rightarrow SO_2$$
$$32\text{kg} : 22.4\text{Sm}^3$$
$$(70\text{kL} \times 950\text{kg/m}^3 \times 0.03) + (30\text{kL} \times 950\text{kg/m}^3 \times 0.01)$$
$$: SO_2(\text{Sm}^3) \quad SO_2 = 1{,}596\text{Sm}^3$$

감소율 $= \dfrac{1{,}995 - 1{,}596}{1{,}995} \times 100 = 20\%$

필수 문제

16 350 m³ 되는 방에서 문을 닫고 91%의 탄소를 가진 숯을 최소 몇 kg 이상 태우면 해로운 상태가 되겠는가?(단, 공기 중 탄산가스의 부피가 5.8% 이상일 때, 인체에 해롭다고 함)

풀이

연소방정식

$$C + O_2 \rightarrow CO_2$$
$$12\text{ kg} : 22.4\text{ Sm}^3$$
$$C \times 0.91(\text{kg}) : 20.3\text{ Sm}^3 [20.3\text{ Sm}^3 \Rightarrow CO_2\ 5.8\%\text{시 실내 } CO_2\text{량}$$
$$= 350\text{ m}^3 \times 0.058$$
$$= 20.3\text{ Sm}^3]$$

$$C(\text{kg}) = \dfrac{12\text{ kg} \times 20.3\text{ Sm}^3}{0.91 \times 22.4\text{ Sm}^3} = 11.95\text{ kg}$$

필수 문제

17 탄소 84%, 수소 13.0%, 황 2.0%, 질소 1.0% 조성을 가지는 중유를 1 kg 당 15 Sm³ 의 공기로 완전연소할 경우 습배출가스 중의 황산화물의 부피농도(ppm)는?(단, 표준상태 기준)

풀이
$$SO_2(ppm) = \frac{SO_2}{G_w} \times 10^6 = \frac{0.7S}{G_w} \times 10^6$$

$$G_w = G_{ow} + (m-1)A_0$$

$$G_{ow} = (1-0.21)A_0 + CO_2 + H_2O + SO_2 + N_2$$

$$A_0 = \frac{1}{0.21} \times O_0$$

$$= \frac{1}{0.21} \times [(1.867 \times 0.84) + (5.6 \times 0.13) + (0.7 \times 0.02)]$$

$$= 11.0 \, (Sm^3/kg)$$

$$= (0.79 \times 11.0) + (1.867 \times 0.84) + (11.2 \times 0.13) + (0.7 \times 0.02) + (0.8 \times 0.01)$$

$$= 11.73 \, Sm^3/kg$$

$$m = \frac{A}{A_0} = \frac{15}{11.0} = 1.36$$

$$= 11.73 + [(1.36-1) \times 11.0] = 15.69 \, Sm^3/kg$$

$$= \frac{(0.7 \times 0.02)}{15.69} \times 10^6 = 892.29 \, ppm$$

필수 문제

18 벙커 C유에 3.9% 의 S 성분이 함유되어 있을 때 건조연소가스양 중의 SO_2 양(%)은?(단, 공기비 1.3, 이론공기량 11.09 Sm³/kg-oil, 이론 건조연소가스양 11.25 Sm³/kg-oil, 연료 중의 황 성분은 완전연소되어 SO_2 로 된다.)

풀이
$$SO_2(\%) = \frac{SO_2}{G_d} \times 100 = \frac{0.7S}{G_d} \times 100$$

$$G_d = G_{od} + (m-1)A_0$$

$$= 11.25 + [(1.3-1) \times 11.09] = 14.58 \, Sm^3/kg$$

$$= \frac{(0.7 \times 0.039)}{14.58} \times 100 = 0.19\%$$

필수 문제

19 탄소 86%, 수소 13%, 황 1%인 중유를 연소시켜 배기가스를 분석했더니 $CO_2 + SO_2$가 13%, O_2가 3%, CO가 0.5%이었다. 건조연소가스 중의 SO_2농도(ppm)는?(단, 표준상태기준)

풀이

$$SO_2(ppm) = \frac{SO_2}{G_d} \times 10^6 = \frac{0.7S}{G_d} \times 10^6$$

$$A_0 = \frac{1}{0.21} \times [(1.867 \times 0.86) + (5.6 \times 0.13) + (0.7 \times 0.01)] = 11.146 \ Sm^3/kg$$

$$G_{od} = 0.79A_0 + CO_2 + SO_2 = (0.79 \times 11.146) + (1.867 \times 0.86) + (0.7 \times 0.01)$$
$$= 10.418 \ Sm^3/kg$$

$$G_d = G_{od} + (m-1)A_0 = 10.418 + [(1.14-1) \times 11.146] = 11.978 \ Sm^3/kg$$

$$m = \frac{N_2}{N_2 - 3.76(O_2 - 0.5CO)} = \frac{83.5}{83.5 - 3.76[3 - (0.5 \times 0.5)]}$$
$$= 1.14$$

$$= \frac{0.7 \times 0.01}{11.978} \times 10^6 = 584.40 \ ppm$$

필수 문제

20 내용적 160 m³의 밀폐된 상온·상압하의 실내에서 부탄 1 kg을 완전연소시 실내의 산소농도(V/V%)는?(단, 기타 조건은 무시하며, 공기 중 용적산소비율은 21%)

풀이

실내산소농도(%) = $\frac{\text{산소체적}}{\text{실내용적}} \times 100$

산소농도(연소반응식)

$$C_4H_{10} \ + \ 6.5O_2 \ \rightarrow \ 4CO_2 \ + \ 5H_2O$$
58 kg : 6.5×22.4 m³
1 kg : $O_0(m^3)$

$$O_0(m^3) = \frac{1 \ kg \times (6.5 \times 22.4) \ m^3}{58 \ kg} = 2.51 \ m^3$$

산소농도(m³) = (내용적×공기 중 산소비율) - 이론산소량
= (160×0.21) - 2.51 = 31.09 m³

$$= \frac{31.09 \ m^3}{160 \ m^3} \times 100 = 19.43\%$$

필수 문제

21 A연소시설에서 연료 중 수소를 10% 함유하는 중유를 연소시킨 결과 건조연소가스 중의 SO_2 농도가 600 ppm이었다. 건조연소가스양이 13 Sm^3/kg이라면 실제습배가스양 중 SO_2 농도(ppm)는?

> **풀이**
> $SO_2(ppm) = \dfrac{SO_2}{G_w} \times 10^6$
>
> $G_w = G_d + H_2O = 13 + (11.2 \times 0.1) = 14.12 \, Sm^3/kg$
>
> $SO_2(ppm) = \dfrac{SO_2}{G_d} \times 10^6$
>
> $SO_2 = \dfrac{600 \times 13}{10^6} = 7.8 \times 10^{-3} \, Sm^3/kg$
>
> $= \dfrac{7.8 \times 10^{-3}}{14.12} \times 10^6 = 552.41 \, ppm$

필수 문제

22 S 함량 3%의 B-C유 200 kL를 사용하는 보일러에 S 함량 1%인 B-C유를 50% 섞어서 사용하면 SO_2의 배출량은 몇 % 감소하겠는가?(단, 기타 연소조건은 동일하며, S는 연소시 전량 SO_2로 변환되고, B-C유 비중은 0.95)

> **풀이**
> 연소시 전량 S는 SO_2 변환되므로 감소되는 S(%) = 감소되는 SO_2(%)
>
> 감소되는 $S(\%) = \left(1 - \dfrac{\text{나중 조건의 황 함유량}}{\text{초기 조건의 황 함유량}}\right) \times 100$
>
> 초기 조건의 황 함유량 = 200 kL × 0.03 = 6 kL
>
> 나중 조건의 황 함유량 = 200 kL[(0.03×0.5) + (0.01×0.5)] = 4 kL
>
> $= \left(1 - \dfrac{4}{6}\right) \times 100 = 33.33\%$

필수 문제

23 S 함량 2.5%인 벙커 C유 100 kL를 사용하는 보일러에 S 함량 5.5%인 벙커 C유를 50% 섞어서(S 함량 2.5인 벙커 C유 50 kL + S 함량 5.5% 벙커 C유 50 kL) 사용한다면 S의 배출량은 약 몇 % 증가하겠는가?(단, 황은 전량 배출되며, B-C유 비중 0.95, %는 무게기준)

풀이 증가되는 $S(\%) = \left(\dfrac{\text{나중 조건의 황 함유량} - \text{초기 조건의 황 함유량}}{\text{초기 조건의 황 함유량}}\right) \times 100$

초기 조건의 황 함유량 $= 100 \text{ kL} \times 0.025 = 2.5 \text{ kL}$

나중 조건의 황 함유량 $= 100 \text{ kL}[(0.025 \times 0.5) + (0.055 \times 0.5)]$
$= 4 \text{ kL}$

$= \left(\dfrac{4 - 2.5}{2.5}\right) \times 100 = 60\%$

필수 문제

24 질량퍼센트로 76.9%의 탄소를 함유하는 액체연료를 하루에 450 kg 연소시키는 공장이 있다. 완전연소라 가정할 때, 이 공장에서 하루에 방출하는 일산화탄소의 부피(Nm³/day)는?(단, 0℃ 1 atm 연료 탄소성분 중 5%가 일산화탄소로 된다고 가정)

풀이 연소방정식

$C \quad + \quad 0.5 O_2 \quad \rightarrow \quad CO$

12 kg : 22.4 Nm³

450 kg/day×0.769×0.05 : CO(Nm³/day)

$CO(Nm^3/day) = \dfrac{(450 \text{ kg/day} \times 0.769 \times 0.05) \times 22.4 \text{ Nm}^3}{12 \text{ kg}}$

$= 32.29 \text{ Nm}^3/\text{day}$

필수 문제

25 S 성분이 1%인 중유를 10 ton/hr로 연소시켜 배기가스 중 SO_2를 $CaCO_3$으로 배연 탈황하는 경우, 이론상 필요한 $CaCO_3$의 양(ton/hr)은?(단, 중유 중 S는 모두 SO_2로 산화된다고 가정하고, 탈황률은 100%로 본다.)

풀이

S　　　　　　→　$CaCO_3$
32 kg　　　　　:　100 kg
10,000 kg/hr×0.01　:　$CaCO_3$(kg/hr)

$$CaCO_3(ton/hr) = \frac{(10,000 \text{ kg/hr} \times 0.01) \times 100 \text{ kg}}{32 \text{ kg}}$$

$\quad\quad\quad\quad\quad\quad$ = 312.5 kg/hr×ton/1,000 kg
$\quad\quad\quad\quad\quad\quad$ = 0.31 ton/hr

필수 문제

26 유황 함유량이 1.5%(W/W)인 중유를 10 ton/hr로 연소시킬 때 굴뚝으로부터의 SO_3 배출량(Sm^3/h)은?(단, 유황은 전량이 반응하고 이 중 5%는 SO_3로서 배출되며 나머지는 SO_2로 배출된다.)

풀이

S + O_2　→　SO_2 + O → SO_3
32kg　　　　　　　　　: 22.4Sm^3
10,000kg/hr×0.015　　　: $SO_3(Sm^3/hr)$

$$SO_3(Sm^3/hr) = \frac{10,000 \text{kg/hr} \times 0.015 \times 22.4 Sm^3}{32 \text{kg}} \times 0.05$$

$\quad\quad\quad\quad\quad\quad$ = 5.25Sm^3/hr

27 프로판(C_3H_8) 1 Sm³을 완전연소시 건조연소가스 중의 CO_2 농도는 10%였다. 이때의 공기비를 구하면?

풀이

연소반응식
$C_3H_8 + 5O_2 \rightarrow 3CO_2 + 4H_2O$

$G_d = (m - 0.21)A_0 + CO_2$

$CO_2(\%) = \dfrac{CO_2}{G_d} \times 100$

$G_d = \dfrac{3}{0.1} = 30 \text{Sm}^3/\text{Sm}^3$

$A_0 = \dfrac{5}{0.21} = 23.81 \text{Sm}^3/\text{Sm}^3$

$30 = [(m - 0.21)23.81] + 3$

$32 = 23.81m$

$m = \dfrac{32}{23.81} = 1.34$

(13) 발열량

1) 개요
   ① 단위질량의 연료가 완전연소 후, 처음의 온도까지 냉각될 때 발생하는 열량을 말한다. 즉, 연료가 연소 시 열을 발생하는데, 표준상태에서 연료가 완전연소 시 발생하는 열을 의미한다.
   ② 대부분의 연료에서는 연료성분 내에 포함된 수소성분에 의해 수증기가 발생하며 이 수증기는 응축하여 물로 전환 시 열을 방출한다. 이를 잠열이라 하며 증발잠열을 포함한 열량을 고위발열량(총발열량)이라 한다.
   ③ 일반적으로 수증기의 증발잠열은 이용이 잘 안 되기 때문에 저위발열량이 주로 사용된다.
   ④ 증발잠열의 포함 여부에 따라 고위발열량과 저위발열량으로 구분된다.

2) 단위
   ① 고체 및 액체연료
      kcal/kg
   ② 기체연료
      kcal/Sm³

3) 고위발열량(Hh)
   ① 정의
      연료를 완전연소 후 생성되는 수증기가 응축될 때 방출하는 증발잠열(응축열)을 포함한 열량으로 총발열량이라고도 한다.
   ② 측정
      • 봄브 열량계(Bomb Calorimeter) : 고체, 액체연료
      • 융겔스 열량계 : 기체연료
   ③ 계산식
      ㉠ 고체, 액체연료(Dulong식)

$$Hh = 8,100C + 34,000(H - \frac{O}{8}) + 2,500S(kcal/kg)$$

ⓒ 기체연료

$$Hl = Hh - 480\sum H_2O$$

여기서, Hl : 저위발열량(kcal/Sm³)
480 : 수증기(H_2O) 1 Sm³의 증발잠열(kcal/Sm³)
단, 중량으로 수증기의 응축잠열은 600 kcal/kg
$\left(480 \text{ kcal/Sm}^3 = 600 \text{ kcal/kg} \times \dfrac{18 \text{ kg}}{22.4 \text{ Sm}^3}\right)$

$$Hl = Hh - 480(H_2 + 2CH_4 + 2C_2H_4 + 3C_2H_5 + 4C_3H_8 \cdots)$$
$$= Hh - 480(H_2 + \sum \dfrac{y}{2}(C_xH_y))$$

4) 저위발열량(Hl)

① 정의

연료가 완전연소 후 연소과정에서 생성되는 수증기(수분)의 증발잠열(응축열)을 제외한 열량으로, 응축잠열을 회수하지 않고 배출하였을 때의 발열량이다.

② 계산

　ⓐ 연소분석치 ┐
　ⓑ 연소반응식 ┘ 에 의한 산출

③ 계산식

$$Hl = Hh - 600(9H + W) \text{ (kcal/kg)}$$

여기서, H : 연료 내의 수소함량(kg)
W : 연료 내의 수분함량(kg)
600 : 0℃에서 H_2O 1 kg의 증발열량

5) 각 성분의 발열량 반응식

① 고체, 액체연료

[탄소] $C + O_2 \rightarrow CO_2 + 8,100$ kcal/kg

[수소] $H_2 + \dfrac{1}{2}O_2 \rightarrow H_2O + 34,000$ kcal/kg

[유황] $S + O_2 \rightarrow SO_2 + 2,500$ kcal/kg

② 기체연료

[수소] $H_2 + \frac{1}{2}O_2 \rightarrow H_2O + 3,050 \text{ kcal/m}^3 (34,000\text{kcal/kg})$

[일산화탄소] $CO + \frac{1}{2}O_2 \rightarrow CO_2 + 3,035 \text{ kcal/m}^3 (2,430\text{kcal/kg})$

[메탄] $CH_4 + 2O_2 \rightarrow CO_2 + 2H_2O + 9,530 \text{ kcal/m}^3 (13,320\text{kcal/kg})$

[아세틸렌] $2C_2H_2 + 5O_2 \rightarrow 4CO_2 + 2H_2O + 14,080 \text{ kcal/m}^3 (12,030\text{kcal/kg})$

[에틸렌] $C_2H_4 + 3O_2 \rightarrow 2CO_2 + 2H_2O + 15,280 \text{ kcal/m}^3 (12,130\text{kcal/kg})$

[에탄] $2C_2H_6 + 7O_2 \rightarrow 4CO_2 + 6H_2O + 16,810 \text{ kcal/m}^3 (12,410\text{kcal/kg})$

[프로필렌] $2C_3H_6 + 9O_2 \rightarrow 6CO_2 + 6H_2O + 22,540 \text{ kcal/m}^3 (11,770\text{kcal/kg})$

[프로판] $C_3H_8 + 5O_2 \rightarrow 3CO_2 + 4H_2O + 23,700 \text{ kcal/m}^3 (12,040\text{kcal/kg})$

[부틸렌] $C_4H_8 + 6O_2 \rightarrow 4CO_2 + 4H_2O + 29,170 \text{ kcal/m}^3 (11,630\text{kcal/kg})$

[부탄] $2C_4H_{10} + 13O_2 \rightarrow 8CO_2 + 10H_2O + 32,010 \text{ kcal/m}^3 (11,840\text{kcal/kg})$

• 주요 기체연료 발열량 크기(kcal/m³)

> 부탄 > 프로판 > 에탄 > 아세틸렌 > 메탄 > 일산화탄소 > 수소

🔍 Reference | 기타 연료 발열량

① 코크스로가스 : 5,000kcal/Sm³
② 발생로가스 : 1,480kcal/Sm³
③ 수성가스 : 2,650kcal/Sm³
④ 고로가스 : 900kcal/Sm³

필수 문제

  황 5kg을 공기 중에서 이론적으로 완전연소시킬 때 발생되는 열량(kcal)은?(단, 황은 모두 SO_2로 전환된다.)

풀이
$S + O_2 \rightarrow SO_2 + 2,500 \text{ kcal/kg}$
$2,500 \text{ kcal/kg} \times 5 \text{ kg} = 12,500 \text{ kcal}$

필수 문제

02 액체연료의 성분분석결과 탄소 84%, 수소 11%, 황 2.4%, 산소 1.3%, 수분 1.3% 이었다면 이 연료의 저위발열량(kcal/kg)은?(단, Dulong식을 이용)

풀이

고위발열량(Hh)

$$Hh = 8,100C + 34,000(H - \frac{O}{8}) + 2,500S \, (kcal/kg)$$

$$= (8,100 \times 0.84) + [34,000(0.11 - \frac{0.013}{8})] + (2,500 \times 0.024) = 10,548.75 \, kcal/kg$$

저위발열량(Hl)

$$Hl = Hh - 600(9H + W) = 10,548.75 - 600[(9 \times 0.11) + 0.013] = 9,946.95 \, kcal/kg$$

필수 문제

03 수소 12%, 수분 3.0%가 포함된 고체연료의 고위발열량이 10,000 kcal/kg 일 때 이 연료의 저위발열량(kcal/kg)은?

풀이

$$Hl = Hh - 600(9H + W) = 10,000 - 600[(9 \times 0.12) + 0.03] = 9,334 \, kcal/kg$$

필수 문제

04 수소 12%, 수분 0.5%를 함유하는 중유의 고위발열량을 측정하였더니 10,500 kcal/kg 이었다. 이 중유의 저위발열량(kcal/kg)은?

풀이

$$Hl = Hh - 600(9H + W) = 10,500 - 600[(9 \times 0.12) + 0.005] = 9,849 \, kcal/kg$$

필수 문제

05 메탄의 Hh이 9,000 kcal/Sm³ 이라면 저위발열량(kcal/Sm³)은?

풀이
기체연료 저위발열량(Hl)
$Hl = Hh - 480 \sum H_2O$
CH_4 연소반응식
$CH_4 + 2O_2 \rightarrow CO_2 + 2H_2O$
$= 9,000 - (480 \times 2) = 8,040$ kcal/Sm³

필수 문제

06 에탄(C_2H_6)의 고위발열량이 15,520 kcal/Sm³ 일 때, 저위발열량(kcal/Sm³)은?(단, H_2O 1 Sm³의 증발잠열은 480 kcal/Sm³)

풀이
$Hl = Hh - 480 \sum H_2O$
C_2H_6 연소반응식
$C_2H_6 + 3.5O_2 \rightarrow 2CO_2 + 3H_2O$
$= 15,520 - (480 \times 3) = 14,080$ kcal/Sm³

필수 문제

07 Propane 의 고위발열량이 23,000 kcal/Sm³ 일 때 저위발열량(kcal/Sm³)은?(단, 물의 증발잠열은 480 kcal/Sm³)

풀이
$Hl = Hh - 480 \sum H_2O$
C_3H_8 연소반응식
$C_3H_8 + 5O_2 \rightarrow 3CO_2 + 4H_2O$
$= 23,000 - (480 \times 4) = 21,080$ kcal/Sm³

필수 문제

08 메탄과 프로판이 1 : 2로 혼합된 기체연료의 고위발열량이 19,400kcal/Sm³이다. 이 기체연료의 저위발열량(kcal/Sm³)은?

풀이

메탄(CH_4) 저위발열량(Hl)

$Hl = Hh - 480 \sum H_2O$

$CH_4 + O_2 \rightarrow CO_2 + 2H_2O$

$= 19,400 - (480 \times 2) = 18,440 \, kcal/Sm^3$

프로판(C_3H_8) 저위발열량(Hl)

$Hl = Hh - 480 \sum H_2O$

$C_3H_8 + 5O_2 \rightarrow 3CO_2 + 4H_2O$

$= 19,400 - (480 \times 4) = 17,480 \, kcal/Sm^3$

혼합연료의 저위발열량(kcal/Sm³) $= \dfrac{(1 \times 18,440) + (2 \times 17,480)}{1 + 2} = 17,800 \, kcal/Sm^3$

필수 문제

09 연료 1kg중 수소 20%, 수분 20%인 액체연료의 고위발열량이 10,500kcal/kg일 때, 저위발열량(kcal/kg)은?

풀이

$Hl = Hh - 600(9H + W) = 10,500 - 600[(9 \times 0.2) + 0.2] = 9,300 \, kcal/kg$

필수 문제

10 15℃ 물 10 L를 데우는 데 10 L의 프로판가스가 사용되었다면 물의 온도는 몇 ℃로 되는가?(단, 프로판 가스의 발열량은 488.53kcal/mole이고, 표준상태의 기체로 취급하며, 발열량은 손실없이 전량 물을 가열하는 데 사용되었다고 가정)

풀이

프로판가스 열량 $= \dfrac{488.53 \, kcal}{22.4 \, L} \times 10 \, L = 218.09 \, kcal$

물 10L(10kg)을 데우는 데 필요한 열량 $= 218.09 \, kcal/10 \, kg = 21.809 \, kcal/kg$

증가되는 물의 온도 $= \dfrac{21.809 \, kcal/kg}{1 kcal/kg \cdot ℃} = 21.809 \, ℃$

물의 온도 $= 15 + 21.809 = 36.81 \, ℃$

필수 문제

11 연소실에서 아세틸렌 가스 1 kg을 연소시킨다. 이때 연료의 80%(질량기준)가 완전연소되고, 나머지는 불완전연소되었을 때, 발생되는 열량(kcal)은?(단, 연소반응식은 아래 식에 근거하여 계산)

$$C + O_2 \rightarrow CO_2 \quad \Delta H = 97,200 \text{kcal/kmol}$$
$$C + \frac{1}{2}O_2 \rightarrow CO \quad \Delta H = 29,200 \text{kcal/kmol}$$
$$H_2 + \frac{1}{2}O_2 \rightarrow H_2O \quad \Delta H = 57,200 \text{kcal/kmol}$$

풀이

$$C(\text{kcal}) = \frac{97,200}{12} \times \frac{24}{26} \times 0.8 + \frac{29,200}{12} \times \frac{24}{26} \times 0.2$$
$$= 6,430.77 \text{ kcal} \quad [C_2H_2 : 26]$$
$$H(\text{kcal}) = \frac{57,200}{2} \times \frac{2}{26} = 2,200 \text{ kcal}$$
발열량 $= 6,430.77 + 2,200 = 8,630.77 \text{ kcal}$

필수 문제

12 벤젠의 연소반응이 다음과 같을 때 벤젠의 연소열(kJ/mole)은 얼마인가?(단, 표준상태(25℃, 1atm)에서의 표준생성열)

$$C_6H_6(g) + 7.5O_2(g) \rightarrow 6CO_2(g) + 3H_2O(g)$$

생성열	$C_6H_6(g)$	$O_2(g)$	$CO_2(g)$	$H_2O(g)$
ΔH_f°(kJ/mole)	83	0	−394	−286

풀이

발열량 = 생성계 열량 − 반응계 열량
$$Hl = [(6 \times -394) + (3 \times -286)] - [(1 \times 83) + (7.5 \times 0)]$$
$$= -3,305 \text{(kJ/mole)}$$

(14) 연소온도

1) 이론 연소온도

① 연료를 이론공기량으로 완전연소시켜 화염에 도달할 수 있는 이론상 최고온도를 의미하며, 연소온도는 연소 후 배기가스 발생온도 중 최고온도를 말한다.
② 3,000K 정도의 고온조건으로 연소시킬 때 일산화탄소가 상당량 발생되는 원인은 일산화탄소가 열분해되기 때문이다.

2) 관련식

$$Hl = G_{ow} C_{pm} (T_{bt} - T_0)$$

여기서, Hl : 저위발열량(kcal/Sm³ 또는 Sm³/kg)
G_{ow} : 이론습연소가스양(Sm³/Sm³ 또는 Sm³/kg)
C_{pm} : 온도 T_0와 T_{bt} 간의 연소가스 정압비열 G_p의 평균치(kcal/Sm³·℃)
T_{bt} : 이론단열화연소온도(℃)
T_0 : 연소 전의 온도(℃)

$$Hl = G_{ow} C_p (t_2 - t_1)$$

여기서, Hl : 저위발열량(kcal/Sm³ 또는 kcal/kg)
G_{ow} : 이론습연소가스양(Sm³/Sm³ 또는 Sm³/kg)
C_p : 이론습연소가스양의 평균정압비열(kcal/Sm³·℃)
t_2 : 이론연소온도(℃)
t_1 : 기준온도(℃) 또는 실제온도(℃)

$$t_2 = \frac{Hl}{GC_P} + t_1$$

3) 연소온도에 영향을 미치는 요인
① 공기비(가장 큰 영향인자)
② 공급공기온도 및 공급연료온도
③ 연소실 압력 및 연소상태
④ 발열량(저위발열량) 및 연소효율
⑤ 산소농도 및 화염전파의 열손실

필수 문제

01 이론적으로 탄소 1 kg 을 연소시키면 30,000 kcal의 열이 발생하며, 수소 1 kg 을 연소시키면 34,100 kcal의 열이 발생된다면 에탄 2 kg 연소시 발생되는 열량은?

풀이

탄소(kcal) $= 30,000 \text{ kcal/kg} \times 2 \text{ kg} \times \dfrac{24(C_2)}{30(C_2H_6)} = 48,000 \text{ kcal}$

수소(kcal) $= 34,100 \text{ kcal/kg} \times 2 \text{ kg} \times \dfrac{6(H_6)}{30(C_2H_6)} = 13,640 \text{ kcal}$

열량(kcal) $= 48,000 + 13,640 = 61,640 \text{ kcal}$

필수 문제

02 저위발열량이 3,500 kcal/Nm³ 인 가스연료의 이론연소온도는 몇 ℃ 인가?(단, 이론 연소가스양 10 Nm³/Nm³, 기준온도 15℃, 연료연소가스의 평균정압비열 0.35 kcal/Nm³·℃, 공기는 예열되지 않으며, 연소가스는 해리되지 않는 것으로 한다.)

풀이

이론연소온도(t_2)

$t_2 = \dfrac{Hl}{G \cdot C_p} + t_2$

$= \dfrac{3,500 \text{ kcal/Nm}^3}{10 \text{ Nm}^3/\text{Nm}^3 \times 0.35 \text{ kcal/Nm}^3 \cdot ℃} + 15℃ = 1,015℃$

03 연료를 이론산소량으로 완전연소시켰을 경우의 이론연소온도는 몇 ℃ 인가?(단, 발열량 5,000 kcal/Sm³, 이론연소가스양 20 Sm³/Sm³, 연소가스 평균정압비열 0.35 kcal/Sm³·℃, 실온 15℃ 이다.)

풀이

$$이론연소온도(℃) = \frac{저위발열량}{이론연소가스양 \times 연소가스\ 평균정압비열} + 실제온도$$

$$= \frac{5,000\,kcal/Sm^3}{20\,Sm^3/Sm^3 \times 0.35\,kcal/Sm^3 \cdot ℃} + 15℃ = 729.29℃$$

04 저위발열량이 7,000 kcal/Sm³ 인 가스연료의 이론연소온도는 몇 ℃ 인가?(단, 이론연소가스양 10 Sm³/Sm³, 연료연소가스의 평균정압비열은 0.35 kcal/Sm³·℃, 기준온도 15℃, 공기는 예열하지 않으며 연소가스는 해리하지 않는다.)

풀이

$$이론연소온도(℃) = \frac{저위발열량}{이론연소가스양 \times 연소가스\ 평균정압비열} + 실제온도$$

$$= \frac{7,000\,kcal/Sm^3}{10\,Sm^3/Sm^3 \times 0.35\,kcal/Sm^3 \cdot ℃} + 15℃ = 2,015℃$$

05 저위발열량 13,500 kcal/Sm³ 인 기체연료를 연소시, 이론습연소가스양이 10 Sm³/Sm³ 이고 이론연소온도는 2,500℃ 라고 한다. 연료연소가스의 평균정압비열(kcal/Sm³·℃)은?(단, 연소용 공기연료온도는 15℃)

풀이

$$평균정압비열 = \frac{저위발열량}{(이론연소온도 - 실제온도) \times 이론연소가스양}$$

$$= \frac{13,500\,kcal/Sm^3}{(2,500-15)℃ \times 10\,Sm^3/Sm^3} = 0.543\,kcal/Sm^3 \cdot ℃$$

필수 문제

06 아래와 같은 조건에서의 메탄의 이론 연소온도는?(단, 메탄, 공기는 25℃에서 공급되는 것으로 하며, 메탄의 저위발열량은 8,600 kcal/Sm³, CO_2, $H_2O(g)$, N_2의 평균정압몰비열은 각각 13.1, 10.5, 8.0 kcal/kmol·℃ 로 한다.)

풀이

이론연소온도(t_2)

$$t_2 = \frac{Hl}{GC_p} + t_2$$

$G = (1-0.21)A_0 + \Sigma$ 연소생성물

$CH_4 + 2O_2 \rightarrow CO_2 + 2H_2O$

$= 0.79 \times \left(\frac{2}{0.21}\right) + [1+2] = 10.52 \text{ Sm}^3/\text{Sm}^3$

$C_p \rightarrow CO_2$, H_2O, N_2 성분 계산 후 구함

$CO_2 = \frac{CO_2}{G} \times 100 = \frac{1}{10.52} \times 100 = 9.51\%$

$H_2O = \frac{H_2O}{G} \times 100 = \frac{2}{10.52} \times 100 = 19.01\%$

$N_2 = 100 - [CO_2 + H_2O] = 100 - [9.51 + 19.01] = 71.48\%$

$C_p = (13.1 \times 0.0951) + (10.5 \times 0.1901) + (8.0 \times 0.7148)$

$= 8.96 \text{ kcal/kmol}\cdot℃ \times \left(\frac{1 \text{ kmol}}{22.4 \text{ Sm}^3}\right) = 0.4 \text{ kcal/Sm}^3\cdot℃$

$= \dfrac{8,600 \text{ kcal/Sm}^3}{10.52 \text{ Sm}^3/\text{Sm}^3 \times 0.4 \text{ kcal/Sm}^3 \cdot ℃} + 25℃ = 2,068.73℃$

(15) 연소효율

1) 개요

가연성 물질을 연소할 때 완전연소량에 비해서 실제연소되는 양의 비율을 말한다.

2) 특징

① 강열감량이 크면 연소효율이 저하된다.[강열감량 : 소각 또는 연소시 재(Ash)의 잔사에 포함되어 있는 미연분량]
② 연소효율이 낮으면 보조연료가 많이 요구된다.

3) 관련식

$$연소효율(\eta) = \frac{Hl-(L_1+L_2)}{Hl} \times 100(\%) = \frac{실제연소시\ 발열량}{완전연소시\ 발열량} \times 100(\%)$$

여기서, Hl : 저위발열량(kcal/kg)
L_1 : 미연손실열량(kcal/kg)
L_2 : 불완전연소손실열량(kcal/kg)

필수 문제

01 연소대상물인 플라스틱의 저위발열량은 5,400 kcal/kg 이며 이 플라스틱을 연소시 발생되는 연소재 중의 미연손실은 저위발열량의 10% 이고 불완전연소에 의한 손실은 600 kcal/kg 일 때 연소대상물의 연소효율(%)은?

풀이

$$연소효율(\%) = \frac{Hl-(L_1+L_2)}{Hl} \times 100$$

$$= \frac{5,400-[(5,400\times 0.1)+600]}{5,400} \times 100 = 78.9\%$$

필수 문제

02 수소 12%, 수분 1%를 함유한 중유 1kg의 발열량을 열량계로 측정하였더니 고위발열량이 10,000kcal/kg이었다. 비정상적인 보일러의 운전으로 인해 불완전연소에 의한 손실열량이 1,400kcal/kg이라면 연소효율(%)은?

풀이

$$연소효율(\%) = \frac{Hl - (L_1 + L_2)}{Hl} \times 100$$

$$Hl = Hh - 600(9H + W)$$
$$= 10,000 - 600[(9 \times 0.12) + 0.01] = 9,346 \text{ kcal/kg}$$

$$= \frac{9,346 - (0 + 1,400)}{9,346} \times 100 = 85.02\%$$

(16) 연소실 열부하율(연소부하율 : 연소실 열발생률)

1) 개요

   연소실 열부하율은 1시간 동안 단위부피당 발생되는 폐기물의 평균열량을 의미한다.

2) 단위

   $kcal/m^3 \cdot hr$

3) 특징

   ① 열부하가 너무 크면 국부적인 과열에 의한 연소로의 손상 및 불완전연소가 우려된다.
   ② 열부하가 너무 작으면 연소실 내의 적정온도 유지가 어렵다.
   ③ 열부하율은 적정범위 내에서 가능한 크게 하는 것이 연소실의 크기를 작게 할 수 있어 경제적이다.

4) 관련식

$$\text{열부하율}(kcal/m^3 \cdot hr) = \frac{Hl \times G'}{V}$$

   여기서, Hl : 저위발열량(kcal/kg)
   V : 연소실 용적(m^3)
   G' : 시간당 연료량(kg/hr)

필수 문제

01 가로, 세로, 높이가 각각 1.0 m, 1.2 m, 1.5 m 인 연소실에서 연소실 열발생률을 3×10^5 $kcal/m^3 \cdot hr$ 로 유지하려면 저위발열량이 20,000 kcal/kg 인 중유를 매시간 얼마나 연소시켜야 하는가?(kg/hr)

풀이 연소실 열발생률($kcal/m^3 \cdot hr$) = $\frac{Hl \times G'}{V}$

G'(시간당 연소량 : kg/hr) = $\frac{(1.0 \times 1.2 \times 1.5)m^3 \times (3 \times 10^5)kcal/m^3 \cdot hr}{20,000 \ kcal/kg}$

= 27 kg/hr

필수 문제

02 최적 연소부하율이 100,000 kcal/m³·hr 인 연소로를 설계하여 발열량이 5,000 kcal/kg 인 석탄을 200 kg/hr 로 연소하고자 한다면, 이때 필요한 연소로의 연소실 용적(m³)은?(단, 열효율은 100%)

풀이 연소부하율(kcal/m³·hr) = $\dfrac{Hl \times G'}{V}$

$V(m^3) = \dfrac{5,000 \text{ kcal/kg} \times 200 \text{ kg/hr}}{100,000 \text{ kcal/m}^3 \cdot \text{hr}} = 10 \text{ m}^3$

필수 문제

03 크기가 1.2m×2.0m×1.5m 인 연소실에서 저위발열량이 10,000 kcal/kg 인 중유를 1.5시간에 100 kg씩 연소시키고 있다. 이 연소실의 열발생률(kcal/m³·hr)은?

풀이 연소실 열발생률(kcal/m³·hr) = $\dfrac{Hl \times G'}{V}$

$= \dfrac{10,000 \text{ kcal/kg} \times 100 \text{ kg}/1.5 \text{ hr}}{(1.2 \times 1.5 \times 2.0) \text{m}^3}$

$= 185,185.19 \text{ kcal/m}^3 \cdot \text{hr}$

필수 문제

04 가로, 세로, 높이가 각각 1.0m, 2.0m, 1.0m인 연소실에서 연소실 열발생률을 20×10⁴kcal/m³·hr로 하기 위해서는 하루에 중유를 대략 몇 kg을 연소시켜야 하는가?(단, 중유의 저위발열량은 10,000kcal/kg이며, 연소실은 하루에 8시간 가동한다.)

풀이 연소실 열발생률(kcal/m³·hr) = $\dfrac{Hl \times G'}{V}$

$G'(\text{kg/hr}) = \dfrac{(1.0 \times 2.0 \times 1.0) \text{m}^3 \times 20 \times 10^4 \text{kcal/m}^3 \cdot \text{hr}}{10,000 \text{ kcal/kg}} = 40 \text{ kg/hr}$

중유연소량(kg) = 40kg/hr×8hr = 320kg

제2편 연소 공학

학습 Point

1. 이론산소량 및 이론공기량 관련식 숙지(출제비중 높음)
2. 실제공기량 및 공기비 관련식 숙지(출제비중 높음)
3. 이론연소가스양 및 실제연소가스양 관련식 숙지(출제비중 높음)
4. CO_{2max} 관련식 숙지
5. 연소가스 조성에 따른 농도 관련식 숙지(출제비중 높음)
6. 발열량 관련식 숙지(출제비중 높음)

09 자동차의 연소

(1) 자동차 점화방식에 따른 분류

1) 불꽃점화기관
   ① 전기점화 기관 또는 스파크 점화기관이라고도 한다.
   ② 압축된 혼합가스에 점화플러그에서 고압의 전기불꽃을 방전시켜 점화, 연소시키는 방식이다.(4행정사이클 : 흡입, 압축, 폭발, 배기 행정)
   ③ 가솔린엔진 및 LPG엔진의 점화방식이다.
   ④ 연소방식 중 예혼합연소에 가깝다.

2) 압축점화기관
   ① 자기착화 엔진이라고도 한다.
   ② 순수한 공기만을 흡입하여 고온고압으로 압축한 후 고압의 연료를 미세한 입자형태로 분사시켜 자기착화시키는 방식, 즉 연료를 공기와 혼합시켜 실린더에 흡입·압축시킨 후 점화플러그에 의해 강제연소시키는 방식이다.
   ③ 디젤엔진의 점화방식이다.
   ④ 연소방식 중 확산연소에 가깝다.

(2) 가솔린엔진과 디젤엔진의 비교

항목	가솔린엔진(오토엔진)	디젤엔진
사용연료	휘발유, 알코올, LPG, CNG	경유
연료공급방식	압축전 연료공기 혼합 전자제어 연료 분사방식, 기화기식	공기 압축 후 연료공급 전자제어 연료 분사방식, 기계분사식
연소형태 (점화방식)	• 연료를 공기와 혼합 후 실린더에 흡입, 압축 후 점화플러그에 의해 강제로 점화, 연소, 폭발시키는 형태(불꽃점화방식 : 스파크 점화) • 연소 개념으로 보면 예혼합연소에 가깝다.	• 공기만을 실린더에 흡입 후 압축시킨 연료를 미세한 입자형태로 분사시켜 자연발화로 연소, 폭발시키는 형태(압축점화방식 : 자동점화) • 연소 개념으로 보면 확산연소에 가깝다.

구분		
연소특성	• 혼합기의 공기과잉률이 약 0.8~1.5 범위(범위에서 벗어나면 전기 스파크에 의한 점화 및 정상적인 화염 전파가 어려움) • 연소 시 혼합기는 시·공간적으로 일정한 공기·연료비(공연비)를 나타냄	• 연소실 내의 공기과잉률은 시·공간적으로 일정하지 않음(고압 압축 공기 중에 경유의 직접 분사로 균일한 혼합기의 생성이 어렵기 때문) • 공기가 충분한 상태에서 연소가 일어남(항상 일정 부피의 공기 중에 연료를 분사하기 때문)
배출가스	• 일반적으로 CO, HC, NO_x 농도가 높음(정지가동) • 공회전 시 CO, 가속 및 감속시 HC, 정속주행 시 NO_x 농도가 높음 • 정속주행 시 CO 농도 적게 배출	• 일반적으로 NO_x, 매연 다량 배출 • 고속주행 시 NO_x, 매연 농도 높음 • 공회전 시 CO, HC의 농도 낮음
소음·진동	소음진동이 적음(압축비가 8~9 정도로 낮기 때문)	소음·진동이 심함(압축비가 15~20 정도로 높기 때문)
연소실 크기	제한받음(노킹현상 때문에 일반적으로 160 mm 이하로 함)	제한 없음
사이클	정적사이클	정압사이클
압축온도	약 280℃	약 506℃
기타	• 일반적으로 가솔린엔진이 디젤엔진에 비하여 착화점이 높음 • 공연비 제어가 용이하고 삼원촉매를 적용할 수 있어 배출가스제어에 유리하다. • 배기가스의 구성 면에서 CO_2가 가장 많은 부피를 차지한다.(가속상태)	• 압축비가 높아 최대효율이 가솔린기관에 비해 1.5배 정도이며 연비는 가솔린기관에 비해 높다. • 디젤엔진은 공급공기가 많기 때문에 배기가스 온도가 낮아 엔진 내구성에 유리함 • 디젤기관이 가솔린기관에 비해 보다 문제시되는 물질은 매연, NO_x이다. • CO·HC는 휘발유자동차에 비하여 상대적으로 적게 배출된다. • 정체가 심한 도심주행에 있어서는 연료소비가 적은 편이다.

🔍 Reference | CNG(Compressed Natural Gas)를 가솔린엔진에 적용할 경우 특징

① 엔진연소실과 연료공급계통에 퇴적물이 적어 윤활유나 엔진오일, 필터의 교환주기가 연장된다.
② 옥탄가가 130 정도로 높기 때문에 엔진압축비를 높일 수 있다.
③ CO, HC는 30~50%, CO_2는 20~30% 이상 감소하는 것으로 알려져 있다.
④ CNG는 가솔린엔진에 비해 출력이 ≒10% 정도 감소하고 1회 충전거리도 짧다.

(3) 가솔린의 구비요건

① 발열량이 크며 옥탄가가 높아야 한다.
② 부피 및 무게가 적고 연소속도가 빨라야 한다.
③ 연소 후 오염물질이 발생되지 않아야 한다.
④ 연소온도에 무관하게 유동성이 좋을 것

(4) 가솔린엔진의 노킹(Knocking) 현상

1) 정의

   실린더 내의 연소에서 불꽃 표면이 미연소가스에 점화되어 연소가 진행되는 사이에 미연소 말단가스의 2차적 자연발화현상이 일어나며, 이로 인해 고온과 국부적인 고압으로 진동과 진동에 의한 2차 금속성 소음이 발생된다.

2) 원인

   ① 엔진이 과부하 및 과열된 경우
   ② 점화시기가 정상보다 너무 빠른 경우
   ③ 혼합비가 희박한 경우
   ④ 연료의 옥탄가가 낮은 경우

3) 노킹이 엔진에 미치는 영향

   ① 엔진과열 및 출력성능 저하
   ② 배기가스온도의 저하
   ③ 실린더 및 피스톤의 고착
   ④ 피스톤 밸브의 손상

> **Reference | Carburetor**
>
> 휘발유 엔진배기가스에 영향을 미친다. 즉, Carburetor의 역할은 광범위한 상태하에서 엔진이 만족스럽게 작동할 수 있는 혼합비로 연료증기와 공기의 균질혼합물을 제공하는 것이다.

4) 방지대책

① 연소실을 구형(Circular Type)으로 함
② 점화플러그의 부착은 연소실 중심에 함
③ 난류를 증가시키기 위해 난류생성 Pot를 부착함
④ 고옥탄가 연료 사용 및 점화시기를 정확히 조정함
⑤ 혼합비를 농후하게 하고 혼합가스의 와류를 증대함
⑥ 압축비, 혼합가스 및 냉각수 온도를 낮춤
⑦ 화염전파속도를 빠르게 하거나 화염전파거리(불꽃진행거리)를 단축시켜 말단가스가 고온·고압에 노출되는 시간을 짧게 함
⑧ 자연발화온도가 높은 연료를 사용함
⑨ 연소실 내에 침적된 카본 성분을 제거함
⑩ 말단가스의 온도·압력을 내림
⑪ 혼합기의 자기착화온도를 높게 하여 용이하게 자발화하지 않도록 함

(5) 디젤엔진

1) 장점

① 열효율이 높고, 연소소비율이 적어 대형 엔진 제작이 가능하다.
② 점화장치가 없어 가솔린엔진에 비해 고장이 적다.
③ 인화점이 높은 연료(경유)를 사용하므로 취급·저장에 위험성이 적다.
④ 저속에서 큰 회전력이 발생하여 저부하 시 효율이 나쁘지 않다.

2) 단점

① 연소압력이 크므로 엔진 각 부분의 내구성을 고려해야 한다.
② 운전 중 소음·진동이 크며 출력당 엔진중량과 형태가 크다.
③ 연료분사장치가 매우 정밀, 복잡하여 제작비용이 고가이다.
④ 압축비가 높아 큰 출력의 기동 전동기가 필요하다.

3) 디젤엔진의 노킹방지 대책

① 세탄가가 높은 연료를 사용한다.
② 분사 개시 때 분사량을 감소시킨다.
③ 급기온도를 높인다.

④ 기관의 압축비를 크게 하여 압축압력 및 압축온도를 높인다.
⑤ 회전속도를 감소시킨다.
⑥ 분사개시 때 분사량을 감소시켜 착화지연을 가능한 짧게 한다.
⑦ 분사시기를 알맞게 조정한다.
⑧ 흡입공기에 와류가 일어나도록 한다.
⑨ 착화지연기간 및 급격연소시간의 분사량을 감소시킨다.

Reference | 노킹방지 비교

엔진	가솔린	디젤
압축압력	낮을수록	높을수록
흡기압력	낮을수록	높을수록
흡기온도	낮을수록	높을수록
실린더벽 온도	낮을수록	높을수록
회전속도(rpm)	높을수록	낮을수록
연료착화온도	높을수록	낮을수록
연료착화지연	길수록	짧을수록
실린더 체적	작을수록	클수록

Reference | 입자상물질과 NO_x 저감을 위한 디젤엔진 연료분사 시스템의 적용기술

① 분사압력 고압화
② 분사압력 최적제어
③ 분사율 제어
④ 분사시기제어

(6) 자동차 배출가스

CO는 연료량에 비하여 공기량이 부족할 경우에 발생하고, NO_x는 높은 온도에서 많이 발생하며, 매연은 연료가 미연소하여 발생한다.

1) 배출가스

① 배기가스(Exhaust Gas)
  ㉠ 배기관에서 발생한다.
  ㉡ 주성분은 H_2O(수증기)와 CO_2이며 CO, HC, NO_x, 납산화물, 탄소입자(매연) 등이 있다.

② 블로바이가스(Blow-By Gas)
  ㉠ 실린더와 피스톤 간극에서 크랭크 케이스로 빠져나오는 가스이다.
  ㉡ 블로바이가스가 크랭크 케이스 내에 체류시 엔진부식, 오일찌꺼기 발생 등을 유발시킨다.
  ㉢ 주성분은 HC(≒20%)이다.

③ 증발가스
  ㉠ 연료계통에서 연료가 대기 중으로 증발, 방출되는 가스이다.
  ㉡ 주성분은 HC(≒20%)이다.

2) 배출가스와 혼합비의 관계

① 이론혼합비(≒14.7 : 1)보다 농후한 경우
  ㉠ NO_x 감소
  ㉡ CO, HC 증가

② 이론혼합비보다 약간 희박한 경우
  ㉠ NO_x 증가
  ㉡ CO, HC 감소

③ 이론혼합비보다 매우 희박한 경우
  ㉠ NO_x, CO 감소
  ㉡ HC 증가

🔍 Reference | NOₓ의 농도경향

NOₓ 농도는 화학양론 공연비보다 10% 정도 과잉일 때 최대가 된다.

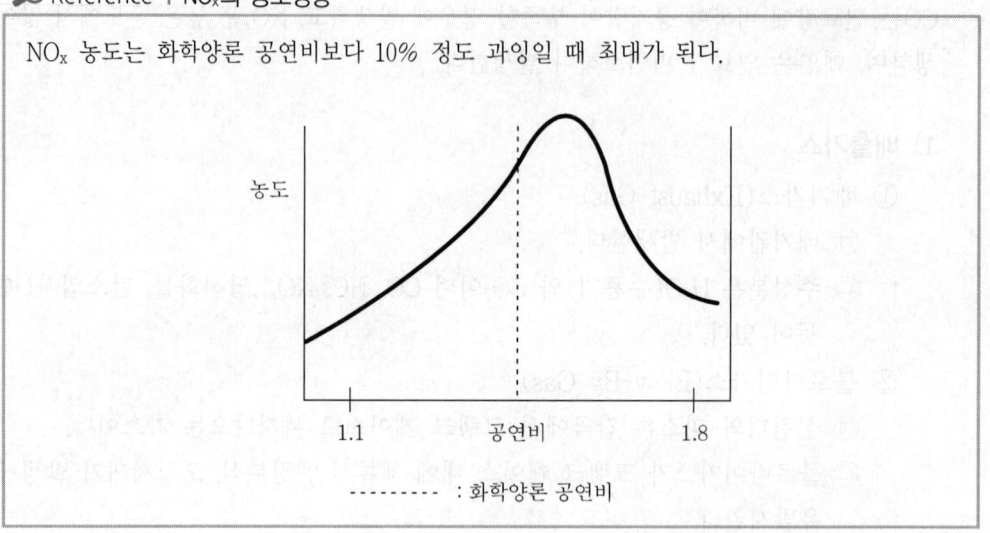

·········· : 화학양론 공연비

🔍 Reference

① NOₓ는 일반적 공회전에 비해 가속시 배출농도가 높고 공연비를 이론치보다 낮추면 NOₓ 농도는 감소한다.
② CO(%)와 HC(ppm) 농도는 공연비가 낮으면 높고, 이론공연비보다 높으면 낮다.
③ 배기가스의 조성은 차의 노후 정도, 주행속도, 외기온도, 습도 등에 따라 차이가 있다.
④ HC(ppm) 농도는 차의 속도가 감속될 때 가장 많은 양의 미연소 HC가 배출되어 HC 농도가 높다.

🔍 Reference | 가솔린기관의 오염물질 특성

① AFR(공연비)을 증가시키면 CO 및 HC 농도는 감소한다.
② CO와 HC는 불완전연소 시에 배출비율이 높고, NOₓ는 이론 AFR 부근에서 농도가 높다.
③ AFR이 18 이상 정도의 높은 영역은 일반 연소기관에 적용하기는 곤란하다.
④ AFR을 과도하게 증가시킬 경우 오히려 점화불량 및 불완전연소에 의해 HC 농도는 증가한다.
⑤ AFR을 10에서 14로 증가시키면 CO 농도는 감소한다.
⑥ AFR이 16까지는 NOₓ 농도가 증가하나 16이 지나면 NOₓ 농도는 감소한다.

(7) 배출가스 제어장치

1) 가솔린 자동차

① 엔진개량
   ㉠ 흡·배기계 개선
   ㉡ 연소실 개선

② 연료장치개량
   전자식 연료분사장치
   ㉠ 엔진출력 증대 및 연료소비율 감소
   ㉡ 오염배출가스 저감 효과
   ㉢ 응답성 향상 및 동일 양의 연료공급 가능
   ㉣ 구조가 복잡하고 비용 고가

③ Blow-By 가스 제어장치
   PVC 밸브(Positive Crankcase Ventilation Valve)의 열림 정도로 유량 조절

④ 증발가스 제어장치
   연료계통에서 발생한 HC를 Canister에 포집 후 PCSV(Purge Control Solenoid Valve)의 조절에 의해 연소실에서 연소

⑤ 배기가스 재순환장치(EGR ; Exhaust Gas Recirculation)
   NO_x 저감을 위해 흡기다기관의 진공에 의해 배기가스 중의 약 15%를 배기 다기관에서 빼내어 연소실로 재유입하는 방식

$$EGR률 = \frac{EGR\ 가스양}{EGR\ 가스양 + 흡입공기량}$$

⑥ 삼원촉매장치(TWC ; Three Way Catalyst)
   ㉠ 산화촉매(백금 Pt, 파라듐 Pd)와 환원촉매(로듐 Rh)를 사용하여 CO, HC, NO_x를 동시 처리하는 장치로 일반적으로 두 개의 촉매층이 직렬로 연결되어 CO, HC, NO_x 성분을 동시에 80% 이상 저감시킬 수 있다.
   ㉡ 공연비가 작은 영역에서는 CO와 HC의 저감률은 90% 이상이나 NO_x 저감률은 급격하게 저감된다.
   ㉢ 공연비가 큰 영역에서는 NO_x 저감률은 90% 정도이나 CO와 HC 저감률은 낮아진다.

ⓡ CO, HC, NOx(3성분)을 동시 저감하기 위해서는 엔진에 공급되는 공기연료비를 이론공연비로 공급하여야 한다.
　　ⓜ CO와 HC는 CO_2와 H_2O로 산화되며 NO는 N_2로 환원된다.
　　ⓗ 촉매는 주로 백금과 로듐의 비를 5 : 1 정도로 사용한다.
　　ⓢ Rh는 NO 환원반응을, Pt은 CO와 HC 산화반응을 촉진한다.
　　ⓞ 실제 이론공연비를 중심으로 삼원촉매의 전환효율이 유지되는 공연비폭(Window)이 있으며, 이 폭은 0.1~0.14 정도이고 과잉공기율(λ)로는 0.01(λ=1.0±0.005) 정도이다.

2) 디젤자동차
　① 엔진 개량
　　㉠ 흡·배기계 개선(터보차저, 인터쿨러)
　　㉡ 연소실 개선
　② 연료장치 개량
　　㉠ 고압분사
　　㉡ 연료의 분사량 및 분사시기 조절 전자화장치
　③ 배기가스 재순환장치(EGR)
　　㉠ 배기가스의 CO_2나 H_2O 등과 같은 불활성 가스가 흡기의 일부 공기와 치환되어 혼입됨으로써 혼합기에서 열용량이 증대되어 실린더 내 연소온도 상승을 억제, 또한 공기과잉률을 낮게 함으로써 Thermal NOx 생성을 억제하는 원리이다.
　　㉡ 흡입 중 일부가 산소농도가 작은 배기가스로 치환됨으로써 연소실 내에서 NOx 생성이 억제된다.
　④ 후처리장치
　　㉠ 디젤산화 촉매(DOC ; Disel Oxidation Catalyst)
　　　ⓐ PM의 용해성 유기물질(SOF ; Soluble Organic Fraction) 및 HC, CO을 산화, 매연 저감을 위해 백금 또는 팔라듐 촉매를 이용하여 $CO_2 + H_2O$로 산화시켜, 저감하는 방법이다.
　　　ⓑ CO, HC의 처리효율은 약 80% 이상이며, PM은 20~40% 정도이다.
　　㉡ 선택적 촉매환원(SCR ; Selective Catalytic Reduction)
　　　촉매 존재하에 NOx와 선택적으로 반응할 수 있는 암모니아, 요소 등의 환원제를 주입하여 NOx를 N_2로 환원하는 원리이다.

ⓒ 매연여과장치(DPF ; Disel Particulate Filter Trap)
   ⓐ 필터(주로 세라믹, 금속 사용)를 이용하여 탄소성분 미립자를 포집하여 포집된 PM을 연소하여 필터를 재생하는 원리이다.
   ⓑ PM를 포집, 연소하는 기술로서 PM을 80% 이상 저감 가능하나 가격이 높고 내구성이 약한 것이 단점이다.
ⓓ 후처리 버너는 엔진의 배기계통에 장착하여 배출가스 중의 가연성분을 제거하는 장치이다.

> **Reference | 대체연료 자동차의 특징**
>
> 1. 수소자동차
>   ① 다른 에너지원에 비해 밀도가 낮으므로 생산된 단위에너지당의 연료의 무게가 적다.
>   ② 연소에 의해 발생되는 가스상 오염물질의 양이 매우 적다.
> 2. 천연가스자동차
>   ① 반응성 탄화수소의 양이 적게 배출된다.
>   ② CO의 배출량이 매우 적다.
> 3. 전기자동차
>   ① 충전시간이 오래 소요된다.
>   ② 배터리 1회 충전당 주행거리가 짧다.
>   ③ 가솔린자동차보다 주행속도가 느리다.
>   ④ 엔진소음과 진동이 적다.
>   ⑤ 친환경자동차에 해당한다.
> 4. 메탄올자동차
>   ① 윤활기능이 휘발유에 비해 매우 약하므로 금속이나 플라스틱 재료의 침식가능성이 존재한다.
>   ② 옥탄가는 메탄올이 106~107 정도, 무연휘발유가 92~98 정도이다.
>   ③ 옥탄가와 압축비가 향상되므로 출력을 향상시킬 수 있다.
>   ④ 메탄올 연소 시 발생하는 발암성 폼알데히드와 개미산의 생성에 따른 엔진부품의 부식 및 마모 등이 문제가 되기도 한다.
>   ⑤ 동일 체적당 발열량이 가솔린의 1/2 정도로 작아 동일거리 주행 시 2배의 연료탱크 용량이 필요하다.

> **학습 Point**
>
> 가솔린엔진과 디젤엔진의 비교 내용 숙지

PART

03

대기오염 방지기술

PART 3

그의오법
병저기술

01 입자동력학

(1) 중력 (F_g)

$$F_g = m \cdot g$$
(입자가 구형일 경우 F_g)
$$F_g = \frac{1}{6}\pi dp^3 \rho_p g$$

여기서, d_p : 구형의 입자 직경
ρ_p : 구형의 입자 밀도
g : 중력가속도($9.8\,m/sec^2$)
m : 구형의 입자질량

(2) 부력 (F_b)

중력의 반대방향으로 작용하는 힘

$$F_b = \rho_g V_p g = \frac{1}{6}\pi dp^3 \rho_g g$$

여기서, ρ_g : 가스의 밀도
V_p : 입자의 체적($V_p = \dfrac{\pi dp^3}{6}$)

(3) 항력 (F_d)

① 정의
 유체(가스) 내부를 이동하는 입자는 유체에 의하여 마찰저항력을 받게 되며 이를 항력이라 한다.

$$F_d = C_D \frac{\rho_g A_p V_s^2}{2}$$

여기서, V_s : 구형입자의 상대이동속도
A_p : 입자의 Projected Area(투영면적)
C_D : 항력계수(Coefficient Of Drag Force)
유체의 흐름 상태에 따라 다른 값을 가짐

(층류의 경우 F_d)

$$F_d = 3\pi\mu_g d_p V_s$$

여기서, μ_g : 가스의 점도

② 특징
㉠ 레이놀즈수가 커질수록 항력계는 감소한다.
㉡ 항력계수가 커질수록 항력은 증가한다.
㉢ 입자의 투영면적이 클수록 항력은 증가한다.
㉣ 상대속도의 제곱에 비례하여 항력은 증가한다.

(4) 입자의 종말침강속도 (V_s, Terminal Settling Velocity)

① 정의
입자에 작용하는 세 힘, 즉 중력, 부력, 항력이 균형을 이루어 침강하는 속도를 종말침강속도라 한다.

② 힘의 평형식

$$중력(F_g) = 부력(F_b) + 항력(F_d)$$

③ Stokes 침강속도식
층류영역에서 구형입자가 자유낙하 시 구형입자의 표면에 충돌하는 상대적 가스속도가 0이라는 가정하에 성립하는 식으로 침강속도는 입자의 가속도가 0이 될 때의 속도를 의미한다.

$$\frac{\pi}{6}d_p^{\,3}\rho_p g = \frac{\pi}{6}d_p^{\,3}\rho_g g + 3\pi\mu_g d_p V_s$$

$$V_s(\text{m/sec}) = \frac{d_p^{\,2}(\rho_p - \rho_g)g}{18\mu_g}$$

여기서, V_s : 종말침강속도(m/sec)
ρ_p : 입자밀도(kg/m³)
ρ_g : 가스밀도(kg/m³)
μ_g : 가스점도(kg/m·sec)

(5) 커닝험 보정계수 (C_c, Cunningham Correction Factor)

① 개요
  ㉠ 입자의 직경이 1 μm보다 작은 미세 입자의 경우 기체분자가 입자에 충돌 시 입자 표면에서 Slip(미끄럼)현상이 일어나면 입자에 작용하는 항력이 작아져 종말침강속도 계산 시 Stokes 침강속도식으로 구한 값보다 커져 이를 보정하는 계수를 커닝험 보정계수라 한다.
  ㉡ 커닝험 보정계수는 항상 1보다 크다. 이 값은 가스온도가 높을수록, 미세입자일수록, 가스압력이 작을수록, 가스분자 직경이 작을수록 커지게 된다.

② 관련식(층류영역, 1 μm 미만 구형입자)

$$F_d = \frac{3\pi \mu_g d_p V_s}{C_c}$$

$$V_s = \frac{d_p^2 (\rho_p - \rho_q)g}{18\mu_g} C_c$$

여기서, $C_c = 1 + \dfrac{2.52\lambda}{d_p}$

λ : 가스(기체)의 평균자유행로

> **Reference | 커닝험보정계수(Cunningham Correction Factor ; C_f)**
> 1. 미세입자 경우 입자표면에서의 미끄러짐 현상(Slip) 때문에 실제 입자에 작용하는 항력이 작아져 Stokes 침강속도식으로 구한 값보다 커져 보정계수를 이용 계산하는데, 이 보정계수를 커닝험보정계수라 한다.
> 2. 커닝험보정계수는 압력이 작아지면 증가한다.
> 3. 층류의 항력 계산 시 dp(입경)가 3μm보다 클 경우 C_f는 1로 적용한다.

(6) 평균자유행로(λ, Mean Free Path)

① 개요
  ㉠ 기체분자가 반복, 연속적인 충돌시 이동하는 거리의 평균값을 의미한다.
  ㉡ 기체의 평균자유행로는 압력에 영향을 받아 커닝험 보정계수에 영향을 미친다.(즉 압력이 낮아지면 평균자유행로가 증가하여 커닝험 보정계수도 증가한다.)

② 관련식

$$\lambda = \frac{1}{\sqrt{2}\,\pi n d_m^{\,2}}$$

여기서, λ : 기체분자의 평균자유행로
  공기(0.066 μm : 1기압, 20℃)
  n : 기체분자의 농도
  표준상태(2.5×10^{19}개/cm³)
  d_m : 기체분자의 충돌직경(충돌시 두 분자 간 중심거리)
  공기(3.7×10^{-8} cm)

③ 특징
  ㉠ 충돌직경(d_m)이 일정한 경우 평균자유행로는 기체의 밀도에만 영향을 받는다.
  ㉡ 평균자유행로는 압력이 증가할수록 감소하고 온도가 높을수록 감소한다.

(7) 동력학적 형상계수(x, Aerodynamic Shope Factor)

① 개요
비구형입자의 항력 및 종말속도 계산시 보정해 주는 계수이며 입자 형상이 입자운동에 미치는 영향을 고려하기 위함이다.

② 관련식

$$x = \frac{F_d}{3\pi \mu_g\, dpe\, V_s}$$

여기서, x : 동력학적 형상계수(항상 1보다 큼)
  F_d : 비구형입자에 실제로 작용하는 항력
  $3\pi \mu_g\, dpe\, V_s$: 구형입자에 작용하는 항력
  dpe : 등가체적경(비구형입자와 같은 체적, 종말침강속도를 갖는 구의 직경)

(비구형입자에 적용식)

$F_d = 3\pi \mu_g dpe\, V_s \chi$ → χ는 항상 1보다 크므로 비구형입자에 작용하는 항력은 구형입자에 비해 항상 큼

$V_s = \dfrac{dpe^2(\rho_p - \rho_g)g}{18\mu_g \chi}$ → χ는 항상 1보다 크므로 비구형입자에 작용하는 종말침강속도는 구형입자에 비해 항상 더 작게 됨

필수 문제

01 공기의 흐름이 층류상태에서 구형입자(입경 2.2 μm, 밀도 2,500 g/L)가 자유낙하시 종말침강속도(m/sec)를 구하시오.(단, 20℃에서 공기점도는 1.81×10^{-4} poise)

풀이

$V_s\,(\text{m/sec}) = \dfrac{d_p^{\,2}(\rho_p - \rho_g)g}{18\,\mu_g}$

$d_p = 2.2\ \mu\text{m} = 2.2\times10^{-6}\ \text{m}$

$\rho_p = 2{,}500\ \text{g/L}\times 1{,}000\ \text{L/m}^3\times \text{kg}/1{,}000\ \text{g} = 2{,}500\ \text{kg/m}^3$

$\rho_g = 28.9\ \text{g}/22.4\ \text{L}\times 1{,}000\ \text{L/m}^3\times \text{kg}/1{,}000\ \text{g} = 1.29\ \text{kg/m}^3$

$\quad = 1.29\ \text{kg/m}^3 \times \dfrac{273}{273+20} = 1.20\ \text{kg/m}^3$

$\mu_g = 1.81\times10^{-4}\ \text{g/cm}\cdot\text{sec}\times \text{kg}/1{,}000\ \text{g}\times 1.00\ \text{cm/m}$

$\quad = 1.81\times10^{-5}\ \text{kg/m}\cdot\text{sec}$

$= \dfrac{(2.2\times10^{-6})^2 \times (2{,}500-1.2)\times 9.8}{18\times(1.81\times10^{-5})} = 3.64\times10^{-4}\ \text{m/sec}$

필수 문제

02 동일한 밀도를 가진 먼지입자(A, B)가 2개가 있다. B먼지입자의 지름이 A먼지입자의 지름보다 100배가 더 크다고 하면, B먼지입자질량은 A먼지입자의 질량보다 몇 배나 더 크겠는가?

풀이

중력(Fg) = m, g

중력(Fg) = $\frac{1}{6} \pi dp^3 \rho_p g$

m(질량)은 입경의 3승에 비례하므로

$100^3 = 1,000,000$

학습 Point

입자의 종말속도 관련식 숙지

02 입경과 입경분포

입자의 크기는 발생원에 따라 달라지나 일반적으로 화학적 요인보다 물리적 요인에 의해 생성된 입자상 물질의 입경이 크게 되며 보통 0.01 μm 이하는 가스분자와 같이 브라운 운동을 하기 때문에 가스상 물질로 취급한다. 또한 입경 10μm 이하의 부유입자는 비교적 대기 중에 장시간 체류하며 입경이 클수록 동종 입자 간에 부착력이 작아진다.

(1) 기하학적(물리적) 입경
① 개요
  ㉠ 현미경(광학, 전자, 주사전자현미경 등)을 사용하여 입자 직경을 직접 측정하며 광학직경(Optical Diameter)이라고도 한다.
  ㉡ 기하학적 입경측정은 측정위치에 따라 그 투영면적이 상이하기 때문에 정확한 산출에 어려움이 있다.
② 종류
  ㉠ 마틴직경(Martin Diameter)
    ⓐ 입자의 면적을 2등분하는 선의 길이, 즉 입자의 2차원 투영상을 구하여 그 투영면적을 2등분한 선분 중 어떤 기준선과 평행인 것의 길이를 의미한다.(입자상 물질의 그림자를 2개의 등면적으로 나눈 선의 길이)
    ⓑ 최단거리를 측정되므로 과소 평가할 수 있는 단점이 있다.
  ㉡ 페렛직경(Feret Diameter)
    ⓐ 입자의 투영면적을 이용하여 측정한 입경 중 입자의 투영면적의 가장자리에 접하는 가장 긴 선의 길이, 즉 입자의 한쪽 끝 가장자리와 다른쪽 가장자리 사이의 거리이다.
    ⓑ 최장거리로 측정되므로 과대평가할 수 있는 단점이 있다.
  ㉢ 등면적직경(Projected Area Diameter)
    ⓐ 입자의 면적과 동일한 면적을 가진 원의 직경이다.
    ⓑ 가장 정확한 직경이며 측정은 현미경 접안경에 Porton Reticle을 삽입하여 측정한다.

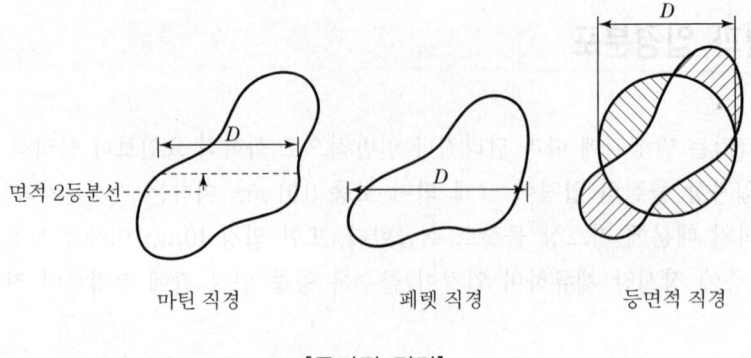

면적 2등분선 ······ 마틴 직경   페렛 직경   등면적 직경

[물리적 직경]

(2) 운동 특성적 입경

① 개요

비구형입자를 물리적 특성치가 동일한 구형입자로 가정하여 역학적 형상계수(Dynamic Shape Factor)로 보정한 직경, 즉 등가상당직경(Equivalent Diameter)으로 정의한다.

② 종류

㉠ Stokes 직경

ⓐ 입자 형태가 구형이 아니더라도 동일한 침강속도 및 밀도를 갖는 구형입자의 직경을 Stokes 직경이라 한다.

ⓑ 스토크 직경의 단점은 입경의 크기가 입자의 밀도에 따라 달라지므로 계산시 입자 밀도도 고려해야 한다는 점이다.

ⓒ Stokes Diameter(d_s)

$$d_s = \left[\frac{18\mu_g V_s}{(\rho_p - \rho_g)g}\right]^{\frac{1}{2}} \text{ 일반적으로 } \rho_p \gg \rho_g \text{이므로 } d_s = \left[\frac{18\mu_g V_s}{\rho_p g}\right]^{\frac{1}{2}}$$

㉡ 공기역학적 직경(Aerodynamic Diameter)

ⓐ 입자 형태가 구형이 아니더라도 동일한 침강속도 및 단위밀도(1 g/cm³)를 갖는 구형입자의 직경을 공기역학적 직경이라 한다.

ⓑ 대상먼지와 침강속도가 같고 단위밀도가 1 g/cm³이며, 구형인 먼지의 직경으로 환산된 직경을 의미한다.

ⓒ 실제 대기오염 분야에서는 일반적으로 공기역학적 직경을 사용하여 입자의 크

기를 나타낸다.
ⓓ 입자의 크기를 입자의 역학적 특성, 침강속도 또는 종단속도에 의하여 측정되는 입자의 크기를 말한다.
ⓔ 입자의 공기 중 운동이나 호흡기 내의 침착기전을 설명할 때 유용하게 사용된다.
ⓕ 공기동역학적 직경을 알고 있다면 입자의 광학적 크기, 형상계수 등의 물리적 변수는 크게 중요하지 않다.
ⓖ 공기동역학적 직경은 Stokes경과 달리 입자밀도를 1 g/cm³으로 가정함으로써 보다 쉽게 입경을 나타낼 수 있다.
ⓗ 비구형입자에서 입자의 밀도가 1보다 클 경우 공기동역학경은 Stokes경에 비해 항상 크다고 볼 수 있다.
ⓘ Aerodynamic Diameter(d_a)

$$d_a = \left[\frac{18\mu_g V_s}{(\rho_p - \rho_g)g}\right]^{\frac{1}{2}} \; ; \; 일반적으로 \; \rho_p \gg \rho_g 이므로 \; d_a = \left(\frac{18\mu_g V_s}{\rho_p g}\right)^{\frac{1}{2}}$$

ⓒ Stokes 직경과 공기역학적 직경의 관계

$$d_a = d_p(\rho_p/\chi)^{\frac{1}{2}} = d_s(\rho_p)^{\frac{1}{2}}$$

여기서, χ : 역학적 형상계수(무차원)

학습 Point
공기역학적 직경 내용 및 관련식 숙지(출제비중 높음)

03 입경분포의 해석

- 먼지의 입경분포를 나타내는 방법 중 적산분포에는 정규분포, 대수정규분포, 로진-레믈러 분포가 있다.
- 적산분포(R)는 일정한 입경보다 큰 입자가 전체의 입자에 대하여 몇 % 있는가를 나타내는 것으로 입경분포가 0이면 R=100%이다.
- 대수정규분포는 미세입경 범위는 확대, 조대입경범위는 축소하여 나타내는 방법이다.
- 빈도분포는 먼지의 입경분포를 적당한 입경간격의 개수 또는 질량의 비율로 나타내는 방법이다.

(1) 산술평균 (M)

① 모든 수치를 합하고 총 개수로 나눈, 즉 모든 입자의 입경을 합하여 총입자의 개수로 나눈 값이다.

② 계산식

$$M = \frac{X_1 + \cdots\cdots + X_i}{N} = \frac{\sum_{i=1}^{n} X_i}{N}$$

(2) 표준편차(SD)

① 표준편차는 관측값의 산포도(Dispersion), 즉 평균 가까이에 분포하고 있는지 여부를 측정하는 데 많이 쓰이며 표준편차가 0일 때는 관측값의 모두가 동일한 크기이고 표준편차가 클수록 관측값 중에는 평균에서 떨어진 값이 많이 존재한다.

② 계산식

$$SD = \sqrt{\frac{\sum_{i=1}^{N}(X_i - \overline{X})^2}{N-1}}$$

여기서, SD : 표준편차
X_i : 측정치

$\overline{X}$: 측정치의 산술평균치

N : 측정치의 수

측정횟수 N이 큰 경우는 다음 식으로 사용한다.

$$\mathrm{SD} = \sqrt{\frac{\sum_{i=1}^{N}(X_i - \overline{X})^2}{N}}$$

(3) 산술가중평균 ($\overline{M}$)

① 특정 입경에 대한 입자의 개수가 다를 경우 적용하며 평균 개수를 갖는 입자의 직경이다.
② 계산식

$$\overline{M} = \frac{X_1 N_1 + \cdots\cdots + X_n N_k}{N_1 + \cdots\cdots + N_k}$$

여기서, K개의 측정치에 대한 각각의 크기를 $N_1 \cdots\cdots N_k$

(4) 최빈경 (Mode Diameter, M_o)

① 최빈치 또는 최빈값이라고도 하며 입자를 입경별로 분류시 발생빈도(도수)가 가장 큰 입경을 의미한다.
② 계산식

$$M_o = \overline{M} - 3(M - med)$$

여기서, med 는 중앙값

(5) 중앙값 (Median, M_d)

① 중앙치라고도 하며 N개의 측정치를 크기순서로 배열시 $X_1 \leq X_2 \leq X_3 \leq \cdots \leq X_n$ 이라 할 때 중앙에 오는 값을 의미한다.

② 계산식
  ㉠ 측정입자 수가 홀수인 경우

$$M_d = [중앙직경(중위경)] = d_{p.50} (크기 순 나열시 중앙에 위치한 입자의 직경)$$

  ㉡ 측정입자수가 짝수인 경우

$$M_d = \frac{d_{p\frac{n}{2}} + d_{p\frac{n}{2}+1}}{2} \text{ (크기순 나열시 중앙 두 값의 평균을 의미)}$$

(6) 기하평균(GM)

① 대수정규분포로 하기 위하여 모든 자료를 대수로 변환하여 평균 후 평균한 값을 역대수로 취한 값을 의미한다.
② 입경을 표시하는 x축에 log(대수)를 취하여 분포를 나타내면 대수정규분포가 되며 누적분포에서는 50%에 해당하는 값이다. 즉, 기하평균입경이란 배기가스 내 분진의 입도분포를 대수확률지에 Plot 하여 직선이 되었을 경우 50%에 상당하는 입경을 말한다.
③ 계산식

$$\log(GM) = \frac{\log X_1 + \cdots\cdots + \log X_n}{N}, \quad GM = \sqrt[N]{X_1 \times X_2 \times \cdots X_n}$$

(7) 기하표준편차(GSD)

① 대수변환된 변화량의 표준편차 수치를 다시 역대수화한 수치값을 의미한다.
② 계산식

$$\log(GSD) = \left[\frac{(\log X_1 - \log GM)^2 + \cdots\cdots (\log X_n - \log GM)^2}{N-1}\right]^{0.5}$$

③ 그래프상 GSD(대수확률 분포도)

$$GDS = \frac{84.1\%에 해당하는 입경}{50\%인 먼지 입경} = \frac{50\%에 해당하는 입경}{15.9\%에 해당하는 입경}$$

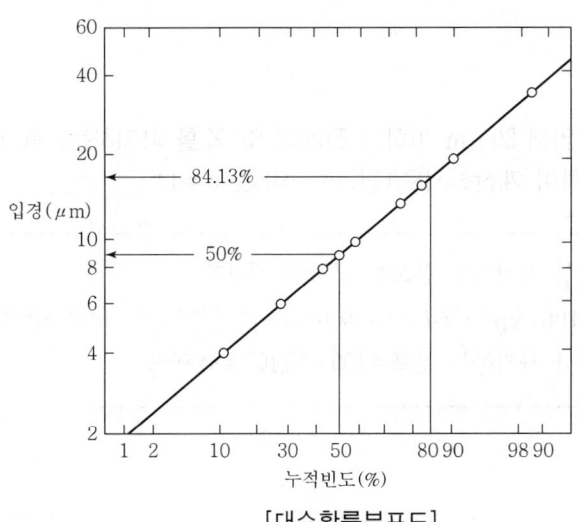

[대수확률분포도]

(8) 로진 – 레믈러 분포식(Rosin – Rammler 분포식)

① 개요

실제의 입경분포는 불규칙적인 분포를 보여 이 불규칙적인 분포를 해석하기 위하여 로진-레믈러 분포를 이용하며, 누적확률 그래프 상에서 입경이 큰 입자에서부터 작은 입자로 누적하여 분포확률을 나타낸다. 즉, 먼지입도의 분포(누적분포)를 나타내는 식이 로진 – 레믈러 분포식이다.

② 계산식

$$R(\%) = 100 \exp(-\beta d_p^{\,n})$$

여기서, $R(\%)$: 체상누적분포(입경 d_p보다 큰 입자비율 : %)

β : 입경계수(β가 커지면 임의의 누적분포를 갖는 입경 d_p는 작아져서 미세한 분진이 많다는 것을 의미)

n : 입경지수(입경분포범위의 의미이며 n이 클수록 입경분포 폭은 좁아짐)

d_p : 입경

> **Reference**
>
> 일반적으로 대기오염발생원에서 배출되는 먼지의 입경분포에 대한 자료의 대푯값이 큰 순서는 산술평균 > 중앙값 > 최빈값이다.

필수 문제

01 어떤 먼지의 입경 30 μm 이하가 전체의 몇 %를 차지하는지를 Rosin-Rammler 분포식을 이용하여 계산하시오. (단, $\beta = 0.063$, $n = 1$)

풀이 30 μm 이상 차지하는 분포를 구하여 계산함

$$R(\%) = 100\exp(-\beta d_p^{\,n}) = 100 \times \exp^{(-0.063 \times 30^1)} = 15.107\%$$

30 μm 이하 차지하는 분포 $= 100 - 15.107 = 84.89\%$

필수 문제

02 A작업장에서 배출하는 먼지의 입경을 Rosin-Rammler 분포로 표시하면 50% 누적확률에 대응하는 입경이 35 μm가 된다. 이때 10 μm 이하의 입자가 차지하는 분율(%)은? (단, 입경지수는 1이다.)

풀이

$$R(\%) = 100\exp(-\beta d_p^{\,n})$$

$$50\% = 100 \times \exp^{(-\beta \times 35^1)}$$

$$-\beta \times 35 = \ln(1-0.5)$$

$$\beta = 0.0198$$

$$R(\%) = 100 \times \exp^{(-0.0198 \times 10^1)} = 82.03\%$$

10 μm 이하의 입자가 차지하는 분포 $= 100 - 82.03 = 17.97\%$

(9) 입경 측정방법

① 직접 측정법

   ㉠ 표준체 측정법

   ⓐ 체(Sieve)를 이용하여 약 40μm 이상의 입경을 측정범위로 한다.

ⓑ 직접측정방법으로 중량분포로 나타낸다.
ⓒ 현미경 측정법
ⓐ 광학현미경, 전자현미경 등을 이용하여 약 $0.001 \sim 100\,\mu m$ 범위의 입경을 측정범위로 한다.
ⓑ 직접측정방법으로 개수분포로 나타낸다.

② 간접측정방법
㉠ 관성충돌법(Cascade Impactor) : 다단식 충돌판 측정법
ⓐ 입자가 관성력에 의해 시료채취 표면에 충돌하는 원리로 $1 \sim 50\,\mu m$ 범위의 입경을 측정범위로 한다.
ⓑ 입자상 물질의 크기별로 측정하는 기구이며 입자가 관성력에 의해 시료채취 표면에 충돌하여 채취하는 원리이다.
ⓒ 간접측정방법으로 크기 및 단계별로 중량분포로 나타낸다.
ⓓ 되튐으로 인한 시료의 손실이 일어날 수 있다.
ⓔ 시료채취가 까다롭고 채취준비시간이 과다하게 소요된다.
ⓕ 측정된 입경은 Stockes경을 의미하며, 입자의 밀도를 보정하면 공기역학적 직경으로 나타낼 수 있다.
ⓖ 단수는 임의로 설계·제작할 수 있으나 보통 9단이 많이 사용된다.
㉡ 광산란법
ⓐ 입자에 빛을 쏘이면 반사하여 발광하게 되는데 이 반사광을 측정하여 입자의 개수·입자 반경을 측정하며 $0.2 \sim 100\,\mu m$ 범위의 입경을 측정범위로 하며 빛의 종류에 따라 레이저식·할로겐식으로 구분한다.
ⓑ 간접측정방법으로 중량분포(중량)로 나타낸다.
㉢ 중력침강법
입자의 침강속도를 측정하여 간접적으로 측정하는 방법으로 $1 \sim 100\,\mu m$ 범위의 입경을 측성범위로 한다.
㉣ 액상침강법
ⓐ 입자가 액체 중에서 침강하는 시간을 측정하여 입경과 분포상태를 알아보는 측정방법이다.
ⓑ 주로 $1\mu m$ 이상인 먼지의 입경측정에 이용되고, 그 측정장치로는 앤더슨 피펫, 침강천칭, 광투과장치 등이 있다.

> 학습 Point
>
> 로진 – 레믈러 분포 관련식

04 입자의 물리적 특성

(1) 밀도

입자 자체의 밀도이며 진밀도를 의미한다. 또한 진밀도가 작을수록 침강속도는 느리다.

$$입자밀도(\rho_p : kg/m^3) = \frac{입자\ 질량(kg)}{입자\ 부피(m^3)}$$

(2) 겉보기밀도(Bulk Density)

입자의 모양 및 공극 정도 등에 달라지는 밀도를 의미한다.

$$입자\ 겉보기\ 밀도(\rho_b : kg/m^3) = \frac{입자질량(kg)}{겉보기부피(V_b, m^3)}$$

$$겉보기체적(V_b) = 입자\ 자체의\ 부피(V) + 입자\ 내부\ 공극부분\ 부피$$

$$공극률(\varepsilon : \%) = \frac{공극부분의\ 부피}{입자\ 전체의\ 부피} = \left(1 - \frac{V}{V_b}\right) \times 100$$

> **Reference | 밀도의 상태보정**
>
> $t\,℃,\ P\,mmHg$의 상태에서 보정
>
> $$밀도(kg/m^3) = (표준상태\ 가스밀도) \times \left(\frac{273}{273+t}\right) \times \left(\frac{P}{760}\right)$$

(3) 비중

$$입자의\ 겉보기\ 비중(S_b) = 진비중(S_p) \times [1 - 공극률(\varepsilon)]$$

① 입자가 재비산되는 비율은 (S_p/S_b) 10 이상이다. 따라서 집진장치 설계시 10 이하가 되도록 하여야 한다.
② 먼지입자의 S_p/S_b가 가장 큰 발생원은 카본블랙 먼지이다.

> **Reference | 입자의 재비산비율(S_p/S_b)**
>
> ① 카본블랙 먼지 : 76 ② 시멘트킬른 발생먼지 : 5.0
> ③ 미분탄보일러 먼지 : 4.0 ④ 골재드라이어(건조기) : 2.7

> **Reference | 가스상 물질의 비중(S_g)**
>
> $$S_g = \frac{\text{가스의 분자량}}{\text{공기분자량}(28.96)}$$

(4) 비표면적

① 비표면적(S_v)은 입자의 단위체적당 표면적으로 계산되며 입경이 작을수록 표면에 존재하는 원자와 내부에 존재하는 원자비가 크게 되어 비표면적은 커지고 비표면적이 커지면 부착성(응집성, 흡착성)도 증가한다.
② 입자의 크기가 작을수록 다른 물질과 쉽게 반응하여 폭발성을 지니게 될 경우가 많다.
③ 입자의 비표면적이 크면 원심력 집진장치의 경우 입자가 장치의 벽면에 부착하여 장치벽면을 폐색시키며 침강속도가 작아져 중력집진장치의 효율도 감소된다.
④ 입자의 비표면적이 크면 전기집진장치에서는 주로 먼지가 집진극에 퇴적되어 역전리 현상이 초래된다.

$$\text{비표면적}(S_v) = \frac{\text{입자의 표면적(구형)}}{\text{입자의 부피(구형)}} = \frac{\pi d_p^2}{\frac{\pi d_p^3}{6}} = \frac{6}{d_p}$$

$$\text{구형입자의 직경}(d_p) = \frac{6}{S_v}$$

Reference | 응집(Coagulation)

① 응집은 먼지입자들이 서로 접촉하여 달라붙거나 합체하는 현상을 의미한다.
② 브라운 운동이 대기의 온도와 관련될 때 일어나는 응집현상을 열응집(Thermal Coagulation)이라 한다.
③ 중력응집(Gravitational Coagulation)은 크기가 다른 입자들의 침전속도가 다르기 때문에 일어나는 응집으로 강우에 큰 영향을 미친다.
④ 바람 부는 날의 구름 속의 입자는 맑은 날보다 더 응집이 쉽게 이루어진다.
⑤ 고체먼지는 구형이나 기타 여러 가지 불규칙적인 형상을 가지며, 최초에 구형이었던 것도 응집에 의해 비구형이 될 수도 있다.

Reference | 부유먼지의 응집성

① 미세먼지입자는 브라운 운동에 의해 응집이 일어난다.
② 먼지의 입경이 작을수록 확산운동의 영향을 받고 응집이 잘 된다.
③ 먼지의 입경분포 폭이 넓을수록 응집을 하기 쉽다.
④ 입자의 크기에 따라 분리속도가 다르기 때문에 응집한다.

필수 문제

01 입자의 입경이 $10\mu m$ 인 구형입자의 밀도가 $1,200 kg/m^3$ 이라면 이 입자의 단위질량당 표면적(m^2/kg)은?

풀이 비표면적 $= \dfrac{6}{d_p \times \rho_p} = \dfrac{6}{(10\,\mu m \times 10^{-6} m/\mu m) \times 1,200 kg/m^3} = 500 m^2/kg$

Reference | 입자가 미세할수록 표면에너지는 커지게 되어 다른 입자 간에 부착하거나 혹은 동종 입자 간에 응집이 이루어지는데 이러한 현상이 생기게 하는 결합력의 종류

① 분자 간의 인력
② 정전기적 인력
③ 브라운 운동에 의한 확산력

학습 Point

겉보기 밀도 관련식 숙지

05 집진원리

(1) 개요
집진장치는 집진원리에 의한 작용력(Collection Force)에 따라 중력집진장치, 관성력집진장치, 원심력집진장치, 세정집진장치, 여과집진장치, 전기집진장치 등으로 분류된다.

(2) 효율별 구분
① 저효율 집진장치(전처리 장치 : 1차 처리장치)
  전처리장치는 1차적으로 조대입자를 선별제거하여 후처리장치에 가해지는 입자부하를 낮추어 주기 위하여 설치되며 또한 배출가스가 고온일 경우 냉각(Conditioning)시키는 목적도 있다.
  ㉠ 중력집진장치
  ㉡ 관성력집진장치
  ㉢ 원심력집진장치(후처리 장치 단독으로 이용되는 경우도 있음)
② 고효율집진장치(후처리 장치 : 2차 처리장치)
  ㉠ 세정집진장치
  ㉡ 여과집진장치
  ㉢ 전기집진장치

(3) 집진장치 선정시 고려사항
① 입자의 함진농도, 입자크기, 입경분포
② 배출가스양, 요구십신효율, 점착성(응집 및 부작)
③ 전기저항(대전성)
④ 배출가스온도, 폭발 및 가연성 여부
⑤ 입자 밀도, 비중, 비표면적
⑥ 총압력손실, 제거분진의 처분
⑦ 투자비와 운영관리비

(4) 집진효율 (η)

$$\eta = \left(\frac{S_c}{S_i}\right) \times 100 = \left(\frac{S_i - S_o}{S_i}\right) \times 100 = \left(1 - \frac{S_0}{S_i}\right) \times 100$$

여기서, η : 집진효율(%)
S_i : 집진장치에 유입된 분진량(kg/sec, g/hr)
S_c : 집진장치에 집진된 분진량(kg/sec, g/hr)
S_o : 집진장치 출구 분진량(kg/sec, g/hr)

① 입구와 출구의 배출가스양이 같은 경우($Q_i = Q_o$)의 집진효율

$$\eta(\%) = \left(\frac{C_i - C_o}{C_i}\right) \times 100 = \left(1 - \frac{C_o}{C_i}\right) \times 100$$

② 입구와 출구의 배출가스양이 다른 경우($Q_i \neq Q_o$)의 집진효율

$$\eta(\%) = \left(\frac{Q_i C_i - Q_o C_o}{Q_i C_i}\right) \times 100 = \left(1 - \frac{Q_o C_o}{Q_i C_i}\right) \times 100$$

여기서, Q_i : 집진장치 입구에서의 배출가스양(m³/sec, m³/hr)
Q_o : 집진장치 출구에서의 배출가스양(m³/sec, m³/hr)
C_i : 집진장치 입구에서의 분진농도(kg/m³, g/m³)
C_o : 집진장치 출구에서의 분진농도(kg/m³, g/m³)

(5) 통과율 (P)

$$P(\%) = \frac{S_o}{S_i} \times 100 = 100 - \eta(\%)$$

집진 성능 파악시 집진율이 높은 경우 통과율을 적용하면 쉽다.

(6) 부분집진효율 (η_f)

함진가스에 함유된 입자 중 어느 특정 입경이나 입경범위의 입자를 대상으로 한 집진효율을 의미하며 집진장치의 집진성능 해석시 필요하다.

$$\eta_f(\%) = \left(1 - \frac{C_o f_o}{C_i f_i}\right) \times 100$$

여기서, f_i, f_o : 특정 입경범위의 입자가 전입자에 대한 입·출구 중량비, 즉 집진장치 입·출구에서 전입자에 대한 특정입경범위를 갖는 입자의 분포율을 의미한다.

(7) 입경별 부분집진율에 대한 총집진율 (η_t)

$$\eta_t(\%) = \frac{(f_1 \eta_{f_1}) + (f_2 \eta_{f_2}) + \cdots\cdots + (f_n \eta_{f_n})}{f_1 + f_2 + \cdots\cdots + f_n} \times 100$$

여기서, $f_1, \cdots\cdots f_n$: 입자질량분포(1의 값을 가짐)
$\eta_{f_1}, \cdots\cdots \eta_{f_n}$: 부분집진효율

(8) 집진장치 직렬연결 시 총집진율 (η_T)

직렬방식이 병렬방식보다 더 많이 사용되며, 병렬방식은 처리가스양이 많은 경우 사용된다.

$$\begin{aligned}\eta_t(\%) &= 1 - [(1-\eta_1)(1-\eta_2)] \times 100 \\ &= (1 - P_t) \times 100 \\ &= [\eta_1 + \eta_2(1-\eta_1)] \times 100\end{aligned}$$

여기서, η_1 : 1차 집진장치 집진율(%)
η_2 : 2차 집진장치 집진율(%)
P_t : 2차 집진장치 출구에서의 통과율

(동일집진효율 집진장치 직렬시 총집진율)

$$\eta_t = 1 - (1-\eta_c)^n$$

여기서, η_c : 단위집진효율(%)
n : 집진장치 개수

(9) 건식집진장치
① 종류
중력집진장치, 관성력집진장치, 원심력집진장치, 여과집진장치, 전기집진장치(건식)
② 특징
㉠ 폐수가 발생되지 않으며 입자를 건조상태로 포집이 가능하다.
㉡ 배기가스의 온도저하 및 압력저하가 작다.
㉢ 습식집진장치에 상대적으로 집진효율이 좋지 않다.
㉣ 집진장치 규모는 습식에 비해 크고 처리가스용량은 습식에 비해 작다.

(10) 습식집진장치
① 종류
세정집진장치, 전기집진장치(습식)
② 특징
㉠ 집진효율이 건식에 비해 높으며 입자상 및 가스상 오염물질을 동시 처리가 가능하다.
㉡ 집진장치 규모는 건식에 비해 작고 배기가스 처리속도는 높다.
㉢ 장치부식 및 냉각효과에 의한 통풍력 저하, 미스트 발생 유발 등 단점이 있다.

> **Reference | 배출가스의 온도냉각방법**
>
> (1) 열교환법
> ① 온도감소로 인한 상대습도는 증가하지만 가스 중 수분량에는 거의 변화가 없다.
> ② 열에너지를 회수할 수 있다.
> ③ 운전비 및 유지비가 높다.
> ④ 최종 공기부피가 공기희석·살수에 비해 적다.
> (2) 공기희석법
> (3) 살수법

필수 문제

01 어떤 집진장치의 입·출구농도가 각각 25.25 mg/m³, 0.957 mg/m³ 이었다면 이 집진장치의 집진효율(%)은?

풀이 $\eta(\%) = (1 - \dfrac{C_o}{C_i}) \times 100 = (1 - \dfrac{0.957}{25.25}) \times 100 = 96.21\%$

필수 문제

02 집진효율이 98%인 집진시설에서 처리 후 배출되는 먼지농도가 0.3g/m³일 때 유입된 먼지농도(g/m³)는?

풀이 $\eta = 1 - \dfrac{C_o}{C_i}$

$C_i = \dfrac{C_o}{1-\eta} = \dfrac{0.3}{1-0.98} = 15 \text{g/m}^3$

필수 문제

03 배출가스양이 3,600 m³/hr 이고, 가스온도 150℃, 압력 500 mmHg, 함진농도 10 g/m³인 배출가스를 처리하는 집진장치에서 출구의 함진농도를 0.2 g/Sm³로 하기 위하여 필요한 집진율은 약 몇 %인가?

풀이 $\eta(\%) = (1 - \dfrac{C_o}{C_i}) \times 100$

$C_i = 10 \text{ g/m}^3 \times \dfrac{273+150}{273} \times \dfrac{760}{500} = 23.55 \text{ g/Sm}^3$

$C_o = 0.2 \text{ g/Sm}^3$

$= (1 - \dfrac{0.2}{23.55}) \times 100 = 99.15\%$

필수 문제

04 어떤 집진장치의 입구와 출구에서 함진가스 중 분진의 농도를 측정하였더니 각각 15 g/Sm³, 0.3 g/Sm³ 이었고, 또 입구와 출구에서 측정한 분진시료 중 0~5 μm 의 중량 백분율이 각각 10%, 60% 이었다면 이 집진장치 0~5 μm 입경범위의 시료분진에 대한 부분집진율(%)은?

풀이 $\eta_f(\%) = (1 - \dfrac{C_o f_o}{C_i f_i}) \times 100 = (1 - \dfrac{0.3 \times 0.6}{15 \times 0.1}) \times 100 = 88\%$

필수 문제

05 A집진장치의 입구 및 출구에서 함진가스 중 먼지의 농도가 각각 15.8 g/Sm³, 0.032 g/Sm³ 이었다. 또 입구와 출구에서 측정한 먼지시료 중 입경이 0~5 μm 인 입자의 중량분율이 전 먼지에 대해 각각 0.1과 0.6 이라 할 때, 0~5 μm 입경을 가진 입자의 부분집진율은 몇 %인가?

풀이 $\eta_f(\%) = (1 - \dfrac{C_o f_o}{C_i f_i}) \times 100 = (1 - \dfrac{0.032 \times 0.6}{15.8 \times 0.1}) \times 100 = 98.78\%$

필수 문제

06 A 집진장치의 입구농도 6 g/m³, 입구 유입가스양 10 m³ 이며, 출구농도 0.5 g/m³, 출구 배출가스양이 12 m³ 일 때 이 집진장치의 효율(%)은?

풀이 $\eta(\%) = (1 - \dfrac{Q_o C_o}{Q_i C_i}) \times 100 = (1 - \dfrac{12 \times 0.5}{10 \times 6}) \times 100 = 90.0\%$

필수 문제

07 먼지함유량이 A인 배출가스에서 C만큼 제거하고 B만큼 통과시키는 집진장치의 효율 산출식을 나타내시오.

> **풀이** 효율 = $\dfrac{C}{A}$

필수 문제

08 백 필터를 통과한 배기가스 중 분진농도가 0.004 g/m³ 이며, 분진의 통과율이 3.2% 라면 집진장치를 통과하기 전 가스 중의 분진농도(mg/m³)는?

> **풀이**
> $P(\text{통과율}) = \dfrac{S_o}{S_i} \times 100$
>
> $3.2\% = \dfrac{(0.004 \text{ g/m}^3 \times 1{,}000 \text{ mg/g})}{S_i} \times 100$
>
> $S_i(\text{통과 전 분진농도}) = 125 \text{ mg/m}^3$

필수 문제

09 집진장치에서 외기 유입이 없을 경우 집진효율이 90% 이었다. 만일 외부로부터 외부 공기가 5% 유입될 경우 집진효율(%)은 얼마인가?(단, 분진통과율은 외기 유입이 없는 경우의 2배)

> **풀이**
> $P = 1 - \eta = 1 - 0.9 = 0.1$ (외기유입 없을 경우)
> 분신통과율(외기유입 경우) = 0.1×2 = 0.2
> 집진효율(%) = 1 - P = 1 - 0.2 = 0.8×100 = 80%

필수 문제

10 먼지농도 40 g/Sm³의 함진가스를 정상운전조건에서 92%로 처리하는 사이클론이 있다. 이때 처리가스의 10%에 해당하는 외부공기가 유입될 때 먼지통과율이 외부공기 유입이 없는 정상운전시의 2배에 달한다고 한다면, 출구가스 중의 먼지농도(g/Sm³)는?

풀이

P(외부유입 없을 경우) = 100 − 92 = 8%
P′(외부유입 경우) = 2 P = 8×2 = 16%

$$P(통과율) = \frac{C_o \times Q_o}{C_i \times Q_i} \times 100$$

$$16 = \frac{C_o \times 1.1}{40 \times 1} \times 100$$

$$C_o(출구농도) = \frac{40 \times 1 \times 0.16}{1.1} = 5.82 \, g/Sm^3$$

필수 문제

11 유입구 농도가 3 g/Nm³, 처리가스양이 2,000 Nm³/min 인 집진장치의 처리효율이 97% 라면 하루에 포집된 먼지의 양(kg/day)은?

풀이

단위개념으로 풀이하면
포집 먼지량(kg/day) = 2,000 Nm³/min × 3 g/Nm³ × 0.97
= 5,820 g/min × kg/1,000 g × 60 min/hr × 24 hr/day
= 8,380.8 kg/day

필수 문제

12 A 먼지 배출공장에 집진율 80%인 사이클론과 집진율 98%인 전기집진장치를 직렬로 연결하여 설치하였다. 이때 총 집진효율은?

풀이

$\eta_T = \eta_1 + \eta_2(1-\eta_1) = 0.8 + 0.98(1-0.8)$
$= 0.996 \times 100 = 99.6\%$

필수 문제

13 총집진효율 90%를 요구하는 A 공장에서 50% 효율을 가진 1차 집진장치를 이미 설치하였다. 이때 2차 집진장치는 몇 % 효율을 가진 것이어야 하는가?(단, 장치 연결은 직렬 조합임)

풀이
$\eta_T = \eta_1 + \eta_2(1-\eta_1)$
$0.9 = 0.5 + \eta_2(1-0.5)$
$\eta_2(\%) = 0.8 \times 100 = 80\%$

필수 문제

14 2대의 집진장치를 직렬로 연결했을 때 2차 집진장치의 집진효율은 96.0%이고, 총집진효율은 99.0% 이었다면, 1차 집진장치의 집진효율(%)은?

풀이
$\eta_T = \eta_1 + \eta_2(1-\eta_1)$
$0.99 = \eta_1 + 0.96(1-\eta_1)$
$\eta_1 = 0.75 \times 100 = 75\%$

필수 문제

15 두 종류의 집진장치를 직렬로 연결하였다. 1차 집진장치의 입구먼지농도는 13 g/m³, 2차 집진장치의 출구먼지농도는 0.4 g/m³ 이다. 2차 집진장치의 처리효율을 90%라 할 때, 1차 집진장치의 집진효율(%)은?(단, 기타 조건은 같다.)

풀이
총집진효율$(\eta_T) = (1-\dfrac{C_o}{C_i}) \times 100 = (1-\dfrac{0.4}{13}) \times 100 = 96.92\%$
$\eta_T = \eta_1 + \eta_2(1-\eta_1)$
$0.9692 = \eta_1 + 0.9(1-\eta_1)$
$\eta_1 = 0.692 \times 100 = 69.2\%$

필수 문제

16 사이클론과 전기집진장치를 직렬로 연결한 어느 집진장치에서 포집되는 먼지량이 각각 300 kg/hr(사이클론), 197.5 kg/hr(전기집진장치)이고, 최종 배출구로부터 유출되는 먼지량이 2.5 kg/hr 이면 이 집진장치의 총합집진효율(%)은?(단, 기타조건은 동일하며, 처리과정 중 소실되는 먼지는 없다.)

풀이

총집진효율(η_T)

$$\eta_T = (1 - \frac{C_o}{C_i}) \times 100$$

$C_i = 300 + 197.5 + 2.5 = 500$ kg/hr
$C_o = 2.5$ kg/hr
$= (1 - \frac{2.5}{500}) \times 100 = 99.5\%$

필수 문제

17 배출가스 중 먼지농도가 2,200 mg/Sm³ 인 먼지를 처리하고자 제진효율이 50% 인 중력집진장치, 75% 인 원심력집진장치, 80% 인 세정집진장치를 직렬로 연결하여 사용해 왔다. 여기에 효율이 80% 인 여과집진장치를 하나 더 직렬로 연결할 때, 전체 집진효율(①)과 이때 출구의 먼지농도(②)는 각각 얼마인가?

풀이

전체집진효율(η_T)

$\eta_T(\%) = 1 - [(1-\eta_1)(1-\eta_2)(1-\eta_3)(1-\eta_4)]$
$= 1 - [(1-0.5)(1-0.75)(1-0.8)(1-0.8)]$
$= 0.995 \times 100 = 99.5\%$
$P = (1 - \eta_T) \times 100 = (1 - 0.995) \times 100 = 0.5\%$
$P(\%) = \frac{S_o}{S_i} \times 100$
$0.5\% = \frac{S_o}{2,200 \text{ mg/Sm}^3} \times 100$
S_o(출구먼지 농도) $= 11$ mg/Sm³

제3편 대기오염 방지기술

필수 문제

18 어느 집진장치에서 처음에는 99.5%의 먼지를 제거하였다. 그 후 효율이 떨어져 96%로 낮아졌을 때 먼지의 배출농도는 어떻게 변화되는가?

풀이
초기 통과량 = 100 − 99.5 = 0.5%
나중 통과량 = 100 − 96 = 4%
배출농도비 = $\dfrac{\text{나중 통과량}}{\text{초기 통과량}} = \dfrac{4}{0.5} = 8$배(초기의 8배 배출농도 증가)

필수 문제

19 3개의 집진장치를 직렬로 조합하여 집진한 결과 총집진율이 99%이었다. 1차 및 2차 집진장치의 집진율이 각각 70%, 80%라 하면 3차 집진장치의 집진율(%)은 약 얼마인가?

풀이
1차, 2차 총효율 계산 후 3차 집진장치의 집진효율을 구함
$\eta_T = \eta_1 + \eta_2(1-\eta_1) = 0.7 + 0.8(1-0.7) = 0.94$
$0.99 = 0.94 + \eta_2(1-0.94)$
$\eta_2(\%) = 0.833 \times 100 = 83.33\%$

필수 문제

20 Cl_2 농도가 200 ppm인 배출가스를 처리하여 10 mg/m³로 배출할 경우 Cl_2의 제거효율(%)은?(단, 온도는 표준상태)

풀이
$\eta = (1 - \dfrac{C_o}{C_i}) \times 100$
$C_i = 200 \text{ ppm} = 200 \text{ mL/m}^3$
$C_o = 10 \text{ mg/m}^3 \times \dfrac{\text{부피}}{\text{분자량}} = 10 \text{ mg/m}^3 \times \dfrac{22.4 \text{ mL}}{71 \text{ mg}} = 3.155 \text{ mL/m}^3$
$= (1 - \dfrac{3.155}{200}) \times 100 = 98.42\%$

필수 문제

21 HCl 350 ppm 이 굴뚝에서 배출되고 있다. 이를 배출허용기준 50 mg/m³ 으로 하려면 HCl 의 농도를 현재값의 몇 % 이하로 배출하여야 하는가?(단, 표준상태)

풀이

$$\eta = (1 - \frac{C_o}{C_i}) \times 100$$

$$C_i = 350 \text{ ppm} = 350 \text{ mL/m}^3$$

$$C_o = 50 \text{ mg/m}^3 \times \frac{22.4 \text{ mL}}{36.5 \text{ mg}} = 30.68 \text{ mL/m}^3$$

$$= (1 - \frac{30.68}{350}) \times 100 = 91.23\%$$

현재값의 (100 − 91.23) 8.77% 이하로 배출하여야 한다.

필수 문제

22 A집진장치에서 처음에는 99.5%의 먼지를 제거하였는데 성능이 떨어져 현재 96%밖에 제거하지 못한다고 하면 현재 먼지의 배출농도는 처음 배출농도의 몇 배가 되겠는가?

풀이

$$n(\%) = \left(1 - \frac{C_0}{C_i}\right)$$

$$C_0 = C_i \times (1 - \eta)$$

99.5% 경우 : $C_0 = C_i \times (1 - 0.995) = 0.005 C_i$

96% 경우 : $C_0 = C_i \times (1 - 0.96) = 0.04 C_i$

농도비 $= \frac{0.04 C_i}{0.005 C_i} = 8$ 배

필수 문제

23 먼지농도가 25 g/Sm³인 배기가스를 1차 원심력식 집진장치, 2차 여과집진장치로 직렬연결하였다. 부분집진효율이 다음 표로 주어졌을 때 여과집진장치의 출구 먼지농도(g/Sm³)를 구하시오.

입경범위(μm)	0~5	5~10	10~20	20~40	40~60	60~100
원심력집진장치 입구 먼지분포(%)	8	20	20	30	20	2
원심력집진장치의 부분집진효율(%)	0	1	10	55	88	93
여과집진장치의 부분집진효율(%)	80	85	88	92	93	95

풀이

원심력집진장치 집진효율(η_1)
$\eta_1 = (0 \times 0.08) + (1 \times 0.2) + (10 \times 0.2) + (55 \times 0.3) + (88 \times 0.2) + (93 \times 0.02) = 38.16\%$

여과집진장치 집진효율(η_2)
$\eta_2 = (80 \times 0.08) + (85 \times 0.2) + (88 \times 0.2) + (92 \times 0.3) + (93 \times 0.2) + (95 \times 0.02) = 89.1\%$

총집진효율(η_T)
$\eta_T = 1 - (1 - \eta_1)(1 - \eta_2) = 1 - [(1 - 0.3816)(1 - 0.891)] = 0.9326 \times 100 = 93.26\%$

출구 먼지농도(g/Sm³)
$\eta_T = 1 - \dfrac{C_o}{C_i}$
C_o(출구 먼지농도) $= (1 - \eta_T) C_i = (1 - 0.9326) \times 25 \text{ g/Sm}^3 = 1.68 \text{ g/Sm}^3$

필수 문제

24 유입공기 중 염소가스의 농도가 80,000 ppm이고, 흡수탑의 염소가스 제거효율은 80%이다. 이 흡수탑 4개를 직렬로 연결시 유출공기 중 염소가스의 농도(ppm)는?

풀이

총제거효율(η_t)
$\eta_T = 1 - (1 - \eta_c)^n = 1 - (1 - 0.8)^4 = 0.9984$
유출농도(ppm) $= 80,000 \times (1 - 0.9984) = 128 \text{ppm}$

25 시간당 10,000 Sm³ 의 배출가스를 방출하는 보일러에 먼지 50% 를 제거하는 집진장치가 설치되어 있다. 이 보일러를 24시간 가동했을 때 집진되는 먼지량(kg)은?(단, 배출가스 중 먼지농도는 0.5 g/Sm³ 이다.)

집진먼지량(kg) = 10,000 Sm³/hr × 0.5 g/Sm³ × 0.5 × 24hr × kg/1,000g = 60 kg

학습 Point
집진효율 관련식 숙지(출제비중 높음)

06 집진장치

(1) 중력집진장치

① 원리

함진가스 중의 입자상 물질을 중력에 의한 자연침강(Stoke의 법칙)을 이용하는 방법으로 주로 입자의 크기가 50 μm 이상의 입자상 물질을 처리하는 데 사용된다.

② 개요

㉠ 취급입자 : 50~100 μm 이상(조대입자)
㉡ 기본유속 : 1~2 m/sec
㉢ 압력손실 : 5~10(10~15) mmH$_2$O
㉣ 집진효율 : 40~60%

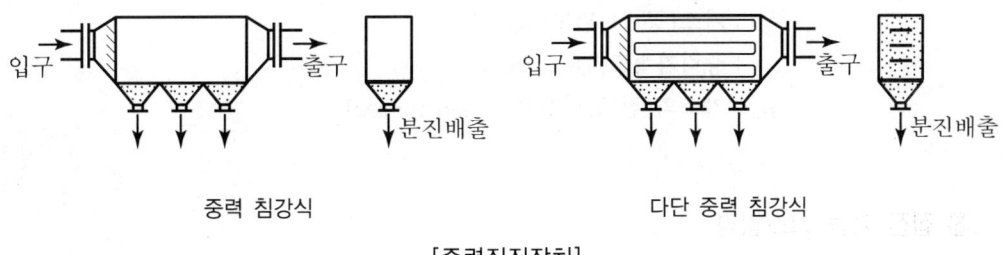

중력 침강식　　　　　　　다단 중력 침강식

[중력집진장치]

③ 특징

㉠ 타 집진장치보다 구조가 간단하고 압력손실이 적다.
㉡ 전처리장치로 많이 이용된다.
㉢ 함진가스의 온도변화에 의한 영향을 거의 받지 않는다.
㉣ 설치, 유지비가 낮고 유지관리가 용이하다.
㉤ 부하가 높고, 고온가스 처리가 용이하며 장치 운전 시 신뢰도가 높다.
㉥ 집진효율이 낮고 미세입자 처리는 곤란하다.
㉦ 함진가스의 먼지부하 및 유량 변동에 적응성이 낮아 민감하다.

④ 종말침강속도(Stokes Law)
(Stokes Law 가정)
㉠ 구형입자
㉡ 층류 흐름영역
㉢ 10^{-4} < N_{Re} < 0.6   (N_{Re} : 레이놀드 수)
㉣ 구는 일정한 속도로 운동

$$V_s = \frac{d_p^2(\rho_p - \rho)g}{18\mu_g}$$

여기서, V_s : 종말침강속도(m/sec)
  d_p : 입자 직경(m)
  ρ_p : 입자 밀도(kg/m³)
  ρ : 가스(공기) 밀도(kg/m³)
  g : 중력가속도(9.8 m/sec²)
  μ_g : 가스의 점도(점성계수 : kg/m·sec)

⑤ 집진 가능 최소입경
Stokes 침강속도식을 이용

$$d_{pmin} = \left[\frac{18\mu_g V_s}{(\rho_p - \rho)g}\right]^{\frac{1}{2}}$$

여기서, d_{pmin} : 집진이 가능한 입자의 최소입경

$$d_{p100} = d_{pmin} \times \sqrt{2} = \left[\frac{36\mu_g V_s}{(\rho_p - \rho)g}\right]^{\frac{1}{2}}$$

여기서, d_{p100} : • 100% 제거되는 입자의 최소직경
  • 작을수록 집진성능이 우수함

⑥ 집진율 향상조건
  ㉠ 침강실 내 처리가스의 속도가 작을수록 미립자가 포집된다.
  ㉡ 침강실 내의 배기가스 기류는 균일해야 한다.
  ㉢ 침강실의 높이가 낮고 중력장의 길이가 길수록 집진율은 높아진다.
  ㉣ 다단일 경우에는 단수가 증가할수록 집진율 및 압력손실도 증가한다.
  ㉤ 침강실 입구폭이 클수록 유속이 느려지며 미세한 입자가 포집된다.

$$\eta = \frac{V_s}{V} \times \frac{L}{H} \times n = \frac{V_s LW}{VHW}$$

$$= \frac{d_p^2(\rho_p - \rho)gL}{18\mu_g HV} \times n$$

$$d_p = \left[\frac{18\mu_g \cdot H \cdot V}{g \cdot L(\rho_p - \rho)}\right]^{\frac{1}{2}}$$

여기서, d_p : 100% 제거되는 입자의 최소직경
  η : 집진효율
  V_s : 종말침강속도(m/sec)
  V : 수평이동속도(처리가스속도 : m/sec)
  L : 침강실 수평길이(m)
  H : 침강실 높이(m)
  n : 침강실 단수
  W : 침강실 폭(m)

[배출가스양 Q 가 주어졌을 경우]

$$\eta = \frac{W \cdot L}{Q} \times \frac{d_p^2(\rho_p - \rho)g}{18\mu_g}$$

$$d_p = \left[\frac{18\mu_g Q}{W \cdot L(\rho_p - \rho)g}\right]^{\frac{1}{2}}$$

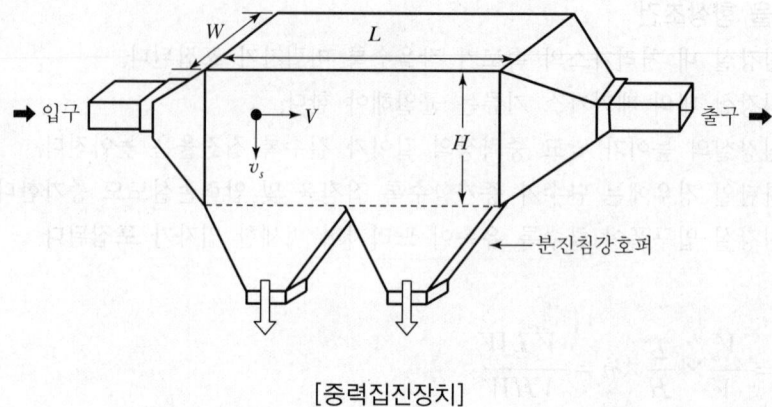

[중력집진장치]

필수 문제

01 상온에서 밀도가 1.5 g/cm³, 입경이 30 μm 의 입자상 물질의 종말침강속도(m/sec)는?(단, 공기의 점도 1.7×10^{-5} kg/m · sec, 공기의 밀도 1.3 kg/m³ 이다.)

풀이 Stoke Law에 의한 침강속도

$$V_s = \frac{d_p^2(\rho_p - \rho)g}{18\mu_g}$$

d_p : 30 μm(30×10^{-6} m)

ρ_p : 1.5 g/cm³(1,500 kg/m³)

$$= \frac{(30\,\mu\text{m} \times 10^{-6}\,\text{m}/\mu\text{m})^2 \times (1,500 - 1.3)\text{kg/m}^3 \times 9.8\,\text{m/sec}^2}{18 \times (1.7 \times 10^{-5})\text{kg/m} \cdot \text{sec}}$$

$= 0.043$ m/sec

필수 문제

02 점도 $\mu = 1.8 \times 10^{-4}$ g/cm · sec, 밀도 $\rho = 1.2 \times 10^{-3}$ g/cm³ 의 정지 대기공간에서 등속으로 중력침강하는 직경 50 μm, 밀도 $\rho_p = 1.8$ g/cm³ 의 구형입자의 중력침강속도(cm/sec)는?

> **풀이**
> $$V_s = \frac{dp^2(\rho_p - \rho)g}{18\mu_g}$$
> $$= \frac{(50\,\mu m \times 10^{-6}\,m/\mu m)^2 \times (1{,}800 - 1.2)\,kg/m^3 \times 9.8\,m/sec^2}{18 \times (1.8 \times 10^{-5})\,kg/m \cdot sec}$$
> $$= 0.136\,m/sec \times 100\,cm/m = 13.6\,cm/sec$$

필수 문제

03 직경 5 μm인 입자의 침강속도가 0.5 cm/sec였다. 같은 조성을 지닌 30 μm 입자의 침강속도(cm/sec)는?(단, 스토크 침강속도식 적용)

> **풀이**
> $$침강속도(V_s) = \frac{d_p^2(\rho_p - \rho)}{18\mu_g}$$
> $0.5 : 5^2 =$ 침강속도 $: 30^2$
> $$침강속도 = \frac{0.5 \times 30^2}{5^2} = 18\,cm/sec$$

필수 문제

04 폭 5 m, 높이 0.2 m, 길이 10 m, 침전실의 단수 2 인 중력집진장치에서 처리가스를 0.4 m³/sec 로 유입처리시 입경 10 μm 입자의 집진효율(%)은?(단, ρ_p = 1.10 g/cm³, μ = 1.84×10⁻⁴ g/cm · sec, ρ = 무시한다.)

> **풀이**
> $$\eta = \frac{V_g}{V} \times \frac{L}{H} \times n = \frac{d_p^2(\rho_p - \rho)gL}{18\mu HV} \times n$$
> 유속$(V) = \frac{Q}{A} = \frac{0.4\,m^3/sec}{(5 \times 0.2)\,m^2} = 0.4\,m/sec$
> 점도$(\mu) = 1.84 \times 10^{-4} \times 10^{-1}\,kg/m \cdot sec$
> 밀도$(\rho_p) = 1.10 \times 10^3\,kg/m^3$
> 입경$(d_p) = 10 \times 10^{-6}\,m$
> $$= \frac{(10 \times 10^{-6})^2 \times (1{,}100 - 0) \times 9.8 \times 10}{18 \times (1.84 \times 10^{-5}) \times (0.2 \times 0.4)} \times 2 = 0.4048 \times 2 = 0.8136 \times 100 = 81.36\%$$

필수 문제

05 높이 7 m, 폭 10 m, 길이 15 m 의 중력집진장치를 이용하여 처리가스를 4 m³/sec 의 유량으로 비중이 1.5 인 먼지를 처리하고 있다. 이 집진기가 포집할 수 있는 최소입자의 크기(μm)는?(단, 온도는 25℃, 점성계수는 1.85×10^{-5} kg/m·s 이며 공기의 밀도는 무시한다.)

풀이

$$d_{\min} = \left(\frac{18\,\mu_g Q}{W\cdot L(\rho_p - \rho)g}\right)^{\frac{1}{2}}$$

$\rho_p = 1.5$ g/cm³ $\times$ kg/1,000 g $\times 10^6$ cm³/m³ $= 1,500$ kg/m³

$$= \left(\frac{18\times(1.85\times 10^{-5})\text{kg/m}\cdot\text{sec}\times 4\,\text{m}^3/\text{sec}}{10\,\text{m}\times 15\,\text{m}\times 1,500\,\text{kg/m}^3 \times 9.8\,\text{m/sec}^2}\right)^{\frac{1}{2}}$$

$= 0.000024678$ m $\times 10^6\,\mu$m/m $= 24.58\,\mu$m

필수 문제

06 온도 25℃의 염산액적을 포함한 배출가스 1.4 m³/sec 를 폭 9 m, 높이 6 m, 길이 15 m 의 침강집진기로 집진제거한다. 염산 비중이 1.6 이라면 이 침강집진기가 집진할 수 있는 최소입경(μm)은?(단, 25℃, 공기점도 1.85×10^{-5} kg/m·sec)

풀이

$$d_p = \left(\frac{18\,\mu_g \cdot Q}{W\cdot L(\rho_p - \rho)g}\right)^{\frac{1}{2}}$$

$\rho_p = 1.6$ g/cm³ $\times$ kg/1,000 g $\times 10^6$ cm³/m³ $= 1,600$ kg/m³

$\rho = 1.3$ kg/m³ $\times \dfrac{273}{273+25} = 1.19$ kg/m³

$$= \left(\frac{18\times(1.85\times 10^{-5})\text{kg/m}\cdot\text{sec}\times 1.4\,\text{m}^3/\text{sec}}{9\,\text{m}\times 15\,\text{m}\times (1,600-1.19)\text{kg/m}^3 \times 9.8\,\text{m/sec}^2}\right)^{\frac{1}{2}}$$

$= 0.000014845$ m $\times 10^6\,\mu$m/m $= 14.85\,\mu$m

필수 문제

07 배출가스 0.4 m³/s를 폭 5 m, 높이 0.2 m, 길이 10 m의 중력식 침강집진장치로 집진제거한다면 처리가스 내의 입경 10 μm 먼지의 집진효율(%)은?[(단, 먼지밀도 1.10 g/cm³, 배출가스밀도 1.2 kg/m³, 처리가스점도 1.85×10^{-4} g/cm·s, 단수(n) 1, 집진효율 $\eta_f = \dfrac{g(\rho_p-\rho_s)n\,WLd_p^{\,2}}{18\,\mu Q}$ 이용)]

풀이
$$\eta_f(\%) = \dfrac{g(\rho_p-\rho_s)n\cdot W\cdot L\cdot d_p^{\,2}}{18\cdot\mu\cdot Q}\times100$$

$\rho_p = 1.10 \text{ g/cm}^3\times\text{kg}/1{,}000\text{ g}\times10^6\text{ cm}^3/\text{m}^3 = 1{,}100\text{ kg/m}^3$

$\mu = 1.85\times10^{-4}\text{ g/cm}\cdot\text{sec}\times\text{kg}/1{,}000\text{ g}\times100\text{ cm/m} = 1.85\times10^{-5}\text{ kg/m}\cdot\text{sec}$

$$= \dfrac{9.8\text{ m/sec}^2\times(1{,}100-1.2)\text{kg/m}^3\times1\times5\text{ m}\times10\text{ m}\times(10\,\mu\text{m}\times10^{-6}\text{ m}/\mu\text{m})^2}{18\times(1.85\times10^{-5})\text{kg/m}\cdot\text{sec}\times0.4\text{ m}^3/\text{sec}}$$

$= 0.4042\times100 = 40.42\%$

필수 문제

08 침강실의 길이 5 m인 중력집진장치를 사용하여 침강집진할 수 있는 먼지의 최소입경이 140 μm였다. 이 길이를 2배로 변경할 경우 침강실에서 집진 가능한 최소입경(μm)은?(단, 배출가스의 흐름은 층류이고 길이 이외의 모든 설계조건은 동일하다.)

풀이
$d_p = \left[\dfrac{18\,\mu_g\cdot H\cdot V}{g\cdot L\cdot(\rho_p-\rho)}\right]^{\frac{1}{2}}$ 식에서 d_p과 L의 관계를 가지고 비례식으로 계산함

$d_p \propto \left(\dfrac{1}{L}\right)^{\frac{1}{2}}$

$140 : \left(\dfrac{1}{5}\right)^{\frac{1}{2}} = $ 2배 변경시 최소입경 $: \left(\dfrac{1}{5\times2}\right)^{\frac{1}{2}}$

2배 변경시 최소입경(μm) = 98.99 μm

필수 문제

09 배출가스의 흐름이 층류일 때 입경 100 μm 입자가 100% 침강하는 데 필요한 중력침강실의 길이(m)는?(단, 중력침강실의 높이 2 m, 배출가스 유속 4 m/sec, 입자의 종말침강속도 0.5 m/sec)

풀이
$$\eta = \frac{L \cdot V_s}{H \cdot V}$$
$$L = \eta \times \frac{H \cdot V}{V_s} = 1 \times \frac{2\,m \times 4\,m/sec}{0.5\,m/sec} = 16\,m$$

필수 문제

10 함진가스의 유입속도가 3 m/sec이고 중력침강실의 높이가 1.5 m일 때 입자의 침강 종말속도가 15 cm/sec인 입자를 90% 제거하기 위한 침강실의 길이(m)는?

풀이
$$L = \eta \times \frac{H \cdot V}{V_s} = 0.9 \times \frac{1.5\,m \times 3\,m/sec}{15\,cm/sec \times m/100\,cm} = 27\,m$$

필수 문제

11 직경 100 μm의 먼지가 높이 8 m 되는 위치에 있고 바람이 5 m/sec 수평으로 불 때 이 먼지의 전방 낙하지점 m은?(단, 동종의 10 μm 먼지의 낙하속도는 0.6 cm/sec)

풀이
$$L = \frac{V \cdot H}{V_g}$$
$$V_g = \frac{dp^2(\rho_p - \rho)g}{18 \cdot \mu}$$
$0.6\,cm/sec : 10^2 = X : 100^2$
$X = 60\,cm/sec\,(낙하속도)$
$V = 5\,m/sec$
$H = 8\,m$
$$L = \frac{5\,m/sec \times 8\,m}{0.6\,m/sec} = 66.67\,m$$

필수 문제

12 입경 80 μm 이상 되는 분진을 포집하는 중력 침강실을 다시 입경 50 μm 이상 분진을 포집하기 위하여 침강실의 높이를 조절하려면 어느 정도의 높이(m)가 필요한가?(단, 침강실의 길이는 변경할 수 없으며, 처음 높이는 2 m 이다.)

풀이

$$V_s = \frac{H \cdot V}{L} \qquad V_s = \frac{d_p^{\,2}(\rho_p - \rho)g}{18\mu_g} \quad \rightarrow \quad V_s \propto d_p^{\,2}$$

$V_s \propto H \propto d_p^{\,2}$

2 m : (80 μm)^2 = 조정침강실 높이 : (50 μm)^2

조정침강실 높이(H : m) = $\dfrac{(50\ \mu\text{m})^2 \times 2\ \text{m}}{(80\ \mu\text{m})^2}$ = 0.78 m

필수 문제

13 배기가스의 흐름형태가 층류일 경우 다음 조건에서 100% 집진되는 최소입경(μm)을 구하시오.

- 중력침강실 높이 1.5 m, 길이 6 m, 유입속도 3 m/sec
- 배출가스온도 20℃
- 배출가스 점성계수(μ_g) = 0.067 kg/m · hr
- 입자밀도 2.5 g/cm³

풀이

$$d_{p100} = \left[\frac{36\,\mu_g V_s}{(\rho_p - \rho)g}\right]^{\frac{1}{2}}$$

$V_s = V \times \dfrac{H}{L} = 3\ \text{m/sec} \times \left(\dfrac{1.5\ \text{m}}{6\ \text{m}}\right) = 0.75\ \text{m/sec}$

$\mu_g = 0.067\ \text{kg/m} \cdot \text{hr} \times \text{hr}/3{,}600\ \text{sec} = 1.861 \times 10^{-5}\ \text{kg/m} \cdot \text{sec}$

$\rho_p = 2.5\ \text{g/cm}^3 \times \text{kg}/1{,}000\ \text{g} \times 10^6\ \text{cm}^3/\text{m}^3 = 2{,}500\ \text{kg/m}^3$

$\rho = 1.293\ \text{kg/m}^3 \times \dfrac{273}{273 + 20} = 1.2\ \text{kg/m}^3$

$= \left[\dfrac{36 \times (1.861 \times 10^{-5})\text{kg/m} \cdot \text{sec} \times 0.75\ \text{m/sec}}{(2{,}500 - 1.2)\text{kg/m}^3 \times 9.8\ \text{m/sec}^2}\right]^{\frac{1}{2}}$

= 0.000143 m × 10^6 μm/m = 143.24 μm

필수 문제

14 중력식 집진기에서 입자직경이 50μm이며 밀도가 2,000kg/m³, 가스유량이 10m³/sec 이다. 집진기의 폭이 1.5m, 높이가 1.5m 이며 밑면을 포함한 수평단이 10단일 때 효율이 100%가 되기 위한 침강실의 길이(m)는?(단, 층류로 가정하며, 점성계수 μ=1.75×10⁻⁵kg/m·sec)

풀이 침강실의 길이(L)

$$L = \eta \times \frac{H \times V}{V_s}$$

$$H = \frac{1.5m}{10} = 0.15m$$

$$V = \frac{Q}{A} = \frac{10m^3/sec}{(1.5 \times 1.5)m^2} = 4.44m/sec$$

$$V_s = \frac{d_p^2 (\rho_p - \rho)g}{18\mu_g}$$

d_p = 50μm × 10⁻⁶m/1μm = 5×10⁻⁵m

ρ_p = 2,000kg/m³

ρ_g = 1.29kg/Sm³

μ_g = 1.75×10⁻⁵kg/m·sec

$$= \frac{(5 \times 10^{-5})^2 \times (2,000 - 1.29) \times 9.8}{18 \times (1.75 \times 10^{-5})} = 0.155 m/sec$$

$$= 1.0 \times \frac{0.15 \times 4.44}{0.155} = 4.29m$$

 학습 Point

1. 종말침강속도 관련식 숙지
2. 집진율 향상 조건 내용 숙지

(2) 관성력 집진장치

① 원리

함진배기를 방해판(Baffle)에 충돌시켜 기류의 방향을 급격하게 전환시켜 입자의 관성력에 의하여 입자를 분리·포집하는 장치이다.

② 개요

㉠ 취급입자 : 10~100 μm 이상(조대입자)
㉡ 기본유속 : 1~2 m/sec
㉢ 압력손실 : 30~70 mmH$_2$O
㉣ 집진효율 : 50~70%

③ 특징

㉠ 구조 및 원리가 간단하고 전처리 장치로 많이 이용된다.
㉡ 운전비용이 적고, 고온가스 중의 입자상 물질 제거가 가능하므로 굴뚝 또는 배관(Duct) 내에 적용될 경우가 많다.
㉢ 큰 입자 제거에 효율적이며 미세입자의 효율은 낮다.
㉣ 유속이 너무 빠르면 압력손실 증가와 포집된 분진의 재비산 문제가 발생하기 때문에 일반적으로 20 μm 이상 입자에 적용한다.

④ 종류

㉠ 충돌식

ⓐ 함진배기를 방해판에 충돌시켜 기류의 방향을 급격하게 전환시켜 입자의 관성력에 의하여 입자를 분리·포집하는 장치이다.
ⓑ 일반적으로 충돌 직전의 처리가스속도가 크고, 처리 후 출구가스속도는 느릴수록 미립자의 제거가 쉬우며 집진효율이 높아진다.
ⓒ 충돌 직전의 각 속도가 클수록 집진효율이 높아진다.
ⓓ 기류의 방향전환시 곡률반경이 작을수록(기류의 방향전환 각도가 작을수록), 방향전환 횟수가 많을수록 압력손실은 커지나 집진효율은 좋아 미세입자의 포집이 가능하다.
ⓔ 적당한 Dust Box의 형상과 크기가 필요하다.

㉡ 반전식

ⓐ 방해판을 설치하지 않고 함진배기 자체의 방향을 전환시켜 입자를 분리·포집하는 장치이며, 곡관형, louver형, pocket형, multi baffle형 등이 이에 해당한다.
ⓑ 액체입자의 포집에 사용되는 Multi Baffle형은 1 μm 전후의 미립자 제거가 가능하나 완전하게 처리하기 위해 가스출구에 충전층을 설치하는 것이 좋다.

ⓒ 방향전환을 하는 가스의 곡률반경이 작을수록 또한 전환횟수가 많을수록 미세한 먼지를 분리포집할 수 있다.
ⓓ Pocket형, Channel형과 같이 미로형에서는 먼지가 장치에 누적되므로 먼지의 성상을 충분히 파악하여 충격, 세정에 의하여 제거할 필요가 있다.
ⓔ 적당한 Dust Box의 형상과 크기가 필요하다.

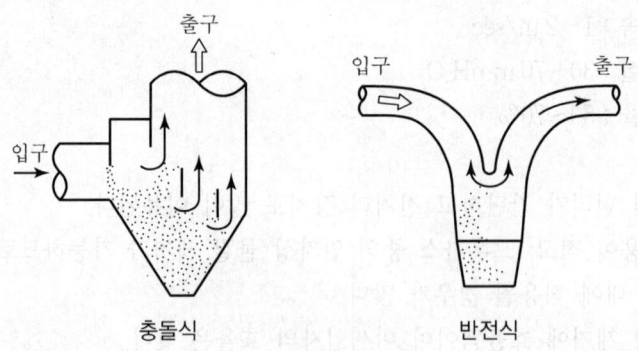

[관성력 집진장치]

⑤ 관성충돌계수(효과)를 크게 하기 위한 특성 및 조건
㉠ 분진의 입경이 커야 한다.
㉡ 처리가스와 액적의 상대속도가 커야 한다.
㉢ 처리가스의 온도가 낮아야 응집작용하여 관성충돌효과가 커진다.
㉣ 액적의 직경이 작아야 한다.

⑥ 분리속도(V_c)
㉠ 관성력에 의한 분리속도는 회전기류반경에 반비례하고 입경의 제곱에 비례한다.

$$V_c = \frac{d_p^2 \rho_p}{18 \mu_g} \times \frac{V_\theta}{R_2}$$

여기서, V_c : 분리속도(m/sec)
d_p : 방해판에서 제거되는 입자직경(m)
ρ_p : 입자 밀도(kg/m³)
μ_g : 배출가스 점도(kg/m·sec)
V_θ : 원심반경 R_2인 지점에서 배출가스 유속(m/sec)
R_2 : 방해판에서의 회전기류 원심반경(m)

ⓒ 입자분리속도는 입자의 입경과 밀도가 클수록 분리속도가 증가하여 미세입자의 분리가 가능하다.
ⓓ 입자분리속도는 회전기류 원심반경이 작을수록, 즉 방향전환이 급격할수록 분리속도가 증가하여 미세입자의 분리가 가능하다.

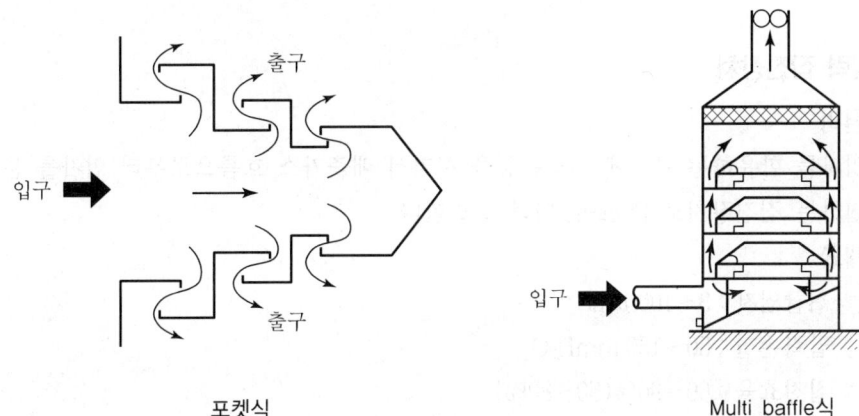

포켓식   Multi baffle식

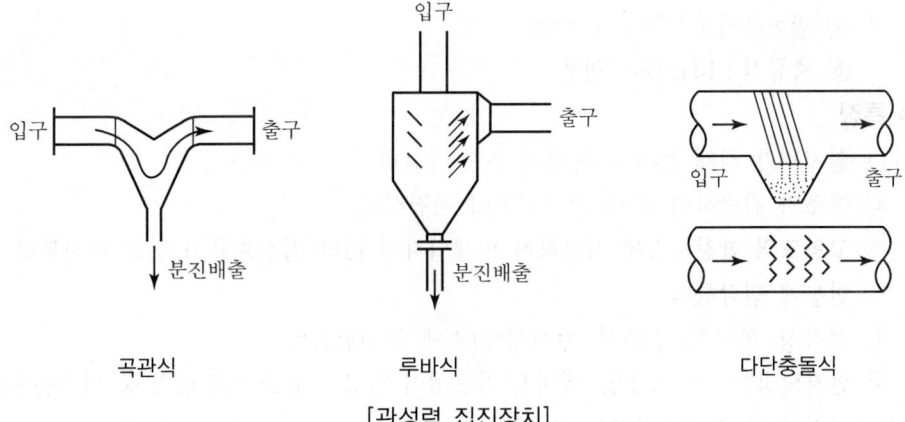

곡관식   루바식   다단충돌식
[관성력 집진장치]

🔍 Reference | 프라우드수(Froude Number)

관성력과 중력의 비를 무차원으로 나타낸다.

$$프라우드수 = \frac{V}{\sqrt{g \cdot L}}$$

여기서, g : 중력가속도, V : 속도, L : 길이

학습 Point

관성충돌계수를 크게 하기 위한 특성 및 조건 내용 숙지

(3) 원심력 집진장치

① 원리

입자를 함유하는 가스에 선회운동을 시켜서 배출가스 흐름으로부터 입자를 분리·포집하는 집진장치로 Cyclone 이라고도 한다.

② 개요
  ㉠ 취급입자 : 3~100 μm
  ㉡ 압력손실 : 50~150 mmH$_2$O
  ㉢ 집진효율 : 60~90%(50~80%)
  ㉣ 입구유속은 집진효율을 결정하는 가장 중요한 변수로 압력손실, 집진효율, 경제성을 고려하여 설정한다.
    ⓐ 접선유입식 : 7~15 m/sec
    ⓑ 축류식 : 10 m/sec 전후

③ 특징
  ㉠ 설치비가 적게 들고 고온에서 운전 가능하다.
  ㉡ 구조가 간단하여 유지, 보수비용이 저렴하다.
  ㉢ 고농도의 함진가스에 적당하며 미세입자에 대한 집진효율이 낮고 먼지부하, 유량 변동에 민감하다.
  ㉣ 점착성, 마모성, 조해성, 부식성 가스에 부적합하다.
  ㉤ 먼지퇴적함에서 재유입, 재비산 가능성이 있고 저효율 집진장치 중 압력손실이 비교적 높아 동력소비량이 큰 편이다.
  ㉥ 단독 또는 전처리 장치로 이용된다.(저효율 집진장치 중 집진율이 높은 편이다.)
  ㉦ 배출 가스로부터 분진회수 및 분리가 적은 비용으로 가능하다.
  ㉧ 미세한 입자를 원심분리하고자 할 때 가장 큰 영향인자는 사이클론의 직경이다.
  ㉨ 직렬 또는 병렬로 연결하여 사용이 가능하다.
  ㉩ 처리가스양이 많아질수록 내관경이 커져서 미립자의 분리가 잘 되지 않는다.
  ㉪ 먼지량이 많아도 처리가 가능하다.

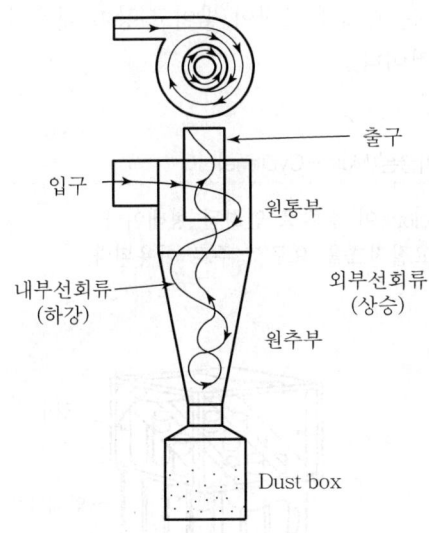

[원심력 집진장치(Cyclone)]

④ 종류

함진가스 흐름의 유입방식에 따라 접선유입식과 축류식으로 분류한다.
  ㉠ 접선유입식
    ⓐ 입구 모양에 따라 나선형과 와류형으로 분류된다.
    ⓑ 집진효율의 변화가 비교적 적은 편이다.
    ⓒ 일반적인 입구 가스속도는 7~15 m/sec 정도로, 이 범위 속도가 집진효율에 미치는 영향은 크다.
  ㉡ 축류식(도익회전식)
    ⓐ 축방향에서 안내날개(Vane)를 통하여 함진가스를 유입하는 것으로 반전형과 직진형이 있으며 함진가스 입구의 안내익(Vane)에 따라 집진효율이 달라진다.
    ⓑ 반전형은 입구유속이 10 m/sec 전후이며, 접선 유입식에 비해 압력손실이 80~100 mmH$_2$O로 적고 가스의 균일한 분배가 용이한 이점이 있다. 집진효율은 일반적으로 접선유입식과 큰 차이가 없는 편이다.
    ⓒ 반전형은 Blow Down은 필요 없고, 함진가스 입구의 안내익(Aero-Dynamic Vane)에 따라 집진효율이 달라진다.
    ⓓ 멀티사이클론(Multi-Cyclone)은 축류식의 반전형이다.
    ⓔ 직진형은 설치면적이 적게 소요되며 압력손실은 40~50 mmH$_2$O 정도이다.

ⓕ 직진형의 단점은 관내에 분진이 쌓이고 장치 내부의 압력변동이 심하여 집진효율이 낮다는 것이다.

🔍 Reference | 멀티 사이클론(Multi-Cyclone)

① 소규모의 축류식 Cyclone이 병렬로 연결된 형태이다.
② 배기가스양이 많고 고집진효율 요구시 주로 이용된다.

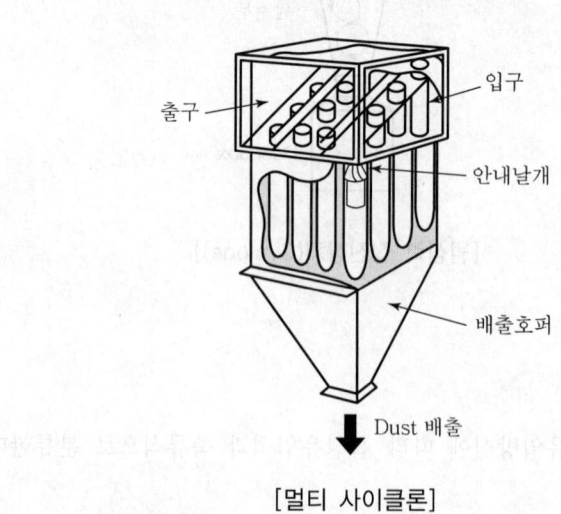

[멀티 사이클론]

⑤ 집진 성능인자
  ㉠ 입자의 분리속도(원심분리속도)
    ⓐ 외부선회류에 의해 입자에 작용하는 최대원심력(F_c)

$$F_c = \left(\frac{\pi}{6} dp^3 \rho_p\right)\left(\frac{V_\theta^2}{R_c}\right)$$

여기서, F_c : 최대원심력
  d_p : 입자직경
  ρ_p : 입자밀도
  V_θ : 원심력이 최대가 되는 R_c지점에서 선회류의 접선속도
  R_c : 원추 하부의 반경

ⓑ 입자의 분리속도(V)

$$V = \frac{d_p^2(\rho_p - \rho)}{18\mu_g} \times \frac{V_\theta^2}{R_2}$$

여기서, V : 입자분리속도(m/sec)
d_p : 입자직경(m)
μ_g : 배출가스 점도(kg/m·sec)
ρ_p : 입자밀도(kg/m³)
V_θ : 원심반경 R_2인 지점에서 배출가스 유속(m/sec)
R_2 : • 원추 하부의 반경(m)
   • 외부선회류가 내부선회류로 방향 전환을 일으키는 지점

ⓒ 집진효율은 한계(입구)유속 내에서는 유속이 빠를수록 효율이 증가한다.
ⓓ 분리속도는 입구유입속도, 입자 직경, 밀도차가 클수록, 배출가스 점도, 장치크기가 작을수록 커진다.
ⓔ 집진효율은 입자분리속도가 클수록 좋아진다.

ⓒ 분리계수
  ⓐ 개요
    • 분리계수는 입자에 작용하는 원심력과 중력의 관계로 원심력을 중력으로 나눈 값이다.
    • Cyclone의 잠재적인 효율(분리능력)을 나타내는 지표이다.
    • 원심력이 클수록 분리계수가 커져 집진율도 증가한다.
    • Cyclone의 원추 하부의 반경(입자 회전반경)이 클수록 분리계수는 작아진다.
    • 분리계수는 중력가속에 반비례하고 입자의 접선방향속도의 제곱에 비례한다.
  ⓑ 관련식

$$\text{분리계수(S)} = \frac{\text{원심력}}{\text{중력}} = \frac{V_\theta^2}{g \cdot R_2}$$

ⓒ 집진 가능 입경
  ⓐ 절단입경(Cut Size Diameter)
    • Cyclone에서 50% 처리효율로 제거되는 입자의 크기, 즉 50% 분리한계입경이다.

- Lapple의 절단입경

$$d_{p50} = \sqrt{\frac{9\mu_g W}{2\pi N(\rho_p - \rho)V}}$$

여기서, N : 유효회전수
V : 유입구의 가스유속(m/sec)

ⓑ 임계입경(Critical Diameter)
- Cyclone에서 100% 처리효율로 제거되는 입자의 크기, 즉 100% 분리한계입경이다.
- Lapple의 임계입경

$$d_{pcrit} = dp_{50} \times \sqrt{2}$$
$$= \sqrt{\frac{9\mu_g W}{\pi N(\rho_p - \rho)V}}$$

ⓒ 절단 및 임계입경이 클수록 분리효율이 낮아 장치의 집진성능이 낮아진다.

② 집진효율
ⓐ Lapple의 입경에 따른 부분집진율

$$\eta_f(\%) = \frac{\pi N dp^2(\rho_p - \rho)V}{9\mu_g W} \times 100$$
$$= \frac{\pi N dp^2(\rho_p - \rho)Q}{9\mu_g HW^2} \times 100 \quad (V = \frac{Q}{H \cdot W})$$

여기서, Q : 입구의 배기가스양(m³/sec)
H : 유입구 높이(m)
W : 유입구 폭(m)

ⓑ Lapple의 효율예측 곡선 이용 집진율
임경범위에 대한 중량분포가 주어졌을 때 적용하며 다음과 같이 구한다.
[절단입경 구함→효율곡선을 이용 (입경/절단입경)의 비를 종축에서 구함→종축에 의한 횡축의 부분집진율 구함→부분집진율과 중량분포를 이용 총집진율 구함]

○ Reference | 유효회전수(N)

$$N = \frac{1}{\text{유입구 높이}(H)} \times \left(\text{원통부 높이} + \frac{\text{원추부 높이}}{2} \right)$$

ⓜ 압력손실 감소원인
  ⓐ 내통이 마모되어 구멍이 뚫려 함진가스가 By Pass되는 경우
  ⓑ 호퍼 하단부위에 외기가 누입될 경우
  ⓒ 장치 내 처리가스의 선회가 원활하지 않은 경우
  ⓓ 외통의 접합부 불량으로 함진가스가 누출될 경우
ⓑ 블로다운(Blow Down) 방식
  ⓐ 정의
    Cyclone의 집진효율을 향상시키기 위한 하나의 방법으로서 더스트 박스 또는 호퍼부에서 처리가스(유입유량)의 5~10%에 상당하는 함진가스를 추출·흡인하여 운영하는 방식이다.
  ⓑ 효과
    • 원추 하부에 가교현상을 방지하여 장치의 원추 하부 또는 출구에 먼지퇴적을 억제한다.
    • Cyclone 내의 난류현상(선회기류의 흐트러짐 현상)을 억제시킴으로써 집진된 먼지의 재비산을 방지하고 유효원심력을 증가시킨다.
    • 먼지 부착으로 인한 장치의 폐쇄현상을 방지한다.

○ Reference | 운전조건 또는 배출원 특성이 변할 경우 집진성능 평가 추정식

1. 처리가스양이 변할 경우(기타 운전조건 일정)

$$\frac{1-\eta_1}{1-\eta_2} = \left(\frac{Q_2}{Q_1} \right)^{0.5}$$

  여기서, 1, 2는 운전조건 또는 배출원 특성

2. 기타 운전조건이 변할 경우(처리가스양 일정)
  ① 밀도가 변할 경우

$$\frac{1-\eta_1}{1-\eta_2} = \left(\frac{\rho_p - \rho_1}{\rho_p - \rho_2} \right)^{0.5}$$

  ② 점도가 변할 경우

$$\frac{1-\eta_1}{1-\eta_2} = \left(\frac{\mu_1}{\mu_2} \right)^{0.5}$$

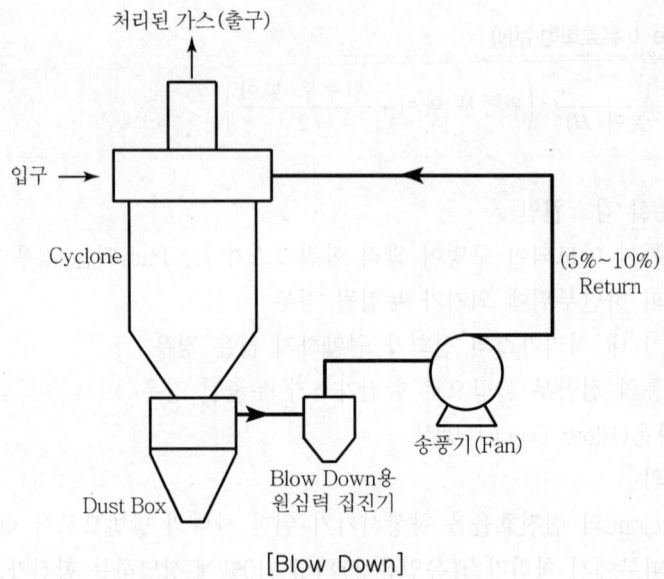

[Blow Down]

⑥ 집진효율 향상조건
　㉠ 미세먼지의 재비산을 방지하기 위해 Skimmer와 Turning Vane 등을 설치한다.
　㉡ 사이클론의 직경(외경) 및 배기관경(내경)이 작을수록 집진효율이 좋아지므로 입경이 작은 먼지를 제거할 수 있다.
　㉢ 먼지폐색(Dust Plugging) 효과를 방지하기 위해 축류집진장치를 사용한다.
　㉣ 고용량가스를 비교적 높은 효율로 처리해야 할 경우 소구경 Cyclone을 여러 개 조합시킨 Multi Cyclone을 사용한다.
　㉤ 고농도는 병렬로 연결하고, 응집성이 강한 먼지는 직렬연결(단수 3단 한계)하여 주로 사용한다.
　㉥ Blow-Down 효과를 적용하면 효율이 높아진다.
　㉦ 한계(입구)유속 내에서는 유속이 빠를수록 효율이 증가한다.

🔍 Reference | Cyclone 운전조건에 따른 집진효율변화

운전조건	집진효율
유속 증가	증가
가스점도 증가	감소
분진밀도 증가	증가
분진량 증가	증가
온도 증가	감소
원통직경 증가	감소

필수 문제

01 다음 조건에서 Cyclone 의 입자 직경이 12 μm 인 분리속도(m/sec)를 구하시오.

- 함진가스 온도 및 유입속도 : 120℃, 12 m/sec
- 함진가스 중 입자밀도 : 2.4 g/cm³
- 가스점도(120℃) : 1.02×10⁻⁵ poise
- 원추하부의 직경 : 30 cm

풀이

분리속도(V) = $\dfrac{d_p^{\,2}(\rho_p - \rho)}{18\,\mu_g} \times \dfrac{V_\theta^2}{R_2}$

$d_p = 12\ \mu\text{m} \times \text{m}/10^6\ \mu\text{m} = 1.2 \times 10^{-5}\ \text{m}$

$\rho_p = 2.4\ \text{g/cm}^3 \times \text{kg}/1{,}000\ \text{g} \times 10^6\ \text{cm}^3/\text{m}^3 = 2{,}400\ \text{kg/m}^3$

$\rho = 1.3\ \text{kg/Sm}^3 \times \dfrac{273}{273+120} = 0.903\ \text{kg/m}^3$

$V_\theta = 12\ \text{m/sec}$

$\mu_g = 1.02 \times 10^{-5}\ \text{poise} \times \dfrac{1\ \text{g/cm}\cdot\text{sec}}{\text{poise}} \times \text{kg}/1{,}000\ \text{g} \times 100\ \text{cm/m}$

$\quad\ \ = 1.02 \times 10^{-6}\ \text{kg/m}\cdot\text{sec}$

$R_2 = 0.3\ \text{m}/2 = 0.15\ \text{m}$

$= \dfrac{(1.2 \times 10^{-5})^2 \times (2{,}400 - 0.903) \times 12^2}{18 \times (1.02 \times 10^{-6}) \times 0.15} = 18.06\ \text{m/sec}$

필수 문제

02 유입구 폭이 15 cm, 유효회전수가 6 인 사이클론에 아래 상태와 같은 함진가스를 처리하고자 할 때, 이 함진가스에 포함된 입자의 절단입경(μm)은?

- 함진가스의 유입속도 : 25 m/s
- 함진가스의 점도 : 2×10⁻⁵ kg/m·s
- 함진가스의 밀도 : 1.2 kg/m³
- 먼지입자의 밀도 : 2.0 g/cm³

풀이

$d_{p50} = \left(\dfrac{9\,\mu_g W}{2\,\pi N(\rho_p - \rho)V}\right)^{0.5}$

$\rho_p = 2.0\ \text{g/cm}^3 \times \text{kg}/1{,}000\ \text{g} \times 10^6\ \text{cm}^3/\text{m}^3 = 2{,}000\ \text{kg/m}^3$

$$W = 15\ cm \times m/100\ cm = 0.15\ m$$
$$= \left[\frac{9 \times (2 \times 10^{-5}) \times 0.15}{2 \times 3.14 \times 6 \times (2,000 - 1.2) \times 25} \right]^{0.5}$$
$$= 3.78 \times 10^{-6}\ m \times 10^6\ \mu m/m = 3.78\ \mu m$$

필수 문제

03 어떤 공장의 연마실에서 발생되는 배출가스의 먼지제거에 Cyclone이 사용되고 있다. 유입폭이 30 cm이고, 유효회전수 6회, 입구유입속도 8 m/s로 가동 중인 공정조건에서 10 μm 먼지입자의 부분집진효율은 몇 %인가?(단, 먼지의 밀도는 1.6 g/cm³, 가스점도는 1.75×10⁻⁴ g/cm·s, 가스밀도는 고려하지 않음)

풀이
$$\eta_f(\%) = \frac{\pi N d_p^2 (\rho_p - \rho) V}{9 \mu_g W}$$

$d_p = 10\ \mu m \times m/10^6\ \mu m = 10 \times 10^{-6}\ m$

$\rho_p = 1.6\ g/cm^3 \times kg/1,000\ g \times 10^6\ cm^3/m^3 = 1,600\ kg/m^3$

$\mu_g = 1.75 \times 10^{-4}\ g/cm \cdot sec = 1.75 \times 10^{-5}\ kg/m \cdot sec$

$W = 30\ cm \times m/100\ cm = 0.3\ m$

$$= \frac{3.14 \times 6 \times (10 \times 10^{-6})^2 \times 1,600 \times 8}{9 \times (1.75 \times 10^{-5}) \times 0.3} \times 100 = 51.04\%$$

필수 문제

04 원추하부 반경이 60 cm인 Cyclone에서 배출가스의 접선속도가 600 m/min일 때 분리계수는?

풀이 분리계수(S) $= \dfrac{V_\theta^2}{g \cdot R_2}$

$V_\theta = 600\ m/min \times min/60\ sec = 10\ m/sec$

$R_2 = 60\ cm \times m/100\ cm = 0.6\ m$

$$= \frac{(10\ m/sec)^2}{9.8\ m/sec^2 \times 0.6\ m} = 17.0$$

필수 문제

05 Cyclone에서 외부공기가 유입되어 집진율이 70%에서 60%로 낮아졌을 때 출구에서 배출되는 먼지농도는 어떻게 변화되겠는가?(단, 기타 조건은 변경이 없다고 가정한다.)

풀이

배출먼지농도 = 유입농도 × 통과율

70%에서 배출농도 = 유입농도 × (1 − 0.7) = 유입농도 × 0.3

60%에서 배출농도 = 유입농도 × (1 − 0.6) = 유입농도 × 0.4

배출농도 비 = $\dfrac{0.4}{0.3}$ = 1.333

즉, 원래보다 33.3% 배출농도가 증가된다.

필수 문제

06 사이클론(Cyclone)에서 가스유입속도를 3배로 증가시키고 유입구 폭을 2배로 늘리면 Lapple의 절단입경(Cut Size Diameter)인 $d_p{}'$는 처음 값(d_p)에 비해 어떻게 변화되는가?

풀이

절단입경식 $d_{p50} = \left(\dfrac{9\,\mu_g W}{2\,\pi N(\rho_p - \rho)\,V}\right)^{0.5}$ 에서

가스유입속도 및 유입구 폭에 고려하여 계산하면

$d_p{}' \propto \left(\dfrac{2}{3}\right)^{0.5}$
$= 0.816\, d_p$

필수 문제

07 실린더 직경 1.5×10^2 cm인 사이클론으로 선회류의 회전수가 5인 경우 함진가스 유입속도 10 m/s, 입자밀도 1.5 g/cm³일 때 직경 24 μm인 입자의 Lapple식에 의한 이론적 제거효율(%)은?(단, D_p : 절단입경(μm), 배출가스점도 : 2×10^{-5} kg/m·sec, 배출가스의 밀도 : 1.3×10^{-3} g/cm³, 유입구 폭 : $\dfrac{1}{4}$ × 실린더 직경)

⟨입경비에 대한 이론적 제거효율⟩

D/D_p	1.0	1.5	2.0	2.5
이론적 제거효율(%)	50	70	80	85

풀이

절단입경 $(D_p) = \left(\dfrac{9\,\mu_g\,W}{2\,\pi N(\rho_p - \rho)\,V} \right)^{0.5}$

$\rho_p = 1.5 \text{ g/cm}^3 \times \text{kg}/1,000 \text{ g} \times 10^6 \text{ cm}^3/\text{m}^3 = 1,500 \text{ kg/m}^3$

$\rho = 1.3 \times 10^{-3} \text{ g/cm}^3 \times \text{kg}/1,000 \text{ g} \times 10^6 \text{ cm}^3/\text{m}^3 = 1.3 \text{ kg/m}^3$

$W = \dfrac{1}{4} \times$ 실린더 직경 $= \dfrac{1}{4} \times (1.5 \times 10^2) \text{ cm} \times \text{m}/100 \text{ cm} = 0.375 \text{ m}$

$= \left(\dfrac{9 \times (2 \times 10^{-5}) \times 0.375}{2 \times 3.14 \times 5 \times (1,500 - 1.3) \times 10} \right)^{0.5}$

$= 1.1976 \times 10^{-5} \text{ m} \times 10^6\, \mu\text{m/m} = 11.976\, \mu\text{m}$

직경비 $\left(\dfrac{D}{D_p} \right) = \dfrac{24}{11.976} = 2.0$

표에서 이론적 제거효율(%) = 80%

필수 문제

08 사이클론으로 576 m³/h 의 함진가스를 처리하고자 한다. 사이클론의 입구 속도를 10 m/s, 단변과 장변이 비를 1 : 2로 할 경우 단변의 길이(cm)는?

풀이

$Q = A \times V$ 에서

$A = \dfrac{Q}{V} = \dfrac{576 \text{ m}^3/\text{hr} \times \text{hr}/3,600 \text{ sec}}{10 \text{ m/sec}} = 0.016 \text{ m}^2$

$A = 2 \times (단변)^2 = 0.016 \text{ m}^2$

단변 $= \sqrt{\dfrac{0.016 \text{ m}^2}{2}} = 0.089 \text{ m} \times 100 \text{ cm/m} = 8.94 \text{ cm}$

필수 문제

09 사이클론 유입구의 높이(길이)가 50 cm, 원통부의 길이가 200 cm, 원추부의 길이가 500 cm일 때 유효회전수(N_e)를 구하시오.

> **풀이** 유효회전수(N_e) = $\dfrac{1}{\text{유입구 높이}} \times \left(\text{원통부 높이} + \dfrac{\text{원추부 높이}}{2}\right)$
>
> $= \dfrac{1}{50} \times \left(200 + \dfrac{500}{2}\right) = 9$

필수 문제

10 유량이 180 m³/min 인 공기흐름을 몸통 직경이 1.0 m 인 사이클론을 이용하여 처리하고자 한다. 다음 표를 이용하여 새로 제작하려고 하는 사이클론의 외부 선회류의 유효회전수(N_e)를 구하면?

몸통 직경(D/D)	1.0	가스 출구 직경(D_e/D)	0.5
유입구 높이(H/D)	0.5	선회류 출구길이(S/D)	0.625
유입구 폭(W/D)	0.25	원통부의 길이(L_b/D)	2.5
원추부의 길이(L_c/D)	2.5		

> **풀이** 유효회전수(N_e) = $\dfrac{1}{\text{유입구 높이}} \times \left(\text{원통부 높이} + \dfrac{\text{원추부 높이}}{2}\right)$
>
> $= \dfrac{1}{0.5}\left(2.5 + \dfrac{2.5}{2}\right) = 7.5$

학습 Point

① Cyclone의 특징 내용 숙지
② 집진 가능 입경 내용 및 관련식 숙지
③ Blow down 방식 내용 숙지

(4) 세정 집진장치

① 원리

세정액을 분사시키거나 함진가스를 분산시켜 생성되는 액적(물방울), 액막 또는 응집을 일으켜 입자를 분리포집하는 장치이다. 주로 확산력과 관성력을 주로 이용한다.
㉠ 액적에 입자가 충돌하여 부착한다.
㉡ 배기가스 증습에 의하여 입자가 서로 응집한다.(증습하면 입자의 응집이 높아짐)
㉢ 미립자 확산에 의하여 액적과의 접촉을 쉽게 한다.
㉣ 액막과 기포에 입자가 충돌하여 부착된다.
㉤ 입자를 핵으로 한 증기의 응결에 따라 응집성을 촉진시킨다.

② 장점
㉠ 미립자 제거가 가능하고 단일장치에서 가스흡수와 먼지포집이 동시에 가능하다.
㉡ 친수성 입자의 집진효과가 크고 고온가스의 취급이 용이하다.
㉢ 한번 제거된 입자는 처리가스 속으로 거의 재비산되지 않는다.
㉣ 고온다습한 가스나 여과, 전기집진장치보다 협소한 장소에도 설치가 가능하다.
㉤ 고온다습한 가스나 연소성 및 폭발성 가스의 처리가 가능하다.
㉥ 점착성 및 조해성 분진의 처리가 가능하다.
㉦ 다른 고효율 집진장치에 비해 설비비가 저렴하며 가동부분이 작다.
㉧ Demistor 사용으로 미스트 처리가 용이하다.
㉨ 부식성 가스와 먼지를 중화시킬 수 있다.

③ 단점
㉠ 습식이기 때문에 부식잠재성이 있다.
㉡ 압력손실이 커 동력상승에 따른 운전비용이 고가이다.
㉢ 세정수가 다량 필요하여 폐수가 발생하며 공업용수(세정수)를 과잉 사용한다.
㉣ 처리된 가스의 확산이 어렵다. 즉, 배기의 상승확산력을 저하한다.
㉤ 백연 발생으로(가시적 연기) 인한 재가열시설이 필요하다.
㉥ 한랭, 즉 추운 경우에 세정액 동결방지장치를 필요로 한다.
㉦ 소수성 입자나 가스의 집진율이 일반적으로 낮다.
㉧ 친수성, 부착성이 높은 먼지에 의해 폐쇄 발생 우려가 있다.
㉨ 타 집진장치와 비교시 장기운전이나 휴식 후의 운전 재개시 장애가 발생할 수 있다.
㉩ 집진된 먼지의 회수가 용이하지 않다.
㉪ 굴뚝으로 최종 배출되기 전에 기액분리기를 사용해 제거해 주어야 한다.

④ 세정집진장치를 설치해야 하는 경우
㉠ 배기가스 성분이 가연성일 경우

ⓒ 유독가스 및 악취를 포함하고 있는 경우
ⓒ 배기가스 처리량이 적을 경우
ⓔ 배기가스의 온도가 높아 냉각을 요하는 경우
ⓜ 비중이 일반적으로 적고 전기저항이 $10^{11}\Omega \cdot cm$ 이상인 미세입자가 있는 경우
ⓗ 접착성 입자 포함시 또한 입자의 크기를 증가시켜 응집효과를 기대할 경우

⑤ **종류**
세정집진장치는 세정액의 접촉형태에 따라 형식은 유수식, 가압수식, 회전식으로 크게 구분한다.
㉠ 유수식
  ⓐ 가스분산형식이다.(기체분산형)
  ⓑ 세정액 속으로 처리가스를 유입하여 이때 생성된 세정액의 액적·액막·기포를 형성, 배기가스를 세정하는 방식으로 보유액을 순환시키기 때문에 보충액량이 적은 것이 특징이다.
  ⓒ 종류 - S임펠러형
    - 로타형
    - 가스 분수형
    - 나선 안내익형
    - 오리피스 스크러버
    - Plate Tower

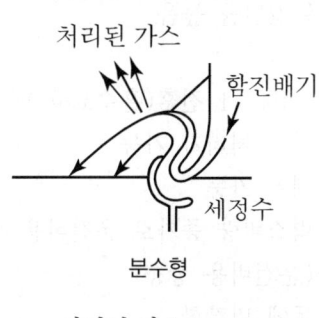
분수형

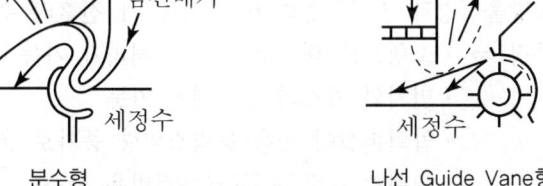
나선 Guide Vane형

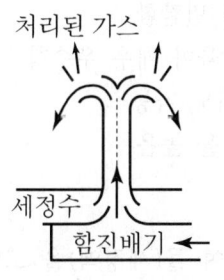
Impeller형

Rota형

[유수식 세정 세진장치의 예]

ⓛ 가압수식
  ⓐ 액분산형식이다.(액체분산형)
  ⓑ 세정액을 가압공급하여 배기가스와 접촉하여 세정하는 방식이다.
  ⓒ 종류
    • 벤튜리스크러버(Venturi Scrubber)
      − 원리 ⇒ 가스입구에 벤튜리관을 삽입하고 배기가스를 벤튜리관의 목부에 유속 60~90 m/sec로 빠르게 공급하여 목부 주변의 노즐로부터 세정액을 흡인 분사되게 함으로써 포집하는 방식, 즉 기본유속이 클수록 작은 액적이 형성되어 미세입자를 제거함
      − 목(Throat)부 유속 ⇒ 60~90 m/sec
      − 적용 ⇒ 분진농도 $10 \, g/Sm^3$ 이하
      − 효율 ⇒ 가압수식 중 가장 높음(광범위 사용)
      − 액기비 ⇒ • 액가스비는 $10 \mu m$ 이하 미립자 또는 친수성 입자가 아닌 입자, 즉 소수성 입자의 경우는 $1.5 \, L/m^3$ 정도를 필요로 한다. ($0.3 \sim 1.5 L/m^3$)
              • 액가스비는 일반적으로 먼지의 입경이 작고, 친수성이 아닐수록 먼지농도가 높을수록 액가스비가 커지며, 점착성이 크고, 처리가스의 온도가 높을 때도 액가스비가 커진다.
              • 점착성, 조해성 먼지처리도 가능하다.
              • 기본유속이 클수록 집진율 높음
      − 압력손실 ⇒ $300 \sim 800 \, mmH_2O$
      − 물방울입경과 먼지입경의 비 ⇒ 150 : 1 전후(흡수효율 매우 우수)
      − 특징 ⇒ • 소형으로 대용량의 가스 처리가 가능
            • 먼지와 가스의 동시제거 가능
            • 압력손실이 높음(동력소비량 증가로 운전비용 상승)
            • 세정액 대량 요구됨(운전비용 상승)
            • 먼지부하 및 가스유동에 민감함
            • 소요면적이 적고 흡수효율이 매우 우수함
            • 점착성, 조해성 먼지처리도 가능
            • 기본유속이 클수록 집진율 높음
    • 제트스크러버(Jet Scrubber)
      − 원리 ⇒ 이젝터(Ejector)를 사용하여 물(세정액)을 고압분무하여 승압효과에 의해 수적과 접촉 포집하는 방식으로 기본유속이 클수록 작은 액적이 형성되어 미세입자를 제거함

- 유속 ⇒ 10~20 m/sec
- 적용 ⇒ · 가스저항이 적고, 세정수량이 다른 세정장치에 비해 10~20배 정도로 많아 동력비가 많이 소요됨
  · 현장여건이 송풍기 설치 불가하고 처리가스양이 소량인 경우 적용
- 액기비 ⇒ 10~100 L/m³(액기비 가장 큼)
- 압력손실 ⇒ -100~ -300 mmH₂O
- 특징 ⇒ · 송풍기를 사용하지 않음(세정액의 고압분무에 의한 승압효과로 배기가스를 장치 내로 유입시키기 때문)
  · 처리가스양이 많은 경우에는 효과가 낮은 편이므로 사용하지 않음
  · 다량세정액 사용으로 유지관리비 증가
  · 기본유속이 클수록 집진율 높음

- 사이클론스크러버(Cyclone Scrubber)
  - 원리 ⇒ 처리가스를 접선 유입시켜 회전시키면서 중심부에 노즐을 설치하여 세정액을 분무·세정하는 방식
  - 유속 ⇒ 15~35 m/sec
  - 액기비 ⇒ 0.5~1.5 L/m³
  - 압력손실 ⇒ 100(120)~200(150) mmH₂O
  - 특징 ⇒ · 원심력, 가압, 유수식 집진 원리를 동시에 가지므로 효율이 좋음

- 충전탑(Packed Tower)
  - 원리 ⇒ 탑 내에 충전물을 넣어 배기가스와 세정액과의 접촉표면적을 크게 하여 세정하는 방식이다. 즉, 충전물질의 표면을 흡수액으로 도포하여 흡수액의 얇은 층을 형성시킨 후 가스와 흡수액을 접촉시켜 흡수시킴
  - 탑 내 이동속도 ⇒ 1 m/sec 이하(0.3~1 m/sec or 0.5~1.5m/sec)
  - 액기비 ⇒ 1~10 L/m³(2~3L/m³)
  - 압력손실 ⇒ 50~100 mmH₂O(100~250mmH₂O)
  - 특징 ⇒ · 액분산형 흡수장치로서 충전물의 충전방식을 불규칙으로 했을 때 접촉면적은 크나, 압력손실은 증가한다.
    · 효율증대를 위해서는 가스의 용해도를 증가시키고 액기스비를 증가시켜야 한다.
    · 포말성 흡수액에도 적응성이 좋으나 충전층의 공극이 폐쇄되기 쉬우며 희석열이 심한 곳에는 부적합하다.
    · 가스유속이 과대할 경우 조작이 불가능하다.
    · 가스양 변동에 비교적 적응성이 있다.

・충전탑에서 1~5µm 정도 크기의 입자를 제거할 경우 장치 내 처리가스의 속도는 대략 25cm/sec 이하 정도이어야 한다.

- 분무탑(Spray Tower)
  - 원리 ⇒ 다수의 분사노즐을 사용하여 세정액을 미립화시켜 오염가스 중에 분무하는 방식이다.
  - 가스유속 ⇒ 0.2~1 m/sec
  - 액기비 ⇒ 2~3 L/m³
  - 압력 손실 ⇒ 2(10)~20(50) mmH₂O
  - 특징 ⇒ ・구조적으로 간단하고 압력손실이 적어 충전탑보다 저렴하다.
    ・가스유출시 세정액의 비산이 문제되므로 탑 상단에 Demistor (기액 분리장치)를 설치해야 한다.
    ・가스의 흐름이 균일하지 못하고, 분무액과 가스의 접촉이 균일하지 못하여 효율이 낮은 편이다.

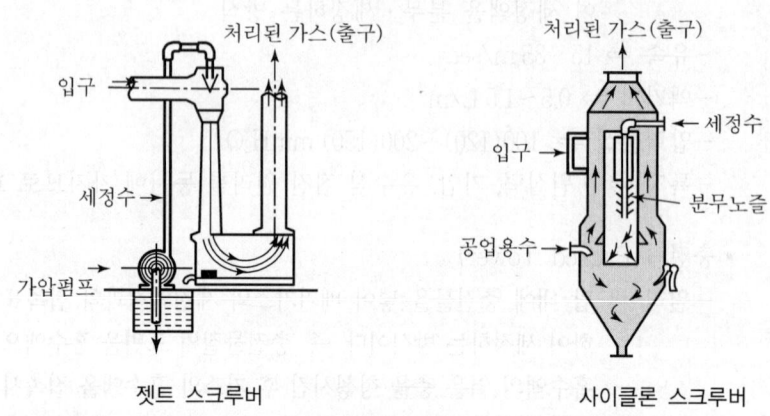

젯트 스크루버 · 사이클론 스크루버

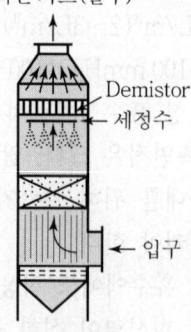

세정탑(충진탑)

[가압수식 집진장치]

ⓒ 회전식
  ⓐ 송풍기의 회전을 이용하여 액막, 기포를 형성시켜 배기가스를 세정하는 방식이다.
  ⓑ 종류
   • 타이젠 와셔(Theisen Washer)
    - 원리 ⇒ 고정 및 회전날개로 구성된 다익형 날개차를 350~750 rpm 으로 고속선회하여 배기가스와 세정수를 교반시켜 먼지를 제거하는 방식이다.
    - 액기비 ⇒ 0.5(0.7)~2 L/m³
    - 압력손실 ⇒ -50~-150 mmH₂O
    - 특징 ⇒ 미세먼지에 대한 효율이 99% 정도이며, 별도의 송풍기는 필요없으나 동력비는 많이 든다.

   • 임펄스 스크러버(Impulse Scrubber)
    - 원리 ⇒ 송풍기 회전축에 설치된 분무회전판에 의해 생성되는 액막, 기포 등으로 배기가스를 세정하는 방식이다.
    - 액기비 ⇒ 0.2~0.5 L/m³
    - 압력손실 ⇒ 30~100 mmH₂O
    - 특징 ⇒ • 회전속도에 따라 액적의 크기가 변하여 집진율이 변동되어 타이젠와셔보다는 집진율이 낮다.
              • 운전비가 저렴하다.

⑥ 집진효율 향상조건
  ㉠ 가압수식(충전탑 제외 벤튜리스크러버 대표적)에서는 목(Throat)부의 배기가스 처리속도가 클수록 집진율이 높아진다.
  ㉡ 유수식에서는 세정액의 미립화수, 가스 처리속도가 클수록 집진율이 높아진다.
  ㉢ 회전식에서는 원주속도를 크게 하면 집진율이 높아진다.
  ㉣ 충전탑에서는 탑 내의 처리가스속도를 1 m/sec 정도로 작게 한다.
  ㉤ 분무액의 압력은 높게, 액적·액막 등의 표면적은 크게 한다.
  ㉥ 충전재의 표면적, 충전밀도를 크게 하고 처리가스의 체류시간이 갈수록 집진율이 높아진다.
  ㉦ 최종단에 사용되는 기액분리기의 수적생성률이 높을수록 집진율이 향상된다.

⑦ 관성충돌효율(η_t)
  ㉠ 개요
   집진성능은 관성충돌효율이 커지면 줄여지고 관성충돌 효율은 관성충돌계수가 클수록 상승한다.
  ㉡ 관련식

$$\eta_t = \cfrac{1}{1+\cfrac{0.65}{S}}$$

   여기서, S : 관성충돌계수(무차원)

$$S = \frac{d_p^{\,2} \rho_p V}{18 \mu_g d_w}$$

   여기서, d_p : 입자 직경(m)
   ρ_p : 입자 밀도(kg/m³)
   V : 초기상대속도(입자와 액적 : m/sec)
   μ_g : 가스 점도(kg/m · sec)
   d_w : 액적 직경(m)

  ㉢ 관성충돌계수 상승조건
   ⓐ 액적 직경이 작아야 함
   ⓑ 처리가스의 온도, 점도가 낮아야 함
   ⓒ 처리가스와 액적의 상대속도가 커야 함
   ⓓ 입자 입경 및 밀도가 커야 함

⑧ 액적의 직경
  ㉠ 누케야마식
   가스분무 경우 그 기류에 의해 세정액이 미립화되는 경우

$$d_w = \frac{585}{V}\sqrt{\frac{T}{\rho_l}} + 597\left(\frac{\mu_l}{\sqrt{T}\rho_l}\right)^{0.45} \times L^{1.5}$$

   여기서, d_p : 액적의 크기(직경 : μm)
   V : 기-액 상대속도(m/sec)
   T : 세정액의 표면장력(dyne/cm)

ρ_l : 세정액의 밀도(g/cm³)
μ_l : 세정액의 점도(g/cm·sec)
L : 액기비(L/m³)

[간이식]

$$d_w = \frac{5,000}{V} + 29\,L^{1.5}\,(\mu m)\ (\text{at } 20℃)$$

ⓛ 회전원판에 의해 분무액이 미립화되는 경우

$$d_w = \frac{200}{N\sqrt{R}}$$

여기서, d_w : 액적의 크기(직경 : cm)
N : 회전원판의 회전수(rpm)
R : 회전원판의 반경(cm)

⑨ 벤튜리스크러버의 각 인자 관계식

$$n\left(\frac{d}{D_t}\right)^2 = \frac{V_t \cdot L}{100\sqrt{P}}$$

여기서, D_t : 목부의 직경(m)
d : 노즐의 직경(m)
n : 노즐의 수
V_t : 목부의 가스유속(m/sec)
L : 액기비(L/m³)
P : 수압(mmH₂O)

필수 문제

01 20℃에서 기-액 상대속도가 60 m/sec 이고 액기비가 2.0 L/m³ 이라면 생성된 액적의 반경(μm)은?

풀이 액적의 직경(d_w) = $\dfrac{5,000}{V} + 29\,L^{1.5}$ (μm) = $\dfrac{5,000}{60} + 29 \times 2^{1.5}$ = 165.36 μm

액적의 반경 = 165.36/2 = 82.68 μm

필수 문제

02 0.25 μm 직경을 가진 구형물입자(Water Droplet) 하나에 포함되어 있는 물분자수는 몇 개인가?

풀이 구형물입자 체적(0.25 μm 직경) = $\dfrac{1}{6}\pi dw^3$

$= \dfrac{1}{6} \times 3.14 \times (0.25\,\mu m \times m/10^6\,\mu m)^3$

$= 8.178 \times 10^{-21}$ m³ × 1,000 L/m³ = 8.178×10^{-18} L

1 mol = 6.023×10^{23} 의 분자수(아보가드로 법칙)

물분자수 = 8.178×10^{-18} L × 1,000 g/L × 1 mol/18 g × $\dfrac{6.023 \times 10^{23}}{1\,\text{mol}}$ = 2.736×10^8개

필수 문제

03 밀도가 1,400 kg/m³ 인 물질 1 kg 속에 포함되어 있는 입경 0.1 μm 인 구형입자의 수를 구하시오.

풀이 물체 1 kg의 체적(V)

$V = \dfrac{\text{질량}}{\text{밀도}} = \dfrac{1\,\text{kg}}{1,400\,\text{kg/m}^3} = 7.14 \times 10^{-4}$ m³

입경 0.1 μm 구형입자 한 개 체적(V')

$$V' = \frac{1}{6}\pi d_p^{\ 3} = \frac{1}{6} \times 3.14 \times (0.1\ \mu m \times m/10^6\ \mu m)^3 = 5.23 \times 10^{-22}\ m^3/개$$

$$0.1\ \mu m\ 구형입자\ 개수 = \frac{7.14 \times 10^{-4}\ m^3}{5.23 \times 10^{-22}\ m^3/개} = 1.365 \times 10^{18}개$$

필수 문제

04 벤튜리스크러버에서 220 m³/min 의 함진가스를 처리하려고 한다. 목부(Throat)의 지름이 30 cm, 수압 1.8 atm, 직경 4 mm 인 노즐 8개를 사용할 때 필요한 물의 양 (L/sec)은?(단, $n\left(\dfrac{d}{D_t}\right)^2 = \dfrac{V_t \cdot L}{100\sqrt{P}}$ 이용)

풀이 식에 의해 L(액기비)를 구한 후 필요 물량을 구함

$$n\left(\frac{d}{D_t}\right)^2 = \frac{V_t \cdot L}{100\sqrt{P}}$$

$$V_t = \frac{Q}{A} = \frac{220\ m^3/min \times min/60\ sec}{\left(\dfrac{3.14 \times 0.3^2}{4}\right)m^2} = 51.89\ m/sec$$

$d = 4\ mm \times m/1{,}000\ mm = 0.004\ m$
$D_t = 30\ cm \times m/100\ cm = 0.3\ m$
$P = 1.8\ atm \times 10{,}332\ mmH_2O/atm = 18{,}597.6\ mmH_2O$
$n = 8$

$$8\left(\frac{0.004}{0.3}\right)^2 = \frac{51.89 \times L}{100\sqrt{18{,}597.6}}$$

$L = 0.374\ (L/m^3)$
필요한 물의 양(L/sec) = 220 m³/min × 0.374 L/m³ × min/60 sec = 1.37 L/sec

필수 문제

05 벤튜리스크러버의 사양이 다음과 같을 때 노즐의 직경(mm)을 구하시오.

목 직경 : 20 cm, 수압 : 20,000 mmH₂O, 노즐개수 : 10개
액기비 : 1 L/m³, 목 부의 가스유속 : 60 m/sec

풀이

$$n\left(\frac{d}{D_t}\right)^2 = \frac{V_t \cdot L}{100\sqrt{P}}$$

$$d = D_t \times \left(\frac{1}{n} \times \frac{V_t \times L}{100\sqrt{P}}\right)^{0.5}$$

$$= 0.2 \times \left[\frac{1}{10} \times \left(\frac{60 \times 1}{100\sqrt{20,000}}\right)\right]^{0.5}$$

$$= 0.00411 \text{ m} \times 1,000 \text{ mm/m} = 4.12 \text{ mm}$$

필수 문제

06 세정식 집진장치에서 회전원판에 의해 분무액이 미립화될 경우 원심력과 표면장력에 의해 물방울 직경을 측정할 수 있다. 회전원판의 반경 4 cm, 회전수 3,600 rpm 일 때 물방울 직경(μm)은?

풀이 물방울 직경(μm) = $\dfrac{200}{N\sqrt{R}} = \dfrac{200}{3,600\sqrt{4}} = 0.0278 \text{ cm} \times 10^4 \ \mu\text{m/cm} = 277.78 \ \mu\text{m}$

필수 문제

07 회전식 세정 집진장치에 공급되는 세정액은 송풍기의 회전에 의해 미립자로 만들어지는데 물방울 직경을 300 μm 로 만들기 위한 직경 10 cm 회전판의 회전수(rpm)는?

풀이 $d_w = \dfrac{200}{N\sqrt{R}}$

$300 \ \mu\text{m} \times \text{cm}/10^4 \ \mu\text{m} = \dfrac{200}{N\sqrt{5 \text{ cm}}}$

$N = 2,981.42 \text{ rpm}$

08 벤투리 스크러버에서 액가스비가 0.6 L/m³, 목부의 압력손실이 350 mmH₂O 일 때 목부의 가스속도(m/sec)는?(단, 가스비중 1.2 kg/m³, $\Delta P = (0.5 + L) \times \dfrac{\gamma V^2}{2g}$ 이용)

> **풀이**
> $\Delta P = (0.5 + L) \times \dfrac{\gamma V^2}{2g}$
> $350 = (0.5 + 0.6) \times \dfrac{1.2 \times V^2}{2 \times 9.8}$
> $V^2 = 5{,}196.97$
> $V = 72.09 \text{ m/sec}$

09 목(Throat) 부분의 지름이 30 cm인 벤투리 스크러버를 사용하여 360 m³/min의 함진 가스를 처리할 때, 320 L/min의 세정수를 공급할 경우 이 부분의 압력손실(mmH₂O)은?(단, 가스밀도는 1.2 kg/m³이고, 압력손실계수는 [0.5 + 액가스비이다.])

> **풀이**
> $\Delta P = (0.5 + L) \times \dfrac{\gamma V^2}{2g}$
> $L(\text{L/m}^3) = \dfrac{320 \text{L/min}}{360 \text{m}^3/\text{min}} = 0.89 \text{L/m}^3$
> $V = \dfrac{Q}{A} = \dfrac{360 \text{m}^3/\text{min} \times \text{min}/60\text{sec}}{\left(\dfrac{3.14 \times 0.3^2}{4}\right) \text{m}^2} = 84.88 \text{m/sec}$
> $= (0.5 + 0.89) \times \dfrac{1.2 \times 84.88^2}{2 \times 9.8} = 613.33 \text{mmH}_2\text{O}$

학습 Point

1. 세정집진장치 장·단점 내용 숙지(출제비중 높음)
2. 유수식 및 가압수식 종류 숙지
3. 벤투리스크러버 내용 숙지(출제비중 높음)
4. 관성충돌효율 관련식 숙지

(5) 여과집진장치

① 원리

함진가스를 여과재(Filter Media)에 통과시켜 입자를 분리 포집하는 장치로서 $1\,\mu m$ 이상의 분진포집은 99%가 관성충돌과 직접 차단에 의하여 이루어지고 $0.1\,\mu m$ 이하의 분진은 확산과 정전기력에 의하여 포집하는 집진장치이다.

② 입자 제거 메커니즘(여과포집 기전)

㉠ 직접차단(간섭 : Direct Interception)
ⓐ 기체유선에 벗어나지 않는 크기의 미세입자가 입자에 작용하는 관성력이 상대적으로 작을 때 섬유와 접촉에 의해서 포집되는 집진기구이다.
ⓑ 입자크기와 필터 기공의 비율이 상대적으로 클 때 중요한 포집기전이다.

㉡ 관성충돌(Intertial Impaction)
ⓐ 입경이 비교적 크고 입자가 기체유선에서 벗어나 급격하게 진로를 바꾸면 방향의 변화를 따르지 못한 입자의 방향지향성, 즉 관성력 때문에 섬유층에 직접충돌하여 포집되는 원리이다.
ⓑ 유속이 빠를수록, 필터 섬유가 조밀할수록 이 원리에 의한 포집비율이 커진다.

㉢ 확산(Diffusion)
ⓐ 유속이 느릴 때 포집된 입자층에 의해 유효하게 작용하는 포집기구이다.
ⓑ 미세입자(직경 $0.1\,\mu m$ 이하)의 불규칙적인 운동, 즉 브라운 운동에 의한 포집원리이다.

㉣ 중력침강(Gravitional Settling)
ⓐ 입경이 비교적 크고 비중이 큰 입자가 저속기류 중에서 중력에 의하여 침강되어 포집되는 원리이다.
ⓑ 면속도가 약 5 cm/sec 이하에서 작용한다.

㉤ 정전기 침강(Electrostatic Settling)
입자가 정전기를 띠는 경우에는 중요한 기전이나 정량화하기가 어렵다.

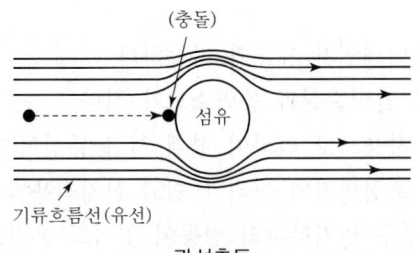

관성충돌

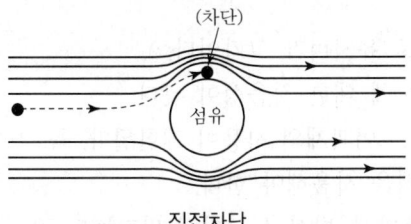

직접차단

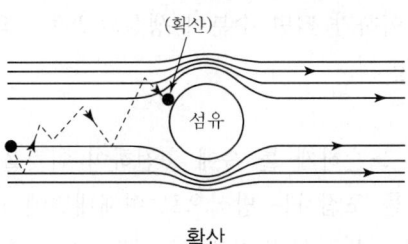

확산

[여과포집원리(기전)]

> **Reference | 브리지(Bridge) 현상**
>
> 굵은 입자는 주로 관성충돌작용에 의해 부착되고 미세한 분진은 확산작용 및 차단작용에 의해 부착되어 섬유의 올과 올 사이에 가교를 형성하게 되는 현상

③ 개요
   ㉠ 취급입자 : 0.1~20 μm
   ㉡ 압력손실 : 100~200 mmH$_2$O
   ㉢ 집진효율 : 90~99%
   ㉣ 여과속도 : 일반입자(0.3~10 cm/sec), 미세입자(1~2 cm/sec)

④ 장점
  ㉠ 집진효율이 높고 미세입자 제거가 가능하다.
  ㉡ 세정집진장치보다 압력손실과 동력소모가 적다.
  ㉢ 다양한 여과재의 사용으로 인하여 설계 시 융통성이 있다.
  ㉣ 건식 공정이므로 포집먼지의 처리가 쉽고 설치적용범위가 광범위하다.
  ㉤ 연속집진방식일 경우 먼지부하의 변동이 있어도 운전효율에는 영향이 없다.
  ㉥ 여과재에 표면처리하여 가스상 물질을 처리할 수도 있다.

⑤ 단점
  ㉠ 여과재의 교환으로 유지비가 고가이다.
  ㉡ 수분이나 여과속도에 대한 적응성이 낮다.
  ㉢ 가스의 온도에 따른 여과재의 사용이 제한된다. 즉, 250℃ 이상 고온가스처리 경우 고가의 특수여과백을 사용해야 한다.
  ㉣ 점착성, 흡습성, 폭발성, 발화성(산화성 먼지농도 50 g/m³ 이상일 경우)의 입자 제거는 곤란하다.
  ㉤ 가스가 노점온도 이하가 되면 수분이 생성되므로 주의를 요한다.

⑥ 여과방식에 따른 구분
  ㉠ 내면여과 방식
    ⓐ 여재를 비교적 느슨하게 틀 속에 충전하여 이것을 여과층으로 하여 함진가스 중의 먼지입자를 포집하는 방식으로 여재내면에서 포집된다.
    ⓑ Package형 Filter, 방사성 먼지용 Air Filter 등이 이 여과방식에 속하고, 여과속도가 적으며, 압력손실은 보통 30 mmH$_2$O 이하이다.
    ⓒ 습식인 경우 부착된 입자의 제거가 곤란하므로 일정량 이상의 입자가 부착되면 새로운 여재로 교환해야 한다.
    ⓓ 내면여과는 일반적으로 건식으로서 사용되지만 접착성 기름을 여재에 바른 습식도 있다.
    ⓔ 이 방식은 주로 저농도, 저용량의 함진가스의 오염공기를 처리시 사용된다.
  ㉡ 표면여과 방식
    ⓐ 비교적 얇은 여과재(직조한 여과포)에 함진가스를 통과시켜 최초로 부착된 입자층(1차 부착층 또는 초층)을 실제 여과층으로 하여 미세입자를 분리 포집하는 방식이다.
    ⓑ 초층의 눈막힘을 방지하기 위해 처리가스의 온도를 산노점 이상으로 유지한다.

⑦ 여과포(Filter Bag) 모양에 따른 구분
  ㉠ 원통형(Tube Type) : 주로 사용
  ㉡ 평판형(Plate Type)
  ㉢ 봉투형(Envelope Type)
⑧ 탈진방식에 따른 구분
  ㉠ 간헐식
    • 집진실을 여러 개의 방으로 구분하고 방 하나씩 처리가스의 흐름을 차단하여 순차적으로 탈진하는 방식이며, 여포의 수명은 연속식에 비해 길다.
    • 연속식에 비하여 먼지의 재비산이 적고, 높은 집진율을 얻을 수 있다.
    • 점성이 있는 조대분진을 탈진할 경우 진동형은 여포 손상을 일으키며, 대량가스의 처리에 부적합하다.
    • 진동형, 역기류형, 역기류 진동형은 간헐식 탈진방법에 해당한다.
    ⓐ 진동형
      • 여포의 음파진동, 횡진동, 상하진동에 의해 포집된 먼지층을 털어내는 방식으로 접착성 먼지의 집진에는 사용할 수 없다. 즉, 점성이 있는 조대먼지 탈진 시에는 여포손상을 일으킨다.
      • 일반적 여과속도는 1~2 cm/sec 범위이다.
    ⓑ 역기류형
      • 단위집진실에 처리가스의 유입을 중단한 후 가스유입 반대방향으로 압축공기를 분사시켜 포집분진층을 탈리시키는 형식이다.
      • 적정여과속도는 0.5~1.5 cm/sec이며 역기류가 강할 경우에는 Glass Fiber(초자섬유)를 적용하는 데는 한계가 있다.
    ⓒ 역기류 진동형
      • 진동+역기류형의 조합형식이다.
  ㉡ 연속식
    • 포집과 탈진이 동시에 이루어지므로 압력손실이 거의 일정하고 고농도, 대용량의 가스를 처리할 수 있다.
    • 탈진 공정 시 먼지의 재비산이 발생하므로 간헐식에 비하여 집진효율이 낮고 여과백(Bag Cloth)의 수명이 단축된다.
    • 청소를 위해 주기적인 가동중단이 요구되지 않거나 불가능한 경우에 주로 채택된다.
    ⓐ 역제트기류 분사형(Reverse Jet Type)
      여과자루에 상하로 이동하는 블로어에 몇 개의 Slot(슬롯)을 설치하고 여기에 고속제트기류를 주입하여 여과자루를 위·아래로 이동하면서 탈진하는 방식이다.

ⓑ 충격제트기류 분사형(Pulse Jet Type)
　　　• 함진가스는 외부여과하고, 먼지는 여포 외부에 포집되므로 여포에 Casing이 필요하며, 여포의 상부에는 각각 Venturi관과 Nozzle이 붙어 있어 압축공기를 분사 Nozzle에서 일정 시간마다 분사하여 부착한 먼지를 털어내야 한다. 즉, 고압력의 충격제트기류를 사용하여 여과포 내부의 포집분진층을 털어내는 방식이다.
　　　• 적정여과속도는 2.5(3)~6(7) cm/sec이며 여과포의 재질은 매트형 모전이 사용되며 형상은 원통형으로 소형화가 가능하고, 여포를 부직포로 하면 직포의 2~3배 여과속도 2~5m/min에서 처리할 수 있다.
　　　• 연속탈진이 가능하고 탈진주기는 10~20분 정도로 길고 탈진 소요시간은 0.5~1.5초로 짧다.
⑨ 여과속도
　　㉠ 단위시간 동안 단위면적당 통과하는 여과재의 총면적으로 나눈 값을 의미하며 공기여재비(Air To Cloth Ratio ; A/C)라고도 한다.
　　㉡ 1 μm 이하의 미세입자 포집을 위해서는 여과속도를 1~2 cm/sec, 일반적 입자 포집에는 0.3~10 cm/sec 범위로 운전하는 것이 적정하다.
　　㉢ 산화아연 및 금속훈연보다는 밀가루의 입자상 물질이 여과속도가 크다.
　　㉣ 겉보기 여과속도가 작을수록 미세입자의 포집이 가능하다.

$$여과속도 = \frac{처리가스양}{총여과면적(여과포 1개 면적 \times 여과포 개수)}$$

여기서, 여과포 1개 면적 : $\pi \times$ 여과포 직경 $\times$ 여과포 유효높이

$$여과포 개수 = \frac{처리가스양}{여과포 하나의 가스양} = \frac{전체 여과면적}{여과포 하나의 면적}$$

🔍 Reference | 송풍기의 위치에 따른 구분

① 가압식
　송풍기가 B/F 입구 쪽에 위치하고 B/F에 양(+)압이 작용하며 송풍기의 부식, 마모 염려가 있다.
② 흡입식
　송풍기가 B/F 후단에 위치하고 B/F에 부(-)압이 작용한다. 또한 이럴 경우 후향날개형 송풍기가 사용된다.

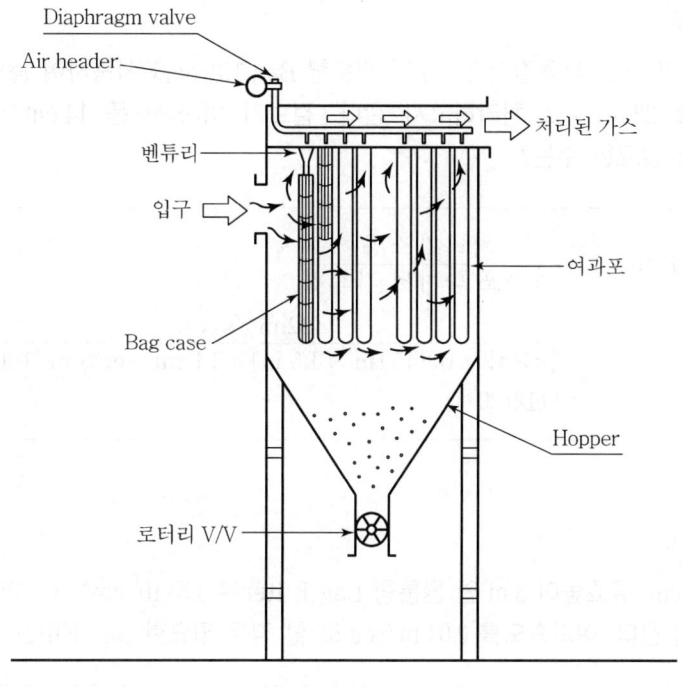

[Bag Filter]

필수 문제

01 직경이 30 cm, 높이가 10 m 인 원통형 여과집진장치(여포)를 이용하여 배출가스를 처리하고자 한다. 배출가스양은 750 m³/min 이고, 여과속도는 3 cm/s 로 할 경우, 필요한 여포수는?

풀이 여과포 개수 = $\dfrac{\text{처리가스양}}{\text{여과포 하나당 가스양}}$

$= \dfrac{750 \text{ m}^3/\text{min} \times \text{min}/60 \text{ sec}}{(\pi \times 0.3 \text{ m} \times 10 \text{ m}) \times 3 \text{ cm/sec} \times \text{m}/100 \text{ cm}} = 44.23 (45\text{개})$

필수 문제

02 반지름 245 mm, 유효길이 3.5 m 인 원통형 Bag Filter를 사용하여 농도 6 g/m³ 인 배출가스를 22 m³/s 로 처리하고자 한다. 겉보기 여과속도를 14 cm/s로 할 때 Bag Filter의 필요한 수는?

풀이

$$\text{Bag Filter 수} = \frac{\text{처리가스양}}{\text{여과포 하나당 가스양}}$$

$$= \frac{22 \text{ m}^3/\text{sec}}{[\pi \times (2 \times 0.245) \text{ m} \times 3.5 \text{ m}] \times 14 \text{ cm/sec} \times \text{m}/100 \text{ cm}}$$

$$= 29.18(30개)$$

필수 문제

03 지름 20 cm, 유효높이 3 m 인 원통형 Bag Filter로 4.5×10^6 cm³/sec 의 함진가스를 처리하고자 한다. 여과속도를 0.04 m/sec 로 할 경우 필요한 Bag Filter 수는 얼마인가?

풀이

$$\text{Bag Filter 수} = \frac{\text{처리가스양}}{\text{여과포 하나당 가스양}}$$

$$= \frac{4.5 \times 10^6 \text{cm}^3/\text{sec} \times \text{m}^3/10^6 \text{ cm}^3}{(\pi \times 0.2 \text{ m} \times 3 \text{ m}) \times 0.04 \text{ m/sec}} = 59.71(60개)$$

필수 문제

04 직경이 30 cm, 유효높이 10 m 의 원통형 Bag Filter를 사용하여 1,000 m³/min 의 함진가스를 처리할 때 여과속도를 1.5 cm/sec 로 하면 여과포 소요 개수는?

풀이

총여과면적을 구하고 여과포 하나의 면적의 비를 구하면

$$\text{총여과면적} = \frac{\text{총처리가스양}}{\text{여과속도}}$$

$$= \frac{1,000 \text{ m}^3/\text{min}}{1.5 \text{ cm/sec} \times 60 \text{ sec/min} \times 1 \text{ m}/100 \text{ cm}} = 1,111.11 \text{ m}^2$$

$$\text{여과포 소요 개수} = \frac{\text{전체여과면적}}{\text{여과포 하나당 면적}(\pi \times D \times L)}$$

$$= \frac{1,111.11 \text{ m}^2}{\pi \times 0.3 \text{ m} \times 10 \text{ m}} = 117.95(118개)$$

⑩ 먼지부하

여과포의 단위면적당 퇴적되는 분진의 양을 의미하며 일반적으로 0.2~1.0 kg/m² 범위에서 운전하는 것이 적당하다.

$$먼지부하(L_d) = (C_i - C_o)V_f t$$
$$= C_i \times \eta \times V_f \times t$$

여기서, L_d : 먼지부하(kg/m², g/m²)
C_i : 유입구 먼지농도(kg/m³)
C_o : 출구 먼지농도(kg/m³)
η : 집진효율
V_f : 여과속도(m/sec)
t : 여과시간(탈진주기 : sec)

$$탈진주기(t) = \frac{L_d}{C_i \times \eta \times V_f}$$

⑪ 여과포(여과재, 여포, Filter Bag, Bag Cloth)
㉠ 여포의 형상은 원통형, 평판형, 봉투형 등이 있으나 주로 원통형을 사용한다.
㉡ 여포는 내열성이 약하므로 가스온도가 250℃를 넘지 않도록 주의한다.
㉢ 여과재는 재질 보전을 위해서 최고사용온도를 넘지 않도록 주의해야 하며, 특히 고온가스를 냉각시킬 때에는 산노점(Dew Point) 이상으로 유지하여 여포의 눈막힘을 방지한다.
㉣ 여포재질 중 유리섬유(glass fiber)는 최고사용온도가 250℃ 정도이며, SO_2, HCl 등 내산성에 양호한 편이다.
㉤ 여과주머니(여과포)의 직경에 대한 길이의 비(L/D)를 너무 크게 하면 주머니끼리 마찰이 일어날 위험이 있고 먼지제거가 곤란하므로 통상 L/D 비는 20 이하가 좋다.
㉥ 여과포재질 중 Teflon은 고온(150~250℃)에 사용 가능하며, 내산성이 뛰어나지만 가격이 고가, 마모에 약하며 인장강도도 낮다.
㉦ 여과포의 재질은 내산·내알칼리성, 내열성, 물리적(기계적) 강도, 흡습성, 처리가스온도, 경제성 등을 고려하여 선택한다.
㉧ 여과포에서의 압력손실은 150 mmH₂O가 넘지 않는 범위가 적절하다.
㉨ Cotton(목면)은 값이 저렴하나 흡습성이 높고, 최대허용온도는 약 80℃ 정도이고, 내산성은 나쁘고, 내알칼리성은 약간 양호하다.
㉩ 최고사용온도는 오론(150℃), 비닐론(100℃), 폴리아미드계 나일론(110℃) 등이다.

㉧ polyester계 섬유는 내산성과 내구성이 우수하다.
㉨ 오론은 내산성이 우수하고 최고사용온도는 150℃이다.
㉩ 비닐론은 내산성 및 내알칼리성이 우수하고 최고사용온도는 100℃이다.
㉪ 필요에 따라 유리섬유의 실리콘 처리, 합성섬유의 열처리 등을 한다.
㉫ 대표적 내산성 여과재는 비닐린, 카네카론, 글라스화이버이다.

Reference | Blinding 현상

> 점착성(부착성) 분진이 여과재에 부착된 후 배기가스 중에 함유된 수분의 응축으로 인하여 탈진이 되지 않고 여과재의 공극이 막혀 압력손실(저항)이 영구적으로 과도하게 증가되는 현상이다.

필수 문제

01 Bag Filter의 먼지부하가 420 g/m²에 달할 때 탈락시키고자 한다. 이때 탈락시간 간격(분)은?(단, Bag Filter 유입가스 함진농도는 10 g/m³, 여과속도는 7,200 cm/hr이다.)

풀이

먼지부하(L_d) = $C_i \times V_f \times t \times \eta$

탈진주기(min) = $\dfrac{L_d}{C_i \times V_f \times \eta}$

$= \dfrac{420 \text{ g/m}^2}{10 \text{ g/m}^3 \times 7,200 \text{ cm/hr} \times \text{hr}/60 \text{ min} \times \text{m}/100 \text{ cm}} = 35 \text{ min}$

필수 문제

02 면적 1.5 m²인 여과집진장치로 먼지농도가 1.5 g/m³인 배기가스가 100 m³/min으로 통과하고 있다. 먼지가 모두 여과포에서 제거되었으며, 집진된 먼지층의 밀도가 1 g/cm³라면 1시간 후 여과된 먼지층의 두께(mm)는?

풀이

먼지층 두께 = $\dfrac{\text{먼지부하 (kg/m}^2\text{)}}{\text{먼지밀도 (kg/m}^3\text{)}}$

먼지부하 = $C_i \times V_f \times t$

$= (1.5 \text{ g/m}^3 \times \text{kg}/1,000 \text{ g}) \times \left(\dfrac{100 \text{ m}^3/\text{min}}{1.5 \text{ m}^2}\right) \times 60 \text{ min}$

$= 6 \text{ kg/m}^2$

$$= \frac{6 \text{ kg/m}^2}{1 \text{ g/cm}^3 \times 10^6 \text{cm}^3/\text{m}^3 \times \text{kg}/1{,}000 \text{ g}}$$
$$= 0.006 \text{ m} \times 1{,}000 \text{ mm/m} = 6 \text{ mm}$$

필수 문제

03 10개의 Bag을 사용한 여과집진장치에 입구먼지농도가 25 g/Sm³, 집진율이 98% 였다. 가동 중 1개의 Bag에 구멍이 열려 전체 처리가스양의 1/5이 그대로 통과하였다면 출구의 먼지농도는?(단, 나머지 Bag의 집진율 변화는 없음)

풀이

출구먼지농도 = 원 출구농도 + 1/5 통과 고려 출구농도

$$= [\{25 \text{ g/Sm}^3 - (25 \text{ g/Sm}^3 \times \frac{1}{5})\} \times (1 - 0.98)] + (25 \text{ g/Sm}^3 \times \frac{1}{5})$$
$$= 0.4 + 5 = 5.4 \text{ g/Sm}^3$$

필수 문제

04 3개의 집진실로 구성된 여과집진기의 총 여과시간이 50분이고 단위집진실의 탈진시간이 6분이라면, 단위집진실의 운전시간은?

풀이

총 여과시간 = [(여과시간 + 탈진시간) × 집진실 수] – 단위 탈진시간
50 = [(여과시간 + 6) × 3] – 6
단위집진실 운전시간 = 12.67 min

학습 Point

① 입자제거 메커니즘 내용 숙지
② 장점 및 단점 내용 숙지
③ 여과속도 및 여과포 개수 관련식 숙지(출제비중 높음)

(6) 전기집진장치

① 원리

특고압 직류 전원을 사용하여 집진극을 (+), 방전극을 (-)로 불평등 전계를 형성하고 이 전계에서의 코로나(Corona)방전을 이용 함진가스 중의 입자에 전하를 부여, 대전입자를 쿨롱력(Coulomb)으로 집진극에 분리포집하는 장치이다. 즉, 대전입자의 하전에 의한 쿨롱력, 전계강도에 의한 힘, 입자 간의 흡인력, 전기풍에 의한 힘에 의하여 집진이 이루어진다.

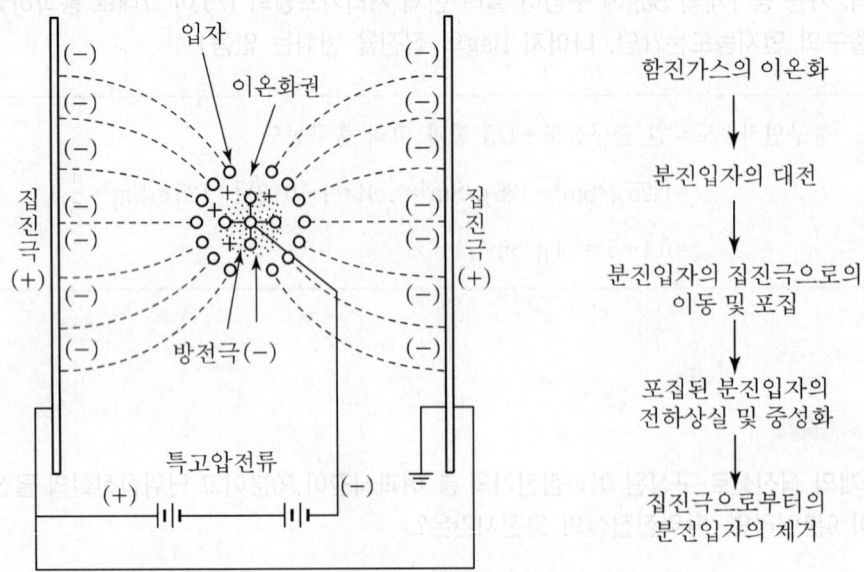

[전기집진장치 원리]

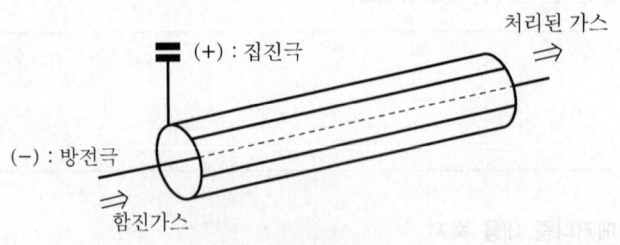

[코로나 방전관]

② 입자에 작용하는 전기력의 종류
  ㉠ 대전입자의 하전에 의한 쿨롱력 : 가장 지배적으로 작용
  ㉡ 전계강도에 의한 힘
  ㉢ 입자 간의 흡인력
  ㉣ 전기풍에 의한 힘
③ 개요
  ㉠ 취급입자 : 0.01 μm 이상
  ㉡ 압력손실 : 건식(10 mmH$_2$O), 습식(20 mmH$_2$O)
  ㉢ 집진효율 : 99.9% 이상
  ㉣ 입구유속 : • 건식(1~2 m/sec), 습식(2~4 m/sec)
            • 건식은 재비산한계 내에서 기본유속을 정함
  ㉤ 방전극
    ⓐ 코로나 방전 시 정(+) 코로나보다 부(-) 코로나 방전을 하는 이유는 코로나 방전 개기전압이 낮기 때문이다.
    ⓑ 코로나 방전이 용이하도록 직경 0.13~0.38 cm 정도로 가늘고, 재료는 부식에 강한 티타늄 합금, 고탄소강, 스테인리스, 알루미늄 등이 사용된다.
    ⓒ 방전극은 얇고 짧을수록(비표면적이 작을수록) 코로나 방전을 일으키기 쉽다.
    ⓓ 방전극은 코로나 방전을 잘 형성하도록 뾰족한 edge로 이루어져야 하며 진동 혹은 요동을 일으키지 않는 구조이어야 한다.
  ㉥ 집진극
    ⓐ 집진극 두께는 0.05~0.2 cm, 설치간격은 10~30 cm, 높이는 6~12 m이며, 재질은 주로 탄소강, 스테인리스강 등을 사용한다. 또한 원통형 집진극은 주로 습식 집진에 사용된다.
    ⓑ 집진극이 습식인 경우(습식전기집진장치)에는 세정수가 일정하게 흐르고 전극면(집진면)이 깨끗하게 되어 높은 전계강도를 얻을 수 있고 작은 전기저항에 의해 생기는 먼지의 재비산을 방지할 수 있다.
    ⓒ 습식은 건식에 비하여 가스의 처리속도를 2배 정도 크게 할 수 있다.
    ⓓ 습식전기집진장치는 역전리현상 및 재비산현상이 건식에 비하여 상대적으로 아주 적게 발생한다.
    ⓔ 집진극은 중량이 가벼워야 하며, 건식인 경우에는 취타에 의해 먼지비산이 많이 생기지 않는 구조이어야 한다.

> **Reference | 대전입자의 쿨롱력(Fe)**
>
> $Fe = n e_o E$
>
> 여기서, Fe : 입자가 받는 쿨롱력(kg·m/sec²)
> n : 하전수(전하수) : volt/m
> e_o : 단위전자의 하전량(1.602×10^{-19} coulomb)
> E : 하전부의 전계강도(volt/m)

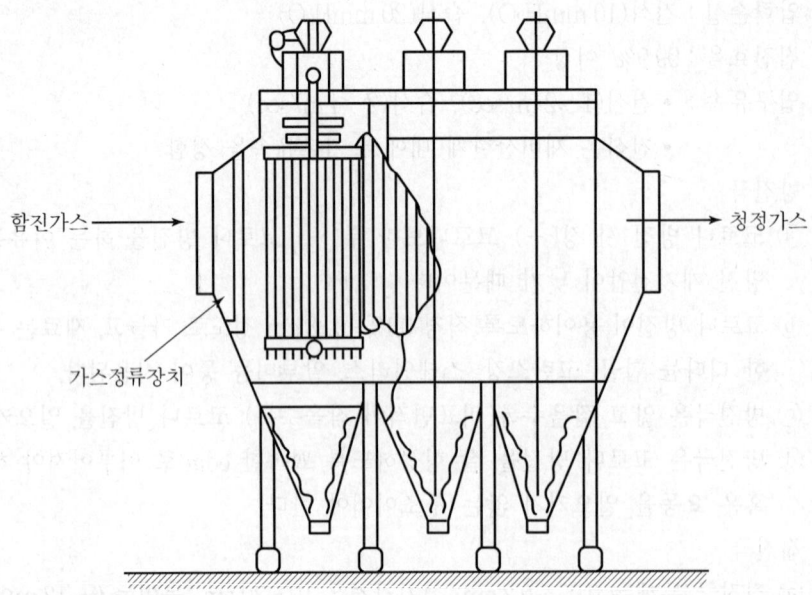

④ 장점
  ㉠ 집진효율이 높다.(0.1~0.9 μm인 것에 대해서도 높은 집진효율)
  ㉡ 광범위한 온도범위에서 적용이 가능하며 부식성, 폭발성 가스가 함유된 먼지의 처리도 가능하다.
  ㉢ 고온가스(450~500℃ 전후) 처리가 가능하여 보일러와 철강로 등에 설치할 수 있다.
  ㉣ 압력손실이 낮고 대용량의 처리가스가 가능하고 배출가스의 온도강하가 적다.
  ㉤ 운전 및 유지비가 저렴하다(전력소비 적음).
  ㉥ 회수가치 입자포집에 유리하며 습식 및 건식으로 집진할 수 있다.
  ㉦ 넓은 범위의 입경과 분진농도에 집진효율이 높다.

⑤ 단점
  ㉠ 처리가스가 적은 경우 다른 고성능 집진장치에 비해 건설비가 비싸다.
  ㉡ 설치공간을 많이 차지한다.
  ㉢ 설치된 후에는 운전조건의 변화에 유연성이 적다.
  ㉣ 먼지성상에 따라 전처리시설이 요구된다.
  ㉤ 분진포집에 적용되며 기체상 물질 제거에는 곤란하다.
  ㉥ 주어진 조건에 따라 부하변동에 따른 적응이 곤란하다.(전압변동과 같은 조건변동에 쉽게 적응이 곤란)
  ㉦ 가연성 입자의 처리가 곤란하다.

⑥ 집진효율
  ㉠ 일반식(Deutsch-Anderson식)
    가정조건 : • 집진극에서 탈진 시 재비산이 일어나지 않음
              • 장치 내 분진이동속도가 일정함
              • 처리가스 내 분진 유속분포가 일정함

$$\eta = 1 - \exp\left(-\frac{Q_c}{Q}\right)K$$

  여기서, η : 집진효율
         Q_c : 집진극에 포집된 배기가스양
         Q : 유입가스양

$$\eta = 1 - \exp\left(-\frac{A \cdot W}{Q}\right)k$$

  여기서, A : 집진극 면적
         W : 입자 분리속도(겉보기 이동속도)

  ㉡ 평판형
    주로 수평으로 가스를 흐르게 하며 처리가스양이 많고 고집진율을 위하여 사용된다.

$$\eta = 1 - \exp\left(-\frac{lW}{dV_g}\right)K = 1 - \exp\left(-\frac{2lW}{DV_g}\right)K$$

여기서, l : 집진극 길이
d : 집진극과 방전극 사이의 거리
D : 집진극과 집진극 사이의 거리(방전극과 방전극 사이의 거리)
V_g : 배출가스 속도
K : 보정계수(전극구성, 재비산)

ⓒ 원통형(관형)
주로 수직으로 가스를 흐르게 한다.

$$\eta = 1 - \exp\left(-\frac{2lW}{RV_g}\right)K = 1 - \exp\left(-\frac{4lW}{DV_g}\right)K$$

여기서, R : 집진극과 방전극 사이의 거리

ⓔ 집진효율 100% : 집진극의 길이
집진극의 길이가 커질수록 집진성능은 향상된다.

$$l = d \times \frac{V_g}{W}$$

⑦ 하전(대전)형식에 따른 구분
  ㉠ 1단식
    ⓐ 같은 전계에서 하전과 집진이 이루어지고 보통 산업용으로 많이 사용된다.
    ⓑ 역전리가 발생하나 집진극에서 재비산 방지가 이루어진다.
    ⓒ 극간 큰 접압 차이로 인한 많은 O_3이 발생된다.
  ㉡ 2단식
    ⓐ 하전 및 집진부가 분리되어 있고 보통 공기정화기에 사용된다.
    ⓑ 비교적 함진농도가 낮은 가스처리에 유용하다.
    ⓒ 1단식에 비해 O_3의 생성을 감소시킬 수 있다.
    ⓓ 역전리는 방지되나 재비산 문제가 있다.

필수 문제

01 직경 10 cm, 길이가 1 m 인 원통형 전기집진장치에서 가스유속이 2 m/s 이고, 먼지입자의 분리속도가 25 cm/s 라면 집진율은 얼마인가?

풀이 집진효율(%) $= 1 - \exp\left(-\dfrac{AW}{Q}\right)$

$A : \pi Dl = 3.14 \times 0.1 \text{ m} \times 1 \text{ m} = 0.314 \text{ m}^2$

$W : 25 \text{ cm/sec} \times \text{m}/100 \text{ cm} = 0.25 \text{ m/sec}$

$Q : AV = \left(\dfrac{3.14 \times 0.1^2}{4}\right) \text{m}^2 \times 2 \text{ m/sec} = 0.0157 \text{ m}^3/\text{sec}$

$= 1 - \exp\left(-\dfrac{0.314 \times 0.25}{0.0157}\right) = 0.9933 \times 100 = 99.33\%$

필수 문제

02 시멘트공장에서 먼지 제거를 위해 전기집진장치를 사용하고 있다. 이 집진장치의 폭은 4.4 m, 높이 5.6 m 인 판을 23 cm 간격의 평형판으로 농도가 18.5 g/m³ 인 가스 68 m³/min 를 처리한다면 집진효율(%)은?(단, 전기집진장치 내 입자의 겉보기 이동속도는 0.058 m/s 이다.)

풀이 집진효율(%) $= 1 - \exp\left(-\dfrac{AW}{Q}\right)$

$A : (4.4 \text{ m} \times 5.6 \text{ m}) \times 2 = 49.28 \text{ m}^2$

$W : 0.058 \text{ m/sec}$

$Q : 68 \text{ m}^3/\text{min} \times \text{min}/60 \text{ sec} = 1.133 \text{ m}^3/\text{sec}$

$= 1 - \exp\left(-\dfrac{49.28 \times 0.058}{1.133}\right) = 0.9198 \times 100 = 91.98\%$

필수 문제

03 가로 4 m, 세로 5 m인 두 집진판이 평행하게 설치되어 있고, 두 판 사이 중간에 원형철심 방전극이 위치하고 있는 전기 집진장치에 굴뚝가스가 90 m³/min 로 통과하고, 입자 이동속도가 0.09 m/s 일 때의 집진효율은?(단, Deutsch-Anderson식 적용)

> **풀이** 집진효율(%) $= 1 - \exp\left(-\dfrac{A \cdot W}{Q}\right)$
>
> A : (4 m×5 m)×2 = 40 m²
> W : 0.09 m/sec
> Q : 90 m³/min×min/60 sec = 1.5 m³/sec
> $= 1 - \exp\left(-\dfrac{40 \times 0.09}{1.5}\right) = 0.909 \times 100 = 90.9\%$

필수 문제

04 직경 10 cm 이고 길이가 1 m 인 원통형 집진극을 가진 전기집진장치에서 처리되는 가스의 유속이 1.5 m/s 이고, 먼지입자가 집진극을 향하여 이동한 속도가 15 cm/s 일 때, 먼지 제거효율(%)은?(단, $\eta = 1 - e^{-2VL/RU}$을 이용하여 계산)

> **풀이** 제거효율$(\eta) = 1 - e^{-2VL/RU}$
>
> $= 1 - \exp\left(-\dfrac{2\, l W}{R V_g}\right)$
>
> W : 15 cm/sec×m/100 cm = 0.15 m/sec
> l : 1 m
> R : 5 cm×m/100 cm = 0.05 m
> V_g : 1.5 m/sec
> $= 1 - \exp\left(-\dfrac{2 \times 1 \times 0.15}{0.05 \times 1.5}\right) = 0.9816 \times 100 = 98.16\%$

필수 문제

05 석탄화력발전소에서 120 m³/min 의 배출가스를 전기집진기로 처리한다. 입자이동 속도가 15 cm/sec 일 때, 이 집진기의 효율이 99.0% 가 되려면 집진극의 면적은?(단, Deutsch-Anderson식 적용)

풀이

집진효율$(\eta) = 1 - \exp\left(-\dfrac{A \cdot W}{Q}\right)$

W : 15 cm/sec × m/100 cm = 0.15 m/sec
Q : 120 m³/min × min/60 sec = 2 m³/sec

$0.99 = 1 - \exp\left(-\dfrac{A \times 0.15}{2}\right)$

$\exp\left(-\dfrac{A \times 0.15}{2}\right) = 1 - 0.99$

$\left(-\dfrac{A \times 0.15}{2}\right) = \ln(1 - 0.99)$

$A\,(\mathrm{m}^2) = 61.4\,\mathrm{m}^2$

필수 문제

06 A 전기집진장치의 집진면적비 A/Q가 20 m²/(1,000 m³/h)일 때 집진효율은 90% 이었다. 이 전기집진장치의 집진면적비를 30 m²/(1,000 m³/h)으로 할 때 예상되는 집진효율(%)은?(단, Deutsch-Anderson식을 이용하여 계산하고, 기타 조건의 변화는 없다고 가정한다.)

풀이

우선 첫 번째 조건에서 W(겉보기 이동속도)를 구하여 나중 조건에서 집진효율을 구함

집진효율$(\eta) = \left[1 - \exp\left(-\dfrac{AW}{Q}\right)\right] \times 100$

$Q = 1{,}000\,\mathrm{m^3/hr} \times \mathrm{hr}/3{,}600\,\mathrm{sec} = 0.28\,\mathrm{m^3/sec}$

$90 = \left[1 - \exp\left(-\dfrac{20\,W}{0.28}\right)\right] \times 100$

$W = 0.032\,\mathrm{m/sec}$

집진효율$(\eta) = 1 - \exp\left(-\dfrac{30 \times 0.032}{0.28}\right) = 0.9675 \times 100 = 96.76\%$

필수 문제

07 A 전기집진장치의 집진효율은 90%이다. 이때 집진판의 면적을 1.5배로 증가시키면 집진효율은 몇 %가 되는가?(단, 기타 조건은 같다.)

풀이 $\eta = 1 - \exp\left(-\dfrac{AW}{Q}\right)$ 양변에 ln을 취한 식을 만들면

$$\exp\left(-\dfrac{AW}{Q}\right) = 1 - \eta$$

$$-\dfrac{AW}{Q} = \ln(1-\eta), \text{ 기타 조건이 동일하므로}$$

$$A = -\dfrac{Q}{W}\ln(1-\eta)$$

$$1.5 = \dfrac{-\dfrac{Q}{W}\ln(1-\eta)}{-\dfrac{Q}{W}\ln(1-0.9)}$$

$$\eta = 0.9684 \times 100 = 96.84\%$$

필수 문제

08 전기 집진장치의 분진 제거효율은 다음 식으로 계산한다. $\eta = 1 - e^{-AV/Q}$ 효율을 90%에서 99%로 증가시키자면 집진극의 증가 면적은?(단, 다른 조건은 변하지 않는다.)

풀이 $\eta = 1 - e^{\frac{-AW}{Q}}$ 식을 양변에 ln 취한 식을 만들면

$$-\dfrac{AW}{Q} = \ln(1-\eta)$$

$$증가면적비 = \dfrac{-\dfrac{Q}{W}\ln(1-0.99)}{-\dfrac{Q}{W}\ln(1-0.9)} = 2배$$

필수 문제

09 전기집진장치에서 입구 먼지농도가 10 g/m³ 이고, 출구 먼지농도가 0.5 g/m³ 이다. 출구 먼지농도를 100 mg/m³ 으로 하기 위해서 필요한 집진극의 증가면적은?(단, 기타 조건은 고려하지 않는다.)

풀이 $\eta = 1 - e^{\frac{-AW}{Q}}$ 양변에 ln을 취한 식을 만들면

$$-\frac{AW}{Q} = \ln(1-\eta)$$

$$\text{초기효율} = \left(1 - \frac{0.5}{10}\right) \times 100 = 95\%$$

$$\text{나중효율} = \left(1 - \frac{0.1}{10}\right) \times 100 = 99\%$$

$$\text{집진극 증가면적비} = \frac{-\frac{Q}{W}\ln(1-0.99)}{-\frac{Q}{W}\ln(1-0.95)} = 1.54\text{배}$$

필수 문제

10 전기집진장치에서 입구 분진농도가 16 g/Sm³, 출구 분진농도가 0.1 g/Sm³ 이었다. 출구 분진농도를 0.03 g/Sm³으로 하기 위해서는 집진극의 면적을 약 몇 % 넓게 하면 되는가?(단, 다른 조건은 무시한다.)

풀이 $\eta = 1 - \exp\left(-\frac{AW}{Q}\right)$ 과 $\eta = 1 - \frac{C_o}{C_i}$ 에서

$$1 - \frac{C_o}{C_i} = 1 - \exp\left(-\frac{AW}{Q}\right)$$

$$\frac{C_o}{C_i} = \exp\left(-\frac{AW}{Q}\right)$$ 양변에 ln을 취한 식을 만들면

$$\ln\left(\frac{C_o}{C_i}\right) = -\frac{AW}{Q}$$

$$A = -\frac{Q}{W}\ln\left(\frac{C_o}{C_i}\right)$$

$$\text{면적비}\left(\frac{A_1}{A_2}\right) = \frac{-\dfrac{Q}{W}\ln\left(\dfrac{0.1 \text{ g/Sm}^3}{16 \text{ g/Sm}^3}\right)}{-\dfrac{Q}{W}\ln\left(\dfrac{0.03 \text{ g/Sm}^3}{16 \text{ g/Sm}^3}\right)} = 0.808$$

$$A_2 = \frac{A_1}{0.808} = 1.2376 A_1$$

즉, 초기집진극 면적보다 23.76%를 더 넓게 하면 된다.

필수 문제

11 오염공기 1,995 m³/min 을 전기집진장치로 처리하려고 한다. 높이 4 m, 길이 3 m 집진판을 사용하여 96%의 집진율을 얻으려면 필요한 집진판의 수는?(단, Deutsch Anderson식 이용, 모든 내부집진판은 양면, 두 개의 외부집진판은 각 하나의 집진면을 가지며, 유효분리속도는 4 m/min 이다.)

풀이
$$\eta = 1 - \exp\left(-\frac{AW}{Q}\right)$$

A : $(4 \text{ m} \times 3 \text{ m}) \times 2 = 24 \text{ m}^2$

Q : 1,995 m³/min × min/60 sec = 33.25 m³/sec

W : 4 m/min × min/60 sec = 0.067 m/sec

$$0.96 = 1 - \exp\left(-\frac{24 \times 0.067 \times n}{33.25}\right)$$

$$\left(-\frac{24 \times 0.067 \times n}{33.25}\right) = \ln(1 - 0.96)$$

$n = 66.89 ≒ 67 + 1 (68개)$

필수 문제

12 평판형 전기집진기에서 집진극과 방전극 사이의 거리가 4 cm, 가스 유속 2.4 m/sec 로서 먼지 입자를 100% 제거하기 위해 요구되는 이론적인 전기집진극의 길이(m)는? (단, 입자의 집진극으로 표류(분리)속도는 0.045 m/sec 임)

풀이 $L = d \times \dfrac{V_g}{W}$

$d : 4\,cm \times m/100\,cm = 0.04\,m$

$V_g : 2.4\,m/sec$

$W : 0.045\,m/sec$

$= 0.04 \times \dfrac{2.4}{0.045} = 2.13\,m$

필수 문제

13 평판형 전기집진장치의 집진판 사이의 간격이 5 cm, 가스의 유속은 3 m/s, 입자의 집진극으로 이동속도가 7 cm/s일 때, 층류영역에서 입자를 완전히 제거하기 위한 이론적인 집진극의 길이(m)는?

풀이 $L = d \times \dfrac{V_g}{W}$

$d : \dfrac{5cm \times m/100cm}{2} = 0.025\,m$

$V_g : 3\,m/sec$

$W : 7\,cm/sec \times m/100\,cm = 0.07\,m/sec$

$= 0.025 \times \dfrac{3}{0.07} = 1.07\,m$

필수 문제

14 전기집진장치에서 분당 240 m³ 처리가스양을 이동속도 6 cm/sec 로 처리하고 있다. 집진판의 면적이 250 m² 이고, 유입농도가 6.47 g/m³ 이라면 출구농도(g/m³)는?(단, 집진율은 Deutsch-Anderson식 적용)

풀이

$\eta = 1 - \exp\left(-\dfrac{AW}{Q}\right)$ 과 $\eta = 1 - \dfrac{C_o}{C_i}$ 에서

$\dfrac{C_o}{C_i} = \exp\left(-\dfrac{AW}{Q}\right)$

$C_o\,(\text{g/m}^3) = C_i \times \exp\left(-\dfrac{AW}{Q}\right)$

C_i : 6.47 g/m³

A : 250 m²

W : 6 cm/sec×m/100 cm = 0.06 m/sec

Q : 240 m³/min×min/60 sec = 4 m³/sec

$= 6.47\ \text{g/m}^3 \times \exp\left(-\dfrac{250\ \text{m}^2 \times 0.06\ \text{m/sec}}{4\ \text{m}^3/\text{sec}}\right) = 0.152\ \text{g/m}^3$

필수 문제

15 평행하게 설치되어 있는 높이 7.0 m, 폭 5.0 m 인 두 판 사이의 중간에 방전극이 위치하고 있다. 이 집진기 처리유량이 1 m³/sec 로 통과시 집진효율이 98% 가 되려면 충전입자의 이동속도(m/sec)는?

풀이

$\eta = 1 - \exp\left(-\dfrac{AW}{Q}\right)$

양변에 ln 취하여 정리하면

$-\dfrac{AW}{Q} = \ln(1-\eta)$

$W(\text{m/sec}) = -\dfrac{Q}{A}\ln(1-\eta)$

Q : 1 m³/sec

A : (7.0 m×5.0 m)×2 = 70 m²

η : 0.98

$= -\dfrac{1}{70}\ln(1-0.98) = 0.056\ \text{m/sec}$

필수 문제

16 전기집진장치의 처리가스 유량 110 m³/min, 집진극 면적 500m², 입구 먼지농도 30 g/Sm³, 출구 먼지농도 0.2 g/Sm³이고 누출이 없을 때 충전입자의 이동속도(m/sec)는?(단, Doutsch 효율식 적용)

풀이

$$\eta = 1 - \exp\left(-\frac{AW}{Q}\right)$$

$$\eta = \left(1 - \frac{0.2}{30}\right) = 0.9933$$

$$Q = 110 \text{m}^3/\text{min} \times \text{min}/60\text{sec} = 1.83 \text{m}^3/\text{sec}$$

$$0.9933 = 1 - \exp\left(-\frac{500 \times W}{1.83}\right)$$

$$\left(-\frac{500 \times W}{1.83}\right) = \ln(1 - 0.9933)$$

$$W = 0.018 \text{m/sec}$$

필수 문제

17 전기집진장치 내 먼지의 겉보기 이동속도는 0.1 m/sec, 6m×3m 인 집진판 182 매를 설치하여 유량 10,000 m³/min 를 처리할 경우 집진효율(%)은?(단, 내부 집진판은 양면집진, 2개의 외부 집진판은 각 하나의 집진면을 가진다.)

풀이

$$\eta = 1 - e^{-\frac{AW}{Q}}$$

A(전체면적) $\Rightarrow$ 개수 $= \dfrac{\text{전체면적}(A)}{\text{1개당면적}} + 1$

$$182\text{개} = \frac{A}{6 \times 3 \times 2} + 1$$

$$A = 6,516 \text{m}^2$$

$$= 1 - e^{-\frac{6,516 \times 0.1}{(10,000/60)}} = 0.98 \times 100 = 98\%$$

⑦ 겉보기 전기저항(비저항, 겉보기 고유저항)
  ㉠ 개요
    전기집진장치의 성능지배요인 중 가장 큰 것이 분진의 겉보기 전기저항이며 집진율이 가장 양호한 범위는 비저항 값이 $10^4(10^5) \sim 10^{10}(10^{11})\,\Omega \cdot cm$ 정도이다.
  ㉡ 겉보기 전기저항이 낮을 경우
    ⓐ $10^4\,\Omega \cdot cm$ 이하
    ⓑ 분진은 쉽게 대전되어 집진 가능하나 저항이 낮아 집진극에 부착된 대전입자가 전하를 방전하여 중화가 빠르게 진행되며 먼지와 집진판의 결합력이 낮아 먼지가 가스 중으로 재비산된다.
    ⓒ 부착, 포집된 분진 입자의 반발로 인해 처리가스 내로 재비산 현상이 빈번하게 발생하여 집진효율이 저하한다.
    ⓓ NH_3(암모니아)를 주입하여 Conditioning하는 방법(암모니아를 황산과 반응하여 생성된 황산암모늄이 저항을 증가시키는 역할)을 이용한다.
    ⓔ 처리가스의 온도와 습도는 낮게 조절한다.
  ㉢ 겉보기 전기저항이 높은 경우
    ⓐ $10^{11}\,\Omega \cdot cm$ 이상
    ⓑ 분진대전이 곤란하고, 대전된 분진이라도 전하가 쉽게 집진판으로 전달되지 않으며 집진극에서 쉽게 제거 되지 않는다.
    ⓒ 절연 파괴현상이 발생하고 역코로나 및 역전리 현상(집진극인 양극이 방전극 역할이 되는 현상)이 일어나 재비산되어 집진율이 저하되며 가스 중 먼지입자의 이온화와 이동현상을 감소시킨다.
    ⓓ 분진층의 전압손실이 일정하더라도 가스상의 압력손실이 감소하게 되므로 전류는 비저항의 증가에 따라 감소한다.
    ⓔ 배연설비에서 연료에 S 함유량이 많은 경우 먼지의 비저항이 낮아진다.
    ⓕ 비저항 조절제(물 또는 수증기, 소다회, 트리에틸아민, 황산, 이산화황, NaCl 등)를 투입하여 겉보기 전기저항을 낮춘다.
    ⓖ 처리가스의 온도조절 및 배기가스 내 수분량이 증가할수록 먼지 비저항이 감소하므로 습도를 높게 한다. 온도조절시 장치 내부의 부식방지를 위해 노점온도 이상으로 유지하는 것이 필요하다.
    ⓗ 물, 수증기 사용 시에는 습식집진방식을 택하여야 한다.
    ⓘ 탈진 타격을 강하게 하며 빈도도 늘린다.
    ⓙ $10^{11} \sim 10^{12}\,\Omega \cdot cm$ 범위에서는 역전리 또는 역이온화가 발생한다.
    ⓚ $10^{12} \sim 10^{13}\,\Omega \cdot cm$ 범위에서는 스파크 발생은 없으나 절연파괴현상을 일으킨다.

② 겉보기 전기저항이 정상적인 경우
  ⓐ $10^5 \sim 10^{10} \Omega \cdot cm$
  ⓑ 입자의 대전과 집진된 분진의 탈진이 정상적으로 진행된다.

⑧ 유지관리(운전요령)
  ㉠ 시동 시
    ⓐ 애자 등의 표면을 깨끗이 닦아 고전압회로의 절연저항이 100MΩ 이상 되도록 한다.
    ⓑ 배출가스를 유입하기 최소 6시간 전에 애관용 히터를 가열하여 애자관 표면에 수분이나 먼지의 부착을 방지한다.
    ⓒ 집진실 내부를 충분하게 건조시킨 후 하전시키며 타봉장치는 운전과 동시에 자동으로 작동되게 한다.
  ㉡ 운전 시
    ⓐ 2차 전류가 심하게 변하는 것은 전극 간 거리(Pitch)의 불균일 또는 변형으로 국부적인 단락을 일으키기 때문인 경우가 많다.
    ⓑ 2차 전류가 매우 적을 때는 조습용 스프레이의 수량을 늘려 겉보기 저항을 낮추어 주어야 한다.
    ⓒ 2차 전류가 주기적으로 변동하는 것은 방전극에 의한 영향이 크다.
    ⓓ 2차 전류가 불규칙적으로 변동하는 것은 전극의 변형 및 부착 분진의 스파크에 의한 영향의 경우도 있다.
    ⓔ 1차 전압은 낮은데도 불구하고 2차 전류가 흐르는 경우는 고압회로상의 절연불량이 원인이다.
    ⓕ 조습용 spray nozzle은 운전 중 막히기 쉽기 때문에 운전 중에도 점검, 교환이 가능해야 한다.
  ㉢ 정지 시
    ⓐ 접시서항을 연 1회 이상 점검하고 10Ω 이하로 유지한다.
    ⓑ 가스 누수, 전극의 휨, 분진 부착 상태, 전극 간 거리, 각 장치의 부식 정도 등을 점검한다.

⑨ 장애현상의 원인·대책
  ㉠ 역전리 현상(Back Corona)
    원인 ⇒ • 겉보기 전기저항이 너무 클 때
           • 미분탄의 연소 시
           • 배출가스의 점성이 클 때

대책 ⇒ • 고압부 상의 절연회로를 점검
　　　　• 집진극의 타격을 강하게 함
　　　　• 타격빈도를 늘림
ⓒ 재비산 현상(Dust Jumping)
　원인 ⇒ • 배출가스의 입구 유속이 클 때
　　　　• 겉보기 전기저항이 낮을 때
　대책 ⇒ • 처리가스 속도를 낮추어 속도를 조절함
　　　　• 재비산 장소에 배플(Baffle) 설치
ⓒ 2차 전류가 많이 흐를 때
　원인 ⇒ • 먼지의 농도가 너무 낮을 때
　　　　• 공기 부하시험을 행할 때
　　　　• 방전극이 너무 가늘 때
　　　　• 이온 이동속도가 큰 가스를 처리할 때
　대책 ⇒ • 입구 분진농도 조절
　　　　• 처리가스 조절
　　　　• 방전극을 새것으로 교환
ⓔ 2차 전류가 현저하게 떨어질 때(먼지의 비저항이 비정상적으로 높은 경우)
　원인 ⇒ • 먼지의 농도가 너무 높을 때
　대책 ⇒ • 스파크 횟수를 증가
　　　　• 조습용 스프레이의 수량을 증가
　　　　• 입구먼지농도 적절히 조절
ⓜ 2차 전류가 주기적 또는 불규칙적으로 흐를 때
　원인 ⇒ 부착 분진의 스파크가 자주 발생할 때
　대책 ⇒ • 1차 전압을 낮추어 줌
　　　　• 충분히 분진 탈리를 함
　　　　• 방전극과 집진극을 점검함
ⓗ 1차 전압이 낮고 과도 전류가 흐를 때
　원인 ⇒ 고압부 절연상태가 불량할 때
　대책 ⇒ 절연회로 점검

🔍 Reference

전기집진장치 집진실을 독립된 하전설비를 가진 단위집진실로 구획화하는 주된 이유는 집진효율을 높이고 효율적인 전력사용을 하기 위함이다.

필수 문제

01 전기집진장치에서 전류밀도가 먼지층 표면 부근의 이온전류 밀도와 같고 양호한 집진작용이 이루어지는 값이 $2 \times 10^{-8} \text{A/cm}^2$ 이며, 또한 먼지층 중의 절연파괴 전계강도를 $5 \times 10^3 \text{V/cm}$로 한다면, 이때 ① 먼지층의 겉보기 전기저항과 ② 이 장치의 문제점은?

> **풀이** 전기저항 = $\dfrac{\text{전압}}{\text{전류}} = \dfrac{5 \times 10^3 \text{ V/cm}}{2 \times 10^{-8} \text{ A/cm}^2} = 2.5 \times 10^{11} \Omega \cdot \text{cm}$
>
> $10^{11} \Omega \cdot \text{cm}$ 이상이므로 역전리현상이 발생한다.

🔍 **Reference | 음파집진장치**

함진가스 중의 입자에 음파진동을 부여하여 입자를 응집·제거한다.

🔍 **Reference | 각 집진장치의 유속과 집진 특성**

① 중력집진장치, 여과집진장치
   기본유속이 작을수록 미세한 입자를 포집한다.
② 원심력집진장치
   적정한계 내에서는 입구유속이 빠를수록 효율이 높은 반면, 압력손실도 높아진다.
③ 벤튜리스크러버, 제트스크러버
   기본유속이 클수록 집진율이 높다.
④ 건식 전기집진장치
   재비산한계 내에서 기본유속을 정한다.

🔍 **Reference | 분진폭발**

① 비표면적, 대전성이 큰 분진일수록 폭발하기 쉽다.
② 산화속도가 빠르고 연소열이 큰 먼지일수록 폭발하기 쉽다.
③ 가스 중에 분산, 부유하는 성질이 큰 먼지일수로 폭발하기 쉽다.

🔍 **학습 Point**

1 장점 및 단점 내용 숙지(출제비중 높음)
2 집진효율 관련식 숙지(출제비중 높음)
3 유지관리 내용 숙지

07 유해가스 처리

(1) 흡수법

① 원리 및 개요
  ㉠ 흡수는 기체상태의 오염물질을 흡수액을 사용하여 흡수제거시키는 것으로 세정이라고도 하며 흡수조작에 사용되는 흡수제는 물 또는 수용액을 주로 사용한다.
  ㉡ 유해가스가 액상에 잘 용해되거나 화학적으로 반응하는 성질을 이용하며 주로 물이나 수용액을 사용하기 때문에 물에 대한 가스의 용해도가 중요한 요인이다.
  ㉢ 재생가치가 있는 물질이나 흡수제의 재사용은 탈착이나 Strippng을 통해 회수 또는 재생한다.
  ㉣ 흡수제가 화학적으로 유해가스의 성분과 비슷할 때 일반적으로 용해도가 크다.

② 이중격막설(Double Film Theory)
  ㉠ 두 상(Phase)이 접할 때 두 상이 접한 경계면의 양측에 경막이 존재한다는 가정을 Lewis-Whitman의 이중경막설이라 한다.
  ㉡ 확산을 일으키는 추진력은 두 상(Phase)에서의 확산물질의 농도차 또는 분압차가 주원인이다.
  ㉢ 액상으로의 가스흡수는 기-액 두상의 본체에서 확산물질의 농도기울기는 거의 없으며 기-액의 각 경막 내에서는 농도기울기가 있으며 이것은 두상의 경계면에서 효과적인 평형을 이루기 위함이다.
  ㉣ 주어진 온도, 압력에서 평형상태가 되면 물질의 이동은 정지한다.

③ 액체용량계수
  가스흡수에서는 기-액의 접촉면적을 크게 하는 것이 필요한데 실제 유효접촉면적 $a(m^2/m^3)$의 참값을 구하기가 쉽지 않으므로, 액상총괄물질 이동계수 K_L과의 곱인 $K \cdot a$ 를 계수로 사용하며 이 계수를 액체용량계수라 한다.

④ 제거효율에 미치는 인자
  ㉠ 접촉시간   ㉡ 기액 접촉면적
  ㉢ 흡수제의 농도   ㉣ 반응속도

⑤ 헨리법칙(Henry Law)
  ㉠ 기체의 용해도와 압력관계, 즉 일정온도에서 기체 중에 있는 특정 유해가스 성분의 분압과 이와 접한 액체상 중 액농도와의 평형관계를 나타낸 법칙이다.(일정온도에서 특정 유해가스 압력은 용해가스의 액중 농도에 비례한다는 법칙)
  ㉡ 헨리법칙은 비교적 용해도가 적은 기체에 적용되며 용해에 따른 복잡한 화학반응

이 일어날 경우에는 흡수이론이 성립하지 않는다.
ⓒ 용해도가 크지 않은 기체가 일정온도에서 용매에 용해될 경우 질량은 그 기체의 압력에 비례한다.
② 헨리법칙에 잘 적용되는 기체(난용성 : 용해도가 적은 기체)
  H_2, O_2, N_2, CO, CO_2, NO, NO_2, H_2S, CH_2
⑩ 헨리법칙에 잘 적용되지 않는 기체(가용성 : 용해도가 큰 기체)
  Cl_2, HCl, NH_3, SO_2, SiF_4, HF, HCHO
ⓑ 헨리법칙

$$P = H \cdot C$$

여기서, P : 용질가스의 기상분압(atm)
       H : 헨리상수(atm·m³/kg·mol)
       C : 액체성분 농도(kg·mol/m³)

ⓢ • 헨리상수(H)는 온도에 따라 변하며 온도가 높을수록 용해도가 적을수록 커진다.
  • 헨리상수 값이 큰 물질순서(용해도 크기의 반대 의미)
    CO > H_2S > Cl_2 > SO_2 > NH_3 > HF > HCl
  • 액상 측 저항이 지배적인 물질은 헨리상수 값이 큰 것을 의미한다.
  • 용해도가 낮을수록 액중농도는 감소하며 헨리상수 값은 커진다.
  • 세정흡수효율은 세정수량이 클수록, 가스의 용해도가 클수록, 헨리정수가 작을수록 커진다.

ⓞ 총괄물질이동계수와 개별물질이동계수의 관계

$$\frac{1}{K_G} = \frac{1}{K_g} + \frac{H}{K_l}$$

여기서, K_G : 기상총괄물질이동계수(kg-mol/m²·hr·atm)
       K_g : 기상물질이동계수
       K_l : 액상이동계수
       H : 헨리상수

> **🔍 Reference | 흡수이론**
> ① 가스 측 경막저항은 흡수액에 대한 유해가스의 농도가 클 때 경막저항을 지배하고, 반대로 액 측 경막저항은 용해도가 작을 때 지배한다.
> ② 대기오염물질은 보통 공기 중에 소량 포함되어 있고, 유해가스의 농도가 큰 흡수제를 사용하므로 가스 측 경막저항이 주로 지배한다.
> ③ Baker는 평형선과 조작선을 사용하여 NTU를 결정하는 방법을 제안하였다.

필수 문제

01 유해가스와 흡수액이 일정온도에서 평형상태에 있고 기체상의 유해가스 부분압이 70 mmHg일 때 액상 중의 유해가스농도가 $1.8\ kg \cdot mol/m^3$이라면 헨리상수($atm \cdot m^3/kg \cdot mol$)는?

풀이
$$P = H \cdot C$$
$$H = \frac{P}{C} = \frac{70\ mmHg \times \frac{1\ atm}{760\ mmHg}}{1.8\ kg \cdot mol/m^3} = 0.051\ atm \cdot m^3/kg \cdot mol$$

필수 문제

02 어떤 유해가스와 물이 일정온도에서 평형상태에 있다면 헨리상수($atm \cdot m^3/kg \cdot mol$)는?(단, 기상의 유해가스 분압이 $58\ mmH_2O$일 때 수중유해가스의 농도는 $3.5\ kg \cdot mol/m^3$이며, 전압은 1 atm 이다.)

풀이
$$P = H \cdot C$$
$$H = \frac{P}{C} = \frac{58\ mmH_2O \times \frac{1\ atm}{10,332\ mmH_2O}}{3.5\ kg \cdot mol/m^3} = 0.0016(1.6 \times 10^{-3})\ atm \cdot m^3/kg \cdot mol$$

필수 문제

03 헨리의 법칙이 적용되는 가스가 물속에 2.5 kg·mol/m³ 농도로 용해되어 있고 이 가스의 분압은 35 mmHg이다. 이 유해가스의 분압이 20 mmHg가 될 경우 물속의 농도(kg·mol/m³)를 구하시오.

풀이   P = H·C에서 P와 C는 비례하므로
35 mmHg : 2.5 kg·mol/m³ = 20 mmHg : 농도

$$농도(kgmol/m^3) = \frac{2.5 \ kg \cdot mol/m^3 \times 20 \ mmHg}{35 \ mmHg} = 1.43 \ kg \cdot mol/m^3$$

필수 문제

04 헨리의 법칙을 따르는 유해가스가 물속에 2.0 kg·mol/m³ 만큼 용해되어 있을 때, 분압이 258.4 mmH₂O 이었다면, 이 유해가스의 분압이 57 mmHg 로 될 때 물속의 유해가스농도(kg·mol/m³)는?(단, 기타 조건은 변화 없음)

풀이   P = H·C에서 P와 C는 비례하므로

$$258.4 \ mmH_2O \times \frac{760 \ mmHg}{10,332 \ mmH_2O} = 19.02 \ mmHg$$

19.02 mmHg : 2.0 kg·mol/m³ = 57 mmHg : 농도

$$농도(kg \cdot mol/m^3) = \frac{2.0 \ kg \cdot mol/m^3 \times 57 \ mmHg}{19.02 \ mmHg} = 5.99 \ kg \cdot mol/m^3$$

⑥ 흡수액(세정액)의 구비조건
  ㉠ 용해도가 커야 한다.
  ㉡ 점도(점성)가 작고 화학적으로 안정해야 한다.
  ㉢ 독성이 없고 휘발성이 낮아야 한다.
  ㉣ 착화성, 부식성이 없어야 한다.
  ㉤ 빙점(어는점)은 낮고 비점(끓는점)은 높아야 한다.
  ㉥ 가격이 저렴하고 사용이 편리해야 한다.
  ㉦ 용매의 화학적 성질과 비슷해야 한다.
⑦ 흡수장치 종류
  ㉠ 액분산형 흡수장치
    물에 대한 용해도가 크고 가스 측 저항이 큰 경우는 액분산형 흡수장치를 쓰는 것이 유리하다. 따라서 CO는 액분산형 흡수장치로 처리에는 부적합하다.
    ⓐ 충전탑(Packed Tower)
    ⓑ 분무탑(Spray Tower)
    ⓒ 벤튜리스크러버(Venturi Scrubber)
    ⓓ 사이클론 스크러버(Cyclone Scrubber)
    ⓔ 분무실(Spray Chamber)
  ㉡ 기체분산형 흡수장치
    ⓐ 단탑(Plate Tower)
      • 포종탑(Tray Tower)
      • 다공판탑(Sieve Plate Tower)
    ⓑ 기포탑
⑧ 충전탑(Packed Tower)
  ㉠ 개요 및 특징
    ⓐ 충전탑의 원리는 충전물질의 표면을 흡수액으로 도포하여 흡수액의 엷은 층을 형성시킨 후 가스와 흡수액을 접촉시켜 흡수시키는 것으로 급수량이 적절하면 효과가 좋다.
    ⓑ 일반적으로 원통형의 탑 내에 여러 가지 충전재를 넣어 함진가스(가스유입속도 1m/sec 이하)와 세정액을 접촉시켜 세정하는 장치이다.
    ⓒ 액분산형 가스흡수장치에 속하며, 효율 증대를 위해서는 가스의 용해도를 증가시키고 액가스비를 증가시켜야 한다.
    ⓓ 온도의 변화가 큰 곳에는 적응성이 낮고, 희석열이 심한 곳에는 부적합하다.
    ⓔ 흡수액에 고형물이 함유되어 있는 경우에는 침전물이 생겨 성능이 저하할 수

있다.
　　ⓕ 포말성 흡수액일 경우 단탑(Plate Tower)보다는 충전탑이 유리하다.
　　ⓖ 불화규소 제거에는 부적합하다.
　　ⓗ 충전층의 공극이 폐쇄되기 쉬우며 충전재는 내식성이 큰 플라스틱과 같이 가벼운 물질이어야 한다.
　　ⓘ 1~5 μm 크기의 입자를 제거할 경우 장치 내 처리가스의 속도는 약 25 cm/sec 이하가 되어야 한다.
　　ⓙ 급수량이 적절하여 효과가 좋으며 처리가스유량의 변화에도 비교적 적응성이 있다.
　ⓒ 충전물(Packing Material) 구비조건
　　ⓐ 단위부피당 표면적 및 공극률이 클 것
　　ⓑ 가스와 액체가 전체에 균일하게 분포될 것
　　ⓒ 가스 및 액체에 대하여 내식성 및 내열성이 있을 것
　　ⓓ 압력손실이 적고 충전밀도가 클 것
　　ⓔ 충분한 화학적 저항성을 가질 것(화학적으로 불활성)
　　ⓕ 대상물질에 부식성이 작을 것
　　ⓖ 세정액의 체류현상(Hold-Up)이 작을 것
　　ⓗ 충분한 기계적 강도가 있을 것
　　ⓘ 충전물 자체 하중을 견디는 내강성이 있을 것
　　ⓙ 단위부피의 무게가 작을 것
　ⓒ 충전제 종류
　　ⓐ Rasching Ring
　　ⓑ Pall Ring
　　ⓒ Berl Saddle

　　Rasching ring　　　　　Pall ring　　　　　Berl saddle

[충전제 종류]

ⓡ 충전방법
  ⓐ 불규칙적 방법
    • 접촉면적은 크나 압력손실이 증가함
    • 충전물이 0.25~2 inch 범위의 크기에 적용함
  ⓑ 규칙적 방법
    • 압력손실이 적어 흡수제 용량을 증가시키나 설치비가 고가임
    • 충전물이 2~8 inch 범위의 크기에 적용함

ⓜ 편류현상(Channeling Effect)
  ⓐ 편류현상은 탑상부에서 흡수액 주입 시 한쪽으로만 흐르는 현상으로 효율이 저감된다.(임의로 충진한 충진탑에서 혼합물을 물리적으로 분리할 때, 액의 분배가 원활하게 이루어지지 못하여 발생되는 현상)
  ⓑ 편류현상을 최소화하기 위해서는 주입구를 분산(최소 5개)시켜야 하며 탑의 직경(D)과 충전물 직경(d)의 비(D/d)가 8~10(9~10) 정도 되어야 한다.
  ⓒ 불규칙적 충전방법은 충전밀도가 낮아 액이 내벽 쪽으로 흐르므로 일정간격으로 액 재분배기를 설치한다.

ⓗ 충전탑의 파괴점(Break Point)
  ⓐ 가스속도 증가 시 압력손실이 급격히 증가되는 break point가 나타나는데 첫 번째 파괴점을 부하점(Loading Point), 두 번째 파괴점을 범람점(Flooding Point)이라 한다.
  ⓑ 일정한 양의 흡수액을 통과시키면서 유량속도를 증가시키면 압력손실은 가스속도의 대수값에 비례하며, 충전층 내의 액보유량(Hold-Up)이 증가하는 점을 부하점이라 한다.
  ⓒ 범람점은 흡수액이 흘러넘쳐 향류조작 자체가 불가능함을 의미한다.
  ⓓ 보통 가스유속은 범람점에서의 유속의 40~70% 범위에서 선정한다.
  ⓔ 범람점(Flooding Point)에서의 가스속도는 충전제를 불규칙하게 쌓았을 때보다 규칙적으로 쌓았을 때가 더 크다.

ⓢ 충전탑 높이

$$H = H_{OG} \times N_{OG}$$

여기서, H : 충전탑 높이
H_{OG} : 기상총괄이동단위높이
N_{OG} : 기상총괄이동단위수
$N_{OG} = \ln\left(\dfrac{1}{1-\eta}\right)$
η : 제거효율

Reference | 충전탑의 Break Point

1. Hold-up
   충전층(Packing) 내의 세정액 보유량을 의미한다.

2. Loading Point
   부하점이라 하며 세정액의 Hold-up이 증가하여 압력손실이 급격하게 증가되는 첫 번째 파괴점을 말한다.

3. Flooding Point
   범람점이라 하며 충전층 내의 가스속도가 과도하여 세정액이 비말동반을 일으켜 흘러넘쳐 향류조작 자체가 불가능한 두 번째 파괴점을 말한다.

4. 충전탑의 Loading Point, Flooding Point

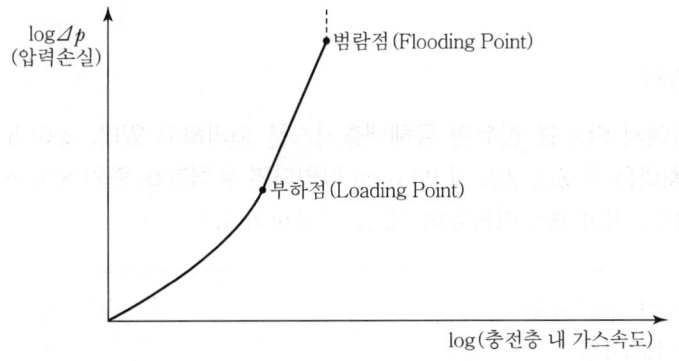

필수 문제

01 배출가스 중의 염소를 충전탑에서 물을 흡수액으로 사용하여 흡수시킬 때 효율이 85%이었다. 동일한 조건에서 95%의 효율을 얻기 위해서는 이론적으로 충전층의 높이를 몇 배로 하면 되는가?

풀이

$$H = H_{OG} \times N_{OG}$$

85% 효율 → $H_{85} = H_{OG} \times \ln\left(\dfrac{1}{1-0.85}\right) = 1.8971 \times H_{OG}$

95% 효율 → $H_{95} = H_{OG} \times \ln\left(\dfrac{1}{1-0.95}\right) = 2.9957 \times H_{OG}$

충전층 높이의 비 $= \dfrac{2.9957 \times H_{OG}}{1.8971 \times H_{OG}} = 1.58$배

필수 문제

02 충전탑에서 HF를 함유한 유해배출가스를 처리하고자 한다. 이동단위높이 $H_{OG}=1.2\,m$인 탑에서 배기가스 중의 HF를 수산화나트륨 수용액에 흡수시켜 제거하는 데 유해가스제거율을 98%로 하기 위한 탑의 높이(m)는?(단, 이동단위수 $N_{OG}=\ln\dfrac{y_1}{y_2}$로 계산되고, y_1, y_2는 흡수탑 입구와 출구에서 유해가스의 몰분율이다.)

풀이
$$H = H_{OG} \times N_{OG} = H_{OG} \times \ln\left(\dfrac{1}{1-\eta}\right) = 1.2\,m \times \ln\left(\dfrac{1}{1-0.98}\right) = 4.69\,m$$

필수 문제

03 충전탑에서 SO_2를 함유한 유해배출가스를 처리하고 있다. 높이 5 m인 충전탑에서 흡수 처리한 후 SO_2 농도가 0.1 ppm이었다면 유해가스 중의 SO_2 초기농도는 몇 ppm인가?(단, 기상 총괄이동높이 H_{OG}는 0.8 m이다.)

풀이
효율을 우선 구함
$H = H_{OG} \times N_{OG}$
$5\,m = 0.8\,m \times N_{OG}$, $N_{OG} = 6.25$
$6.25 = \ln\left(\dfrac{1}{1-\eta}\right)$, $\eta = 99.81\%$

SO_2 초기농도(ppm) $= \dfrac{\text{처리 후 농도}}{1-\text{효율}} = \dfrac{0.1}{1-0.9981} = 52.63\,ppm$

⑨ 단탑(Plate Tower)
  ㉠ 포종탑
    ⓐ 계단식으로 되어 있는 다단의 Plate 위에 있는 액체 속으로 기포가 발생되는 포종을 갖는 가스를 분산, 접촉시키는 방법이다.
    ⓑ 가스속도가 작을 경우 효율이 증가한다.
    ⓒ 흡수액에 부유물이 포함되어 있을 경우 충전탑보다는 단탑을 사용하는 것이 더 효율적이다.

ⓓ 온도변화에 따른 팽창과 수축이 우려될 경우에는 충전재 손상이 예상되므로 충전탑보다는 단탑이 유리하다.
ⓔ 운전 시 용매에 의해 발생하는 용해열을 제거할 경우 냉각오일을 설치하기 쉬운 단탑이 충전탑보다 유리하다.

ⓛ 다공판탑
ⓐ 직경 3~12 mm 범위의 구멍을 갖춘 다공판(개공률≒10%) 위에 가스를 분산, 접촉시키는 방법으로 액측저항이 클 경우 이용하기 유리하다.
ⓑ 비교적 소량의 액량으로 처리가 가능하다.
ⓒ 판수를 증가시키면 고농도 가스처리도 일시 처리가 가능하다.
ⓓ 판간격은 40cm, 액가스비는 0.3~5 L/m³ 정도이다.
ⓔ 압력손실은 100~200 mmH₂O/단 정도이다.
ⓕ 가스(겉보기)속도는 0.1~1 m/sec 정도이다.
ⓖ 가스양의 변동이 심한 경우에는 조업할 수 없다.
ⓗ 고체부유물 생성 시 적합하다.

⑩ 분무탑(Spray Tower)
ⓐ 탑 내에 몇 개의 살수노즐을 사용하여 함진가스를 향류 접촉시켜 분진을 제거하며 가스의 흐름이 균일하지 못하고, 분무액과 가스의 접촉이 균일하지 못하여 효율이 낮은 편이다.
ⓑ 가스의 압력손실(2~20 mmH₂O)은 작은 반면, 세정액 분무에 상당한 동력이 요구되며, 겉보기 속도는 0.2~1 m/sec 정도이다.
ⓒ 구조가 간단하고 보수가 용이하며 충전제를 쓰지 않기 때문에 압력손실의 증가는 없다.
ⓓ 액가스비는 2(0.5)~3(1.5)L/m³ 정도이다.
ⓔ 유해가스 속도가 느릴 경우를 제외하고는 가스의 유출 시 비말동반의 위험이 있다.
ⓕ 충전탑에 비하여 설비비 및 유지비가 적게 든다.
ⓖ 액분산형 흡수장치에 해당하며 흡수가 잘 되는 수용성 기체에 효과적이다.
ⓗ 침전물이 생기는 경우에 적합하나 분무노즐의 폐쇄 및 노즐형태에 따라 흡수효율이 달라 효율이 낮은 단점이 있다.

> 학습 Point
> 1 헨리법칙 내용 및 관련식 숙지
> 2 흡수액 구비조건 내용 숙지
> 3 충전탑 내용 숙지(출제비중 높음)
> 4 충전탑 높이 관련식 숙지

(2) 흡착법

① 원리
  ㉠ 유체가 고체상 물질의 표면에 부착되는 성질을 이용하여 오염된 가스(주 : 유기용제)를 제거하는 원리이며 특히 회수가치가 있는 불연성 희박농도가스의 처리 및 기체상 오염물질이 비연소성이거나 태우기 어려운 경우에 가장 적합한 방법이 흡착법이다.
  ㉡ 흡착제의 비표면적과 흡착될 물질에 대한 친화력이 클수록 흡착효과가 증가하며 비표면적은 흡착제 내부 기공의 면적을 말한다.
  ㉢ 알코올류, 초산, 벤젠류 등은 잘 흡착되나 에틸렌, 일산화질소, 메탄, 일산화탄소 등은 흡착효과가 거의 없다.

② 흡착의 분류
  ㉠ 물리적 흡착
    ⓐ 가스와 흡착제가 분자 간의 인력 즉, Van der Waals Force(반데르발스 결합력)으로 약하게 결합되어 있으며 보통 가용한 피흡착제의 표면적에 비례한다.
    ⓑ 가스 중의 분자 간 상호의 인력보다 고체 표면과의 인력이 크게 되는 때에 일어난다. 즉, 화학적 흡착보다 발열량이 적다.
    ⓒ 가역성이 높다. 즉, 가역적 반응이기 때문에 흡착제 재생 및 오염가스 회수에 매우 유용하며 여러 층의 흡착이 가능하다.
    ⓓ 흡착물질은 임계온도 이상에서는 흡착되지 않는다.
    ⓔ 흡착제에 대한 용질의 분자량이 클수록, 온도가 낮을수록, 압력(분압)이 높을수록 흡착에 유리하다.
    ⓕ 흡착제 표면에 여러 층으로 흡착이 일어날 수 있고 흡착열은 약 $40\,kJ/g \cdot mol$ 이하이다.
    ⓖ 흡착량은 단분자층과는 관계가 적다. 즉, 물리적 흡착은 다분자 흡착층 흡착이며, 흡착열이 낮다.
    ⓗ 압력을 낮추거나 온도를 높임으로써 흡착물질을 흡착제로부터 탈착시킬 수 있다.
  ㉡ 화학적 흡착
    ⓐ 가스와 흡착제가 화학적 반응을 하기 때문에 결합력은 물리적 흡착보다 크다.
    ⓑ 비가역 반응이기 때문에 흡착제 재생 및 오염가스 회수를 할 수 없다.
    ⓒ 분자 간의 결합력이 강하여 흡착과정에서 발열량이 많다. 즉, 반응열을 수반하여 온도가 대체로 높다.
    ⓓ 흡착력은 단분자층의 영향을 받는다.
    ⓔ 흡착제는 대부분 고체로 재생성이 낮다.

③ 특징
   ㉠ 처리가스의 농도변화에 대응할 수 있다.
   ㉡ 오염가스 제거가 거의 100%에 가깝다.
   ㉢ 회수가치가 있는 불연성, 희박농도 가스처리에 적합하다.
   ㉣ 조작 및 장치가 간단하나 처리비용은 높다.
   ㉤ 분진, 미스트를 함유하는 가스는 전 처리시설이 필요하고 고온가스 처리의 경우에는 냉각장치가 필요하다.
④ 흡착법이 유용한 경우
   ㉠ 기체상 오염물질이 비연소성이거나 태우기 어려운 경우
   ㉡ 오염물질의 회수가치가 충분한 경우
   ㉢ 배기 내의 오염물 농도가 대단히 낮은 경우

> **Reference**
>
> 케톤(ketone)류를 흡착법으로 처리 시에는 활성탄과 케톤의 반응에 의해 발화로 인한 화재 우려가 있어 흡착법은 적용하지 않는다.

⑤ 흡착제 선정시 고려사항
   ㉠ 흡착탑 내에서 기체흐름에 대한 저항(압력손실)이 작을 것
   ㉡ 어느 정도의 강도와 경도가 있을 것
   ㉢ 흡착률이 우수할 것
   ㉣ 흡착제의 재생이 용이할 것
   ㉤ 흡착물질의 회수가 용이할 것
⑥ 흡착제
   ㉠ 활성탄(Activated Carbon)
      ⓐ 활성탄은 탄소함유물질을 탄화 및 활성화하여 만든 흡착능력이 큰 무정형 탄소의 일종이다.
      ⓑ 주로 비극성 물질에 유효하며 혼합가스 내의 유기성 가스의 흡착에 주로 사용된다. 유기용제의 증기 제거기능이 높다.
      ⓒ 유기용제 회수, 악취 제거, 가스정화에 주로 사용된다.
      ⓓ 활성탄의 표면적은 $600 \sim 1,400 \, m^2/g$ 정도이며 공극의 크기는 일반적으로 $5 \sim 30 \, \text{Å}$으로 분자모세관 응축현상에 의해 흡착된다.
      ⓔ 분자량이 클수록 흡착력이 커지며 흡착법으로 제거 가능한 유기성 가스의 분자량은 최소 45 이상이어야 한다.

ⓕ 페놀, 스타이렌 등 유기용제 증기, 수은증기 같은 상대적으로 무거운 증기는 잘 흡착하고 메탄, 일산화탄소 일산화질소 등은 흡착되지 않는다.
ⓖ 끓는점이 낮은 저비점 화합물인 암모니아, 에틸렌, 염화수소, 포름알데히드 증기는 흡착속도가 높지 않아 비효과적이다.
ⓗ 활성탄의 가스 흡착이 진행될 때 활성탄의 온도가 증가한다.

ⓛ 실리카겔(Silicagel)
ⓐ 실리카겔은 규산나트륨과 황산과의 반응에서 유도된 무정형의 물질로 표면적은 $300\,m^2/g$ 정도이다.
ⓑ 탄소의 불포화결합을 가진 분자를 선택적으로 흡착한다. 즉, 물과 같은 극성분자를 선택적으로 흡착한다.
ⓒ 250℃ 이하에서 물과 유기물을 잘 흡착하며 일반적으로 NaOH 용액 중 불순물 제거에 이용된다.
ⓓ 실리카겔의 친화력(극성이 강한 순서)

물 > 알코올류 > 알데하이드류 > 케톤류 > 에스테르류 > 방향족 탄화수소류 > 올레핀류 > 파라핀류

ⓒ 활성 알루미나(Alumina)
ⓐ 활성알루미나는 물과 유기물을 잘 흡착하며 175~325℃로 가열하여 재생시킬 수 있다.
ⓑ 주로 탈수에 사용되며 일반적으로 가스(공기), 액체의 건조에 이용된다.
ⓒ 표면적은 $200~300\,m^2/g$ 정도이다.

ⓔ 보크사이트(Bauxite)
표면적은 $200~300\,m^2/g$ 정도로 주로 탈수에 사용되며 석유 중의 유분 제거, 가스 및 용액의 건조에 이용된다.

ⓜ 합성제올라이트(Synthetic Zeolite)
ⓐ 극성이 다른 물질이나 포화 정도가 다른 탄화수소의 분리가 가능하다.
ⓑ 분자체로 알려져 있으며, 제조과정에 그 결정구조를 조절하여 특정한 물질을 선택적으로 흡착시키는 데 이용할 수 있으며 흡착속도를 다르게 할 수 있는 장점이 있다.

ⓗ 마그네시아(Magnesia)
표면적은 $200\,m^2/g$ 정도이며 휘발유 및 용제의 불순물을 제거하는 정제에 이용된다.

ⓢ 점토 및 이온교환수지
탈색에도 이용되고 Ag, Cu, Zn 등의 무기첨가제를 포함한 특수한 탄소는 가스마스크 등에도 이용된다.

⑦ 흡착식
  ㉠ Freundlich 등온 흡착식
     압력과 단위무게당 흡착량의 변화를 나타낸 식이며 고농도에서 등온선은 선형을 유지하지만 한정된 범위의 용질농도에 대한 흡착평형 값으로 적용된다.

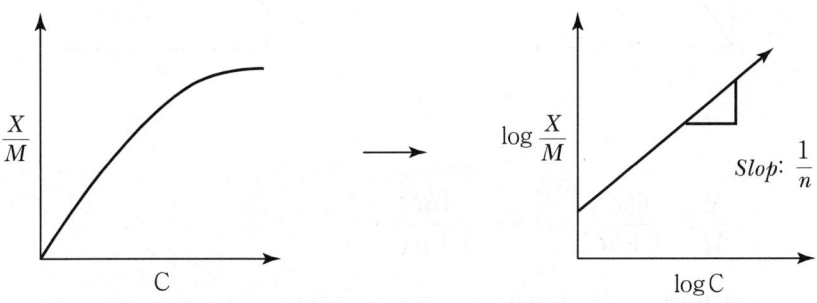

$$\frac{X}{M} = KC^{\frac{1}{n}}$$ 양변에 log 를 취하면

$$\log\frac{X}{M} = \frac{1}{n}\log C + \log K$$

여기서, X : 흡착제에 흡착된 피흡착제 농도(제거된 오염물질=흡착된 용질량 : mg/L)(유입농도-유출농도)의 의미
M : 흡착제의 양(mg/L)
C : 용질의 평형농도(흡착 후 평형농도, 피흡착제 물질농도=출구가스 농도 : mg/L)
K, n : 상수($\frac{X}{M} = KC^{\frac{1}{n}}$을 만족할 경우 $n=1.725$, $K=1.579$)

  ㉡ Langmuir 등온흡착식
     ⓐ 흡착제와 흡착물질 사이에 결합력이 약한 물리적 흡착을 의미하며 고농도에서 등온선은 선형적이지 못하고 한정적이다.
     ⓑ 흡착은 가역적, 평형조건이 이루어졌다는 가정하에 적용되며 흡착된 용질은 단분자층으로 흡착된다.

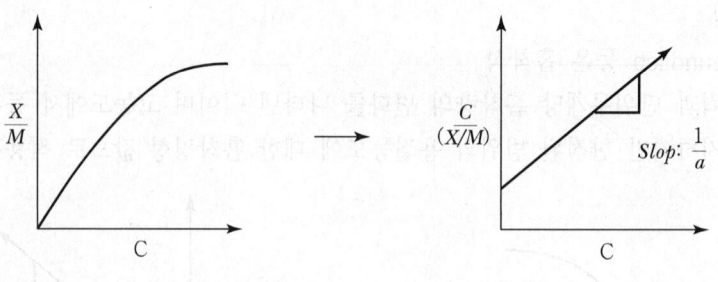

$$\frac{X}{M} = \frac{abC}{1+bC} \rightarrow \left(S = \frac{\alpha\beta C}{1+\alpha C}\right)$$

양변에 C를 곱하면

$$\frac{C}{\left(\frac{X}{M}\right)} = \frac{1}{ab} + \frac{C}{a}$$

여기서, $\frac{X}{M} = S$

a : 상수(최대흡착량) $\rightarrow \beta$
b : 상수(흡착에너지) $\rightarrow \alpha$

🔎 Reference | 흡착제의 흡착능

1. 흡착능은 흡착제의 능력을 의미하며 흡착능력은 포화, 보전력, 파괴점 등으로 나타낸다.
2. 보전력은 탈착되지 않고 흡착제에 남아 있는 잔여가스의 무게를 흡착제의 무게로 나눈 값으로 표현한다.
3. 여러 가지 혼합유기증기가 포함된 배출가스를 흡착할 경우 흡착률은 균일하지 않으며 그 경향은 이들 증기의 휘발성에 반비례한다.
4. 흡착질의 농도가 낮을 경우는 발열이 흡착효율에 미치는 영향이 크지 않지만 고농도일 경우는 흡착효율이 저하되므로 냉각해야 한다.
5. 활성탄 흡착면에 혼합유기증기가 통과되면 초기에는 증기의 종류에 관계없이 같은 양의 증기가 흡착되지만 시간경과에 따라 비점이 높은 물질의 흡착량이 많아진다.

필수 문제

01 수은농도가 25 mg/L 이다. 흡착법으로 처리하여 3 mg/L 까지 처리할 경우 소요되는 흡착제의 양(mg/L)은?(단, K=0.5, n=2, Freundlich 식 이용)

풀이

$$\frac{X}{M} = KC^{\frac{1}{n}}$$

$$\frac{25-3}{M} = 0.5 \times 3^{\frac{1}{2}}$$

$$M = 25.40 \text{ mg/L}$$

필수 문제

02 초기농도가 60 mg/L 인 배기가스에 활성탄 15 mg/L 를 반응시키니 농도가 10 mg/L 가 되었고 활성탄을 40 mg/L 반응시키니 농도가 4 mg/L 로 되었다. 농도를 8 mg/L 로 만들기 위하여 반응시켜야 하는 활성탄의 양(mg/L)은?(단, Freundlich 등온공식 $\frac{X}{M} = KC^{\frac{1}{n}}$ 을 이용)

풀이

$$\frac{X}{M} = KC^{\frac{1}{n}}$$

$$\frac{60-10}{15} = K \times 10^{\frac{1}{n}} : \text{㉮식}$$

$$\frac{60-4}{40} = K \times 4^{\frac{1}{n}} : \text{㉯식}$$

㉮식을 ㉯식으로 나눔

$2.378 = 2.5^{\frac{1}{n}}$, 양변에 log을 취하면

$\log 2.378 = \frac{1}{n} \log 2.5$, $n = 1.057 \to$ ㉮식에 대입

$3.33 = K \times 10^{\frac{1}{1.057}}$, $K = 0.38$

$$\frac{60-8}{M} = 0.38 \times 8^{\frac{1}{1.057}}$$

$$M = 19.14 \text{ mg/L}$$

필수 문제

03 어떤 유해가스의 흡착 실험을 수행한 결과 흡착제의 단위질량당 흡착된 용질량 $\left(\dfrac{x}{m}\right)$과 출구가스농도 C_0 데이터를 얻었다. 이 실험데이터로부터 $\log(C_0)$ 대 $\log\left(\dfrac{x}{m}\right)$에 대하여 Plot 하였더니 다음과 같은 직선을 얻었다. 흡착은 Freundlich 등온흡착식 $\dfrac{x}{m}=KC_0^{1/n}$을 만족할 때 등온상수 n과 K값을 구하면?

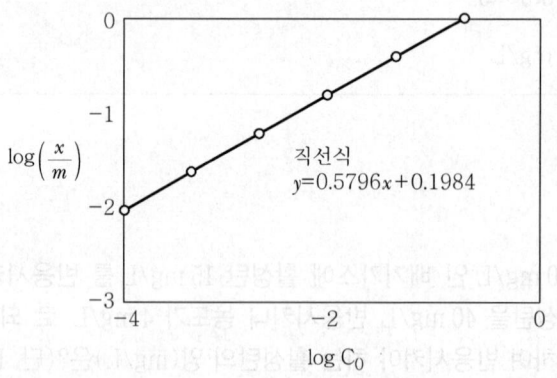

직선식 $y = 0.5796x + 0.1984$

풀이

$\dfrac{x}{m} = KC^{\frac{1}{n}}$ 양변에 log을 취하면

$\log\left(\dfrac{x}{m}\right) = \log\left(KC_0^{\frac{1}{n}}\right)$

$\log\left(\dfrac{x}{m}\right) = \dfrac{1}{n}\log C_0 + \log K$

문제상 직선식 $y = 0.5796x + 0.1984$ 에서

$\dfrac{1}{n} = 0.5796,\ n = 1.725$

$\log K = 0.1984$
$K = 1.579$

⑧ 흡착장치
　㉠ 고정상 흡착장치(Fixed Bed Absorber)
　　ⓐ 보통수직형은 처리가스양이 적은 소규모에 적합하고, 수평형 및 실린더형은 처리가스양이 많은 대규모에 적합하다.
　　ⓑ 처리가스를 연속적으로 처리하고자 할 경우에는 회분식(Batch Type) 흡착장치 2개를 병렬로 연결하여 흡착과 재생을 교대로 한다.
　　ⓒ 활성탄의 재생은 흡착된 오염물질의 탈착, 활성탄 냉각 및 재사용의 3단계로 구분할 수 있고 이 3단계 과정을 탈착주기라 한다.
　　ⓓ 흡착장치 내 흡착층 단면속도는 0.15~0.5 m/sec이고 접촉체류 시간은 0.5~5초 정도이다.
　㉡ 이동상 흡착장치(Movable Bed Adsorber)
　　ⓐ 흡착층을 위에서 아래로 이동시키면서 처리가스를 아래에서 위로 향하게 하여 향류 접촉시키는 방식이다.
　　ⓑ 항상 흡착제를 탈착부로 이동시키기 때문에 포화된 탈착에 필요한 에너지가 적게 들고 또한 흡착제 사용량이 절약되는 장점이 있다.
　　ⓒ 유동층 흡착장치에 비해 가스의 유속을 크게 유지할 수 없으며 흡착제 이동에 따른 파손이 많다는 단점이 있다.
　㉢ 유동상 흡착장치
　　ⓐ 고정층과 이동층 흡착장치의 장점만을 이용한 복합형이다.
　　ⓑ 가스의 유속을 크게 유지할 수 있고, 고체와 기체의 접촉을 크게 할 수 있으며 가스와 흡착제를 향류 접촉시킬 수 있다.
　　ⓒ 흡착제의 유동에 의한 마모가 크게 일어나고, 조업조건에 따른 주어진 조건의 변동이 어렵다.
⑨ 흡착과정
　㉠ 포화점(Saturation Point)
　　주어진 온도와 압력조건에서 흡착제가 가장 많은 양의 흡착질을 흡착하는 점이다.
　㉡ 파과점(Break Point)
　　ⓐ 흡착제층 전체가 포화되어 배출가스 중에 오염가스 일부가 남게 되는 점을 파과점이라 한다.(흡착탑 출구에서 오염물질 농도가 급격히 증가되기 시작하는 점)
　　ⓑ 파과점 이후부터는 오염가스의 농도가 급격히 증가한다.
　　ⓒ 파과곡선의 형태는 비교적 기울기가 큰 것이 바람직하다. 그 이유는 기울기가 작은 경우는 흡착층의 상당한 부분이 이미 포화되기 전부터 파과가 진행됐음을 의미하기 때문이다.

ⓓ 흡착 초기에는 흡착이 매우 빠르고 효과적으로 진행되다가 어느 정도 흡착이 진행되면 흡착이 점차로 천천히 진행된다.
ⓔ 파과곡선은 흡착탑 출구농도(유출농도)를 시간진행에 따라 나타낸 S자 형태의 그래프로 나타난다.

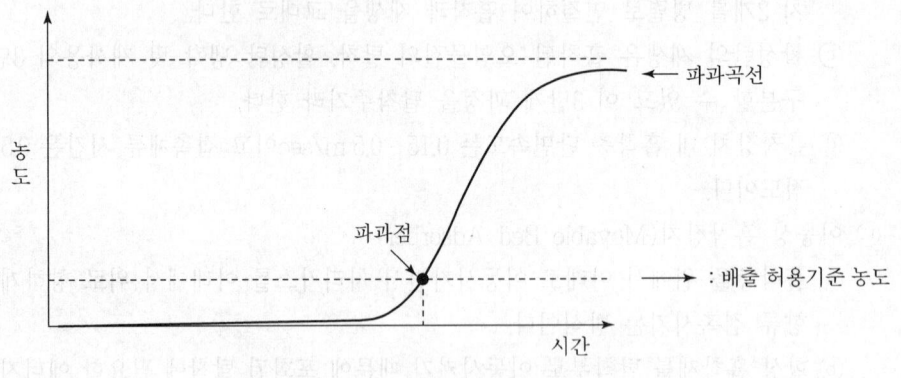

[파과곡선]

⑩ 흡착제 재생방법
　㉠ 수증기 송입 탈착법
　㉡ 가열공기(고온의 불활성기체) 탈착법
　㉢ 수세(물) 탈착법
　㉣ 감압(압력을 낮춤) 탈착법

⑪ 활성탄 흡착탑의 화재방지대책
　㉠ 접촉시간은 5sec 이내, 선속도는 0.15~0.5m/sec로 유지한다.
　㉡ 축열에 의한 발열을 피할 수 있도록 형상이 균일한 조립상 활성탄을 사용한다.
　㉢ 사영역이 있으면 축열이 일어나므로 활성탄층의 구조를 수직 또는 경사지게 하는 편이 좋다.
　㉣ 운전 초기에 흡착열이 발생하여 15~30분 후에는 점차 낮아지므로 물을 충분히 뿌려 주어 30분 정도 공기를 공회전 시킨 다음 정상 가동한다.

🔍 Reference | 환원법

활성탄에 SO_2를 흡착시키면 황산이 생성되는데, 이를 탈착시키려는 방법 중 활성탄 소모나 약산이 생성되는 단점을 극복하기 위해 H_2S 또는 CS_2를 반응시켜 단체의 S를 생성시키는 방법

학습 Point

1. 물리적 흡착 내용 숙지
2. 흡착제 활성탄, 실리카겔 내용 숙지
3. 흡착 관련식 숙지(출제비중 높음)
4. 파과점 내용 숙지

(3) 연소법(소각법)

① 개요

배출가스양이 많은 가연성의 유해가스, 유해가스의 농도가 낮은 경우, 악취물질 등에 적용한다.

② 특징

㉠ 폐열을 회수하여 이용할 수 있다.
㉡ 배기가스의 유량과 농도의 변화에 잘 적용할 수 있다.
㉢ 연소장치의 설계 및 운전조절을 통해 유해가스를 거의 완전히 제거할 수 있다.
㉣ 시설투자비와 유지관리비가 많이 들며 연소시 기타 오염물질을 유발시킬 가능성이 있다.

③ 종류

㉠ 직접연소법

ⓐ After Burner법이라고도 하며, HC, H_2, NH_3, HCN 및 유독가스 제거법으로 사용된다.
ⓑ 경우에 따라 보조연료나 보조공기가 필요하며 대체로 오염물질의 발열량이 연소에 필요한 전체열량의 50% 이상일 때 경제적으로 타당하다.
ⓒ 악취물질을 직접불꽃방식에 의해 제거할 경우 연소온도는 600~800℃ 범위가 적당하다.
ⓓ 직접화염 재연소기의 설계 시 반응시간은 0.2~0.7sec 정도로 하고, 이 방법은 연소온도가 높아 NO_x가 발생한다.

㉡ 가열연소법

ⓐ After Burner 법이라고도 하며, H_2S, 메르캅탄, 가솔린, HC, H_2, NH_3, HCN 등의 제거에 유용하다.
ⓑ 오염기체의 농도가 낮을 경우 보조연료가 필요하며, 보통 경제적으로 오염가스의 농도가 연소하한치(LEL)의 50% 이상일 때 적합하다.
ⓒ 보통 연소실 내의 온도는 650~850℃, 체류시간은 0.7(0.2)~0.9(0.8)초 정도로 설계한다.

ⓓ 그을음은 연료 중의 C/H 비가 3 이상일 때 주로 발생되므로 수증기 주입으로 C/H 비를 낮추면 해결 가능하다.
ⓔ 배출가스 내 가연성 물질의 농도가 매우 낮아 직접연소법으로 불가능할 경우에 주로 사용되고 조업의 유동성이 적어 NOx 발생이 적다.

ⓒ 촉매연소법
ⓐ 악취성분을 함유하는 가스를 촉매에 의해 비교적 저온(400~500℃) 정도에서 불꽃 없이 산화시키는 방법으로 직접연소법에 비해 낮은 온도, 짧은 체류시간(수백분의 1초)에서도 처리가 가능하며 저농도의 가연물질과 공기를 함유한 기체물질에 대하여 적용된다.
ⓑ 촉매는 백금(Pt), 코발트(Co), 니켈(Ni) 등이 있으나, 고가이지만 성능이 우수한 백금계의 것을 많이 사용한다.
ⓒ 활성도가 높은 촉매를 사용하는 것이 바람직하지만 내열성과 촉매독의 문제가 있다.
ⓓ 직접연소법과 비교하여 연료소비량이 적기 때문에 운전비가 절감되지만 촉매의 수명이 문제가 된다.
ⓔ 높은 온도의 예열이 필요 없으며 직접연소법에 비해 NOx 발생량이 적고 낮은 농도로 배출할 수 있다.
ⓕ 연소효율이 90~98% 정도로 높고 연료소비량이 적으므로 운전비용이 절감되고 압력손실도 적다.
ⓖ Fe, Si, P 등은 촉매의 수명을 단축시키거나 효율을 감소시킨다.
ⓗ Zn, Pb, Hg, S 및 분진과 같은 촉매독 때문에 촉매의 수명이 짧아지는 단점도 있다.

🔍 Reference | 고온산화법

유해가스로 오염된 가연성 물질을 처리하는 방법 중 반응속도가 빠르고 연료소비량이 적은 편이며, 산화온도가 비교적 적기 때문에 NOx의 발생이 가장 적은 처리방법이다.

🔍 Reference | 화격자 종류 중 폰 롤 시스템

폰 롤 시스템(Von Roll System)은 일련의 왕복식 화격자들을 사용하여 폐기물을 소각로 내에서 이동시키면서 연소시킨다. 화격자는 건조화격자, 연소화격자, 후연소화격자의 세 부분으로 구성되어 있다.

Reference | 다단로와 회전로의 비교(활성탄의 고온활성화 재생방법)

구분		다단로	회전로
①	온도유지	여러 개의 버너로 구분된 반응영역에서 온도분포 조절이 가능하고 열효율이 높음	단 1개의 버너로 열공급 영역별 온도유지가 불가능하고 열효율이 낮음
②	수증기공급	반응영역에서 일정입자가 빨리 배출	입구에서만 공급하므로 일정치 않음
③	입도분포	입도 분포에 관계없이 체류시간을 동일하게 유지 가능	입도에 비례하여 큰 입자가 빨리 배출
④	품질	고품질 입상재생설비로 적합	고품질 입상재생설비로 부적합

학습 Point

촉매연소법 내용 숙지

08 황산화물 처리

(1) 개요
화석연료 연소시 가연성 황성분은 거의 SO_2로 산화되고, 연료 중 황성분 1~5% 정도가 SO_3로 산화되며 SO_3는 연소가스 중의 수증기와 반응하여 H_2SO_4가 된다.(단, 연소가스의 온도가 낮은 경우는 황산이 Mist 상태로 생성)

(2) 종류
① 습식법
흡수제를 용해 또는 현탁시켜서 배기가스와 접촉하여 탈황시키며 흡수제로는 석회의 현탁액, 암모니아 수용액, 아황산나트륨 수용액 등을 사용한다.
㉠ 종류
    ⓐ 석회세정법(Wet Lime 또는 Limestone Scrubbing)
    ⓑ 암모니아 흡수법
    ⓒ 나트륨 흡수법(또는 초산나트륨 흡수법)
    ⓓ 마그네슘 흡수법
㉡ 장점
    ⓐ 반응효율(제거효율)이 높다.
    ⓑ 장치규모가 적고 상용화 실적이 많다.
    ⓒ 화학적 양론비가 적어 백연발생 및 약품비가 적게 소요된다.
㉢ 단점
    ⓐ 배출가스의 냉각으로 인해 배기가스의 온도가 저하하고 연돌에서의 확산이 나쁘다.
    ⓑ 수질오염(폐수)의 문제가 있다.
    ⓒ 장치의 부식을 유발할 수 있다.
    ⓓ 운전비 및 건설비는 건식법에 비해 높다.

② 건식법
㉠ 종류
    ⓐ 석회석 주입법
    ⓑ 활성산화망간법
    ⓒ 활성탄 흡착법

　　　　ⓓ 산화 · 환원법
　　　　ⓔ 산화구리법
　　　　ⓕ 전자빔을 이용한 방법
　　ⓒ 장점
　　　　ⓐ 배출가스의 온도저하(냉각)가 거의 없다.
　　　　ⓑ 배출가스의 연돌에서의 확산력이 좋다.
　　　　ⓒ 초기투자비가 적게 들고 다이옥신 제거 효과도 있다.
　　　　ⓓ 폐수가 발생하지 않는다.
　　ⓒ 단점
　　　　ⓐ 습식법에 비해 상대적으로 효율이 낮다.
　　　　ⓑ 장치의 규모가 크다.
　　　　ⓒ 장치 내 스케일 문제 및 후단 여과집진장치의 여과포 손상을 유발할 수 있다.

(3) 석회세정법
① 개요
효율이 낮은 건식석회법을 보완하여 소석회 또는 석회석을 슬러리 상태로 만들어 배연가스 중 황산화물을 처리하는 방법이다.

② 반응식
탈황률의 유지 및 스케일 형성을 방지하기 위해 흡수액의 pH를 6 정도(6.5~7.0)로 조정한다. 또한 반응온도조건은 120~150℃ 정도이다.

$$CaO + H_2O \rightarrow Ca(OH)_2$$
$$(Lime : 소석회)$$
$$Ca(OH)_2 + CO_2 \rightarrow CaCO_3 + H_2O$$
$$(Limestone : 석회석)$$
$$CaCO_3 + CO_2 + H_2O \rightarrow Ca(HCO_3)_2$$
$$Ca(HCO_3)_2 + SO_2 + H_2O \rightarrow CaSO_3 \cdot 2H_2O + 2CO_2$$
$$CaSO_3 \cdot 2H_2O + \frac{1}{2}O_2 \rightarrow CaSO_4 \cdot 2H_2O$$

③ 제거효율에 영향을 미치는 인자
　㉠ 흡수액의 pH
　　흡수액 pH가 상승하는 경우 ─ SO_2 제거효율이 높아짐
　　　　　　　　　　　　　　　 ─ 석회석 이용효율이 낮아짐
　　　　　　　　　　　　　　　 ─ 산화반응 속도가 낮아짐
　㉡ 액기비(L/G)
　　액기비가 증가하는 경우 ─ SO_2 제거효율이 높아짐
　　　　　　　　　　　　　 ─ 순환 Pump 동력비가 증가됨
④ 특징
　㉠ 흡수탑의 부식 및 흡수탑 내에서의 압력손실 증가가 단점이다.
　㉡ 세정액의 폐수처리 문제 및 백연이 발생한다.
　㉢ 반응표면적을 증대시켜 반응효율(제거효율)이 높다.
　㉣ 가장 큰 단점은 흡수탑 및 탑 이후의 배관에서 스켈링을 유발시키는 것이다.
　㉤ 스켈링 방지방법
　　ⓐ 흡수탑 순환액에 산화탑에서 생성한 석고를 반송하고 흡수액 슬러리 중의 석고 농도를 5% 이상으로 유지하여 석고의 결정화를 촉진한다.
　　ⓑ 흡수액량을 많게 하여 탑 내에서의 결착을 방지한다.
　　ⓒ 순환액 pH 값 변동을 적게 한다.
　　ⓓ 탑 내의 내장물을 가능한 한 설치하지 않는다.

(4) 암모니아 흡수법

① 개요
　암모니아 수용액($2NH_4OH$)을 SO_2와 반응시켜 SO_2, S, $(NH_4)_2SO_4$ 형태로 흡수하는 방법이다.
② 반응식

$$SO_2 + 2NH_4OH \rightarrow (NH_4)_2SO_3 + H_2O$$

$$(NH_4)_2SO_4 + H_2O + SO_2 \rightarrow 2NH_4HSO_3$$

③ 반응 pH

흡수액의 pH는 약 6 정도로 유지하여야 흡수효율이 증가하며 pH 5 이하로 되면 흡수효율이 급격히 저하한다.

> **Reference**
> 석유정제시 배출되는 H₂S의 제거에 널리 사용되는 세정제는 다이에탄올아민용액이다.

(5) 석회석 주입법

① 개요

$CaCO_3$ 분말을 연소실(≒1,000℃)에 직접 혼입하여 열분해에 의해 SO_2를 $CaSO_4$(황산칼슘)으로 반응, 집진장치에서 최종 제거하는 방법으로 연소로 내에서 아주 짧은 접촉시간과 아황산가스가 석회분말의 표면 안으로 침투되기 어려우므로 아황산가스 제거효율(≒40%)이 낮은 편이다.

② 반응식

$$CaCO_3 + SO_2 + \frac{1}{2}O_2 \rightarrow CaSO_4 + CO_2$$
$$[CaCO_3 \rightarrow CaO + CO_2$$
$$CaO + SO_2 + \frac{1}{2}O_2 \rightarrow CaSO_4 \downarrow]$$

연소로 내에서의 화학반응은 주로 소성, 흡수, 산화의 3가지로 나눌 수 있다.

③ 특징

㉠ 제거효율이 낮고 연소로 내에서 석회석 분말이 재와 반응 Scale을 생성하여 전달률을 저감시켜 SO_2와 반응하지 못한 석회수 분말이 후단 집진기 성능저하를 유발한다.

㉡ 초기 투자비용이 적게 들어 소규모 보일러나 노후된 보일러에 추가로 설치할 때 사용한다.

㉢ $CaCO_3$의 가격이 저렴하고 배기가스의 온도 저하가 없어 굴뚝에서 확산력이 좋은 장점이 있다.

㉣ 석회석 값이 저렴하므로 재생하여 쓸 필요가 없고 석회석의 분쇄와 주입에 필요한 장비 외에 별도의 부대시설이 크게 필요 없다.

㉤ 배기가스 중 재와 석회석이 반응하여 연소로 내에 달라붙어 압력손실을 증가시키고, 열전달을 낮춘다.

㉥ $CaCO_3$ 분말이 미반응하면 후처리 집진장치의 효율이 저감된다.

(6) 접촉촉매 산화법

① 개요

V_2O_5, K_2SO_4 등의 촉매를 이용하여 배기가스 중 SO_2를 SO_3로 산화 후 탑 내에서 세정하여 진한 H_2SO_4, $(NH_4)_2SO_4$로 회수하는 방법이다.

② 반응식

$$SO_2 + V_2O_5 \rightarrow SO_3$$
$$SO_3 + H_2O \rightarrow H_2SO_4$$
$$SO_3 + 2NH_4OH \rightarrow (NH_4)SO_4 + H_2O$$

(7) 흡착법

① 개요 및 특징
- ㉠ SO_2를 함유한 배기가스를 활성탄층으로 통과시켜 SO_2를 흡착시킨다.
- ㉡ 흡착된 SO_2는 활성탄 표면에서 산소와 반응하여 산화된 후 수증기와 반응하여 황산으로 흡착층에 고정된다.
- ㉢ 활성탄은 재생 가능하고 황산은 회수한다.
- ㉣ 재생식공정의 대표적 방법은 웰만-로드법이다.

② 반응식

$$SO_2 + \frac{1}{2}O_2 + H_2O \rightarrow H_2SO_4$$

> **Reference | 중질유의 탈황방법**
>
> ① 직접탈황법
>   수소첨가촉매(CO-Ni-Mo)로 250~450℃에서 압력을 30~150kg/cm² 정도로 가하여 황성분을 H_2S, S, SO_2 형태로 제거하는 방법
> ② 간접탈황법
>   상압잔유를 감압증류에 의하여 증류하고 얻어진 감압경유를 수소화탈황에 의해 탈황화하며 이 탈황된 경유와 감압잔유를 혼합하여 황이 적은 제품을 생산하는 방법
> ③ 중간탈황법
>   상압증류에서 얻은 증류를 감압증류시켜 경유 및 감압잔유를 얻어 이 감압잔유를 프로판 또는 분자량이 큰 탄화수소를 이용하여 아스팔트와 잔유로 분리 후 이 잔유와 감압경유 혼합, 탈황 후 아스팔트분과 재혼합하여 저황유를 만드는 방법

> **Reference**
> 산, 알칼리, 약액세정법으로 제거 가능한 대표적 성분으로는 무기산(염산, 황산)의 희박수용액에 의한 암모니아, 아민류 등의 염기성 성분이다.

필수 문제

01 황성분이 무게비로 1.5% 인 중유를 1,000 kg/hr 으로 연소시 배출되는 SO_2 를 석고로 회수하는 경우 석고의 생산량(kg/hr)은?

풀이

SO_2 가스의 양

S   + O_2 → SO_2

32 kg   :   64 kg

1,000 kg/hr×0.015   : SO_2(kg/hr)

$$SO_2(kg/hr) = \frac{1,000 \text{ kg/hr} \times 0.015 \times 64 \text{ kg}}{32 \text{ kg}} = 30 \text{ kg/hr}$$

석고의 생산량

SO_2 + CaO + $\frac{1}{2}O_2$ → $CaSO_4$

64 kg   :   136 kg

30 kg/hr   : $CaSO_4$(kg/hr)

$$CaSO_4(kg/hr) = \frac{30 \text{ kg/hr} \times 136 \text{ kg}}{64 \text{ kg}} = 63.75 \text{ kg/hr}$$

필수 문제

02 유황 함유량이 1.5% 인 중유를 시간당 10톤 연소시킬 때 SO_2의 배출량(Sm^3/hr)은? (단, 표준상태 기준, 유황은 전량이 반응하고, 이 중 5%는 SO_3로서 배출되며, 나머지는 SO_2로 배출된다.)

> **풀이**
>
> S + O$_2$ → SO$_2$
> 32kg : 22.4Sm^3
> 10,000kg/hr×0.015×0.95 : SO$_2$(Sm^3/hr)
>
> $$SO_2(m^3/hr) = \frac{10,000kg/hr \times 0.015 \times 0.95 \times 22.4Sm^3}{32kg} = 99.75 Sm^3/hr$$

필수 문제

03 시간당 1 ton의 석탄을 연소시킬 때 발생하는 SO$_2$는 0.31 Sm^3/min였다. 이 석탄의 황함유량(%)은?(단, 표준상태를 기준으로 하고, 석탄 중의 황성분은 연소하여 전량 SO$_2$가 된다.)

> **풀이**
>
> S + O$_2$ → SO$_2$
> 32kg : 22.4Sm^3
> 1,000kg/hr×hr/60min×S : 0.31Sm^3/min
>
> $$S = \frac{32kg \times 0.31 Sm^3/min}{16.67 kg/min \times 22.4 Sm^3} = 0.0266 \times 100 = 2.66\%$$

필수 문제

04 황분 2.5%의 중유를 5ton/hr로 연소하고 있는 열설비에서 발생하는 SO$_2$를 탄산칼슘으로 완전히 탈황할 경우 필요한 이론적 탄산칼슘의 양(kg/min)은?(단, 중유 중 황은 모두 SO$_2$로 된다고 가정한다.)

> **풀이**
>
> S + O$_2$ → SO$_2$
> 32kg : 64kg
> 5,000kg/hr×0.025 : SO$_2$(kg/hr)
>
> $$SO_2(kg/hr) = \frac{5,000kg/hr \times 0.025 \times 64kg}{32kg} = 250kg/hr$$
>
> SO$_2$ + CaCO$_3$ → CaSO$_3$ + CO$_2$

$$64\text{kg} \quad : \quad 100\text{kg}$$
$$250\text{kg/hr} \quad : \quad CaCO_3(\text{kg/hr})$$
$$CaCO_3(\text{kg/min}) = \frac{250\text{kg/hr} \times 100\text{kg} \times \text{hr}/60\text{min}}{64\text{kg}}$$
$$= 6.51\text{kg/min}$$

필수 문제

05 황 성분 1.1% 인 중유를 15 ton/hr 으로 연소할 때 배출되는 가스를 $CaCO_3$ 로 탈황하고 황을 석고($CaSO_4 \cdot 2H_2O$)로 회수하고자 할 경우 회수하는 석고의 양(ton/hr)은? (단, 황 성분은 100% SO_2 로 전환되고, 탈황률은 93% 이다.)

풀이

$$S \quad \rightarrow \quad CaSO_4 \cdot 2H_2O$$
$$32\text{ kg} \quad : \quad 172\text{ kg}$$
$$15\text{ ton/hr} \times 0.011 \times 0.93 : CaSO_4 \cdot 2H_2O(\text{ton/hr})$$
$$CaSO_4 \cdot 2H_2O(\text{ton/hr}) = \frac{15\text{ ton/hr} \times 0.011 \times 0.93 \times 172\text{ kg}}{32\text{ kg}}$$
$$= 0.82\text{ ton/hr}$$

필수 문제

06 3% 황분이 들어 있는 중유를 10 ton/hr 로 연소하는 보일러의 배출가스를 탄산칼슘으로 탈황하여 석고($CaSO_4 \cdot 2H_2O$)로 회수하려 한다. 탈황률이 90% 리 할 때 이론적으로 회수할 수 있는 석고의 양(ton/hr)은?(단, 연료 중의 황 성분은 모두 SO_2로 된다).

풀이

$$S \quad \rightarrow \quad CaSO_4 \cdot 2H_2O$$
$$32\text{ kg} \quad : \quad 172\text{ kg}$$
$$10\text{ ton/hr} \times 0.03 \times 0.9 : CaSO_4 \cdot 2H_2O(\text{ton/hr})$$
$$CaSO_4 \cdot 2H_2O(\text{ton/hr}) = \frac{10\text{ ton/hr} \times 0.03 \times 0.9 \times 172\text{ kg}}{32\text{ kg}}$$
$$= 1.45\text{ ton/hr}$$

필수 문제

07 황 함량 2.5%인 중유를 1시간에 20 ton 연소하고 있는 공장에서 배연탈황을 실시하고 있다. 이 시설에서 부산물을 석고($CaSO_4$)로 회수하려고 하는 경우 회수되는 석고의 이론량(ton/h)은?(단, 이 장치의 탈황률은 90%이고, Ca 원자량 : 40)

> **풀이**
> S → $CaSO_4$
> 32 kg : 136 kg
> 20 ton/hr×0.025×0.9 : $CaSO_4$(ton/hr)
> $CaSO_4(ton/hr) = \dfrac{20\ ton/hr \times 0.025 \times 0.9 \times 136\ kg}{32\ kg} = 1.91\ ton/hr$

필수 문제

08 배연탈황을 하지 않는 시설에서 중유 중의 황성분이 중량비로 S(%), 중유사용량이 매시 W(L)라면 황산화물의 배출량(Sm^3/hr)은?(단, 중유의 비중은 0.9, 표준상태를 기준으로 하며 황산화물은 전량 SO_2로 계산한다.)

> **풀이**
> S + O_2 → SO_2
> 32 kg : 22.4 Sm^3
> W L/hr×0.9 kg/L×S/100 : $SO_2(m^3/hr)$ [액체비중단위 kg/L 적용]
> $SO_2(Sm^3/hr) = \dfrac{W\ L/hr \times 0.9\ kg/L \times S/100 \times 22.4\ Sm^3}{32\ kg} = 0.0063 \times W \times S\ Sm^3/hr$

필수 문제

09 황 성분이 중량비로 S%인 벙커유의 사용량이 분당 Wkg이라고 하면 황산화물(SO_2) 배출량(Sm^3/hr)은?

> **풀이**
> S + O_2 → SO_2
> 32 kg : 22.4 Sm^3
> Wkg/min×60min/hr×S/100 : $SO_2(m^3/hr)$
> $SO_2(Sm^3/hr) = 0.42 \times W \times S\ Sm^3/hr$

필수문제

10 건식석회법으로 SO_2를 처리하고자 한다. 배기가스양은 $100\ Sm^3/hr$, 배기가스의 SO_2 농도는 3,000 ppm 일 때 SO_2 제거에 요구되는 석회석($CaCO_3$)의 양(kg/hr)은?

풀이

$SO_2\ +\ CaCO_3\ \rightarrow\ CaSO_3 + CO_2$
64 kg : 100 kg
$100\ Sm^3/hr \times 3,000\ mL/Sm^3 \times 64\ g/22,400\ mL \times kg/1,000\ g$: $CaCO_3(kg/hr)$

$CaCO_3(kg/hr) = \dfrac{100\ Sm^3/hr \times 3,000\ mL/Sm^3 \times 64\ g/22,400\ mL \times kg/1,000\ g \times 100\ kg}{64\ kg}$

$= 1.34\ kg/hr$

필수문제

11 비중 0.9, 황 성분 0.16% 인 중유를 1,400 L/hr 로 연소시키는 보일러에서 황산화물의 시간당 발생량(Sm^3/hr)은?(단, 표준상태 기준, 황 성분은 전량 SO_2로 전환된다.)

풀이

$S\ +\ O_2\ \rightarrow\ SO_2$
32 kg : 22.4 Sm^3
$1,400\ L/hr \times 0.9\ kg/L \times 0.0016$: $SO_2(Sm^3/hr)$

$SO_2(Sm^3/hr) = \dfrac{1,400\ L/hr \times 0.9\ kg/L \times 0.0016 \times 22.4\ Sm^3/hr}{32\ kg} = 1.41\ Sm^3/hr$

필수문제

12 황 함유량 1.5% 인 중유를 10 ton/hr 로 연소하는 보일러에서 배기가스를 NaOH 수용액으로 처리한 후 황 성분을 전량 Na_2SO_3로 회수할 경우, 이때 필요한 NaOH 의 이론량(kg/hr)은?(단, 황 성분은 전량 SO_2로 전환된다고 한다.)

풀이

$S\ +O_2\ \rightarrow\ SO_2$
$SO_2 + 2NaOH\ \rightarrow\ Na_2SO_3 + H_2O$

$$\begin{array}{lcl} \text{S} & \rightarrow & \text{2NaOH} \\ 32\,\text{kg} & : & 2\times 40\,\text{kg} \\ 10{,}000\,\text{kg/hr}\times 0.015 & : & \text{NaOH(kg/hr)} \end{array}$$

$$\text{NaOH(kg/hr)} = \frac{10{,}000\,\text{kg/hr}\times 0.015 \times 80\,\text{kg}}{32\,\text{kg}} = 375\,\text{kg/hr}$$

필수 문제

13 황 성분이 2.4%인 중유를 2,000 kg/hr 연소하는 보일러 배기가스를 NaOH 용액으로 처리시, 시간당 필요한 NaOH의 양(kg/hr)은?(단, 탈황률은 95%)

풀이

$$\begin{array}{lcl} \text{S} + \text{O}_2 & \rightarrow & \text{SO}_2 \\ \text{SO}_2 + 2\text{NaOH} & \rightarrow & \text{Na}_2\text{SO}_3 + \text{H}_2\text{O} \end{array}$$

$$\begin{array}{lcl} \text{S} & \rightarrow & \text{2NaOH} \\ 32\,\text{kg} & : & 2\times 40\,\text{kg} \\ 2{,}000\,\text{kg/hr}\times 0.024\times 0.95 & : & \text{NaOH(kg/hr)} \end{array}$$

$$\text{NaOH(kg/hr)} = \frac{2{,}000\,\text{kg/hr}\times 0.024 \times 0.95 \times 80\,\text{kg}}{32\,\text{kg}} = 114\,\text{kg/hr}$$

필수 문제

14 비중 0.95, 황 성분 3.0%의 중유를 매시간 1 kL씩 연소시키는 공장 배출가스 중 SO_2(kg/hr) 양은?(단, 중유 중 황 성분의 90%가 SO_2로 되며, 온도변화 등 기타 변화는 무시한다.)

풀이

$$\begin{array}{lcl} \text{S} + \text{O}_2 & \rightarrow & \text{SO}_2 \\ 32\,\text{kg} & : & 64\,\text{kg} \\ 1{,}000\,\text{L/hr}\times 0.95\,\text{kg/L}\times 0.03\times 0.9 & : & \text{SO}_2(\text{kg/hr}) \end{array}$$

$$\text{SO}_2(\text{kg/hr}) = \frac{1{,}000\,\text{L/hr}\times 0.95\,\text{kg/L}\times 0.03\times 0.9\times 64\,\text{kg}}{32\,\text{kg}} = 51.3\,\text{kg/hr}$$

15

S성분 2.8%를 함유한 중유 10ton/hr를 연소하는 보일러가 있다. 연소를 통해 S성분은 100% SO_2로 변화하고, 보일러의 배기가스를 NaOH 수용액으로 세정하여 S성분을 Na_2SO_3로 회수할 경우에 이론적으로 필요한 NaOH의 양(kg/hr)은?(단, 사용된 NaOH의 순도는 85%이다.)

풀이

S + O_2 → SO_2
SO_2 + 2NaOH → Na_2SO_3 + H_2O
S   → 2NaOH
32kg   : 2×40kg
10,000kg/hr×0.028 : NaOH×0.85

$$NaOH(kg/hr) = \frac{10,000kg/hr \times 0.028 \times (2 \times 40)kg}{32kg \times 0.85} = 823.53 kg/hr$$

16

가스 1 m^3당 50 g의 아황산가스를 포함하는 어떤 폐가스를 흡수처리하기 위하여 가스 1 m^3에 대하여 순수한 물 2,000 kg의 비율로 연속 향류 접촉시켰더니 폐가스 내 아황산가스의 농도가 1/10로 감소하였다. 물 1,000 kg에 흡수된 아황산가스의 양(g)은?

풀이

50g : 2,000kg = x : 1,000kg

$x = \dfrac{50g \times 1,000kg}{2,000kg} = 25g$

흡수된 아황산가스양(g) = 25g × (1 − 0.1) = 22.5g

🔍 학습 Point

① 습식법, 건식법 종류 구분 숙지
② 석회세정법 반응식 및 제거효율에 영향을 미치는 인자내용 숙지(출제비중 높음)
③ 석회석 주입법 반응식 및 특징 내용 숙지

09 질소산화물 처리

(1) 개요

질소산화물(NOx)은 주로 연소과정에서 발생하며 대기오염 유발물질은 NO와 NO_2이며 화염에서 NOx 발생 중 90%는 NO이고 나머지 10%는 NO_2가 차지한다.

연소가스 중의 NO는 환원제와 반응하여 N_2로 재전환될 수 있으며, 일반적으로 내연기관 엔진에서의 환원제는 CO이고, 화력발전소에서는 NH_3이다.

(2) 연소시 NOx 생성에 영향을 미치는 인자 및 저감

① 온도(낮게 함)
② 반응속도
③ 반응물질의 농도(NOx 함량)가 적은 연료 사용
④ 반응물질의 혼합 정도(연소영역에서 산소농도 낮춤)
⑤ 연소실 체류시간(연소영역에서 연소가스 체류시간은 짧게 함)

(3) 연소과정에서 발생하는 질소산화물의 종류

질소산화물은 연소 시 연료의 성분으로부터 발생하는 Fuel NOx와 고온에서 공기 중의 질소와 산소가 반응하여 생기는 Thermal NOx 등이 있다.

① Thermal NOx(Zeldovich mechanism에 의해 생성)
  ㉠ 연료의 연소로 인한 고온분위기에서 연소공기의 분해과정에서 발생, 즉 대기 중 N_2와 O_2가 결합하여 생성된다.($N_2 + O_2 \rightarrow 2NO$)
  ㉡ 고온에서 고온 NO는 빠르게 형성되지만 형성에 필요한 시간은 평형에 도달하지 못할 정도로 짧다.
  ㉢ 연소 시 발생하는 질소산화물의 대부분은 NO와 NO_2이며 발생원 근처에서는 NO/NO_2의 비가 크지만 발생원으로부터 멀어지면서 그 비가 감소한다.

② Fuel NOx
  연료 자체가 함유하고 있는 불순물의 질소성분 연소에 의해서 발생한다.

③ Prompt NOx
  ㉠ 연료와 공기 중 질소 성분의 결합으로 발생한다. 즉, 연료가 열분해 시 질소가 HC 및 C와 반응하여 HCN 또는 CN이 생성되며, 이들은 OH 및 O_2 등과 결합하여 중간생성물질(NCO)을 형성하여 NO의 발생에 관계가 있다는 학설이다.
  ㉡ 반응식 : $CH + N_2 \rightarrow HCN + N$

(4) 연소조절에 의한 NOx 저감방법(연소 개선에 의한 NOx 억제방법)

① 저산소연소(저과잉공기 연소)
  ㉠ 낮은 공기비로 연소시키는 방법, 즉 연소로 내로 과잉공기의 공급량을 줄여(≒10%) 질소와 산소가 반응할 수 있는 기회를 적게 하는 것이다.
  ㉡ 낮은 공기비일 경우 CO 및 검댕의 발생이 증가하고 노 내의 온도가 상승하므로 주의를 요한다.

② 저온도 연소(연소용 예열공기의 온도 조절)
  에너지 절약, 건조 및 착화성 향상을 위해 사용하는 예열공기의 온도를 조절(낮게 함)하여 NOx 생성량을 조절한다.(희박예혼합연소를 함으로써 최고화염온도를 1,800K 이하로 억제)

③ 연소부분의 냉각
  연소실의 열부하를 낮춤으로써 NOx 생성을 저감할 수 있다.

④ 배기가스의 재순환
  ㉠ 연소용 공기에 일부 냉각된 배기가스를 섞어 연소실로 재순환(재순환 비율은 연소공기 대비 10~20%)하여 온도 및 산소농도를 낮춤으로써 NOx 생성을 저감할 수 있다.
  ㉡ NOx 발생량을 ≒15~25% 줄일 수 있고 Thermal NOx 저감에 효과는 좋으나 Fuel NOx 저감은 미비하다.
  ㉢ 대부분의 다른 연소제어 기술과 병행해서 사용할 수 있고 저 NOx 버너와 같이 사용하는 경우가 많다.

⑤ 2단 연소(2단계 연소법)
  ㉠ 1차 연소실에서 가스온도 상승을 억제하면서 운전하여 NOx의 생성을 줄이고 불완전연소가스는 2차 연소실에서 완전연소시키는 방법이다. 즉 버너 부분에서 이론공기량의 85~95% 정도로 공급하고, 상부 공기구멍에서 10~15%의 공기를 더 공급한다.
  ㉡ 두 연소단계 사이에서 열의 일부가 제거되어 화염온도가 낮게 되는 과정을 거쳐서 연소가 이루어진다.
  ㉢ NOx를 20~30% 줄일 수 있으나 과잉공기 부족으로 인하여 매연, CO의 발생이 증가한다.

⑥ 버너 및 연소실의 구조 개선
  저 NOx 버너를 사용하고 버너의 위치를 적정하게 설치하여 NOx 생성을 저감할 수 있다.

⑦ 수증기 물분사 방법
  물분자의 흡열반응을 이용하여 화로 내에 수증기를 분무, 온도를 저하시켜 NOx 생성을 저감할 수 있다.

⑧ 완만혼합
연료와 공기의 혼합을 완만하게 하여 연소를 길게 함으로써 화염온도의 상승을 억제한다.
⑨ 화염형상의 변경
화염을 분할하거나 막상으로 얇게 늘여서 열손실을 증대시켜 NOx 생성을 억제한다.
⑩ 기타
연소영역에서 연소가스의 체류시간을 짧게 한다.

(5) 처리기술에 의한 질소산화물 제거방법

배출가스 중의 NOx 제거는 연소조절에 의한 제어법보다 더 높은 NOx 제거효율이 요구되는 경우나 연소방식을 적용할 수 없는 경우에 사용된다.

① 선택적 촉매환원법(SCR ; Selective Catalytic Reduction)
  ㉠ 개요
  연소가스 중의 NOx를 촉매(T_iO_2와 V_2O_5를 혼합하여 제조)를 사용하여 환원제(NH_3, H_2S, CO, H_2 등)와 반응 N_2와 H_2O로 O_2와 상관없이 접촉환원시키는 방법이다.
  ㉡ 반응식
    ⓐ 환원제 : NH_3
      NH_3를 환원제로 사용하는 탈질법은 산소 존재에 의해 반응속도가 증대하는 특이한 반응이고, 2차 공해 문제도 적은 편이므로 광범위하게 적용된다.

  $$6NO + 4NH_3 \rightarrow 5N_2 + 6H_2O$$
  $$6NO_2 + 8NH_3 \rightarrow 7N_2 + 12H_2O$$
  (산소가 공존하는 경우)
  $$4NO + 4NH_3 + O_2 \rightarrow 4N_2 + 6H_2O$$

    ⓑ 환원제 : CO

  $$2NO + 2CO \rightarrow N_2 + 2CO_2$$
  $$2NO_2 + 4CO \rightarrow N_2 + 4CO_2$$

ⓒ 특징
  ⓐ 주입환원제가 배출가스 중 질소산화물을 우선적으로 환원한다는 의미에서 선택적 촉매환원법이라 한다.
  ⓑ 적정반응 온도영역은 275~450℃이며 최적반응은 350℃에서 일어난다.
  ⓒ 최적조건에서 약 90% 정도의 효율이 있다.
  ⓓ 먼지, SOx 등에 의해 촉매의 활성이 저하되어 효율이 떨어진다.
  ⓔ 촉매 교체시 상당한 비용이 부담된다.
  ⓕ 촉매반응탑 설치가 필요하여 설비비가 많이 든다.
  ⓖ 질소산화물의 고효율 제거에 사용되며 잔여물질이 없어 폐기물처리비용이 들지 않는다.
  ⓗ SCR에서 Al_2O_3계(알루미나계)의 촉매는 SO_2, SO_3, O_2와 반응하여 황산염이 되기 쉽고 촉매의 활성이 저하된다.
  ⓘ H_2S를 사용하는 선택적 촉매환원법은 Claus 반응에 따라 아황산가스 제거도 가능한 NOx, SOx 동시제거법으로 제안되기도 한다.
  ⓙ 질소산화물 전환율은 반응온도에 따라 종 모양(Bell Shape)을 나타낸다.

② 선택적 비촉매(무촉매) 환원법(SNCR ; Selective Noncatalytic Reduction)
  ㉠ 개요
  촉매를 사용하지 않고 연소가스에 환원제(암모니아, 요소)를 분사하여 고온에서 NOx와 선택적으로 반응하여 N_2와 H_2O로 분해하는 방법으로 NO의 암모니아에 의한 환원에는 보통 산소의 공존이 필요하다.
  ㉡ 반응식

  $$4NO + 4NH_3 + O_2 \rightarrow 4N_2 + 6H_2O$$
  $$4NO + 2(NH_2)_2CO + O_2 \rightarrow 4N_2 + 4H_2O + 2CO_2$$

  ㉢ 특징
  ⓐ 반응온도 영역은 750~950℃이며 최적반응은 800~900℃에서 일어난다.
  ⓑ 질소산화물의 제거효율은 약 40~70%이며 제거율을 높이기 위해서는 보통 1,000℃ 정도의 고온과 NH_3/NO 비가 2 이상인 암모니아의 첨가가 필요하다.
  ⓒ 다양한 가스에 적용 가능하고 장치가 간단하며 유지보수가 용이하다.
  ⓓ 약품을 과다 사용하면 암모니아가 HCl과 반응하여 백연현상이 발생할 수 있으므로 주의를 요한다.
  ⓔ 온도가 너무 낮은 경우 NOx의 환원반응이 원활하지 않아 암모니아 그대로 배출되는데 이를 암모니아 슬립현상이라 한다.

ⓕ 반응기 등의 설비가 필요하지 않아 설비비는 작고, 특히 더러운(고농도) NOx의 제거에 적합하다.
ⓖ NO의 암모니아에 의한 환원에는 암모니아 첨가가 필요하다.

🔍 Reference | SCR과 SNCR의 비교

비교 항목	SNCR	SCR
NOx 저감한계	50 ppm	20~40 ppm
제거효율	30~70%	90%
운전온도	850~950℃	300~400℃
소요면적	설치공간이 작다.	촉매탑 설치
암모니아 슬립	10~100 ppm	5~10 ppm
PCDD 제거	거의 없음	가능성 있음
경제성	설치비가 저렴하다.	수명이 짧다.
고려사항	• 투입온도, 혼합 • 암모니아 슬립 • 효율	• 운전온도 • 배기가스 가열비용 • 촉매독 • 암모니아 슬립(매우 적음) • 설치공간 • 촉매 교체비
장점	• 다양한 가스성상에 적용 가능 • 장치가 간단 • 운전보수 용이	• 높은 탈질효과 • 암모니아 슬립이 매우 적다.
단점	연소온도를 950℃ 이하로 확실히 제어	• 유지비가 많이 든다(촉매비용). • 운전비가 많이 든다. • 압력손실이 크다. • 먼지, SOx 등에 의해 방해를 받음

③ 접촉분해법
  ㉠ NO가 함유된 배기가스를 CO_3O_4(산화코발트)에 접촉시켜 N_2와 O_2로 분해하는 방법이다.
  ㉡ 반응식

$$2NO \rightarrow N_2 + O_2$$
$$\uparrow$$
$$CO_3O_4$$

④ 흡착법
  ㉠ 활성탄, 실리카겔의 흡착제에 배기가스를 흡착시키는 방법으로, 산소가 다량 포함 시 폭발, 화재의 위험성이 있다.
  ㉡ NO_2는 흡착 가능하나, NO는 흡착이 곤란하다.

⑤ 전자선 조사법
  ㉠ 배기가스 중 암모니아를 첨가, 전리성 방사선(α선, β선, γ선, 전자선 및 X선)을 조사하여 가스 중의 산소 또는 물을 활성화시켜 산화력이 강한 OH 라디칼을 형성하여 NOx와 SOx을 고체상 입자로 동시 제거하는 방법으로 탈진 및 탈황효율은 전자선의 조사량에 비례한다.
  ㉡ 부생물로 황산암모늄 및 질산암모늄을 생성한다.
  ㉢ NOx 및 SOx 제거율이 80% 이상을 달성할 수 있는 건식의 제거 프로세스이다.
  ㉣ 구성이 간단하여 계 내의 압력손실이 낮다.

⑥ 용융염 흡수법
  배기가스 중의 NO를 용융염에 흡수하는 방법이다.

⑦ 접촉환원법
  NOx 함유된 배기가스를 촉매($CuO-Al_2O_3$, $Mn-Fe_2O_3$)하에서 환원제(CO, H_2, CH_4)를 이용하여 N_2로 환원시키는 방법으로 CO의 환원반응속도가 가장 빠르다.

⑧ 습식법(습식배연탈질법)
  ㉠ 종류
    ⓐ 물, 알칼리 흡수법
    ⓑ 황산 흡수법
    ⓒ 산화 흡수법
    ⓓ 산화흡수 환원법
  ㉡ 일반적으로 조작의 공정이 복잡하고 가격이 비싸다.
  ㉢ 건식 암모니아환원법에 비해 연구개발이 느리다.
  ㉣ NO는 반응성이 낮고, NO_2 또는 N_2O_5까지 산화하기 위해서는 강한 산화제가 필요하므로 처리비용이 높아진다.
  ㉤ 처리액 중 아질산염 및 질산염의 처리가 용이하지 못하다.
  ㉥ 배기가스 중에 있는 먼지의 영향이 적고 SO_2와 동시에 제거할 수 있다.
  ㉦ 질산염 등의 부산물이 많아 2차 처리가 필요하다.
  ㉧ 고가의 산화제 및 환원제가 다량 소모된다.
  ㉨ 흡수산화법은 NOx 제거에 $KMnO_4$, H_2O_2, $NaClO_2$ 등과 같은 산화제를 포함하는 흡수액에 흡수시켜 산화제거한다.

Reference | 열생성 NO_x(Thermal NO_x)를 억제하는 연소방법

① 희박 예혼합연소
 연료와 공기를 미리 혼합하고 이론당량비 이하에서 생성되는 Thermal NO_x를 저감
② 화염형상의 변경
 화염을 분할하거나 막상으로 얇게 늘려서 열손실을 증대
③ 완만혼합
 연료와 공기의 혼합을 완만하게 하여 연소를 길게 함으로써 화염온도의 상승을 억제
④ 배기 재순환
 팬을 써서 굴뚝가스를 노의 상부에 피드백시켜 최고 화염온도와 산소농도로 억제

Reference | 비선택적 촉매환원법 (NSCR)

① 개요
 배기가스 중 O_2을 우선 환원제(CH_4, H_2, CO, HC 등)로 하여금 소비하게 한 후 NO_x를 환원시키는 방법이다. 즉 NO_x뿐만 아니라 O_2까지 소비된다.
② 반응식
 $4NO + CH_4 \rightarrow 2N_2 + CO_2 + 2H_2O$
 $4NO_2 + CH_4 \rightarrow 4NO + CO_2 + 2H_2O$
③ 특징
 ㉠ 촉매로는 P_t, V_2O_5 뿐만 아니라 Co, Ni, Cu, Cr 등의 산화물도 이용 가능하다.
 ㉡ NO 환원제는 아세틸렌계 > 올레핀계 > 방향족계 > 파라핀계 순으로 불포화도가 높은 만큼 반응성이 좋다.
 ㉢ NO_x와 환원제의 반응서열은 CH_4 > H_2 > CO이며 탄화수소의 경우 탄소수의 증가에 따라 일반적으로 반응성이 개선된다고 볼 수 있다.

Reference | SOx와 NOx 동시 제어기술 종류

① 활성탄 흡착공정
 S, H_2SO_4 및 액상 SO_2 등의 부산물이 생성되며, 공정 중 재가열이 없으므로 경제적이다.
② NOXSO 공정
 알루미나 담체에 탄산나트륨을 3.5~3.8% 정도 첨가하여 제조된 흡착제를 사용하여 SOx와 NOx를 90% 이상 제거한다.
③ CuO 공정
 알루미나 담체에 CuO를 함침시켜 SO_2는 흡착반응하고 NOx는 선택적 촉매환원되어 제거되는 원리를 이용하는 공정으로 반응온도는 250~400℃ 정도이다.
④ 전자선 조사공정

필수문제

01 150 ppm의 NO를 함유하는 배기가스가 50,000 Sm³/hr으로 발생하고 있다. 암모니아 접촉환원법으로 탈질하는 데 필요한 암모니아의 양(kg/hr)은?

[풀이]

$6NO \quad + \quad 4NH_3 \quad \rightarrow \quad 5N_2 + 6H_2O$

$6 \times 22.4 \ Sm^3 \qquad : \quad 4 \times 17 \ kg$

$50,000 \ Sm^3/hr \times 150 \ mL/Sm^3 \times 10^{-6} \ Sm^3/mL \quad : \quad NH_3(kg/hr)$

$$NH_3(kg/hr) = \frac{50,000 \ Sm^3/hr \times 150 \ mL/Sm^3 \times 10^{-6} \ Sm^3/mL \times (4 \times 17) kg}{6 \times 22.4 \ Sm^3}$$

$= 3.79 \ kg/hr$

필수문제

02 NO 농도가 100 ppm인 배기가스 150,000 Sm³/hr를 CO로 선택적 접촉환원법으로 처리하는 경우 필요한 CO의 양(kg/hr)은?

[풀이]

$2NO \quad + \quad 2CO \quad \rightarrow \quad N_2 + 2CO_2$

$2 \times 22.4 \ Sm^3 \qquad : \quad 2 \times 28 \ kg$

$150,000 \ Sm^3/hr \times 100 \ mL/Sm^3 \times 10^{-6} \ Sm^3/mL \quad : \quad CO(kg/hr)$

$$CO(kg/hr) = \frac{150,000 \ Sm^3/hr \times 100 \ mL/Sm^3 \times 10^{-6} \ Sm^3/mL \times (2 \times 28) kg}{2 \times 22.4 \ Sm^3}$$

$= 18.75 \ kg/hr$

필수문제

03 600 ppm의 NO을 함유하는 배기가스 450,000 Sm³/hr를 암모니아 선택적 접촉환원법으로 배연탈질할 때 요구되는 암모니아 양(Sm³/hr)은?(단, 산소 공존 경우)

[풀이]

$4NO \quad + \quad 4NH_3 + O_2 \quad \rightarrow \quad 4N_2 + 6H_2O$

$4 \times 22.4 \ Sm^3 \quad : \quad 4 \times 22.4 \ Sm^3$

$450,000 \ Sm^3 \times 600 \ mL/Sm^3 \times 10^{-6} \ Sm^3/mL \quad : \quad NH_3(Sm^3/hr)$

$$NH_3(Sm^3/hr) = \frac{450{,}000\,Sm^3 \times 600\,mL/Sm^3 \times 10^{-6}\,Sm^3/mL \times 4 \times 22.4\,Sm^3}{4 \times 22.4\,Sm^3}$$
$$= 270\,Sm^3/hr$$

필수 문제

04 A배출시설에서 시간당 배출가스양이 100,000 Sm^3이고, 배출가스 중 질소산화물의 농도는 350 ppm이다. 이 질소산화물을 산소의 공존하에 암모니아에 의한 선택적 접촉환원법으로 처리할 경우 암모니아의 소요량은 몇 kg/hr인가?(단, 탈질률은 90%이고, 배출가스 중 질소산화물은 전부 NO로 가정)

풀이

4NO + 4NH$_3$ + O$_2$ → 4N$_2$ + 6H$_2$O
4×22.4Sm^3 : 4×17kg
100,000Sm^3/hr×350mL/m^3×m^3/10^{6}mL×0.9 : NH$_3$(kg/hr)
NH$_3$(kg/hr) = 23.91kg/hr

필수 문제

05 질산공장의 배출가스 중 NO$_2$ 농도가 80 ppm, 처리가스양이 1,000 Sm^3이었다. CO에 의한 비선택적 접촉환원법으로 NO$_2$를 처리하여 NO와 CO$_2$로 만들고자 할 때, 필요한 CO의 양 Sm^3은?

풀이

NO$_2$ + CO   → NO + CO$_2$
22.4 Sm^3 : 22.4 Sm^3
1,000Sm^3×80mL/m^3×m^3/10^{6}mL   :   CO(Sm^3)
CO(Sm^3) = 0.08Sm^3

학습 Point

① 연소조절에 의한 NO$_x$ 저감방법 내용 숙지(출제비중 높음)
② SCR, SNCR 반응식 및 특징 내용 숙지(출제비중 높음)
③ SO$_x$, NO$_x$ 동시 제어기술 종류 숙지

10 염소(Cl_2) 및 염화수소(HCl) 처리

(1) 개요 및 특징

① 염소 및 염화수소 가스는 물에 대한 용해도가 매우 크기 때문에 세정식 집진장치(벤튜리스크러버)나 충전탑을 이용하여 처리한다. 즉, 수세흡수법이 적합하다.
② 염소가스는 NaOH 및 $Ca(OH)_2$ 등의 알칼리용액에 의해 중화반응을 거쳐 처리하기도 한다.
③ 염화수소가스는 용해열이 매우 크고, 온도가 상승하면 염화수소 분압이 상승하므로 처리효율 유지를 위해서는 염화수소가스를 냉각한 후 처리하는 것이 효율적이다.
④ 염산은 부식성이 있으므로 장치는 유리라이닝, 폴리에틸렌 등을 사용하고, 회전부를 갖는 접촉장치는 재질, 보수상의 문제가 있다.
⑤ 충전탑, 스크러버를 사용할 때는 반드시 Mist Catcher(Demistor)를 설치하여 미스트 발산을 방지해야 한다.

(2) 반응식

$$2NaOH + Cl_2 \rightarrow NaCl + NaOCl + H_2O$$
$$2Ca(OH)_2 + 2Cl_2 \rightarrow CaCl_2 + Ca(OCl)_2[표백분] + 2H_2O$$
$$2HCl + Ca(OH)_2 \rightarrow CaCl_2 + 2H_2O$$

염소를 함유한 폐가스를 소석회와 반응시켜 생성되는 물질은 표백분이다.

> **Reference | 염화인(삼염화인 : PCl_3)**
>
> ① 무색투명한 발연액체이며 에틸에테르, 벤젠, 이황화탄소, 사염화탄소에 용해된다.
> ② 물에 대한 용해도가 높아 물에 흡수시켜 제거하나 아인산과 염화수소로 가수분해되어 염화수소 기체를 방출한다.

필수 문제

01 염소가스의 농도가 0.6%(부피비) 되는 배출가스 500 Nm³/hr를 수산화칼슘으로 처리하려고 할 때 이론적으로 필요한 시간당 수산화칼슘량(kg/hr)은?

> **풀이** 흡수반응식
> $2Ca(OH)_2 \quad + \quad 2Cl_2 \quad \rightarrow \quad CaCl_2 + Ca(OCl)_2 + 2H_2O$
> 2×74 kg : 2×22.4 Nm³
> $Ca(OH)_2$(kg/hr) : 500 Nm³/hr $\times 0.006$
>
> $Ca(OH)_2(kg/hr) = \dfrac{(2 \times 74)\text{kg} \times 500 \text{ Nm}^3/\text{hr} \times 0.006}{2 \times 22.4 \text{ Nm}^3} = 9.91$ kg/hr

필수 문제

02 염화수소의 함량이 0.85%(v/v)의 배출가스 4,500 Sm³/hr 를 수산화칼슘으로 처리하여 염화수소를 완전히 제거할 때 이론적으로 필요한 수산화칼슘의 양(kg/hr)은?

> **풀이** 흡수반응식
> $2HCl \quad + \quad Ca(OH)_2 \quad \rightarrow \quad CaCl_2 + 2H_2O$
> 2×22.4 Sm³ : 74 kg
> $4,500$ Sm³/hr$\times 0.0085$: $Ca(OH)_2$(kg/hr)
>
> $Ca(OH)_2(kg/hr) = \dfrac{4,500 \text{ Sm}^3/\text{hr} \times 0.0085 \times 74 \text{ kg}}{2 \times 22.4 \text{ Sm}^3} = 63.18$ kg/hr

필수 문제

03 염소농도가 200 ppm인 배출가스를 처리하여 10 mg/Sm³으로 배출한다고 할 때 염소의 제거율(%)은?(단, 온도는 표준상태로 가정)

> **풀이** 염소제거율$(\eta : \%) = \left(1 - \dfrac{C_o}{C_i}\right) \times 100$
>
> $C_i = 200 \text{ mL/m}^3 \times 71 \text{ mg}/22.4 \text{ mL} = 633.93 \text{ mg/Sm}^3$
> $C_o = 10 \text{ mg/Sm}^3$
> $= \left(1 - \dfrac{10}{633.93}\right) \times 100 = 98.42\%$

필수 문제

04 배출시설의 배기가스 중 염소농도가 100 mL/Sm³ 이었다. 이 염소농도를 20 mg/Sm³로 저하시키기 위해 제거해야 할 염소농도(mL/Sm³)는?

풀이
제거해야 할 염소농도(mL/Sm³) = 초기농도 − 나중농도
초기농도 = 100 mL/Sm³
나중농도 = $20 \text{ mg/Sm}^3 \times \dfrac{22.4 \text{ mL}}{71 \text{ mg}} = 6.31 \text{ mL/Sm}^3$
= 100 − 6.31 = 93.69 mL/Sm³

필수 문제

05 배출가스 중 염화수소의 농도가 300 ppm 이다. 배출허용기준이 150 mg/Sm³ 일 때, 최소한 몇 %를 제거해야 배출허용 기준을 만족할 수 있는가?(단, 표준상태 기준, 기타 조건은 동일함)

풀이
제거효율(%) = $\dfrac{\text{초기농도} - \text{나중농도}}{\text{초기농도}} \times 100$
초기농도 = 300 ppm
나중농도 = $150 \text{ mg/Sm}^3 \times \dfrac{22.4 \text{ mL}}{36.5 \text{ mg}} = 92.05 \text{ mL/Sm}^3 (\text{ppm})$
= $\left(\dfrac{300 - 92.05}{300}\right) \times 100 = 69.32\%$

필수 문제

06 굴뚝 배출가스 중 염화수소의 농도는 250 ppm이었다. 배출허용기준을 82 mg/Sm³ 이하로 하기 위해서는 현재 값의 몇 % 이하로 하여야 하는가?(단, 표준상태 기준)

풀이
제거효율 = $\dfrac{\text{초기농도} - \text{나중농도}}{\text{초기농도}} \times 100$
나중농도 = $82 \text{ mg/Sm}^3 \times \dfrac{22.4 \text{ mL}}{36.5 \text{ mg}} = 50.32 \text{ mL/Sm}^3 (\text{ppm})$
= $\dfrac{250 - 50.32}{250} \times 100 = 79.88\%$

따라서 현재의 (100 − 79.88) 20.12 % 이하로 해야 함

필수 문제

07 염소가스를 함유하는 배출가스에 50 kg 의 수산화나트륨을 포함한 수용액을 순환사용하여 100% 반응시킨다면 몇 kg의 염소가스를 처리할 수 있는가?(표준상태 기준)

풀이

$2NaOH + Cl_2 \rightarrow NaCl + NaOCl + H_2O$

2×40 kg : 71 kg

50 kg : Cl_2(kg)

$Cl_2(kg) = \dfrac{50 \text{ kg} \times 71 \text{ kg}}{2 \times 40 \text{ kg}} = 44.38 \text{ kg}$

필수 문제

08 배출가스양이 100 Sm³/hr 이고 HCl 농도가 250 ppm 이다. 이를 5 m³의 물에 1시간 동안 흡수율 60%로 반응시 이 수용액의 pH는?

풀이

배출가스 중 HCl의 양(g/hr) = $100 \text{Sm}^3/\text{hr} \times 250 \text{mL/Sm}^3 \times \dfrac{36.5\text{g}}{22,400\text{mL}} \times 0.6 = 24.44 \text{g/hr}$

1시간 후 물에 녹는 HCl의 양(g) = 24.44g/hr × 1hr = 24.44g

HCl 몰농도 = 수소이온 몰농도

$[H^+] = [HCl] = \dfrac{24.44\text{g} \times \dfrac{1\text{mol}}{36.5\text{g}}}{5,000\text{L}} = 0.0001339 \text{mol/L} (1.34 \times 10^{-4} \text{mol/L})$

$pH = -\log[H^+] = -\log[1.34 \times 10^{-4}] = 3.87$

필수 문제

09 배출가스양이 1,000 Sm³/hr, 그중 HCl 농도가 500 ppm 이다. 10 m³ 물순환 사용하는 Spray Tower 에서 HCl 제거시 5시간 후 세정순환수의 pH는?(단, 물의 증발로 인한 손실은 없고, Spray Tower의 제거효율은 100%)

풀이

배출가스 중 HCl 양(g/hr) = $1{,}000 \text{ Sm}^3/\text{hr} \times 500 \text{ mL/Sm}^3 \times \dfrac{36.5 \text{ g}}{22{,}400 \text{ mL}}$

$\qquad\qquad\qquad\qquad\quad = 814.73 \text{ g/hr}$

5시간 후 물에 녹는 HCl 양(g) = $814.73 \text{ g/hr} \times 5 \text{ hr} = 4{,}073.66 \text{ g}$

HCl 몰농도 = 수소이온 몰농도

$[H^+] = [HCl] = \dfrac{4{,}073.66 \text{ g} \times \dfrac{1 \text{ mol}}{36.5 \text{ g}}}{10{,}000 \text{ L}} = 0.01116 \text{ mol/L}$

$pH = -\log[H^+] = -\log[0.01116] = 1.95$

필수 문제

10 다음 조건에서 흡수탑의 폐수를 중화하기 위한 0.5 N NaOH 용액의 필요량(L/hr)은?

- 배출가스양 : 500 Sm³/hr
- 액가스비 : 1 L/Sm³
- HCl 농도 : 250 ppm
- 단, HCl은 100% 흡수가정함

풀이

배출가스 중 HCl 양(g/hr) = $500 \text{ Sm}^3/\text{hr} \times 250 \text{ mL/Sm}^3 \times 36.5 \text{ g}/22{,}400 \text{ mL} = 203.68 \text{ g/hr}$

$N_1 V_1 = N_2 V_2$

$N_1 (\text{HCl 규정농도}) = \dfrac{203.68 \text{ g/hr} \times 1 \text{ eq}/36.5 \text{ g}}{500 \text{ L/hr}} = 0.011 \text{ N}$

$V_1 = 500 \text{ L/hr}$

$N_2 = 0.5 \text{ N}$

$0.011 \times 500 = 0.5 \times V_2$

$V_2 (\text{NaOH 필요량}) = \dfrac{0.011 \times 500}{0.5} = 11 \text{ L/hr}$

학습 Point

반응식 숙지

11 불소(F_2) 및 불소화합물 처리

(1) 개요 및 특징
① 물에 대한 용해도가 비교적 크므로 수세에 의한 처리가 적당하다.
② 침전물이 생겨 공극폐쇄를 유발하므로 충전탑과 같은 세정장치를 불소처리 사용하는 것은 부적절하다.
③ 일반적으로 Spray Tower(분무탑)를 사용하며, 사용 시 분무 노즐의 막힘이 없도록 보수관리에 주의가 필요하다.
④ 처리 중 고형물을 생성하는 경우가 많다.

(2) 반응식

$$F_2 + Ca(OH)_2 \rightarrow CaF_2 + \frac{1}{2}O_2 + H_2O$$

$$2HF + Ca(OH)_2 \rightarrow CaF_2 + 2H_2O \; ; \; HF + NaOH \rightarrow NaF + H_2O$$

$$3SiF_4 + 2H_2O \rightarrow SiO_2[규산] + 2H_2SiF_6[규불화수소산]$$

⇒ 사불화규소는 물과 반응해서 콜로이드 상태의 규산과 규불화수소산 생성

$$F_2 + NaOH \rightarrow NaF$$

필수 문제

01 불화수소농도가 250 ppm 인 배출가스양 1,000 Sm^3/hr 를 10 m^3 의 물로 10시간 순환 세정할 경우 순환수의 pH는?(단, HF는 60%가 전리하고, F 원자량 19)

풀이 배출가스 중 HF 양(g) = 1,000 Sm^3/hr × 250 mL/Sm^3 × $\dfrac{20 \text{ g}}{22,400 \text{ mL}}$ × 10 hr

= 2,232.14 g

HF의 mol 수 = 2,232.14 g × $\dfrac{1 \text{ mol}}{20 \text{ g}}$ = 111.61 mol

세정순환수 중 HF 몰농도(M) = $\dfrac{111.61 \text{ moL}}{10,000 \text{ L}}$ = 0.011 M

$HF \rightarrow H^+ + F^-$ 반응에서 HF 60% 전리

$[H^+] = [HF]$

$[H^+]$농도 = 0.011 × 0.6 = 0.0066 M

pH = $-\log[H^+]$ = $-\log(0.0066)$ = 2.18

필수 문제

02 HF 농도가 900 ppm 인 배출가스를 1,000 Sm³/hr 으로 배출하는 공정에서 HF를 제거하기 위해 Ca(OH)₂ 현탁액으로 처리시 8시간 처리할 경우 Ca(OH)₂의 필요한 양(kg)은?(단, 제거효율 90%)

풀이

배출가스 중 HF 양(g) = $1{,}000 \text{ Sm}^3/\text{hr} \times 900 \text{ mL/Sm}^3 \times \dfrac{20 \text{ g}}{22{,}400 \text{ mL}} \times 8 \text{ hr}$

$= 6{,}428.57 \text{ g}$

2HF	+	Ca(OH)₂	→	CaF₂ + 2H₂O
2×20 g	:	74 g×0.9		
6,428.57 g	:	Ca(OH)₂(kg)		

$\text{Ca(OH)}_2(\text{kg}) = \dfrac{6{,}428.57 \text{ g} \times 74 \text{ g} \times 0.9}{(2 \times 20)\text{g}} = 10{,}703.57 \text{ g} \times \text{kg}/1{,}000 \text{ g} = 10.70 \text{ kg}$

필수 문제

03 HF 3,000ppm, SiF₄ 1,500ppm 이 들어 있는 가스를 시간당 22,400 Sm³씩 물에 흡수시켜 규불산을 회수하려고 한다. 이론적으로 회수할 수 있는 규불산의 양(kg·mol/hr)은?(단, 흡수율은 100%)

풀이

2HF	+	SiF₄	→	H₂SiF₆
2×22.4 Sm³	:	1 kg·mol		
22,400 Sm³/hr×3,000/10⁶	:	SiF₄(kg·mol/hr)		

$\text{SiF}_4(\text{kg}\cdot\text{mol/hr}) = \dfrac{22{,}400 \text{ Sm}^3/\text{hr} \times 3{,}000/10^6 \times 1 \text{ kg}\cdot\text{mol}}{2 \times 22.4 \text{ Sm}^3}$

$= 1.5 \text{ kg}\cdot\text{mol/hr}$

필수 문제

04 불화수소 0.5%(V/V)를 포함하는 배출가스 8,000Sm³/hr를 Ca(OH)₂ 현탁액으로 처리할 때 이론적으로 필요한 시간당 Ca(OH)₂의 양(kg/hr)은?

풀이

배출가스 중 HF양(g)

$= 8{,}000\,Sm^3/hr \times 5{,}000\,mL/Sm^3 \times \dfrac{20g}{22{,}400\,mL} = 35{,}714.29\,g/hr$

$2HF \quad + \quad Ca(OH)_2 \rightarrow CaF_2 + 2H_2O$

$2 \times 20g \quad : \quad 74g$

$35{,}714.29\,g/hr \quad : \quad Ca(OH)_2(kg)/hr$

$Ca(OH)_2(kg/hr) = \dfrac{35{,}714.29\,g/hr \times 74g}{(2 \times 20)g}$

$\qquad = 66{,}071.43\,g/hr \times kg/1{,}000g = 66.07\,kg/hr$

학습 Point

반응식 숙지

12 일산화탄소(CO) 처리

(1) 개요 및 특징

① CO는 용해도가 매우 작아서 일반적 처리방법으로는 제거가 곤란한 경우가 대부분이므로 연소시설을 적정하게 제어하여 발생 자체를 억제하는 것이 효과적이다.

② 배출가스 중의 CO를 제거하는 방법 중 가장 실질적이고 확실한 방법은 백금계 촉매를 사용하여 무해한 CO_2로 산화시켜 제거하는 방법이다.

③ CO를 백금계 촉매를 사용하여 CO_2로 완전산화시켜서 처리 시 촉매독으로 작용하는 물질은 Hg, Pb, Zn, As, S, 할로겐물질(F, Cl, Br), 먼지 등이므로 사전에 제거할 필요성이 있다.

> **Reference | 기타 유해가스 처리**
>
> ① 시안화수소
> 물에 대한 용해도가 매우 크므로 가스를 물로 세정하여 처리한다.
> ② 아크로레인
> 그대로 흡수가 불가능하여 NaClO 등의 산화제를 혼입한 가성소다 용액(NaOH 용액)으로 흡수 제거한다.
> ③ 이산화셀렌
> 코트렐집진기로 포집, 결정으로 석출, 물에 잘 용해되는 성질을 이용해 스크러버에 의해 세정하는 방법 등이 이용된다.
> ④ 벤젠
> 촉매연소법이나 활성탄흡착법을 이용하여 처리한다.
> ⑤ 브롬
> 가성소다 수용액을 이용하여 처리한다.
> ⑥ 비소
> 알칼리액에 의한 세정으로 처리한다.
> ⑦ 이황화탄소
> 암모니아를 불어넣는 방법으로 처리한다.
> ⑧ 수은
> 온도차에 따른 공기 중 수은 포화량의 차이를 이용하여 제거한다.
> ⑨ 염화인
> 염화인은 물에 대한 용해도가 높아 충전물을 채운 흡수탑을 이용하여 알칼리성 용액 및 물에 흡수시켜 제거한다.
> ⑩ 크롬산 Mist
> 비교적 입자가 크고 친수성이므로 수세법으로 제거한다.
> ⑪ 황화수소
> 다이에탄올아민용액을 이용하여 세정하여 제거한다.
> ⑫ 삼산화인
> 표면적이 충분히 넓은 충전물을 채운 흡수탑 안에서 알카리성 용액에 의한 흡수제거한다.

13 악취처리

취기농도를 일으키는 최소농도를 최소감지농도라 하며 황화수소의 최소감지농도가 약 0.00041 ppm 정도로 아주 낮은 편이다.

(1) 통풍(환기) 및 희석(ventilation)

① 높은 굴뚝을 통해 방출시켜 대기 중에 분산 희석시키는 방법, 즉 악취를 대량의 공기로 희석시키는 방법이다.
② Down Draft 및 Down Wash 현상이 생기지 않도록 굴뚝 높이를 주위 건물의 2.5배 이상, 연돌 내 토출속도를 18 m/sec 이상으로 해야 한다.
③ 운영비(Operation Cost)가 일반적으로 가장 적게 드는 방법이다.

(2) 흡착에 의한 처리

① 유량이 비교적 적은 경우 활성탄 등 흡착제를 이용하여 냄새를 제거하는 방식이다.
② 활성탄을 사용하여 악취물질을 흡착시켜 제거할 경우에는 일반적으로 표면유속을 112~150 m/min(1.87~2.5 m/sec) 정도로 한다.
③ 흡착제를 재생하려면 증기를 사용하여 충전층을 340℃ 정도로 가열하거나 용질을 제거할 때에는 역방향으로 충전층 내부로 서서히 유입시킨다.
④ 물리적흡착법이 주로 이용된다.
⑤ 암모니아, 메탄, 메탄올 등은 효과적으로 처리하기 어렵다.

> **Reference | 첨착활성탄소(Impregnated Activated Carbon)**
>
> ① 활성탄의 비표면적에 화학물질을 첨착시켜 기체 및 액체의 특정성분의 물질을 선택적으로 화학흡착 및 촉매작용을 하는 기능성 활성탄을 의미한다.
> ② 첨착물질과 악취성분은 비가역적인 화학반응을 일으키면서 그 다음 무취물질로 변한다.
> ③ 악취성분은 흡인된 세공의 공간부에서 첨착물질과 화학적으로 반응한다.
> ④ 산성가스 탈취용 첨착활성탄인 경우 수분공존에 의한 탈황효과에 양호한 영향을 주는 경우가 많다.
> ⑤ 대부분의 경우 재생이 가능하다.

(3) 흡수에 의한 처리

① 악취물질이 흡수액에 대해 용해성이 좋아야 적용 가능하다. 즉, 악취물질이 세정액에 가용성이어야 한다.
② 일반적으로 흡수액은 물이 사용된다.
③ 석유정제시 배출되는 H_2S의 제거에 널리 사용되는 세정제는 다이에탄올아민용액이다.
④ 약액세정법은 중화·산화반응 등 물리적인 흡수법이며 일반적으로 널리 사용되며 또한 조작이 간단하고, 대상악취물질에 대한 제한성이 작고, 산성가스 및 염기성가스의 별도처리가 필요하다.
⑤ 단탑은 충전탑에서 가스액의 분리가 문제될 때 유용하다.
⑥ 수세법은 수온변화에 따라 탈취효과가 변하고, 처리풍량 및 압력손실이 크다.

(4) 응축법에 의한 처리

① 냄새를 가진 가스를 냉각·응축시키는 방법이다.
② 유기용매증기를 고농도(200 g/Sm³) 이상으로 함유한 배기가스에 적용하며 응축 후 액화된 유기용매는 회수가 가능하다.
③ 직접응축법과 표면응축법이 있다.

(5) 불꽃소각법(직접 연소법)

① 대부분은 산화방식의 직접불꽃 소각법에 의하여 산화분해하여 탄산가스와 물(수증기)로 변화시켜 악취를 제거하며 보조연료가 필요한 점이 경제적으로 부담이 된다.
② 연소온도는 600(700)~800℃ 정도이며 이 온도 범위에서 0.5 sec 정도의 체류시간이 필요하다.

(6) 촉매산화법(촉매 연소법)

① 백금이나 금속산화물 등의 촉매를 이용하여 250~450℃(300~400℃) 정도의 온도에서 산화분해시키는 방법으로 보조연료가 필요 없다.
② 금속촉매로는 백금, 크롬, 망간, 구리, 코발트, 니켈, 팔라듐, 알루미나 등이 사용되며 할로겐원소, 납, 수은, 비소, 아연 등은 2차 공해 유발 가능성이 높아 바람직하지 않다.
③ 배출가스 중 불순물(먼지, 중금속, SO_2 등)이 존재하면 촉매독 역할, 즉 저해물질이나 먼지에 의한 막힘, 열노화 등에 의해 촉매의 활성을 저하시킨다.
④ 액상촉매법은 악취가스의 완전분해가 가능하므로 2차 오염처리대책이 거의 불필요하

며 촉매의 수명이 길다.
⑤ 황화수소 등 유황계 악취가스는 처리 후 SO_2 및 SO_3로 된다.
⑥ 적용가능한 성분으로는 가연성 악취성분, 황화수소, 암모니아 등이 있다.
⑦ 직접연소법에 비해 질소산화물 발생량이 적고, 낮은 농도로 배출된다.
⑧ 열소각법에 비해 체류시간이 훨씬 짧다.
⑨ 열소각법에 비해 점화온도를 낮춤으로써 전체 비용을 절감할 수 있다.
⑩ 열소각법에 비해 NOx 생성량을 감소시킬 수 있다.
⑪ 촉매들은 운전 시 상한온도가 있기 때문에 촉매층을 통과할 때 온도가 과도하게 올라가지 않도록 한다.

(7) 화학적 산화법
① 강산화력의 O_3, $KMnO_4$, $NaOCl$, ClO_2, H_2O_2, ClO, Cl_2 등을 산화제로 사용한다.
② 주로 유기물질(알데하이드, 케톤, 페놀, 스티렌) 제거에 적용한다.
③ 염소주입법: 페놀이 다량 함유될 경우 클로로페놀을 형성하여 2차 오염문제를 발생시킨다.

(8) 위장법(Masking)
높은 향기를 가진 물질을 이용하여 악취를 은폐(위장)시키는 방법으로 유해도가 덜한 악취에 적용한다.

(9) BALL 차단법
밀폐형 구조물을 설치할 필요가 없고 크기와 색상이 다양하며 미관이 수려한 편이다.

> **학습 Point**
> 각 처리방법 숙지

14 휘발성 유기화합물(VOC) 처리

(1) VOC 구분

VOC ┌ 방향족 탄화수소 ┐ ⇒ 화합물 자체로 직접적으로 환경 및 인체에 영향
    ├ 할로겐화 탄화수소 ┘
    └ 지방족 탄화수소   ⇒ 광화학 반응에 의해 2차 오염물질을 생성

(2) VOC 제거 기술

① 작업환경 관리
  ㉠ 원료의 대체
  ㉡ 공정의 변경
  ㉢ 누출 방지

② 흡착법
  ㉠ VOC 분자가 Van Der Waals의 약한 결합력에 의해 흡착제에 물리적으로 흡착하는 원리를 이용한 방법이다.
  ㉡ VOC 흡착에는 고정상 및 유동상 흡착장치를 주로 사용한다.

③ 연소법
  ㉠ 후연소(직접화염소각법, 열소각법)
  ㉡ 재생(Regenerative) 열산화
  ㉢ 촉매소각법
    촉매의 수명은 한정되어 있는데, 이는 저해물질이나 먼지에 의한 막힘, 열노화 등에 의해 촉매활성이 떨어지기 때문이다.

④ 흡수(세정)법
  ㉠ 흡수장치는 Con-Current나 Cross 형태로 가스상과 액상에 흐르는 경우도 있으나, 대부분은 Counter-Current 형태가 일반적이다.
  ㉡ 지방족 및 방향족 HC의 제어기술로는 적절하지 않다.

⑤ 생물막(여과)법
  ㉠ 미생물을 사용하여 VOC를 CO_2, H_2O, 광물염으로 전환시키는 일련의 공정을 말한다.
  ㉡ CO 및 NO_x를 포함한 생성오염부산물이 적거나 없다.
  ㉢ 습도제어에 각별한 주의가 필요하다.
  ㉣ 생체량의 증가로 장치가 막힐 수 있다.

ⓜ 저농도 오염물질의 처리에 적합하고 설치가 간단하다.
⑥ 저온(Cryogenic) 응축법
　탄화수소와 같은 가스성분을 냉각제로 냉각 응축시켜 VOC를 분리·포집하는 방법이다.

> **Reference | 축열식 연소(RTO ; Regenerative Thermal Oxidation)**
>
> ① 원리
> 　VOC의 연소열을 열교환용 세라믹 축열재로 축열시켜 축열된 열로 VOC를 승온하여 연소시키는 방법, 즉 배기가스의 폐열을 최대한 회수하여 이를 흡기가스 예열에 이용하기 위해 표면적이 큰 세라믹 소재 등의 축열재를 직접가열하고 재생(Regeneration)하는 장치가 RTO이다.
> ② 반응식
>
>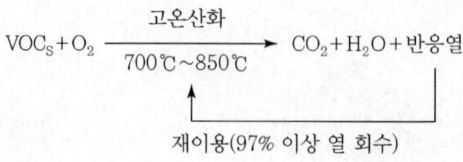

> **학습 Point**
>
> 각 제거기술 특징 숙지

15 다이옥신류 제어

(1) 개요 및 특징

① 다이옥신과 퓨란은 PVC 또는 플라스틱류 등을 포함하고 있는 합성물질을 연소시킬 때 발생한다. 또한 PCB의 부분산화 또는 불완전연소에 의하여 발생한다.
② 다이옥신류란 PCDDs와 PCDFs를 총체적으로 말하며 다이옥신과 퓨란은 하나 또는 두 개의 산소원자와 1~8개의 염소원자가 결합된 두 개의 벤젠고리를 포함하고 있다. (다이옥신은 산소 2개, 2개의 벤젠고리, 2개 이상의 염소원소로 구성)
③ 다이옥신과 퓨란류의 농도는 연소기 출구와 굴뚝 사이에서 증가하며, 산소과잉조건에서 연소가 진행될 때 크게 증가한다.
④ 다이옥신의 광분해에 가장 효과적인 파장범위는 250~340 nm이다.
⑤ 다이옥신 중 2, 3, 7, 8-tetrachloro dibenzo-p-dioxin이 독성이 가장 높다.
⑥ 수용성이라기보다는 벤젠 등에 용해되는 지용성이며 비점이 높아 열적 안정성이 좋고 토양에 흡수될 수 있다.
⑦ 다이옥신은 낮은 증기압, 낮은 수용성을 가지며 완전분해 후 연소가스 배출 시 300~400℃에서 재생성이 가능하다(완전분해되더라도 연소가스 배출 시 저온에서 재생될 수 있음).
⑧ 독성이 가장 강한 것으로 알려진 2, 3, 7, 8-TCDD의 독성잠재력을 1로 보고, 다른 이성질체에 대해서는 상대적인 독성등가인자를 사용하여 주로 표시한다.(TCDD ; tetrachloro dibenzo-p-dioxin)
⑨ 다이옥신은 산소원자가 2개인 PCDD와 산소원자가 1개인 PCDF를 통칭하는 용어이다.
⑩ 다이옥신은 전구물질의 연소뿐만 아니라, 유기화합물과 염소화합물이 고온에서 연소하여도 생성된다.
⑪ PCDF계는 135개 PCDD계는 75개의 이성질체가 존재하며 유기성 고체물질로서 용출실험에 의해서도 거의 추출되지 않는 특징을 가지고 있다.
⑫ 유기성 고체화합물질로서 용출시험에 의해서도 거의 추출되지 않는 특징을 가지고 있다.
⑬ 표준상태에서 증기압이 매우 낮은 고형화합물이다.

(2) 연소로의 다이옥신류 배출경로

① 폐기물 중에 존재하는 다이옥신류(PCDD/PCDF)가 분해되지 않고 배출(PCB의 불완전연소에 의해 발생)
② PCDD/PCDF의 전구물질이 전환되어 배출
③ 소각과정에서 유기물에 염소공여체가 반응하여 생성 배출
④ 저온에서 촉매화반응에 의해 분진과 결합하여 배출(저온에서 fly ash 표면에 염소공여체와 반응하여 배출)

(3) 제어방법

① 1차적(사전 : 연소 전) 제어방법
  ㉠ 다이옥신류 전구물질(PVC, 유기염소계 화합물)을 사전에 제어한다.
  ㉡ 플라스틱류는 분리수거하고 페인트가 칠해져 있거나 페인트로 처리된 목재, 가구류 반입을 억제한다.
  ㉢ 연소온도, 일산화탄소, 산소, 유기물의 변동을 피하기 위해 균일한 조성으로 소각로에 투입한다.(다이옥신류의 생성이 최소가 되는 배출가스 내 산소와 일산화탄소의 농도가 되도록 연소상태를 제어)

② 2차적(노 내, 연소과정) 제어방법
  ㉠ 다이옥신 물질의 분해에 충분한 연소온도가 되도록 가동개시할 때 온도를 빨리 승온시키고 체류시간을 조정하고 완전연소를 위해 연료와 공기를 충분히 혼합시킨다.(완전연소 조건 3 T)
  ㉡ 일반적으로 적절한 온도범위는 850~950℃ 정도이다. 즉, 소각 후 연소실 온도는 850℃ 이상 및 연소실에서의 체류시간을 2초 정도로 유지하여 2차 발생을 억제한다.
  ㉢ 연소용 공기(1차, 2차 공기)는 적정량을 효과적으로 배분 공급하여 완전연소가 가능하도록 한다(연소실에 2차 공기를 주입하여 난류를 개선함).
  ㉣ 충분한 2차 연소실 확보와 고온연소에 따른 NOx 발생에 주의하여 운전하여야 한다.
  ㉤ 입자이월(소각로 내 부유분진이 연소기 밖으로 빠져나가는 입자)은 다이옥신류의 저온형성에 참여하는 전구물질 역할을 하기 때문에 최소화한다. 즉, 소각로를 벗어나는 비산재의 양이 최대한 적도록 한다.
  ㉥ 연소실의 형상을 클링커 축적이 생기지 않는 구조로 한다.
  ㉦ 실시간 연소상태를 모니터링하는 자동제어시스템을 운영한다. 특히 배출가스 중 산소와 일산화탄소농도를 측정하여 연소상태를 제어한다.

③ 3차적(후처리, 연소 후) 제어방법
  ㉠ 촉매분해법
    촉매로 금속산화물(V_2O_5, TiO_2), 귀금속(Pt, Pd) 등을 이용하여 다이옥신을 분해하는 방법이다.
  ㉡ 열분해법
    ⓐ 산소가 아주 적은 환원성 분위기에서 탈염소화, 수소첨가반응 등에 의해 다이옥신을 분해하는 방법이다.
    ⓑ 850℃ 이상의 고온을 유지하여 열적으로 다이옥신을 분해하는 방법으로, 체류시간도 2 sec 이상 유지가 요구된다.

ⓒ 자외선 광분해법

자외선 파장(250~340 nm)을 이용하여 배기가스에 조사하여 다이옥신의 결합을 분해하는 방법이다.

ⓔ 오존분해법

ⓐ 용액 중에 오존을 주입하여 다이옥신을 산화분해하는 방법이다.

ⓑ 수중분해 시 염기성 조건일수록, 온도는 높을수록 분해속도는 커진다.

ⓜ 활성탄주입시설+반응탑+Bag Filter(여과집진시설)의 조합방법

ⓐ 배기가스 Conditioning 시 활성탄 분말투입시설을 설치하여 다이옥신과 반응시킨 후 집진함으로써 제거하는 방법이다.

ⓑ 집진장치의 온도는 200℃ 이하로 내리는 것이 바람직하다.

ⓗ 생물학적 분해법

Reference | 특정 대기오염물질의 유출에 의한 사고발생 시 조치사항

① HCN은 NaOH용액으로 중화시킨다.
② HF, HCl, Cl_2 등은 소석회나 소다회로 중화 또는 흡수시킨다.
③ 액체염소가 용기로부터 누출시 용기에 다량의 물을 주입시킨다.
  (단, 클로로술폰산[HSO_3Cl]의 경우는 수분과 접촉하여 염산, 황산흄, 가연성가스를 발생시키므로 물로 세정하는 것은 위험함)
④ 가스상 물질이나 휘발성 물질 중에 증기밀도가 공기보다 큰 것은 빨리 확산되도록 조치한다.

학습 Point

단계별 제어방법 내용 숙지

16 기초유체 역학

(1) 단위

① 기본단위 : 질량, 시간, 길이가 하나의 단위로 표시되는 것
② 유도단위 : 1개 이상의 기본단위가 복합적으로 구성되어 있는 것
③ 절대단위계
  ㉠ MKS 단위계 → 길이(m), 질량(kg), 시간(sec)으로 표시하는 단위계
  ㉡ CGS 단위계 → 길이(cm), 질량(g), 시간(sec)으로 표시하는 단위계
④ SI 단위계 : 국제적으로 표준화된 단위계로서 MKS 단위계를 보다 발전시킨 단위계

물리량	기호	명칭	비고
길이	m	미터	기본단위
질량	kg	킬로그램	기본단위
시간	s	초	기본단위
전류	A	암페어	기본단위
온도(열역학)	K	켈빈	기본단위
물질의 양	mol	몰	기본단위
광도	cd	칸델라	기본단위
평면각	rad	레디안	보존단위
입체각	sr	스테레디안	보존단위
주파수	Hz	헤르츠	유도단위, $1\,Hz = \frac{1}{s}$
힘	N	뉴턴	유도단위, $1\,N = 1\,kg \cdot m/s^2$
압력	Pa	파스칼	유도단위, $1\,Pa = 1\,N/m^2$
에너지(일)	J	줄	유도단위, $1\,J = 1\,N \cdot m$
동력	W	와트	유도단위, $1\,W = 1\,J/s$

㉠ 길이

$1\,m = 10^2\,cm = 10^3\,mm = 10^6\,\mu m = 10^9\,nm\,(1\,nm = 10^{-3}\,\mu m = 10^{-6}\,m)$

$1\,\mu m = 10^{-3}\,mm = 10^{-6}\,m$

$1\,ft = 0.3048\,m$

$1\,mile = 1609.3\,m$

㉡ 질량

$1\,kg = 10^3\,g = 10^6\,mg = 10^9\,\mu g$

$1\,ton = 10^3\,kg$

$1\,\mu g = 10^{-3}\,mg = 10^{-6}\,g$

$1\,ng = 10^{-3}\,\mu m = 10^{-6}\,mg = 10^{-9}\,g$

$1\,lb = 0.4536\,kg = 453.6\,g$

㉢ 시간

$1\,day = 24\,hr = 1,440\,min = 86,400\,sec$

㉣ 넓이(면적)

$1\,m^2 = 10^4\,cm^2 = 10^6\,mm^2$

㉤ 체적(부피)

$1\,m^3 = 10^6\,cm^3 = 10^9\,mm^3$

$1\,L = 10^{-3}\,kL = 10^3\,mL = 10^6\,\mu L$

㉥ 온도

ⓐ 공학적으로 쓰이는 온도는 일반적으로 섭씨온도(Centigrade Temperature)와 화씨온도(Fahrenheit Temperature)이다.

ⓑ 섭씨온도(℃) : 1기압에서 물의 끓는점(100℃)과 어는점(0℃) 사이를 100등분 하여 1등분을 1℃로 정한 것

ⓒ 화씨온도(℉) : 1기압에서 물의 끓는점(212℉)과 어는점(32℉) 사이를 180등분 하여 1등분을 1℉로 정한 것

ⓓ 절대온도(K) : 절대온도를 기준으로 하여 온도를 나타낸 것

ⓔ 관계식 : 섭씨온도(℃) $= \frac{5}{9}$[화씨온도(℉) -32]

화씨온도(℉) $= [\frac{9}{5} \times$ 섭씨온도(℃)$] + 32$

절대온도(K) $= 273 +$ 섭씨온도(℃)

랭킨온도(°R) $= 460 +$ 화씨온도(℉)

ⓐ 압력
   ⓐ 물체의 단위면적에 작용하는 수직방향의 힘
   ⓑ $1\,Pa = 1\,N/m^2 = 10^{-5}\,bar = 10\,dyne/cm^2 = 1.020 \times 10^{-1}\,mmH_2O = 9.869 \times 10^{-6}\,atm$
   ⓒ 1기압 $= 1\,atm = 760\,mmHg = 10,332\,mmH_2O = 1.0332\,kgf/cm^2 = 10,332\,kgf/m^2$
               $= 14.7\,Psi = 760\,Torr = 10.332\,mmAq = 10.332\,mH_2O = 1,013\,hPa$
               $= 1,013.25\,mb = 1.01325\,bar = 10,113 \times 10^5\,dyne/cm^2 = 1.013 \times 10^5\,Pa$

필수 문제

01 $10m^3$은 몇 cm^3인가?

> **풀이** $10m^3 \times \dfrac{10^6 cm^3}{1m^3} = 10^7 cm^3$

필수 문제

02 화씨온도가 100°F일 경우 절대온도로 환산하시오.

> **풀이** 절대온도(K) = 섭씨온도(℃) + 273
>
>   섭씨온도(℃) = $\dfrac{5}{9}$[화씨온도(°F) − 32]
>
>   = $\dfrac{5}{9}$[100 − 32]
>
>   = 37.78℃
>
>   = 37.78℃ + 273 = 310.78℃

(2) 유체의 물리적 성질

- 대부분의 물질은 고체, 액체, 기체의 상태로 크게 나누어 어느 한 상태로 존재하며 유체란 액체나 기체 상태로 흐름을 가진 물질이다.
- 유체는 물질을 구성하는 분자상호 간의 거리와 운동범위가 커서 스스로 형상을 유지할 수 있는 능력이 없고 용기에 따라 형상이 결정되는 물질이다.
- 유체는 아주 작은 힘이라도 외력을 받으면 비교적 큰 변형을 일으키며 유체 내에 전단응력이 작용하는 한 계속해서 변형하는 물질이다.

① 밀도(Density : ρ)
　㉠ 정의 : 단위체적당 유체의 질량
　㉡ 단위 : g/cm^3, kg/m^3
　㉢ 관계식 : 밀도(ρ) = $\dfrac{질량}{부피}$
　㉣ 0℃, 1기압의 건조한 공기의 밀도는 $1.293\,kg/m^3$이다.

② 비중량(Specific Weight : γ)
　㉠ 정의 : 단위체적당 유체의 중량
　㉡ 단위 : g_f/cm^3, kg_f/m^3
　㉢ 관계식 : 비중량(γ) = $\dfrac{중량}{부피}$
　㉣ 비중량(γ), 밀도(ρ), 중력가속도(g)의 관계식 : $\gamma = \rho \cdot g$
　㉤ 0℃ 1기압에서 공기의 비중량은 $\dfrac{28.97\,kg_f}{22.4\,m^3} = 1.293\,kg_f/m^3$

③ 비중(Specific Gravity : S)
　㉠ 정의 : 표준물질의 밀도를 기준으로 실제 물질에 대한 밀도의 비이다.
　㉡ 단위 : 무차원
　㉢ 관계식 : 비중(S) = $\dfrac{어떤\ 대상물질의\ 밀도}{표준물질의\ 밀도}$
　㉣ 표준물질의 적용
　　ⓐ 기체인 경우 0℃, 1기압 상태의 공기밀도($1.293\,kg/m^3$)
　　ⓑ 고체, 액체의 경우 4℃, 1기압 상태의 물의 밀도($1,000\,kg/m^3$)

④ 비체적(Specific Volume : Vs)
　㉠ 정의 : 단위질량이 갖는 유체의 체적
　㉡ 단위 : m^3/kg, cm^3/g
　㉢ 관계식 : 비체적(Vs) = $\dfrac{1}{\rho}$, ρ : 밀도(kg/m^3)

⑤ 점성계수(Dynamic Viscosity : μ)
　㉠ 정의 : 유체에 미치는 전단응력과 그 속도 사이의 비례상수, 즉 전단응력에 대한 저항의 크기를 나타낸다.
　㉡ 단위 : $N \cdot s/m^2$, $kg/m \cdot s$, $g/cm \cdot s$, $kg_f \cdot sec/m^2$
　　1 Poise = $1\,g/cm \cdot s$ = $1\,dyne \cdot s/cm^2$ = $Pa \cdot s$
　　1 centipoise = 10^{-2} Poise = $1\,mg/mm \cdot s$
　　20℃ 물의 점도는 약 1CP이다.
　㉢ 점도는 온도에 따라 변화한다. → 액체는 온도가 증가하면 점도는 작아진다.
　　　　　　　　　　　　　　　　　기체는 온도가 증가하면 점도는 증가한다.

② 점성계수는 온도의 영향을 받지만 압력과 습도의 영향은 거의 받지 않는다.
　　⑩ 점성은 유체분자 상호 간에 작용하는 분자응집력과 인접유체층 간의 분자운동에 의하여 생기는 운동량 수송에 기인한다.
　　⑪ Hagen의 점성법칙에서 점성의 결과로 생기는 전단응력은 유체의 속도구배에 비례한다.
⑥ 동점성계수(Kinematic Viscosity : v)
　　㉠ 정의 : 점성계수를 밀도로 나눈 값을 말한다.
　　㉡ 단위 : m^2/sec, cm^2/sec
　　　　1 stokes = 1 cm^2/s
　　　　1 cstoke = 10^{-2} stokes
　　㉢ 관계식 → 동점성계수(v) = $\dfrac{\mu}{\rho}$
⑦ 표준공기
　　㉠ 표준상태(STP)란, 0℃, 1 atm 상태를 말하며 물리·화학 등 공학분야에서 기준이 되는 상태로서 일반적으로 사용한다.
　　㉡ 환경공학에서 표준상태는 기체의 체적을 Sm^3, Nm^3으로 표시하여 사용한다.

필수 문제

01 25℃에서 공기의 점성계수 $\mu = 1.607 \times 10^{-5}$ Poise, 밀도 $\rho = 1.203$ kg/m^3이다. 동점성계수(m^2/sec)는?

> **풀이** 동점성계수(v) = $\dfrac{점성계수}{밀도}$ = $\dfrac{1.607 \times 10^{-6} \, kg/m \cdot s}{1.203 \, kg/m^3}$ = $1.336 \times 10^{-6} \, m^2/sec$

필수 문제

02 45.5 mmH_2O는 몇 mmHg인가?

> **풀이** $P = 45.5 \, mmH_2O \times \dfrac{760 \, mmHg}{10,332 \, mmH_2O}$ (10,332 mmH_2O = 760 mmHg)
> 　　　= 3.35 mmHg

필수 문제

03 밀도 0.8g/cm³인 유체의 동점도가 3stokes이라면 절대점도(poise)는?

> **풀이** 점성계수(절대점도) = 동점성계수 × 밀도
> = 3stokes × 0.8g/cm³ = 3cm²/sec × 0.8g/cm³
> = 2.4g/cm · sec(2.4poise)

필수 문제

04 1 centi-poise(cp)는 몇 kg/m · sec인가?

> **풀이** (kg/m · sec) = 1mg/mm · sec × 1kg/10⁶mg × 10³mm/m = 0.001kg/m · sec

(3) 연속방정식

① 개요

정상류가 흐르고 있는 유체 유동에 관한 연속방정식을 설명하는 데 적용된 법칙은 질량보존의 법칙이다. 즉 정상류로 흐르고 있는 유체가 임의의 한 단면을 통과하는 질량은 다른 임의의 한 단면을 통과하는 단위시간당 질량과 같아야 한다.

② 관계식(비압축성 유체 흐름 가정)

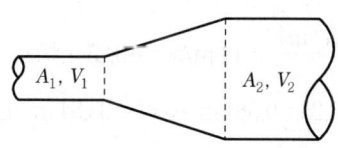

$$Q = A_1 V_1 = A_2 V_2$$

여기서, $Q(m^3/min)$: 단위시간에 흐르는 유체의 체적(유량)
 $A_1, A_2(m^2)$: 각 유체통과 단면적
 $V_1, V_2(m/sec)$: 각 유체의 통과 유속

③ 유체역학의 질량보존 원리를 환기시설에 적용하는 데 필요한 네 가지 공기 특성의 주요가정(전제조건)
  ㉠ 환기시설 내외(덕트 내부와 외부)의 열전달(열교환) 효과 무시
  ㉡ 공기의 비압축성(압축성과 팽창성 무시)
  ㉢ 건조 공기 가정
  ㉣ 환기시설에서 공기 속의 오염물질 질량(무게)과 부피(용량)를 무시

필수 문제

01 그림과 같이 Q_1과 Q_2에서 유입된 기류가 합류관인 Q_3로 흘러갈 때 Q_3의 유량은?(단, Q_3 직경은 350 mm)

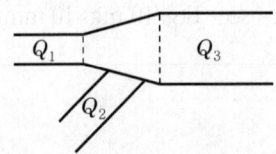

$Q_1 →$ 직경 200 mm, 유속 10 m/sec
$Q_2 →$ 직경 150 mm, 유속 14 m/sec

풀이
연속방정식 이론에 의해 유체의 질량보존법칙이 성립하므로
$Q_3 = Q_1 + Q_2$
$Q_1 = A \times V = \dfrac{\pi \times D^2}{4} \times V = \dfrac{\pi \times 0.2^2 \text{ m}^2}{4} \times 10 \text{ m/sec} = 0.314 \text{ m}^3/\text{sec}$
$Q_2 = A \times V = \dfrac{\pi \times 0.15^2 \text{ m}^2}{4} \times 14 \text{ m/sec} = 0.25 \text{ m}^3/\text{sec}$
$Q_3 = Q_1 + Q_2 = 0.314 + 0.25 = 0.564 \text{ m}^3/\text{sec} (= 33.84 \text{ m}^3/\text{min})$

필수 문제

02 유체가 흐르는 관의 직경을 2배로 하면 나중속도는 처음속도의 몇 배가 되는가?(단, 유량변화 등 다른 조건은 변화 없다고 가정)

풀이
$Q = A \times V$

$V = \dfrac{Q}{A}$ 와 $A = \dfrac{\pi D^2}{4}$ 식에서

$V \propto \dfrac{1}{D^2}$

$\propto \dfrac{1}{2^2}$ (0.25배) 감소

필수 문제

03 실온에서 물이 동관 파이프 속을 6 m/min 으로 흐르고 있다. 파이프 관의 단면적이 0.005 m² 일 때 관속을 흐르는 유체의 질량유속(g/sec)은?(단, 물의 밀도는 1 g/cm³)

풀이
유체질량유속(g/sec) = $A \times V \times \rho$
= 0.005 m²×6 m/min×1 g/cm³×10⁶ cm³/1 m³×1 min/60 sec
= 500 g/sec

필수 문제

04 기체유량이 10 m³/sec 로 그림의 A점을 지나 원형관 내를 흐르고 있다. B지점에서의 유속(m/sec)은?(단, d_1 = 0.2 m, d_2 = 0.4 m)

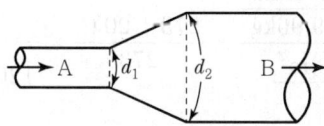

풀이 A점이나 B점에서 유량은 동일하므로
$Q = A \times V$

$V = \dfrac{Q}{A} = \dfrac{10 \text{ m}^3/\text{sec}}{\left(\dfrac{3.14 \times 0.4^2}{4}\right)\text{m}^2} = 79.62 \text{ m/sec}$

필수 문제

05 직경 500mm인 관에 60m³/min인 공기가 통과한다면 공기의 이동속도(m/sec)는?

풀이 $V = \dfrac{Q}{A}$

$= \dfrac{60\text{m}^3/\text{min} \times \text{min}/60\text{sec}}{\left(\dfrac{3.14 \times 0.5^2}{4}\right)\text{m}^2} = 5.09\text{m/sec}$

필수 문제

06 온도 20℃, 압력 120 kPa의 오염공기가 내경 400 mm의 관로 내를 질량유속 1.2 kg/s로 흐를 때 관 내의 유체의 평균유속(m/sec)은?(단, 오염공기의 평균분자량은 29.96이고 이상기체로 취급한다. 1 atm = 1.013×10⁵ Pa)

풀이 $V = \dfrac{Q}{A}$

$= \dfrac{1.2\text{kg/sec} \times \dfrac{22.4\text{Sm}^3}{29.96\text{kg}}}{\dfrac{(3.14 \times 0.4^2)\text{m}^2}{4}} \times \dfrac{273+20℃}{273} \times \dfrac{760\text{mmHg}}{120,000\text{Pa} \times \dfrac{760\text{mmHg}}{1.013 \times 10^5 \text{Pa}}}$

$= 6.47\text{m/sec}$

(4) 베르누이 정리(Bernoulli 정리)

① 동일 유선상에서 정상상태로 흐르는 유체에 대한 베르누이 정리의 적용조건은 비압축성이며 비점성 유체, 즉 베르누이 방정식은 임의의 두 점이 같은 유선상에 있고 비압축성이며 비점성인 이상유체가 정상상태(정상류)로 흐르는 조건하에 성립한다.

② 환기시설 내에서의 기류흐름은 후드나 덕트와 같은 관내의 유동이며 이 유동은 두 점 사이의 압력차에 기인하여 일어나고 여기서 압력은 단위체적의 유체가 갖는 에너지를 의미한다.

③ 베르누이 정리에 의해 국소 환기장치 내의 에너지 총합은 에너지의 득, 실이 없다면 언제나 일정하다. 즉 에너지 보존법칙이 성립한다.

④ 베르누이 정리(방정식)
압력수두, 속도수두, 위치수두의 합은 일정하다.

$$\frac{P}{\gamma} + \frac{V^2}{2g} + Z = \text{Constant}(H)$$

여기서, $\frac{P}{\gamma}$: 압력수두(m) → 단위질량당 가지는 압력에너지

$\frac{V^2}{2g}$: 속도수두(m) → 단위질량당 속도에너지

Z : 위치수두(m) → 단위질량당 위치에너지

H : 전수두(m)

⑤ 환기, 즉 유체가 기체인 경우 위치수두 Z의 값이 매우 작아 무시한다.
즉, 이때 베르누이 방정식은

$$\frac{P}{\gamma} + \frac{V^2}{2g} = \text{Constant}(H)$$

⑥ 베르누이 방정식 적용조건
  ㉠ 정상 유동(정상상태의 흐름)
  ㉡ 비압축성, 비점성흐름
  ㉢ 마찰이 없는 흐름, 즉 이상유동
  ㉣ 동일한 유선상의 유동(같은 유선상에 있는 흐름)
상기조건에서 한 조건이라도 만족하지 않을 경우 적용할 수 없다.

(5) 공기흐름 원리

① 두 지점 사이의 공기가 이동하려면 두 지점 사이에 압력의 차이가 있어야 하며, 이 압력차이가 공기에 힘을 가하여 압력이 높은 지점에서 낮은 지점으로 공기를 흐르게 한다. 국소배기장치의 배출구 압력은 항상 대기압보다 높아야 한다.

② 관계식

$$Q = A \times V$$

여기서, Q : 공기흐름의 유량(m³/min)
 A : 공기가 흐르고 있는 단면적(Duct)(m²)
 V : 공기흐름 속도(m/min)

(6) 압력의 종류

① 압력은 단위 면적당 단위 체적의 유체가 가지고 있는 에너지를 의미한다.
② 베르누이 정리에 의해 속도수두를 동압(속도압), 압력수두를 정압이라 하고 동압과 정압의 합을 전압이라 한다. 즉

전압(TP ; Total Pressure)
=동압(VP ; Velocity Pressure) + 정압(SP ; Static Pressure)

㉠ 정압
 ⓐ 밀폐된 공간(Duct) 내 사방으로 동일하게 미치는 압력. 즉 모든 방향에서 동일한 압력이며 송풍기 앞에서는 음압, 송풍기 뒤에서는 양압이다.
 ⓑ 밀폐공간에서 전압이 50 mmHg이면 정압은 50 mmHg이다.
 ⓒ 공기흐름에 대한 저항을 나타내는 압력이며 위치에너지에 속한다.
 ⓓ 정압이 대기압보다 낮을 때는 음압(Negative Pressure)이고, 대기압보다 높을 때는 양압(Positive Pressure)으로 표시한다.
 ⓔ 정압은 단위체적의 유체가 압력이라는 형태로 나타내는 에너지이다.
 ⓕ 양압은 공간벽을 팽창시키려는 방향으로 미치는 압력이고 음압은 공간벽을 압축시키려는 방향으로 미치는 압력. 즉 유체를 압축 또는 팽창시키려는 잠재에너지의 의미가 있다.
 ⓖ 정압을 때로는 저항압력 또는 마찰압력이라고 한다.
 ⓗ 정압은 속도압과 관계없이 독립적으로 발생한다.

ⓒ 동압(속도압)
  ⓐ 공기의 흐름방향으로 미치는 압력이고 단위체적의 유체가 갖고 있는 운동에너지이다. 또한 액체의 높이로 표시할 수도 있다.
  ⓑ 정지상태의 유체에 작용하여 속도 또는 가속을 일으키는 압력으로 공기를 이동시키며 액체의 높이로 표시할 수 있다.
  ⓒ 공기의 운동에너지에 비례하여 항상 0 또는 양압을 갖는다.
  ⓓ 동압은 송풍량과 덕트직경이 일정하면 일정하다.
  ⓔ 정지상태의 유체에 작용하여 현재의 속도로 가속시키는 데 요구되는 압력이고 반대로 어떤 속도로 흐르는 유체를 정지시키는 데 필요한 압력으로서 흐름에 대항하는 압력이다.

  ⓕ 공기속도(V)와 속도압(VP)의 관계

  $$\text{속도압(동압)}(VP) = \frac{\gamma V^2}{2g} \text{에서},\ V = \sqrt{\frac{2gVP}{\gamma}}$$

  여기서, 표준공기인 경우 $\gamma = 1.203\ \text{kg}_f/\text{m}^3$, $g = 9.81\ \text{m/s}^2$이므로
  위의 식에 대입하면

  $$V = 4.043\sqrt{VP}$$
  $$VP = \left(\frac{V}{4.043}\right)^2$$

  여기서, V : 공기속도(m/sec)
  VP : 동압(속도압)(mmH$_2$O)

  ⓖ Duct에서 속도압은 Duct의 반송속도를 추정하기 위해 측정한다.

ⓒ 전압
  ⓐ 전압은 단위유체에 작용하는 정압과 동압의 총합이다.
  ⓑ 시설 내에 필요한 단위체적당 전 에너지를 나타낸다.
  ⓒ 유체의 흐름방향으로 작용한다.
  ⓓ 정압과 동압은 상호변환 가능하며, 그 변환에 의해 정압, 동압의 값이 변화하더라도 그 합인 전압은 에너지의 득, 실이 없다면 관의 전 길이에 걸쳐 일정하다. 이를 베르누이 정리라 한다. 즉, 유입된 에너지의 총량은 유출된 에너지의 총량과 같다는 의미이다.

ⓔ 속도변화가 현저한 축소관 및 확대관 등에서는 완전한 변환이 일어나지 않고 약간의 에너지 손실이 존재하며 이러한 에너지 손실은 보통 정압손실의 형태를 취한다.
ⓕ 흐름이 가속되는 경우 정압이 동압으로 변화될 때의 손실은 매우 적지만 흐름이 감속되는 경우 유체가 와류를 일으키기 쉬우므로 동압이 정압으로 변화될 때의 손실은 크다.

필수 문제

01 속도압이 10 mmH₂O 인 덕트의 유속 V(m/sec)는?(단, 공기밀도 1.2 kg/m³)

풀이 $V = \sqrt{\dfrac{2gVP}{\gamma}} = \sqrt{\dfrac{2 \times 9.8 \times 10}{1.2}} = 12.78 \, m/sec$

필수 문제

02 송풍관 내를 20℃의 공기가 20 m/sec 의 속도로 흐를 때 속도압(mmH₂O)을 구하여라.(단, 공기밀도는 1.293 kg/m³, 기압 1 atm)

풀이
$VP(속도압) = \dfrac{\gamma V^2}{2g}$
$= \dfrac{1.293 \times 20^2}{2 \times 9.8}$
$= 26.38 \, mmH_2O$, 온도보정하면
$= 26.38 \times \dfrac{273}{273+20} = 24.6 \, mmH_2O$

필수 문제

03 표준공기가 15 m/sec 로 흐르고 있다. 이때 송풍기 앞쪽에서 정압을 측정하였더니 10 mmH₂O 였다. 전압(mmH₂O)은 얼마인가?

풀이

$TP = VP + SP$ 이므로

$VP = \left(\dfrac{V}{4.043}\right)^2 = \left(\dfrac{15}{4.043}\right)^2 = 13.76 \text{ mmH}_2\text{O}$

$SP = -10 \text{ mmH}_2\text{O}$ (송풍기 앞쪽이므로)

$TP = 13.76 + (-10) = 3.76 \text{ mmH}_2\text{O}$

필수 문제

04 건조공기가 원관 내를 흐르고 있다. 속도압이 6 mmH₂O 이면 풍속(m/sec)은?(단, 건조공기의 비중량은 1.2 kg_f/m³이며, 표준상태)

풀이

$V = 4.043\sqrt{VP} = 4.043\sqrt{6} = 9.9 \text{ m/sec}$

필수 문제

05 0.306 m³/sec인 유량의 공기가 직경 0.2 m인 관 속을 흐르고 있다. 관속 단면의 평균속도(m/sec)는?

풀이

$Q = A \times V$

$V = \dfrac{Q}{A} = \dfrac{0.306 \text{ m}^2/\sec}{\left(\dfrac{3.14 \times 0.2^2}{4}\right)\text{m}^2} = 9.75 \text{ m/sec}$

필수 문제

06 직경 180 mm 덕트 내 정압은 -80.5 mmH₂O, 전압은 28.9 mmH₂O 이다. 이때 공기유량(m³/sec)은?

풀이

$Q = A \times V$

$A(\text{단면적}) = \dfrac{3.14 \times D^2}{4} = \dfrac{3.14 \times 0.18^2}{4} = 0.025 \, m^2$

V(유속)은 동압을 우선 구하여야 한다.

동압 = 전압 - 정압 = 28.9 - (-80.5) = 109.4 mmH₂O

$V = 4.043 \sqrt{VP} = 4.043 \sqrt{109.4} = 42.29 \, m/sec$

$= 0.025 \, m^2 \times 42.29 \, m/sec = 1.06 \, m^3/sec$

필수 문제

07 15℃ 1기압의 공기가 덕트 내에서 15 m/sec 의 속도로 흐를 때 속도압(mmH₂O)은? (단, 표준상태의 가스의 비중량 1.2 kg/m³)

풀이

$\gamma' = \gamma \times \dfrac{273}{273 + ℃} \times \dfrac{P}{760}$

$= 1.2 \times \dfrac{273}{273 + 15} \times \dfrac{760}{760} = 1.14 \, kg/m^3$

$VP(\text{속도압}) = \dfrac{\gamma V^2}{2g} = \dfrac{1.14 \times 15^2}{2 \times 9.8} = 13.09 \, mmH_2O$

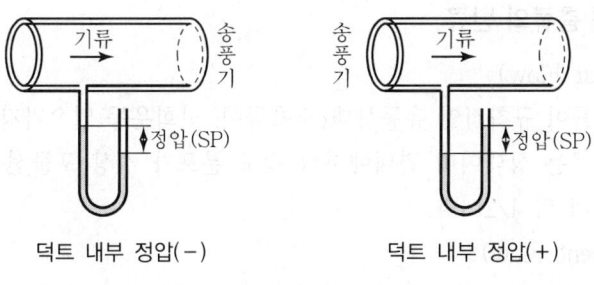

[정압의 특징]

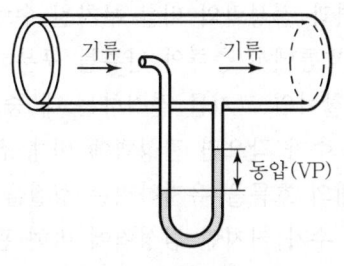

[동압(속도압)의 측정]

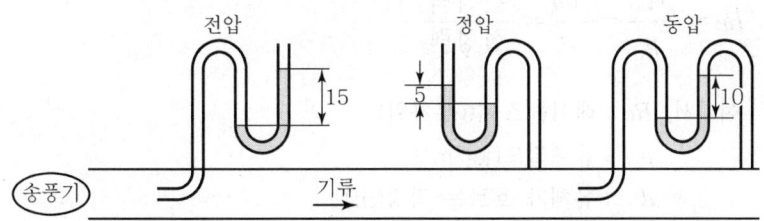

덕트(배기)에서 전압=정압+동압 (15 mmH$_2$O=5 mmH$_2$O+10 mmH$_2$O)

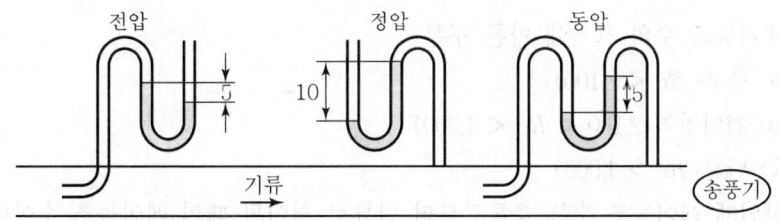

덕트(흡인)에서 전압=정압+동압 (-5 mmH$_2$O=-10 mmH$_2$O+5 mmH$_2$O)

[송풍기 위치에 따른 정압, 동압, 전압의 관계]

(7) 레이놀즈 수 및 층류와 난류

① 층류(Laminar Flow)
   유체의 입자들이 규칙적인 유동상태(소용돌이, 선회운동 일으키지 않음)가 되어 질서 정연하게 흐르는 상태이며 관내에서의 속도 분포가 정상 포물선을 그리며 평균유속은 최대유속의 약 1/2이다.

② 난류(Turbulent Flow)
   유체의 입자들이 불규칙적인 유동상태(작은 소용돌이가 혼합된 상태)가 되어 상호 간 활발하게 운동량을 교환하면서 흐르는 상태이다.

③ 레이놀즈 수(Reynold Number : Re)
   ㉠ 유체흐름에서 관성력과 점성력의 비를 무차원 수로 나타낸 것을 말한다.
   ㉡ 레이놀즈 수는 유체흐름에서 층류와 난류를 구분하는 데 사용된다.
   ㉢ 유체에 작용하는 마찰력의 크기를 결정하는 데 중요한 인자이다.
   ㉣ 층류흐름 : 레이놀즈 수가 작으면 관성력에 비해 점성력이 상대적으로 커져서 유체가 원래의 흐름을 유지하려는 성질을 갖는다.(관성력<점성력)
   ㉤ 난류흐름 : 레이놀즈 수가 커지면 점성력에 비해 관성력이 지배하게 되어 유체의 흐름에 많은 교란이 생겨 난류흐름을 형성한다.(관성력>점성력)
   ㉥ 관계식

$$Re = \frac{\rho Vd}{\mu} = \frac{Vd}{\nu} = \frac{관성력}{점성력}$$

   여기서, Re : 레이놀즈 수(무차원)
   ρ : 유체밀도(kg/m³)
   d : 유체가 흐르는 직경(m)
   V : 유체의 평균유속(m/sec)
   μ : 유체의 점성계수[(kg/m·s(Poise : Pa·s)] : 유체 점도
   ν : 유체의 동점성계수(m²/sec)

   ㉦ 레이놀즈 수의 크기에 따른 구분
      ⓐ 층류($Re < 2,100$)
      ⓑ 천이영역($2,100 < Re < 4,000$)
      ⓒ 난류($Re > 4,000$)
   ㉧ 상임계 레이놀즈 수는 층류로부터 난류로 천이될 때의 레이놀즈 수이며 12,000~14,000 범위이다.
   ㉨ 하임계 레이놀즈 수는 난류에서 층류로 천이될 때의 레이놀즈 수이며 2,100~4,000

범위이다.(하임계 레이놀즈 수를 층류, 난류 구분기준인 임계레이놀즈 수로 정함)
ⓒ 일반적 국소환기 배관 내 기류 흐름의 레이놀즈 수 범위는 $10^5 \sim 10^6$ 범위이다.
ⓚ 표준공기가 관내 유동인 경우 레이놀즈 수

$$Re = \frac{Vd}{\nu} = \frac{Vd}{1.51 \times 10^{-5}} = 0.666\ Vd \times 10^5$$

필수 문제

01 관내유속 5 m/sec, 관경 0.1 m 일 때 Reynold 수는?(단, 20℃, 1기압, 동점성계수는 1.5×10^{-5} m²/s)

풀이 $Re = \dfrac{Vd}{\nu} = \dfrac{5 \times 0.1}{1.5 \times 10^{-5}} = 3.3 \times 10^4$

필수 문제

02 덕트 직경 30 cm, 공기유속이 10 m/sec 인 경우 Reynold 수는?(단, 공기의 점성계수는 1.85×10^{-5} kg/sec·m 이고, 공기밀도는 1.2 kg/m³ 으로 가정)

풀이 $Re = \dfrac{\rho Vd}{\mu} = \dfrac{1.2 \times 10 \times 0.3}{1.85 \times 10^{-5}} = 194,595$

필수 문제

03 공기의 유속과 점도가 각각 1.5 m/s와 0.0187 cp일 때 레이놀즈수를 계산한 결과 1,950 이었다. 이때 덕트 내를 이동하는 공기의 밀도(kg/m³)는?(단, 덕트의 직경은 75 mm 이다.)

풀이

$$Re = \frac{관성력}{점성력} = \frac{DV\rho}{\mu}$$

$$\rho = \frac{Re \times \mu}{D \times V} = \frac{1{,}950 \times 0.0187 \times 10^{-3}\,\text{kg/m}\cdot\text{sec}}{0.075\,\text{m} \times 1.5\,\text{m/sec}} = 0.32\,\text{kg/m}^3$$

필수 문제

04 21℃에서 동점성계수가 $1.5 \times 10^{-5}\,\text{m}^2/\text{sec}$ 이다. 직경이 20 cm 인 관에 층류로 흐를 수 있는 최대의 평균속도(m/sec)와 유량(m^3/min)을 구하여라.

풀이

① 공기의 최대평균속도
   관내를 층류로 흐를 수 있는 $Re = 2{,}100$이므로
   $Re = \dfrac{Vd}{\nu}$ 에서 V를 구하면
   $$V = \frac{Re \cdot \nu}{d} = \frac{2{,}100 \times (1.5 \times 10^{-5})}{0.2} = 0.16\,\text{m/sec}$$

② 유량
   $$Q = A \times V = \left(\frac{3.14 \times 0.2^2}{4}\right) \times 0.16 = 5.02 \times 10^{-3}\,\text{m}^3/\text{sec}\,(=0.3\,\text{m}^3/\text{min})$$

필수 문제

05 1 atm, 20℃에서 공기 동점성계수 $\nu = 1.5 \times 10^{-5}\,\text{m}^2/\text{s}$ 일 때 관의 지름을 50 mm 로 하면 그 관로에서의 풍속(m/s)은?(단, 레이놀즈 수는 2.5×10^4이다.)

풀이

$$Re = \frac{VD}{\nu}$$

$$V = \frac{Re \times \nu}{D}$$

$D = 50\,\text{mm} \times \text{m}/1{,}000\,\text{mm} = 0.05\,\text{m}$

$$= \frac{2.5 \times 10^4 \times 1.5 \times 10^{-5}}{0.05} = 7.5\,\text{m/sec}$$

필수 문제

06 직경 0.4 mm의 액적(구)이 1.5×10^{-2} m/s 로 자유침강할 때 레이놀즈 수(N_{Re})는?(단, 공기밀도는 1.2 kg/m³, 점도는 1.8×10^{-5} kg/m·s이다.)

풀이
$$Re = \frac{DV\rho}{\mu}$$
$$D = 0.4 \text{ mm} \times \text{m}/1,000 \text{ mm} = 0.0004 \text{ m}$$
$$= \frac{0.0004 \times 1.5 \times 10^{-2} \times 1.2}{1.8 \times 10^{-5}} = 0.4$$

필수 문제

07 직경이 30 cm 인 관으로 유체가 5 m/sec 로 흐르고 있다. 유체의 점도가 1.85×10^{-5} kg/m·s 라 할 때 이 유체의 흐름 특성을 평가하면?(단, 유체의 밀도는 1.2 kg/m³으로 가정)

풀이
$$Re = \frac{\rho V d}{\mu} = \frac{1.2 \times 5 \times 0.3}{1.85 \times 10^{-5}} = 97,297$$
따라서, 유체 흐름 특성은 Re 값이 4,000보다 큰 값이므로 난류상태

필수 문제

08 1기압 20℃의 농섬성계수가 1.5×10^{-5} m²/sec 이고 유속이 20 m/sec 이다. 원형 Duct 의 단면적이 0.385 m² 이면 Reynold Number는?

풀이
$$Re = \frac{V \cdot d}{\nu}$$
$$= \frac{20 \times 0.7}{1.5 \times 10^{-5}} \text{ (단면적} = \frac{3.14 d^2}{4} \text{에서 } d = \sqrt{\frac{\text{단면적} \times 4}{3.14}} = \sqrt{\frac{0.385 \times 4}{3.14}} \text{)}$$
$$= 933,333$$

학습 Point

1. 연속방정식, 베르누이 정리 내용 숙지
2. 압력 종류 내용 및 관련식 숙지(출제비중 높음)
3. 레이놀즈 수 내용 및 관련식 숙지

17 자연환기

(1) 개요

자연환기는 오염물질을 외부에서 공급된 신선한 공기와의 혼합으로 오염물질의 농도를 희석시키는 방법으로 자연환기방식과 인공환기방식으로 나누며 자연환기방식은 작업장 내외의 온도, 압력 차이에 의해 발생하는 기류의 흐름을 자연적으로 이용하는 방식이며 인공환기방식이란 환기를 위한 기계적 시설을 이용하는 방식이다. 또한 환기방식을 결정할 때 실내압의 압력에 주의해야 한다.

(2) 목적

① 오염물질 농도를 희석, 감소시켜 근로자의 건강을 유지 증진한다.
② 화재나 폭발을 예방한다.
③ 실내의 온도 및 습도를 조절한다.

(3) 종류

① 자연환기
  ㉠ 개요
    ⓐ 기계적 시설이 필요 없다.
    ⓑ 작업장의 개구부(문, 창, 환기공 등)를 통하여 바람(풍력)이나 작업장 내외의 온도, 기압 차이에 의한 대류작용으로 행해지는 환기를 의미한다.
    ⓒ 급기는 자연상태, 배기는 벤틸레이터를 사용하는 경우는 실내압을 언제나 음압으로 유지기 기능하다.
  ㉡ 장점
    ⓐ 설치비 및 유지보수비가 적게 든다.
    ⓑ 적당한 온도차이와 바람이 있다면 운전비용이 거의 들지 않는다.
    ⓒ 효율적인 자연환기는 에너지 비용을 최소화할 수 있다.(냉방비 절감효과)
    ⓓ 소음발생이 적다.

ⓒ 단점
   ⓐ 외부 기상조건과 내부조건에 따라 환기량이 일정하지 않아 작업환경 개선용으로 이용하는 데 제한적이다.
   ⓑ 계절변화에 불안정하다. 즉, 여름보다 겨울철이 환기효율이 높다.
   ⓒ 정확한 환기량 산정이 힘들다. 즉, 환기량 예측자료를 구하기 힘들다.

② 인공환기(기계환기)
  ㉠ 개요
    자연환기의 작업장 내외의 압력차는 몇 mmH₂O 이하의 차이이므로 공기를 정화해야 할 때는 인공환기를 해야 한다.
  ㉡ 장점
    ⓐ 외부조건(계절변화)에 관계없이 작업조건을 안정적으로 유지할 수 있다.
    ⓑ 환기량을 기계적(송풍기)으로 결정하므로 정확한 예측이 가능하다.
  ㉢ 단점
    ⓐ 소음발생이 크다.
    ⓑ 운전비용이 증대하고 설비비 및 유지보수비가 많이 든다.
  ㉣ 종류
    ⓐ 급배기법
      • 급, 배기를 동력에 의해 운전한다.
      • 가장 효과적인 인공환기 방법이다.
      • 실내압을 양압이나 음압으로 조정 가능하다.
      • 정확한 환기량이 예측가능하며 작업환경 관리에 적합하다.
    ⓑ 급기법
      • 급기는 동력, 배기는 개구부로 자연 배출한다.
      • 고온 작업장에 많이 사용한다.
      • 실내압은 양압으로 유지되어 청정산업(전자산업, 식품산업, 의약산업)에 적용한다. 즉, 청정공기가 필요한 작업장은 실내압을 양압(+)으로 유지한다.
    ⓒ 배기법
      • 급기는 개구부, 배기는 동력으로 한다.
      • 실내압은 음압으로 유지되어 오염이 높은 작업장에 적용한다. 즉 오염이 높은 작업장은 실내압을 음압(−)으로 유지해야 한다.

(4) 자연환기(희석환기) 적용시 조건

① 오염물질의 독성이 비교적 낮은 경우, 즉 TLV가 높은 경우(가장 중요한 제한 조건)
② 동일한 작업장에 다수의 오염원이 분산되어 있는 경우
③ 오염물질이 시간에 따라 균일하게 발생될 경우
④ 오염물질의 발생량이 적은 경우 및 희석공기량이 많지 않아도 될 경우
⑤ 오염물질이 증기나 가스일 경우
⑥ 국소환기로 불가능한 경우
⑦ 배출원이 이동성인 경우
⑧ 가연성 가스의 농축으로 폭발의 위험이 있는 경우
⑨ 오염원이 근무자가 근무하는 장소로부터 멀리 떨어져 있는 경우

(5) 일정기적을 갖는 작업장 내에서 매시간 Mm^3의 CO_2가 발생할 때 필요환기량

$$\text{필요환기량}(m^3/hr) = \frac{M}{C_s - C_o} \times 100$$

여기서, M : CO_2 발생량(m^3/hr)
C_s : 실내 CO_2 기준농도(%)
C_o : 실외 CO_2 기준농도(%)

필수 문제

01 실내에서 발생하는 CO_2 양이 0.2 m³/hr 일 때 필요환기량(m³/hr)은?(단, 외기 CO_2 농도 0.03 %, CO_2 허용농도 0.1 %)

> **풀이** 필요환기량$(Q) = \dfrac{M}{C_S - C_O} \times 100 = \dfrac{0.2}{0.1 - 0.03} \times 100 = 285.71$ m³/hr

필수 문제

02 공기 중 CO_2 가스의 부피가 5%를 넘으면 인체에 해롭다고 한다면 지금 600 m³되는 방에서 문을 닫고 80%의 탄소를 가진 숯을 최소 몇 kg을 태우면 해로운 상태로 되겠는가?(단, 기존의 공기 중 CO_2 가스의 부피는 고려하지 않음. 실내에서 완전혼합, 표준상태 기준)

> **풀이**
> $C + O_2 \rightarrow CO_2$ (인체에 해로운 CO_2양 고려 계산)
> 12kg : 22.4m³
> $x \times 0.8$: 600m³ × 0.05
>
> $x(c : kg) = \dfrac{12\text{kg} \times 600\text{m}^3 \times 0.05}{0.8 \times 22.4\text{m}^3} = 20.09$ kg

---

🔍 학습 Point

① 자연환기, 인공환기 장·단점 숙지
② 자연환기 적용조건 내용 숙지

18 국소환기(국소 배기)

(1) 개요
① 오염물질의 발생원에 되도록 가까운 장소에서 동력에 의하여 발생되는 오염물질을 흡인 배출하는 장치이다. 즉 오염물질이 발생원에서 이탈하여 확산되기 전에 포집, 제거하는 환기방법이 국소환기이다.(압력차에 의한 공기의 이동을 의미함)
② 비교적 높은 증기압과 낮은 허용기준치를 갖는 유기용제를 사용하는 작업장을 관리할 때 국소환기가 효과적인 방법이다.
③ 국소환기에서 효율성 있는 운전을 하기 위해 가장 먼저 고려할 사항은 필요송풍량의 감소이다.

(2) 자연환기와 비교시 장점
① 자연환기는 희석에 의한 저감으로서 완전 제거가 불가능하나, 국소배기는 발생원상에서 포집, 제거하므로 오염물질 완전제거가 가능하다.
② 국소환기는 전체환기에 비해 필요환기량이 적어 경제적이다.
③ 작업장 내의 방해기류나 부적절한 급기에 의한 영향을 적게 받는다.
④ 오염물질의 의한 작업장 내의 기계 및 시설물을 보호할 수 있다.
⑤ 비중이 큰 침강성 입자상 물질도 제거 가능하므로 작업장 관리(청소 등) 비용을 절감할 수 있다.

(3) 국소환기장치의 설계순서
후드형식 선정 → 제어속도 결정 → 소요 풍량 계산 → 반송속도 결정 → 배관내경 선출 → 후드의 크기 결정 → 배관의 배치와 설치장소 선정 → 공기정화장치 선정 → 국소배기 계통도와 배치도 작성 → 총압력 손실량 계산 → 송풍기 선정

(4) 국소환기시설의 구성
① 국소환기시설(장치)은 후드(Hood), 덕트(Duct), 공기정화장치(Air Cleaner Equipment), 송풍기(Fan), 배기덕트(Exhaust Duct)의 각 부분으로 구성되어 있다.

② 국소환기시설의 계통도

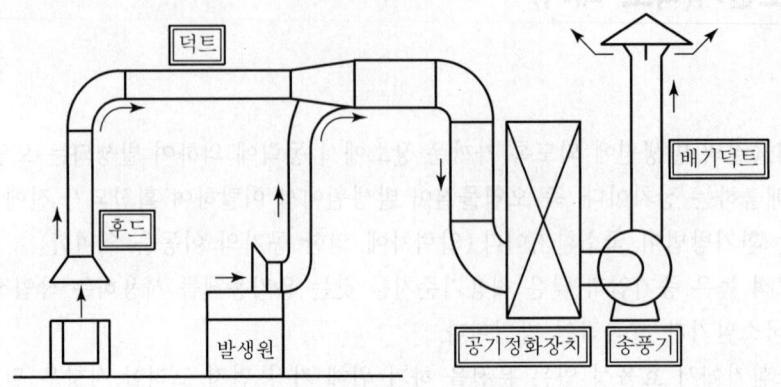

[국소환기기설의 계통도]

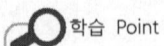
국소환기 적용조건 및 장점 내용 숙지

19 후드(Hood)

(1) 개요
후드는 발생원에서 발생된 오염물질을 작업자 호흡영역까지 확산되어 가기 전에 한곳으로 포집하고 흡인하는 장치로 최소의 배기량과 최소의 동력비로 오염물질을 효과적으로 처리하기 위해 가능한 오염원 가까이 설치한다.

(2) 후드 모양과 크기 선정시 고려인자
① 작업형태
② 오염물질의 특성과 발생특성
③ 작업공간의 크기

(3) 제어속도(포촉속도 : 포착속도 ; 통제속도)
① 오염물질의 발생속도를 이겨내고 오염물질을 후드 내로 흡인하는 데 필요한 최소의 기류속도를 말한다. 즉, 오염물질이 주위로 확산되지 않고 안전하게 후드에 유입되도록 조절한 공기의 속도와 적절한 안전율을 고려한 공기의 유속을 말한다.
② 후드가 취급할 공기양을 최소로 하고, 최대의 먼지부하를 얻도록 결정한다.
③ 제어속도는 확산조건, 주변 공기의 흐름이나 열 등에 많은 영향을 받는다.
④ 국소환기장치의 제어풍속은 모든 후드를 개방한 경우의 제어풍속을 말한다.
⑤ 포위식 후드에서는 당해 후드면에서의 풍속을, 외부식 후드에서는 당해 후드에 의하여 거리의 발생원 위치에서의 풍속을 말한다.
⑥ 제어속도 결정시 고려사항
  ㉠ 오염물질의 비산방향(확산상태)
  ㉡ 오염물질의 비산거리(후드에서 오염원까지 거리)
  ㉢ 후드의 형식(모양)
  ㉣ 작업장 내 방해기류(난기류의 속도)
  ㉤ 오염물질의 성상(종류) : 오염물질의 사용량 및 독성

⑦ 제어속도범위(ACGIH)

작업조건	작업공정사례	제어속도(m/sec)
• 움직이지 않는 공기 중에서 속도 없이 배출되는 작업조건 • 조용한 대기 중에 실제 거의 속도가 없는 상태로 발산하는 경우의 작업조건	• 액면에서 발생하는 가스나 증기·흄 • 탱크에서 증발, 탈지시설	0.25~0.5
• 비교적 조용한(약간의 공기 움직임) 대기 중에서 저속도로 비산하는 작업조건	• 용접, 도금 작업 • 스프레이 도장 • 저속 컨베이어 운반	0.5~1.0
• 발생기류가 높고 오염물질이 활발하게 발생하는 작업조건	• 스프레이 도장, 용기 충전 • 컨베이어 적재 • 분쇄기	1.0~2.5
• 초고속기류가 있는 작업장소에 초고속으로 비산하는 경우	• 회전연삭작업 • 연마작업 • 블라스트 작업	2.5~10

⑧ 제어속도범위 적용 시 기준

범위가 낮은 쪽	범위가 높은 쪽
• 작업장 내 기류가 낮거나, 제어하기 유리하게 작용될 때 • 오염물질의 독성이 낮을 때 • 오염물질 발생량이 적고, 발생이 간헐적일 때 • 대형 후드로 공기량이 다량일 때	• 작업장 내 기류가 국소환기 효과를 방해할 때 • 오염물질의 독성이 높을 때 • 오염물질 발생량이 높을 때 • 소형 후드로 국소적일 때

(4) 후드가 갖추어야 할 사항(필요환기량을 감소시키는 방법)

① 잉여공기의 흡입을 적게 하고 가능한 한 오염물질 발생원에 가까이 설치한다.
② 제어속도는 작업조건을 고려하여 적정하게 선정한다.
③ 작업이 방해되지 않도록 설치하여야 한다.
④ 오염물질 발생특성을 충분히 고려하여 설계하여 충분한 포착속도를 유지한다.
⑤ 가급적이면 공정을 많이 포위한다.
⑥ 후드 개구면에서 기류가 균일하게 분포되도록 설계한다.
⑦ 개구면적을 작게 하여 흡인속도를 크게 한다.
⑧ 국부적인 흡인방식으로 한다.
⑨ 실내의 기류, 발생원과 후드 사이의 장애물 등에 위한 영향을 고려하여 필요에 따라 에어커튼을 이용한다.

(5) 후드 입구의 공기흐름을 균일하게 하는 방법(후드 개구면 면속도를 균일하게 분포시키는 방법)

① 테이퍼(Taper, 경사접합부) 설치
　　경사각은 60° 이내로 설치하는 것이 바람직하다.
② 분리날개(Spliter Vanes) 설치
　　㉠ 후드개구부를 몇 개로 나누어 유입하는 형식이다.
　　㉡ 분리날개에 부식 및 오염물질 축적 등 단점이 있다.
③ 슬롯(Slot) 사용
　　도금조와 같이 길이가 긴 탱크에서 가장 적절하게 사용한다.
④ 차폐막 이용

(6) 플래넘(Plenum)

후드 뒷부분에 위치하며 개구면 흡입유속의 강약을 작게 하여 일정하게 되므로 압력과 공기흐름을 균일하게 형성하는 데 필요한 장치이며 가능한 설치는 길게 한다.

(7) 무효점(제로점, Null Point) 이론 : Hemeon 이론

① 무효점이란 발생원에서 방출된 오염물질이 초기 운동에너지를 상실하여 비산속도가 0이 되는 비산한계점을 의미한다.
② 무효점이란 필요한 제어속도는 발생원뿐만 아니라 이 발생원을 넘어서 오염물질이 초기운동에너지가 거의 감소되어 실제 제어속도 결정시 이 오염물질을 흡인할 수 있는 지점까지 확대되어야 한다는 이론이다.

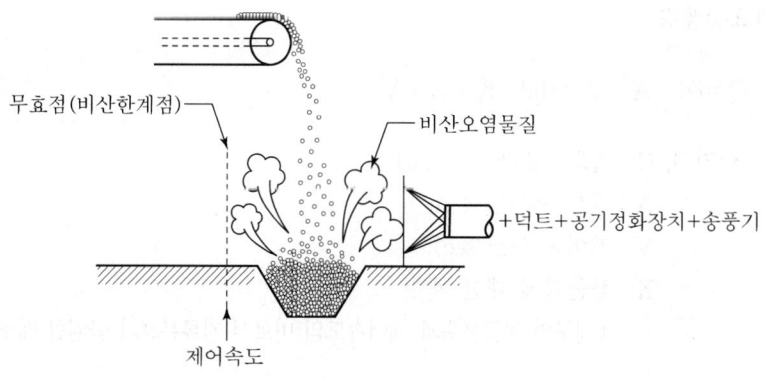

[Null Point]

(8) 후드의 형태

후드의 형태는 작업형태(작업공정), 오염물질의 발생특성, 근로자와 발생원 사이의 관계 등에 의해서 결정되며 일반적으로 포위식(부스식)·외부식·레시버식 후드로 구분하고 포집효과는 포위식, 부스식, 외부식 순으로 크다.

① 포위식 후드(Enclosure type hood)
  ㉠ 개요
     발생원을 완전히 포위하는 형태의 후드이고 후드의 개방면에서 측정한 속도로서 면속도가 제어속도가 되며 국소환기시설의 후드형태 중 가장 효과적인 형태이다. 즉, 필요환기량을 최소한으로 줄일 수 있다. 또한 유독한 오염물질의 발생원을 포위할 수 있는 경우에는 포위식을 선택한다.
  ㉡ 특성
     ⓐ 후드의 개방면에서 측정한 면속도가 제어속도가 된다.
     ⓑ 오염물질의 완벽한 흡입이 가능하다.(단, 충분한 개구면 속도를 유지하지 못할 경우 오염물질이 외부로 누출될 우려가 있음)
     ⓒ 오염물질 제거 공기량(송풍량)이 다른 형태보다 훨씬 적다.
     ⓓ 작업장 내 방해기류(난기류)의 영향을 거의 받지 않는다.
  ㉢ 부스식 후드(Booth type hood)
     ⓐ 포위식 후드의 일종이며 포위식보다 큰 것을 의미한다.
     ⓑ 작업을 위한 하나의 개구면을 제외하고 발생원 주위를 전부 에워싼 것으로 그 안에서 오염물질이 발산된다.
     ⓒ 이 방식은 오염물질의 송풍 시 낭비되는 부분이 적은데, 이는 개구면 주변의 벽이 라운지 역할을 하고, 측벽은 외부로부터의 분기류에 의한 방해에 대하여 방해판 역할을 하기 때문이다.
  ㉣ 필요송풍량

$$Q = 60 \cdot A \cdot V = (60 \cdot K \cdot A \cdot V)$$

여기서, Q : 필요송풍량(m^3/min)
       A : 후드 개구면적(m^2)
       V : 제어속도(m/sec)
       K : 불균일에 대한 계수
           (개구면 평균유속과 제어속도의 비로서 기류분포가 균일할 때 $K=1$로 본다.)

 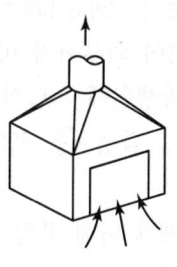

(포위식)　　　　　(부스식)

[포위식 후드, 부스식 후드]

필수 문제

01 덕트의 단면적이 0.5 m² 이고, 덕트에서 반송속도는 30 m/sec 였다면 유량(m³/min)은?

[풀이] Q = A×V = 0.5 m²×30 m/sec×60 sec/min = 900 m³/min

필수 문제

02 크롬도금 작업에 가로 0.5 m, 세로 2.0 m 인 부스식 후드를 설치하여 크롬산 미스트를 처리하고자 한다. 이때 제어풍속을 0.5 m/sec 로 하면 송풍량(m³/min)은?

[풀이] Q = A×V = (0.5×2.0)m²×0.5 m/sec×60 sec/min = 30 m³/min

필수 문제

03 환기장치에서 관경이 300 mm 인 직관을 통하여 풍량 95 m³/min 의 표준공기를 송풍할 때 관 내 평균유속(m/sec)은?

[풀이]
$$Q = A \times V$$
$$V = \frac{Q}{A} = \frac{95 \text{ m}^3/\text{min}}{\left(\frac{3.14 \times 0.3^2}{4}\right)\text{m}^2} = 1,344.66 \text{ m/min} \times \text{min}/60 \text{ sec} = 22.41 \text{ m/sec}$$

② 외부식 후드(Exterior type hood)
  ㉠ 후드의 흡인력이 외부까지 미치도록 설계한 후드이며 포집형 후드라고 한다.
  ㉡ 작업 여건상 발생원에 독립적으로 설치하여 오염물질을 포집하는 후드이다. 즉 작업 또는 공정상 발생원을 포위할 수 없는 경우 외부식 후드를 선택한다.
  ㉢ 특성
    ⓐ 타 후드형태에 비해 작업자가 방해를 받지 않고 작업을 할 수 있어 일반적으로 많이 사용하고 있다.
    ⓑ 포위식에 비하여 필요 송풍량이 많이 소요된다.
    ⓒ 방해기류(외부 난기류)의 영향이 작업장 내에 있을 경우 흡인효과가 저하된다.
    ⓓ 기류속도가 후드 주변에서 매우 빠르므로 쉽게 흡인되는 물질(유기용제, 미세분말 등)의 손실이 크다.
  ㉣ 필요송풍량(Q)(Dalla Valle)
    ⓐ 외부식 원형 또는 장방형 후드 ⇒ 자유공간 위치, 플랜지 미부착

$$Q = 60 \cdot Vc(10X^2 + A) \Rightarrow \text{Dalla Valle 식(기본식)}$$

   여기서, Q : 필요송풍량(m^3/min)
           Vc : 제어속도(m/sec)
           A : 개구면적(m^2)
           X : 후드중심선으로부터 발생원(오염원)까지의 거리(m)

   위 공식은 오염원에서 후드까지의 거리가 덕트 직경의 1.5배 이내일 때만 유효하다.

    ⓑ 측방외부식 테이블상 장방형 후드 ⇒ 바닥면에 위치, 플랜지 미부착

$$Q = 60 \cdot Vc(5X^2 + A)$$

   여기서, Q : 필요송풍량(m^3/min)
           Vc : 제어속도(m/sec)
           A : 개구면적(m^2)
           X : 후드 중심선으로부터 발생원(오염원)까지의 거리(m)

    ⓒ 측방외부식 플랜지 부착 원형 또는 장방형 후드 ⇒ 자유공간 위치, 플랜지 부착

$$Q = 60 \cdot 0.75 \cdot Vc(10X^2 + A)$$

일반적으로 외부식 후드에 플랜지(Flange)를 부착하면 후방유입기류를 차단(후드 뒤쪽의 공기흡입방지)하고 후드 전면에서 포집범위가 확대되어 포착속도가 커지며 Flange가 없는 후드에 비해 동일 지점에서 동일한 제어속도를 얻는데 필요한 송풍량을 약 25% 감소시킬 수 있으며, 동일한 오염물질 제거에 있어 압력손실도 감소한다. 또한, 플랜지 폭은 후드 단면적의 제곱근($\sqrt{A}$) 이상이 되어야 한다.

ⓓ 측방외부식 테이블상 플랜지 부착 장방형 후드 ⇒ 바닥면에 위치, 플랜지 부착

$$Q = 60 \cdot 0.5 \cdot Vc(10X^2 + A)$$

필요송풍량을 가장 많이 줄일 수 있는 경제적 후드형태이다.

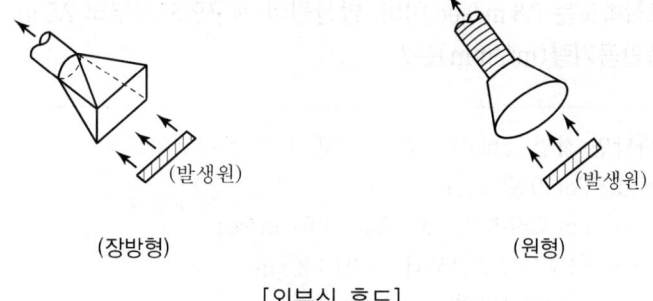

(장방형)　　　　　　(원형)

[외부식 후드]

필수 문제

01 용접직업시 발생되는 Fume을 제거하기 위하여 외부식 후드를 설치하려고 한다. 후드 개구면에서 흄 발생 지점까지의 거리가 0.25 m, 제어속도는 0.5 m/sec, 후드개구면적이 0.5 m²일 때 필요한 송풍량(m³/min)은?

풀이 문제 내용 중 후드 위치 및 플랜지에 대한 언급이 없으므로 기본식으로 구한다.
$Q = 60 \times Vc(10X^2 + A)$
　　Vc(제어속도) : 0.5 m/sec
　　X(후드 개구면부터 거리) : 0.25 m
　　A(개구단면적) : 0.5 m²
$= 60 \times 0.5[(10 \times 0.25^2) + 0.5] = 33.75 \ m^3/min$

필수 문제

02 용접기에서 발생되는 용접흄을 배기시키기 위해 외부식 원형 후드를 설치하기로 하였다. 제어속도를 1 m/sec 로 했을 때 플랜지 없는 원형 후드의 설계유량이 20 m³/min 으로 계산되었다면, 플랜지 있는 원형 후드를 설치할 경우 설계유량(m³/min)은 얼마이겠는가?(단, 기타 조건은 같음)

> **풀이**
> Flange 부착시 25%의 송풍량이 절약되므로
> 20 m³/min×(1 − 0.25) = 15 m³/min

필수 문제

03 플랜지가 붙고 면에 고정된 외부식 국소배기후드의 개구면적이 3 m² 이고 오염물 발산원의 포착속도는 0.8 m/sec 이며, 발산원이 개구면으로부터 2.5 m, 거리에 위치하고 있다면 흡인공기량(m³/min)은?

> **풀이**
> 후드 바닥면(작업 table)에 위치, 플랜지 부착 조건이므로
> $Q = 60 \times 0.5 \times V_c (10 X^2 + A)$
> $\quad V_c$(포착속도, 제어속도) : 0.8 m/sec
> $\quad X$(후드개구면부터 거리) : 2.5 m
> $\quad A$(개구단면적) : 3 m²
> $= 60 \times 0.5 \times 0.8 [(10 \times 2.5^2) + 3)] = 1,572$ m³/min

필수 문제

04 용접시 발생하는 용접 흄을 제어하기 위해 발생원 상단에 플랜지가 붙은 외부식 후드를 설치하였다. 후드에서 오염원의 거리가 0.25 m, 제어속도 0.5 m/sec, 개구면적이 0.5 m² 일 때 필요송풍량(m³/min)은?(단, 후드는 공간에 설치)

> **풀이**
> 후드는 자유공간에 위치, 플랜지 부착 조건이므로
> $Q = 60 \times 0.75 \times V_c (10 X^2 + A)$
> $\quad V_c$(제어속도) : 0.5 m/sec
> $\quad X$(후드 개구면부터 거리) : 0.25 m
> $\quad A$(개구단면적) : 0.5 m²
> $= 60 \times 0.75 \times 0.5 [(10 \times 0.25^2) + 0.5)] = 25.31$ m³/min

③ 외부식 슬롯 후드
  ㉠ 개요
    ⓐ Slot 후드는 후드 개방부분의 길이가 길고 높이(폭)가 좁은 형태로 [높이(폭)/길이]의 비가 0.2 이하인 것을 말하며 작업의 특성상 포위식이나 Booth Type 으로 할 수 없을 때 부득이 발생원에서 격리시켜 설치하는 형태이다.
    ⓑ Slot 후드에서도 플랜지를 부착하면 필요배기량을 줄일 수 있다.(미국 ACGIH : 환기량 30% 절약)
    ⓒ 필요송풍량(Q)

$$Q = 60 \cdot C \cdot L \cdot Vc \cdot X$$

여기서, Q : 필요송풍량(m^3/min)
       C : 형상계수(• 전원주 ⇒ 5.0
                 • $\frac{3}{4}$ 원주 ⇒ 4.1
                 • $\frac{1}{2}$ 원주(플랜지 부착 경우와 동일) ⇒ 2.8
                 • $\frac{1}{4}$ 원주 ⇒ 1.6)
       Vc : 제어속도(m/sec)
       L : Slot 개구면의 길이(m)
       X : 포집점까지의 거리(m)

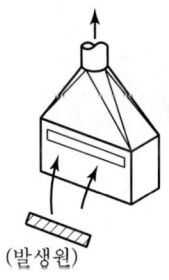
(발생원)

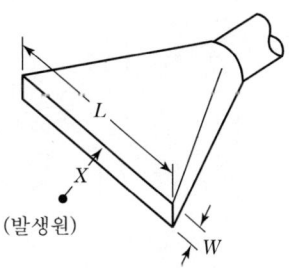
(발생원)

[슬롯 후드]

필수 문제

01 Hood의 길이가 1.25 m, 폭이 0.25 m인 외부식 슬롯형 후드를 설치하고자 한다. 포집 점과의 거리가 1.0 m, 포집속도는 0.5 m/sec 일 때 송풍량(m^3/min)은?(단, 플랜지가 없으며 공간에 위치하고 있음)

풀이 전원주 형상계수를 사용하면
$Q = 60 \cdot C \cdot L \cdot Vc \cdot X$
  C(형상계수) : 5.0
  L(Slot 개구면의 길이) : 1.25 m
  X(포착점까지의 거리) : 1.0 m
  Vc(제어속도) : 0.5 m/sec
$= 60 \times 5.0 \times 1.25 \times 0.5 \times 1.0 = 187.5 \, m^3/min$

필수 문제

02 Flange 부착 Slot 후드가 있다. Slot의 길이가 40 cm 이고 제어풍속이 1 m/sec, 제어 풍속이 미치는 거리가 20 cm 인 경우 필요환기량(m^3/min)은?

풀이 Flange 부착의 경우 형상계수는 원주 1/2에 해당하는 2.8 적용
$Q = 60 \cdot C \cdot L \cdot Vc \cdot X = 60 \times 2.8 \times 0.4 \times 1 \times 0.2 = 13.44 \, m^3/min$

④ 외부식 캐노피(천개형 : Canopy) 후드
- 가열된 상부개방 오염원에서 배출되는 오염물질을 포집하는 데 일반적으로 사용되며 주로 고온의 오염공기를 배출하고, 과잉습도를 제어할 때 제한적으로 사용된다. 단, 오염원이 고온이 아닐 때는 사용되지 않는다.
- 작업을 위한 하나의 개구면을 제외하고 발생원 주위를 전부 에워싼 것으로 그 안에서 오염물질이 발산된다.
- 이 방식은 오염물질의 송풍시 낭비되는 부분이 적은데 이는 개구면 주변의 벽이 라운지 역할을 하고, 측벽은 외부로부터의 분기류에 의한 방해에 대하여 방해판 역할을 하기 때문이다.

㉠ 4측면 개방 외부식 천개형 후드(Thoms 식)
  ⓐ 필요송풍량(Q)

$$Q = 60 \times 14.5 \times H^{1.8} \times W^{0.2} \times V_c$$

  여기서, Q : 필요송풍량(m^3/min)
  H : 개구면에서 배출원 사이의 높이(m)
  W : 캐노피 단변(직경)(m)
  V_c : 제어속도(m/sec)

  ⓑ 상기 Thoms 식은 $0.3 < H/W \leq 0.75$일 때 사용한다.
  ⓒ $H/L \leq 0.3$인 장방형의 경우 필요송풍량(Q)

$$Q = 60 \times 1.4 \times P \times H \times V_c$$

  여기서, L : 캐노피 장변(m)
  P : 캐노피 둘레길이 ⇒ $2(L+W)$(m)

㉡ 3측면 개방 외부식 천개형 후드(Thoms 식)
  - 필요송풍량(Q)

$$Q = 60 \times 8.5 \times H^{1.8} \times W^{0.2} \times V_c$$

  단, $0.3 < H/W \leq 0.75$인 장방형, 원형 캐노피에 사용

⑤ 레시버식(수형) 천개형 후드(Receiving type hood)
  ㉠ 개요
     작업공정에서 발생되는 오염물질의 발생상태를 조사한 후 오염물질이 운동량(관성력)이나 열 상승력(열부력에 의한 상승기류)을 가지고 자체적으로 발생될 때, 일정하게 발생되는 방향쪽에 후드의 입구를 설치함으로써 보다 적은 풍량으로 오염물질을 포집할 수 있도록 설계한 후드이며 필요송풍량 계산 시 제어속도의 개념이 필요 없다.
  ㉡ 적용
     가열로, 용융로, 단조, 연마, 연삭 공정에 적용한다.
  ㉢ 종류
     ⓐ 천개형(Canopy Type)
     ⓑ 그라인더형(Grinder Type)
     ⓒ 자립형(Free Standing)
  ㉣ 특징
     ⓐ 비교적 유해성이 적은 오염물질을 포집하는 데 적합하다.
     ⓑ 잉여공기량이 비교적 많이 소요된다.
     ⓒ 한랭공정에는 사용을 금하고 있다.
     ⓓ 기류속도가 후드 주변에서 매우 빠르다.
     ⓔ 포위식 후드보다 일반적으로 필요송풍량이 많다.
     ⓕ 외부난기류의 영향으로 흡인효과가 떨어진다.
  ㉤ 열원과 캐노피 후드의 관계

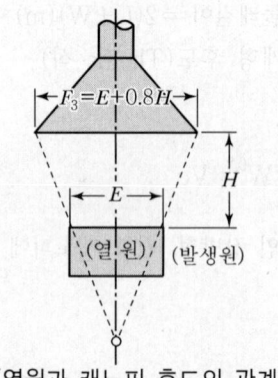

[열원과 캐노피 후드의 관계]

$$F_3 = E + 0.8H$$

여기서, F_3 : 후드의 직경
  E : 열원의 직경(직사각형은 단변)
  H : 후드 높이

ⓐ 배출원의 크기(E)에 대한 후드면과 배출원 간의 거리가(H)의 비(H/E)는 0.7 이하로 설계하는 것이 바람직하다.
ⓑ 필요송풍량(Q)
  • 난기류가 없을 경우(유량비법)

$$Q_T = Q_1 + Q_2 = Q_1\left(1 + \frac{Q_2}{Q_1}\right) = Q_1(1 + K_L)$$

여기서, Q_T : 필요송풍량(m³/min)
  Q_1 : 열상승기류량(m³/min)
  Q_2 : 유도기류량(m³/min)
  K_L : 누입한계유량비 ⇒ 오염원의 형태, 후드의 형식 등에 영향을 받는다.

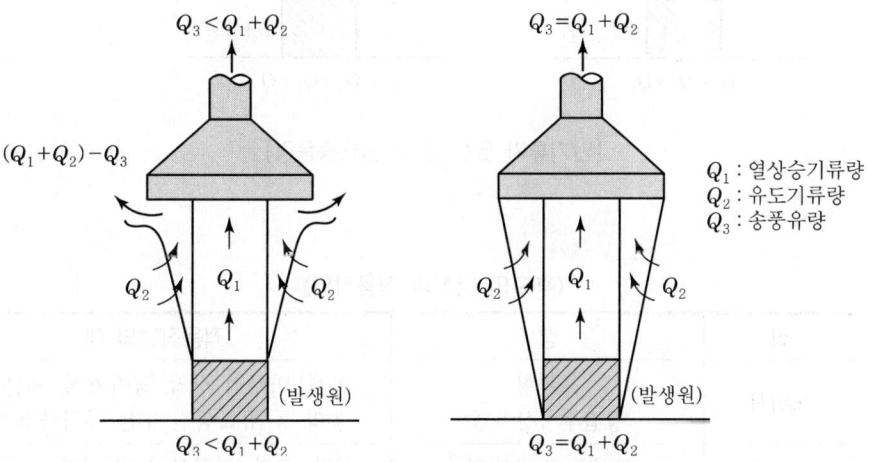

[난기류가 없는 경우 열상승기류량과 유도기류량]

- 난기류가 있을 경우(유량비법)

$$Q_T = Q_1 \times [1 + (m \times K_L)] = Q_1 \times (1 + K_D)$$

여기서, Q_T : 필요송풍량(m³/min)
Q_1 : 열상승기류량(m³/min)
m : 누출안전계수(난기류의 크기에 따라 다름)
K_L : 누입한계유량비
K_D : 설계유량비($K_D = m \times K_L$)

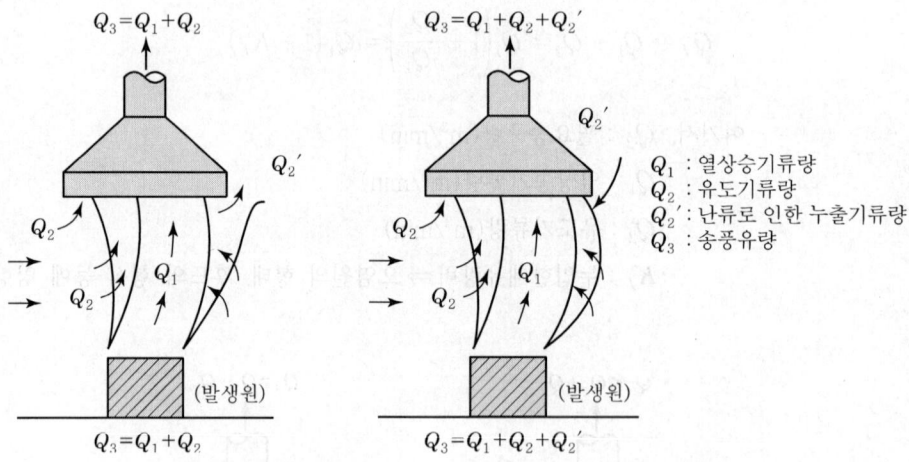

[난기류가 있는 경우 필요송풍량]

〈후드의 형식과 적용작업〉

식	형	적용작업의 예
포위식	포위형 장갑부착상자형	분쇄, 마무리 작업, 공작기계, 체분저조 농약 등 유독물질 또는 독성가스 취급
부스식	드래프트 챔버형 건축부스형	연마, 포장, 화학분석 및 실험, 동위원소 취급, 연삭 산세척, 분무도장

외부식	슬로트형 루바형 그리드형 원형 또는 장방형	도금, 주조, 용해, 마무리 작업, 분무도장 주물의 모래털기 작업 도장, 분쇄, 주형해체 용해, 체분, 분쇄, 용접, 목공기계
레시버식	캐노피형 원형 또는 장방형 포위형(그라인더형)	가열로, 소입, 단조, 용융 연삭, 연마 탁상그라인더, 용융, 가열로

🔍 Reference | 가스유속 측정장치 중 Bernoulli식 원리를 이용한 장치

① 벤투리장치(Venturi Meter)
② 오리피스 장치(Orifice Meter)
③ 로터미터(Rotameter)

필수 문제

01 용해로에 레시버식 캐노피형 국소배기장치를 설치한다. 열상승기류량 Q_1은 50 m³/min, 누입한계유량비 K_L은 2.5 이라 할 때 소요송풍량(m³/min)은?(단, 난기류가 없다고 가정함)

> **풀이**
> 소요송풍량(Q_T)
> $Q_T = Q_1 \times (1 + K_L) = 50 \times (1 + 2.5) = 175 \text{ m}^3/\text{min}$

필수 문제

02 고연 발생원에 후드를 설치할 때 주위환경의 난류형성에 따른 누출안전계수는 소요송풍량 결정에 크게 작용한다. 열상승기류량 30 m³/min, 누입한계유량비 3.0, 누출안전계수 7 이라면 소요풍량(m³/min)은?

> **풀이**
> 소요송풍량(Q_T)
> $Q_T = Q_1 \times [1 + (m \times K_L)] = 30 \times [1 + (7 \times 3.0)] = 660 \text{ m}^3/\text{min}$

🔍 **Reference | Push-Pull 후드(밀어 당김형 후드)**

① 도금조와 같이 오염물질 발생원의 개방면적이 큰 작업공정(폭이 넓은 오염원 탱크)에 주로 많이 사용하여 포집효율을 증가시키면서 필요유량을 대폭 감소시킬 수 있는 장점이 있는 후드이다.
② 제어길이가 비교적 길어서 외부식 후드에 의한 제어효과가 문제가 되는 경우에 공기를 불어주고(Push) 당겨주는(Pull) 장치로 되어 있어 작업자의 방해가 적고 적용이 용이하다.
③ 개방조 한 변에서 압축공기를 이용하여 오염물질이 발생하는 표면에 공기를 불어 반대쪽에 오염물질이 도달하게 한다.
④ 단점으로는 원료의 손실이 크고, 설계방법이 어렵고, 효과적으로 기능을 발휘하지 못하는 경우가 있다.

🔍 **Reference | 공기공급시스템(Make-Up Air : 보충용 공기)**

① 환기시설을 효율적으로 운영하기 위해서는 공기공급시스템이 필요하다. 즉 국소배기장치가 효과적인 기능을 발휘하기 위해서는 후드를 통해 배출되는 것과 같은 양의 공기가 외부로부터 보충되어야 한다. 즉, 보충용 공기는 환기시설에 의해 작업장 내에서 배기된 만큼의 공기를 작업장 내로 재공급해야 하는 공기의 양을 말한다.
② 공기공급시스템은 환기시설에 의해 작업장 내에서 배기된 만큼의 공기를 작업장 내로 재공급하는 시스템을 말한다.
③ 보충용 공기가 배기용 공기보다 약 10~15% 정도 많도록 조절하여 실내를 약간 양압으로 하는 것이 좋다.
④ 겨울철에는 일반적으로 보충용 공기를 18~20℃ 정도로 가온하여 공급한다.
⑤ 여름에는 보통 외부공기를 그대로 공급하지만, 공정 내의 열부하가 커서 제어해야 하는 경우에는 보충용 공기를 냉각하여 공급한다.
⑥ 보충용 공기의 유입구는 작업장이나 다른 건물의 배기구에서 나온 유해물질의 유입을 피할 수 있는 위치로서 통상 바닥으로부터 2.4~3m 정도에서 유입되도록 한다.
⑦ 공기공급시스템이 필요한 이유
  ㉠ 국소배기장치의 원활한 작동을 위하여
  ㉡ 국소배기장치의 효율 유지를 위하여
  ㉢ 안전사고를 예방하기 위하여
  ㉣ 에너지(연료)를 절약하기 위하여
  ㉤ 작업장 내의 방해기류(교차기류)가 생기는 것을 방지하기 위하여
  ㉥ 외부공기가 정화되지 않은 채로 건물 내로 유입되는 것을 막기 위하여

(9) Hood 압력손실

공기가 후드 내부로 유입될 때 가속손실(Acceleration Loss)과 유입손실(Entry Loss)의 형태로 압력손실이 발생한다.

① 가속손실
  ㉠ 정지상태의 실내공기를 일정한 속도로 가속화시키는 데 필요한 운동에너지이다.
  ㉡ 가속화시키는 데는 동압(속도압)에 해당하는 에너지가 필요하다.
  ㉢ 공기를 가속시킬 시 정압이 속도압으로 변화될 때 나타나는 에너지손실, 즉 압력손실이다.
  ㉣ 관계식

$$\text{가속손실}(\Delta P) = 1.0 \times VP$$

   여기서, VP : 속도압(동압)(mmH$_2$O)

② 유입손실
  ㉠ 공기가 후드나 덕트로 유입될 때 후드 덕트의 모양에 따라 발생되는 난류가 공기의 흐름을 방해함으로써 생기는 에너지손실을 의미한다.
  ㉡ 후드 개구에서 발생되는 베나수축(Vena Contractor)의 형성과 분리에 의해 일어나는 에너지 손실이다.
  ㉢ 관계식

$$\text{유입손실}(\Delta P) = F \times VP$$

   여기서, F : 유입손실계수(요소)
          VP : 속도압(동압)(mmH$_2$O)

  ㉣ 베나수축
    ⓐ 관 내로 공기가 유입될 때 기류의 직경이 감소하는 현상, 즉, 기류면적의 축소현상을 말한다.
    ⓑ 베나수축에 의한 손실과 베나수축이 다시 확장될 때 발생하는 난류에 의한 손실을 합하여 유입손실이라 하고 후드의 형태에 큰 영향을 받는다.
    ⓒ 베나수축현상이 심할수록 손실은 증가되므로 수축이 최소화될 수 있는 후드 형태를 선택해야 한다.
    ⓓ 베나수축이 심할수록 후드 유입손실은 증가한다.

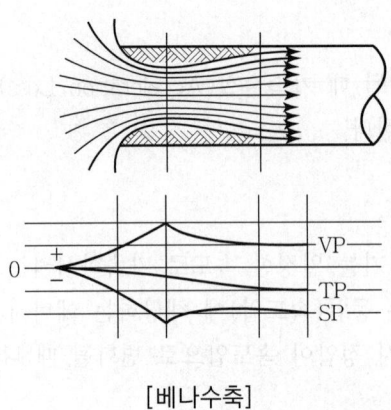

[베나수축]

③ 후드(Hood) 정압(SP_h)
   ㉠ 개요
   가속손실과 유입손실을 합한 것이다. 즉, 공기를 가속화시키는 힘인 속도압과 후드 유입구에서 발생되는 후드의 압력손실을 합한 것이다.
   ㉡ 관계식

   $$후드정압(SP_h) = VP + \Delta P = VP + (F \times VP) = VP(1+F)$$

   여기서, VP : 속도압(동압)(mmH₂O)
   ΔP : Hood 압력손실(mmH₂O) ⇒ 유입손실
   F : 유입손실계수(요소) ⇒ 후드 모양에 좌우됨

   ㉢ 유입계수(Ce)
   ⓐ 개요
   • 실제 후드 내로 유입되는 유량과 이론상 후드 내의 유입되는 유량의 비
   • 후드의 유입효율을 나타내며 Ce가 1에 가까울수록 압력손실이 작은 Hood 의미
   ⓑ 관계식

   $$유입계수(Ce) = \frac{실제적\ 유량}{이론적인\ 유량} = \frac{실제\ 흡인유량}{이상적인\ 흡인유량}$$

   $$후드유입\ 손실계수(F) = \frac{1-Ce^2}{Ce^2} = \frac{1}{Ce^2} - 1$$

$$유입계수(Ce) = \sqrt{\frac{1}{1+F}}$$

필수 문제

01 유입계수가 0.82, 속도압이 20 mmH₂O 일 때 후드의 압력손실(mmH₂O)은?

풀이 후드의 정압이 아니라 압력손실계산문제이므로
후드의 압력손실(ΔP) = F×VP

  F : 후드 유입 손실계수

$$F = \frac{1}{Ce^2} - 1 = \frac{1}{0.82^2} - 1 = 0.487$$

  VP : 속도압 = 20 mmH₂O

  = 0.487×20 = 9.74 mmH₂O

필수 문제

02 후드의 유입계수와 속도압이 각각 0.87, 16 mmH₂O 일 때 후드의 압력손실(mmH₂O)은?

풀이 $\Delta P = F \times VP$

$$F = \frac{1}{Ce^2} - 1 = \frac{1}{0.87^2} - 1 = 0.32$$

  = 0.32×16 = 5.13 mmH₂O

필수 문제

03 후드의 유입계수가 0.7, 후드의 압력손실이 1.6 mmH₂O 일 때 후드의 속도압(mmH₂O)은?

풀이

후드의 압력손실(ΔP) = F×VP (후드 압력손실 = 후드 유입손실)

$$VP = \frac{\Delta P}{F}$$

$$F = \frac{1}{Ce^2} - 1 = \frac{1}{0.7^2} - 1 = 1.04$$

$\Delta P = 1.6\ mmH_2O$

$$= \frac{1.6}{1.04} = 1.54\ mmH_2O$$

필수 문제

04 후드의 압력손실이 2.5 mmH₂O 이고 동압이 1 mmH₂O 일 경우 유입계수는?

풀이

$$Ce = \sqrt{\frac{1}{1+F}}$$

$\Delta P = F \times VP$

$$F = \frac{\Delta P}{VP} = \frac{2.5}{1} = 2.5$$

$$= \sqrt{\frac{1}{1+2.5}} = 0.5345$$

필수 문제

05 어떤 단순 후드의 유입계수가 0.82 이고 기류속도가 18 m/sec 일 때 후드의 정압(mmH₂O)은?(단, 공기밀도는 1.2 kg/m³)

풀이

후드의 정압(SP_h) = $VP(1+F)$

$$F = \frac{1}{Ce^2} - 1 = \frac{1}{0.82^2} - 1 = 0.487$$

$$VP = \frac{\gamma V^2}{2g} = \frac{1.2 \times 18^2}{2 \times 9.8} = 19.84\ mmH_2O$$

$= 19.84(1+0.487)$

$= 29.5\ mmH_2O$ 이나 실질적으로 $-29.5\ mmH_2O$ 임

필수 문제

06 후드의 정압이 20 mmH₂O 이고 속도압이 12 mmH₂O 일 때 유입계수(Ce)는?

> **풀이** 유입계수(Ce) = $\sqrt{\dfrac{1}{1+F}}$ 이므로 우선 F(유입손실계수)를 구하면
>
> $SP_h = VP(1+F)$
>
> $F = \dfrac{SP_h}{VP} - 1 = \dfrac{20}{12} - 1 = 0.67$
>
> $Ce = \sqrt{\dfrac{1}{1+0.67}} = 0.77$

필수 문제

07 환기시스템에서 공기유량(Q)이 0.14 m³/sec, 덕트 직경이 9.0 cm, 후드유입 손실요소(F_h)가 0.5일 때 후드 정압(mmH₂O)은?

> **풀이** 후드의 정압(SP_h) = $VP(1+F)$
>
> VP를 구하기 위하여 V(속도)를 먼저 구하면
>
> $Q = A \times V$에서
>
> $V = \dfrac{Q}{A} = \dfrac{0.4 \text{ m}^3/\text{sec}}{\left(\dfrac{3.14 \times 0.09^2 \text{ m}^2}{4}\right)} = 22.02 \text{ m/sec}$
>
> $VP = \left(\dfrac{V}{4.043}\right)^2 = \left(\dfrac{22.02}{4.043}\right)^2 = 29.66 \text{ mmH}_2\text{O}$
>
> $SP_h = 29.66 \times (1+0.5)$
> $\quad\; = 44.49 \text{ mmH}_2\text{O}$ (실제적으로 $-44.49 \text{ mmH}_2\text{O}$)

필수 문제

08 후드의 유입계수를 구하여 보니 0.9 이었고, 덕트의 기류를 측정해보니 14 m/sec 였다. 이 후드의 유입손실(mmH₂O)은?(단, 오염공기의 밀도 1.2 kg/m³)

풀이

후드의 압력손실(ΔP) = $F \times VP$

F(유입 손실계수) = $\dfrac{1}{Ce^2} - 1 = \dfrac{1}{0.9^2} - 1 = 0.23$

$VP = \dfrac{\gamma V^2}{2g} = \dfrac{1.2 \times 14^2}{2 \times 9.8} = 12 \text{ mmH}_2\text{O}$

$\Delta P = 0.23 \times 12 = 2.76 \text{ mmH}_2\text{O}$

필수 문제

09 유입계수 Ce=0.78 플랜지 부착 원형 후드가 있다. 덕트의 원면적이 0.0314 m^2 이고 필요 환기량 Q는 $30 \text{ m}^3/\text{min}$ 이라고 할 때 후드의 정압은?(단, 공기밀도 1.2 kg/m^3)

풀이

후드의 정압(SP_h) = $VP(1+F)$

VP를 구하기 위하여 V(속도)를 먼저 구하면

$Q = A \times V$에서

$V = \dfrac{Q}{A} = \dfrac{30 \text{ m}^3/\text{min}}{0.0314 \text{ m}^2} = 955.41 \text{ m/min}(= 15.92 \text{ m/sec})$

$VP = \dfrac{\gamma V^2}{2g} = \dfrac{1.2 \times 15.92^2}{2 \times 9.8} = 15.51 \text{ mmH}_2\text{O}$

$F = \dfrac{1}{Ce^2} - 1 = \dfrac{1}{0.78^2} - 1 = 0.64$

$SP_h = 15.51 \times (1 + 0.64)$
$= 25.44 \text{ mmH}_2\text{O}$(실제적으로 $-25.44 \text{ mmH}_2\text{O}$)

학습 Point

1. 제어속도 내용 숙지
2. 후드가 갖추어야 할 사항 내용 숙지(출제비중 높음)
3. 외부식 후드 관련식 숙지(출제비중 높음)
4. 레시버식 후드 적용 및 관련식 숙지
5. 후드압력손실 및 후드정압 관련식 숙지

20 덕트(Duct)

(1) 개요
① 후드에서 흡인한 오염물질을 공기정화기를 거쳐 송풍기까지 운반하는 송풍관 및 송풍기로부터 배기구까지 운반하는 관을 덕트라 한다.
② 후드로 흡인한 오염물질이 덕트 내에 퇴적하지 않게 공기정화장치까지 운반하는 데 필요한 최소속도를 반송속도라 한다. 또한 압력손실을 최소화하기 위해 낮아야 하지만 너무 낮게 되면 입자상 물질의 퇴적이 발생할 수 있어 주의를 요한다.

(2) 덕트 설치기준(설치시 고려사항)
① 가능한 한 길이는 짧게 하고 굴곡부의 수는 적게 할 것
② 접속부의 내면은 돌출된 부분이 없도록 할 것
③ 곡관 전후에 청소구를 설치하는 등 청소하기 쉬운 구조로 할 것
④ 덕트 내 오염물질이 쌓이지 아니하도록 이송속도를 유지할 것
⑤ 연결부위 등은 외부공기가 들어오지 아니하도록 할 것(연결 방법을 가능한 한 용접할 것)
⑥ 가능한 후드의 가까운 곳에 설치할 것
⑦ 송풍기를 연결할 때는 최소덕트 직경의 6배 정도 직선구간을 확보할 것
⑧ 직관은 공기가 아래로 흐르도록 하향구배로 하고 직경이 다른 덕트를 연결할 때는 경사 30° 이내의 테이퍼를 부착할 것
⑨ 가급적 원형덕트를 사용하며 부득이 사각형 덕트를 사용할 경우에는 가능한 정방형을 사용하고 곡관의 수를 적게 할 것
⑩ 곡관의 곡률반경은 최소 덕트직경의 1.5 이상, 주로 2.0 을 사용할 것(곡관의 밴드는 가급적 90°를 피하고 밴드 수도 가능한 적게 한다.)
⑪ 수분이 응축될 경우 덕트 내로 들어가지 않도록 경사나 배수구를 마련할 것
⑫ 덕트의 마찰계수는 작게 하고 분지관을 가급적 적게 할 것

(3) 반송속도
반송속도는 오염물질을 이송하기 위한 송풍관 내 기류의 최소 속도를 의미하며 일반적으로 다음 표에 준하여 결정한다.

유해물질	예	반송속도(m/sec)
가스, 증기, 흄 및 매우 가벼운 물질	각종 가스, 증기, 산화아연 및 산화알루미늄 등의 흄, 목재분진, 고무분, 합성수지분	10
가벼운 건조먼지	원면, 곡물분, 고무, 플라스틱, 경금속 분진	15
일반 공업 분진	털, 나무부스러기, 대패부스러기, 샌드블라스트, 글라인더 분진, 내화벽돌분진	20
무거운 분진	납분진, 주조 및 모래털기 작업시 먼지, 선반작업시 먼지	25
무겁고 비교적 큰 입자의 젖은 먼지	젖은 납 분진, 젖은 주조작업 발생 먼지	25 이상

(4) Duct 압력손실

① 개요

후드에서 흡입된 공기가 덕트를 통과할 때 공기기류는 마찰 및 난류로 인해 마찰압력손실과 난류압력손실이 발생한다.

② Duct 압력손실 구분

㉠ 마찰압력손실

ⓐ 공기가 덕트면과 접촉에 의한 마찰에 의해 발생한다.

ⓑ 마찰손실에 미치는 영향 인자로는 공기속도, 덕트면의 성질(조도 : 거칠기), 덕트직경, 공기밀도, 공기점도, 덕트의 형상이 있다.

㉡ 난류압력손실

곡관에 의한 공기기류의 방향전환이나 수축, 확대 등에 의한 덕트 단면적의 변화에 따른 난류속도의 증감에 의해 발생한다.

③ 덕트 압력손실 계산 종류

㉠ 등가길이(등거리) 방법

Duct의 단위길이당 마찰손실을 유속과 직경의 함수로 표현하는 방법, 즉 같은 손실을 갖는 직관의 길이로 환산하여 표현하는 방법이다.

㉡ 속도압 방법

ⓐ 유량과 유속에 의한 Duct 1 m당 발생하는 마찰손실로 속도압을 기준으로 표현하는 방법으로 산업환기 설계에 일반적으로 사용한다.

ⓑ 장점으로는 정압 평형법 설계시 덕트 크기를 보다 더 신속하게 재계산이 가능하다.

④ 원형 직선 Duct의 압력손실
   ㉠ 압력손실은 덕트의 길이, 공기밀도에 비례, 유속의 제곱에 비례하고 덕트의 직경에 반비례하며 또한 원칙적으로 마찰계수는 Moody Chart(레이놀즈수와 상대조도에 의한 그래프)에서 구한 값을 적용한다.
   ㉡ 압력손실(ΔP)

$$\Delta P = F \times VP(\text{mmH}_2\text{O}) : \text{Darcy-Weisbach식}$$

여기서, F(압력손실계수) $= 4 \times f \times \dfrac{L}{D} \left(= \lambda \times \dfrac{L}{D} \right)$

λ : 관마찰계수(무차원)($\lambda = 4f$; f는 페닝마찰계수)
D : 덕트 직경(m)
L : 덕트 길이(m)

VP(속도압) $= \dfrac{\gamma \cdot V^2}{2g}$ (mmH$_2$O)

여기서, γ : 비중(kg/m³)
V : 공기속도(m/sec)
g : 중력가속도(m/sec²)

f(페닝마찰계수 : 표면마찰계수) $= \dfrac{\lambda}{4}$

⑤ 장방형 직선 Duct 압력손실
   ㉠ 압력손실 계산시 상당직경을 구하여 원형 직선 Duct 계산과 동일하게 한다.
   ㉡ 압력손실(ΔP)

$$\Delta P = \lambda(f) \times VP$$

F(압력손실계수) $= f \times \dfrac{L}{D}$

여기서, f : 페닝마찰계수(무차원)
D : 덕트 직경(상당직경, 등가직경)(m)
L : 덕트 길이(m)

$$VP(\text{속도압}) = \frac{\gamma \cdot V^2}{2g} \text{ (mmH}_2\text{O)}$$

여기서, γ : 비중(kg/m³)
  V : 공기속도(m/sec)
  g : 중력가속도(m/sec²)

ⓒ 상당직경(등가직경 : Equivalent Diameter)이란 사각형(장방형)관과 동일한 유체역학적인 특성을 갖는 원형판의 직경을 의미한다.

$$\text{상당직경}(d_e) = \frac{2ab}{a+b}$$

여기서, $\dfrac{2ab}{a+b}$ = 수력반경×4 = $\dfrac{\text{유로단면적}}{\text{접수길이}}$ ×4 = $\dfrac{ab}{2(a+b)}$ ×4

  a, b : 각 변의 길이

$$\text{상당직경}(d_e) = 1.3 \times \frac{(ab)^{0.625}}{(a+b)^{0.25}}$$

⇒ 양변의 비가 75% 이상일 경우에 적용

필수 문제

01 방형직관에서 가로 400 mm, 세로 800 mm 일 때 상당직경(m)은?

> **풀이** 상당직경$(d_e) = \dfrac{2ab}{a+b} = \dfrac{2(400 \times 800)}{400+800} = 533.33 \text{ mm}(= 0.533 \text{ m})$

필수 문제

02 원형 송풍관의 길이 30 m, 내경 0.2 m, 직관 내 속도압이 15 mmH$_2$O, 철판의 관마찰계수(λ)가 0.016 일 때 압력손실(mmH$_2$O)은?

> **풀이** 압력손실$(\Delta P) = \left(4 \times f \times \dfrac{L}{D}\right) \times VP$
>
> $4f = \lambda$ 이므로
>
> $= \lambda \times \dfrac{L}{D} \times VP = 0.016 \times \dfrac{30}{0.2} \times 15 = 36 \text{ mmH}_2\text{O}$

필수 문제

03 입구직경이 400 mm인 접선유입식 사이클론으로 함진가스 100 m^3/min을 처리할 때, 배출가스의 밀도는 1.28 kg/m^{3}이고, 압력손실계수가 8이면 사이클론 내의 압력손실(mmH$_2$O)은?

> **풀이** $\Delta P = F \times \dfrac{\gamma V^2}{2g}$
>
> $F = 8$
>
> $\gamma = 1.28 \text{kg/m}^3$
>
> $V = \dfrac{Q}{A} = \dfrac{100 \text{m}^3/\text{min} \times \text{min}/60\text{sec}}{\left(\dfrac{3.14 \times 0.4^2}{4}\right)\text{m}^2} = 13.26 \text{m/sec}$
>
> $= 8 \times \dfrac{1.28 \times 13.26^2}{2 \times 9.8} = 91.86 \text{mmH}_2\text{O}$

필수 문제

04 장방형 덕트의 단변 0.13 m, 장변 0.26 m, 길이 15 m, 속도압 20 mmH$_2$O, 관마찰계수 (λ)가 0.004 일 때 덕트의 압력손실(mmH$_2$O)은?

풀이 압력손실(ΔP) = $\lambda \times \dfrac{L}{D} \times$ VP에서

상당직경(d_e) = $\dfrac{2\,ab}{a+b} = \dfrac{2(0.13 \times 0.26)}{0.13 + 0.26} = 0.173$ m

= $0.004 \times \dfrac{15}{0.173} \times 20 = 6.94$ mmH$_2$O

필수 문제

05 송풍량이 110 m^3/min 일 때 관내경이 400 mm 이고 길이가 5 m 인 직관의 마찰손실은?(단, 유체밀도 1.2 kg/m^3, 관마찰손실계수 0.02 를 직접 적용함)

풀이 압력손실(ΔP) = $\left(\lambda \times \dfrac{L}{D}\right) \times$ VP

VP(속도압)을 구하려면 먼저 V(속도)를 구하여야 한다.
Q = A×V

V = $\dfrac{Q}{A} = \dfrac{110 \text{ m}^3/\text{min}}{\left(\dfrac{\pi \times (0.4)^2}{4}\right) \text{m}^2} = 875.8$ m/min (= 14.6 m/sec)

= $0.02 \times \dfrac{5}{0.4} \times \dfrac{1.2 \times 14.6^2}{2 \times 9.8} = 3.26$ mmH$_2$O

필수 문제

06 튀김집 주방환기구에서 옥상까지 10 m 길이로 양철직관 환기장치를 하려고 한다. 이 가로 300 mm, 세로 450 mm 의 장방형관에 100 m³/min 표준공기가 흐른다고 가정할 때 이 양철직관(10 m)의 마찰압력손실은?(단, 마찰계수(f)=0.03이고, $\Delta P = f \times \dfrac{L}{D} \times \dfrac{\gamma V^2}{2g}$ 이용)

[풀이]

$\Delta P = f \times \dfrac{L}{D} \times \dfrac{\gamma V^2}{2g}$

$f = 0.03$

$L = 10(m)$

$D = \dfrac{2ab}{(a+b)} = \dfrac{2 \times 0.3 \times 0.45}{0.3 + 0.45} = 0.36(m)$

$V = \dfrac{Q}{A} = \dfrac{100 m^3/min \times min/60 sec}{(0.3 \times 0.45) m^2} = 12.346(m/sec)$

$= 0.03 \times \dfrac{10}{0.36} \times \dfrac{1.3 \times 12.35^2}{2 \times 9.8} = 8.43(mmH_2O)$

필수 문제

07 높이 100 m, 직경이 1 m인 굴뚝에서 260℃의 배출가스가 12,000 m³/hr로 토출될 때 굴뚝에 의한 마찰손실(mmH₂O)은 약 얼마인가?(단, 굴뚝의 마찰계수 $\lambda = 0.06$, 표준상태의 공기밀도는 1.3 kg/m³)

[풀이]

$\Delta P = \lambda \times \dfrac{L}{D} \times \dfrac{\gamma V^2}{2g}$

$V = \dfrac{Q}{A} = \dfrac{12,000 m^3/hr \times hr/3,600 sec}{\left(\dfrac{3.14 \times 1^2}{4}\right) m^2} = 4.24 m/sec$

$\gamma = 1.3 kg/m^3 \times \dfrac{273}{273 + 260} = 0.6658 kg/m^3$

$= 0.06 \times \dfrac{100}{1} \times \dfrac{0.6658 \times 4.24^2}{2 \times 9.8} = 3.66 mmH_2O$

(6) 곡관 압력손실

① 곡관 압력손실은 곡관의 덕트직경(D)과 곡률반경(R)의 비, 즉 곡률반경비(R/D)에 의해 주로 좌우되며 곡관의 크기, 모양, 속도, 연결 덕트 상태에 의해서도 영향을 받는다. 즉, 곡관의 반경비(R/D)를 크게 할수록 압력손실이 적어진다.

② 곡관의 구부러지는 경사는 가능한 한 완만하게 하도록 하고 구부러지는 관의 중심선의 반지름이 송풍관 직경의 2.5배 이상이 되도록 한다.

③ 압력손실은 곡관의 각도가 90°가 아닌 경우 ΔP에 $\dfrac{\theta}{90°}$을 곱하여 구한다.

$$압력손실(\Delta P) = \left(\xi \times \dfrac{\theta}{90}\right) \times VP$$

여기서, ξ : 압력손실계수
θ : 곡관의 각도
VP : 속도압(동압)(mmH$_2$O)

필수 문제

01 90° 곡관의 반경비가 2.0 일 때 압력손실계수는 0.27 이다. 속도압이 14 mmH$_2$O 라면 곡관의 압력손실(mmH$_2$O)은?

풀이 $\Delta P = \left(\xi \times \dfrac{\theta}{90}\right) \times VP = 0.27 \times \left(\dfrac{90}{90}\right) \times 14 = 3.78 \text{ mmH}_2\text{O}$

필수 문제

02 45° 곡관의 반경비가 2.0 일 때 압력손실계수는 0.27 이다. 속도압이 15 mmH$_2$O 일 때 곡관의 압력손실은?

풀이 $\Delta P = \left(\xi \times \dfrac{\theta}{90}\right) \times VP = 0.27 \times \left(\dfrac{45}{90}\right) \times 15 = 2.03 \text{ mmH}_2\text{O}$

필수 문제

03 형상비가 3.0 이고 반경비가 2.0 인 장방형 곡관의 속도압 백분율은 10% 이다. 속도압이 30 mmH$_2$O 라면 이 관의 압력손실(mmH$_2$O)은?

풀이 $\Delta P = \left(\xi \times \dfrac{\theta}{90}\right) \times VP = 0.1 \times 30 = 3 \text{ mmH}_2\text{O}$

학습 Point

1. 덕트설치기준 내용 숙지
2. Duct 직관압력손실 내용 숙지(출제비중 높음)

21 송풍기(Fan)

(1) 개요
국소배기장치의 일부로서 오염공기를 후드에서 덕트 내로 유동시켜서 옥외로 배출하는 원동력을 만들어내는 흡인장치를 말한다.

(2) 분류
① 팬(Fan)
  ㉠ 토출압력과 흡입 압력비가 1.1 미만인 것을 말한다.
  ㉡ 압력상승의 한계가 1,000 mmH$_2$O 미만인 것을 말한다.
② 블로어(Blower)
  ㉠ 토출압력과 흡입 압력비가 1.1 이상 2 미만인 것을 말한다.
  ㉡ 압력상승의 한계가 1,000~10,000 mmH$_2$O인 것을 말한다.

(3) 종류
① 원심력 송풍기(Centrifugal Fan)
원심력 송풍기는 축방향으로 흘러 들어온 공기가 반지름 방향으로 흐를 때 생기는 원심력을 이용하고 달팽이 모양으로 생겼으며 흡입방향과 배출방향이 수직이며 날개의 방향에 따라 다익형, 평판형, 터보형으로 구분한다.
  ㉠ 다익형(Multi Blade Fan)
    ⓐ 개요
      • 전향 날개형(전곡 날개형(Forward-Curved Blade Fan))이라고 하며 익현 길이가 짧고 깃폭이 넓은 36~64매나 되는 다수의 전경깃이 강철판의 회전차에 붙여지고, 용접해서 만들어진 케이싱 속에 삽입된 형태의 팬으로, 시로코팬이라고도 한다.
      • 같은 주속도에 가장 높은 풍압(최고 750 mmH$_2$O)을 발생시키나, 효율은 3종류의 송풍기 중 가장 낮아서 약 40~70% 정도, 여유율은 1.15~1.25 정도이고, 제한된 장소나 저압에서 대풍량(20,000 m^3/min 이하)을 요하는 시설에 이용된다.
      • 송풍기의 임펠러가 다람쥐 쳇바퀴 모양으로 회전날개가 회전방향과 동일한 방향으로 설계되어 있으며 축차의 날개는 작고 회전축차의 회전방향 쪽으로 굽어 있다.

- 비교적 느린 속도로 가동되며, 이 축차는 때로 '다람쥐 축차'라고도 불린다.
- 주로 가정용 화로, 중앙난방장치 및 에어컨과 같이 저압난방 및 환기 등에 이용된다.

ⓑ 장점
- 동일풍량, 동일풍압에 대해 가장 소형이므로 제한된 장소에 사용 가능
- 설계 간단
- 회전속도가 작아 소음이 낮음
- 분지관의 송풍에 적합
- 저가로 제작이 가능

ⓒ 단점
- 구조강도상 고속회전이 불가능
- 효율이 낮음(≒60%)
- 동력 상승률이 크고 과부하되기 쉬우므로 큰 동력의 용도에 적합하지 않음
- 청소가 곤란

ⓛ 평판형(Radial Fan)
ⓐ 플레이트 송풍기, 방사날개형 송풍기라고도 한다.
ⓑ 날개(Blade)가 다익형보다 적고, 직선이며 평판 모양을 하고 있어 강도가 매우 높게 설계되어 있다.
ⓒ 깃의 구조가 분진을 자체 정화할 수 있도록 되어 있다.
ⓓ 시멘트, 미분탄, 곡물, 모래 등의 고농도 분진 함유 공기나 마모성이 강한 분진 이송용으로 사용된다.
ⓔ 부식성이 강한 공기를 이송하는 데 많이 사용된다.
ⓕ 압력은 다익팬보다 약간 높으며 효율도 65%로 다익팬보다는 약간 높으나 터보팬보다는 낮다.
ⓖ 습식집진장치의 배기에 적합하며 소음은 중간 정도이다.

ⓒ 터보형(Turbo Fan)
ⓐ 개요
- 후향 날개형(후곡날개형, Backward-Curved Blade Fan)은 송풍량이 증가해도 동력이 증가하지 않는 장점을 가지고 있어 한계부하 송풍기 또는 비행기 날개형 송풍기라고도 한다.
- 회전날개(깃)가 회전방향 반대편으로 경사지게 설계되어 있어 충분한 압력을 발생시킬 수 있다.

- 소음이 크나 구조가 간단하여 설치장소의 제약이 적고, 고온·고압의 대용량에 적합하다. 즉 비교적 큰 압력손실에도 잘 견디기 때문에 공기정화장치가 있는 국소배기시스템에 사용한다. 압입 송풍기로 주로 사용되고 효율이 좋다.
- 송풍기 성능곡선에서 동력곡선의 최대 송풍량의 60~70%까지 증가하다가 감소하는 경향을 띠는 특성이 있으며 깃의 모양은 두께가 균일한 것과 익형이 있다.
- 고농도 분진함유 공기를 이송시킬 경우 깃 뒷면에 분진이 퇴적한다.

ⓑ 장점
- 장소의 제약을 받지 않음
- 송풍기 중 효율이 가장 좋음
- 풍압이 바뀌어도 풍량의 변화가 적음(하향구배 특성이기 때문에)
- 송풍량이 증가해도 동력은 크게 상승하지 않음
- 송풍기를 병렬로 배치해도 풍량에는 지장이 없음

ⓒ 단점
- 소음이 큼
- 분진농도가 낮은 공기나 고농도 분진함유 공기 이송시에 집진기 후단에 설치해야 함

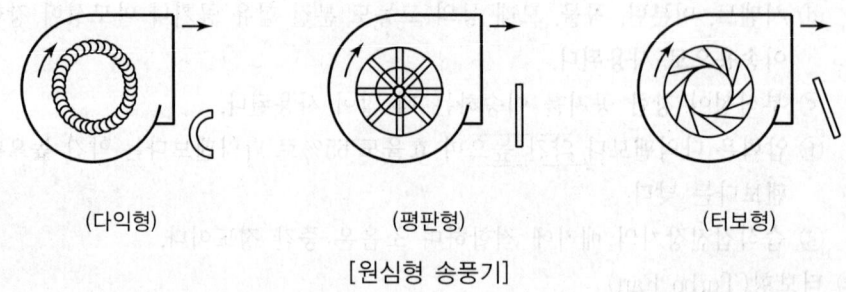

(다익형)　　　　　(평판형)　　　　　(터보형)

[원심형 송풍기]

🔎 Reference | 비행기 날개형 송풍기(Airfoil Blade Fan)

> 표준형 평판날개형보다 비교적 고속에서 가동되고, 후향날개형을 정밀하게 변형시킨 것으로써 원심력 송풍기 중 효율이 가장 좋아 대형 냉난방 공기조화장치, 산업용 공기청정장치 등에 주로 이용되며, 에너지 절감효과가 뛰어난 송풍기 유형이다.

② 축류 송풍기(Axial Flow Fan)
  ㉠ 개요
    ⓐ 전향날개형 송풍기와 유사한 특징을 가지고 있다.
    ⓑ 공기 이송 시 공기가 회전축(프로펠러)을 따라 직선방향으로 이송되며 프로펠러 송풍기는 구조가 가장 간단하고 적은 비용으로 많은 양의 공기를 이송시킬 수 있다.
    ⓒ 국소배기용보다는 압력손실이 비교적 적은 전체환기량으로 사용해야 한다.
    ⓓ 공기는 날개의 앞부분에서 흡인되고 뒷부분 날개에서 배출되므로 공기의 유입과 유출은 동일한 방향을 가지고 유출된다. 즉 축방향으로 흘러들어온 공기가 축방향으로 흘러나갈 때의 임펠러의 양력을 이용한 것이다.
  ㉡ 장점
    ⓐ 덕트에 바로 삽입할 수 있어 설치비용이 저렴
    ⓑ 전동기와 직결할 수 있고, 또 축방향 흐름이기 때문에 관도 도중에 설치할 수 있음
    ⓒ 경량이고 재료비 및 설치비용이 저렴
  ㉢ 단점
    ⓐ 압력손실이 비교적 많이 걸리는 시스템에 사용했을 때 서징현상으로 진동과 소음이 심한 경우가 생김
    ⓑ 최대 송풍량의 70% 이하가 되도록 압력손실이 걸릴 경우 서징현상을 피할 수 없음
    ⓒ 규정 풍량 이외에서는 효율이 떨어지므로 가열공기 또는 오염공기의 취급에 부적당

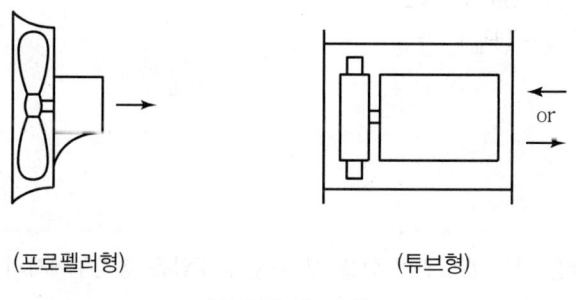

(프로펠러형)　　　　　　　　　(튜브형)

[축류형 송풍기]

🔍 Reference | 프로펠러형 송풍기(Propeller Fan)

> 축차는 두 개 이상의 두꺼운 날개를 틀 속에 가지고 있고, 효율은 낮으며 저압 응용 시 사용되며, 덕트가 없는 벽에 부착되어 공간 내 공기의 순환에 응용되고, 대용량 공기운송에 이용된다.

> **Reference | 고정날개 축류형 송풍기**
> ① 축류형 중 가장 효율이 높다.
> ② 일반적으로 직선류 및 아담한 공간이 요구되는 HVAC 설비에 응용된다.
> ③ 공기의 분포가 양호하여 많은 산업장에서 응용되고 있다.
> ④ 효율과 압력상승효과를 얻기 위해 직선형 고정날개를 사용하나 날개의 모양과 간격은 변형되기도 한다.
> ⑤ 중·고압을 얻을 수 있다.

(4) 송풍기 전압 및 정압

① 송풍기 전압(FTP)

배출구 전압(TP_{out})과 흡입구 전압(TP_{in})의 차로 표시한다.

$$FTP = TP_{out} - TP_{in}$$
$$= (SP_{out} + VP_{out}) - (SP_{in} + VP_{in})$$

② 송풍기 정압(FSP)

송풍기 전압(FTP)과 배출구 속도압(VP_{out})의 차로 표시한다.

$$FSP = FTP - VP_{out}$$
$$= (SP_{out} - SP_{in}) + (VP_{out} - VP_{in}) - VP_{out}$$
$$= (SP_{out} - SP_{in}) - VP_{in}$$
$$= (SP_{out} - TP_{in})$$

> **Reference**
> 송풍기에 송출관은 있고 흡입관이 없을 때 송풍기 정압은 송출구에서의 정압과 동일하다.

필수 문제

01 송풍기의 흡입구 및 배출구 내의 속도압은 각각 18 mmH$_2$O 로 같고, 흡입구의 정압은 −55 mmH$_2$O 이며 배출구 내의 정압은 20 mmH$_2$O 이다. 송풍기의 전압(mmH$_2$O)과 정압(mmH$_2$O)은 각각 얼마인가?

> **풀이**
> 송풍기 전압(FTP)
> FTP = (SP$_{out}$ + VP$_{out}$) − (SP$_{in}$ + VP$_{in}$) = (20 + 18) − (−55 + 18) = 75 mmH$_2$O
> 송풍기 정압(FSP)
> FSP = (SP$_{out}$ − SP$_{in}$) − VP$_{in}$ = [20 − (−55)] − 18 = 57 mmH$_2$O

(5) 송풍기 소요동력

$$kW = \frac{Q \times \Delta P}{6,120 \times \eta} \times \alpha, \qquad HP = \frac{Q \times \Delta P}{4,500 \times \eta} \times \alpha$$

여기서, Q : 송풍량(m³/min)
ΔP : 송풍기 유효전압(정압 ; mmH$_2$O)
η : 송풍기 효율(%)
α : 안전인자(여유율)(%)

필수 문제

01 100 m³/min, 송풍기 유효전압이 150 mmH$_2$O, 송풍기 효율이 70%, 여유율이 1.2 인 송풍기의 소요동력(kW)은?(단, 송풍기 효율과 원동기 여유율을 고려함)

> **풀이**
> $$kW = \frac{Q \times \Delta P}{6,120 \times \eta} \times \alpha = \frac{100 \times 150}{6,120 \times 0.7} \times 1.2 = 4.2 \, kW$$

02 송풍기 풍량 Q는 200 m³/min 이고 풍정압(SP$_f$)은 150 mmH$_2$O 이다. 송풍기의 효율이 0.8이라면 소요동력(kW)은?

풀이 $\mathrm{kW} = \dfrac{Q \times \Delta P}{6{,}120 \times \eta} \times \alpha = \dfrac{200 \times 150}{6{,}120 \times 0.8} \times 1 = 6.13\,\mathrm{kW}$

03 풍량이 200 m³/min, 풍전압 100 mmH$_2$O, 송풍기 소요동력 5 kW 라면 송풍기 효율(%)은?

풀이 $\mathrm{kW} = \dfrac{Q \times \Delta P}{6{,}120 \times \eta} \times \alpha$

$\eta = \dfrac{Q \times \Delta P}{6{,}120 \times \mathrm{kW}} \times \alpha = \dfrac{200 \times 100}{6{,}120 \times 5} \times 1 = 0.65 \times 100 = 65\%$

04 처리가스양 20,000 m³/hr, 압력손실이 100 mmH$_2$O 인 집진장치의 송풍기 소요동력은 몇 kW인가?(단, 송풍기 효율 60%, 여유율 1.3)

풀이 $\mathrm{kW} = \dfrac{Q \times \Delta P}{6{,}120 \times \eta} \times \alpha$

$Q = 20{,}000\,\mathrm{m^3/hr} \times \mathrm{hr}/60\,\mathrm{min} = 333.33\,\mathrm{m^3/min}$

$= \dfrac{333.33 \times 100}{6{,}120 \times 0.6} \times 1.3 = 11.8\,\mathrm{kW}$

필수 문제

05 어떤 집진장치의 압력손실이 600 mmH₂O, 처리가스양 750 m³/min, 송풍기효율이 75% 일 때 소요동력(HP)은?

풀이 $\mathrm{HP} = \dfrac{Q \times \Delta P}{4,500 \times \eta} \times \alpha = \dfrac{750 \times 600}{4,500 \times 0.75} \times 1.0 = 133.33 \, \mathrm{HP}$

필수 문제

06 처리가스양 1×10^6 Sm³/hr, 집진장치 입구 먼지농도 2 g/Sm³, 출구의 먼지농도 0.3 g/Sm³, 집진장치의 압력손실은 50 mmH₂O로 했을 경우, Blower의 소요동력(kW)은?(단, Blower의 효율은 80% 이다.)

풀이 $\mathrm{kW} = \dfrac{Q \times \Delta P}{6,120 \times \eta} \times \alpha$

$Q = 1 \times 10^6 \, \mathrm{Sm^3/hr} \times \mathrm{hr}/60 \, \mathrm{min} = 16,666.67 \, \mathrm{m^3/min}$

$= \dfrac{16,666.67 \times 50}{6,120 \times 0.8} \times 1.0 = 170.21 \, \mathrm{kW}$

필수 문제

07 연소 배출가스가 4,000 Sm³/hr 인 굴뚝에서 정압을 측정하였더니 20 mmH₂O 였다. 여유율 20% 인 송풍기를 사용할 경우 필요한 소요동력(kW)은?(단, 송풍기 정압효율 80%, 전동기 효율 70%)

풀이 $\mathrm{kW} = \dfrac{Q \times \Delta P}{6,120 \times \eta} \times \alpha$

$Q = 4,000 \, \mathrm{Sm^3/hr} \times \mathrm{hr}/60 \, \mathrm{min} = 66.67 \, \mathrm{m^3/min}$

$= \dfrac{66.67 \times 20}{6,120 \times 0.8 \times 0.7} \times 1.2 = 0.47 \, \mathrm{kW}$

08 집진장치의 압력손실 350 mmH₂O, 처리가스양 3,500 m³/min, 송풍기 효율 70%, 송풍기 축동력에 여유율 20%를 고려한다면 이 장치의 소요동력(kW)은?

풀이 $\mathrm{kW} = \dfrac{Q \times \Delta P}{6{,}120 \times \eta} \times \alpha = \dfrac{3{,}500 \times 350}{6{,}120 \times 0.7} \times 1.2 = 343.14 \,\mathrm{kW}$

(6) 송풍기 법칙(상사법칙 : Law Of Similarity)

송풍기 법칙이란 송풍기의 회전수와 송풍기 풍량, 송풍기 풍압, 송풍기 동력과의 관계이며 송풍기의 성능 추정에 매우 중요한 법칙이다.

① 송풍기 크기가 같고 유체(공기)의 비중이 일정할 때

㉠ 풍량은 송풍기 회전속도(회전수)비에 비례한다.

$$\dfrac{Q_2}{Q_1} = \dfrac{N_2}{N_1} \qquad Q_2 = Q_1 \times \dfrac{N_2}{N_1}$$

여기서, Q_1 : 회전수 변경 전 풍량(m³/min)
Q_2 : 회전수 변경 후 풍량(m³/min)
N_1 : 변경 전 회전수(rpm)
N_2 : 변경 후 회전수(rpm)

㉡ 풍압(전압)은 송풍기 회전속도(회전수)비의 제곱에 비례한다.

$$\dfrac{FTP_2}{FTP_1} = \left(\dfrac{N_2}{N_1}\right)^2 \qquad FTP_2 = FTP_1 \times \left(\dfrac{N_2}{N_1}\right)^2$$

여기서, FTP_1 : 회전수 변경 전 풍압(mmH₂O)
FTP_2 : 회전수 변경 후 풍압(mmH₂O)

ⓒ 동력은 송풍기 회전속도(회전수)비의 세제곱에 비례한다.

$$\frac{kW_2}{kW_1} = \left(\frac{N_2}{N_1}\right)^3 \qquad kW_2 = kW_1 \times \left(\frac{N_2}{N_1}\right)^3$$

여기서, kW_1 : 회전수 변경 전 동력(kW)
kW_2 : 회전수 변경 후 동력(kW)

② 송풍기 회전수, 유체(공기)의 중량이 일정할 때
㉠ 풍량은 송풍기 크기(회전차 직경)의 세제곱에 비례한다.

$$\frac{Q_2}{Q_1} = \left(\frac{D_2}{D_1}\right)^3 \qquad Q_2 = Q_1 \times \left(\frac{D_2}{D_1}\right)^3$$

여기서, D_1 : 변경 전 송풍기의 크기(회전차 직경)
D_2 : 변경 후 송풍기의 크기(회전차 직경)

㉡ 풍압(전압)은 송풍기 크기(회전차 직경)의 제곱에 비례한다.

$$\frac{FTP_2}{FTP_1} = \left(\frac{D_2}{D_1}\right)^2 \qquad FTP_2 = FTP_1 \times \left(\frac{D_2}{D_1}\right)^2$$

여기서, FTP_1 : 송풍기 크기 변경 전 풍압(mmH_2O)
FTP_2 : 송풍기 크기 변경 후 풍압(mmH_2O)

ⓒ 동력은 송풍기 크기(회전차 직경)의 오제곱에 비례한다.

$$\frac{kW_2}{kW_1} = \left(\frac{D_2}{D_1}\right)^5 \qquad kW_2 = kW_1 \times \left(\frac{D_2}{D_1}\right)^5$$

여기서, kW_1 : 송풍기 크기 변경 전 동력(kW)
kW_2 : 송풍기 크기 변경 후 동력(kW)

③ 송풍기 회전수와 송풍기 크기가 같을 때
㉠ 풍량은 비중(량)의 변화에 무관하다.

$$Q_1 = Q_2$$

여기서, Q_1 : 비중(량) 변경 전 풍량(m^3/min)
Q_2 : 비중(량) 변경 후 풍량(m^3/min)

ⓒ 풍압과 동력은 비중(량)에 비례, 절대온도에 반비례한다.

$$\frac{FTP_2}{FTP_1} = \frac{kW_2}{kW_1} = \frac{\rho_2}{\rho_1} = \frac{T_1}{T_2}$$

여기서, FTP_1, FTP_2 : 변경 전후의 풍압(mmH$_2$O)
 kW_1, kW_2 : 변경 전후의 동력(kW)
 ρ_1, ρ_2 : 변경 전후의 비중(량)
 T_1, T_2 : 변경 전후의 절대온도

필수 문제

01 송풍기 풍압 50 mmH$_2$O에서 200 m^3/min의 송풍량을 이동시킬 때 회전수가 500 rpm 이고 동력은 4.2 kW 이다. 만약 회전수를 600 rpm 으로 하면 송풍량(m^3/min), 풍압 (mmH$_2$O), 동력(kW)은?

풀이

송풍량

$$\frac{Q_2}{Q_1} = \left(\frac{N_2}{N_1}\right)$$

$$Q_2 = Q_1 \times \left(\frac{N_2}{N_1}\right) = 200 \times \left(\frac{600}{500}\right) = 240 \, \text{m}^3/\text{min}$$

풍압

$$\frac{FTP_2}{FTP_1} = \left(\frac{N_2}{N_1}\right)^2$$

$$FTP_2 = FTP_1 \times \left(\frac{N_2}{N_1}\right)^2 = 50 \times \left(\frac{600}{500}\right)^2 = 72 \, \text{mmH}_2\text{O}$$

동력

$$\frac{kW_2}{kW_1} = \left(\frac{N_2}{N_1}\right)^3$$

$$kW_2 = kW_1 \times \left(\frac{N_2}{N_1}\right)^3 = 4.2 \times \left(\frac{600}{500}\right)^3 = 7.3 \, \text{kW}$$

필수 문제

02 회전차 외경이 600 mm인 원심송풍기의 풍량은 300 m³/min, 풍압은 100 mmH₂O, 축동력은 10 kW 이다. 회전차 외경이 1,200 mm 인 동류(상사구조)의 송풍기가 동일한 회전수로 운전된다면 이 송풍기의 풍량(m³/min), 풍압(mmH₂O), 축동력(kW)은? (단, 두 경우 모두 표준공기를 취급한다.)

[풀이]

송풍량

$$\frac{Q_2}{Q_1} = \left(\frac{D_2}{D_1}\right)^3$$

$$Q_2 = Q_1 \times \left(\frac{D_2}{D_1}\right)^3 = 300 \times \left(\frac{1,200}{600}\right)^3 = 2,400 \text{ m}^3/\text{min}$$

풍압

$$\frac{FTP_2}{FTP_1} = \left(\frac{D_2}{D_1}\right)^2$$

$$FTP_2 = FTP_1 \times \left(\frac{D_2}{D_1}\right)^2 = 100 \times \left(\frac{1,200}{600}\right)^2 = 400 \text{ mmH}_2\text{O}$$

축동력

$$\frac{kW_2}{kW_1} = \left(\frac{D_2}{D_1}\right)^5$$

$$kW_2 = kW_1 \times \left(\frac{D_2}{D_1}\right)^5 = 10 \times \left(\frac{1,200}{600}\right)^5 = 320 \text{ kW}$$

필수 문제

03 21℃ 기체를 취급하는 어떤 송풍기의 풍량이 20 m³/min, 송풍기 정압이 70 mmH₂O, 축동력이 2 kW 이다. 동일한 회전수로 50℃ 인 기체를 취급한다면 이때, 풍량, 송풍기 정압, 축동력은?

[풀이]

풍량
동일 송풍기로 운전되므로 풍량은 비중량의 변화와 무관
$Q_1 = Q_2 = 20$ m³/min

송풍기 정압
$\dfrac{FTP_2}{FTP_1} = \dfrac{T_1}{T_2}$ (정압은 절대온도에 반비례)

$FTP_2 = FTP_1 \times \left(\dfrac{T_1}{T_2}\right) = 70 \times \left(\dfrac{273+21}{273+50}\right) = 63.72$ mmH₂O

축동력
$\dfrac{kW_2}{kW_1} = \dfrac{T_1}{T_2}$ (축동력은 절대온도에 반비례)

$kW_2 = kW_1 \times \left(\dfrac{T_1}{T_2}\right) = 2 \times \left(\dfrac{273+21}{273+50}\right) = 1.82$ kW

필수 문제

04 송풍기의 크기와 유체의 밀도가 일정한 조건에서 한 송풍기가 1.2 kW 의 동력을 이용하여 20 m³/min 의 공기를 송풍하고 있다. 만약 송풍량이 30 m³/min 으로 증가했다면 이때, 필요한 송풍기의 소요동력(kW)은?

[풀이] $Kw_2 = Kw_1 \times \left(\dfrac{Q_2}{Q_1}\right)^3 = 1.2 \times \left(\dfrac{30}{20}\right)^3 = 4.05$ kW

필수 문제

05 송풍기가 표준공기(밀도 : 1.2 kg/m³)를 10 m³/sec로 이동시키고 1,000 rpm으로 회전할 때 정압이 900 N/m²이었다면 공기밀도가 1.0 kg/m³으로 변할 때 송풍기의 정압은?

풀이
$$\Delta P_2 = \Delta P_1 \times \left(\frac{\rho_2}{\rho_1}\right)$$
$$= 900 \times \left(\frac{1.0}{1.2}\right) = 750 \text{N/m}^2$$

(7) 송풍기의 풍량 조절방법

① 회전수 조절법(회전수 변환법)
  ㉠ 풍량을 크게 바꾸려고 할 때 가장 적절한 방법이다.
  ㉡ 구동용 풀리의 풀리비 조정에 의한 방법이 일반적으로 사용된다.
  ㉢ 비용은 고가이나 효율은 좋다.

② 안내익 조절법(Vane Control법)
  ㉠ 송풍기 흡입구에 6~8매의 방사상 Blade를 부착, 그 각도를 변경함으로써 풍량을 조절한다.
  ㉡ 다익, 레이디얼 팬보다 터보팬에 적용하는 것이 효과가 크다.
  ㉢ 큰 용량의 제진용으로 적용하는 것은 부적합하다.

③ 댐퍼 부착법(Damper 조절법)
  ㉠ 후드를 추가로 설치해도 쉽게 압력조절이 가능하고 사용하지 않는 후드를 막아 다른 곳에 필요한 정압을 보낼 수 있어 현장에서 배관 내에 댐퍼를 설치하여 송풍량을 조절하기 가장 쉬운 방법이다.
  ㉡ 저항곡선의 모양을 변경해서 교차점을 바꾸는 방법이다.

(8) 송풍기 성능곡선, 시스템 곡선 및 동작점

① 성능곡선
  ㉠ 송풍기에 부하되는 송풍기 정압에 따라 송풍량이 변하는 경향을 나타내는 곡선이다.
  ㉡ 송풍유량, 송풍기 정압, 축동력, 효율의 관계에서 나타낸다.

② 시스템(요구)곡선
   송풍량에 따라 송풍기 정압이 변하는 경향을 나타내는 곡선이다.
③ 동작점
   송풍기 성능곡선과 시스템 요구곡선이 만나는 점

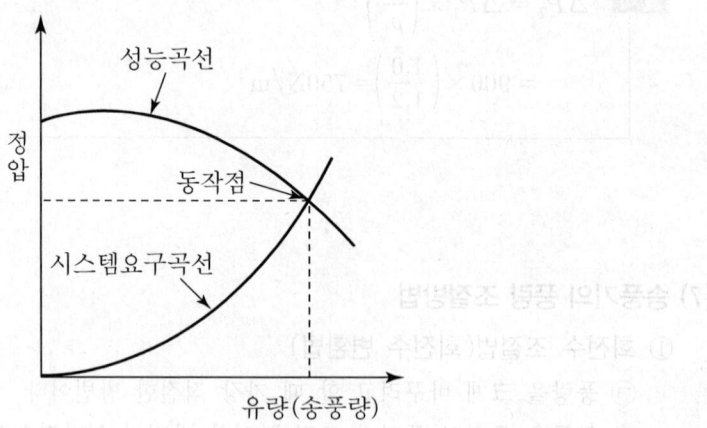

[송풍기 동작점(운전곡선)]

 학습 Point
① 원심력 송풍기 종류별 특징 내용 숙지
② 송풍기 전압 및 정압, 소요동력 관련식 숙지(출제비중 높음)
③ 송풍기 법칙 관련식(출제비중 높음)

PART 04 대기 공정시험기준

[화학기초]

(1) 원자량

① 정의

질량수가 12인 탄소원자(C)의 질량을 12.00으로 정하여 이것을 기준으로 비교한 다른 원자의 상대적인 질량을 원자량이라 하며 단위가 없다.

② 그램 원자량

원자량을 g 단위로 표현한 것이다.

③ 필수 원자량

H(수소) : 1	산소(O) : 16	탄소(C) : 12	질소(N) : 14
S(황) : 32	염소(Cl) : 35.5	칼슘(Ca) : 40	칼륨(K) : 39
Na(나트륨) : 23	아르곤(Ar) : 39.95	인(P) : 31	플루오르(F) : 19

(2) 분자량

① 정의

분자를 구성하는 원자들의 원자량의 합으로서 상대적인 질량인 원자량의 합이므로 분자량도 상대적 질량값으로 단위가 없다.

② 그램분자량

㉠ 분자량을 g 단위로 표현한 것이다.
㉡ 1g 분자량을 1몰(mole)이라 하며 무게단위이다.
㉢ 기체는 1 mole의 부피가 22.4 L 1kmol의 부피는 22.4 m^{3}의 값을 갖는다.
㉣ 필수 1 g 분자량

O_2(산소) : 32 mole	O_3(오존) : 48 mole	CO(일산화탄소) : 28 mole
CO_2(이산화탄소) : 44 mole	SO_2(아황산가스) : 64 mole	H_2SO_4(황산) : 98 mole
Cl_2(염소) : 71 mole	HCl(염화수소) : 36.5 mole	HF(불화수소) : 20 mole
$Ca(OH)_2$(수산화칼슘) : 74 mole		
NaOH(수산화나트륨) : 40 mole		

(3) 몰농도(M, mol/L)

① 정의

용질 1몰(1 g 분자량)이 용매에 녹아 용액 1 L로 된 농도. 즉, 용액 1 L 중에 녹아 있는 용질의 g 분자량을 의미한다.

② 관련식

$$1M = 1mole/L = g분자량(용질, mol)/L(용액부피)$$

$$M = \frac{비중 \times 1,000 \times \%/100}{g분자량}$$

(4) 노르말 농도(N 농도) 및 당량(eq)

① 원자가

원소 1원자가 H, O, Cl과 치환(또는 화합)하는 수를 의미한다.
예로서 H_2O의 H는 +가이고 O는 -2가이다.

② 당량(eq ; equivalent weight)

㉠ 원자(이온) 당량

$$원자(이온)당량 = \frac{원자량}{원자가}$$

㉡ g 당량
- 당량을 g 단위로 표현한 것으로 질량단위이다.
- 예로 H_2SO_4 1 g 당량은 49 g이다.

㉢ 분자(화합물) 당량

$$분자당량 = \frac{분자량}{양이온\ 가수}$$

③ 노르말 농도(N 농도)

㉠ 정의

용액 1 L 중에 녹아 있는 용질의 g 당량 수를 의미한다.

㉡ 관련식

$$1N = \frac{Leq(용질)}{L(용액)} = \frac{g당량}{L(용액)}$$

$$N = \frac{비중 \times 1,000 \times \%/100}{g당량}$$

㉢ 몰랄 농도(Molality)
- 용매 1,000 g에 녹아 있는 용질의 mole 수를 의미한다.
- 온도에 무관하며 끓는점 증가와 어는점 감소에 주로 이용된다.
- $M = \dfrac{용질의\ 몰수(mol)}{용매의\ 질량(kg)}$

🔍 Reference | 가수계산

1. 산일 경우 : H^+수=가수 예 HCl(1가), H_2SO_4(2가), HNO_3(1가)
2. 염기일 경우 : OH^- 수=가수 예 NaOH(1가), $Ca(OH)_2$(2가), KOH(1가), $Cr(OH)_3$(3가)
3. 화합물일 경우 : 양이온의 산화수=가수 예 $CaCO_3$(2가), $MgCO_3$(2가), $CaCl_2$(2가)
4. 산화제, 환원제일 경우 : 교환전자수=가수, 화합물의 산화수는 '0'이다.

   예 $KMnO_4$: 5가
   K : +1, O_4 : (-2)×4=-8, Mn : +2
   총합은 0이 되어야 한다.

   예 $K_2Cr_2O_7$: 6가
   K : (+1)×2, Cr : (+3)×2, O : (-2)×7

필수 문제

01 액체 Cl_2 3 kg을 완전하게 기화시킬 경우 표준상태에서 부피(Sm^3)는 얼마나 되겠는가?

풀이 부피(Sm^3) = $3kg \times 1mole/71kg \times 22.4Sm^3/1mole = 0.95Sm^3$

필수 문제

02 HCl, NaOH, H_2SO_4, $KMnO_4$을 mol, eq로 나타내시오.

풀이
HCl	1mol=36.5g
	1eq=(36.5/1)g
NaOH	1mol=40g
	1eq=(40/1)g
H_2SO_4	1mol=98g
	1eq=(98/2)g
$KMnO_4$	1mol=158g
	1eq=(158/5)g

필수 문제

03 물 1L에 $CaCO_3$ 200mg을 녹인 용액의 M, N은?

풀이
M(mol/L) = $200mg/1L \times 1mole/100g \times 1g/10^3mg = 2.0 \times 10^{-3}$ M(mol/L)
N(eq/L) = $200mg/L \times 1eq/(100/2)g \times 1g/10^3mg = 4.0 \times 10^{-3}$ N(eq/L)

필수 문제

04 50℃에서 순수한 물 1L에 볼 농도(mole/L)는?(단, 50℃에서 물의 밀도는 0.9881kg/L)

풀이 M(mol/L) = $1mol/18g \times 0.9881g/mL \times 1,000mL/1L = 54.89 mol/L$

필수 문제

05 수산화나트륨 30g을 증류수에 넣어 1.5L로 하였을 때 규정농도(N)는?(단, Na의 원자량은 23이다.)

풀이 N(eq/L) = $30g/1.5L \times 1eq/(40/1)g = 0.5 N(eq/L)$

필수 문제

06 NaOH 30 g을 물에 넣어 500 mL로 하는 경우의 M 농도를 구하시오. (단, Na : 23)

풀이   M 농도(mol/L) = 30g/500mL × 1,000mL/1L × 1mol/40g = 1.5mol/L

필수 문제

07 순수 황산 45 g을 증류수 1 L에 용해시킬 경우 이 용액의 몰 농도(M)를 구하시오.

풀이   M 농도(M) = 45g/1L × 1mol/98g = 0.46M(mol/L)

필수 문제

08 아황산가스(SO_2) 12.8g을 포함하는 2 L 용액의 몰농도(M)는?

풀이 SO_2(mol/L) = 12.8g/2L × 1mole/64g = 0.1M(mol/L)

필수 문제

09 시중에 판매되는 진한황산의 비중은 약 1.85이고 농도는 중량기준으로 96% 정도이다. M 농도(mol/L)는?

풀이   M 농도(mol/L) = $\dfrac{1.85 \times 1,000 \times 96/100}{98}$ = 18.12mol/L

[다른 방법]
H_2SO_4의 1몰 농도(1M) = 98g/L
 1M : 98g/L
x(M) : 1.85×10^3g/L × 96/100

M = $\dfrac{1M \times 1.85 \times 10^3 g/L \times 96/100}{98 g/L}$

  = 18.12mol/L(비중 1.84 = 1.84kg/L = 1.84×10^3g/L)

필수 문제

10 5 g의 NaOH를 수용액에 용해시켜 전체의 양을 500 mL로 하였을 경우 N 농도를 구하시오.

풀이   N(eq/L) = 5g/500mL × 1,000mL/L × 1eq/40g = 0.25eq/L(N)

필수 문제

11 HCl 농도가 50 w/w%일 경우 N 농도는?(단, HCl 비중 1.12)

풀이 $N(eq/L) = \dfrac{\text{비중} \times 1{,}000 \times \%/100}{g\text{당량}} = \dfrac{1.12 \times 1{,}000 \times 50/100}{36.5} = 15.3 N(eq/L)$

(5) 수소이온농도(pH)

① 정의
  수소이온농도의 역수의 상용대수값

② 관계식

$$pH = \log \dfrac{1}{[H^+]} = -\log[H^+] \qquad [H^+] = mol/L$$

$$pOH = \log \dfrac{1}{[OH^-]} = -\log[OH^-] \qquad [OH^-] = mol/L$$

$$[H^+] = 10^{-pH} \qquad [OH^-] = 10^{-pOH}$$

$$pH = 14 - pOH \qquad pOH = 14 - pH$$

③ 특성
  ㉠ 물의 반응, 즉 알칼리성, 산성, 중성의 정도를 나타내는 데 사용한다.
  ㉡ pH 7이 중성, 7 이상은 알칼리성, 7 이하는 산성으로 수소 지수라고도 한다.
  ㉢ 수소이온농도가 높을수록 pH는 낮아진다.

(6) 중화적정

산과 염기가 반응하는 것을 중화라 하며, 완전중화와 불완전중화가 있다.

① 완전중화
  ㉠ 산의 당량(eq) = 염기의 당량(eq)
  ㉡ $[H^+] = [OH^-]$
  ㉢ 혼합액의 pH = 7

$$NVf = N'V'f'$$

② 불완전중화
  ㉠ 산의 당량(eq) ≠ 염기의 당량(eq)
  ㉡ $[H^+] \neq [OH^-]$
  ㉢ 혼합액의 pH ≠ 7

$$N_o = \dfrac{N_1 V_1 - N_2 V_2}{V_1 + V_2}$$

여기서, N_o : 혼합액의 N 농도

필수 문제

01 Mg(OH)$_2$ 464mg/L 용액의 pH는?(단, Mg(OH)$_2$는 완전해리하며, M.W = 58)

풀이
$$Mg(OH)_2(mol/L) = 464mg/L \times g/1{,}000mg \times 1mol/58g = 8 \times 10^{-3} mol/L$$
$$Mg(OH)_2 \rightleftarrows Mg^{2+} + 2OH^-$$

$Mg(OH)_2$: $2OH^-$
$8 \times 10^{-3} mol/L$ $0.016 mol/L$

$$pH = 14 - pOH \quad pOH = \log\frac{1}{[OH^-]} = \log\frac{1}{0.016} = 1.796$$
$$pH = 14 - 1.8 = 12.2$$

필수 문제

02 수소이온 농도가 2.0×10^{-5}mol/L이면 pH는?

풀이
$$pH = \log\frac{1}{[H^+]} = \log\frac{1}{2.0 \times 10^{-5}} = 4.69897$$

필수 문제

03 0.02M의 황산 30mL를 중화시키는 데 필요한 0.1N 수산화나트륨용액의 양(mL)은?

풀이
H$_2$SO$_4$ 0.02M = 0.04N
NV = N'V'
0.1N × 수산화나트륨용액(mL) = 0.04N × 30mL
수산화나트륨용액(mL) = 12mL

필수 문제

04 산성폐수에 NaOH 0.7% 용액 150mL를 사용하여 중화하였다. 같은 산성폐수 중화에 Ca(OH)$_2$의 0.7% 용액을 사용한다면 Ca(OH)$_2$ 용액은 몇 mL가 필요한가?(단, 원자량 Na : 23, Ca : 40, 폐수비중은 1.0로 본다.)

풀이
NV = N'V'
0.7g/100mL × 150mL × 1eq/(40/1)g = 0.7g/100mL × 1eq/(74/2)g × Ca(OH)$_2$
Ca(OH)$_2$(mL) = 138.75mL

[농 도]

(1) ppm(part per million)

① 백만분율을 의미한다.

② $1ppm = 1/10^6 = 10^{-6}$
  ㉠ 고체 및 액체(중량)
    $1ppm = 1mg/kg$(만일 비중이 1일 경우 $1mg/L$)
  ㉡ 기체(부피)
    $1ppm = 1mL/m^3 = 1mL/kL$

(2) pphm(part per hundred million)

① 1억분율을 의미한다.

② $1pphm = 1/10^8 = 10^{-8}$
  ㉠ 고체 및 액체(중량)
    $1pphm = 10\mu g/kg$(만일 비중이 1일 경우 $10\mu g/L$)
  ㉡ 기체(부피)
    $1ppm = 10\mu L/m^3$

(3) ppb(part per billion)

① 10억분율을 의미한다.

② $1ppb = 1/10^9 = 10^{-9}$
  ㉠ 고체 및 액체(중량)
    $1ppb = 1\mu g/kg$(만일 비중이 1일 경우 $1\mu g/L$)
  ㉡ 기체(부피)
    $1ppb = 1\mu L/m^3$

(4) %농도(part per hundred)

$1\% = 10^4 ppm = 10^{-2}$

(5) 질량 또는 중량농도(mg/m^3)와 용량농도(ppm)의 환산(0℃, 1기압일 경우)

① $mg/m^3 = ppm \times \dfrac{분자량}{22.4} \times \dfrac{273}{273 + 섭씨온도} \times \dfrac{압력}{760}$

② $ppm = mg/m^3 \times \dfrac{22.4}{분자량} \times \dfrac{273 + 섭씨온도}{273} \times \dfrac{760}{압력}$

③ $\mu g/m^3 = ppm \times \dfrac{분자량}{22.4} \times 10^{-3}$

④ $ppm = \mu g/m^3 \times \dfrac{22.4}{분자량} \times 10^3$

필수 문제

01 50ppm은 몇 %인가?

풀이 50ppm × 1%/10,000ppm = 0.005%

필수 문제

02 0.05%는 몇 ppm인가?

풀이 0.05% × 10,000ppm/1% = 500ppm

필수 문제

03 표준상태에서 질소산화물 500ppm은 몇 mg/Sm³인가?

풀이 $mg/Sm^3 = ppm \times \dfrac{분자량}{22.4}$

$= 500ppm \times \dfrac{46(mg)}{22.4(mL)}$ (ppm = mL/Sm³) = 1,026.79mg/Sm³

필수 문제

04 황산(H_2SO_4)의 농도가 10mg/m³일 경우 ppm으로 환산하면?(단, 25℃, 1기압)

풀이 $ppm = mg/m^3 \times \dfrac{22.4}{분자량} \times \dfrac{273 + 섭씨온도}{273}$

$= 10mg/m^3 \times \dfrac{22.4}{98} \times \dfrac{(273+25)}{273} = 2.5ppm$

필수 문제

05 부피 50m³의 실내에 30L의 CO가 포함되어 있을 경우 실내의 농도를 % 및 ppm으로 환산하시오.

풀이 농도(%) = $\dfrac{30L}{50,000L} \times 100 = 0.06\%$

농도(ppm) = $\dfrac{30L}{50,000L} \times 10^6 = 600ppm$

필수 문제

06 배기가스 중 SiF_4 농도가 20ppm이다. 만일 배출허용기준이 불소의 양으로 10mg/m³ 이하일 경우 불화규소의 농도를 몇 % 이하로 해야 하는지 구하시오.

> **풀이** ppm을 mg/m³으로 환산하면
> $mg/m^3 = 20ppm \times \dfrac{104}{22.4}$ ($SiF_4 = 28 + (19 \times 4) = 104$)
> $\qquad\qquad = 92.86 mg/m^3$
> F로서 농도(mg/m^3) $= 20mL/m^3 \times \dfrac{104mg}{22.4mL} \times \dfrac{76mg}{104mg} = 67.86 mg/m^3$
> 배출허용기준이 10mg/m³ 이하이므로
> $\dfrac{10}{67.86} \times 100 = 14.74\%$ (현재의 14.74% 이하로 해야 함)

[총 칙]

1. 이 시험기준은 대기오염물질을 측정함에 있어서 측정의 정확 및 통일을 유지하기 위하여 필요한 제반사항에 대하여 규정함을 목적으로 한다.
2. 이 공정시험기준에서 필요한 어원, 분자식, 화학명 등은 ( ) 내에 기재한다.
3. 이 공정시험기준의 내용은 총칙, 정도보증/정도관리, 일반시험기준, 항목별시험기준, 동시분석시험기준으로 구분한다.
   단, 이 시험법에 규정한 방법이 분석화학적으로 반드시 최고의 정밀도와 정확도를 갖는다고는 할 수 없으며 공정시험기준 이외의 방법이라도 측정결과가 같거나 그 이상의 정확도가 있다고 국내외에서 공인된 방법은 이를 사용할 수 있다.
4. 이 공정시험기준에서 사용하는 수치의 맺음법은 따로 규정이 없는 한 한국공업규격 KSQ 5002의 수치의 맺음법에 따른다.
5. 이 공정시험기준에서 규정하지 않은 사항에 대해서는 일반적인 화학적 상식에 따르되 이 시험방법에 기재한 방법 중 세부조작은 시험의 본질에 영향을 주지 않는다면 실험자가 적당히 변경, 조절할 수도 있다.
6. 하나 이상의 시험방법으로 시험한 결과가 서로 달라 판정에 영향을 줄 경우에는 항목별 공정시험기준의 주 시험방법에 의한 분석성적에 의하여 판정한다.
7. 배출허용기준 중 표준산소농도를 적용받는 항목에 대하여는 다음 식을 적용하여 오염물질의 농도 및 배출가스양을 보정한다.

○ **오염물질농도 보정** *중요내용*

$$C = C_a \times \frac{21 - O_s}{21 - O_a}$$

여기서, C : 오염물질농도(mg/Sm^3 또는 ppm)
O_s : 표준산소농도(%)
O_a : 실측산소농도(%)
C_a : 실측오염물질농도(mg/Sm^3 또는 ppm)

○ **배출가스유량 보정** *중요내용*

$$Q = Q_a \div \frac{21 - O_s}{21 - O_a}$$

여기서, Q : 배출가스유량(Sm^3/일)
O_s : 표준산소농도(%)
O_a : 실측산소농도(%)
Q_a : 실측배출가스유량(Sm^3/일)

[일반시험방법]

1. 도량형의 단위 및 기호

종류	단위	기호	종류	단위	기호
길이	미 터	m	용량	킬 로 리 터	kL
	센 티 미 터	cm		리 터	L
	밀 리 미 터	mm		밀 리 리 터	mL
	마이크로미터(미크론)	$\mu m(\mu)$		마 이 크 로 리 터	μL
	나노미터(밀리미크론)	$nm(m\mu)$	부피	세 제 곱 미 터	m^3
	옹 스 트 롬	Å		세 제 곱 센 티 미 터	cm^3
무게	킬 로 그 램	kg		세 제 곱 밀 리 미 터	mm^3
	그 램	g	압력	기 압	atm
	밀 리 그 램	mg		수 은 주 밀 리 미 터	mmHg
	마 이 크 로 그 램	μg		수 주 밀 리 미 터	mmH_2O
	나 노 그 램	ng			
넓이	제 곱 미 터	m^2			
	제 곱 센 티 미 터	cm^2			
	제 곱 밀 리 미 터	mm^2			

Reference | 압력단위 *중요내용*

$1\ atm = 14.696\ PSi = 1.033227\ kg_f/cm^2 = 101.325\ Pa = 101.325\ kPa$
$= 1.01325\ bar = 1,013,250\ dyne/cm^2 = 760\ mmHg = 29.921\ inHg$
$= 10,332.275\ mmH_2O = 406.782\ inchH_2O$

2. 농도 표시

(1) 중량백분율 : %

(2) g/L(W/V%)

　① 액체 100 mL 중의 성분질량(g)
　② 기체 100 mL 중의 성분질량(g)

(3) 부피분율 %(V/V%)

　① 액체 100 mL 중의 성분용량(mL)
　② 기체 100 mL 중의 성분용량(mL)

(4) 백만분율 *중요내용*

　① 표시 : ppm
　② 기체 : 용량대용량(부피분율)
　③ 액체 : 중량대중량(질량분율)

(5) 1억분율
  ① 표시 : pphm
  ② 10억분율 표시 : ppb
  ③ 기체 : 용량대용량(부피분율)
  ④ 액체 : 중량대중량(질량분율)

(6) 기체 중의 농도를 mg/m^3로 표시했을 때는 m^3은 표준상태(0℃, 760mmHg)의 기체용적을 뜻하고 Sm^3로 표시 그리고 am^3로 표시한 것은 실측상태(온도·압력)의 기체용적

3. 온도

온도의 표시는 셀시우스법에 따라 아라비아 숫자의 오른쪽에 ℃를 붙인다. 절대온도는 K로 표시(절대온도 0K = -273℃)

(1) 온도 용어

용어	온도(℃)	비고	용어	온도(℃)	비고
표준온도	0		냉수	15 이하	
상온	15~25		온수	60~70	
실온	1~35		열수	≒100	
찬 곳	0~15의 곳	따로 규정이 없는 경우			

(2) 수욕 상 수욕 중에서 가열한다.

규정이 없는 한 수온 100℃에서 가열함을 뜻하고 약 100℃ 부근의 증기욕을 대응할 수 있다.

(3) 각 조의 시험은 따로 규정이 없는 한 상온에서 조작하고 조작 직후 그 결과를 관찰한다.

(4) 냉후

보온 또는 가열 후 실온까지 냉각된 상태

4. 물

정제증류수 또는 이온교환수지로 정제한 탈염수

5. 액의 농도

(1) 단순히 용액이라 기재, 용액의 이름을 밝히지 않은 것은 수용액을 뜻함

(2) 혼액(1+2), (1+5), (1+5+10)
  ① 액체상의 성분을 각각 1용량 대 2용량, 1용량 대 5용량, 1용량 대 5용량 대 10용량의 비율로 혼합한 것을 의미함
  ② 표시
    (1:2), (1:5), (1:5:10)
  ③ 예
    황산(1+2) 또는 황산(1:2) : 황산 1용량에 물 2용량을 혼합한 것

(3) 액의 농도(1 → 2), (1 → 5)

용질의 성분이 고체일 때는 1g을, 액체일 때는 1mL을 용매에 녹여 전량을 각각 2mL 또는 5mL로 하는 비율

6. 시약, 시액, 표준물질 〔중요내용〕

(1) 시약

따로 규정이 없는 한 특급 또는 1급 이상 또는 이와 동등한 규격의 것을 사용

(2) 시약의 농도

명 칭	화학식	농 도(%)	비 중(약)
염 산	HCl	35.0~37.0	1.18
질 산	HNO_3	60.0~62.0	1.38
황 산	H_2SO_4	95.0% 이상	1.84
아 세 트 산	CH_3COOH	99.0% 이상	1.05
인 산	H_3PO_4	85.0% 이상	1.69
암 모 니 아 수	NH_4OH	28.0~30.0(NH_3로서)	0.90
과 산 화 수 소	H_2O_2	30.0~35.0	1.11
플루오린화수소산	HF	46.0~48.0	1.14
아이오딘화수소산	HI	55.0~58.0	1.70
브 로 민 화 수 소 산	HBr	47.0~49.0	1.48
과 염 소 산	$HClO_4$	60.0~62.0	1.54

(3) 시험에 사용하는 표준품은 원칙적으로 특급 시약을 사용하며 표준액을 조제하기 위한 표준용시약은 따로 규정이 없는 한 데시케이터에 보존된 것을 사용

(4) 표준품을 채취할 때 표준액이 정수로 기재되어 있어도 실험자가 환산하여 기재 수치에 "약" 자를 붙여 사용할 수 있음

(5) "약"이란 그 무게 또는 부피 등에 대하여 ±10% 이상의 차가 있어서는 안 됨

7. 방울수 〔중요내용〕

20℃에서 정제수 20방울을 떨어뜨릴 때 그 부피가 약 1mL 되는 것을 뜻함

8. 기구

(1) 유리기구

KS L 2302

(2) 화학분석용 유리기구(눈금플라스크, 피펫, 뷰렛, 눈금실린더, 비커 등)

국가검정 필한 것 사용

(3) 여과용 기구 및 기기를 기재하지 아니하고 "여과한다."

KS M 7602 거름종이 5종 또는 이와 동등한 여과지를 사용

9. 용기

시험용액 또는 시험에 관계된 물질을 보존, 운반 또는 조작하기 위하여 넣어두는 것

구분	정의
밀폐용기	취급 또는 저장하는 동안에 이물질이 들어가거나 또는 내용물이 손실되지 아니하도록 보호하는 용기
기밀용기	취급 또는 저장하는 동안에 밖으로부터의 공기 또는 다른 가스가 침입하지 아니하도록 내용물을 보호하는 용기
밀봉용기	취급 또는 저장하는 동안에 기체 또는 미생물이 침입하지 아니하도록 내용물을 보호하는 용기
차광용기	광선이 투과하지 않는 용기 또는 투과하지 않게 포장한 용기이며 취급 또는 저장하는 동안에 내용물이 광화학적 변화를 일으키지 아니하도록 방지할 수 있는 용기

10. 분석용 저울 및 분동

최소 0.1mg까지 달 수 있는 것

11. 시험의 기재 용어

(1) 정확히 단다.

규정한 양의 검체를 취하여 분석용 저울로 0.1 mg까지 다는 것

(2) 정확히 취한다.

홀피펫, 메스플라스크 또는 이와 동등 이상의 정도를 갖는 용량계를 사용하여 조작하는 것

(3) 항량이 될 때까지 건조한다 또는 강열한다.

같은 조건에서 1시간 더 건조 또는 강열할 때 전후 무게의 차가 g당 0.3 mg 이하

(4) 즉시

30초 이내에 표시된 조작을 하는 것을 의미

(5) 감압 또는 진공

15 mmHg 이하

(6) 이상과 초과, 이하, 미만

① "이상"과 "이하"는 기산점 또는 기준점인 숫자를 포함
② "초과"와 "미만"은 기산점 또는 기준점의 숫자를 불포함
③ a~b → a 이상 b 이하

(7) 바탕시험을 하여 보정한다.

시료에 대한 처리 및 측정을 할 때 시료를 사용하지 않고 같은 방법으로 조작한 측정치를 빼는 것을 의미

(8) 시료의 시험, 바탕시험 및 표준액에 대한 시험을 일련의 동일시험으로 행할 때 사용하는 시약 또는 시액은 동일 로트(Lot)로 조제된 것을 사용

(9) 정량적으로 씻는다.

어떤 조작으로부터 다음 조작으로 넘어갈 때 사용한 비커, 플라스크 등의 용기 및 여과막 등에 부착한 정량대상 성분을 사용한 용매로 씻어 그 씻어낸 용액을 합하고 먼저 사용한 같은 용매를 채워 일정용량으로 하는 것

(10) 용액의 액성 표시

유리전극법에 의한 pH미터로 측정한 것

12. 시험결과의 표시 및 검토

(1) 시험결과 표시단위

① 가스상 성분
ppm(μmol/mol) 또는 ppb(mol/mol)

② 입자상 성분
mg/Sm^3, μg/Sm^3 또는 ng/Sm^3

(2) 시험성적수치는 마지막 유효숫자의 다음 단위까지 계산하여 한국공업규격 KSQ5002 4사5입법의 수치 맺음법에 따라 기록

[정도보증/정도관리]

1. 측정 용어의 정의 *중요내용*

(1) (측정)불확도(Uncertainty)

측정결과에 관련하여, 측정량을 합리적으로 추정한 값의 산포 특성을 나타내는 인자

㈜ 1. 정의는 측정 불확도 표기 지침(GUM, ISO, 1993)에 따라 인용하였다.
    2. 측정의 불확도를 정량적으로 적용하기 위해서는 표준불확도, 합성표준불확도, 확장불확도 포함인자, 유효자유도 및 감도계수 그리고 통계적인 용어로서, 자유도, 정규 및 t 분포표 등의 확률분포표의 사용이 요구된다.

(2) (측정값의) 분산(Dispersion)

측정값의 크기가 흩어진 정도로서 크기를 표시하기 위해 대표적으로 표준편차를 이용한다.

(3) (측정의) 소급성(Traceability)

측정의 결과 또는 측정의 값이 모든 비교의 단계에서 명시된 불확도를 갖는 끊어지지 않는 비교의 사슬을 통하여, 보통 국가표준 또는 국제표준에 정해진 기준에 관련시켜 질 수 있는 특성

㈜ 시험분석 분야에서 소급성의 유지는 교정 및 검정곡선 작성과정의 표준물질 및 순수 물질을 적절히 사용함으로써 달성할 수 있다.

(4) (측정 가능한) 양(Quantity)

정성적으로 구별되고, 정량적으로 결정될 수 있는 어떤 현상, 물체, 물질의 속성

㈜ 일반적인 의미의 양으로는 물질량의 농도, 유량, 길이, 시간, 질량, 온도, 전기저항 등이 있다.

(5) (측정의) 오차(Error)

측정 결과에서 측정량의 참값을 뺀 값

㈜ 1. 오차는 계통오차와 우연오차로 구별되며, 참값은 구할 수가 없으므로 오차를 완전하게 구할 수 없다.
    2. 추정된 계통오차는 측정 결과의 보정을 통하여 제거되나, 참값과 오차를 완전하게 알 수 없기 때문에 이에 대한 보상도 완전할 수 없다.

(6) (측정의) 편향(Bias)

계통오차로 인해 발생되는 측정결과의 치우침으로, 시험분석절차의 온도효과 혹은 추출의 비효율성, 오염, 교정오차 등에 의해 발생한다.

2. 바탕시료(Blank)

(1) 바탕시료의 사용 목적 및 종류

① 바탕시료는 측정 · 분석 항목이 포함되지 않은 기준 시료를 의미한다.
② 측정 · 분석 또는 운반 과정에서 오염 상태를 확인하거나 검정곡선 작성과정에서 기기 또는 측정 시스템의 바탕값을 확인하기 위하여 사용한다.
③ 바탕시료는 사용 목적에 따라 방법바탕시료(Method Blank), 현장바탕시료(Field Blank), 운송바탕시료(Trip Blank), 정제수 바탕시료(Reagent Water Blank), 실험실바탕시료(Laboratory Blank), 기기바탕시료(Equipment Blank)로 구분할 수 있다. *중요내용*

(2) 바탕시료의 종류별 적용법

① 방법바탕시료(Method Blank) *중요내용*

㉠ 방법바탕시료는 시료와 같은 매질의 물질을 시험방법과 동일한 절차에 따라서 시료와 동시에 전처리된 바탕시료이다.
㉡ 방법바탕시료는 시험분석 항목이 전혀 포함되어 있지 않지만 시료와 매질이 같은 것이 확인된 시료이다.
㉢ 방법바탕시료는 시험분석 과정에서 매질효과의 보정이 정확한지를 확인하거나 시약 및 절차상의 오염을 확인하기 위해 이용한다.
㉣ 이러한 목적으로 사용되는 방법바탕시료를 정제수 바탕시료(Reagent Water Blank) 또는 실험실 바탕시료(Laboratory Blank) 등으로 표현하기도 한다.

② 현장바탕시료(Field Blank) *중요내용*
㉠ 현장바탕시료는 현장에서의 채취 과정, 시료의 운송, 보관 및 분석 과정에서 생기는 문제점을 찾는 데 사용되는 시료를 말한다.
㉡ 현장바탕시료를 분석한 경우, 분석 결과에는 분석하고자 하는 물질이 없는 것으로 나타나야 하며, 모든 현장 채취 시료보다 5배 정도의 낮은 값 이하로 측정되어야 분석 과정에 문제점이 없는 것으로 판단할 수 있다.
㉢ 현장바탕시료는 시료 한 그룹당 1개 정도가 있으면 된다. 만약 분석 과정에 분해나 희석 또는 농축과 같은 전처리 과정이 포함된다면, 현장 바탕시료도 같은 전처리 과정을 거치며 전처리 과정에서의 오염을 확인하여야 한다.

3. 검출한계(Detection Limit)

(1) 검출한계의 정의와 종류 *중요내용*

① 검출한계(Detection Limit)는 측정 항목이 포함된 시료에 대하여 통계적으로 정의된 신뢰수준(통상적으로 99%의 신뢰수준)으로 검출할 수 있는 최소 농도로 정의한다.
② 검출한계 계산은 분석장비, 분석자, 시험분석방법에 따라 달라질 수 있다.
③ 적용 방법에 따라서 방법검출한계(MDL ; Method Detection Limit)와 기기검출한계(IDL ; Instrument Detection Limit) 및 정량한계(MQL ; Minimum Quantification Limit)로 나눌 수 있다.

(2) 검출한계의 적용방법 *중요내용*

검출한계는 적용방법에 따라서 방법검출한계와 기기검출한계 및 정량한계로 나눌 수 있다.

① 기기검출한계
㉠ 기기가 분석 대상을 검출할 수 있는 최소한의 농도
㉡ 방법바탕시료 수준의 시료를 분석 대상 시료의 분석 조건에서 15회 반복 측정하여 결과를 얻고, 표준편차(바탕세기의 잡음, s)를 구하여 2.624를 곱한 값
㉢ 계산된 기기검출한계의 신뢰수준은 99%이다.

$$기기검출한계 = 2.624 \times s$$

여기서, 2.624는 자유도, 14(15회 측정)에 대하여 검출 확률의 99%를 포함하는 통계적인 t 분포의 t의 값이다.

② 방법검출한계
㉠ 방법검출한계는 시료의 전처리를 포함한 모든 시험절차를 독립적으로 거친 여러 개의 시험바탕시료를 측정하여 구하기 때문에 전체 시험절차에 대한 정도관리 상태를 나타낸다.
㉡ 방법검출한계는 방법바탕시료를 이용하여 예측된 방법검출한계 농도의 3~5배 농도를 포함하도록 제조된 7개의 매질첨가시료를 준비하여 반복 측정하여 얻은 결과의 표준편차(s)에 3.14를 곱한 값이다.

$$방법검출한계 = 3.14 \times s$$

③ 정량한계
  ㉠ 정량한계는 시험항목을 측정 분석하는 데 있어 측정 가능한 검정 농도(Calibration Point)와 측정 신호를 완전히 확인 가능한 분석 시스템의 최소 수준이다.
  ㉡ 방법검출한계와 동일한 수행 절차에 의해 산출되며 정량할 수 있는 최소 수준으로 정한다.
  ㉢ 정량한계는 예측된 방법검출한계 농도의 3~5배 농도를 포함하도록 제조된 7개의 매질첨가시료를 준비하여 반복 측정으로 얻은 결과의 표준편차(s)를 10배한 값이다.

$$정량한계 = 10 \times s$$

4. 정확도(Accuracy)

(1) 정확도의 적용 목적

① 정확도는 시험분석 결과가 참값에 얼마나 근접하는가를 나타내는 척도로서 사용한다.
② 시료의 매질이 복잡한 경우, 측정 결과에 매질효과가 보정되었는지를 확인하기 위하여 적용한다.

(2) 정확도의 산출방법

$$정확도(\%회수율) = \frac{C_M}{C_C} \times 100$$

$$정확도(\%) = \frac{C_{AM} - C_S}{C_A} \times 100$$

여기서, C_M : 표준물질을 분석한 결과값
C_C : 표준물질을 분석한 인증값
C_A : 시료 일정량에 시험분석할 성분의 순수한 물질을 일정 농도 첨가한 시료값
C_{AM} : 첨가시료의 분석한 결과값
C_S : 첨가하지 않은 시료의 분석값

5. 정밀도(Precision)

(1) 정밀도 적용의 목적

① 시험분석 결과들 사이에 상호 근접한 정도의 척도를 확인하기 위하여 적용한다.
② 전처리를 포함한 모든 과정의 시험절차가 독립적으로 처리된 시료에 대하여 측정 결과들을 이용한다.

(2) 정밀도 산출 방법 *중요내용

반복 시험하여 얻은 결과들을 %상대표준편차로 표시한다. 연속적으로 n회 측정한 결과(x_1, x_2, x_3, ………, x_n)를 얻고, 평균값이 $\overline{x}$로 계산되어 표준편차가 $s = \sqrt{\dfrac{\sum(x_i - \overline{x})^2}{n-1}}$ 로 계산된 경우, 정밀도는 다음과 같다.

$$정밀도 = \frac{s}{x} \times 100 \%$$

㈜ 1. 정밀도를 표준편차, 상대표준편차, 분산, 추정 범위 및 차이로 표시할 수 있으나, %상대표준편차로 표시하는 것을 기본으로 한다.

2. %상대표준편차는 통계학의 변동계수(CV ; Coefficient of Variation)와 같은 값을 갖는다.

$$CV = \frac{s}{x} \times 100\,\%$$

6. 검정곡선의 작성 및 검증(Preparation And Verification Of Calibration Curve)

(1) 감응인자

① 교정과정에서 바탕선을 보정한 직선 교정식의 기울기, 즉 표준물질의 값(C)에 대한 반응값(R)을 감응인자(RF ; Response Factor)라 하고, 표준물질을 하나 사용하여 교정하는 경우 다음과 같이 구한다. **중요내용**

$$RF = \frac{R}{C}$$

② 표준물질을 하나 이상 사용하여 교정하는 경우, 감응인자는 기울기에 해당한다.
  ㈜ 내부표준물질의 감응인자에 대한 비율을 상대 감응인자(RRF ; Relative Response Factor)라 한다.

(2) 절대검정곡선법(External Standard Calibration)

분석기기 및 시스템을 교정하기 위하여 검정곡선을 작성하여야 한다. 이때, 검정곡선 작성용 시료는 시료의 분석 대상 원소의 농도와 매질이 비슷한 수준에서 제작하여야 한다. 특히, 검정곡선 작성시료는 시료와 같은 수준으로 매질을 조정하여 제조하여야 한다.

(3) 표준물첨가법(Standard Addition Method)

매질효과가 큰 시험분석방법에 대하여 분석 대상 시료와 동일한 매질의 표준시료를 확보하지 못하여 정확성을 확인하기 어려운 경우에 매질효과를 보정하며 분석할 수 있는 방법이다. 이 방법은 특별한 경우를 제외하고는 검정곡선의 직선성이 유지되고, 바탕값을 보정할 수 있는 방법에 적용이 가능하다.

(4) 상대검정곡선법(Internal Standard Calibration)

시험분석기기 또는 시스템의 변동이 있는 경우 이를 보정하기 위한 방법의 하나이다. 시험분석하려는 성분과 다른 순수물질 성분 일정량을 내부표준물질로서 분석 대상 시료와 검정곡선 작성용 시료에 각각 첨가한 다음, 각 시료의 성분과 내부표준물질로 첨가한 성분의 지시값을 측정하여 분석한다. 내부표준물질로는 시험분석방법이나 시스템에서의 변동성이 분석 성분과 비슷한 것을 선정한다. 또한 내부표준물질로 시료 중에 이미 일정량 존재하는 성분을 이용할 수도 있다.

[실험실 안전]

1. 안전한 실험 *중요내용*

① 위험성을 가진 작업을 할 때는 적절한 보호구를 착용한다(실험복, 보안경, 보안면, 안전장갑, 안전화, 보호의 등).
② 위험, 유독, 휘발성 있는 화학약품은 후드 내에서 사용한다.
③ 실험실에서 문제가 발생되었을 때 연락할 수 있도록 연구(실험)책임자의 연락처와 위험성, 응급조치요령 등을 명시한 기록표를 부착하여야 한다.
④ 금연과 같은 준수사항을 지키고, 모든 위험물 용기에는 위험성 표지를 부착하여 안전하게 사용해야 한다.

2. 사고 시 행동요령 *중요내용*

① 신속히 부근의 사람들에게 통보한다.
② 가능한 한 화재나 사고를 초기에 신속히 진압한다.
③ 건물에서 피신한다.
④ 도움을 요청한다.
⑤ 응급요원에게 지금까지의 진행상황을 상세히 알리도록 한다.

[시료 전처리]

1. 시료 전처리 방법 (중요내용)

(1) 산 분해(Acid Digestion)

① 개요
  ㉠ 필터에 채취한 무기질 시료를 용해시키기 위하여 단일산이나 혼합산(Mixed Acid)의 묽은산 혹은 진한산을 사용하여 오픈형 열판에서 직접 가열하여 시료를 분해하는 방법이다.
  ㉡ 전처리에 사용하는 산류에는 염산(HCl), 질산(HNO_3), 플루오린화수소산(HF), 황산(H_2SO_4), 과염소산($HClO_4$) 등이 있는데 염산과 질산을 가장 많이 사용한다.
  ㉢ 이 방법은 다량의 시료를 처리할 수 있고 가까이에서 반응과정을 지켜볼 수 있는 장점이 있으나 분해속도가 느리고 시료가 쉽게 오염될 수 있는 단점이 있다.
  ㉣ 휘발성 원소들의 손실 가능성이 있어 극미량 원소의 분석이나 휘발성 원소의 정량분석에는 적합하지 않다.
  ㉤ 산의 증기로 인해 열판과 후드 등이 부식되며, 분해 용기에 의한 시료의 오염을 유발할 수 있다.
  ㉥ 질산이나 과염소산의 강한 산화력으로 인한 폭발 등의 안전문제 및 플루오린화수소산의 접촉으로 인한 화상 등을 주의해야 한다.

② 질산 – 염산법
③ 질산 – 과산화수소수법
④ 질산법

(2) 마이크로파 산분해(Microwave Acid Digestion)

① 마이크로파 산분해 방법은 원자흡수분광법(AAS ; Atomic Absorption Spectrometry)이나 유도결합플라즈마방출분광법(ICP – AES ; Inductively Coupled Plasma – Atomic Emission Spectroscopy) 등으로 무기물을 분석하기 위한 시료의 전처리 방법으로 주로 이용된다.
② 일정한 압력까지 견디는 테플론(Teflon) 재질의 용기 내에 시료와 산을 가한 후 마이크로파를 이용하여 일정 온도로 가열해 줌으로써, 소량의 산을 사용하여 고압하에서 짧은 시간에 시료를 전처리하는 방법이다.
③ 대부분의 마이크로파 분해장치는 파장이 12.2cm, 주파수가 2,450MHz인 마이크로파를 발생시킨다. 이때 산 수용액 중의 시료는 산화되면서 마이크로파에 의한 빠른 분자 진동으로 분자결합이 절단되어 이온상태의 용액으로 분해된다.
④ 고압에서 270°C까지 온도를 상승시킬 수 있어 기존의 대기압하에서의 산분해 방법보다 최고 100배 빠르게 시료를 분해할 수 있고, 마이크로파 에너지를 조절할 수 있어 재현성 있는 분석을 할 수 있다.
⑤ 유기물은 0.1~0.2g, 무기물은 2g 정도까지 분해시킬 수 있다.
⑥ 시료의 분해는 닫힌계에서 일어나므로 외부로부터의 오염, 산 증기의 외부 유출, 휘발성 원소의 손실이 없다.
⑦ 테플론 용기를 사용하므로 용기에 의한 금속의 오염이 없고, 고압하에서 분해하므로 질산으로도 대부분의 금속을 산화시킬 수 있다.
⑧ 과염소산과 같은 폭발성이 있는 위험한 산을 사용하지 않아도 되는 장점이 있다.
⑨ 마이크로파 산분해장지의 가격이 가정용 전자레인지에 비해 100배 이상 비싸고, 다량의 시료를 한꺼번에 처리할 수 없다는 단점이 있다.
⑩ 지금까지 알려진 무기물 시료 전처리 방법 중 가장 효과적인 방법 중의 하나이다.

(3) 초음파 추출

① 개요
  단일산이나 혼합산을 사용하여 가열하지 않고 시료 중 분석하고자 하는 성분을 추출하고자 할 때 초음파 추출기를 이용한다.

② 질산-염산 혼합액에 의한 초음파 추출법

(4) 회화법(Ashing)

① 회화법은 유기물 및 동식물 생체시료 중의 회분을 측정하기 위하여 일반적으로 사용하는 전처리 방법이다.
② 수분을 포함하는 시료는 건조기에서 건조한 후, 건조시료 1~10g을 무게를 잰 백금접시, 백금도가니, 또는 사기도가니 등에 넣고 무게를 단다.
③ 시료가 든 용기를 버너로 서서히 가열하여 450~550℃의 온도에서 재를 만든다.
④ 생성물은 주로 금속 산화물로서 이를 산으로 용해한 후 분석한다.
⑤ 이 방법은 처리과정이 비교적 단순하고 시료의 양에 제한이 없어 유기물에 포함된 미량의 무기물 분석에 적용한다.
⑥ 용기에 의한 시료의 오염 가능성이 있고 고온 회화로 인한 휘발성 원소의 손실이 있을 수 있으며 전력 소모가 큰 단점이 있다.

(5) 저온회화법

① 시료를 채취한 여과지를 회화실에 넣고 약 200℃ 이하에서 회화한다.
② 셀룰로스 섬유제 여과지를 사용했을 때에는 그대로, 유리섬유제 또는 석영섬유제 여과지를 사용했을 때에는 적당한 크기로 자르고 250mL짜리 원뿔형 비커에 넣은 다음 염산(1+1) 70mL 및 과산화수소수(30%) 5mL를 가한다. 이것을 물중탕 중에서 약 30분간 가열하여 녹인다.

(6) 용매 추출법(Solvent Extraction)

① 적당한 용매를 사용하여 액체나 고체 시료에 포함되어 있는 성분을 추출하는 방법이다.
② 액체 시료의 추출은 분별 깔때기(Separatory Funnel)를 이용하여 액체 시료와 용매를 격렬히 흔들어 액체 시료 중 용매에 가용성분을 추출한다. 이를 위해 시료와 용매의 두 층을 분리하고 추출하는 작업을 반복함으로써 액체 시료에 포함된 성분을 거의 추출할 수 있다.
③ 용매는 추출하고자 하는 성분에 대한 용해도가 크고 분배계수(Partition Coefficient)가 큰 것을 사용한다.
④ 충분한 추출을 위해서는 일반적으로 12시간 이상을 추출한다.

[분석방법]

01 기체크로마토그래피법

1. 원리 및 적용범위

(1) 원리

이 법은 기체시료 또는 기화(氣化)한 액체나 고체시료를 운반가스(Carrier Gas)에 의하여 분리관 내에 전개시켜 기체상태에서 분리되는 각 성분을 크로마토그래프로 분석하는 방법이다.

(2) 적용범위

일반적으로 무기물 또는 유기물의 대기오염 물질에 대한 정성·정량 분석에 이용한다.

2. 개요

(1) 기체-고체 크로마토그래피

충전물로서 흡착성 고체분말을 사용

(2) 기체-액체 크로마토그래피

적당한 담체에 고정상 액체를 함침시킨 것을 사용

(3) 운반가스(Carrier Gas)

① 시료도입부로부터 분리관 내를 흘러서 검출기를 통하여 외부로 방출
② 시료도입부, 분리관, 검출기 등은 필요한 온도를 유지해 주어야 함

(4) 시료도입부로부터 기체, 액체 또는 고체시료를 도입하면 기체는 그대로, 액체나 고체는 가열기화(加熱氣化)되어 운반가스에 의하여 분리관 내로 송입

(5) 시료 중의 각 성분은 충전물에 대한 각각의 흡착성 또는 용해성 차이에 따라 분리관 내에서의 이동속도가 달라지기 때문에 각각 분리되어 분리관 출구에 접속된 검출기를 차례로 통과

(6) 검출기

검출기에는 원리에 따라 여러 가지가 있으며 성분의 양과 일정한 관계가 있는 전기신호(電氣信號)로 변환시켜 기록계(또는 다른 데이터 처리장치)에 보내져서 분리된 각 성분에 대응하는 일련의 곡선 봉우리가 되는 크로마토그램(Chromatogram)을 얻게 된다.

(7) 보유시간(Retention Time) ⭐중요내용

분리관에 도입시킨 후 그중의 어떤 성분이 검출되어 기록지 상에 봉우리로 나타날 때까지의 시간

(8) 보유용량(Retention Volume) ⭐중요내용

보유시간 × 운반가스 유량

3. 장치

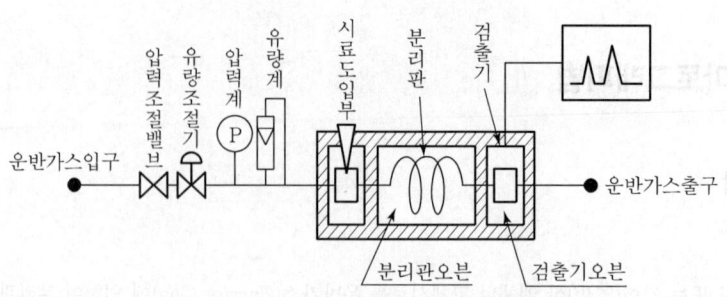

[장치의 기본구성]

(1) 가스유로계

① 운반가스 유로
  ㉠ 유량 조절부
    • 압력조절밸브, 유량조절기 등으로 구성
    • 유량조절기를 갖는 장치는 유량조절기의 일차측 압력을 일정하게 유지해 주어야 하며 배관의 재료는 내면이 깨끗한 금속이어야 함
  ㉡ 분리관 유로
    • 시료도입부, 분리관, 검출기기배관(檢出器機配管)으로 구성
    • 배관의 재료는 스테인리스강(Stainless Steel)이나 유리 등 부식에 대한 저항이 큰 것이어야 함

② 연소용 가스, 기타 필요한 가스의 유로
  이온화 검출기나 다른 검출기를 사용할 때 필요한 연소용 가스, 청소가스(Scavenge Gas) 기타 필요한 가스의 유로는 각각 전용조절기구(專用調節器具)가 갖추어져야 함

(2) 시료도입부

① 주사기를 사용하는 시료도입부는 실리콘고무와 같은 내열성 탄성체격막(耐熱性 彈性體隔膜)이 있는 시료 기화실로서 분리관온도와 동일하거나 또는 그 이상의 온도를 유지할 수 있는 가열기구가 갖추어져야 하고, 필요하면 온도조절기구, 온도측정기구 등이 있어야 함
② 가스 시료도입부는 가스계량관(통상 0.5~5 mL)과 유로변환기구로 구성됨

(3) 가열오븐(Heating Oven)

① 분리관 오븐(Column Oven)
  ㉠ 분리관 오븐은 내부용적이 분석에 필요한 길이의 분리관을 수용할 수 있는 크기이어야 함
  ㉡ 가열기구, 온도조절기구, 온도측정기구 등으로 구성
  ㉢ 온도조절 정밀도는 ±0.5℃의 범위 이내 전원 전압변동 10%에 대하여 온도변화 ±0.5℃ 범위 이내(오븐의 온도가 150℃ 부근일 때)이어야 함
  ㉣ 승온(昇溫) 기체크로마토그래피에서는 승온기구 및 냉각기구를 부가함

② 검출기 오븐(Detector Oven)
  ㉠ 검출기 오븐은 검출기를 한 개 또는 여러 개 수용(收容)할 수 있고 분리관 오븐과 동일하거나 그 이상의 온도를 유지할 수 있는 가열기구, 온도조절기구 및 온도측정기구를 갖추어야 함
  ㉡ 방사성 동위원소를 사용하는 검출기를 수용하는 검출기 오븐에 대하여는 온도조절기구와는 별도로 독립작용할 수 있는 과열방지기구를 설치해야 함

ⓒ 가스를 연소시키는 검출기를 수용하는 검출기 오븐은 그 가스가 오븐 내에 오래 체류하지 않도록 된 구조이어야 함

(4) 검출기(Detector) 〔중요내용〕

① 열전도도 검출기(TCD ; Thermal Conductivity Detector)
   ㉠ 열전도도 검출기는 금속 필라멘트(Filament), 전기저항체를 검출소자로 하여 금속판 안에 들어 있는 본체와 안정된 직류전기를 공급하는 전원회로, 전류조절부, 신호검출 전기회로, 신호 감쇄부 등으로 구성된다.
   ㉡ 네 개로 구성된 필라멘트에 전류를 흘려주면 필라멘트가 가열되는데, 이 중 2개의 필라멘트는 운반 기체인 헬륨에 노출되고 나머지 두 개의 필라멘트는 운반 기체에 의해 이동하는 시료에 노출된다. 이 둘 사이의 열전도도 차이를 측정함으로써 시료를 검출하여 분석한다.
   ㉢ 열전도도 검출기는 모든 화합물을 검출할 수 있어 분석 대상에 제한이 없고 값이 싸며 시료를 파괴하지 않는 장점에 비하여 다른 검출기에 비해 감도(Sensitivity)가 낮다.

② 불꽃이온화 검출기(FID ; Flame Ionization Detector)
   ㉠ 불꽃이온화 검출기는 수소 연소 노즐(Nozzle), 이온 수집기(Ion Collector)와 전극 및 배기구로 구성되는 본체와 이 전극 사이에 직류전압을 주어 흐르는 이온전류를 측정하기 위한 직류전압 변환회로, 감도조절부, 신호감쇄부 등으로 구성된다.
   ㉡ 대부분의 유기화합물은 수소와 공기의 연소 불꽃에서 전하를 띤 이온을 생성하는데 생성된 이온에 의한 전류의 변화를 측정한다.
   ㉢ 불꽃이온화 검출기는 대부분의 화합물에 대하여 열전도도 검출기보다 약 1000배 높은 감도를 나타내고 대부분의 유기화합물의 검출이 가능하므로 가장 흔히 사용된다.
   ㉣ 특히 탄소 수가 많은 유기물은 10pg까지 검출할 수 있어 대기 오염 분석에서 미량의 유기물을 분석할 경우에 유용하다.
   ㉤ 불꽃이온화 검출기에 응답하지 않는 물질로는 비활성 기체, O_2, N_2, H_2O, CO, CO_2, CS_2, H_2S, NH_3, N_2O, NO, NO_2, SO_2, SiF_4 및 $SiCl_4$ 등이 있다.
   ㉥ 감도가 다소 떨어지는 시료로는 할로겐, 아민, 히드록시기 등의 치환기를 갖는 시료로서 치환기가 증가함에 따라 감도는 더욱 감소한다.

③ 전자 포획 검출기(ECD ; Electron Capture Detector)
   ㉠ 전자 포획 검출기는 방사성 물질인 Ni-63 혹은 삼중수소로부터 방출되는 β선이 운반 기체를 전리하여 이로 인해 전자 포획 검출기 셀(Cell)에 전자구름이 생성되어 일정 전류가 흐르게 된다. 이러한 전자 포획 검출기 셀에 전자친화력이 큰 화합물이 들어오면 셀에 있던 전자가 포획되어 이로 인해 전류가 감소하는 것을 이용하는 방법이다.
   ㉡ 유기 할로겐 화합물, 니트로 화합물 및 유기 금속 화합물 등 전자 친화력이 큰 원소가 포함된 화합물을 수 ppt의 매우 낮은 농도까지 선택적으로 검출할 수 있다.
   ㉢ 유기 염소계의 농약분석이나 PCB(Polychlorinated Biphenyls) 등의 환경오염 시료의 분석에 많이 사용되고 있다.
   ㉣ 탄화수소, 알코올, 케톤 등에는 감도가 낮다.
   ㉤ 전자 포획 검출기 사용 시 주의 사항으로는 운반 기체에 수분이나 산소 등의 오염물이 함유되어 있는 경우에는 감도의 저하나 검정곡선의 직선성을 잃을 수도 있으므로 고순도(99.9995%)의 운반 기체를 사용하여야 하고 반드시 수분 트랩(Trap)과 산소 트랩을 연결하여 수분과 산소를 제거함 필요가 있다.

④ 질소인 검출기(NPD ; Nitrogen Phosphorous Detector)
   ㉠ 질소인 검출기는 불꽃이온화 검출기와 유사한 구성에 알칼리금속염의 튜브를 부착한 것이다.
   ㉡ 운반 기체와 수소기체의 혼합부, 조연기체 공급구, 연소노즐, 알칼리원, 알칼리원 가열기구, 전극 등으로 구성된다.
   ㉢ 가열된 알칼리금속염은 촉매 작용으로 질소나 인을 함유하는 화합물의 이온화를 증진시켜 유기 질소 및 유기 인 화합물을 선택적으로 검출할 수 있다.
   ㉣ 질소-인 검출기에서 질소나 인을 함유하는 화합물에 대한 감도는 일반 탄화수소 화합물에 대한 감도의 약 100,000배로 질소 또는 인 화합물에 대한 선택성이 커서, 살충제나 제초제의 분석에 일반적으로 사용된다.

⑤ 불꽃 열이온 검출기(FTD ; Flame Thermoionic Detector)
  불꽃 열이온화 검출기는 위의 질소인 검출기와 같은 검출기이다.

⑥ 불꽃 광도 검출기(FPD ; Flame Photometric Detector)
  ㉠ 불꽃 광도 검출기의 구성은 불꽃이온화 검출기와 유사하고 운반기체와 조연기체의 혼합부, 수소 기체 공급구, 연소 노즐, 광학 필터, 광전증배관(Photomultiplier Tube) 및 전원 등으로 구성되어 있다.
  ㉡ 기본 원리는 황이나 인을 포함한 탄화수소 화합물이 불꽃이온화 검출기 형태의 불꽃에서 연소될 때 화학적인 발광을 일으키는 성분을 생성하는데 시료의 특성에 따라 황 화합물은 393nm, 인 화합물은 525nm의 특정 파장의 빛을 발산한다.
  ㉢ 이들 빛은 광학 필터(황 화합물은 393nm, 인 화합물은 525nm)를 통해 광전증배관에 도달하고, 이에 연결된 전자회로에 신호가 전달되어 황이나 인을 포함한 화합물을 선택적으로 분석할 수 있다.
  ㉣ 불꽃 광도 검출기에 의한 황 또는 인 화합물의 감도(Sensitivity)는 일반 탄화수소 화합물에 비하여 100,000배 커서, H_2S나 SO_2와 같은 황 화합물은 약 200ppb까지, 인 화합물은 약 10ppb까지 검출이 가능하다.

⑦ 광이온화 검출기(PID ; Photo Ionization Detector)
  ㉠ 광이온화 검출기는 10.6eV의 자외선(UV) 램프에서 발산하는 120nm의 빛이 벤젠이나 톨루엔과 같은 대부분의 방향족 화합물을 충분히 이온화시킬 수 있고, 또한 H_2S, 헥산, 에틸알코올과 같이 이온화 에너지가 10.6eV 이하인 화합물을 이온화시킴으로써 이들을 선택적으로 검출할 수 있다.
  ㉡ 메탄올이나 물 등과 같이 이온화 에너지가 10.6eV보다 큰 화합물은 광이온화 검출기로 검출되지 않는다.
  ㉢ 광이온화 검출기의 장점은 매우 민감하고, 잡음(Noise)이 적고, 직선성이 탁월하고 시료를 파괴하지 않는다는 것이다.

⑧ 펄스 방전 검출기(PDD ; Pulsed Discharge Detector)
  ㉠ 펄스 방전 검출기는 시료를 헬륨 펄스 방전(Helium Pulsed Discharge)에 의해 이온화시키고 이로 인해 생성된 전자는 전극으로 모여서 전류의 변화를 가져온다.
  ㉡ 펄스 방전 검출기는 전자 포획(Electron Capture) 모드와 헬륨 광이온화(Helium Photoionization) 모드로 이용할 수 있다.
  ㉢ 전자 포획 모드에서는 기존의 전자 포획 검출기와 같이 전자 친화성이 큰 원소를 함유한 화합물인 프레온, 염소성 살충제 등의 할로겐 함유 화합물을 수 펨토그램($1fg=10^{-15}g$)까지 선택적으로 검출할 수 있는데 기존의 전자 포획 검출기와는 달리 방사성 물질을 사용하지 않아 안전하고 검출기의 온도를 400℃까지 올려 사용할 수 있다.
  ㉣ 헬륨 광이온화 모드에서는 대부분의 무기물 및 유기물을 검출할 수 있어, 기존의 불꽃이온화 검출기 사용에 따른 불꽃이나 수소 기체의 사용이 문제가 되는 곳에서 불꽃이온화 검출기를 대체할 수 있다.

⑨ 원자 방출 검출기(AED ; Atomic Emission Detector)
  ㉠ 원자 방출 검출기는 시료를 구성하는 원소들의 원자 방출(Atomic Emission)을 검출하기 때문에 이용 범위가 광범위하다.
  ㉡ 원자 방출 검출기의 구성은 캐필러리 컬럼의 마이크로파 유도 플라즈마 챔버로의 도입부, 마이크로파 챔버, 챔버의 냉각부, 회절격자와 원자선을 모아서 분산시키는 광학 거울, 컴퓨터에 연결된 광다이오드 배열기(Photodiode Array)로 구성되어 있다.
  ㉢ 컬럼에서 흘러나온 시료는 마이크로파로 가열된 플라즈마 구멍(Plasma Cavity)으로 유입되고 에서 화합물은 원자화되어 원자들은 플라즈마에 의해 들뜨게 된다.
  ㉣ 들뜬 원자에 의해 방출된 빛은 광다이오드 배열기에 의해 파장에 따라 분리되어 각 원소에 대한 크로마토그램을 얻을 수 있다.

⑩ 전해질 전도도 검출기(ELCD ; Electrolytic Conductivity Detector)
  ㉠ 전해질 전도도 검출기는 기준전극, 분석전극과 기체-액체 접촉기(Contactor) 및 기체-액체 분리기(Separator)를 가지고 있다.
  ㉡ 전도도 용매를 셀에 주입하고 기준전극에 의해 전류가 흐르게 된다.

- ⓒ 기체-액체 접촉기에서 기체 반응 생성물과 결합하게 되고 이 화합물은 분석 전극을 지나면서 액체상을 가진 기체-액체 분리기에서 기체상과 액체상으로 분리된다. 이때 전위계(Electrometer)가 기준 전극과 분석 전극 사이의 전도도 차이를 측정함으로써 성분의 농도를 측정한다.
- ⓓ 할로겐, 질소, 황 또는 나이트로아민(Nitroamine)을 포함한 유기화합물을 이 방법으로 검출할 수 있다.

⑪ 질량 분석 검출기(MSD ; Mass Spectrometric Detector)
- ⓐ 질량 분석 검출기는 GC에 질량 분석기(MS)를 부착하여 검출기로 사용한다.
- ⓑ GC 컬럼에서 분리된 화합물이 질량분석기에서 이온화 되어 이온의 질량 대 전하 비(m/z)로 분리하여 기록된다.
- ⓒ 대부분의 화합물을 수 ng까지 고감도로 분석할 수 있다.
- ⓓ 질량 분석기는 다양한 화합물을 검출할 수 있고, 조각난 패턴(Fragmentation Pattern)으로 화합물 구조를 유추할 수도 있다.

4. 운반가스(Carrier Gas) 종류

(1) 운반가스 *중요내용

운반가스는 충전물이나 시료에 대하여 불활성(不活性)이고 사용하는 검출기의 작동에 적합한 것을 사용한다.
① 열전도도형 검출기(TCD)
  순도 99.8% 이상의 수소나 헬륨
② 불꽃 이온화 검출기(FID)
  순도 99.8% 이상의 질소 또는 헬륨

(2) 연소가스 공기 및 청소가스

공기, 수소 기타 사용가스는 각 분석방법에서 규정하는 종류의 순도가스를 사용한다.

5. 분리관(Column), 충전물질(Packing Material) 및 충전방법(Packing Method)

(1) 분리관(Column)

분리관은 충전물질을 채운 내경 2~7mm(모세관식 분리관을 사용할 수도 있다)의 시료에 대하여 불활성금속, 유리 또는 합성수지관으로 각 분석방법에서 규정하는 것을 사용함

(2) 충전물질(Packing Material)

① 흡착형 충전물
기체-고체 크로마토그래피법, 흡착성 고체분말 *중요내용

분리관 내경(mm)	흡착제 및 담체의 입경 범위(μm)
3	149~177(100~80 mesh)
4	177~250(80~60 mesh)
5~6	250~590(60~28 mesh)

흡착성 고체분말은 실리카겔, 활성탄, 알루미나, 합성제올라이브 등이다.

② 분배형 충전물질
기체-액체 크로마토그래피법, 담체에 고정상 액체를 함침시킨 것을 충전물로 사용
㉠ 담체(Support)
  • 불활성(규조토, 내화벽돌, 유리, 석영, 합성수지)인 것 사용
  • 전처리 규정 경우 산처리, 알칼리처리, 실란처리(Silane finishing) 등을 한 것 사용
    ㈜ 여기서, 내화벽돌이라 함은 일반적인 내화점토(耐火粘土)를 사용한 것이 아니고 규조토를 주성분으로 한 내화온도 1,100℃ 정도의 단열(斷熱) 벽돌을 뜻한다.

ⓒ 고정상 액체(Stationary Liquid)의 구비조건 *중요내용*
- 분석대상 성분을 완전히 분리할 수 있는 것이어야 함
- 사용온도에서 증기압이 낮고, 점성이 작은 것이어야 함
- 화학적으로 안정된 것이어야 함
- 화학적 성분이 일정한 것이어야 함

〈일반적으로 사용하는 고정상 액체의 종류〉 *중요내용*

종 류	물질명		
탄 화 수 소 계	• 헥사데칸	• 스쿠아란(Squalane)	• 고진공 그리이스
실 리 콘 계	• 메틸실리콘 • 플루오린화규소	• 페닐실리콘	• 사이아노실리콘
폴 리 글 리 콜 계	• 폴리에틸렌글리콜	• 메톡시폴리에틸렌글리콜	
에 스 테 르 계	이염기산다이에스테르		
폴 리 에 스 테 르 계	이염기산폴리글리콜다이에스테르		
폴 리 아 미 드 계	폴리아미드수지		
에 테 르 계	폴리페닐에테르		
기 타	• 인산트리크레실	• 다이에틸포름아미드	• 다이메틸술포란

③ 다공성 고분자형 충전물 *중요내용*
다이바이닐벤젠을 가교제로 스티렌계 단량계를 중합시킨 것과 같이 고분자 물질을 단독 또는 고정상 액체로 표면처리하여 사용한다.

6. 조작법(Procedure)

(1) 설치조건 *중요내용*

① 기체크로마토그래피의 설치장소
　㉠ 진동이 없고 분석에 사용하는 유해물질을 안전하게 처리할 수 있는 곳
　㉡ 부식가스나 먼지가 적은 곳
　㉢ 실험실 온도 5~35℃, 상대습도 85% 이하로서 직사광선이 쪼이지 않는 곳

② 전기관계
　㉠ 전원
　　공급전원은 지정된 전력용량 및 주파수이어야 하고, 전원변동은 지정전압의 10% 이내로서 주파수의 변동이 없는 것이어야 한다.
　㉡ 전자기유도(電子氣誘導)
　　대형변압기, 고주파가열로(高周波加熱爐)와 같은 것으로부터 전자기의 유도를 받지 않는 것이어야 한다.

(2) 분석 전의 준비

① 장치의 고정설치
　㉠ 가스류의 배관
　　• 가스 누출 확인
　　• 실외의 그늘진 곳에 넘어지지 않도록 고정설치
　㉡ 전기배선
　　• 전원 배선
　　• 접지점에 접지선 연결

② 분리관의 부착 및 가스누출 시험

제조된 분리관을 장치에 부착한 후 운반가스의 압력을 사용압력 이상으로 올리고, 분리관 등의 접속부에 비눗물 등을 칠하여 가수누출시험을 하며 누출이 없음을 확인한다.

7. 분리의 평가

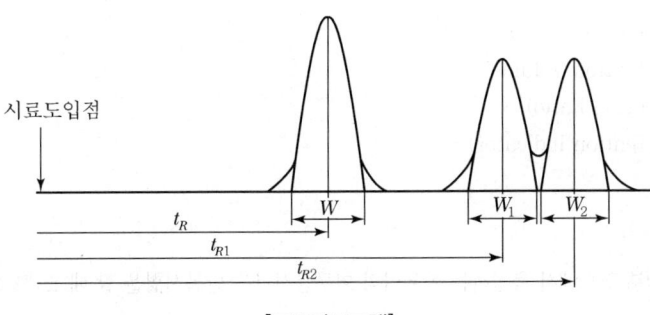

[크로마토그램]

(1) 분리관 효율

분리관 효율은 보통 이론단수 또는 1이론단에 해당하는 분리관의 길이 HETP(Height Equivalent to a Theoretical Plate)로 표시

$$\text{이론단수}(n) = 16 \cdot \left(\frac{t_R}{W}\right)^2$$

여기서, t_R : 시료도입점으로부터 봉우리 최고점까지의 길이(보유시간)
W : 봉우리의 좌우 변곡점에서 접선이 자르는 바탕선의 길이

$$HETP = \frac{L}{n}$$

여기서, L : 분리관의 길이(mm)

(2) 분리능

① 분리계수(d)

$$d = \frac{t_{R2}}{t_{R1}}$$

② 분리도(R)

$$R = \frac{2(t_{R2} - t_{R1})}{W_1 + W_2}$$

여기서, t_{R1} : 시료도입점으로부터 봉우리 1의 최고점까지의 길이
t_{R2} : 시료도입점으로부터 봉우리 2의 최고점까지의 길이
W_1 : 봉우리 1의 좌우 변곡점에서의 접선이 자르는 바탕선의 길이
W_2 : 봉우리 2의 좌우 변곡점에서의 접선이 자르는 바탕선의 길이

8. 정성분석

정성분석은 동일 조건하에서 특정한 미지 성분의 머무른 값과 예측되는 물질의 봉우리의 머무른 값을 비교하여야 한다.

(1) 머무름 값 *중요내용*

① 종류
　㉠ 머무름시간(Retention Time)
　㉡ 머무름부피(Retention Volume)
　㉢ 머무름비(Retention Ratio)
　㉣ 머무름지표(Retention Indicator)

② 머무름시간 측정
　3회 측정하여 평균치

③ 일반적으로 5~30분 정도에서 측정하는 봉우리의 머무름시간은 반복시험을 할 때 ±3% 오차범위 이내이어야 한다.

④ 머무름 값의 표시
　무효부피(Dead Volume)의 보정 유무를 기록하여야 한다.

9. 정량분석

크로마토그램(Chromatogram)의 재현성, 시료분석의 양, 봉우리의 면적 또는 높이와의 관계를 검토하여 분석한다. 이때 정확한 정량결과를 얻기 위해서 크로마토그램의 각 곡선봉우리는 대칭적이고 각각 완전히 분리되어야 한다.

(1) 정량법 *중요내용*

① 절대검량선법
　㉠ 정량하려는 성분으로 된 순물질을 단계적으로 취하여 크로마토그램을 기록하고 봉우리 넓이 또는 높이를 구한다.
　㉡ 성분량을 횡축에, 봉우리 넓이 또는 봉우리 높이를 종축에 취하여 검량선을 작성한다.

② 넓이 백분율법
　㉠ 크로마토그램으로부터 얻은 시료 각 성분의 봉우리 면적을 측정하고 그것들의 합을 100으로 하여 이에 대한 각각의 봉우리 넓이 비를 각 성분의 함유율로 한다.
　㉡ 도입시료의 전 성분이 용출되며, 또한 사용한 검출기에 대한 각 성분의 상대감도가 같다고 간주되는 경우에 적용한다.

③ 보정넓이 백분율법
　도입한 시료의 전 성분이 용출되며 또한 용출 전 성분의 상대감도가 구해진 경우는 다음 식에 의하여 정확한 함유율을 구할 수 있다.

④ 상대검정곡선법
　정량하려는 성분의 순물질(X) 일정량에 내부표준물질(S)의 일정량을 가한 혼합시료의 크로마토그램을 기록하여 봉우리 넓이를 측정한다.
　횡축에 정량하려는 성분량(M_X)과 내부표준물질량(M_S)의 비(M_X/M_S)를 취하고 분석시료의 크로마토그램에서 측정한 정량할 성분의 봉우리 넓이(A_X)와 표준물질 봉우리 넓이(A_S)의 비(A_X/A_S)를 취하여 검량선을 작성한다.

⑤ 표준물첨가법
　시료의 크로마토그램으로부터 피검성분 A 및 다른 임의의 성분 B의 봉우리 넓이 a_1 및 b_1을 구한다. 다음에 시료의 일정량 W에 성분 A의 기지량 ΔW_A을 가하여 다시 크로마토그램을 기록하여 성분 A 및 B의 봉우리 넓이 a_2 및 b_2를 구한다.

(2) 정량치의 표시방법

중량%, 부피%, 몰%, ppm 등으로 표시

(3) 정밀도의 판정

① 반복정밀도
동일인이 동일장치로 각 분석방법에 규정하는 횟수의 측정을 반복해서 시행할 때 그 결과의 차이가 허용치를 초과해서는 안 된다.

② 재현성
동일시료를 임의의 다른 분석실에서 각 분석방법에 규정하는 횟수를 측정할 때 평균치 차이가 허용치를 초과해서는 안 된다.

02 자외선/가시선 분광법

1. 원리 및 적용범위

(1) 원리
이 시험방법은 시료물질이나 시료물질의 용액 또는 여기에 적당한 시약을 넣어 발색(發色)시킨 용액의 흡광도를 측정하여 시료 중의 목적성분을 정량하는 방법이다.

(2) 적용범위
파장 200~1,200nm에서의 액체의 흡광도를 측정함으로써 대기 중이나 굴뚝배출 가스 중의 오염물질 분석에 적용한다.

2. 개요

(1) 광원(光源)으로 나오는 빛을 단색화장치(Monochrometer) 또는 필터(Filter)에 의하여 좁은 파장범위의 빛(光速)만을 선택하여 액층을 통과시킨 다음 광전측광(光電測光)으로 흡광도를 측정하여 목적성분의 농도를 정량하는 방법이다.

(2) 램버트 비어(Lambert-Beer)의 법칙 *중요내용*

강도 I_o 되는 단색광속이 그림과 같이 농도 C, 길이 ℓ 이 되는 용액층을 통과하면 이 용액에 빛이 흡수되어 입사광의 강도가 감소한다.

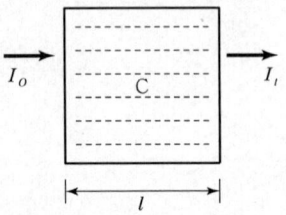

[흡광광도 분석방법 원리도]

$$I_t = I_o \cdot 10^{-\varepsilon c \ell}$$

여기서, I_o : 입사광의 강도
I_t : 투사광의 강도
C : 농도
ℓ : 빛의 투사거리
ε : 비례상수로서 흡광계수라 하고,
C=1 mol, ℓ=10 mn일 때의 ε의 값을 몰흡광계수라 하며 K로 표시한다.

(3) 흡광도(A) *중요내용*

$$A = \log \frac{1}{t}$$

여기서, $t = \dfrac{I_t}{I_o}$ (투과도)

$$A = \varepsilon cl$$

3. 장치

(1) 장치의 구성 *중요내용*

```
광원부 ─ 파장선택부 ─ 시료부 ─ 측광부
```

(2) 광원부 *중요내용*

① 가시부와 근적외부 광원
   텅스텐램프
② 자외부 광원
   중수소 방전관

(3) 파장선택부 *중요내용*

① 단색화장치
   ㉠ 프리즘, 회절격자 또는 두 가지를 조합시킨 것을 사용
   ㉡ 단색광을 내기 위해서 슬릿(Slit)을 부속시킴
② 필터
   ㉠ 색유리 필터   ㉡ 젤라틴 필터   ㉢ 간접필터

(4) 시료부

① 시료액을 넣은 흡수셀(시료셀)
② 대조액을 넣은 흡수셀(대조셀)
③ 셀홀더(셀을 보호하기 위함)
④ 시료실

(5) 측광부 *중요내용*

① 자외 내지 가시파장 범위
   ㉠ 광전관
   ㉡ 광전자 증배관
② 근적외파장 범위
   광전도셀
③ 가시파장 범위
   광전지
④ 지시계
   투과율, 흡광도, 농도 또는 이를 조합한 눈금이 있고 숫자로 표시되는 것도 있음
⑤ 기록계
   투과율, 흡광도, 농도 등을 자동기록

(6) 광전분광광도계
   ① 파장선택부에 단색화장치를 사용한 장치로 구조에 따라 단광속형(單光速型)과 복광속형(複光速型)이 있고 복광속형에는 흡수스펙트럼을 자동기록할 수 있는 것도 있다.
   ② 광전분광광도계에는 미분측광(微分測光), 2파장측광(二波長測光), 시차측광(示差測光)이 가능한 것도 있다.

(7) 광전광도계
   파장 선택부에 필터를 사용한 장치로 단광속형이 많고 비교적 구조가 간단하여 작업분석용에 적당하다.

(8) 흡수셀
   ① 흡수셀은 일반적으로 4각형 또는 시험관형의 것을 사용한다.
   ② 흡수셀 재질
      ㉠ 가시 및 근적외부 파장범위 : 유리제
      ㉡ 자외부 파장범위 : 석영제
      ㉢ 근적외부 파장범위 : 플라스틱제

(9) 장치의 보정
   ① 파장눈금의 보정

〈파장눈금의 교정〉

광원의 종류	사용하는 휘선스펙트럼의 파장(nm)	
수 소 방 전 관	486.13	656.28
중 수 소 방 전 관	486.00	656.10
석 영 저 압 수 은	253.65	365.01
방 전 관	435.88	546.07

   ㉠ 자동기록식 광전분광광도계의 파장교정은 홀뮴(Holmium)유리의 흡수스펙트럼을 이용한다.
   ㉡ 파장을 교정할 때 주사속도(走査速度)가 너무 크면 흡수 봉우리의 파장이 달라지는 수가 있으므로 적당한 속도로 주사(走査)해야 한다.
   ㉢ 홀뮴유리나 간섭필터를 사용하여 파장을 교정할 때도 파장폭이 너무 크면 파장이 달라지는 수가 있으므로 주의해야 한다.

   ② 흡광도 눈금의 보정
   ㉠ 110℃에서 3시간 이상 건조한 중크로뮴산포타슘(1급 이상)을 0.05mol/L 수산화포타슘(KOH) 용액에 녹여 다이크로뮴산포타슘($K_2Cr_2O_7$)을 만든다.
   ㉡ 농도는 시약의 순도를 고려하여 $K_2Cr_2O_7$으로서 0.0303g/L가 되도록 한다.
   ㉢ 이 용액의 일부를 신속하게 10.0mm 흡수셀에 취하고 25℃에서 1nm 이하의 파장폭에서 흡광도를 측정한다.

   ③ 미광(Stray Light)의 유무조사
   커트필터를 사용하여 미광의 유무 조사

〈광원 또는 광전측광검출기의 사용파장 한계〉

파장역(nm)	한계파장이 생기는 이유
200~220	검출기 또는 수은방전관, 중수소방전관의 단파장 사용한계
300~330	텅스턴램프의 단파장 사용한계
700~800	광전자 중배관의 장파장 사용한계

4. 측정

(1) 장치의 실내 설치 구비 조건

① 전원의 전압 및 주파수의 변동이 적을 것
② 직사광선을 받지 않을 것
③ 습도가 높지 않고 온도변화가 적을 것
④ 부식성 가스나 먼지가 없을 것
⑤ 진동이 없을 것

(2) 흡수셀의 준비

① 시료액의 흡수파장이 약 370nm 이상 *중요내용*
   석영 또는 경질유리 흡수셀
② 시료액의 흡수파장이 약 370nm 이하 *중요내용*
   석영흡수셀
③ 따로 흡수셀의 길이(L)를 지정하지 않았을 때는 10mm 셀을 사용한다.
④ 시료셀에는 시험용액을, 대조셀에는 따로 규정이 없는 한 증류수를 넣는다.
⑤ 흡수셀의 세척방법 *중요내용*
   ㉠ 탄산소듐(2W/V%)에 소량의 음이온 계면활성제(보기 : 액상 합성세제)를 가한 용액에 흡수셀을 담가 놓고 필요하면 40~50℃로 약 10분간 가열한다.
   흡수셀을 꺼내 물로 씻은 후 질산(1+5)에 소량의 과산화수소를 가한 용액에 약 30분간 담가 놓았다가 꺼내어 물로 잘 씻는다. 깨끗한 가제나 흡수지 위에 거꾸로 놓아 물기를 제거하고 실리카겔을 넣은 데시케이터 중에서 건조하여 보존한다.
   ㉡ 급히 사용하고자 할 때는 물기를 제거한 후 에틸알코올로 씻고 다시 에틸에테르로 씻은 다음 드라이어(Dryer)로 건조해도 무방하고, 빈번하게 사용할 때는 물로 잘 씻은 다음 증류수를 넣은 용기에 담가 두어도 무방하다.
   ㉢ 질산과 과산화수소의 혼액 대신에 새로 만든 크롬산과 황산용액에 약 1시간 담근 다음 흡수셀을 꺼내어 물로 충분히 씻어내도 무방하다. 그러나 이 방법은 크롬의 정량이나 자외역(紫外域) 측정을 목적으로 할 때 또는 접착하여 만든 셀에는 사용하지 않은 것이 좋다.
   ㉣ 세척 후에는 지문이 묻지 않도록 주의하고 빛이 통과하는 면에는 손이 직접 닿지 않도록 해야 한다.

(3) 흡광도측정준비

① 측정파장에 따라 필요한 광원과 광전측광 검출기를 선정한다.
② 전원을 넣고 잠시 방치하여 장치를 안정시킨 후 감도와 영점(Zero)을 조절한다.
③ 단색화장치나 필터를 이용하여 지정된 측정파장을 선택한다.

(4) 흡광도의 측정 순서

① 눈금편의 지시가 안정되어 있나를 확인한다. *중요내용*
② 대조셀을 광로(光路)에 넣고 광원으로부터의 광속(光速)을 차단하고 영점을 맞춘다.
③ 광원으로부터 광속을 통하여 눈금 100에 맞춘다.
④ 시료셀을 광로(光路)에 넣고 눈금판의 지시치(指示値)를 흡광도 또는 투과율로 읽는다. 투과율로 읽을 때는 나중에 흡광도로 환산해 주어야 한다.
⑤ 필요하면 대조셀을 광로에 바꿔넣고 영점과 100에 변화가 없는가를 확인한다.
⑥ 위 ②, ③, ④의 조작 대신에 농도를 알고 있는 표준액 계열을 사용하여 각각의 눈금에 맞추는 방법도 무방하다.

(5) 흡수곡선의 측정

① 필요한 파장범위에 대해서 10nm마다의 흡광도를 측정하여 횡측(가로)에 파장을, 종축(세로)에 흡광도를 표시하고 그 래프용지에 양자의 관계곡선을 작성하여 흡수곡선을 만든다.
② 흡수 최대치(Peak) 부근에서는 파장간격을 1~5nm까지 좁게 하여 흡광도를 측정하는 것이 좋다.
③ 흡광도의 변화가 적은 파장에서는 파장간격을 적당히 넓게 하여도 상관없다.
　이때 흡광도 대신에 투과율을 종축(縱軸)에 표시해도 된다.
④ 흡수곡선을 작성하는 데는 자기분광광전광도계(自記分光光電光度計)를 사용하는 것이 편리하다.

03 원자흡수분광광도법

1. 원리 및 적용범위 〔중요내용〕

(1) 원리

이 시험방법은 시료를 적당한 방법으로 해리(解離)시켜 중성원자로 증기화하여 생긴 기저상태(Ground State or Normal State)의 원자가 이 원자 증기층을 투과하는 특유파장의 빛을 흡수하는 현상을 이용하여 광전측광(光電測光)과 같은 개개의 특유 파장에 대한 흡광도를 측정하여 시료 중의 원소(元素) 농도를 정량하는 방법이다.

(2) 적용범위

대기 또는 배출 가스 중의 유해 중금속, 기타 원소의 분석에 적용한다.

2. 용어(用語) 〔중요내용〕

(1) 역화(Flame Back)

불꽃의 연소속도가 크고 혼합기체의 분출속도가 작을 때 연소현상이 내부로 옮겨지는 것

(2) 원자흡광도(Atomic Absorptivity or Atomic Extinction Coefficient)

어떤 진동수 i의 빛이 목적원자가 들어 있지 않는 불꽃을 투과했을 때의 강도를 I_{ov}, 목적원자가 들어 있는 불꽃을 투과했을 때의 강도를 I_v라 하고 불꽃 중의 목적원자농도를 c, 불꽃 중의 광도의 길이(Path Length)를 ℓ 라 했을 때 $E_{AA} = \dfrac{\log_{10} \cdot I_{ov}/I_v}{c \cdot \ell}$ 로 표시되는 양을 말한다.

(3) 원자흡광(분광) 분석[Atomic Absorption(Spectrochemical) Analysis]

원자흡광 측정으로 실시하는 화학분석

(4) 원자흡광(분광) 측광[Atomic Absorption(Spectro) Photometry]

원자흡광 스펙트럼을 이용하여 시료 중의 특정원소의 농도와 그 휘선(輝線)의 흡광 정도(보통은 보정되지 않은 흡광도로 나타냄)와의 상관관계를 측정하는 것

(5) 원자흡광스펙트럼(Atomic Absorption Spectrum)

물질의 원자증기층을 빛이 통과할 때 각각 특유한 파장의 빛을 흡수한다. 이 빛(光束)을 분산하여 얻어지는 스펙트럼을 말한다.

(6) 공명선(Resonance Line)

원자가 외부로부터 빛을 흡수했다가 다시 먼저 상태로 돌아갈 때(遷移) 방사하는 스펙트럼선

(7) 근접선(Neighbouring Line)

목적하는 스펙트럼선에 가까운 파장을 갖는 다른 스펙트럼선

(8) 중공음극램프(Hollow Cathode Lamp)

원자흡광분석의 광원(光源)이 되는 것으로 목적원소를 함유하는 중공음극 한 개 또는 그 이상을 저압의 네온과 함께 채운 방전관(放電管)

(9) 다음극 중공음극램프(Multi-Cathod Hollow Cathode Lamp)

두 개 이상의 중공음극을 갖는 중공음극램프

(10) 다원소 중공음극램프(Multi-Element Hollow Cathode Lamp)

한 개의 중공음극에 두 종류 이상의 목적원소를 함유하는 중공음극램프

(11) 충전가스(Filler Gas)

중공음극램프에 채우는 가스

(12) 소연료불꽃(Fuel-Lean Flame)

가연성 가스와 조연성(助燃性) 가스의 비를 적게 한 불꽃 즉, 가연성 가스/조연성 가스의 값을 적게 한 불꽃

(13) 다연료 불꽃(Fuel-Rich Flame)

가연성 가스/조연성 가스의 값을 크게 한 불꽃

(14) 분무기(Nebulizer Atomizer)

시료를 미세한 입자로 만들어 주기 위하여 분무하는 장치

(15) 분무실(Nebulizer-Chamber, Atomizer Chamber)

분무기와 병용(倂用)하여 분무된 시료용액의 미립자를 더욱 미세하게 해주는 한편, 큰 입자와 분리시키는 작용을 갖는 장치

(16) 슬롯버너(Slot Burner, Fish Tail Burner)

가스의 분출구가 세극상(細隙狀)으로 된 버너

(17) 전체분무버너(Total Consumption Burner, Atomizer Burner)

시료용액을 빨아올려 미립자로 되게 하여 직접 불꽃 중으로 분무하여 원자증기화하는 방식의 버너

(18) 예복합 버너(Premix Type Burner)

가연성 가스, 조연성 가스 및 시료를 분무실에서 혼합시켜 불꽃 중에 넣어 주는 방식의 버너

(19) 선폭(Line Width)

스펙트럼선의 폭

(20) 선프로파일(Line Profile)

파장에 대한 스펙트럼선의 강도를 나타내는 곡선

(21) 멀티 패스(Multi-Path)

불꽃 중에서의 광로(光路)를 길게 하고 흡수를 증대시키기 위하여 반사를 이용하여 불꽃 중에 빛(光束)을 여러 번 투과시키는 것

3. 개요

(1) 원자증기화하여 생긴 기저상태의 원자가 그 원자증기층을 투과하는 특유 파장의 빛을 흡수하는 성질을 이용한 것이다.

(2) 빛의 흡수 정도와 원자증기밀도의 관계

진동수 ν 강도 I_o 되는 광원으로부터 반사되는 길이 ℓ (cm)의 원자증기층을 투과할 때 그 원자에 의하여 흡수되어 빛의 강도가 I_ν 되었다고 하면

$$I_\nu = I_{o\nu} \cdot \exp^{-k_\nu \cdot \ell}$$

여기서, k_ν : 비례정수
진동수 ν 에서의 흡수율
ν 에 따라 다른 값을 가짐

(3) 흡광도(A) *중요내용*

$$A = \log\left(\frac{I_{o\nu}}{I_\nu}\right)$$

(4) 투과율(T) *중요내용*

$$T(\%) = \left(\frac{I_\nu}{I_{o\nu}}\right) \times 100$$

$$A = E_{AA}Cl$$

여기서, E_{AA} : 원자흡광률
C : 시료 중 목적원자 농도
l : 광원으로부터 반사되는 길이

(5) 원자흡광률은 목적원자마다 고유한 정수(定數)로 나타나므로 ℓ 이 결정되어 있을 때는 A를 측정하여 C를 구할 수가 있다.

4. 장치

(1) 장치의 개요

① 원자흡수 분석장치는 일반적으로 광원부, 시료원자화부, 파장선택부(분광부) 및 측광부로 구성되어 있고 단광속형(單光速型)과 복광속형(複光速型)이 있다. *중요내용*

② 여러 개 원소의 동시 분석이나 내표준법에 의한 분석을 목적으로 할 때는 구성요소를 여러 개 복합 멀티채널형(Mult-Channel 型)의 장치도 있다.

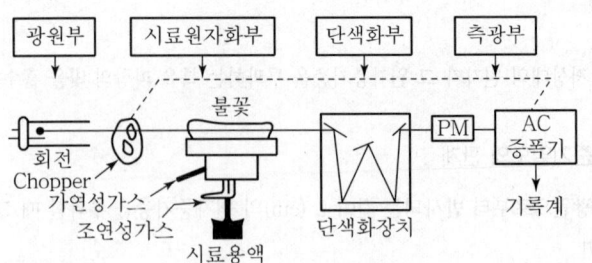

[원자흡수 분석장치의 구성]

(2) 광원부

① 광원램프 *중요내용*

㉠ 중공음극램프
ⓐ 원자흡광 스펙트럼선의 선폭보다 좁은 선폭을 갖고 휘도가 높은(高輝度) 스펙트럼을 방사하는 중공음극램프가 많이 사용된다.
ⓑ 중공음극램프는 양극(+)과 중공원통상의 음극(-)을 저압의 희유가스 원소와 함께 유리 또는 석영제의 창판을 갖는 유리관 중에 봉입한 것으로 음극은 분석하려고 하는 목적의 단일원소, 목적원소를 함유하는 합금 또는 소결합금으로 만들어져 있다.

㉡ 열음극 및 방전램프, 방전램프
나트륨(Na), 칼륨(K), 칼슘(Ca), 루비듐(Rb), 세슘(Cs), 카드뮴(Cd), 수은(Hg), 탈륨(Tl)과 같이 비점(沸點)이 낮은 원소에서 사용된다.

② 램프점등장치

㉠ 중공음극램프를 동작시키는 방식에는 직류점등 방식과 교류점등 방식이 있다.
㉡ 직류점등 방식에서는 광원램프와 시료의 원자화부와의 사이에 빛의 단속기(光斷續器)를 넣어 빛을 변조시키고 측광부에서는 변조된 교류 신호만을 검출 증폭하여 불꽃 자신이나 시료의 발광 등에 의한 영향을 제거하도록 하는 것이 보통이다.
㉢ 교류점등 방식은 광원의 빛 자체가 변조되어 있기 때문에 빛의 단속기(Chopper)는 필요하지 않다.
㉣ 직류 또는 교류점등 방식의 광원램프의 점등장치로서 구비조건
ⓐ 전원회로는 전류 또는 전압이 일정한 것
ⓑ 램프의 전류값을 정밀하게 조정할 수 있는 것
ⓒ 램프의 수에 따라 필요한 만큼의 예비점등 회로를 갖는 것

(3) 시료원자화부

① 시료원자화 장치

㉠ 시료를 원자증기화하기 위한 시료원자화 장치와 원자증기 중에 빛을 투과시키기 위한 광학계로 되어 있다.
㉡ 시료를 원자화하는 일반적인 방법은 용액상태로 만든 시료를 불꽃 중에 분무하는 방법이며 플라즈마 제트(Plasma Jet) 불꽃 또는 방전(Spark)을 이용하는 방법도 있다.
㉢ 고체시료를 흑연도가니 중에 넣어서 증발시키거나 음극 스퍼터링(Sputtering)에 의하여 원자화시키는 방법도 있다.
㉣ 버너
버너는 크게 나누어 시료용액을 직접 불꽃 중으로 분무하여 원자화하는 전분무(全噴霧) 버너와 시료용액을 일단 분무실 내에 불어넣고 미세한 입자만을 불꽃 중에 보내는 예혼합(豫混合) 버너가 있다.
㉤ 불꽃(조연성 가스와 가연성 가스의 조합) *중요내용*
ⓐ 수소-공기와 아세틸렌-공기 : 거의 대부분의 원소분석에 유효하게 사용

　　　　ⓑ 수소-공기 : 원자 외 영역(原子外 領域)에서의 불꽃 자체에 의한 흡수가 적기 때문에 이 파장영역(波長領域)에서 분석선을 갖는 원소의 분석
　　　　ⓒ 아세틸렌-아산화질소 : 불꽃의 온도가 높기 때문에 불꽃 중에서 해리(解離)하기 어려운 내화성 산화물(耐火性 酸化物 Refractory Oxide)을 만들기 쉬운 원소의 분석
　　　　ⓓ 프로판-공기 : 불꽃온도가 낮고 일부 원소에 대하여 높은 감도를 나타냄
　　　ⓑ 가스유량 조절기
　　　　가연성 가스 및 조연성 가스의 압력과 유량을 조절하여 적당한 혼합비로 안정한 불꽃을 만들어 주기 위하여 사용된다.
　　② 광학계
　　　㉠ 원자증기 중에 빛을 투과시키기 위한 계기이다.
　　　㉡ 불꽃 중에 빛을 투과시 만족조건 *중요내용*
　　　　ⓐ 빛이 투과하는 불꽃 중에서의 유효길이를 되도록 길게 한다.
　　　　ⓑ 불꽃으로부터 빛이 벗어나지 않도록 한다.
　　　　　가늘고 긴 슬릿을 갖는 슬롯 버너를 사용할 때는 빛이 투과하는 불꽃의 길이를 10cm 정도까지 길게 할 수는 있지만 유효불꽃 길이를 그 이상으로 해 주려면 적당한 광학계를 이용하여 빛을 불꽃 중에 반복하여 투과시키는 멀티패스(Multi Path) 방식을 사용한다.

(4) 분광기(파장선택부)

분광기(파장선택부)는 광원램프에서 방사되는 휘선스펙트럼 가운데서 필요한 분석선만을 골라내기 위하여 사용된다. (일반적으로 회절격자나 프리즘을 이용한 분광기 사용)

① 분광기
　㉠ 분광기로서는 광원램프에서 방사되는 휘선 스펙트럼 중 필요한 분석선만을 다른 근접선이나 바탕(Background)으로부터 분리해내기에 충분한 분해능(分解能)을 갖는 것이어야 한다.
　㉡ 동시에 양호한 SN비로 광전측광을 할 수 있는 밝기를 가질 것이 요망된다.

② 필터(Filter)
　알칼리나 알칼리토류 원소와 같이 광원의 스펙트럼 분포가 단순한 것에서는 분광기 대신 간섭필터를 사용하는 수가 있다.

③ 에탈론(Ethalon) 간섭분광기
　광원부에 연속광원 사용시 매우 높은 분해능을 요구할 경우 사용된다.

(5) 측광부

- 측광부는 원자화된 시료에 의하여 흡수된 빛의 흡수강도를 측정하는 것으로서 검출기, 증폭기 및 지시계기로 구성된다.
- 검출기로부터의 출력전류를 측정하는 방식에는 직류방식과 교류방식이 있다.
- 직류방식은 광원을 직류로 동작시키는 경우에 사용되며 교류방식은 광원을 교류로 동작시키는 경우나 광원을 직류로 동작시키고 광단속기(光斷續器, Chopper)로 단속시키는 경우에 이용된다.

① 검출기 *중요내용*
　원자 외 영역(遠紫外領域)에서부터 근적 외 영역(近赤外 領域)에 걸쳐서는 광전자 증배관을 가장 널리 사용한다.

② 증폭기
　㉠ 직류방식
　　검출기에서 나오는 출력신호를 직류 증폭기에서 증폭하여 지시계기로 보냄
　㉡ 교류방식
　　ⓐ 교류증폭기에서 증폭한 후 정류하여 지시계기로 보냄
　　ⓑ 불꽃의 빛이나 시료의 발광 등의 영향이 적다.

③ 지시계기
  ㉠ 직독식 미터
    증폭기에서 나오는 신호를 흡광도, 흡광율(%) 또는 투과율(%) 등으로 눈금을 읽기 위한 것
  ㉡ 보상식 전위차계(Potentiometer)
  ㉢ 기록계 디지털표시기

5. 검량선의 작성과 정량법 *중요내용*

(1) 검량선의 직선영역

① 원자흡광분석에 있어서의 검량선은 일반적으로 저농도 영역에서는 양호한 직선성을 나타내지만 고농도 영역에서는 여러 가지 원인에 의하여 휘어진다.
② 정량을 행하는 경우에는 직선성이 좋은 농도 또는 흡광도의 영역을 사용하지 않으면 안된다.

(2) 절대검정곡선법

① 검량선은 적어도 3종류 이상의 농도의 표준시료용액에 대하여 흡광도를 측정하여 표준물질의 농도를 가로대에, 흡광도를 세로대에 취하여 그래프를 그려서 작성한다.
② 분석시료의 조성과 표준시료와의 조성이 일치하거나 유사하여야 한다.

(3) 표준물첨가법

같은 양의 분석시료를 여러 개 취하고 여기에 표준물질이 각각 다른 농도로 함유되도록 표준용액을 첨가하여 용액열을 만든다. 이어 각각의 용액에 대한 흡광도를 측정하여 가로대에 용액영역 중의 표준물질 농도를, 세로대에는 흡광도를 취하여 그래프용지에 그려 검량선을 작성한다.

(4) 상대검정곡선법

① 이 방법은 새로 분석시료 중에 가한 내부 표준원소(목적원소와 물리적 화학적 성질이 아주 유사한 것이어야 한다)와 목적원소와의 흡광도 비를 구하는 동시에 측정을 행한다.
② 이 방법은 측정치가 흩어졌을 때 흩어진 측정치를 상쇄하므로 분석값의 재현성이 높아지고 정밀도가 향상된다.

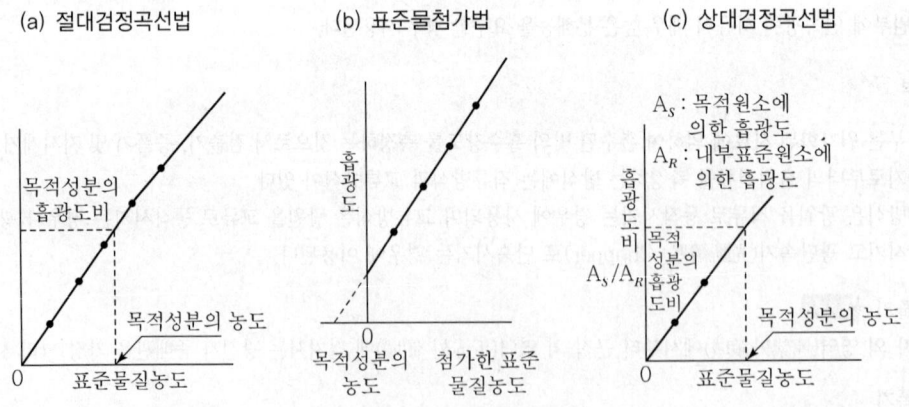

[각종 정량법에 의한 검량선] *중요내용*

6. 간섭

(1) 분광학적 간섭 *중요내용*

① 분석에 사용하는 스펙트럼선이 다른 인접선과 완전히 분리되지 않는 경우 : 파장선택부의 분해능이 충분하지 않기 때문에 일어나며 검량선의 직선영역이 좁고 구부러져 있어 분석감도 정밀도도 저하된다. 이때는 다른 분석선을 사용하여 재분석하는 것이 좋다.

② 분석에 사용하는 스펙트럼의 불꽃 중에서 생성되는 목적원소의 원자증기 이외의 물질에 의하여 흡수되는 경우 : 표준시료와 분석시료의 조성을 더욱 비슷하게 하며 간섭의 영향을 어느 정도까지 피할 수 있다.

(2) 물리적 간섭

① 시료용액의 점성이나 표면장력 등 물리적 조건의 영향에 의하여 일어나는 것이다.
② 시료용액의 점도가 높아지면 분무 능률이 저하되며 흡광의 강도가 저하된다.
③ 이러한 종류의 간섭은 표준시료와 분석시료와의 조성을 거의 같게 하여 피할 수 있다.

(3) 화학적 간섭 *중요내용*

① 불꽃 중에서 원자가 이온화하는 경우 : 이온화 전압이 낮은 알칼리 및 알칼리토류 금속원소의 경우에 많고 특히 고온 불꽃을 사용한 경우에 두드러진다. 이 경우에는 이온화 전압이 더 낮은 원소 등을 첨가하여 목적원소의 이온화를 방지하여 간섭을 피할 수 있다.

② 공존물질과 작용하여 해리하기 어려운 화합물이 생성되어 흡광에 관계하는 기저상태(基底狀態)의 원자수가 감소하는 경우 : 공존하는 물질이 음이온의 경우와 양이온의 경우가 있으나 일반으로 음이온 쪽의 영향이 크다.

③ ②의 화학적 간섭을 피하는 방법
   ㉠ 이온교환이나 용매추출 등에 의한 방해물질의 제거
   ㉡ 과량의 간섭원소의 첨가
   ㉢ 간섭을 피하는 양이온(예 : 란타늄, 스트론튬, 알칼리 원소 등) 음이온 또는 은폐제, 킬레이트제 등의 첨가
   ㉣ 목적원소의 용매추출
   ㉤ 표준물첨가법의 이용

7. 분석오차의 원인 *중요내용*

① 표준시료의 선택의 부적당 및 제조의 잘못
② 분석시료의 처리방법과 희석의 부적당
③ 표준시료와 분석시료의 조성이나 물리적 화학적 성질의 차이
④ 공존물질에 의한 간섭
⑤ 광원램프의 드리프트(Drift) 열화(劣化)
⑥ 광원부 및 파장선택부의 광학계의 조정 불량
⑦ 측광부의 불안정 또는 조절 불량
⑧ 분무기 또는 버너의 오염이나 폐색
⑨ 가연성 가스 및 조연성 가스의 유량이나 압력의 변동
⑩ 불꽃을 투과하는 광속의 위치 조정 불량
⑪ 검량선 작성의 잘못
⑫ 계산의 잘못

04 비분산 적외선분광분석법

1. 원리 및 적용범위 ◀중요내용

(1) 이 시험법은 선택성 검출기를 이용하여 시료 중의 특정 성분에 의한 적외선의 흡수량 변화를 측정하여 시료 중에 들어 있는 특정 성분의 농도를 구하는 방법으로, 대기 및 굴뚝 배출가스 중의 오염물질을 연속적으로 측정하는 비분산 정필터형 (正Filter型) 적외선 가스 분석계에 대하여 적용한다.

(2) 비분산적외선 분석계의 검출한계는 분석 광학계의 적외선 복사선이 시료 중을 통과하는 거리에 따라 다르며 복사선 통과 거리가 10~16m일 때 분석기의 검출한계를 $0.5\mu mol/mol$까지 낮출 수 있다.

(3) 간섭물질 ◀중요내용

① 입자상 물질
  ㉠ 대기 또는 굴뚝 배출기체에 포함된 먼지 등 입자상 물질이 측정에 영향을 줄 수 있다.
  ㉡ 이들 물질의 영향을 최소화하기 위하여 시료채취부 전단에 여과지($0.3\mu m$)를 부착하여야 한다.
  ㉢ 여과지의 재질은 유리섬유, 셀룰로오스 섬유 또는 합성수지제 거름종이 등을 사용한다.

② 수분
  ㉠ 적외선흡수법의 경우 시료 측정에 영향을 주는 인자로, 시료 중 수분 함량이 매우 중요하다.
  ㉡ 정확한 성분가스 농도를 측정하기 위해서는 시료가스 중 수분 함량을 구하고 이를 필요한 경우 보정해 주어야 한다.

2. 용어 ◀중요내용

(1) 비분산(Nondispersive)

빛(光束)을 프리즘(Prism)이나 회절격자(回折格子)와 같은 분산소자(分散素子)에 의해 분산하지 않는 것

(2) 정필터형

측정성분이 흡수되는 적외선을 그 흡수파장에서 측정하는 방식

(3) 반복성

동일한 분석계를 이용하여 동일한 측정대상을 동일한 방법과 조건으로 비교적 단시간에 반복적으로 측정하는 경우로서 개개의 측정치가 일치하는 정도

(4) 비교가스

시료셀에서 적외선 흡수를 측정하는 경우 대조가스로 사용하는 것으로 적외선을 흡수하지 않는 가스

(5) 시료셀(Sample Cell)

시료가스를 넣는 용기

(6) 비교셀(Reference Cell)

비교가스를 넣는 용기

(7) 시료광속(試料光束)

    시료셀을 통과하는 빛

(8) 비교광속(光束)

    비교셀을 통과하는 빛

(9) 제로가스(Zero Gas)

    분석계의 최저 눈금값을 교정하기 위하여 사용하는 가스

(10) 스팬가스(Span Gas)

    분석계의 최고 눈금값을 교정하기 위하여 사용하는 가스

(11) 제로 드리프트(Zero Drift)

    측정기의 최저눈금에 대한 지시치의 일정 기간 내의 변동

(12) 교정범위

    측정기 최대측정범위의 80~90% 범위에 해당하는 교정값을 말한다.

(13) 스팬 드리프트(Span Drift)

    측정기의 눈금스팬에 대응하는 지시치의 일정 기간 내의 변동

3. 분석기기 및 기구

(1) 비분산형적외선분석계

비분산적외선분석계는 고전적 측정방법인 복광속 분석기와 일반적으로 고농도의 시료 분석에 사용되는 단광속 분석기, 간섭 영향을 줄이고 저농도에서 검출능이 좋은 가스필터 상관 분석기 등으로 분류된다.

① 복광속 비분산분석기 **중요내용**

    복광속 분석기의 경우 시료 셀과 비교 셀이 분리되어 있으며 적외선 광원(이하 "광원"이라 한다.)이 회전섹터 및 광학필터를 거쳐 시료셀과 비교셀을 통과하여 적외선 검출기(이하 "검출기"라 한다.)에서 신호를 검출하여 증폭기를 거쳐 측정농도가 지시계로 지시된다.

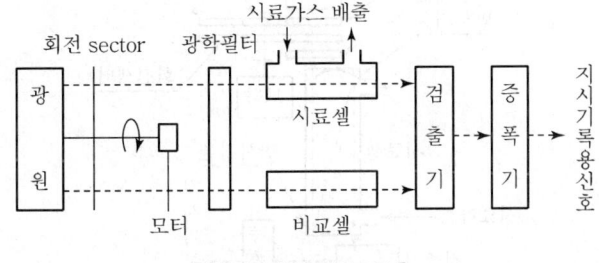

[복광속 분석기의 구성]

  ㉠ 광원
     ⓐ 광원은 원칙적으로 흑체발광으로 니크롬선 또는 탄화규소의 저항체에 전류를 흘려 가열한 것을 사용한다.
     ⓑ 광원의 온도가 올라갈수록 발광되는 적외선의 세기가 커지지만 온도가 지나치게 높아지면 불필요한 가시광선의 발광이 심해져서 적외선 광학계의 산란광으로 작용하여 광학계를 교란시킬 우려가 있다.

ⓒ 적외선 및 가시광선의 발광량을 고려하여 광원의 온도를 정해야 하는데 1,000~1,300K 정도가 적당하다.
ⓒ 회전섹터
회전섹터는 시료광속과 비교광속을 일정주기로 단속시켜, 광학적으로 변조시키는 것으로 측정 광신호의 증폭에 유효하고 잡신호의 영향을 줄일 수 있다.
ⓒ 광학필터
광학필터는 시료가스 중에 간섭 물질가스의 흡수파장역의 적외선을 흡수·제거하기 위하여 사용하며, 가스필터와 고체필터가 있는데, 이것은 단독 또는 적절히 조합하여 사용한다.
ⓔ 시료셀
시료셀은 시료가스가 흐르는 상태에서 양단의 창을 통해 시료광속이 통과하는 구조를 갖는다.
ⓜ 비교셀
비교셀은 시료셀과 동일한 모양을 가지며 아르곤 또는 질소 같은 불활성 기체를 봉입하여 사용한다.
ⓑ 검출기
검출기는 광속을 받아들여 시료가스 중 측정성분 농도에 대응하는 신호를 발생시키는 선택적 검출기 혹은 광학필터와 비선택적 검출기를 조합하여 사용한다.

② 단광속 비분산분석기
단광속 분석기는 단일 시료 셀을 갖고 적외선 흡수도를 측정하는 분석기로 높은 농도 성분의 측정에 적합하며 간섭 물질에 의한 영향을 피할 수 없다.

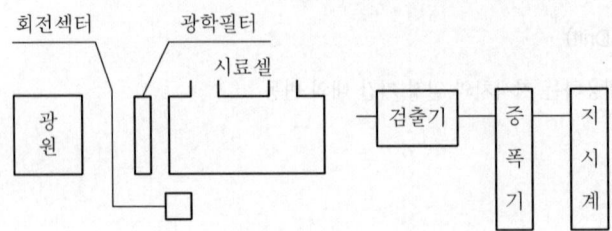

[단광속 분석기의 구성]

③ 가스필터 상관 비분산분석기
가스필터 상관 분석기는 적외선광원, 가스필터, 대역통과(Band Pass)광학필터, 적외선흡수 광학셀, 반사 거울, 적외선 검출기 등으로 구성된다.

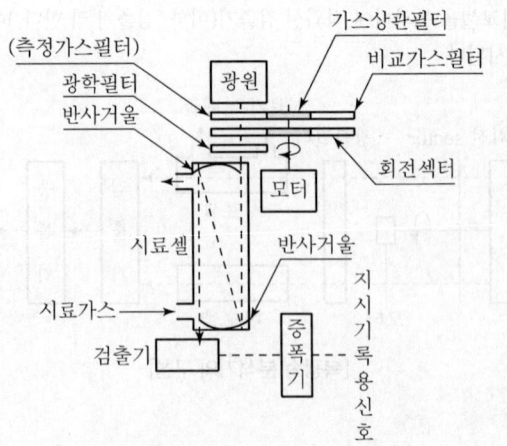

[가스필터 상관 적외선 분석기의 구성]

- ㉠ 적외선흡수셀
    - ⓐ 적외선흡수셀은 비분산적외선 광학계에서 측정 대상가스의 유로를 형성하며 광원으로부터 복사된 적외선이 이 셀 내를 채운 시료가스에 의해 흡광이 일어나는 곳으로 셀 내의 양단에는 반사거울을 두어 입사된 복사선의 반복반사에 의해 통과거리를 늘려주도록 되어 있으며 셀 내의 광 경로 통과거리는 10~16m이다.
    - ⓑ 셀 내에는 3개의 구면 오목거울이 셀 양단에 설치되어 있으며, 열선이 장착되어 내부온도를 항온(45℃ 정도)으로 유지시킨다.
- ㉡ 가스필터
    가스필터(GFC ; Gas Filter Correlation)는 밀폐된 두 공간으로 나뉘어 한쪽은 고농도의 기준가스를 충전시킨 기준 셀과 또 다른 한쪽은 질소 가스를 충전한 측정 셀로 구성된다.
- ㉢ 적외선 검출기 ◀중요내용
    적외선 흡수 파장영역 1~5.2μm 대역에서 검출능이 좋은 PbSe 센서 등이 사용되며, 감응 특성을 좋게 하기 위하여 전자냉각장치가 장착되어 낮은 온도(-25℃)에서 일정하게 유지되도록 한다.
- ㉣ 셀 투과 창(Cell Window)
    1.5~5.8μm 적외선 파장영역에서 우수한 투과특성을 갖는 대표적인 창 재료로는 NaCl, CaF_2, sapphire 등이 사용된다.
- ㉤ 광원 ◀중요내용
    광원은 흑체 발광을 이용한 것으로 적외선 및 가시광선의 발광량을 고려하여 광원의 온도를 정해야 하는데 1,000~1,300K 정도가 적당하다.
- ㉥ 교정장치
    지시부의 오차를 용이하게 교정할 수 있는 장치가 있어야 하며 원격조절장치로 조작할 수 있어야 한다.

(2) 시료채취장치

- 시료를 분석계에 연속적으로 도입하기 위하여 시료채취장치를 사용한다.
- 측정가스의 유량과 온도 허용범위는 사용 목적에 따라 다르지만 일반적으로 유량은 0.2~2.0L/min, 허용 온도범위는 정해진 유량으로 가스를 도입할 때 원칙적으로 0~50℃ 사이로 한다. ◀중요내용

① 굴뚝 시료가스 채취장치
    굴뚝배출가스 측정 시 필요하며 흡입노즐, 흡입관, 여과지홀더, 굴뚝가스 분류 유로와 이들 장치를 150℃ 정도까지 가열이 가능한 펌프와 유량계측시스템을 구비한 장비를 이용한다.

② 펌프와 유량계측 시스템
    유량계와 연결하여 20~30L/min의 수준으로 시료를 채취할 수 있는 흡입펌프를 사용한다. 이러한 유량 범위에서 유속을 측정할 수 있는 가스미터가 필요하다.

4. 시약 및 표준용액

(1) 표준가스

① 농도와 불확도가 잘 확인된 가스로서, 농도에 대한 인증값의 소급성이 국가표준기관을 통하여 SI 단위로 잘 유지된 가스를 말한다.
② 교정 시에는 높은 농도 표준가스를 질소 또는 정제 공기로 일정비율 희석하여 사용한다.

(2) 교정용 가스 ◀중요내용

① 분석계의 교정은 농도를 알고 있는 교정용 가스를 사용한다.
② 교정용 가스로는 제로가스(Zero Gas)와 스팬가스(Span Gas)가 필요하다.
③ 교정용 가스는 성분농도가 안정되어 있고 교정치의 정확도가 아주 좋고 신뢰성이 있는 것이어야 한다.

④ 혼합가스를 조제할 때 목적성분 가스의 농도가 0.1% 이하일 때는 용기 표면의 가스흡착 영향을 제거할 수 있는 방법을 충분히 검토해야 한다.
㈜ 용기 내 가스압력이 15kgf/cm²(35℃ 게이지 압력) 이하로 될 때는 유효기간 이내라 하더라도 농도 변화가 있을 수 있으므로 사용하지 않는다.

(3) 먼지 필터

① 시료대기 중에 함유되어 있는 먼지 등 입자상 물질을 제거하기 위한 것으로서 유리섬유, 셀룰로오스 섬유 또는 합성수지제 거름종이 등을 사용한다.
② 먼지필터는 먼지 부착량이 많아지면 성분가스 채취 손실, 시료 흡입유량의 감소 원인이 되므로 정기적으로 교환한다.

5. 정도보증/정도관리(QA/QC)

(1) 교정 절차 ◆중요내용

① 제로가스를 설정 유량으로 도입해서 지시 안정 후 영점 조정을 한다.
② 스팬가스를 설정 유량으로 도입해서 스팬 조정을 한다.
③ 필요에 따라 반복한 후 제로 및 스팬 교정값이 각각 일치할 때까지 반복 수행한다.
④ 교정주기는 원칙적으로 주 1회로 한다.
⑤ 교정용 가스는 제로가스로서 정제된 공기 또는 고순도 질소가스(순도 99.99% 이상, 성분가스 함유량 0.2nmol/mol 이하)를 사용하며, 스팬가스로서 표준가스와 제로가스의 희석가스로 최대 눈금의 80~100%의 농도의 것을 사용한다.

(2) 분석계의 설치장소 조건

① 진동이 작은 곳
② 부식가스나 먼지가 없는 곳
③ 습도가 높지 않고 온도 변화가 작은 곳
④ 전원의 전압 및 주파수의 변동이 작은 곳

(3) 측정기기 성능 유지 원칙 ◆중요내용

① 재현성
동일 측정조건에서 제로가스와 스팬가스를 번갈아 3회 도입하여 각각의 측정값의 평균으로부터 편차를 구한다. 이 편차는 전체 눈금의 ±2% 이내이어야 한다.
② 감도
전체 눈금의 ±1% 이하에 해당하는 농도 변화를 검출할 수 있는 것이어야 한다.
③ 제로드리프트(Zero Drift)
동일 조건에서 제로가스를 연속적으로 도입하여 고정형은 24시간, 이동형은 4시간 연속 측정하는 동안에 전체 눈금의 ±2% 이상의 지시 변화가 없어야 한다.
④ 스팬드리프트(Span Drift)
동일 조건에서 제로가스를 흘려 보내면서 때때로 스팬가스를 도입할 때 제로드리프트를 뺀 드리프트가 고정형은 24시간, 이동형은 4시간 동안에 전체 눈금의 ±2% 이상이 되어서는 안 된다.
㈜ 측정시간 간격은 고정형은 4시간 이상, 이동형은 40분 이상이 되도록 한다.
⑤ 응답시간(Response Time)
㉠ 제로 조정용 가스를 도입하여 안정된 후 유로를 스팬가스로 바꾸어 기준 유량으로 분석계에 도입하여 그 농도를 눈금 범위 내의 어느 일정한 값으로부터 다른 일정한 값으로 갑자기 변화시켰을 때 스텝(Step) 응답에 대한 소비시간이 1초 이내이어야 한다.
㉡ 또 이때 최종 지시치에 대한 90%의 응답을 나타내는 시간은 40초 이내이어야 한다.

⑥ 온도 변화에 대한 안정성
측정가스의 온도가 표시온도 범위 내에서 변동해도 성능에 지장이 있어서는 안 된다.
⑦ 유량 변화에 대한 안정성
측정가스의 유량이 표시한 기준유량에 대하여 ±2% 이내에서 변동하여도 성능에 지장이 있어서는 안 된다.
⑧ 주위온도 변화에 대한 안정성
주위온도가 표시 허용변동 범위 내에서 변동하여도 성능에 지장이 있어서는 안 된다.
⑨ 전원 변동에 대한 안정성
전원전압이 설정 전압의 ±10% 이내로 변화하였을 때 지시치 변화는 전체눈금의 ±1% 이내여야 하고, 주파수가 설정 주파수의 ±2%에서 변동해도 성능에 지장이 있어서는 안 된다.

6. 분석절차

(1) 측정방법

① 비분산적외선 분석법은 이와 같이 적외선 흡수대를 갖는 기체에 적외선을 투과하여 그 분자 고유의 적외선 흡수 에너지를 검출함으로써 기체의 농도를 측정하는 방법으로 보통 사용되는 파장범위는 $1 \sim 12\mu m$ 영역이다. *중요내용

② 각 기체농도에 따른 적외선 흡수 정도는 램버트-비어의 법칙을 만족하며 농도와 적외선 통과거리의 곱 및 그 기체 고유의 흡수계수에 의해 결정되고 지수 함수적으로 변화하며 다음과 같은 관계식을 따른다.

$$I = I_0 \, e^{-\alpha d}$$

여기서, I : 측정 시료를 통과한 적외선 세기
I_0 : 기준 시료를 통과한 적외선 세기
α : 기체의 흡수계수
l : 광속 통과거리(Path Length)
c : 농도

③ 비분산적외선 분석계의 검출 성능은 고에너지 광원의 사용, 고감도 검출 센서의 선택, 전자적인 신호의 증폭 및 S/N 비의 확장방법 등이 고려될 수 있으나 가장 영향이 큰 요소는 적외선 복사선의 통과 거리이다.

④ 흡수셀의 복사선 통과 거리가 $10 \sim 16m$일 때 분석기의 검출한계를 $0.5\mu mol/mol$까지 낮출 수 있다.

7. 결과보고

(1) 측정결과 보고

① 시료 관련 자료
시료측정일시, 시료측정장소 등

② 측정방법 개요 *중요내용
시료 채취 유속, 총량, 시간, 기상요소(기온, 기압, 습도, 풍속, 풍향 등), 주변환경(4방위 개방 여부, 주변 건물, 지표면 상태 등) 등을 작성한다.

③ 측정결과

(2) 측정량의 표시 *중요내용

① 측정량은 표준상태(0℃, 760mmHg)로 환산된 대기 시료 중의 측정성분가스 농도이며, 측정 단위는 ppm 또는 $\mu mol/mol$을 사용한다.

② 측정값은 소수점 둘째 자리까지 유효자리수를 표기하고 결과 표시는 소수점 첫째 자리까지 한다.

05 이온크로마토그래피법

1. 원리 및 적용범위

(1) 원리 *중요내용*

이 방법은 이동상으로는 액체를, 그리고 고정상으로는 이온교환수지를 사용하여 이동상에 녹는 혼합물을 고분리능 고정상이 충전된 분리관 내로 통과시켜 시료성분의 용출상태를 전도도 검출기 또는 광학 검출기로 검출하여 그 농도를 정량하는 방법

(2) 적용범위 *중요내용*

강수물(비, 눈, 우박 등), 대기먼지, 하천수 중의 이온성분을 정성, 정량 분석하는 데 이용한다.

2. 개요

(1) 고성능 이온크로마토그래피에서는 저용량의 이온교환체가 충진되어 있는 분리관 중에서 강 전해질의 용리액을 이용하여 용리액과 함께 목적이온 성분을 순차적으로 이동시켜 분리 용출한 다음 서프레서(Suppressor)에 통과시켜 용리액에 포함된 강전해질을 제거시킨다.

(2) 이어서 강전해질이 제거된 용리액과 함께 목적이온 성분을 전기 전도도셀에 도입하여 각각의 머무름 시간에 해당하는 전기 전도도를 검출함으로써 각각의 이온성분 농도를 측정한다.

3. 장치

(1) 장치의 개요 *중요내용*

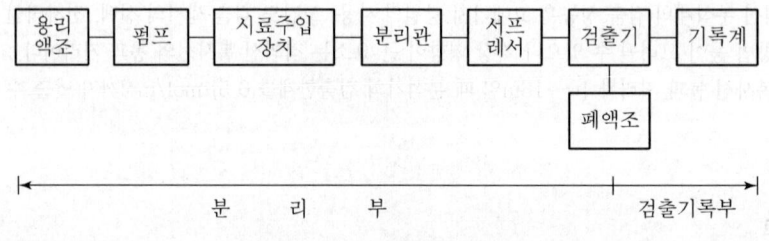

[이온크로마토그래피의 구성 예]

(2) 용리액조 *중요내용*

① 이온성분이 용출되지 않는 재질로서 용리액을 직접공기와 접촉시키지 않는 밀폐된 것을 선택한다.
② 일반적으로 폴리에틸렌이나 경질 유리제를 사용한다.

(3) 송액펌프 만족조건 *중요내용*

① 맥동(脈動)이 적은 것
② 필요한 압력을 얻을 수 있는 것
③ 유량조절이 가능할 것
④ 용리액 교환이 가능할 것

(4) 시료주입장치

일정량의 시료를 밸브조작에 의해 분리관으로 주입하는 루프주입방식이 일반적이며 셉텀(Septum)방법, 셉텀레스(Septumless)방식 등이 사용되기도 한다.

(5) 분리관 *중요내용*

① 이온교환체의 구조면에서 분류
  ㉠ 표층피복형
  ㉡ 표층박막형
  ㉢ 전다공성 미립자형

② 기본 재질면에서 분류
  ㉠ 폴리스틸렌계
  ㉡ 폴리아크릴레이트계
  ㉢ 실리카계

③ 양이온 교환체
  표면에 술폰산기를 보유

④ 분리관 재질
  ㉠ 내압성, 내부식성으로 용리액 및 시료액과 반응성이 적은 것을 선택
  ㉡ 에폭시수지관 또는 유리관이 사용된다.
  ㉢ 일부는 스테인리스관이 사용되지만 금속이온 분리용으로는 좋지 않다.

(6) 서프레서 *중요내용*

① 정의
서프레서란 용리액에 사용되는 전해질 성분을 제거하기 위하여 분리관 뒤에 직렬로 접속시킨 것으로서 전해질을 물 또는 저 전도도의 용매로 바꿔줌으로써 전기전도도 셀에서 목적이온 성분과 전기전도도만을 고감도로 검출할 수 있게 해주는 것이다.

② 종류
  ㉠ 관형
    음이온에는 스티롤계 강산형(H^+) 수지가, 양이온에는 스티롤계 강염기형(OH^-)의 수지가 충진된 것을 사용한다.
  ㉡ 이온교환막형

(7) 검출기 *중요내용*

검출기는 분리관 용리액 중의 시료성분의 유무와 양을 검출하는 부분이다.

① 전기전도도 검출기(일반적으로 많이 사용)
  분리관에서 용출되는 각 이온종을 직접 또는 서프레서를 통과시킨 전기전도도계 셀 내의 고정된 전극 사이에 도입시키고 이때 흐르는 전류를 측정하는 것이다.

② 자외선 및 가시선 흡수검출기(UV, VIS 검출기)
  ㉠ 자외선흡수검출기(UV 검출기)는 고성능 액체크로마토그래피 분야에서 가장 널리 사용되는 검출기이며, 최근에는 이온크로마토그래피에서도 전기전도도 검출기와 병행하여 사용되기도 한다.
  ㉡ 가시선 흡수검출기(VIS 검출기)는 전이금속 성분의 발색반응을 이용하는 경우에 사용된다.

③ 전기화학적 검출기
  ㉠ 정전위 전극반응을 이용하는 전기화학 검출기는 검출 감도가 높고 선택성이 있는 검출기로서 분석화학 분야에 널리 이용되는 검출기
  ㉡ 전량(쿨량)검출기, 암페로 메트릭 검출기 등이 있다.

4-53

4. 설치조건 *중요내용*

(1) 실험실 온도 10~25℃, 상대습도 30~85% 범위로 급격한 온도변화가 없어야 한다.
(2) 진동이 없고 직사광선을 피해야 한다.
(3) 부식성 가스 및 먼지발생이 적고 환기가 잘 되어야 한다.
(4) 대형변압기, 고주파가열 등으로부터 전자유도를 받지 않아야 한다.
(5) 공급전원은 기기의 사양에 지정된 전압 전기용량 및 주파수로 전압변동은 10% 이하이고 주파수 변동이 없어야 한다.

5. 정성분석

동일 조건하에서 측정한 미지성분의 머무름 시간과 예측되는 물질의 봉우리의 머무름 시간을 비교한다. 이 경우 어떤 봉우리가 꼭 하나의 성분에만 대응한다고는 볼 수 없으므로 고정상이나 용리액 종류를 변경하는 등 분리조건을 바꾸어서 측정하거나 또는 다음의 방법을 이용해서 확인한다.
① 다른 검출기 사용
② 화학반응 이용
③ 질량분석법 또는 적외선 분광법 이용
④ 크로마토그램 바탕에 의한 방법
⑤ 머무름 값 *중요내용*
  ㉠ 머무름 값의 종류로는 머무름시간(Retention time), 머무름부피(Retention Volume), 머무름비, 머무름지표 등이 있다.
  ㉡ 머무름 시간을 측정할 때는 3회 측정하여 그 평균치를 구한다.
  ㉢ 일반적으로 5~30분 정도에서 측정하는 봉우리의 머무름 시간을 반복시험을 할 때 ±3% 오차범위 이내이어야 한다.
⑥ 다른 방법을 병용한 정성분석
다른 방법을 병용할 때는 반응관, 사용검출기, 분취방법, 기타 사용방법 등에 대한 설명 및 의견을 덧붙일 수가 있다.

6. 정량분석

정량분석은 각 분석방법에 규정하는 방법에 따라 시험하여 얻어진 크로마토그램(Chromatogram)의 재현성, 시료성분의 양, 봉우리의 면적 또는 높이와의 관계를 검토하여 분석한다. 이때 정확한 정량결과를 알기 위해서는 크로마토그램의 각 곡선 봉우리는 대칭적이고 각각 완전히 분리되어야 한다.

(1) 곡선의 면적 또는 봉우리 높이 측정

  ① 봉우리의 높이 측정
  ② 곡선의 넓이 측정

(2) 정량법 *중요내용*

  ① 절대검정곡선법   ② 넓이 백분율법
  ③ 보정넓이 백분율법   ④ 상대검정곡선법
  ⑤ 표준물첨가법   ⑥ 데이터 처리장치를 이용하는 방법

(3) 정량치의 표시법

중량 %, 부피 %, 몰 %, ppm 등으로 표시한다.

06 흡광차분광법

1. 원리 및 적용범위

(1) 원리 *중요내용*

이 방법은 일반적으로 빛을 조사하는 발광부와 50~1,000 m 정도 떨어진 곳에 설치되는 수광부(또는 발·수광부와 반사경) 사이에 형성되는 빛의 이동경로(Path)를 통과하는 가스를 실시간으로 분석하며, 측정에 필요한 광원은 180~2,850 nm 파장을 갖는 제논(Xenon) 램프를 사용한다.

(2) 적용범위

아황산가스, 질소산화물, 오존 등의 대기오염물질 분석에 적용한다.

2. 개요(측정원리) *중요내용*

(1) 흡광차분광법(DOAS ; Differential Optical Absorption Spectroscopy)은 흡광광도법의 기본 원리인 Beer-Lambert 법칙을 응용한다.

$$I_t = I_o \cdot 10^{-\varepsilon C \ell}$$

여기서, I_o : 입사광의 광도
I_t : 투사광의 광도
C : 농도
ℓ : 빛의 투사거리
ε : 흡광계수

(2) 각 가스의 화합물들은 고유의 흡수파장을 가지고 있어 농도에 비례한 빛의 흡수를 보여준다.
(3) 일반 흡광광도법은 미분적(일시적)이며 흡광차분광법(DOAS)은 적분적(연속적)이란 차이점이 있다.

3. 장치

(1) 장치의 개요 *중요내용*

흡광차분광법의 분석장치는 분석기와 광원부로 나누어지며, 분석기 내부는 분광기, 샘플 채취부, 검지부, 분석부, 통신부 등으로 구성된다.

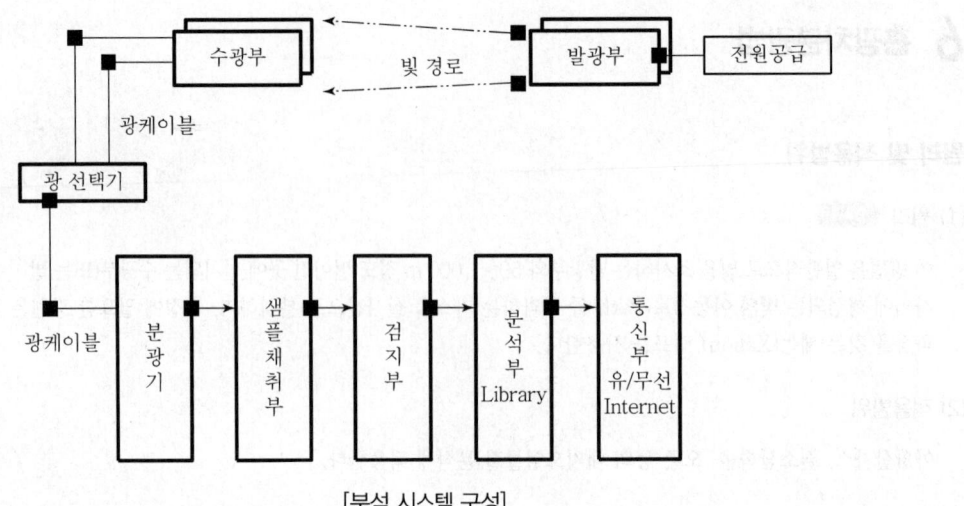

[분석 시스템 구성]

(2) 광원부 *중요내용

① 발광부/수광부 및 발·수광부
   ㉠ 발광부는 광원으로 제논 램프를 사용하며, 점등을 위하여 시동전압이 매우 큰 전원공급 장치를 필요로 한다.
   ㉡ 제논 램프는 180~2,850 nm의 파장 대역을 갖는다.
   ㉢ 수광부는 발광부에서 조사된 빛을 채취한다.

② 광 케이블
   포집된 빛을 분석기 내의 분광기에 전달한다.

(3) 분석기

대상 가스를 측정, 분석 및 데이터를 저장한다. 컴퓨터 데이터 베이스에는 측정하고자 하는 가스에 대한 파장의 모든 정보를 내장하고 있으며, 진동이나 기계적인 방해 요소에 의해서 측정에 방해받지 않는다.

① 분광기
② 샘플 채취부
③ 검지부
④ 분석부(Library Data Base)

07 고성능 액체크로마토그래피

1. 개요

고성능 액체 크로마토그래피(HPLC ; High Performance Liquid Chromatography)는 비휘발성 화학종 또는 열적으로 불안정한 물질을 분리할 수 있으며 유기물과 무기물의 대기오염물질에 대한 정성분석, 정량분석에 사용된다.

2. 기기장치

- 고성능 액체 크로마토그래피에서 흔히 사용하는 2~10μm 입자 크기의 충전물을 사용하여 적당한 용리액의 흐름속도를 얻기 위해서는, 펌프압력을 수백 기압까지 가해 주어야 한다.
- 높은 압력을 걸어주어야 하기 때문에 HPLC 장치는 다른 종류의 크로마토그래피에서 볼 수 있는 것보다 정교하다.

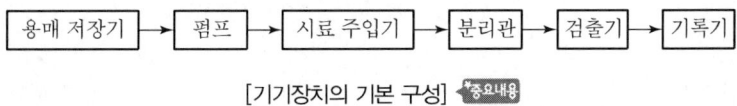

[기기장치의 기본 구성]

(1) 용매 저장기와 용매처리장치

고성능 액체 크로마토그래피 기기는 한 개 또는 그 이상의 유리 또는 스테인리스강으로 만든 용매 저장용기를 가지고 있는데, 이 저장용기 각각은 200~1,000mL의 용매를 저장한다.

(2) 펌프

① 고성능 액체 크로마토그래피 펌프(Pump)장치가 갖추어야 할 필요조건
   ㉠ 약 200기압까지의 압력 발생
   ㉡ 맥동 충격이 없는 출력
   ㉢ 0.1~10mL/min의 흐름속도
   ㉣ 흐름속도 조절 및 흐름속도 재현성의 상대오차가 0.5% 또는 그 이하일 것
   ㉤ 잘 부식되지 않는 스테인리스강으로 된 장치와 봉합재로서 테플론을 사용할 것

② 펌프로는 세 가지 종류의 펌프, 즉 왕복식 펌프, 치환(혹은 주사기형) 펌프 및 기압식(혹은 일정압력) 펌프가 주로 사용된다.

(3) 시료 주입장치

① 액체 크로마토그래피 측정의 정밀도에 제한을 주는 인자 중 하나는 분리관 충전물에 시료를 주입할 때의 재현성에 있다.
② 시료를 지나치게 많이 주입하게 되면 띠 넓힘 현상에 의해서 정밀도가 나빠지기 때문에 주입하는 시료의 부피는 가급적 작아야 하며, 십 분의 수 μL에서 약 500μL까지 허용된다.

(4) 분리관

① 분석관
   ㉠ 대부분의 액체 크로마토그래피 관(Column)의 길이는 10~30cm이고 액체 관의 내부지름은 약 4~10mm이다.
   ㉡ 충전물의 입자 크기는 보통 5μm 또는 10μm이다.
   ㉢ 가장 흔히 사용되고 있는 관은 길이가 25cm이고, 내부지름이 4.6mm이며, 5μm의 입자가 채워져 있다.

② 보호관

보통 짧은 보호관(Guard Column)을 분석관 앞에 설치하여 용매에 있는 입자성 물질과 오염물질뿐만 아니라 정지상에 비가역적으로 결합되는 시료성분을 제거하여 줌으로써 분리관의 수명을 연장시키고 있다.

③ 분리관의 항온장치

④ 분리관 충전물의 종류 *중요내용*
 ㉠ 액체 크로마토그래피에서 사용하고 있는 두 가지 종류의 기본적인 충전물에는 표피형(Pellicular) 입자와 다공성(Porous) 입자가 있다.
 ㉡ 표피형 입자는 지름이 30~40μm이고 다공성이 아닌 구형 유리 또는 중합체 구슬로 되어 있다.
 ㉢ 액체 크로마토그래피의 전형적 다공성 입자 충전물은 지름이 3~10μm인 다공성 미세입자로 구성되어 있다.

⑤ 분리관 정지상에 따른 액체 크로마토그래피의 종류 *중요내용*
 ㉠ 분배 크로마토그래피 ㉡ 흡착 크로마토그래피
 ㉢ 크기별 배제 크로마토그래피 ㉣ 이온교환 크로마토그래피

(5) 검출기 *중요내용*

① 자외선흡수 검출기
 ㉠ 자외선흡수 검출기(UV Absorbance Detector)는 고성능 액체 크로마토그래피의 분리관에서 화학종이 분리되고 용리되어 나올 때, 자외선을 쏘여 주고 이때 화학종이 자외선을 흡수하는 정도를 검출하는 것이다.
 ㉡ 가장 일반적으로 쓰이는 것은 수은을 광원으로 하는 필터 광도계이며 수은에서 나오는 254nm의 자외선을 필터로 분리하여 사용한다.

② 형광 검출기
 ㉠ HPLC에 사용되는 형광 검출기(Fluorescence Detector)는 자외선이나 가시광선의 들뜸 빛살을 쪼여 주고 형광 물질에서 나오는 형광을 들뜸 빛살에 대하여 90° 방향에 놓여 있는 광전 검출기로 측정한다.
 ㉡ 가장 간단한 검출기는 수은 들뜸 광원을 사용하고 방출복사선의 띠를 분리하는 하나 또는 그 이상의 필터를 사용하는 방식이다.

③ 굴절률 검출기
 시차 굴절률 검출기(Refractive-Index Detector)는 순수한 용매가 검출기 셀의 한쪽 방을 통해 지나가고, 분리관을 통과한 용리액은 셀의 다른 쪽 방을 통해 지나가도록 고안되어 있다.

④ 증발 광산란 검출기
 증발 광산란 검출기(ELSD ; Evaporative Light Scattering Detector)에서는 분리관에서 용리된 용출액이 분무기를 통과하면서 질소나 공기의 흐름에 의해 미세한 물방울로 변하게 된다.

⑤ 전기화학 검출기
 여러 종류의 전기화학 검출기(Electrochemical Detector)들이 사용되는데, 이러한 장치들은 전류법, 전압전류법, 전기량법 및 전도도법에 기초를 두고 있다.

⑥ 질량분석 검출기
 액체 크로마토그래피를 질량분석 검출기(Mass Spectrometric Detector)와 연결함으로써 분리관에서 분리되어 나오는 각각의 화학종을 정성·정량 분석할 수 있다.

(6) 기록계

① 기록계(Recorder)는 스트립 차아트(Strip Chart)식 자동평형 기록계로 스팬(Span) 전압 1mV, 펜 응답시간(Pen Response Time) 2초 이내, 기록지 이동속도(Chart Speed)는 10mm/min을 포함한 다단변속이 가능한 것이어야 한다.

② 적분기(Integrator)를 사용하거나 컴퓨터를 이용하여 크로마토그램을 기록하고 저장할 때에는 각 성분의 봉우리가 충분히 분리되어 봉우리 면적을 구하는 데 어려움이 없어야 한다.

3. 설치조건 *중요내용*

(1) 실험실 온도는 10~25℃, 상대습도는 30~85%로 유지되며 온도와 습도의 급격한 변화가 없는 곳
(2) 진동이 없고 햇빛이 직접 내려쬐지 않는 곳
(3) 부식 기체나 먼지가 거의 없고 환기가 충분히 이루어지는 곳
(4) 용량이 큰 변압기나 고주파 전열기로부터의 전자기 유도가 없는 곳
(5) 고성능 액체 크로마토그래피에 필요한 전압, 용량, 주파수에 맞는 전력의 공급이 가능할 것. 이때 전압의 변화는 10% 이내이며 주파수의 변동이 없을 것

4. 정성분석

정성분석은 동일 조건하에서 측정한 미지 성분의 머무름 시간(Retention Time)과 같은 머무름 값들(Retention Values)과 예측되는 성분의 머무름 값을 비교하여야 한다.

5. 정량분석

(1) 분석방법

봉우리의 면적 또는 봉우리의 높이를 사용할 수 있는데 분석방법으로는 절대검정곡선법(Calibration Curve Method), 상대검정곡선법(Internal Standard Method), 표준물첨가법(Standard Addition Method)이 있다.

(2) 정량치의 표시

정량분석 결과의 농도 표시는 질량%, 부피%, 몰% 등으로 표시한다.

08 X-선 형광분광법

1. 개요

(1) X-선 형광분광법(XRF ; X-ray Fluorescence Spectrometry)은 산소의 원자번호보다 큰 원자번호를 가지는 원소를 정성적으로 확인하기 위해 가장 널리 사용되는 분석법 중의 하나이며 원소의 반정량 또는 정량 분석에 이용된다.

(2) XRF의 특별한 장점은 시료를 파괴하지 않는다는 데 있으며, 필터에 채취한 먼지 시료의 원소 분석(정성·정량 분석)에 유용하게 사용되기도 한다.

2. 기기장치

- X-선 형광분광법의 기기 부품은 광원, 파장 선택기, 검출기 및 신호 처리장치로 이루어진다.
- 기기 부품의 조합에 따라 X-선 형광 기기는 파장분산형(Wavelength Dispersive X-ray Spectrometer, WDX)과 에너지분산형(Energy Dispersive X-ray Spectrometer, EDX) 및 비분산형(Nondispersive X-ray Spectrometer)의 세 가지 종류로 나눌 수 있다.

(1) 광원

① X-선관(X-ray Tube)
X-선관(X-ray Tube, Coolidge관이라고도 함) 광원(Light Source)은 텅스텐 필라멘트의 음극과 부피가 큰 양극이 장치되어 있는 매우 높은 진공상태의 관이다.

② 방사성 동위원소
㉠ 다양한 방사성 물질이 X-선 형광법의 광원으로 사용되는데 대개는 간단한 선 스펙트럼을 제공하고 어떤 것들은 연속스펙트럼을 발생한다.
㉡ 광원으로 사용되는 특정한 방사성 동위원소(Radioisotopes)는 어떤 원자번호 범위 내에 있는 원소들의 형광 들뜸을 위해서만 적합하다.

③ 이차 형광 광원
㉠ 이 경우는 X-선관에서 나온 복사선에 의해 들뜬 한 원소의 형광 스펙트럼을 형광 연구용 광원으로 사용한다.
㉡ 이런 장치는 일차 광원의 연속 스펙트럼을 제거해 주는 장점이 있다.

(2) 파장선택기

많은 경우의 분석에서 한정된 파장(Wavelength)의 X-선 빛살을 사용하는 것이 필요하고, 이를 위하여 필터와 단색화 장치를 사용한다.

① X-선 필터
이용할 수 있는 과녁-필터 조합이 비교적 적기 때문에 이런 방법으로 파장을 선택하는 것은 한정되어 있다.

② 단색화장치
단색화장치(Monochromator)는 광학 기기에서 슬릿(Slit)과 같은 역할을 하는 한 쌍의 빛살 평행화장치(Collimator), 그리고 하나의 분산요소(Dispersing Element)로 이루어져 있다.

(3) 검출기

① 기체-충전 검출기

기체-충전 검출기는 세 가지 종류의 X-선 검출기, 즉, 이온화실(Ionization Chamber), 비례 계수기(Proportional Counter) 및 Geiger관으로 세분된다.

② 섬광계수기

㉠ 방사선과 X-선을 검출하는 방법 중의 하나는 복사선이 인광체(Phosphor)에 충돌할 때 생성되는 발광을 계수하는 것이다.

㉡ 가장 널리 사용되고 있는 섬광계수기(Scintillation Counter)는 0.2% 요오드화탈륨을 첨가하여 활성화시킨 요오드화나트륨의 투명한 결정으로 이루어져 있다.

③ 반도체 검출기

반도체 검출기(Semiconductor Detector)는 두 종류로 나눌 수 있는데, 리튬-표류 규소 검출기(Lithium-Drifted Silicon Detector, Si(Li)) 또는 리튬-표류 게르마늄 검출기(Lithium-Drifted Germanium Detector, Ge(Li))라 불린다.

[배출가스 중 가스상 물질의 시료채취방법]

1. 개요

(1) 이 시험기준은 굴뚝을 통하여 대기 중으로 배출되는 가스상 물질을 분석하기 위한 시료의 채취방법에 대하여 규정한다.

(2) 이 시험기준에서 표시하는 가스상 물질의 시료 채취량은 표준상태(0℃, 760mmHg)로 환산한 건조시료가스의 량을 말한다.

2. 시료채취장치

(1) 장치의 구성요소

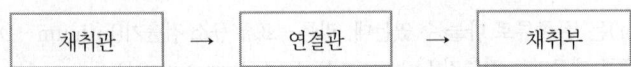

(2) 채취관

① 재질
  ㉠ 채취관, 충전 및 여과재 재질 선정 시 고려 요인
    ⓐ 배출가스의 조성
    ⓑ 온도
  ㉡ 재질 만족 조건 *중요내용*
    ⓐ 화학반응이나 흡착작용 등으로 배출가스의 분석결과에 영향을 주지 않는 것
    ⓑ 배출가스 중의 부식성 성분에 의하여 잘 부식되지 않는 것
    ⓒ 배출가스의 온도, 유속 등에 견딜 수 있는 충분한 기계적 강도를 갖는 것

〈분석물질의 종류별 채취관 및 연결관 등의 재질〉 *중요내용*

분석대상가스, 공존가스	채취관, 도관의 재질	여과재	비 고
암모니아	①②③④⑤⑥	ⓐⓑⓒ	① 경질유리
일산화탄소	①②③④⑤⑥⑦	ⓐⓑⓒ	② 석영
염화수소	①② ⑤⑥⑦	ⓐⓑⓒ	③ 보통강철
염소	①② ⑤⑥⑦	ⓐⓑⓒ	④ 스테인리스강
황산화물	①② ④⑤⑥⑦	ⓐⓑⓒ	⑤ 세라믹
질소산화물	①② ④⑤⑥	ⓐⓑⓒ	⑥ 플루오로수지
이황화탄소	①② ⑥	ⓐⓑ	⑦ 염화바이닐수지
폼알데하이드	①② ⑥	ⓐⓑ	⑧ 실리콘수지
황화수소	①② ④⑤⑥⑦	ⓐⓑⓒ	⑨ 네오프렌
플루오린화합물	④ ⑥	ⓒ	
사이안화수소	①② ④⑤⑥⑦	ⓐⓑⓒ	
브로민	①② ⑥	ⓐⓑ	ⓐ 알칼리 성분이 없는
벤젠	①②	ⓐⓑ	유리솜 또는 실리카솜
페놀	①② ④ ⑥	ⓐⓑ	ⓑ 소결유리
비소	①② ④⑤⑥⑦	ⓐⓑⓒ	ⓒ 카보런덤

② 규격 *중요내용*
  ㉠ 채취관은 흡입가스의 유량, 채취관의 기계적 강도, 청소의 용이성 등을 고려해서 안지름 6~25 mm 정도의 것을 쓴다.
  ㉡ 채취관의 길이는 선정한 채취점까지 끼워 넣을 수 있는 것이어야 한다.
  ㉢ 배출가스의 온도가 높을 때에는 관이 구부러지는 것을 막기 위한 조치를 해두는 것이 필요하다.
  ㉣ 먼지가 섞여 들어오는 것을 줄이기 위해서 채취관의 앞 끝의 모양은 직접 먼지가 들어오기 어려운 구조의 것이 좋다.

③ 여과재
   ㉠ 시료 중에 먼지 등이 섞여 들어오는 것을 막기 위하여 필요에 따라서 채취관의 적당한 위치에 여과재를 넣는다.
   ㉡ 여과재는 먼지의 제거율이 좋고 압력손실이 적으며 흡착, 분해작용 등이 일어나지 않는 것을 쓴다.
   ㉢ 여과재를 끼우는 부분은 교환이 쉬운 구조의 것으로 한다.
   ㉣ 여과재를 채취관 앞쪽에 넣는 경우 입자에 의해 채취관이 막히지 않도록 적절한 조치를 취한다.

④ 채취관의 고정용 기구
   재료로서는 보통 강철 또는 스테인리스강을 쓴다.

⑤ 보온 및 가열 *중요내용*
   ㉠ 채취관을 보온 또는 가열하는 경우
      ⓐ 배출가스 중의 수분 또는 이슬점이 높은 가스성분이 응축해서 채취관이 부식될 염려가 있는 경우
      ⓑ 여과재가 막힐 염려가 있는 경우
      ⓒ 분석물질이 응축수에 용해해서 오차가 생길 염려가 있는 경우
   ㉡ 보온재료
      ⓐ 암면   ⓑ 유리섬유제
   ㉢ 가열
      ⓐ 전기가열   ⓑ 수증기가열
   ㉣ 전기가열 채취관을 쓰는 경우
      가열용 히터를 보호관으로 보호

(3) 연결관(도관)

① 재질 *중요내용*
   ㉠ 연결관의 재질은 사용하는 채취관의 종류에 따라 적당한 것을 쓴다.
   ㉡ 이은 부분이나 충전 등 연결관의 일부에 부득이 흡착성이 있는 재질을 쓰는 경우에는 가스와의 접촉면적을 최소화한다.
   ㉢ 일반적으로 사용되는 플루오로수지 연결관(녹는점 260℃)은 250℃ 이상에서는 사용할 수 없다.

② 연결관(도관)의 규격 *중요내용*
   ㉠ 연결관의 안지름은 연결관의 길이, 흡입가스의 유량, 응축수에 의한 막힘 또는 흡입펌프의 능력 등을 고려해서 4~25mm로 한다.
   ㉡ 가열연결관은 시료연결관, 퍼지라인(Purge Line), 교정가스관, 열원(선), 열전대 등으로 구성되어야 한다.
   ㉢ 연결관의 길이는 되도록 짧게 하고, 부득이 길게 쓰는 경우에는 이음매가 없는 배관을 써서 접속 부분을 적게 하고 받침기구로 고정해 사용해야 한다.
   ㉣ 연결관은 가능한 한 수직으로 연결해야 하고 부득이 구부러진 관을 쓸 경우에는 응축수가 흘러나오기 쉽도록 경사지게(5° 이상) 한다.
   ㉤ 시료 가스는 아래로 향하게 한다.
   ㉥ 연결관은 새지 않는 구조이어야 한다.
   ㉦ 분석계에서의 배출가스 및 바이패스 배출가스의 연결관은 배후 압력의 변동이 적은 장소에 설치한다.
   ㉧ 하나의 연결관으로 여러 개의 측정기를 사용할 경우 각 측정기 앞에서 연결관을 병렬로 연결하여 사용한다.

③ 연결관의 보온 및 가열
   ㉠ 입자가 제거된 고온의 습한 배출가스가 유입되는 측정시스템이나 전처리 장치가 측정기 앞부분에 있는 경우에는 시료중의 수분 및 이슬점이 높은 가스 성분이 연결관속에서 응축되는 것을 막기 위하여 보온 또는 가열한다.
   ㉡ 전처리 시설이 시료 채취관에 있는 측정시스템의 경우에는 연결관을 보온 또는 가열할 필요가 없다.

(4) 채취부

가스 흡수병, 바이패스용 세척병, 펌프, 가스미터 등으로 조립한다. 접속에는 갈아맞춤(직접접속), 실리콘 고무, 플루오로 고무 또는 연질 염화바이닐관을 쓴다.

① 흡수병
　유리로 만든 것을 쓴다.

② 수은 마노미터 *중요내용*
　대기와 압력차가 100 mmHg 이상인 것을 쓴다.

③ 가스건조탑 *중요내용*
　㉠ 유리로 만든 가스건조탑을 쓴다.
　㉡ 이것은 펌프를 보호하기 위해서 쓰는 것이다.
　㉢ 건조제로서는 입자상태의 실리카겔, 염화칼슘 등을 쓴다.

④ 펌프 *중요내용*
　배기능력 0.5~5L/분인 밀폐형인 것을 쓴다.

⑤ 가스미터 *중요내용*
　일회전 1L의 습식 또는 건식 가스미터로 온도계와 압력계가 붙어 있는 것을 쓴다.

3. 조립

(1) 흡수병을 사용할 때

① 부착
　㉠ 채취관
　　ⓐ 채취관은 배출가스의 흐름에 따라서 직각이 되도록 연결한다.
　　ⓑ 채취관은 채취구에 고정쇠를 써서 고정한다.
　　ⓒ 채취구에는 굴뚝에 바깥 지름 34 mm 정도의 강철관을 100~150 mm의 길이로 용접하고, 끝에 나사를 낸다. 쓰지 않을 때에는 뚜껑을 덮어 둔다.
　　ⓓ 채취관에 유리솜을 채워서 여과재로 쓰는 경우에는, 그 채우는 길이는 50~150 mm 정도로 한다. 굴뚝가스의 압력이 부압일 때는 가스의 흐름 속으로, 또 흡입속도가 너무 클 때는 연결관 쪽으로 각각 여과재가 빨려 들어가는 경우가 있으므로 주의할 필요가 있다.

　㉡ 연결관 *중요내용*
　　ⓐ 연결관은 되도록 짧은 것이 좋으나, 부득이 길게 할 때에는 받침 기구를 써서 고정한다.
　　ⓑ 채취관과 연결관, 연결관과 채취부 등의 접속은 구면(球面) 또는 테이퍼 접속기구를 쓴다.

　㉢ 채취부
　　ⓐ 분석용 흡수병은 1개 이상 준비하고 각각에 규정량의 흡수액을 넣는다.
　　ⓑ 바이패스용 세척병은 1개 이상 준비하고 분석대상가스가 산성일 때는 수산화소듐용액(질량분율 20%)을, 알칼리성일 때는 황산(질량분율 25%)을 각각 50 mL씩 넣는다.
　　ⓒ 흡수계 및 바이패스계의 세척병 입구 측, 출구 측은 각각 3방 콕으로 연결한다.
　　ⓓ 흡수병 등의 접속에는 구면 갈아맞춤(직접접속) 또는 실리콘 고무판 등을 쓴다.
　　ⓔ 흡수병은 되도록 채취위치 가까이에 놓고 필요에 따라서 냉각 중탕에 넣어서 냉각한다.(흡수병을 나무상자 등에 고정해두면 들고다니는 데 편리하다.)

〈분석대상가스별 분석방법 및 흡수액〉 ※중요내용

분석대상가스	분석방법	흡수액
암모니아	인도페놀법	붕산 용액(5g/L)
염화수소	• 이온크로마토그래피법 • 싸이오사이안산제이수은법	• 정제수 • 수산화소듐 용액(0.1mol/L)
염소	오르토톨리딘법	오르토톨리딘 염산 용액(0.1g/L)
황산화물	침전적정법	과산화수소수용액(1+9)
질소산화물	아연환원 나프틸에틸렌디아민법	황산 용액(0.005mol/L)
이황화탄소	• 자외선/가시선분광법 • 기체크로마토그래피법	다이에틸아민구리 용액
폼알데하이드	• 크로모트로핀산법 • 아세틸아세톤법	• 크로모트로핀산+황산 • 아세틸아세톤 함유 흡수액
황화수소	자외선/가시선분광법	아연아민착염 용액
플루오린화합물	• 자외선/가시선분광법 • 적정법 • 이온선택전극법	수산화소듐 용액(0.1mol/L)
사이안화수소	자외선/가시선분광법	수산화소듐 용액(0.5mol/L)
브로민화합물	• 자외선/가시선분광법 • 적정법	수산화소듐 용액(0.1mol/L)
페놀	• 자외선/가시선분광법 • 기체크로마토그래피법	수산화소듐 용액(0.1mol/L)
비소	• 자외선/가시선분광법 • 원자흡수분광광도법 • 유도결합플라스마 분광법	수산화소듐 용액(0.1mol/L)

② 조립
  ㉠ 조립의 보기
    ⓐ 기본형은 황산화물 이외에 불소화합물, 염화수소, 시안화수소, 황화수소, 암모니아 등의 분석에 있어서 시료채취량이 10~20L인 경우에 쓴다.
    ⓑ 기본형은 황산화물 이외에 이산화질소, 염소, 시안화수소 등의 분석에 있어서 시료의 채취량이 100~1,000 mL인 경우에 쓴다.
  ㉡ 채취관에서 흡수병에 이르는 사이는 직선이 되게 조립한다. 직선으로 조립할 수가 없는 경우에는 L자형 도관 등을 써서 조작이 쉽도록 조립한다.
  ㉢ 채취관 또는 연결관의 접속부와 흡수병의 접속부와 위치가 일치하도록 흡수병의 높이를 조절한다.
  ㉣ 흡수병 뒤에 수은마노미터, 건조탑, 흡입펌프 및 가스미터를 배치한다. 그 배관은 연질 염화비닐관, 고무관 등을 쓴다.
  ㉤ 채취관 또는 연결관과 채취부는 접속하기 전에 채취부에 새는 곳이 없는지 확인한다.
  ㉥ 새는 곳이 없으면 채취관 또는 연결관과 채취부를 연결한다. 이때 채취관과 연결관, 연결관과 채취부와는 새는 곳이 없도록 주의하여 접속한다.
  ㉦ 분석대상 가스에 따라서 채취구에서 흡수병에 이르는 사이를 가열한다. 이때 가열하는 채취관 및 연결관에는 얇은 석면 테이프를 감아준다.

③ 흡수병 사용 시 누출확인 시험
㉠ 미리 소정의 흡입유량에 있어서의 장치 안의 부압(대기압과 압차)을 수은 마노미터로 측정한다.
㉡ 채취관 쪽의 3방 콕을 닫고 펌프쪽의 3방 콕을 연 다음 펌프의 유량조절 콕을 조작하여 분석용 흡수병을 부압(소정의 흡입유량에 있어서의 장치 안의 부압의 2배 정도)으로 하고 펌프 바로 앞의 콕을 닫는다.
㉢ 흡수병에 거품이 생기면 그 앞의 부분에 공기가 새는 것으로 본다. 또 펌프의 3방 콕을 닫았을 때의 수은 마노미터의 압차가 적어지면, 펌프 바로 앞 부분까지에 새는 곳이 있는 것으로 본다.
㉣ 흡수병의 갈아 맞춤 부분에 약간의 먼지가 붙어 있을 때에는 깨끗이 닦고, 갈아 맞춤부분을 물 1~2방울로 적셔서 차폐한다. 공기가 새는 것을 막고 필요한 때는 실리콘 윤활유 등을 발라서 새는 것을 막는다.

④ 흡수병 사용 시 취급법
㉠ 흡수병에 시료를 보내기 전에 바이패스등을 써서 배관속을 시료로 충분히 바꾸어 놓는다.
㉡ 시료의 흡입유량은 최고 2L/min 정도로 한다. 채취하는 시료량은 시료 중의 분석대상 성분의 농도에 따라서 증감한다.
㉢ 시료를 채취할 때는 시료의 부피를 측정하는 위치에서 동시에 가스미터상의 온도, 압력 및 대기압을 측정해 둔다.
㉣ 건조시료가스 채취량(V_s) *중요내용*
ⓐ 습식가스 미터를 사용할 시

$$V_s = V \times \frac{273}{273+t} \times \frac{P_a + P_m - P_v}{760}$$

ⓑ 건식가스 미터를 사용할 시

$$V_s = V \times \frac{273}{273+t} \times \frac{P_a + P_m}{760}$$

여기서, V : 가스미터로 측정한 흡입가스양(L)
V_s : 건조 시료 가스 채취량(L)
t : 가스미터의 온도(℃)
P_a : 대기압(mmHg)
P_m : 가스미터의 게이지압(mmHg)
P_v : t℃에서의 포화수증기압(mmHg)

(2) 채취병을 사용 시 누출확인 시험

① 채취병
㉠ 주사통은 내부를 물로 적신 다음 눈금의 1/4 정도까지 공기를 넣고 콕을 닫은 다음 안통을 잡아 당겼다 놓았다 하는 조작을 수회 반복해서 안통이 매 회 먼저 위치에 되돌아 가면 새지 않는 것으로 본다.
㉡ 감압 채취병은 채취병에 진공 마노미터를 접속한 다음 절대압력 10 mmHg 정도까지 감압하고 1시간 방치하여 내압의 증가가 20 mmHg 이내이면 새지 않는 것으로 본다.

② 채취부
㉠ 새는 곳을 시험하기 전에 채취관의 뒤끝에 콕을, 세척병의 앞 또는 뒤에 수은 마노미터를 접속한다.
㉡ 유량 1~5L/분으로 가스를 흡입하고, 장치 내의 부압(대기압과의 압차)을 수은마노미터로 측정한다.

③ 취급법
㉠ 채취병에 시료를 채취하기 전에 배관속을 시료로 충분히 바꾸어 놓는다.
㉡ 시료의 유량은 1~5L/분 정도로 한다.
㉢ 시료를 채취할 때에는 채취병의 주위에서 온도와 대기압을 측정해 둔다.

ⓔ 건조시료 가스 채취량(L)
　ⓐ 주사통을 사용할 시

$$V_s = V_a \times \frac{273}{273+T_f} \times \frac{P_a - P_{nf}}{760}$$

　ⓑ 감압 채취병을 이용할 시

$$V_s = V_a \times \frac{273}{760}\left(\frac{P_f - P_{nf}}{273+T_f} - \frac{P_i - P_{ni}}{273+T_i}\right)$$

여기서, V_s : 건조 시료 가스 채취량(L)
　　　　V_a : 채취병의 용적(L)
　　　　P_a : 대기압(mmHg)
　　　　P_i : 시료를 채취하기 전 채취병 내의 압력(mmHg)
　　　　P_f : 시료를 채취하고 방치 후 채취병 내의 압력(mmHg)
　　　　P_{ni} : T_i ℃에 있어서의 포화수증기압(mmHg)
　　　　P_{nf} : T_f ℃에 있어서의 포화수증기압(mmHg)
　　　　T_i : P_i를 측정하였을 때의 온도(℃)
　　　　T_f : P_f를 측정하였을 때의 온도(℃)

- 채취병으로 주사통을 쓰는 경우 채취병의 부피는 눈금으로 읽으며, 채취병 내에 흡수액이 들어 있을 경우 그 액량을 채취병의 부피에서 뺀다.

4. 주의사항

(1) 일반사항(시료 채취 종사자의 안전을 위한 강구조치) *중요내용

① 채취에 종사하는 사람은 보통 2인 이상을 1조로 한다.
② 굴뚝 배출가스의 조성, 온도 및 압력과 작업환경 등을 잘 알아둔다.
③ 옥외에서 작업하는 경우에는 바람의 방향을 확인하여 바람이 부는 쪽에서 작업하는 것이 좋다.
④ 위험방지를 위한 주의사항
　㉠ 피부를 노출하지 않는 복장을 하고, 안전화를 신는다.
　㉡ 작업환경이 고온인 경우에는 드라이아이스 자켓 등을 입는다.
　㉢ 높은 곳에서 작업을 하는 경우에는 반드시 안전밧줄을 쓴다.
　㉣ 교정용 가스가 들어 있는 고압가스 용기를 취급하는 경우에는 안전하고 쉽게 운반, 설치를 할 수 있는 방법을 쓴다.
　㉤ 측정작업대까지 오르기 전에 승강시설의 안전 여부를 반드시 점검한다.

(2) 채취위치의 주의사항

① 위험한 장소는 피한다.
② 채취위치의 주변에는 적당한 높이와 측정작업에 충분한 넓이의 안전한 작업대를 만들고, 안전하고 쉽게 오를 수 있는 설비를 갖춘다.
③ 채취위치의 주변에는 배전 및 급수 설비를 갖추는 것이 좋다.

(3) 채취구에서의 주의사항

① 수직굴뚝의 경우 채취구를 같은 높이에 3개 이상 설치

② 배출가스 중의 먼지 측정용 채취구(바깥지름 115 mm 정도)를 이용하는 경우 지름이 다른 관 또는 플랜지 등을 사용하여 가스가 새는 일이 없도록 접속해서 배출가스용 채취구로 함
③ 굴뚝 내의 압력이 매우 큰 부압(−300 mmH$_2$O 정도 이하)인 경우
　시료 채취용 굴뚝을 부설하여, 용량이 큰 펌프를 써서 시료가스를 흡입하고 그 부설한 굴뚝에 채취구를 만듦 *중요내용*
④ 굴뚝 내의 압력이 정압(+)인 경우
　채취구를 열었을 때 유해가스가 분출될 염려가 있으므로 충분한 주의가 필요함

(4) 시료채취 장치의 주의사항 *중요내용*

① 흡수병은 각 분석법에 공용할 수가 있는 것도 있으나, 대상 성분마다 전용으로 하는 것이 좋다. 만일 공용으로 할 때에는 대상 성분이 달라질 때마다 묽은 산 또는 알칼리 용액과 물로 깨끗이 씻은 다음 다시 흡수액으로 3회 정도 씻은 후 사용한다.
② 습식 가스미터를 이동 또는 운반할 때에는 반드시 물을 뺀다. 또 오랫동안 쓰지 않을 때에도 그와 같이 배수한다.
③ 가스미터는 100 mmH$_2$O 이내에서 사용한다.
④ 습식 가스미터를 장시간 사용하는 경우에는 배출가스의 성상에 따라서 수위의 변화가 일어날 수 있으므로 필요한 수위를 유지하도록 주의한다.
⑤ 가스미터는 정밀도를 유지하기 위하여 필요에 따라 오차를 측정해 둔다.
⑥ 시료가스의 양을 재기 위하여 쓰는 채취병은 미리 0℃ 때의 참부피를 구해둔다.
⑦ 주사통에 의한 시료가스의 계량에 있어서 계량 오차가 크다고 생각되는 경우에는 흡입펌프 및 가스미터에 의한 채취 방법을 이용하는 것이 좋다.
⑧ 시료가스 채취장치의 조립에 있어서는 채취부의 조작을 쉽게 하기 위하여 흡수병, 마노미터, 흡입펌프 및 가스미터는 가까운 곳에 놓는다. 또 습식 가스미터는 정확하게 수평을 유지할 수 있는 곳에 놓아야 한다.
⑨ 배출가스 중에 수분과 미스트가 대단히 많을 때에는 채취부와 흡입펌프, 전기배선, 접속부 등에 물방울이나 미스트가 부착되지 않도록 한다.

[배출가스 중 입자상 물질의 시료채취방법]

1. 개요

(1) 목적

이 시험기준은 물질의 파쇄, 선별, 퇴적, 이적 기타 기계적 처리 또는 연소, 합성분해시 굴뚝에서 배출되는 입자상 물질 또는 입자 오염물질인 먼지의 농도를 측정하기 위한 시험방법이다.

(2) 적용범위 ★중요내용

배출가스 중에 함유되어 있는 액체 또는 고체인 입자상 물질을 등속흡입하여 측정한 먼지로서, 먼지농도 표시는 표준상태(0℃, 760 mmHg)의 건조 배출가스 $1m^3$ 중에 함유된 먼지의 질량농도를 측정하는 데 사용된다.

(3) 간섭물질

① 습도 ★중요내용
  ㉠ 채취시료의 습도에 의한 영향은 피할 수 없으나, 여과지 평형화 과정은 여과지 매질의 습도 효과를 최소화할 수 있으며 적은 습도 조건은 먼지 간의 정전력을 증가시킬 수 있다.
  ㉡ 습도에 의한 오차를 줄이기 위해 먼지의 질량을 측정하기 전 여과지 홀더 또는 여과지를 데시케이터에서 일반 대기압에서(20±5.6)℃로 적어도 24시간 이상 건조시키며 6시간의 간격을 두고 먼지 질량의 차이가 0.1mg일 때까지 측정한다.
  ㉢ 또 다른 방법으로, 여과지 홀더 또는 여과지를 105℃에 2시간 이상 충분히 건조시키는 방법이 있다.
  ㉣ 질량측정의 정확성을 향상시키기 위하여 여과지는 상대습도가 50% 이상인 질량 측정 실험실에서 2분 이상 노출되어서는 안 된다.

② 부산물에 의한 측정오차
  ㉠ 시료채취 여과지 위에서 가스상 물질들의 반응 등에 의해 먼지의 질량농도 측정량이 증가 또는 감소되는 오차가 일어날 수 있다.
  ㉡ 시료채취과정에서 이산화황과 질산이 여과지 위에 머무르면 황산염과 질산염으로 산화되는 화학반응을 통하여 생성되므로 질량농도 증가와 시료 중에 생성된 염류가 성장과 이동과정에서 기압과 대기온도에 따라 해리과정을 거쳐 다시 가스상으로 변환됨으로써 질량농도가 감소되는 경우가 초래될 수 있다.

③ 질량농도
  ㉠ 측정대상이 되는 배출가스 중 먼지의 질량농도는 먼지의 질량, 측정시간, 그리고 유량에 의해서 결정된다.
  ㉡ 등속흡입과 누출공기 확인을 통해 정확한 유속과 유량 측정이 필요하며 보정된 정교한 저울을 사용하여 최대한의 오차를 줄여 실제 값에 가까운 무게 농도를 측정하여야 한다.

2. 용어 정의

(1) 배출가스

배출가스(Flue Gas)는 연료, 기타 물질의 연소 합성 분해, 열원으로서 전기 사용 및 기계적 처리 등에 따라 발생하는 고체 입자를 함유하는 가스. 수분을 함유하지 않는 가스는 건조 배출가스, 수분을 함유하는 가스는 습윤 배출가스라 한다.

(2) 등속흡입 ★중요내용

등속흡입(Isokinetic Sampling)은 먼지시료를 채취하기 위해 흡입노즐을 이용하여 배출가스를 흡입할 때, 흡입노즐을 배출가스의 흐름방향으로 배출가스와 같은 유속으로 가스를 흡입하는 것을 말한다.

(3) 먼지농도

표준상태(0℃, 760mmHg)의 건조 배출가스 1Sm³ 중에 함유된 먼지의 무게단위를 말한다.

3. 분석기기 및 기구

(1) 반자동식 시료 채취기

흡입노즐, 흡입관, 피토관, 여과지홀더, 여과지 가열장치, 임핀저 트레인, 가스흡입 및 유량측정부 등으로 구성되며 여과지홀더의 위치에 따라 1형과 2형으로 구별된다.

① 흡입노즐 〈중요내용〉
  ㉠ 흡입노즐은 스테인리스강 재질, 경질유리, 또는 석영 유리제로 만들어진 것이다.
  ㉡ 흡입노즐의 안과 밖의 가스흐름이 흐트러지지 않도록 흡입노즐 내경(d)은 3mm 이상으로 한다. 흡입노즐의 내경(d)은 정확히 측정하여 0.1mm 단위까지 구하여 둔다.
  ㉢ 흡입노즐의 꼭짓점은 30° 이하의 예각이 되도록 하고 매끈한 반구모양으로 한다.
  ㉣ 흡입노즐 내외면은 매끄럽게 되어야 하며 흡입노즐에서 먼지 채취부까지의 흡입관은 내부면이 매끄럽고 급격한 단면의 변화와 굴곡이 없어야 한다.

② 흡입관
  수분응축 방지를 위해 시료가스 온도를 (120 ± 14)℃로 유지할 수 있는 가열기를 갖춘 보로실리케이트(Borosilicate), 스테인리스강 재질 또는 석영 유리관을 사용한다.

③ 피토관 〈중요내용〉
  피토관 계수가 정해진 L형 피토관(C : 1.0 전후) 또는 S형(웨스턴형 C : 0.84 전후) 피토관으로서 배출가스 유속의 계속적인 측정을 위해 흡입관에 부착하여 사용한다.

④ 차압게이지
  2개의 경사마노미터 또는 이와 동등의 것을 사용한다. 하나는 배출가스 동압측정을 다른 하나는 오리피스압차 측정을 위한 것이다.

⑤ 여과지홀더 〈중요내용〉
  ㉠ 여과지홀더는 원통형 또는 원형의 먼지채취 여과지를 지지해주는 장치를 말한다.
  ㉡ 이 장치는 유리제 또는 스테인리스강 재질 등으로 만들어진 것으로 내식성이 강하고 여과지 탈착이 쉬워야 한다.
  ㉢ 여과지를 끼운 곳에서 공기가 새지 않아야 한다.

⑥ 여과부 가열장치 〈중요내용〉
  시료채취시 여과지홀더 주위를 (120 ± 14)℃의 온도를 유지할 수 있고 주위온도를 3℃ 이내까지 측정할 수 있는 온도계를 모니터할 수 있도록 설치하여야 한다. 다만, 이 장치는 2형 시료채취장치를 이용할 경우에만 사용된다.

⑦ 임핀저 트레인 및 냉각 상자
  ㉠ 일렬로 연결된 4개의 임핀저로 구성되며 접속부는 가스 누출이 없도록 갈아 맞춤 또는 실리콘관으로 연결한다.
  ㉡ 첫 번째, 세 번째 및 네 번째 임핀저는 변형 그리인버그 스미드형(임핀저 헤드가 직선관임)으로서 팁을 플라스크 바닥에서 1.3cm(1/2 inch) 되는 지점까지 이르는 내경 1.3cm(1/2 inch)의 유리관으로 대체한 것을 사용한다.
  ㉢ 두 번째 임핀저는 표준팁이 그리인버그 스미드형을 사용한다.
  ㉣ 임핀저에는 유해가스 흡수액을 넣고 시료채취 시 배출가스가 통과할 때 유해가스를 흡수시켜 수분 및 유해가스로부터 기기를 보호한다.

⑧ 가스흡입 및 유량측정부
  진공게이지, 진공펌프, 온도계, 건식가스미터 등으로 구성되며 등속흡입유량을 유지하고 흡입 가스양을 측정할 수 있게 되어 있다.

⑨ 채취장치에 사용되는 기구 및 기기
  ㉠ 시료채취장치 1형
    ⓐ 흡입노즐용 솔
      나일론실로 만든 솔로서 흡입노즐보다 더 긴 것을 사용한다.
    ⓑ 시료보관병
      원통형 여과지에 채취된 먼지시료를 보관하기 위한 것으로 유리 또는 흡습관을 사용한다.
    ⓒ 흡습병
      U자형 또는 흡습관을 사용한다.
    ⓓ 간이용 저울
      10mg까지 무게를 달 수 있는 저울을 사용한다.
    ⓔ 원통여과지 *중요내용*
      • 실리카 섬유제 여과지로서 99% 이상의 먼지채취율($0.3\mu m$ 디옥틸프탈레이트 매연 입자에 의한 먼지 통과시험)을 나타내는 것이어야 한다.
      • 사용상태에서 화학변화를 일으키지 않아야 한다.
      • 화학변화로 인하여 측정치의 오차가 나타날 경우에는 적절한 처리를 하여 사용토록 한다.
      • 유효직경이 25mm 이상의 것을 사용한다.
  ㉡ 시료채취장치 2형
    ⓐ 흡입노즐 및 흡입관용 솔
      나일론실로 만든 솔로서 길이는 흡입관보다 더 긴 것을 사용한다.
    ⓑ 세척병
      유리세척병 2개로 사용한다.
    ⓒ 시료보관용
      500mL 또는 1,000mL 용량의 보로실리케이트 유리병을 사용한다.
    ⓓ 페트리접시
      여과지에 채취된 먼지시료를 보관하기 위한 것으로서 유리 또는 폴리에틸렌제를 사용한다.
    ⓔ 메스실린더 및 저울
      1mL씩 눈금이 매겨진 메스실린더와 10mg까지 달 수 있는 저울을 사용한다.
    ⓕ 유리제 평량접시
⑩ 분석용 저울
  가능한 한 0.1mg까지 정확하게 측정할 수 있는 저울을 사용하여야 하며, 측정표준 소급성이 유지된 표준기로 교정한다.
⑪ 건조용 기기 *중요내용*
  시료채취 여과지의 수분평형을 유지하기 위한 기기로서(20 ± 5.6)℃ 대기압력에서 적어도 24시간을 건조시킬 수 있어야 한다. 또는 여과지를 105℃에서 적어도 2시간 동안 건조시킬 수 있어야 한다.
⑫ 시료채취 여과지 보관용기
  여과지 손상이나 채취된 입자들의 손실을 막기 위해 여과지의 취급에 주의하여야 하며 여과지 카트리지나 보관용기는 이러한 손상에 의한 측정 오차를 줄일 수 있다.
⑬ 일회용 장갑
  손으로 인한 오염 방지 및 정확한 입자의 질량을 측정하기 위하여 분말이 없는(Powder-Free Latex) 일회용 장갑을 사용한다.

(2) 수동식 시료 채취기

• 먼지채취부, 가스흡입부, 흡입유량 측정부 등으로 구성되며 먼지채취부의 위치에 따라 1형과 2형으로 구분된다.
• 1형은 먼지채취기를 굴뚝 안에 설치하고 2형은 먼지채취기를 굴뚝 밖으로 설치하는 것이다.

- 먼지시료 채취장치의 모든 접합부는 가스가 새지 않도록 하여야 한다.
- 2형일 때는 배출가스 온도가 이슬점 이하가 되지 않도록 보온 또는 가열해 주어야 한다.

① 먼지채취부 *중요내용*

먼지채취부는 흡입노즐, 여과지 홀더, 고정쇠, 드레인채취기, 연결관 등으로 구성된다. 단, 2형일 때는 흡입노즐 뒤에 흡입관을 접속한다.

㉠ 흡입노즐
ⓐ 안과 밖의 가스 흐름이 흐트러지지 않도록 흡입노즐 내경(d)은 3mm 이상으로 한다.
ⓑ 꼭짓점은 30° 이하의 예각이 되도록 하고 매끈한 반구 모양으로 한다.
ⓒ 흡입노즐 내외면은 매끄러워야 한다.

㉡ 여과지 홀더 *중요내용*
ⓐ 여과지 홀더는 원통형 또는 원형의 먼지채취 여과지를 지지해주는 장치를 말한다.
ⓑ 이 장치는 유리제 또는 스테인리스강 재질 등으로 만들어진 것으로 내식성이 강하고 여과지 탈착이 쉬워야 한다.
ⓒ 여과지를 끼운 곳에서 공기가 새지 않아야 한다.

㉢ 고정쇠
여과지 홀더를 끼우기 위하여 사용하는 것으로 스테인리스강 재질이 좋다.

㉣ 드레인 채취기
내부에 유리솜을 채운 것으로서 흡입가스에 의한 드레인이 여과지 홀더에 역류하는 것을 방지하기 위하여 사용한다.

㉤ 연결관
여과지 홀더 또는 드레인 채취기에서 가스 흡입용의 고무관(진공용)에 이르기까지의 연결부이다.

② 가스흡입부
㉠ 가스흡입부는 배출가스를 흡입하기 위한 흡입장치 및 황산화물에 의한 부식을 막기 위한 SO_2 흡수병과 미스트 제거병으로 구성된다.
㉡ 가스흡입부에는 흡입유량을 가감하기 위한 조절밸브를 적당한 위치에 장치하고 흡입장치의 가스 출구 측에는 필요에 따라 유량계를 보호하기 위하여 미스트 제거기를 설치한다.
㉢ 흡입장치에는 굴뚝 내의 부압, 먼지시료 채취장치 각 부분의 저항에 충분히 견딜 수 있고 필요한 속도로서 가스를 흡입할 수 있는 진공펌프, 송풍기 등을 사용한다.

③ 흡입유량 측정부 *중요내용*
㉠ 흡입유량 측정부는 적산유량계(가스미터) 및 로터미터 또는 차압유량계 등의 순간유량계로 구성된다.
㉡ 원칙적으로 적산유량계는 흡입 가스양의 측정을 위하여 또 순간유량계는 등속흡입 조작을 확인하기 위하여 사용한다.
㉢ 순간유량계는 적산유량계로 교정하여 사용한다.

④ 채취장치에 사용되는 기구 및 기기
㉠ 시료채취장치 1형
ⓐ 흡입노즐용 솔
나일론실로 만든 솔로서 흡입노즐보다 더 긴 것을 사용한다.
ⓑ 시료보관병
원통형 여과지에 채취된 먼지시료를 보관하기 위한 것으로 유리 또는 흡습관을 사용한다.
ⓒ 흡습병
U자형 또는 흡습관을 사용한다.
ⓓ 간이용 저울
10mg까지 무게를 달 수 있는 저울을 사용한다.

ⓔ 원통여과지 〔중요내용〕
실리카 섬유제 여과지로서 99% 이상의 먼지채취율(0.3μm 디옥틸프탈레이트 매연 입자에 의한 먼지 통과시험)을 나타내야 하며 사용 상태에서 화학 변화를 일으키지 않아야 한다. 만일 화학 변화로 인하여 측정치의 오차가 나타날 경우에는 적절한 처리를 하여 사용토록 하고, 유효직경 25mm 이상의 것을 사용한다.

ⓒ 시료채취장치 2형
  ⓐ 흡입노즐 및 흡입관용 솔
    나일론실로 만든 솔로서 길이는 흡입관보다 더 긴 것을 사용한다.
  ⓑ 세척병
    유리세척병 2개로 사용한다.
  ⓒ 시료보관용
    500mL 또는 1,000mL 용량의 보로실리케이트 유리병을 사용한다.
  ⓓ 페트리접시
    여과지에 채취된 먼지시료를 보관하기 위한 것으로서 유리 또는 폴리에틸렌제를 사용한다.
  ⓔ 메스실린더 및 저울
    1mL씩 눈금이 매겨진 메스실린더와 10mg까지 달 수 있는 저울을 사용한다.
  ⓕ 유리제 평량접시

⑤ 분석용 저울
  0.1mg까지 정확하게 측정할 수 있는 저울을 사용하여야 하며 측정표준 소급성이 유지된 표준기에 의해 교정되어야 한다.

⑥ 건조용 기기 〔중요내용〕
  시료채취 여과지의 수분평형을 유지하기 위한 기기로서 20 ± 5.6℃ 대기압력에서 적어도 24시간을 건조시킬 수 있어야 한다. 또는 여과지를 105℃에서 적어도 2시간 동안 건조시킬 수 있어야 한다.

⑦ 시료채취 여과지 보관용기
  여과지 손상이나 채취된 입자들의 손실을 막기 위해 여과지의 취급에 주의하여야 하며 여과지 카트리지나 보관용기는 이러한 손상에 의한 측정 오차를 줄일 수 있다.

⑧ 일회용 장갑
  손으로 인한 오염 방지 및 정확한 입자의 질량을 측정하기 위하여 분말이 없는(Powder-Free Latex) 일회용 장갑을 사용한다.

(3) 자동식 시료 채취기

- 흡입노즐, 흡입관, 피토관, 차압게이지, 여과지홀더, 임핀저 트레인, 자동등속흡입 제어부, 유량자동제어밸브, 산소농도계, 온도측정부, 측정데이터 기록부 등으로 구성되어 있다.
- 시료채취장치의 모든 접속부분에 가스누출이 있어서는 안 된다.

① 흡입노즐
  ㉠ 흡입노즐은 스테인리스강 재질, 경질유리, 또는 석영 유리제로 만들어진 것으로 다음과 같은 조건을 만족시키는 것이어야 한다.
  ㉡ 흡입노즐의 안과 밖의 가스흐름이 흐트러지지 않도록 흡입노즐 내경 (d)는 3mm 이상으로 한다. 흡입노즐의 내경 d는 정확히 측정하여 0.1mm 단위까지 구하여 둔다.
  ㉢ 흡입노즐의 꼭짓점은 30° 이하의 예각이 되도록 하고 매끈한 반구모양으로 한다.
  ㉣ 흡입노즐 내외면은 매끄럽게 되어야 하며 흡입노즐에서 먼지 채취부까지의 흡입관은 내부면이 매끄럽고 급격한 단면의 변화와 굴곡이 없어야 한다.

ⓓ 측정점에서 배출가스 유속을 측정하지 않고 그 유속과 흡입가스의 유속이 일치되도록 한 것으로서 이 노즐은 측정점의 정압 또는 동압과 흡입노즐 내의 정압 또는 동압과 일치하도록 가스를 흡입할 경우에 측정점의 배출가스 유속과 가스의 흡입속도가 같게 되도록 한 구조와 기능을 갖는 것이다.

ⓔ 흡입노즐에서 먼지채취부까지의 흡입관은 내면이 매끄럽고 급격한 단면의 변화와 굴곡이 있어서는 안 된다.

② 흡입관

수분응축 방지를 위해 시료가스 온도를 120 ± 14℃로 유지할 수 있는 가열기를 갖춘 보로실리케이트(borosilicate), 스테인리스강 재질 또는 석영 유리관을 사용한다.

③ 피토관

피토관 계수가 정해진 L형 피토관(C : 1.0 전후) 또는 S형(웨스턴형 C : 0.84 전후) 피토관으로서 배출가스 유속의 계속적인 측정을 위해 흡입관에 부착하여 사용한다.

④ 차압게이지

차압게이지는 최소 단위 0.1~0.5mmH$_2$O까지 측정하여 출력 신호를 발생할 수 있는 정밀 전자 마노미터를 사용한다.

⑤ 여과지 홀더
  ㉠ 여과지 홀더는 원통형 또는 원형의 먼지채취 여과지를 지지해주는 장치를 말한다.
  ㉡ 이 장치는 유리제 또는 스테인리스강 재질 등으로 만들어진 것으로 내식성이 강하고 여과지 탈착이 쉬워야 한다.
  ㉢ 여과지를 끼운 곳에서 공기가 새지 않아야 한다.

⑥ 임핀저 트레인
  ㉠ 일렬로 연결된 4개의 임핀저로 구성되며 접속부는 가스 누출이 없도록 갈아 맞춤 또는 실리콘관으로 연결한다.
  ㉡ 첫 번째, 세 번째 및 네 번째 임핀저는 변형 그린버그 스미드형(임핀저 헤드가 직선관임)으로서 팁을 플라스크 바닥에서 1.3cm(1/2inch) 되는 지점까지 이르는 내경 1.3cm(1/2inch)의 유리관으로 대체한 것을 사용한다.
  ㉢ 두 번째 임핀저는 표준팁이 그린버그 스미드형을 사용한다.
  ㉣ 임핀저에는 유해가스 흡수액을 넣고 시료채취 시 배출가스가 통과할 때 유해가스를 흡수시켜 수분 및 유해가스로부터 기기를 보호한다.

⑦ 자동등속흡입 제어부

자동등속흡입 제어부는 배출가스 유속, 흡입노즐의 내경, 가스미터 및 배출가스 온도, 수증기 부피 백분율 등을 측정 및 압력을 받아 전용 프로세서로 계산하여 등속흡입 유량 신호로 유량자동밸브를 제어한다.

⑧ 유량자동제어밸브

유량자동제어밸브는 자동등속흡입 제어부로부터 환산된 신호에 의해서 지시 유량을 자동제어할 수 있는 것을 사용한다.

⑨ 산소농도계

산소농도계는 공기비 계수를 자동 보정하기 위하여 영점 및 교정편차가 0.4% 이내의 것을 사용한다. 단, 기타의 방법으로 측정할 수 있으면 생략할 수 있다.

⑩ 온도측정부

온도측정부는 배출가스 온도 및 가스미터 온도를 0.1℃까지 측정 및 출력할 수 있는 열전도 온도계 등을 사용한다.

⑪ 측정데이터 기록부

측정데이터 기록부는 측정일시, 측정번호, 피토관계수, 기온, 기압, 수분량, 흡입 노즐 직경, 배출가스정압, 시료채취시간, 배출가스 온도, 산소농도, 굴뚝직경 등을 자동 저장 및 기록할 수 있어야 하며, 20회분 이상의 측정자료를 자동 보관하여 필요시 출력할 수 있도록 한다. 단, 기타의 방법으로 기록할 수 있으면 생략할 수 있다.

⑫ 시험용 기구 및 기기

반자동식 측정법을 따른다.

⑬ 분석용 저울
가능한 한 0.1mg까지 정확하게 측정할 수 있는 저울을 사용하여야 하며, 측정표준 소급성이 유지된 표준기로 교정한다.

⑭ 건조용 기기
시료채취 여과지의 수분평형을 유지하기 위한 기기로서 20 ± 5.6℃ 대기압력에서 적어도 24시간을 건조시킬 수 있어야 한다. 또는, 여과지를 105℃에서 적어도 2시간 동안 건조시킬 수 있어야 한다.

⑮ 시료채취 여과지 보관용기
여과지 손상이나 채취된 입자들의 손실을 막기 위해 여과지의 취급에 주의하여야 하며 여과지 카트리지나 보관용기는 이러한 손상에 의한 측정 오차를 줄일 수 있다.

⑯ 일회용 장갑
손으로 인한 오염 방지 및 정확한 입자의 질량을 측정하기 위하여 분말이 없는(Powder-Free Latex) 일회용 장갑을 사용한다.

4. 측정위치, 측정공 및 측정점의 선정

(1) 측정위치 *중요내용

① 측정위치는 원칙적으로 굴뚝의 굴곡부분이나 단면모양이 급격히 변하는 부분을 피하여 배출가스 흐름이 안정되고 측정작업이 쉽고 안전한 곳을 선정한다.
② 수직굴뚝 하부 끝단으로부터 위를 향하여 그곳의 굴뚝 내경의 8배 이상이 되고, 상부 끝단으로부터 아래를 향하여 그곳의 굴뚝내경의 2배 이상이 되는 지점에 측정공 위치를 선정하는 것을 원칙으로 한다.
③ 위의 기준에 적합한 측정공 설치가 곤란하거나 측정작업의 불편, 측정자의 안전성 등이 문제될 때에는 하부 내경의 2배 이상과 상부 내경의 1/2배 이상 되는 지점에 측정공 위치를 선정할 수 있다.
④ 수직굴뚝에 측정공을 설치하기가 곤란하여 부득이 수평 굴뚝에 측정공이 설치되어 있는 경우는 수평굴뚝에서도 측정할 수 있으나 측정공의 위치가 수직굴뚝의 측정위치 선정기준에 준하여 선정된 곳이어야 한다.
⑤ 방지시설에서 입자상 물질의 저감효율을 측정하는 경우, 방지시설 전단과 후단에 측정공을 설치하여 동시에 시료를 채취해야 한다.

(2) 굴뚝 직경환산과 측정공 위치선정

① 굴뚝단면이 원형인 경우(상·하 동일 단면적)
굴뚝 상·하 직경은 수직굴뚝의 배출가스가 흐트러짐이 시작되는 위치의 내경을 기준으로 한다.

② 굴뚝단면이 사각형인 경우(상·하 동일 단면적의 정사각형 또는 직사각형) *중요내용
굴뚝단면이 상·하 동일 단면적인 사각형 굴뚝의 직경산출은 다음과 같이 한다.

$$환산직경 = 2 \times \left(\frac{A \times B}{A + B}\right) = 2 \times \left(\frac{가로 \times 세로}{가로 + 세로}\right)$$

여기서, A : 굴뚝 내부 단면 가로규격
B : 굴뚝 내부 단면 세로규격

③ 굴뚝단면이 서서히 변하는 경우
굴뚝단면이 서서히 축소되는 경우의 원형 및 사각형 굴뚝직경 산출은 다음과 같이 한다.

㉠ 원형 굴뚝의 경우
측정공 위치를 대략적으로 선정하고 다음에 의거하여 굴뚝직경을 산출하여, 선정된 측정공 위치가 환산 하부직경의 2배 이상과 환산 상부직경의 1/2배 이상이면 측정공 위치로 채택한다.

$$\text{환산 하부직경} = \frac{\text{하부직경} + \text{선정된 측정공위치의 직경}}{2}$$

$$\text{환산 상부직경} = \frac{\text{상부직경} + \text{선정된 측정공위치의 직경}}{2}$$

$$\text{적용 하부직경} = \frac{2.5 + 1.83}{2} = 2.165$$

$$\text{적용 상부직경} = \frac{1.5 + 1.83}{2} = 1.665$$

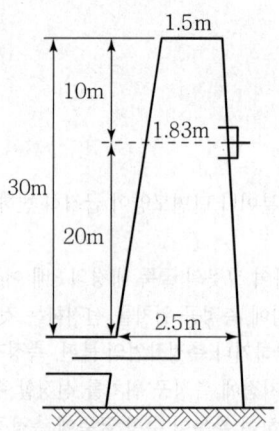

[원형굴뚝의 환산 예로 대체]

[원형굴뚝의 선정된 측정공위치 채택여부 검토]
- 20 ÷ 2.165 = 9배(하부직경의 2배 이상이므로 채택함)
- 10 ÷ 1.665 = 6배(상부직경의 1/2배 이상이므로 채택함)

ⓒ 사각형 굴뚝의 경우
  일차적으로 각 위치별 직경을 환산하고 이차적으로 원형굴뚝과 같은 방법으로 환산한다.

[1차 계산]

$$\text{환산 상부직경} = 2 \times \left(\frac{2 \times 1.5}{2 + 1.5}\right) = 1.7$$

$$\text{환산 하부직경} = 2 \times \left(\frac{2 \times 2.5}{2 + 2.5}\right) = 2.2$$

$$\text{선정된 측정공 위치의 직경} = 2 \times \left(\frac{2.3 \times 1.8}{2.3 + 1.8}\right) = 2.0$$

[2차 계산]

$$\text{적용 하부직경} = \frac{2.2 + 2.0}{2} = 2.1$$

$$\text{적용 상부직경} = \frac{1.7 + 2.0}{2} = 1.8$$

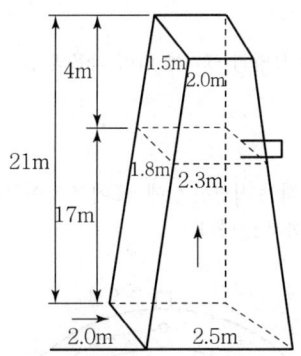

[사각형굴뚝의 환산 예로 대체]

[사각형 굴뚝의 측정공 위치 채택 여부 검토]
- 17 ÷ 2.1=8배(하부직경의 2배 이상이므로 채택함)
- 4 ÷ 1.8=2배(상부직경의 1/2배 이상이므로 채택함)

④ 기타 형태의 경우
  ㉠ 굴뚝이 기타 다른 형태일 경우에는 원형 및 사각형의 경우 중 가까운 쪽에 준하여 환산 적용하고 필요시는 굴뚝 내 배출가스의 흐름을 개선하여 굴뚝직경을 산출하여 활용할 수 있다.
  ㉡ 이러한 장치가 먼지가 퇴적되거나 저항에 의한 유량이 변화하는 등의 지장을 초래하여서는 안 된다.

(3) 측정공 및 측정작업대

선정된 측정위치에는 측정자의 안전과 측정작업을 위한 작업대와 측정공이 설치되어야 한다.

① 측정공의 규격 《중요내용》

측정공은 측정위치로 선정된 굴뚝 벽면에 내경 100~150mm 정도로 설치하고 측정 시 이외에는 마개를 막아 밀폐한다. 측정 시에도 흡입관 삽입 이외의 공간은 공기가 새지 않도록 밀폐한다.

② 측정 작업대
  ㉠ 측정자의 안전을 위한 작업대가 설치되어야 한다.
  ㉡ 측정 작업대는 측정 장비의 설치와 측정자의 작업을 쉽게 하기 위하여 충분히 크고 견고해야 한다.
  ㉢ 보통 그 크기는 측정 장비를 설치하고 2~3인의 측정 작업자가 충분히 작업할 수 있는 공간과 지지력이 마련되어야 한다.
  ㉣ 측정 작업대까지 오르기 위한 적당한 승강시설을 굴뚝에 견고히 설치하여 측정자의 안전을 보호하고 장비의 운반 및 측정을 위한 도르래, 선기 등의 시설을 설치하여야 한다.

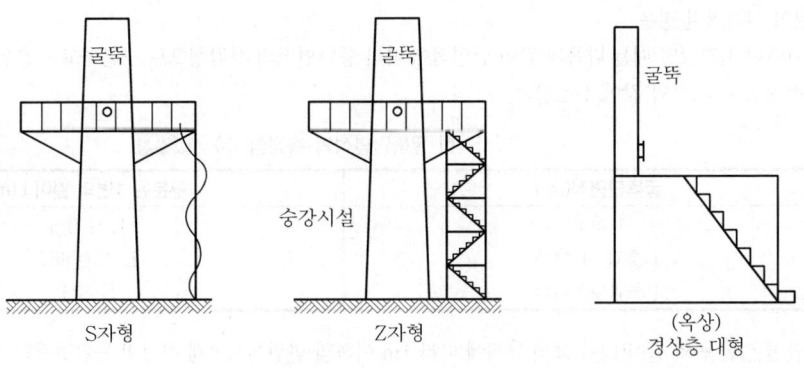

[안전한 승강시설의 구조 예]

(4) 측정점의 선정

측정점은 측정위치로 선정된 굴뚝단면의 모양과 크기에 따라 다음과 같은 요령으로 적당수의 등면적으로 구분하고 구분된 각 면적마다 측정점을 선정한다.

① 굴뚝단면이 원형일 경우 〔중요내용〕

그림과 같이 측정 단면에서 서로 직교하는 직경선 상에, 표에서 부여하는 위치를 측정점으로 선정한다. 측정점수는 굴뚝직경이 4.5m를 초과할 때는 20점까지로 한다.

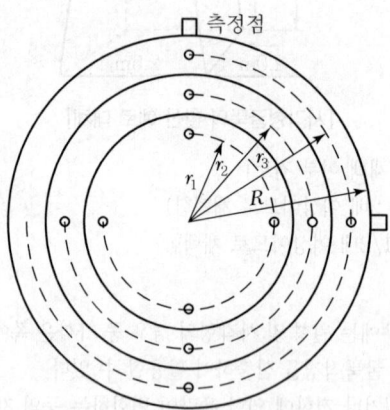

[원형단면의 측정 환산 예]

〈원형단면의 측정점〉 〔중요내용〕

굴뚝직경 2R(m)	반경 구분 수	측정점 수
1 이하	1	4
1 초과 2 이하	2	8
2 초과 4 이하	3	12
4 초과 4.5 이하	4	16
4.5 초과	5	20

㉠ 굴뚝 단면적이 0.25m² 이하로 소규모일 경우에는 그 굴뚝 단면의 중심을 대표점으로 하여 1점만 측정한다.

㉡ 측정 단면에서 유속의 분포가 비교적 대칭을 이루는 경우 수평굴뚝은 수직대칭 축에 대하여 $\frac{1}{2}$의 단면을 취하고 측정점의 수를 $\frac{1}{2}$로 줄일 수 있으며, 수직 굴뚝은 $\frac{1}{4}$의 단면을 취하고 측정점의 수를 $\frac{1}{4}$로 줄일 수 있다.

② 굴뚝 단면이 사각형일 경우

㉠ 굴뚝 단면이 사각형일 때는 다음과 같이 단면적에 따라 등단면적의 사각형으로 구분하고 구분된 각 등단면적의 중심에 측정점 수를 표와 같이 선정한다.

〈사각형 굴뚝단면적의 측정점 수〉 〔중요내용〕

굴뚝단면적(m²)	구분된 1변의 길이 L(m)
1 이하	L ≦ 0.5
1 초과 4 이하	L ≦ 0.667
4 초과 20 이하	L ≦ 1

㉡ 측정 단면은 한 변의 길이(L)가 표의 규정에 따라 1m 이하의 범위에서 4개 이상의 등단면적의 직사방형 또는 정사방형으로 나누어 중심에 측정점을 선정한다.

- ⓒ 단, 굴뚝의 단면적이 20m²를 초과하는 경우 측정점 수는 20점까지로 하고 등단면적으로 구분한다.
- ⓓ 측정 단면에서 흐름이 비대칭인 경우는 비대칭 방향으로 구분한 한 변의 길이는 그것과 수직방향의 한 변 길이보다도 짧게 취하여 측정점의 개수를 각각 증가시킨다.
- ⓔ 굴뚝 단면적이 0.25m² 이하로 소규모일 경우에는 그 굴뚝 단면의 중심을 대표점으로 하여 1점만 측정한다.
- ⓕ 측정 단면에서 유속의 분포가 비교적 대칭을 이루는 경우 수평굴뚝은 수직대칭 축에 대하여 $\frac{1}{2}$의 단면을 취하고, 측정점의 수를 $\frac{1}{2}$로 줄일 수 있으며, 수직굴뚝은 $\frac{1}{4}$의 단면을 취하고 측정점의 수를 $\frac{1}{4}$로 줄일 수 있다.

6. 시료 채취 및 방법

(1) 반자동식 채취기

① 시료채취방법 *중요내용*

먼지 시료채취방법으로는 직접채취법, 이동채취법, 대표점채취법 등이 있다.
- ⓐ 직접채취법
  측정점마다 1개의 먼지 채취기를 사용하여 시료를 채취한다.
- ⓑ 이동채취법
  1개의 먼지 채취기를 사용하여 측정점을 이동하면서 각각 같은 흡입시간으로 먼지시료를 채취한다.
- ⓒ 대표점채취법
  정해진 대표점에서 1개 또는 수개의 먼지채취기를 사용하여 먼지시료를 채취한다.

② 시료채취절차 *중요내용*
- ⓐ 측정점 수를 선정한다.
- ⓑ 배출가스의 온도를 측정한다.
- ⓒ S자형 피토관과 경사마노미터로 배출가스의 정압과 평균동압을 각각 측정한다.
- ⓓ 피토관을 측정공에서 굴뚝 내의 측정점까지 삽입하여 전압공을 배출가스 흐름방향에 바로 직면시켜 압력계에 의하여 동압을 측정한다.
- ⓔ 동압은 원칙적으로 0.1mmH₂O의 단위까지 읽는다.
- ⓕ 이때, 피토관의 배출가스 흐름방향에 대한 편차는 10° 이하가 되어야 한다.
- ⓖ 배출가스의 수분량을 측정한다.
- ⓗ 흡입노즐이 배출가스가 흐르는 역방향을 향하도록 흡입노즐을 측정점까지 끼워 넣고 흡입을 시작할 때 배출가스가 흐르는 방향에 직면하도록 돌려 편차를 10° 이하로 한다.
- ⓘ 매 채취점마다 동압을 측정하여 계산자(노모그래프) 또는 계산기를 이용하여 등속흡입을 위한 적정한 흡입노즐 및 오리피스차압를 구한 후 유량조절밸브를 그 오리피스차압이 유지되도록 유량을 조절하여 시료를 채취한다.
- ⓙ 한 채취점에서의 채취시간을 최소 2분 이상으로 하고 모든 채취점에서 채취시간을 동일하게 한다.
- ⓚ 시료채취 중에 굴뚝 내 배출가스 온도, 건식 가스미터의 입구 및 출구온도, 여과지홀더 온도, 최종 임핀저 통과 후의 가스온도, 진공게이지압 등을 측정·기록한다.
- ⓛ 채취가 끝날 때마다 측정점에서의 가스시료 채취량을 기록해 둔다.
- ⓜ 등속흡입 정도를 보기 위해 식 또는 계산기에 의해서 등속흡입계수를 구하고 그 값이 95~110% 범위 내에 들지 않는 경우에는 다시 시료채취를 행한다.

(2) 수동식 채취기

① 시료채취방법 *중요내용*
- ⓐ 직접채취법 : 측정점마다 1개의 먼지채취기를 사용하여 시료를 채취한다.
- ⓑ 이동채취법 : 1개의 먼지채취기를 사용하여 측정점을 이동하면서 각각 같은 흡입시간으로 먼지시료를 채취한다.

ⓒ 대표점채취법 : 정해진 대표점에서 1개 또는 수 개의 먼지채취기를 사용하여 먼지시료를 채취한다.

② 시료채취절차 *중요내용*
  ㉠ 측정점 수를 선정한다.
  ㉡ 배출가스의 온도를 측정한다.
  ㉢ 배출가스 중의 수분량을 측정한다.
  ㉣ 배출가스의 유속을 측정한다.
  ㉤ 흡입노즐이 배출가스가 흐르는 역방향을 향하도록 흡입노즐을 측정점까지 끼워 넣고 흡입을 시작할 때 배출가스가 흐르는 방향에 직면하도록 돌려 편차를 10° 이하로 한다.
  ㉥ 배출가스의 흡입은 흡입노즐로부터 흡입되는 가스의 유속과 측정점의 배출가스 유속이 일치하도록 등속흡입을 행한다.
  ㉦ 보통형(1형) 흡입노즐을 사용할 때 등속흡입을 위한 흡입량은 다음 식으로 구한다.

$$q_m = \frac{\pi}{4}d^2v\left(1-\frac{X_w}{100}\right)\frac{273+\theta_m}{273+\theta_s} \times \frac{P_a+P_s}{P_a+P_m-P_v} \times 60 \times 10^{-3}$$

여기서, q_m : 가스미터에 있어서의 등속 흡입유량(L/min)
   d : 흡입노즐의 내경(mm)
   v : 배출가스 유속(m/s)
   X_w : 배출가스 중의 수증기의 부피 백분율(%)
   θ_m : 가스미터의 흡입가스 온도(℃)
   θ_s : 배출가스 온도(℃)
   P_a : 측정공 위치에서의 대기압(mmHg)
   P_s : 측정점에서의 정압(mmHg)
   P_m : 가스미터의 흡입가스 게이지압(mmHg)
   P_v : θ_m의 포화수증기압(mmHg)

  ㉧ 건식 가스미터를 사용하거나 수분을 제거하는 장치를 사용할 때는 P_v를 제거한다.

등속흡입 정도를 알기 위하여 다음 식에 의해 구한 값이 95~110% 범위여야 한다.

$$I(\%) = \frac{V'_m}{q_m \times t} \times 100$$

여기서, I : 등속흡입계수(%)
   V'_m : 흡입가스양(습식가스미터에서 읽은 값)(L)
   q_m : 가스미터에 있어서의 등속 흡입유량(L/min)
   t : 가스 흡입시간(min)

  ㉨ 흡입가스양은 원칙적으로 채취량이 원형여과지일 때 채취면적 1cm²당 1mg 정도, 원통형여과지일 때는 전체채취량이 5mg 이상 되도록 한다. 다만, 동 채취량을 얻기 곤란한 경우에는 흡입기체량을 400L 이상 또는 흡입시간을 40분 이상으로 한다.
  ㉩ 배출가스를 흡입한 후에는 흡입을 중단하고 흡입노즐을 다시 역방향으로 한 후 속히 연도 밖으로 끄집어낸다. 먼지채취기 뒤쪽의 배관은 그때까지 떼어서는 안 된다. 단, 굴뚝 내의 부압이 클 때는 흡입노즐을 반대방향으로 향한 채 흡입량을 측정하고 흡입펌프를 작동시킨 채 신속히 흡입노즐을 꺼내고 정지시킨다.
  ㉪ 시료채취가 끝나면 흡입관을 빼내고 방랭한 후 노즐 주변의 먼지를 닦아낸다.
  ㉫ 흡입관과 여과지 홀더를 분리하고 먼지가 채취된 여과지는 시료보관병에 보관한다.

(3) 자동식 채취기

① 시료채취방법 *중요내용*

수동식 먼지 시료채취방법으로는 직접채취법, 이동채취법, 대표점채취법 등이 있다.
　㉠ 직접채취법
　　측정점마다 1개의 먼지채취기를 사용하여 시료를 채취한다.
　㉡ 이동채취법
　　1개의 먼지채취기를 사용하여 측정점을 이동하면서 각각 같은 흡입시간으로 먼지시료를 채취한다.
　㉢ 대표점채취법
　　정해진 대표점에서 1개 또는 수 개의 먼지채취기를 사용하여 먼지시료를 채취한다.

② 시료채취절차 *중요내용*
　㉠ 시료채취는 측정점 수를 선정하여 시료채취부의 노즐을 상부 방향으로 측정점에 도달시킨 후 측정과 동시 노즐을 하부방향으로 하여 최소 2분에 1회씩 측정점을 이동하면 등속흡입은 자동으로 이루어지며 그때 시료채취량 및 흡입조건이 자동으로 제어 및 저장된다.
　㉡ 등속흡입 계수가 95~110% 범위에 동작할 수 있도록 등속흡입 유량 자동시간을 설정한다.

7. 분석절차

(1) 반자동 채취장치의 전처리

① 시료채취장치 1형을 사용하는 경우 *중요내용*
　㉠ 원통형 여과지를 110 ± 5℃에서 충분히 1~3시간 건조하고 데시케이터 내에서 실온까지 냉각하여 가능한 무게를 0.1mg까지 측정한 후 여과지홀더에 끼운다.
　㉡ 임핀저 트레인 중 첫 번째와 두 번째 임핀저에 각각 100g의 물(또는 과산화수소)을 넣고 네 번째 임핀저에는 미리 무게를 단 200~300g의 실리카겔을 넣는다.
　㉢ 임핀저 트레인을 통과하는 배출가스의 온도가 높을 경우 임핀저 주위에 잘게 부순 얼음을 채워 넣는다.

② 시료채취장치 2형을 사용하는 경우
　㉠ 원형 여과지를 110 ± 5℃에서 충분히 건조하고 데시케이터 내에서 실온까지 냉각하여 가능한 무게를 0.1mg까지 측정한 후 여과지홀더에 끼운다.
　㉡ 먼지 채취량이 100mg을 초과할 것으로 예상되는 경우에는 흡입관과 여과지홀더 사이에 유리제 사이클론을 연결하여 사용한다.
　㉢ 임핀저 트레인 중 첫 번째 및 두 번째 임핀저에 각각 100g의 물을 넣고 세 번째 임핀저는 비워두며 네 번째 임핀저에는 미리 무게를 단 약 200~300g의 실리카겔을 넣는다.
　㉣ 임핀저 주위에는 잘게 부순 얼음을 채워 넣는다.
　㉤ 임핀저 트레인은 배출가스의 냉각(20℃ 이하), 수분 제거 및 채취된 물의 총량결정, 유해 가스 제거 등을 위해 사용한다.
　㉥ 임핀저 트레인에 흡입관을 연결한 후 흡입관 출구에서 시료가스의 온도가 120 ± 14℃가 되도록 가열기를 조정하고 여과부 가열장치를 작동하여 여과지홀더 주위를 같은 온도로 유지한다.

③ 측정방법 *중요내용*
　• 굴뚝에서 배출되는 먼지시료를 반자동식 채취기를 이용하여 배출가스의 유속과 같은 속도로 흡입(이하 등속흡입이라 한다.)하여 일정온도로 유지되는 실리카 섬유제 여과지에 채취한다.
　• 먼지가 채취된 여과지를 110 ± 5℃에서 충분히 1~3시간 건조시켜 부착수분을 제거한 후 먼지의 질량농도를 계산한다.
　• 다만, 배연탈황시설과 황산미스트에 의해서 먼지농도가 영향을 받은 경우에는 여과지를 160℃ 이상에서 4시간 이상 건조시킨 후 먼지농도를 계산한다.

㉠ 배출가스 온도 측정
  ⓐ 측정점은 규정에 따라 선정한다. 단, 측정점 수는 줄여도 무방하다.
  ⓑ 측정기구로는 액체를 넣은 유리 온도계, 전기식 온도계, 열전대 온도계 등을 사용한다.
  ⓒ 측정방법은 측정기구를 측정공에 끼워 넣고 측정점에서 온도를 측정한다.

㉡ 수분량 측정
  • 측정점은 규정한 위치에서 굴뚝 중심에 가까운 곳을 선정한다.
  • 측정방법은 시료채취장치 1형을 사용하는 측정방법, 시료채취장치 2형을 사용하는 측정방법, 자동측정법 및 계산에 의한 방법 등이 있다.
  ⓐ 시료채취장치 1형을 사용하는 측정방법
    • 흡습관법에 따른 수분량 측정장치는 흡입관, 흡습관, 가스흡입 및 유량측정부 등으로 구성된다.
    • 흡입관으로는 스테인리스강 재질 또는 석영제 유리관을 사용한다. 먼지의 혼입을 방지하기 위하여 흡입관의 선단에 유리섬유 등의 여과지를 넣어둔다.
    • U자관 또는 흡습관에 무수염화칼슘(입자상) 등의 흡습제를 넣고 흡습제의 비산을 방지하기 위하여 유리섬유로 채워 막으며 원칙적으로 2개의 흡습관을 사용한다.
    • 흡습관에 흡습제를 채운 후 표면의 부착물을 깨끗이 씻어내고 흡습관의 콕을 닫고 그 무게를 달아 m_{a1}이라 한다.
    • 임핀저 트레인 중에 첫 번째와 두 번째 임핀저에 100g의 물을 넣고 네 번째 임핀저에 200~300g의 실리카겔을 넣는다.
    • 흡입관 내부에서 수분이 응축하지 않도록 보온 및 가열한다.
    • 냉각조를 사용하여 흡습관을 냉각하여야 한다.
    • 흡입관을 측정공에 끼워넣고 흡습관을 연결한 후 흡습관의 콕을 열고 진공펌프 등의 흡입장치를 가동시켜 가스를 흡입한다.
    • 배출가스 흡입 유량을 1개의 흡습관 내의 흡습제 1g당 0.1L/min 이하가 되도록 흡입유량 조절밸브로 조절한다. 흡입 가스양은 흡습된 수분이 0.1~1g이 되도록 한다. 흡입 가스양은 적산유량계로서 0.1L 단위까지 읽는다.
    • 가스흡입 중에 가스온도, 압력 및 유량을 측정한다. 필요한 배출가스를 흡입한 후 흡습관의 콕을 닫고 배관을 분리한다. 흡습관 표면의 수분 및 부착물을 잘 닦은 후 무게를 달고 그 무게를 m_{a2}로 한다.
    • 간이용 저울은 10mg 차이까지 읽을 수 있는 것을 사용한다.
    • 배출가스 중의 수분량은 습한 가스 중의 수증기의 부피백분율로 표시하고 다음 식에 의해 구한다.

$$X_w = \frac{\frac{22.4}{18}m_a}{V_m \times \frac{273}{273+\theta_m} \times \frac{P_a+P_m}{760} + \frac{22.4}{18}m_a} \times 100 \qquad (식\ A)$$

    여기서, X_w : 배출가스 중의 수증기의 부피 백분율(%)
    m_a : 흡습 수분의 질량$(m_{a2}-m_{a1})$(g)
    V_m : 흡입한 건조 가스양(건식가스미터에서 읽은 값)(L)
    θ_m : 가스미터에서의 흡입 가스온도(℃)
    P_a : 대기압(mmHg)
    P_m : 가스미터에서의 가스의 게이지압(mmHg)

  ⓑ 시료채취장치 2형을 사용하는 측정방법
    • 임핀저 트레인 중에 첫 번째와 두 번째 임핀저에 100g의 물을 정확히 달아 넣고 네 번째 임핀저에 200 ± 0.5g의 실리카겔을 10mg까지 정확히 달아 넣고 총무게를 m_{a1}이라 한다.

- 임핀저 주위에 얼음조각을 채워넣고 각 연결부를 연결한다. 흡입관과 여과부 가열장치가 120 ± 14℃가 되도록 가열한 후 흡입한다.
- 가스흡입 중에 배출가스 온도, 압력 및 유량을 측정한다. 필요한 배출가스를 흡입하고 임핀저 트레인을 분리한다.
- 임핀저 트레인 중에 첫 번째와 두 번째 임핀저에 들어 있는 물을 ± 1mL까지 측정하거나 혹은 저울을 이용해 ± 0.5g 이내까지 정확히 측정하고 네 번째 들어 있는 실리카겔을 10mg까지 정확히 달아 총 무게를 m_{a2}라 한다. 수분량 계산은 식 (A)에 따른다.

ⓒ 계산에 의한 방법

사용연료의 양과 조성 및 불어 넣은 공기량, 습도 등으로부터 다음 식에 의하여 계산된다.

$$X_w = \frac{W_g}{G} \times \frac{22.4}{18} \times 100$$

여기서, X_w : 습한 배출가스 중의 수증기의 부피 백분율(%)
W_g : 연료 단위량당 발생가스 중의 수분량(kg/kg : 고체 또는 액체연료, kg/Sm³ : 기체연료)
G : 연료 단위량당 습한 배출가스양(Sm³/kg : 고체 또는 액체연료, Sm³/Sm³ : 기체연료)

(2) 수동식 채취장치의 전처리

① 여과지를 통과하는 가스의 겉보기 유속이 원칙적으로 0.5m/s 이하가 되도록 흡입노즐 지름 및 여과지를 선정한다. *중요내용*
② 원통형 또는 원형여과지는 110 ± 5℃에서 충분히 1~3시간 건조하고 데시케이터 내에서 실온까지 냉각하여 0.1mg까지 정확히 단 후 여과지 홀더에 끼운다. *중요내용*
③ 먼지채취부, 가스흡입부, 흡입유량 측정부의 연결부분을 연결한다.
④ 측정방법 *중요내용*
- 측정공에 시료 채취장치의 흡입관을 굴뚝 내부에 삽입하여 그 선단을 채취점에 일치시키고 등속흡입한다.
- 먼지가 채취된 여과지를 110 ± 5℃에서 충분히 1~3시간 건조시켜 부착수분을 제거한 후 먼지의 질량농도를 계산한다.
- 다만, 배연탈황시설과 황산미스트에 의해서 먼지농도가 영향을 받은 경우에는 여과지를 160℃ 이상에서 4시간 이상 건조시킨 후 먼지농도를 계산한다.

㉠ 배출가스 온도측정
ⓐ 측정점은 규정에 따라 선정한다. 단, 측정점 수는 줄여도 무방하다.
ⓑ 측정기구로는 액체를 넣은 유리 온도계, 전기식 온도계, 열전대 온도계 등을 사용한다.
ⓒ 측정방법은 측정기구를 측정공에 끼워 넣고 측정점에서 온도를 측정한다.

㉡ 배출가스 수분량 측정
ⓐ 배출가스 중의 수분량 측정(흡습관법)
- 흡습관법에 따른 수분량 측정장치는 흡입관, 흡습관, 가스흡입장치, 적산유량계(가스미터) 등으로 구성한다.
- 흡입관으로는 스테인리스강 재질 또는 석영제 유리관을 사용하나, 먼지의 혼입을 방지하기 위하여 흡입관의 선단에 유리섬유 등의 여과지를 넣어둔다.
- 배출가스 중의 수분량은 습한 가스 중 수증기의 부피 백분율로 표시하고 다음 식에 의하여 구한다.
- 습식 가스미터를 사용할 때

$$X_w = \frac{\frac{22.4}{18}m_a}{V_m \times \frac{273}{273+\theta_m} \times \frac{P_a+P_m-P_v}{760} + \frac{22.4}{18}m_a} \times 100$$

- 건식 가스미터를 사용할 때
  습식 가스미터를 사용할 때의 식에서 P_v항을 삭제하고, V_m을 흡입한 가스양(건식 가스미터에서 읽은 값)으로 계산한다. 단, 건식 가스미터의 앞에서 가스를 건조한 경우에 한한다.

$$X_w = \frac{\frac{22.4}{18}m_a}{V_m' \times \frac{273}{273+\theta_m} \times \frac{P_a+P_m}{760} + \frac{22.4}{18}m_a} \times 100$$

여기서, X_w : 배출가스 중 수증기의 부피 백분율(%)
  m_a : 흡습 수분의 질량($m_{a2}-m_{a1}$)(g)
  V_m : 흡입한 가스양(건식 가스미터에서 읽은 값)(L)
  V_m' : 흡입한 가스양(습식 가스미터에서 읽은 값)(L)
  θ_m : 가스미터에서의 흡입 가스온도(℃)
  P_a : 대기압(mmHg)
  P_m : 가스미터에서의 가스게이지압(mmHg)
  P_v : θ_m에서의 포화 수증기압(mmHg)

ⓑ 배출가스 중의 수분량 측정(응축기법)
- 응축기에 의한 수분량 측정장치는 흡입관, 응축기, 가스흡입장치, 가스미터 등으로 구성된다.
- 측정방법으로 배출가스의 흡입유량은 보통 10~30L/min으로 하고 흡입량은 응축기에 응축된 수분량이 20mL 이상되도록 한다.
- 응축된 수분량(m_c)의 무게를 달고 다음 식에 의하여 배출가스 중의 수분량을 계산한다.

$$X_w = \frac{V_m \times \frac{273}{273+\theta m} \times \frac{P_v}{760} + \frac{22.4}{18}m_c}{V_m \times \frac{273}{273+\theta m} \times \frac{P_a+P_m}{760} + \frac{22.4}{18}m_c}$$

여기서, X_w : 배출가스 중 수증기의 부피 백분율(%)
  P_v : θm에서 포화 수증기압(mmHg)
  P_a : 대기압(mmHg)
  P_m : 가스미터의 가스게이지압(mmHg)
  V_m : 흡입한 가스양(가스미터에서 읽은 값)(L)
  θm : 가스미터의 흡입 가스온도(℃)
  m_c : 응축기에 응축된 수분의 무게

ⓒ 배출가스 중의 수분량 측정(계산에 의한 방법)
⑤ 배출가스의 유속 측정
  ㉠ 측정점
    측정점을 선정한다.

ⓒ 유속 측정방법 *중요내용*
  ⓐ 배출가스의 동압을 측정하는 기구로서는 피토관 계수가 정해진 피토관과 경사마노미터 등을 사용한다.
  ⓑ 피토관이 전압(total pressure)공을 측정점에서 가스의 흐르는 방향에 직면하게 놓고 전압과 정압(static pressure)의 차이로 동압(Velocity pressure)을 측정한다.

$$V = C\sqrt{\frac{2gh}{r}}$$

여기서, V : 유속(m/s)
　　　　C : 피토관 계수
　　　　h : 피토관에 의한 동압 측정치(mmH$_2$O)
　　　　g : 중력가속도(9.81m/s^2)
　　　　γ : 굴뚝 내의 배출가스 밀도(kg/m^3)

㈜ 배출가스 유속의 측정에는 피토관으로 교정한 풍속계 등의 기체 유속계를 써도 좋다. 단, 배출가스의 성상(온도, 압력 및 조성) 및 성질에 따라 지시치가 달라질 때는 피토관에 의한 측정치로 보정한다.

ⓒ 배출가스의 정압 측정방법
측정기구는 피토관 또는 정압관 및 U자형 마노미터 등을 사용하여 각 측정점에서 정압을 측정한다. 단, 측정점의 수는 줄여도 좋다.

ⓓ 배출가스의 밀도를 구하는 방법
배출가스 조성으로부터 아래 계산식으로 구하거나 가스밀도계에 의한 측정치로 계산한다.

$$r = r_o \times \frac{273}{273 + \theta_s} \times \frac{P_a + P_s}{760}$$

여기서 r : 굴뚝 내의 배출가스 밀도(kg/m^3)
　　　　r_o : 온도 0℃ 기압 760mmHg로 환산한 습한 배출가스 밀도(kg/Sm^3)
　　　　r_d : 가스밀도계에 의해 구한 건조 배출가스 밀도(kg/m^3)
　　　　P_a : 대기압(mmHg)
　　　　P_s : 각 측정점에서 배출가스 정압의 평균치(mmHg)
　　　　θ_s : 각 측정점에서 배출가스 온도의 평균치(℃)

㈜ 일반적으로 고체 및 액체연료를 공기를 사용하여 연소시킬 때는 r_o=1.30kg/m^{3}로 하는 것도 좋다.

(3) 자동식 채취장치의 전처리

① 시료채취장치 1형을 사용하는 경우
   [반자동 채취장치 방법과 동일]
② 시료채취장치 2형을 사용하는 경우
   [반자동 채취장치 방법과 동일]
③ 측정방법 *중요내용*
   굴뚝에서 배출되는 먼지시료를 자동식 채취기를 이용하여 배출가스의 유속과 같은 속도로 흡입(이하 등속흡입이라 한다.)하여 일정온도로 유지되는 실리카 섬유제 여과지에 채취한다.

   ⓐ 배출가스 온도측정
     ⓐ 측정점은 반자동채취장치의 전처리 규정에 따라 선정한다.
     ⓑ 단, 측정점 수는 줄여도 무방하다. 측정기구는 0.1℃까지 측정이 가능하고 출력할 수 있는 열전도 온도계 등을 사용한다. 측정기구를 측정공에 끼워놓고 측정점에서 자동으로 온도 측정 후 기록한다.

ⓒ 수분량 측정
    ⓐ 수분량 측정은 반자동 채취장치의 전처리에 따른다.
    ⓑ 가스흡입 유량조절은 자동 수분측정 모드 1~2L/min에 의한다.

8. 결과 보고

(1) 반자동 시료채취방법

① 먼지농도 계산방법 *중요내용*

배출가스 중의 먼지농도는 다음 식에 따라 소수점 둘째 자리까지 계산하고 소수점 첫째 자리까지 표기한다.

$$C_n = \frac{m_d}{V_m' \times \frac{273}{273+\theta m} \times \frac{P_a + \Delta H/13.6}{760}}$$

여기서, C_n : 먼지농도(mg/Sm^3), m_d : 채취된 먼지량(mg)
       V_m' : 건식 가스미터에서 읽은 가스시료 채취량(m^3)
       θ_m : 건식 가스미터의 평균온도(℃)
       P_a : 측정공 위치의 대기압(mmHg)
       ΔH : 오리피스 압력차(mmH$_2$O)

(2) 수동식 시료채취방법

① 먼지농도 계산방법 *중요내용*
  ㉠ 흡입가스 유량 측정방법
    • 흡입가스 유량의 측정은 원칙적으로 적산유량계(가스미터) 및 순간유량계(로터미터, 차압유량계 등)를 사용한다.
    • 흡입시간을 확인하기 위하여 흡입개시 및 종료시각을 기록한다. 흡입시작 및 종료 시에 있어서 가스미터의 눈금을 0.1L까지 읽어둔다.
    • 흡입시간 중 가스미터에 있어서 흡입가스 온도 및 압력을 측정한다.
    • 표준상태에서 흡입한 건조 가스양은 다음 식으로 구한다.
    ⓐ 습식 가스미터를 사용할 경우

$$V'_n = V_m \times \frac{273}{273+\theta_m} \times \frac{P_a + P_m - P_v}{760} \times 10^{-3}$$

    ⓑ 건식 가스미터를 사용할 경우

$$V'_n = V'_m \times \frac{273}{273+\theta_m} \times \frac{P_a + P_m}{760} \times 10^{-3}$$

여기서, V'_n : 표준상태에서 흡입한 건조 가스양(Sm^3)
       V'_m : 흡입가스양으로 습식 가스미터에서 읽은 값(L)
       V_m : 흡입가스양으로 건식 가스미터에서 읽은 값(L)
       θ_m : 가스미터의 흡입가스 온도(℃)
       P_a : 대기압(mmHg)
       P_m : 가스미터의 가스 게이지압(mmHg)
       P_v : θ_m에서 포화수증기압(mmHg)

㈜ 로터미터나 차압유량계를 사용하여 흡입가스 유량을 측정할 때는 그 유량계의 유량 측정방법에 규정한 대로 측정한다.

ⓛ 각 측정점의 먼지농도
배출가스 중의 먼지농도는 표준상태(0℃, 760mmHg)로 환산한 건조 배출가스 1m³ 중에 포함되어 있는 먼지의 무게로 표시하며 다음 식에 의하여 소수점 둘째 자리까지 계산하고 소수점 첫째 자리까지 표기한다.

$$C_n = \frac{m_d}{V'_n}$$

여기서, C_n : 건조 배출가스 중의 먼지농도(mg/Sm³)
m_d : 채취된 먼지의 무게(mg)
V'_n : 표준상태의 흡입 건조 배출가스양(Sm³)

ⓒ 전체 단면의 건조 배출가스 중의 평균 먼지농도
구분한 각 단면의 먼지농도로부터 다음 식에 의하여 구한다.

$$\overline{C_n} = \frac{C_{n1} \cdot A_1 \cdot V_1 + C_{n2} \cdot A_2 \cdot V_2 + \cdots + C_{nn} \cdot A_n \cdot V_n}{A_1 \cdot V_1 + A_2 \cdot V_2 + \cdots + A_n \cdot V_n}$$

여기서, $\overline{C_n}$: 전체 단면의 평균 먼지농도(mg/Sm³)
$C_{n1} \cdot C_{n2} \cdots C_{nn}$: 각 단면의 먼지농도(mg/Sm³)
$A_1 \cdot A_2 \cdots A_n$: 각 단면의 면적(m²)
$V_1 \cdot V_2 \cdots V_n$: 각 단면의 가스유속(m/s)

㈜ 이동채취방법으로 측정한 전체 단면적의 평균먼지 농도는 이것에 준하여 계산한다.

(3) 자동식 시료채취방법
① 먼지농도 계산방법
먼지농도 계산은 입자상 물질의 시료채취방법과 동일하게 계산한다.
② 결과의 기록
[반자동 시료채취방법과 내용 동일]

[배출가스 중 휘발성 유기화합물질(VOCs)의 시료채취방법]

1. 개요

(1) 이 시험기준은 산업시설 등에서 덕트 또는 굴뚝 등으로 배출되는 배출가스 중 휘발성 유기화합물질(Volatile Organic Compounds ; VOCs)에 적용한다.
(2) 실내 공기나 배출원에서 일시적으로 배출되는 미량 휘발성 유기화합물질의 채취 및 누출 확인, 굴뚝환경이나 기기의 분석조건하에서 매우 낮은 증기압을 갖는 휘발성 유기화합물질의 측정에는 적용되지 않는다.
(3) 알데히드류 화합물질에 대해서도 적용되지 않는다.

2. 파과부피(Breakthrough Volume)

시료채취 시 분석대상물질이 흡착관에 채취되지 않고 흡착관을 통과하는 부피. 즉, 흡착관에 충전된 흡착제의 최대흡착부피를 말한다. 또는 2개의 흡착관을 직렬로 연결할 경우 후단의 흡착관에 채취된 양이 전체의 5% 이상을 차지할 경우의 부피를 말한다.

3. 시료채취장치 및 방법

시료채취 위치는 배출가스 중 입자상 물질의 시료채취 방법을 따른다.

(1) 시료채취장치

① 흡착관법 *중요내용*
- 휘발성 유기화합물질 시료채취장치(Volatile Organic Sampling Train ; VOST)는 시료채취관, 밸브, 응축기(2세트), 흡착관(2세트), 응축수트랩(2세트), 건조제(실리카겔), 유량계, 진공펌프 및 진공게이지와 건식 가스미터로 구성된다.
- 각 장치의 모든 연결부위는 진공용 윤활유를 사용하지 않고 불소수지 재질의 관을 사용하여 연결한다.
  ㉠ 채취관
    채취관은 부식성 가스에 영향을 받지 않는 재질(플루오로 수지, 유리, 석영 등)로 120℃ 이상 가열 가능한 것이어야 하며, 채취관의 적당한 곳에 배출가스 성분과 화학반응 등을 일으키지 않는 재질(무알칼리 유리섬유, 석영섬유 등)의 여과재를 넣어 먼지가 혼입되는 것을 방지한다.
  ㉡ 밸브
    플루오로수지, 유리 및 석영 재질로 밀봉윤활유(Sealing Grease)를 사용하지 않고 가스의 누출이 없는 구조이어야 한다.
  ㉢ 응축기 및 응축수 트랩
    ⓐ 응축기 및 응축수 트랩은 유리 재질이어야 한다.
    ⓑ 응축기는 가스가 앞쪽 흡착관을 통과하기 전 가스를 20℃ 이하로 낮출 수 있는 부피여야 한다.
    ⓒ 상단 연결부는 밀봉윤활유를 사용하지 않고도 누출이 없도록 연결해야 한다.
  ㉣ 흡착관
    ⓐ 흡착관은 스테인리스강 재질(예 : 5×89mm) 또는 파이렉스(Pyrex) 유리(예 : 5×89mm)로 된 관에 측정대상 성분에 따라 흡착제를 선택하여 각 흡착제의 파과부피(Breakthrough Volume)를 고려하여 일정량 이상(예 : 200 mg)으로 충전한 후에 사용한다. 흡착관은 시판되고 있는 별도규격 제품을 사용할 수 있다.
    ⓑ 각 흡착제는 반드시 지정된 최고 온도범위와 기체유량을 고려하여 사용하여야 하며, 흡착관은 사용하기 전에 반드시 안정화(컨디셔닝) 단계를 거쳐야 한다.
    ⓒ 보통 350℃(흡착제의 종류에 따라 조절가능)에서 99.99% 이상의 헬륨기체 또는 질소기체 50~100mL/min으로 적어도 2시간 동안 안정화(시판된 제품은 최소 30분 이상)시키고, 흡착관은 양쪽 끝단을 테플론 재질의 마개를 이용하여 밀봉하거나, 불활성 재질의 필름을 사용하여 밀봉한 후 마개가 달린 용기 등에 넣어 이중 밀봉하여 보관한다.

                ⓓ 흡착관은 24시간 이내에 사용하지 않을 경우 4℃의 냉암소에 보관하고, 반드시 시료채취 방향을 표시하며 고유
                   번호를 적도록 한다.
             ⓜ 유량측정부
                ⓐ 흡착관법의 유량측정부는 진공게이지, 진공펌프, 건식 가스미터 및 이와 관련된 밸브와 장비들로 구성된다.
                ⓑ 앞쪽의 응축기와 흡착관 사이의 가스온도를 앞쪽 응축기 바깥 표면에 연결된 열전대(Thermocouple)를 이용하
                   여 측정하되 이 지점의 온도는 20℃ 이하가 되어야 하고, 만약 그렇지 않다면 다른 응축기를 사용하여야 한다.
                ⓒ 기기의 온도 및 압력 측정이 가능해야 하며, 최소 100 mL/min의 유량으로 시료채취가 가능해야 한다.
             ⓑ 시료 채취연결관
                ⓐ 시료채취관에서 응축기 및 기타 부분의 연결관은 가능한 한 짧게 한다.
                ⓑ 밀봉윤활유 등을 사용하지 않고 누출이 없어야 한다.
                ⓒ 플루오로수지 재질의 것을 사용한다.
      ② 시료채취 주머니(Tedlar Bag) 방법
         • 시료채취관, 응축기, 응축수트랩, 진공흡입상자, 진공펌프로 구성된다. *중요내용
         • 시료채취주머니는 플루오로수지, 폴리에스터수지 등의 불활성 재질로 사용한다. *중요내용
         • 시료채취 주머니는 시료채취 동안이나 채취 후 보관 시 반드시 직사광선을 받지 않도록 한다.
         • 시료성분이 시료채취 주머니 안에서 흡착, 투과 또는 서로 간의 반응에 의하여 손실 또는 변질되지 않아야 한다.
         • 진공흡입상자를 사용하여 시료를 채취하는 것이 가장 안전하다. 이러한 시료채취 시스템의 원리는 통 내부의 공기
            를 진공펌프로 흡인하여 진공상태로 만든 뒤 외부의 시료를 시료채취 주머니 내부로 서서히 유입시키는 방법으로서
            간단히 제작하여 쓸 수 있다.
         • 기존의 복잡한 진공흡입장치를 현장에서 간편하게 휴대하여 사용할 수 있도록 휴대용 진공흡입상자 형태로 제작하
            여 사용하기도 한다.
         • 배출가스의 온도가 100℃ 미만으로 시료채취 주머니 내에 수분응축의 우려가 없는 경우 응축기 및 응축수 트랩을
            사용하지 않아도 무방하다. *중요내용
         ㉠ 채취관
         ㉡ 밸브
         ㉢ 응축기 및 응축수 트랩
         ㉣ 진공흡입상자
             ⓐ 진공용기는 1~10L 시료채취 주머니를 담을 수 있어야 한다.
             ⓑ 용기가 완전진공이 되도록 밀폐된 구조의 것을 사용하여야 한다.
         ㉤ 흡입펌프
            흡입펌프는 흡입유량이 1~4L/min의 용량인 격막 펌프로 VOCs 흡착성이 낮은 재질(PTFE 재질)로 된 것을 사용
            한다.

(2) 시료채취방법

   ① 흡착관법
      ㉠ 흡착관은 사용 전 적절한 방법으로 안정화한 후 흡착관을 시료채취장치에 연결한다. 단, 흡착관은 물과의 친화력
         에 따라 응축기 뒤쪽 또는 응축수트랩 뒤쪽에 각각 연결할 수 있다.
      ㉡ 누출시험 실시 후 3방향콕을 세척병 방향으로 하고 흡입펌프를 작동시켜 가열한 채취관 및 연결관을 배출가스시료
         로 충분히 세척한다.
      ㉢ 시료흡입속도는 100~250mL/min 정도로 하며, 시료채취량은 1~5L 정도가 되도록 한다. *중요내용
      ㉣ 가스미터의 온도 및 게이지압을 확인하고 대기압을 측정한다.
      ㉤ 시료를 채취한 흡착관은 양쪽 끝단을 PTFE 재질의 마개를 이용하여 단단히 막고 불활성 재질의 필름 등으로 밀봉
         하거나 마개가 달린 용기 등에 넣어 이중으로 외부공기와의 접촉을 차단하여 분석 전까지 4℃ 이하에서 냉장보관
         하여 가능한 빠른 시일 내에 분석한다. *중요내용

② 시료채취 주머니법
　㉠ 시료채취 주머니는 새것을 사용하는 것을 원칙으로 하되 만일 재사용 시에는 제로가스와 동등 이상의 순도를 가진 질소나 헬륨가스를 채운 후 24시간 혹은 그 이상 동안 시료채취 주머니를 놓아둔 후 퍼지(Purge)시키는 조작을 반복하고, 시료채취 주머니 내부의 가스를 채취하여 기체크로마토크래프를 이용하여 사용 전에 오염 여부를 확인하고 오염되지 않은 것을 사용한다. *중요내용
　㉡ 진공 흡입상자에 1~10L 시료채취 주머니를 넣는다.
　㉢ 누출시험 실시 후 3방향콕을 세척병 방향으로 하고 흡입펌프를 작동시켜 가열한 채취관 및 연결관을 배출가스 시료로 충분히 세척한다.
　㉣ 흡입펌프를 정지시키고 3방향콕을 시료채취 주머니 방향으로 한다.
　㉤ 흡입펌프를 작동시켜 배출가스 시료를 시료채취 주머니에 1회 이상 채취하고 배기한 후 다시 채취한다. 흡입속도를 약 1L/min으로 하여 채취한 후 흡입펌프를 정지시키고 3방향콕을 닫는다.
　　㉥ 응축기 및 응축수 트랩을 사용하지 않는 경우에는 흡입속도를 1~4L/min으로 하여 채취할 수 있다.
　㉦ 시료채취 주머니는 빛이 들어가지 않도록 차단하고 시료채취 후 24시간 이내에 분석한다. 고농도로 인하여 분석 장비의 오염 또는 정확한 분석이 어려울 것으로 예상되는 경우에는 전자식 유량 조절기(Mass Flow Controller) 또는 가스용 유리 주사기를 사용하여 고순도 질소로 희석하여 분석할 수 있다.
　㉧ 시료채취 주머니에 채취된 시료를 흡착관에 흡착하여 분석할 경우에는 시료채취 후 24시간 이내에 흡착관에 흡착하여 양쪽 끝단을 PTFE 재질의 마개를 이용하여 단단히 막고 불활성 재질의 필름 등으로 밀봉하거나 마개가 달린 용기 등에 넣어 이중으로 외부공기와의 접촉을 차단하여 분석하기 전까지 4℃ 이하의 냉암소에 보관하며 가능한 빠른 시일 내에 분석한다.

[배출가스 유속 및 유량 측정방법]

1. 적용범위

(1) 이 측정법은 굴뚝이나 덕트 내를 흐르는 가스의 유속 및 유량을 측정하는 방법에 대하여 규정한다.

(2) 건조 배출가스 유량은 단위시간당 배출되는 표준상태의 건조배출 가스양(Sm^3/h)으로 나타난다. *중요내용*

2. 측정방법의 원리(피토관 및 경사마노미터법)

선정된 각 측정점마다 배출가스의 온도, 정압 및 동압을 측정하고, 굴뚝중심에 가까운 한 측정점을 택하여 배출가스 중의 수분량 및 배출가스 밀도를 구한 후, 계산에 의해 배출가스 유속 및 유량을 산출한다.

3. 기구 및 장치

(1) 피토관 *중요내용*

① 재질
스테인리스와 같은 재질의 금속관
② 관 바깥지름의 범위
4~10mm 정도
③ 각 분기관 사이의 거리
같아야 함
④ 각 분기관과 오리피스 평면과의 거리
바깥지름의 1.05~1.50배 사이
⑤ 피토관 계수는 사전에 확인되어야 하며, 고유번호가 부여되고 이 번호는 지워지지 않도록 관 몸체에 새겨야 한다.

(2) 차압계 *중요내용*

① 굴뚝 배출가스의 차압 측정계기
㉠ 경사마노미터(Inclined Manometer)
㉡ 전자마노미터
② 마노미터 최소눈금
0.3 mmH_2O
③ 굴뚝 내 모든 측정지점에서 측정한 동압의 산술평균이 최소눈금값보다 작은 경우에는 보다 좋은 감도의 자압계를 사용하는 것이 좋다.

(3) 기압계 *중요내용*

① 대기압력 측정범위
2.54 mmHg(34.54 mmH_2O) 이내
② 종류
㉠ 수은 기압계
㉡ 아네로이드 기압계
③ 교정검사
1회/년 이상

(4) 피토관의 교정

① 교정검사가 가능한 기관에서 교정
② 교정검사 후 피토관 계수가 바뀔 수 있으므로 주의

4. 계산

(1) 배출가스 평균유속 *중요내용*

$$\overline{V} = C\sqrt{\frac{2g}{r}} \cdot (\sqrt{h})avg$$

여기서, $\overline{V}$: 배출가스 평균유속(m/초)
       C : 피토관 계수
       h : 배출가스 동압측정치(mmH$_2$O)
       g : 중력가속도(9.8m/초^2)
       r : 굴뚝 내의 습한 배출가스 밀도(kg/m^3)

(2) 건조배출가스 유량

① 원형 직사각형 또는 정사각형 단면일 때

$$Q_N = \overline{V} \times A \times \frac{273}{273+\overline{\theta_s}} \times \frac{P_a+\overline{P_s}}{760} \times \left(1-\frac{X_w}{100}\right) \times 3,600$$

여기서, Q_N : 건조 배출가스 유량(m^3/시간), $\overline{V}$: 배출가스 평균유속(m/초)
       A : 굴뚝 단면적(m^2), $\overline{\theta_s}$: 배출가스 평균온도(℃)
       P_a : 대기압(mmHg), $\overline{P_s}$: 배출가 평균정압(mmHg)
       X_w : 배출가스 중의 수분량(%)

② 상부원형, 아치형 단면일 때

$$Q_N = (A_1\overline{V_1} + A_2\overline{V_2}) \times \frac{273}{273+\overline{\theta_s}} \times \frac{P_a+\overline{P_s}}{760} \times 3,600$$

여기서, Q_N : 건조 배출가스 유량(m^3/시간)
       A_1 : 반원형 부분 단면적(m^2)
       $\overline{V_1}$: 반원형 부분 평균유속(m/초)
       A_2 : 사각형 부분 단면적(m^2)
       $\overline{V_2}$: 사각형 부분 평균유속(m/초)

③ 연소 계산에 의할 때

$$Q_N = GWm\left(1-\frac{X_w}{100}\right)$$

여기서, Q_N : 건조배출가스 유량(Sm^3/시간)
       G : 연료단위량당 건조배출가스유량(m^3/kg(고체 또는 액체연료), m^3/m^3(기체연료))
       W : 시간당 연료사용량(kg/시간(고체 또는 액체연료), m^3/시간(기체연료))
       m : 공기비

[배출가스 중 무기물질 측정방법]

01 배출가스 중 먼지

1. 개요

(1) 배출가스 중에 함유되어 있는 액체 또는 고체인 입자상 물질을 등속흡입하여 측정한 먼지를 말한다.

(2) 먼지농도 표시는 표준상태(0℃, 760mmHg)의 건조 배출가스 $1m^3$ 중에 함유된 먼지의 질량농도를 측정하는 데 사용된다. *중요내용*

2. 적용 가능한 시험방법 *중요내용*

〈배출가스 중의 먼지 측정에 적용 가능한 시험방법〉

측정방법	개요	적용범위
반자동식 측정법	반자동식 시료채취기에 의해 질량농도를 측정하는 방법	굴뚝에서 배출되는 액체 또는 고체인 입자상 물질을 등속흡입 측정하여 부착 수분을 제거하고 먼지의 질량농도를 측정하는 데 사용된다.
수동식 측정법	수동식 시료채취기에 의해 질량농도를 측정하는 방법	
자동식 측정법	자동식 시료채취기에 의해 질량농도를 측정하는 방법	

01-1 배출가스 중 먼지 - 반자동식 측정법

1. 개요

[배출가스 중 입자상 물질의 시료채취방법 내용과 동일]

2. 용어 정의

(1) 배출가스 중 먼지

측정대상이 되는 배출가스 중에 부유하는 고체 및 액체의 입자상 물질로서 수분을 제거한 것이며 결합 수분 등 시험법을 근거로 측정하여 무게를 잰 것을 먼지로 본다.

(2) 배출가스, 등속흡입, 먼지농도

[배출가스 중 입자상 물질의 시료채취방법 내용과 동일]

3. 분석기기 및 기구

(1) 반자동식 시료채취기는 흡입노즐, 흡입관, 피토관, 여과지홀더, 여과지 가열장치, 임핀저 트레인, 가스흡입 및 유량측정부 등으로 구성되며 여과지홀더의 위치에 따라 1형과 2형으로 구별된다. *중요내용*

(2) 흡입노즐, 흡입관, 피토관, 차압게이지, 여과지홀더, 여과부가열장치, 임핀저트레인 및 냉각상자, 가스흡입 및 유량측정부, 채취장치에 사용되는 기구 및 기기, 분석용 저울, 건조용기, 시료채취여과기 보관용기, 일회용 장갑 항목의 내용은 「배출가스 중 입자상 물질의 시료채취방법」과 동일

4. 시약 및 표준용액

[배출가스 중 입자상 물질의 시료채취방법 내용과 동일]

5. 시료채취 및 관리 *중요내용*

[배출가스 중 입자상 물질의 시료채취방법 내용과 동일]

6. 정도보증/정도관리(QA/QC)

(1) 분석 저울

① 분석 저울은 여과지의 형태와 무게를 측정하는 데 적절해야 하며 측정표준 소급성이 유지된 표준기로 교정해야 한다.
② 0.1mg까지 측정할 수 있는 저울을 사용하여야 한다.

(2) 유량 교정

① 유속 및 유량의 측정은 실험 전후로 측정해야 하며 매 실험마다 표준유속 또는 유량계를 사용하여 교정하여야 한다.
② 측정값의 ±2% 이내의 정확성을 가져야 한다.

7. 분석절차

[배출가스 중 입자상 물질의 시료채취방법 내용과 동일]

8. 결과보고

[배출가스 중 입자상 물질의 시료채취방법 내용과 동일]

🔍 Reference | 먼지시료채취 기록지

공장명 _____	피토관계수 _____
측정대상명 _____	기온, ℃ _____
작성자명 _____	기압, mmHg _____
측정일 _____	수분량, % _____
측정번호 _____	흡입관 길이, m _____
오리피스미터 ΔH _____	흡입노즐 직경, cm _____
	배출가스정압, mmHg _____
산소량(%) _____	굴뚝단면 및 측정점 배열
등속흡입계수(%) _____	여과지 번호 _____

01-2 배출가스 중 먼지-수동식 측정법

1. 개요

[배출가스 중 입자상 물질의 시료채취방법 내용과 동일]

2. 용어 정의

[배출가스 중 입자상 물질의 시료채취방법 내용과 동일]

3. 분석기기 및 기구

[배출가스 중 입자상 물질의 시료채취방법 내용과 동일]

(1) 분석용 저울

가능한 한 0.1mg까지 정확하게 측정할 수 있는 저울을 사용하여야 하며 측정표준 소급성이 유지된 표준기로 교정해야 한다.

(2) 건조용기

시료채취 여과지의 수분평형을 유지하기 위한 용기로서 20 ± 5.6℃ 대기 압력에서 적어도 24시간을 건조시킬 수 있어야 한다. 또는, 여과지를 105℃에서 적어도 2시간 동안 건조시킬 수 있어야 한다.

(3) 시료채취 여과지 보관용기

여과지 손상이나 채취된 입자들의 손실을 막기 위해 여과지의 취급에 주의하여야 하며 여과지 카트리지나 보관용기는 이러한 손상에 의한 측정 오차를 줄일 수 있다.

(4) 일회용 장갑

손으로 인한 오염 방지 및 정확한 입자의 질량을 측정하기 위하여 분말이 없는(Powder-Free Latex) 일회용 장갑을 사용한다.

4. 시약 및 표준용액

[배출가스 중 입자상 물질의 시료채취방법 내용과 동일]

5. 시료채취 및 관리

[배출가스 중 입자상 물질의 시료채취방법 내용과 동일]

6. 정도보증/정도관리(QA/QC)

[배출가스 중 먼지-반자동 측정법 내용과 동일]

7. 분석절차

[배출가스 중 입자상 물질의 시료채취방법 내용과 동일]

8. 결과보고

[배출가스 중 입자상 물질의 시료채취방법 내용과 동일]

01-3 배출가스 중 먼지-자동식 측정법

1. 개요

[배출가스 중 입자상 물질의 시료채취방법 내용과 동일]

2. 용어 정의

[배출가스 중 입자상 물질의 시료채취방법 내용과 동일]

3. 분석기기 및 기구

[배출가스 중 입자상 물질의 시료채취방법 내용과 동일]

4. 시약 및 표준용액

[배출가스 중 입자상 물질의 시료채취방법 내용과 동일]

5. 시료채취 및 관리

[배출가스 중 입자상 물질의 시료채취방법 내용과 동일]

6. 정도보증/정도관리(QA/QC)

[배출가스 중 먼지-반자동식의 시료채취방법 내용과 동일]

7. 분석절차

[배출가스 중 입자상 물질의 시료채취방법 내용과 동일]

8. 결과보고

[배출가스 중 입자상 물질의 시료채취방법 내용과 동일]

02 비산먼지

1. 일반적 성질

측정대상이 되는 환경 대기 중에 부유하는 고체 및 액체의 입자상 물질을 말하며 환경정책기본법에서는 대기 중 먼지에 대한 환경기준을 PM10(공기역학 직경이 $10\mu m$ 이하인 것)으로 설정·운영하고 있다.

2. 적용 가능한 시험방법 *중요내용*

측정방법	측정원리 및 개요	적용범위
고용량공기 시료채취법	고용량 펌프(1,133~1,699L/min)를 사용하여 질량농도를 측정	먼지는 대기 중에 함유되어 있는 액체 또는 고체인 입자상 물질로서 먼지의 질량 농도를 측정하는 데 사용된다.
저용량공기 시료채취법	저용량 펌프(16.7L/min 이하)를 사용하여 질량농도를 측정	
베타선법	여과지 위에 베타선을 투과시켜 질량농도를 측정	
광학기법	광학기법을 이용하여 불투명도를 측정	

02-1 비산먼지 – 고용량 공기시료채취법

1. 개요

(1) 목적

이 시험기준은 시멘트 공장, 전기아크로를 사용하는 철강공장, 연탄공장, 석탄야적장, 도정공장, 골재공장 등 특정 발생원에서 일정한 굴뚝을 거치지 않고 외부로 비산되거나 물질의 파쇄, 선별, 기타 기계적 처리에 의하여 비산 배출되는 먼지의 농도를 측정하기 위한 시험방법이다.

(2) 간섭물질

[배출가스 중 먼지 – 반자동 측정법 내용과 동일]

2. 용어 정의

(1) 비산먼지

대기 중에 부유하는 고체 및 액체의 입자상 물질로서, 배출허용기준시험방법에서는 굴뚝을 거치지 않고 외부로 비산되는 입자를 말한다. 입자의 크기는 공기역학직경(Aerodynamic Diameter)으로 표시한다.

① 공기역학직경

입자의 침강속도에 따른 것으로 일반적으로 구형을 가진 입자의 기하학적 입자 지름으로 비중 1인 구의 지름으로 입경이 변경하여 환산 정리되고 측정 대상물 입자는 상대적으로 밀도와 입자모양에 대하여 구상 입자의 침강 속도와 같은 역학적 운동을 하는 입자의 직경을 의미한다.

② 총 부유먼지

㉠ 측정대상이 되는 환경 대기 중에 부유하고 있는 총 먼지를 말한다.

ⓛ 국제적으로 정확한 총 부유먼지의 크기에 대한 명확한 규명은 없으나 일반적으로 총 부유먼지는 0.01~100μm 이하인 먼지를 채취한다.
　③ 먼지의 분류
　　먼지(PM ; Particulate Matter)는 PM10(AED≤10μm), PM2.5(AED≤2.5μm)로 분류되어 관리되고 있다.

(2) 질량농도
기체의 단위용적 중에 함유된 물질의 질량을 말한다.

(3) 입자농도
공기 또는 다른 기체의 단위체적당 입자수로 표현된 농도를 말한다.
㈜ 입자농도로 나타낼 때에는 그 농도를 결정한 방법을 표시한다.

(4) 고용량 공기시료채취기 *중요내용*
① 대기 중에 부유하고 있는 입자상 물질을 고용량 공기시료채취기를 이용하여 여과지상에 채취하는 방법으로 입자상 물질 전체의 질량농도(Mass Concentration)를 측정하거나 금속성분의 분석에 이용한다.
② 이 방법에 의한 채취입자의 입경은 일반적으로 0.01~100μm 범위이다.

3. 분석기기 및 기구
환경대기 중의 먼지 – 고용량 공기시료채취법을 따른다.

4. 시약 및 표준용액
환경대기 중의 먼지 – 고용량 공기시료채취법을 따른다.

5. 시료채취 및 관리

(1) 측정위치의 선정 *중요내용*
① 시료채취장소는 원칙적으로 측정하려고 하는 발생원의 부지 경계선상에 선정하며 풍향을 고려하여 그 발생원의 비산먼지 농도가 가장 높을 것으로 예상되는 지점 3개소 이상을 선정한다.
② 시료채취 위치는 부근에 장애물이 없고 바람에 의하여 지상의 흙모래가 날리지 않아야 하며 기타 다른 원인의 영향을 받지 않고 그 지점에서의 비산먼지농도를 대표할 수 있는 위치를 선정한다.
③ 별도로 발생원의 위(Upstream)인 바람의 방향을 따라 대상 발생원의 영향이 없을 것으로 추측되는 곳에 대조위치를 선정한다.

(2) 시료채취 *중요내용*
① 시료채취는 1회 1시간 이상 연속 채취한다.
② 다음과 같은 경우에는 원칙적으로 시료채취를 하지 않는다.
　㉠ 대상발생원의 조업이 중단되었을 때
　㉡ 비나 눈이 올 때
　㉢ 바람이 거의 없을 때(풍속이 0.5m/s 미만일 때)
　㉣ 바람이 너무 강하게 불 때(풍속이 10m/s 이상일 때)
③ 채취유량의 계산
　채취가 종료되기 직전에 다시 유량계를 연결하고 유량을 읽어 다음과 같이 흡입공기량을 산출한다.

$$흡입공기량 = \frac{Q_s + Q_e}{2} t$$

여기서, Q_s : 채취개시 직후의 유량(m³/min)
Q_e : 채취종료 직전의 유량(m³/min)
t : 채취시간(min)

(3) 풍향풍속의 측정 〈중요내용〉

① 시료채취를 하는 동안에 따로 그 지역을 대표할 수 있는 지점에 풍향풍속계를 설치하여 전 채취시간 동안의 풍향풍속을 기록한다.
② 단, 연속기록 장치가 없을 경우에는 적어도 10분 간격으로 같은 지점에서 3회 이상 풍향풍속을 측정하여 기록한다.

6. 정도보증/정도관리(QA/QC)

[배출가스 중 먼지 – 반자동식 측정법 내용과 동일]

7. 분석절차

(1) 전처리

환경대기 중의 먼지 – 고용량 공기시료채취법을 따른다.

(2) 측정법

환경대기 중의 먼지 – 고용량 공기시료채취법을 따른다.

8. 결과보고

(1) 먼지농도의 계산 〈중요내용〉

측정하려고 하는 발생원으로부터 비산되는 먼지농도는 소수점 셋째 자리까지 계산하고 소수점 둘째 자리로 표기한다.

① 채취된 먼지의 농도계산
채취 전후 여과지의 질량 차이와 흡입공기량으로부터 다음 식에 의하여 먼지 농도를 구한다.

$$비산먼지의\ 농도(mg/m^3) = \frac{W_e - W_s}{V}$$

여기서, W_e : 채취 후 여과지의 질량(mg)
W_s : 채취 전 여과지의 질량(mg)
V : 총 공기흡입량(m³)

② 비산먼지농도의 계산
각 측정지점의 포집먼지량과 풍향풍속의 측정결과로부터 비산먼지의 농도를 구한다.

$$비산먼지농도 : C = (C_H - C_B) \times W_D \times W_S$$

여기서, C_H : 채취먼지량이 가장 많은 위치에서의 먼지농도(mg/m³)
C_B : 대조위치에서의 먼지농도(mg/m³)

W_D, W_S : 풍향, 풍속 측정결과로부터 구한 보정계수
단, 대조위치를 선정할 수 없는 경우 C_B는 0.15mg/m³로 한다.

㉠ 풍향·풍속 보정계수

ⓐ 풍향에 대한 보정

풍 향 변 화 범 위	보정계수
전 시료채취 기간 중 주 풍향이 90° 이상 변할 때	1.5
〃 45~90° 변할 때	1.2
〃 풍향의 변동이 없을 때(45° 미만)	1.0

ⓑ 풍속에 대한 보정

풍 속 범 위	보정계수
풍속이 0.5m/s 미만 또는 10m/s 이상되는 시간이 전 채취시간의 50% 미만일 때	1.0
풍속이 0.5m/s 미만 또는 10m/s 이상되는 시간이 전 채취시간의 50% 이상일 때	1.2

(풍속의 변화 범위가 위 표를 초과할 때는 원칙적으로 다시 측정한다.)

(2) 주의사항

환경대기 중의 먼지-고용량 공기시료채취법을 따른다.

02-2 비산먼지-저용량 공기시료채취법

1. 개요

(1) 목적

[비산먼지-고용량 공기시료채취법 내용과 동일]

(2) 간섭물질

[배출가스 중 먼지-반자동식 측정법 내용과 동일]

2. 용어 정의

[비산먼지-고용량 공기시료채취법 내용과 동일]

저용량 공기시료채취법 *중요내용*

이 방법은 환경 대기 중에 부유하고 있는 입자상 물질을 저용량 공기시료채취기를 사용하여 여과지 위에 채취하는 방법으로 일반적으로 10μm 이하의 입자상 물질을 채취하여 질량농도를 구하거나 금속 등의 성분 분석에 이용한다.

3. 분석기기 및 기구

환경대기 중의 먼지-저용량 공기시료채취법을 따른다.

4. 시약 및 표준용액

환경대기 중의 먼지 – 저용량 공기시료채취법을 따른다.

5. 시료채취 및 관리

(1) 측정위치의 선정

배출가스 중의 비산먼지 – 고용량 공기시료채취법을 따른다.

(2) 시료채취

환경대기 중의 먼지 – 고용량 공기시료채취법을 따른다.

① 채취유량의 계산

배출가스 중의 비산먼지 – 고용량 공기시료채취법을 따른다.

(3) 풍향풍속의 측정

배출가스 중의 비산먼지 – 고용량 공기시료채취법을 따른다.

6. 정도보증/정도관리(QA/QC)

[배출가스 중 먼지 – 반자동식 측정법 내용과 동일]

7. 분석절차

(1) 전처리

환경대기 중의 먼지 – 저용량 공기시료채취법을 따른다.

(2) 측정법

환경대기 중의 먼지 – 저용량 공기시료채취법을 따른다.

8. 결과보고

(1) 먼지농도의 계산

① 채취된 먼지의 농도계산

환경대기 중의 먼지 – 저용량 공기시료채취법을 따른다.

② 비산먼지농도의 계산 *중요내용*

각 측정지점의 채취먼지량과 풍향풍속의 측정결과로부터 비산먼지의 농도를 구한다.

$$\text{비산먼지농도}: C = (C_H - C_B) \times W_D \times W_S$$

여기서, C_H : 채취먼지량이 가장 많은 위치에서의 먼지농도(mg/m³)
C_B : 대조위치에서의 먼지농도(mg/m³)
W_D, W_S : 풍향, 풍속 측정결과로부터 구한 보정계수
단, 대조위치를 선정할 수 없는 경우 C_B는 0.15mg/m³로 한다.

㉠ 풍향·풍속 보정계수

배출가스 중의 비산먼지 – 고용량 공기시료채취법을 따른다.

(2) 주의사항

배출가스 중의 비산먼지 – 고용량 공기시료채취법을 따른다.

02-3 비산먼지 – 베타선법

1. 개요

(1) 목적

[비산먼지 – 고용량 공기시료채취법 내용과 동일]

(2) 간섭물질

[배출가스 중 먼지 – 반자동식 측정법 내용과 동일]

2. 용어 정의

[비산먼지 – 고용량 공기시료채취법 내용과 동일]

베타선법 *중요내용*

대기 중에 부유하고 있는 입자상 물질을 일정시간 여과지 위에 포집하여 베타선을 투과시켜 입자상 물질의 질량농도를 연속적으로 측정하는 방법이다.

3. 분석기기 및 기구

환경대기 중의 먼지 – 베타선법을 따른다.

4. 시약 및 표준용액

환경대기 중의 먼지 – 저용량 공기시료채취법을 따른다.

5. 시료채취 및 관리 *중요내용*

(1) 측정위치의 선정

배출가스 중의 비산먼지 – 고용량 공기시료채취법을 따른다.

(2) 시료채취

1시간을 원칙으로 하나, 사용기기에 따라 달라질 수 있다.

(3) 풍향풍속의 측정

  배출가스 중의 비산먼지-고용량 공기시료채취법을 따른다.

6. 정도보증/정도관리(QA/QC)

[배출가스 중 먼지-반자동식 측정법 내용과 동일]

7. 분석절차

(1) 전처리

  환경대기 중의 먼지-베타선법을 따른다.

(2) 측정법

  환경대기 중의 먼지-베타선법을 따른다.

8. 결과보고

(1) 먼지농도의 계산

  환경대기 중의 먼지-베타선법을 따른다.

(2) 주의사항

  환경대기 중의 먼지-베타선법을 따른다.

02-4 비산먼지-광학기법

1. 적용범위

① 굴뚝, 플레어스택 등에서 배출되는 매연을 측정하는 광학기법에 대하여 적용한다.
② 불투명도 0%, 20%, 40%, 60%, 80%, 100%는 비산먼지농도에 있어 각각 0도, 1도, 2도, 3도, 4도, 5도에 해당된다.
③ 불투명도 규정에 준하여 40% 이내의 결과값을 나타낼 시 비산먼지농도를 만족하는 것으로 판단한다.

2. 불투명도

① 대기 중에 부유하고 있는 비산먼지로 인해 부과되는 빛의 세기 감소 정도에 따라 불명확하게 하는 정도를 말한다.
② 비산이 되는 지점과 배경지점을 카메라로 촬영한 후 비교하여 산정되며, 결과는 (0~100)% 사이에서 5% 단위로 나타낸다.

03 배출가스 중 암모니아

적용 가능한 시험방법

자외선/가시선분광법 – 인도페놀법이 주 시험방법이다.

분석방법	정량범위	방법검출한계	정밀도(%RSD)
자외선/가시선분광법 – 인도페놀법	1.2ppm 이상 • 시료채취량 : 20L • 분석용 시료용액 : 250mL	0.4ppm	10% 이내

03-1 배출가스 중 암모니아의 분석방법

1. 적용범위

이 시험방법은 화학반응 등에 의하여 굴뚝 등에서 배출되는 배출가스 중의 암모니아를 분석하는 방법에 대하여 규정한다.

2. 분석방법의 종류

(1) 자외선/가시선 분광법 – 인도페놀법 *중요내용*

① 배출가스 중 암모니아를 붕산용액으로 흡수하여 페놀 – 니트로프루시드 소듐 용액과 하이포아염소산소듐 용액을 첨가하고 암모늄이온과 반응하여 생성하는 인도 페놀류의 흡광도를 측정하여 암모니아를 정량한다.
② 시료채취량이 20L이고 분석용 시료용액의 양이 250mL인 경우, 정량범위는 1.2ppm이상이다.
③ 암모니아 농도에 대하여 이산화질소가 100배 이상, 아민류가 수십 배 이상, 이산화황 10배 이상, 황화수소가 같은 양 이상 각각 공존하지 않는 경우에 적합하다.
④ 방법검출한계는 0.4ppm이다.

3. 분석방법

(1) 인도 페놀법

① 시약 *중요내용*

㉠ 흡수액 : 붕산용액
㉡ 과산화수소수(1+9)
㉢ 수산화소듐용액(8mol/L)
㉣ 페놀 – 나이트로프루시드소듐용액
㉤ 하이포아염소산소듐용액
㉥ 0.05mol/L 싸이오황산소듐용액
㉦ 아세트산(1+1)
㉧ 녹말용액(10g/L)

🔍 **Reference | 유효염소량(C %)의 측정방법**

유리된 요오드를 0.05 mol/L 티오황산나트륨액으로 적정한다. 종말점 부근에서 액이 엷은 황색으로 되면 전분용액 1 mL를 가하고 계속 적정하여 청색이 없어진 때를 종말점으로 한다.

🔍 **Reference | 0.05 mol/L 싸이오황산나트륨용액**

- 조제
  0.1 mol/L 싸이오황산나트륨용액 500 mL를 취해 1L 용량의 플라스크에 넣은 후 물로 표선까지 채운다.
- 표정
  유리된 요오드를 0.05 mol/L 싸이오황산나트륨용액으로 적정한다. 종말점 부근에서 액이 엷은 황색으로 되면 전분용액 1 mL를 가하고 계속 적정하여 청색이 없어진 때를 종말점으로 한다.

② 측정법(검정곡선작성)
  ㉠ 여러 개의 10mL 부피 플라스크에 암모니아 표준용액 (1μL/mL) (1~10)mL를 단계적으로 넣고 바탕시료 및 각각에 흡수액으로 표선까지 맞춘다. 검정곡선은 바탕시료를 제외하고 3개 이상의 농도로 작성하며, 분석기기의 감도 등에 따라 적절히 선택한다.
  ㉡ 유리마개가 있는 시험관에 이 용액 10mL를 각각 넣는다.
  ㉢ 여기에 페놀-나이트로프루시드소듐 용액 5mL를 넣고 흔들어 섞은 다음 하이포아염소산소듐 용액 5mL를 넣은 후 마개를 하여 조용히 흔들어 섞는다.
  ㉣ 25~30℃의 물중탕에서 약 1시간 방치한 후 이 용액의 일부를 10mm 흡수셀에 넣고 640nm 부근의 파장에서 흡광도를 측정한다. 대조액은 검정곡선 작성용 바탕 시료용액을 사용한다.

③ 농도 계산
  시료가스 중의 암모니아 농도를 소수점 둘째 자리까지 계산하고 소수점 첫째 자리로 표기한다.

$$C = \frac{(a-b) \times 25}{V_s}$$

여기서, C : 암모니아 농도(ppm 또는 μmol/mol)
  a : 분석용 시료용액의 암모니아 부피(μL)
  b : 현장바탕 시료용액의 암모니아 부피(μL)
  V_s : 표준상태 건조가스 시료채취량(L)
  25 : 분석용 시료용액의 전체 부피(250mL)/분석용 시료용액 중 정량에 사용한 부피(10mL)

04 배출가스 중 일산화탄소

적용 가능한 시험방법

자동측정법 – 비분산 적외선분광분석법이 주 시험방법이다. *중요내용*

분석방법	정량범위	방법검출한계	정밀도(%RSD)
자동측정법 – 비분산 적외선분광분석법	(0~1,000)ppm	–	–
자동측정법 – 전기화학식(정전위전해법)	(0~1,000)ppm	–	–
기체크로마토그래피	TCD : 1,000ppm 이상 FID : (0~2,000)ppm	314ppm 0.3ppm	10% 이내

04-1 배출가스 중 일산화탄소의 분석방법

1. 적용범위

이 시험기준은 연료의 연소, 금속제련 또는 화학반응 공정 등에서 배출되는 굴뚝 배출가스 중의 일산화탄소를 분석하는 방법에 대해서 규정한다.

2. 분석방법의 종류와 개요 *중요내용*

분석방법의 종류	개요		
	요지	정량범위	비고
자동측정법 – 비분산 적외선 분석법	비분산 적외선 분석계를 이용해서 일산화탄소 농도를 구한다.	0~1,000ppm부터	연속 측정하는 경우와 포집용백을 이용하는 경우도 있다.
자동측정법 – 전기화학식 (정전위전해법)	정전위 전해분석계를 이용해서 일산화탄소 농도를 구한다.	0~1,000ppm부터	탄화수소, 황산화물, 황화수소 및 질소산화물과 같은 방해성분의 영향을 무시할 수 없는 경우에는 흡착관을 이용하여 제거한다. 연속 측정하는 경우와 포집용백을 이용하는 경우도 있다.
기체 크로마토 그래피법	열전도도 검출기(TCD) 또는 메탄화 반응장치 및 수소불꽃이온화 검출기(FID)를 구비한 기체 크로마토그래피를 이용하여 절대 검량선법에 의해 일산화탄소 농도를 구한다.	TCD : 1,000ppm 이상 FID : 0~2,000ppm	

3. 분석방법

(1) 자동측정법 – 비분산 적외선 분석법

① 시료채취장치
  ㉠ 굴뚝 등의 배출구에서 배출되는 대기오염물질을 측정하기에 적합하여야 한다.
  ㉡ 배출가스 채취부의 재질은 화학반응 및 흡착작용 등에 의해 분석결과에 영향이 없는 것이어야 하며 부식, 온도, 유속 등에 충분한 기계적인 강도를 갖는 것이어야 한다. 채취부에 사용하는 여과재 및 홀더는 대상가스, 공존가스 및 사용온도에 영향이 없어야 한다.
  ㉢ 측정기에 교정가스의 도입이 원활하게 이루어질 수 있어야 하며 교정용 가스는 안전한 곳에 위치할 수 있어야 한다.
  ㉣ 측정기의 부품 및 금속면 등은 외부의 습기 및 기름 등에 의해 부식되지 않도록 되어 있어야 한다.
  ㉤ 강도 및 내구성은 동작 또는 운반 등에 필요한 진동에 견딜 수 있어야 하며 결합상태가 견고하여야 한다.

② 측정방법
  측정기를 사용하여 현장에서 일산화탄소 농도를 측정하는 경우에는 배출시설의 가동상황을 고려하여 5분 이상 측정한 5분 평균값을 계산하고, 이를 3회 이상 연속 측정하여 3개의 5분 평균값을 평균하여 최종 결과값으로 한다.

(2) 자동측정법 – 전기화학식(정전위전해법)

① 원리(목적)
  가스 투과성 격막을 통해서 전해조 중의 전해질에 확산 흡수된 일산화탄소를 정전위 전해법에 의해서 산화시키고, 그때에 생기는 전해 전류를 이용하여, 시료 중에 포함된 일산화탄소의 농도를 연속적으로 측정한다.

$$CO + H_2O \rightarrow CO_2 + 2H^+ + 2e^-$$

  ※ 비고 : 이 계측기는 소형 경량으로서 이동 측정에 적합하다. *중요내용*

② 측정범위 *중요내용*
  0~1,000ppm 이하로 한다.

③ 용어정의 *중요내용*
  ㉠ 교정가스
    공인기관의 보정치가 제시되어 있는 표준가스로 측정기 최대눈금치의 약 50%와 90%에 해당하는 농도를 갖는다.(90% 교정가스를 스팬가스라고 한다.) 제로가스는 순도가 높고 분석결과에 영향을 주지 않는 측정기용 제로가스를 사용한다.
    ※ 제로가스는 공인기관에 의해 일산화탄소 농도가 1ppm 미만으로 보증된 표준가스를 말한다.
  ㉡ 교정오차
    교정가스를 측정기에 주입하여 측정한 분석값이 보정값과 얼마나 잘 일치하는가 하는 정도로서, 그 수치가 작을수록 잘 일치하는 것이다.
  ㉢ 제로드리프트
    측정기가 정상적으로 가동되는 조건하에서 제로가스를 일정시간 흘려준 후 발생한 출력신호가 변화한 정도를 말한다.
  ㉣ 스팬드리프트
    스팬가스를 일정시간 동안 흘려준 후 발생한 출력신호가 변화한 정도를 말한다.
  ㉤ 응답시간
    시료채취부를 통하지 않고 제로가스를 측정기의 분석부에 흘려주다가 갑자기 스팬가스로 바꿔서 흘려준 후, 기록계에 표시된 지시치가 스팬가스 보정치의 90%에 해당하는 지시치를 나타낼 때까지 걸리는 시간을 말한다.

④ 구성
  ㉠ 계측기는 시료 채취부, 분석부 및 지시 기록계 등으로 구성된다.
  ㉡ 검출기는 가스 투과성 격막, 작용전극 및 기준전극 등을 갖춘 전해조, 정전위전원, 증폭기 등으로 구성된다.

⑤ 분석계
  ㉠ 전해조
    ⓐ 가스 투과성 격막 : 일산화탄소의 투과성이 우수한 합성 고분자막을 사용
    ⓑ 작용전극 : 백금(Pt) 등의 전극을 사용
    ⓒ 기준전극 : 일산화탄소의 정전위 전해에 필요한 산화 전위를 작용전극에 공급하기 위한 기준이 되는 전극
    ⓓ 전해액 : 산성 용액 사용
    ⓔ 정전위 전원 : 직류 전원을 공급
⑥ 측정결과 표시
  휴대용 측정기기를 사용하여 현장에서 일산화탄소 농도를 측정하는 경우에는 10분 간격으로 3회 이상 측정한 결과의 평균값을 측정결과치로 한다.

(3) 기체크로마토그래피법

① 가스류 *중요내용*
  ㉠ 표준가스
    한국공업규격기준(KSM-1013)의 규정에 의한 기준 표준가스를 사용한다.
  ㉡ 운반가스, 연료가스 및 조연가스
    부피분율이 99.9% 이상의 헬륨, 질소 또는 수소를 사용한다.
② 장치
  ㉠ 시료가스 채취장치 : 기체용 주사기법과 채취용 공기주머니(Air-bag)를 이용한다.
    ⓐ 기체용 주사기법
      부피 100mL의 콕이 있는 기체용 주사기(Gas Tight Syringe)를 사용한다.
    ⓑ 채취용 공기주머니 이용법(직접법)
      부피 5~10L의 합성수지 필름으로 만든 공기주머니를 사용한다.
  ㉡ 기체크로마토 그래피법 *중요내용*
    ⓐ 검출기
      열전도도 검출기 또는 메테인화 반응장치가 있는 불꽃이온화 검출기를 사용한다. 열전도도 검출기는 CO 함유율이 1,000ppm 이상인 경우에 사용한다.
    ⓑ 분리관
      내면을 잘 세척한 내경 2~4mm, 길이 0.5~1.5m의 스테인리스 재질 관, 유리관 등을 사용한다.
    ⓒ 충전제
      합성제올라이트(Molecular Sieve 5A, 13X 등이 있음)를 사용한다.
③ 시료 채취방법
  ㉠ 채취용 공기주머니는 5~10L 용량의 새것을 준비한다.
  ㉡ 건조관은 실리카겔, 합성제올라이트 등의 건조제를 충전한 관을 사용한다.
④ 조작
  ㉠ 기체크로마토그래피 조작
    ⓐ 분리관 오븐 온도 : 40~50℃
    ⓑ 운반가스 유량 : 25~50 mL/분
  ㉡ 채취용 공기주머니를 기체시료 도입부에 접속하고, 시료가스의 일정량(1~3L)을 계량판으로 채취한 후 분리관에 주입하여 크로마토그램을 얻는다.
  ㉢ 크로마토그램 중 일산화탄소의 봉우리 면적을 구해, 절대 검량선법에 의해 시료 중의 일산화탄소의 농도를 계산한다.

05 배출가스 중 염화수소

적용 가능한 시험방법 *중요내용*

이온크로마토그래피법이 주 시험방법이다.

분석방법	정량범위	방법검출한계	정밀도
이온크로마토그래피	0.4ppm 이상 • 시료채취량 : 20L • 분석용 시료용액 : 100mL	0.1ppm	10% 이내
싸이오사이안산제이수은 자외선/가시선분광법	1.6ppm 이상 • 시료채취량 : 40L • 분석용 시료용액 : 250mL	0.5ppm	10% 이내

05-1 이온크로마토그래피

1. 목적

배출가스 중 염화수소를 정제수로 흡수하여 충분한 분리능을 가질 수 있는 음이온 교환 분리관으로 분리하고 전도도검출기(Conductivity Detector) 또는 동등 이상의 성능을 갖는 검출기를 구비한 이온크로마토그래프로 염화 이온을 측정하여 염화수소를 정량한다.

2. 적용범위

(1) 시료채취량이 20L이고 분석용 시료용액의 양이 100mL인 경우, 정량범위는 0.4ppm 이상이며 방법검출한계는 0.1ppm이다.
(2) 배출가스 중 염화물 염(Chloride Salts) 등의 입자상물질 또는 황화합물 등의 환원성가스가 공존하면 영향을 받으므로 그 영향을 무시하거나 제거 할 수 있는 경우에 적용한다.

3. 간섭물질

배출가스 중 염화물 염 등의 입자상물질이 공존하여 분석결과에 영향을 미치는 경우에는 흡수병 전단에 PTFE(Polytetrafluoroethylene) 재질의 여과지 (0.45µm 이하)를 설치하여 채취한다.

4. 시약

(1) 흡수액

전기전도도가 1µS/cm 이하인 정제수를 사용한다.

(2) 분석기기용 시약

시약의 종류 및 조제방법은 분석기기 및 분리관 등의 설명서에서 요구하는 기준에 따른다.

5. 시료채취 및 관리

(1) 시료채취위치

배출가스를 대표할 수 있는 측정점을 선정한다. 예를 들면 배출가스의 유속이 현저하게 변화하지 않고 먼지 등이 쌓이지 않으며 수분이 적은 곳으로 선정한다.

(2) 시료채취장치

① 채취관은 부식성 가스에 영향을 받지 않는 재질이어야 한다. 예를 들면 유리, 석영, PTFE(Polytetrafluoroethylene) 수지 등을 사용한다.
② 채취관의 적당한 곳에 배출가스 성분과 화학 반응 등을 일으키지 않는 재질의 여과재를 넣어 먼지가 혼입되는 것을 방지한다. 예를 들면 무알칼리 유리섬유, 석영섬유 등을 사용한다.
③ 연결관의 길이는 가능한 짧게 하고 수분이 응축될 우려가 있는 경우에는 채취관에서 흡수병 사이를 약 120℃로 가열한다. 각 연결 부위는 실리콘 고무, PTFE 수지 등을 사용한다.
④ 여과지 홀더는 유리, 석영, PTFE 수지 등의 재질로 약 120℃로 유지 가능한 가열 박스 내부에 설치한다.

(3) 시료채취방법

① 여과관 또는 여과구가 붙은 50~100mL 흡수병에 흡수액 25mL를 각각 넣는다.
② 3방향콕을 세척병 방향으로 하고 흡입펌프를 작동시켜 채취관에서 3방향콕까지의 연결관을 배출가스 시료로 충분히 세척한다.
③ 흡입펌프를 정지시키고 3방향콕을 흡수병 방향으로 한다. 가스미터의 지시 값을 0.01L까지 확인한다.
④ 흡입펌프를 작동시켜 배출가스 시료를 흡수병에 통과시킨다. 흡입속도를 약 1L/min으로 하여 약 20L를 채취한 후 흡입펌프를 정지시키고 3방향콕을 닫는다. 가스미터의 지시 값을 0.01L까지 확인한다. 배출가스 시료를 채취하는 동안 가스미터의 온도 및 게이지압을 확인하고 대기압을 측정한다.

㈜ 배출가스 시료를 채취하는 동안 흡수액의 온도가 높아질 경우에는 흡수병을 냉각조에 넣어 채취한다. 시료채취량은 염화수소 농도에 따라 적절히 증감할 수 있다.

6. 결과보고

(1) 표준상태 건조가스 시료채취량

표준상태(0℃, 760mmHg)의 건조가스 시료채취량은 다음 식으로 계산한다.

$$V_{S(습식)} = V \times \frac{273}{273+t} \times \frac{P_a+P_m-P_v}{760}$$

$$V_{S(건식)} = V \times \frac{273}{273+t} \times \frac{P_a+P_m}{760}$$

여기서, V : 가스미터(습식 또는 건식)로 흡입한 시료채취량(L)
V_S : 표준상태 건조가스 시료채취량(L)
t : 가스미터의 온도(℃)
P_a : 대기압(mmHg)
P_m : 가스미터의 게이지압(mmHg)
P_v : t℃의 포화 수증기압(mmHg)

(2) 농도계산

배출가스 중 염화수소 농도는 다음 식으로 계산한다.

$$C = \frac{(a-b) \times 100}{V_S} \times \frac{22.4}{35.453}$$

여기서, C : 염화수소 농도(ppm 또는 μmol/mol)
a : 분석용 시료용액의 염화 이온 농도(μg/mL)
b : 현장바탕 시료용액의 염화 이온 농도(μg/mL)
V_S : 표준상태 건조가스 시료채취량(L)
100 : 분석용 시료용액의 전체 부피(mL)

(3) 결과표시

측정결과는 ppm 단위의 소수점 둘째 자리까지 계산하고 소수점 첫째 자리로 표기한다.

05-2 자외선/가시선분광법-싸이오사이안산제이수은법

1. 목적

배출가스 중 염화수소를 수산화소듐 용액으로 흡수하여 싸이오사이안산제이수은 용액과 황산제이철암모늄 용액을 첨가하고 염화 이온과 반응하여 생성하는 싸이오사이안산제이철 착염의 흡광도를 측정하여 염화수소를 정량한다.

2. 적용범위

(1) 시료채취량이 40L이고 분석용 시료용액의 양이 250mL인 경우, 정량범위는 1.6ppm 이상이며 방법검출한계는 0.5ppm 이다.
(2) 배출가스 중 염화물 염(Chloride Salts) 등의 입자상물질 또는 이산화황, 기타 할로젠화합물, 사이안화물, 황화합물 등이 공존하면 영향을 받으므로 그 영향을 무시하거나 제거 할 수 있는 경우에 적용한다.

3. 간섭물질

(1) 배출가스 중 염화물 염 등의 입자상 물질이 공존하여 분석결과에 영향을 미치는 경우에는 흡수병 전단에 PTFE(Polytetra-fluoroethylene) 재질의 여과지(0.45μm 이하)를 설치하여 채취한다.
(2) 배출가스 중 염소가 공존할 경우에는 삼산화비소(Arsenic(Ⅲ) Oxide, As_2O_3, 197.84, 특급, 1327-53-3) 용액(1g/L)을 첨가한 수산화소듐 용액(0.1mol/L)을 흡수액으로 하여 배출가스 시료를 채취한 후 염화 이온(Cl^-) 농도를 측정한다. 동시에 ES 01306 배출가스 중 염소에서 규정하는 적용 가능한 시험방법에 따라 염소(Cl_2) 농도를 측정한다. 염화 이온 농도에서 염소 농도에 해당하는 염화 이온 농도를 빼준 값으로 배출가스 시료 중 염화수소 농도를 정량한다.

4. 시약 및 표준용액

(1) 흡수액

1L 부피 플라스크에 수산화소듐(Sodium hydroxide, NaOH, 40.00, 특급, 1310-73-2) 4g을 넣고 정제수로 녹인 후 표선까지 맞춘다.

(2) 싸이오사이안산제이수은 용액

(3) 황산제이철암모늄 용액

(4) 과염소산(1+2)

5. 시료채취 및 관리

(1) 시료채취위치

배출가스를 대표할 수 있는 측정점을 선정한다. 예를 들면 배출가스의 유속이 현저하게 변화하지 않고 먼지 등이 쌓이지 않으며 수분이 적은 곳으로 선정한다.

(2) 시료채취장치

① 채취관은 부식성 가스에 영향을 받지 않는 재질이어야 한다. 예를 들면 유리, 석영, PTFE(Polytetrafluoroethylene) 수지 등을 사용한다.
② 채취관의 적당한 곳에 배출가스 성분과 화학 반응 등을 일으키지 않는 재질의 여과재를 넣어 먼지가 혼입되는 것을 방지한다. 예를 들면 무알칼리 유리섬유, 석영섬유 등을 사용한다.
③ 연결관의 길이는 가능한 짧게 하고 수분이 응축될 우려가 있는 경우에는 채취관에서 흡수병 사이를 약 120℃로 가열한다. 각 연결 부위는 실리콘 고무, PTFE 수지 등을 사용한다.
④ 여과지 홀더는 유리, 석영, PTFE 수지 등의 재질로 약 120℃로 유지 가능한 가열 박스 내부에 설치한다.

(3) 시료채취방법

① 여과관 또는 여과구가 붙은 100~250mL 흡수병에 흡수액 50mL를 각각 넣는다.
② 3방향콕을 세척병 방향으로 하고 흡입펌프를 작동시켜 채취관에서 3방향콕까지의 연결관을 배출가스 시료로 충분히 세척한다.
③ 흡입펌프를 정지시키고 3방향콕을 흡수병 방향으로 한다. 가스미터의 지시 값을 0.01L까지 확인한다.
④ 흡입펌프를 작동시켜 배출가스 시료를 흡수병에 통과시킨다. 흡입속도를 약 1L/min으로 하여 약 40L를 채취한 후 흡입펌프를 정지시키고 3방향콕을 닫는다. 가스미터의 지시 값을 0.01L까지 확인한다. 배출가스 시료를 채취하는 동안 가스미터의 온도 및 게이지압을 확인하고 대기압을 측정한다.
㈜ 배출가스 시료를 채취하는 동안 흡수액의 온도가 높아질 경우에는 흡수병을 냉각조에 넣어 채취한다. 시료채취량은 염화수소 농도에 따라 적절히 증감할 수 있다.

6. 결과보고

(1) 표준상태 건조가스 시료채취량

표준상태(0℃, 760mmHg)의 건조가스 시료채취량은 다음 식으로 계산한다.

$$V_{S(습식)} = V \times \frac{273}{273+t} \times \frac{P_a+P_m-P_v}{760}$$

$$V_{S(건식)} = V \times \frac{273}{273+t} \times \frac{P_a+P_m}{760}$$

여기서, V : 가스미터(습식 또는 건식)로 흡입한 시료채취량(L)
  V_S : 표준상태 건조가스 시료채취량(L)
  t : 가스미터의 온도(℃)
  P_a : 대기압(mmHg)
  P_m : 가스미터의 게이지압(mmHg)
  P_v : t℃의 포화 수증기압(mmHg)

(2) 농도계산

배출가스 중 염화수소 농도는 다음 식으로 계산한다.

$$C = \frac{(a-b) \times 50}{V_S} \times \frac{22.4}{35.453}$$

여기서, C : 염화수소 농도(ppm 또는 μmol/mol)
  a : 분석용 시료용액의 염화 이온 질량(μg)
  b : 현장바탕 시료용액의 염화 이온 질량(μg)
  V_S : 표준상태 건조가스 시료채취량(L)
  50 : 분석용 시료용액의 전체 부피(250mL)/분석용 시료용액 중 정량에 사용한 부피(5mL)

(3) 결과표시

측정결과는 ppm 단위의 소수점 둘째 자리까지 계산하고 소수점 첫째 자리로 표기한다.

06 배출가스 중 염소

적용 가능한 시험방법 🔖중요내용

자외선/가시선분광법-4-피리딘카복실산-피라졸론법이 주 시험방법이다.

분석방법	정량범위	방법검출한계	정밀도
자외선/가시선분광법- 오르토톨리딘법	0.2~5.0ppm • 시료채취량 : 2.5L • 분석용 시료용액 : 50mL	0.1ppm	10% 이내
자외선/가시선분광법- 4-피리딘카복실산-피라졸론법	0.08ppm 이상 • 시료채취량 : 20L • 분석용 시료용액 : 50mL	0.03ppm	10% 이내

06-1 배출가스 중 염소의 분석방법

1. 적용범위

이 시험기준은 화학반응 등에 따라 굴뚝 등에서 배출되는 가스 중의 염소를 분석하는 방법에 대하여 규정한다.

2. 분석방법(자외선/가시선분광법 - 오르토톨리딘법)

① 목적 🔖중요내용
  오르토 톨리딘을 함유하는 흡수액에 시료를 통과시켜 얻어지는 발색액의 흡광도를 측정하여 염소를 정량하는 방법이다.

② 적용범위 🔖중요내용
  ㉠ 시료채취량이 2.5L이고 분석용 시료용액의 양이 50mL인 경우 정량범위는 0.2~5.0ppm이며, 방법검출한계는 0.1ppm이다. 정량범위 상한값을 넘어서는 경우 분석용 시료용액을 흡수액으로 희석하여 분석할 수 있다.
  ㉡ 배출가스 중 브로민, 아이오딘, 오존, 이산화질소 및 이산화염소 등의 산화성 가스나 황화수소, 이산화황 등의 환원성 가스가 공존하면 영향을 받으므로 그 영향을 무시하거나 제거할 수 있는 경우에 적용하며, 배출가스 시료채취 종료 후 10분 이내 측정할 수 있는 경우에 적용한다.

3. 시료채취위치

시험에 사용하는 가스의 채취위치는 대표적인 가스를 채취할 수 있는 점, 즉 가스유속이 심하게 변동하지 않고 먼지 등이 쌓이지 않는 곳을 선택하여야 한다.

4. 분석방법

① 시료 채취장치
  ㉠ 시료 채취관은 배출가스 중의 염소에 의해서 부식되지 않는 재질로서 유리관, 석영관, 염화비닐관 및 불소수지관 등을 사용한다. 🔖중요내용

ⓛ 시료 채취관은 굴뚝에 직각이고 끝이 중앙부에 오도록 넣는다. 〔중요내용〕
ⓒ 시료가스 중의 먼지가 혼입되는 것을 막기 위하여 시료채취관의 적당한 곳에 여과재를 끼운다.

② 시약 〔중요내용〕
㉠ 오르토 톨리딘 염산용액 : 1L 부피 플라스크에 오르토톨리딘 이염산염(o-tolidine dihydrochloride, $C_{14}H_{18}Cl_2N_2$, 285.21, 특급, 612-82-8) 1g 및 정제수 약 500mL 넣고 녹인 후 염산(Hydrochloric Acid, HCl, 36.46, (35~40)%, 7647-01-0) 15mL를 넣고 정제수로 표선까지 맞춘다. 이 용액은 갈색병에 보관하면 약 6개월간 사용할 수 있다.
㉡ 흡수액
  1L 플라스크에 조제한 오르토톨리딘 염산용액 100mL를 넣고 정제수로 표선까지 맞춘다.
㉢ 싸이오황산소듐 용액(0.05mol/L)
  ※ 표정 : 종말점 부근에서 액이 엷은 황산으로 되면 녹말용액(5g/L) 1mL를 넣고 계속 적정하여 청색이 없어질 때를 종말점으로 한다.
㉣ 녹말 용액(5g/L)
㉤ 아세트산(1+1)

③ 시료채취방법
㉠ 50mL 용량의 흡수병에 흡수액 20mL를 각각 넣는다.
㉡ 3방향콕을 세척병 방향으로 하고 흡입펌프를 작동시켜 채취관에서 3방향콕까지의 연결관을 배출가스 시료로 충분히 세척한다.
㉢ 흡입펌프를 정지시키고 3방향콕을 흡수병 방향으로 한다. 가스미터의 지시값을 0.01L까지 확인한다.
㉣ 흡입펌프를 작동시켜 배출가스 시료를 흡수병에 통과시킨다. 흡입속도를 약 0.5L/min으로 하여 약 2.5L를 채취한 후 흡입펌프를 정지시키고 3방향콕을 닫는다. 가스미터의 지시값을 0.01L까지 확인한다. 배출가스 시료를 채취하는 동안 가스미터의 온도 및 게이지압을 확인하고 대기압을 측정한다.
  ㈜ 1. 배출가스 시료를 채취하는 동안 흡수액의 온도가 5℃를 초과할 경우에는 흡수병을 냉각조에 넣어 채취한다. 시료채취량은 염소 농도에 따라 적절히 증감할 수 있다.
   2. 배출가스 시료를 채취하는 동안 흡수액이 적색으로 바뀌거나 적색 침전이 생기면 채취한 흡수액은 폐기하고 시료채취량을 줄여 다시 채취한다.

④ 분석방법
㉠ 약 20℃에서 5~20분 사이에 분석용 시료를 10 mm 셀에 취한다. 〔중요내용〕
㉡ 대조액으로 흡수액을 사용하여 파장 435 nm 부근에서 흡광도를 측정한다. 〔중요내용〕

06-2 자외선/가시선분광법 – 4 – 피리딘카복실산 – 피라졸론법

1. 목적

배출가스 중 염소를 p-톨루엔설폰아마이드 용액으로 흡수하여 클로라민-T로 전환시키고 사이안화포타슘 용액을 첨가하여 염화사이안으로 전환시킨 후, 완충 용액 및 4-피리딘카복실산-피라졸론 용액을 첨가하여 발색시키고 흡광도를 측정하여 염소를 정량한다.

2. 적용범위

(1) 시료채취량이 20L이고 분석용 시료용액의 양이 50mL인 경우, 정량범위는 0.1ppm 이상이며 방법검출한계는 0.04ppm이다.

(2) 배출가스 중 브로민, 아이오딘, 오존, 이산화염소 등의 산화성가스 또는 황화수소, 이산화황 등의 환원성가스가 공존하면 영향을 받으므로 그 영향을 무시하거나 제거할 수 있는 경우에 적용한다. 이산화질소의 영향은 받지 않는다.

07 배출가스 중 황산화물

1. 개요

(1) 목적

이 시험기준은 연소 등에 따라 굴뚝 등에서 배출되는 배출가스 중의 황산화물($SO_2 + SO_3$)을 분석하는 방법에 대하여 규정한다.

(2) 적용 가능한 시험방법 ★중요내용

배출가스 중 황산화물-자동측정법이 주 시험방법이다.

분석 방법	분석원리 및 개요	적용범위
자동측정법- 전기화학식 (정전위전해법)	정전위전해분석계를 사용하여 시료를 가스투과성 격막을 통하여 전해조에 도입시켜 전해액 중에 확산 흡수되는 이산화황을 산화전위로 정전위전해하여 전해전류를 측정하는 방법이다.	0~1,000ppm SO_2
자동측정법- 용액전도율법	시료를 과산화수소에 흡수시켜 용액의 전기전도율(Electro Conductivity)의 변화를 용액전도율 분석계로 측정하는 방법이다.	0~1,000ppm SO_2
자동측정법- 적외선흡수법	시료가스를 셀에 취하여 7,300nm 부근에서 적외선가스분석계를 사용하여 이산화황의 광흡수를 측정하는 방법이다.	0~1,000ppm SO_2
자동측정법- 자외선흡수법	자외선흡수분석계를 사용하여 280~320nm에서 시료 중 이산화황의 광흡수를 측정하는 방법이다.	0~1,000ppm SO_2
자동측정법- 불꽃광도법	시료를 공기 또는 질소로 묽힌 다음 수소불꽃 중에 도입할 때에 394nm 부근에서 관측되는 발광광도를 측정하는 방법이다.	
침전적정법- 아르세나조 Ⅲ법	시료를 과산화수소수에 흡수시켜 황산화물을 황산으로 만든 후 아이소프로필알코올과 아세트산을 가하고 아르세나조 Ⅲ을 지시약으로 하여 아세트산바륨용액으로 적정한다.	시료 20L를 흡수액에 통과시켜 250mL로 묽게 하여 분석용 시료용액으로 할 때 전 황산화물의 농도가 약 140~700ppm의 시료에 적용된다. 광도 적정법일 때의 정량범위는 50~700ppm이다.

07-1 배출가스 중 황산화물의 분석방법

1. 적용범위

이 시험기준은 연소 등에 따라 굴뚝 등에서 배출되는 배출가스 중의 황산화물($SO_2 + SO_3$)을 분석하는 방법에 대하여 규정한다.

2. 분석방법의 종류

(1) 침전적정법(아르세나조 Ⅲ법) 〈중요내용〉

① 시료를 과산화수소수에 흡수시켜 황산화물을 황산으로 만든 후 아이소프로필 알코올과 아세트산을 가하고 아르세나조 Ⅲ을 지시약으로 하여 아세트산 바륨 용액으로 적정한다.
② 시료가스 20L를 흡수액에 통과시키고 이 액을 250 mL로 묽게 하여 분석용 시료용액으로 할 때 전 황산화물의 농도가 140~700ppm의 시료에 적용된다. 방법검출한계는 440ppm이다.
㈜ 광도적정법일 때의 정량범위는 50~700ppm이며, 방법검출한계는 15.7ppm이다.

3. 시료의 채취방법

(1) 시료 채취위치

시료가스의 채취위치는 대표적인 가스가 채취될 수 있는 지점, 즉 유속이 변화하지 않고 먼지 등이 쌓이지 않으며 수분이 적은 곳을 선택하여야 한다.

(2) 시료 채취장치 〈중요내용〉

① 시료 채취관은 배출가스 중의 황산화물에 의해 부식되지 않는 재질, 예를 들면 유리관, 석영관, 스테인리스강 재질 등을 사용한다.
② 시료 중에 먼지가 섞여 들어가는 것을 방지하기 위하여 채취관의 앞 끝에 적당한 여과재 예컨대 알칼리가 없는 유리솜 등 적당한 여과재를 넣는다.
③ 시료 중의 황산화물과 수분이 응축되지 않도록 시료 채취관과 콕 사이를 가열할 수 있는 구조로 한다.
④ 배관은 될 수 있는 한 짧게 하고, 수분이 응축될 우려가 있는 경우에는 채취관에서 3방향콕 사이를 160℃ 정도로 가열한다.
⑤ 채취관과 어댑터, 3방향콕 등 가열하는 접속부분은 갈아 맞춤 또는 실리콘 고무관을 사용하고 보통 고무관을 사용하면 안 된다.

4. 분석방법

(1) 침전적정법(아르세나조 Ⅲ법)

① 시약 〈중요내용〉
　㉠ 흡수액
　　과산화수소수 100mL를 취하고 정제수 900mL를 섞어 제조, 어둡고 서늘한 곳에 보관한다.
　㉡ 아세트산
　㉢ 0.002mol/L 황산(0.192mg SO_4^{2-}/mL)
　㉣ 0.005mol/L 아세트산 바륨용액 : 아세트산바륨(($CH_3COO)_2Ba$) 1.1g 및 아세트산 납 3수화물(($CH_3COO)_2Pb \cdot 3H_2O$) 0.4g
　　※ 표정 : 0.005mol/L 아세트산 바륨용액으로 적정하여 액의 청색이 1분간 계속되는 점을 종말점으로 한다.
　㉤ 아르세나조 Ⅲ 지시약
　　아르세나조 Ⅲ(2,7-Bis(2-arsonoph-enylazo)-1, 8-dihydroxy-3, 6-naphthalenedisulfonic acid, $C_{12}H_9As_2N_4O_4S_2$) 0.2g을 정제수 100 mL에 녹이고 거른다. 이 용액은 갈색병에 보관하고 1개월 이상 지나면 사용할 수 없다.
　㉥ 아이소프로필 알코올(Isoproply Alcohol)

② 시험방법
　㉠ 0.005mol/L 아세트산 바륨용액으로 적정한다.
　㉡ 액의 색이 청색으로 되어 1분간 지속되는 점을 종말점으로 한다. 〈중요내용〉

③ 농도 계산 *중요내용*

$$C = \frac{0.112 \times (a-b) \times f \times \frac{250}{10}}{V_s} \times 1,000 \qquad C' = C \times \frac{1}{10,000}$$

여기서, C : 황산화물 농도(ppm 또는 μmol/mol)
C' : 황산화물 농도(부피분율 %)
a : 분석용 시료용액의 적정에 사용된 0.005mol/L 아세트산바륨용액부피(mL)
b : 현장바탕시료용액의 적정에 사용된 0.005mol/L 아세트산바륨용액부피(mL)
f : 0.005mol/L 아세트산바륨용액의 역가
V_s : 표준상태 건조가스 시료채취량(L)
0.112 : 0.005mol/L 아세트산바륨용액 1mL에 상당하는 황산화물(SO_2 + SO_3)의 가스부피(mL)
(표준상태)

(2) 자동측정법 *중요내용*

① 적용 가능한 방법

측정	개요
자동측정법 – 전기화학식 (정전위 전해법)	정전위전해분석계를 사용하여 시료를 가스투과성격막을 통하여 전해조에 도입시켜 전해액 중에 확산 흡수되는 이산화황을 규정된 산화전위로 정전위전해하여 전해전류를 측정하는 방법이다.
자동측정법 – 용액 전도율법	시료를 과산화수소에 흡수시켜 용액의 전기전도율(Electro Conductivity)의 변화를 용액전도율 분석계로 측정하는 방법이다.
자동측정법 – 적외선 흡수법	시료가스를 셀에 취하여 7,300 nm 부근에서 적외선가스분석계를 사용하여 이산화황의 광흡수를 측정하는 방법이다.
자동측정법 – 자외선 흡수법	자외선흡수분석계를 사용하여 280~320nm에서 시료 중 이산화황의 광흡수를 측정하는 방법이다.
자동측정법 – 불꽃 광도법	불꽃광도검출분석계를 사용하여 시료를 공기 또는 질소로 묽힌 다음 수소불꽃 중에 도입할 때에 394nm 부근에서 관측되는 발광광도를 측정하는 방법이다.

② 측정범위
㉠ 0~1,000ppm 이하로 한다.
㉡ 반복성 : 교정가스 농도의 ±2% 이하이어야 한다.
㉢ 드리프트 : 제로드리프트 및 스팬드리프트는 교정가스 농도의 ±2% 이하이어야 한다.
㉣ 응답시간 : 응답시간은 5분 이하이어야 한다.

③ 간섭물질

측정방법	간섭물질
전기화학식(정전위전해법)	황화수소, 이산화질소, 염화수소, 탄화수소, 염소
용액 전도율법	염화수소, 암모니아, 이산화질소, 이산화탄소
적외선 흡수법	수분, 이산화탄소, 탄화수소
자외선 흡수법	이산화질소
불꽃 광도법	황화수소, 이황화탄소, 탄화수소, 이산화탄소

08 배출가스 중 질소산화물

적용 가능한 시험방법 *중요내용*

배출가스 중 질소산화물-자동측정법이 주 시험방법이다.

분석방법	분석원리 및 개요	정량범위
자외선/가시선분광법 - 아연환원 나프틸에틸렌다이아민법	-	6.7~230ppm • 시료채취량 : 150mL • 분석용 시료용액 : 20mL
자동측정법-전기화학식 (정전위 전해법)	가스투과성 격막을 통하여 전해질 용액에 시료가스 중의 질소산화물을 확산·흡수시키고 일정한 전위의 전기에너지를 부가하면 질산이온으로 산화시켜서 생성되는 전해전류로 시료가스 중 질소산화물의 농도를 측정한다.	0~1,000ppm
자동측정법-화학 발광법	일산화질소와 오존이 반응하여 이산화질소가 될 때 발생하는 발광강도를 590~875nm 부근의 근적외선 영역에서 측정하여 시료 중의 일산화질소의 농도를 측정하는 방법이다. 이산화질소는 일산화질소로 환원시킨 후 측정한다.	0~1,000ppm
자동측정법-적외선 흡수법	일산화질소의 5,300 nm 적외선 영역에서 광흡수를 이용하여 시료 중의 일산화질소의 농도를 비분산형 적외선분석계로 측정하는 방법이다. 이산화질소는 일산화질소로 환원시킨 후 측정한다.	0~1,000ppm
자동측정법-자외선 흡수법	일산화질소는 195~230nm 이산화질소는 350~450nm 부근에서 자외선의 흡수량 변화를 측정하여 시료 중의 일산화질소 또는 이산화질소의 농도를 측정하는 방법이다.	0~1,000ppm

08-1 배출가스 중 질소산화물의 분석방법

1. 적용범위

이 시험기준은 굴뚝 등에서 배출되는 배출가스 중의 질소산화물($NO+NO_2$)을 분석하는 방법에 대하여 규정한다. (연료의 연소, 금속표면의 처리공정, 무기 및 유기화학반응공정 중에서 대기 중에 발산되기 전의 배출가스를 말한다.)

2. 분석방법의 종류

(1) 자외선/가시선분광법 - 아연환원 나프틸에틸렌디아민법 *중요내용*

① 시료 중의 질소산화물을 오존 존재하에서 흡수액에 흡수시켜 질산이온으로 만든다. 이 질산이온을 분말금속아연을 사용하여 아질산이온으로 환원한 후 설파닐 아미드(Sulfonilic Amide) 및 나프틸에틸렌디아민(Naphthyl Ethylene Diamine)을 반응시켜 얻어진 착색의 흡광도로부터 질소산화물을 정량하는 방법으로서 배출가스 중의 질소산화물을 이산화질소로 하여 계산한다.

② 시료채취량 150mL인 경우 시료 중의 질소산화물 농도가 6.7~230ppm의 것을 분석하는 데 적당하다. 방법검출한계는 2.1ppm이다.
③ 2,000ppm 이하의 이산화황은 방해하지 않고 염소 이온 및 암모늄 이온의 공존도 방해하지 않는다.

3. 분석방법

(1) 아연환산 나프틸에틸렌디아민법
① 시약
㉠ 흡수액 *중요내용*
1L 부피 플라스크에 정제수 약 800mL를 넣고 황산(1+17) 5mL를 넣어 정제수로 표선까지 채운다.
㉡ 산소
㉢ 설파닐아마이드 혼합용액
㉣ 아연분말(질소산화물 분석용)
㉤ 염산(1+1) : 염산 1에 물 1을 섞는다.
㉥ 나프틸에틸렌디아민 용액
㉦ 질산이온 표준용액

② 분석기기 및 기구
㉠ 광도계
광전광도계 또는 광전분광 광도계
㉡ 시료채취용 주사기
콕이 붙은 부피 200mL 또는 500mL의 유리주사기
㉢ 흡수액 주입용 주사기
부피 20mL 또는 100mL의 유리주사기
㉣ 오존발생장치 *중요내용*
오존발생장치는 오존이 부피분율 1% 정도의 오존 농도를 얻을 수 있는 것으로서 질소산화물의 생성량이 적고, 그 산포 또한 작은 것이어야 한다.

㈜ 1. 오존 발생 시 동시에 질소산화물도 생성하므로 이것을 오존과 충분히 반응시켜서 오산화이질소(N_2O_5)로 만들기 위하여 테트라플루오르화에틸렌(Tetrafluorethylene) 수지관 에 통과시키고, 다시 수산화소듐 용액(40g/L)이 들어 있는 질소산화물 제거용 흡수병에 통과시킨다.
2. 아연분말은 개봉 후에 환원율이 저하되므로 장기간 보관 시에는 환원율의 저하를 방지하기 위하여 질소봉입 등과 같은 방법으로 산화방지에 주의하여야 한다. 환원율이 낮으면 정량오차가 크게 될 가능성이 있기 때문에 가능한 한 환원율이 좋은 것을 사용하며, 환원율은 다음과 같은 방법으로 구한다. (1+1)염산 3 mL를 가하고, 조작을 하여 측정된 흡광도를 A라 한다. 별도로 이산화질소 검정곡선용 용액 20 mL를 검량선 작성법에 따라 조작하여 측정한 흡광도를 B라 하고, 다음 식에 의하여 환원율을 산출한다.

$$환원율 = \frac{B}{A} \times 100$$

③ 분석용 시료용액의 조제
시료를 채취한 주사통을 떼어내고 주위의 온도까지 냉각시킨 후 채취가스의 부피(mL)를 읽고 동시에 주위 온도($t\,℃$)를 측정한다. 흡수액 20mL를 넣은 주사통을 시료를 채취한 주사통에 연결하여 흡수액을 주입하고 콕을 닫은 뒤 1분간 흔들어 섞는다. 다음에 오존발생장치에서 얻어지는 오존함유량(부피분율 1%) 이상의 산소 30mL를 취해 즉시 시료를 채취한 주사통에 연결하여 주입하고 콕을 닫은 뒤 이것을 약 1분간 흔들어 섞고 5분간 방치한다. 이것을 분석용 시료용액으로 한다.

④ 농도계산

$$C = \frac{n \times (a-b)}{V_s} \times 1{,}000 \qquad C' = \frac{C}{10{,}000} \qquad C'' = C \times \frac{46}{22.4}$$

여기서, C : 질소산화물의 농도(ppm 또는 μmol/mol)
  C' : 질소산화물의 농도(부피분율 %)
  C'' : 질소산화물의 농도(mg/Sm³)
  n : 분석용 시료용액 분취량 보정값(20mL일 경우 1, 10mL일 경우 2, 5mL일 경우 4로 한다.)
  a : 시료가스에서 구한 이산화질소의 부피(μL)
  b : 현장바탕시료에서 구한 이산화질소의 부피(μL)
  V_s : 건조가스 시료 채취량(mL) (0℃, 760mmHg)

(2) 자동측정법 ★중요내용

① 적용 가능한 방법

측정	개요
자동측정법 – 전기화학식 (정전위 전해법)	가스투과성 격막을 통하여 전해질 용액에 시료가스 중의 질소산화물을 확산·흡수시키고 일정한 전위의 전기에너지를 부가하여 질산이온으로 산화시켜서 생성되는 전해전류로 시료가스 중 질소산화물의 농도를 측정한다.
자동측정법 – 화학 발광법	일산화질소와 오존이 반응하여 이산화질소가 될 때 발생하는 발광강도를 590~875nm 부근의 근적외선 영역에서 측정하여 시료 중의 일산화질소의 농도를 측정하는 방법이다. 이산화질소는 일산화질소로 환원시킨 후 측정한다.
자동측정법 – 적외선 흡수법	일산화질소의 5,300nm 적외선 영역에서 광흡수를 이용하여 시료 중의 일산화질소의 농도를 비분산형 적외선분석계로 측정하는 방법이다. 이산화질소는 일산화질소로 환원시킨 후 측정한다.
자동측정법 – 자외선 흡수법	일산화질소는 195~230nm, 이산화질소는 350~450nm 부근에서 자외선의 흡수량 변화를 측정하여 시료 중의 일산화질소 또는 이산화질소의 농도를 측정하는 방법이다.

② 측정범위

0~1,000ppm 이하로 한다.

③ 간섭물질

측정방법	간섭물질
전기화학식(정전위 전해법)	염화수소, 황화수소, 염소
화학 발광법	이산화탄소
적외선 흡수법	수분, 이산화탄소, 이산화황, 탄화수소
자외선 흡수법	아황산가스, 탄화수소

4. 측정방법

측정기를 사용하여 현장에서 질소산화물 농도를 측정하는 경우에는 배출시설의 가동상황을 고려하여 5분 이상 측정한 5분 평균값을 계산하고, 이를 3회 이상 연속 측정하여 3개의 5분 평균값을 평균하여 최종 결과값으로 한다.

09 배출가스 중 이황화탄소

적용 가능한 시험방법 *중요내용*

기체크로마토그래피가 주 시험방법이다.

분석방법	정량범위	방법검출한계	정밀도
기체크로마토그래피	0.5ppm 이상	0.1ppm	10% 이내
자외선/가시선분광법	4.0~60.0ppm • 시료채취량 : 10L • 분석용 시료용액 : 200mL	1.3ppm 이하	10% 이내

09-1 배출가스 중 이황화탄소의 분석방법

1. 적용범위

이 시험방법은 화학반응 등에 따라 굴뚝으로부터 배출되는 가스 중의 이황화탄소를 분석하는 방법에 관하여 규정한다.

2. 분석방법의 종류

(1) 자외선/가시선분광법 *중요내용*

① 다이에틸아민구리 용액에서 시료가스를 흡수시켜 생성된 다이에틸 다이싸이오카밤산구리의 흡광도를 435 nm의 파장에서 측정하여 이황화탄소를 정량한다.
② 시료가스채취량이 10L인 경우 배출가스 중의 이황화탄소 농도 4.0~60.0ppm의 분석에 적합하다.
③ 이황화탄소의 방법검출한계는 1.3ppm이다.
④ 황화수소를 제거하기 위해 아세트산카드뮴 용액을 넣는다.

(2) 기체크로마토그래피법 *중요내용*

① 불꽃광도검출기(Flame Photometric Detector) 혹은 이와 동등 이상의 성능을 갖는 황화물 선택성 검출기나 질량분석 검출기를 구비한 기체크로마토그래프를 사용하여 정량한다. 예를 들면 펄스 불꽃광도검출기(Pulsed Flame Photometric Detector), 황 발광검출기(Sulfur Chemiluminescence Detector), 원자발광검출기(Atomic Emission Detector)와 같은 황화물 선택적 검출기의 사용이 가능하다. 이황화탄소는 불꽃이온화검출기(FID)로도 검출이 가능하나, 다른 탄화수소화합물과 동시에 검출이 되어 기체크로마토그래프에서 분리가 어려운 문제가 있으므로 불꽃광도검출기로 분석할 경우에는 질량분석검출기로 이황화탄소 성분이 완전히 분리되었는지 확인 후 분석을 수행하여야 한다.

② 이황화탄소농도 0.5 ppm 이상의 배출 분석에 적합하다.
 ※ 비고 : GC-FPD의 경우에는 10ppm 농도 이하의 범위에서 측정을 하여야 하며, 고농도 시료는 희석하여 10ppm 농도 범위에서 분석하여야 한다. *중요내용*
 ㈜ 수소염이온화법(水素炎이온化法)에 의한 검출(FID)도 가능하며, 2펜(two pen) 기록계로 양자(兩者)의 지시를 볼 수 있는 방식의 것이 편리하다.

3. 시료 채취방법 *중요내용*

채취관, 도관 등에는 경질유리, 테프론관 등을 사용한다.

4. 분석방법

(1) 자외선/가시선분광법

① 시약
  ㉠ 흡수액(다이에틸아민구리 용액) *중요내용*
  ㉡ 다이에틸 다이싸이오카밤산소듐 용액 : 조제 후 1개월 이상 경과한 것은 사용해서는 안 된다.
  ㉢ 표준발색원액

② 측정방법(정량)
  현장바탕시료용액과 분석용 시료용액의 흡광도를 파장 435nm 부근에서 측정해서 미리 만들어 놓은 검량곡선으로부터 이황화탄소 농도(mL/mL)를 구한다.

③ 농도계산

$$C = \frac{(a-b) \times 200}{V_s} \times 1{,}000 \qquad C' = C \times \frac{1}{10{,}000}$$

여기서, C : 시료 중의 이황화탄소 농도(ppm 또는 μmol/mol)
C' : 시료 중의 이황화탄소 농도(부피분율 %)
a : 시료가스에서 구한 이황화탄소의 양(mL/mL)
b : 현장바탕시료에서 구한 이황화탄소의 양(mL/mL)
200 : 분석용 시료용액(mL)
V_s : 표준상태의 건조 시료가스 채취량(L)

(2) 기체크로마토그래피법

① 분석장비 *중요내용*
  ㉠ 기체크로마토 그래프 검출기
    불꽃광도 검출기(FPD), 펄스불꽃광도검출기(PFPD), 질량분석기(MS)가 장착된 것 사용
  ㉡ 운반가스
    순도 99.999% 이상의 질소 또는 순도 99.999% 이상의 헬륨
  ㉢ 연료기체
    수소와 산소는 99.999% 이상의 순도, 이황화탄소를 포함하지 않아야 함
  ㉣ 컬럼
    이황화탄소를 방해 성분으로부터 충분히 분리할 수 있는 것 사용

② 시료채취
  분석 전 시료채취 주머니의 시료가스를 미리 50mL 이상 흘려보낸 다음 시료가스 일정량(1~5mL)을 취해서 바로 기체크로마토그래프에 주입분석한다.

③ 바탕시험 *중요내용*
  분석 전 초고순도 질소(99.9999%)를 사용하여 시료분석과 동일한 조건에서 GC 시스템의 오염을 확인한다.

④ 계산
  검정곡선으로부터 시료농도를 계산

⑤ 결과 표시

측정결과는 ppm 단위의 소수점 둘째 자리까지 계산하고 소수점 첫째 자리로 표기한다.

10 배출가스 중 황화수소

적용 가능한 시험방법 *중요내용

자외선/가시선분광법 – 메틸렌블루법이 주 시험방법이다.

분석방법	정량범위	방법검출한계	정밀도
자외선/가시선분광법 – 메틸렌블루법	1.7ppm 이상 • 시료채취량 : 20L • 분석용 시료용액 : 200mL	0.5ppm	10% 이내
기체크로마토그래피	0.5ppm 이상 (시료채취주머니 채취 및 직접 주입)	0.2ppm	10% 이내

10-1 배출가스 중 황화수소의 분석방법

1. 적용범위

이 시험기준은 화학반응 등에 따라 굴뚝 등에서 배출되는 배출가스 중의 황화수소를 분석하는 방법에 대하여 규정한다.

2. 분석방법의 종류

(1) 자외선/가시선분광법(메틸렌블루법) *중요내용

① 배출가스 중의 황화수소를 아연아민착염 용액에 흡수시켜 P – 아미노다이메틸아닐린 용액과 염화철(Ⅲ) 용액을 가하여 생성되는 메틸렌블루의 흡광도를 측정하여 황화수소를 정량한다.
② 시료채취량이 20L이고 분석용 시료용액의 양이 200μm인 경우, 정량범위는 1.7ppm 이상이며 방법검출한계는 0.5ppm이다.

3. 시료의 채취방법

① 여과관 또는 여과구가 붙은 100~250mL 흡수병에 흡수액 50mL를 각각 넣는다.
② 3방향콕을 세척병 방향으로 하고 흡입펌프를 작동시켜 채취관에서 3방향콕까지의 연결관을 배출가스 시료로 충분히 세척한다.
③ 흡입펌프를 정지시키고 3방향콕을 흡수병 방향으로 한다. 가스미터의 지시값을 0.01L까지 확인한다.
④ 흡입펌프를 작동시켜 배출가스 시료를 흡수병에 통과시킨다. 흡입속도를 약 1L/min으로 하여 약 20L를 채취한 후 흡입펌프를 정지시키고 3방향콕을 닫는다. 가스미터의 지시값을 0.01L까지 확인한다. 배출가스 시료를 채취하는 동안 가스미터의 온도 및 게이지압을 확인하고 대기압을 측정한다.

4. 분석방법

(1) 자외선/가시선분광법(메틸렌블루법)

① 시약
  ㉠ 흡수액 〔중요내용〕
    황산아연7수화물($ZnSO_4 \cdot 7H_2O$) 5g을 물 약 500mL에 녹이고 여기에 수산화소듐 6g을 정제수 약 300mL에 녹인 용액을 가한다. 이어 황산암모늄 70g을 저으면서 가하고 수산화아연의 침전이 녹으면 정제수를 가하여 전량을 1L로 한다.
  ㉡ p-아미노다이메틸아닐린 용액
  ㉢ 염화철(Ⅲ) 용액($FeCl_3 6H_2O$)
  ㉣ 0.05mol/L 아이오딘 용액
  ㉤ 0.1mol/L 싸이오황산소듐 용액

② 시험방법
  광전광도계 또는 광전분광 광도계로 파장 670 nm 부근의 흡광도를 각각 측정한다.

(2) 기체크로마토그래피법

① 목적
  배출가스 중 황화수소를 시료채취 주머니에 채취하여 충분한 분리능을 가질 수 있는 분리관[1](Column)으로 분리하고 불꽃광도검출기(Flame Photometric Detector) 또는 동등 이상의 성능을 갖는 검출기[2]를 구비한 기체크로마토그래프로 황화수소를 정량한다.
  ㈜ 1. SPB-1 Sulfur (30m×0.32mm×4.00μm) 또는 동등 이상의 분리능을 갖는 분리관을 사용할 수 있다.
      2. 펄스형 불꽃광도검출기(Pulsed Flame Photometric Detector), 황화학발광검출기(Sulfur Chemiluminescence Detector), 원자방출검출기(Atomic Emission Detector), 질량분석기(Mass Spectrometer) 등을 사용할 수 있다.

② 적용범위
  ㉠ 정량범위는 0.5 ppm 이상이며 방법검출한계는 0.2 ppm이다.
  ㉡ 배출가스 중 일산화탄소, 이산화탄소 또는 수분 등이 공존하면 영향을 받으므로 그 영향을 무시하거나 제거할 수 있는 경우에 적용한다.

③ 간섭물질
  ㉠ 황화수소 머무름 시간과 이산화황 및 카보닐황화물(Carbonyl Sulfide) 머무름 시간을 비교하여 충분한 분리능을 가질 수 있는지 확인한다.
  ㉡ 배출가스 중 이산화황의 공존으로 분리능 등에 영향이 예상되는 경우에는 시트르산 완충 용액을 통과시킨 배출가스를 채취한다.

11 배출가스 중 플루오린화합물

적용 가능한 시험방법 *중요내용

플루오린화합물 – 자외선/가시선분광법 – 란타넘 – 알리자린콤플렉손법이 주 시험방법이다.

분석방법	정량범위	방법검출한계	정밀도
자외선/가시선분광법 – 란타넘 – 알리자린콤플렉손법	0.05ppm 이상 • 시료채취량 : 80L • 분석용 시료용액 : 250mL	0.02ppm	10% 이내
이온크로마토그래피	0.30ppm 이상 • 시료채취량 : 40L • 분석용 시료용액 : 100mL	0.10ppm	10% 이내
이온선택전극법	7.37~737ppm • 시료채취량 : 40L • 분석용 시료용액 : 250mL	2.31ppm	10% 이내
연속흐름법	0.30ppm 이상 • 시료채취량 : 40L • 분석용 시료용액 : 100mL	0.10ppm	10% 이내

11-1 배출가스 중 플루오린화합물의 분석방법

1. 적용범위

이 시험기준은 굴뚝 등에서 배출되는 배출가스 중의 무기 플루오린화합물을 플루오린화 이온으로 분석하는 방법에 대하여 규정한다.

2. 분석방법의 종류

(1) 자외선/가시선 분광법(란타넘 – 알리자린 콤플렉손법, La Alizarin Complexon) *중요내용

① 배출가스 중 무기 플루오린화합물을 수산화소듐 용액으로 흡수하고 완충 용액을 첨가하여 pH를 조절한 후 란타넘 – 알리자린콤플렉손 용액을 첨가하고 플루오린화 이온과 반응하여 생성하는 복합 착화합물의 흡광도를 측정하여 플루오린화합물을 정량한다.

② 시료채취량이 80L이고 분석용 시료용액의 양이 250mL인 경우, 정량범위는 0.05ppm 이상이며 방법검출한계는 0.02ppm이다.

③ 배출가스 중 알루미늄(III), 철(II), 구리(II), 아연(II) 등의 중금속 이온이나 인산 이온 등이 공존하면 영향을 받으므로 그 영향을 무시하거나 제거할 수 있는 경우에 적용한다.

(2) 이온크로마토그래피법

① 배출가스 중 무기 플루오린화합물을 수산화소듐 용액으로 흡수하고 중화시킨 후 탄산 이온을 제거하여 충분한 분리능을 가질 수 있는 음이온 교환 분리관으로 분리하고 전도도검출기(Conductivity Detector) 또는 동등 이상의 성능을

갖는 검출기를 구비한 이온크로마토그래프로 플루오린화 이온을 측정하여 플루오린화합물을 정량한다.
㈜ 전기화학검출기(Electrochemical Detector) 등을 사용할 수 있다.
② 시료채취량이 40L이고 분석용 시료용액의 양이 100mL인 경우, 정량범위는 0.30ppm 이상이며 방법검출한계는 0.10ppm이다.
③ 배출가스 중 알루미늄(III), 철(II) 등의 중금속 이온이 공존하면 영향을 받으므로 그 영향을 무시하거나 제거할 수 있는 경우에 적용한다.
④ 배출가스 중 알루미늄(III), 철(II) 등의 중금속 이온이 공존하여 분석결과에 영향을 미치는 경우에는 배출가스 중 플루오린화합물 – 자외선/가시선분광법 – 란타넘 – 알리자린콤플렉손법의 분석용 시료용액 조제에 따라 분석용 시료용액을 조제한다.
㈜ 증류 시, 시료용액 중 플루오린화 이온 이외의 할로젠화합물이 다량 함유된 경우에는 정제수 20mL에 수산화소듐 용액(40g/L) 4~5방울을 첨가한다. 이 용액은 pH 측정지로 확인하여 증류가 끝날 때까지 약알칼리성을 유지하여야 하며, 필요 시 수산화소듐 용액 40g/L를 추가로 첨가한다. 증류가 끝나면 정제수로 표선까지 맞춘다.

(3) 이온선택전극법 **중요내용**

① 굴뚝에서 적절한 시료채취장치를 이용하여 얻은 시료 흡수액을 플루오린화 이온전극을 이용하여 전기전도도를 측정하는 방법이다.
② 이 시험기준은 시료채취량 40L인 경우 정량범위는 플루오린화합물로서 7.37~737ppm이며, 방법검출한계는 2.31ppm이다.
③ 시료가스 중에 알루미늄(III), 철(II) 등의 중금속 이온이 공존하면 영향을 받는다. 따라서 2종류의 이온세기조절용 완충용액을 가했을 때 전위차가 3mV를 초과하면 증류법에 의해 플루오린화합물을 분리한 후 정량한다.

(4) 연속흐름법

① 배출가스 중 무기 플루오린화합물을 수산화소듐 용액으로 흡수하고 가열 증류하여 플루오린화합물을 플루오린화 이온으로 유출시킨 후 란타넘 – 알리자린콤플렉손 용액을 첨가하고 플루오린화 이온과 반응하여 생성하는 복합 착화합물의 흡광도를 측정하여 플루오린화합물을 정량한다.
② 시료채취량이 40L이고 분석용 시료용액의 양이 100mL인 경우, 정량범위는 0.30ppm 이상이며 방법검출한계는 0.10ppm이다.
③ 배출가스 중 알루미늄(III), 철(II), 구리(II), 아연(II) 등의 중금속 이온이나 인산 이온 등이 공존하면 영향을 받으므로 그 영향을 무시하거나 제거할 수 있는 경우에 적용한다.
④ 배출가스 중 염화수소 등의 염화 이온이 고농도로 존재하면 가열 증류 시 회수율이 낮아지므로 회수율 검증 후 적용한다.

3. 시료 채취방법 및 분석용 시료의 제조방법

(1) 시료채취위치

배출가스를 대표할 수 있는 측정점을 선정한다. 예를 들면 배출가스의 유속이 현저하게 변화하지 않고 먼지 등이 쌓이지 않으며 수분이 적은 곳으로 선정한다.

(2) 시료채취장치 **중요내용**

① 채취관은 부식성 가스에 영향을 받지 않는 재질이어야 한다. 예를 들면 스테인레스강, PTFE(Polytetrafluoroethylene) 수지 등을 사용한다.
② 채취관의 적당한 곳에 배출가스 성분과 화학 반응 등을 일으키지 않는 재질의 여과재를 넣어 먼지가 혼입되는 것을 방지한다. 예를 들면 PTFE 섬유 등을 사용한다.
③ 연결관의 길이는 가능한 짧게 하고 수분이 응축될 우려가 있는 경우에는 채취관에서 흡수병 사이를 약 120℃로 가열한다. 각 연결 부위는 실리콘 고무, PTFE 수지 등을 사용한다.

(3) 시료채취방법
① 여과관 또는 여과구가 붙은 50~100mL 흡수병에 흡수액 25mL를 각각 넣는다.
② 3방향콕을 세척병 방향으로 하고 흡입펌프를 작동시켜 채취관에서 3방향콕까지의 연결관을 배출가스 시료로 충분히 세척한다.
③ 흡입펌프를 정지시키고 3방향콕을 흡수병 방향으로 한다. 가스미터의 지시값을 0.01L까지 확인한다.
④ 흡입펌프를 작동시켜 배출가스 시료를 흡수병에 통과시킨다. 흡입속도를 약 1L/min으로 하여 약 40L를 채취한 후 흡입펌프를 정지시키고 3방향콕을 닫는다. 가스미터의 지시값을 0.01L까지 확인한다. 배출가스 시료를 채취하는 동안 가스미터의 온도 및 게이지압을 확인하고 대기압을 측정한다.

4. 분석방법

(1) 자외선/가시선 분광법(란타넘-알리자린 콤플렉손법)

① 전처리(증류법) *중요내용*
증류온도를 145±5℃, 유출속도를 3~5mL/min으로 조절하고, 증류된 용액이 약 220mL가 될 때까지 증류를 계속한다.

② 분석방법
㉠ 시약
ⓐ 흡수액(부피 플라스크에 수산화소듐 4g을 넣고 정제수로 녹인 후 표선까지 맞춤)
ⓑ 란타넘-알리자린 콤플렉손 용액 *중요내용*
ⓒ 라탄넘용액   ⓓ 염산(1+5)
ⓔ 암모니아수(1+10)   ⓕ 아세트산암모늄 용액
ⓖ 페놀프탈레인용액

③ 시료채취장치
시료채취관, 여과제를 장착한 히터, 흡수병, 건조장치, 진공펌프, 가스미터, 온도계, 압력계 등으로 구성

④ 농도계산 *중요내용*
측정결과는 ppm 단위로 소수점 셋째 자리까지 계산하고, 소수점 둘째 자리로 표기한다.

$$C = \frac{(a-b) \times 10}{V_S} \times \frac{22.4}{18.998}$$

여기서, C : 플루오린화합물 농도(ppm 또는 $\mu mol/mol$)
a : 분석용 시료용액의 플루오린화 이온 질량(μg)
b : 현장바탕 시료용액의 플루오린화 이온 질량(μg)
V_S : 표준상태 건조가스 시료채취량(L)
10 : 분석용 시료용액의 전체 부피(250mL) / 분석용 시료용액 중 정량에 사용한 부피(25mL)

12 배출가스 중 사이안화수소

적용 가능한 시험방법 *중요내용*

자사이안화수소 – 자외선/가시선분광법 – 4 – 피리딘카복실산 – 피라졸론법이 주 시험방법이다.

분석방법	정량범위	방법검출한계	정밀도
자외선/가시선분광법 – 4 – 피리딘카복실산 – 피라졸론법	0.05ppm 이상 • 시료채취량 : 10L • 분석용 시료용액 : 250mL	0.02ppm	10% 이내
연속흐름법	0.11ppm 이상 • 시료채취량 : 20L • 분석용 시료용액 : 250mL	0.03ppm	10% 이내

12-1 배출가스 중 사이안화수소의 분석방법

1. 적용범위

이 시험기준은 화학반응 등에 따라 굴뚝 등에서 배출되는 배출가스 중의 사이안화수소를 분석하는 방법에 대하여 규정한다.

2. 분석방법의 종류

(1) 자외선/가시선분광법 – 4 – 피리딘카복실산 – 피라졸론법 *중요내용*

① 배출가스 중 사이안수소를 수산화소듐 용액으로 흡수하고 완충용액 및 클로라민-T용액을 첨가하여 염화사이안으로 전환시킨 후 발색용액을 첨가하여 발색시키고 흡광도를 측정하여 사이안화수소를 정량한다.
② 시료채취량이 10L이고 분석용 시료용액의 양이 250mL인 경우 정량범위는 0.05ppm 이상이며, 방법검출한계는 0.02ppm이다.
③ 배출가스 중 염소 등의 산화성가스 또는 알데하이드류, 황화수소, 이산화황 등의 환원성가스가 공존하면 영향을 받으므로 그 영향을 무시하거나 제거할 수 있는 경우에 적용한다.
④ 배출가스 중 알데하이드류가 공존할 경우 흡수액 100mL에 에틸렌다이아민 용액 (35g/L) 2mL를 첨가하여 채취한다.
⑤ 배출가스 중 염소 등의 산화성가스가 공존할 경우 흡수액 100mL에 삼산화비소 용액 0.1mL를 첨가하여 채취한다.

3. 시료 채취위치

배출가스를 대표할 수 있는 측정점을 선정한다. 예를 들면 배출가스의 유속이 현저하게 변화하지 않고 먼지 등이 쌓이지 않으며 수분이 적은 곳으로 선정한다.

4. 분석방법

(1) 자외선/가시선분광법 – 4 – 피리딘카복실산 – 피라졸론법

① 시약
  ㉠ 흡수액 *중요내용
    부피 플라스크에 수산화소듐 20g을 넣고 정제수로 녹인 후 표선까지 맞춤
  ㉡ 에틸렌다이아민용액(35g/L)   ㉢ 삼산화비소용액
  ㉣ 텍스트린용액(20g/L)   ㉤ 플루오레세인소듐용액(2g/L)
  ㉥ 질산은용액(0.1mol/L)   ㉦ P – 다이메틸 아미노 벤질리덴 로다닌의 아세톤 용액
  ㉧ 아세트산(1+1) (1+8)   ㉨ 페놀프탈레인용액(1g/L)
  ㉩ 인산이수소포타슘용액(200g/L)   ㉪ 인산염완충액(pH 7.2)
  ㉫ 클로라민 – T용액(10g/L)   ㉬ 4 – 피리딘카복실산 – 피라졸론용액

② 분석절차
  4 – 피리딘카복실산 – 피라졸론 용액 10mL를 넣고 정제수로 표선까지 맞추고 마개를 막은 후 혼합하여 약 25℃의 물 중탕에서 약 30분간 방치한 후 이 용액의 일부를 10mm 흡수셀에 넣고 638nm 부근의 파장에서 흡광도를 측정한다.

③ 계산
  측정결과는 ppm 단위로 소수점 셋째 자리까지 계산하고, 소수점 둘째 자리까지 표기한다.

$$C = \frac{(a-b) \times 10}{V_s} \times \frac{22.4}{26.017}$$

  여기서, C : 사이안화수소(HCN) 농도(ppm 또는 $\mu mol/mol$)
  a : 분석용 시료용액의 사이안화 이온 질량(μg)
  b : 현장바탕 시료용액의 사이안화 이온 질량(μg)
  V_s : 표준상태 건조가스 시료채취량(L)
  10 : 분석용 시료용액의 전체 부피(250mL) / 분석용 시료용액 중 정량에 사용한 부피(25mL)

(2) 연속흐름법

① 목적
  배출가스 중 사이안화수소를 수산화소듐 용액으로 흡수하여 완충 용액을 첨가한 후 자외선 분해 및 가열 증류 방식 또는 자외선 분해 및 소수성 막에 의한 가스 확산 방식으로 다시 사이안화수소로 유출시키고 완충 용액 및 클로라민 – T 용액을 첨가하여 염화사이안으로 전환시킨 후 발색 용액을 첨가하여 발색시키고 흡광도를 측정하여 사이안화수소를 정량한다.

② 적용범위
  ㉠ 시료채취량이 20L이고 분석용 시료용액의 양이 250mL인 경우, 정량범위는 0.11ppm 이상이며 방법검출한계는 0.03ppm이다.
  ㉡ 배출가스 중 염소 등의 산화성가스 또는 알데하이드류, 황화수소, 이산화황 등의 환원성가스가 공존하면 영향을 받으므로 그 영향을 무시하거나 제거할 수 있는 경우에 적용한다.

③ 간섭물질
  ㉠ 배출가스 중 알데하이드류가 공존할 경우에는 흡수액 100 mL에 에틸렌다이아민 용액(35g/L) 2mL를 첨가하여 채취한다.
  ㉡ 배출가스 중 염소 등의 산화성가스가 공존할 경우에는 흡수액 100mL에 삼산화비소 용액 0.1mL를 첨가하여 채취한다.

13 배출가스 중 매연

1. 적용범위

이 시험기준은 굴뚝 등에서 배출되는 매연을 링겔만 매연농도표(Ringelmenn Smoke Chart)에 의해 비교·측정하는 시험방법에 대하여 규정한다.

2. 링겔만 매연농도(Ringelmenn Smoke Chart)법 ★중요내용

보통 가로 14 cm, 세로 20 cm의 백상지에 각각 0, 1.0, 2.3, 3.7, 5.5 mm 전폭의 격자형 흑선(格子型黑線)을 그려 백상지의 흑선부분이 전체의 0%, 20%, 40%, 60%, 80%, 100%를 차지하도록 하여 이 흑선과 굴뚝에서 배출하는 매연의 검은 정도를 비교한 후 각각 0~5도까지 6종으로 분류한다.

3. 불투명도법 ★중요내용

코크스로, 용해로 등을 사용하는 제철업 및 제강업종에서 입자상 물질이 시설로부터 제일 많이 새어나오는 곳을 대상으로 측정한다. 이때 태양은 측정자의 좌측 또는 우측에 있어야 하고 측정자는 시설로부터 배출가스를 분명하게 관측할 수 있는 거리에 위치해야 한다.(그 거리는 아무리 멀어도 1km를 넘지 않아야 한다.)

불투명도 측정은 링겔만 매연농도표 또는 매연측정기를 이용하여 30초 간격으로 비탁도를 측정한 다음 불투명도 측정용지에 기록한다. 비탁도는 최소 0.5도 단위로 측정값을 기록하며 비탁도에 20%를 곱한 값을 불투명도 값으로 한다.

4. 측정위치의 선정 ★중요내용

될 수 있는 한 바람이 불지 않을 때 굴뚝 배경의 검은 장해물을 피한다. 연기의 흐름에 직각인 위치에 태양광선을 측면으로 받는 방향으로부터 농도표를 측정치의 앞 16m에 놓고 200 m 이내(가능하면 연돌구에서 16 m)의 적당한 위치에 서서 굴뚝배출구에서 30~45 cm 떨어진 곳의 농도를 측정자의 눈높이의 수직이 되게 관측 비교한다.

> 🔍 Reference | 배출가스 중 매연 – 광학기법
>
> ① 굴뚝, 플레어스텍 등에서 배출되는 매연을 측정한다.
> ② 대기 중 배출되는 가스흐름을 투과해서 물체를 식별하고자 할 때 불명확하게 하는 정도를 불투명도라 하며, 매연이 배출되는 지점과 배경지점을 카메라로 촬영한 후, 비교하여 산정하며, 결과는 0~100% 사이에서 5% 단위로 나타낸다.

14 배출가스 중 산소

적용 가능한 방법

자동측정법 – 전기화학식이 주 시험방법이다.

분석방법	정량범위
자동측정법 – 전기화학식	0~25.0%
자동측정법 – 자기식(자기풍)	0~5.0%
자동측정법 – 자기식(자기력)	0~10.0%

14-1 배출가스 중 산소측정방법

1. 적용범위

이 시험기준은 굴뚝 등에서 배출되는 배출가스 중의 산소를 측정하는 방법에 대하여 규정한다.

2. 자동측정법

(1) 원리

① 자기식(자기풍) **★중요내용**
  ㉠ 상자성체(常磁性體)인 산소분자가 자계 내(磁界內)에서 자기화(磁氣化)될 때 생기는 흡입력을 이용하여 산소농도를 연속적으로 구하는 것이다.
  ㉡ 자기풍(磁氣風)방식과 자기력(磁氣力)방식이 있다.
  ※ 비고 : 이 방식은 체적자화율(體積磁化率)이 큰 가스(일산화질소)의 영향을 무시할 수 있는 경우에 적용할 수 있다.
  ㉢ 분석기기
    ⓐ 자기풍방식
      자계 내에서 흡입된 산소분자의 일부가 가열되어 자기성(磁氣性)을 잃는 것에 의하여 생기는 자기풍의 세기를 열선소자(熱線素子)에 의하여 검출한다.
    ⓑ 자기력방식
      • 덤벨형(Dumb – Bell)
      덤벨(Dumb – Bell)과 시료 중의 산소와의 자기화 강도의 차에 의하여 생기는 덤벨의 편위량(偏位量)을 검출한다.
      • 압력검출형(壓力檢出型)
      주기적으로 단속(斷續)하는 자계 내에서 산소분자에 작용하는 단속적인 흡입력을 자계 내에 일정 유량으로 유입하는 보조가스(補助)의 배압변화량(背壓變化量)으로서 검출한다.

② 전기화학식(電氣化學式) **★중요내용**
  ㉠ 산소의 전기화학적 산화환원 반응을 이용하여 산소농도를 연속적으로 측정하는 것이다.
  ㉡ 질코니아 방식과 전극방식이 있다.

ⓐ 질코니아 방식

이 방식은 고온으로 가열된 질코니아 소자(Zirconia 素子)의 양 끝에 전극을 설치하고 그 한쪽에 시료가스, 다른 쪽에 공기를 통하여 산소농도 차를 주어 양극 사이에 생기는 기전력(起電力)을 검출한다.

※ 비고 : 이 방식은 고온에서 산소와 반응하는 가연성 가스(일산화탄소, 메테인 등) 또는 질코니아소자를 부식시키는 가스(SO_2 등)의 영향을 무시할 수 있는 경우 또는 그 영향을 제거할 수 있는 경우에 적용한다.

ⓑ 전극방식

이 방식은 가스투과성격막을 통하여 전해조(電解槽) 중에 확산흡수된 산소가 고체전극표면 위에서 환원될 때 생기는 잔해전류를 검출한다.

이 방식에는 외부로부터 환원전위를 주는 정전위전해형(定電位電解形) 및 폴라로그래프형과 갈바니 전지를 구성하는 갈바니 전지형이 있다.

※ 비고 : 이 방식은 산화환원반응을 일으키는 가스(SO_2, CO_2 등)의 영향을 무시할 수 있는 경우 또는 영향을 제거할 수 있는 경우에 적용할 수 있다.

(2) 장치의 개요

① 자기식 산소측정기

㉠ 자기풍 분석계 *중요내용*

자기풍 분석계는 측정셀, 비교셀, 열선소자(熱線素子), 자극(磁極) 증폭기 등으로 구성된다.

㉡ 자기력 분석계

ⓐ 덤벨형(Dumb-Bell) *중요내용*

덤벨형 자기력 분석계는 측정셀, 덤벨, 자극편(磁極片), 편위검출부(偏位檢出部), 증폭기 등으로 구성된다.

• 측정셀

측정셀은 시료 유통실(流通室)로서 자극 사이에 배치하여 덤벨 및 불균형 자계발생 자극편(不均衡 磁界發生 磁極片)을 내장(內藏)한 것

• 덤벨

덤벨은 자기화율(磁氣化率)이 적은 석영 등으로 만들어진 중공(中空)의 구체(球體)를 막대(棒) 양 끝에 부착한 것으로 질소 또는 공기를 봉입(封入)한 것

• 자극편(磁極片)

자극편은 외부로부터 영구자석에 의하여 자기화되어 불균등 자장(磁場)을 발생하는 것

• 편위검출부(偏位檢出部)

편위검출부는 덤벨의 편위를 검출하기 위한 것으로 광원부와 덤벨봉에 달린 거울에서 반사하는 빛을 받는 수광기(受光器)로 된다.

• 피드백코일(Feed Back Coil)

피드백코일은 편위량을 없애기 위하여 전류에 의하여 자기를 발생시키는 것으로 일반적으로 백금선이 이용된다.

ⓑ 압력검출형 *중요내용*

압력검출형 자기력분석계는 측정셀, 자극보조가스용 조리개, 검출소자, 증폭기 등으로 구성된다.

• 측정셀

측정셀은 자기화율이 적은 재질로 만들어진 시료가스 유통실(流通室)로 그 일부를 자극 사이에 배치한다.

• 자극(磁極)

자극은 전자(電磁)코일에 주기적으로 단속(斷續)하여 흐르는 전류에 의하여 자기화가 촉진되어 측정셀의 일부에 단속적인 불균형자계를 발생시키는 것이다.

• 검출소자

검출소자는 시료가스에 작용하는 단속적인 흡입력을 보조가스용 조리개의 배압(背壓)의 차로서 검출하는 것으로 소자(素子)에는 원칙적으로 압력검출형 또는 열식유량계형(熱式流量計型)이 사용된다. 또 보조가스에는 질소, 공기 등을 사용한다.

② 전기화학식 분석계
　　　㉠ 질코니아 분석계
　　　　　질코니아 분석계는 고온가열부, 검출기, 증폭기 등으로 구성된다.
　　　㉡ 전극방식분석계
　　　　　전극방식분석계는 정전위전해형(定電位電解型), 폴라로그래프형, 갈바니전지형의 세 가지 형식이 있고 가스투과성 격막(透過性隔膜), 작용전극, 대전극(對電極) 등을 갖춘 전해조, 정전위전원, 증폭기 등으로 구성된다.
　　　　　※ 비고 : 정전위전원은 갈바니 전지형을 사용할 때는 필요하지 않다.

(3) 교정방법

기기 설명서의 교정방법에 따라서 제로가스 및 스팬가스 교정을 수행한다. 교정주기는 원칙적으로 주 1회 이상으로 한다.

15 철강공장의 아크로와 연결된 개방형 여과집진시설의 먼지

1. 적용범위

배출가스 중에 함유되어 있는 액체 또는 고체인 입자상물질을 측정한 먼지로서 먼지농도 표시는 표준상태(0℃, 760mmHg)의 건조 배출가스 1m³ 중에 함유된 먼지의 질량농도를 측정하는 데 사용된다.

2. 시료채취 *중요내용

(1) 등속 흡입할 필요가 없으며 채취관은 대구경 흡입노즐(보통 10mm 정도)이 연결된 흡입관을 측정공을 통하여 측정점까지 밀어 넣고 출강에서 다음 출강 개시 전까지를 먼지 배출상태 및 공정을 고려하여 적당한 시간 간격으로 나누어 시료를 채취한다.
(2) 시료채취 시 측정공을 헝겊 등으로 밀폐할 필요는 없다.
(3) 건옥백하우스의 경우는 장입 및 출강 시는 (20±5)L/min, 용해정련기에는 (10±3)L/min로 배출가스를 흡인한다.
(4) 직인백하우스의 경우는 장입 및 출강 시는 (10±3)L/min, 용해정련기는 (20±5)L/min의 유속으로 배출가스를 흡인한다.
(5) 한 개의 원통형 여과지에 포집된 1회 먼지포집량은 2mg 이상 20mg 이하로 함을 원칙으로 한다.

3. 먼지농도

시험을 받는 전기아크로에 두 개 이상의 방지시설이 연결되어 있을 때는 다음 식을 이용하여 먼지농도를 구하며 방지시설이 한 개인 경우에는 그 방지시설 출구에서 측정한 먼지농도가 구하는 먼지농도가 된다.

$$C = \frac{\sum_{n=1}^{N}(C_s Q_s)n}{\sum_{n=1}^{N}(Q_s)n}$$

여기서, C : 구하는 평균먼지농도(mg/Sm³)
　　　　N : 시험을 받는 전체 방지시설 수
　　　　Q_s : 출강에서 다음 출강 개시 전까지 배출된 배출가스의 총유량(Sm³)

C_sQ_s : 시험을 받는 각각의 방지시설에 대한 출강에서 다음 출강 개시 전까지의 평균먼지농도에 각각의 방지시설에 대응하는 총유량을 곱한 값

16 유류 중 황함유량 분석방법

1. 적용범위

이 시험기준은 연료용 유류 중의 황함유량을 측정하기 위한 분석방법에 대하여 규정한다.

2. 적용 가능한 시험방법 *중요내용*

분석방법의 종류	황함유량에 따른 적용 구분	방법검출한계	적용 유류
연소관식 공기법 (중화적정법)	질량분율 0.010% 이상	0.003	원유 · 경유 · 중유 등
방사선식 여기법 (기기분석법)	질량분율 0.030~5.00%	0.009	

3. 분석방법

(1) 연소관식 공기법

① 개요 *중요내용*
  ㉠ 원유, 경유, 중유의 황 함유량을 측정하는 방법을 규정하며 유류 중 황 함유량이 질량분율 0.010% 이상의 경우에 적용하며 방법검출한계는 질량분율 0.003%이다.
  ㉡ 950~1,100℃로 가열한 석영재질 연소관 중에 공기를 불어 넣어 시료를 연소시킨다.
  ㉢ 생성된 황산화물을 과산화수소(3%)에 흡수시켜 황산으로 만든 다음, 수산화소듐 표준액으로 중화적정하여 황함유량을 구한다.
  ※ 비고 : 다음의 첨가제가 들어 있는 시료에는 적용할 수 없다.
    1. 불용성 황산염을 만드는 금속(Ba, Ca 등)
    2. 연소되어 산을 발생시키는 원소(P, N, Cl 등)
  ※ 참고 : 시험결과의 정확성의 점검에는 황함유량 표준 시료를 이용해도 좋다.

② 계산 및 결과
유류 중 황함유량은 질량분율 %로 나타낸다.

$$S = \frac{1.603 N(V - V_0)}{W}$$

여기서, S : 황함유량(질량분율 %)
N : 수산화소듐 표준액의 규정농도
V : 시료의 적정에 소요된 수산화소듐 표준액의 양(mL)
V_0 : 바탕 시험의 적정에 소요된 수산화소듐 표준액의 양(mL)
W : 시료의 채취량(g)

(2) 방사선식 여기법

① **개요**
  ㉠ 원유, 경유, 중유의 황함유량을 측정하는 방법을 규정하며 유류 중 황함유량이 질량분율 0.030~5.000%인 경우에 적용하며 방법검출한계는 질량분율 0.009%이다.
  ㉡ 시료에 방사선을 조사하고, 여기된 황의 원자에서 발생하는 형광 X선의 강도를 측정한다.
  ㉢ 시료 중의 황함유량은 미리 표준 시료를 이용하여 작성된 검량선으로 구한다.
    ※ 비고 : 시험 결과의 정확(편차)성의 점검에는 황함유량 표준차를 인정하는 표준시료를 이용하면 좋다.

② **분석기기**
  방사선 여기법 분석장치는 X선원, 시료셀, 방사선검출기, 연산표시부 등으로 구성된다.

③ **표준 시료**
  ㉠ 연소관식 공기법에 의해 황함유량을 확인한 경유 또는 중유
    ※ 비고 : 기타의 황함유량의 표준 시료를 이용하여도 된다.
  ㉡ 디부틸디설파이드를 이용하여 조제한 것으로 황함유량이 확인된 것을 사용한다.

④ **시험준비**
  ㉠ 여기법 분석계의 전원 스위치를 넣고, 1시간 이상 안정화시킨다.
  ㉡ 시료셀의 준비
    1종류의 표준 시료에 대해 깨끗하고 건조한 2개의 시료셀을 준비하고, 시료 셀의 창에 창재를 주름이 생기지 않도록 균일하게 편다.
  ㉢ 표준 시료의 채취
    준비한 시료 셀에 표준 시료를 시료층의 두께가 5~20 mm가 되도록 넣는다.
  ㉣ 표준 시료의 형광 X선 강도 측정

⑤ **측정법**
  ㉠ 여기법 분석계의 황함유량 표시기를 황함유량 표시로 바꾼다. 또한 측정 시간을 100초 이상으로 한다.(상온에서 고체상태의 시료 및 고점도시료는 미리 가열해 둔다.)
  ㉡ 시료를 충분히 교반한 후 준비된 시료 셀에 기포가 들어가지 않도록 주의하여 액층의 두께가 5~20 mm가 되도록 시료를 넣는다.
    ※ 비고 : 원유 등 결정성분을 많이 함유한 시료는, 시료셀의 창재의 변형이나 파손을 막기 위해, 채취 후 신속히 측정한다.
    ※ 비고 : 시료 온도는 검정곡선 작성시 표준시료의 온도와 동일하게 한다. 단 상온에서 고체인 시료나 고점도시료는 미리 유동되는 최저온도로 가열하여 취하고 검정곡선 작성시의 온도 ±5℃ 정도까지 냉각하여 측정한다.
  ㉢ 시료가 들어 있는 시료 셀을 여기법 분석계의 셀 받침대에 바르게 놓고 3회 병행 측정을 한다. 이 3회의 황함유량의 최대치와 최소치와의 차이가 표의 허용치 이내인 경우는, 이것을 평균해서 소수점 이하 셋째 자리수까지 계산한다. 표의 허용차를 넘는 경우는 다시 3회 측정하고, 허용차 이내의 3개의 눈금값을 평균한다.
    ※ 비고 : 시료의 황함유량과 이에 인접한 표준시료의 황함유량의 차이가 크면 검정곡선의 직선성에 대한 오차가 발생될 염려가 있으므로, 시료의 황함유량과 가까운 표준시료를 선정하는 것이 좋다.
  ㉣ 측정 시료셀에 넣고 남은 시료를 같은 방법으로 측정하여 황함유량의 평균값을 구한다.

〈병행 측정에서의 허용차〉

황함유량(질량분율 %)	허용차(질량분율 %)
0.010~4.000	0.010+0.01S

여기서, S : 황함유량의 평균치(질량분율 %)

⑥ 정밀도

방사선식 여기법의 정밀도는 다음에 의한다. 다만, 황함유량 0.1 질량분율 % 미만의 시료에는 적용하지 않는다.
㉠ 반복성

같은 실험실에서 같은 사람이 같은 기기로 날짜 또는 시간을 바꾸어 동일 시료를 2회 시험했을 때, 시험 결과의 차는 표의 허용치를 초과하지 않아야 한다.
㉡ 재현성

서로 다른 두 실험실에서 다른 사람이 동일 시료를 각각 1회씩 시험에서 구한 2개의 시험 결과의 차는 표의 허용차를 초과하지 않아야 한다.

〈정밀도〉

반복성(질량분율 %)	재현성(질량분율 %)
0.017(S+0.8)	0.055(S+0.8)

여기서, S : 시험결과의 평균치(질량분율 %)

17 배출가스 중 미세먼지(PM-10 및 PM-2.5)

1. 개요

(1) 목적

이 시험기준은 연소시설, 폐기물소각시설 및 기타 산업공정의 배출시설을 대상으로 굴뚝 배출가스의 입자상 물질 중 공기역학적 직경이 10μm(이하 PM10)와 2.5μm(이하 PM2.5) 이하인 미세먼지에 대한 측정을 수행하는 경우에 대하여 규정한다.

(2) 적용범위 ·중요내용

① 이 방법은 응축성 먼지는 고려하지 않고 여과성 먼지(필터 또는 사이클론/필터 조합을 통과하지 못하는 물질) 측정에만 적용된다.
   ※ 비고 : 굴뚝(덕트) 내 가스온도가 30℃ 이상일 경우 여과성 및 응축성 먼지를 고려하여야 하며, 응축성 먼지를 측정하고자 할 경우 Condenser를 비롯한 별도의 장비를 조합하여야 한다.

② 농도 표시는 표준상태(0℃, 760mmHg)의 건조배출가스 1Sm³ 중에 함유된 먼지의 중량으로 표시한다.

(3) 적용제한 ·중요내용

① 배출가스 온도가 260℃를 초과할 경우 적합하지 않을 수 있다.
   ※ 비고 : 260℃ 이상의 경우 사이클론 재질의 변형으로 미세먼지 회수율 저감 등의 문제가 발생할 수 있다.

② 시료채취장치(사이클론 및 여과지 홀더)의 길이(450mm)와 장치에 의한 가스 흐름의 영향을 최소화하기 위하여 610mm 이상의 굴뚝(덕트) 내경이 필요하다.
   ※ 비고 : 457.2~609.6mm(18~24인치) 사이의 직경을 가진 덕트에서 노즐과 사이클론에 관여하는 방해요소의 영향은 3~6% 수준이다.

③ 시료채취장치(노즐 및 사이클론)의 원활한 입출을 위한 측정공의 직경은 160mm 이상이어야 한다.

④ 습식 방지시설을 사용하는 경우 배출가스가 포화수증기 상태에서는 수분의 영향으로 측정오차가 클 수 있으므로 적합하지 않다.

(4) 측정방법의 종류 ·중요내용

① 반자동식 채취기에 의한 방법
② 수동식(조립) 채취기에 의한 방법
③ 자동식 채취기에 의한 방법

2. 사이클론 결합장치

사이클론은 스테인리스강 재질이어야 하며 내부의 O-ring은 불소수지 재질로서 변형 없는 한계온도는 205℃이므로 주의한다. 배출가스 온도가 205℃를 초과할 경우 스테인리스강 재질의 O-ring으로 교체하여 사용한다. 사이클론 구성은 아래 그림과 같이 PM10 사이클론(①), 연결부(②), PM2.5 사이클론(③)으로 이루어져 있으며 측정 항목에 따라 다음 표의 장비 구성과 같이 사이클론을 연결한 후 여과지 홀더(④)에 결합하여 시료채취를 실시한다. 입경별 사이클론의 최소·최대 절단 직경 및 PM10, PM2.5 측정장비 구성은 표와 같다.

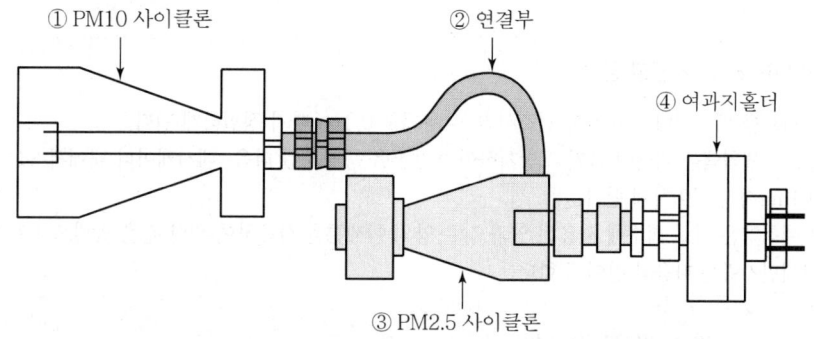

[사이클론 결합장치 및 여과지 홀더] 〈중요내용〉

〈사이클론 절단 직경(D50) 및 측정장비 구성〉

사이클론	최소 절단직경(μm)	최대 절단직경(μm)	측정장비 구성
PM10	9	11	①+④
PM2.5	2.25	2.75	①+②+③+④

3. 시약 및 표준용액

(1) 시약

① 원형 여과지 〈중요내용〉

   ㉠ 여과지는 석영, 불소수지, 유리섬유 재질로 채취 효율이 99.95% 이상이어야 한다. 압력손실, 반응성이 낮고 흡습성이 적은 것이 좋다.
   ※ 비고 : 기준물질 0.3μm 다이옥틸프탈레이트로 실험하여 0.05% 이상 침투되지 않아야 한다.

   ㉡ 취급하기 쉽고 충분한 강도를 가지며 분석에 방해되는 물질을 함유하지 않아야 한다.
   ㉢ 직경은 여과지 홀더 크기에 적합한 것을 선택한다.
   ㉣ 시료채취 목적에 따라 다양한 여과지 특성을 고려하여 선택할 수 있다.
   ㉤ 중량 농도 및 중금속을 분석할 경우 폴리테트라플루오로에틸렌(PTFE ; Polytetra-Fluoroethylene, 테플론) 재질의 여과지를 권하며, 석영여과지는 OC/EC 분석에 권한다.

4. 측정준비 〈중요내용〉

(1) 측정용 여과지 전처리의 경우 테플론 여과지는 데시케이터에서 일반 대기압하에서 적어도 24시간 이상 건조시키며 6시간의 간격을 두고 질량의 차이가 0.1mg일 때까지 정밀하게 단다. 이때, 데시케이터 조건은 온도 20±5.6℃, 상대습도 35±5%이다.

(2) 석영여과지는 건조기(110 ± 5℃)에서 2~3시간 건조시킨 후, 2시간 이상 데시케이터에서 실온까지 냉각한 후 여과지의 무게를 정밀히 달아 사용할 수 있다.

(3) 여과지 무게는 1분 간격으로 3회를 0.1mg까지 정밀하게 달아 그 평균값을 여과지의 무게로 한다.

(4) 각 여과지의 무게를 칭량하는 동안 정확성을 향상시키기 위하여 여과지는 습도가 50% 이상인 질량 측정 실험실 환경에 2분 이상 노출되지 않도록 하고, 전처리가 완료된 여과지는 채취면의 방향을 확인한 후 여과지 홀더에 끼운다.

5. 분석절차

(1) 테플론 재질의 여과지를 사용할 경우

① 보관용기 시료를 데시케이터 내에서 건조시킨 후 무게를 0.1mg까지 정밀하게 단다.
② 보관용기 2의 세척액을 비커에 옮기고 방치하여 아세톤을 증발시킨 다음, 데시케이터 내에서 24시간 동안 건조시켜 무게를 0.1mg까지 정밀하게 단다.
③ 바탕시험 세척액은 시료 회수에 사용된 양과 같은 양의 아세톤을 사용하여 위와 같은 방법으로 행한다.
④ 채취된 미세먼지량은 다음과 같이 구한다.

$$m_d = m_1 + m_2 - m_b$$

여기서, m_d : 채취된 미세먼지량(mg)
  m_1 : 보관용기 1의 미세먼지 시료 무게(채취 전후의 여과지 무게차)(mg)
  m_2 : 보관용기 2의 미세먼지 시료 무게(mg)
  m_b : 바탕시험 시 불순물 무게(바탕시험 세척액 분석 전후 무게차)(mg)

(2) 석영 재질의 여과지를 사용할 경우

① 보관용기 시료를 110±5℃(배출가스온도가 110±5℃ 이상일 경우 배출가스온도와 동일하게 건조)에서 2~3시간 건조시킨 후, 2시간 이상 방치한 뒤 무게를 단다.
② 이후의 분석은 테플론 재질의 여과지를 사용할 경우와 동일하게 한다.

6. 농도 계산

배출가스 중의 PM10, PM2.5 농도는 다음 식에 따라 소수점 둘째 자리까지 계산하고 소수점 첫째 자리까지 표기한다.

$$C_n = \frac{m_d}{V_m' \times \dfrac{273}{273+\theta_m} \times \dfrac{P_a + \Delta H/13.6}{760}} \times 10^3$$

여기서, C_n : PM10, PM2.5 농도(mg/Sm³)
  m_d : 채취된 먼지량(mg)
  V_m' : 건식 가스미터에서 읽은 가스시료 채취량(L)
  θ_m : 건식 가스미터의 평균온도(℃)
  P_a : 측정공 위치의 대기압(mmHg)
  ΔH : 오리피스 압력차(mmH$_2$O)

18 도로 재비산먼지 연속측정방법

1. 적용범위

(1) 이 측정방법은 도로를 주행하는 차량의 타이어(휠)와 도로면의 마찰에 의해서 재비산되는 먼지(이하 도로 재비산먼지)를 먼지농도 측정기가 탑재된 측정차량(이하 측정차량)을 이용하여 질량농도와 국가대기오염물질 배출량을 정량할 수 있는 미사 부하량(Silt Loading)을 측정하는 방법에 대해 규정한다.

(2) 먼지 농도표시는 상온상태의 단위부피당 먼지의 질량으로 표시하며, 미사 부하량은 상온상태의 단위면적당 먼지의 질량으로 표시한다. 측정단위는 각각 국제단위계인 $\mu g/m^3$와 g/m^2를 사용한다. *중요내용*

2. 용어 정의

(1) 도로 재비산먼지(Resuspended Particulate Matter on Road)

도로를 주행하는 차량의 타이어(휠)와 도로면의 마찰에 의해서 재비산되는 먼지를 말하며 도로 재비산먼지의 입경 분류는 입경에 따라 구분한다.

(2) 도로 재비산먼지 중 $10\mu m$ 이하인 먼지(Particulate Matter Less than $10\mu m$ of Resuspended Particulate Matter on Road)

도로를 주행하는 차량의 타이어(휠)와 도로면의 마찰에 의해서 재비산되는 먼지 중 공기역학적 등가입경(이하 입경이라 함)이 $10\mu m$ 이하인 먼지를 말한다.

(3) 도로 미사 부하량(Silt Loading on Road Surface) *중요내용*

도로의 단위면적당 표면에 쌓여 있는 먼지 중 기하학적 등가입경이 $75\mu m$이하(200mesh 이하)인 미사(Silt)의 질량을 의미한다.

(4) 광산란법(Light Scattering Method)

대기 중에 부유하고 있는 먼지에 빛을 조사하면 먼지에 의하여 빛이 산란하게 된다. 물리적 성질이 동일한 먼지에 빛을 조사하면 산란광의 양은 질량농도에 비례하게 된다. 이러한 원리를 이용하여 산란광의 양을 측정하고 그 값으로부터 먼지의 농도를 구하는 방법이다.

(5) 입경분립장치 *중요내용*

입경분립장치는 충돌판방식(Impactor)으로 입자상 물질을 내부 노즐을 통해 가속시킨 후 충돌판에 충돌시켜, 관성이 큰 입자가 선택적으로 충돌판에 채취되는 원리를 이용하여 일정크기 이상의 입자를 분리하는 장치이다.

(6) 유효한계입경 *중요내용*

유효한계입경(dp_{50})은 공기역학적 직경별 분리(혹은 채취) 효율(Effectiveness) 분포곡선에서 50%의 분리(혹은 채취) 효율을 나타내는 입자의 입경을 의미한다.

3. 측정방법의 종류

(1) 도로 재비산먼지 중 질량농도를 측정하는 방법

이 측정방법은 측정차량의 도로주행에 따른 마찰력에 의해 도로 표면의 재비산되는 먼지와 배경농도를 광산란법 등에 의해 측정하여 도로재비산먼지 중 입경이 10μm 이하인 먼지(PM10)의 질량농도를 측정한다.

(2) 도로 재비산먼지 중 미사 부하량을 측정하는 방법

이 측정방법은 (1)의 측정법을 이용하여 질량농도를 산정한 후 상관관계식을 적용하여 도로재비산먼지의 미사 부하량을 산정한다.

4. 도로 재비산먼지 중 질량농도를 측정하는 방법

(1) 이동측정차량의 구성 〈중요내용〉

이동식 측정차량은 시료 흡입부, 측정부, 저장장치 등으로 나누어지며 주요 장치구성은 그림과 같다.

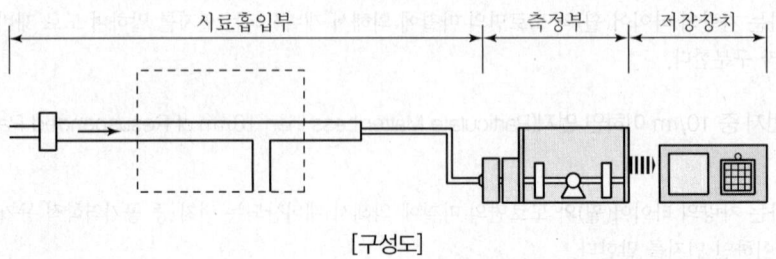

[구성도]

(2) 먼지농도의 계산

① 도로 재비산먼지 중 10μm 이하인 먼지(PM10)의 농도는 흡입유량당 먼지의 질량에 의존하는 광산란법으로 결정되고, 차량에 의해 앞쪽 타이어 후면(또는 차량 후면)에서 재비산되는 먼지의 평균농도에서 평균 배경농도의 차로 구한다.
② 평균배경농도는 실제 측정하는 시간범위와 차량이동에 따른 공간 범위에서의 해당 지역의 배경농도를 의미하며 먼지농도의 계산은 다음 식에 따른다.

$$C_{res} = \left(\sum_{i=1}^{n} \frac{C_i}{n} \right) - C_{bg}$$

여기서, n : 앞쪽 타이어 후면(또는 차량 후면)의 측정점수
C_{res} : 입경 10μm 이하의 재비산 먼지의 평균농도(μg/m³)
C_i : 앞쪽 타이어 후면(또는 차량 후면)에서 측정한 입경 10μm 이하의 먼지농도(μg/m³)
C_{bg} : 입경 10μm 이하의 평균 배경농도(μg/m³)

(3) 측정치의 기록

이상의 방법에 대해 매 채취시료마다 측정시간, 측정지역, 측정장비 고유번호, 배경농도, 도로 재비산먼지 중 10μm 이하인 먼지(PM10) 농도, 기타 성적에 참고가 될 만한 기상요소(일기, 온도, 습도, 풍향, 풍속 등) 및 시료채취자의 성명을 기록해 놓는다.

5. 정도보증/정도관리(QA/QC)

(1) 정확도 보정(보정계수 산정)

① 도로 재비산먼지 중 PM10 연속측정의 정확도는 상대적인 관점에서 연속측정기 내부에 설치된 여과지의 중량농도법 측정 간의 일치하는 정도로 정의되며, 식 (1)에 따라 보정계수를 산정한 후 식 (2)를 적용한다.

② 단, 낮은 농도에서 정확도의 상관성이 낮아지므로 연속측정 농도가 $50\mu g/m^3$ 이상으로 측정된 자료를 활용한다.

$$CF = \frac{C_{ref-mass}}{C_{opt}} \qquad 식 (1)$$

여기서, CF : 보정계수
$C_{ref-mass}$: 질량농도법 측정농도($\mu g/m^3$)
C_{opt} : 광산란법 측정농도($\mu g/m^3$)

$$C_{cor} = CF \times C_{opt} \qquad 식 (2)$$

여기서, C_{cor} : 광산란법 보정농도($\mu g/m^3$)
CF : 보정계수
C_{opt} : 광산란법 측정농도($\mu g/m^3$)

(2) 중량농도법 분석절차

여과지 안정화 및 칭량 조건 〔중요내용〕

시료채취 전후 온도 20 ± 2℃, 상대습도 35 ± 5%의 조건에서 여과지를 24시간 이상 안정화시킨 후 분석용 저울로 충분히 저울이 안정된 상태에서 $1\mu g$까지 정확히 측정하고 기록한다.

(3) 운전조건 범위 〔중요내용〕

연속자동측정기는 환경대기온도 −30℃에서 +45℃ 범위, 환경대기 중 상대습도는 0~70% 조건에서 주행속도에 의한 영향을 최소화하기 위하여 시속 60km 이내로 운전하여야 한다.

19 배출가스 중 하이드라진

적용 가능한 시험방법 〔중요내용〕

황산함침여지채취 – 고성능액체크로마토그래피가 주 시험방법이다.

분석방법	정량범위	방법검출한계
황산함침여지채취 – 고성능액체크로마토그래피	0.03ppm 이상 • 시료채취량 : 20L • 분석용 시료용액 : 5mL	0.01ppm
HCl흡수액 – 자외선가시선분광법	0.45ppm 이상 • 시료채취량 : 20L	0.14ppm

1. 하이드라진 - 황산함침여지채취 - 고성능액체크로마토그래피법

(1) 배출가스 중 하이드라진을 황산 처리한 유리섬유여지로 채취하여 추출용액으로 추출하고 유도체화 용액으로 하이드라진을 벤즈알라진(Benzalazine)으로 유도체화시킨 후 자외선 검출기(Ultraviolet Detector) 또는 동등 이상의 성능을 갖는 검출기를 구비한 고성능액체크로마토그래피로 측정하여 하이드라진을 정량한다.

(2) 시료채취량이 20L이고 분석용 시료용액의 양이 5mL인 경우, 정량범위는 0.03ppm 이상이며 방법검출한계는 0.01ppm이다. 수분이 적은 저농도 수준의 시료에 적용할 수 있다.

(3) 채취된 배출가스 시료 내에 황산과 반응하는 간섭물질이 있는 경우 황산의 감소로 인한 하이드라진의 농축량이 적어져서 유리섬유여지 채취과정에서 하이드라진의 파과가 일어날 수 있다. 또한 하이드라진이나 황산염 하이드라진(Hydrazine Sulfate, $N_2H_4 \cdot H_2SO_4$)과 반응하는 간섭물질이 시료에 공존하는 경우에는 측정 결과에 영향을 줄 수 있다. 그러므로 이러한 간섭물질은 기록하여 결과와 함께 보고하여야 한다.

(4) 300nm UV 검출기에서 감응을 나타내고 벤즈알라진의 일반적인 머무름 시간(RT ; Retention Time)과 같은 RT를 갖는 화합물이 간섭물질로 존재할 수 있다. 가능성이 있는 간섭물질들을 제출한 시료와 함께 실험실에 보고해야 하며, 시료를 추출하기 전에 간섭물질의 영향을 배제할 수 있는 방법을 고려하여야 한다.

(5) LC의 분석조건은 간섭물질을 피할 수 있도록 한다.

(6) 필요한 경우, 분석과정에서 간섭을 일으킬 수 있는 모든 시약의 점검과 순도를 확인해야 한다.

2. 하이드라진 - HCl 흡수액 - 자외선/가시선분광법

(1) 이 방법은 굴뚝배출가스 중 하이드라진(Hydrazine, N_2H_4)의 농도를 측정하기 위한 시험방법으로 굴뚝배출가스 중 하이드라진 시료가스를 0.1mol/L HCl에 흡수시킨 후 p-dimethylaminobenzalazine의 Quinoid 유도체를 가시선흡수분광광도법(Visible Absorption Spectrophotometry)으로 분석하는 과정을 포함하고 있다.

(2) 시료채취량이 20L인 경우 정량범위는 0.45ppm 이상이며 방법검출한계는 0.14ppm이다.

(3) 메틸하이드라진(Methylhydrazine, CH_6N_2)이 간섭물질이며, 이 외에도 다른 하이드라진 물질들이 간섭물질이 될 수 있다.

20 배출가스 중 응축성 미세먼지(CPM-2.5)

1. 적용범위

(1) 이 시험기준은 굴뚝 내에서는 증기 상태였다가 굴뚝에서 배출될 때 주변 공기 영향으로 냉각과 희석을 거쳐 응축되어 형성된 응축성 미세먼지(CPM)를 측정할 때 적용한다. 먼지 농도는 표준상태(0℃, 760mmHg) 건조배출가스 $1Sm^3$에 함유된 중량으로 표시한다.

(2) 응축성 미세먼지(CPM-2.5)를 산정하는 데 사용하는 여과성 미세먼지(FPM-2.5) 농도는 ES 01317.1 배출가스 중 미세먼지(PM-10 및 PM-2.5) 측정법에 따른다.

2. 적용제한

(1) 배출가스 온도가 260℃를 초과하면 적합하지 않을 수 있다.

㈜ 260℃ 이상일 때 사이클론의 재질이 변형해 미세먼지 회수율 저감 같은 문제가 발생할 수 있다.

(2) 시료채취장치(사이클론과 여과지 홀더)의 길이 450mm와 장치에 따른 가스 흐름의 영향을 최소화하려면 굴뚝(덕트) 안지름이 610mm 이상이어야 한다.

(3) 시료채취장치(노즐과 사이클론)가 원활하게 오가도록 측정공의 지름은 160mm 이상이어야 한다.

(4) 습식 방지시설을 사용하면 배출가스가 포화수증기 상태에서는 수분의 영향으로 측정오차가 클 수 있으므로, 굴뚝 배출가스 온도와 동일한 온도 조건에서 배출가스를 채취해야 하며 희석공기의 수분을 최소화하여 응축과 수분 접촉을 방지해야 한다.

3. 용어정의

(1) 배출가스 중 여과성 미세먼지(FPM-2.5 ; Filterable Particulate Matter-2.5)
배출가스의 입자상 물질 중 필터와 사이클론/필터 조합을 통과하지 못하는 먼지를 여과성 먼지라고 하며, 공기역학적 지름이 $2.5\mu m$ 이하인 미세먼지(FPM-2.5)를 말한다.

(2) 배출가스 중 응축성 미세먼지(CPM-2.5 ; Condensable Particulate Matter-2.5)
굴뚝 내에서 증기 상태였다가 굴뚝에서 배출될 때 주변 공기 영향으로 냉각과 희석을 거쳐 응축되어 즉시 형성된 응축성 먼지 중 공기역학적 지름이 $2.5\mu m$ 이하인 미세먼지(CPM-2.5)를 말한다.

(3) 배출가스 중 미세먼지(Particulate Matter-2.5)
배출가스 중 여과성 미세먼지와 응축성 미세먼지를 포함한 미세먼지를 말한다. 1차 미세먼지(Primary Particulate Matter-2.5)로 표현할 수 있다.

21 배출가스 중 수분량

적용 가능한 시험방법

배출가스 중의 수분량 측정 - 적용 가능한 시험방법이다.

측정방법	개요	적용범위
흡습관법	흡습관에 의해 수분량을 측정하는 방법	배출가스 중에 함유되어 있는 수분량을 측정하는데 사용되며 0.1% 이상의 수분량을 측정하는데 사용된다.
임핀저법	임핀저에 의해 수분량을 측정하는 방법	
자동측정법	자동측정기에 의해 수분량을 측정하는 방법	
계산법	계산식에 의해 수분량을 측정하는 방법	
농축기법	농축기에 의해 수분량을 측정하는 방법	

[배출가스 중 금속화합물 측정방법]

01 배출가스 중 금속화합물

1. 목적
(1) 배출가스 중 금속 측정의 주된 목적은 유해성 금속 성분에 대한 배출을 감시하고 관리하는 데 있다.
(2) 주요 측정대상 금속은 니켈, 비소, 수은, 카드뮴, 크로뮴 등과 같은 발암성 금속 성분과 납, 아연 등이 포함된다.
(3) 배출가스 중 부유먼지에 함유된 금속에 대한 정확한 측정 결과는 배출량 관리를 위한 정책 수립의 기본 자료로서 활용된다.

2. 적용 가능한 시험방법
(1)

측정 금속		원자흡수분광광도법*	유도결합플라스마/ 원자발광분광법	자외선/가시선분광법
01401.	비소	01401.1[①] 01401.1[②]	01401.3	01401.4
01402.	카드뮴	01402.1	01402.2	—
01403.	납	01403.1	01403.2	—
01404.	크로뮴	01404.1	01404.2	—
01405.	구리	01405.1	01405.2	—
01406.	니켈	01406.1	01406.2	—
01407.	아연	01407.1	01407.2	—
01408.	수은	01408.1[③]	—	—
01409.	베릴륨	01409.1	01409.2	—

*배출가스 중 금속에 대한 주 시험방법으로 사용한다.
① 수소화물발생원자흡수분광광도법
② 흑연로원자흡수분광광도법
③ 냉증기원자흡수분광광도법

(2) 원자흡수분광광도법을 주 시험방법으로 한다.

3. 금속 분석에서의 일반적인 주의사항
(1) 금속의 미량분석에서는 유리기구, 증류수 및 여과지에서의 금속 오염을 방지하는 것이 중요하다.
(2) 유리기구는 희석된 질산 용액에 4시간 이상 담근 후, 증류수로 세척한다.
(3) 이 시험방법에서 "물"이라 함은 금속이 포함되지 않은 증류수를 의미한다.
(4) 분석실험실은 일반적으로 산을 가열하는 전처리 시 발생하는 유독기체를 배출시킬 수 있는 환기시설(후드) 등이 갖추어져 있어야 한다.

01-1 배출가스 중 금속화합물 – 원자흡수분광광도법

1. 개요

(1) 목적

① 이 시험기준은 연소, 화학 반응 등에 의하여 굴뚝 등에서 배출되는 배출가스 중 입자상 금속 및 그 화합물을 분석하는 방법에 대하여 규정한다.

② 배출가스 중 입자상 금속(카드뮴, 납, 크로뮴, 구리, 니켈, 아연, 베릴륨 등) 및 그 화합물을 여과지로 채취하여 산(Acid) 분해하고 아세틸렌-공기 불꽃에 직접 주입하여 원자화 시킨 후 측정파장에서 흡광세기를 측정하여 입자상 금속 및 그 화합물을 정량한다.

(2) 적용범위

① 시료채취량이 $1Sm^3$이고 분석용 시료용액의 양이 250mL인 경우, 금속 개별 정량범위 및 방법검출한계는 아래 표와 같다. 표에 포함되지 않는 금속화합물의 경우에는 정도보증/정도관리를 실시하여 정량한계, 방법검출한계 등의 분석 결과 및 검증자료 등을 구비한 후 동일한 방법으로 적용할 수 있다.

② 원자흡수분광광도법의 측정파장, 정량범위, 정밀도 및 방법검출한계

측정 금속	측정파장(nm) ●중요내용	정량범위(mg/Sm^3)	방법검출한계(mg/Sm^3)
Cu	324.7	0.100 이상	0.031
Pb	217.0/283.3	0.050 이상	0.016
Ni	232.0	0.010 이상	0.003
Zn	213.9	0.100 이상	0.031
Cd	228.8	0.010 이상	0.003
Cr	357.9	0.100 이상	0.031
Be	234.9	0.040 이상	0.013

(3) 간섭물질

① 광학적 간섭 ●중요내용
  ㉠ 발생 원인
    • 분석하고자 하는 금속과 근접한 파장에서 발광하는 물질이 존재할 때
    • 측정파장의 스펙트럼이 넓어질 때
    • 이온과 원자의 재결합으로 연속 발광할 때 또는 분자띠 발광의 경우
  ㉡ 광학적 간섭은 측정에 사용하는 스펙트럼이 다른 인접선과 완전히 분리되지 않아 파장 선택부의 분해능이 충분하지 않기 때문에 검량곡선의 직선영역이 좁고 구부러져 측정감도 및 정밀도가 저하된다. 이 경우 다른 파장을 사용하여 다시 측정하거나 상대검정곡선법을 사용하여 간섭효과를 줄일 수 있다.

② 물리적 간섭
  ㉠ 물리적 간섭은 표준용액과 분석용 시료용액 또는 분석용 시료용액 간의 물리적 성질(점도, 밀도, 표면장력 등)의 차이 또는 표준물질과 분석용 시료용액의 매질(Matrix) 차이에 의해 발생할 수 있다.
  ㉡ 이 경우에는 표준용액과 분석용 시료용액 간의 매질을 일치시키거나 상대검정곡선법을 사용하여 간섭효과를 줄일 수 있다.

③ 화학적 간섭 *중요내용*
  ㉠ 발생원인
    • 원자화 불꽃 중에서 이온화하는 경우
    • 공존물질과 작용하여 해리하기 어려운 화합물이 생성되는 경우
  ㉡ 대책
    이온화로 인한 간섭은 분석대상 원소보다 이온화 전압이 더 낮은 원소를 첨가하여 측정원소의 이온화를 방지
④ 크로뮴 분석 시 아세틸렌-공기 불꽃에서는 철, 니켈 등에 의한 방해를 받는 경우
  ㉠ 황산소듐, 황산포타슘 또는 이플루오린화수소암모늄을 10g/L 정도 가하여 분석한다.
  ㉡ 아세틸렌-아산화질소 불꽃을 사용하여 간섭효과를 줄일 수 있다.

2. 용어 정의 *중요내용*

(1) 감도

각 원소 성분에 대해 입사광의 1%(0.0044 흡광도)를 흡수할 수 있는 시료의 농도

(2) 표준원액

정확한 농도를 알고 있는 비교적 고농도의 용액으로, 고순도 시약을 이용하여 정확하게 조제하거나, 일반적으로 1000mg/kg 농도에서 소급성이 명시된 인증표준물질을 구입하여 사용한다.

(3) 표준용액

① 검정곡선 작성에 사용되며, 용도에 따라 표준원액을 적당한 농도 범위로 묽혀 조제한다.
② 표준용액은 가능한 한 시료의 매질과 동일한 조성을 갖도록 조제해야 한다.

(4) 현장바탕시험용액

현장바탕시험은 현장에서의 채취과정, 시료의 운송, 보관 및 분석과정에서 생기는 문제점을 찾는 데 사용되는 시험으로, 시료와 동일한 절차를 거쳐 얻어진 용액을 말하며, 시료용액의 결과 보정에 사용된다.

3. 시약 및 표준용액

(1) 시약

① 질산(1+1)
② 염산(1+1)
③ 질산(0.5mol/L)

(2) 표준용액

① 금속(카드뮴, 납, 크로뮴, 구리, 니켈, 아연, 베릴륨, 비소 등) 표준원액(1mg/mL)
② 금속(카드뮴, 납, 크로뮴, 구리, 니켈, 아연, 베릴륨, 비소 등) 표준용액($10\mu g$/mL)

4. 시료 채취 및 관리

(1) 측정위치 및 측정점의 선정

(2) 시료채취장치

① 시료채취장치는 시료채취관, 시료채취장치, 흡입기체 유량측정장치, 기체흡입장치 등으로 구성된다.

② 유리섬유제, 석영섬유제(또는 셀룰로스제) 여과지를 사용한다.
③ 굴뚝배출가스 온도와 여과지의 관계 *중요내용*

굴뚝배출기체의 온도	여과지
120℃ 이하	셀룰로스 섬유제 여과지
500℃ 이하	유리 섬유제 여과지
1,000℃ 이하	석영 섬유제 여과지

(3) 시료채취

이동 채취법에 따라서 각 측정점에서 등속흡입하여 채취한다.

5. 정도보증/정도관리(QA/QC)

(1) 내부정도관리

① 방법검출한계 및 정량한계 *중요내용*
  ㉠ 시료채취용 여과지에 각 실험실의 정량하한값과 비슷한 농도의 분석대상 표준물질을 첨가한 여과지 시료를 7개 준비하여 각 시료를 전처리 및 분석한다.
  ㉡ 방법검출한계(MDL)
    측정값들의 표준편차×3.14
  ㉢ 정량한계(LOQ)
    측정값들의 표준편차×10

② 실험실의 정밀도 및 정확도
  ㉠ 시료채취용 여과지에 일정량의 표준물질을 첨가(정량한계의 1~5배 농도)한 시료, 또는 유사한 매질의 인증표준물질(CRM, Certified Reference Material)를 이용하여 4개 이상의 동일한 농도를 가진 시료를 준비하여 전처리 및 분석하여 측정값들의 평균값과 표준편차를 구한다.
  ㉡ 정확도는 첨가한 표준물질의 농도에 대한 측정값의 상대백분율(회수율)로서 나타낸다.
  ㉢ 정밀도는 측정값의 %상대표준편차(%RSD)로 산출한다.

$$정확도(\%) = \frac{\overline{x}}{X_i} \times 100$$

$$정밀도(\%) = \frac{s}{X_m} \times 100$$

여기서, s : 표준편차
X_i : 알고 있는 농도
$\overline{x}$: 평균 측정값

  ㉣ 측정했을 때 정밀도는 10% 이내, 정확도는 75~125% 이내이어야 한다.
  ㉤ 전처리를 제외한 분석과정에서의 정확도는 정확한 농도를 알고 있는 표준용액을 4회 이상 분석하여, 동일한 방법으로 산출할 수 있다.

6. 분석절차(전처리)

(1) 산 분해법

① 배출가스 시료를 채취한 여과지를 세라믹 또는 유리 재질의 가위로 잘게 잘라서 250mL 비커에 넣는다. 여기에 염산(1+1) 45mL를 넣고 흔들어 섞은 다음 질산(1+1) 15mL를 넣고 흔들어 섞은 후 시계접시(Watch Glass)를 덮고 약 30분간 방치한다.

② 가열 장치에 비커를 올리고 1~2시간 충분히 가열 분해시킨 다음 냉각한 후 다른 비커에 여과지(5종 A 또는 동등 여과지)로 여과하고 비커, 시계접시 및 여과지에 남은 불용성 잔류물을 질산(0.5mol/L)으로 여러 번 씻어 여과하여 합친다.

③ 가열 장치에 비커를 올리고 가열하여 증발 건고시킨다. 잔류물을 정제수 10mL 및 질산(1+1) 10mL를 넣고 가열하여 녹인 다음 냉각한 후 250mL 부피 플라스크에 옮겨 담고 비커를 질산(0.5mol/L)으로 여러 번 씻어 합치고 정제수로 표선까지 맞춘다. 이 용액을 분석용 시료용액으로 하고 4℃ 이하의 냉암소에 보관한다.

(2) 환류 냉각 산 분해법

① 배출가스 시료를 채취한 여과지를 세라믹 또는 유리 재질의 가위로 잘게 잘라서 250mL 반응 용기에 넣는다. 여기에 염산(1+1) 45mL를 넣고 흔들어 섞은 후 질산(1+1) 15mL를 넣고 흔들어 섞는다.

② 흡수 용기에 질산(0.5mol/L) 15mL를 넣고 흡수 용기 및 환류 냉각관을 반응 용기에 연결시킨 후 약 30분간 방치한다. 가열 장치의 온도를 조절하여 반응 용기 내부의 내용물을 천천히 환류 온도에 도달하도록 하고 환류 냉각되는 부분이 환류 냉각관 높이의 1/3 이하가 되도록 유지하여 1~2시간 충분히 환류 냉각 시킨 후 냉각한다.

③ 흡수 용기 내부의 내용물을 환류 냉각관을 통과시켜 반응 용기에 넣은 후 흡수 용기 및 환류 냉각관 내부를 질산(0.5mol/L) 약 10mL로 씻어 반응 용기에 넣는다. 250mL 부피 플라스크에 여과지(5종 A 또는 동등 여과지)로 여과하고 반응 용기 및 여과지에 남은 불용성 잔류물을 질산(0.5mol/L)으로 여러 번 씻어 여과하여 합치고 정제수로 표선까지 맞춘다. 이 용액을 분석용 시료용액으로 하고 4℃ 이하의 냉암소에 보관한다.

(3) 마이크로파 산 분해법

① 배출가스 시료를 채취한 여과지를 세라믹 또는 유리 재질의 가위로 잘게 잘라서 마이크로파 용기에 넣는다. 여기에 염산(1+1) 18mL를 넣고 흔들어 섞은 다음 질산(1+1) 6mL를 넣고 흔들어 섞은 후 마개를 하고 약 30분간 방치한다.

② 마이크로파 용기의 마개를 닫고 마이크로파 분해 장치 설명서에서 요구하는 절차에 따라 마이크로파를 10분간 상승시켜 약 180℃에 도달하도록 하고 10분간 유지한 후 냉각한다.

③ 마이크로파 용기 내부의 가스를 제거한 다음 100mL 부피 플라스크에 PTFE 또는 나일론 재질의 주사기용 여과지(0.45μm)로 여과하고 마이크로파 용기 및 여과지에 남은 불용성 잔류물을 질산(0.5mol/L)으로 여러 번 씻어 여과하여 합치고 정제수로 표선까지 맞춘다. 이 용액을 분석용 시료용액으로 하고 4℃ 이하의 냉암소에 보관한다.

(4) 회화 분해법

① 회화 산 분해법
분석 대상 물질이 고온에서 손실되지 않고 쉽게 회화될 수 있는 경우에 적용할 수 있다.

㉠ 배출가스 시료를 채취한 여과지를 세라믹 또는 유리 재질의 가위로 잘게 잘라서 자기도가니에 담고 전기회화로에 넣은 후 약 550℃에서 약 2시간 회화한 후 냉각한다.

㉡ 250mL 비커에 내용물을 옮겨 담고 염산(1+1) 70mL를 넣고 흔들어 섞은 다음 과산화수소 5mL를 넣고 흔들어 섞은 후 시계접시로 덮고 약 30분간 방치한다.

㉢ 가열 장치에 비커를 올리고 약 30분간 충분히 가열 분해시킨 다음 냉각한 후 다른 비커에 여과지(5종 A 또는 동등 여과지)로 여과하고 비커, 시계접시 및 여과지에 남은 불용성 잔류물을 질산(0.5mol/L)으로 여러 번 씻어 여과하여 합친다.

㉣ 가열 장치에 비커를 올리고 가열하여 증발 건고시킨다. 잔류물을 정제수 10mL 및 질산(1+1) 10mL를 넣고 가열

하여 녹인 다음 냉각한 후 250mL 부피 플라스크에 옮겨 담고 비커를 염산(2+98)으로 여러 번 씻어 합치고 염산 (2+98)으로 표선까지 맞춘다. 이 용액을 분석용 시료용액으로 하고 4℃ 이하의 냉암소에 보관한다.

② 회화 알칼리 융해법

크로뮴 분석 시 삼산화이크로뮴 등의 산(Acid)에 대한 저항력이 강한 크로뮴이 함유되어 있을 경우에 적용할 수 있으며, 기타 금속에는 적용하지 않는다.

㉠ 백금도가니에 내용물을 옮겨 담고 플루오르화수소산(Hydrofluoric Acid, HF, 20.01, 46~48%, 일급, 7664-39-3) 20mL 및 황산(Sulfuric Acid, H_2SO_4, 98.08, 95% 이상, 일급, 7664-93-9) 몇 방울을 천천히 넣고 가열판으로 황산의 흰 연기가 발생할 때 까지 천천히 가열한 다음 냉각한 후 플루오르화수소산 10mL를 넣고 황산의 흰 연기가 없어질 때 까지 가열한 후 냉각한다.

㉡ 여기에 탄산소듐(Sodium Carbonate, Na_2CO_3, 105.99, 특급, 497-19-8) 5g 및 질산소듐(Sodium Nitrate, $NaNO_3$, 84.99, 특급, 7631-99-4) 0.3g을 넣고 섞은 다음 마개를 닫고 약 900℃에서 약 20분간 용해하고 냉각한 후 내용물 및 마개를 따뜻한 정제수로 여러 번 씻어 비커에 옮겨 담는다.

㉢ 비커를 물중탕에서 가열하여 크로뮴산염을 용출한 다음 다른 비커에 70~80℃에서 여과지(5종 B 또는 동등 여과지)로 여과하고 비커 및 여과지에 남은 불용성 잔류물을 따뜻한 정제수로 여러 번 씻어 여과한다. 여기에 질산(1+1) 20mL를 넣고 가열하여 약 80mL 이하로 농축한 다음 냉각한 후 100mL 부피 플라스크에 옮겨 담고 정제수로 표선까지 맞춘다. 이 용액을 분석용 시료용액으로 하고 4℃ 이하의 냉암소에 보관한다.

7. 결과 보고(농도 계산)

배출가스 중 입자상 금속(카드뮴, 납, 크로뮴, 구리, 니켈, 아연, 베릴륨 등) 및 그 화합물 농도는 다음 식으로 계산한다.

$$C = \frac{(a-b) \times V}{V_s}$$

여기서, C : 입자상 금속 및 그 화합물 농도(mg/Sm^3)
a : 분석용 시료용액의 금속 농도($\mu g/mL$)
b : 현장바탕 시료용액의 금속 농도($\mu g/mL$)
V : 분석용 시료용액의 전체 부피(mL)
V_s : 표준상태 건조가스 시료채취량(L)

01-2 배출가스 중 금속화합물 - 유도결합플라스마/원자발광분광법

1. 개요

(1) 목적

① 이 시험기준은 연소, 화학 반응 등에 의하여 굴뚝 등에서 배출되는 배출가스 중 입자상 금속 및 그 화합물을 분석하는 방법에 대하여 규정한다.

② 배출가스 중 입자상 금속(카드뮴, 납, 크로뮴, 구리, 니켈, 아연, 베릴륨 등) 및 그 화합물을 여과지로 채취하여 산(Acid) 분해하고 플라스마에 직접 주입하여 들뜬 상태의 원자가 바닥상태로 전이할 때 방출하는 발광선 및 발광세기를 측정하여 입자상 금속 및 그 화합물을 정량한다.

(2) 적용범위

시료채취량이 1Sm³이고 분석용 시료용액의 양이 250mL인 경우, 금속 개별 정량범위 및 방법검출한계는 아래 표와 같다. 표에 포함되지 않는 금속화합물의 경우에는 정도보증/정도관리를 실시하여 정량한계, 방법검출한계 등의 분석결과 및 검증자료 등을 구비한 후 동일한 방법으로 적용할 수 있다.

〈유도결합플라스마 분광법의 정량범위와 정밀도〉 중요내용

원소	측정파장(nm)	정량범위 (mg/m³)	방법검출한계 (mg/Sm³)
Cu	324.75 / 219.96 / 327.40	0.050 이상	0.016
Pb	220.35 / 217.00 / 261.42	0.025 이상	0.008
Ni	231.60 / 221.65 / 216.56	0.050 이상	0.002
Zn	213.86 / 206.20 / 202.55	0.050 이상	0.016
Cd	226.50 / 214.44 / 228.80	0.050 이상	0.002
Cr	357.87 / 206.15 / 267.72	0.050 이상	0.016
Be	313.04 / 234.86 / 313.11	0.025 이상	0.008

(3) 간섭물질 중요내용

① 광학적 간섭
  ㉠ 발생원인
    ⓐ 분석하고자 하는 금속과 근접한 파장에서 발광하는 물질이 존재하는 경우
    ⓑ 측정파장의 스펙트럼이 넓어질 때
    ⓒ 이온과 원자의 재결합으로 연속 발광할 때 또는 분자띠 발광의 경우
  ㉡ 광학적 간섭은 측정에 사용하는 스펙트럼이 다른 인접선과 완전히 분리되지 않아 파장 선택부의 분해능이 충분하지 않기 때문에 검량곡선의 직선영역이 좁고 구부러져 측정감도 및 정밀도가 저하된다. 이 경우 다른 파장을 사용하여 다시 측정하거나 상대검정곡선법을 사용하여 간섭효과를 줄일 수 있다.

② 물리적 간섭
  ㉠ 물리적 간섭은 표준용액과 분석용 시료용액 또는 분석용 시료용액 간의 물리적 성질(점도, 밀도, 표면장력 등)의 차이 또는 표준물질과 분석용 시료용액의 매질(Matrix) 차이에 의해 발생할 수 있다.
  ㉡ 이 경우에는 표준용액과 분석용 시료용액 간의 매질을 일치시키거나 상대검정곡선법을 사용하여 간섭효과를 줄일 수 있다.

③ 화학적 간섭
  ㉠ 발생원인
    ⓐ 플라스마 중에서 이온화하는 경우
    ⓑ 공존물질과 작용하여 해리하기 어려운 화합물이 생성되는 경우
  ㉡ 대책
    이온화로 인한 간섭은 분석대상 원소보다 이온화 전압이 더 낮은 원소를 첨가하여 측정원소의 이온화를 방지

④ 분석용 시료용액 중 소듐, 칼슘, 마그네슘 등과 같은 염이 고농도로 존재하여 절대검정곡선법을 적용할 수 없는 경우에는 상대검정곡선법을 적용한다.

2. 용어 정의

배출가스 중 금속화합물 – 원자흡수분광광도법 내용과 동일함 중요내용

3. 분석기기 및 기구

배출가스 중 금속화합물 – 원자흡수분광광도법 내용과 동일함

4. 시약 및 표준용액

(1) 시약

① 질산(1+1)
② 염산(1+1)
③ 질산(0.5mol/L)
④ 이트륨 용액(50 μg/mL)

(2) 표준용액

① 금속(카드뮴, 납, 크로뮴, 구리, 니켈, 아연, 베릴륨, 비소 등) 표준원액(1mg/mL)
② 금속(카드뮴, 납, 크로뮴, 구리, 니켈, 아연, 베릴륨, 비소 등) 표준용액(10 μg/mL)

5. 시료 채취 및 관리

배출가스 중 금속화합물 – 원자흡수분광광도법 내용과 동일함

6. QA/QC

배출가스 중 금속화합물 – 원자흡수분광광도법 내용과 동일함

7. 측정법

(1) 검정곡선 작성

① 정량범위를 고려하여 여러 개의 100mL 부피 플라스크에 금속 표준용액(10 μg/mL)을 단계적으로 넣고 바탕시료 및 각각에 분석용 시료용액과 동일한 산 농도로 하여 표선까지 맞춘다. 검정곡선은 바탕시료를 제외하고 3개 이상의 농도로 작성하며, 분석기기의 감도 등에 따라 적절히 선택한다.
② 상대검정곡선법을 적용하는 경우에는 바탕시료 및 각각에 이트륨 용액(50 μg/mL) 10mL를 첨가하고 분석용 시료용액과 동일한 산 농도로 하여 표선까지 맞춘 다음 이트륨(371.03nm) 및 금속 개별 발광세기를 측정한 후 이트륨과 금속 개별 발광세기의 비를 구하여 검정곡선을 작성한다.

(2) 분석용 시료용액 정량

① 분석기기 설명서에서 요구하는 절차에 따라 분석용 시료용액을 정량한다.
② 상대검정곡선법을 적용하는 경우에는 100mL 부피 플라스크에 넣고 분석용 시료용액 적당량 및 이트륨(50 μg/mL) 10mL를 넣고 분석용 시료용액과 동일한 산 농도로 하여 표선까지 맞춘 다음 이트륨(371.03nm) 및 금속 개별 발광세기를 측정한 후 이트륨과 금속 개별 발광세기의 비를 구하여 농도를 산출한다.
③ 검정곡선 상한 값을 넘어서는 경우에는 분석용 시료용액을 분석용 시료용액과 동일한 산 농도로 희석하여 분석할 수 있다.
④ 현장바탕시료를 분석용 시료용액과 동일하게 전처리한다. 이 용액을 현장바탕 시료용액으로 하고 분석용 시료용액 정량방법과 동일하게 시험한다.

8. 배출가스 중의 금속화합물 농도 계산방법

$$C = \frac{(a-b) \times V}{V_s}$$

여기서, C : 입자상 금속 및 그 화합물 농도(mg/Sm^3)
　　　　a : 분석용 시료용액의 금속 농도($\mu g/mL$)
　　　　b : 현장바탕 시료용액의 금속 농도($\mu g/mL$)
　　　　V : 분석용 시료용액의 전체 부피(mL)
　　　　V_s : 표준상태 건조가스 시료채취량(L)

02 배출가스 중 비소화합물

적용 가능한 시험방법

수소화물 생성 원자흡수분광광도법이 주 시험방법이다.

분석방법	정량범위	방법검출한계
수소화물 생성 원자흡수분광광도법	0.003ppm 이상 (분석용 시료용액 250mL, 건조시료가스양 1Sm³인 경우)	0.001ppm
흑연로 원자흡수분광광도법	0.003ppm 이상 (분석용 시료용액 250mL, 건조시료가스양 1Sm³인 경우)	0.001ppm
유도결합플라스마 원자발광분광법	0.003ppm 이상 (분석용 시료용액 250mL, 건조시료가스양 1Sm³인 경우)	0.001ppm

02-1 배출가스 중 비소화합물 – 수소화물 생성 원자흡수분광광도법

1. 목적

① 이 시험기준은 고정된 오염물질의 주요 배출원인 배출가스 중의 입자상 및 기체상 비소화합물의 농도 측정을 위한 기준방법에 대해 규정하는 데 그 목적이 있다.
② 시료용액 중의 비소를 수소화비소로 하여 아르곤–수소불꽃 중에 도입하고 비소에 의한 원자흡수를 파장 193.7 nm에서 측정하여 비소를 정량한다.

2. 적용범위

① 이 시험기준은 연료 및 기타 물질의 연소, 금속의 제련 및 가공, 요업, 약품제조, 폐기물 처리 등에 수반하여 굴뚝 등에서 배출되는 배출가스 중에서 입자상 비소 및 이들 화합물과 가스상의 수소화 비소를 분석하는 방법에 대하여 규정한다.
② 입자상 비소화합물은 강제흡입장치를 사용하여 여과장치에 채취하고, 가스상 비소는 적당한 수용액 중에 흡수 채취하며, 채취된 물질을 산 분해 처리한다.
③ 전처리하여 용액화한 시료 용액 중의 비소를 수소화물발생 원자흡수분광법으로 측정한다. 분석농도를 구한 후 배출가스 유량으로부터 배출가스 중의 비소농도를 산출한다.
④ 정량범위
  0.003 ppm 이상(시료용액 250 mL, 건조시료가스양 1 Sm³인 경우)
⑤ 방법검출한계
  0.001 ppm
⑥ 정밀도
  10% 이하(장치, 측정조건에 따라 다름)

3. 간섭물질

① 비소 및 비소화합물 중 일부 화합물은 휘발성이 있어 채취시료를 전처리하는 동안 비소의 손실 가능성이 있으므로 주의하여야 한다.
② 고농도의 크로뮴, 코발트, 구리, 수은, 몰리브덴, 은, 니켈 등은 비소화합물 분석에 간섭을 줄 수 있다.
③ 질산 분해에 의해 생기는 환원된 산화질소와 아질산염은 감도를 저하시킬 수 있다.

4. 입자상 및 가스상 비소화합물 농도

$$C = \frac{m_1 + m_2}{V_s} \times \frac{22.41}{74.92}$$

여기서, C : 표준상태에서 건조가스 중 비소화합물 농도(ppm 또는 $\mu mol/mol$)
m_1 : 검정곡선에서 구한 입자상 비소량(μg)
m_2 : 검정곡선에서 구한 가스상 비소량(μg)
V_s : 표준상태에서의 건조가스 시료채취량(L)

02-2 배출가스 중 비소화합물 – 흑연로 원자흡수분광광도법

1. 목적

① 이 시험기준은 고정된 오염물질의 주요 배출원인 배출가스 중의 입자상 및 가스상 비소화합물의 농도 측정을 위한 기준방법에 대해 규정하는 데 그 목적이 있다.
② 비소를 흑연로 원자흡수분광광도법으로 정량하는 방법으로, 비소 속빈음극램프를 점등하여 안정화시킨 후, 전처리한 시료용액을 흑연로에 주입하고 비소화합물을 원자화시켜 파장 193.7 nm에서 원자흡수분광광도법에 따라 조작을 하여 시료용액의 흡광도 또는 흡수 백분율을 측정하는 방법이다.

2. 적용범위

① 이 시험기준은 연료 및 기타 물질의 연소, 금속의 제련 및 가공, 요업, 약품제조, 폐기물 처리 등에 수반하여 굴뚝 등에서 배출되는 배출가스 중에서 입자상 비소화합물과 가스상의 수소화비소를 분석하는 방법에 대하여 규정한다.
② 강제흡입장치를 사용하여 입자상 비소화합물을 여과장치에 채취하고, 채취된 물질을 산 분해 처리하여 용액화한 시료 용액 중의 비소를 흑연로원자흡수분광법으로 측정한다. 분석농도를 구한 후 배출가스 유량으로부터 배출가스 중의 비소화합물농도를 산출한다.
③ 정량범위
  0.003ppm 이상(시료용액 250mL, 건조시료가스양 1Sm^{3}인 경우)
④ 방법검출한계
  0.001ppm
⑤ 정밀도
  10% 이하(장치, 측정조건에 따라 다름)

3. 간섭물질

① 비소화합물 중 일부 화합물은 휘발성이 있어 채취 시료를 전처리하는 동안 비소의 손실 가능성이 있으므로 주의하여야 한다.
② 비소는 휘발가능성이 있으므로 시료 주입 후 건조 및 회화 단계에서의 온도 및 시간 설정에 주의를 해야 한다. 건조 및 회화 단계에서의 휘발 손실을 줄이기 위해 시료 주입단계에서 팔라듐/마그네슘 혼합 용액(또는 질산니켈 용액)과 같은 매질 변형제를 모든 시료에 첨가해야만 한다.
③ 비소는 낮은 분석 파장(193.7 nm)에서 측정하므로 원자화단계에서 매질성분에 의한 심각한 비특이성 흡수 및 산란에 의한 영향을 받을 수 있다. 이러한 영향을 줄이기 위해 바탕시험값 보정을 실시해야 한다.
④ 알루미늄은 특히 연속광원을 이용한 바탕시험값 보정(D_2 Lamp Background Correction)에서 심각한 양(Positive)의 간섭을 보이며, 지먼(Zeeman) 바탕시험값 보정법이 더 유용하다.
⑤ 염화소듐 또한 심각한 간섭을 일으키는 성분이다. 소듐으로서 1000 mg/L 이하일 경우 매질 변형제를 사용하고 바탕시험값 보정을 실시하여 간섭을 제거할 수 있다

02-3 배출가스 중 비소화합물 – 유도결합플라스마/원자발광분광법

1. 개요

(1) 목적
① 이 시험기준은 고정된 오염물질의 주요 배출원인 배출가스 중의 입자상 및 가스상 비소화합물의 농도 측정을 위한 기준 방법에 대해 규정함으로써 배출오염을 감시 및 억제하고자 하는 데 그 목적이 있다.
② 전처리한 시료용액을 27.1MHz(또는 40.68MHz)의 초고주파(rf) 장에 의해 생성된 아르곤 플라스마 중에 분무하여 도입하고 파장 193.696nm(또는 189.04nm, 197.20nm)에서 발광세기를 측정하여 비소를 정량한다.

(2) 적용범위
① 이 시험기준은 연료 및 기타 물질의 연소, 금속의 제련 및 가공, 요업, 약품제조, 폐기물 처리 등에 수반하여 굴뚝 등에서 배출되는 배출가스 중에서 입자상 비소 및 이들 화합물과 가스상의 수소화비소를 분석하는 방법에 대하여 규정한다.
② 강제 흡입 장치를 사용하여 입자상 비소화합물을 여과장치에 채취하고, 채취된 물질을 산 분해 처리하여 용액화한 시료용액 중의 비소를 유도결합플라스마 원자발광분광법으로 측정한다. 분석농도를 구한 후 배출가스 유량으로부터 배출가스 중의 비소 농도를 산출한다.
③ 정량범위는 0.003ppm 이상(분석용 시료용액 250mL, 건조시료가스양 $1m^3$인 경우)이고, 방법검출한계는 0.001 ppm이며, 정밀도는 10% 이하이다.(장치, 측정조건에 따라 다름)

(3) 간섭물질
① 비소화합물 중 일부 화합물은 휘발성이 있다. 따라서 채취 시료를 전처리하는 동안 비소의 손실 가능성이 있다.
② 시료 중의 철과 알루미늄에 의한 분광학적 간섭이 있을 수 있다. 이 경우 시료를 희석하거나 다른 파장을 이용할 수 있으나 검출한계가 높아질 수 있음에 유의해야 한다.
③ 시료 중의 매질 성분 및 농도 차이에 의해 시료의 주입 및 분무시의 물리적 간섭, 분자화합물 생성 및 이온화효과에 의한 화학적 간섭이 있을 수 있다. 이러한 물리적 간섭 및 화학적 간섭은 시료와 검정곡선 작성용 표준용액의 매질 농도를 일치시켜 보정해야 한다.
④ 비소는 흡수액 중에 함유되어 있는 다량의 소듐(Na) 등에 의해 간섭을 받을 수 있기 때문에 해당 장비에 수소화물 발생장치를 설치하여 분석할 수 있다.

03 배출가스 중 카드뮴화합물

적용 가능한 시험방법 *중요내용

(1) 원자흡수분광광도법이 주 시험방법이다.
(2) 시료 중 카드뮴의 농도가 낮은 경우 용매추출법을 이용한 전처리가 요구된다.

분석방법	정량범위	방법검출한계	정밀도
원자흡수분광광도법	0.010mg/Sm^3 이상 (시료채취량 : 1Sm^3, 분석용 시료용액 : 250mL)	0.003mg/m^3	10% 이내
유도결합플라스마/ 원자발광분광법	0.005mg/Sm^3 이상 (시료채취량 : 1Sm^3, 분석용 시료용액 : 250mL)	0.001mg/m^3	10% 이내

03-1 배출가스 중 카드뮴화합물 – 원자흡수분광광도법

배출가스 중 금속 – 원자흡수분광광도법에 따른다.

03-2 배출가스 중 카드뮴화합물 – 유도결합플라스마/원자발광분광법

배출가스 중 금속 – 유도결합플라스마/원자발광분광법에 따른다.

04 배출가스 중 납화합물

적용 가능한 시험방법

원자흡수분광광도법이 주 시험방법이다.

분석방법	정량범위	방법검출한계
원자흡수분광광도법	0.05mg/Sm^3 이상 (분석용 시료용액 250mL, 시료채취량 1Sm^{3}인 경우)	0.016mg/m^3
유도결합플라스마/원자발광분광법	0.025mg/Sm^3 이상 (분석용 시료용액 250mL, 시료채취량 1Sm^{3}인 경우)	0.008mg/m^3

04-1 배출가스 중 납화합물 – 원자흡수분광광도법

배출가스 중 금속 – 원자흡수분광광도법에 따른다.

04-2 배출가스 중 납화합물 – 유도결합플라스마/원자발광분광법

배출가스 중 금속 – 유도결합플라스마/원자발광분광법에 따른다.

05 배출가스 중 크로뮴화합물

적용 가능한 시험방법 *중요내용

원자흡수분광광도법이 주 시험방법이다.

분석방법	정량범위	방법검출한계	정밀도
원자흡수분광광도법	0.100mg/Sm³ 이상 (시료용액 250mL, 시료채취량 1Sm³인 경우)	0.031mg/m³	10% 이내
유도결합플라스마/원자발광분광법	0.002~1.000mg/Sm³ (시료용액 250mL, 시료채취량 1Sm³인 경우)	0.016mg/m³	10% 이내

05-1 배출가스 중 크로뮴화합물 – 원자흡수분광광도법

배출가스 중 금속 – 원자흡수분광광도법에 따른다.

05-2 배출가스 중 크로뮴화합물 – 유도결합플라스마/원자발광분광법

배출가스 중 금속 – 유도결합플라스마/원자발광분광법에 따른다.

06 배출가스 중 구리화합물

적용 가능한 시험방법 ★중요내용

원자흡수분광광도법이 주 시험방법이다.

분석방법	정량범위	방법검출한계	정밀도
원자흡수분광광도법	$0.100mg/Sm^3$ 이상 (분석용 시료용액 250mL, 시료채취량 $1Sm^3$인 경우)	$0.031mg/Sm^3$	10% 이내
유도결합플라스마/원자발광분광법	$0.050mg/Sm^3$ 이상 (분석용 시료용액 250mL, 시료채취량 $1Sm^3$인 경우)	$0.016mg/Sm^3$	10% 이내

06-1 배출가스 중 구리화합물 – 원자흡수분광광도법

배출가스 중 금속 – 원자흡수분광광도법에 따른다.

06-2 배출가스 중 구리화합물 – 유도결합플라스마/원자발광분광법

배출가스 중 금속 – 유도결합플라스마/원자발광분광법에 따른다.

07 배출가스 중 니켈화합물

적용 가능한 시험방법 *중요내용*

원자흡수분광광도법이 주 시험방법이다.

분석방법	정량범위	방법검출한계	정밀도
원자흡수분광광도법	0.010mg/Sm^3 (분석용 시료용액 250mL, 시료채취량 1Sm^{3}인 경우)	0.003mg/Sm^3	10% 이내
유도결합플라스마/원자발광분광법	0.005mg/Sm^3 (분석용 시료용액 250mL, 시료채취량 1Sm^{3}인 경우)	0.002mg/Sm^3	10% 이내

07-1 배출가스 중 니켈화합물 – 원자흡수분광광도법

배출가스 중 금속 – 원자흡수분광광도법에 따른다.

07-2 배출가스 중 니켈화합물 – 유도결합플라스마/원자발광분광법

배출가스 중 금속 – 유도결합플라스마/원자발광분광법에 따른다.

08 배출가스 중 아연화합물

적용 가능한 시험방법

원자흡수분광광도법이 주 시험방법이다.

분석방법	정량범위	방법검출한계	정밀도
원자흡수분광광도법	0.100mg/Sm^3 (분석용 시료용액 250mL, 시료채취량 1Sm^{3}인 경우)	0.001mg/Sm^3	10% 이내
유도결합플라스마/원자발광분광법	0.050mg/Sm^3 (분석용 시료용액 250mL, 시료채취량 1Sm^{3}인 경우)	0.030mg/Sm^3	10% 이내

08-1 배출가스 중 아연화합물 – 원자흡수분광광도법

배출가스 중 금속 – 원자흡수분광광도법에 따른다.

08-2 배출가스 중 아연화합물 – 유도결합플라스마/원자발광분광법

배출가스 중 금속 – 유도결합플라스마/원자발광분광법에 따른다.

09 배출가스 중 수은화합물

적용 가능한 시험방법

냉증기 – 원자흡수분광광도법이 주 시험방법이며 시험방법들의 정량범위는 표와 같다.

분석방법	정량범위	방법검출한계	정밀도
냉증기 – 원자흡수분광광도법	0.0005mg/Sm^3 이상(건조시료가스양 1Sm^{3}인 경우)	0.0002mg/m^3	10% 이내

09-1 배출가스 중 수은화합물의 분석방법

1. 적용범위

이 시험방법은 소각로, 소각시설 및 그 밖의 배출원에서 배출되는 입자상 및 가스상 수은(Hg)을 측정·분석하는 데 적용된다. *중요내용*

2. 분석방법의 종류 *중요내용*

(1) 냉증기 – 원자흡수분광광도법

① 배출원에서 등속으로 흡입된 입자상과 가스상 수은은 흡수액인 여과지 및 산성 과망간산포타슘 용액에 채취된다. 시료 중의 수은을 염화주석(II) 용액에 의해 원자 상태로 환원시켜 발생되는 수은증기를 253.7nm에서 냉증기 원자흡수분광광도법에 따라 정량한다.

② 정량범위
   0.0005mg/Sm^3 이상(건조시료가스양 1Sm^{3}인 경우)

③ 방법검출한계
   0.0002mg/Sm^3

④ 간섭물질
   시료채취 시 배출가스 중에 존재하는 산화유기물질은 수은의 채취를 방해할 수 있고 분석 시 광학셀에 있는 수증기의 응축이 방해요인으로 작용할 수 있다.

10 배출가스 중 베릴륨화합물 시험방법

적용 가능한 시험방법

배출가스 중 베릴륨화합물-원자흡수분광도법이 주 시험방법이다.

분석방법	정량범위	방법검출한계	정밀도
원자흡수분광도법	0.040mg/Sm^3 이상 (분석용 시료용액 : 250mL, 시료채취량 : 1Sm^3)	0.013mg/Sm^3	10% 이내
유도결합플라스마/원자발광분광법	0.025mg/Sm^3 이상 (분석용 시료용액 : 250mL, 시료채취량 : 1Sm^3)	0.008mg/Sm^3	10% 이내

[배출가스 중 휘발성 유기화합물 측정방법]

01 배출가스 중 폼알데하이드 및 알데하이드류

적용 가능한 시험방법 *중요내용*

고성능액체크로마토그래피가 주 시험방법이다.

분석방법	정량범위	방법검출한계
고성능액체크로마토그래피	0.010ppm 이상 (시료채취량이 10L인 경우)	0.003ppm
자외선/가시선분광법 크로모트로핀산법	0.080ppm 이상 (분석용 시료용액 100mL, 시료채취량 60L인 경우)	0.025ppm
자외선/가시선분광법 아세틸아세톤법	0.080ppm 이상 (분석용 시료용액 25mL, 시료채취량 60L인 경우)	0.025ppm

01-1 배출가스 중 폼알데하이드 및 알데하이드류의 분석방법

1. 적용범위

이 시험기준은 연소, 화학반응 등에 의하여 굴뚝 등에서 배출되는 배출가스 중에 포함되어 있는 폼알데하이드 및 알데하이드류 화합물의 분석방법에 대하여 규정한다.

2. 분석방법의 종류

(1) 고성능액체크로마토그래프법(HPLC)

① 배출가스 중의 알데하이드류를 흡수액 2, 4-다이나이트로페닐하이드라진(DNPH, Dinitrophenyl hydrazine)과 반응하여 하이드라존 유도체(Hydrazone Derivative)를 생성하게 되고 이를 액체크로마토그래프로 분석하여 정량한다. *중요내용*

② 하이드라존(Hydrazone)은 UV영역, 특히 350~380 nm에서 최대 흡광도를 나타낸다. *중요내용*

③ 적용범위
시료채취량이 10L일 경우, 정량범위는 0.010ppm 이상이며 방법검출한계는 0.003ppm이다. *중요내용*

④ 간섭물질
시료 중 위의 목표성분 외의 알데하이드나 케톤 화합물이 공존할 수 있다. 만일 이 화합물의 컬럼 머무름시간이 비슷하여 고성능액체크로마토그래프(HPLC) 컬럼에서 분리가 일어나지 않을 경우 분석결과에 영향을 줄 수 있다.

⑤ 시료채취장치
㉠ 여과재
ⓐ 배출가스 내에 먼지 등이 혼입되는 것을 막기 위해 시료가스 채취관의 끝 또는 후단에 적절한 여과재를 사용한다.

　　　　ⓑ 여과재로서 배기가스 중 성분과 화학반응이 발생하지 않는 재질의 것. 예를 들어 실리카울, 무알칼리유리울을 사용한다.
　　ⓒ 시료가스 채취관
　　　　ⓐ 배출가스 중의 부식성 가스에 내성이 있고, 폼알데하이드 및 알데하이드류 등을 흡착하지 않는 유리관이나 석영유리관 및 플루오로수지관 등을 이용한다.
　　　　ⓑ 채취관은 가능한 한 짧게 한다.
　　　　ⓒ 수분이 응축될 수 있는 경우에는 시료가스 채취관에서 가스채취 흡수병 또는 카트리지 사이를 약 120℃ 정도로 가열한다.
　　ⓒ 세척병
　　　　ⓐ 폼알데하이드의 채취에 앞서 배관 내의 가스를 치환하기 위해서 부식성 가스 등을 제거하는 가스 세척병(H)을 갖춘 바이패스 유로를 설치한다.
　　　　ⓑ 세척병에는 일반적으로 흡수액 40mL를 넣는다.
　　　　ⓒ 단, 가스 채취관에서 가스 채취기구까지의 거리가 짧은 경우 바이패스 유로를 설치하지 않아도 된다.

(2) 자외선/가시선분광법 – 크로모트로핀산법

① 폼알데하이드를 포함하고 있는 배출가스를 아황산수소소듐 용액으로 채취하고 크로모트로핀산 용액으로 발색시켜 얻은 흡광도를 측정하여 폼알데하이드 농도를 구한다. *중요내용*

② 적용범위
폼알데하이드에만 적용되며 다른 알데하이드에는 적용되지 않는다. 정량범위는 시료채취량 60 L일 때 0.080ppm이다. 폼알데하이드의 방법검출한계는 0.025ppm이다. *중요내용*

③ 간섭물질
이산화황, 이산화질소 등의 물질이나 다른 알데하이드가 공존하면 영향을 받을 수 있다.

(3) 자외선/가시선분광법 – 아세틸아세톤법

① 폼알데하이드를 포함하고 있는 배출가스를 정제수로 채취하고 아세틸아세톤 용액으로 발색시켜 얻은 흡광도를 측정하여 폼알데하이드 농도를 구한다.

② 적용범위
폼알데하이드에만 적용되며 다른 알데하이드에는 적용되지 않는다. 정량범위는 시료채취량이 60L일 때 0.080ppm 이상이고, 방법검출한계는 0.025ppm이다. *중요내용*

③ 간섭물질
다른 알데하이드류, 아민류 등이 존재하면 발색 반응을 방해할 수 있다.

02 배출가스 중 브로민화합물

적용 가능한 시험방법 〔중요내용〕

자외선/가시선분광법이 주 시험방법이다.

분석방법	정량범위	방법검출한계	정밀도(%RSD)
자외선/가시선분광법	1.8~17.0ppm • 시료채취량 : 40L • 분석용 시료용액 : 250mL	0.6ppm	10% 이내
적정법	1.2~59.0ppm • 시료채취량 : 40L • 분석용 시료용액 : 250mL	0.4ppm	10% 이내
이온크로마토그래피	• 시료채취량 : 40L • 분석용 시료용액 : 100mL	0.04ppm	10% 이내

02-1 배출가스 중 브로민화합물의 분석방법

1. 적용범위

이 시험기준은 굴뚝 등에서 배출되는 가스 중의 무기 브로민화합물을 브로민이온으로 분석하는 데 목적이 있다.

2. 분석방법의 종류 〔중요내용〕

(1) 자외선/가시선분광법(싸이오사이안산 제2수은법)

① 배출가스 중 브로민화합물을 수산화소듐 용액에 흡수시킨 후 일부를 분취해서 산성으로 하여 과망간산포타슘용액을 사용하여 브로민으로 산화시켜 클로로폼으로 추출한다.
② 클로로폼층에 정제수와 황산제이철암모늄 용액 및 싸이오사이안산 제2수은 용액을 가하여 발색한 정제수층의 흡광도를 측정해서 브로민을 정량하는 방법이다. 흡수파장은 460 nm이다.
③ 적용범위
  ㉠ 이 방법은 연료 및 기타 물질의 연소, 금속의 제련과 가공, 이화학적 처리 등에 의해 굴뚝, 덕트 등으로부터 배출되는 가스 중의 브로민화합물을 분석하는 데 사용된다.
  ㉡ 이 방법의 정량범위는 시료채취량이 40L인 경우 브로민화합물로서 1.8~17.0ppm이며 방법검출한계는 0.6ppm이다.
④ 간섭물질
  이 방법은 배출가스 중의 염화수소 100ppm, 염소 10ppm, 아황산가스 50ppm까지는 포함되어 있어도 영향이 없다.

(2) 적정법

① 배출가스 중 브로민화합물을 수산화소듐 용액에 흡수시킨 다음 브로민을 하이포아염소산소듐 용액을 사용하여 브로민산이온으로 산화시키고 과잉의 하이포아염소산염은 폼산소듐으로 환원시켜 이 브로민산 이온을 아이오딘 적정법으로 정량하는 방법이다.

② 적용범위
　㉠ 이 방법은 연료 및 기타 물질의 연소, 금속의 제련과 가공, 이화학적 처리 등에 의해 굴뚝, 덕트 등으로부터 배출되는 가스 중의 브로민화합물을 분석하는 데 사용된다.
　㉡ 이 방법의 정량범위는 브로민화합물로서 1.2ppm이며 방법검출한계는 0.4ppm이다.

③ 간섭물질
　이 방법은 시료 용액 중에 아이오딘이 공존하면 방해되나 보정에 의해 그 영향을 제거할 수 있다.

(3) 이온크로마토그래피법

① 배출가스 중 무기 브로민화합물을 수산화소듐 용액으로 흡수하고 중화시킨 후 탄산 이온을 제거하여 충분한 분리능을 가질 수 있는 음이온 교환 분리관으로 분리하고 전도도검출기(Conductivity Detector) 또는 동등 이상의 성능을 갖는 검출기(전기화학검출기 등 사용)를 구비한 이온크로마토그래프로 브로민화 이온을 측정하여 브로민화합물을 정량한다.
② 시료채취량이 40L이고 분석용 시료용액의 양이 100mL인 경우, 정량범위는 0.1ppm 이상이며 방법검출한계는 0.04ppm이다.
③ 배출가스 중 황화합물 등이 고농도로 공존하면 영향을 받으므로 그 영향을 무시하거나 제거할 수 있는 경우에 적용한다.

03 배출가스 중 페놀화합물

적용 가능한 시험방법 *중요내용*

배출가스 중 페놀화합물-기체크로마토그래피가 주 시험방법이다.

분석방법	정량범위	방법검출한계	정밀도
기체크로마토그래피	0.20~300.0ppm(시료채취량 10L인 경우)	0.07ppm	10% 이내
자외선/가시선분광법- 4-아미노안티피린법	1.00ppm 이상 (시료채취량 : 20L, 분석용 시료용액 : 200mL)	0.32ppm	10% 이내

03-1 배출가스 중 페놀화합물의 분석방법

1. 적용범위

이 시험방법은 화학반응 등에 의해 굴뚝에서 배출되는 배출가스 중의 페놀화합물의 분석방법에 관하여 규정한다.

2. 분석방법의 종류

(1) 자외선/가시선분광법 – 4 – 아미노안티피린법 *중요내용*

① 배출가스 중 페놀화합물을 수산화소듐 용액으로 흡수하고 완충 용액을 첨가하여 pH를 조절한 후 4 – 아미노안티피린 용액과 헥사사이아노철(III)산포타슘 용액을 첨가하고 페놀화합물과 반응하여 생성하는 안티피린계 색소의 흡광도를 측정하여 페놀화합물을 정량한다.

② 시료채취량이 20L이고 분석용 시료용액의 양이 200mL인 경우, 정량범위는 1.00ppm 이상이며 방법검출한계는 0.32ppm이다.

③ 배출가스 중 염소, 브로민 등의 산화성가스 또는 이산화황 등의 환원성가스가 공존하면 영향을 받으므로 그 영향을 무시하거나 제거할 수 있는 경우에 적용한다.

④ 분석용 시료용액이 간섭물질 등의 영향으로 착색되었을 경우에는 클로로폼으로 추출하여 페놀화합물을 정량한다.

(2) 기체크로마토그래피

① 이 시험기준은 배출가스 중의 페놀화합물을 측정하는 방법으로서, 배출가스를 수산화소듐 용액에 흡수시켜 이 용액을 산성으로 한 후 아세트산에틸로 추출한 다음 기체크로마토그래프로 정량하여 페놀화합물의 농도를 산출한다.

② 적용범위

㉠ 이 시험기준은 굴뚝 등에서 배출하는 배출가스 중의 페놀, 크레졸, 클로로페놀, 2, 4 – 다이클로로페놀, 2, 4, 6 – 트라이클로로페놀 및 펜타클로로페놀 등의 페놀화합물의 분석방법에 관하여 규정한다.

㉡ 10L의 시료를 용매에 흡수하여 채취할 경우 시료 중 페놀화합물의 농도가 0.20~300.0ppm 범위의 분석에 적합하다. *중요내용*

㉢ 시료 중에 일반 유기물이나 염기성 유기물이 많이 함유되어 있으면 이를 제거하기 위해 알칼리성에서 추출하여 정제하여 적용할 수 있다.

③ 간섭물질 *중요내용*

㉠ 채취병법은 기체시료 중의 페놀 성분이 수증기에 용해되어 채취 후 바로 채취용기의 기벽에 물방울이 응축하므로 적합하지 않다.

㉡ 고순도(99.8%)의 시약이나 용매를 사용하면 방해물질을 최소화할 수 있다.

㉢ 배출가스에 다량의 유기물이나 염기성 유기물이 오염되어 있을 경우에 알칼리성에서 추출하여 제거할 수 있으나 이때 페놀이나 2, 4 – 다이메틸페놀의 회수율이 줄어들 수 있다.

04 배출가스 중 다환방향족탄화수소류 – 기체크로마토그래피

1. 목적

이 시험기준은 폐기물소각시설, 연소시설, 기타 산업공정의 배출시설에서 배출되는 가스상 및 입자상의 다환방향족탄화수소류(이하 PAHs, polycyclic aromatic hydrocarbons)의 분석방법으로, 배출시설에서 채취된 시료를 여과지, 흡착제, 흡수액 등을 이용하여 채취한 후 기체크로마토그래프/질량분석기를 이용하여 분석한다.

2. 적용범위 *중요내용

① 이 시험기준은 배출가스 중의 PAHs를 여과지, 흡착수지, 흡수액을 사용하여 채취한 다음 기체크로마토그래프/질량분석기를 이용하여 분석하는 방법이다.
② 이 시험기준에 의한 배출가스 중 벤조피렌(a)의 정량범위는 $10.0 ng/Sm^3$ 이상이며 방법검출한계는 $3.2 ng/Sm^3$이다.

3. 간섭물질

① PAHs는 넓은 범위의 증기압을 가지며 대략 $10^{-8} kPa$ 이상의 증기압을 갖는 PAHs는 대기 중에서 가스상과 입자상으로 존재한다. 따라서 배출가스 중 총 PAHs의 농도를 정확하게 측정하기 위해서는 여과지와 흡착제의 동시 채취가 필요하다.
② 시료채취과정과 측정과정 중에 실제 배출가스 중의 불순물, 용매, 시약, 초자류, 시료채취기기의 오염에 따라 오차가 발생한다.
③ 측정 및 분석과정 중의 동일한 분석절차의 바탕시료 점검을 통하여 불순물에 대한 확인이 필요하다.
④ 벤조피렌(a)을 비롯한 여러 PAHs는 산성가스와 쉽게 반응할 수 있으므로 시료채취 및 분석과정에 주의해야 한다.

4. 용어 정의

(1) 다환방향족탄화수소류

두 개 또는 그 이상의 벤젠 고리가 결합된 탄화수소류를 총칭하여 PAHs라고 한다.

(2) 동위원소 치환 내부표준물질

동위원소 치환 내부표준물질(Isotope Labelled Internal Standard)은 중수소로 치환된 물질로 만들어진 표준물질(Deuterium-Labelled Internal Standard)로 내부표준법에 의한 정량분석 방법에 사용된다.

① 시료채취용 내부표준물질

시료채취용 내부표준물질은 분석하고자 하는 물질과 유사한 화학적 구조나 화학적 성질을 가지며 시료 매질 중에서는 발견되지 않는 유기화합물로서, 시료채취방법의 신뢰성을 확인하기 위해 시료채취 직전에 첨가하여 사용한다.

② 전처리용 내부표준물질

전처리용 내부표준물질은 분석하고자 하는 물질과 유사한 화학적 구조나 화학적 성질을 가지며 시료 매질 중에서는 발견되지 않는 유기화합물로서, 분석방법의 신뢰성 확인 및 시료의 정량을 위해 시료 전처리 시 추출이나 정제단계에 첨가하여 사용한다.

③ 주사기첨가용 내부표준물질

주사기첨가용 내부표준물질은 분석하고자 하는 물질과 유사한 화학적 구조나 화학적 성질을 가지며 시료 매질 중에서는 발견되지 않는 유기화합물로서, 분석방법의 신뢰성을 확인하기 위해 시료 전처리 후 기기분석 이전에 첨가하여 사용한다.

5. 분석기기 및 기구

(1) 기체크로마토그래프/질량분석기

① 주입구(Injector)
  ㉠ 시료를 기화하여 주입할 수 있는 주입부(Injector)를 갖고 있어야 하며 승온조작이 가능한 기능과 주입된 시료의 분할(Split)과 비분할(Splitless) 기능을 갖고 있어야 한다.
  ㉡ 내경 0.25~0.53mm의 모세분리관을 연결할 수 있어야 한다.

② 본체 *중요내용*
  ㉠ 기체크로마토그래프의 본체는 분리관이 내부에 연결되어 내부온도 조절이 가능한 구조여야 한다.
  ㉡ 온도의 조절범위는 실온~350℃까지 승온조절이 가능하여야 한다.

③ 컬럼 *중요내용*
  ㉠ 비극성 모세분리관으로 DB-5 등 관의 내벽에 정지상이 결합된 모세분리관을 사용한다.
  ㉡ 모세분리관의 길이는 충분한 분해능을 갖기 위해 일반적으로 길이 30~60m, 내경은 0.25~0.32mm, 정지상 필름의 두께가 0.25~5μm인 것을 사용하나 분석대상물질에 따라 별도 규격제품을 사용할 수 있다.

④ 질량분석기(Mass Spectrometer)
  ㉠ 전반적인 저농도 수준에서 구조 확인 분석이 가능하며, 선택이온 모드에서는 이보다 높은 감도로 분석이 가능하다.
  ㉡ 질량감도가 800amu 이상, 전 질량 검색 0.5~0.8초, 검색질량범위(Scan Range) 30~300amu로 분석이 가능하여야 한다.

(2) 가압용매 추출장치(ASE ; Accelerated Solvent Extractor)

(3) 속슬렛(Soxhlet) 추출장치

(4) 초음파 추출장치

(5) K-D 농축기(Kuderna-Danish Concentrator)

(6) 회전증발농축기(Rotary Evaporator)

(7) 정제용 컬럼

(8) 질소농축장치

6. 시약 및 표준용액

(1) 입자상 여과지
  ① 대기오염공정시험기준에서 규정하고 있는 원통형여지 중 유리섬유 또는 석영섬유 재질의 것을 사용한다.
  ② 사용 전에 600℃에서 6시간 강열시키거나, 아세톤 및 톨루엔으로 각각 30분간 초음파 세정을 한 다음 진공 건조시킨다. *중요내용*
  ③ 현장으로 이동하기 전에는 깨끗한 보관함에 여과지를 따로 보관한다.

(2) 가스상 시료채취용 물질

가스상 PAHs를 채취하기 위해 XAD-2 수지를 사용한다.

7. 분석절차 〔중요내용〕

(1) 추출

모든 시료는 시료채취 후 7일 이내에 추출하고 30일 이내에 분석한다. 추출하며 가압용매 추출장치를 사용할 수도 있다. 배출가스시료는 입자상과 가스상을 구별하지 않으므로 각 채취부는 다음과 같이 추출하고 추출액을 혼합한다.

(2) 고상시료 추출

원통형 여과지와 흡착수지는 다이클로로메테인으로 16시간 이상 속슬레 추출한다. 추출하기 전 전처리용 내부표준물질을 속슬레에 함께 주입한다. 속슬레 추출 대신에 초음파로 30분씩 3회 추출용매를 바꿔가면서 추출하거나 가압용매 추출장치를 사용해도 좋다.

(3) 정제

내경 10mm, 길이 300mm 정도의 정제용 컬럼 하단에 유리솜을 넣고 활성실리카젤(130℃, 16시간 또는 600℃, 2시간 활성화) 5g을 충전한 후 그 위에 무수황산소듐을 약 1g을 충전한 컬럼을 사용한다. 경우에 따라 실리카젤 양을 늘리거나 알루미나 또는 플로리실을 사용할 수 있다.

05 배출가스 중 다이옥신 및 퓨란류 – 기체크로마토그래피

1. 적용범위

(1) 이 시험기준은 폐기물 소각로, 연소시설, 기타 산업공정의 배출시설 등에서 배출되는 가스 중 가스상 및 입자상의 폴리클로리네이티드 디벤조파라다이옥신(Polychlorinated Di-benzo-p-Dioxins) 및 폴리클로리네이티드 디벤조퓨란(Polychlorinated Dibenzofurans)류(이하 "다이옥신류"라 한다)의 분석방법에 대하여 규정한다.

(2) 배출가스 중 농도(최종 배출가스의 정량하한을 말함)의 정량한계는 $0.05ng/Sm^3$ as $2,3,7,8-T_4CDD(ng-TEQ/Sm^3)$ 로서 $0.02ng/Sm^3$ at $2,3,7,8-T_4CDD$ 〔중요내용〕

2. 측정준비

① 굴뚝 배출가스 시료채취에 필요한 장치
② 배출가스 중의 다이옥신류를 포집하는 흡수, 포집관 등
③ 시료채취 후 채취관 등의 세정에 필요한 시약(메탄올, 톨루엔 등)
　메탄올은 아세톤으로, 톨루엔은 디클로로메탄으로 사용해도 좋다.
④ 흡수관 냉각용 얼음, 흡수액 및 사전 전처리한 XAD-2 수지

3. 시약, 재료 및 기구

(1) 시약

① 증류수 〔중요내용〕
　노말헥산으로 세정한 증류수를 사용
② 노말–헥세인
　잔류농약분석급 이상 사용

③ 아세톤
    잔류농약분석급 이상 사용
④ 메탄올
    잔류농약분석급 이상 사용
⑤ 디클로로메탄
    잔류농약분석급 이상 사용
⑥ 톨루엔
    잔류농약분석급 이상 사용
⑦ 황산
    유해중금속분석급 이상 사용
⑧ 무수황산소듐
    잔류농약시험용 이상 사용
⑨ 실리카겔
    ㉠ 컬럼크로마토그래피용 실리카겔 분말로 0.063~0.200 mm(70~230메쉬)의 것을 사용한다.
    ㉡ 사용에 앞서 비커에 넣고 두께를 10 mm 이하로 해서 130℃에서 약 18시간 건조 후 데시케이터에서 약 30분간 방냉하여 곧바로 사용한다.
⑩ 알루미나
    ㉠ 컬럼크로마토그래피용 알루미나(활성도 1, 염기성)로 0.063~0.200 mm(70~230메쉬)의 것을 사용한다.
    ㉡ 사용에 앞서 비커에 넣고 두께를 10 mm 이하로 해서 130℃에서 약 18시간 건조 후 데시케이터에서 약 30분간 방치, 냉각하여 곧바로 사용한다.

(2) 재료
① 원통형여지 〔중요내용〕
    ㉠ 대기오염공정시험기준에서 규정하고 있는 원통형여지 중 유리섬유 재질의 것을 사용한다.
    ㉡ 사용에 앞서 850℃에서 2시간 작열시킨 후, 아세톤 및 톨루엔으로 각각 30분간 초음파 세정을 한 다음 진공건조시킨다.
② XAD-2 수지
    ㉠ 앰버라이트(Amberlite) XAD-2 수지를 사용한다.
    ㉡ 사용 전에 아세톤＋증류수(1＋1), 아세톤, 톨루엔(2회), 아세톤을 이용하여 각각 순서대로 30분간 초음파세정 후 30℃ 이하의 진공건조기에서 충분히 건조시켜 데시케이터 안에서 보관한다.

4. 시료채취방법

배출가스시료는 먼지시료의 채취방법과 같이 배출가스 유속과 같은 속도로 시료가스를 흡입(이하 등속흡입이라 한다) 한다. 이를 위해 배출가스의 유속, 온도, 압력, 수분량, 조성 등을 측정하고 즉시 등속흡입유량을 계산한다. 이 경우 흡입펌프의 흡입능력(최대흡입량)이 정해져 있으므로 노즐의 내경을 적절히 선택하여, 필요한 등속흡입유량을 결정한다.

(1) 시료채취 전에 반드시 채취장비의 누출시험을 실시하여야 한다. 누출시험은 흡입노즐의 입구를 막고 흡입펌프를 작동시켜, 가스메타의 지침이 정지하고 있으면 된다. 누출시험이 끝나면 시료채취용 내부표준물질($Cl_4-2,3,7,8-T_4CDD$)의 일정량을 흡착관 또는 임핀저에 가한다. 여과지 홀더 및 흡착관은 알루미늄 포일 등으로 미리 차광시켜 둔다. 〔중요내용〕
(2) 측정공에서 흡입노즐의 방향을 배출가스의 흐름과 역방향으로 해서 측정점까지 삽입하고, 흡입펌프의 작동과 더불어 흡입노즐의 흡입면을 배출가스의 흐름에 맞추어 등속흡입한다.
(3) 흡입노즐에서 흡입하는 가스의 유속은 측정점의 배출가스유속에 대해 상대오차 ±5%의 범위 내로 한다. 처음에는 등속흡입되어도 나중에는 먼지포집에 의한 여지의 저항이 늘어나 흡입유량이 저하되므로, 지속적으로 흡입유량을 조사해서 등속흡입이 되도록 조절한다. 〔중요내용〕

(4) 최종배출구에서의 시료채취 시 흡입가스양은 4시간 평균 3Nm³ 이상으로 한다. 다만, 시간당 처리능력이 200kg 미만의 소각시설 중 일괄 투입식 연소방식에 한하여 1회 소각시간(폐기물을 소각로에 투입하고 연소가 종료되는 데까지 소요되는 시간)이 4시간 미만 2시간 이상의 경우는 시료채취 시 흡입가스양을 2시간, 평균 1.5Nm³ 이상, 2시간 미만인 경우는 2회 이상 가동하여 2시간, 평균 1.5Nm³ 이상으로 할 수 있다. 또한 최종배출구 이외의 측정 장소에서는 적절한 흡입가스양을 결정한다. 이때에도 다이옥신류의 농도가 높지 않는 한 최종배출구에서의 흡입가스양 기준을 따른다. *중요내용*
(5) 먼지포집부가 120℃를 초과하는 경우는 연결관 사용 등 적절한 방법을 사용하여 120℃ 이하로 유지하여야 한다. 또한, 배출가스온도가 높을 경우(500℃ 이상)는 냉각장치 등을 사용하여 먼지포집부 온도를 120℃ 이하로 유지하여야 한다.
(6) 배출가스 처리장치의 다이옥신류 제거성능을 측정하고자 하는 경우는 원칙적으로 같은 시간에 실시해야 한다. 또한, 처리장치에 주기성이 있으면 적어도 한주기보다 긴 시간에 걸쳐 측정한다.
(7) 덕트 내의 압력이 부압인 경우에는 흡입장치를 덕트 밖으로 빼낸 후에 흡입펌프를 정지시킨다. 이는 포집먼지, 흡입액 등의 손실을 줄이기 위함이다. *중요내용*
(8) 배출가스 시료를 채취하는 동안에 각 흡수병은 얼음 등으로 냉각시킨다. XAD-2수지 포집관부는 30℃ 이하로 유지하여야 한다. *중요내용*
(9) 시료채취 과정에서 과도한 수분으로 여과지의 교체가 필요한 경우, 흡입펌프의 작동을 중지하고 여과지를 교체한 후 시료채취를 시작하여야 한다. 이를 대비하여 여과지는 1회 시료채취시 2~3개를 준비한다.
(10) 배출가스 시료채취 다음에는 시료채취계의 흡입장치 및 연결관, 흡수병 등을 메탄올, 톨루엔 등으로 세정한다.

5. 시료관리

채취된 시료는 30일 이내에 전처리하여 45일 이내에 분석한다. 단, 즉시 전처리하여 분석할 수 없는 경우 채취시료는 4℃ 이하의 암소(暗所)에서 보관하고, 기체크로마토그래프/질량분석계 분석용 시료(전처리된 시료)는 -10℃ 이하의 암소에서 보관한다.

6. 분석 시 황산처리

농축액과 노말헥산 50~150mL로 농축기 내벽을 세척한 세척액을 분액깔때기로 옮기고, 농황산을 약 5~10mL 정도 가하여 흔든 다음 정치시켜 황산을 제거한다. 이 조작은 황산의 착색이 엷게 될 때까지 1~3회 반복한다. *중요내용*

7. 정량한계 *중요내용*

배출가스 중 농도 0.05 ng/Sm³ as 2,3,7,8-T₄CDD(ng-TEQ/Sm³)로서
0.02 ng/Sm³ at 2,3,7,8-T₄CDD

8. 농도표시방법 *중요내용*

(1) 배출가스 중의 다이옥신류 농도의 실측치는 ng/Sm³로 표시한다.
(2) 배출가스 중의 다이옥신류 환산농도(O_2=12% 환산치)는 다음 식으로 계산한다.

$$C = \frac{21-21}{21-O_s} \times C_s$$

여기서, C : 다이옥신류 환산농도(ng/Sm³ at O_2=12%)
O_s : 잔존산소농도(%)
C_s : 배출가스 중의 다이옥신류 농도(ng/Sm³)

06 배출가스 중 벤젠

적용 가능한 시험방법

기체크로마토그래피가 주 시험방법이다.

분석방법	정량범위	방법검출한계
기체크로마토그래피	0.10~2,500ppm	0.03ppm

06-1 배출가스 중 벤젠 - 기체크로마토그래피

1. 목적

이 시험방법은 용제의 증발 또는 화학반응에 의해 굴뚝 등에서 배출되는 배출가스 중의 벤젠을 분석하는 방법에 관하여 규정한다.

2. 적용범위 〔중요내용〕

흡착관을 이용한 방법, 시료채취 주머니를 이용한 방법을 시료채취방법으로 하고 열탈착장치를 통하여 기체크로마토그래피(Gas Chromatography, 이하 GC) 방법으로 분석한다. 배출가스 중에 존재하는 벤젠의 정량범위는 0.10~2,500ppm이며, 방법검출한계는 0.03ppm이다.

3. 간섭물질

배출가스는 대부분 수분을 포함하고 있으므로 상대 습도가 높은 경우에는 시료의 수분을 제거하여 수분으로 인한 영향을 최소화하여야 한다. (저온농축관 전단부에 수분제거장치를 사용하여 시료 중의 수분이 제거될 수 있도록 한다.)

4. 검출기

분석검출기는 불꽃이온화검출기(FID)나 질량분석기(MS)를 사용한다. 질량분석기의 조건은 스캔모드(Scan Mode)에서 ppb 수준의 대상물질에 대한 확인과 분석이 가능하며, 선택이온모드(Selected Ion Mode)에서는 이보다 높은 감도로도 분석이 가능하다.

5. 운반기체 〔중요내용〕

GC의 이동상으로 GC로 주입된 시료를 컬럼과 질량분석계로 옮겨주는 역할을 하며, 비활성의 건조하고 순수한(99.999% 또는 그 이상의 고순도) 질소 혹은 헬륨을 사용한다.

6. 분석절차 중 시료주입 방법 〔중요내용〕

(1) 고체흡착 열탈착법

① 시료를 채취한 흡착관을 열탈착장치에 연결한다.
② 채취된 시료는 열탈착장치에 의해 기체크로마토그래프로 주입되는데 흡착된 시료는 1단계로 열탈착되어 −10℃ 이하의 저온으로 유지되는 저온농축부로 보내지고 저온농축부에서 농축된 시료는 다시 열탈착되어 기체크로마토그래프 분석컬럼으로 주입된다.

(2) 시료채취 주머니 – 열탈착법

① 시료채취 주머니 내의 시료 일정량(예 : 200mL, 흡착 유량 20mL/min, 흡착 시간 10min)을 흡입하여 저온농축관(−10℃ 이하)에 농축한다.
② 저온농축관에 농축된 시료는 열탈착되어 기체크로마토그래프 분석 컬럼으로 주입된다.

07 배출가스 중 총 탄화수소

적용 가능한 시험방법 *중요내용*

불꽃이온화검출기법이 주 시험방법이다.

분석방법	정량범위	방법검출한계	정밀도
불꽃이온화검출기법	–	–	±10% 이내
비분산형적외선분석법	–	–	±10% 이내

07-1 배출가스 중 총 탄화수소의 분석방법

1. 적용 및 원리

(1) 적용

연소, 화학반응 등에 의하여 굴뚝 등에서 배출되는 배출가스 중의 총 탄화수소(THC)를 분석하는 방법에 관하여 규정한다.

(2) 분석방법의 종류

① 불꽃이온화검출(FID)법(Flame Ionization Detector) *중요내용*
  ㉠ 배출가스 중 총탄화수소를 여과지 등을 이용하여 먼지를 제거한 후 가열 채취관을 통과시키고 불꽃이온화검출기(Flame Ionization Detector)로 측정하여 총탄화수소를 정량한다.
  ㉡ 알케인류(Alkanes), 알켄류(Alkenes) 및 방향족(Aromatics) 등이 주성분인 증기의 총 탄화수소(THC)를 측정하는 데 적용된다.
  ㉢ 배출가스 중 이산화탄소(CO_2), 수분이 존재한다면 양의 오차를 가져올 수 있다. 단, 이산화탄소(CO_2), 수분의 퍼센트(%) 농도의 곱이 100을 초과하지 않는다면 간섭은 없는 것으로 간주한다.
  ㉣ 수분트랩 안에 유기성 입자상 물질이 존재한다면 양의 오차를 가져올 수 있다. 반드시 필터를 사용하여 샘플링해야 한다.

② 비분산적외선(NDIR)법(Nondispersive Infrared Analyzer)
  ㉠ 배출가스 중 총탄화수소를 여과지 등을 이용하여 먼지를 제거한 후 가열 채취관을 통과시키고 비분산적외선분석기로 측정하여 총탄화수소를 정량한다.
  ㉡ 알케인류(Alkanes)가 주성분인 증기의 총 탄화수소(THC)를 측정하는 데 적용된다.
  ㉢ 비분산적외선법으로 분석시 배출가스 성분을 파악할 수 있는 분석이 선행되어야 한다.
    ㈜ 비분산적외선(NDIR) 분석기로 다른 유기물질을 측정하려면 그 물질의 특성에 맞는 흡수셀이 설정될 수 있는 장비와 교정가스가 필요하다.

2. 용어 정의 〔중요내용〕

(1) 측정시스템

① 시료채취부
시료유입, 운반 및 전처리에 필요한 부분
② 총 탄화수소 분석기
총 탄화수소 농도를 감지하고, 농도에 비례하는 출력을 발생하는 부분

(2) 교정가스

측정기의 교정을 위하여 농도를 알고 있는 공인된 가스를 사용한다.

(3) 제로편차

제로가스에 대해 기기가 반응하는 정도의 차이로서, 측정범위의 ±3% 이하인지 확인한다. 단, 시료가스 측정기간 동안에는 점검, 수리, 교정 등은 수행하지 않아야 한다.

(4) 교정편차

교정편차 점검용 교정가스(측정기기 최대정량농도의 45~55% 범위의 표준가스)에 대해 기기가 반응하는 정도의 차이로서, 측정범위의 ±3% 이하인지 확인한다. 단, 시료가스 측정기간 동안에는 점검, 수리, 교정 등은 수행하지 않아야 한다.

(5) 반응시간

오염물질농도의 단계변화에 따라 최종값의 90%에 도달하는 시간으로 한다.

3. 장치

(1) 총 탄화수소 분석기 〔중요내용〕

배출가스 중 총 탄화수소를 분석하기 위한 배출가스 측정기로서 형식승인을 받은 분석기기를 사용한다.

(2) 유량조절밸브 〔중요내용〕

유량조절밸브는 0.5~5L/min의 유량제어가 있는 것으로 휘발성 유기화합물의 흡착과 변질이 발생하지 않아야 한다.

(3) 펌프

펌프는 오일을 사용하지 않는 펌프를 사용하여야 하며 가열시 오염물질의 영향이 없도록 테플론 재질의 코팅이 되어 있는 또는 그 이상의 재질로 되어 있는 펌프를 사용하여야 한다.

(4) 교정가스 주입장치

제로 및 교정가스를 주입하기 위해서는 3방콕이나 순간연결장치(Quick Connector)를 사용한다.

(5) 여과지

배출가스 중의 입자상물질을 제거하기 위하여 유리섬유 여과장치 등을 설치하고, 여과장치가 굴뚝 밖에 있는 경우에는 수분이 응축되지 않도록 한다.

(6) 기록계 〔중요내용〕

기록계를 사용하는 경우에는 최소 4회/min이 되는 기록계를 사용한다.

4. 교정가스

(1) 교정가스 *중요내용*

① 교정에 사용되는 가스는 공인된 가스를 사용한다.
② 공기 또는 질소로 충전된 프로페인으로 스팬값 범위 내의 농도값을 사용한다.
③ 프로페인 이외의 가스는 반응인자에 대한 보정을 하여 사용한다.

(2) 연소가스

불꽃이온화분석기를 사용하는 경우에는 수소(40%)/헬륨(60%), 수소(40%)/질소(60%)가스, 또는 수소(99.99% 이상)을 사용한다. 공기는 고순도 공기를 사용한다.

(3) 제로가스 *중요내용*

총 탄화수소농도(프로페인 또는 탄소등가농도)가 $0.1mL/m^3$ 이하 또는 스팬값의 0.1% 이하인 고순도 공기를 사용한다.

5. 시료채취 및 관리 *중요내용*

(1) 시료채취관

스테인리스강 또는 이와 동등한 재질의 것으로 휘발성 유기화합물의 흡착과 변질이 없어야 하고 굴뚝 중심 부분의 10% 범위 내에 위치할 정도의 길이의 것을 사용한다.

6. 측정방법

(1) 측정 전 점검

측정기는 전원을 켠 후 기기 설명서에 표시된 예비시간까지 가동하여 각 부분의 기능과 지시기록부를 안정시킨다. 측정 전 측정기의 점검을 위하여 제로가스와 교정편차 점검용 교정가스(측정범위의 45~55% 표준가스)를 사용하여 제로편차와 교정편차를 측정하고, 측정범위의 ±3% 이하인지 확인한다.

(2) 배출가스 측정방법

총탄화수소의 측정은 공정이 정상상태에서 30분 동안 연속측정하고, 공정이나 작업 주기가 30분 이하인 경우에는 작업 시간 동안 측정한다. 측정시간 동안 측정결과를 저장하여 평균 측정결과를 나타내고 측정하는 동안에 필요한 사항과 공정중단이나 운전주기 등을 기록한다.

(3) 측정 후 점검

배출가스 측정 후, 제로가스와 교정편차 점검용 교정가스(측정범위의 45~55% 표준가스)를 사용하여 제로편차와 교정편차를 측정하고, 측정범위의 ±3% 이하인지 확인한다. 위의 조건을 만족하지 못하는 경우, 측정기의 제로가스 및 스팬가스 교정단계부터 재수행하여야 한다.

08 휘발성 유기화합물질(VOCs) 누출확인방법

1. 적용범위 및 원리

(1) 적용범위

누출원에는 밸브, 플랜지 및 기타 연결관, 펌프 및 압축기, 압력완화밸브(PressuRe Relief Valve), 공정배출구(시료채취장치), 개방형 도관 및 밸브, 밀봉시스템 가스제거배출구(Sealing System Degassing Vents)와 축압배출구(Accumulator Vents), 출입문밀봉장치(Access Door Seals) 등이 포함되며 기타 다른 누출원도 포함된다.

(2) 원리

휴대용 측정기기를 이용하여 개별 누출원으로부터 VOCs 누출을 확인한다.

2. 용어 정의 ◆중요내용

(1) 누출농도

VOCs가 누출되는 누출원 표면에서의 VOCs 농도로서, 대조화합물을 기초로 한 기기의 측정값이다.

(2) 대조화합물

누출농도를 확인하기 위한 기기교정용 VOCs 화합물로서 불꽃이온화 검출기에는 메테인, 에테인, 프로페인 및 뷰테인을 기준으로 하며 광이온검출기에는 아이소뷰틸렌을 기준으로 한다.

(3) 교정가스

기지 농도로 기기 표시치를 교정하는 데 사용되는 VOCs 화합물로서 일반적으로 누출농도와 유사한 농도의 대조화합물이다.

(4) 검출불가능 누출농도

누출원에서 VOCs가 대기 중으로 누출되지 않는다고 판단되는 농도로서 국지적 VOCs 배경농도의 최고 농도값으로 기기 측정값으로 500ppm이다.

(5) 반응인자

관련규정에 명시된 대조화합물로 교정된 기기를 이용하여 측정할 때 관측된 측정값과 VOCs 화합물 기지농도와의 비율이다.

(6) 교정 정밀도

기지의 농도값과 측정값 간의 평균차이를 상대적인 퍼센트로 표현하는 것으로서, 동일한 기지 농도의 측정값들의 일치정도이다.

(7) 응답시간 ◆중요내용

VOCs가 시료채취장치로 들어가 농도 변화를 일으키기 시작하여 기기계기판의 최종값이 90%를 나타내는 데 걸리는 시간이다.

3. 장치

(1) 휴대용 VOCs 측정기기

① 규격 [중요내용]
  ㉠ VOCs 측정기기의 검출기는 시료와 반응하여야 한다. 여기에서 촉매산화, 불꽃이온화, 적외선흡수, 광이온화 검출기 및 기타 시료와 반응하는 검출기 등이 있다.
  ㉡ 기기는 규정에 표시된 누출농도를 측정할 수 있어야 한다.
  ㉢ 기기의 계기눈금은 최소한 표시된 누출농도의 ±5%를 읽을 수 있어야 한다.
  ㉣ 기기는 펌프를 내장하고 있어 연속적으로 시료가 검출기로 제공되어야 한다. 일반적으로 시료유량은 0.5~3L/min이다.
  ㉤ 기기는 폭발 가능한 대기 중에서의 조작을 위하여 근본적으로 안전해야 한다.
  ㉥ 기기는 채취관 및 연결관 연결이 가능하여야 한다.

② 성능 기준 [중요내용]
  ㉠ 측정될 개별 화합물에 대한 기기의 반응인자(Response Factor)는 10보다 작아야 한다.
  ㉡ 기기의 응답시간은 30초보다 작거나 같아야 한다.
  ㉢ 교정 정밀도는 교정용 가스값의 10%보다 작거나 같아야 한다.

③ 성능평가 요구사항
  ㉠ 반응인자는 대조화합물로부터 혹은 테스트에 의하여 측정된 각 화합물별로 결정되어야 한다. 반응인자 테스트는 기기를 사용하기 전에 하여야 한다.
  ㉡ 교정 정밀도 및 응답시간 테스트는 기기를 사용하기 전에 하여야 한다. [중요내용]

(2) 교정 및 사용가스

① 연소가스
  불꽃이온화분석기를 사용하는 경우에는 수소(40%)/헬륨(60%), 수소(40%)/질소(60%)가스, 또는 수소(99.99% 이상)를 사용한다.
② 영점가스
  휘발성 유기화합물 농도(총 탄화수소 기준)가 10ppm 이하인 공기를 사용한다.
③ 교정가스
  공인기관의 보정치가 제시되어 있는 표준가스로 측정기기 최대눈금치의 약 90%에 해당하는 농도의 가스를 사용한다.

4. 개별 누출원 확인방법

(1) 농도에 기초한 누출 측정방법

① 누출이 발생되는 장치의 접속부위 표면에 시료채취구를 위치시킨다.
② 기기의 측정값을 확인하면서 접속부위 주변으로 채취구를 기기의 측정값이 최고치를 나타내는 지점까지 천천히 이동시켜, 이 최고지점에서 기기반응시간의 두 배 정도 시간 동안 시료채취구를 위치시켜 측정한다.

(2) 검출 불가능 누출원에서의 누출 측정방법

누출원으로부터 1~2m 떨어진 지점에서 측정기기의 시료채취구를 무작위로 바람방향 및 바람 반대방향으로 이동시키면서 누출원 주변의 국지적 VOCs 배경농도를 측정한다.

5. 성능 평가방법 (중요내용)

(1) 교정 정밀도

① 제로가스와 지정된 교정가스를 번갈아 총 3번 측정한 후, 측정값을 기록한다.
② 측정값과 기지값의 평균대수 차이를 계산한다. 퍼센트로 교정 정밀도를 얻기 위하여 이 평균차이를 알려진 교정값으로 나누고 100을 곱한다.

(2) 응답시간

① 기기의 시료 채취구로 제로가스를 주입한다. 계기치가 안정될 때 지정된 교정가스로 빠르게 전환한다.
② 전환한 후 최종안정치의 90%가 얻어질 때까지의 시간을 측정한다.
③ 이 테스트를 3번 반복하여 평균응답시간을 계산하고 결과를 기록한다.

09 배출가스 중 사염화탄소, 클로로폼, 염화바이닐 – 기체크로마토그래피

1. 개요

(1) 목적

① 이 시험기준은 굴뚝 배출가스 중 사염화탄소(Carbon Tetrachloride, CCl_4)와 클로로폼(Chloroform, $CHCl_3$), 그리고 염화바이닐(Vinyl Chloride, $H_2C=CHCl$)의 농도를 측정하기 위한 시험방법의 하나이다.
② 굴뚝 배출가스 중 사염화탄소와 클로로폼, 그리고 염화바이닐의 시료를 흡착관 및 시료채취 주머니에 채취하여 기체크로마토그래프(Gas Chromatograph, 이하 GC)로 분석하는 과정을 포함하고 있다.

(2) 적용범위 *중요내용

① 이 시험기준은 산업시설 등에서 덕트 또는 굴뚝으로 배출되는 배출가스 중 사염화탄소, 클로로폼 및 염화바이닐의 시료를 흡착관 및 시료채취 주머니에 채취하여 기체크로마토그래프 시스템에서 분석하는 방법에 관하여 규정한다.
② 사염화탄소, 클로로폼 및 염화바이닐의 정량범위는 0.1ppm 이상이며 방법검출한계는 0.03ppm이다.
③ 흡착관법을 이용하여 분석 가능한 농도범위는 0.1~1ppm으로 흡착관농축–GC/FID(혹은 MS)법을 사용하여 분석한다.
④ 시료채취 주머니 방법을 이용하여 분석 가능한 농도범위는 0.1~500ppm이다. 0.10~1.00ppm 농도에서는 시료채취 주머니–GC/ECD법을 사용하고, 1.0ppm 이상의 농도에서는 시료채취 주머니–GC/FID(혹은 MS)법을 사용한다.

(3) 간섭물질

배출원에 의한 간섭
GC 분석 시 방해성분이 분리가 되지 않아 측정결과에 영향을 줄 수 있다. 그러므로 특정 분석 조건에 맞는 컬럼과 분석조건을 선택해야 한다. 이러한 경우 GC/MS 방법을 사용하여 보다 선택성이 좋은 조건에서 분석을 하여야 한다.

2. 시료채취방법

(1) 흡착관법

① 흡착관은 사용 전 적절한 방법으로 안정화한 후 흡착관을 시료채취장치에 연결한다. 단, 흡착관은 물과의 친화력에 따라 응축기 뒤쪽 또는 응축수트랩 뒤쪽에 각각 연결할 수 있다. 채취장치의 각 부분을 빈틈없이 조인다.
② 누출시험을 실시한 후 시료를 도입하기 전에 유로변환콕과 유로변환콕을 펌프 쪽으로 돌려서 가열한 시료채취관 및 연결관을 시료로 충분히 치환한다.
③ 유로변환콕을 흡착관 쪽으로 돌리고, 채취콕을 연 후 유로변환콕을 흡착관 쪽으로 돌려서 흡착관 안에 시료가스를 채취한다. 시료흡입속도는 100~250mL/min 정도로 하며, 시료채취량은 1~5L 정도가 되도록 한다. *중요내용
④ 시료채취를 마치면, 유로변환콕과 유로변환콕을 다시 펌프 쪽으로 돌리고 채취콕을 닫는다. 흡입펌프를 정지시키고, 시료가스미터의 유량, 온도 및 압력을 측정한다.
⑤ 시료를 채취한 흡착관은 양쪽 끝단을 테플론 재질의 마개와 테플론 페룰(Ferrules)을 이용하여 단단히 막고 마개가 달린 바이알(Vial) 등에 넣어 이중으로 외부공기와의 접촉을 차단하여 분석 전까지 4℃ 이하에서 냉장 보관하여 가능한 빠른 시일 내에 분석한다.

(2) 시료채취 주머니법

① 흡입용 기밀용기에 시료채취 주머니를 넣고 펌프를 사용하여 흡입용 기밀용기 내의 공기를 빼내 용기 내의 압력이 낮아지게 되면 외부공기와 용기 내의 압력차에 의해 채취지점의 기체는 시료채취 주머니 내로 유입된다.
② 단, 소각시설이나 발전시설의 배출구같이 시료채취 주머니 내로 입자상 물질의 유입이 우려되는 경우에는 여과재를 사용하여 입자상 물질을 걸러주어야 한다.

③ 배출가스 내에 수분이 상대습도 80% 이하 수준으로 적거나, 배출가스의 온도가 100℃ 미만으로 시료채취 주머니 내에 수분응축의 우려가 없는 경우 응축장치를 사용하지 않아도 무방하다.

3. 분석절차

(1) 고체흡착 열탈착-기체크로마토그래프

흡착제를 충전한 흡착관에 사염화탄소 및 클로로폼, 그리고 염화바이닐을 흡착시킨 후 탈착을 쉽게 하기 위해 흡착시킨 방향과 반대방향으로 열탈착하여 기체크로마토그래프(Gas Chromatograph)를 이용하여 분석하는 방법이다.

① 시료주입
  ㉠ 시료를 채취한 흡착관을 열탈착장치에 연결한다. 채취된 시료는 열탈착장치에 의해 기체크로마토그래프로 주입된다.
  ㉡ 흡착된 시료는 1단계로 열탈착되어 −10℃ 이하의 저온으로 유지되는 저온농축부로 보내지고 저온농축부에서 농축된 시료는 열탈착되어 기체크로마토그래프 컬럼으로 주입된다.

② 열탈착
  ㉠ 저온농축부에서 농축된 시료는 열탈착되어 기체크로마토그래프 컬럼으로 주입된다.
  ㉡ 단, 1ppm 이상의 고농도인 경우 저온농축부를 거치지 않고 직접 컬럼으로 주입하여 분석할 수 있다.

③ 기체크로마토그래프 분석
  ㉠ GC 컬럼에 주입된 시료는 설정된 온도 조건에서 GC 분석이 이루어지게 한다.
  ㉡ 휘발성 유기화합물질들은 분석대상화합물의 분리에 용이한 컬럼(Column)에 의하여 성분별로 분리되고, FID나 ECD 혹은 다른 적절한 검출기를 사용하여 정량 분석된다.

(2) 시료채취 주머니-기체크로마토그래프

① 시료주입
  ㉠ 시료채취 주머니 내의 시료 일정량(예 : 200mL, 흡착 유량 20mL/min, 흡착 시간 10min)을 흡입하여 저온농축관(−10℃ 이하)에 농축한다.
  ㉡ 저온농축관에 농축된 시료는 열탈착되어 기체크로마토그래프 분석 컬럼으로 주입된다.

② 기체크로마토그래프 분석
  ㉠ GC 컬럼에 주입된 시료는 설정된 온도 조건에서 GC 분석이 이루어지게 한다.
  ㉡ 분석물질의 분리에 용이한 기체크로마토그래프의 분리관에 의하여 성분별로 분리되고, FID나 ECD 혹은 다른 적절한 검출기를 사용하여 정량 분석된다.

10 배출가스 중 벤젠, 이황화탄소, 사염화탄소, 클로로폼, 염화바이닐의 동시측정법

1. 개요

(1) 목적

이 시험기준은 굴뚝 배출가스 중 벤젠(Benzene, C_6H_6), 이황화탄소(Carbon Disulfide, CS_2), 사염화탄소(Carbon Tetrachloride, CCl_4), 클로로폼(Chloroform, $CHCl_3$), 염화바이닐(Vinyl Chloride, $H_2C=CHCl$)의 농도를 동시에 측정하기 위한 시험방법으로서 시료채취와 분석에 대한 과정을 포함하고 있다.

(2) 적용범위 *중요내용*

① 시료채취 주머니로 굴뚝 배출가스 시료를 채취하여 각 성분을 기체크로마토그래프에 의해 분리한 후 질량 선택적 검출기에 의해 측정한다.
② 배출가스 중에 존재하는 벤젠화합물을 시료채취 주머니를 이용해 직접 GC 분석법으로 분석할 경우 0.10~2,500ppm 범위에서 측정할 수 있다.
③ 벤젠의 방법검출한계는 0.03ppm이다.
④ 이황화탄소의 경우 이황화탄소 농도 1.00ppm 이상의 배출가스 분석에 적합하다.
⑤ 이황화탄소의 방법검출한계는 0.200ppm이다.
⑥ 사염화탄소, 클로로폼 및 염화바이닐의 분석 가능한 농도범위는 0.10~500.0ppm이고, 방법검출한계는 0.03ppm이다.

(3) 간섭물질 : 수분에 의한 간섭

배출가스는 대부분 수분을 포함하고 있으므로 상대 습도가 높은 경우에는 시료의 수분을 제거하여 수분으로 인한 영향을 최소화하여야 한다.

2. 시료채취장치(시료채취 주머니법)

(1) 시료채취관, 응축기, 응축수트랩, 진공상자, 펌프로 구성되며, 각 장치의 모든 연결부위는 테플론 관을 사용하여 연결하며, 시료채취 주머니는 시료채취 동안이나 채취 후 반드시 직사광선을 받지 않도록 한다.
(2) 흡입용 기밀용기에 시료채취 주머니를 넣고 펌프를 사용하여 흡입용 기밀용기의 공기를 빼내 압력이 낮아지게 되면 외부 공기와 용기 내의 압력차에 의해 채취지점의 기체는 시료채취 주머니 내로 유입된다.
(3) 단, 소각시설이나 발전시설의 배출구같이 시료채취 주머니 내로 입자상 물질의 유입이 우려되는 경우에는 분석하고자 하는 물질의 농도에 영향을 미치지 않도록 유리섬유 또는 석영 재질 등의 여과재를 사용하여 입자상 물질을 걸러주어야 한다.
(4) 배출가스의 온도가 100℃ 미만으로 시료채취 주머니 내에 수분응축의 우려가 없는 경우, 응축기 및 응축수트랩을 사용하지 않아도 무방하다

11 배출가스 중 휘발성 유기화합물 – 기체크로마토그래피

1. 목적

① 이 시험기준은 배출가스 중에 존재하는 휘발성 유기화합물(VOCs ; Volatile Organic Compounds)의 농도를 측정하기 위한 시험방법이다.
② 시료를 흡착관 또는 시료채취 주머니에 채취하고, 흡착관은 열탈착장치에 직접 연결하거나 흡착제로 이황화탄소를 사용하여 용매추출한 후 이 액을 기체크로마토그래프에 주입하며, 시료채취 주머니에 채취한 시료는 자동연속주입시스템(on-line system)으로 전량을 주입하거나 가스주사기 또는 시료주입루프를 통해 일정량을 기체크로마토그래프에 주입하여 분리한 후 불꽃이온화검출기(FID ; Flame Ionization Detector), 광이온화검출기(PID ; Photo Ionization Detector), 전자포획검출기(ECD ; Electron Capture Detector) 혹은 질량분석기(MS ; Mass Spectrometer)에 의해 측정한다.

2. 적용범위 〔중요내용〕

이 시험기준은 배출가스 중에 존재하는 0.10ppm 이상 농도의 휘발성 유기화합물의 분석에 적합하며 방법검출한계는 0.03ppm이다.

3. 용어 정의

(1) 열탈착(Thermal Desorption)

흡착관에 흡착된 휘발성 유기화합물을 열과 불활성 기체를 이용하여 탈착한 후, 기체크로마토그래프와 같은 분석 기기로 전달하는 과정을 말한다.

(2) 2단 열탈착(Two-stage Thermal Desorption)

흡착관으로부터 분석물질을 열탈착하여 저온 농축관에 농축한 다음, 저온 농축관을 가열하여 농축된 화합물을 기체크로마토그래프로 전달하는 과정을 말한다.

(3) 저온농축관(Focusing Trap)

① 소량의 흡착제 층을 포함하는 흡착관(일반적으로 내경 3mm 이하)으로 환경대기 온도 또는 그 이하(예시 : -30℃)의 온도로 유지된다.
② 흡착관으로부터 휘발성 유기화합물을 열적으로 탈착시켜 재농축시키는 데 사용되며 열을 가함으로써 휘발성 유기화합물이 기체크로마토그래프로 이송된다.

(4) 냉매(Cryogen)

① 열탈착 시스템에서 저온농축관을 매우 낮은 온도로 냉각시키는 데 사용되며, 일반적으로 액체질소(끓는점 : -196℃), 액체 아르곤(끓는점 : -185.7℃), 액체 이산화탄소(끓는점 : -78.5℃), 액체 산소(끓는점 : -183℃) 등이 있다.
② 산소냉매를 사용할 때에는 화재나 폭발에 주의한다.
③ 질소냉매를 사용할 경우에는 과냉각을 방지하기 위한 솔레노이드 밸브를 부착하여 과냉각을 막도록 한다.

4. 전처리장치

(1) 열탈착장치

① 흡착관에 흡착된 시료를 가열탈착(Thermal Desorption)하여 저온농축장치로 이송하는 장치이다.
② 흡착관을 열탈착하기 전에 퍼지 가스(Purge Gas)를 사용하여 대기온도에서 흡착관과 각 시료가 흐르는 유로를 퍼지시켜 흡착관에 함유된 수분을 제거할 수 있다.
③ 퍼지 가스는 99.999% 이상의 순도를 지닌 헬륨이나 질소와 같은 불활성 기체를 사용한다(단, 기체크로마토그래프/질량분석기 분석에서는 헬륨을 사용한다). *중요내용*

(2) 저온농축장치

① 시료채취관보다 작은 내경(<3mm ID)을 가진 관으로 일반적으로 일정량의 흡착제가 충전되어 있는 것을 사용하거나, 모세분리관을 사용할 수도 있다.
② 흡착관에서 탈착된 시료를 저온(-30℃ 이하)에서 농축하고, 다시 고온에서 시료를 탈착하여 기체크로마토그래프의 모세분리관으로 이동시키는 역할을 한다. *중요내용*
③ 일반적으로 흡착관을 저온으로 유지하기 위해서 액체질소, 액체 아르곤, 드라이아이스와 같은 냉매를 사용하거나 전기적으로 온도를 강하시킨다.
④ 저온농축장치에서 열탈착된 시료를 기체크로마토그래프 컬럼으로 주입할 때 시료를 적당히 분할(Split)하여 주입할 수 있으며, 분리 컬럼의 유량을 조정하여 기체크로마토그래프로 이송할 수 있어야 한다.
⑤ 저온농축 및 열탈착 시 온도설정 조건은 사용하는 흡착제나 분석대상물질에 따라서 최적 조건으로 설정하여 사용한다.

5. 분석장치

(1) 시료 주입구(Sample Injection Port)

① 시료를 기화하여 주입할 수 있는 주입부(Injector)가 있어야 하며 승온조작이 가능한 기능과 주입된 시료의 분할(Split)과 비분할(Splitless) 기능이 있어야 한다.
② 내경 0.25~0.53mm의 모세분리관을 연결할 수 있어야 한다.

(2) 본체

① 기체크로마토그래프의 본체(오븐)는 분리관이 연결되어 내부온도 조절이 가능한 구조여야 한다.
② 온도의 조절범위는 실온~350℃로 조절이 가능하여야 한다.
③ 분리능을 향상하고자 한다면 본체의 온도를 -60℃까지 낮출 수 있는 기능을 보완하여 사용할 수도 있다.

(3) 컬럼

① 석영 재질로 된 모세관의 내벽에 비극성 고정상이 결합된 컬럼을 사용한다.
② 컬럼의 길이는 충분한 분해능을 갖기 위해 일반적으로 30~60m 길이에 내경은 0.25~0.53mm인 것을 사용할 수 있다.

(4) 검출기(Detector) *중요내용*

① 휘발성 유기화합물질 분석을 위한 검출기는 불꽃이온화검출기, 광이온화검출기, 전자포획검출기 혹은 질량분석기를 사용한다.
② 불꽃이온화검출기, 광이온화검출기, 전자포획검출기는 검출기의 선택적 특성을 활용하여 직렬 혹은 병렬로 연결하여 이중검출기로도 사용이 가능하다.
③ 질량분석기의 조건은 스캔모드(Scan Mode)에서 n mol/mol(ppb) 수준의 대상물질에 대한 확인과 분석이 가능하며, 선택이온모드(SIM mode)에서는 이보다 높은 감도로 분석이 가능하다.

(5) 운반기체(Carrier Gas) 〈중요내용〉

① 기체크로마토그래프의 이동상으로 주입된 시료를 컬럼과 질량분석계로 옮겨주는 역할을 하며, 불활성의 건조하고 99.999% 혹은 그 이상의 고순도를 가진 질소 혹은 헬륨을 사용한다.
② 산소와 유기화합물 제거를 위한 필터를 운반기체가 분석장치에 공급되는 라인에 반드시 장착하여 사용한다. 이러한 필터들은 제조사의 지침에 따라서 주기적으로 교환하도록 한다.

6. 분석 절차

(1) 고체흡착 열탈착법

① 측정기의 각 부분 점검 및 누출 여부를 확인하고 순서에 맞추어 전원을 켠다.
② 시료를 채취한 흡착관은 불활성 글러브(Glove)를 사용하여 테프론 형태의 마개를 제거한 후 열탈착 장치에 장착한다.
③ 이때 흡착관 내의 수분 제거가 필요할 경우 흡착관을 시료채취 반대방향으로 헬륨기체 5~50mL/min의 유량으로 일정 시간(약 4분) 동안 퍼지(Purge)한다.
④ 흡착관을 운반기체 10~100mL/min로 250~325℃로 가열하여 시료가 완전히 이송될 수 있도록 탈착하고 열탈착된 시료는 -150~-30℃의 저온농축관에 이송시킨다.
⑤ 저온농축관에서 농축된 시료를 흡착제의 종류에 따라 다시 250~350℃의 온도범위에서 1~15분 이내에 운반기체 1~100mL/min로 탈착시킨다.
⑥ 탈착한 시료를 모세분리관의 유량을 조정하고 기체크로마토그래프로 이송한다. 이때, 시료의 양이 많거나 민감한 검출기를 사용할 경우, 그리고 고농도(10ppbv 이상) 시료에서 수분의 간섭으로 인한 컬럼과 검출기의 피해를 최소화하기 위해 분할(Splitting)을 실시한다. 보통 10 : 1 이상으로 분할하는 것이 바람직하다. 〈중요내용〉
⑦ 저온농축 및 열탈착 시 온도설정 조건은 사용하는 흡착제나 분석대상물질에 따라서 설정할 수 있다(단, 시료 탈착효율은 90% 이상 되어야 한다).

(2) 고체흡착 용매추출법

① 채취한 시료의 흡착관으로부터 충전제를 2mL 용량의 용기로 옮긴다.
② 추출용매 1mL를 용기에 넣고 20분 동안 상온에서 정치하여 추출한다.
③ 추출용매는 휘발이 잘 되므로 용기의 뚜껑이 없을 경우 시료의 손실을 막기 위하여 반드시 셉텀(Septum)이 있는 용기를 사용한다.

(3) 시료채취 주머니 - 열탈착법

① 시료가 들어 있는 시료채취 주머니를 자동연속주입시스템에 연결하거나 일정량을 시료주입루프 또는 가스주사기로 주입하여 기체크로마토그래프로 분석한다.
② 시료채취 주머니를 직접 연결하여 분석할 때 빛에 의한 영향을 받지 않도록 한다.

(4) 기체크로마토그래프 분석

① 기체크로마토그래프 분석 컬럼에 주입된 시료는 설정된 온도 조건에서 기체크로마토그래프 분석이 이루어지게 한다.
② 광이온화검출기와 전자포획검출기를 이중으로 연결하여 사용할 경우 검출기의 특성에 감응도가 높은 결과를 사용한다(예시 : 할로겐 함유 물질은 전자포획검출기 사용).
③ 검출기가 질량분석기인 경우에는 스캔 모드를 사용하여 성분의 구조와 기체크로마토그래프 머무름 시간을 확인하고, 분석성분의 구조는 질량스펙트럼과의 비교 및 표준시료의 질량스펙트럼과의 머무름 시간 비교를 통하여 확인한다.
④ 목적성분의 정량분석은 스캔 모드에서 휘발성 유기화합물의 선택이온을 선정하여 정량분석을 수행하거나, 처음부터 선택이온을 정하여 선택이온모드에서 정량분석을 수행한다.

12 배출가스 중 1,3-뷰타다이엔-기체크로마토그래피

1. 개요

(1) 목적

이 시험기준은 용제의 증발 또는 화학반응에 의해 굴뚝 등에서 배출되는 배출가스 중의 1,3-뷰타다이엔 농도를 측정하기 위한 시험방법이다. 배출가스 중 1,3-뷰타다이엔의 시료채취와 분석에 대한 과정을 포함하고 있다.

(2) 적용범위

① 흡착관을 이용한 방법, 시료채취 주머니를 이용한 방법을 시료채취방법으로 하고 기체크로마토그래피(Gas Chromatography, 이하 GC) 방법으로 분석한다.
② 배출가스 중에 존재하는 1,3-뷰타다이엔을 GC로 분석할 경우 정량범위는 0.03ppm 이상이며, 1,3-뷰타다이엔의 방법검출한계는 0.01ppm이다.

(3) 간섭물질

배출가스는 대부분 수분을 포함하고 있으므로 상대 습도가 높은 경우에는 시료의 수분을 제거하여 수분으로 인한 영향을 최소화하여야 한다. ※중요내용

2. 시료주입

(1) 고체흡착 열탈착법

① 시료를 채취한 흡착관을 열탈착장치에 연결한다.
② 흡착관에 채취된 시료는 열탈착장치에 의해 1단계로 열탈착되어 -10℃ 이하의 저온으로 유지되는 저온농축부로 보내지고 저온농축부에서 농축된 시료는 다시 열탈착되어 기체크로마토그래프 분석 컬럼으로 주입된다. ※중요내용

(2) 시료채취 주머니-열탈착법

① 시료채취 주머니 내의 시료 일정량(예 : 200mL, 흡착 유량 20mL/min, 흡착 시간 10min)을 흡입하여 저온농축관(-10℃ 이하)에 농축한다. ※중요내용
② 저온농축관에 농축된 시료는 열탈착되어 기체크로마토그래프 분석 컬럼으로 주입된다.

3. 기체크로마토그래프 분석

(1) GC 분석 컬럼에 주입된 시료는 설정된 온도 조건에서 GC 분석이 이루어지게 한다.
(2) GC/FID를 사용하거나 검출기가 질량분석기인 경우 스캔모드를 사용하여 성분의 구조와 GC 머무름시간을 확인한다.
(3) 분석성분의 구조는 MS library 스펙트럼과의 비교 및 표준물질의 스펙트럼과의 머무름시간 비교를 통하여 확인한다.
(4) 1,3-뷰타다이엔의 정량분석은 1,3-뷰타다이엔의 선택이온을 선정하여 EI(Extracted Ion) 스펙트럼으로부터 정량분석을 수행하거나, 처음부터 선택이온을 정하여 선택이온모드에서 정량분석을 수행한다.

13 배출가스 중 다이클로로메테인 - 기체크로마토그래피

1. 개요

(1) 목적

이 시험기준은 용제의 증발 또는 화학반응에 의해 굴뚝 등에서 배출되는 배출가스 중의 다이클로로메테인 농도를 측정하기 위한 시험방법이다. 배출가스 중 다이클로로메테인의 시료채취와 분석과정을 포함하고 있다.

(2) 적용범위

① 흡착관을 이용한 방법, 시료채취 주머니를 이용한 방법을 시료채취방법으로 하고 기체크로마토그래피(Gas Chromatography, 이하 GC) 방법으로 분석한다.
② 배출가스 중에 존재하는 다이클로로메테인을 GC로 분석할 경우 정량범위는 0.5ppm 이상이며 방법검출한계는 0.17ppm이다. *중요내용*

(3) 간섭물질

배출가스는 대부분 수분을 포함하고 있으므로 상대 습도가 높은 경우에는 시료의 수분을 제거하여 수분으로 인한 영향을 최소화하여야 한다.

14 배출가스 중 트라이클로로에틸렌 - 기체크로마토그래피

1. 개요

(1) 목적

이 시험기준은 용제의 증발 또는 화학반응에 의해 굴뚝 등에서 배출되는 배출가스 중의 트라이클로로에틸렌 농도를 측정하기 위한 시험방법이다. 배출가스 중 트라이클로로에틸렌의 시료채취와 분석에 대한 과정을 포함하고 있다.

(2) 적용범위

① 흡착관을 이용한 방법, 시료채취 주머니를 이용한 방법을 시료채취방법으로 하고 기체크로마토그래피(Gas Chromatography, 이하 GC) 방법으로 분석한다.
② 배출가스 중에 존재하는 트라이클로로에틸렌을 GC로 분석할 경우 정량범위는 0.3ppm 이상이며 방법검출한계는 0.1ppm이다. *중요내용*

(3) 간섭물질

배출가스는 대부분 수분을 포함하고 있으므로 상대 습도가 높은 경우에는 시료의 수분을 제거하여 수분으로 인한 영향을 최소화하여야 한다.

15 배출가스 중 벤조(a)피렌 – 기체크로마토그래피/질량분석법

1. 시료채취장치

이 방법에 사용되는 시료채취장치는 먼지채취부, 가스흡수부, 가스흡착부, 배출가스 유속 및 유량측정부, 진공펌프 및 흡입가스 유량측정부 등으로 구성된다.

2. 기기분석

분석은 기체크로마토그래피/질량분석기의 전자충격 이온화방식 방법을 사용하며, 정성분석은 2개 이온을 선택이온검출법(SIM ; Selected Ion Monitoring)과 선택이온 머무름 시간으로 하고 정량분석은 그 선택이온의 면적비 및 내부표준물질의 농도를 계산한 상대감응계수(RRF)법으로 한다.

16 배출가스 중 에틸렌옥사이드 분석방법

(1) 시료채취 주머니 – 기체크로마토그래피
(2) 용매추출 – 기체크로마토그래피
(3) HBr유도체화 – 기체크로마토그래피

17 배출가스 중 N, N-다이메틸폼아마이드 분석방법

(1) 열탈착 – 기체크로마토그래피
(2) 용매추출 – 기체크로마토그래피

18 배출가스 중 다이에틸헥실프탈레이트 분석방법

기체크로마토그래피

19 배출가스 중 벤지딘 분석방법

(1) 황산함침여지채취 – 기체크로마토그래피
(2) 여지채취 – 기체크로마토그래피

20 배출가스 중 바이닐아세테이트 분석방법

열탈착 – 기체크로마토그래피

21 배출가스 중 아닐린 분석방법

열탈착 – 기체크로마토그래피

22 배출가스 중 이황화메틸 분석방법

저온농축 – 모세관컬럼 – 기체크로마토그래피

23 배출가스 중 프로필렌옥사이드 분석방법

(1) 시료채취 주머니 – 기체크로마토그래피
(2) 용매추출 – 기체크로마토그래피

24 배출가스 중 흡광차 분광법(암모니아, 벤젠)

25 배출가스 중 수동형 개방경로 적외선 분광법 (일산화탄소, 이산화황, 이산화질소, 염화수소)

26 배출가스 중 벤조(a)피렌-기체크로마토그래피/질량 분석법

27 플레어가스 발열량

분석방법	적용대상
플레어가스 발열량-질량분석법	플레어가스 조성과 발열량
플레어가스 발열량-기체크로마토그래피	플레어가스 조성과 발열량
플레어가스 발열량-열량계법	플레어가스 발열량

[배출가스 중 연속자동측정방법]

01 굴뚝연속자동측정기기의 기능 - 아날로그 통신방식

1. 측정범위의 설정 *중요내용

(1) 측정범위는 형식승인을 취득한 측정범위 중 최대범위 내에서 사용환경에 따라 배출시설별 오염물질 배출허용기준의 2 내지 10배(단, 배출가스농도가 배출허용기준의 2배를 5 내지 10배) 이내에서 설정하여야 한다.
(2) 유속의 경우 최대유속의 1.2~1.5배 범위에서 설정하여야 한다. 단, 유속의 최소범위는 5m/s로 한다.
(3) 굴뚝연속자동측정기기(이하 측정기기)에 설정되어 있는 측정범위는 자료수집기(Data Logger)에 입력된 측정 범위 값과 일치되어야 한다.

2. 측정 및 교정

(1) 측정기기는 교정(수동 또는 자동)의 기능을 가져야 한다.
(2) 표준가스를 이용하여 교정을 실시하는 샘플링형 측정기기는 시료채취관이나 시료채취점에서 가장 가까운 지점으로부터 표준가스를 유입시켜 교정할 수 있는 장치를 구비하여야 한다.

3. 저장장치

측정기기에는 측정값들이 기록·보존될 수 있도록 기록계 또는 동등한 기능을 갖고 있는 장치를 구비하여야 한다.

4. 원격검색

관제센터에서 원격으로 측정기기의 운영상태를 확인할 수 있는 원격검색 기능을 갖추어야 하며, 원격검색의 수시 확인이 가능하도록 표준기체 밸브가 상시 개방되어 있어야 한다.
㈜ 먼지측정기기의 경우 원격검색 명령수행 대상에서 제외한다.

5. 측정기기의 운영 상태를 관제센터에 알리는 상태표시

(1) 전원단절

측정기기에 전원이 공급되지 않는 경우 발생되는 신호이다.

(2) 교정 중

측정기기 및 부대장비에서 교정이 수행되거나 원격검색 명령 시에 발생되는 신호이다.

(3) 보수 중

측정기기 및 부대장비, 자료수집기의 점검이나 보수가 필요한 경우 사업장에서 인위적으로 발생시키는 신호이다.

(4) 동작불량

측정기기 및 부대장비의 기능장애시 자동으로 발생되는 신호이다.

02 굴뚝연속자동측정기기의 기능 – 디지털 통신방식

1. 측정범위의 설정

굴뚝연속자동측정기기(이하 측정기기)에 설정되어 있는 날짜 및 시각은 자료수집기(Data Logger)에 입력된 날짜 및 시각과 동기화를 통해 일치되게 하여야 한다.

2. 측정 및 교정 *중요내용*

(1) 측정기기 알람 발생 시에 상태정보 및 알람정보와 함께 실 자료가 계속적으로 전송되어야 한다.
(2) 측정값이 측정범위를 초과하여 알람이 발생하는 경우 상태정보, 알람정보와 함께 최댓값을 전송한다.
  ㈜ 1. 상태정보(Status Information) : 측정기기가 시료기체를 분석하기 위해 가지고 있는 측정기기 정보
     2. 알람정보(Alarm Information) : 상태정보 변경의 유무를 알려주는 정보
(3) 측정기기의 이상상태가 종료된 경우, 알람은 지속되지 않고 자동적으로 해지되어야 한다.

3. 저장장치

측정값들이 기록·보존될 수 있도록 기록계 또는 동등한 기능을 갖고 있는 장치가 구비되어야 한다. 이를 위해 측정기기에 10일 이상의 측정값 및 상태정보값을 저장하기 위한 저장장치 및 기록장치를 설치하고 측정값 및 상태정보값을 자료수집기로 전송하여야 한다.

4. 측정기기 전송 필요 상태정보 및 알람정보

(1) 전송항목

이산화황, 질소산화물, 플루오린화수소, 염화수소, 암모니아, 일산화탄소, 먼지, 산소, 유량

(2) 온도

온도(온도 및 노내온도)측정기기는 측정값이 아날로그 신호인 경우 디지털신호로 변환하여 전송하여야 한다.

03 굴뚝연속자동측정기 설치방법

1. 굴뚝 유형별 설치방법 [중요내용]

굴뚝 유형별 측정기의 설치방법은 다음과 같다. 불가피하게 희석공기가 유입되는 경우에 측정기는 희석공기 유입 전에 설치하여야 하고, 표준산소농도를 적용받는 시설의 가스상 오염물질 측정기기는 산소측정기기의 측정시료와 동일한 시료로 측정할 수 있도록 하여야 한다.

(1) 병합 굴뚝(Common Stack)

2개 이상의 배출시설이 1개의 굴뚝을 통하여 오염물질 배출 시, 배출허용기준이 같은 경우에는 측정기 및 유량계를 오염물질이 합쳐진 후 지점(①의 경우) 또는 합쳐지기 전 지점(②의 경우)에 설치하여야 하고, 배출허용기준이 다른 경우에는 합쳐지기 전 각각의 지점에 설치하여야 한다.

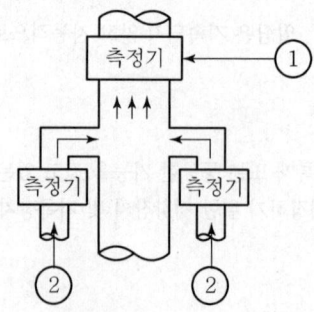

[병합 굴뚝(덕트)에서 측정기 설치 예]

(2) 분산 굴뚝(Multiple Stack)

1개 배출시설에서 2개 이상의 굴뚝으로 오염물질이 나뉘어서 배출되는 경우에 측정기는 나뉘기 전 굴뚝(①의 경우)에 설치하거나, 나뉜 각각의 굴뚝(②의 경우)에 설치하여야 한다.

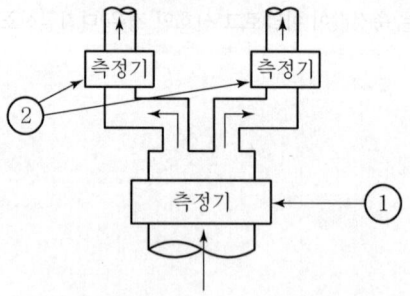

[분산 굴뚝(덕트)에서 측정기 설치 예]

(3) 우회 굴뚝(Bypass Stack)

측정기기를 ①, ③의 위치에 설치하여야 되나, 설치환경 부적합 또는 기타 이유로 굴뚝배출가스가 우회되는 경우 ②의 위치에 설치하되 대표성이 있는 시료가 채취되어 측정될 수 있어야 한다.(단, ②의 지점에 먼지측정기를 설치할 경우 다른 항목의 측정기는 ①의 지점에 설치해야 한다.)

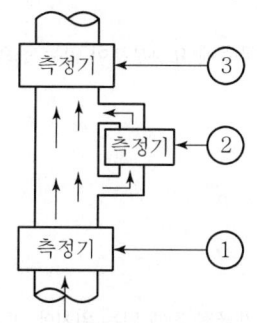

[우회 굴뚝(덕트)에서 측정기 설치 예]

2. 측정 및 측정공 위치

(1) 공통사항 *중요내용*

① 오염물질 농도를 대표할 수 있는 곳으로 굴뚝의 굴곡부분이나 단면 모양이 급격히 변하는 부분을 피하여 배출 흐름이 안정한 곳이어야 한다.
② 측정이나 유지보수가 가능하도록 접근이 쉬운 곳이어야 한다.
③ 모든 방지시설의 후단이어야 하나, 필요에 따라서는 전단에 설치할 수도 있다.
④ 측정기가 부착된 측정공 이외에 상대정확도를 구하기 위하여 같은 높이(또는 수직선상)로 여분의 측정공을 2개 이상 설치하여야 한다.
⑤ 응축된 수증기가 존재하지 않는 곳에 설치한다.

(2) 먼지측정기

측정공은 난류의 영향을 고려하여 수직굴뚝에 설치하는 것을 원칙으로 하며, 불가피한 경우에는 수평굴뚝에도 측정공을 설치할 수 있다.

① 수직 굴뚝 *중요내용*
  ㉠ 만약, 선정위치가 굴뚝이나 덕트의 수직부로서 곡관부로부터 하류로 직경의 4배 이하인 곳에 위치한다면 경로는 상류 곡관부에 의해서 정의된 평면(상류곡관부와 수평인 위치)을 사용하고, 선정위치가 굴뚝이나 덕트의 수직부로서 곡관부로부터 상류로 직경의 4배 이하인 곳에 위치한다면 경로는 하류 곡관부에 의해서 정의된 평면(하류곡관부와 수평인 위치)을 사용한다.
  ㉡ 선정위치가 굴뚝이나 덕트의 수직부로서 곡관부로부터 하류로 직경의 4배 이하이고 곡관부로부터 상류로 1m 이하인 곳에 위치한다면 경로는 상류 곡관부에 의해서 정의된 평면(상류곡관부와 수평인 위치)을 사용한다. *중요내용*

② 수평 굴뚝(덕트 등)
  ㉠ 측정위치는 하부 직경의 4배 이상인 곳으로 하고, 시료를 채취하는 측정기의 채취지점은 굴뚝바닥으로부터 굴뚝 내경의 1/3과 1/2 사이의 단면 위에 위치하도록 한다. *중요내용*
  ㉡ 경로를 이용한 측정기는 하부 직경의 4배 이하인 지점에 설치할 수 있다. 측정위치는 상향 흐름인 경우에는 굴뚝 바닥으로부터 굴뚝 내경의 1/2과 2/3 사이의 단면 위에 위치하여야 하고, 하향 흐름인 경우에는 굴뚝 바닥으로부터 굴뚝 내경의 1/3과 1/2 사이의 단면 위에 위치하여야 한다.

(3) 가스상 물질

① 수직 굴뚝
  측정위치는 굴뚝 하부 끝에서 위를 향하여 굴뚝 내경의 2배 이상이 되고, 상부 끝단으로부터 아래를 향하여 굴뚝 상부 내경의 1/2배 이상이 되는 지점으로 한다.

② 수평 굴뚝

측정위치는 외부공기가 새어들지 않고 굴뚝에 요철부분이 없는 곳으로서 굴뚝의 방향이 바뀌는 지점으로부터 굴뚝내경의 2배 이상 떨어진 곳을 선정한다.

3. 조립 및 취급법

(1) 부착

① 채취관
   ㉠ 채취구는 측정기까지의 도관길이가 가급적 짧게 되는 위치에, 또한 채취관이 배출가스의 흐름에 대해서 수직이 되도록 연결한다.
   ㉡ 채취구에는 굴뚝외벽으로부터의 길이가 100~200 mm, 바깥지름 22~60 mm 정도의 보통 강철관 또는 스테인리스강관 등을 써서 굴뚝외벽에 설치한다.
   ㉢ 채취관은 채취구에 슬리이브식, 플랜지식 등의 고정쇠를 써서 고정한다.

② 도관 *중요내용*
   ㉠ 도관은 가능한 짧은 것이 좋으나 부득이 길게 해서 쓰는 경우에는 이음매가 없는 배관을 써서 접속 부분을 적게 하고 받침기구로 고정한다.
   ㉡ 냉각도관은 될 수 있는 대로 수직으로 연결한다. 부득이 구부러진 관을 쓰는 경우에는 응축수가 빨리 흘러나오기 쉽도록 경사지게 하고 시료가스는 아래로 흐르도록 한다.
   ㉢ 냉각 도관 부분에는 반드시 기체·액체 분리관과 그 아래쪽에 응축수 트랩을 연결한다.
   ㉣ 기체·액체 분리관은 도관의 부착위치 중 가장 낮은 부분 또는 최저 온도의 부분에 부착하여 응축수를 급속히 냉각시키고 배관계의 밖으로 빨리 방출시킨다.
   ㉤ 응축수의 배출에 쓰는 펌프는 충분히 내구성이 있는 것을 쓴다. 이때 응축수 트랩은 사용하지 않아도 좋다.
   ㉥ 같은 냉각방식을 쓰는 경우에는 기온과 수온을 감시하기 위하여 온도계를 부착하든가 또는 온도조절을 나타내는 표시 등을 부착한다.
   ㉦ 분석계에서의 배출가스 및 바이패스 배출가스의 도관은 배후 압력의 변동이 적은 장소에 배관한다.

04 굴뚝연속자동측정기기 먼지

1. 적용범위

이 시험방법은 굴뚝배출가스 중 먼지를 연속적으로 자동 측정하는 방법에 관하여 규정한다.

2. 용어의 뜻

(1) 먼지

굴뚝배출가스 중에 부유하는 입자상 물질

(2) 먼지농도 ★중요내용

표준상태(0℃, 760 mmHg)의 건조배출가스 $1\,m^3$ 안에 포함된 먼지의 무게로서 mg/Sm^3의 단위를 갖는다.

(3) 교정용입자

실내에서 감도 및 교정오차를 구할 때 사용하는 균일계 단분산 입자로서 기하평균 입경이 0.3~3 μm인 인공입자로 한다.

(4) 균일계 단분산 입자

입자의 크기가 모두 같은 것으로 간주할 수 있는 시험용 입자로서 실험실에서 만들어진다.

(5) 표준교정판(또는 교정용 필름)

연속자동측정기를 교정할 때 사용하는 일정한 지시치를 나타내는 표준판(필름)을 말한다.

(6) 검출한계 ★중요내용

제로드리프트의 2배에 해당하는 지시치가 갖는 교정용 입자의 먼지농도를 말한다.

(7) 교정오차

실내에서 교정용 입자를 용기 안으로 분사하면서 연속자동측정기로 측정한 먼지농도가 용기 안에서 시료채취법으로 구한 먼지농도와 얼마나 잘 일치하는가 하는 정도로서 그 수치가 작을수록 잘 일치하는 것이다.

(8) 상대정확도

굴뚝에서 연속자동측정기로 구한 먼지농도가 먼지시험방법(이하 주시험법이라 한다)으로 구한 먼지농도와 얼마나 잘 일치하는가 하는 정도로서, 그 수치가 작을수록 잘 일치하는 것이다.

(9) 제로드리프트

연속자동측정기가 정상적으로 가동되는 조건하에서 먼지를 포함하지 않는 공기를 일정시간 동안 측정한 후 발생한 출력신호가 변화하는 정도를 말한다.

(10) 교정판드리프트

표준교정판(필름)을 사용하여 일정시간 동안 측정한 후 발생한 출력신호가 변화한 정도를 말한다.

(11) 응답시간

표준교정판(필름)을 끼우고 측정을 시작했을 때 그 보정치의 95%에 해당하는 지시치를 나타낼 때까지 걸린 시간을 말한다.

(12) 시험가동시간

연속자동측정기를 정상적인 조건에서 운전할 때 예기치 않는 수리, 조정 및 부품교환 없이 연속가동할 수 있는 최소시간을 말한다.

3. 측정방법의 종류

먼지의 연속자동측정법에는 광산란적분법과 베타(β)선 흡수법, 광투과법이 있다. *중요내용*

(1) 광산란적분법
   ① 측정원리
      ㉠ 먼지를 포함하는 굴뚝배출가스에 빛을 조사하면 먼지로부터 산란광이 발생한다. 산란광의 강도는 먼지의 성상, 크기, 상대굴절률 등에 따라 변화하지만, 이들조건이 동일하다면 먼지농도에 비례한다.
      ㉡ 굴뚝에서 미리 구한 먼지농도와 산란도의 상관관계식에 측정한 산란도를 대입하여 먼지농도를 구한다.
   ② 장치구성 *중요내용*
      ㉠ 시료채취부   ㉡ 검출부
      ㉢ 앰프부   ㉣ 수신부

(2) 베타(β)선 흡수법
   ① 측정원리
      ㉠ 시료가스를 등속흡입하여 굴뚝 밖에 있는 자동연속측정기 내부의 여과지 위에 먼지시료를 채취한다. 이 여과지에 방사선 동위원소로부터 방출된 β선을 조사하고 먼지에 의해 흡수된 β선량을 구한다.
      ㉡ 굴뚝에서 미리 구해놓은 β선 흡수량과 먼지농도 사이의 관계식에 시료채취 전후의 β선 흡수량의 차를 대입하여 먼지농도를 구한다.
   ② 장치구성
      ㉠ 시료채취부   ㉡ 검출부
      ㉢ 표시 및 기록부   ㉣ 수신부

(3) 광투과법
   ① 측정원리
      ㉠ 이 방법은 먼지입자들에 의한 빛의 반사, 흡수, 분산으로 인한 감쇄현상에 기초를 둔다.
      ㉡ 먼지를 포함하는 굴뚝배출가스에 일정한 광량을 투과하여 얻어진 투과된 광의 강도변화를 측정하여 굴뚝에서 미리 구한 먼지농도와 투과도의 상관관계식에 측정한 투과도를 대입하여 먼지의 상대농도를 연속적으로 측정하는 방법이다.
   ② 장치구성
      ㉠ 시료채취부   ㉡ 검출 및 분석부
      ㉢ 농도지시부   ㉣ 데이터 처리부
      ㉤ 교정장치

05 굴뚝연속자동측정기 이산화황

1. 적용범위

이 시험방법은 굴뚝배출가스 중 이산화황을 연속적으로 자동측정하는 방법에 관하여 규정하며 측정방법은 배출가스 중 황산화물-자동측정법에 따른다.

2. 용어 *중요내용*

(1) 교정가스

공인기관의 보정치가 제시되어 있는 표준가스로 연속자동측정기 최대눈금치의 약 50%와 90%에 해당하는 농도를 갖는다.(90% 교정가스를 스팬가스라고 한다.)

(2) 제로가스

정제된 공기나 순수한 질소(순도 99.999% 이상)를 말한다.

(3) 검출한계

제로드리프트의 2배에 해당하는 지시치가 갖는 이산화황의 농도를 말한다.

(4) 교정오차

교정가스를 연속자동측정기에 주입하여 측정한 분석치가 보정치와 얼마나 잘 일치하는가 하는 정도로서, 그 수치가 작을수록 잘 일치하는 것이다.

(5) 상대정확도

굴뚝에서 연속자동측정기를 이용하여 구한 이산화황의 분석치가 황산화물 시험방법(이하 주시험법이라 한다)으로 구한 분석치와 얼마나 잘 일치하는가 하는 정도로서 그 수치가 작을수록 잘 일치하는 것이다.

(6) 제로드리프트

연속자동측정기가 정상적으로 가동되는 조건하에서 제로가스를 일정시간 흘려준 후 발생한 출력신호가 변화한 정도를 말한다.

(7) 스팬드리프트

스팬가스를 일정시간 동안 흘려준 후 발생한 출력신호가 변화한 정도를 말한다.

(8) 응답시간

시료채취부를 통하지 않고 제로가스를 연속자동측정기의 분석부에 흘려주다가 갑자기 스팬가스로 바꿔서 흘려준 후, 기록계에 표시된 지시치가 스팬가스 보정치의 95%에 해당하는 지시치를 나타낼 때까지 걸리는 시간을 말한다.

(9) 시험가동시간

연속자동측정기를 정상적인 조건에 따라 운전할 때 예기치 않는 수리, 조정 및 부품교환 없이 연속 가동할 수 있는 최소시간을 말한다.

(10) 점(Point) 측정시스템

굴뚝 또는 덕트 단면 직경의 10% 이하의 경로 또는 단일점에서 오염물질농도를 측정하는 배출가스 연속자동측정시스템

(11) 경로(Path) 측정시스템

굴뚝 또는 덕트 단면 직경의 10% 이상의 경로를 따라 오염물질 농도를 측정하는 배출가스 연속자동측정시스템

(12) 보정

보다 참에 가까운 값을 구하기 위하여 판독값 또는 계산값에 어떤 값을 가감하는 것, 또는 그 값

(13) 편향(Bias)

계통오차. 측정결과에 치우침을 주는 원인에 의해서 생기는 오차

(14) 시료채취 시스템 편기

농도를 알고 있는 교정가스를 시료채취관의 출구에서 주입하였을 때와 측정기에 바로 주입하였을 때 측정기 시스템에 의해 나타나는 가스 농도의 차이

(15) 퍼지(Purge)

시료채취관에 축적된 입자상 물질을 제거하기 위하여 압축된 공기가 시료채취관의 안에서 밖으로 불어내어지는 동안 몇몇 시료채취형 시스템에 의해 주기적으로 수행되는 절차

(16) 직선성

입력신호의 농도변화에 따른 측정기 출력신호의 직선관계로부터 벗어나는 정도

3. 측정방법의 종류 *중요내용*

측정원리에 따라 용액전도율법, 적외선흡수법, 자외선흡수법, 정전위전해법 및 불꽃광도법 등으로 분류할 수 있다.

4. 성능 및 성능 시험방법

(1) 성능

① 측정범위
ES 01901.1의 1.1을 따른다.
② 검출한계
5ppm 이하로 한다.

(2) 성능시험방법

① 측정범위
스팬가스를 연속자동 측정기에 주입하여 측정할 때 최대 눈금치의 약 90%에 해당하는 지시치를 나타내는지를 확인한다.
② 검출한계
교정가스를 연속자동 측정기에 주입하여 지시치를 읽는다. 제로가스를 주입하여 제로드리프트를 구한 후 그 두 배에 해당하는 이산화황의 농도를 교정가스의 농도와 지시치의 관계로부터 비례식을 계산한다.

5. 분석계

(1) 용액전도율분석계

① 원리

시료가스를 황산산성과산화수소수 흡수액에 도입하면 이산화황은 과산화수소수에 의해 황산으로 산화되어 흡수된다. 이때 황산의 생성으로 인하여 흡수액의 전도율이 증가하게 되는데, 이 전도율의 증가는 시료가스 중의 이산화황의 농도에 비례한다.

② 분석계 구성

용액전도율 분석계는 비교전극, 측정전극, 가스흡수부, 흡수액 전달펌프, 흡수액용기, 흡수액(황산산성과 산화수소 수용액) 등으로 이루어져 있다.

(2) 적외선흡수분석계

ES 01204의 비분산적외선분광분석법에 따른다.

(3) 자외선흡수분석계

① 원리
- ㉠ 자외선흡수분석계에는 분광기를 이용하는 분산방식과 이용하지 않는 비분산방식이 있다.
- ㉡ 분산방식에서는 287 nm에서의 이산화황과 이산화질소의 흡광도를 그리고 380 nm에서 이산화질소의 흡광도를 측정하고 몰흡광계수와 농도 및 흡광도로 표시된 2원 1차 연립방정식에 대입하여 이산화황의 극대흡수파장인 287 nm에서의 이산화질소의 간섭을 보정한다. 287 nm에서 구한 이산화황만의 흡광도를 미리 작성한 검량선에 대입하여 그 농도를 구한다.
- ㉢ 비분산방식에서는 수은램프로부터 나온 빛을 둘로 나누어 두 개의 광학필터를 통과시킨다. 이렇게 하여 하나의 필터로부터는 280~320 nm의 광을 다른 하나로부터는 540~570 nm의 광을 시료셀에 조사한 다음, 전자는 측정광으로 하고 후자는 비교광으로 하여 흡광도를 측정하고 그 차를 시료가스 중 이산화황의 흡광도로 한다. 이것을 미리 작성한 검량선에 대입하여 시료가스 중 이산화황의 농도를 구한다.

② 분석계 구성 *중요내용

자외선흡수분석계는 광원, 분광기, 광학필터, 시료셀, 검출기 등으로 이루어져 있다.
- ㉠ 광원

   중수소방전관 또는 중압수은등이 사용된다.
- ㉡ 분광기

   프리즘 또는 회절격자분광기를 이용하여 자외선영역 또는 가시광선영역의 단색광을 얻는 데 사용된다.
- ㉢ 광학필터

   특정파장 영역의 흡수나 다층박막의 광학적 간섭을 이용하여 자외선에서 가시광선 영역에 이르는 일정한 폭의 빛을 얻는 데 사용된다.
- ㉣ 시료셀

   시료셀은 200~500mm의 길이로 시료가스가 연속적으로 통과할 수 있는 구조로 되어 있다. 셀의 창은 석영판과 같이 자외선 및 가시광선이 투과할 수 있는 재질로 되어 있어야 한다.
- ㉤ 검출기

   자외선 및 가시광선에 감도가 좋은 광전자증배관 또는 광전관이 이용된다.

(4) 정전위전해분석계

① 원리

이산화황을 전해질에 흡수시킨 후 전기화학적 반응을 이용하여 그 농도를 구한다. 전해질에 흡수된 이산화황은 작용전극에 일정한 전위의 전기에너지를 가하면 황산이온으로 산화되는데 이때 발생되는 전해전류는 온도가 일정할 때 흡수된 이산화황 농도에 비례한다.

② 분석계 구성 **중요내용**
정전위전해분석계는 크게 나누어 전해셀과 정전위전원 그리고 증폭기로 구성되어 있다.
㉠ 전해셀
ⓐ 가스투과성격막
ⓑ 작업전극
ⓒ 대전극
ⓓ 전해액
㉡ 정전위전원
작업전극에 일정한 전위의 전기에너지를 부가하기 위한 직류전원으로 수은전지가 이용된다.

(5) 불꽃광도분석계

① 원리 **중요내용**
㉠ 환원선 수소불꽃에 도입된 이산화황이 불꽃 중에서 환원될 때 발생하는 빛 가운데 394 nm 부근의 빛에 대한 발광강도를 측정하여 연소배출가스 중 이산화황 농도를 구한다.
㉡ 이 방법을 이용하기 위하여는 불꽃에 도입되는 이산화황 농도가 5~6 μg/min 이하가 되도록 시료가스를 깨끗한 공기로 희석해야 한다.

② 분석계의 구성
유량제어부, 희석부, 불꽃부, 검출부로 이루어져 있다.
㉠ 유량제어부 **중요내용**
희석가스, 연료가스 및 조연가스의 유량을 조절하기 위한 부분으로 압력조정기, 저항관, 니들밸브 및 유량계 등으로 구성되어 있다.
㉡ 희석부
깨끗한 공기 또는 질소가스를 이용하여 시료가스를 일정 비율로 희석하는 부분이다.
㉢ 불꽃부
연료가스, 조연가스, 시료가스, 연소노즐, 점화기구, 소염검지기 등으로 구성되어 있으며 환원성 수소불꽃을 발생하게 된다.
㉣ 검출부 **중요내용**
광전자증배관, 394 nm 부근에 극대흡수파장을 갖는 광학필터 단열창, 냉각기 등으로 이루어져 있으며 불꽃으로부터 발생하는 394 nm 부근의 광량을 측정한다.

06 굴뚝연속자동측정기기 질소산화물

1. 적용범위 [중요내용]

이 시험방법은 굴뚝배출가스 중 질소산화물($NO + NO_2$)을 연속적으로 자동측정하는 방법에 관하여 규정한다.

2. 측정방법의 종류 [중요내용]

(1) 설치방식

① 시료채취형 ② 굴뚝부착형

(2) 측정원리

① 화학발광법 ② 적외선흡수법
③ 자외선흡수법 ④ 정전위전해법

3. 성능 및 성능시험방법

(1) 성능

① 측정범위
ES 01901.1의 1.1을 따른다.
② 검출한계
5ppm 이하로 한다.

4. 분석계

(1) 화학발광분석계

① 원리
㉠ 일산화질소와 오존이 반응하면 이산화질소가 생성되는데 이때 590~875 nm에 이르는 폭을 가진 빛(화학발광)이 발생한다.
㉡ 이 발광강도를 측정하여 시료가스 중 일산화질소 농도를 연속적으로 측정한다.
㉢ 질소산화물 농도는 시료가스를 환원장치를 통과시켜 이산화질소를 일산화질소로 환원한 다음 위와 같이 측정하여 구한다.

② 분석계의 구성 [중요내용]
유량제어부, 반응조, 검출기, 오존발생기 등으로 구성되어 있다.

㉠ 유량제어부
시료가스 유량제어부와 오존가스 유량제어부가 있으며 이들은 각각 저항관, 압력조절기, 니들밸브, 면적유량계, 압력계 등으로 구성되어 있다.

㉡ 반응조
시료가스와 오존가스를 도입하여 반응시키기 위한 용기로서 이 반응에 의해 화학발광이 일어나게 된다. 내부압력 조건에 따라 감압형과 상압형이 있다.

ⓒ 검출기
화학발광을 선택적으로 투과시킬 수 있는 광학필터가 부착되어 있으며 발광도를 전기신호로 변환시키는 역할을 한다.

ⓔ 오존발생기
산소가스를 오존으로 변환시키는 역할을 하며, 에너지원으로서 무성방전관 또는 자외선발생기를 사용한다.

(2) 적외선흡수분석계

① 시료채취형
ES 01204의 비분산적외선분광분석법에 따른다.

② 굴뚝부착형
㉠ 원리
ⓐ 비분산적외선($5.25\mu m$)을 굴뚝 내부에 조사하고 수광부와 검출기 사이에 대조셀과 개스필터 상관셀이 교대로 오도록 한다.
ⓑ 입사광은 굴뚝 내부를 통과한 후 반대편에 있는 반사경에 의해 반사되어 다시 수광부쪽으로 돌아온다. 이때 대조셀로는 일산화질소에 의해 감쇄된 빛에너지(S)와 분진을 비롯한 공존물질에 의해 감쇄된 바탕빛 에너지(B)의 합을 측정하고 개스필터 상관셀로는 바탕빛에너지만을 측정한다.

㉡ 분석계 구성
광원, 광학계, 개스셀 터릿 및 검출기 등으로 이루어져 있다. 또한 이 장치는 원격조정을 할 수 있는 중앙측정조정 장치를 갖추고 있다.

(3) 자외선흡수분석계

① 원리
㉠ 일산화질소는 195~230 nm, 이산화질소는 350~450 nm 부근의 자외선을 흡수하는 성질을 이용한다.
㉡ 질소산화물의 농도를 구하기 위하여 일산화질소와 이산화질소의 농도를 각각 측정하여 그것들을 합하는 방식(다성분합산방식)과 시료가스 중 일산화질소를 이산화질소로 산화시킨 다음 측정하는 방식(산화방식)이 사용되고 있다.

② 분석계 구성 *중요내용
다성분합산형(또는 분산형)과 산화형(비분산형)이 있으며, 광원, 분광기, 광학필터, 시료셀, 검출기, 합산증폭기, 오존발생기 등으로 이루어져 있다.

㉠ 광원
중수소방전관 또는 중압수은 등을 사용한다.

㉡ 분광기
프리즘과 회절격자 분광기 등을 이용하여 자외선 영역 또는 가시광선 영역의 단색광을 얻는 데 사용된다.

㉢ 시료셀
시료가스가 연속적으로 흘러갈 수 있는 구조로 되어 있으며 그 길이는 200~500mm이다. 셀의 창은 석영판과 같이 자외선 및 가시광선이 투과할 수 있는 재질이어야 한다.

㉣ 광학필터
특정파장 영역의 흡수나 다층박막의 광학적 간섭을 이용하여 자외선 영역 또는 가시광선영역의 일정한 폭을 갖는 빛을 얻는 데 사용한다.

ⓜ 검출기
　　　　자외선 및 가스광선에 대하여 감도가 좋은 광전자증배관 또는 광전관이 이용된다.
　　　ⓗ 합산증폭기
　　　　신호를 증폭하는 기능과 일산화질소 측정파장에서 아황산가스의 간섭을 보정하는 기능이 있다.
　　　ⓢ 오존발생기

(4) 정전위전해분석계
　　① 원리
　　　㉠ 가스투과성 격막을 통하여 전해질 용액에 시료가스 중의 질소산화물을 확산흡수시키고 일정한 전위(아황산가스의 경우와 전위는 다르다.)의 전기에너지를 부가하면 질산이온으로 산화된다.
　　　㉡ 이때 생성되는 전해전류는 온도가 일정할 때 시료가스 중 질소산화물의 농도에 비례한다.
　　② 분석계 구성
　　　정전위전해 분석계는 크게 나누어 전해셀과 정전위전원 그리고 증폭기로 이루어져 있다.

07 굴뚝연속자동측정기기 염화수소

1. 적용범위

이 시험방법은 굴뚝배출가스 중 염화수소를 연속적으로 자동측정하는 방법에 관하여 규정한다.

2. 측정방법의 종류 *중요내용

(1) 이온전극법

(2) 비분산적외선분광분석법

3. 성능 및 성능시험방법

(1) 측정범위

ES 01901.1의 1.1을 따른다.

(2) 검출한계

10ppm 이하로 한다.

4. 장치의 구성

연속자동측정기는 시료채취부, 분석계 및 데이터처리부로 구성되어 있다.

08 굴뚝연속자동측정기기 플루오린화수소

1. 적용범위
이 시험방법은 굴뚝배출가스 중 플루오린화수소를 연속적으로 자동측정하는 방법에 관하여 규정한다.

2. 측정방법의 종류 중요내용
이온전극법

3. 성능 및 성능시험방법

(1) 측정범위

　ES 01901.1의 1.1을 따른다.

(2) 검출한계

　0.1 ppm 이하로 한다.

4. 장치의 구성
연속자동측정기는 시료채취부, 분석계 및 데이터처리부로 구성되어 있다.

09 굴뚝연속자동측정기기 암모니아

1. 적용범위

이 시험방법은 굴뚝배출가스 중 암모니아수를 연속적으로 자동측정하는 방법에 관하여 규정한다.

2. 측정방법의 종류 ※중요내용

(1) 용액전도율법

(2) 적외선가스분석법

3. 성능 및 성능시험방법

(1) 측정범위

ES 01901.1의 1.1을 따른다.

(2) 검출한계

5 ppm 이하로 한다.

4. 장치의 구성

연속자동측정기는 시료채취부, 분석계 및 데이터처리부로 구성되어 있다.

10 굴뚝연속자동측정기기 배출가스 유량

1. 적용범위 *중요내용*

이 시험방법은 굴뚝에서 배출되는 건조배출가스의 유량을 연속적으로 자동 측정하는 방법에 관하여 규정한다. 건조배출가스 유량은 배출되는 표준상태의 건조배출가스양[Sm³(5분 적산치)]으로 나타낸다.

2. 측정방법의 종류 *중요내용*

(1) 피토관
(2) 열선 유속계
(3) 와류유속계

3. 피토관을 이용하는 방법

(1) 측정원리

관내 유체의 전압과 정압과의 차인 동압을 측정하여 유속을 구하고 유량을 산출한다.

(2) 여러 지점에서 측정 시

① 굴뚝 내경이 1 m 이하
굴뚝 직경의 16.7%, 50.0%, 83.3%에 위치한 지점에서 측정하여야 한다.
② 굴뚝 내경이 1 m를 초과
4개점 이상에서 측정하여야 한다.

(3) 유량계산

① 배출가스 평균유속 *중요내용*

$$\overline{V} = C\sqrt{\frac{2gh}{\gamma}}$$

여기서, $\overline{V}$: 배출가스 평균유속(m/s)
C : 피토관 계수
g : 중력 가속도(9.81 m/s²)
h : 배출가스의 평균 동압 측정치(mmH₂O)
γ : 굴뚝 내의 습한 배출가스 밀도(kg/m³)

② 건조배출가스 유량

$$Q_s = \overline{V} \times A \times \frac{P_a + P_s}{760} \times \frac{273}{273 + T_s} \times \left(1 - \frac{X_w}{100}\right) \times 300$$

여기서, Q_s : 건조배출가스 유량[Sm³(5분적산치)]
$\overline{V}$: 배출가스 평균유속(m/s)
A : 굴뚝 단면적(m²)
P_a : 대기압(mmHg)

P_s : 배출가스 정압의 평균치(mmHg)
T_s : 배출가스 온도의 평균치(℃)
X_w : 배출가스 중의 수분량(%)

③ 배출가스 평균유속(관제센터로 데이터를 전송하는 경우)

$$\overline{V} = C\left(\sum \sqrt{\frac{2gh}{\gamma}}\right)_{av}$$

여기서, av : 평균값을 의미함
$\overline{V}$: 배출가스 5분 평균유속(m/s)
C : 피토관 계수
g : 중력 가속도(9.81 m/s²)
h : 배출가스의 동압 측정치(mmH₂O)
γ : 굴뚝 내의 습한 배출가스 밀도(kg/m³)

④ 건조배출가스 유량 계산(관제센터로 데이터를 전송하는 경우)

$$Q_s = \overline{V} \times A \times \frac{P_a + P_s}{760} \times \frac{273}{273 + T_s} \times \left(1 - \frac{X_w}{100}\right) \times 300$$

여기서, Q_s : 건조배출가스 유량[Sm³(5분적산치)]
$\overline{V}$: 배출가스의 5분 평균 유속(m/s)
A : 굴뚝 단면적(m²)
P_a : 대기압(mmHg)
P_s : 배출가스의 5분 평균 정압(mmHg)
T_s : 배출가스의 5분 평균 온도(℃)
X_w : 배출가스 중의 수분량(%)

4. 열선 유속계를 이용하는 방법

측정원리

흐르고 있는 유체 내에 가열된 물체를 놓으면 유체와 열선(가열된 물체) 사이에 열교환이 이루어짐에 따라 가열된 물체가 냉각된다. 이때 열선의 열 손실은 유속의 함수가 되기 때문에 이 열량을 측정하여 유속을 구하고 유량을 산정한다.

5. 와류유속계를 이용하는 방법

(1) 측정원리

유동하고 있는 유체 내에 고형물체(소용돌이 발생체)를 설치하면 이 물체의 하류에는 유속에 비례하는 주파수의 소용돌이가 발생하므로 이것을 측정하여 유속을 구하고 유량을 산출한다.

(2) 측정기 설치환경

① 압력계 및 온도계는 유량계 하류 측에 설치해야 한다. <mark>중요내용</mark>
② 소용돌이의 압력변화에 의한 검출방식은 일반적으로 배관 진동의 영향을 받기 쉬우므로 진동방지대책을 세워야 한다.

6. 초음파 유속계를 이용하는 방법

(1) 측정원리

굴뚝 내에서 초음파를 발사하면 유체흐름과 같은 방향으로 발사된 초음파와 그 반대의 방향으로 발사된 초음파가 같은 거리를 통과하는 데 걸리는 시간차가 생기게 되며, 이 시간차를 직접시간차 측정, 위상차측정, 주파수차 측정방법을 이용하여 유속을 구하고 유량을 산정한다.

(2) 측정기 설치환경

① 검출기는 초음파가 전달되므로 적정한 온도, 압력 등을 가진 곳에 설치하여야 하며, 투과나 반사에 의해 초음파가 방해되는 장소는 피한다.
② 변환기는 주위온도와 습도가 적합하고, 진동, 충격, 노이즈 등에 의한 장애가 적은 장소에 설치하고, 보수 등의 작업공간 확보가 용이한 곳이어야 한다.

7. 장치의 구성

(1) 피토관을 이용하는 방법

① 시료채취부
② 검출 및 분석부
③ 지시부
④ 데이터 처리부

(2) 열선식 유속계를 이용하는 방법

① 시료채취부
② 검출 및 분석부
③ 지시부
④ 데이터 처리부

(3) 와류 유속계를 이용하는 방법

① 시료채취부
② 소용돌이 발생체
③ 검출 및 분석부
④ 지시부
⑤ 데이터 처리부

(4) 초음파 유속계를 이용하는 방법

① 검출 및 분석부
② 지시부
③ 데이터 처리부

[먼지-굴뚝배출가스에서 연속자동측정방법]

〈먼지 연속자동측정기기의 성능규격〉

항목	성능	비 고
교정오차	10% 이하	통합관리사업장의 경우 '허가배출기준'으로 적용함
상대정확도	주 시험법의 20% 이하 (단, 측정값이 해당 배출허용기준의 50% 이하인 경우에는 배출허용기준의 15% 이하)	
응답시간	최대 2분(단, 베타선흡수법은 15분 이내)	
재현성	최대눈금치의 2% 이하	

[무기가스상-굴뚝배출가스에서 연속자동측정방법]

〈이산화황, 질소산화물, 염화수소, 플루오린화수소, 암모니아, 일산화탄소 연속자동측정기기의 성능규격〉

항목	성능	비 고
교정오차	5% 이하	통합관리사업장의 경우 '허가배출기준'으로 적용함
상대정확도	주 시험방법, 기기분석 방법의 20% 이하 (단, 측정값이 해당 배출허용기준의 50% 이하인 경우에는 배출허용기준의 15% 이하)	
응답시간	최대 5분 이하(단, 이온전극법일 경우 10분 이내)	
재현성	최대눈금치의 2% 이하	
배출가스 유량에 대한 안전성	최대눈금치의 2% 이하	
편향시험	5% 이하	
원격검색	± 5% 이내	

[환경대기 시료채취방법]

01 환경대기 시료채취방법

1. 적용범위

이 시험방법은 환경정책기본법에서 규정하는 환경기준 설정항목 및 기타 대기 중의 오염물질 분석을 위한 입자상 및 가스상 물질의 채취방법에 대하여 규정한다.

2. 시료채취를 위한 일반사항

(1) 시료채취지점수(측정점 수)의 결정 *중요내용*

① 인구비례에 의한 방법
측정하려고 하는 대상지역의 인구 분포 및 인구밀도를 고려하여 인구밀도가 5,000명/km² 이상일 때는 정해진 그림을 적용하고 그 이하일 때는 그 지역의 가주지면적(그 지역 총면적에서 전답, 임야, 호수, 하천 등의 면적을 뺀 면적)으로부터 다음 식에 의하여 측정점의 수를 결정한다.

$$측정점 수 = \frac{그\ 지역\ 거주지면적}{25\,km^2} \times \frac{그\ 지역\ 인구밀도}{전국\ 평균인구밀도}$$

② 대상지역의 오염 정도에 따라 공식을 이용하는 방법

(2) 시료채취 장소의 결정 *중요내용*

① TM좌표에 의한 방법(Grid System)
전국 지도의 TM좌표에 따라 해당 지역의 1 : 25,000 이상의 지도 위에 2~3 km 간격으로 바둑판 모양의 구획을 만들고(格子網) 그 구획마다 측정점을 선정한다.

② 중심점에 의한 동심원을 이용하는 방법
㉠ 측정하려고 하는 대상지역을 대표할 수 있다고 생각되는 한 지점을 선정하고 지도 위에 그 지점을 중심점으로 0.3~2 km의 간격으로 동심원을 그린다. 또 중심점에서 각 방향(8 방향 이상)으로 직선을 그어 각각 동심원과 만나는 점을 측정점으로 한다.
㉡ 이때 전체의 측정점수는 인접 측정점과의 거리를 고려하여 적당히 조절할 수 있다.

③ 기타방법
과거의 경험이나 전례에 의한 선정 또는 이전부터 측정을 계속하고 있는 측정점에 대하여는 이미 선정되어 있는 지점을 측정점으로 할 수 있다.

(3) 시료채취 위치선정 시 고려사항 *중요내용*

① 시료채취 위치는 원칙적으로 주위에 건물이나 수목 등의 장애물이 없고 그 지역의 오염도를 대표할 수 있다고 생각되는 곳을 선정한다.
② 주위에 건물이나 수목 등의 장애물이 있을 경우에는 채취위치로부터 장애물까지의 거리가 그 장애물 높이의 2배 이상 또는 채취점과 장애물 상단을 연결하는 직선이 수평선과 이루는 각도가 30° 이하 되는 곳을 선정한다.
③ 주위에 건물 등이 밀집되거나 접근되어 있을 경우에는 건물 바깥벽으로부터 적어도 1.5 m 이상 떨어진 곳에 채취점을 선정한다.

④ 시료채취의 높이는 그 부근의 평균오염도를 나타낼 수 있는 곳으로서 가능한 한 1.5~30 m 범위로 한다.

(4) 시료채취에 대한 일반적 주의사항 〈중요내용〉

① 시료채취를 할 때는 되도록 측정하려는 가스 또는 입자의 손실이 없도록 한다. 특히 바람이나 눈, 비로부터 보호하기 위하여 측정기기는 실내에 설치하고 채취구는 밖으로 연결할 경우에는 채취관 벽과의 반응, 흡착, 흡수 등에 의한 영향을 최소한도로 줄일 수 있는 재질과 방법을 선택한다.
② 채취관을 장기간 사용하여 관 내에 분진이 퇴적하거나 퇴적할 분진이 가스와 반응 또는 흡착하는 것을 막기 위하여 채취관은 항상 깨끗한 상태로 보존한다.
③ 미리 측정하려고 하는 성분과 이외의 성분에 대한 물리적·화학적 성질을 조사하여 방해성분의 영향이 적은 방법을 선택한다.
④ 시료채취시간은 원칙적으로 그 오염물질의 영향을 고려하여 결정한다. 예를 들면 악취물질의 채취는 되도록 짧은 시간 내에 끝내고 입자상 물질 중의 금속성분이나 발암성 물질 등은 되도록 장시간 채취한다.
⑤ 환경기준이 설정되어 있는 물질의 채취시간은 원칙적으로 법에 정해져 있는 시간을 기준으로 한다.
⑥ 시료채취 유량은 각 항에서 규정하는 범위 내에서는 되도록 많이 채취하는 것을 원칙으로 한다. 또 사용 유량계는 그 성능을 잘 파악하여 사용하고 채취유량은 반드시 온도와 압력을 기록하여 표준상태로 환산한다.
⑦ 입자상 물질을 채취할 경우에는 채취관 벽에 분진이 부착 또는 퇴적하는 것을 피하고 특히 채취관을 수평방향으로 연결할 경우에는 되도록 관의 길이를 짧게 하고 곡률변경은 크게 한다.
또한 입자상 물질을 채취할 때에는 가스의 흡착, 유기성분의 증발, 기화 또는 변화하지 않도록 주의한다.

3. 가스상 물질의 시료채취방법

(1) 직접 채취법

이 방법은 시료를 측정기에 직접 도입하여 분석하는 방법으로 채취관-분석장치-흡입펌프 로 구성된다.
① 채취관
　㉠ 채취관은 일반적으로 4불화에틸렌수지(Teflon), 경질유리, 스테인리스강제 등으로 된 것을 사용한다.
　㉡ 채취관의 길이는 5 m 이내로 되도록 짧은 것이 좋으며, 그 끝은 빗물이나 곤충 기타 이물질(異物質)이 들어가지 않도록 되어 있는 구조이어야 한다.
　㉢ 채취관을 장기간 사용하여 내면이 오염되거나 측정성분에 영향을 줄 염려가 있을 때는 채취관을 교환하거나 잘 씻어 사용한다.

② 분석장치
③ 흡입펌프

(2) 용기채취법

이 방법은 시료를 일단 일정한 용기에 채취한 다음 분석에 이용하는 방법으로 채취관-용기 또는 채취관-유량조절기-흡입펌프-용기로 구성된다. 〈중요내용〉
① 용기
용기는 일반적으로 진공병 또는 공기주머니(Air Bag)를 사용한다.
　㉠ 진공병을 사용할 경우
　　ⓐ 구조
　　진공병은 내부용적이 일정한 경질유리병에 진공마개와 시료인출용 마개가 달리고 수 mmHg 정도까지 감압할 수 있는 것을 사용한다.
　　이때 마개의 재질은 고무, 실리콘고무 또는 합성수지제 고무 등을 사용하며 필요하면 윤활유(Grease)를 얇게 발라 공기가 새지 않도록 한다.

ⓑ 채취방법
미리 진공펌프를 사용하여 수 mmHg 정도까지 감압하였다가 시료채취장소에서 마개를 열고 가스를 포집한다.
ⓒ 공기주머니(Air Bag)를 사용할 경우
이 방법은 시료를 공기주머니에 포집하는 방법으로 측정기기를 측정장소까지 갖고 갈 수가 없거나 소수의 측정기로서 다수의 지점에서 동시에 시료를 측정할 경우에 이용한다. 공기주머니에 의한 시료채취는 시료성분이 주머니 안에서 흡착, 투과 또는 서로 간의 반응에 의하여 손실 또는 변질되지 않아야 한다.
ⓐ 격막 펌프
시료채취펌프는 흡입유량이 1~10L/min의 용량인 격막 펌프로 VOC 흡착성이 낮은 재질(테플론 재질)로 된 것을 사용한다. *중요내용*
ⓑ 주머니의 재질
일반적으로 사용되는 주머니의 재질은 대기오염물질의 흡착, 투과 또는 상호반응에 의해 변질되지 않는 것으로서 시료주머니의 재질은 테플론(Teflon), 테들러(Tedlar), 폴리에스테르(Polyester) 등 또는 이보다 대기오염물질 흡착성이 낮은 것으로서 용기 부피가 3~20L 정도의 것으로 한다. 시료채취용기의 제작 시 실리콘(Silicone Rubber)이나 천연고무(Natural Rubber) 같은 재질은 최소한의 접합부(Seals and Joints)에서도 사용하지 않는다.

(3) 용매채취법

이 방법은 측정대상 가스를 선택적으로 흡수 또는 반응하는 용매에 시료가스를 일정유량으로 통과시켜 포집하는 방법으로 채취관-여과재-포집부-흡입펌프-유량계(가스미터)로 구성된다. *중요내용*

① 여과재
여과재는 석영 섬유제, 4불화에틸렌제 멤브레인 필터(Teflon Membrane Filter), 셀룰로오스, 나일론제 중 적당한 것을 사용한다.

② 채취부
채취부는 주로 흡수병(흡수관)과 세척병(공병)으로 구성된다.

③ 펌프
가스미터

④ 유량계 *중요내용*
㉠ 적산유량계(Gas Meter) : 가스미터
일정용적의 용기에 기체를 도입하여 적산하는 것으로 습식 가스미터와 건식 가스미터가 있다.
㉡ 순간유량계
ⓐ 면적식 유량계(Area Type) : 면적식 유량계에는 부자식(浮子式, Floater), 피스톤식 또는 게이트식 유량계를 사용한다. *중요내용*
ⓑ 기타 유량계 : 기타 유량계로는 오리피스(Orifice) 유량계, 벤투리(Venturi)식 유량계 또는 노즐(Flow Nozzle)식 유량계를 사용한다.

⑤ 채취조작
㉠ 시료채취는 흡수관-트랩-흡입펌프-유량계의 순으로 배열한다.
㉡ 흡수관에 일정량의 흡수액 10~20mL을 넣은 다음 일정유량 0.5~2.0L/min으로 흡입한다. 이때 흡입시간은 보통 30분~2시간이면 충분하다. 또 동시에 기온, 기압과 필요하면 풍향, 풍속 등 다른 기상조건을 측정한다. *중요내용*

(4) 고체흡착법

활성탄, 실리카겔과 같은 고체분말 표면에 가스가 흡착되는 것을 이용하는 방법으로 흡착관, 유량계 및 흡입펌프로 구성된다.

(5) 저온응축법

탄화수소와 같은 가스성분을 냉각제(冷却劑)로 냉각 응축시켜 공기로부터 분리포집하는 방법으로 주로 GC나 GC/MS 분석계에 이용한다.

(6) 채취용 여과지에 의한 방법

여과지를 적당한 시약에 담갔다가 건조시키고 시료를 통과시켜 목적하는 기체성분을 채취하는 방법으로 주로 불소화합물, 암모니아, 트리메틸아민 등의 기체를 채취하는 데 이용한다.

① 채취용 여과지

불화수소용 여과지는 동양여지 No.5 A에 1% 탄산나트륨 용액에 담갔다가 꺼낸 후 건조시킨 것을 사용하고 암모니아 또는 트리메틸아민용으로는 유리섬유 여과지를 20% 황산에 담갔다가 꺼낸 후 건조시킨 것을 사용한다.

② 채취장치 및 조작

채취장치는 여과지 홀더 – 흡입펌프 – 유량계로 구성된다.

4. 입자상 물질의 시료채취방법

(1) 고용량 공기시료채취기법(High Volume Air Sampler법)

① 원리 및 적용범위 *중요내용*

㉠ 이 방법은 대기 중에 부유하고 있는 입자상 물질을 고용량 공기시료채취기를 이용하여 여과지상에 채취하는 방법으로 입자상 물질 전체의 질량농도(質量濃度)를 측정하거나 금속성분의 분석에 이용한다.

㉡ 포집입자의 입경은 일반적으로 0.1~100 μm 범위이다.

㉢ 입경별 분리장치를 장착할 경우에는 PM_{10}이나 $PM_{2.5}$ 시료의 채취에 사용할 수 있다.

② 장치의 구성

공기흡입부, 여과지 홀더, 유량측정부 및 보호상자로 구성된다.

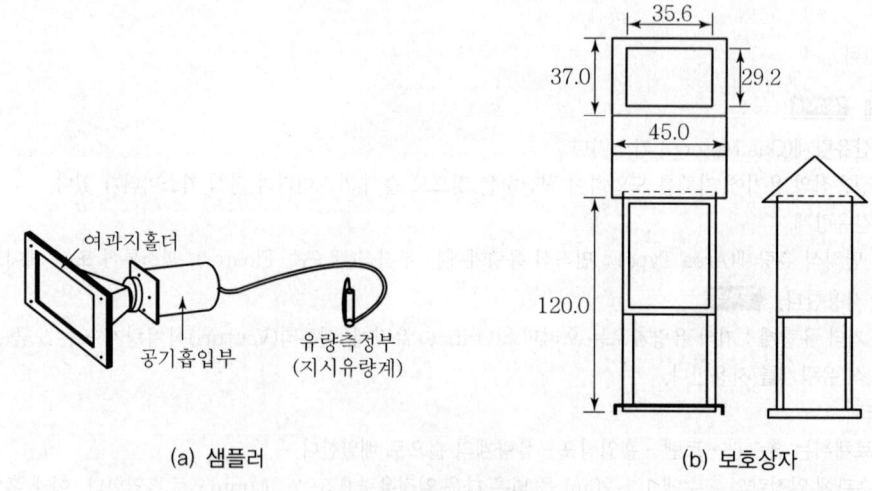

[하이볼륨에어 샘플러]

㉠ 공기흡입부 *중요내용*

ⓐ 공기흡입부는 직권정류자(直卷整流子) 모터에 2단 원심(二段遠心) 터빈형 송풍기가 직접 연결된 것이다.

ⓑ 무부하(無負荷)일 때의 흡입유량이 약 2m³/min이고 24시간 이상 연속측정할 수 있는 것이어야 한다.

ⓒ 여과지 홀더(Filter Holder)

여과지 홀더는 보통 15×22cm, 또는 20×25cm 크기의 여과지를 공기가 새지 않도록 안전하게 장착(裝着)할 수 있고 공기흡입부에 직접 연결할 수 있는 구조이어야 한다.

ⓐ 프레임(Frame)

프레임의 재질은 사용하는 여과지를 파손하지 않고 고정할 수 있는 것으로 크기는 보통 외부 24×29cm 또는 18×26cm 내부 18×23cm 또는 13×20cm 되는 것을 사용한다.

ⓑ 금속망(Net) *중요내용*

금속망은 여과지에 내식성 재료로 만들어져야 한다.

망의 크기는 사용하는 여과지의 크기와 일치하여야 하며, 공기가 통하지 않는 부분에는 불소수지제 테이프를 감는다.

ⓒ 패킹(Packing) : 충전 *중요내용*

패킹은 독립기포로 발포시킨 합성고무로 만들어진 것으로 그 크기는 프레임과 같다. 또 여과지와 접촉하는 부분은 불소수지제 테이프를 감는다.

ⓓ 여과지 고정나사

여과지를 고정시킬 때 파손 또는 공기가 새지 않도록 되어 있는 구조로 되어 있다. 내식성 재료로 만들어진 것을 사용한다.

ⓒ 유량측정부

ⓐ 유량측정부는 장착(裝着) 및 탈착(脫着)이 쉬운 부자식 유량계(浮子式流量計, 面積流量計)를 사용한다.

ⓑ 지시유량계는 상대유량단위(相對流量單位)로서 1.0~2.0m³/분의 범위를 0.05m³/분까지 측정할 수 있도록 눈금이 새겨진 것을 사용한다. *중요내용*

ⓒ 지시유량계의 눈금은 통상 고용량 공기시료채취기를 사용하는 상태에서 기준 유량계로 교정하여 사용한다.

ⓔ 보호상자(Shelter)

보호상자는 고용량 공기시료채취기의 입자상 물질의 채취면을 위로 향하게 하여 수평으로 고정할 수 있고 비, 바람 등에 의한 여과지의 파손을 방지할 수 있는 내식성 재질로 된 것을 사용한다.

ⓜ 채취용 여과지 *중요내용*

ⓐ 입자상 물질의 채취에 사용하는 여과지는 0.3 μm 되는 입자를 99% 이상 채취할 수 있으며 압력손실과 흡수성이 적고 가스상 물질의 흡착이 적은 것이어야 한다.

ⓑ 여과지의 재질은 일반적으로 유리섬유, 석영섬유, 폴리스틸렌, 니트로셀룰로오스, 불소수지 등으로 되어 있다.

③ 시료채취조작

흡입공기량 산출

$$흡입공기량 = \frac{Q_s + Q_e}{2} t$$

여기서, Q_s : 채취개시 직후의 유량(m³/분)
Q_e : 채취종료 직전의 유량(m³/분)
t : 채취시간(분)

④ 주의사항

㉠ 채취 시의 유량이나 채취 후의 중량농도에 이상한 값이 인정될 경우에는 다음 사항을 점검한다.

ⓐ 유량계에 이상이 없는지 확인한다.

ⓑ 시료채취기에서 공기가 새지 않는지 확인한다.

ⓒ 전원 전압에 변동이 없는지를 확인한다.

㉡ 흡입장치의 모터 브러시는 400~500시간(24시간 연속사용 횟수로 17~20회) 사용 후 교환하고 유량을 교정한다.

ⓒ 고용량공기시료채취기에 부속한 유량계의 상단에 있는 유량조절나사는 고정해 놓고 조금이라고 움직였을 경우에는 다시 유량을 교정한다.
ⓔ 고용량공기시료채취기에 부속한 유량계의 상단 좁은 부분에 분진 등 이물질이 묻어 있을 때는 눈금값을 적게 한다. 또 이와 같은 경우에는 가는 금속바늘로 상처가 나지 않도록 조심하여 부착물을 제거하고 다시 오리피스를 사용하여 유량을 교정한다.
ⓜ 흡입장치의 부품을 교환할 때, 수리할 때 또는 채취조작 중 유량에 이상이 보일 때는 오리피스에 의하여 유량을 교정한다.

(2) 저용량 공기시료채취법(Low Volume Air Sampler법)

① 원리 및 적용범위 *중요내용*
일반적으로 이 방법은 대기 중에 부유하고 있는 $10\mu m$ 이하의 입자상 물질을 저용량 공기시료채취기를 사용하여 여과지 위에 채취하고 질량농도를 구하거나 금속 등의 성분분석에 이용한다.

② 장치의 구성
저용량 공기시료채취기의 기본구성은 흡입펌프, 분립장치(分粒裝置), 여과지 홀더 및 유량측정부로 구성된다.

㉠ 흡입펌프 *중요내용*
흡입펌프는 연속해서 30일 이상 사용할 수 있고 되도록 다음의 조건을 갖춘 것을 사용한다.

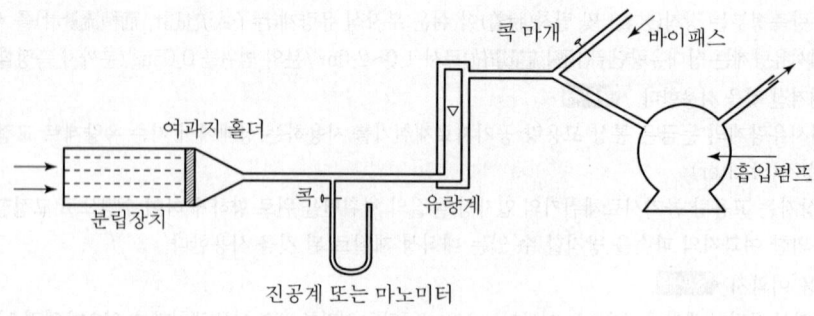

[로볼륨 에어샘플러의 구성]

ⓐ 진공도가 높을 것
ⓑ 유량이 클 것
ⓒ 맥동(脈動)이 없이 고르게 작동될 것
ⓓ 운반이 용이할 것

㉡ 여과지 홀더
여과지 홀더는 보통 직경이 110 mm 또는 47 mm 정도의 여과지를 파손되지 않고 공기가 새지 않도록 장착할 수 있는 것이어야 한다.
ⓐ 프레임(Frame)
프레임은 내식성 재질로서 여과지의 포집유효직경을 100 mm 또는 42 mm로 할 수 있는 것
ⓑ 망(Net)
여과지에 불순물이 들어가지 않도록 내식성 재료로 만들어진 것
ⓒ 패킹(Packing) : 충전
불소수지로 만들어진 것
ⓓ 고정나사
여과지 장착 시 파손이나 공기가 새지 않도록 된 구조로 내식성 재료로 만들어진 것을 사용

ⓒ 유량측정부
유량측정부는 통상 다음과 같이 하여 유량을 측정한다.
부자식 면적유량계(浮子式面積流量計) *중요내용*
- 유량계는 여과지 홀더와 흡입펌프 사이에 설치한다.
- 이 유량계에 새겨진 눈금은 20℃ 1기압에서 10~30 L/min 범위를 0.5 L/min까지 측정할 수 있도록 되어 있는 것을 사용한다.

ⓔ 분립장치(分粒裝置)
분립장치는 10 μm 이상 되는 입자를 제거하는 장치로서 사이클론 방식(Cyclone 방식, 遠心分離 방식도 포함)과 다단형(多段型) 방식이 있다.

ⓜ 채취용 여과지 구비조건
입자상 물질의 채취에 사용하는 채취용 여과지는 구멍 크기(Pore Size)가 1~3 μm 되는 니트로셀룰로오스(Nitro Celuulose)제 멤브레인 필터(Membrane Filter), 유리 섬유여과지 또는 석영섬유제여과지 등을 사용한다.
ⓐ 0.3 μm의 입자상 물질에 대하여 99% 이상의 초기포집률(初期捕集率)을 갖는 것
ⓑ 압력손실이 낮은 것
ⓒ 가스상 물질의 흡착이 적고 흡습성 및 대전성(帶電性)이 적을 것
ⓓ 취급하기 쉽고 충분한 강도를 가질 것
ⓔ 분석에 방해되는 물질을 함유하지 않을 것

③ 시료채취 시간
채취시간은 원칙적으로 24시간 또는 2~7일간 연속 채취한다.

④ 유량의 교정
㉠ 압력보정계수(C_p)

$$C_p = \sqrt{\frac{p}{P_o}}$$

여기서, P_o : 유량계의 설정조건에서의 압력(보통 760 mmHg)
    p : 사용조건에서의 유량계 내의 압력이다.

$$C_p = \sqrt{\frac{760 - \Delta p}{760}}$$

여기서, ΔP : P_o가 760mmHg일 때 마노미터로 측정한 유량계 내의 압력손실(mmHg)

㉡ 유량계의 눈금값(Q_r) *중요내용*

$$Q_r = 20\sqrt{\frac{760}{760 - \Delta p}}$$

단, 저유량 공기시료채취기에 의하여 유량(Q_o)=20L/분으로 공기를 흡입하는 경우

[환경대기 중 무기물질 측정방법]

01 환경대기 중 아황산가스 측정방법

1. 적용범위

이 시험방법은 환경 대기 중의 아황산가스 농도를 측정하기 위한 시험방법이다. 자외선형광법(자동)을 주 시험방법으로 한다.

2. 측정방법의 종류

(1) 수동 및 반자동측정법

① 파라로자닐린법(Pararosaniline Method) : 정량범위(0.01~0.4 μmol/mol), 방법검출한계(0.01 μmol/mol), 정밀도(4.6%RSD)
② 산정량 수동법(Acidimetric Method) : 정량범위(≥3.8 μmol/mol), 방법검출한계(0.02 μmol/mol), 정밀도(1.6%RSD)
③ 산정량 반자동법(Acidimetric Method)

(2) 자동 연속 측정법

① 용액 전도율법(Conductivity Method)
② 불꽃광도법(Flame Photometric Detector Method)
③ 자외선형광법(Pulse U.V.Fluorescence Method)
④ 흡광차분광법(Differential Optical Absorption Spectroscopy ; DOAS)

3. 용어 정의

(1) 등가액

교정용 가스 대신에 사용되어진 것과 같은 지시치를 얻을 수 있게 제조한 표준용액으로 다음과 같은 것이 있다.
① 제로 조정용 등가액
② 스팬 조정용 등가액
③ 눈금 교정용 등가액

(2) 제로 드리프트

계측기의 최소 눈금에 대한 지시값의 일정 기간 내의 변동

(3) 스팬 드리프트

계측기의 눈금 스팬에 대응하는 지시값의 일정 기간 내의 변동

(4) 제로가스

계측기의 영점(최소눈금값)을 교정하는 데 사용하는 가스로서, 아황산가스 측정기에 응답을 주는 성분이 없는 질소 또는 공기

(5) 스팬가스

계측기의 최대 눈금값을 교정하는 데 사용하는 가스로서 표준가스를 희석하여 사용한다. 계측기의 각 측정범위의 80~90% 농도 범위를 갖는다.

(6) 설정유량

계측기 등에서 정하여진 시료대기, 교정용 기체 등의 유량

4. 분석방법

(1) 파라로자닐린법(Pararosaniline Method)

① 측정원리

㉠ 이 시험방법은 사염화수은 칼륨(Potassium Tetrachloro Mercurate) 용액에 대기 중의 아황산가스를 흡수시켜 안전한 이염화 아황산수은염(Dichlorosulfite Mercurate) 착화합물을 형성시키고 이 착화합물과 파라로자닐린(Pararosaniline) 및 포름알데히드를 반응시켜 진하게 발색되는 파라로자닐린 메틸술폰산(Pararosaniline Methyl Sulfonic Acid)을 형성시키는 것이다.

㉡ 발색된 용액은 비색계 또는 흡광광도계(분광광도계)를 사용하여 흡광도를 측정하고 검량선에 의해 시료 대기 중의 아황산가스 농도를 구한다.

단, 이 시험방법에 의한 환경대기 중의 아황산가스 농도의 측정은 24시간치까지 포집, 측정할 수 있다.

※ 비고

1. 간섭물질
   ① 주요 방해물질은 질소산화물(NO_x), 오존(O_3), 망간(Mn), 철(Fe) 및 크롬(Cr)이다.
   ② NO_x의 방해는 설퍼민산(NH_2SO_3H)을 사용함으로써 제거할 수 있다.
   ③ 오존의 방해는 측정기간을 늦춤으로써 제거된다.
   ④ EDTA(Ethylene Diamine Tetra Acetic Acid Disodium Salt) 및 인산은 위의 금속성분들의 방해를 방지한다.
   ⑤ 10mL의 흡수액 중에 적어도 60 μg Fe^{3+} 10 μg Mn^{2+} 및 10 μg Cr^{3+}는 이 방법에서 아황산가스 측정에 방해를 주지 않는다.
   ⑥ Cr^{3+} 10 μg 또는 22 μg V^{4+}도 위의 조건에서 크게 방지하지 않는다.
   ⑦ 암모니아, 황화물(Sulfides) 및 알데히드는 방해되지 않는다.
2. 흡수액 안정성
   ① 시료 포집 후의 흡수액은 비교적 안정하고 22℃에 있어서 아황산가스 손실은 1일당 1%로 5℃로 보관하면 30일간은 손실되지 않는다.
   ② EDTA의 존재하에서 용액 중의 아황산가스의 안전성은 더욱 높아지고 감소속도는 아황산가스 농도에 무관하다.

② 분석기기 및 기구

㉠ 흡수관(30분~1시간 시료 채취)

전부 유리로 된 소형 임펀저(Impinger)를 사용한다.

㉡ 흡수관(24시간 시료 채취)

ⓐ 흡수관

폴리프로필렌관, $\phi 32$ mm×164 mm 두 개의 관을 연결할 수 있는 마개를 갖춘 것(고무마개는 바탕시험에 영향을 주기 때문에 사용하지 말아야 한다.)

ⓑ 시료분산기(Disperser)

외경 8 mm, 내경 6 mm 및 길이 152 mm의 유리관으로서 끝은 외경 0.3~0.8 mm로 가늘게 만든 것이다. 이 유리관 끝은 흡수관의 바닥으로부터 6mm 떨어진 곳에 위치하여야 한다.

㉢ 흡입펌프

이 펌프는 유량조절기와 펌프 사이에 적어도 0.7기압의 압력차이를 유지하여야 한다.

ⓔ 유량조절기

흡수액에 일정한 유속으로 시료를 공급할 수 있어야 한다.

ⓜ 여과기(Filter) *중요내용

0.8~2.0 μm의 다공질막 또는 유리솜 여과기를 사용한다. 이러한 여과기는 시료 중의 분진을 제거하여 유량조절기를 보호하기 위하여 적당한 홀더에 넣어 사용한다.

ⓑ 유량교정기

비누물방울 유량계 또는 습식 혹은 건식 가스시험기로서 0.2~1L/분 범위의 유속을 측정할 수 있는 스톱워치를 사용한다.

ⓢ 흡광광도계(분광광도계) *중요내용

548 nm에서 흡광도를 측정할 수 있어야 하고, 측정에 사용되는 스펙트럼폭은 15 nm이어야 한다. 스펙트럼 밴드폭이 이보다 넓으면 바탕시험에 지장이 온다. 또한 흡광광도계의 파장은 교정되어 있어야 한다.

ⓞ 투과율 $T\%$가 측정되면 흡광도 A로의 환산은 $A = \log_{10}^{(YT)}$이다.

ⓩ 온도계는 정확도 ±1℃인 것을 사용한다.

③ 계산

㉠ 부피의 환산

시료 채취량은 25℃, 760 mmHg의 상태로 환산한다. (24시간 시료채취 방법은 이런 환산이 불가능하다.)

$$V_r = V \times \frac{P}{760} \times \frac{298}{273+t}$$

여기서, V_r : 25℃, 760mmHg에서의 시료가스양(L)
V : 시료채취량(L)
P : 시료채취 시의 대기압력(mmHg)
t : 시료채취 시의 온도(℃)

㉡ SO_2 농도

아황산염 표준용액을 사용하여 검량곡선을 만들 때는 시료 중의 아황산가스농도를 다음과 같이 계산한다.

$$\mu g\,SO_2/m^3 = \frac{(A-A_0)(10^3)(B_g)}{V_r} \times D$$

여기서, A : 시료용액의 흡광도
A_0 : 바탕시험용액의 흡광도
10^3 : L를 m^3로 환산하기 위한 것
V_r : 25℃, 760mmHg의 상태로 환산한 시료채취량(L)
B_g : 검량계수(μg/흡광도)
D : 희석률(Dilution Factor)
30분 및 1시간 시료채취 시 $D=1$
24시간 시료채취 시 $D=10$

㉢ 아황산가스 표준가스를 사용하여 검량곡선을 만들 때는 시료 중의 아황산가스농도를 다음과 같이 계산한다.

$$\mu g\,SO_2/m^3 = (A-A_0)(B_g)$$

여기서, A : 시료용액의 흡광도
A_0 : 바탕시험 용액의 흡광도
B_g : 검량계수(μg/흡광도)

아황산가스농도($\mu g/m^3$)를 $\mu mol/mol$ 단위로 계산하고자 할 때는 25℃, 760mmHg에 다음과 같이 계산한다.

$$SO_2(\mu mol/mol) = \mu g\ SO_2/m^3 \times 3.82 \times 10^{-4}$$

(2) 산정량 수동법

① 측정원리

시료 중의 아황산가스를 묽은 과산화수소 용액이 들어 있는 드레셀병(Drechsel Bottle)에 흡수시킴으로써 아황산가스를 황산으로 변화하도록 하고 이때 발생한 황산의 양을 표준알칼리 액으로 적정하여 아황산가스 농도를 구하는 방법이다.

㉠ 적용범위 및 검출한계
ⓐ 시료를 높은 유속으로 채취하는 방법(5분~4시간 시료채취)과 낮은 유속으로 채취하는 방법(4~72시간 시료채취)의 두 가지 방법이 있다.
ⓑ 높은 유속으로 채취하는 방법은 일반적으로 아황산가스농도가 0.38 $\mu mol/mol$ 이상인 시료에 사용된다.

㉡ 간섭물질
ⓐ 아황산가스를 산화시킨 다음 산도를 측정하게 되므로 산 또는 알칼리가스 및 증기가 방해를 하기 때문에 아황산가스에 대해 선택적인 분석방법은 되지 못한다.
ⓑ 정상적인 도시의 대기는 이 측정에 실질적으로 방해를 줄 만한 산의 증기는 없고 단지 공장 등에서 배출되는 염산, 질산 또는 아세트산이 확산되어 있는 지역에서는 이 방법을 사용하기 곤란하다.
ⓒ 도시 대기 중에 존재하는 탄산가스의 방해는 흡수액의 pH를 4.5로 조절하므로 막을 수 있다. 이 pH에서 대기 중의 정상적인 탄산가스 농도는 평형상태를 이루게 된다.
ⓓ 암모니아의 방해는 따로 측정을 해서 계산할 수밖에 없다.
ⓔ 50 mL 흡수액 속에 아황산가스가 10 μg 이하로 들어 있을 때는 검출되지 않으며, 이 방법의 재현성은 좋은 편이다.

② 분석기기 및 기구
㉠ 흡수병
㉡ 흡입펌프 및 유량조절제
㉢ 유량계 및 가스미터
㉣ 여과지 지지대
㉤ 분진 제거용 여과지 지름 4.25~7.0 cm의 원형 여과지(Whatman No.1) 또는 동등 이상품
㉥ 수은 압력계
㉦ 관
㉧ 피펫
㉨ 뷰렛
㉩ 실린더
㉪ 온도계

③ 분석방법
㉠ 시료용액에 지시용액 두 방울을 가하고 0.01 N 알칼리용액으로 적정하여 회색이 될 때를 종말점으로 한다.
㉡ 종말점(pH 4.5)은 pH미터를 사용하여 판단할 수도 있다.
㉢ 시료 중의 아황산가스의 농도는 다음 식으로 구한다. *중요내용*

$$S = \frac{32,000 \times N \times v}{V}$$

여기서, S : 아황산가스의 농도($\mu g/m^3$)
N : 알칼리의 규정도(0.01N)
v : 적정에 사용한 알칼리의 양(mL)
V : 시료가스 채취량(m^3)

ⓔ 아황산가스의 정확한 농도는 다음 식으로 구한다.

$$\text{정확한 } SO_2(\mu g/m^3) = S + 1.88y$$

여기서, S : SO_2의 농도($\mu g/m^3$)
y : NH_3의 농도($\mu g/m^3$)

ⓜ 시료용액이 지시용액을 가한 후 청색으로 변하면 암모니아가스가 아황산가스의 화학당량 이상으로 존재하는 것이므로 이런 경우에는 용액을 0.01 N 황산으로 회색이 종말점에 도달할 때까지 적정하고, 그 값을 알칼리 적정할 때와 같은 방법으로 계산한다.

④ 암모니아의 농도 *중요내용*

$$NH_3(\mu g/m^3) = \frac{a}{4.5} \times \frac{d}{V}$$

여기서, a : 흡수용액의 량(mL)
d : 표준용액 5mL당 암모니아의 농도($\mu g/5mL$)
V : 시료채취량(m^3)

(3) 산정량 반자동법

① 측정원리

시료 중의 아황산가스를 묽은 과산화수소용액이 들어 있는 드레셀병에 흡수시켜 황산(H_2SO_4)으로 산화시켜 이 용액을 표준 알칼리용액으로 적정하여 아황산가스 농도를 3시간 또는 24시간마다 연속적으로 측정하는 방법이다.

※ 비고
[측정범위 및 검출한계]
낮은 유속으로 채취하는 방법의 측정범위는 아황산가스농도 15 $\mu g/m^3$ 이상의 시료에 사용된다.

② 계산
[아황산가스 농도의 계산]

$$S = \frac{32,000 \times N \times V}{V}$$

여기서, S : 아황산가스의 농도($\mu g/m^3$)
V : 채취시료공기량(m^3)
N : 알칼리의 규정도(0.01N)

ppm단위로 계산하고자 할 때는 표준상태에서 다음과 같이 계산한다.

$$SO_2(ppm) = \mu g\, SO_2/m^3 \times 3.82 \times 10^{-4}\,(25℃, 760mmHg)$$

(4) 용액전도율(Conductivity Method)

① 측정원리

이 방법의 흡수액(황산 산성 과산화수소용액)에 시료대기를 흡수시켰을 때 흡수액의 전도율의 변화로부터 시료대기 중에 포함되어 있는 아황산가스 농도를 연속적으로 측정한다.

※ 비고
 (1) 측정방법
  이 방법에 의하여 정확히 측정될 수 있는 아황산가스의 최소검출농도는 0.01 μmol/mol이며 흡수액 및 시료가스유량을 적절히 조절하면 3.0~10.0 μmol/mol까지의 농도는 측정할 수 있다.
 (2) 방해물질
  ① 전기 전도율은 모든 이온 용액의 성질이며 어떤 특정 화합물의 특성이 아니다. 그러므로 용액에 녹아 전해질을 형성하는 모든 용해성 가스는 방해요인이 된다. 특히 모든 할로겐화 수소는 정량적으로 측정된다. 그러나 특정오염지역을 제외하고는 이러한 가스들은 아황산가스에 비하여 극히 적게 존재한다.
  ② 약산성 가스, 즉 황화수소(H_2S)와 같은 것은 용해도가 적고 전도도가 나쁘기 때문에 방해되지 않으며 보통 대기 중에 존재하는 탄산가스(CO_2)는 흡수액이 알칼리성이 아닌 한 방해요인이 되지 않는다.
  ③ 암모니아와 같은 알칼리성 기체는 산을 중화시켜 낮은 전도도 값을 나타내며 석회가루나 다른 알칼리성을 나타내는 입자가 흡수되면 낮은 값을 나타내므로 제거하여야 한다.
  ④ 염화나트륨(NaCl)이나 황산(H_2SO_4)과 같은 중성 또는 산성 에어로졸(Aerosol)은 용해도, 이온화도 및 흡수제의 제거능력 등에 따라 다르나 높은 값을 나타낸다. 이들 에어로졸은 그 입자가 크지 않는 한 잘 제거되지 않으며 특히 황산에어로졸은 쉽게 이들 흡수제를 통과한다.

(5) 불꽃광도법(Automatic Method With Flame Photometer Detector)

① 측정원리 *중요내용*

환원성 수소 불꽃 안에 도입된 아황산가스가 불꽃 속에서 환원될 때 발생하는 빛 중 394nm 부근의 파장영역에서 발광의 세기를 측정하여 시료기체 중의 아황산가스 농도를 연속적으로 측정하는 방법으로, 이 시험방법의 측정범위는 아황산가스 0~0.01 – 0~1.0μmol/mol이며, 이 상한, 하한 사이의 적당한 범위를 선정한다. 검출한계는 측정범위 최대눈금의 1% 이하이어야 한다.

② 간섭물질
 ㉠ 시료기체 중 공존하는 아황산가스와 발광 스펙트럼이 겹치는 기체(황화수소, 이황화탄소 등)와 소광 작용이 있는 기체(탄화수소, 이산화탄소 등)의 간섭영향을 받을 수 있다.
 ㉡ 이 방법은 모든 황화합물에 대하여 반응하는데 황화합물의 농도가 아황산가스 농도의 5% 이하일 때는 영향이 적으나 그 이상일 때는 적당한 전처리를 하여 방해물질을 제거한 후에 측정한다.

③ 분석기기
 불꽃광도분석계는 유량제어부, 시료기체 희석부, 발광분석부, 증폭기 등으로 구성된다.

④ 시약
 ㉠ 수소 *중요내용*
  순도 99.8% 이상의 수소 또는 수소발생기를 사용한다.
 ㉡ 공기
  황화합물이 포함되지 않은 깨끗한 공기를 사용하여야 한다.

(6) 자외선 형광법

① 측정원리 *중요내용*

단파장영역(200~230nm)의 자외선 빛이 대기 시료가스 중의 SO_2 분자와 반응하면 SO_2 분자가 빛을 흡수하며 들뜬상태의 SO_2^* 분자가 생성되고 다시 안정상태로 회귀하면서 2차 형광(Secondary Emission)을 발생하게 된다. 이때 발생되는 형광복사선의 세기가 SO_2의 농도와 비례하게 된다. 이를 이용해서 대기시료 중에 포함되는 아황산가스 농도를 측정한다. 또한 이 시험방법의 측정범위는 아황산가스 0~0.01 – 0~1.0μmol/mol이며, 이 상한, 하한 사이의 적당한 범위를 선정한다. 검출한계는 측정범위 최대눈금의 1% 이하이어야 한다.

② 간섭물질
  ㉠ 대기 중에 존재하는 방향족 탄화수소 계열의 기체성분은 자외선과 반응하여 형광을 발생시키는데 이들의 영향을 고려하여 탄화수소제거장치를 시료채취 도입부에 설치하여야 한다.
  ㉡ 대기 중에 고농도의 황화수소가 존재할 것으로 예상될 경우 황화수소를 선택적으로 세정할 수 있는 장치가 사용되어야 한다.
  ㉢ 대기 중에 아황산가스의 농도 정도로 공존하는 기체 성분에는 별 영향이 없다.
  ㉣ 대기 중에 존재하는 CS_2, NO, CO 및 CO_2 등은 자외선 영역에서 약하게 형광을 발생하나, 이들의 형광세기는 SO_2에 비해 5×10^{-2}, 4×10^{-3} 정도에 불과하다.
  ㉤ 수분의 경우에는 공기 중에 25% 함유 시 SO_2 출력값을 2%까지 직선적으로 감소시키기 때문에 일차적으로 제거시키거나 기기의 보정이 이루어져야 한다.

(7) 흡광차분광법(Differential Optical Absorption Spectroscopy ; DOAS)
  ① 모든 형태의 기체분자는 분자 고유의 흡수스펙트럼을 가지고 있다. 흡광차분광법(DOAS)은 자외선 흡수를 이용한 분석법으로, 아황산가스 기체의 고유 흡수파장에 대하여 Beer-Lambert 법칙에 따라 농도에 비례한 빛의 흡수를 보여준다. 자외선 영역에서의 아황산가스 기체분자에 의한 흡수 스펙트럼을 측정하여 시료 기체 중의 아황산가스 농도를 연속적으로 측정하는 방법으로 이 시험방법의 측정범위는 아황산가스 0~0.01-0~1.0μmol/mol이며, 상한, 하한 사이의 적당한 범위를 선정한다. 검출한계는 측정범위 최대눈금의 1% 이하이어야 한다.

  ② 간섭물질
  시료 기체 중 공존하는 아황산가스와 흡수 스펙트럼이 겹치는 기체(오존, 질소산화물 등)의 간섭 영향을 받을 수 있으나 흡수 스펙트럼 신호의 처리 과정에서 간섭물질의 영향을 제거할 수 있다.

  ③ 측정원리
  ㉠ 흡광차분광법(DOAS)은 시료기체의 자외선 흡수특성을 이용한 분석법으로 아황산가스기체는 자외선 영역 고유 흡수파장대역에서 Beer-Lambert 법칙에 따라 농도에 비례한 빛의 흡수특성을 보여준다. 자외선 영역에서의 아황산가스 기체분자에 의한 흡수 스펙트럼을 측정하여 시료 기체 중의 아황산가스 농도를 연속적으로 측정하는 방법이다. 환경 대기 중의 아황산가스 기체농도에 대한 빛의 투과율(I_t/I_o), 흡광계수, 투과거리를 계측하여 아황산가스 농도를 측정하는 방법이다. 대기 중의 대상 가스 화합물의 양은 다음의 Beer-Lambert 법칙을 사용하여 계산할 수 있다.

$$C = \frac{-1}{\alpha L} \ln\left(\frac{I_t}{I_o}\right)$$

  여기서, C : 아황산가스의 농도
  $\frac{I}{I_o}$: 대기 시료기체의 투과율
  α : 아황산가스 시료기체농도에 의한 흡수단면적
  L : 광로 길이

  ㉡ 흡광차분광법은 흡수셀 대신에 특정한 원거리에 반사경을 설치하여 시료 공기 자체를 흡수셀로 이용하는 방법으로서 특정 거리 내의 평균 농도를 구하는 데 이용된다.
  ㉢ 원리적으로 이 분석 장치는 온도와 압력의 영향을 받기 때문에 온도 및 압력을 측정하여 보정하여야 한다.

  ④ 흡광차분광법 분석계
  흡광차분광법 분석계는 발광부, 수광부, 분광기, 신호처리분석부 등으로 구성된다.

02 환경대기 중 일산화탄소 측정방법

1. 적용범위

이 시험법은 환경대기 중의 일산화탄소 농도를 측정하기 위한 시험방법이다. 비분산 적외선 분석법(자동)을 주 시험방법으로 한다.

2. 측정방법의 종류 ★중요내용

(1) 자동연속측정

비분산 적외선 분석법 : 정량범위(0.5~100 μmol/mol), 방법검출한계(0.05 μmol/mol), 정밀도(4%RSD)

(2) 수동

① 비분산형 적외선 분석법
② 불꽃 이온화 검출기법(기체크로마토그래피법) : 정량범위(0~22 μmol/mol), 방법검출한계(0.04 μmol/mol), 정밀도(5%RSD)

3. 분석방법

(1) 비분산형 적외선 분석법(자동연속측정)

① 측정원리

이 방법은 일산화탄소에 의한 적외선 흡수량의 변화를 선택성 검출기로 측정해서 환경 대기 중에 포함되어 있는 일산화탄소의 농도를 연속측정하는 방법이다.(비분산 적외선 흡수방식에 의한 일산화탄소 분석계는 일산화탄소의 4.7 μm 부근에 있는 적외선 흡수를 계측하는 것에 의해 그 성분농도를 측정하는 방법이다.)

② 간섭물질

시료기체 중의 이산화탄소는, 특히 수증기의 존재하에서 영향을 줄 수 있다. 그 영향은 이산화탄소와 수증기의 함유량과 사용하는 분석기에 따라 달라진다. 측정자는 필요한 경우 시료기체에 유사한 양의 이산화탄소 또는 수분을 함유한 가스를 이용하여 교정하거나 제작사에 의해 제공되는 보정곡선용 표준물질에 의해 측정결과를 보정하여야 한다.

③ 용어 ★중요내용

㉠ 시료가스
  일산화탄소의 농도를 측정하기 위해 계측기에 도입하는 대기
㉡ 시료기체
  일산화탄소의 농도를 측정하기 위해 계측기에 도입하는 가스로서 시료 가스로부터 먼지 필터에 의해 함유되어 있는 분진을 제거한 것
㉢ 비분산(Nondispersive)
  빛(光束)을 프리즘(Prism)이나 회절격자(回折格子)와 같은 분산소자(分散素子)에 의해 분산하지 않는 것
㉣ 제로 드리프트(Zero Drift)
  계측기의 최소눈금에 대한 지시값의 일정 기간 내의 변동
㉤ 스팬 드리프트(Span Drift)
  계측기의 눈금 스팬에 대응하는 지시값의 일정 기간 내의 변동
㉥ 제로가스(Zero Gas)
  계측기의 최소눈금을 교정하기 위해 사용하는 가스

⊗ 스팬가스(Span Gas)
계측기의 최대눈금을 교정하기 위해 사용하는 가스
◎ 설정유량
계측기 등에서 정하여진 시료 가스, 교정용 가스 등의 유량
㊂ 변환기
시료기체 중의 일산화탄소를 이산화탄소로 변환하는 장치
㊃ 정필터형
측정성분이 흡수되는 적외선을 그 흡수파장에서 측정하는 방식
㉠ 반복성
동일한 분석계를 이용하여 동일한 측정대상을 동일한 방법과 조건으로 비교적 단시간에 반복적으로 측정하는 경우로서 개개의 측정치가 일치하는 정도
㉡ 비교가스
시료셀에서 적외선 흡수를 측정하는 경우 대조가스로 사용하는 것으로, 적외선을 흡수하지 않는 가스
㉢ 시료셀(Sample Cell)
시료기체를 넣는 용기
㉣ 비교셀(Reference Cell)
비교가스를 넣는 용기
㉮ 시료광속(試料光束)
시료셀을 통과하는 빛
㉯ 비교광속(光束)
비교셀을 통과하는 빛

④ 적외선가스 분석계의 구성
광원, 회전섹터, 광학필터, 시료셀, 비교셀, 적외선 검출기, 증폭기 및 지시계로 구성된다.

(2) 비분산형 적외선 분석법(수동)

① 측정원리
이 방법은 일산화탄소에 의한 적외선 흡수량의 변화를 비분산형 적외선 분석기를 이용하여 환경대기 중에 포함되어 있는 일산화탄소의 농도를 측정하는 방법이다.

② 장치구성
분석장치는 시료채취장치, 비분산형 적외선분석기 및 교정용 가스 등으로 구성된다.

(3) 불꽃 이온화 검출기법(기체크로마토그래피법)

① 측정원리
㉠ 시료가스의 일정량을 채취하여 이것을 기체크로마토그래피에 도입하여 얻어지는 크로마토그램의 봉우리의 높이로서 일산화탄소 농도를 구하는 방법이다.
㉡ 열전도형 검출기와 불꽃 이온화 검출기가 부착된 기체크로마토그래피를 이용하는 방법이 있다.
㉢ 측정범위는 전자가 0.1% 이상으로 배출가스 중의 일산화탄소의 측정에 적당하고, 후자는 1.0 ppm 이상으로 환경대기 중의 일산화탄소 측정에 적당하다.
㉣ 불꽃 이온화 검출기를 이용한 일산화탄소의 측정원리는 운반가스로는 수소를 사용하며 시료공기를 분자체(Molecular Sieve)가 채워진 분리관을 통과시키면 분리된 일산화탄소는 니켈 촉매에 의해서 메탄으로 환원되는데 불꽃 이온화 검출기로 정량된다. **중요내용**
반응식은 다음의 식으로 표시된다.

$$CO + 3H_2 \xrightarrow{\text{Ni}} CH_4 + H_2O$$

② 계산
시료대기 중의 일산화탄소 농도

$$C = C_s \times \frac{L}{L_s}$$

여기서, C : 일산화탄소 농도($\mu mol/mol$)
C_s : 교정용 가스 중의 일산화탄소 농도($\mu mol/mol$)
L : 시료 공기 중의 일산화탄소의 피크 높이(mm)
L_s : 교정용 가스 중의 일산화탄소 피크 높이(mm)

03 환경대기 중 질소산화물 측정방법

1. 적용범위

이 시험방법은 환경대기 중의 질소산화물 농도를 측정하기 위한 시험방법이다. 화학발광법(자동)을 주 시험방법으로 한다.

2. 측정방법의 종류 〈중요내용〉

(1) 자동연속측정방법

  ① 화학발광법(Chemiluminescent Method)
  ② 살츠만(Saltzman)법
  ③ 흡광차분광법(DOAS ; Differential Optical Absorption Spectroscopy)
  ④ 공동감쇠분광법(CAPS)

(2) 수동

  ① 야콥스-호흐하이저법
    정량범위(0.01~0.4μmol/mol), 방법검출한계(0.01μmol/mol), 정밀도(14.5~21.5%RSD)
  ② 수동살츠만법
    정량범위(0.005~5μmol/mol), 방법검출한계(0.005μmol/mol), 정밀도(5%RSD)

3. 용어 정의

(1) 화학발광법

  ① 제로 드리프트
    계측기의 최소 눈금에 대한 지시값의 일정기간 동안의 변동
  ② 스팬 드리프트
    계측기의 눈금 스팬에 대응하는 지시값의 일정기간 동안의 변동
  ③ 제로가스
    계측기의 최소 눈금을 교정하기 위해 사용하는 가스
  ④ 스팬가스
    계측기의 최대 눈금치를 교정하기 위해 사용하는 가스
  ⑤ 변환기
    이산화질소를 일산화질소로 변환하는 장치

(2) 살츠만 및 야콥스-호흐하이저(Saltzman 및 Jacobs-Hochheiser)법

  ① 흡수발색액
    이산화질소를 포집하는 동시에 이산화질소와 반응되어 발색하는 용액
  ② 등가액(Saltzman법 자동연속 측정기에 한함)
    교정용 가스 대신 이것을 사용했을 때와 동등한 지시치를 얻을 수 있게 제조된 표준용액으로 다음과 같은 것이 있다.
    • 제로교정용 등가액
    • 스팬교정용 등가액
    • 눈금교정용 등가액

4. 분석방법

(1) 화학발광법

① 측정원리
- ㉠ 이 방법은 화학발광법에 의하여 시료대기 중에 포함되고 있는 일산화질소 또는 질소산화물(NO+NO$_2$)을 연속 측정하는 방법이다.
- ㉡ 시료대기 중의 일산화질소와 오존의 반응에 의해 NO$_2$가 생성될 때 생기는 화학발광도가 일산화질소 농도와의 비례관계가 있는 것을 이용해서 시료대기 중에 포함되는 일산화질소 농도를 측정한다.
- ㉢ 질소산화물(NO+NO$_2$)을 측정할 경우 시료대기 중의 이산화질소를 컨버터를 통하여 일산화질소로 변환시킨 후 일산화질소의 측정과 같은 방법으로 측정하여 질소산화물에서 일산화질소를 뺀 값이 이산화질소가 된다.

② 성능
- ㉠ 측정범위
  측정눈금 범위는 0~0.2, 0~0.5, 0~1, 0~2 ppm 등이 측정 가능한 것으로 한다.
- ㉡ 응답시간
  시료대기 채취구에서 설정유량의 교정용 가스를 측정기에 도입해서 그 농도를 어느 일정치로부터 다른 일정치에 갑자기 변화시켰을 때 90% 응답을 지시할 수 있는 시간은 1분이하여야 한다.
- ㉢ 예열시간
  예열시간은 전원을 넣고 나서 4시간 이내에 안정화되고 이후 제로드리프트 및 스팬드리프트에 관해서 성능을 만족시켜야 한다.
- ㉣ 컨버터의 효율
  컨버터로 이산화질소를 일산화질소로 변환하는 효율은 95% 이상이어야 한다. 또 10 ppm의 암모니아를 일산화질소로 변환하는 효율은 5% 이하여야 한다.

③ 장치구성
측정기는 시료채취부, 화학발광분석계, 컨버터, 감압부, 지시기록계 등으로 구성된다.

(2) 자동살츠만(Saltzman)법

① 개요
- ㉠ 이 방법은 흡수발색액(Saltzman 시약)을 사용하여 흡광광도법에 의해 시료대기 중에 포함되어 있는 일산화질소와 이산화질소의 1시간 평균값을 동시에 연속측정하는 방법이다.
- ㉡ 흡수발색액 N-1-나프틸에틸렌다이아민이염산염, 설파닐산 및 아세트산의 혼합액의 일정유량의 시료가스를 일정기간 통과시켜서 이산화질소를 흡수시켜 흡수발색액의 흡광광도를 측정해서 시료대기 중에 포함되고 있는 이산화질소 농도를 연속적으로 측정한다.
- ㉢ 일산화질소는 흡수발색액과 반응하지 않으므로 산화액(황산과 과망가니즈산칼륨 혼합액)으로 이산화질소로 산화시켜 이산화질소와 같은 방법으로 측정한다.

② 성능
- ㉠ 측정범위
  측정눈금의 범위는 0~0.2, 0~0.5, 0~1, 0~2 ppm의 범위로 측정 가능한 것으로 한다.
- ㉡ 흡수발색액 채취량의 정도
  설정 채취량에 대하여 오차는 ±4% 이하여야 한다.
- ㉢ 흡수발색병의 포집률
  0.1~0.2 ppm의 이산화질소를 포함하는 시료를 통과시켰을 때 흡수발색병의 포집률은 95% 이상이어야 한다.
- ㉣ 시료 대기유량의 안정성
  설정유량에 대하여 유량의 순간 변화는 10일간을 통하여 ±10% 이내로 한다.
- ㉤ 주위온도 변화에 대한 안정성

③ 장치구성

측정기의 구성은 여과기, 유량계, 이산화질소용 흡수발색병, 산화병, 일산화질소용 흡수발색병, 시료대기 흡입펌프, 흡수발색탱크, 흡수발색액 정량공급부, 흡광도 측정장치, 지시기록계, 프로그램 등으로 구성된다.

(3) 흡광차분광법(DOAS ; Differential Optical Absorption Spectroscopy)

① 측정원리
  ㉠ 모든 형태의 가스분자는 분자고유의 흡수스펙트럼을 가지고 있다. 흡광차분광법(DOAS)은 자외선 흡수를 이용한 분석으로 흡광광도법의 기본원리인 Beer-Lambert 법칙을 근거로 한 분석원리이다.
  ㉡ 질소산화물의 고유 흡수파장에 대하여 농도에 비례한 빛의 흡수를 보여준다.
  ㉢ 흡광차분광법은 환경대기 중의 질소산화물 농도에 대한 빛의 투과율(I_t/I_o), 흡광계수, 투과거리를 계측하여 질소산화물의 농도를 측정하는 방법이다.
  ㉣ 대기 중의 대상 가스 화합물의 양은 Beer-Lambert 법칙을 사용하여 계산될 수 있다.

$$I_t = I_o \cdot 10^{-\varepsilon C \ell}$$

여기서, I_o : 입사광의 광도
  I_t : 투사광의 광도
  ε : 흡광계수
  ℓ : 빛의 투사거리
  C : 질소산화물의 농도

② 장치구성
  흡광차분광법 분석계는 발광부, 수광부, 분광기, 신호처리분석부로 나뉘며 분석계 내부는 분광기, 샘플 채취부, 검지부, 분석부, 통신부 등으로 구성된다.

(4) 야콥스-호흐하이저법(24시간 채취법) *중요내용*

① [측정원리]
  수산화소듐용액에 시료대기를 흡수시키면 대기 중의 이산화질소는 아질산나트륨용액으로 변화된다. 이때 생성된 아질산이온을 발색 시약 인산술파닐아미드 및 나프틸에틸렌디아민 이염산염으로 발색시켜 비색법에 의해 측정된다.
  ※ 비고
  1. 적용범위 및 감도 : 분석은 0.04~1.5μg NO₂⁻/mL의 범위, 즉 흡수액 50ml를 사용하여 공기유량 200mL/min, 24시간 시료 대기를 채취할 경우 0.01~0.4μmol/mol까지 측정 가능하다.
    또한, 0.04μg/mL의 농도는 1cm셀을 사용했을 때 0.02의 흡광도에 해당된다.
  2. 방해물질 : 아황산가스의 방해는 분석 전에 과산화수소로 아황산가스를 황산으로 변화시키는 데 따라 제거된다.

(5) 수동살츠만(Saltzman)법

① 측정원리
  ㉠ NO₂를 포함한 시료공기를 흡수 발색액[나프틸에틸렌디아민·이염산염, 술파닐산, 아세트산 혼합액]에 통과시키면 NO₂양에 비례하여 등적색의 아조(Azo)염료가 생긴다.
    이 발색된 용액의 흡광도를 측정하여 NO₂ 농도를 구하는 방법이다.
  ㉡ 유리솜여과기가 붙어 있는 흡수관을 사용할 때는 0.005~5 μmol/mol까지 NO₂ 농도를 측정하는 데 적당하다.

② 장치구성 *중요내용*
  흡수관, 유량계, 분광광도계(550nm) 등으로 구성된다.

04 환경대기 중 먼지 측정법

1. 적용범위

이 시험방법은 환경대기 중의 먼지 농도를 측정하기 위한 시험방법이다. 고용량 공기포집법(수동) 및 베타선법(자동)을 주 시험방법으로 한다.

2. 측정방법의 종류

- 고용량 공기시료채취기법(High Volume Air Sampler Method) : 고용량 펌프(1,133~1,699L/min)
- 저용량 공기시료채취기법(Low Volume Air Sampler Method) : 저용량 펌프(16.7L/min 이하)
- 베타선법(β-Ray Method)

3. 측정방법

(1) 고용량 공기시료채취기법(High Volume Air Sampler Method)

① 시료 채취시간

시료 채취시간은 1일 24시간을 원칙으로 한다. 단, 측정기의 조작이나 측정당시의 기상조건 등 형편에 따라 20시간 이상 채취하였을 경우에는 24시간 채취한 것으로 간주한다.

② 먼지농도의 계산

채취 전후의 여과지의 질량 차이와 흡입 공기량으로부터 다음 식에 의하여 먼지 농도를 구한다.

$$\text{먼지의 농도}(\mu g/m^3) = \frac{W_e - W_s}{V} \times 10^3$$

여기서, W_e : 채취 후 여과지의 질량(mg)
W_s : 채취 전 여과지의 질량(mg)
V : 총 공기흡입량(m³)

(2) 저용량 공기시료채취기법(Low Volume Air Sampler Method)

① 시료 채취시간

1주간 연속 채취를 원칙으로 한다. 단, 측정감도에 따라 채취기간을 결정할 수도 있다.

(3) 베타선 흡수법(β-Ray Absorption Method)

① 측정원리

이 방법은 대기 중에 부유하고 있는 10 μm 이하(단, 분립장치에 따라 채취입자의 크기를 조절할 수 있음)의 입자상 물질을 일정시간 여과지 위에 채취하여 베타선을 투과시켜 입자상 물질의 질량농도를 연속적으로 측정하는 방법이다.

② 장치구성

베타선에 의한 먼지 측정장치의 구성은 공기흡입부, 분립장치, 유량조절부, 테이프 여과지, 교정부, 시료 채취 시간 조정부, 베타선 광원, 베타선 감지부, 연산장치 등으로 나누어진다.

③ 측정기의 검정 및 주의사항 *중요내용*

측정기에 사용하고 있는 베타선 광원은 100μCi 이하로 밀봉되어 있어 안전하나 취급관리에 주의를 하여야 하며 분립장치의 분진청소, 상대 감도의 확인, 흡입유량 등을 수시로 점검한다.

일반적으로 시료채취 시간은 1시간으로 하나 농도가 먼지의 $0.01mg/m^3$ 이하의 저농도일 경우 시료채취 시간을 연장하여 측정하도록 한다.

04-1 환경대기 중 미세먼지(PM-10) 자동측정법 - 베타선법

① 측정결과는 상온상태(20℃, 1기압)로 환산된 미세먼지의 단위부피당 질량농도로 나타내며 측정단위는 국제단위계인 $\mu g/m^3$를 사용한다.
② 측정질량농도의 최소검출한계는 $10\mu g/m^3$ 이하이다.

04-2 환경대기 중 미세먼지(PM-10) 측정방법 - 중량농도법

① 측정결과는 미세먼지의 단위부피당 질량농도로 나타내며 측정단위는 국제단위계인 $\mu g/m^3$를 사용한다.
② 측정질량농도의 검출한계는 측정질량농도 범위가 $80\mu g/m^3$ 이하에서 $5\mu g/m^3$ 이하, $80\mu g/m^3$ 이상에서는 측정질량농도의 7% 이내이어야 한다.
③ 시료채취기는 저용량시료채취기를 기준으로 한다.

04-3 환경대기 중 미세먼지(PM-2.5) 측정방법 - 중량농도법

① 정량한계는 $3\mu g/m^3$이다.
② 시료채취장비는 시료흡입구, 1차 분립장치, 2차 분립장치, 여과지홀더, 유량측정부, 흡입펌프로 구성된다.

04-4 환경대기 중 미세먼지(PM-2.5) 자동측정법 - 베타선법

① 측정결과는 상온상태(20℃, 1기압)로 환산된 미세먼지의 단위부피당 질량농도로 나타내며 측정단위는 국제단위계인 $\mu g/m^3$를 사용한다.
② 측정질량농도의 최소검출한계는 $5\mu g/m^3$ 이하이며, 측정범위는 $0 \sim 1,000\mu g/m^3$이다.

05 환경대기 중 옥시던트 측정방법

1. 적용범위

이 시험방법은 환경대기 중의 옥시던트(오존으로서) 농도를 측정하기 위한 시험방법이다. 자외선 광도법(자동)을 주 시험방법으로 한다.

2. 측정방법의 종류

(1) 자동연속 측정방법

① 자외선 광도법(Ultra Violate Photometric Method)
② 화학발광법(Chemiluminescent Method)
③ 중성요오드화 칼륨법(Neutral Buffered KI Method)
④ 흡광차분광법(DOAS ; Differential Optical Absorption Spectroscopy)

(2) 수동

① 중성요오드화 칼륨법(Neutral Buffered Potassium Iodide Method) : 정량범위(0.01~10 μmol/mol)
② 알칼리성 요오드화 칼륨법(Alkalized Potassium Iodide Method) : 정량범위(0.51~8.16 μmol/mol)

3. 용어 정의

(1) 옥시던트

전옥시던트, 광화학옥시던트, 오존 등의 산화성 물질의 총칭

(2) 전옥시던트

중성요오드화 칼륨용액에 의해 요오드를 유리시키는 물질의 총칭

(3) 광학옥시던트

전옥시던트에서 이산화질소를 제외한 물질

(4) 제로가스

측정기의 영점을 교정하는 데 사용하는 교정용 가스

(5) 스팬가스

측정기의 스팬을 교정하는 데 사용하는 교정용 가스

(6) 교정용 가스

측정기의 교정에 사용하는 가스로서 제로가스, 스팬가스, 눈금 교정용 가스 등의 총칭

(7) 제로 드리프트(Zero Drift)

어느 일정기간 동안 측정기의 영점에 대한 지시값의 변동

(8) 스팬 드리프트(Span Drift)

어느 일정기간 동안 측정기의 스팬에 대한 지시값의 변동

(9) 설정유량

측정기에서 정한 시료가스 및 교정가스 등의 유량

4. 분석방법

(1) 자외선 광도법(자동연속 측정법)

① 측정원리

이 방법은 자외선 광도법에 의해 파장 254 nm 부근에서 자외선 흡수량의 변화를 측정하여 환경대기 중의 오존농도를 연속적으로 측정하는 방법이다.

② 적용범위

환경대기 중 오존농도 $1 nmol/mol(1 \times 10^{-9} mol/mol) \sim 500 nmol/mol$의 범위에서 적용한다.

③ 장치구성

측정기는 시료대기채취구, 필터, 유량계, 시료대기 흡입펌프, 측정셀, 광원램프, 검출기, 증폭기 및 지시기록계 등으로 구성된다.

(2) 화학발광법(자동연속측정법)

① 측정원리 *중요내용*

㉠ 이 방법은 화학발광법에 의해 환경대기 중에 포함되어 있는 오존농도를 연속적으로 측정하는 방법이다.
㉡ 시료대기 중에 오존과 에틸렌(Ethylene)가스가 반응할 때 400nm의 가시광선 영역에서 빛을 발생시킨다. 이 빛의 세기가 오존농도와 비례하기 때문에 발광도를 측정하여 오존농도를 산정한다.

② 적용범위 *중요내용*

환경대기 중 오존농도 $1 nmol/mol(1 \times 10^{-9} mol/mol) \sim 500 nmol/mol$의 범위에서 적용한다.

③ 장치구성

측정기는 시료채취부, 시료대기흡입펌프, 검출부, 유량제어부, 배출기체부 등으로 구성된다.

(3) 중성요오드화 칼륨법(자동연속측정법)

① 측정원리

㉠ 이 방법은 중성요오드화 칼륨 흡수액을 사용하는 흡광광도법으로서 시료대기 중에 함유하는 전옥시던트농도를 연속적으로 측정한다.
㉡ 흡수액에 시료대기를 일정량으로 흡수시켜 유리되는 요오드의 흡광도를 측정하여 시료대기 중에 함유된 전옥시던트농도를 구한다.

② 장치구성

측정기는 필터, 세정기, 유량계, 가스흡수부, 시료대기 흡입펌프, 흡착필터, 흡수액 송액펌프, 흡수액 탱크, 흡광도 측정부, 증폭부 및 지시기록부 등으로 구성된다.

(4) 흡광차분광법(DOAS ; Differential Optical Absorption Spectroscopy)

① 측정원리

㉠ 모든 형태의 가스분자는 분자고유의 흡수스펙트럼을 가지고 있다. 흡광차분광법(DOAS)은 자외선 흡수를 이용한 분석으로 흡광광도법의 기본원리인 Beer-Lambert 법칙을 근거로 한 분석원리로서, 오존의 고유 흡수파장에 대

하여 농도에 비례한 빛의 흡수를 보여준다.
ⓛ 흡광차분광법은 환경대기 중의 오존농도에 대한 빛의 투과율(I_t/I_o), 흡광계수, 투사거리를 계측하여 오존농도를 측정하는 방법이다.
ⓒ 대기 중의 대상 가스 화합물의 양은 Beer-Lambert 법칙으로 계산할 수 있다.

$$C = \frac{-1}{\alpha L} \ln\left(\frac{I}{I_o}\right)$$

여기서, C : 오존의 농도
$\frac{I}{I_o}$: 오존 시료의 투과율
α : 오존 흡수단면적
L : 광로 길이

② 장치구성
흡광차분광법의 분석장치는 분석계와 광원부로 나뉘며, 분석계 내부는 분광기, 샘플 채취부, 검지부, 분석부, 통신부 등으로 구성된다.

(5) 중성요오드화 칼륨법(수동)

① 측정원리 ★중요내용

㉠ 이 방법은 대기 중에 존재하는 오존과 다른 옥시던트[이산화질소, 염소, PAN(Peroxy Acetyl Nitrate) 및 과산화수소]를 포함하는 저농도의 전체 옥시던트를 측정하는 데 사용된다. 이 방법은 오존으로써 0.01~10 μmol/mol 범위에 있는 전체 옥시던트를 측정하는 데 사용되며 산화성 물질이나 환원성 물질이 결과에 영향을 미치므로 오존만을 측정하는 방법은 아니다.
㉡ 이 방법은 시료를 채취한 후 1시간 이내에 분석할 수 있을 때 사용할 수 있으며, 한 시간 내에 측정할 수 없을 때는 알칼리성 아이오딘 칼륨법을 사용하여야 한다.
㉢ 옥시던트는 화학적으로 정해진 물질이 아니므로 이 방법이나 다른 방법(알칼리성 아이오딘 칼륨법)으로 분석한 결과가 꼭 같지는 않다.
㉣ 흡수액 10 mL 사용할 때 오존 2μg과 20μg(1과 10μL) 사이의 농도는 1 cm 셀을 사용할 때 흡광도 0.1과 1에 해당된다.
오존 20 μmol/mol까지 함유한 대기시료는 흡광도와 시료농도 사이에 직선관계가 있다.
㉤ 대기 중에 존재하는 오존과 기타 옥시던트가 pH 6.8의 아이오딘 칼륨법 용액에 흡수되면 옥시던트 농도에 해당하는 요오드가 유리되며 이 유리된 요오드를 파장 352 nm에서 흡광도를 측정하여 정량한다.
㉥ 오존을 포함한 많은 산화성 물질, 즉 이산화질소, 염소, 과산화물류, 과산화수소 및 PAN(Peroxy Acetyl Nitrate)은 모두 옥시넌트이며 이늘은 이 방법에서 요오드를 유리시킨다. 산화성 가스로는 아황산가스 및 황화수소가 있으며 이들은 부(Minus)의 영향을 미친다. 환원성 분진 등도 이 방법에서 영향을 미친다.
㉦ 이산화질소는 오존의 당량, 몰 농도에 대하여 약 10%의 영향을 미친다고 알려져 있다. 이산화질소의 반응은 용액 중에서 아질산이온의 생성결과 일어나며, 이산화질소가 전체 옥시던트에 미치는 영향은 이산화질소의 동시분석으로 예측할 수 있다.
㉧ PAN은 오존의 당량, 몰 농도의 약 50%의 영향을 미친다.
㉨ 아황산가스에 대한 방해는 심하나 옥시던트 농도의 100배까지의 농도를 갖는 아황산가스는 임핀저의 위족 시료 채취관에 크롬산 종이 흡수제(Chromic Acid Paper Absorber)를 설치함으로써 제거할 수 있다.

(6) 알칼리성 요오드화 칼륨법(수동)

① 측정원리 *중요내용
- ㉠ 이 방법은 대기 중에 존재하는 저농도의 옥시던트(오존)를 측정하는 데 사용된다. 이 방법은 다른 산화성 물질이나 환원성 물질이 방해하며 아황산가스나 이산화질소의 방해는 시료를 채취하는 동안에 제거시킬 수 있다.
- ㉡ 이 방법에 의한 오존의 검출한계는 1~16 μg이며, 더 높은 농도의 시료는 흡수액으로 적당히 묽혀 사용할 수 있다.
- ㉢ 이 방법은 대기 중에 존재하는 미량의 옥시던트를 알칼리성 요오드화 칼륨용액에 흡수시키고 초산으로 pH 3.8의 산성으로 하면 산화제의 당량에 해당하는 요오드가 유리된다. 이 유리된 요오드를 파장 352 nm에서 흡광도를 측정하여 정량한다.
- ㉣ 산화성 물질 또는 환원성 물질은 요오드화 칼륨을 요오드로 산화시키는 데 영향을 미친다. 아황산가스는 흡수액에 과산화수소를 가하여 흡수시키면 아황산가스가 황산이온으로 산화되며 여분의 과산화수소는 초산을 가하기 전에 끓여서 제거한다. 대기 중의 산소는 흡수액을 감지할 수 있을 정도로 산화시키지 않는다.

06 환경대기 중 탄화수소 측정법

1. 적용범위

이 시험법은 환경대기 중의 탄화수소 농도를 측정하기 위한 시험방법이다. 비메탄 탄화수소 측정법을 주 시험법으로 한다.

2. 측정방법의 종류

(1) 자동연속(수소염 이온화 검출기법)

① 총 탄화수소 측정법
② 비메탄 탄화수소 측정법
③ 활성 탄화수소 측정법

3. 용어 정의

(1) 수소염 이온화 검출법

수소염에 의해 이온화 현상을 이용해 탄화수소 화합물을 검출하는 방법

(2) ppmC

탄소 원자수를 기준으로 하여 표시한 ppm치

(3) 연료가스

수소염 이온화 검출기에 사용하는 수소 또는 수소와 불활성 가스의 혼합가스

(4) 조연가스

수소염 이온화 검출기에 사용하는 연소용 공기

(5) 연료가스 차단기

검출기의 수소염이 꺼졌을 때 수소염 검지기의 신호에 의해 연료가스 라인을 자동적으로 차단하는 밸브

(6) 수소염 검지기

검출기의 수소염이 꺼졌는가를 검지하는 장치

(7) 수소 발생장치

연료가스, 즉 수수를 발생시키기 위한 장치

(8) 제로 가스 정제장치

영점 교정을 위한 제로 가스와 조연공기 중 탄화수소 화합물 제거를 위한 장치

(9) 총 탄화수소

수소염 이온화 검출법으로 측정된 전체 탄화수소화물

(10) 비메탄 탄화수소

총 탄화수소로부터 메탄을 제외한 것

(11) 운반 가스

분리관을 지나는 시료 성분을 전개 용출시키는 가스(시료 성분을 운반하는 가스)

(12) 분석용 분리관

기체크로마토 그래프 조작에 있어 목적성분을 전개 용출시키는 분리관

(13) 전치분리관

기체크로마토 그래프 조작에 있어 분석용 분리관의 앞에 사용하는 분리관

(14) 활성탄화수소

총 탄화수소 가운데 세정기를 이용해서 제거되는 올레핀계 탄화수소, 방향족 탄화수소 등의 총칭

(15) 세정기

총 탄화수소 가운데 올레핀계 탄화수소, 방향족 탄화수소 등을 중금속염과의 반응성을 이용해서 흡착제거하는 장치

4. 분석방법

(1) 총 탄화수소 측정법

① 측정원리

환경대기를 수소염이온화 검출기에 도입하여 탄화수소를 수소염 중에서 연소할 때 발생하는 이온에 의한 미소전류를 측정해서 대기 중의 총 탄화수소 농도를 연속적으로 측정하는 방법이다.

② 성능 *중요내용*

㉠ 측정범위

측정범위는 0~10 ppmC, 0~25 ppmC 또는 0~50 ppmC로 하여 1~3단계(Range)의 변환이 가능한 것

㉡ 재현성

동일조건에서 제로가스와 스팬가스를 번갈아 3회 도입해서 각각의 측정치의 평균치로부터의 편차를 구한다. 이 편차는 각 측정단계(Range)마다 최대 눈금치의 ±1%의 범위 내에 있어야 한다.

㉢ 지시의 변동

제로가스 및 스팬가스를 흘려보냈을 때 정상적인 측정치의 변동은 각 측정단계(Range)마다 최대 눈금치의 ±1%의 범위 내에 있어야 한다.

㉣ 응답시간

스팬가스를 도입시켜 측정치가 일정한 값으로 급격히 변화되어 스팬가스 농도의 90%까지 변화하는 시간은 2분 이하여야 한다.

㉤ 지시오차(직선성)

제로조정 및 스팬조정을 끝낸 후 그 중간 농도의 교정용 가스를 주입시켰을 경우에 상당하는 메탄 농도에 대한 지시오차는 각 측정단계(Range)마다 최대 눈금치의 ±5%의 범위 내에 있어야 한다.

㉥ 예열시간

전원을 넣고 나서 정상으로 작동할 때까지의 시간은 4시간 이하여야 한다.

㉦ 시료대기의 유량변화에 때한 안정성

펌프 유량 설정치에 대하여 ±10% 변화되어도 지시치 변화는 최대 눈금치의 ±1%의 범위에 있어야 한다.

(2) 비메탄 탄화수소 측정법

　① 측정원리

　　이 방법은 환경대기를 수소염이온화 검출기가 부착된 기체크로마토그래피에 도입하여 분리관에 의해 메탄과 메탄을 제외한 비메탄 탄화수소가 분리되어 수소염 중에 연소될 때 발생하는 이온에 의한 미소전류를 측정해서 대기 중의 메탄과 메탄 이외의 탄화수소(비메탄 탄화수소) 농도를 연속적으로 측정하는 방법이다.

　② 성능 *중요내용

　　㉠ 측정범위

　　　측정범위는 0~5로부터 50 ppm 범위 내에서 임의로 설정할 수 있어야 한다.

　　㉡ 재현성

　　　동일조건에서 스팬가스를 3회 연속 측정해서 측정치의 평균치로부터의 편차는 최대 눈금치의 ±1%의 범위 이내에 있어야 한다.

　　㉢ 제로 드리프트(Zero Drift)

　　　동일조건에서 제로가스를 연속해서 흘려보냈을 경우 지시변동은 24시간에 대하여 최대 눈금치의 ±1%의 범위 내에 있어야 한다.

　　㉣ 측정주기

　　　측정주기는 한 시간에 4회 이상 측정할 수 있어야 한다.

(3) 활성탄화수소 측정법

　측정원리

　이 방법은 환경대기를 수소염이온화 검출기가 부착된 기체크로마토그래피에 도입하기 직전에 세정기를 사용하여 활성탄화수소를 제거한 환경대기를 수소염이온화 검출기에 도입해서 얻어진 탄화수소 농도와 세정기를 거치지 않은 환경대기를 수소염 이온화 검출기에 도입해서 얻어진 총 탄화수소 농도의 차로부터 활성탄화수소 농도를 구하는 방법이다.

07 환경대기 중 석면측정용 현미경법

① 위상차현미경 : 정량범위(0.2~5μm), 방법검출한계(0.2μm)
② 주사전자현미경 : 정량범위(1.0nm 이하)
③ 투과전자현미경 : 정량범위(1.0nm 이상), 방법검출한계(7,000구조수/mm^2)

07-1 환경대기 중 석면측정용 현미경법 – 위상차현미경법

1. 원리 및 적용범위

(1) 이 시험방법은 환경대기 중의 석면농도를 측정하기 위한 방법이다. 멤브레인필터에 포집한 대기부유먼지 중의 석면섬유를 위상차현미경을 사용하여 계수하는 방법이다.

(2) 석면먼지의 농도표시는 표준상태(20℃, 760 mmHg)의 기체 1 mL 중에 함유된 석면섬유의 개수(개/mL)로 표시한다. *중요내용

2. 개요

(1) 멤브레인 필터는 셀룰로오스 에스테르를 원료로 한 얇은 다공성의 막으로, 구멍의 지름은 평균 0.01~10μm의 것이 있다. 이 멤브레인 필터의 특징은 입자상 물질의 포집률이 매우 높고, 또 필터의 특히 표면에서 먼지의 포집이 이루어지기 때문에, 포집한 입자를 광학현미경으로 계수하기에 편리하다. *중요내용

(2) 필터의 광굴절률은 약 1.5이다. 그러므로 필터를 광굴절률 1.5 전후의 불휘발성 용액에 담그면, 투명해지며 입자를 계수하기 쉽다. 그러나 석면섬유의 광굴절률 또한 거의 1.5이므로, 보통의 현미경으로는 식별하기 힘들거나 분명히 볼 수 없게 된다. *중요내용

(3) 위상차 현미경이란, 굴절률 또는 두께가 부분적으로 다른 무색 투명한 물체의 각 부분의 투과광 사이에 생기는 위상차를 화상면에서 명암의 차로 바꾸어, 구조를 보기 쉽도록 한 현미경이다. 따라서 위상차현미경을 사용하여 섬유상으로 보이는 입자를 계수하고 같은 입자를 보통의 생물현미경으로 바꾸어 계수하여, 그 계수치들의 차를 구하면 굴절률이 거의 1.5인 섬유상의 입자, 즉 석면이라고 추정할 수 있는 입자를 계수할 수가 있게 된다. *중요내용

3. 시료채취

(1) 시료채취 장치 및 기구 *중요내용

① 멤브레인 필터
  셀룰로오스에스테르제(또는 셀룰로오스나이트레이트제) pore size 0.8~1.2 μm, φ25 mm 또는 φ47 mm
② Open Face형 필터홀더(개방형 멤브레인 필터홀더)
  원형의 멤브레인 필터를 지지하여 주는 장치로서 40 mm의 집풍기를 홀더에 정착된 것
③ 흡입 펌프
  20L/min로 공기를 흡입할 수 있는 로터리 펌프 또는 다이어프램 펌프

(2) 시료채취 및 측정방법

① 시료채취 조건

㉠ 시료채취는 해당 시설의 실제 운영조건과 동일하게 유지되는 일반 환경생태에서 측정하는 것을 원칙으로 한다.
　　　㉡ 시료채취지점에서의 실내기류는 원칙적으로 0.3m/s 이내가 되도록 한다. 단, 지하역사 승강장 등 불가피한 기류가 발생하는 곳에서는 실제 조건하에서 측정한다.
　　② 시료채취 지점 및 위치 <mark>중요내용</mark>
　　　㉠ 시료채취 위치는 원칙적으로 주변 시설 등에 의한 영향과 부착물 등으로 인한 측정 장애가 없고 대상 시설의 오염도를 대표할 수 있다고 판단되는 곳을 선정하는 것을 원칙으로 하되, 기본적으로 시설을 이용하는 사람이 많은 곳을 선정한다.
　　　㉡ 인접 지역에 직접적인 발생원이 없고 대상 시설의 내벽, 천장에서 1m 이상 떨어진 곳을 선정하며, 바닥면으로부터 1.2~1.5m 위치에서 측정한다.
　　　㉢ 대상 시설의 측정지점은 2개소 이상을 원칙으로 하며, 건물의 규모와 용도에 따라 불가피할 경우 대상시설 내 공기질이 현저히 다를 것으로 예상되는 경우 등에는 측정지점을 추가할 수 있다.
　　③ 시료채취 및 측정시간
　　　주간 시간대(오전 8시~오후 7시) 10L/min으로 1시간 측정한다.

(3) 시료채취 조작
　　① 샘플러가 정상적으로 작동하는가를 확인한다.
　　② 밀폐용기 속에 보존하였던 멤브레인 필터를 여과지 홀더에 공기가 새지 않도록 주의하면서 고정시킨다.
　　③ 시료포집면이 주풍향을 향하도록 설치한다.
　　④ 유량계의 버저(Buzzer)를 10L/분 되게 조정한다. <mark>중요내용</mark>
　　⑤ 전원스위치를 넣고 포집시작 시각을 기록한다.
　　⑥ 흡입을 시작하고 부터 약 10분 후에 진공계 또는 마노미터로 차압을 측정하여 흡입유량을 정확히 보정한다.
　　⑦ 포집종료 시각을 기록하고 흡입공기량을 구한다.
　　⑧ 여과지를 다시 밀폐용기 속에 넣는다.
　　⑨ 시료채취가 끝나면 매 포집시료마다에 시료채취시의 기상과 시료채취의 제 조건 및 시료채취자의 성명 등에 관하여 기록한다.

4. 계수

(1) 기구 및 장치 <mark>중요내용</mark>
　　① 현미경
　　　배율 10배의 대안렌즈 및 10배와 40배 이상의 대물렌즈를 가진 위상차 현미경 또는 간접위상차 현미경
　　② 접안 그래티큘(Eyepiece Graticule)
　　③ 대물측미계 또는 스테이지 마이크로미터 최저 10 μm까지 표시되어 있는 것이어야 한다.

(2) 계수대상물
　　① 정의 <mark>중요내용</mark>
　　　포집한 먼지 중 길이 5 μm 이상이고, 길이와 폭의 비가 3 : 1 이상인 섬유를 석면섬유로서 계수한다.
　　② 식별방법 <mark>중요내용</mark>
　　　㉠ 단섬유인 경우
　　　　ⓐ 길이 5 μm 이상인 섬유는 1개로 판정한다.
　　　　ⓑ 구부러져 있는 섬유는 곡선에 따라 전체 길이를 재어서 판정한다.
　　　　ⓒ 길이와 폭의 비가 3 : 1 이상인 섬유는 1개로 판정한다.

ⓒ 가지가 벌어진 섬유의 경우
  1개의 섬유로부터 벌어져 있는 경우에는 1개의 단섬유로 인정하고 ①의 규정에 따라 판정한다.
ⓒ 헝클어져 다발을 이루고 있는 경우
  여러 개의 섬유가 교차하고 있는 경우는 교차하고 있는 각각의 섬유를 단섬유로 인정하고, 섬유가 헝클어져 정확한 수를 헤아리기 힘들 때에는 0개로 판정한다.
② 입자가 부착하고 있는 경우
  입자의 폭이 3 μm를 넘는 것은 0개로 판정한다.
⑩ 섬유가 그래티큘 시야의 경계선에 물린 경우
  ⓐ 그래티큘 시야 안으로 완전히 5 μm 이상 들어와 있는 섬유는 1개로 인정한다.
  ⓑ 그래티큘 시야 안으로 한쪽 끝만 들어와 있는 섬유는 1/2개로 인정한다.
  ⓒ 그래티큘 시야의 경계선에 한꺼번에 너무 많이 몰려 있는 경우에는 0개로 판정한다.
ⓗ 상기에 열거한 방법들에 따라 판정하기가 힘든 경우에는 해당 시야에서의 판정을 포기하고, 다른 시야로 바꾸어서 다시 식별하도록 한다.
ⓢ 다발을 이루고 있는 섬유가 그래티클 시야의 1/6 이상일 때는 해당 시야에서의 판정을 포기하고, 다른 시야로 바꾸어서 다시 식별하도록 한다.

③ 접안 그래티클의 보정
  ㉠ 접안렌즈에 사용할 접안 그래티클을 넣고, 그래티클의 선들이 깨끗하고 선명하게 보이도록 조정한다.
  ㉡ 대물렌즈의 배율을 40배로 한다.
  ㉢ 슬라이드 얹힘대 위에 스테이지 마이크로메타를 놓고, 초점을 맞추어 선들이 선명하게 보이도록 한다.
  ㉣ 그래티클을 보정한다.
    세로선의 간격이 10μm이므로, 이 같이 보이는 경우 그래티클에 있는 각 원형중에서 원형 9가 직경 20μm, 원형 5가 직경 5μm로 된다.
    같은 방법으로 그래티클의 시야면적도 정확히 구한다.

④ 계수조작
  ㉠ 접안 그래티클의 보정
  ㉡ 스테이지 마이크로메타를 얹힘대에서 떼내고, 제작한 표본을 얹힘대 위에 놓는다.
  ㉢ 저배율(50~100배)로 여과지에 포집된 먼지의 균일성을 확인하고 먼지가 불균일하게 포집되어 있는 표본은 버린다.
  ㉣ 400배 이상의 배율에서 접안 그래티클에 있는 척도를 사용하여 계수한다.
  ㉤ 계수는 시야를 이동하면서, 임의적으로 시야를 선택하여 섬유수가 200개 이상이 될 때까지 하고, 1시야 중의 섬유수가 10개 정도일 때는 시야 전체의 수를 세어서 약 50개에 이르기까지 계수한다.
  ㉥ 위상차 현미경에 따라 계수하고, 섬유가 계수된 동일 시야에 대하여 400배의 배율에서 생물현미경을 사용하여 다시 계수하여 그 결과를 표의 석면섬유수 측정표에 기록한다.
  ㉦ 계수한 표본에 대하여 다시 계수하였을 때, 통계학적으로 평가하여 95% 이상의 재현성을 가져야 한다.

⑤ 석면먼지농도와 계산

$$\text{섬유수, 개/mL} = \frac{A \cdot (N_1 - N_2)}{a \cdot V \cdot n} \cdot \frac{1}{1,000}$$

여기서, A : 유효 포집면적(cm^2)
  N_1 : 위상차현미경으로 계측한 총 섬유수(개)
  N_2 : 광학현미경으로 계측한 총 섬유수(개)
  a : 현미경으로 계측한 1시야의 면적(cm^2)
  V : 표준상태로 환산한 채취 공기량(L)
  n : 계수한 시야의 총수(개)

08 환경대기 중 미세먼지(PM$_{2.5}$) – 중량 농도법

1. 개요

(1) 목적

이 시험기준은 환경대기 중 미세먼지(이하 PM$_{2.5}$) 중량농도 측정을 목적으로 한다.

(2) 적용범위

① 이 시험기준은 대기 중 24시간 동안 유효한계입경(dp$_{50}$) 2.5 μm의 미세한 부유물질의 질량농도 측정에 적용되며, 채취된 PM$_{2.5}$ 시료는 부차적인 물리·화학적 분석에 활용될 수 있다.
② 이 시험기준에 의한 환경대기 중 PM$_{2.5}$ 중량농도법의 정량한계는 3 μg/m^{3}이다. ★중요내용

2. 용어 정의

(1) 입자분립장치는 충돌판방식(Impactor)으로 입자상 물질을 내부 노즐을 통해 가속시킨 후 충돌판에 충돌시켜, 관성이 큰 입자가 선택적으로 충돌판에 채취되는 원리를 이용하여 일정크기 이상의 입자를 분리하는 장치이다.

(2) 공시료 여과지는 시료채취 시 운반과정 시료전처리 과정에서 여과지 무게에 대한 오차를 확인하기 위한 여과지이다.

(3) 유효한계입경(dp$_{50}$)은 공기역학적 직경별 분리(혹은 채취)효율(Effectiveness) 분포곡선에서 50%의 분리(혹은 채취)효율을 나타내는 입자의 입경을 의미한다.

(4) 측정단위

환경대기 중 PM$_{2.5}$ 질량농도는 채취된 유효한계입경(dp$_{50}$) 2.5μm 입자들의 총 질량을 시료채취기가 흡입한 유량으로 나누어 계산하며 단위는 부피(m^3)당 질량(μg), μg/m^{3}로 표시한다.

3. 분석기기 및 기구

시료채취장비는 시료흡입부, 1차 분립장치, 2차 분립장치, 여과지 홀더, 유량측정부, 흡입펌프로 구성된다.

(1) 시료흡입부

시료흡입부는 환경대기 중 PM$_{2.5}$와 공기가 유입되는 부분으로 16.7L/분의 일정한 유속으로 시료를 유입시키는 장치로서, 이후 1차 분립장치 및 2차 분립장치를 통해서 입자를 크기별로 분리 채취하게 된다.

(2) 1차 분립장치

1차 분립장치는 유효한계입경(dp$_{50}$) 10μm 입자보다 큰 입자를 제거하는 장치로서 충돌판방식을 이용하여 입자상 물질을 분리한다

(3) 2차 분립장치

2차 분립장치는 유효한계입경(dp$_{50}$) 2.5μm 입자보다 큰 입자를 제거하는 장치로서 충돌판방식이 사용되며 WINS PM$_{2.5}$ Impactor와 동등하거나 우수한 성능의 분립장치를 사용하여야 한다.

(4) 여과지 홀더

여과지 홀더는 분립장치 아래에 수평으로 위치하여 공기가 일정한 속도로 필터를 통과하게 하는 역할을 수행하며, 47mm의 여과지가 파손되지 않으면서 공기가 새지 않도록 장착할 수 있는 것으로 여과지 교체 작업이 용이해야 한다.

(5) 여과지

시료 채취를 위한 여과지는 폴리테트라플루오로에틸렌(PTFE ; Polytetrafluoroethylene) 재질의 직경 47mm 원형으로 여과지 공극 크기(Pore Size)가 2μm이고, 두께가 30~50μm이다.

4. 농도계산

$PM_{2.5}$ 농도는 $\mu g/m^3$로 표시하고 다음 식으로 계산한다.

$$PM_{2.5} = (W_f - W_i)/V_a$$

여기서, $PM_{2.5}$: $PM_{2.5}$의 질량농도($\mu g/m^3$)
W_f : 시료채취 후 여과지무게(μg)
W_i : 시료채취 전 여과지무게(μg)
V_a : 총 시료채취 부피(m^3)

09 환경대기 중 초미세먼지(PM₂.₅) – 베타선법(자동측정법)

1. 목적

이 측정방법은 환경대기 중에 존재하는 공기역학적 등가입경(이하 입경이라 함)이 2.5μm 이하인 입자상 물질(PM₂.₅)의 질량농도를 베타선흡수법(베타선법)에 의해 측정하는 방법에 대해 규정하며, 베타선법에 의한 측정의 정확성과 통일성을 갖추도록 함을 목적으로 한다.

2. 적용범위

(1) 이 측정방법은 베타선을 방출하는 베타선 광원으로부터 조사된 베타선이 필터 위에 채취된 먼지를 통과할 때 흡수되는 베타선의 세기를 비교·측정하여 대기 중 미세먼지의 질량농도를 측정하는 방법이다.
(2) 측정결과는 상온 상태(20℃, 1기압)로 환산된 단위부피당 질량농도로 나타내며, 측정단위는 국제단위계인 $\mu g/m^3$를 사용한다.
(3) 측정 질량농도의 최소검출한계는 $5\mu g/m^3$ 이하이며, 측정범위는 $0 \sim 1,000\mu g/m^3$이다. ★중요내용

3. 간섭오차

(1) 이 측정방법은 베타선이 여과지 위에 채취된 먼지를 통과할 때 흡수 소멸하는 베타선의 차로서 미세먼지(PM₂.₅) 농도를 측정하는 방법으로 질량소멸계수(μ)는 먼지의 성분, 입경분포, 밀도 등에 영향을 받는다. PM₂.₅는 지역적·공간적 특성에 따라 미세먼지의 성분, 입경분포, 밀도 등이 달라질 수 있으며, 이에 질량소멸계수가 차이를 나타낼 수 있다.
(2) 동일한 질량소멸계수를 베타선 자동측정기에 적용할 수 없으므로 중량농도법과의 비교측정을 통해 등가성을 확인하여야 한다.
(3) 측정기 동작 중의 유속의 변화는 시료채취 유량의 변화에 의한 측정 편차를 일으킬 수 있으며, 입경분리장치의 입자 크기 분리 특성을 변경시킬 수 있다. 정확한 유량조절장치의 사용과 설계유량의 정확한 유지는 이러한 오차를 최소화하기 위해 필요하다.

4. 용어 정의

(1) 초미세먼지(Particulate Matter Less than 2.5μm, PM₂.₅)
환경대기 중에 부유하는 직경 2.5μm 이하 크기의 고체 및 액체의 입자상 물질을 말한다.

(2) 질량농도(Mass Concentration)
기체의 단위 용적 중에 함유된 물질의 질량으로 표현된 농도를 말한다.

(3) 단위면적 질량밀도
베타선 감쇠계수를 결정하는 물리량으로서 단위면적에 채취된 먼지의 질량(mg/cm^2)을 말한다.

(4) 베타선법(β – Ray Method)
대기 중에 부유하고 있는 입자상 물질을 일정시간 여과지 위에 채취하여 베타선을 투과시켜 입자상 물질의 질량농도를 연속적으로 측정하는 방법이다.

5. 분석기기장치 구성

베타선에 의한 먼지 측정장치의 구성은 공기흡입부, 입경분립장치, 유량조절부, 테이프 여과지, 교정부, 시료채취 시간 조정부, 베타선 광원, 베타선 감지부, 연산장치 등으로 나누어진다.

6. 측정위치의 선정 시 고려사항 ⭐중요내용

(1) 시료 채취 위치는 원칙적으로 주위에 건물이나 수목 등의 장애물이 없고 그 지역의 오염도를 대표할 수 있다고 생각되는 곳을 선정한다.
(2) 주위에 건물이나 수목 등의 장애물이 있을 경우에는 채취위치로부터 장애물까지의 거리가 그 장애물 높이의 2배 이상 또는 채취점과 장애물 상단을 연결하는 직선이 수평선과 이루는 각도가 30° 이하가 되는 곳을 선정한다.
(3) 주위에 건물 등이 밀집되거나 접근되어 있을 경우에는 건물 바깥벽으로부터 적어도 1.5m 이상 떨어진 곳에 채취점을 선정한다.
(4) 시료채취구의 높이는 주변의 상황을 고려하여 가능한 한 1.5~10m 범위로 한다.

7. 시료 채취

1시간을 원칙으로 하나, 사용기기에 따라 달라질 수 있다.

8. 결과 보고

(1) 먼지농도의 계산

① 베타선을 방출하는 광원으로부터 조사된 베타선이 여과지 위에 채취된 먼지를 통과할 때 흡수 소멸하는 베타선의 차로서 측정되며 다음 식에 따른다.

$$I = I_o \cdot \exp(-\mu X)$$

여기서, I : 여과지에 채취된 분진을 투과한 베타선 강도
I_o : Blank 여과지에 투과된 베타선 강도
μ : 미세먼지에 의한 베타선 질량 흡수 소멸 계수($cm^3/\mu g$)
X : 단위면적당 채취된 분진의 질량($\mu g/cm^3$)

여기서, I_o는 먼지가 채취되지 않은 여과지를 통과한 베타선 강도이며 μ는 상수로서 성분 및 입경분포 등이 일정할 경우 μ를 상수라 할 수 있다.

② 먼지농도는 단위면적당 채취된 먼지의 질량에 의존하는 베타선의 흡수량으로 결정된다.

$$C = \frac{S}{\mu \cdot Q \cdot \Delta t} \ln(I/I_o)$$

여기서, C : 먼지 농도($\mu g/m^3$)
S : 먼지가 채취된 여과지의 면적(m^3)
Q : 흡입된 공기량(m^3)
Δt : 채취시간(min)

(2) 주의사항 ⭐중요내용

① 측정기에 사용하고 있는 베타선 광원은 $100\mu Ci$ 이하로 밀봉되어 있어 안전하나 취급관리에 주의를 하여야 하며 분립 장치의 청소, 상대 감도의 확인, 흡입유량 등을 수시로 점검한다.
② 일반적으로 시료 채취 시간은 1시간으로 하나 먼지의 농도가 $10\mu g/m^3$ 이하의 저농도일 경우 시료 채취 시간을 연장하여 측정할 수 있다.

10 환경대기 중 미세먼지(PM_{10}) – 베타선법(자동측정법)

1. 목적

이 측정방법은 환경대기 중에 존재하는 입경이 $10\mu m$ 이하인 입자상 물질(PM_{10})의 질량농도를 베타선법에 의해 측정하는 방법에 대해 규정하며, 베타선법에 의한 측정의 정확성과 통일성을 갖추도록 함을 목적으로 한다.

2. 적용범위

(1) 이 측정방법은 베타선을 방출하는 베타선원으로부터 조사된 베타선이 필터 위에 채취된 먼지를 통과할 때 흡수되는 베타선의 세기를 비교·측정하여 대기 중 미세먼지의 질량농도를 측정하는 방법이다.

(2) 측정결과는 상온 상태(20℃, 1기압)로 환산된 미세먼지의 단위부피당 질량농도로 나타내며, 측정단위는 국제단위계인 $\mu g/m^3$를 사용한다.

(3) 측정 질량농도의 최소검출한계는 $10\mu g/m^3$ 이하이며, 측정범위는 $0\sim1,000\mu g/m^3$, $0\sim2,000\mu g/m^3$, $0\sim5,000\mu g/m^3$, $0\sim10,000\mu g/m^3$ 등이 측정 가능한 것으로 한다.

(4) 측정량의 표시

측정결과는 상온 상태(20℃, 1기압)로 환산된 환경 대기 중에 존재하는 입경 크기 $10\mu m$ 이하 미세먼지(PM_{10})의 단위부피당 질량농도로 나타내며, 측정단위는 국제단위계인 $\mu g/m^3$를 사용한다.

11 환경대기 중 미세먼지(PM_{10}) 측정방법(중량농도법)

1. 목적

이 시험방법은 대기환경 중 입경크기 $10\mu m$ 이하 미세먼지(PM_{10})의 질량농도를 측정하는 방법에 대하여 규정한다. 시료채취기를 사용하여 대기 중 미세먼지 시료를 채취하고, 채취 전후 필터의 무게 차이를 농도로 측정하는 질량농도측정 방법의 정확성과 통일성을 갖추도록 함을 목적으로 한다.

2. 적용범위

(1) 측정결과는 미세먼지의 단위부피당 질량농도로 나타내며, 측정단위는 국제단위계인 $\mu g/m^3$를 사용한다.
(2) 측정 질량농도의 검출한계는 측정질량농도범위가 $80\mu g/m^3$ 이하에서 $5\mu g/m^3$ 이하, $80\mu g/m^3$ 이상에서는 측정 질량농도의 7% 이내이어야 한다.
(3) 본 측정방법에서 적용되는 시료채취기는 저용량시료채취기를 기준으로 하며 채취된 PM_{10} 시료는 입자상 물질의 물리화학적 분석에 이용될 수 있다.
(4) 측정량의 표시
측정결과는 환경 대기 중에 존재하는 입경 크기 $10\mu m$ 이하 미세먼지(PM_{10})의 단위부피당 질량농도로 나타내며, 측정단위는 국제단위계인 $\mu g/m^3$를 사용한다.

[환경대기 중 금속화합물 측정방법]

01 환경대기 중 금속화합물

1. 목적
대기 중의 금속 측정의 주된 목적은 유해성 금속 성분에 대한 위해도 평가로서 주로 호흡을 통해 인체에 노출되며, 이 경우 주요 측정대상 금속은 니켈, 비소, 수은, 카드뮴, 크롬 등과 같은 발암성 금속 성분과 납, 아연 등이 포함된다. 또한 나트륨, 칼슘, 규소 등과 같은 항목은 인체의 위해성은 없으나 먼지 오염의 제어를 위해 모니터링 되기도 한다. 대기 중 부유먼지에 함유된 금속에 대한 정확한 측정 결과는 대기질 관리를 위한 정책 수립의 기본 자료로서 활용된다.

2. 적용 가능한 시험방법
(1) 대기 중 금속분석을 위한 시료는 적절한 방법으로 전처리하여 기기분석을 실시한다.
(2) 원자흡수분광법을 주 시험방법으로 한다.

3. 금속 분석에서의 일반적인 주의사항 ◆중요내용
(1) 금속의 미량분석에서는 유리기구, 증류수 및 여과지에서의 금속 오염을 방지하는 것이 중요하다.
(2) 유리기구는 희석된 질산 용액에 4시간 이상 담근 후, 증류수로 세척한다. 이 시험방법에서 "물"이라 함은 금속이 포함되지 않은 증류수를 의미한다.
(3) 분석실험실은 일반적으로 산을 가열하는 전처리 시 발생하는 유독기체를 배출시킬 수 있는 환기시설(배기후드) 등이 갖추어져 있어야 한다.

02 환경대기 중 금속화합물 – 원자흡수분광법

1. 개요

(1) 목적

① 구리, 납, 니켈, 아연, 철, 카드뮴, 크롬을 원자흡수분광법에 의해 정량하는 방법이다.

② 시료 용액을 직접 공기-아세틸렌 불꽃에 도입하여 원자화시킨 후, 각 금속 성분의 특성파장에서 흡광세기를 측정하여 각 금속 성분의 농도를 구한다.

(2) 적용범위

① 이 시험방법은 대기 중 입자상 형태로 존재하는 금속(구리, 납, 니켈, 아연, 철, 카드뮴, 크롬) 및 그 화합물의 분석방법에 대하여 규정한다.

② 입자상 금속화합물은 고용량 공기시료채취기(High Volume Air Sampler)법 및 저용량 공기시료채취기(Low Volume Air Sampler)법을 이용하여 여과지에 채취한다.

③ 여과지를 전처리 한 후, 각 금속 성분의 분석농도를 구하고, 에어샘플러의 채취 유량에 따라 대기 중 각 금속 성분의 농도를 산출한다.

④ 원자흡수분광법의 측정파장, 정량범위, 정밀도 및 방법검출한계

측정금속	측정파장 (nm)	정량범위 (mg/L)	정밀도 (%RSD)	방법검출한계 (mg/L)
Cu	324.8	0.05~20	3~10	0.015
Pb	217.0/283.3	0.2~25	2~10	0.06
Ni	232.0	0.2~20	2~10	0.06
Zn	213.8	0.01~1.5	2~10	0.003
Fe	248.3	0.5~50	3~10	0.15
Cd	228.8	0.04~1.5	2~10	0.012
Cr	357.9	2~20	2~10	0.6

(3) 간섭물질 (배출가스 중 금속화합물 – 원자흡수분광법 내용과 동일함)

2. 용어 정의 (배출가스 중 금속화합물 – 원자흡수분광법 내용과 동일함)

(1) 감도

(2) 표준원액

(3) 표준용액

(4) 매질 효과

(5) 원자 흡수(Atomic Absorption)

(6) 바탕값 보정(Background Correction)

3. 분석절차

〈금속별 시료 전처리 방법 비교〉

전처리법		적용 가능한 금속
산분해법	질산-과산화수소법	구리, 납, 니켈, 비소, 아연, 철, 카드뮴, 크롬
	질산-염산혼합액에 의한 초음파 추출법	구리, 납, 니켈, 비소, 아연, 철, 카드뮴, 크롬
	마이크로파 산분해법	구리, 납, 니켈, 비소, 아연, 철, 카드뮴, 크롬
	회화법	구리, 납, 니켈, 비소, 아연, 철, 카드뮴, 크롬
용매추출법	다이에틸다이티오카바민산 또는 디티존-톨루엔 추출법	납, 카드뮴
	트라이옥틸아민법	크롬

4. 대기 중의 금속 농도 계산방법

대기 중의 해당 금속 농도는 0℃, 760 mmHg로 환산한 공기 $1\,m^3$ 중 금속의 μg 수로 나타낸다. 다음에 따라서 계산한다.

$$C = C_S \times V_f \times \frac{A_U}{A_E} \times \frac{1}{V_S}$$

여기서, C : 표준상태에서 건조한 대기 중의 입자상 금속 농도($\mu g/Sm^3$)
C_S : 시료 용액 중의 금속 농도($\mu g/mL$)
V_f : 조제한 분석용 시료 용액의 최종 부피(mL)
A_U : 시료채취에 사용한 여과지의 총 면적(cm^2)
A_E : 분석용 시료용액 제조를 위해 분취한 여과지의 면적(cm^2)
V_S : 채취한 표준상태에서의 건조한 대기가스 채취량(Sm^3)

03 환경대기 중 금속화합물 – 유도결합플라스마 분광법

1. 개요

(1) 목적
① 구리, 납, 니켈, 비소, 아연, 카드뮴, 크롬, 베릴륨, 코발트를 유도결합플라스마 분광법에 의해 정량하는 방법이다.
② 시료 용액을 플라스마에 분무하고 각 성분의 특성파장에서 발광세기를 측정하여 각 성분의 농도를 구한다.

(2) 적용범위
① 이 시험방법은 대기 중 입자상 형태로 존재하는 금속(구리, 납, 니켈, 비소, 아연, 카드뮴, 크롬, 베릴륨, 코발트) 및 그 화합물의 분석방법에 대하여 규정한다. 입자상 금속화합물은 고용량 공기시료채취기(High Volume Air Sampler)법 및 저용량 공기시료채취기(Low Volume Air Sampler)법을 이용하여 여과지에 채취한다.
② 여과지를 전처리한 후, 각 금속 성분의 분석농도를 구하고, 에어샘플러의 채취 유량에 따라 대기 중 각 금속 성분의 농도를 산출한다.
③ 기체상 비소 화합물은 흡수액 중에 함유되어 있는 다량의 나트륨(Na)에 의해 심각한 간섭을 받기 때문에 수소화물생성 원자분광광도법으로 분석한다.
④ 유도결합플라스마 분광법의 정량범위와 정밀도

원소	측정파장 (nm)	정량범위 (mg/L)	정밀도 (%)	방법검출한계 (mg/L)
Cu	324.75	0.04~20	3~10	0.010
Pb	220.35	0.1~2	2~10	0.032
Ni	231.60 / 221.65	0.04~2	2~10	0.014
As	193.969	0.02~0.15	2~10	0.025
Zn	206.19	0.4~20	3~10	0.120
Fe	259.94	0.1~50	3~10	0.034
Cd	226.50	0.008~2	2~10	0.005
Cr	357.87 / 206.15 / 267.72	0.02~4	2~10	0.012
Be	313.04	0.02~2	2~10	0.002
Co	228.62	0.15~5	2~10	0.015

(3) 간섭물질(배출가스 중 금속화합물 – 유도결합플라스마 분광법 내용과 동일함)
단, 다음 ①, ②항 추가
① 비소 및 비소 화합물 중 일부 화합물은 휘발성이 있으며 시료를 전처리하는 동안 비소의 손실 가능성이 있다. 따라서 전처리 방법으로서 마이크로파산분해법의 이용이 권장된다.
② 비소분석 시, 시료 중의 철과 알루미늄에 의한 분광학적 간섭이 있을 수 있다. 이 경우 시료를 희석하거나 다른 파장을 이용할 수 있으나 검출한계가 높아질 수 있음에 유의해야 한다.

2. 용어 정의 (배출가스 중 금속화합물-유도결합플라스마 원자발광분광법 내용과 동일함)

   (1) 감도
   (2) 표준원액
   (3) 표준용액
   (4) 매질 효과
   (5) 원자방출(Atomic Emission)
   (6) 발광세기
   (7) 바탕값 보정(Background Correction)

3. 분석절차 (환경대기 중 금속-원자흡수분광법 내용과 동일함)

4. 대기 중의 금속 농도 계산 방법 (환경대기 중 금속-원자흡수분광법 내용과 동일함)

04 환경대기 중 구리화합물

1. 적용 가능한 시험방법 중요내용

원자흡수분광법이 주 시험방법이다.

분석방법	정량범위	방법검출한계	정밀도(%RSD)
원자흡수분광법	0.05~20 mg/L	0.015 mg/L	3~10
유도결합플라스마 분광법	0.04~20 mg/L	0.010 mg/L	3~10

2. 대기 환경기준

해당 없음

04-1 환경대기 중 구리화합물 – 원자흡수분광법

환경대기 중 금속 – 원자흡수분광법에 따른다.

04-2 환경대기 중 구리화합물 – 유도결합플라스마 분광법

환경대기 중 금속 – 유도결합플라스마 분광법에 따른다.

05 환경대기 중 납화합물

1. 적용 가능한 시험방법 [중요내용]

원자흡수분광법이 주 시험방법이다.

분석방법	정량범위	방법검출한계	정밀도(%RSD)
원자흡수분광법	0.2~25 mg/L	0.06 mg/L	2~10
유도결합플라스마 분광법	0.1~2 mg/L	0.032 mg/L	2~10
자외선/가시선 분광법	0.001~0.04 mg	–	3~10

2. 대기 환경기준

연간 평균값 $0.5\ \mu g/m^3$ 이하

05-1 환경대기 중 납화합물 – 원자흡수분광법

환경대기 중 금속 – 원자흡수분광법에 따른다.

05-2 환경대기 중 납화합물 – 유도결합플라스마 분광법

환경대기 중 금속 – 유도결합플라스마 분광법에 따른다.

05-3 환경대기 중 납화합물 – 자외선/가시선 분광법

1. 개요

(1) 목적

납 이온이 시안화칼륨 용액 중에서 디티존과 반응하여 생성되는 납 디티존 착염을 클로로폼으로 추출하고, 과량의 디티존은 시안화칼륨 용액으로 씻어내어, 납착염의 흡광도를 520 nm에서 측정하여 정량하는 방법이다. *중요내용

(2) 적용범위

① 이 시험방법은 대기 중 입자상 형태로 존재하는 납 및 그 화합물의 분석방법에 대하여 규정한다.
② 입자상 납화합물은 하이볼륨에어샘플러(High Volume Air Sampler)법 및 로우볼륨에어샘플러(Low Volume Air Sampler)법을 이용하여 여과지에 채취한다.
③ 여과지를 전처리 한 후, 납의 분석농도를 구하고, 채취 유량에 따라 대기 중 납의 농도를 산출한다.
④ 정량범위
  0.001~0.04 mg
⑤ 정밀도
  3~10%

(3) 간섭물질

① 납착물은 시간이 경과하면 분해되므로, 가능한 빛을 차단하고, 20℃ 이하에서 조작하며, 장시간 방치하지 않도록 한다.
② 비교적 다량의 비스무트가 함유되어 있으면, 시안화칼륨(KCN, potassium cyanide) 용액으로 세정조작을 반복하더라도 무색이 되지 않는다.
  이 경우에는 납과 비스무트를 분리하여 시험한다. 추출하여 10~20 mL로 한 사염화탄소층에 프탈산수소칼륨완충용액(pH 3.4) 20 mL을 넣어 2회 역추출하고 전체 수층을 합하여 분별깔때기로 옮긴다. 암모니아수(1+1)를 넣어 약알칼리성으로 한 후 시안화칼륨 용액(5 W/V%) 5 mL을 넣어 약 100 mL로 한 다음, 7.0의 시험방법에 따라 추출단계부터 다시 시험한다.

2. 대기 중의 납 농도 계산방법

대기 중의 해당 금속 농도는 0℃, 760 mmHg로 환산한 공기 1 m^3 중 납의 μg 수로 나타낸다.

$$C = C_S \times V_f \times \frac{A_U}{A_E} \times \frac{1}{V_S}$$

여기서, C : 표준상태에서 건조한 대기 중의 입자상 금속 농도(μg/Sm^3)
C_S : 시료 용액 중의 납 농도(μg/mL)
V_f : 조제한 분석용 시료 용액의 최종 부피(mL)
A_U : 시료채취에 사용한 여과지의 총 면적(cm^2)
A_E : 분석용 시료용액 제조를 위해 분취한 여과지의 면적(cm^2)
V_S : 채취한 표준상태에서의 건조한 대기기체 채취량(Sm^3)

06 환경대기 중 니켈화합물

1. 적용 가능한 시험방법 [중요내용]

원자흡수분광법이 주 시험방법이다.

분석방법	정량범위	방법검출한계	정밀도(%RSD)
원자흡수분광법	0.05~20 mg/L	0.015 mg/L	3~10
유도결합플라스마 분광법	0.04~20 mg/L	0.010 mg/L	3~10

2. 대기 환경기준

해당사항 없음

06-1 환경대기 중 니켈화합물 - 원자흡수분광법

환경대기 중 금속 - 원자흡수분광법에 따른다.

06-2 환경대기 중 니켈화합물 - 유도결합플라스마 분광법

환경대기 중 금속 - 유도결합플라스마 분광법에 따른다.

07 환경대기 중 비소화합물

1. 적용 가능한 시험방법 *중요내용

수소화물생성 원자흡수분광법이 주 시험방법이다.

분석방법	정량범위	방법검출한계	정밀도(%RSD)
수소화물발생 원자흡수분광법	0.005~0.05 mg/L	0.002 mg/L	3~10
유도결합플라스마 분광법	0.02~0.15 mg/L	0.025 mg/L	2~10
흑연로 원자흡수분광광도법	0.005~0.05 mg/L	0.002 mg/L	3~20

2. 대기 환경기준

해당사항 없음

07-1 환경대기 중 비소화합물 – 수소화물발생 원자흡수분광법

1. 개요

(1) 목적

① 주요 독성 오염물질로 분류되고 있는 비소화합물은 끓는점이 낮은 화합물로서 대기 중에서 입자상뿐만 아니라 기체상 비소화합물로서 존재한다.
② 이 시험방법은 대기 중의 입자상 및 기체상 비소화합물의 농도 측정을 위한 기준 방법에 대해 규정하는 데 그 목적이 있다.
③ 비소를 수소화물 원자흡수분광법으로 정량하는 방법으로, 수소화 비소발생장치를 부착하고 비소 속 빈 음극램프를 점등하여 안정화시킨 후, 193.7 nm의 파장에서 원자흡수분광법 통칙에 따라 조작하여 시료용액의 흡광도를 측정하는 방법이다.

(2) 적용범위

① 이 시험방법은 대기 중의 입자상 비소화합물을 분석하는 방법에 대하여 규정한다. 입자상 비소화합물은 고용량 공기시료채취기(High Volume Air Sampler)법 및 저용량 공기시료채취기(Low Volume Air Sampler)법을 이용해 여과지에 채취한다.
② 채취한 시료는 전처리한 후, 각 금속 성분의 분석농도를 구하고, 채취 유량에 따라 대기 중 각 금속 성분의 농도를 산출한다.
③ 정량범위
   As 5~50 μg/L
④ 반복표준편차
   3~10%

(3) 간섭물질(배출가스 중 비소화합물 – 수소화물발생 원자흡수분광법 내용과 동일함)

※ 비고 : 분석 시 아연분말 중에는 미량의 비소가 함유되어 있으므로 아연분말 첨가량을 일정하게 한다. 이렇게 하기 위한 조작으로서 ① 아연분말에 결합제를 가하여 성형시켜 정제로 만들어 가하거나 ② 아연분말에 물을 가하여 진한 현탁액으로 하여 스포이드로 가하거나 ③ 일정량의 아연분말을 포장하여 첨가하는 방법 등을 사용한다.

2. 비소농도의 계산방법

환경대기 중의 비소농도는 0℃, 760 mmHg로 환산한 공기 1 m³ 중 비소의 mg 수로 나타낸다.

(1) 시료의 분취 시료 중 비소농도

비소(As)량으로부터 분석용 시료용액(분취한 여과지 중) 중의 비소(As)량을 산출한다.

$$m_S = m_C \times \frac{V_f}{V_d}$$

여기서, m_S : 분석용 시료용액 중의 비소량(mg)
m_C : 검정곡선에서 구한 비소량(mg)
V_f : 분석용 시료용액의 제조량(mL)
V_d : 분석용 시료용액의 분취량(mL)

(2) 비소농도

분석용 시료용액(분취한 여과지 중) 중의 비소량으로부터 대기 중의 비소농도를 산출한다.

$$C = m_S \times \frac{A_U}{A_E} \times \frac{1}{V_S}$$

여기서, C : 표준상태에서 건조한 대기 중의 입자상 비소농도(mg/Sm³)
m_S : 분취한 여과지 중의 비소량(mg)
A_U : 시료채취에 사용한 여과지의 총 면적(cm²)
A_E : 시료용액 제조에 사용한 여과지의 면적(cm²)
V_S : 채취한 표준상태에서의 건조한 대기기체 채취량(Sm³)

07-2 환경대기 중 비소화합물 – 유도결합플라스마 분광법

환경대기 중 금속 – 유도결합플라스마 분광법에 따른다.

07-3 환경대기 중 비소화합물 – 흑연로원자흡수분광법

1. 개요

(1) 목적

① 주요 독성 오염물질로 분류되고 있는 비소화합물은 끓는점이 낮은 화합물로서 대기 중에서 입자상뿐만 아니라 기체상 비소화합물로서 존재한다.
② 대기 중의 입자상 비소화합물의 농도 측정을 위한 기준 방법에 대해 규정하는 데 그 목적이 있다.
③ 비소를 흑연로원자흡수분광법으로 정량하는 방법으로, 비소 속 빈 음극램프를 점등하여 안정화시킨 후, 전처리한 시료용액을 흑연로에 주입하고 비소화합물을 원자화시켜 파장 193.7 nm에서 원자자외선/가시선 분광법에 따라 조작을 하여 시료용액의 흡광도 또는 흡수 백분율을 측정하는 방법이다.

(2) 적용범위

① 이 시험방법은 대기 중의 입자상 비소화합물을 분석하는 방법에 대하여 규정한다.
② 입자상 비소 화합물은 고용량 공기시료채취기(High Volume Air Sampler)법 및 저용량 공기시료채취기(Low Volume Air Sampler)법을 이용해 여과지에 채취한다.
③ 정량범위
   As 5~50 μg/L
④ 반복표준편차
   3~20%
⑤ 기체상 비소는 흡수 용액 중에 함유되어 있는 다량의 나트륨(Na)에 의해 심각한 간섭을 받기 때문에 수소화물발생 원자흡수분광광도법으로 분석한다.

(3) 간섭물질(배출가스 중 비소화합물 – 흑연로 원자흡수분광법 내용과 동일함)

2. 비소농도의 계산방법

대기 중의 비소 농도는 0℃, 760 mmHg로 환산한 공기 1 m³ 중 비소의 mg 수로 나타낸다. 분석용 시료용액(분취한 여과지 중) 중의 비소농도로부터 대기 중의 비소농도를 산출한다.

$$C = C_S \times V_f \times \frac{A_U}{A_E} \times \frac{1}{V_s}$$

여기서, C : 표준상태에서 건조한 대기 중의 입자상 비소농도(mg/Sm³)
C_S : 시료 용액 중의 비소농도(mg/mL)
V_f : 분석용 시료 용액의 최종 부피(mL)
A_U : 시료채취에 사용한 여과지의 총 면적(cm²)
A_E : 분석용 시료용액 제조를 위해 분취한 여과지의 면적(cm²)
V_s : 채취한 표준상태에서의 건조한 대기기체 채취량(Sm³)

08 환경대기 중 아연화합물

1. 적용 가능한 시험방법 *중요내용*

원자흡수분광법이 주 시험방법이다.

분석방법	정량범위	방법검출한계	정밀도(%RSD)
원자흡수분광법	0.01~1.5 mg/L	0.003 mg/L	2~10
유도결합플라스마 분광법	0.4~20 mg/L	0.120 mg/L	3~10

2. 대기 환경기준

해당사항 없음

08-1 환경대기 중 아연화합물 – 원자흡수분광법

환경대기 중 금속 – 원자흡수분광법에 따른다.

08-2 환경대기 중 아연화합물 – 유도결합플라스마 분광법

환경대기 중 금속 – 유도결합플라스마 분광법에 따른다.

09 환경대기 중 철화합물

1. 적용 가능한 시험방법 〔중요내용〕

원자흡수분광법이 주 시험방법이다.

분석방법	정량범위	방법검출한계	정밀도(%RSD)
원자흡수분광법	0.5~50 mg/L	0.15 mg/L	3~10
유도결합플라스마 분광법	0.1~50 mg/L	0.034 mg/L	3~10

2. 대기 환경기준

해당사항 없음

09-1 환경대기 중 철화합물 – 원자흡수분광법

환경대기 중 금속 – 원자흡수분광법에 따른다.

09-2 환경대기 중 철화합물 – 유도결합플라스마 분광법

환경대기 중 금속 – 유도결합플라스마 분광법에 따른다.

10 환경대기 중 카드뮴화합물

1. 적용 가능한 시험방법 [중요내용]

원자흡수분광법이 주 시험방법이다. 시료 중 카드뮴의 농도가 낮은 경우, 용매추출법을 이용한 전처리가 요구된다.

분석방법	정량범위	방법검출한계	정밀도(%RSD)
원자흡수분광법	0.04~1.5 mg/L	0.012 mg/L	2~10
유도결합플라스마 분광법	0.008~2 mg/L	0.005 mg/L	2~10

2. 대기 환경기준

해당사항 없음

10-1 환경대기 중 카드뮴화합물 – 원자흡수분광법

환경대기 중 금속 – 원자흡수분광법에 따른다.

10-2 환경대기 중 카드뮴화합물 – 유도결합플라스마 분광법

환경대기 중 금속 – 유도결합플라스마 분광법에 따른다.

11 환경대기 중 크롬화합물

1. 적용 가능한 시험방법 *중요내용*

원자흡수분광법이 주 시험방법이며, 시료 중 크롬의 농도가 낮은 경우, 용매추출법을 이용한 전처리가 요구된다.

분석방법	정량범위	방법검출한계	정밀도(%RSD)
원자흡수분광법	2~20 mg/L	0.6 mg/L	2~10
유도결합플라스마 분광법	0.02~4 mg/L	0.012 mg/L	2~10

2. 대기 환경기준

해당사항 없음

11-1 환경대기 중 크롬화합물 – 원자흡수분광법

환경대기 중 금속 – 원자흡수분광법에 따른다.

11-2 환경대기 중 크롬화합물 – 유도결합플라스마 분광법

환경대기 중 금속 – 유도결합플라스마 분광법에 따른다.

12 환경대기 중 베릴륨화합물

1. 적용 가능한 시험방법 🗨중요내용

유도결합플라스마 분광법으로 분석한다.

분석방법	정량범위	방법검출한계	정밀도(%RSD)
유도결합플라스마 분광법	0.02~2.0 mg/L	0.002 mg/L	2~10

2. 대기 환경기준

해당사항 없음

12-1 환경대기 중 베릴륨화합물 – 유도결합플라스마 분광법

환경대기 중 금속 – 유도결합플라스마 분광법에 따른다.

13 환경대기 중 코발트화합물

1. 적용 가능한 시험방법

유도결합플라스마 분광법으로 분석한다.

분석방법	정량범위	방법검출한계	정밀도(%RSD)
유도결합플라스마 분광법	0.15~5 mg/L	0.015 mg/L	2~10

2. 대기 환경기준

해당사항 없음

13-1 환경대기 중 코발트화합물 - 유도결합플라스마 분광법

환경대기 중 금속 - 유도결합플라스마 분광법에 따른다.

14 환경대기 중 수은습성 침적량 측정법

측정항목	측정방법	측정주기
총 수은	냉증기원자형광광도법	수동

(수동 : 강우 발생 시 바로 회수하여 측정함)

15 환경대기 중 수은 - 냉증기 원자흡수분광법

기체상 시료는 열탈착 후 수은 전용분석시스템인 냉증기 원자흡수분광법으로 253.7nm의 파장에서 흡광도를 측정하여 수은의 농도를 산출한다.

16 환경대기 중 수은 - 냉증기 원자형광광도법

기체상 시료는 열탈착 후 수은 전용분석시스템인 냉증기 원자형광광도법으로 253.7nm의 파장에서 형광강도를 측정하여 수은의 농도를 산출한다.

[환경대기 중 휘발성 유기화합물 측정방법]

01 환경대기 중 벤조(a)피렌 시험방법

1. 적용범위

이 시험방법은 지하공간 및 환경대기중의 벤조(a)피렌농도를 측정하기 위한 시험방법이다. 기체크로마토그래피법을 주 시험방법으로 한다.

2. 분석방법의 종류

(1) 기체크로마토그래피법

(2) 형광분광광도법

3. 분석방법

(1) 기체크로마토그래피법

① 적용범위
이 방법은 환경대기 중에서 포집한 먼지 중의 여러 가지 다환방향족 탄화수소(PAH)를 분리하여 분리된 PAH 중에서 벤조(a)피렌의 농도를 구하는 방법이다.

② 측정조건
㉠ 검출기 : FID
㉡ 시료주입량 : $4\mu L$(10 : 1 Split)
㉢ 칼럼 : $30m \times 0.3mmID$, fused Silica Capillasy $1\mu m$ DB-5
㉣ 인젝터온도 : 200℃
㉤ 검출기온도 : 250℃μ
㉥ 온도프로그램 : 130 → 290℃(4℃/min 승온)
㉦ 운반가스 : He 1 mL/min
㉧ Make up 가스 : He 20 mL/min
㉨ 교성 : 톨루엔에 의한 외부표준법

(2) 형광분광광도법

① 적용범위
㉠ 환경대기 중에서 포집한 먼지 중의 벤조(a)피렌 분석에 적용하며 분석되는 벤조(a)피렌의 농도범위는 형광분광광도계의 종류에 따라 다르나 고감도 형광광도계를 사용하면 3~200 ng/mL, 필터식 형광광도계를 사용하면 10~300 ng/mL 범위의 벤조(a)피렌을 정량할 수 있다.
㉡ 본 법에서 형광분석은 1 mL의 액량으로부터 3~200 ng 또는 10~300 ng의 벤조(a)피렌이 분석 가능하다.

② 시료채취
고용량 공기포집법 또는 저용량 공기포집법에 유리섬유 필터를 장착하여 공기를 흡입하여 필터 위의 부유먼지를 포집한다. 먼지를 포집하는 공기흡입량은 공기의 오염도에 따라 다르나 일반적으로 $10m^3$ 정도 흡입시킨다.

③ 추출
먼지를 포함한 대기시료를 채취한 소형 속슬렛(Soxhlet) 추출기에 넣고 10mL 염화메틸렌 용제로 추출한다.
④ 분리
추출 건조물 중의 벤조(a)피렌의 분리는 박층크로마토그래프법을 사용한다.
⑤ 측정 *중요내용*
㉠ 표준물질과 시료의 진한 황산용액을 무형광 셀에 넣고 여기광파장을 470nm에 설정하여 540nm의 형광강도를 구한다.
㉡ 필터식 형광광도계로 측정하는 경우 여기광 측의 필터에서 460nm의 투과피크가 겹치기 때문에 간섭필터를 이용하며 형광 측 필터에서는 565nm의 투과피크가 겹치기 때문에 간접필터를 사용한다.
⑥ 박층판 만드는 방법 *중요내용*
알루미나에 적당량의 물을 넣고 Slurry로 만들고 이것을 Applicator에 넣고 유리판 위에 약 $250\mu m$의 두께로 피복하여 방치한다. 이 Plate를 100℃에서 30분간 가열 활성하여 보통 황산수용액에서 상대습도를 약 45%로 조성시킨 진동 데시케이터 안에 넣고 3주 이상 보존시킨 것을 사용한다.

02 환경대기 중 다환방향족탄화수소류(PAHs) - 기체크로마토그래피/질량분석법

1. 개요

(1) 목적

① 다환방향족탄화수소류(PAHs ; Polycyclic Aromatic Hydrocarbons)는 일부 물질의 높은 발암성 또는 유전자 변형성 때문에 대기오염물질 중 관심을 받고 있는 물질로서 특히 벤조(a)피렌은 높은 발암성을 가지는 것으로 알려져 있다.
② 시료 채취방법으로는 입자상/가스상을 석영필터와 PUF(Poly Uretane Form)이나 흡착수지(Resin)를 사용한다.
③ 분석방법으로는 높은 감도를 갖고 있는 기체크로마토그래피/질량분석법을 사용한다.

(2) 적용범위

① 측정대상의 화합물은 일반적인 탄화수소류와 달리 질소, 황, 산소 등 다른 원소를 포함한 다환방향족탄화수소류(이하 PAHs라 한다.) 환(Ring) 구조의 물질들도 포괄적으로 의미한다.
② PAHs는 대기 중 비휘발성 물질 또는 휘발성 물질들로 존재한다. 비휘발성(증기압 < $10-8$ mmHg) PAHs는 필터 상에 포집하고 증기상태로 존재하는 PAHs는 Tenax, 흡착수지, PUF(PolyUrethane Foam)를 사용하여 채취한다.
③ 이 시험방법은 일반대기 중의 PAHs에 대한 시료에 적용하며 측정방법상 0.01~1ng 범위이다.

(3) 간섭물질

① PAHs는 넓은 범위의 증기압을 가지며 대략 10^{-8} kPa 이상의 증기압을 갖는 PAH는 환경대기 중에서 기체와 입자상으로 존재한다. 따라서 총 PAHs의 대기 중 농도의 정확한 측정을 위해서는 여과지와 흡착제를 동시에 채취하여야 한다.
② 시료채취과정과 측정과정 중에 실제대기 중의 불순물, 용매, 시약, 초자류, 시료채취기기의 오염에 따라 오차가 발생하며 측정 및 분석과정 중의 동일한 분석절차의 공 시료 점검을 통하여 불순물에 대한 확인이 필요하다.

2. 용어 정의

(1) 머무름 시간(RT ; Retention Time)

크로마토그래피용 컬럼에서 특정화합물질이 빠져 나오는 시간. 측정운반기체의 유속에 의해 화학물질이 기체흐름에 주입되어서 검출기에 나타날 때까지 시간

(2) 다환방향족탄화수소(PAHs)

두 개 또는 그 이상의 방향족 고리가 결합된 탄화수소류

(3) 대체표준물질(surrogate)

추출과 분석 전에 각 시료, 공 시료, 매체시료(Matrix-spiked)에 더해지는 화학적으로 반응성이 없는 환경 시료 중에 없는 물질

(4) 내부표준물질(IS ; Internal Standard)

알고 있는 양을 시료 추출액에 첨가하여 농도측정 보정에 사용되는 물질로 내부표준물질은 반드시 분석목적 물질이 아니어야 한다.

3. 가스상 채취용 물질 ◆중요내용

가스상 PAHs를 채취하기 위해 PUF 3인치(밀도 : 0.022g/cm³) 또는 흡착수지를 사용한다.

4. 공시료에 대한 내부표준물질의 면적 변화, 머무름 시간

(1) 공시료에 대한 내부표준물질 각각의 면적 반응 변화는 가장 최근에 지속적인 검량 분석의 내부표준물질과 비교하여 −50%에서 +100% 이내여야 한다.
(2) 내부표준물질 각각에 대한 머무름 시간은 공시료와 가장 최근의 중간 표준농도 측정분석 사이에서 ±20초 이내이어야 한다.

03 환경대기 중 알데하이드류 – 고성능액체크로마토그래피법

1. 개요

(1) 적용범위 〔중요내용〕

① 알데하이드류 화합물은 광화학 오존형성에 중요한 작용을 한다. 특히 폼알데하이드와 다른 특정한 알데하이드는 단기적인 노출로 눈, 피부 그리고 인공호흡기관의 점액질 막을 자극시키는 원인으로 밝혀져 있다.

② 알데하이드류를 측정하기 위한 시험법으로서 알데하이드 물질을 2,4-다이나이트로페닐하이드라진(이하 DNPH라 함) 유도체를 형성하게 하여 고성능액체크로마토그래피(HPLC ; High Performance Liquid Chromatography)로 분석한다.

(2) 시험방법의 종류

DNPH 유도체화 액체크로마토그래피(HPLC/UV) 분석법 〔중요내용〕

이 시험방법은 카보닐화합물과 DNPH가 반응하여 형성된 DNPH 유도체를 아세토나이트릴(Acetonitrile) 용매로 추출하여 고성능액체크로마토그래피(HPLC)를 이용하여 자외선(UV)검출기의 360 nm 파장에서 분석한다.

2. 용어 정의

(1) DNPH 유도화 카트리지

알데하이드의 DNPH 유도화 과정을 입상실리카겔에 표면처리를 하여 현장에서 실제시료 채취를 위해 제조된 유도화 카트리지

(2) 시료흡입 펌프 〔중요내용〕

100~1,500 mL/분 범위 내의 유량조절장치가 부착된 것 사용

3. 고성능 액체크로마토그래프(HPLC)의 구비조건 〔중요내용〕

(1) 장치의 구성은 시료주입장치, 펌프, 컬럼 및 검출기(자외선 검출기)로 이루어져야 한다.
(2) 컬럼은 비극성 흡착제가 코팅된 역상 컬럼(ODS 계통 컬럼)을 사용하고 이동상 용매를 혼합비율에 따라 조절할 수 있어야 한다.
(3) 주입구(Injector)의 샘플루프(Loop)는 대상 시료의 농도에 따라 20~100 μL의 범위 내의 것을 사용한다.

04 환경대기 중 유해휘발성 유기화합물(VOC)의 시험방법 – 고체흡착법

1. 적용범위

대기환경 중 0.5nmol/mol~25nmol/mol 농도의 휘발성 유기화합물의 분석에 적용한다.

2. 측정방법의 종류

(1) 고체흡착열탈착법(주시험방법)
(2) 고체흡착용매추출법

3. 간섭물질

① 돌연변이물질(Artifact)에 의한 간섭
  ㉠ 시료채취 시 오염물질이 10% 이하가 되도록 하여야 한다.
  ㉡ 오존농도가 높은(100 nmol/mol 이상) 지역에서 Tenax 흡착제를 사용하여 10 nmol/mol (ppbv) 이하 낮은 농도의 휘발성 유기화합물(아이소프렌 등) 시료를 채취할 때에는 반드시 오존 스크러버를 사용하여야 한다. 단, BTEX(벤젠, 톨루엔, 에틸벤젠, 자일렌) 및 포화 지방족 탄화수소 등 비교적 반응성이 적은 물질들은 제외한다.

② 수분에 의한 간섭
  대기 중 수분이 많은 곳(상대습도 70% 이상)에서 시료채취를 할 경우에는 Tenax, Carbotrap과 같은 소수성 흡착제를 선택하거나 흡착제의 종류에 따라 시료채취량을 줄여야 한다.

4. 용어의 정의

(1) 열탈착

불활성의 운반기체를 이용하여 높은 온도에서 VOCs를 탈착한 후, 탈착물질을 기체크로마토그래프와 같은 분석시스템으로 운송하는 과정

(2) 2단 열탈착

흡착제로부터 분석물질을 열탈착하여 저온농축관에 농축한 다음 저온농축관을 가열하여 농축된 화합물을 기체크로마토그래피로 전달하는 과정

(3) 돌연변이물질(Artifact)

시료채취나 시료보관 과정에서 화학반응에 의해 새로운 물질이 만들어지게 되는데 이러한 물질을 총칭하여 돌연변이물질이라 한다. 이러한 물질은 우리가 분석하고자 하는 물질의 농도를 증가시킬 수도 있고 감소시킬 수도 있다.

(4) 파과부피(Breakthrough Volume)

일정농도의 휘발성 유기화합물이 흡착관에 흡착되는 초기 시점부터 일정시간이 흐르게 되면 흡착관 내부에 상당량의 휘발성 유기화합물질이 포화되기 시작하고 전체 휘발성 유기화합물질 농도의 5%가 흡착관을 통과하게 되는데, 이 시점에서 흡착관 내부로 흘러간 총 부피를 파과부피라 한다.

(5) 안전부피(Safe Sample Volume)

파과부피의 2/3배를 취하거나(직접적인 방법) 머무름 부피의 1/2 정도를 취함으로써(간접적인 방법) 얻어진다.

(6) 머무름 부피(RV ; Retention Volume)

짧은 길이로 흡착제가 충전된 흡착관을 통과하면서 분석물질의 증기 띠를 이동시키는 데 필요한 운반기체의 부피. 즉, 분석물질의 증기 띠가 흡착관을 통과하면서 탈착되는 데 필요한 양만큼의 부피를 측정하여 알 수 있다. 보통 그 증기 띠가 흡착관을 이동하여 돌파(파과)가 나타난 시점에서 측정된다. 튜브 내의 불감부피(Dead Volume)를 고려하기 위하여 메테인의 머무름 부피를 차감한다.

(7) 흡착능(Sorbent Strength)
① 분석하려는 휘발성 유기화합물에 대한 흡착제의 흡착력을 말한다.
② 일반적인 개념으로 "약한" 흡착제는 표면적이 50 m^2/g보다 작은 흡착제의 경우를 말한다.
  (Tenax, Carbopack C/Carbotrap C와 Anasorb GCB2 등의 흡착제 등)
③ "중간 정도"의 흡착제는 표면적이 100~500 m^2/g의 범위에 있는 흡착제의 경우를 말한다.
④ "강한" 흡착제라 함은 흡착제의 표면적이 대략 1,000 m^2/g의 근처에 있는 흡착제들을 말한다.

4. 분석방법

(1) 고체흡착 열탈착법

① 측정원리

본 방법은 일정량의 흡착제로 충진한 흡착관에 시료를 채취하여 열탈착한 후 다시 저온농축트랩에서 채취(농축)하여 2단 열탈착한 다음 고분리능 칼럼을 이용한 기체크로마토그래피에 의해 분석대상물질을 분리하여 MS나 일반 기체크로마토그래피의 검출기(FID, ECD 등)로 측정하는 방법을 말한다.

② 시료채취장치는 고체분말표면에 가스가 흡착되는 것을 이용하는 방법으로 채취장치는 흡착관, 유량계 및 흡입펌프로 구성된다.

③ 시료채취장치 [중요내용]
  ㉠ 흡착관
    흡착관은 스테인리스 강(5×89mm) 또는 Pyrex(5×89mm)로 된 관에 측정대상성분에 따라 흡착제를 선택하여 각 흡착제의 파과부피(Breakthrough Volume)를 고려하여 200mg 이상으로 충진한 후 사용한다. 흡착관은 시판되고 있는 별도규격 제품을 사용할 수 있다. 각 흡착제는 반드시 지정된 최고온도범위와 가스유량에 따라 사용되어야 하며, 흡착관은 사용하기 전에 반드시 컨디셔닝(Conditioning)단계를 거쳐야 하는데, 보통 350℃(흡착제의 종류에 따라 조정 가능)에서 99.99% 이상의 헬륨기체 또는 질소기체 50~100mL/min으로 적어도 2시간 동안 안정화시킨 후 흡착관은 양쪽 끝단을 테프론 재질의 마개를 이용하여 밀봉하거나, 불활성 재질의 필름을 사용하여 밀봉한 후 마개가 달린 용기 등에 넣어 이중밀봉하여 보관한다. 24시간 이내에 사용하지 않을 경우 4℃의 냉암소에 보관한다.
  ㉡ 흡입펌프
    흡입펌프는 반드시 진공펌프이어야 하며 사용목적에 맞는 용량의 펌프를 사용함을 원칙으로 하고, 유량 안정성은 시료채취 시간 동안 5% 이내이어야 한다.
  ㉢ 유량계
    유량계는 시료를 흡입할 때의 유량을 측정하기 위한 것으로 적절한 유량계(예 : 질량유량조절기)를 사용한다.

④ 분석장치는 열탈착장치, 시료도입부, 분리관, 검출기, 운반기체로 구성되어 있다.

(2) 고체흡착 용매추출법

① 측정원리
  ㉠ 본 방법은 일정량의 흡착제로 충진된 흡착관을 사용하여 분석대상의 휘발성 유기화합물질을 선택적으로 채취하고 채취된 시료에 이황화수소(CS_2)추출용매를 가하여 분석대상물질을 추출하여 낸다.
  ㉡ 일반적으로 추출된 용매 중의 여러 가지 화합물들을 이온화시키고 그 이온들을 질량 대 전하비(m/z)에 따라 질량 스펙트럼(Mass Spectrum)을 얻어낸다.

ⓒ 얻어진 스펙트럼을 가지고 정성과 정량분석을 한다. 또는 전자포획검출기(ECD)나 수소염이온화검출기(FID) 등으로 분석한다.

② 시료채취장치는 고체 분말 표면에 유기화합물을 흡착시키고 채취된 시료성분을 용매추출하는 방법으로 채취장치는 흡착관, 흡입펌프, 적산 유량계로 구성된다.

③ 시료채취장치
ⓐ 흡착관
유리재질(6×70mm) 또는 시판되는 별도 규격의 관에 측정대상성분에 따라 흡착제를 선택하여 각 흡착제의 파과부피(Breakthrough Volume)를 고려하여 200mg 이상으로 충진한 후 사용한다.
ⓑ 흡입펌프
흡입펌프는 사용목적에 맞는 용량의 펌프를 사용하며, 본 시험법에서는 저용량 펌프를 사용한다. 유량의 범위는 0.1~2L/min으로 한다.
ⓒ 적산유량계
적산유량계는 시료를 흡입한 총유량을 측정하기 위한 것으로 건식 적산유량계를 사용한다.

④ 기체크로마토그래피 또는 기체크로마토그래피/질량분석계(GC/MSD)를 사용하여 분석할 수 있다.

PART 05
대기환경 관계 법규

5

국내 법제 영향력대

[환경정책 기본법]

제1장 용어(정의)

① "환경"이란 자연환경과 생활환경을 말한다.
② "자연환경"이란 지하·지표(해양을 포함한다) 및 지상의 모든 생물과 이들을 둘러싸고 있는 비생물적인 것을 포함한 자연의 상태(생태계 및 자연경관을 포함한다)를 말한다.
③ "생활환경"이란 대기, 물, 토양, 폐기물, 소음·진동, 악취, 일조(日照), 인공조명 화학물질 등 사람의 일상생활과 관계되는 환경을 말한다.
④ "환경오염"이란 사업활동 및 그 밖의 사람의 활동에 의하여 발생하는 대기오염, 수질오염, 토양오염, 해양오염, 방사능오염, 소음·진동, 악취, 일조 방해, 인공 조명에 의한 빛공해 등으로서 사람의 건강이나 환경에 피해를 주는 상태를 말한다.
⑤ "환경훼손"이란 야생동식물의 남획(濫獲) 및 그 서식지의 파괴, 생태계질서의 교란, 자연경관의 훼손, 표토(表土)의 유실 등으로 자연환경의 본래적 기능에 중대한 손상을 주는 상태를 말한다.
⑥ "환경보전"이란 환경오염 및 환경훼손으로부터 환경을 보호하고 오염되거나 훼손된 환경을 개선함과 동시에 쾌적한 환경 상태를 유지·조성하기 위한 행위를 말한다.
⑦ "환경용량"이란 일정한 지역에서 환경오염 또는 환경훼손에 대하여 환경이 스스로 수용, 정화 및 복원하여 환경의 질을 유지할 수 있는 한계를 말한다.
⑧ "환경기준"이란 국민의 건강을 보호하고 쾌적한 환경을 조성하기 위하여 국가가 달성하고 유지하는 것이 바람직한 환경상의 조건 또는 질적인 수준을 말한다.

제2장 환경기준

항목	기준	측정방법
아황산가스 (SO_2)	• 연간 평균치 : 0.02ppm 이하 • 24시간 평균치 : 0.05ppm 이하 • 1시간 평균치 : 0.15ppm 이하	자외선 형광법(Pulse U.V. Fluorescence)
일산화탄소 (CO)	• 8시간 평균치 : 9ppm 이하 • 1시간 평균치 : 25ppm 이하	비분산적외선 분석법 (Non-Dispersive Infrared Method)
이산화질소 (NO_2)	• 연간 평균치 : 0.03ppm 이하 • 24시간 평균치 : 0.06ppm 이하 • 1시간 평균치 : 0.10ppm 이하	화학 발광법 (Chemiluminescene Method)
미세먼지 (PM-10)	• 연간 평균치 : $50\mu g/m^3$ 이하 • 24시간 평균치 : $100\mu g/m^3$ 이하	베타선 흡수법 (β-Ray Absorption Method)
미세먼지 (PM-2.5)	• 연간 평균치 : $15\mu g/m^3$ 이하 • 24시간 평균치 : $35\mu g/m^3$ 이하	중량농도법 또는 이에 준하는 자동 측정법
오존 (O_3)	• 8시간 평균치 : 0.06ppm 이하 • 1시간 평균치 : 0.1ppm 이하	자외선 광도법 (U.V. Photometric Method)
납 (Pb)	• 연간 평균치 : $0.5\mu g/m^3$ 이하	원자흡광 광도법 (Atomic Absorption Spectrophotometry)
벤젠	• 연간 평균치 : $5\mu g/m^3$ 이하	기체크로마토그래피 (Gas Chromatography)

제3장 주요 내용

♂ 환경기준의 설정(법 제12조)

① 국가는 생태계 또는 인간의 건강에 미치는 영향 등을 고려하여 환경기준을 설정하여야 하며, 환경 여건의 변화에 따라 그 적정선이 유지되도록 하여야 한다.
② 환경기준은 대통령령으로 정한다.
③ 특별시·광역시·도·특별자치도(이하 "시·도"라 한다)는 해당 지역의 환경적 특수성을 고려하여 필요하다고 인정할 때에는 해당 시·도의 조례로 환경기준보다 확대·강화된 별도의 환경기준(이하 "지역환경기준"이라 한다)을 설정 또는 변경할 수 있다.
④ 특별시장·광역시장·도지사·특별자치도지사(이하 "시·도지사"라 한다)는 지역환경기준을 설정하거나 변경한 경우에는 이를 지체 없이 환경부장관에게 보고하여야 한다.

♂ 환경기준의 유지(법 제13조)

국가 및 지방자치단체가 환경에 관계되는 법령을 제정 또는 개정하거나 행정계획의 수립 또는 사업의 집행을 할 때 환경기준이 적절히 유지되기 위해서 고려해야 할 사항
① 환경 악화의 예방 및 그 요인의 제거
② 환경오염지역의 원상회복
③ 새로운 과학기술의 사용으로 인한 환경오염 및 환경훼손의 예방
④ 환경오염 방지를 위한 재원의 적정 배분

♂ 수도권대기환경관리위원회(수도권대기환경개선에 관한 특별법)

① 심의·조정 사항
  ㉠ 기본계획 및 시행계획
  ㉡ 사업장 오염물질 총량관리에 관한 사항
  ㉢ 그 밖에 수도권 지역의 대기환경 개선을 위하여 필요한 사항으로서 대통령령으로 정하는 사항
② 위원회는 환경부장관을 위원장으로 하고, 대통령령으로 정하는 관계 중앙행정기관의 차관과 서울특별시·인천광역시·경기도의 부시장 또는 부지사를 위원으로 한다.

[대기환경보전법]

제1장 총칙

♂ 목적(법 제1조)

이 법은 대기오염으로 인한 국민건강이나 환경에 관한 위해(危害)를 예방하고 대기환경을 적정하고 지속가능하게 관리·보전하여 모든 국민이 건강하고 쾌적한 환경에서 생활할 수 있게 하는 것을 목적으로 한다.

♂ 용어 정의(법 제2조) ◆중요내용

1. "대기오염물질"이란 대기 중에 존재하는 물질 중 심사·평가 결과 대기오염의 원인으로 인정된 가스·입자상물질로서 환경부령으로 정하는 것을 말한다.
1의2 "유해성대기감시물질"이란 대기오염물질 중 제7조에 따른 심사·평가 결과 사람의 건강이나 동식물의 생육(生育)에 위해를 끼칠 수 있어 지속적인 측정이나 감시·관찰 등이 필요하다고 인정된 물질로서 환경부령으로 정하는 것을 말한다.

[대기오염물질(규칙 제2조) : 별표 1] ◆중요내용

1. 입자상 물질	23. 이황화탄소	44. 페놀 및 그 화합물(유)
2. 브롬 및 그 화합물	24. 탄화수소	45. 베릴륨 및 그 화합물(유)
3. 알루미늄 및 그 화합물(유)	25. 인 및 그 화합물	46. 프로필렌옥사이드(유)
4. 바나듐 및 그 화합물	26. 붕소화합물	47. 폴리염화비페닐(유)
5. 망간화합물(유)	27. 아닐린(유)	48. 클로로포름(유)
6. 철 및 그 화합물	28. 벤젠(유)	49. 포름알데히드(유)
7. 아연 및 그 화합물	29. 스틸렌(유)	50. 아세트알데히드(유)
8. 셀렌 및 그 화합물	30. 아크롤레인	51. 벤지딘(유)
9. 안티몬 및 그 화합물	31. 카드뮴 및 그 화합물(유)	52. 1,3-부타디엔(유)
10. 주석 및 그 화합물	32. 시안화물(유 ; 시안화수소)	53. 다환 방향족 탄화수소류(유)
11. 텔루륨 및 그 화합물	33. 납 및 그 화합물(유)	54. 에틸렌옥사이드(유)
12. 바륨 및 그 화합물	34. 크롬 및 그 화합물(유)	55. 디클로로메탄(유)
13. 일산화탄소(유)	35. 비소 및 그 화합물(유)	56. 테트라클로로에틸렌(유)
14. 암모니아(유)	36. 수은 및 그 화합물(유)	57. 1,2-디클로로에탄
15. 질소산화물	37. 구리 및 그 화합물(유)	58. 에틸벤젠
16. 황산화물	38. 염소 및 그 화합물 (유 ; 염소 및 염화수소)	59. 트리클로로에틸렌
17. 황화수소		60. 아크릴로니트릴(유)
18. 황화메틸	39. 불소화물(유)	61. 히드라진(유)
19. 이황화메틸(유)	40. 석면(유)	62. 아세트산비닐
20. 메르캅탄류	41. 니켈 및 그 화합물(유)	63. 비스(2-에틸헥실)프탈레이트
21. 아민류	42. 염화비닐(유)	64. 디메틸포름아미드
22. 사염화탄소(유)	43. 다이옥신(유)	

(유) : 유해성대기감시물질
상기 외 유해성대기감시물질(아세트산비닐, 디메틸포름아미드, 비스(2-에틸헥실)프탈레이트)

2. "기후·생태계 변화유발물질"이란 지구 온난화 등으로 생태계의 변화를 가져올 수 있는 기체상물질(氣體狀物質)로서 온실가스와 환경부령으로 정하는 것을 말한다.
  위의 환경부령으로 정하는 것이란 염화불화탄소와 수소염화불화탄소를 말한다.

3. "온실가스"란 적외선 복사열을 흡수하거나 다시 방출하여 온실효과를 유발하는 대기 중의 가스상태 물질로서 이산화탄소, 메탄, 아산화질소, 수소불화탄소, 과불화탄소, 육불화황을 말한다.
4. "가스"란 물질이 연소·합성·분해될 때에 발생하거나 물리적 성질로 인하여 발생하는 기체상물질을 말한다.
5. "입자상물질(粒子狀物質)"이란 물질이 파쇄·선별·퇴적·이적(移積)될 때, 그 밖에 기계적으로 처리되거나 연소·합성·분해될 때에 발생하는 고체상(固體狀) 또는 액체상(液體狀)의 미세한 물질을 말한다.
6. "먼지"란 대기 중에 떠다니거나 흩날려 내려오는 입자상물질을 말한다.
7. "매연"이란 연소할 때에 생기는 유리(遊離) 탄소가 주가 되는 미세한 입자상물질을 말한다.
8. "검댕"이란 연소할 때에 생기는 유리(遊離) 탄소가 응결하여 입자의 지름이 1미크론 이상이 되는 입자상물질을 말한다.
9. "특정대기유해물질"이란 유해성대기감시물질 중 심사·평가 결과 저농도에서도 장기적인 섭취나 노출에 의하여 사람의 건강이나 동식물의 생육에 직접 또는 간접으로 위해를 끼칠 수 있어 대기 배출에 대한 관리가 필요하다고 인정된 물질로서 환경부령으로 정하는 것을 말한다.

[특정대기유해물질(규칙 제4조) : 별표 2] *중요내용*

1. 카드뮴 및 그 화합물	13. 염화비닐	25. 1,3-부타디엔
2. 시안화수소	14. 다이옥신	26. 다환 방향족 탄화수소류
3. 납 및 그 화합물	15. 페놀 및 그 화합물	27. 에틸렌옥사이드
4. 폴리염화비페닐	16. 베릴륨 및 그 화합물	28. 디클로로메탄
5. 크롬 및 그 화합물	17. 벤젠	29. 스틸렌
6. 비소 및 그 화합물	18. 사염화탄소	30. 테트라클로로에틸렌
7. 수은 및 그 화합물	19. 이황화메틸	31. 1,2-디클로로에탄
8. 프로필렌 옥사이드	20. 아닐린	32. 에틸벤젠
9. 염소 및 염화수소	21. 클로로포름	33. 트리클로로에틸렌
10. 불소화물	22. 포름알데히드	34. 아크릴로니트릴
11. 석면	23. 아세트알데히드	35. 히드라진
12. 니켈 및 그 화합물	24. 벤지딘	

10. "휘발성유기화합물"이란 탄화수소류 중 석유화학제품, 유기용제, 그 밖의 물질로서 환경부장관이 관계 중앙행정기관의 장과 협의하여 고시하는 것을 말한다.
11. "대기오염물질배출시설"이란 대기오염물질을 대기에 배출하는 시설물, 기계, 기구, 그 밖의 물체로서 환경부령으로 정하는 것을 말한다.

[대기오염물질 배출시설(규칙 제5조) : 별표 3]

배출시설	대상 배출시설

1) 섬유제품 제조시설	가) 동력이 2.25kW 이상인 선별(혼타)시설
	나) 연료사용량이 시간당 60킬로그램 이상이거나 용적이 5세제곱미터 이상인 다음의 시설
	   ① 다림질(텐트)시설
	   ② 코팅시설(실리콘·불소수지 외의 유연제 또는 방수용 수지를 사용하는 시설만 해당한다)
	다) 연료사용량이 일일 20킬로그램 이상이거나 용적이 1세제곱미터 이상인 모소시설(모직물만 해당한다)
	라) 동력이 7.5kW 이상인 기모(식모)시설

2) 가죽·모피 가공시설 및 모피제품·신발 제조시설	용적이 3세제곱미터 이상인 다음의 시설 가) 도장시설 나) 염색시설 다) 접착시설 라) 건조시설(유기용제를 사용하는 시설만 해당한다)
3) 펄프, 종이 및 종이제품 제조시설	가) 펄프, 종이 및 종이제품 제조시설 ① 용적이 3세제곱미터 이상인 다음의 시설

	과 인쇄 및 각종 기록 매체 제조 (복제)시설 ★중요내용	㉮ 증해(蒸解)시설 ㉯ 표백(漂白)시설 ② 연료사용량이 시간당 30킬로그램 이상인 다음의 시설 ㉮ 석회로시설 ㉯ 가열시설 나) 인쇄 및 각종 기록매체 제조(복제)시설 연료사용량이 시간당 30킬로그램 이상이거나 합계용적이 1세제곱미터 이상인 인쇄ㆍ건조시설(유기용제류를 사용하는 그라비아 인쇄시설과 이 시설과 연계되어 유기용제류를 사용하는 코팅시설만 해당한다)
4) 코크스 제조시설 및 관련 제품 저장시설		연료사용량이 시간당 30킬로그램 이상인 석탄 코크스 제조시설(코크스로ㆍ인출시설ㆍ냉각시설을 포함한다. 다만, 석탄 장입시설 및 코크스 오븐가스 방산시설은 제외한다), 석유 코크스 제조시설 및 저장시설
5) 석유제품 제조시설		가) 용적이 1세제곱미터 이상인 다음의 시설 ① 반응(反應)시설 ② 흡수(吸收)시설 ③ 응축시설 ④ 정제(精製)시설[분리(分離)시설, 증류(蒸溜)시설, 추출(抽出)시설 및 여과(濾過)시설을 포함한다] ⑤ 농축(濃縮)시설 ⑥ 표백시설 나) 용적이 1세제곱미터 이상이거나 연료사용량이 시간당 30킬로그램 이상인 다음의 시설 ① 용융ㆍ용해시설 ② 소성(燒成)시설 ③ 가열시설 ④ 건조시설 ⑤ 회수(回收)시설 ⑥ 연소(燃燒)시설(석유제품의 연소시설, 중질유 분해시설의 일산화탄소 소각시설 및 황 회수장치의 부산물 연소시설만 해당한다) ⑦ 촉매재생시설 ⑧ 탈황(脫黃)시설
6) 고무 및 고무제품 제조시설		가) 용적이 1세제곱미터 이상인 다음의 시설 ① 반응시설 ② 흡수시설 ③ 응축시설 ④ 정제시설(분리ㆍ증류ㆍ추출ㆍ여과시설을 포함한다) ⑤ 농축시설 ⑥ 표백시설 나) 연료사용량이 시간당 30킬로그램 이상이거나 용적이 1세제곱미터 이상인 다음의 시설 ① 연소시설(고무제품의 연소시설만 해당한다) ② 용융ㆍ용해시설 ③ 소성시설 ④ 가열시설 ⑤ 건조시설 ⑥ 회수시설 다) 용적이 3세제곱미터 이상이거나 동력이 7.5kW 이상인 다음의 시설 ① 소련시설 ② 분리시설 ③ 정련시설 ④ 접착시설 라) 용적이 3세제곱미터 이상이거나 동력이 15kW 이상인 가황시설(열과 압력을 가하여 제품을 성형하는 시설을 포함한다)
7) 합성고무, 플라		가) 용적이 1세제곱미터 이상인 다음의 시설

스틱물질 및 플라스틱 제품 제조 시설	① 반응시설
	② 흡수시설
	③ 응축시설
	④ 정제시설(분리 · 증류 · 추출 · 여과시설을 포함한다)
	⑤ 농축시설
	⑥ 표백시설
	나) 연료사용량이 시간당 30킬로그램 이상이거나 용적이 1세제곱미터 이상인 다음의 시설
	  ① 연소시설(플라스틱제품의 연소시설만 해당한다)
	  ② 용융 · 용해시설
	  ③ 소성시설
	  ④ 가열시설
	  ⑤ 건조시설
	  ⑥ 회수시설
	다) 용적이 3세제곱미터 이상이거나 동력이 7.5kW 이상인 다음의 시설
	  ① 소련(蘇鍊)시설
	  ② 분리시설
	  ③ 정련시설
	라) 폴리프로필렌 또는 폴리에틸렌 외의 물질을 원료로 사용하는 동력이 250마력 이상인 성형시설(압출방법, 압연방법 또는 사출방법에 의한 시설을 포함한다)

8) 유리 및 유리제품 제조시설 [재생(再生)용 원료가공시설을 포함한다]	연료사용량이 시간당 30킬로그램 이상이거나 용적이 3세제곱미터 이상인 다음의 시설 ① 혼합시설 ② 용융 · 용해시설 ③ 소성시설 ④ 유리제품 산처리시설(부식시설을 포함한다) ⑤ 입자상물질 계량시설
9) 시멘트 · 석회 · 플라스터 및 그 제품 제조시설	연료사용량이 시간당 30킬로그램 이상이거나 용적이 3세제곱미터 이상인 다음의 시설 ① 혼합시설(습식은 제외한다) ② 소성(燒成)시설(예열시설을 포함한다) ③ 건조시설(시멘트 양생시설은 제외한다) ④ 용융 · 용해시설 ⑤ 냉각시설 ⑥ 입자상물질 계량시설

10) 제1차금속 제조시설
중요내용
	가) 금속의 용융 · 용해 또는 열처리시설
	① 시간당 300킬로와트 이상인 전기아크로[유도로(誘導爐)를 포함한다]
	② 노상면적이 4.5제곱미터 이상인 반사로(反射爐)
	③ 1회 주입 연료 및 원료량의 합계가 0.5톤 이상이거나 풍구(노복)면의 횡단면적이 0.2제곱미터 이상인 다음의 시설
	  ㉮ 용선로(鎔銑爐) 또는 제선로
	  ㉯ 용광로 및 관련시설[원료처리시설, 열풍로 및 용선출탕시설을 포함하되, 고로(高爐)슬래그 냉각시설은 제외한다]
	④ 1회 주입 원료량이 0.5톤 이상이거나 연료사용량이 시간당 30킬로그램 이상인 도가니로
	⑤ 연료사용량이 시간당 30킬로그램 이상이거나 용적이 1세제곱미터 이상인 다음의 시설
	  ㉮ 전로
	  ㉯ 정련로
	  ㉰ 배소로(焙燒爐)
	  ㉱ 소결로(燒結爐) 및 관련시설(원료 장입, 소결광 후처리시설을 포함한다)
	  ㉲ 환형로(環形爐)
	  ㉳ 가열로
	  ㉴ 용융 · 용해로
	  ㉵ 열처리로[소둔로(燒鈍爐), 소려로(燒戾爐)를 포함한다]
	  ㉶ 전해로(電解爐)

	㉔ 건조로
	나) 금속 표면처리시설
	① 용적이 1세제곱미터 이상인 다음의 시설
	   ㉮ 도금시설
	   ㉯ 탈지시설
	   ㉰ 산·알칼리 처리시설
	   ㉱ 화성처리시설
	② 연료사용량이 시간당 30킬로그램 이상이거나 용적이 3세제곱미터 이상인 금속의 표면처리용 건조시설[수세(水洗) 후 건조시설은 제외한다]
	③ 주물사(鑄物砂) 사용 및 처리시설 중 시간당 처리능력이 0.1톤 이상이거나 용적이 1세제곱미터 이상인 다음의 시설
	   ㉮ 저장시설
	   ㉯ 혼합시설
	   ㉰ 코어(Core) 제조시설 및 건조(乾燥)시설
	   ㉱ 주형 장입 및 해체시설
	   ㉲ 주물사 재생시설

11) 조립금속
제품·기계·
기기·장비·
운송장비·
가구 제조 시설
	가) 금속의 용융·용해 또는 열처리시설
	① 시간당 300킬로와트 이상인 전기아크로(유도로를 포함한다)
	② 노상면적이 4.5제곱미터 이상인 반사로
	③ 1회 주입 원료량이 0.5톤 이상이거나 연료사용량이 시간당 30킬로그램 이상인 도가니로
	④ 연료사용량이 시간당 30킬로그램 이상이거나 용적이 1세제곱미터 이상인 다음의 시설
	   ㉮ 전로 ㉯ 정련로
	   ㉰ 용융·용해로 ㉱ 가열로
	   ㉲ 열처리로(소둔로·소려로를 포함한다) ㉳ 전해로
	   ㉴ 건조로
	나) 표면 처리시설
	① 용적이 1세제곱미터 이상인 다음의 시설
	   ㉮ 도금시설 ㉯ 탈지시설
	   ㉰ 산·알칼리 처리시설 ㉱ 화성처리시설
	② 용적이 5세제곱미터 이상이거나 동력이 2.25kW 이상인 도장시설(분무·분체·침지도장시설, 건조시설을 포함한다)
	③ 연료사용량이 시간당 30킬로그램 이상이거나 용적이 3세제곱미터 이상인 금속 또는 가구의 표면처리용 건조시설[수세(水洗) 후 건조시설은 제외한다]
	④ 시간당 처리능력이 0.1톤 이상이거나 용적이 1세제곱미터 이상인 주물사 사용 및 처리시설[저장시설, 혼합시설, 코어(Core) 제조시설 및 건조시설, 주형 장입 및 해체시설, 주물사 재생시설을 포함한다]
	⑤ 반도체 및 기타 전자부품 제조시설 중 용적이 3세제곱미터 이상인 다음의 시설
	   ㉮ 증착(蒸着)시설
	   ㉯ 식각(蝕刻)시설

12) 발전시설(수력, 원자력 발전 시설은 제외한다)	가) 화력발전시설 나) 열병합발전시설 다) 120kW 이상인 발전용 내연기관(도서지방용·비상용, 수송용을 제외한다) 라) 120kW 이상인 발전용 매립·바이오가스 사용시설
13) 폐수·폐기물 ·폐가스 소각 시설(소각보일 러를 포함한다)	가) 시간당 소각능력이 25킬로그램 이상인 폐수·폐기물소각시설 나) 연료사용량이 시간당 30킬로그램 이상이거나 용적이 1세제곱미터 이상인 폐가스소각시설 또는 폐가스소각보일러, 소각능력이 시간당 100킬로그램 이상인 폐가스소각시설. 다만, 별표 16에 따른 기준에 맞는 휘발성유기화합물 배출억제·방지시설 및 악취소각시설은 제외한다. 다) 공정에 일체되거나 부대되는 시설로서 동력 15kW 이상인 다음의 시설 ① 분쇄시설 ② 파쇄시설

		③ 용융시설
14) 보일러		가) 산업용 보일러와 업무용 보일러만 해당하며, 다른 배출시설에서 규정한 보일러는 제외한다. 나) 가스 또는 경질유[경유·등유·부생(副生)연료유1호(등유형)·휘발유·나프타·정제연료유(「폐기물관리법 시행규칙」 별표 5의 열분해방법 또는 감압증류(減壓蒸溜)방법으로 재생처리한 정제연료유만 해당한다)]만을 연료로 사용하는 시설을 제외한 시간당 증발량이 0.5톤 이상이거나 시간당 열량이 309,500킬로칼로리 이상인 보일러. 다만, 환경부장관이 고체연료 사용금지 지역으로 고시한 지역에서는 시간당 증발량이 0.2톤 이상이거나 시간당 열량이 123,800킬로칼로리 이상인 보일러만 해당한다.
15) 입자상물질 및 가스상 물질 발생 시설		가) 동력이 15kW 이상인 다음의 시설. 다만, 습식은 제외한다. ① 연마시설 ② 제재시설 ③ 제분시설 ④ 선별시설 ⑤ 분쇄시설 ⑥ 탈사(脫砂)시설 ⑦ 탈청(脫靑)시설 나) 용적이 3세제곱미터 이상이거나 동력이 10마력 이상인 다음의 시설 ① 고체입자상물질 계량시설 ② 혼합시설(농산물 가공시설은 제외한다) 다) 처리능력이 시간당 100kg 이상인 고체입자상물질 포장시설 라) 동력이 70마력 이상인 도정(搗精)시설 마) 용적이 50세제곱미터 이상인 다음의 시설 ① 고체입자상물질 저장시설 ② 유·무기산 저장시설 ③ 유기화합물(원유·휘발유·나프타·알켄족·알킨족·방향족·알데히드류·케톤류가 50퍼센트 이상 함유된 것만 해당한다) 저장시설 바) 가)부터 마)까지의 배출시설 외에 연료사용량이 시간당 60킬로그램 이상이거나 용적이 5세제곱미터 이상인 다음의 시설 ① 건조시설(도포시설, 도장시설 및 분리시설을 포함한다) ② 기타로(其他爐) ③ 훈증시설 ④ 산·알칼리 처리시설 ⑤ 소성시설

〈고체연료환산계수〉 *중요내용

연료 또는 원료명	단 위	환산 계수	연료 또는 원료명	단 위	환산 계수	연료 또는 원료명	단 위	환산 계수
무연탄	kg	1.00	갈탄	kg	0.90	수소	Sm^3	0.62
코크스	kg	1.32	목탄	kg	1.42	에탄	Sm^3	3.36
이탄	kg	0.80	유황	kg	0.46	일산화탄소	Sm^3	0.62
목재	kg	0.70	중유(A, B)	L	1.86	발생로 가스	Sm^3	0.20
중유(C)	L	2.00	경유	L	1.92	혼성가스	Sm^3	0.60
원유	L	1.90	휘발유	L	1.68	톨루엔	kg	2.06
등유	L	1.80	엘피지	kg	2.40	메탄	Sm^3	1.86
나프타	L	1.80	석탄타르	kg	1.88	아세틸렌	Sm^3	2.80
액화 천연가스	Sm^3	1.56	에탄올	kg	1.44	석탄가스	Sm^3	0.80
전기	kW	0.17	메탄올	kg	1.08	수성가스	Sm^3	0.54
유연탄	kg	1.34	벤젠	kg	2.02	도시가스	Sm^3	1.42

12. "대기오염방지시설"이란 대기오염물질배출시설로부터 나오는 대기오염물질을 없애거나 줄이는 시설로서 환경부령으로 정하는 것을 말한다.

[대기오염방지시설(규칙 제6조) : 별표 4] *중요내용*

1. 중력집진시설	6. 전기집진시설	11. 촉매반응을 이용하는 시설
2. 관성력집진시설	7. 음파집진시설	12. 응축에 의한 시설
3. 원심력집진시설	8. 흡수에 의한 시설	13. 산화·환원에 의한 시설
4. 세정집진시설	9. 흡착에 의한 시설	14. 미생물을 이용한 처리시설
5. 여과집진시설	10. 직접연소에 의한 시설	15. 연소조절에 의한 시설

16. 위 제1호부터 제15호까지의 시설과 같은 방지효율 또는 그 이상의 방지효율을 가진 시설로서 환경부장관이 인정하는 시설

[비고]
방지시설에는 대기오염물질을 포집하기 위한 장치(후드), 오염물질이 통과하는 관로(덕트), 오염물질을 이송하기 위한 송풍기 및 각종 펌프 등 방지시설에 딸린 기계·기구류(예비용을 포함한다) 등을 포함한다.

13. "자동차"란 다음 각 목의 어느 하나에 해당하는 것을 말한다.
　가.「자동차관리법」에 규정된 자동차 중 환경부령으로 정하는 것
　나.「건설기계관리법」에 규정된 건설기계 중 환경부령으로 정하는 것
　다.「철도산업발전기본법」에 따른 철도차량 중 동력차에 사용되는 동력을 발생시키는 장치

13의2 "원동기"란 다음 각 목의 어느 하나에 해당하는 것을 말한다.
　가.「건설기계관리법」에 따른 건설기계 중 제13호 나목 외의 건설기계로서 환경부령으로 정하는 건설기계에 사용되는 동력을 발생시키는 장치
　나. 농림용 또는 해상용으로 사용되는 기계로서 환경부령으로 정하는 기계에 사용되는 동력을 발생시키는 장치

[자동차의 종류(규칙 제7조) : 별표 5] *중요내용*

1. 자동차
자동차, 환경부령으로 정하는 건설기계, 농림용으로 사용되는 기계

종류	정의	규모	
경자동차	사람이나 화물을 운송하기 적합하게 제작된 것	엔진배기량이 1,000cc 미만	
승용자동차	사람을 운송하기 적합하게 제작된 것	소형	엔진배기량이 1,000cc 이상이고, 차량 총중량이 3.5톤 미만이며, 승차인원이 8명 이하
		중형	엔진배기량이 1,000cc 이상이고, 차량 총중량이 3.5톤 미만이며, 승차인원이 9명 이상
		대형	차량총중량이 3.5톤 이상 15톤 미만
		초대형	차량총중량이 15톤 이상
화물자동차	화물을 운송하기 적합하게 제작된 것	소형	엔진배기량이 1,000cc 이상이고, 차량 총중량이 2톤 미만
		중형	엔진배기량이 1,000cc 이상이고, 차량 총중량이 2톤 이상 3.5톤 미만
		대형	차량 총중량이 3.5톤 이상 15톤 미만
		초대형	차량 총중량이 15톤 이상
이륜자동차	자전거로부터 진화한 구조로서 사람 또는 소형의 화물을 운송하기 위한 것	차량 총중량이 1천 킬로그램을 초과하지 않는 것	

비고
1. 다목적자동차는 다목적형 승용자동차와 승차인원이 8명 이하인 승합차(차량의 너비가 2,000mm미만이고 차량의 높이가 1,800mm 미만인 승합차만 해당한다)를 포함한다.
2. 제1호의 소형화물자동차는 엔진배기량이 800cc 이상인 밴(VAN)과, 승용자동차에 해당하지 아니하는 승차인원이 9명 이상인 승합차를 포함한다.

3. 제1호의 중량자동차 및 제2호의 대형자동차는 덤프트럭, 콘크리트믹서트럭 및 콘크리트펌프트럭 그 밖에 환경부장관이 고시하는 건설기계를 포함한다.
4. 제2호의 중형자동차는 승용자동차 또는 다목적자동차에 해당되지 아니하는 승차인원이 15명 이하인 승합차와 엔진배기량이 800㏄ 이상인 밴(VAN)을 포함한다.
5. 제3호의 화물2는 엔진배기량이 800㏄ 이상인 밴(VAN)을 포함하고, 화물3은 덤프트럭, 콘크리트믹서트럭 및 콘크리트펌프트럭을 포함한다.
6. 이륜자동차는 측차를 붙인 이륜자동차와 이륜자동차에서 파생된 3륜 이상의 자동차를 포함한다.
6의2. 차량 자체의 중량이 0.5톤 이상인 이륜자동차는 경자동차로 분류한다.
7. 엔진배기량이 50㏄ 미만인 이륜자동차는 모페드형(스쿠터형을 포함한다)만 이륜자동차에 포함한다.
8. 다목적형 승용자동차·승합차 및 밴(VAN)의 구분에 대한 세부 기준은 환경부장관이 정하여 고시한다.
9. 제3호부터 제5호까지의 건설기계의 종류는 환경부장관이 정하여 고시한다.
10. 제4호의 화물자동차는 엔진배기량이 800㏄ 이상인 밴(VAN)과 덤프트럭, 콘크리트믹서트럭 및 콘크리트펌프트럭을 포함한다.
11. 제5호의 화물자동차는 엔진배기량이 1,000㏄ 이상인 밴(VAN)과 덤프트럭·콘크리트믹스트럭 및 콘크리트펌프트럭을 포함한다.
12. 전기만을 동력으로 사용하는 자동차는 1회 충전 주행거리에 따라 다음과 같이 구분한다.

구분	1회 충전 주행거리
제1종	80km 미만
제2종	80km 이상 160km 미만
제3종	160km 이상

13. 수소를 연료로 사용하는 자동차는 수소연료전지차로 구분한다.

2. 건설기계 및 농업기계의 종류
  가. 건설기계의 종류

제작일자	종류	규모
2015년 1월 1일 이후	굴삭기, 로더, 지게차(전동식은 제외한다), 기중기, 불도저, 롤러, 스크레이퍼, 모터그레이더, 노상안정기, 콘크리트배칭플랜트, 콘크리트피니셔, 콘크리트살포기, 콘크리트펌프, 아스팔트믹싱플랜트, 아스팔트피니셔, 아스팔트살포기, 골재살포기, 쇄석기, 공기압축기, 천공기, 항타 및 항발기, 사리채취기, 준설선, 타워크레인, 노면파쇄기, 노면측정장비, 콘크리트믹서트레일러, 아스팔트콘크리트재생기, 수목이식기, 터널용고소작업차	원동기 정격출력이 560kW 미만

  나. 농업기계의 종류

제작일자	종류	규모
2015년 1월 1일 이후	콤바인, 트랙터	원동기 정격출력이 560kW 미만

14. "선박"이란 「해양환경관리법」에 따른 선박을 말한다.
15. "첨가제"란 자동차의 성능을 향상시키거나 배출가스를 줄이기 위하여 자동차의 연료에 첨가하는 탄소와 수소만으로 구성된 물질을 제외한 화학물질로서 다음 각 목의 요건을 모두 충족하는 것을 말한다.
  가. 자동차의 연료에 부피 기준으로 1퍼센트 미만의 비율로 첨가하는 물질. 다만, 「석유 및 석유대체연료 사업법」에 따른 석유정제업자 및 석유수출입업자가 자동차연료인 석유제품을 제조하거나 품질을 보정(補正)하는 과정에 첨가하는 물질의 경우에는 그 첨가비율의 제한을 받지 아니한다.
  나. 「석유 및 석유대체연료 사업법」에 따른 유사석유제품에 해당하지 아니하는 물질
15의2. "촉매제"란 배출가스를 줄이는 효과를 높이기 위하여 배출가스저감장치에 사용되는 화학물질로서 환경부령으로 정하는 것을 말한다.

[자동차연료형 첨가제의 종류(규칙 제9조) : 별표 6] 중요내용

1. 세척제
2. 청정분산제
3. 매연억제제
4. 다목적첨가제
5. 옥탄가향상제
6. 세탄가향상제
7. 유동성향상제
8. 윤활성 향상제
9. 그 밖에 환경부장관이 배출가스를 줄이기 위하여 필요하다고 정하여 고시하는 것

❏ **촉매제(규칙 제8조의2)**

> 촉매제는 경유를 연료로 사용하는 자동차에서 배출되는 질소산화물을 저감하기 위하여 사용되는 화학물질을 말한다.

16. "저공해자동차"란 다음 자동차로서 대통령령으로 정하는 것을 말한다.
    가. 대기오염물질의 배출이 없는 자동차
    나. 제작차의 배출허용기준보다 오염물질을 적게 배출하는 자동차
17. "배출가스저감장치"란 자동차에서 배출되는 대기오염물질을 줄이기 위하여 자동차에 부착하는 장치로서 환경부령으로 정하는 저감효율에 적합한 장치를 말한다. 여기서 환경부령으로 정하는 것은 수도권 대기환경 개선에 관한 특별법 시행규칙에 따른 배출저감장치의 저감효율을 말한다.
18. "저공해엔진"이란 자동차에서 배출되는 대기오염물질을 줄이기 위한 엔진(엔진 개조에 사용하는 부품을 포함한다)으로서 환경부령으로 정하는 배출허용기준에 맞는 엔진을 말한다.
19. "공회전제한장치"란 자동차에서 배출되는 대기오염물질을 줄이고 연료를 절약하기 위하여 자동차에 부착하는 장치로서 환경부령으로 정하는 기준에 적합한 장치를 말한다.
20. "온실가스 배출량"이란 자동차에서 단위 주행거리당 배출되는 이산화탄소(CO_2) 배출량(g/km)을 말한다.
21. "온실가스 평균배출량"이란 자동차제작자가 판매한 자동차 중 환경부령으로 정하는 자동차의 온실가스 배출량의 합계를 해당 자동차 총 대수로 나누어 산출한 평균값(g/km)을 말한다.
22. "장거리이동 대기오염물질"이란 황사, 먼지 등 발생 후 장거리 이동을 통하여 국가 간에 영향을 미치는 대기오염물질로서 환경부령으로 정하는 것을 말한다.
23. "냉매"란 기후·생태계 변화 유발물질 중 열전달을 통한 냉난방, 냉동·냉장 등의 효과를 목적으로 사용되는 물질로서 환경부령으로 정하는 것을 말한다.(환경부령으로 정하는 것 : 염화불화탄소, 수소염화불화탄소, 수소불화탄소, 수소염화불화탄소와 수소불화탄소의 혼합물질)

[장거리이동 대기오염물질 : 규칙 별표 6의5]

1. 미세먼지(PM-10)	9. 벤젠	17. 디클로로메탄
2. 미세먼지(PM-2.5)	10. 포름알데히드	18. 스틸렌
3. 납 및 그 화합물	11. 염화수소	19. 테트라클로로에틸렌
4. 칼슘 및 그 화합물	12. 불소화물	20. 1,2-디클로로에탄
5. 수은 및 그 화합물	13. 시안화물	21. 에틸벤젠
6. 비소 및 그 화합물	14. 사염화탄소	22. 트리클로로에틸렌
7. 망간화합물	15. 클로로포름	23. 염화비닐
8. 니켈 및 그 화합물	16. 1,3-부타디엔	

[공회전제한장치의 성능기준 : 별표 6의4]

> 공회전제한장치는 3회 이상의 반복시험을 통하여 정상 작동 여부 등을 평가한 결과 각 성능기준 및 주요기능 이상이어야 한다.
> ☞ 중요내용

⚡ 상시측정(법 제3조)

① 환경부장관은 전국적인 대기오염 및 기후·생태계 변화유발물질의 실태를 파악하기 위하여 환경부령으로 정하는 바에 따라 측정망을 설치하고 대기오염도 등을 상시 측정하여야 한다.
② 특별시장·광역시장·특별자치시장·도지사 또는 특별자치도지사(이하 "시·도지사"라 한다)는 해당 관할 구역 안의 대기오염 실태를 파악하기 위하여 환경부령으로 정하는 바에 따라 측정망을 설치하여 대기오염도를 상시 측정하고, 그 측정 결과를 환경부장관에게 보고하여야 한다.
③ 환경부장관은 대기오염도에 관한 정보에 국민이 쉽게 접근할 수 있도록 측정결과를 전산처리할 수 있는 전산망을 구축·운영할 수 있다.

♂ 환경위성 관측망의 구축·운영 등(법 제3조의2)

① 환경부장관은 대기환경 및 기후·생태계 변화유발물질의 감시와 기후변화에 따른 환경영향을 파악하기 위하여 환경위성 관측망을 구축·운영하고, 관측된 정보를 수집·활용할 수 있다.
② 환경위성 관측망의 구축·운영 및 정보의 수집·활용에 필요한 사항은 대통령령으로 정한다.

❏ 측정망의 종류 및 측정결과보고(규칙 제11조) 〔중요내용〕

① 수도권대기환경청장, 국립환경과학원장 또는 한국환경공단이 설치하는 대기오염 측정망의 종류는 다음 각 호와 같다.
  ❶ 대기오염물질의 지역배경농도를 측정하기 위한 교외대기측정망
  ❷ 대기오염물질의 국가배경농도와 장거리이동 현황을 파악하기 위한 국가배경농도측정망
  ❸ 도시지역 또는 산업단지 인근지역의 특정대기유해물질(중금속을 제외한다)의 오염도를 측정하기 위한 유해대기물질측정망
  ❹ 도시지역의 휘발성유기화합물 등의 농도를 측정하기 위한 광화학대기오염물질측정망
  ❺ 산성 대기오염물질의 건성 및 습성 침착량을 측정하기 위한 산성강하물측정망
  ❻ 기후·생태계변화 유발물질의 농도를 측정하기 위한 지구대기측정망
  ❼ 장거리이동 대기오염물질의 성분을 집중 측정하기 위한 대기오염집중측정망
  ❽ 미세먼지(PM-2.5)의 성분 및 농도를 측정하기 위한 미세먼지성분측정망
② 특별시장·광역시장·특별자치시장·도지사 또는 특별자치도지사(이하 "시·도지사"라 한다)가 설치하는 대기오염 측정망의 종류는 다음 각 호와 같다.
  ❶ 도시지역의 대기오염물질 농도를 측정하기 위한 도시대기측정망
  ❷ 도로변의 대기오염물질 농도를 측정하기 위한 도로변대기측정망
  ❸ 대기 중의 중금속 농도를 측정하기 위한 대기중금속측정망
③ 시·도지사는 상시측정한 대기오염도를 측정망을 통하여 국립환경과학원장에게 전송하고, 연도별로 이를 취합·분석·평가하여 그 결과를 다음 해 1월 말까지 국립환경과학원장에게 제출하여야 한다.

❏ 측정망설치계획의 고시(규칙 제12조) 〔중요내용〕

① 유역환경청장, 지방환경청장, 수도권대기환경청장 및 시·도지사는 다음 각 호의 사항이 포함된 측정망설치계획을 결정하고 최초로 측정소를 설치하는 날부터 3개월 이전에 고시하여야 한다.
  ❶ 측정망 설치시기
  ❷ 측정망 배치도
  ❸ 측정소를 설치할 토지 또는 건축물의 위치 및 면적
② 시·도지사가 측정망설치계획을 결정·고시하려는 경우에는 그 설치위치 등에 관하여 미리 유역환경청장, 지방환경청장 또는 수도권대기환경청장과 협의하여야 한다.

♂ 대기오염물질에 따른 심사평가(법 제7조)

① 환경부장관은 대기 중에 존재하는 물질의 위해성을 다음 각 호의 기준에 따라 심사·평가할 수 있다. 〔중요내용〕
  ❶ 독성
  ❷ 생태계에 미치는 영향
  ❸ 배출량
  ❹ 「환경정책기본법」에 따른 환경기준에 대비한 오염도
② 심사평가의 구체적인 방법과 절차는 환경부령으로 정한다.

✪ 저공해자동차의 종류(영 제1조의2)

「대기환경보전법」에서 "대통령령으로 정하는 것"이란 다음 각 호의 구분에 따른 자동차를 말한다.

① 제1종 저공해자동차 : 자동차에서 배출되는 대기오염물질이 환경부령으로 정하는 배출허용기준에 맞는 자동차로서 「환경친화적 자동차의 개발 및 보급 촉진에 관한 법률」에 따른 전기자동차, 태양광자동차 및 수소전기자동차
② 제2종 저공해자동차 : 자동차에서 배출되는 대기오염물질이 환경부령으로 정하는 배출허용기준에 맞는 자동차로서 「환경친화적 자동차의 개발 및 보급 촉진에 관한 법률」에 따른 하이브리드자동차
③ 제3종 저공해자동차 : 자동차에서 배출되는 대기오염물질이 환경부령으로 정하는 배출허용기준에 맞는 자동차로서 제조기준에 맞는 자동차연료를 사용하는 자동차

✪ 대기오염도 예측 · 발표 대상 등(영 제1조의4)

① 대기오염도 예측 · 발표의 대상 지역은 다음 각 호의 사항을 고려하여 환경부장관이 정하여 고시한다. *중요내용*
  1 대기오염의 정도
  2 인구
  3 지형 및 기상 특성
② 대기오염도 예측 · 발표의 대상 오염물질은 「환경정책기본법」에 따라 환경기준이 설정된 오염물질 중 다음 각 호의 오염물질로 한다. *중요내용*
  1 미세먼지(PM-10)
  2 미세먼지(PM-2.5)
  3 오존(O_3)
③ 대기오염도 예측 · 발표의 기준과 내용은 오염의 정도 및 오염물질의 인체 위해정도 등을 고려하여 환경부장관이 정하여 고시한다.
④ 환경부장관은 대기오염도 예측 · 발표를 위하여 관계 기관의 장에게 필요한 자료의 제출을 요청할 수 있다. 이 경우 관계 기관의 장은 특별한 사유가 없으면 이에 따라야 한다.

[통합관리센터의 지정 취소 및 업무정지의 세부기준 : 영 별표 1의2]

1. 일반기준
  가. 위반행위의 횟수에 따른 처분기준은 최근 2년간 같은 위반행위를 한 경우에 적용한다. 이 경우 위반횟수별 처분기준의 적용일은 위반행위에 대하여 처분을 한 날과 다시 같은 위반행위(처분 후의 위반행위만 해당한다)를 적발한 날로 한다. *중요내용*
  나. 위반행위가 둘 이상인 경우로서 그에 해당하는 각각의 처분기준이 다른 경우에는 그 중 무거운 처분기준에 따르고, 각각의 처분기준이 업무정지인 경우에는 각각의 처분기준을 합산한 기간을 넘지 않는 범위에서 무거운 처분기준의 2분의 1까지 가중하여 처분할 수 있다.
  다. 처분권자는 위반행위의 동기, 내용, 횟수 및 위반의 정도 등 다음의 사유를 고려하여 처분기준의 2분의 1 범위에서 처분을 감경할 수 있다. 이 경우 그 처분이 업무정지인 경우에는 그 처분기준의 2분의 1의 범위에서 감경할 수 있고, 지정취소인 경우에는 6개월의 업무정지 처분으로 감경할 수 있다. *중요내용*
    1) 고의적이거나 악의적이 아닌 사소한 부주의나 오류로 인한 것으로 인정되는 경우
    2) 위반의 내용 · 정도가 경미하여 국민건강 및 환경에 미치는 피해가 적다고 인정되는 경우
    3) 위반행위자가 처음 해당 위반행위를 한 경우로서 통합관리센터의 업무를 모범적으로 해 온 사실이 인정되는 경우
    4) 위반행위자가 해당 위반행위로 인하여 업무정지 이상의 처분을 받을 경우 공익에 지장을 가져오는 등의 사유가 인정되는 경우
2. 개별기준

위반사항	근거법령	행정처분기준		
		1차 위반	2차 위반	3차 위반
가. 거짓이나 그 밖의 부정한 방법으로 지정을 받은 경우	법 제7조의3 제4항 제1호	지정 취소		
나. 지정받은 사항을 위반하여 업무를 행한 경우	법 제7조의3 제4항 제2호	시정명령	업무정지 3개월	지정 취소
다. 법 제7조의3 제5항에 따른 지정기준에 적합하지 않게 된 경우	법 제7조의3 제4항 제3호	시정명령	업무정지 3개월	지정 취소

♂ 국가 대기질통합관리센터의 지정·위임(법 제7조의3)

① 환경부장관은 제7조의2에 따라 대기오염도를 과학적으로 예측·발표하고 대기질 통합관리 및 대기환경개선 정책을 체계적으로 추진하기 위하여 국가 대기질통합관리센터(이하 이 조에서 "통합관리센터"라 한다)를 운영할 수 있으며, 국공립 연구기관 등 대통령령으로 정하는 전문기관을 통합관리센터로 지정·위임할 수 있다.
② 통합관리센터는 다음 각 호의 업무를 수행한다.
  ❶ 대기오염예보 및 대기 중 유해물질 정보의 제공
  ❷ 대기오염 관련 자료의 수집 및 분석·평가
  ❸ 대기환경개선을 위한 정책 수립의 지원
  ❹ 그 밖에 대기질 통합관리를 위하여 대통령령으로 정하는 업무
③ 환경부장관은 제1항에 따라 지정된 통합관리센터에 대하여 예산의 범위에서 사업을 수행하는 데에 필요한 비용을 지원하여야 한다.
④ 환경부장관은 통합관리센터가 다음 각 호의 어느 하나에 해당하는 경우에는 지정을 취소하거나 6개월 이내의 범위에서 기간을 정하여 업무의 전부 또는 일부를 정지할 수 있다. 다만, 제1호에 해당하는 경우에는 지정을 취소하여야 한다.
  ❶ 거짓이나 그 밖의 부정한 방법으로 지정을 받은 경우
  ❷ 지정받은 사항을 위반하여 업무를 행한 경우
  ❸ 제5항에 따른 지정기준에 적합하지 아니하게 된 경우
  ❹ 그 밖에 제1항부터 제3항까지에 준하는 경우로서 환경부령으로 정하는 경우
⑤ 통합관리센터의 지정 및 지정 취소의 기준, 기간, 절차 등에 필요한 사항은 대통령령으로 정한다.

♂ 대기오염에 대한 경보(법 제8조) *중요내용

① 시·도지사는 대기오염도가 「환경정책기본법」 대기에 대한 환경기준(이하 "환경기준"이라 한다)을 초과하여 주민의 건강·재산이나 동식물의 생육에 심각한 위해를 끼칠 우려가 있다고 인정되면 그 지역에 대기오염경보를 발령할 수 있다. 대기오염경보의 발령 사유가 없어진 경우 시·도지사는 대기오염경보를 즉시 해제하여야 한다.
② 시·도지사는 대기오염경보가 발령된 지역의 대기오염을 긴급하게 줄일 필요가 있다고 인정하면 기간을 정하여 그 지역에서 자동차의 운행을 제한하거나 사업장의 조업 단축을 명하거나, 그 밖에 필요한 조치를 할 수 있다.
③ 자동차의 운행 제한이나 사업장의 조업 단축 등을 명령받은 자는 정당한 사유가 없으면 따라야 한다.
④ 대기오염경보의 대상 지역, 대상 오염물질, 발령 기준, 경보 단계 및 경보 단계별 조치 등에 필요한 사항은 대통령령으로 정한다.

✪ 대기오염경보의 대상 지역 등(영 제2조) *중요내용

① 「대기환경보전법」(이하 "법"이라 한다) 대기오염경보의 대상 지역은 특별시장·광역시장·특별자치시장·도지사 또는 특별자치도지사(이하 "시·도지사"라 한다)가 필요하다고 인정하여 지정하는 지역으로 한다.
② 대기오염경보의 대상 오염물질은 「환경정책기본법」에 따라 환경기준이 설정된 오염물질 중 다음 각 호의 오염물질로 한다.
  1 미세먼지(PM-10)
  2 미세먼지(PM-2.5)
  3 오존(O_3)
③ 대기오염경보 단계는 대기오염경보 대상 오염물질의 농도에 따라 다음 각 호와 같이 구분하되, 대기오염경보 단계별 오염물질의 농도기준은 환경부령으로 정한다.
  1 미세먼지(PM-10) 주의보, 경보
  2 미세먼지(PM-2.5) 주의보, 경보
  3 오존(O_3) 주의보, 경보, 중대경보
④ 경보 단계별 조치에는 다음 각 호의 구분에 따른 사항이 포함되도록 하여야 한다. 다만, 지역의 특성에 따라 특별시·광역

시 · 특별자치시 · 도 · 특별자치도의 조례로 경보 단계별 조치사항을 일부 조정할 수 있다.
- ① 주의보 발령 : 주민의 실외활동 및 자동차 사용의 자제 요청 등
- ② 경보 발령 : 주민의 실외활동 제한 요청, 자동차 사용의 제한 및 사업장의 연료사용량 감축 권고 등
- ③ 중대경보 발령 : 주민의 실외활동 금지 요청, 자동차의 통행금지 및 사업장의 조업시간 단축명령 등

❑ 대기오염경보의 발령 및 해제방법(규칙 제13조)
① 대기오염경보는 방송매체 등을 통하여 발령하거나 해제하여야 한다.
② 대기오염경보에는 다음 각 호의 사항이 포함되어야 한다. ◀중요내용
- ❶ 대기오염경보의 대상지역
- ❷ 대기오염경보단계 및 대기오염물질의 농도
- ❸ 대기오염경보단계별 조치사항
- ❹ 그 밖에 시 · 도지사가 필요하다고 인정하는 사항

✪ 국가 기후변화 적응센터의 평가(영 제2조의3)
① 환경부장관은 평가를 하는 경우 다음 각 호의 구분에 따른다.
- ① 정기평가 : 매년 국가 기후변화 적응센터의 전년도 사업실적 등을 평가
- ② 종합평가 : 3년마다 국가 기후변화 적응센터의 운영 전반을 평가 ◀중요내용
② 환경부장관은 국가 기후변화 적응센터를 평가하기 위하여 필요하다고 인정하는 경우에는 관계 전문가로 구성된 국가 기후변화 적응센터 평가단(이하 "평가단"이라 한다)을 구성 · 운영할 수 있다.
③ 평가단의 구성 · 운영에 필요한 사항은 환경부령으로 정한다.
④ 환경부장관은 평가를 하려는 경우에는 환경부령으로 정하는 바에 따라 평가의 기준, 시기 등을 미리 국가 기후변화 적응센터에 알려 주어야 한다.
⑤ 환경부장관은 평가 등을 위하여 필요한 경우에는 국가기후변화 적응센터에 관련 자료의 제출을 요청할 수 있다.
⑥ 환경부장관은 평가 결과 사업실적이 현저히 부실한 경우에는 지원을 중단하거나 지원금액을 줄일 수 있다.

[대기오염경보단계별 대기오염물질의 농도기준(규칙 제14조) : 별표 7] ◀중요내용

대상 물질	경보 단계	발령기준	해제기준
미세먼지 (PM-10)	주의보	기상조건 등을 고려하여 해당 지역의 대기자동측정소 PM-10 시간당 평균농도가 $150\mu g/m^3$ 이상 2시간 이상 지속인 때	주의보가 발령된 지역의 기상조건 등을 검토하여 대기자동측정소의 PM-10 시간당 평균농도가 $100\mu g/m^3$ 미만인 때
	경보	기상조건 등을 고려하여 해당 지역의 대기자동측정소 PM-10 시간당 평균농도가 $300\mu g/m^3$ 이상 2시간 이상 지속인 때	경보가 발령된 지역의 기상조건 등을 검토하여 대기자동측정소의 PM-10 시간당 평균농도가 $150\mu g/m^3$ 미만인 때는 주의보로 전환
미세먼지 (PM-2.5)	주의보	기상조건 등을 고려하여 해당 지역의 대기자동측정소 PM-2.5 시간당 평균농도가 $75\mu g/m^3$ 이상 2시간 이상 지속인 때	주의보가 발령된 지역의 기상조건 등을 검토하여 대기자동측정소의 PM-2.5 시간당 평균농도가 $35\mu g/m^3$ 미만인 때
	경보	기상조건 등을 고려하여 해당 지역의 대기자동측정소 PM-2.5 시간당 평균농도가 $150\mu g/m^3$ 이상 2시간 이상 지속인 때	경보가 발령된 지역의 기상조건 등을 검토하여 대기자동측정소의 PM-2.5 시간당 평균농도가 $75\mu g/m^3$ 미만인 때는 주의보로 전환
오존	주의보	기상조건 등을 고려하여 해당 지역의 대기자동측정소 오존농도가 0.12ppm 이상인 때	주의보가 발령된 지역의 기상조건 등을 검토하여 대기자동측정소의 오존농도가 0.12ppm 미만인 때
	경보	기상조건 등을 고려하여 해당 지역의 대기자동측정소 오존농도가 0.3ppm 이상인 때	경보가 발령된 지역의 기상조건 등을 고려하여 대기자동측정소의 오존농도가 0.12ppm 이상 0.3ppm 미만인 때는 주의보로 전환

	중대경보	기상조건 등을 고려하여 해당 지역의 대기자동측정소 오존농도가 0.5ppm 이상인 때	중대경보가 발령된 지역의 기상조건 등을 고려하여 대기자동측정소의 오존농도가 0.3ppm 이상 0.5ppm 미만인 때는 경보로 전환

비고
1. 해당 지역의 대기자동측정소 PM-10 또는 PM-2.5의 권역별 평균 농도가 경보 단계별 발령기준을 초과하면 해당 경보를 발령할 수 있다.
2. 오존 농도는 1시간당 평균농도를 기준으로 하며, 해당 지역의 대기자동측정소 오존 농도가 1개소라도 경보단계별 발령기준을 초과하면 해당 경보를 발령할 수 있다.

♂ 기후·생태계 변화유발물질 배출 억제(법 제9조)

① 정부는 기후·생태계 변화유발물질의 배출을 줄이기 위하여 국가 간에 환경정보와 기술을 교류하는 등 국제적인 노력에 적극 참여하여야 한다.
② 환경부장관은 기후·생태계 변화유발물질의 배출을 줄이기 위하여 다음 각 호의 사업을 추진하여야 한다.
  ❶ 기후·생태계 변화유발물질 배출저감을 위한 연구 및 변화유발물질의 회수·재사용·대체물질 개발에 관한 사업
  ❷ 기후·생태계 변화유발물질 배출에 관한 조사 및 관련 통계의 구축에 관한 사업
  ❸ 기후·생태계 변화유발물질 배출저감 및 탄소시장 활용에 관한 사업
  ❹ 기후변화 관련 대국민 인식확산 및 실천지원에 관한 사업
  ❺ 기후변화 관련 전문인력 육성 및 지원에 관한 사업
  ❻ 그 밖에 대통령령으로 정하는 사업
③ 환경부장관은 기후·생태계 변화유발물질의 배출을 줄이기 위하여 환경부령으로 정하는 바에 따라 제2항 각 호의 사업의 일부를 전문기관에 위탁하여 추진할 수 있으며, 필요한 재정적·기술적 지원을 할 수 있다.

♂ 대기환경개선 종합계획의 수립(법 제11조) *중요내용

① 환경부장관은 대기오염물질과 온실가스를 줄여 대기환경을 개선하기 위하여 대기환경개선 종합계획(이하 "종합계획"이라 한다)을 10년마다 수립하여 시행하여야 한다.
② 종합계획에는 다음 각 호의 사항이 포함되어야 한다.
  ❶ 대기오염물질의 배출현황 및 전망
  ❷ 대기 중 온실가스의 농도 변화 현황 및 전망
  ❸ 대기오염물질을 줄이기 위한 목표 설정과 이의 달성을 위한 분야별·단계별 대책
  ❸의2 대기오염이 국민 건강에 미치는 위해정도와 이를 개선하기 위한 위해수준의 설정에 관한 사항
  ❸의3 유해성대기감시물질의 측정 및 감시·관찰에 관한 사항
  ❸의4 특정대기유해물질을 줄이기 위한 목표 설정 및 달성을 위한 분야별·단계별 대책
  ❹ 환경분야 온실가스 배출을 줄이기 위한 목표 설정과 이의 달성을 위한 분야별·단계별 대책
  ❺ 기후변화로 인한 영향평가와 적응대책에 관한 사항
  ❻ 대기오염물질과 온실가스를 연계한 통합대기환경 관리체계의 구축
  ❼ 기후변화 관련 국제적 조화와 협력에 관한 사항
  ❽ 그 밖에 대기환경을 개선하기 위하여 필요한 사항
③ 환경부장관은 종합계획을 수립하는 경우에는 미리 관계 중앙행정기관의 장과 협의하여야 한다.
④ 환경부장관은 종합계획이 수립된 날부터 5년이 지나거나 종합계획의 변경이 필요하다고 인정되면 그 타당성을 검토하여 변경할 수 있다. 이 경우 미리 관계 중앙행정기관의 장과 협의하여야 한다.

◆ 장거리이동 대기오염물질 피해 방지 종합대책의 수립 등(법 제13조) ※중요내용

① 환경부장관은 장거리이동 대기오염물질 피해 방지를 위하여 5년마다 관계 중앙행정기관의 장과 협의하고 시·도지사의 의견을 들은 후 장거리이동 대기오염물질 대책위원회의 심의를 거쳐 장거리이동 대기오염물질 피해 방지 종합대책(이하 "종합대책"이라 한다)을 수립하여야 한다. 종합대책 중 대통령령으로 정하는 중요 사항을 변경하려는 경우에도 또한 같다.

✪ 장거리이동 대기오염물질 피해 방지 종합대책 수립 등(영 제3조)

① 법 제13조 제1항 후단에서 "대통령령으로 정하는 중요 사항"이란 다음 각 호의 사항을 말한다.
  1. 장거리이동 대기오염물질 피해를 방지하기 위한 국내 대책
  2. 장거리이동 대기오염물질의 발생을 줄이기 위한 국제 협력
② 관계 중앙행정기관의 장과 시·도지사는 다음 각 호의 사항을 매년 12월 31일까지 환경부장관에게 제출하여야 한다. 이 경우 시·도지사는 추진대책을 수립할 경우에는 공청회 등을 개최하여 관계 전문가, 지역 주민 등의 의견을 들을 수 있다.
  1. 장거리이동 대기오염물질 피해를 방지하기 위한 소관별 추진 실적과 그 평가
  2. 장거리이동 대기오염물질 피해를 방지하기 위한 다음 연도 소관별 추진 대책

② 종합대책에는 다음 각 호의 사항이 포함되어야 한다. ※중요내용
  ❶ 장거리이동 대기오염물질 발생 현황 및 전망
  ❷ 종합대책 추진실적 및 그 평가
  ❸ 장거리이동 대기오염물질 피해 방지를 위한 국내 대책
  ❹ 장거리이동 대기오염물질 발생 감소를 위한 국제협력
  ❺ 그 밖에 장거리이동대기 오염물질 피해 방지를 위하여 필요한 사항
③ 환경부장관은 종합대책을 수립한 경우에는 이를 관계 중앙행정기관의 장 및 시·도지사에게 통보하여야 한다.
④ 관계 중앙행정기관의 장 및 시·도지사는 대통령령으로 정하는 바에 따라 매년 소관별 추진대책을 수립·시행하여야 한다. 이 경우 관계 중앙행정기관의 장 및 시·도지사는 그 추진계획과 추진실적을 환경부장관에게 제출하여야 한다.

◆ 장거리이동 대기오염물질 대책위원회(법 제14조) ※중요내용

① 장거리이동 대기오염물질 피해 방지에 관한 다음 각 호의 사항을 심의·조정하기 위하여 환경부에 장거리이동 대기오염물질 대책위원회(이하 "위원회"라 한다)를 둔다.
  ❶ 종합대책의 수립과 변경에 관한 사항
  ❷ 장거리이동 대기오염물질 피해 방지와 관련된 분야별 정책에 관한 사항
  ❸ 종합대책 추진상황과 민관 협력방안에 관한 사항
  ❹ 그 밖에 장거리이동 대기오염물질 피해 방지를 위하여 위원장이 필요하다고 인정하는 사항
② 위원회는 위원장 1명을 포함한 25명 이내의 위원으로 성별을 고려하여 구성한다.
③ 위원회의 위원장은 환경부차관이 되고, 위원은 다음 각 호의 사람으로서 환경부장관이 위촉하거나 임명하는 사람으로 한다.
  ❶ 대통령령으로 정하는 중앙행정기관의 공무원
  ❷ 대통령령으로 정하는 분야의 학식과 경험이 풍부한 전문가
④ 위원회의 효율적인 운영과 안건의 원활한 심의를 지원하기 위하여 위원회에 실무위원회를 둔다.
⑤ 종합대책 및 추진대책의 수립·시행에 필요한 조사연구를 위하여 위원회에 장거리이동 대기오염물질 연구단을 둔다.
⑥ 위원회와 실무위원회 및 장거리이동 대기오염물질 연구단의 구성 및 운영 등에 관하여 필요한 사항은 대통령령으로 정한다.

✪ 장거리이동 대기오염물질 대책위원회의 위원 등(영 제4조) ※중요내용

① "대통령령으로 정하는 중앙행정기관의 공무원"이란 기획재정부, 교육부, 외교부, 행정안전부, 문화체육관광부, 산업통상

자원부, 보건복지부, 환경부, 국토교통부, 해양수산부, 국무조정실, 식품의약품안전처, 기상청, 농촌진흥청, 산림청 소속 고위공무원단에 속하는 공무원 중에서 해당 기관의 장이 추천하는 공무원 각 1명을 말한다.
② "대통령령으로 정하는 분야"란 산림 분야, 대기환경 분야, 기상 분야, 예방의학 분야, 보건 분야, 화학사고 분야, 해양 분야, 국제협력 분야 및 언론 분야를 말한다.
③ 공무원이 아닌 위원의 임기는 2년으로 한다.
④ 환경부장관은 위원이 다음 각 호의 어느 하나에 해당하는 경우에는 해당 위원을 해임 또는 해촉(解囑)할 수 있다.
　1 심신장애로 인하여 직무를 수행할 수 없게 된 경우
　2 직무와 관련된 비위사실이 있는 경우
　3 직무태만, 품위손상이나 그 밖의 사유로 인하여 위원으로 적합하지 아니하다고 인정되는 경우
　4 위원 스스로 직무를 수행하는 것이 곤란하다고 의사를 밝히는 경우

✪ 위원회의 운영 등(영 제5조) 〈중요내용〉

① 장거리이동 대기오염 물질대책위원회(이하 "위원회"라 한다)의 회의는 연 1회 개최한다. 다만, 위원회의 위원장(이하 "위원장"이라 한다)이 필요하다고 인정하는 경우에는 임시회의를 소집할 수 있다.
② 위원회의 회의는 재적위원 과반수의 출석으로 개의(開議)하고, 출석위원 과반수의 찬성으로 의결한다.
③ 위원장은 위원회의 업무를 총괄하고 위원회의 의장이 된다.
④ 위원장이 부득이한 사유로 그 직무를 수행할 수 없는 경우에는 위원장이 미리 지명하는 위원이 그 직무를 대행한다.
⑤ 위원회의 사무를 처리하기 위하여 위원회에 간사 1명을 두며, 간사는 환경부 소속 공무원 중 위원장이 지명한 자가 된다.

✪ 실무위원회의 구성(영 제6조)

① 법 제14조 제4항에 따른 실무위원회는 실무위원회의 위원장(이하 "실무위원장"이라 한다) 1명을 포함한 25명 이내의 위원으로 구성한다.
② 실무위원장은 장거리이동 대기오염물질 대책 관련 환경부 소속 고위공무원단에 속하는 공무원 중에서 위원장이 지명하는 사람이 되며, 실무위원은 다음 각 호의 사람이 된다.
　1 기획재정부, 교육부, 외교부, 행정안전부, 문화체육관광부, 산업통상자원부, 보건복지부, 환경부, 국토교통부, 해양수산부, 국무조정실, 식품의약품안전처, 기상청, 소방방재청, 농촌진흥청, 산림청의 4급 이상 공무원 중 해당 기관의 장이 지명하는 각 1명
　2 국립환경과학원에 소속된 공무원 중에서 환경부장관이 지명하는 1명
　3 대기환경 정책에 관한 지식과 경험이 풍부한 자 중에서 환경부장관이 위촉하는 자
③ 공무원이 아닌 위원의 임기는 2년으로 한다.
④ 실무위원회의 사무를 처리하기 위하여 실무위원회에 간사 1명을 두며, 간사는 환경부소속 공무원 중에서 실무위원장이 지명한 자가 된다.

제2장 사업장 등의 대기오염물질 배출규제

♂ 배출허용기준(법 제16조)

① 대기오염물질 배출시설(이하 "배출시설"이라 한다)에서 나오는 대기오염물질(이하 "오염물질"이라 한다)의 배출허용기준은 환경부령으로 정한다.
② 환경부장관이 제1항에 따른 환경부령을 정하는 경우에는 관계 중앙행정기관의 장과 협의하여야 한다.
③ 특별시·광역시·특별자치시·도(그 관할 구역 중 인구 50만 이상 시는 제외)·특별자치도 또는 특별시·광역시 및 특별자치시를 제외한 인구 50만 이상 시는 「환경정책기본법」에 따른 지역 환경기준의 유지가 곤란하다고 인정되거나 대기관리

권역 대기질에 대한 개선을 위하여 필요하다고 인정되면 그 시·도 또는 대도시의 조례로 제1항에 따른 배출허용기준보다 강화된 배출허용기준(기준 항목의 추가 및 기준의 적용 시기를 포함한다)을 정할 수 있다.
④ 시·도지사 또는 대도시 시장은 배출허용기준을 설정·변경하는 경우에는 조례로 정하는 바에 따라 미리 주민 등 이해관계자의 의견을 듣고 이를 반영하도록 노력하여야 한다.
⑤ 시·도지사는 배출허용기준이 설정·변경된 경우에는 지체 없이 환경부장관에게 보고하고 이해 관계자가 알 수 있도록 필요한 조치를 하여야 한다.
⑥ 환경부장관은 「환경정책기본법」특별대책지역(이하 "특별대책지역"이라 한다)의 대기오염 방지를 위하여 필요하다고 인정하면 그 지역에 설치된 배출시설에 대하여 제1항의 기준보다 엄격한 배출허용기준을 정할 수 있으며, 그 지역에 새로 설치되는 배출시설에 대하여 특별배출허용기준을 정할 수 있다.
⑦ 조례에 따른 배출허용기준이 적용되는 시·도에 그 기준이 적용되지 아니하는 지역이 있으면 그 지역에 설치되었거나 설치되는 배출시설에도 조례에 따른 배출허용기준을 적용한다.

[배출허용기준(규칙 제15조) : 별표 8]

가. 가스형태의 물질

대기오염물질	배출시설	배출허용기준
암모니아 (ppm) *중요내용*	1) 화학비료 및 질소화합물 제조시설	20 이하
	2) 무기안료·염료·유연제·착색제 제조시설	20 이하
	3) 폐수·폐기물·폐가스 소각처리시설(소각보일러를 포함한다)및 고형연료제품 사용시설	30(12) 이하
	4) 시멘트 제조시설 중 소성시설	30(13) 이하
	5) 그 밖의 배출시설	50 이하
일산화탄소 (ppm)	1) 폐수·폐기물·폐가스 소각처리시설(소각보일러를 포함한다) 가) 소각용량이 시간당 2톤(의료폐기물 처리시설은 시간당 200kg) 이상인 시설 나) 소각용량 시간당 2톤 미만인 시설	50(12) 이하 200(12) 이하
	2) 석유제품 제조시설 중 중질유분해시설의 일산화탄소 소각보일러	200(12) 이하
	3) 고형연료제품 사용시설 가) 고형연료제품 사용량이 시간당 2톤 이상인 시설 나) 고형연료제품 사용량이 시간당 200킬로그램 이상 2톤 미만인 시설 다) 일반고형연료제품(SRF)제조시설 중 건조·가열시설 라) 바이오매스 및 목재펠릿 사용시설	50(12) 이하 200(12) 이하 200(12) 이하
	4) 화장로시설 2010년 1월 1일 이후에 설치한 시설	80(12) 이하
염화수소 (ppm)	1) 기초무기화합물 제조시설 중 염산 제조시설(염산, 염화수소 회수시설을 포함한다) 및 저장시설	6 이하
	2) 기초무기화합물 제조시설 중 폐염산 정제시설(염산 및 염화수소 회수시설을 포함한다) 및 저장시설	15 이하
	3) 제1차 금속제조시설, 조립금속제품·기계·기기·운송장비·가구 제조시설의 표면처리시설 중 탈지시설, 산·알칼리 처리시설	3 이하
	4) 폐수·폐기물·폐가스 소각처리시설(소각보일러를 포함한다.) 가) 소각용량이 시간당 2톤(의료폐기물 처리시설은 시간당 200kg) 이상인 시설 나) 소각용량 시간당 2톤 미만인 시설	15(12) 이하 20(12) 이하
	5) 유리 및 유리제품 제조시설 중 용융·용해시설	2(13) 이하
	6) 시멘트·석회·플라스터 및 그 제품 제조시설, 기타 비금속광물제품 제조시설 중 소성시설(예열시설을 포함한다), 용융·용해시설, 건조시설	15(13) 이하
	7) 조립금속제품 제조시설의 반도체 및 기타 전자부품 제조시설 중 증착(蒸着)시설, 식각(蝕刻)시설 및 표면처리시설	5 이하

	8) 고형연료제품 사용시설 　가) 고형연료제품 사용량이 시간당 2톤 이상인 시설 　나) 고형연료제품 사용량이 시간당 200킬로그램 이상 2톤 미만인 시설	15(12) 이하 20(12) 이하
	9) 화장로시설	20(12) 이하
	10) 그 밖의 배출시설	6 이하
황산화물 (SO_2로서) (ppm)	일반보일러 가) 액체연료 사용시설 　(1) 증발량이 시간당 40톤 이상이거나 열량이 시간당 24,760,000킬로칼로리 이상인 시설 　　　2015년 1월 1일 이후 설치시설	50(4)
	(2) 증발량이 시간당 10톤 이상 40톤 미만인 시설, 열량이 시간당 6,190,000킬로칼로리 이상 24,760,000킬로칼로리 미만인 시설 　　　2015년 1월 1일 이후 설치시설	70(4) 이하
	(3) 증발량이 시간당 10톤 미만이거나 열량이 시간당 6,190,000킬로칼로리 미만인 시설 　　(가) 0.3% 이하 저황유 사용지역 　　(나) 0.5% 이하 저황유 사용지역 　　(다) 그 밖의 지역	180(4) 이하 270(4) 이하 540(4) 이하
	나) 고체연료 사용시설(액체연료 혼합시설을 포함한다) 　　2015년 1월 1일 이후 설치시설	70(6) 이하
	다) 기체연료사용시설 　　2015년 1월 1일 이후 설치시설	50(4) 이하
	라) 바이오가스 사용시설	180(4) 이하
질소산화물 (NO_2로서) (ppm)	일반보일러 가) 액체연료(경질유는 제외한다) 사용시설 　(1) 증발량이 시간당 40톤 이상이거나 열량이 시간당 24,760,000킬로칼로리 이상인 시설 　　　2015년 1월 1일 이후 설치시설	50(4) 이하
	(2) 증발량이 시간당 10톤 이상 40톤 미만인 시설, 열량이시간당 6,190,000킬로칼로리 이상 24,760,000킬로칼로리 미만인 시설 　　　2015년 1월 1일 이후 설치시설	70(4) 이하
	(3) 증발량이 시간당 10톤 미만이거나 열량이 시간당 6,190,000킬로칼로리 미만인 시설 　　　2015년 1월 1일 이후 설치시설	70(4) 이하
	나) 고체연료 사용시설 　　2007년 2월 1일 이후 설치시설	70(6) 이하
	다) 국내에서 생산되는 석유코크스 사용시설 　　2015년 1월 1일 이후 설치시설	70(6) 이하
	라) 기체연료 사용시설 　(1) 증발량이 시간당 40톤 이상이거나 열량이 시간당 24,760,000킬로칼로리 이상인 시설 　　　2015년 1월 1일 이후 설치시설	40(4) 이하
	(2) 증발량이 시간당 10톤 이상 40톤 미만인 시설, 열량이 시간당 6,190,000킬로칼로리 이상 24,760,000킬로칼로리 미만인 시설 　　　2015년 1월 1일 이후 설치시설	60(4) 이하
	(3) 증발량이 시간당 10톤 미만이거나 열량이 시간당 6,190,000킬로칼로리 미만인 시설 　　　2015년 1월 1일 이후 설치시설	60(4) 이하
	마) 바이오가스 사용시설	160(4) 이하
	바) 그 밖의 배출시설 　　2015년 1월 1일 이후 설치시설	60 이하
이황화탄소 (ppm)	모든 배출시설	30 이하
포름알데히드 (ppm)	모든 배출시설	10 이하

황화수소 (ppm)	1) 폐수 · 폐기물 · 폐가스 소각처리시설(소각보일러를 포함한다) 가) 소각용량이 시간당 200킬로그램 이상인 시설 나) 소각용량이 시간당 200킬로그램 미만인 시설	2(12) 이하 10(12) 이하
	2) 시멘트제조시설 중 소성시설	2(13) 이하
	3) 석유제품 제조시설 및 기초유기화합물 제조시설 중 가열시설, 탈황시설 및 폐가스소각시설	6(4) 이하
	4) 펄프 · 종이 및 종이제품 제조시설	5 이하
	5) 고형연료제품 사용시설 가) 고형연료제품 사용량이 시간당 2톤 이상인 시설 나) 고형연료제품 사용량이 시간당 200킬로그램 이상 2톤 미만인 시설	2(12) 이하 10(12) 이하
	6) 석탄가스화 연료 제조시설 가) 황 회수시설 나) 황산 제조시설	6(4) 이하 6(8) 이하
	7) 그 밖의 배출시설	10 이하
불소화합물 (F로서) (ppm)	1) 도자기 · 요업제품 제조시설의 소성시설(예열시설을 포함한다), 용융 · 용해시설	5(13) 이하
	2) 기초무기화합물 제조시설과 화학비료 및 질소화합물 제조시설의 습식인산 제조시설, 복합비료 제조시설, 과인산암모늄 제조시설, 인광석 · 형석의 용융 · 용해시설 및 소성시설, 불소화합물 제조시설	3 이하
	3) 폐수 · 폐기물 · 폐가스 소각처리시설(소각보일러를 포함한다) 가) 소각용량이 시간당 200킬로그램 이상인 시설 나) 소각용량이 시간당 200킬로그램 미만인 시설	2(12) 이하 3(12) 이하
	4) 시멘트제조시설 중 소성시설	2(13) 이하
	5) 반도체 및 기타 전자부품 제조시설 중 표면처리시설(증착시설, 식각시설을 포함한다.) 2015년 1월 1일 이후 설치시설	3 이하
	6) 제1차금속 제조시설, 조립금속제품 제조시설의 표면처리시설 중 탈지시설, 산 · 알칼리 처리시설, 화성처리시설, 건조시설, 불산처리시설, 무기산저장시설	3 이하
	7) 고형연료제품 사용시설 가) 고형연료제품 사용량이 시간당 2톤 이상인 시설 나) 고형연료제품 사용량이 시간당 200킬로그램 이상 2톤 미만인 시설	2(12) 이하 3(12) 이하
	8) 그 밖의 배출시설	3 이하
시안화수소 (ppm)	1) 아크릴로니트릴 제조시설의 폐가스 소각시설	10 이하
	2) 그 밖의 배출시설	5 이하
브롬화합물 (Br로서) (ppm)	모든 배출시설	3 이하
벤젠 (ppm)	모든 배출시설(내부부상 지붕형 또는 외부부상 지붕형 저장시설은 제외한다)	10 이하
페놀화합물 (C_6H_5OH) (ppm)	모든 배출시설	5 이하
수은화합물 (Hg로서) (mg/Sm^3)	1) 폐수 · 폐기물 · 폐가스 소각처리시설(소각보일러를 포함한다) 및 고형연료제품 사용시설	0.08(12) 이하
	2) 발전시설(고체연료 사용시설)	0.05(6) 이하
	3) 제1차 금속제조시설 중 소결로	0.05(15) 이하
	4) 시멘트 · 석회 · 플라스터 및 그 제품 제조시설 중 시멘트 소성시설	0.08(13) 이하
	5) 그 밖의 배출시설	2 이하

대기오염물질	배출시설	배출허용기준
비소화합물 (As로서) (ppm)	1) 폐수·폐기물·폐가스 소각처리시설(소각보일러를 포함한다) 및 고형연료제품 사용시설	0.25(12) 이하
	2) 시멘트제조시설 중 소성시설	0.25(13) 이하
	3) 그 밖의 배출시설	2 이하
염화비닐 (ppm)	이염화에틸렌·염화비닐 및 PVC 제조시설 중 중합반응시설 가) 1996년 7월 1일 이후 설치시설 　(1) 현탁중합반응시설 　(2) 괴상중합반응시설 　(3) 유화중합반응시설 　(4) 공중합반응시설 　(5) 그 밖의 배출시설	 10 이하 30 이하 100 이하 180 이하 10 이하
탄화수소 (THC로서) (ppm)	1) 연속식 도장시설(건조시설과 분무·분체·침지도장시설을 포함한다) 2) 비연속식 도장시설 3) 인쇄 및 각종 기록매체 제조(복제)시설 4) 시멘트 제조시설 중 소성시설(예열시설을 포함하며, 폐기물을 연료로 사용하는 시설만 해당한다)	40 이하 200 이하 200 이하 60(13)이하
디클로로메탄 (ppm)	모든 배출시설	50 이하

비고
1. 배출허용기준 난의 (　)는 표준산소농도(O_2의 백분율)를 말하며, 유리용해시설에서 공기 대신 순산소를 사용하는 경우, 폐가스소각시설 중 직접연소에 의한 시설, 촉매반응을 이용하는 시설 및 구리제련시설의 건조로, 질소산화물(NO_2로서)의 7)에 해당하는 시설(시멘트 제조시설은 고로슬래그 시멘트 제조시설만 해당한다) 중 열풍을 이용하여 직접 건조하는 시설은 표준산소농도(O_2의 백분율)를 적용하지 아니한다. 다만, 실측 산소농도가 12% 미만인 직접연소에 의한 시설은 표준산소농도(O_2의 백분율)를 적용한다.
2. "고형연료제품 사용시설"이란 연료사용량 중 고형연료제품 사용비율이 30퍼센트 이상인 시설을 말한다.
3. 황산화물(SO_2로서)의 1)가)에서 "저황유 사용지역"이란 고시한 지역을 말한다.
4. 탄화수소(THC로서)의 1)의 "연속식 도장시설"이란 1일 8시간 이상 연속하여 가동하는 시설이며, 2)의 "비연속식 도장시설"이란 연속식 도장시설 외의 시설을 말한다.
5. 탄화수소(THC로서)의 도장시설(건조시설을 포함한다) 중 자동차제작자의 도장시설은 건조시설을 포함하며, 유기용제 사용량이 연 15톤 이상인 시설만 해당한다.

나. 입자형태의 물질

대기오염물질	배출시설	배출허용기준
먼지 (mg/Sm^3)	일반보일러 가) 액체연료 사용시설 　(1) 증발량이 시간당 150톤 이상 또는 열량이 시간당 92,850,000킬로칼로리 이상인 시설 　　 2015년 1월 1일 이후 설치시설	 10(4) 이하
	(2) 증발량이 시간당 20톤 이상 150톤 미만인 시설 또는 열량이 시간당 12,380,000킬로칼로리 이상 92,850,000킬로칼로리 미만인 시설 　　 2015년 1월 1일 이후 설치시설	 20(4) 이하
	(3) 증발량이 시간당 5톤 이상 20톤 미만인 시설 또는 열량이 3,095,000킬로칼로리 이상 12,380,0000킬로칼로리 미만인 시설 　　 2015년 1월 1일 이후 설치시설	 20(4) 이하
	(4) 증발량이 시간당 5톤 미만 또는 열량이 3,095,000킬로칼로리 미만인 시설 　　 2015년 1월 1일 이후 설치시설	 20(4) 이하
	나) 고체연료 사용시설(액체연료 혼합시설을 포함한다) 　(1) 증발량이 시간당 20톤 이상 또는 열량이 시간당 12,380,000킬로칼로리 이상인 시설 　　 2015년 1월 1일 이후 설치시설	 10(6) 이하
	(2) 증발량이 시간당 5톤 이상 20톤 미만인 시설 또는 열량이 3,095,000킬로칼로리 이상 12,380,000킬로칼로리 미만인 시설 　　 2015년 1월 1일 이후 설치시설	 20(6) 이하

	(3) 증발량이 시간당 5톤 미만 또는 열량이 시간당 3,095,000킬로칼로리 미만인 시설	
	2015년 1월 1일 이후 설치시설	20(6) 이하

비고
1. 배출허용기준 난의 ( )는 표준산소농도(O_2의 백분율)를 말하며, 다음의 시설에 대하여는 표준산소농도(O_2의 백분율)를 적용하지 아니한다. <중요내용>
   가. 폐가스소각시설 중 직접연소에 의한 시설과 촉매반응을 이용하는 시설. 다만, 실측산소농도가 12% 미만인 직접연소에 의한 시설은 표준산소농도(O_2의 백분율)를 적용한다.
   나. 먼지의 5) 및 11)(시멘트 제조시설은 고로슬래그 시멘트 제조시설만 해당한다)에 해당하는 시설 중 열풍을 이용하여 직접 건조하는 시설
   다. 공기 대신 순산소를 사용하는 시설
   라. 구리제련시설의 건조로
   마. 그 밖에 공정의 특성상 표준산소농도 적용이 불가능한 시설로서 시·도지사가 인정하는 시설
2. 일반보일러의 경우에는 시설의 고장 등을 대비하여 허가를 받거나 신고하여 예비로 설치된 시설의 시설용량은 포함하지 아니한다.
3. "고형연료제품 사용시설"이란 「자원의 절약과 재활용촉진에 관한 법률」에 따른 해당 시설로서 연료사용량 중 고형연료제품 사용비율이 30퍼센트 이상인 시설을 말한다.
4. 배출시설란에서 "이전 설치시설"이란 해당 연월일 이전에 배출시설을 설치 중인 시설 및 환경영향평가협의를 요청한 시설을 말하며, "이후 설치시설"이란 해당 연월일 이후에 배출시설 설치허가(신고를 포함한다)를 받은 시설 및 환경영향평가협의를 요청한 시설을 말한다.

♂ 대기오염물질의 배출원 및 배출량 조사(법 제17조)

① 환경부장관은 종합계획, 「환경정책기본법」에 따른 국가환경종합계획과 대기관리권역의 대기환경개선에 관한 특별법, 대기환경관리기본계획을 합리적으로 수립·시행하기 위하여 전국의 대기오염물질 배출원(排出源) 및 배출량을 조사하여야 한다.
② 시·도지사 및 지방 환경관서의 장은 환경부령으로 정하는 바에 따라 관할 구역의 배출시설 등 대기오염물질의 배출원 및 배출량을 조사하여야 한다.
③ 환경부장관 또는 시·도지사는 대기오염물질의 배출원 및 배출량 조사를 위하여 관계 기관의 장에게 필요한 자료의 제출이나 지원을 요청할 수 있다. 이 경우 요청을 받은 관계 기관의 장은 특별한 사유가 없으면 따라야 한다.
④ 환경부장관은 대기오염물질의 배출원과 배출량 및 이의 산정에 사용된 계수 등 각종 정보 및 통계를 검증할 수 있는 체계를 구축하여야 한다.
⑤ 대기오염물질의 배출원과 배출량의 조사방법, 조사절차, 배출량의 산정방법 등에 필요한 사항은 환경부령으로 정한다.

❑ 배출시설별 배출원과 배출량 조사(규칙 제16조)

① 시·도지사, 유역환경청장, 지방환경청장 및 수도권대기환경청장은 배출시설별 배출원과 배출량을 조사하고, 그 결과를 다음해 3월말까지 환경부장관에게 보고하여야 한다. <중요내용>
② 배출원의 조사방법, 배출량의 조사방법과 산정방법(이하 "배출량 등 조사·산정방법"이라 한다)은 다음 각 호와 같다.
   ❶ 굴뚝 자동측정기기(이하 "굴뚝 자동측정기기"라 한다)가 설치된 배출시설의 경우 : 굴뚝 자동측정기기의 측정에 따른 방법
   ❷ 굴뚝 자동측정기기가 설치되지 아니한 배출시설의 경우 : 자가측정에 따른 방법
   ❸ 배출시설 외의 오염원의 경우 : 단위당 대기오염물질 배출량을 산출하는 배출계수에 따른 방법
③ 배출량 조사·산정방법에 관하여 필요한 사항은 환경부장관이 정하여 고시한다.

♂ 총량규제(법 제22조)

① 환경부장관은 대기오염 상태가 환경기준을 초과하여 주민의 건강·재산이나 동식물의 생육에 심각한 위해를 끼칠 우려가 있다고 인정하는 구역 또는 특별대책지역 중 사업장이 밀집되어 있는 구역의 경우에는 그 구역의 사업장에서 배출되는 오염

물질을 총량으로 규제할 수 있다.
② 총량규제의 항목과 방법, 그 밖에 필요한 사항은 환경부령으로 정한다.

❑ **총량규제구역의 지정 등(규칙 제24조)**

환경부장관은 그 구역의 사업장에서 배출되는 대기오염물질을 총량으로 규제하려는 경우에는 다음 각 호의 사항을 고시하여야 한다. *중요내용*

❶ 총량규제구역
❷ 총량규제 대기오염물질
❸ 대기오염물질의 저감계획
❹ 그 밖에 총량규제구역의 대기관리를 위하여 필요한 사항

[설치허가 대상 특정대기유해물질 배출시설의 적용기준 : 규칙 별표 8의2]

물질명	기준농도	물질명	기준농도
염소 및 염화수소	0.4ppm	히드라진	0.45ppm
불소화물	0.05ppm	카드뮴 및 그 화합물	$0.01mg/m^3$
시안화수소	0.05ppm	납 및 그 화합물	$0.05mg/m^3$
염화비닐	0.1ppm	크롬 및 그 화합물	$0.1mg/m^3$
페놀 및 그 화합물	0.2ppm	비소 및 그 화합물	0.003ppm
벤젠	0.1ppm	수은 및 그 화합물	$0.0005mg/m^3$
사염화탄소	0.1ppm	니켈 및 그 화합물	$0.01mg/m^3$
클로로포름	0.1ppm	베릴륨 및 그 화합물	$0.05mg/m^3$
포름알데히드	0.08ppm	폴리염화비페닐	$1pg/m^3$
아세트알데히드	0.01ppm	다이옥신	$0.001ng-TEQ/m^3$
1,3-부타디엔	0.03ppm	다환방향족 탄화수소류	$10ng/m^3$
에틸렌옥사이드	0.05ppm	이황화메틸	0.1ppb
디클로로메탄	0.5ppm	총 VOCs(아닐린, 스틸렌, 테트라클로로에틸렌, 1,2-디클로로에탄, 에틸벤젠, 아크릴로니트릴)	$0.4mg/m^3$
트리클로로에틸렌	0.3ppm		

[비고]
별표 2에 따른 특정대기유해물질 중 위 표에서 기준농도가 정해지지 않은 물질의 기준 농도는 0.00으로 한다.

⚫ 배출시설의 설치 허가 및 신고(법 제23조) *중요내용*

① 배출시설을 설치하려는 자는 대통령령으로 정하는 바에 따라 시·도지사의 허가를 받거나 시·도지사에게 신고하여야 한다. 다만, 시·도가 설치하는 배출시설, 관할시·도가 다른 둘 이상의 시·군·구가 공동으로 설치하는 배출시설에 대해서는 환경부장관의 허가를 받거나 환경부장관에게 신고하여야 한다.
② 허가를 받은 자가 허가받은 사항 중 대통령령으로 정하는 중요한 사항을 변경하려면 변경허가를 받아야 하고, 그 밖의 사항을 변경하려면 변경신고를 하여야 한다.
③ 신고를 한 자가 신고한 사항을 변경하려면 환경부령으로 정하는 바에 따라 변경신고를 하여야 한다.
④ 허가·변경허가를 받거나 신고·변경신고를 하려는 자가 공동 방지시설을 설치하거나 변경하려는 경우에는 환경부령으로 정하는 서류를 제출하여야 한다.
⑤ 환경부장관 또는 시·도지사는 신고 또는 변경신고를 받은 날부터 환경부령으로 정하는 기간 내에 신고 또는 변경신고 수리 여부를 신고인에게 통지하여야 한다.
⑥ 환경부장관 또는 시·도지사가 제5항에서 정한 기간 내에 신고수리 여부 또는 민원 처리 관련 법령에 따른 처리기간의 연장 여부를 신고인에게 통지하지 아니하면 그 기간(민원 처리 관련 법령에 따라 처리기간이 연장 또는 재연장된 경우에는 해당

처리기간을 말한다)이 끝난 날의 다음 날에 신고를 수리한 것으로 본다.
⑦ 허가 또는 변경허가의 기준은 다음 각 호와 같다.
  ❶ 배출시설에서 배출되는 오염물질을 배출허용기준 이하로 처리할 수 있을 것
  ❷ 다른 법률에 따른 배출시설 설치제한에 관한 규정을 위반하지 아니할 것
⑧ 환경부장관 또는 시·도지사는 배출시설로부터 나오는 특정 대기유해물질이나 특별대책지역의 배출시설로부터 나오는 대기오염물질로 인하여 환경기준의 유지가 곤란하거나 주민의 건강·재산, 동식물의 생육에 심각한 위해를 끼칠 우려가 있다고 인정되면 대통령령으로 정하는 바에 따라 특정대기유해물질을 배출하는 배출시설의 설치 또는 특별대책지역에서의 배출시설 설치를 제한할 수 있다.
⑨ 환경부장관 또는 시·도지사는 허가 또는 변경허가를 하는 경우에는 대통령령으로 정하는 바에 따라 주민 건강이나 주변환경의 보호 및 배출시설의 적정관리 등을 위하여 필요한 조건을 붙일 수 있다. 이 경우 허가조건은 허가 또는 변경허가의 시행에 필요한 최소한도의 것이어야 하며, 허가 또는 변경허가를 받는 자에게 부당한 의무를 부과하는 것이어서는 아니 된다.

✪ 배출시설의 설치허가 및 신고 등(영 제11조) ◀중요내용

① 설치허가를 받아야 하는 배출시설은 다음 각 호와 같다.
  1 특정대기유해물질이 환경부령으로 정하는 기준 이상으로 발생되는 배출시설
  2 「환경정책기본법」 지정·고시된 특별대책지역(이하 "특별대책지역"이라 한다)에 설치하는 배출시설. 다만, 특정대기유해물질이 제1호에 따른 기준 이상으로 배출되지 아니하는 배출시설로서 5종사업장에 설치하는 배출시설은 제외한다.
② 배출시설을 설치하려는 자는 배출시설 설치신고를 하여야 한다.
③ 배출시설 설치허가를 받거나 설치신고를 하려는 자는 배출시설 설치허가신청서 또는 배출시설 설치신고서에 다음 각 호의 서류를 첨부하여 환경부장관 또는 시·도지사에게 제출하여야 한다.
  1 원료(연료를 포함한다)의 사용량 및 제품 생산량과 오염물질 등의 배출량을 예측한 명세서
  2 배출시설 및 대기오염 방지시설의 설치명세서
  3 방지시설의 일반도(一般圖)
  4 방지시설의 연간 유지관리 계획서
  5 사용 연료의 성분 분석과 황산화물 배출농도 및 배출량 등을 예측한 명세서(법 제41조 제3항 단서에 해당하는 배출시설의 경우에만 해당한다)
  6 배출시설 설치허가증(변경허가를 신청하는 경우에만 해당한다)
④ 법 제23조 제2항에서 "대통령령으로 정하는 중요한 사항"이란 다음 각 호와 같다.
  1 설치허가 또는 변경허가를 받거나 변경신고를 한 배출시설 규모의 합계나 누계의 100분의 50 이상(제1항 제1호에 따른 특정대기유해물질 배출시설의 경우에는 100분의 30 이상으로 한다) 증설. 이 경우 배출시설 규모의 합계나 누계는 배출구별로 산정한다.
  2 설치허가 또는 변경허가를 받은 배출시설의 용도 추가
⑤ 변경신고를 하여야 하는 경우와 변경신고의 절차 등에 관한 사항은 환경부령으로 정한다.
⑥ 환경부장관 또는 시·도지사는 배출시설 설치허가를 하거나 배출시설 설치신고를 수리한 경우에는 배출시설 설치허가증 또는 배출시설 설치신고증명서를 신청인에게 내주어야 한다. 다만, 배출시설의 설치변경을 허가한 경우에는 배출시설 설치허가증의 변경사항란에 변경허가사항을 적는다.
⑦ 환경부장관 또는 시·도지사는 다음 각 호의 사항을 허가 또는 변경허가의 조건으로 붙일 수 있다.
  1 배출구 없이 대기 중에 직접 배출되는 대기오염 물질이나 악취, 소음 등을 줄이기 위하여 필요한 조치 사항
  2 배출시설의 배출허용기준 준수 여부 및 방지시설의 적정한 가동 여부를 확인하기 위하여 필요한 조치 사항

❏ 배출시설의 변경허가(규칙 제26조)

각 호의 서류를 첨부하여 유역환경청장, 지방환경청장, 수도권 대기환경청장 또는 시·도지사에게 제출하여야 한다.

❏ **배출시설의 변경신고 등(규칙 제27조)**

① 변경신고를 하여야 하는 경우는 다음 각 호와 같다. *중요내용*
  ❶ 같은 배출구에 연결된 배출시설을 증설 또는 교체하거나 폐쇄하는 경우. 다만, 배출시설의 규모[허가 또는 변경허가를 받은 배출시설과 같은 종류의 배출시설로서 같은 배출구에 연결되어 있는 배출시설(방지시설의 설치를 면제받은 배출시설의 경우에는 면제받은 배출시설)의 총 규모를 말한다]를 10퍼센트 미만으로 증설 또는 교체하거나 폐쇄하는 경우로서 다음 각 목의 모두에 해당하는 경우에는 그러하지 아니하다.
    가. 배출시설의 증설·교체·폐쇄에 따라 변경되는 대기오염물질의 양이 방지시설의 처리용량 범위 내일 것
    나. 배출시설의 증설·교체로 인하여 다른 법령에 따른 설치 제한을 받는 경우가 아닐 것
  ❷ 배출시설에서 허가받은 오염물질 외의 새로운 대기오염물질이 배출되는 경우
  ❸ 방지시설을 증설·교체하거나 폐쇄하는 경우
  ❹ 사업장의 명칭이나 대표자를 변경하는 경우
  ❺ 사용하는 원료나 연료를 변경하는 경우. 다만, 새로운 대기오염물질을 배출하지 아니하고 배출량이 증가되지 아니하는 원료로 변경하는 경우 또는 종전의 연료보다 황함유량이 낮은 연료로 변경하는 경우는 제외한다.
  ❻ 배출시설 또는 방지시설을 임대하는 경우
  ❼ 그 밖의 경우로서 배출시설 설치허가증에 적힌 허가사항 및 일일조업시간을 변경하는 경우
② 변경신고를 하려는 자는 제1항 제1호·제2호·제4호 또는 제6호에 해당되는 경우에는 변경 전에, 제1항 제3호의 경우에는 그 사유가 발생한 날부터 2개월 이내에, 제1항 제5호의 경우에는 그 사유가 발생한 날(배출시설에 사용되는 원료나 연료를 변경하지 아니한 경우로서 자가측정 시 새로운 대기오염물질이 배출되지 않았으나 검사 결과 새로운 대기오염물질이 배출된 경우에는 그 배출이 확인된 날)부터 30일 이내에 배출시설 변경신고서에 다음 각 호의 서류 중 변경내용을 증명하는 서류와 배출시설 설치허가증을 첨부하여 유역환경청장, 지방환경청장, 수도권대기환경청장 또는 시·도지사에게 제출하여야 한다. 다만, 제출한 개선계획서의 개선내용이 제1항 제1호 또는 제2호에 해당하는 경우에는 개선계획서를 제출할 때 제출한 서류는 제출하지 않을 수 있다. *중요내용*
  ❶ 공정도
  ❷ 방지시설의 설치명세서와 그 도면
  ❸ 그 밖에 변경내용을 증명하는 서류
③ 변경신고를 하려는 자는 신고사유가 제1호·제1호의2·제2호 또는 제5호에 해당되는 경우에는 변경 전에, 제3호의 경우에는 그 사유가 발생한 날부터 2개월 이내에, 제4호의 경우에는 그 사유가 발생한 날(배출시설에 사용되는 원료나 연료를 변경하지 아니한 경우로서 자가측정 시 새로운 대기오염물질이 배출되지 않았으나 검사 결과 새로운 대기오염물질이 배출된 경우에는 그 배출이 확인된 날)부터 30일 이내에 배출시설 변경신고서에 배출시설 설치신고증명서와 변경내용을 증명하는 서류를 첨부하여 유역환경청장, 지방환경청장, 수도권대기환경청장 또는 시·도지사에게 제출하여야 한다. 다만, 제출한 개선계획서의 개선내용이 제1호·제1호의2 또는 제2호에 해당되는 경우에는 개선계획서를 제출할 때 제출한 서류는 제출하지 않을 수 있다.
  ❶ 같은 배출구에 연결된 배출시설을 증설 또는 교체하거나 폐쇄하는 경우. 다만, 배출시설의 규모[신고 또는 변경신고를 한 배출시설과 같은 종류의 배출시설로서 같은 배출구에 연결되어 있는 배출시설(방지시설의 설치를 면제받은 배출시설의 경우에는 면제받은 배출시설)의 총 규모를 말한다]를 10퍼센트 미만으로 증설 또는 교체하거나 폐쇄하는 경우로서 다음 각 목의 모두에 해당하는 경우에는 그러하지 아니하다.
    가. 배출시설의 증설·교체·폐쇄에 따라 변경되는 대기오염물질의 양이 방지시설의 처리용량 범위 내일 것
    나. 배출시설의 증설·교체로 인하여 다른 법령에 따른 설치 제한을 받는 경우가 아닐 것
  ❷ 배출시설에서 신고한 대기오염물질 외의 새로운 대기오염물질이 배출되는 경우
  ❸ 방지시설을 증설·교체하거나 폐쇄하는 경우
  ❹ 사용하는 원료나 연료를 변경하는 경우. 다만, 새로운 대기오염물질을 배출하지 아니하고 배출량이 증가되지 아니하는 원료로 변경하는 경우 또는 종전의 연료보다 황함유량이 낮은 연료로 변경하는 경우는 제외한다.
  ❺ 사업장의 명칭이나 대표자를 변경하는 경우
  ❻ 배출시설 또는 방지시설을 임대하는 경우

❼ 그 밖의 경우로서 배출시설 설치신고증명서에 적힌 신고사항 및 일일조업시간을 변경하는 경우
④ 유역환경청장, 지방환경청장, 수도권대기환경청장 또는 시·도지사는 변경신고를 수리한 경우에는 배출시설 설치허가증 또는 배출시설 설치신고증명서의 뒤 쪽에 변경신고사항을 적는다.

◎ 배출시설설치의 제한(영 제12조) *중요내용*

환경부장관 또는 시·도지사가 배출시설의 설치를 제한할 수 있는 경우는 다음 각 호와 같다.
① 배출시설 설치 지점으로부터 반경 1킬로미터 안의 상주 인구가 2만명 이상인 지역으로서 특정대기유해물질 중 한 가지 종류의 물질을 연간 10톤 이상 배출하거나 두 가지 이상의 물질을 연간 25톤 이상 배출하는 시설을 설치하는 경우
② 대기오염물질(먼지·황산화물 및 질소산화물만 해당한다)의 발생량 합계가 연간 10톤 이상인 배출시설을 특별대책지역(총량규제구역으로 지정된 특별대책지역은 제외한다)에 설치하는 경우

◎ 저황유 외의 연료사용(영 제41조)

환경부장관 또는 시·도지사는 저황유 공급지역의 사용시설 중 다음 각 호의 시설에서는 저황유 외의 연료를 사용하게 할 수 있다.
① 부생가스 또는 환경부장관이 인정하는 폐열을 사용하는 시설
② 최적의 방지시설을 설치하여 부과금을 면제받은 시설
③ 그 밖에 저황유 외의 연료를 사용하여 배출되는 황산화물이 해당 시설에서 저황유를 사용할 때 적용되는 배출허용기준 이하로 배출되는 시설로서 배출시설의 설치허가 또는 변경허가를 받거나 신고 또는 변경신고를 한 시설

❏ 방지시설을 설치하지 아니하려는 경우의 제출서류(규칙 제28조)

방지시설을 설치하지 않으려는 경우에는 다음 각 호의 서류를 유역환경청장, 지방환경청장, 수도권대기환경청장 또는 시·도지사에게 제출하여야 한다. 다만, 배출시설의 설치허가, 변경허가, 설치신고 또는 변경신고 시 제출된 서류는 제출하지 않을 수 있다.
❶ 해당 배출시설의 기능·공정·사용원료(부원료를 포함한다) 및 연료의 특성에 관한 설명자료
❷ 배출시설에서 배출되는 대기오염물질이 항상 배출허용기준(이하 "배출허용기준"이라 한다) 이하로 배출된다는 것을 증명하는 객관적인 문헌이나 그 밖의 시험분석자료

◎ 초과부과금 산정의 방법 및 기준(영 제24조)

① 오염물질에 대한 초과부과금은 다음 각 호의 구분에 따른 산정방법으로 산출한 금액으로 한다. *중요내용*
① 개선계획서를 제출하고 개선하는 경우 : 오염물질 1킬로그램당 부과금액×배출허용기준초과 오염물질배출량×지역별 부과계수×연도별 부과금산정지수
② 제1호 외의 경우 : 오염물질 1킬로그램당 부과금액×배출허용기준초과 오염물질배출량×배출허용기준 초과율별 부과계수×지역별 부과계수×연도별 부과금산정지수×위반횟수별 부과계수
② 초과부과금의 산정에 필요한 오염물질 1킬로그램당 부과금액, 배출허용기준 초과율별 부과계수 및 지역별 부과계수는 별표 4와 같다.

[초과부과금 산정기준(영 제24조) : 별표 4] *중요내용

오염물질 \ 구분		오염물질 1킬로그램당 부과금액	배출허용 기준초과율별 부과계수							지역별 부과계수		
			20% 미만	20% 이상 40% 미만	40% 이상 80% 미만	80% 이상 100% 미만	100% 이상 200% 미만	200% 이상 300% 미만	300% 이상 400% 미만	400% 이상	I지역	II지역	III지역
황산화물		500	1.2	1.56	1.92	2.28	3.0	4.2	4.8	5.4	2	1	1.5
먼지		770	1.2	1.56	1.92	2.28	3.0	4.2	4.8	5.4	2	1	1.5
질소산화물		2,130	1.2	1.56	1.92	2.28	3.0	4.2	4.8	5.4	2	1	1.5
암모니아		1,400	1.2	1.56	1.92	2.28	3.0	4.2	4.8	5.4	2	1	1.5
황화수소		6,000	1.2	1.56	1.92	2.28	3.0	4.2	4.8	5.4	2	1	1.5
이황화탄소		1,600	1.2	1.56	1.92	2.28	3.0	4.2	4.8	5.4	2	1	1.5
특정유해물질	불소화물	2,300	1.2	1.56	1.92	2.28	3.0	4.2	4.8	5.4	2	1	1.5
	염화수소	7,400	1.2	1.56	1.92	2.28	3.0	4.2	4.8	5.4	2	1	1.5
	시안화수소	7,300	1.2	1.56	1.92	2.28	3.0	4.2	4.8	5.4	2	1	1.5

비고
1. 배출허용기준 초과율(%)=(배출농도－배출허용기준농도) ÷ 배출허용기준농도×100
2. I 지역 : 주거지역·상업지역, 같은 법 제37조에 따른 취락지구, 택지개발예정지구
3. II 지역 : 공업지역, 개발진흥지구(관광·휴양개발진흥지구는 제외한다), 수산자원보호구역, 국가산업단지 및 지방산업단지, 전원개발사업구역 및 예정구역
4. III 지역 : 녹지지역·관리지역·농림지역 및 자연환경보전지역, 관광·휴양개발진흥지구

♂ 사업장의 분류(법 제25조)

① 환경부장관은 배출시설의 효율적인 설치 및 관리를 위하여 그 배출시설에서 나오는 오염물질 발생량에 따라 사업장을 1종부터 5종까지로 분류하여야 한다.
② 사업장 분류기준은 대통령령으로 정한다.

[사업장의 분류기준(영 제13조) : 별표 1] *중요내용

종별	오염물질발생량 구분
1종사업장	대기오염물질발생량의 합계가 연간 80톤 이상인 사업장
2종사업장	대기오염물질발생량의 합계가 연간 20톤 이상 80톤 미만인 사업장
3종사업장	대기오염물질발생량의 합계가 연간 10톤 이상 20톤 미만인 사업장
4종사업장	대기오염물질발생량의 합계가 연간 2톤 이상 10톤 미만인 사업장
5종사업장	대기오염물질발생량의 합계가 연간 2톤 미만인 사업장

비고
"대기오염물질발생량"이란 방지시설을 통과하기 전의 먼지, 황산화물 및 질소산화물의 발생량을 환경부령으로 정하는 방법에 따라 산정한 양을 말한다.

□ 대기오염물질 발생량 산정방법(규칙 제42조) *중요내용

① 대기오염물질 발생량은 예비용 시설을 제외한 사업장의 모든 배출시설별 대기오염물질 발생량을 더하여 산정하되, 배출시설별 대기오염 발생량의 산정방법은 다음과 같다.
  배출시설의 시간당 대기오염물질 발생량×일일조업시간(times)×연간가동일수
② 시·도지사는 사업장에 대한 지도점검결과 사업장의 대기오염물질 발생량이 변경되어 해당 사업장의 구분을 변경

하여야 하는 경우에는 사업자에게 그 사실을 통보하여야 한다.
③ 통보를 받은 사업자는 통보일부터 7일 이내에 변경신고를 하여야 한다.

♂ 방지시설의 설치(법 제26조)

① 허가·변경허가를 받은 자 또는 신고·변경신고를 한 자(이하 "사업자"라 한다)가 해당 배출시설을 설치하거나 변경할 때에는 그 배출시설로부터 나오는 오염물질이 배출허용기준 이하로 나오게 하기 위하여 대기오염방지시설(이하 "방지시설"이라 한다)을 설치하여야 한다. 다만, 대통령령으로 정하는 기준에 해당하는 경우에는 설치하지 아니할 수 있다.
② 방지시설을 설치하지 아니하고 배출시설을 설치·운영하는 자는 다음 각 호의 어느 하나에 해당하는 경우에는 방지시설을 설치하여야 한다.
  ❶ 배출시설의 공정을 변경하거나 사용하는 원료나 연료 등을 변경하여 배출허용기준을 초과할 우려가 있는 경우
  ❷ 그 밖에 배출허용기준의 준수 가능성을 고려하여 환경부령으로 정하는 경우
③ 환경부장관은 연소조절에 의한 시설설치를 기원할 수 있으며, 업무의 효율적 추진을 위하여 연소조절에 의한 시설의 설치지원 업무를 관계전문가에게 위탁할 수 있다.

✪ 방지시설의 설치면제기준(영 제14조)

법 제26조 제1항 단서에서 "대통령령으로 정하는 기준에 해당하는 경우"란 다음 각 호의 어느 하나에 해당하는 경우를 말한다.
  ① 배출시설의 기능이나 공정에서 오염물질이 항상 배출허용기준 이하로 배출되는 경우
  ② 그 밖에 방지시설의 설치 외의 방법으로 오염물질의 적정처리가 가능한 경우

☐ 방지시설을 설치하여야 하는 경우(규칙 제29조)

법 제26조 제2항 제2호에서 "환경부령으로 정하는 경우"란 다음 각 호의 어느 하나에 해당하는 사유로 배출허용기준을 초과할 우려가 있는 경우를 말한다.
  ❶ 배출허용기준의 강화
  ❷ 부대설비의 교체·개선
  ❸ 배출시설의 설치허가·변경허가 또는 설치신고나 변경신고 이후 배출시설에서 새로운 대기오염물질의 배출

♂ 방지시설의 설계와 시공(법 제28조)

방지시설의 설치나 변경은 「환경기술 및 환경산업 지원법」 환경전문공사업자가 설계·시공하여야 한다. 다만, 환경부령으로 정하는 방지시설을 설치하는 경우 및 환경부령으로 정하는 바에 따라 사업자 스스로 방지시설을 설계·시공하는 경우에는 그러하지 아니하다.

☐ 방지시설업의 등록을 한 자 외의 자가 설계·시공할 수 있는 방지시설(규칙 제30조) *중요내용*

법 제28조 단서에서 "환경부령으로 정하는 방지시설을 설치하는 경우"란 방지시설의 공정을 변경하지 아니하는 경우로서 다음 각 호의 어느 하나에 해당하는 경우를 말한다.
  ❶ 방지시설에 딸린 기계류나 기구류를 신설하거나 대체 또는 개선하는 경우
  ❷ 허가를 받거나 신고한 시설의 용량이나 용적의 100분의 30을 넘지 아니하는 범위에서 증설하거나 대체 또는 개선하는 경우. 다만, 2회 이상 증설하거나 대체하여 증설하거나 대체 또는 개선한 부분이 최초로 허가를 받거나 신고한 시설의 용량이나 용적보다 100분의 30을 넘는 경우에는 방지시설업자가 설계·시공을 하여야 한다.
  ❸ 연소조절에 의한 시설을 설치하는 경우

☐ 자가방지시설의 설계·시공(규칙 제31조) *중요내용*

① 사업자가 스스로 방지시설을 설계·시공하려는 경우에는 다음 각 호의 서류를 유역환경청장, 지방환경청장, 수도권대기환경청장 또는 시·도지사에게 제출해야 한다. 다만, 배출시설의 설치허가·변경허가·설치신고 또는 변경신고 시 제출한 서류는 제출하지 않을 수 있다.

❶ 배출시설의 설치명세서
❷ 공정도
❸ 원료(연료를 포함한다) 사용량, 제품생산량 및 대기오염물질 등의 배출량을 예측한 명세서
❹ 방지시설의 설치명세서와 그 도면
❺ 기술능력 현황을 적은 서류

공동 방지시설의 설치 등(법 제29조)

① 산업단지나 그 밖에 사업장이 밀집된 지역의 사업자는 배출시설로부터 나오는 오염물질의 공동처리를 위하여 공동 방지시설을 설치할 수 있다. 이 경우 각 사업자는 사업장별로 그 오염물질에 대한 방지시설을 설치한 것으로 본다.
② 사업자는 공동 방지시설을 설치·운영할 때에는 그 시설의 운영기구를 설치하고 대표자를 두어야 한다.
③ 공동 방지시설의 배출허용기준은 배출허용기준과 다른 기준을 정할 수 있으며, 그 배출허용기준 및 공동 방지시설의 설치·운영에 필요한 사항은 환경부령으로 정한다.

공동 방지시설의 설치·변경(규칙 제32조)

① 공동 방지시설(이하 "공동 방지시설"이라 한다)을 설치·운영하려는 경우에는 공동 방지시설 운영기구(이하 "공동 방지시설 운영기구"라 한다)의 대표자가 다음 각 호의 서류를 유역환경청장, 지방환경청장, 수도권대기환경청장 또는 시·도지사에게 제출해야 한다. *중요내용
  ❶ 공동 방지시설의 위치도(축척 2만 5천분의 1의 지형도를 말한다)
  ❷ 공동 방지시설의 설치명세서 및 그 도면
  ❸ 사업장별 배출시설의 설치명세서 및 대기오염물질 등의 배출량 예측서
  ❹ 사업장별 원료사용량과 제품생산량을 적은 서류와 공정도
  ❺ 사업장에서 공동 방지시설에 이르는 연결관의 설치도면 및 명세서
  ❻ 공동 방지시설의 운영에 관한 규약
② 공동 방지시설 운영기구가 설치된 경우에는 사업자는 공동 방지시설 운영기구의 대표자에게 법과 영 및 이 규칙에 따른 행위를 대행하게 할 수 있다. 다만, 공동 방지시설의 배출부과금은 미리 정한 분담비율에 따라 사업자별로 분담한다.
③ 사업자 또는 공동 방지시설 운영기구의 대표자는 공동 방지시설의 설치내용 중 다음 각 호의 어느 하나의 사항을 변경하려는 경우에는 그 변경내용을 증명하는 서류를 유역환경청장, 지방환경청장, 수도권대기환경청장 또는 시·도지사에게 제출해야 한다.
  ❶ 공동 방지시설의 종류 또는 규모
  ❷ 공동 방지시설의 위치
  ❸ 공동 방지시설의 대기오염물질 처리능력 및 처리방법
  ❹ 각 사업장에서 공동 방지시설에 이르는 연결관
  ❺ 공동 방지시설의 운영에 관한 규약

공동 방지시설의 배출허용기준(규칙 제33조)

공동 방지시설의 배출허용기준은 별표 8과 같다.

배출시설 등의 가동개시 신고(법 제30조)

① 사업자는 배출시설이나 방지시설의 설치를 완료하거나 배출시설의 변경(변경신고를 하고 변경을 하는 경우에는 대통령령으로 정하는 규모 이상의 변경만 해당한다)을 완료하여 그 배출시설이나 방지시설을 가동하려면 환경부령으로 정하는 바에 따라 미리 환경부장관 또는 시·도지사에게 가동개시 신고를 하여야 한다. *중요내용
② 신고한 배출시설이나 방지시설 중에서 발전소의 질소산화물 감소 시설 등 대통령령으로 정하는 시설인 경우에는 환경부령으로

정하는 기간에는 제33조부터 제35조까지의 규정을 적용하지 아니한다.

⊙ 변경신고에 따른 가동개시신고의 대상규모(영 제15조) 〔중요내용〕

법 제30조 제1항에서 "대통령령으로 정하는 규모 이상의 변경"이란 설치허가 또는 변경허가를 받거나 설치신고 또는 변경신고를 한 배출구별 배출시설 규모의 합계보다 100분의 20 이상 증설(대기배출시설 증설에 따른 변경신고의 경우에는 증설의 누계를 말한다)하는 배출시설의 변경을 말한다.

☐ 배출시설의 가동개시 신고(규칙 제34조)

① 사업자가 가동개시 신고를 하려는 경우에는 배출시설 및 방지시설의 가동개시 신고서에 배출시설 설치허가증 또는 배출시설 설치신고증명서를 첨부하여 유역환경청장, 지방환경청장, 수도권대기환경청장 또는 시·도지사에게 제출(「전자정부법」 정보통신망에 의한 제출을 포함한다)해야 한다.
② 가동개시신고서를 제출한 후 신고한 가동개시일을 변경하려는 경우에는 배출(방지)시설 가동개시일 변경신고서를 유역환경청장, 지방환경청장, 수도권대기환경청장 또는 시·도지사에게 제출(「전자정부법」 정보통신망에 의한 제출을 포함한다)해야 한다.
③ 가동개시일 변경신고서가 신고서의 기재사항 및 첨부서류에 흠이 없고, 법령 등에 규정된 형식상의 요건을 충족하는 경우에는 신고서가 접수기관에 도달된 때에 신고 의무가 이행된 것으로 본다.

⊙ 시운전을 할 수 있는 시설(영 제16조)

법 제30조 제2항에서 "대통령령으로 정하는 시설"이란 다음 각 호의 배출시설을 말한다.
① 배연탈황시설(排煙脫黃施設)을 설치한 배출시설
② 배연탈질시설(排煙脫窒施設)을 설치한 배출시설
③ 그 밖에 방지시설을 설치하거나 보수한 후 상당한 기간 시운전이 필요하다고 환경부장관이 인정하여 고시하는 배출시설

☐ 시운전 기간(규칙 제35조) 〔중요내용〕

환경부령으로 정하는 시운전 기간이란 신고한 배출시설 및 방지시설의 가동개시일부터 30일까지의 기간을 말한다.

⊙ 기준이내배출량의 조정 등(영 제30조)

환경부장관 또는 시·도지사는 해당 사업자가 자료를 제출하지 않거나 제출한 내용이 실제와 다른 경우 또는 거짓으로 작성되었다고 인정하는 경우에는 다음 각 호의 구분에 따른 방법으로 기준이내배출량을 조정할 수 있다.
① 사업자가 확정배출량에 관한 자료를 제출하지 않은 경우 : 배출한 것으로 추정한 기준이내배출량
　가. 부과기간에 배출시설별 오염물질의 배출허용기준농도로 배출했을 것
　나. 배출시설 또는 방지시설의 최대시설용량으로 가동했을 것
　다. 1일 24시간 조업했을 것
② 자료심사 및 현지조사 결과, 사업자가 제출한 확정배출량의 내용(사용연료 등에 관한 내용을 포함한다)이 실제와 다른 경우 : 자료심사와 현지조사 결과를 근거로 산정한 기준이내배출량
③ 사업자가 제출한 확정배출량에 관한 자료가 명백히 거짓으로 판명된 경우 : 추정한 배출량의 100분의 120에 해당하는 기준이내배출량 〔중요내용〕

[측정결과에 따른 확정배출량 산정방법(영 제29조) : 별표 9]

1. 황산화물의 경우
    확정배출량은 환경부령으로 정하는 황산화물에 대한 대기오염물질 배출계수에 해당 부과기간에 사용한 배출계수별 단위량(연료사용량, 원료투입량 또는 제품생산량 등을 말한다)을 곱하여 산정한 양을 킬로그램 단위로 표시한 양으로 한다. 다만, 황산화물의 배출을 줄이기 위하여 방지시설을 설치한 경우나 생산공정상 황산화물의 배출이 줄어드는 경우에는 제2호에 따른 산정방법을 준용할 수 있다.

2. 먼지의 경우
    가. 확정배출량은 원칙적으로 자가측정(이하 "자가측정"이라 한다)결과를 근거로 하는 일일평균배출량에 부과기간의 조업일수를 곱하여 산정하되, 일일평균배출량의 산정방법은 다음과 같다.
        1) 해당 부과기간에 검사를 받지 아니한 경우
        $$\frac{일일배출량의 \ 합계}{자가측정 \ 횟수}$$
        2) 해당 부과기간에 검사를 받고 그 결과가 배출허용기준 이내인 경우
        $$\frac{1)에 \ 따른 \ 일일평균배출량 + 통보받은 \ 오염물질배출량의 \ 합계}{1 + 검사횟수}$$
    나. 해당 부과기간에 검사를 받은 경우로서 그 결과가 1회 이상 배출허용기준을 초과한 경우 그 확정배출량은 일일평균배출량에 부과기간의 조업일수를 곱하여 산정한 배출량에 다음의 계산에 따른 추가배출량을 더하여 산정한다.
        [(배출허용기준농도 − 일일평균배출농도) × 초과배출기간 × 검사결과에 따른 측정유량]

비고 *중요내용*
1. 확정배출량과 일일평균배출량은 킬로그램 단위로 표시한 양으로 한다.
2. 사업자는 해당 부과기간에 환경부장관의 명령에 대한 이행상태 또는 개선완료상태를 확인하기 위하여 실시한 오염도검사의 결과를 통보받은 경우에는 해당 시설에 대한 오염물질배출을 통보받은 것으로 보아 확정배출량을 산정할 때 그 결과를 반영하여야 한다.
3. 일일배출량은 해당 부과기간에 배출구별로 정하여진 자가측정횟수에 따라 측정된 자가측정농도에 측정 당시의 일일유량을 곱하여 산정하며, 일일유량은 별표 5 나목의 방법에 따라 산정한다.
4. 일일평균배출농도는 부과 기간에 측정된 자가측정농도를 합산하여 이를 자가측정횟수로 나눈 값에 검사 결과에 따른 오염물질배출농도를 합산한 후, 이를 검사횟수에 1을 더한 값으로 나누어 산정한다. 다만, 검사결과 배출허용기준을 초과한 경우에는 이를 오염물질배출농도 및 검사횟수의 산정에서 제외한다.
5. 초과배출기간은 초과배출기간의 종료일이 확정배출량에 관한 자료제출기간의 종료일 이후인 경우에는 해당 확정배출량에 관한 자료제출일까지의 기간을 초과배출기간으로 한다.

♂ 배출시설과 방지시설의 운영(법 제31조)

① 사업자(공동 방지시설의 대표자를 포함한다)는 배출시설과 방지시설을 운영할 때에는 다음 각 호의 행위를 하여서는 아니 된다. *중요내용*
   ❶ 배출시설을 가동할 때에 방지시설을 가동하지 아니하거나 오염도를 낮추기 위하여 배출시설에서 나오는 오염물질에 공기를 섞어 배출하는 행위. 다만, 화재나 폭발 등의 사고를 예방할 필요가 있어 환경부장관 또는 시·도지사가 인정하는 경우에는 그러하지 아니하다.
   ❷ 방지시설을 거치지 아니하고 오염물질을 배출할 수 있는 공기 조절장치나 가지 배출관 등을 설치하는 행위. 다만, 화재나 폭발 등의 사고를 예방할 필요가 있어 환경부장관 또는 시·도지사가 인정하는 경우에는 그러하지 아니하다.
   ❸ 부식(腐蝕)이나 마모(磨耗)로 인하여 오염물질이 새나가는 배출시설이나 방지시설을 정당한 사유 없이 방치하는 행위
   ❹ 방지시설에 딸린 기계와 기구류의 고장이나 훼손을 정당한 사유 없이 방치하는 행위
   ❺ 그 밖에 배출시설이나 방지시설을 정당한 사유 없이 정상적으로 가동하지 아니하여 배출허용기준을 초과한 오염물질을 배출하는 행위
② 사업자는 조업을 할 때에는 환경부령으로 정하는 바에 따라 그 배출시설과 방지시설의 운영에 관한 상황을 사실대로 기록하여 보존하여야 한다.

❑ **배출시설 및 방지시설의 운영기록 보존(규칙 제36조)** 〔중요내용〕

① 1종·2종·3종사업장을 설치·운영하는 사업자는 배출시설 및 방지시설의 운영기간 중 다음 각 호의 사항을 국립환경과학원장이 정하여 고시하는 전산에 의한 방법으로 기록·보존하여야 한다. 다만, 굴뚝자동측정기기를 부착하여 모든 배출구에 대한 측정결과를 관제센터로 자동전송하는 사업장의 경우에는 해당 자료의 자동전송으로 이를 갈음할 수 있다.
   ❶ 시설의 가동시간
   ❷ 대기오염물질 배출량
   ❸ 자가측정에 관한 사항
   ❹ 시설관리 및 운영자
   ❺ 그 밖에 시설운영에 관한 중요사항
② 4종·5종사업장을 설치·운영하는 사업자는 배출시설 및 방지시설의 운영기간 중 다음 각 호의 사항을 배출시설 및 방지시설의 운영기록부에 매일 기록하고 최종 기재한 날부터 1년간 보존하여야 한다.
   ❶ 시설의 가동시간
   ❷ 대기오염물질 배출량
   ❸ 자가측정에 관한 사항
   ❹ 시설관리 및 운영자
   ❺ 그 밖에 시설운영에 관한 중요사항
③ 운영기록부는 테이프·디스켓 등 전산에 의한 방법으로 기록·보존할 수 있다.

❑ **개선완료일(규칙 제49조)** 〔중요내용〕

환경부령으로 정하는 개선완료일이란 개선완료보고서를 제출한 날을 말한다.

♂ 측정기기의 부착 등(법 제32조)

① 사업자는 배출시설에서 나오는 오염물질이 배출허용기준에 맞는지를 확인하기 위하여 측정기기를 부착하는 등의 조치를 하여 배출시설과 방지시설이 적정하게 운영되도록 하여야 한다. 다만 사업자가 중소기업인 경우에는 환경부장관 또는 시·도지사가 사업자의 동의를 받아 측정기기를 부착 운영하는 등의 조치를 할 수 있다.
② 조치의 유형과 기준 등에 관하여 필요한 사항은 대통령령으로 정한다.
③ 사업자는 부착된 측정기기에 대하여 다음 각 호의 행위를 하여서는 아니 된다.
   ❶ 배출시설을 가동할 때에 측정기기를 고의로 작동하지 아니하거나 정상적인 측정이 이루어지지 아니하도록 하는 행위
   ❷ 부식, 마모, 고장 또는 훼손되어 정상적으로 작동하지 아니하는 측정기기를 정당한 사유 없이 방치하는 행위
   ❸ 측정기기를 고의로 훼손하는 행위
   ❹ 측정기기를 조작하여 측정결과를 빠뜨리거나 거짓으로 측정결과를 작성하는 행위
④ 측정기기를 부착한 환경부장관, 시·도지사 및 사업자는 그 측정기기로 측정한 결과의 신뢰도와 정확도를 지속적으로 유지할 수 있도록 환경부령으로 정하는 측정기기의 운영·관리기준을 지켜야 한다.
⑤ 환경부장관 또는 시·도지사는 측정기기의 운영·관리기준을 지키지 아니하는 사업자에게 대통령령으로 정하는 바에 따라 기간을 정하여 측정기기가 기준에 맞게 운영·관리되도록 필요한 조치를 취할 것을 명할 수 있다.
⑥ 환경부장관 또는 시·도지사는 조치명령을 받은 자가 이를 이행하지 아니하면 해당 배출시설의 전부 또는 일부에 대하여 조업정지를 명할 수 있다.
⑦ 환경부장관은 사업장에 부착한 측정기기와 연결하여 그 측정결과를 전산처리할 수 있는 전산망을 운영할 수 있으며, 시·도지사 또는 사업자가 측정기기를 정상적으로 유지·관리할 수 있도록 기술지원을 할 수 있다.
⑧ 환경부장관은 측정결과를 전산처리할 수 있는 전산망을 운영하는 경우 대통령령으로 정하는 방법에 따라 인터넷 홈페이지 등을 통하여 측정결과를 실시간으로 공개하고, 그 전산처리한 결과를 주기적으로 공개하여야 한다. 다만, 배출허용기준을 초과한 사업자에게 행정처분을 하거나 배출부과금을 부과하는 경우에는 전산처리한 결과를 사용하여야 한다.
⑨ 측정기기를 부착한 자는 측정기기 관리대행업의 등록을 한 자에게 측정기기의 관리업무를 대행하게 할 수 있다.

♂ 측정기기 관리대행업의 등록(법 제32조의2)

① 측정기기로 측정한 결과의 신뢰도와 정확도를 지속적으로 유지할 수 있도록 측정기기를 관리하는 업무를 대행하는 영업(이하 "측정기기 관리대행업"이라 한다)을 하려는 자는 대통령령으로 정하는 시설·장비 및 기술인력 등의 기준을 갖추어 환경부장관에게 등록하여야 한다. 등록한 사항 중 대통령령으로 정하는 중요 사항을 변경하려는 경우에도 또한 같다.
② 다음 각 호의 어느 하나에 해당하는 자는 측정기기 관리대행업의 등록을 할 수 없다. *중요내용
　❶ 피성년후견인 또는 피한정후견인
　❷ 파산자로서 복권되지 아니한 자
　❸ 이 법을 위반하여 징역 이상의 실형을 선고받고 그 집행이 끝나거나(집행이 끝난 것으로 보는 경우를 포함한다) 집행을 받지 아니하기로 확정된 날부터 2년이 지나지 아니한 사람
　❹ 등록이 취소된 날부터 2년이 지나지 아니한 자
　❺ 임원 중 제1호부터 제4호까지의 어느 하나에 해당하는 사람이 있는 법인
③ 환경부장관은 측정기기 관리대행업자에 대하여 환경부령으로 정하는 등록증을 발급하여야 한다.
④ 측정기기 관리대행업자는 다른 자에게 자기의 명의를 사용하여 측정기기 관리 업무를 하게 하거나 등록증을 다른 자에게 대여해서는 아니 된다.
⑤ 측정기기 관리대행업자는 측정기기로 측정한 결과의 신뢰도와 정확도를 지속적으로 유지할 수 있도록 환경부령으로 정하는 관리기준을 지켜야 한다.

♂ 측정기기 관리대행업의 등록취소 등(법 제32조의3)

① 환경부장관은 측정기기 관리대행업자가 다음 각 호의 어느 하나에 해당하는 경우에는 등록을 취소하거나 6개월 이내의 기간을 정하여 영업의 전부 또는 일부의 정지를 명할 수 있다. 다만, 제1호, 제4호, 제5호 또는 제7호에 해당하는 경우에는 그 등록을 취소하여야 한다. *중요내용
　❶ 거짓이나 그 밖의 부정한 방법으로 등록을 한 경우
　❷ 등록 후 2년 이내에 영업을 개시하지 아니하거나 계속하여 2년 이상 영업실적이 없는 경우
　❸ 등록 기준에 미달하게 된 경우
　❹ 결격사유에 해당하는 경우. 다만, 제32조의2 제2항 제5호에 따른 결격사유에 해당하는 경우로서 그 사유가 발생한 날부터 2개월 이내에 그 사유를 해소한 경우에는 그러하지 아니하다.
　❺ 다른 자에게 자기의 명의를 사용하여 측정기기 관리 업무를 하게 하거나 등록증을 다른 자에게 대여한 경우
　❻ 제32조의2 제5항에 따른 관리기준을 위반한 경우
　❼ 영업정지 기간 중 측정기기 관리 업무를 대행한 경우
② 행정처분의 세부기준은 환경부령으로 정한다.

▢ 측정기기 관리대행업자의 관리기준(규칙 제37조의4) *중요내용

법 제32조의2 제5항에서 "환경부령으로 정하는 관리기준"이란 다음 각 호의 사항을 말한다.
　❶ 기술인력으로 등록된 사람으로 하여금 측정기기의 점검을 실시하도록 할 것
　❷ 관리업무를 대행하는 측정기기의 가동 상태를 점검하여 측정기기가 정상적으로 작동하지 아니하는 경우에는 측정기기 관리업무의 대행을 맡긴 자에게 즉시 통보할 것
　❸ 측정기기 관리대행업 실적보고서에 측정기기 관리대행 계약서 등 대행실적을 증명할 수 있는 서류 1부를 첨부하여 매년 1월 31일까지 사무실 소재지를 관할하는 유역환경청장, 지방환경청장 또는 수도권대기환경청장에게 제출하고, 제출한 서류의 사본을 제출한 날부터 3년간 보관할 것
　❹ 등록의 취소, 업무정지 등 측정기기 관리업무의 대행을 지속하기 어려운 사유가 발생한 경우에는 측정기기 관리업무의 대행을 맡긴 자에게 즉시 통보할 것
　❺ 측정기기를 조작하여 측정결과를 빠뜨리거나 측정결과를 거짓으로 작성하지 않을 것

◈ 측정기기의 부착대상 사업장 및 종류(영 제17조)

① 배출시설을 운영하는 사업자는 오염물질배출량과 배출허용기준의 준수 여부 및 방지시설의 적정 가동 여부를 확인할 수 있는 다음 각 호의 측정기기를 부착하여야 한다.
  ① 적산전력계(積算電力計)
  ② 굴뚝 자동측정기기(유량·유속계(流量·流速計), 온도측정기 및 자료수집기를 포함한다. 이하 같다)
② 환경부장관 또는 시·도지사는 사업자가「중소기업기본법」에 따른 중소기업인 경우에는 사업자의 동의(환경부령으로 정하는 바에 따라 사업자의 신청을 받은 경우를 포함한다)를 받아 측정기기를 부착·운영하는 등의 조치를 할 수 있다.
③ 시·도지사 또는 사업자는 측정기기를 부착하는 경우에 부착방법 등에 대하여 한국환경공단에 지원을 요청할 수 있다.
④ 굴뚝 자동측정기기를 부착하여야 하는 사업장은 1종부터 3종까지의 사업장으로 하며, 굴뚝 자동측정기기의 부착대상 배출시설, 측정 항목, 부착 면제, 부착 시기 및 부착 유예(猶豫)는 별표 3과 같다.
⑤ 환경부장관 또는 시·도지사는 굴뚝 자동측정기기로 측정되어 전산망으로 전송된 자료(이하 "자동측정자료"라 한다)를 배출허용기준의 준수 여부 확인이나 배출부과금의 산정에 필요한 자료로 활용할 수 있다. 다만, 굴뚝 자동측정기기나 전산망의 이상 등으로 비정상적인 자료가 전송된 경우에는 그러하지 아니하다.

[적산전력계의 부착대상 시설 및 부착방법(영 제17조) : 별표 2]

> 1. 적산전력계의 부착대상 시설
>   배출시설에 설치하는 방지시설. 다만, 다음의 방지시설은 제외한다.
>   가. 굴뚝 자동측정기기를 부착한 배출구와 연결된 방지시설
>   나. 방지시설과 배출시설이 같은 전원설비를 사용하는 등 적산전력계를 부착하지 아니하여도 가동상태를 확인할 수 있는 방지시설
>   다. 원료나 제품을 회수하는 기능을 하여 항상 가동하여야 하는 방지시설
> 2. 적산전력계의 부착방법
>   가. 적산전력계는 방지시설을 운영하는 데에 드는 모든 전력을 적산할 수 있도록 부착하여야 한다. 다만, 방지시설에 부대되는 기계나 기구류의 경우에는 사용되는 전압이나 전력의 인출지점이 달라 모든 부대시설에 적산적력계를 부착하기 곤란한 때에는 주요 부대시설(송풍기와 펌프를 말한다)에만 적산적력계를 부착할 수 있다.
>   나. 방지시설 외의 시설에서 사용하는 전력은 적산되지 아니하도록 별도로 구분하여 부착하되, 배출시설의 전력사용량이 방지시설의 전력사용량의 2배를 초과하지 아니하는 경우에는 별도로 구분하지 아니하고 부착할 수 있다.

[굴뚝 자동측정기기의 부착대상 배출시설, 측정 항목, 부착 면제, 부착 시기 및 부착 유예(영 제17조) : 별표 3]

1. 굴뚝 자동측정기기 부착대상 배출시설 및 측정항목

부착대상 배출시설	측정항목
가. 코크스 제조시설 및 관련 제품 저장시설 　코크스 또는 관련 제품 제조시설 　－코크스 제조시설 중 황 회수 제조시설을 제외한 배출구별 배기가스양이 시간당 10,000표준세제곱미터 이상인 시설	먼지, 황산화물, 질소산화물
나. 석유제품 제조시설 　1) 가열시설 　　－가열용량이 시간당 2,500만킬로칼로리 이상인 시설	먼지, 질소산화물, 황산화물
2) 촉매 재생시설 　　－배출구별 배기가스양이 시간당 10,000표준세제곱미터 이상인 시설	먼지
3) 탈황시설 또는 황 회수시설 　　－배출구별 배기가스양이 시간당 10,000표준세제곱미터 이상인 시설	황산화물
4) 중질유 분해시설의 일산화탄소 소각시설 　　－황산제조 또는 황 회수시설을 제외한 배출구별 배기가스양이 시간당 10,000표준세제곱미터 이상인 시설	먼지, 황산화물, 질소산화물, 일산화탄소

부착대상 배출시설	측정항목
다. 보일러(모든 배출시설에 적용한다) 　　액체연료 또는 고체연료 사용시설로서 시간당 증발량이 40톤 이상 또는 시간당 열량이 2,476만킬로칼로리 이상인 시설	먼지, 질소산화물, 황산화물(나무를 연료로 사용 하는 시설은 제외한다)
라. 입자상물질, 가스상 물질 발생시설 및 그 밖의 배출시설(모든 배출시설에 적용한다) 　1) 탈사시설 및 탈청시설(연속식만 해당한다) 　　－배출구별 배기가스양이 시간당 40,000표준세제곱미터 이상인 시설	먼지
2) 증발시설 　　－배출구별 배기가스양이 시간당 10,000표준세제곱미터 이상인 시설	먼지
마. 그 밖의 업종의 가열시설 　　고체연료 또는 액체연료를 사용하는 간접가열시설(원료 또는 제품이 연소가스 또는 화염과 직접 접촉하지 아니하는 시설을 말한다)로서 가열용량이 시간당 2,500만킬로칼로리 이상인 시설	먼지, 질소산화물, 황산화물

비고 *중요내용*
1. 부착대상시설의 용량은 배출시설 설치허가증 또는 설치신고증명서의 방지시설의 용량을 기준으로 배출구별로 산정하되, 같은 배출시설에 2개 이상의 배출구를 설치한 경우에는 배출구별로 방지시설의 용량을 합산한다. 이 경우 방지시설의 용량은 표준상태(0℃, 1기압)로 환산한 값을 적용한다.
2. 같은 사업장에 부착대상 배출구가 2개 이상인 경우에는 환경오염공정시험기준에 따른 중간자료수집기(FEP)를 부착하여야 한다.
3. 소각시설의 경우에는 배출구의 온도와 최종 연소실 출구의 온도를 각각 측정할 수 있도록 온도측정기를 부착하여야 한다. 다만, 최종 연소실 출구의 온도측정기는「폐기물관리법」에 따라 온도측정기를 부착한 경우에는 별도로 부착하지 아니하여도 된다.
4. 표준산소농도가 적용되는 시설에 대해서는 산소측정기를 부착하여야 한다.
5. 부착대상 배출시설의 범위는 다음 각 목과 같다.
　가. 증착·식각시설 및 산처리시설의 "연속식"이란 연속적으로 작업이 가능한 구조로서 시설의 가동시간이 1일 8시간 이상인 시설을 말한다.
　나. 주물사처리시설·탈사시설·탈청시설의 "연속식"이란 연속적으로 작업이 가능한 구조로서 시설의 가동시간이 1일 8시간 이상인 시설을 말한다.
　다. 폐가스소각시설 중 청정연료를 연속하여 사용하는 소각시설 및 처리대상 가스를 연소원으로 사용하는 시설은 부착대상 배출시설에서 제외한다.
　라. 증발시설 중 진공증발시설 및 배출가스를 회수하여 응축하는 시설은 부착대상 배출시설에서 제외한다.

2. 굴뚝 자동측정기기의 부착 면제 *중요내용*
　　굴뚝 자동측정기기 부착대상 배출시설이 다음 각 목의 어느 하나에 해당하는 경우에는 굴뚝 자동측정기기의 부착을 면제한다.
　가. 방지시설의 설치를 면제받은 경우(굴뚝 자동측정기기의 측정항목에 대한 방지시설의 설치를 면제받은 경우에만 해당한다)
　나. 연소가스 또는 화염이 원료 또는 제품과 직접 접촉하지 아니하는 시설로서 청정연료를 사용하는 경우(발전시설은 제외한다)
　다. 액체연료만을 사용하는 연소시설로서 황산화물을 제거하는 방지시설이 없는 경우(발전시설은 제외하며, 황산화물 측정기기에만 부착을 면제한다)
　라. 보일러로서 사용연료를 6개월 이내에 청정연료로 변경할 계획이 있는 경우
　마. 연간 가동일수가 30일 미만인 배출시설인 경우
　바. 연간 가동일수가 30일 미만인 방지시설인 경우 해당 배출구. 다만, 대기오염물질배출시설 설치 허가증 또는 신고 증명서에 연간 가동일수가 30일 미만으로 적힌 방지시설에 한한다.
　사. 부착대상시설이 된 날부터 6개월 이내에 배출시설을 폐쇄할 계획이 있는 경우
비고
각 목의 부착 면제 사유가 소멸된 경우에는 해당 면제 사유가 소멸된 날부터 6개월 이내에 굴뚝 자동측정기기를 부착하고, 관제센터에 측정결과를 정상적으로 전송하여야 한다.

3. 굴뚝 자동측정기기의 부착 시기 및 부착 유예
　가. 굴뚝 자동측정기기는 가동개시 신고일까지 부착하여야 한다. 다만, 같은 사업장에서 새로 굴뚝 자동측정기기를 부착하여

야 하는 배출구가 10개 이상인 경우에는 가동개시일부터 6개월 이내에 모두 부착하여야 한다. *중요내용
나. 가목에도 불구하고 4종이나 5종의 사업장을 1종부터 3종까지의 사업장으로 변경하려는 경우(이하 "사업장 종규모변경"이라 한다)에는 변경허가를 받거나 변경신고를 한 날(이하 "종규모 변경일"이라 한다)부터 9개월 이내에 굴뚝자동측정기기를 부착하여야 한다.
다. 가목과 나목에도 불구하고 별표 8 제2호에 따른 배출시설은 다음과 같이 굴뚝자동측정기기의 부착을 유예한다.
  1) 기존 시설로서 사업장 종규모변경으로 새로 굴뚝 자동측정기기 부착대상시설이 된 경우에는 종규모 변경일 이전 1년 동안 매월 1회 이상 오염물질 배출량을 측정한 결과 오염물질이 배출허용기준의 30퍼센트(이하 "기본부과기준"이라 한다) 미만으로 항상 배출되는 경우에는 오염물질이 기본부과기준 이상으로 배출될 때까지 부착을 유예한다. 이 경우 기본부과기준 이상으로 배출되는 날부터 6개월 이내에 굴뚝 자동측정기기를 부착하여야 한다.
  2) 신규 시설은 오염물질이 기본부과기준 이상으로 배출될 때까지 굴뚝 자동측정기기의 부착을 유예한다. 이 경우 기본부과기준 이상으로 배출되는 날부터 6개월(가동개시일부터 6개월 내에 기본부과기준 이상으로 배출되는 경우에는 가동개시 후 1년) 이내에 굴뚝 자동측정기기를 부착하여야 한다. *중요내용

❏ 배출시설별 배출원과 배출량 조사(규칙 제16조) *중요내용

① 시·도지사, 유역환경청장, 지방환경청장 및 수도권대기환경청장은 배출시설별 배출원과 배출량을 조사하고, 그 결과를 다음해 3월말까지 환경부장관에게 보고하여야 한다.
② 배출원의 조사방법, 배출량의 조사방법과 산정방법(이하 "배출량 등 조사·산정방법"이라 한다)은 다음 각 호와 같다.
  ❶ 굴뚝 자동측정기기(이하 "굴뚝 자동측정기기"라 한다)가 설치된 배출시설의 경우 : 굴뚝 자동측정기기의 측정에 따른 방법
  ❷ 굴뚝 자동측정기기가 설치되지 아니한 배출시설의 경우 : 자가측정에 따른 방법
  ❸ 배출시설 외의 오염원의 경우 : 단위당 대기오염물질 배출량을 산출하는 배출계수에 따른 방법
③ 배출량 조사·산정방법에 관하여 필요한 사항은 환경부장관이 정하여 고시한다.

✪ 개선계획서의 제출(영 제21조)

① 조치명령에 따른 시·도지사의 개선명령을 받은 사업자는 그 명령을 받은 날부터 15일 이내에 다음 각 호의 사항을 명시한 개선계획서(굴뚝 자동측정기기를 부착한 경우에는 전자문서로 된 계획서를 포함한다. 이하 같다)를 환경부령으로 정하는 바에 따라 환경부장관 또는 시·도지에게 제출하여야 한다. 다만, 환경부장관 또는 시·도지사는 배출시설의 종류 및 규모 등을 고려하여 제출기간의 연장이 필요하다고 인정하는 경우 사업자의 신청을 받아 그 기간을 연장할 수 있다. *중요내용
  1 조치명령을 받은 경우에는 다음 각 목의 사항 *중요내용
    가. 굴뚝 자동측정기기의 부적정한 운영·관리의 내용
    나. 굴뚝 자동측정기기의 부적정한 운영·관리에 대한 원인 및 개선계획
    다. 굴뚝 자동측정기기의 개선기간에 배출되는 오염물질에 대한 자가측정계획
  2 개선명령을 받은 경우에는 다음 각 목의 사항
    가. 개선기간이 끝나기 전에 개선하려면 그 개선하려는 기간
    나. 개선기간 중에 배출시설의 가동을 중단하거나 제한하려면 그 기간과 제한의 내용
    다. 공법(工法) 등의 개선으로 오염물질의 배출을 감소시키려면 그 내용
② 사업자가 개선계획서를 제출하지 아니하거나 제출하였더라도 제1항 각 호의 사항을 명시하지 아니한 경우에는 개선기간 중에 다음 각 호의 어느 하나의 상태로 오염물질을 배출하면서 배출시설을 계속 가동한 것으로 추정한다.
  1 법 제32조 제5항에 해당하는 경우에는 굴뚝 자동측정기기가 정상가동된 최근 3개월 동안의 배출농도 중 최고 농도. 이 경우 배출농도는 30분 평균치로 한다.
  2 법 제33조에 해당하는 경우에는 개선명령에서 명시된 오염상태
③ 조치명령을 받지 않은 사업자는 다음 각 호의 어느 하나에 해당하면 환경부령으로 정하는 바에 따라 환경부장관 또는

시·도지사에게 개선계획서를 제출하고 개선할 수 있다. 중요내용
  ① 굴뚝 자동측정기기를 개선·변경·점검 또는 보수하기 위하여 반드시 필요한 경우
  ② 굴뚝 자동측정기기 주요 장치 등의 돌발적 사고로 굴뚝 자동측정기기를 적정하게 운영할 수 없는 경우
  ③ 천재지변이나 화재, 그 밖의 불가항력적인 사유로 굴뚝 자동측정기기를 적정하게 운영할 수 없는 경우
④ 개선명령을 받지 않은 사업자는 다음 각 호의 어느 하나에 해당하는 경우로서 배출허용기준을 초과하여 오염물질을 배출했거나 배출할 우려가 있는 경우에는 환경부령으로 정하는 바에 따라 환경부장관 또는 시·도지사에게 개선계획서를 제출하고 개선할 수 있다. 중요내용
  ① 배출시설 또는 방지시설을 개선·변경·점검 또는 보수하기 위하여 반드시 필요한 경우
  ② 배출시설 또는 방지시설의 주요 기계장치 등의 돌발적 사고로 배출시설이나 방지시설을 적정하게 운영할 수 없는 경우
  ③ 단전·단수로 배출시설이나 방지시설을 적정하게 운영할 수 없는 경우
  ④ 천재지변이나 화재, 그 밖의 불가항력적인 사유로 배출시설이나 방지시설을 적정하게 운영할 수 없는 경우

✪ 개선명령 등의 이행 보고 및 확인(영 제22조)

① 조치명령이나 개선명령을 받은 사업자는 그 명령을 이행한 경우에는 지체 없이 환경부장관 또는 시·도지사에게 보고하여야 한다.
② 환경부장관 또는 시·도지사는 보고를 받은 경우에는 관계 공무원에게 지체 없이 명령의 이행상태를 확인하게 해야 한다. 이 경우 대기오염도 검사가 필요하면 시료(試料)를 채취하여 환경부령으로 정하는 검사기관에 검사를 지시하거나 의뢰해야 한다.

☐ 개선계획서(규칙 제38조) 중요내용

① 사업자가 제출하는 개선계획서에는 다음 각 호의 구분에 따른 사항이 포함되거나 첨부되어야 한다.
  ❶ 조치명령을 받은 경우
    가. 개선기간·개선내용 및 개선방법
    나. 굴뚝 자동측정기기의 운영·관리 진단계획
  ❷ 개선명령을 받은 경우로서 개선하여야 할 사항이 배출시설 또는 방지시설인 경우
    가. 배출시설 또는 방지시설의 개선명세서 및 설계도
    나. 대기오염물질의 처리방식 및 처리 효율
    다. 공사기간 및 공사비
    라. 다음의 경우에는 이를 증명할 수 있는 서류
      1) 개선기간 중 배출시설의 가동을 중단하거나 제한하여 대기오염물질의 농도나 배출량이 변경되는 경우
      2) 개선기간 중 공법 등의 개선으로 대기오염물질의 농도나 배출량이 변경되는 경우
  ❸ 개선명령을 받은 경우로서 개선하여야 할 사항이 배출시설 또는 방지시설의 운전미숙 등으로 인한 경우
    가. 대기오염물질 발생량 및 방지시설의 처리능력
    나. 배출허용기준의 초과사유 및 대책
② 개선계획서를 제출받은 유역환경청장, 지방환경청장, 수도권대기환경청장 또는 시·도지사는 그 사실 여부를 실지 조사·확인해야 한다.

✪ 측정기기의 개선기간(영 제18조) 중요내용

① 환경부장관 또는 시·도지사는 조치명령을 하는 경우에는 6개월 이내의 개선기간을 정해야 한다.
② 환경부장관 또는 시·도지사는 조치명령을 받은 자가 천재지변이나 그 밖의 부득이한 사유로 개선기간 내 조치를 마칠 수 없는 경우에는 조치명령을 받은 자의 신청을 받아 6개월의 범위에서 개선기간을 연장할 수 있다.

✪ 굴뚝 원격감시체계 관제센터의 설치 · 운영(영 제19조)

① 환경부장관은 사업장에 부착된 굴뚝 자동측정기기의 측정결과를 전산처리하기 위한 전산망을 효율적으로 관리하기 위하여 굴뚝 원격감시체계 관제센터(이하 "관제센터"라 한다)를 설치 · 운영할 수 있다.
② 관제센터의 관할사업장과 관제센터의 기능 · 운영 및 자동측정자료의 관리 등에 필요한 사항은 환경부장관이 정하여 고시한다.

✪ 측정결과의 공개(영 제19조의2)

① 환경부장관은 사업장 명칭, 사업장 소재지 및 대기오염물질별 배출농도의 30분 평균치(매시 정각부터 30분까지 또는 매시 30분부터 다음 시 정각까지 5분마다 측정한 값을 산술평균한 값을 말한다. 이하 같다) 등의 측정결과를 인터넷 홈페이지 등을 통해 실시간으로 공개해야 한다.
② 환경부장관은 사업장 명칭, 사업장 소재지 및 대기오염물질별 연간 배출량 등 전산처리한 결과를 매년 6월 30일까지 연 1회 인터넷 홈페이지 등을 통해 공개해야 한다.
③ 측정결과의 실시간 공개 방법에 관한 세부사항은 환경부장관이 정하여 고시한다.

☐ 개선명령의 이행 보고 등(규칙 제40조) *중요내용

대기오염도 검사기관은 다음 각 호와 같다.
❶ 국립환경과학원
❷ 특별시 · 광역시 · 도 · 특별자치도(이하 "시 · 도"라 한다)의 보건환경연구원
❸ 유역환경청, 지방환경청 또는 수도권대기환경청
❹ 「한국환경공단법」에 따른 한국환경공단(이하 "한국환경공단"이라 한다)
❺ 「국가표준기본법」에 따른 인정을 받은 시험 · 검사기관 중 환경부장관이 정하여 고시하는 기관

[측정기기의 운영 · 관리기준(규칙 제37조) : 별표 9]

---

1. 적산전력계의 운영 · 관리기준
   가. 「계량에 관한 법률」에 따른 형식승인 및 검정을 받은 적산전력계를 부착하여야 한다.
   나. 적산전력계를 임의로 조작을 할 수 없도록 봉인을 하여야 한다.
2. 굴뚝 자동측정기기의 운영 · 관리기준
   가. 환경부장관, 시 · 도지사 및 사업자는 굴뚝 자동측정기기의 구조 및 성능이 「환경분야 시험 · 검사 등에 관한 법률」에 따른 환경오염공정시험기준에 맞도록 유지하여야 한다.
   나. 환경부장관, 시 · 도지사 및 사업자는 「환경분야 시험 · 검사 등에 관한 법률」에 따른 형식승인을 받은 굴뚝 자동측정기기를 설치하고, 정도검사를 받아야 하며, 정도검사 결과를 관제센터가 알 수 있도록 조치하여야 한다. 다만, 같은 법에 따른 환경오염공정시험기준에 맞는 자료수집기 및 중간자료수집기의 경우 형식승인 또는 정도검사를 받은 것으로 본다.
   다. 환경부장관, 시 · 도지사 및 사업자는 굴뚝 자동측정기기에 의한 측정자료를 관제센터에 상시 전송하여야 한다.
   라. 환경부장관, 시 · 도지사 및 사업자는 굴뚝배출가스 온도측정기를 새로 설치하거나 교체하는 경우에는 「국가표준기본법」에 따른 교정을 받아야 하며, 그 기록을 3년 이상 보관하여야 한다. 다만, 온도측정기 중 최종연소실출구 온도를 측정하는 온도측정기의 경우에는 KS규격품을 사용하여 교정을 갈음할 수 있다. *중요내용

♂ 개선명령(법 제33조)

환경부장관 또는 시 · 도지사는 신고를 한 후 조업 중인 배출시설에서 나오는 오염물질의 정도가 배출허용기준을 초과한다고 인정하면 대통령령으로 정하는 바에 따라 기간을 정하여 사업자(공동 방지시설의 대표자를 포함한다)에게 그 오염물질의 정도가 배출허용기준 이하로 내려가도록 필요한 조치를 취할 것(이하 "개선명령"이라 한다)을 명할 수 있다.

✪ 배출시설 및 방지시설의 개선기간(영 제20조)

① 환경부장관 또는 시·도지사는 개선명령을 하는 경우에는 개선에 필요한 조치 및 시설 설치기간 등을 고려하여 1년 이내의 개선기간을 정해야 한다.
② 개선명령을 받은 자가 천재지변이나 그 밖의 부득이한 사유로 제1항에 따른 개선기간 내에 조치를 마칠 수 없는 경우에는 개선명령을 받은 자의 신청을 받아 1년의 범위에서 개선기간을 연장할 수 있다.

✪ 초과부과금의 오염물질배출량 산정 등(영 제25조)

① 초과부과금의 산정에 필요한 배출허용기준초과 오염물질배출량(이하 "기준초과배출량"이라 한다)은 다음 각 호의 구분에 따른 배출기간 중에 배출허용기준을 초과하여 조업함으로써 배출되는 오염물질의 양으로 하되, 일일 기준초과배출량에 배출기간의 일수(日數)를 곱하여 산정한다. 다만, 굴뚝 자동측정기기를 설치하여 관제센터로 측정결과를 자동 전송하는 사업장(이하 "자동측정사업장"이라 한다)의 자동측정자료의 30분 평균치가 배출허용기준을 초과한 경우에는 그 초과한 30분마다 배출허용기준초과농도(배출허용기준을 초과한 30분 평균치에서 배출허용기준농도를 뺀 값을 말한다)에 해당 30분 동안의 배출유량을 곱하여 초과배출량을 산정하고, 반기별(半期別)로 이를 합산하여 기준초과배출량을 산정한다.
　① 개선계획서를 제출하고 개선하는 경우 : 명시된 부적정 운영 개시일부터 개선기간 만료일까지의 기간
　② 개선명령, 조업정지명령, 허가취소, 사용중지명령 또는 폐쇄명령을 받은 경우 : 오염물질이 초과 배출되기 시작한 날(초과 배출되기 시작한 날을 알 수 없는 경우에는 배출허용기준 초과 여부 확인을 위한 오염물질 채취일)부터 개선명령, 조업정지명령, 사용중지명령 또는 폐쇄명령의 이행완료 예정일이나 허가취소일까지의 기간
　③ ①, ② 외 경우 : 배출허용기준 초과 여부 확인을 위한 오염물질 채취일부터 배출허용기준 이내로 확인된 오염물질 채취일까지의 기간
② 일일 기준초과배출량은 다음 각 호의 구분에 따른 날의 오염물질 배출허용기준초과농도에, 배출농도 측정 시의 배출유량(이하 "측정유량"이라 한다)을 기준으로 계산한 배출 총량(이하 "일일유량"이라 한다)을 곱하여 산정한 양을 킬로그램 단위로 표시한 양으로 한다.
　① 개선계획서를 제출하고 개선하는 경우 : 환경부령으로 정하는 오염물질 채취일
　② 법 제33조, 제34조, 제36조 또는 제38조에 따른 개선명령, 조업정지명령, 허가취소, 사용중지명령 또는 폐쇄명령을 받은 경우 : 법 제33조, 제34조, 제36조 또는 제38조에 따른 개선명령, 조업정지명령, 허가취소, 사용중지명령 또는 폐쇄명령의 원인이 되는 오염물질 채취일
　③ 제1호 및 제2호 외의 경우 : 배출허용기준 초과 여부 확인을 위한 오염물질 채취일
③ 일일 기준초과배출량과 일일유량은 별표 5에 따라 산정하고, 측정유량은 「환경분야 시험·검사 등에 관한 법률」 환경오염공정시험기준에 따라 산정한다.
④ 오염물질 배출량은 배출기간 중에 배출된 가스의 양을 1천 세제곱미터 단위로 표시한 것으로 하며, 일일유량에 배출기간의 일수를 곱하여 산정한다. 이 경우 배출기간의 계산과 측정유량의 산정에 관하여는 제1항부터 제3항까지의 규정을 준용한다.
⑤ 기본부과금 부과대상 오염물질에 대한 초과배출량을 산정하는 경우로서 배출허용기준을 초과한 날 이전 3개월간 평균배출농도가 배출허용기준의 30퍼센트 미만인 경우에는 초과배출량에서 별표 5의2에 따른 초과배출량공제분을 공제한다.
⑥ 배출기간은 일수로 표시하며, 그 기간의 계산은 「민법」에 따르되, 초일(初日)을 산입한다.

[일일초과배출량 및 일일유량의 산정방법(영 제25조) : 별표 5] *중요내용*

가. 일일기준초과배출량의 산정방법

구분	오염물질	산정방법
일반오염물질	황산화물	일일유량×배출허용기준초과농도×10^{-6}×64÷22.4
	먼지	일일유량×배출허용기준초과농도×10^{-6}
	암모니아	일일유량×배출허용기준초과농도×10^{-6}×17÷22.4
	황화수소	일일유량×배출허용기준초과농도×10^{-6}×34÷22.4
	이황화탄소	일일유량×배출허용기준초과농도×10^{-6}×76÷22.4
특정대기유해물질	불소화합물	일일유량×배출허용기준초과농도×10^{-6}×19÷22.4
	염화수소	일일유량×배출허용기준초과농도×10^{-6}×36.5÷22.4
	염소	일일유량×배출허용기준초과농도×10^{-6}×71÷22.4
	시안화수소	일일유량×배출허용기준초과농도×10^{-6}×27÷22.4

비고
1. 배출허용기준초과농도＝배출농도－배출허용기준농도
2. 특정대기유해물질의 배출허용기준초과 일일오염물질배출량은 소수점 이하 넷째 자리까지 계산하고, 일반오염물질은 소수점 이하 첫째 자리까지 계산한다.
3. 먼지의 배출농도 단위는 세제곱미터당 밀리그램(mg/Sm^3)으로 하고, 그 밖의 오염물질의 배출농도 단위는 피피엠(ppm)으로 한다.

나. 일일유량의 산정방법

일일유량＝측정유량×일일조업시간

비고
1. 측정유량의 단위는 시간당 세제곱미터(m^3/h)로 한다.
2. 일일조업시간은 배출량을 측정하기 전 최근 조업한 30일 동안의 배출시설 조업시간 평균치를 시간으로 표시한다.

[초과배출량공제분 산정방법(영 제25조) : 별표 5의2] *중요내용*

초과배출량공제분＝(배출허용기준농도－3개월간 평균배출농도)×3개월간 평균배출유량

비고
1. 3개월간 평균배출농도는 배출허용기준을 초과한 날 이전 정상 가동된 3개월 동안의 30분 평균치를 산술평균한 값으로 한다.
2. 3개월간 평균배출유량은 배출허용기준을 초과한 날 이전 정상 가동된 3개월 동안의 30분 유량값을 산술평균한 값으로 한다.
3. 초과배출량공제분이 초과배출량을 초과하는 경우에는 초과배출량을 초과배출량공제분으로 한다.

◉ 연도별 부과금산정지수 및 위반횟수별 부과계수(영 제26조)

① 연도별 부과금산정지수는 매년 전년도 부과금산정지수에 전년도 물가상승률 등을 고려하여 환경부장관이 고시하는 가격변동지수를 곱한 것으로 한다.
② 위반횟수별 부과계수는 다음 각 호의 구분에 따른 비율을 곱한 것으로 한다. *중요내용*
  1 위반이 없는 경우 : 100분의 100
  2 처음 위반한 경우 : 100분의 105
  3 2차 이상 위반한 경우 : 위반 직전의 부과계수에 100분의 105를 곱한 것
③ 위반횟수는 배출허용기준을 초과하여 부과금 부과대상 오염물질 등을 배출하여 개선명령, 조업정지명령, 허가취소, 사용중지명령 또는 폐쇄명령을 받은 횟수로 한다. 이 경우 위반횟수는 사업장의 배출구별로 위반행위가 있었던 날 이전의 최근 2년을 단위로 산정한다.
④ 자동측정사업장의 경우에는 제3항에도 불구하고 30분 평균치가 배출허용기준을 초과하는 횟수를 위반횟수로 하되, 30분 평균치가 24시간 이내에 2회 이상 배출허용기준을 초과하는 경우에는 위반횟수를 1회로 보고, 제21조 제3항에 따라

개선계획서를 제출하고 배출허용기준을 초과하는 경우에는 개선기간 중의 위반횟수를 1회로 본다. 이 경우 위반횟수는 각 배출구마다 오염물질별로 3개월을 단위로 산정한다.

조업정지명령 등(법 제34조)

① 환경부장관 또는 시·도지사는 개선명령을 받은 자가 개선명령을 이행하지 아니하거나 기간 내에 이행은 하였으나 검사결과 배출허용기준을 계속 초과하면 해당 배출시설의 전부 또는 일부에 대하여 조업정지를 명할 수 있다.
② 환경부장관 또는 시·도지사는 대기오염으로 주민의 건강상·환경상의 피해가 급박하다고 인정하면 환경부령으로 정하는 바에 따라 즉시 그 배출시설에 대하여 조업시간의 제한이나 조업정지, 그 밖에 필요한 조치를 명할 수 있다.

배출부과금의 부과징수(법 제35조)

① 환경부장관 또는 시·도지사는 대기오염물질로 인한 대기환경상의 피해를 방지하거나 줄이기 위하여 다음 각 호의 어느 하나에 해당하는 자에 대하여 배출부과금을 부과징수한다.
  ❶ 대기오염물질을 배출하는 사업자(공동방지시설을 설치·운영자를 포함한다)
  ❷ 허가·변경허가를 받지 아니하거나 신고·변경신고를 하지 아니하고 배출시설을 설치 또는 변경한 자
② 배출부과금은 다음 각 호와 같이 구분하여 부과한다.
  ❶ 기본부과금 : 대기오염물질을 배출하는 사업자가 배출허용기준 이하로 배출하는 대기오염물질의 배출량과 배출농도에 따라 부과하는 금액
  ❷ 초과부담금 : 배출허용기준을 초과하여 배출하는 경우 대기오염물질의 배출량과 배출농도 등에 따라 부과하는 금액
③ 환경부장관 또는 시·도지사는 배출부과금을 부과할 때에는 다음 각 호의 사항을 고려하여야 한다.
  ❶ 배출허용기준 초과 여부
  ❷ 배출되는 오염물질의 종류
  ❸ 오염물질의 배출기간
  ❹ 오염물질의 배출량
  ❺ 자가측정(自家測定)을 하였는지 여부
④ 배출부과금의 산정방식과 산정기준 등 필요한 사항은 대통령령으로 정한다. 다만, 초과부과금은 대통령령으로 정하는 바에 따라 본문의 산정기준을 적용한 금액의 10배의 범위에서 위반횟수에 따라 가중하며, 이 경우 위반횟수는 사업장의 배출구별로 위반행위 시점 이전의 최근 2년을 기준으로 산정한다.
⑤ 환경부장관 또는 시·도지사는 배출부과금을 내야 할 자가 납부기한까지 내지 아니하면 가산금을 징수한다.
⑥ 가산금에 관하여는 「지방세징수법」을 준용한다.
⑦ 배출부과금과 가산금은 「환경정책기본법」에 따른 환경개선특별회계(이하 "환경개선특별회계"라 한다)의 세입으로 한다.
⑧ 환경부장관은 시·도지사에게 그 관할 구역의 배출부과금 및 가산금의 징수에 관한 권한을 위임한 경우에는 징수한 배출부과금과 가산금 중 일부를 대통령령으로 정하는 바에 따라 징수비용으로 내줄 수 있다.
⑨ 환경부장관 또는 시·도지사는 배출부과금이나 가산금을 내야 할 자가 납부기한까지 내지 아니하면 국세 납세처분의 예 또는 지방행정제재·부과금의 징수에 관한 법률에 따라 징수한다.

배출부과금의 감면(법 제35조의2)

① 다음 각 호의 어느 하나에 해당하는 자에게는 대통령령으로 정하는 바에 따라 같은 조에 따른 배출부과금을 부과하지 아니한다.
  ❶ 대통령령으로 정하는 연료를 사용하는 배출시설을 운영하는 사업자
  ❷ 대통령령으로 정하는 최적(最適)의 방지시설을 설치한 사업자
  ❸ 대통령령으로 정하는 바에 따라 환경부장관이 국방부장관과 협의하여 정하는 군사시설을 운영하는 자

② 다음 각 호의 어느 하나에 해당하는 자에게는 대통령령으로 정하는 바에 따라 배출부과금을 감면할 수 있다. 다만, 사업자에 대한 배출부과금의 감면은 해당 법률에 따라 부담한 처리비용의 금액 이내로 한다.
  ❶ 대통령령으로 정하는 배출시설을 운영하는 사업자
  ❷ 다른 법률에 따라 대기오염물질의 처리비용을 부담하는 사업자

✪ 부과금의 부과면제 등(영 제32조)

① 다음 각 호의 연료를 사용하여 배출시설을 운영하는 사업자에 대하여는 황산화물에 대한 부과금을 부과하지 아니한다. 다만, 제1호 또는 제2호의 연료와 제1호 또는 제2호 외의 연료를 섞어서 연소시키는 배출시설로서 배출허용기준을 준수할 수 있는 시설에 대하여는 제1호 또는 제2호의 연료사용량에 해당하는 황산화물에 대한 기본부과금을 부과하지 아니한다.
  ① 발전시설의 경우에는 황함유량이 0.3퍼센트 이하인 액체연료 및 고체연료, 발전시설 외의 배출시설(설비용량이 100메가와트 미만인 열병합발전시설을 포함한다)의 경우에는 황함유량이 0.5퍼센트 이하인 액체연료 또는 황함유량이 0.45퍼센트 미만인 고체연료를 사용하는 배출시설로서 배출허용기준을 준수할 수 있는 시설. 이 경우 고체연료의 황함유량은 연소기기에 투입되는 여러 고체연료의 황함유량을 평균한 것으로 한다. *중요내용*
  ② 공정상 발생되는 부생(附生)가스로서 황함유량이 0.05퍼센트 이하인 부생가스를 사용하는 배출시설로서 배출허용기준을 준수할 수 있는 시설
  ③ 제1호 및 제2호의 연료를 섞어서 연소시키는 배출시설로서 배출허용기준을 준수할 수 있는 시설
② 액화천연가스나 액화석유가스를 연료로 사용하는 배출시설을 운영하는 사업자에 대하여는 먼지와 황산화물에 대한 기본부과금을 부과하지 아니한다.
③ "대통령령으로 정하는 최적의 방지시설"이란 배출허용기준을 준수할 수 있고 설계된 대기오염물질의 제거 효율을 유지할 수 있는 방지시설로서 환경부장관이 관계 중앙행정기관의 장과 협의하여 고시하는 시설을 말한다.
④ 국방부장관은 협의를 하려는 경우에는 부과금을 면제받으려는 군사시설의 용도와 면제 사유 등을 환경부장관에게 제출하여야 한다. 다만, 「군사기지 및 군사시설 보호법」 제2조 제2호에 따른 군사시설은 그러하지 아니하다.
⑤ 법 제35조의2제2항제1호에서 "대통령령으로 정하는 배출시설"이란 다음 각 호의 어느 하나에 해당하는 시설을 말한다. 〈개정 2020. 3. 31.〉
  ① 측정기기 부착사업장 중 「중소기업기본법」에 따른 중소기업의 배출시설 및 4종사업장과 5종사업장의 배출시설로서 배출허용기준을 준수하는 시설
  ② 대기오염물질의 배출을 줄이기 위한 계획과 그 이행 등에 대하여 환경부장관 또는 시·도지사(해당 사업장과의 협약에 대하여 환경부장관과 사전 협의를 거친 시·도지사만 해당한다)와 협약을 체결한 사업장의 배출시설로서 배출허용기준을 준수하는 시설
⑥ 부과금의 면제 또는 감면의 절차 등에 필요한 사항은 환경부령으로 정한다.

✪ 부과금의 납부통지(영 제33조) *중요내용*

① 초과부과금은 초과부과금 부과 사유가 발생한 때(자동측정자료의 30분 평균치가 배출허용기준을 초과한 경우에는 매 반기 종료일부터 60일 이내)에, 기본부과금은 해당 부과기간의 확정배출량 자료제출기간 종료일부터 60일 이내에 부과금의 납부통지를 하여야 한다. 다만, 배출시설이 폐쇄되거나 소유권이 이전되는 경우에는 즉시 납부통지를 할 수 있다.
② 시·도지사는 부과금을 부과(조정 부과를 포함한다)할 때에는 부과대상 오염물질량, 부과금액, 납부기간 및 납부장소, 그 밖에 필요한 사항을 적은 서면으로 알려야 한다. 이 경우 부과금의 납부기간은 납부통지서를 발급한 날부터 30일로 한다.

♂ 배출부과금의 조정(법 제35조의3)

① 환경부장관 또는 시·도지사는 배출부과금 부과 후 오염물질 등의 배출상태가 처음에 측정할 때와 달라졌다고 인정하여 다시 측정한 결과 오염물질 등의 배출량이 처음에 측정한 배출량과 다른 경우 등 대통령령으로 정하는 사유가 발생한 경우에는 이를 다시 산정·조정하여 그 차액을 부과하거나 환급하여야 한다.
② 산정·조정 방법 및 환급 절차 등 필요한 사항은 대통령령으로 정한다.

✪ 부과금의 조정(영 제34조)

① 법 제35조의3 제1항에서 "대통령령으로 정하는 사유"란 다음 각 호의 어느 하나에 해당하는 경우를 말한다.
　　1. 개선기간 만료일 또는 명령이행 완료예정일까지 개선명령, 조업정지명령, 사용중지명령 또는 폐쇄명령을 이행하였거나 이행하지 아니하여 초과부과금 산정의 기초가 되는 오염물질 또는 배출물질의 배출기간이 달라진 경우
　　2. 초과부과금의 부과 후 오염물질 등의 배출상태가 처음에 측정할 때와 달라졌다고 인정하여 다시 측정한 결과, 오염물질 또는 배출물질의 배출량이 처음에 측정한 배출량과 다른 경우
　　3. 사업자가 고의 또는 과실로 확정배출량을 잘못 산정하여 제출하였거나 시·도지사가 조정한 기준이내배출량이 잘못 조정된 경우
② 초과부과금을 조정하는 경우에는 환경부령으로 정하는 개선완료일이나 명령 이행의 보고일을 오염물질 또는 배출물질의 배출기간으로 하여 초과부과금을 산정한다.
③ 초과부과금을 조정하는 경우에는 재점검일 이후의 기간에 다시 측정한 배출량만을 기초로 초과부과금을 산정한다.
④ 초과부과금의 조정 부과나 환급은 해당 배출시설 또는 방지시설에 대한 개선완료명령, 조업정지명령, 사용중지명령 또는 폐쇄완료명령의 이행 여부를 확인한 날부터 30일 이내에 하여야 한다.
⑤ 기본부과금을 조정하는 경우에는 배출시설의 설치허가, 설치신고 또는 변경신고를 할 때에 제출한 자료, 배출시설 및 방지시설의 운영기록부, 자가측정기록부 및 검사의 결과 등을 기초로 하여 기본부과금을 산정한다.
⑥ 시·도지사는 부과 또는 환급할 때에는 금액, 일시, 장소, 그 밖에 필요한 사항을 적은 서면으로 알려야 한다.

♂ 배출부과금의 징수유예·분할납부 및 징수절차(법 제35조의4) <중요내용>

① 시·도지사는 배출부과금의 납부의무자가 다음 각 호의 어느 하나에 해당하는 사유로 납부기한 전에 배출부과금을 납부할 수 없다고 인정하면 징수를 유예하거나 그 금액을 분할하여 납부하게 할 수 있다.
　　1. 천재지변이나 그 밖의 재해로 사업자의 재산에 중대한 손실이 발생한 경우
　　2. 사업에 손실을 입어 경영상으로 심각한 위기에 처하게 된 경우
　　3. 그 밖에 제1호 또는 제2호에 준하는 사유로 징수유예나 분할납부가 불가피하다고 인정되는 경우
② 배출부과금이 납부의무자의 자본금 또는 출자총액(개인사업자인 경우에는 자산총액을 말한다)을 2배 이상 초과하는 경우로서 제1항 각 호에 따른 사유로 징수유예기간 내에도 징수할 수 없다고 인정되면 징수유예기간을 연장하거나 분할납부의 횟수를 늘려 배출부과금을 내도록 할 수 있다.
③ 환경부장관 또는 시·도지사가 징수유예를 하는 경우에는 유예금액에 상당하는 담보를 제공하도록 요구할 수 있다.
④ 환경부장관 또는 시·도지사는 징수를 유예받은 납부의무자가 다음 각 호의 어느 하나에 해당하면 징수유예를 취소하고 징수유예된 배출부과금을 징수할 수 있다.
　　1. 징수유예된 부과금을 납부기한까지 내지 아니한 경우
　　2. 담보의 변경이나 그 밖에 담보의 보전(保全)에 필요한 환경부장관의 명령에 따르지 아니한 경우
　　3. 재산상황이나 그 밖의 사정의 변화로 징수유예가 필요없다고 인정되는 경우
⑤ 배출부과금의 징수유예기간 또는 분할납부 방법, 제2항에 따른 징수유예기간 연장 등 필요한 사항은 대통령령으로 정한다.

✪ 배출부과금 부과대상 오염물질(영 제23조) <중요내용>

① 초과부과금(이하 "초과부과금"이라 한다)의 부과대상이 되는 오염물질은 다음 각 호와 같다.
　　1. 황산화물　　　　　　　　6. 불소화물
　　2. 암모니아　　　　　　　　7. 염화수소
　　3. 황화수소　　　　　　　　8. 질소산화물
　　4. 이황화탄소　　　　　　　9. 시안화수소
　　5. 먼지
② 기본부과금의 부과대상이 되는 오염물질은 다음 각 호와 같다.
　　1. 황산화물　　　　　　　　2. 먼지

③ 질소산화물

◎ 기본부과금 및 자동측정사업장에 대한 초과부과금의 부과기준일 및 부과기간(영 제27조)

기본부과금과 자동측정사업장에 대한 초과부과금은 매 반기별로 부과하되 부과기준일과 부과기간은 별표 6과 같다.

◎ 기본부과금 산정의 방법과 기준(영 제28조)

① 기본부과금은 배출허용기준 이하로 배출하는 오염물질배출량(이하 "기준이내배출량"이라 한다)에 오염물질 1킬로그램당 부과금액, 연도별 부과금산정지수, 지역별 부과계수 및 농도별 부과계수를 곱한 금액으로 한다. *중요내용*
② 연도별 부과금산정지수는 최초의 부과연도를 1로 하고, 그 다음 해부터는 매년 전년도 지수에 전년도 물가상승률 등을 고려하여 환경부장관이 정하여 고시하는 가격변동계수를 곱한 것으로 한다. *중요내용*

◎ 기본부과금의 오염물질배출량 산정 등(영 제29조) *중요내용*

① 환경부장관 또는 시·도지사는 기본부과금의 산정에 필요한 기준이내배출량을 파악하기 위하여 필요한 경우에는 해당 사업자에게 기본부과금의 부과기간 동안 실제 배출한 기준이내배출량(이하 "확정배출량"이라 한다)에 관한 자료를 제출하게 할 수 있다. 이 경우 해당 사업자는 확정배출량에 관한 자료를 부과기간 완료일부터 30일 이내에 제출해야 한다.
② 확정배출량은 별표 9에서 정하는 방법에 따라 산정한다. 다만, 굴뚝 자동측정기기의 측정 결과에 따라 산정하는 경우에는 그러하지 아니하다.
③ 제21조 제3항에 따라 개선계획서를 제출한 사업자가 제2항 단서에 따라 확정배출량을 산정하는 경우 개선기간 중의 확정배출량은 개선기간 전에 굴뚝 자동측정기기가 정상 가동된 3개월 동안의 30분 평균치를 산술평균한 값을 적용하여 산정한다.
④ 제1항에 따라 제출된 자료를 증명할 수 있는 자료에 관한 사항은 환경부령으로 정한다.

☐ 기본부과금 산정을 위한 자료 제출 등(규칙 제45조) *중요내용*

확정배출량에 관한 자료를 제출하려는 자는 확정배출량 명세서에 다음 각 호에 따른 서류를 첨부하여 유역환경청장, 지방환경청장, 수도권대기환경청장 또는 시·도지사에게 제출해야 한다. 다만, 각 호의 사항을 전산에 의한 방법으로 기록·보존하는 경우에는 제3호 및 제4호의 서류는 제출하지 않을 수 있다.
❶ 황 함유분석표 사본(황 함유량이 적용되는 배출계수를 이용하는 경우에만 제출하며, 해당 부과기간 동안의 분석표만 제출한다)
❷ 연료사용량 또는 생산일지 등 배출계수별 단위사용량을 확인할 수 있는 서류 사본(배출계수를 이용하는 경우에만 제출한다)
❸ 조업일지 등 조업일수를 확인할 수 있는 서류 사본(자가측정 결과를 이용하는 경우에만 제출한다)
❹ 배출구별 자가측정한 기록 사본(자가측정 결과를 이용하는 경우에만 제출한다)

◎ 자료의 제출 및 검사 등(영 제31조)

시·도지사는 사업자가 제출한 확정배출량의 내용이 비슷한 규모의 다른 사업장과 현저한 차이가 나거나 사실과 다르다고 인정되어 기준이내배출량의 조정 등이 필요한 경우에는 사업자에게 관련 자료를 제출하게 할 수 있다.

◎ 징수비용의 교부(영 제31조의2) *중요내용*

① 환경부장관은 다음 각 호의 구분에 따른 금액을 해당 시·도지사에게 징수비용으로 내주어야 한다.
　① 시·도지사가 부과하였거나 법 제35조의3에 따라 조정하여 부과한 부과금 및 가산금 중 실제로 징수한 금액의 비율(이하 "징수비율"이라 한다)이 60퍼센트 미만인 경우 : 징수한 부과금 및 가산금의 100분의 7
　② 징수비율이 60퍼센트 이상 80퍼센트 미만인 경우 : 징수한 부과금 및 가산금의 100분의 10
　③ 징수비율이 80퍼센트 이상인 경우 : 징수한 부과금 및 가산금의 100분의 13

② 환경부장관은 「환경개선 특별회계법」에 따른 환경개선특별회계에 납입된 부과금 및 가산금 중 징수비용을 매월 정산하여 그 다음 달까지 해당 시·도지사에게 지급하여야 한다.

[기본부과금 및 자동측정사업장에 대한 초과부과금의 부과기준일 및 부과기간(영 제27조) : 별표 6]

반기별	부과기준일	부과기간
상반기	매년 6월 30일	1월 1일부터 6월 30일까지
하반기	매년 12월 31일	7월 1일부터 12월 31일까지

비고
부과기간 중에 배출시설 설치허가를 받거나 신고를 한 사업자의 부과기간은 최초 가동일부터 부과기간 종료일까지로 한다.

[기본부과금의 지역별 부과계수(영 제28조) : 별표 7] ※중요내용

구분	지역별 부과계수
Ⅰ지역	1.5
Ⅱ지역	0.5
Ⅲ지역	1.0

비고
Ⅰ, Ⅱ, Ⅲ지역에 관하여는 별표 4 비고란 제2호부터 제4호까지의 규정을 준용한다.

[기본부과금의 농도별 부과계수(영 제28조) : 별표 8]

1. 연료를 연소하여 황산화물을 배출하는 시설(황산화물의 배출량을 줄이기 위하여 방지시설을 설치한 경우와 생산공정상 황산화물의 배출량이 줄어든다고 인정하는 경우는 제외한다) ※중요내용

구분	연료의 황함유량(%)		
	0.5% 이하	1.0% 이하	1.0% 초과
농도별 부과계수	0.2	0.4	1.0

2. 제1호 외의 시설

구분	배출허용기준의 백분율			
	30% 미만	30% 이상 40% 미만	40% 이상 50% 미만	50% 이상 60% 미만
농도별 부과계수	0	0.15	0.25	0.35

구분	배출허용기준의 백분율			
	60% 이상 70% 미만	70% 이상 80% 미만	80% 이상 90% 미만	90% 이상 100% 미만
농도별 부과계수	0.5	0.65	0.8	0.95

비고 ※중요내용
1. 배출허용기준의 백분율(%) = $\dfrac{배출농도}{배출허용기준농도} \times 100$
2. 배출농도는 일일평균배출량의 산정근거가 되는 배출농도를 말한다.

✪ 징수비용의 교부(영 제37조)

① 환경부장관은 부과금 및 가산금의 징수를 시·도지사에게 위임한 경우에는 시·도지사가 징수한 부과금 및 가산금 또는 조정된 부과금 및 가산금의 100분의 10에 상당하는 금액을 시·도지사에게 징수비용으로 내주어야 한다.
② 환경부장관은 「환경개선 특별회계법」에 따른 환경개선특별회계에 납입된 부과금 및 가산금 중 징수비용을 매월 정산하여 그 다음 달까지 해당 시·도지사에게 지급하여야 한다.

❂ 부과금에 대한 조정신청(영 제35조) 〈중요내용〉

① 부과금 납부명령을 받은 사업자(이하 "부과금납부자"라 한다)는 부과금의 조정을 신청할 수 있다.
② 조정신청은 부과금납부통지서를 받은 날부터 60일 이내에 하여야 한다.
③ 환경부장관 또는 시·도지사는 조정신청을 받으면 30일 이내에 그 처리결과를 신청인에게 알려야 한다.
④ 조정신청은 부과금의 납부기간에 영향을 미치지 아니한다.

❂ 부과금 징수유예·분할납부 및 징수절차(영 제36조) 〈중요내용〉

① 천재지변으로 사업자의 재산에 중대한 손실이 발생할 경우로 납부기한 전에 부과금을 납부할 수 없다고 인정될 경우 부과금의 징수유예를 받거나 분할납부를 하려는 자는 부과금 징수유예신청서와 부과금 분할납부신청서를 환경부장관 또는 시·도지사에게 제출해야 한다.
② 징수유예는 다음 각 호의 구분에 따른 징수유예기간과 그 기간 중의 분할납부의 횟수에 따른다.
　① 기본부과금 : 유예한 날의 다음 날부터 다음 부과기간의 개시일 전일까지, 4회 이내
　② 초과부과금 : 유예한 날의 다음 날부터 2년 이내, 12회 이내
③ 징수유예기간의 연장은 유예한 날의 다음 날부터 3년 이내로 하며, 분할납부의 횟수는 18회 이내로 한다.
④ 부과금의 분할납부 기한 및 금액과 그 밖에 부과금의 부과·징수에 필요한 사항은 환경부장관 또는 시·도지사가 정한다.

♂ 허가의 취소(법 제36조)

환경부장관 또는 시·도지사는 사업자가 다음 각 호의 어느 하나에 해당하는 경우에는 배출시설의 설치허가 또는 변경허가를 취소하거나 배출시설의 폐쇄를 명하거나 6개월 이내의 기간을 정하여 배출시설 조업정지를 명할 수 있다. 다만, 제1호·제2호·제10호·제11호 또는 제18호부터 제20호까지의 어느 하나에 해당하면 배출시설의 설치허가 또는 변경허가를 취소하거나 폐쇄를 명하여야 한다.

❶ 거짓이나 그 밖의 부정한 방법으로 허가·변경허가를 받은 경우
❷ 거짓이나 그 밖의 부정한 방법으로 신고·변경신고를 한 경우
❸ 변경허가를 받지 아니하거나 변경신고를 하지 아니한 경우
❹ 방지시설을 설치하지 아니하고 배출시설을 설치·운영한 경우
❺ 가동개시 신고를 하지 아니하고 조업을 한 경우
❻ 제31조 제1항 각 호의 어느 하나에 해당하는 행위를 한 경우
❼ 배출시설 및 방지시설의 운영에 관한 상황을 거짓으로 기록하거나 기록을 보존하지 아니한 경우
❽ 측정기기를 부착하는 등 배출시설 및 방지시설의 적합한 운영에 필요한 조치를 하지 아니한 경우
❾ 제32조 제3항 각 호의 어느 하나에 해당하는 행위를 한 경우
❿ 조업정지명령을 이행하지 아니한 경우
⓫ 조업정지명령을 이행하지 아니한 경우
⓬ 자가측정을 하지 아니하거나 측정방법을 위반하여 측정한 경우
⓭ 자가측정결과를 거짓으로 기록하거나 기록을 보존하지 아니한 경우
⓮ 환경기술인을 임명하지 아니하거나 자격기준에 못 미치는 환경기술인을 임명한 경우
⓯ 제40조 제3항에 따른 감독을 하지 아니한 경우
⓰ 연료의 공급·판매 또는 사용금지·제한이나 조치명령을 이행하지 아니한 경우
⓱ 연료의 제조·공급·판매 또는 사용금지·제한이나 조치명령을 이행하지 아니한 경우
⓲ 조업정지 기간 중에 조업을 한 경우
⓳ 허가를 받거나 신고를 한 후 특별한 사유 없이 5년 이내에 배출시설 또는 방지시설을 설치하지 아니하거나 배출시설의 멸실 또는 폐업이 확인된 경우
⓴ 배출시설을 설치·운영하던 사업자가 사업을 하지 아니하기 위하여 해당 시설을 철거한 경우

♂ 과징금 처분(법 제37조) ※중요내용

① 환경부장관 또는 시·도지사는 다음 각 호의 어느 하나에 해당하는 배출시설을 설치·운영하는 사업자에 대하여 조업정지를 명하여야 하는 경우로서 그 조업정지가 주민의 생활, 대외적인 신용·고용·물가 등 국민경제, 그 밖에 공익에 현저한 지장을 줄 우려가 있다고 인정되는 경우 등 그 밖에 대통령령으로 정하는 경우에는 조업정지처분을 갈음하여 매출액에 100분의 5를 곱한 금액을 초과하지 아니하는 범위에서 과징금을 부과할 수 있다. 다만, 매출액이 없거나 매출액의 산정이 곤란한 경우로서 대통령령으로 정하는 경우에는 2억원을 초과하지 아니하는 범위에서 과징금을 부과할 수 있다.
  ❶ 「의료법」에 따른 의료기관의 배출시설
  ❷ 사회복지시설 및 공동주택의 냉난방시설
  ❸ 발전소의 발전 설비
  ❹ 「집단에너지사업법」에 따른 집단에너지시설
  ❺ 「초·중등교육법」 및 「고등교육법」에 따른 학교의 배출시설
  ❻ 제조업의 배출시설
  ❼ 그 밖에 대통령령으로 정하는 배출시설
② 다음 각 호의 어느 하나에 해당하는 경우에는 조업정지처분을 갈음하여 과징금을 부과할 수 없다.
  ❶ 방지시설(공동 방지시설을 포함한다)을 설치하여야 하는 자가 방지시설을 설치하지 아니하고 배출시설을 가동한 경우
  ❷ 제31조 제1항 각 호의 금지행위를 한 경우로서 30일 이상의 조업정지처분을 받아야 하는 경우
  ❸ 개선명령을 이행하지 아니한 경우
③ 과징금을 부과하는 위반행위의 종류·정도 등에 따른 과징금의 금액과 그 밖에 필요한 사항은 대통령령으로 정하되, 그 금액의 2분의 1 범위에서 가중하거나 감경할 수 있다.
④ 환경부장관 또는 시·도지사는 과징금을 내야 할 자가 납부기한까지 내지 아니하면 국세 체납처분의 예 또는 지방행정제재·부과금의 징수에 관한 법률에 따라 징수한다.
⑤ 징수한 과징금은 환경개선특별회계의 세입으로 한다.
⑥ 시·도지사가 과징금을 징수한 경우 그 징수비용의 교부에 관하여는 제34조 8항을 준용한다.

✪ 과징금 처분(영 제38조)

① 법 제37조 제1항 각 호 외의 부분에서 "대통령령으로 정하는 경우"란 다음 각 호의 어느 하나에 해당하는 경우를 말한다.
  1 외국에 수출할 목적으로 신용장을 개설하고 제품을 생산하는 경우
  2 조업의 중지에 따라 배출시설에 투입된 원료·부원료 또는 제품 등이 화학반응을 일으키는 등의 사유로 폭발이나 화재사고가 발생될 우려가 있는 경우
  3 원료를 용융(鎔融)하거나 용해하여 제품을 생산하는 경우
② 법 제37조 제1항 각 호 외의 부분 단서에서 "대통령령으로 정하는 경우"란 다음 각 호의 어느 하나에 해당하는 경우를 말한다.
  1 조업을 시작하지 않거나 조업을 중단하는 등의 사유로 매출액이 없는 경우
  2 재해 등으로 매출액 산정자료가 소멸되거나 훼손되어 객관적인 매출액의 산정이 곤란한 경우
③ 법 제37조 제1항에 따른 과징금은 위반행위별 행정처분기준에 따른 조업 정지일수에 1일당 300만원과 사업장별로 다음 각 호의 구분에 따라 정한 부과계수를 곱하여 산정한다.
  1 1종사업장 : 2.0
  2 2종사업장 : 1.5
  3 3종사업장 : 1.0
  4 4종사업장 : 0.7
  5 5종사업장 : 0.4
④ 제3항에 따라 산정한 과징금의 금액은 그 금액의 2분의 1 범위에서 늘리거나 줄일 수 있다. 이 경우 그 금액을 늘리는 경우에도 과징금의 총액은 매출액에 100분의 5를 곱한 금액(제2항에 해당하는 경우에는 2억원을 말한다)을 초과할 수 없다.

[비산배출의 저감대상 업종(제38조의2 관련) : 별표 9의2]

분류	업종
1. 코크스, 연탄 및 석유정제품 제조업	원유 정제처리업
2. 화학물질 및 화학제품 제조업 　: 의약품 제외	가. 석유화학계 기초화학물질 제조업 나. 합성고무 제조업 다. 합성수지 및 기타 플라스틱 물질 제조업 라. 접착제 및 젤라틴 제조업
3. 1차 금속 제조업	가. 제철업 나. 제강업
4. 고무제품 및 플라스틱제품 제조업	가. 그 외 기타 고무제품 제조업 나. 플라스틱 필름, 시트 및 판 제조업 다. 벽 및 바닥 피복용 플라스틱 제품 제조업 라. 플라스틱 포대, 봉투 및 유사제품 제조업 마. 플라스틱 적층, 도포 및 기타 표면처리 제품 제조업 바. 그 외 기타 플라스틱 제품 제조업
5. 전기장비 제조업	가. 축전지 제조업 나. 기타 절연선 및 케이블 제조업
6. 기타 운송장비 제조업	가. 강선 건조업 나. 선박 구성부분품 제조업 다. 기타 선박 건조업
7. 육상운송 및 파이프라인 운송업	파이프라인 운송업
8. 창고 및 운송관련 서비스업	위험물품 보관업

비고
1. 위 표의 업종은 「통계법」 제22조에 따라 통계청장이 고시하는 한국표준산업분류에 따른 업종을 말한다.
2. 제7호 및 제8호는 휘발유를 보관·출하하는 저유소에 한정하여 적용한다.

❑ **비산배출시설의 설치·운영신고 및 변경신고 등(규칙 제51조의2)**

　① 비산배출하는 배출시설(이하 "비산배출시설"이라 한다)을 설치·운영하려는 자는 비산배출시설 설치·운영 신고서에 다음 각 호의 서류를 첨부하여 유역환경청장, 지방환경청장 또는 수도권대기환경청장에게 제출하여야 한다.
　　❶ 제품생산 공정도 및 비산배출시설 설치명세서
　　❷ 비산배출시설별 관리대상물질 명세서
　　❸ 비산배출시설 관리계획서
　　❹ 시설관리기준 적용 제외 시설의 목록
　② 신고서를 제출받은 담당 공무원은 행정정보의 공동이용을 통하여 「산업집적활성화 및 공장설립에 관한 법률 시행규칙」에 따른 공장 등록증명서를 확인해야 한다. 다만, 신청인이 확인에 동의하지 않는 경우에는 그 서류를 제출하도록 해야 한다.
　③ 신고를 받은 유역환경청장, 지방환경청장 또는 수도권대기환경청장은 비산배출시설 설치·운영 신고증명서를 신고인에게 발급하여야 한다.
　④ 법 제38조의2 제2항에서 "환경부령으로 정하는 사항"이란 다음 각 호의 경우를 말한다.
　　❶ 사업장의 명칭 또는 대표자를 변경하는 경우
　　❷ 설치·운영 신고를 한 비산배출시설의 규모(배출시설별 분류가 동일한 비산배출시설의 시설 용량의 합계 또는 시설 개수의 누계를 말한다)를 10퍼센트 이상 변경하려는 경우
　　❸ 비산배출시설 관리계획을 변경하는 경우
　　❹ 오기(誤記), 누락 또는 그 밖에 이에 준하는 사유로서 그 변경 사유가 분명한 경우
　　❺ 비산배출시설을 임대하는 경우

⑤ 변경신고를 하려는 자는 신고 사유가 제3항 제1호 또는 제5호에 해당하는 경우에는 그 사유가 발생한 날부터 30일 이내에, 변경 전에 그 사유를 안 날부터 30일 이내에 비산배출시설 설치·운영 변경신고서에 변경내용을 증명하는 서류와 비산배출시설 설치·운영신고 증명서를 첨부하여 유역환경청장, 지방환경청장 또는 수도권대기환경청장에게 제출해야 한다.
⑥ 유역환경청장, 지방환경청장 또는 수도권대기환경청장은 변경신고를 받은 경우에는 비산배출시설 설치·운영 신고증명서에 변경신고사항을 적어 신고인에게 발급하여야 한다.

[비산배출의 저감을 위한 시설관리기준 : 규칙, 별표 10의2]

구 분	시설관리기준
가. 일반기준	1) 사업자는 비산배출의 저감을 위한 시설관리기준의 관리 담당자를 지정·운영한다. 2) 사업자는 사업장 내외에서 업종별 관리대상물질의 대기환경농도 파악을 위하여 노력한다. 3) 시설관리기준을 준수하여야 하는 시설 중에서 다음 각 호의 경우에는 시설관리기준의 적용대상에서 제외한다. 　가) 연간 300시간 미만 가동하는 시설이나 장비(연간 가동시간을 확인할 수 있는 시설·장비나 자료 등이 있는 경우에 한정한다) 　나) 연구개발시설 　다) 상시 진공상태로 가동되어 관리대상물질이 외부로 배출되지 않는 시설 4) 시설관리기준을 충족하지 못하는 상황이 발생되는 경우 사업자는 45일 이내에 시설관리기준을 충족할 수 있도록 조치하고, 조치가 완료된 후 30일 이내에 결함 여부 등을 재확인하여야 한다. 다만, 시설의 수리를 위하여 전체 공정의 가동중지가 불가피할 경우에는 유역환경청장·지방환경청장 또는 수도권대기환경청장(이하 "환경청장"이라 한다)과의 협의를 거쳐 수리기간을 다음 공정중지기간까지 연장할 수 있다.
나. 기록기준	1) 이 시설관리기준에서 제시된 운영기록부는 기록하고 보존하여야 한다. 다만, 상세내용을 기록해야 하거나 또는 운영기록부 서식에 기재한 사항 외의 사항을 기록하여야 하는 경우에는 사업장별 별도의 서식을 정하여 기록할 수 있으며, 모든 기록은 전산에 의한 방법으로 기록·보존할 수 있다. 2) 가목 4)에 해당하는 경우에는 사건개요, 조치내용 및 조치 완료 후 점검·확인 사항 등을 운영기록부에 기록하여야 한다. 3) 업종별 시설관리기준에 따라 기록·관리하여야 하는 사항을 기록한 운영기록부는 해당 연도 종료일부터 2년간 보관하여야 한다. 4) 업종별 시설관리기준에 따라 기록·관리하는 운영기록부는 환경청장이 요청하면 10일 이내에 그 사본을 제출하여야 한다.
다. 보고기준	1) 최초 점검보고서는 업종별 시설관리기준에 따른 관리 대상 시설현황 등을 환경청장에게 제출하여야 한다. 이 경우 제출 시기는 기존 사업장은 이 표의 기준이 적용되는 해의 12월 31일까지로, 신규사업장은 시설의 설치가 완료된 해의 12월 31일까지로 하되, 8월 31일 이후에 설치가 완료된 시설은 그 다음 해 4월 30일까지 제출한다. 2) 연간 점검보고서는 시설관리기준에 따른 준수사항을 다음 해 4월 30일까지 환경청장에게 제출하여야 한다. 3) 부득이한 사유로 기한 내에 최초 및 연간 점검보고서를 제출할 수 없는 경우에는 환경청장과 협의하여 제출 기한을 30일 범위에서 연장할 수 있다.

♂ 위법시설에 대한 폐쇄조치(법 제38조)

환경부장관 또는 시·도지사는 허가를 받지 아니하거나 신고를 하지 아니하고 배출시설을 설치하거나 사용하는 자에게는 그 배출시설의 사용중지를 명하여야 한다. 다만, 그 배출시설을 개선하거나 방지시설을 설치·개선하더라도 그 배출시설에서 배출되는 오염물질의 정도가 배출허용기준 이하로 내려갈 가능성이 없다고 인정되는 경우 또는 그 설치장소가 다른 법률에 따라 그 배출시설의 설치가 금지된 경우에는 그 배출시설의 폐쇄를 명하여야 한다.

♂ 비산배출시설의 설치신고 등(법 제38조의2)

① 대통령령으로 정하는 업종에서 굴뚝 등 환경부령으로 정하는 배출구 없이 대기 중에 대기오염물질을 직접 배출(이하 "비산배출"이라 한다)하는 공정 및 설비 등의 시설(이하 "비산배출시설"이라 한다)을 설치·운영하려는 자는 환경부령으로 정하는 바에 따라 환경부장관에게 신고하여야 한다.
② 신고를 한 자는 신고한 사항 중 환경부령으로 정하는 사항을 변경하는 경우 변경신고를 하여야 한다.

③ 환경부장관은 신고 또는 변경신고를 받은 날부터 10일 이내에 신고 또는 변경신고 수리 여부를 신고인에게 통지하여야 한다.
④ 환경부장관이 정한 기간 내에 신고수리 여부 또는 민원 처리 관련 법령에 따른 처리기간의 연장 여부를 신고인에게 통지하지 아니하면 그 기간(민원 처리 관련 법령에 따라 처리기간이 연장 또는 재연장된 경우에는 해당 처리기간을 말한다)이 끝난 날의 다음 날에 신고를 수리한 것으로 본다.
⑤ 신고 또는 변경신고를 한 자는 환경부령으로 정하는 시설관리기준을 지켜야 한다.
⑥ 신고 또는 변경신고를 한 자는 시설관리기준의 준수 여부 확인을 위하여 국립환경과학원, 유역환경청, 지방환경청, 수도권대기환경청 또는 「한국환경공단법」에 따른 한국환경공단 등으로부터 정기점검을 받아야 한다.
⑦ 정기점검의 내용·주기·방법 및 실시기관 등은 환경부령으로 정한다.
⑧ 환경부장관은 시설관리기준을 위반하는 자에게 비산배출되는 대기오염물질을 줄이기 위한 시설의 개선 등 필요한 조치를 명할 수 있다.
⑨ 환경부장관은 비산배출시설을 설치·운영하는 자가 다음 각 호의 어느 하나에 해당하는 경우에는 6개월 이내의 기간을 정하여 해당 비산배출시설의 조업정지를 명할 수 있다.
❶ 신고 또는 변경신고를 하지 아니한 경우
❷ 시설관리기준을 지키지 아니한 경우
❸ 비산배출시설의 정기점검을 받지 아니한 경우
❹ 조치명령을 이행하지 아니한 경우
⑩ 환경부장관은 비산배출시설을 설치·운영하는 자에 대하여 제9항에 따라 조업정지를 명하여야 하는 경우로서 그 조업정지가 주민의 생활, 대외적인 신용·고용·물가 등 국민경제, 그 밖의 공익에 현저한 지장을 줄 우려가 있다고 인정되는 경우에는 조업정지처분을 갈음하여 과징금을 부과할 수 있다.
⑪ 과징금 처분을 받은 날부터 2년이 경과되기 전에 조업정지처분 대상이 되는 경우에는 조업정지처분을 갈음하여 과징금을 부과할 수 없다.
⑫ 환경부장관은 신고 또는 변경신고를 한 자 중 「중소기업기본법」에 따른 중소기업에 해당하는 자에 대하여 예산의 범위에서 정기점검에 필요한 비용의 전부 또는 일부를 지원할 수 있다.

♂ 자가측정(법 제39조)

① 사업자가 그 배출시설을 운영할 때에는 나오는 오염물질을 자가측정하거나 「환경분야 시험·검사 등에 관한 법률」 측정대행업자에게 측정하게 하여 그 결과를 사실대로 기록하고, 환경부령으로 정하는 바에 따라 보존하여야 한다.
② 사업자는 측정대행업자에게 측정을 하게 하려는 경우 다음 각 호의 행위를 하여서는 아니 된다.
❶ 측정결과를 누락하게 하는 행위
❷ 거짓으로 측정결과를 작성하게 하는 행위
❸ 정상적인 측정을 방해하는 행위
③ 사업자는 측정한 결과를 환경부령으로 정하는 바에 따라 환경부장관 또는 시·도지사에게 제출하여야 한다.
④ 측정의 대상, 항목, 방법, 그 밖의 측정에 필요한 사항은 환경부령으로 정한다.

> ❑ **자가측정의 대상 및 방법(규칙 제52조)**
> ① 사업자가 기록하고 보존하여야 하는 자가측정에 관한 기록은 별지 서식에 따른다.
> ② 자가측정 시 사용한 여과지 및 시료채취기록지의 보존기간은 「환경분야 시험·검사 등에 관한 법률」 환경오염공정시험기준에 따라 측정한 날부터 6개월로 한다. *중요내용*
> ③ 사업자는 측정결과를 다음 각 호 구분에 따라 반기별 자가 측정결과보고서에 배출구별자가측정 기록사본을 첨부하여 유역환경청장, 지방환경청장, 수도권대기환경청장 또는 시·도지사에게 제출해야 한다. 다만 전산에 의한 방법으로 기록·보존하는 경우에는 제출하지 않을 수 있다.
> ❶ 상반기 측정결과 : 7월 31일까지
> ❷ 하반기 측정결과 : 다음해 1월 31일까지

[자가측정의 대상 · 항목 및 방법(규칙 제52조) : 별표 11] 중요내용

1. 관제센터로 측정결과를 자동전송하지 않는 사업장의 배출구

구 분	배출구별 규모	측정횟수	측정항목
제1종 배출구	먼지 · 황산화물 및 질소산화물의 연간 발생량 합계가 80톤 이상인 배출구	매주 1회 이상	별표 8에 따른 배출허용기준이 적용되는 대기오염물질. 다만, 비산먼지는 제외한다.
제2종 배출구	먼지 · 황산화물 및 질소산화물의 연간 발생량 합계가 20톤 이상 80톤 미만인 배출구	매월 2회 이상	
제3종 배출구	먼지 · 황산화물 및 질소산화물의 연간 발생량 합계가 10톤 이상 20톤 미만인 배출구	2개월마다 1회 이상	
제4종 배출구	먼지 · 황산화물 및 질소산화물의 연간 발생량 합계가 2톤 이상 10톤 미만인 배출구	반기마다 1회 이상	
제5종 배출구	먼지 · 황산화물 및 질소산화물의 연간 발생량 합계가 2톤 미만인 배출구	반기마다 1회 이상	

2. 관제센터로 측정결과를 자동전송하는 사업장 중 굴뚝 자동측정기기가 미설치된 배출구
  가. 방지시설 후단만 측정하는 경우

구 분	배출구별 규모	측정횟수	측정항목
제1종 배출구	먼지 · 황산화물 및 질소산화물의 연간 발생량 합계가 80톤 이상인 배출구	2주마다 1회 이상	별표 8에 따른 배출허용기준이 적용되는 대기오염물질. 다만, 비산먼지는 제외한다.
제2종 배출구	먼지 · 황산화물 및 질소산화물의 연간 발생량 합계가 20톤 이상 80톤 미만인 배출구	매월 1회 이상	
제3종 배출구	먼지 · 황산화물 및 질소산화물의 연간 발생량 합계가 10톤 이상 20톤 미만인 배출구	2개월마다 1회 이상	
제4종 배출구	먼지 · 황산화물 및 질소산화물의 연간 발생량 합계가 2톤 이상 10톤 미만인 배출구	반기마다 1회 이상	
제5종 배출구	먼지 · 황산화물 및 질소산화물의 연간 발생량 합계가 2톤 미만인 배출구	반기마다 1회 이상	

  나. 방지시설 전 · 후단을 같이 측정하는 경우

구 분	배출구별 규모	측정횟수	측정항목
제1종 배출구	먼지 · 황산화물 및 질소산화물의 연간 발생량 합계가 80톤 이상인 배출구	매월 1회 이상	별표 8에 따른 배출허용기준이 적용되는 대기오염물질. 다만, 비산먼지는 제외한다.
제2종 배출구	먼지 · 황산화물 및 질소산화물의 연간 발생량 합계가 20톤 이상 80톤 미만인 배출구	2개월마다 1회 이상	
제3종 배출구	먼지 · 황산화물 및 질소산화물의 연간 발생량 합계가 10톤 이상 20톤 미만인 배출구	분기마다 1회 이상	
제4종 배출구	먼지 · 황산화물 및 질소산화물의 연간 발생량 합계가 2톤 이상 10톤 미만인 배출구	반기마다 1회 이상	
제5종 배출구	먼지 · 황산화물 및 질소산화물의 연간 발생량 합계가 2톤 미만인 배출구	반기마다 1회 이상	

비고
1. 제3종부터 제5종까지의 배출구에서 특정대기유해물질이 배출되는 경우에는 위 표에도 불구하고 매월 2회 이상 해당 오염물질에 대하여 자가측정을 하여야 한다.
2. 방지시설설치면제사업장은 해당 시설에 대한 자가측정을 생략할 수 있다.
3. 측정항목 중 황산화물에 대한 자가측정은 해당 측정대상시설이 중유 등 연료유만을 사용하는 시설인 경우에는 연료의 황함유분석표로 갈음할 수 있다.

4. 굴뚝 자동측정기기를 설치한 배출구에 대한 자가측정은 자동측정되는 해당 항목에 한정하여 자가측정을 한 것으로 보고, 자동측정 되지 않은 항목에 대한 측정횟수는 제2호를 적용한다. 다만, 굴뚝 자동측정기기를 설치하여 먼지항목에 대한 자동측정자료를 전송하는 배출구의 경우는 매연항목에 대해서도 자가측정을 한 것으로 본다.
5. 굴뚝 자동측정기기를 설치한 배출구의 경우 자동측정자료를 전송하는 그 항목에 한정하여 자동측정자료를 자가측정자료에 우선하여 활용하여야 한다.
6. 굴뚝 자동측정기기를 설치한 배출구에서 굴뚝 자동측정기기의 고장 등으로 배출구별 규모에 따른 측정횟수를 충족하지 못하는 경우에는 2개월마다 1회 이상 자가측정을 하여야 한다.
7. 대기오염물질 중 먼지만 배출되는 시설로서 별표 4 제5호에 따른 여과집진시설을 설치한 배출시설은 시설의 규모에 관계없이 반기마다 1회 이상, 여과집진시설 외의 방지시설을 설치한 사업장 중 월 2회 이상 측정하여야 하는 배출시설은 2개월마다 1회 이상 측정할 수 있다.
8. 제1호에 대하여 해당 연도 이전 최근 1년간 오염도 검사결과 대기오염물질이 계속하여 배출허용기준의 30퍼센트 이내인 경우에는 제1종배출구는 매월 2회 이상, 제2종배출구는 매월 1회 이상, 제3종배출구는 분기마다 1회 이상, 제4종 및 제5종배출구는 매년 1회 이상 측정할 수 있다. 다만, 특정대기유해물질을 배출하는 경우에는 해당 오염물질에 대하여 제1종배출구는 매월 2회 이상, 제2종부터 제5종까지의 배출구는 매월 1회 이상 측정하여야 한다.
9. 제2호에 대하여 해당 연도 이전 최근 1년간 오염도 검사결과 대기오염물질이 계속하여 배출허용기준의 30퍼센트 이내인 경우로서 가목에 해당하는 경우에는 제1종배출구는 매월 1회 이상, 제2종배출구는 2개월마다 1회 이상, 제3종배출구는 반기마다 1회 이상, 제4종 및 제5종배출구는 매년 1회 이상 측정할 수 있고, 나목에 해당하는 경우에는 제1종배출구는 2개월마다 1회 이상, 제2종배출구는 분기마다 1회 이상, 제3종배출구는 반기마다 1회 이상 측정할 수 있으며, 대기오염물질이 계속하여 배출허용기준의 10퍼센트 미만인 경우로서 특정대기유해물질을 연간 10톤 미만으로 배출하는 사업장에서 방지시설 후단만 측정할 경우에는 제1종부터 제3종까지의 배출구는 매 분기마다 1회 이상, 제4종 및 제5종배출구는 매년 1회 이상 측정할 수 있고, 방지시설 전·후단을 같이 측정할 경우에는 제1종 및 제2종배출구는 매 분기마다 1회 이상, 제3종배출구는 매 반기마다 1회 이상, 제4종 및 제5종 배출구는 매년 1회 이상 측정할 수 있다.
10. 자가측정을 위탁받은 측정대행업자가 해당연도 이전 최근 2년간 「환경분야 시험·검사 등에 관한 법률」에 따른 정도검사를 받지 아니하거나 같은 법에 따른 준수사항을 지키지 아니한 경우에는 제8호 및 제9호를 적용하지 아니한다.
11. 신규배출시설에 대한 최초 자가측정시기는 배출시설 가동일자를 기준으로 다음 주기(주·월, 분기, 반기)부터 적용한다.
12. 시·도지사가 질소산화물이 항상 배출허용기준 이하로 배출된다는 것을 인정한 배출시설에 방지시설 중 연소조절에 의한 시설(저녹스 버너)을 설치한 경우에는 질소산화물에 대하여 자가측정을 생략할 수 있다.

♂ 환경기술인(법 제40조)

① 사업자는 배출시설과 방지시설의 정상적인 운영·관리를 위하여 환경기술인을 임명하여야 한다.
② 환경기술인은 그 배출시설과 방지시설에 종사하는 자가 이 법 또는 이 법에 따른 명령을 위반하지 아니하도록 지도·감독하고, 배출시설 및 방지시설의 운영결과를 기록·보관하여야 하며, 사업장에 상근하는 등 환경부령으로 정하는 준수사항을 지켜야 한다.
③ 사업자는 환경기술인이 준수사항을 철저히 지키도록 감독하여야 한다.
④ 사업자 및 배출시설과 방지시설에 종사하는 자는 배출시설과 방지시설의 정상적인 운영·관리를 위한 환경기술인의 업무를 방해하여서는 아니 되며, 그로부터 업무수행을 위하여 필요한 요청을 받은 경우에 정당한 사유가 없으면 그 요청에 따라야 한다.
⑤ 환경기술인을 두어야 할 사업장의 범위, 환경기술인의 자격기준, 임명(바꾸어 임명하는 것을 포함한다) 기간은 대통령령으로 정한다. *중요내용*

✪ 환경기술인의 자격기준 및 임명기간(영 제39조) *중요내용*

사업자가 환경기술인을 임명하려는 경우에는 다음 각 호의 구분에 따른 기간에 임명을 하여야 한다.
　① 최초로 배출시설을 설치한 경우에는 가동개시 신고를 할 때
　② 환경기술인을 바꾸어 임명하는 경우에는 그 사유가 발생한 날부터 5일 이내. 다만, 환경기사 1급 또는 2급 이상의 자격이 있는 자를 임명하여야 하는 사업장으로서 5일 이내에 채용할 수 없는 부득이한 사정이 있는 경우에는 30일의 범위에서 4종·5종사업장의 기준에 준하여 환경기술인을 임명할 수 있다.

[사업장별 환경기술인의 자격기준(영 제39조) : 별표 10] ★중요내용

구분	환경기술인의 자격기준
1종사업장(대기오염물질발생량의 합계가 연간 80톤 이상인 사업장)	대기환경기사 이상의 기술자격 소지자 1명 이상
2종사업장(대기오염물질발생량의 합계가 연간 20톤 이상 80톤 미만인 사업장)	대기환경산업기사 이상의 기술자격 소지자 1명이상
3종사업장(대기오염물질발생량의 합계가 연간 10톤 이상 20톤 미만인 사업장)	대기환경산업기사 이상의 기술자격 소지자, 환경기능사 또는 3년 이상 대기분야 환경관련 업무에 종사한 자 1명 이상
4종사업장(대기오염물질발생량의 합계가 연간 2톤 이상 10톤 미만인 사업장)	배출시설 설치허가를 받거나 배출시설 설치신고가 수리된 자 또는 배출시설 설치허가를 받거나 수리된 자가 해당 사업장의 배출시설 및 방지시설 업무에 종사하는 피고용인 중에서 임명하는 자 1명 이상
5종사업장(1종사업장부터 4종사업장까지에 속하지 아니하는 사업장)	

비고
1. 4종사업장과 5종사업장 중 특정대기유해물질이 포함된 오염물질을 배출하는 경우에는 3종사업장에 해당하는 기술인을 두어야 한다.
2. 1종사업장과 2종사업장 중 1개월 동안 실제 작업한 날만을 계산하여 1일 평균 17시간 이상 작업하는 경우에는 해당 사업장의 기술인을 각각 2명 이상 두어야 한다. 이 경우, 1명을 제외한 나머지 인원은 3종사업장에 해당하는 기술인 또는 환경기능사로 대체할 수 있다.
3. 공동방지시설에서 각 사업장의 대기오염물질 발생량의 합계가 4종사업장과 5종사업장의 규모에 해당하는 경우에는 3종사업장에 해당하는 기술인을 두어야 한다.
4. 전체 배출시설에 대하여 방지시설 설치 면제를 받은 사업장과 배출시설에서 배출되는 오염물질 등을 공동방지시설에서 처리하는 사업장은 5종사업장에 해당하는 기술인을 둘 수 있다.
5. 대기환경기술인이 「수질 및 수생태계 보전에 관한 법률」에 따른 수질환경기술인의 자격을 갖춘 경우에는 수질환경기술인을 겸임할 수 있으며, 대기환경기술인이 「소음·진동관리법」에 따른 소음·진동환경기술인 자격을 갖춘 경우에는 소음·진동환경기술인을 겸임할 수 있다.
6. 배출시설 중 일반보일러만 설치한 사업장과 대기 오염물질 중 먼지만 발생하는 사업장은 5종사업장에 해당하는 기술인을 둘 수 있다.
7. "대기오염물질발생량"이란 방지시설을 통과하기 전의 먼지, 황산화물 및 질소산화물의 발생량을 환경부령으로 정하는 방법에 따라 산정한 양을 말한다.

❑ 환경기술인의 준수사항 및 관리사항(규칙 제54조) ★중요내용

① 환경기술인의 준수사항은 다음 각 호와 같다.
❶ 배출시설 및 방지시설을 정상가동하여 대기오염물질 등의 배출이 배출허용기준에 맞도록 할 것
❷ 배출시설 및 방지시설의 운영기록을 사실에 기초하여 작성할 것
❸ 자가측정은 정확히 할 것(법 제39조에 따라 자가측정을 대행하는 경우에도 또한 같다)
❹ 자가측정한 결과를 사실대로 기록할 것(자가측정을 대행하는 경우에도 또한 같다)
❺ 자가측정 시에 사용한 여과지는 「환경분야 시험·검사 등에 관한 법률」 환경오염공정시험기준에 따라 기록한 시료채취기록지와 함께 날짜별로 보관·관리할 것(자가측정을 대행한 경우에도 또한 같다)
❻ 환경기술인은 사업장에 상근할 것. 다만, 「기업활동 규제완화에 관한 특별조치법」 환경기술인을 공동으로 임명한 경우 그 환경기술인은 해당 사업장에 번갈아 근무하여야 한다.

② 환경기술인의 관리사항은 다음 각 호와 같다.
❶ 배출시설 및 방지시설의 관리 및 개선에 관한 사항
❷ 배출시설 및 방지시설의 운영에 관한 기록부의 기록·보존에 관한 사항
❸ 자가측정 및 자가측정한 결과의 기록·보존에 관한 사항
❹ 그 밖에 환경오염 방지를 위하여 유역환경청장, 지방환경청장, 수도권대기환경청장 또는 시·도지사가 지시하는 사항

제3장 생활환경상의 대기오염물질 배출규제

♂ 연료용 유류 및 그 밖의 연료의 황함유기준(법 제41조)

① 환경부장관은 연료용 유류 및 그 밖의 연료에 대하여 관계 중앙행정기관의 장과 협의하여 그 종류별로 황의 함유 허용기준(이하 "황함유기준"이라 한다)을 정할 수 있다.
② 환경부장관은 황함유기준이 정하여진 연료는 대통령령으로 정하는 바에 따라 그 공급지역과 사용시설의 범위를 정하고 관계 중앙행정기관의 장에게 지역별 또는 사용시설별로 필요한 연료의 공급을 요청할 수 있다.
③ 공급지역 또는 사용시설에 연료를 공급·판매하거나 같은 지역 또는 시설에서 연료를 사용하려는 자는 황함유기준을 초과하는 연료를 공급·판매하거나 사용하여서는 아니 된다. 다만, 황함유기준을 초과하는 연료를 사용하는 배출시설로서 환경부령으로 정하는 바에 따라 배출시설 설치의 허가 또는 변경허가를 받거나 신고 또는 변경신고를 한 경우에는 황함유기준을 초과하는 연료를 공급·판매하거나 사용할 수 있다.
④ 시·도지사는 연료의 공급지역이나 시설에 황함유기준을 초과하는 연료를 공급·판매하거나 사용하는 자(제3항 단서에 해당하는 경우는 제외한다)에게는 대통령령으로 정하는 바에 따라 그 연료의 공급·판매 또는 사용을 금지 또는 제한하거나 필요한 조치를 명할 수 있다.

위의 대통령으로 정하는 사업장(환경부장관 관할사업장)(법 제40조 관련)
❶ 「산업입지 및 개발에 관한 법률」에 따라 지정된 국가산업단지 및 일반산업단지의 사업장
❷ 「자유무역지역의 지정 및 운영 등에 관한 법률」에 따른 자유무역지역의 사업장
❸ 「국토의 계획 및 이용에 관한 법률」에 따른 공업지역 중 부산광역시 북구의 준용공업지역 및 대구광역시 서구·달서구·북구의 일반공업지역의 사업장

✪ 저황유의 사용(영 제40조)

① 황함유기준(이하 "황함유기준"이라 한다)이 정하여진 연료용 유류(이하 "저황유"라 한다)의 공급지역과 사용시설의 범위 등에 관한 기준은 별표 10의2와 같다.
② 시·도지사는 기준에 부적합한 유류를 공급하거나 판매하는 자에게는 유류의 공급금지 또는 판매금지와 그 유류의 회수처리를 명하여야 하며, 유류를 사용하는 자에게는 사용금지를 명하여야 한다. *중요내용*
③ 해당 유류의 회수처리명령 또는 사용금지명령을 받은 자는 명령을 받은 날부터 5일 이내에 다음 각 호의 사항을 구체적으로 밝힌 이행완료보고서를 시·도지사에게 제출하여야 한다. *중요내용*
   ① 해당 유류의 공급기간 또는 사용기간과 공급량 또는 사용량
   ② 해당 유류의 회수처리량, 회수처리방법 및 회수처리기간
   ③ 저황유의 공급 또는 사용을 증명할 수 있는 자료 등에 관한 사항

✪ 저황유 외의 연료사용(영 제41조)

환경부장관 또는 시·도지사는 저황유 공급지역의 사용시설 중 다음 각 호의 시설에서는 저황유 외의 연료를 사용하게 할 수 있다.
   ① 부생가스 또는 환경부장관이 인정하는 폐열을 사용하는 시설
   ② 최적의 방지시설을 설치하여 부과금을 면제받은 시설
   ③ 그 밖에 저황유 외의 연료를 사용하여 배출되는 황산화물이 해당 시설에서 저황유를 사용할 때 적용되는 배출허용기준 이하로 배출되는 시설로서 배출시설의 설치허가 또는 변경허가를 받거나 신고 또는 변경신고를 한 시설

▫ 저황유 외 연료사용 시 제출서류(규칙 제55조)

시·도지사에게 제출하여야 하는 서류는 다음 각 호와 같다. 다만, 배출시설의 설치허가, 변경허가, 설치신고 또는 변경신고 시 제출하여야 하는 서류와 동일한 서류는 제외한다.
   ❶ 사용연료량 및 성분분석서

❷ 연료사용시설 및 방지시설의 설치명세서
❸ 저황유 외의 연료를 사용할 때의 황산화물 배출농도 및 배출량 등을 예측한 명세서

❑ **정제연료유(규칙 제55조의2)**

"환경부령으로 정하는 정제연료"란 열분해방법 또는 감압증류방법으로 재생처리한 정제연료유를 말한다.

♂ 연료의 제조와 사용 등의 규제(법 제42조)

환경부장관 또는 시·도지사는 연료의 사용으로 인한 대기오염을 방지하기 위하여 특히 필요하다고 인정하면 관계 중앙행정기관의 장과 협의하여 대통령령으로 정하는 바에 따라 그 연료를 제조·판매하거나 사용하는 것을 금지 또는 제한하거나 필요한 조치를 명할 수 있다. 다만, 대통령령으로 정하는 바에 따라 환경부장관 또는 시·도지사의 승인을 받아 그 연료를 사용하는 자에 대하여는 그러하지 아니하다.

✪ 고체연료의 사용금지(영 제42조)

① 환경부장관 또는 시·도지사는 연료의 사용으로 인한 대기오염을 방지하기 위하여 해당하는 지역에 대하여 다음 각 호의 고체연료의 사용을 제한할 수 있다. 다만, 제3호의 경우에는 해당 지역 중 그 사용을 특히 금지할 필요가 있는 경우에만 제한할 수 있다.
  ① 석탄류
  ② 코크스
  ③ 땔나무와 숯
  ④ 그 밖에 환경부장관이 정하는 폐합성수지 등 가연성 폐기물 또는 이를 가공처리한 연료
② 환경부장관 또는 시·도지사는 지역에 있는 사업자에게 고체연료의 사용금지를 명하여야 한다. 다만, 다음 각 호의 어느 하나에 해당하는 시설을 갖춘 사업자의 경우에는 그러하지 아니하다.
  ① 제조공정의 연료 용해과정에서 광물성 고체연료가 사용되어야 하는 주물공장·제철공장 등의 용해로 등의 시설
  ② 연소과정에서 발생하는 오염물질이 제품 제조공정 중에 흡수·흡착 등의 방법으로 제거되어 오염물질이 현저하게 감소되는 시멘트·석회석 등의 소성로(燒成爐) 등의 시설
  ③ 「폐기물관리법」 폐기물처리시설(폐기물 에너지를 이용하는 시설을 포함한다)
  ④ 고체연료를 사용하여도 해당 시설에서 배출되는 오염물질이 배출허용기준 이하로 배출되는 시설로서 환경부장관 또는 시·도지사에게 고체연료의 사용을 승인받은 시설
③ 시설의 소유자 또는 점유자가 고체연료를 사용하려면 환경부령으로 정하는 바에 따라 고체연료 사용승인신청서를 환경부장관 또는 시·도지사에게 제출하여야 한다.

❑ **고체연료 사용승인(규칙 제56조)**

① 고체연료 사용의 승인을 받으려는 자는 고체연료사용승인신청서에 다음 각 호의 서류를 첨부하여 시·도지사에게 제출(「정보통신망 이용촉진 및 정보보호 등에 관한 법률」에 따른 정보통신망을 이용한 제출을 포함한다)하여야 한다.
  ❶ 굴뚝 자동측정기기의 설치계획서
  ❷ 고체연료 사용시설의 설치기준에 맞는 시설 설치계획서
  ❸ 해당 시설에서 배출되는 대기오염물질이 배출허용기준 이하로 배출된다는 것을 증명할 수 있는 객관적인 문헌이나 시험분석자료
② 법 제42조 단서에 해당하는 경우에 제출하는 서류는 제1항 각 호와 같다. 다만, 배출시설의 설치허가, 변경허가, 설치신고 또는 변경신고 시 제출하여야 하는 서류와 동일한 서류는 제외한다.
③ 시·도지사는 승인을 한 경우에는 고체연료 사용승인서를 신청인에게 발급하여야 한다.

[고체연료 사용시설 설치기준(규칙 제56조) : 별표 12] ★중요내용

1. 석탄사용시설
   가. 배출시설의 굴뚝높이는 100m 이상으로 하되, 굴뚝상부 안지름, 배출가스 온도 및 속도 등을 고려한 유효굴뚝높이(굴뚝의 실제 높이에 배출가스의 상승고도를 합산한 높이를 말한다. 이하 같다)가 440m 이상인 경우에는 굴뚝높이를 60m 이상 100m 미만으로 할 수 있다. 이 경우 유효굴뚝높이 및 굴뚝높이 산정방법 등에 관하여는 국립환경과학원장이 정하여 고시한다.
   나. 석탄의 수송은 밀폐 이송시설 또는 밀폐통을 이용하여야 한다.
   다. 석탄저장은 옥내저장시설(밀폐형 저장시설 포함) 또는 지하저장시설에 저장하여야 한다.
   라. 석탄연소재는 밀폐통을 이용하여 운반하여야 한다.
   마. 굴뚝에서 배출되는 아황산가스(SO_2), 질소산화물(NO_X), 먼지 등의 농도를 확인할 수 있는 기기를 설치하여야 한다.
2. 기타 고체연료 사용시설
   가. 배출시설의 굴뚝높이는 20m 이상이어야 한다.
   나. 연료와 그 연소재의 수송은 덮개가 있는 차량을 이용하여야 한다.
   다. 연료는 옥내에 저장하여야 한다.
   라. 굴뚝에서 배출되는 매연을 측정할 수 있어야 한다.

✪ 청정연료의 사용(영 제43조)

① 환경부장관 또는 시·도지사는 연료사용에 관한 제한조치에도 불구하고 별표 11의3에 따른 지역 또는 시설에 대하여는 오염물질이 거의 배출되지 아니하는 액화천연가스 및 액화석유가스 등 기체연료(이하 "청정연료"라 한다) 외의 연료에 대한 사용금지를 명할 수 있다.
② 환경부장관 또는 시·도지사는 석유정제업자 또는 석유판매업자에게 청정연료의 사용대상 시설에 대한 연료용 유류의 공급 또는 판매의 금지를 명하여야 한다.
③ 환경부장관은 연료사용량이 지나치게 많아 청정연료의 수요 및 공급에 미치는 영향이 크거나 에너지 절감으로 인한 대기오염 저감효과가 크다고 인정되는 발전소, 집단에너지 공급시설 및 일정 규모 이하의 열 공급시설 등에 대하여는 별표 11의3에 따라 청정연료 외의 연료를 사용하게 할 수 있다.

[청정연료 사용가능기준(영 제43조) : 별표 11의3]

1. 청정연료를 사용하여야 하는 대상시설의 범위 ★중요내용
   가. 「건축법 시행령」에 따른 공동주택으로서 동일한 보일러를 이용하여 하나의 단지 또는 여러 개의 단지가 공동으로 열을 이용하는 중앙집중난방방식(지역냉난방방식을 포함한다)으로 열을 공급받고, 단지 내의 모든 세대의 평균 전용면적이 $40.0m^2$를 초과하는 공동주택
   나. 「집단에너지사업법 시행령」에 따른 지역냉난방사업을 위한 시설
   다. 선체 보일러의 시간당 총 증발량이 0.2톤 이상인 업무용 보일러(영업용 및 공공용 보일러를 포함하되, 산업용보일러는 제외한다)
   라. 발전시설. 다만, 산업용 열병합 발전시설은 제외한다.
   비고 : 가목부터 라목까지의 시설 중 「신에너지 및 재생에너지 개발·이용·보급 촉진법」 신에너지 및 재생에너지를 사용하는 시설은 제외한다.

❏ 대기오염물질 발생량 산정방법(규칙 제42조)

① 대기오염물질 발생량은 배출시설별로 대기오염물질 발생량을 산정한 후 예비용 시설을 제외한 사업장의 모든 배출시설의 대기오염물질 발생량을 더하여 산정하되, 배출시설별 대기오염물질 발생량의 산정방법은 다음과 같다.

★중요내용

배출시설의 시간당 대기오염물질 발생량 × 일일조업시간 × 연간가동일수

② 유역환경청장, 지방환경청장, 수도권대기환경청장 또는 시·도지사는 사업장에 대한 지도점검 결과 사업장의 대기오염물질 발생량이 변경되어 해당사업장의 구분(영 별표 1에 따른 제1종부터 제5종까지의 사업장 구분을 말한다)을

변경해야 하는 경우에는 사업자에게 그 사실을 통보해야 한다.
③ 통보를 받은 사업자는 통보일부터 7일 이내에 변경신고를 하여야 한다.

♂ 비산(飛散)먼지의 규제(법 제43조)

① 비산 배출되는 먼지(이하 "비산먼지"라 한다)를 발생시키는 사업으로서 대통령령으로 정하는 사업을 하려는 자는 환경부령으로 정하는 바에 따라 특별자치시장·특별자치도지사·시장·군수·구청장에게 신고하고 비산먼지의 발생을 억제하기 위한 시설을 설치하거나 필요한 조치를 하여야 한다. 이를 변경하려는 때에도 또한 같다.
② 사업의 구역이 둘 이상의 특별자치시·특별자치도·시·군·구(자치구를 말한다)에 걸쳐 있는 경우에는 그 사업 구역의 면적이 가장 큰 구역(제1항에 따른 신고 또는 변경신고를 할 때 사업의 규모를 길이로 신고하는 경우에는 그 길이가 가장 긴 구역을 말한다)을 관할하는 특별자치시장·특별자치도지사·시장·군수·구청장에게 신고하여야 한다.
③ 특별자치시장·특별자치도지사·시장·군수·구청장은 신고 또는 변경신고를 받은 경우 그 내용을 검토하여 이 법에 적합하면 신고 또는 변경신고를 수리하여야 한다.
④ 특별자치시장·특별자치도지사·시장·군수·구청장은 비산먼지의 발생을 억제하기 위한 시설의 설치 또는 필요한 조치를 하지 아니하거나 그 시설이나 조치가 적합하지 아니하다고 인정하는 경우에는 그 사업을 하는 자에게 필요한 시설의 설치나 조치의 이행 또는 개선을 명할 수 있다.
⑤ 특별자치시장·특별자치도지사·시장·군수·구청장은 명령을 이행하지 아니하는 자에게는 그 사업을 중지시키거나 시설 등의 사용 중지 또는 제한하도록 명할 수 있다. *중요내용*
⑥ 신고 또는 변경신고를 수리한 특별자치시장·특별자치도지사·시장·군수·구청장은 해당 사업이 걸쳐 있는 다른 구역을 관할하는 특별자치시장·특별자치도지사·시장·군수·구청장이 그 사업을 하는 자에 대하여 제4항 또는 제5항에 따른 조치를 요구하는 경우 그에 해당하는 조치를 명할 수 있다.
⑦ 환경부장관 또는 시·도지사는 제6항에 따른 요구를 받은 특별자치시장·특별자치도지사·시장·군수·구청장이 정당한 사유 없이 해당 조치를 명하지 않으면 해당 조치를 이행하도록 권고할 수 있다. 이 경우 권고를 받은 특별자치시장·특별자치도지사·시장·군수·구청장은 특별한 사유가 없으면 이에 따라야 한다.

✪ 비산먼지 발생사업(영 제44조) *중요내용*

법 제43조 제1항에서 "대통령령으로 정하는 사업"이란 다음 각 호의 사업 중 환경부령으로 정하는 사업을 말한다.
① 시멘트·석회·플라스터 및 시멘트 관련 제품의 제조업 및 가공업
② 비금속물질의 채취업, 제조업 및 가공업
③ 제1차 금속 제조업
④ 비료 및 사료제품의 제조업
⑤ 건설업(지반 조성공사, 건축물 축조공사, 토목공사, 조경공사 및 도장공사로 한정한다)
⑥ 시멘트, 석탄, 토사, 사료, 곡물 및 고철의 운송업
⑦ 운송장비 제조업
⑧ 저탄시설(貯炭施設)의 설치가 필요한 사업
⑨ 고철, 곡물, 사료, 목재 및 광석의 하역업 또는 보관업
⑩ 금속제품의 제조업 및 가공업
⑪ 폐기물 매립시설 설치·운영 사업

▢ 비산먼지 발생사업의 신고(규칙 제58조)

① 비산먼지 발생사업(시멘트·석탄·토사·사료·곡물·고철의 운송업은 제외한다)을 하려는 자(건설업을 도급에 의하여 시행하는 경우에는 발주자로부터 최초로 공사를 도급받은 자를 말한다)는 비산먼지 발생사업 신고서를 사업 시행 전(건설공사의 경우에는 착공 전)에 특별자치시장·특별자치도지사·시장·군수·구청장(자치구의 구청장을 말하며, 이하 "시장·군수·구청장"이라 한다)에게 제출하여야 하며, 신고한 사항을 변경하려는 경우에는 비산먼지 발생사업

변경신고서를 변경 전(제2항 제1호의 경우에는 이를 변경한 날부터 30일 이내, 같은 항 제5호의 경우에는 발급받은 비산먼지 발생사업 등의 신고증명서에 기재된 설치기간 또는 공사기간의 종료일까지)에 시장·군수·구청장에게 제출하여야 한다. 다만, 신고대상 사업이 「건축법」 착공신고대상사업인 경우에는 그 공사의 착공 전에 비산먼지 발생사업 신고서 또는 비산먼지 발생사업 변경신고서와 「폐기물관리법 시행규칙」 사업장폐기물배출자 신고서를 함께 제출할 수 있다.

② 변경신고를 하여야 하는 경우는 다음 각 호와 같다. *중요내용

❶ 사업장의 명칭 또는 대표자를 변경하는 경우
❷ 비산먼지 배출공정을 변경하는 경우
❸ 다음 각 목에 해당하는 사업 또는 공사의 규모를 늘리거나 그 종류를 추가하는 경우
  가. 시멘트제조업(석회석의 채광·채취공정이 포함되는 경우만 해당한다.)
  나. 사업의 규모가 신고대상사업 최소 규모의 10배 이상인 공사
❸의2. 사업의 규모를 10퍼센트 이상 늘리거나 그 종류를 추가하는 경우
❹ 비산먼지 발생억제시설 또는 조치사항을 변경하는 경우
❺ 공사기간을 연장하는 경우(건설공사의 경우에만 해당한다)

③ 신고 또는 변경신고를 받은 시장·군수·구청장은 다른 사업구역을 관할하는 시장·군수·구청장에게 신고내용을 알려야 한다.
④ 비산먼지의 발생을 억제하기 위한 시설의 설치 및 필요한 조치에 관한 기준은 별표 14와 같다.
⑤ 시장·군수·구청장은 다음 각 호의 비산먼지 발생사업자로서 별표 14의 기준을 준수하여도 주민의 건강·재산이나 동식물의 생육에 상당한 위해를 가져올 우려가 있다고 인정하는 사업자에게는 제4항에도 불구하고 별표 15의 기준을 전부 또는 일부 적용할 수 있다.

❶ 시멘트 제조업자
❷ 콘크리트제품 제조업자
❸ 석탄제품 제조업자
❹ 건축물 축조공사자
❺ 토목공사자

⑥ 시장·군수·구청장은 비산먼지의 발생을 억제하기 위한 시설을 설치하거나 필요한 조치를 할 때에 사업자가 설치기술이나 공법 또는 다른 법령의 시설 설치 제한규정 등으로 인하여 제4항의 기준을 준수하는 것이 특히 곤란하다고 인정되는 경우에는 신청에 따라 그 기준에 맞는 다른 시설의 설치 및 조치를 하게 할 수 있다.
⑦ 신청을 하려는 사업자는 비산먼지 시설기준 변경신청서에 기준에 맞는 다른 시설의 설치 및 조치의 내용에 관한 서류를 첨부하여 시장·군수·구청장에게 제출하여야 한다.
⑧ 신고를 받은 시장·군수·구청장은 신고증명서를 신고인에게 발급하여야 한다.

[비산먼지 발생을 억제하기 위한 시설의 설치 및 필요한 조치에 관한 기준(규칙 제58조) : 별표 14]

배출공정	시설의 설치 및 조치에 관한 기준
1. 야적(분체상 물질을 야적하는 경우에만 해당한다)	가. 야적물질을 1일 이상 보관하는 경우 방진덮개로 덮을 것 나. 야적물질의 최고저장높이의 1/3 이상의 방진벽을 설치하고, 최고저장높이의 1.25배 이상의 방진망(막)을 설치할 것. 다만, 건축물축조 및 토목공사장·조경공사장·건축물해체공사장의 공사장 경계에는 높이 1.8m(공사장 부지 경계선으로부터 50m 이내에 주거·상가 건물이 있는 곳의 경우에는 3m) 이상의 방진벽을 설치하되, 둘 이상의 공사장이 붙어 있는 경우의 공동 경계면에는 방진벽을 설치하지 아니할 수 있다. *중요내용 다. 야적물질로 인한 비산먼지 발생억제를 위하여 물을 뿌리는 시설을 설치할 것(고철 야적장과 수용성물질 등의 경우는 제외한다) *중요내용 라. 혹한기(매년 12월 1일부터 다음 연도 2월 말일까지를 말한다)에는 표면경화제 등을 살포할 것 (제철 및 제강업만 해당한다) 마. 야적 설비를 이용하여 작업 시 낙하거리를 최소화하고, 야적 설비 주위에 물을 뿌려 비산먼지

		가 흩날리지 않도록 할 것(제철 및 제강업만 해당한다)
		바. 공장 내에서 시멘트 제조를 위한 원료 및 연료는 최대한 3면이 막히고 지붕이 있는 구조물 내에 보관하며, 보관시설의 출입구는 방진망(막) 등을 설치할 것(시멘트 제조업만 해당한다) ★중요내용
		사. 저탄시설은 옥내화할 것(발전업만 해당한다)
		아. 가목부터 사목까지와 같거나 그 이상의 효과를 가지는 시설을 설치하거나 조치하는 경우에는 가목부터 라목까지 중 그에 해당하는 시설의 설치 또는 조치를 제외한다.
2. 싣기 및 내리기(분체상 물질을 싣고 내리는 경우만 해당한다)		가. 작업 시 발생하는 비산먼지를 제거할 수 있는 이동식 집진시설 또는 분무식 집진시설(Dust Boost)을 설치할 것(석탄제품제조업, 제철·제강업 또는 곡물하역업에만 해당한다)
		나. 싣거나 내리는 장소 주위에 고정식 또는 이동식 물을 뿌리는 시설(살수반경 5m 이상, 수압 3kg/cm² 이상)을 설치·운영하여 작업하는 중 다시 흩날리지 아니하도록 할 것(곡물작업장의 경우는 제외한다) ★중요내용
		다. 풍속이 평균초속 8m 이상일 경우에는 작업을 중지할 것 ★중요내용
		라. 공장 내에서 싣고 내리기는 최대한 밀폐된 시설에서만 실시하여 비산먼지가 생기지 아니하도록 할 것(시멘트 제조업만 해당한다)
		마. 조쇄를 위한 내리기 작업은 최대한 3면이 막히고 지붕이 있는 구조물 내에서 실시 할 것. 다만, 수직갱에서의 조쇄를 위한 내리기 작업은 충분한 살수를 실시할 수 있는 시설을 설치할 것 (시멘트 제조업만 해당한다)
		바. 가목부터 마목까지와 같거나 그 이상의 효과를 가지는 시설을 설치하거나 조치하는 경우에는 가목부터 마목까지 중 그에 해당하는 시설의 설치 또는 조치를 제외한다.
3. 수송(시멘트·석탄·토사·사료·곡물·고철의 운송업의 경우에는 가·나·바·사·자의 경우에만 해당하고, 목재수송은 사·아·자의 경우에만 해당한다) ★중요내용		가. 적재함을 최대한 밀폐할 수 있는 덮개를 설치하여 적재물이 외부에서 보이지 아니하고 흘림이 없도록 할 것 ★중요내용
		나. 적재함 상단으로부터 5cm 이하까지 적재물을 수평으로 적재할 것 ★중요내용
		다. 도로가 비포장 사설도로인 경우 비포장 사설도로로부터 반지름 500m 이내에 10가구 이상의 주거시설이 있을 때에는 해당 부락으로부터 반지름 1km 이내의 경우에는 포장, 간이포장 또는 살수 등을 할 것
		라. 다음의 어느 하나에 해당하는 시설을 설치할 것 1) 자동식 세륜(洗輪)시설 　금속지지대에 설치된 롤러에 차바퀴를 닿게 한 후 전력 또는 차량의 동력을 이용하여 차바퀴를 회전시키는 방법으로 차바퀴에 묻은 흙 등을 제거할 수 있는 시설 2) 수조를 이용한 세륜시설 　- 수조의 넓이 : 수송차량의 1.2배 이상 　- 수조의 깊이 : 20센티미터 이상 　- 수조의 길이 : 수송차량 전체길이의 2배 이상 　- 수조수 순환을 위한 침전조 및 배관을 설치하거나 물을 연속적으로 흘려 보낼 수 있는 시설을 설치할 것
		마. 다음 규격의 측면 살수시설을 설치할 것 ★중요내용 　- 살수높이 : 수송차량의 바퀴부터 적재함 하단부까지 　- 살수길이 : 수송차량 전체길이의 1.5배 이상 　- 살수압 : 3kg/cm² 이상
		바. 수송차량은 세륜 및 측면 살수 후 운행하도록 할 것 ★중요내용
		사. 먼지가 흩날리지 아니하도록 공사장안의 통행차량은 시속 20km 이하로 운행할 것 ★중요내용
		아. 통행차량의 운행기간 중 공사장 안의 통행도로에는 1일 1회 이상 살수할 것
		자. 광산 진입로는 임시로 포장하여 먼지가 흩날리지 아니하도록 할 것(시멘트 제조업만 해당한다)
		차. 가목부터 자목까지와 같거나 그 이상의 효과를 가지는 시설을 설치하거나 조치하는 경우에는 가목부터 자목까지 중 그에 해당하는 시설의 설치 또는 조치를 제외한다.
4. 이송		가. 야외 이송시설은 밀폐화하여 이송 중 먼지의 흩날림이 없도록 할 것
		나. 이송시설은 낙하, 출입구 및 국소배기부위에 적합한 집진시설을 설치하고, 포집된 먼지는 흩날리지 아니하도록 제거하는 등 적절하게 관리할 것

		다. 기계적(벨트컨베이어, 바켓엘리베이터 등)인 방법이 아닌 시설을 사용할 경우에는 물뿌림 또는 그 밖의 제진(除塵)방법을 사용할 것 라. 기계적(벨트컨베이어, 바켓엘리베이터 등)인 방법의 시설을 사용하는 경우에는 표면 먼지를 제거할 수 있는 시설을 설치할 것(시멘트 제조업만 해당한다) 마. 이송시설의 하부는 주기적으로 청소하여 이송시설에서 떨어진 먼지가 재비산되지 않도록 할 것(제철 및 제강업만 해당) 바. 가목부터 마목까지와 같거나 그 이상의 효과를 가지는 시설을 설치하거나 조치하는 경우에는 가목부터 라목까지 중 그에 해당하는 시설의 설치 또는 조치를 제외한다.
5. 채광·채취(갱내작업의 경우는 제외한다)		가. 살수시설 등을 설치하도록 하여 주위에 먼지가 흩날리지 아니하도록 할 것 나. 발파 시 발파공에 젖은 가마니 등을 덮거나 적절한 방지시설을 설치한 후 발파할 것 다. 발파 전후 발파 지역에 대하여 충분한 살수를 실시하고, 천공시에는 먼지를 포집할 수 있는 시설을 설치할 것 라. 풍속이 평균 초속 8미터 이상인 경우에는 발파작업을 중지할 것 마. 작은 면적이라도 채광·채취가 이루어진 구역은 최대한 먼지가 흩날리지 아니하도록 조치할 것 바. 분체형태의 물질 등 흩날릴 가능성이 있는 물질은 밀폐용기에 보관하거나 방진덮개로 덮을 것 사. 가목부터 바목까지와 같거나 그 이상의 효과를 가지는 시설을 설치하거나 조치하였을 경우에는 가목부터 바목까지 중 그에 해당하는 시설의 설치 또는 조치는 제외한다.
6. 조쇄 및 분쇄(시멘트 제조업만 해당하며, 갱내 작업은 제외한다)		가. 조쇄작업은 최대한 3면이 막히고 지붕이 있는 구조물에서 실시하여 먼지가 흩날리지 아니하도록 할 것 나. 분쇄작업은 최대한 4면이 막히고 지붕이 있는 구조물에서 실시하여 먼지가 흩날리지 아니하도록 할 것 다. 살수시설 등을 설치하여 먼지가 흩날리지 아니하도록 할 것 라. 가목부터 다목까지와 같거나 그 이상의 효과를 가지는 시설을 설치하거나 조치를 하였을 경우에는 가목부터 다목까지 중 그에 해당하는 시설의 설치 또는 조치는 제외한다.
7. 야외절단		가. 고철 등의 절단작업은 가급적 옥내에서 실시할 것 나. 야외절단 시 비산먼지 저감을 위해 간이칸막이등을 설치할 것 다. 야외 절단 시 이동식 집진시설을 설치하여 작업할 것. 다만, 이동식집진시설의 설치가 불가능한 경우에는 진공식 청소차량 등으로 작업현장에 대한 청소작업을 지속적으로 실시할 것 라. 풍속이 평균초속 8m 이상(강선건조업과 합성수지선건조업인 경우에는 10m 이상)인 경우에는 작업을 중지할 것 마. 가목부터 라목까지와 같거나 그 이상의 효과를 가지는 시설을 설치하거나 조치하는 경우에는 가목부터 라목까지 중 그에 해당하는 시설의 설치 또는 조치를 제외한다.
8. 야외 탈청(脫青) *중요내용		가. 탈청구조물의 길이가 15m 미만인 경우에는 옥내작업을 할 것 나. 야외 작업 시에는 간이칸막이 등을 설치하여 먼지가 흩날리지 아니하도록 할 것 다. 야외 작업 시 이동식 집진시설을 설치할 것. 다만, 이동식 집진시설의 설치가 불가능할 경우 진공식 청소차량 등으로 작업현장에 대한 청소작업을 지속적으로 할 것 라. 작업 후 남은 것이 다시 흩날리지 아니하도록 할 것 마. 풍속이 평균초속 8m 이상(강선건조업과 합성수지선건조업인 경우에는 10m 이상)인 경우에는 작업을 중지할 것 바. 가목부터 마목까지와 같거나 그 이상의 효과를 가지는 시설을 설치하거나 조치하는 경우에는 가목부터 마목까지 중 그에 해당하는 시설의 설치 또는 조치를 제외한다.
9. 야외 연마		가. 야외 작업 시 이동식 집진시설을 설치·운영할 것. 다만, 이동식집진시설이 설치가 불가능할 경우 진공식 청소차량 등으로 작업현장에 대한 청소작업을 지속적으로 할 것 나. 부지 경계선으로부터 40m 이내에서 야외 작업 시 작업 부위의 높이 이상의 이동식 방진망 또는 방진막을 설치할 것 다. 작업 후 남은 것이 다시 흩날리지 아니하도록 할 것 라. 풍속이 평균초속 8m 이상(강선건조업과 합성수지선건조업인 경우에는 10m 이상)인 경우에는 작업을 중지할 것 마. 가목부터 라목까지와 같거나 그 이상의 효과를 가지는 시설을 설치하거나 조치하는 경우에는 가목부터 라목까지 중 그에 해당하는 시설의 설치 또는 조치를 제외한다.

10. 야외 도장(운송장비제조업 및 조립금속제품제조업의 야외구조물, 선체외판, 수상구조물, 해수담수화설비제조, 교량제조 등의 야외도장시설과 제품의 길이가 100m 이상인 제품의 야외도장공정만 해당한다)	가. 소형구조물(길이 10m 이하에 한한다)의 도장작업은 옥내에서 할 것 나. 부지경계선으로부터 40m 이내에서 도장작업을 할 때에는 최고높이의 1.25배 이상의 방진망(개구율 40% 상당)을 설치할 것 다. 풍속이 평균초속 8m 이상일 경우에는 도장작업을 중지할 것(도장작업위치가 높이 5m 이상이며, 풍속이 평균초속 5m 이상일 경우에도 작업을 중지할 것) 라. 연간 2만톤 이상의 선박건조조선소는 도료사용량의 최소화, 유기용제의 사용억제 등 비산먼지 저감방안을 수립한 후 작업을 할 것 마. 가목부터 라목까지와 같거나 그 이상의 효과를 가지는 시설을 설치하거나 조치하는 경우에는 가목부터 라목까지 중 그에 해당하는 시설의 설치 또는 조치를 제외한다.	
11. 그 밖에 공정(건축물축조공사장, 토목공사장 및 건물해체공사장의 경우만 해당한다)	가. 건축물축조공사장에서는 먼지가 공사장 밖으로 흩날리지 아니하도록 다음과 같은 시설을 설치하거나 조치를 할 것 　1) 비산먼지가 발생되는 작업(바닥청소, 벽체연마작업, 절단작업, 분사방식에 의한 도장작업 등의 작업을 말한다)을 할 때에는 해당 작업 부위 혹은 해당 층에 대하여 방진막 등을 설치할 것. 다만, 건물 내부공사의 경우 커튼 월(curtain wall) 및 창호공사가 끝난 경우에는 그러하지 아니하다. 　2) 철골구조물의 내화피복작업 시에는 먼지발생량이 적은 공법을 사용하고 비산먼지가 외부로 확산되지 아니하도록 방진막 등을 설치할 것 　3) 콘크리트구조물의 내부 마감공사 시 거푸집 해체에 따른 조인트 부위 등 돌출면의 면고르기 연마작업 시에는 방진막 등을 설치하여 비산먼지 발생을 최소화할 것 　4) 공사 중 건물 내부 바닥은 항상 청결하게 유지관리하여 비산먼지 발생을 최소화할 것 나. 건축물축조공사장 및 토목공사장에서 철구조물의 분사방식에 의한 야외 도장 시 방진막 등을 설치할 것 다. 건축물해체공사장에서 건물해체작업을 할 경우 먼지가 공사장 밖으로 흩날리지 아니하도록 방진막 또는 방진벽을 설치하고, 물뿌림 시설을 설치하여 작업 시 물을 뿌리는 등 비산먼지 발생을 최소화할 것 라. 가목부터 다목까지와 같거나 그 이상의 효과를 가지는 시설을 설치하거나 조치하는 경우에는 가목부터 다목까지에 해당하는 시설의 설치 또는 조치를 제외한다.	

[비산먼지의 발생을 억제하기 위한 시설의 설치 및 필요한 조치에 관한 엄격한 기준(규칙 제58조) : 별표 15] *중요내용*

배출 공정	시설의 설치 및 조치에 관한 기준
1. 야적	가. 야적물질을 최대한 밀폐된 시설에 저장 또는 보관할 것 나. 수송 및 작업차량 출입문을 설치할 것 다. 보관·저장시설은 가능하면 한 3면이 막히고 지붕이 있는 구조가 되도록 할 것
2. 싣기와 내리기	가. 최대한 밀폐된 저장 또는 보관시설 내에서만 분체상물질을 싣거나 내릴 것 나. 싣거나 내리는 장소 주위에 고정식 또는 이동식 물뿌림시설(물뿌림반경 7m 이상, 수압 5kg/cm^2 이상)을 설치할 것
3. 수송	가. 적재물이 흘러내리거나 흩날리지 아니하도록 덮개가 장치된 차량으로 수송할 것 나. 다음 규격의 세륜시설을 설치할 것 　금속지지대에 설치된 롤러에 차바퀴를 닿게 한 후 전력 또는 차량의 동력을 이용하여 차바퀴를 회전시키는 방법 또는 이와 같거나 그 이상의 효과를 지닌 자동물뿌림장치를 이용하여 차바퀴에 묻은 흙 등을 제거할 수 있는 시설 다. 공사장 출입구에 환경전담요원을 고정배치하여 출입차량의 세륜·세차를 통제하고 공사장 밖으로 토사가 유출되지 아니하도록 관리할 것 라. 공사장 내 차량통행도로는 다른 공사에 우선하여 포장하도록 할 것

비고
시·도지사가 별표 15의 기준을 적용하려는 경우에는 이를 사업자에게 알리고 그 기준에 맞는 시설 설치 등에 필요한 충분한 기간을 주어야 한다.

휘발성유기화합물의 규제(법 제44조)

① 다음 각 호의 어느 하나에 해당하는 지역에서 휘발성유기화합물을 배출하는 시설로서 대통령령으로 정하는 시설을 설치하려는 자는 환경부령으로 정하는 바에 따라 시·도지사 또는 대도시 시장에게 신고하여야 한다. *중요내용*
- ❶ 특별대책지역
- ❷ 대기관리권역
- ❸ 제1호 및 제2호의 지역 외에 휘발성유기화합물 배출로 인한 대기오염을 개선할 필요가 있다고 인정되는 지역으로 환경부장관이 관계 중앙행정기관의 장과 협의하여 지정·고시하는 지역(이하 "휘발성유기화합물 배출규제 추가지역"이라 한다)

② 신고를 한 자가 신고한 사항 중 환경부령으로 정하는 사항을 변경하려면 변경신고를 하여야 한다.
③ 시·도지사 또는 대도시 시장은 신고 또는 변경신고를 받은 날부터 7일 이내에 신고 또는 변경신고 수리 여부를 신고인에게 통지하여야 한다.
④ 시·도지사 또는 대도시 시장이 제3항에서 정한 기간 내에 신고수리 여부 또는 민원 처리 관련 법령에 따른 처리기간의 연장 여부를 신고인에게 통지하지 아니하면 그 기간(민원 처리 관련 법령에 따라 처리기간이 연장 또는 재연장된 경우에는 해당 처리기간을 말한다)이 끝난 날의 다음 날에 신고를 수리한 것으로 본다.
⑤ 시설을 설치하려는 자는 휘발성유기화합물의 배출을 억제하거나 방지하는 시설을 설치하는 등 휘발성유기화합물의 배출로 인한 대기환경상의 피해가 없도록 조치하여야 한다.
⑥ 휘발성유기화합물의 배출을 억제·방지하기 위한 시설의 설치 기준 등에 필요한 사항은 환경부령으로 정한다.
⑦ 시·도 또는 대도시는 그 시·도 또는 대도시의 조례로 기준보다 강화된 기준을 정할 수 있다.
⑧ 강화된 기준이 적용되는 시·도 또는 대도시에 시·도지사 또는 대도시 시장에게 설치신고를 하였거나 설치신고를 하려는 시설이 있으면 그 시설의 휘발성유기화합물 억제·방지시설에 대하여도 강화된 기준을 적용한다.
⑨ 시·도지사 또는 대도시 시장은 제5항을 위반하는 자에게 휘발성유기화합물을 배출하는 시설 또는 그 배출의 억제·방지를 위한 시설의 개선 등 필요한 조치를 명할 수 있다.
⑩ 신고를 한 자는 휘발성유기화합물의 배출을 억제하기 위하여 환경부령으로 정하는 바에 따라 휘발성유기화합물을 배출하는 시설에 대하여 휘발성유기화합물의 배출 여부 및 농도 등을 검사·측정하고, 그 결과를 기록·보존하여야 한다.
⑪ 휘발성유기화합물 배출규제 추가지역의 지정에 필요한 세부적인 기준 및 절차 등에 관한 사항은 환경부령으로 정한다.

환경친화형 도료의 기준(법 제44조의2)

① 도료(塗料)에 대한 휘발성유기화합물의 함유기준(이하 "휘발성유기화합물함유기준"이라 한다)은 환경부령으로 정한다. 이 경우 환경부장관은 관계 중앙행정기관의 장과 협의하여야 한다.
② 도료를 공급하거나 판매하는 자는 휘발성유기화합물함유기준을 초과하는 도료를 공급하거나 판매하여서는 아니 된다.

휘발성유기화합물 배출규제 추가지역의 지정기준(규칙 제59조)

① 휘발성유기화합물 배출규제 추가지역의 지정에 필요한 세부적인 기준은 다음 각 호와 같다.
- ❶ 인구 50만 이상 도시 중 법 제3조에 따른 상시 측정 결과 오존 오염도(이하 "오존 오염도"라 한다)가 환경 기준을 초과하는 지역
- ❷ 그 밖에 오존 오염도가 환경기준을 초과하고 휘발성유기화합물 배출량 관리가 필요하다고 환경부장관이 인정하는 지역

② 제1항에서 규정한 사항 외에 지정 기준 및 절차에 관한 사항은 환경부장관이 정하여 고시한다.

휘발성유기화합물 배출시설의 신고 등(규칙 제59조의2)

① 휘발성유기화합물을 배출하는 시설을 설치하려는 자는 휘발성유기화합물 배출시설 설치신고서에 휘발성유기화합물 배출시설 설치명세서와 배출 억제·방지시설 설치명세서를 첨부하여 시설 설치일 10일 전까지 시·도지사 또는 대도시 시장에게 제출하여야 한다. 다만, 휘발성유기화합물을 배출하는 시설이 설치허가 또는 설치신고의 대상이 되는 배출시

설에 해당되는 경우에는 배출시설 설치허가신청서 또는 배출시설 설치신고서의 제출로 갈음할 수 있다. *중요내용*
② 신고를 받은 시·도지사 또는 대도시 시장은 신고증명서를 신고인에게 발급하여야 한다.

❑ **휘발성유기화합물 배출시설의 변경신고(규칙 제60조)**

① 변경신고를 하여야 하는 경우는 다음 각 호와 같다. *중요내용*
  ❶ 사업장의 명칭 또는 대표자를 변경하는 경우
  ❷ 설치신고를 한 배출시설 규모의 합계 또는 누계보다 100분의 50 이상 증설하는 경우
  ❸ 휘발성유기화합물의 배출 억제·방지시설을 변경하는 경우
  ❹ 휘발성유기화합물 배출시설을 폐쇄하는 경우
  ❺ 휘발성유기화합물 배출시설 또는 배출 억제·방지시설을 임대하는 경우
② 변경신고를 하려는 자는 신고 사유가 제1항 제1호, 제4호 또는 제5호에 해당하는 경우에는 그 사유가 발생한 날부터 30일 이내에, 같은 항 제2호부터 제4호까지에 해당하는 경우에는 변경 전에 휘발성유기화합물 배출시설 변경신고서에 변경내용을 증명하는 서류와 휘발성유기화합물 배출시설 설치신고증명서를 첨부하여 시·도지사 또는 대도시 시장에게 제출하여야 한다.
③ 시·도지사 또는 대도시 시장은 변경신고를 접수한 경우에는 휘발성유기화합물배출시설 설치신고 증명서의 뒤 쪽에 변경신고사항을 적어 발급하여야 한다.

휘발성유기화합물의 규제(영 제45조) *중요내용*

① 특별대책지역 또는 대기관리권역 안에서 휘발성유기화합물을 배출하는 시설로서 "대통령령으로 정하는 시설"이란 다음 각 호의 시설을 말한다. 다만, 제38조의2에서 정하는 업종에서 사용하는 경우는 제외한다.
  ① 석유정제를 위한 제조시설, 저장시설 및 출하시설(出荷施設)과 석유화학제품 제조업의 제조시설, 저장시설 및 출하시설
  ② 저유소의 저장시설 및 출하시설
  ③ 주유소의 저장시설 및 주유시설
  ④ 세탁시설
  ⑤ 그 밖에 휘발성유기화합물을 배출하는 시설로서 환경부장관이 관계 중앙행정기관의 장과 협의하여 고시하는 시설
② 제1항 각 호에 따른 시설의 규모는 환경부장관이 관계 중앙행정기관의 장과 협의하여 고시한다.
③ 법 제45조 제4항에서 "대통령령으로 정하는 사유"란 다음 각 호의 어느 하나에 해당하는 사유를 말한다.
  ① 국내에서 확보할 수 없는 특수한 기술이 필요한 경우
  ② 천재지변이나 그 밖에 특별시장·광역시장·특별자치시장·도지사(그 관할구역 중 인구 50만 이상의 시는 제외한다)·특별자치도지사 또는 특별시·광역시 및 특별자치시를 제외한 인구 50만 이상의 시장이 부득이하다고 인정하는 경우

도료의 휘발성유기화합물 함유기준 초과 시 조치명령 등(영 제45조의2)

① 환경부장관은 조치명령을 하는 경우에는 조치명령의 내용 및 10일 이내의 이행기간 등을 적은 서면으로 하여야 한다.
② 조치명령을 받은 자는 그 이행기간 이내에 다음 각 호의 사항을 구체적으로 밝힌 이행완료보고서를 환경부령으로 정하는 바에 따라 환경부장관에게 제출하여야 한다.
  ① 해당 도료의 공급·판매 기간과 공급량 또는 판매량
  ② 해당 도료의 회수처리량, 회수처리 방법 및 기간
  ③ 그 밖에 공급·판매 중지 또는 회수 사실을 증명할 수 있는 자료에 관한 사항
③ 조치명령을 받은 자는 그 이행기간 이내에 다음 각 호의 사항을 구체적으로 밝힌 이행완료보고서를 환경부령으로 정하는 바에 따라 환경부장관에게 제출하여야 한다.
  ① 해당 도료의 공급·판매 기간과 공급량 또는 판매량
  ② 해당 도료의 보유량 및 공급·판매 중지 사실을 증명할 수 있는 자료에 관한 사항

[휘발성유기화합물 배출 억제·방지시설 설치 등에 관한 기준(규칙 제61조) : 별표 16]

구분(업종)	배출시설	기준
1. 석유정제 및 석유 화학제품 제조업	가. 제조 시설 ※중요내용	1) 제조공정 중의 펌프·압축기(공기압축기는 제외한다. 이하 같다)·압력완화장치·개방식밸브 및 배관등 휘발성유기화합물의 누출가능성이 있는 시설에 대하여 매월 액체의 누출 여부를 검사하고, 이를 기록·보존하여야 한다. 2) 위 1)에 따른 검사결과 액체의 누출이 확인된 경우에는 즉시 「환경분야 시험·검사 등에 관한 법률」 제6조 제1항에 따라 환경부장관이 정하여 고시한 환경오염공정시험기준에 따라 측정기를 이용하여 휘발성유기화합물의 배출 농도를 측정하고, 기록하여야 한다. 3) 위 2)에 따른 측정결과, 누출농도가 1만ppm 이상(압력완화장치에 대하여는 설정 압력 이상인 경우의 방출은 제외한다)인 경우에는 15일 이내에 수리하여야 한다. 다만, 그 시설의 수리로 인하여 전체 제조공정의 가동중지가 불가피하다고 해당 시·도지사가 인정하는 경우에는 그 기간을 연장할 수 있다. 4) 압축기는 휘발성유기화합물의 누출을 방지하기 위한 개스킷 등 봉인장치를 설치하여야 한다. 5) 개방식 밸브나 배관에는 뚜껑, 브라인드프렌지, 마개 또는 이중밸브를 설치하여야 한다. 6) 검사용 시료채취장치에는 시료채취 시에 발생되는 휘발성유기화합물을 처리시설로 이송하기 위하여 끝이 막힌 배관장치 또는 밀폐된 배출관로를 설치하여야 한다. 7) 위 6)에 따른 배관장치나 배출관로는 휘발성유기화합물을 대기 중으로 배출됨이 없이 공정 중으로 재회수시키거나 처리시설로 이송하여 처리할 수 있는 구조로 설치되어야 한다. 8) 제조공정에 설치된 각각의 배수장치에는 물 등을 이용한 봉인장치(Water Seal Control)를 설치하여야 한다. 9) 중간 집수조(Junction Box)에는 덮개를 설치하거나 덮개 및 환기배관(Open Vent Pipe)을 설치하여야 하며, 덮개는 조사나 보수를 하는 경우 외에는 항상 제 위치에 있어야 하고 덮개가 파손되거나 덮개와 집수조 사이에 틈새가 발견되면 15일 이내에 이를 보수하여야 한다. 10) 중간집수조에서 폐수처리장으로 이어지는 하수구(Sewer line)가 대기 중으로 개방되어서는 아니 되며, 금·틈새 등이 발견되는 경우에는 15일이내에 이를 보수하여야 한다. 11) 휘발성유기화합물을 배출하는 폐수처리장의 집수조는 대기오염공정시험방법에서 규정하는 검출불가능 누출농도 이상으로 휘발성유기화합물이 발생하는 경우에는 휘발성유기화합물을 80퍼센트 이상의 효율로 억제·제거할 수 있는 부유지붕이나 상부덮개를 설치·운영하여야 한다. 12) 폐수처리장의 유수분리조나 휘발성유기화합물을 배출하는 저장탱크는 부유지붕이나 상부덮개를 설치·운영하여야 하며, 상부덮개를 설치한 경우에는 덮개와 유체표면과의 사이의 공간에서 발생된 휘발성유기화합물을 포집·처리할 수 있는 시설을 설치하거나 제어할 수 있는 제어시설을 설치·운영하여야 한다.
	나. 저장 시설	다음의 어느 하나에 해당하는 시설을 설치·운영하여야 한다. 1) 내부부상지붕(Internal floating roof)형 저장시설의 경우 　가) 내부부상지붕은 저장용기 내부의 액표면에 놓여 있거나 떠 있어야 한다. 다만, 반드시 액체와 접촉할 필요는 없다. 　나) 저장탱크 내벽과 부유지붕의 상단 가장자리에는 다음 밀폐장치 중의 하나를 갖추어야 한다. 　　(1) 유면과 접촉되어 떠 있는 폼 밀봉장치(Foam Seal) 또는 유체충진형 밀봉장치는 저장탱크의 내벽과 부유지붕 사이의 유체와 항상 접촉되어 있어야 한다. 　　(2) 이중 밀봉장치 : 저장용기 벽면과 내부 부유지붕의 가장자리 사이의 공간을 완전히 막기 위하여 2개의 층으로 되어 있고, 각각이 지속적으로 밀폐될 수 있도록 하여야 한다. 　　(3) 지렛대 구조밀봉장치(Mechanical Seal) 　다) 자동환기구와 림환기구를 제외하고, 부상지붕에 설치되는 각 개구부의 하부 끝은 액표면 아래에 잠길 수 있도록 설계되어야 하며, 각 개구부의 상부에는 덮개를 설치하여 작동 중일 때를 제외하고는 항상 틈이 없이 밀폐되도록 하여야 한다. 　라) 자동환기구는 개스킷이 장착되어야 하며, 부상지붕이 액표면 위에 떠 있지 아니하거나 지붕 지지대에 놓여 있을 때를 제외하고 작동 중인 때에는 항상 닫혀진 상태이어야 한다. 　마) 림환기구는 가스킷이 장착되어야 하며, 부상지붕이 지붕지지대에서 떨어져 부상하고 있거나 사용자가 필요할 때에만 열리도록 설치하여야 한다. 2) 외부부상지붕(External floating roof)형 저장시설의 경우 　가) 외부부상지붕은 폰툰식(Pontoon type)이거나 이중갑문식 덮개(Double deck type cover)구조이어야 한다.

		나) 저장용기 내벽과 부상지붕의 상단 가장자리에는 이중 밀폐장치를 설치하여야 한다. 다) 부상지붕은 초기 충전 시와 저장용기가 완전히 비어 재충전할 경우를 제외하고는 항상 액체표면에 떠 있어야 한다. 라) 자동환기구와 림환기구를 제외하고, 부상지붕에 설치되는 각 개구부의 하부 끝은 액표면 아래에 잠길 수 있도록 설계되어야 하며, 각 개구부의 상부에는 덮개를 설치하여 작동 중인 경우를 제외하고는 항상 틈이 없이 밀폐되도록 하여야 한다. 마) 자동환기구는 개스킷이 장착되어야 하며, 지붕이 떠있지 아니하거나 지붕지지대에 놓여 있을 때를 제외한 작동 중에는 항상 닫힌 상태이어야 한다. 3) 기존의 고정형지붕형(Fixed roof) 저장시설의 경우 휘발성유기화합물 방지시설을 설치하여 대기 중으로 직접 배출되지 아니하도록 하여야 한다.
	다. 출하 시설 ★중요내용	1) 출하시설은 하부적하(Bottom Loading)방식에 적합한 구조로 하여야 하며, 하부적하방식에 적합하지 아니한 차량이나 주유소의 시설에 대하여는 제품을 출하하여서는 아니 된다. 다만, 자일렌함유 에폭시수지, 초산 등 상온(25℃)에서 점도가 10,000센티푸아즈(Centipoise) 이상으로 물질흐름이 정지되는 특성 때문에 하부로 싣는 작업이 불가능한 휘발성유기화합물질의 경우에는 그러하지 아니하다. 2) 사업자 또는 운영자는 저유소, 주유소 등으로부터 출하 시에 회수된 휘발성유기화합물은 공정 중에서 재이용하거나 소각 등의 방법으로 환경적으로 안전하게 처리하여야 한다. 3) 위 2)에 따른 회수처리시설 중 소각시설의 처리효율은 95퍼센트 이상이어야 한다. 4) 출하시 포장을 하는 공간에는 국소배기장치 및 휘발성유기화합물 방지시설을 설치하여 대기로 배출되는 것을 방지하여야 한다.
2. 저유소	가. 저장 시설	제1호 나목의 기준에 따른다. 다만, 연간 입하량 또는 출하량 총량이 해당 시설용량을 초과하지 아니하는 지하비축시설의 경우에는 방지시설을 설치하지 아니할 수 있다.
	나. 출하 시설	제1호 다목의 기준에 따른다.
3. 주유소 ★중요내용	가. 저장 시설	1) 주유소에 설치된 저장탱크에 유류를 적하할 때 배출되는 휘발성유기화합물은 탱크로리나 자체 설치된 회수설비를 이용하여 대기로 직접 배출되지 아니하도록 하여야 한다. 2) 저장탱크에 설치된 가지관 또는 숨구멍밸브 등은 외부로 배출되는 휘발성유기화합물을 최소화할 수 있도록 적절한 조치를 하여야 한다. 다만, 안전상의 문제가 있을 경우에는 시·도지사가 시설의 설치를 면제할 수 있다.
	나. 주유 시설	1) 주유소에서 차량에 유류를 공급할 때 배출되는 휘발성유기화합물은 주유시설에 부착된 유증기 회수설비(이하 이 난에서 "회수설비"라 한다)를 이용하여 대기로 직접 배출되지 아니하도록 하여야 한다. 2) 회수설비의 처리효율은 90퍼센트 이상이어야 한다. 3) 유증기 회수배관은 배관이 막히지 아니하도록 적절한 경사를 두어야 한다. 4) 유증기 회수배관을 설치한 후에는 회수배관 액체막힘 검사를 하고 그 결과를 5년간 기록·보존하여야 한다. 5) 회수설비의 유증기 회수율(회수량/주유량)이 적정범위(0.88~1.2)에 있는지를 연 1회 검사하고, 그 결과를 5년간 기록·보존하여야 한다. 6) 유증기 회수배관의 압력감쇄·누설 등을 4년마다 검사하고, 그 결과를 5년간 기록·보존하여야 한다.
4. 세탁작업	세탁시설	1) 퍼크로로에틸렌, 트리클로로에탄, 불소계용제를 사용하는 시설은 작업장 외부로 휘발성유기화합물질이 배출되는 것을 방지하기 위하여 밀폐형이어야 한다(용제회수기가 별도로 부착된 경우는 밀폐형으로 본다) 2) 솔벤트 등 그 밖의 유기용제를 사용하는 시설은 휘발성유기화합물이 외부로 배출되는 것을 억제할 수 있는 조치를 하여야 한다.
5. 그 밖에 중앙행정기관의 장과 협의하여 고시하는 시설		환경부장관이 정하여 고시하는 기준에 따른다.

비고 🔖중요내용
1. "압력완화장치"란 휘발성유기화합물의 제조과정에서 배관 안의 압력증가로 정상적인 작업이 곤란하여 이를 완화하기 위하여 설치된 장치를 말한다.
2. "검사용 시료채취장치"란 휘발성유기화합물의 제조과정에서 제조 중인 물질에 대한 품질검사 등을 목적으로 그 시료를 채취하기 위하여 설치된 관, 밸브, 기구 등 일체의 장치를 말한다.
3. "배수장치"란 휘발성유기화합물의 제조·생산과정이나 시설의 보수·수리 등의 과정에서 발생된 각종 폐수를 폐수처리장으로 이송하기 위하여 배출하는 관, 밸브, 기타 시설 등을 말한다.
4. "유수분리조"란 폐수중에 함유된 폐유를 물과 분리하기 위한 목적으로 설치된 철제탱크·콘크리트조등 일체의 구조물을 말한다.
5. "부상지붕"이란 액체의 표면과 접촉되어 액체의 높낮이에 따라 액체표면과 함께 움직이는 지붕덮개를 말한다.
6. "하부적하방식"이란 휘발성유기화합물을 싣거나 내리는 과정에 대기 중으로 노출이 되지 아니하도록 유조차 등의 하부로 싣고 내리며 밀폐된 관로를 통하여 저유소나 주유소등의 저장탱크 내에서 발생되는 휘발성유기화합물을 회수하는 방법을 말한다.
7. "석유화학제품제조업"이란 한국표준산업분류에 따른 석유화학계 기초화합물제조업, 합성섬유제조업, 합성고무제조업, 합성수지 및 그 밖의 플라스틱물질 제조업을 말한다.
8. "출하시설"이란 석유계 혼합물 또는 휘발성유기화합물이 포함된 유체를 송유관·유조차 등에 이송하는 시설을 말한다.
9. "중간집수조"란 휘발성유기화합물이 포함된 유체와 폐수를 집수하는 시설로 공정과 폐수처리장의 집수조(유량조정시설) 중간에 유지·보수·안전 및 공정관리를 목적으로 설치한 시설을 말한다.

▫ 일일조업시간 및 연간가동일수(규칙 제44조)

일일조업시간 또는 연간가동일수는 각각 24시간과 365일을 기준으로 산정한다. 다만, 난방용 보일러 등 일정 시간 또는 일정 기간만 가동한다고 유역환경청장, 지방환경청장, 수도권대기환경청장 또는 시·도지사가 인정하는 시설은 다음 각 호의 구분에 따라 산정한다.

❶ 이미 설치되어 사용 중인 배출시설의 경우에는 다음 각 목의 기준
  가. 전년도의 일일평균조업시간을 일일조업시간으로 봄
  나. 전년도의 연간가동일수를 그 해의 연간가동일수로 봄
❷ 새로 설치되는 배출시설의 경우에는 배출시설 및 방지시설 설치명세서에 기재된 일일조업예정시간 또는 연간가동예정일을 각각 일일조업시간 또는 연간가동일수로 봄

♂ 기존 휘발성유기화합물 배출시설에 대한 규제(법 제45조)

① 특별대책지역, 대기관리권역 또는 휘발성유기화합물 배출규제 추가지역으로 지정·고시될 당시 그 지역에서 휘발성유기화합물을 배출하는 시설을 운영하고 있는 자는 특별대책지역, 대기관리권역 또는 휘발성유기화합물 배출규제 추가지역으로 지정·고시된 날부터 3개월 이내에 신고를 하여야 하며, 특별대책지역, 대기관리권역 또는 휘발성유기화합물 배출규제 추가지역으로 지정·고시된 날부터 2년 이내에 조치를 하여야 한다. 🔖중요내용
② 휘발성유기화합물이 추가로 고시된 경우 특별대책지역, 대기관리권역 또는 휘발성유기화합물 배출규제 추가지역으로 그 추가된 휘발성유기화합물을 배출하는 시설을 운영하고 있는 자는 그 물질이 추가로 고시된 날부터 3개월 이내에 신고를 하여야 하며, 그 물질이 추가로 고시된 날부터 2년 이내에 조치를 하여야 한다. 🔖중요내용
③ 신고를 한 자가 신고한 사항을 변경하려면 변경신고를 하여야 한다.
④ 대통령령으로 정하는 사유에 해당하는 경우에는 시·도지사 또는 대도시시장의 승인을 받아 1년의 범위에서 그 조치기간을 연장할 수 있다.
⑤ 제1항, 제2항 또는 제4항에 따른 기간에 이들 각 항에 규정된 조치를 하지 아니한 경우에는 제44조 제9항을 준용한다.

▫ 휘발성유기화합물 배출 억제·방지시설의 검사 등(규칙 제61조의4)

① 법 제45조의3 제1항에서 "환경부령으로 정하는 검사기관"이란 다음 각 호의 어느 하나에 해당하는 기관을 말한다. 🔖중요내용

❶ 한국환경공단

❷ 검사를 실시할 능력이 있다고 환경부장관이 정하여 고시하는 기관
② 검사는 휘발성유기화합물의 배출 억제·방지시설의 회수 효율 및 누설 여부 등을 검사하고, 검사방법은 전수(全數) 또는 표본추출의 방법으로 한다.
③ 검사대상시설은 주유소의 저장시설 및 주유시설에 설치하는 휘발성유기화합물의 배출 억제·방지시설로 한다.
④ 검사기준은 다음 각 호와 같다.
  ❶ 주유소의 휘발성유기화합물 배출 억제·방지시설 설치에 관한 기준을 준수할 것
  ❷ 그 밖에 휘발성유기화합물의 배출을 억제·방지하기 위하여 환경부장관이 정하여 고시한 기준을 준수할 것
⑤ 검사기관의 장은 분기별 검사실적을 매분기 마지막 날을 기준으로 다음달 20일까지 환경부장관에게 제출하여야 하고, 검사실적 보고서의 부본(副本) 및 그 밖에 검사와 관련된 서류를 작성일부터 5년간 보관하여야 한다. *중요내용*
⑥ 그 밖에 검사업무에 필요한 세부적인 사항은 환경부장관이 정하여 고시한다.

제4장 자동차·선박 등의 배출가스규제

♂ 제작차의 배출허용기준(법 제46조)

① 자동차(원동기 및 저공해자동차를 포함한다.)를 제작(수입을 포함한다. 이하 같다)하려는 자(이하 "자동차제작자"라 한다)는 그 자동차(이하 "제작차"라 한다)에서 나오는 오염물질(대통령령으로 정하는 오염물질만 해당한다. 이하 "배출가스"라 한다)이 환경부령으로 정하는 허용기준(이하 "제작차배출허용기준"이라 한다)에 맞도록 제작하여야 한다. 다만, 저공해자동차를 제작하려는 자동차제작자는 환경부령으로 정하는 별도의 허용기준(이하 "저공해자동차배출허용기준"이라 한다)에 맞도록 제작하여야 한다.
② 환경부장관이 환경부령을 정하는 경우 관계 중앙행정기관의 장과 협의하여야 한다.
③ 자동차제작자는 제작차에서 나오는 배출가스는 환경부령으로 정하는 기간(이하 "배출가스보증기간"이라 한다) 동안 제작차배출허용기준에 맞게 유지되어야 한다.
④ 자동차제작자는 인증받은 내용과 다르게 배출가스 관련 부품의 설계를 고의로 바꾸거나 조작하는 행위를 하여서는 아니된다.

✪ 배출가스의 종류(영 제46조) *중요내용*

"대통령령으로 정하는 오염물질"이란 다음 각 호의 구분에 따른 물질을 말한다.
  ① 휘발유, 알코올 또는 가스를 사용하는 자동차
    가. 일산화탄소
    나. 탄화수소
    다. 질소산화물
    라. 알데히드
    마. 입자상물질
    바. 암모니아
  ② 경유를 사용하는 자동차
    가. 일산화탄소
    나. 탄화수소
    다. 질소산화물
    라. 매연
    마. 입자상물질
    바. 암모니아

[제작차배출허용기준(규칙 제62조) : 별표 17] ★중요내용

1. 휘발유 또는 가스자동차
   1) 경자동차, 소형 승용·화물, 중형 승용·화물
      ① 배출허용기준 항목
         ㉠ 일산화탄소   ㉡ 질소산화물
         ㉢ 탄화수소(배기관가스, 블로바이가스, 증발가스)   ㉣ 포름알데히드
      ② 측정방법
         CVS-75 모드, US 06 모드, SC 03 모드, WHTC 모드
   2) 대형 승용·화물, 초대형 승용·화물
      ① 배출허용기준 항목
         ㉠ 일산화탄소   ㉡ 질소산화물
         ㉢ 탄화수소(배기관가스, 블로바이가스)
      ② 측정방법
         WHTC 모드
2. 경유사용자동차(2017년 10월 1일부터 적용)
   1) 경자동차, 소형·중형승용차, 소형·중형화물차
      ① 배출허용기준항목
         ㉠ 일산화탄소   ㉡ 질소산화물   ㉢ 탄화수소 및 질소산화물
         ㉣ 입자상물질   ㉤ 입자개수
      ② 측정방법
         WLTP
   2) 대형승용·화물차, 초대형승용·화물차
      ① 배출허용기준 항목
         ㉠ 일산화탄소   ㉡ 질소산화물
         ㉢ 탄화수소 및 질소산화물   ㉣ 입자상물질
         ㉤ 입자개수
      ② 측정방법
         WHSC 및 WHTC
3. 이륜자동차(2017년 1월 1일 이후 적용)

배출가스	
일산화탄소	
탄화수소	배기관가스
	증발가스
질소산화물	
측정방법	

4. 건설기계·농업기계 원동기(2015년 1월 1일 이후 적용)
   1) 배출허용기준 항목
      ① 일산화탄소 ② 질소산화물 ③ 탄화수소 ④ 입자상물질
   2) 측정방법
      ① NRSC 모드 및 NRTC 모드

❑ 환경부령으로 정하는 건설기계(규칙 제62조) *중요내용

❶ 불도저
❷ 굴삭기
❸ 로더
❹ 지게차(전동식은 제외한다)
❺ 기중기
❻ 롤러

[배출가스 보증기간(규칙 제63조) : 별표 18]

● 2016년 1월 1일 이후 제작자동차

사용연료	자동차의 종류	적용기간	
휘발유 *중요내용	경자동차, 소형 승용·화물자동차, 중형 승용·화물자동차	15년 또는 240,000km	
	대형 승용·화물자동차, 초대형 승용·화물자동차	2년 또는 160,000km	
	이륜자동차	최고속도 130km/h 미만	2년 또는 20,000km
		최고속도 130km/h 이상	2년 또는 35,000km
가스 *중요내용	경자동차	10년 또는 192,000km	
	소형 승용·화물자동차, 중형 승용·화물자동차	15년 또는 240,000km	
	대형 승용·화물자동차, 초대형 승용·화물자동차	2년 또는 160,000km	
경유	경자동차, 소형 승용·화물자동차, 중형 승용·화물자동차 (택시를 제외한다)	10년 또는 160,000km	
	경자동차, 소형 승용·화물자동차, 중형 승용·화물자동차 (택시에 한정한다)	10년 또는 192,000km	
	대형 승용·화물자동차	6년 또는 300,000km	
	초대형 승용·화물자동차	7년 또는 700,000km	
	건설기계 원동기, 농업기계 원동기	37kW 이상	10년 또는 8,000시간
		37kW 미만	7년 또는 5,000시간
		19kW 미만	5년 또는 3,000시간
전기 및 수소연료전지 자동차	모든 자동차	별지 제30호 서식의 자동차배출가스 인증신청서에 적힌 보증기간	

[비고]
1. 배출가스보증기간의 만료는 기간 또는 주행거리, 가동시간 중 먼저 도달하는 것을 기준으로 한다. *중요내용
2. 보증기간은 자동차소유자가 자동차를 구입한 일자를 기준으로 한다. *중요내용
3. 휘발유와 가스를 병용하는 자동차는 가스사용 자동차의 보증기간을 적용한다. *중요내용
4. 경유사용 경자동차, 소형 승용차·화물차, 중형 승용차·화물차의 결함확인검사 대상기간은 위 표의 배출가스보증기간에도 불구하고 5년 또는 100,000km로 한다. 다만, 택시의 경우 10년 또는 192,000km로 하되, 2015년 8월 31일 이전에 출고된 경유 택시가 경유 택시로 대폐차된 경우에는 10년 또는 160,000km로 할 수 있다.
5. 건설기계 원동기 및 농업기계 원동기의 결함확인검사 대상기간은 19kW 미만은 4년 또는 2,250시간, 37kW 미만은 5년 또는 3,750 시간, 37kW 이상은 7년 또는 6,000시간으로 한다. *중요내용
6. 위 표의 경유사용 대형 승용·화물자동차 및 초대형 승용·화물자동차의 배출가스 보증기간은 인증시험 및 결함확인검사에만 적용한다.
7. 경유사용 대형 승용·화물자동차 및 초대형 승용·화물자동차의 결함확인검사 시 아래의 배출가스 관련 부품이 정비주기를 초과한 경우에는 이를 정비하도록 할 수 있다.

배출가스 관련 부품	정비주기
배출가스재순환장치(EGR system including all related Filter & control valves), PCV 밸브(Positive crankcase ventilation valves)	80,000km
연료분사기(Fuel injector), 터보차저(Turbocharger), 전자제어장치 및 관련 센서(ECU & associated sensors & actuators), 선택적 환원촉매장치[(SCR system including Dosing module(요소분사기), Supply module (요소분사펌프 & 제어장치)], 매연포집필터(Particulate Trap), 질소산화물저감촉매(De-NOx Catalyst, NOx Trap), 정화용 촉매(Catalytic Converter)	160,000km

♂ 기술개발 등에 대한 지원(법 제47조)

① 국가는 자동차로 인한 대기오염을 줄이기 위하여 다음 각 호의 어느 하나에 해당하는 시설 등의 기술개발 또는 제작에 필요한 재정적·기술적 지원을 할 수 있다. *중요내용*
  ❶ 저공해자동차 및 그 자동차에 연료를 공급하기 위한 시설 중 환경부장관이 정하는 시설
  ❷ 배출가스저감장치
  ❸ 저공해엔진
② 환경부장관은 환경개선특별회계에서 기술개발이나 제작에 필요한 비용의 일부를 지원할 수 있다.

♂ 제작차에 대한 인증(법 제48조)

① 자동차제작자가 자동차를 제작하려면 미리 환경부장관으로부터 그 자동차의 배출가스가 배출가스보증기간에 제작차배출허용기준(저공해 자동차배출허용기준을 포함)에 맞게 유지될 수 있다는 인증을 받아야 한다. 다만, 환경부장관은 대통령령으로 정하는 자동차에는 인증을 면제하거나 생략할 수 있다.
② 자동차제작자가 인증을 받은 자동차의 인증내용 중 환경부령으로 정하는 중요한 사항(이하 "중요사항"이라 한다)을 변경하려면 변경인증을 받아야 한다. 다만, 중요사항을 변경하여도 배출가스의 양이 증가하지 아니하는 경우로서 환경부령으로 정하는 바에 따라 관계 서류를 제출한 경우 변경인증을 받은 것으로 본다.
③ 자동차제작자는 중요사항 외의 사항을 변경하려는 경우 환경부령으로 정하는 바에 따라 해당 변경내용을 환경부장관에게 보고(이하 "변경보고"라 한다)하여야 한다.
④ 환경부장관은 제출받은 서류를 수정·보완할 필요가 있는 경우에는 환경부령으로 정하는 바에 따라 그 자동차제작자에게 해당 서류의 수정·보완을 요청할 수 있다.
⑤ 인증·변경인증을 받거나 변경보고를 한 자동차제작자는 환경부령으로 정하는 바에 따라 인증·변경인증을 받거나 변경보고를 한 자동차에 인증·변경인증·변경보고의 표시를 하여야 한다.
⑥ 인증신청, 인증에 필요한 시험의 방법·절차, 시험수수료, 인증방법, 변경보고, 인증의 면제·생략 및 인증 표시방법에 관하여 필요한 사항은 환경부령으로 정한다.

✪ 인증의 면제·생략 자동차(영 제47조)

① 인증을 면제할 수 있는 자동차는 다음 각 호와 같다. *중요내용*
  1 군용 및 경호업무용 등 국가의 특수한 공용 목적으로 사용하기 위한 자동차와 소방용 자동차
  2 주한 외국공관 또는 외교관이나 그 밖에 이에 준하는 대우를 받는 자가 공용 목적으로 사용하기 위한 자동차로서 외교부장관의 확인을 받은 자동차
  3 주한 외국군대의 구성원이 공용 목적으로 사용하기 위한 자동차
  4 수출용 자동차와 박람회나 그 밖에 이에 준하는 행사에 참가하는 자가 전시의 목적으로 일시 반입하는 자동차
  5 여행자 등이 다시 반출할 것을 조건으로 일시 반입하는 자동차
  6 자동차제작자 및 자동차 관련 연구기관 등이 자동차의 개발 또는 전시 등 주행 외의 목적으로 사용하기 위하여 수입하는 자동차
  7 외국인 또는 외국에서 1년 이상 거주한 내국인이 주거(住居)를 옮기기 위하여 이주물품으로 반입하는 1대의 자동차

② 인증을 생략할 수 있는 자동차는 다음 각 호와 같다.
  1. 국가대표 선수용 자동차 또는 훈련용 자동차로서 문화체육관광부장관의 확인을 받은 자동차
  2. 외국에서 국내의 공공기관 또는 비영리단체에 무상으로 기증한 자동차
  3. 외교관 또는 주한 외국군인의 가족이 사용하기 위하여 반입하는 자동차
  4. 항공기 지상 조업용 자동차
  5. 인증을 받지 아니한 자가 그 인증을 받은 자동차의 원동기를 구입하여 제작하는 자동차
  6. 국제협약 등에 따라 인증을 생략할 수 있는 자동차
  7. 그 밖에 환경부장관이 인증을 생략할 필요가 있다고 인정하는 자동차

✪ 과징금 부과기준(영 제47조의2) *중요내용*

① 과징금의 부과기준은 다음 각 호와 같다.
  1. 과징금은 행정처분기준에 따라 업무정지일 수에 1일당 부과금액을 곱하여 산정할 것
  2. 1일당 부과금액은 20만원으로 한다.
② 법 제48조의2 제3항 각 호의 위반행위 중 6개월 이상의 업무정지처분을 받아야 하는 위반행위는 과징금 부과처분 대상에서 제외한다.

❏ 인증의 신청(규칙 제64조)

인증을 받으려는 자는 인증신청서에 다음 각 호의 서류를 첨부하여 환경부장관(수입자동차인 경우에는 국립환경과학원장을 말한다)에게 제출하여야 한다.
  ❶ 자동차 원동기의 배출가스 감지·저감장치 등의 구성에 관한 서류
  ❷ 자동차의 연료효율에 관련되는 장치 등의 구성에 관한 서류
  ❸ 인증에 필요한 세부계획에 관한 서류
  ❹ 자동차배출가스 시험결과 보고에 관한 서류
  ❺ 자동차배출가스 보증에 관한 제작자의 확인서나 제작자와 수입자 간의 계약서
  ❻ 제작차배출허용기준에 관한 사항
  ❼ 배출가스 자기진단장치의 구성에 관한 서류(환경부장관이 정하여 고시하는 자동차에만 첨부한다)

❏ 인증의 방법(규칙 제65조)

① 환경부장관이나 국립환경과학원장은 인증 또는 변경인증을 하는 경우에는 다음 각 호의 사항을 검토하여야 한다. 이 경우 구체적인 인증의 방법은 환경부장관이 정하여 고시한다.
  ❶ 배출가스 관련부품의 구조·성능·내구성 등에 관한 기술적 타당성
  ❷ 제작차 배출허용기준에 적합한지에 관한 인증시험의 결과
  ❸ 출력·적재중량·동력전달장치·운행여건 등 자동차의 특성으로 인한 배출가스가 환경에 미치는 영향
② 인증시험은 다음 각 호의 시험으로 한다.
  ❶ 제작차 배출허용기준에 적합한 지를 확인하는 배출가스시험
  ❷ 보증기간 동안 배출가스의 변화정도를 검사하는 내구성시험. 다만, 환경부장관이 정하는 열화계수를 적용하여 실시하는 시험 또는 환경부장관이 정하는 배출가스 관련부품의 강제열화 방식을 활용한 시험으로 갈음할 수 있다.
  ❸ 배출가스 자기진단장치의 정상작동 여부를 확인하는 시험(환경부장관이 정하여 고시하는 자동차만 해당한다)

❏ 인증서의 발급 및 확인(규칙 제66조)

① 환경부장관이나 국립환경과학원장은 인증을 받은 자동차제작자에게 자동차배출가스 인증서 또는 건설기계엔진배출가스 인증서를 발급하여야 한다. 다만, 외국의 자동차를 자동차제작자 외의 자로부터 수입하여 인증을 받은 자에게는 별지 개별차량용 자동차배출가스 인증서를 발급하여야 한다.
② 한국환경공단은 인증생략을 받은 자에게는 자동차배출가스 인증생략서를 발급하여야 한다.

❏ 인증의 변경신청(규칙 제67조)

① 법 제48조 제2항에서 "환경부령으로 정하는 중요한 사항"이란 다음 각 호의 어느 하나를 말한다.
　❶ 배기량
　❷ 캠축타이밍, 점화타이밍 및 분사타이밍
　❸ 차대동력계 시험차량에서 동력전달장치의 변속비·감속비, 공차 중량(10퍼센트 이상 증가하는 경우만 해당한다)
　❹ 촉매장치의 성분, 함량, 부착 위치 및 용량
　❺ 증발가스 관련 연료탱크의 재질 및 제어장치
　❻ 최대출력 또는 최대출력 시 회전수
　❼ 흡배기밸브 또는 포트의 위치
　❽ 환경부장관이 고시하는 배출가스 관련 부품
② 인증받은 내용을 변경하려는 자는 변경인증신청서에 다음 각 호의 서류 중 관계서류를 첨부하여 환경부장관(수입자동차인 경우에는 국립환경과학원장을 말한다)에게 제출하여야 한다.
　❶ 동일 차종임을 증명할 수 있는 서류
　❷ 자동차 제원(諸元)명세서
　❸ 변경하려는 인증내용에 대한 설명서
　❹ 인증내용 변경 전후의 배출가스 변화에 대한 검토서
③ 제1항 각 호에 따른 사항 외의 사항을 변경하는 경우와 제1항에 따른 사항을 변경하여도 배출가스의 양이 증가하지 아니하는 경우에는 제2항에도 불구하고 해당 변경내용을 환경부장관(수입자동차인 경우에는 국립환경과학원장을 말한다)에게 보고하여야 한다. 이 경우 변경인증을 받은 것으로 본다.
④ 자동차제작자는 제작차배출허용기준이 변경되는 경우에 제작 중인 자동차에 대하여 변경되는 제작차배출허용기준의 적용일 30일 전까지 변경인증을 신청하여야 한다. 다만, 제작 중인 자동차가 변경되는 제작차배출허용기준 이내인 경우에는 그러하지 아니하다.

♂ 인증시험업무의 대행(법 제48조의2)

① 환경부장관은 인증에 필요한 시험(이하 "인증시험"이라 한다)업무를 효율적으로 수행하기 위하여 필요한 경우에는 전문기관을 지정하여 인증시험업무를 대행하게 할 수 있다.
② 지정된 전문기관(이하 "인증시험대행기관"이라 한다) 및 인증시험업무에 종사하는 자는 다음 각 호의 행위를 하여서는 아니 된다. *중요내용*
　❶ 다른 사람에게 자신의 명의로 인증시험업무를 하게 하는 행위
　❷ 거짓이나 그 밖의 부정한 방법으로 인증시험을 하는 행위
　❸ 인증시험과 관련하여 환경부령으로 정하는 준수사항을 위반하는 행위
　❹ 인증시험의 방법과 절차를 위반하여 인증시험을 하는 행위
③ 인증시험대행기관의 지정기준, 지정절차, 그 밖에 인증업무에 필요한 사항은 환경부령으로 정한다.

❏ 인증의 표시와 표시방법(규칙 제67조의2)

표시는 해당 자동차의 원동기를 정비할 때에 잘 볼 수 있도록 원동기실 안쪽 벽에 표지판을 이용하여 표시하고 영구적으로 사용할 수 있도록 고정해야 한다. 다만, 이륜자동차와 대형·초대형 승용·화물자동차의 경우에는 원동기에 부착할 수 있다.

❏ 인증시험대행기관의 지정(규칙 제67조의3)

① 인증시험대행기관으로 지정받으려는 자는 시설장비 및 기술인력을 갖추고 지정신청서에 다음 각 호의 서류를 첨부하여 환경부장관에게 제출하여야 한다. 이 경우 담당 공무원은 「전자정부법」 행정정보의 공동이용을 통하여 법인등기사항증명서 또는 사업자등록증을 확인하여야 하며, 신청인이 사업자등록증의 확인에 동의하지 아니하는 경우에는 이를 첨부하게 하여야 한다.

❶ 검사시설의 평면도 및 구조 개요
❷ 시설장비 명세
❸ 정관(법인인 경우만 해당한다)
❹ 검사업무에 관한 내부 규정
❺ 인증시험업무 대행에 관한 사업계획서 및 해당 연도의 수지예산서

② 환경부장관은 인증시험대행기관의 지정신청을 받으면 신청기관의 업무수행의 적정성, 연간 인증시험검사의 수요 및 신청기관의 검사 능력 등을 고려하여 지정 여부를 결정하고, 인증시험대행기관으로 지정한 경우에는 배출가스 인증시험대행기관 지정서를 발급하여야 한다.

❏ **인증시험대행기관의 운영 및 관리(규칙 제67조의4)**

① 법 제48조의2제2항에서 "인력·시설 등 환경부령으로 정하는 중요한 사항"이란 다음 각 호의 사항을 말한다.
❶ 기술인력
❷ 시설장비
② 인증시험대행기관은 제1항 각 호의 사항을 변경한 경우에는 변경한 날부터 30일 이내에 그 내용을 환경부장관에게 신고해야 한다.
③ 인증시험대행기관은 인증시험대장을 작성·비치하여야 하며, 매 반기 종료일부터 30일 이내에 검사실적 보고서를 환경부장관에게 제출하여야 한다.
④ 인증시험대행기관은 다음 각 호의 사항을 준수하여야 한다. 〔중요내용〕
❶ 시험결과의 원본자료와 일치하도록 인증시험대장을 작성할 것
❷ 시험결과의 원본자료와 인증시험대장을 3년 동안 보관할 것
❸ 검사업무에 관한 내부 규정을 준수할 것
⑤ 환경부장관은 인증시험대행기관에 대하여 매 반기마다 시험결과의 원본자료, 인증시험대장, 시설장비 및 기술인력의 관리상태를 확인하여야 한다.

[인증시험대행기관의 시설장비 및 기술인력 기준(규칙 제67조의2) : 별표 18의2]

1. 시설장비	
장비명	기준
가. 원동기동력계 및 그 부속기기	1조 이상
나. 차대동력계 및 그 부속기기	1조 이상
다. 원동기 및 차대동력계용 배출가스측정장치 및 그 부속기기	1조 이상
라. 증발가스분석기 및 그 부속기기	1조 이상
마. 배출가스(일산화탄소, 탄화수소) 측정기 및 그 부속기기	1조 이상
바. 입자상물질측정기 및 그 부속기기	1조 이상
사. 매연측정기	1조 이상

2. 기술인력	
자격	기준
가. 차량기술사, 대기환경기술사, 자동차검사기사 이상, 자동차정비기사 이상, 일반기계기사 이상, 건설기계기사 이상, 건설기계정비기사 이상, 전자기사 이상 및 대기환경기사 이상 기술자격 소지자	2명 이상
나. 대기환경산업기사, 자동차검사기능사 이상, 자동차정비기능사 이상, 전자기기기능사 이상 기술자격 소지자	3명 이상

비고 : 제2호의 기술인력은 가목 및 나목의 기술인력을 각각 갖추어야 한다.

인증시험대행기관의 지정 취소(법 제48조의3)

환경부장관은 인증시험대행기관이 다음 각 호의 어느 하나에 해당하는 경우에는 그 지정을 취소하거나 6개월 이내의 기간을 정하여 업무의 전부 또는 일부의 정지를 명할 수 있다. 다만, 제1호에 해당하는 경우에는 그 지정을 취소하여야 한다.
❶ 거짓이나 그 밖의 부정한 방법으로 지정을 받은 경우
❷ 제48조의2 제2항 각 호의 금지행위를 한 경우
❸ 제48조의2 제3항 지정기준을 충족하지 못하게 된 경우

과징금 처분(법 제48조의4)

① 환경부장관은 제48조의3에 따라 업무의 정지를 명하려는 경우로서 그 업무의 정지로 인하여 이용자 등에게 심한 불편을 주거나 그 밖에 공익에 현저한 지장을 줄 우려가 있다고 인정하는 경우에는 그 업무의 정지를 갈음하여 5천만원 이하의 과징금을 부과할 수 있다.
② 과징금을 부과하는 위반행위의 종류·정도 등에 따른 과징금의 금액과 그 밖에 필요한 사항은 대통령령으로 정한다.
③ 부과되는 과징금의 징수 및 용도에 대하여는 제37조 제4항 및 제5항을 준용한다.

제작차배출허용기준 검사(법 제50조)

① 환경부장관은 인증을 받아 제작한 자동차의 배출가스가 제작차배출허용기준에 맞는지를 확인하기 위하여 대통령령으로 정하는 바에 따라 검사를 하여야 한다.
② 환경부장관은 자동차제작자가 환경부령으로 정하는 인력과 장비를 갖추고 환경부장관이 정하는 검사의 방법 및 절차에 따라 검사를 실시한 경우에는 대통령령으로 정하는 바에 따라 검사를 생략할 수 있다.
③ 환경부장관은 자동차제작자가 검사를 하기 위한 인력과 장비를 적절히 관리하는지를 환경부장관이 정하는 기간마다 확인하여야 한다.
④ 환경부장관은 검사를 할 때에 특히 필요한 경우에는 환경부령으로 정하는 바에 따라 자동차제작자의 설비를 이용하거나 따로 지정하는 장소에서 검사할 수 있다.
⑤ 검사에 드는 비용은 자동차제작자의 부담으로 한다.
⑥ 검사의 방법·절차 등 검사에 필요한 자세한 사항은 환경부장관이 정하여 고시한다.
⑦ 환경부장관은 검사 결과 불합격된 자동차의 제작자에게 그 자동차와 동일한 조건으로 환경부장관이 정하는 기간에 생산된 것으로 인정되는 동일한 종류의 자동차에 대하여 판매 또는 출고 정지를 명할 수 있다.

자동차의 평균 배출량(법 제50조의2)

① 자동차제작자는 제작하는 자동차에서 나오는 배출가스를 차종별로 평균한 값(이하 "평균 배출량"이라 한다)이 환경부령으로 정하는 기준(이하 "평균 배출허용기준"이라 한다)에 적합하도록 자동차를 제작하여야 한다.
② 평균 배출허용기준을 적용받는 자동차를 제작하는 자는 매년 2월 말일까지 환경부령으로 정하는 바에 따라 전년도의 평균 배출량 달성 실적을 작성하여 환경부장관에게 제출하여야 한다.
③ 평균 배출허용기준을 적용받는 자동차 및 자동차제작자의 범위, 평균 배출량의 산정방법 등 필요한 사항은 환경부령으로 정한다.

평균 배출허용기준을 초과한 자동차제작자에 대한 상환명령(법 제50조의3)

① 자동차제작자는 해당 연도의 평균 배출량이 평균 배출허용기준 이내인 경우 그 차이분 중 환경부령으로 정하는 연도별 차이분에 대한 인정범위만큼을 다음 연도부터 환경부령으로 정하는 기간 동안 이월하여 사용할 수 있다.
② 환경부장관은 해당 연도의 평균 배출량이 평균 배출허용기준을 초과한 자동차제작자에 대하여 그 초과분이 발생한 연도부터 환경부령으로 정하는 기간 내에 초과분을 상환할 것을 명할 수 있다.

③ 명령(이하 "상환명령"이라 한다)을 받은 자동차제작자는 같은 항에 따른 초과분을 상환하기 위한 계획서(이하 "상환계획서"라 한다)를 작성하여 상환명령을 받은 날부터 2개월 이내에 환경부장관에게 제출하여야 한다.
④ 차이분 및 초과분의 산정 방법, 연도별 인정범위, 상환계획서에 포함되어야 할 사항 등 필요한 사항은 환경부령으로 정한다.

✪ 제작차배출허용기준 검사의 종류(영 제48조)

① 환경부장관은 제작차에 대하여 다음 각 호의 구분에 따른 검사를 실시하여야 한다.
  1 수시검사 : 제작 중인 자동차가 제작차배출허용기준에 맞는지를 수시로 확인하기 위하여 필요한 경우에 실시하는 검사
  2 정기검사 : 제작 중인 자동차가 제작차배출허용기준에 맞는지를 확인하기 위하여 자동차 종류별로 제작 대수(臺數)를 고려하여 일정 기간마다 실시하는 검사
② 검사 결과에 불복하는 자는 환경부령으로 정하는 바에 따라 재검사를 신청할 수 있다.

☐ 재검사의 신청(규칙 제68조)

재검사를 신청하려는 자는 재검사신청서에 다음 각 호의 서류를 첨부하여 국립환경과학원장에게 제출하여야 한다.
  ❶ 재검사신청의 사유서
  ❷ 제작차배출허용기준 초과원인의 기술적 조사내용에 관한 서류
  ❸ 개선계획 및 사후관리대책에 관한 서류

☐ 제작차 배출허용기준 검사 등의 비용(규칙 제69조)

① 검사에 드는 비용은 다음 각 호의 비용으로 한다. 다만, 결함확인검사용 자동차의 선정에 필요한 인건비는 제외한다.
  ❶ 검사용 자동차의 선정비용
  ❷ 검사용 자동차의 운반비용
  ❸ 자동차배출가스의 시험비용
  ❹ 그 밖에 검사업무와 관련하여 환경부장관이 필요하다고 인정하는 비용

✪ 제작차배출허용기준 검사의 생략(영 제49조)

생략할 수 있는 검사는 정기검사로 한다.

☐ 자동차제작자의 검사 인력·장비(규칙 제70조)

① 자동차제작자가 검사 또는 인증시험을 실시하는 경우에 갖추어야 할 인력 및 장비는 별표 19와 같다.
② 자동차제작자가 인력 및 장비를 갖추어 검사 또는 인증시험을 실시하는 경우에는 인력 및 장비의 보유 현황 및 검사결과 등을 환경부장관이 정하는 바에 따라 보고하여야 한다.

[자동차제작자의 검사·인증시험장비 및 기술인력(규칙 제70조) : 별표 19]

장비	기술인력
1. 배출허용기준에 맞는지를 확인할 수 있는 동력계, 배출가스 측정장비 및 그 부속기기 1조 이상 2. 차대동력계 및 그 부속기기 1조 이상, 차대동력계용 배출가스 측정장치 및 그 부속기기 1조 이상	검사 및 시험장비를 관리·운영할 수 있는 기계, 화공 또는 자동차검사분야의 「국가기술자격법」에 따른 산업기사 이상 기술자격증을 소지한 자 1명 이상

비고
1. 장비사용에 대한 계약에 의하여 다른 사람의 장비를 이용하는 자는 검사·인증시험장비를 갖춘 것으로 본다.
2. 수입자동차의 외국제작자의 장비 및 기술인력의 기준은 환경부장관이 정하여 고시한다.

❑ **자동차제작자의 검사 인력·장비 관리 등에 대한 확인(규칙 제70조의2)** 🔖중요내용

환경부장관은 법 자동차제작자가 검사를 하기 위한 인력과 장비를 적정하게 관리하는지를 3년마다 확인하여야 한다. 다만, 다음 각 호의 어느 하나에 해당되는 경우로서 부득이하게 확인을 연기할 필요가 있다고 인정되는 경우에는 그 기간을 6개월 이내에서 연기할 수 있다.

❶ 외국의 제작자로부터 자동차를 수입하는 경우
❷ 자동차 수급에 차질이 발생할 우려가 있는 경우
❸ 그 밖에 제1호 및 제2호와 유사한 사유로 환경부장관이 기간 연장이 필요하다고 인정하는 경우

❑ **자동차제작자의 설비 이용 등(규칙 제71조)**

자동차제작자의 설비를 이용하거나 따로 지정하는 장소에서 검사할 수 있는 경우는 다음 각 호와 같다.

❶ 국가검사장비의 미설치로 검사를 할 수 없는 경우
❷ 검사업무를 수행하는 과정에서 부득이한 사유로 도로 등에서 주행시험을 할 필요가 있는 경우
❸ 검사업무를 능률적으로 수행하기 위하여 또는 부득이한 사유로 환경부장관이 필요하다고 인정하는 경우

❑ **결함확인검사의 방법·절차(규칙 제73조)**

결함확인검사는 예비검사와 본검사로 나누어 실시하고 그 검사방법 및 절차 등에 관하여는 제작차배출허용기준 검사의 방법과 절차 등을 준용한다.

❑ **평균 배출량의 차이분 및 초과분의 이월 및 상환(규칙 제71조의3)**

① 차이분은 발생 연도의 다음 해에는 100%, 2년째는 50%, 3년째는 25%를 이월하여 사용할 수 있으며, 그 이후로는 이월하여 사용할 수 없다.
② 환경부장관은 자동차제작자가 평균 배출허용기준을 초과한 경우에는 그 초과분을 다음 연도 말까지 상환하도록 명하여야 한다. 다만, 2012년 7월부터 그해 12월까지 발생한 초과분은 2014년 말까지 상환할 수 있다.
③ 상환계획서에는 다음 각 호의 사항이 포함되어야 한다.
  ❶ 자동차제작자의 평균 배출량 적용대상 차종 인증현황 및 향후 개발계획
  ❷ 당해연도 초과분 발생사유
  ❸ 상환기간 내 차종별 판매계획
④ 환경부장관은 상환계획이 적절하지 아니하다고 판단될 때에는 상환계획서를 보완할 것을 요구할 수 있다.
⑤ 차이분 및 초과분의 산정방법은 별표 19의3에 따른다.

♂ 결함확인검사 및 결함의 시정(법 제51조)

① 자동차제작자는 배출가스보증기간 내에 운행 중인 자동차에서 나오는 배출가스가 배출허용기준에 맞는지에 대하여 환경부장관의 검사(이하 "결함확인검사"라 한다)를 받아야 한다.
② 결함확인검사 대상 자동차의 선정기준, 검사방법, 검사절차, 검사기준, 판정방법, 검사수수료 등에 필요한 사항은 환경부령으로 정한다.
③ 환경부장관이 제2항의 환경부령을 정하는 경우에는 관계 중앙행정기관의 장과 협의하여야 하며, 매년 같은 항의 선정기준에 따라 결함확인검사를 받아야 할 대상 차종을 결정·고시하여야 한다.
④ 환경부장관은 결함확인검사에서 검사 대상차가 제작차배출허용기준에 맞지 아니하다고 판정되고, 그 사유가 자동차제작자에게 있다고 인정되면 그 차종에 대하여 결함을 시정하도록 명할 수 있다. 다만, 자동차제작자가 결함사실을 인정하고 스스로 그 결함을 시정하려는 경우에는 결함시정명령을 생략할 수 있다.
⑤ 결함시정명령을 받거나 스스로 자동차의 결함을 시정하려는 자동차제작자는 환경부령으로 정하는 바에 따라 그 자동차의 결함시정에 관한 계획을 수립하여 환경부장관의 승인을 받아 시행하고, 그 결과를 환경부장관에게 보고하여야 한다.
⑥ 환경부장관은 결함시정결과를 보고받아 검토한 결과 결함시정계획이 이행되지 아니한 경우, 그 사유가 결함시정명령을 받은 자 또는 스스로 결함을 시정하고자 한 자에게 있다고 인정하는 경우에는 기간을 정하여 다시 결함을 시정하도록 명하여야 한다.

❏ **결함확인검사대상 자동차(규칙 제72조)**

① 결함확인검사의 대상이 되는 자동차는 보증기간이 정하여진 자동차로서 다음 각 호에 해당되는 자동차로 한다.
❶ 자동차제작자가 정하는 사용안내서 및 정비안내서에 따르거나 그에 준하여 사용하고 정비한 자동차
❷ 원동기의 대분해수리(무상보증수리를 포함한다)를 받지 아니한 자동차
❸ 무연휘발유만을 사용한 자동차(휘발유 사용 자동차만 해당한다)
❹ 최초로 구입한 자가 계속 사용하고 있는 자동차
❺ 견인용으로 사용하지 아니한 자동차
❻ 사용상의 부주의 및 천재지변으로 인하여 배출가스 관련부품이 고장을 일으키지 아니한 자동차
❼ 그 밖에 현저하게 비정상적인 방법으로 사용되지 아니한 자동차
② 국립환경과학원장은 결함확인검사를 하려는 경우에는 제1항에 따른 자동차 중에서 인증(변경인증을 포함한다)별·연식별로, 예비검사인 경우 5대의 자동차를, 본검사인 경우 10대의 자동차를 선정하여야 한다.
③ 국립환경과학원장은 결함확인검사용 자동차를 선정한 경우에는 배출가스 관련장치를 봉인하는 등 필요한 조치를 하여야 한다.
④ 국립환경과학원장은 결함확인검사대상 자동차로 선정된 자동차가 제1항 각 호의 요건에 해당되지 아니하는 사실을 검사과정에서 알게 된 경우에는 해당 자동차를 결함확인검사대상에서 제외하고, 제외된 대수만큼 결함확인검사대상 자동차를 다시 선정하여야 한다.
⑤ 결함확인검사대상 자동차 선정방법·절차 등에 관하여 그 밖에 필요한 사항은 환경부장관이 정하여 고시한다.

❏ **결함확인검사의 방법·절차 등(규칙 제73조)**

① 결함확인검사는 예비검사와 본검사로 나누어 실시하고 그 검사방법 및 절차 등에 관하여는 제작차배출허용기준 검사의 방법과 절차 등을 준용한다. 다만, 대형 및 초대형 승용자동차·화물자동차의 결함확인검사는 예비검사 없이 본검사만 실시하되, 제1차 검사 및 제2차 검사로 구분하여 실시한다.
② 국립환경과학원장은 제1항에 따른 검사를 능률적으로 수행하기 위하여 필요한 경우에는 환경부장관이 지정하는 기관의 시설이나 장소를 이용하여 검사할 수 있다.

❏ **결함시정명령(규칙 제75조)**

자동차제작자가 결함시정계획의 승인을 받으려는 경우에는 결함시정명령일 또는 스스로 결함을 시정할 것을 통지한 날부터 45일 이내에 결함시정계획서에 다음 각 호의 서류를 첨부하여 환경부장관에게 제출하여야 한다.
❶ 결함시정대상 자동차의 판매명세서
❷ 결함발생원인 명세서
❸ 결함발생자동차의 범위결정명세서
❹ 결함개선대책 및 결함개선계획서
❺ 결함시정에 드는 비용예측서
❻ 결함시정대상 자동차 소유자에 대한 결함시정내용의 통지계획서

♂ 부품의 결함시정(법 제52조)

① 배출가스보증기간 내에 있는 자동차의 소유자 또는 운행자는 환경부장관이 산업통상지원부장관 및 국토교통부장관과 협의하여 환경부령으로 정하는 배출가스관련부품(이하 "부품"이라 한다)이 정상적인 성능을 유지하지 아니하는 경우에는 자동차제작자에게 그 결함을 시정할 것을 요구할 수 있다.
② 결함의 시정을 요구받은 자동차제작자는 지체 없이 그 요구사항을 검토하여 결함을 시정하여야 한다. 다만, 자동차제작자가 자신의 고의나 과실이 없음을 입증한 경우에는 그러하지 아니하다.
③ 환경부장관은 부품의 결함을 시정하여야 하는 제작자동차가 정당한 사유 없이 그 부품의 결함을 시정하지 아니한 경우에는 환경부령으로 정하는 기간 내에 결함의 시정을 명할 수 있다.

[배출가스 관련부품(규칙 제76조) : 별표 20]

장치별 구분	배출가스 관련 부품
1. 배출가스 전환 장치 (Exhaust Gas Conversion System)	산소감지기(Oxygen Sensor), 정화용촉매(Catalytic Converter), 매연포집필터(Particulate Trap), 선택적 환원촉매장치[SCR system including dosing module(요소분사기), Supply module(요소분사펌프 및 제어장치)], 질소산화물저감촉매(De-NOx Catalyste, NOx Trap), 재생용가열기(Regenerative Heater)
2. 배출가스 재순환장치 (Exhaust Gas Recirculation : EGR)	EGR밸브, EGR제어용 서모밸브(EGR Control Thermo Valve), EGR쿨러(Cooler)
3. 연료증발가스방지장치 (Evaporative Emission Control System)	정화조절밸브(Purge Control Valve), 증기 저장 캐니스터와 필터(Vapor Storage Canister and Filter)
4. 블로바이가스 환원장치 (Positive Crankcase Ventilation : PCV)	PCV밸브
5. 2차 공기분사장치 (Air Injection System)	공기펌프(Air Pump), 리드밸브(Reed Valve)
6. 연료공급장치 (Fuel Metering System)	전자제어장치(Electronic Control Unit : ECU), 스로틀포지션센서(Throttle Position Sensor), 대기압센서(Manifold Absolute Pressure Sensor), 기화기(Carburetor, Vaprizer), 혼합기(Mixture), 연료분사기(Fuel Injector), 연료압력조절기(Fuel Pressure Regulator), 냉각수온센서(Water Temperature Sensor), 연료펌프(Fuel Pump), 공회전속도제어장치(Idle Speed Control System)
7. 점화장치 (Ignition System)	점화장치의 디스트리뷰터(Distributor). 다만, 로더 및 캡 제외한다.
8. 배출가스 자기진단장치 (On Board Diagnostics)	촉매 감시장치(Catalyst Monitor), 가열식 촉매 감시장치(Heated Catalyste Monitor), 실화 감시장치(Misfire Monitor), 증발가스계통 감시장치(Evaporative System Monitor), 2차공기 공급계통 감시장치(Secondary Air System Monitor), 에어컨계통 감시장치(Air Conditioning System Refrigerant Monitor), 연료계통 감시장치(Fuel System Monitor), 산소센서 감시장치(Oxygen Sensor Monitor), 배기관 센서 감시장치(Exhaust Gas Sensor Monitor), 배기가스 재순환계통 감시장치(Exhaust Gas Recirculation System Monitor), 블로바이가스 환원계통 감시장치(Positive Crankcase Ventilation System Monitor), 서모스태트 감시장치(Thermostat Monitor), 엔진냉각계통 감시장치(Engine Cooling System Monitor), 저온시동 배출가스 저감기술 감시장치(Cold Start Emission Reduction Strategy Monitor), 가변밸브타이밍 계통 감시장치(Variable Valve Timing Monitor), 직접오존저감장치(Direct Ozone Reduction System Monitor), 기타 감시장치(Comprehensive Component Monitor)
9. 흡기장치 (Air Induction System)	터보차저(Turbocharger, Wastegate, Pop-off 포함) 바이패스밸브(By-pass Valves), 덕팅(Ducting), 인터쿨러(Intercooler), 흡기매니폴드(Intake Manifold)

❏ 부품의 결함시정명령기간(규칙 제76조의2)

환경부장관은 자동차제작자에게 부품의 결함을 90일 이내에 시정하도록 명할 수 있다. 이 경우 자동차제작자는 결함시정 결과를 환경부장관에게 제출하여야 한다.

✪ 부품의 결함시정 현황 및 결함원인 분석 현황의 보고(영 제50조)

① 자동차제작자는 다음 각 호의 모두에 해당하는 경우에는 그 분기부터 매 분기가 끝난 후 30일 이내에 시정내용 등을 파악하여 환경부장관에게 해당 부품의 결함시정 현황을 보고하여야 한다.
  1 같은 연도에 판매된 같은 차종의 같은 부품에 대한 결함시정 요구 건수가 40건 이상인 경우
  2 같은 연도에 판매된 같은 차종의 같은 부품에 대한 결함시정 요구 건수의 판매 대수에 대한 비율(이하 "결함시정 요구율"이라 한다)이 2퍼센트 이상인 경우
② 자동차제작자는 다음 각 호의 모두에 해당하는 경우에는 그 분기부터 매 분기가 끝난 후 90일 이내에 환경부장관에게 결함원인분석 현황을 보고하여야 한다. *중요내용*
  1 같은 연도에 판매된 같은 차종의 같은 부품에 대한 결함시정 요구 건수가 50건 이상인 경우
  2 결함시정 요구율이 4퍼센트 이상인 경우
③ 보고기간은 배출가스 관련 부품 보증기간이 끝나는 날이 속하는 분기까지로 한다.
④ 보고의 구체적 내용 등은 환경부령으로 정한다.

✪ 결함시정 현황 보고의 요건(영 제50조의2) *중요내용*

법 제53조 제2항에 따라 자동차제작자가 매년 1월 말일까지 결함시정 현황을 환경부장관에게 보고하여야 하는 경우는 다음 각 호의 어느 하나에 해당하는 경우로 한다.
  1 같은 연도에 판매된 같은 차종의 같은 부품에 대한 결함시정 요구 건수가 40건 미만인 경우
  2 결함시정 요구율이 2퍼센트 미만인 경우

▫ 결함시정 현황 및 부품결함 현황의 보고내용(규칙 제77조) *중요내용*

① 자동차제작자는 다음 각 호의 사항을 파악하여 부품의 결함시정 현황을 보고하여야 한다.
  ❶ 결함시정 요구건수와 결함시정 요구율 및 그 산정근거
  ❷ 부품의 결함시정 내용
  ❸ 결함을 시정한 부품이 부착된 자동차의 명세(자동차 명칭, 배출가스 인증번호, 사용연료) 및 판매명세
  ❹ 결함을 시정한 부품의 명세(부품명칭·부품번호)
② 자동차제작자는 결함시정 현황을 보고하여야 하는 경우에는 다음 각 호의 사항을 보고하여야 한다.
  ❶ 부품의 결함시정 요구 건수, 요구 비율 및 산정 근거
  ❷ 부품의 결함시정 내용
  ❸ 결함을 시정한 부품이 부착된 자동차의 명세(자동차 명칭, 배출가스 인증번호, 사용연료) 및 판매명세
  ❹ 결함을 시정한 부품의 명세(부품명칭·부품번호)
③ 자동차제작자는 다음 각 호의 사항을 파악하여 결함원인분석 현황을 보고하여야 한다.
  ❶ 결함시정 요구건수와 결함시정 요구율 및 그 산정근거
  ❷ 결함을 시정한 부품의 결함발생 원인
  ❸ 부품의 결함시정명령 요건에 해당되는 경우에는 그 산정근거
④ 배출가스 관련 부품 보증기간은 다음 각 호의 구분에 따른다.
  ❶ 대형 승용차·화물차, 초대형 승용차·화물차, 이륜자동차(50시시 이상만 해당한다)의 배출가스 관련부품 : 2년
  ❷ 건설기계 원동기, 농업기계 원동기의 배출가스 관련부품 : 1년
  ❸ 제1호 및 제2호 외의 자동차의 배출가스 관련부품
    가. 정화용촉매 및 전자제어장치 : 5년
    나. 가목 외의 배출가스 관련부품 : 3년

☐ **부품의 결함 보고 및 시정(규칙 제77조의2)**
법 제53조에서 "환경부령으로 정하는 기간"이란 자동차 제작자가 결함원인 분석현황을 보고한 날부터 60일 이내를 말한다.

부품의 결함시정의 요건(영 제51조)

① 환경부장관은 다음 각 호의 모두에 해당하는 경우에는 그 부품의 결함을 시정하도록 명하여야 한다. *중요내용
  1. 같은 연도에 판매된 같은 차종의 같은 부품에 대한 부품결함 건수(제작결함으로 부품을 조정하거나 교환한 건수를 말한다. 이하 이 항에서 같다)가 50건 이상인 경우
  2. 같은 연도에 판매된 같은 차종의 같은 부품에 대한 부품결함 건수가 판매 대수의 4퍼센트 이상인 경우

인증의 취소(법 제55조)

환경부장관은 다음 각 호의 어느 하나에 해당하는 경우에는 인증을 취소할 수 있다. 다만, 제1호나 제2호에 해당하는 경우에는 그 인증을 취소하여야 한다.
  ❶ 거짓이나 그 밖의 부정한 방법으로 인증을 받은 경우
  ❷ 제작차에 중대한 결함이 발생되어 개선을 하여도 제작차배출허용기준을 유지할 수 없는 경우
  ❸ 자동차의 판매 또는 출고 정지명령을 위반한 경우
  ❹ 결함시정명령을 이행하지 아니한 경우

과징금 처분(법 제56조)

① 환경부장관은 자동차제작자가 다음 각 호의 어느 하나에 해당하는 경우에는 그 자동차제작자에 대하여 매출액에 100분의 5를 곱한 금액을 초과하지 아니하는 범위에서 과징금을 부과할 수 있다. 이 경우 과징금의 금액은 500억원을 초과할 수 없다. *중요내용
  ❶ 인증을 받지 아니하고 자동차를 제작하여 판매한 경우
  ❷ 거짓이나 그 밖의 부정한 방법으로 인증 또는 변경인증을 받아 자동차를 제작하여 판매한 경우
  ❸ 인증 또는 변경인증 받은 내용과 다르게 자동차를 제작하여 판매한 경우. 다만, 중요사항 외의 사항의 변경으로 인하여 인증 또는 변경인증 받은 내용과 다르게 자동차를 제작하여 판매한 경우는 제외한다.
② 매출액의 산정, 위반행위의 정도 등에 따른 과징금의 금액과 그 밖에 필요한 사항은 대통령령으로 정한다.
③ 부과되는 과징금의 징수 및 용도에 관하여는 제37조 제4항 및 제5항을 준용한다.

[과징금의 산정(영 제52조) : 별표 12] *중요내용

매출액 산정 및 위반행위 정도에 따른 과징금의 부과기준

1. 매출액 산정방법
"매출액"이란 그 자동차의 최초 제작시점부터 적발시점까지의 총 매출액으로 한다. 다만, 과거에 위반경력이 있는 자동차 제작자는 위반행위가 있었던 시점 이후에 제작된 자동차의 매출액으로 한다.

2. 가중부과계수
위반행위의 종류 및 배출가스의 증감 정도에 따른 가중부과계수는 다음과 같다.

위반행위의 종류	가중부과계수	
	배출가스의 양이 증가하는 경우	배출가스의 양이 증가하지 않는 경우
가. 법 제48조 제1항을 위반하여 인증을 받지 않고 자동차를 제작하여 판매하는 경우	1.0	1.0
나. 거짓이나 그 밖의 부정한 방법으로 법 제48조에 따른 인증 또는 변경인증을 받은 경우	1.0	1.0
다. 법 제48조 제1항에 따라 인증받은 내용과 다르게 자동차를 제작하여 판매한 경우	1.0	0.3

3. 과징금 산정방법

   총매출액 $\times \dfrac{5}{100} \times$ 가중부과계수

<u>과태료의 부과기준(제67조 관련)</u>

1. 일반기준
   가. 위반행위의 횟수에 따른 부과기준은 해당 위반행위가 있은 날 이전 최근 1년간 같은 위반행위로 부과처분을 받은 경우에 적용한다.
   나. 부과권자는 위반행위의 동기와 그 결과 등을 고려하여 과태료 금액의 2분의 1의 범위에서 이를 감경할 수 있다.

♂ 운행차배출허용기준(법 제57조)

자동차의 소유자는 그 자동차에서 배출되는 배출가스가 환경부령으로 정하는 운행차 배출가스허용기준(이하 "운행차배출허용기준"이라 한다)에 맞게 운행하거나 운행하게 하여야 한다.

♂ 배출가스 관련 부품의 탈거 등 금지(법 제57조의2) *중요내용

누구든지 환경부령으로 정하는 자동차의 배출가스 관련 부품을 탈거·훼손·해체·변경·임의설정 하거나 촉매제(요소수 등을 말한다. 이하 같다)를 사용하지 아니하거나 적게 사용하여 그 기능이나 성능이 저하되는 행위를 하거나 그 행위를 요구하여서는 아니 된다. 다만, 다음 각 호의 어느 하나에 해당하는 경우에는 그러하지 아니하다.

❶ 자동차의 점검·정비 또는 튜닝(「자동차관리법」에 따른 튜닝을 말한다)을 하려는 경우
❷ 폐차하는 경우
❸ 교육·연구의 목적으로 사용하는 등 환경부령으로 정하는 사유에 해당하는 경우

ロ 운행차 배출가스허용기준 및 배출가스 정기검사 제외 이륜자동차(규칙 제78조의2)

운행차 배출가스허용기준 적용 대상에서 제외되는 이륜자동차 및 운행차 배출가스 정기검사 대상에서 제외되는 이륜자동차는 다음 각 호의 어느 하나에 해당하는 것으로 한다.

❶ 전기이륜자동차
❷ 「자동차관리법」에 따른 이륜자동차 사용 신고 대상에서 제외되는 이륜자동차
❸ 배기량이 50시시 미만인 이륜자동차
❹ 배기량이 50시시 이상 260시시 이하로서 2017년 12월 31일 이전에 제작된 이륜자동차

[운행차배출허용기준(규칙 제78조) : 별표 21]

1. 일반기준 *중요내용
   가. 자동차의 차종 구분은 「자동차관리법」에 따른다.
   나. "차량중량"이란 「자동차관리법 시행규칙」에 따라 전산정보처리조직에 기록된 해당 자동차의 차량중량을 말한다.
   다. 휘발유와 가스를 같이 사용하는 자동차의 배출가스 측정 및 배출허용기준은 가스의 기준을 적용한다.
   라. 알코올만 사용하는 자동차는 탄화수소 기준을 적용하지 아니한다.
   마. 휘발유사용 자동차는 휘발유·알코올 및 가스(천연가스를 포함한다)를 섞어서 사용하는 자동차를 포함하며, 경유사용 자동차는 경유와 가스를 섞어서 사용하거나 같이 사용하는 자동차를 포함한다.
   바. 건설기계 중 덤프트럭, 콘크리트믹서트럭, 콘크리트펌프트럭에 대한 배출허용기준은 화물자동차기준을 적용한다.
   사. 시내버스는 「여객자동차 운수사업법 시행령」 제3조 제1호 가목·나목 및 다목에 따른 시내버스운송사업·농어촌버스운송사업 및 마을버스운송사업에 사용되는 자동차를 말한다.
   아. 운행차 정밀검사의 배출허용기준 중 배출가스 정밀검사를 무부하정지가동 검사방법(휘발유·알코올 또는 가스 사용 자동

차) 및 무부하급가속검사방법(경유 사용 자동차)로 측정하는 경우의 배출허용기준은 제2호의 운행차 수시점검 및 정기검사의 배출허용기준을 적용한다.

자. 희박연소(Lean Burn)방식을 적용하는 자동차는 공기과잉률 기준을 적용하지 아니한다.

차. 1993년 이후에 제작된 자동차 중 과급기(Turbo Charger)나 중간냉각기(Intercooler)를 부착한 경유사용 자동차의 배출허용기준은 무부하급가속 검사방법의 매연 항목에 대한 배출허용기준에 5%를 더한 농도를 적용한다.

카. 수입자동차는 최초등록일자를 제작일자로 본다.

타. 원격측정기에 의한 수시점검결과 배출허용기준을 초과한 차량(휘발유·가스사용 자동차)에 대한 정비·점검 및 확인검사 시 배출허용기준은 정밀검사 기준(휘발유·가스사용 자동차)을 적용한다.

2. 운행차 수시점검 및 정기검사의 배출허용기준(무부하검사방법)
   가. 휘발유(알코올 포함) 사용 자동차 또는 가스사용 자동차 항목
      - 일산화탄소
      - 탄화수소
   나. 경유 사용 자동차
      - 매연(여지반사식)
      - 매연(광투과식)

3. 운행차 정밀검사의 배출허용기준(부하검사방법)
   가. 휘발유(알코올 포함) 사용 자동차 또는 가스사용 자동차 항목 ※중요내용
      1) 경자동차
         - 휘발유 사용 경자동차 : 일산화탄소 / 탄화수소 / 질소산화물
         - 가스 사용 경자동차 : 일산화탄소 / 탄화수소 / 질소산화물
      2) 승용차
         - 휘발유 사용 승용차 : 일산화탄소 / 탄화수소 / 질소산화물
         - 가스 사용 승용차 : 일산화탄소 / 탄화수소 / 질소산화물
   나. 경유 사용 자동차

검사항목 제작일자 / 적용일자	매연 2012년 1월 1일 이후
2008년 1월 1일 이후	15% 이하

비고
경유 사용 자동차에 대한 검사방법은 한국형 경유147(KD147모드) 검사방법을 적용한다. 다만, 특수한 구조 등으로 한국형 경유147(KD147모드) 검사방법을 적용할 수 없는 자동차인 경우에는 다음의 엔진회전수 제어방식(Lug-Down3모드)을 적용하여 검사한다. 이 경우 자동차검사 전산정보처리조직에 그 사유를 기록하여야 한다.

구분	제작일자	매연		
		1모드	2모드	3모드
가) 차량 총 중량 5.5톤 이하 자동차	2008년 1월 1일 이후	20% 이하		
나) 차량 총 중량 5.5톤 초과 자동차	2008년 1월 1일 이후	15% 이하		

4. 구조변경 및 임시검사자동차
   정밀검사 시행지역에 등록된 자동차 중 「자동차관리법 시행규칙」에 따라 구조변경검사(원동기·연료장치 및 배기가스발산방지장치에 대한 구조변경검사를 말한다)를 신청하는 자동차 또는 「여객자동차 운수사업법 시행령」에 따라 「자동차관리법」에 따른 임시검사를 신청하는 자동차에 대한 운행차배출허용기준은 운행차 정밀검사의 배출허용기준에 따른다.

♂ 저공해자동차의 운행 등(법 제58조)

① 시·도지사 또는 시장·군수는 관할 지역의 대기질 개선 또는 기후·생태계 변화유발물질 배출감소를 위하여 필요하다고 인정하면 그 지역에서 운행하는 자동차 및 건설기계 중 차령과 대기오염물질 또는 기후·생태계 변화유발물질 배출 정도 등에 관하여 환경부령으로 정하는 요건을 충족하는 자동차 및 건설기계의 소유자에게 그 시·도 또는 시·군의 조례에 따라 그 자동차 및 건설기계에 대하여 다음 각 호의 어느 하나에 해당하는 조치를 하도록 명령하거나 조기에 폐차할 것을 권고할 수 있다.
  ❶ 저공해자동차로의 전환
  ❷ 배출가스저감장치의 부착
  ❸ 저공해엔진(혼소엔진을 포함한다)으로의 개조 또는 교체
② 배출가스보증기간이 지난 자동차의 소유자는 해당 자동차에서 배출되는 배출가스가 운행차배출허용기준에 적합하게 유지되도록 환경부령으로 정하는 바에 따라 배출가스저감장치를 부착 또는 교체하거나 저공해엔진으로 개조 또는 교체할 수 있다.

▫ 배출가스저감장치의 부착 등의 저공해 조치(규칙 제79조의2)

① 부착·교체하거나 개조·교체하는 배출가스저감장치 및 저공해엔진의 종류는 환경부장관이 자동차의 배출허용기준 초과정도, 그 자동차의 차종이나 차령 등을 고려하여 고시할 수 있다.
② 배출가스저감장치를 부착·교체하거나 저공해엔진으로 개조·교체한 자는 배출가스저감장치 부착·교체 증명서 또는 저공해엔진 개조·교체 증명서를 시·도지사 또는 시장·군수에게 제출해야 한다.

▫ 배출가스저감장치 등의 관리(규칙 제79조의4)

환경부장관이 의무운행 기간을 설정할 수 있는 범위는 2년으로 한다.

♂ 공회전의 제한(법 제59조)

① 시·도지사는 자동차의 배출가스로 인한 대기오염 및 연료 손실을 줄이기 위하여 필요하다고 인정하면 그 시·도의 조례로 정하는 바에 따라 터미널, 차고지, 주차장 등의 장소에서 자동차의 원동기를 가동한 상태로 주차하거나 정차하는 행위를 제한할 수 있다. *중요내용
② 시·도지사는 대중교통용 자동차 등 환경부령으로 정하는 자동차에 대하여 시·도 조례에 따라 공회전을 제한하는 장치의 부착을 명령할 수 있다.
③ 국가나 지방자치단체는 부착 명령을 받은 자동차 소유자에 대하여는 예산의 범위에서 필요한 자금을 보조하거나 융자할 수 있다.

▫ 저공해자동차 표지 등의 부착(규칙 제79조의8)

① 특별시장·광역시장·특별자치시장·특별자치도지사·시장·군수는 법 제58조 제11항에 따라 다음 각 호의 구분에 따른 표지를 내주어야 한다.
  ❶ 저공해자동차를 구매하여 등록한 경우 : 저공해자동차 표지
  ❷ 배출가스저감장치를 부착한 자가 배출가스저감장치 부착증명서를 제출한 경우 : 배출가스저감장치 부착 자동차 표지
  ❸ 저공해엔진으로 개조·교체한 자가 저공해엔진 개조·교체증명서를 제출하는 경우 : 저공해엔진 개조·교체 자동차 표지
② 표지에는 저공해자동차 또는 배출가스저감장치 및 저공해엔진의 종류 등을 표시하여야 한다.
③ 표지를 교부받은 자는 해당 표지를 차량 외부에서 잘 보일 수 있도록 부착하여야 한다.
④ 표지의 규격, 구체적인 부착방법 등은 환경부장관이 정하여 고시한다.

▫ 전기자동차 충전시설의 설치·운영(규칙 제79조의10)

① 한국환경공단 또는 한국자동차환경협회는 다음 각 호의 시설에 전기자동차 충전시설을 설치할 수 있다. *중요내용

❶ 공공건물 및 공중이용시설
❷ 「건축법 시행령」에 따른 공동주택
❸ 지방자치단체의 장이 설치한 「주차장법」에 따른 주차장
❹ 그 밖에 전기자동차의 보급을 촉진하기 위하여 충전시설을 설치할 필요가 있는 건물·시설 또는 그 부대시설
② 한국환경공단 또는 한국자동차 환경협회는 전기자동차 충전시설을 설치하기 위한 부지의 확보와 사용 등을 위하여 지방자치단체의 장, 「공공기관의 운영에 관한 법률」에 따른 공공기관의 장, 「지방공기업법」에 따른 지방공기업의 장에게 협조를 요청할 수 있다.

❑ 전기자동차 성능 평가(규칙 제79조의11)
① 전기자동차 성능 평가를 받으려는 자는 전기자동차 성능 평가 신청서(전자문서로 된 신고서를 포함한다)에 다음 각 호의 서류를 첨부하여 한국환경공단에 제출해야 한다.
❶ 전기자동차의 구성에 관한 서류 1부
❷ 전기자동차에 탑재된 배터리의 제작서·종류·용량·에너지밀도(단위 무게 또는 단위 부피당 저장할 수 있는 에너지량을 말한다. 이하 같다) 및 자체 시험결과가 포함된 서류 1부
❸ 1회 충전 시 주행거리 시험 결과서(시험방법이 기재된 것을 말한다) 1부
❹ 주요 전기장치의 제원에 관한 서류 1부
② 전기자동차의 성능 평가 항목은 다음 각 호와 같다. `중요내용`
❶ 1회 충전 시 주행거리
❷ 충전에 걸리는 시간
❸ 그 밖에 전기자동차의 성능 확인을 위하여 환경부장관이 정하여 고시하는 항목
③ 그 밖에 전기자동차 성능 평가에 필요한 사항은 환경부장관이 정하여 고시한다.

배출가스저감장치 등의 관리(법 제60조의2)

① 제58조 제1항 또는 제2항에 따른 조치를 한 자동차의 소유자는 그 조치를 한 날부터 2개월이 되는 날 전후 각각 15일 이내에 환경부령으로 정하는 바에 따라 자동차에 부착 또는 교체한 배출가스저감장치나 개조 또는 교체한 저공해엔진이 저감효율에 맞게 유지되는지 성능유지 확인을 받아야 한다. 다만, 배출가스저감장치 진단 및 관리 체계를 통하여 배출가스저감장치 또는 저공해엔진의 성능이 유지되는지를 확인할 수 있는 경우에는 성능유지 확인을 받은 것으로 본다.
② 성능유지 확인 방법, 확인기관 등 필요한 사항은 환경부령으로 정한다.
③ 성능을 유지할 수 있다는 확인을 받은 자동차는 제58조 제1항 또는 제2항에 따른 조치를 한 날부터 3년간 배출가스 정기검사 및 배출가스 정밀검사를 받지 아니하여도 된다.
④ 제58조 제1항 또는 제2항에 따른 조치를 한 자동차의 소유자는 배출가스저감장치 또는 저공해엔진의 성능을 유지하기 위하여 배출가스저감장치의 점검 등 환경부령으로 정하는 사항을 지켜야 한다.
⑤ 시·도지사는 자동차의 소유자가 준수사항을 지키지 아니한 경우에는 배출가스저감장치의 점검 등 준수사항의 이행에 필요한 조치를 명할 수 있다.
⑥ 배출가스저감장치나 저공해엔진을 제조·공급 또는 판매하려는 자는 환경부령으로 정하는 바에 따라 자동차에 부착한 배출가스저감장치 또는 저공해엔진으로 개조한 자동차의 성능을 점검하고, 그 결과를 환경부장관과 시·도지사에게 제출하여야 한다. 다만, 자동차 배출가스 종합전산체계를 통하여 배출가스저감장치의 성능이 유지되는지를 확인할 수 있는 경우에는 점검결과를 제출하지 아니할 수 있다.

배출가스저감장치 등의 저감효율 확인검사(법 제60조의3)

① 환경부장관은 자동차에 부착 또는 교체한 배출가스저감장치나 개조 또는 교체한 저공해엔진이 보증기간 동안 저감효율을 유지하는지 검사할 수 있다.
② 검사의 대상 장치 또는 엔진의 선정기준, 검사의 방법·절차·기준, 판정방법 및 검사수수료 등에 관하여 필요한 사항은 환경부령으로 정한다.

❏ **배출가스저감장치 등의 성능유지 확인 및 확인기관(규칙 제82조의2)**
① 성능유지 확인 방법 및 확인기관은 다음 각 호와 같다.
❶ 자동차에 부착 또는 교체한 배출가스저감장치 : 한국환경공단 또는 「교통안전공단법」에 따라 설립된 교통안전공단으로부터 배출가스저감장치의 주행온도 조건 및 운행차배출허용기준이 적정히 유지되는지 여부 등 성능을 확인받을 것
❷ 개조·교체한 저공해엔진 : 국토교통부장관이 「자동차관리법」에 따라 실시하는 구조변경검사에 합격할 것
② 배출가스저감장치의 성능을 확인한 기관은 성능확인검사 결과표를 2부 작성하여 1부는 자동차 소유자에게 발급하고, 1부는 3년간 보관해야 한다.
③ 배출가스저감장치의 성능을 확인한 기관은 그 결과를 지체 없이 관할 시·도지사에게 보고하여야 한다. 다만, 그 결과를 전산정보처리 조직을 이용하여 기록한 경우에는 그러하지 아니하다.
④ 규정한 사항 외에 성능유지 확인검사의 방법 등에 관하여 필요한 사항은 환경부장관이 정하여 고시한다.

❏ **저감효율 확인검사 대상의 선정기준 등(규칙 제82조의5)**
① 저감효율 확인검사의 대상은 부착·교체 또는 개조·교체한 지 1년이 지난 배출가스저감장치 또는 저공해엔진으로 한다.
② 국립환경과학원장은 저감효율 확인검사를 하려는 경우에는 같은 해에 같은 배출가스저감장치를 부착한 자동차 5대와 같은 저공해엔진으로 개조한 자동차 5대를 각각 검사대상으로 선정한다.
③ 국립환경과학원장은 제2항에 따라 저감효율 확인검사 대상 자동차를 선정한 경우에는 해당 자동차에 부착된 배출가스저감장치를 봉인하여야 한다.

❏ **저감효율 확인검사의 방법 및 절차(규칙 제82조의6)**
① 저감효율 확인검사는 제82조제4항에 따른 시험방법에 따라 실시한다.
② 국립환경과학원장은 제1항에 따라 저감효율 확인검사를 마친 후 10일 이내에 그 결과를 환경부장관에게 보고하여야 한다.

♂ 운행차의 수시 점검(법 제61조)

① 환경부장관, 특별시장, 광역시장, 특별자치시장, 특별자치도지사, 시장(특별자치도의 경우에는 특별자치도지사), 군수, 구청장은 자동차에서 배출되는 배출가스가 운행차배출허용기준에 맞는지를 확인하기 위하여 도로나 주차장 등에서 자동차의 배출가스 배출상태를 수시로 점검하여야 한다.
② 자동차 운행자는 점검에 협조하여야 하며 이에 따르지 아니하거나 기피 또는 방해하여서는 아니 된다.
③ 점검 방법 등에 필요한 사항은 환경부령으로 정한다.

❏ **운행차의 수시점검방법(규칙 제83조)**
① 환경부장관·특별시장·광역시장·특별자치시장·특별자치도지사 또는 시장·군수·구청장(자치구의 구청장을 말한다. 이하 같다)은 점검대상 자동차를 선정한 후 배출가스를 점검하여야 한다. 다만, 원활한 차량소통과 승객의 편의 등을 위하여 필요한 경우에는 운행 중인 상태에서 비디오카메라를 사용하여 점검할 수 있다.
② 배출가스 측정방법 등에 관하여 필요한 사항은 환경부장관이 정하여 고시한다.

❏ **운행차 수시점검의 면제(규칙 제84조)**
환경부장관·특별시장·광역시장·특별자치시장·특별자치도지사 또는 시장·군수·구청장은 다음 각 호의 어느 하나에 해당하는 자동차에 대하여는 운행차의 수시 점검을 면제할 수 있다.
❶ 환경부장관이 정하는 무공해자동차 및 저공해자동차
❷ 긴급자동차
❸ 군용 및 경호업무용 등 국가의 특수한 공용 목적으로 사용되는 자동차

❑ 검사유효기간의 연장 등(규칙 제86조의5)

① 시·도지사는 검사유효기간을 연장하거나 검사를 유예하고자 할 때에는 다음 각 호의 구분에 따른다.
　❶ 이륜자동차정기검사대행자가 천재지변 또는 부득이한 사유로 출장검사를 실시하지 못할 경우 이륜자동차정기검사대행자의 요청에 따라 필요하다고 인정되는 기간 동안 해당 이륜자동차의 검사유효기간을 연장할 것
　❷ 이륜자동차의 도난·사고 발생 또는 동절기(매년 12월 1일부터 다음 연도 2월말까지) 등 부득이한 사유가 인정되는 경우 이륜자동차의 소유자의 신청에 따라 필요하다고 인정되는 기간 동안 해당 이륜자동차의 검사유효기간을 연장하거나 그 정기검사를 유예할 것
　❸ 전시·사변 또는 이에 준하는 비상사태로 인하여 관할지역 안에서 이륜자동차정기검사 업무를 수행할 수 없다고 판단되는 경우 그 정기검사를 유예할 것. 이 경우 유예대상 지역 및 이륜자동차, 유예기간 등을 공고하여야 한다.
② 검사유효기간의 연장 또는 정기검사의 유예를 받으려는 자는 이륜자동차정기검사 유효기간연장(유예)신청서에 이륜자동차사용신고필증과 그 사유를 증명하는 서류를 첨부하여 시·도지사에게 제출하여야 한다.
③ 시·도지사는 이륜자동차정기검사 유효기간연장(유예)신청을 받은 경우 그 사유를 검토하여 타당하다고 인정되는 때에는 검사유효기간을 연장하거나 그 정기검사를 유예하고 자동차검사 전산정보처리조직에 기록하여야 한다.

❑ 이륜자동차정기검사의 신청기간 경과의 통지(규칙 제86조의6)

시·도지사는 신고된 이륜자동차 중 이륜자동차정기검사의 신청기간이 경과한 이륜자동차의 소유자에게 이륜자동차정기검사의 신청기간이 지난 날부터 10일 이내 및 20일 이내 각각 그 소유자에게 다음 각 호의 사항을 알려야 한다.
　❶ 이륜자동차정기검사의 신청기간이 지난 사실
　❷ 이륜자동차정기검사의 유예가 가능한 사항 및 그 신청방법
　❸ 이륜자동차정기검사를 받지 아니하는 경우에 부과되는 벌칙·과태료 및 법적 근거

운행차의 배출가스 정기검사(법 제62조)

① 자동차[「자동차관리법」에 따른 이륜자동차(이하 "이륜자동차"라 한다)는 제외한다. 이하 이 항에서 같다]의 소유자는 「자동차관리법」과 「건설기계관리법」에 따라 일정 기간마다 그 자동차에서 나오는 배출가스가 운행차배출허용기준에 맞는지를 검사하는 운행차 배출가스 정기검사를 받아야 한다. 다만, 저공해자동차 중 환경부령으로 정하는 자동차와 정밀검사 대상 자동차의 경우에는 해당 연도의 배출가스 정기검사 대상에서 제외한다.
② 이륜자동차의 소유자는 이륜자동차에 대하여 환경부령으로 정하는 바에 따라 환경부장관이 일정 기간마다 그 이륜자동차에서 나오는 배출가스가 운행차배출허용기준에 맞는지를 검사하는 배출가스 정기검사(이하 "이륜자동차정기검사"라 한다)를 받아야 한다. 다만, 전기이륜자동차 등 환경부령으로 정하는 이륜자동차의 경우에는 이륜자동차정기검사 대상에서 제외한다.
③ 환경부장관은 이륜자동차의 소유자가 천재지변이나 그 밖의 부득이한 사유로 이륜자동차정기검사를 받을 수 없다고 인정하는 경우에는 환경부령으로 정하는 바에 따라 그 검사 기간을 연장하거나 이륜자동차정기검사를 유예(猶豫)할 수 있다.
④ 환경부장관은 이륜자동차정기검사를 받지 아니한 이륜자동차 소유자에게 환경부령으로 정하는 바에 따라 이륜자동차정기검사를 받도록 명할 수 있다.
⑤ 이륜자동차정기검사를 받으려는 자는 이륜자동차정기검사 업무 대행기관 및 지정정비사업자가 정하는 수수료를 내야 한다.
⑥ 배출가스 정기검사 및 이륜자동차정기검사(이하 "정기검사"라 한다)의 방법, 검사항목, 검사기관의 검사능력, 검사의 대상 및 검사 주기 등에 관하여 필요한 사항은 자동차의 종류에 따라 각각 환경부령으로 정한다.
⑦ 환경부장관이 환경부령을 정하는 경우에는 국토교통부장관과 협의하여야 한다. 다만, 이륜자동차정기검사에 관한 사항을 정하는 경우에는 그러하지 아니하다.
⑧ 환경부장관은 배출가스 정기검사의 결과에 관한 자료를 국토교통부장관에게 요청할 수 있다. 이 경우 국토교통부장관은 특별한 사유가 없으면 그 요청에 따라야 한다.

✪ 이륜자동차정기검사기관(영 제53조) 〈중요내용〉

대통령령으로 정하는 전문기관이란 교통안전공단을 말한다.

♂ 지정의 취소 등(법 제62조의4)

① 환경부장관은 이륜자동차정기검사대행자 또는 지정정비사업자가 다음 각 호의 어느 하나에 해당하는 경우에는 그 지정을 취소하거나 6개월 이내의 기간을 정하여 그 업무의 전부 또는 일부의 정지를 명할 수 있다. 다만, 제1호에 해당하는 경우에는 그 지정을 취소하여야 한다.
   ❶ 거짓이나 그 밖의 부정한 방법으로 지정을 받은 경우
   ❷ 업무와 관련하여 부정한 금품을 수수하거나 그 밖의 부정한 행위를 한 경우
   ❸ 자산상태의 불량 등의 사유로 그 업무를 계속하는 것이 적합하지 아니하다고 인정될 경우
   ❹ 검사를 실시하지 아니하고 거짓으로 자동차검사표를 작성하거나 검사 결과와 다르게 자동차검사표를 작성한 경우
   ❺ 그 밖에 이륜자동차정기검사와 관련된 제62조의3에 따른 기준 및 절차를 위반하는 사항으로서 환경부령으로 정하는 경우
② 처분의 세부 기준과 절차, 그 밖에 필요한 사항은 환경부령으로 정한다.

◻ 운행차의 배출가스 정기검사 방법 등(규칙 제87조)

① 운행차 배출가스 정기검사 및 이륜자동차정기검사의 대상항목, 방법 및 기준은 별표 22와 같다.
② 검사기관(운행차 배출가스 정기검사기관으로 한정한다)은 「자동차관리법」 또는 「건설기계관리법」에 따라 지정된 검사대행자 또는 「자동차관리법」에 따라 지정된 지정정비사업자 중 별표 23에서 정한 검사장비 및 기술능력을 갖춘 자(이하 "운행차정기검사대행자"라 한다)로 한다.
③ 운행차정기검사대행자가 제1항에 따라 검사를 한 경우에는 그 결과를 기록해야 한다.
④ 이륜자동차정기검사의 대상, 주기 및 유효기간은 별표 23의2와 같다.

[운행차의 정기검사방법 및 기준(규칙 제87조) : 별표 22]

검사항목	검사기준	검사방법
1. 검사 전 확인	검사대상자동차가 아래의 조건에 적합할 것	
	가. 검사를 위한 장비 조작 및 검사요건에 적합할 것	1) 배기관에 시료채취관이 충분히 삽입될 수 있는 구조인지 확인 2) 경유차의 경우 가속페달을 최대로 밟았을 때 원동기의 회전속도가 최대출력 시의 회전속도를 초과하여야 함
	나. 배출가스 관련 부품이 빠져나가거나 훼손되어 있지 않을 것	정화용 촉매, 매연여과장치 및 기타 육안검사가 가능한 부품의 장착상태를 확인
	다. 배출가스 관련 장치의 봉인이 훼손되어 있지 않을 것	조속기 등 배출가스 관련 장치의 봉인 훼손 여부를 확인
	라. 배출가스가 최종배출구 이전에서 유출되지 않을 것	배출가스가 배출가스정화장치로 유입이전 또는 최종배기구 이전에서 유출되는지 여부를 확인
2. 배출가스 검사 대상 자동차의 상태	검사대상자동차가 아래의 조건에 적합한지를 확인할 것	
	가. 원동기가 충분히 예열되어 있을 것 〈중요내용〉	1) 수냉식 기관의 경우 계기판 온도가 40℃ 이상 또는 계기판 눈금이 1/4 이상이어야 하며, 원동기가 과열되었을 경우에는 원동기실 덮개를 열고 5분 이상 지난 후 정상상태가 되었을 때 측정 2) 온도계가 없거나 고장인 자동차는 원동기를 시동하여 5분이 지난 후 측정
	나. 변속기는 중립의 위치에 있을 것	변속기의 기어는 중립(자동변속기는 N)위치에 두고 클러치를 밟지 않은 상태(연결된 상태)인지를 확인

		다. 냉방장치 등 부속장치는 가동을 정지할 것	냉·난방장치, 서리 제거기 등 배출가스에 영향을 미치는 부속장치의 작동 여부를 확인
3.	배출가스 및 공기 과잉률 검사	일산화탄소, 탄화수소, 공기과잉률의 측정결과가 저속공회전 검사모드 및 고속공회전 검사모드 모두 운행차정기검사의 배출허용기준에 각각 적합하여야 한다.	1) 저속공회전 검사모드(Low Speed Idle Mode) 　가) 측정대상자동차의 상태가 정상으로 확인 되면 원동기가 가동되어 공회전(500~1,000rpm) 되어 있으며, 가속페달을 밟지 않은 상태에서 시료채취관을 배기관 내에 30cm 이상 삽입한다. 　나) 측정기 지시가 안정된 후 일산화탄소는 소수점 둘째자리 이하는 버리고 0.1% 단위로, 탄화수소는 소수점 첫째 자리 이하는 버리고 1ppm단위로, 공기과잉률(λ)은 소수점 둘째 자리에서 0.01단위로 최종측정치를 읽는다. 다만, 측정치가 불안정할 경우에는 5초간의 평균치로 읽는다.
			2) 고속공회전 검사모드(High Speed Idle Mode) 　가) 저속공회전모드에서 배출가스 및 공기과잉률검사가 끝나면, 즉시 정지가동상태에서 원동기의 회전수를 2,500±300rpm으로 가속하여 유지 시킨다(승용차 및 차량 총중량 3.5톤 미만의 소형자동차에 한하여 적용한다). 　나) 측정기 지시가 안정된 후 일산화탄소는 소수점 둘째자리 이하는 버리고 0.1% 단위로, 탄화수소는 소수점 첫째 자리 이하는 버리고 1ppm단위로, 공기과잉률(λ)은 소수점 둘째 자리에서 0.01단위로 최종측정치를 읽는다. 다만, 측정치가 불안정할 경우에는 5초간의 평균치로 읽는다.
4.	매연	광투과식 분석방법(부분유량 채취방식만 해당한다)을 채택한 매연측정기를 사용하여 매연을 측정한 경우 측정한 매연의 농도가 운행차정기검사의 광투과식 매연 배출허용기준에 적합할 것	1) 측정대상자동차의 원동기를 중립인 상태(정지가동상태)에서 급가속하여 최고 회전속도 도달 후 2초간 공회전시키고 정지가동(Idle) 상태로 5~6초간 둔다. 이와 같은 과정을 3회 반복 실시한다. 2) 측정기의 시료채취관을 배기관의 벽면으로부터 5mm 이상 떨어지도록 설치하고 5cm 정도의 깊이로 삽입한다. 3) 가속페달에 발을 올려놓고 원동기의 최고회전속도에 도달할 때까지 급속히 밟으면서 시료를 채취한다. 이때 가속페달을 밟을 때부터 놓을 때까지 걸리는 시간은 4초 이내로 한다. 4) 위 3)의 방법으로 3회 연속 측정한 매연농도를 산술 평균하여 소수점 이하는 버린 값을 최종측정치로 한다. 다만, 3회 연속 측정한 매연농도의 최대치와 최소치의 차가 5%를 초과하거나 최종측정치가 배출허용기준에 맞지 아니한 경우에는 순차적으로 1회씩 더 측정하여 최대 10회까지 측정하면서 매회 측정시마다 마지막 3회의 측정치를 산출하여 마지막 3회의 최대치와 최소치의 차가 5% 이내이고 측정치의 산술평균 값도 배출허용기준 이내이면 측정을 마치고 이를 최종측정치로 한다. 5) 만약, 위 4)의 단서에 따른 방법으로 10회까지 반복 측정하여도 최대치와 최소치의 차가 5%를 초과하거나 배출허용기순에 맞지 아니한 경우에는 마지막 3회(8회, 9회, 10회)의 측정치를 산술 평균한 값을 최종측정치로 한다.

비고
1. 특수용도로 사용하기 위하여 특수장치 또는 엔진성능 제어장치 등을 부착하여 엔진최고회전수 등을 제한하는 자동차인 경우에는 해당 자동차의 측정 엔진최고회전수를 엔진정격회전수로 수정·적용하여 배출가스검사를 시행할 수 있다.
2. 배출가스 및 공기과잉률 검사에서 검사대상 자동차의 엔진회전수가 저속공회전 검사모드 또는 고속공회전 검사모드 범위를 어느 하나라도 벗어나면 검사모드는 즉시 중지하여야 한다.
3. 위 표에서 정한 운행차정기검사의 방법 및 기준 외의 사항에 대해서는 환경부장관이 정하는 운행차배출가스측정방법에 관한 고시를 준용한다.

[이륜자동차정기검사의 대상 · 주기 및 유효기간(규칙 제87조 제3항) : 별표 23의2]

1. 이륜자동차정기검사의 대상은 「자동차관리법」 제48조 제1항에 따른 이륜자동차 중 「자동차관리법 시행규칙」 별표 1 제1호의 대형 이륜자동차로 한다.
2. 이륜자동차정기검사의 주기는 2년으로 한다. 다만, 신조차(新造車)로서 「자동차관리법」에 따라 신고된 이륜자동차의 경우 최초 주기는 3년으로 한다. *중요내용*
3. 이륜자동차정기검사의 유효기간은 이륜자동차정기검사 결과가 유효한 것으로 인정하는 기간으로서 2년으로 한다. 다만, 신조차로서 「자동차관리법」에 따라 신고된 이륜자동차의 경우 최초 유효기간은 3년으로 한다. *중요내용*

비고 : 1. 제78조의2 각 호의 어느 하나에 해당하는 이륜자동차는 제외한다.
    2. 이륜자동차정기검사의 신청기간이 지난 후 정기검사에서 적합판정(재검사 기간 내에 적합 판정을 받은 경우를 포함한다)을 받은 경우의 유효기간은 그 정기검사를 받은 날의 다음 날부터 기산한다.

❑ 운행차의 배출가스 정기검사 결과 자료의 요청(규칙 제88조)

① 법 제62조 제4항에 따라 환경부장관은 다음 각 호의 자료를 국토교통부장관에게 요청할 수 있다.
 ❶ 운행차정기검사대행자별로 검사한 운행차의 종류, 사용연료, 연식, 용도 및 주행거리별 배출가스 측정치(공기과잉률을 포함한다)
 ❷ 배출가스 관련부품의 이상 유무 확인결과
 ❸ 그 밖에 환경부장관이 자동차의 배출가스저감정책 등의 수립을 위하여 필요하다고 인정하는 자료
② 환경부장관은 자료를 검토한 결과 운행차정기검사대행자에 대한 검사가 필요하다고 인정되면 검사를 국토교통부장관에게 요청할 수 있다.

⚙ 운행차의 배출가스 정밀검사(법 제63조)

① 다음 각 호의 지역 중 어느 하나에 해당하는 지역에 등록된 자동차의 소유자는 관할 시 · 도지사가 그 시 · 도의 조례로 정하는 바에 따라 실시하는 운행차 배출가스 정밀검사(이하 "정밀검사"라 한다)를 받아야 한다.
 ❶ 대기관리권역
 ❷ 인구 50만명 이상의 도시지역 중 대통령령으로 정하는 지역
② 제1항에도 불구하고 다음 각 호의 어느 하나에 해당하는 자동차는 정밀검사를 면제한다.
 ❶ 저공해자동차 중 환경부령으로 정하는 자동차
 ❷ 「수도권 대기환경개선에 관한 특별법」에 따라 검사를 받은 특정경유자동차
 ❸ 「수도권 대기환경개선에 관한 특별법」에 따른 조치를 한 날부터 3년 이내인 특정경유자동차
③ 정밀검사에 관하여는 「자동차관리법」에 따른다.
④ 정밀검사 결과(관능 및 기능검사는 제외한다) 2회 이상 부적합 판정을 받은 자동차의 소유자는 등록한 전문정비사업자에게 정비 · 점검 및 확인검사를 받은 후 전문정비사업자가 발급한 정비 · 점검 및 확인검사 결과표를 「자동차관리법」에 따라 지정을 받은 종합검사대행자 또는 종합검사지정정비사업자에게 제출하고 재검사를 받아야 한다.
⑤ 정밀검사의 기준 및 방법, 검사항목 등 필요한 사항은 환경부령으로 정한다.
⑥ 지역을 관할하는 시 · 도지사는 자동차 소유자가 「자동차관리법」에 따라 신규 · 변경 · 이전 등록을 신청하는 경우에는 정밀검사 대상임을 알 수 있도록 자동차등록증에 검사주기 등을 기재하여야 한다.

❑ 전문정비사업자의 관리 등(규칙 제105조)

① 시장 · 군수 · 구청장은 전문정비사업자가 배출가스 정밀검사에서 부적합 판정을 받은 자동차를 정비한 결과를 매년 해당 시 · 군 · 구의 공보에 공고하고, 이를 「자동차관리법」에 따라 지정을 받은 종합검사대행자(이하 "종합검사대행자"라 한다)와 지정을 받은 종합검사지정정비사업자(이하 "종합검사지정정비사업자"라 한다)가 검사소에 게시하도록 하여야 한다.
② 종합검사대행자나 종합검사지정정비사업자는 전문정비사업자로부터 정비를 받아야 하는 자동차의 소유자에게 전문정비사업자의 약도 · 연락처 등이 기재된 안내문을 제공하여야 한다.

③ 정비결과에는 다음 각 호의 사항이 포함되어야 한다.
  ❶ 정비차량 대수
  ❷ 정비차량의 재검사 결과 및 합격률

[정밀검사대상 자동차 및 정밀유효검사기간(규칙 제96조) : 별표 25]

차종		정밀검사대상 자동차	검사유효기간
비사업용 중요내용	승용자동차	차령 4년 경과된 자동차	2년
	기타자동차	차령 3년 경과된 자동차	
사업용 중요내용	승용자동차	차령 2년 경과된 자동차	1년
	기타자동차	차령 2년 경과된 자동차	

[정밀검사의 검사방법(규칙 제97조) : 별표 26]

일반기준 중요내용
가. 운행차의 정밀검사는 부하검사방법을 적용하여 검사를 하여야 한다. 다만, 다음의 어느 하나에 해당하는 자동차는 무부하검사방법을 적용할 수 있다.
  1) 상시 4륜구동 자동차
  2) 2행정 원동기 장착자동차
  3) 1987년 12월 31일 이전에 제작된 휘발유 · 가스 · 알코올 사용 자동차
  4) 소방용 자동차(지휘차, 순찰차 및 구급차를 포함한다)
  5) 그 밖에 특수한 구조의 자동차로서 검차장의 출입이나 차대동력계에서 배출가스 검사가 곤란한 자동차
나. 배출가스검사는 관능 및 기능검사를 먼저 한 후 시행하여야 하며, 측정대상자동차의 상태가 제2호에 따른 기준에 적합하지 아니하거나 차대동력계상에서 검사 중에 자동차의 결함 발생 또는 엔진출력 부족 등으로 검사모드가 구현되지 아니하여 배출가스검사를 계속할 수 없다고 판단되는 경우에는 검사를 즉시 중단하고 부적합 처리하여 측정대상자동차를 적합하게 정비하도록 한 후 배출가스 검사를 실시하여야 한다.
다. 차대동력계상에서 자동차의 운전은 검사기술인력이 직접 수행하여야 한다.
라. 특수 용도로 사용하기 위하여 특수장치 또는 엔진성능 제어장치 등을 부착하여 엔진최고회전수 등을 제한하는 자동차인 경우에는 해당 자동차의 측정 엔진최고회전수를 엔진정격회전수로 수정 · 적용하여 배출가스검사를 시행할 수 있다.
마. 휘발유와 가스를 같이 사용하는 자동차는 연료를 가스로 전환한 상태에서 배출가스검사를 실시하여야 한다.
바. 이 표에서 정한 운행차의 정밀검사방법 및 기준 외의 사항에 대해서는 환경부장관이 정하여 고시한다.

인증시험대행기관의 운영 및 관리(규칙 제67조의3)

① 인증시험대행기관은 시설장비 및 기술인력에 변경이 있으면 변경된 날부터 15일 이내에 그 내용을 환경부장관에게 신고하여야 한다.
② 인증시험대행기관은 인증시험대장을 작성 · 비치하여야 하며, 매 분기 종료일부터 15일 이내에 검사실적 보고서를 환경부장관에게 제출하여야 한다.
③ 인증시험대행기관은 다음 각 호의 사항을 준수하여야 한다.
  ❶ 시험결과의 원본자료와 일치하도록 인증시험대장을 작성할 것
  ❷ 시험결과의 원본자료와 인증시험대장을 3년 동안 보관할 것
  ❸ 검사업무에 관한 내부 규정을 준수할 것
④ 환경부장관은 인증시험대행기관에 대하여 매 반기마다 시험결과의 원본자료, 인증시험대장, 시설장비 및 기술인력의 관리상태를 확인하여야 한다.

배출가스 전문정비업자의 등록(법 제68조)

① 자동차의 배출가스 관련 부품 등의 정비 · 점검 및 확인검사 업무를 하려는 자는 「자동차관리법」에 따라 자동차관리사업의

등록을 한 후 대통령령으로 정하는 기준에 맞는 시설·장비 및 기술인력을 갖추어 특별자치시장·특별자치도지사·시장·군수·구청장에게 배출가스 전문정비사업의 등록을 하여야 한다. 등록한 사항 중 대통령령으로 정하는 중요한 사항을 변경하려는 경우에도 또한 같다.

② 배출가스 전문정비사업의 등록을 한 자(이하 "전문정비사업자"라 한다)가 이 법에 따른 정비·점검 및 확인검사를 한 경우에는 자동차 소유자에게 정비·점검 및 확인검사 결과표를 발급하고 그 내용을 「자동차관리법」에 따른 전산정보처리조직에 입력하여야 한다.

③ 전문정비사업자는 등록된 기술인력에게 환경부령으로 정하는 바에 따라 환경부장관이 실시하는 교육을 받도록 하여야 한다. 이 경우 환경부장관은 관련 전문기관에 교육의 실시를 위탁할 수 있다.

④ 전문정비사업자와 정비업무에 종사하는 기술인력은 다음 각 호의 어느 하나에 해당하는 행위를 하여서는 아니 된다.
  ❶ 거짓이나 그 밖의 부정한 방법으로 정비·점검 및 확인검사 결과표를 발급하거나 전산 입력을 하는 행위
  ❷ 다른 자에게 등록증을 대여하거나 다른 자에게 자신의 명의로 정비·점검 및 확인검사 업무를 하게 하는 행위
  ❸ 등록된 기술인력 외의 사람에게 정비·점검 및 확인검사를 하게 하는 행위
  ❹ 그 밖에 정비·점검 및 확인검사 업무에 관하여 환경부령으로 정하는 준수사항을 위반하는 행위

⑤ 전문정비사업자의 등록 기준 및 절차 등 필요한 사항은 환경부령으로 정한다.

❏ **전문정비 기술인력의 교육(규칙 제104조의2)**

① 전문정비사업자는 등록된 배출가스 전문정비 기술인력(이하 "전문정비 기술인력"이라 한다)에게 환경부장관 또는 전문정비 기술인력에 관한 교육을 위탁받은 기관(이하 "전문정비 교육기관"이라 한다)이 실시하는 다음 각 호의 구분에 따른 교육을 받도록 하여야 한다.
  ❶ 신규교육 : 전문정비 기술인력으로 채용된 날부터 4개월 이내에 1회(정비·점검 분야의 기술인력 및 정밀검사 지역에서의 확인검사 분야 기술인력만 해당한다)
  ❷ 정기교육 : 신규교육을 받은 연도를 기준으로 3년마다 1회(정비·점검 분야의 기술인력만 해당한다)

② 전문정비 기술인력으로 근무하던 사람이 퇴직 후 1년 6개월 이내에 전문정비 기술인력으로 다시 채용된 경우 또는 전문정비 기술인력으로 채용되기 전 1년 6개월 이내에 전문정비 기술 인력에 관한 교육을 받은 경우에는 신규교육을 받은 것으로 본다.

[배출가스 전문정비업자의 준수사항(제104조의2) : 별표 30의2]

1. 전문정비 기술인력으로 선임된 자 외의 정비기술자에게 전문정비를 하게 하여서는 아니 된다.
2. 전문정비 기술인력으로 선임된 자에게 정밀검사 업무와 「자동차관리법」에 따른 자동차검사 업무를 하게 하여서는 아니 된다.
3. 정비내용 및 비용 등에 대하여 자동차소유자 등에게 충분히 설명하고 동의를 받아 정비를 시행하여야 한다.

♂ 등록의 취소(법 제69조)

① 특별자치시장·특별자치도지사·시장·군수·구청장은 전문정비사업자가 다음 각 호의 어느 하나에 해당하면 6개월 이내의 기간을 정하여 업무의 전부 또는 일부의 정지를 명하거나 그 등록을 취소할 수 있다. 다만, 제1호·제2호·제4호 및 제5호에 해당하는 경우에는 등록을 취소하여야 한다.
  ❶ 거짓이나 그 밖의 부정한 방법으로 등록을 한 경우
  ❷ 결격 사유에 해당하게 된 경우. 다만, 제69조의2 제5호에 따른 결격 사유에 해당하는 경우로서 그 사유가 발생한 날부터 2개월 이내에 그 사유를 해소한 경우에는 그러하지 아니하다.
  ❸ 고의 또는 중대한 과실로 정비·점검 및 확인검사 업무를 부실하게 한 경우
  ❹ 「자동차관리법」에 따라 자동차관리사업의 등록이 취소된 경우
  ❺ 업무정지기간에 정비·점검 및 확인검사 업무를 한 경우
  ❻ 등록기준을 충족하지 못하게 된 경우
  ❼ 변경등록을 하지 아니한 경우
  ❽ 제68조 제4항에 따른 금지행위를 한 경우

② 행정처분의 세부기준은 환경부령으로 정한다.

⚑ 결격 사유(법 제69조의2) 중요내용

다음 각 호의 어느 하나에 해당하는 자는 전문정비사업의 등록을 할 수 없다.
❶ 금치산자 또는 한정치산자
❷ 파산선고를 받고 복권되지 아니한 자
❸ 이 법을 위반하여 징역 이상의 실형을 선고받고 그 집행이 끝나거나(집행이 끝난 것으로 보는 경우를 포함한다) 집행을 받지 아니하기로 확정된 날부터 2년이 지나지 아니한 자
❹ 등록이 취소된 후 2년이 지나지 아니한 자
❺ 임원 중 제1호부터 제4호까지의 어느 하나에 해당하는 사람이 있는 법인

⚑ 운행차의 개선명령(법 제70조)

① 환경부장관, 특별시장·광역시장, 특별자치시장, 특별자치도지사 또는 시장·군수·구청장은 운행차에 대한 점검 결과 그 배출가스가 운행차배출허용기준을 초과하는 경우에는 환경부령으로 정하는 바에 따라 자동차 소유자에게 개선을 명할 수 있다.
② 개선명령을 받은 자는 환경부령으로 정하는 기간 이내에 전문정비사업자에게 정비·점검 및 확인검사를 받아야 한다.
③ 배출가스 보증기간 이내인 자동차로서 자동차 소유자의 고의 또는 과실이 없는 경우(고의 또는 과실 여부는 자동차제작자가 입증하여야 한다)에는 자동차제작자가 비용을 부담하여 정비·점검 및 확인검사를 하여야 한다. 다만, 자동차제작자가 직접 확인검사를 할 수 없는 경우에는 전문정비사업자, 「자동차관리법」에 따른 종합검사대행자 또는 같은 법에 따른 종합검사 지정정비사업자(이하 이 조에서 "전문정비사업자등"이라 한다)에게 확인검사를 위탁할 수 있다.
④ 정비·점검 및 확인검사를 받은 자동차는 환경부령으로 정하는 기간 동안 정기검사와 정밀검사를 받지 아니하여도 된다.
⑤ 전문정비사업자등이나 자동차제작자가 정비·점검 및 확인검사를 한 경우에는 자동차 소유자에게 정비·점검 및 확인검사 결과표를 발급하고 환경부령으로 정하는 바에 따라 특별시장·광역시장, 특별자치시장, 특별자치도지사 또는 시장·군수·구청장에게 정비·점검 및 확인검사 결과를 보고하여야 한다.

⚑ 자동차의 운행정지(법 제70조의2) 중요내용

① 환경부장관, 특별시장·광역시장 또는 시장·군수·구청장은 개선명령을 받은 자동차 소유자가 같은 조 제2항에 따른 확인검사를 환경부령으로 정하는 기간 이내에 받지 아니하는 경우에는 10일 이내의 기간을 정하여 해당 자동차의 운행정지를 명할 수 있다.
② 운행정지처분의 세부기준은 환경부령으로 정한다.

❏ 운행차의 개선명령(규칙 제106조)

① 개선명령은 별지 서식에 따른다.
② 개선명령을 받은 자는 개선명령일부터 15일 이내에 전문정비사업자 또는 자동차제작자에게 개선명령서를 제출하고 정비·점검 및 확인검사를 받아야 한다.
③ 법 제70조 제4항에서 "환경부령으로 정하는 기간"이란 정비·점검 및 확인검사를 받은 날부터 3개월로 한다. 이 경우 세부적인 검사의 면제 기준은 환경부장관이 정하여 고시한다.
④ 정비·점검 및 확인검사를 한 전문정비사업자 또는 자동차제작자는 정비·점검 및 확인검사 결과표를 3부 작성하여 1부는 자동차소유자에게 발급하고, 1부는 개선결과를 확인한 날부터 10일 이내에 관할 특별시장·광역시장·특별자치시장·특별자치도지사 또는 시장·군수·구청장에게 제출하여야 하며, 1부는 1년간 보관하여야 한다. 다만, 정비·점검 및 확인검사 결과를 자동차배출가스 종합전산체계에 입력한 경우에는 관할 특별시장·광역시장·특별자치시장·특별자치도지사 또는 시장·군수·구청장에게 제출한 것으로 본다.

❏ **자동차의 운행정지명령(규칙 제107조)** 〔중요내용〕

① 특별시장·광역시장 또는 시장·군수·구청장은 자동차의 운행정지를 명하려는 경우에는 해당 자동차 소유자에게 자동차 운행정지명령서를 발급하고, 자동차의 전면유리 우측상단에 사용정지표지를 붙여야 한다.
② 부착된 운행정지표지는 사용정지기간 내에는 부착위치를 변경하거나 훼손하여서는 아니 된다.

[운행정지표지(규칙 제107조) : 별표 31] 〔중요내용〕

(앞 면)

운 행 정 지

자동차등록번호 :   점검당시누적주행거리 :   km
운행정지기간 :   년   월   일 ~   년   월   일 까지
운행정지기간 중 주차장소 :

위의 자동차에 대하여 「대기환경보전법」 제70조에 따라 사용정지를 명함.

(인)

134mm×190mm[보존용지(1급) 120g/m²]

(뒷 면)

이 표지는 "운행정지기간" 내에는 제거하지 못합니다

비고 〔중요내용〕
1. 바탕색은 노란색으로, 문자는 검은색으로 한다.
2. 이 표는 자동차의 전면유리 우측상단에 붙인다.

유의사항
1. 이 표는 운행정지기간 내에는 부착위치를 변경하거나 훼손하여서는 아니 됩니다.
2. 이 표는 운행정지기간이 지난 후에 담당공무원이 제거하거나 담당 공무원의 확인을 받아 제거하여야 합니다.
3. 이 자동차를 운행정지기간 내에 사용하는 경우에는 「대기환경보전법」 따라 300만원 이하의 벌금을 물게 됩니다.

⚙ 자동차연료·첨가제 또는 촉매제의 검사(법 제74조)

① 자동차연료·첨가제 또는 촉매제를 제조(수입을 포함한다)하려는 자는 환경부령으로 정하는 제조기준(이하 "제조기준"이라 한다)에 맞도록 제조하여야 한다.
② 자동차연료·첨가제 또는 촉매제를 제조하려는 자는 제조기준에 맞는지에 대하여 미리 환경부장관으로부터 검사를 받아야 한다.
③ 환경부장관은 자동차연료·첨가제 또는 촉매제의 품질을 유지하기 위하여 필요한 경우에는 시중에 유통·판매되는 자동차연료·첨가제 또는 촉매제가 제조기준에 적합한지 여부를 검사할 수 있다.
④ 누구든지 다음 각 호의 어느 하나에 해당하는 것을 자동차연료·첨가제 또는 촉매제로 공급·판매하거나 사용하여서는 아니 된다. 다만, 학교나 연구기관 등 환경부령으로 정하는 자가 시험·연구 목적으로 제조·공급하거나 사용하는 경우에는 그러하지 아니하다.
  1. 제2항에 따른 검사 결과 제1항을 위반하여 제조기준에 맞지 아니한 것으로 판정된 자동차연료·첨가제 또는 촉매제
  2. 제2항을 위반하여 검사를 받지 아니하거나 검사받은 내용과 다르게 제조된 자동차연료·첨가제 또는 촉매제
⑤ 환경부장관은 자동차연료·첨가제 또는 촉매제로 환경상의 위해가 발생하거나 인체에 매우 유해한 물질이 배출된다고 인정하면 환경부령으로 정하는 바에 따라 그 제조·판매 또는 사용을 규제할 수 있다.
⑥ 첨가제 또는 촉매제를 제조하려는 자는 환경부령으로 정하는 바에 따라 첨가제 또는 촉매제가 검사를 받고 제조기준에 맞는 제품임을 표시하여야 한다.

⑦ 검사를 받으려는 자는 환경부령으로 정하는 수수료를 내야 한다.
⑧ 검사의 방법 및 절차는 환경부령으로 정한다.

[자동차연료·첨가제 또는 촉매제의 제조기준(규칙 제115조) : 별표 33]

1. 자동차연료 제조기준
   가. 휘발유 〈중요내용〉

기준항목 \ 적용기간	2009년 1월 1일부터
방향족화합물함량(부피%)	24(21) 이하
벤젠함량(부피%)	0.7 이하
납함량(g/L)	0.013 이하
인함량(g/L)	0.0013 이하
산소함량(무게%)	2.3 이하
올레핀함량(부피%)	16(19) 이하
황함량(ppm)	10 이하
증기압(kPa, 37.8℃)	60 이하
90% 유출온도(℃)	170 이하

비고
1. 올레핀(Olefine) 함량에 대하여 ( ) 안의 기준을 적용할 수 있다. 이 경우 방향족화합물 함량에 대하여도 ( ) 안의 기준을 적용한다.
2. 증기압 기준은 매년 6월 1일부터 8월 31일까지 출고되는 제품에 대하여 적용한다.

   나. 경유 〈중요내용〉

기준항목 \ 적용기간	2009년 1월 1일부터
10% 잔류탄소량(%)	0.15 이하
밀도 @15℃(kg/m³)	815 이상 835 이하
황함량(ppm)	10 이하
다환방향족(무게%)	5 이하
윤활성(μm)	400 이하
방향족 화물(무게%)	30 이하
세탄지수(또는 세탄가)	52 이상

비고
1. 한국석유공사의 구리지사 정부 비축유에 대하여는 위 표에도 불구하고 2008년 12월 31일까지의 기준을 적용한다. 다만, 그 비축유는 전시 또는 이에 준하는 비상사태가 발생한 경우로서 환경부장관과 협의한 경우에만 방출할 수 있다.
2. 혹한기(11월 15일부터 다음 해 2월 28일까지를 말한다)에는 위 표에도 불구하고 세탄지수(또는 세탄가)를 48 이상으로 적용한다.

   다. LPG

항 목	제조기준
황함량(ppm)	40 이하
증기압(40℃, MPa)	1.27 이하
밀도(15℃, kg/m³)	500 이상 620 이하
동판부식(40℃, 1시간)	1 이하
100mL 증발잔류물(mL)	0.05 이하

프로판 함량	11월 1일부터 3월 31일까지	15 이상 35 이하
(mol, %)	4월 1일부터 10월 31일까지	10 이하

라. 바이오디젤(BD100)

항목		제조기준
지방산메틸에스테르함량(무게 %)		96.5 이상
잔류탄소분(무게 %)		0.1 이하
동점도(40℃, mm^2/s)		1.9 이상 5.0 이하
황분(mg/kg)		10 이하
회분(무게 %)		0.01 이하
밀도@ 15℃(kg/m^3)		860 이상 900 이하
전산가(mg KOH/g)		0.50 이하
모노글리세리드(무게 %)		0.80 이하
디글리세리드(무게 %)		0.20 이하
트리글리세리드(무게 %)		0.20 이하
유리 글리세린(무게 %)		0.02 이하
총 글리세린(무게 %)		0.24 이하
산화안정도(110℃, h)		6 이상
메탄올(무게 %)		0.2 이하
알칼리금속 (mg/kg)	(Na+K)	5 이하
	(Ca+Mg)	5 이하
인(mg/kg)		10 이하

비고 : "바이오디젤(BD100)"이란 자동차용 경유 또는 바이오디젤연료유(BD20)를 제조하는 데 사용하는 원료를 말한다.

마. 천연가스 *중요내용*

항목	제조기준
메탄(부피 %)	88.0 이상
에탄(부피 %)	7.0 이하
C_3 이상의 탄화수소(부피 %)	5.0 이하
C_6 이상의 탄화수소(부피 %)	0.2 이하
황분(ppm)	40 이하
불활성가스(CO_2, N_2 등)(부피 %)	4.5 이하

바. 바이오가스 *중요내용*

항목	제조기준
메탄(부피 %)	95.0 이상
수분(mg/Nm^3)	32 이하
황분(ppm)	10 이하
불활성가스(CO_2, N_2 등)(부피 %)	5.0 이하

2. 첨가제 제조기준
   ㉮ 첨가제 제조자가 제시한 최대의 비율로 첨가제를 자동차연료에 혼합한 경우의 성분(첨가제+연료)이 제1호의 자동차연료 제조기준에 맞아야 하며, 혼합된 성분 중 카드뮴(Cd)·구리(Cu)·망간(Mn)·니켈(Ni)·크롬(Cr)·철(Fe)·아연(Zn) 및 알루미늄(Al)의 농도는 각각 1.0mg/L 이하이어야 한다. <중요내용>
   ㉯ 첨가제 제조자가 제시한 최대의 비율로 첨가제를 자동차의 연료에 주입한 후 시험한 배출가스 측정치가 첨가제를 주입하기 전보다 배출가스 항목별로 10% 이상 초과하지 아니하여야 하고, 배출가스 총량은 첨가제를 주입하기 전보다 5% 이상 증가하여서는 아니 된다. <중요내용>
   ㉰ 환경부장관이 정하는 배출가스 저감장치의 성능 향상을 위하여 사용하는 첨가제 제조기준은 환경부장관이 정하여 고시한다.
   ㉱ 제조된 휘발유용 및 경유용 첨가제는 0.55L 이하의 용기에 담아서 공급하여야 한다. 다만, 석유대체연료에 해당하는 성분을 포함하지 않은 경유용 첨가제는 2L 이하의 용기에 담아서 공급하여야 하며, 석유정제업자 또는 석유수출입업자가 자동차연료인 석유제품을 제조하거나 품질을 보정하는 과정에서 사용하는 첨가제의 경우에는 용기에 제한을 두지 아니한다.
   ㉲ 고체연료첨가제를 제조한 자가 제시한 비율에 따라 고체연료첨가제를 자동차 연료에 주입하였을 때 해당 자동차 연료의 용해도가 감소되거나 자동차 연료의 회분 측정치가 첨가제를 주입하기 전의 회분 측정치보다 증가되어서는 아니 된다.

비고
요소함량, 밀도@ 20℃, 굴절지수@ 20℃의 목표값은 다음 각 호의 구분에 따른다.
1. 요소함량 : 32.5%
2. 밀도 @20℃ : 1089.5kg/cm³
3. 굴절지수 @20℃ : 1.3829

❏ **자동차연료·첨가제 또는 촉매제 제조기준의 적용 예외(규칙 제116조)**

"환경부령으로 정하는 자"란 다음 각 호의 자를 말한다.
❶ 「고등교육법」에 따른 대학·산업대학·전문대학 및 기술대학과 그 부설연구기관
❷ 국공립연구기관
❸ 「특정연구기관 육성법」에 따른 연구기관
❹ 「기술개발촉진법」에 따른 기업부설연구소
❺ 「산업기술연구조합 육성법」에 따른 산업기술연구조합
❻ 「환경기술개발 및 지원에 관한 법률」에 따른 환경기술개발센터

❏ **자동차연료·첨가제 또는 촉매제의 규제(규칙 제117조)** <중요내용>

국립환경과학원장은 자동차연료·첨가제 또는 촉매제로 환경상의 위해가 발생하거나 인체에 매우 유해한 물질이 배출된다고 인정되면 해당 자동차연료·첨가제 또는 촉매제의 사용 제한, 다른 연료로의 대체 또는 제작자동차의 단위연료량에 대한 목표주행거리의 실증 등 필요한 조치를 할 수 있다.

[첨가제·촉매제 제조기준에 맞는 제품의 표시방법(규칙 제119조) : 별표 34] <중요내용>

1. 표시방법
   첨가제 또는 촉매제 용기 앞면 제품명 밑에 한글로 "「대기환경보전법 시행규칙」 별표 33의 첨가제 또는 촉매제 제조기준에 맞게 제조된 제품임. 국립환경과학원장(또는 검사를 한 검사기관장의 명칭) 제○○호"로 적어 표시하여야 한다.
2. 표시크기
   첨가제 또는 촉매제 용기 앞면의 제품명 밑에 제품명 글자크기의 100분의 30 이상에 해당하는 크기로 표시하여야 한다.
3. 표시색상
   첨가제 또는 촉매제 용기 등의 도안 색상과 보색관계에 있는 색상으로 하여 선명하게 표시하여야 한다.

❏ **자동차연료·첨가제 또는 촉매제의 검사절차(규칙 제120조의3)**

① 자동차연료·첨가제 또는 촉매제의 검사를 받으려는 자는 자동차연료·첨가제 또는 촉매제 검사신청서에 다음 각 호의 시료 및 서류를 첨부하여 국립환경과학원장 또는 지정된 검사기관에 제출하여야 한다. 〔중요내용〕
  ❶ 검사용 시료
  ❷ 검사 시료의 화학물질 조성 비율을 확인할 수 있는 성분분석서
  ❸ 최대 첨가비율을 확인할 수 있는 자료(첨가제만 해당한다)
  ❹ 제품의 공정도(촉매제만 해당한다)
② 신청인이 신청서를 국립환경과학원장에게 제출하는 경우 담당 공무원은 「전자정부법」에 따른 행정정보의 공동이용을 통하여 사업자등록증 또는 주민등록초본을 확인하여야 하며, 신청인이 확인에 동의하지 아니하는 경우에는 사업자등록증사본(사업자등록을 하지 아니한 경우에는 주민등록증 사본)을 첨부하게 하여야 한다. 다만, 신청인이 신청서를 지정된 검사기관에 제출하는 경우에는 사업자등록증 사본 또는 주민등록증 사본을 첨부하여야 한다.
③ 국립환경과학원장 또는 검사기관은 자동차연료·첨가제 또는 촉매제의 검사가 끝난 경우에는 자동차연료 검사결과서, 첨가제 검사결과서 또는 촉매제 검사결과서를 발급하여야 한다.

❏ **자동차연료·첨가제 또는 촉매제 검사기관의 지정기준(규칙 제121조)**

① 자동차연료·첨가제 또는 촉매제 검사기관으로 지정받으려는 자가 갖추어야 할 기술능력 및 검사장비는 별표 34의 2와 같다.
② 자동차연료 검사기관과 첨가제 검사기관을 함께 지정받으려는 경우에는 해당 기술능력과 검사장비를 중복하여 갖추지 아니할 수 있다.

[자동차연료·첨가제 또는 촉매제 검사기관의 지정기준(규칙 제121조) : 별표 34의2]

1. 자동차연료 검사기관의 기술능력 및 검사장비 기준
  가. 기술능력 〔중요내용〕
    1) 검사원의 자격
      「국가기술자격법 시행규칙」 중 기계(자동차분야), 화공 및 세라믹, 환경 직무분야의 기사자격 이상을 취득한 사람이어야 한다.
    2) 검사원의 수
      검사원은 4명 이상이어야 하며 그중 2명 이상은 해당 검사 업무에 5년 이상 종사한 경험이 있는 사람이어야 한다.
  비고 : 휘발유·경유·바이오디젤 검사기관과 LPG·CNG·바이오가스 검사기관의 기술능력 기준은 같으며, 두 검사 업무를 함께 하려는 경우에는 기술능력을 중복하여 갖추지 아니할 수 있다.

  나. 검사장비 〔중요내용〕
    1) 휘발유·경유·바이오디젤(BD100) 검사장비

순번	검사장비	수량	비고
1	기체크로마토그래피(Gas Chromatography, FID, ECD)	1식	
2	원자흡광광도계(Atomic Absorption Spectrophotometer) 또는 유도결합플라즈마원자분광광도계(Inductively Coupled Plasma Spectrophotometer)	1식	
3	분광광도계(UV/Vis Spectrophotometer)	1식	
4	황함량분석기(Sulfur Analyzer)	1식	1ppm 이하 분석 가능
5	증기압시험기(Vapor Pressure Tester)	1식	
6	증류시험기(Distillation Apparatus)	1식	
7	액체크로마토그래피(High Performance Liquid Chromatography) 또는 초임계유체크로마토그래피(Supercritical Fluid Chromatography)	1식	
8	윤활성시험기(High Frequency Reciprocating Rig)	1식	

순번	검사장비	수량	비고
9	밀도시험기(Density Meter)	1식	
10	잔류탄소시험기(Carbon Residue Apparatus)	1식	
11	동점도시험기(Viscosity)	1식	
12	회분시험기(Furnace)	1식	
13	전산가시험기(Acid value)	1식	
14	산화안정도시험기(Oxidation stability)	1식	
15	세탄가측정기(Cetane number)	1식	
16	별표 33의 제조기준 시험을 수행할 수 있는 장비	1식	

2) LPG · CNG · 바이오가스 검사장비

순번	검사장비	수량	비고
1	기체크로마토그래피(Gas Chromatography, FID, ECD, TCD, PFPD)	1식	
2	황함량분석기(Sulfur Analyzer)	1식	5ppm 이하 분석 가능
3	증기압시험기(Vapor Pressure Tester)	1식	
4	밀도시험기(Density Meter)	1식	
5	동판부식시험기(Copper Strip Corrosion Apparatus)	1식	
6	증발잔류물시험기(Residual Matter Tester)	1식	
7	별표 33의 제조기준에 관한 시험을 수행할 수 있는 장비	1식	

비고 : 휘발유 · 경유 · 바이오디젤 검사기관과 LPG · CNG · 바이오가스 검사기관의 검사대행 업무를 함께 하려는 경우에는 검사장비를 중복하여 갖추지 아니할 수 있다.

2. 첨가제 검사기관의 기술능력 및 검사장비 기준

　가. 기술능력

　　1) 검사원의 자격

　　　「국가기술자격법 시행규칙」 별표 5 중 기계(자동차분야), 화공 및 세라믹, 환경 직무분야의 기사자격 이상을 취득한 사람이어야 한다.

　　2) 검사원의 수

　　　검사원은 4명 이상이어야 하며, 그중 2명 이상은 배출가스검사 업무에 5년 이상 종사한 경험이 있는 사람이어야 한다.

　비고 : 휘발유용 · 경유용 첨가제 검사기관과 LPG · CNG용 첨가제 검사기관의 기술능력 기준은 같으며, 두 첨가제 검사대행 업무를 함께 하려는 경우에는 기술능력을 중복하여 갖추지 아니할 수 있다.

　나. 검사장비

　　1) 휘발유용 · 경유용 첨가제 검사장비

　　　가) 배출가스 검사장비

순번	검사장비	수량	비고
1	차대동력계	1식	휘발유, 경유 공용
2	배출가스 시료채취장치	2식	휘발유용, 경유용 각 1식
3	배출가스 분석장치	2식	휘발유용, 경유용 각 1식
4	시료처리장치	1식	휘발유, 경유 공용
5	그 밖의 부속장치	1식	휘발유, 경유 공용
6	원동기동력계	1식	경유 전용
7	매연 측정기	1식	경유 전용

　　　나) 자동차연료 제조기준 검사 및 유해물질 검사장비 : 제1호나목 1)에서 정하는 검사장비

2) LPG · CNG용 첨가제 검사장비
   가) 배출가스 검사장비

순번	검사장비	수량
1	차대동력계	1식
2	배출가스 시료채취장치	1식
3	배출가스 분석장치	1식
4	자료처리장치	1식
5	그 밖의 부속장치	1식

   나) 자동차연료 제조기준 검사 및 유해물질 검사장비 : 자동차연료 제조기준 검사장비는 제1호나목 2)와 같고, 유해물질검사장비는 다음과 같다.

검사장비	수량
원자흡광광도계(Atomic Absorption Spectrophotometer) 또는 유도결합플라즈마원자분광광도계(Inductively Coupled Plasma Spectrophotometer)	1식

비고 : 휘발유용 · 경유용 첨가제 검사기관과 LPG · CNG용 첨가제 검사기관의 검사대행 업무를 함께 하려는 경우에는 기술능력을 중복하여 갖추지 아니할 수 있다.

3. 촉매제 검사기관의 기술능력 및 검사장비 기준
   가. 기술능력
      1) 검사원의 자격
         「국가기술자격법 시행규칙」 별표 5 중 기계(자동차분야), 화공 및 세라믹, 환경 직무분야의 기사자격 이상을 취득한 사람이어야 한다.
      2) 검사원의 수
         검사원은 4명 이상이어야 하며 그중 2명 이상은 해당 검사 업무에 5년 이상 종사한 경험이 있는 사람이어야 한다.
   나. 검사장비

순번	검사장비	수량	비고
1	요소함량분석기(Total Nitrogen Analyzer)	1식	
2	원자흡광광도계(Atomic Absorption Spectrophotometer) 또는 유도결합플라즈마원자분광광도계(Inductively Coupled Plasma Spectrophotometer)	1식	
3	분광광도계(UV/Vis Spectrophotometer)	1식	
4	밀도시험기(Density Meter)	1식	
5	굴절계(Refractometer)	1식	Abbe 방식
6	자동적정기(Auto Titration) 또는 적정기(Titration)	1식	
7	별표 33의 제조기준에 관한 시험을 수행할 수 있는 장비	1식	

□ **자동차연료 또는 첨가제 검사기관의 구분(규칙 제121조의2)**
① 자동차연료 검사기관은 검사대상 연료의 종류에 따라 다음과 같이 구분한다. *중요내용*
  ❶ 휘발유 · 경유 검사기관
  ❷ 엘피지(LPG) 검사기관
  ❸ 바이오디젤(BD100) 검사기관
  ❹ 천연가스(CNG) · 바이오가스 검사기관
② 첨가제 검사기관은 검사대상 첨가제의 종류에 따라 다음과 같이 구분한다.
  ❶ 휘발유용 · 경유용 첨가제 검사기관
  ❷ 엘피지(LPG)용 첨가제 검사기관

자동차연료 · 첨가제 또는 촉매제 제조 · 공급 · 판매중지(법 제75조)
① 환경부장관은 공급 · 판매 또는 사용이 금지되는 자동차연료 · 첨가제 또는 촉매제를 제조한 자에 대해서는 제조의 중지 및 유통 · 판매 중인 제품의 회수를 명할 수 있다.
② 환경부장관은 공급 · 판매 또는 사용이 금지되는 자동차연료 · 첨가제 또는 촉매제를 공급하거나 판매한 자에 대하여는 공급이나 판매의 중지를 명할 수 있다.

친환경연료의 사용 권고(법 제75조의2)
① 환경부장관 또는 시 · 도지사는 대기환경을 개선하기 위하여 필요하다고 인정하는 경우에는 친환경연료를 자동차연료로 사용할 것을 권고할 수 있다.
② 친환경연료의 종류, 품질기준, 사용차량 및 사용지역 등 필요한 사항은 산업통상자원부장관과 협의하여 환경부령으로 정한다.

선박의 배출허용기준(법 제76조)
① 선박 소유자는 「해양오염방지법」에 따른 선박의 디젤기관에서 배출되는 대기오염물질 중 대통령령으로 정하는 대기오염물질을 배출할 때 환경부령으로 정하는 허용기준에 맞게 하여야 한다.
② 환경부장관은 허용기준을 정할 때에는 미리 관계 중앙행정기관의 장과 협의하여야 한다.
③ 환경부장관은 필요하다고 인정하면 허용기준의 준수에 관하여 해양수산부장관에게 「해양오염방지법」에 따른 검사를 요청할 수 있다.

선박 대기오염물질의 종류(영 제60조)
법 제76조 제1항에서 "대통령령으로 정하는 대기오염물질"이란 질소산화물을 말한다. *중요내용*

[선박의 배출허용기준(규칙 제124조) : 별표 35]

기관 출력	정격 기관속도 (n : 크랭크샤프트의 분당 속도)	질소산화물 배출기준(g/kWh)		
		기준 1	기준 2	기준 3
130kW 초과	n이 130rpm 미만일 때	17 이하	14.4 이하	3.4 이하 *중요내용*
	n이 130rpm 이상 2,000rpm 미만일 때	$45.0 \times n^{(-0.2)}$ 이하	$44.0 \times n^{(-0.23)}$ 이하	$9.0 \times n^{(-0.2)}$ 이하
	n이 2,000rpm 이상일 때	9.8 이하	7.7 이하	2.0 이하

비고 : 기준 1은 2010년 12월 31일 이전에 건조된 선박에, 기준 2는 2011년 1월 1일 이후에 건조된 선박에, 기준 3은 2016년 1월 1일 이후에 건조된 선박에 설치되는 디젤기관에 각각 적용하되, 기준별 적용대상 및 적용시기 등은 국토해양부령으로 정하는 바에 따른다.

◆ 자동차 온실가스 배출허용기준(법 제76조의2)

자동차제작자는 「저탄소 녹색성장 기본법」에 따라 자동차 온실가스 배출허용기준을 택하여 준수하기로 한 경우 환경부령으로 정하는 자동차에 대한 온실가스 평균배출량이 환경부장관이 정하는 허용기준(이하 "온실가스 배출허용기준"이라 한다)에 적합하도록 자동차를 제작·판매하여야 한다.

❏ 자동차 온실가스 배출허용기준 적용대상(규칙 제124조의2) *중요내용*

법 제76조의2에서 "환경부령으로 정하는 자동차"란 국내에서 제작되거나 국외에서 수입되어 국내에 판매 중인 자동차 중 「자동차관리법 시행규칙」 별표 1에 따른 승용자동차 및 승합자동차이고 승차인원이 15인승 이하인 자동차와 화물자동차로서 총 중량이 3.5톤 미만인 자동차를 말한다. 다만, 다음 각 호의 자동차는 제외한다.

❶ 환자의 치료 및 수송 등 의료목적으로 제작된 자동차
❷ 군용(軍用) 자동차
❸ 방송·통신 등의 목적으로 제작된 자동차
❹ 2012년 1월 1일 이후 제작되지 아니하는 자동차
❺ 「자동차관리법 시행규칙」에 따른 특수형 승합자동차 및 특수용도형 화물자동차

◆ 자동차 온실가스 배출량의 표시(법 제76조의4)

① 자동차제작자는 온실가스를 적게 배출하는 자동차의 사용·소비가 촉진될 수 있도록 환경부장관에게 보고한 자동차 온실가스 배출량을 해당 자동차에 표시하여야 한다.
② 온실가스 배출량의 표시방법과 그 밖에 필요한 사항은 환경부령으로 정한다.

❏ 자동차 온실가스 배출량의 표시방법 등(규칙 제124조의4)

자동차 온실가스 배출량 표시는 소비자가 쉽게 알아볼 수 있도록 자동차의 전면·후면 또는 측면 유리 바깥면의 잘 보이는 위치에 명확한 방법으로 표시하여야 한다. 이 경우 표시의 크기 및 모양 등은 환경부장관이 정하여 고시한다.

◆ 자동차 온실가스 배출허용기준 및 평균에너지소비효율기준의 적용·관리 등(법 제76조의5)

① 자동차제작자는 자동차 온실가스 배출허용기준 또는 평균에너지소비효율기준(「저탄소 녹색성장 기본법」에 따라 산업통상자원부장관이 정하는 평균에너지소비효율기준을 말한다. 이하 같다) 준수 여부 확인에 필요한 판매실적 등 환경부장관이 정하는 자료를 환경부장관에게 제출하여야 한다.
② 자동차제작자는 해당 연도의 온실가스 평균배출량 또는 평균에너지소비효율이 온실가스 배출허용기준 또는 평균에너지소비효율기준 이내인 경우 그 차이분을 다음 연도부터 환경부령으로 정하는 기간 동안 이월하여 사용하거나 자동차제작자 간에 거래할 수 있으며, 해당 연도별 온실가스 평균배출량 또는 평균에너지소비효율이 온실가스 배출허용기준 또는 평균에너지소비효율기준을 초과한 경우에는 그 초과분을 다음 연도부터 환경부령으로 정하는 기간 내에 상환할 수 있다.
③ 자료의 작성방법·제출시기, 차이분·초과분의 산정방법, 상환·거래 방법, 그 밖에 필요한 사항은 환경부장관이 정하여 고시한다.

❏ 자동차 온실가스 배출량의 상환 및 이월 등(규칙 제124조의5) *중요내용*

법 제76조의5 제2항에서 "환경부령으로 정하는 기간"이란 각각 3년을 말한다.

❂ 과징금 산정 방법(영 제60조의3)

① 과징금 산정방법(영 제60조의3) : 별표 14 〈중요내용〉

> 1. 자동차제작자별 과징금 금액은 온실가스 배출허용기준을 달성하지 못한 연도(이하 "해당 연도"라 한다)의 온실가스 배출허용기준 미달성량(未達成量)(g/km)에 이월·거래 또는 상환한 양을 감(減)하여 산정한 값을 과징금 요율[원/(g/km)]에 곱한 금액으로 한다.
> 2. 제1호의 온실가스 배출허용기준 미달성량은 다음 계산식에 따라 계산한다.
>
> $$\text{온실가스 배출허용기준 미달성량} = (\text{온실가스 평균배출량} - \text{온실가스 배출허용기준}) \times \text{판매 대수(대)}$$
>
> 가. "온실가스 평균배출량"이란 온실가스 평균배출량을 말한다.
> 나. "온실가스 배출허용기준"이란 「저탄소 녹색성장 기본법 시행령」에 따라 환경부장관이 고시한 기준을 말한다.
> 다. "판매 대수"란 자동차의 제작자별 해당 연도 판매 대수를 말한다.
> 3. 과징금 요율[원/(g/km)]은 10,000원으로 한다.

② 환경부장관은 과징금을 부과할 때에는 환경부령으로 정하는 기간이 끝나는 연도의 다음 연도에 과징금의 부과사유와 그 과징금의 금액을 분명하게 적은 서면으로 알려야 한다.
③ 통지를 받은 자동차제작자는 그 통지를 받은 해 9월 30일까지 환경부장관이 정하는 수납기관에 해당 과징금을 내야 한다. 다만, 천재지변이나 그 밖의 부득이한 사유로 그 기간까지 과징금을 낼 수 없는 경우에는 그 사유가 없어진 날부터 30일 이내에 내야 한다.
④ 과징금을 받은 수납기관은 과징금을 낸 자에게 영수증을 발급하여야 한다.
⑤ 규정한 사항 외에 과징금의 부과에 필요한 세부사항은 환경부장관이 정하여 고시한다.

♂ 과징금 처분(법 제76조의6)

① 환경부장관은 온실가스 배출허용기준을 준수하지 못한 자동차제작자에게 초과분에 따라 대통령령으로 정하는 매출액에 100분의 1을 곱한 금액을 초과하지 아니하는 범위에서 과징금을 부과·징수할 수 있다. 다만, 자동차제작자가 초과분을 상환하는 경우에는 그러하지 아니하다.
② 과징금의 산정방법·금액, 징수시기, 그 밖에 필요한 사항은 대통령령으로 정한다. 이 경우 과징금의 금액은 평균에너지소비효율기준을 준수하지 못하여 부과하는 과징금 금액과 동일한 수준이 될 수 있도록 정한다.
③ 환경부장관은 제1항에 따른 과징금을 내야 할 자가 납부기한까지 내지 아니하면 국세 체납처분의 예에 따라 징수한다.
④ 과징금은 「환경정책기본법」에 따른 환경개선특별회계의 세입으로 한다.

제5장 보칙

♂ 환경기술인 등의 교육(법 제77조)

① 환경기술인을 고용한 자는 환경부령으로 정하는 바에 따라 해당하는 자에게 환경부장관 또는 시·도지사가 실시하는 교육을 받게 하여야 한다.
② 환경부장관 또는 시·도지사는 환경부령으로 정하는 바에 따라 제1항에 따른 교육에 드는 경비를 교육대상자를 고용한 자로부터 징수할 수 있다.
③ 환경부장관 또는 시·도지사는 교육을 관계 전문기관에 위탁할 수 있다.

❂ 업무의 위탁(영 제66조)

① 환경부장관은 다음 각 호의 업무를 한국환경공단에 위탁한다.
  1 측정망 설치 및 대기오염도의 상시 측정(수도권대기환경청의 관할구역 외의 지역에서의 장거리이동대기오염물질

외의 오염물질에 대한 것만 해당한다)
② 토지 등의 수용 또는 사용(제1호에 따라 위탁된 업무와 관련된 것만 해당한다)
③ 전산망 운영 및 시·도지사 또는 사업자에 대한 기술지원
④ 인증 생략
⑤ 삭제
⑥ 삭제
⑦ 삭제
⑧ 전산망의 운영 및 관리
⑨ 자동차의 배출가스 배출상태 수시 점검
⑩ 사업을 추진하는 사업자에 대한 기술적 지원

② 환경부장관은 환경기술인의 교육에 관한 권한을 「환경정책기본법」에 따른 환경보전협회에 위탁한다. *중요내용

③ 환경부장관은 저공해자동차에 연료를 공급하기 위한 시설(수소연료공급시설에 한정한다) 및 전기자동차 충전시설을 설치하는 자에 대한 자금보조를 위한 지원, 전기자동차 충전시설의 설치·운영, 친환경운전 관련 교육·홍보 프로그램 개발 및 보급의 업무를 한국자동차환경협회에 위탁한다.

④ 한국환경공단, 환경보전협회 및 한국자동차환경협회의 장은 제1항부터 제3항의 규정에 따라 위탁받은 업무를 처리하면 환경부령으로 정하는 바에 따라 그 내용을 환경부장관에게 보고하여야 한다.

⑤ 특별시장·광역시장·특별자치시장·특별자치도지사·시장·군수는 저공해자동차 등에 대한 표지 발급 업무를 한국환경공단에 위탁한다.

환경기술인의 교육(규칙 제125조) *중요내용

① 환경기술인은 다음 각 호의 구분에 따라 「환경정책기본법」에 따른 환경보전협회, 환경부장관, 시·도지사 또는 대도시 시장이 교육을 실시할 능력이 있다고 인정하여 위탁하는 기관(이하 "교육기관"이라 한다)에서 실시하는 교육을 받아야 한다. 다만, 교육 대상이 된 사람이 그 교육을 받아야 하는 기한의 마지막 날 이전 3년 이내에 동일한 교육을 받았을 경우에는 해당 교육을 받은 것으로 본다.
  ❶ 신규교육 : 환경기술인으로 임명된 날부터 1년 이내에 1회
  ❷ 보수교육 : 신규교육을 받은 날을 기준으로 3년마다 1회
② 교육기간은 4일 이내로 한다. 다만, 정보통신매체를 이용하여 원격교육을 하는 경우에는 환경부장관이 인정하는 기간으로 한다.
③ 교육대상자를 고용한 자로부터 징수하는 교육경비는 교육내용 및 교육기간 등을 고려하여 교육기관의 장이 정한다.

교육계획(규칙 제126조) *중요내용

① 교육기관의 장은 매년 11월 30일까지 다음 해의 교육계획을 환경부장관에게 제출하여 승인을 받아야 한다.
② 교육계획에는 다음 각 호의 사항이 포함되어야 한다.
  ❶ 교육의 기본방향
  ❷ 교육수요 조사의 결과 및 교육수요의 장기추계
  ❸ 교육의 목표·과목·기간 및 인원
  ❹ 교육대상자의 선발기준 및 선발계획
  ❺ 교재편찬계획
  ❻ 교육성적의 평가방법
  ❼ 그 밖에 교육을 위하여 필요한 사항

교육대상자의 선발 및 등록(규칙 제127조)

① 환경부장관은 교육계획을 매년 1월 31일까지 시·도지사 또는 대도시 시장에게 통보하여야 한다.
② 시·도지사 또는 대도시 시장은 관할 구역의 교육대상자를 선발하여 그 명단을 그 교육과정을 시작하기 15일 전까지 교육기관의 장에게 통보해야 한다.

③ 시·도지사 또는 대도시 시장은 교육대상자를 선발한 경우에는 그 교육대상자를 고용한 자에게 지체 없이 알려야 한다.
④ 교육대상자로 선발된 환경기술인은 교육을 시작하기 전까지 해당 교육기관에 등록하여야 한다.

☐ **교육결과 보고(규칙 제128조)**

교육기관의 장은 교육을 실시한 경우에는 매 분기의 교육 실적을 해당 분기가 끝난 후 15일 이내에 환경부장관에게 보고하여야 한다.

☐ **자료제출 및 협조(규칙 제130조)**

교육을 효과적으로 수행하기 위하여 환경기술인을 고용하고 있는 자는 시·도지사 또는 대도시 시장이 다음 각 호의 자료제출을 요청하면 이에 협조해야 한다.
❶ 환경기술인의 명단
❷ 교육이수자의 실태
❸ 그 밖에 교육에 필요한 자료

♂ 친환경운전문화 확산(법 제77조의2)

① 환경부장관은 오염물질(온실가스를 포함한다)의 배출을 줄이고 에너지를 절약할 수 있는 운전방법(이하 "친환경운전"이라 한다)이 널리 확산·정착될 수 있도록 다음 각 호의 시책을 추진하여야 한다.
❶ 친환경운전 관련 교육·홍보 프로그램 개발 및 보급
❷ 친환경운전 관련 교육 과정 개설 및 운영
❸ 친환경운전 관련 전문인력의 육성 및 지원
❹ 친환경운전을 체험할 수 있는 체험시설 설치·운영
❺ 그 밖에 친환경운전문화 확산을 위하여 환경부령으로 정하는 시책
② 환경부장관은 시책 추진을 위하여 민간 환경단체 등이 교육·홍보 등 각종 활동을 할 경우 이를 지원할 수 있다.

☐ **친환경운전문화 확산을 위한 시책(규칙 제130조의2)**

"친환경운전문화 확산을 위하여 환경부령으로 정하는 시책"이란 다음 각 호의 시책을 말한다.
❶ 친환경운전문화 확산을 위한 포탈 사이트 구축·운영
❷ 친환경운전 안내장치의 보급 촉진 및 지원
❸ 친환경운전 지도(전자지도를 포함한다)의 작성·보급
❹ 친환경운전 실천 현황 측정 및 인센티브 지원

♂ 한국자동차환경협회의 설립(법 제78조)

① 자동차 배출가스로 인하여 인체 및 환경에 발생하는 위해를 줄이기 위하여 제80조의 업무를 수행하기 위한 한국자동차환경협회를 설립할 수 있다. *중요내용*
② 한국자동차환경협회는 법인으로 한다.
③ 한국자동차환경협회를 설립하기 위하여는 환경부장관에게 허가를 받아야 한다.
④ 한국자동차환경협회에 대하여 이 법에 특별한 규정이 있는 것 외에는 「민법」 중 사단법인에 관한 규정을 준용한다.

♂ 회원(법 제79조)

다음 각 호의 어느 하나에 해당하는 자는 한국자동차환경협회의 회원이 될 수 있다.
❶ 배출가스저감장치 제작자
❷ 저공해엔진 제조·교체 등 배출가스저감사업 관련 사업자
❸ 전문정비사업자

❹ 배출가스저감장치 및 저공해엔진 등과 관련된 분야의 전문가
❺ 「자동차관리법」에 따른 종합검사대행자
❻ 「자동차관리법」에 따른 종합검사 지정정비사업자
❼ 자동차 조기폐차 관련 사업자

업무(법 제80조) *중요내용*

한국자동차환경협회는 정관으로 정하는 바에 따라 다음 각 호의 업무를 행한다.
❶ 운행차 저공해화 기술개발 및 배출가스저감장치의 보급
❷ 자동차 배출가스 저감사업의 지원과 사후관리에 관한 사항
❸ 운행차 배출가스 검사와 정비기술의 연구·개발사업
❹ 환경부장관 또는 시·도지사로부터 위탁받은 업무
❺ 그 밖에 자동차 배출가스를 줄이기 위하여 필요한 사항

굴뚝자동측정기기협회(법 제80조의2)

① 굴뚝에서 배출되는 대기오염물질을 측정하는 측정기기(이하 이 조에서 "굴뚝자동측정기기"라 한다)에 관한 기술개발 및 관련 산업의 육성 등을 위한 다음 각 호의 사업을 수행하기 위하여 굴뚝자동측정기기협회를 설립할 수 있다.
  ❶ 굴뚝자동측정기기 관련 기술개발 및 보급
  ❷ 굴뚝자동측정기기 관련 교육 및 교육교재 개발·보급
  ❸ 굴뚝자동측정기기를 운영·관리하는 자에 대한 교육
② 굴뚝자동측정기기협회는 법인으로 한다.
③ 굴뚝자동측정기기협회를 설립하기 위하여는 환경부장관에게 허가를 받아야 한다.
④ 굴뚝자동측정기기 및 그 부속품을 수입·제조·판매하는 자 등은 굴뚝자동측정기기협회의 정관으로 정하는 바에 따라 굴뚝자동측정기기협회의 회원이 될 수 있다.
⑤ 굴뚝자동측정기기협회에 대하여 이 법에 특별한 규정이 있는 것을 제외하고는 「민법」 중 사단법인에 관한 규정을 준용한다.

재정적·기술적 지원(법 제81조)

① 국가 또는 지방자치단체는 대기환경개선을 위하여 다음 각 호의 사업을 추진하는 지방자치단체나 사업자 등에게 필요한 재정적·기술적 지원을 할 수 있다.
  ❶ 종합계획의 수립 및 시행을 위하여 필요한 사업
  ❷ 측정기기 부착 및 운영·관리
  ❸ 특별대책지역에서의 엄격한 배출허용기준과 특별배출허용기준의 준수 확보에 필요한 사업
  ❸의2 대기오염물질의 비산배출을 줄이기 위한 사업
  ❸의3 휘발성유기화합물함유기준에 적합한 도료에 관한 연구와 기술개발
  ❹ 측정기기의 부착 및 측정결과를 전산망에 전송하는 사업
  ❺ 정밀검사 기술개발과 연구
  ❻ 친환경연료의 보급 확대와 기반구축 등에 필요한 사업
  ❼ 그 밖에 대기환경을 개선하기 위하여 환경부장관이 필요하다고 인정하는 사업
② 국가는 장거리이동 대기오염물질 피해를 방지하기 위한 보호 및 감시활동, 피해방지사업, 그 밖에 장거리이동 대기오염물질 피해 방지와 관련된 법인 또는 단체의 활동에 대하여 필요한 재정지원을 할 수 있다.
③ 재정지원의 대상·절차 및 방법 등의 구체적인 내용은 대통령령으로 정한다.

✪ 재정지원의 대상·절차 및 방법(영 제61조)

① 재정지원의 대상은 다음 각 호와 같다.
　　1 장거리이동 대기오염물질 관련 연구사업
　　2 장거리이동 대기오염물질 피해를 방지하기 위한 국내외 사업
② 재정지원을 받으려는 법인이나 단체는 매년 12월 31일까지 소관 부처에 재정지원을 신청하여야 한다.
③ 신청을 받은 소관 부처는 관계 부처와 협의를 거친 후 위원회의 심의를 거쳐 재정지원 여부를 결정하여야 한다.

✪ 기본부과금의 오염물질배출량 산정(영 제29조) 〈중요내용〉

① 환경부장관은 기본부과금의 산정에 필요한 기준이내배출량을 파악하기 위하여 필요한 경우에는 해당 사업자에게 기본부과금의 부과기간 동안 실제 배출한 기준이내배출량(이하 "확정배출량"이라 한다)에 관한 자료를 제출하게 할 수 있다. 이 경우 해당 사업자는 확정배출량에 관한 자료를 부과기간 완료일부터 30일 이내에 제출하여야 한다.
② 확정배출량은 별표 9에서 정하는 방법에 따라 산정한다. 다만, 굴뚝 자동측정기기의 측정 결과에 따라 산정하는 경우에는 그러하지 아니하다.
③ 개선계획서를 제출한 사업자가 확정배출량을 산정하는 경우 개선기간 중의 확정배출량은 개선기간 전에 굴뚝 자동측정기기가 정상 가동된 3개월 동안의 30분 평균치를 산술평균한 값을 적용하여 산정한다.
④ 제출된 자료를 증명할 수 있는 자료에 관한 사항은 환경부령으로 정한다.

▢ 현장에서 배출허용기준 초과 여부를 판정할 수 있는 대기오염물질(규칙 제133조)

검사기관에 오염도검사를 의뢰하지 아니하고 현장에서 배출허용기준 초과 여부를 판정할 수 있는 대기오염물질의 종류는 다음 각 호와 같다. 〈중요내용〉
　　❶ 매연
　　❷ 일산화탄소
　　❸ 굴뚝 자동측정기기로 측정하고 있는 대기오염물질
　　❹ 황산화물
　　❺ 질소산화물
　　❻ 탄화수소

♂ 행정처분의 기준(법 제84조)

행정처분의 기준은 환경부령으로 정한다.

▢ 행정처분기준(규칙 제134조)

환경부장관, 시·도지사 또는 국립환경과학원장은 위반사항의 내용으로 볼 때 그 위반 정도가 경미하거나 그 밖에 특별한 사유가 있다고 인정되는 경우에는 별표 36에 따른 조업정지·업무정지 또는 사용정지 기간이 2분의 1의 범위에서 행정처분을 경감할 수 있다.

[행정처분기준(규칙 제134조) : 별표 36]

1. 일반기준
　가. 위반행위가 두 가지 이상인 경우에는 각 위반사항에 따라 각각 처분하여야 한다. 다만, 제2호 가목 또는 나목의 처분기준이 모두 조업정지인 경우에는 무거운 처분기준에 따르되, 각 처분기준을 합산한 기간을 넘지 아니하는 범위에서 무거운 처분기준의 2분의 1의 범위에서 가중할 수 있으며, 마목의 운행차의 배출허용기준 위반행위가 두 가지 이상인 경우에는 각 행정처분기준을 합산한다)
　나. 위반행위의 횟수에 따른 행정처분기준은 그 위반행위를 한 날 이전 최근 1년[제2호가목·라목 및 아목의 경우에는 최근 2년(가목 중 6), 10)에서 매연의 경우에는 최근 1년, 제2호나목의 경우에는 최근 3월)]간 같은 위반행위로 행정처분을 받은 경우에 적용한다. 이 경우 배출시설 및 방지시설에 대한 위반횟수는 배출구별로 산정한다.
　다. 이 기준에 명시되지 아니한 사항으로 처분의 대상이 되는 사항이 있을 때에는 이 기준 중 가장 유사한 사항에 따라 처분한다.

2. 개별기준
　가. 배출시설 및 방지시설등과 관련된 행정처분기준

위반사항	근거법령	행정처분기준			
		1차	2차	3차	4차
1) 배출시설설치허가(변경허가를 포함한다)를 받지 아니하거나 신고를 하지 아니하고 배출시설을 설치한 경우	법 제38조				
가) 해당 지역이 배출시설의 설치가 가능한 지역인 경우		사용중지명령			
나) 해당 지역이 배출시설의 설치가 불가능한 지역일 경우 *중요내용		폐쇄명령			
2) 변경신고를 하지 아니한 경우	법 제36조	경 고	경 고	조업정지 5일	조업정지 10일
3) 방지시설을 설치하지 아니하고 배출시설을 가동하거나 방지시설을 임의로 철거한 경우	법 제36조	조업정지	허가취소 또는 폐쇄		
4) 방지시설을 설치하지 아니하고 배출시설을 운영하는 경우	법 제36조	조업정지	허가취소 또는 폐쇄		
5) 가동개시신고를 하지 아니하고 조업하는 경우	법 제36조	경 고	허가취소 또는 폐쇄		
6) 가동개시신고를 하고 가동 중인 배출시설에서 배출되는 대기오염물질의 정도가 배출시설 또는 방지시설의 결함·고장 또는 운전미숙 등으로 인하여 법 제16조에 따른 배출허용기준을 초과한 경우	법 제33조 법 제34조 법 제36조				
가) 「환경정책기본법」에 따른 특별대책지역 외에 있는 사업장인 경우		개선명령	개선명령	개선명령	조업정지
나) 「환경정책기본법」에 따른 특별대책지역 안에 있는 사업장인 경우 *중요내용		개선명령	개선명령	조업정지	허가취소 또는 폐쇄
7) 법 제31조 제1항을 위반하여 다음과 같은 행위를 하는 경우	법 제36조				
가) 배출시설 가동 시에 방지시설을 가동하지 아니하거나 오염도를 낮추기 위하여 배출시설에서 배출되는 대기오염물질에 공기를 섞어 배출하는 행위		조업정지 10일	조업정지 30일	허가취소 또는 폐쇄	
나) 방지시설을 거치지 아니하고 대기오염물질을 배출할 수 있는 공기조절장치·가지배출관 등을 설치하는 행위 *중요내용		조업정지 10일	조업정지 30일	허가취소 또는 폐쇄	
다) 부식·마모로 인하여 대기오염물질이 누출되는 배출시설이나 방지시설을 정당한 사유 없이 방치하는 행위 *중요내용		경 고	조업정지 10일	조업정지 30일	허가취소 또는 폐쇄
라) 방지시설에 딸린 기계·기구류(예비용을 포함한다)의 고장 또는 훼손을 정당한 사유 없이 방치하는 행위		경 고	조업정지 10일	조업정지 20일	조업정지 30일
마) 기타 배출시설 및 방지시설을 정당한 사유 없이 정상적으로 가동하지 아니하여 배출허용기준을 초과한 대기오염물질을 배출하는 행위		조업정지 10일	조업정지 30일	허가취소 또는 폐쇄	
8) 배출시설 또는 방지시설을 정상가동하지 아니함으로써 7)에 해당하여 사람 또는 가축에 피해발생 등 중대한 대기오염을 일으킨 경우	법 제36조	조업정지 3개월, 허가취소 또는 폐쇄	허가취소 또는 폐쇄		

위반사항	근거법령	1차	2차	3차	4차
9) 배출시설 및 방지시설의 운영에 관한 관리기록을 거짓으로 기재하였거나 보존·비치하지 아니한 경우	법 제36조	경고	경고	경고	조업정지 20일
10) 개선명령을 받은 자가 개선명령기간(연장기간 포함) 내에 개선하였으나 검사결과 배출허용기준을 초과한 경우	법 제34조 법 제36조	개선명령	조업정지 10일	조업정지 20일	허가취소 또는 폐쇄
11) 다음의 명령을 이행하지 아니한 경우 　가) 개선명령을 받은 자가 개선명령을 이행하지 아니한 경우 　나) 조업정지명령을 받은 자가 조업정지일 이후에 조업을 계속한 경우	법 제36조	조업정지 경고	허가취소 또는 폐쇄 허가취소 또는 폐쇄		
12) 자가측정을 위반한 다음과 같은 경우 　가) 자가측정을 하지 아니하거나 자가측정 횟수가 적정하지 아니한 경우 *중요내용* 　나) 자가측정을 거짓으로 기록하였거나 기록부 및 자가측정 시의 여과지 등을 보존·비치하지 아니한 경우	법 제36조	경고 경고	경고 경고	경고 경고	조업정지 10일 조업정지 10일
13) 환경기술인 임명 등을 위반한 다음과 같은 경우 *중요내용* 　가) 환경관리인을 임명하지 아니한 경우 　나) 환경관리인의 자격기준에 미달한 경우 　다) 환경관리인의 준수사항 및 관리사항을 이행하지 아니한 경우	법 제36조 법 제40조	선임명령 변경명령 경고	경고 경고 경고	조업정지 5일 경고 경고	조업정지 10일 조업정지 5일 조업정지 5일
14) 연료의 제조·공급·판매 또는 사용금지·제한 등 필요한 조치명령을 이행하지 아니한 경우 *중요내용*	법 제36조 법 제41조 제4항 법 제42조	조업정지 10일	조업정지 20일	조업정지 30일	허가취소 또는 폐쇄
15) 거짓이나 그 밖의 부정한 방법으로 대기배출시설 설치허가, 변경허가를 받았거나, 신고·변경신고를 한 경우		허가취소 또는 폐쇄명령			

비고
1. 개선명령 및 조업정지기간은 그 처분의 이행에 따른 시설의 규모, 기술능력, 기계·기술의 종류 등을 고려하여 정하되, 기간을 초과하여서는 아니 된다.
2. 11) 나)의 경우 1차 경고를 하였을 때에는 경고한 날부터 5일 이내에 조업정지명령의 이행상태를 확인하고 그 결과에 따라 다음 단계의 조치를 하여야 한다.
3. 조업정지(사용중지를 포함한다. 이하 이 호에서 같다) 기간은 조업정지처분에 명시된 조업정지일부터 1) 가)의 경우에는 배출시설의 가동개시신고일까지, 3), 4)의 경우에는 방지시설의 설치완료일까지, 6), 10) 및 11) 가)의 경우에는 해당 시설의 개선완료일까지로 한다.
4. 6)가)의 위반행위를 5차 이상 한 자에 대하여는 이전 위반 시의 처분에 더하여 추가위반행위를 하였을 때마다 조업정지 10일을 가산한다.
5. 굴뚝자동측정기기를 부착한 배출시설은 6) 가) 및 나)의 조업정지, 허가취소 또는 폐쇄에 해당하는 경우에도 각각 개선명령을 적용한다.

나. 측정기기의 부착·운영 등과 관련된 행정처분기준

위반사항	근거법령	1차	2차	3차	4차
1) 측정기기의 부착 등의 조치를 하지 아니하는 경우 　가) 적산전력계 미부착 　나) 사업장 안의 일부 굴뚝자동측정기기 미부착 　다) 사업장 안의 모든 굴뚝자동측정기기 미부착	법 제36조	경고 경고 경고	경고 경고 조업정지 10일	경고 조업정지 10일 조업정지 30일	조업정지 5일 조업정지 30일 허가취소 또는 폐쇄

위반사항	근거법령	1차	2차	3차	4차
라) 굴뚝 자동측정기기의 부착이 면제된 보일러로서 사용연료를 6월 이내에 청정연료로 변경하지 아니한 경우 *중요내용		경고	경고	조업정지 10일	조업정지 30일
마) 굴뚝 자동측정기기의 부착이 면제된 배출시설로서 6개월 이내에 배출시설을 폐쇄하지 아니한 경우		경고	경고	폐쇄	
2) 배출시설 가동 시에 굴뚝 자동측정기기를 고의로 작동하지 아니하거나 정상적인 측정이 이루어지지 아니하도록 하여 측정항목별 상태표시(보수중, 동작불량 등) 또는 전송장비별 상태표시(전원단절, 비정상)가 1일 2회 이상 나타나는 경우가 1주 동안 연속하여 4일 이상 계속되는 경우	법 제36조	경고	조업정지 5일	조업정지 10일	조업정지 30일
3) 부식·마모·고장 또는 훼손되어 정상적인 작동을 하지 아니하는 측정기기를 정당한 사유 없이 7일 이상 방치하는 경우 *중요내용	법 제36조	경고	경고	조업정지 10일	조업정지 30일
4) 측정기기를 조작하여 측정결과를 누락시키거나 거짓으로 측정결과를 작성하는 경우	법 제36조				
가) 측정기기 등의 측정범위 등에 관한 프로그램을 조작하는 경우		경고	조업정지 10일	조업정지 30일	허가취소 또는 폐쇄
나) 측정기기 또는 전송기의 입·출력 전류의 세기를 임의로 조작하는 경우		경고	조업정지 5일	조업정지 10일	허가취소 또는 폐쇄
다) 교정가스 또는 교정액의 표준값을 거짓으로 입력하거나 부적절한 교정가스 또는 교정액을 사용하는 경우 *중요내용		경고	경고	조업정지 5일	조업정지 10일
5) 운영·관리기준을 준수하지 아니하는 경우					
가) 굴뚝 자동측정기기가「환경분야 시험·검사 등에 관한 법률」따른 환경오염공정시험기준에 부합하지 아니하도록 한 경우 *중요내용	법 제32조 제5항·제6항	경고	조치명령	조업정지 10일	조업정지 30일
나) 관제센터에 측정자료를 전송하지 아니한 경우		경고	조치명령	조업정지 10일	조업정지 30일
6) 조업정지명령을 위반한 경우	법 제36조	허가 취소 또는 폐쇄			

다. 비산먼지 발생사업 및 휘발성유기화합물의 규제와 관련된 행정처분기준

위반사항	근거법령	행정처분기준			
		1차	2차	3차	4차
1) 비산먼지 발생사업과 관련된 다음의 경우	법 제43조 제2항·제3항				
가) 비산먼지 발생사업의 신고 또는 변경신고를 하지 아니한 경우		경고	사용중지		
나) 법 제43조 제1항에 따른 필요한 조치를 이행하지 아니한 경우		조치이행 명령	사용중지		
2) 시설이나 조치가 기준에 맞지 아니한 경우	법 제43조 제2항·제3항	개선명령	사용중지		
3) 조치의 이행 또는 개선명령을 이행하지 아니한 경우	법 제43조 제3항	사용중지			

위반사항	근거법령			
4) 휘발성유기화합물 규제와 관련된 다음의 경우				
가) 휘발성유기화합물 배출시설의 설치신고 또는 변경신고를 이행하지 아니한 경우	법 제44조 제1항·제2항, 법 제45조 제1항부터 제3항까지	경 고		
나) 휘발성유기화합물 배출억제·방지시설의 설치 등의 조치를 이행하지 아니한 경우	법 제36조 및 법 제44조 제7항(법 제45조 제5항에 따라 준용되는 경우를 포함한다)	개선명령	조업정지 10일	조업정지 20일
다) 휘발성유기화합물 배출억제·방지시설 설치 등의 조치를 이행하였으나 기준에 미달하는 경우		개선명령	개선명령	조업정지 10일

라. 확인검사대행자에 대한 행정처분

위반사항	근거법령	행정처분기준			
		1차	2차	3차	4차
1) 법 제72조 각 호의 어느 하나에 해당하는 경우	법 제73조	등록취소			
2) 거짓이나 그 밖의 부정한 방법으로 등록을 한 경우	법 제73조	등록취소			
3) 다른 사람에게 등록증을 대여한 경우	법 제73조	등록취소			
4) 1년에 2회 이상 업무정지처분을 받은 경우	법 제73조	등록취소			
5) 고의 또는 중대한 과실로 검사대행업무를 부실하게 한 경우	법 제73조	업무정지 6일	등록취소		
6) 등록 후 2년 이내에 검사대행업무를 시작하지 아니하거나 계속하여 2년 이상 검사업무실적이 없는 경우	법 제73조	등록취소			
7) 등록된 범위 외의 검사대행업무를 한 경우	법 제73조	업무정지 6개월	등록취소		
8) 기술능력 및 장비가 등록기준에 미달하는 경우	법 제73조				
가) 등록기준의 기술능력에 속하는 기술인력이 부족한 경우		경 고	업무정지 1개월	업무정지 3개월	업무정지 6개월
나) 등록기준의 기술능력에 속하는 기술인력이 전혀 없는 경우		등록취소			
다) 등록기준의 검사장비가 부족한 경우		경 고	업무정지 1개월	업무정지 3개월	업무정지 6개월
라) 등록기준의 검사장비가 전혀 없는 경우		등록취소			
9) 1년에 3회 이상 경고처분을 받은 경우	법 제73조				
가) 3회		업무정지 1개월			
나) 4회		업무정지 3개월			
다) 5회 이상		업무정지 6개월			

마. 자동차배출가스의 규정에 대한 행정처분기준

위반사항	근거법령	행정처분기준 1차	2차	3차	4차
1) 거짓이나 그 밖의 부정한 방법으로 인증을 받은 경우	법 제55조 제1호	인증 취소			
2) 제작차에 중대한 결함이 발생되어 개선을 하여도 제작차배출허용기준을 유지할 수 없는 경우	법 제55조 제2호	인증 취소			
3) 자동차의 판매 또는 출고정지명령을 위반한 경우	법 제55조 제3호	경 고	경 고	인증 취소	
4) 결함시정명령을 이행하지 아니한 경우	법 제55조 제4호	경 고	경 고	인증 취소	
5) 운행차에 대한 점검결과 일산화탄소 또는 배기관 탄화수소의 운행차배출허용기준 초과율이 600% 미만인 경우 또는 공기과잉률이 운행차 배출허용기준을 초과한 경우	법 제70조 제1항	개선 명령			
6) 지정정비사업자가 거짓이나 그 밖의 부정한 방법으로 지정을 받은 경우		지정 취소			
7) 운행차 점검결과 일산화탄소 또는 배 기관 탄화수소의 운행차배출허용기준 초과율이 600% 이상인 경우	법 제70조 제1항	개선 명령 및 사용 정지 3일	개선 명령 및 사용 정지 5일		
8) 운행차 점검결과 매연의 농도가 운행차 배출허용기준보다 매연농도로서 10% 미만 초과한 경우	법 제70조 제1항	개선 명령			
9) 운행차 점검결과 매연의 농도가 운행차 배출허용기준보다 매연농도로서 10% 이상 초과한 경우	법 제70조 제1항	개선 명령 및 사용 정지 3일	개선 명령 및 사용 정지 5일	개선 명령 및 사용 정지 7일	
10) 운행차 점검결과 운행차배출허용기준을 초과한 자로서 정화용촉매·연료조절장치 등 배출가스 관련부품을 떼어버리거나 임의조작한 자의 경우	법 제70조 제1항	개선 명령 및 사용 정지 3일			
11) 개선명령을 받은 자가 5)부터 8)까지에 해당하더라도 운행차배출허용기준 초과원인이 운행자 또는 소유자에게 있지 아니하다고 입증한 경우	법 제51조 제4항 법 제70조 제1항	개선 명령			

비고
시·도지사는 위 표의 위반사항 8)에 해당하는 자동차 중 환경부장관이 인정하는 매연여과장치 등 매연저감장치를 새로 부착하는 자동차에 대하여는 해당 자동차 소유자로부터 매연 여과장치 부착이행계획서를 제출받아 사용정지처분을 면제할 수 있다.

② 환경부장관, 시·도지사 또는 국립환경과학원장은 위반사항의 내용으로 볼 때 그 위반 정도가 경미하거나 그 밖에 특별한 사유가 있다고 인정되는 경우에는 별표 36에 따른 조업정지·업무정지 또는 사용정지 기간의 2분의 1의 범위에서 행정처분을 경감할 수 있다. *중요내용*

♂ 권한의 위임과 위탁(법 제87조)

① 이 법에 따른 환경부장관의 권한은 대통령령으로 정하는 바에 따라 그 일부를 시·도지사, 시장·군수·구청장, 환경부 소속 환경연구원의 장이나 지방 환경관서의 장에게 위임할 수 있다.
② 환경부장관, 시·도지사 또는 시장·군수·구청장은 대통령령으로 정하는 바에 따라 이 법에 따른 업무의 일부를 관계 전문기관에 위탁할 수 있다.

[위임업무 보고사항 : 별표 37] *중요내용*

업무내용	보고 횟수	보고기일	보고자
1. 환경오염사고 발생 및 조치 사항	수시	사고발생 시	시·도지사, 유역환경청장 또는 지방환경청장
2. 수입자동차 배출가스 인증 및 검사현황	연 4회	매분기 종료 후 15일 이내	국립환경과학원장
3. 자동차 연료 및 첨가제의 제조·판매 또는 사용에 대한 규제현황	연 2회	매반기 종료 후 15일 이내	유역환경청장 또는 지방환경청장
4. 자동차 연료 또는 첨가제의 제조기준 적합 여부 검사현황	연료 : 연 4회 첨가제 : 연 2회	연료 : 매분기 종료 후 15일 이내 첨가제 : 매반기 종료 후 15일 이내	국립환경과학원장
5. 측정기기 관리대행업의 등록, 변경등록 및 행정처분 현황	연 1회	다음 해 1월 15일까지	유역환경청장, 지방환경청장 또는 수도권 대기환경청장

비고
1. 제1호에 관한 사항은 유역환경청장 또는 지방환경청장을 거쳐 환경부장관에게 보고하여야 한다.
2. 위임업무 보고에 관한서식은 환경부장관이 정하여 고시한다.

[위탁업무 보고사항 : 별표 38] *중요내용*

업무내용	보고 횟수	보고기일
1. 수시검사, 결함확인 검사, 부품결함 보고서류의 접수	수시	위반사항 적발 시
2. 결함확인검사 결과	수시	위반사항 적발 시
3. 자동차배출가스 인증생략 현황	연 2회	매 반기 종료 후 15일 이내
4. 자동차 시험검사 현황	연 1회	다음 해 1월 15일까지

✪ 권한의 위임(영 제63조) *중요내용*

① 환경부장관은 다음 각 호의 권한을 시·도지사에게 위임한다.
  1 이륜자동차정기검사 기간 연장 및 유예
  2 이륜자동차정기검사 수검명령
  3 이륜자동차정기검사 업무 수행을 위한 지정정비사업자의 지정
  4 이륜자동차정기검사 지정정비사업자에 대한 업무 정지명령 및 지정 취소
  5 개선명령
  6 운행정지명령
② 환경부장관은 다음 각 호의 권한을 유역환경청장, 지방환경청장 또는 수도권대기환경청장에게 위임한다. 다만, 제1호 및 제3호의 권한은 수도권대기환경청장에게 위임한다.
  1 측정망 설치 및 대기오염도의 상시 측정(수도권대기환경청의 관할구역에 대한 것만 해당한다)
  2 측정망설치계획의 결정·변경·고시 및 열람
  3 토지 등의 수용 또는 사용(제1호에 따라 위임된 업무와 관련된 것만 해당한다)
  4 추진실적서의 접수·평가 및 전문기관에의 의뢰에 관한 권한
  4의2. 배출시설의 설치허가·변경허가 및 설치신고·변경신고의 수리
  4의3. 배출시설 설치의 제한
  4의4. 관계 행정기관의 장과의 협의
  4의5. 배출시설이나 방지시설의 가동개시 신고의 수리
  4의6. 금지행위에 대한 예외의 인정
  4의7. 조치명령 및 조업정지명령

④의8. 측정기기 관리대행업의 등록, 변경등록, 등록취소, 영업정지명령 및 청문
④의9. 개선명령
④의10. 조업정지명령 및 조치명령
④의11. 배출부과금의 부과 · 징수 및 조정 등
④의12. 배출부과금의 징수유예 · 분할납부 결정, 담보제공 요구 및 징수유예의 취소
④의13. 배출시설 설치허가 · 변경허가의 취소, 폐쇄명령, 조업정지명령 및 청문
④의14. 과징금의 부과 및 징수
④의15. 사용중지명령, 폐쇄명령 및 청문
④의16. 비산배출시설 설치 · 운영 신고 및 변경신고의 수리
④의17. 조치명령
④의18. 조치명령 또는 회수명령
④의19. 공급 · 판매의 중지명령
④의20. 자동차연료 · 첨가제 또는 촉매제에 대한 검사
⑤ 자동차연료 · 첨가제 또는 촉매제의 제조 · 판매 또는 사용에 대한 규제
⑥ 제조의 중지 및 제품의 회수명령
⑥의2. 공급 · 판매의 중지명령
⑥의3. 보고명령, 자료 제출 요구 및 출입 · 채취 · 검사에 관한 권한(유역환경청장, 지방환경청장 또는 수도권대기환경청장에게 위임된 권한을 행사하기 위하여 필요한 경우로 한정한다)
⑦ 과태료의 부과 · 징수(유역환경청장, 지방환경청장 또는 수도권대기환경청장에게 위임된 권한을 행사하기 위하여 필요한 경우로 한정한다)
⑧ 측정기기의 개선기간 결정 및 그 기간의 연장
⑨ 배출시설 및 방지시설의 개선기간 결정 및 그 기간의 연장
⑩ 개선계획서의 접수 및 제출기간 연장
⑪ 개선명령 등의 이행 보고의 접수 및 확인
⑫ 기본부과금 산정을 위한 자료 제출 요구 및 제출자료의 접수
⑬ 기준이내배출량의 조정, 자료 제출 요구 및 제출자료의 접수

③ 환경부장관은 다음 각 호의 권한을 국립환경과학원장에게 위임한다.
　① 측정망 설치 및 대기오염도의 상시 측정(수도권대기환경청의 관할구역 외의 지역에서의 장거리이동 오염물질에 대한 것만 해당한다)
　② 토지 등의 수용 또는 사용(제1호에 따라 위임된 업무와 관련된 것만 해당한다)
　③ 보고 서류의 접수
　③의2. 환경위성관측망의 구축운영 및 정보의 수집 · 활용
　③의3. 대기오염도 예측 · 발표
　④ 인증, 변경인증, 인증의 취소 및 그 청문. 다만, 국내에서 제작되는 자동차에 대한 인증, 인증의 취소 및 그 청문은 제외한다.
　⑤ 검사 및 검사 생략
　⑥ 결함확인검사 및 그 검사에 필요한 자동차의 선정
　⑦ 보고 서류의 접수
　⑦의2. 부착 또는 교체한 배출가스저감장치나 개조 또는 교체한 저공해엔진에 대한 저감효율 확인 검사
　⑧ 법 제74조 제2항에 따른 검사
　⑨ 검사대행기관의 지정 및 지정 취소 등에 관한 권한

✪ 업무의 위탁(영 제66조)

① 환경부장관은 법 제87조제2항에 따라 다음 각 호의 업무를 한국환경공단에 위탁한다.

1 측정망 설치 및 대기오염도의 상시 측정(수도권대기환경청의 관할구역 외의 지역에서의 장거리이동대기오염물질 외의 오염물질에 대한 것만 해당한다)
　　1의2. 전산망의 구축·운영
　　2 토지 등의 수용 또는 사용(제1호에 따라 위탁된 업무와 관련된 것만 해당한다)
　　2의2. 기후·생태계 변화유발물질 배출 억제를 위한 사업
　　2의4. 설치를 지원하려는 연소조절에 의한 시설 및 설치된 시설에 대한 성능확인 등의 업무
　　2의5. 측정기기의 부착·운영
　　3 전산망 운영 및 시·도지사 또는 사업자에 대한 기술지원
　　4 인증 생략
　　8 전산망의 운영 및 관리
　　8의2. 저공해자동차 구매자(「수도권 대기환경개선에 관한 특별법 시행령」에 따른 전기자동차 및 하이브리드자동차에 한정한다)에 대한 자금 보조를 위한 지원
　　8의3. 전기자동차에 전기를 충전하기 위한 시설(이하 "전기자동차 충전시설"이라 한다)을 설치하는 자에 대한 자금 보조를 위한 지원
　　8의4. 저공해자동차 등에 대한 표지 부착 현황관리
　　8의5. 전기자동차 충전 정보관리 전산망의 설치·운영
　　8의6. 전기자동차 충전시설의 설치
　　8의7. 전기자동차 성능 평가
　　8의8. 저공해자동차의 구매·임차계획 및 구매·임차 실적 제출자료의 접수
　　9 자동차의 배출가스 배출상태 수시 점검
　　9의2. 냉매관리기준 준수 여부 확인
　　9의3. 냉매회수업의 등록, 변경등록 및 등록증 발급
　　9의4. 냉매회수업을 하는 사업자가 환경부장관이 인정하는 사업을 하는 경우에 해당 사업에 대한 기술적 지원
　　9의5. 냉매판매량 신고의 접수
　　9의6. 냉매정보관리전산망의 설치 및 운영
　　10 사업을 추진하는 사업자에 대한 기술적 지원
② 환경부장관은 환경기술인의 교육에 관한 권한을 「환경정책기본법」에 따른 환경보전협회에 위탁한다.
③ 환경부장관은 다음 각 호의 업무를 한국자동차환경협회에 위탁한다.
　　1 저공해자동차에 연료를 공급하기 위한 시설(수소연료 공급시설에 한정한다) 및 전기자동차 충전시설을 설치하는 자에 대한 자금 보조를 위한 지원
　　2 전기자동차 충전시설의 설치·운영
　　3 친환경운전 관련 교육·홍보 프로그램 개발 및 보급
④ 한국환경공단, 환경보전협회 및 한국자동차환경협회의 장은 제1항부터 제3항의 규정에 따라 위탁받은 업무를 처리하면 환경부령으로 정하는 바에 따라 그 내용을 환경부장관에게 보고해야 한다.
⑤ 특별시장·광역시장·특별자치시장·특별자치도지사·시장·군수는 저공해자동차 등에 대한 표지발급 업무를 한국환경공단에 위탁한다.

제6장 벌칙

♂ 벌칙(법 제89조) 〈중요내용〉

다음 각 호의 어느 하나에 해당하는 자는 7년 이하의 징역이나 1억원 이하의 벌금에 처한다.
❶ 허가나 변경허가를 받지 아니하거나 거짓으로 허가나 변경허가를 받아 배출시설을 설치 또는 변경하거나 그 배출시설을 이용하여 조업한 자
❷ 방지시설을 설치하지 아니하고 배출시설을 설치·운영한 자
❸ 배출시설을 가동할 때에 방지시설을 가동하지 아니하거나 오염도를 낮추기 위하여 배출시설에서 나오는 오염물질에 공기를 섞어 배출하는 행위를 한 자
❹ 조업정지명령을 위반하거나 같은 조 제2항에 따른 조치명령을 이행하지 아니한 자
❺ 배출시설의 폐쇄나 조업정지에 관한 명령을 위반한 자
❺의2. 사용중지명령 또는 폐쇄명령을 이행하지 아니한 자
❻ 제작차배출허용기준에 맞지 아니하게 자동차를 제작한 자
❻의2. 제46조 제4항을 위반하여 자동차를 제작한 자
❼ 인증을 받지 아니하고 자동차를 제작한 자
❼의2. 평균배출허용기준을 초과한 자동차제작자에 대한 상환명령을 이행하지 아니하고 자동차를 제작한 자
❽의3. 제55조 제1호에 해당하는 행위를 한 자
❽ 인증이나 변경인증을 받지 아니하고 배출가스저감장치와 저공해엔진 또는 공회전제한장치를 제조하거나 공급·판매한 자
❾ 자동차연료·첨가제 또는 촉매제를 제조기준에 맞지 아니하게 제조한 자
❿ 자동차연료·첨가제 또는 촉매제의 검사를 받지 아니한 자
⓫ 자동차연료·첨가제 또는 촉매제의 검사를 거부·방해 또는 기피한 자
⓬ 위반하여 자동차연료를 공급하거나 판매한 자
⓭ 제조의 중지, 제품의 회수 또는 공급·판매의 중지명령을 위반한 자

♂ 벌칙(법 제90조) 〈중요내용〉

다음 각 호의 어느 하나에 해당하는 자는 5년 이하의 징역이나 5천만 원 이하의 벌금에 처한다.
❶ 신고를 하지 아니하거나 거짓으로 신고를 하고 배출시설을 설치 또는 변경하거나 그 배출시설을 이용하여 조업한 자
❷ 방지시설을 거치지 아니하고 오염물질을 배출할 수 있는 공기조절장치나 가지 배출관 등을 설치하는 행위를 한 자
❸ 측정기기의 부착 등의 조치를 하지 아니한 자
❹ 제32조 제3항 제1호나 제3호에 해당하는 행위를 한 자
❹의2. 제38조의2 제8항에 따른 시설개선 등의 조치명령을 이행하지 아니한 자
❹의3. 오염물질을 측정하지 아니한 자 또는 측정결과를 거짓으로 기록하거나 기록·보존하지 아니한 자
❹의4. 제39조제2항 각 호의 어느 하나에 해당하는 행위를 한 자
❺ 연료사용 제한조치 등의 명령을 위반한 자
❻ 시설개선 등의 조치명령을 이행하지 아니한 자
❻의2. 제50조 제7항 및 제8항에 따른 부품 교체 또는 자동차의 교체·환불·재매입 명령을 이행하지 아니한 자
❼ 부품의 결함을 시정하여야 하는 자동차제작자가 정당한 사유없이 결함시정명령을 위반한 자
❽ 전문정비사업자로 등록하지 않고 정비, 점검 또는 확인검사업무를 한 자
❾ 위반하여 첨가제 또는 촉매제를 공급하거나 판매한 자

♂ 벌칙(법 제90조의2) 〈중요내용〉

황함유기준을 초과하는 연료를 공급·판매한 자는 3년 이하의 징역이나 3천만원 이하의 벌금에 처한다.

벌칙(법 제91조) 중요내용

다음 각 호의 어느 하나에 해당하는 자는 1년 이하의 징역이나 1천만원 이하의 벌금에 처한다.
❶ 제30조를 위반하여 신고를 하지 아니하고 조업한 자
❷ 조업정지명령을 위반한 자
❷의2. 측정기기 관리대행업의 등록 또는 변경등록을 하지 아니하고 측정기기 관리 업무를 대행한 자
❷의3. 거짓이나 그 밖의 부정한 방법으로 측정기기 관리대행업의 등록을 한 자
❷의4. 다른 자에게 자기의 명의를 사용하여 측정기기 관리 업무를 하게 하거나 등록증을 다른 자에게 대여한 자
❷의5. 황함유기준을 초과하는 연료를 사용한 자
❸ 사용제한 등의 명령을 위반한 자
❸의2. 제44조의2 제2항 제1호에 해당하는 자로서 같은 항을 위반하여 도료를 공급하거나 판매한 자
❸의3. 제44조의2 제2항 제2호에 해당하는 자로서 같은 항을 위반하여 도료를 공급하거나 판매한 자
❸의4. 휘발성유기화합물함유기준을 초과하는 도료에 대한 공급·판매 중지 또는 회수 등의 조치명령을 위반한 자
❸의5. 휘발성유기화합물함유기준을 초과하는 도료에 대한 공급·판매 중지명령을 위반한 자
❹ 제48조제1항에 따른 인증 또는 같은 조 제2항에 따른 변경인증 받은 내용과 다르게 자동차를 제작한 자. 다만, 중요사항 외의 사항의 변경으로 인하여 인증 또는 변경인증받은 내용과 다르게 제작한 경우는 제외한다.
❹의2. 제48조제2항에 따른 변경인증을 받지 아니하거나 거짓 또는 그 밖의 부정한 방법으로 변경인증을 받고 자동차를 제작한 자
❹의3. 제48조의2제3항제1호 또는 제2호에 따른 금지행위를 한 자
❺ 배출가스 관련 부품을 탈거·훼손·해체·변경·임의설정 하거나 촉매제를 사용하지 아니하거나 적게 사용하여 그 기능이나 성능이 저하되는 행위를 한 자 및 그 행위를 요구한 자
❻ 변경등록을 하지 아니하고 등록사항을 변경한 자
❼ 제68조 제4항 제1호 또는 제2호에 따른 금지행위를 한 자
❽ 배출가스 전문정비업자 지정을 받은 자가 고의로 정비업무를 부실하게 하여 받은 업무정지명령을 위반한 자
❾ 자동차 연료의 제조기준에 적합하지 아니하게 제조된 유류제품 등을 위반하여 자동차 연료를 사용한 자
❿ 자동차연료·첨가제 또는 촉매제를 제조하거나 판매한 자
⓫ 검사를 받은 제품임을 표시하지 아니하거나 거짓으로 표시한 자
⓬ 제74조의2 제2항 제1호 또는 제2호에 따른 금지행위를 한 자
⓬의2. 자동차 온실가스 배출량을 보고하지 아니하거나 거짓으로 보고한 자
⓬의3. 냉매회수업의 등록을 하지 아니하고 냉매회수업을 한 자
⓬의4. 거짓이나 그 밖의 부정한 방법으로 냉매회수업의 등록을 한 자
⓬의5. 다른 자에게 자기의 명의를 사용하여 냉매회수업을 하게 하거나 등록증을 다른 자에게 대여한 자
⓭ 관계 공무원의 출입·검사를 거부·방해 또는 기피한 자

벌칙(제91조의2)

다음 각 호의 어느 하나에 해당하는 자는 500만원 이하의 벌금에 처한다.
❶ 표지를 거짓으로 제작하거나 붙인 자
❷ 저공해자동차 보급계획서의 승인을 받지 아니한 자

벌칙(법 제92조) 중요내용

다음 각 호의 어느 하나에 해당하는 자는 300만원 이하의 벌금에 처한다.
❶ 대기오염경보가 발령된 지역에서 자동차 운행제한이나 사업장 조업단축의 명령을 정당한 사유 없이 위반한 자
❷ 제32조 제5항에 따른 조치명령을 이행하지 아니한 자
❸ 신고를 하지 아니하고 시설을 설치하거나 운영한 자

❸의2. 정기점검을 받지 아니한 자
❹ 연료사용 제한조치 등의 명령을 위반한 자
❹의2. 제43조 제1항 전단에 따른 신고를 하지 아니한 자
❺ 비산먼지의 발생을 억제하기 위한 시설을 설치하지 아니하거나 필요한 조치를 하지 아니한 자. 다만, 시멘트 · 석탄 · 토사 · 사료 · 곡물 및 고철의 분체상(粉體狀) 물질을 운송한 자는 제외한다.
❻ 비산먼지의 발생을 억제하기 위한 시설의 설치나 조치의 이행 또는 개선명령을 이행하지 아니한 자
❼ 특별대책지역 내의 휘발성유기화합물 배출시설로서 휘발성유기화합물 배출억제시설 등의 조치를 하지 아니한 자
❽ 평균 배출량 달성실적 및 상환계획서를 거짓으로 작성한 자
❾ 이륜자동차 정기검사 명령을 이행하지 아니한 자
❿ 인증받은 내용과 다르게 결함이 있는 배출가스저감장치 또는 저공해엔진을 제조 · 공급 또는 판매하는 자
⓫ 운행정지명령을 받고 이에 따르지 아니한 자
⓬ 「자동차관리법」에 따라 자동차관리사업의 등록이 취소되었음에도 정비 · 점검 및 확인검사 업무를 한 전문정비사업자
⓭ 자료를 제출하지 아니하거나 거짓으로 자료를 제출한 자

♂ 벌칙(법 제93조) *중요내용*

환경기술인의 업무를 방해하거나 환경기술인의 요청을 정당한 사유 없이 거부한 자는 200만원 이하의 벌금에 처한다.

♂ 과태료(법 제94조) *중요내용*

① 다음 각 호의 어느 하나에 해당하는 자에게는 500만원 이하의 과태료를 부과한다.
  ❶ 변경보고를 하지 아니하거나 거짓 또는 그 밖의 부정한 방법으로 변경보고를 한 자
  ❶의2. 인증 · 변경인증 · 변경보고의 표시를 하지 아니한 자
  ❶의3. 보급실적을 제출하지 아니한 자
  ❶의4. 성능점검결과를 제출하지 아니한 자
  ❷ 자동차에 온실가스 배출량을 표시하지 아니하거나 거짓으로 표시한 자
② 다음 각 호의 어느 하나에 해당하는 자에게는 300만원 이하의 과태료를 부과한다.
  ❶ 배출시설 등의 운영상황을 기록 · 보존하지 아니하거나 거짓으로 기록한 자
  ❶의2. 제39조제3항을 위반하여 측정한 결과를 제출하지 아니한 자
  ❷ 환경기술인을 임명하지 아니한 자
  ❸ 결함시정명령을 위반한 자
  ❹ 저공해자동차로의 전환 또는 개조 명령, 배출가스저감장치의 부착 · 교체 명령 또는 배출가스 관련 부품의 교체 명령, 저공해엔진(혼소엔진을 포함한다)으로의 개조 또는 교체 명령을 이행하지 아니한 자
  ❺ 저공해자동차의 구매 · 임차 비율을 준수하지 아니한 자
③ 다음 각 호의 어느 하나에 해당하는 자에게는 200만원 이하의 과태료를 부과한다.
  ❶ 제31조 제1항 제3호 또는 제4호에 따른 행위를 한 자
  ❷ 제32조 제3항 제2호에 따른 행위를 한 자
  ❸ 제32조 제4항을 위반하여 운영 · 관리기준을 지키지 아니한 자
  ❸의2. 제32조의2 제5항을 위반하여 관리기준을 지키지 아니한 자
  ❹ 제38조의2 제2항에 따른 변경신고를 하지 아니한 자
  ❺ 제43조 제1항에 따른 비산먼지의 발생 억제 시설의 설치 및 필요한 조치를 하지 아니하고 시멘트 · 석탄 · 토사 등 분체상 물질을 운송한 자
  ❻ 제44조 제2항 또는 제45조 제3항에 따른 휘발성유기화합물 배출시설의 변경신고를 하지 아니한 자
  ❼ 제44조 제8항을 위반하여 검사 · 측정을 하지 아니한 자 또는 검사 · 측정 결과를 기록 · 보존하지 아니하거나 거짓으로 기록 · 보존한 자
  ❽ 제51조 제5항(제53조 제4항에 따라 준용되는 경우를 포함한다)에 따른 결함시정 결과보고를 하지 아니한 자

❾ 부품의 결함시정 현황 및 결함원인 분석 현황 또는 결함시정 현황을 보고하지 아니한 자
❿ 제61조 제2항을 위반하여 점검에 따르지 아니하거나 기피 또는 방해한 자
⓫ 제68조 제4항 제3호 또는 제4호에 따른 행위를 한 자
⓬ 제조기준에 맞지 아니하는 첨가제 또는 촉매제임을 알면서 사용한 자
⓭ 검사를 받지 아니하거나 검사받은 내용과 다르게 제조된 첨가제 또는 촉매제임을 알면서 사용한 자
⓮ 냉매회수업의 변경등록을 하지 아니하고 등록사항을 변경한 자
⓯ 냉매관리기준을 준수하지 아니하거나 냉매의 회수 내용을 기록·보존 또는 제출하지 아니한 자

④ 다음 각 호의 어느 하나에 해당하는 자에게는 100만원 이하의 과태료를 부과한다.
❶ 제23조 제2항이나 제3항에 따른 변경신고를 하지 아니한 자
❷ 환경기술인의 준수사항을 지키지 아니한 자
❸ 변경신고를 하지 아니한 자
❸의2. 평균 배출량 달성 실적을 제출하지 아니한 자
❸의3. 상환계획서를 제출하지 아니한 자
❹ 자동차의 원동기 가동제한을 위반한 자동차의 운전자
❺ 정비·점검 및 확인검사를 받지 아니한 자
❺의2. 등록된 기술인력이 교육을 받게 하지 아니한 전문정비사업자
❻ 정비·점검 및 확인검사 결과표를 발급하지 아니하거나 정비·점검 및 확인검사 결과를 보고하지 아니한 자
❻의2. 냉매관리기준을 준수하지 아니하거나 같은 조 제2항을 위반하여 냉매사용기기의 유지·보수 및 냉매의 회수·처리 내용을 기록·보존 또는 제출하지 아니한 자
❻의3. 등록된 기술인력에게 교육을 받게 하지 아니한 자
❼ 환경기술인 등의 교육을 받게 하지 아니한 자
❽ 보고를 하지 아니하거나 거짓으로 보고한 자 또는 자료를 제출하지 아니하거나 거짓으로 제출한 자

⑤ 이륜자동차정기검사를 받지 아니한 자에게는 50만원 이하의 과태료를 부과한다.
⑥ 과태료는 대통령령으로 정하는 바에 따라 환경부장관, 시·도지사 또는 시장·군수·구청장이 부과·징수한다.

양벌규정(법 제95조)

법인의 대표자나 법인 또는 개인의 대리인, 사용인, 그 밖의 종업원이 그 법인 또는 개인의 업무에 관하여 제89조부터 제93조까지의 어느 하나에 해당하는 위반행위를 하면 그 행위자를 벌하는 외에 그 법인 또는 개인에게도 해당 조문의 벌금형을 과(科)한다. 다만, 법인 또는 개인이 그 위반행위를 방지하기 위하여 해당 업무에 관하여 상당한 주의와 감독을 게을리하지 아니한 경우에는 그러하지 아니하다.

[과태료의 부과기준 : 별표 15] *중요내용*

1. 일반기준 *중요내용*
    가. 위반행위의 횟수에 따른 과태료의 부과기준은 최근 1년간 같은 위반행위로 과태료 부과처분을 받은 경우에 적용한다. 이 경우 위반행위에 대하여 과태료를 부과처분한 날과 다시 동일한 위반행위를 적발한 날을 각각 기준으로 하여 위반횟수를 계산한다.
    나. 부과권자는 다음의 어느 하나에 해당하는 경우에는 제2호에 따른 과태료 금액의 2분의 1의 범위에서 그 금액을 줄일 수 있다. 다만, 과태료를 체납하고 있는 위반행위자에 대해서는 그러하지 아니하다.
        1) 위반행위자가 「질서위반행위규제법 시행령」 제2조의2 제1항 각 호의 어느 하나에 해당하는 경우
        2) 위반행위가 위반행위자의 사소한 부주의나 오류 등 과실로 인한 것으로 인정되는 경우
        3) 위반행위자가 위반행위를 바로 정정하거나 시정하여 해소한 경우
        4) 그 밖에 위반행위의 정도, 동기와 그 결과 등을 고려하여 과태료 금액을 줄일 필요가 있다고 인정되는 경우

2. 개별기준
    ① 환경기술인 등의 교육을 받게 하지 않은 경우 1차 위반 시 과태료 금액은 60만원이다.
    ② 비산먼지발생사업장으로 신고하지 아니한 경우 1차 위반 시 과태료 금액은 100만원이다.

[악취방지법]

제1장 총칙

♂ 목적(법 제1조)

이 법은 사업활동 등으로 인하여 발생하는 악취를 방지함으로써 국민이 건강하고 쾌적한 환경에서 생활할 수 있게 함을 목적으로 한다.

♂ 정의(법 제2조) *중요내용

이 법에서 사용하는 용어의 뜻은 다음과 같다.
1. "악취"란 황화수소, 메르캅탄류, 아민류, 그 밖에 자극성이 있는 물질이 사람의 후각을 자극하여 불쾌감과 혐오감을 주는 냄새를 말한다.
2. "지정악취물질"이란 악취의 원인이 되는 물질로서 환경부령으로 정하는 것을 말한다.
3. "악취배출시설"이란 악취를 유발하는 시설, 기계, 기구, 그 밖의 것으로서 환경부장관이 관계 중앙행정기관의 장과 협의하여 환경부령으로 정하는 것을 말한다.
4. "복합악취"란 두 가지 이상의 악취물질이 함께 작용하여 사람의 후각을 자극하여 불쾌감과 혐오감을 주는 냄새를 말한다.
5. "신고대상시설"이란 다음 각 목의 어느 하나에 해당하는 시설을 말한다.
    가. 제8조 제1항 또는 제5항에 따라 신고하여야 하는 악취배출시설
    나. 제8조의2 제2항에 따라 신고하여야 하는 악취배출시설

[지정악취물질(규칙 제2조) : 별표 1] *중요내용

종류			적용시기
1. 암모니아 2. 메틸메르캅탄 3. 황화수소 4. 다이메틸설파이드	5. 다이메틸다이설파이드 6. 트라이메틸아민 7. 아세트알데하이드 8. 스타이렌	9. 프로피온알데하이드 10. 뷰틸알데하이드 11. n-발레르알데하이드 12. i-발레르알데하이드	2005년 2월 10일부터
13. 톨루엔 14. 자일렌	15. 메틸에틸케톤 16. 메틸아이소뷰틸케톤	17. 뷰틸아세테이트	2008년 1월 1일부터
18. 프로피온산 19. n-뷰틸산	20. n-발레르산 21. i-발레르산	22. i-뷰틸알코올	2010년 1월 1일부터

[악취배출시설(규칙 제3조) : 별표 2]

시설 종류	시설 규모의 기준
축산시설	사육시설 면적이 돼지 $50m^2$, 소·말 $100m^2$, 닭·오리·양 $150m^2$, 사슴 $500m^2$, 개 $60m^2$, 그 밖의 가축은 $500m^2$ 이상인 시설
도축시설, 고기 가공·저장처리 시설	도축시설이나 고기 가공·저장처리 시설의 면적이 $200m^2$ 이상인 시설
섬유 염색 및 가공시설	용적 합계가 $5m^3$ 이상인 세모·표백·정련·자숙·염색·다림질[텐터(tenter)]·탈수·건조 또는 염료조제 공정을 포함하는 시설
가죽 제조시설	1) 용적이 $10m^3$ 이상인 원피저장시설 2) 연료사용량이 시간당 30kg 이상이거나 용적이 $3m^3$ 이상인 석회적, 탈모, 탈회, 무두질, 염색 또는 도장·도장 마무리용 건조 공정을 포함하는 시설(인조가죽 제조시설을 포함한다)

⚫ 악취실태조사(법 제4조)

① 특별시장·광역시장·특별자치시장·도지사(그 관할구역 중 인구 50만 이상의 시는 제외한다. 이하 같다)·특별자치도지사(이하 "시·도지사"라 한다) 또는 인구 50만 이상의 시의 장(이하 "대도시의 장"이라 한다)은 환경부령으로 정하는 바에 따라 악취관리지역의 대기 중 지정악취물질의 농도와 악취의 정도 등 악취발생 실태를 주기적으로 조사하고 그 결과를 환경부장관에게 보고하여야 한다.
② 시·도지사 또는 대도시의 장은 관할구역에서 악취로 인하여 발생한 민원 및 그 조치 결과 등을 환경부령으로 정하는 바에 따라 매년 환경부장관에게 보고하여야 한다.
③ 환경부장관, 시·도지사 또는 대도시의 장은 악취로 인하여 주민의 건강과 생활환경에 피해가 우려되는 경우에는 악취관리지역 외의 지역에서 제1항에 따른 악취발생 실태를 조사할 수 있다.
④ 제1항부터 제3항까지에서 규정한 사항 외에 악취실태조사계획의 수립 및 악취실태조사의 실시에 필요한 사항은 환경부장관이 정하여 고시한다.

❏ 악취실태조사(규칙 제4조)

① 특별시장·광역시장·특별자치시장·도지사(그 관할구역 중 인구 50만 이상의 시는 제외한다. 이하 같다)·특별자치도지사(이하 "시·도지사"라 한다) 또는 인구 50만 이상의 시의 장(이하 "대도시의 장"이라 한다)은 악취발생 실태를 조사하기 위하여 조사기관, 조사주기, 조사지점, 조사항목, 조사방법 등을 포함한 계획(이하 "악취실태조사계획"이라 한다)을 수립하여야 한다.
② 조사지점은 악취관리지역 및 악취관리지역의 인근 지역 중 그 지역의 악취를 대표할 수 있는 지점으로 하며, 조사항목은 해당 지역에서 발생하는 지정악취물질을 포함하여야 한다.
③ 시·도지사 또는 대도시의 장은 악취실태조사계획에 따라 실시한 악취실태조사 결과를 다음 해 1월 15일까지 환경부장관에게 보고하여야 한다.
④ 제1항부터 제3항까지에서 규정한 사항 외에 악취실태조사계획의 수립 및 악취실태조사의 실시에 필요한 사항은 환경부장관이 정하여 고시한다.

❏ 악취민원 및 조치 결과 보고(규칙 제5조)

시·도지사 또는 대도시의 장은 악취로 인하여 발생한 민원 및 그 조치 결과를 다음 해 1월 31일까지 환경부장관에게 보고하여야 한다.

제2장 사업장 악취에 대한 규제

⚫ 악취관리지역의 지정(법 제6조)

① 시·도지사 또는 대도시의 장은 다음 각 호의 어느 하나에 해당하는 지역을 악취관리지역으로 지정하여야 한다.
　❶ 악취와 관련된 민원이 1년 이상 지속되고, 악취배출시설을 운영하는 사업장이 둘 이상 인접하여 모여 있는 지역으로서 악취가 배출허용기준을 초과하는 지역
　❷ 다음 각 목의 어느 하나에 해당하는 지역으로서 악취와 관련된 민원이 집단적으로 발생하는 지역
　　가. 「산업입지 및 개발에 관한 법률」에 따른 국가산업단지·일반산업단지·도시첨단산업단지 및 농공단지
　　나. 「국토의 계획 및 이용에 관한 법률」에 따른 공업지역 중 환경부령으로 정하는 지역
② 시·도지사 또는 대도시의 장은 악취관리지역 지정 사유가 해소되었을 때에는 악취관리지역의 지정을 해제할 수 있다.
③ 환경부장관은 시·도지사 또는 대도시의 장이 제1항 각 호의 어느 하나에 해당하는 지역을 악취관리지역으로 지정하지 아니하는 경우에는 시·도지사 또는 대도시의 장에게 해당 지역을 악취관리지역으로 지정할 것을 요구하여야 한다. 이 경우 시·도지사 또는 대도시의 장은 지체 없이 해당 지역을 악취관리지역으로 지정하여야 한다.

④ 시·도지사 또는 대도시의 장은 악취관리지역을 지정·해제 또는 변경하려는 때에는 환경부령으로 정하는 바에 따라 이해관계인의 의견을 들어야 한다.
⑤ 시·도지사 또는 대도시의 장은 악취관리지역을 지정·해제 또는 변경하였을 때에는 이를 고시하고 그 내용을 환경부장관에게 보고하여야 한다.
⑥ 시장(대도시의 장은 제외한다. 이하 같다)·군수·구청장(자치구의 구청장을 말한다. 이하 같다)은 주민의 생활환경을 보전하기 위하여 필요하다고 인정하는 경우에는 지역을 정하여 시·도지사에게 악취관리지역으로 지정하여 줄 것을 요청할 수 있다.
⑦ 환경부장관은 시·도지사가 시장·군수·구청장이 요청한 지역을 악취관리지역으로 지정하지 아니하는 경우에는 악취발생 실태 조사의 결과를 고려하여 시·도지사에게 해당 지역을 악취관리지역으로 지정할 것을 권고할 수 있다. 이 경우 권고를 받은 시·도지사는 특별한 사유가 없으면 이에 따라야 한다.
⑧ 악취관리지역의 지정기준 등에 관하여 필요한 사항은 환경부령으로 정한다.

❑ **악취관리지역의 지정기준(규칙 제5조의2)**

법 제6조 제1항 제2호에서 "환경부령으로 정하는 지역"이란 다음 각 호의 지역을 말한다.
❶ 「국토의 계획 및 이용에 관한 법률 시행령」에 따른 전용공업지역
❷ 「국토의 계획 및 이용에 관한 법률 시행령」에 따른 일반공업지역(「자유무역지역의 지정 및 운영에 관한 법률」에 따른 자유무역지역으로 한정한다)

배출허용기준(법 제7조)

① 악취배출시설에서 배출되는 악취의 배출허용기준은 환경부장관이 관계 중앙행정기관의 장과 협의하여 환경부령으로 정한다.
② 특별시·광역시·특별자치시·도(그 관할구역 중 인구 50만 이상의 시는 제외한다. 이하 같다)·특별자치도(이하 "시·도"라 한다) 또는 인구 50만 이상의 시(이하 "대도시"라 한다)는 배출허용기준으로는 주민의 생활환경을 보전하기 어렵다고 인정하는 경우에는 악취배출시설 중 대통령령으로 정하는 시설에 대하여 환경부령으로 정하는 범위에서 조례로 따른 배출허용기준보다 엄격한 배출허용기준을 정할 수 있다.
③ 시·도 또는 대도시는 엄격한 배출허용기준을 정할 때에는 환경부령으로 정하는 바에 따라 이해관계인의 의견을 들어야 한다.
④ 시·도지사 또는 대도시의 장은 배출허용기준을 정하거나 변경하였을 때에는 지체 없이 환경부장관에게 보고하여야 한다.
⑤ 시장·군수·구청장은 주민의 생활환경을 보전하기 위하여 필요하다고 인정하는 경우에는 그 관할구역에 있는 악취배출시설에 대하여 시·도에 엄격한 배출허용기준을 정하여 줄 것을 요청할 수 있다.

✪ **엄격한 배출허용기준의 적용(영 제1조의2)**

① 「악취방지법」(이하 "법"이라 한다) 제7조 제2항에서 "대통령령으로 정하는 시설"이란 다음 각 호의 시설을 말한다.
  1 악취관리지역으로 지정된 지역(이하 "악취관리지역"이라 한다)에 있는 시설
  2 악취관리지역 외의 지역에 있는 다음 각 목의 시설
    가. 「학교보건법」에 따른 학교의 부지 경계선으로부터 1킬로미터 이내에 있는 시설
    나. 악취방지에 필요한 조치기간이 지난 시설로서 악취와 관련된 민원이 1년 이상 지속되고 복합악취나 지정악취물질이 배출허용기준(이하 "배출허용기준"이라 한다)을 초과하는 시설
② 특별시·광역시·도(그 관할구역 중 인구 50만 이상의 시는 제외한다)·특별자치시·특별자치도 또는 인구 50만 이상의 시가 조례로 엄격한 배출허용기준을 정하는 경우에는 이를 준수하는 데 필요한 준비기간을 고려하여 조례로 정하는 바에 따라 1년의 범위에서 그 기준을 적용하지 아니할 수 있다.

❏ 배출허용기준(규칙 제8조)

[배출허용기준 및 엄격한 배출허용기준의 설정 범위(규칙 제8조) : 별표 3] 중요내용

1. 복합악취

구분	배출허용기준(희석배수)		엄격한 배출허용기준의 범위(희석배수)	
	공업지역	기타 지역	공업지역	기타 지역
배출구	1000 이하	500 이하	500~1000	300~500
부지경계선	20 이하	15 이하	15~20	10~15

2. 지정악취물질 중요내용

구분	배출허용기준(ppm)		엄격한 배출허용 기준의 범위(ppm)	적용시기
	공업지역	기타 지역	공업지역	
암모니아	2 이하	1 이하	1~2	2005년 2월 10일부터
메틸메르캅탄	0.004 이하	0.002 이하	0.002~0.004	
황화수소	0.06 이하	0.02 이하	0.02~0.06	
다이메틸설파이드	0.05 이하	0.01 이하	0.01~0.05	
다이메틸다이설파이드	0.03 이하	0.009 이하	0.009~0.03	
트라이메틸아민	0.02 이하	0.005 이하	0.005~0.02	
아세트알데하이드	0.1 이하	0.05 이하	0.05~0.1	
스타이렌	0.8 이하	0.4 이하	0.4~0.8	
프로피온알데하이드	0.1 이하	0.05 이하	0.05~0.1	
뷰틸알데하이드	0.1 이하	0.029 이하	0.029~0.1	
n-발레르알데하이드	0.02 이하	0.009 이하	0.009~0.02	
i-발레르알데하이드	0.006 이하	0.003 이하	0.003~0.006	
톨루엔	30 이하	10 이하	10~30	2008년 1월 1일부터
자일렌	2 이하	1 이하	1~2	
메틸에틸케톤	35 이하	13 이하	13~35	
메틸아이소뷰틸케톤	3 이하	1 이하	1~3	
뷰틸아세테이트	4 이하	1 이하	1~4	
프로피온산	0.07 이하	0.03 이하	0.03~0.07	2010년 1월 1일부터
n-뷰틸산	0.002 이하	0.001 이하	0.001~0.002	
n-발레르산	0.002 이하	0.0009 이하	0.0009~0.002	
i-발레르산	0.004 이하	0.001 이하	0.001~0.004	
i-뷰틸알코올	4.0 이하	0.9 이하	0.9~4.0	

비고 중요내용
1. 배출허용기준의 측정은 복합악취를 측정하는 것을 원칙으로 한다. 다만, 사업자의 악취물질 배출 여부를 확인할 필요가 있는 경우에는 지정악취물질을 측정할 수 있다. 이 경우 어느 하나의 측정방법에 따라 측정한 결과 기준을 초과하였을 때에는 배출허용기준을 초과한 것으로 본다.
2. 복합악취는 「환경분야 시험·검사 등에 관한 법률」 제6조 제1항 제4호에 따른 환경오염공정시험기준의 공기희석관능법(空氣稀釋官能法)을 적용하여 측정하고, 지정악취물질은 기기분석법(機器分析法)을 적용하여 측정한다.
3. 복합악취의 시료는 다음과 같이 구분하여 채취한다.
    가. 사업장 안에 지면으로부터 높이 5m 이상의 일정한 악취배출구와 다른 악취발생원이 섞여 있는 경우에는 부지경계선 및 배출구에서 각각 채취한다.
    나. 사업장 안에 지면으로부터 높이 5m 이상의 일정한 악취배출구 외에 다른 악취발생원이 없는 경우에는 일정한 배출구에서 채취한다.
    다. 가목 및 나목 외의 경우에는 부지경계선에서 채취한다.
4. 지정악취물질의 시료는 부지경계선에서 채취한다.

5. "희석배수"란 채취한 시료를 냄새가 없는 공기로 단계적으로 희석시켜 냄새를 느낄 수 없을 때까지 최대로 희석한 배수를 말한다.
6. "배출구"란 악취를 송풍기 등 기계장치 등을 통하여 강제로 배출하는 통로(자연 환기가 되는 창문·통기관 등은 제외한다)를 말한다.
7. "공업지역"이란 다음 각 호의 어느 하나에 해당하는 지역을 말한다.
   가. 「산업입지 및 개발에 관한 법률」에 따른 국가산업단지·일반산업단지·도시첨단산업단지 및 농공단지
   나. 「국토의 계획 및 이용에 관한 법률 시행령」에 따른 전용공업지역
   다. 「국토의 계획 및 이용에 관한 법률 시행령」에 따른 일반공업지역(「자유무역지역의 지정 및 운영에 관한 법률」 제4조에 따른 자유무역지역만 해당한다)

✪ 조치 이행 확인(영 제7조)

특별자치도지사, 대도시의 장 또는 시장·군수·구청장은 조치기간이 끝났을 때에는 관계 공무원이 지체 없이 그 조치의 이행상태를 확인하게 하여야 한다.

✪ 악취관리지역의 악취배출시설 설치신고(법 제8조)

① 악취관리지역에 악취배출시설을 설치하려는 자는 환경부령으로 정하는 바에 따라 시·도지사 또는 대도시의 장에게 신고하여야 한다. 신고한 사항 중 환경부령으로 정하는 사항을 변경하려는 경우에도 또한 같다.
② 신고 또는 변경신고를 하는 자는 해당 악취배출시설에서 배출되는 악취가 배출허용기준 이하로 배출될 수 있도록 악취방지시설의 설치 등 악취를 방지할 수 있는 계획(이하 "악취방지계획"이라 한다)을 수립하여 신고 또는 변경신고할 때 함께 제출하여야 한다. 다만, 환경부령으로 정하는 바에 따라 악취가 항상 배출허용기준 이하로 배출됨을 증명하는 자료를 제출하는 경우에는 그러하지 아니하다.
③ 악취방지계획을 제출하지 아니하고 악취배출시설을 설치·운영하는 자가 공정(工程)·원료 등의 변경으로 배출허용기준을 초과할 우려가 있는 경우에는 악취방지계획을 수립하여 제출하여야 한다.
④ 악취방지계획을 제출한 자는 악취방지계획에 따라 해당 악취배출시설의 가동 전에 악취방지에 필요한 조치를 하여야 한다.
⑤ 악취관리지역을 지정·고시할 당시 해당 지역에서 악취배출시설을 운영하고 있는 자는 그 고시된 날부터 6개월 이내에 신고와 함께 악취방지계획이나 자료를 제출하고, 그 고시된 날부터 1년 이내에 악취방지계획에 따라 악취방지에 필요한 조치를 하여야 한다. 다만, 그 조치에 특수한 기술이 필요한 경우 등 대통령령으로 정하는 사유에 해당하는 경우에는 시·도지사 또는 대도시의 장의 승인을 받아 6개월의 범위에서 조치기간을 연장할 수 있다.

▢ 악취배출시설의 설치·운영 신고(규칙 제9조)

악취배출시설의 설치신고 또는 운영신고를 하려는 자는 악취배출시설 설치·운영신고서(전자문서로 된 신고서를 포함한다)에 다음 각 호의 서류(전자문서를 포함한다)를 첨부하여 특별자치시장, 특별자치도지사, 대도시의 장 또는 시장(특별자치시장, 대도시의 장은 제외한다. 이하 같다)·군수·구청장(자치구의 구청장을 말한다. 이하 같다)에게 제출하여야 한다.
❶ 사업장 배치도
❷ 악취배출시설의 설치명세서 및 공정도(工程圖)
❸ 악취물질의 종류, 농도 및 발생량을 예측한 명세서
❹ 악취방지계획서
❺ 악취방지시설의 연간 유지·관리계획서

▢ 악취배출시설의 변경신고(규칙 제10조)

① 악취배출시설의 변경신고를 하여야 하는 경우는 다음 각 호와 같다. *중요내용
❶ 악취배출시설의 악취방지계획서 또는 악취방지시설을 변경(사용하는 원료의 변경으로 인한 경우를 포함한다)하는 경우(제5호에 해당하여 변경하는 경우는 제외)
❷ 악취배출시설을 폐쇄하거나, 시설 규모의 기준에서 정하는 공정을 추가하거나 폐쇄하는 경우
❸ 사업장의 명칭 또는 대표자를 변경하는 경우

❹ 악취배출시설 또는 악취방지시설을 임대하는 경우
❺ 악취배출시설에서 사용하는 원료를 변경하는 경우
② 변경신고를 하려는 자는 변경 전에 악취배출시설 변경신고서(전자문서로 된 신고서를 포함한다)에 다음 각 호의 서류(전자문서를 포함한다)를 첨부하여 특별자치시장, 특별자치도지사, 대도시의 장 또는 시장·군수·구청장에게 제출하여야 한다. 다만, 악취배출시설을 폐쇄하거나 사업장의 명칭 또는 대표자를 변경하는 경우에는 제1호부터 제3호까지의 서류는 제출하지 아니한다.
❶ 악취배출시설 또는 악취방지시설의 변경명세서
❷ 악취물질의 종류, 농도 및 발생량을 예측한 명세서
❸ 악취방지계획서
❹ 악취배출시설 설치·운영신고 확인증
③ 특별자치시장, 특별자치도지사, 대도시의 장 또는 시장·군수·구청장은 변경신고를 수리하였을 때에는 악취배출시설 설치·운영신고 확인증에 변경사항을 적은 후 이를 신고인에게 발급하여야 한다.

[악취방지계획에 포함하여야 할 사항(규칙 제11조) : 별표 4]

> 별표 3에 따른 배출허용기준 및 엄격한 배출허용기준을 준수하기 위하여 악취방지계획에 다음의 조치 중 악취를 제거할 수 있는 가장 적절한 조치를 포함하여야 한다.
> 1. 다음의 악취방지시설 중 적절한 시설의 설치 *중요내용*
>   가. 연소에 의한 시설
>   나. 흡수(吸收)에 의한 시설
>   다. 흡착(吸着)에 의한 시설
>   라. 촉매반응을 이용하는 시설
>   마. 응축(凝縮)에 의한 시설
>   바. 산화(酸化)·환원(還元)에 의한 시설
>   사. 미생물을 이용한 시설
> 2. 성능이 확인된 소취제(消臭劑)·탈취제(脫臭劑) 또는 방향제(芳香劑)의 살포를 통한 악취의 제거
> 3. 그 밖에 보관시설의 밀폐, 부유상(浮游狀) 덮개 또는 상부 덮개의 설치, 물청소 등을 통한 악취 억제 또는 방지 조치

♂ 악취방지시설의 공동 설치(법 제8조의3)

① 국가, 지방자치단체 및 「한국환경공단법」에 따른 한국환경공단(이하 "한국환경공단"이라 한다)은 악취관리지역 또는 신고대상시설로 지정·고시된 악취배출시설이 설치된 지역의 각 사업장에서 배출되는 악취를 공동으로 처리하기 위하여 악취공공처리시설을 설치·운영할 수 있다. 이 경우 국가, 지방자치단체 및 한국환경공단은 해당 사업장의 운영자에게 악취공공처리시설의 운영에 필요한 비용의 전부 또는 일부를 부담하게 할 수 있다.
② 국가와 지방자치단체는 한국환경공단으로 하여금 악취공공처리시설을 설치하거나 운영하게 할 수 있다.
③ 신고대상시설을 운영하는 자(이하 "신고대상시설 운영자"라 한다)는 환경부령으로 정하는 바에 따라 신고대상시설로부터 나오는 악취를 처리하기 위한 악취방지시설을 공동으로 설치·운영할 수 있다.
④ 신고대상시설 운영자가 악취방지시설을 공동으로 설치·운영하려는 경우에는 그 시설의 운영기구를 설치하고 대표자를 두어야 한다.
⑤ 악취공공처리시설 및 공동으로 설치·운영하는 악취방지시설의 배출허용기준은 제7조에 따르며, 그 설치·운영에 필요한 사항은 환경부령으로 정한다.

♂ 개선명령(법 제10조)

시·도지사 또는 대도시의 장은 신고대상시설에서 배출되는 악취가 배출허용기준을 초과하는 경우에는 대통령령으로 정하는 바에 따라 기간을 정하여 신고대상시설 운영자에게 그 악취가 배출허용기준 이하로 내려가도록 필요한 조치를 할 것을 명할 수 있다.

✪ 개선명령의 조치기간(영 제3조) *중요내용*

① 특별시장·광역시장·도지사(그 관할구역 중 인구 50만 이상의 시는 제외한다. 이하 같다)·특별자치시장·특별자치도지사(이하 "시·도지사"라 한다) 또는 인구 50만 이상의 시의 장(이하 "대도시의 장"이라 한다)은 개선명령을 할 때에는 악취의 제거 또는 억제 등의 조치에 걸리는 기간을 고려하여 1년의 범위에서 조치기간을 정할 수 있다.

② 시·도지사 또는 대도시의 장은 개선명령을 받은 신고대상시설 운영자가 천재지변이나 그 밖의 부득이한 사유로 제1항에 따른 조치기간에 조치를 끝낼 수 없는 경우에는 그 신고대상시설 운영자의 신청을 받아 6개월의 범위에서 조치기간을 연장할 수 있다. 이 경우 연장신청은 제1항의 조치기간이 끝나기 전에 하여야 한다.

♂ 조업정지명령(법 제11조)

① 시·도지사 또는 대도시의 장은 명령(이하 "개선명령"이라 한다)을 받은 자가 이를 이행하지 아니하거나, 이행은 하였으나 최근 2년 이내에 배출허용기준을 반복하여 계속 초과하는 경우에는 해당 신고대상시설의 전부 또는 일부에 대하여 조업정지를 명할 수 있다. *중요내용*

② 조업정지명령의 기준, 범위 등에 관하여 필요한 사항은 환경부령으로 정한다.

[행정처분기준(규칙 제19조) : 별표 9]

1. 일반기준

   가. 위반행위가 둘 이상인 경우로서 그에 해당하는 각각의 처분기준이 다른 경우에는 그 중 무거운 처분기준에 따른다. 다만, 제2호나목의 경우 둘 이상의 처분기준이 같은 업무정지인 경우에는 각 처분기준을 합산한 기간을 넘지 않는 범위에서 무거운 처분기준의 2분의 1의 범위에서 가중할 수 있다.

   나. 위반행위의 횟수에 따른 행정처분기준은 최근 2년간 같은 위반행위로 행정처분을 받은 경우에 적용한다. 이 경우 행정처분기준의 적용은 같은 위반행위에 대하여 최초로 행정처분을 한 날을 기준으로 한다.

   다. 국립환경과학원장은 위반행위의 동기·내용·횟수 및 위반의 정도 등을 고려하여 제2호나목의 처분을 감경할 수 있다. 이 경우 그 처분이 업무정지인 경우에는 그 처분기준의 2분의 1의 범위에서 감경할 수 있고, 지정취소인 경우에는 3개월 이상의 업무정지 처분으로 감경(법 제19조 제1항 제1호에 해당하는 경우는 제외)할 수 있다.

2. 개별기준

   가. 악취배출시설 관련 행정처분

위반사항	근거 법조문	행정처분기준 1차	2차	3차	4차
1) 개선명령을 받은 자가 개선명령을 이행하지 않은 경우	법 제11조	사용중지 명령			
2) 개선명령을 받은 자가 개선명령을 이행은 하였으나 최근 2년 이내에 배출허용기준을 반복하여 초과하는 경우	법 제11조				
가) 연속하여 초과하는 경우		개선명령	조업정지 명령		
나) 가) 외의 경우		개선명령	개선명령	조업정지 명령	
3) 신고를 하지 않거나 거짓으로 신고하고 신고대상시설을 설치하거나 운영한 경우	법 제13조				
가) 다른 법률에서 그 설치 장소에 해당 신고대상시설을 설치할 수 없도록 금지하고 있지 않은 경우		사용중지 명령			
나) 다른 법률에서 그 설치 장소에 해당 신고대상시설을 설치할 수 없도록 금지하고 있는 경우		폐쇄명령			
4) 변경신고를 하지 않거나 거짓으로 변경신고를 하고 신고대상시설을 설치하거나 운영한 경우	법 제13조	경고	사용중지 명령		

비고
사용중지 기간은 사용중지 처분서에 적힌 사용중지일부터 1) 및 2)의 경우에는 해당 시설의 개선완료일까지, 3)가) 및 4)의 경우에는 신고 및 변경신고 완료일까지로 한다.

나. 악취검사기관과 관련한 행정처분

위반사항	근거 법조문	행정처분기준			
		1차	2차	3차	4차
1) 거짓이나 그 밖의 부정한 방법으로 지정을 받은 경우	법 제19조 제1항 제1호	지정취소			
2) 법 제18조 제2항에 따른 지정기준에 미치지 못하게 된 경우	법 제19조 제1항 제2호				
가) 검사시설 및 장비가 전혀 없는 경우		지정취소			
나) 검사시설 및 장비가 부족하거나 고장난 상태로 7일 이상 방치한 경우 <중요내용>		경고	업무정지 1개월	업무정지 3개월	지정취소
다) 기술인력이 전혀 없는 경우		지정취소			
라) 기술인력이 부족하거나 부적합한 경우		경고	업무정지 15일	업무정지 1개월	업무정지 3개월
3) 고의 또는 중대한 과실로 검사 결과를 거짓으로 작성한 경우	법 제19조 제1항 제3호	업무정지 15일	업무정지 1개월	업무정지 3개월	지정취소

과징금처분(법 제12조) <중요내용>

① 시·도지사 또는 대도시의 장은 신고대상시설로서 다음 각 호의 어느 하나에 해당하는 시설을 운영하는 자에게 조업정지를 명하여야 하는 경우로서 그 조업정지가 주민의 생활에 심한 불편을 주거나 공익을 해칠 우려가 있다고 인정되는 경우에는 조업정지처분을 대신하여 1억 원 이하의 과징금을 부과할 수 있다.
  ❶ 「산업집적활성화 및 공장설립에 관한 법률」에 따른 공장
  ❷ 「하수도법」에 따른 공공하수처리시설 또는 분뇨처리시설
  ❸ 「가축분뇨의 관리 및 이용에 관한 법률」에 따른 공공처리시설
  ❹ 「물환경보전법」에 따른 공공폐수처리시설
  ❺ 「폐기물관리법」에 따른 폐기물처리시설 중 지방자치단체가 설치하거나 운영하는 시설
  ❻ 그 밖에 대통령령으로 정하는 악취배출시설
② 과징금을 부과하는 위반행위의 종류 및 위반 정도 등에 따른 과징금의 금액 등에 관하여 필요한 사항은 환경부령으로 정한다.
③ 시·도지사 또는 대도시의 장은 시설을 운영하는 자가 과징금을 납부기한까지 내지 아니하면 지방세 외 수입금의 징수 등에 관한 법률의 예에 따라 징수한다.

과징금 처분대상 악취배출시설(영 제5조)

법 제12조 제1항 제6호에서 "대통령령으로 정하는 악취배출시설"이란 다음 각 호의 시설을 말한다.
  ① 축산시설
  ② 유기·무기화합물 제조시설. 다만, 해당 시설의 사용을 중지할 경우 해당 시설 안에 투입된 원료·부원료(副原料)·용수(用水) 또는 제품[반제품(半製品)을 포함한다] 등이 화학반응 등을 일으켜 폭발 또는 화재 등의 사고가 발생할 우려가 있는 시설로 한정한다.

과징금의 금액(규칙 제12조)

① 과징금은 행정처분기준에 따른 사용중지일수(과징금 부과처분일부터 계산한다)에 1일당 부과금액 100만원을 곱하

여 계산하되, 5천만원을 초과하는 경우에는 5천만원으로 한다.
② 과징금의 납부기한은 과징금 납부통지서 발급일부터 30일로 한다.

♂ 위법시설에 대한 폐쇄명령(법 제13조)

① 시·도지사 또는 대도시의 장은 신고를 하지 아니하고 신고대상시설을 설치하거나 운영하는 자에게 해당 신고대상시설의 사용중지를 명하여야 한다. 다만, 다른 법률에서 그 설치 장소에 해당 신고대상시설을 설치할 수 없도록 금지하고 있는 경우에는 그 신고대상시설의 폐쇄를 명하여야 한다.
② 사용중지명령 또는 폐쇄명령에 관하여 그 밖에 필요한 사항은 환경부령으로 정한다.

♂ 개선권고(법 제14조)

① 특별자치시장, 특별자치도지사, 대도시의 장 또는 시장·군수·구청장은 신고대상시설 외의 악취배출시설에서 배출되는 악취가 배출허용기준을 초과하는 경우에는 해당 악취배출시설을 운영하는 자에게 그 악취가 배출허용기준 이하로 내려가도록 필요한 조치를 할 것을 권고할 수 있다.
② 특별자치시장, 특별자치도지사, 대도시의 장 또는 시장·군수·구청장은 제1항에 따라 권고를 받은 자가 권고사항을 이행하지 아니하는 때에는 악취를 저감(低減)하기 위하여 필요한 조치를 명할 수 있다.

✪ 개선권고에 관한 조치기간(영 제6조) 〈중요내용〉

① 특별자치도지사, 대도시의 장 또는 시장(대도시의 장은 제외한다. 이하 같다)·군수·구청장(자치구의 구청장을 말한다. 이하 같다)은 권고 또는 조치명령을 할 때에는 악취의 제거 또는 억제 등의 조치에 걸리는 기간을 고려하여 6개월의 범위에서 조치기간을 정하여야 한다.
② 특별자치도지사, 대도시의 장 또는 시장·군수·구청장은 권고 또는 조치명령을 받은 자가 천재지변이나 그 밖의 부득이한 사유로 제1항에 따른 조치기간에 조치를 끝낼 수 없는 경우에는 해당 개선권고 또는 조치명령을 받은 자의 신청을 받아 3개월의 범위에서 조치기간을 연장할 수 있다. 이 경우 연장신청은 제1항의 조치기간이 끝나기 전에 하여야 한다.

제3장 생활악취의 방지

♂ 공공수역의 악취방지(법 제16조)

국가와 지방자치단체는 하수관로·하천·호소(湖沼)·항만 등 공공수역에서 악취가 발생하여 주변 지역 주민에게 피해를 주지 아니하도록 적절하게 관리하여야 한다.

♂ 기술진단(법 제16조의2)

① 시·도지사, 대도시의 장 및 시장·군수·구청장은 악취로 인한 주민의 건강상 위해(危害)를 예방하고 생활환경을 보전하기 위하여 해당 지방자치단체의 장이 설치·운영하는 다음 각 호의 악취배출시설에 대하여 5년마다 기술진단을 실시하여야 한다. 다만, 다른 법률에 따라 악취에 관한 기술진단을 실시한 경우에는 이 항에 따른 기술진단을 실시한 것으로 본다. 〈중요내용〉
  ❶ 「하수도법」에 따른 공공하수처리시설 및 분뇨처리시설
  ❷ 「가축분뇨의 관리 및 이용에 관한 법률」에 따른 공공처리시설
  ❸ 「물환경보전법」에 따른 공공폐수처리시설
  ❹ 「폐기물관리법」에 따른 폐기물처리시설 중 음식물류 폐기물을 처리(재활용을 포함한다)하는 시설
  ❺ 그 밖에 시·도지사, 대도시의 장 및 시장·군수·구청장이 해당 지방자치단체의 장이 설치·운영하는 시설 중 악취발생으로 인한 피해가 우려되어 기술진단을 실시할 필요가 있다고 인정하는 시설

② 기술진단을 실시한 시·도지사, 대도시의 장 및 시장·군수·구청장은 기술진단 결과 악취저감 등의 조치가 필요하다고 인정되는 경우에는 개선계획을 수립하여 시행하여야 한다.
③ 기술진단의 내용·방법, 기술진단 대상시설의 범위 등은 환경부령으로 정한다.
④ 시·도지사, 대도시의 장 및 시장·군수·구청장은 한국환경공단 또는 등록을 한 자로 하여금 기술진단업무를 대행하게 할 수 있다.

❏ **기술진단(규칙 제13조의2)**

① 시·도지사, 대도시의 장 또는 시장·군수·구청장은 기술진단 결과를 받은 날부터 30일 이내에 개선계획을 수립하여 다음 각 호의 구분에 따라 통지해야 한다. 이 경우 개선계획을 통지받은 자는 해당 개선계획에 대하여 한국환경공단에 기술적 자문을 요청할 수 있다.
❶ 시·도지사 또는 대도시의 장이 수립한 경우 : 유역환경청장 또는 지방환경청장
❷ 시장·군수·구청장이 수립한 경우 : 시·도지사 또는 대도시의 장
② 기술진단에 드는 비용은 기술진단 대상시설의 종류·규모 등을 고려하여 환경부장관이 정하여 고시한다.

[기술진단의 내용 및 방법(규칙 제13조) : 별표 5]

내용	방법
현황 조사	1. 처리대상 물질의 종류 및 용량 조사 2. 악취 관련 민원 발생 현황 조사 3. 민원 발생 지역과 떨어진 거리 및 주변 지역 현황 조사 4. 사업장 주변의 지리적·환경적인 조건 파악 5. 사업장의 풍향, 풍속 등 기상조건 파악 6. 설계보고서 등 시설 및 운영 관련 자료 검토

시설진단	1. 자료 조사
	  가. 설비 및 시설의 보수·교환·개조 등의 기록 점검, 고장횟수 파악
	2. 악취배출시설의 밀폐 및 악취포집 상태 파악
	  가. 악취발생 공정별 밀폐도 파악
	  나. 악취발생 공정별 후드·덕트 설치 여부 및 적절성 파악
	  다. 악취발생 공정별 악취포집 현황 파악
	3. 악취방지시설 및 부대설비
	  가. 용량과 성능의 적절성 여부 검토
	  나. 부식, 손상 등 정상작동 여부 검토

공정진단	1. 악취발생원 현황 파악
	2. 악취배출 공정 및 특성 파악
	3. 악취발생원별 악취물질 측정·분석
	4. 악취방지시설 전·후단 및 최종 배출구 악취물질 측정·분석
	5. 악취방지시설 성능 및 효율 진단
	  가. 악취방지시설 설계 적합성 및 운전의 적절성 파악
	  나. 악취방지시설 운전인자(運轉因子) 관리 현황 파악
	6. 부지경계지역 악취물질 측정·분석

운영진단	1. 운진원과의 면담 결과를 토내로 한 유지·관리의 적합성 파악 2. 관리인의 기술능력, 유지·보수의 적절성 파악
시설 개선 및 최적 관리	1. 사업장의 악취발생 문제점 도출 2. 문제점에 대한 악취배출시설 및 악취발생원별 악취 저감 대책 수립 3. 악취문제 해결을 위한 시설 개선의 타당성 검토 4. 시설 개선의 개략적 개선비용 산출 5. 악취배출시설별 적정 점검방법 및 시설관리 방안 지도 6. 시설기자재의 관리 점검 및 운영·관리 방법 지도

[기술진단 대상시설의 범위(규칙 제13조) : 별표 6]

2013년 2월 5일부터 적용되는 기술진단 대상시설
가. 공공하수처리시설 중 1일 하수처리용량이 5백세제곱미터 이상 5만세제곱미터 미만인 시설
나. 공공폐수처리시설

제4장 검사 등

♂ 악취검사기관(법 제18조) 중요내용

① 채취된 시료의 악취검사를 하는 악취검사기관은 다음 각 호의 자 중에서 환경부장관이 지정하는 자로 한다.
   ❶ 국공립연구기관
   ❷ 「고등교육법」 제2조에 따른 학교
   ❸ 특별법에 따라 설립된 법인
   ❹ 환경부장관의 설립허가를 받은 환경 관련 비영리법인
   ❺ 「국가표준기본법」에 따라 인정된 화학 분야의 시험·검사기관
② 악취검사기관으로 지정받으려는 자는 환경부령으로 정하는 검사시설·장비 및 기술인력 등을 갖추어야 한다.
③ 악취검사기관으로 지정받은 자가 그 지정받은 사항을 변경하려면 환경부장관에게 보고하여야 한다.
④ 환경부장관은 악취검사기관을 지정하였을 경우에는 지정서를 발급하고, 이를 공고하여야 한다.
⑤ 악취검사기관의 지정절차, 악취검사기관의 준수사항, 검사수수료 등에 관하여 필요한 사항은 환경부령으로 정한다.

☐ 악취검사기관의 지정신청(규칙 제15조)

① 악취검사기관으로 지정받으려는 자는 검사시설·장비 및 기술인력을 갖추고, 악취검사기관 지정신청서(전자문서로 된 신청서를 포함한다)에 다음 각 호의 서류(전자문서를 포함한다)를 첨부하여 국립환경과학원장에게 제출하여야 한다.
   ❶ 검사시설·장비의 보유 현황 및 이를 증명하는 서류
   ❷ 기술인력 보유 현황 및 이를 증명하는 서류
② 신청서를 받은 국립환경과학원장은 「전자정부법」에 따른 행정정보의 공동이용을 통하여 법인 등기사항 증명서(법인인 경우만 해당한다)를 확인하여야 한다.
③ 국립환경과학원장은 제1항에 따라 악취검사기관의 지정신청을 받은 경우 신청 내용이 적합할 때에는 악취검사기관 지정서를 발급하여야 한다.

[악취검사기관의 검사시설·장비 및 기술인력 기준(규칙 제15조) : 별표 7]

기술인력	검사시설 및 장비
대기환경기사 1명 악취분석요원 1명 악취판정요원 5명	1. 공기희석관능 실험실 2. 지정악취물질 실험실 3. 무취공기 제조장비 1벌 4. 악취희석장비 1벌 5. 악취농축장비(필요한 측정·분석장비별) 1벌 6. 지정악취물질을 「환경분야 시험·검사 등에 관한 법률」에 따른 환경오염공정시험기준에 따라 측정·분석할 수 있는 장비 및 실험기기 각 1벌

비고
1. 대기환경기사는 다음의 사람으로 대체할 수 있다.
   가. 국공립연구기관의 연구직공무원으로서 대기환경연구분야에 1년 이상 근무한 사람
   나. 「고등교육법」에 따른 대학에서 대기환경분야를 전공하여 석사 이상의 학위를 취득한 사람

다. 「고등교육법」에 따른 대학에서 대기환경분야를 전공하여 학사학위를 취득한 사람으로서 같은 분야에서 3년 이상 근무한 사람
라. 대기환경산업기사를 취득한 후 악취검사기관에서 악취분석요원으로 5년 이상 근무한 사람
2. 악취분석요원은 다음의 사람으로 한다.
가. 대기환경기사, 화학분석기능사, 환경기능사 또는 대기환경산업기사 이상의 자격을 가진 사람
나. 국공립연구기관의 대기분야 실험실에서 3년 이상 근무한 사람
다. 「국가표준기본법」에 따라 기술표준원으로부터 시험ㆍ검사기관의 인정을 받은 기관에서 악취분석요원으로 3년 이상 근무한 사람
라. 대기환경측정분석분야 환경측정분석사의 자격을 가진 사람
3. 악취판정요원은 「환경분야 시험ㆍ검사 등에 관한 법률」에 따른 환경오염공정시험기준에 따른 악취판정요원 선정검사에 합격한 사람이어야 한다.
4. 여러 항목을 측정할 수 있는 장비를 보유한 경우에는 해당 장비로 측정할 수 있는 항목의 장비를 모두 갖춘 것으로 본다.
5. 지정악취물질을 측정ㆍ분석할 수 있는 장비를 임차한 경우에는 이를 갖춘 것으로 본다.

□ 악취검사기관의 지정사항 변경보고(규칙 제16조)

악취검사기관으로 지정받은 자가 지정받은 사항 중 다음 각 호의 사항을 변경하려는 경우에는 악취검사기관 지정사항 변경보고서(전자문서로 된 보고서를 포함한다)에 그 변경 내용을 증명하는 서류와 악취검사기관 지정서를 첨부하여 국립환경과학원장에게 제출하여야 한다.

❶ 상호
❷ 사업장 소재지
❸ 실험실 소재지

[악취검사기관의 준수사항(규칙 제17조) : 별표 8]

1. 시료는 기술인력으로 고용된 사람이 채취해야 한다.
2. 검사기관은 국립환경과학원장이 실시하는 정도관리를 받아야 한다.
3. 검사기관은 환경오염공정시험기준에 따라 정확하고 엄정하게 측정ㆍ분석을 해야 한다.
4. 검사기관이 법인인 경우 보유차량에 국가기관의 악취검사차량으로 잘못 인식하게 하는 문구를 표시하거나 과대표시를 해서는 안 된다.
5. 검사기관은 다음의 서류를 작성하여 3년간 보존해야 한다. *중요내용
   가. 실험일지 및 검량선(檢量線) 기록지
   나. 검사 결과 발송 대장
   다. 정도관리 수행기록철

지정취소(법 제19조)

① 환경부장관은 제18조 제1항에 따라 악취검사기관으로 지정받은 자가 다음 각 호의 어느 하나에 해당하는 경우에는 악취검사기관의 지정을 취소하거나 6개월 이내의 기간을 정하여 업무의 정지를 명할 수 있다. 다만, 제1호에 해당하는 경우에는 지정을 취소하여야 한다.

❶ 거짓이나 그 밖의 부정한 방법으로 지정을 받은 경우
❷ 지정기준에 미치지 못하게 된 경우
❸ 고의 또는 중대한 과실로 검사 결과를 거짓으로 작성한 경우

② 지정취소 또는 업무정지명령에 관한 세부 기준은 환경부령으로 정한다.

제5장 보칙

♂ 청문(법 제22조)

환경부장관, 시·도지사 또는 대도시의 장은 다음 각 호의 어느 하나에 해당하는 처분을 하려면 청문을 하여야 한다.
1. 신고대상시설의 조업정지명령
2. 신고대상시설의 사용중지명령 또는 폐쇄명령
2의2. 기술진단전문기관의 등록취소
3. 악취검사기관에 대한 지정취소

♂ 권한·업무의 위임과 위탁(법 제24조)

① 이 법에 따른 환경부장관의 권한은 대통령령으로 정하는 바에 따라 그 일부를 환경부 소속 국립환경연구기관의 장에게 위임할 수 있다.
② 이 법에 따른 시·도지사의 권한은 대통령령으로 정하는 바에 따라 그 일부를 시장·군수·구청장에게 위임할 수 있다.
③ 이 법에 따른 환경부장관의 업무는 대통령령으로 정하는 바에 따라 그 일부를 관계 전문기관에 위탁할 수 있다.

□ 위임 및 위탁업무의 보고(규칙 제21조) *중요내용*
① 국립환경과학원장은 위임받은 업무를 처리하였을 때에는 그 내용을 환경부장관에게 보고하여야 한다.
② 한국환경공단 이사장은 위탁받은 업무를 처리하였을 때에는 매 반기의 실적을 매 반기 종료 후 15일 이내에 환경부장관에게 보고하여야 한다.

[위임업무의 보고사항(규칙 제21조) : 별표 10] *중요내용*

업무 내용	보고횟수	보고기일	보고자
1. 악취검사기관의 지정, 지정사항 변경보고 접수 실적	연 1회	다음 해 1월 15일까지	국립환경과학원장
2. 악취검사기관의 지도·점검 및 행정처분 실적	연 1회	다음 해 1월 15일까지	

제6장 벌칙

♂ 벌칙(법 제26조)

다음 각 호의 어느 하나에 해당하는 자는 3년 이하의 징역 또는 3천만원 이하의 벌금에 처한다.
❶ 신고대상시설의 조업정지명령을 위반한 자
❷ 신고대상시설의 사용중지명령 또는 폐쇄명령을 위반한 자

♂ 벌칙(법 제27조)

다음 각 호의 어느 하나에 해당하는 자는 1년 이하의 징역 또는 1천만원 이하의 벌금에 처한다.
❶ 신고를 하지 아니하거나 거짓으로 신고를 하고 신고대상시설을 설치 또는 운영한 자
❷ 기술진단전문기관의 등록을 하지 아니하고 기술진단 업무를 대행한 자
❸ 거짓이나 그 밖의 부정한 방법으로 기술진단전문기관의 등록을 한 자

♂ 벌칙(법 제28조) 〈중요내용〉

다음 각 호의 어느 하나에 해당하는 자는 300만원 이하의 벌금에 처한다.
❶ 악취의 배출허용기준을 초과하여 받은 개선명령을 이행하지 아니한 자
❷ 관계 공무원의 출입·채취 및 검사를 거부 또는 방해하거나 기피한 자
❸ 악취방지계획에 따라 악취방지에 필요한 조치를 하지 아니하고 악취배출시설을 가동한 자
❹ 기간 이내에 악취방지계획에 따라 악취방지에 필요한 조치를 하지 아니한 자

♂ 과태료(법 제30조)

① 다음 각 호의 어느 하나에 해당하는 자에게는 200만원 이하의 과태료를 부과한다.
❶ 악취배출허용기준 초과와 관련하여 배출허용기준 이하로 내려가도록 조치명령을 이행하지 아니한 자
❷ 기술진단을 실시하지 아니한 자
❸ 기술진단전문기관과 관련하여 변경등록을 하지 아니하고 중요한 사항을 변경한 자
❹ 기술진단전문기관 등의 준수사항을 지키지 아니한 자
② 다음 각 호의 어느 하나에 해당하는 자에게는 100만원 이하의 과태료를 부과한다.
❶ 변경신고를 하지 아니하거나 거짓으로 변경신고를 한 자
❷ 보고를 하지 아니하거나 거짓으로 보고한 자 또는 자료를 제출하지 아니하거나 거짓으로 제출한 자
③ 제1항 및 제2항에 따른 과태료는 대통령령으로 정하는 바에 따라 환경부장관, 시·도지사, 대도시의 장 또는 시장·군수·구청장이 부과·징수한다.

  □ 과태료의 부과기준(규칙 제10조)
    ① 과태료의 부과기준은 별표와 같다.
    ② 환경부장관, 시·도지사, 대도시의 장 또는 시장·군수·구청장은 위반행위의 정도, 위반횟수, 위반행위의 동기와 그 결과 등을 고려하여 별표에 따른 과태료 금액의 2분의 1의 범위에서 그 금액을 감경할 수 있다.

[과태료의 부과기준(영 제10조) : 별표]

1. 일반기준
   위반행위의 횟수에 따른 과태료의 부과기준은 최근 1년간 같은 위반행위로 과태료 부과처분을 받은 경우에 적용한다. 이 경우 위반행위에 대하여 과태료를 부과처분한 날과 다시 같은 위반행위를 적발한 날을 각각 기준으로 하여 위반횟수를 계산한다.

2. 개별기준

(단위 : 만원)

위반행위	근거 법조문	과태료 금액		
		1차 위반	2차 위반	3차 이상 위반
가. 변경신고를 하지 않거나 거짓으로 변경신고를 한 경우	법 제30조 제2항 제1호	50	70	100
나. 조치명령을 이행하지 않은 경우	법 제30조 제1항	100	150	200
다. 보고를 하지 않거나 거짓으로 보고한 경우 또는 자료를 제출하지 않거나 거짓으로 제출한 경우	법 제30조 제2항 제2호	50	70	100

[실내공기질 관리법]

♂ 목적(법 제1조)

이 법은 다중이용시설과 신축되는 공동주택의 실내공기질을 알맞게 유지하고 관리함으로써 그 시설을 이용하는 국민의 건강을 보호하고 환경상의 위해를 예방함을 목적으로 한다.

♂ 정의(법 제2조) *중요내용

❶ "다중이용시설"이라 함은 불특정다수인이 이용하는 시설을 말한다.
❷ "공동주택"이라 함은 「건축법」에 의한 공동주택을 말한다.
  ❷-2 "대중교통차량"이란 불특정인을 운송하는 데 이용되는 차량을 말한다.
❸ "오염물질"이라 함은 실내공간의 공기오염의 원인이 되는 가스와 떠다니는 입자상물질 등으로서 환경부령이 정하는 것을 말한다.
❹ "환기설비"라 함은 오염된 실내공기를 밖으로 내보내고 신선한 바깥공기를 실내로 끌어들여 실내공간의 공기를 쾌적한 상태로 유지시키는 설비를 말한다.
❺ "공기정화설비"라 함은 실내공간의 오염물질을 없애거나 줄이는 설비로서 환기설비의 안에 설치되거나, 환기설비와는 따로 설치된 것을 말한다.

[실내공간오염물질(규칙 제2조) : 별표 1] *중요내용

1. 미세먼지(PM-10)
2. 이산화탄소(CO_2 ; Carbon Dioxide)
3. 폼알데하이드(Formaldehyde)
4. 총부유세균(TAB ; Total Airborne Bacteria)
5. 일산화탄소(CO ; Carbon Monoxide)
6. 이산화질소(NO_2 ; Nitrogen dioxide)
7. 라돈(Rn ; Radon)
8. 휘발성유기화합물(VOCs ; Volatile Organic Compounds)
9. 석면(Asbestos)
10. 오존(O_3 ; Ozone)
11. 미세먼지(PM-2.5)
12. 곰팡이(Mold)
13. 벤젠(Benzene)
14. 톨루엔(Toluene)
15. 에틸벤젠(Ethylbenzene)
16. 자일렌(Xylene)
17. 스티렌(Styrene)

♂ 적용대상(법 제3조)

① 이 법의 적용대상이 되는 다중이용시설은 다음 각호의 시설중 대통령령이 정하는 규모의 것으로 한다.
  ❶ 지하역사(출입통로·대합실·승강장 및 환승통로와 이에 딸린 시설을 포함한다)
  ❷ 지하도상가(지상건물에 딸린 지하층의 시설을 포함한다)
  ❸ 철도역사의 대합실
  ❹ 「여객자동차 운수사업법」에 따른 여객자동차터미널의 대합실
  ❺ 「항만법」에 따른 항만시설 중 대합실
  ❻ 「공항시설법」에 따른 공항시설 중 여객터미널
  ❼ 「도서관법」에 따른 도서관
  ❽ 「박물관 및 미술관 진흥법」에 따른 박물관 및 미술관
  ❾ 「의료법」에 따른 의료기관
  ❿ 「모자보건법」에 따른 산후조리원
  ⓫ 「노인복지법」에 따른 노인요양시설
  ⓬ 「영유아보육법」에 따른 어린이집

⑫의2. 「어린이놀이시설 안전관리법」에 따른 어린이놀이시설 중 실내 어린이 놀이시설
⑬ 「유통산업발전법」에 따른 대규모점포
⑭ 「장사 등에 관한 법률」에 따른 장례식장(지하에 위치한 시설로 한정한다)
⑮ 「영화 및 비디오물의 진흥에 관한 법률」에 따른 영화상영관(실내 영화상영관으로 한정한다)
⑯ 「학원의 설립 · 운영 및 과외교습에 관한 법률」에 따른 학원
⑰ 「전시산업발전법」에 따른 전시시설(옥내시설로 한정한다)
⑱ 「게임산업진흥에 관한 법률」에 따른 인터넷컴퓨터게임시설제공업의 영업시설
⑲ 실내주차장
⑳ 「건축법」에 따른 업무시설
㉑ 「건축법」에 따라 구분된 용도 중 둘 이상의 용도에 사용되는 건축물
㉒ 「공연법」에 따른 공연장 중 실내 공연장
㉓ 「체육시설의 설치 · 이용에 관한 법률」에 따른 체육시설 중 실내 체육시설
㉔ 「공중위생관리법」에 따른 목욕장업의 영업시설
㉕ 그 밖에 대통령령으로 정하는 시설

② 이 법의 적용대상이 되는 공동주택은 다음 각호의 공동주택으로서 대통령령이 정하는 규모 이상으로 신축되는 것으로 한다.
❶ 아파트
❷ 연립주택
❸ 기숙사

✪ 적용대상(영 제2조) *중요내용*

① 「실내공기질 관리법」(이하 "법"이라 한다)에서 "대통령령으로 정하는 규모의 것"이란 다음 각 호의 어느 하나에 해당하는 시설을 말한다. 이 경우 둘 이상의 건축물로 이루어진 시설의 연면적은 개별 건축물의 연면적을 모두 합산한 면적으로 한다.
① 모든 지하역사(출입통로 · 대합실 · 승강장 및 환승통로와 이에 딸린 시설을 포함한다)
② 연면적 2천제곱미터 이상인 지하도상가(지상건물에 딸린 지하층의 시설을 포함한다. 이하 같다). 이 경우 연속되어 있는 둘 이상의 지하도상가의 연면적 합계가 2천제곱미터 이상인 경우를 포함한다.
③ 철도역사의 연면적 2천제곱미터 이상인 대합실
④ 여객자동차터미널의 연면적 2천제곱미터 이상인 대합실
⑤ 항만시설 중 연면적 5천제곱미터 이상인 대합실
⑥ 공항시설 중 연면적 1천5백제곱미터 이상인 여객터미널
⑦ 연면적 3천제곱미터 이상인 도서관
⑧ 연면적 3천제곱미터 이상인 박물관 및 미술관
⑨ 연면적 2천제곱미터 이상이거나 병상 수 100개 이상인 의료기관
⑩ 연면적 500제곱미터 이상인 산후조리원
⑪ 연면적 1천제곱미터 이상인 노인요양시설
⑫ 연면적 430제곱미터 이상인 어린이집
⑫의2 연면적 430제곱미터 이상인 실내 어린이 놀이시설
⑬ 모든 대규모점포
⑭ 연면적 1천제곱미터 이상인 장례식장(지하에 위치한 시설로 한정한다)
⑮ 모든 영화상영관(실내 영화상영관으로 한정한다)
⑯ 연면적 1천제곱미터 이상인 학원
⑰ 연면적 2천제곱미터 이상인 전시시설(옥내시설로 한정한다)
⑱ 연면적 300제곱미터 이상인 인터넷컴퓨터게임시설제공업의 영업시설
⑲ 연면적 2천제곱미터 이상인 실내주차장(기계식 주차장은 제외한다)
⑳ 연면적 3천제곱미터 이상인 업무시설

㉑ 연면적 2천제곱미터 이상인 둘 이상의 용도(「건축법」에 따라 구분된 용도를 말한다)에 사용되는 건축물
㉒ 객석 수 1천석 이상인 실내 공연장
㉓ 관람석 수 1천석 이상인 실내 체육시설
㉔ 연면적 1천제곱미터 이상인 목욕장업의 영업시설
② 법 제3조제2항 각호외의 부분에서 "대통령령이 정하는 규모"라 함은 100세대를 말한다.
③ 법 제3조제3항제3호에서 "대통령령으로 정하는 자동차"란 「여객자동차 운수사업법 시행령」에 따른 시외버스운송사업에 사용되는 자동차 중 고속형 시외버스와 직행형 시외버스를 말한다.

♂ 국가 등의 책무(법 제4조)

① 국가와 지방자치단체는 다중이용시설, 공동주택 및 대중교통차량(이하 "다중이용시설등"이라 한다)의 실내공기질을 관리하는 데에 필요한 시책을 수립·시행하여야 한다.
② 국민은 국가 또는 지방자치단체가 실시하는 다중이용시설등의 실내공기질 관리 시책에 적극 협력하여야 한다.

♂ 실내공기질 관리 기본계획(법 제4조의3)

① 환경부장관은 관계 중앙행정기관의 장과 협의하여 실내공기질 관리에 필요한 기본계획(이하 "기본계획"이라 한다)을 5년마다 수립하여야 한다. *중요내용*
② 환경부장관은 기본계획의 수립을 위하여 필요한 경우 특별시장·광역시장·특별자치시장·도지사 또는 특별자치도지사(이하 "시·도지사"라 한다)의 의견을 들어야 한다.
③ 기본계획에는 다음 각 호의 사항이 포함되어야 한다. *중요내용*
   ❶ 다중이용시설등의 실내공기질 관리의 기본목표와 추진 방향
   ❷ 다중이용시설등의 실내공기질 관리 현황과 전망
   ❸ 다중이용시설과 대중교통차량의 실내공기질 측정망 설치 및 운영
   ❹ 다중이용시설등의 실내공기질 관리 기준 설정 및 변경
   ❺ 그 밖에 실내공기질 관리에 필요한 사항
④ 환경부장관은 기본계획의 변경이 필요하다고 인정하면 그 타당성을 검토하여 변경할 수 있다. 이 경우 미리 시·도지사의 의견을 듣고, 관계 중앙행정기관의 장과 협의하여야 한다.
⑤ 환경부장관은 기본계획을 수립 또는 변경한 경우에는 이를 관계 중앙행정기관의 장과 시·도지사에게 알려야 한다.

♂ 측정망 설치(법 제4조의6)

① 환경부장관은 다중이용시설과 대중교통차량의 실내공기질 실태를 파악하기 위하여 측정망을 설치하여 상시 측정할 수 있다.
② 시·도지사는 관할 구역에서 다중이용시설과 대중교통차량의 실내공기질 실태를 파악하기 위하여 측정망을 설치하여 상시 측정할 수 있다. 이 경우 그 측정 결과를 환경부장관에게 알려야 한다.
③ 환경부장관은 시·도지사에게 제2항에 따른 측정망 설치에 필요한 기술적·행정적·재정적 지원을 할 수 있다.

♂ 실내공기질 유지기준(법 제5조)

① 다중이용시설의 소유자·점유자 또는 관리자 등 관리책임이 있는 자(이하 "소유자등"이라 한다)는 다중이용시설 내부의 쾌적한 공기질을 유지하기 위한 기준에 맞게 시설을 관리하여야 한다.
② 공기질 유지기준은 환경부령으로 정한다. 이 경우 어린이, 노인, 임산부 등 오염물질에 노출될 경우 건강 피해 우려가 큰 취약계층이 주로 이용하는 다중이용시설로서 대통령령으로 정하는 시설과 미세먼지 등 대통령령으로 정하는 오염물질에 대해서는 더욱 엄격한 공기질 유지기준을 정하여야 한다.
③ 시·도는 지역환경의 특수성을 고려하여 필요하다고 인정하는 때에는 그 시·도의 조례로 제1항의 규정에 의한 공기질 유지기준보다 엄격하게 당해 시·도에 적용할 공기질 유지기준을 정할 수 있다.

④ 시·도지사는 공기질 유지기준이 설정되거나 변경된 때에는 이를 지체없이 환경부장관에게 보고하여야 한다.

[실내공기질 유지기준(별표 2) : 2019년 7월 1일부터 적용] ⭐중요내용

오염물질 항목 다중이용시설	미세먼지 (PM-10) ($\mu g/m^3$)	미세먼지 (PM-25) ($\mu g/m^3$)	이산화탄소 (ppm)	폼알데하이드 ($\mu g/m^3$)	총부유세균 (CFU/m^3)	일산화탄소 (ppm)
가. 지하역사, 지하도상가, 철도역사의 대합실, 여객자동차터미널의 대합실, 항만시설 중 대합실, 공항시설 중 여객터미널, 도서관·박물관 및 미술관, 대규모 점포, 장례식장, 영화상영관, 학원, 전시시설, 인터넷컴퓨터게임시설제공업의 영업시설, 목욕장업의 영업시설	100 이하	50 이하	1,000 이하	100 이하	–	10 이하
나. 의료기관, 산후조리원, 노인요양시설, 어린이집	75 이하	35 이하		80 이하	800 이하	
다. 실내주차장	200 이하	–		100 이하	–	25 이하
라. 실내 체육시설, 실내 공연장, 업무시설, 둘 이상의 용도에 사용되는 건축물	200 이하	–		–	–	–

♂ 실내공기질 권고기준(법 제6조)

특별자치시장·특별자치도지사·시장·군수·구청장은 다중이용시설의 특성에 따라 공기질 유지기준과는 별도로 쾌적한 공기질을 유지하기 위하여 환경부령이 정하는 권고기준에 맞게 시설을 관리하도록 다중이용시설의 소유자등에게 권고할 수 있다.

[실내공기질 권고기준(별표 3) : 2019년 7월 1일부터 적용] ⭐중요내용

오염물질 항목 다중이용시설	이산화질소 (ppm)	라돈 (Bq/m^3)	총휘발성 유기화합물 ($\mu g/m^3$)	곰팡이 (CFU/m^3)
가. 지하역사, 지하도상가, 철도역사의 대합실, 여객자동차터미널의 대합실, 항만시설 중 대합실, 공항시설 중 여객터미널, 도서관·박물관 및 미술관, 대규모점포, 장례식장, 영화상영관, 학원, 전시시설, 인터넷컴퓨터게임시설제공업의 영업시설, 목욕장업의 영업시설	0.1 이하	148 이하	500 이하	–
나. 의료기관, 어린이집, 노인요양시설, 산후조리원	0.05 이하		400 이하	500 이하
다. 실내주차장	0.3 이하		1,000 이하	–

☐ 다중이용시설의 소유자등의 교육(규칙 제5조)

① 다중이용시설의 소유자·점유자 또는 관리자 등 관리책임이 있는 자(이하 "소유자등"이라 한다)가 받아야 하는 교육은 다음 각호와 같다.
  ❶ 신규교육 : 다중이용시설의 소유자등이 된 날부터 1년 이내에 1회
  ❷ 보수교육 : 신규교육을 받은 날을 기준으로 3년마다 1회(다만, 오염도 검사 결과 실내공기질 유지기준에 맞게 시설을 관리하는 경우에는 보수교육 면제)
② 교육시간은 각 6시간으로 한다. 다만, 정보매체를 이용하여 원격교육을 실시하는 경우에는 환경부장관이 인정하는 시간으로 한다.
③ 징수하는 교육경비는 교육내용 및 교육시간 등을 고려하여 환경부장관이 정하여 고시한다.
④ 실내공기질관리법 시행령」(이하 "영"이라 한다)의 규정에 의하여 교육업무를 위탁받은 자는 출장교육, 정보통신매체를 이용한 원격교육 등 교육대상자의 편의를 위한 대책을 마련하여야 한다.

♂ 신축 공동주택의 실내공기질 관리(법 제9조)

① 신축되는 공동주택의 시공자는 시공이 완료된 공동주택의 실내공기질을 측정하여 그 측정결과를 특별자치시장·특별자치도지사·시장·군수·구청장에게 제출하고, 입주 개시전에 입주민들이 잘 볼 수 있는 장소에 공고하여야 한다.
② 실내공기질의 측정항목·방법, 측정결과의 제출·공고시기·장소 등에 관하여 필요한 사항은 환경부령으로 정한다.
③ 신축 공동주택의 쾌적한 공기질 유지를 위한 실내공기질 권고기준은 환경부령으로 정한다.
④ 환경부장관은 신축 공동주택의 소유자등이 실내공기질을 알맞게 유지·관리함으로써 쾌적한 실내환경에서 생활할 수 있도록 하기 위하여 공동주택의 실내공기질 관리지침을 개발하여 보급할 수 있다.

☐ 신축 공동주택의 공기질 측정(규칙 제7조)

① 신축 공동주택의 시공자가 실내공기질을 측정하는 경우에는 「환경분야 시험·검사 등에 관한 법률」에 따른 환경오염공정시험기준에 따라 하여야 한다. [중요내용]
② 신축 공동주택의 실내공기질 측정항목은 다음 각 호와 같다. [중요내용]
  ❶ 폼알데하이드   ❺ 자일렌
  ❷ 벤젠   ❻ 스티렌
  ❸ 톨루엔   ❼ 라돈
  ❹ 에틸벤젠
③ 신축 공동주택의 시공자는 실내공기질을 측정한 경우 주택 공기질 측정결과 보고(공고)를 작성하여 주민 입주 7일 전까지 특별자치시장·특별자치도지사·시장·군수·구청장(자치구의 구청장을 말한다. 이하 같다)에게 제출하여야 한다.
④ 신축 공동주택의 시공자는 주택 공기질 측정결과 보고(공고)를 주민 입주 7일 전부터 60일간 다음 각 호의 장소 등에 주민들이 잘 볼 수 있도록 공고하여야 한다.
  ❶ 공동주택 관리사무소 입구 게시판
  ❷ 각 공동주택 출입문 게시판
  ❸ 시공자의 인터넷 홈페이지
⑤ 특별시장·광역시장·특별자치시장·도지사 또는 특별자치도지사(이하 "시·도지사"라 한다) 또는 시장·군수·구청장은 실내공기질 측정결과를 공보 또는 인터넷 홈페이지 등에 공개할 수 있다.

[신축 공동주택의 실내공기질 권고기준(규칙 제7조의2) : 별표 4의2] [중요내용]

1. 폼알데하이드 210$\mu g/m^3$ 이하	5. 자일렌 700$\mu g/m^3$ 이하
2. 벤젠 30$\mu g/m^3$ 이하	6. 스티렌 300$\mu g/m^3$ 이하
3. 톨루엔 1,000$\mu g/m^3$ 이하	7. 라돈 148Bq/m^3
4. 에틸벤젠 360$\mu g/m^3$ 이하	

☐ 개선계획서의 제출(규칙 제9조)

① 개선명령을 받은 자는 그 명령을 받은 날부터 15일 이내에 다중이용시설 실내공기질 개선계획서를 특별자치시장·특별자치도지사·시장·군수·구청장에게 제출하여야 한다. 이 경우 공기정화설비 또는 환기설비를 개선하여야 하는 경우에는 그 명세서를 첨부하여야 한다.
② 특별자치시장·특별자치도지사·시장·군수·구청장은 개선계획서를 제출받은 경우 개선하고자 하는 사항이 명확하지 아니하거나 보완이 필요하다고 판단되는 경우에는 그 개선계획의 보완을 명할 수 있다.
③ 특별자치시장·특별자치도지사·시장·군수·구청장은 개선계획의 이행이 완료된 때에는 실내공기질의 측정 등을 통하여 그 이행상태를 확인하여야 한다.

♂ 개선명령(법 제10조)

특별자치시장·특별자치도지사·시장·군수·구청장은 다중이용시설이 공기질 유지기준에 맞지 아니하게 관리되는 경우에는 환경부령이 정하는 바에 따라 기간을 정하여 그 다중이용시설의 소유자 등에게 공기정화설비 또는 환기설비 등의 개선이나 대체 그 밖의 필요한 조치(이하 "개선명령"이라 한다)를 할 것을 명령할 수 있다.

☐ 개선명령기간(규칙 제8조)

① 특별자치시장·특별자치도지사·시장·군수·구청장은 공기정화설비 또는 환기설비 등의 개선이나 대체 그 밖의 필요한 조치(이하 "개선명령"이라 한다)를 명할 때에는 개선에 필요한 기간을 고려하여 1년의 범위안에서 그 기간을 정하여야 한다.

② 특별자치시장·특별자치도지사·시장·군수·구청장은 개선명령을 하는 때에는 다음 각호의 사항을 명시하여야 한다.
  ❶ 개선명령 사유
  ❷ 개선계획서의 제출
  ❸ 개선기간

③ 개선명령을 받은 자가 천재지변 그 밖의 부득이한 사유로 인하여 개선기간 이내에 조치를 완료할 수 없는 경우에는 그 기간이 종료되기 전에 특별자치시장·특별자치도지사·시장·군수·구청장에게 개선기간의 연장을 신청할 수 있으며, 신청받은 특별자치시장·특별자치도지사·시장·군수·구청장은 1년의 범위안에서 그 기간을 연장할 수 있다.

♂ 오염물질 방출 건축자재의 사용제한(법 제11조)

① 다중이용시설 또는 공동주택(「주택법」에 따른 건강친화형 주택은 제외한다. 이하 이 조에서 같다)을 설치(기존 시설 또는 주택의 개수 및 보수를 포함한다. 이하 이 조에서 같다)하는 자는 다음 각 호의 어느 하나에 해당하는 건축자재를 사용하려는 경우 환경부장관이 관계 중앙행정기관의 장과 협의하여 환경부령으로 정하는 기준을 초과하지 아니하는 것으로 확인을 받고 표지를 붙인 건축자재만을 사용하여야 한다.
  ❶ 접착제
  ❷ 페인트
  ❸ 실란트(sealant)
  ❹ 퍼티(putty)
  ❺ 벽지
  ❻ 바닥재
  ❼ 그 밖에 건축물 내부에 사용되는 건축자재로서 표면가공 목질판상(木質板狀)제품 등 환경부령으로 정하는 것

② 건축자재를 제조하거나 수입하는 자는 그 건축자재가 기준을 초과하여 오염물질을 방출하는지 여부를 시험기관에서 확인받은 후 다중이용시설 또는 공동주택을 설치하는 자에게 공급하여야 한다. 다만, 다른 법령에 따라 이 법에 준하는 확인을 받은 경우 등 대통령령으로 정하는 경우에는 본문에 따른 확인을 받지 아니하고 건축자재를 공급할 수 있다.

③ 환경부장관은 오염물질을 채취·검사한 결과에 따른 기준을 초과하는 건축자재의 경우 시험기관에 확인의 취소를 명할 수 있으며, 시험기관의 장은 특별한 사유가 없으면 확인을 취소하여야 하다

④ 환경부장관은 확인이 취소된 건축자재 및 위반하여 표지를 부착한 건축자재의 제조자 또는 수입자에게 회수 등의 조치를 명하거나 해당 건축자재와 관련된 내용을 대통령령으로 정하는 바에 따라 공표할 수 있다.

⑤ 확인의 취소, 회수 등의 조치명령 및 공표에 필요한 사항은 대통령령으로 정한다.

⑥ 확인의 절차·방법 및 유효기간 등에 관하여 필요한 사항은 대통령령으로 정한다.

⑦ 시험기관이 확인을 한 경우에는 환경부령으로 정하는 바에 따라 그 기록을 보관하여야 한다.

♂ 실내라돈조사의 실시(법 제11조의7)

① 환경부장관은 라돈(radon)의 실내 유입으로 인한 건강피해를 줄이기 위하여 실내공기 중 라돈의 농도 등에 관한 조사(이하 "실내라돈조사"라 한다)를 실시할 수 있다.
② 환경부장관은 실내라돈조사를 실시하려는 경우에는 그 조사의 목적·대상·방법 및 기간 등 조사에 필요한 사항을 환경부령으로 정하는 바에 따라 공고하여야 한다.
③ 환경부장관은 특정 지역에 대하여 실내라돈조사가 필요한 경우에는 해당 지역을 관할하는 시·도지사에게 그 조사를 실시하게 할 수 있다.
④ 시·도지사는 실내라돈조사를 실시한 경우에는 그 결과를 환경부장관에게 보고하여야 한다.
⑤ 환경부장관은 시·도지사에게 실내라돈조사에 필요한 기술적·행정적·재정적 지원을 할 수 있다.

♂ 라돈지도의 작성(법 제11조의8)

① 환경부장관은 실내라돈조사의 실시 결과를 기초로 실내공기 중 라돈의 농도 등을 나타내는 지도(이하 "라돈지도"라 한다)를 작성할 수 있다.
② 라돈지도의 작성기준, 작성방법 및 제공 등에 필요한 사항은 환경부령으로 정한다.

♂ 라돈관리계획의 수립·시행 등(법 제11조의9)

① 환경부장관은 실내라돈조사의 실시 및 라돈지도의 작성 결과를 기초로 라돈으로 인한 건강피해가 우려되는 시·도가 있는 경우 「환경보건법」에 따른 환경보건위원회의 심의를 거쳐 해당 시·도지사에게 5년마다 라돈관리계획(이하 "관리계획"이라 한다)을 수립하여 시행하도록 요청할 수 있다. 이 경우 시·도지사는 특별한 사유가 없으면 지역주민들의 의견을 들어 관리계획을 수립하여야 한다.
② 관리계획에는 다음 각 호의 사항이 포함되어야 한다.
  ❶ 다중이용시설 및 공동주택 등의 현황
  ❷ 라돈으로 인한 실내공기오염 및 건강피해의 방지 대책
  ❸ 라돈의 실내 유입 차단을 위한 시설 개량에 관한 사항
  ❹ 그 밖에 라돈관리를 위하여 시·도지사가 필요하다고 인정하는 사항
③ 시·도지사는 관리계획을 수립한 경우 그 내용 및 연차별 추진실적을 대통령령으로 정하는 바에 따라 환경부장관에게 보고하여야 한다.
④ 환경부장관은 시·도지사에게 관리계획의 시행에 필요한 기술적·행정적·재정적 지원을 할 수 있다.

♂ 실내공기질의 측정(법 제12조)

① 다중이용시설의 소유자등은 실내공기질을 스스로 측정하거나 환경부령으로 정하는 자로 하여금 측정하도록 하고 그 결과를 10년 동안 기록·보존하여야 한다. 다만, 다음 각 호의 어느 하나에 해당하는 자는 그러하지 아니하다.
  ❶ 측정망이 설치되어 실내공기질을 상시 측정할 수 있는 다중이용시설의 소유자등
  ❷ 측정기기를 부착하고 이를 운영·관리하고 있는 다중이용시설의 소유자등
  ❸ 그 밖에 대통령령으로 정하는 자
② 측정을 의뢰하려는 자는 측정대행업자에게 측정값을 조작하게 하는 등 측정·분석 결과에 영향을 미칠 수 있는 지시를 하여서는 아니 된다.
③ 실내공기질의 측정대상오염물질, 측정횟수, 측정시기, 그 밖에 실내공기질의 측정에 관하여 필요한 사항은 환경부령으로 정한다.

♂ 실내공기질 관리 종합정보망의 구축·운영(법 제12조의4)

① 환경부장관은 실내공기질의 종합적·체계적 관리를 위하여 실내공기질 관리 종합정보망을 구축·운영할 수 있다.
② 환경부장관은 종합정보망을 구축·운영하는 데에 필요한 자료를 관계 행정기관이나 관련 단체의 장에게 요청할 수 있다. 이 경우 요청을 받은 자는 특별한 사유가 없으면 그 요청에 따라야 한다.

▢ 실내라돈조사의 공고(규칙 제10조의10)

환경부장관은 실내라돈조사(이하 "실내라돈조사"라 한다)를 실시하려는 경우에는 다음 각 호의 사항을 환경부 인터넷 홈페이지에 공고하여야 한다.
❶ 조사 목적
❷ 조사 대상 및 위치
❸ 조사 기간
❹ 조사 항목 및 방법
❺ 그 밖에 실내라돈조사를 실시하기 위하여 필요한 사항

▢ 실내 라돈 농도의 권고기준(규칙 제10조의12)

다중이용시설 또는 공동주택의 소유자등에게 권고하는 실내 라돈 농도의 기준은 다음 각 호의 구분에 따른다.
❶ 다중이용시설의 소유자등 : 라돈의 권고기준
❷ 공동주택의 소유자등 : 1세제곱미터당 200베크렐 이하

▢ 실내공기질의 측정(규칙 제11조)

① 법 제12조 제1항에서 "환경부령이 정하는 자"라 함은 「환경분야 시험·검사 등에 관한 법률」에 따라 다중이용시설 등의 실내공간오염물질의 측정대행업을 등록한 자를 말한다.
② 실내공기질의 측정대상오염물질은 실내공간오염물질로 한다.
③ 다중이용시설의 소유자 등은 측정을 하는 경우에는 측정대상오염물질이 유지기준의 오염물질 항목에 해당하면 1년에 한 번, 권고기준의 오염물질항목에 해당하면 2년에 한 번 측정하여야 한다. 〈중요내용〉
④ 다중이용시설의 소유자등은 실내공기질 측정결과를 10년간 보존하여야 한다. 〈중요내용〉

▢ 오염도검사 결과 등의 공개(규칙 제14조)

① 환경부장관, 시·도지사 또는 시장·군수·구청장은 오염물질을 채취한 시설, 오염물질의 명칭, 오염도검사 결과를 공개하려는 경우 미리 다음 각 호의 사항을 해당 시설의 소유자등에게 알려야 한다. 다만, 긴급히 공개할 필요가 있거나 사전 통지가 현저히 곤란한 경우 등 상당한 이유가 있으면 그러하지 아니하다.
❶ 오염도검사 결과
❷ 오염도검사 결과 등의 공개 예정일 및 매체
❸ 오염도검사 결과에 대하여 의견을 제출할 수 있다는 뜻과 그 기한
❹ 그 밖에 필요한 사항
② 제1항에 따른 공개는 인터넷 홈페이지나 신문·방송 등 언론매체 등에 공개하는 방법으로 한다.

▢ 오염도검사기관(규칙 제13조)

"환경부령이 정하는 검사기관"이라 함은 다음 각 호의 기관을 말한다.
❶ 국립환경과학원
❷ 보건환경연구원
❸ 유역환경청 및 지방환경청
❹ 「국가표준기본법」에 따른 인정을 받은 자로서 환경부장관이 검사능력이 있다고 판단하여 고시하는 자

♂ 과태료(법 제16조)

① 다음 각 호의 어느 하나에 해당하는 자에게는 2천만원 이하의 과태료를 부과한다. *중요내용*
  ❶ 건축자재의 오염물질 방출 여부를 확인받지 아니하거나 거짓으로 확인받고 건축자재를 공급한 자
② 공기질 유지기준에 맞게 시설을 관리하지 아니한 자(제4조의6·제4조의7 또는 제12조에 따라 환경부장관, 시·도지사 또는 다중이용시설의 소유자등이 실내공기질을 측정한 결과가 공기질 유지기준에 맞지 아니한 경우는 제외한다)에게는 1천만원 이하의 과태료를 부과한다.
③ 다음 각 호의 어느 하나에 해당하는 자에게는 500만원 이하의 과태료를 부과다.
  ❶ 측정기기를 부착하지 아니한 자
  ❷ 실내공기질 측정 결과를 공개하지 아니하거나 측정기기의 운영·관리기준을 지키지 아니한 자
  ❸ 대중교통차량의 실내공기질을 측정 또는 그 결과를 제출·기록·보존하지 아니하거나 거짓으로 측정 또는 제출·기록·보존한 자
  ❹ 실내공기질 관리에 관한 교육을 받지 아니한 자
  ❺ 신축되는 공동주택의 실내공기질 측정결과를 제출·공고하지 아니하거나 거짓으로 제출·공고한 자
  ❻ 기록을 보관하지 아니하거나 거짓으로 기록을 보관한 자
  ❽ 실내공기질 측정을 하지 아니한 자 또는 측정결과를 기록·보존하지 아니하거나 거짓으로 기록하여 보존한 자
  ❽의2. 측정·분석 결과에 영향을 미칠 수 있는 지시를 한 자
  ❾ 보고 또는 자료제출을 이행하지 아니하거나 거짓으로 보고 또는 자료제출을 한 자
  ❿ 관계 공무원의 출입·검사 또는 오염물질 채취를 거부·방해하거나 기피한 자
④ 과태료는 대통령령으로 정하는 바에 따라 환경부장관, 시·도지사 또는 시장·군수·구청장이 부과·징수한다.

[과태료의 부과기준(영 제16조) : 별표]

> 1. 일반기준
>   가. 위반행위의 횟수에 따른 과태료의 부과기준은 최근 1년간 같은 위반행위로 과태료 부과처분을 받은 경우에 적용한다. 이 경우 위반행위에 대하여 과태료를 부과처분한 날과 다시 같은 위반행위를 적발한 날을 각각 기준으로 하여 위반횟수를 계산한다.
>   나. 가목에 따라 가중된 부과처분을 하는 경우 가중처분의 적용 차수는 그 위반행위 전 부과처분 차수의 다음 차수로 한다.
>   다. 부과권자는 다음의 어느 하나에 해당하는 경우에는 제2호에 따른 과태료 금액의 2분의 1의 범위에서 그 금액을 감경할 수 있다. 다만, 과태료를 체납하고 있는 위반행위자의 경우에는 그러하지 아니하다.
>   1) 위반행위자가 「질서위반행위규제법 시행령」 어느 하나에 해당하는 경우
>   2) 위반행위자의 사소한 부주의나 오류 등 과실로 인한 것으로 인정되는 경우
>   3) 위반행위자가 위반행위를 바로 정정하거나 시정하여 해소한 경우
>   4) 그 밖에 위반행위의 정도, 동기와 그 결과 등을 고려하여 감경할 필요가 있다고 인정되는 경우

PART 06

핵심 필수문제 (이론)

후감
플수문제
(이둘)

제6편 핵심 필수문제(이론)

01 대기권의 구조에 관한 설명 중 가장 거리가 먼 것은?

㉮ 대기의 수직온도 분포에 따라 대류권, 성층권, 중간권, 열권으로 구분할 수 있다.
㉯ 대류권 기상요소의 수평분포는 위도, 해륙분포 등에 의해 다르지만 연직방향에 따른 변화는 더욱 크다.
㉰ 대류권의 높이는 통상적으로 여름철에 낮고 겨울철에 높으며, 고위도 지방이 저위도 지방에 비해 높다.
㉱ 대류권의 하부 1~2km까지를 대기경계층이라고 하며, 지표면의 영향을 직접 받아서 기상요소의 일변화가 일어나는 층이다.

풀이) 대류권의 고도는 겨울철이 낮고, 여름철에 높으며 보통 저위도 지방이 고위도 지방에 비해 높다.

02 대기의 특성에 관한 설명 중 틀린 것은?

㉮ 성층권에서는 오존이 자외선을 흡수하여 성층권의 온도를 상승시킨다.
㉯ 지표 부근의 표준상태에서의 건조공기의 구성성분은 부피농도로 질소>산소>아르곤>이산화탄소의 순이다.
㉰ 대기의 온도는 위쪽으로 올라갈수록, 대류권에서는 하강, 성층권에서는 상승, 열권에서는 하강한다.
㉱ 대류권의 고도는 겨울철에 낮고, 여름철에 높으며, 보통 저위도 지방이 고위도 지방에 비해 높다.

풀이) 대기의 온도는 위쪽으로 올라갈수록, 대류권에서는 하강, 성층권에서는 상승, 중간권에서는 하강, 다시 열권에서는 상승한다.

03 성층권에 관한 다음 설명 중 옳지 않은 것은?

㉮ 하층부의 밀도가 커서 매우 안정한 상태를 유지하므로 공기의 상승이나 하강 등의 연직운동은 억제된다.
㉯ 화산분출 등에 의하여 미세한 분진이 이 권역에 유입되면 수년간 남아 있게 되어 기후에 영향을 미치기도 한다.
㉰ 성층권에서 고도에 따라 온도가 상승하는 이유는 성층권의 오존이 태양광선 중의 자외선을 흡수하기 때문이다.
㉱ 오존의 밀도는 하층부(11~15km)일수록 높으며, 이와 같이 오존이 많이 분포한 층을 오존층이라 한다.

풀이) 오존농도의 고도분포는 지상 약 20~25km 내에서 평균적으로 약 10ppm(10,000ppb)의 최대농도를 나타낸다.

04 대기의 구조에 관한 다음 설명 중 틀린 것은?

㉮ 대류권에서는 고도가 높아짐에 따라 단열팽창에 의해 약 6.5℃/km씩 낮아지는 기온감률 때문에 공기의 수직혼합이 일어난다.
㉯ 대류권은 평균 12km(위도 45도의 경우) 정도이며, 극지방으로 갈수록 낮아진다.
㉰ 오존층에서는 오존의 생성과 소멸이 계속적으로 일어나면서 오존의 농도를 유지한다.
㉱ 자외선 복사에너지는 성층권을 통과할수록 서서히 증가하고, 가장 낮은 온도는 성층권 상부에서 나타난다.

풀이) 대기층에서 가장 낮은 온도를 나타내는 부분은 중간권의 상층부분으로 약 -90℃ 정도이다.

Answer   01. ㉰   02. ㉰   03. ㉱   04. ㉱

05 대기권의 성질을 설명한 것 중 틀린 것은?

㉮ 대류권의 높이는 보통 여름철보다는 겨울철에, 저위도보다는 고위도에서 낮게 나타난다.
㉯ 대기의 밀도는 기온이 낮을수록 높아지므로 고도에 따른 기온분포로부터 밀도분포가 결정된다.
㉰ 대류권에서의 대기 기온체감률은 −1℃/100 m이며, 기온변화에 따라 비교적 비균질한 기층(Hetetogeneous Layer)이 형성된다.
㉱ 대기의 상하운동이 활발한 정도를 난류강도라 하고, 이는 열적인 난류와 역학적인 난류가 있으며, 이들을 고려한 안정도로서 리차드슨 수가 있다.

[풀이] 균질층(Homosphere)은 지상 0~80km 정도까지의 고도를 가지며, 수분을 제외하고는 질소 및 산소 등 분자조성비가 어느 정도 일정하다.

06 다음 오염물질의 균질층 내에서의 건조공기 중 체류시간의 순서배열로 옳게 나열된 것은? (단, 긴 시간>짧은 시간)

㉮ $N_2 > CO > CO_2 > H_2$
㉯ $N_2 > O_2 > CH_4 > CO$
㉰ $O_2 > N_2 > H_2 > CO$
㉱ $CO_2 > H_2 > N_2 > CO$

[풀이] 균질층 대기성분의 부피비율(표준상태에서 건조공기 조성)
$N_2 > O_2 > Ar > CO_2 > Ne > He$

07 다음 중 대기 내에서의 오염물질의 일반적인 체류시간 순서로 옳은 것은?

㉮ $CO_2 > N_2O > CO > SO_2$
㉯ $N_2O > CO_2 > CO > SO_2$
㉰ $CO_2 > SO_2 > N_2O > CO$
㉱ $N_2O > SO_2 > CO_2 > CO$

[풀이] 건조공기의 성분조성비 및 체류시간(0℃, 1atm)

성분	농도(체적)	체류시간
N_2(질소)	78.09%	$4×10^8$year
O_2(산소)	20.94%	6,000year
Ar(아르곤)	0.93%	주로 축적
CO_2(이산화탄소)	0.035%	7~10year
Ne(네온)	18.01ppm	주로 축적
He(헬륨)	5.20ppm	주로 축적
H_2(수소)	0.4~1.0ppm	4~7year
CH_4(메탄)	1.5~1.7ppm	3~8year
CO(일산화탄소)	0.01~0.2ppm	0.5year
H_2O(물)	0~4.0ppm	변동성
O_3(오존)	0.02~0.07ppm	변동성
N_2O(아산화질소)	0.05~0.33ppm	5~50year
NO_2(이산화질소)	0.001ppm	1~5day
SO_2(아황산가스)	0.0002ppm	1~5day

08 성층권 내의 지상 25~30km 부근에서의 O_3의 최고농도로 가장 적합한 것은?

㉮ 1ppt 정도   ㉯ 10ppt 정도
㉰ 1,000ppm 정도   ㉱ 10,000ppb 정도

[풀이] 오존농도의 고도분포는 지상 약 20~25km 내에서 평균적으로 약 10ppm(10,000ppb)의 최대농도를 나타낸다.

09 대기권의 오존층과 관련된 설명으로 가장 거리가 먼 것은?

㉮ 오존농도의 고도분포는 지상 약 20~25km에서 평균적으로 약 10,000ppb의 최대농도를 나타낸다.
㉯ 지구 전체의 평균 오존량은 약 300Dobson 전

Answer ▶ 05. ㉰ 06. ㉯ 07. ㉯ 08. ㉱ 09. ㉯

후이지만, 지리적 또는 계절적으로는 평균치의 ±100% 정도까지 변화한다.
㉰ 290nm 이하의 단파장인 UV-C는 대기 중의 산소와 오존 분자 등의 가스 성분에 의해 그 대부분이 흡수되어 지표면에 거의 도달하지 않는다.
㉱ 오존의 생성 및 분해반응에 의해 자연상태의 성층권 영역에서는 일정한 수준의 오존량이 평형을 이루고, 다른 대기권영역에 비해 오존 농도가 높은 오존층이 생긴다.

【풀이】 지구 전체의 평균오존량은 약 300Dobson 전후이지만, 지리적 또는 계절적으로는 평균치의 ±50% 정도까지 변환한다.

10 다음 중 지표부근의 건조대기의 조성이 부피 농도로 0.06~0.2ppm이고, 그 체류시간이 약 0.5년인 물질로 가장 적합한 것은?

㉮ Ar   ㉯ Ne   ㉰ N_2O ㉱ CO

【풀이】 7번 풀이 참조

11 현재 대기 중 이산화탄소(CO_2)의 농도는?

㉮ 약 170ppm   ㉯ 약 370ppm
㉰ 약 570ppm   ㉱ 약 770ppm

【풀이】 7번 풀이 참조

12 다음 중 메탄의 지표부근 배경농도 값으로 가장 적합한 것은?

㉮ 약 1.5ppm   ㉯ 약 15ppm
㉰ 약 150ppm   ㉱ 약 1,500ppm

【풀이】 7번 풀이 참조

13 다음 중 지구 규모의 문제가 아닌 것은?

㉮ 오존층 파괴
㉯ 지구온난화
㉰ 체르노빌 원자력 발전소 사건
㉱ 광화학 반응에 의한 오존 생성

【풀이】 광화학 Smog 현상은 도시 규모의 문제이다.

14 대기오염이 장거리까지 확산되어 오염되고 있는 형태를 의미하는 것은?

㉮ 광역오염   ㉯ 지구오염
㉰ 국지오염   ㉱ 지역오염

15 PSI(Polutants Standard Index)가 150일 때 대기질 상태는?

㉮ 양호(Good)
㉯ 보통(Moderate)
㉰ 나쁨(Unhealthful)
㉱ 매우 나쁨(Very Healthful)

【풀이】 PSI 값과 대기질 상태

PSI 값	대기질 구분
0~50	양호(Good)
51~100	보통(Moderate)
101~200	나쁨(Unhealthful)
201~300	매우 나쁨(Very Unhealthful)
301~500	위험(위해 : Hazardous)

Answer 10. ㉱ 11. ㉯ 12. ㉮ 13. ㉱ 14. ㉮ 15. ㉰

16 ORAQI(Oak Ridge Air Quality Index) 지표에 사용되는 오염물질이 아닌 것은?

㉮ H_2S ㉯ CO
㉰ NO_2 ㉱ TSP(PM10)

[풀이] ORAQI 지표에 사용되는 오염물질
① SCO_2 ② CO
③ NO_2 ④ O_3
⑤ TSP(PM10)

17 대기오염의 원인에 관한 설명 중 바르지 않은 것은?

㉮ 자연적인 발생원에 의한 대기오염물질 발생량은 인위적인 발생원에서의 발생량보다 훨씬 많다.
㉯ 자연적인 발생원에서 배출되는 오염물질은 좁은 공간으로 확산 및 분산되어 그 농도가 아주 높게 된다.
㉰ 자연적인 발생원에서 배출되는 오염물질들은 강우현상, 대기 중 산화반응 및 토양으로의 흡수를 통하여 자정될 수도 있다.
㉱ 인위적인 발생원에서 배출되는 오염물질들은 국지적으로 분산되므로 대기 중에서 그 농도는 높아진다.

[풀이] 자연적인 발생원에서 배출되는 오염물질들은 넓은 공간으로 확산 및 분산되어 그 농도가 아주 낮게 된다.

18 다음 중 2차 오염물질(Secondary Pollutants)은?

㉮ SiO_2 ㉯ N_2O_3
㉰ NaCl ㉱ NOCl

[풀이] 2차 대기오염물질의 종류
에어로졸(H_2SO_4 mist), O_3, PAN(CH_3COONO_2), 염화니트로실(NOCl), 과산화수소(H_2O_2), 아크롤레인(CH_2CHCHO), PBN($C_6H_5COOONO_2$), 알데히드(Aldehydes ; RCHO), SO_2

19 다음 중 대기 중에서 태양광선을 받아 광화학 반응을 일으켜 생성되는 2차 오염물질에 해당하지 않는 것은?

㉮ CH_3ONO_2 ㉯ O_3
㉰ H_2O_2 ㉱ C_3H_8

20 다음 대기오염물질 중 2차 오염물질에 해당하는 것으로만 옳게 나열된 것은?

㉮ O_3, H_2S, PM10
㉯ NO, SO_2, HCl
㉰ PAN, 금속산화물, N_2O_3
㉱ PAN, RCHO, O_3

21 다음 중 1, 2차 대기오염물질(발생원에서 직접 및 대기 중에서 화학반응을 통해 생성되는 물질) 모두에 해당되지 않는 것은?

㉮ NO_2 ㉯ Aldehydes
㉰ Ketones ㉱ NOCl

[풀이] 1, 2차 대기오염물질
SO_2, SO_3, NO, NO_2, HCHO, 케톤, 유기산, 알데히드 등

Answer 16. ㉮ 17. ㉯ 18. ㉱ 19. ㉱ 20. ㉱ 21. ㉱

22 다음 중 광화학 반응에 의해 생성된 2차 오염물질로만 연결된 것은?

㉮ $SO_3 - NH_3$
㉯ $H_2O_2 - O_3$
㉰ $NO_2 - HCl$
㉱ $NaCl - SO_3$

풀이 대표적 산화물질(옥시던트)
① PAN   ② PB_2N
③ PBN   ④ PPN
⑤ O_3 ⑥ H_2SO_4, HNO_3
⑦ Aldehyde ⑧ H_2O_2

23 오염물질과 그 발생원과의 연결로 가장 관계가 적은 것은?

㉮ HF - 도장공업, 석유정제
㉯ HCl - 소오다공법, 활성탄 제조, 금속제련
㉰ C_6H_6 - 포르마린 제조
㉱ Br_2 - 염료, 의약품, 농약 제조

풀이 불화수소(HF)의 주요 배출원
① 인산비료공업   ② 유리공업
③ 요업   ④ 알루미늄공업

24 다음 중 염화수소 또는 염소 발생 가능성이 가장 적은 업종은?

㉮ 소다공업   ㉯ 플라스틱공업
㉰ 활성탄 제조업 ㉱ 시멘트 제조업

풀이 염화수소(HCl)의 주요 배출원
① 소다공업   ② 활성탄 제조업
③ 금속제련   ④ 플라스틱 공업
⑤ 염산제조

25 다음 중 황화수소의 발생과 가장 관련된 깊은 업종은?

㉮ 석유정제, 석탄건류, 가스공업
㉯ 비료 제조, 표백, 색소 제조공업
㉰ 알루미늄, 요업, 인산비료공업
㉱ 피혁, 합성수지, 포르마린 제조공업

풀이 황화수소(H_2S)의 주요 배출원
① 석유정제   ② 석탄가루
③ 가스공업(도시가스 제조업 포함)
④ 형광물질원료 제조 ⑤ 하수처리장

26 다음은 주요 배출오염물질과 관련 업종을 나타낸 것이다. ( ) 안에 가장 알맞은 것은?

(①) : 소다공업, 화학공업, 농약 제조 등
(②) : 내연기관, 폭약, 비료, 필름제조 등

㉮ ① NH_3 ② HF   ㉯ ① NH_3 ② NO_x
㉰ ① Cl_2 ② HF   ㉱ ① Cl_2 ② NO_x

27 대기오염물질과 그 발생원의 연결로 가장 거리가 먼 것은?

㉮ 시안화수소 - 청산 제조업, 가스공업, 제철공업
㉯ 페놀 - 타르공업, 도장공업
㉰ 암모니아 - 소다공업, 인쇄공장, 농약 제조
㉱ 아황산가스 - 용광로, 제련소, 석탄화력발전소

풀이 암모니아(NH_3)의 주요 배출원
① 비료공업
② 냉동공업
③ 암모니아 제조공장
④ 나일론 제조공장
⑤ 표백 및 색소공장

Answer 22. ㉯ 23. ㉮ 24. ㉱ 25. ㉮ 26. ㉱ 27. ㉰

28 다음 중 납 화합물의 주요 배출원으로 가장 거리가 먼 것은?

㉮ 고무가공 공장
㉯ 디젤자동차 배출가스
㉰ 축전지 제조공장
㉱ 도가니 제조공장

[풀이] 납(Pb) 화합물의 주요 배출원
① 도가니 제조공장
② 건전지 및 축전지 제조공장
③ 고무가공 공장
④ 가솔린 자동차 배출가스
⑤ 인쇄

29 다음 대기오염물질과 주요 배출 관련 업종의 연결로 가장 거리가 먼 것은?

㉮ 염화수소 - 소다공법, 활성탄 제조, 금속제련
㉯ 질소산화물 - 비료, 폭약, 필름 제조
㉰ 불화수소 - 인산비료공법, 유리공업, 요업
㉱ 염소 - 용광로, 염료 제조, 펄프 제조

[풀이] 염소(Cl_2)의 주요 배출원
① 소다공업 ② 농약 제조

30 다음 중 C_6H_5OH 배출 관련 업종과 가장 거리가 먼 것은?

㉮ 타르공업   ㉯ 화학공업
㉰ 정련공업   ㉱ 도장공업

[풀이] 페놀(C_6H_5OH)의 주요 배출원
① 타르공업   ② 화학공업
③ 도장공업   ④ 의약품

31 다음 중 HCHO의 배출 관련 업종으로 가장 거리가 먼 것은?

㉮ 포르말린제조공업   ㉯ 합성수지공업
㉰ 금속제련공업   ㉱ 피혁공업

[풀이] 포름알데히드(HCHO)의 주요 배출원
① 포르말린 제조공업 ② 합성수지 공업
③ 피혁제조 공업   ④ 섬유공업

32 다음 오염물질 중 "건전지 및 축전지, 인쇄, 크레용, 에나멜, 페인트, 고무가공, 도가니공업" 등이 주된 배출 관련 업종인 것은?

㉮ Pb   ㉯ HCl   ㉰ HCHO   ㉱ H_2O

33 대기오염물질 배출업소의 사업장 분류기준은?

㉮ 대기오염물질의 최고농도
㉯ 대기오염물질의 연간 총 발생량
㉰ 대기오염물질의 일 최대 배출량
㉱ 대기오염물질 배출시설의 굴뚝 규모

34 복사에 관한 다음 설명 중 거리가 먼 것은?

㉮ 대기 중에서의 복사는 보통 $0.1 \sim 100 \mu m$ 파장영역에 속한다.
㉯ 복사는 전자기장의 진동에 의한 파동 형태의 에너지 전달이다.
㉰ 대기 복사파장 영역 중 인간이 느낄 수 있는 가시광선은 보라색인 $0.36 \mu m \sim$ 붉은색인 $0.75 \mu m$ 까지이다.
㉱ 복사는 진공상태인 우주공간에서도 열을 전달할 수 있다.

Answer 28. ㉯ 29. ㉱ 30. ㉰ 31. ㉰ 32. ㉮ 33. ㉯ 34. ㉯

풀이 전자기파 형태로 에너지가 매질을 통하지 않고 고온에서 저온의 물체로 직접 전달되므로 진공 상태인 우주공간상에서도 전달될 수 있다.

35 다음 설명에 해당하는 법칙으로 옳은 것은?

> 복사에너지 중 파장에 대한 에너지 강도가 최대가 되는 파장 λm과 흑체의 표면온도 $\lambda m = \dfrac{2,897}{T}$의 관계를 나타낸다.
> (단, T : 절대온도, $\lambda m : \mu m$)

㉮ 스테판-볼츠만의 법칙
㉯ 플랑크 법칙
㉰ 비인의 변위법칙
㉱ 알베도 법칙

36 열역학의 복사이론 중 스테판-볼츠만 법칙을 나타낸 식으로 가장 적합한 것은?(단, E : 흑체의 단위 표면적에서 복사되는 에너지, T : 흑체의 표면온도(절대온도), K : 스테판-볼츠만 상수, 단위는 모두 적절하다고 가정함)

㉮ $E = K \times T$
㉯ $E = K \div T$
㉰ $E = K \times T^4$
㉱ $E = K \div T^4$

37 흑체에서 복사되는 에너지 중 파장 λ와 $\lambda + \Delta\lambda$ 사이에 들어 있는 에너지량(E_λ)을 아래 식으로 표현하는 것과 관련한 법칙은?

> $E_\lambda = C_1 \lambda^{-5} \left[\exp\left(\dfrac{C_2}{\lambda T}\right) - 1 \right]^{-1}$
> (단, T는 흑체의 온도, C_1, C_2는 상수)

㉮ 스테판-볼츠만의 법칙
㉯ 비인의 변위법칙
㉰ 플랑크의 법칙
㉱ 웨버훼이너의법칙

38 다음 설명을 나타내는 법칙은?

> 열역학 평형상태하에서는 어떤 주어진 온도에서 매질의 방출계수와 흡수계수의 비는 매질의 종류에 관계없이 온도에 의해서만 결정된다는 법칙

㉮ 키르히호프의 법칙
㉯ 알베도 법칙
㉰ 스테판-볼츠만의 법칙
㉱ 프랑크 법칙

39 다음은 태양상수에 관한 설명이다. ( ) 안에 가장 알맞은 것은?

> 대기권 밖에서 햇빛에 수직인 (①)의 면적에 (②) 동안에 들어오는 태양복사에너지의 양을 말하며, 그 값은 약 (③)이다.

㉮ ① $1cm^2$, ② 1분, ③ 약 $2cal/cm^2 \cdot min$
㉯ ① $1cm^2$, ② 1시간, ③ 약 $2cal/cm^2 \cdot min$
㉰ ① $1m^2$, ② 1분, ③ 약 $2cal/cm^2 \cdot min$
㉱ ① $1m^2$, ② 1시간, ③ 약 $2cal/cm^2 \cdot hr$

40 역사적인 대기오염의 사건별 특징이 잘못 연결된 것은?

[사건명]	[발생연도]	[주 오염물질]
㉮ 뮤즈벨리	1930년	SO_2

Answer 35. ㉰ 36. ㉰ 37. ㉰ 38. ㉮ 39. ㉮ 40. ㉱

㉯ 도노라　　　1948년　　　SO_2
㉰ 런던스모그　1952년　　　SO_2
㉱ L.A 스모그　1964년　　　광화학 스모그

풀이 L.A형 Smog는 1954년 자동차 증가로 인한 석유계 연료소비에 따른 CO, CO_2, SO_3, NO_2, 올레핀계 탄화수소, 광화학적 산화물이 원인물질이다.

41 다음 중 역사적 대기오염 사건에 관한 설명으로 옳게 연결된 것은?

㉮ Krakatau섬 사건 - 인도 Krakatau섬 내 황산 공장의 폭발로 발생
㉯ Meuse Valley 사건 - 미국 펜실베이니아 주 피츠버그시의 남쪽에 위치한 공업지대에서 기온역전으로 연무 등과 같은 현상 발생
㉰ Poza Rica 사건 - 멕시코 공업지대에서 황화수소 누출
㉱ Bhopal시 사건 - 인도 보팔시에서 아연정련소의 황산 미스트 유출로 발생

풀이 ㉮ Krakatau섬 사건 : 인도네시아 Krakatau섬에 대분화가 발생하여 유황을 포함하는 유해가스 발생
㉯ Meuse Valley 사건 : 벨기에 Meuse Valley에서 발생
㉱ Bhopal 사건 : 인도 보팔시에서의 메틸이소시아네이트 유출사고

42 로스앤젤레스형 대기오염의 특성으로 옳지 않은 것은?

㉮ 광화학적 산화물(Photochemical Oxidants)을 형성하였다.
㉯ 질소산화물과 올레핀계 탄화수소 등이 원이물질로 작용했다.

㉰ 자동차 연료인 석유계 연료가 주 원인물질로 작용했다.
㉱ 초저녁에 주로 발생하였고, 복사역전층과 무풍상태가 계속되었다.

풀이 L.A형 Smog는 한낮에 주로 발생하였고, 침강성 역전층과 3m/sec 이하의 풍무상태가 계속되었다.

43 과거의 역사적인 대기오염사건 중 London형 Smog에 관한 설명으로 옳지 않은 것은?

㉮ 무풍상태
㉯ 기온 0~5℃의 이른 아침에 발생
㉰ 침강성 역전
㉱ 가정 난방용 석탄의 매연과 화력발전소 등의 굴뚝에서 배출된 매연이 주 오염원으로 추정

풀이 London형 Smog는 복사성 역전과 관련이 있다.

44 런던형 스모그와 로스앤젤레스형 스모그 현상에 관한 비교 설명 중 옳지 않은 것은?

㉮ 로스앤젤레스형 스모그는 일사량이 많은 여름철에 주로 발생하였다.
㉯ 로스앤젤레스형 스모그는 주로 자동차의 배출가스가 주오염원으로 작용하였다.
㉰ 런던형 스모그는 방사성 역전에 해당된다.
㉱ 로스앤젤레스형 스모그는 식물 및 재산에 미치는 피해가 비교적 심하며, 인체에 대한 피해도 직접적이다.

풀이 L.A형 Smog는 고무제품 균열 및 건축물 손상에 따른 재산성 손실을 발생시켰고, 인체에 대한 피해로 눈, 코, 기도, 폐의 지속적 점막을 자극했다.

45 대기오염물질의 확산과 관련 있는 스모그현상과 기온역전에 관한 내용으로 가장 거리가 먼 것은?

㉮ 로스앤젤레스형 스모그 사건은 광화학스모그에 의한 침강성 역전이다.
㉯ 런던 스모그 사건은 주로 자동차 배출가스 중의 질소산화물과 탄화수소에 의한 것이다.
㉰ 방사성 역전은 밤과 아침 사이에 지표면이 냉각되어 공기온도가 낮아지기 때문에 발생한다.
㉱ 침강성 역전은 고기압권에서 공기가 하강하여 생기며, 넓은 범위에 걸쳐 시간에 무관하게 정기적으로 지속된다.

(풀이) London Smog 사건은 주로 공장 및 가정난방을 위한 석탄 및 석유계 연료의 연소, 배연이 주오염 배출원이다.

46 1984년 인도 중부지방의 보팔시에서 발생한 대기오염사건의 원인물질은?

㉮ SO_x ㉯ H_2S
㉰ CH_3CNO ㉱ $COCl_2$

47 대기오염 현상에 대한 설명으로 옳지 않은 것은?

㉮ 환경대기 중 미세먼지는 황산화물과 공존하면 더 큰 피해를 준다.
㉯ SO_2는 무색이고 자극성 냄새를 가지고 있는 가스상 오염물질로 비중이 약 2.2이다.
㉰ 카르보닐황은 대류권에서 매우 안정하기 때문에 거의 화학적인 반응을 하지 않고 서서히 성층권으로 유입된다.
㉱ 멕시코의 포자리카 사건은 산화시설물에서 누출된 메틸이소시아네이트에 의해 발생한 것이다.

(풀이) 멕시코의 포자리카 사건은 H_2S 누출사건으로 약 320명에게 기침, 호흡곤란, 점막자극 등 급성 중독을 발생시켰다.

48 대기오염사건과 주원인이 되는 물질을 짝지은 것으로 옳지 않은 것은?

㉮ Meuse Valley 사건 - 메틸이소시아네이트
㉯ Donora 사건 - 아황산가스, 황산미스트
㉰ Poza rica 사건 - 황화수소
㉱ London Smog 사건 - 아황산가스와 부유먼지

(풀이) Meuse Valley 사건의 주원인 물질은 SO_2, H_2SO_4, 불소화합물 CO, 미세입자 등이다.

49 다음 중 실내 건축재료에서 배출되고 있는 실내공간 오염물질이 아닌 것은?

㉮ 석면 ㉯ 안티몬
㉰ 포름알데히드 ㉱ 휘발성유기화합물

(풀이) 실내오염물질
1. 가스상 물질
   ① 라돈(Rn) : 건축재료, 물, 나무
   ② 포름알데히드(HCHO) : 가구류, 담배연기, 각종 절연재료
   ③ NH_3 : 대사작용
   ④ VOC : 용제류, 접착제, 화장품
   ⑤ PAH : 담배연기
2. 입자상 물질
   ① 석면 : 절연재료, 각종 난연성 물질
   ② 먼지(PM) : 도류, 방향제
   ③ 알레르기 : 진드기, 애완동물의 털

Answer 45. ㉯ 46. ㉰ 47. ㉱ 48. ㉮ 49. ㉯

50 실내공기 오염물질인 '라돈'에 관한 설명으로 옳지 않은 것은?

㉮ 주기율표에서 원자번호가 238번으로, 화학적으로 활성이 큰 물질이며, 흙속에서 방사선 붕괴를 일으킨다.
㉯ 무색, 무취의 기체로 액화되어도 색을 띠지 않는 물질이다.
㉰ 반감기는 3.8일로 라듐이 핵분열할 때 생성되는 물질이다.
㉱ 자연계에 널리 존재하며, 주로 건축자재를 통하여 인체에 영향을 미치고 있다.

【풀이】 라돈은 화학적으로 거의 반응을 일으키지 않는 불활성 물질이다.

51 실내공기 오염물질에 관한 다음 설명으로 옳은 것은?

㉮ 라돈 : 우라늄-238 계열의 붕괴과정에서 만들어진 라듐-226의 괴변성 생성물질로서 인체에 폐암을 유발시키는 오염물질이다.
㉯ 포름알데히드 : 자극취가 있는 연녹색의 기체이며, 보통 10ppm에서 냄새를 느끼기 시작한다.
㉰ VOC : VOC 중 가장 독성이 강한 것은 사염화탄소이며, 다음은 에틸벤젠, 크실렌, 톨루엔 순으로 약하다.
㉱ 석면 : 석면이나 광물섬유들은 장력도와 열 및 전기적 절연성이 작고, 화학적으로는 잘 분해되지 않으며, 침착속도는 섬유길이에 가장 큰 영향을 받는다.

【풀이】 ㉯ 포름알데히드 : 자극성을 갖는 가연성 무색기체로, 폭발의 위험성이 있다.
㉰ VOC : 톨루민>자일렌>에틸벤젠 순으로 독성이 강하다.
㉱ 석면 : 자연계에서 산출되는 길고, 가늘고, 강한 섬유상 물질로 굴절성, 내열성, 내압성, 절연성, 불활성이 높고 산·알칼리 등 화학약품에 대한 저항성이 강하다.

52 다음 실내오염물질에 관한 설명으로 가장 거리가 먼 것은?

㉮ 라돈은 자연계의 물질 중에 함유된 우라늄이 연속 붕괴하면서 생성되는 라듐이 붕괴할 때 생성되는 것으로서 무색, 무취이다.
㉯ 포름알데히드는 자극성 냄새를 갖는 가연성 무색 기체로 폭발의 위험성이 있으며, 살균방부제로도 이용된다.
㉰ VOCs의 인체영향으로 벤젠은 피부를 통해 약 50% 정도 침투되며, 체내에 흡수된 벤젠은 주로 근육조직에 분포하게 된다.
㉱ 석면은 자연계에서 산출되는 길고, 가늘고, 강한 섬유상 물질로서 내열성, 불활성, 절연성의 성질을 갖는다.

【풀이】 벤젠은 호흡기를 통해 약 50% 정도 흡수되며, 장기간 폭로 시 혈액장애, 간장장애를 일으키고 재생불량성 빈혈, 백혈병을 유발시킨다.

53 실내공기에 영향을 미치는 오염물질에 관한 설명 중 옳지 않은 것은?

㉮ 석면은 자연계에 존재하는 유화화(油和化)된 규산염광물의 총칭으로, 미국에서 가장 일반적인 것으로는 아크티놀라이트(백석면)가 있다.
㉯ 석면의 발암성은 청석면>아모사이트>온석면 순이다.
㉰ Rn-222의 반감기는 3.8일이며, 그 낭핵종도

Answer 50. ㉮ 51. ㉮ 52. ㉰ 53. ㉮

같은 종류의 알파선을 방출하지만 화학적으로는 거의 불활성이다.
㉣ 우라늄과 라듐은 Rn-222의 발생원에 해당된다.

(풀이) 석면은 광물성규산염의 총칭이며 사문석, 각섬석이 지열 및 지하수의 작용으로 섬유화된 것이다.

54 실내공기오염에 관한 설명 중 옳지 않은 것은?

㉮ 빌딩증후군이란 밀폐된 공간 내 유해한 환경에 노출되었을 때에 눈 자극, 두통, 피로감, 후두염 등과 같은 증상이 일어나는 것을 말한다.
㉯ 대부분의 유기용제는 마취작용을 가지고 있고, 독성은 톨루엔>자일렌>에틸벤젠 순으로 독성이 강하다.
㉰ 포름알데히드는 자극취가 있는 적갈색의 기체이며, 물에 잘 녹고 15% 수용액은 포르말린이라고 한다.
㉱ 유기용제의 인체에 대한 영향을 고려해 보면 벤젠은 혈액에 대한 독성 작용이, 에틸벤젠은 신경계에 대한 독성 작용이 강하다.

(풀이) 포름알데히드는 자극성을 갖는 가연성 무색 기체로, 산화시키면 포름산이 되고 물에 잘 녹으며 40% 수용액을 포름말린이라 한다.

55 오염된 대기에서의 SO_2의 산화에 관한 다음 설명 중 가장 거리가 먼 것은?

㉮ 연소과정에서 배출되는 SO_2의 광분해는 상당히 효과적인데, 그 이유는 저공에 도달하는 것보다 더 긴 파장이 요구되기 때문이다.

㉯ 낮은 농도의 올레핀계 탄화수소도 NO가 존재하면 SO_2를 광산화시키는 데 상당히 효과적일 수 있다.
㉰ 파라핀계 탄화수소는 NO_2와 SO_2가 존재하여도 Aerosol을 거의 형성시키지 않는다.
㉱ 모든 SO_2의 광화학은 일반적으로 전자적으로 여기된 상태의 SO_2의 분자반응들만 포함한다.

(풀이) 연소과정에서 배출되는 SO_2는 대류권에서 거의 광분해되지 않으며, 파장 280~290nm 및 220nm 이하에서 광흡수가 나타난다. 광분해가 가능하지 않은 이유는 저공에 도달하는 것보다 더 짧은 파장이 요구되기 때문이다.

56 다음 중 황산화물(SO_x)이 인체에 미치는 영향으로 가장 거리가 먼 것은?

㉮ SO_2가 인체에 미치는 피해는 농도와 노출시간이 문제가 되며, 주로 호흡기 계통의 질환을 일으킨다.
㉯ 적당히 노출되면 상부호흡기에 영향을 미치며, 단독흡입보다 먼지나 액적 등과 동시에 흡입되면 황산미스트가 되어 SO_2보다 독성이 10배 정도로 증가한다.
㉰ SO_3는 호흡기 계통에서 분비되는 점막에 흡착되어 H_2SO_4가 된 후, 조직에 작용하여 궤양을 일으킨다.
㉱ 흡입된 SO_2의 95% 이상은 하기도에서 흡수되며, 잔여량이 비강 또는 인후에 흡수된다.

(풀이) SO_2는 고농도일수록 비강 또는 인후에서 많이 흡수되며, 저농도인 경우에는 극히 낮은 비율로 흡수된다.

57 다음은 황화합물에 관한 설명이다. ( ) 안에 가장 알맞은 것은?

> 전 지구적 규모로 볼 때 해양을 통해 자연적 발생원 중 가장 많은 양의 황화합물이 ( ) 형태로 배출되고 있다.

㉮ H_2S
㉯ CS_2
㉰ DMS[$(CH_3)_2S$]
㉱ OCS

58 황화합물에 관한 다음 설명 중 가장 거리가 먼 것은?

㉮ SO_2는 물에 대한 용해도가 높아 구름의 액적, 빗방울, 지표수 등에 쉽게 녹아 H_2SO_3를 생성한다.
㉯ SO_2는 280~290nm에서 강한 흡수를 보이지만 대류권에서는 거의 광분해되지 않는다.
㉰ 대기 중 SO_2는 약 90% 정도가 황산염으로 전환되며, 평균체류시간은 약 20일 정도이다.
㉱ CS_2는 증발하기 쉬우며, CS_2 증기는 공기보다 약 2.6배 더 무겁다.

[풀이] SO_2의 평균체류시간은 약 1~5day이다.

59 황화합물에 대한 설명으로 옳지 않은 것은?

㉮ 가스 상태의 SO_2는 대기압하에서 환원제 및 산화제로 모두 작용할 수 있다.
㉯ 황화합물은 산화상태가 클수록 증기압이 커지고, 용해성은 감소한다.
㉰ 해양을 통해 자연적 발생원 중 가장 많은 양의 황화합물이 DMS 형태로 배출되고 있으며, 일부는 H_2S, OCS, CS_2 형태로 배출되고 있다.
㉱ 대기 중으로 유입된 SO_2는 물에 잘 녹고 반응성이 크므로 입자성 물질의 표면이나 물방울에 흡착된 후 비균질반응에 의해 대부분 황산염으로 산화되어 제거된다.

[풀이] 황화합물은 산화상태가 클수록 증기압이 커지고 용해성도 증가한다.

60 다음은 황화합물에 관한 설명이다. ( ) 안에 가장 적합한 물질은?

> ( )은(는) 대류권에서 매우 안정하므로 거의 화학적인 반응을 하지 않고 서서히 성층권으로 유입되며 광분해반응에 종속된다. 반응성이 작아 청정대류권에서 가장 높은 농도를 나타내는 황화합물(수백 ppt 정도)로 간주되며, 거의 일정한 수준의 농도를 유지한다.

㉮ 황화수소(H_2S)
㉯ 이산화황(SO_2)
㉰ MSA(CH_3SO_3H)
㉱ 카르보닐황(OCS)

61 다음 대기오염물질 중 공기에 대한 비중이 1.6 정도이며, 질식성이 있고 적갈색을 나타내며 자극성을 가진 가스는?

㉮ NO ㉯ SO_2 ㉰ Cl_2 ㉱ NO_2

62 질소산화물(NO_x)에 관한 다음 설명 중 옳지 않은 것은?

㉮ 연소 시에 주로 배출되며, 탄화수소와 함께 태양광선에 의한 광화학 스모그를 생성한다.
㉯ 혈중 헤모글로빈과 결합하여 메타헤모글로

빈을 형성함으로써 산소 전달을 방해한다.
㉰ 직접적으로 눈에 대한 자극성이 강한 오염물질로 기관지염, 폐기종 및 폐렴 등을 일으키며, 천식까지 진행된다.
㉱ NO의 혈중 헤모글로빈과의 결합력은 CO보다 강하다.

(풀이) 직접적으로 눈에 자극을 주지 않으며, SO_2와 비슷한 기관지염, 폐기종 및 폐렴 등을 유발한다.

63 질소화합물에 관한 설명으로 가장 거리가 먼 것은?

㉮ 전 세계 질소화합물의 배출량 중 인위적인 추정 배출량은 약 70~80% 정도로, 연간 총배출량은 주로 배출원별로는 난방, 연료별로는 석탄 사용이 가장 큰 비중을 차지한다.
㉯ N_2O는 대류권에서는 온실가스로 알려져 있으며, 성층권에서는 오존층 파괴물질로 알려져 있다.
㉰ 연료 중의 질소화합물은 일반적으로 천연가스보다 석탄에 많다.
㉱ 대기 중에서의 추정 체류시간은 NO와 NO_2가 약 2~5일, N_2O가 약 20~100년 정도이다.

(풀이) 전 세계 질소화합물의 배출량 중 자연적인 추정배출량은 인위적인 주정배출량보다 약 5~15배 정도 많으며(인위적인 질소화합물 배출량은 자연적 배출량의 10% 정도로 거의 대부분이 연소과정에서 발생) 연간 총배출량은 주로 배출원별로는 난방, 연료별로는 석탄 사용 시 가장 큰 비중을 차지한다.

64 연소과정 중 고온에서 발생하는 주된 질소화합물의 형태로 가장 적합한 것은?

㉮ N_2 ㉯ NO   ㉰ NO_2 ㉱ NO_3

65 질소산화물(NO_x)의 특성으로 거리가 먼 것은?

㉮ NO_x는 혈중 헤모글로빈과 결합하여 메트헤모글로빈을 형성함으로써 산소 전달을 방해한다.
㉯ NO는 혈중 헤모글로빈과의 결합력이 CO보다 수백 배 더 강하고, NO_2는 NO보다 독성이 5배 정도 강하다.
㉰ NO_2의 자극성 가스로서 급성 피해로 눈과 코를 강하게 자극하고, 기관지염, 폐기종, 폐렴 등을 일으킨다.
㉱ NO_2의 농도가 5㎍/㎥가 되면 인체에는 수주 내에 만성피해 현상이 나타난다.

(풀이) NO_2에 의한 인체 피해증상

농도(ppm)	증상
1~3	취기감지
13	눈·코의 자극, 폐기관의 불쾌감, 중추신경장해
50~100	6~8주 폭로 시 기관지염, 폐렴
100 이상	3~5분 폭로 시 인후자극, 심한 기침
500 이상	3~5분 폭로 시 기관지폐렴, 급성 폐부종
2,000 이상 (0.2㎍/㎥)	1~2시간 내 사망

66 질소산화물에 관한 설명 중 옳지 않은 것은?

㉮ NO는 주로 교통량이 많은 이른 아침에 하루 중 최고치를 나타낸다.
㉯ 전 세계 질소화합물 중 인위적인 질소화합물 배출량은 자연적 배출량의 10% 정도인 것으로 추정되고 있다.
㉰ N_2O는 대류권에서는 온실가스로 알려져 있

으며, 성층권에서는 오존을 분해하는 물질로 알려져 있다.
㉣ NO₂의 대기 중 체류시간은 2~5일이며, N₂O는 10~20일 정도로 추정되고 있다.

[풀이] NO₂의 대기 중 체류시간은 1~5일이며, N₂O는 5~50(20~100)년 정도이다.

67 이동 배출원이 주요한 배출원인 도심지역의 경우, 하루 중 시간대별 각 오염물의 농도 변화는 일정한 형태를 나타내는데, 일반적으로 가장 이른 시간에 하루 중 최대농도를 나타내는 물질은?

㉮ O_3
㉯ NO_2
㉰ NO
㉱ Aldehydes

68 질소산화물에 관한 설명 중 가장 거리가 먼 것은?

㉮ N_2O는 대류권에서는 온실가스로 알려져 있으며 성층권에서는 오존층 파괴물질로 알려져 있다.
㉯ 성층권에서는 N_2O가 오존과 반응하여 NO를 생성한다.
㉰ 대기 중에서의 체류시간은 NO와 NO₂가 2~5일 정도로 추정된다.
㉱ 연소실 온도가 낮을 때는 높을 때보다 많은 NOₓ가 배출된다.

[풀이] 연소실 온도가 높을 때가 낮을 때보다 많은 NOₓ가 배출된다.

69 다음 중 CO에 관한 설명으로 옳지 않은 것은?

㉮ 가연성분의 불완전 연소 시나 자동차에서 많이 발생된다.
㉯ 대기 중에서 이산화탄소로 산화되기 어렵다.
㉰ 수용성이므로 대기 중 농도는 강우에 의한 영향을 많이 받는다.
㉱ 대기 중에서 평균 체류시간은 발생량과 대기 중 평균 농도로부터 1~3개월로 추정되고 있다.

[풀이] 대기 중에서 CO₂로 산화되기 어렵고 물에 난용성이므로 수용성 가스와는 달리 강우에 의한 영향을 거의 받지 않는다.

70 다음 중 CO에 관한 설명으로 가장 거리가 먼 것은?

㉮ CO는 다른 물질에 대한 흡착현상을 거의 나타내지 않으며, 유해한 화학반응 또한 거의 일으키지 않는다.
㉯ CO의 자연적 발생원에는 화산폭발, 테르펜류의 산화, 클로로필의 분해 등이 있다.
㉰ 지구의 위도별 CO 농도는 남위 50도 부근에서 최대치를 보인다.
㉱ 도시 대기 중의 CO 농도가 높은 것은 연소 등에 의해 배출량은 많은 반면, 토양면적 등의 감소에 따라 제거능력이 감소하기 때문이다.

[풀이] 지구의 위도별 CO 농도는 북위 중위도 부근(북위 50° 부근)에서 최대치를 보인다.

71 대기 중 이산화탄소에 대한 설명으로 가장 거리가 먼 것은?

Answer 67. ㉰ 68. ㉱ 69. ㉰ 70. ㉰ 71. ㉰

㉮ 고층대기에서 광화학적인 분해반응을 일으키는 경우를 제외하면 대류권 내에서는 화학적으로 극히 안정한 편이다.
㉯ 수증기와 함께 지구온난화에 중요하게 기여하고 있는 기체이다.
㉰ 전 지구적인 배출량은 자연적인 배출량보다 화석연료 등에 의한 인위적인 배출량이 훨씬 많다.
㉱ 미국 하와이 마우나로아에서 측정한 CO_2 계절별 농도는 1년을 주기로 봄, 여름에는 감소하는 경향을 나타낸다.

[풀이] 전 지구적인 배출량은 화석연료 연소 등에 의한 인위적인 배출량이 자연적인 배출량보다 훨씬 적다.

72 잠재적인 대기오염물질로 취급되고 있는 물질인 이산화탄소에 관한 설명으로 틀린 것은?

㉮ 지구온실효과에 대한 추정 기여도는 CO_2가 50% 정도로 가장 높다.
㉯ 대기 중의 이산화탄소 농도는 북반구의 경우 계절적으로는 보통 겨울에 증가한다.
㉰ 대기 중에 배출하는 이산화탄소의 약 5%가 해수에 흡수된다.
㉱ 지구 북반구의 이산화탄소의 농도가 상대적으로 높다.

[풀이] 대기 중에 배출되는 CO_2는 식물에 의한 흡수보다 몇십 배 해수에 의한 흡수가 많다.

73 도시대기 중의 오존(O_3) 농도에 관한 설명으로 옳은 것은?

㉮ 기온이 낮은 아침에 높은 농도를 나타낸다.
㉯ 일사(日射)량이 많은 계절에 농도가 높다.
㉰ 계절에 관계없이 교통량과 비례한다.
㉱ 구름이 많은 겨울에 농도가 높다.

[풀이] 도시대기 중의 오존(O_3) 농도는 일사량이 많은 계절, 즉 여름에 농도가 높게 나타난다.

74 대기 중에서 광화학스모그 생성에 기여하는 탄화수소류 중 평균적으로 광화학 활성이 가장 강한 것은?

㉮ 파라핀계 탄화수소
㉯ 올레핀계 탄화수소
㉰ 아세틸렌계 탄화수소
㉱ 방향족 탄화수소

75 다음 중 PAN(Peroxy Acetyl Nitrate)의 생성반응식으로 옳은 것은?

㉮ $CH_3COOO + NO_2 \rightarrow CH_3COONO_2$
㉯ $C_6H_5COOO + NO_2 \rightarrow C_6H_5COOONO_2$
㉰ $RCOO + O_2 \rightarrow RO_2 \cdot + CO_2$
㉱ $RO \cdot + NO_2 \rightarrow RONO_2$

[풀이] PAN 구조식

$$CH_3 - \overset{\overset{O}{\|}}{C} - O - O - NO_2$$

76 광화학 스모그를 설명하기 위한 반응식으로 NO_x의 광화학반응이 다음과 같다고 할 때, 식 ④의 ( ) 안에 들어갈 생성물질만으로 옳게 나열한 것은?

Answer 72. ㉰ 73. ㉯ 74. ㉯ 75. ㉮ 76. ㉰

$$2NO + O_2 \xrightarrow{h\nu} 2NO_2 \quad \cdots\cdots\cdots\cdots ①$$
$$NO_2 \xrightarrow{h\nu} NO + O \quad \cdots\cdots\cdots\cdots ②$$
$$O + O_2 + M \xrightarrow{h\nu} O_3 \quad \cdots\cdots\cdots\cdots ③$$
$$\left.\begin{array}{c} O \\ O_3 \end{array}\right\} + O_2 \xrightarrow{h\nu} (\quad) \quad \cdots\cdots\cdots ④$$

㉮ PAN, NO₂, Aldehyde
㉯ PBzN, HC, CO
㉰ Aldehyde, CO, Ketone
㉱ Oxidants, Paraffin, CO₂

77 광화학 반응에 관한 다음 설명 중 옳지 않은 것은?

㉮ 대류권에서 광화학 대기오염에 영향을 미치는 대기오염상 중요한 물질은 900nm 이상의 빛을 흡수하는 물질이다.
㉯ 오존은 200~320nm의 파장에서 강한 흡수가, 450~700nm에서는 약한 흡수가 있다.
㉰ 광화학 스모그는 맑은 날 자외선의 강도가 클수록 잘 발생된다.
㉱ NO₂는 도시 대기오염물 중에서 가장 중요한 태양빛 흡수 기체라 할 수 있다.

[풀이] 대류권에서 광화학 대기오염에 영향을 미치는 대기오염상 중요한 물질은 900nm 이하의 빛을 흡수하는 물질이다.

78 서울을 포함한 대도시에서 하절기에 지표면 부근의 오존 농도가 증가하고 있는데, 이 지표 오존 농도의 저감대책으로 가장 거리가 먼 것은?

㉮ 염화불화탄소(CFCs)의 사용 규제
㉯ 차량의 배출허용기준 강화
㉰ 배연탈질설비의 설치
㉱ 연소 및 소각조건의 개선

[풀이] 염화불화탄소(CFCs)는 오존층을 파괴하는 물질이다.

79 광화학 반응에 관한 설명으로 가장 거리가 먼 것은?

㉮ 광화학 반응에 의한 생성물로는 PAN, 케톤, 아크롤레인, 질산 등이 있다.
㉯ 대기 중에서의 오존 농도는 보통 NO₂로 산화되는 NO의 양에 비례하여 증가한다.
㉰ 알데히드는 NO₂ 생성에 앞서 반응 초기부터 생성되며, 탄화수소의 감소에 대응한다.
㉱ NO에서 NO₂로의 산화가 거의 완료되고, NO₂가 최고농도에 달하면서 O₃가 증가되기 시작한다.

[풀이] 알데히드는 O₃ 생성에 앞서 반응초기부터 생성되며, 탄화수소의 감소에 대응한다.

80 광화학 반응 시 하루 중 NOₓ 변화에 대한 설명으로 가장 적합한 것은?

㉮ NO₂는 오존의 농도값이 적을 때 비례적으로 가장 적은 값을 나타낸다.
㉯ NO₂는 오전 7시~9시경을 전후로 하여 일중 고농도를 나타낸다.
㉰ 오전 중의 NO의 감소는 오존의 감소와 시간적으로 일치한다.
㉱ 교통량이 많은 이른 아침 시간대에 오존농도가 가장 높고, NOₓ는 오후 2~3시경이 가장 높다.

Answer 77. ㉮ 78. ㉮ 79. ㉰ 80. ㉯

풀이
- 광화학 스모그의 형성과정에서 하루 중 농도의 최대치가 나타나는 시간대가 일반적으로 빠른 순서는 NO>NO₂>O₃이다.
- NO와 HC의 반응에 의해 오전 7시경을 전후로 NO₂가 상당한 율로 발생하기 시작한다.
- 광화학 반응인자의 일중 농도변화

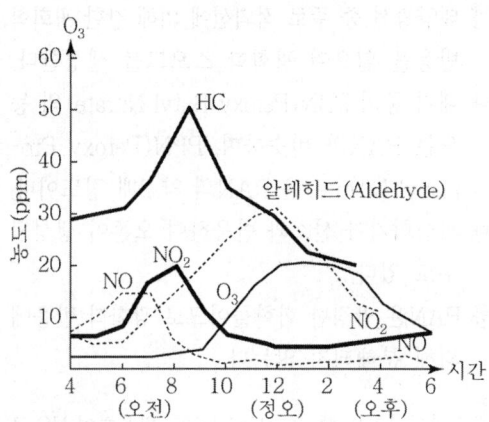

81 다음 광화학 반응에 관한 설명 중 가장 거리가 먼 것은?

㉮ NO 광산화율이란 탄화수소에 의하여 NO가 NO₂로 산화되는 율을 뜻하며, ppb/min의 단위로 표현한다.
㉯ 일반적으로 대기에서의 오존 농도는 NO₂로 산화된 NO의 양에 비례하여 증가한다.
㉰ 과산화기가 산소와 반응하여 오존이 생성될 수도 있다.
㉱ 오존의 탄화수소 산화(반응)율은 원자상태의 산소에 의한 탄화수소의 산화에 비해 빠르게 진행된다.

풀이 오존의 탄화수소 산화율은 원자상태의 산소에 의한 탄화수소의 산화에 비해 느리게 진행된다.

82 광화학 스모그의 형성과정에서 하루 중 농도의 최대치가 나타나는 시간대가 일반적으로 빠른 순서대로 나열된 것은?

㉮ NO>NO₂>O₃
㉯ NO₂>NO>O₃
㉰ O₃>NO>NO₂
㉱ NO>O₃>NO₂

83 다음은 오존의 생성원에 관한 설명이다. ( ) 안에 알맞은 것은?

> 대류권에서 자연적 오존은 질소산화물과 식물에서 방출된 탄화수소의 광화학반응으로 생성된다. 식물로부터 배출되는 탄화수소의 한 예로서 ( )는(은) 소나무에서 생기며, 소나무향을 가진다.

㉮ 사이토카닌   ㉯ 에틸렌
㉰ ABA   ㉱ 테르펜

84 대류권의 오존(O₃)에 관한 설명으로 옳지 않은 것은?

㉮ 대류권의 오존은 국지적인 광화학스모그로 생성된 옥시던트의 지표물질이다.
㉯ 대류권에서 광화학 반응으로 생성된 오존은 대기 중에서 소멸되지 않고 축적되어 계속적인 오염을 유발시킨다.
㉰ 오염된 대기 중의 오존은 로스앤젤레스 스모그 사건에서 처음 확인되었다.
㉱ 대류권의 오존 자신은 온실가스로도 작용한다.

풀이 대류권에서 광화학 반응으로 생성된 오존은 대기 중에서 소멸되고 VOC에 의해 일부 축적된다.

Answer 81. ㉱ 82. ㉮ 83. ㉱ 84. ㉯

85 대류권에서의 광화학반응에 대한 다음 설명 중 틀린 것은?

㉮ 성층권의 오존층이 대부분의 자외선을 차단 후 대류권으로 들어오는 태양빛의 파장은 280nm 이상이다.
㉯ 케톤은 파장 300~700nm에서 약한 흡수를 하여 광분해한다.
㉰ 알데히드(RCHO)는 파장 313nm 이하에서 광분해한다.
㉱ SO_2는 파장 450~700nm에서 강한 흡수가 일어나 대류권에서 광분해한다.

[풀이] SO_2는 파장 200~290nm에서 강한 흡수가 일어나지만 대류권에서는 광분해하지 않는다.

86 오염물질에 관한 다음 설명 중 가장 거리가 먼 것은?

㉮ PAN은 Peroxy Acetyl Nitrate의 약자이며, $CH_3COOONO_2$의 분자식을 갖는다.
㉯ PAN은 PBN(Peroxy Benzoyl Nitrate)보다 100배 이상 눈에 강한 통증을 주며, 빛을 흡수시키므로 가시거리를 감소시킨다.
㉰ 오존은 섬모운동의 기능장애를 일으키며, 염색체 이상이나 적혈구의 노화를 초래하기도 한다.
㉱ R기가 Propionyl기이면 PPN(Peroxy Propionyl Nitrate)이 된다.

[풀이] PBN은 PAN보다 100배 이상 눈에 강한 통증을 주며, 빛을 흡수시키므로 가시거리를 감소시킨다.

87 다음 중 PPN(Peroxy Propionyl Nitrate)의 화학식으로 옳은 것은?

㉮ $C_6H_5COOONO_2$
㉯ $C_2H_5COOONO_2$
㉰ $CH_3COOONO_2$
㉱ $C_4H_9COOONO_2$

88 다음 광화학 스모그(Photochemical Smog)에 대한 설명 중 옳은 것은?

㉮ 태양광선 중 주로 적외선에 의해 강한 광화학 반응을 일으켜 광화학 스모그를 생성한다.
㉯ 대기 중의 PBN(Peroxy Butyl Nitrate)의 농도는 PAN과 비슷하며, PPN(Peroxy Propionyl Nitrate)은 PAN의 약 2배 정도이다.
㉰ 과산화기가 산소와 반응하여 오존이 생성될 수도 있다.
㉱ PAN은 안정한 화학물이므로 광화학 반응에 의해 분해되지 않는다.

[풀이] 과산화기는 빠른 속도로 NO와 반응하여 NO_2로 산화 또는 오존, 알데히드류 등을 생성시킨다.

89 다음 중 PBzN(Peroxy Benzoyl Nitrate)의 구조식을 옳게 나타낸 것은?

㉮ $C_6H_5 - \overset{\overset{O}{\|}}{C} - O - O - NO_2$

㉯ $CH_3 - \overset{\overset{O}{\|}}{C} - O - O - NO_2$

㉰ $C_2H_5 - \overset{\overset{O}{\|}}{C} - O - O - NO_2$

㉱ $C_4H_8 - \overset{\overset{O}{\|}}{C} - O - O - NO_2$

90 광화학반응으로 생성된 광화학 산화제(Photochemical Oxidants)에 해당하지 않는 것은?

Answer► 85. ㉱ 86. ㉯ 87. ㉯ 88. ㉰ 89. ㉮ 90. ㉱

㉮ Ozone
㉯ PAN(Peroxy Acetyl Nitrate)
㉰ Hydrogen Peroxide
㉱ Hydrogen Chloride

91 광화학반응에 의해 생성되는 오존(O_3)에 관한 일반적인 설명 중 옳은 것은?

㉮ 오전 7~8시경에 하루 중 최고농도를 나타낸다.
㉯ 대기 중에 NO가 공존하면 O_3은 NO_2와 O_2로 되돌아가므로 O_3은 축적되지 않고 대기 중 O_3은 증가하지 않는다.
㉰ 상대습도가 높고 풍속이 큰 지역(10m/s 이상)이 광화학반응에 의한 고농도 O_3 생성에 유리하다.
㉱ 지표대기 중 O_3의 배경농도는 0.1~0.2ppm 정도이다.

(풀이) 오존은 하루 중 일사량이 높았을 때 최고농도를 나타내고, 상대습도가 낮고, 풍속이 2.5m/sec 이하로 작은 지역이 O_3 생성에 유리하며, 지표대기 중 O_3의 배경농도는 약 0.002~0.05ppm이다.

92 다음 중 산화성이 강한 물질이 아닌 것은?

㉮ O_3 ㉯ PAN
㉰ NH_3 ㉱ Aldehyde

93 대기오염물질 중 CO_2의 증가는 탄산염을 함유한 석회석 등으로 만든 건축물에 피해를 준다. 이때의 반응식으로 옳은 것은?

㉮ $CO_2 + CaCO_3 \rightarrow Ca(CO_2)_2 + O$
㉯ $CO_2 + CaCO_3 + H_2O \rightarrow Ca(HCO_3)_2$
㉰ $CO_2 + CO_3 + H_2O \rightarrow 2CO_3 + H_2$
㉱ $CO_2 + CaCO_3 + O \rightarrow Ca(CO_3)_2$

94 다음 설명과 가장 관련이 깊은 대기오염물질은?

- 이 물질은 반응성이 풍부하므로 단분자로는 거의 존재하지 않는다.
- 주로 어린잎에 민감하며, 잎의 끝 또는 가장자리가 탄다.
- 이 오염물질에 강한 식물로는 담배, 목화, 고추 등이다.

㉮ 일산화탄소   ㉯ 염소 및 그 화합물
㉰ 오존 및 옥시던트   ㉱ 불소 및 그 화합물

95 다음은 어떤 대기오염물질에 대한 설명인가?

- 독특한 풀냄새가 나는 무색(시판용품은 담황녹색)의 기체(액화가스)로 끓는점은 약 8℃이다.
- 건조상태에서는 부식성이 없으나, 수분이 존재하면 가수분해되어 금속을 부식시킨다.

㉮ 시안화수소
㉯ 포스겐
㉰ 테트라에틸납
㉱ 폴리글로리네이트드바이페닐

96 유해가스상 물질이 독성에 관한 설명으로 거리가 먼 것은?

㉮ SO_2는 0.1~1ppm에서도 수 시간 내에 고등식물에게 피해를 준다.
㉯ CO_2 독성은 10ppm 정도에서 인체와 식물에 해롭다.

Answer 91. ㉯ 92. ㉰ 93. ㉯ 94. ㉱ 95. ㉯ 96. ㉯

㉰ CO는 100ppm 정도에서 인체와 식물에 해롭다.
㉱ HCl은 SO_2보다 식물에 미치는 영향이 훨씬 적으며, 한계농도는 10ppm에서 수 시간 정도이다.

[풀이] CO_2 자체만으로는 특별한 특성이 없으나 호흡공기 중에 CO_2가 많아지면 상대적으로 O_2의 양이 부족해서 산소결핍증을 유발한다.

97. 대기오염물질이 인체에 미치는 영향에 관한 설명 중 옳지 않은 것은?

㉮ 광화학 반응으로 생성된 옥시던트(Oxident)는 눈을 자극한다.
㉯ 3,4-벤조피렌 같은 탄화수소 화합물은 발암성 물질로 알려져 있다.
㉰ 황산화물은 부유먼지와 더불어 상승작용을 일으켜 인체에 미치는 영향이 크다.
㉱ 일산화질소의 유독성은 이산화질소의 독성보다 약 5~6배 강하다.

[풀이] 이산화질소(NO_2)의 유독성은 일산화질소(NO)의 독성보다 약 5~6(7)배 강하다.

98. 다음 설명에 가장 적합한 오염물질은?

- 방부제, 옷감, 잉크 등의 원료로 사용되며, 피혁공업, 합성수지공업 등이 주된 배출업종이다.
- 피부, 눈 및 호흡기계에 강한 자극효과를 가지며 폐부종(급성폭로시)과 알레르기성 피부염 및 직업성 천식을 야기한다.

㉮ 불화수소　　　㉯ 질소산화물
㉰ 염소　　　　　㉱ 포름알데히드

99. 다음 대기오염물질로 가장 적합한 것은?

상온에서는 무색 투명하며, 일반적으로 자극성 냄새를 내는 액체이다. 햇빛에 파괴될 정도로 불안정하지만, 부식성은 비교적 약하다. 끓는점은 46℃(760mmHg), 인화점은 -30℃이다.

㉮ CS_2　㉯ $COCl_2$　㉰ Br_2　㉱ HCN

100. 대기오염물질과 그 영향에 대한 설명 중 가장 거리가 먼 것은?

㉮ NO : 혈액 내 Hb(헤모글로빈)과의 친화력이 산소의 약 21배에 달해 산소운반 능력을 저하시킨다.
㉯ NO : 무색의 기체로 혈액 내 Hb과의 결합력이 CO보다 수백 배 더 강하다.
㉰ O_3 및 기타 광화학적 옥시던트 : DNA, RNA에도 작용하여 유전인자에 변화를 일으킨다.
㉱ HC : 올레핀계 탄화수소는 광화학 스모그에 적극 반응하는 물질이다.

[풀이] CO는 혈액 내 Hb(헤모글로빈)과의 친화력이 산소의 약 210배에 달해 산소운반 능력을 저하시킨다.

101. 다음 중 섬유의 인장강도를 가장 크게 떨어뜨리는 대기오염 피해의 원인이 되는 주요물질로 가장 적합한 것은?

㉮ 불화수소　　　㉯ 오존
㉰ 황산화물　　　㉱ 질소산화물

102 다음의 대기오염물질 중 1990~2000년 동안 서울을 비롯한 대도시 지역의 오염농도가 다른 오염물질에 비해 크게 감소하지 않은 것은?

㉮ 일산화탄소(CO) ㉯ 납(Pb)
㉰ 아황산가스(SO_2) ㉱ 이산화질소(NO_2)

103 대기 중의 광화학 반응에서 탄화수소를 주로 공격하는 화학종(種)은?

㉮ CO ㉯ OH 기 ㉰ NO ㉱ NO_2

104 다음 중 탄화수소류에 관한 설명으로 틀린 것은?

㉮ 탄화수소류 중 2중 결합을 가진 올레핀계 화합물은 방향족 탄화수소보다 보통 대기 중에서의 반응성이 크다.
㉯ 불포화탄화수소는 2중 결합 또는 3중 결합을 갖고 있으며, 반응성이 높아 광화학반응을 일으킨다.
㉰ 대기환경 중 탄화수소는 기체, 액체 및 고체로 존재하는데, 탄소수가 5개 이상인 것은 액체 또는 고체로 존재한다.
㉱ 방향족 탄화수소는 대기 중에서 기체로 존재하며, 메탄계 탄화수소의 지구배경농도는 약 1.5ppb이다.

[풀이] 방향족 탄화수소는 대기 중에서 고체로 존재한다.

105 벤젠에 관한 설명으로 옳지 않은 것은?

㉮ 체내에 흡수된 벤젠은 지방이 풍부한 피하조직과 골수에서 고농도로 축적되어 오래 잔존할 수 있다.
㉯ 체내에서 마뇨산(Hippuric Acid)으로 대사하여 소변으로 배설된다.
㉰ 비점은 약 80℃ 정도이고, 체내 흡수는 대부분 호흡기를 통하여 이루어진다.
㉱ 벤젠 폭로에 의해 발생되는 백혈병은 주로 급성골수아성 백혈병(Acute Myeloblastic Leukemia)이다.

[풀이] 체내에서 페놀로 대사하여 황산 혹은 클루크론산과 결합하여 소변으로 배출된다.

106 각 오염물질에 관한 설명으로 거리가 먼 것은?

㉮ 포스겐은 수분이 있으면 가수분해하여 염산이 생기므로 금속을 부식시킨다.
㉯ 오존은 타이어나 고무절연제 등 고무제품에 균열을 일으키기도 한다.
㉰ 시안화수소는 무색 투명한 액체로 복숭아씨 냄새 비슷한 자극취를 내며, 비중은 약 0.7 정도이다.
㉱ 포스겐($CHCl_2$)은 화학반응성, 인화성, 폭발성 및 부식성이 강한 청록색의 기체이다.

[풀이] 포스겐의 화학식은 $COCl_2$이다.

107 할로겐화 탄화수소(Halogenated Hydrocarbon)류에 관한 설명으로 옳지 않은 것은?

㉮ 할로겐화 탄화수소의 독성은 화합물에 따라 차이는 있으나, 다발성이며 중독성이다.
㉯ 대부분의 할로겐화 탄화수소 화합물은 중추신경계 억제작용과 점막에 대한 중등도의 자극효과를 가진다.

㉰ 사염화탄소는 가열하면 포스겐이나 염소로 분해되며, 신장장애를 유발하고, 간에 대한 독작용이 심하다.
㉱ 할로겐화 탄화수소는 탄화수소화합물 중 수소원소가 할로겐원소로 치환된 것으로 가연성과 폭발성이 강하고, 비점이 200℃ 이상으로 높아 상온에서는 안정하다.

(풀이) 할로겐화 탄화수소는 탄화수소화합물 중 수소원자의 하나 또는 하나 이상이 할로겐화 원소(Cl, F, Br, I 등)로 치환된 화합물을 말하며, 표준비점은 약 -90~80℃ 정도이다.

108 다음 물질의 특성에 대한 설명 중 옳은 것은?

㉮ 탄소의 순환에서 탄소(CO_2로서)의 가장 큰 저장고 역할을 하는 부분은 대기이다.
㉯ 불소(Fluorine)는 주로 자연상태에서 존재하며, 주관련 배출업종은 황산제조공정, 연소공정 등이다.
㉰ 질소산화물은 연소시 연료의 성분으로부터 발생하는 fuel NO_x와 고온에서 공기 중의 질소와 산소가 반응하여 생기는 thermal NO_x 등이 있다.
㉱ 염화수소는 유독성을 가진 황록색 기체로서 비료공장, 표백공장 등에서 주로 발생한다.

(풀이) ㉮항: 탄소의 순환에서 탄소(CO_2로서)의 가장 큰 저장고 역할을 하는 부분은 해수이다.
㉯항: 불소는 불소화합물 형태로 인산비료, 알루미늄, 각종 준금속의 제조공정에서 발생한다.
㉱항: 염화수소는 무색의 자극성 기체로 소다공법, 활성탄 제조, 금속제련, 플라스틱공업에서 발생한다.

109 휘발성유기화합물질(VOCs)은 다양한 배출원에서 배출되는데, 우리나라의 경우 최근 가장 큰 부분(총배출량)을 차지하는 배출원은?

㉮ 유기용제 사용
㉯ 자동차 등 도로이동오염원
㉰ 폐기물 처리
㉱ 에너지 수송 및 저장

110 휘발성유기화합물에 대한 설명으로 옳지 않은 것은?

㉮ 전 지구적으로 볼 때, 인위적인 NMHC(Non Methane Hydro Carbon)가 자연에서 발생되는 생물학적 NMHC보다 10배 이상 많다.
㉯ 일반적 의미의 휘발성유기화합물은 NMHC, 할로겐족 탄화수소화합물, 알코올, 알데히드, 케톤 같은 산소결합 탄화수소화합물들을 내포한다.
㉰ 자연적인 휘발성유기화합물은 대류권의 오존 생성 및 지구온난화 등과도 관련이 있다.
㉱ 인위적 배출량 중 페인트, 잉크, 용제 등의 사용에 의한 배출량도 많은 부분을 차지하고 있다.

(풀이) 전 지구적으로 볼 때 자연에서 발생하는 생물학적 NMHC 발생량이 인위적인 NMHC 발생량보다 많다.

111 대기오염물질에 관한 설명 중 옳지 않은 것은?

㉮ 암모니아는 무색의 자극성 가스로서 쉽게 액화하므로 액체상태로 공업분야에 많이 이용된다.

Answer 108. ㉰ 109. ㉮ 110. ㉮ 111. ㉱

㉯ 포스겐은 수중에서 재빨리 염산으로 분해되어 거의 급성 전구증상 없이 치사량을 흡입할 수 있으므로 매우 위험하다.
㉰ 아황산가스는 물에 대한 용해도가 매우 높기 때문에 흡입된 대부분의 가스는 상기도 점막에서 흡수된다.
㉱ 브롬(취소)은 자극성의 질식성 냄새를 가진 무색 휘발성 기체로서 주로 하기도에 대하여 급성 흡입효과를 나타낸다.

(풀이) 브롬은 할로겐 원소의 하나이며, 상온에서는 적갈색의 자극적인 냄새가 나는 액체로 존재하며 부식성이 강하고 주로 하기도에 대하여 급성 흡입효과를 나타낸다.

112 대기오염물질의 특성에 관한 설명으로 가장 거리가 먼 것은?

㉮ 염화비닐(Vinyl Chloride)에 만성 폭로되면 레이노증후군, 말단 골연화증, 간·비장의 섬유화가 일어난다.
㉯ 삼염화에틸렌(Trichloroethylene)은 중추신경계를 억제하며, 간과 신장에 미치는 독성은 사염화탄소에 비해 낮은 편이다.
㉰ 아크릴 아마이드(Acryl Amide)는 주로 피부를 통해 흡수되며 다발성 신경염을 일으킨다.
㉱ 이황화탄소는 하기도를 통해서 흡수되기도 하지만 대부분 피부를 통해서 체내 흡수되며 폐부종을 일으킨다.

(풀이) CS_2는 대부분 상기도를 통해 체내에 흡수되며, 중추신경계에 대한 특정적인 독성작용으로는 심한 급성 혹은 아급성 뇌병증을 유발한다.

113 대기오염물질이 인체에 미치는 영향으로 가장 거리가 먼 것은?

㉮ 아크릴 아마이드는 지용성으로 인체 내 호흡기를 통해 주로 흡수되며, 이 물질에 폭로된 산업현장 근로자들은 비교적 긴 기간(10년 정도) 후에 중독증상을 보인다.
㉯ 삼염화에틸렌은 중추신경계를 억제하는데, 간과 신장에 미치는 독성은 사염화탄소에 비해 현저하게 낮다.
㉰ 이황화탄소는 대부분 상기도를 통해 체내에 흡수되며, 중추신경계에 대한 특징적인 독성작용으로 심한 급성 혹은 아급성 뇌병증을 유발한다.
㉱ 염화비닐에 장기간 폭로되면 간 조직세포의 증식과 섬유화가 일어나고 문맥압이 상승하여 식도 정맥류 및 식도 출혈을 일으킬 수 있다.

(풀이) 아크릴 아마이드(Acryl Amide)는 지용성으로 주로 피부를 통해 흡수되며 언어장애, 다발성 신경염을 일으킨다.

114 다음 설명하는 오염물질로 가장 적합한 것은?

비점이 19℃ 정도이고, 코를 찌르는 자극성 취기를 나타내며, 온도에 따라 액체나 기체로 존재하는 무색의 부식성 독성물질이다. 석유, 알루미늄, 플라스틱, 염료 등의 사업장에서 촉매제로 널리 이용된다.

㉮ Copper   ㉯ Hydrogen Fluoride
㉰ Ozone   ㉱ Cytochrome

115 다음 중 각 대기오염물질이 인체에 미치는 영향에 관한 설명으로 가장 거리가 먼 것은?

㉮ 카드뮴화합물이 만성 폭로되어 발생하는 흔한 증상으로 단백뇨가 있다.
㉯ 알킬수은 화합물의 탄소-수은 결합은 약하므로 중추신경계에 축적되기보다는 변을 통해 쉽게 배출된다.
㉰ 체내에 흡수된 크롬은 간장, 신장, 폐 및 골수에 축적되며, 대부분은 대변을 통해 배설된다.
㉱ 니켈은 위장관으로 거의 흡수되지 않으며 가용성 니켈염과 니켈 카보닐은 호흡기를 통해 쉽게 흡수된다.

(풀이) 알킬수은 화합물의 탄소-수은 결합은 강하고 대부분 담즙을 통해 소화관으로 배설되지만 재흡수도 일어난다.

116 대기오염물질과 그 영향에 관한 연결로 가장 거리가 먼 것은?

㉮ Oxidant - 눈 자극
㉯ CO - 혈액의 O_3 운반기능 저해
㉰ HF - 고농도 시엔 호흡기 점막 자극
㉱ Pb 화합물 - 헤모글로빈의 형성 억제

(풀이) CO - 혈액의 O_2 운반기능을 저해한다.

117 다음은 대기 중의 CO_2 농도 변화 경향에 대한 설명이다. ( ) 안에 알맞은 것은?

지난 30여 년간의 미국 하와이에서 측정한 대기 중 CO_2의 농도변화 경향을 살펴보면 일반적으로 봄~여름철에는 (①)이고 겨울철에는 (②)하는 계절의 편차를 보인다. 이는 봄~여름철의 경우 식물이 (③)작용으로 인해 CO_2를 (④)하기 때문인 것으로 해석된다.

㉮ ① 감소, ② 증가, ③ 광합성, ④ 흡수
㉯ ① 증가, ② 감소, ③ 광합성, ④ 방출
㉰ ① 감소, ② 증가, ③ 호흡, ④ 흡수
㉱ ① 증가, ② 감소, ③ 호흡, ④ 방출

118 다음 중 다환 방향족 탄화수소(Polycyclic Aromatic Hydrocarbons ; PAH)에 관한 설명으로 가장 거리가 먼 것은?

㉮ 석탄, 기름, 가스, 쓰레기, 각종 유기물질의 불완전 연소가 일어나는 동안에 형성된 화학물질 그룹이다.
㉯ 대부분 공기역학적 직경이 2.5μm 미만인 입자상 물질이다.
㉰ 대부분 PAH는 물에 잘 용해되며, 산성비의 주요원인물질로 작용한다.
㉱ 고리 형태를 갖고 있는 방향족 탄화수소로서 미량으로도 암 및 돌연변이를 일으킬 수 있다.

(풀이) 대부분 PAH는 물에 잘 용해되지 않고 공기 중에 쉽게 휘발하는 성질이 있다.

119 대기오염물질이 인체에 미치는 영향으로 가장 거리가 먼 것은?

㉮ 금속수은은 수은증기를 흡입하면 대부분 흡수되나 경구 섭취 시에는 소구를 형성하므로 위장관으로는 잘 흡수되지 않는다.
㉯ 석면폐증의 용혈작용은 석면 내의 Mn에 의해서 발생되며 적혈구의 급격한 감소증상이다.
㉰ 베릴륨 화합물은 흡입, 섭취 혹은 피부접촉으로는 거의 흡수되지 않는다.

Answer 115. ㉯ 116. ㉯ 117. ㉮ 118. ㉰ 119. ㉯

㉣ 염소, 포스겐 및 질소산화물 등의 상기도 자극 증상은 경미한 반면, 수 시간 경과 후 오히려 폐포를 포함한 하기도의 자극증상은 현저하게 나타나는 편이다.

[풀이] 석면폐증의 용혈작용은 석면 내의 Mg에 의해서 발생되며 적혈구의 급격한 증가 증상이다.

120 입자상 물질 중 Fume에 해당하는 입자 크기의 범위로 가장 알맞은 것은?

㉮ $1\mu m$ 이하
㉯ $10\mu m$ 이하
㉰ $100\mu m$ 이하
㉱ $1,000\mu m$ 이하

[풀이] Fume은 금속이 용해되어 액상 물질로 되고 이것이 가스상 물질로 기화된 후 다시 응축되어 고체 미립자로 보통 크기가 0.1 또는 $1\mu m$ 이하이므로 호흡성 분진의 형태로 체내에 흡수되어 유해성도 커진다. 즉, Fum은 금속이 용해되어 공기에 의해 산화되어 미립자가 분산하는 것이다.

121 다음 중 안개(Fog)에 관한 설명으로 가장 거리가 먼 것은?

㉮ 분산질이 기체이고, 직경이 $1\mu m$ 이상인 입자를 말하며, 브라운 운동에 의해 이동한다.
㉯ 시정 수평거리가 보통 1km 미만이다.
㉰ 습도는 100% 또는 여기에 가까운 경우로 눈에 보이는 입자상 물질이다.
㉱ 대기오염물질과 수분이 반응하여 산성을 띤 산성안개도 있다.

[풀이] Fog의 분산질은 액체이고, 시정 수평거리는 보통 1km 미만이다.

122 $1~2m$ 이하의 미세입자는 세정(Rain Out) 효과가 작은데, 그 이유로 가장 타당한 것은?

㉮ 응축효과가 크기 때문에
㉯ 브라운 운동을 하기 때문에
㉰ 휘산효과 크기 때문에
㉱ 입자가 부정형이 많기 때문에

123 입자상 오염물질 중 훈연(Fume)에 관한 설명으로 가장 거리가 먼 것은?

㉮ 금속 산화물과 같이 가스상 물질이 승화, 증류 및 화학반응 과정에서 응축될 때 주로 생성되는 고체입자이다.
㉯ $20~50\mu m$ 정도의 크기가 대부분이다.
㉰ 활발한 브라운 운동을 한다.
㉱ 아연과 납산화물의 훈연은 고온에서 휘발된 금속의 산화와 응축과정에서 생성된다.

[풀이] 훈연은 $1\mu m$ 이하의 고체입자이다.

124 다음 입자상 오염물질에 대한 설명 중 가장 거리가 먼 것은?

㉮ 훈연은 금속산화물과 같이 가스상 물질이 승화, 증류 및 화학적 반응과정에서 응축될 때 주로 생성되는 고체입자이다.
㉯ 조대입자(Coarse Particle)는 바람에 날린 토양 및 해염을 비롯하여 기계적 분쇄과정을 거쳐 주로 생성되는데, 자연적 발생원에 의한 것이 대부분이다.
㉰ PM-10은 공기역학경을 기준으로 $10\mu m$ 이하의 입자상 물질을 말하며, 호흡성 먼지량의 척도를 나타낸다고 할 수 있다.
㉱ 입자상 물질의 크기를 결정할 때 사용하는

Answer 120. ㉮ 121. ㉮ 122. ㉯ 123. ㉯ 124. ㉱

마틴직경(Martin Diameter)은 입자상 물질의 그림자를 4개의 동면적으로 나눈 선의 길이를 직경으로 결정하며, 관찰방향에 상관없이 항상 동일한 값을 나타낸다.

[풀이] 마틴직경(Martin Diameter)은 입자상 물질의 면적을 2등분하는 선의 길이로 선의 방향은 항상 일정하여야 하며 과소평가할 수 있는 단점이 있다.

125 대기질 측정을 위한 Coh 식을 나타낸 것 중 옳은 것은?(단, O.D는 광학적 밀도이다.)

㉮ $\dfrac{O.D}{0.001}$ ㉯ $\dfrac{O.D}{0.01}$

㉰ $\log\left(\dfrac{O.D}{0.001}\right)$ ㉱ $\log\left(\dfrac{O.D}{0.01}\right)$

126 COH(Coefficient of Haze)에 관련된 설명으로 옳지 않은 것은?

㉮ COH 산출식에서 불투명도란 더러운 여과지를 통과한 빛 전달분율의 역수로 정의된다.
㉯ COH 산출식에서 광학적 밀도는 불투명도의 log 값으로 정의된다.
㉰ COH 값이 0이면 깨끗한 것이며, 빛 전달분율이 0.794이면 Coh 값은 1이 된다.
㉱ COH는 광학적 밀도를 0.01로 나눈 값이다.

[풀이] COH값이 0이면 빛 전달률이 양호함을 의미하며, 빛 전달분율이 0.977이면 COH 값은 1이 된다.

127 다음 중 대기의 가시도에 관련된 용어가 아닌 것은?

㉮ Extinction Coefficient
㉯ Coefficient of Haze
㉰ Complex Index of Refraction
㉱ Merck Index

128 태양복사에너지는 지표면에 도달하기 전에 대기 중에 있는 여러 물질에 의해 산란되어 그 양이 줄어들게 된다. 특히 대기 중의 먼지나 입자의 직경이 전자파의 파장과 거의 같은 크기의 경우, 하늘은 백색이나 뿌옇게 흐려져 일사량의 감소를 초래하며 간접적으로 대기오염도를 예측할 수 있는데 이와 같은 현상을 무엇이라 하는가?

㉮ 연료산란(Fuel Scattering)
㉯ 미산란(Mie Scattering)
㉰ 광학산란(Optical Scattering)
㉱ 대기 약산란(Air Scattering)

129 다음 ( ) 안에 공통으로 들어갈 물질은?

( )은 금속양 원소로서 화성암, 황과 구리를 함유한 무기질 광석에 많이 분포되어 있으며, 상업용 ( )은 주로 구리의 전기분해 정련 시 찌꺼기로부터 추출된다. 또한 인체에 필수적인 원소로서 적혈구가 산화됨으로써 일어나는 손상을 예방하는 글루타티온과산화 효소의 보조인자 역할을 한다.

㉮ 칼슘 ㉯ 티타늄
㉰ 바나듐 ㉱ 셀레늄

130 납성분을 함유한 도료는 황화수소와 반응하여 PbS로 된다. 이때 PbS는 어떤 색상을 나타내는가?

Answer ▸ 125. ㉯ 126. ㉰ 127. ㉱ 128. ㉯ 129. ㉱ 130. ㉱

㉮ 붉은색　　　㉯ 노란색
㉰ 푸른색　　　㉱ 검은색

131 다음은 대기오염물질에 관한 설명이다. ( ) 안에 공통으로 들어갈 가장 알맞은 것은?

( )은(는) 단단하면서 부서지기 쉬운 회색 금속으로 여러 형태의 산화화합물로 존재하며, 그 독성은 원자상태에 따라 달라진다. ( )은(는) 생체에 필수적인 금속으로서 결핍 시 인슐린의 저하로 인한 것과 같은 탄수화물의 대사 장애를 일으킨다. 저농도에서는 염증과 궤양을 일으키기도 한다.

㉮ CO　　㉯ Cr　　㉰ As　　㉱ V

132 다음 중 대기 내에서 금속의 부식속도가 일반적으로 빠른 것부터 순서대로 연결된 것은?

㉮ 알루미늄 > 철 > 아연 > 구리
㉯ 구리 > 아연 > 철 > 알루미늄
㉰ 철 > 아연 > 구리 > 알루미늄
㉱ 철 > 알루미늄 > 아연 > 구리

133 다음은 대기오염물질에 관한 설명이다. ( ) 안에 가장 적합한 것은?

( )은 생체 내에 미량 존재함으로써 생물의 생존에 필수적인 요소로서 당 대사과정에서의 탈탄산반응에 관여하는 동시에 비타민 E의 증가나 지방분 감소에도 효과가 있으며, 특히 As의 길항체로서도 관여한다. 인체 폭로 시 숨을 쉴 때나 땀을 흘릴 때 마늘냄새가 나며, 만성적인 기중 폭로 시 결막염을 일으키는데 이를 "rose eye"라고 부른다.

㉮ Vanadium　　㉯ Tallium
㉰ Selenium　　㉱ Beryllium

134 태양복사의 산란에 관한 다음 설명 중 가장 거리가 먼 것은?

㉮ 산란의 세기는 입사되는 빛의 파장(λ)에 대한 입자크기(반경)의 비에 의해 결정된다.
㉯ 입자의 크기가 입사되는 빛의 파장에 비해 아주 크게 되면 레일리산란이 발생한다.
㉰ 레일리산란의 경우 그 세기는 파장의 4승에 반비례한다.
㉱ 맑은 날 하늘이 푸르게 보이는 이유는 레일리산란 특성에 의해 파장이 짧은 청색광이 긴 적색광보다 더욱 강하게 산란되기 때문이다.

[풀이] 레일리산란은 입자의 반경이 입사광선의 파장보다 훨씬 작은 경우에 산란효과가 뚜렷하게 나타난다.

135 주로 화석연료, 특히 석탄 및 중유에 많이 포함되고, 코·눈·인후이 자극을 동반하여 격심한 기침을 유발하는 중금속은?

㉮ 아연(Zn)　　㉯ 카드뮴(Cd)
㉰ 바나듐(V)　　㉱ 납(Pb)

136 대기 중에 부유하는 중금속에 관한 설명으로 가장 거리가 먼 것은?

㉮ 수은은 증기 또는 먼지의 형태로 대기 중에 배출되고 미량으로도 인체에 영향을 미치며

널리 알려진 피해는 유기수은에 의한 미나마타병이다.
㉯ 카드뮴은 주로 산화카드뮴이나 황산카드뮴으로 존재하고 아연정련, 카드뮴축전지, 전기도금 공장 등에서 주로 배출된다.
㉰ 납은 주로 대기 중에 미세 입자로 존재하고, 석유정제, 석탄건류, 형광물질의 원료 제조 공장에서 주로 배출된다.
㉱ 크롬은 피혁공업, 염색공업, 시멘트제조업 등에서 발생되며 호흡기 또는 피부를 통하여 체내로 유입된다.

풀이 납(Pb)은 Knocking 방지제의 첨가 물질인 4에틸납 및 4메틸납 연소 시 대기 중으로 배출되며, 대기 중 납의 상당부분(≒95%)을 차지한다.

137 다음 오염물질로 가장 적합한 것은?

> 매우 가벼운 금속으로 높은 장력을 가지고 있으며, 회색빛이 난다. 그 합금은 전기 및 열의 전도성이 크며, 마모와 부식에 강하다. 이 화합물은 흡입, 섭취 혹은 피부접촉으로는 거의 흡수되지 않으며, 폐에 잔존할 수 있고, 뼈, 간, 비장에 침착될 수 있다. 신배설은 느리고 다양하며, 폭로되지 않은 사람에게서는 검출되지 않으므로 우선 폭로를 확진할 수 있다.

㉮ 크롬 ㉯ 비소 ㉰ 셀레늄 ㉱ 베릴륨

138 다음 설명하는 오염물질로 가장 적합한 것은?

> • 이 물질은 부드러운 청회색의 금속으로 고밀도와 내식성이 강한 것이 특징이다.

> • 소화기로 섭취된 이 물질은 입자의 크기에 따라 다르지만 약 10% 정도만이 소장에서 흡수되고 나머지는 대변으로 배출된다. 세포 내에서 이 물질은 SH기와 결합하여 헴(heme) 합성에 관여하는 효소를 포함한 여러 세포의 효소작용을 방해한다.
> • 만성 중독시에는 혈중 프로토폴피린이 현저하게 증가한다.

㉮ 납 ㉯ 수은 ㉰ 크롬 ㉱ 알루미늄

139 다음과 같이 인체에 영향을 미치는 오염물질로 가장 적합한 것은?

> • 급성폭로 : 섭취 후 수분 내지 수 시간 내에 일어나며 오심, 구토, 복통, 피가 섞인 심한 설사 유발
> • 국소증상 : 손발바닥의 각화증, 각막궤양, 탈모 등
> • 혈관 내 용혈을 일으키며 두통, 오심, 흉부 압박감을 호소하기도 함

㉮ 니켈 ㉯ 비소 ㉰ 톨루엔 ㉱ 카드뮴

140 화학공업, 유리공업, 피혁상(박제), 과수원의 농약 분무 작업 등이 관련 배출업종이며, 인체에 피부암, 비중격 천공, 각화증 등을 유발하는 물질로 가장 적합한 것은?

㉮ 비소 ㉯ 납 ㉰ 구리 ㉱ 카드뮴

Answer ◀ 137. ㉱ 138. ㉮ 139. ㉯ 140. ㉮

141 다음 설명하는 오염물질로 가장 적합한 것은?

> 아연광석의 채광이나 제련과정에서 부산물로 생성되며 내식성이 강하다. 주로 호흡기나 소화기를 통해 인체에 흡수되고, 만성 폭로 시 가장 흔한 증상은 단백뇨이며, 신장과 간장에 축적되고 그 배설은 느리다.

㉮ Mn ㉯ Hg ㉰ Cd ㉱ Pb

142 다음은 어떤 물질에 대한 설명인가?

> - 무색, 투명하며 향긋한 냄새를 지닌 휘발성 액체로 비점은 80℃ 정도이다.
> - 체내 흡수는 대부분 호흡기를 통하여 이루어진다.
> - 인체 내로 흡수된 이 물질은 지방이 풍부한 피하조직과 골수에서 고농도로 오래 잔존이 가능하여 혈중 농도보다 20배나 더 높은 농도를 유지하기도 한다.

㉮ Benzene ㉯ Toluene
㉰ Carbon Disulfide ㉱ Phenol

143 대기오염물질의 인체에 대한 영향으로 가장 거리가 먼 것은?

㉮ 가용성 니켈 화합물에 폭로된 후 흔한 증상은 피부증상이며, 니켈은 위장관으로는 거의 흡수되지 않는다.
㉯ 베릴륨 화합물은 흡입, 섭취 혹은 피부접촉으로는 거의 흡수되지 않으며, 폐에 잔존할 수 있고, 뼈, 간, 비장에 침착될 수 있다.
㉰ 바나듐에 폭로된 사람들에게는 혈장 콜레스테롤치가 저하되며, 만성폭로 시 설태가 끼일 수 있다.
㉱ 탈리움의 수용성 염은 위장관, 피부, 호흡기를 통해 거의 흡수되지 않으나, 배설은 장관과 신장을 통해 비교적 빨리 일어난다.

[풀이] 탈리움의 수용성 염은 위장관, 피부, 호흡기를 통해 흡수되며 배설은 신장을 통해 주로하며 나머지는 다른 조직상에 저장된다.

144 다음 대기오염물질 중 황화수소(H_2S)에 비교적 강한 식물이 아닌 것은?

㉮ 복숭아 ㉯ 토마토
㉰ 딸기   ㉱ 사과

[풀이] 황화수소(H_2S)에 저항성이 강한 식물에는 복숭아, 딸기, 사과, 카네이션 등이 있다. 코스모스, 오이, 무, 토마토, 담배 등은 지표식물로 분류된다.

145 오존(O_3)에 관한 설명 중 옳지 않은 것은?

㉮ 폐수종과 폐충혈 등을 유발시키며, 섬모운동의 기능장애를 일으킨다.
㉯ 식물의 경우 주로 어린잎에 피해를 일으키며, 오존에 강한 식물로는 시금치, 파 등이 있다.
㉰ 오존에 약한 식물로는 담배, 자주개나리 등이 있다.
㉱ 인체의 DNA와 RNA에 작용하여 유전인자에 변화를 일으킬 수 있다.

[풀이] 오존(O_3)은 늙은 잎에 가장 민감하게 작용하고 저항성이 강한 식물로는 사과, 양파, 해바라기, 국화, 아카시아, 귤 등이 있다.

146 다음 중 O_3에 대한 반응이 가장 예민하고, 그 피해가 쉽게 나타나는 식물은?

㉮ 목화 ㉯ 아카시아
㉰ 시금치 ㉱ 사과

[풀이] 오존의 지표식물에는 파, 시금치, 토마토, 담배, 포도, 토란 등이 있다.

147 다음 설명으로 가장 적합한 오염물질은?

- 엽맥을 따라 형성되는 백화현상이나 테크로시스가 대표적이다.
- 자주개나리, 목화, 보리 등이 상대적으로 민감하며, 까치밤나무, 쥐당나무 등은 저항성이 강하다.
- 식물의 피해한계는 약 0.8mg/m³(8hr 노출) 정도이다.

㉮ 아황산가스 ㉯ 이산화질소
㉰ 오존 ㉱ 일산화탄소

148 다음 중 각 대기오염물질에 대한 지표식물과 가장 거리가 먼 것은?

㉮ SO_2 - 알팔파
㉯ 에틸렌 - 스위트피
㉰ 불소화합물 - 글라디올러스
㉱ H_2S - 사과

[풀이] 황화수소의 지표식물로는 코스모스, 오이, 무, 토마토, 클로버, 담배 등이 있다.

149 질소산화물(NO_x)에 의한 피해 및 영향으로 가장 거리가 먼 것은?

㉮ NO_2의 광화학적 분해작용으로 대기 중의 O_3 농도가 증가하고 HC가 존재하는 경우에는 Smog를 생성시킨다.
㉯ NO_2는 가시광선을 흡수하므로 0.25ppm 정도의 농도에서 가시거리를 상당히 감소시킨다.
㉰ NO_2는 습도가 높은 경우 질산이 되어 금속을 부식시키며 산성비의 원인이 된다.
㉱ 인체에 미치는 영향 분석 시 동물을 사용한 연구결과에 의하면 NO_2는 주로 위장 장애현상을 초래한다.

[풀이] NO_2의 인체 영향은 주로 호흡기 질환에 대한 면역성을 감소시킨다.

150 다음 가스상 대기오염물질 중 식물에 영향이 가장 크며, 잎의 끝 또는 가장자리가 타거나 발육부진 등 특히 식물의 어린잎에 피해가 큰 물질은?

㉮ 오존 ㉯ 아황산가스
㉰ 질소산화물 ㉱ 플루오르화수소

151 다음 중 불화수소의 지표식물과 가장 거리가 먼 것은?

㉮ 옥수수 ㉯ 글라디올러스
㉰ 메밀 ㉱ 목화

[풀이] HF에 민감한 식물은 글라디올러스, 옥수수, 살구, 복숭아, 어린 소나무, 메밀 등이다.

152 다음 중 불소 및 그 화합물의 배출 및 피해에 관한 설명으로 가장 거리가 먼 것은?

㉮ 적은 농도에서도 피해를 주며, 특히 어린잎에 현저하다.

㉯ 지표식물로는 자주개나리, 목화, 시금치 등이 있다.
㉰ 주로 잎의 끝이나 가장자리의 발육부진이 두드러진다.
㉱ 불소 및 그 화합물은 알루미늄의 전해공장이나 인산비료 공장에서 HF 또는 SiF_4 형태로 배출된다.

153 다음 중 아황산가스에 대한 식물저항력이 가장 큰 것은?

㉮ 옥수수　㉯ 호박　㉰ 담배　㉱ 보리

풀이) 아황산가스에 저항성이 강한 식물로는 까치밤나무, 협죽도, 옥수수, 수랍목, 감귤, 양배추, 무궁화, 개나리 등이 있다.

154 다음 중 암모니아의 지표식물과 가장 거리가 먼 것은?

㉮ 아카시아　㉯ 메밀
㉰ 해바라기　㉱ 토마토

풀이) 암모니아의 지표식물로는 토마토, 해바라기, 메밀 등이 있다.

155 다음 대기오염물질 중 다음과 같이 식물에 대한 특성을 나타내는 것으로 가장 적합한 것은?

- 피해증상 - 유리화, 은백색 광택화
- 피해성숙도 - 어린잎에 가장 민감
- 피해부분 - 해면 연조직
- 감수성(지표)식물 - 시금치, 상추, 셀러리 등

㉮ SO_2　㉯ HCl　㉰ PAN　㉱ NO_x

156 다음 고등식물에 피해를 주는 대기오염 물질의 일반적인 독성정도 크기를 나타낸 것 중 옳은 것은?(단, 큰 순서>작은 순서)

㉮ Cl_2>HF>CO>NO_2
㉯ SO_2>Cl_2>HF>CO
㉰ HF>SO_2>NO_2>CO
㉱ O_3>NH_3>HF>CO

157 산성비에 의한 토양의 영향에 대한 설명으로 틀린 것은?

㉮ 산성강수가 가해지면 토양은 산적 성격이 강한 교환기부터 순서적으로 K^+, Na^+, Mg^{2+}, Ca^{2+} 등의 교환성 염기를 흡수하고, 대신 H^+를 방출한다.
㉯ 교환성 Al은 산성의 토양에만 존재하는 물질이고, 교환성 H와 함께 토양 산성화의 주요한 요인이 된다.
㉰ Al^{3+}은 뿌리의 세포분열이나 Ca 또는 P의 흡수나 흐름을 저해한다.
㉱ 토양의 양이온 교환기는 강산적 성격을 갖는 부분과 약산성 성격을 갖는 부분으로 나누는데, 결정성의 검토광물은 강산적이다.

풀이) 산성비가 토양에 내리면 토양은 산적 성격이 약한 교환기로부터 순차적으로 Ca^{2+}, Mg^{2+}, Na^+, K^+ 등의 교환성 염기를 방출하고, 그 교환자리에 H^+가 흡착되어 치환된다.

158 산성비와 관련된 다음 설명 중 가장 거리가 먼 것은?

㉮ 산성비란 보통 빗물의 pH가 5.6보다 낮게 되는 경우를 말하는데, 이는 자연상태에 존재하는 CO_2가 빗방울에 흡수되었을 때의 pH를 기준으로 한 것이다.
㉯ 산성비는 인위적으로 배출된 SO_x 및 NO_x 화합물질이 대기 중으로 황산 및 질산으로 변환되어 발생한다.
㉰ 산성비가 토양에 내리면 토양은 산적 성격이 약한 교환기부터 순서적으로 Ca^{2+}, Mg^{2+}, Na^+, K^+ 등의 교환성 염기를 방출하고, 그 교환자리에 H^+가 흡착되어 치환된다.
㉱ 산성비 방지를 위한 국제적인 노력으로 국가 간 장거리 이동 대기오염조약인 몬트리올 의정서가 채택되었다.

(풀이) 산성비와 관련된 국제협약으로는 제네바협약, 헬싱키 의정서, 소피아 의정서 등이 있다.

159 산성비와 관련된 토양성질에 관한 설명 중 가장 거리가 먼 것은?

㉮ 토양의 성질 중 결정성의 점토광물은 약산성이고, 결정도가 낮은 점토광물은 강산성이다.
㉯ 토양과 흡착되어 있는 양이온을 교환성 양이온이라 하고, 이 중 양적으로 많은 것은 Ca^{2+}, Mg^{2+}, Na^+, K^+, Al^{3+}, H^+ 등 6종이다.
㉰ Al^{3+}와 H^+ 이외의 양이온을 교환성 염기라 하며, 토양의 pH는 흡착되어 있는 교환성 양이온에 의해 결정된다.
㉱ 토양입자는 일반적으로 ⊖ 하전으로 대전되어 각종 양이온을 정전기적으로 흡착하고 있다.

(풀이) 토양의 양이온 교환기는 강산성 성격을 갖는 부분과 약산성 성격을 갖는 부분으로 나누는데 결정성의 점토광물은 강산성이고, 결정도가 낮은 점토광물은 약산성이다.

160 다음 중 일반적으로 대도시의 산성강우 속에 가장 미량(mg/L)으로 존재할 것으로 예상되는 것은?(단, 산성강우는 pH 5.6으로 본다.)

㉮ SO_4^{2-}　㉯ NO_3^-　㉰ Cl^-　㉱ OH^-

161 다음 국제협약 중 질소산화물 배출량 또는 국가 간 이동량의 최저 30% 삭감에 관한 국가 간 장거리 이동 대기오염조약 의정서(협약)에 해당하는 것은?

㉮ 몬트리올 의정서　㉯ 런던협약
㉰ 오슬로협약　㉱ 소피아 의정서

162 다음 ( ) 안에 들어갈 말로 알맞은 것은?

> 전 지구의 평균 지상기온은 지구가 태양으로부터 받고 있는 태양에너지와 지구가 (①) 형태로 우주로 방출하고 이는 에너지의 균형으로부터 결정된다. 이 균형은 대기 중의 (②), 수증기 등의 (①)을(를) 흡수하는 기체가 큰 역할을 하고 있다.

㉮ ① : 자외선, ② : CO
㉯ ① : 적외선, ② : CO
㉰ ① : 자외선, ② : CO_2
㉱ ① : 적외선, ② : CO_2

163 지구온난화에 영향을 미치는 온실가스와 가장 거리가 먼 것은?

㉮ CO_2　　㉯ CH_4
㉰ CFC-11&CFC-12　㉱ NO_2

제6편 핵심 필수문제(이론)

풀이 6종류의 온실가스 설정(저감 및 관리대상 온실가스)
CO_2, CH_4, N_2O, HFC(수소불화탄소), PFC(과불화탄소), SF_6(육불화황)
단, CFC는 몬트리올 의정서에 의해 미리 규제를 받고 있고 H_2O는 자연계에서 순환되므로 제외하였다.

온실가스	지구온난화지수(GWP)	온난화기여도(%)	수명(연)	주요배출원
CO_2	1	55	100~250	연소반응/산업공정(소성반응)
CH_4	21	15	12	폐기물처리과정/농업/가축배설물(축산)
N_2O	310	6	120	화학산업/농업(비료)
HFCs	140~11,700 (1,300)			냉매/용제/발포제/세정제
PFCs	6,500~11,700 (7,000)	24	70~550	냉동기/소화기/세정제
SF_6	23,900			전자제품 및 변압기의 절연체

164 다음이 설명하는 것은?

> 1992년 6월 '지구를 건강하게, 미래를 풍요롭게'라는 슬로건 아래 개최된 지구 정상회담에서 환경과 개발에 관한 기본원칙을 표방하며, 인간은 지속 가능한 개발을 위한 관심의 중심으로 자연과 조화를 이룬 건강하고 생산적인 삶을 향유하여야 한다는 주요원칙을 담고 있다.

㉮ 바젤협약 ㉯ 몬트리올 의정서
㉰ 교토 의정서 ㉱ 리우선언

165 다음 중 최근까지 알려진 것으로 온실효과에 영향을 미치는 기여도(%)가 가장 큰 물질은?

㉮ CH_4 ㉯ CFCs ㉰ O_3 ㉱ CO_2

166 다음 중 온실효과를 유발하는 원일물질과 가장 거리가 먼 것은?

㉮ CH_4 ㉯ CO ㉰ CO_2 ㉱ H_2O

풀이 163번 풀이 참고

167 온실기체와 관련한 다음 설명 중 ( )안에 가장 알맞은 것은?

> (①)는 지표부근 대기 중 농도가 약 1.5ppm 정도이고 주로 미생물의 유기물 분해작용에 의해 발생하며, (②)의 특수파장을 흡수하여 온실기체로 작용한다.

㉮ ① CO_2, ② 적외선
㉯ ① CO_2, ② 자외선
㉰ ① CH_4, ② 적외선
㉱ ① CH_4, ② 자외선

168 지구온난화의 원인으로 주목되는 온실효과를 유발하는 물질과 가장 거리가 먼 것은?

㉮ 아산화질소(N_2O) ㉯ 암모니아(NH_3)
㉰ 이산화탄소(CO_2) ㉱ 메탄(CH_4)

169 대기 중에 존재하는 기체상의 질소산화물 중 대류권에서는 온실가스로 알려져 있고 일명 웃음가게라고도 하며, 성층권에서는 오존층 파괴물질로 알려져 있는 것은?

㉮ N_2O ㉯ NO_2 ㉰ NO_3 ㉱ N_2O_5

Answer 164. ㉱ 165. ㉱ 166. ㉯ 167. ㉰ 168. ㉯ 169. ㉮

170 다음 온실가스 중 동일한 부피에서 가장 무거운 물질은?

㉮ CO_2 ㉯ CH_4 ㉰ N_2O ㉱ O_3

풀이 O_3는 온실가스 중 동일한 부피에서 분자량이 가장 크므로 가장 무거운 물질이다.

171 다음 중 온실효과(Green House Effect)에 관한 설명으로 옳은 것은?

㉮ 온실효과에 대한 기여도는 H_2O>CFC11 & 12>CH_4>CO_2 순이다.
㉯ CO_2 농도는 일정주기로 증감이 되풀이되는데 1년 주기로 봄부터 여름에는 증가하고, 가을부터 겨울에는 감소한다.
㉰ 온실가스들은 각각 적외선 흡수대가 있으며, CO_2의 주요 흡수대는 파장 13~17μm 정도이다.
㉱ 오슬로협약은 기후변화협약에 따른 온실가스 감축목표와 관련한 국제협약이다.

풀이 ㉮항 : 온실효과 기여도는 CO_2>CFC11, CFC12>CH_4>N_2O이다.
㉯항 : CO_2 농도는 1년 주기로 봄부터 여름에는 감소하고, 가을부터 겨울에는 감소한다.
㉱항 : 오슬로협약은 폐기물의 해양투기로 인한 해양오염을 방지하기 위해 마련된 국제협약이다.

172 다음 ( ) 안에 알맞은 것은?

( )이란 적도무역풍이 평년보다 강해지며, 서태평양의 해수면과 수온이 평년보다 상승하게 되고, 찬해수의 용승현상 때문에 적도 동태평양에서 저수온 현상이 강화되어 나타나는 현상으로 해수면의 온도가 6개월 이상 0.5℃ 이상 낮은 현상이 지속되는 것을 말한다.

㉮ 엘니뇨 현상   ㉯ 사헬 현상
㉰ 라니냐 현상   ㉱ 헤들리셀 현상

173 다음 중 온실가스 감축, 오존층 보호를 위한 국제협약(의정서)으로 가장 거리가 먼 것은?

㉮ 몬트리올 의정서   ㉯ 교토 의정서
㉰ 바젤 협약   ㉱ 비엔나 협약

풀이 바젤 협약은 유해폐기물의 국가 간 이동 및 처리에 관한 규제를 다루고 폭발성, 인화성, 독성 등을 가진 폐기물을 규제대상물질로 정하여 국가 간 이동을 금지하는 것이 주요 내용이다.

174 온실효과에 관한 설명 중 가장 적합한 것은?

㉮ 일산화탄소의 기여도가 가장 큰 것으로 알려져 있다.
㉯ 실제 온실에서의 보온작용과 같은 원리이다.
㉰ 가스차단기, 소화기 등에 주요 사용되는 NO_2는 온실효과에 대한 기여도가 CH_4 다음으로 크다.
㉱ 온실효과 가스가 증가하면 대류권에서 적외선 흡수량이 많아져서 온실효과가 증대된다.

175 엘니뇨(El Nino)현상에 관한 설명으로 거리가 먼 것은?

㉮ 스페인어로 여자아이(the girl)라는 뜻으로, 엘니뇨가 발생하면 동남아시아, 호수 북부 등에서는 홍수가 주로 발생한다.

Answer 170. ㉱ 171. ㉰ 172. ㉰ 173. ㉰ 174. ㉱ 175. ㉮

㉯ 열대 태평양 남미해안으로부터 중태평양에 이르는 넓은 범위에서 해수면의 온도가 평년보다 보통 0.5℃ 이상 높은 상태가 6개월 이상 지속되는 현상을 의미한다.
㉰ 엘니뇨가 발생하는 이유는 태평양 적도 부근에서 동태평양의 따뜻한 바닷물을 서쪽으로 밀어내는 무역풍이 불지 않거나 불어도 약하게 불기 때문이다.
㉱ 엘니뇨로 인한 피해가 주요 농산물 생산지역인 태평양 연안국에 집중되어 있어 농산물 생산이 크게 감축되고 있다.

[풀이] 스페인어로 아기예수 또는 귀여운 소년(남자아이)이란 뜻이다.

176 온실효과 및 지구 온난화에 관한 설명으로 가장 적합한 것은?

㉮ 지구온난화지수(GWP)는 SF_6가 HFC_s에 비해 크다.
㉯ 대기의 온실효과는 실제 온실에서의 보온작용과 같은 원리이다.
㉰ 온실효과에 대한 기여도는 N_2O > CFC11 & 12이다.
㉱ 북반구에서의 계절별 CO_2 농도경향은 봄·여름·가을·겨울철보다 높은 편이다.

[풀이] ㉯항 : 대기의 온실효과는 실제 온실에서의 보온작용과 같은 원리가 아니며, 온실기체가 대기 중에서 계속 축적되어 발생하는 지구대류권의 온도 증가 현상이다.
㉰항 : 온실효과 기여도 CFC11, CFC12 > N_2O이다.
㉱항 : 북반구에서의 계절별 CO_2 농도경향은 봄, 여름이 가을, 겨울보다 낮은 편이다.

177 다음 ( ) 안에 들어갈 알맞은 것은?

성층권을 비행하는 초음속 여객기(SST plane)에서 ( )가 배출되며, ( )는 촉매적으로 오존을 파괴한다.

㉮ SO_2 ㉯ Cl   ㉰ CO   ㉱ NO

178 대기 중에 존재하는 기체상의 질소산화물 중 대류권에서는 온실가스로 알려져 있고 일명 웃음기체라고도 하며, 성층권에서는 오존층 파괴물질로 알려져 있는 것은?

㉮ NO_2 ㉯ N_2O ㉰ NO_3 ㉱ N_2O_5

179 오존층에 관한 다음 설명 중 옳지 않은 것은?

㉮ 오존층이란 성층권에서도 오존이 더욱 밀집해 분포하고 있는 지상 50~60km 구간을 말한다.
㉯ 오존층의 두께를 표시하는 단위는 돕슨(Dobson)이며, 지구대기 중의 오존총량을 표준상태에서 두께로 환산했을 때 1mm를 100돕슨으로 정하고 있다.
㉰ 오존총량은 적도상에서 약 200돕슨, 극지방에서 약 400돕슨 정도인 것으로 알려져 있다.
㉱ 오존은 성층권에서는 대기 중의 산소분자가 주로 240nm 이하의 자외선에 의해 광분해되어 생성된다.

180 다음 중 오존량(두께)을 표시하는 단위로 옳은 것은?

㉮ Phon ㉯ Ozonosphere
㉰ Dobson ㉱ TSM

(풀이) 오존층의 두께를 표시하는 단위는 돕슨(Dobson)이며, 지구 대기 중의 오존 총량을 표준상태에서 두께로 환산했을 때 1mm를 100돕슨으로 정하고 있다. 즉, 1Dobson은 지구 대기 중 오존의 총량을 0℃, 1기압의 표준상태에서 두께로 환산하였을 때 0.01mm에 상당하는 양이다.

181 오존층과 관련된 설명으로 가장 거리가 먼 것은?

㉮ 오존층이란 성층권에서도 오존이 더욱 밀집해 분포하는 지상 약 20~30km 구간을 말한다.
㉯ 오존층에서는 오존의 생성과 소멸이 계속적으로 일어나면서 오존의 농도를 유지하며 또한 지표면의 생물체에 유해한 자외선을 흡수한다.
㉰ 지구 전체의 평균 오존량은 약 300Dobson 정도이고, 지리적 또는 계절적으로 평균치의 ±50% 정도까지 변화한다.
㉱ CFC는 독성과 활성이 강한 물질로서 대기 중으로 배출될 경우 빠르게 오존층에 도달하며, 비엔나협약을 통하여 생산과 소비량을 줄이기로 결의하였다.

(풀이) CFC는 인체에 독성이 없고 매우 안정한 물질로서 몬트리올 의정서를 통하여 생산과 소비량을 줄이기로 결의하였다.

182 다음 중 오존층 보호를 위한 국제협약은?

㉮ 바젤 협약 ㉯ 비엔나 협약
㉰ 람사 협약 ㉱ 오슬로 협약

(풀이) 오존층 보호를 위한 국제협약에는 비엔나 협약(1985), 몬트리올 의정서(1987), 런던회의(1990), 코펜하겐 회의(1992) 등이 있다.

183 다음 각종 환경 관련 국제협약(조약)에 관한 주요 내용으로 틀린 것은?

㉮ 몬트리올 의정서 : 오존층 파괴물질인 염화불화탄소의 생산과 사용규제를 위한 협약
㉯ 바젤 협약 : 폐기물의 해양투기로 인한 해양오염을 방지하기 위한 협약
㉰ 람사 협약 : 자연자원의 보존과 현명한 이용을 위한 습지보전 협약
㉱ CITES : 멸종위기에 처한 야생동식물의 보호를 위한 협약

(풀이) 바젤 협약은 유해폐기물의 국가 간 이동 및 처리에 관한 규제를 다루고 폭발성, 인화성, 독성 등을 가진 폐기물을 규제대상물질로 정하여 국가 간 이동을 금지하는 것이 주요 내용이다.

184 다음 중 오존 파괴지수(ODP)가 가장 큰 것은?

㉮ CFC-114 ㉯ HCFC-22
㉰ CCl_4 ㉱ Halon-1301

(풀이) 특정물질 오존파괴지수(ODP)
㉮ CFC-114[$C_2F_4Cl_2$] : 1.0
㉯ HCFC-22[CHF_2Cl] : 0.055
㉰ CCl_4 : 1.1
㉱ Halon-1301[CF_3Br] : 10.0
일반적으로 Halon gas의 ODP가 높다.

Answer 181. ㉱ 182. ㉯ 183. ㉯ 184. ㉱

185 다음 특성물질 중 오존파괴지수가 가장 낮은 것은?

㉮ CFC-13　　㉯ CFC-114
㉰ CFC-115　　㉱ CFC-11

풀이 특정물질 오존파괴지수(ODP)
　㉮ CFC-13[CF_3Cl] : 1.0
　㉯ CFC-114[$C_2F_4Cl_2$] : 1.0
　㉰ CFC-115[C_2F_5Cl] : 0.6
　㉱ CFC-11[$CFCl_3$] : 1.0

186 다음은 오존층 파괴물질에 관한 설명이다. 가장 적합한 것은?

- 용도 : 냉각, 거품크림 안정제
- ODP : 0.6
- 대류권 잔류기간 : 약 500년

㉮ CFC-115　　㉯ Halon-1301
㉰ Halon-1211　　㉱ CCl_4

187 특정물질의 화학식 및 오존파괴지수의 연결로 틀린 것은?

구분	특정물질의 종류	화학식	오존 파괴지수
①	CFC-217	C_3F_7Cl	1.0
②	HCFC-21	$CHFCl_2$	0.04
③	CFC-115	C_2F_5Cl	0.6
④	CFC-113	$C_2F_3Cl_3$	0.4

㉮ ①　㉯ ②　㉰ ③　㉱ ④

풀이 CFC-113의 오존파괴지수(ODP)는 0.8이다.

188 다음 중 오존파괴지수(ODP)가 가장 큰 것은?

㉮ CCl_4　　㉯ Halon-1301
㉰ Halon-1211　　㉱ Halon-2402

풀이 특정물질 오존파괴지수(ODP)
　㉮ CCl_4 : 1.1
　㉯ Halon-1301[CF_3Br] : 10.0
　㉰ Halon-1211[CF_2BrCl] : 3.0
　㉱ Halon-2402[$C_2F_4Br_2$] : 6.0

189 다음 특정물질 중 오존파괴지수가 가장 높은 것은?

㉮ $C_2H_2FCl_3$　　㉯ $C_2H_2F_3Cl$
㉰ $CHFBr_2$　　㉱ CH_2FBr

풀이 특정물질 오존파괴지수(ODP)
　㉮ $C_2H_2FCl_3$[HCFC-131] : 0.007~0.05
　㉯ $C_2H_2F_3Cl$[HCFC-133] : 0.02~0.06
　㉰ $CHFBr_2$: 1.00
　㉱ CH_2FBr : 0.73

190 다음 특정물질 중 오존파괴지수가 가장 높은 것은?

㉮ $CHCl_2CF_3$　　㉯ C_3H_6FBr
㉰ CH_2FBr　　㉱ $C_2F_4Br_2$

풀이 특정물질 오존파괴지수(ODP)
　㉮ $CHCl_2CF_3$[HCFC-123] : 0.02
　㉯ C_3H_6FBr : 0.02~0.7
　㉰ CH_2FBr : 0.73
　㉱ $C_2F_4Br_2$[Halon-2402] : 6.0

Answer 185. ㉰　186. ㉮　187. ㉱　188. ㉯　189. ㉰　190. ㉱

191 다음 특정물질 중 오존파괴지수가 가장 큰 것은?

㉮ $CHFBr_2$ ㉯ CHF_2Br
㉰ CH_2FBr ㉱ C_2HFBr_4

풀이 특정물질 오존파괴지수(ODP)
㉮ $CHFBr_2$: 1.00
㉯ CHF_2Br[HBFC-22B1] : 0.74
㉰ CH_2FBr : 0.73
㉱ C_2HFBr_4 : 0.3~0.8

192 다음 특정물질 중 오존파괴지수가 가장 큰 것은?

㉮ CF_2BrCl ㉯ $CHFClCF_3$
㉰ C_3HF_6Cl ㉱ $C_3H_3F_4Cl$

풀이 특정물질 오존파괴지수(ODP)
㉮ CF_2BrCl[Halon-1211] : 3.0
㉯ $CHFClCF_3$[HCFC-124] : 0.022
㉰ C_3HF_6Cl[HCFC-231] : 0.05~0.09
㉱ $C_3H_3F_4Cl$[HCFC-224] : 0.009~0.14

193 성층권의 오존층 파괴의 원인물질인 CFC 화합물 중 CFC-12의 화학식은?

㉮ CF_2Cl_2 ㉯ $CHFCl_2$
㉰ $CFCl_3$ ㉱ CHF_2Cl

194 다음 중 CFC-11의 올바른 화학식은?

㉮ $CHFCl_2$ ㉯ CF_3Br
㉰ CF_3Cl ㉱ $CFCl_3$

195 다음 특정물질 중 펜타클로로플루오르에탄(CFC-111)의 화학식으로 옳은 것은?

㉮ $C_3H_2FCl_5$ ㉯ C_2FCl_5
㉰ $C_3F_3Cl_5$ ㉱ $C_3HF_2Cl_5$

196 지구상에 분포하는 오존에 관한 설명으로 옳지 않은 것은?

㉮ 몬트리올 의정서는 오존층파괴물질의 규제와 관련한 국제협약이다.
㉯ 오존량은 돕슨(Dobson)단위로 나타내는데, 1Dobson은 지구 대기 중 오존의 총량을 0℃, 1기압의 표준상태에서 두께로 환산하였을 때 0.001mm에 상당하는 양이다.
㉰ 오존의 생성 및 분해반응에 의해 자연상태의 성층권영역에는 일정 수준의 오존량이 평형을 이루게 되고, 다른 대기권에 비해 오존의 농도가 높은 오존층이 생긴다.
㉱ 지구 전체의 평균오존 총량은 약 300Dobson 이지만, 지리적 또는 계절적으로 그 평균값의 ±50% 정도까지 변화하고 있다.

풀이 오존량은 돕슨(Dobson)단위로 나타내는데, 1Dobson은 지구 대기 중 오존의 총량을 0℃, 1기압의 표준상태에서 두께로 환산하였을 때 0.01mm에 상당하는 양이다.

197 바람에 관여하는 힘 중에서 바람 발생의 근본 원인이 되는 것은?

㉮ 전향력 ㉯ 원심력
㉰ 마찰력 ㉱ 기압경도력

Answer 191. ㉮ 192. ㉮ 193. ㉮ 194. ㉱ 195. ㉯ 196. ㉯ 197. ㉱

198 바람을 일으키는 힘 중 「전향력」에 관한 설명으로 가장 거리가 먼 것은?

㉮ 지구의 자전에 의해 생기는 힘을 전향력이라 한다.
㉯ 전향력은 극지방에서 최소가 되고 적도지방에서 최대가 된다.
㉰ 북반구에서는 항상 움직이는 물체의 운동방향의 오른쪽 90° 방향으로 작용한다.
㉱ 전향력의 크기는 위도, 지구자전각속도, 풍속의 함수로 나타낸다.

⦿ 전향력은 극지방에서 최대가 되고 적도지방에서 최소가 된다.

199 바람에 작용하는 여러 힘 중 전향인자를 타나낸 식으로 옳은 것은?(단, Ω : 지구자전각속도, ϕ : 물체의 위도)

㉮ $2\Omega\sin\phi$ ㉯ $2\Omega\cos\phi$
㉰ $\Omega^2\sin\phi$ ㉱ $\Omega^2\cos\phi$

200 마찰층(Friction Layer)과 관련한 바람에 관한 설명으로 거리가 먼 것은?

㉮ 마찰층 내의 바람은 높이에 따라 항상 반시계 방향으로 각천이(Angular Shift)가 생긴다.
㉯ 마찰층 내의 바람은 위로 올라갈수록 실제 풍향은 서서히 지균풍에 가까워진다.
㉰ 마찰층 내의 바람은 위로 올라갈수록 그 변화량이 감소한다.
㉱ 마찰층 이상 고도에서 바람의 고도변화는 근본적으로 기온분포에 의존한다.

⦿ 마찰층 내의 바람은 높이에 따라 항상 시계방향으로 각천이가 생긴다.

201 경도풍은 3가지 힘이 평형을 이루면서 부는 바람을 말한다. 이와 관련이 가장 적은 힘은?

㉮ 마찰력   ㉯ 기압경도력
㉰ 원심력   ㉱ 전향력

⦿ 경도풍은 등압선이 곡선인 경우 원심력, 기압경도력, 전향력의 세 힘이 평형을 이루는 상태에서 등압선을 따라 부는 바람이다.

202 전향력에 관한 다음 설명 중 옳지 않은 것은?

㉮ 전향인자(f)는 $2\Omega\sin\phi$로 나타내며, ϕ는 위도, Ω는 지구 자전 각속도로서 7.27×10^{-5} rad·s^{-1}이다.
㉯ 지구 북반구에서 나타나는 전향력은 물체의 이동방향에 대해 오른쪽 직각방향으로 작용한다.
㉰ 전향력은 극지방에서 최대, 적도지방은 0이다.
㉱ 전향력은 전향인자를 속도로 나눈 값으로 정한다.

⦿ 전향력(C)은 전향인자(코리올리 인자)와 물체 속도의 곱하기 값으로 나타낸다.

203 바람을 일으키는 힘 중 선향력에 관한 설명으로 가장 거리가 먼 것은?

㉮ 북반구에서는 항상 움직이는 물체의 운동방향의 왼쪽 90° 방향으로 작용한다.
㉯ 전향력은 극지방에서 최대가 되고 적도지방에서 최소가 된다.
㉰ 지구의 자전에 의해 생기는 힘을 전향력이라 한다.
㉱ 전향력의 크기는 위도, 지구자전각속도, 풍속의 함수로 나타낸다.

풀이 전향력은 북반구에서 항상 움직이는 물체의 운동방향의 오른쪽 직각(90°) 방향으로 작용한다.

204 지균풍에 관한 설명으로 가장 거리가 먼 것은?

㉮ 대기경계층 상부, 즉 고도 1km 이상의 상공에서 등압선이 직선일 때 등압선과 직각으로 부는 바람이다.
㉯ 고공풍이므로 마찰력의 영향이 거의 없다.
㉰ 지균풍에 영향을 주는 기압경도력과 전향력은 크기가 같고 방향은 반대이다.
㉱ 등압선이 평행인 경우 북반구에서는 관측자가 지구를 향하여 내려다보는 경우 저기압지역이 풍향의 왼쪽에 위치한다.

풀이 지균풍은 지표면으로부터의 마찰력이 무시될 수 있는 고도(상층 : 행성경계층 PBL보다 높은 고도로 약 1km 이상)에서 등압선이 직선(등압선과 평행)일 경우 코리올리 힘과 기압경도력의 두 힘만으로 완전히 평형을 이루고 있을 때 부는 수평바람을 의미한다.

205 등압선이 곡선인 경우 원심력, 기압경도력, 전향력의 세 힘이 평형을 이루는 상태에서 등압선을 따라 부는 바람을 무엇이라 하는가?

㉮ 지균풍 ㉯ 코리올리풍
㉰ 경도풍 ㉱ 마찰풍

206 바람에 관한 다음 설명 중 옳지 않은 것은?

㉮ 지표면으로부터의 마찰효과가 무시될 수 있는 층에서 기압경도력과 전향력의 평형에 의하여 이루어지는 바람을 지균풍이라고 한다.
㉯ 지구자전에 의한 전향력 때문에 북반구에서는 지로의 오른쪽 방향으로 남반구에서는 진로의 왼쪽 방향으로 바람의 방향이 변한다.
㉰ 기압경도력, 전향력 및 원심력의 평균으로 나타나는 바람을 경도풍이라고 한다.
㉱ 산악지형에서 발생하는 산곡풍 중 낮에는 산의 사면을 따라 하강류가 발생한다.

풀이 산악지형에서 발생하는 산곡풍 중 낮에는 산의 사면을 따라 상승하는 바람이 분다.

207 다음 중 교외지역에 비해 온도가 높게 나타나는 도시열섬효과(Heat Island Effect)를 가져오는 원인과 가장 거리가 먼 것은?

㉮ 인구 집중에 따른 인공열 발생의 증가
㉯ 건물 등 구조물에 의한 거칠기 길이의 변화
㉰ 지표면의 열적 성질 차이
㉱ 기온역전

208 열섬현상에 관한 설명으로 가장 거리가 먼 것은?

㉮ Dust Dome Effect라고도 하며, 직경 10km 이상의 도시에서 잘 나타나는 현상이다.
㉯ 도시지역 표면의 열적 성질의 차이 및 지표면에서의 증발잠열의 차이 등으로 발생된다.
㉰ 태양의 복사열에 의해 도시에 축적된 열이 주변지역에 비해 크기 때문에 형성된다.
㉱ 대도시에서 발생하는 기후현상으로 주변지역보다 비가 적게 오며, 건조해져 코, 기관지염증의 원인이 된다.

풀이 도시의 온도 증가에 따른 상승기류로 인하여 대기오염물질이 응결핵으로 작용하여 운량과 강우량이 증가한다.

209 해륙풍에 관한 다음 설명 중 옳지 않은 것은?

㉮ 낮에는 육지에서 바다로 바람이 분다.
㉯ 해풍은 바다에서 육지로, 육풍은 육지에서 바다로 분다.
㉰ 바다와 육지의 비열차에 의해 발생한다.
㉱ 해풍은 육풍보다 영향을 미치는 거리가 일반적으로 길다.

[풀이] 낮에는 바다에서 육지로 향해 해풍이 분다.

210 바람에 관한 다음 설명 중 옳지 않은 것은?

㉮ 북반구의 경도풍은 저기압에서는 시계바늘 반대방향으로 회전하고 위쪽으로 상승하면서 분다.
㉯ 마찰층 내 바람은 높이에 따라 시계방향으로 각천이가 생겨나며, 위로 올라갈수록 실제 풍향은 점점 지균풍과 가까워진다.
㉰ 곡풍은 경사면 → 계곡 → 주계곡으로 수렴하면서 풍속이 가속되기 때문에 낮에 산 위쪽으로 부는 산풍보다 더 강하다.
㉱ 해륙풍이 부는 원인은 낮에는 바다보다 육지가 빨리 데워져서 육지의 공기가 상승하기 때문에 바다에서 육지로 8~15km 정도까지 바람(해풍)이 분다.

[풀이] 곡풍은 산의 사면을 따라 상승하는 바람이며, 주로 낮에 분다.

211 바람에 대한 설명 중 옳지 않은 것은?

㉮ 마찰층 내의 바람은 높이에 따라 시계방향으로 각천이가 생기며 위로 올라갈수록 변하는 양이 감소한다.
㉯ 지균풍은 마찰력이 무시될 수 있는 고도에서 등압선이 직선일 때 기압경도력과 전향력이 평형을 이루어 등압선에 평행으로 부는 바람이다.
㉰ 해륙풍 중 육풍은 낮 동안 햇빛에 더워지기 쉬운 육지 쪽이 저기압으로 되어 바다로부터 육지 쪽으로 10~15km까지 분다.
㉱ 경도풍은 기압경도력과 전향력, 원심력이 평형을 이루어 부는 바람이다.

[풀이] 육풍은 바다의 온도 냉각률이 육지에 비해 작아서 기압차에 의해 육지에서 바다 쪽 5~6km 정도까지 바람이 불며 겨울철에 빈발한다.

212 대기 중 환경감률이 −4℃/km인 경우의 대기상태는?

㉮ 과단열   ㉯ 등온   ㉰ 미단열   ㉱ 역전

[풀이] 고도가 높아짐에 따라 기온감률이 −1℃/100m 보다 완만한 감률을 가지며, 대기상태는 다소 안정하게 된다.

213 Richardson Number에 관한 설명으로 옳지 않은 것은?

㉮ 기계적 난류와 대류난류 중 어느 것이 지배적인가를 추정할 수 있다.
㉯ 무차원 수이다.
㉰ 큰 음의 값을 가지면 대류가 지배적이어서 바람이 약하게 되어 강한 수직운동이 일어난다.
㉱ 0에 접근하면 분산이 증가한다.

[풀이] 0에 접근하면 분산이 줄어든다.

Answer: 209. ㉮ 210. ㉰ 211. ㉰ 212. ㉰ 213. ㉱

214 Richardson 수(Ri)의 크기가 아래와 같을 때, 대기의 혼합상태로 옳은 것은?

$$0 < Ri < 0.25$$

㉮ 성층(Stratification)에 의해서 약화된 기계적 난류가 존재한다.
㉯ 대류에 의한 혼합이 기계적 혼합을 지배한다.
㉰ 수직방향의 혼합이 없다.
㉱ 기계적 난류와 대류가 존재하거나 기계적 난류가 혼합을 주로 일으킨다.

215 다음은 대기의 동적 안정도를 나타내는 '리차드슨 수'에 관한 설명이다. ( ) 안에 가장 적합한 것은?

리차드슨 수(Ri)를 구하기 위해서는 두 층(보통 지표에서 수 m와 10m 내외의 고도)에서 (①)과 (②)을 동시에 측정하여야 하고, 이 값은 (③)에 반비례한다.

㉮ ① 기압, ② 기온, ③ 기온차의 제곱
㉯ ① 기온, ② 풍속, ③ 풍속차의 제곱
㉰ ① 기압, ② 기온, ③ 풍속차의 제곱
㉱ ① 기온, ② 풍속, ③ 기온차의 제곱

216 다음 중 Panofsky에 의한 리차드슨 수(Ri) 크기와 대기의 혼합 간의 관계에 따른 설명으로 거리가 먼 것은?

㉮ Ri=0 : 수직방향의 혼합이 없다.
㉯ 0<Ri<0.25 : 성층에 의해 약화된 기계적 난류가 존재한다.
㉰ Ri< -0.04 : 대류에 의한 혼합이 기계적 혼합을 지배한다.
㉱ -0.03<Ri<0 : 기계적 난류와 대류가 존재하나 기계적 난류가 혼합을 주로 일으킨다.

[풀이] Ri=0은 중립상태이며, 기계적 난류가 지배적인 상태이다.

217 Richardson 수(Ri)의 크기가 0<Ri<0.25 범위일 때 대기의 혼합상태로 옳은 것은?

㉮ 수직방향의 혼합이 없다.
㉯ 대류에 의한 혼합이 기계적 혼합을 지배한다.
㉰ 성층(Stratification)에 의해서 약화된 기계적 난류가 존재한다.
㉱ 기계적 난류와 대류가 존재하나 기계적 난류가 주로 혼합을 일으킨다.

218 온위(Potential Temperature)에 관한 설명으로 옳지 않은 것은?

㉮ 온위는 온도와 압력의 특수한 대기조합이 연관된 건조단열을 정의하는 한 방법이다.
㉯ 온위 $\theta = T\left(\dfrac{1,000}{P}\right)^{0.288}$ 로 나타낼 수 있으며, 여기서 P는 millibar, T는 K 단위로 표시된다.
㉰ 밀도는 온위는 비례한다.
㉱ 높이에 따라 온위가 감소하면 대기는 불안정하고, 증가하면 대기는 안정하다.

[풀이] 밀도는 온위에 반비례하고, 온위가 높을수록 공기의 밀도는 작아진다.

219 라디오존데(Radiosonde)는 주로 무엇을 측정하는 데 사용되는 장비인가?

㉮ 고층대기의 주파수를 측정하는 장비

Answer◀ 214. ㉮ 215. ㉯ 216. ㉮ 217. ㉰ 218. ㉰ 219. ㉱

㉯ 고층대기의 입자상 물질의 농도를 측정하는 장비
㉰ 고층대기의 가스상 물질의 농도를 측정하는 장비
㉱ 고층대기의 온도, 기압, 습도, 풍속 등을 측정하는 장비

220 파스킬(Pasquill)의 대기안정도에 관한 설명으로 옳지 않은 것은?

㉮ 낮에는 일사량과 풍속(지상 10m)으로, 야간에는 운량, 운고와 풍속 등으로부터 안정도를 구분한다.
㉯ 안정도는 A~F까지 6단계로 구분하며, A는 가장 불안정한 상태, F는 가장 안정한 상태를 뜻한다.
㉰ 낮에는 풍속이 약할수록(2m/s 이하), 일사량은 강할수록 대기안정도 등급은 가장 안정한 상태를 나타낸다.
㉱ 지표가 거칠고 열섬효과가 있는 도시나 지면의 성질이 균일하지 않은 곳에서는 오차가 크게 나타날 수 있다.

[풀이] 낮에는 풍속이 약할수록, 일사량은 강할수록 대기안정도 등급은 강한 불안정 상태를 나타낸다.

221 최대혼합깊이(Maximum Mixing Depth ; MMD)에 관한 설명으로 가장 거리가 먼 것은?

㉮ 열부상효과에 의하여 대류에 의한 혼합층의 깊이가 결정되는데 이를 최대혼합깊이라 한다.
㉯ 실제로 지표 위 수 km까지의 실제 공기의 온도 종단도를 작성함으로써 결정된다.
㉰ 계절적으로 보아 여름(6월경)이 최대가 된다.
㉱ 역전이 심할수록 큰 값을 가지며 대기오염의 심화를 나타낸다.

[풀이] 야간에 역전이 심할 경우에는 그 값이 거의 0이 될 수도 있고, 대기오염의 심화가 나타난다.

222 최대혼합깊이(MMD)에 관한 설명 중 옳지 않은 것은?

㉮ 야간에 역전이 심할 경우에는 그 값이 거의 0이 될 수도 있다.
㉯ 통상적으로 밤에 가장 크고, 계절적으로는 겨울에 최대가 된다.
㉰ 열부상효과에 의하여 대류에 의한 혼합층의 깊이가 결정되는데 이를 MMD라 한다.
㉱ 실제로 MMD는 지표 위 수 km까지의 실제 공기의 온도종단도를 작성함으로써 결정된다.

[풀이] 최대혼합깊이(MMD)는 통상적으로 밤에 가장 작고, 계절적으로는 겨울에 최소가 된다.

223 다음은 최대혼합고(MMD)에 관한 설명이다. ( ) 안에 가장 알맞은 것은?

> MMD 값은 통상적으로 (①)에 가장 낮으며, (②)시간 동안 증가한다. (②)시간 동안에는 통상 (③) 값을 나타내기도 한다.

㉮ ① 밤, ② 낮, ③ 20~30km
㉯ ① 밤, ② 낮, ③ 2,000~3,000m
㉰ ① 낮, ② 밤, ③ 20~30km
㉱ ① 낮, ② 밤, ③ 2,000~3,000m

224 대기오염물의 분산과정에서 최대혼합깊이(Maximum Mixing Depth)를 가장 적합하게 표현한 것은?

Answer► 220. ㉰ 221. ㉱ 222. ㉯ 223. ㉯ 224. ㉮

㉮ 열부상 효과에 의한 대류혼합층의 높이
㉯ 풍향에 의한 대류혼합층의 높이
㉰ 기압의 변화에 의한 대류혼합층의 높이
㉱ 오염물 간 화학반응에 의한 대류혼합층의 높이

225 최대혼합깊이(MMD)에 관한 설명으로 옳지 않은 것은?

㉮ 일반적으로 대단히 안정된 대기에서의 MMD는 불안정한 대기에서보다 작다.
㉯ 실제 측정 시 MMD는 지상에서 수 km 상공까지의 실제공기의 온도종단도로 작성하여 결정된다.
㉰ 일반적으로 MMD가 높은 날은 대기오염이 심하고 낮은 날에는 대기오염이 적음을 나타낸다.
㉱ 계절적으로 MMD는 이른 여름에 최대가 되고, 겨울에 최소가 된다.

[풀이] MMD 값이 1,500m 이하인 경우에 통상 대도시 지역에서의 대기오염이 심화된다.

226 다음 중 대기오염물질의 분산을 예측하기 위한 바람장미(Wind Rose)에 관한 설명으로 가장 거리가 먼 것은?

㉮ 바람장미는 풍향별로 관측된 바람의 발생빈도와 풍속을 16방향인 막대기형으로 표시한 기상도형이다.
㉯ 가장 빈번히 관측된 풍향을 주풍(Prevailing Wind)이라 하고, 막대의 굵기를 가장 굵게 표시한다.
㉰ 관측된 풍향별 발생빈도를 %로 표시한 것을 방향량(Vector)이라 하며, 바람장미의 중앙에 숫자로 표시한 것은 무풍률이다.
㉱ 풍속이 0.2m/sec 이하일 때는 정온(Calm) 상태로 본다.

[풀이] 바람장미의 표시내용 중 풍향은 바람이 불어오는 쪽으로 막대모양으로 표시하고, 막대의 길이가 가장 긴 방향이 그 지역의 주풍이 된다.

227 바람장미에 관한 다음 설명 중 옳지 않은 것은?

㉮ 대기오염물질의 이동방향은 주풍(主風)과 같은 방향이며, 풍속은 막대 날개의 길이로 표시한다.
㉯ 방향량(Vector)은 관측된 풍향별 횟수를 백분율로 나타낸 값이다.
㉰ 주풍은 가장 빈번히 관측된 풍향을 말하며, 막대의 길이를 가장 길게 표시한다.
㉱ 풍속이 0.2m/s 이하일 때를 정온(Calm) 상태로 본다.

[풀이] 바람장미의 표시내용으로 풍속은 막대 굵기로 표시한다.

228 다음은 풍향과 풍속의 빈도 분포를 나타낸 바람장미(Wind Rose)이다. 주풍은?

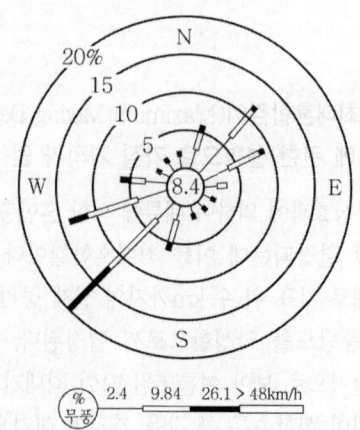

Answer 225. ㉰ 226. ㉯ 227. ㉮ 228. ㉱

㉮ 북동풍 ㉯ 남동풍 ㉰ 서풍 ㉱ 남서풍

229 복사역전(Radiation Inversion)이 발생되기 쉬운 기상조건은?

㉮ 하늘이 맑고, 바람이 약하며, 습도가 낮을 때
㉯ 하늘이 흐리고, 바람이 강하며, 습도가 높을 때
㉰ 하늘이 흐리고, 바람이 약하며, 습도가 낮을 때
㉱ 하늘이 맑고, 바람이 강하며, 습도가 높을 때

(풀이) 복사역전은 일출 직전에 하늘이 맑고, 습도가 낮으며, 바람이 없는 경우에 강하게 생성된다.

230 침강역전(Subsidence Inversion)에 관한 다음 설명 중 옳지 않은 것은?

㉮ 고기압 중심부분에서 기층이 서서히 침강하면서 기온이 단열변화하여 승온되어 발생하는 현상이다.
㉯ 고기압이 정체하고 있는 넓은 범위에 걸쳐서 시간에 무관하게 장기적으로 지속된다.
㉰ 낮은 고도까지 하강하면 대기오염의 농도는 매우 낮아지는 경향이 있다.
㉱ 로스앤젤레스 스모그 발생과 밀접한 관계가 있는 역전형태이다.

(풀이) 침강역전이 낮은 고도까지 하강하면 대기오염의 농도는 증가하는 경향이 있다.

231 다음 기온역전의 발생기전에 관한 설명으로 옳은 것은?

㉮ 이류성 역전 - 따뜻한 공기가 차가운 지표면 위로 흘러갈 때 발생
㉯ 침강형 역전 - 저기압 중심부분에서 기층이 서서히 침강할 때 발생
㉰ 해풍형 역전 - 바다에서 더워진 바람이 차가운 육지 위로 불 때 발생
㉱ 전선형 역전 - 비교적 높은 고도에서 차가운 공기가 따뜻한 공기 위로 전선을 이룰 때 발생

(풀이) ㉯항 : 고기압 중심부분에서 기층이 서서히 침강할 때 발생
㉰항 : 바다에서 차가운 바람이 더워진 육지 위로 불 때 발생
㉱항 : 비교적 높은 고도에서 따뜻한 공기와 차가운 공기가 부딪쳐 따뜻한 공기가 차가운 공기 위로 상승하면서 전선을 이룰 때 발생

232 침강역전과 상대 비교 시 복사역전에 관한 설명으로 거리가 먼 것은?

㉮ 대기오염물질 배출원이 위치하는 대기층에서 주로 생성된다.
㉯ 구름이 낀 날이나, 센 바람이 부는 날에는 잘 생기지 않는다.
㉰ 지표 가까이에 형성되므로 지표역전이라고도 한다.
㉱ 단기간보다는 장기간에 걸친 대기오염물질의 축적에 의한 문제를 주로 일으킨다.

(풀이) ㉱항은 침강역전에 해당하는 내용이다.

233 다음 역전 중 공중역전은?

㉮ 복사역전   ㉯ 접지역전
㉰ 이류성 역전   ㉱ 침강역전

(풀이) 공중역전에는 침강역전, 전선형 역전, 해풍형 역전, 난류역전이 있다.

Answer 229. ㉮ 230. ㉰ 231. ㉮ 232. ㉱ 233. ㉱

234 다음 용어 설명 중 가장 거리가 먼 것은?

㉮ 대류권 : 지표면에서 평균 11km까지로 구름, 비 등의 기상현상이 발생
㉯ Down Wash : 바람이 불어오는 쪽의 반대로 부압 영역이 생겨 연기가 말려 들어가는 현상
㉰ 열섬현상 : 교외지역에 비해 도시지역에 고온의 공기층을 형성하는 현상
㉱ 복사역전 : 시간에 무관하게 장기간으로 지속되어 지표에서 발생한 오염물질의 수직확산을 방해

[풀이] 주로 맑은 날 야간에 지표면에서 발산되는 복사열로 인하여 복사냉각이 시작되면 이로 인해 온도가 상공으로 소실되어 지표 냉각이 일어나 지표면의 공기층이 냉각된 지표와 접하게 되어 주로 밤부터 이른 아침 사이에 복사역전이 형성되며 낮이 되면 일사에 의해 지면이 가열되므로 곧 소멸된다.

235 기온역전현상에 관한 설명으로 거리가 먼 것은?

㉮ 역전은 접지역전과 공중역전으로 나눌 수 있다.
㉯ 침강성 역전과 전선형 역전은 접지역전에 속한다.
㉰ 복사역전은 주로 밤에서 이른 아침 사이에 일어난다.
㉱ 굴뚝의 높이 상하에서 각각 침강역전과 복사역전이 동시에 발생하는 경우 플룸(Plume)의 형태는 구속형(Trapping)으로 된다.

[풀이] 침강성 역전과 전선형 역전은 공중역전에 속한다.

236 보통 가을부터 봄에 걸쳐 날씨가 좋고, 바람이 약하며, 습도가 적을 때 자정 이후 아침까지 잘 발생하고, 낮이 되면 일사로 인해 지면이 가열되면 곧 소멸되는 역전의 형태는?

㉮ Radiative Inversion
㉯ Subsidence Inversion
㉰ Lofting Inversion
㉱ Conning Inversion

237 다음 중 방사역전(Radiation Inversion)이 가장 잘 발생하는 계절과 시기는?

㉮ 여름철 맑은 날 정오
㉯ 여름철 흐린 날 오후
㉰ 겨울철 맑은 날 이른 아침
㉱ 겨울철 흐린 날 오후

238 공기덩어리 상부면(Top)과 하부면(Bottom)의 온도차(변화)를 바르게 표시한 것은?(단, $\dfrac{dT}{dP}$는 압력에 대한 온도 변화, 이상기체)

㉮ $\left(\dfrac{dT}{dP}\right)_{Top} < \left(\dfrac{dT}{dP}\right)_{Bottom}$
㉯ $\left(\dfrac{dT}{dP}\right)_{Top} > \left(\dfrac{dT}{dP}\right)_{Bottom}$
㉰ $\left(\dfrac{dT}{dP}\right)_{Top} = \left(\dfrac{dT}{dP}\right)_{Bottom}$
㉱ $\left(\dfrac{dT}{dP}\right)_{Top} \leq \left(\dfrac{dT}{dP}\right)_{Bottom}$

239 굴뚝 높이 상하층에서 각각 침강역전과 복사역전이 동시에 발생되는 경우의 연기 형태는?

㉮ 환상형(Looping)   ㉯ 원추형(Conning)
㉰ 훈증형(Fumigation) ㉱ 구속형(Trapping)

Answer ▶ 234. ㉱ 235. ㉯ 236. ㉮ 237. ㉰ 238. ㉯ 239. ㉱

(풀이) 구속형 연기형태는 고기압지역에서 상층은 침강형 역전을 형성, 하층은 복사형 역전을 형성할 때 나타난다.

240 대기가 매우 불안정할 때 주로 나타나며, 맑은 날 오후에 주로 발생하기 쉽고, 또한 풍속이 매우 강하여 혼합이 크게 일어날 때 발생하게 되며, 굴뚝이 낮은 경우에는 풍하 쪽 지상에 강한 오염이 생기고, 저 · 고기압에 상관없이 발생하는 연기의 형태는?

㉮ Conning형 ㉯ Looping형
㉰ Funning형 ㉱ Trapping형

241 연돌에서 배출되는 연기의 형태가 Fanning형일 때 기상 조건에 관한 다음 설명 중 옳지 않은 것은?

㉮ 대기가 매우 안정한 상태일 때 아침과 새벽에 잘 발생한다.
㉯ 고기압 구역에서 하늘이 맑고 바람이 약하면 지표로부터 열방출이 커서 한밤으로부터 아침까지 복사역전층이 생길 때에 발생되는 연기 모양이다.
㉰ 굴뚝상단의 일정높이에 역전층이 존재하고, 그 하층에도 역전층이 존재하는 때에 관찰되며, 이러한 현상은 하루 중 30분 이상 지속되지 않는다.
㉱ 이 상태에서 연기의 수직방향 분산은 최소가 되고, 풍향에 수직되는 수평방향의 분산도 매우 적다.

(풀이) 연기가 배출되는 상당한 고도까지도 강안정한 대기가 유지될 경우, 즉 기온역전현상을 보이는 경우 연직운동이 억제되어 발생한다.

242 다음 대기상태에 해당되는 연기의 형태는?

> 굴뚝의 높이보다 더 낮게 지표 가까이에 역전층이 이루어져 있고, 그 상공에는 대기가 불안정한 상태일 때 주로 발생하며, 고기압 지역에서 하늘이 맑고 바람이 약한 늦은 오후나 이른 밤에 주로 발생하기 쉽다.

㉮ Looping ㉯ Conning
㉰ Fanning ㉱ Lofting

243 연기의 형태에 관한 다음 설명 중 옳지 않은 것은?

㉮ 지붕형 : 하층에 비하여 상층이 안정한 대기 상태를 유지할 때 발생한다.
㉯ 환상형 : 과단열감률 조건일 때, 즉 대기가 불안정할 때 발생한다.
㉰ 원추형 : 오염의 단면분포가 전형적인 가우시안분포를 이루며, 대기가 중립 조건일 때 잘 발생한다.
㉱ 부채형 : 연기가 배출되는 상당한 고도까지도 강안정한 대기가 유지될 경우, 즉 기온역전현상을 보이는 경우 연직운동이 억제되어 발생한다.

(풀이) 지붕형은 하층이 안정하고, 상층은 불안정한 상태일 때 나타나는 연기의 형태이다.

244 굴뚝에서 배출되는 연기의 형태가 Lofting형일 때의 대기 상태로 옳은 것은?(단, 보기 중 상과 하의 구분은 굴뚝 높이 기준)

㉮ 상 : 불안정, 하 : 불안정
㉯ 상 : 안정, 하 : 안정

Answer 240. ㉯ 241. ㉰ 242. ㉱ 243. ㉮ 244. ㉱

㉰ 상 : 안정, 하 : 불안정
㉱ 상 : 불안정, 하 : 안정

245 굴뚝에서 배출되는 연기의 확산형태 중 역전현상이 존재하는 형태로만 분류된 것은?

㉮ 부채형(Fanning), 지붕형(Lofting), 구속형(Trapping)
㉯ 환상형(Looping), 부채형(Fanning), 훈증형(Fumigation)
㉰ 훈증형(Fumigation), 원추형(Conning), 지붕형(Lofting)
㉱ 원추형(Conning), 환상형(Looping), 부채형(Fanning)

246 공기상층으로 갈수록 기온이 급격히 떨어져서 대기상태가 크게 불안정하게 되며, 연기는 상하 좌우 방향으로 크고 불규칙하게 난류를 일으키며 확산되는 형태는?

㉮ Looping형   ㉯ Fanning형
㉰ Lofting형   ㉱ Fumigation형

247 Plume 내의 오염물의 단면 분포가 전형적인 가우시안 분포(Gaussian Distribution)를 이루고 있는 연기 모양은?

㉮ Fanning   ㉯ Lofting
㉰ Conning   ㉱ Fumigation

248 굴뚝에서 배출되는 연기모양 중 원추형에 관한 설명으로 가장 적합한 것은?

㉮ 수직온도경사가 과단열적이고, 난류가 심할 때 주로 발생한다.
㉯ 지표역전이 파괴되면서 발생하며 30분 정도 이상은 지속하지 않는 경향이 있다.
㉰ 연기의 상하부분 모두 역전이 발생한다.
㉱ 구름이 많이 낀 날에 주로 관찰된다.

[풀이] 원추형의 발생 시기는 바람이 다소 강하거나, 구름이 낀 날에 주로 관찰된다.

249 다음 연기형태 중 부채형(Fanning)에 관한 설명으로 가장 거리가 먼 것은?

㉮ 주로 저기압 구역에서 굴뚝 높이보다 더 낮게 지표 가까이에 역전층이, 그 상공에는 불안정상태일 때 발생한다.
㉯ 굴뚝의 높이가 낮으면 지표부근에 심각한 오염문제를 발생시킨다.
㉰ 대기가 매우 안정된 상태일 때에 아침과 새벽에 잘 발생한다.
㉱ 풍향이 자주 바뀔 때면 뱀이 기어가는 연기모양이 된다.

[풀이] 고기압 구역에서 하늘이 맑고 바람이 약하면 지표로부터 열방출이 커서 한밤으로부터 아침까지 복사역전층이 생길 때에 발생한다.

250 굴뚝으로부터 배출되는 연기의 확산모양에 대한 다음 설명 중 틀린 것은?

㉮ 환상형(Looping)은 난류가 심할 때 발생하고, 강한 난류에 의해 연기는 재빨리 분산되나 연기가 지면에 도달할 경우 굴뚝 가까운 곳의 지표농도는 높게 될 수도 있다.
㉯ 고기압지역에서 상층은 침강형 역전이 형

Answer 245. ㉮ 246. ㉮ 247. ㉰ 248. ㉱ 249. ㉮ 250. ㉱

성, 하층은 복사형 역전을 형성할 때 구속형(Trapping)으로 나타난다.
㈐ 부채형(Fanning)은 대기가 매우 안정상태에서 발생하며 상하의 확산 폭이 적어 굴뚝 부근 지표에 미치는 오염도는 적은 편이다.
㈑ 대기의 하층은 안정해졌으나 상층은 아직 불안정 상태일 경우 훈증형(Fumigation)이 나타나고 지표면에서의 오염도는 높다.

[풀이] 훈증형(Fumigation)은 대기의 하층은 불안정한 경우, 그 상층은 안정상태일 경우에 나타난다.

251 고도에 따른 온도분포가 Fumigation형에 대한 조건과 반대로서 역전층은 굴뚝높이보다 아래에 존재하고 불안정층은 상공에 존재하는 연기형태는?

㈎ Looping   ㈏ Fanning
㈐ Lofting   ㈑ Conning

252 환경체감률선이 그림과 같이 실선으로 형성되어 있다. 이때 굴뚝의 유효고도가 A지점인 경우 두 점선 사이에서 배출되는 연기의 형태는?

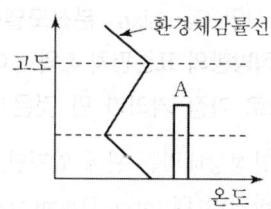

㈎ Conning   ㈏ Fanning
㈐ Fumigation   ㈑ Lotfing

253 아래의 식은 지표면으로부터 오염물질의 반사를 고려한 경우에 사용되는 가우시안 확산식이다. 이 식에 사용된 기호에 관한 설명으로 옳지 않은 것은?

$$C(x, y, z, H) = \frac{Q}{2\pi u \sigma_y \sigma_z} \left[\exp\left(-\frac{y^2}{2\sigma_y^2}\right) \right]$$

$$\left[\exp\left(-\frac{(z-H)^2}{2\sigma_z^2}\right) + \exp\left(-\frac{(z+H)^2}{2\sigma_z^2}\right) \right]$$

㈎ Z : 지표면으로부터 연직방향의 높이
㈏ H : 굴뚝 유효높이
㈐ σ_y, σ_z : 확산계수(또는 확산 폭)
㈑ u : 굴뚝 내 배출가스의 배출속도

[풀이] $C = \frac{Q}{2\pi u \sigma_y \sigma_z} \exp\left[-\frac{1}{2}\left(\frac{y^2}{\sigma_y^2} + \frac{z^2}{\sigma_z^2}\right)\right]$

여기서, C : 오염물질의 농도(g/m³, μg/m³)
Q : 배출원에서 오염물질 배출속도(배출량 : g/sec)
u : 굴뚝높이(굴뚝상단)에서의 평균풍속(m/sec)
σ_y : Y축에 대한 확산계수(수평방향의 확산계수 : Y축의 오염농도 표준편차 또는 확산폭 : m)
σ_z : Z축에 대한 확산계수(수직방향의 확산계수 : Y축의 오염농도 표준편차 또는 확산폭 : m)
h : 연기중심선에서의 수평거리
z : 지표면으로부터의 수직거리(연직방향의 높이)

254 다음 Gaussian 분산식에 대한 설명으로 가장 적합한 것은?

Answer ◀ 251. ㈐ 252. ㈏ 253. ㈑ 254. ㈐

$$C(x,y,z) = \frac{Q}{2\pi u \sigma_y \sigma_z}\left[\exp\left(-\frac{y^2}{2\sigma_y^2}\right)\right]$$
$$\left[\exp\left(\frac{-(z-H)^2}{2\sigma_z^2}\right)+\exp\left(\frac{-(z+H)^2}{2\sigma_z^2}\right)\right]$$

㉮ 비정상상태에서 불연속적으로 배출하는 면오염원으로부터 바람방향이 배출면에 수평인 경우 풍하 측의 지면농도를 산출하는 경우에 사용한다.

㉯ 공중역전이 존재할 경우 역전층의 오염물질의 상향 확산에 의한 일정고도상에서의 중심축상 선오염원의 농도를 산출하는 경우에 사용한다.

㉰ 지표면으로부터 고도 H에 위치하는 점원 − 지면으로부터 반사가 있는 경우에 사용한다.

㉱ 연속적으로 배출하는 무한의 선오염원으로부터 바람의 방향이 배출선에 수직인 경우 플룸 내에서 소멸되는 풍하 측의 지면농도를 산출하는 경우에 사용한다.

255 가우시안 확산모델은 여러 가지 경계조건을 달리 설정함으로써 오염원의 위치와 형태에 따라 오염물질의 농도를 예측할 수 있다. 다음 조건에서의 오염물질 농도를 예측하고자 할 경우 지표농도의 결과식으로 가장 적합한 것은?

[조건]
① 지표 중심선에 따른 오염물의 농도변화를 예측한다.
② 지표면에서 오염물질의 반사를 고려한다.
③ 굴뚝높이(H)는 지표로부터 유효고도를 의미한다.

㉮ $C = \dfrac{2Q}{\pi u \sigma_y \sigma_z}\exp\left[-\dfrac{1}{2}\left(\dfrac{y^2}{\sigma_y^2}+\dfrac{z^2}{\sigma_z^2}\right)\right]$

㉯ $C = \dfrac{Q}{2\pi u \sigma_z}\exp\left[-\dfrac{1}{2}\left(\dfrac{H}{\sigma_y}\right)^2\right]$

㉰ $C = \dfrac{Q}{2\pi u \sigma_y \sigma_z}\exp\left[-\dfrac{y^2}{2\sigma_y^2}+\dfrac{(z+1)^2}{\sigma_z^2}\right]$

㉱ $C = \dfrac{Q}{\pi u \sigma_y \sigma_z}\exp\left(-\dfrac{H^2}{2\sigma_z^2}\right)$

256 가우시안(Gaussian)모델에서의 표준편차(σ_y, σ_z)에 관한 설명으로 가장 거리가 먼 것은?

㉮ σ_y, σ_z 값의 성립조건으로 시료채취기간은 약 10분이다.

㉯ σ_y, σ_z 값은 대기의 안정상태와 풍하거리 x의 함수이다.

㉰ σ_y, σ_z는 평탄한 지형에 기준을 두고 있다.

㉱ σ_y, σ_z는 고도와 관계없이 일정한 값을 가지며, 일반적으로 수평대기 중에서 수 m에서 수백 m 이내로 국한된다.

풀이 표준편차 값은 고도에 따라 변하는 값으로 고도는 대기 중에서 하부 수백 m에 국한하여 사용한다.

257 가우시안(Gaussian) 분산모델에 있어서 수평 및 수직방향의 표준편차 δ_y와 δ_z에 관한 가정(설명)으로 가장 거리가 먼 것은?

㉮ 대기의 안정상태와는 관계 있지만, 연돌로부터의 풍하거리(Distance Downwind)와는 무관하다.

㉯ 고도에 따라 변하는 값으로 고도는 대기 중에서 하부 수백 m에 국한하여 사용한다.

㉰ 지표는 평탄하다고 간주한다.

Answer 255. ㉱ 256. ㉱ 257. ㉮

㉺ 시료채취기간은 약 10분으로 간주한다.

(풀이) 대기의 안정상태와 풍하거리 x의 함수이다.

258 가우시안모델에 관한 설명 중 가장 거리가 먼 것은?

㉮ 주로 평탄지역에 적용하도록 개발되어 왔으나, 최근 복잡지형에도 적용이 가능하도록 개발되고 있다.
㉯ 간단한 화학반응을 묘사할 수 있다.
㉰ 점오염원에서는 모든 방향으로 확산되어가는 Plum은 동일하다고 가정하여 유도한다.
㉱ 장·단기적인 대기오염도 예측에 사용이 용이하다.

(풀이) 점오염원에서는 풍하방향으로 확산되는 Plum이 정규분포한다는 가정하에 유도한다.

259 Fick의 확산방정식을 실제 대기에 적용시키기 위해 추가하는 가정으로 거리가 먼 것은?

㉮ 바람에 의한 오염물의 주 이동방향은 x축이다.
㉯ 하류로의 확산은 오염물이 바람에 의하여 x축을 따라 이동하는 것보다 강하다.
㉰ 과정은 안정상태이고, 풍속은 x, y, z 좌표시스템 내의 어느 점에서는 일정하다.
㉱ 오염물은 점오염원으로부터 계속적으로 방출된다.

(풀이) 오염물이 x축을 따라 이동하는 것은 하류(풍하)로의 확산에 의한 물질이동보다 더 강하다.

260 Fick의 확산방정식 $\left(\dfrac{dC}{dt} = K_x \dfrac{\sigma^2 C}{\sigma x^2} + K_y \dfrac{\sigma^2 C}{\sigma y^2} + K_z \dfrac{\sigma^2 C}{\sigma z^2}\right)$을 실제 대기에 적용하기 위하여 일반적으로 추가하는 가정으로 가장 거리가 먼 것은?

㉮ 확산에 의한 오염물의 주 이동방향은 X축이다.
㉯ 과정은 안정상태$\left(\dfrac{dC}{dt} = 0\right)$이다.
㉰ 오염물은 점오염원으로부터 계속적으로 방출된다.
㉱ 풍속은 x, y, z 좌표시스템 내의 어느 점에서든 일정하다.

(풀이) 바람에 의한 오염물의 주 이동방향은 x축이다.

261 상자모델을 전개하기 위하여 설정된 가정으로 가장 거리가 먼 것은?

㉮ 오염물은 지면의 한 지점에서 일정하게 배출된다.
㉯ 고려된 공간에서 오염물의 농도는 균일이다.
㉰ 고려되는 공간의 수직단면에 직각방향으로 부는 바람의 속도가 일정하여 환기량이 일정하다.
㉱ 오염물의 분해는 일차반응에 의한다.

(풀이) 오염물 배출원의 지표면 전역에 균등하게 분포되어 있다.

262 수용모델(Receptor Model)과 분산모델(Dispersion Model)에 대한 설명으로 가장 거리가 먼 것은?

㉮ 수용모델은 새로운 오염원이나 불확실한 오염원을 정량적으로 확인·평가할 수 있다.

Answer 258. ㉰ 259. ㉯ 260. ㉮ 261. ㉮ 262. ㉱

㉯ 수용모델은 지형이나 기상학적 정보 없이도 사용이 가능하나 미래예측이 어렵고, 측정자료를 입력자료로 사용하므로 시나리오 작성이 곤란하다.
㉰ 분사모델은 2차오염원의 확인이 가능하며, 지형 및 오염원의 조업조건에 영향을 받는다.
㉱ 분산모델을 이용한 분진의 영향 평가는 기상의 불확실성과 오염원이 미확인일 경우라도 효과적으로 평가 가능하다.

(풀이) 분산모델은 특정오염원의 영향을 평가할 수 있는 잠재력을 가지고 있으나 기상과 관련하여 대기 중의 무작위적인 특성을 적절하게 묘사할 수 없으므로 결과에 대한 불확실성이 크다.

263 수용모델(Receptor Model)의 특징이 아닌 항목은?

㉮ 불법배출 오염원을 정량적으로 확인 평가할 수 있다.
㉯ 2차 오염원의 확인이 가능하다.
㉰ 지형, 기상학적 정보 없이도 사용 가능하다.
㉱ 현재나 과거에 일어났던 일을 추정하여 미래를 위한 전략을 세울 수 있으나, 미래 예측은 어렵다.

(풀이) 2차 오염원의 확인이 가능한 것은 분산모델의 내용이다.

264 다음 중 수용모델의 특징에 해당하는 것은?

㉮ 지형 및 오염원의 조업조건에 영향을 받는다.
㉯ 2차 오염원의 확인이 가능하다.
㉰ 오염원의 조업 및 운영상태에 대한 정보 없이도 사용 가능하다.
㉱ 점·선·면 오염원의 영향을 평가할 수 있다.

265 분산모델에 관한 설명으로 거리가 먼 것은?

㉮ 미래의 대기질을 예측할 수 있다.
㉯ 2차 오염의 확인이 가능하다.
㉰ 지형 및 오염원의 조업조건에 영향을 받지 않는다.
㉱ 새로운 오염원의 지역 내에 생길 때, 매번 재평가를 하여야 한다.

(풀이) 지형 및 오염원의 조업조건에 따라 영향을 받는다.

266 대기오염원의 영향 평가시 분산모델을 이용하기 위해 일반적으로 요구되는 입력자료로서 가장 거리가 먼 것은?

㉮ 오염물질의 배출속도
㉯ 굴뚝의 직경 및 재질
㉰ 오염원의 가동시간 및 방지시설의 효율
㉱ 오염물질 배출측정망 설치시기

(풀이) 대기오염원 영향 평가 시 요구되는 입력자료
① 오염물질의 배출속도(배출량) 및 온도
② 배출원의 위치 및 높이
③ 굴뚝의 높이(유효굴뚝높이) 및 재질, 직경
④ 오염원의 가동시간
⑤ 방지시설의 효율

267 다음 수용모델과 분산모델에 관한 설명으로 가장 거리가 먼 것은?

㉮ 분산모델은 지형 및 오염원의 조업조건에 영향을 받지 않으며, 현재나 과거에 일어났던 일을 추정, 미래를 위한 전략은 세울 수 있지만 미래예측은 어렵다.
㉯ 수용모델은 수용체에서 오염물질의 특성을 분석한 후 오염원의 기여도를 평가하는 것이다.
㉰ 분산모델은 특정오염원의 영향을 평가할 수

있는 잠재력을 가지고 있으나 기상과 관련하여 대기 중의 무작위적인 특성을 적절하게 묘사할 수 없으므로 결과에 대한 불확실성이 크다.
㉣ 분산모델은 특정한 오염원의 배출속도와 바람에 의한 분산요인을 입력자료로 하여 수용체 위치에서의 영향을 계산한다.

🔑 분산모델 특징
① 2차 오염원의 확인이 가능하다.
② 지형 및 오염원의 작업조건에 영향을 받는다.
③ 미래의 대기질을 예측할 수 있다.
④ 새로운 오염원이 지역 내에 생길 때, 매번 재평가를 하여야 한다.
⑤ 점, 선, 면 오염원의 영향을 평가할 수 있다.
⑥ 단기간 분석 시 문제가 된다.
⑦ 특정오염원의 영향을 평가할 수 있는 잠재력을 가지고 있으나 기상과 관련하여 대기 중의 무작위적인 특성을 적절하게 묘사할 수 없으므로 결과에 대한 불확실성이 크다.

268 다음 중 대기분산모델에 관한 설명으로 가장 거리가 먼 것은?

㉮ ISCST(Industrial Source Complex Model for Short Term)는 ISCLT와 같은 구조로서 주로 단기농도 예측에 사용된다.
㉯ ISCLT(Industrial Source Complex Model for Long Term)는 미국에서 널리 이용되는 범용적인 모델로 장기농도 계산용의 모델이다.
㉰ TCM(Texas Climatological Model)은 장기모델로 한국에서 많이 사용되었다.
㉱ ADM(Air Distribution Model)은 기상관측에 사용되는 바람장모델로 일본에서 많이 사용되었다.

🔑 바람장모델은 MM5, RAMS 등이 있다.

269 대기분산모델에 관한 다음 설명 중 거리가 먼 것은?

㉮ ADMS(Atmospheric Dispersion Model System)는 도시지역에서 오염물질의 이동을 계산하는 것으로 영국에서 많이 사용했던 모델이다.
㉯ RAMS(Regional Atmospheric Model System)는 바람장모델로 바람장과 오염물질의 분산을 동시에 계산한다.
㉰ CMAQ(Complex Multiscale Air Quality Modeling System)는 가우시안모델로 일본에서 개발한 모델이다.
㉱ AUSPLUME(Australian Plume Model)는 미국의 ISCST와 ISCLT모델을 개조하여 만든 모델로 호주에서 주로 사용되었다.

270 다음은 대기분산모델의 종류에 관한 설명이다. 가장 적합한 것은?

- 적용 모델식 : 광화학 모델
- 적용 배출원 형태 : 점, 면
- 개발국 : 미국
- 특징 : 도시지역에서 광화학반응을 고려하여 오염물질의 이동을 계산

㉮ ADMS(Atmospheric Dispersion Model System)
㉯ UAM(Urban Airshed Model)
㉰ TCM(Texas Climatological Model)
㉱ HIWAY-2

271 다음 대기분산모델 중 미국에서 개발되었으며, 바람장모델로 바람장을 계산, 기상예측에 주로 사용된 것은?

㉮ ADMS ㉯ AUSPLUME
㉰ MM5   ㉱ SMOGSTOP

Answer ▶ 268. ㉱ 269. ㉰ 270. ㉯ 271. ㉰

272 다음 대기분산모델 중 미국에서 개발되었으며, 바람장모델로서 바람장과 오염물질 분산을 동시에 계산할 수 있는 것은?

㉮ ADMS   ㉯ OCD
㉰ AUSPLUME   ㉱ RAMS

273 다음은 대기분산모델의 특징을 설명한 것이다. 가장 적합한 것은?

- 적용 모델식 : 가우시안모델
- 적용 배출원 형태 : 점, 면
- 개발국 : 미국
- 특징 : 복잡한 지형에 대해 오염물질의 이동 계산

㉮ ADMS   ㉯ CTDMPLUS
㉰ MM5   ㉱ SMOGSTOP

274 다음 중 유효굴뚝높이(Effective Stack Height)를 상승시키는 방법으로 가장 적합한 것은?

㉮ 배출가스의 토출속도를 줄인다.
㉯ 배출가스의 온도를 높인다.
㉰ 굴뚝 배출구의 직경을 확대한다.
㉱ 배출가스의 양을 감소시킨다.

275 SO_2의 착지 농도를 감소시키기 위한 방법 중 옳지 않은 것은?

㉮ 굴뚝 높이를 높게 한다.
㉯ 굴뚝 배기가스의 배출속도를 높인다.
㉰ 배기가스 온도를 가능한 낮춘다.
㉱ 저유황유를 사용한다.

276 Sutton의 지표상의 최대착지농도를 나타내는 확산 관계식에서 최대착지농도에 대한 설명으로 옳지 않은 것은?

㉮ 오염물질 배출률(량)에 비례한다.
㉯ 유효굴뚝 높이의 제곱에 반비례한다.
㉰ 평균풍속에 비례한다.
㉱ 수평 및 수직방향 확산계수와 반비례한다.

풀이 최대착지농도는 평균속도에 반비례한다.

277 SO_2의 착지농도를 감소시키기 위한 방법 중 옳지 않은 것은?

㉮ 배출가스 온도를 가능한 한 낮춘다.
㉯ 굴뚝 배출가스의 배출속도를 높인다.
㉰ 저유황유를 사용한다.
㉱ 굴뚝 높이를 높게 한다.

278 Down Wash 현상을 방지하기 위한 조건 중 가장 적합한 것은?(단, U : 풍속, V_s : 굴뚝 배출가스의 유속)

㉮ $\dfrac{U}{V_s} > 2$ ㉯ $\dfrac{V_s}{U} > 2$ ㉰ $\dfrac{U}{V_s} < 2$ ㉱ $\dfrac{V_s}{U} < 2$

279 다음은 바람과 대기오염의 관계에 대한 설명이다. ( ) 안에 알맞은 것은?

연기가 굴뚝 아래로 오염물질이 흩날리어 굴뚝 밑 부분에 오염물질의 농도가 높아지는 현상을 (①)(이)라고 하며, 이러한 현상을 없애려면 (②)이 되도록 한다.(단, V는 굴뚝높이에서의 풍속, V_s는 오염물질의 토출속도)

Answer 272. ㉱ 273. ㉯ 274. ㉯ 275. ㉰ 276. ㉰ 277. ㉮ 278. ㉯ 279. ㉮

㉮ ① down wash, ② $V_s > 2V$
㉯ ① down wash, ② $V > 2V_s$
㉰ ① blow down, ② $V_s > 2V$
㉱ ① blow down, ② $V > 2V_s$

280 Down Wash 현상에 관한 설명은?

㉮ 원심력 집진장치에서 처리가스양의 5~10% 정도를 흡인하여 줌으로써 유효원심력을 증대시키는 방법이다.
㉯ 굴뚝의 높이가 건물보다 높을 경우 건물 뒤편에 공동현상이 생기고 이 공동에 대기오염물질의 농도가 낮아지는 현상을 말한다.
㉰ 해가 뜬 후 지표면이 가열되어 대기가 지면으로부터 열을 받아 지표면 부근부터 역전층이 해서되는 현상을 말한다.
㉱ 오염물질의 토출속도에 비해 굴뚝 높이에서의 풍속이 크면 연기가 굴뚝 아래로 오염물질을 흩날리어 굴뚝 일부분에 오염물질의 농도가 높아지는 현상을 말한다.

281 다음 연료 중 착화온도가 가장 높은 것은?

㉮ 갈탄(건조) ㉯ 무연탄
㉰ 역청탄 ㉱ 목재

풀이 연료의 착화온도
  ㉮ 갈탄(건조) : 250~350℃(건조갈탄 250~400℃)
  ㉯ 무연탄 : 370~500℃
  ㉰ 역청탄 : 250~400℃
  ㉱ 목재 : 250~300℃(목탄 320~400℃)

282 착화온도에 관한 다음 설명 중 옳지 않은 것은?

㉮ 반응활성도가 클수록 낮아진다.
㉯ 분자구조가 간단할수록 높아진다.
㉰ 산소농도가 클수록 낮아진다.
㉱ 발열량이 낮을수록 낮아진다.

풀이 착화온도가 낮아지는 조건
  ① 동질 물질인 경우 화학적으로 발열량이 클수록
  ② 화학결합의 활성도가 클수록(반응활성도가 클수록)
  ③ 공기 중의 산소농도 및 압력이 높을수록
  ④ 분자구조가 복잡할수록(분자량이 클수록)
  ⑤ 비표면적이 클수록
  ⑥ 열전도율이 낮을수록
  ⑦ 석탄의 탄화도가 작을수록
  ⑧ 공기압, 가스압 및 습도가 낮을수록
  ⑨ 활성화 에너지가 작을수록

283 착화온도에 관한 설명으로 틀린 것은?

㉮ 동질성 물질에서 발열량이 클수록 낮아진다.
㉯ 화학결합의 활성도가 작을수록 낮아진다.
㉰ 비표면적이 클수록 낮아진다.
㉱ 공기의 산소농도 및 압력이 높을수록 낮아진다.

풀이 282번 풀이 참고

284 착화온도가 낮아는 조건으로 옳지 않은 것은?

㉮ 공기 중의 산소농도 및 압력이 높을수록
㉯ 화학반응이 클수록
㉰ 활성에너지가 낮을수록
㉱ 비표면적은 작고, 발열량은 낮을수록

풀이 282번 풀이 참고

Answer 280. ㉱ 281. ㉯ 282. ㉱ 283. ㉯ 284. ㉱

285 착화온도에 대한 설명으로 옳지 않은 것은?

㉮ 공기의 산소농도 및 압력이 높을수록 착화온도는 낮아진다.
㉯ 석탄의 탄화도가 작을수록 착화온도는 낮아진다.
㉰ 화학결합의 활성도가 클수록 착화온도는 낮아진다.
㉱ 대체로 탄화수소의 착화온도는 분자량이 작을수록 낮아진다.

[풀이] 282번 풀이 참고

286 석탄의 탄화도가 증가하면 감소하는 것은?

㉮ 착화온도   ㉯ 비열
㉰ 발열량   ㉱ 고정탄소

[풀이] 탄화도가 높아질 경우의 현상
① 착화온도가 높아진다.
② 고정탄소가 증가한다.
③ 발열량이 높아진다.
④ 연료비[고정탄소(%)/휘발유(%)]가 증가한다.
⑤ 연소속도가 늦어진다.
⑥ 수분 및 휘발분이 감소한다.
⑦ 비열이 감소한다.
⑧ 산소의 양이 줄어든다.
⑨ 매연발생률이 감소한다.

287 석탄의 탄화도가 높아질 경우의 현상으로 틀린 것은?

㉮ 착화온도가 낮아진다.
㉯ 수분 및 휘발분이 감소한다.
㉰ 연료비가 증가한다.
㉱ 비열이 감소한다.

[풀이] 286번 풀이 참고

288 가연성 가스의 폭발범위에 따른 위험도 증가 요인으로 가장 적합한 것은?

㉮ 폭발하한농도가 높을수록 위험도가 증가하며, 폭발상한과 폭발하한의 차이가 작을수록 위험도가 커진다.
㉯ 폭발하한농도가 높을수록 위험도가 증가하며, 폭발상한과 폭발하한의 차이가 클수록 위험도가 커진다.
㉰ 폭발하한농도가 낮을수록 위험도가 증가하며, 폭발상한과 폭발하한의 차이가 작을수록 위험도가 커진다.
㉱ 폭발하한농도가 낮을수록 위험도가 증가하며, 폭발상한과 폭발하한의 차이가 클수록 위험도가 커진다.

289 다음 중 폭굉유도거리가 짧아지는 요건으로 거리가 먼 것은?

㉮ 정상의 연소속도가 작은 단일가스인 경우
㉯ 관 속에 방해물이 있거나 관내경이 작을수록
㉰ 압력이 높을수록
㉱ 점화원의 에너지가 강할수록

[풀이] 정상의 연소속도가 큰 혼합가스일수록 폭굉유도거리가 짧아진다.

290 다음 중 폭발성 혼합가스의 연소범위(L)를 구하는 식으로 옳은 것은?[단, n_n : 각 성분 단일의 연소한계(상한 또는 하한), p_n : 각 성분 가스의 체적(%)]

㉮ $L = \dfrac{100}{\dfrac{n_1}{p_1}+\dfrac{n_2}{p_2}+\ldots}$ ㉯ $L = \dfrac{100}{\dfrac{p_1}{n_1}+\dfrac{p_2}{n_2}+\ldots}$

Answer ➤ 285. ㉱ 286. ㉯ 287. ㉮ 288. ㉱ 289. ㉮ 290. ㉯

㉰ $L = \dfrac{n_1}{p_1} + \dfrac{n_2}{p_2} + \ldots$ ㉱ $L = \dfrac{p_1}{n_1} + \dfrac{p_2}{n_2} + \ldots$

291
연소반응에서 반응속도상수 k를 온도의 함수인 다음 반응식으로 나타낸 법칙은?

$$k = k_0 e^{-\left(\dfrac{Ea}{RT}\right)}$$

㉮ 헨리의 법칙   ㉯ 아레니우스의 법칙
㉰ 보일-샤를의 법칙   ㉱ 반데르발스의 법칙

292
열역학적인 평형이동에 관한 원리로, 평형상태에 있는 물질계의 온도, 압력을 변화시키면 그 변화를 감소시키는 방향으로 반응이 진행되어 새로운 평형에 도달한다는 의미의 원리는?

㉮ 헤스의 원리   ㉯ 라울의 원리
㉰ 반트호프의 원리   ㉱ 르샤틀리에의 원리

293
다음은 연소학에서 이용하는 주된 무차원 수에 관한 설명이다. 어떤 무차원 수인가?

- 정의 : $\dfrac{\mu}{\rho D}$ (μ : 점성계수, ρ : 밀도, D : 확산계수)
- 의미 : $\dfrac{운동량의 확산 속도}{물질의 확산 속도}$

㉮ Karlovitz Number   ㉯ Nusselt Number
㉰ Crashof Number   ㉱ Schmidt Number

294
화학반응속도론에 관한 다음 설명 중 가장 거리가 먼 것은?

㉮ 화학반응식에서 반응속도상수는 반응물 농도와 관련된다.
㉯ 화학반응속도는 반응물이 화학반응을 통하여 생성물을 형성할 때 단위시간당 반응물이나 생성물의 농도변화를 의미한다.
㉰ 영차반응은 반응속도가 반응물의 농도에 영향을 받지 않는 반응을 말한다.
㉱ 일련의 연쇄반응에서 반응속도가 가장 늦은 반응단계를 속도결정단계라 한다.

풀이 반응속도상수와 온도
Arrhenius법칙(반응속도상수를 온도의 함수로 나타낸 방정식)
$$K = Ae\left(-\dfrac{Ea}{RT}\right)$$
여기서, K : 반응속도상수
Ae : Frequency Factor(빈도계수)
Ea : 활성화 에너지
T : 절대온도

295
정상연소에서 연소속도를 지배하는 요인으로 가장 적합한 것은?

㉮ 연료 중의 불순물 함유량
㉯ 연료 중의 고정탄소량
㉰ 공기 중 산소의 확산속도
㉱ 배출가스 중의 N_2 농도

풀이 연소속도를 지배하는 요인
① 공기 중 산소의 확산속도(분무시스템의 확산)
② 연료 중 공기 중의 산소농도
③ 반응계의 온도 및 농도(반응계 : 가연물 및 산소)
④ 활성화 에너지
⑤ 산소와의 혼합비
⑥ 촉매

296 다음 중 기체의 연소속도를 지배하는 주요인자와 가장 거리가 먼 것은?

㉮ 발열량 ㉯ 촉매
㉰ 산소와의 혼합비 ㉱ 산소농도

297 다음 가연기체-공기혼합기체 중 최대(층류)연소속도가 가장 빠른 것은?(단, 대기압 25℃ 기준)

구분	가연기체	농도 vol%(당량비)
①	메탄	10(1.1)
②	수소	43(1.8)
③	일산화탄소	52(2.6)
④	프로판	4.6(1.1)

㉮ ① ㉯ ② ㉰ ③ ㉱ ④

풀이 가연물질의 연소속도

물질	수소	아세틸렌	프로판 및 일산화탄소	메탄
연소속도 (cm/sec)	290	150	43	37

298 석탄계 연료에 관한 다음 설명 중 가장 거리가 먼 것은?

㉮ 석탄을 대기 중에 방치하면 점차로 환원되어 표면광택이 저하되고, 연료비가 증가한다.
㉯ 석탄의 저장법이 나쁘면 완만하게 발생하는 열이 내부에 축적되어 온도 상승에 의한 발화가 촉진될 수 있는데 이를 자연발화라 한다.
㉰ 자연발화 가능성이 높은 갈탄 및 아탄은 정기적으로 탄층 내부의 온도를 측정할 필요가 있다.
㉱ 자연발화를 피하기 위해 저장은 건조한 곳을 택하고 퇴적은 가능한 한 낮게 한다.

풀이 석탄의 풍화작용이란 석탄을 대기 중에 장기간 방치하면 공기 중의 산소와 산화작용에 의해 표면광택이 저하되고 연료비가 감소하는 현상이다.

299 석탄의 성상에 관한 설명으로 옳지 않은 것은?

㉮ 석탄회분의 용융 시 SiO_2, Al_2O_3 등의 염기성 산화물량이 많으면 회분의 용융점이 낮아진다.
㉯ 점결성은 석탄에서 코크스를 생산할 때 중요한 성질이다.
㉰ 연료 조성변화에 따른 연소특성으로 수분은 착화불량과 열손실을, 회분은 발열량 저하 및 연소분량을 초래한다.
㉱ 석탄의 휘발분은 매연발생의 요인이 된다.

풀이 석탄회분의 용융 시 SiO_2, Al_2O_3 등의 염기성 산화물량이 많으면 회분의 용융점이 높아진다.

300 석탄슬러리 연소에 대한 설명으로 옳지 않은 것은?

㉮ 석탄 슬러리 연료는 석탄분말에 기름을 혼합한 COM과 물을 혼합한 CWM으로 대별된다.
㉯ 표면연소 시기에는 COM 연소의 경우 연소온도가 높아진 만큼 표면연소가 가속된다고 볼 수 있다.
㉰ 분해연소 시기에서는 CWM 연소의 경우 15wt%(w/w)의 물이 증발하여 증발열을 빼앗음과 동시에 휘발분과 산소를 희석하기 때문에 화염의 안정성이 좋다.

㉣ 분해연소 시기에서는 COM 연소의 경우 50 wt%(w/w) 중류에 휘발분이 추가되는 형태로 되기 때문에 미분탄 연소보다는 분무연소에 더 가깝다.

301 다음과 같은 특성을 갖는 액체 연료에 가장 적당한 것은?

- 비등점 : 30~200℃
- 고발열량 : 11,000~11,500kcal/kg
- 비중 : 0.7~0.8

㉮ 중유 ㉯ 경유 ㉰ 등유 ㉱ 휘발유

302 다음 설명하는 액체 연료에 해당하는 것은?

- 비점 : 200~320℃ 정도
- 비중 : 0.8~0.9 정도
- 정제한 것은 무색에 가깝고, 착화성 적부는 Cetane 값으로 표시된다.

㉮ Naphtha ㉯ Heavey Oil
㉰ Light Oil ㉱ Kerosene

303 석유류의 비중이 커질 때의 특성으로 거리가 먼 것은?

㉮ 탄수소비(C/H)가 커진다.
㉯ 발열량은 감소한다.
㉰ 화염의 휘도가 작아진다.
㉱ 착화점이 높아진다.

【풀이】 비중이 커질 때의 특성
① 연소온도가 낮아진다.
② 탄화수소비(C/H)가 커진다.(중유>경유>등유>가솔린)
③ 화염의 휘도가 커진다.(중유가 가장 큼)
④ 착화점(인화점)이 높아진다.(중유>경유>등유>가솔린)
⑤ 점도가 증가한다.

304 석유계 액체연료의 탄수소비(C/H)에 대한 설명 중 옳지 않은 것은?

㉮ C/H 비가 클수록 이론공연비가 증가한다.
㉯ C/H 비가 클수록 방사율이 크다.
㉰ 중질 연료일수록 C/H 비가 크다.
㉱ C/H 비가 크면 비교적 비점이 높은 연료는 매연이 발생되기 쉽다.

【풀이】 석유계 액체연료의 탄수소비(C/H)
① C/H 비가 클수록 이론공연비는 감소한다.
② C/H 비가 클수록 방사율이 크며(장염 발생), 휘도가 높아진다.
③ C/H 비가 클수록 비교적 비점이 높고 매연이 발생되기 쉽다.(파라핀계가 매연 발생량이 가장 높음)
④ 중질 연료일수록 C/H 비가 크다.(중유>경유>등유>휘발유)
⑤ C/H는 연소공기량 및 발열량, 연료의 연소특징에 영향을 준다.
⑥ C/H비 크기순서는 올레핀계>나프텐계>아세틸렌>프로필렌>프로판이다.

305 석유류의 특성에 관한 설명 중 가장 거리가 먼 것은?

㉮ 일반적으로 중질유는 방향족계 화합물을 30% 이상 함유하고, 상대적으로 밀도 및 점도가 높은 반면, 경질유는 방향족계 화합물을 10% 미만 함유하며 밀도 및 점도가 낮은 편이다.

Answer◀ 301. ㉱ 302. ㉰ 303. ㉰ 304. ㉮ 305. ㉯

㉯ 일반적으로 API가 10° 미만이면 경질유, 40° 이상이면 중질유로 분류된다.
㉰ 인화점이 낮은 경우에는 역화의 위험성이 있고, 높을 경우(140℃ 이상)에는 착화가 곤란하다.
㉱ 인화점은 보통 그 예열온도보다 약 5℃ 이상 높은 것이 좋다.

[풀이] 일반적으로 API가 34° 이상이면 경질유, API가 30° 이하이면 중질유로 분류한다.

306 석유의 물리적 성질에 관한 다음 설명 중 옳지 않은 것은?

㉮ 석유의 비중이 커지면 탄화수소비(C/H) 및 발열량이 커지고, 점도는 감소하여 인화점 및 착화점이 높아진다.
㉯ 점도는 유체가 운동할 때 나타나는 마찰의 정도를 나타내고, 동점도는 절대점도를 유체의 밀도로 나눈 것이다.
㉰ 석유의 증기압은 40℃에서 압력(kg/cm^2)으로 나타내며, 증기압이 큰 것은 인화점 및 착화점이 낮아서 위험하다.
㉱ 인화점은 화기에 대한 위험도를 나타내며, 인화점이 낮을수록 연소는 잘되나 위험하다.

[풀이] 비중이 커질 때 특성
① 연소온도가 낮아진다.
② 탄화수소비(C/H)가 커진다.(중유 > 경유 > 등유 > 가솔린)
③ 화염의 휘도가 커진다.(중유가 가장 큼)
④ 착화점(인화점)이 높아진다.(중유 > 경유 > 등유 > 가솔린)
⑤ 점도가 증가한다.

307 액체연료의 대부분은 원유의 정제에 의해 만드는 석유계연료로서 많은 탄화수소의 혼합물들이다. 다음 탄화수소의 분류 중 알카인(Alkyne)계의 일반식은?

㉮ C_nH_{2n} ㉯ C_nH_{2n+2}
㉰ C_nH_{2n-2} ㉱ C_nH_{2n-6}

[풀이]
① 알케인(Alkane) : 단일결합의 포화탄화수소(파라핀계 탄화수소)
② 알켄(Alkene) : 이중결합의 불포화탄화수소(올레핀 또는 에틸렌계 탄화수소)
③ 알카인(Alkyne) : 삼중결합의 불포화탄소(아세틸렌계 탄화수소)

308 액체연료에 관한 설명 중 가장 거리가 먼 것은?

㉮ 기체연료에 비해 밀도가 커 저장에 큰 장소를 필요로 하지 않고 연료의 수송도 간편한 편이다.
㉯ 완전 연소시 다량의 과잉공기가 필요하므로 연소장치가 대형화되는 단점이 있으며, 소화가 용이하지 않다.
㉰ 화재, 역화 등의 위험이 있고, 연소온도가 높기 때문에 국부가열의 위험성이 존재한다.
㉱ 국내자원이 적고, 수입에의 의존 비율이 높으며 회분은 거의 없으나 재속의 금속산화물이 장해원인이 될 수 있다.

[풀이] 액체연료의 장단점
1. 장점
① 타 연료에 비하여 발열량이 높다.
② 석탄 연소에 비하여 매연발생이 적다.
③ 연소효율 및 열효율이 높다.
④ 회분이 거의 없어 재의 발생이 없고 기체연료에 비해 밀도가 커 저장에 큰 장소를 필요로 하지 않고 연료의 수송도 간편하다.

⑤ 점화, 소화, 연소조절이 용이하며 일정한 품질을 구할 수 있다.
⑥ 계량과 기록이 쉽고 저장 중 변질이 적다.

2. 단점
① 역화, 화재(인화)가 발생할 수 있어 위험이 크며 연소온도가 높아 국부가열의 위험성이 존재한다.
② 중질유의 연소에서는 황성분으로 인하여 SO_2, 매연이 다량 발생한다.
③ 국내 자원이 적고, 수입에 의존 비율이 높으며 소량의 재 중에 금속산화물이 장해원인이 될 수 있다.
④ 사용 버너에 따라 소음이 발생된다.

309 다음 중 옥탄가에 대한 설명으로 가장 거리가 먼 것은?

㉮ N-paraffine에서는 탄소수가 증가할수록 옥탄가가 저하하여 C_7에서 옥탄가는 0이다.
㉯ Iso-paraffine에서 methyl 측쇄가 적을수록, 특히 중앙집중보다는 분산될수록 옥탄가가 증가한다.
㉰ Naphthene계는 방향족 탄화수소보다는 옥탄가가 작지만 N-paraffine계보다는 큰 옥탄가를 가진다.
㉱ 방향족 탄화수소의 경우 벤젠고리의 측쇄가 C_3까지는 옥탄가가 증가하지만 그 이상이면 감소한다.

[풀이] 이소파라핀계(Iso-paraffine)에서는 methyl 측쇄가 많을수록, 특히 중앙부에 집중할수록 옥탄가는 증가한다.

310 기체연료에 관한 설명으로 가장 적절한 것은?

㉮ 적은 과잉공기로 완전 연소가 가능하다.

㉯ 연소율의 가연범위(Turn-down Ratio)가 좁다.
㉰ 저장 및 수송이 용이하다.
㉱ 회분 및 유해물질의 배출량이 많다.

[풀이] 기체연료의 장단점

1. 장점
① 적은 과잉공기(공기비)로 완전 연소가 가능하다.
② 연료 속에 회분 및 유황함유량이 적어 배연가스 중 SO_2 등 대기오염물질 발생량이 매우 적다.
③ 연소효율이 높고 연소조절, 점화 및 소화가 용이하다.
④ 저발열량의 것으로 고온을 얻을 수 있고 전열효율을 높일 수 있다.
⑤ 연소율의 가연범위(Turn-down Ratio, 부하변동범위)가 넓다.

2. 단점
① 다른 연료에 비해 취급이 곤란하다.
② 공기와 혼합해서 점화하면 폭발 등의 위험이 있다.
③ 저장이 곤란하고 시설비가 많이 든다.

311 기체연료에 관한 다음 설명으로 거리가 먼 것은?

㉮ 연료 속의 유황함유량이 적어 연소 배기가스 중 SO_2 발생량이 매우 적다.
㉯ 다른 연료에 비해 저장이 곤란하며, 공기와 혼합해서 점화하면 폭발 등의 위험도 있다.
㉰ 메탄을 주성분으로 하는 천연가스를 1기압 하에서 -168℃ 정도로 냉각하여 액화시킨 연료를 LNG라 한다.
㉱ 발생로가스란 코크스나 석탄을 불완전 연소시켜 얻는 가스로 주성분은 CH_4와 H_2이다.

[풀이] 발생로가스란 석탄이나 코크스, 목재 등을 적열상태에서 가열하여 불완전 연소시켜 얻어지는 가스

로서 다량의 질소를 함유하며, 일산화탄소(25~30%), 수소(10~15%) 및 약간의 CH₄를 함유하고 있다.

312 기체연료의 종류 중 액화석유가스에 관한 설명으로 가장 거리가 먼 것은?

㉮ LPG라 하며, 가정, 업무용으로 많이 사용되는 석유계 탄화수소가스이다.
㉯ 1기압하에서 -168℃ 정도로 냉각하여 액화시킨 연료이다.
㉰ 탄소수가 3~4개까지 포함되는 탄화수소류가 주성분이다.
㉱ 대부분 석유정제 시 부산물로 얻어진다.

(풀이) 액화석유가스(LPG)는 상온에서 약간의 압력(10~20atm)을 가하면 쉽게 액화시킬 수 있다.

313 다음 액화석유가스(LPG)에 대한 설명으로 거리가 먼 것은?

㉮ 비중이 공기보다 무거워 누출 시 인화·폭발의 위험성이 높은 편이다.
㉯ 액체에서 기체로 기화할 때 증발열이 5~10kcal/kg로 작아 취급이 용이하다.
㉰ 발열량이 높은 편이며, 황분이 적다.
㉱ 천연가스에서 회수되거나 나프타의 분해에 의해 얻어지기도 하지만 대부분 석유정제 시 부산물로 얻어진다.

(풀이) 액화석유가스(LPG)는 액체에서 기체로 될 때 증발열이 약 90~100kcal/kg이므로 취급상 주의를 요한다.

314 연료의 종류에 따른 연소 특성을 나타낸 것 중 가장 거리가 먼 것은?

㉮ 기체연료는 저발열량의 것으로 고온을 얻을 수 있고, 전열효율을 높일 수 있다.
㉯ 액체연료는 기체연료에 비해 적은 과잉 공기로 완전 연소가 가능하다.
㉰ 액체연료는 화재, 역화 등의 위험이 크며, 연소온도가 높아 국부가열을 일으키기 쉽다.
㉱ 액체연료의 경우 회분은 적지만, 재 속의 금속산화물이 장해 원인이 될 수 있다.

(풀이) 기체연료는 액체연료에 비해 적은 과잉공기(공기비)로 완전 연소가 가능하다.

315 기체연료 및 그 연소에 관한 설명 중 옳은 것은?

㉮ 가스버너의 종류에는 저압버너, 고압버너, 송풍버너 등이 있다.
㉯ LPG는 석유정제과정에서 주로 생기며 기화잠열이 20kcal/kg 정도로 작아 열손실이 적다.
㉰ LPG는 상온상압하에서 액체이지만, 가압 및 냉각하면 쉽게 기화되므로 수송 및 저장이 간단하다.
㉱ 코크스로 가스(석탄가스)는 코크스를 용광로에 넣어 선철을 제조할 때 발생하는 기체연료로서 고위발열량은 900kcal/Sm³ 정도이다.

(풀이) ㉯항 : LPG는 대부분 석유정제 시 부산물로 얻어지며 액체에서 기체로 기화 시 증발열이 90~100kcal/kg 정도이다.
㉰항 : LPG는 상온·상압하에서는 가스상태이며 상온에서 약간의 압력(10~20atm)을 가하면 쉽게 액화된다.
㉱항 : 코크스 가스는 제철소에서 코크스 제조 시 부산물로 발생되는 가스로 발열량은 약 5,000kcal/Sm³ 정도이다.

Answer 312. ㉯ 313. ㉯ 314. ㉯ 315. ㉮

316 기체연료의 일반적 특징으로 가장 거리가 먼 것은?

㉮ 저발열량의 것으로 고온을 얻을 수 있고, 전열효율을 높일 수 있다.
㉯ 연소효율이 높고 검댕이 거의 발생하지 않으나, 많은 과잉공기가 소모된다.
㉰ 저장이 곤란하고 시설비가 많이 든다.
㉱ 연료 속에 황이 포함되지 않은 것이 많고, 연소조절이 용이하다.

[풀이] 기체연료는 적은 과잉공기로 완전 연소가 가능하다.

317 다음 기체연료의 일반적인 특징으로 가장 거리가 먼 것은?

㉮ 연소조절, 점화 및 소화가 용이한 편이다.
㉯ 회분이 거의 없어 먼지발생량이 적다.
㉰ 연료의 예열이 쉽고, 저질연료도 고온을 얻을 수 있다.
㉱ 부하변동의 범위가 좁다.

[풀이] 기체연료는 부하변동의 범위(가연범위)가 넓다.

318 다음 기체연료에 관한 설명 중 옳은 것은?

㉮ 프로판의 고위발열량은 메탄보다 높다.
㉯ LNG의 주성분은 프로판과 프로필렌이다.
㉰ 석탄의 완전 연소 시 얻어지는 발생로 가스의 주성분은 CO_2, H_2이며, 발열량은 23,000kcal/Sm^3 정도이다.
㉱ LPG의 고발열량은 10,000kcal/Sm^3 정도이다.

[풀이] ㉯항 : LNG의 중성분은 대부분 메탄이다.
㉰항 : 석탄 완전 연소 시 얻어지는 발생로가스의 주성분은 질소 및 일산화탄소이고 발열량은 약 3,700kcal/Sm^3 정도이다.
㉱항 : LPG의 발열량은 약 20,000~30,000kcal/Sm^3 이상이다.

319 액화석유가스(LPG)에 관한 설명으로 가장 거리가 먼 것은?

㉮ 메탄, 프로판을 주성분으로 하는 혼합물로 1atm에서 -168℃ 정도로 냉각하면 쉽게 액체상태로 된다.
㉯ 비중은 공기의 1.5~2.0배 정도로 누출 시 인화의 위험성이 크다.
㉰ 천연가스 회수, 나프타 분해, 석유정제 시 부산물 등으로부터 얻어진다.
㉱ 액체에서 기체로 될 때 증발열이 있다.

[풀이] 액화석유가스(LPG)의 주성분은 프로판(C_3H_8)과 부탄(C_4H_{10})이며, 상온에서 약간의 압력(10~20atm)을 가하면 쉽게 액화시킬 수 있다.

320 다음 중 코크스나 석탄, 목재 등을 적열상태로 가열하여 공기 혹은 산소를 보내어 불완전 연소시킨 기체연료는?

㉮ 수성가스   ㉯ 오일가스
㉰ 발생로가스   ㉱ 분해가스

321 연소 가연물의 구비조건으로 옳지 않은 것은?

㉮ 화학적으로 활성이 강할 것
㉯ 활성화 에너지가 클 것
㉰ 표면적이 클 것
㉱ 반응력이 클 것

풀이 **가연물 구비조건**
① 반응열(발열량)이 클 것
② 열전도율이 낮을 것
③ 활성에너지가 작을 것
④ 산소와 친화력이 우수할 것
⑤ 연소접촉 표면적이 클 것
⑥ 연쇄반응을 일으킬 수 있을 것
⑦ 흡열반응을 일으키지 않을 것
⑧ 화학적으로 활성이 강할 것

322 COM 연소장치에 대한 설명 중 가장 거리가 먼 것은?

㉮ 중유 전용 보일러의 경우 별도의 개조 없이 COM을 연료로서 용이하게 사용할 수 있다.
㉯ 화염길이는 미분탄 연소에 가까운 반면, 화염 안정성은 중유연소에 가깝다.
㉰ 연소실 내의 체류시간의 부족, 분사변의 폐쇄와 마모, 재의 처리 등에 주의할 필요가 있다.
㉱ 중유보다 미립화 특성이 양호하다.

풀이 중유 전용 보일러의 경우 별도의 개조가 필요하다.

323 연소학에서 주로 사용되는 무차원수 중 온도의 확산속도에 대한 물질의 확산속도의 비를 의미하는 것은?

㉮ Pr(Prantle Number)
㉯ Nu(Nusselt Number)
㉰ Le(Lewis Number)
㉱ Gr(Grashof Number)

풀이 **루이스 수(Lewis Number)**
① 루이스 수는 물질 이동과 열 이동의 상관관계를 나타내는 무차원수이다.
② 온도의 확산속도에 대한 물질의 확산속도의 비를 의미한다.
③ 관련식

$$Le = \frac{hc}{D \cdot AB} = \frac{\text{온도의 확산속도}}{\text{물질의 확산속도}}$$

여기서, Le : 루이스 수
hc : 열확산도
D : 물질(질량)의 확산속도
A, B : 성분

324 현열에 관한 용어 설명으로 가장 적합한 것은?

㉮ 물질에 의하여 흡수 또는 방출된 열이 온도변화로는 나타나지 않고, 상태변화에만 사용되는 열
㉯ 물질에 의하여 흡수 또는 방출된 열이 온도변화로는 나타나고, 상태변화에는 사용되지 않는 열
㉰ 물질에 의하여 흡수 또는 방출된 열이 물질의 모든 변화로 나타나는 열
㉱ 물질에 의하여 흡수 또는 방출된 열이 계의 열용량에만 관계하고 물질의 상태변화 또는 온도변화에는 사용되지 않는 열

325 연료에 관한 다음 설명 중 가장 거리가 먼 것은?

㉮ 연료비는 탄화도의 정도를 나타내는 지수로서, 고정탄소/휘발분으로 계산된다.
㉯ 석유계 액체연료는 고위발열량이 10,000~12,000kcal/kg 정도이고, 메탄올과 같이 산소를 함유한 연료의 경우 발열량은 일반 석유계 액체연료보다 높아진다.
㉰ 일산화탄소의 고위발열량은 3,000kcal/Nm³ 정도이며, 프로판과 부탄보다는 발열량이 낮다.

㉣ LPG는 상온에서 압력을 주면 용이하게 액화되는 석유계의 탄화수소를 말한다.

(풀이) 메탄올과 같이 산소를 함유한 연료의 경우 발열량은 일반석유계 액체연료보다 낮아진다.

326 연소(화염)온도에 대한 설명으로 가장 적합한 것은?

㉮ 이론 단열 연소온도는 실제 연소온도보다 높다.
㉯ 공기비를 크게 할수록 연소온도는 높아진다.
㉰ 실제 연소온도는 연소로의 열손실에는 거의 영향을 받지 않는다.
㉱ 평형 단열 연소온도는 이론 단열 연소온도와 같다.

327 다음 연료 및 연소에 관한 설명으로 틀린 것은?

㉮ 휘발유, 등유, 경유, 중유 중 비점이 가장 높은 연료는 휘발유이다.
㉯ 연소라 함은 고속의 발열반응으로 일반적으로 빛을 수반하는 현상의 총칭이다.
㉰ 탄소성분이 많은 중질유 등의 연소에서는 초기에는 증발연소를 하고, 그 열에 의해 연료 성분이 분해되면서 연소한다.
㉱ 그을림 연소는 숯불과 같이 불꽃을 동반하지 않는 열분해와 표면연소의 복합형태라 볼 수 있다.

(풀이) 각 연료의 비점(비등점)
① 휘발유 : 30~200℃ ② 등유 : 150~280℃
③ 경유 : 200~320℃ ④ 중유 : 230~360℃

328 다음 중 연료의 이론공기량의 근사치 범위 $A_o(Sm^3/Sm^3)$로 가장 거리가 먼 것은?

㉮ 천연가스 : 8.0~9.5
㉯ 역청탄 : 7.5~8.5
㉰ 코크스 : 8.0~9.0
㉱ 발생로가스 : 5.0~8.0

(풀이) 발생로가스의 이론공기량은 $0.93~1.29Sm^3/Sm^3$

329 미분탄 연소에 관한 설명으로 가장 거리가 먼 것은?

㉮ 반응속도는 탄의 성질, 공기량 등에 따라 변하기는 하나, 연소에 요하는 시간은 대략 입자지름의 제곱에 비례한다.
㉯ 같은 양의 석탄에서는 표면적이 대단히 커지고, 공기와의 접촉 및 열전달도 좋아지므로 작은 공기비로 완전 연소가 된다.
㉰ 재비산이 많고 집진장치가 필요하다.
㉱ 점화 소화 시 열손실은 크나, 부하의 변동에는 쉽게 적용할 수 있다.

(풀이) 미분탄 연소는 일반 석탄 연소에 점화 및 소화 시 열손실을 적고 부하의 변동에 쉽게 적용할 수 있다.

330 미분탄 연소에 관한 설명으로 가장 거리가 먼 것은?

㉮ 반응속도에 영향을 주는 요인들이 많으나, 연소에 요하는 시간은 대략 입자 지름의 제곱에 반비례한다.
㉯ 같은 양의 석탄에서는 표면적이 대단히 커지고, 공기와의 접촉 및 열전달도 좋아지므로 작은 공기비로 완전 연소가 된다.

㉰ 재비산이 많고 집진장치가 필요하다.
㉱ 점화 및 소화 시 열손실은 적고 부하의 변동에 쉽게 적용할 수 있다.

(풀이) 반응속도는 탄의 성질, 공기량 등에 따라 변하며 연소에 요하는 시간은 대략 입자 지름의 제곱에 비례한다.

331 유동층 연소(Fluidized Bed Combustion)에 관한 설명으로 가장 거리가 먼 것은?

㉮ 유동매체는 불활성이고, 열 충격에 강하며, 융점은 높고, 미세하여야 한다.
㉯ 투입이나 유동화를 위해 파쇄가 필요 없고, 과잉공기가 커야 완전연소된다.
㉰ 유동매체의 열용량이 커서 액상, 기상 및 고형폐기물의 전소 및 혼소가 가능하다.
㉱ 일반 소각로에서 소각이 어려운 난연성 폐기물의 소각에 적합하며, 특히 폐유·폐윤활유 등의 소각에 탁월하다.

(풀이) 유동층 연소에서 대형의 고형폐기물은 투입이나 유동화를 위해 파쇄가 필요하며, 과잉 공기량이 낮아 NO_x 생성 억제에 효과가 있다.

332 고체연료의 연소방법 중 유동층 연소법에 관한 설명으로 가장 거리가 먼 것은?

㉮ 유동매체의 손실로 인한 보충이 필요하다.
㉯ 조대 고형물의 경우도 투입을 위한 파쇄가 불필요하다.
㉰ 로 내에서 산성가스의 제거가 가능하다.
㉱ 재나 미연탄소의 배출이 많다.

(풀이) 조대 고형물의 경우 투입을 위한 파쇄가 필요하다.

333 유동층 연소로의 특성과 거리가 먼 것은?

㉮ 유동층을 형성하는 분체와 공기와의 접촉면적이 크다.
㉯ 격심한 입자의 운동으로 층 내가 균일 온도로 유지된다.
㉰ 수명이 긴 Char는 연소가 완료되지 않고 배출될 수 있으므로 재연소장치에서의 연소가 필요하다.
㉱ 부하변동에 따른 적응력이 높다.

(풀이) 부하변동에 쉽게 대응할 수 없다.

334 유동층 연소에서 부하변동에 대한 적응성이 좋지 않은 단점을 보완하기 위한 방법으로 가장 거리가 먼 것은?

㉮ 공기분산판을 분할하여 층을 부분적으로 유동시킨다.
㉯ 층 내의 연료비율을 고정시킨다.
㉰ 유동층을 몇 개의 셀로 분할하여 부하에 따라 작동시키는 수를 변화시킨다.
㉱ 층의 높이를 변화시킨다.

(풀이) 층 내의 높이를 변화시킨다.

335 고체연료의 연소방법 중 유동층 연소법에 관한 설명으로 가장 거리가 먼 것은?

㉮ 연소온도가 미분탄연소로에 비해 높아 NO_x 생성 억제에 불리하다.
㉯ 조대 고형물의 경우 투입을 위한 파쇄가 필요하다.
㉰ 로 내에서 산성가스의 제거가 가능하다.
㉱ 재나 미연탄소의 배출이 많다.

(풀이) 유동층 연소법은 연소온도가 미분탄연소로에 비해 낮아 NO_x 생성억제에 효과가 있다.

336 화격자 연소에 관한 다음 설명 중 가장 거리가 먼 것은?

㉮ 상부 투입식은 투입되는 연료와 공기의 방향이 향류로 교차되는 형태이다.
㉯ 상부 투입식 정상상태에서의 고정층은 상부로부터 석탄층, 건조층, 건류층, 환원층, 산화층, 회층으로 구성된다.
㉰ 상부 투입식 연소에는 화격자상에 고정층을 형성하지 않으면 안 되므로 분상의 석탄은 그대로 사용하기에 곤란하다.
㉱ 하부 투입식에서는 저융점의 회분을 많이 포함한 연료의 연소에 적당하며, 착화성이 나쁜 연료도 유용하게 사용 가능하다.

[풀이] 하부 투입식에서는 수분이 많고 저위발열량이 낮은 연료, 난연성 및 착화하기 어려운 연료 연소에 적합하다.

337 공기를 아래에서 위로 통과시키는 화격자 연소장치에서 (1) - (2) - (3) - (4) 각각에 해당되는 물질은?[단, 아래 그림은 상입식 연소장치(석탄의 공급방향이 1차 공기의 공급방향과 반대)의 하부층에서부터 상부층까지의 성분가스의 체적분율(%)이다.]

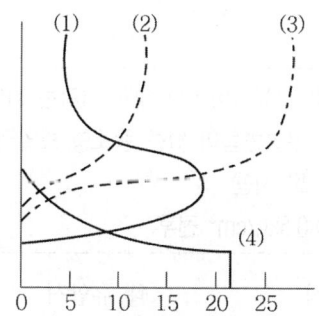

㉮ $CO_2 - CO - (H_2 + CH_4) - O_2$
㉯ $CO - (H_2 + CH_4) - O_2 - CO_2$
㉰ $(H_2 + CH_4) - O_2 - CO_2 - CO$
㉱ $(H_2 + CH_4) - O_2 - CO_2 - CO$

[풀이] 상부 투입식은 하부 투입식보다 더 고온이 되고, CO_2에서 CO로 변화속도가 빠르다.

338 로터리킬른의 특징으로 가장 거리가 먼 것은?

㉮ 소각 전처리가 크게 요구되지 않는다.
㉯ 소각재 배출 시 열손실이 적고, 별도의 후연소기가 불필요하다.
㉰ 소각 시 공기와의 접촉이 좋고 효율적으로 난류가 생성된다.
㉱ 여러 가지 형태의 폐기물(고체, 액체, 슬러지 등)을 동시 소각할 수 있다.

[풀이] 소각재 배출 시 열손실이 크고 후연소기가 필요하다.

339 코크스나 석탄 등이 고온연소 시 고체 표면이 빨갛게 빛을 내면서 반응하는 연소로, 화염이 없는 연소형태는?

㉮ 확산연소   ㉯ 자기연소
㉰ 분해연소   ㉱ 표면연소

340 다음 연소방식 및 연소장치에 관한 설명으로 가장 거리가 먼 것은?

㉮ 확산연소는 화염이 길고 그을음이 발생하기 쉽다.
㉯ 예혼합연소는 혼합기의 분출속도가 느릴 경우 역화의 위험이 있으므로 역화방지기를 부착해야 한다.

㉰ 유동층 연소는 저열량연료, 점착성 연료는 적용이 불가능하며, 탈황제의 주입 시 별도로 배연탈황설비가 필요하다.
㉱ 기화연소는 연료를 고온의 물체에 접촉 또는 충돌시켜 액체를 가연성 증기로 변환 후 연소시키는 방식이다.

[풀이] 유동층 연소는 일반속각로에서 소각이 어려운 난연성 폐기물의 소각에 적합하며 노 내에서 산성가스의 제거가 가능하여 별도의 배연탈황설비가 불필요하다.

341 유류연소버너 중 유압식 버너에 관한 설명으로 옳지 않은 것은?

㉮ 유압은 보통 50~90kg/cm² 정도이다.
㉯ 연료유의 분사각도는 기름의 압력, 점도 등으로 약간 달라지지만 40~90° 정도의 넓은 각도로 할 수 있다.
㉰ 대용량 버너 제작이 용이하다.
㉱ 유량 조절 범위가 좁아(환류식 1 : 3, 비환류식 1 : 2) 부하변동에 적응하기 어렵다.

[풀이] 유류연소버너 중 유압식 버너의 유압은 5~30kg/cm² 정도이다.

342 유류 버너의 종류에 관한 다음 설명 중 가장 거리가 먼 것은?

㉮ 유압식 버너에서 연료유의 분무각도는 압력, 점도 등으로 약간 달라지지만 40~90° 정도이다.
㉯ 회전식 버너의 유량조절범위는 1 : 5 정도이고, 유압식 버너에 비해 연료유의 분무화 입경은 비교적 크다.

㉰ 고압공기식 버너는 고점도 사용에도 적합하고, 분무각도가 20~30° 정도이며, 장염이나 연소시 소음이 발생된다.
㉱ 저압공기식 버너는 구조가 간단하고, 유량조절범위는 1 : 10 정도이며, 무화상태가 좋아서 대형 가열로에 주로 사용한다.

[풀이] 저압공기식 버너의 유량 조절범위는 1 : 5 정도이며 구조상 소형가열로 등에 적합하다.

343 액체연료의 연소장치 중 회전식 버너에 관한 설명으로 가장 거리가 먼 것은?

㉮ 유압식 버너에 비하여 연료유의 분무화 입경이 비교적 크다.
㉯ 연료유는 0.5kg/cm² 정도 가압하며 공급한다.
㉰ 유량조절 범위가 1 : 5 정도, 분무각도가 40~80°이다.
㉱ 연료유 분사유량은 벨트식이 1,000L/hr 이하, 직결식이 2,700L/hr 이하이다.

[풀이] 연료유 분사유량은 직결식이 1,000L/hr 이하, 벨트식이 2,700L/hr 이하이다.

344 다음 유류연소버너의 종류로 가장 적합한 것은?

- 화염의 형식 : 비교적 넓게 퍼지는 화염
- 용도 : 부하변동이 있는 중소형 보일러에 주로 사용
- 유압 : 0.5kg/cm² 전후

㉮ 회전식 ㉯ 유압식
㉰ 고압공기식 ㉱ 건타입식

Answer 341. ㉮ 342. ㉱ 343. ㉱ 344. ㉮

345 다음은 유류연소버너에 관한 설명이다. 가장 적합한 것은?

- 화염의 형식 : 가장 좁은 각도의 긴 화염이다.
- 유량조절범위 : 약 1 : 10 정도이며, 대단히 넓다.
- 용도 : 제강용평로, 연속가열로, 유리용해로 등의 대형 가열로 등에 많이 사용된다.

㉮ 유압식 버너 ㉯ 회전식 버너
㉰ 고압공기식 버너 ㉱ 저압공기식 버너

346 연료유를 미립화해서 공기와 혼합하여 단시간에 완전 연소시키는 유류연소버너가 갖추어야 할 조건으로 가장 거리가 먼 것은?

㉮ 넓은 부하범위에 걸쳐 기름의 미립화가 가능할 것
㉯ 재를 제거하기 위한 장치가 있을 것
㉰ 소음 발생이 적을 것
㉱ 점도가 높은 기름도 적은 동력비로서 미립화가 가능할 것

풀이 ㉮, ㉰, ㉱항 외에 연료유를 미립화해서 공기와 혼합한 후 단시간에 완전 연소시켜야 한다.

347 유류연소 버너에 관한 설명으로 틀린 것은?

㉮ 유압분무식 버너 : 연료의 점도가 크거나, 유압이 5kg/cm² 이하가 되면 분무화가 불량하다.
㉯ 회전식 버너 : 연료유 분사유량은 직결식의 경우 1,000L/hr 이하이다.
㉰ 고압기류 분무식 버너 : 분무각도는 30° 정도로 작은 편이며, 분무에 필요한 1차 공기량은 이론연소공기량의 7~12% 정도이다.
㉱ 저압기류 분무식 버너 : 비교적 좁은 각도의 긴 화염이며, 용량은 2,000~3,000L/hr로 주로 대형 가열로에 이용된다.

풀이 저압기류 분무식 버너는 비교적 좁은 각도의 짧은 화염을 가지며 용량은 2~300L/hr로 주로 소형 가열로 등에 적합하다.

348 다음 중 건타입(Gun Type) 버너에 관한 설명으로 틀린 것은?

㉮ 형식은 유압식과 공기분무식을 합한 것이다.
㉯ 유압은 보통 7kg/cm² 이상이다.
㉰ 연소가 양호하고, 전자동 연소가 가능하다.
㉱ 유량조절 범위가 넓어 대용량에 적합하다.

풀이 건타입(Gun Type) 버너의 형식은 소형으로 소용용량에 적합하다.

349 다음 설명하는 연소장치로 가장 적합한 것은?

- 증기압 또는 공기압은 2~10kg/cm²이다.
- 유량조절범위는 1 : 10 정도이다.
- 분무각도는 20~30°, 연소 시 소음이 발생된다.
- 대형 가열로 등에 많이 사용된다.

㉮ 고압공기식 버너 ㉯ 유압식 버너
㉰ 저압공기분무식 버너 ㉱ 슬래그랩 버너

350 화염으로부터 열을 받으면 가연성 증기가 발생하는 연소로서 휘발유, 등유, 알코올, 벤젠 등의 액체연료의 연소 형태는?

㉮ 표면 연소 ㉯ 자기 연소
㉰ 증발 연소 ㉱ 발화 연소

Answer▶ 345. ㉰ 346. ㉯ 347. ㉱ 348. ㉱ 349. ㉮ 350. ㉰

351 다음 중 고압기류 분무식 버너에 관한 설명으로 거리가 먼 것은?

㉮ 연료분사범위는 외부혼합식이 500~1,000 L/hr, 내부혼합식이 1,200~2,400L/hr 정도이다.
㉯ 연료유의 점도가 큰 경우도 분무화가 용이하나 연소 시 소음이 크다.
㉰ 분무각도는 30° 정도이나 유량조절비는 1 : 10 정도로 커서 부하변동에 적응이 용이하다.
㉱ 분무에 필요한 1차 공기량은 이론연소공기량의 7~12% 정도이다.

[풀이] 고압기류 분무식 버너의 연료분사범위는 외부혼합식이 3~500L/hr, 내부혼합식이 10~1,200L/hr 정도이다.

352 액체연료의 연소장치에 관한 설명 중 옳지 않은 것은?

㉮ 건타입 버너는 연소가 양호하고, 소형이며, 전자동 연소가 가능하다.
㉯ 저압기류 분무식 버너의 분무각도는 30~60° 정도이다.
㉰ 고압기류 분부식 버너의 분무에 필요한 1차 공기량은 이론연소 공기량의 7~12% 정도이다.
㉱ 회전식 버너는 유압식 버너에 비해 연료유의 입경이 작으며, 직결식은 분무컵의 회전수가 전동기의 회전수보다 빠른 방식이다.

[풀이] 회전식 버너는 유압식 버너에 비해 분무입자가 비교적 크므로 중유의 점도가 작을수록 분무상태가 좋아지며, 직결식은 분무컵의 회전수와 전동기의 회전수가 일치하는 방식으로 3,000~3,500rpm 정도이다.

353 다음 중 유류 종류별 버너의 유량조절범위의 크기 순서로 옳은 것은?(단, 큰 순서>작은 순서)

㉮ 유압식 > 고압공기식 > 저압공기식
㉯ 저압공기식 > 고압공기식 > 회전식
㉰ 고압공기식 > 회전식 > 유압식
㉱ 회전식 > 저압공기식 > 고압공기식

[풀이] 유량조절범위
① 고압공기식 - 1 : 10
② 회전식 - 1 : 5
③ 유압식 - 환류식(1 : 3), 비환류식(1 : 2)

354 다음 중 분무각도가 40~90° 정도로 크며, 유량조절범위가 다른 버너에 비해 적어 부하변동에 적응하기 어렵고, 대용량 버너제작이 용이한 유류 버너 형태는?

㉮ 저압공기식 버너   ㉯ 고압공기식 버너
㉰ 회전식 버너   ㉱ 유압분무식 버너

355 화염이 길고, 그을음이 발생하기 쉬운 반면, 역화(Back Fire)의 위험이 없으며, 공기와 가스를 예열할 수 있는 연소방식은?

㉮ 예혼합가스   ㉯ 확산연소
㉰ 플라즈마연소   ㉱ 콤팩트연소

356 기체연료의 연소방법에 대한 설명으로 가장 거리가 먼 것은?

㉮ 확산연소는 화염이 길고 그을음이 발생하기 쉽다.
㉯ 예혼합연소에는 포트형과 버너형이 있다.
㉰ 예혼합연소는 화염온도가 높아 연소부하가 큰 경우에 사용이 가능하다.

Answer 351. ㉮ 352. ㉱ 353. ㉰ 354. ㉱ 355. ㉯ 356. ㉯

㉣ 예혼합연소는 혼합기의 분출속도가 느릴 경우 역화의 위험이 있다.

(풀이) 확산연소법은 공기의 양에 따라 전1차식, 분젠식, 세미분젠식 버너가 있다.

357 기체연료의 연소방식 중 확산연소에 관한 설명으로 틀린 것은?

㉮ 기체연료와 연소용 공기를 버너 내에서 혼합한다.
㉯ 확산연소에 사용되는 버너로는 포트형과 버너형이 있다.
㉰ 그을음의 발생이 쉽다.
㉱ 역화의 위험이 없으며, 공기를 예열할 수 있다.

(풀이) 확산연소법은 연료를 버너노즐부터 분리시켜 외부 공기와 일정 속도로 혼합하여 연소하는 방법이다.

358 다음 중 기체연료의 연소방식에 해당되는 것은?

㉮ 스토커연소 ㉯ 회전식 버너연소
㉰ 예혼합연소 ㉱ 유동층연소

(풀이) 가연물의 종류에 따른 연소형태 종류

연료	연소형태(연소방식)
기체 연료	예혼합연소(Premixed Burning) 확산연소(Diffusive Burning) 부분예혼합연소(Semi-Premixed Burning)
액체 연료	증발연소(Evaporating Combustion) 분무연소(Spray Burning) 액면연소(Pool Burning) 등심연소(Wick Combustion) : 심화연소
고체 연료	증발연소(Evaporating Combustion) 분해연소(Decomposing Combustion) 표면연소(Surface Combustion) 자기연소(내부연소)

359 확산연소에서 분류속도 변화에 따라 변화하는 분류확산화염에 대한 설명으로 가장 거리가 먼 것은?

㉮ 분류속도가 작은 영역에서는 화염이 표면이 매끈한 층류화염을 형성하고, 이 층류화염의 길이는 분류속도의 제곱에 비례하여 증가한다.
㉯ 층류화염에서 난류화염으로 전이하는 높이는 유속이 증가함에 따라 급속히 아래쪽으로 이동하여 층류화염의 길이가 감소된다.
㉰ 천이화염에서 유속을 더 증가시키면 대부분의 화염이 난류가 되고, 전체 화염의 길이는 크게 변화하지 않는다.
㉱ 층류화염에서 난류화염으로의 전이는 분류 레이놀즈 수에 의존한다.

(풀이) 분류속도가 작은 영역에서는 화염의 표면이 매끈한 층류화염을 형성하고, 이 층류화염의 길이는 버너구경의 제곱과 연료의 유속에 비례하여 증가한다.

360 다음 중 기체연료의 연소방법으로서 역화 위험이 가장 큰 것은?

㉮ 확산연소 ㉯ 부유연소
㉰ 난류연소 ㉱ 예혼합연소

361 확산형 가스버너 중 포트형에 관한 설명으로 가장 거리가 먼 것은?

㉮ 버너 자체가 로벽과 함께 내화벽돌로 조립되어 로 내부에 개구된 것이며, 가스와 공기를 함께 가열할 수 있는 이점이 있다.
㉯ 고발열량 탄화수소를 사용할 경우에는 가스 압력을 이용하여 노즐로부터 고속으로 분출

Answer 357. ㉮ 358. ㉰ 359. ㉮ 360. ㉱ 361. ㉱

하게 하여 그 힘으로 공기를 흡인하는 방식을 취한다.
㉰ 밀도가 큰 공기 출구는 상부에, 밀도가 작은 가스 출구는 하부에 배치되도록 한다.
㉱ 구조상 가스와 공기압이 높은 경우에 사용한다.

362 통풍방식 중 흡인통풍에 관한 설명으로 가장 거리가 먼 것은?

㉮ 노내압이 부압으로 냉기침입의 우려가 있다.
㉯ 송풍기의 점검 및 보수가 어렵다.
㉰ 연소용 공기를 예열할 수 있다.
㉱ 굴뚝의 통풍저항이 큰 경우에 적합하다.

(풀이) 대형의 배풍기가 필요하며, 연소용 공기를 예열할 수 없다.

363 Thermal NO$_x$를 대상으로 한 저 NO$_x$ 연소법으로 가장 거리가 먼 것은?

㉮ 배기가스 재순환
㉯ 연료대체
㉰ 희박예혼합연소
㉱ 수분사와 수증기분사

(풀이) Thermal NO$_x$ 억제 연소방법
① 희박예혼합연소
② 화염형상의 변경
③ 완만혼합
④ 배기가스 재순환
⑤ 수분사 및 수증기분사
⑥ 2단 연소
⑦ 저과잉공기 연소

364 연소시 발생되는 NO$_x$는 원인과 생성기전에 따라 3가지로 분류하는데, 분류항목에 속하지 않는 것은?

㉮ Fuel NO$_x$ ㉯ Noxious NO$_x$
㉰ Prompt NO$_x$ ㉱ Thermal NO$_x$

365 열생성 NO$_x$(Thermal NO$_x$)를 억제하는 연소방법에 관한 설명으로 가장 거리가 먼 것은?

㉮ 희박예혼합연소 : 당량비를 높여 NO$_x$ 발생온도를 현저히 낮추어(2,000K 이하) Prompt NO$_x$로의 전환을 유도한다.
㉯ 화염형상의 변경 : 화염을 분할하거나 막상으로 얇게 늘려서 열손실을 증대시킨다.
㉰ 완만혼합 : 연료와 공기의 혼합을 완만하게 하여 연소를 길게 함으로써 화염온도의 상승을 억제한다.
㉱ 배기 재순환 : 펜을 써서 굴뚝가스를 로의 상부에 피드백시켜 최고 화염온도와 산소농도로 억제한다.

(풀이) 희박예혼합연소는 연료와 공기를 미리 혼합하고 이론 당량비 이하에서 연소시 생성되는 Thermal NO$_x$를 저감할 수 있다.

366 매연 발생에 관한 다음 설명 중 옳지 않은 것은?

㉮ −C−C−의 탄소결합을 절단하기보다는 탈수소가 쉬운 쪽에 매연이 생기기 쉽다.
㉯ 연료의 C/H의 비율이 작을수록 매연이 생기기 쉽다.
㉰ 탈수소, 중합 및 고리화합물 등과 같은 반응이 일어나기 쉬운 탄화수소일수록 매연이 잘

생긴다.
㈑ 분해하기 쉽거나, 산화하기 쉬운 탄화수소는 매연 발생이 적다.

[풀이] 일반적으로 탄수소(C/H)비가 클수록 매연이 생기기 쉽다.(C중유>B중유>A중유)

367 다음 중 매연 발생원인으로 가장 거리가 먼 것은?

㉮ 연소실의 체적이 적을 때
㉯ 통풍력이 부족할 때
㉰ 석탄 중에 황분이 많을 때
㉱ 무리하게 연소시킬 때

[풀이] 매연 발생원인
① 통풍력이 부족 또는 과대한 경우
② 연소실의 체적이 적은 경우
③ 무리하게 연소하는 경우
④ 연소실의 온도가 낮은 경우(화염온도가 높은 경우 매연 발생은 작으나 발열속도보다 전열면 등으로의 방열속도가 빨라 불꽃의 온도가 낮은 경우 발생하기 쉽다.)
⑤ 연소장치가 불량한 경우
⑥ 운전자의 취급이 미숙한 경우
⑦ 연료의 질이 해당 보일러에 적정하지 않은 경우

368 매연발생에 관한 다음 설명 중 가장 거리가 먼 것은?

㉮ -C-C-의 결합을 절단하기보다는 탈수소가 쉬운 쪽이 매연 발생이 어렵다.
㉯ 연료의 C/H 비율이 작을수록 매연 발생이 어렵다.
㉰ 탈수소, 중합 및 고리화합물 등과 같이 반응이 일어나기 쉬운 탄화수소일수록 매연이 잘

생긴다.
㈑ 분해하기 쉽거나, 산화하기 쉬운 탄화수소는 매연 발생이 적다.

[풀이] -C-C-의 탄소결합을 절단하기보다는 탈수소가 쉬운 쪽이 매연발생이 쉽다.

369 다음 중 저온부식의 원인과 대책에 관한 설명으로 가장 거리가 먼 것은?

㉮ 250℃ 이상의 전열면(傳熱面)에 응축하는 황산, 질산, 염산 등에 의하여 발생된다.
㉯ 예열공기를 사용하거나 보온시공을 한다.
㉰ 저온부식이 일어날 수 있는 금속표면은 피복을 한다.
㉱ 연소가스 온도를 산노점 온도보다 높게 유지해야 한다.

[풀이] 저온부식은 150℃ 이하의 전열면에 응축하는 황산, 질산, 염산 등의 산성염에 의하여 발생된다.

370 보일러에서 저온부식을 방지하기 위한 방법으로 가장 거리가 먼 것은?

㉮ 과잉공기를 줄여서 연소한다.
㉯ 가스온도를 산노점 이하가 되도록 조업한다.
㉰ 연료를 전처리하여 유황분을 제거한다.
㉱ 장치표면을 내식재료로 피복한다.

[풀이] 저온부식의 방지대책
① 내산성 금속재료를 사용한다.
② 저온부식이 일어날 수 있는 금속표면은 피복을 한다.
③ 연소가스온도를 산노점 온도보다 높게 유지해야 한다.
④ 예열공기를 사용하거나 보온 시공을 한다.
⑤ 과잉공기를 줄여서 연소한다.(SO_2의 산화 방지)

Answer 367. ㉰ 368. ㉮ 369. ㉮ 370. ㉯

⑥ 연소를 전처리하여 유황분을 제거한다.
⑦ 연소실 및 연돌에 공기누입을 방지한다.

371 촉매연소법에 관한 설명 중 틀린 것은?

㉮ 배출가스 중의 가연성 오염물질을 연소로 내에서 파라듐, 코발트 등의 촉매를 사용하여 주로 연소한다.
㉯ 주로 오염물질 양이 많을 때 및 고농도의 VOC, 열용량이 높은 물질을 함유한 가스에 효과적으로 적용된다.
㉰ 일반적으로 구리, 은, 아연, 카드뮴 등은 촉매의 수명을 단축시킨다.
㉱ 대부분의 촉매는 800~900℃ 이하에서 촉매역할이 활발하므로 촉매연소에서의 온도 상승은 50~100℃ 정도로 유지하는 것이 좋다.

[풀이] 일반적으로 VOC의 함유량이 적은 저농도의 가연물질과 공기를 함유하는 기체폐기물에 적용된다.

372 폐가스 소각과 관련한 다음 설명 중 가장 거리가 먼 것은?

㉮ 직접화염 재연소의 설계 시 반응시간은 1~3초 정도로 하는데, 이 방법은 다른 방법에 비해 NOx 발생이 적다.
㉯ 직접화염 소각은 가연성 폐가스의 배출량이 많은 경우에 유용하다.
㉰ 촉매산화법은 고온연소법에 비해 반응온도가 낮은 편이다.
㉱ 촉매산화법은 저농도의 가연물질과 공기를 함유하는 기체 폐기물에 대하여 적용되며, 보통 백금 및 파라디움이 촉매로 쓰인다.

[풀이] 직접화염 재연소기의 설계 시 반응시간은 0.2~0.7초 정도로 하는데, 이 방법은 다른 방법에 비해 고온상태에서 NOx 발생이 많다.

373 다음은 직접화염 재연소기에 관한 설명이다. ( ) 안에 알맞은 것은?

> 설계 시 반응시간은 (①), 반응온도는 (②), 혼합은 연료 및 산소 오염물질이 잘 혼합되도록 하고, 배기가스의 적정 온도유지를 위해 혼합연료의 양과 연소가스양 및 체류시간 등을 잘 조절하여야 한다.

㉮ ① 0.2~0.7초, ② 650~870℃
㉯ ① 0.2~0.7초, ② 250~350℃
㉰ ① 15~30초, ② 650~870℃
㉱ ① 15~30초, ② 250~350℃

374 질소산화물(NOx) 생성 특성에 관한 설명으로 가장 거리가 먼 것은?

㉮ 일반적으로 동일 발열량을 기준으로 NOx 배출량은 석탄>오일>가스 순이다.
㉯ 연료 NOx는 주로 질소성분을 함유하는 연료의 연소과정에서 생성된다.
㉰ 천연가스에는 질소성분이 거의 없으므로 연료의 NOx 생성은 무시할 수 있다.
㉱ 고정오염원에서 배출되는 질소산화물은 주로 NO_2이며, 소량의 NO를 함유한다.

[풀이] 고정배출원에서 배출되는 질소산화물은 주로 NO이며 소량의 NO_2을 함유한다.

375 다음 설명하는 오염물질 제거법으로 가장 적합한 것은?

Answer 371. ㉯ 372. ㉮ 373. ㉮ 374. ㉱ 375. ㉱

화염온도를 낮추기 위해 채택된 방법으로 1차적으로 이론 공기량의 85~95% 정도를 버너부분에 공급하고, 상부의 공기구멍에서 10~15%의 공기를 더 공급한다. 이 방법은 두 연소단계 사이에서 열의 일부가 제거되어 화염온도가 낮게 되는 과정을 거쳐서 연소가 이루어진다.

㉮ SO_2 제거를 위한 연소구역 냉각법
㉯ 매연 제거를 위한 저과잉공기 연소법
㉰ NO_x 제거를 위한 연소구역 냉각법
㉱ NO_x 제거를 위한 2단 연소법

376 액체연료가 미립화되는 데 영향을 미치는 요인으로 가장 거리가 먼 것은?

㉮ 분사압력 ㉯ 분사속도
㉰ 연료의 점도 ㉱ 연료의 발열량

🔑 액체연료 미립화 영향
① 분사압력   ② 분사속도(분무유량)
③ 연료의 점도 ④ 분무거리
⑤ 분무각도

377 공기비가 클 경우에 일어나는 현상에 관한 설명으로 옳지 않은 것은?

㉮ 연소실 내 연소온도 감소
㉯ 배기가스에 의한 열손실이 증대
㉰ 가스폭발의 위험과 매연이 증가
㉱ SO_2, NO_2의 함량이 증가하여 부식이 촉진

🔑 공기비가 클 경우
① 연소실 내 연소온도가 낮아진다.
② 통풍력이 증대되어 배기가스에 의한 열손실이 증대된다.
③ 배기가스 중 황산화물(SO_2), 질소산화물(NO_2)

의 함량이 증가하여 연소장치의 전열면 부식이 촉진된다.

378 연소과정에서 공기비가 작을 경우(m<1) 발생되는 현상으로 가장 적합한 것은?

㉮ 배기가스 중 황산화물과 질소산화물의 함량이 많아져 연소장치의 부식을 가중시킨다.
㉯ 통풍력이 강하여 배기가스에 의한 열손실이 크다.
㉰ 연소배출가스 중의 일산화탄소가 증대된다.
㉱ 완전 연소에 의해 NO_x가 증가한다.

🔑 공기비가 작을 경우
① 불완전 연소로 인하여 배기가스 내 매연의 발생이 크다.
② 불완전 연소로 인하여 연소가스의 폭발위험성이 크다.
③ 연소배출가스 중의 CO, HC의 오염물질 농도가 증가한다.
④ 열손실에 큰 영향을 준다.

379 연료 등의 연소 시에 과잉공기의 비율을 높임으로써 생기는 현상으로 가장 거리가 먼 것은?

㉮ CH_4, CO 및 C 등 연료 중의 가연성 물질의 농도가 감소되는 경향을 보인다.
㉯ 에너지 손실이 커진다.
㉰ 희석효과가 높아진다.
㉱ 화염의 크기가 커지고 불완전 연소 물질의 농도가 증가한다.

🔑 과잉공기의 비율이 높아지면 화염의 크기는 작아지고 완전 연소가 가능해진다.

Answer 376. ㉱ 377. ㉰ 378. ㉰ 379. ㉱

380 다음 중 연소와 관련된 설명으로 가장 적합한 것은?

㉮ 공연비는 예혼합연소에 있어서의 연료에 대한 공기의 질량비(또는 부피비)이다.
㉯ 등가비가 1보다 큰 경우, 공기가 과잉인 경우로 열손실이 많아진다.
㉰ 등가비와 공기비는 상호 비례관계가 있다.
㉱ 최대탄산가스양(%)은 실제 건조연소가스양을 기준한 최대탄산가스의 용적백분율이다.

(풀이) ㉯항 : 등가비가 1보다 작을 경우, 공기가 과잉인 경우로 열손실이 많아진다.
㉰항 : 등가비와 공기비는 상호 반비례관계가 있다.
㉱항 : 최대탄산가스양(%)은 이론 건조연소가스양을 기준한 최대탄산가스의 용적백분율이다.

381 등가비(ϕ, Equivalent Ratio)와 연소상태와의 관계를 설명한 것 중 옳지 않은 것은?

㉮ $\phi=1$ 경우는 완전 연소로 연료와 산화제의 혼합이 이상적이다.
㉯ $\phi>1$ 경우는 연료가 과잉
㉰ $\phi<1$ 경우는 공기가 부족하며, 불완전 연소가 발생
㉱ $\phi>1$ 경우는 불완전 연소가 발생

(풀이) $\phi<1$ 경우는 공기가 과잉으로 공급된 경우로 불완전 연소 형태이다.

382 등가비(ϕ, Equivalence Ratio)와 공기비(λ)의 관계로 옳은 것은?

㉮ $\phi=2\lambda$
㉯ $\phi=(1-\lambda)$
㉰ $\phi\lambda=1$
㉱ $\phi=\dfrac{\lambda}{2}$

383 등가비(ϕ, Equivalent Ratio)에 관한 설명으로 옳지 않은 것은?

㉮ 등가비(ϕ) = $\dfrac{\text{실제 연료량/산화제}}{\text{완전연소를 위한 이상적 연료량/산화제}}$
㉯ $\phi<1$ 경우 완전 연소로서 기대되며, CO는 최소가 된다.
㉰ $\phi=1$ 경우 완전 연소로서 연료와 산화제의 혼합이 이상적이다.
㉱ $\phi>1$ 경우 불완전 연소가 발생하며, 질소산화물(NO)이 최대가 된다.

(풀이) $\phi>1$ 경우 일반적으로 CO는 증가하고 NO는 감소한다.

384 다음 중 공기비($m>1$)에 관한 식으로 틀린 것은?[단, 실제공기량 : A, 이론공기량 : A_0, 배출가스 중 질소량 : $N_2(\%)$, 배출가스 중 산소량 : $O_2(\%)$]

㉮ $m=\dfrac{A}{A_0}$
㉯ $m=\dfrac{21}{(21-O_2)}$
㉰ $m=1+\left(\dfrac{\text{과잉공기량}}{A_0}\right)$
㉱ $m=\dfrac{N_2}{(N_2-4.76O_2)}$

(풀이) $m=\dfrac{N_2}{(N_2-3.76O_2)}$

385 다음 중 과잉산소량(잔존 O_2량)을 옳게 표시한 것은?[단, A : 실제 공기량, A_0 : 이론공기량, m : 공기과잉계수($m>1$), 표준상태이며, 부피기준임]

㉮ $0.21mA$ ㉯ $0.21mA_0$
㉰ $0.21(m-1)A$ ㉱ $0.21(m-1)A_0$

386 다음 각종 연료성분의 완전 연소 시 단위 체적당 고위발열량(kcal/Sm³)의 크기 순서로 옳은 것은?

㉮ 일산화탄소 > 메탄 > 프로판 > 부탄
㉯ 메탄 > 일산화탄소 > 프로판 > 부탄
㉰ 부탄 > 프로판 > 메탄 > 일산화탄소
㉱ 부탄 > 일산화탄소 > 프로판 > 메탄

🔑 **기체연료의 발열량**

[수소] $H_2 + \frac{1}{2}O_2 \rightarrow H_2O + 3,050$ kcal/m³

[일산화탄소] $CO + \frac{1}{2}O_2 \rightarrow CO_2 + 3,035$ kcal/m³

[메탄] $CH_4 + 2O_2 \rightarrow CO_2 + 2H_2O + 9,530$ kca/m³

[아세틸렌] $2C_2H_2 + 5O_2$
$\rightarrow 4CO_2 + 2H_2O + 14,080$ kcal/m³

[에틸렌] $C_2H_4 + 3O_2 \rightarrow 2CO_2 + 2H_2O + 15,280$ kcal/m³

[에탄] $2C_2H_6 + 7O_2$
$\rightarrow 4CO_2 + 6H_2O + 16,810$ kcal/m³

[프로필렌] $2C_3H_6 + 9O_2$
$\rightarrow 6CO_2 + 6H_2O + 22,540$ kcal/m³

[프로판] $C_3H_8 + 5O_2$
$\rightarrow 3CO_2 + 4H_2O + 23,700$ kcal/m³

[부틸렌] $C_4H_8 + 6O_2$
$\rightarrow 4CO_2 + 4H_2O + 29,170$ kcal/m³

[부탄] $2C_4H_{10} + 13O_2$
$\rightarrow 8CO_2 + 10H_2O + 32,010$ kcal/m³

387 발열량에 관한 설명으로 옳지 않은 것은?

㉮ 단위질량의 연료가 완전 연소 후, 처음의 온도까지 냉각될 때 발생하는 열량을 말한다.
㉯ 일반적으로 수증기의 증발잠열은 이용이 잘 안 되기 때문에 저위발열량이 주로 사용된다.
㉰ 측정위치에 따라 고위 발열량과 저위 발열량으로 구분된다.
㉱ 고체연료의 경우 kcal/kg, 기체연료의 경우 kcal/Sm³의 단위를 사용한다.

🔑 증발잠열의 포함 여부에 따라 고위 발열량과 저위 발열량으로 구분된다.

388 기체연료 중 연소하여 수분을 생성하는 H_2와 C_xH_y 연소반응의 발열량 산출 식에서 아래의 480이 의미하는 것은?

$$H_l = H_h - 480(H_2 + \sum y/2\, C_xH_y) \;(kcal/Sm^3)$$

㉮ H_2O 1kg의 증발잠열
㉯ H_2 1kg의 증발잠열
㉰ H_2O 1Sm³의 증발잠열
㉱ H_2 1Sm³의 증발잠열

389 연소 시 매연 발생량이 가장 적은 탄화수소는?

㉮ 나프텐계 ㉯ 올레핀계
㉰ 방향족계 ㉱ 파라핀계

🔑 매연은 탄소수비가 클수록(분자량이 클수록) 발생량이 많다.

390 연소에 대한 설명으로 가장 거리가 먼 것은?

㉮ 연소장치에서 완전 연소 여부는 배출가스의 분석결과로 판정할 수 있다.
㉯ 최대탄산가스양(%)이란 실제 공기량으로 연소시 실제 연소가스 중의 최고 CO_2량을 뜻한다.

㉰ 연소용 공기 중의 수분은 연료 중의 수분이나 연소 시 생성되는 수분량에 비해 매우 적으므로 보통 무시할 수 있다.
㉱ 이론공기량은 연료의 화학적 조성에 따라 다르다.

[풀이] 최대탄산가스양(%)이란 이론공기량으로 완전 연소 시 CO_2의 백분율을 의미한다.

391 가솔린엔진과 디젤엔진의 상대적인 특성을 비교한 내용으로 틀린 것은?

㉮ 가솔린엔진은 예혼합연소, 디젤엔진은 확산연소에 가깝다.
㉯ 가솔린엔진은 연소실 크기에 제한을 받는 편이다.
㉰ 디젤엔진은 공급공기가 많기 때문에 배기가스 온도가 낮아 엔진 내구성에 유리하다.
㉱ 디젤엔진은 가솔린엔진에 비하여 자기착화온도가 높아 검댕, CO, HC의 배출농도 및 배출량이 많다.

[풀이] 가솔린이 디젤에 비하여 착화점이 높으며 일반적으로 CO, HC, NO_x 농도가 높다.

392 불꽃 점화기관에서의 연소과정 중 생기는 노킹현상을 효과적으로 방지하기 위한 기관 구조에 대한 설명으로 가장 거리가 먼 것은?

㉮ 3원촉매시스템을 사용한다.
㉯ 연소실을 구형(Circular Type)으로 한다.
㉰ 점화플러그는 연소실 중심에 부착시킨다.
㉱ 난류를 증가시키기 위해 난류 생성 Pot를 부착시킨다.

[풀이] 노킹 방지대책
① 연소실을 구형(Circular Type)으로 함
② 점화플러그의 부착은 연소실 중심에 함
③ 난류를 증가시키기 위해 난류생성 Pot를 부착함
④ 고옥탄가 연료 사용 및 점화시기를 정확히 조정함
⑤ 혼합비를 농후하게 하고 혼합가스의 와류를 증대함
⑥ 압축비, 혼합가스 및 냉각수의 온도를 낮춤
⑦ 화염전파속도를 빠르게 하거나 화염전파거리(불꽃진행거리)를 단축시켜 말단가스가 고온·고압에 노출되는 시간을 짧게 함
⑧ 자연발화온도가 높은 연료를 사용함
⑨ 연소실 내에 침적된 카본 성분을 제거함
⑩ 말단가스의 온도·압력을 내림
⑪ 혼합기의 자기착화온도를 높게 하여 용이하게 자발화하지 않도록 함

393 디젤기관이 가솔린기관에 비해 보다 문제시되는 대기오염물질로 가장 적합한 것은?

㉮ 매연, NO_x ㉯ HC, NO_x
㉰ HC, CO   ㉱ 매연, HC

394 휘발유를 사용하는 가솔린기관에서 배출되는 오염물질에 관한 설명 중 가장 거리가 먼 것은?(단, 휘발유의 대표적인 화학식은 Octene으로 가정하고, AFR은 중량비 기준)

㉮ AFR을 10에서 14로 증가시키면 CO 농도는 감소한다.
㉯ AFR이 16까지는 HC 농도가 증가하나, 16이 지나면 HC 농도는 감소한다.
㉰ CO와 HC는 불완전 연소 시에 배출비율이 높고, NO_x는 이론 AFR 부근에서 농도가 높다.

Answer 391. ㉱ 392. ㉮ 393. ㉮ 394. ㉯

㉱ AFR이 18 이상 정도의 높은 영역은 일반 연소기관에 적용하기는 곤란하다.

[풀이] 공연비가 증가할수록 CO 및 HC의 농도는 감소한다.

395 가솔린기관과 디젤기관을 상대 비교할 때, 디젤기관의 특성으로 옳은 것은?

㉮ 압축비가 8~9 정도로 낮다.
㉯ 연료를 공기와 혼합시켜 실린더에 흡입·압축시킨 후 점화플러그에 의해 강제연소시킨다.
㉰ 소음 진동이 적다.
㉱ 정체가 심한 도심 주행에 있어서는 연료 소비가 적은 편이다.

[풀이] 디젤기관은 압축비가 15~20 정도로 높아 소음 진동이 심하고 공기만을 실린더에 흡입 후 압축시킨 연료를 미세한 입자형태로 분사시켜 연소, 폭발시키는 형태이다.

396 엔진작동상태에 따른 전형적인 자동차 배기가스 조성 중 감속 시 가장 큰 농도 증가를 나타내는 물질은?(단, 정상운행 조건 대비)

㉮ NO_2 ㉯ H_2O ㉰ CO_2 ㉱ HC

397 자동차 배출가스가 발생되는 가솔린 기관의 작동원리 중 4행정사이클의 기본동작에 해당되지 않은 것은?

㉮ 흡입행정 ㉯ 압축행정
㉰ 폭발행정 ㉱ 누출행정

[풀이] 4행정사이클은 흡입, 압축, 폭발, 배기행정이다.

398 경유를 사용하는 디젤 자동차에 대한 일반적인 설명으로 틀린 것은?

㉮ 압축비가 높아 최대효율이 가솔린 자동차에 비해 1.5배 정도이며, 연비는 가솔린기관에 비해 낮은 편이다.
㉯ 압축비가 높아 소음과 진동이 큰 편이다.
㉰ NO_x와 매연이 문제가 된다.
㉱ 기계식 분사 또는 전자제어 분사방식으로 연료를 공급한다.

[풀이] 디젤 자동차는 압축비가 높아 최대효율이 가솔린 자동차에 비해 1.5배 정도이며, 연비는 가솔린기관에 비해 높다.

399 대체연료 자동차 중 메탄올 자동차에 관한 설명으로 가장 거리가 먼 것은?

㉮ 가격이 싸고, 발열량이 휘발유의 약 5배 정도이므로 연료탱크의 크기가 보통 휘발유 자동차의 1/5 수준으로 1회 충전당 항속거리를 월등하게 길게 유지할 수 있다.
㉯ 옥탄가(Research법에 의한 옥탄가는 메탄올이 106~107 정도, 무연휘발유가 92~98 정도)와 압축비가 향상되므로 출력을 향상시킬 수 있다.
㉰ 윤활기능이 휘발유에 비해 매우 약하므로 금속이나 플라스틱 재료 모두를 쉽게 침식시킬 수 있다.
㉱ 메탄올의 연소 시 발생하는 발암성 폼알데하이드와 개미산의 생성에 따른 엔진부품의 부식 및 마모 등이 문제가 되기도 한다.

[풀이] 동일 체적당 발열량이 가솔린의 1/2 정도로 작아 동일거리 주행 시 2배의 연료탱크 용량이 필요하다.

Answer 395. ㉱ 396. ㉱ 397. ㉱ 398. ㉮ 399. ㉮

400 DME(Dimethyl Ether) 연료에 관한 설명으로 옳지 않은 것은?

㉮ 산소 함유율이 34.8% 정도로 높아 연소 시 매연이 적은 편이다.
㉯ 점도가 경유에 비해 높으며, 금속의 부식성이 문제가 된다.
㉰ 고무류와 반응하므로 재질에 주의해야 하며, 세탄가가 55 이상으로 높아 경유를 대체할 수 있다.
㉱ 물성이 LPG와 유사한 특성이 있으며, 발열량은 경유에 비해 낮은 편이다.

[풀이] DME는 공기 중에 장시간 노출되어도 안전한 화합물로서 비활성적이면서 부식성이 없고 발암성과 마취성이 없어 인체에 무해하다.

401 다음 대체연료 자동차의 설명으로 옳지 않은 것은?

㉮ 수소 자동차 - 생산된 단위에너지당의 연료의 무게가 적고, 연소에 의해 발생하는 가스상 오염물질의 양이 적다.
㉯ 천연가스 자동차 - 반응성 탄화수소 및 일산화탄소의 배출량이 매우 적다.
㉰ 전기 자동차 - 충전시간이 짧으며, 휘발유차량에 비해 1회 충전당 주행거리가 10배 이상으로 길다.
㉱ 메탄올 자동차 - 금속이나 플라스틱 재료의 침식가능성이 존재한다.

[풀이] 전기 자동차는 충전시간이 오래 걸리며, 일반 가솔린차에 비해 속도가 느리고, 배터리 1회 충전으로 주행할 수 있는 거리가 짧다.

402 자동차 내연기관의 공연비와 유해가스 발생농도와의 일반적인 관계를 옳게 설명한 것은?

㉮ 공연비를 이론치보다 높이면 NO_x는 감소하고 CO, HC는 증가한다.
㉯ 공연비를 이론치보다 낮추면 NO_x는 감소하고 CO, HC는 증가한다.
㉰ 공연비를 이론치보다 높이면 NO_x, CO, HC는 모두 증가한다.
㉱ 공연비를 이론치보다 낮추면 NO_x, CO, HC는 모두 감소한다.

403 다음 중 디젤노킹(Diesel Knocking) 방지법으로 가장 거리가 먼 것은?

㉮ 세탄가가 높은 연료를 사용한다.
㉯ 분사개시 때 분사량을 감소시킨다.
㉰ 기관의 압축비를 낮추어 압축압력을 낮게 한다.
㉱ 급기온도를 높인다.

[풀이] 디젤엔진의 노킹 방지대책
① 세탄가가 높은 연료를 사용한다.
② 분사개시 때 분사량을 감소시킨다.
③ 급기온도를 높인다.
④ 압축비, 압축압력 및 압축온도를 높인다.
⑤ 엔진의 온도와 회전속도를 높인다.
⑥ 분사개시 때 분사량을 감소시켜 착화지연을 가능한 짧게 한다.
⑦ 분사시기를 알맞게 조정한다.
⑧ 흡인공기에 와류가 일어나도록 한다.

404 다음 중 가솔린 자동차에 적용되는 삼원촉매기술과 관련된 오염물질과 거리가 먼 것은?

㉮ SO_x ㉯ NO_x ㉰ CO ㉱ HC

삼원촉매장치는 두 개의 촉매층이 직렬로 연결되어 CO와 HC 및 NOx를 동시에 80% 이상 저감할 수 있는 내연기관의 후처리기술 중 하나이다.

405 입경측정방법 중 간접측정방이 아닌 것은?

㉮ 표준체 측정법   ㉯ 관성충돌법
㉰ 액상침강법   ㉱ 광산란법

표준체 측정법 및 현미경 측정법은 직접측정법이다.

406 입자의 비표면적(단위 체적당 표면적)에 관한 설명 중 옳은 것은?

㉮ 입자의 입경이 작아질수록 비표면적은 커진다.
㉯ 입자의 비표면적이 작으면 원심력집진장치의 경우 입자가 장치의 벽면에 부착되어 장치벽면을 폐색시킨다.
㉰ 입자의 비표면적이 작으면 전기집진장치에서는 주로 먼지가 집진극에 퇴적되어 역전리 현상이 초래된다.
㉱ 입자의 비표면적이 커지면 응집성과 흡착력이 작아진다.

㉯항 : 입자의 비표면적이 크면 원심력집진장치의 경우 입자가 장치의 벽면에 부착하여 장치벽면을 폐색시킨다.
㉰항 : 입자의 비표면적이 크면 전기집진장치에서는 주로 먼지가 집진극에 퇴적되어 역전리 현상이 초래된다.
㉱항 : 입자의 비표면적이 커지면 응집성과 흡착력이 증가한다.

407 입자상 물질에 대한 다음 설명 중 가장 거리가 먼 것은?

㉮ 공기동력학경은 Stokes경과 달리 입자밀도를 $1g/cm^3$으로 가정함으로써 보다 쉽게 입경을 나타낼 수 있다.
㉯ 비구형 입자에서 입자의 밀도가 1보다 클 경우 공기동력학경은 Strokes경에 비해 항상 크다고 볼 수 있다.
㉰ 직경 d인 구형 입자의 비표면적은 d/6이다.
㉱ Cascade Impactor는 관성충돌을 이용하여 입경을 간접적으로 측정하는 방법이다.

직경 d인 구형 입자의 비표면적은 6/d이다.

408 공기동역학적 직경(Aerodynamic Diameter)에 관한 설명으로 가장 거리가 먼 것은?

㉮ 실제 대기오염 분야에서는 주로 공기동역학적 직경을 사용하여 입자의 크기를 나타낸다.
㉯ 입자의 크기가 밀도에 따라 다르기 때문에 입자의 밀도를 고려하여야 하는 문제점이 있다.
㉰ 공기동역학적 직경을 알고 있다면 입자의 광학적 크기, 형상계수 등의 물리적 변수는 크게 중요하지 않다.
㉱ Stokes 직경과 달리 입자의 밀도를 $1g/cm^3$으로 가정함으로써 보다 쉽게 입경을 나타낼 수 있다.

공기동력학적 직경(Aerodynamic Diameter)은 대상먼지와 침강속도가 같고 단위밀도가 $1g/cm^3$이며, 구형인 먼지의 직경으로 환산된 직경을 의미한다.

409 다음 입자상 물질의 크기를 결정하는 방법 중 입자상 물질의 그림자를 2개의 등면적으로 나눈 선의 길이를 직경으로 하는 입경은?

Answer 405. ㉮ 406. ㉮ 407. ㉰ 408. ㉯ 409. ㉮

㉮ 마틴직경　　　㉯ 등면적경
㉰ 피렛직경　　　㉱ 투영면적경

410 배출가스 내 먼지의 입도분포를 대수확률 방안지에 Plot한 결과 직선이 되었고, 50% 입경과 84.13% 입경이 각각 10.5㎛와 5.5㎛이었다. 이때의 기하평균입경은?

㉮ 5.5㎛　㉯ 8.0㎛　㉰ 10.5㎛　㉱ 16.0㎛

🖉 기하평균입경이라 함은 배기가스 내 분진의 입도분포를 대수확률지에 Plot하여 직선이 되었을 때 50%에 상당하는 입경을 말한다.

411 같은 화학적 조성을 갖는 먼지가 입경이 작아질 때 변하는 입자의 특성에 대한 설명으로 가장 적합한 것은?

㉮ Stokes식에 따른 입자의 침강속도는 커진다.
㉯ 입자의 비표면적은 커진다.
㉰ 입자의 원심력은 커진다.
㉱ 중력집진장치에서 집진효율과는 무관하다.

🖉 먼지의 입자가 작아질수록 입자의 비표면적은 커지며, 침강속도, 원심력은 작아지고 중력집진장치에서 집진효율은 감소한다.

412 입자상 물질의 특성에 관한 다음 설명 중 가장 거리가 먼 것은?

㉮ 입자의 크기가 작을수록 표면에 존재하는 원자와 내부에 존재하는 원자와의 비가 크게 되어 상호 응집하거나 이물질에 쉽게 부착한다.
㉯ 입자의 크기가 작을수록 다른 물질과 쉽게 반응하여 폭발성을 지니게 될 경우가 많다.
㉰ 보통 0.01㎛ 이하는 가스분자와 같이 브라운 운동을 하기 때문에 가스상 물질로 취급한다.
㉱ 입자의 크기는 발생원에 따라 달라지나 일반적으로 화학적 요인보다 물리적 요인에 의해 생성된 입자상 물질의 입경이 작게 된다.

🖉 입자의 크기는 발생원에 따라 달라지나 일반적으로 물리적 요인보다 화학적 요인에 의해 생성된 입자상 물질의 입경이 작게 된다.

413 먼지의 진비중(S)과 겉보기 비중(S_B)이 다음 같을 때 재비산 현상을 유발할 수 있는 가능성이 가장 큰 것은?

구분	먼지의 종류	진비중(S)	겉보기 비중(S_B)
①	미분탄보일러	2.10	0.52
②	시멘트킬른	3.00	0.60
③	산소제강로	4.75	0.65
④	황동용 전기로	5.40	0.36

㉮ ①　㉯ ②　㉰ ③　㉱ ④

🖉 먼지입자 중 (진비중/겉보기 비중) 비율이 가장 큰 것은 황동용 전기로($\frac{5.40}{0.36}=15$)이다.

414 다음 중 각종 발생원에서 배출되는 먼지입자의 진비중(S)과 겉보기 비중(S_B)의 비(S/S_B)가 가장 큰 것은?

㉮ 시멘트킬른 발생먼지
㉯ 카본블랙 먼지
㉰ 골재건조기 먼지
㉱ 미분탄보일러 발생먼지

Answer　410. ㉯　411. ㉯　412. ㉱　413. ㉱　414. ㉯

415 입자가 미세할수록 표면에너지는 커지게 되어 다른 입자 간에 부착하거나 혹은 동종 입자 간에 응집이 이루어지는데, 이러한 현상이 생기게 하는 결합력 중 거리가 먼 것은?

㉮ 분자 간의 인력
㉯ 정전기적 인력
㉰ 브라운 운동에 의한 확산력
㉱ 입자에 작용하는 항력

416 중력식집진장치의 이론적 집진효율을 계산하는데 응용되는 Stoke's law를 만족하는 가정에 부합되지 않는 것은?

㉮ $10^{-4} < N_{Re} < 0.6$
㉯ 구는 일정한 속도로 운동한다.
㉰ 구는 강체이다.
㉱ 전이영역흐름(Intermediate Flow)

[풀이] Stoke's law에서의 가정조건은 층류흐름영역이다.

417 중력식집진장치에 관한 설명으로 옳지 않은 것은?

㉮ 중력에 의한 자연침강을 이용하는 방법으로 주로 입자의 크기가 50μm 이상의 입자상 물질을 처리하는 데 사용된다.
㉯ 함진가스의 온도변화에 의한 영향을 거의 받지 않는다.
㉰ 침강실의 높이는 낮고, 길이는 길수록 집진율이 높아진다.
㉱ 유지비는 적게 드나 시설의 규모가 커 실치비가 많이 소요되며 신뢰도가 다소 낮다.

[풀이] 중력집진장치의 특징
① 타 집진장치보다 구조가 간단하고 압력손실이 적다.
② 전처리 장치로 많이 이용된다.
③ 함진가스의 온도변화에 의한 영향을 거의 받지 않는다.
④ 설치, 유지비가 낮고 유지관리가 용이하다.
⑤ 부하가 높고, 고온가스 처리가 용이하며 장치 운전시 신뢰도가 높다.
⑥ 집진효율이 낮고 미세입자 처리는 곤란하다.
⑦ 먼지부하 및 유량 변동에 적응성이 낮아 민감하다.

418 중력식 집진장치의 집진율 향상조건에 관한 다음 설명 중 옳지 않은 것은?

㉮ 침강실 내 처리가스의 속도가 작을수록 미립자가 포집된다.
㉯ 침강실 입구 폭이 클수록 유속이 느려지며 미세한 입자가 포집된다.
㉰ 다단일 경우에는 단수가 증가할수록 집진율은 커지나 압력손실도 증가한다.
㉱ 침강실의 높이가 높고 중력장의 길이가 짧을수록 집진율은 높아진다.

[풀이] 침강실의 높이가 작고, 중력장의 길이가 길수록 집진율은 높아진다.

419 중력집진장치의 효율 향상 조건으로 가장 거리가 먼 것은?

㉮ 침강실 내의 처리가스 속도를 작게 한다.
㉯ 침강실의 Blow Down 효과를 이용하여 난류현상을 억제한다.
㉰ 침강실의 높이는 낮게 하고, 길이는 길게 한다.
㉱ 침강실의 입구 폭을 크게 한다.

Answer 415. ㉱ 416. ㉱ 417. ㉱ 418. ㉱ 419. ㉯

풀이) Blow Down 효과는 원심력식 집진장치에 해당하는 내용이다.

420 중력집진장치에서 수평이동속도 V_x, 침강실폭 B, 침강실 수평길이 L, 침강실 높이 H, 종말침강속도를 V_t라면 주어진 입경에 대한 부분집진효율은?(단, 층류기준)

㉮ $\dfrac{V_t \times L}{V_x \times H}$ ㉯ $\dfrac{V_t \times H}{V_x \times B}$

㉰ $\dfrac{V_x \times B}{V_t \times H}$ ㉱ $\dfrac{V_x \times H}{V_t \times L}$

421 관성력 집진장치에 관한 다음 설명 중 옳지 않은 물질은?

㉮ 충돌식과 반전식이 있으며, 일반적으로 고온가스의 처리가 가능하므로 굴뚝 또는 배관 내에 적용될 때가 많다.
㉯ 충돌식은 일반적으로 충돌 직전의 처리가스 속도가 크고, 처리 후 가스 속도는 느릴수록 미립자의 제거가 쉽다.
㉰ 반전식은 기류의 방향전환시 곡률반경이 클수록, 방향 전환 횟수는 많을수록 압력손실은 커지나, 집진효율은 좋다.
㉱ 액체 입자의 포집에 사용되는 Multi Baffle형은 1㎛ 전후의 미립자 제거가 가능하나, 완전하게 처리하기 위해 가스 출구에 충전층을 설치하는 것이 좋다.

풀이) 기류의 방향전환 시 곡률반경이 작을수록, 전환 횟수가 많을수록 미세한 먼지를 분리 포집할 수 있다.

422 관성충돌계수(효과)를 크게 하기 위한 입자배출원의 특성 및 운전조건으로 적당하지 않은 것은?

㉮ 분진의 입경이 커야 한다.
㉯ 처리가스와 액적의 상대속도가 커야 한다.
㉰ 처리가스의 온도가 높아야 한다.
㉱ 액적의 직경이 작아야 한다.

풀이) 처리가스의 온도가 낮아야 응집 작용하여 관성충돌효과가 커진다.

423 관성력집진장치에 관한 설명 중 옳지 않은 것은?

㉮ 관성력에 의한 분리속도는 회전기류반경에 비례하고 입경의 제곱에 반비례한다.
㉯ 집진 가능한 입자는 주로 10㎛ 이상의 조대입자이며, 일반적으로 집진율은 50~70% 정도이다.
㉰ 기류의 방향전환각도가 작고, 방향전환횟수가 많을수록 압력손실은 커지나 집진을 잘된다.
㉱ 충돌식과 반전식이 있으며, 고온가스의 처리가 가능하다.

풀이) 관성력집진장치의 관성력에 의한 분리속도는 회전기류반경에 반비례하고 입경의 제곱에 비례한다.

424 관성력집진장치에서 집진율을 높이는 방법으로 옳지 않은 것은?

㉮ 충돌식의 경우 충돌 직전의 각속도가 클수록 집진율이 높아진다.
㉯ 반전식의 경우 방향전환을 하는 곡률반경이 작을수록 집진율이 높아진다.

㉰ 함진가스의 방향 전환횟수가 많을수록 압력손실은 커지고, 집진율은 높아진다.
㉱ 충돌식의 경우 장치 출구의 가스속도가 클수록 집진율이 높아진다.

(풀이) 충돌식의 경우 장치출구의 가스속도가 느릴수록 집진율이 높아진다.

425 관성력집진장치에 관한 설명으로 옳지 않은 것은?

㉮ 함진가스의 충돌 또는 기류의 방향전환 직전의 가스속도가 빠르고 방향 전환 시의 곡률반경이 작을수록 미세입자의 포집이 가능하다.
㉯ 일반적으로 고온가스의 처리가 불가능하므로 굴뚝이나 배관 등은 적용하기 어렵다.
㉰ 액체입자의 포집에 사용되는 Multi Battle형은 $1\mu m$ 전후의 미스트를 제거할 수 있지만 완전한 처리를 위해서는 처리가스 출구에 충전층을 설치하는 것이 좋다.
㉱ Poket형, Channel형과 같이 미로형에서는 먼지가 장치에 누적되므로 먼지의 성상을 충분히 파악하여 충격, 세정에 의하여 제거할 필요가 있다.

(풀이) 고온가스처리가 가능하므로 굴뚝이나 배관 내에 적용될 경우가 많다.

426 사이클론의 특징으로 가장 거리가 먼 것은?

㉮ 설치비와 유지비가 많이 요구되지 않는 편이다.
㉯ 먼지량이 많아도 처리가 가능하다.
㉰ 미세입자에 대한 집진효율이 낮다.
㉱ 압력손실($10\sim30mmH_2O$)이 낮아 동력소비량이 적은 편이다.

(풀이) 원심력집진장치는 압력손실($50\sim150mmH_2O$)이 비교적 높아 동력소비량이 큰 편이다.

427 사이클론에 관한 설명으로 가장 거리가 먼 것은?

㉮ 접선유입식 사이클론의 유입가스속도는 $3\sim6m/sec$ 범위로, 이 범위속도가 집진효율에 미치는 영향은 크다.
㉯ 반전형은 입구유속이 $10m/sec$ 전후이며, 접선유입식에 비해 압력손실이 적다.
㉰ 멀티사이클론은 처리가스양이 많고 높은 집진효율을 필요로 하는 경우에 사용한다.
㉱ 반전형은 Blow Down이 필요 없고, 함진가스 입구의 안내익(Aerodynamic Vane)에 따라 집진효율이 달라진다.

(풀이) 접선유입식 사이클론의 유입가스속도는 $7\sim15m/sec$ 범위로, 이 범위 속도가 집진효율에 미치는 영향이 크다.

428 다음 중 접선유입식 원심력집진장치의 특징을 옳게 설명한 것은?

㉮ 입구모양에 따라 나선형과 와류형으로 분류된다.
㉯ 장치입구의 가스속도는 $18\sim20cm/s$이다.
㉰ 장치의 압력손실은 $500mmH_2O$이다.
㉱ 도입선회식이라고도 하며, 반전형과 직진형이 있다.

(풀이) 접선유입식 원심력집진장치의 입구 가스속도는 $7\sim15m/sec$이고, 압력손실은 $100\sim150mmH_2O$ 정도이며, 반전형 및 직진형은 축류식 원심력집진장치이다.

Answer ◀ 425. ㉯ 426. ㉱ 427. ㉮ 428. ㉮

429 Cyclone으로 집진 시 집진효율이 50%인 입경을 의미하는 것은?

㉮ Cut Size Diameter
㉯ Critical Diameter
㉰ Stokes Diameter
㉱ Aerodynamic Diameter

430 원심력 집진장치 중 분리계수(Separation Factor ; S)에 대한 설명으로 틀린 것은?

㉮ 분리계수는 중력가속도에 반비례한다.
㉯ 분리계수는 입자에 작용되는 원심력과 중력과의 관계이다.
㉰ 사이클론 원추하부의 반경이 클수록 분리계수는 커진다.
㉱ 원심력이 클수록 분리계수가 커지며 집진율도 증가한다.

(풀이) Cyclone의 원추하부의 반경(입자 회전반경)이 클수록 분리계수는 작아진다.

431 원심력집진장치에서 선회기류의 흐트러짐을 방지하고 집진된 먼지의 재비산 방지를 위한 운전방법에 해당하는 것은?

㉮ 블로 다운(Blow Down)
㉯ 펄스제트(Pulse Jet)
㉰ 기계적 진동(Mechanical Shaking)
㉱ 공기역류(Reverse Air)

432 원심력 집진장치의 성능인자에 관한 설명으로 가장 거리가 먼 것은?

㉮ 블로 다운(Blow-down) 효과를 적용하며 효율이 높아진다.
㉯ 내경(배출내관)이 작을수록 입경이 작은 먼지를 제거할 수 있다.
㉰ 한계(입구)유속 내에서는 유속이 빠를수록 효율이 감소한다.
㉱ 고농도는 병렬로 연결하고, 응집성이 강한 먼지는 직렬연결(단수 3단 한계)하여 주로 사용한다.

(풀이) 한계(입구)유속 내에서는 유속이 빠를수록 효율이 증가한다.

433 Cyclone의 집진율 향상 조건에 대한 설명 중 가장 거리가 먼 것은?

㉮ 미세 먼지의 재비산을 방지하기 위해 Skimmer와 Turning Vane 등을 설치한다.
㉯ 배기관경(내관)이 클수록 입경이 작은 먼지를 제거할 수 있다.
㉰ 먼지폐색(Dust Plugging)효과를 방지하기 위해 축류집진장치를 사용한다.
㉱ 고용량가스를 비교적 높은 효율로 처리해야 할 경우 소구경 Cyclone을 여러 개 조합시킨 Multi Cyclone을 사용한다.

(풀이) 배기관경(내경)이 작을수록 입경이 작은 먼지를 제거할 수 있다.

434 사이클론의 종류에 관한 다음 설명 중 가장 거리가 먼 것은?

㉮ 접선유입식 사이클론은 집진효율의 변화가 비교적 적은 편이다.
㉯ 접선유입식 사이클론의 일반적인 입구 가스

Answer 429. ㉮ 430. ㉰ 431. ㉮ 432. ㉰ 433. ㉯ 434. ㉰

속도는 7~15m/s 정도이다.
㉰ 축류식 사이클론은 반전형과 직선(직진)형으로 구분되며, 반전형은 입구 가스속도가 보통 25m/s 전후이다.
㉱ 축류식 사이클론 중 반전형의 압력손실은 80~100mmH₂O이며, 집진효율은 일반적으로 접선유입식과 큰 차이는 없는 편이다.

[풀이] 축류식 사이클론은 반전형과 직선(직진)형으로 구분되며, 반전형은 입구 가스속도가 보통 10m/s 전후이다.

435 원심력 집진장치에서 블로 다운 방식에 관한 설명으로 거리가 먼 것은?

㉮ 원추하부에 가교현상을 촉진시켜 재비산을 방지한다.
㉯ 더스트 박스에서 유입유량의 5~10%에 상당하는 함진가스를 추출시켜 집진장치의 기능을 향상시킨다.
㉰ 유효원심력을 증가시킨다.
㉱ 원추하부 또는 출구에 먼지가 퇴적되는 것을 방지한다.

[풀이] 원추하부에 가교현상을 방지하여 장치 내부의 먼지퇴적을 억제한다.

436 원심력 집진장치 중 멀티사이클론(Multi Cyclone)에 적용할 수 있는 것으로 가장 적합하게 연결된 것은?

㉮ 충돌식 - 나선형   ㉯ 충돌식 - 와류형
㉰ 축류식 - 반전형   ㉱ 축류식 - 직진형

437 원심력 집진장치에서 압력손실의 감소 원인으로 가장 거리가 먼 것은?

㉮ 내통이 마모되어 구멍이 뚫려 함진가스가 by Pass될 경우
㉯ 호퍼 하단부위에 외기가 누입될 경우
㉰ 장치 내 처리가스가 선회되는 경우
㉱ 외통의 접합부 불량으로 함진가스가 누출될 경우

[풀이] 장치 내 처리가스의 선회가 원활하지 않은 경우

438 세정 집진장치의 원리에 대한 다음 설명 중 옳지 않은 것은?

㉮ 배기가스를 증습하면 입자의 응집이 낮아진다.
㉯ 액적에 입자가 충돌하여 부착된다.
㉰ 미립자가 확산되면 액적과의 접촉이 증가된다.
㉱ 액막과 기포에 입자가 접촉하여 부착된다.

[풀이] 배기가스를 증습하면 입자의 응집이 높아진다.

439 세정 집진장치의 입자포집원리에 관한 다음 설명 중 옳지 않은 것은?

㉮ 미립자 확산에 의하여 액적과의 접촉을 쉽게 한다.
㉯ 배기의 습도 감소에 의하여 입자가 서로 응집한다.
㉰ 입자를 핵으로 한 증기의 응결에 따라 응집성을 촉진시킨다.
㉱ 액적에 입자가 충돌하여 부착한다.

[풀이] 배기의 습도 증가에 의하여 입자가 서로 응집한다.

440 세정식 집진장치의 특성과 가장 거리가 먼 것은?

㉮ 소수성 입자의 집진효과가 크다.
㉯ 전기집진장치에 비해 협소한 장소에 설치할 수 있다.
㉰ 한 번 제거된 입자는 보통 처리가스 속으로 재비산되지 않는다.
㉱ 연소성 및 폭발성 가스의 처리가 가능하다.

(풀이) 세정식 집진장치는 친수성 입자의 집진율이 높고, 고온가스의 취급이 용이하다.

441 세정 집진장치의 장점으로 거리가 먼 것은?

㉮ 한 번 제거된 입자는 처리가스 속으로 재비산되지 않으며, 전기집진장치보다 협소한 장소에도 설치가 가능하다.
㉯ 점착성 및 조해성 분진의 처리가 가능하다.
㉰ 연소성 및 폭발성 가스의 처리가 가능하다.
㉱ 처리된 가스의 확산이 용이하다.

(풀이) 처리된 가스의 확산이 어렵다. 즉 배기의 상승확산력을 저하한다.

442 습식 세정장치의 특성으로 가장 거리가 먼 것은?

㉮ 부식성 가스와 먼지를 중화시킬 수 있다.
㉯ 가연성, 폭발성 먼지를 처리할 수 있다.
㉰ 단일장치에서 가스흡수와 먼지포집이 동시에 가능하다.
㉱ 가시적 연기를 피하기 위해 별도의 재가열이 불필요하고, 집진된 먼지의 회수가 용이하다.

(풀이) 가시적 연기를 피하기 위해 별도의 재가열시설이 필요하고 집진된 먼지의 회수가 용이하지 않다.

443 벤추리 스크러버에 관한 설명으로 옳지 않은 것은?

㉮ 효율이 좋고 광범위하게 사용된다.
㉯ 액가스비는 일반적으로 분진의 입경이 작고, 친수성이 아닐수록 커진다.
㉰ 10μm 이하의 미립자이거나 소수성의 입자일 경우는 액가스비가 0.3L/m³ 정도이다.
㉱ 함진가스를 벤추리관의 목(Throat)부에 유속 60~90m/s로 빠르게 공급하여 목부 주변의 노즐로부터 세정액이 흡인 분사되게 함으로써 포집하는 방식이다.

(풀이) 10μm 이하의 미립자 또는 소수성의 입자일 경우는 액가스비가 0.3~1.5L/m³ 정도이다.

444 다음 집진장치 중 압력손실이 가장 큰 것은?

㉮ 관성력 집진장치   ㉯ 벤추리 스크러버
㉰ 사이클론   ㉱ 백필터

(풀이) 벤추리 스크러버의 압력손실은 300~800mmH₂O 정도로 가장 크다.

445 다음 세정집진장치 중 입구유속(기본유속)이 가장 빠른 것은?

㉮ Jet Scrubber   ㉯ Venturi Scrubber
㉰ Theisen Washer   ㉱ Cyclone Scrubber

(풀이) Venturi Scrubber의 목부 입구유속은 60~90m/sec 정도이다.

446 벤추리 스크러버(Venturi Scrubber)에 관한 설명으로 가장 거리가 먼 것은?

Answer 440. ㉮ 441. ㉱ 442. ㉱ 443. ㉰ 444. ㉯ 445. ㉯ 446. ㉰

㉮ 가압수식 중에서 집진율이 가장 높아 대단히 광범위하게 사용되며, 소형으로 대용량의 가스처리가 가능하다.
㉯ 액가스비는 보통 0.3~1.5L/m³ 정도, 압력손실은 300~800mmH₂O 전후이다.
㉰ 물방울 입경과 먼지 입경의 비는 충돌효율 면에서 10 : 1 전후가 좋다.
㉱ 목부의 처리가스속도는 보통 60~90m/s이다.

⦿ 물방울 입경과 먼지 입경의 비는 충돌효율 면에서 150 : 1 전후가 좋다.

447 벤추리 스크러버의 액가스비를 크게 하는 요인으로 틀린 것은?

㉮ 먼지의 농도가 높을 때
㉯ 먼지입자의 친수성이 높을 때
㉰ 먼지입자의 점착성이 클 때
㉱ 처리가스의 온도가 높을 때

⦿ 일반적으로 친수성이 높거나 입자가 큰 경우는 액가스비를 작게 한다.

448 다음 중 벤추리 스크러버의 액가스비 범위로 가장 적합한 것은?

㉮ 0.05~0.1L/m³　　㉯ 0.3~1.5L/m³
㉰ 3~10L/m³　　㉱ 10~50L/m³

449 다음 중 흡수장치에 대한 설명으로 틀린 것은?

㉮ 충전탑은 포말성 흡수액에도 적응성이 좋으나 충전층의 공극이 폐쇄되기 쉬우며 희석열이 심한 곳에는 부적합하다.
㉯ 분무탑은 가스의 흐름이 균일하지 못하고, 분무액과 가스의 접촉이 균일하지 못하여 효율이 낮은 편이다.
㉰ 벤추리 스크러버는 압력손실이 높으며, 소형으로 대용량의 가스처리가 가능하고, Mist의 발생이 적고, 흡수효율도 낮은 편이다.
㉱ 제트 스크러버는 가스의 저항이 적고, 수량이 많아 동력비가 많이 소요되며, 처리가스양이 많을 때에는 효과가 낮은 편이다.

⦿ 벤추리 스크러버는 가압수식 중 효율이 가장 높아 광범위하게 사용된다.

450 다음 중 이젝터를 사용하여 물을 고압분무하여 수적과 접촉 포집하는 방식으로 송풍기를 사용하지 않는 것이 특징이며, 처리가스양이 많을 경우에는 효과가 적은 집진장치는?

㉮ 사이클론 스크러버　　㉯ 제트 스크러버
㉰ 벤추리 스크러버　　㉱ 임펄스 스크러버

451 다음 설명하는 세정집진장치로 가장 적합한 것은?

> 다수의 분사노즐을 사용하여 세정액을 미립화시켜 오염가스 중에 분무하는 방식으로, 가스의 압력손실은 작은 반면, 상당한 동력이 요구된다. 이 장치의 압력손실은 2~20mmH₂O 정도이고, 가스 겉보기 속도는 0.2~1m/s 정도이다.

㉮ Spray Tower　　㉯ Wet Wall Tower
㉰ Sieve Plate Tower　　㉱ Packed Tower

452 다음 설명하는 집진장치로 가장 적합한 것은?

> 고정 및 회전날개로 구성된 다익형 날개차(車)를 350~750rpm으로 고속선회하여 함진가스와 세정수를 교반시켜 먼지를 제거하는 장치로 미세먼지를 99% 정도까지 제거 가능하고, 별도의 송풍기는 필요 없다. 액가스비는 0.5~2L/m³ 정도이다.

㉮ Theisen Washer ㉯ Spray Tower
㉰ Venturi Scrubber ㉱ Hydro Filter

453 유수식 세정집진장치의 종류와 가장 거리가 먼 것은?

㉮ 가스분수형 ㉯ 스크루형
㉰ 임펠러형 ㉱ 로타형

풀이) 유수식은 세정액 속으로 처리가스를 유입하여 이때 생성된 세정액의 액적, 액막, 기포를 형성, 배기가스를 세정하는 방식으로 종류로는 S 임펠러형, 로타형, 가스분수형, 나선안내익형, 오리피스 스크러버 등이 있다.

454 세정식 집진장치의 효율 향상에 관한 설명으로 옳지 않은 것은?

㉮ 벤추리 스크러버에서는 Throat부의 배기가스 속도를 크게 해준다.
㉯ 분무액의 압력은 높게, 액적·액막 등의 표면적은 크게 해준다.
㉰ 충전탑에서는 탑 내의 처리가스속도를 크게 해준다.
㉱ 회전식에서는 원주속도를 크게 해준다.

풀이) 충전탑에서는 탑 내의 처리가스 속도를 1m/sec 정도로 작게 한다.

455 세정집진장치에서 관성충돌계수를 크게 하는 조건이 아닌 것은?

㉮ 액적의 직경이 커야 한다.
㉯ 먼지의 밀도가 커야 한다.
㉰ 처리가스의 액적의 상대속도가 커야 한다.
㉱ 먼지의 입경이 커야 한다.

풀이) 액적 직경이 작아야 관성충돌계수가 상승한다.

456 여과집진장치에서 "직경이 $0.1\mu m$ 이하인 미세입자"의 주요 메커니즘으로 가장 적합한 집진원리는?

㉮ 관성충돌 ㉯ 세정응축
㉰ 중력침강 ㉱ 확산

457 여과집진장치에서 먼지제거 메커니즘으로 가장 거리가 먼 것은?

㉮ 관성충돌(Inertial Impaction)
㉯ 확산(Diffustion)
㉰ 직접차단(Direct Interecption)
㉱ 무화(Atomization)

풀이) 입자제거 메커니즘
① 직접 차단 ② 관성충돌
③ 확산 ④ 중력침강
⑤ 정전기 침강

Answer 452. ㉮ 453. ㉯ 454. ㉰ 455. ㉮ 456. ㉱ 457. ㉱

458 여과집진장치 중 여재에 관한 설명으로 옳은 것은?

㉮ 털어서 떨어뜨리는 방식에 의하여 높은 집진율을 얻기 위해서는 연속적으로 떨어뜨리는 방식을 취한다.
㉯ 고농도 함진 배출가스의 처리에는 간헐적으로 떨어뜨리는 방식을 취함으로써 효율의 증대를 가져올 수 있다.
㉰ 목면은 값이 저렴하나 흡수성이 높고, Polyester계 섬유는 내산성과 내구성이 우수하다.
㉱ 직포는 장섬유와 단섬유로 구성되어 있는데, 장섬유는 1차 부착층의 형성이 빠르고 먼지의 포집률도 크며, 단섬유는 강도가 높고 부착성이 강한 먼지의 포집에 적당하다.

⊙풀이 ㉮항 : 연속식은 탈진공정시 먼지의 재비산이 발생하므로 간헐식에 비하여 집진효율이 낮다.
㉯항 : 고농도, 대용량의 배출가스를 처리할 경우는 연속식 방식을 취함으로써 효율의 증대를 가져올 수 있다.

459 다음 특성을 가지는 산업용 여과재로 가장 적당한 것은?

- 최대허용온도가 약 80℃
- 내산성은 나쁨, 내알칼리성은 (약간) 양호

㉮ Cotton ㉯ Teflon ㉰ Orlon ㉱ Glass

460 다음 여과재의 재질 중 내산성 여과재로 적합하지 않은 것은?

㉮ 목면   ㉯ 카네카론
㉰ 비닐론   ㉱ 글라스파이버

461 여과집진장치에서 처리가스 중 SO_2, HCl 등을 함유한 200℃ 정도의 고온 배출가스를 처리하는 데 가장 적합한 여재는?

㉮ 목면(Cooton)
㉯ 유리섬유(Glass Fiber)
㉰ 나일론(Ester)
㉱ 양모(Wool)

462 여과집진장치의 여과방식 중 내면여과에 관한 설명으로 옳지 않은 것은?

㉮ 여재를 비교적 느슨하게 틀 속에 충전하여 이것을 여과층으로 하여 함진가스 중의 먼지 입자를 포집하는 방식으로 여재 내면에서 포집된다.
㉯ Package형 Filter, 방사성 먼지용 Air Filter 등이 이 여과방식에 속하여, 여과속도가 적고, 압력손실은 보통 30mmH₂O 이하이다.
㉰ 습식인 경우 부착된 입자의 제거가 곤란하므로 일정량 이상의 입자가 부착되면 새로운 여재로 교환해야 한다.
㉱ 이 방식은 주로 고농도의 함진가스의 오염공기를 처리할 때 사용된다.

⊙풀이 내면여과는 주로 저농도, 저용량의 함진가스의 오염공기 처리 시 사용된다.

463 여과집진장치의 탈진방식 중 간헐식에 관한 설명으로 틀린 것은?

㉮ 간헐식 중 진동형은 여포의 음파진동, 횡진동, 상하진동에 의해 포집된 먼지층을 털어내는 방식으로 접착성 먼지의 집진에는 사용할 수 없다.

Answer▶ 458. ㉰ 459. ㉮ 460. ㉮ 461. ㉯ 462. ㉱ 463. ㉰

㉯ 집진실을 여러 개의 방으로 구분하고 방 하나씩 처리가스의 흐름을 차단하여 순차적으로 탈진하는 방식이며, 여포의 수명은 연속식에 비해 길다.
㉰ 간헐식 중 역기류형의 적정 여과속도는 3~5cm/s이고, Glass Fiber는 역기류형 중 가장 저항력이 강하다.
㉱ 연속식에 비하면 먼지의 재비산이 적고, 높은 집진율을 얻을 수 있다.

(풀이) 간헐식 중 역기류형의 적정 여과속도는 0.5~1.5cm/sec이며 Glass Fiber를 적용하는 데 한계가 있다.

464 여과집진장치의 탈진방식에 관한 다음 설명 중 옳지 않은 것은?

㉮ 연속식에는 역제트기류 분사형과 충격제트기류 분사형 등이 있다.
㉯ 연속식은 포집과 탈질이 동시에 이루어지므로 압력손실이 거의 일정하고 고농도, 대용량의 가스를 처리할 수 있다.
㉰ 간헐식은 먼지의 재비산이 적고, 높은 집진율을 얻을 수 있으며, 여포의 수명은 연속식에 비해 길다.
㉱ 충격제트기류 분사형은 여과자루에 상하로 이동하는 블로워에 몇 개의 슬롯을 설치하고 여기에 고속제트기류를 주입하여 여과자루를 위·아래로 이동하면서 탈진하는 방식으로 내면여과이다.

(풀이) 충격제트기류 분사형은 고압력의 충격제트기류를 사용하여 여과포 내부의 포집분자 층을 털어내는 외면(표면) 여과방식이다.

465 여과집진장치에 관한 설명으로 옳지 않은 것은?

㉮ 다양한 여과재의 사용으로 인하여 설계시 융통성이 있다.
㉯ 세정집진장치보다 압력손실과 동력소모가 적다.
㉰ 여과재의 교환으로 유지비가 고가이다.
㉱ 수분이나 여과속도에 대한 적응성이 높다.

(풀이) 여과집진장치는 수분이나 여과속도에 적응성이 낮다.

466 여과집진장치의 특성에 관한 설명으로 옳지 않은 것은?

㉮ 점성이 있는 조대분진을 탈진할 경우 간헐식 탈진방식 중 진동형은 여포 손상의 경우가 적고, 연속식에 비해 대량의 가스처리에 적합한 방식이다.
㉯ 간헐식 탈진방식은 분진의 재비산이 적고, 높은 집진율을 얻을 수 있으며, 여포 수명은 연속식에 비해 길다.
㉰ 연속식 탈진방식은 포집과 탈진이 동시에 이루어지므로 압력손실이 거의 일정이다.
㉱ Reverse Jet형과 Pulse Jet형은 연속식 탈진방식에 속한다.

(풀이) 여과집진장치의 간헐식 탈진방식은 점성이 있는 조대분진을 탈진할 경우 진동형은 여포 손상을 일으키며, 대량의 가스처리에 부적합하다.

467 여과집진장치의 특성으로 거리가 먼 것은?

㉮ 방사성 먼지용 Air Fiter는 내면여과방식에 해당한다.

㉯ 표면여과방식에서 초층의 눈막힘을 방지하기 위해 처리가스의 온도를 산노점 이상으로 유지한다.
㉰ 내면여과방식은 습식도 있지만 일반적으로 건식으로 사용된다.
㉱ Package형 Filter는 표면여과방식에 해당하며 여과속도는 크지만, 여재의 압력손실이 낮아 많이 사용된다.

(풀이) Package형 Filter는 내면여과방식에 해당하며, 여과속도가 느리고 압력손실은 보통 30mmH$_2$O 이하이다.

468 여과집진장치에 사용되는 여포에 관한 설명 중 가장 거리가 먼 것은?

㉮ 여포의 형상은 원통형, 평판형, 봉투형 등이 있으나 주로 원통형을 사용한다.
㉯ 여포는 내열성이 약하므로 가스온도 250℃를 넘지 않도록 주의한다.
㉰ 고온가스를 냉각시킬 때에는 산노점(Dew Point) 이하로 유지하도록 하여 여포의 눈막힘을 방지한다.
㉱ 여포재질 중 Glass Fiber는 최고사용온도가 250℃ 정도이며, 내산성이 양호한 편이다.

(풀이) 여과재는 재질보전을 위하여 최고사용온도를 넘지 않도록 주의해야 하며, 특히 고온가스를 냉각시킬 때는 산노점 이상으로 유지하여 여포의 눈막힘을 방지한다.

469 다음 중 직물여과기(Fabric Filter)의 여과직물을 청소하는 방법과 거리가 먼 것은?

㉮ 진동형　　㉯ 임팩트 제트형
㉰ 역기류형　㉱ 펄스 제트형

470 여과집진장치에 관한 다음 설명 중 가장 거리가 먼 것은?

㉮ 내면여과는 여과속도가 15m/s, 압력손실은 보통 150mmH$_2$O 정도이다.
㉯ Package형 Filter, 방사성 먼지용 Air filter 등은 내면여과방식에 해당된다.
㉰ 내면여과는 일반적으로 건식으로서 사용되지만 점착성 기름을 여재에 바른 습식도 있다.
㉱ 여포는 내열성이 약하므로 가스온도가 250℃를 넘지 않도록 주의하고, 고온가스 냉각시에는 산노점 이상으로 유지해야 한다.

(풀이) 내면여과의 압력손실은 보통 30mmH$_2$O 이하이다.

471 여과집진장치 설계시 고려사항 중 가장 거리가 먼 것은?

㉮ 여과주머니의 직경에 대한 길이의 비(L/D)를 너무 크게 하면 주머니들끼리 마찰할 위험이 있고, 먼지 제거가 곤란하므로 통상 L/D비는 20 이하가 좋다.
㉯ 제거된 먼지의 자동 연속적 작동방식은 소제를 위해 주기적인 가동중단이 요구되지 않거나 불가능한 경우에 주로 채택된다.
㉰ 여과섬유 중 Teflon은 여과율이 1~2m/min 정도이며, 연소 유지성이 Cotton 및 Nylon에 비해 우수하며, 경제적이다.
㉱ 여포는 가스 온도가 가급적 250℃를 넘지 않도록 주의해야 하고, 특히 고온가스의 냉각시에는 산노점 이상으로 유지해야 한다.

(풀이) 여과재질 중 테프론은 250℃까지 고온에 사용 가능하며 내산성, 내알칼리성이 뛰어나지만 가격이 고가이며 인장강도가 낮고 마모에 약하다.

Answer 468. ㉱　469. ㉯　470. ㉮　471. ㉰

472 여과집진장치에 관한 설명 중 옳지 않은 것은?

㉮ $1\mu m$ 이하의 미세먼지 포집을 위해서는 여과속도를 보통 7~15m/s 정도로 하는 것이 좋다.
㉯ 간헐식 탈리방법은 대량가스의 처리에는 부적합하나 여포의 수명은 연속식에 비해 길다.
㉰ 연속식 탈리방법은 Reverse Jet, Pulse Jet형이 있으며, 압력손실이 거의 일정하다.
㉱ 내면여과방식에는 Package형 Filter, 방사성 먼지용 Air Filter 등이 해당된다.

(풀이) $1\mu m$ 이하의 미세먼지 포집을 위해서는 여과속도를 보통 1~2cm/sec 정도로 하는 것이 좋다.

473 전기집진장치의 장애현상 중 역전리 현상(Back Corona)의 원인과 가장 거리가 먼 것은?

㉮ 입구의 유속이 클 때
㉯ 미분탄 연소 시
㉰ 분진 비저항이 너무 클 때
㉱ 배출가스의 점성이 클 때

474 전기집진장치에서 먼지의 겉보기 전기저항을 낮추기 위해 주입하는 비저항 조절제로 거리가 먼 것은?

㉮ 물 또는 수증기
㉯ 소다회(Soda Lime)
㉰ 암모니아 가스
㉱ H_2O_2

(풀이) 암모니아는 겉보기 전기저항이 낮을 경우 비저항 조절제로 사용된다.

475 전기집진장치를 사용하여 집진할 때 입자의 비저항이 $10^4 \Omega \cdot cm$ 이하인 경우에 관한 설명으로 거리가 먼 것은?

㉮ 포집된 먼지가 처리가스 내로 재비산된다.
㉯ 암모니아를 주입하여 Conditioning하는 방법이 쓰인다.
㉰ 집진극에 흡착된 대전입자의 중화가 빠르다.
㉱ 역전리 현상이 일어난다.

(풀이) $10^{11} \Omega \cdot cm$ 이상일 때 절연파괴현상이 발생하고 역코로나 및 역전리 현상이 일어나 재비산되어 집진율이 저하된다.

476 습식 전기집진장치의 특징에 관한 설명 중 틀린 것은?

㉮ 작은 전기저항에 의해 생기는 먼지의 재비산을 방지할 수 있다.
㉯ 집진면이 청결하여 높은 전계강도를 얻을 수 있다.
㉰ 건식에 비하여 가스의 처리속도를 2배 정도 크게 할 수 있다.
㉱ 고저항의 먼지로 인한 역전리 현상이 일어나기 쉽다.

(풀이) 습식 전기집진장치는 역전리 현상 및 재비산 현상이 건식에 비하여 상대적으로 아주 적게 발생한다.

477 다음 중 전기집진장치의 특징으로 옳지 않은 것은?

㉮ 고온가스 처리가 가능하다.
㉯ 부식성 가스가 함유된 먼지도 처리가 가능하다.
㉰ 압력손실이 높다.
㉱ 전력소비가 적다.

Answer 472. ㉮ 473. ㉮ 474. ㉰ 475. ㉱ 476. ㉱ 477. ㉰

(풀이) 전기집진장치는 비교적 압력손실(10~20mmH₂O)이 낮고 대용량의 처리가스가 가능하다.

478 전기집진기의 집진율 향상에 관한 설명으로 옳지 않은 것은?

㉮ 분진의 겉보기 고유저항이 낮을 경우는 NH_3 가스를 주입한다.
㉯ 분진의 비저항이 $10^5 \sim 10^{10} \Omega \cdot cm$의 범위면 입자의 대전과 집진된 분진의 탈진이 정상적으로 진행된다.
㉰ 처리가스 내 수분은 그 함유량이 증가하면 비저항이 감소하므로, 고비저항의 분진은 수증기를 분사하거나 물을 뿌려 비저항을 낮출 수 있다.
㉱ 온도조절 시 장치의 부식을 방지하기 위해서는 노점 온도 이하로 유지해야 한다.

479 다음 전기집진장치 내의 입자에 작용하는 전기력 중 가장 지배적으로 작용하는 힘은?

㉮ 전계강도에 의한 힘
㉯ 대전입자의 하전에 의한 쿨롱의 힘
㉰ 입자 간의 흡인력
㉱ 전기풍에 의한 힘

480 다음 중 전기집진장치에서 입자에 적용하는 전기력의 종류로 가장 거리가 먼 것은?

㉮ 대전입자의 하전에 의한 쿨롱력
㉯ 전계강도에 의한 힘
㉰ 브라운 운동에 의한 확산력
㉱ 전기풍에 의한 힘

(풀이) 전기력의 종류
① 대전입자의 하전에 의한 쿨롱력
② 전계강도에 의한 힘
③ 입자 간의 흡인력
④ 전기풍에 의한 힘

481 전기집진장치의 유지관리에 관한 사항으로 옳지 않은 것은?

㉮ 비저항이 높은 경우에는 건식집진장치를 사용하거나 NH_3 가스를 주입한다.
㉯ 배기가스 내 수분량이 증가할수록 먼지 비저항이 감소한다.
㉰ 분진의 비저항이 낮으면($10^4 \Omega \cdot cm$ 이하) 분진 입자의 반발로 인해 분진은 가스 중으로 재비산한다.
㉱ 분진의 비저항이 높으면($10^{12} \Omega \cdot cm$ 이상) 역전리 현상이 발생하므로 집진효율은 감소한다.

(풀이) 전기저항이 높을 경우($10^{11} \Omega \cdot cm$ 이상)에는 비저항 조절제(물 또는 수증기, 소다회, 트리에틸아민, 황산, 이산화황 등)를 투입하여 겉보기 전기저항을 낮춘다.

482 전기집진장치에서 입자의 저항이 $10^{12} \sim 10^{13} \Omega \cdot cm$ 범위에서 일어나는 현상으로 가장 적합한 것은?

㉮ 포집먼지의 중화가 적당한 속도로 일어나 포집효율이 현저히 높아진다.
㉯ 스파크 발생은 없으나 절연파괴를 일으킨다.
㉰ 대전입자의 중화가 빠르고 포집된 먼지가 재비산된다.
㉱ 집진극 측으로부터 음극코로나가 발생하게 되고, 집진율이 떨어진다.

Answer 478. ㉱ 479. ㉯ 480. ㉰ 481. ㉮ 482. ㉯

483 전기집진장치에 관한 설명으로 옳지 않은 것은?

㉮ 처리가스가 적은 경우 다른 고성능 집진장치에 비해 건설비가 비싸다.
㉯ 부식성 가스가 함유된 먼지도 처리가 가능하다.
㉰ 350℃의 고온에서도 처리가 가능하다.
㉱ 주어진 조건에 따른 부하변동 적응이 용이하다.

(풀이) 전기집진장치는 전압변동과 같은 조건변동에 쉽게 적응이 곤란하다.

484 전기집진장치의 유지관리 사항 중 가장 거리가 먼 것은?

㉮ 조습용 스프레이 노즐은 운전 중 막히기 쉽기 때문에 운전 중에도 점검, 교환이 가능해야 한다.
㉯ 운전 중 2차 전류가 매우 적을 때에는 조습용 스프레이의 수량을 증가시켜 겉보기 저항을 낮춘다.
㉰ 시동 시 애자 등의 표면을 깨끗이 닦아 고전압 회로의 절연저항이 100Ω 이하가 되도록 한다.
㉱ 접지저항은 적어도 연 1회 이상 점검하여 10Ω 이하가 되도록 유지한다.

(풀이) 시동 시 애자 등의 표면을 깨끗이 닦아 고전압회로의 절연저항이 100MΩ 이상 되도록 한다.

485 전기집진장치의 유지관리에 관한 사항 중 가장 거리가 먼 것은?

㉮ 시동 시에는 배출가스를 도입하기 최소 6시간 전에 애관용 히터를 가열하여 애자관 표면에 수분이나 먼지의 부착을 방지한다.
㉯ 운전 시에 2차 전류가 심하게 변하는 것은 전극 간 거리(Pitch)의 불균일 또는 변형으로 국부적인 단락을 일으키기 때문인 경우가 많다.
㉰ 운전 시에 2차 전류가 매우 적을 때는 조습용 스프레이의 수량을 줄여 겉보기 전기저항을 높여야 한다.
㉱ 정지 시에는 접지저항을 연 1회 이상 점검하고, 10Ω 이하로 유지한다.

(풀이) 전기집진장치에서 2차 전류가 매우 적을 때는 조습용 스프레이의 수량을 늘려 겉보기 저항을 낮추어 주어야 한다.

486 전기집진장치의 장애현상 중 2차 전류가 많이 흐를 때의 원인으로 틀린 것은?

㉮ 먼지의 농도가 너무 낮을 때
㉯ 공기 부하시험을 행할 때
㉰ 방전극이 너무 가늘 때
㉱ 이온 이동도가 적은 가스를 처리할 때

(풀이) 이온 이동도가 큰 가스를 처리할 때 2차 전류가 많이 흐른다.

487 전기집진장치의 장애현상 중 먼지의 비저항이 비정상적으로 높아 2차 전류가 현저하게 떨어질 때의 대책으로 다음 중 가장 적합한 것은?

㉮ Baffle을 설치한다.
㉯ 방전극을 교체한다.
㉰ 스파크 횟수를 늘린다.
㉱ 바나듐을 투입한다.

(풀이) 2차 전류가 현저하게 떨어질 때의 대책
① 스파크의 횟수를 늘린다.
② 조습용 스프레이 수량을 늘린다.
③ 입구먼지 농도를 적절히 조절한다.

Answer ◁ 483. ㉱ 484. ㉰ 485. ㉰ 486. ㉱ 487. ㉰

488 다음 중 전기집진장치의 방전극의 재질로서 가장 거리가 먼 것은?

㉮ 폴로늄 ㉯ 티타늄 합금
㉰ 고탄소강 ㉱ 스테인리스

[풀이] 방전극은 코로나방전이 용이하도록 직경 0.13~0.38cm 정도로 가늘어야 하고, 재료는 부식에 강한 티타늄 합금, 고탄소강, 스테인리스, 알루미늄 등이 사용된다.

489 집진장치에 관한 설명 중 옳지 않는 것은?

㉮ Venturi Scrubber에서의 액가스비(L/m^3)는 일반적으로 분진의 입경이 작고, 친수성이 아닐수록 작아진다.
㉯ 중력식 집진장치는 보통 50~100μm 이상의 큰 입자의 포집에 주로 사용되며, 압력손실은 5~10mmH_2O 정도이다.
㉰ Bag Filter는 여과집진의 대표적인 1μm 이하의 미립자도 포집 가능하다.
㉱ 음파집진장치는 함진가스 중의 입자에 음파진동을 부여하여 입자를 응집·제진한다.

[풀이] Venturi Scrubber에서의 액가스비(L/m^3)는 일반적으로 분진의 입경이 작고, 친수성이 아닐수록 커진다.

490 다음 중 확산력과 관성력을 주로 이용하는 집진장치로 가장 적합한 것은?

㉮ 중력집진장치 ㉯ 전기집진장치
㉰ 원심력집진장치 ㉱ 세정집진장치

491 다음 각 집진장치의 유속과 집진특성에 대한 설명 중 옳지 않은 것은?

㉮ 중력집진장치와 여과집진장치는 기본유속이 작을수록 미세한 입자를 포집한다.
㉯ 원심력집진장치는 적정 한계 내에서는 입구유속이 빠를수록 효율이 높은 반면 압력손실도 높아진다.
㉰ 벤추리스크러버와 제트스크러버는 기본유속이 작을수록 집진율이 높다.
㉱ 건식 전기집진장치는 재비산 한계 내에서 기본유속을 정한다.

[풀이] 벤추리스크러버와 제트스크러버는 기본유속이 클수록 작은 액적이 형성되어 미세입자를 제거한다.

492 집진장치에 관한 설명으로 옳지 않은 것은?

㉮ 전기집진장치에서 방전극은 굵고 짧을수록 Corona 방전을 일으키기 쉽다.
㉯ 세정식 집진장치 중 가압수식인 벤추리스크러버, 제트스크러버 등은 목(Throat)부의 기본유속이 클수록 작은 액적이 형성되어 미세한 입자를 제거할 수 있다.
㉰ 관성력 집진장치에서 반전식의 경우 방향전환을 하는 가스의 곡률반경이 작을수록 미세한 먼지를 분리포집할 수 있다.
㉱ 중력식 집진장치는 일정한 유속에 대하여 침강실의 높이는 낮을수록 길이는 길수록 높은 제진율을 얻는다.

[풀이] 전기집진장치에서 방전극은 얇고 짧을수록 Corona 방전을 일으키기 쉽다.

Answer 488. ㉮ 489. ㉮ 490. ㉱ 491. ㉰ 492. ㉮

493 물을 가압(加壓) 공급하여 함진가스를 세정하는 형식의 가압수식 스크러버가 아닌 것은?

㉮ Venturi Scrubber ㉯ Impulse Scrubber
㉰ Spray Tower ㉱ Jet Scrubber

[풀이] Impulse Scrubber는 Theisen Washer와 같이 회전식 스크러버이다.

494 다음 흡수장치의 종류 중 기체분산형 흡수장치에 해당되는 것은?

㉮ Plate Tower ㉯ Packed Tower
㉰ Spray Tower ㉱ Venturi Scrubber

[풀이] 기체분산형 흡수장치는 다공판탑(Sieve Plate Tower), 포종탑(Tray Tower) 등의 단탑과 기포탑 등이 있다.

495 다음 중 가스분산형 흡수장치에 해당하는 것은?

㉮ 기포탑 ㉯ 사이클론스크러버
㉰ 분무탑 ㉱ 충전탑

496 흡수에 있어서 물에 대한 용해도가 높은 가스의 경우 액분산형 흡수장치가 사용된다. 다음 중 액분산형 흡수장치로 처리하기에 가장 부적합 가스는?

㉮ 암모니아 ㉯ 일산화탄소
㉰ 크롬산미스트 ㉱ 황화수소

[풀이] 액분산형 흡수장치는 용해도가 크고, 가스측 저항이 지배적일 때 사용된다.

497 다음 중 유해가스처리 시 흡수제로 물을 사용하는 경우 물질이동량이 액상측 저항에 의하여 지배되는 가스는?

㉮ CO ㉯ NH_3 ㉰ SO_2 ㉱ HF

[풀이] 액상측 저항이 지배적인 물질은 헨리상수 값이 큰 것을 의미한다.
$CO > H_2S > SO_2 > Cl_2 > SO_2 > NH_3 > HF > HCl$

498 유해가스 처리를 위한 흡수액의 구비요건 중 가장 거리가 먼 것은?

㉮ 휘발성이 낮아야 한다.
㉯ 어는점이 높아야 한다.
㉰ 점도가 낮아야 한다.
㉱ 용해도가 커야 한다.

[풀이] 흡수액의 구비조건 중 빙점(어는점)은 낮고 비점(끓는점)은 높아야 한다.

499 흡수탑에 적용되는 흡수액 선정 시 고려할 사항으로 가장 거리가 먼 것은?

㉮ 비표면적이 커야 한다.
㉯ 용해도가 커야 한다.
㉰ 비점은 높아야 한다.
㉱ 점도는 낮아야 한다.

[풀이] 흡수액과 비표면적은 관계가 없다.

500 유해가스 처리에 사용되는 세정액 선택 시 그 정도가 높을수록 좋은 것은?

㉮ 점도 ㉯ 휘발성 ㉰ 응고점 ㉱ 용해도

Answer 493. ㉯ 494. ㉮ 495. ㉮ 496. ㉯ 497. ㉮ 498. ㉯ 499. ㉮ 500. ㉱

풀이 흡수액은 용해도가 높을수록 좋다.

501 세정집진장치 중 Spray Tower에 관한 설명으로 옳지 않은 것은?

㉮ 탑 내에 몇 개의 살수노즐을 사용하여 함진가스를 향류접촉시켜 분진을 제거한다.
㉯ 구조가 간단하고 보수가 용이하다.
㉰ 액가스비는 10~50L/m³이다.
㉱ 충전제를 쓰지 않기 때문에 압력손실의 증가는 없다.

풀이 Spray Tower의 액가스비는 0.5~1.5(2~3)L/m³ 정도이다.

502 분무탑(Spray Tower)에 관한 설명 중 옳지 않은 것은?

㉮ 유해가스 속도가 느릴 경우를 제외하고는 비말동반의 위험이 있다.
㉯ 액분산형 흡수장치에 해당한다.
㉰ 충전탑에 비하여 설비비 및 유지비가 적게 든다.
㉱ 충전탑에 비해 압력손실이 크다.

풀이 Spray Tower는 구조가 간단하고 보수가 용이하며 충전제를 쓰지 않기 때문에 압력손실의 증가는 없다.

503 분무탑에 관한 설명으로 옳지 않은 것은?

㉮ 흡수가 잘 되는 수용성 기체에 효과적이다.
㉯ 분무액과 가스의 접촉이 균일하여 효율이 우수한 장점이 있다.
㉰ 분무에 상당한 동력이 필요하고, 가스의 유출 시 비말동반이 많다.
㉱ 침전물이 생기는 경우에 적합하며, 충전탑에 비해 설비비 및 유지비가 적게 드는 장점이 있다.

풀이 유해가스 속도가 느릴 경우를 제외하고는 가스의 유출 시 비말동반의 위험이 있고 효율이 낮다.

504 불화규소 제거를 위한 세정탑의 형식으로 가장 거리가 먼 것은?

㉮ Venturi Scrubber ㉯ Jet Scrubber
㉰ Packed Tower   ㉱ Spray Tower

505 다음 중 가스의 압력손실은 작은 반면, 상당한 동력이 요구되며, 장치의 압력손실은 2~20mmH₂O, 가스 겉보기 속도는 0.2~1m/s 정도인 세정집진장치에 해당하는 것은?

㉮ Sieve Plate Tower ㉯ Orifice Scrubber
㉰ Spray Tower   ㉱ Packed Tower

506 충전탑에 관한 설명으로 가장 거리가 먼 것은?

㉮ 충전제는 화학적으로 불활성이어야 한다.
㉯ 충전제를 규칙적으로 충전하면 불규칙적으로 충전하는 방법에 비하여 압력손실이 작아진다.
㉰ 편류현상은 [탑의 직경/충전제 직경]의 비가 9~10 범위일 때 최소가 된다.
㉱ 보통 가스유속은 부하점(Loading Point)에서의 유속의 70~80% 조작이 적당한다.

Answer 501. ㉰ 502. ㉱ 503. ㉯ 504. ㉰ 505. ㉰ 506. ㉱

💬 충전탑의 가스유속은 부하점 유속의 40~70% 범위에서 선정한다.

507 유해가스 흡수장치 중 충전탑에 관한 설명으로 틀린 것은?

㉮ 흡수액을 통과시키면서 유량속도를 증가시키면 충전층 내의 액보유량이 증가하는 점을 편류점(Channelling Point)이라 한다.
㉯ 충전탑의 원리는 충전물질의 표면을 흡수액으로 도포하여 흡수액의 얇은 층을 형성시킨 후 가스와 흡수액을 접촉시켜 흡수시킨다.
㉰ 액분산형 가스흡수장치에 속하며, 효율 증대를 위해서는 가스의 용해도를 증가시키고, 액가스비를 증가시켜야 한다.
㉱ 온도의 변화가 큰 곳에는 적응성이 낮고, 희석열이 심한 곳에는 부적합하다.

💬 일정한 양의 흡수액을 통과시키면서 유량속도를 증가시키면 압력손실은 가스속도의 대수값에 비례하며 충전층 내의 액보유량이 증가하는 점을 부하점이라 한다.

508 충전탑(Packed Tower) 내 충전물에 요구되는 일반사항으로 가장 거리가 먼 것은?

㉮ 단위체적당 넓은 표면적을 가질 것
㉯ 압력손실이 작을 것
㉰ 충분한 화학적 저항성을 가질 것
㉱ 충전밀도가 작을 것

💬 충전밀도가 커야 한다.

509 유해가스의 흡수장치 중 다공판탑(가스분사형)에 관한 설명으로 옳지 않은 것은?

㉮ 판간격은 40cm, 액가스비는 0.3~5L/m³ 정도이다.
㉯ 비교적 소량의 액량으로 처리가 가능하다.
㉰ 효율은 높지만 고체 부유물을 생성하는 경우에는 부적합하다.
㉱ 판수를 증가시키면 고농도 가스 처리도 가능하다.

💬 다공판탑형은 고체 부유물 생성 시 적합하다.

510 유해가스 흡수장치 중 다공판탑에 관한 설명으로 옳지 않은 것은?

㉮ 비교적 대량의 흡수액이 소요되고, 가스 겉보기 속도는 10~20m/s 정도이다.
㉯ 액가스비는 0.3~5L/m³, 압력손실은 100~200mmH$_2$O/단 정도이다.
㉰ 고체부유물 생성 시 적합하다.
㉱ 가스양의 변동이 격심할 때는 조업할 수 없다.

💬 다공판탑은 비교적 소량의 액량으로 처리가 가능하고 가스속도는 0.1~1m/sec 정도이다.

511 헨리의 법칙에 관한 다음 설명 중 옳지 않은 것은?

㉮ 비교적 용해도가 적은 기체에 적용된다.
㉯ 헨리상수의 단위는 atm/m³·kmol이다.
㉰ 일정온도에서 특정 유해가스 압력은 용해가스의 액 중 농도에 비례한다는 법칙이다.
㉱ 헨리상수는 온도에 따라 변하며 온도는 높을수록 용해도는 적을수록 커진다.

💬 헨리상수의 단위는 atm·m³/kmol이다.

Answer 507. ㉮ 508. ㉱ 509. ㉰ 510. ㉮ 511. ㉯

512 다음 중 헨리법칙이 가장 잘 적용되는 물질은?

㉮ H_2 ㉯ Cl_2 ㉰ HCl ㉱ HF

[풀이] ① 헨리법칙에 잘 적용되는 기체(난용성 : 용해도가 적은 기체)
H_2, O_2, N_2, CO, CO_2, NO, NO_2, H_2S, CH_2
② 헨리법칙에 잘 적용되지 않는 기체(가용성 : 용해도가 큰 기체)
Cl_2, HCl, NH_3, SO_2, SiF_4, HF

513 다음 기체 중 물에 대한 헨리상수(atm·m³/kmol) 값이 가장 큰 물질은?(단, 온도는 30℃, 기타 조건은 동일하다고 본다.)

㉮ HF ㉯ HCl ㉰ H_2S ㉱ SO_2

[풀이] ① 헨리상수(H)는 온도에 따라 변하며 온도는 높을수록 용해도는 적을수록 커진다.
② 헨리상수 값이 큰 물질순서
$CO > H_2S > SO_2 > Cl_2 > SO_2 > NH_3 > HF > HCl$
③ 액상 측 저항이 지배적인 물질은 헨리상수 값이 큰 것을 의미한다.

514 헨리법칙을 이용하여 유도된 총괄물질이동계수와 개별물질이동계수와의 관계를 옳게 나타낸 식은?(단, K_G : 기상총괄물질이동계수, k_ℓ : 액상물질이동계수, k_g : 기상물질이동계수, H : 헨리정수)

㉮ $\frac{1}{K_G} = \frac{1}{k_g} + \frac{H}{k_\ell}$ ㉯ $\frac{1}{K_G} = \frac{1}{k_\ell} + \frac{k_g}{H}$

㉰ $\frac{1}{K_G} = \frac{1}{k_\ell} + \frac{H}{k_g}$ ㉱ $\frac{1}{K_G} = \frac{H}{k_g} + \frac{k_g}{k_\ell}$

515 흡수장치에 관한 설명으로 가장 거리가 먼 것은?

㉮ 분무탑의 경우 가스의 압력손실은 적은 반면, 세정액 분무를 위해서는 상당한 동력이 필요하다.
㉯ 가스 측 저항이 큰 경우는 가스분산형 흡수장치를 쓰는 것이 유리하다.
㉰ 가스분산형 흡수장치로는 포종탑, 다공판탑 등이 있다.
㉱ 충전탑의 경우 편류현상을 최소화하기 위해서는 보통탑의 직경(D)과 충전제 직경(d)의 비 D/d가 8~10일 때이다.

[풀이] 가스측 저항이 지배적일 경우는 액분산형 흡수장치를 쓰는 것이 유리하다.

516 다음 흡수장치 중 액가스비가 가장 크고, 수량이 많아 동력비가 많이 들며, 가스양이 많을 때는 불리한 흡수장치는?

㉮ 충전탑 ㉯ 스프레이탑
㉰ 제트스크러버 ㉱ 벤추리스크러버

517 가스흡수에서는 기-액의 접촉면적을 크게 하는 것이 필요한데 실제 유효접촉면적 a (m²/m³)의 참값을 구하기가 쉽지 않으므로, 액상 총괄물질이동계수 K_L과의 곱인 $K \cdot a$를 계수로 사용한다. 이 계수를 무엇이라 하는가?

㉮ 액체용량계수 ㉯ 액체유효면적계수
㉰ 액체전달계수 ㉱ 액체분배계수

518 유해가스 처리를 위한 흡수에 관한 설명으로 가장 거리가 먼 것은?

㉮ 두 상(Phase)이 접할 때 두 상이 접한 경계면의 양측에 경막이 존재한다는 가정을 Lewis-Whitman의 이중경막설이라 한다.
㉯ 확산을 일으키는 추진력은 두 상(Phase)에서의 확산물질의 농도차 또는 분압차가 주원인이다.
㉰ 액상으로의 가스흡수는 기-액 두 상(Phase)의 본체에서 확산물질의 농도 기울기는 큰 반면, 기-액의 각 경막 내에서는 농도 기울기가 거의 없는데, 이것은 두 상의 경계면에서 효과적인 평형을 이루기 위함이다.
㉱ 주어진 온도, 압력에서 평형상태가 되면 물질의 이동은 정지한다.

(풀이) 액상으로의 가스흡수는 기-액 두 상의 본체에서 확산물질의 농도기울기는 거의 없으며 기-액의 각 경막 내에서는 농도기울기가 있으며 이것은 두 상의 경계면에서 효과적인 평형을 이루기 위함이다.

519 흡착에 대한 다음 설명으로 옳은 것은?

㉮ 화학적 흡착은 흡착과정이 가역적이므로 흡착제의 재생이나 오염가스의 회수에 매우 편리하다.
㉯ 물리적 흡착은 흡착과정에서의 발열량이 화학적 흡착보다 많다.
㉰ 일반적으로 물리적 흡착에서 흡착되는 양은 온도가 낮을수록 많다.
㉱ 물리적 흡착은 분자 간의 결합이 화학적 흡착에서보다 더 강하다.

(풀이) ㉮항 : 화학적 흡착은 흡착과정이 비가역 반응이기 때문에 흡착제 재생이나 오염가스 회수를 할 수 없다.
㉯항 : 물리적 흡착은 흡착과정에서의 발열량이 화학적 흡착보다 작다.
㉱항 : 물리적 흡착은 분자 간의 결합이 화학적 흡착에서보다 약하다.

520 다음 중 물리적 흡착에 관한 설명으로 옳지 않은 것은?

㉮ 기체분자량이 클수록 잘 흡착한다.
㉯ 압력을 낮추거나 온도를 높임으로써 흡착물질을 흡착제로부터 탈착시킬 수 있다.
㉰ 흡착제 표면에 여러 층으로 흡착이 일어날 수 있다.
㉱ 흡착열은 반응엔탈피와 비슷하고 그 크기는 $20 \sim 40 \, kJ/g \cdot mole$ 정도이다.

(풀이) 물리적 흡착에서 흡착열은 약 $40 kJ/g \cdot mol$ 이하이다.

521 물리적 흡착공정에 대한 설명으로 옳지 않은 것은?

㉮ Van der Waals 결합력으로 약하게 결합되어 있다.
㉯ 가역성이 높다.
㉰ 임계온도 이상에서 흡착성이 우수하다.
㉱ 가스 중의 분자 간 상호의 인력보다 고체표면과의 인력이 크게 되는 때에 일어나다.

(풀이) 물리적 흡착공정의 흡착물질은 임계온도 이상에서는 흡착되지 않는다.

522 흡착제의 종류와 용도와의 연결로 거리가 먼 것은?

Answer ◀ 518. ㉰ 519. ㉰ 520. ㉱ 521. ㉰ 522. ㉯

㉮ 활성탄 - 용제회수, 가스정제
㉯ 알루미나 - 휘발유 및 용제 정제
㉰ 실리카겔 - NaOH 용액 중 불순물 제거
㉱ 보크사이트 - 석유 중의 유분 제거, 가스 및 용액 건조

[풀이] 알루미나의 용도는 일반적으로 가스(공기) 및 액체에 이용된다.

523 다음 중 다공성 흡착제인 활성탄으로 제거하기에 가장 효과가 낮은 유해가스는?

㉮ 알코올류　　㉯ 일산화탄소
㉰ 담배연기　　㉱ 벤젠

[풀이] 분자량이 클수록 흡착력이 커지며 흡착법으로 제거 가능한 유기성 가스의 분자량은 최소 45 이상이어야 한다.

524 다음 중 활성탄으로 흡착 시 가장 효과가 적은 것은?

㉮ 초산　　㉯ 알코올류
㉰ 일산화질소　　㉱ 담배연기

[풀이] 활탄성에서는 메탄, 일산화탄소, 일산화질소 등은 흡착되지 않는다.

525 흡착법에서 사용되는 흡착제에 관한 설명으로 옳지 않은 것은?

㉮ 표면적이라 함은 흡착제 내부의 기공에서의 면적을 말한다.
㉯ 비표면적과 친화력이 크면 클수록 흡착효과는 커진다.
㉰ 보크사이트는 가성소다용액 중의 불순물 제거에 주로 사용된다.
㉱ 활성탄은 유기용제회수, 악취제거, 가스정화 등에 주로 사용된다.

[풀이] 보크사이트는 석유 중의 유분제거, 가스 및 용액의 건조에 이용된다.

526 다음은 흡착제에 관한 설명이다. ( ) 안에 가장 적합한 것은?

현재 분자체로 알려진 ( )이/가 흡착제로 많이 쓰이는데, 이것은 제조과정에서 그 결정구조를 조절하여 특정한 물질을 선택적으로 흡착시키거나 흡착속도를 다르게 할 수 있는 장점이 있으며, 극성이 다른 물질이나 포화정도가 다른 탄화수소의 분리가 가능하다.

㉮ Activared Carbon
㉯ Synthetic zeolite
㉰ Silica Gel
㉱ Activated Alumina

527 흡착제에 관한 설명 중 가장 거리가 먼 것은?

㉮ 활성탄의 표면적은 600~1,400m²/g 정도로 용제회수, 악취제거, 가스정화 등에 사용된다.
㉯ 합성지올라이트는 특정한 물질을 선택적으로 흡작시키는 데 이용할 수 있다.
㉰ 흡착제의 비표면적과 흡착물질에 대한 친화력이 클수록 흡착의 효과는 커진다.
㉱ 실리카겔은 흡착제 중 사용온도범위가 높아 500℃ 정도까지 가능하나, 수분과 같은 극성 물질에 대한 흡착력은 약하다.

Answer ◀ 523. ㉯　524. ㉰　525. ㉰　526. ㉯　527. ㉱

풀이) 실리카겔은 250℃ 이하에서 물과 유기물을 잘 흡착하며 일반적으로 NaOH 용액 중 불순물 제거에 이용된다.

528 흡착은 유체로부터 기체(또는 액체) 성분을 어떤 고체상 물질에 의해 선택적으로 제거할 수 있는 분리공정이다. 다음 중 흡착법이 유용한 경우와 가장 거리가 먼 것은?

㉮ 기체상 오염물질이 비연소성이거나 태우기 어려운 경우
㉯ 오염물질의 회수가치가 충분한 경우
㉰ 분자량이 큰 고분자 입자로서 용해도가 높은 경우
㉱ 배기 내의 오염물 농도가 대단히 낮은 경우

풀이) ㉰항의 경우는 흡수법으로 처리한다.

529 유동상 흡착장치에 관한 설명으로 옳지 않은 것은?

㉮ 가스의 유속을 크게 할 수 있다.
㉯ 흡착제의 마모가 적다.
㉰ 가스와 흡착제를 향류 접촉시킬 수 있다.
㉱ 주어진 조업조건의 변동이 어렵다.

풀이) 유동상 흡착장치는 흡착제의 유동수송에 의한 마모가 크게 일어난다.

530 유해가스 처리를 위한 흡착장치에 관한 다음 설명 중 가장 거리가 먼 것은?

㉮ 고정상 흡착장치에서 처리가스를 연속적으로 처리하고자 할 경우에는 회분식(Batch Type) 흡착장치 2개를 병렬로 연결하여 흡착과 재생을 교대로 한다.
㉯ 고정상 흡착장치에서 활성탄의 재생은 흡착된 오염물질의 탈착, 활성탄 냉각 및 재사용의 3단계로 구분할 수 있다.
㉰ 유동상 흡착장치는 가스의 유속을 크게 유지할 수 있고, 고체와 기체의 접촉을 좋게 할 수 있다.
㉱ 고정상 흡착장치에서 처리가스의 양이 적을 경우에는 수평형이나 실린더형이 유용하지만, 많을 경우에는 수직형이 더 유리하다.

풀이) 고정상 흡착장치에서 보통수직형은 처리가스양이 적은 소규모에 적합하고, 수평형 및 실린더형은 처리가스양이 많은 대규모에 적합하다.

531 흡착과정에 대한 설명으로 틀린 것은?

㉮ 포화점(Saturation Point)에서는 주어진 온도와 압력조건에서 흡착제가 가장 많은 양의 흡착질을 흡착하는 점이다.
㉯ 흡착제층 전체가 포화되어 배출가스 중에 오염가스 일부가 남게 되는 점을 파과점(Break Point)이라 하고, 이 점 이후부터는 오염가스의 농도가 급격히 증가한다.
㉰ 파과곡선의 형태는 흡착탑의 경우에 따라서 비교적 기울기가 큰 것이 바람직하다.
㉱ 실제의 흡착은 비정상상태에서 진행되므로 흡착의 초기에는 흡착이 천천히 진행되다가 어느 정도 흡착이 진행되면 빠르게 흡착이 이루어진다.

풀이) 흡착은 흡착 초기에 빠르고 효과적으로 진행되다가 어느 정도 흡착이 진행되면 점차 천천히 진행된다.

Answer: 528. ㉰ 529. ㉯ 530. ㉱ 531. ㉱

532 배출가스 흡착과정에서 파과점(Break Point)을 가장 잘 설명한 것은?

㉮ 주어진 온도와 압력조건에서 흡착제가 가장 많은 양의 흡착질을 흡착하는 점
㉯ 흡착탑 출구에서 오염물질 농도가 급격히 증가되기 시작하는 점
㉰ 처리가스 중 오염물질이 최대가 되는 점
㉱ 흡착탑 출구에서 오염물질 농도가 급격히 감소되기 시작하는 점

533 화학적 흡착과 비교한 물리적 흡착의 특성에 관한 설명으로 옳지 않은 것은?

㉮ 흡착제의 재생이나 오염가스의 회수에 용이하다.
㉯ 온도가 낮을수록 흡착량이 많다.
㉰ 표면에 단분자막을 형성하며, 발열량이 크다.
㉱ 압력을 감소시키면 흡착물질이 흡착제로부터 분리되는 가역적 흡착이다.

(풀이) 물리적 흡착은 다분자 흡착층 흡착이며, 흡착열이 낮다.

534 다음은 물리적 흡착과 화학적 흡착의 일반적인 특성을 상대 비교한 것이다. 옳지 않은 것은?

	구분	물리적 흡착	화학적 흡착
①	흡착과정	가역성이 높음	가역성이 낮음
②	오염가스의 회수	용이	어려움
③	온도범위	대체로 높은 온도	낮은 온도
④	흡착열	낮음	높음

㉮ ① ㉯ ② ㉰ ③ ㉱ ④

(풀이) 화학적 흡착은 반응열을 수반하여 온도가 높고, 물리적 흡착은 상대적으로 낮다.

535 다음 흡착제의 재생방법으로 가장 거리가 먼 것은?

㉮ 수증기를 불어 넣는다.
㉯ 압력을 가하여 피흡착질을 탈착시킨다.
㉰ 물로 세척한다.
㉱ 고온의 불활성 기체를 가한다.

(풀이) 감압에 의하여 피흡착질을 탈착시킨다.

536 유해가스를 처리하는 데 있어서 촉매연소법에 관한 설명 중 옳지 않은 것은?

㉮ 악취성분을 함유하는 가스를 촉매에 의해 비교적 고온(600~800℃)에서 산화분해한다.
㉯ 촉매에는 백금, 코발트, 니켈 등이 있으나, 그 중 고가이지만 성능이 우수한 백금계의 것을 많이 사용한다.
㉰ 활성도가 높은 촉매를 사용하는 것이 바람직하지만 내열성과 촉매독(毒)의 문제가 있다.
㉱ 이 방법은 직접연소법과 비교하여 연료소비량이 적기 때문에 운전비가 절감되지만, 촉매의 수명이 문제가 된다.

(풀이) 악취성분을 함유하는 가스를 촉매를 이용하여 저온(400~500℃) 정도에서 불꽃 없이 산화시키는 방법이다.

537 악취물질을 직접불꽃소각방식에 의해 제거할 경우 다음 중 가장 적합한 연소온도 범위는?

㉮ 100~200℃   ㉯ 200~300℃
㉰ 300~450℃   ㉱ 600~800℃

538 유해가스 처리를 위한 가열소각법에 관한 설명으로 가장 거리가 먼 것은?

㉮ After Burner법이라고도 하며, Hydrocarbons, H_2, NH_3, HCN 등의 제거에 유용하다.
㉯ 오염기체의 농도가 낮을 경우 보조연료가 필요하며 보통 경제적으로 오염가스의 농도가 연소하한치(LEL)의 50% 이상일 때 적합하다.
㉰ 보통 연소실 내의 온도는 1,200~1,500℃, 체류시간은 5~10초 정도로 설계하고 있다.
㉱ 그을음은 연료 중의 C/H 비가 3 이상일 때 주로 발생되므로 수증기 주입으로 C/H 비를 낮추면 해결가능하다.

⚡풀이 보통 연소실 내의 온도는 650~850℃, 체류시간은 0.7~0.9(0.2~0.8)초 정도로 설계한다.

539 석회석을 사용하는 배연탈황법의 특성으로 가장 거리가 먼 것은?

㉮ 석회석을 가루로 만들어 연소로에 직접 주입하는 방법으로 초기 투자비가 적다.
㉯ 아주 짧은 시간에 아황산가스와 반응해야 하므로, 흡수효율은 낮으며, 연소로 내에서 scale을 생성한다.
㉰ 이 반응은 pH의 영향을 많이 받으므로 흡수액의 pH는 9로 지정하고, SO_3의 산화는 pH 10 이상에서 진행한다.
㉱ 소규모 보일러나 노후된 보일러에 추가로 설치할 때 사용된다.

540 다음 중 석회석 주입에 의한 황산화물 제거방법으로 옳지 않은 것은?

㉮ 대형보일러에 주로 사용되며, 배기가스의 온도가 떨어지는 단점이 있다.
㉯ 연소로 내에서 아주 짧은 접촉시간과 아황산가스가 석회분말의 표면 안으로 침투되기 어려우므로 아황산가스 제거효율이 낮은 편이다.
㉰ 석회석 값이 저렴하므로 재생하여 쓸 필요가 없고 석회석의 분쇄와 주입에 필요한 장비 외에 별도의 부대시설이 크게 필요 없다.
㉱ 배기가스 중 재와 석회석이 반응하여 연소로 내에 달라 붙어 압력손실을 증가시키고, 열전달을 낮춘다.

⚡풀이 황산화물 제거방법 중 석회석 주입법은 초기투자비용이 적게 들어 소규모 보일러나 노후된 보일러에 추가로 설치할 때 사용한다.

541 다음 촉매 산화법에 의한 SO_2 제거 시 ( ) 안의 촉매제로 가장 적합한 것은?

SO_2 + ( ) → SO_3
SO_3 + H_2O → H_2SO_4
SO_3 + $2NH_4OH$ → $(NH_4)_2SO_4$ + H_2O

㉮ MnO_2 ㉯ CaO
㉰ NH_3 ㉱ V_2O_5

542 배연탈황법의 습식법과 건식법에 대한 상대비교 특성으로 가장 거리가 먼 것은?

㉮ 습식법은 연돌에서의 확산이 나쁘다.
㉯ 건식법은 장치의 규모는 작으나, 배출가스의 온도저하가 큰 편이다.

㉰ 습식법의 경우 반응 효율은 높으나, 수질오염의 문제가 있다.
㉱ 건식법에는 석회석주입법, 활성탄흡착법, 산화법 등이 있다.

(풀이) 건식법은 장치의 규모가 크고 배출가스의 온도 저하가 거의 없다.

543 다음 중 황산화물 처리방법으로 가장 거리가 먼 것은?

㉮ 석회석 주입법 ㉯ 석회수 세정법
㉰ 암모니아 흡수법 ㉱ 2단 연소법

(풀이) 2단 연소법은 질소산화물 억제 대책이다.

544 습식 배연탈황법 중 석회석-석고법은 흡수탑 및 탑 이후의 배관에서 스켈링을 일으킨다. 이 스켈링 방지방법으로 가장 거리가 먼 것은?

㉮ 흡수탑 순환액에 산화탑에서 생성한 석고를 반송하고 흡수액 슬러리 중의 석고농도를 5% 이상으로 유지하여 석고의 결정화를 촉진한다.
㉯ 흡수액량을 적게 하여 탑 내에서의 결착을 촉진시킨다.
㉰ 순환액 pH 값 변동을 적게 한다.
㉱ 탑 내의 내장물을 가능한 한 설치하지 않는다.

(풀이) 흡수액량을 많게 하여 탑 내에서의 결착을 방지한다.

545 무촉매환원법에 의한 배출가스 중 NO_x 제거에 관한 설명으로 가장 거리가 먼 것은?

㉮ NO의 암모니아에 의한 환원에는 보통 산소의 공존이 필요하다.
㉯ 1,000℃ 정도의 고온과 NH_3/NO가 2 이상의 암모니아의 첨가가 필요하다.
㉰ NO_x의 제거율은 비교적 높아 98% 이상이다.
㉱ 반응기 등의 설비가 필요하지 않아 설비비는 작고, 특히 더러운 NO_x의 제거에 적합하다.

(풀이) 질소산화물의 처리방법 중 무촉매환원법은 촉매를 사용하지 않고 환원제와 반응시켜 NO를 N_2로 환원하는 방법이고, 제거효율은 약 40~70%로 낮은 편이다.

546 배출가스 내의 NO_x 제거방법 중 환원제를 사용하는 접촉환원법에 관한 설명으로 가장 거리가 먼 것은?

㉮ 선택적 환원제로는 NH_3, H_2S 등이 있다.
㉯ 선택적인 접촉환원법에서 Al_2O_3계의 촉매는 SO_2, SO_3, O_2와 반응하여 황산염이 되기 쉽고, 촉매의 활성이 저하된다.
㉰ 선택적인 접촉환원법은 과잉의 산소를 먼저 소모한 후 첨가된 반응물인 질소산화물을 선택적으로 환원시킨다.
㉱ 비선택적 접촉환원법의 촉매로는 Pt뿐만 아니라, CO, Ni, Cu, Cr 등의 산화물도 이용 가능하다.

(풀이) 선택적인 접촉환원법은 연소가스 중의 NO_x는 촉매를 사용하여 환원제와 반응시켜 N_2와 H_2O로 O_2와 상관없이 접촉환원시키는 방법이다.

547 배연탈질 시 이용되는 촉매환원법에 관한 설명으로 옳지 않은 것은?

㉮ 비선택적 촉매환원법에서 NO_x와 환원제의 반응서열은 $CH_4 > H_2 > CO$이며, 탄화수소의 경우 탄소수의 감소에 따라 일반적으로 반응성이 개선된다고 볼 수 있다.
㉯ 비선택적 촉매환원법에서 NO 환원제는 아세틸렌계 > 올레핀계 > 방향족계 > 파라핀계 순으로 불포화도가 높은 만큼 반응성이 좋다.
㉰ H_2S를 사용하는 선택적 촉매환원법은 Claus 반응에 따라 아황산가스 제거도 가능한 NO_x, SO_x 동시제거법으로 제안되기도 하였다.
㉱ 선택적 촉매환원법에서 NH_3를 환원제로 사용하는 탈질법은 산소 존재에 의해 반응속도가 증대하는 특이한 반응이고, 2차 공해의 문제도 적은 편이므로 광범위하게 적용된다.

[풀이] 비선택적 촉매환원법에서 NO_x와 환원제의 반응서열은 $CH_4 > H_2 > CO$이며 탄화수소의 경우 탄소수의 증가에 따라 일반적으로 반응성이 개선된다고 볼 수 있다.

548 배출가스 중에 함유된 질소산화물 처리를 위한 건식법 중 선택적 촉매환원법(SCR)에 대한 설명으로 옳지 않은 것은?

㉮ 환원제로는 NH_3가 사용된다.
㉯ 질소산화물 전환율은 반응온도에 따라 종모양(Bell-shape)을 나타낸다.
㉰ 질소산화물이 촉매에 의하여 선택적으로 환원되어 질소분자와 물로 전환된다.
㉱ 촉매 선택성에 의해 NO의 환원반응만 있고, 기타 산화반응 등의 부반응은 없다.

[풀이] NH_3를 환원제로 사용하는 탈질법은 산소 존재에 의해 반응속도가 증대하는 특이한 반응이다.

549 연료 연소 중에 생성되는 NO_x를 저감시키기 위한 대책으로 가장 거리가 먼 것은?

㉮ 연소온도를 낮게 한다.
㉯ NO_x 함량이 적은 연료를 사용한다.
㉰ 연소 영역에서 산소 농도를 높게 한다.
㉱ 연소 영역에서 연소 가스의 체류시간을 짧게 한다.

[풀이] 연소 영역에서 산소의 농도를 낮게 하여 질소와 산소가 반응할 수 있는 기회를 적게 한다.

550 질소산화물 배출제어에 관한 다음 설명 중 가장 거리가 먼 것은?

㉮ 고온에서 고온 NO는 빠르게 형성되지만, 형성에 필요한 시간은 평형에 도달하지 못할 정도로 짧다.
㉯ 프롬프트 NO는 온도와 촉매에 의해 강한 영향을 받는 수소-산소 연소에서 생성된다.
㉰ 화염에서 대부분의 NO_x는 일반적으로 NO 90%, NO_2 10% 정도이다.
㉱ 연소가스 중의 NO는 환원제와 반응하여 N_2로 재전환될 수 있으며, 일반적으로 내연기관엔진에서의 환원제는 CO이고, 화력발전소에서는 NH_3이다.

[풀이] Prompt NO는 연료와 공기 중 질소성분의 결합으로 발생한다. 즉, 연료가 열분해 시 질소가 HC 및 C와 반응하여 HCN 또는 CN이 생성되며, 이들은 OH 및 O_2 등과 결합하여 중간생성물질(NCO)을 형성하여 NO의 발생에 관계가 있다는 학설이다.

Answer 548. ㉱ 549. ㉰ 550. ㉯

551 NOₓ의 제어는 연소방식의 변경과 배연가스의 처리기술 두 가지로 구분할 수 있는데, 다음 중 연소방식을 변환시켜 NOₓ의 생성을 감축시키는 방안으로 가장 거리가 먼 것은?

㉮ 접촉산화법 ㉯ 물주입법
㉰ 저과잉공기연소법 ㉱ 배기가스재순환법

552 연소조절에 의한 질소산화물(NOₓ) 저감대책으로 거리가 먼 것은?

㉮ 과잉공기량을 줄인다.
㉯ 배출가스를 재순환시킨다.
㉰ 연소용 공기의 예열온도를 높인다.
㉱ 2단계 연소법을 사용한다.

[풀이] 연소용 공기의 예열온도를 낮춘다.

553 염소를 함유한 폐가스를 소석회와 반응시켜 생성되는 물질은?

㉮ 실리카겔 ㉯ 표백분
㉰ 차아염소산나트륨 ㉱ 포스겐

[풀이] $2Ca(OH)_2 + 2Cl_2 \rightarrow CaCl_2 + Ca(OCl)_2$[표백분] $+ 2H_2O$

554 악취물질의 처리방법에 관한 다음 설명 중 옳지 않은 것은?

㉮ 통풍 및 희석 : 높은 굴뚝을 통해 방출시켜 대기 중에 분산 희석시키는 방법이다.
㉯ 흡착에 의한 처리 : 유량이 비교적 적은 경우 활성탄 등 흡착제를 이용하여 냄새를 제거하는 방식이다.
㉰ 응축법에 의한 처리 : 냄새를 가진 가스를 냉각 응축시키는 것으로 유기용제를 비교적 저농도($50g/Sm^3$) 이하로 함유한 배기가스에 적용한다.
㉱ 촉매산화법은 백금이나 금속산화물 등의 촉매를 이용하여 250~450℃ 정도의 온도에서 산화시키는 방법이다.

[풀이] 응축법에 의한 처리는 유기용매 증기를 고농도($200 g/Sm^3$) 이상으로 함유한 배기가스에 적용한다.

555 악취제거 시 화학적 산화법에 사용하는 산화제로 가장 거리가 먼 것은?

㉮ O_3 ㉯ $Fe_2(SO_4)_3$
㉰ $KMnO_4$ ㉱ $NaOCl$

[풀이] 화학적 산화법에 사용하는 산화제로는 O_3, $KMnO_4$, $NaOCl$, Cl_2, ClO_2, H_2O_2 등이다.

556 악취처리방법에 관한 설명으로 옳지 않은 것은?

㉮ 촉매연소법은 약 300~400℃의 온도에서 산화분해시킨다.
㉯ 직접연소법은 700~800℃에서 0.5초 정도가 일반적이다.
㉰ 황화수소는 촉매연소로의 처리가 불가능하다.
㉱ 촉매에 바람직하지 않은 원소는 납, 비소, 수은 등이다.

[풀이] 황화수소는 촉매연소 처리 후 SO_2 및 SO_3로 된다.

557 화합물별 주요 원인물질 및 냄새특징을 나타낸 것으로 가장 거리가 먼 것은?

Answer◀ 551. ㉮ 552. ㉰ 553. ㉯ 554. ㉰ 555. ㉯ 556. ㉰ 557. ㉱

	화합물	원인물질	냄새특징
①	황화합물	황화메틸	양파, 양배추 썩는 냄새
②	질소화합물	암모니아	분뇨 냄새
③	지방산류	에틸아민	새콤한 냄새
④	탄화수소류	톨루엔	가솔린 냄새

㉮ ① ㉯ ② ㉰ ③ ㉱ ④

풀이 주요 악취물질의 특성

원인 물질명	냄새	발생원	최소감지농도 (ppm)	비고
황화수소 (H_2S)	달걀 썩는 냄새	정유공장, 펄프제조	0.00047	황화합물
메틸메르캅탄 (CH_3SH)	양배추(양파) 썩는 냄새	펄프제조, 분뇨, 축산	0.0021	황화합물
이산화황 (SO_2)	유황 냄새	화력발전 연소	0.47	황화합물
암모니아 (NH_3)	분뇨자극성 냄새	분뇨, 축산, 수산	46.8	질소화합물
트리메틸아민 [$(CH_3)_3N$]	생선 썩은 냄새	분뇨, 축산, 수산	0.00021	질소화합물
아세트알데히드 (CH_3CHO)	자극적 곰팡이 냄새	화학공정	0.21	알데히드류
프로피온 알데히드 [$(CH_3)_2CH_2CHO$]	자극적이고 새콤하고 타는 듯한 냄새			알데히드류
톨루엔($C_6H_5CH_3$) 스티렌($C_6H_5CH=CH_2$) 자일렌[$C_6H_4(CH_3)_2$] 벤젠(C_6H_6)	용제, 신너 (가솔린) 냄새	화학공정	2.14~4.68	탄화수소류
염소(Cl_2)	자극적 냄새	화학공정	0.314	할로겐원소
피로피온산 노말부티르산	자극적인 신 냄새 땀 냄새			지방산류

558 악취의 세기와 악취물질 농도 사이에는 다음과 같은 관계식이 성립한다. 이와 관련된 법칙은?

$I = k \cdot \log C + b$
I : 냄새(악취) 세기
C : 악취물질의 농도
k : 냄새물질별 상수
b : 상수(무취농도의 가상대수치)

㉮ Kirchhoff 법칙
㉯ Weber-Fechner 법칙
㉰ Stefan-Bolzmann 법칙
㉱ Albedo 법칙

559 다음 악취물질 중 "자극적이며, 새콤하고 타는 듯한 냄새"와 가장 가까운 것은?

㉮ CH_3SH ㉯ $(CH_3)_2CH_2CHO$
㉰ CH_3SSCH_3 ㉱ $(CH_3)_2S$

풀이 557번 풀이 참조

560 불소화합물 처리에 관한 설명으로 거리가 먼 것은?

㉮ 물에 대한 용해도가 비교적 크므로 수세에 의한 처리가 적당하다.
㉯ 충전탑과 같은 세정장치가 적절하다.
㉰ 스프레이 탑을 사용할 때에 분무 노즐의 막힘이 없도록 보수관리에 주의가 필요하다.
㉱ 처리 중 고형물을 생성하는 경우가 많다.

풀이 침전물이 생겨 공극폐쇄를 유발하므로 충전탑과 같은 세정장치를 불소처리하여 사용하는 것은 부적절하다.

Answer 558. ㉯ 559. ㉯ 560. ㉯

561 유해가스 종류별 처리제 및 그 생성물과의 연결로 옳지 않은 것은?

[유해가스]	[처리제]	[생성물]
① Cl_2^-	$Ca(OH)_2$	$Ca(ClO_3)_2$
② F_2	NaOH	NaF
③ HF	$Ca(OH)_2$	CaF_2
④ SiF_4	H_2O	SiO_2

풀이) $2HCl + Ca(OH)_2 \rightarrow CaCl_2 + 2H_2O$
(유해가스) (처리제)   (생성물)

562 배출가스 중의 일산화탄소를 제거하는 방법 중 가장 실질적이고, 확실한 방법은?

㉮ 벤추리스크러버나 충전탑 등으로 세정하여 제거
㉯ 백금계 촉매를 사용하여 무해한 이산화탄소로 산화시켜 제거
㉰ 황산나트륨을 이용하여 흡수하는 시보드법을 적용하여 제거
㉱ 분무탑 내에서 알칼리용액으로 중화하여 흡수 제거

563 CO를 백금계 촉매를 사용하여 CO_2로 완전산화시켜서 처리할 때 촉매독으로 작용하는 물질과 가장 거리가 먼 것은?

㉮ Sn   ㉯ As   ㉰ Cl   ㉱ Zr

풀이) CO를 백금계 촉매를 사용하여 CO_2로 완전산화시켜서 처리 시 촉매독으로 작용하는 물질은 Hg, Pb, n, As, S, 할로겐물질(F, Cl, Br), 먼지 등이다.

564 유해가스별 제거공정으로 가장 거리가 먼 것은?

㉮ 불화수(HF) : 산화철 침전법
㉯ 염화수소(HCl) : 수세법
㉰ 불소(F_2) : 가성소다에 의한 흡수법
㉱ 황화수소(H_2S) : 중화법 및 산화법

풀이) HF는 물에 대한 용해도가 비교적 크므로 수세에 의한 처리가 적당하다.

565 휘발성유기화합물(VOCs)의 제거기술로 가장 거리가 먼 것은?

㉮ 직접 소각   ㉯ 촉매환원법
㉰ 활성탄흡착   ㉱ 생물여과법

풀이) 휘발성유기화합물(VOCs)의 제거기술
① 흡착법
② 후연소(직접화염소각법, 열소각법)
③ 촉매소각법
④ 흡수(세정)법
⑤ 생물막(여과)법
⑥ 저온응축법

566 VOCs를 98% 이상 제거하기 위한 VOCs 제어기술과 가장 거리가 먼 것은?

㉮ 후연소
㉯ 루프(Loop)산화
㉰ 재생(Regenerative) 열산화
㉱ 저온(Cryogenic) 응축

풀이) 565번 풀이 참조

Answer> 561. ㉮ 562. ㉯ 563. ㉱ 564. ㉮ 565. ㉯ 566. ㉯

567 VOCs의 종류 중 지방족 및 방향족 HC의 적용 제어기술로 가장 거리가 먼 것은?

㉮ 촉매소각 ㉯ 생물막
㉰ 흡수 ㉱ UV 산화

568 휘발성유기화합물질(VOCs) 제거방법에 관한 설명으로 가장 거리가 먼 것은?

㉮ 촉매소각에서 촉매의 수명은 한정되어 있는데, 이는 저해물질이나 먼지에 의한 막힘, 열노화 등에 의해 촉매활성이 떨어지기 때문이다.
㉯ 흡수(세정)법에서 흡수장치는 Con-current 나 Cross 형태로 가스상과 액상에 흐르는 경우도 있으나, 대부분은 Con-current 형태가 일반적이다.
㉰ 흡수(세정)법에서 분사실은 VOC 흡수를 위해 충진제를 사용하고, 주로 소용량으로 적용하기 쉬우며 VOC 제거효율이 가장 좋다.
㉱ 생물막법은 미생물을 사용하여 VOC를 이산화탄소, 물, 광물염으로 전환시키는 일련의 공정을 말한다.

569 다음 중 SO_x와 NO_x를 동시에 제어하는 기술로 거리가 먼 것은?

㉮ Filter Cage 공정 ㉯ 활성탄 공정
㉰ NOXSO 공정 ㉱ CuO 공정

570 알루미나 담체에 탄산나트륨을 3.5~3.8% 정도 첨가하여 제조된 흡착제를 사용하여 황산화물과 질소산화물을 동시에 제거하는 공정은?

㉮ Bio Scrubbing
㉯ Bio Filter 공정
㉰ Dual Acid Scrubbing
㉱ NOXSO 공정

571 건식 탈황·탈질방법 중 하나인 전자선조사법의 프로세스 특징으로 가장 거리가 먼 것은?

㉮ 연소배기가스에 암모니아 등을 첨가해 α, β, γ선, 전리성 방사선 등을 조사하여 배가스 중 NO_x, SO_x 화합물을 고체상 입자로 동시에 처리하는 방법이다.
㉯ 부생물로 황산암모늄 및 질산암모늄을 생성한다.
㉰ 구성이 복잡해 계내의 압력손실이 높고, 배가스의 변동 등에 대처가 어렵다.
㉱ NO_x 및 SO_x 제거율이 80% 이상을 달성할 수 있는 건식의 제거프로세스이다.

〔풀이〕 구성이 간단하여 계내의 압력손실이 낮다.

572 다음은 Dioxin의 특징에 관한 설명이다. ( ) 안에 알맞은 것은?

- (①)은 증기압
- (②)은 수용성
- 완전분해 후 연소가스 배출 시 (③)에서 재생성이 가능하다.

㉮ ① 높, ② 낮, ③ 700~800℃
㉯ ① 낮, ② 낮, ③ 300~400℃
㉰ ① 높, ② 높, ③ 300~400℃
㉱ ① 낮, ② 높, ③ 700~800℃

Answer 567. ㉰ 568. ㉰ 569. ㉮ 570. ㉱ 571. ㉰ 572. ㉯

573 다이옥신을 이루고 있는 원소 구성으로 가장 알맞게 연결된 것은?(단, 산소는 2개)

㉮ 1개의 벤젠고리, 2개 이상의 염소
㉯ 2개의 벤젠고리, 2개 이상의 불소
㉰ 1개의 벤젠고리, 2개 이상의 불소
㉱ 2개의 벤젠고리, 2개 이상의 염소

574 다이옥신에 관한 설명으로 거리가 먼 것은?

㉮ 독성이 가장 강한 것으로 알려진 2, 3, 7, 9-PCDD의 독성잠재력을 1로 보고, 다른 이성질체에 대해서는 상대적인 독성등가인자를 사용하여 주로 표시한다.
㉯ 다이옥신은 산소원자가 2개인 PCDD와 산소원자가 1개인 PCDF를 통칭하는 용어이다.
㉰ 다이옥신은 전구물질의 연소뿐만 아니라, 유기화합물과 염소화합물이 고온에서 연소하여도 생성된다.
㉱ 증기압과 수용성은 낮으나, 벤젠 등에는 용해되는 지용성으로 토양 등에 흡수될 수 있다.

[풀이] 독성이 가장 강한 것으로 알려진 2, 3, 7, 8-TCDD의 독성잠재력을 1로 본다.

575 다이옥신에 관한 설명으로 가장 거리가 먼 것은?

㉮ PCB의 불완전 연소에 의해서 발생한다.
㉯ 저온에서 촉매화 반응에 의해 먼지와 결합하여 생성된다.
㉰ 수용성이 커서 토양오염 및 하천오염의 주원인으로 작용한다.
㉱ 다이옥신의 주요 구성요소는 두 개의 산소, 두 개의 벤젠, 두 개 이상의 염소이다.

[풀이] 다이옥신은 증기압이 낮고, 물에 대한 용해도가 극히 낮으나 벤젠 등에 용해되는 지용성이며 비점이 높아 열적 안정성이 높다.

576 다음 중 다이옥신에 관한 설명으로 가장 거리가 먼 것은?

㉮ 가장 유독한 다이옥신은 2, 3, 7, 8-terachloro dibenzo-p-dioxin으로 알려져 있다.
㉯ PCDF계는 75개, PCDD계는 135개의 동족체가 존재한다.
㉰ 벤젠 등에 용해되는 지용성으로서 열적 안정성이 좋다.
㉱ 유기성 고체물질로서 용출실험에 의해서도 거의 추출되지 않는 특징을 가지고 있다.

[풀이] PCDF계는 135개, PCDD계는 75개의 이성질체가 존재한다.

577 다음 중 다이옥신의 광분해에 가장 효과적인 파장범위는?

㉮ 100~150nm   ㉯ 250~340nm
㉰ 500~800nm   ㉱ 1,200~1,500nm

578 소각시설에 배출되는 다이옥신 생성량을 줄이기 위한 방법 중 적당하지 않은 것은?

㉮ 소각로의 연소 온도를 850℃ 이상 올린다.
㉯ 연소실에 2차 공기를 주입하여 난류개선을 한다.
㉰ 산소와 일산화탄소 농도 측정을 통해 연소조건을 조정한다.
㉱ 연소실에서의 체류시간을 0.5초 정도로 되도록 짧게 한다.

Answer ◀ 573. ㉱   574. ㉮   575. ㉰   576. ㉯   577. ㉯   578. ㉱

풀이) 연소실에서의 체류시간을 2sec 정도로 유지하여 2차 발생을 억제한다.

579 다이옥신 제어방법으로 가장 거리가 먼 것은?

㉮ 촉매분해법은 촉매로 V_2O_5 등의 금속산화물, Pt, Pd 등의 귀금속을 사용한다.
㉯ 열분해법은 산소가 충분한 분위기에서 염소 첨가반응, 탈수소화반응 등에 의해 제거시키는 방법
㉰ 집진장치의 온도는 200℃ 이하로 내리는 것이 바람직하다.
㉱ 오존분해법은 염기성 조건일수록, 온도는 높을수록 분해속도가 커진다.

풀이) 열분해법은 산소가 아주 적은 분위기에서 탈염소화, 수소첨가반응 등에 의해 다이옥신을 분해하는 방법이다.

580 다음 중 석유정제 시 배출되는 H_2S의 제거에 널리 사용되어 왔던 세정제는?

㉮ 암모니아수 ㉯ 사염화탄소
㉰ 다이에탄올아민용액 ㉱ 수산화칼슘용액

581 다음은 불소화합물 처리에 설명이다. ( ) 안에 알맞은 화학식은?

사불화규소는 물과 반응해서 콜로이드 상태의 규산과 ( )이 생성된다.

㉮ CaF_2 ㉯ $NaHF_2$
㉰ $NaSiF_6$ ㉱ H_2SiF_6

582 다음 유해가스 처리에 관한 설명 중 가장 거리가 먼 것은?

㉮ 염화인(PCl_3)은 물에 대한 용해도가 낮아 암모니아를 불어넣어 병류식 충전탑에서 흡수 처리한다.
㉯ 시안화수소는 물에 대한 용해도가 매우 크므로 가스를 물로 세정하여 처리한다.
㉰ 아크로레인은 그대로 흡수가 불가능하며 NaClO 등의 산화제를 혼입한 가성소다 용액으로 흡수 제거한다.
㉱ 이산화셀렌은 코트렐집진기로 포집, 결정으로 석출, 물에 잘 용해되는 성질을 이용해 스크러버에 의해 세정하는 방법 등이 이용된다.

풀이) 염화인은 물에 대한 용해도가 높아 물에 흡수시켜 제거하나 아인산과 염화수소로 가수분해되어 염화수소 기체를 방출한다.

583 다음 각 유해가스 처리방법으로 가장 거리가 먼 것은?

㉮ 벤젠은 촉매연소법을 이용하여 처리한다.
㉯ 브롬은 가성소다 수용액을 이용하여 처리한다.
㉰ 시안화수소는 물에 대한 용해도가 크므로 가스를 물로 세정하여 제거한다.
㉱ 아크로레인은 황화수소 가스를 투입하여 황화합물로 침전시켜 제거한다.

풀이) 아크로레인은 그대로 흡수가 불가능하며 NaNlO, NaClO 등의 산화제를 혼입한 가성소다 용액으로 흡수 제거한다.

584 후드의 제어속도(Control Velocity)에 관한 설명으로 옳은 것은?

Answer: 579.㉯ 580.㉰ 581.㉱ 582.㉮ 583.㉱ 584.㉱

㉮ 확산조건, 오염원의 주변 기류에는 영향이 크지 않다.
㉯ 유해물질의 발생조건이 조용한 대기 중 거의 속도가 없는 상태로 비산하는 경우(가스, 흄 등)의 제거속도 범위는 1.5~2.5m/sec 정도이다.
㉰ 유해물질의 발생조건에서 빠른 공기의 움직임이 있는 곳에서 활발히 비산하는 경우(분쇄기 등)의 제어속도 범위는 15~25m/sec 정도이다.
㉱ 오염물질의 발생속도를 이겨내고 오염물질을 후드 내로 흡입하는 데 필요한 최소의 기류속도를 말한다.

(풀이)
• ㉮항 : 제어속도는 확산조건, 주변 공기의 흐름이나 열 등에 많은 영향을 받는다.
• ㉯, ㉰항

작업조건	작업공정사례	제어속도 (m/sec)
• 움직이지 않는 공기 중에서 속도 없이 배출되는 작업조건 • 조용한 대기 중에 실제 거의 속도가 없는 상태로 발산하는 경우의 작업조건	• 액면에서 발생하는 가스나 증기 흄 • 탱크에서 증발, 탈지시설	0.25~0.5
• 비교적 조용한(약간의 공기 움직임) 대기 중에서 저속도로 비산하는 작업조건	• 용접, 도금 작업 • 스프레이도장 • 저속 컨베이어 운반	0.5~1.0
• 발생기류가 높고 오염물질이 활발하게 발생하는 작업조건	• 스프레이도장, 용기 충전 • 컨베이어 적재 • 분쇄기	1.0~2.5
• 초고속기류가 있는 작업 장소에 초고속으로 비산하는 경우	• 회전연삭작업 • 연마작업 • 블라스트 작업	2.5~10

585 후드의 형식 중 수형 후드(Receiving Hoods)에 해당하는 것은?

㉮ Canopy Type ㉯ Cover Type
㉰ Slot Type   ㉱ Booth type

(풀이) 레시버식(수형) 후드의 종류는 천개형(Canopy), 그라인더형(Grinder), 자립형(Free Standing) 등이 있다.

586 아래의 설명에 해당하는 후드 형식으로 가장 적합한 것은?

> 작업을 위한 하나의 개구면을 제외하고 발생원 주위를 전부 에워싼 것으로 그 안에서 오염물질이 발산된다.
> 이 방식은 오염물질의 송풍시 낭비되는 부분이 적은데 이는 개구면 주변의 벽이 라운지 역할을 하고, 측벽은 외부로부터의 분기류에 의한 방해에 대하여 방해관 역할을 하기 때문이다.

㉮ 수(Receiving)형 후드
㉯ 슬롯(Slot)형 후드
㉰ 부스(Booth)형 후드
㉱ 캐노피(Canopy)형 후드

587 작업의 성질상 포위식이나 Booth Type으로 할 수 없을 때 부득이 발생원에서 격리시켜 설치하는 형태로 도금세척, 분무도장 등에서 이용되며 외부의 난기류에 의해 그 효과가 많이 감소되는 단점이 있는 외부식 후드형식은?

㉮ Glove Box Type ㉯ Cover Type
㉰ Slot Type   ㉱ Canopy Type

588 후드 개구의 바깥 주변에 플랜지(Flange) 부착 시 발생하는 현상과 가장 거리가 먼 것은?

㉮ 포착속도가 커진다.
㉯ 동일한 오염물질 제거에 있어 압력손실을 감소한다.
㉰ 후드 뒤쪽의 공기 흡입을 방지할 수 있다.
㉱ 동일한 오염물질 제거에 있어 송풍량은 증가한다.

(풀이) Flange가 없는 후드에 비해 동일 지점에 동일한

Answer◀ 585. ㉮ 586. ㉰ 587. ㉰ 588. ㉱

제어속도를 얻는 데 필요한 송풍량을 약 25% 감소시킬 수 있다.

589 후드의 형식 및 설치 위치의 결정에 관한 설명 중 옳지 않은 것은?

㉮ 후드 개구의 바깥 주변에 플랜지를 부착하면 후드 뒤쪽의 공기흡입을 유도할 수 있고, 그 결과 포착속도를 높일 수 있다.
㉯ 가능한 한 발생원을 모두 포위할 수 있는 포위식 또는 부스식을 선택한다.
㉰ 작업 또는 공정상 발생원을 포위할 수 없는 경우 외부식을 선택한다.
㉱ 오염물질의 발생상태를 조사한 결과 오염기류가 공정 또는 작업 자체에 의해 일정방향으로 발생하고 있을 경우 레시버식을 선택한다.

🅟 후드 개구의 바깥 주변에 플랜지를 부착하면 후드 뒤쪽의 공기흡입을 방지할 수 있고, 그 결과 포착속도를 높일 수 있다.

590 스프레이 도장, 용접, 도금, 저속 컨베이어의 운반 등 약간의 공기 움직임이 있고 낮은 속도로 배출되는 작업조건에서의 제어속도 범위로 가장 적합한 것은?

㉮ 0.15~0.5m/sec ㉯ 0.5~1.0m/sec
㉰ 1.0~5.0m/sec ㉱ 5.0~10.0m/sec

🅟 584번 풀이 참조

591 덕트설치 시 주요 원칙과 거리가 먼 것은?

㉮ 덕트는 가능한 한 짧게 배치되도록 한다.
㉯ 공기가 아래로 흐르도록 하향구배를 만든다.
㉰ 밴드는 가능하면 90°가 되도록 한다.
㉱ 밴드 수는 가능한 한 적게 하도록 한다.

🅟 덕트설치시 고려사항
① 가능한 한 길이는 짧게 하고 굴곡부의 수는 적게 할 것
② 접속부의 내면은 돌출된 부분이 없도록 할 것
③ 곡관 전후에 청소구를 설치하는 등 청소하기 쉬운 구조로 할 것
④ 덕트 내 오염물질이 쌓이지 아니하도록 이송속도를 유지할 것
⑤ 연결부위 등은 외부공기가 들어오지 아니하도록 할 것(연결 방법을 가능한 한 용접할 것)
⑥ 가능한 후드의 가까운 곳에 설치할 것
⑦ 송풍기를 연결할 때는 최소 덕트 직경에 6배 정도 직선구간을 확보할 것
⑧ 직관은 공기가 아래로 흐르도록 하향구배로 하고 직경이 다른 덕트를 연결할 때는 경사 30° 이내의 테이퍼를 부착할 것
⑨ 가급적 원형덕트를 사용하며 부득이 사각형 덕트를 사용할 경우에는 가능한 정방형을 사용하고 곡관의 수를 적게 할 것
⑩ 곡관의 곡률반경은 최소 덕트 직경의 1.5 이상, 주로 2.0을 사용할 것(곡관의 밴드는 가급적 90°를 피하고 밴드 수를 가능한 적게 한다.)
⑪ 수분이 응축될 경우 덕트 내로 들어가지 않도록 경사나 배수구를 마련할 것
⑫ 덕트의 마찰계수는 작게 하고 분지관을 가급적 적게 할 것

592 송풍관(Duct)에서 흄(Fume) 및 매우 가벼운 건조 먼지(예 : 나무 등의 미세한 먼지와 산화아연, 산화알루미늄 등의 흄)의 반송속도로 가장 적합한 것은?

㉮ 2m/s ㉯ 10m/s ㉰ 25m/s ㉱ 50m/s

Answer 589. ㉮ 590. ㉯ 591. ㉰ 592. ㉯

제6편 핵심 필수문제(이론)

유해물질	예	반송속도 (m/sec)
가스, 증기, 흄 및 매우 가벼운 물질	각종 가스, 증기, 산화아연 및 산화알루미늄 등의 흄, 목재분진, 고무분, 합성수지분	10
가벼운 건조먼지	원면, 곡물분, 고무, 플라스틱, 경금속 분진	15
일반 공업 분진	털, 나무부스러기, 대패부스러기, 샌드블라스트, 글라인더 분진, 내화벽돌분진	20
무거운 분진	납분진, 주조 및 모래털기 작업 시 먼지, 선반작업 시 먼지	25
무겁고 비교적 큰 입자의 젖은 먼지	젖은 납 분진, 젖은 주조작업 발생 먼지	25 이상

593 송풍기의 크기와 유체의 밀도가 일정할 때 송풍기 회전속도를 2배로 증가시켰을 때 다음 중 옳은 것은?

㉮ 동력은 4배 증가한다.
㉯ 유량은 2배 증가한다.
㉰ 배출속도는 4배 증가한다.
㉱ 정압은 8배 증가한다.

🔹 송풍기의 크기가 같고 유체밀도(비중)가 일정할 때
① 유량
송풍기의 회전속도비에 비례한다.
$$Q_2 = Q_1 \times \left[\frac{N_2}{N_1}\right]$$
② 풍압
송풍기의 회전속도비의 2승에 비례한다.
$$FTP_2 = FTP_1 \times \left[\frac{N_2}{N_1}\right]^2$$
③ 동력
송풍기의 회전속도비의 3승에 비례한다.

$$kW_2 = kW_1 \times \left[\frac{N_2}{N_1}\right]^3$$

594 다음 중 송풍기에 관한 법칙 표현으로 옳지 않은 것은?(단, 송풍기의 크기와 유체의 밀도는 일정하며, Q : 풍량, N : 회전수, W : 동력, V : 배출속도, ΔP : 정압)

㉮ $\dfrac{W_1}{N_1^3} = \dfrac{W_2}{N_2^3}$ ㉯ $\dfrac{Q_1}{N_1} = \dfrac{Q_2}{N_2}$

㉰ $\dfrac{V_1}{N_1^3} = \dfrac{V_2}{N_2^3}$ ㉱ $\Delta P_1 N_2^2 = \Delta P_2 N_1^2$

🔹 593번 풀이 참조

595 다음 송풍기로 가장 적합한 것은?

> 같은 주속도에서 가장 높은 풍압(최고 750mmH₂O)을 발생시키나, 효율은 3종류의 송풍기 중 가장 낮아서 약 40~70% 정도, 여유율은 1.15~1.25 정도이고, 제한된 장소나 저압에서 대풍량(20,000m³/min 이하)을 요하는 시설에 이용된다.

㉮ 다익송풍기   ㉯ 터보송풍기
㉰ 평탄송풍기   ㉱ 레디얼송풍기

596 표준형 평판날개형보다 비교적 고속에서 가동되고, 후향날개형을 정밀하게 변형시킨 것으로서 원심력 송풍기 중 효율이 가장 좋아 대형 냉난방 공기조화장치, 산업용 공기청정장치 등에 주로 이용되며, 에너지 절감효과가 뛰어난 송풍기 유형은?

㉮ 비행기날개형(Airfoil Blade)

Answer ◁ 593. ㉯ 594. ㉰ 595. ㉮ 596. ㉮

6-119

㉯ 방사날개형(Radial Blade)
㉰ 프로펠러형(Propeller)
㉱ 전향날개형(Forward Curved)

597 다음 송풍기 중 소음이 크나 구조가 간단하여 설치장치의 제약이 적고, 고온, 고압의 대용량에 적합하며, 압입통풍기로 주로 사용되는 것으로 효율이 좋은 것은?

㉮ 터보형 ㉯ 평판형
㉰ 다익형 ㉱ 프로펠러형

598 다음 설명하는 축류송풍기의 유형은?

> 축차는 두 개 이상의 두꺼운 날개를 틀 속에 가지고 있고, 효율은 낮으며 저압 응용 시 사용된다. 덕트가 없는 벽에 부착되어, 공간 내 공기의 순환에 응용되고, 대용량 공기 운송에 이용된다.

㉮ 후향날개형 ㉯ 방사경사형
㉰ 프로펠러형 ㉱ 고정날개축류형

599 환기장치의 요소로서 덕트 내의 동압에 대한 설명으로 옳은 것은?

㉮ 속도압과 관계없다.
㉯ 공기유속의 제곱에 반비례한다.
㉰ 공기밀도에 비례한다.
㉱ 액체의 높이로 표시할 수도 없다.

💡 동압은 속도압과 같은 의미이며 공기유속의 제곱에 비례하고 액체의 높이로 표시할 수 있다.

600 송풍기의 덕트가 송출관은 있고 흡입관이 없을 때 송풍기 정압(kg/m^2)을 구하는 식으로 옳은 것은?[단, 송출기 전압(Pt), 송출구에서 전압(Pt_2), 흡입구에서 전압(Pt_1), 송풍기 전압(Ps), 송출구에서 정압(Ps_2), 흡입구에서 정압(Ps_1)은 송풍기 동압(Pb), 송출구에서의 동압(Pd_2), 흡입구에서의 동압(Pd_1)이고, 압력의 단위는 kg/m^2]

㉮ Ps_2 ㉯ $-(Ps_1+Pd_1)$
㉰ Ps_2+Pd_2 ㉱ Ps_1

601 유체가 관로를 흐를 때 발생되는 압력손실에 관한 설명으로 옳지 않은 것은?

㉮ 유체의 비중량에 반비례한다.
㉯ 관의 내경에 반비례한다.
㉰ 관의 길이에 비례한다.
㉱ 유체의 평균유속의 제곱에 비례한다.

💡 압력손실(ΔP)은 유체의 비중량에 비례한다.

$$\Delta P = \lambda(f) \times \frac{L}{D} \times \frac{\gamma V^2}{2g}$$

602 가스가 덕트를 통과할 때 발생하는 압력손실에 대한 다음 설명 중 맞는 것은?

㉮ 덕트의 길이에 반비례한다.
㉯ 덕트의 직경에 반비례한다.
㉰ 가스통과 유속에 반비례한다.
㉱ 가스의 밀도에 반비례한다.

💡 601번 풀이 참조
덕트의 압력손실은 덕트의 직경에 반비례한다.

603 레이놀즈 수(Reynold Number)에 관한 설명으로 옳지 않은 것은?(단, 유체 흐름 기준)

㉮ $\dfrac{관성력}{점성력}$ 으로 나타낼 수 있다.

㉯ 무차원의 수이다.

㉰ $\dfrac{(유체밀도 \times 유속 \times 유체흐름관직경)}{유체점도}$ 으로 나타낼 수 있다.

㉱ $\dfrac{점성계수}{밀도}$ 로 나타낼 수 있다.

[풀이] $Re = \dfrac{\rho V d}{\mu} = \dfrac{Vd}{\nu} = \dfrac{관성력}{점성력}$

여기서, Re : 레이놀즈 수(무차원)
 ρ : 유체밀도(kg/m³)
 d : 유체가 흐르는 직경(m)
 V : 유체의 평균유속(m/sec)
 μ : 유체의 점성계수[kg/m·s(Poise : Pa·s)] : 유체 점도
 ν : 유체의 동점성계수(m²/sec)

604 관속 유체흐름을 판별하는 레이놀즈 수를 바르게 나타낸 식은?

㉮ $\dfrac{관성력}{점성력}$ ㉯ $\dfrac{관성력}{탄성력}$

㉰ $\dfrac{점성력}{탄성력}$ ㉱ $\dfrac{점성력}{관성력}$

605 가로 a, 세로 b인 직사각형의 유로에 유체가 흐를 경우 상당직경(Equivalent Diameter)을 산출하는 간이식은?

㉮ $\sqrt{ab}$ ㉯ $2ab$

㉰ $\sqrt{\dfrac{2(a+b)}{ab}}$ ㉱ $\dfrac{2ab}{a+b}$

606 다음 중 유체의 점도를 나타내는 단위표현이 아닌 것은?

㉮ $\dfrac{g}{cm \cdot s}$ ㉯ poise

㉰ Pa·s ㉱ liter·atm

607 다음 중 프루드 수(Froude Number)에 해당하는 것은?(단, g는 중력가속도, V는 속도, L은 길이이다.)

㉮ $\dfrac{V^2}{\sqrt{gL}}$ ㉯ $\dfrac{\sqrt{gL}}{V^2}$

㉰ $\dfrac{V}{\sqrt{gL}}$ ㉱ $\dfrac{\sqrt{gL}}{V}$

608 다음과 같은 일반적인 베르누이의 정리에 적용되는 조건이 아닌 것은?

$$\dfrac{P}{\rho g} + \dfrac{V^2}{2g} = \text{constant}$$

㉮ 정상상태의 흐름이다.
㉯ 직선관에서만의 흐름이다.
㉰ 같은 유선성에 있는 흐름이다.
㉱ 마찰이 없는 흐름이다.

[풀이] 비압축성, 비점성 흐름이다.

609 유체의 운동을 결정하는 점도(Viscosity)에 대한 설명으로 옳은 것은?

㉮ 온도가 증가하면 대개 액체의 점도는 증가한다.
㉯ 온도가 감소하면 대개 기체의 점도는 증가한다.
㉰ 액체의 점도는 기체에 비해 아주 크며, 대개 분자량이 증가하면 증가한다.

㉣ 온도에 따른 액체의 운동점도(Kinematic Viscosity)의 변화폭은 절대점도의 경우보다 넓다.

[풀이] 점도는 온도가 증가하면 대개 액체의 점도는 감소하고, 기체의 점도는 상승한다. 또한 온도에 따른 액체의 운동점도의 변화폭은 절대점도의 경우보다 좁다.

610 베르누이(Bernoulli)방정식에 대한 설명으로 옳지 않은 것은?

㉮ 비압축성 유체로 유선을 따라 흐르는 흐름에 적용된다.
㉯ 이상유체의 정상상태의 흐름이다.
㉰ 액체 및 속도가 높은 기체의 경우에만 비교적 잘 맞는다.
㉱ 압력수두, 속도수두, 위치수두의 합이 일정하다.

[풀이] 유체가 기체인 경우 위치수두(Z)의 값이 매우 작아 무시한다.

611 대기오염물질 배출허용기준 중 일산화탄소 표준산소농도는 12%를 적용한다. A공장 굴뚝에서 실측산소농도가 14%일 때 일산화탄소 농도(C)는?[단, C_a : 일산화탄소의 실측농도(ppm)이다.]

㉮ $C(\text{ppm}) = C_a \times \dfrac{9}{7}$
㉯ $C(\text{ppm}) = C_a \times \dfrac{7}{9}$
㉰ $C(\text{ppm}) = C_a \times \dfrac{12}{14}$
㉱ $C(\text{ppm}) = C_a \times \dfrac{14}{12}$

[풀이] $C(\text{ppm}) = C_a \times \dfrac{21 - O_s}{21 - O_a} = C_a \times \dfrac{21 - 12}{21 - 14}$
$= C_a \times \dfrac{9}{7}$

612 HCl 배출허용기준 30ppm인 소각시설에서의 측정결과가 다음과 같았다. 이때 표준산소농도로 보정한 HCl의 농도는?

- HCl의 실측농도 : 20ppm
- O_2 실측농도 : 9.1%
- O_2 표준농도 : 4%

㉮ 14ppm ㉯ 21ppm
㉰ 28.6ppm ㉱ 42.9ppm

[풀이] $C(\text{ppm}) = C_a \times \dfrac{21 - O_s}{21 - O_a} = 20 \times \dfrac{21 - 4}{21 - 9.1}$
$= 28.6(\text{ppm})$

613 A오염물질의 실측 배출가스 유량이 250 m³/day 이고, 이때 실측 산소농도가 3.5% 이다. A오염물질의 배출가스 유량은?(단, A오염물질은 표준산소농도를 적용받으며, 표준산소농도는 4%이다.)

㉮ 217m³/day ㉯ 257m³/day
㉰ 287m³/day ㉱ 303m³/day

[풀이] 배출가스유량
= 실측배출가스유량 ÷ $\dfrac{21 - \text{표준산소농도}}{21 - \text{실측산소농도}}$
= 250m³/day ÷ $\dfrac{21 - 4}{21 - 3.5}$ = 257.35m³/day

Answer 610. ㉰ 611. ㉮ 612. ㉰ 613. ㉯

614 SO_2 1pphm을 ppm과 ppb로 표시하면?

㉮ 100ppm, 10ppb ㉯ 100ppm, 100ppb
㉰ 0.01ppm, 10ppb ㉱ 0.01ppm, 100ppb

[풀이] $1pphm \times \dfrac{10^{-2}ppm}{1pphm} = 0.01ppm$

$1pphm \times \dfrac{10ppb}{1pphm} = 10ppb$

615 배출허용기준 중 표준산소농도를 적용받는 어떤 오염물질의 보정된 배출가스 유량이 $100Sm^3/day$이었다. 이때 배출가스를 분석하니 실측산소농도는 5%, 표준산소농도는 4%일 때 측정된 실측배출가스 유량(Sm^3/kg)은?

㉮ 106 ㉯ 110 ㉰ 114 ㉱ 118

[풀이] $Q(Sm^3/day) = Q_a \div \dfrac{21-O_s}{21-O_a}$

$Q_a = $ 실측배출가스유량

$100 = Q_a \div \dfrac{21-4}{21-5}$

$Q_a = 106.25 Sm^3/day$

616 수산화나트륨 50g을 물에 용해시켜 950mL로 하였을 경우 이 용액의 농도(N)는?

㉮ 0.98 ㉯ 1.32 ㉰ 1.56 ㉱ 1.75

[풀이] $NaOH(eq/L) = 50g/0.95L \times 1eq/40g$
$= 1.32N(eq/L)$

617 비중 1.3인 황산이 50%의 순황산을 포함하였을 경우 규정농도(N)는?

㉮ 7.27 ㉯ 9.27 ㉰ 10.27 ㉱ 13.27

[풀이] $H_2SO_4(eq/L) = 1.3kg/L \times 1eq/(\dfrac{98}{2})g \times 0.5$
$\times 1,000g/1kg$
$= 13.27eq/L(N)$

618 농도 0.02mol/L의 H_2SO_4 50mL를 중화하는 데 필요한 N/10 NaOH의 용량(mL)은?

㉮ 75 ㉯ 100 ㉰ 125 ㉱ 150

[풀이] $N_1V_1 = N_2V_2$

$0.04N \times 50mL = 0.1N \times NaOH(mL)$

$NaOH(mL) = 125mL$

619 0.1N H_2SO_4 용액 1,000mL를 만들려고 한다. 95% H_2SO_4를 약 몇 mL 취하여야 하는가? (단, H_2SO_4 비중 1.84)

㉮ 약 1.5mL ㉯ 약 2.8mL
㉰ 약 4.5mL ㉱ 약 6mL

[풀이] $N_1V_1 = N_2V_2$

$0.1eq/L \times 1,000mL \times 1L/1,000mL$

$= H_2SO_4(mL) \times 1.84g/mL \times 1eq/(\dfrac{98}{2})g \times 0.95$

$H_2SO_4(mL) = 2.8mL$

620 A농황산의 비중은 약 1.84 이며, 농도는 약 95% 이다. 이 경우 몰농도(mol/L)로 환산하면?

㉮ 25.6mol/L ㉯ 22.4mol/L
㉰ 17.8mol/L ㉱ 9.56mol/L

[풀이] $H_2SO_4(mol/L) = 1.84g/mL \times 1mol/98g \times$
$1,000mL/1L \times 0.95$
$= 17.84mol/L$

Answer 614. ㉰ 615. ㉮ 616. ㉯ 617. ㉱ 618. ㉰ 619. ㉯ 620. ㉰

621 어느 분리관의 보유시간(t_R)이 5분, 피크의 좌우변곡점에서 접선이 자르는 바탕선이 길이(W) 10mm, 기록지 이동속도가 6m/min이었다면 이론단수는?

㉮ 104 ㉯ 124 ㉰ 144 ㉱ 164

풀이) 이론단수(N) $= 16 \times \left(\dfrac{t_R}{W}\right)^2$
$= 16 \times \left(\dfrac{6\text{m/min} \times 5\text{min}}{10\text{mm}}\right)^2$
$= 144$

622 다음 조건을 이용하여 기체크로마토그래프법에서 계산된 보유시간(min)은?

- 이론단수 : 1,600
- 기록지 이동속도 : 5m/min
- 피크의 좌우변곡점에서 접선이 자르는 바탕선길이 : 10mm

㉮ 5min ㉯ 10min
㉰ 15min ㉱ 20min

풀이) 이론단수(N) $= 16 \times \left(\dfrac{t_R}{W}\right)^2$
$1,600 = 16 \times \left(\dfrac{5 \times 보유시간}{10}\right)^2$
보유시간(min) = 20min

623 어느 기체크로마토그램에 있어 성분 A의 보유시간은 5분, 피크 폭은 5mm였다. 이 경우 성분 A의 HETP는?(단, 분리관 길이는 2m, 기록지의 속도는 매분 10mm)

㉮ 1.25mm ㉯ 1.5mm
㉰ 1.75mm ㉱ 2.0mm

풀이) HETP $= \dfrac{L}{N}$

N(이론단수)
$= 16 \times \left(\dfrac{t_R}{W}\right)^2$
$= 16 \times \left(\dfrac{10\text{mm/min} \times 5\text{min}}{5\text{mm}}\right)^2$
$= 1,600$

$= \dfrac{2,000}{1,600} = 1.25\text{mm}$

624 Lambert Beer 법칙에 의한 흡광도 측정 입사광의 55%가 흡수되었을 때 흡광도는?

㉮ 0.15 ㉯ 0.25 ㉰ 0.35 ㉱ 0.45

풀이) A(흡광도) $= \log \dfrac{1}{투과율} = \log \dfrac{1}{(1-0.55)}$
$= 0.35$

625 흡광광도법을 사용하여 어떤 시료의 발색액을 측정한 결과 투과퍼센트가 80%였다. 이 경우 흡광도는?

㉮ 약 0.05 ㉯ 약 0.1 ㉰ 약 0.2 ㉱ 약 0.7

풀이) A(흡광도) $= \log \dfrac{1}{투과율} = \log \dfrac{1}{0.8} = 0.1$

626 굴뚝 내 배출가스 유속을 피토관으로 측정한 결과 그 동압이 35mmH$_2$O였다면 굴뚝 내의 유속(m/sec)은?(단, 배출가스 온도는 225℃, 공기의 비중량은 1.3kg/Sm^3, 피토관 계수는 0.98이다.)

㉮ 약 15 ㉯ 약 20 ㉰ 약 25 ㉱ 약 30

Answer   621. ㉰ 622. ㉱ 623. ㉮ 624. ㉰ 625. ㉯ 626. ㉱

풀이 $V(\text{m/sec}) = C\sqrt{\dfrac{2gP_v}{r}}$

$= 0.98\sqrt{\dfrac{2 \times 9.8 \times 35}{1.3 \times \dfrac{273}{273+225}}}$

$= 30.4 \text{m/sec}$

627
A연도 배출가스 중의 수분량을 흡습관법으로 측정한 결과 다음과 같은 결과를 얻었다. 습배출가스 중의 수증기 배분율(%)은?(단, 표준상태기준)

- 건조가스 흡인유량 : 20L
- 측정 전 흡습관 질량 : 96.16g
- 측정 후 흡습관 질량 : 97.69g

㉮ 약 6.4 ㉯ 약 7.1 ㉰ 약 8.7 ㉱ 약 9.5

풀이 수증기 백분율(%) = $\dfrac{수증기\ 부피}{습한\ 가스\ 부피} \times 100$

수증기 부피(L)
$= (97.69 - 96.16) \times 1.244$
$= 1.90 \text{L}$

습한 가스 부피(L)
$= 20\text{L} + (1.244 \times 1.53)$
$= 21.90 \text{L}$

$= \dfrac{1.90}{21.90} \times 100$

$= 8.68\%$

628
A보일러 굴뚝의 배출가스 온도 240℃, 압력 760mmHg, 피투관에 의한 동압측정치는 0.552mmHg이었다. 이때 굴뚝배출가스 평균유속은?(단, 굴뚝 내 습배출가스의 밀도는 1.3kg/Sm³, 피토관계수 1이다.)

㉮ 7.8m/s ㉯ 9.6m/s
㉰ 12.3m/s ㉱ 14.6m/s

풀이 $V(\text{m/sec}) = C\sqrt{\dfrac{2gP_v}{r}}$

$r = 1.3\text{kg/Sm}^3 \times \dfrac{273}{273+240} = 0.692 \text{kg/Sm}^3$

$P_v = 0.552 \text{mmHg} \times \dfrac{10,332 \text{mmH}_2\text{O}}{760 \text{mmHg}}$

$= 7.50 \text{mmH}_2\text{O}$

$= 1 \times \sqrt{\dfrac{2 \times 9.8 \times 7.5}{0.692}}$

$= 14.57 \text{m/sec}$

629
피토관으로 굴뚝 배기가스를 측정한 결과 동압이 0.74mmHg였다. 이때 배출가스의 평균유속은?(단, 굴뚝 내의 습한 배출가스의 밀도는 1.3kg/m³, 피토관 계수는 1.2이다.)

㉮ 11.5m/sec ㉯ 12.3m/sec
㉰ 13.2m/sec ㉱ 14.8m/sec

풀이 $V = C\sqrt{\dfrac{2 \cdot g \cdot P_v}{r}}$

$= 1.2\sqrt{\dfrac{2 \times 9.8 \times 10.06}{1.3}}$

$= 14.78 \text{m/s}$

630
A 굴뚝 배출가스의 유속을 피토관으로 측정하였다. 배출가스 온도는 120℃, 동압 측정 시 확대율이 10배 되는 경사마노미터를 사용하였고, 그 내부액은 비중이 0.85의 톨루엔을 사용하여 경사마노미터의 액주(液柱)로 측정한 동압은 45mm·톨루엔주였다. 이때의 배출가스 유속은?(단, 피토관의 계수 : 0.9594, 배출가스의 표준상태에서의 밀도 : 1.3kg/Sm³)

㉮ 약 7.8m/s ㉯ 약 8.7m/s
㉰ 약 9.5m/s ㉱ 약 10.2m/s

Answer 627. ㉰ 628. ㉱ 629. ㉱ 630. ㉯

[풀이] $V(m/sec) = C\sqrt{\dfrac{2g}{r}} \times \sqrt{h}$

$r = 1.3 kg/Sm^3 \times \dfrac{273}{273+120}$
$\quad = 0.9031 kg/Sm^3$

$h = 45 \times \dfrac{1}{10} \times 0.85$
$\quad = 3.825 mmH_2O$

$= 0.9594 \times \sqrt{\dfrac{2 \times 9.8 \times 3.825}{0.9031}}$

$= 8.74 m/sec$

631 어떤 덕트의 가스를 피토관으로 측정하였더니 동압이 13mmH₂O, 유속은 25m/sec였다. 이 덕트의 밸브를 전부 열어 측정된 동압이 26mmH₂O이었다면 이때의 유속(m/sec)은? (단, 기타 조건은 변함 없음)

㉮ 약 35 ㉯ 약 40 ㉰ 약 45 ㉱ 약 50

[풀이] $V = C\sqrt{\dfrac{2g}{r}} \times \sqrt{h}$

V, $\sqrt{h}$ 는 비례

$25 m/sec : \sqrt{13} = x(m/sec) : \sqrt{26}$

$x(m/sec) = \dfrac{25 m/sec \times \sqrt{26}}{\sqrt{13}}$

$\quad = 35.36 m/sec$

632 A굴뚝 배출가스의 유속을 피토관으로 측정하여 다음과 같은 결과를 얻었다. 이 배출가스의 유속은?

- 배출가스온도 : 150℃
- 비중 0.85의 톨루엔을 사용한 경사마노미터의 동압 : 7.0mm 톨루엔주
- 피토관 계수 : 0.8584
- 배출가스의 밀도(표준상태) : 1.3kg/Sm³

㉮ 8.3m/s ㉯ 9.4m/s
㉰ 10.1m/s ㉱ 11.8m/s

[풀이] $V(m/sec) = C\sqrt{\dfrac{2g}{r}} \times \sqrt{h}$

$r = 1.3 kg/Sm^3 \times \dfrac{273}{273+150} = 0.839 kg/Sm^3$

$h = 7 \times 0.85 = 5.95 mmH_2O$

$= 0.8584 \times \sqrt{\dfrac{2 \times 9.8 \times 5.95}{0.839}}$

$= 10.12 m/sec$

633 원통 여과지의 포집기를 사용하여 배출가스 중의 먼지를 포집하였다. 측정치는 다음과 같다고 할 때 먼지농도는 약 몇 mg/Sm³인가?

- 대기압 : 765mmHg
- 가스미터의 흡인가스온도 : 15℃
- 가스게이지압 : 4mmHg
- 15℃의 포화수증기압 : 12.87mmHg
- 먼지포집 전의 원통여지 무게 : 6.2721g
- 먼지포집 후의 원통여지 무게 : 6.2821g
- 습식가스미터에서 흡인한 습윤가스양 : 55.2L

㉮ 193 ㉯ 203 ㉰ 213 ㉱ 223

[풀이] 먼지농도(mg/Sm³) $= \dfrac{md}{V_N'}$

$= \dfrac{\text{포집된 먼지의 무게}(g)}{\text{표준상태의 흡인건조 배출가스양}(Sm^3)}$

$V_N' = V_m \times \dfrac{273}{273+\theta_m} \times \dfrac{P_a + P_m - P_v}{760} \times 10^{-3}$

$= 55.2 \times \dfrac{273}{273+15} \times \dfrac{765+4-12.87}{760}$
$\quad \times 10^{-3} = 0.052 Sm^3$

$= \dfrac{(6.2821 - 6.2721)g \times 1,000 mg/g}{0.052 Sm^3}$

$= 192.31 mg/Sm^3$

634 굴뚝배출가스 중의 유속을 피토관으로 측정했을 때 평균유속이 14.5m/sec였다. 이때의 동압(mmHg)은?(단, 피토관계수는 1.0 이며, 굴뚝 내의 습한배출가스의 밀도는 1.2kg/m³이다.)

㉮ 0.55　㉯ 0.75　㉰ 0.85　㉱ 0.95

(풀이) $VP(동압) = \dfrac{rV^2}{2g}(\text{mmH}_2\text{O})$

$= \dfrac{1.2 \times 14.5^2}{2 \times 9.8}$

$= 12.87\text{mmH}_2\text{O} \times \dfrac{760\text{mmHg}}{10,332\text{mmH}_2\text{O}}$

$= 0.95\text{mmHg}$

635 단면 모양이 4각형인 어느 굴뚝을 4개의 같은 면적으로 구분하여 수동식 채취기로 각 측정점에서의 유속과 먼지 농도를 측정한 결과, 유속은 각각 4.2, 4.5, 4.8, 5.0m/sec, 먼지 농도는 각각 0.5, 0.55, 0.58, 0.60g/Sm³이었다. 전체 평균 먼지농도(g/Sm³)는?

㉮ 0.46　㉯ 0.56　㉰ 0.66　㉱ 0.76

(풀이) $\overline{C_N} = \dfrac{(4.2\times0.5)+(4.5\times0.55)+(4.8\times0.58)+(5.0\times0.6)}{4.2+4.5+4.8+5.0}$

$= 0.56\text{g/Sm}^3$

636 분진을 포함하는 건조가스가 상온상압으로 굴뚝 내에서 20m/s의 유속으로 흐르고 있다. 함진공기를 구경 10mm의 흡인노즐을 사용 측정할 경우, 등속흡인을 위한 흡인 유량은 몇 L/min인가?(단, 흡인량의 측정은 건식 가스미터를 사용하였고, 측정법은 먼지측정방법 중 수동측정방법임)

㉮ 약 91　㉯ 약 94　㉰ 약 98　㉱ 약 100

(풀이) $Q(\text{L/min}) = A \times V$

$= \left(\dfrac{3.14 \times 0.01^2}{4}\right)\text{m}^2 \times 20\text{m/sec}$

$\times 1,000\text{L/m}^3 \times 60\text{sec/min}$

$= 94.2\text{L/min}$

637 굴뚝배출가스 중 수분량이 체적백분율로 10%이고, 배출가스의 온도는 80℃, 시료채취량은 10L, 대기압은 0.6기압, 가스미터게이지압은 25mmHg, 가스미터온도 80℃에서의 수증기포화압이 255mHg라 할 때, 흡수된 수분량(g)은?

㉮ 0.459　㉯ 0.328　㉰ 0.205　㉱ 0.147

(풀이) $X_w(수분량)$

$= \dfrac{\dfrac{22.4}{18} \times m_a}{V_m \times \dfrac{273}{273+\theta_m} \times \dfrac{P_a+P_m-P_v}{760} + \dfrac{22.4}{18} \times m_a} \times 100$

$10 = \dfrac{1.244 m_a}{\left(10 \times \dfrac{273}{273+80}\right) \times \left(\dfrac{456+25-255}{760}\right) + 1.224 \times m_a} \times 100$

$\left[456\text{mmHg} = 0.6\text{atm} \times \dfrac{760\text{mmHg}}{1\text{atm}}\right]$

$m_a = 0.205\text{g}$

638 굴뚝배출가스 중 수분측정을 위하여 흡습제에 10L의 시료를 흡인하여 유입시킨 결과 흡습제의 중량 증가가 0.8500g이었다. 이 배출가스 중의 수증기 부피백분율은?(단, 건식가스미터의 흡인가스온도 : 27℃, 가스미터에서의 가스게이지압 + 대기압 : 760mmHg)

㉮ 10.4%　㉯ 9.5%　㉰ 7.3%　㉱ 5.5%

Answer▶ 634. ㉱　635. ㉯　636. ㉯　637. ㉰　638. ㉮

[풀이] X_w(수분량)

$$= \frac{\frac{22.4}{18} \times m_a}{V_m' \times \frac{273}{273+\theta_m} \times \frac{P_a+P_m}{760} + \frac{22.4}{18} \times m_a} \times 100$$

$$= \frac{1.244 \times 0.85}{\left(10 \times \frac{273}{273+27}\right) \times \left(\frac{760}{760}\right) + (1.244 \times 0.85)} \times 100$$

$$= 10.4(\%)$$

639 굴뚝 내의 온도(θ_s)는 133℃, 정압(P_s)은 15mmHg이며 대기압(P_a)은 745mmHg이다. 이때 굴뚝 내의 배출가스 밀도를 구하면?[단, 표준상태의 공기의 밀도(γ_o)는 1.3kg/Sm³이고, 굴뚝 내 기체 성분은 대기와 같다.]

㉮ 0.744kg/m³　　㉯ 0.874kg/m³
㉰ 0.934kg/m³　　㉱ 0.984kg/m³

[풀이] 밀도(kg/m³)
$$= 1.3 \text{kg/Sm}^3 \times \frac{273}{273+133} \times \frac{745+15}{760}$$
$$= 0.874 \text{kg/m}^3$$

640 굴뚝배출가스 중 먼지측정을 위해 보통형 흡인노즐을 사용할 경우 가스미터에서 등속흡인을 위한 흡인량(L/min)은?

- 대기압 : 760mmHg
- 가스미터의 흡인가스온도 : 25℃
- 가스미터 흡인가스 게이지압 : 1mmHg
- 배출가스온도 : 125℃
- 배출가스유속 : 8m/sec

- 배출가스 중 수증기의 부피백분율 : 10%
- 흡인노즐 내경 : 6mm
- 측정점에서의 정압 : -1.5mmHg

㉮ 9.12　㉯ 10.12　㉰ 11.12　㉱ 12.12

[풀이] 보통형 흡인노즐 사용 시 흡인유량(q_m)

$$q_m = \frac{\pi}{4}d^2 v \left(1 - \frac{X_w}{100}\right) \frac{273+\theta_w}{273+\theta_s}$$
$$\times \frac{P_a+P_s}{P_a+P_m-P_v} \times 60 \times 10^{-3}$$
$$= \frac{\pi}{4} \times (6)^2 \times 8 \times \left(1 - \frac{10}{100}\right) \times \frac{273+25}{273+125}$$
$$\times \frac{760+(-1.5)}{760+1} \times 60 \times 10^{-3}$$
$$= 9.12 \text{L/min}$$

641 다음과 같은 조건일 때 건조시료 가스상 물질의 시료채취량(L)은?

- 가스미터로 측정한 흡인가스양 : 20L
- 가스미터의 온도 : 40℃
- 측정공 위치의 대기압 : 758mmHg
- 가스미터의 게이지압 : 15mmHg
- 40℃에서의 포화수증기압 : 55mmHg
※ 채취부로 흡수병, 파이패스용 세척병, 펌프, 건식 가스미터를 조립하여 사용하였다.

㉮ 약 18　㉯ 약 20　㉰ 약 22　㉱ 약 24

[풀이] $V_n'(\text{L}) = V_m' \times \frac{273}{273+\theta_m} \times \frac{P_a+P_m}{760}$
$$= 20\text{L} \times \frac{273}{273+40} \times \frac{758+15}{760}$$
$$= 17.74\text{L}$$

Answer 639. ㉯　640. ㉮　641. ㉮

제6편 핵심 필수문제(이론)

642 굴뚝배출가스 중의 수분을 측정한 결과 건조배출가스 1Sm³당 50.6g이었다면 건조배출가스에 대한 수분의 용량비(%)는?

㉮ 5.0 ㉯ 6.3 ㉰ 7.0 ㉱ 8.3

(풀이)
$$X_w(\%) = \frac{\frac{22.4}{18}m_a}{V_m} \times 100$$
$$= \frac{\frac{22.4L}{18g} \times 50.6g}{1,000L} \times 100$$
$$= 6.3\%$$
$(1Sm^3 = 1kL = 1,000L)$

643 기체크로마토그래피에서 A, B 성분의 보유시간이 각각 2분, 3분이었으며, 피크 폭은 32초, 38초이었다면 이때 분리도는?

㉮ 1.7 ㉯ 1.9 ㉰ 2.1 ㉱ 2.5

(풀이)
$$\text{분리도(R)} = \frac{2(t_{R_2} - t_{R_1})}{w_1 + w_2}$$
$$= \frac{2(3 \times 60 - 2 \times 60)}{32 + 38}$$
$$= 1.71$$

644 기체크로마토그래피에서 1, 2 시료의 분석치가 다음과 같을 때 분리계수는?

- 피크 1의 보유시간 : 3분
- 피크 2의 보유시간 : 5분
- 피크 1의 폭 : 33초
- 피크 2의 폭 : 44조

㉮ 1.1 ㉯ 1.3 ㉰ 1.5 ㉱ 1.7

(풀이) 분리계수$(d) = \frac{t_{R_2}}{t_{R_1}} = \frac{5}{3} = 1.7$

645 특정발생원에서 일정한 굴뚝을 거치지 않고 외부로 비산되는 먼지를 하이볼륨에어샘플러로 측정한 결과 다음과 같은 자료를 얻었다. 이때 비산먼지의 농도는 몇 mg/m³인가?

- 포집먼지량이 가장 많은 위치에서의 먼지농도 : 65mg/m³
- 대조위치에서의 먼지농도 : 0.23mg/m³
- 풍향보정계수 : 1.5
- 풍속보정계수 : 1.2

㉮ 87 ㉯ 94 ㉰ 102 ㉱ 117

(풀이) 비산먼지농도(mg/m^3)
$= (C_H - C_B) \times W_D \times W_S$
$= (65 - 0.23) \times 1.5 \times 1.2$
$= 116.59(mg/m^3)$

646 외부로 비산 배출되는 먼지를 하이볼륨에어샘플러법으로 측정한 조건이 다음과 같을 때 비산먼지의 농도는?

- 대조위치의 먼지농도 : 0.15mg/m³
- 포집먼지량이 가장 많은 위치의 먼지농도 : 4.69mg/m³
- 전 시료 채취기간 중 주풍향이 90° 이상 변했으며, 풍속이 0.5m/sec 미만 또는 10m/sec 이상 되는 시간이 전 채취시간의 50% 미만이었다.

㉮ 2.8 ㉯ 4.8 ㉰ 6.8 ㉱ 10.8

(풀이) 비산먼지농도(mg/m^3)
$= (C_H - C_B) \times W_D \times W_S$
$= (4.69 - 0.15) \times 1.5 \times 1.0$
$= 6.81 mg/m^3$

Answer ◀ 642. ㉯ 643. ㉮ 644. ㉱ 645. ㉱ 646. ㉰

(1) 풍향에 대한 보정

풍향변화범위	보정계수
전 시료채취 기간 중 풍향이 90° 이상 변할 때	1.5
전 시료채취 기간 중 풍향이 45~90° 변할 때	1.2
전 시료채취 기간 중 풍향이 변동이 없을 때(45° 미만)	1.0

(2) 풍속에 대한 보정

풍속범위	보정계수
풍속이 0.5m/초 미만 또는 10m/초 이상되는 시간이 전 채취시간의 50% 미만일 때	1.0
풍속이 0.5m/초 미만 또는 10m/초 이상되는 시간이 전 채취시간의 50% 이상일 때	1.2

647 굴뚝배출가스 중 염소를 오르토톨리딘법으로 분석한 결과치가 다음과 같을 때 염소농도(ppm)는?(단, 건조시료 가스양 : 100mL이고, 분석용 시료용액 200mL에서 표준액의 흡광도는 0.45, 시료용액의 흡광도는 0.4이다.)

㉮ 9.56   ㉯ 10.20   ㉰ 11.25   ㉱ 12.46

풀이) 염소농도(ppm) = $\dfrac{0.05 \times \dfrac{A}{A_s} \times 20}{V_s} \times 1{,}000$

= $\dfrac{0.05 \times \dfrac{0.45}{0.4} \times 20}{100} \times 1{,}000$

= 11.25ppm

648 다음은 중화적정법에 의해 배출가스 중의 황산화물을 분석한 결과이다. 황산화물의 농도는?

• 건조시료가스 채취량 : 20L(0℃, 1기압)
• 분석용 시료용액의 전량 : 250mL
• 분석용 시료용액의 분취량 : 50mL
• 적정에 사용한 N/10 수산화나트륨 용액의 양 : 2.2mL
• 바탕시험에 사용한 N/10 수산화나트륨 용액의 양 : 0.2mL
• N/10 수산화나트륨 용액의 역가 : 1.0

㉮ 720ppm   ㉯ 640ppm   ㉰ 560ppm   ㉱ 480ppm

풀이) 농도(ppm) = $\dfrac{1.12 \times (a-b)f \times \dfrac{250}{V}}{V_s} \times 1{,}000$

= $\dfrac{1.12 \times (2.2-0.2) \times 1 \times \dfrac{250}{50}}{20} \times 1{,}000$

= 560ppm

649 배기가스 중 황산화물을 분석하기 위하여 중화적정법에 의해 술파민산 표준시약 2.0g을 물에 녹여 250mL로 하고, 이 용액 25mL를 분취하여 N/10-NaOH 용액으로 중화 적정한 결과 21.6mL가 소요되었다. 이때 N/10-NaOH 용액의 factor 값은?(단, 술파민산의 분자량은 97.1이다.)

㉮ 0.90   ㉯ 0.95   ㉰ 1.00   ㉱ 1.05

풀이) N/10-NaOH 용액의 factor

= $\dfrac{W \times \dfrac{25}{250}}{V' \times 0.00971} = \dfrac{2.0 \times \dfrac{25}{250}}{21.6 \times 0.00971}$

= 0.954

Answer◀ 647. ㉰   648. ㉰   649. ㉯

650 어느 굴뚝배출가스 중의 황산화물을 침전적정법(아르세나죠 III)으로 측정하여 다음과 같은 결과를 얻었다. 이때 황산화물의 농도는?

- 건조시료가스 채취량 : 30L(25℃)
- 분석용 시료용액 전량 : 250mL
- 분석용 시료용액 분취량 : 10mL
- 적정에 소요된 N/100 초산바륨량 : 5.2mL (f : 1.00)
- 공시험에 소요된 N/100 초산바륨량 : 0.1mL
- N/100 초산바륨 1mL는 황산화물 0.112mL에 상당한다.(표준상태)

㉮ 621.5ppm ㉯ 601.3ppm
㉰ 554.3ppm ㉱ 519.6ppm

【풀이】 농도(ppm)

$$= \frac{0.112(a-b) \times f \times \frac{250}{V}}{V_s} \times 1{,}000$$

$$= \frac{0.112 \times (5.2-0.1) \times 1 \times \frac{250}{10}}{30 \times \frac{273}{273+25}} \times 1{,}000$$

$$= 519.6(\text{ppm})$$

651 굴뚝배출가스 중 무기 불소화합물을 용량법으로 분석하여 1,200ppm의 HF 농도를 얻었다. 이 농도를 F 농도($\mu g/m^3$)로 환산하면?

㉮ 819 ㉯ 900 ㉰ 918 ㉱ 1,018

【풀이】 F($\mu g/m^3$) = 1.2mL/m³ × 19mg/22.4mL
　　　　　× $10^3 \mu g$/mg
　　　　= 1,017.86 $\mu g/m^3$

652 A 굴뚝에서 배출되는 매연을 링겔만 매연농도표를 사용하여 측정한 결과가 다음과 같았다. 이때 매연의 농도(%)는?

㉮ 1.1% ㉯ 10.9% ㉰ 21.8% ㉱ 42.0%

【풀이】 매연의 농도는 평균 도수를 구하여 20을 곱하여 계산

$$농도(\%) = \frac{\sum N \cdot V}{\sum N} \times 20$$

$$= \frac{(5 \times 8) + (4 \times 12) + (3 \times 35) +}{320}$$
$$\frac{(2 \times 45) + (1 \times 66) + (0 \times 154)}{320}$$
$$\times 20$$
$$= 21.81(\%)$$

653 A 공장 굴뚝배출가스 중 페놀류를 기체크로마토그래피법(내부표준법)으로 분석하였더니 아래 표와 같은 결과와 식이 제시되었을 때, 시료 중 페놀류의 농도는?

- 건조시료가스양 : 10L
- 정량에 사용된 분석용 시료용액의 양 : 8μL
- 분석용 시료용액의 제조량 : 5mL
- 검량선으로부터 구한 정량에 사용된 분석용 시료용액 중 페놀류의 양 : 6μg
- 페놀류의 농도 산출식(C)

$$C = \frac{0.238 \times a \times V_\ell}{S_L \times V_S} \times 1{,}000$$

㉮ 89V/V ppm ㉯ 99V/V ppm
㉰ 109V/V ppm ㉱ 119V/V ppm

【풀이】 $C(\text{V/V ppm}) = \dfrac{0.238 \times a \times V_\ell}{S_L \times V_S} \times 1{,}000$

$$= \frac{0.238 \times 6 \times 5}{8 \times 10} \times 1{,}000$$

$$= 89.25 \text{V/V ppm}$$

Answer 650. ㉱ 651. ㉱ 652. ㉰ 653. ㉮

654 하이볼륨에어샘플러로 비산먼지를 포집할 때 포집개시 직후의 유량이 1.6m³/min, 포집종료 직전의 유량이 1.4m³/min이었다면 총 흡인공기량은?(단, 포집시간은 25시간이었다.)

㉮ 1,125m³
㉯ 2,250m³
㉰ 3,210m³
㉱ 4,155m³

풀이 총 흡인공기량(m³) $= \dfrac{Q_s + Q_e}{2} \times t$

$= \dfrac{1.6 + 1.4}{2} \times 25 \times 60$

$= 2,250(\text{m}^3)$

Answer 654. ㉯

PART

07

기출문제
풀이

7

기출문제
풀이

2018년 제1회 대기환경산업기사

제1과목 대기오염개론

01 불활성 기체로 일명 웃음의 기체라고도 하며, 대류권에서는 온실가스로 성층권에서는 오존층 파괴물질로 알려진 것은?

① NO
② NO_2
③ N_2O
④ N_2O_3

풀이 N_2O(아산화질소)
㉠ 질소가스와 오존의 반응으로 생성되거나 미생물 활동에 의해 발생하며, 특히 토양에 공급되는 비료의 과잉 사용이 문제가 되고 있다.
㉡ N_2O는 대류권에서는 태양에너지에 대하여 매우 안정한 온실가스로 알려져 있고, 성층권에서는 오존층 파괴물질(오존분해물질)로 알려져 있다.
㉢ 웃음가스라고도 하며 주로 사용하는 용도는 마취제이다.

02 대기 중 탄화수소(HC)에 대한 설명으로 옳지 않은 것은?

① 지구 규모의 발생량으로 볼 때 자연적 발생량이 인위적 발생량보다 많다.
② 탄화수소는 대기 중에서 산소, 질소, 염소 및 황과 반응하여 여러 종류의 탄화수소 유도체를 생성한다.
③ 탄화수소류 중에서 이중결합을 가진 올레핀 화합물은 포화 탄화수소나 방향족 탄화수소보다 대기 중에서의 반응성이 크다.
④ 대기환경 중 탄화수소는 기체, 액체, 고체로 존재하며 탄소원자 1~12개인 탄화수소는 상온, 상압에서 기체로, 12개를 초과하는 것은 액체 또는 고체로 존재한다.

풀이 대기환경 중 탄화수소는 기체, 액체, 고체로 존재하며 탄소원자 1~4개인 탄화수소는 상온, 상압에서 기체로, 5개를 초과하는 것은 액체 또는 고체로 존재한다.

03 다음 대기오염과 관련된 역사적 사건 중 주로 자동차 등에서 배출되는 오염물질로 인한 광화학반응에 기인한 것은?

① 뮤즈(Meuse) 계곡 사건
② 런던(London) 사건
③ 로스앤젤레스(Los Angeles) 사건
④ 포자리카(Pozarica) 사건

풀이 로스앤젤레스(Los Angeles) 사건
광화학적 산화반응
$HC + NOx + h\nu \rightarrow$ 산화형 smog

04 자동차 배출가스 발생에 관한 설명으로 가장 거리가 먼 것은?

① 일반적으로 자동차의 주요 유해배출가스는 CO, NOx, HC 등이다.
② 휘발유 자동차의 경우 CO는 가속 시, HC는 정속 시, NOx는 감속 시에 상대적으로 많이 발생한다.
③ CO는 연료량에 비하여 공기량이 부족할 경우에 발생한다.
④ NOx는 높은 연소온도에서 많이 발생하며, 매연은 연료가 미연소하여 발생한다.

Answer 01. ③ 02. ④ 03. ③ 04. ②

풀이) 휘발유 자동차의 경우 CO는 공전 시, HC는 감속 시, NOx는 가속 시에 상대적으로 많이 발생한다.

05 A공장에서 배출되는 가스양이 480m³/min (아황산가스 0.20%(V/V)를 포함)이다. 연간 25%(부피기준)가 같은 방향으로 유출되어 인근 지역의 식물생육에 피해를 주었다고 할 때, 향후 8년 동안 이 지역에 피해를 줄 아황산가스 총량은?(단, 표준상태 기준, 공장은 24시간 및 365일 연속가동된다고 본다.)

① 약 2,548톤 ② 약 2,883톤
③ 약 3,252톤 ④ 약 3,604톤

풀이) 아황산가스 총량(ton)
$= 480m^3/min \times 0.002 \times 0.25 \times 64kg/22.4Sm^3$
$\times ton/10^3 kg \times 8year \times 365day/year$
$\times 24hr/day \times 60min/hr$
$= 2,883.29 ton$

06 SO_2의 식물 피해에 관한 설명으로 가장 거리가 먼 것은?

① 낮보다는 밤에 피해가 심하다.
② 식물잎 뒤쪽 표피 밑의 세포가 피해를 입기 시작한다.
③ 반점 발생경향은 맥간반점을 띤다.
④ 협죽도, 양배추 등이 SO_2에 강한 식물이다.

풀이) SO_2는 기공이 열려 있는 낮 동안과 습도가 높을 때 피해 현상이 뚜렷이 나타난다.

07 다음 중 인체 내에서 콜레스테롤, 인지질 및 지방분의 합성을 저해하거나 기타 다른 영양물질의 대사장애를 일으키며, 만성폭로 시 설태가 끼는 대기오염물질의 원소기호로 가장 적합한 것은?

① Se ② Tl
③ V   ④ Al

풀이) 바나듐(V)
㉠ 은회색의 전이금속으로 단단하나 연성(잡아 늘이기 쉬운 성질)과 전성(펴 늘일 수 있는 성질)이 있고 주로 화석연료, 특히 석탄 및 중유에 많이 포함되고 코·눈·인후의 자극을 동반하여 격심한 기침을 유발한다.
㉡ 원소 자체는 반응성이 커서 자연상태에서는 화합물로만 존재하며 산화물 보호피막을 만들기 때문에 공기 중 실온에서는 잘 산화되지 않으나 가열하면 산화된다.
㉢ 바나듐에 폭로된 사람들은 인지질 및 지방분의 합성, 혈장 콜레스테롤치가 저하되며, 만성폭로 시 설태가 낄 수 있다.

08 다음 국제적인 환경 관련 협약 중 오존층 파괴물질인 염화불화탄소의 생산과 사용을 규제하려는 목적에서 제정된 것은?

① 람사협약 ② 몬트리올의정서
③ 바젤협약 ④ 런던협약

풀이) 몬트리올 의정서
1987년 9월 오존층 파괴물질의 생산 및 소비감축, 즉 생산, 소비량을 규제하기 위해 채택된 의정서이다.

09 경도모델(또는 K-이론모델)을 적용하기 위한 가정으로 거리가 먼 것은?

① 연기의 축에 직각인 단면에서 오염의 농도분포는 가우스분포(정규분포)이다.
② 오염물질은 지표를 침투하지 못하고 반사한다.
③ 배출원에서 오염물질의 농도는 무한하다.
④ 배출원에서 배출된 오염물질은 그 후 소멸하고, 확산계수는 시간에 따라 변한다.

Answer 05. ② 06. ① 07. ③ 08. ② 09. ④

풀이) 경도모델(또는 K-이론모델)의 가정
㉠ 오염배출원에서 무한히 멀어지면 오염농도는 0이 된다.
㉡ 오염물질은 지표를 침투하지 못하고 반사한다.
㉢ 배출된 오염물질은 소멸하거나 생성되지 않고 계속 흘러만 갈 뿐이다.
㉣ 배출원에서 배출된 오염물질량 및 오염물질의 농도는 무한하다.
㉤ 연기의 축에 직각인 단면에서 오염물질의 농도 분포는 가우스분포이다.
㉥ 풍하 측으로 지표면은 평형하고 균일하다.
㉦ 대기안정도 및 확산계수는 일정하다.

10 라디오존데(radiosonde)는 주로 무엇을 측정하는 데 사용되는 장비인가?

① 고층대기의 초고주파의 주파수(20kHz 이상) 이동상태를 측정하는 장비
② 고층대기의 입자상 물질의 농도를 측정하는 장비
③ 고층대기의 가스상 물질의 농도를 측정하는 장비
④ 고층대기의 온도, 기압, 습도, 풍속 등의 기상요소를 측정하는 장비

풀이) 라디오존데(radiosonde)
대기 상층의 기상요소를 자동적으로 측정하여 소형 송신기에 의해 지상으로 송신하는 장치이다.

11 체적이 100m³인 복사실의 공간에서 오존(O_3)의 배출량이 분당 0.4mg인 복사기를 연속 사용하고 있다. 복사기 사용 전의 실내오존(O_3)의 농도가 0.2ppm이라고 할 때 3시간 사용 후 오존농도는 몇 ppb인가?(단, 환기가 되지 않음, 0℃, 1기압 기준으로 하며, 기타 조건은 고려하지 않음)

① 268   ② 383
③ 424   ④ 536

풀이) 오존농도
= 복사기 사용 전 농도 + 복사기 사용 후 농도
복사기 사용 전 농도
= 0.2ppm × 10³ppb/ppm
= 200ppb
복사기 사용 후 농도
= 0.4m³/min × 180min × 22.4mL/48mg
= 0.336ppm × 10³ppb/ppm
= 336ppb
= 200 + 336 = 536ppb

12 대기오염현상 중 광화학스모그에 대한 설명으로 거리가 먼 것은?

① 미국 로스앤젤레스에서 시작되어 자동차 운행이 많은 대도시지역에서도 관측되고 있다.
② 일사량이 크고 대기가 안정되어 있을 때 잘 발생된다.
③ 주된 원인물질은 자동차배기가스 내 포함된 SO_2, CO 화합물의 대기확산이다.
④ 광화학산화물인 오존의 농도는 아침에 서서히 증가하기 시작하여 일사량이 최대인 오후에 최대의 경향을 나타내고 다시 감소한다.

풀이) 주된 원인물질은 자동차배기가스 내 포함된 질소산화물, 탄화수소이다.

13 공기 중에서 직경 $2\mu m$의 구형 매연입자가 스토크스 법칙을 만족하며 침강할 때, 종말 침강속도는?(단, 매연입자의 밀도는 $2.5g/cm^3$, 공기의 밀도는 무시하며, 공기의 점도는 $1.81 \times 10^{-4}g/cm \cdot sec$)

① 0.015cm/s   ② 0.03cm/s
③ 0.055cm/s   ④ 0.075cm/s

Answer 10. ④ 11. ④ 12. ③ 13. ②

풀이 V_g (cm/sec)

$$= \frac{d_p^2(\rho_p - \rho)g}{18\mu}$$

$$= \frac{(2 \times 10^{-6} \text{m})^2 \times 2,500 \text{kg/m}^3 \times 9.8 \text{m/sec}^2}{18 \times 1.81 \times 10^{-5} \text{kg/m} \cdot \text{sec}}$$

$$= 3.023 \times 10^{-4} \text{m/sec} \times 100 \text{cm/m}$$

$$= 0.0302 \text{cm/sec}$$

14 포스겐에 관한 설명으로 가장 적합한 것은?

① 분자량 98.9이고, 수분 존재 시 금속을 부식시킨다.
② 물에 쉽게 용해되는 기체이며, 인체에 대한 유독성은 약한 편이다.
③ 황색의 수용성 기체이며, 인체에 대한 급성 중독으로는 과혈당과 소화기관 및 중추신경계의 이상 등이 있다.
④ 비점은 120℃, 융점은 58℃ 정도로서 공기 중에서 쉽게 가수분해되는 성질을 가진다.

풀이 ② 물에 쉽게 용해되지 않는 기체이며, 인체에 대한 유독성이 강한 편이다.
③ 무색의 기체이며 인체에 대한 급성중독증상으로는 최루·흡입에 의한 재채기, 호흡곤란, 폐수종 등이 있다.
④ 비점은 8.2℃, 융점은 −128℃ 정도로서 벤젠, 톨루엔에 쉽게 용해되는 성질을 가진다.

15 광화학적 스모그(smog)의 3대 주요원인 요소와 거리가 먼 것은?

① 아황산가스   ② 자외선
③ 올레핀계 탄화수소   ④ 질소산화물

풀이 광화학적 스모그(smog)의 3대 주요원인요소
㉠ 질소산화물
㉡ 올레핀계 탄화수소
㉢ 자외선

16 대기구조를 대기의 분자 조성에 따라 균질층(homosphere)과 이질층(heterosphere)으로 구분할 때 다음 중 균질층의 범위로 가장 적절한 것은?

① 지상 0~50km
② 지상 0~88km
③ 지상 0~155km
④ 지상 0~200km

풀이 지상 0~88km 정도까지의 균질층은 수분을 제외하고는 질소 및 산소 등 분자 조성비가 어느 정도 일정하다.

17 유효굴뚝높이가 130m인 굴뚝으로부터 SO_2가 30g/sec로 배출되고 있고, 유효고 높이에서 바람이 6m/sec로 불고 있다고 할 때, 다음 조건에 따른 지표면 중심선의 농도는?(단, 가우시안형의 대기오염 확산방정식 적용, σ_y : 220m, σ_z : 40m)

① $0.92\mu g/m^3$ ② $0.73\mu g/m^3$
③ $0.56\mu g/m^3$ ④ $0.33\mu g/m^3$

풀이 가우시안식

$$C(x,y,z,H) = \frac{Q}{2\pi\sigma_y\sigma_z U}\exp\left[-\frac{1}{2}\left(\frac{y}{\sigma_y}\right)^2\right]$$

$$\times\left[\exp\left\{-\frac{1}{2}\left(\frac{z-H}{\sigma_z}\right)^2\right\} + \exp\left\{-\frac{1}{2}\left(\frac{z+H}{\sigma_z}\right)^2\right\}\right]$$

중심선상($y=0$)의 지표농도($z=0$)를 대입하면

$$C = \frac{Q}{\pi U \sigma_y \sigma_z}\exp\left(-\frac{H^2}{2\sigma_z^2}\right)$$

$$= \frac{30\text{g/sec} \times 10^6 \mu\text{g/g}}{3.14 \times 6\text{m/sec} \times 220\text{m} \times 40\text{m}}\exp\left[-\frac{1}{2}\left(\frac{130\text{m}}{40\text{m}}\right)^2\right]$$

$$= 0.92\mu g/m^3$$

Answer 14. ① 15. ① 16. ② 17. ①

18. 기본적으로 다이옥신을 이루고 있는 원소 구성으로 가장 옳게 연결된 것은?(단, 산소는 2개이다.)

① 1개의 벤젠고리, 2개 이상의 염소
② 2개의 벤젠고리, 2개 이상의 불소
③ 1개의 벤젠고리, 2개 이상의 불소
④ 2개의 벤젠고리, 2개 이상의 염소

(풀이) 다이옥신은 2개의 벤젠고리, 2개의 산소, 2개 이상의 염소가 있는 형태이다.

19. 다음 중 복사역전(radiation inversion)이 가장 잘 발생하는 계절과 시기는?

① 여름철 맑은 날 정오
② 여름철 흐린 날 오후
③ 겨울철 맑은 날 이른 아침
④ 겨울철 흐린 날 오후

(풀이) 복사역전(radiation inversion)은 바람이 약하고 맑게 개인 새벽부터 이른 아침과 습도가 적은 가을부터 봄에 걸쳐서 잘 발생한다.

20. 악취처리방법 중 특히 인체에 독성이 있는 악취 유발물질이 포함된 경우의 처리방법으로 가장 부적합한 것은?

① 국소환기(local ventilation)
② 흡착(adsorption)
③ 흡수(absorption)
④ 위장(masking)

(풀이) 위장(masking)법
강한 향기를 가진 물질을 이용하여 악취를 은폐(위장)시키는 방법으로 유해도가 약한 악취에 적용된다.

제2과목 대기오염공정시험기준(방법)

21. 자외선가시선분광법에서 장치 및 장치 보정에 관한 설명으로 옳지 않은 것은?

① 가시부와 근적외부의 광원으로는 주로 텅스텐램프를 사용하고 자외부의 광원으로는 주로 중수소 방전관을 사용한다.
② 일반적으로 흡광도 눈금의 보정은 110℃에서 3시간 이상 건조한 과망간산포타슘(1급 이상)을 N/10 수산화소듐 용액에 녹인 과망간산소듐 용액으로 보정한다.
③ 광전관, 광전자증배관은 주로 자외 내지 가시파장 범위에서 광전지는 주로 가시파장 범위 내에서의 광전측광에 사용된다.
④ 광전광도계는 파장 선택부에 필터를 사용한 장치로 단광속형이 많고 비교적 구조가 간단하여 작업분석용에 적당하다.

(풀이) 일반적으로 흡광도 눈금의 보정은 110℃에서 3시간 이상 건조한 다이크롬산포타슘(1급 이상)을 N/20 수산화포타슘 용액에 녹인 다이크롬산포타슘용액으로 보정한다.

22. 굴뚝 내의 배출가스 유속을 피토관으로 측정한 결과 그 동압이 2.2mmHg이었다면 굴뚝 내의 배출가스의 평균유속(m/sec)은?(단, 배출가스 온도 250℃, 공기의 비중량 1.3kg/Sm³, 피토관 계수 1.2이다.)

① 8.6
② 16.9
③ 25.5
④ 35.3

Answer 18. ④ 19. ③ 20. ④ 21. ② 22. ④

[풀이] 배출가스 평균유속(V)

$= C \times \sqrt{\dfrac{2gh}{\gamma}}$

$h = 2.2\,\text{mmHg} \times \dfrac{10{,}332\,\text{mmH}_2\text{O}}{760\,\text{mmHg}}$

$\quad = 29.91\,\text{mmH}_2\text{O}$

$\gamma = 1.3\,\text{kg/Sm}^3 \times \dfrac{273}{273+250}$

$\quad = 0.6786\,\text{kg/m}^3$

$= 1.2 \times \sqrt{\dfrac{2 \times 9.8\,\text{m/sec}^2 \times 29.91\,\text{mmH}_2\text{O}}{0.6786\,\text{kg/m}^3}}$

$= 35.27\,\text{m/sec}$

23
링겔만 매연 농도표를 이용한 방법에서 매연 측정에 관한 설명으로 옳지 않은 것은?

① 농도표는 측정자의 앞 16cm에 놓는다.
② 농도표는 굴뚝배출구로부터 30~45cm 떨어진 곳의 농도를 관측 비교한다.
③ 측정자의 눈높이에 수직이 되게 관측 비교한다.
④ 매연의 검은 정도를 6종으로 분류한다.

[풀이] 매연 측정 시 농도표는 측정자의 앞 16m에 놓는다.

24
어느 지역에 환경기준시험을 위한 시료채취 지점 수(측정점 수)는 약 몇 개소인가?

- 그 지역 거주지 면적 = 80km²
- 그 지역 인구밀도 = 1,500명/km²
- 전국평균인구밀도 = 450명/km²
  (단, 인구비례에 의한 방법 기준)

① 6개소   ② 11개소
③ 18개소   ④ 23개소

[풀이] 인구비례에 의한 방법
측정점 수

$= \dfrac{\text{그 지역 거주지 면적}}{25\,\text{km}^2} \times \dfrac{\text{그 지역 인구밀도}}{\text{전국 평균인구밀도}}$

$= \dfrac{80\,\text{km}^2}{25\,\text{km}^2} \times \dfrac{1{,}500\,\text{명/km}^2}{450\,\text{명/km}^2}$

$= 10.66 \approx 11\,(\text{개소})$

25
다음은 굴뚝 배출가스 중 크롬화합물을 자외선가시선분광법으로 측정하는 방법이다. ( ) 안에 알맞은 것은?

시료용액 중의 크롬을 과망간산포타슘에 의하여 6가로 산화하고, (㉠)을/를 가한 다음, 아질산소듐으로 과량의 과망간산염을 분해한 후 다이페닐카바자이드를 가하여 발색시키고, 파장 (㉡)nm 부근에서 흡수도를 측정하여 정량하는 방법이다.

① ㉠ 아세트산   ㉡ 460
② ㉠ 요소   ㉡ 460
③ ㉠ 아세트산   ㉡ 540
④ ㉠ 요소   ㉡ 540

[풀이] 시료용액 중의 크롬을 과망간산포타슘에 의하여 6가로 산화하고, 요소를 가한 다음, 아질산소듐으로 과량의 과망간산염을 분해한 후 다이페닐카바자이드를 가하여 발색시키고, 파장 540nm 부근에서 흡수도를 측정하여 정량하는 방법이다.

26
대기오염공정시험기준에서 정하고 있는 온도에 대한 설명으로 옳지 않은 것은?

① 냉수 : 15℃ 이하
② 찬 곳은 따로 규정이 없는 한 0~15℃의 곳
③ 온수 : 35~50℃
④ 실온 : 1~35℃

Answer◀ 23. ① 24. ② 25. ④ 26. ③

풀이) 냉수는 15℃ 이하, 온수는 60~70℃, 열수는 약 100℃를 말한다.

27 굴뚝배출가스 중의 아황산가스 측정방법 중 연속자동측정법이 아닌 것은?

① 용액전도율법 ② 적외선형광법
③ 정전위전해법 ④ 불꽃광도법

풀이) 굴뚝배출가스 중의 아황산가스 측정방법의 종류
 ㉠ 용액전도율법 ㉡ 적외선흡수법
 ㉢ 자외선흡수법 ㉣ 정전위전해법
 ㉤ 불꽃광도법

28 비분산적외선분광분석법 분석계의 최저 눈금값을 교정하기 위하여 사용하는 가스는?

① 비교가스 ② 제로가스
③ 스팬가스 ④ 혼합가스

풀이) 분석계의 최저 눈금값을 교정하기 위하여 사용하는 가스는 제로가스이다.

29 다음은 굴뚝에서 배출되는 먼지측정방법에 관한 설명이다. ( ) 안에 알맞은 말을 순서대로 옳게 나열한 것은?

"수동식 채취기를 사용하여 굴뚝에서 배출되는 기체 중의 먼지를 측정할 때 흡입가스양은 원칙적으로 (㉠)여과지 사용 시 포집면적 1cm²당 (㉡) mg 정도이고, (㉢)여과지 사용 시 전체 먼지포집량이 (㉣)mg 이상이 되도록 한다."

① ㉠ 원통형 ㉡ 0.5 ㉢ 원형 ㉣ 1
② ㉠ 원통형 ㉡ 1   ㉢ 원형 ㉣ 5
③ ㉠ 원형   ㉡ 0.5 ㉢ 원통형 ㉣ 1
④ ㉠ 원형   ㉡ 1   ㉢ 원통형 ㉣ 5

풀이) 흡입가스양은 원칙적으로 채취량이 원형 여과지일 때 채취면적 1cm²당 1mg 정도, 원통형 여과지일 때는 전체 채취량이 5mg 이상 되도록 한다.

30 비분산적외선분광분석법에 관한 설명으로 옳지 않은 것은?

① 선택성 검출기를 이용하여 적외선의 흡수량 변화를 측정하여 시료 중 성분의 농도를 구하는 방법이다.
② 광원은 원칙적으로 니크롬선 또는 탄화규소의 저항체에 전류를 흘려 가열한 것을 사용한다.
③ 대기 중 오염물질을 연속적으로 측정하는 비분산 정필터형 적외선 가스분석계에 대하여 적용한다.
④ 비분산(Nondispersive)은 빛을 프리즘이나 회절격자와 같은 분산소자에 의해 충분히 분산하는 것을 말한다.

풀이) 비분산은 빛을 프리즘이나 회절격자와 같은 분산소자에 의해 분산하지 않는 것을 말한다.

31 대기오염공정시험기준상 용기에 관한 용어 정의로 옳지 않은 것은?

① 용기라 함은 시험용액 또는 시험에 관계된 물질을 보존, 운반 또는 조작하기 위하여 넣어두는 것으로 시험에 지장을 주지 않도록 깨끗한 것을 뜻한다.
② 밀폐용기라 함은 물질을 취급 또는 보관하는 동안에 이물이 들어가거나 내용물이 손실되지 않도록 보호하는 용기를 뜻한다.
③ 기밀용기라 함은 광선을 투과하지 않는 용기 또는 투과하지 않게 포장을 한 용기로서 취급 또는 보관하는 동안에 내용물의 광화학적 변화를 방지할 수 있는 용기를 뜻한다.

Answer ◁ 27. ② 28. ② 29. ④ 30. ④ 31. ③

④ 밀봉용기라 함은 물질을 취급 또는 보관하는 동안에 기체 또는 미생물이 침입하지 않도록 내용물을 보호하는 용기를 뜻한다.

[풀이] 기밀용기
물질을 취급 또는 보관하는 동안에 외부로부터의 공기 또는 다른 가스가 침입하지 않도록 내용물을 보호하는 용기를 뜻한다.

32 굴뚝에서 배출되는 염소가스를 분석하는 오르토톨리딘법에서 분석용 시료의 시험온도로 가장 적합한 것은?

① 약 0℃   ② 약 10℃
③ 약 20℃   ④ 약 50℃

[풀이] 약 20℃에서 5~20min 사이에 분석용 시료를 10mm 셀에 취한다.

33 굴뚝 배출가스 중 납화합물 분석을 위한 자외선가시선분광법에 관한 설명으로 옳은 것은?

① 납착염의 흡광도를 450nm에서 측정하여 정량하는 방법이다.
② 시료 중 납이온이 디티존과 반응하여 생성되는 납 디티존 착염을 사염화탄소로 추출한다.
③ 납착물은 시간이 경과하면 분해되므로 20℃ 이하의 빛이 차단된 곳에서 단시간에 측정한다.
④ 시료 중 납성분 추출 시 시안화포타슘 용액으로 세정조작을 수회 반복하여도 무색이 되지 않는 이유는 다량의 비소가 함유되어 있기 때문이다.

[풀이] ㉠ 납착염의 흡광도를 520nm에서 측정하여 정량하는 방법이다.
㉡ 시료 중 납이온이 디티존과 반응하여 생성되는 납 디티존 착염을 클로로포름으로 추출한다.

④ 시료 중 납성분 추출 시 시안화포타슘 용액으로 세정조작을 수회 반복하여도 무색이 되지 않는 이유는 다량의 비스무트(Bi)가 함유되어 있기 때문이다.

34 다음은 환경대기 시료 채취방법에 관한 설명이다. 가장 적합한 것은?

이 방법은 측정 대상 기체와 선택적으로 흡수 또는 반응하는 용매에 시료가스를 일정 유량으로 통과시켜 채취하는 방법으로 채취관 – 여과재 – 채취부 – 흡입펌프 – 유량계(가스미터)로 구성된다.

① 용기채취법
② 채취용 여과지에 의한 방법
③ 고체흡착법
④ 용매채취법

[풀이] 환경대기 시료 채취방법 중 용매채취법에 대한 내용이다.

35 아황산가스(SO_2) 25.6g을 포함하는 2L 용액의 몰농도(M)는?

① 0.02M   ② 0.1M
③ 0.2M   ④ 0.4M

[풀이] $M(mol/L) = \dfrac{질량}{부피} \times \dfrac{mol}{분자량}$
$= 25.6g/2L \times mol/64g$
$= 0.2 mol/L(M)$

36
다음 중 배출가스유량 보정식으로 옳은 것은?(단, Q : 배출가스유량(Sm³/일), O_s : 표준산소농도(%), O_a : 실측산소농도(%), Q_a : 실측배출가스유량(Sm³/일))

① $Q = Q_a \div \dfrac{21 - O_s}{21 - O_a}$ ② $Q = Q_a \times \dfrac{21 - O_s}{21 - O_a}$

③ $Q = Q_a \div \dfrac{21 + O_s}{21 + O_a}$ ④ $Q = Q_a \times \dfrac{21 + O_s}{21 + O_a}$

[풀이] ㉠ 배출가스 유량 보정식

$$Q = Q_s \div \dfrac{21 - O_s}{21 - O_a}$$

㉡ 오염물질 농도 보정식

$$C = C_s \times \dfrac{21 - O_s}{21 - O_a}$$

37
환경대기 중 먼지를 고용량 공기시료 채취기로 채취하고자 한다. 이 방법에 따른 시료채취 유량으로 가장 적합한 것은?

① 10~300L/min   ② 0.5~1.0m³/min
③ 1.2~1.7m³/min ④ 2.2~2.8m³/min

[풀이] 유량은 보통 1.2~1.7m³/min 정도 되도록 하고 유량계의 눈금은 유량계 부자의 중앙부를 읽는다.

38
환경대기 중 아황산가스 농도를 측정함에 있어 파라로자닐린법을 사용할 경우 알려진 주요 방해물질과 거리가 먼 것은?

① Cr   ② O_3
③ NOx   ④ NH_3

[풀이] 환경대기 중 아황산가스 농도 측정 시 주요 방해 물질
질소산화물(NOx), 오존(O_3), 망간(Mn), 철(Fe), 크롬(Cr)

39
굴뚝 배출가스 중 먼지 채취 시 배출구(굴뚝)의 직경이 2.2m의 원형 단면일 때, 필요한 측정점의 반경 구분 수와 측정점 수는?

① 반경 구분 수 1, 측정점 수 4
② 반경 구분 수 2, 측정점 수 8
③ 반경 구분 수 3, 측정점 수 12
④ 반경 구분 수 4, 측정점 수 16

[풀이] 원형 연도의 측정점 수

굴뚝 직경 $2R$(m)	반경 구분 수	측정점 수
1 미만	1	4
1~2 미만	2	8
2~4 미만	3	12
4~4.5 미만	4	16
4.5 이상	5	20

40
다음은 굴뚝 배출가스 중의 질소산화물을 아연 환원 나프틸에틸렌디아민법으로 분석 시 시약과 장치의 구비조건이다. ( ) 안에 알맞은 것은?

질소산화물 분석용 아연분말은 시약 1급의 아연분말로서 질산이온의 아질산이온으로의 환원율이 (㉠) 이상인 것을 사용하고, 오존발생장치는 오존이 (㉡) 정도의 오존농도를 얻을 수 있는 것을 사용한다.

① ㉠ 65%   ㉡ 부피분율 0.1%
② ㉠ 90%   ㉡ 부피분율 0.1%
③ ㉠ 65%   ㉡ 부피분율 1%
④ ㉠ 90%   ㉡ 부피분율 1%

[풀이] 질소산화물 분석용 아연분말은 시약 1급의 아연분말로서 질산이온의 아질산이온으로의 환원율이 90% 이상인 것을 사용하고, 오존발생장치는 오존이 부피분율 1% 정도의 오존농도를 얻을 수 있는 것을 사용한다.

Answer 36. ① 37. ③ 38. ④ 39. ③ 40. ④

제3과목 대기오염방지기술

41 흡수탑을 이용하여 배출가스 중의 염화수소를 수산화나트륨 수용액으로 제거하려고 한다. 기상 총괄이동단위높이(H_{OG})가 1m인 흡수탑을 이용하여 99%의 흡수효율을 얻기 위한 이론적 흡수탑의 충전높이는?

① 4.6m ② 5.2m
③ 5.6m ④ 6.2m

풀이) 충전높이 = $H_{OG} \times N_{OG}$
$= 1.0\text{m} \times \ln\left(\dfrac{1}{1-0.99}\right)$
$= 4.61\text{m}$

42 분자식이 C_mH_n인 탄화수소가스 1Sm³의 완전연소에 필요한 이론산소량(Sm³)은?

① $4.8m+1.2n$ ② $0.21m+0.79n$
③ $m+0.56n$ ④ $m+0.25n$

풀이) $C_mH_n + \left(m+\dfrac{n}{4}\right)O_2 \rightarrow mCO_2 + \dfrac{n}{2}H_2O$

이론산소량 $= m + \dfrac{n}{4}$
$= m + 0.25n \text{Sm}^3/\text{Sm}^3 \times 1\text{Sm}^3$
$= m + 0.25n \text{Sm}^3$

43 미분탄연소의 장점으로 거리가 먼 것은?

① 연소량의 조절이 용이하다.
② 비산먼지의 배출량이 적다.
③ 부하변동에 쉽게 응할 수 있다.
④ 과잉공기에 의한 열손실이 적다.

풀이) 미분탄연소
석탄을 잘게 부수어 분말상으로 한 다음 1차 연소용 공기와 함께 버너로 분출시켜 연소시키는 방법으로 연도에서 비산분진의 배출이 많은 것이 단점에 해당한다.

44 배출가스 중 질소산화물의 처리방법인 촉매환원법에 적용하고 있는 일반적인 환원가스와 거리가 먼 것은?

① H_2S ② NH_3
③ CO_2 ④ CH_4

풀이) 환원제의 종류
㉠ H_2S ㉡ NH_3
㉢ CH_4 ㉣ H_2
㉤ HC

45 다음은 무엇에 관한 설명인가?

> 굵은 입자는 주로 관성충돌작용에 의해 부착되고, 미세한 분진은 확산작용 및 차단작용에 의해 부착되어 섬유의 올과 올 사이에 가교를 형성하게 된다.

① 브리지(bridge) 현상
② 블라인딩(blinding) 현상
③ 블로 다운(blow down) 효과
④ 디퓨저 튜브(diffuser tube) 현상

풀이) 브리지(Bridge) 현상
굵은 입자(1μm 이상)는 주로 관성충돌작용에 의해 부착되고 미세분진(0.1μm 이하)은 확산과 차단작용에 의해 부착되어 섬유의 올과 올 사이에 가교를 형성하게 되는 현상을 말한다.

Answer 41. ① 42. ④ 43. ② 44. ③ 45. ①

46 흡착에 관한 다음 설명 중 옳은 것은?

① 물리적 흡착은 가역성이 낮다.
② 물리적 흡착량은 온도가 상승하면 줄어든다.
③ 물리적 흡착은 흡착과정의 발열량이 화학적 흡착보다 많다.
④ 물리적 흡착에서 흡착물질은 임계온도 이상에서 잘 흡착된다.

풀이
① 물리적 흡착은 가역성이 높다.
③ 물리적 흡착은 흡착과정의 발열량이 화학적 흡착보다 적다.
④ 물리적 흡착에서 흡착물질은 임계온도 이상에서는 흡착되지 않는다.

47 배기가스 중에 부유하는 먼지의 응집성에 관한 설명으로 옳지 않은 것은?

① 미세 먼지입자는 브라운 운동에 의해 응집이 일어난다.
② 먼지의 입경이 작을수록 확산운동의 영향을 받고 응집이 된다.
③ 먼지의 입경분포 폭이 작을수록 응집하기 쉽다.
④ 입자의 크기에 따라 분리속도가 다르기 때문에 응집한다.

풀이 먼지의 입경분포 폭이 넓을수록 응집하기 쉽다.

48 원형관에서 유체의 흐름을 파악하는 데 레이놀즈수(N_{Re})가 사용되는데, 다음 중 레이놀즈수와 거리가 먼 것은?

① 관의 직경
② 유체 점도
③ 입자의 밀도
④ 유체 평균유속

풀이 레이놀즈수는 관성력과 점성력의 비로 무차원수이다.

$$N_{Re} = \frac{관성력}{점성력} = \frac{DV\rho}{\mu} = \frac{DV}{\nu}$$

여기서, D : 관의 직경
ν : 유체 평균유속
ρ : 가스(유체) 밀도
μ : 가스(유체) 점도

49 전기집진장치에서 방전극과 집진극 사이의 거리가 10cm, 처리가스의 유입속도가 2m/sec, 입자의 분리속도가 5cm/sec일 때, 100% 집진 가능한 이론적인 집진극의 길이(m)는?(단, 배출가스의 흐름은 층류이다.)

① 2   ② 4
③ 6   ④ 8

풀이 집진극 길이(L) = $\dfrac{R \times V}{W_e}$

$= \dfrac{0.1\text{m} \times 2\text{m/sec}}{0.05\text{m/sec}} = 4\text{m}$

50 벤젠을 함유한 유해가스의 일반적 처리방법은?

① 세정법
② 선택환원법
③ 접촉산화법
④ 촉매연소법

풀이 벤젠의 일반적인 처리방법
㉠ 촉매연소법
㉡ 활성탄흡착법

Answer▶ 46. ② 47. ③ 48. ③ 49. ② 50. ④

51 연료에 관한 다음 설명 중 가장 거리가 먼 것은?

① 중유는 인화점을 기준으로 하여 주로 A, B, C 중유로 분류된다.
② 인화점이 낮을수록 연소는 잘되나 위험하며, C 중유의 인화점은 보통 70℃ 이상이다.
③ 기체연료는 연소 시 공급연료 및 공기량을 밸브를 이용하여 간단하게 임의로 조절할 수 있어 부하변동범위가 넓다.
④ 4℃ 물에 대한 15℃ 중유의 중량비를 비중이라고 하며, 중유 비중은 보통 0.92~0.97 정도이다.

풀이) 중유는 점도를 기준으로 하여 주로 A, B, C 중유로 분류된다.

52 원심력 집진장치에 대한 설명으로 옳지 않은 것은?

① 사이클론의 배기관경이 클수록 집진율은 좋아진다.
② 블로 다운(blow down) 효과가 있으면 집진율이 좋아진다.
③ 처리 가스양이 많아질수록 내통경이 커져 미세한 입자의 분리가 안 된다.
④ 입구 가스속도가 클수록 압력손실은 커지나 집진율은 높아진다.

풀이) 사이클론의 배기관경이 클수록 집진율은 낮아진다.

53 세정집진장치에서 관성충돌계수를 크게 하는 조건이 아닌 것은?

① 먼지의 밀도가 커야 한다.
② 먼지의 입경이 커야 한다.
③ 액적의 직경이 커야 한다.
④ 처리가스와 액적의 상대속도가 커야 한다.

풀이) 관성충돌계수가 크려면 액적의 직경은 작아야 하며, 분진의 입경은 커야 한다.

54 같은 화학적 조성을 갖는 먼지의 입경이 작아질 때 입자의 특성변화에 관한 설명으로 가장 적합한 것은?

① Stokes 식에 따른 입자의 침강속도는 커진다.
② 중력집진장치에서 집진효율과는 무관하다.
③ 입자의 원심력은 커진다.
④ 입자의 비표면적은 커진다.

풀이) ① Stokes 식에 따른 입자의 속도는 작아진다.
② 중력집진장치에서 집진효율과 밀접한 관계가 있다.
③ 입자의 원심력은 작아진다.

55 자동차 배출가스에서 질소산화물(NOx)의 생성을 억제시키거나 저감시킬 수 있는 방법과 가장 거리가 먼 것은?

① 배기가스 재순환장치(EGR)
② De-NOx 촉매장치
③ 터보차저 및 인터쿨러 사용
④ 외관 도장 실시

풀이) 외관 도장 실시는 질소산화물 저감과 관련이 없다.

56 여과집진장치의 간헐식 탈진방식에 관한 설명으로 옳지 않은 것은?

① 분진의 재비산이 적다.
② 높은 집진율을 얻을 수 있다.
③ 고농도, 대용량의 처리가 용이하다.
④ 진동형과 역기류형, 역기류 진동형이 있다.

Answer 51. ① 52. ① 53. ③ 54. ④ 55. ④ 56. ③

풀이 간헐식 탈진방식은 처리효율이 높고, 소량가스 처리에 적합하다.

57 두 개의 집진장치를 직렬로 연결하여 배출가스 중의 먼지를 제거하고자 한다. 입구 농도는 14g/m³이고, 첫 번째와 두 번째 집진장치의 집진효율이 각각 75%, 95%라면 출구 농도는 몇 mg/m³인가?

① 175 ② 211
③ 236 ④ 241

풀이 $\eta_T = \eta_1 + \eta_2(1-\eta_1)$
$= 0.75 + [0.95(1-0.75)] = 0.9875$
$C_o = C_i \times (1-\eta_T)$
$= 14\text{g/m}^3 \times (1-0.9875)$
$= 0.175\text{g/m}^3 \times 10^3 \text{mg/g} = 175\text{mg/m}^3$

58 공극률이 20%인 분진의 밀도가 1,700 kg/m³이라면, 이 분진의 겉보기 밀도(kg/m³)는?

① 1,280 ② 1,360
③ 1,680 ④ 2,040

풀이 겉보기 밀도 = 밀도 × (1 − 공극률)
$= 1,700\text{kg/m}^3 \times (1-0.2)$
$= 1,360\text{kg/m}^3$

59 중유 1kg에 수소 0.15kg, 수분 0.002kg이 포함되어 있고, 고위발열량이 10,000kcal/kg 일 때, 이 중유 3kg의 저위발열량은 대략 몇 kcal 인가?

① 29,990 ② 27,560
③ 10,000 ④ 9,200

풀이 $H_l = H_h - 600(9H + W)$
$= 10,000 - 600[(9 \times 0.15) + 0.002]$
$= 9,188.8\text{kcal/kg} \times 3\text{kg}$
$= 27,566.4\text{kcal}$

60 다음 연소장치 중 대용량 버너 제작이 용이하나 유량조절범위가 좁아(환류식 1 : 3, 비환류식 1 : 2 정도) 부하변동에 적응하기 어려우며, 연료 분사범위가 15~2,000L/hr 정도인 것은?

① 회전식 버너 ② 건타입 버너
③ 유압분무식 버너 ④ 고압기류 분무식 버너

풀이 유압분무식 버너
㉠ 연료분사범위(연소용량)
30~3,000L/hr(또는 15~2,000L/hr)
㉡ 유량조절범위
환류식 1 : 3, 비환류식 1 : 2로 유량조절범위가 좁아 부하변동에 적응하기 어렵다.
㉢ 유압
5~30kg/cm² 정도
㉣ 분사(분무)각도
40~90° 정도의 넓은 각도

제4과목 대기환경관계법규

61 대기환경보전법규상 환경기술인을 임명하지 아니한 경우 4차 행정처분기준으로 옳은 것은?

① 경고 ② 조업정지 5일
③ 조업정지 10일 ④ 선임명령

풀이 행정처분 기준
1차(선임명령) → 2차(경고) → 3차(조업정지 5일) → 4차(조업정지 10일)

Answer 57. ① 58. ② 59. ② 60. ③ 61. ④

62 대기환경보전법규상 한국환경공단이 환경부장관에게 행하는 위탁업무 보고사항 중 "자동차 배출가스 인증생략현황"의 보고횟수 기준으로 옳은 것은?

① 연 4회 ② 연 2회
③ 연 1회 ④ 수시

(풀이) 위탁업무 보고사항

업무내용	보고 횟수	보고기일
수시검사, 결함확인검사, 부품결함 보고서류의 접수	수시	위반사항 적발 시
결함확인검사 결과	수시	위반사항 적발 시
자동차배출가스 인증생략현황	연 2회	매 반기 종료 후 15일 이내
자동차 시험검사 현황	연 1회	다음 해 1월 15일까지

63 대기환경보전법규상 환경부령으로 정하는 바에 따라 사업자 스스로 방지시설을 설계·시공하고자 하는 사업자가 시·도지사에게 제출해야 하는 서류로 가장 거리가 먼 것은?

① 기술능력현황을 적은 서류
② 공사비내역서
③ 공정도
④ 방지시설의 설치명세서와 그 도면

(풀이) 자가방지설비를 설계·시공하고자 하는 사업자가 시·도지사에게 제출해야 하는 서류
㉠ 배출시설의 설치명세서
㉡ 공정도
㉢ 원료(연료를 포함한다) 사용량, 제품생산량 및 대기오염물질 등의 배출량을 예측한 명세서
㉣ 방지시설의 설치명세서와 그 도면
㉤ 기술능력현황을 적은 서류

64 악취방지법규상 악취배출시설 중 가죽제조시설(원피저장시설)의 용적규모(기준)는?

① $1m^3$ 이상 ② $2m^3$ 이상
③ $5m^3$ 이상 ④ $10m^3$ 이상

(풀이) 악취배출시설 중 가죽제조시설(원피저장시설)

시설 종류	시설 규모의 기준
가죽 제조시설	• 용적이 $10m^3$ 이상인 원피저장시설 • 연료사용량이 시간당 30kg 이상이거나 용적이 $3m^3$ 이상인 석회적, 탈모, 탈회, 무두질, 염색 또는 도장·도장마무리용 건조공정을 포함하는 시설(인조가죽 제조시설을 포함한다)

65 악취방지법규상 지정악취물질인 메틸아이소뷰틸케톤의 악취 배출허용기준은?(단, 단위는 ppm이며, 공업지역)

① 35 이하 ② 30 이하
③ 4 이하   ④ 3 이하

(풀이) 지정악취물질 중 메틸아이소뷰틸케톤

구분	배출허용기준(ppm)		엄격한 배출허용 기준의 범위(ppm)
	공업지역	기타 지역	공업지역
메틸아이소 뷰틸케톤	3 이하	1 이하	1~3

66 대기환경보전법규상 구분하고 있는 건설기계에 해당하는 종류와 거리가 먼 것은?

① 불도저   ② 골재살포기
③ 천공기   ④ 전동식 지게차

(풀이) 전동식 지게차는 건설기계에 해당하는 종류에서 제외한다.

Answer 62. ② 63. ② 64. ④ 65. ④ 66. ④

67 대기환경보전법규상 자동차연료 제조기준 중 90% 유출온도(℃) 기준으로 옳은 것은? (단, 휘발유 적용)

① 200 이하   ② 190 이하
③ 180 이하   ④ 170 이하

풀이) 자동차연료 제조기준(휘발유)

항목	제조기준
방향족화합물 함량(부피%)	24(21) 이하
벤젠 함량(부피%)	0.7 이하
납 함량(g/L)	0.013 이하
인 함량(g/L)	0.0013 이하
산소 함량(무게%)	2.3 이하
올레핀 함량(부피%)	16(19) 이하
황 함량(ppm)	10 이하
증기압(kPa, 37.8℃)	60 이하
90% 유출온도(℃)	170 이하

68 대기환경보전법규상 제1차 금속 제조시설 중 금속의 용융·용해 또는 열처리시설에서 대기오염물질 배출시설기준으로 옳지 않은 것은?

① 시간당 100킬로와트 이상인 전기아크로(유도로를 포함한다)
② 노상면적이 4.5제곱미터 이상인 반사로
③ 1회 주입 연료 및 원료량의 합계가 0.5톤 이상인 제선로
④ 1회 주입 원료량이 0.5톤 이상이거나 연료사용량이 시간당 30킬로그램 이상인 도가니로

풀이) 금속의 용융·제련 또는 열처리시설 중 대기오염물질 배출시설기준
㉠ 시간당 300킬로와트 이상인 전기아크로[유도로를 포함한다]
㉡ 노상면적이 4.5제곱미터 이상인 반사로
㉢ 1회 주입 연료 및 원료량의 합계가 0.5톤 이상이거나 풍구(노복)면의 횡단면적이 0.2제곱미터 이상인 다음의 시설
• 용선로 또는 제선로
• 용융·용광로 및 관련시설
㉣ 1회 주입 원료량이 0.5톤 이상이거나 연료사용량이 시간당 30킬로그램 이상인 도가니로
㉤ 연료사용량이 시간당 30킬로그램 이상이거나 용적이 1세제곱미터 이상인 다음의 시설
• 전로   • 정련로
• 배소로   • 소결로 및 관련시설
• 환형로   • 가열로
• 용융·용해로 • 열처리로
• 전해로   • 건조로

69 대기환경보전법규상 사업자 등은 굴뚝배출가스 온도측정기를 새로 설치하거나 교체하는 경우에는 국가표준기본법에 의한 교정을 받아야 하는데 그 기록은 최소 몇 년 이상 보관하여야 하는가?

① 1년 이상   ② 2년 이상
③ 3년 이상   ④ 10년 이상

풀이) 측정기기의 운영·관리 기준에서 굴뚝배출가스 온도측정기를 새로 설치하거나 교체하는 경우에는 국가표준기본법에 따른 교정을 받아야 한다. 이 때 그 기록은 최소 3년 이상 보관하여야 한다.

70 대기환경보전법령상 대기오염 경보단계 중 "중대경보 발령" 시 조치사항만으로 옳게 나열한 것은?

① 자동차 사용의 자제 요청, 사업장의 연료사용량 감축 권고
② 주민의 실외활동 및 자동차 사용의 자제 요청
③ 자동차 사용의 제한명령 및 사업장의 연료사용량 감축 권고
④ 주민의 실외활동 금지 요청, 사업장의 조업시간 단축명령

Answer 67. ④ 68. ① 69. ③ 70. ④

풀이 중대경보 발령 시 조치사항
㉠ 주민의 실외활동 금지요청
㉡ 자동차의 통행금지
㉢ 사업장의 조업시간 단축명령

71 대기환경보전법규상 자동차연료 검사기관은 검사대상 연료의 종류에 따라 구분하고 있는데, 다음 중 그 구분으로 옳지 않은 것은?

① 휘발유·경유 검사기관
② 오일샌드·셰일가스 검사기관
③ 엘피지(LPG) 검사기관
④ 천연가스(CNG)·바이오가스 검사기관

풀이 검사대상 연료의 종류
휘발유·경유·바이오디젤, LPG·CNG·바이오가스가 있다.

72 대기환경보전법상 환경부장관은 대기오염물질과 온실가스를 줄여 대기환경을 개선하기 위한 대기환경개선 종합계획을 몇 년마다 수립하여 시행하여야 하는가?

① 3년
② 5년
③ 10년
④ 15년

풀이 환경부장관은 대기오염물질과 온실가스를 줄여 대기환경을 개선하기 위하여 대기환경개선 종합계획(이하 "종합계획"이라 한다)을 10년마다 수립하여 시행하여야 한다.

73 대기환경보전법규상 정밀검사대상 자동차 및 정밀검사 유효기간기준으로 옳지 않은 것은?

① 비사업용 승용자동차로서 차령 4년 경과된 자동차의 검사유효기간은 2년이다.
② 비사업용 기타자동차로서 차령 3년 경과된 자동차의 검사유효기간은 1년이다.
③ 사업용 승용자동차로서 차령 2년 경과된 자동차의 검사유효기간은 2년이다.
④ 사업용 기타자동차로서 차령 2년 경과된 자동차의 검사유효기간은 1년이다.

풀이 정밀검사 대상 자동차 및 정밀검사 유효기간

차종		정밀검사 대상 자동차	검사 유효기간
비사업용	승용자동차	차령 4년 경과된 자동차	2년
	기타자동차	차령 3년 경과된 자동차	
사업용	승용자동차	차령 2년 경과된 자동차	1년
	기타자동차	차령 2년 경과된 자동차	

74 대기환경보전법령상 초과부과금 부과대상 오염물질과 거리가 먼 것은?

① 이황화탄소   ② 염화수소
③ 탄화수소   ④ 염소

풀이 초과부과금 부과대상 오염물질
㉠ 황산화물   ㉡ 암모니아
㉢ 황화수소   ㉣ 이황화탄소
㉤ 먼지   ㉥ 불소화물
㉦ 염화수소   ㉧ 질소산화물
㉨ 시안화수소
※ 법규 변경사항이므로 풀이의 내용으로 학습하시기 바랍니다.

Answer 71. ② 72. ③ 73. ③ 74. 풀이 확인

75 대기환경보전법규상 2016년 1월 1일 이후 제작자동차의 배출가스 보증기간 적용기준으로 옳지 않은 것은?

① 휘발유 경자동차 : 15년 또는 240,000km
② 휘발유 대형 승용·화물자동차 : 2년 또는 160,000km
③ 가스 초대형 승용·화물자동차 : 2년 또는 160,000km
④ 가스 경자동차 : 5년 또는 80,000km

[풀이] 배출가스 보증기간

사용연료	자동차의 종류	적용기간	
휘발유	경자동차, 소형 승용·화물자동차, 중형 승용·화물자동차	15년 또는 240,000km	
	대형 승용·화물자동차, 초대형 승용·화물자동차	2년 또는 160,000km	
	이륜자동차	최고속도 130km/h 미만	2년 또는 20,000km
		최고속도 130km/h 이상	2년 또는 35,000km
가스	경자동차	10년 또는 192,000km	
	소형 승용·화물자동차, 중형 승용·화물자동차	15년 또는 240,000km	
	대형 승용·화물자동차, 초대형 승용·화물자동차	2년 또는 160,000km	

76 대기환경보전법상 이륜자동차 소유자는 배출가스가 운행차배출허용기준에 맞는지 이륜자동차 배출가스 정기검사를 받아야 한다. 이를 받지 아니한 경우 과태료 부과기준으로 옳은 것은?

① 100만 원 이하의 과태료를 부과한다.
② 50만 원 이하의 과태료를 부과한다.
③ 30만 원 이하의 과태료를 부과한다.
④ 10만 원 이하의 과태료를 부과한다.

[풀이] 대기환경보전법 제94조 참조

77 실내공기질 관리법규상 신축 공동주택의 실내공기질 권고기준으로 옳지 않은 것은?

① 에틸벤젠 360μg/m³ 이하
② 폼알데하이드 210μg/m³ 이하
③ 벤젠 300μg/m³ 이하
④ 톨루엔 1,000μg/m³ 이하

[풀이] 신축공동주택의 실내공기질 권고기준(2019년 7월부터 적용)
㉠ 폼알데하이드 : 210μg/m³ 이하
㉡ 벤젠 : 30μg/m³ 이하
㉢ 톨루엔 : 1,000μg/m³ 이하
㉣ 에틸벤젠 : 360μg/m³ 이하
㉤ 자일렌 : 700μg/m³ 이하
㉥ 스티렌 : 300μg/m³ 이하
㉦ 라돈 : 148Bq/m³ 이하

78 대기환경보전법령상 사업자가 기본부과금의 징수유예나 분할납부가 불가피하다고 인정되는 경우, 기본부과금의 징수유예기간과 분할납부 횟수기준으로 옳은 것은?

① 유예한 날의 다음 날부터 다음 부과기간의 개시일 전일까지, 24회 이내
② 유예한 날의 다음 날부터 다음 부과기간의 개시일 전일까지, 12회 이내
③ 유예한 날의 다음 날부터 다음 부과기간의 개시일 전일까지, 6회 이내
④ 유예한 날의 다음 날부터 다음 부과기간의 개시일 전일까지, 4회 이내

[풀이] 징수유예 기간 중의 분할납부의 횟수
㉠ 기본부과금 : 유예한 날의 다음 날부터 다음 부과기간의 개시일 전일까지, 4회 이내
㉡ 초과부과금 : 유예한 날의 다음 날부터 2년 이내, 12회 이내

Answer ▶ 75. ④ 76. ② 77. ③ 78. ④

79 대기환경보전법상 한국자동차환경협회의 정관으로 정하는 업무와 가장 거리가 먼 것은? (단, 그 밖의 사항 등은 고려하지 않는다.)

① 운행차 저공해화 기술개발 및 배출가스저감장치의 보급
② 자동차 배출가스 저감사업의 지원과 사후관리에 관한 사항
③ 운행차 배출가스 검사와 정비기술의 연구·개발사업
④ 삼원촉매장치의 판매 및 보급

풀이) 한국자동차환경협회의 업무
　㉠ 운행차 저공해화 기술개발 및 배출가스저감장치의 보급
　㉡ 자동차 배출가스 저감사업의 지원과 사후관리에 관한 사항
　㉢ 운행차 배출가스 검사와 정비기술의 연구·개발사업
　㉣ 환경부장관 또는 시·도지사로부터 위탁받은 업무
　㉤ 그 밖에 자동차 배출가스를 줄이기 위하여 필요한 사항

특정 유해물질	이황화탄소	1,600
	불소화물	2,300
	염화수소	7,400
	시안화수소	7,300

※ 법규 변경사항이므로 풀이의 내용으로 학습하시기 바랍니다.

80 대기환경보전법령상 초과부과금 산정기준에서 다음 오염물질 중 오염물질 1킬로그램당 부과금액이 가장 큰 것은?

① 불소화합물　② 암모니아
③ 시안화수소　④ 황화수소

풀이) 초과부과금 산정기준

오염물질 \ 구분	오염물질 1킬로그램당 부과금액
황산화물	500
먼지	770
질소산화물	2,130
암모니아	1,400
황화수소	6,000

Answer　79. ④　80. ③

2018년 제2회 대기환경산업기사

제1과목 대기오염개론

01 다음 중 리차드슨 수에 대한 설명으로 가장 적합한 것은?

① 리차드슨 수가 큰 음의 값을 가지면 대기는 안정한 상태이며, 수직방향의 혼합은 없다.
② 리차드슨 수가 0에 접근할수록 분산이 커진다.
③ 리차드슨 수는 무차원수로 대류난류를 기계적인 난류로 전환시키는 율을 측정한 것이다.
④ 리차드슨 수가 0.25보다 크면 수직방향의 혼합이 커진다.

[풀이]
① 리차드슨 수가 큰 음의 값을 가지면 대기는 불안정한 상태이며, 수직방향의 혼합이 지배적이다.
② 리차드슨 수가 0에 접근할수록 분산이 줄어든다.
④ 리차드슨 수가 0.25보다 크면 수직방향의 혼합은 거의 없게 되고 수평상의 소용돌이만 남게 된다.

02 대기의 상태가 약한 역전일 때 풍속은 3m/s이고, 유효굴뚝 높이는 78m이다. 이때 지상의 오염물질이 최대 농도가 될 때의 착지거리는?(단, Sutton의 최대 착지거리의 관계식을 이용하여 계산하고, K_y, K_z는 모두 0.13, 안정도계수(n)는 0.33을 적용할 것)

① 2,123.9m ② 2,546.8m
③ 2,793.2m ④ 3,013.8m

[풀이] $X_{max} = \left(\dfrac{H_e}{K_z}\right)^{\frac{2}{2-n}} = \left(\dfrac{78m}{0.13}\right)^{\frac{2}{2-0.33}}$
$= 2,123.87m$

03 경도모델(K-이론모델)의 가정으로 옳지 않은 것은?

① 오염물질은 지표를 침투하며 반사되지 않는다.
② 배출원에서 오염물질의 농도는 무한하다.
③ 풍하 측으로 지표면은 평평하고 균등하다.
④ 풍하 쪽으로 가면서 대기의 안정도는 일정하고 확산계수는 변하지 않는다.

[풀이] 오염물질은 지표를 침투하지 못하고 반사한다.

04 다음 중 "CFC-114"의 화학식 표현으로 옳은 것은?

① CCl_3F ② $CClF_2 \cdot CClF_2$
③ $CCl_2F \cdot CClF_2$ ④ $CCl_2F \cdot CCl_2F$

[풀이] CFC-114 화학식
$C_2F_4Cl_2[CClF_2 \cdot CClF_2]$
※ 114에서 4는 F의 수를 의미한다.

05 A공장에서 배출되는 이산화질소의 농도가 770ppm이다. 이 공장에서 시간당 배출가스양이 108.2Sm³라면 하루에 발생되는 이산화질소는 몇 kg인가?(단, 표준상태 기준, 공장은 연속 가동됨)

① 1.71 ② 2.58
③ 4.11 ④ 4.56

[풀이] NO_2(kg/day)
$= 108.2Sm^3/hr \times 770mL/m^3 \times \dfrac{46mg}{22.4mL}$
$\times kg/10^6 mg \times 24hr/day$
$= 4.106kg$

Answer 01. ③ 02. ① 03. ① 04. ② 05. ③

06 다음 중 이산화황에 약한 식물과 가장 거리가 먼 것은?

① 보리   ② 담배
③ 옥수수 ④ 자주개나리

풀이) 이산화황에 약한 식물
㉠ 자주개나리, 목화, 보리, 콩, 담배, 시금치 등
㉡ 옥수수는 이산화황에 강한 식물이다.

07 "수용모델"에 관한 설명으로 가장 거리가 먼 것은?

① 새로운 오염원, 불확실한 오염원과 불법 배출 오염원을 정량적으로 확인 평가할 수 있다.
② 지형, 기상학적 정보 없이도 사용 가능하다.
③ 측정자료를 입력자료로 사용하므로 시나리오 작성이 용이하다.
④ 현재나 과거에 일어났던 일을 추정하여 미래를 위한 계획을 세울 수 있으나 미래 예측은 어렵다.

풀이) 수용모델은 측정자료를 입력자료로 사용하므로 시나리오 작성이 곤란하다.

08 어떤 대기오염 배출원에서 아황산가스를 0.7%(V/V) 포함한 물질이 47m³/s로 배출되고 있다. 1년 동안 이 지역에서 배출되는 아황산가스의 배출량은?(단, 표준상태를 기준으로 하며, 배출원은 연속가동된다고 한다.)

① 약 29,644t   ② 약 48,398t
③ 약 57,983t   ④ 약 68,000t

풀이) 아황산가스양
$= 47m^3/sec \times 0.007 \times \dfrac{64kg}{22.4Sm^3} \times ton/10^3kg$
$\times 60sec/min \times 60min/hr$
$\times 24hr/day \times 365day/year$
$= 29,643.84ton$

09 주변환경 조건이 동일하다고 할 때, 굴뚝의 유효고도가 1/2로 감소한다면 하류 중심선의 최대지표농도는 어떻게 변화하는가?(단, Sutton의 확산식을 이용)

① 원래의 1/4   ② 원래의 1/2
③ 원래의 4배   ④ 원래의 2배

풀이) $C_{max} \propto \dfrac{1}{H_e^2} = \dfrac{1}{(1/2)^2} = 4$ (4배로 증가)

10 2차 대기오염물질로만 옳게 나열한 것은?

① O_3, NH_3 ② SiO_2, NO_2
③ HCl, PAN ④ H_2O_2, $NOCl$

풀이) 2차 오염물질의 종류
대부분 광산화물로서 O_3, PAN($CH_3COOONO_2$), H_2O_2, NOCl, 아크롤레인(CH_2CHCHO), SO_3, NO_2 등

11 대기권의 성질에 대한 설명 중 옳지 않은 것은?

① 대류권의 높이는 보통 여름철보다는 겨울철에, 저위도보다는 고위도에서 낮게 나타난다.
② 대기의 밀도는 기온이 낮을수록 높아지므로 고도에 따른 기온분포로부터 밀도분포가 결정된다.
③ 대류권에서의 대기 기온체감률은 $-1℃/100m$이며, 기온변화에 따라 비교적 비균질한 기층(hetero-geneous layer)이 형성된다.

Answer 06. ③ 07. ③ 08. ① 09. ③ 10. ④ 11. ③

④ 대기의 상하운동이 활발한 정도를 난류강도라 하고, 여기에 열적인 난류와 역학적인 난류가 있으며, 이들을 고려한 안정도로서 리차드슨 수가 있다.

[풀이] 대류권에서의 대기기온 체감률은 −0.65℃/100m 이며, 기온변화에 따라 비교적 균질한 기층이 형성 된다.

12 다음은 대기오염물질이 인체에 미치는 영향에 관한 설명이다. ( ) 안에 가장 적합한 것은?

( )은(는) 혈관 내 용혈을 일으키며, 두통, 오심, 흉부 압박감을 호소하기도 한다. 10ppm 정도에 폭로되면 혼미, 혼수, 사망에 이른다. 대표적 3대 증상으로는 복통, 황달, 빈뇨가 있으며, 만성적인 폭로에 의한 국소 증상으로는 손·발바닥에 나타나는 각화증, 각막궤양, 비중격 천공, 탈모 등을 들 수 있다.

① 납 ② 수은
③ 비소 ④ 망간

[풀이] 비소(As)
㉠ 대표적 3대 증상으로는 복통, 황달, 빈뇨가 있다.
㉡ 만성적인 폭로에 의한 국소증상으로는 손·발 바닥에 나타나는 각화증, 각막궤양, 비중격 천 공, 탈모 등을 들 수 있으나.
㉢ 급성폭로는 섭취 후 수분 내지 수 시간 내에 일 어나며 오심, 구토, 복통, 피가 섞인 심한 설사 를 유발한다.
㉣ 급성 또는 만성중독 시 용혈을 일으켜 빈혈, 과 빌리루빈혈증 등이 생긴다.
㉤ 급성중독일 경우 치료방법으로는 활성탄과 하 제를 투여하고 구토를 유발시킨다.
㉥ 쇼크의 치료에는 강력한 수액제와 혈압상승제 를 사용한다.

13 오존 전량이 330DU이라는 것을 오존의 양을 두께로 표시하였을 때는 어느 정도인가?

① 3.3mm ② 3.3cm
③ 330mm ④ 330cm

[풀이] 오존층의 두께를 표시하는 단위는 돕슨(Dobson)이다. 지구대기 중의 오존 총량을 표준상태에서 두께로 환산했을 때 1mm를 100돕슨으로 정하고 있다.

14 교토의정서상 온실효과에 기여하는 6대 물질과 거리가 먼 것은?

① 이산화탄소 ② 메탄
③ 과불화규소 ④ 아산화질소

[풀이] 6대 온실가스
이산화탄소, 메탄, 아산화질소, 수소불화탄소, 과 불화탄소, 육불화황

15 입자의 커닝험(Cunningham) 보정계수 (C_f)에 관한 설명으로 가장 적합한 것은?

① 커닝험계수 보정은 입경 $d \gg 3\mu$m 일 때, $C_f > 1$이다.
② 커닝험계수 보정은 입경 $d \ll 3\mu$m 일 때, $C_f = 1$이나.
③ 유체 내를 운동하는 입자직경이 항력계수에 어 떻게 영향을 미치는가를 설명하는 것이다.
④ 커닝험계수 보정은 입경 $d \gg 3\mu$m 일 때, $C_f < 1$이다.

[풀이] 커닝험(Cunningham) 보정계수(C_f)
㉠ 유체 내를 운동하는 입자의 직경이 항력계수에 어떻게 영향을 미치는가를 설명하는 것이다.
㉡ 커닝험 보정계수은 통상 1 이상이며, 이 값은 가스의 온도가 높을수록, 분진이 미세할수록, 가스분자의 직경이 작을수록, 가스압력이 낮

Answer 12. ③ 13. ① 14. ③ 15. ③

을수록 증가하게 된다.
ⓒ 커닝험계수 보정은 입경 $d \gg 3\mu m$ 일 때, $C_f = 1$이다.

16 다음 중 메탄의 지표 부근 배경농도 값으로 가장 적합한 것은?

① 약 0.15ppm   ② 약 1.5ppm
③ 약 30ppm   ④ 약 300ppm

(풀이) 표준상태에서 건조공기 중 메탄의 농도는 1.5~1.7ppm 정도이다.

17 다음 대기오염물질 중 아래 표와 같이 식물에 대한 특성을 나타내는 것으로 가장 적합한 것은?

- 피해증상 - 잎의 선단부나 엽록부에 피해를 주는 방식으로 나타남
- 피해성숙도 - 매우 적은 농도에서의 피해를 주며, 어린 잎에 현저하게 나타나는 편임
- 저항력이 약한 것 - 글라디올러스
- 저항력이 강한 것 - 명아주, 질경이 등

① SO_2 ② O_3
③ PAN   ④ 불소화합물

(풀이) 불소 및 불소화합물
㉠ 주로 잎의 끝이나 가장자리의 발육부진이 두드러지며 균에 의한 병이 발생하며 어린 잎에 피해가 현저한 편이다.(잎의 선단부나 엽록부에 피해)
㉡ HF에 저항성이 강한 식물 : 자주개나리, 장미, 콩, 담배, 목화, 라일락, 시금치, 토마토, 민들레, 명아주, 질경이 등
㉢ HF에 민감한(약한) 식물 : 글라디올러스, 옥수수, 살구, 복숭아, 어린 소나무, 메밀, 자두 등

18 다음 대기오염물질과 주요 배출 관련 업종의 연결이 잘못 짝지어진 것은?

① 염화수소 - 소다공업, 활성탄 제조
② 질소산화물 - 비료, 폭약, 필름제조
③ 불화수소 - 인산비료공업, 유리공업, 요업
④ 염소 - 용광로, 식품가공

(풀이) 염소배출업종
소다공법, 농약제조, 화학공업

19 정상적인 대기의 성분을 농도(V/V%)순으로 표시하였다. 올바른 것은?

① $N_2 > O_2 > Ne > CO_2 > Ar$
② $N_2 > O_2 > Ar > CO_2 > Ne$
③ $N_2 > O_2 > CO_2 > Ar > Ne$
④ $N_2 > O_2 > CO_2 > Ne > Ar$

(풀이) 대기 성분의 부피비율(농도)
$N_2 > O_2 > Ar > CO_2 > Ne > He > H_2 > CO > Kr > Xe$

20 다음 ( ) 안에 공통으로 들어갈 물질은?

( )은 금속양 원소로서 화성암, 퇴적암, 황과 구리를 함유한 무기질 광석에 많이 분포되어 있으며, 상업용 ( )은 주로 구리의 전기분해 정련 시 찌꺼기로부터 추출된다. 또한 인체에 필수적인 원소로서 적혈구가 산화됨으로써 일어나는 손상을 예방하는 글루타티온 과산화 효소의 보조인자 역할을 한다.

① Ca   ② Ti
③ V   ④ Se

(풀이) 셀레늄(Se)
㉠ 생체 내에 미량 존재하며 생물의 생존에 필수적인 요소로서 당 대사과정에서의 탈탄산반응에 관여하는 동시에 비타민 E의 증가나 지방분

Answer 16. ② 17. ④ 18. ④ 19. ② 20. ④

감소에도 효과가 있으며, 특히 As의 길항제로서도 관여한다.
ⓒ 인체에 폭로 시 숨을 쉴 때나 땀을 흘릴 때 마늘냄새가 나며, 만성적인 대기 중 폭로 시 오심과 소화불량과 같은 위장관 증상도 호소하며 결막염을 일으키는데, 이를 'Rose Eye'라고 부른다.
ⓒ 급성폭로 시 심한 호흡기 자극을 일으켜 기침, 흉통, 호흡곤란 등을 유발하며, 심한 경우 폐부종을 동반한 화학성 폐렴이 생기기도 한다.

제2과목 대기오염공정시험기준(방법)

21 다음 분석대상물질과 그 측정법과의 연결이 잘못 짝지어진 것은?

① 시안화수소 – 피리딘 피라졸론법
② 포름알데히드 – 크로모트로핀산법
③ 황화수소 – 메틸렌블루법
④ 불소화합물 – 페놀디설폰산법

(풀이) 배출가스 중 불소화합물의 분석방법
㉠ 자외선/가시선 분광법(란탄 – 알리자린 컴플렉션법)
㉡ 적정법(질산토륨 – 네오트린법)

22 굴뚝 배출가스 중의 먼지 측정 시 등속흡입 정도를 알기 위한 등속흡입계수 I(%) 범위기준은?(단, 다시 시료채취를 행하지 않는 범위기준)

① 90~110% ② 95~115%
③ 95~110% ④ 90~105%

(풀이) 등속흡입 정도를 알기 위하여 다음 식에 의해 구한 값이 95~110% 범위여야 한다.

$$I(\%) = \frac{V_m}{q_m \times t} \times 100$$

23 자외선가시선분광법 분석장치 구성에 관한 설명으로 옳지 않은 것은?

① 일반적인 장치 구성순서는 시료부 – 광원부 – 파장선택부 – 측광부 순이다.
② 단색장치로는 프리즘, 회절격자 또는 이 두 가지를 조합시킨 것을 사용하며 단색광을 내기 위하여 슬릿(slit)을 부속시킨다.
③ 광전관, 광전자증배관은 주로 자외 내지 가시파장 범위에서, 광전도셀은 근적외 파장범위에서 사용한다.
④ 광전분광광도계에는 미분측광, 2파장측광, 시차측광이 가능한 것도 있다.

(풀이) 자외선가시선분광법의 장치 구성순서는 광원부 – 파장선택부 – 시료부 – 측광부 순이다.

24 대기오염물질의 시료 채취에 사용되는 그림과 같은 기구를 무엇이라 하는가?

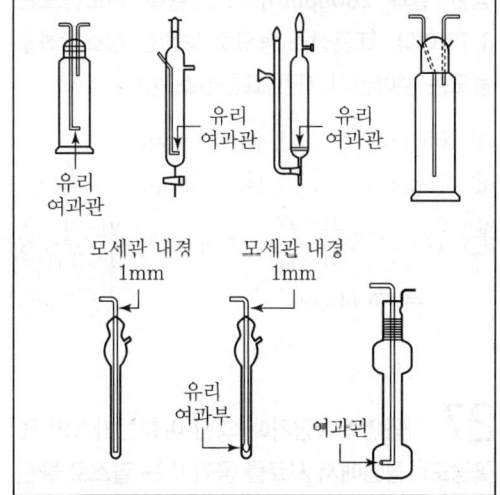

① 흡수병 ② 진공병
③ 채취병 ④ 채취관

(풀이) 시료 채취에 사용되는 흡수병을 나타낸 그림이다.

25 굴뚝 배출가스 중의 산소를 자동으로 측정하는 방법으로 원리 면에서 자기식과 전기화학식 등으로 분류할 수 있다. 다음 중 전기화학식 방식에 해당하지 않는 것은?

① 정전위 전해형 ② 덤벨형
③ 폴라로그래프형 ④ 갈바니전지형

풀이) 굴뚝 배출가스 중의 산소를 자동으로 측정하는 방법
  ㉠ 자기식
   • 자기풍방식
   • 자기력방식(덤벨형, 압력검출형)
  ㉡ 전기화학식
   • 질코니아 방식
   • 전극방식(정전위 전해형, 폴라로그래프형, 갈바니 전지형)

26 배출허용기준 시험방법에 준하여 질소산화물(표준산소 농도를 적용받음) 실측농도를 측정한 결과 280ppm이었고, 실측 산소농도는 3.7%이다. 표준산소 농도로 보정한 질소산화물 농도는 얼마인가?(단, 표준산소 농도 : 4%)

① 265ppm ② 270ppm
③ 275ppm ④ 285ppm

풀이) $C = C_a \times \dfrac{21-O_s}{21-O_a} = 280\text{ppm} \times \dfrac{21-4}{21-3.7}$
$= 275.14\text{ppm}$

27 자동연속측정기에 의한 아황산가스의 불꽃광도측정법에서 시료를 공기 또는 질소로 묽힌 후 수소불꽃 중에 도입하여 발광광도를 측정하여야 하는 파장은?

① 265nm 부근 ② 394nm 부근
③ 470nm 부근 ④ 560nm 부근

풀이) 환원성 수소불꽃에 도입된 아황산가스가 불꽃 중에서 환원될 때 발생하는 빛 가운데 394nm 부근의 빛에 대한 발광강도를 측정하여 연도배출가스 중 아황산가스 농도를 구한다.

28 시험에 사용하는 시약이 따로 규정 없이 단순히 보기와 같이 표시되었을 때 다음 중 그 규정한 농도(%)가 일반적으로 가장 높은 값을 나타내는 것은?

① HNO_3 ② HCl
③ CH_3COOH ④ HF

풀이) 시약의 농도

명칭	화학식	농도(%)	비중(약)
염산	HCl	35.0~37.0	1.18
질산	HNO_3	60.0~62.0	1.38
황산	H_2SO_4	95% 이상	1.84
초산(Acetic Acid)	CH_3COOH	99.0% 이상	1.05
인산	H_3PO_4	85.0% 이상	1.69
암모니아수	NH_4OH	28.0~30.0 (NH_3로서)	0.90
과산화수소	H_2O_2	30.0~35.0	1.11
불화수소산	HF	46.0~48.0	1.14
요오드화수소산	HI	55.0~58.0	1.70
브롬화수소산	HBr	47.0~49.0	1.48
과염소산	$HClO_4$	60.0~62.0	1.54

29 굴뚝배출가스상 물질 시료채취장치 중 연결관에 관한 설명으로 옳지 않은 것은?

① 연결관은 가능한 한 수직으로 연결해야 하고 부득이 구부러진 관을 쓸 경우에는 응축수가 흘러나오기 쉽도록 경사지게(5° 이상) 한다.
② 연결관의 안지름은 연결관의 길이, 흡입가스의 유량, 응축수에 의한 막힘 또는 흡입펌프의 능력 등을 고려해서 4~25mm로 한다.

Answer 25. ② 26. ③ 27. ② 28. ③ 29. ④

③ 하나의 연결관으로 여러 개의 측정기를 사용할 경우 각 측정기 앞에서 연결관을 병렬로 연결하여 사용한다.
④ 연결관의 길이는 되도록 길게 하며, 10m를 넘지 않도록 한다.

[풀이] 연결관의 길이는 되도록 짧게 하고, 부득이 길게 해서 쓰는 경우에는 이음매가 없는 배관을 써서 접속 부분을 적게 하고 받침기구로 고정해서 사용해야 하며, 76m를 넘지 않도록 한다.

30 굴뚝 배출가스 중 금속화합물을 자외선/가시선 분광법으로 분석할 때, 다음 중 측정하는 흡광도의 파장값(nm)이 가장 큰 금속화합물은?

① 아연 ② 수은
③ 구리 ④ 니켈

[풀이] 흡광도의 파장값
① 아연 : 535nm ② 수은 : 490nm
③ 구리 : 400nm ④ 니켈 : 450nm

31 자외선가시선분광법에서 흡수셀의 세척방법에 관한 설명 중 가장 거리가 먼 것은?

① 탄산소듐(Na_2CO_3) 용액(2W/V%)에 소량의 음이온 계면활성제(보기 : 액상 합성세제)를 가한 용액에 흡수셀을 담가 놓고 필요하면 40~50℃로 약 10분간 가열한다.
② 흡수셀을 꺼내 물로 씻은 후 질산(1+5)에 소량의 과산화수소를 가한 용액에 약 30분간 담가 둔다.
③ 흡수셀을 새로 만든 크롬산과 황산용액에 약 1시간 담근 다음 흡수셀을 꺼내어 물로 충분히 씻어내어 사용해도 된다.
④ 빈번하게 사용할 때는 물로 잘 씻은 다음 식염수(9%)에 담가두고 사용한다.

[풀이] 빈번하게 사용할 때는 물로 잘 씻은 다음 증류수를 넣은 용기에 담가두고 사용한다.

32 흡광광도 측정에서 최초광의 75%가 흡수되었을 때 흡광도는 약 얼마인가?

① 0.25 ② 0.3
③ 0.6   ④ 0.75

[풀이] 흡광도$(A) = \log \dfrac{1}{투과율}$
$= \log \dfrac{1}{(1-0.75)} = 0.60$

33 다음은 방울수에 관한 정의이다. ( ) 안에 알맞은 것은?

> 방울수라 함은 (㉠)℃에서 정제수 (㉡)방울을 떨어뜨릴 때 그 부피가 약 (㉢)mL가 되는 것을 말한다.

① ㉠ 10, ㉡ 10, ㉢ 1
② ㉠ 10, ㉡ 20, ㉢ 1
③ ㉠ 20, ㉡ 10, ㉢ 1
④ ㉠ 20, ㉡ 20, ㉢ 1

[풀이] 방울수
20℃에서 정제수 20방울을 떨어뜨릴 때 그 부피가 약 1mL가 되는 것을 말한다.

34 배출가스 중의 총탄화수소를 불꽃이온화 검출기로 분석하기 위한 장치구성에 관한 설명과 가장 거리가 먼 것은?

① 시료도관은 스테인리스강 또는 불소수지 재질로 시료의 응축방지를 위해 검출기까지의 모든 라인이 150~180℃를 유지해야 한다.
② 시료채취관은 유리관 재질의 것으로 하고 굴뚝 중심 부분의 30% 범위 내에 위치할 정도의 길이의 것을 사용한다.
③ 기록계를 사용하는 경우에는 최소 4회/min이 되는 기록계를 사용한다.
④ 영점 및 교정가스를 주입하기 위해서는 3방콕이나 순간연결장치(quick connector)를 사용한다.

풀이) 시료채취관은 스테인리스강 또는 이와 동등한 재질의 것으로 휘발성유기화합물의 흡착과 변질이 없어야 하고 굴뚝 중심 부분의 10% 범위 내에 위치할 정도의 길이의 것을 사용한다.

35 이온크로마토그래피 구성장치에 관한 설명으로 옳지 않은 것은?

① 서프레서는 관형과 이온교환막형이 있으며, 관형은 음이온에는 스티롤계 강산형(H^+) 수지가 사용된다.
② 분리관의 재질은 내압성, 내부식성으로 용리액 및 시료액과 반응성이 큰 것을 선택하며 주로 스테인리스관이 사용된다.
③ 용리액조는 용출되지 않는 재질로서 용리액을 직접공기와 접촉시키지 않는 밀폐된 것을 선택한다.
④ 검출기는 분리관 용리액 중 시료성분의 유무와 양을 검출하는 부분으로 일반적으로 전도도 검출기를 많이 사용하는 편이다.

풀이) 분리관의 재질은 내압성, 내부식성으로 용리액 및 시료액과 반응성이 작은 것을 선택하며 에폭시 수지관 또는 유리관이 사용된다. 일부는 스테인리스관이 사용되지만 금속이온 분리용으로는 좋지 않다.

36 냉증기 원자흡수분광광도법으로 굴뚝 배출가스 중 수은을 측정하기 위해 사용하는 흡수액으로 옳은 것은?(단, 질량분율)

① 4% 과망간산포타슘 / 10% 질산
② 4% 과망간산포타슘 / 10% 황산
③ 10% 과망간산포타슘 / 6% 질산
④ 6% 과망간산포타슘 / 10% 질산

풀이) 10% 황산(H_2SO_4, sulfuric acid, 분자량 : 98.08, 순도 : 1급 이상)에 과망간산포타슘($KMnO_4$, potassium permanganate, 분자량 : 158.03, 순도 : 1급 이상) 40g을 넣어 10% 황산을 가하여 최종 부피를 1L로 한다.

37 환경대기 중 시료채취 방법에서 인구비례에 의한 방법으로 시료채취지점 수를 결정하고자 한다. 그 지역의 인구밀도가 4,000명/km², 그 지역 거주지 면적이 5,000km², 전국 평균 인구밀도가 5,000명/km²일 때, 시료채취지점 수는?

① 110개
② 160개
③ 250개
④ 320개

풀이) 인구비례에 의한 방법
측정점 수
$$= \frac{\text{그 지역 거주지 면적}}{25 km^2} \times \frac{\text{그 지역 인구밀도}}{\text{전국 평균인구밀도}}$$
$$= \frac{5,000 km^2}{25 km^2} \times \frac{4,000 \text{명}/km^2}{5,000 \text{명}/km^2} = 160개$$

Answer 34. ② 35. ② 36. ② 37. ②

38 대기오염공정시험기준상 시험의 기재 및 용어의 의미로 옳은 것은?

① "정확히 단다"라 함은 규정한 양의 검체를 취하여 분석용 저울로 0.1mg까지 다는 것을 뜻한다.
② 고체성분의 양을 "정확히 취한다"라 함은 홀피펫, 메스플라스크 등으로 0.1mL까지 취하는 것을 뜻한다.
③ "감압 또는 진공"이라 함은 따로 규정이 없는 한 15mmH$_2$O 이하를 뜻한다.
④ 시험조작 중 "즉시"라 함은 10초 이내에 표시된 조작을 하는 것을 뜻한다.

〔풀이〕 ② 액체성분의 양을 "정확히 취한다"라 함은 홀피펫, 메스플라스크 또는 이와 동등 이상의 정도를 갖는 용량계를 사용하여 조작하는 것을 뜻한다.
③ "감압 또는 진공"이라 함은 따로 규정이 없는한 15mmHg 이하를 뜻한다.
④ 시험조작 중 "즉시"라 함은 30초 이내에 표시된 조작을 하는 것을 뜻한다.

39 시료 전처리 방법 중 산분해(acid digestion)에 관한 설명과 가장 거리가 먼 것은?

① 극미량 원소의 분석이나 휘발성 원소의 정량분석에는 적합하지 않은 편이다.
② 질산이나 과염소산의 강한 산화력으로 인한 폭발 등의 안전문제 및 플루오르화수소산의 접촉으로 인한 화상 등을 주의해야 한다.
③ 분해 속도가 빠르고 시료 오염이 적은 편이다.
④ 염산과 질산을 매우 많이 사용하며, 휘발성 원소들의 손실 가능성이 있다.

〔풀이〕 산분해법은 다량의 시료를 처리할 수 있고 가까이서 반응과정을 지켜볼 수 있는 장점이 있으나 분해 속도가 느리고 시료가 쉽게 오염될 수 있는 단점이 있다.

40 기체크로마토그래피 정량법 중 정량하려는 성분으로 된 순물질을 단계적으로 취하여 크로마토그램을 기록하고 봉우리 넓이 또는 봉우리 높이를 구하는 방법으로서 성분량을 횡축으로, 봉우리 넓이 또는 봉우리 높이를 종축으로 하는 것은?

① 보정넓이백분율법
② 절대검정곡선법
③ 넓이백분율법
④ 표준물첨가법

〔풀이〕 절대검량선법
㉠ 정량하려는 성분으로 된 순물질을 단계적으로 취하여 크로마토그램을 기록하고 봉우리 넓이 또는 봉우리 높이를 구한다.
㉡ 성분량을 횡축에 봉우리 넓이 또는 봉우리 높이를 종축에 취하여 검량선을 작성한다.

제3과목 대기오염방지기술

41 97% 집진효율을 갖는 전기집진장치로 가스의 유효 표류속도가 0.1m/sec인 오염공기 180m^3/sec를 처리하고자 한다. 이때 필요한 총집진판 면적(m^2)은?(단, Deutsch-Anderson식에 의함)

① 6,456
② 6,312
③ 6,029
④ 5,873

〔풀이〕
$$\eta = 1 - \exp\left(-\frac{A \times W_e}{Q}\right)$$
$$A = -\frac{A}{W}\ln(1-\eta)$$
$$= -\frac{180 \text{m}^3/\text{sec}}{0.1 \text{m/sec}} \times \ln(1-0.97)$$
$$= 6,312 \text{m}^2$$

42 가로, 세로 높이가 각 0.5m, 1.0m, 0.8m인 연소실에서 저발열량이 8,000kcal/kg인 중유를 1시간에 10kg 연소시키고 있다면 연소실 열발생률은?

① $2.0 \times 10^5 \text{kcal/h} \cdot \text{m}^3$
② $4.0 \times 10^5 \text{kcal/h} \cdot \text{m}^3$
③ $5.0 \times 10^5 \text{kcal/h} \cdot \text{m}^3$
④ $6.0 \times 10^5 \text{kcal/h} \cdot \text{m}^3$

풀이 연소실 열발생률(Q)

$$Q = \frac{G \times H_l}{V} (\text{kcal/m}^3 \cdot \text{hr})$$
$$= \frac{10\text{kg/hr} \times 8,000\text{kcal/kg}}{(0.5 \times 1.0 \times 0.8)\text{m}^3}$$
$$= 2.0 \times 10^5 \text{kcal/m}^3 \cdot \text{hr}$$

43 여과집진장치의 먼지부하가 360g/m²에 달할 때 먼지를 탈락시키고자 한다. 이때 탈락시간 간격은?(단, 여과집진장치에 유입되는 함진농도는 10g/m³, 여과속도는 7,200cm/hr이고, 집진효율은 100%로 본다.)

① 25min ② 30min
③ 35min ④ 40min

풀이 먼지부하(L_d) = $C_i \times V_f \times \eta \times t$
t(탈락시간)
$$= \frac{360\text{g/m}^2}{10\text{g/m}^3 \times 72\text{m/hr} \times \text{hr}/60\text{min} \times 1.0}$$
$$= 30\text{min}$$

44 배출가스 중 황산화물 처리방법으로 가장 거리가 먼 것은?

① 석회석 주입법 ② 석회수 세정법
③ 암모니아 흡수법 ④ 2단 연소법

풀이 2단 연소법은 질소산화물 처리방법이다.

45 세정집진장치의 장점과 가장 거리가 먼 것은?

① 입자상 물질과 가스의 동시 제거가 가능하다.
② 친수성, 부착성이 높은 먼지에 의한 폐쇄 염려가 없다.
③ 집진된 먼지의 재비산 염려가 없다.
④ 연소성 및 폭발성 가스의 처리가 가능하다.

풀이 세정집진장치는 친수성, 부착성이 높은 먼지에 의한 폐쇄 발생 우려가 있다.

46 분쇄된 석탄의 입경 분포식 [$R(\%) = 100\exp(-\beta d_p^n)$]에 관한 설명으로 옳지 않은 것은?(단, n : 입경지수, β : 입경계수)

① 위 식을 Rosin Rammler식이라 한다.
② 위 식에서 $R(\%)$은 체상누적분포(%)를 나타낸다.
③ n이 클수록 입경분포 폭은 넓어진다.
④ β가 커지면 임의의 누적분포를 갖는 입경 d_p는 작아져서 미세한 분진이 많다는 것을 의미한다.

풀이 n은 입경지수로 입경분포 범위를 의미하며, 클수록 입경분포 폭은 좁아진다.

47 Methane과 Propane이 용적비 1 : 1의 비율로 조성된 혼합가스 1Sm³를 완전연소시키는 데 20Sm³의 실제공기가 사용되었다면 이 경우 공기비는?

① 1.05 ② 1.20
③ 1.34 ④ 1.46

Answer 42. ① 43. ② 44. ④ 45. ② 46. ③ 47. ②

[풀이] $CH_4 + 2O_2 \rightarrow CO_2 + 2H_2O$
$C_3H_8 + 5O_2 \rightarrow 3CO_2 + 4H_2O$
$A_o = \dfrac{(2 \times 0.5) + (5 \times 0.5)}{0.21} = 16.67 Sm^3/Sm^3$
$m = \dfrac{A}{A_o} = \dfrac{20 Sm^3/Sm^3}{16.67 Sm^3/Sm^3} = 1.20$

48 집진장치의 압력손실 240mmH₂O, 처리가스양이 36,500m³/h이면 송풍기 소요동력(kW)은?(단, 송풍기 효율 70%, 여유율 1.2)

① 30.6 ② 35.2
③ 40.9 ④ 44.5

[풀이] 소요동력(kW)
$= \dfrac{Q \times \Delta P}{6,120 \times \eta} \times \alpha$
$= \dfrac{(36,500 m^3/hr \times hr/60 min) \times 240 mmH_2O}{6,120 \times 0.7} \times 1.2$
$= 40.90 kW$

49 직경 20cm, 길이 1m인 원통형 전기집진 장치에서 가스유속이 1m/s이고, 먼지입자의 분리속도가 30cm/s라면 집진율은 얼마인가?

① 93.63% ② 94.24%
③ 96.02% ④ 99.75%

[풀이] $\eta = 1 - \exp\left(-\dfrac{A \times W_e}{Q}\right)$
$A = 3.14 \times 0.2m \times 1m = 0.628 m^2$
$Q = \left(\dfrac{3.14 \times 0.2^2}{4}\right) m^2 \times 1 m/sec$
$= 0.0314 m^3/sec$
$= 1 - \exp\left(-\dfrac{0.628 m^2 \times 0.3 m/sec}{0.0314 m^3/sec}\right)$
$= 0.9975 \times 100\% = 99.75\%$

50 전기집진장치의 집진극에 대한 설명으로 옳지 않은 것은?

① 집진극의 모양은 여러 가지가 있으나 평판형과 관(管)형이 많이 사용된다.
② 처리가스양이 많고 고집진효율을 위해서는 관형 집진극이 사용된다.
③ 보통 방전극의 재료와 비슷한 탄소함량이 많은 스테인리스강 및 합금을 사용한다.
④ 집진극면이 항상 깨끗하여야 강한 전계를 얻을 수 있다.

[풀이] 처리가스양이 많고 고집진효율을 위해서는 평판형 집진극을 사용한다.

51 흡수법에 의한 유해가스 처리 시 흡수이론에 관한 설명으로 가장 거리가 먼 것은?

① 두 상(phase)이 접할 때 두 상이 접한 경계면의 양측에 경막이 존재한다는 가정을 Lewis-Whitman의 이중격막설이라 한다.
② 확산을 일으키는 추진력은 두 상(phase)에서의 확산물질의 농도차 또는 분압차가 주원인이다.
③ 액상으로의 가스흡수는 기-액 두 상(phase)의 본체에서 확산물질의 농도 기울기는 큰 반면, 기-액의 각 경막 내에서는 농도 기울기가 거의 없는데, 이것은 두 상의 경계면에서 효과적인 평형을 이루기 위함이다.
④ 주어진 온도, 압력에서 평형상태가 되면 물질의 이동은 정지한다.

[풀이] 액상으로의 가스흡수는 기-액 두 상의 본체에서 확산물질의 농도 기울기는 거의 없고, 기-액의 각 경막 내에서는 농도 기울기가 있으며, 이것은 두 상의 경계면에서 효과적인 평형을 이루기 위함이다.

Answer 48. ③ 49. ④ 50. ② 51. ③

52 후드의 유입계수와 속도압이 각각 0.87, 16mmH₂O일 때 후드의 압력 손실은?

① 약 3.5mmH₂O ② 약 5mmH₂O
③ 약 6.5mmH₂O ④ 약 8mmH₂O

🔑 후드압력손실(ΔP)
$= F \times VP$
$F = \dfrac{1}{C_e^2} - 1 = \dfrac{1}{0.87^2} - 1 = 0.32$
$= 0.32 \times 16 = 5.13 \text{mmH}_2\text{O}$

53 다음 중 연소조절에 의해 질소산화물 발생을 억제시키는 방법으로 가장 적합한 것은?

① 이온화연소법 ② 고산소연소법
③ 고온연소법 ④ 배출가스 재순환법

🔑 배출가스 재순환법
연소용 공기에 일부 냉각된 배출가스를 섞어 연소실로 재순환하여 온도 및 산소농도를 낮춤으로써 NOx 생성을 저감할 수 있다.

54 여과집진장치에 사용되는 여과재에 관한 설명 중 가장 거리가 먼 것은?

① 여과재의 형상은 원통형, 평판형, 봉투형 등이 있으나 원통형을 많이 사용한다.
② 여과재는 내열성이 약하므로 가스온도 250℃를 넘지 않도록 주의한다.
③ 고온가스를 냉각시킬 때에는 산노점(dew point) 이하로 유지하도록 하여 여과재의 눈막힘을 방지한다.
④ 여과재 재질 중 유리섬유는 최고사용온도가 250℃ 정도이며, 내산성이 양호한 편이다.

🔑 초층의 눈막힘을 방지하기 위해 처리가스의 온도를 산노점 이상으로 유지한다.

55 어떤 가스가 부피로 H₂ 9%, CO 24%, CH₄ 2%, CO₂ 6%, O₂ 3%, N₂ 56%의 구성비를 갖는다. 이 기체를 50%의 과잉공기로 연소시킬 경우 연료 1Sm³당 요구되는 공기량은?

① 약 1.00Sm³ ② 약 1.25Sm³
③ 약 1.70Sm³ ④ 약 2.55Sm³

🔑 $A = m \times A_o$
$A_o = \dfrac{1}{0.21}(0.5\text{H}_2 + 0.5\text{CO} + 2\text{CH}_4 - \text{O}_2)$
$= \dfrac{1}{0.21} \times [(0.5 \times 0.09) + (0.5 \times 0.24)$
$\quad + (2 \times 0.02) - 0.03]$
$= 0.833 \text{Sm}^3/\text{Sm}^3$
$m = 1.5$
$= 1.5 \times 0.833 \text{Sm}^3/\text{Sm}^3$
$= 1.25 \text{Sm}^3/\text{Sm}^3 \times 1\text{Sm}^3 = 1.25 \text{Sm}^3$

56 원심력 집진장치(cyclone)에 관한 설명으로 옳지 않은 것은?

① 저효율 집진장치 중 압력손실은 작고, 고집진율을 얻기 위한 전문적 기술이 요구되지 않는다.
② 구조가 간단하고, 취급이 용이한 편이다.
③ 집진효율을 높이는 방법으로 blow down 방법이 있다.
④ 고농도 함진가스 처리에 유리한 편이다.

🔑 저효율 집진장치 중 압력손실은 크고, 고집진율을 얻기 위한 전문적 기술이 요구된다.

57 충전탑의 액가스비 범위로 가장 적합한 것은?

① 0.1~0.3L/m³ ② 2~3L/m³
③ 5~10L/m³ ④ 10~30L/m³

Answer ▶ 52. ② 53. ④ 54. ③ 55. ② 56. ① 57. ②

[풀이] 충전탑(Packed)
  ㉠ 원리 : 탑 내에 충전물을 넣어 배기가스와 세정액적과의 접촉표면적을 크게 하여 세정하는 방식이다. 즉, 충전물질의 표면을 흡수액으로 도포하여 흡수액의 엷은 층을 형성시킨 후 가스와 흡수액을 접촉시켜 흡수시킨다.
  ㉡ 탑 내 이동속도 : 1m/sec 이하(0.3~1m/sec or 0.5~1.5m/sec)
  ㉢ 액기비 : 1~10L/m³(2~3L/m³)
  ㉣ 압력손실 : 50~100mmH₂O(100~250 mmH₂O)

58 비중 0.95, 황성분 3.0%의 중유를 매 시간마다 1,000L씩 연소시키는 공장 배출가스 중 SO₂(m³/h) 양은?(단, 중유 중 황성분의 90%가 SO₂로 되며, 온도변화 등 기타 변화는 무시한다.)

① 12
② 18
③ 24
④ 36

[풀이] S + O₂ → SO₂
  32kg : 22.4Sm³
  1,000L/hr×0.95kg/L×0.03×0.9 : SO₂(Sm³/hr)

$$SO_2(Sm^3/hr) = \frac{1,000L/hr \times 0.95kg/L \times 0.03 \times 0.9 \times 22.4Sm^3}{32kg}$$
  $= 17.96 Sm^3/hr$

59 직경이 203.2mm인 관에 35m³/min의 공기를 이동시키면 이때 관 내 이동 공기의 속도는 약 몇 m/min인가?

① 18m/min
② 72m/min
③ 980m/min
④ 1,080m/min

[풀이] $Q = A \times V$

$$V = \frac{Q}{A} = \frac{35m^3/min}{\left(\frac{3.14 \times 0.2032^2}{4}\right)m^2}$$
$= 1,080.25 m/min$

60 시간당 10,000Sm³의 배출가스를 방출하는 보일러에 먼지 50%를 제거하는 집진장치가 설치되어 있다. 이 보일러를 24시간 가동했을 때 집진되는 먼지량은?(단, 배출가스 중 먼지농도는 0.5g/Sm³이다.)

① 50kg
② 60kg
③ 100kg
④ 120kg

[풀이] 먼지량 = 10,000Sm³/hr×0.5g/Sm³×0.5
  ×24hr×kg/10³g
  = 60kg

제4과목 대기환경관계법규

61 대기환경보전법령상 3종 사업장 분류기준으로 옳은 것은?

① 대기오염물질발생량의 합계가 연간 20톤 이상 80톤 미만인 사업장
② 대기오염물질발생량의 합계가 연간 20톤 이상 60톤 미만인 사업장
③ 대기오염물질발생량의 합계가 연간 10톤 이상 20톤 미만인 사업장
④ 대기오염물질발생량의 합계가 연간 10톤 이상 50톤 미만인 사업장

Answer▶ 58. ② 59. ④ 60. ② 61. ③

풀이) 사업장 분류기준

종별	오염물질발생량 구분
1종 사업장	대기오염물질발생량의 합계가 연간 80톤 이상인 사업장
2종 사업장	대기오염물질발생량의 합계가 연간 20톤 이상 80톤 미만인 사업장
3종 사업장	대기오염물질발생량의 합계가 연간 10톤 이상 20톤 미만인 사업장
4종 사업장	대기오염물질발생량의 합계가 연간 2톤 이상 10톤 미만인 사업장
5종 사업장	대기오염물질발생량의 합계가 연간 2톤 미만인 사업장

62 환경정책기본법령상 이산화질소(NO_2)의 대기환경기준이다. 다음 ( )에 들어갈 내용으로 옳은 것은?

- 연간 평균치 : (㉠)ppm 이하
- 24시간 평균치 : (㉡)ppm 이하
- 1시간 평균치 : (㉢)ppm 이하

① ㉠ 0.02, ㉡ 0.05, ㉢ 0.15
② ㉠ 0.03, ㉡ 0.06, ㉢ 0.10
③ ㉠ 0.06, ㉡ 0.10, ㉢ 0.15
④ ㉠ 0.10, ㉡ 0.12, ㉢ 0.30

풀이) 대기환경기준

항목	기준	측정방법
이산화질소 (NO_2)	• 연간 평균치 0.03ppm 이하 • 24시간 평균치 0.06ppm 이하 • 1시간 평균치 0.10ppm 이하	화학 발광법 (Chemiluminescence Method)

63 대기환경보전법령상 선박의 디젤기관에서 배출되는 대기오염물질 중 대통령령으로 정하는 대기오염물질에 해당하는 것은?

① 황산화물 ② 일산화탄소
③ 염화수소 ④ 질소산화물

풀이) 선박의 디젤기관에서 배출되는 대기오염물질 중 대통령령으로 정하는 대기오염물질이란 질소산화물을 말한다.

64 대기환경보전법령상 배출허용기준 초과와 관련하여 개선명령을 받은 사업자는 특별한 사유에 의한 연장신청이 없는 경우에는 개선계획서를 며칠 이내에 시·도지사에게 제출하여야 하는가?

① 5일 이내 ② 7일 이내
③ 15일 이내 ④ 30일 이내

풀이) 개선명령을 받은 사업자는 시·도지사에게 그 명령을 받은 날부터 15일 이내에 개선계획서를 제출하여야 한다.

65 대기환경보전법령상 일일초과배출량 및 일일유량의 산정방법에서 일일유량 산정을 위한 측정유량의 단위는?

① m^3/sec ② m^3/min
③ m^3/h ④ m^3/day

풀이) 일일유량=측정유량×일일조업시간
측정유량단위 : m^3/hr
일일조업시간은 배출량을 측정하기 전 최근 조업한 30일 동안의 배출시설조업시간 평균치를 시간으로 표시한다.

66 환경정책기본법상 이 법에서 사용하는 용어의 뜻으로 옳지 않은 것은?

① "환경용량"이란 일정한 지역에서 환경오염 또는 환경훼손에 대하여 환경이 스스로 수용, 정화 및 복원하여 환경의 질을 유지할 수 있는 한계를 말한다.
② "자연환경"이란 지하·지표(해양을 포함한다) 및 지상의 모든 생물과 이들을 둘러싸고 있는 비생물적인 것을 포함한 자연의 상태(생태계 및 자연경관을 포함한다)를 말한다.
③ "환경"이란 자연환경과 인간환경, 생물환경을 말한다.
④ "환경훼손"이란 야생동식물의 남획 및 그 서식지의 파괴, 생태계질서의 교란, 자연경관의 훼손, 표토의 유실 등으로 자연환경의 본래적 기능에 중대한 손상을 주는 상태를 말한다.

(풀이) "환경"이란 자연환경과 생활환경을 말한다.

67 대기환경보전법규상 대기오염물질 배출시설기준으로 옳지 않은 것은?

① 소각능력이 시간당 25kg 이상의 폐수·폐기물소각시설
② 입자상 물질 및 가스상 물질 발생시설 중 동력 5kW 이상의 분쇄시설(습식 및 이동식 포함)
③ 용적이 5세제곱미터 이상이거나 동력이 2.25kW 이상인 도장시설(분무·분체·침지도장시설, 건조시설 포함)
④ 처리능력이 시간낭 100kg 이상인 고체입자상 물질 포장시설

(풀이) 입자상 물질 및 가스상 물질 발생시설 중 동력 15kW 이상의 분쇄시설(단, 습식은 제외)

68 대기환경보전법규상 측정기기의 부착 및 운영 등과 관련된 행정처분기준 중 사업자가 부착한 굴뚝 자동측정기기의 측정결과를 굴뚝 원격감시체계 관제센터로 측정자료를 전송하지 아니한 경우의 각 위반차수별 행정처분기준(1차~4차 순)으로 옳은 것은?

① 경고-조업정지 10일-조업정지 30일-허가취소 또는 폐쇄
② 경고-조치명령-조업정지 10일-조업정지 30일
③ 조업정지 10일-조업정지 30일-개선명령-허가취소
④ 조업정지 30일-개선명령-허가취소-사업장 폐쇄

(풀이) 행정처분 기준
1차(경고) → 2차(조치명령) → 3차(조업정지 10일) → 4차(조업정지 30일)

69 대기환경보전법규상 정밀검사대상 자동차 및 정밀검사 유효기간 중 차령 2년 경과된 사업용 기타자동차의 검사유효기간 기준으로 옳은 것은?(단, "정밀검사대상 자동차"란 자동차관리법에 따라 등록된 자동차를 말하며, "기타자동차"란 승용자동차를 제외한 승합·화물·특수자동차를 말한다.)

① 1년 ② 2년
③ 3년 ④ 5년

(풀이) 정밀검사대상 자동차 및 정밀검사 유효기간

차종		정밀검사대상 자동차	검사 유효기간
비사업용	승용자동차	차령 4년 경과된 자동차	2년
	기타자동차	차령 3년 경과된 자동차	
사업용	승용자동차	차령 2년 경과된 자동차	1년
	기타자동차	차령 2년 경과된 자동차	

Answer 66. ③ 67. ② 68. ② 69. ①

70 악취방지법규상 악취검사기관과 관련한 행정처분기준 중 검사시설 및 장비가 부족하거나 고장 난 상태로 7일 이상 방치한 경우 1차 행정처분기준으로 옳은 것은?

① 지정 취소
② 시설 이전
③ 업무정지 3개월
④ 경고

풀이) 각 위반차수별 행정처분기준(1차~4차순)
경고 – 업무정지 1개월 – 업무정지 3개월 – 지정 취소

71 대기환경보전법규상 고체연료 사용시설 설치기준 중 석탄사용시설의 설치기준은?

① 배출시설의 굴뚝높이는 50m 이상으로 하되, 굴뚝상부 안지름, 배출가스 온도 및 속도 등을 고려한 유효굴뚝높이가 100m 이상인 경우에는 굴뚝높이를 25m 이상 50m 미만으로 할 수 있다.
② 배출시설의 굴뚝높이는 60m 이상으로 하되, 굴뚝상부 안지름, 배출가스 온도 및 속도 등을 고려한 유효굴뚝높이가 100m 이상인 경우에는 굴뚝높이를 30m 이상 60m 미만으로 할 수 있다.
③ 배출시설의 굴뚝높이는 60m 이상으로 하되, 굴뚝상부 안지름, 배출가스 온도 및 속도 등을 고려한 유효굴뚝높이가 100m 이상인 경우에는 굴뚝높이를 50m 이상 60m 미만으로 할 수 있다.
④ 배출시설의 굴뚝높이는 100m 이상으로 하되, 굴뚝상부 안지름, 배출가스 온도 및 속도 등을 고려한 유효굴뚝높이가 440m 이상인 경우에는 굴뚝높이를 60m 이상 100m 미만으로 할 수 있다.

풀이) 석탄사용시설의 경우 배출시설의 굴뚝높이는 100m 이상으로 하되, 굴뚝상부 안지름, 배출가스 온도 및 속도 등을 고려한 유효굴뚝높이(굴뚝의 실제 높이에 배출가스의 상승고도를 합산한 높이를 말한다. 이하 같다)가 440m 이상인 경우에는 굴뚝높이를 60m 이상 100m 미만으로 할 수 있다. 기타 고체연료 사용시설의 경우는 배출시설의 굴뚝높이는 20m 이상이어야 한다.

72 실내공기질 관리법규상 "지하도상가" 폼알데하이드($\mu g/m^3$) 실내공기질 유지기준은?

① 100 이하
② 400 이하
③ 500 이하
④ 1,000 이하

풀이) 실내공기질 관리법상 유지기준(2019년 7월부터 적용)

오염물질 항목 다중이용시설	미세먼지 (PM-10) ($\mu g/m^3$)	미세먼지 (PM-2.5) ($\mu g/m^3$)	이산화 탄소 (ppm)	폼알데 하이드 ($\mu g/m^3$)	총 부유세균 (CFU/m^3)	일산화 탄소 (ppm)
지하역사, 지하도상가, 철도역사의 대합실, 여객자동차터미널의 대합실, 항만시설 중 대합실, 공항시설 중 여객터미널, 도서관·박물관 및 미술관, 대규모점포, 장례식장, 영화상영관, 학원, 전시시설, 인터넷컴퓨터게임시설제공업의 영업시설, 목욕장업의 영업시설	100 이하	50 이하	1,000 이하	100 이하	–	10 이하
의료기관, 산후조리원, 노인요양시설, 어린이집	75 이하	35 이하		80 이하	800 이하	
실내주차장	200 이하	–		100 이하		25 이하
실내 체육시설, 실내 공연장, 업무시설, 둘 이상의 용도에 사용되는 건축물	200 이하	–	–	–	–	

※ 법규 변경사항이므로 풀이의 내용으로 학습하시기 바랍니다.

Answer ◀ 70. ④ 71. ④ 72. ①

73 대기환경보전법규상 자동차연료 제조기준 중 휘발유의 90% 유출온도(℃) 기준은?

① 200 이하 ② 190 이하
③ 185 이하 ④ 170 이하

풀이) 자동차연료 제조기준(휘발유)

항목	제조기준
방향족화합물 함량(부피%)	24(21) 이하
벤젠 함량(부피%)	0.7 이하
납 함량(g/L)	0.013 이하
인 함량(g/L)	0.0013 이하
산소 함량(무게%)	2.3 이하
올레핀 함량(부피%)	16(19) 이하
황 함량(ppm)	10 이하
증기압(kPa, 37.8℃)	60 이하
90% 유출온도(℃)	170 이하

74 다음은 대기환경보전법규상 자동차연료 검사기관의 기술능력 기준이다. ( ) 안에 알맞은 것은?

검사원의 자격은 국가기술자격법 시행규칙상 규정 직무분야의 기사자격 이상을 취득한 사람이어야 하며, 검사원은 (㉠) 이상이어야 하며, 그 중 (㉡) 이상은 해당 검사 업무에 (㉢) 이상 종사한 경험이 있는 사람이어야 한다.

① ㉠ 3명, ㉡ 1명, ㉢ 3년
② ㉠ 3명, ㉡ 2명, ㉢ 5년
③ ㉠ 4명, ㉡ 2명, ㉢ 3년
④ ㉠ 4명, ㉡ 2명, ㉢ 5년

풀이) 검사원의 자격은 국가기술자격법 시행규칙상 규정 직무분야의 기사자격 이상을 취득한 사람이어야 하며, 검사원은 4명 이상이어야 하며, 그 중 2명 이상은 해당 검사 업무에 5년 이상 종사한 경험이 있는 사람이어야 한다.

75 악취방지법상 악취의 배출허용기준 초과와 관련하여 배출허용기준 이하로 내려가도록 조치명령을 이행하지 아니한 자에 대한 과태료 부과 기준은?

① 50만 원 이하의 과태료
② 100만 원 이하의 과태료
③ 200만 원 이하의 과태료
④ 300만 원 이하의 과태료

풀이) 악취방지법 제30조 참조

76 대기환경보전법규상 대기오염 경보단계별 대기오염물질의 농도기준 중 "주의보" 발령기준으로 옳은 것은?(단, 미세먼지(PM-10)을 대상물질로 한다.)

① 기상조건 등을 고려하여 해당지역의 대기자동측정소 PM-10 시간당 평균농도가 $150\mu g/m^3$ 이상 2시간 이상 지속인 때
② 기상조건 등을 고려하여 해당지역의 대기자동측정소 PM-10 시간당 평균농도가 $100\mu g/m^3$ 이상 2시간 이상 지속인 때
③ 기상조건 등을 고려하여 해당지역의 대기자동측정소 PM-10 시간당 평균농도가 $100\mu g/m^3$ 이상 1시간 이상 지속인 때
④ 기상조건 등을 고려하여 해당지역의 대기자동측정소 PM-10 시간당 평균농도가 $75\mu g/m^3$ 이상 2시간 이상 지속인 때

Answer 73. ④ 74. ④ 75. ③ 76. ①

풀이) 대기오염경보 단계별 대기오염물질의 농도기준

대상 물질	경보 단계	발령기준	해제기준
미세먼지 (PM-10)	주의보	기상조건 등을 고려하여 해당지역의 대기자동측정소 PM-10 시간당 평균농도가 $150\mu g/m^3$ 이상 2시간 이상 지속인 때	주의보가 발령된 지역의 기상조건 등을 검토하여 대기자동측정소의 PM-10 시간당 평균농도가 $100\mu g/m^3$ 미만인 때
	경보	기상조건 등을 고려하여 해당지역의 대기자동측정소 PM-10 시간당 평균농도가 $300\mu g/m^3$ 이상 2시간 이상 지속인 때	경보가 발령된 지역의 기상조건 등을 검토하여 대기자동측정소의 PM-10 시간당 평균농도가 $150\mu g/m^3$ 미만인 때는 주의보로 전환

77 다음은 악취방지법상 기술진단 등에 관한 사항이다. ( ) 안에 알맞은 것은?

> 시·도지사, 대도시의 장 및 시장·군수·구청장은 악취로 인한 주민의 건강상 위해(危害)를 예방하고 생활환경을 보전하기 위하여 해당 지방자치단체의 장이 설치·운영하는 다음 각 호의 악취배출시설에 대하여 ( )마다 기술진단을 실시하여야 한다.

① 1년　　② 2년
③ 3년　　④ 5년

 시·도지사, 대도시의 장 및 시장·군수·구청장은 악취로 인한 주민의 건강상 위해를 예방하고 생활환경을 보전하기 위하여 해당 지방자치단체의 장이 설치·운영하는 다음 각 호의 악취배출시설에 대하여 5년마다 기술진단을 실시하여야 한다.

78 대기환경보전법령상 천재지변으로 사업자의 재산에 중대한 손실이 발생할 경우로 납부기한 전에 부과금을 납부할 수 없다고 인정될 경우, 초과부과금 징수유예기간과 그 기간 중의 분할납부 횟수기준으로 옳은 것은?

① 유예한 날의 다음 날부터 2년 이내, 4회 이내
② 유예한 날의 다음 날부터 2년 이내, 12회 이내
③ 유예한 날의 다음 날부터 3년 이내, 4회 이내
④ 유예한 날의 다음 날부터 3년 이내, 12회 이내

풀이) 징수유예기간과 그 기간 중의 분할납부의 횟수
　㉠ 기본부과금 : 유예한 날의 다음 날부터 다음 부과기간의 개시일 전일까지, 4회 이내
　㉡ 초과부과금 : 유예한 날의 다음 날부터 2년 이내, 12회 이내

79 실내공기질 관리법규상 장례식장의 각 오염물질 항목별 실내공기질 유지기준으로 틀린 것은?

① PM-10($\mu g/m^3$) : 150 이하
② CO_2(ppm) : 1,000 이하
③ CO(ppm) : 25 이하
④ HCHO($\mu g/m^3$) : 100 이하

풀이) 실내공기질 관리법상 유지기준(2019년 7월부터 적용)

오염물질 항목 다중이용시설	미세먼지 (PM-10) ($\mu g/m^3$)	미세먼지 (PM-2.5) ($\mu g/m^3$)	이산화 탄소 (ppm)	폼알데 하이드 ($\mu g/m^3$)	총 부유세균 (CFU/m^3)	일산화 탄소 (ppm)
지하역사, 지하도상가, 철도역사의 대합실, 여객자동차터미널의 대합실, 항만시설 중 대합실, 공항시설 중 여객터미널, 도서관·박물관 및 미술관, 대규모점포, 장례식장, 영화상영관, 학원, 전시시설, 인터넷컴퓨터게임시설제공업의 영업시설, 목욕장업의 영업시설	100 이하	50 이하	1,000 이하	100 이하	-	10 이하
의료기관, 산후조리원, 노인요양시설, 어린이집	75 이하	35 이하		80 이하	800 이하	
실내주차장	200 이하	-		100 이하		25 이하
실내 체육시설, 실내 공연장, 업무시설, 둘 이상의 용도에 사용되는 건축물	200 이하	-		-	-	-

※ 법규 변경사항이므로 풀이의 내용으로 학습하시기 바랍니다.

80 대기환경보전법령상 초과부과금 산정기준에서 오염물질 1킬로그램당 부과 금액이 다음 중 가장 적은 오염물질은?

① 불소화합물 ② 염화수소
③ 염소 ④ 시안화수소

풀이 초과부과금 산정기준

구분 오염물질		오염물질 1킬로그램당 부과금액
황산화물		500
먼지		770
질소산화물		2,130
암모니아		1,400
황화수소		6,000
이황화탄소		1,600
특정유해 물질	불소화물	2,300
	염화수소	7,400
	시안화수소	7,300

※ 법규 변경사항이므로 풀이의 내용으로 학습하시기 바랍니다.

Answer 80. ①

2018년 제4회 대기환경산업기사

제1과목 대기오염개론

01 상대습도가 70%이고, 상수를 1.2로 정의할 때, 가시거리가 10km라면 먼지 농도는 대략 얼마인가?

① $50\mu g/m^3$
② $120\mu g/m^3$
③ $200\mu g/m^3$
④ $280\mu g/m^3$

풀이) $L_v(km) = \dfrac{A \times 10^3}{G}$

$10(km) = \dfrac{1.2 \times 10^3}{G}$

$G = 120\mu g/m^3$

02 실제 굴뚝높이 120m에서 배출가스의 수직 토출속도가 20m/s, 굴뚝 높이에서의 풍속은 5m/s이다. 굴뚝의 유효고도가 150m가 되기 위해서 필요한 굴뚝의 직경은?(단, $\Delta H = \{(1.5 \times V_s) \cdot D\}/U$를 이용할 것)

① 2.5m
② 5m
③ 20m
④ 25m

풀이) $\Delta H = 1.5 \times \left(\dfrac{V_s}{U}\right) \times D$

$30m = 1.5 \times \left(\dfrac{20m/\sec}{5m/\sec}\right) \times D$

$D = 5m$

03 다음 그림은 탄화수소가 존재하지 않는 경우 NO_2의 광화학사이클(Photolytic cycle)이다. 그림의 A가 O_2일 때 B에 해당하는 물질은?

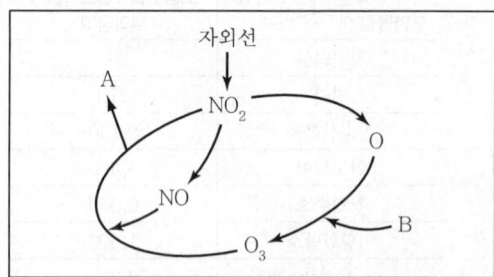

① NO
② CO_2
③ NO_2
④ O_2

풀이) NO_2의 광화학반응(광분해) Cycle

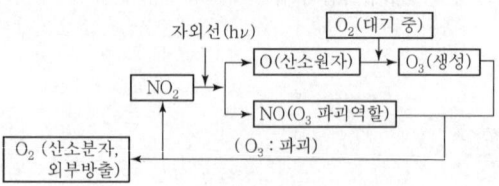

04 연소과정 중 고온에서 발생하는 주된 질소 화합물의 형태로 가장 적합한 것은?

① N_2
② NO
③ NO_2
④ NO_3

풀이) 연소과정 중 고온에서 발생하는 질소산화물은 NO와 NO_2이며, 대부분이 NO이다.

Answer 01. ② 02. ② 03. ④ 04. ②

05 다음에서 설명하는 오염물질로 가장 적합한 것은?

> 광부나 석탄연료 배출구 주위에 거주하는 사람들의 폐 중 농도가 증대되고, 배설은 주로 신장을 통해 이루어진다. 뼈에 소량 축적될 수 있고, 만성 폭로 시 설태가 끼며, 혈장 콜레스테롤치가 저하될 수 있다.

① 구리 ② 카드뮴
③ 바나듐 ④ 비소

(풀이) 바나듐(V)
  ㉠ 은회색의 전이금속으로 단단하나 연성(잡아 늘이기 쉬운 성질)과 전성(펴 늘일 수 있는 성질)이 있고 주로 화석연료, 특히 석탄 및 중유에 많이 포함되고 코·눈·인후의 자극을 동반하여 격심한 기침을 유발한다.
  ㉡ 원소 자체는 반응성이 커서 자연상태에서는 화합물로만 존재하며 산화물 보호피막을 만들기 때문에 공기 중 실온에서는 잘 산화되지 않으나 가열하면 산화된다.
  ㉢ 바나듐에 폭로된 사람들에게는 인지질 및 지방분의 합성, 혈장 콜레스테롤치가 저하되며, 만성폭로 시 설태가 낄 수 있다.

06 다이옥신에 대한 설명으로 가장 거리가 먼 것은?

① PCB의 불완전연소에 의해서 발생한다.
② 저온에서 촉매화 반응에 의해 먼지와 결합하여 생성된다.
③ 수용성이 커서 토양오염 및 하천오염의 주원인으로 작용한다.
④ 다이옥신은 두 개의 산소, 두 개의 벤젠, 그 외에 염소가 결합된 방향족 화합물이다.

(풀이) 다이옥신은 증기압이 낮고, 물에 대한 용해도가 극히 낮으나 벤젠 등에 용해되는 지용성이다.

07 다음 오염물질에 관한 설명으로 가장 적합한 것은?

> 이 물질의 직업성 폭로는 철강제조에서 매우 많다. 생물의 필수금속으로서 동·식물에서는 종종 결핍이 보고되고 있으며 인체에 급성으로 과다폭로되면 화학성 폐렴, 간 독성 등을 나타내며, 만성 폭로 시 파킨슨 증후군과 거의 비슷한 증후군으로 진전되어 말이 느리고 단조로워진다.

① 납 ② 불소
③ 구리 ④ 망간

(풀이) 망간(Mn)
  철강제조에서 직업성 폭로가 가장 많고 합금, 용접봉의 용도를 가지며 계속적인 폭로로 전신의 근무력증, 수전증, 파킨슨씨 증후군이 나타나며 금속열을 유발한다.

08 대기오염물질이 인체에 미치는 영향으로 가장 거리가 먼 것은?

① 이산화질소의 유독성은 일산화질소의 독성보다 강하여 인체에 영향을 끼친다.
② 3, 4-벤조피렌 같은 탄화수소 화합물은 발암성 물질로 알려져 있다.
③ SO_2는 고농도일수록 비강 또는 인후에서 많이 흡수되며 저농도인 경우에는 극히 저율로 흡수된다.
④ 일산화탄소는 인체 혈액 중의 헤모글로빈과 결합하기 매우 용이하나, 산소보다 낮은 결합력을 가지고 있다.

(풀이) 일산화탄소는 인체 혈액 중의 헤모글로빈과 결합력이 매우 높은 물질이며, 산소의 결합력보다 약 210배 정도 높은 결합력을 가지고 있다.

Answer 05. ③ 06. ③ 07. ④ 08. ④

09 대기 내 질소산화물(NOx)이 LA 스모그와 같이 광화학 반응을 할 때, 다음 중 어떤 탄화수소가 주된 역할을 하는가?

① 파라핀계 탄화수소
② 메탄계 탄화수소
③ 올레핀계 탄화수소
④ 프로판계 탄화수소

풀이 광화학적 스모그(smog)의 3대 생성요소
ⓐ 질소산화물(NOx)
ⓑ 올레핀(Olefin)계 탄화수소
ⓒ 자외선

10 다음 반사영역이 고려된 가우시안 확산모델에서 각 항에 대한 설명으로 옳지 않은 것은?

$$C(x, y, z) = \frac{Q}{2\pi u \sigma_y \sigma_z} \left[\exp\left(\frac{-y^2}{2\sigma_y^2}\right) \right] \times \left[\exp\left\{\frac{-(z-H)^2}{2\sigma_z^2}\right\} + \exp\left\{\frac{-(z+H)^2}{2\sigma_z^2}\right\} \right]$$

① y : 수직방향의 확산폭이다.
② z : 농도를 구하려는 지점의 높이로서 농도 지점과 지표면으로부터의 수직거리이다.
③ u : 굴뚝높이의 풍속을 말한다.
④ H : 유효굴뚝높이다.

풀이 y는 수평방향의 확산폭이다.

11 1984년 인도의 보팔시에서 발생한 대기오염사건의 주원인 물질은?

① 황화수소
② 황산화물
③ 멀캡탄
④ 메틸이소시아네이트

풀이 보팔시 대기오염사건
인도의 보팔시에 있는 비료공장 저장탱크에서 메틸이소시아네이트(MIC) 가스가 유출되어 발생한 사건이다.

12 가솔린자동차의 엔진작동상태에 따른 일반적인 배기가스 조성 중 감속 시에 가장 큰 농도 증가를 나타내는 물질은?(단, 정상운행 조건대비)

① NO_2
② H_2O
③ CO_2
④ HC

풀이 감속 시에는 HC가 가장 많이 배출되며 공회전 시에는 CO, 정속주행 시에는 NOx 농도가 높다.

13 굴뚝에서 배출되는 연기의 형태가 Lofting 형일 때의 대기상태로 옳은 것은?(단, 보기 중 상과 하의 구분은 굴뚝 높이 기준)

① 상 : 불안정, 하 : 불안정
② 상 : 안정, 하 : 안정
③ 상 : 안정, 하 : 불안정
④ 상 : 불안정, 하 : 안정

풀이 Lofting(지붕형)
ⓐ 굴뚝의 높이보다 더 낮게 지표 가까이에 역전층(안정)이 이루어져 있고, 그 상공에는 대기가 불안정한 상태일 때 주로 발생한다.
ⓑ 고기압 지역에서 하늘이 맑고 바람이 약한 늦은 오후(초저녁)나 이른 밤에 주로 발생하기 쉽다.
ⓒ 연기에 의한 지표에 오염도는 가장 적게 되며 역전층 내에서 지표배출원에 의한 오염도는 크게 나타난다.

14 지상 10m에서의 풍속이 8m/s이라면 지상 60m에서의 풍속(m/s)은?(단, $P=0.12$, Deacon식을 적용)

① 약 8.0   ② 약 9.9
③ 약 12.5 ④ 약 14.8

[풀이] $U_2 = U_1 \times \left(\dfrac{Z_2}{Z_1}\right)^p = 8\text{m/sec} \times \left(\dfrac{60\text{m}}{10\text{m}}\right)^{0.12}$
$= 9.92 \text{m/sec}$

15 다음 중 기후·생태계 변화유발물질과 가장 거리가 먼 것은?

① 육불화황   ② 메탄
③ 수소염화불화탄소 ④ 염화나트륨

[풀이] 기후·생태계 변화유발물질
기후온난화 등으로 생태계의 변화를 가져올 수 있는 기체상 물질로서 온실가스(이산화탄소, 메탄, 아산화질소, 수소불화탄소, 과불화탄소, 육불화황) 및 환경부령이 정하는 것(염화불화탄소, 수소염화불화탄소)을 말한다.

16 PAN(Peroxyacetyl Nitrate)의 생성반응식으로 옳은 것은?

① $CH_3COOO + NO_2 \rightarrow CH_3COOONO_2$
② $C_6H_5COOO + NO_2 \rightarrow C_6H_5COOONO_2$
③ $RCOO + O_2 \rightarrow RO_2 \cdot + CO_2$
④ $RO \cdot + NO_2 \rightarrow RONO_2$

[풀이] PAN(Peroxyacetyl Nitrate)의 생성반응식
$CH_3COOO + NO_2 \rightarrow CH_3COOONO_2$
대기 중 탄화수소로부터의 광화학 반응으로 생성된다.

17 단열압축에 의하여 가열되어 하층의 온도가 낮은 공기와의 경계에 역전층을 형성하고 매우 안정하며 대기오염물질의 연직확산을 억제하는 역전현상은?

① 전선역전
② 이류역전
③ 복사역전
④ 침강역전

[풀이] 침강역전은 고기압 중심부분에서 기층이 서서히 침강하면서 기온이 단열압축으로 승온되어 발생하는 현상이다.

18 다음 수용모델과 분산모델에 관한 설명으로 가장 거리가 먼 것은?

① 분산모델은 지형 및 오염원의 조업조건에 영향을 받으며 미래의 대기질 예측을 할 수 있다.
② 수용모델은 수용체에서 오염물질의 특성을 분석한 후 오염원의 기여도를 평가하는 것이다.
③ 분산모델은 특정오염원의 영향을 평가할 수 있는 잠재력을 가지고 있으며, 기상과 관련하여 대기 중의 특성을 적절하게 묘사할 수 있어 정확한 결과를 도출할 수 있다.
④ 분산모델은 특정한 오염원의 배출속도와 바람에 의한 분산요인을 입력자료로 하여 수용체 위치에서의 영향을 계산한다.

[풀이] 분산모델
특정오염원의 영향을 평가할 수 있는 잠재력을 가지고 있으나 기상과 관련하여 대기 중의 무작위적인 특성을 적절하게 묘사할 수 없으므로 결과에 대한 불확실성이 크다.

19 A공장의 현재 유효연돌고가 44m이다. 이 때의 농도에 비해 유효연돌고를 높여 최대지표농도를 1/2로 감소시키고자 한다. 다른 조건이 모두 같다고 가정할 때 Sutton 식에 의한 유효연돌고는?

① 약 62m ② 약 66m
③ 약 71m ④ 약 75m

풀이 $C_{max} \propto \dfrac{1}{H_e^2}$

$C_{max} : \dfrac{1}{44^2} = \dfrac{1}{2} C_{max} : \dfrac{1}{H_e^2}$

$\dfrac{1}{2} \times \dfrac{1}{44^2} C_{max} = C_{max} \times \dfrac{1}{H_e^2}$

$H_e = 62.25 m$

20 다음 특정물질 중 오존 파괴지수가 가장 큰 것은?

① HCFC-261
② HCFC-221
③ CFC-115
④ CCl_4

풀이 특성물질 중 오존층 파괴지수

	특정물질의 종류	화학식	오존 파괴지수
①	HCFC-261	$C_3H_5FCl_2$	0.002-0.02
②	HCFC-221	C_3HFCl_6	0.015-0.07
③	CFC-115	C_2F_5Cl	0.6
④	사염화탄소	CCl_4	1.1

제2과목 대기오염공정시험기준(방법)

21 다음은 원자흡수분광광도법에서 검량선 작성과 정량법에 관한 설명이다. ( ) 안에 가장 적합한 것은?

> ( )은 목적원소에 의한 흡광도 A_S와 표준원소에 의한 흡광도 A_R의 비를 구하고 A_S / A_R 값과 표준물질 농도와의 관계를 그래프에 작성하여 검량선을 만드는 방법이다. 이 방법은 측정치가 흩어져 상쇄하기 쉬우므로 분석값의 재현성이 높아지고 정밀도가 향상된다.

① 내부표준물질법 ② 외부표준물질법
③ 표준첨가법 ④ 검정곡선법

풀이 원자흡수분광광도법의 내부표준물질법에 관한 내용이다.

22 환경대기 내의 옥시던트(오존으로서) 측정방법 중 중성요오드화포타슘법(수동)에 관한 설명으로 옳지 않은 것은?

① 시료를 채취한 후 1시간 이내에 분석할 수 있을 때 사용할 수 있으며 1시간 이내에 측정할 수 없을 때는 알칼리성 요오드화포타슘법을 사용하여야 한다.
② 대기 중에 존재하는 오존과 다른 옥시던트가 pH 6.8의 요오드화포타슘 용액에 흡수되면 옥시던트 농도에 해당하는 요오드가 유리되며 이 유리된 요오드를 파장 217nm에서 흡광도를 측정하여 정량한다.
③ 산화성 가스로는 아황산가스 및 황화수소가 있으며 이들은 부(-)의 영향을 미친다.
④ PAN은 오존의 당량, 몰, 농도의 약 50%의 영향을 미친다.

풀이) 중성요오드화포타슘법(수동)
대기 중에 존재하는 오존과 다른 옥시던트가 pH 6.8의 요오드화포타슘 용액에 흡수되면 옥시던트 농도에 해당하는 요오드가 유리되며 이 유리된 요오드를 파장 352nm에서 흡광도를 측정하여 정량한다.

23 다음 각 장치 중 이온크로마토그래피의 주요 장치 구성과 거리가 먼 것은?

① 용리액조 ② 송액펌프
③ 서프레서 ④ 회전섹터

풀이) 이온크로마토그래피의 구성
용리액조 – 송액펌프 – 시료주입장치 – 분리관 – 서프레서 – 검출기 – 기록계

24 화학분석 일반사항에 관한 설명으로 옳지 않은 것은?

① 표준품을 채취할 때 표준액이 정수로 기재되어 있어도 실험자가 환산하여 기재수치에 "약"자를 붙여 사용할 수 있다.
② "방울수"라 함은 20℃에서 정제수 20 방울을 떨어뜨릴 때 그 부피가 약 1mL 되는 것을 뜻한다.
③ 실온은 1~35℃로 하고, 찬 곳은 따로 규정이 없는 한 0~15℃의 곳을 뜻한다.
④ "밀봉용기"라 함은 물질을 취급 또는 보관하는 동안에 외부로부터의 공기 또는 다른 가스가 침입하지 않도록 내용물을 보호하는 용기를 뜻한다.

풀이) 밀봉용기
물질을 취급 또는 보관하는 동안에 기체 또는 미생물이 침입하지 않도록 내용물을 보호하는 용기를 뜻한다.

25 자외선가시선분광법에 이용되는 램버트비어(Lambert – Beer)의 법칙을 옳게 나타낸 식은?(단, I_o : 입사광 강도, I_t : 투사광 강도, c : 농도, l : 빛의 투사거리, ε : 흡광계수)

① $I_o = I_t \cdot 10^{-\varepsilon cl}$ ② $I_o = I_t \cdot 100^{-\varepsilon cl}$
③ $I_t = I_o \cdot 10^{-\varepsilon cl}$ ④ $I_t = I_o \cdot 100^{-\varepsilon cl}$

풀이) 램버트비어(Lambert – Beer)의 법칙
강도 I_o 되는 단색광속이 그림과 같이 농도 c, 길이 l이 되는 용액층을 통과하면 이 용액에 빛이 흡수되어 입사광의 강도가 감소한다.

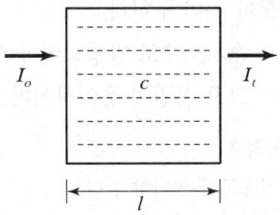

[흡광광도분석방법의 원리도]

$I_t = I_o \cdot 10^{-\varepsilon cl}$

여기서, I_o : 입사광의 강도
I_t : 투사광의 강도
c : 농도
l : 빛의 투사거리
ε : 비례상수로서 흡광계수라 하고, $c = 1\text{mol}$, $l = 10\text{mm}$일 때의 ε의 값을 몰흡광계수라 하며 K로 표시한다.

26 현행 대기오염공정시험기준에서 환경대기 중 탄화수소 측정방법(수소염이온화 검출기법)으로 규정되지 않은 것은?

① 총탄화수소 측정법
② 램프식 탄화수소 측정법
③ 비메탄 탄화수소 측정법
④ 활성 탄화수소 측정법

Answer 23. ④ 24. ④ 25. ③ 26. ②

🅟 환경대기 중의 탄화수소 농도를 측정하기 위한 시험방법
　㉠ 총탄화수소 측정법
　㉡ 비메탄 탄화수소 측정법
　㉢ 활성 탄화수소 측정법

27 환경대기 중의 먼지 측정에 사용되는 저용량 공기 시료채취기 장치 중 흡인펌프가 갖추어야 하는 조건으로 거리가 먼 것은?

① 연속해서 30일 이상 사용할 수 있어야 한다.
② 진공도가 높아야 한다.
③ 맥동이 순차적으로 발생되어야 한다.
④ 유량이 크고 운반이 용이하여야 한다.

🅟 흡인펌프
　㉠ 진공도가 높아야 한다.
　㉡ 유량이 커야 한다.
　㉢ 맥동이 없이 고르게 작동해야 한다.
　㉣ 운반이 용이해야 한다.

28 굴뚝을 통하여 대기 중으로 배출되는 가스상 물질의 시료 채취방법 중 채취부에 관한 기준으로 옳은 것은?

① 수은 마노미터는 대기와 압력차가 50mmHg 이상인 것을 쓴다.
② 펌프보호를 위해 실리콘 재질의 가스건조탑을 쓰며, 건조제는 주로 활성알루미나를 쓴다.
③ 펌프는 배기능력 10~20L/분인 개방형인 것을 쓴다.
④ 가스미터는 일회전 1L의 습식 또는 건식 가스미터로 온도계와 압력계가 붙어 있는 것을 쓴다.

🅟 가스상 물질의 시료 채취부의 관한 기준
　㉠ 수은 마노미터는 대기와 압력 차이가 100mmHg 이상인 것을 쓴다.
　㉡ 펌프 보호를 위해 유리로 만든 가스건조탑을 쓰며, 건조제는 주로 입자상태의 실리카겔, 염화칼슘을 쓴다.
　㉢ 펌프는 배기능력 0.5~5L/분인 밀폐형인 것을 쓴다.

29 굴뚝 배출가스 중 먼지 측정을 위해 수동식 측정법으로 측정하고자 할 때 사용되는 분석기기에 관한 설명으로 거리가 먼 것은?

① 흡입노즐은 안과 밖의 가스 흐름이 흐트러지지 않도록 흡입노즐 안지름(d)은 1mm 이상으로 한다.
② 흡입노즐의 꼭짓점은 30° 이하의 예각이 되도록 하고 매끈한 반구 모양으로 한다.
③ 분석용 저울은 0.1mg까지 정확하게 측정할 수 있는 저울을 사용하여야 하며 측정표준 소급성이 유지된 표준기에 의해 교정되어야 한다.
④ 건조용기는 시료채취 여과지의 수분평형을 유지하기 위한 용기로서 20±5.6℃ 대기 압력에도 적어도 24시간을 건조시킬 수 있어야 한다.

🅟 흡입노즐의 안과 밖의 가스흐름이 흐트러지지 않도록 흡입노즐 안지름(d)은 4mm 이상으로 한다. 흡입노즐의 안지름 d는 정확히 측정하여 0.1mm 단위까지 구하여 둔다.

30 화학분석 일반사항에 관한 설명으로 옳지 않은 것은?

① 10억분율은 pphm로 표시하고 따로 표시가 없는 한 기체일 때는 용량 대 용량(V/V), 액체일 때는 중량 대 중량(W/W)을 표시한 것을 뜻한다.
② 냉수(冷水)는 15℃ 이하, 온수(溫水)는 60~70℃를 말한다.

Answer 27. ③ 28. ④ 29. ① 30. ①

③ 각조의 시험은 따로 규정이 없는 한 상온에서 조작하고 조작 직후 그 결과를 관찰한다.
④ 황산(1 : 2)이라고 표시한 것은 황산 1용량에 물 2용량을 혼합한 것이다.

[풀이] 10억분율은 ppb로 표시하고 따로 표시가 없는 한 기체일 때는 용량 대 용량(V/V), 액체일 때는 중량 대 중량(W/W)을 표시한 것을 뜻한다.

31 굴뚝 배출가스 중 황산화물 측정 시 사용하는 아르세나조 Ⅲ법에서 사용되는 시약이 아닌 것은?

① 과산화수소수
② 아이소프로필알코올
③ 아세트산바륨
④ 수산화소듐

[풀이] ㉠ 아르세나조 Ⅲ법에서 사용되는 시약
  • 과산화수소수
  • 아이소프로필알코올
  • 아르세나조 Ⅲ 지시약
  • 아세트산바륨 용액
  • 황산 용액
  • 아세트산
㉡ 수산화소듐은 황산화물 측정 시 중화적정법에 사용된다.

32 배출가스 중의 비소화합물을 자외선가시선분광법으로 분석할 때 간섭물질에 관한 설명으로 옳지 않은 것은?

① 비소화합물 중 일부 화합물은 휘발성이 있으므로 채취 시료를 전처리하는 동안 비소의 손실 가능성이 있어 마이크로파산분해법으로 전처리하는 것이 좋다.
② 황화수소에 대한 영향은 아세트산납으로 제거할 수 있다.
③ 안티몬은 스티빈(stibine)으로 산화되어 610nm에서 최대 흡수를 나타내는 착화합물을 형성케 함으로써 비소 측정에 간섭을 줄 수 있다.
④ 메틸 비소화합물은 pH 1에서 메틸수소화비소를 생성하여 흡수용액과 착화합물을 형성하고 총 비소 측정에 영향을 줄 수 있다.

[풀이] 안티몬은 스티빈(stibine)으로 환원되어 510nm에서 최대 흡수를 나타내는 착화합물을 형성케 함으로써 비소 측정에 간섭을 줄 수 있다.

33 굴뚝 배출가스 중 황화수소를 아이오딘 적정법으로 분석할 때 적정시약은?

① 황산 용액
② 사이오황산소듐 용액
③ 티오시안산암모늄 용액
④ 수산화소듐 용액

[풀이] 배출가스 중 황화수소(아이오딘 적정법)
시료 중의 황화수소를 아연아민착염 용액에 흡수시킨 다음 염산산성으로 하고, 아이오딘 용액을 가하여 과잉의 아이오딘을 사이오황산소듐 용액으로 적정하여 황화수소를 정량한다.

34 이온크로마토그래피의 설치조건으로 거리가 먼 것은?

① 대형변압기, 고주파 가열 등으로부터 전자유도를 받지 않아야 한다.
② 부식성 가스 및 먼지 발생이 적고 환기가 잘되어야 한다.
③ 실온 10~25℃, 상대습도 30~85% 범위로 급격한 온도변화가 없어야 한다.
④ 공급전원은 기기의 사양에 지정된 전압 전기용량 및 주파수로 전압 변동은 15% 이하여야 한다.

풀이 **이온크로마토그래피의 설치조건**
㉠ 실온 10℃~25℃, 상대습도 30%~85% 범위로 급격한 온도변화가 없어야 한다.
㉡ 진동이 없고 직사광선을 피해야 한다.
㉢ 부식성 가스 및 먼지 발생이 적고 환기가 잘 되어야 한다.
㉣ 대형변압기, 고주파 가열 등으로부터의 전자유도를 받지 않아야 한다.
㉤ 공급전원은 기기의 사양에 지정된 전압 전기용량 및 주파수로 전압 변동은 10% 이하이고 주파수 변동이 없어야 한다.

35 A농황산의 비중은 약 1.84이며, 농도는 약 95%이다. 이것을 몰 농도로 환산하면?

① 35.6mol/L ② 22.4mol/L
③ 17.8mol/L ④ 11.2mol/L

풀이 M(mol/L)농도
= 1.84kg/L × 1mol/98g × 95/100 × 10³g/kg
= 17.84mol/L(N)

36 비분산 적외선 분석계의 측정기기 성능 유지기준으로 거리가 먼 것은?

① 재현성 : 동일 측정조건에서 제로가스와 스팬가스를 번갈아 10회 도입하여 각각의 측정값의 평균으로부터 편차를 구하며 이 편차는 전체 눈금의 ±1% 이내이어야 한다.
② 감도 : 최대눈금범위의 ±1% 이하에 해당하는 농도변화를 검출할 수 있는 것이어야 한다.
③ 유량변화에 대한 안정성 : 측정가스의 유량이 표시한 기준유량에 대하여 ±2% 이내에서 변동하여도 성능에 지장이 있어서는 안 된다.
④ 전압 변동에 대한 안정성 : 전원전압이 설정 전압의 ±10% 이내로 변화하였을 때 지시값 변화는 전체 눈금의 ±1% 이내여야 하고, 주파수가 설정 주파수의 ±2%에서 변동해도 성능에 지장이 있어서는 안 된다.

풀이 **재현성**
동일 측정조건에서 제로가스와 스팬가스를 번갈아 3회 도입하여 각각의 측정값의 평균으로부터 편차를 구한다. 이 편차는 전체 눈금의 ±2% 이내이어야 한다.

37 굴뚝으로 배출되는 온도 150℃, 상압의 배출가스의 피토관으로 측정한 결과 동압이 12mmH₂O였다. 가스 유속(m/sec)은 약 얼마인가? (단, 피토관계수 = 1, 공기밀도 = 1.3kg/m³)

① 9m/sec   ② 11m/sec
③ 13m/sec ④ 17m/sec

풀이 V(m/sec)
$= C\sqrt{\dfrac{2gh}{\gamma}}$
$= 1.0 \times \sqrt{\dfrac{2 \times 9.8\text{m/sec}^2 \times 12\text{mmH}_2\text{O}}{1.3\text{kg/Sm}^3 \times \dfrac{273}{273+150}}}$
$= 16.74\text{m/sec}$

38 굴뚝직경 1.7m인 원형단면 굴뚝에서 배출가스 중 먼지(반자동식 측정)를 측정하기 위한 측정점 수로 적절한 것은?

① 4   ② 8
③ 12 ④ 16

풀이 **원형 연도의 측정점 수**

굴뚝 직경 2R(m)	반경 구분 수	측정점 수
1 미만	1	4
1~2 미만	2	8
2~4 미만	3	12
4~4.5 미만	4	16
4.5 이상	5	20

Answer 35. ③ 36. ① 37. ④ 38. ②

39 A사업장의 굴뚝에서 실측한 SO_2 농도가 600ppm이었다. 이때 표준산소농도는 6%, 실측 산소농도는 8%이었다면 오염물질의 농도는?

① 962.3ppm ② 692.3ppm
③ 520ppm   ④ 425ppm

풀이) $C = C_a \times \dfrac{21 - O_s}{21 - O_a}$

$= 600 \times \dfrac{21 - 6}{21 - 8} = 692.3$ppm

40 원자흡수분광광도법에서 사용되는 용어에 관한 설명으로 옳지 않은 것은?

① 슬롯버너(Slot Burner, Fish Tail Burner) : 가스의 분출구가 세극상으로 된 버너
② 선프로파일(Line Profile) : 불꽃 중에서의 광로를 길게 하고 흡수를 증대시키기 위하여 반사를 이용하여 불꽃 중에 빛을 여러 번 투과시키는 것
③ 공명선(Resonance Line) : 원자가 외부로부터 빛을 흡수했다가 다시 먼저 상태로 돌아갈 때 방사하는 스펙트럼선
④ 역화(Flame Back) : 불꽃의 연소속도가 크고 혼합기체의 분출속도가 작을 때 연소현상이 내부로 옮겨지는 것

풀이) 선프로파일(Line Profile)
파장에 대한 스펙트럼선의 강도를 나타내는 곡선

제3과목 대기오염방지기술

41 프로판(C_3H_8)과 부탄(C_4H_{10})의 용적비가 4 : 1로 혼합된 가스 1Sm³을 연소할 때 발생하는 CO_2양(Sm³)은?(단, 완전연소)

① 2.6 ② 2.8
③ 3.0 ④ 3.2

풀이) $C_3H_8 + 5O_2 \rightarrow 3CO_2 + 4H_2O$: $\dfrac{4}{4+1}$

$C_4H_{10} + 6.5O_2 \rightarrow 4CO_2 + 5H_2O$: $\dfrac{1}{4+1}$

CO_2양 $= \left(3 \times \dfrac{4}{5}\right) + \left(4 \times \dfrac{1}{5}\right) = 3.2$Sm³/Sm³

42 승용차 1대당 1일 평균 50km를 운행하며 1km 운행에 26g의 CO를 방출한다고 하면 승용차 1대가 1일 배출하는 CO의 부피는?(단, 표준상태)

① 1,625L/day ② 1,300L/day
③ 1,180L/day ④ 1,040L/day

풀이) $CO = 26$g/km $\times 50$km/대·day $\times 22.4$L/28g
$= 1,040$L/day·대

43 흡수제의 구비조건과 관련된 설명으로 옳지 않은 것은?

① 흡수제의 손실을 줄이기 위하여 휘발성이 커야 한다.
② 흡수제가 화학적으로 유해가스 성분과 비슷할 때 일반적으로 용해도가 크다.
③ 흡수율을 높이고 범람을 줄이기 위해서는 흡수제의 점도가 낮아야 한다.
④ 빙점은 낮고, 비점은 높아야 한다.

Answer 39. ② 40. ② 41. ④ 42. ④ 43. ①

풀이 흡수액의 구비조건
  ㉠ 용해도가 클 것
  ㉡ 휘발성이 적을 것
  ㉢ 부식성이 없을 것
  ㉣ 점성이 작고 화학적으로 안정되고 독성이 없을 것
  ㉤ 가격이 저렴하고 용매의 화학적 성질과 비슷할 것

44 일산화탄소 $1Sm^3$를 연소시킬 경우 배출된 건연소가스양 중 $(CO_2)_{max}(\%)$는?(단, 완전연소)

① 약 28%   ② 약 35%
③ 약 52%   ④ 약 57%

풀이 $CO + 0.5O_2 \rightarrow CO_2$

$$CO_{2\,max}(\%) = \frac{CO_2 \text{양}}{G_{od}} \times 100$$

$G_{od} = 0.79 A_o + CO_2$
$= \left(0.79 \times \dfrac{0.5}{0.21}\right) + 1$
$= 2.88 Sm^3/Sm^3$
$= \dfrac{1Sm^3/Sm^3}{2.88Sm^3/Sm^3} \times 100$
$= 34.71\%$

45 원심력 집진장치에 관한 설명으로 옳지 않은 것은?

① 처리 가능 입자는 $3\sim100\mu m$이며, 저효율 집진장치 중 집진율이 우수한 편이다.
② 구조가 간단하고 보수관리가 용이한 편이다.
③ 고농도의 함진가스 처리에 적당하다.
④ 점(흡)착성이 있거나 딱딱한 입자가 함유된 배출가스 처리에 적합하다.

풀이 점(흡)착성이 있거나 딱딱한 입자가 함유된 배출가스 처리에 부적합하다.

46 가스겉보기 속도가 $1\sim2m/sec$, 액가스비는 $0.5\sim1.5L/m^3$, 압력손실이 $10\sim50mmH_2O$ 정도인 처리장치는?

① 제트 스크러버   ② 분무탑
③ 벤투리 스크러버   ④ 충전탑

풀이 분무탑(Spray Tower)
  ㉠ 원리 : 다수의 분사노즐을 사용하여 세정액을 미립화시켜 오염가스 중에 분무하는 방식이다.
  ㉡ 가스유속 : $0.2\sim1m/sec$
  ㉢ 액기비 : $2\sim3L/m^3$
  ㉣ 압력손실 : $2(10)\sim20(50)mmH_2O$

47 전기집진장치의 장점과 거리가 먼 것은?

① 집진효율이 높다.
② 압력손실이 낮은 편이다.
③ 전압변동과 같은 조건변동에 적응하기 쉽다.
④ 고온(약 500℃ 정도) 가스처리가 가능하다.

풀이 전기집진장치는 전압변동과 같은 조건변동에 쉽게 적응하기 어렵다.

48 에탄(C_2H_6) 5kg을 연소시켰더니 154,000 kcal의 열이 발생하였다. 탄소 1kg을 연소할 때 30,000kcal 열이 생긴다면, 수소 1kg을 연소시킬 때 발생하는 열량은?

① 28,000kcal   ② 30,000kcal
③ 32,000kcal   ④ 34,000kcal

풀이 C_2H_6 분자량 $= (12\times2)+(1\times6) = 30$
154,000kcal/5kg
$= \left(30,000kcal/kg \times \dfrac{24}{30}\right) + \left(H kcal/kg \times \dfrac{6}{30}\right)$

$H(kcal) = 34,000kcal/kg \times 1kg = 34,000kcal$

49 중량비가 C = 75%, H = 17%, O = 8%인 연료 2kg을 완전연소시키는 데 필요한 이론공기량(Sm^3)은?(단, 표준상태 기준)

① 약 9.7 ② 약 12.5
③ 약 21.9 ④ 약 24.7

풀이) $A_o = \dfrac{O_o}{0.21}$

$O_o = (1.867 \times 0.75) + (5.6 \times 0.17) - (0.7 \times 0.08)$
$= 2.296 Sm^3/kg$

$= \dfrac{2.296 Sm^3/kg}{0.21} \times 2kg = 21.87 Sm^3$

50 직경 21.2cm 원형관으로 34m^3/min의 공기를 이동시킬 때 관내유속은?

① 약 1,248m/min ② 약 963m/min
③ 약 524m/min ④ 약 482m/min

풀이) $Q = A \times V$

$V = \dfrac{Q}{A} = \dfrac{34 m^3/min}{\left(\dfrac{3.14 \times 0.212^2}{4}\right) m^2} = 963.2 m/min$

51 염소가스 제거효율이 80%인 흡수탑 3개를 직렬로 연결했을 때, 유입공기 중 염소가스 농도가 75,000ppm이라면 유출공기 중 염소가스 농도는?

① 500ppm ② 600ppm
③ 1,000ppm ④ 1,200ppm

풀이) 염소가스농도(ppm)
$= 75,000 ppm \times (1 - 0.80)^3 = 600 ppm$

52 점도에 관한 설명으로 옳지 않은 것은?

① 유체이동에 따라 발생하는 일종의 저항이다.
② 단위는 P(poise) 또는 cP를 사용하며, 20℃ 물의 점도는 약 1cP이다.
③ 순물질의 기체나 액체에서 점도는 온도와 압력의 함수이다.
④ 물질 특유의 성질에 해당한다.

풀이) 순물질의 기체나 액체에서 점도는 온도의 영향을 받지만 압력과 습도의 영향은 거의 받지 않는다.

53 A중유보일러의 배출가스를 분석한 결과 부피비가 CO 3%, O_2 7%, N_2 90%일 때, 공기비는 약 얼마인가?

① 1.3 ② 1.65
③ 1.82 ④ 2.19

풀이) 공기비$(m) = \dfrac{N_2}{N_2 - 3.76(O_2 - 0.5 CO)}$

$= \dfrac{90}{90 - 3.76[7 - (0.5 \times 3)]} = 1.3$

54 황 함유량이 5%이고, 비중이 0.95인 중유를 300L/hr로 태울 경우 SO_2의 이론발생량(Sm^3/hr)은 약 얼마인가?(단, 표준상태 기준)

① 8 ② 10
③ 12 ④ 15

풀이) $S + O_2 \rightarrow SO_2$

32kg : 22.4Sm^3
300L/hr $\times$ 0.95kg/L $\times$ 0.05 : $SO_2(Sm^3/hr)$

$SO_2(Sm^3/hr)$
$= \dfrac{300 L/hr \times 0.95 kg/L \times 0.05 \times 22.4 Sm^3}{32 kg}$
$= 9.98 Sm^3/hr$

Answer 49. ③ 50. ② 51. ② 52. ③ 53. ① 54. ②

55 헨리법칙이 적용되는 가스가 물속에 2.0kg-mol/m³로 용해되어 있고 이 가스의 분압은 19 mmHg이다. 이 유해가스의 분압이 48mmHg가 되었다면 이때 물속의 가스농도(kg-mol/m³)는?

① 1.9 ② 2.8
③ 3.6 ④ 5.1

풀이) $P = H \times C$ ($P \propto C$ 관계)
2.0kg-mol/m³ : 19mmHg = C : 48mmHg
C(kg-mol/m³)
$= \dfrac{2.0\text{kg-mol/m}^3 \times 48\text{mmHg}}{19\text{mmHg}}$
$= 5.05$ kg-mol/m³

56 공기 중의 산소를 필요로 하지 않고 분자 내의 산소에 의해서 내부연소하는 물질은?

① LNG ② 알코올
③ 코크스 ④ 니트로글리세린

풀이) 내부연소의 예로 니트로글리세린, 화약, 폭약 등이 있다.

57 연료에 대한 설명으로 거리가 먼 것은?

① 액체연료는 대체로 저장과 운반이 용이한 편이다.
② 기체연료는 연소효율이 높고 검댕이 거의 발생하지 않는다.
③ 고체연료는 연소 시 다량의 과잉 공기를 필요로 한다.
④ 액체연료는 황분이 거의 없는 청정연료이며, 가격이 싼 편이다.

풀이) 액체연료는 황분이 많이 포함되어 있고, 가격이 비싼 편이다.

58 염소가스를 함유하는 배출가스를 45kg의 수산화나트륨이 포함된 수용액으로 처리할 때 제거할 수 있는 염소가스의 최대 양은?

① 약 20kg ② 약 30kg
③ 약 40kg ④ 약 50kg

풀이) $Cl_2 + 2NaOH \rightarrow NaCl + NaOCl + H_2O$
71kg : 2×40kg
Cl_2(kg) : 45kg
Cl_2(kg) $= \dfrac{71\text{kg} \times 45\text{kg}}{2 \times 40\text{kg}} = 39.94$kg

59 연소에 있어서 등가비(ϕ)와 공기비(m)에 관한 설명으로 옳지 않은 것은?

① 공기비가 너무 큰 경우에는 연소실 내의 온도가 저하되고, 배가스에 의한 열손실이 증가한다.
② 등가비(ϕ) < 1인 경우, 연료가 과잉인 경우로 불완전연소가 된다.
③ 공기비가 너무 적을 경우 불완전연소로 연소효율이 저하된다.
④ 가스버너에 비해 수평수동화격자의 공기비가 큰 편이다.

풀이) 등가비(ϕ) < 1인 경우, 공기가 과잉인 경우 완전연소가 기대되며 CO는 최소가 된다.

60 유해가스 처리를 위한 장치 중 흡수장치와 거리가 먼 것은?

① 충전탑 ② 흡착탑
③ 다공판탑 ④ 벤투리 스크러버

풀이) 흡착탑은 유해가스 처리장치 중 흡착장치이다.

Answer: 55.④ 56.④ 57.④ 58.③ 59.② 60.②

제4과목 대기환경관계법규

61 대기환경보전법규상 자동차 운행정지표지에 관한 내용으로 옳지 않은 것은?

① 운행정지기간 중 주차장소도 운행정지표지에 기재되어야 한다.
② 운행정지표지는 자동차의 전면유리 좌측하단에 붙인다.
③ 운행정지표지는 운행정지기간이 지난 후에 담당공무원이 제거하거나 담당공무원의 확인을 받아 제거하여야 한다.
④ 문자는 검정색으로, 바탕색은 노란색으로 한다.

〔풀이〕 운행정지표지는 자동차의 전면유리 우측상단에 붙인다.

62 악취실태 조사기준에 관한 설명 중 ( ) 안에 알맞은 것은?

> 악취방지법규상 특별시장·광역시장 등은 규정에 의한 악취발생실태 조사를 위한 계획을 수립하고, 그 조사주기는 (㉠)으로 하여, 실시한 악취실태조사 결과를 (㉡)까지 환경부장관에게 보고하여야 한다.

① ㉠ 분기당 1회 이상   ㉡ 당해 12월 31일
② ㉠ 분기당 1회 이상   ㉡ 다음 해 1월 15일
③ ㉠ 반기당 1회 이상   ㉡ 당해 12월 31일
④ ㉠ 반기당 1회 이상   ㉡ 다음 해 1월 15일

〔풀이〕 악취방지법규상 특별시장·광역시장 등은 규정에 의한 악취발생실태 조사를 위한 계획을 수립하고, 그 조사주기는 분기당 1회 이상으로 하여, 실시한 악취실태조사 결과를 다음 해 1월 15일까지 환경부장관에게 보고하여야 한다.

63 대기환경보전법규상 운행차의 정밀검사방법·기준 및 검사대상 항목의 일반기준으로 거리가 먼 것은?

① 운행차의 정밀검사방법 및 기준 외의 사항에 대해서는 국토교통부장관이 정하여 고시한다.
② 휘발유와 가스를 같이 사용하는 자동차는 연료를 가스로 전환한 상태에서 배출가스검사를 실시하여야 한다.
③ 특수 용도로 사용하기 위하여 특수장치 또는 엔진 성능 제어장치 등을 부착하여 엔진최고회전수 등을 제한하는 자동차인 경우에는 해당 자동차의 측정 엔진최고회전수를 엔진정격회전수로 수정·적용하여 배출가스검사를 시행할 수 있다.
④ 차대동력계상에서 자동차의 운전은 검사기술인력이 직접 수행하여야 한다.

〔풀이〕 운행차의 정밀검사방법 및 기준 외의 사항에 대해서는 환경부장관이 정하여 고시한다.

64 대기환경보전법령상 황 함유기준을 초과하여 해당 유류의 회수처리명령을 받은 자가 시·도지사에게 이행완료보고서를 제출할 때 구체적으로 밝혀야 하는 사항으로 가장 거리가 먼 것은?

① 유류제조회사가 실험한 황 함유량 검사 성적서
② 해당 유류의 회수처리량, 회수처리방법 및 회수처리기간
③ 해당 유류의 공급기간 또는 사용기간과 공급량 또는 사용량
④ 저황유의 공급 또는 사용을 증명할 수 있는 자료 등에 관한 사항

〔풀이〕 유류의 회수처리명령 또는 사용금지명령을 받은 자는 명령을 받은 날부터 5일 이내에 다음 각 호의 사항을 구체적으로 밝힌 이행완료보고서를 시·도지사에게 제출하여야 한다.

Answer 61. ② 62. ② 63. ① 64. ①

㉠ 해당 유류의 공급기간 또는 사용기간과 공급량 또는 사용량
㉡ 해당 유류의 회수처리량, 회수처리방법 및 회수처리기간
㉢ 저황유의 공급 또는 사용을 증명할 수 있는 자료 등에 관한 사항

65 실내공기질 관리법규상 "공항시설 중 여객터미널"의 PM-10($\mu g/m^3$) 실내공기질 유지기준은?

① 200 이하 ② 150 이하
③ 100 이하 ④ 25 이하

풀이 실내공기질 관리법상 유지기준(2019년 7월부터 적용)

오염물질 항목 다중 이용시설	미세먼지 (PM-10) ($\mu g/m^3$)	미세먼지 (PM-2.5) ($\mu g/m^3$)	이산화 탄소 (ppm)	폼알데 하이드 ($\mu g/m^3$)	총 부유세균 (CFU/m^3)	일산화 탄소 (ppm)
지하역사, 지하도상가, 철도역사의 대합실, 여객자동차터미널의 대합실, 항만시설 중 대합실, 공항시설 중 여객터미널, 도서관·박물관 및 미술관, 대규모점포, 장례식장, 영화상영관, 학원, 전시시설, 인터넷컴퓨터게임시설제공업의 영업시설, 목욕장업의 영업시설	100 이하	50 이하	1,000 이하	100 이하		10 이하
의료기관, 산후조리원, 노인요양시설, 어린이집	75 이하	35 이하		80 이하	800 이하	
실내주차장	200 이하	–		100 이하	–	25 이하
실내 체육시설, 실내 공연장, 업무시설, 둘 이상의 용도에 사용되는 건축물	200 이하	–		–	–	

※ 법규 변경사항이므로 풀이의 내용으로 학습하시기 바랍니다.

66 대기환경보전법령상 대기오염물질발생량에 따른 사업장 종별 분류기준에 관한 사항으로 옳지 않은 것은?

① 대기오염물질발생량의 합계가 연간 100톤 발생하는 사업장은 1종 사업장에 해당한다.
② 대기오염물질발생량의 합계가 연간 80톤 발생하는 사업장은 1종 사업장에 해당한다.
③ 대기오염물질발생량의 합계가 연간 30톤 발생하는 사업장은 3종 사업장에 해당한다.
④ 대기오염물질발생량의 합계가 연간 3톤 발생하는 사업장은 4종 사업장에 해당한다.

풀이 사업장 분류기준

종별	오염물질발생량 구분
1종 사업장	대기오염물질발생량의 합계가 연간 80톤 이상인 사업장
2종 사업장	대기오염물질발생량의 합계가 연간 20톤 이상 80톤 미만인 사업장
3종 사업장	대기오염물질발생량의 합계가 연간 10톤 이상 20톤 미만인 사업장
4종 사업장	대기오염물질발생량의 합계가 연간 2톤 이상 10톤 미만인 사업장
5종 사업장	대기오염물질발생량의 합계가 연간 2톤 미만인 사업장

67 대기환경보전법규상 배출허용기준 초과와 관련한 개선명령을 받은 경우로서 개선계획서에 포함되어야 할 사항과 가장 거리가 먼 것은? (단, 개선하여야 할 사항이 배출시설 또는 방지시설인 경우)

① 배출시설 및 방지시설의 개선명세서 및 설계도
② 오염물질의 처리방식 및 처리효율
③ 공사기간 및 공사비
④ 배출허용기준 초과사유 및 대책

Answer 65. 풀이 확인 66. ③ 67. ④

개선계획서에 포함 또는 첨부되어야 하는 사항
㉠ 배출시설 또는 방지시설의 개선명세서 및 설계도
㉡ 대기오염물질의 처리방식 및 처리효율
㉢ 공사기간 및 공사비
㉣ 다음의 경우에는 이를 증명할 수 있는 서류
• 개선기간 중 배출시설의 가동을 중단하거나 제한하여 대기오염물질의 농도나 배출량이 변경되는 경우
• 개선기간 중 공법 등의 개선으로 대기오염물질의 농도나 배출량이 변경되는 경우

68 대기환경보전법령상 기본부과금의 지역별부과 계수에서 Ⅱ지역에 해당되는 부과계수는?(단, 지역구분은 국토의 계획 및 이용에 관한 법률에 따른 지역을 기준으로 하고, Ⅰ지역은 주거지역, Ⅱ지역은 공업지역, Ⅲ지역은 녹지지역을 대표지역으로 함)

① 2.0　　② 1.5
③ 0.5　　④ 1.0

기본부과금의 지역별 부과계수

구분	지역별 부과계수
Ⅰ지역	1.5
Ⅱ지역	0.5
Ⅲ지역	1.0

69 대기환경보전법규상 시설의 가동시간, 대기오염물질 배출량 등에 관한 사항을 대기오염물질 배출시설 및 방지시설의 운영기록부에 매일 기록하고 최종 기재한 날부터 얼마 동안 보존하여야 하는가?

① 6개월간　　② 1년간
③ 2년간　　④ 3년간

배출시설 및 방지시설의 운영기록부에 매일 기록하고 최종 기재한 날부터 1년간 보존하여야 한다.
㉠ 시설의 가동시간
㉡ 대기오염물질 배출량
㉢ 자가측정에 관한 사항
㉣ 시설관리 및 운영자
㉤ 그 밖에 시설운영에 관한 중요사항

70 대기환경보전법규상 가스를 연료로 사용하는 경자동차의 배출가스 보증기간 적용기준으로 옳은 것은?(단, 2016년 1월 1일 이후 제작자동차)

① 10년 또는 192,000km
② 2년 또는 160,000km
③ 2년 또는 10,000km
④ 6년 또는 100,000km

배출가스 보증기간

가스	경자동차	10년 또는 192,000km
	소형 승용·화물자동차, 중형 승용·화물자동차	15년 또는 240,000km
	대형 승용·화물자동차, 초대형 승용·화물자동차	2년 또는 160,000km

71 다음은 대기환경보전법령상 부과금 조정신청에 관한 사항이다. ( ) 안에 가장 적합한 것은?

부과금납부자는 대통령령으로 정하는 사유에 해당하는 경우에는 부과금의 조정을 신청할 수 있고, 이에 따른 조정신청은 부과금납부통지서를 받은 날부터 (㉠)에 하여야 한다. 시·도지사는 조정신청을 받으면 (㉡)에 그 처리결과를 신청인에게 알려야 한다.

① ㉠ 30일 이내　㉡ 15일 이내
② ㉠ 30일 이내　㉡ 30일 이내
③ ㉠ 60일 이내　㉡ 15일 이내
④ ㉠ 60일 이내　㉡ 30일 이내

Answer 68. ③ 69. ② 70. ① 71. ④

> 부과금납부자는 대통령령으로 정하는 사유에 해당하는 경우에는 부과금의 조정을 신청할 수 있고, 이에 따른 조정신청은 부과금납부통지서를 받은 날부터 60일 이내에 하여야 한다. 시·도지사는 조정신청을 받으면 30일 이내에 그 처리결과를 신청인에게 알려야 한다.

72 대기환경보전법령상 특별대책지역에서 휘발성 유기화합물을 배출하는 시설로서 대통령령으로 정하는 시설은 환경부장관 등에게 신고하여야 하는데, 다음 중 "대통령령으로 정하는 시설"로 가장 거리가 먼 것은?

① 목재가공시설
② 주유소의 저장시설
③ 저유소의 출하시설
④ 세탁시설

> 특별대책지역에서 휘발성 유기화합물을 배출하는 시설로서 대통령령으로 정하는 시설
> ㉠ 석유정제를 위한 제조시설, 저장시설 및 출하시설과 석유화학제품 제조업의 제조시설, 저장시설 및 출하시설
> ㉡ 저유소의 저장시설 및 출하시설
> ㉢ 주유소의 저장시설 및 주유시설
> ㉣ 세탁시설
> ㉤ 그 밖에 휘발성유기화합물을 배출하는 시설로서 환경부장관이 관계 중앙행정기관의 장과 협의하여 고시하는 시설

73 대기환경보전법령상 대기오염경보의 대상지역 경보단계 및 단계별 조치사항 중 "주의보 발령"시 조치사항으로 옳은 것은?

① 주민의 실외활동 및 자동차 사용의 자제 요청 등
② 주민의 실외활동 제한 요청 및 자동차 사용의 제한 요청 등
③ 주민의 실외활동 제한 요청 및 자동차 사용의 제한 명령 등
④ 주민의 실외활동 금지 요청 및 사업장의 조업시간 단축 요청 등

> 경보단계별 조치사항
> ㉠ 주의보 발령
>   주민의 실외활동 및 자동차 사용의 자제 요청 등
> ㉡ 경보 발령
>   주민의 실외활동 제한 요청, 자동차 사용의 제한 및 사업장의 연료사용량 감축 권고 등
> ㉢ 중대경보 발령
>   주민의 실외활동 금지 요청, 자동차의 통행금지 및 사업장의 조업시간 단축명령 등

74 다음은 대기환경보전법규상 첨가제·촉매제 제조기준에 맞는 제품의 표시방법(기준)이다. ( ) 안에 알맞은 것은?

> 기준에 맞게 제조된 제품임을 나타내는 표시를 첨가제 또는 촉매제 용기 앞면의 제품명 밑에 제품명 글자 크기의 ( ) 이상에 해당하는 크기로 표시하여야 한다.

① 100분의 20
② 100분의 30
③ 100분의 50
④ 100분의 70

> 첨가제 또는 촉매제 용기 앞면의 제품명 밑에 제품명 글자 크기의 100분의 30 이상에 해당하는 크기로 표시하여야 한다.

75 실내공기질 관리법규상 실내공기질 권고기준(ppm)으로 옳은 것은?(단, "실내주차장"이며, "이산화질소" 항목)

① 0.03 이하
② 0.05 이하
③ 0.06 이하
④ 0.30 이하

실내공기질 관리법상 권고기준(2019년 7월부터 적용)

오염물질 항목 다중이용시설	이산화질소 (ppm)	라돈 (Bq/m³)	총휘발성 유기화합물 (μg/m³)	곰팡이 (CFU/m³)
지하역사, 지하도상가, 철도역사의 대합실, 여객자동차터미널의 대합실, 항만시설 중 대합실, 공항시설 중 여객터미널, 도서관·박물관 및 미술관, 대규모점포, 장례식장, 영화상영관, 학원, 전시시설, 인터넷컴퓨터게임시설제공업의 영업시설, 목욕장업의 영업시설	0.1 이하	148 이하	500 이하	—
의료기관, 어린이집, 노인요양시설, 산후조리원	0.05 이하		400 이하	500 이하
실내주차장	0.3 이하		1,000 이하	—

※ 법규 변경사항이므로 풀이의 내용으로 학습하시기 바랍니다.

76 대기환경보전법규상 자동차연료형 첨가제의 종류와 가장 거리가 먼 것은?

① 유동성 향상제 ② 다목적 첨가제
③ 청정첨가제   ④ 매연억제제

▶ 자동차연료형 첨가제의 종류
㉠ 세척제   ㉡ 청정분산제
㉢ 매연억제제   ㉣ 다목적 첨가제
㉤ 옥탄가 향상제 ㉥ 세탄가 향상제
㉦ 유동성 향상제 ㉧ 윤활성 향상제

77 대기환경보전법상 대기오염물질 배출사업자에게 배출부과금을 부과할 때 고려해야 하는 사항으로 가장 거리가 먼 것은?(단, 그 밖의 사항 등은 고려하지 않는다.)

① 배출허용기준 초과 여부
② 대기오염물질의 배출량 및 기간
③ 배출되는 대기오염물질의 종류
④ 부과대상업체의 경영현황

▶ 배출부과금 부과 시 고려사항
㉠ 배출허용기준 초과 여부
㉡ 배출되는 오염물질의 종류
㉢ 오염물질의 배출기간
㉣ 오염물질의 배출량
㉤ 자가측정을 하였는지 여부
㉥ 그 밖에 대기환경의 오염 또는 개선과 관련되는 사항으로서 환경부령으로 정하는 사항

78 환경정책기본법령상 대기환경기준으로 옳은 것은?

① SO_2의 연간 평균치 — 0.05ppm 이하
② CO의 8시간 평균치 — 9ppm 이하
③ NO_2의 1시간 평균치 — 0.15ppm 이하
④ PM−10의 24시간 평균치 — 50μg/m³ 이하

▶ ① SO_2의 연간 평균치 — 0.02ppm 이하
③ NO_2의 1시간 평균치 — 0.10ppm 이하
④ PM−10의 24시간 평균치 — 100μg/m³ 이하

79 대기환경보전법규상 규모에 따른 자동차의 분류기준으로 옳지 않은 것은?(단, 2015년 12월 10일 이후)

① 경자동차 : 엔진배기량이 1,000cc 미만
② 소형 승용자동차 : 엔진배기량이 1,000cc 이상이고, 차량 총중량이 3.5톤 미만이며, 승차인원이 8명 이하
③ 이륜자동차 : 차량 총중량이 10톤을 초과하지 않는 것
④ 초대형 화물자동차 : 차량 총중량이 15톤 이상

Answer 76. ③ 77. ④ 78. ② 79. ③

이륜자동차란 자전거로부터 진화한 구조로서 사람 또는 소형의 화물을 운송하기 위한 것으로 차량 총중량이 1천 킬로그램을 초과하지 않는 것을 말한다.

80 실내공기질 관리법규상 규정하고 있는 오염물질에 해당하지 않는 것은?

① 브롬화수소(HBr)
② 미세먼지(PM-10)
③ 폼알데하이드(Formaldehyde)
④ 총부유세균(TAB)

 다중이용시설 등의 실내공기질 관리법규상 실내공간오염물질
- 미세먼지(PM-10)
- 이산화탄소(CO_2)
- 폼알데하이드(HCHO)
- 총부유세균(TAB)
- 일산화탄소(CO)
- 이산화질소(NO_2)
- 라돈(Rn)
- 휘발성 유기화합물(VOCs)
- 석면
- 오존(O_3)
- 미세먼지(PM-2.5)
- 곰팡이
- 벤젠
- 톨루엔
- 에틸벤젠
- 자일렌
- 스티렌

2019년 제1회 대기환경산업기사

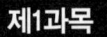 대기오염개론

01
대표적인 증상으로 인체 혈액 헤모글로빈의 기본요소인 포르피린 고리의 형성을 방해함으로써 헤모글로빈의 형성을 억제하므로, 중독에 걸렸을 경우 만성 빈혈이 발생할 수 있는 대기오염물질에 해당하는 것은?

① 납 ② 아연
③ 안티몬 ④ 비소

풀이 납(Pb)의 특성
- ㉠ 대부분의 납화합물은 물에 잘 녹지 않고 융점 327℃, 끓는점 1,620℃이며 무기납과 유기납으로 구분한다.
- ㉡ 소화기로 섭취된 납은 입자의 크기에 따라 다르지만 약 10% 정도만이 소장에서 흡수되고, 나머지는 대변으로 배출된다.
- ㉢ 세포 내에서 SH기와 결합하여 포르피린과 Heme 합성에 관여하는 효소를 포함한 여러 세포의 효소작용을 방해하고 적혈구 내의 전해질이 감소되어 적혈구 생존기간이 짧아지고 심한 경우 용혈성 빈혈이 나타나기도 한다.(인체혈액 헤모글로빈의 기본요소인 포르피린 고리의 형성을 방해함으로써 헤모글로빈의 형성을 억제함)
- ㉣ 헴(Heme) 합성의 장해로 주요증상은 빈혈증이며 혈색소량의 감소, 적혈구의 생존기간 단축, 파괴가 촉진된다. 즉, 헤모글로빈의 형성을 억제한다.

02
아래 그림에서 D상태에 해당되는 연기의 형태는?(단, 점선은 건조단열감률선)

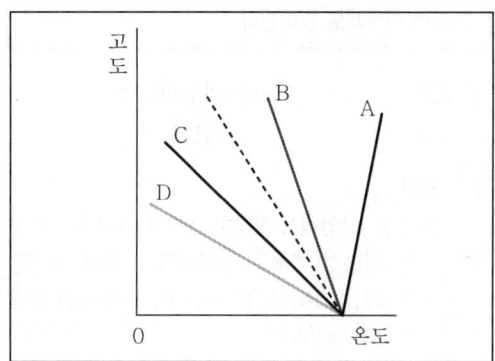

① fumigation ② lofting
③ fanning ④ looping

풀이 Looping(환상형)
- ㉠ 공기의 상층으로 갈수록 기온이 급격히 떨어져서 대기상태가 크게 불안정하게 되며, 연기는 상하 좌우방향으로 크고 불규칙하게 난류를 일으키며 확산되는 연기 형태이다.
- ㉡ 대기가 불안정하여 난류가 심할 때, 즉 풍속이 매우 강하여 혼합이 크게 일어날 때 발생한다.
- ㉢ 오염물질의 연직 확산이 굴뚝 부근의 지표면에서는 국지적, 일시적인 고농도 현상이 발생되기도 한다.(순간농도는 가장 높음)
- ㉣ 지표면이 가열되고 바람이 약한 맑은 날 낮(오후)에 주로 일어난다.
- ㉤ 과단열감률조건(환경감률이 건조단열감률보다 큰 경우)일 때, 즉 대기가 불안정할 때 발생한다.
- ※ D의 대기안정도는 불안정이다.

Answer 01. ① 02. ④

03 다음 설명하는 대기오염물질로 옳은 것은?

- 석유정제, 포르말린 제조 등에서 발생되며, 휘발성이 높은 물질로서 인체에는 급성중독 시 마취증상이 강하고, 두통, 운동실조 등을 일으킬 수 있다.
- 원유에서 콜타르를 분류하고 경유의 부분을 재증류하여 얻어지며, 석유의 접촉분해와 접촉개질에 의해서도 얻어진다.

① 벤젠 ② 이황화탄소
③ 불소 ④ 카드뮴

풀이 벤젠
  ㉠ 상온, 상압에서 향긋한 냄새를 가진 무색투명한 휘발성 액체로 인화성이 강하며 분자량 78.11, 비점(끓는점) 80.1℃, 물에 대한 용해도는 1.8g/L이다.
  ㉡ 석유정제, 포르말린 제조 등에서 발생되며 체내 흡수는 대부분 호흡기를 통해 이루어지며 염료, 합성고무 등의 원료 및 페놀 등의 화학물질 제조에 사용되고 중추신경계에 대한 독성이 크다.
  ㉢ 만성장해로서 조혈장해는 비가역적 골수손상을 유발하고 급성 장해로는 마취증상이 강하고 두통, 운동실조 등을 일으킬 수 있다.

04 원형굴뚝의 반경이 1.5m, 배출속도가 7 m/s, 평균풍속은 3.5m/s일 때, 다음 식을 이용하여 Δh(유효상승고)를 계산하면?

$$\Delta h = 1.5 \left(\frac{V_s}{u} \right) \times D$$

① 18m ② 9m
③ 6m   ④ 4.5m

풀이 $\Delta h = 1.5 \times \left(\dfrac{V_s}{u} \right) \times D$
$= 1.5 \times \dfrac{7\text{m/sec}}{3.5\text{m/sec}} \times (1.5 \times 2)\text{m} = 9\text{m}$

05 다음 대기오염의 역사적 사건에 대한 주 오염물질의 연결로 옳은 것은?

① 보팔시 사건 : SO_2, H_2SO_4 mist
② 포자리카 사건 : H_2S
③ 체르노빌 사건 : PCBs
④ 뮤즈계곡 사건 : methylisocynate

풀이 ① 보팔시 사건 : 메틸이소시아네이트
  ③ 체르노빌 사건 : 방사성 물질
  ④ 뮤즈계곡 사건 : SO_2, H_2SO_4(황산미스트)

06 오존층 보호를 위한 국제협약으로만 연결된 것은?

① 헬싱키 의정서-소피아 의정서-람사르 협약
② 소피아의정서-비엔나 협약-바젤협약
③ 런던회의-비엔나 협약-바젤협약
④ 비엔나 협약-몬트리올 의정서-코펜하겐회의

풀이 오존층 보호를 위한 국제협약
  ㉠ 비엔나 협약   ㉡ 몬트리올 의정서
  ㉢ 런던회의   ㉣ 코펜하겐회의

07 유해가스상 대기오염물질이 식물에 미치는 영향에 관한 설명으로 가장 거리가 먼 것은?

① 고등식물에 대한 피해를 주는 대기오염물질 중에서 독성 성분 순으로 나열하면 $Cl_2 > SO_2 >$ $HF > O_3 > NO_2$ 순이다.
② 아황산가스는 특히 소나무과, 콩과, 맥류 등이 피해를 많이 입는다.
③ 황화수소에 강한 식물로는 복숭아, 딸기, 사과 등이다.
④ 일산화탄소는 식물에는 별로 심각한 영향을 주지 않으나 500ppm 정도에서 토마토 잎에 피해를 나타낸다.

Answer 03. ① 04. ② 05. ② 06. ④ 07. ①

풀이 고등식물에 대한 피해를 주는 대기오염물질
$HF > SO_2 > NO_2 > CO$

08 다음 중 온실효과의 기여도가 가장 높은 것은?

① N_2O ② CFC 11&12
③ CO_2 ④ CH_4

풀이 온실효과에 대한 기여도 순서
$CO_2 > CFC\ 11,\ CFC\ 12 > CH_4 > N_2O$

09 어떤 굴뚝의 배출가스 중 SO_2 농도가 240 ppm이었다. SO_2의 배출허용기준이 $400mg/m^3$ 이하라면 기준 준수를 위하여 이 배출시설에서 줄여야 할 아황산가스의 최소농도는 약 몇 mg/m^3 인가?(단, 표준상태 기준)

① 286 ② 325
③ 452 ④ 571

풀이 농도$(mg/m^3) = 240ppm(mL/m^3) \times \dfrac{64mg}{22.4mL}$
$= 685.71 mg/m^3$
저감 SO_2 농도$(mg/m^3) = 685.71 - 400$
$= 285.71 mg/m^3$

10 Aerodynamic diameter의 정의로 가장 적합한 것은?

① 본래의 먼지보다 침강속도가 작은 구형입자의 직경
② 본래의 먼지와 침강속도가 동일하며, 밀도 1 g/cm^3인 구형입자의 직경
③ 본래의 먼지와 밀도 및 침강속도가 동일한 구형입자의 직경
④ 본래의 먼지보다 침강속도가 큰 구형입자의 직경

풀이 공기역학적 직경(Aero-Dynamic Diameter)
대상 먼지와 침강속도가 같고 단위밀도가 $1g/cm^3$ 이며, 구형인 먼지의 직경으로 환산된 직경이다. (측정하고자 하는 입자상 물질과 동일한 침강속도를 가지며 밀도가 $1g/cm^3$인 구형입자의 직경)

11 일산화탄소에 대한 설명으로 가장 거리가 먼 것은?

① 연료의 불완전연소에 의해 발생한다.
② 인체 내 호흡기관을 통해 들어오며 곧바로 배출되며, 축적성이 없다.
③ 비흡연자보다 흡연자의 체내 일산화탄소 농도가 높다.
④ 헤모글로빈의 일산화탄소에 대한 친화력은 산소보다 더 크다.

풀이 일산화탄소는 인체 내 호흡기관을 통해 들어오며 곧바로 배출되지 않으며 축적성이 있다.

12 대기권의 오존층과 관련된 설명으로 가장 거리가 먼 것은?

① 290nm 이하의 단파장인 UV-C는 대기 중의 산소와 오존분자 등의 가스 성분에 의해 대부분이 흡수되므로 지표면에 거의 도달하지 않는다.
② 오존의 생성 및 분해반응에 의해 자연상태의 성층권 영역에서는 일정한 수준의 오존량이 평형을 이루고, 다른 대기권 영역에 비해 오존 농도가 높은 오존층이 생긴다.
③ 오존농도의 고도분포는 지상 약 25km에서 평균적으로 약 10ppb의 최대농도를 나타낸다.
④ 지구 전체의 평균 오존량은 약 300Dobson 전후이지만, 지리적 또는 계절적으로 평균치의 ±50% 정도까지도 변화한다.

Answer 08. ③ 09. ① 10. ② 11. ② 12. ③

(풀이) 오존농도의 고도분포는 지상 약 20~25km에서 평균적으로 약 10ppm(10,000ppb)의 최대농도를 나타낸다.

13 다음 특정물질 중 오존파괴지수가 가장 큰 것은?

① CF_3Br
② CCl_4
③ CH_2BrCl
④ CH_2FBr

(풀이) 오존파괴지수
① CF_3Br(Halon-1301) : 10.0
② CCl_4 : 1.1
③ CH_2BrCl : 0.12
④ CH_2FBr : 0.73

14 라돈에 관한 설명으로 옳지 않은 것은?

① 지구상에서 발견된 자연 방사능 물질 중의 하나이다.
② 사람이 매우 흡입하기 쉬운 가스성 물질이다.
③ 반감기는 3.8일이며, 라듐의 핵분열 시 생성되는 물질이다.
④ 액화되면 푸른색을 띠며, 공기보다 1.2배 무거워 지표에 가깝게 존재하며, 화학적으로 반응을 나타낸다.

(풀이) 액화되어도 색을 띠지 않는 물질이며, 공기보다 약 9배 무거워 지표에 가깝게 존재하며 화학적으로는 거의 불활성이다.

15 대기 중에 존재하는 기체상의 질소산화물 중 대류권에서는 온실가스로 알려져 있고 일명 웃음기체라고도 하며, 성층권에서는 오존층 파괴물질로 알려져 있는 것은?

① N_2O
② NO_2
③ NO_3
④ N_2O_5

(풀이) N_2O(아산화질소)
㉠ 질소가스와 오존의 반응으로 생성되거나 미생물 활동에 의해 발생하며, 특히 토양에 공급되는 비료의 과잉 사용이 문제가 되고 있다.
㉡ N_2O는 대류권에서는 태양에너지에 대하여 매우 안정한 온실가스로 알려져 있고, 성층권에서는 오존층 파괴물질(오존분해물질)로 알려져 있다.
㉢ 웃음가스라고도 하며 주로 사용하는 용도는 마취제이다.

16 로스앤젤레스형 대기오염의 특성으로 옳지 않은 것은?

① 광화학적 산화물(photochemical oxidants)을 형성하였다.
② 질소산화물과 올레핀계 탄화수소 등이 원인물질로 작용했다.
③ 자동차 연료인 석유계 연료 등이 주원인물질로 작용했다.
④ 초저녁에 주로 발생하였고 복사역전층과 무풍상태가 계속되었다.

(풀이) 로스앤젤레스형은 주간(한낮)에 주로 발생하였고, 침강성 역전층과 풍속 3m/sec 이하가 계속되었다.

17 대기오염물질과 그 영향에 대한 설명 중 가장 거리가 먼 것은?

① CO : 혈액 내 Hb(헤모글로빈)과의 친화력이 산소의 약 21배에 달해 산소운반능력을 저하시킨다.
② NO : 무색의 기체로 혈액 내 Hb과의 결합력이 CO보다 수백 배 더 강하다.
③ O_3 및 기타 광화학적 옥시던트 : DNA, RNA에도 작용하여 유전인자에 변화를 일으킨다.

Answer 13. ① 14. ④ 15. ① 16. ④ 17. ①

④ HC : 올레핀계 탄화수소는 광화학적 스모그에 적극 반응하는 물질이다.

🔍 CO는 혈액 내 Hb(헤모글로빈)과의 친화력이 약 210배에 달해 산소운반능력을 저하시킨다.

18 다음은 어떤 대기오염물질에 대한 설명인가?

- 독특한 풀냄새가 나는 무색(시판용품은 담황녹색)의 기체(액화가스)로 끓는점은 약 8℃이다.
- 건조상태에서는 부식성이 없으나 수분이 존재하면 가수분해되어 금속을 부식시킨다.

① $Pb(C_2H_5)_4$ ② H_2S
③ HCN ④ $COCl_2$

🔍 $COCl_2$(포스겐)
㉠ 분자량이 98.9이며, 독특한 풀냄새가 나는 무색(시판용품은 담황녹색)의 기체(액화가스)로 끓는점은 약 8℃이며 화학반응성, 인화성, 폭발성 및 부식성이 강하다.
㉡ 클로로포름, 사염화탄소 등의 산화 시에도 생성되며 합성수지, 고무, 합성섬유, 도료, 의약품, 용제 등의 원료로 사용된다.
㉢ 포스겐 자체는 자극성이 경미하고, 건조상태에서는 부식성이 없으나, 수분이 존재하면 가수분해되어 염산이 생기므로 금속을 부식시킨다.
㉣ 최루, 흡입에 의한 재채기, 호흡곤란 등의 급성중독 증상을 나타내며 몇 시간 후에 폐수종을 일으켜 사망할 수 있다.

19 지상 20m에서의 풍속이 3.9m/s라면 60m에서의 풍속은?(단, Deacon 법칙 적용, p =0.4)

① 약 4.7m/s ② 약 5.1m/s
③ 약 5.8m/s ④ 약 6.1m/s

🔍 $\dfrac{U_2}{U_1} = \left(\dfrac{Z_2}{Z_1}\right)^p$

$U_2 = 3.9\,\text{m/sec} \times \left(\dfrac{60\text{m}}{20\text{m}}\right)^{0.4} = 6.05\,\text{m/sec}$

20 대류권에서 광화학 대기오염에 영향을 미치는 중요한 태양 빛 흡수 기체의 흡수성에 관한 설명으로 옳지 않은 것은?

① 오존은 200~320nm의 파장에서 강한 흡수가, 450~700nm에서는 약한 흡수가 있다.
② 이산화황은 파장 340nm 이하와 470~550nm에 강한 흡수를 보이며, 대류권에서 쉽게 광분해 된다.
③ 알데히드는 313nm 이하에서 광분해된다.
④ 케톤은 300~700nm에서 약한 흡수를 하여 광분해된다.

🔍 이산화황(SO_2)은 파장 200~290nm에서 강한 흡수가 일어나지만 대류권에서는 광분해하지 않는다.

제2과목 대기오염공정시험기준(방법)

21 다음 중 대기오염공정시험기준에서 아래의 조건에 해당하는 규정농도 이상의 것을 사용해야 하는 시약은?(단, 따로 규정이 없는 상태)

- 농도 : 85% 이상
- 비중 : 약 1.69

① $HClO_4$ ② H_3PO_4
③ HCl ④ HNO_3

🔍 인산(H_3PO_4)
㉠ 규정농도 : 85.0% 이상
㉡ 비중 : 약 1.69

22 굴뚝 배출가스 중 불소화합물 분석방법으로 옳지 않은 것은?

① 자외선/가시선분광법은 시료가스 중에 알루미늄(Ⅲ), 철(Ⅱ), 구리(Ⅱ) 등의 중금속 이온이나 인산이온이 존재하면 방해효과를 나타내므로 적절한 증류방법에 의해 분리한 후 정량한다.
② 자외선/가시선분광법은 증류온도를 145±5℃, 유출속도를 3~5mL/min으로 조절하고, 증류된 용액이 약 220mL가 될 때까지 증류를 계속한다.
③ 적정법은 pH를 조절하고 네오트린을 가한 다음 수산화바륨용액으로 적정한다.
④ 자외선/가시선분광법의 흡수파장은 620nm를 사용한다.

(풀이) 적정법은 pH를 조절하고 네오트린을 가한 다음 질산소듐용액으로 적정한다.

23 다음은 배출가스 중의 페놀류의 기체크로마토그래피 분석방법을 설명한 것이다. ( ) 안에 알맞은 것은?

> 배출가스를 (㉠)에 흡수시켜 이 용액을 산성으로 한 후 (㉡)(으)로 추출한 다음 기체크로마토그래피로 정량하여 페놀류의 농도를 산출한다.

① ㉠ 증류수   ㉡ 과망간산칼륨
② ㉠ 수산화소듐용액   ㉡ 과망간산칼륨
③ ㉠ 증류수   ㉡ 아세트산에틸
④ ㉠ 수산화소듐용액   ㉡ 아세트산에틸

(풀이) 굴뚝배출가스 중 페놀류 분석방법(기체크로마토그래피)

배출가스 중의 페놀류를 측정하는 방법으로서 배출가스를 수산화소듐용액에 흡수시켜 이 용액을 산성으로 한 후 아세트산에틸로 추출한 다음 기체크로마토그래피로 정량하여 페놀류의 농도를 산출한다.

24 램버트 비어(Lambert-Beer)의 법칙에 대한 설명으로 옳지 않은 것은?(단, I_0=입사광의 강도, I_t=투사광의 강도, c=농도, l=빛의 투사거리, ε=흡광계수, t=투과도)

① $I_t = I_0 \cdot 10^{-\varepsilon cl}$로 표현한다.
② $\log(1/t) = A$를 흡광도라 한다.
③ ε는 비례상수로서 흡광계수라 하고, c=1 mmol, l=1mm일 때의 ε의 값을 몰 흡광계수라 한다.
④ $\dfrac{I_t}{I_o} = t$를 투과도라 한다.

(풀이) ε는 비례상수로서 흡광계수라 하고 c=1mol, l=10mm일 때의 ε의 값을 몰흡광계수라 한다.

25 기체크로마토그래피의 충전물에서 고정상 액체의 구비조건에 대한 설명으로 거리가 먼 것은?

① 분석대상 성분을 완전히 분리할 수 있는 것이어야 한다.
② 사용온도에서 증기압이 높은 것이어야 한다.
③ 화학적 성분이 일정한 것이어야 한다.
④ 사용온도에서 점성이 작은 것이어야 한다.

(풀이) 고정상 액체는 사용온도에서 증기압이 낮은 것이어야 한다.

26
휘발성 유기화합물(VOCs) 누출확인방법에서 사용하는 용어 정의 중 "응답시간"은 VOCs가 시료채취장치로 들어가 농도 변화를 일으키기 시작하여 기기 계기판의 최종값이 얼마를 나타내는 데 걸리는 시간을 의미하는가? (단, VOCs 측정기기 및 관련장비는 사양과 성능기준을 만족한다.)

① 80% ② 85%
③ 90% ④ 95%

풀이 휘발성 유기화합물질(VOCs) 누출확인방법 – 응답시간
VOCs가 시료채취장치로 들어가 농도변화를 일으키기 시작하여 기기계기판의 최종값이 90%를 나타내는 데 걸리는 시간이다.

27
화학분석 일반사항에 관한 설명으로 옳지 않은 것은?

① "약"이란 그 무게 또는 부피에 대하여 ±5% 이상의 차가 있어서는 안 된다.
② 표준품을 채취할 때 표준액이 정수로 기재되어 있어도 실험자가 환산하여 기재수치에 "약" 자를 붙여 사용할 수 있다.
③ "방울수"라 함은 20℃에서 정제수 20방울을 떨어뜨릴 때 그 부피가 약 1mL 되는 것을 뜻한다.
④ 시험에 사용하는 표준품은 원칙적으로 특급시약을 사용하며 표준액을 조제하기 위한 표준용 시약은 따로 규정이 없는 한 데시케이터에 보존된 것을 사용한다.

풀이 "약"이란 그 무게 또는 부피에 대하여 ±10% 이상의 차가 있어서는 안 된다.

28
환경대기 중의 탄화수소 농도를 측정하기 위한 주 시험법은?

① 총탄화수소 측정법
② 비메탄 탄화수소 측정법
③ 활성 탄화수소 측정법
④ 비활성 탄화수소 측정법

풀이 환경대기 중 탄화수소 측정방법
㉠ 비메탄 탄화수소 측정법(주 시험법)
㉡ 총탄화수소 측정법
㉢ 활성 탄화수소 측정법

29
다음은 측정용어의 정의이다. ( ) 안에 가장 적합한 용어는?

- (㉠)(은)는 측정결과에 관련하여 측정량을 합리적으로 추정한 값의 산포 특성을 나타내는 인자를 말한다.
- (㉡)(은)는 측정의 결과 또는 측정의 값이 모든 비교의 단계에서 명시된 불확도를 갖는 끊어지지 않는 비교의 사슬을 통하여 보통 국가표준 또는 국제표준에 정해진 기준에 관련시켜질 수 있는 특성을 말한다.
- 시험분석 분야에서 (㉡)의 유지는 교정 및 검정 곡선 작성과정의 표준물질 및 순수물질을 적절히 사용함으로써 달성할 수 있다.

① ㉠ 내수정규분포도 ㉡ (측정의) 유효성
② ㉠ (측정)불확도   ㉡ (측정의) 유효성
③ ㉠ 대수정규분포도 ㉡ (측정의) 소급성
④ ㉠ (측정)불확도   ㉡ (측정의) 소급성

풀이 측정용어
㉠ (측정)불확도(Uncertainty)
측정결과와 관련하여, 측정량을 합리적으로 추정한 값의 산포 특성을 나타내는 인자를 말한다.

Answer 26. ③ 27. ① 28. ② 29. ④

ⓒ (측정의) 소급성(Traceability)
측정의 결과 또는 측정의 값이 모든 비교의 단계에서 명시된 불확도를 갖는 끊어지지 않는 비교의 사슬을 통하여, 보통 국가표준 또는 국제표준에 정해진 기준에 관련될 수 있는 특성을 말한다.
ⓒ 시험분석 분야에서 소급성의 유지는 교정 및 검정곡선 작성과정의 표준물질 및 순수물질을 적절히 사용함으로써 달성할 수 있다.

30 배출가스 중 납화합물을 자외선/가시선분광법으로 분석할 때 사용되는 시약 또는 용액에 해당하지 않는 것은?

① 디티존
② 클로로폼
③ 시안화포타슘 용액
④ 아세틸아세톤

풀이) 굴뚝배출가스 중 납화합물(자외선/가시선 분광법)
납 이온이 시안화포타슘 용액 중에서 디티존과 반응하여 생성되는 납 디티존 착염을 클로로포름으로 추출하고, 과량의 디티존은 시안화포타슘 용액으로 씻어내어, 납착염의 흡광도를 520nm에서 측정하여 정량하는 방법이다.

31 배출가스 중 입자상 물질 시료채취를 위한 분석기기 및 기구에 관한 설명으로 옳지 않은 것은?

① 흡입노즐은 스테인리스강 재질, 경질유리 또는 석영 유리제로 만들어진 것으로 사용한다.
② 흡입노즐의 안과 밖의 가스흐름이 흐트러지지 않도록 흡입노즐 내경(d)은 3mm 이상으로 한다.
③ 흡입관은 수분응축을 방지하기 위해 시료가스 온도를 120±14℃로 유지할 수 있는 가열기를 갖춘 보로실리케이트, 스테인리스강 재질 또는 석영유리관을 사용한다.
④ 흡입노즐의 꼭짓점은 60° 이하의 예각이 되도록 하고 매끈한 반구모양으로 한다.

풀이) 흡입노즐의 꼭짓점은 30° 이하의 예각이 되도록 하고 매끈한 반구모양으로 한다.

32 기체크로마토그래피에서 A, B 성분의 보유시간이 각각 2분, 3분이었으며, 피크폭은 32초, 38초이었다면 이때 분리도(R)는?

① 1.1
② 1.4
③ 1.7
④ 2.2

풀이) 분리도$(R) = \dfrac{2(tR_2 - tR_1)}{W_1 + W_2}$

$= \dfrac{2(3 \times 60 - 2 \times 60)}{32 + 38} = 1.71$

33 자동기록식 광전분광광도계의 파장교정에 사용되는 흡수 스펙트럼은?

① 홀뮴유리
② 석영유리
③ 플라스틱
④ 방전유리

풀이) 자동기록식 광전분광광도계의 파장교정에 사용되는 흡수 스펙트럼은 홀뮴유리이다.

34 환경대기 시료채취방법에 관한 설명으로 옳지 않은 것은?

① 용기채취법은 시료를 일단 일정한 용기에 채취한 다음 분석에 이용하는 방법으로 채취관-용기 또는 채취관-유량조절기-흡입펌프-용기로 구성된다.
② 용기채취법에서 용기는 일반적으로 진공병 또는 공기주머니(air bag)를 사용한다.
③ 용매채취법은 측정대상 기체와 선택적으로 흡수 또는 반응하는 용매에 시료가스를 일정유량으로 통과시켜 채취하는 방법으로 채취관-여

과재-채취부-흡입 펌프-유량계(가스미터)로 구성된다.
④ 직접채취법에서 채취관은 PVC관을 사용하며, 채취관의 길이는 10m 이내로 한다.

[풀이] 환경대기 시료채취방법(직접채취법)
㉠ 채취관은 일반적으로 4불화에틸렌수지(Teflon), 경질유리, 스테인리스강제 등으로 된 것을 사용한다.
㉡ 채취관의 길이는 5m 이내로 되도록 짧은 것이 좋으며, 그 끝은 빗물이나 곤충 기타 이물질이 들어가지 않도록 되어 있는 구조이어야 한다.
㉢ 채취관을 장기간 사용하여 내면이 오염되거나 측정 성분에 영향을 줄 염려가 있을 때는 채취관을 교환하든가 잘 씻어 사용한다.

35 다음은 유류 중의 황 함유량 분석방법 중 연소관식 공기법에 관한 설명이다. ( ) 안에 알맞은 것은?

이 시험기준은 원유, 경유, 중유의 황 함유량을 측정하는 방법을 규정하며 유류 중 황 함유량이 질량분율 0.01% 이상의 경우에 적용한다. (㉠)로 가열한 석영재질 연소관 중에 공기를 불어넣어 시료를 연소시킨다. 생성된 황산화물을 과산화수소 3%에 흡수시켜 황산으로 만든 다음, (㉡) 표준액으로 중화적정하여 황 함유량을 구한다.

① ㉠ 450~550℃ ㉡ 질산칼륨
② ㉠ 450~550℃ ㉡ 수산화소듐
③ ㉠ 950~1,100℃ ㉡ 질산칼륨
④ ㉠ 950~1,100℃ ㉡ 수산화소듐

[풀이] 연료용 유류 중의 황 함유량 분석방법(연소관식 공기법)
㉠ 원유, 경유, 중유의 황 함유량을 측정하는 방법을 규정하며 유류 중 황 함유량이 질량분율 0.01% 이상인 경우에 적용한다.

㉡ 950~1,100℃로 가열한 석영재질 연소관 중에 공기를 불어넣어 시료를 연소시킨다.
㉢ 생성된 황산화물을 과산화수소(3%)에 흡수시켜 황산으로 만든 다음, 수산화소듐 표준액으로 중화적정하여 황 함유량을 구한다.

36 다음은 배출가스 중 황화수소 분석방법에 관한 설명이다. ( ) 안에 알맞은 것은?

시료 중의 황화수소를 (㉠) 용액에 흡수시킨 다음 염산산성으로 하고, (㉡) 용액을 가하여 과잉의 (㉡)(을)를 사이오황산소듐 용액으로 적정하여 황화수소를 정량한다. 이 방법은 시료 중의 황화수소가 (㉢)ppm 함유되어 있는 경우의 분석에 적합하다.

① ㉠ 메틸렌블루 ㉡ 아이오딘
  ㉢ 5~1,000
② ㉠ 아연아민착염 ㉡ 디에틸아민동
  ㉢ 100~2,000
③ ㉠ 메틸렌블루 ㉡ 아이오딘
  ㉢ 100~2,000
④ ㉠ 아연아민착염 ㉡ 디에틸아민동
  ㉢ 5~1,000

[풀이] 배출가스 중 황화수소 분석방법 : 적정법(아이오딘적정법)
㉠ 시료 중의 황화수소를 아연아민착염 용액에 흡수시킨 다음 염산산성으로 하고, 아이오딘 용액을 가하여 과잉의 아이오딘을 사이오황산소듐 용액으로 적정하여 황화수소를 정량한다.
㉡ 시료 중의 황화수소가 100~2,000ppm 함유되어 있는 경우의 분석에 적합하다. 또 황화수소의 농도가 2,000ppm 이상인 것에 대하여는 분석용 시료 용액을 흡수액으로 적당히 희석하여 분석에 사용할 수가 있다.
㉢ 다른 산화성 가스와 환원성 가스에 의하여 방해를 받는다.

37 굴뚝 배출가스 중 질소산화물의 연속자동 측정방법으로 가장 거리가 먼 것은?

① 화학발광법
② 이온전극법
③ 적외선흡수법
④ 자외선흡수법

🖉 굴뚝배출가스 중 질소산화물(연속자동측정방법)
  ㉠ 화학발광법
  ㉡ 적외선흡수법
  ㉢ 자외선흡수법

38 환경대기 중의 아황산가스 측정을 위한 시험방법이 아닌 것은?

① 불꽃광도법
② 용액전도율법
③ 파라로자닐린법
④ 나프틸에틸렌디아민법

🖉 환경대기 중 아황산가스 측정방법(자동연속측정법)
  ㉠ 수동 및 반자동측정법
    • 파라로자닐린법(Pararosaniline Method)(주 시험방법)
    • 산정량 수동법(Acidimetric Method)
    • 산정량 반자동법(Acidimetric Method)
  ㉡ 자동연속측정법
    • 용액 전도율법(Conductivity Method)
    • 불꽃광도법(Flame Photometric Detector Method)
    • 자외선형광법(Pulse U.V. Fluorescence Method)(주 시험방법)
    • 흡광차분광법(Differential Optical Absorption Spectroscopy : DOAS)

39 일반적으로 환경대기 중에 부유하고 있는 총부유먼지와 $10\mu m$ 이하의 입자상 물질을 여과지 위에 채취하여 질량농도를 구하거나 금속 등의 성분분석에 이용되며, 흡입펌프, 분립장치, 여과지홀더 및 유량측정부의 구성을 갖는 분석방법으로 가장 적합한 것은?

① 고용량 공기시료채취기법
② 저용량 공기시료채취기법
③ 광산란법
④ 광투과법

🖉 저용량 공기시료채취법(Low Volume Air Sampler법)
  ㉠ 원리 및 적용범위
    일반적으로 이 방법은 대기 중에 부유하고 있는 $10\mu m$ 이하의 입자상 물질을 저용량 공기시료채취기를 사용하여 여과지 위에 채취하고 질량농도를 구하거나 금속 등의 성분분석에 이용한다.
  ㉡ 장치의 구성
    저용량 공기시료채취기의 기본구성은 흡입펌프, 분립장치, 여과지 홀더 및 유량측정부로 구성된다.

40 굴뚝반경이 3.2m인 원형 굴뚝에서 먼지를 채취하고자 할 때의 측정점 수는?

① 8
② 12
③ 16
④ 20

🖉 원형 연도의 측정점 수

굴뚝 직경 $2R$(m)	반경 구분 수	측정점 수
1 미만	1	4
1~2 미만	2	8
2~4 미만	3	12
4~4.5 미만	4	16
4.5 이상	5	20

Answer 37. ② 38. ④ 39. ② 40. ④

제3과목 대기오염방지기술

41 탄소 85%, 수소 11.5%, 황 2.0%가 들어 있는 중유 1kg당 12Sm³의 공기를 넣어 완전 연소시킨다면, 표준상태에서 습윤 배출가스 중의 SO_2 농도는?(단, 중유 중의 S 성분은 모두 SO_2로 된다.)

① 708ppm ② 808ppm
③ 1,107ppm ④ 1,408ppm

(풀이) SO_2(ppm)

$$= \frac{SO_2}{G_w} \times 10^6 = \frac{0.7 \times S}{G_w} \times 10^6$$

$$G_w = G_{ow} + (m-1)A_o$$

$$G_{ow} = 0.79 A_o + CO_2 + H_2O + SO_2$$

$$A_o = \frac{1}{0.21}[(1.867 \times 0.85)$$
$$+ (5.6 \times 0.115) + (0.7 \times 0.02)]$$
$$= 10.69 Sm^3/kg$$

$$= (0.79 \times 10.69) + (1.867 \times 0.85)$$
$$+ (11.2 \times 0.115) + (0.7 \times 0.02)$$
$$= 11.33 Sm^3/kg$$

$$m = \frac{A}{A_o} = \frac{12 Sm^3/kg}{10.69 Sm^3/kg} = 1.122$$

$$= 11.33 + [(1.122 - 1) \times 10.69]$$
$$= 12.63 Sm^3/kg$$

$$= \frac{(0.7 \times 0.02) Sm^3/kg}{12.63 Sm^3/kg} \times 10^6 = 1,108.47 ppm$$

42 다음 집진장치 중 관성충돌, 확산, 증습, 응집, 부착성 등이 주 포집원리인 것은?

① 원심력 집진장치
② 세정집진장치
③ 여과집진장치
④ 중력집진장치

(풀이) 세정집진장치의 집진(포집)원리
㉠ 액적에 입자가 충돌하여 부착한다.
㉡ 배기가스 증습에 의하여 입자가 서로 응집한다.(증습하면 입자의 응집이 높아짐)
㉢ 미립자 확산에 의하여 액적과의 접촉을 쉽게 한다.
㉣ 액막과 기포에 입자가 충돌하여 부착된다.
㉤ 입자를 핵으로 한 증기의 응결에 따라 응집성을 촉진시킨다.

43 전기집진장치의 유지관리에 관한 설명으로 가장 거리가 먼 것은?

① 시동 시에는 배출가스를 도입하기 최소 1시간 전에 애관용 히터를 가열하여 애자관 표면에 수분이나 먼지의 부착을 방지한다.
② 시동 시에는 고전압회로의 절연저항이 100MΩ 이상이 되어야 한다.
③ 운전 시 2차 전류가 매우 적을 때에는 먼지농도가 높거나 먼지의 겉보기 저항이 이상적으로 높을 경우이므로 조습용 스프레이의 수량을 늘려 겉보기 저항을 낮추어야 한다.
④ 정지 시에는 접지저항을 적어도 연 1회 이상 점검하고 10Ω 이하로 유지한다.

(풀이) 시동 시에는 배출가스를 도입하기 최소 6시간 전에 애관용 히터를 가열하여 애자관 표면에 수분이나 먼지의 부착을 방지한다.

44 관성력 집진장치의 일반적인 효율 향상조건에 관한 설명으로 옳지 않은 것은?

① 기류의 방향전환 시 곡률반경이 작을수록 미립자의 포집이 가능하다.
② 기류의 방향전환 각도가 작고, 방향전환 횟수가 많을수록 압력손실은 커지지만 집진은 잘 된다.

Answer 41. ③ 42. ② 43. ① 44. ③

③ 충돌 직전의 처리가스의 속도는 작고, 처리 후 출구 가스속도는 클수록 미립자의 제거가 쉽다.
④ 적당한 모양과 크기의 dust box가 필요하다.

풀이 충돌 직전의 처리가스속도가 크고, 처리 후 출구가스속도는 느릴수록 미립자의 제거가 쉬우며 집진효율이 높아진다.

45 다음 중 일반적으로 착화온도가 가장 높은 것은?

① 메탄
② 수소
③ 목탄
④ 중유

풀이 연료의 착화온도
㉠ 고체연료
  • 코크스 : 500~600℃
  • 무연탄 : 370~500℃
  • 목탄 : 320~400℃
  • 역청탄 : 250~400℃
  • 갈탄 : 250~350℃, 갈탄(건조) : 250~400℃
㉡ 액체연료
  • 경유 : 592℃
  • B중유 : 530~580℃
  • A중유 : 530℃
  • 휘발유 : 500~550℃
  • 등유 : 400~500℃
㉢ 기체연료
  • 도시가스 : 600~650℃
  • 코크스 : 560℃
  • 수소가스 : 550℃
  • 프로판가스 : 493℃
  • LPG(석유가스) : 440~480℃
  • 천연가스(주 : 메탄) : 650~750℃
  • 발생로가스 : 700~800℃

46 메탄의 치환 염소화 반응에서 C_2Cl_4를 만들 경우 메탄 1kg당 부생되는 HCl의 이론량은? (단, 표준상태 기준)

① $4.2Sm^3$
② $5.6Sm^3$
③ $6.4Sm^3$
④ $7.8Sm^3$

풀이 $2CH_4 + 6Cl_2 \rightarrow C_2Cl_4 + 8HCl$
$2 \times 16kg : 8 \times 22.4Sm^3$
$1kg : HCl(Sm^3)$

$HCl(Sm^3) = \dfrac{1kg \times (8 \times 22.4)Sm^3}{2 \times 16kg} = 5.6Sm^3$

47 유압분무식 버너에 관한 설명으로 옳지 않은 것은?

① 구조가 간단하여 유지 및 보수가 용이하다.
② 유량조절범위가 좁아 부하변동에 적응하기 어렵다.
③ 연료분사범위는 15~2,000kL/hr 정도이다.
④ 분무각도가 40~90° 정도로 크다.

풀이 유압분무식 버너의 연료분사범위는 30~3,000 L/hr(또는 15~2,000L/hr)이다.

48 A굴뚝 배출가스 중 염소가스의 농도가 150 mL/Sm^3이다. 이 염소가스의 농도를 25mg/Sm^3로 저하시키기 위하여 제거해야 할 양(mL/Sm^3)은 약 얼마인가?

① 95
② 111
③ 125
④ 142

풀이 제거해야 할 양
= 처음농도 - 나중농도

나중농도 $= 25mg/Sm^3 \times \dfrac{22.4mL}{71mg}$
$= 7.89mL/Sm^3$
$= 150 - 7.89 = 142.11mL/Sm^3$

49 어떤 유해가스와 물이 일정 온도에서 평형상태에 있다. 유해가스의 분압이 기상에서 60mmHg일 때 수중 유해가스의 농도가 2.7kmol/m³이면 이때 헨리상수(atm·m³/kmol)는?(단, 전압은 1atm이다.)

① 0.01
② 0.02
③ 0.03
④ 0.04

풀이 $P = H \cdot C$

$$H = \frac{P}{C} = \frac{60\text{mmHg} \times \frac{1\text{atm}}{760\text{mmHg}}}{2.7\text{kmol/m}^3}$$
$$= 0.03 \text{atm} \cdot \text{m}^3/\text{kmol}$$

50 유량 40,715m³/h의 공기를 원형 흡수탑을 거쳐 정화하려고 한다. 흡수탑의 접근유속을 2.5m/s로 유지하려면 소요되는 흡수탑의 지름(m)은?

① 약 2.8
② 약 2.4
③ 약 1.7
④ 약 1.2

풀이 $Q = A \times V$

$$A = \frac{Q}{V} = \frac{40,715\text{m}^3/\text{hr} \times \text{hr}/3,600\text{sec}}{2.5\text{m/sec}}$$
$$= 4.52\text{m}^2$$
$$A = \frac{3.14 \times D^2}{4}$$
$$D = \sqrt{\frac{4.52\text{m}^2 \times 4}{3.14}} = 2.4\text{m}$$

51 초기에 98%의 집진율로 운전되고 있던 집진장치가 성능의 저하로 집진율이 96%로 떨어졌다. 집진장치의 입구의 함진농도는 일정하다고 할 때 출구의 함진농도는 초기에 비해 어떻게 변화하겠는가?

① 1/4로 감소한다.
② 1/2로 감소한다.
③ 2배로 증가한다.
④ 4배로 증가한다.

풀이 초기통과량 = 100 − 98 = 2%
나중통과량 = 100 − 96 = 4%
배출농도비 = 나중통과량/초기통과량 = 4/2
= 2배(초기의 2배 배출농도 증가)

52 먼지농도가 10g/Sm³인 매연을 집진율 80%인 집진장치로 1차 처리하고 다시 2차 집진장치로 처리한 결과 배출가스 중 먼지 농도가 0.2g/Sm³이 되었다. 이때 2차 집진장치의 집진율은?(단, 직렬 기준)

① 70%
② 80%
③ 85%
④ 90%

풀이 $\eta_T = \eta_1 + \eta_2(1-\eta_1)$

$$\eta_T = \left(1 - \frac{C_o}{C_i}\right) \times 100 = \left(1 - \frac{0.2\text{g/Sm}^3}{10\text{g/Sm}^3}\right) \times 100$$
$$= 98\%$$
$$0.98 = 0.8 + \eta_2(1-0.8)$$
$$\eta_2 = 0.90 \times 100 = 90\%$$

53 다음 집진장치 중 일반적으로 압력손실이 가장 큰 것은?

① 여과집진장치
② 원심력집진장치
③ 전기집진장치
④ 벤투리 스크러버

풀이 벤투리 스크러버의 압력손실이 300~800mmH₂O로 가장 크다.

54 중력집진장치의 효율을 향상시키기 위한 조건에 관한 설명으로 거리가 먼 것은?

① 침강실 내의 처리가스의 속도가 작을수록 미립자가 포집된다.
② 침강실 내의 배기가스의 기류는 균일해야 한다.
③ 침강실의 높이는 작고 길이는 길수록 집진율이 높아진다.
④ 유입부의 유속이 클수록 처리효율이 높다.

(풀이) 유입부의 유속이 낮을수록 처리효율이 높다.

55 Butane $1Sm^3$을 공기비 1.05로 완전연소 시면 연소가스(건조) 부피는 얼마인가?

① $10Sm^3$ ② $20Sm^3$
③ $30Sm^3$ ④ $40Sm^3$

(풀이) $C_4H_{10} + 6.5O_2 \rightarrow 4CO_2 + 5H_2O$
$G_d = (m - 0.21)A_o + CO_2$
$A_o = \dfrac{6.5}{0.21} = 30.95 Sm^3/Sm^3$
$= [(1.05 - 0.21) \times 30.95] + 4$
$= 30.0 Sm^3/Sm^3 \times 1Sm^3 = 30.0Sm^3$

56 유해가스 제거를 위한 흡수제의 구비조건으로 옳지 않은 것은?

① 용해도가 크고, 무독성이어야 한다.
② 액가스비가 작으며, 점성은 커야 한다.
③ 착화성이 없으며, 비점은 높아야 한다.
④ 휘발성이 적어야 한다.

(풀이) 흡수제는 액가스비가 크며, 점성은 작아야 한다.

57 세정 집진장치에 관한 설명으로 옳지 않은 것은?

① 고온다습한 가스나 연소성 및 폭발성 가스의 처리가 가능하다.
② 점착성 및 조해성 먼지의 처리가 가능하다.
③ 소수성 입자의 집진율은 낮다.
④ 입자상물질과 가스의 동시 제거는 불가능하나, 타 집진장치와 비교 시 장기운전이나 휴식 후의 운전재개 시 장애는 거의 없다.

(풀이) 입자상물질과 가스의 동시 제거가 가능하나 타 집진장치와 비교 시 장기운전이나 휴식 후의 운전재개 시 장애가 발생될 수 있다.

58 송풍관(duct)에서 흄(fume) 및 매우 가벼운 건조 먼지(예 : 나무 등의 미세한 먼지와 산화아연, 산화알루미늄 등의 흄)의 반송속도로 가장 적합한 것은?

① 1~2m/s ② 10m/s
③ 25m/s   ④ 50m/s

(풀이) 반송속도

유해물질	예	반송속도 (m/sec)
가스, 증기, 흄 및 매우 가벼운 물질	각종 가스, 증기, 산화아연 및 산화알루미늄 등의 흄, 목재분진, 고무분, 합성수지분	10
가벼운 건조 먼지	원면, 곡물분, 고무, 플라스틱, 경금속 분진	15
일반 공업 분진	털, 나무부스러기, 대패부스러기, 샌드블라스트, 그라인더 분진, 내화벽돌분진	20
무거운 분진	납분진, 주조 및 모래털기 작업 시 먼지, 선반작업 시 먼지	25
무겁고 비교적 큰 입자의 젖은 먼지	젖은 납 분진, 젖은 주조작업 발생 먼지	25 이상

59 Propane 432kg을 기화시킨다면 표준상태에서 기체의 용적은?

① 560Sm³ ② 540Sm³
③ 280Sm³ ④ 220Sm³

풀이 용적(Sm³) = $432kg \times \dfrac{22.4Sm^3}{44kg} = 219.93 Sm^3$

60 먼지의 진비중(S)과 겉보기 비중(S_B)이 다음과 같을 때 다음 중 재비산 현상을 유발할 가능성이 가장 큰 것은?

구분	먼지의 배출원	진비중(S)	겉보기 비중(S_B)
㉠	미분탄보일러	2.10	0.52
㉡	시멘트킬른	3.00	0.60
㉢	산소제강로	4.74	0.65
㉣	황동용 전기로	5.40	0.36

① ㉠ ② ㉡
③ ㉢ ④ ㉣

풀이 재비산 비율

㉠ 미분탄보일러 = $\dfrac{2.10}{0.52} = 4.04$

㉡ 시멘트킬른 = $\dfrac{3.00}{0.60} = 5.0$

㉢ 산소제강로 = $\dfrac{4.75}{0.65} = 7.31$

㉣ 황동용 전기로 = $\dfrac{5.40}{0.36} = 15$

재비산 현상을 유발할 가능성이 가장 큰 것은 황동용 전기로이다.

제4과목 대기환경관계법규

61 대기환경보전법령상 초과부과금 대상이 되는 대기오염물질에 해당되지 않는 것은?

① 일산화탄소 ② 암모니아
③ 먼지 ④ 염화수소

풀이 초과부과금 산정기준

오염물질		오염물질 1킬로그램당 부과금액
황산화물		500
먼지		770
질소산화물		2,130
암모니아		1,400
황화수소		6,000
이황화탄소		1,600
특정유해물질	불소화물	2,300
	염화수소	7,400
	시안화수소	7,300

※ 법규 변경사항이므로 풀이의 내용으로 학습하시기 바랍니다.

62 대기환경보전법령상 인증을 생략할 수 있는 자동차에 해당하지 않는 것은?

① 항공기 지상 조업용 자동차
② 주한 외국 군인의 가족이 사용하기 위하여 반입하는 자동차
③ 훈련용 자동차로서 문화체육관광부장관의 확인을 받은 자동차
④ 주한 외국 군대의 구성원이 공용 목적으로 사용하기 위한 자동차

풀이 인증을 생략할 수 있는 자동차

㉠ 국가대표선수용 자동차 또는 훈련용 자동차로서 문화체육관광부장관의 확인을 받은 자동차
㉡ 외국에서 국내의 공공기관 또는 비영리단체에 무상으로 기증한 자동차

ⓒ 외교관 또는 주한 외국 군인의 가족이 사용하기 위하여 반입하는 자동차
ⓔ 항공기 지상 조업용 자동차
ⓜ 인증을 받지 아니한 자가 그 인증을 받은 자동차의 원동기를 구입하여 제작하는 자동차
ⓗ 국제협약 등에 따라 인증을 생략할 수 있는 자동차
ⓢ 그 밖에 환경부장관이 인증을 생략할 필요가 있다고 인정하는 자동차

63 대기환경보전법령상 사업장별 환경기술인의 자격기준으로 거리가 먼 것은?

① 전체배출시설에 대하여 방지시설 설치면제를 받은 사업장은 5종사업장에 해당하는 기술인을 둘 수 있다.
② 4종사업장에서 환경부령에 따른 특정대기유해물질이 포함된 오염물질을 배출하는 경우에는 3종사업장에 해당하는 기술인을 두어야 한다.
③ 공동방지시설에서 각 사업장의 대기오염물질 발생량의 합계가 4종 및 5종 사업장의 규모에 해당하는 경우에는 4종 사업장에 해당되는 기술인을 둘 수 있다.
④ 대기오염물질배출시설 중 일반 보일러만 설치한 사업장과 대기오염물질 중 먼지만 발생하는 사업장은 5종사업장에 해당하는 기술인을 둘 수 있다.

풀이) 공동방지시설에서 각 사업장의 대기오염물질 발생량의 합계가 4종 사업장과 5종 사업장의 규모에 해당하는 경우에는 3종 사업장에 해당하는 기술인을 두어야 한다.

64 환경정책기본법령상 납(Pb)의 대기환경기준($\mu g/m^3$)으로 옳은 것은? (단, 연간 평균치)

① 0.5 이하
② 5 이하
③ 50 이하
④ 100 이하

풀이) 납(Pb)의 대기환경기준
연간 평균치 : $0.5\mu g/m^3$ 이하

65 악취방지법규상 배출허용기준 및 엄격한 배출허용기준의 설정범위와 관련한 다음 설명 중 옳지 않은 것은?

① 배출허용기준의 측정은 복합악취를 측정하는 것을 원칙으로 하지만 사업자의 악취물질 배출 여부를 확인할 필요가 있는 경우에는 지정악취물질을 측정할 수 있다.
② 복합악취의 시료 채취는 사업장 안에 지면으로부터 높이 5m 이상의 일정한 악취배출구와 다른 악취발생원이 섞여 있는 경우에는 부지경계선 및 배출구에서 각각 채취한다.
③ "배출구"라 함은 악취를 송풍기 등 기계장치등을 통하여 강제로 배출하는 통로(자연환기가 되는 창문·통기관 등을 제외한다)를 말한다.
④ 부지경계선에서 복합악취의 공업지역에서의 배출허용기준(희석배수)은 1,000 이하이다.

풀이) 복합악취 배출허용기준 및 엄격한 배출허용기준

구분	배출허용기준 (희석배수)		엄격한 배출허용기준의 범위(희석배수)	
	공업지역	기타지역	공업지역	기타지역
배출구	1,000 이하	500 이하	500~1,000	300~500
부지 경계선	20 이하	15 이하	15~20	10~15

66 대기환경보전법령상 대기오염물질발생량의 합계에 따른 사업장 종별 구분 시 다음 중 "3종 사업장" 기준은?

① 대기오염물질발생량의 합계가 연간 20톤 이상 80톤 미만인 사업장
② 대기오염물질발생량의 합계가 연간 20톤 이상 50톤 미만인 사업장
③ 대기오염물질발생량의 합계가 연간 10톤 이상 20톤 미만인 사업장
④ 대기오염물질발생량의 합계가 연간 2톤 이상 10톤 미만인 사업장

🔑 사업장 분류기준

종별	오염물질발생량 구분
1종 사업장	대기오염물질발생량의 합계가 연간 80톤 이상인 사업장
2종 사업장	대기오염물질발생량의 합계가 연간 20톤 이상 80톤 미만인 사업장
3종 사업장	대기오염물질발생량의 합계가 연간 10톤 이상 20톤 미만인 사업장
4종 사업장	대기오염물질발생량의 합계가 연간 2톤 이상 10톤 미만인 사업장
5종 사업장	대기오염물질발생량의 합계가 연간 2톤 미만인 사업장

67 대기환경보전법규상 자동차연료(휘발유) 제조기준으로 옳지 않은 것은?

항목	구분	제조기준
㉠	벤젠 함량(부피%)	0.7 이하
㉡	납 함량(g/L)	0.013 이하
㉢	인 함량(g/L)	0.058 이하
㉣	황 함량(ppm)	10 이하

① ㉠ ② ㉡
③ ㉢ ④ ㉣

🔑 자동차연료 제조기준(휘발유)

항목	제조기준
방향족화합물 함량(부피%)	24(21) 이하
벤젠 함량(부피%)	0.7 이하
납 함량(g/L)	0.013 이하
인 함량(g/L)	0.0013 이하
산소 함량(무게%)	2.3 이하
올레핀 함량(부피%)	16(19) 이하
황 함량(ppm)	10 이하
증기압(kPa, 37.8℃)	60 이하
90% 유출온도(℃)	170 이하

68 악취방지법규상 악취검사기관의 검사시설·장비 및 기술인력 기준에서 대기환경기사를 대체할 수 있는 인력요건으로 거리가 먼 것은?

① 「고등교육법」에 따른 대학에서 대기환경분야를 전공하여 석사 이상의 학위를 취득한 자
② 국·공립연구기관의 연구직공무원으로서 대기환경연구분야에 1년 이상 근무한 자
③ 대기환경산업기사를 취득한 후 악취검사기관에서 악취분석요원으로 3년 이상 근무한 자
④ 「고등교육법」에 의한 대학에서 대기환경분야를 전공하여 학사학위를 취득한 자로서 같은 분야에서 3년 이상 근무한 자

🔑 대기환경산업기사를 취득한 후 악취검사기관에서 악취분석요원으로 5년 이상 근무한 사람

69 다음은 대기환경보전법규상 비산먼지의 발생을 억제하기 위한 시설의 설치 및 필요한 조치에 관한 엄격한 기준 중 "싣기와 내리기" 작업공정이다. ( ) 안에 알맞은 것은?

- 최대한 밀폐된 저장 또는 보관시설 내에서만 분체상물질을 싣거나 내릴 것
- 싣거나 내리는 장소 주위에 고정식 또는 이동식 물뿌림시설(물뿌림 반경 (㉠) 이상, 수압 (㉡) 이상)을 설치할 것

① ㉠ 5m, ㉡ 3.5kg/cm²
② ㉠ 5m, ㉡ 5kg/cm²
③ ㉠ 7m, ㉡ 3.5kg/cm²
④ ㉠ 7m, ㉡ 5kg/cm²

[풀이] 비산먼지발생억제조치(엄격한 기준) : 싣기와 내리기
㉠ 최대한 밀폐된 저장 또는 보관시설 내에서만 분체상물질을 싣거나 내릴 것
㉡ 싣거나 내리는 장소 주위에 고정식 또는 이동식 물뿌림시설(물뿌림 반경 7m 이상, 수압 5kg/cm² 이상)을 설치할 것

70 대기환경보전법상 장거리이동대기오염물질 대책위원회에 관한 사항으로 옳지 않은 것은?

① 위원회는 위원장 1명을 포함한 25명 이내의 위원으로 성별을 고려하여 구성한다.
② 위원회와 실무위원회 및 장거리이동대기오염물질 연구단의 구성 및 운영 등에 관하여 필요한 사항은 환경부령으로 정한다.
③ 위원장은 환경부차관으로 한다.
④ 위원회의 효율적인 운영과 안건의 원활한 심의 지원을 위해 실무위원회를 둔다.

[풀이] 위원회와 실무위원회 및 장거리이동대기오염물질 연구단의 구성 및 운영 등에 관하여 필요한 사항은 대통령령으로 정한다.

71 대기환경보전법규상 환경기술인의 준수 사항 및 관리사항을 이행하지 아니한 경우 각 위반차수별 행정처분기준(1차~4차)으로 옳은 것은?

① 선임명령 – 경고 – 경고 – 조업정지 5일
② 선임명령 – 경고 – 조업정지 5일 – 조업정지 30일
③ 변경명령 – 경고 – 조업정지 5일 – 조업정지 30일
④ 경고 – 경고 – 경고 – 조업정지 5일

[풀이] 행정처분기준
1차(경고) → 2차(경고) → 3차(경고) → 4차(조업정지 5일)

72 다음은 실내공기질 관리법령상 이 법의 적용대상이 되는 "대통령령으로 정하는 규모" 기준이다. ( ) 안에 가장 알맞은 것은?

의료법에 의한 연면적 (㉠) 이상이거나 병상수 (㉡) 이상인 의료기관

① ㉠ 2천 제곱미터 ㉡ 100개
② ㉠ 1천 제곱미터 ㉡ 100개
③ ㉠ 2천 제곱미터 ㉡ 50개
④ ㉠ 1천 제곱미터 ㉡ 50개

[풀이] 의료법에 의한 연면적 2천 제곱미터 이상이거나 병상 수 100 이상인 의료기관은 실내공기질 관리법상 적용대상이다.

73 환경정책기본법령상 각 항목에 대한 대기환경기준으로 옳은 것은?

① 아황산가스의 연간 평균치 : 0.03ppm 이하
② 아황산가스의 1시간 평균치 : 0.15ppm 이하
③ 미세먼지(PM-10)의 연간 평균치 : 100μg/m³ 이하
④ 오존(O_3)의 8시간 평균치 : 0.1ppm 이하

Answer 69. ④ 70. ② 71. ④ 72. ① 73. ②

풀이
① 아황산가스의 연간평균치 : 0.02ppm 이하
③ 미세먼지(PM-10)의 연간평균치 : 50μg/m³ 이하
④ 오존(O₃)의 8시간 평균치 : 0.06ppm 이하

74 악취방지법규상 위임업무 보고사항 중 악취검사기관의 지정, 지정사항 변경보고 접수 실적의 보고횟수 기준은?

① 수시 ② 연 1회
③ 연 2회 ④ 연 4회

풀이 위임업무의 보고사항
　㉠ 업무내용 : 악취검사기관의 지정, 지정사항 변경보고 접수실적
　㉡ 보고횟수 : 연 1회
　㉢ 보고기일 : 다음 해 1월 15일까지
　㉣ 보고자 : 국립환경과학원장

75 대기환경보전법규상 특정대기유해물질이 아닌 것은?

① 히드라진
② 크롬 및 그 화합물
③ 카드뮴 및 그 화합물
④ 브롬 및 그 화합물

풀이 브롬 및 그 화합물은 특정대기유해물질이 아니다.

76 대기환경보전법규상 휘발성 유기화합물 배출규제와 관련된 행정처분기준 중 휘발성 유기화합물 배출억제·방지시설 설치 등의 조치를 이행하였으나 기준에 미달하는 경우 위반차수(1차-2차-3차)별 행정처분기준으로 옳은 것은?

① 개선명령-개선명령-조업정지 10일
② 개선명령-조업정지 30일-폐쇄
③ 조업정지 10일-허가취소-폐쇄
④ 경고-개선명령-조업정지 10일

풀이 행정처분기준
1차(개선명령) → 2차(개선명령) → 3차(조업정지 10일)

77 실내공기질 관리법규상 신축 공동주택의 실내공기질 권고기준으로 틀린 것은?

① 벤젠 : 30μg/m³ 이하
② 톨루엔 : 1,000μg/m³ 이하
③ 자일렌 : 700μg/m³ 이하
④ 에틸벤젠 : 300μg/m³ 이하

풀이 신축공동주택의 실내공기질 권고기준(2019년 7월부터 적용)
　㉠ 폼알데하이드 : 210μg/m³ 이하
　㉡ 벤젠 : 30μg/m³ 이하
　㉢ 톨루엔 : 1,000μg/m³ 이하
　㉣ 에틸벤젠 : 360μg/m³ 이하
　㉤ 자일렌 : 700μg/m³ 이하
　㉥ 스티렌 : 300μg/m³ 이하
　㉦ 라돈 : 148Bq/m³

78 대기환경보전법상 5년 이하의 징역이나 5천만 원 이하의 벌금에 처하는 기준은?

① 연료사용 제한조치 등의 명령을 위반한 자
② 측정기기 운영·관리기준을 준수하지 않아 조치명령을 받았으나, 이 또한 이행하지 않아 받은 조업정지명령을 위반한 자
③ 배출시설을 설치금지 장소에 설치해서 폐쇄명령을 받았으나 이를 이행하지 아니한 자
④ 첨가제를 제조기준에 맞지 않게 제조한 자

풀이 대기환경보전법 제90조 참조

Answer 74. ② 75. ④ 76. ① 77. ④ 78. ①

79 대기환경보전법상 환경부장관은 대기오염물질과 온실가스를 줄여 대기환경을 개선하기 위하여 대기환경개선종합계획을 수립하여야 한다. 이 종합계획에 포함되어야 할 사항으로 거리가 먼 것은?(단, 그 밖의 사항 등은 고려하지 않음)

① 시, 군, 구별 온실가스 배출량 세부명세서
② 대기오염물질의 배출현황 및 전망
③ 기후변화로 인한 영향평가와 적응대책에 관한 사항
④ 기후변화 관련 국제적 조화와 협력에 관한 사항

풀이 대기환경개선종합계획 수립 시 포함사항
㉠ 대기오염물질의 배출현황 및 전망
㉡ 대기 중 온실가스의 농도변화 현황 및 전망
㉢ 대기오염물질을 줄이기 위한 목표설정과 이의 달성을 위한 분야별단계별 대책
㉣ 대기오염이 국민건강에 미치는 위해 정도와 이를 개선하기 위한 위해 수준의 설정에 관한 사항
㉤ 유해성 대기감시물질의 측정 및 감시·관찰에 관한 사항
㉥ 특정대기 유해물질을 줄이기 위한 목표 설정 및 달성을 위한 분야별·단계별 대책
㉦ 환경분야 온실가스 배출을 줄이기 위한 목표 설정과 이의 달성을 위한 분야별·단계별 대책
㉧ 기후변화로 인한 영향평가와 적응대책에 관한 사항
㉨ 대기오염물질과 온실가스를 연계한 통합대기환경 관리체계의 구축
㉩ 기후변화 관련 국제적 조화와 협력에 관한 사항
㉪ 그 밖에 대기환경을 개선하기 위하여 필요한 사항

80 대기환경보전법령상 "사업장의 연료사용량 감축 권고" 조치를 하여야 하는 대기오염 경보 발령단계 기준은?

① 준주의보 발령단계
② 주의보 발령단계
③ 경보발령단계
④ 중대경보 발령단계

풀이 경보발령단계별 조치사항
㉠ 주의보 발령
주민의 실외활동 및 자동차 사용의 자제 요청 등
㉡ 경보 발령
주민의 실외활동 제한 요청, 자동차 사용의 제한 및 사업장의 연료사용량 감축 권고 등
㉢ 중대경보 발령
주민의 실외활동 금지 요청, 자동차의 통행금지 및 사업장의 조업시간 단축명령 등

2019년 제2회 대기환경산업기사

제1과목 대기오염개론

01 2,000m에서의 대기압력이 820mbar이고, 온도가 15℃이며 비열비가 1.4일 때 온위는?(단, 표준압력은 1,000mbar)

① 약 189K
② 약 236K
③ 약 305K
④ 약 371K

풀이) 온위$(\theta) = T\left(\dfrac{1,000}{P}\right)^{0.288}$

$= (273+15) \times \left(\dfrac{1,000}{820}\right)^{0.288}$

$= 304.94K$

02 황화수소(H_2S)에 비교적 강한 식물이 아닌 것은?

① 복숭아
② 토마토
③ 딸기
④ 사과

풀이) ㉠ H_2S에 저항성이 강한 식물
　　　복숭아, 사과, 딸기, 카네이션 등
　　㉡ H_2S에 민감한(약한) 식물
　　　코스모스, 무, 오이, 토마토, 클로버 등

03 다음 광화학반응에 관한 설명 중 가장 거리가 먼 것은?

① NO광산화율이란 탄화수소에 의하여 NO가 NO_2로 산화되는 율을 뜻하며, ppb/min의 단위로 표현된다.
② 일반적으로 대기에서의 오존농도는 NO_2로 산화된 NO의 양에 비례하여 증가한다.
③ 과산화기가 산소와 반응하여 오존이 생성될 수도 있다.
④ 오존의 탄화수소 산화(반응)율은 원자상태의 산소에 의한 탄화수소의 산화에 비해 빠르게 진행된다.

풀이) 오존의 탄화수소 산화(반응)율은 원자상태의 산소에 의한 탄화수소의 산화에 비해 상당히 느리게 진행된다.

04 엘니뇨(El Nino) 현상에 관한 설명으로 틀린 것은?

① 스페인어로 여자아이(the girl)라는 뜻으로, 엘니뇨가 발생하면 동남아시아, 호주 북부 등에서는 홍수가 주로 발생한다.
② 열대 태평양 남미 해안으로부터 중태평양에 이르는 넓은 범위에서 해수면의 온도가 평년보다 보통 0.5℃ 이상 높은 상태가 6개월 이상 지속되는 현상을 의미한다.
③ 엘니뇨가 발생하는 이유는 태평양 적도 부근에서 동태평양의 따뜻한 바닷물을 서쪽으로 밀어내는 무역풍이 불지 않거나 불어도 약하게 불기 때문이다.
④ 엘니뇨로 인한 피해가 주요 농산물 생산지역인 태평양 연안국에 집중되어 있어 농산물 생산이 크게 감축되고 있다.

풀이) 엘니뇨
스페인어로 '남자아이' 또는 '아기예수'라는 뜻으로 전 지구적으로 발생하는 대규모의 기상현상으로 대기와 해양의 상호작용으로 열대 동태평양에서 중태평양에 걸친 광범위한 구역에서 해수면의 상승을 유발한다.

Answer ◀ 01. ③ 02. ② 03. ④ 04. ①

05 다음 중 자동차 운행 때와 비교하여 감속할 경우 특징적으로 가장 크게 증가하는 것은?

① NOx
② CO_2
③ H_2O
④ HC

풀이) 자동차 배기가스
㉠ NOx : 가속 시
㉡ CO : 공회전 시
㉢ HC : 감속 시

06 다음 중 공중역전에 해당하지 않는 것은?

① 복사역전
② 전선역전
③ 해풍역전
④ 난류역전

풀이) ㉠ 접지(지표)역전
• 복사역전 • 이류역전
㉡ 공중역전
• 침강역전 • 전선형 역전
• 해풍형 역전 • 난류역전

07 1985년 채택된 협약으로, 오존층 파괴 원인물질의 규제에 대한 것을 주 내용으로 하는 국제협약은?

① 제네바 협약
② 비엔나 협약
③ 기후변화 협약
④ 리우 협약

풀이) 비엔나 협약
비엔나 협약은 1985년 3월에 만들어진 오존층 보호를 위한 최초의 협약이다. 즉, 오존층 파괴의 영향으로부터 지구와 인류를 보호하기 위해 최초로 만들어진 보편적인 국제협약이다.

08 다음 물질의 지구온난화지수(GWP)를 크기 순으로 옳게 배열한 것은?(단, 큰 순서>작은 순서)

① $N_2O > CH_4 > CO_2 > SF_6$
② $CO_2 > SF_6 > N_2O > CH_4$
③ $SF_6 > N_2O > CH_4 > CO_2$
④ $CH_4 > CO_2 > SF_6 > N_2O$

풀이) 지구온난화지수(GWP)
㉠ SF_6 : 23,900 ㉡ N_2O : 310
㉢ CH_4 : 21 ㉣ CO_2 : 1

09 오존(O_3)에 관한 설명으로 옳지 않은 것은?

① 폐수종과 폐충혈 등을 유발시키며, 섬모운동의 기능장애를 일으킨다.
② 식물의 경우 고엽이나 성숙한 잎보다는 어린잎에 주로 피해를 일으키며, 오존에 강한 식물로는 시금치, 파 등이 있다.
③ 오존에 약한 식물로는 담배, 자주개나리 등이 있다.
④ 인체의 DNA와 RNA에 작용하여 유전인자에 변화를 일으킬 수 있다.

풀이) 식물의 경우 어린잎보다는 고엽이나 성숙한 잎에 주로 피해를 일으키며 오존에 강한 식물로는 사과, 복숭아, 아카시아, 해바라기 등이 있다.

10 가우시안 연기모델에 도입된 가정으로 옳지 않은 것은?

① 연기의 분산은 시간에 따라 농도와 기상조건이 변하는 비정상상태이다.
② x방향을 주 바람방향으로 고려하면, y방향(풍횡방향)의 풍속은 0이다.
③ 난류확산계수는 일정하다.
④ 연기 내 대기반응은 무시한다.

Answer 05. ④ 06. ① 07. ② 08. ③ 09. ② 10. ①

(풀이) 연기의 분산은 시간에 따라 농도와 기상조건이 변하지 않는 정상상태로 가정한다.

11 유효굴뚝의 높이가 3배로 증가하면 최대 착지농도는 어떻게 변화되는가?(단, Sutton의 확산식에 의한다.)

① 1/3로 감소한다.   ② 1/9로 감소한다.
③ 1/27로 감소한다. ④ 1/81로 감소한다.

(풀이) $C_{max} \propto \dfrac{1}{H_e^2} = \dfrac{1}{3^2} = \dfrac{1}{9}$ (1/9로 감소한다.)

12 다음은 바람과 관련된 설명이다. ( ) 안에 순서대로 들어갈 말로 옳은 것은?

풍향별로 관측된 바람의 발생빈도와 ( )을/를 동심원상에 그린 것을 ( )(이)라고 한다. 이때 풍향에서 가장 빈도수가 많은 것을 ( )(이)라고 한다.

① 풍속 – 바람장미 – 주풍
② 풍향 – 바람분포도 – 지균풍
③ 난류도 – 연기형태 – 경도풍
④ 기온역전도 – 환경감률 – 확산풍

(풀이) 바람장미(Wind Rose)
  ㉠ 바람장미는 풍향별로 관측된 바람의 발생빈도와 풍속을 16방향인 막대기형으로 표시한 기상도형이다.
  ㉡ 풍향은 중앙에서 바람이 불어오는 쪽으로 막대 모양으로 표시하고, 풍향 중 주풍은 가장 빈번히 관측된 풍향을 말하며 막대의 길이가 가장 긴 방향이다.
  ㉢ 관측된 풍향별로 발생빈도를 %로 표시한 것을 방향량(Vector)이라 하며, 바람장미의 중앙에 숫자로 표시한 것을 무풍률이라 한다.
  ㉣ 풍속은 막대의 굵기로 표시하며 풍속이 0.2m/sec 이하일 때를 정온(Calm) 상태로 본다.

13 악취(냄새)의 물리적, 화학적 특성에 관한 설명으로 옳지 않은 것은?

① 일반적으로 증기압이 높을수록 냄새는 더 강하다고 볼 수 있다.
② 악취유발물질들은 paraffin과 CS_2를 제외하고는 일반적으로 적외선을 강하게 흡수한다.
③ 악취유발가스는 통상 활성탄과 같은 표면흡착제에 잘 흡착된다.
④ 악취는 물리적 차이보다는 화학적 구성에 의해서 결정된다는 주장이 더 지배적이다.

(풀이) 악취는 화학적 구성보다는 물리적 차이에 의해서 결정된다는 주장이 더 지배적이다.

14 다음 중 인체에 대한 피해로서 "발열"을 일으킬 수 있는 물질로 가장 적합한 것은?

① 바륨, 철화합물
② 황화수소, 일산화탄소
③ 망간화합물, 아연화합물
④ 벤젠, 나프탈렌

(풀이) 인체에 대한 피해로서 발열을 일으키는 물질은 금속증기열 발생원인 물질로 아연, 구리, 망간, 마그네슘, 니켈, 납 등이다.

15 다음 중 온실효과에 대한 기여도가 가장 큰 것은?

① CH_4 ② CFC 11 & 12
③ N_2O ④ CO_2

(풀이) 온실효과 기여도 크기 순서
CO_2(55%) > CH_4(15%) > N_2O(6%)

Answer 11. ② 12. ① 13. ④ 14. ③ 15. ④

16 직경이 25cm인 관에서 유체의 점도가 1.75×10^{-5}kg/m·sec이고, 유체의 흐름속도가 2.5 m/sec라고 할 때 이 유체의 레이놀즈수(N_{Re})와 흐름특성은?(단, 유체밀도는 1.15kg/m³이다.)

① 2,245, 층류
② 2,350, 층류
③ 41,071, 난류
④ 114,703, 난류

풀이) $N_{Re} = \dfrac{\rho VD}{\mu}$

$= \dfrac{1.15\text{kg/m}^3 \times 2.5\text{m/sec} \times 0.25\text{m}}{1.75 \times 10^{-5}\text{kg/m·sec}}$

$= 41,071.43$

4,000보다 크므로 유체흐름 특성은 난류이다.

17 휘발성 유기화합물질(VOCs)은 다양한 배출원에서 배출되는데 우리나라의 경우 최근 가장 큰 부분(총배출량)을 차지하는 배출원은?

① 유기용제 사용
② 자동차 등 도로 이용 오염원
③ 폐기물처리
④ 에너지 수송 및 저장

풀이) 최근 우리나라에서 휘발성 유기화합물질(VOCs) 배출원 중 유기용제 사용이 가장 큰 부분이다.

18 다음 역사적인 대기오염 사건 중 가장 먼저 발생한 사건은?

① 도노라 사건
② 뮤즈계곡 사건
③ 런던스모그 사건
④ 포자리카 사건

풀이) ① 도노라 사건(1948년)
② 뮤즈계곡 사건(1930년)
③ 런던스모그 사건(1952년)
④ 포자리카 사건(1950년)

19 실내오염물질에 관한 설명으로 옳지 않은 것은?

① 라돈은 자연계의 물질 중에 함유된 우라늄이 연속 붕괴하면서 생성되는 라듐이 붕괴할 때 생성되는 것으로서 무색, 무취이다.
② 폼알데하이드는 자극성 냄새를 갖는 무색 기체로 폭발의 위험이 있으며, 살균 방부제로도 이용된다.
③ VOCs 중 하나인 벤젠은 피부를 통해 약 50% 정도 침투되며, 체내에 흡수된 벤젠은 주로 근육조직에 분포하게 된다.
④ 석면은 자연계에서 산출되는 가늘고 긴 섬유상 물질로서 내열성, 불활성, 절연성의 성질을 갖는다.

풀이) VOCs 중 하나인 벤젠은 호흡기를 통해 약 50% 정도 침투되며, 장기간 폭로 시 혈액장애, 간장장애를 일으킨다.

20 "석유정제, 석탄건류, 가스공업, 형광물질의 원료 제조" 등과 가장 관련이 깊은 대기배출오염물질은?

① Br_2
② HCHO
③ NH_3
④ H_2S

풀이) H_2S(황화수소) 배출원
㉠ 석유정제
㉡ 석탄건류
㉢ 가스공업
㉣ 형광물질 원료제조
㉤ 하수처리장

제2과목 대기오염공정시험기준(방법)

21 자외선/가시선분광법에 관한 설명으로 거리가 먼 것은?

① 흡수셀의 재질 중 유리제는 주로 가시 및 근적외부 파장범위, 석영제는 자외부 파장범위를 측정할 때 사용한다.
② 광전광도계는 파장 선택부에 필터를 사용한 장치로 단광속형이 많고 비교적 구조가 간단하여 작업 분석용에 적당하다.
③ 파장의 선택에는 일반적으로 단색화장치(mono-chrometer) 또는 필터(filter)를 사용하고, 필터에는 색유리 필터, 젤라틴 필터, 간접필터 등을 사용한다.
④ 광원부의 광원에는 중공음극램프를 사용하고, 가시부와 근적외부의 광원으로는 주로 중수소방전관을 사용한다.

풀이) 광원부에서 가시부와 근적외부의 광원으로는 주로 텅스텐램프를 사용하고 자외부의 광원으로는 주로 중수소방전관을 사용한다.

22 휘발성 유기화합물(VOCs) 누출확인을 위한 휴대용 측정기기의 규격 및 성능기준으로 옳지 않은 것은?

① 기기의 계기눈금은 최소한 표시된 노출농도의 ±5%를 읽을 수 있어야 한다.
② 기기의 응답시간은 30초보다 작거나 같아야 한다.
③ VOCs 측정기기의 검출기는 시료와 반응하지 않아야 한다.
④ 교정 정밀도는 교정용 가스값의 10%보다 작거나 같아야 한다.

풀이) VOCs 측정기기의 검출기는 시료와 반응하여야 한다.

23 다음은 배출가스 중 수은화합물 측정을 위한 냉증기 원자흡수분광광도법에 관한 설명이다. ( ) 안에 알맞은 것은?

> 배출원에서 등속으로 흡입된 입자상과 가스상 수은은 흡수액인 (㉠)에 채취된다. Hg^{2+} 형태로 채취한 수은은 Hg^0 형태로 환원시켜서, 광학셀에 있는 용액에서 기화시킨 다음 원자흡수분광광도계로 (㉡)에서 측정한다.

① ㉠ 산성 과망간산포타슘 용액 ㉡ 193.7nm
② ㉠ 산성 과망간산포타슘 용액 ㉡ 253.7nm
③ ㉠ 다이메틸글리옥심 용액   ㉡ 193.7nm
④ ㉠ 다이메틸글리옥심 용액   ㉡ 253.7nm

풀이) 냉증기 – 원자흡수분광광도법
배출원에서 등속으로 흡입된 입자상과 가스상 수은은 흡수액인 산성 과망간산포타슘 용액에 채취된다. Hg^{2+} 형태로 채취한 수은을 Hg^0 형태로 환원시켜서, 광학셀에 있는 용액에서 기화시킨 다음 원자흡광분광광도계로 253.7nm에서 측정한다.

24 원자흡수분광광도법에 사용하는 불꽃 조합 중 불꽃의 온도가 높기 때문에 불꽃 중에서 해리하기 어려운 내화성 산화물(Refractory Oxide)을 만들기 쉬운 원소의 분석에 가장 적합한 것은?

① 아세틸렌 – 공기 불꽃
② 수소 – 공기 불꽃
③ 아세틸렌 – 아산화질소 불꽃
④ 프로판 – 공기 불꽃

Answer: 21. ④ 22. ③ 23. ② 24. ③

[풀이] **원자흡수분석장치 시료원자화부 불꽃**
ⓐ 수소-공기와 아세틸렌-공기 : 거의 대부분의 원소분석에 유효하게 사용
ⓑ 수소-공기 : 원자 외 영역에서의 불꽃 자체에 의한 흡수가 적기 때문에 이 파장영역에서 분석선을 갖는 원소의 분석
ⓒ 아세틸렌-아산화질소 : 불꽃의 온도가 높기 때문에 불꽃 중에서 해리하기 어려운 내화성 산화물(Refractory Oxide)을 만들기 쉬운 원소의 분석
ⓓ 프로판-공기 : 불꽃온도가 낮고 일부 원소에 대하여 높은 감도를 나타냄

25 배출가스 중 크롬을 원자흡수분광광도법으로 정량할 때 측정 파장은?

① 217.0nm ② 228.8nm
③ 232.0nm ④ 357.9nm

[풀이] 배출가스 중 금속화합물 - 원자흡수분광광도법 정량 시 파장

측정 금속	측정 파장(nm)
Cu	324.8
Pb	217.0/283.3
Ni	232.0
Zn	213.8
Fe	248.3
Cd	228.8
Cr	357.9

26 다음 중 분석대상가스가 이황화탄소(CS_2)인 경우 사용되는 채취관, 도관의 재질로 가장 적합한 것은?

① 보통강철 ② 석영
③ 염화비닐수지 ④ 네오프렌

[풀이] **분석물질의 종류별 채취관 및 연결관(도관) 등의 재질**

분석대상가스, 공존가스	채취관, 연결관의 재질	여과재	비고
암모니아	①②③④⑤⑥	ⓐⓑⓒ	① 경질유리
일산화탄소	①②③④⑤⑥⑦	ⓐⓑⓒ	② 석영
염화수소	①② ⑤⑥⑦	ⓐⓑⓒ	③ 보통강철
염소	①② ⑤⑥⑦	ⓐⓑⓒ	④ 스테인리스강
황산화물	①② ④⑤⑥⑦	ⓐⓑⓒ	⑤ 세라믹
질소산화물	①② ④⑤⑥	ⓐⓑⓒ	⑥ 불소수지
이황화탄소	①② ⑥	ⓐⓑ	⑦ 염화비닐수지
포름알데하이드	①② ⑥	ⓐⓑ	⑧ 실리콘수지
황화수소	①② ④⑤⑥⑦	ⓐⓑⓒ	⑨ 네오프렌
불소화합물	④ ⑥	ⓒ	ⓐ 알칼리 성분이 없는 유리솜 또는 실리카솜
시안화수소	①② ④⑤⑥⑦	ⓐⓑⓒ	
브롬	①② ⑥	ⓐⓑ	
벤젠	①② ⑥	ⓐⓑ	ⓑ 소결유리
페놀	①② ④ ⑥	ⓐⓑ	ⓒ 카보런덤
비소	①② ④⑤⑥⑦	ⓐⓑⓒ	

27 굴뚝연속자동측정기 설치방법 중 도관 부착방법으로 가장 거리가 먼 것은?

① 냉각 도관 부분에는 반드시 기체-액체 분리관과 그 아래쪽에 응축수 트랩을 연결한다.
② 응축수의 배출에 쓰는 펌프는 충분히 내구성이 있는 것을 쓰며, 이때 응축수 트랩은 사용하지 않아도 좋다.
③ 냉각도관은 될 수 있는 대로 수평으로 연결한다.
④ 기체-액체 분리관은 도관의 부착위치 중 가장 낮은 부분 또는 최저 온도의 부분에 부착하여 응축수를 급속히 냉각시키고 배관계의 밖으로 방출시킨다.

[풀이] 냉각도관은 될 수 있는 대로 수직으로 연결한다.

28 흡광차분광법에서 측정에 필요한 광원으로 적합한 것은?

① 200~900nm 파장을 갖는 중공음극램프
② 200~900nm 파장을 갖는 텅스텐램프
③ 180~2,850nm 파장을 갖는 중공음극램프
④ 180~2,850nm 파장을 갖는 제논램프

풀이 흡광차분광법
이 방법은 일반적으로 빛을 조사하는 발광부와 50~1,000m 정도 떨어진 곳에 설치되는 수광부(또는 발·수광부와 반사경) 사이에 형성되는 빛의 이동경로(Path)를 통과하는 가스를 실시간으로 분석하며, 측정에 필요한 광원은 180~2,850nm 파장을 갖는 제논(Xenon) 램프를 사용한다.

29 황화수소를 아이오딘 적정법으로 정량할 때, 종말점의 판단을 위한 지시약은?

① 아르세나조Ⅲ ② 염화제이철
③ 녹말용액   ④ 메틸렌 블루

풀이 황화수소 분석방법 중 아이오딘 정량법의 종말점은 무색이며 판단 지시약은 녹말용액이다.

30 굴뚝 배출가스 중 가스상 물질 시료채취 시 주의사항에 관한 설명으로 옳지 않은 것은?

① 습식가스미터를 이동 또는 운반할 때에는 반드시 물을 빼고, 오랫동안 쓰지 않을 때에도 그와 같이 배수한다.
② 기스미터는 250mmH$_2$O 이내에서 사용한다.
③ 시료가스의 양을 재기 위하여 쓰는 채취병은 미리 0℃ 때의 참부피를 구해둔다.
④ 시료채취장치의 조립에 있어서는 채취부의 조작을 쉽게 하기 위하여 흡수병, 마노미터, 흡입펌프 및 가스미터는 가까운 곳에 놓는다.

풀이 굴뚝 배출가스 중 가스상 물질 시료 채취 시 가스미터는 100mmH$_2$O 이내에서 사용한다.

31 "항량이 될 때까지 건조한다"에서 "항량"의 범위는 벗어나지 않는 것은?

① 검체 8g을 1시간 더 건조하여 무게를 달아 보니 7.9975g이었다.
② 검체 4g을 1시간 더 건조하여 무게를 달아 보니 3.9989g이었다.
③ 검체 1g을 1시간 더 건조하여 무게를 달아 보니 0.9999g이었다.
④ 검체 100mg을 1시간 더 건조하여 무게를 달아 보니 99.9mg이었다.

풀이 '항량이 될 때까지 건조한다'는 같은 조건에서 1시간 더 건조 또는 강열할 때 전후 무게의 차가 g당 0.3mg 이하이다.

① $\dfrac{(8-7.9975)g}{8g} = \dfrac{0.3125mg}{g}$

② $\dfrac{(4-3.9989)g}{4g} = \dfrac{0.275mg}{g}$

③ $\dfrac{(1-0.999)g}{1g} = \dfrac{1mg}{g}$

④ $\dfrac{(100-99.9)mg}{100mg} = \dfrac{1mg}{g}$

32 다음은 형광분광광도법를 이용한 환경대기 내의 벤조(a)피렌 분석을 위한 박층판을 만드는 방법이다. ( ) 안에 알맞은 것은?

알루미나에 적당량의 물을 넣고 Slurry로 만들고 이것을 Applicator에 넣고 유리판 위에 약 250μm의 두께로 피복하여 방치한다. 이 Plate를 100℃에서 (㉠) 가열 활성하여 보통 황산수용액에서 상대습도를 약 45%로 조정시킨 진공 데시케이터 안에 넣고 (㉡) 보존시킨 것을 사용한다.

Answer 28. ④ 29. ③ 30. ② 31. ② 32. ②

① ㉠ 30분간　　㉡ 2시간 이상
② ㉠ 30분간　　㉡ 3주 이상
③ ㉠ 2시간　　㉡ 2시간 이상
④ ㉠ 2시간　　㉡ 3주 이상

[풀이] 환경대기 중 벤조(a)피렌 분석방법 중 형광분광광도법 박층판 만드는 방법

알루미나에 적당량의 물을 넣고 slurry로 만들고 이것을 Applicator에 넣고 유리판 위에 약 $250\mu m$의 두께로 피복하여 방치한다. 이 Plate를 100℃에서 30분간 가열 활성하여 보통 황산수용액에서 상대습도를 약 45%로 조성시킨 진공데시케이터 안에 넣고 3주 이상 보존시킨 것을 사용한다.

33 환경대기 내의 탄화수소 농도 측정방법 중 총탄화수소 측정법에서의 성능기준으로 옳지 않은 것은?

① 응답시간 : 스팬가스를 도입시켜 측정치가 일정한 값으로 급격히 변화되어 스팬가스 농도의 90%가 변화할 때까지의 시간은 2분 이하여야 한다.
② 지시의 변동 : 제로가스 및 스팬가스를 흘려보냈을 때 정상적인 측정치의 변동은 각 측정단계(Range)마다 최대 눈금치의 ±1%의 범위 내에 있어야 한다.
③ 예열시간 : 전원을 넣고 나서 정상으로 작동할 때까지의 시간은 6시간 이하여야 한다.
④ 재현성 : 동일 조건에서 제로가스와 스팬가스를 번갈아 3회 도입해서 각각의 측정치의 평균치로부터 구한 편차는 각 측정단계(Range)마다 최대 눈금치의 ±1%의 범위 내에 있어야 한다.

[풀이] 예열시간

전원을 넣고 나서 정상으로 작동할 때까지의 시간은 4시간 이하여야 한다.

34 환경대기 중 먼지 측정방법 중 저용량 공기시료채취기법에 관한 설명으로 가장 거리가 먼 것은?

① 유량계는 여과지홀더와 흡입펌프의 사이에 설치하고, 이 유량계에 새겨진 눈금은 20℃, 1기압에서 10~30L/min 범위를 0.5L/min까지 측정할 수 있도록 되어 있는 것을 사용한다.
② 흡입펌프는 연속해서 10일 이상 사용할 수 있고, 진공도가 낮은 것을 사용한다.
③ 여과지 홀더의 충전물질은 불소수지로 만들어진 것을 사용한다.
④ 멤브레인필터와 같이 압력손실이 큰 여과지를 사용하는 진공계는 유량의 눈금값에 대한 보정이 필요하기 때문에 압력계를 부착한다.

[풀이] 흡입펌프는 연속해서 30일 이상 사용할 수 있고 진공도가 높은 것을 사용한다.

35 NaOH 20g을 물에 용해시켜 800mL로 하였다. 이 용액은 몇 N인가?

① 0.0625N
② 0.625N
③ 6.25N
④ 62.5N

[풀이] $N(eq/L) = 20g/0.8L \times 1eq/40g$
$= 0.625 eq/L(N)$

36 다음은 자외선/가시선분광법을 사용한 브롬화합물 정량방법이다. ( ) 안에 알맞은 것은?

배출가스 중 브롬화합물을 수산화소듐 용액에 흡수시킨 후 일부를 분취해서 산성으로 하여 (㉠)을 사용하여 브롬으로 산화시켜 (㉡)으로 추출한다.

① ㉠ 중성요오드화포타슘 용액　㉡ 헥산
② ㉠ 중성요오드화포타슘 용액　㉡ 클로로폼
③ ㉠ 과망간산포타슘 용액　㉡ 헥산
④ ㉠ 과망간산포타슘 용액　㉡ 클로로폼

Answer 33. ③　34. ②　35. ②　36. ④

배출가스 중 브롬화합물 분석방법 중 자외선/가시선 분광법
㉠ 배출가스 중 브롬화합물을 수산화소듐 용액에 흡수시킨 후 일부를 분취해서 산성으로 하여 과망간산 포타슘 용액을 사용하여 브롬으로 산화시켜 클로로포름으로 추출한다.
㉡ 클로로포름 층에 물과 황산제이철암모늄용액 및 사이오시안산 제2수은 용액을 가하여 발색한 물층의 흡광도를 측정해서 브롬을 정량하는 방법이다. 흡수파장은 460nm이다.

37 다음은 환경대기 내의 유해휘발성 유기화합물(VOCs)시험방법 중 고체흡착법에 사용되는 용어의 정의이다. ( ) 안에 알맞은 것은?

일정농도의 VOC가 흡착관에 흡착되는 초기 시점부터 일정시간이 흐르게 되면 흡착관 내부의 상당량의 VOC가 포화되기 시작하고 전체 VOC양의 ( )가 흡착관을 통과하게 되는데, 이 시점에서 흡착관 내부로 흘러간 총 부피를 파과부피라 한다.

① 0.1%   ② 5%
③ 30%   ④ 50%

환경대기 중 유해 휘발성 유기화합물(VOCs) 시험방법 중 고체흡착법 용어(파과부피)
일정 농도의 VOC가 흡착관에 흡착되는 초기시점부터 일정 시간이 흐르게 되면 흡착관 내부에 상당량의 VOC가 포화되기 시작하고 전체 VOC양의 5%가 흡착관을 통과하게 되는데, 이 시점에서 흡착관 내부로 흘러간 총 부피를 파과부피라 한다.

38 굴뚝 배출가스 내 폼알데하이드 및 알데하이드류의 분석방법 중 고성능액체크로마토그래피(HPLC)에 관한 설명으로 옳지 않은 것은?

① 배출가스 중의 알데하이드류를 흡수액 2,4-다이나이트로페닐하이드라진(DNPH, dinitro-phenylhydrazine)과 반응하여 하이드라존 유도체(hydrazone derivative)를 생성한다.
② 흡입노즐은 석영제로 만들어진 것으로 흡입노즐의 꼭짓점은 45° 이하의 예각이 되도록 하고 매끈한 반구모양으로 한다.
③ 하이드라존(Hydrazone)은 UV영역, 특히 350~380nm에서 최대 흡광도를 나타낸다.
④ 흡입관은 수분응축 방지를 위해 시료가스 온도를 100℃ 이상으로 유지할 수 있는 가열기를 갖춘 보로실리케이트 또는 석영 유리관을 사용한다.

굴뚝 배출가스 내 폼알데하이드 및 알데하이드 분석방법 중 고성능액체크로마토그래피(HPL) 흡입노즐
흡입노즐은 스테인리스강 또는 유리제로 만들어진 것으로 다음과 같은 조건을 만족시키는 것이어야 한다.
㉠ 흡입노즐의 안과 밖의 가스흐름이 흐트러지지 않도록 흡입노즐 내경(d)은 3mm 이상으로 한다.
㉡ 흡입노즐의 꼭짓점은 30° 이하의 예각이 되도록 하고 매끈한 반구모양으로 한다.
㉢ 흡입노즐의 내외면은 매끄럽게 되어야 하며 급격한 단면의 변화와 굴곡이 없어야 한다.

39 다음 중 원자흡수분광광도법에서 광원부로 가장 적합한 장치는?

① 텅스텐램프   ② 플라즈마젯
③ 중공음극램프   ④ 수소방전관

원자흡수분광광도법의 장치구성 중 중공음극램프
㉠ 원자흡광 스펙트럼선의 선폭보다 좁은 선폭을 갖고 휘도가 높은 스펙트럼을 방사하는 중공음극램프가 많이 사용된다.
㉡ 중공음극램프는 양극(+)과 중공원통상의 음극(-)을 저압의 희유가스 원소와 함께 유리 또는 석영제의 창판을 갖는 유리관 중에 봉입한 것으로 음극은 분석하려고 하는 목적의 단일원소, 목적원소를 함유하는 합금 또는 소결합금으로 만들어져 있다.

40 원형 굴뚝 단면의 반경이 0.5m인 경우 측정점 수는?

① 1 ② 4
③ 8 ④ 12

풀이) 원형 연도의 측정점 수

굴뚝 직경 $2R(m)$	반경 구분 수	측정점 수
1 미만	1	4
1~2 미만	2	8
2~4 미만	3	12
4~4.5 미만	4	16
4.5 이상	5	20

제3과목 대기오염방지기술

41 250Sm³/h의 배출가스를 배출하는 보일러에서 발생하는 SO_2를 탄산칼슘을 사용하여 이론적으로 완전제거하고자 한다. 이때 필요한 탄산칼슘의 양(kg/h)은?(단, 배출가스 중의 SO_2 농도는 2,500ppm이고, 이론적으로 100% 반응하며, 표준상태 기준)

① 0.28 ② 2.8
③ 28 ④ 280

풀이) $SO_2 + CaCO_3 \rightarrow CaSO_3 + CO_2$
64kg : 100kg
250Sm³/hr × 2,500mL/Sm³ × 64g/22,400mL
× kg/1,000g : CaCO₃(kg/hr)

$CaCO_3(kg/hr)$
$= \dfrac{250Sm^3/hr \times 2,500mL/Sm^3 \times 64g/22,400mL \times kg/1,000g \times 100kg}{64kg}$
$= 2.79 kg/hr$

---

42 처리가스양 1,200m³/min, 처리속도 2cm/sec인 함진가스를 직경 25cm, 길이 3m의 원통형 여과포를 사용하여 집진하고자 할 때 필요한 원통형 여과포의 수는?

① 524개 ② 425개
③ 323개 ④ 223개

풀이) 여과포 개수
$= \dfrac{처리가스양}{여과포 하나당 가스양}$
$= \dfrac{1,200m^3/min \times min/60sec}{(3.14 \times 0.25m \times 3m) \times 2cm/sec \times m/100cm}$
$= 424.63 (425개)$

---

43 전기집진장치의 유지관리 사항 중 가장 거리가 먼 것은?

① 조습용 spray 노즐은 운전 중 막히기 쉽기 때문에 운전 중에도 점검, 교환이 가능해야 한다.
② 운전 중 2차 전류가 매우 적을 때에는 조습용 spray의 수량을 증가시켜 겉보기 저항을 낮춘다.
③ 시동 시 애자 등의 표면을 깨끗이 닦아 고전압회로의 절연저항이 50Ω 이하가 되도록 한다.
④ 접지저항은 적어도 연 1회 이상 점검하여 10Ω 이하가 되도록 유지한다.

풀이) 시동 시 애자 등의 표면을 깨끗이 닦아 고전압회로의 절연저항이 100MΩ 이상 되도록 한다.

---

44 A집진장치의 입구와 출구에서의 먼지 농도가 각각 11mg/Sm³와 0.2×10^{-3}g/Sm³이라면 집진율(%)은?

① 96.2% ② 97.2%
③ 98.2% ④ 99.4%

Answer 40. ② 41. ② 42. ② 43. ③ 44. ③

풀이) 집진율(%)
$= \left(1 - \dfrac{C_o}{C_i}\right) \times 100$
$= \left(1 - \dfrac{0.2 \times 10^{-3}\text{g/Sm}^3 \times 10^3 \text{mg/g}}{11\text{mg/Sm}^3}\right) \times 100$
$= 98.18\%$

45 다음 각종 먼지 중 진비중/겉보기 비중이 가장 큰 것은?

① 카본블랙   ② 미분탄보일러
③ 시멘트 원료분   ④ 골재 드라이어

풀이)
① 카본블랙 : 76
② 미분탄보일러 : 4.0
③ 시멘트 원료분 : 5.0
④ 골재 드라이어 : 2.7

46 입자를 크기별로 구분할 때 평균입자 지름이 $0.1\mu m$ 이하인 핵영역, $0.1 \sim 2.5\mu m$인 집적영역, $2.5\mu m$보다 큰 조대영역으로 나눌 수 있다. 각 영역 입자의 특성에 대한 설명으로 가장 거리가 먼 것은?

① 조대영역 입자는 대부분 기계적 작용에 의해 생성된다.
② 핵영역 입자는 연소 등 화학반응에 의해 핵으로 형성된 부분이다.
③ 집적영역의 입자는 핵영역이나 조대영역의 입자에 비해 대기에서 잘 제거되므로 체류시간이 짧다.
④ 핵영역과 집적영역의 미세입자는 입자에 의한 여러 대기오염 현상을 일으키는 데 큰 역할을 한다.

풀이) 집적영역의 입자는 핵영역이나 조대영역의 입자에 비해 대기에서 잘 제거되지 않으므로 체류시간이 길다.

47 수소가스 3.33Sm^3를 완전연소시키기 위해 필요한 이론공기량(Sm^3)은?

① 약 32   ② 약 24
③ 약 12   ④ 약 8

풀이)
$H_2 + \dfrac{1}{2}O_2 \rightarrow H_2O$
$22.4\text{Sm}^3 : 0.5 \times 22.4\text{Sm}^3$
$3.33\text{Sm}^3 : O_o(\text{Sm}^3)$

$O_o = \dfrac{3.33\text{Sm}^3 \times (0.5 \times 22.4)\text{Sm}^3}{22.4\text{Sm}^3} = 1.67\text{Sm}^3$

$A_o = \dfrac{1.67\text{Sm}^3}{0.21} = 7.93\text{Sm}^3$

48 화합물별 주요 원인물질 및 냄새특징을 나타낸 것으로 가장 거리가 먼 것은?

	화합물	원인물질	냄새특징
㉠	황화합물	황화메틸	양파, 양배추 썩는 냄새
㉡	질소화합물	암모니아	분뇨냄새
㉢	지방산류	에틸아민	새콤한 냄새
㉣	탄화수소류	톨루엔	가솔린 냄새

① ㉠   ② ㉡
③ ㉢   ④ ㉣

풀이) 지방산류
㉠ 원인물질 : 피로피온산, 노말부티르산
㉡ 냄새특징 : 자극적이고 신 냄새, 땀냄새

Answer 45. ① 46. ③ 47. ④ 48. ③

49 다음 유압식 Burner의 특징으로 옳은 것은?

① 분무각도는 40~90°이다.
② 유량조절범위는 1:10 정도이다.
③ 소형가열로의 열처리용으로 주로 쓰이며, 유압은 1~2kg/cm² 정도이다.
④ 연소용량은 2~5L/hr 정도이다.

풀이
② 유량조절 범위는 환류식 1:3, 비환류식 1:2 정도이다.
③ 대형가열로의 열처리용으로 주로 쓰이며 5~30 kg/cm² 정도이다.
④ 연소용량은 30~3,000(15~2,000)L/hr 정도이다.

50 90° 곡관의 반경비가 2.25일 때 압력손실계수는 0.26이다. 속도압이 50mmH₂O라면 곡관의 압력손실은?

① 0.6mmH₂O
② 13mmH₂O
③ 22.2mmH₂O
④ 112.5mmH₂O

풀이 곡관의 압력손실(mmH₂O)
$= \xi \times VP \times \dfrac{\theta}{90}$
$= 0.26 \times 50\text{mmH}_2\text{O} \times \dfrac{90}{90}$
$= 13\text{mmH}_2\text{O}$

51 석회석을 연소로에 주입하여 SO₂를 제거하는 건식탈황방법의 특징으로 옳지 않은 것은?

① 연소로 내에서 긴 접촉시간과 아황산가스가 석회분말의 표면 안으로 쉽게 침투되므로 아황산가스의 제거효율이 비교적 높다.
② 석회석과 배출가스 중 재가 반응하여 연소로 내에 달라붙어 열전달을 낮춘다.
③ 연소로 내에서의 화학반응은 주로 소성, 흡수, 산화의 3가지로 나눌 수 있다.
④ 석회석을 재생하여 쓸 필요가 없어 부대시설이 거의 필요 없다.

풀이 연소로 내에서 아주 짧은 접촉시간과 아황산가스가 석회분말의 표면 안으로 침투되기 어려우므로 아황산가스의 제거효율이 낮은 편이다.

52 입자가 미세할수록 표면에너지는 커지게 되어 다른 입자 간에 부착하거나 혹은 동종 입자 간에 응집이 이루어지는데 이러한 현상이 생기게 하는 결합력 중 거리가 먼 것은?

① 분자 간의 인력
② 정전기적 인력
③ 브라운운동에 의한 확산력
④ 입자에 작용하는 항력

풀이 입자가 미세할수록 표면에너지는 커지게 되어 다른 입자 간에 부착하거나 혹은 동종입자 간에 응집이 이루어지는데 이러한 현상이 생기게 하는 결합력의 종류는 다음과 같다.
㉠ 분자 간의 인력
㉡ 정전기적 인력
㉢ 브라운운동에 의한 확산력

53 C=82%, H=14%, S=3%, N=1%로 조성된 중유를 12Sm³ 공기/kg 중유로 완전 연소했을 때 습윤 배출가스 중의 SO₂ 농도는 약 몇 ppm인가?(단, 중유의 황 성분은 모두 SO₂로 된다.)

① 1,784ppm
② 1,642ppm
③ 1,538ppm
④ 1,420ppm

풀이 SO_2(ppm)

$$= \frac{SO_2}{G_w} \times 10^6 = \frac{0.7S}{G_w} \times 10^6$$

$$G_w = G_{ow} + (m-1)A_o$$

$$G_{ow} = (1-0.21)A_o + CO_2 + H_2O + SO_2 + N_2$$

$$A_o = \frac{1}{0.21} \times [(1.867 \times 0.82) + (5.6 \times 0.14) + (0.7 \times 0.03)]$$

$$= 11.12 Sm^3/kg$$

$$= (0.79 \times 11.12) + (1.867 \times 0.82) + (11.2 \times 0.14) + (0.7 \times 0.03) + (0.8 \times 0.01) = 11.91 Sm^3/kg$$

$$m = \frac{A}{A_o} = \frac{12 Sm^3/kg}{11.12 Sm^3/kg} = 1.08$$

$$= 11.91 Sm^3/kg + [(1.08-1) \times 11.12 Sm^3/kg]$$

$$= 12.80 Sm^3/kg$$

$$= \frac{0.7 \times 0.03}{12.80 Sm^3/kg} \times 10^6 = 1,640.63 ppm$$

54 다음 중 벤투리 스크러버(Venturi scrubber)에서 물방울 입경과 먼지 입경의 비는 충돌효율 면에서 어느 정도의 비가 가장 좋은가?

① 10:1　② 25:1
③ 150:1　④ 500:1

풀이 벤투리 스크러버의 충돌효율은 물방울입경 : 먼지 입경이 150 : 1인 정도에서 가장 좋다.

55 충전물이 갖추어야 할 조건으로 가장 거리가 먼 것은?

① 단위 부피 내의 표면적이 클 것
② 가스와 액체가 전체에 균일하게 분포될 것
③ 간격의 단면적이 작을 것
④ 가스 및 액체에 대하여 내식성이 있을 것

풀이 충전탑(Packed Tower) 충전물 간격의 단면적은 커야 한다.

56 A 집진장치의 압력손실 25.75mmHg, 처리용량 42m³/sec, 송풍기 효율 80%이다. 이 장치의 소요동력은?

① 13kW　② 75kW
③ 180kW　④ 240kW

풀이 소요동력(kW)

$$= \frac{Q \times \Delta P}{6,120 \times \eta} \times \alpha$$

$$Q = 42 m^3/sec \times 60 sec/min$$
$$= 2,520 m^3/min$$

$$\Delta P = 25.75 mmHg \times \frac{10,332 mmH_2O}{760 mmHg}$$
$$= 350.06 mmH_2O$$

$$= \frac{2,520 m^3/min \times 350.06 mmH_2O}{6,120 \times 0.8} \times 1.0$$

$$= 180.18 kW$$

57 집진장치의 집진 효율이 99.5%에서 98%로 낮아지는 경우 출구에서 배출되는 먼지의 농도는 몇 배로 증가하게 되는가?

① 1.5배　② 2배
③ 4배　④ 8배

풀이 초기통과량 = 100 - 99.5 = 0.5%
나중통과량 = 100 - 98 = 2%

배출농도비 = $\frac{나중통과량}{초기통과량} = \frac{2\%}{0.5\%}$

= 4배(초기의 4배로 배출농도 증가)

58 다음 중 흡착제의 흡착능과 가장 관련이 먼 것은?

① 포화(saturation)
② 보전력(retentivity)
③ 파괴점(break point)
④ 유전력(dielectric force)

풀이) 흡착능은 흡착제의 능력을 의미하며 흡착능력은 포화, 보전력, 파괴점 등으로 나타낸다.

59 다음 중 전기집진장치의 집진실을 독립된 하전설비를 가진 단위집진실로 전기적 구획을 하는 주된 이유로 가장 적합한 것은?

① 순간 정전을 대비하고, 전기안전사고를 예방하기 위함이다.
② 집진효율을 높이고, 효율적으로 전력을 사용하기 위함이다.
③ 처리가스의 유량분포를 균일하게 하고, 먼지 입자의 충분한 체류시간을 확보하게 하기 위함이다.
④ 집진실 청소를 효과적으로 하기 위함이다.

풀이) 전기집진장치 집진실을 독립된 하전설비를 가진 단위집진실로 구획화하는 주된 이유는 집진효율을 높이고 효율적인 전력 사용을 하기 위함이다.

60 층류 영역에서 Stokes의 법칙을 만족하는 입자의 침강속도에 관한 설명으로 옳지 않은 것은?

① 입자와 유체의 밀도차에 비례한다.
② 입자 직경의 제곱에 비례한다.
③ 가스의 점도에 비례한다.
④ 중력가속도에 비례한다.

풀이) 종말침강속도(Stokes Law)
㉠ Stokes Law 가정
 • 구형입자
 • 층류 흐름영역
 • $10^{-4} < N_{Re} < 0.6$ (N_{Re} : 레이놀즈수)
 • 구는 일정한 속도로 운동
㉡ 관련식

$$V_s = \frac{d_p^2(\rho_p - \rho)g}{18\mu_g}$$

여기서, V_s : 종말침강속도(m/sec)
 d_p : 입자 직경(m)
 ρ_p : 입자 밀도(kg/m³)
 ρ : 가스(공기) 밀도(kg/m³)
 g : 중력가속도(9.8m/sec)
 μ_g : 가스의 점도
  (점성계수 : kg/m·sec²)
입자의 침강속도는 가스의 점도에 반비례한다.

제4과목 대기환경관계법규

61 대기환경보전법규상 자동차연료·첨가제 또는 촉매제의 검사를 받으려는 자가 국립환경과학원장 등에게 검사신청 시 제출해야 하는 항목으로 거리가 먼 것은?

① 검사용 시료
② 검사 시료의 화학물질 조성비율을 확인할 수 있는 성분분석서
③ 제품의 공정도(촉매제만 해당함)
④ 제품의 판매계획

풀이) 자동차연료·첨가제 또는 촉매제의 검사절차 시 제출항목
㉠ 검사용 시료
㉡ 검사 시료의 화학물질 조성비율을 확인할 수 있는 성분분석서

ⓒ 최대 첨가비율을 확인할 수 있는 자료(첨가제만 해당한다.)
ⓓ 제품의 공정도(촉매제만 해당한다.)

62 대기환경보전법상 이 법에서 사용하는 용어의 뜻으로 옳지 않은 것은?

① "공회전제한장치"란 자동차에서 배출되는 대기오염물질을 줄이고 연료를 절약하기 위하여 자동차에 부착하는 장치로서 환경부령으로 정하는 기준에 적합한 장치를 말한다.
② "촉매제"란 배출가스를 증가시키기 위하여 배출가스증가장치에 사용되는 화학물질로서 환경부령으로 정하는 것을 말한다.
③ "입자상물질(粒子狀物質)"이란 물질이 파쇄·선별·퇴적·이적(移積)될 때, 그 밖에 기계적으로 처리되거나 연소·합성·분해될 때에 발생하는 고체상 또는 액체상의 미세한 물질을 말한다.
④ "온실가스 평균배출량"이란 자동차제작자가 판매한 자동차 중 환경부령으로 정하는 자동차의 온실가스 배출량의 합계를 해당 자동차 총 대수로 나누어 산출한 평균값(g/km)을 말한다.

(풀이) "촉매제"란 배출가스를 줄이는 효과를 높이기 위하여 배출가스 저감장치에 사용되는 화학물질로서 환경부령으로 정하는 것을 말한다.

63 실내공기질 관리법규상 PM-10의 실내공기질 유지기준이 $100\mu g/m^3$ 이하인 다중이용시설에 해당하는 것은?

① 실내주차장 ② 대규모 점포
③ 산후조리원 ④ 지하역사

(풀이) 실내공기질 관리법상 유지기준(2019년 7월부터 적용)

오염물질 항목 다중이용시설	미세먼지 (PM-10) ($\mu g/m^3$)	미세먼지 (PM-2.5) ($\mu g/m^3$)	이산화탄소 (ppm)	폼알데하이드 ($\mu g/m^3$)	총 부유세균 (CFU/m^3)	일산화탄소 (ppm)
지하역사, 지하도상가, 철도역사의 대합실, 여객자동차터미널의 대합실, 항만시설 중 대합실, 공항시설 중 여객터미널, 도서관·박물관 및 미술관, 대규모점포, 장례식장, 영화상영관, 학원, 전시시설, 인터넷컴퓨터게임시설제공업의 영업시설, 목욕장업의 영업시설	100 이하	50 이하	1,000 이하	100 이하	-	10 이하
의료기관, 산후조리원, 노인요양시설, 어린이집	75 이하	35 이하		80 이하	800 이하	
실내주차장	200 이하	-		100 이하	-	25 이하
실내 체육시설, 실내 공연장, 업무시설, 둘 이상의 용도에 사용되는 건축물	200 이하					

※ 법규 변경사항이므로 풀이의 내용으로 학습하시기 바랍니다.

64 대기환경보전법령상 사업장의 분류기준 중 4종 사업장의 분류기준은?

① 대기오염물질발생량의 합계가 연간 20톤 이상 50톤 미만인 사업장
② 대기오염물질발생량의 합계가 연간 10톤 이상 20톤 미만인 사업장
③ 대기오염물질발생량의 합계가 연간 2톤 이상 10톤 미만인 사업장
④ 대기오염물질발생량의 합계가 연간 1톤 이상 10톤 미만인 사업장

Answer 62. ② 63. 풀이 확인 64. ③

풀이 사업장 분류기준

종별	오염물질발생량 구분
1종 사업장	대기오염물질발생량의 합계가 연간 80톤 이상인 사업장
2종 사업장	대기오염물질발생량의 합계가 연간 20톤 이상 80톤 미만인 사업장
3종 사업장	대기오염물질발생량의 합계가 연간 10톤 이상 20톤 미만인 사업장
4종 사업장	대기오염물질발생량의 합계가 연간 2톤 이상 10톤 미만인 사업장
5종 사업장	대기오염물질발생량의 합계가 연간 2톤 미만인 사업장

65 다음은 대기환경보전법규상 자동차의 규모기준에 관한 설명이다. ( ) 안에 알맞은 것은?(단, 2015년 12월 10일 이후)

> 소형승용자동차는 사람을 운송하기 적합하게 제작된 것으로, 그 규모기준은 엔진배기량이 1,000cc 이상이고, 차량총중량이 (㉠)이며, 승차인원이 (㉡)

① ㉠ 1.5톤 미만, ㉡ 5명 이하
② ㉠ 1.5톤 미만, ㉡ 8명 이하
③ ㉠ 3.5톤 미만, ㉡ 5명 이하
④ ㉠ 3.5톤 미만, ㉡ 8명 이하

풀이 소형승용자동차
㉠ 정의
  사람을 운송하기에 적합하게 제작된 것
㉡ 규모
  엔진배기량이 1,000cc 이상이고, 차량총중량이 3.5톤 미만이며, 승차인원이 8명 이하

66 대기환경보전법령상 자동차제작자는 부품의 결함 건수 또는 결함 비율이 대통령령으로 정하는 요건에 해당하는 경우 환경부장관의 명에 따라 그 부품의 결함을 시정해야 한다. 이와 관련하여 ( ) 안에 가장 적합한 건수기준은?

> 같은 연도에 판매된 같은 차종의 같은 부품에 대한 부품결함 건수(제작결함으로 부품을 조정하거나 교환한 건수를 말한다.)가 ( )인 경우

① 5건 이상
② 10건 이상
③ 25건 이상
④ 50건 이상

풀이 자동차제작자는 다음 각 호의 모두에 해당하는 경우에는 그 분기부터 매 분기가 끝난 후 90일 이내에 결함 발생원인 등을 파악하여 환경부장관에게 부품결함 현황을 보고하여야 한다.
㉠ 같은 연도에 판매된 같은 차종의 같은 부품에 대한 결함시정 요구 건수가 50건 이상인 경우
㉡ 결함시정 요구율이 4퍼센트 이상인 경우

67 대기환경보전법상 저공해자동차로의 전환 또는 개조 명령, 배출가스저감장치의 부착·교체 명령 또는 배출가스 관련 부품의 교체 명령, 저공해엔진(혼소엔진을 포함한다)으로의 개조 또는 교체 명령을 이행하지 아니한 자에 대한 과태료 부과기준은?

① 500만 원 이하의 과태료
② 300만 원 이하의 과태료
③ 200만 원 이하의 과태료
④ 100만 원 이하의 과태료

풀이 대기환경보전법 제94조 참조

68
다음은 악취방지법규상 악취검사기관과 관련한 행정처분기준이다. ( ) 안에 가장 적합한 처분기준은?

> 검사시설 및 장비가 부족하거나 고장 난 상태로 7일 이상 방치한 경우 4차 행정처분기준은 ( )이다.

① 경고
② 업무정지 1개월
③ 업무정지 3개월
④ 지정취소

[풀이] 각 위반차수별 행정처분기준(1차 ~ 4차순)
경고 – 업무정지 1개월 – 업무정지 3개월 – 지정취소

69
대기환경보전법령상 초과부과금 산정기준에서 다음 오염물질 중 오염물질 1킬로그램당 부과금액이 가장 적은 것은?

① 먼지
② 황산화물
③ 불소화물
④ 암모니아

[풀이] 초과부과금 산정기준

오염물질	구분	오염물질 1킬로그램당 부과금액
황산화물		500
먼지		770
질소산화물		2,130
암모니아		1,400
황화수소		6,000
이황화탄소		1,600
특정 유해물질	불소화물	2,300
	염화수소	7,400
	시안화수소	7,300

※ 법규 변경사항이므로 풀이의 내용으로 학습하시기 바랍니다.

70
악취방지법상 악취배출시설에 대한 개선명령을 받은 자가 악취배출허용기준을 계속 초과하여 신고대상시설에 대해 시·도지사로부터 악취배출시설의 조업정지명령을 받았으나, 이를 위반한 경우 벌칙기준은?

① 1년 이하 징역 또는 1천만 원 이하의 벌금
② 2년 이하 징역 또는 2천만 원 이하의 벌금
③ 3년 이하 징역 또는 3천만 원 이하의 벌금
④ 5년 이하 징역 또는 5천만 원 이하의 벌금

[풀이] 악취방지법 제26조 참조

71
대기환경보전법규상 자동차연료 제조기준 중 휘발유의 황 함량기준(ppm)은?

① 2.3 이하
② 10 이하
③ 50 이하
④ 60 이하

[풀이] 자동차연료 제조기준(휘발유)

항목	제조기준
방향족화합물 함량(부피%)	24(21) 이하
벤젠 함량(부피%)	0.7 이하
납 함량(g/L)	0.013 이하
인 함량(g/L)	0.0013 이하
산소 함량(무게%)	2.3 이하
올레핀 함량(부피%)	16(19) 이하
황 함량(ppm)	10 이하
증기압(kPa, 37.8℃)	60 이하
90% 유출온도(℃)	170 이하

Answer 68. ④ 69. ② 70. ③ 71. ②

72 대기환경보전법규상 배출시설을 설치·운영하는 사업자에 대하여 조업정지를 명하여야 하는 경우로서 그 조업정지가 주민의 생활 등 그 밖에 공익에 현저한 지장을 줄 우려가 있다고 인정되는 경우 조업정지처분을 갈음하여 과징금을 부과할 수 있다. 이때 과징금의 부과기준에 적용되지 않는 것은?

① 조업정지일수
② 1일당 부과금액
③ 오염물질별 부과금액
④ 사업장 규모별 부과계수

[풀이] 과징금은 행정처분기준에 따라 조업정지일수에 1일당 부과금액과 사업장 규모별 부과계수를 곱하여 산정한다.

73 대기환경보전법규상 다음 정밀검사대상 자동차에 따른 정밀검사 유효기간으로 옳지 않은 것은?(단, 차종의 구분 등은 자동차관리법에 의함)

① 차령 4년 경과된 비사업용 승용자동차 : 1년
② 차령 3년 경과된 비사업용 기타자동차 : 1년
③ 차령 2년 경과된 사업용 승용자동차 : 1년
④ 차령 2년 경과된 사업용 기타자동차 : 1년

[풀이] 정밀검사대상 자동차 및 정밀검사 유효기간

차종		정밀검사대상 자동차	검사 유효기간
비사업용	승용자동차	차령 4년 경과된 자동차	2년
	기타자동차	차령 3년 경과된 자동차	1년
사업용	승용자동차	차령 2년 경과된 자동차	1년
	기타자동차	차령 2년 경과된 자동차	

74 대기환경보전법규상 배출시설에서 발생하는 오염물질이 배출허용기준을 초과하여 개선명령을 받은 경우, 개선해야 할 사항이 배출시설 또는 방지시설인 경우 개선계획서에 포함되어야 할 사항으로 거리가 먼 것은?

① 굴뚝 자동측정기기의 운영, 관리 진단계획
② 배출시설 또는 방지시설의 개선명세서 및 설계도
③ 대기오염물질의 처리방식 및 처리효율
④ 공사기간 및 공사비

[풀이] 개선계획서(배출시설 또는 방지시설인 경우)
개선명령을 받은 경우로서 개선하여야 할 사항이 배출시설 또는 방지시설인 경우
㉠ 배출시설 또는 방지시설의 개선명세서 및 설계도
㉡ 대기오염물질의 처리방식 및 처리효율
㉢ 공사기간 및 공사비
㉣ 다음의 경우에는 이를 증명할 수 있는 서류
 • 개선기간 중 배출시설의 가동을 중단하거나 제한하여 대기오염물질의 농도나 배출량이 변경되는 경우
 • 개선기간 중 공법 등의 개선으로 대기오염물질의 농도나 배출량이 변경되는 경우

75 대기환경보전법령상 시·도지사는 부과금을 부과할 때 부과대상 오염물질량, 부과금액, 납부기간 및 납부장소 등에 기재하여 서면으로 알려야 한다. 이 경우 부과금의 납부기간은 납부통지서를 발급한 날부터 얼마로 하는가?

① 7일
② 15일
③ 30일
④ 60일

[풀이] 부과금 납부기간은 납부통지서를 발급한 날부터 30일 이내로 한다.

76
다음은 대기환경보전법규상 비산먼지의 발생을 억제하기 위한 시설의 설치 및 필요한 조치에 관한 엄격한 기준이다. ( ) 안에 알맞은 것은?

> "싣기와 내리기 공정"인 경우 싣거나 내리는 장소 주위에 고정식 또는 이동식 물뿌림시설(물뿌림 반경 (㉠) 이상, 수압 (㉡) 이상)을 설치할 것

① ㉠ 1.5m   ㉡ 2.5kg/cm²
② ㉠ 1.5m   ㉡ 5kg/cm²
③ ㉠ 7m   ㉡ 2.5kg/cm²
④ ㉠ 7m   ㉡ 5kg/cm²

[풀이] 비산먼지발생억제조치(엄격한 기준) : 싣기와 내리기
㉠ 최대한 밀폐된 저장 또는 보관시설 내에서만 분체상물질을 싣거나 내릴 것
㉡ 싣거나 내리는 장소 주위에 고정식 또는 이동식 물뿌림시설(물뿌림 반경 7m 이상, 수압 5kg/cm² 이상)을 설치할 것

77
환경정책기본법령상 이산화질소(NO₂)의 대기환경기준으로 옳은 것은?

① 연간 평균치 0.03ppm 이하
② 24시간 평균치 0.05ppm 이하
③ 8시간 평균치 0.3ppm 이하
④ 1시간 평균치 0.15ppm 이하

[풀이] 대기환경기준

항목	기준	측정방법
이산화질소 (NO₂)	• 연간 평균치 : 0.03ppm 이하 • 24시간 평균치 : 0.06ppm 이하 • 1시간 평균치 : 0.10ppm 이하	화학발광법 (Chemiluminescence Method)

78
대기환경보전법규상 석유정제 및 석유 화학제품 제조업 제조시설의 휘발성유기화합물 배출억제·방지시설 설치 등에 관한 기준으로 옳지 않은 것은?

① 중간집수조에서 폐수처리장으로 이어지는 하수구(Sewer line)는 검사를 위해 대기 중으로 개방되어야 하며, 금·틈새 등이 발견되는 경우에는 30일 이내에 이를 보수하여야 한다.
② 휘발성유기화합물을 배출하는 폐수처리장의 집수조는 대기오염공정시험방법(기준)에서 규정하는 검출불가능 누출농도 이상으로 휘발성유기화합물이 발생하는 경우에는 휘발성유기화합물을 80퍼센트 이상의 효율로 억제·제거할 수 있는 부유지붕이나 상부덮개를 설치·운영하여야 한다.
③ 압축기는 휘발성유기화합물의 누출을 방지하기 위한 개스킷 등 봉인장치를 설치하여야 한다.
④ 개방식 밸브나 배관에는 뚜껑, 브라인드프렌지, 마개 또는 이중밸브를 설치하여야 한다.

[풀이] 중간집수조에서 폐수처리장으로 이어지는 하수구가 대기 중으로 개방되어서는 아니 되며, 금·틈새 등이 발견되는 경우에는 15일 이내에 이를 보수하여야 한다.

79
대기환경보전법규상 환경부장관이 그 구역의 사업장에서 배출되는 대기오염물질을 총량으로 규제하려는 경우 고시하여야 할 사항으로 거리가 먼 것은?(단, 그 밖의 사항 등은 제외)

① 총량규제구역
② 총량규제 대기오염물질
③ 대기오염방지시설 예산서
④ 대기오염물질의 저감계획

Answer 76. ④ 77. ① 78. ① 79. ③

🅟 대기오염물질을 총량으로 규제하려는 경우 고시 사항
 ㉠ 총량규제구역
 ㉡ 총량규제 대기오염물질
 ㉢ 대기오염물질의 저감계획
 ㉣ 그 밖에 총량규제구역의 대기관리를 위하여 필요한 사항

80 대기환경보전법규상 위임업무의 보고사항 중 수입자동차 배출가스 인증 및 검사현황의 보고기일 기준으로 옳은 것은?

① 다음 달 10일까지
② 매 분기 종료 후 15일 이내
③ 매 반기 종료 후 15일 이내
④ 다음 해 1월 15일까지

🅟 위임업무 보고사항

업무내용	보고 횟수	보고 기일	보고자
환경오염사고 발생 및 조치 사항	수시	사고발생 시	시·도지사, 유역환경청장 또는 지방환경청장
수입자동차 배출가스 인증 및 검사현황	연 4회	매 분기 종료 후 15일 이내	국립환경과학원장
자동차 연료 및 첨가제의 제조·판매 또는 사용에 대한 규제현황	연 2회	매 반기 종료 후 15일 이내	유역환경청장 또는 지방환경청장
자동차 연료 또는 첨가제의 제조기준 적합여부 검사현황	• 연료 : 연 4회 • 첨가제 : 연 2회	• 연료 : 매 분기 종료 후 15일 이내 • 첨가제 : 매 반기 종료 후 15일 이내	국립환경과학원장
측정기기관리 대행업의 등록(변경등록) 및 행정처분 현황	연 1회	다음 해 1월 15일까지	유역환경청장, 지방환경청장 또는 수도권대기환경청장

Answer 80. ②

2019년 제4회 대기환경산업기사

제1과목　대기오염개론

01 Panofsky에 따른 Richardson수(Ri)의 크기와 대기의 혼합 간의 관계로 옳지 않은 것은?

① Richardson수가 0에 접근하면 분산은 줄어든다.
② $0.25 < Ri$: 수직방향의 혼합은 없다.
③ Ri가 0.2보다 크게 되면 수직혼합이 최대가 되고, 수평혼합은 없다.
④ $Ri = 0$: 기계적 난류만 존재한다.

💬 Ri가 0.2보다 크면 수직혼합은 거의 없게 되고 수평혼합만 남게 된다.

02 굴뚝 직경 2m, 굴뚝 배출가스 속도 5m/s, 굴뚝 배출가스 온도 400K, 대기온도 300K, 풍속 3m/s일 때 연기 상승높이(m)는?

(단, $F = g\left(\dfrac{D}{2}\right)^2 V_s \left(\dfrac{T_s - T_a}{T_a}\right)$,

$\Delta h = \dfrac{114 CF^{1/3}}{u}$, $C = 1.58$)

① 142.6m　　② 152.3m
③ 168.5m　　④ 198.2m

💬 연기상승높이(Δh)

$= \dfrac{114 CF^{1/3}}{u}$

$F(부력) = g\left(\dfrac{D}{2}\right)^2 V_s \left(\dfrac{T_s - T_a}{T_a}\right)$

$= 9.8 \times \left(\dfrac{2}{2}\right)^2 \times 5 \times \left(\dfrac{400 - 300}{300}\right)$

$= 16.33 \text{m}^4/\text{sec}^3$

$= \dfrac{114 \times 1.58 \times 16.33^{1/3}}{3} = 152.33\text{m}$

03 로스앤젤레스 스모그 사건에서 시간에 따른 광화학 스모그 구성 성분변화 추이 중 가장 늦은 시간에 하루 중 최고치를 나타내는 물질은?

① NO_2
② 알데하이드
③ 탄화수소
④ NO

💬 늦은 시간에 하루 중 최고치를 나타내는 순서
알데하이드 > $NO_2 \approx$ HC > NO

04 대기오염 사건과 관련된 설명 중 (　) 안에 가장 알맞은 것은?

런던 스모그 사건은 (㉠)이 형성되고 거의 무풍 상태가 계속되었으며, 로스앤젤레스 스모그 사건은 (㉡)이 형성되고 해안성 안개가 낀 상태에서 발생하였다.

① ㉠ 복사역전　　㉡ 이류성 역전
② ㉠ 이류성 역전　㉡ 침강역전
③ ㉠ 침강역전　　㉡ 복사역전
④ ㉠ 복사역전　　㉡ 침강역전

구분	London형	LA형
특징	Smoke+Fog의 합성	광화학 작용(2차성 오염물질의 스모그 형성)
반응·화학 반응	• 열적 환원반응 • 연기+안개 → 환원형 Smog	• 광화학적 산화반응 • HC+NOx+$h\nu$ → 산화형 Smog
발생 시 기온	4℃ 이하	24℃ 이상(25~30℃)
발생 시 습도	85% 이상	70% 이하
발생시간	새벽~이른 아침, 저녁	주간(한낮)
발생계절	겨울(12~1월)	여름(7~9월)
일사량	없을 때	강한 햇빛
풍속	무풍	3m/sec 이하
역전 종류	복사성 역전(방사형) : 접지역전	침강성 역전(하강형)
주 오염 배출원	• 공장 및 가정난방 • 석탄 및 석유계 연료	• 자동차 배기가스 • 석유계 연료
시정거리	100m 이하	1.6~0.8km 이하
Smog 형태	차가운 취기가 있는 농무형	회청색의 농무형
피해	• 호흡기 장애, 만성 기관지염, 폐렴 • 심각한 사망률(인체에 대해 직접적 피해)	• 점막자극, 시정악화 • 고무제품 손상, 건축물 손상

05 다음 오염물질 중 수산기를 포함하는 것은?

① chloroform
② benzene
③ methyl mercaptan
④ phenol

풀이) 벤젠고리에 히드록시기(수산기 : 수소와 산소로 이루어진 −OH)가 붙어있는 화합물을 Phenol [C_6H_5OH]이라고 한다.

06 연기의 배출속도 50m/s, 평균풍속 300 m/min, 유효굴뚝높이 55m, 실제굴뚝높이 24m 인 경우 굴뚝의 직경(m)은?(단, $\Delta H = 1.5 \times (V_s/U) \times D$ 식 적용)

① 0.3   ② 1.6
③ 2.1   ④ 3.7

풀이) $\Delta H = 1.5 \times \left(\dfrac{V_s}{U}\right) \times D$

$(55-24)\text{m} = 1.5 \times \left(\dfrac{50\text{m/sec}}{300\text{m/min} \times \text{min}/60\text{sec}}\right) \times D$

$D = 2.07\text{m}$

07 다음 중 "무색의 기체로 자극성이 강하며, 물에 잘 녹고, 살균·방부제로도 이용되고, 단열재, 피혁 제조, 합성수지 제조 등에서 발생하며, 실내공기를 오염시키는 물질"에 해당하는 것은?

① HCHO   ② C_6H_5OH
③ HCl   ④ NH_3

풀이) 포름알데하이드(HCHO)
㉠ 상온에서 자극성 냄새를 갖는 가연성 무색 기체로 폭발의 위험성이 있으며 비중은 약 1.03 이고, 합성수지공업, 피혁공업 등이 주된 배출업종이다.
㉡ VOC의 한 종류로 가장 일반적인 오염물질 중 하나이고, 건물 내부에서 발견되는 오염물질 중 가장 심각한 오염물질이다.
㉢ 환원성이 강한 물질이며 산화시키면 포름산이 되고 물에 잘 녹고, 40% 수용액을 포르말린이 라 한다.
㉣ 방부제, 옷감, 잉크, 페놀수지의 원료로서 발포성 단열재, 실내가구, 가스난로의 연소, 광택제, 카펫, 접착제 등의 새 자재에서 주로 방출되며, 살균·방부제 등으로 이용된다.

Answer 05. ④ 06. ③ 07. ①

08 분자량이 M인 대기오염 물질의 농도가 표준상태(0℃, 1기압)에서 448ppm으로 측정되었다. 표준상태에서 mg/m³로 환산하면?

① $\dfrac{1}{20M}$ ② $\dfrac{M}{20}$
③ $20M$ ④ $\dfrac{20}{M}$

풀이) 농도(mg/m³) = 448mL/m³ × $\dfrac{M \,\text{mg}}{22.4\,\text{mL}}$
      = $20M$ mg/m³

09 다음 중 2차 오염물질로 볼 수 없는 것은?

① 이산화황이 대기 중에서 산화하여 생성된 삼산화황
② 이산화질소의 광화학반응에 의하여 생성된 일산화질소
③ 질소산화물의 광화학반응에 의한 원자상 산소와 대기 중의 산소가 결합하여 생성된 오존
④ 석유 정제 시 수소 첨가에 의하여 생성된 황화수소

풀이) 2차 오염물질
발생원에서 배출된 1차 오염물질이 공기 또는 상호 간의 가수분해, 산화 혹은 광화학적 반응에 의해 대기 중에서 형성된 오염물질을 2차 대기오염 물질이라고 한다.
※ ④는 1차 오염물질에 대한 내용이다.

10 오존층 보호를 위한 오존층 파괴 물질의 생산 및 소비 감축에 관한 내용의 국제협약으로 가장 적절한 것은?

① 바젤 협약 ② 리우 선언
③ 그린피스 협약 ④ 몬트리올 의정서

풀이) 몬트리올 의정서
1987년 9월 오존층 파괴물질의 생산 및 소비 감축을 위해, 즉 생산·소비량을 규제하기 위해 채택된 의정서이다.

11 교토의정서의 2020년까지 연장 및 한국의 녹색기후기금(GCF) 유치를 인준한 당사국 회의 개최 장소는?

① 모로코 마라케쉬 ② 케냐 나이로비
③ 멕시코 칸쿤 ④ 카타르 도하

풀이) 제18차 당사국 총회(COP 18)
㉠ 2012년 카타르 도하에서 개최
㉡ 2012년 만료되는 교토의정서를 2020년까지 연장(2013~2020년간 선진국의 온실가스 의무감축을 규정하는 교토의정서 개정안 채택)
㉢ 선진국과 개도국이 참여하는 새로운 감축안을 만들기 위한 기반 조성
㉣ 발리행동계획에 의하여 출범된 장기협력에 관한 협상트랙(AWG-LCA)이 종료되었으며, 2020년 이후 모든 당사국에 적용되는 신기후체제를 위한 협상회의(ADP)의 2013~2015년간 작업계획 마련
㉤ 한국의 녹색기후기금(GCF) 유치를 인준

12 지구상에 분포하는 오존에 관한 설명으로 옳지 않은 것은?

① 오존량은 돕슨(Dobson) 단위로 나타내는데, 1Dobson은 지구 대기 중 오존의 총량을 0℃, 1기압의 표준상태에서 두께로 환산하였을 때 0.01cm에 상당하는 양이다.
② 오존층 파괴로 인해 피부암, 백내장, 결막염 등 질병유발과, 인간의 면역기능의 저하를 유발할 수 있다.

Answer 08. ③ 09. ④ 10. ④ 11. ④ 12. ①

③ 오존의 생성 및 분해반응에 의해 자연상태의 성층권 영역에는 일정 수준의 오존량이 평형을 이루게 되고, 다른 대기권 영역에 비해 오존의 농도가 높은 오존층이 생성된다.
④ 지구 전체의 평균오존전량은 약 300Dobson이지만, 지리적 또는 계절적으로 그 평균값의 ±50% 정도까지 변화하고 있다.

(풀이) 오존량은 돕슨(Dobson) 단위로 나타내는데 1Dobson은 지구 대기 중 오존의 총량을 0℃, 1기압의 표준상태에서 두께로 환산하였을 때 0.001cm에 상당하는 양이다.

13 수은에 관한 설명으로 옳지 않은 것은?

① 원자량 200.61, 비중 6.92이며, 염산에 용해된다.
② 만성중독의 경우 전형적인 증상은 특수한 구내염, 눈, 입술, 혀, 손발 등이 빠르고 엷게 떨린다.
③ 만성중독의 경우 손과 팔의 근력이 저하되며, 다발성 신경염도 일어난다고도 보고된다.
④ 일본의 미나마타 지방에서 발생한 미나마타병은 유기수은으로 인한 공해병이며, 구심성 시야흡착, 난청, 언어장해 등이 나타난다.

(풀이) 수은(Hg)은 원자량 200.59, 비중 13.6이며 금속을 잘 용해시키는 용매의 성질이 있다.

14 일반적으로 냄새의 강도와 농도 사이에 성립하는 법칙으로 가장 적합한 것은?

① Nernst-Planck의 법칙
② Weber Fechner의 법칙
③ Albedo의 법칙
④ Wien의 변위법칙

(풀이) 물리적 자극량과 인간의 감각강도의 관계는 Weber-Fechner 법칙이 잘 맞고 후각에도 잘 적용된다.

15 다음 대기오염물질 중 혈관 내 용혈을 일으키며, 3대 증상으로는 복통, 황달, 빈뇨이며, 급성중독일 경우 활성탄과 하제를 투여하고 구토를 유발시켜야 하는 것은?

① Asbestos   ② Arsenic(As)
③ Benzo[a]pyrene   ④ Bromine(Br)

(풀이) 비소(As)
㉠ 대표적 3대 증상으로는 복통, 황달, 빈뇨가 있다.
㉡ 만성적인 폭로에 의한 국소증상으로는 손·발바닥에 나타나는 각화증, 각막궤양, 비중격 천공, 탈모 등을 들 수 있다.
㉢ 급성폭로는 섭취 후 수분 내지 수 시간 내에 일어나며 오심, 구토, 복통, 피가 섞인 심한 설사를 유발한다.
㉣ 급성 또는 만성 중독 시 용혈을 일으켜 빈혈, 과빌리루빈혈증 등이 생긴다.
㉤ 급성중독일 경우 치료방법으로는 활성탄과 하제를 투여하고 구토를 유발시킨다.
㉥ 쇼크의 치료에는 강력한 수액제와 혈압상승제를 사용한다.

16 먼지농도가 $160\mu g/m^3$이고, 상대습도가 70%인 상태의 대도시에서의 가시거리는 몇 km인가? (단, $A = 1.2$)

① 4.2km   ② 5.8km
③ 7.5km   ④ 11.2km

(풀이) $L_v(\text{km}) = \dfrac{A \times 10^3}{G} = \dfrac{1.2 \times 10^3}{160\mu g/m^3} = 7.5\text{km}$

17 다음 대기오염물질 중 비중이 가장 큰 것은?

① 포름알데하이드 ② 이황화탄소
③ 일산화질소   ④ 이산화질소

📝 분자량이 클수록 비중이 크다.
　① HCHO 분자량 : 30
　② CS_2 분자량 : 76
　③ NO 분자량 : 30
　④ NO_2 분자량 : 46

18 다음 그림에서 "가" 쪽으로 부는 바람은?

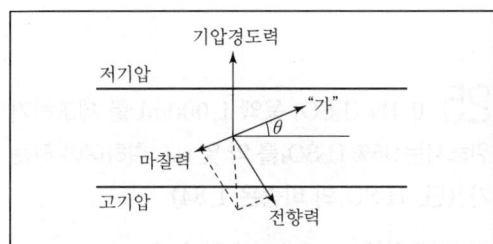

① geostropic wind ② Föhn wind
③ surface wind   ④ gradient wind

📝 마찰력에 의한 지상풍

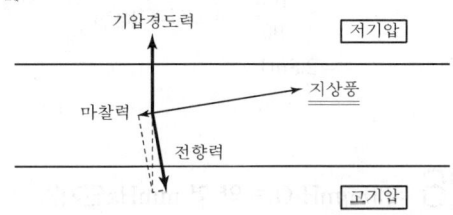

19 다음 대기분산모델 중 벨기에서 개발되었으며, 통계모델로서 도시지역의 오존농도를 계산하는 데 이용했던 것은?

① ADMS(Atmospheric Dispersion ozone Model System)
② OCD(Offshore and Coastal ozone Dispersion model)
③ SMOGSTOP(Statistical Models Of Ground -level Short Term Ozone Pollution)
④ RAMS(Regional Atmospheric ozone Model System)

📝 SMOGSTOP(Statistical Models Of Groundlevel Short Term Ozone Pollution)
　㉠ 벨기에서 개발한 모델이다.
　㉡ 통계모델로서 도시지역의 오존농도를 계산하는 데 이용된다.

20 통상적으로 대기오염물질의 농도와 혼합고 간의 관계로 가장 적합한 것은?

① 혼합고에 비례한다.
② 혼합고의 2승에 비례한다.
③ 혼합고의 3승에 비례한다.
④ 혼합고의 3승에 반비례한다.

📝 오염물질의 농도는 혼합고의 3승에 반비례한다.
$$C \simeq \frac{1}{H^3}$$
여기서, C : 오염농도(ppm), H : 혼합고(m)

제2과목　대기오염공정시험기준(방법)

21 굴뚝반경이 2.2m인 원형 굴뚝에서 먼지를 채취하고자 할 때의 측정점 수는?

① 8   ② 12
③ 16   ④ 20

📝 원형 연도의 측정점 수

굴뚝 직경 2R(m)	반경 구분 수	측정점 수
1 미만	1	4
1~2 미만	2	8
2~4 미만	3	12
4~4.5 미만	4	16
4.5 이상	5	20

22 굴뚝 배출가스 중 황화수소(H_2S)를 자외선/가시선분광법(메틸렌블루법)으로 측정했을 때 농도범위가 5~100ppm일 때 시료채취량 범위로 가장 적합한 것은?

① 10~100mL   ② 0.1~1L
③ 1~10L   ④ 50~100L

[풀이] 굴뚝배출가스 황화수소(H_2S)-자외선/가시선분광법(메틸렌블루법)의 시료채취량 및 흡입속도

황화수소 농도 (ppm) 분석방법	(5~100)		(100~2,000)	
	채취량	흡입속도	채취량	흡입속도
메틸렌블루법	(1~10)L	(0.1~0.5) L/min	(0.1~1)L	0.1 L/min

23 기체크로마토그래피에 관한 설명으로 옳지 않은 것은?

① 일정유량으로 유지되는 운반가스(carrier gas)는 시료도입부로부터 분리관 내를 흘러서 검출기를 통하여 외부로 방출된다.
② 시료의 각 성분이 분리되는 것은 분리관을 통과하는 성분의 흡광성에 의한 속도변화 차이 때문이다.
③ 일반적으로 무기물 또는 유기물의 대기오염물질에 대한 정성, 정량 분석에 이용된다.
④ 기체시료 또는 기화한 액체나 고체시료를 운반가스(carrier gas)에 의하여 분리, 관 내에 전개시켜 기체상태에서 분리되는 각 성분을 크로마토그래피적으로 분석하는 방법이다.

[풀이] 시료도입부로부터 기체, 액체 또는 고체시료를 도입하면 기체는 그대로, 액체나 고체는 가열 기화되어 운반가스에 의하여 분리관 내로 송입되고 시료 중의 각 성분은 충전물에 대한 각각의 흡착성 또는 용해성의 차이에 따라 분리관 내에서의 이동속도가 달라지기 때문에 각각 분리되어 분리관 출구에 접속된 검출기를 차례로 통과하게 된다.

24 분석대상가스가 질소산화물인 경우 흡수액으로 가장 적합한 것은?(단, 페놀디술폰산법 기준)

① 황산+과산화수소+증류수
② 수산화소듐(0.5%) 용액
③ 아연아민착염 용액
④ 아세틸아세톤함유흡수액

[풀이] 질소산화물의 분석방법 및 흡수액
  ㉠ 아연환원 나프틸에틸렌다이아민법 – 물
  ㉡ 페놀디술폰산법 – 산화흡수제(황산+과산화수소수)

25 0.1N H_2SO_4 용액 1,000mL를 제조하기 위해서는 95% H_2SO_4를 약 몇 mL 취하여야 하는가?(단, H_2SO_4의 비중은 1.84)

① 약 1.2mL   ② 약 3mL
③ 약 4.8mL   ④ 약 6mL

[풀이]
$X(mL) = 0.1eq/L \times 1L \times 49g/1eq$
$\times \dfrac{100}{95} \times mL/1.84kg$
$= 2.8mL$

26 500mmH_2O는 약 몇 mmHg인가?

① 19mmHg   ② 28mmHg
③ 37mmHg   ④ 45mmHg

[풀이] 압력(mmHg)
$= 500mmH_2O \times \dfrac{760mmHg}{10,332mmH_2O}$
$= 36.78mmHg$

27 환경대기 중 아황산가스의 농도를 산정량 수동법으로 측정하여 다음과 같은 결과를 얻었다. 이때 아황산가스의 농도는?

- 적정에 사용한 0.01N – 알칼리 용액의 소비량 : 0.2mL
- 시료가스 채취량 : 1.5m³

① $43\mu g/m^3$ ② $58\mu g/m^3$
③ $65\mu g/m^3$ ④ $72\mu g/m^3$

풀이 농도$(\mu g/m^3)$
$= \dfrac{32{,}000 \times N \times v}{V}$

여기서, N : 알칼리의 규정농도(0.01N)
　　　　v : 적정에 사용한 알칼리의 양(mL)
　　　　V : 시료가스채취량(m³)

$= \dfrac{32{,}000 \times 0.01 \times 0.2}{1.5} = 42.67\mu g/m^3$

28 대기오염공정시험기준 중 원자흡수분광광도법에서 사용되는 용어의 정의로 옳지 않은 것은?

① 슬롯버너 : 가스의 분출구가 세극상으로 된 버너
② 충전가스 : 중공음극램프에 채우는 가스
③ 선프로파일 : 파장에 대한 스펙트럼선의 강도를 나타내는 곡선
④ 근접선 : 목적하는 스펙트럼선과 동일한 파장을 갖는 같은 스펙트럼선

풀이 근접선
목적하는 스펙트럼선에 가까운 파장을 갖는 다른 스펙트럼선

29 자외선/가시선분광법에 관한 설명으로 옳지 않은 것은? (단, I_o : 입사광의 강도, I_t : 투사광의 강도, C : 용액의 농도, l : 빛의 투사길이, ε : 비례상수(흡광계수))

① 램버트–비어의 법칙을 응용한 것이다.
② $\dfrac{I_t}{I_o}$ = 투과도라 한다.
③ 투과도 $\left(t = \dfrac{I_t}{I_o}\right)$를 백분율로 표시한 것을 투과 퍼센트라 한다.
④ 투과도 $\left(t = \dfrac{I_t}{I_o}\right)$의 자연대수를 흡광도라 한다.

풀이 흡광도$(A) = \log \dfrac{1}{\frac{I_t}{I_o}} = \log \dfrac{I_o}{I_t}$

30 원자흡수분광광도법으로 배출가스 중 Zn을 분석할 때의 측정파장으로 적합한 것은?

① 213.8nm   ② 248.3nm
③ 324.8nm   ④ 357.9nm

풀이 원자흡수분광광도법 측정파장
㉠ Zn : 213.8nm   ㉡ Fe : 248.5nm
㉢ Cu : 324.8nm   ㉣ Cr : 357.9nm

31 시험의 기재 및 용어에 대한 정의로 옳지 않은 것은?

① 용액의 액성표시는 따로 규정이 없는 한 유리전극법에 의한 pH 미터로 측정한 것을 뜻한다.
② 액체성분의 양을 정확히 취한다 함은 홀피펫, 눈금플라스크 또는 이와 동등 이상의 정도를 갖는 용량계를 사용하여 조작하는 것을 뜻한다.

③ 항량이 될 때까지 건조한다 함은 따로 규정이 없는 한 보통의 건조방법으로 1시간 더 건조할 때 전후 무게의 차가 매 g당 0.5mg 이하일 때를 뜻한다.
④ 바탕시험을 하여 보정한다 함은 시료에 대한 처리 및 측정을 할 때 시료를 사용하지 않고 같은 방법으로 조작한 측정치를 빼는 것을 뜻한다.

(풀이) 항량이 될 때까지 건조한다 함은 따로 규정이 없는 한 보통의 건조방법으로 1시간 더 건조할 때 전후 무게의 차가 매 g당 0.3mg 이하일 때를 뜻한다.

32 다음 중 특정 발생원에서 일정한 굴뚝을 거치지 않고 외부로 비산 배출되는 먼지를 고용량공기시료채취법으로 측정하여 농도계산 시 "전 시료채취 기간 중 주 풍향이 45°~90° 변할 때"의 풍향 보정계수로 옳은 것은?

① 1.0
② 1.2
③ 1.5
④ 1.8

(풀이) 풍향에 대한 보정

풍향변화범위	보정계수
전 시료채취 기간 중 주 풍향이 90° 이상 변할 때	1.5
전 시료채취 기간 중 주 풍향이 45°~90° 변할 때	1.2
전 시료채취 기간 중 풍향이 변동이 없을 때 (45° 미만)	1.0

33 황산 25mL를 물로 희석하여 전량을 1L로 만들었다. 희석 후 황산용액의 농도는?(단, 황산 순도는 95%, 비중은 1.84이다.)

① 약 0.3N
② 약 0.6N
③ 약 0.9N
④ 약 1.5N

(풀이) $X(\text{N}:\text{eq/L})$
$= 25\text{mL/L} \times 0.95 \times 1.84\text{kg/L} \times 1\text{eq}/49\text{g}$
$\times 1,000\text{g/kg} \times \text{L}/10^3\text{mL}$
$= 0.89\text{eq/L}(\text{N})$

34 환경대기 내의 옥시던트(오존으로서) 측정방법 중 알칼리성 요오드화칼륨법에 관한 설명으로 가장 거리가 먼 것은?

① 대기 중에 존재하는 저농도의 옥시던트(오존)를 측정하는 데 사용된다.
② 이 방법에 의한 오존 검출한계는 0.1~65μg이며, 더 높은 농도의 시료는 중성 요오드화칼륨법으로 측정한다.
③ 대기 중에 존재하는 미량의 옥시던트를 알칼리성 요오드화칼륨용액에 흡수시키고 초산으로 pH 3.8의 산성으로 하면 산화제의 당량에 해당하는 요오드가 유리된다.
④ 유리된 요오드를 파장 352nm에서 흡광도를 측정하여 정량한다.

(풀이) 이 방법에 의한 오존의 검출한계는 1~16μg이며, 더 높은 농도의 시료는 흡수액으로 적당히 묽혀 사용할 수 있다.

35 굴뚝 배출가스 내 휘발성유기화합물질(VOCs) 시료채취방법 중 흡착관법의 시료채취장치에 관한 설명으로 가장 거리가 먼 것은?

① 채취관 재질은 유리, 석영, 불소수지 등으로, 120℃ 이상까지 가열이 가능한 것이어야 한다.
② 시료채취관에서 응축기 및 기타 부분의 연결관은 가능한 한 짧게 하고, 불소수지 재질의 것을 사용한다.

③ 밸브는 스테인리스 재질로 밀봉윤활유를 사용하여 기체의 누출이 없는 구조이어야 한다.
④ 응축기 및 응축수 트랩은 유리재질이어야 하며, 응축기는 기체가 앞쪽 흡착관을 통과하기 전 기체를 20℃ 이하로 낮출 수 있는 부피이어야 한다.

〔풀이〕 밸브는 불소수지, 유리 및 석영재질로 밀봉그리스를 사용하지 않고 가스의 누출이 없는 구조이어야 한다.

36 굴뚝 배출가스 중 아황산가스를 연속적으로 분석하기 위한 시험방법에 사용되는 정전위전해분석계의 구성에 관한 설명으로 옳지 않은 것은?

① 가스투과성 격막은 전해셀 안에 들어 있는 전해질의 유출이나 증발을 막고 가스투과성 성질을 이용하여 간섭성분의 영향을 저감시킬 목적으로 사용하는 폴리에틸렌 고분자격막이다.
② 작업전극은 전해셀 안에서 산화전극과 한 쌍으로 전기회로를 이루며 아황산가스를 정전위전해 하는 데 필요한 산화전극을 대전극에 가할 때 기준으로 삼는 전극으로서 백금전극, 니켈 또는 니켈화합물전극, 납 또는 납화합물전극 등이 사용된다.
③ 전해액은 가스투과성 격막을 통과한 가스를 흡수하기 위한 용액으로 약 0.5M 황산용액으로 사용한다.
④ 정전위전원은 작업전극에 일정한 전위의 전기에너지를 부가하기 위한 직류전원으로 수은전지가 이용된다.

〔풀이〕 정전위전해분석계의 전해셀 중 작업전극은 전해질 안으로 확산 흡수된 아황산가스가 전기에너지에 의해 산화될 때 그 농도에 대응하는 전해전류가 발생하는 전극으로 백금전극, 금전극, 팔라듐전극 또는 인듐전극 등이 있다.

37 굴뚝 배출가스 중 페놀화합물을 자외선/가시선분광법으로 측정할 때 시료액에 4-아미노안티피린용액과 헥사사이아노철(Ⅲ)산포타슘 용액을 가한 경우 발색된 색은?

① 황색　　　② 황록색
③ 적색　　　④ 청색

〔풀이〕 페놀화합물(흡광광도법)
시료 중의 페놀류를 수산화소듐용액(0.4W/V%)에 흡수시켜 포집한다. 이 용액의 pH를 10±0.2로 조절한 후 여기에 4-아미노 안티피린 용액과 페리시안산포타슘 용액을 순서대로 가하여 얻어진 적색액을 510nm의 가시부에서의 흡광도를 측정하여 페놀류의 농도를 산출한다.

38 대기오염공정시험기준에서 정의하는 기밀용기(機密容器)에 관한 설명으로 옳은 것은?

① 물질을 취급 또는 보관하는 동안에 이물이 들어가거나 내용물이 손실되지 않도록 보호하는 용기
② 물질을 취급 또는 보관하는 동안에 외부로부터의 공기 또는 다른 가스가 침입하지 않도록 내용물을 보호하는 용기
③ 물질을 취급 또는 보관하는 동안에 내용물이 광화학적 변화를 일으키지 않도록 보호하는 용기
④ 물질을 취급 또는 보관하는 동안에 기체 또는 미생물이 침입하지 않도록 내용물을 보호하는 용기

〔풀이〕 용기의 종류

구분	정의
밀폐 용기	취급 또는 저장하는 동안에 이물질이 들어가거나 또는 내용물이 손실되지 아니하도록 보호하는 용기
기밀 용기	취급 또는 저장하는 동안에 밖으로부터의 공기 또는 다른 가스가 침입하지 아니하도록 내용물을 보호하는 용기
밀봉 용기	취급 또는 저장하는 동안에 기체 또는 미생물이 침입하지 아니하도록 내용물을 보호하는 용기

Answer 36. ②　37. ③　38. ②

차광 용기	광선이 투과하지 않는 용기 또는 투과하지 않게 포장한 용기이며 취급 또는 저장하는 동안에 내용물이 광화학적 변화를 일으키지 아니하도록 방지할 수 있는 용기

39 외부로 비산 배출되는 먼지를 고용량공기 시료채취법으로 측정한 조건이 다음과 같을 때 비산먼지의 농도는?

- 대조위치의 먼지농도 : $0.15mg/m^3$
- 채취먼지량이 가장 많은 위치의 먼지농도 : $4.69mg/m^3$
- 전 시료채취 기간 중 주 풍향이 90° 이상 변했으며, 풍속이 0.5m/s 미만 또는 10m/s 이상 되는 시간이 전 채취시간의 50% 미만이었다.

① $4.54mg/m^3$ ② $5.45mg/m^3$
③ $6.81mg/m^3$ ④ $8.17mg/m^3$

(풀이) 비산먼지 농도(mg/m^3)
$= (C_H - C_B) \times W_D \times W_S$
$= (4.69 - 0.15) \times 1.5 \times 1.0$
$= 6.81 mg/m^3$

40 굴뚝 배출가스 중 이황화탄소를 자외선/가시선분광법으로 측정 시 분석파장으로 가장 적합한 것은?

① 560nm ② 490nm
③ 435nm ④ 235nm

(풀이) 배출가스 중 이황화탄소(자외선/가시선분광법)
다이에틸아민구리 용액에서 시료가스를 흡수시켜 생성된 다이에틸다이티오카바민산구리의 흡광도를 435nm의 파장에서 측정하여 이황화탄소를 정량한다.

제3과목 대기오염방지기술

41 관성충돌, 확산, 증습, 응집, 부착원리를 이용하여 먼지입자와 유해가스를 동시에 제거할 수 있는 장점을 지닌 집진장치로 가장 적합한 것은?

① 음파집진장치 ② 중력집진장치
③ 전기집진장치 ④ 세정집진장치

(풀이) 세정집진장치는 관성충돌, 확산, 증습, 응집, 부착원리를 이용하여 입자상물질과 가스상물질을 동시에 제거할 수 있다.

42 다음 석탄의 특성에 관한 설명으로 옳은 것은?

① 고정탄소의 함량이 큰 연료는 발열량이 높다.
② 회분이 많은 연료는 발열량이 높다.
③ 탄화도가 높을수록 착화온도는 낮아진다.
④ 휘발분 함량과 매연 발생량은 무관하다.

(풀이) ② 회분이 많은 연료는 발열량이 낮다.
③ 탄화도가 높을수록 착화온도는 상승한다.
④ 휘발분이 많을수록 연소효율이 저하되고 매연 발생이 심하다.

43 유압식과 공기분무식을 합한 것으로서 유압은 보통 $7kg/cm^2$ 이상이며, 연소가 양호하고, 소형이며, 전자동 연소가 가능한 연소장치는?

① 증기분무식 버너 ② 방사형 버너
③ 건타입 버너 ④ 저압기류분무식 버너

(풀이) 건타입(Gun Type) 버너
㉠ 유압식과 공기분무식을 합한 형식의 버너이다.
㉡ 유압은 보통 $7kg/cm^2$ 이상이다.
㉢ 연소가 양호하고 전자동 연소가 가능하다.
㉣ 소형으로서 소용량에 적합하다.

44 사이클론과 전기집진장치를 순서대로 직렬로 연결한 어느 집진장치에서 포집되는 먼지량이 각각 300kg/h, 195kg/h이고, 최종 배출구로부터 유출되는 먼지량이 5kg/h이면 이 집진장치의 총집진효율은?(단, 기타조건은 동일하며, 처리과정 중 소실되는 먼지는 없다.)

① 98.5% ② 99.0%
③ 99.5% ④ 99.9%

풀이 총집진효율
$= \left(1 - \dfrac{출구량}{유입량}\right)$

유입량 = 사이클론 제거량 + 전기집진장치 제거량 + 유출먼지량
$= 300 + 195 + 5 = 500 \text{kg/hr}$

$= \left(1 - \dfrac{5}{500}\right) \times 100 = 99\%$

45 기체연료의 연소방식 중 확산연소에 관한 설명으로 옳지 않은 것은?

① 확산연소 시 연료류와 공기류의 경계에서 확산과 혼합이 일어난다.
② 연소 가능한 혼합비가 먼저 형성된 곳부터 연소가 시작되므로 연소형태는 연소기의 위치에 따라 달라진다.
③ 화염이 길고 그을음이 발생하기 쉽다.
④ 역화의 위험이 있으며 가스와 공기를 예열할 수 없는 단점이 있다.

풀이 확산연소
㉠ 연소용 공기와 기체연료(가스)를 예열할 수 있다.
㉡ 붉고 화염이 길다.
㉢ 그을음이 발생하기 쉽다.(연료분출속도가 큰 경우)
㉣ 역화(Back Fire)의 위험이 없다.
㉤ 주로 탄화수소가 적은 발생로가스, 고로가스 등에 적용되는 연소방식이다.

46 불화수소를 함유하는 배기가스를 충전 흡수탑을 이용하여 흡수율 92.5%로 기대하고 처리하고자 한다. 기상총괄이동단위높이(H_{OG})가 0.44m일 때, 이론적인 충전탑의 높이는?(단, 흡수액상 불화수소의 평형분압은 0이다.)

① 0.91m ② 1.14m
③ 1.41m ④ 1.63m

풀이 충전탑 높이 = $H_{OG} \times N_{OG}$
$= 0.44\text{m} \times \left(\ln \dfrac{1}{1-0.925}\right) = 1.14\text{m}$

47 Propane gas 1Sm³를 공기비 1.21로 완전연소시켰을 때 생성되는 건조 배출가스양은? (단, 표준상태 기준)

① 26.8Sm³ ② 24.2Sm³
③ 22.3Sm³ ④ 20.8Sm³

풀이 $C_3H_8 + 5O_2 \rightarrow 3CO_2 + 4H_2O$
$G_d = G_{od} + (m-1)A_o$
$G_{od} = 0.79A_o + CO_2$
$A_o = \dfrac{5}{0.21} = 23.81 \text{Sm}^3/\text{Sm}^3$
$= (0.79 \times 23.81) + 3$
$= 21.81 \text{Sm}^3/\text{Sm}^3$
$= 21.81 + [(1.21-1) \times 23.81]$
$= 26.81 \text{Sm}^3/\text{Sm}^3 \times 1\text{Sm}^3 = 26.81 \text{Sm}^3$

48 유해가스와 물이 일정온도하에서 평형상태를 이루고 있을 때, 가스의 분압이 60mmHg, 물 중의 가스농도가 2.4kg·mol/m³이면, 이때 헨리정수는?(단, 전압은 1기압, 헨리정수의 단위는 atm·m³/kg·mol이다.)

① 0.014 ② 0.023
③ 0.033 ④ 0.417

Answer▶ 44. ② 45. ④ 46. ② 47. ① 48. ③

풀이) $P = HC$

$$H = \frac{P}{C} = \frac{60\,\text{mmHg} \times \frac{1\,\text{atm}}{760\,\text{mmHg}}}{2.4\,\text{kg}\cdot\text{mol/m}^3}$$

$$= 0.033\,\text{atm}\cdot\text{m}^3/\text{kg}\cdot\text{mol}$$

49 적정조건에서 전기집진장치의 분리속도(이동속도)는 커닝햄(Stokes Cunningham) 보정계수 K_m에 비례한다. 다음 중 K_m이 커지는 조건으로 알맞게 짝지은 것은?(단, $K_m \geq 1$)

① 먼지의 입자가 작을수록, 가스압력이 낮을수록
② 먼지의 입자가 작을수록, 가스압력이 높을수록
③ 먼지의 입자가 클수록, 가스압력이 낮을수록
④ 먼지의 입자가 클수록, 가스압력이 높을수록

풀이) 커닝햄 보정계수는 가스온도가 높을수록, 미세입자일수록, 가스압력이 작을수록, 가스분자 직경이 작을수록 커지게 된다.

50 다음 연료 중 검댕의 발생이 가장 적은 것은?

① 저휘발분 역청탄 ② 코크스
③ 이탄 ④ 고휘발분 역청탄

풀이) 코크스의 연소형태는 열분해이므로 매연 발생이 거의 없다.

51 통풍에 관한 설명 중 옳지 않은 것은?

① 압입통풍은 역화의 위험성이 있다.
② 압입통풍은 로 앞에 설치된 가압송풍기에 의해 연소용 공기를 연소로 안으로 압입하며, 내압은 정압(+)이다.
③ 흡인통풍은 연소용 공기를 예열할 수 있다.
④ 평형통풍은 2대의 송풍기를 설치, 운용하므로 설비비가 많이 소요되는 단점이 있다.

풀이) 흡인통풍은 대형의 배풍기가 필요하며 연소용 공기를 예열할 수 없다.

52 공기가 과잉인 경우로 열손실이 많아지는 때의 등가비(ϕ) 상태는?

① $\phi = 1$ ② $\phi < 1$
③ $\phi > 1$ ④ $\phi = 0$

풀이) 등가비(ϕ)에 따른 특성
㉠ $\phi = 1$
  • $m = 1$
  • 완전연소에 알맞은 연료와 산화제가 혼합된 경우로 이상적 연소형태이다.
㉡ $\phi > 1$
  • $m < 1$
  • 연료가 과잉으로 공급된 경우로 불완전 연소형태이다.
  • 일반적으로 CO는 증가하고 NO는 감소한다.
㉢ $\phi < 1$
  • $m > 1$
  • 공기가 과잉으로 공급된 경우로 완전 연소형태이다.
  • CO는 완전연소를 기대할 수 있어 최소가 되나, NO는 증가한다.

53 다음 중 사이클론 집진장치에서 50%의 효율로 집진되는 입자의 크기를 나타내는 것으로 가장 적합한 용어는?

① 임계입경 ② 한계입경
③ 절단입경 ④ 분배입경

풀이) 절단입경(Cut Size Diameter)
Cyclone에서 50% 처리효율로 제거되는 입자의 크기, 즉 50% 분리한계입경이다.

Answer ◀ 49. ① 50. ② 51. ③ 52. ② 53. ③

54 송풍기에 관한 설명으로 거리가 먼 것은?

① 원심력 송풍기 중 전향날개형은 송풍량이 적으나, 압력손실이 비교적 큰 공기조화용 및 특수배기용 송풍기로 사용한다.
② 축류 송풍기는 축 방향으로 흘러 들어온 공기가 축 방향으로 흘러 나갈 때의 임펠러의 양력을 이용한 것이다.
③ 원심력 송풍기 중 방사날개형은 자체 정화기능을 가지기 때문에 분진이 많은 작업장에 사용한다.
④ 원심력 송풍기 중 후향날개형은 비교적 큰 압력손실에도 잘 견디기 때문에 공기정화장치가 있는 국소배기 시스템에 사용한다.

[풀이] 원심력 송풍기 중 전향날개형은 송풍량이 크나, 압력손실이 비교적 적은 가정용 화로, 중앙난방장치 및 에어컨과 같이 저압난방 및 환기 등에 이용된다.

55 다음 집진장치 중 통상적으로 압력손실이 가장 큰 것은?

① 충전탑   ② 벤투리 스크러버
③ 사이클론   ④ 임펄스 스크러버

[풀이] 흡수장치 중 벤투리 스크러버의 압력손실은 300~800mmH₂O로 가장 크다.

56 후드를 포위식, 외부식, 레시버식으로 분류할 때, 다음 중 레시버식 후드에 해당하는 것은?

① Canopy type   ② Cover type
③ Glove box type   ④ Booth type

[풀이] 레시버식 후드
  ㉠ 캐노피형
  ㉡ 원형 또는 장방형
  ㉢ 포위형(그라인더형)

57 연소 시 발생되는 질소산화물(NOx)의 발생을 감소시키는 방법으로 옳지 않은 것은?

① 2단 연소
② 연소부분 냉각
③ 배기가스 재순환
④ 높은 과잉공기 사용

[풀이] 연소 시 발생되는 질소산화물의 발생을 감소시키기 위해서는 저산소 연소를 하여야 한다.

58 탄소 89%, 수소 11%로 된 경유 1kg을 공기과잉계수 1.2로 연소 시 탄소 2%가 그을음으로 된다면 실제 건조 연소가스 $1Sm^3$ 중 그을음의 농도(g/Sm^3)는 약 얼마인가?

① 0.8   ② 1.4
③ 2.9   ④ 3.7

[풀이] 그을음 농도(g/Sm^3)

$$= \frac{검댕량(g/kg)}{건조연소가스양(Sm^3/kg)}$$

검댕량$(g/kg) = 0.89 \times 0.02 kg/kg \times 10^3 g/kg$
$= 17.8 g/kg$

건조연소가스양(G_d)
$G_d = G_{od} + (m-1)A_o$
$G_{od} = 0.79 A_o + CO_2$

$A_o = \frac{(1.867 \times 0.89) + (5.6 \times 0.11)}{0.21}$
$= 10.85 Sm^3/kg$
$= (0.79 \times 10.85) + (1.867 \times 0.89)$
$= 10.23 Sm^3/kg$
$= 10.23 + [(1.2-1) \times 10.85]$
$= 12.40 Sm^3/kg$

$= \frac{17.8 g/kg}{12.40 Sm^3/kg} = 1.44 g/Sm^3$

Answer 54. ① 55. ② 56. ① 57. ④ 58. ②

59 다음 중 각종 발생원에서 배출되는 먼지입자의 진비중(S)과 겉보기 비중(S_B)의 비(S/S_B)가 가장 큰 것은?

① 시멘트킬른 ② 카본블랙
③ 골재건조기 ④ 미분탄보일러

풀이 먼지의 진비중/겉보기 비중
① 시멘트킬른 : 5.0
② 카본블랙 : 76
③ 골재건조기 : 2.7
④ 미분탄보일러 : 4.0

60 VOC 제어를 위한 촉매소각에 관한 설명으로 가장 거리가 먼 것은?

① 촉매를 사용하여 연소실의 온도를 300~400℃ 정도로 낮출 수 있다.
② 고농도의 VOC 및 열용량이 높은 물질을 함유한 가스는 연소열을 낮춰 촉매활성화를 촉진시키므로 유용하게 사용할 수 있다.
③ 백금, 팔라듐 등이 촉매로 사용된다.
④ Pb, As, P, Hg 등은 촉매의 활성을 저하시킨다.

풀이 촉매연소법
VOC 성분을 함유하는 가스를 촉매에 의해 비교적 저온(300~400℃) 정도에서 불꽃 없이 산화시키는 방법으로 직접연소법에 비해 낮은 온도, 짧은 체류시간에서도 처리가 가능하며 저농도의 가연물질과 공기를 함유한 기체물질에 대하여 적용된다.

제4과목 대기환경관계법규

61 대기환경보전법규상 관제센터로 측정결과를 자동전송하지 않는 사업장 배출구의 자가측정 횟수기준으로 옳은 것은?(단, 제1종 배출구이며, 기타 경우는 고려하지 않음)

① 매주 1회 이상
② 매월 2회 이상
③ 2개월마다 1회 이상
④ 반기마다 1회 이상

풀이 자가측정의 대상·항목 및 방법
관제센터로 측정결과를 자동전송하지 않는 사업장의 배출구

구분	배출구별 규모	측정횟수	측정항목
제1종 배출구	먼지·황산화물 및 질소산화물의 연간 발생량 합계가 80톤 이상인 배출구	매주 1회 이상	별표 8에 따른 배출 허용기준이 적용되는 대기오염물질. 다만, 비산먼지는 제외한다.
제2종 배출구	먼지·황산화물 및 질소산화물의 연간 발생량 합계가 20톤 이상 80톤 미만인 배출구	매월 2회 이상	
제3종 배출구	먼지·황산화물 및 질소산화물의 연간 발생량 합계가 10톤 이상 20톤 미만인 배출구	2개월마다 1회 이상	
제4종 배출구	먼지·황산화물 및 질소산화물의 연간 발생량 합계가 2톤 이상 10톤 미만인 배출구	반기마다 1회 이상	
제5종 배출구	먼지·황산화물 및 질소산화물의 연간 발생량 합계가 2톤 미만인 배출구	반기마다 1회 이상	

62 다음은 대기환경보전법상 과징금 처분에 관한 사항이다. ( ) 안에 가장 적합한 것은?

환경부장관은 인증을 받지 아니하고 자동차를 제작하여 판매한 경우 등에 해당하는 때에는 그 자동차제작자에 대하여 매출액에 (㉠)을/를 곱한 금액을 초과하지 아니하는 범위에서 과징금을 부과할 수 있다. 이 경우 과징금의 금액은 (㉡)을 초과할 수 없다.

① ㉠ 100분의 3, ㉡ 100억 원
② ㉠ 100분의 3, ㉡ 500억 원
③ ㉠ 100분의 5, ㉡ 100억 원
④ ㉠ 100분의 5, ㉡ 500억 원

풀이 환경부장관은 인증을 받지 아니하고 자동차를 제작하여 판매한 경우 등에 해당하는 때에는 그 자동차제작자에 대하여 매출액에 100분의 5를 곱한 금액을 초과하지 아니하는 범위에서 과징금을 부과할 수 있다. 이 경우 과징금의 금액은 500억 원을 초과할 수 없다.

63 다음은 대기환경보전법규상 비산먼지 발생을 억제하기 위한 시설의 설치 및 필요한 조치에 관한 기준이다. ( ) 안에 알맞은 것은?

싣기 및 내리기(분체상 물질을 싣고 내리는 경우만 해당한다.) 배출공정의 경우, 싣거나 내리는 장소 주위에 고정식 또는 이동식 물을 뿌리는 시설(살수반경 (㉠) 이상, 수압 (㉡) 이상)을 설치·운영하여 작업하는 중 다시 흩날리지 아니하도록 할 것(곡물작업장의 경우는 제외한다.)

① ㉠ 3m, ㉡ 1.5kg/cm²
② ㉠ 3m, ㉡ 3kg/cm²
③ ㉠ 5m, ㉡ 1.5kg/cm²
④ ㉠ 5m, ㉡ 3kg/cm²

풀이 싣기 및 내리기(분체상 물질을 싣고 내리는 경우만 해당한다.) 배출공정의 경우, 싣거나 내리는 장소 주위에 고정식 또는 이동식 물을 뿌리는 시설(살수반경 5m 이상, 수압 3kg/cm² 이상)을 설치·운영하여 작업하는 중 다시 흩날리지 아니하도록 할 것(곡물작업장의 경우는 제외한다.)

64 다음은 대기환경보전법령상 변경신고에 따른 가동개시신고의 대상규모기준에 관한 사항이다. ( ) 안에 알맞은 것은?

배출시설에서 "대통령령으로 정하는 규모 이상의 변경"이란 설치허가 또는 변경허가를 받거나 설치신고 또는 변경신고를 한 배출구별 배출시설 규모의 합계보다 ( ) 증설(대기배출시설 증설에 따른 변경신고의 경우에는 증설의 누계를 말한다.)하는 배출시설의 변경을 말한다.

① 100분의 10 이상   ② 100분의 20 이상
③ 100분의 30 이상   ④ 100분의 50 이상

풀이 배출시설에서 "대통령령으로 정하는 규모 이상의 변경"이란 설치허가 또는 변경허가를 받거나 설치신고 또는 변경신고를 한 배출구별 배출시설 규모의 합계보다 100분의 20 이상 증설(대기배출시설 증설에 따른 변경신고의 경우에는 증설의 누계를 말한다.)하는 배출시설의 변경을 말한다.

65 대기환경보전법규상 개선명령과 관련하여 이행상태 확인을 위해 대기오염도 검사가 필요한 경우 환경부령으로 정하는 대기오염도 검사기관과 거리가 먼 것은?

① 유역환경청
② 환경보전협회
③ 한국환경공단
④ 시·도의 보건환경연구원

풀이) 대기오염도 검사기관
㉠ 국립환경과학원
㉡ 특별시·광역시·특별자치시·도·특별자치도의 보건환경연구원
㉢ 유역환경청, 지방환경청 또는 수도권대기환경청
㉣ 한국환경공단

66 대기환경보전법규상 대기환경규제지역 지정 시 상시 측정을 하지 않는 지역은 대기오염도가 환경기준의 얼마 이상인 지역을 지정하는가?

① 50퍼센트 이상
② 60퍼센트 이상
③ 70퍼센트 이상
④ 80퍼센트 이상

풀이) 상시 측정을 하지 않는 지역은 대기오염물질배출량을 기초로 산정한 대기오염도가 환경기준의 80퍼센트 이상인 지역을 대기환경규제지역으로 지정할 수 있다.

67 대기환경보전법상 저공해자동차로의 전환 또는 개조 명령, 배출가스저감장치의 부착·교체 명령 또는 배출가스 관련 부품의 교체 명령, 저공해엔진(혼소엔진을 포함한다.)으로의 개조 또는 교체 명령을 이행하지 아니한 자에 대한 과태료 부과기준은?

① 1,000만 원 이하의 과태료
② 500만 원 이하의 과태료
③ 300만 원 이하의 과태료
④ 200만 원 이하의 과태료

풀이) 대기환경보전법 제94조 참조

68 대기환경보전법상 거짓으로 배출시설의 설치허가를 받은 후에 시·도지사가 명한 배출시설의 폐쇄명령까지 위반한 사업자에 대한 벌칙기준으로 옳은 것은?

① 7년 이하의 징역이나 1억 원 이하의 벌금
② 5년 이하의 징역이나 3천만 원 이하의 벌금
③ 1년 이하의 징역이나 500만 원 이하의 벌금
④ 300만 원 이하의 벌금

풀이) 대기환경보전법 제89조 참조

69 대기환경보전법령상 초과부과금 산정기준에서 다음 오염물질 중 1킬로그램당 부과금액이 가장 적은 것은?

① 염화수소
② 시안화수소
③ 불소화물
④ 황화수소

풀이) 초과부과금 산정기준

오염물질	구분	오염물질 1킬로그램당 부과금액
황산화물		500
먼지		770
질소산화물		2,130
암모니아		1,400
황화수소		6,000
이황화탄소		1,600
특정 유해물질	불소화물	2,300
	염화수소	7,400
	시안화수소	7,300

70 다음은 대기환경보전법상 장거리이동 대기오염물질 대책위원회에 관한 사항이다. ( ) 안에 알맞은 것은?

> 위원회는 위원장 1명을 포함한 (㉠) 이내의 위원으로 성별을 고려하여 구성한다. 위원회의 위원장은 (㉡)이 된다.

① ㉠ 25명, ㉡ 환경부장관
② ㉠ 25명, ㉡ 환경부차관
③ ㉠ 50명, ㉡ 환경부장관
④ ㉠ 50명, ㉡ 환경부차관

Answer 66. ④ 67. ③ 68. ① 69. ③ 70. ②

풀이) 장거리이동 대기오염물질 대책위원회
  ㉠ 위원회는 위원장 1명을 포함한 25명 이내의 위원으로 성별을 고려하여 구성한다.
  ㉡ 위원회의 위원장은 환경부차관이 된다.

71 실내공기질 관리법규상 실내공기 오염물질에 해당하지 않는 것은?

① 아황산가스   ② 일산화탄소
③ 폼알데하이드 ④ 이산화탄소

풀이) 실내공기 오염물질
- 미세먼지(PM-10)
- 이산화탄소(CO_2 ; Carbon Dioxide)
- 포름알데하이드(Formaldehyde)
- 총부유세균(TAB ; Total Airborne Bacteria)
- 일산화탄소(CO ; Carbon Monoxide)
- 이산화질소(NO_2 ; Nitrogen dioxide)
- 라돈(Rn ; Radon)
- 휘발성유기화합물(VOCs ; Volatile Organic Compounds)
- 석면(Asbestos)
- 오존(O_3 ; Ozone)
- 미세먼지(PM-2.5)
- 곰팡이(Mold)
- 벤젠(Benzene)
- 톨루엔(Toluene)
- 에틸벤젠(Ethylbenzene)
- 자일렌(Xylene)
- 스티렌(Styrene)
※ 법규 변경사항이므로 풀이의 내용으로 학습하시기 바랍니다.

72 대기환경보전법규상 위임업무의 보고사항 중 '수입자동차 배출가스 인증 및 검사현황'의 보고 횟수 기준으로 적합한 것은?

① 연 1회   ② 연 2회
③ 연 4회   ④ 연 12회

풀이) 위임업무 보고사항

업무내용	보고 횟수	보고 기일	보고자
환경오염사고 발생 및 조치 사항	수시	사고발생 시	시·도지사, 유역환경청장 또는 지방환경청장
수입자동차 배출가스 인증 및 검사현황	연 4회	매 분기 종료 후 15일 이내	국립환경과학원장
자동차 연료 및 첨가제의 제조·판매 또는 사용에 대한 규제현황	연 2회	매 반기 종료 후 15일 이내	유역환경청장 또는 지방환경청장
자동차 연료 또는 첨가제의 제조기준 적합 여부 검사현황	• 연료 : 연 4회 • 첨가제 : 연 2회	• 연료 : 매 분기 종료 후 15일 이내 • 첨가제 : 매 반기 종료 후 15일 이내	국립환경과학원장
측정기기관리대행법의 등록(변경등록) 및 행정처분 현황	연 1회	다음 해 1월 15일까지	유역환경청장, 지방환경청장 또는 수도권대기환경청장

73 실내공기질 관리법령상 이 법의 적용대상이 되는 다중이용시설로서 "대통령령으로 정하는 규모의 것"의 기준으로 옳지 않은 것은?

① 공항시설 중 연면적 1천5백 제곱미터 이상인 여객터미널
② 연면적 2천 제곱미터 이상인 실내주차장(기계식 주차장은 제외한다.)
③ 철도역사의 연면적 1천5백 제곱미터 이상인 대합실
④ 항만시설 중 연면적 5천 제곱미터 이상인 대합실

풀이) 철도역사의 연면적 2천 제곱미터 이상인 대합실

Answer 71. ① 72. ③ 73. ③

74 환경정책기본법령상 오존(O_3)의 대기환경기준으로 옳은 것은?(단, 1시간 평균치)

① 0.03ppm 이하 ② 0.05ppm 이하
③ 0.1ppm 이하   ④ 0.15ppm 이하

풀이 대기환경기준

항목	기준	측정방법
오존 (O_3)	• 8시간 평균치 : 0.06ppm 이하 • 1시간 평균치 : 0.1ppm 이하	자외선 광도법 (U.V. Photometric Method)

75 대기환경보전법령상 규모별 사업장의 구분 기준으로 옳은 것은?

① 1종 사업장 – 대기오염물질발생량의 합계가 연간 70톤 이상인 사업장
② 2종 사업장 – 대기오염물질발생량의 합계가 연간 20톤 이상 80톤 미만인 사업장
③ 3종 사업장 – 대기오염물질발생량의 합계가 연간 10톤 이상 30톤 미만인 사업장
④ 4종 사업장 – 대기오염물질발생량의 합계가 연간 1톤 이상 10톤 미만인 사업장

풀이 사업장 분류기준

종별	오염물질발생량 구분
1종 사업장	대기오염물질발생량의 합계가 연간 80톤 이상인 사업장
2종 사업장	대기오염물질발생량의 합계가 연간 20톤 이상 80톤 미만인 사업장
3종 사업장	대기오염물질발생량의 합계가 연간 10톤 이상 20톤 미만인 사업장
4종 사업장	대기오염물질발생량의 합계가 연간 2톤 이상 10톤 미만인 사업장
5종 사업장	대기오염물질발생량의 합계가 연간 2톤 미만인 사업장

76 대기환경보전법규상 휘발유를 연료로 사용하는 소형 승용자동차의 배출가스 보증기간 적용기준은?(단, 2016년 1월 1일 이후 제작 자동차)

① 2년 또는 160,000km
② 5년 또는 150,000km
③ 10년 또는 192,000km
④ 15년 또는 240,000km

풀이 2016년 1월 1일 이후 제작 자동차

사용 연료	자동차의 종류	적용기간
휘발유	경자동차, 소형 승용·화물자동차, 중형 승용·화물자동차	15년 또는 240,000km
	대형 승용·화물자동차, 초대형 승용·화물자동차	2년 또는 160,000km
	이륜자동차 최고속도 130km/h 미만	2년 또는 20,000km
	이륜자동차 최고속도 130km/h 이상	2년 또는 35,000km

77 대기환경보전법령상 배출시설 설치허가를 받거나 설치신고를 하려는 자가 시·도지사 등에게 제출할 배출시설 설치허가신청서 또는 배출시설 설치신고서에 첨부하여야 할 서류가 아닌 것은?

① 배출시설 및 방지시설의 설치명세서
② 방지시설의 일반도
③ 방지시설의 연간 유지관리계획서
④ 환경기술인 임명일

풀이 배출시설 설치허가를 받거나 신고를 하려는 자가 배출시설 설치허가신청서 또는 배출시설 설치신고서에 첨부해야 하는 서류
㉠ 원료(연료를 포함한다.)의 사용량 및 제품 생산량과 오염물질 등의 배출량을 예측한 명세서
㉡ 배출시설 및 방지시설의 설치명세서
㉢ 방지시설의 일반도
㉣ 방지시설의 연간 유지관리 계획서

Answer 74. ③ 75. ② 76. ④ 77. ④

ⓜ 사용 연료의 성분 분석과 황산화물 배출농도 및 배출량 등을 예측한 명세서(배출시설의 경우에만 해당한다.)
ⓑ 배출시설설치허가증(변경허가를 신청하는 경우에만 해당한다.)

78 다음은 대기환경보전법규상 주유소 주유시설의 휘발성유기화합물 배출 억제·방지시설 설치 및 검사·측정결과의 기록보존에 관한 기준이다. ( ) 안에 알맞은 것은?

- 유증기 회수배관은 배관이 막히지 아니하도록 적절한 경사를 두어야 한다.
- 유증기 회수배관을 설치한 후에는 회수배관 액체막힘 검사를 하고 그 결과를 ( ) 기록·보존하여야 한다.

① 1년간   ② 2년간
③ 3년간   ④ 5년간

[풀이] 유증기 회수배관을 설치한 후에는 회수배관 액체막힘검사를 하고 그 결과를 5년간 기록·보존하여야 한다.

79 대기환경보전법규상 비산먼지 발생을 억제하기 위한 시설의 설치 및 필요한 조치에 관한 기준 중 "야외 녹 제거 배출공정" 기준으로 옳지 않은 것은?

① 야외 작업 시 이동식 집진시설을 설치할 것. 다만, 이동식 집진시설의 설치가 불가능할 경우 진공식 청소차량 등으로 작업현장에 대한 청소작업을 지속적으로 할 것
② 풍속이 평균초속 8m 이상(강선건조업과 합성수지선건조업인 경우에는 10m 이상)인 경우에는 작업을 중지할 것
③ 야외 작업 시에는 간이칸막이 등을 설치하여 먼지가 흩날리지 아니하도록 할 것

④ 구조물의 길이가 30m 미만인 경우에는 옥내작업을 할 것

[풀이] 비산먼지 발생을 억제하기 위한 시설의 설치 및 필요한 조치에 관한 기준
[야외 녹 제거]
가. 탈청구조물의 길이가 15m 미만인 경우에는 옥내작업을 할 것
나. 야외 작업 시에는 간이칸막이 등을 설치하여 먼지가 흩날리지 아니하도록 할 것
다. 야외 작업 시 이동식 집진시설을 설치할 것. 다만, 이동식 집진시설의 설치가 불가능할 경우 진공식 청소차량 등으로 작업현장에 대한 청소작업을 지속적으로 할 것
라. 작업 후 남은 것이 다시 흩날리지 아니하도록 할 것
마. 풍속이 평균초속 8m 이상(강선건조업과 합성수지선건조업인 경우에는 10m 이상)인 경우에는 작업을 중지할 것
바. 가목부터 마목까지와 같거나 그 이상의 효과를 가지는 시설을 설치하거나 조치하는 경우에는 가목부터 마목까지 중 그에 해당하는 시설의 설치 또는 조치를 제외한다.

80 다음은 대기환경보전법규상 배출시설별 배출원과 배출량 조사에 관한 사항이다. ( ) 안에 알맞은 것은?

시·도지사, 유역환경청장, 지방환경청장 및 수도권대기환경청장은 법에 따른 배출시설별 배출원과 배출량을 조사하고, 그 결과를 ( )까지 환경부장관에게 보고하여야 한다.

① 다음 해 1월 말   ② 다음 해 3월 말
③ 다음 해 6월 말   ④ 다음 해 12월 31일

[풀이] 시·도지사, 유역환경청장, 지방환경청장 및 수도권대기환경청장은 배출시설별 배출원과 배출량을 조사하고, 그 결과를 다음 해 3월 말까지 환경부장관에게 보고하여야 한다.

Answer 78. ④ 79. ④ 80. ②

2020년 통합 제1·2회 대기환경산업기사

제1과목 대기오염개론

01 대기오염과 관련된 설명으로 옳지 않은 것은?

① 멕시코의 포자리카 사건은 황화수소의 누출에 의해 발생한 것이다.
② 카보닐황은 대류권에서 매우 안정하기 때문에 거의 화학적인 반응을 하지 않는다.
③ 대기 중의 황화수소(H_2S)는 거의 대부분 OH에 의해 산화 제거되며, 그 결과 SO_2를 생성한다.
④ 도노라 사건은 포자리카 사건 이후에 발생하였으며 1차 오염물질에 의한 사건이다.

풀이 도노라 사건(1948)은 포자리카 사건(1950) 이전에 발생하였으며 2차 오염물질에 의한 사건이다.

02 [보기]와 같은 연기의 형태로 가장 적합한 것은?

[보기]
- 이 연기 내에서는 오염의 단면분포가 전형적인 가우시안 분포를 이룬다.
- 대기가 중립조건일 때 발생한다. 즉 날씨가 흐리고 바람이 비교적 약하면 약한 난류가 발생하여 생긴다.
- 지면 가까이에는 거의 오염의 영향이 미치지 않는다.

① 부채형 ② 원추형
③ 환상형 ④ 지붕형

풀이 Conning(원추형)
㉠ 대기상태가 중립인 경우 연기의 배출형태이다.
㉡ 발생시기는 바람이 다소 강하거나 구름이 많이 낀 날에 자주 관찰된다.
㉢ 연기 Plume 내의 오염물의 단면분포가 전형적인 가우시안 분포를 나타낸다.

03 온실효과에 관한 설명으로 옳지 않은 것은?

① 온실효과에 대한 기여도(%)는 $CH_4 > N_2O$이다.
② CO_2의 주요 흡수파장영역은 35~40μm 정도이다.
③ O_3의 주요 흡수파장영역은 9~10μm 정도이다.
④ 가시광선은 통과시키고 적외선을 흡수해서 열을 밖으로 나가지 못하게 함으로써 보온작용을 하는 것을 대기의 온실효과라고 한다.

풀이 온실가스들은 각각 적외선 흡수대가 있으며, CO_2의 주요 흡수대는 파장 13~17μm 정도이다.

04 지상 25m에서의 풍속이 10m/s일 때 지상 50m에서의 풍속(m/s)은?(단, Deacon식을 이용하고, 풍속지수는 0.2를 적용한다.)

① 약 10.8 ② 약 11.5
③ 약 13.2 ④ 약 16.8

풀이 $\dfrac{U_2}{U_1} = \left(\dfrac{Z_2}{Z_1}\right)^p$

$U_2 = 10\text{m/sec} \times \left(\dfrac{50\text{m}}{25\text{m}}\right)^{0.2} = 11.49\text{m/sec}$

Answer 01. ④ 02. ② 03. ② 04. ②

05 비스코스 섬유제조 시 주로 발생하는 무색의 유독한 휘발성 액체이며, 그 불순물은 불쾌한 냄새를 갖고 있는 대기오염물질은?

① 암모니아(NH_3)
② 일산화탄소(CO)
③ 이황화탄소(CS_2)
④ 포름알데히드(HCHO)

풀이 CS_2(이황화탄소)
㉠ 분자량 76.14, 녹는점 −111.53℃, 끓는점 46.25℃, 인화점 −30℃이다. 상온에서 무색 투명하고 휘발성이 강하면서 순수한 경우에는 냄새가 거의 없지만 일반적으로 불쾌한 냄새가 나는 유독성 액체로 공기 중에서 서서히 분해되어 황색을 나타낸다.(상온에서도 빛에 의해 서서히 분해되며 인화되기 쉽다.)
㉡ 주로 비스코스레이온과 셀로판 제조공정 중에 사용되어 배출하는 오염물질이며 사염화탄소 생산 시 원료로도 사용되어 배출된다.
㉢ 햇빛에 파괴될 정도로 불안정하지만, 부식성은 비교적 약하다.
㉣ CS_2의 증기는 공기보다 약 2.64배 정도 무겁다.

06 NOx의 피해에 관한 설명으로 옳은 것은?

① 저항성이 약한 식물로는 담배, 해바라기 등이 있다.
② 식물에는 별로 심각한 영향을 주지 않으나, 주 지표식물로는 아스파라거스, 명아주 등이 있다.
③ 잎 가장자리에 주로 흰색 또는 은백색 반점을 유발하고, 인체독성보다 식물의 고목에 민감한 편이다.
④ 스위트피가 주 지표식물이며, 인체독성보다 식물의 고엽, 성숙한 잎에 민감한 편이며, 0.2ppb 정도에서 큰 영향을 끼친다.

07 지구대기의 연직구조에 관한 설명으로 옳지 않은 것은?

① 중간권은 고도증가에 따라 온도가 감소한다.
② 성층권 상부의 열은 대부분 오존에 의해 흡수된 자외선 복사의 결과이다.
③ 성층권은 라디오파의 송수신에 중요한 역할을 하며, 오로라가 형성되는 층이다.
④ 대류권은 대기의 4개 층(대류권, 성층권, 중간권, 열권) 중 가장 얇은 층이다.

풀이 ③항은 열권의 내용이다.

08 대기의 특성과 관련된 설명으로 옳지 않은 것은?

① 공기는 약 0~50℃의 온도범위 내에서 보통 이상기체의 법칙을 따른다.
② 공기의 절대습도란 이론적으로 함유된 수증기 또는 물의 함량을 말하며 단위는 %이다.
③ 대기안정도와 난류는 대기경계층에서 오염물질의 확산 정도를 결정하는 중요한 인자이다.
④ 지표면으로부터의 마찰효과가 무시될 수 있는 층에서 기압경도력과 전향력의 평형에 의하여 이루어지는 바람을 지균풍이라고 한다.

풀이 절대습도
공기 $1m^3$ 중 포함된 수증기의 양을 kg으로 나타낸 것으로 온도에 영향을 받지 않는다.

09 유효 굴뚝높이 120m인 굴뚝으로부터 배출되는 SO_2이 지상 최대의 농도를 나타내는 지점(m)은?(단, Sutton의 식 적용, 수평 및 수직 확산계수는 0.05, 안정도계수는(n)는 0.25)

Answer 05. ③ 06. ① 07. ③ 08. ② 09. ④

① 약 4,457 ② 약 5,647
③ 약 6,824 ④ 약 7,296

풀이) $X_{max} = \left(\dfrac{H_e}{K_z}\right)^{\frac{2}{2-n}} = \left(\dfrac{120m}{0.05}\right)^{\frac{2}{2-0.25}}$
$= 7,296.2m$

10 R.W. Moncrieff와 J.E. Ammore가 지적한 냄새물질의 특성과 거리가 먼 것은?

① 아민은 농도가 높으면 암모니아 냄새, 낮으면 생선냄새를 나타낸다.
② 냄새가 강한 물질은 휘발성이 높고, 또 화학반응성이 강한 것이 많다.
③ 동족체에서는 분자량이 클수록 강하지만 어느 한계 이상이 되면 약해진다.
④ 원자가가 낮고, 금속성물질이 냄새가 강하고, 비금속물질이 냄새는 약하다.

풀이) 일반적으로 비금속화합물의 악취가 금속물질보다 심하다.

11 다음 설명과 관련된 복사법칙으로 가장 적합한 것은?

흑체의 단위(1cm²) 표면적에서 복사되는 에너지(E)의 양은 그 흑체 표면의 절대온도(K)의 4승에 비례한다.

① 빈의 법칙
② 알베도의 법칙
③ 플랑크의 법칙
④ 스테판-볼츠만의 법칙

풀이) 스테판-볼츠만의 법칙
주어진 온도에서 이론상 최대에너지를 복사하는 가상적인 물체를 흑체라 할 때, 흑체복사를 하는 물체에서 방출되는 복사에너지는 절대온도(K)의 4승에 비례한다는 법칙이다.

12 광화학적 스모그(smog)의 3대 생성요소와 가장 거리가 먼 것은?

① 자외선
② 염소(Cl_2)
③ 질소산화물(NO_X)
④ 올레핀(Olefin)계 탄수화물

풀이) 광화학적 스모그(smog)의 3대 생성요소
㉠ 질소산화물(NO_x)
㉡ 올레핀(Olefin)계 탄화수소
㉢ 자외선

13 다음 가스성분 중 일반적으로 대기 내의 체류시간이 가장 짧은 것은?(단, 표준상태 0℃, 760mmHg 건조공기)

① CO   ② CO_2
③ N_2O ④ CH_4

풀이) 체류시간이 짧은 순서
$CO > CH_4 > CO_2 > N_2O$

14 다음은 입자 빛산란의 적용 결과에 관한 설명이다. ( ) 안에 알맞은 것은?

(㉠)의 결과는 모든 입경에 대하여 적용되나, (㉡)의 결과는 입사 빛의 파장에 대하여 입자가 대단히 작은 경우에만 적용된다.

① ㉠ Mie, ㉡ Rayleigh
② ㉠ Rayleigh, ㉡ Mie
③ ㉠ Maxwell, ㉡ Tyndall

④ ㉠ Tyndall, ㉡ Maxwell

[풀이] ㉠ Mie 산란 : 모든 입경에 적용
㉡ Rayleigh 산란 : 입사 빛의 파장에 대하여 입자가 매우 작은 경우에만 적용

15 다음 [보기]가 설명하는 대기오염물질로 옳은 것은?

[보기]
- 석탄, 석유 등 화석연료의 연소에 의해서 주로 발생하는 입자상 물질에 함유되어 있는 물질
- 촉매제, 합금제조, 잉크와 도자기 제조공정 등에서도 발생
- 대기 중 0.11~1μg/m³ 정도 존재하며 코, 눈 기도를 자극하는 물질

① 비소 ② 아연
③ 바나듐 ④ 다이옥신

[풀이] 바나듐(V)
㉠ 은회색의 전이금속으로 단단하나 연성(잡아 늘이기 쉬운 성질)과 전성(펴 늘일 수 있는 성질)이 있고 주로 화석연료, 특히 석탄 및 중유에 많이 포함되고 코·눈·인후의 자극을 동반하여 격심한 기침을 유발한다.
㉡ 원소 자체는 반응성이 커서 자연상태에서는 화합물로만 존재하며 산화물 보호피막을 만들기 때문에 공기 중 실온에서는 잘 산화되지 않으나 가열하면 산화된다.
㉢ 바나듐에 폭로된 사람들은 인지질 및 지방분의 합성, 혈장 콜레스테롤치가 저하되며, 만성폭로 시 설태가 낄 수 있다.

16 다음 대기분산모델 중 가우시안모델식을 적용하지 않는 것은?

① RAMS ② ISCST
③ ADMS ④ AUSPLUME

[풀이] RAMS
미국에서 개발되었고, 바람장모델로서 바람장과 오염물질 분산을 동시에 계산할 수 있으며, 가우시안모델식을 적용하지 않는다.

17 다음 4종류의 고도에 따른 기온분포도 중 plume의 상하 확산 폭이 가장 적어 최대착지거리가 큰 것은?

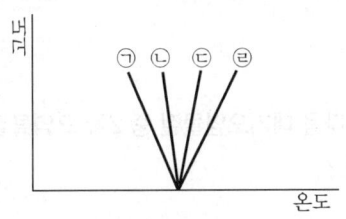

① ㉠ ② ㉡
③ ㉢ ④ ㉣

[풀이] 최대 착지거리는 대기안정도가 불안정할수록 작고 안정할수록 크다. ㉠이 불안정하므로 확산폭이 가장 크고, ㉣이 안정하므로 확산폭이 가장 작다.

18 다음 [보기]의 설명에 적합한 입자상 오염물질은?

[보기]
금속 산화물과 같이 가스상 물질이 승화, 증류, 및 화학반응 과정에서 응축될 때 주로 생성되는 고체 입자

① 훈연(fume) ② 먼지(dust)
③ 검댕(soot) ④ 미스트(mist)

[풀이] 훈연(fume)
금속이 용해되어 액상물질로 되고 이것이 가스상 물질로 기화된 후 다시 응축되어 생성된 고체미립자이다.

Answer 15. ③ 16. ① 17. ④ 18. ①

19 다음 물질 중 오존파괴지수가 가장 낮은 것은?

① CCl₄
② CFC-115
③ Halon-2402
④ Halon-1301

풀이) 특정물질 오존파괴지수(ODP)
① CCl₄ : 1.1
② CFC-115 : 0.6
③ Halon-2402 : 6.0
④ Halon-1301 : 10.0

20 다음 대기오염물질 중 2차 오염물질이 아닌 것은?

① O₃
② NOCl
③ H₂O₂
④ CO₂

풀이) 2차 오염물질의 종류
대부분 광산화물로서 O₃, PAN(CH₃COOONO₂), H₂O₂, NOCl, 아크롤레인(CH₂CHCHO), SO₃, NO₂ 등

제2과목 대기오염공정시험기준(방법)

21 대기오염공정시험기준상 굴뚝 배출가스 중의 일산화탄소 분석방법으로 가장 거리가 먼 것은?

① 정전위전해법
② 음이온전극법
③ 기체크로마토그래피
④ 비분산형 적외선분석법

풀이) 배출가스 중 일산화탄소 분석방법
㉠ 비분산형 적외선분석법
㉡ 정전위전해법
㉢ 기체크로마토그래피

22 대기오염공정시험기준에서 정하고 있는 온도에 대한 설명으로 옳지 않은 것은?

① 실온 : 1~35℃
② 온수 : 35~50℃
③ 냉수 : 15℃ 이하
④ 찬 곳 : 따로 규정이 없는 한 0~15℃의 곳

풀이) 냉수는 15℃ 이하, 온수는 60~70℃, 열수는 약 100℃를 말한다.

23 기체크로마토그래피에 사용되는 검출기 중 미량의 유기물을 분석할 때 유용한 것은?

① 질소인검출기(MPD)
② 불꽃이온화검출기(FID)
③ 불꽃광도검출기(FPD)
④ 전자포획검출기(ECD)

24 다음 중 환경대기 중의 탄화수소 농도를 측정하기 위한 시험방법과 가장 거리가 먼 것은?

① 총탄화수소 측정법
② 용융 탄화수소 측정법
③ 활성 탄화수소 측정법
④ 비메탄 탄화수소 측정법

풀이) 환경대기 중 탄화수소 측정방법
㉠ 비메탄 탄화수소 측정법(주 시험법)
㉡ 총탄화수소 측정법
㉢ 활성 탄화수소 측정법

25 연료용 유류(원유, 경유, 중유)중의 황함유량을 측정하기 위한 분석방법으로 옳은 것은? (단, 황함유량은 질량분율 0.01% 이상이다.)

① 광산란법 ② 광투과율법
③ 연소관식 공기법 ④ 전기화학식 분석법

🔹 연료용 유류 중의 황 함유량 분석방법(연소관식 공기법)
㉠ 원유, 경유, 중유의 황 함유량을 측정하는 방법을 규정하며 유류 중 황 함유량이 질량분율 0.01% 이상인 경우에 적용한다.
㉡ 950~1,100℃로 가열한 석영재질 연소관 중에 공기를 불어넣어 시료를 연소시킨다.
㉢ 생성된 황산화물을 과산화수소(3%)에 흡수시켜 황산으로 만든 다음, 수산화소듐 표준액으로 중화적정하여 황 함유량을 구한다.

26 굴뚝 배출가스 중의 산소농도를 오르자트 분석법으로 측정할 때 사용되는 탄산가스 흡수액은?

① 피로가롤용액
② 염화제일동용액
③ 물에 수산화포타슘을 녹인 용액
④ 포화식염수에 황산을 가한 용액

🔹 탄산가스 흡수액에는 수산화포타슘용액을 사용한다.

27 대기오염공정시험기준상 이온크로마토그래피의 장치에 관한 설명 중 ( ) 안에 알맞은 것은?

( )(이)란 용리액에 사용되는 전해질 성분을 제거하기 위하여 분리관 뒤에 직렬로 접속시킨 것으로써 전해질을 물 또는 저 전도도의 용매로 바꿔줌으로서 전기 전도도 셀에서 목적이온 성분과 전기 전도도만을 고감도로 검출할 수 있게 해주는 것이다.

① 분리관 ② 용리액조
③ 송액펌프 ④ 서프레서

🔹 서프레서
용리액에 사용되는 전해질 성분을 제거하기 위하여 분리관 뒤에 직렬로 접속시킨 것으로서 전해질을 물 또는 저전도도의 용매로 바꿔줌으로써 전기 전도도 셀에서 목적이온 성분과 전기 전도도만을 고감도로 검출할 수 있게 해주는 것이다. 서프레서는 관형과 이온교환막형이 있으며, 관형은 음이온에는 스티롤계 강산형(H^+) 수지가, 양이온에는 스티롤계 강염기형(OH^-)의 수지가 충진된 것을 사용한다.

28 대기오염공정시험기준상 다음 [보기]가 설명하는 것은?

[보기]
물질을 취급 또는 보관하는 동안에 기체 또는 미생물이 침입하지 않도록 내용물을 보호하는 용기를 뜻한다.

① 밀폐용기 ② 기밀용기
③ 밀봉용기 ④ 차광용기

🔹 용기의 종류

구분	정의
밀폐용기	취급 또는 저장하는 동안에 이물질이 들어가거나 또는 내용물이 손실되지 아니하도록 보호하는 용기
기밀용기	취급 또는 저장하는 동안에 밖으로부터의 공기 또는 다른 가스가 침입하지 아니하도록 내용물을 보호하는 용기
밀봉용기	취급 또는 저장하는 동안에 기체 또는 미생물이 침입하지 아니하도록 내용물을 보호하는 용기
차광용기	광선이 투과하지 않는 용기 또는 투과하지 않게 포장한 용기이며 취급 또는 저장하는 동안에 내용물이 광화학적 변화를 일으키지 아니하도록 방지할 수 있는 용기

Answer 25. ③ 26. ③ 27. ④ 28. ③

29 다음은 배출가스 중 벤젠분석방법이다. ( ) 안에 알맞은 것은?

> 흡착관을 이용한 방법, 테들러 백을 이용한 방법을 시료채취방법으로 하고 열탈착장치를 통하여 (㉠)방법으로 분석한다. 배출가스 중에 존재하는 벤젠의 정량범위는 0.1~2,500ppm이며, 방법검출한계는 (㉡)이다.

① ㉠ 원자흡수분광광도, ㉡ 0.03ppm
② ㉠ 원자흡수분광광도, ㉡ 0.07ppm
③ ㉠ 기체크로마토그래피, ㉡ 0.03ppm
④ ㉠ 기체크로마토그래피, ㉡ 0.07ppm

💬 ㉠ 흡착관을 이용한 방법, 테들러 백을 이용한 방법을 시료채취방법으로 하고 열탈착장치를 통하여 기체크로마토그래피 방법으로 분석한다.
㉡ 배출가스 중에 존재하는 벤젠의 정량범위는 0.1~2,500(ppm)이며, 방법검출한계는 0.03 ppm이다.

30 냉증기 원자흡수분광광도법으로 굴뚝 배출가스 중 수은을 측정하기 위해 사용하는 흡수액으로 옳은 것은?(단, 흡수액의 농도는 질량분율이다.)

① 4% 과망간산포타슘, 10% 질산
② 4% 과망간산포타슘, 10% 황산
③ 10% 과망간산포타슘, 4% 질산
④ 10% 과망간산포타슘, 4% 황산

💬 10% 황산(H_2SO_4, sulfuric acid, 분자량 : 98.08, 순도 : 1급 이상)에 과망간산포타슘($KMnO_4$, potassium permanganate, 분자량 : 158.03, 순도 : 1급 이상) 40g을 넣어 10% 황산을 가하여 최종 부피를 1L로 한다.

31 대기오염공정시험기준상 굴뚝에서 배출되는 가스와 분석방법의 연결이 옳지 않은 것은?

① 암모니아 - 인도페놀법
② 염화수소 - 오르토톨리딘법
③ 페놀 - 4-아미노 안티피린 자외선/가시선분광법
④ 포름알데히드 - 크로모트로핀산 자외선/가시선분광법

💬 염화수소의 분석방법
㉠ 이온크로마토그래피법
㉡ 사이오시안산제이수은 자외선/가시선 분광법

32 대기오염공정시험기준상 원자흡수분광광도법에 대한 원리를 설명한 것으로 옳은 것은?

① 여기상태의 원자가 기저상태로 될 때 특유의 파장의 빛을 투과하는 현상 이용
② 여기상태의 원자가 이 원자 증기층을 투과하는 특유 파장의 빛을 흡수하는 현상 이용
③ 기저상태의 원자가 여기상태로 될 때 특유 파장의 빛을 투과하는 현상 이용
④ 기저상태의 원자가 이 원자 증기층을 투과하는 특유 파장의 빛을 흡수하는 현상 이용

💬 원자흡수분광광도법
시료를 적당한 방법으로 해리시켜 중성원자로 증기화하여 생긴 기저상태(Ground State or Normal State)의 원자가 이 원자 증기층을 투과하는 특유파장의 빛을 흡수하는 현상을 이용하여 광전측광과 같은 개개의 특유 파장에 대한 흡광도를 측정하여 시료 중의 원소 농도를 정량하는 방법으로, 대기 또는 배출 가스 중의 유해 중금속, 기타 원소의 분석에 적용한다.

33 굴뚝 단면이 상·하 동일 단면적의 직사각형 굴뚝의 직경 산출방법으로 옳은 것은?(단, 가로 : 굴뚝 내부 단면 가로치수, 세로 : 굴뚝 내부 단면 세로치수)

① 환산직경 = $\left(\dfrac{\text{가로} \times \text{세로}}{\text{가로} + \text{세로}}\right)$

② 환산직경 = $2 \times \left(\dfrac{\text{가로} \times \text{세로}}{\text{가로} + \text{세로}}\right)$

③ 환산직경 = $4 \times \left(\dfrac{\text{가로} \times \text{세로}}{\text{가로} + \text{세로}}\right)$

④ 환산직경 = $8 \times \left(\dfrac{\text{가로} \times \text{세로}}{\text{가로} + \text{세로}}\right)$

풀이) 환산직경(등가직경) = $2 \times \dfrac{(\text{가로} \times \text{세로})}{\text{가로} + \text{세로}}$

34 다음은 굴뚝 배출가스 중 크롬화합물의 자외선/가시선분광법으로 측정하는 방법이다. ( ) 안에 알맞은 것은?

> 시료용액 중의 크롬을 과망간산포타슘에 의하여 6가로 산화하고 (㉠)을/를 가한 다음, 아질산소듐으로 과량의 과망간산염을 분해한 후 다이페닐카바자이드를 가하여 발색시키고, 파장 (㉡)nm 부근에서 흡수도를 측정하여 정량하는 방법이다.

① ㉠ 요소, ㉡ 460
② ㉠ 요소, ㉡ 540
③ ㉠ 아세트산, ㉡ 460
④ ㉠ 아세트산, ㉡ 540

풀이) 시료용액 중의 크롬을 과망간산포타슘에 의하여 6가로 산화하고, 요소를 가한 다음, 아질산소듐으로 과량의 과망간산염을 분해한 후 다이페닐카바자이드를 가하여 발색시키고, 파장 540nm 부근에서 흡수도를 측정하여 정량하는 방법이다.

35 다음은 시안화수소 분석에 관한 내용이다. ( ) 안에 가장 적합한 것으로 옳게 나열된 것은?

> 굴뚝 배출가스 중 시안화수소를 피리딘피라졸론법으로 분석할 때 ( ), ( ) 등의 영향을 무시할 수 있는 경우에 적용한다.

① 철, 동
② 알루미늄, 철
③ 인산염, 황산염
④ 할로겐, 황화수소

풀이) 굴뚝 배출가스 중 시안화수소를 피리딘 피라졸론법으로 분석할 때에는 할로겐 등의 산화성 가스와 황화수소 등의 영향을 무시할 수 있는 경우에 적용한다.

36 굴뚝에서 배출되는 배출가스 중 암모니아를 중화적정법으로 분석하기 위하여 사용하는 흡수액으로 옳은 것은?

① 질산용액
② 붕산용액
③ 염화칼슘용액
④ 수산화소듐용액

풀이) 암모니아는 붕산용액(질량분율 0.5%)으로 흡수한다.

37 흡광광도계에서 빛의 강도가 I_o인 단색광이 어떤 시료용액을 통과할 때 그 빛의 90%가 흡수될 경우 흡광도는?

① 0.05
② 0.2
③ 0.5
④ 1.0

풀이) 흡광도$(A) = \log\dfrac{1}{\text{투과율}} = \log\dfrac{1}{1-0.9} = 1.0$

Answer 33. ② 34. ② 35. ④ 36. ② 37. ④

38 대기오염공정시험기준상 링겔만 매연 농도표를 이용한 배출가스 중 매연 측정에 관한 설명으로 옳지 않은 것은?

① 농도표는 측정자의 앞 16cm에 놓는다.
② 매연의 검은 정도를 6종으로 분류한다.
③ 링겔만 매연 농도표는 매연의 정도에 따라 색이 진하고 연하게 나타난다.
④ 굴뚝배출구에서 30~45cm 떨어진 곳의 농도를 측정자의 눈높이의 수직이 되게 관측 비교한다.

[풀이] 매연 측정 시 농도표는 측정자의 앞 16m에 놓는다.

39 농도 7%(w/v)의 H_2O_2 100mL가 이론상 흡수할 수 있는 SO_2의 양(L)으로 옳은 것은?

① 약 0.1   ② 약 0.5
③ 약 1.2   ④ 약 4.6

[풀이] 과산화수소의 양(g) = 7g/100mL × 100mL
                    = 7(g)

$SO_2 + H_2O_2 \rightarrow H_2SO_4$
22.4L : 34g
SO_2 : 7g
∴ SO_2(L) = 4.6(L)

40 수산화소듐 20g을 물에 용해시켜 750mL로 제조하였을 때 이용액의 농도(M)는?

① 0.33   ② 0.67
③ 0.99   ④ 1.33

[풀이] M(mol/L) = 20g/750mL × 1mol/40g
              × 10^3mL/1L
           = 0.67M

제3과목 대기오염방지기술

41 저위발열량 5000kcal/Sm³의 기체연료 연소 시 이론 연소온도(℃)는?(단, 이론연소가스양은 20Sm³/Sm³, 연소가스의 평균정압비열은 0.35kcal/Sm³·℃이며, 기준온도는 실온(15℃)이며, 공기는 예열되지 않고, 연소가스는 해리되지 않는다.)

① 약 560   ② 약 610
③ 약 730   ④ 약 890

[풀이] 이론연소온도(℃)
$= \dfrac{\text{저위발열량}}{\text{이론연소가스양} \times \text{연소가스 평균정압비열}} + \text{실제온도}$

$= \dfrac{5,000\,\text{kcal/Sm}^3}{20\,\text{Sm}^3/\text{Sm}^3 \times 0.35\,\text{kcal/Sm}^3 \cdot ℃} + 15℃$

$= 729.29℃$

42 다음 연료 중 일반적으로 착화온도가 가장 높은 것은?

① 목탄   ② 무연탄
③ 역청탄   ④ 갈탄(건조)

[풀이] 연료의 착화온도
㉠ 고체연료
 • 코크스 : 500~600℃
 • 무연탄 : 370~500℃
 • 목탄 : 320~400℃
 • 역청탄 : 250~400℃
 • 갈탄 : 250~350℃,
   갈탄(건조) : 250~400℃
㉡ 액체연료
 • 경유 : 592℃
 • B중유 : 530~580℃
 • A중유 : 530℃
 • 휘발유 : 500~550℃

- 등유 : 400~500℃
ⓒ 기체연료
- 도시가스 : 600~650℃
- 코크스 : 560℃
- 수소가스 : 550℃
- 프로판가스 : 493℃
- LPG(석유가스) : 440~480℃
- 천연가스(주 : 메탄) : 650~750℃
- 발생로가스 : 700~800℃

43 입자상 물질에 대한 설명으로 옳지 않은 것은?

① 입경이 작을수록 집진이 어렵다.
② 단위 체적당 입자의 표면적은 입경이 작을수록 작아진다.
③ 입자는 반드시 구형만은 아니고 선형, 부정형 등이 있다.
④ 비중은 항상 일정한 값을 취하는 진비중과 입자의 집합 상태에 따라 달라지는 겉보기 비중으로 구별할 수 있다.

〔풀이〕 단위 체적당 입자의 표면적은 입경이 작을수록 커진다.

44 먼지의 입경측정방법 중 주로 $1\mu m$ 이상인 먼지의 입경측정에 이용되고, 그 측정 장치로는 앤더슨피펫, 침강천칭, 광투과장치 등이 있는 것은?

① 관성충돌법
② 액상 침강법
③ 표준체 측정법
④ Bacho 원심기체 침강법

〔풀이〕 액상침강법
㉠ 입자가 액체 중에서 침강하는 시간을 측정하여 입경과 분포상태를 알아 보는 측정방법으로 주로 $1\mu m$ 이상인 먼지의 입경측정에 이용된다.
ⓒ 측정장치 종류로는 앤더슨 피펫, 침강천칭, 광투과장치 등이 있다.

45 먼지의 입경(d_p, μm)을 Rosin-Rammler 분포에 의해 체상분포 $R(\%)=100\exp(-\beta d_p^n)$ 으로 나타낸다. 이 먼지는 입경 $35\mu m$ 이하가 전체의 약 몇 %를 차지하는가?(단, $\beta=0.063$, n=1)

① 11
② 21
③ 79
④ 89

〔풀이〕 $35\mu m$ 이상 차지하는 분포를 구하여 계산하면
$$R(\%) = 100\exp(-\beta d_p^n)$$
$$= 100 \times \exp(-0.063 \times 35^1)$$
$$= 11.025\%$$
$35\mu m$ 이하 차지하는 분포 $= 100 - 11.025$
$$= 88.97\%$$

46 중량조성이 탄소 85%, 수소 15%인 액체연료를 매시 100kg 연소한 후 배출가스를 분석하였더니 분석치가 CO_2 12.5%, CO 3%, O_2 3.5%, N_2 81%이었다. 이때 매시간당 필요한 공기량(Sm^3/h)은?

① 약 13
② 약 157
③ 약 657
④ 약 1271

〔풀이〕 $A = m \times A_o$
$$m = \frac{N_2}{N_2 - 3.76(O_2 - 0.5CO)}$$
$$= \frac{81}{81 - 3.76[3.5 - (0.5 \times 3)]} = 1.102$$
$$A_o = \frac{1}{0.21}[(1.867 \times 0.85) + (5.6 \times 0.15)]$$
$$= 11.557 Sm^3/kg$$
$$= 1.102 \times 11.557 Sm^3/kg \times 100 kg/hr$$
$$= 1,273.58 Sm^3/hr$$

47 점도(Viscosity)에 관한 설명으로 옳지 않은 것은?

① 기체의 점도는 온도가 상승하면 낮아진다.
② 점도는 유체 이동에 따라 발생하는 일종의 저항이다.
③ 액체인 경우 분자 간 응집력이 점도의 원인이다.
④ 일반적으로 액체의 점도는 온도가 상승함에 따라 낮아진다.

풀이 액체는 온도가 증가하면 점도는 작아지고 기체는 온도가 증가하면 점도는 증가한다.

48 사이클론의 운전조건이 집진율에 미치는 영향으로 옳지 않은 것은?

① 출구의 직경이 작을수록 집진율은 감소하고, 동시에 압력손실도 감소한다.
② 가스의 온도가 높아지면 가스의 점도가 커져 집진율은 저하되나 그 영향은 크지 않다.
③ 원통의 길이가 길어지면 선회류 수가 증가하여 집진율은 증가하나 큰 영향은 미치지 않는다.
④ 가스의 유입속도가 클수록 집진율은 증가하나, 10m/s 이상에서는 거의 영향을 미치지 않는다.

풀이 사이클론에서 출구의 직경이 작을수록 집진율은 증가하고, 동시에 압력손실도 증가한다.

49 다음 [보기]가 설명하는 송풍기의 종류로 가장 적합한 것은?

[보기]
• 타 기종에 비해 대풍량, 저정압 구조로서 설치 면적이 작다.
• 날개의 형상에 따라 저속운전으로 저소음 및 운전상태가 정숙하다.
• 풍량변동에 따른 풍압의 변화가 적다.
• 베인댐퍼(Vane damper)의 설치로 풍량 및 정압조정이 용이해 position에 따라 정압조정이 용이하다.

① 터보팬
② 다익 송풍기
③ 레이디얼 팬
④ 익형 송풍기

풀이 문제상 [보기] 내용은 다익송풍기(전향날개형 송풍기)이다.

50 흡수장치의 총괄이동 단위높이(H_{OG})가 1.0m이고, 제거율이 95%라면, 이 흡수장치의 높이(m)는 약 얼마인가?

① 1.2
② 3.0
③ 3.5
④ 4.2

풀이 높이 $= H_{OG} \times N_{OG}$
$$N_{OG} = \ln\frac{1}{1-\eta}$$
$$= 1.0 \times \ln\frac{1}{1-0.95} = 3.0\text{m}$$

51 화학적 흡착과 비교한 물리적 흡착의 특성에 관한 설명으로 옳지 않은 것은?

① 흡착제의 재생이나 오염가스의 회수에 용이하다.
② 일반적으로 온도가 낮을수록 흡착량이 많다.
③ 표면에 단분자막을 형성하며, 발열량이 크다.
④ 압력을 감소시키면 흡착물질이 흡착제로부터 분리되는 가역적 흡착이다.

풀이 물리적 흡착은 표면에 다분자막을 형성하며, 발열량이 작다.

52 염소농도가 200ppm인 배출가스를 처리하여 15mg/Sm³로 배출한다고 할 때, 염소의 제거율(%)은?(단, 온도는 표준상태로 가정한다.)

① 95.7
② 97.6
③ 98.4
④ 99.6

풀이) $\eta = \left(1 - \dfrac{C_o}{C_i}\right) \times 100$

$C_i = 200\text{mL/m}^3 \times \dfrac{71\text{mg}}{22.4\text{mL}}$
$= 633.93\text{mg/m}^3$
$C_o = 10\text{mg/m}^3$
$= \left(1 - \dfrac{15}{633.93}\right) \times 100 = 97.63\%$

53 연소조절에 의한 질소산화물(NOx)저감대책으로 가장 거리가 먼 것은?

① 과잉공기량을 크게 한다.
② 2단 연소법을 사용한다.
③ 배출가스를 재순환시킨다.
④ 연소용 공기의 예열온도를 낮춘다.

풀이) 과잉공기량을 적게 해야 질소산화물의 생성이 저감된다.

54 세정집진장치에 관한 설명으로 옳지 않은 것은?

① 타이젠와셔는 회전식에 해당한다.
② 입자포집원리로 관성충돌, 확산작용이 있다.
③ 벤투리 스크러버에서 물방울 입경과 먼지 입경의 비는 5 : 1 정도가 좋다.
④ 사용하는 액체는 보통 물이지만 특수한 경우에는 표면활성제를 혼합하는 경우도 있다.

풀이) 벤투리 스크러버의 충돌효율은 물방울입경 : 먼지입경이 150 : 1인 정도에서 가장 좋다.

55 다음 [보기]가 설명하는 연소장치로 가장 적합한 것은?

[보기]
기체연료의 연소장치로서 천연가스와 같은 고발열량 연료를 연소시키는 데 사용되는 버너

① 선회 버너
② 건식 버너
③ 방사형 버너
④ 유압분무식 버너

풀이) 방사형 버너
천연가스와 같은 고발열량 연료를 연소시키는 데 가장 적합한 버너이다.

56 크기가 가로 1.2m, 세로 2.0m, 높이 1.5m인 연소실에서 저위발열량이 10,000kcal/kg인 중유를 1.5시간에 100kg씩 연소시키고 있다. 이 연소실의 열발생률(kcal/m³·h)은?(단, 연료는 완전연소하며, 연료 및 공기의 예열이 없고 연소실 벽면을 통한 열손실도 전혀 없다고 가정한다.)

① 약 165,246
② 약 185,185
③ 약 277,778
④ 약 416,667

풀이) 연소실 열발생률(kcal/m³·hr)
$= \dfrac{H_l \times G}{V} = \dfrac{10,000\text{kcal/kg} \times 100\text{kg}/1.5\text{hr}}{(1.2 \times 1.5 \times 2.0)\text{m}^3}$
$= 185,185.19\text{kcal/m}^3 \cdot \text{hr}$

Answer ◀ 52. ② 53. ① 54. ③ 55. ③ 56. ②

57 관성력 집진장치에 관한 설명으로 옳지 않은 것은?

① 충돌식과 반전식이 있으며, 고온가스의 처리가 가능하다.
② 관성력에 의한 분리속도는 회전기류반경에 비례하고, 입경의 제곱에 반비례한다.
③ 집진 가능한 입자는 주로 $10\mu m$ 이상의 조대입자이며, 일반적으로 집진율은 50~70% 정도이다.
④ 기류의 방향전환 각도가 작고, 방향전환 횟수가 많을수록 압력손실은 커지나 집진은 잘된다.

[풀이] 관성력에 의한 분리속도는 회전기류반경에 반비례하고 입경의 제곱에 비례한다.

58 세정식 집진장치 중 가압수식에 해당하는 것은?

① 충전탑   ② 로터형
③ 분수형   ④ S형 임펠러

[풀이] 가압수식 세정집진장치 종류
① 벤투리 스크러버
② 제트 스크러버
③ 사이클론 스크러버
④ 충전탑
⑤ 분무탑

59 하루에 5톤의 유비철광을 사용하는 아비산제조 공장에서 배출되는 SO_2를 NaOH용액으로 흡수하여 Na_2SO_3로 제거하려 한다. NaOH용액의 흡수효율을 100%라 하면 이론적으로 필요한 NaOH의 양(톤)은?(단, 유비철광 중의 유황분 함유량은 20%이고, 유비철광 중 유황분은 모두 산화되어 배출된다.)

① 0.5   ② 1.5
③ 2.5   ④ 3.5

[풀이]
$S + O_2 \rightarrow SO_2$
$SO_2 + 2NaOH \rightarrow Na_2SO_3 + H_2O$
$S \quad \rightarrow \quad 2NaOH$
$32kg \quad : 2 \times 40kg$
$5ton \quad : NaHO(ton)$

$NaOH(ton) = \dfrac{5ton \times (2 \times 40)kg}{32kg} = 2.5ton$

60 아래 표는 전기로에 부설된 Bag filter의 유입구 및 유출구의 가스양과 먼지농도를 측정한 것이다. 먼지 통과율(%)로 옳은 것은?

구분	유입구	유출구
가스양(Sm^3/h)	11.4	16.2
먼지농도(g/Sm^3)	13.25	1.24

① 약 3.3   ② 약 6.6
③ 약 10.3   ④ 약 13.3

[풀이] 통과율$(P) = 100 - \eta$

$\eta(\%) = \left(1 - \dfrac{C_o \cdot Q_o}{C_i \cdot Q_i}\right) \times 100$

$= \left(1 - \dfrac{1.24 \times 16.2}{13.25 \times 11.4}\right) \times 100$

$= 86.70(\%)$

$= 100 - 86.7 = 13.3\%$

제4과목 대기환경관계법규

61 대기환경보전법상 과태료의 부과기준으로 옳지 않은 것은?

① 일반기준으로서 위반행위의 횟수에 따른 부과기준은 최근 1년간 같은 위반행위로 과태료 부과처분을 받은 경우에 적용한다.

② 일반기준으로서 부과권자는 위반행위의 동기와 그 결과 등을 고려하여 과태료 부과금액의 80% 범위에서 이를 감경한다.
③ 개별기준으로서 제작차배출허용기준에 맞지 않아 결함시정명령을 받은 자동차제작자가 결함시정 결과보고를 아니한 경우 1차 위반 시 과태료 부과금액은 100만 원이다.
④ 개별기준으로서 제작차배출허용기준에 맞지 않아 결함시정명령을 받은 자동차제작자가 결함시정결과보고를 아니한 경우 3차 위반 시 과태료 부과금액은 200만 원이다.

[풀이] 일반기준으로서 부과권자는 위반행위의 동기와 그 결과 등을 고려하여 과태료 부과금액의 2분의 1 범위에서 이를 감경한다.

62 대기환경보전법상 배출허용기준의 준수 여부 등을 확인하기 위해 환경부령으로 지정된 대기오염도 검사기관으로 옳은 것은?(단, 국가표준기본법에 따른 인정을 받은 시험·검사기관 중 환경부장관이 정하여 고시하는 기관은 제외한다.)

① 지방환경청
② 대기환경기술진흥원
③ 한국환경산업기술원
④ 환경관리연구소

[풀이] 대기오염도 검사기관
㉠ 국립환경과학원
㉡ 특별시·광역시·특별자치시·도·특별자치도의 보건환경연구원
㉢ 유역환경청, 지방환경청 또는 수도권대기환경청
㉣ 한국환경공단

63 대기환경보전법상 운행차의 정밀검사 방법·기준 및 검사대상 항목기준(일반기준)에 관한 설명으로 틀린 것은?

① 관능 및 기능검사는 배출가스검사를 먼저 한 후 시행하여야 한다.
② 휘발유와 가스를 같이 사용하는 자동차는 연료를 가스로 전환한 상태에서 배출가스검사를 실시하여야 한다.
③ 운행차의 정밀검사는 부하검사방법을 적용하여 검사를 하여야 하지만, 상시 4륜구동 자동차는 무부하검사방법을 적용할 수 있다.
④ 운행차의 정밀검사는 부하검사방법을 적용하여 검사를 하여야 하지만, 2행정 원동기 장착자동차는 무부하검사방법을 적용할 수 있다.

[풀이] 배출가스검사는 관능 및 기능검사를 먼저 한 후 시행하여야 한다.

64 대기환경보전법상 100만 원 이하의 과태료 부과대상인 자는?

① 황함유기준을 초과하는 연료를 공급·판매한 자
② 비산먼지의 발생억제시설의 설치 및 필요한 조치를 하지 아니하고 시멘트·석탄·토사 등 분체상 물질을 운송한 자
③ 배출시설 등 운영상황에 관한 기록을 보존하지 아니한 자
④ 자동차의 원동기 가동제한을 위반한 자동차의 운전자

[풀이] 대기환경보전법 제94조 참조

65 대기환경보전법상 수도권대기환경청장, 국립환경과학원장 또는 한국환경공단이 설치하는 대기오염측정망의 종류에 해당하지 않는 것은?

① 도시지역 또는 산업단지 인근지역의 특정대기유해물질(중금속을 제외한다)의 오염도를 측정하기 위한 유해대기물질측정망
② 산성 대기오염물질의 건성 및 습성 침착량을 측정하기 위한 산성강하물측정망
③ 도로변의 대기오염물질 농도를 측정하기 위한 도로변대기측정망
④ 장거리이동 대기오염물질의 성분을 집중 측정하기 위한 대기오염집중측정망

풀이 수도권대기환경청장, 국립환경과학원장 또는 한국환경공단이 설치하는 대기오염측정망의 종류
㉠ 대기오염물질의 지역배경농도를 측정하기 위한 교외대기측정망
㉡ 대기오염물질의 국가배경농도와 장거리이동현황을 파악하기 위한 국가배경농도측정망
㉢ 도시지역 또는 산업단지 인근지역의 특정대기유해물질(중금속을 제외한다)의 오염도를 측정하기 위한 유해대기물질측정망
㉣ 도시지역의 휘발성 유기화합물 등의 농도를 측정하기 위한 광화학대기오염물질측정망
㉤ 산성 대기오염물질의 건성 및 습성 침착량을 측정하기 위한 산성강하물측정망
㉥ 기후·생태계 변화유발물질의 농도를 측정하기 위한 지구대기측정망
㉦ 장거리이동 대기오염물질의 성분을 집중측정하기 위한 미세먼지성분측정망
㉧ 미세먼지(PM-2.5)의 성분 및 농도를 집중측정하기 위한 미세먼지성분측정망

66 대기환경보전법상 위임업무 보고사항 중 "측정기기 관리대행업의 등록, 변경등록 및 행정처분 현황"에 대한 유역환경청장의 보고 횟수 기준은?

① 수시   ② 연 4회
③ 연 2회   ④ 연 1회

풀이 위임업무 보고사항

업무내용	보고 횟수	보고 기일	보고자
환경오염사고 발생 및 조치사항	수시	사고발생 시	시·도지사, 유역환경청장 또는 지방환경청장
수입자동차 배출가스 인증 및 검사현황	연 4회	매 분기 종료 후 15일 이내	국립환경과학원장
자동차 연료 및 첨가제의 제조·판매 또는 사용에 대한 규제현황	연 2회	매 반기 종료 후 15일 이내	유역환경청장 또는 지방환경청장
자동차 연료 또는 첨가제의 제조기준 적합 여부 검사현황	• 연료: 연 4회 • 첨가제: 연 2회	• 연료: 매 분기 종료 후 15일 이내 • 첨가제: 매 반기 종료 후 15일 이내	국립환경과학원장
측정기기관리대행업의 등록(변경등록) 및 행정처분 현황	연 1회	다음 해 1월 15일까지	유역환경청장, 지방환경청장 또는 수도권대기환경청장

67 다음 중 대기환경보전법상 특정대기유해물질에 해당하는 것은?

① 오존   ② 아크롤레인
③ 황화에틸   ④ 아세트알데히드

풀이 아세트알데히드는 특정대기유해물질이 아니다.

68 대기환경보전법상 III지역에 대한 기본부과금의 지역별 부과계수는?(단, III지역은 국토의 계획 및 이용에 관한 법률에 따른 녹지지역·관리지역·농림지역 및 자연환경보전지역이다.)

① 0.5 ② 1.0
③ 1.5 ④ 2.0

🔑 기본부과금 지역별 부과계수

구분	지역별 부과계수
I 지역	1.5
II 지역	0.5
III 지역	1.0

69 대기환경보전법상 연료를 연소하여 황산화물을 배출하는 시설에서 연료의 황함유량이 0.5% 이하인 경우 기본부과금의 농도별 부과계수 기준으로 옳은 것은?(단, 대기환경보전법에 따른 측정 결과가 없으며, 배출시설에서 배출되는 오염물질 농도를 추정할 수 없다.)

① 0.1 ② 0.2
③ 0.4 ④ 1.0

🔑 기본부과금의 농도별 부과계수

구분	연료의 황함유량(%)		
	0.5% 이하	1.0% 이하	1.0% 초과
농도별 부과계수	0.2	0.4	1.0

70 대기환경보전법상 환경부장관은 장거리이동 대기오염물질피해방지를 위하여 5년마다 관계 중앙행정기관의 장과 협의하고 시·도지사의 의견을 들은 후 장거리이동대기오염물질 대책위원회의 심의를 거쳐 종합대책을 수립하여야 하는데, 이 종합대책에 포함되어야 하는 사항으로 틀린 것은?

① 종합대책 추진실적 및 그 평가
② 장거리이동대기오염물질피해 방지를 위한 국내 대책
③ 장거리이동대기오염물질피해 방지 기금 모음
④ 장거리이동대기오염물질 발생 감소를 위한 국제협력

🔑 장거리 이동대기오염물질의 종합대책에 포함되어야 하는 사항
  ㉠ 장거리이동대기오염물질 발생 현황 및 전망
  ㉡ 종합대책 추진실적 및 그 평가
  ㉢ 장거리이동대기오염물질피해 방지를 위한 국내 대책
  ㉣ 장거리이동대기오염물질 발생 감소를 위한 국제협력
  ㉤ 그 밖에 장거리이동대기오염물질피해 방지를 위하여 필요한 사항

71 악취방지법상 위임업무 보고사항 중 "악취검사기관의 지정, 지정사항 변경보고 접수 실적"의 보고 횟수 기준은?(단, 보고자는 국립환경과학원장으로 한다.)

① 연 1회 ② 연 2회
③ 연 4회 ④ 수시

🔑 위임업무의 보고사항
  ㉠ 업무내용 : 악취검사기관의 지정, 지정사항 변경보고 접수실적
  ㉡ 보고횟수 : 연 1회
  ㉢ 보고기일 : 다음 해 1월 15일까지
  ㉣ 보고자 : 국립환경과학원장

72 대기환경보전법상 "기타 고체연료 사용시설"의 설치기준으로 틀린 것은?

① 배출시설의 굴뚝높이는 100m 이상이어야 한다.
② 연료와 그 연소재의 수송은 덮개가 있는 차량을

Answer ◀ 68. ② 69. ② 70. ③ 71. ① 72. ①

이용하여야 한다.
③ 연료는 옥내에 저장하여야 한다.
④ 굴뚝에서 배출되는 매연을 측정할 수 있어야 한다.

[풀이] 기타 고체연료 사용시설
　㉠ 배출시설의 굴뚝높이는 20m 이상이어야 한다.
　㉡ 연료와 그 연소재의 수송은 덮개가 있는 차량을 이용하여야 한다.
　㉢ 연료는 옥내에 저장하여야 한다.
　㉣ 굴뚝에서 배출되는 매연을 측정할 수 있어야 한다.

73 환경정책기본법상 대기환경기준이 설정되어 있지 않은 항목은?

① O_3　　② Pb
③ PM-10　　④ CO_2

[풀이] 대기환경 기준 설정 항목
　㉠ 아황산가스(SO_2)　㉡ 일산화탄소(CO)
　㉢ 이산화질소(NO_2)　㉣ 미세먼지(PM-10)
　㉤ 미세먼지(PM-2.5)　㉥ 오존(O_3)
　㉦ 납(Pb)　㉧ 벤젠(C_6H_6)

74 환경정책기본법상 일산화탄소의 대기환경기준으로 옳은 것은?

① 1시간 평균치 25ppm 이하
② 8시간 평균치 25ppm 이하
③ 24시간 평균치 9ppm 이하
④ 연간 평균치 9ppm 이하

[풀이] 대기환경기준

항목	기준	측정방법
일산화탄소 (CO)	8시간 평균치 9ppm 이하 1시간 평균치 25ppm 이하	비분산적외선 분석법 (Non-Dispersive Infrared Method)

75 다음 중 대기환경보전법상 대기오염경보에 관한 설명으로 틀린 것은?

① 대기오염경보 대상 지역은 시·도지사가 필요하다고 인정하여 지정하는 지역으로 한다.
② 환경기준이 설정된 오염물질 중 오존은 대기오염경보의 대상오염물질이다.
③ 대기오염경보의 단계별 오염물질의 농도기준은 시·도지사가 정하여 고시한다.
④ 오존은 농도에 따라 주의보, 경보, 중대경보로 구분한다.

[풀이] 대기오염경보의 단계별 오염물질의 농도기준은 환경부령이 정하여 고시한다.

76 대기환경보전법상 초과부과금 산정기준에서 다음 오염물질 중 1kg당 부과금액이 가장 높은 것은?

① 이황화탄소
② 먼지
③ 암모니아
④ 황화수소

[풀이] 초과부과금 산정기준

오염물질	구분	오염물질 1킬로그램당 부과금액
황산화물		500
먼지		770
암모니아		1,400
황화수소		6,000
이황화탄소		1,600
특정 유해물질	불소화합물	2,300
	염화수소	7,400
	시안화수소	7,300

Answer　73. ④　74. ①　75. ③　76. ④

77 다음 중 대기환경보전법상 휘발성 유기화합물 배출규제대상 시설이 아닌 것은?

① 목재가공시설
② 주유소의 저장시설
③ 저유소의 저장시설
④ 세탁시설

풀이 휘발성유기화합물 배출규제대상 시설
㉠ 석유정제를 위한 제조시설, 저장시설 및 출하시설과 석유화학제품 제조업의 제조시설, 저장시설 및 출하시설
㉡ 저유소의 저장시설 및 출하시설
㉢ 주유소의 저장시설 및 주유시설
㉣ 세탁시설
㉤ 그 밖에 휘발성유기화합물을 배출하는 시설로서 환경부장관이 관계 중앙행정기관의 장과 협의하여 고시하는 시설

78 대기환경보전법상 대기오염방지시설이 아닌 것은?

① 흡수에 의한 시설
② 소각에 의한 시설
③ 산화·환원에 의한 시설
④ 미생물을 이용한 처리시설

풀이 대기오염 방지시설
- 중력집진시설
- 관성력집진시설
- 원심력집진시설
- 세정집진시설
- 여과집진시설
- 전기집진시설
- 음파집진시설
- 흡수에 의한 시설
- 흡착에 의한 시설
- 직접연소에 의한 시설
- 촉매반응을 이용하는 시설
- 응축에 의한 시설
- 산화·환원에 의한 시설
- 미생물을 이용한 처리시설
- 연소조절에 의한 시설

79 대기환경보전법상 자동차연료 제조기준 중 경유의 황함량 기준은?(단, 기타의 경우는 고려하지 않음)

① 10ppm 이하   ② 20ppm 이하
③ 30ppm 이하   ④ 50ppm 이하

풀이 자동차 연료(경유) 제조기준

항목	제조기준
10% 잔류탄소량(%)	0.15 이하
밀도 @15℃(kg/m³)	815 이상 835 이하
황함량(ppm)	10 이하
다환방향족(무게%)	5 이하
윤활성(μm)	400 이하
방향족 화합물(무게%)	30 이하
세탄지수(또는 세탄가)	52 이상

80 대기환경보전법상 신고를 한 후 조업 중인 배출시설에서 나오는 오염물질의 정도가 배출허용기준을 초과하여 배출시설 및 방지시설의 개선명령을 이행하지 아니한 경우의 1차 행정처분기준은?

① 경고   ② 사용금지명령
③ 조업정지   ④ 허가취소

풀이 행정처분기준
1차(조업정지) → 2차(허가취소 또는 폐쇄)

Answer ◀ 77. ① 78. ② 79. ① 80. ③

2020년 제3회 대기환경산업기사

제1과목 대기오염개론

01 유효굴뚝높이 60m에서 SO_2가 980,000 m^3/day, 1,200ppm으로 배출되고 있다. 이때 최대지표농도(ppb)는?(단, Sutton의 확산식을 사용하고, 풍속은 6m/s, 이 조건에서 확산계수 $K_y = 0.15$, $K_z = 0.18$이다.)

① 96   ② 177
③ 361 ④ 485

(풀이) C_{max}
$$= \frac{2Q}{\pi e u H_e^2}\left(\frac{K_z}{K_y}\right)$$
$$= \frac{2 \times 980,000 m^3/day \times 1,200ppm \times day/86,400sec}{3.14 \times 2.72 \times 6m/sec \times (60m)^2} \times \left(\frac{0.18}{0.15}\right)$$
$$= 0.177ppm \times 10^3 ppb/ppm = 177ppb$$

02 다음 중 2차 대기오염물질과 가장 거리가 먼 것은?

① NOCl   ② H_2O_2
③ PAN   ④ NaCl

(풀이) 2차 대기오염물질
대부분 광산화물로서 O_3, PAN($CH_3COOONO_2$), H_2O_2, NOCl, 아크롤레인(CH_2CHCHO), SO_3, NO_2 등이 여기에 속한다.
※ NaCl은 1차 대기오염물질이다.

03 국지풍에 관한 설명으로 옳지 않은 것은?

① 낮에 바다에서 육지로 부는 해풍은 밤에 육지에서 바다로 부는 육풍보다 보통 더 강하다.
② 열섬효과로 인해 도시의 중심부가 주위보다 고온이 되므로 도시 중심부에서는 상승기류가 발생하고 도시 주위의 시골(전원)에서 도시로 부는 바람을 전원풍이라 한다.
③ 고도가 높은 산맥에 직각으로 강한 바람이 부는 경우에는 산맥의 풍하쪽으로 건조한 바람이 불어내리는데 이러한 바람을 휀풍이라 한다.
④ 곡풍은 경사면 → 계곡 → 주계곡으로 수렴하면서 풍속이 가속화되므로 낮에 산 위쪽으로 부는 산풍보다 보통 더 강하다.

(풀이) 산풍은 경사면 → 계곡 → 주계곡으로 수렴하면서 풍속이 가속되기 때문에 낮에 산 위쪽으로 부는 산풍보다 일반적으로 더 강하다.

04 오존 및 오존층에 관한 설명으로 옳지 않은 것은?

① 오존은 약 90% 이상이 고도 10~50km 범위의 성층권에 존재하고 있다.
② 오존층에서는 오존의 생성과 소멸이 계속적으로 일어나며 지표면의 생물체에 유해한 자외선을 흡수한다.
③ 지구 전체의 평균 오존량은 약 300Dobson 정도이고, 지리적 또는 계절적으로 평균치의 ±50% 정도까지 변화한다.
④ CFCs는 독성과 활성이 강한 물질로서 대기 중으로 배출될 경우 빠르게 오존층에 도달한다.

Answer 01. ② 02. ④ 03. ④ 04. ④

(풀이) CFCs는 독성과 활성이 약한 물질로서 대기 중으로 배출될 경우 느리게 오존층에 도착한다.

05 실내공기오염물질인 라돈에 관한 설명으로 옳지 않은 것은?

① 무색, 무취의 기체로 폐암을 유발한다.
② 반감기는 3.8일 정도이고 호흡기로의 흡입이 현저하다.
③ 토양, 콘크리트, 벽돌 등으로부터 공기 중에 방출된다.
④ 자연계에는 존재하지 않으며, 공기에 비해 약 3배 정도 무겁다.

(풀이) 라돈은 지구상에서 발견된 약 70여 가지의 자연방사능 물질 중 하나이며, 공기보다 9배 무거워 지표에 가깝게 존재하며 화학적으로 거의 반응을 일으키지 않는다.

06 다음 중 레일리 산란(Rayleigh Scattering) 효과가 가장 뚜렷이 나타나는 조건은?

① 입자의 반경이 입사광선의 파장보다 훨씬 큰 경우
② 입자의 반경이 입사광선의 파장보다 훨씬 작은 경우
③ 입자의 반경과 입사광선의 파장이 비슷한 크기인 경우
④ 입자의 반경과 입사광선 파장의 크기가 정확히 일치하는 경우

(풀이) 레일리 산란(Rayleigh Scattering)
㉠ 빛의 산란강도는 광선 파장의 4승에 반비례한다는 법칙으로 Rayleigh는 "맑은 하늘 또는 저녁노을은 공기분자에 의한 빛의 산란에 의한 것"이라는 것을 발견하였다.
㉡ 입자의 반경이 입사광선의 파장보다 훨씬 작은 경우에 산란효과가 뚜렷하게 나타난다. 즉, 산란을 일으키는 입자의 크기가 전자파 파장보다 훨씬 작은 경우에 일어난다.(레일리 산란은 [파장/입자직경]이 10보다 클 때 나타나는 산란현상, 즉 전자기파가 그 파장의 1/10 이하의 반지름을 가지는 입자에 의해 산란되는 현상)

07 대류권 내 공기의 구성물질을 [보기]와 같이 분류할 때 다음 중 "쉽게 농도가 변하는 물질"에 해당하는 것은?

[보기]
• 농도가 가장 안정된 물질
• 쉽게 농도가 변하지 않는 물질
• 쉽게 농도가 변하는 물질

① Ne ② Ar
③ NO_2 ④ CO_2

(풀이) 쉽게 농도가 변하는 물질은 체류시간이 짧은 물질을 의미한다.
① Ne의 체류시간 : 축적
② Ar의 체류시간 : 축적
③ NO_2의 체류시간 : 1~5일
④ CO_2의 체류시간 : 7~10년

08 다음 [보기]가 설명하는 연기 모양으로 옳은 것은?

[보기]
보통 30분 이상 지속되지 않으며, 일단 발생해 있던 복사역전층이 지표온도가 증가하면서 하층에서부터 해소되는 과정에서 상층은 역전상태로 안정층이 되고, 하층은 불안정층이 되어 굴뚝에서 배출된 오염물질이 아래로 지표면에까지 영향을 미치면서 발생하는 연기 모양

① Looping형 ② Fanning형
③ Trapping형 ④ Fumigation형

풀이 Fumigation(훈증형)
㉠ 대기의 하층은 불안정, 그 상층은 안정상태일 경우에 나타나는 연기의 형태이며 상층에서 역전이 발생하여 굴뚝에서 배출되는 연기가 아래쪽으로만 확산되는 형태로서 보통 30분 이상 지속되지는 않는다.
㉡ 오염물질 배출구 바로 주위에서 오염정도가 심하며 오염물질의 배출 높이가 역전층 높이보다 낮은 곳에 위치하는 경우에 지표면에서의 오염물질 농도가 일시적으로 높아질 수 있다.
㉢ 하늘이 맑고 바람이 약한 날의 아침에 주로 발생한다.

09 공업지역의 먼지 농도 측정을 위해 여과지를 이용하여 0.45m/s 속도로 3시간 포집한 결과 깨끗한 여과지에 비해 사용한 여과지의 빛전달률이 66%인 경우 1,000m당 Coh는 약 얼마인가?

① 3.0
② 3.2
③ 3.7
④ 4.0

풀이 $Coh_{1,000} = \dfrac{\log(1/t)/0.01}{L} \times 1,000$

광화학적 밀도 $= \log\dfrac{1}{0.66} = 0.18$

총 이동거리(L)
$= 0.45\text{m/sec} \times 3\text{hr} \times 3,600\text{sec/hr}$
$= 4,860\text{m}$

$= \dfrac{0.18/0.01}{4,860} \times 1,000 = 3.7$

10 다음 중 지구온난화의 주 원인물질로 가장 적합하게 짝지어진 것은?

① $CH_4 - CO_2$
② $SO_2 - NH_3$
③ $CO_2 - HF$
④ $NH_3 - HF$

풀이 온실효과 기여도 크기 순서
$CO_2(55\%) > CH_4(15\%) > N_2O(6\%)$

11 다음 [보기]가 설명하는 오염물질로 옳은 것은?

[보기]
• 급성 중독증상은 구토, 복통, 이질 등이 나타나며 기관지 염증을 일으키는 경우도 있다.
• 만성적인 경우에는 후각신경의 마비와 폐기종 등을 일으키는 한편 이로 인한 동맥경화증이나 고혈압증의 유발요인이 되기도 한다.
• 이것에 의한 질환은 수질오염으로 인하여 발생한 이따이이따이병이 있다.

① As
② Hg
③ Cr
④ Cd

풀이 카드뮴(Cd)
㉠ 만성폭로 시 가장 흔한 증상은 단백뇨이며 골격계 장해, 폐기능 장해를 유발한다.
㉡ 후각신경의 마비와 동맥경화증이나 고혈압증의 유발요인이 되기도 한다.
㉢ 급격폭로 증상은 화학성 폐렴, 폐기종 및 구토, 복통, 설사, 급성 위장염 등이 나타나며 기관지 염증을 일으키는 경우도 있다.
㉣ 이따이이따이병의 원인물질이다.

12 다음은 풍향과 풍속의 빈도 분포를 나타낸 바람장미(Wind Rose)이다. 여기서 주풍은?

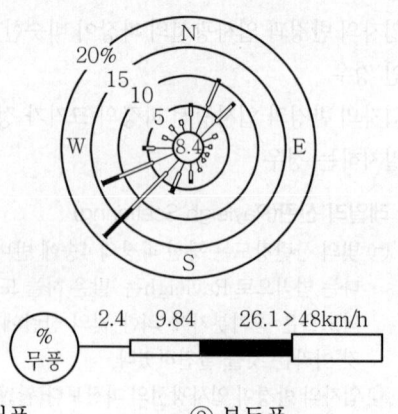

① 서풍
② 북동풍
③ 남동풍
④ 남서풍

풍이 풍향은 중앙에서 바람이 불어오는 쪽으로 막대모양으로 표시하고, 풍향 중 주풍은 가장 빈번히 관측된 풍향을 말하며 막대의 길이가 가장 긴 방향이다.

13 다음 중 SO_2에 대한 저항력이 가장 강한 식물은?

① 콩   ② 옥수수
③ 양상추   ④ 사루비아

풍이 SO_2에 저항성이 강한 식물
옥수수, 까치밥나무, 수랍목, 협죽도 등이 있다.

14 다음 각 대기오염물질의 영향에 관한 설명으로 옳지 않은 것은?

① O_3는 DNA, RNA에 작용하여 유전인자에 변화를 일으키며, 염색체 이상이나 적혈구의 노화를 가져온다.
② 바나듐은 인체에 콜레스테롤, 인지질 및 지방분의 합성을 저해하거나 다른 영양물질의 대사 장해를 일으키기도 한다.
③ 유기수은은 무기수은과 달리 창자로부터의 배출은 적고, 주로 신장으로 배출되며, 혈압강하가 주된 증상이다.
④ 납중독은 조혈기능 장애로 인한 빈혈을 수반하고, 신경계통을 침해하며, 더 나아가 시신경 위축에 의한 실명, 사지의 경련도 일으킬 수 있다.

풍이 유기수은은 모든 경로로 흡수가 잘되고 대변으로 주로 배출되며 일부는 땀으로도 배설된다. 또한 유기수은 중 메틸수은은 미나마타병을 발생시킨다.

15 연소과정에서 방출되는 NOx 배출가스 중 NO : NO_2의 개략적인 비는 얼마 정도인가?

① 5 : 95   ② 20 : 80
③ 50 : 50   ④ 90 : 10

풍이 화석연료 연소 시 배출하는 NO와 NO_2이며 개략적인 비는 90 : 10 정도이다.

16 벨기에의 뮤즈계곡 사건, 미국의 도노라 사건 및 런던 스모그 사건의 공통적인 주요 대기오염 원인물질로 가장 적합한 것은?

① SO_2 ② O_3
③ CS_2 ④ NO_2

풍이 각 사건의 주 오염물질
㉠ 뮤즈계곡 사건 : SO_2, H_2SO_4, 불소화합물, CO
㉡ 도노라 사건 : SO_2, 황산 mist
㉢ 런던 스모그 사건 : SO_2

17 흑체의 최대에너지가 복사될 때 이용되는 파장(λ_m : μm)과 흑체의 표면온도(T : 절대온도)와의 관계를 나타내는 다음 복사이론에 관한 법칙은?

$$\lambda_m = a/T$$
(단, 비례상수 a : 0.2898cm · K)

① 알베도의 법칙
② 플랑크의 법칙
③ 비인의 변위법칙
④ 스테판-볼츠만의 법칙

풍이 비인의 변위법칙(Wien's Displacement Law)
㉠ 정의
최대에너지 파장과 흑체 표면의 절대온도와는 반비례함을 나타내는 법칙으로 파장의 길이가 작을수록 표면온도가 높은 물체이다.
㉡ 관련식
$$\lambda_m = \frac{a}{T} = \frac{2,898}{T}$$
여기서, λ_m : 복사에너지 중 에너지 강도가 최대가 되는 파장(μm)
T : 흑체의 표면온도(K)
a : 비례상수

Answer 13. ② 14. ③ 15. ④ 16. ① 17. ③

18 다음 각 오염물질에 대한 지표식물로 가장 거리가 먼 것은?

① PAN : 시금치
② 황화수소 : 토마토
③ 아황산가스 : 무궁화
④ 불소화합물 : 글라디올러스

풀이 SO_2(아황산가스)의 지표식물은 자주개나리(알파파)이다.

19 보통 가을부터 봄에 걸쳐 날씨가 좋고, 바람이 약하며, 습도가 낮을 때 자정 이후부터 아침까지 잘 발생하고, 낮이 되면 일사로 인해 지면이 가열되면 곧 소멸되는 역전의 형태는?

① Lofting Inversion
② Coning Inversion
③ Radiative Inversion
④ Subsidence Inversion

풀이 복사역전(Radiative Inversion)
주로 맑은 날 야간에 지표면에서 발산되는 복사열로 인하여 복사냉각이 시작되면 이로 인해 온도가 상공으로 소실되어 지표 냉각이 일어나 지표면의 공기층이 냉각된 지표와 접하게 되어 주로 밤부터 이른 아침 사이에 복사역전이 형성되며 낮이 되면 일사에 의해 지면이 가열되므로 곧 소멸된다.

20 과거의 역사적으로 발생한 대기오염사건 중 런던형 스모그의 기상 및 안정도 조건으로 옳지 않은 것은?

① 침강성 역전
② 바람은 무풍상태
③ 기온은 4℃ 이하
④ 습도는 85% 이상

풀이 London형 Smog와 LA형 Smog의 비교

구분	London형	LA형
특징	Smoke+Fog의 합성	광화학작용(2차성 오염물질의 스모그 형성)
반응·화학반응	• 열적 환원반응 • 연기+안개 → 환원형 Smog	• 광화학적 산화반응 • $HC+NOx+h\nu$ → 산화형 Smog
발생 시 기온	4℃ 이하	24℃ 이상 (25~30℃)
발생 시 습도	85% 이상	70% 이하
발생 시간	새벽~이른 아침·저녁	주간(한낮)
발생 계절	겨울(12~1월)	여름(7~9월)
일사량	없을 때	강한 햇빛
풍속	무풍	3m/sec 이하
역전 종류	복사성 역전(방사형) : 접지역전	침강성 역전 (하강캡)
주오염 배출원	• 공장 및 가정난방 • 석탄 및 석유계 연료	• 자동차 배기가스 • 석유계 연료
시정거리	100m 이하	1.6~0.8km 이하
Smog 형태	차가운 취기가 있는 농무형	회청색의 농무형
피해	• 호흡기 장애, 만성기관지염, 폐렴 • 심각한 사망률(인체에 대해 직접적 피해)	• 점막자극, 시정악화 • 고무제품 손상, 건축물 손상

제2과목 대기오염공정시험기준(방법)

21 비분산적외선분광분석법에 관한 설명으로 옳지 않은 것은?

① 광원은 원칙적으로 중공음극램프를 사용하며 감도를 높이기 위하여 텅스텐램프를 사용하기도 한다.
② 대기 및 굴뚝 배출기체 중의 오염물질을 연속적으로 측정하는 비분산 정필터형 적외선 가스 분

석계에 대하여 적용한다.
③ 선택성 검출기를 이용하여 시료 중 특성성분에 의한 적외선의 흡수량 변화를 측정하여 시료 중 들어 있는 특정 성분의 농도를 측정한다.
④ 광학필터는 시료가스 중에 간섭 물질가스의 흡수파장역의 적외선을 흡수제거하기 위하여 사용하며, 가스필터와 고체필터가 있는데 이것은 단독 또는 적절히 조합하여 사용한다.

> 풀이) 광원은 원칙적으로 흑체발광으로 니크롬선 또는 탄화규소의 저항체에 전류를 흘려 가열한 것을 사용한다. 광원의 온도가 올라갈수록 발광되는 적외선의 세기가 커지지만 온도가 지나치게 높아지면 불필요한 가시광선의 발광이 심해져 적외선 광학계의 산란광으로 작용하여 광학계를 교란시킬 우려가 있다. 따라서 적외선 및 가시광선의 발광량을 고려하여 광원의 온도를 정해야 하는데 1,000~1,300K 정도가 적당하다.

22 질산은 적정법으로 배출가스 중 시안화수소를 분석할 때 사용되는 시약이 아닌 것은?

① 질산(부피분율 10%)
② 수산화소듐 용액(질량분율 2%)
③ 아세트산(99.7%)(부피분율 10%)
④ p-다이메틸아미노벤질리덴로다닌의 아세톤 용액

> 풀이) 배출가스 중 시안화수소(질산은 석성법) 분석시약
> ㉠ 수산화소듐 용액(질량분율 2%)
> ㉡ 아세트산(99.7%)(부피분율 10%)
> ㉢ p-다이메틸아미노벤질리덴로다닌의 아세톤 용액
> ㉣ N/100 질산은 용액

23 비분산적외선분석계의 장치구성에 관한 설명으로 옳지 않은 것은?

① 비교셀은 시료셀과 동일한 모양을 가지며 수소 또는 헬륨 기체를 봉입하여 사용한다.
② 시료셀은 시료가스가 흐르는 상태에서 양단의 창을 통해 시료광속이 통과하는 구조를 갖는다.
③ 광학필터는 시료가스 중에 간섭 물질가스의 흡수파장역의 적외선을 흡수제거하기 위하여 사용한다.
④ 검출기는 광속을 받아들여 시료가스 중 측정성분 농도에 대응하는 신호를 발생시키는 선택적 검출기 혹은 광학필터와 비선택적 검출기를 조합하여 사용한다.

> 풀이) 비교셀은 시료셀과 동일한 모양을 가지며 아르곤 또는 질소 같은 불활성 기체를 봉입하여 사용한다.

24 이온크로마토그래피의 장치 요건으로 옳지 않은 것은?

① 송액펌프는 맥동이 적은 것을 사용한다.
② 검출기는 분리관 용리액 중의 시료성분의 유무와 양을 검출하는 부분으로 일반적으로 전도도 검출기를 많이 사용한다.
③ 서프레서는 관형과 이온교환막형이 있으며, 관형은 음이온에는 스티롤계 강산형(H^+) 수지가, 음이온에는 스티롤계 강염기형(OH^-) 수지가 충진된 것을 사용한다.
④ 용리액조는 이온성분이 잘 용출되는 재질로서 용리액과 공기와의 접촉이 효과적으로 되는 것을 선택하며, 일반적으로 실리카 재질의 것을 사용한다.

> 풀이) 용리액조는 용출되지 않는 재질(폴리에틸렌, 경질유리제)로서 용리액을 직접 공기와 접촉시키지 않는 밀폐된 것을 선택한다.

25 대기오염공정시험기준상 시약, 표준물질, 표준용액에 관한 설명으로 옳지 않은 것은?

① 시험에 사용하는 표준물질은 원칙적으로 특급 시약을 사용한다.
② 표준용액을 조제하기 위한 표준용 시약은 따로 규정이 없는 한 데시케이터에 보존된 것을 사용한다.
③ 시험시약 중 따로 규정이 없고, 단순히 질산으로 표시했을 때는, 그 비중은 약 1.38, 농도는 60.0~62.0(%) 이상의 것을 뜻한다.
④ 표준물질을 채취할 때 표준액이 정수로 기재되어 있는 경우에는 실험자가 환산하여 기재한 수치에 "약"자를 붙여 사용할 수 없다.

풀이) 표준물질을 채취할 때 표준액이 정수로 기재되어 있어도 실험자가 환산하여 기재수치에 "약"자를 붙여 사용할 수 있다.

26 대기오염공정시험기준 총칙에 관한 사항으로 옳지 않은 것은?

① 냉수는 15℃ 이하, 온수는 (60~70)℃, 열수는 약 100℃를 말한다.
② 기체 중의 농도를 mg/m^3로 표시했을 때는 m^3은 표준상태(0℃, 1기압)의 기체용적을 뜻하고 Sm^3로 표시한 것과 같다.
③ "냉후"(식힌 후)라 표시되어 있을 때는 보온 또는 가열 후 표준상태 온도까지 냉각된 상태를 뜻한다.
④ 시험에 사용하는 물은 따로 규정이 없는 한 정제증류수 또는 이온교환수지로 정제한 탈염수를 사용한다.

풀이) 냉후(식힌 후)라 표시되어 있을 때는 보온 또는 가열 후 실온까지 냉각된 상태를 뜻한다.

27 환경대기 중 위상차현미경법에 의한 석면먼지의 농도표시에 관한 설명으로 옳은 것은?

① 0℃, 1기압 상태의 기체 1mL 중에 함유된 석면섬유의 개수(개/mL)로 표시한다.
② 0℃, 1기압 상태의 기체 $1\mu L$ 중에 함유된 석면섬유의 개수(개/μL)로 표시한다.
③ 20℃, 1기압 상태의 기체 1mL 중에 함유된 석면섬유의 개수(개/mL)로 표시한다.
④ 20℃, 1기압 상태의 기체 $1\mu L$ 중에 함유된 석면섬유의 개수(개/μL)로 표시한다.

풀이) 석면먼지의 농도표시
표준상태(20℃, 760mmHg)의 기체 1mL 중에 함유된 석면섬유의 개수(개/mL)로 표시한다.

28 다음은 환경대기 중 중금속화합물 동시분석을 위한 유도결합플라즈마분광법에 사용되는 용어 정의이다. ( ) 안에 알맞은 것은?

검출한계는 지정된 공정시험방법(기준)에 따라 시험하였을 때 바탕용액 농도의 오차범위와 통계적으로 다르게 나타나는 최소의 측정 가능한 농도를 의미하며, 보통 신호대 잡음비(S/N)가 (㉠)(이)가 되는 시료의 농도를 의미한다. 실제로는 바탕용액의 농도를 여러 번 측정하여, 이 값의 표준편차의 (㉡)을(를) 곱한 농도로 산출한다.

① ㉠ 1, ㉡ 2
② ㉠ 2, ㉡ 3
③ ㉠ 5, ㉡ 10
④ ㉠ 10, ㉡ 10

풀이) 검출한계
바탕용액 농도의 오차범위와 통계적으로 다르게 나타나는 최소의 측정 가능한 농도를 의미하며, 보통 신호대 잡음비(S/N)가 2가 되는 시료의 농도를 의미한다. 실제로는 바탕용액의 농도를 여러 번 측정하여, 이 값의 표준편차에 3을 곱한 농도로 산출한다.

29. 굴뚝 배출가스 중 수은화합물을 냉증기원 자흡수분광광도법으로 분석할 때 측정파장(nm)으로 옳은 것은?

① 193.7
② 253.7
③ 324.8
④ 357.9

풀이 배출가스 중 수은화합물 분석방법(냉증기-원자흡수분광광도법)

배출원에서 등속으로 흡입된 입자상과 가스상 수은은 흡수액인 과망간산포타슘 용액에서 채취된다. Hg^{2+} 형태로 채취한 수은을 Hg^0 형태로 환원시켜서, 광학셀에 있는 용액에서 기화시킨 다음 원자흡수분광광도계로 253.7nm에서 측정한다.

30. 단면의 모양이 4각형인 어느 연도를 6개의 등면적으로 구분하여 각 측정점에서 유속과 굴뚝 건조 배출가스 중 먼지농도를 수동식으로 측정한 결과가 다음과 같았다. 이때 전체 단면의 평균 먼지농도(g/Sm³)는?

측정점	1	2	3	4	5	6
먼지농도 (g/Sm³)	0.48	0.45	0.51	0.47	0.45	0.46
유속(m/s)	8.2	7.8	8.4	8.0	8.0	7.9

① 0.45
② 0.47
③ 0.49
④ 0.50

풀이 총평균 먼지농도($\overline{C_n}$)

$$\overline{C_n} = \frac{(8.2 \times 0.48) + (7.8 \times 0.45) + (8.4 \times 0.5) + (8.0 \times 0.47) + (8.0 \times 0.45) + (7.9 \times 0.46)}{8.2 + 7.8 + 8.4 + 8.0 + 8.0 + 7.9}$$

$= 0.47 g/Sm^3$

31. 환경대기 중 아황산가스 측정을 위한 파라로자닐린법(Pararosaniline Method)의 장치구성에 관한 설명으로 옳지 않은 것은?

① 필터는 0.8~2.0μm의 다공질막 또는 유리솜 필터를 사용한다.
② 흡입펌프는 유량조절기와 펌프 사이에 적어도 0.7기압의 압력 차이를 유지하여야 한다.
③ 분광광도계로 376nm에서 흡광도를 측정하고, 측정에 사용되는 스펙트럼폭은 50nm이어야 한다.
④ 시료분산기는 외경 8mm, 내경 6mm, 및 길이 152mm의 유리관으로서 끝은 외경 0.3~0.8mm로 가늘게 만든 것을 사용한다.

풀이 환경대기 중 아황산가스 측정방법(흡광광도계, 분광광도계)

548nm에서 흡광도를 측정할 수 있어야 하고, 측정에 사용되는 스펙트럼폭은 15nm이어야 한다.

32. 원자흡수분광광도법의 장치에 관한 설명으로 옳지 않은 것은?

① 아세틸렌-아산화질소 불꽃은 불꽃온도가 낮고 일부 원소에 대하여 높은 감도를 나타낸다.
② 램프점등장치 중 교류점등 방식은 광원의 빛 자체가 변조되어 있기 때문에 빛의 단속기(Chopper)는 필요하지 않다.
③ 원자흡광분석용 광원은 원자흡광스펙트럼선의 선폭보다 좁은 선폭을 갖고 휘도가 높은 스펙트럼을 방사하는 중공음극램프가 많이 사용된다.
④ 분광기(파장선택부)는 광원램프에서 방사되는 휘선스펙트럼 가운데서 필요한 분석선만을 골라내기 위하여 사용되는데 일반적으로 회절격자나 프리즘(Prism)을 이용한 분광기가 사용된다.

풀이 아세틸렌-아산화질소 불꽃

불꽃온도가 높기 때문에 불꽃 중에서 해리하기 어려운 내화성 산화물을 만들기 쉬운 원소의 분석에 적용한다.

Answer 29. ② 30. ② 31. ③ 32. ①

33 다음은 환경대기 중 옥시던트 측정방법-중성요오드화칼륨법(Determination of Oxidants -Neutral Buffered Potassium Iodide Method)의 적용범위이다. ( ) 안에 가장 적합한 것은?

> 이 방법은 오존으로써 ( ) 범위에 있는 전체 옥시던트를 측정하는 데 사용되며 산화성 물질이나 환원성 물질이 결과에 영향을 미치므로 오존만을 측정하는 방법은 아니다.

① $0.0001 \sim 0.001 \mu mol/mol$
② $0.001 \sim 0.01 \mu mol/mol$
③ $0.01 \sim 10 \mu mol/mol$
④ $100 \sim 1,000 \mu mol/mol$

🖉 환경대기 중 옥시던트 측정방법(중성요오드화칼륨(포타슘)법)
오존으로써 $0.01 \sim 10 \mu mol/mol(ppm)$ 범위에 있는 전체 옥시던트를 측정하는 데 사용되며 산화성 물질이나 환원성 물질이 결과에 영향을 미치므로 오존만을 측정하는 방법은 아니다.

34 다음은 굴뚝 배출가스 중 시안화수소의 자외선/가시선 분광법(피리딘피라졸론법)에 관한 설명이다. ( ) 안에 알맞은 것은?

> 이 방법은 시안화수소를 흡수액에 흡수시킨 다음 발색시켜서 얻은 발색액에 대하여 흡광도를 측정하여 시안화수소를 정량하는 방법으로서, 이 방법의 방법검출한계는 (   )이다. 그리고 할로겐 등의 산화성 가스와 황화수소 등의 영향을 무시할 수 있는 경우에 적용한다.

① 0.005ppm   ② 0.010ppm
③ 0.016ppm   ④ 0.032ppm

🖉 배출가스 중 시안화수소의 자외선/가시선 분광법(피리딘피라졸론법)
㉠ 이 방법은 시안화수소를 흡수액에 흡수시킨 다음 이것을 발색시켜서 얻은 발색액에 대하여 흡광도를 측정하여 시안화수소를 정량한다.
㉡ 시료 채취량 $100 \sim 1,000$mL인 경우 시안화수소의 농도가 $0.5 \sim 100$ppm인 것의 분석에 적합하다. 또 0.05ppm 이하인 경우에는 시료 채취량을 많게 하고, 한편 100ppm 이상인 경우에는 분석용 시료용액을 흡수액으로 묽게 하여 사용한다.
㉢ 할로겐 등의 산화성 가스와 황화수소 등의 영향을 무시할 수 있는 경우에 적용한다.
㉣ 방법검출한계는 0.016ppm이다.

35 원자흡수분광광도법(Atomic Absorption Spectrophotometry)에서 사용되는 용어로 옳지 않은 것은?

① 제로 가스(Zero Gas)
② 멀티 패스(Multi-path)
③ 공명선(Resonance Line)
④ 선프로파일(Line Profile)

🖉 제로 가스(Zero Gas)는 비분산적외선분광분석법에서 사용되는 용어이다.

36 배출가스를 피토관으로 측정한 결과, 동압이 6mmH$_2$O일 때 배출가스 평균 유속(m/s)은? (단, 피토관 계수 = 1.5, 중력가속도 = 9.8m/s^2, 굴뚝 내 습한 배출가스 밀도 = 1.3kg/m^3)

① 12.8   ② 14.3
③ 15.8   ④ 16.5

🖉 $V(m/sec)$
$= C\sqrt{\dfrac{2gh}{\gamma}}$
$= 1.5 \times \sqrt{\dfrac{2 \times 9.8 \text{m/sec}^2 \times 6 \text{mmH}_2\text{O}}{1.3 \text{kg/m}^3}}$
$= 14.27 \text{m/sec}$

제5편 기출문제 풀이

37 굴뚝 배출가스 중 일산화탄소 분석방법으로 옳지 않은 것은?

① 정전위전해법
② 이온선택적정법
③ 비분산적외선분석법
④ 기체크로마토그래피

🔑 배출가스 중 일산화탄소(CO) 분석방법
  ㉠ 비분산형 적외선 분석법
  ㉡ 정전위전해법
  ㉢ 기체크로마토그래피

38 배출가스 중의 질소산화물을 페놀디설폰산법으로 측정할 경우 사용하는 시료가스 흡수액으로 옳은 것은?

① 붕산용액
② 암모니아수
③ 오르토톨리딘용액
④ 황산+과산화수소+증류수

🔑 질소산화물의 분석방법 및 흡수액
  ㉠ 아연환원 나프틸에틸렌다이아민법 – 물
  ㉡ 페놀디술폰산법 – 산화흡수제(황산+과산화수소수)

39 가스상 물질 시료채취장치에 대한 주의사항으로 옳지 않은 것은?

① 가스미터는 100mmH₂O 이내에서 사용한다.
② 습식가스미터를 이동 또는 운반할 때는 반드시 물을 뺀다.
③ 시료가스의 양을 재기 위하여 쓰는 채취병은 미리 0℃ 때의 참부피를 구해둔다.
④ 흡수병은 각 분석법에 공용 사용을 원칙으로 하고, 대상 성분이 달라질 때마다 메틸 알콜로 3회 정도 씻은 후 사용한다.

🔑 시료채취 장치의 주의사항
  ㉠ 흡수병은 각 분석법에 공용할 수 있는 것도 있으나, 대상 성분마다 전용으로 하는 것이 좋다. 만일 공용으로 할 때에는 대상 성분이 달라질 때마다 묽은 산 또는 알칼리 용액과 물로 깨끗이 씻은 다음 다시 흡수액으로 3회 정도 씻은 후 사용한다.
  ㉡ 습식 가스미터를 이동 또는 운반할 때에는 반드시 물을 뺀다. 또 오랫동안 쓰지 않을 때에도 그와 같이 배수한다.
  ㉢ 가스미터는 100 mmH₂O 이내에서 사용한다.
  ㉣ 습식 가스미터를 장시간 사용하는 경우에는 배출가스의 성상에 따라서 수위의 변화가 일어날 수 있으므로 필요한 수위를 유지하도록 주의한다.
  ㉤ 가스미터는 정밀도를 유지하기 위하여 필요에 따라 오차를 측정해 둔다.
  ㉥ 시료가스의 양을 재기 위하여 쓰는 채취병은 미리 0℃ 때의 참부피를 구해둔다.
  ㉦ 주사통에 의한 시료가스의 계량에 있어서 계량 오차가 크다고 생각되는 경우에는 흡입펌프 및 가스미터에 의한 채취방법을 이용하는 것이 좋다.
  ㉧ 시료가스 채취장치의 조립에 있어서는 채취부의 조작을 쉽게 하기 위하여 흡수병, 마노미터, 흡입펌프 및 가스미터는 가까운 곳에 놓는다. 또 습식 가스미터는 정확하게 수평을 유지할 수 있는 곳에 놓아야 한다.
  ㉨ 배출가스 중에 수분과 미스트가 대단히 많을 때에는 채취부와 흡입펌프, 전기배선, 접속부 등에 물방울이나 미스트가 부착되지 않도록 한다.

40 굴뚝 배출가스 중 먼지를 연속적으로 자동 측정하는 방법에서 사용되는 용어의 의미로 옳지 않은 것은?

① 검출한계 : 제로드리프트의 5배에 해당하는 지시치가 갖는 교정용 입자의 먼지농도를 말한다.
② 균일계 단분산 입자 : 입자의 크기가 모두 같은 것으로 간주할 수 있는 시험용 입자로서 실험실에서 만들어진다.
③ 교정용 입자 : 실내에서 감도 및 교정오차를 구할 때 사용하는 균일계 단분산 입자로서 기하평균 입경이 0.3~3μm인 인공입자로 한다.

Answer 37. ② 38. ④ 39. ④ 40. ①

④ 응답시간 : 표준교정판(필름)을 끼우고 측정을 시작했을 때 그 보정치의 95%에 해당하는 지시치를 나타낼 때까지 걸린 시간을 말한다.

[풀이] 굴뚝 연속자동측정기(먼지)
검출한계는 제로드리프트의 2배에 해당하는 지시치가 갖는 교정용 입자의 먼지농도를 말한다.

제3과목 대기오염방지기술

41 유입공기 중 염소가스의 농도가 80,000 ppm이고, 흡수탑의 염소가스 제거효율은 80%이다. 이 흡수탑 3개를 직렬로 연결했을 때 유출공기 중 염소가스의 농도(ppm)는?

① 460   ② 540
③ 640   ④ 720

[풀이] 연소가스농도(ppm) = $80,000\text{ppm} \times (1-0.8)^3$
= 640ppm

42 전기집진장치의 집진율이 98%이고 집진시설에서 배출되는 먼지농도가 0.25g/m³일 때 유입되는 먼지농도(g/m³)는?

① 12.5   ② 15.0
③ 17.5   ④ 20.0

[풀이] 집진효율(%) = $\left(1 - \dfrac{\text{출구농도}}{\text{입구농도}}\right) \times 100$

$98 = \left(1 - \dfrac{0.25}{\text{입구농도}}\right) \times 100$

$0.98 = \left(1 - \dfrac{0.25}{\text{입구농도}}\right)$

입구농도 = 12.5g/m³

43 기상농도와 액상농도의 평형관계를 나타내는 헨리법칙이 잘 적용되지 않는 기체는?

① O_2 ② N_2
③ CO ④ Cl_2

[풀이] 헨리법칙은 난용성 기체에 적용하므로 물에 잘 녹는 수용성 기체인 Cl_2가 정답이다.

44 휘발성 유기화합물과 냄새를 생물학적으로 제거하기 위해 사용하는 생물여과의 일반적 특성으로 가장 거리가 먼 것은?

① 설치에 넓은 면적을 요한다.
② 습도제어에 각별한 주의가 필요하다.
③ 고농도 오염물질의 처리에는 부적합한 편이다.
④ 입자상 물질 및 생체량이 감소하여 장치 막힘의 우려가 없다.

[풀이] 생물여과법은 생체량의 증가로 장치가 막힐 수 있다.

45 연소계산에서 연소 후 배출가스 중 산소농도가 6.2%일 때 완전연소 시 공기비는?

① 1.15   ② 1.23
③ 1.31   ④ 1.42

[풀이] 공기비(m) = $\dfrac{21}{21 - O_2} = \dfrac{21}{21 - 6.2} = 1.42$

46 습식세정장치의 특징으로 옳지 않은 것은?

① 가연성, 폭발성 먼지를 처리할 수 있다.
② 부식성 가스와 먼지를 중화시킬 수 있다.
③ 단일장치에서 가스흡수와 먼지포집이 동시에 가능하다.
④ 배출가스는 가시적인 연기를 피하기 위해 별도의 재가열시설이 필요하고, 집진된 먼지는 회수가 용이하다.

[풀이] 배출가스는 가시적인 연기를 피하기 위해 별도의 재가열시설이 필요하고, 집진된 먼지의 회수가 용이하지 않다.

47 다음 중 착화성이 좋은 경유의 세탄값 범위로 가장 적합한 것은?

① 0.1~1
② 1~5
③ 5~10
④ 40~60

풀이) 일반적으로 경유의 세탄가는 45 이상으로 정하여져 있으며 착화성이 좋은 경우 40~60의 세탄값 범위를 갖는다.

48 옥탄(C_8H_{18})이 완전연소될 때 부피기준의 AFR(Air Fuel Ration)은?

① 약 15.0
② 약 59.5
③ 약 69.6
④ 약 71.2

풀이) C_8H_{18}의 연소반응식

C_8H_{18} + 12.5O_2 → 8CO_2 + 9H_2O
1mole   12.5mole

부피기준 AFR = $\dfrac{\text{산소의 mole}/0.21}{\text{연료의 mole}}$ = $\dfrac{12.5/0.21}{1}$

= 59.5mole air/mole fuel

중량기준 AFR = 59.5 × $\dfrac{28.95}{114}$

= 15.14kg air/kg fuel

[114 : 옥탄의 분자량, 28.95 : 건조공기 분자량]

49 입자의 비표면적(단위 체적당 표면적)에 관한 설명으로 옳은 것은?

① 입자의 입경이 작아질수록 비표면적은 커진다.
② 입자의 비표면적이 커지면 응집성과 흡착력이 작아진다.
③ 입자의 비표면적이 작으면 원심력집진장치의 경우 입자가 장치의 벽면에 부착하여 장치벽면을 폐색시킨다.
④ 입자의 비표면적이 작으면 전기집진장치에서는 주로 먼지가 집진극에 퇴적되어 역전리 현상이 초래된다.

풀이)
② 입자의 비표면적이 커지면 응집성과 흡착력도 증가한다.
③ 입자의 비표면적이 크면 원심력집진장치의 경우 입자가 장치의 벽면에 부착하여 장치벽면을 폐색시킨다.
④ 입자의 비표면적이 크면 전기집진장치에서는 주로 먼지가 집진극에 퇴적되어 역전리 현상이 초래된다.

50 여과집진장치에서 처리가스 중 SO_2, HCl 등을 함유한 200℃ 정도의 고온 배출가스를 처리하는 데 가장 적합한 여포재는?

① 양모(Wool)
② 목면(Cotton)
③ 나일론(Nylon)
④ 유리섬유(Glass Fiber)

풀이) 글라스파이버는 최고사용온도가 250℃로 여과포 중 가장 높다.

51 유해가스 성분을 제거하기 위한 흡수제의 구비조건 중 옳지 않은 것은?

① 흡수제의 손실을 줄이기 위하여 휘발성이 적어야 한다.
② 흡수제는 화학적으로 안정해야 하며, 빙점은 높고, 비점은 낮아야 한다.
③ 흡수율을 높이고 범람(Flooding)을 줄이기 위해서는 흡수제의 점도가 낮아야 한다.
④ 적은 양의 흡수제로 많은 오염물을 제거하기 위해서는 유해가스의 용해도가 큰 흡수제를 선정한다.

풀이) 흡수제는 화학적으로 안정해야 하며, 빙점은 낮고, 비점은 높아야 한다.

Answer 47. ④ 48. ② 49. ① 50. ④ 51. ②

52 중력침강실 내 함진가스의 유속이 2m/s인 경우, 바닥면으로부터 1m 높이(H)로 유입된 먼지는 수평으로 몇 m 떨어진 지점에 착지하겠는가?(단, 층류 기준, 먼지의 침강속도는 0.4m/s)

① 2.5　　② 3.0
③ 4.5　　④ 5.0

풀이) $L = \dfrac{V \times H}{V_g} = \dfrac{2\text{m/sec} \times 1\text{m}}{0.4\text{m/sec}} = 5.0\text{m}$

53 A굴뚝 배출가스 중 염소농도를 측정하였더니 100ppm이었다. 이때 염소농도를 50mg/Sm³로 저하시키기 위하여 제거해야 할 염소농도(mg/Sm³)는?

① 약 32　　② 약 50
③ 약 267　　④ 약 317

풀이) 제거해야 할 염소농도(mg/Sm³)
= 초기농도 − 나중농도

초기농도 = $100\text{ppm} \times \dfrac{71\text{mg}}{22.4\text{mL}}$
= 316.96mg/Sm³
= 316.96 − 50 = 266.96mg/Sm³

54 악취처리기술에 관한 설명으로 옳지 않은 것은?

① 흡수에 의한 방법 중 단탑은 충전탑에서 가스액의 분리가 문제될 때 유용하다.
② 흡착에 의한 방법에서 흡착제를 재생하기 위해서는 증기를 사용하여 충전층을 340℃ 정도로 가열하여 준다.
③ 통풍 및 희석에 의한 방법을 사용할 경우 가스 토출속도는 50cm/s 정도로 하고 그 이하가 되면 다운워시(Down Wash) 현상을 일으킨다.
④ 흡수에 의한 처리방법을 사용할 경우 흡수에 의해 제거되는 가스상 오염물질은 세정액에 대해 가용성이어야 하고, H₂S의 경우는 에탄올과 아민 등에 흡수된다.

풀이) 통풍(환기) 및 희석(Ventilation)
㉠ 높은 굴뚝을 통해 방출시켜 대기 중에 분산 희석시키는 방법, 즉 악취를 대량의 공기로 희석시키는 방법이다.
㉡ Down Draft 및 Down Wash 현상이 생기지 않도록 굴뚝 높이를 주위 건물의 2.5배 이상, 연돌 내 토출속도를 18m/sec 이상으로 해야 한다.
㉢ 운영비(Operation Cost)가 일반적으로 가장 적게 드는 방법이다.

55 직경 0.3m인 덕트로 공기가 1m/s로 흐를 때 이 공기의 레이놀즈 수(Re)는?(단, 공기밀도는 1.3kg/m³, 점도는 1.8×10^{-4} kg/m·s이다.)

① 약 1,083　　② 약 2,167
③ 약 3,251　　④ 약 4,334

풀이) $Re = \dfrac{DV\rho}{\mu}$
$= \dfrac{0.3\text{m} \times 1\text{m/sec} \times 1.3\text{kg/m}^3}{1.84 \times 10^{-4}\text{kg/m} \cdot \text{sec}}$
$= 2,166.67$

56 다음 가스연료의 완전연소 반응식으로 옳지 않은 것은?

① 수소 : $2H_2 + O_2 \rightarrow 2H_2O$
② 메탄 : $CH_4 + O_2 \rightarrow CO_2 + 2H_2$
③ 일산화탄소 : $2CO + O_2 \rightarrow 2CO_2$
④ 프로판 : $C_3H_8 + 5O_2 \rightarrow 3CO_2 + 4H_2O$

풀이) 탄화수소 연소반응식

$C_mH_n + \left(m + \dfrac{n}{4}\right)O_2 \rightarrow mCO_2 + \left(\dfrac{n}{2}\right)H_2O$

$CH_4 + \left(1 + \dfrac{4}{4}\right)O_2 \rightarrow CO_2 + \left(\dfrac{4}{2}\right)H_2O$

$CH_4 + 2O_2 \rightarrow CO_2 + 2H_2O$

Answer 52. ④　53. ③　54. ③　55. ②　56. ②

57 사이클론의 직경이 56cm, 유입가스의 속도가 5.5m/s일 때 분리계수는?

① 약 11.0
② 약 23.3
③ 약 46.5
④ 약 55.2

풀이) 분리계수(S) = $\dfrac{원심력}{중력}$

$= \dfrac{V_\theta^2}{R \times g}$

$= \dfrac{(5.5\text{m/sec})^2}{\left(0.56\text{m} \times \dfrac{1}{2}\right) \times 9.8\text{m/sec}^2}$

$= 11.03$

58 선택적 촉매환원법(SCR)에서 질소산화물을 N_2로 환원시키는 데 가장 적당한 반응제는?

① 오존
② 염소
③ 암모니아
④ 이산화탄소

풀이) 선택적 촉매환원법(SCR : Selective Catalytic Reduction)
연소가스 중의 NOx를 촉매(TiO_2와 V_2O_5를 혼합하여 제조)를 사용하여 환원제(NH_3, H_2S, CO, H_2 등)와 반응 N_2와 H_2O로 O_2와 상관없이 접촉환원시키는 방법이다.

59 오염가스의 처리를 위한 소각법에 관한 설명으로 옳지 않은 것은?

① 가열소각법의 연소실 내의 온도는 850~1,100℃, 체류시간 3~5초로 설계하고 있다.
② 촉매소각은 Pt, Co, Ni 등의 촉매를 사용하며 400~500℃ 정도에서 수백 분의 1초 동안에 소각시키는 방법이다.
③ 가열소각법은 오염기체의 농도가 낮을 경우 보조연료가 필요하며, 보통 경제적으로 오염가스의 농도가 연소하한치의 50% 이상일 때 적합한 방법이다.
④ 촉매소각은 소각효율이 높고 압력손실이 작다는 장점이 있으나, Zn, Pb, Hg 및 분진과 같은 촉매독 때문에 촉매의 수명이 짧아지는 단점도 있다.

풀이) 가열연소법의 연소실 내의 온도는 650~850℃, 체류시간은 0.7(0.2)~0.9(0.8)초 정도로 설계한다.

60 다음 [보기]가 설명하는 원심력 송풍기의 유형으로 옳은 것은?

[보기]
축차의 날개는 작고 회전축차의 회전방향 쪽으로 굽어 있다. 이 송풍기는 비교적 느린 속도로 가동되며, 이 축차는 때로는 '다람쥐 축차'라고 불린다. 주로 가정용 화로, 중앙난방장치 및 에어컨과 같이 저압 난방 및 환기 등에 이용된다.

① 프로펠러형
② 방사 날개형
③ 전향 날개형
④ 방사 경사형

풀이) 전향 날개형(다익형) 송풍기
㉠ 전향 날개형(전곡 날개형(Forward-Curved Blade Fan))이라고 하며 익현 길이가 짧고 깃폭이 넓은 36~64매나 되는 다수의 전경깃이 강철판의 회전차에 붙여지고, 용접해서 만들어진 케이싱 속에 삽입된 형태의 팬으로, 시로코 팬이라고도 한다.
㉡ 송풍기의 임펠러가 다람쥐 쳇바퀴 모양으로 회전날개가 회전방향과 동일한 방향으로 설계되어 있으며 축차의 날개는 작고 회전축차의 회전방향 쪽으로 굽어 있다.

제4과목 대기환경관계법규

61 대기환경보전법령상 초과부과금 산정 시 다음 오염물질 1kg당 부과금액이 가장 큰 오염물질은?

① 불소화물
② 황화수소
③ 이황화탄소
④ 암모니아

🔍 초과부과금 산정기준

오염물질	구분	오염물질 1킬로그램당 부과금액
황산화물		500
먼지		770
질소산화물		2,130
암모니아		1,400
황화수소		6,000
이황화탄소		1,600
특정유해물질	불소화물	2,300
	염화수소	7,400
	시안화수소	7,300

62 다음은 대기환경보전법령상 총량규제구역의 지정사항이다. ( ) 안에 가장 적합한 것은?

(㉠)은/는 법에 따라 그 구역의 사업장에서 배출되는 대기오염물질을 총량으로 규제하려는 경우에는 다음 각 호의 사항을 고시하여야 한다.
1. 총량규제구역
2. 총량규제 대기오염물질
3. (㉡)
4. 그 밖에 총량규제구역의 대기관리를 위하여 필요한 사항

① ㉠ 대통령, ㉡ 총량규제부하량
② ㉠ 환경부장관, ㉡ 총량규제부하량
③ ㉠ 대통령, ㉡ 대기오염물질의 저감계획
④ ㉠ 환경부장관, ㉡ 대기오염물질의 저감계획

🔍 대기오염물질을 총량으로 규제하려는 경우 고시사항
㉠ 총량규제구역
㉡ 총량규제 대기오염물질
㉢ 대기오염물질의 저감계획
㉣ 그 밖에 총량규제구역의 대기관리를 위하여 필요한 사항
※ 대기환경보전법상 환경부장관이 그 구역의 사업장에서 배출되는 대기오염물질을 총량으로 규제하려는 경우 고시한다.

63 대기환경보전법령상 개선명령 등의 이행보고 및 확인과 관련하여 환경부령으로 정한 대기오염도 검사기관과 거리가 먼 것은?

① 수도권대기환경청
② 시·도의 보건환경연구원
③ 지방환경보전협회
④ 한국환경공단

🔍 대기오염도 검사기관
㉠ 국립환경과학원
㉡ 특별시·광역시·특별자치시·도·특별자치도의 보건환경연구원
㉢ 유역환경청, 지방환경청 또는 수도권대기환경청
㉣ 한국환경공단

64 대기환경보전법령상 대기오염물질 배출시설의 설치가 불가능한 지역에서 배출시설의 설치허가를 받지 않거나 신고를 하지 아니하고 배출시설을 설치한 경우의 1차 행정처분기준으로 옳은 것은?

① 조업정지
② 개선명령
③ 폐쇄명령
④ 경고

🔍 배출시설의 설치가 불가능한 지역일 경우 배출시설 설치허가를 받지 않거나 신고를 하지 아니하고 배출시설을 설치한 경우의 1차 행정처분기준은 폐쇄명령이다.

65 실내공기질 관리법령상 실내공간 오염물질에 해당하지 않는 것은?

① 이산화탄소(CO_2) ② 일산화질소(NO)
③ 일산화탄소(CO) ④ 이산화질소(NO_2)

풀이 실내공기 오염물질
㉠ 미세먼지(PM-10)
㉡ 이산화탄소(CO_2 ; Carbon Dioxide)
㉢ 포름알데하이드(Formaldehyde)
㉣ 총부유세균(TAB ; Total Airborne Bacteria)
㉤ 일산화탄소(CO ; Carbon Monoxide)
㉥ 이산화질소(NO_2 ; Nitrogen Dioxide)
㉦ 라돈(Rn ; Radon)
㉧ 휘발성유기화합물(VOCs ; Volatile Organic Compounds)
㉨ 석면(Asbestos)
㉩ 오존(O_3 ; Ozone)
㉪ 미세먼지(PM-2.5)
㉫ 곰팡이(Mold)
㉬ 벤젠(Benzene)
㉭ 톨루엔(Toluene)
㉮ 에틸벤젠(Ethylbenzene)
㉯ 자일렌(Xylene)
㉰ 스티렌(Styrene)

66 대기환경보전법령상 시·도지사가 설치하는 대기오염 측정망의 종류에 해당하지 않는 것은?

① 도시지역의 대기오염물질 농도를 측정하기 위한 도시대기측정망
② 도로변의 대기오염물질 농도를 측정하기 위한 도로변대기측정망
③ 대기 중의 중금속 농도를 측정하기 위한 대기중금속측정망
④ 도시지역의 휘발성유기화합물 등의 농도를 측정하기 위한 광화학대기오염물질측정망

풀이 시·도지사가 설치하는 대기오염측정망의 종류
㉠ 도시지역의 대기오염물질 농도를 측정하기 위한 도시대기측정망
㉡ 도로변의 대기오염물질 농도를 측정하기 위한 도로변대기측정망
㉢ 대기 중의 중금속 농도를 측정하기 위한 대기중금속측정망

67 대기환경보전법령상 자동차제작자는 자동차배출가스가 배출가스 보증기간에 제작차배출허용기준에 맞게 유지될 수 있다는 인증을 받아야 하는데, 이 인증받은 내용과 다르게 자동차를 제작하여 판매한 경우 환경부장관은 자동차제작자에게 과징금의 처분을 명할 수 있다. 이 과징금은 최대 얼마를 초과할 수 없는가?

① 500억 원 ② 100억 원
③ 10억 원 ④ 5억 원

풀이 환경부장관은 인증을 받지 아니하고 자동차를 제작하여 판매한 경우 등에 해당하는 때에는 그 자동차제작자에 대하여 매출액에 100분의 5를 곱한 금액을 초과하지 아니하는 범위에서 과징금을 부과할 수 있다. 이 경우 과징금의 금액은 500억 원을 초과할 수 없다.

68 대기환경보전법령상 기본부과금 산정을 위해 확정배출량 명세서에 포함되어 시·도지사 등에게 제출해야 할 서류목록으로 거리가 먼 것은?

① 황 함유분석표 사본
② 연료사용량 또는 생산일지
③ 조업일지
④ 방지시설개선 실적표

풀이 확정배출량 명세서에 포함되어 시·도지사에게 제출해야 할 서류목록
㉠ 황 함유분석표 사본(황 함유량이 적용되는 배출계수를 이용하는 경우에만 제출하며, 해당 부과기간 동안의 분석표만 제출한다)
㉡ 연료사용량 또는 생산일지 등 배출계수별 단위 사용량을 확인할 수 있는 서류 사본(배출계수를

Answer 65. ② 66. ④ 67. ① 68. ④

이용하는 경우에만 제출한다)
ⓒ 조업일지 등 조업일수를 확인할 수 있는 서류 사본(자가측정 결과를 이용하는 경우에만 제출한다)
ⓔ 배출구별 자가측정한 기록 사본(자가측정 결과를 이용하는 경우에만 제출한다)

69 대기환경보전법령상 위임업무 보고사항 중 자동차연료 제조기준 적합 여부 검사현황의 보고 횟수기준으로 옳은 것은?

① 수시　　　　　② 연 1회
③ 연 2회　　　　④ 연 4회

풀이) 위임업무 보고사항

업무내용	보고 횟수	보고 기일	보고자
환경오염사고 발생 및 조치 사항	수시	사고발생 시	시·도지사, 유역환경청장 또는 지방환경청장
수입자동차 배출가스 인증 및 검사현황	연 4회	매 분기 종료 후 15일 이내	국립환경과학원장
자동차 연료 및 첨가제의 제조·판매 또는 사용에 대한 규제현황	연 2회	매 반기 종료 후 15일 이내	유역환경청장 또는 지방환경청장
자동차 연료 또는 첨가제의 제조기준 적합 여부 검사현황	• 연료 : 연 4회 • 첨가제 : 연 2회	• 연료 : 매 분기 종료 후 15일 이내 • 첨가제 : 매 반기 종료 후 15일 이내	국립환경과학원장
측정기기관리대행업의 등록(변경등록) 및 행정처분 현황	연 1회	다음 해 1월 15일까지	유역환경청장, 지방환경청장 또는 수도권대기환경청장

70 악취방지법령상 위임업무 보고사항 중 "악취검사기관의 지정, 지정사항 변경보고 접수 실적"의 보고 횟수 기준은?

① 연 1회　　　　② 연 2회
③ 연 4회　　　　④ 수시

풀이) 위임업무의 보고사항
ⓐ 업무내용 : 악취검사기관의 지정, 지정사항 변경보고 접수실적
ⓑ 보고횟수 : 연 1회
ⓒ 보고기일 : 다음 해 1월 15일까지
ⓓ 보고자 : 국립환경과학원장

71 대기환경보전법령상 2016년 1월 1일 이후 제작자동차 중 휘발유를 연료로 사용하는 최고속도 130km/h 미만 이륜자동차의 배출가스 보증기간 적용기준으로 옳은 것은?

① 2년 또는 20,000km
② 5년 또는 50,000km
③ 6년 또는 100,000km
④ 10년 또는 192,000km

풀이) 2016년 1월 1일 이후 제작 자동차

사용연료	자동차의 종류	적용기간
휘발유	경자동차, 소형 승용·화물자동차, 중형 승용·화물자동차	15년 또는 240,000km
	대형 승용·화물자동차, 초대형 승용·화물자동차	2년 또는 160,000km
	이륜자동차 (최고속도 130 km/h 미만)	2년 또는 20,000km
	이륜자동차 (최고속도 130 km/h 이상)	2년 또는 35,000km

Answer 69. ④ 70. ① 71. ①

72 다음은 대기환경보전법령상 오염물질 초과에 따른 초과부과금의 위반횟수별 부과계수이다. ( ) 안에 알맞은 것은?

> 위반횟수별 부과계수는 각 비율을 곱한 것으로 한다.
> • 위반이 없는 경우 : (㉠)
> • 처음 위반한 경우 : (㉡)
> • 2차 이상 위반한 경우 : 위반 직전의 부과계수에 (㉢)을(를) 곱한 것

① ㉠ 100분의 100, ㉡ 100분의 105, ㉢ 100분의 105
② ㉠ 100분의 100, ㉡ 100분의 105, ㉢ 100분의 110
③ ㉠ 100분의 105, ㉡ 100분의 110, ㉢ 100분의 110
④ ㉠ 100분의 105, ㉡ 100분의 110, ㉢ 100분의 115

풀이) 초과부과금의 위반횟수별 부과계수
㉠ 위반이 없는 경우 : 100분의 100
㉡ 처음 위반한 경우 : 100분의 105
㉢ 2차 이상 위반한 경우 : 위반 직전의 부과계수에 100분의 105를 곱한 것

73 대기환경보전법령상 청정연료를 사용하여야 하는 대상시설의 범위로 옳지 않은 것은?

① 산업용 열병합 발전시설
② 건축법 시행령에 따른 공동주택으로서 동일한 보일러를 이용하여 하나의 단지 또는 여러 개의 단지가 공동으로 열을 이용하는 중앙집중난방방식으로 열을 공급받고, 단지 내의 모든 세대의 평균 전용면적이 $40.0m^2$를 초과하는 공동주택
③ 전체 보일러의 시간당 총 증발량이 0.2톤 이상인 업무용 보일러(영업용 및 공공용 보일러를 포함하되, 산업용 보일러는 제외)

④ 집단에너지사업법 시행령에 따른 지역냉난방사업을 위한 시설(단, 지역냉난방사업을 위한 시설 중 발전폐열을 지역냉난방용으로 공급하는 산업용 열병합발전시설로서 환경부장관이 승인한 시설은 제외)

풀이) 청정연료를 사용하여야 하는 대상 시설
㉠ 건축법 시행령에 따른 공동주택으로서 동일한 보일러를 이용하여 하나의 단지 또는 여러 개의 단지가 공동으로 열을 이용하는 중앙집중난방방식으로 열을 공급받고, 단지 내의 모든 세대의 평균 전용면적이 $40.0m^2$를 초과하는 공동주택
㉡ 전체 보일러의 시간당 총 증발량이 0.2톤 이상인 업무용 보일러(영업용 및 공공용 보일러를 포함하되, 산업용 보일러는 제외한다.)
㉢ 집단에너지사업법 시행령에 따른 지역냉난방사업을 위한 시설(단, 지역냉난방사업을 위한 시설 중 발전폐열을 지역냉난방용으로 공급하는 산업용 열병합 발전시설로서 환경부장관이 승인한 시설은 제외)
㉣ 발전시설. 다만, 산업용 열병합 발전시설은 제외한다.

74 대기환경보전법령상 유해성 대기감시물질에 해당하지 않는 것은?

① 불소화물 ② 이산화탄소
③ 사염화탄소 ④ 일산화탄소

풀이) 이산화탄소는 유해성 대기감시물질과 관련이 없다.

75 악취방지법령상 악취방지계획에 따라 악취방지에 필요한 조치를 하지 아니하고 악취배출시설을 가동한 자에 대한 벌칙기준은?

① 1년 이하의 징역 또는 1천만 원 이하의 벌금
② 500만 원 이하의 벌금
③ 300만 원 이하의 벌금
④ 100만 원 이하의 벌금

Answer ◁ 72. ① 73. ① 74. ② 75. ③

풀이 악취방지법 제28조 참조

76 환경정책기본법령상 오존(O_3)의 대기환경기준으로 옳은 것은?(단, 8시간 평균치 기준)

① 0.10ppm 이하   ② 0.06ppm 이하
③ 0.05ppm 이하   ④ 0.02ppm 이하

풀이 대기환경기준

항목	기준	측정방법
오존 (O_3)	• 8시간 평균치 : 0.06ppm 이하 • 1시간 평균치 : 0.1ppm 이하	자외선 광도법 (U.V. Photometric Method)

77 환경정책기본법령상 초미세먼지(PM-2.5)의 ㉠ 연간평균치 및 ㉡ 24시간 평균치 대기환경기준으로 옳은 것은?(단, 단위는 $\mu g/m^3$)

① ㉠ 50 이하, ㉡ 100 이하
② ㉠ 35 이하, ㉡ 50 이하
③ ㉠ 20 이하, ㉡ 50 이하
④ ㉠ 15 이하, ㉡ 35 이하

풀이 미세먼지(PM-2.5) 환경기준
㉠ 연간 평균치 : $15\mu g/m^3$ 이하
㉡ 24시간 평균치 : $35\mu g/m^3$ 이하

78 대기환경보전법령상 장거리이동대기오염물질 대책위원회에 관한 사항으로 거리가 먼 것은?

① 위원회는 위원장 1명을 포함한 25명 이내의 위원으로 성별을 고려하여 구성한다.
② 위원회의 위원장은 환경부차관이 된다.
③ 위원회와 실무위원회 및 장거리이동대기오염물질 연구단의 구성 및 운영 등에 관하여 필요한 사항은 환경부령으로 정한다.
④ 소관별 추진대책의 수립·시행에 필요한 조사·연구를 위하여 위원회에 장거리이동대기오염물질 연구단을 둔다.

풀이 위원회와 실무위원회 및 장거리이동대기오염물질 연구단의 구성 및 운영 등에 관하여 필요한 사항은 대통령령으로 정한다.

79 대기환경보전법령상 비산먼지 발생사업 신고 후 변경신고를 하여야 하는 경우로 옳지 않은 것은?

① 사업장의 명칭 또는 대표자를 변경하는 경우
② 비산먼지 배출공정을 변경하려는 경우
③ 건설공사의 공사기간을 연장하려는 경우
④ 공사중지를 한 경우

풀이 비산먼지 발생사업 신고 후 변경신고 대상
㉠ 사업장의 명칭 또는 대표자를 변경하는 경우
㉡ 비산먼지 배출공정을 변경하는 경우
㉢ 사업의 규모를 늘리거나 그 종류를 추가하는 경우
㉣ 비산먼지 발생억제시설 또는 조치사항을 변경하는 경우
㉤ 공사기간을 연장하는 경우(건설공사의 경우에만 해당한다)

80 대기환경보전법령상 자동차에 온실가스 배출량을 표시하지 아니하거나 거짓으로 표시한 자에 대한 과태료 부과기준으로 옳은 것은?

① 500만 원 이하의 과태료
② 300만 원 이하의 과태료
③ 200만 원 이하의 과태료
④ 100만 원 이하의 과태료

풀이 대기환경보전법 제94조 참조

Answer 76. ② 77. ④ 78. ③ 79. ④ 80. ①

2021년 제1회 CBT 복원·예상문제

제1과목 대기오염개론

01 불활성 기체로 일명 웃음의 기체라고도 하며, 대류권에서는 온실가스로 성층권에서는 오존층 파괴물질로 알려진 것은?

① NO
② NO_2
③ N_2O
④ N_2O_3

풀이 N_2O(아산화질소)
㉠ 질소가스와 오존의 반응으로 생성되거나 미생물 활동에 의해 발생하며, 특히 토양에 공급되는 비료의 과잉 사용이 문제가 되고 있다.
㉡ N_2O는 대류권에서는 태양에너지에 대하여 매우 안정한 온실가스로 알려져 있고, 성층권에서는 오존층 파괴물질(오존분해물질)로 알려져 있다.
㉢ 웃음가스라고도 하며 주로 사용하는 용도는 마취제이다.

02 SO_2의 식물 피해에 관한 설명으로 가장 거리가 먼 것은?

① 낮보다는 밤에 피해가 심하다.
② 식물잎 뒤쪽 표피 밑의 세포가 피해를 입기 시작한다.
③ 반점 발생경향은 맥간반점을 띤다.
④ 협죽노, 양배추 등이 SO_2에 강한 식물이다.

풀이 SO_2는 기공이 열려 있는 낮 동안과 습도가 높을 때 피해 현상이 뚜렷이 나타난다.

03 체적이 100m^3인 복사실의 공간에서 오존(O_3)의 배출량이 분당 0.4mg인 복사기를 연속 사용하고 있다. 복사기 사용 전의 실내오존(O_3)의 농도가 0.2ppm이라고 할 때 3시간 사용 후 오존 농도는 몇 ppb인가?(단, 환기가 되지 않음, 0℃, 1기압 기준으로 하며, 기타 조건은 고려하지 않음)

① 268
② 383
③ 424
④ 536

풀이 오존농도
=복사기 사용 전 농도+복사기 사용 후 농도
• 복사기 사용 전 농도
 =0.2ppm×10^3ppb/ppm=200ppb
• 복사기 사용 후 농도
 =0.4m^3/min×180min×22.4mL/48mg
 =0.336ppm×10^3ppb/ppm
 =336ppb
∴ 200+336=536ppb

04 광화학적 스모그(Smog)의 3대 주요원인 요소와 거리가 먼 것은?

① 아황산가스
② 자외선
③ 올레핀계 탄화수소
④ 질소산화물

풀이 광화학적 스모그(Smog)의 3대 주요원인요소
㉠ 질소산화물
㉡ 올레핀계 탄화수소
㉢ 자외선

Answer 01 ③ 02 ① 03 ④ 04 ①

05 악취처리방법 중 특히 인체에 독성이 있는 악취 유발물질이 포함된 경우의 처리방법으로 가장 부적합한 것은?

① 국소환기(Local Ventilation)
② 흡착(Adsorption)
③ 흡수(Absorption)
④ 위장(Masking)

풀이 위장(Masking)법
강한 향기를 가진 물질을 이용하여 악취를 은폐(위장)시키는 방법으로 유해도가 약한 악취에 적용된다.

06 A공장에서 배출되는 이산화질소의 농도가 770ppm이다. 이 공장에서 시간당 배출가스양이 108.2Sm³라면 하루에 발생되는 이산화질소는 몇 kg인가?(단, 표준상태 기준, 공장은 연속 가동됨)

① 1.71
② 2.58
③ 4.11
④ 4.56

풀이 $NO_2(kg/day)$
$= 108.2 Sm^3/hr \times 770 mL/m^3 \times \dfrac{46 mg}{22.4 mL}$
$\times kg/10^6 mg \times 24 hr/day$
$= 4.106 kg$

07 2차 대기오염물질로만 옳게 나열한 것은?

① O_3, NH_3
② SiO_2, NO_2
③ HCl, PAN
④ H_2O_2, NOCl

풀이 2차 오염물질의 종류
대부분 광산화물로서 O_3, PAN($CH_3COOONO_2$), H_2O_2, NOCl, 아크롤레인(CH_2CHCHO), SO_3, NO_2 등

08 입자의 커닝험(Cunningham) 보정계수(C_f)에 관한 설명으로 가장 적합한 것은?

① 커닝험계수 보정은 입경 $d \gg 3\mu m$ 일 때, $C_f > 1$ 이다.
② 커닝험계수 보정은 입경 $d \ll 3\mu m$ 일 때, $C_f = 1$ 이다.
③ 유체 내를 운동하는 입자직경이 항력계수에 어떻게 영향을 미치는가를 설명하는 것이다.
④ 커닝험계수 보정은 입경 $d \gg 3\mu m$ 일 때, $C_f < 1$ 이다.

풀이 커닝험(Cunningham) 보정계수(C_f)
㉠ 유체 내를 운동하는 입자의 직경이 항력계수에 어떻게 영향을 미치는가를 설명하는 것이다.
㉡ 커닝험 보정계수는 통상 1 이상이며, 이 값은 가스의 온도가 높을수록, 분진이 미세할수록, 가스분자의 직경이 작을수록, 가스압력이 낮을수록 증가하게 된다.
㉢ 커닝험계수 보정은 입경 $d \gg 3\mu m$ 일 때, $C_f = 1$ 이다.

09 다음 ( ) 안에 공통으로 들어갈 물질은?

( )은 금속양 원소로서 화성암, 퇴적암, 황과 구리를 함유한 무기질 광석에 많이 분포되어 있으며, 상업용 ( )은 주로 구리의 전기분해 정련 시 찌꺼기로부터 추출된다. 또한 인체에 필수적인 원소로서 적혈구가 산화됨으로써 일어나는 손상을 예방하는 글루타티온 과산화 효소의 보조인자 역할을 한다.

① Ca
② Ti
③ V
④ Se

풀이 셀레늄(Se)
㉠ 생체 내에 미량 존재하며 생물의 생존에 필수적인 요소로서 당 대사과정에서의 탈탄산반응

에 관여하는 동시에 비타민 E의 증가나 지방분 감소에도 효과가 있으며, 특히 As의 길항제로서도 관여한다.
ⓒ 인체에 폭로 시 숨을 쉴 때나 땀을 흘릴 때 마늘 냄새가 나며, 만성적인 대기 중 폭로 시 오심과 소화불량과 같은 위장관 증상도 호소하며 결막염을 일으키는데, 이를 'Rose Eye'라고 부른다.
ⓒ 급성폭로 시 심한 호흡기 자극을 일으켜 기침, 흉통, 호흡곤란 등을 유발하며, 심한 경우 폐부종을 동반한 화학성 폐렴이 생기기도 한다.

10 실제 굴뚝높이 120m에서 배출가스의 수직 토출속도가 20m/s, 굴뚝 높이에서의 풍속은 5m/s이다. 굴뚝의 유효고도가 150m가 되기 위해서 필요한 굴뚝의 직경은?(단, $\Delta H = \{(1.5 \times V_s) \cdot D\}/U$를 이용할 것)

① 2.5m ② 5m
③ 20m   ④ 25m

풀이) $\Delta H = 1.5 \times \left(\dfrac{V_s}{U}\right) \times D$

$30\text{m} = 1.5 \times \left(\dfrac{20\text{m/sec}}{5\text{m/sec}}\right) \times D$

$D = 5\text{m}$

11 대기오염물질이 인체에 미치는 영향으로 가장 거리가 먼 것은?

① 이산화질소의 유독성은 일산화질소의 독성보다 강하여 인체에 영향을 끼친다.
② 3, 4-벤조피렌 같은 탄화수소 화합물은 발암성 물질로 알려져 있다.
③ SO_2는 고농도일수록 비강 또는 인후에서 많이 흡수되며 저농도인 경우에는 극히 저율로 흡수된다.
④ 일산화탄소는 인체 혈액 중의 헤모글로빈과 결합하기 매우 용이하나, 산소보다 낮은 결합력을 가지고 있다.

풀이) 일산화탄소는 인체 혈액 중의 헤모글로빈과 결합력이 매우 높은 물질이며, 산소의 결합력보다 약 210배 정도 높은 결합력을 가지고 있다.

12 지상 10m에서의 풍속이 8m/s라면 지상 60m에서의 풍속(m/s)은?(단, $P = 0.12$, Deacon 식을 적용)

① 약 8.0   ② 약 9.9
③ 약 12.5 ④ 약 14.8

풀이) $U_2 = U_1 \times \left(\dfrac{Z_2}{Z_1}\right)^p = 8\text{m/sec} \times \left(\dfrac{60\text{m}}{10\text{m}}\right)^{0.12}$

$= 9.92\text{m/sec}$

13 다음 수용모델과 분산모델에 관한 설명으로 가장 거리가 먼 것은?

① 분산모델은 지형 및 오염원의 조업조건에 영향을 받으며 미래의 대기질 예측을 할 수 있다.
② 수용모델은 수용체에서 오염물질의 특성을 분석한 후 오염원의 기여도를 평가하는 것이다.
③ 분산모델은 특정오염원의 영향을 평가할 수 있는 잠재력을 가지고 있으며, 기상과 관련하여 대기 중의 특성을 적절하게 묘사할 수 있어 정확한 결과를 도출할 수 있다.
④ 분산모델은 특정한 오염원의 배출속도와 바람에 의한 분산요인을 입력자료로 하여 수용체 위치에서의 영향을 계산한다.

풀이) 분산모델
특정오염원의 영향을 평가할 수 있는 잠재력을 가지고 있으나 기상과 관련하여 대기 중의 무작위적인 특성을 적절하게 묘사할 수 없으므로 결과에 대한 불확실성이 크다.

14 최근 문제시되고 있는 석면에 관한 설명으로 옳지 않은 것은?

① 석면은 자연계에서 산출되는 길고, 가늘고, 강한 섬유상 물질이다.
② 석면에 폭로되어 중피종이 발생되기까지의 기간은 일반적으로 폐암보다는 긴 편이나 20년 이하에서 발생하는 예도 있다.
③ 석면은 절연성의 성질을 가지고, 화학적 불활성이 요구되는 곳에 사용될 수 있다.
④ 석면의 유해성은 백석면이 청석면보다 강하다.

[풀이] 석면의 유해성은 청석면이 백석면보다 강하다.

15 지상으로부터 500m까지의 평균 기온감률은 −1.3℃/100m이다. 100m 고도의 기온이 20℃라 하면 고도 300m에서의 기온은?

① 14.7℃ ② 15.8℃
③ 16.2℃ ④ 17.4℃

[풀이] 기온 = 20℃ − [1.3℃/100m × (300−100)m]
     = 17.4℃

16 바람장미(Wind Rose)에 기록되는 내용과 가장 거리가 먼 것은?

① 풍향 ② 풍속
③ 풍압 ④ 무풍률

[풀이] 바람장미의 표시내용으로 풍향은 무풍률을 포함한 전체 방향량을 100%로 하여 막대의 길이로 나타낸다. 풍향은 바람이 불어오는 쪽으로 표시하며, 막대의 길이가 가장 긴 방향이 그 지역의 주풍이 되며, 풍속은 살의 굵기로 구분한다.

17 공기역학직경(Aerodynamic Diameter)의 정의로 옳은 것은?

① 원래의 먼지와 침강속도가 동일하며, 밀도가 $1g/cm^3$인 구형입자의 직경
② 원래의 먼지와 밀도 및 침강속도가 동일한 구형입자의 직경
③ 먼지의 한쪽 끝 가장자리와 다른 쪽 끝 가장자리 사이의 거리
④ 먼지의 면적과 동일한 면적을 갖는 원의 직경

[풀이] 공기역학적 직경(Aero-Dynamic Diameter)
대상 먼지와 침강속도가 같고 단위밀도가 $1g/cm^3$이며, 구형인 먼지의 직경으로 환산된 직경이다. (측정하고자 하는 입자상 물질과 동일한 침강속도를 가지며 밀도가 $1g/cm^3$인 구형입자의 직경)

18 다음 중 불화수소에 대한 저항성이 가장 큰 식물은?

① 옥수수 ② 글라디올러스
③ 메밀   ④ 목화

[풀이] 불화수소는 어린잎에 피해가 현저한 편이며, 강한 식물로는 담배, 목화 등이 있다.

19 지구대기 중의 오존총량을 표준상태(0℃, 1기압)에서 두께로 환산했을 때, 100Dobson으로 정하는 수치로 옳은 것은?

① 1cm   ② 0.1cm
③ 0.01mm   ④ 0.001mm

[풀이] 오존층의 두께를 표시하는 단위는 돕슨(Dobson)이며, 지구대기 중의 오존총량을 표준상태에서 두께로 환산했을 때 1mm(0.1cm)를 100돕슨으로 정하고 있다.

Answer 14 ④ 15 ④ 16 ③ 17 ① 18 ④ 19 ②

20 Chloro Fluoro Carbon - 11(CFC - 11)의 화학식으로 옳은 것은?

① CCl_3F
② CCl_2F_2
③ CCl_2FCClF_2
④ CH_3CCl_3

🔑 화학식 번호+90
  CFC(11+90) = 1 : 0 : 1
  C → 1개, H → 0개, F → 1개
  Cl 개수 = 2(C+1) - H - F = 2(1+1) - 0 - 1 = 3
  CFC-11의 화학식 → CCl_3F

제2과목 대기오염공정시험기준(방법)

21 굴뚝 배출가스 중 먼지를 반자동식 채취기에 의한 방법으로 측정하고자 할 경우 채취장치 구성에 관한 설명으로 옳지 않은 것은?

① 흡인노즐은 스테인리스강, 경질유리 또는 석영 유리제로 만들어진 것으로서 흡인노즐의 안과 밖의 가스 흐름이 흐트러지지 않도록 흡인노즐 내경(d)은 4mm 이상으로 한다.
② 여과지 홀더장치는 플라스틱제로서 여과지 탈착(脫着)이 되지 않아야 한다.
③ 여과부 가열장치로는 시료 채취 시 여과지 홀더 주위를 120±14℃의 온도를 유지할 수 있고 주위온도를 3℃ 이내까지 측정할 수 있는 온도계를 모니터 할 수 있도록 설치하여야 한다.
④ 피토관은 피토관 계수가 정해진 L형 피토관(C : 1.0 전후) 또는 S형(웨스턴형 C : 0.85 전후) 피토관으로서 배출가스 유속의 계속적인 측정을 위해 흡인관에 부착하여 사용한다.

🔑 여과지 홀더는 원통형 또는 원형의 먼지포집 여과지를 지지해주는 장치를 말한다. 이 장치는 유리제 또는 스테인리스강 등으로 만들어진 것으로 내식성이 강하고 여과지 탈착이 쉬워야 한다. 또 여과지를 끼운 곳에서 공기가 새지 않아야 한다.

22 기체크로마토그래피법의 정량분석방법 중 도입한 시료의 모든 성분이 용출하며 또한 모든 용출 성분의 상대강도를 구하여 역수를 취한 후 각 성분의 피크 넓이에 곱하여 각 성분의 정확한 함유율을 알 수 있는 정량법으로 가장 적합한 것은?

① 피검성분추가법
② 내부표준법
③ 내부넓이 백분율법
④ 보정넓이 백분율법

🔑 보정넓이 백분율법에 대한 내용이다.

23 굴뚝 배출가스 내 휘발성 유기화합물질(VOC)의 시료채취방법 중 흡착관법에 쓰이는 흡착제의 종류와 거리가 먼 것은?

① Charcoal
② XAD-2
③ Tedlar
④ Tenax

🔑 스테인리스 스틸 또는 유리재질 등의 상용화된 규격의 흡착관에 흡착제(Charcoal, Tenax, XAD-2 등)가 충진된 것 또는 채취대상물질을 채취할 수 있는 흡착제를 충진하여 사용할 수 있다.

24 A공장 굴뚝 배출가스 중 페놀류를 기체크로마토그래피법(내표준법)으로 분석하였더니 아래와 같은 결과와 식이 제시되었을 때, 시료 중 페놀류의 농도는?

Answer ◀ 20 ① 21 ② 22 ④ 23 ③ 24 ①

- 건조 시료 가스양 : 10L
- 정량에 사용된 분석용 시료용액의 양 : 10μL
- 분석용 시료용액의 제조량 : 5mL
- 검량선으로부터 구한 정량에 사용된 분석용 시료용액 중 페놀류의 양 : 6μg
- 페놀류의 농도 산출식 :
$$C = \frac{0.238 \times a \times V_1}{S_L \times V_S} \times 1,000$$ 를 이용할 것

① 약 71V/V ppm ② 약 89V/V ppm
③ 약 159V/V ppm ④ 약 229V/V ppm

풀이
$$C = \frac{0.238 \times a \times V_1}{S_L \times V_S} \times 1,000$$
$$= \frac{0.238 \times 6 \times 5}{10 \times 10} \times 1,000$$
$$= 71.4 \text{(V/V ppm)}$$

여기서, C : 시료 중 페놀류의 농도(V/V ppm)
a : 검량선으로부터 구한 정량에 사용된 분석용 시료용액 중의 페놀류의 양(μg)
V_1 : 분석용 시료 용액의 제조량(mL)
S_L : 정량에 사용된 분석용 시료용액의 양(μL)
V_S : 건조시료 가스양(L)

25 이온크로마토그래피에 관한 설명으로 가장 거리가 먼 것은?

① 서프레서에서 관형은 음이온인 경우 스티롤계 강산형(H^+) 수지가 충진된 것을 사용한다.
② 가시선흡수검출기(VIS 검출기)는 고성능 액체크로마토그래피 분야 및 분석화학 분야에 가장 널리 사용되는 검출기다.
③ 송액펌프는 액동이 적은 것을 사용한다.
④ 용리액조는 이온성분이 용출되지 않는 재질로서 일반적으로 폴리에틸렌이나 경질 유리제를 사용한다.

풀이 자외선흡수검출기(UV 검출기)는 고성능 액체크로마토그래피 분야에서 가장 널리 사용되는 검출기이며, 최근에는 이온크로마토그래피에서도 전기 전도도 검출기와 병행하여 사용되기도 한다. 또한 가시선흡수검출기(VIS 검출기)는 전이금속 성분의 발색반응을 이용하는 경우에 사용된다.

26 철강공장의 아크로와 연결된 개방형 여과집진시설에서 배출되는 먼지채취방법에 대한 규정으로 가장 거리가 먼 것은?

① 등속흡인할 필요가 없으며 채취관은 대구경 흡인노즐(보통 10mm 정도)이 연결된 흡인관을 사용한다.
② 흡인관을 측정점까지 밀어넣고 출강에서 다음 출강 개시 전까지를 먼지 배출상태를 고려하여 적당한 시간간격으로 나누어 시료를 채취하여 구한 먼지농도를 출강에서 다음 출강개시 전까지의 평균먼지농도로 간주한다.
③ 시료채취 시 측정공을 헝겊 등으로 밀폐할 필요는 없으며 건옥백하우스의 경우는 장입 및 출강 시 20±5 L/min의 유속으로 배출가스를 흡인한다.
④ 한 개의 원통형 여과지에 포집된 1회 먼지포집량을 20mg 이상 50mg 이하로 함을 원칙으로 한다.

풀이 한 개의 원통형 여과지에 포집된 1회 먼지포집량은 2mg 이상 20mg 이하로 함을 원칙으로 한다.

27 굴뚝 반경 1.3m인 원형굴뚝에서 먼지를 채취하고자 할 때 측정점 수는?

① 4 ② 8
③ 12 ④ 16

풀이 원형 연도의 측정점 수

굴뚝 직경 2R(m)	반경 구분 수	측정점 수
1 미만	1	4
1~2 미만	2	8
2~4 미만	3	12
4~4.5 미만	4	16
4.5 이상	5	20

28 환경대기 중의 질소산화물 농도를 측정하기 위한 야콥스 – 호흐하이저법에 관한 설명으로 가장 거리가 먼 것은?

① 포집시료는 적어도 6주간은 안전하다.
② 방해물질인 아황산가스는 분석 전에 과산화수소를 첨가하여 황산으로 변화시키는 데 따라 제거된다.
③ 수산화칼륨 용액에 시료대기를 흡수시키면 대기 중의 이산화질소가 아질산칼륨 용액으로 변화될 때 생성된 아질산이온을 발색시켜 740nm에서 측정된다.
④ $0.04\mu g\ NO_2^-$/mL의 농도는 1cm 셀을 사용했을 때 0.02의 흡광도에 해당된다.

풀이 수산화소듐 용액에 시료대기를 흡수시키면 대기 중의 이산화질소가 아질산소듐 용액으로 변화될 때 생성된 아질산이온을 발색시켜 540nm에서 측정된다.

29 특정 발생원에서 일정한 굴뚝을 거치지 않고 외부로 비산 배출되는 먼지를 하이볼륨에어샘플러법으로 분석하여 농도계산을 하고자 할 때 '전 시료채취 기간 중 주 풍향이 90° 이상 변할 때' 풍향보정계수는?

① 1.0
② 1.2
③ 1.5
④ 2.0

풀이 풍향에 대한 보정

풍향변화범위	보정계수
전 시료채취 기간 중 주 풍향이 90° 이상 변할 때	1.5
전 시료채취 기간 중 주 풍향이 45°~90° 변할 때	1.2
전 시료채취 기간 중 풍향이 변동이 없을 때(45° 미만)	1.0

30 굴뚝 배출가스 중의 무기 불소화합물을 불소이온으로 분석하는 방법에 관한 설명으로 옳지 않은 것은?

① 흡광광도법은 시료 흡수액을 일정량으로 묽게 한 다음 완충액을 가하여 pH를 조절하고 란탄과 알리자린콤플렉손을 가한 후 흡광광도를 측정하는 방법이다.
② 용량법은 불소이온을 방해이온과 분리한 다음 완충액을 가하여 pH를 조절하고 네오트린을 가한 다음 질산은 용액으로 적정한다.
③ 시료 중에 먼지가 혼입되는 것을 막기 위하여 시료 채취관의 적당한 곳에 넣는 여과재는 사불화에틸렌제 등으로 불소화합물의 영향을 받지 않아야 한다.
④ 시료 중의 무기 불소화합물과 수분이 응축하는 것을 막기 위하여 시료 채취관 및 시료 채취관에서부터 흡수병까지의 사이를 140℃ 이상으로 가열해 준다.

풀이 용량법(적정법)은 불소이온을 방해이온과 분리한 다음 완충액을 가하여 pH를 조절하고 네오트린을 가한 다음 질산소듐 용액으로 적정한다.

Answer 28 ③ 29 ③ 30 ②

31 환경대기 내의 탄화수소 농도측정방법 중 총탄화수소 측정법에서의 성능기준으로 옳지 않은 것은?

① 응답시간 : 스팬가스를 도입시켜 측정치가 일정한 값으로 급격히 변화되어 스팬가스 농도의 90% 변화할 때까지의 시간은 2분 이하여야 한다.
② 지시의 변동 : 제로 가스 및 스팬 가스를 흘려보냈을 때 정상적인 측정치의 변동은 각 측정단계(Range)마다 최대 눈금치의 ±1%의 범위 내에 있어야 한다.
③ 예열시간 : 전원을 넣고 나서 정상으로 작동할 때까지의 시간은 6시간 이하여야 한다.
④ 재현성 : 동일 조건에서 제로 가스와 스팬 가스를 번갈아 3회 도입해서 각각의 측정치의 평균치로부터 구한 편차는 각 측정단계(Range)마다 최대 눈금치의 ±1%의 범위 내에 있어야 한다.

풀이) 예열시간
전원을 넣고 나서 정상으로 작동할 때까지의 시간은 4시간 이하여야 한다.

32 굴뚝 배출가스 내의 페놀류의 분석방법 중 기체크로마토그래피법의 충전제로 아피에존 L을 사용할 때의 조건으로 옳지 않은 것은?

① 분리관 재질은 유리 또는 스테인리스 강을 사용한다.
② 분리관 규격은 내경 10mm, 길이 5~7m이다.
③ 검출기는 수소염이온화검출기를 사용한다.
④ 운반가스유량은 40~60mL/분이다.

풀이) 아피에존 L을 사용할 경우 분리관 규격은 내경 3mm, 길이 2~4m를 사용한다. 또한 이때 분리관의 온도는 150℃가 적당하다.

33 원자흡광광도법에서 사용되는 가연성 가스와 조연성 가스의 조합으로 옳지 않은 것은?

① 수소-공기
② 아세틸렌-공기
③ 아세틸렌-아산화질소
④ 헬륨-산소

풀이) 가연성 가스와 조연성 가스의 조합(원자흡광광도법)
㉠ 수소-공기
㉡ 아세틸렌-공기
㉢ 아세틸렌-아산화질소
㉣ 프로판-공기

34 배출가스 중 금속화합물을 유도결합플라스마 원자발광분광법(Inductively Coupled Plasma Atomic Emission Spectrometry)으로 분석하기 위한 시료 성상에 따른 전처리 방법으로 가장 거리가 먼 것은?

	시료 성상	처리방법
㉠	타르, 기타 소량의 유기물을 함유하는 시료	마이크로파 산분해법
㉡	셀룰로오스 섬유제 여과지를 사용한 시료	저온회화법
㉢	유기물을 함유하지 않는 시료	질산-염산법
㉣	다량의 유기물 유리탄소를 함유하는 시료	저온회화법

① ㉠
② ㉡
③ ㉢
④ ㉣

풀이) 유기물을 함유하지 않은 시료의 전처리 방법은 질산법, 마이크로파 산분해법이 있다.

35 굴뚝 배출가스 중 페놀류 분석방법에 관한 설명으로 옳지 않은 것은?

① 자외선/가시선분광법에서는 시료 중의 페놀류를 수산화나트륨용액(0.4 W/V%)에 흡수시켜 포집한다.
② 자외선/가시선분광법에서는 염소, 취소 등의 산화성 가스 및 황화수소, 아황산가스 등의 환원성 가스가 공존하면 정(正)의 오차를 나타낸다.
③ 기체크로마토그래피법에서는 수소염 이온화 검출기(FID)를 구비한 기체크로마토그래피로 정량해서 페놀류의 농도를 산출한다.
④ 자외선/가시선분광법에서는 규정시약을 순서대로 가하여 얻은 적색(赤色)액을 510 nm의 가시부에서 흡광도를 측정하여 페놀류의 농도를 산출한다.

(풀이) 자외선/가시선분광법에서는 염소, 취소 등의 산화성 가스 및 황화수소, 아황산가스 등의 환원성 가스가 공존하면 부의 오차를 나타낸다.

36 다음은 환경대기 중 시료 채취방법에 관한 설명이다. 가장 적합한 것은?

- 측정대상 가스를 선택적으로 포집할 수 있다.
- 그 구성은 채취관 – 여과재 – 포집부 – 흡입펌프 – 유량계(가스미터)이나.
- 포집부는 주로 흡수병(흡수관)과 세척병(공병)으로 구성된다.

① 용기포집법   ② 여지포집법
③ 고체포집법   ④ 용매포집법

(풀이) 문제의 내용은 환경대기 중 시료채취방법 중에서 용매포집법에 관한 것이다.

37 다음은 굴뚝 배출가스 중 다이옥신류 분석을 위한 원통형 여과지의 사용 전 조치사항이다. ( ) 안에 가장 적합한 것은?

원통형 여과지는 사용에 앞서 (㉠)℃에서 2시간 작열시킨 후, (㉡)으로 각각 30분간 초음파 세정을 한 다음 진공건조시킨다.

① ㉠ 600, ㉡ 에탄올 및 노말헥산
② ㉠ 850, ㉡ 에탄올 및 노말헥산
③ ㉠ 600, ㉡ 아세톤 및 톨루엔
④ ㉠ 850, ㉡ 아세톤 및 톨루엔

(풀이) 굴뚝배출가스 중 다이옥신류 분석을 위한 원통형 여과지의 사용 전 조치사항
원통형 여과지는 사용에 앞서 850℃에서 2시간 작열시킨 후, 아세톤 및 톨루엔으로 각각 30분간 초음파 세정을 한 다음 진공건조시킨다.

38 굴뚝에서 배출되는 시안화수소의 질산은 적정법에 쓰이는 시약이 아닌 것은?

① P-디메틸 아미노 벤질리덴 로다닌의 아세톤 용액
② 수산화소듐용액(2W/V%)
③ N/100 질산은용액
④ 질산(10V/V%)

(풀이) 시안화수소(질산은 적정법)
㉠ P-디메틸 아미노 벤질리덴 로다닌의 아세톤 용액
㉡ 초산(10V/V%)
㉢ 수산화소듐용액(2W/V%)
㉣ N/100 질산은용액

39 흡광광도계에서 빛의 강도가 I_o의 단색광이 어떤 시료용액을 통과할 때 그 빛의 90%가 흡수될 경우 흡광도는?

① 0.05 ② 0.2
③ 0.5 ④ 1.0

풀이) 흡광도$(A) = \log \dfrac{1}{투과율}$
$= \log \dfrac{1}{(1-0.9)} = 1.0$

40 기체크로마토그래피법의 정량법 중 정량하려는 성분으로 된 순물질을 단계적으로 취하여 크로마토그램을 기록하고 피크의 넓이 또는 높이를 구하는 방법으로서 성분량을 횡축에, 피크 넓이 또는 피크 높이를 종축으로 하는 것은?

① 보정넓이백분율법
② 절대검량선법
③ 넓이백분율법
④ 내부표준법

풀이) 문제의 내용은 기체크로마토그래피법의 정량법 중 절대검량선법에 관한 것이다.

제3과목 대기오염방지기술

41 흡수탑을 이용하여 배출가스 중의 염화수소를 수산화나트륨 수용액으로 제거하려고 한다. 기상 총괄이동단위높이(H_{OG})가 1m인 흡수탑을 이용하여 99%의 흡수효율을 얻기 위한 이론적 흡수탑의 충전높이는?

① 4.6m ② 5.2m
③ 5.6m ④ 6.2m

풀이) 충전높이 $= H_{OG} \times N_{OG}$
$= 1.0\text{m} \times \ln\left(\dfrac{1}{1-0.99}\right) = 4.61\text{m}$

42 흡착에 관한 다음 설명 중 옳은 것은?

① 물리적 흡착은 가역성이 낮다.
② 물리적 흡착량은 온도가 상승하면 줄어든다.
③ 물리적 흡착은 흡착과정의 발열량이 화학적 흡착보다 많다.
④ 물리적 흡착에서 흡착물질은 임계온도 이상에서 잘 흡착된다.

풀이) ① 물리적 흡착은 가역성이 높다.
③ 물리적 흡착은 흡착과정의 발열량이 화학적 흡착보다 적다.
④ 물리적 흡착에서 흡착물질은 임계온도 이상에서는 흡착되지 않는다.

43 연료에 관한 다음 설명 중 가장 거리가 먼 것은?

① 중유는 인화점을 기준으로 하여 주로 A, B, C 중유로 분류된다.
② 인화점이 낮을수록 연소는 잘되나 위험하며, C 중유의 인화점은 보통 70℃ 이상이다.
③ 기체연료는 연소 시 공급연료 및 공기량을 밸브를 이용하여 간단하게 임의로 조절할 수 있어 부하변동범위가 넓다.
④ 4℃ 물에 대한 15℃ 중유의 중량비를 비중이라고 하며, 중유 비중은 보통 0.92~0.97 정도이다.

풀이) 중유는 점도를 기준으로 하여 주로 A, B, C 중유로 분류된다.

44 여과집진장치의 간헐식 탈진방식에 관한 설명으로 옳지 않은 것은?

① 분진의 재비산이 적다.
② 높은 집진율을 얻을 수 있다.
③ 고농도, 대용량의 처리가 용이하다.
④ 진동형과 역기류형, 역기류 진동형이 있다.

풀이) 간헐식 탈진방식은 처리효율이 높고, 소량가스 처리에 적합하다.

45 여과집진장치의 먼지부하가 $360g/m^2$에 달할 때 먼지를 탈락시키고자 한다. 이때 탈락시간 간격은?(단, 여과집진장치에 유입되는 함진농도는 $10g/m^3$, 여과속도는 $7,200cm/hr$이고, 집진효율은 100%로 본다.)

① 25min
② 30min
③ 35min
④ 40min

풀이) 먼지부하(L_d) = $C_i \times V_f \times \eta \times t$

$$t(탈락시간) = \frac{360g/m^2}{10g/m^3 \times 72m/hr \times hr/60min \times 1.0}$$
$$= 30min$$

46 Methane과 Propane이 용적비 1:1의 비율로 조성된 혼합가스 $1Sm^3$를 완전연소시키는 데 $20Sm^3$의 실제공기가 사용되었다면 이 경우 공기비는?

① 1.05
② 1.20
③ 1.34
④ 1.46

풀이) $CH_4 + 2O_2 \rightarrow CO_2 + 2H_2O$
$C_3H_8 + 5O_2 \rightarrow 3CO_2 + 4H_2O$

$$A_o = \frac{(2 \times 0.5) + (5 \times 0.5)}{0.21} = 16.67 Sm^3/Sm^3$$

$$m = \frac{A}{A_o} = \frac{20 Sm^3/Sm^3}{16.67 Sm^3/Sm^3} = 1.20$$

47 흡수법에 의한 유해가스 처리 시 흡수이론에 관한 설명으로 가장 거리가 먼 것은?

① 두 상(Phase)이 접할 때 두 상이 접한 경계면의 양측에 경막이 존재한다는 가정을 Lewis-Whitman의 이중격막설이라 한다.
② 확산을 일으키는 추진력은 두 상(Phase)에서의 확산물질의 농도차 또는 분압차가 주원인이다.
③ 액상으로의 가스흡수는 기-액 두 상(Phase)의 본체에서 확산물질의 농도 기울기는 큰 반면, 기-액의 각 경막 내에서는 농도 기울기가 거의 없는데, 이것은 두 상의 경계면에서 효과적인 평형을 이루기 위함이다.
④ 주어진 온도, 압력에서 평형상태가 되면 물질의 이동은 정지한다.

풀이) 액상으로의 가스흡수는 기-액 두 상의 본체에서 확산물질의 농도 기울기는 거의 없고, 기-액의 각 경막 내에서는 농도 기울기가 있으며, 이것은 두 상의 경계면에서 효과적인 평형을 이루기 위함이다.

48 충전탑의 액가스비 범위로 가장 적합한 것은?

① $0.1 \sim 0.3 L/m^3$
② $2 \sim 3 L/m^3$
③ $5 \sim 10 L/m^3$
④ $10 \sim 30 L/m^3$

풀이) 충전탑(Packed)
㉠ 원리 : 탑 내에 충전물을 넣어 배기가스와 세정액적과의 접촉표면적을 크게 하여 세정하는 방식이다. 즉, 충전물질의 표면을 흡수액으로 도포하여 흡수액의 얇은 층을 형성시킨 후 가스와 흡수액을 접촉시켜 흡수시킨다.

Answer 44 ③ 45 ② 46 ② 47 ③ 48 ②

ⓒ 탑 내 이동속도 : 1m/sec 이하(0.3~1m/sec
    or 0.5~1.5m/sec)
ⓒ 액기비 : 1~10L/m³(2~3L/m³)
ⓔ 압력손실 : 50~100mmH₂O
                (100~250mmH₂O)

49 흡수제의 구비조건과 관련된 설명으로 옳지 않은 것은?

① 흡수제의 손실을 줄이기 위하여 휘발성이 커야 한다.
② 흡수제가 화학적으로 유해가스 성분과 비슷할 때 일반적으로 용해도가 크다.
③ 흡수율을 높이고 범람을 줄이기 위해서는 흡수제의 점도가 낮아야 한다.
④ 빙점은 낮고, 비점은 높아야 한다.

풀이) 흡수액의 구비조건
ⓐ 용해도가 클 것
ⓑ 휘발성이 적을 것
ⓒ 부식성이 없을 것
ⓓ 점성이 작고 화학적으로 안정되고 독성이 없을 것
ⓔ 가격이 저렴하고 용매의 화학적 성질과 비슷할 것

50 직경 21.2cm 원형관으로 34m³/min의 공기를 이동시킬 때 관내유속은?

① 약 1,248m/min   ② 약 963m/min
③ 약 524m/min   ④ 약 482m/min

풀이) $Q = A \times V$

$V = \dfrac{Q}{A}$

$= \dfrac{34\text{m}^3/\text{min}}{\left(\dfrac{3.14 \times 0.212^2}{4}\right)\text{m}^2} = 963.2\text{m/min}$

51 헨리법칙이 적용되는 가스가 물속에 2.0 kg-mol/m³로 용해되어 있고 이 가스의 분압은 19mmHg이다. 이 유해가스의 분압이 48mmHg가 되었다면 이때 물속의 가스농도(kg-mol/m³)는?

① 1.9   ② 2.8
③ 3.6   ④ 5.1

풀이) $P = H \times C \ (P \propto C \ 관계)$

2.0kg-mol/m³ : 19mmHg = C : 48mmHg

C (kg-mol/m³)

$= \dfrac{2.0\text{kg-mol/m}^3 \times 48\text{mmHg}}{19\text{mmHg}}$

$= 5.05\text{kg-mol/m}^3$

52 유해가스 처리를 위한 장치 중 흡수장치와 거리가 먼 것은?

① 충전탑
② 흡착탑
③ 다공판탑
④ 벤투리 스크러버

풀이) 흡착탑은 유해가스 처리장치 중 흡착장치이다.

53 집진장치에서 후드(Hood)의 일반적인 흡인요령으로 거리가 먼 것은?

① 후드를 발생원에 근접시킨다.
② 국부적인 흡인방식을 택한다.
③ 충분한 포착속도를 유지한다.
④ 후드의 개구면적을 크게 한다.

풀이) 후드의 개구면적을 작게 한다.

54
연소배출가스가 4,000Sm³/h인 굴뚝에서 정압을 측정하였더니 20mmH₂O였다. 여유율 20%인 송풍기를 사용할 경우 필요한 소요동력(kW)은?(단, 송풍기 정압효율은 80%, 전동기 효율은 70%이다.)

① 0.38 ② 0.47
③ 0.58 ④ 0.66

풀이) 소요동력(kW)
$= \dfrac{Q \times \Delta P}{6,120 \times \eta} \times \alpha$

$= \dfrac{(4,000 Sm^3/hr \times hr/60min) \times 20mmH_2O}{6,120 \times 0.8 \times 0.7} \times 1.2$

$= 0.47 kW$

55
송풍관에 송풍량 40m³/min을 통과시켰을 때 20mmH₂O의 압력손실이 생겼다. 송풍량이 60m³/min로 증가된다면 압력손실(mmH₂O)은?

① 20 ② 30
③ 35 ④ 45

풀이) $\dfrac{Q_2}{Q_1} = \left(\dfrac{rpm_2}{rpm_1}\right)$, $\dfrac{\Delta P_2}{\Delta P_1} = \left(\dfrac{rpm_2}{rpm_1}\right)^2$

$\dfrac{\Delta P_2}{\Delta P_1} = \left(\dfrac{Q_2}{Q_1}\right)^2$

$\Delta P_2 = 20mmH_2O \times \left(\dfrac{60m^3/min}{40m^3/min}\right)^2$

$= 45mmH_2O$

56
다음 중 다이옥신의 광분해에 가장 효과적인 파장범위는?

① 150~220nm ② 250~340nm
③ 360~540nm ④ 600~850nm

풀이) 광분해법은 자외선파장(250~340nm)이 가장 효과적인 것으로 알려져 있다.

57
저위발열량 11,000kcal/kg의 중유를 연소시키는 데 필요한 공기량(Sm³/kg)은?(단, Rosin 식 적용)

① 약 8.5 ② 약 11.4
③ 약 13.5 ④ 약 19.6

풀이) Rosin식
$A_o = \dfrac{0.85 \times H_l}{1,000} + 2.0$

$= \dfrac{0.85 \times 11,000 kcal/kg}{1,000} + 2.0$

$= 11.35 Sm^3/kg$

58
유해물질 처리방법에 관한 설명으로 옳지 않은 것은?

① 이황화탄소를 처리 시 암모니아를 불어 넣는 방법이 이용된다.
② 시안화수소는 물에 거의 녹지 않으므로 촉매연소법으로 처리한다.
③ 브롬은 가성소다 수용액과 반응시켜 처리한다.
④ 수은은 온도차에 따른 공기 중 수은 포화량의 차이를 이용하여 제거한다.

풀이) 시안화수소는 물에 잘 녹기 때문에 수세처리법을 이용한다.

59
후드 개구의 바깥 주변에 플랜지(Flange) 부착 시 발생하는 현상과 가장 거리가 먼 것은?

① 포착속도가 커진다.
② 동일한 오염물질 제거에 있어 압력손실은 감소

Answer 54 ② 55 ④ 56 ② 57 ② 58 ② 59 ④

한다.
③ 후드 뒤쪽의 공기 흡입을 방지할 수 있다.
④ 동일한 오염물질 제거에 있어 송풍량은 증가한다.

[풀이] 동일한 오염물질 제거에 있어 송풍량은 감소(25%) 한다.

60 다음 기체 중 물에 대한 헨리상수(atm · m³/kmol) 값이 가장 큰 물질은?(단, 온도는 30℃, 기타 조건은 동일하다고 본다.)

① HF
② HCl
③ H₂S
④ SO₂

[풀이] ㉠ 헨리상수는 용해도가 작을수록 값은 커진다.
㉡ 용해도 크기
HCl > HF > NH₃ > SO₂ > Cl₂ > SO₂ > H₂S

제4과목 대기환경관계법규

61 대기환경보전법상 과태료의 부과기준으로 옳지 않은 것은?

① 일반기준으로서 위반행위의 횟수에 따른 부과기준은 최근 1년간 같은 위반행위로 과태료 부과처분을 받은 경우에 적용한다.
② 일반기준으로서 부과권자는 위반행위의 동기와 그 결과 등을 고려하여 과태료 부과금액의 80% 범위에서 이를 감경한다.
③ 개별기준으로서 제작차배출허용기준에 맞지 않아 결함시정명령을 받은 자동차제작자가 결함시정 결과보고를 아니한 경우 1차 위반 시 과태료 부과금액은 100만 원이다.
④ 개별기준으로서 제작차배출허용기준에 맞지 않아 결함시정명령을 받은 자동차제작자가 결함시정결과보고를 아니한 경우 3차 위반 시 과태료 부과금액은 200만 원이다.

[풀이] 일반기준으로서 부과권자는 위반행위의 동기와 그 결과 등을 고려하여 과태료 부과금액의 2분의 1 범위에서 이를 감경한다.

62 대기환경보전법상 위임업무 보고사항 중 "측정기기 관리대행업의 등록, 변경등록 및 행정처분 현황"에 대한 유역환경청장의 보고 횟수 기준은?

① 수시
② 연 4회
③ 연 2회
④ 연 1회

[풀이] 위임업무 보고사항

업무내용	보고 횟수	보고 기일	보고자
환경오염사고 발생 및 조치 사항	수시	사고발생 시	시·도지사, 유역환경청장 또는 지방환경청장
수입자동차 배출가스 인증 및 검사현황	연 4회	매 분기 종료 후 15일 이내	국립환경과학원장
자동차 연료 및 첨가제의 제조·판매 또는 사용에 대한 규제 현황	연 2회	매 반기 종료 후 15일 이내	유역환경청장 또는 지방환경청장
자동차 연료 또는 첨가제의 제조기준 적합 여부 검사 현황	• 연료 : 연 4회 • 첨가제 : 연 2회	• 연료 : 매 분기 종료 후 15일 이내 • 첨가제 : 매 반기 종료 후 15일 이내	국립환경과학원장
측정기기관리대행업의 등록(변경등록) 및 행정처분 현황	연 1회	다음 해 1월 15일까지	유역환경청장, 지방환경청장 또는 수도권대기환경청장

63
악취방지법상 위임업무 보고사항 중 "악취검사기관의 지정, 지정사항 변경보고 접수 실적"의 보고 횟수 기준은?(단, 보고자는 국립환경과학원장으로 한다.)

① 연 1회   ② 연 2회
③ 연 4회   ④ 수시

풀이 위임업무의 보고사항
- ⊙ 업무내용 : 악취검사기관의 지정, 지정사항 변경보고 접수실적
- ⊙ 보고횟수 : 연 1회
- ⊙ 보고기일 : 다음 해 1월 15일까지
- ⊙ 보고자 : 국립환경과학원장

64
대기환경보전법상 초과부과금 산정기준에서 다음 오염물질 중 1kg당 부과금액이 가장 높은 것은?

① 이황화탄소   ② 먼지
③ 암모니아   ④ 황화수소

풀이 초과부과금 산정기준

오염물질	구분	오염물질 1킬로그램당 부과금액
황산화물		500
먼지		770
암모니아		1,400
황화수소		6,000
이황화탄소		1,600
특정 유해물질	불소화물	2,300
	염화수소	7,400
	시안화수소	7,300

65
대기환경보전법령상 개선명령 등의 이행보고 및 확인과 관련하여 환경부령으로 정한 대기오염도 검사기관과 거리가 먼 것은?

① 수도권대기환경청
② 시·도의 보건환경연구원
③ 지방환경보전협회
④ 한국환경공단

풀이 대기오염도 검사기관
- ⊙ 국립환경과학원
- ⊙ 특별시·광역시·특별자치시·도·특별자치도의 보건환경연구원
- ⊙ 유역환경청, 지방환경청 또는 수도권대기환경청
- ⊙ 한국환경공단

66
대기환경보전법령상 기본부과금 산정을 위해 확정배출량 명세서에 포함되어 시·도지사 등에게 제출해야 할 서류목록으로 거리가 먼 것은?

① 황 함유분석표 사본
② 연료사용량 또는 생산일지
③ 조업일지
④ 방지시설개선 실적표

풀이 확정배출량 명세서에 포함되어 시·도지사에게 제출해야 할 서류목록
- ⊙ 황 함유분석표 사본(황 함유량이 적용되는 배출계수를 이용하는 경우에만 제출하며, 해당 부과기간 동안의 분석표만 제출한다)
- ⊙ 연료사용량 또는 생산일지 등 배출계수별 단위사용량을 확인할 수 있는 서류 사본(배출계수를 이용하는 경우에만 제출한다)
- ⊙ 조업일지 등 조업일수를 확인할 수 있는 서류 사본(자가측정 결과를 이용하는 경우에만 제출한다)
- ⊙ 배출구별 자가측정한 기록 사본(자가측정 결과를 이용하는 경우에만 제출한다)

Answer 63 ① 64 ④ 65 ③ 66 ④

67 대기환경보전법령상 청정연료를 사용하여야 하는 대상시설의 범위로 옳지 않은 것은?

① 산업용 열병합 발전시설
② 건축법 시행령에 따른 공동주택으로서 동일한 보일러를 이용하여 하나의 단지 또는 여러 개의 단지가 공동으로 열을 이용하는 중앙집중난방방식으로 열을 공급받고, 단지 내의 모든 세대의 평균 전용면적이 $40.0m^2$를 초과하는 공동주택
③ 전체 보일러의 시간당 총 증발량이 0.2톤 이상인 업무용 보일러(영업용 및 공공용 보일러를 포함하되, 산업용 보일러는 제외)
④ 집단에너지사업법 시행령에 따른 지역냉난방사업을 위한 시설(단, 지역냉난방사업을 위한 시설 중 발전폐열을 지역냉난방용으로 공급하는 산업용 열병합발전시설로서 환경부장관이 승인한 시설은 제외)

(풀이) 청정연료를 사용하여야 하는 대상 시설
㉠ 건축법 시행령에 따른 공동주택으로서 동일한 보일러를 이용하여 하나의 단지 또는 여러 개의 단지가 공동으로 열을 이용하는 중앙집중난방방식으로 열을 공급받고, 단지 내의 모든 세대의 평균 전용면적이 $40.0m^2$를 초과하는 공동주택
㉡ 전체 보일러의 시간당 증발량이 0.2톤 이상인 업무용 보일러(영업용 및 공공용 보일러를 포함하되, 산업용 보일러는 제외한다.)
㉢ 집단에너지사업법 시행령에 따른 지역냉난방사업을 위한 시설(단, 지역냉난방사업을 위한 시설 중 발전폐열을 지역냉난방용으로 공급하는 산업용 열병합 발전시설로서 환경부장관이 승인한 시설은 제외)
㉣ 발전시설. 다만, 산업용 열병합 발전시설은 제외한다.

68 대기환경보전법령상 장거리이동대기오염물질 대책위원회에 관한 사항으로 거리가 먼 것은?

① 위원회는 위원장 1명을 포함한 25명 이내의 위원으로 성별을 고려하여 구성한다.
② 위원회의 위원장은 환경부차관이 된다.
③ 위원회와 실무위원회 및 장거리이동대기오염물질 연구단의 구성 및 운영 등에 관하여 필요한 사항은 환경부령으로 정한다.
④ 소관별 추진대책의 수립·시행에 필요한 조사·연구를 위하여 위원회에 장거리이동대기오염물질 연구단을 둔다.

(풀이) 위원회와 실무위원회 및 장거리이동대기오염물질 연구단의 구성 및 운영 등에 관하여 필요한 사항은 대통령령으로 정한다.

69 대기환경보전법령상 사업장별 환경기술인의 자격기준으로 거리가 먼 것은?

① 전체배출시설에 대하여 방지시설 설치면제를 받은 사업장은 5종사업장에 해당하는 기술인을 둘 수 있다.
② 4종사업장에서 환경부령에 따른 특정대기유해물질이 포함된 오염물질을 배출하는 경우에는 3종사업장에 해당하는 기술인을 두어야 한다.
③ 공동방지시설에서 각 사업장의 대기오염물질 발생량의 합계가 4종 및 5종 사업장의 규모에 해당하는 경우에는 4종 사업장에 해당되는 기술인을 둘 수 있다.
④ 대기오염물질배출시설 중 일반 보일러만 설치한 사업장과 대기오염물질 중 먼지만 발생하는 사업장은 5종사업장에 해당하는 기술인을 둘 수 있다.

공동방지시설에서 각 사업장의 대기오염물질 발생량의 합계가 4종 사업장과 5종 사업장의 규모에 해당하는 경우에는 3종 사업장에 해당하는 기술인을 두어야 한다.

70 악취방지법규상 악취검사기관의 검사시설·장비 및 기술인력 기준에서 대기환경기사를 대체할 수 있는 인력요건으로 거리가 먼 것은?

① 「고등교육법」에 따른 대학에서 대기환경분야를 전공하여 석사 이상의 학위를 취득한 자
② 국·공립연구기관의 연구직공무원으로서 대기환경연구분야에 1년 이상 근무한 자
③ 대기환경산업기사를 취득한 후 악취검사기관에서 악취분석요원으로 3년 이상 근무한 자
④ 「고등교육법」에 의한 대학에서 대기환경분야를 전공하여 학사학위를 취득한 자로서 같은 분야에서 3년 이상 근무한 자

대기환경산업기사를 취득한 후 악취검사기관에서 악취분석요원으로 5년 이상 근무한 사람

71 환경정책기본법령상 각 항목에 대한 대기환경기준으로 옳은 것은?

① 아황산가스이 연간 평균치 : 0.03ppm 이하
② 아황산가스의 1시간 평균치 : 0.15ppm 이하
③ 미세먼지(PM-10)의 연간 평균치 : $100\mu g/m^3$ 이하
④ 오존(O_3)이 8시간 평균치 : 0.1ppm 이하

① 아황산가스의 연간평균치 : 0.02ppm 이하
③ 미세먼지(PM-10)의 연간평균치 : $50\mu g/m^3$ 이하
④ 오존(O_3)의 8시간 평균치 : 0.06ppm 이하

72 대기환경보전법상 5년 이하의 징역이나 5천만 원 이하의 벌금에 처하는 기준은?

① 연료사용 제한조치 등의 명령을 위반한 자
② 측정기기 운영·관리기준을 준수하지 않아 조치명령을 받았으나, 이 또한 이행하지 않아 받은 조업정지명령을 위반한 자
③ 배출시설을 설치금지 장소에 설치해서 폐쇄명령을 받았으나 이를 이행하지 아니한 자
④ 첨가제를 제조기준에 맞지 않게 제조한 자

대기환경보전법 제90조 참조

73 실내공기질 관리법규상 PM-10의 실내공기질 유지기준이 $100\mu g/m^3$ 이하인 다중이용시설에 해당하는 것은?

① 실내주차장 ② 대규모 점포
③ 산후조리원 ④ 지하역사

실내공기질 관리법상 유지기준(2019년 7월부터 적용)

다중이용시설 \ 오염물질 항목	미세먼지 (PM-10) ($\mu g/m^3$)	미세먼지 (PM-2.5) ($\mu g/m^3$)	이산화탄소 (ppm)	폼알데하이드 ($\mu g/m^3$)	총부유세균 (CFU/m^3)	일산화탄소 (ppm)
지하역사, 지하상가, 철도역사의 대합실, 여객자동차터미널의 대합실, 항만시설 중 대합실, 공항시설 중 여객터미널, 도서관·박물관 및 미술관, 대규모점포, 장례식장, 영화상영관, 학원, 전시시설, 인터넷컴퓨터게임시설제공업의 영업시설, 목욕장업의 영업시설	100 이하	50 이하	1,000 이하	100 이하	–	10 이하
의료기관, 산후조리원, 노인요양시설, 어린이집	75 이하	35 이하		80 이하	800 이하	
실내주차장	200 이하	–		100 이하	–	25 이하

| 실내 체육시설, 실내 공연장, 업무시설, 둘 이상의 용도에 사용되는 건축물 | 200 이하 | – | – | – | – |

※ 법규 변경사항이므로 해설의 내용으로 학습하시기 바랍니다.

74 다음은 악취방지법규상 악취검사기관과 관련한 행정처분기준이다. ( ) 안에 가장 적합한 처분기준은?

> 검사시설 및 장비가 부족하거나 고장 난 상태로 7일 이상 방치한 경우 4차 행정처분기준은 ( )이다.

① 경고
② 업무정지 1개월
③ 업무정지 3개월
④ 지정취소

[풀이] 각 위반차수별 행정처분기준(1차~4차순)
경고 – 업무정지 1개월 – 업무정지 3개월 – 지정취소

75 대기환경보전법규상 다음 정밀검사대상 자동차에 따른 정밀검사 유효기간으로 옳지 않은 것은?(단, 차종의 구분 등은 자동차관리법에 의함)

① 차령 4년 경과된 비사업용 승용자동차 : 1년
② 차령 3년 경과된 비사업용 기타자동차 : 1년
③ 차령 2년 경과된 사업용 승용자동차 : 1년
④ 차령 2년 경과된 사업용 기타자동차 : 1년

[풀이] 정밀검사대상 자동차 및 정밀검사 유효기간

차종		정밀검사대상 자동차	검사 유효기간
비사업용	승용자동차	차령 4년 경과된 자동차	2년
	기타자동차	차령 3년 경과된 자동차	
사업용	승용자동차	차령 2년 경과된 자동차	1년
	기타자동차	차령 2년 경과된 자동차	

76 대기환경보전법규상 석유정제 및 석유 화학제품 제조업 제조시설의 휘발성유기화합물 배출억제·방지시설 설치 등에 관한 기준으로 옳지 않은 것은?

① 중간집수조에서 폐수처리장으로 이어지는 하수구(Sewer Line)는 검사를 위해 대기 중으로 개방되어야 하며, 금·틈새 등이 발견되는 경우에는 30일 이내에 이를 보수하여야 한다.
② 휘발성유기화합물을 배출하는 폐수처리장의 집수조는 대기오염공정시험방법(기준)에서 규정하는 검출불가능 누출농도 이상으로 휘발성유기화합물이 발생하는 경우에는 휘발성유기화합물을 80퍼센트 이상의 효율로 억제·제거할 수 있는 부유지붕이나 상부덮개를 설치·운영하여야 한다.
③ 압축기는 휘발성유기화합물의 누출을 방지하기 위한 개스킷 등 봉인장치를 설치하여야 한다.
④ 개방식 밸브나 배관에는 뚜껑, 브라인드프렌지, 마개 또는 이중밸브를 설치하여야 한다.

[풀이] 중간집수조에서 폐수처리장으로 이어지는 하수구가 대기 중으로 개방되어서는 아니 되며, 금·틈새 등이 발견되는 경우에는 15일 이내에 이를 보수하여야 한다.

77 다음은 대기환경보전법규상 비산먼지 발생을 억제하기 위한 시설의 설치 및 필요한 조치에 관한 기준이다. ( ) 안에 알맞은 것은?

> 싣기 및 내리기(분체상 물질을 싣고 내리는 경우만 해당한다.) 배출공정의 경우, 싣거나 내리는 장소 주위에 고정식 또는 이동식 물을 뿌리는 시설(살수반경 (㉠) 이상, 수압 (㉡) 이상)을 설치·운영하여 작업하는 중 다시 흩날리지 아니하도록 할 것 (곡물작업장의 경우는 제외한다.)

Answer 74 ④ 75 ① 76 ① 77 ④

① ㉠ 3m, ㉡ 1.5kg/cm²
② ㉠ 3m, ㉡ 3kg/cm²
③ ㉠ 5m, ㉡ 1.5kg/cm²
④ ㉠ 5m, ㉡ 3kg/cm²

풀이) 싣기 및 내리기(분체상 물질을 싣고 내리는 경우만 해당한다.) 배출공정의 경우, 싣거나 내리는 장소 주위에 고정식 또는 이동식 물을 뿌리는 시설(살수반경 5m 이상, 수압 3kg/cm² 이상)을 설치·운영하여 작업하는 중 다시 흩날리지 아니하도록 할 것(곡물작업장의 경우는 제외한다.)

78 대기환경보전법상 거짓으로 배출시설의 설치허가를 받은 후에 시·도지사가 명한 배출시설의 폐쇄명령까지 위반한 사업자에 대한 벌칙기준으로 옳은 것은?

① 7년 이하의 징역이나 1억 원 이하의 벌금
② 5년 이하의 징역이나 3천만 원 이하의 벌금
③ 1년 이하의 징역이나 500만 원 이하의 벌금
④ 300만 원 이하의 벌금

풀이) 대기환경보전법 제89조 참조

79 실내공기질 관리법령상 이 법의 적용대상이 되는 다중이용시설로서 "대통령령으로 정하는 규모의 것"의 기준으로 옳지 않은 것은?

① 공항시설 중 연면적 1천5백 제곱미터 이상인 여객터미널
② 연면적 2천 제곱미터 이상인 실내주차장(기계식 주차장은 제외한다.)
③ 철도역사의 연면적 1천5백 제곱미터 이상인 대합실
④ 항만시설 중 연면적 5천제곱미터 이상인 대합실

풀이) 철도역사의 연면적 2천 제곱미터 이상인 대합실

80 다음은 대기환경보전법규상 주유소 주유시설의 휘발성유기화합물 배출 억제·방지시설 설치 및 검사·측정결과의 기록보존에 관한 기준이다. ( ) 안에 알맞은 것은?

- 유증기 회수배관은 배관이 막히지 아니하도록 적절한 경사를 두어야 한다.
- 유증기 회수배관을 설치한 후에는 회수배관 액체막힘 검사를 하고 그 결과를 ( ) 기록·보존하여야 한다.

① 1년간   ② 2년간
③ 3년간   ④ 5년간

풀이) 유증기 회수배관을 설치한 후에는 회수배관 액체막힘검사를 하고 그 결과를 5년간 기록·보존하여야 한다.

Answer ◀ 78 ① 79 ③ 80 ④

2021년 제2회 CBT 복원·예상문제

제1과목 대기오염개론

01 대기 중 탄화수소(HC)에 대한 설명으로 옳지 않은 것은?

① 지구 규모의 발생량으로 볼 때 자연적 발생량이 인위적 발생량보다 많다.
② 탄화수소는 대기 중에서 산소, 질소, 염소 및 황과 반응하여 여러 종류의 탄화수소 유도체를 생성한다.
③ 탄화수소류 중에서 이중결합을 가진 올레핀 화합물은 포화 탄화수소나 방향족 탄화수소보다 대기 중에서의 반응성이 크다.
④ 대기환경 중 탄화수소는 기체, 액체, 고체로 존재하며 탄소원자 1~12개인 탄화수소는 상온, 상압에서 기체로, 12개를 초과하는 것은 액체 또는 고체로 존재한다.

〈풀이〉 대기환경 중 탄화수소는 기체, 액체, 고체로 존재하며 탄소원자 1~4개인 탄화수소는 상온, 상압에서 기체로, 5개를 초과하는 것은 액체 또는 고체로 존재한다.

02 다음 중 인체 내에서 콜레스테롤, 인지질 및 지방분의 합성을 저해하거나 기타 다른 영양물질의 대사장애를 일으키며, 만성폭로 시 설태가 끼는 대기오염물질의 원소기호로 가장 적합한 것은?

① Se
② Tl
③ V
④ Al

〈풀이〉 바나듐(V)
㉠ 은회색의 전이금속으로 단단하나 연성(잡아 늘이기 쉬운 성질)과 전성(펴 늘일 수 있는 성질)이 있고 주로 화석연료, 특히 석탄 및 중유에 많이 포함되고 코·눈·인후의 자극을 동반하여 격심한 기침을 유발한다.
㉡ 원소 자체는 반응성이 커서 자연상태에서는 화합물로만 존재하며 산화물 보호피막을 만들기 때문에 공기 중 실온에서는 잘 산화되지 않으나 가열하면 산화된다.
㉢ 바나듐에 폭로된 사람들은 인지질 및 지방분의 합성, 혈장 콜레스테롤치가 저하되며, 만성폭로 시 설태가 낄 수 있다.

03 체적이 100m³인 복사실의 공간에서 오존(O₃)의 배출량이 분당 0.4mg인 복사기를 연속 사용하고 있다. 복사기 사용 전의 실내오존(O₃)의 농도가 0.2ppm이라고 할 때 3시간 사용 후 오존농도는 몇 ppb인가?(단, 환기가 되지 않음, 0℃, 1기압 기준으로 하며, 기타 조건은 고려하지 않음)

① 268
② 383
③ 424
④ 536

〈풀이〉 오존농도
=복사기 사용 전 농도+복사기 사용 후 농도
• 복사기 사용 전 농도
  $= 0.2\text{ppm} \times 10^3 \text{ppb/ppm} = 200\text{ppb}$
• 복사기 사용 후 농도
  $= 0.4\text{m}^3/\text{min} \times 180\text{min} \times 22.4\text{mL}/48\text{mg}$
  $= 0.336\text{ppm} \times 10^3 \text{ppb/ppm}$
  $= 336\text{ppb}$
∴ 200+336=536ppb

Air Pollution Environmental
제7편 기출문제 풀이

04 대기구조를 대기의 분자 조성에 따라 균질층(HomospHere)과 이질층(Heterosphere)으로 구분할 때 다음 중 균질층의 범위로 가장 적절한 것은?

① 지상 0~50km   ② 지상 0~88km
③ 지상 0~155km   ④ 지상 0~200km

[풀이] 지상 0~88km 정도까지의 균질층은 수분을 제외하고는 질소 및 산소 등 분자 조성비가 어느 정도 일정하다.

05 다음 중 리차드슨 수에 대한 설명으로 가장 적합한 것은?

① 리차드슨 수가 큰 음의 값을 가지면 대기는 안정한 상태이며, 수직방향의 혼합은 없다.
② 리차드슨 수가 0에 접근할수록 분산이 커진다.
③ 리차드슨 수는 무차원수로 대류난류를 기계적인 난류로 전환시키는 율을 측정한 것이다.
④ 차드슨 수가 0.25보다 크면 수직방향의 혼합이 커진다.

[풀이]
① 리차드슨 수가 큰 음의 값을 가지면 대기는 불안정한 상태이며, 수직방향의 혼합이 지배적이다.
② 리차드슨 수가 0에 접근할수록 분산이 줄어든다.
④ 리차드슨 수가 0.25보다 크면 수직방향의 혼합은 서서히 없게 되고 수평성의 소용돌이만 남게 된다.

06 다음 중 이산화황에 약한 식물과 가장 거리가 먼 것은?

① 보리   ② 담배
③ 옥수수   ④ 자주개나리

[풀이] 이산화황에 약한 식물
㉠ 자주개나리, 목화, 보리, 콩, 담배, 시금치 등
㉡ 옥수수는 이산화황에 강한 식물이다.

07 대기권의 성질에 대한 설명 중 옳지 않은 것은?

① 대류권의 높이는 보통 여름철보다는 겨울철에, 저위도보다는 고위도에서 낮게 나타난다.
② 대기의 밀도는 기온이 낮을수록 높아지므로 고도에 따른 기온분포로부터 밀도분포가 결정된다.
③ 대류권에서의 대기 기온체감률은 -1℃/100m 이며, 기온변화에 따라 비교적 비균질한 기층(Hetero-geneous Layer)이 형성된다.
④ 대기의 상하운동이 활발한 정도를 난류강도라 하고, 여기에 열적인 난류와 역학적인 난류가 있으며, 이들을 고려한 안정도로서 리차드슨 수가 있다.

[풀이] 대류권에서의 대기기온 체감률은 -0.65℃/100m 이며, 기온변화에 따라 비교적 균질한 기층이 형성된다.

08 다음 중 메탄의 지표 부근 배경농도 값으로 가장 적합한 것은?

① 약 0.15ppm
② 약 1.5ppm
③ 약 30ppm
④ 약 300ppm

[풀이] 표준상태에서 건조공기 중 메탄의 농도는 1.5~1.7ppm 정도이다.

Answer ◀ 04 ② 05 ③ 06 ③ 07 ③ 08 ②

09
상대습도가 70%이고, 상수를 1.2로 정의할 때, 가시거리가 10km라면 먼지 농도는 대략 얼마인가?

① $50\mu g/m^3$ ② $120\mu g/m^3$
③ $200\mu g/m^3$ ④ $280\mu g/m^3$

풀이
$$L_v(km) = \frac{A \times 10^3}{G}$$
$$10(km) = \frac{1.2 \times 10^3}{G}$$
$$G = 120\mu g/m^3$$

10
다음 그림은 탄화수소가 존재하지 않는 경우 NO_2의 광화학사이클(Photolytic cycle)이다. 그림의 A가 O_2일 때 B에 해당하는 물질은?

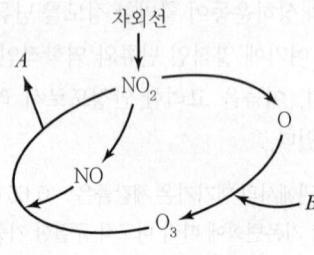

① NO ② CO_2
③ NO_2 ④ O_2

풀이 NO_2의 광화학반응(광분해) Cycle

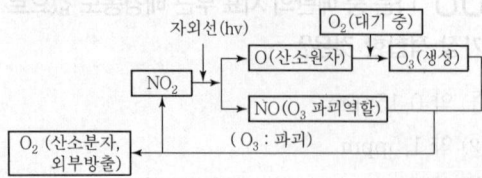

11
대기 내 질소산화물(NOx)이 LA 스모그와 같이 광화학 반응을 할 때, 다음 중 어떤 탄화수소가 주된 역할을 하는가?

① 파라핀계 탄화수소
② 메탄계 탄화수소
③ 올레핀계 탄화수소
④ 프로판계 탄화수소

풀이 광화학적 스모그(smog)의 3대 생성요소
㉠ 질소산화물(NOx)
㉡ 올레핀(Olefin)계 탄화수소
㉢ 자외선

12
굴뚝에서 배출되는 연기의 형태가 Lofting 형일 때의 대기상태로 옳은 것은?(단, 보기 중 상과 하의 구분은 굴뚝 높이 기준)

① 상 : 불안정, 하 : 불안정
② 상 : 안정, 하 : 안정
③ 상 : 안정, 하 : 불안정
④ 상 : 불안정, 하 : 안정

풀이 Lofting(지붕형)
㉠ 굴뚝의 높이보다 더 낮게 지표 가까이에 역전층(안정)이 이루어져 있고, 그 상공에는 대기가 불안정한 상태일 때 주로 발생한다.
㉡ 고기압 지역에서 하늘이 맑고 바람이 약한 늦은 오후(초저녁)나 이른 밤에 주로 발생하기 쉽다.
㉢ 연기에 의한 지표에 오염도는 가장 적게 되며 역전층 내에서 지표배출원에 의한 오염도는 크게 나타난다.

13 A공장의 현재 유효연돌고가 44m이다. 이때의 농도에 비해 유효연돌고를 높여 최대지표농도를 1/2로 감소시키고자 한다. 다른 조건이 모두 같다고 가정할 때 Sutton 식에 의한 유효연돌고는?

① 약 62m ② 약 66m
③ 약 71m ④ 약 75m

풀이) $C_{max} \propto \dfrac{1}{H_e^2}$

$C_{max} : \dfrac{1}{44^2} = \dfrac{1}{2} C_{max} : \dfrac{1}{H_e^2}$

$\dfrac{1}{2} \times \dfrac{1}{44^2} C_{max} = C_{max} \times \dfrac{1}{H_e^2}$

$H_e = 62.25 m$

14 다음 역전현상에 대한 설명 중 옳지 않은 것은?

① 대류권 내에서 온도는 높이에 따라 감소하는 것이 보통이나 경우에 따라 역으로 높이에 따라 온도가 높아지는 층을 역전층이라고 한다.
② 침강역전은 저기압의 중심부분에서 기층이 서서히 침강하면서 발생하는 현상으로 좁은 범위에 걸쳐서 단기간 지속된다.
③ 복사역전은 일출 직전에 하늘이 맑고 바람이 적을 때 가장 강하게 형성된다.
④ LA스모그는 침강역전, 런던스모그는 복사역전과 관계가 있다.

풀이) 침강역전은 고기압 중심부분에서 기층이 서서히 침강하면서 기온이 단열변화로 승온되어 발생하는 현상으로 넓은 범위에 걸쳐서 장기간 지속된다.

15 다음 설명과 관련된 복사법칙으로 가장 적합한 것은?

> 흑체 표면의 단위면적으로부터 단위시간에 방출되는 전파장의 복사에너지 양(흑체의 전복사도) E는 흑체의 절대온도 4승에 비례한다.

① 플랑크의 법칙
② 빈의 법칙
③ 스테판-볼츠만의 법칙
④ 알베도의 법칙

풀이) 스테판-볼츠만의 법칙
주어진 온도에서 이론상 최대에너지를 복사하는 가상적인 물체를 흑체라 할 때, 흑체복사를 하는 물체에서 방출되는 복사에너지는 절대온도(K)의 4승에 비례한다는 법칙이다.

16 연소과정에서 방출되는 NO_x 배출가스 중 $NO : NO_2$의 개략적인 비는 얼마 정도인가?

① 5 : 95 ② 20 : 80
③ 50 : 50 ④ 90 : 10

풀이) 화석연료 연소 시 배출하는 NO와 NO_2이며 개략적인 비는 90 : 10 정도이다.

17 대기오염물질과 지표식물의 연결로 거리가 먼 것은?

① SO_2 - 알팔파
② HF - 글라디올러스
③ O_3 - 담배
④ CO - 강낭콩

풀이) 일산화탄소는 식물에는 별로 심각한 영향을 주지 않으나 500ppm 정도에서 토마토 잎에 피해를 준다.

Answer ▶ 13 ① 14 ② 15 ③ 16 ④ 17 ④

18 분자량이 M인 대기오염 물질의 농도가 표준상태(0℃, 1기압)에서 448ppm으로 측정되었다. 표준상태에서 mg/m³로 환산하면?

① $\dfrac{1}{20M}$ ② $\dfrac{M}{20}$
③ $20M$ ④ $\dfrac{20}{M}$

풀이) 농도(mg/m³) = 448mL/m³ × $\dfrac{M\,\text{mg}}{22.4\,\text{mL}}$
= $20M\,\text{mg/m}^3$

19 다음 중 대기 내에서 금속의 부식속도가 일반적으로 빠른 것부터 순서대로 연결된 것은?

① 철 > 아연 > 구리 > 알루미늄
② 구리 > 아연 > 철 > 알루미늄
③ 알루미늄 > 철 > 아연 > 구리
④ 철 > 알루미늄 > 아연 > 구리

풀이) 금속의 부식속도 순서
철 > 아연 > 구리 > 알루미늄

20 보통 가을로부터 봄에 걸쳐 날씨가 좋고, 바람이 약하며, 습도가 적을 때 자정 이후 아침까지 잘 발생하고, 낮이 되면 일사로 인해 지면이 가열되면 곧 소멸되는 역전의 형태는?

① Radiative Inversion
② Subsidence Inversion
③ Lofting Inversion
④ Coning Inversion

풀이) 복사역전(Radiative Inversion)
주로 맑은 날 야간에 지표면에서 발산되는 복사열로 인하여 복사냉각이 시작되면 이로 인해 온도가 상공으로 소실되어 지표 냉각이 일어나 지표면의 공기층이 냉각된 지표와 접하게 되어 주로 밤부터 이른 아침 사이에 복사역전이 형성되며 낮이 되면 일사에 의해 지면이 가열되므로 곧 소멸된다.

제2과목 대기오염공정시험기준(방법)

21 다음은 환경대기 내의 석면 시험방법 중 시료채취 위치 및 시간기준이다. ( ) 안에 알맞은 것은?

> 원칙적으로 채취지점은 지상 (㉠)m 되는 위치에서 (㉡)L/min의 흡인유량으로 4시간 이상 채취한다.

① ㉠ 1.5, ㉡ 10 ② ㉠ 1.5, ㉡ 50
③ ㉠ 5, ㉡ 10 ④ ㉠ 5, ㉡ 50

풀이) 시료채취 위치 및 시간
원칙적으로 채취지점은 지상 1.5m 되는 위치에서 10L/min의 흡인유량으로 4시간 이상 채취한다.

22 다음 중 약한 암모니아 액상에서 다이메틸글리옥심과 반응시켜 파장 450nm 부근에서 흡광도를 측정하는 화합물은?

① 니켈화합물 ② 비소화합물
③ 카드뮴화합물 ④ 염소화합물

풀이) 니켈 이온을 약한 암모니아 액상에서 다이메틸글리옥심과 반응시켜 생성하는 니켈 착화합물을 클로로폼으로 추출하고, 이것을 묽은 염산으로 역추출한다. 이 용액에 브롬수를 가하고 암모니아수로 탈색하여, 약한 암모니아 액성에서 재차 다이메틸글리옥심과 반응시켜 생성하는 적갈색의 니켈 및 그 화합물을 파장 450nm 부근에서 흡광도를 측정하여 정량하는 방법이다.

23 굴뚝 배출가스 중 이황화탄소를 기체크로마토그래피법으로 분석할 때 장치구성에 관한 설명으로 옳지 않은 것은?

① 운반가스는 순도 99.8% 이상의 질소 또는 순도 99.9% 이상의 네온을 사용한다.
② 불꽃광도검출기(Flame Photometric Detector)를 구비한 기체크로마토그래프를 사용하여 정량한다.
③ 연료가스는 수소(1급 또는 2급)를 사용한다.
④ 분리관은 유리관(사용 전에 산으로 세척함) 또는 불소수지관(가스누출이 없도록 한 것)을 사용한다.

🔑 운반가스는 순도 99.999% 이상의 질소 또는 순도 99.999% 이상의 헬륨을 사용한다.

24 공정시험기준의 일반화학분석에 대한 사항으로 옳지 않은 것은?

① 각 조의 시험은 따로 규정이 없는 한 상온에서 조작하고 조작 직후 그 결과를 관찰한다.
② 시약, 시액, 표준물질의 경우 사용하는 '약'이란 그 무게 또는 부피에 대하여 ±10% 이상의 차가 있어서는 안 된다.
③ 백만분율은 ppm의 기호를 사용하며, 1억분율은 ppb 기호로 표시한다.
④ 찬 곳(冷所)은 따로 규정이 없는 한 0~15℃의 곳을 뜻한다.

🔑 백만분율(Parts Per Million)은 ppm의 기호를 사용하며, 1억분율(Parts Per Hundred Million)은 pphm, 10억분율(Parts Per Billion)은 ppb로 표시한다.

25 환경대기 중 다환방향족탄화수소류(PAHs)의 기체크로마토그래피/질량분석법에서 사용되는 용어 정의 중 '추출과 분석 전에 각 시료, 공 시료, 매체시료에 더해지는 화학적으로 반응성이 없는 환경시료 중에 없는 물질'을 의미하는 것은?

① 내부표준물질
② 대체표준물질
③ 외부표준물질
④ 냉매

🔑 용어정리
  ㉠ 머무름 시간(Rt ; Retention Time) : 크로마토그래피용 컬럼에서 특정화합물질이 빠져 나오는 시간. 측정운반기체의 유속에 의해 화학물질이 기체흐름에 주입되어서 검출기에 나타날 때까지 시간
  ㉡ 다환방향족탄화수소(PAHs) : 두 개 또는 그 이상의 방향족 고리가 결합된 탄화수소류
  ㉢ 대체표준물질(Surrogate) : 추출과 분석 전에 각 시료, 공 시료, 매체시료(Matrix-Spiked)에 더해지는 화학적으로 반응성이 없는 환경시료 중에 없는 물질

26 0.02M의 황산 30mL를 중화시키는 데 필요한 0.1N 수산화나트륨 용액의 양(mL)은?

① 3mL ② 6mL
③ 12mL ④ 20mL

🔑 $N_1 V_1 = N_2 V_2$
$0.04N \times 30mL = 0.1N \times V_2$
$V_2 = \dfrac{0.04N \times 30mL}{0.1N} = 12mL$

Answer 23 ① 24 ③ 25 ② 26 ③

27 다음 중 굴뚝 배출가스 내 비소화합물의 분석방법으로 가장 적합한 것은?

① 기체크로마토그래피법
② 원자흡수분광광도법(원자흡광광도법)
③ 비분산 적외선 분석법
④ 이온전극법

🔍 굴뚝 배출가스 내 비소화합물의 분석방법
  ㉠ 수소화물 발생 원자흡수분광광도법(주 시험방법)
  ㉡ 자외선/가시선 분광법
  ㉢ 흑연로 원자흡수분광광도법

28 굴뚝 배출가스 중 포름알데하이드를 측정하기 위해 적용되는 분석방법은?

① 페놀디술폰산법   ② 중화법
③ 오르토톨리딘법   ④ 크로모트로핀산법

🔍 분석방법의 종류
  ㉠ 액체크로마토그래피법(HPLC)
  ㉡ 크로모트로핀산(Chromotropic Acid)법
  ㉢ 아세틸 아세톤(Acetyl Acetone)법

29 연료용 유류 중의 황함유량을 측정하기 위한 분석방법 중 연소관식 공기법에 관한 설명으로 옳지 않은 것은?

① 연소되어 산을 발생시키는 원소(P, N, Cl 등)가 들어 있는 시료에는 사용할 수 없다.
② 생성된 황산화물을 과산화수소(3%)에 흡수시켜 황산으로 만든 다음, 수산화나트륨표준액으로 중화적정한다.
③ 950~1,100℃로 가열한 석영재질 연소관 중에 공기를 불어넣어 시료를 연소시킨다.
④ 불용성 황산염을 만드는 금속(Ba, Ca 등) 등의 분석에 유효하다.

🔍 연소관식 공기법은 불용성 황산염을 만드는 금속(Ba, Ca 등)이 들어 있는 시료에는 적용할 수 없다.

30 다음은 기체크로마토그래피법에서 정량분석에 사용되는 용어에 관한 설명이다. (   ) 안에 가장 알맞은 것은?

> 검출한계는 각 분석방법에서 규정하는 조건에서 출력신호를 기록할 때, (   )를 검출한계로 한다.

① 잡음신호(Noise)의 2배의 신호
② 잡음신호(Noise)의 3배의 신호
③ 잡음신호(Noise)의 5배의 신호
④ 잡음신호(Noise)의 10배의 신호

🔍 검출한계는 각 분석방법에서 규정하는 조건에서 출력신호를 기록할 때, 잡음신호(Noise)의 2배의 신호를 검출한계로 한다.

31 A굴뚝에서 배출되는 매연을 링겔만 매연농도표를 사용하여 측정한 결과가 다음과 같았다. 이때 매연의 농도(%)는?

• 5도 : 8회	• 4도 : 12회
• 3도 : 35회	• 2도 : 45회
• 1도 : 66회	• 0도 : 154회

① 1.1%   ② 10.9%
③ 21.8%   ④ 42.0%

🔍 매연의 흑색도는 평균 도수를 구한 후 20을 곱하여 계산한다.

$$흑색도(\%) = \frac{\sum N \cdot V}{\sum N} \times 20$$

$$= \frac{(5\times8)+(4\times12)+(3\times35)+(2\times45)+(1\times66)+(0\times154)}{320} \times 20$$

$$= 21.81(\%)$$

32 멤브레인필터에 포집한 대기부유먼지 중의 석면섬유를 위상차현미경을 사용하여 측정하는 석면농도 측정에 있어서 시료채취위치 및 시간 기준으로 옳은 것은?

① 원칙적으로 채취지점의 지상 1.5m 되는 위치에서 5L/min의 흡인유량으로 2시간 이상 채취한다.
② 원칙적으로 채취지점의 지상 1.5m 되는 위치에서 5L/min의 흡인유량으로 4시간 이상 채취한다.
③ 원칙적으로 채취지점의 지상 1.5m 되는 위치에서 10L/min의 흡인유량으로 2시간 이상 채취한다.
④ 원칙적으로 채취지점의 지상 1.5m 되는 위치에서 10L/min의 흡인유량으로 4시간 이상 채취한다.

풀이 원칙적으로 채취지점의 지상 1.5m 되는 위치에서 10L/min의 흡인유량으로 4시간 이상 채취한다.

33 굴뚝 배출가스 내의 질소산화물을 아연환원 나프틸에틸렌 디아민법으로 분석할 때 사용하는 시료가스의 흡수액은?

① 암모니아수
② 수산화나트륨 용액
③ 증류수
④ 황산+과산화수소수

풀이 아연환원 나프틸에틸렌 디아민법(질소산화물)
시료 중의 질소산화물을 오존 존재하에 물(증류수)에 흡수시켜 질산이온으로 만든다.

34 굴뚝 배출가스 중의 산소를 자동으로 측정하는 방법으로 원리 면에서 자기식과 전기화학식으로 분류할 수 있다. 다음 중 전기화학식 방식에 해당하지 않는 것은?

① 정전위전해형
② 덤벨형
③ 폴라로그래프형
④ 갈바니전지형

풀이 굴뚝배출가스 중 산소 측정방법
㉠ 자기식
 • 자기풍방식
 • 자기력방식(덤벨형, 압력검출형)
㉡ 전기화학식
 • 질코니아방식
 • 전극방식(정전위전해형, 폴라로그래프형, 갈바니전지형)

35 굴뚝 배출가스 중 알데하이드 및 케톤화합물(카르보닐 화합물)의 분석방법으로 옳지 않은 것은?

① 액체크로마토그래피법으로 분석 시 하이드라존은 특히 650~680nm에서 최대 흡광치를 나타낸다.
② 액체크로마토그래피법에서 배출가스 중의 알데하이드류는 흡수액 2,4-DNPH(Dinitro-phenylhydrazine)과 반응하여 하이드라존 유도체를 생성하고 이를 분석한다.
③ 아세틸 아세톤법은 황색 발색액의 흡광도를 측정한다.
④ 아세틸 아세톤법은 아황산가스 공존 시 영향을 받으므로 흡수발색액에 염화제이수은과 염화나트륨을 넣는다.

Answer 32 ④ 33 ③ 34 ② 35 ①

[풀이] 액체크로마토그래피법으로 분석 시 하이드라존은 UV 영역, 특히 350~380nm에서 최대 흡광치를 나타낸다.

36 굴뚝 내를 흐르는 배출가스 평균유속을 피토관으로 동압을 측정하여 계산한 결과 12.8m/s였다. 이때 측정된 동압은?(단, 피토관 계수는 1.0이며, 굴뚝 내의 습한 배출가스의 밀도는 $1.2kg/m^3$)

① $8mmH_2O$
② $10mmH_2O$
③ $12mmH_2O$
④ $14mmH_2O$

[풀이] $V = C\sqrt{\dfrac{2gh}{\gamma}}$

$h(동압) = \dfrac{\gamma V^2}{2g}$

$= \dfrac{1.2kg/m^3 \times (12.8m/sec)^2}{2 \times 9.8m/sec^2}$

$= 10.03mmH_2O$

37 배출가스 중의 총탄화수소(THC)의 분석을 위한 장치구성에 관한 설명으로 거리가 먼 것은?

① 시료도관은 스테인리스강 또는 테플론 재질로 시료의 응축방지를 위해 가열할 수 있어야 한다.
② 시료채취관은 스테인리스강 또는 이와 동등한 재질의 것으로 하고 굴뚝 중심 부분의 30% 범위 내에 위치할 정도의 길이의 것을 사용한다.
③ 기록계를 사용하는 경우에는 최소 4회/분이 되는 기록계를 사용한다.
④ 영점 및 교정가스를 주입하기 위해서는 삼방밸브나 순간연결장치(Quick Connector)를 사용한다.

[풀이] 시료채취관
스테인리스강 또는 이와 동등한 재질의 것으로 하고 굴뚝 중심 부분의 10% 범위 내에 위치할 정도의 길이의 것을 사용한다.

38 연료용 유류 중의 황함유량을 측정하기 위한 분석방법에 해당하는 것은?

① 전기화학식 분석법
② 광산란법
③ 연소관식 공기법
④ 광투과율법

[풀이] 유류 중 황함유량 분석법
㉠ 연소관식 공기법
㉡ 방사선식 여기법

39 환경대기 중 휘발성 유기화합물을 고체흡착 열탈착방법으로 분석하고자 할 때, 다음 중 열탈착 장치에 관한 설명으로 옳지 않은 것은?

① 각 흡착관은 분석하기 전에 누출시험을 실시하며, 시료가 흐르는 모든 유로는 분석하기 전 흡착관에 열이나 가스가 공급된 상태에서 누출시험을 실시한다.
② 퍼지용 가스는 제로가스와 동등 이상의 순도를 지닌 질소나 헬륨가스를 사용한다.
③ 일반적으로 흡착관을 저온으로 유지하기 위해서 액체질소, 액체아르곤, 드라이아이스와 같은 냉매를 사용하거나 전기적으로 온도를 강하시킨다.
④ 고농도(10ppb 이상) 시료에서 수분의 간섭으로 인한 분리관과 검출기 피해를 최소화하기 위해 보통 10 : 1 이상으로 시료분할(Splitting)을 실시한다.

(풀이) 휘발성 유기화합물(고체흡착 열탈착방법)
각 흡착관은 분석하기 전에 누출시험을 실시한다. 또한 시료가 흐르는 모든 유로는 분석하기 전에 흡착관에 열이나 가스가 공급되지 않는 상태에서 누출시험을 하여야 한다.

40 기체크로마토그래피법의 정량법 중 정량하려는 성분으로 된 순물질을 단계적으로 취하여 크로마토그램을 기록하고 피크의 넓이 또는 높이를 구하는 방법으로서 성분량을 횡축에, 피크 넓이 또는 피크 높이를 종축으로 하는 것은?

① 보정넓이백분율법
② 절대검량선법
③ 넓이백분율법
④ 내부표준법

(풀이) 문제의 내용은 기체크로마토그래피법의 정량법 중 절대검량선법에 관한 것이다.

제3과목 대기오염방지기술

41 분자식이 C_mH_n인 탄화수소가스 $1Sm^3$의 완전연소에 필요한 이론산소량(Sm^3)은?

① $4.8m+1.2n$
② $0.21m+0.79n$
③ $m+0.56n$
④ $m+0.25n$

(풀이) $C_mH_n + \left(m+\dfrac{n}{4}\right)O_2 \rightarrow mCO_2 + \dfrac{n}{2}H_2O$

이론산소량 $= m + \dfrac{n}{4}$
$= m + 0.25n \, Sm^3/Sm^3 \times 1Sm^3$
$= m + 0.25n \, Sm^3$

42 배기가스 중에 부유하는 먼지의 응집성에 관한 설명으로 옳지 않은 것은?

① 미세 먼지입자는 브라운 운동에 의해 응집이 일어난다.
② 먼지의 입경이 작을수록 확산운동의 영향을 받고 응집이 된다.
③ 먼지의 입경분포 폭이 작을수록 응집하기 쉽다.
④ 입자의 크기에 따라 분리속도가 다르기 때문에 응집한다.

(풀이) 먼지의 입경분포 폭이 넓을수록 응집하기 쉽다.

43 원심력 집진장치에 대한 설명으로 옳지 않은 것은?

① 사이클론의 배기관경이 클수록 집진율은 좋아진다.
② 블로 다운(Blow Down) 효과가 있으면 집진율이 좋아진다.
③ 처리 가스양이 많아질수록 내통경이 커져 미세한 입자의 분리가 안 된다.
④ 입구 가스속도가 클수록 압력손실은 커지나 집진율은 높아진다.

(풀이) 사이클론의 배기관경이 클수록 집진율은 낮아진다.

44 두 개의 집진장치를 직렬로 연결하여 배출가스 중의 먼지를 제거하고자 한다. 입구 농도는 $14g/m^3$이고, 첫 번째와 두 번째 집진장치의 집진효율이 각각 75%, 95%라면 출구 농도는 몇 mg/m^3인가?

① 175
② 211
③ 236
④ 241

Answer 40 ② 41 ④ 42 ③ 43 ① 44 ①

풀이
$$\eta_T = \eta_1 + \eta_2(1-\eta_1)$$
$$= 0.75 + [0.95(1-0.75)] = 0.9875$$
$$C_o = C_i \times (1-\eta_T)$$
$$= 14g/m^3 \times (1-0.9875)$$
$$= 0.175g/m^3 \times 10^3 mg/g = 175mg/m^3$$

45 배출가스 중 황산화물 처리방법으로 가장 거리가 먼 것은?

① 석회석 주입법　② 석회수 세정법
③ 암모니아 흡수법　④ 2단 연소법

풀이 2단 연소법은 질소산화물 처리방법이다.

46 집진장치의 압력손실 240mmH₂O, 처리가스양이 36,500m³/h이면 송풍기 소요동력(kW)은?(단, 송풍기 효율 70%, 여유율 1.2)

① 30.6　② 35.2
③ 40.9　④ 44.5

풀이 소요동력(kW)
$$= \frac{Q \times \Delta P}{6,120 \times \eta} \times \alpha$$
$$= \frac{(36,500m^3/hr \times hr/60min) \times 240mmH_2O}{6,120 \times 0.7} \times 1.2$$
$$= 40.90kW$$

47 다음 중 연소조절에 의해 질소산화물 발생을 억제시키는 방법으로 가장 적합한 것은?

① 이온화연소법
② 고산소연소법
③ 고온연소법
④ 배출가스 재순환법

풀이 배출가스 재순환법
연소용 공기에 일부 냉각된 배출가스를 섞어 연소실로 재순환하여 온도 및 산소농도를 낮춤으로써 NOx 생성을 저감할 수 있다.

48 비중 0.95, 황성분 3.0%의 중유를 매 시간마다 1,000L씩 연소시키는 공장 배출가스 중 SO₂(m³/h) 양은?(단, 중유 중 황성분의 90%가 SO₂로 되며, 온도변화 등 기타 변화는 무시한다.)

① 12　② 18
③ 24　④ 36

풀이
$$S + O_2 \rightarrow SO_2$$
$$32kg : 22.4Sm^3$$
$$1,000L/hr \times 0.95kg/L \times 0.03 \times 0.9 : SO_2(Sm^3/hr)$$

$$SO_2(Sm^3/hr) = \frac{1,000L/hr \times 0.95kg/L \times 0.03 \times 0.9 \times 22.4Sm^3}{32kg}$$
$$= 17.96 Sm^3/hr$$

49 원심력 집진장치에 관한 설명으로 옳지 않은 것은?

① 처리 가능 입자는 3~100μm이며, 저효율 집진장치 중 집진율이 우수한 편이다.
② 구조가 간단하고 보수관리가 용이한 편이다.
③ 고농도의 함진가스 처리에 적당하다.
④ 점(흡)착성이 있거나 딱딱한 입자가 함유된 배출가스 처리에 적합하다.

풀이 점(흡)착성이 있거나 딱딱한 입자가 함유된 배출가스 처리에 부적합하다.

Answer 45 ④　46 ③　47 ④　48 ②　49 ④

50
염소가스 제거효율이 80%인 흡수탑 3개를 직렬로 연결했을 때, 유입공기 중 염소가스 농도가 75,000ppm이라면 유출공기 중 염소가스 농도는?

① 500ppm ② 600ppm
③ 1,000ppm ④ 1,200ppm

풀이) 염소가스농도(ppm) = 75,000ppm × $(1-0.80)^3$
= 600ppm

51
공기 중의 산소를 필요로 하지 않고 분자 내의 산소에 의해서 내부연소하는 물질은?

① LNG ② 알코올
③ 코크스 ④ 니트로글리세린

풀이) 내부연소의 예로 니트로글리세린, 화약, 폭약 등이 있다.

52
아래 그림은 다음 중 어떤 집진장치에 해당하는가?

 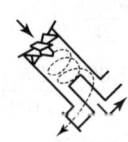

반전형   직진형

① 중력집진장치 ② 관성력집진장치
③ 원심력집진장치 ④ 전기집진장치

풀이) 반전형, 직진형은 원심력집진장치(Cyclone)의 종류이다.

53
공기비가 작을 경우 연소실 내에서 발생될 수 있는 상황을 가장 잘 설명한 것은?

① 가스의 폭발위험과 매연 발생이 크다.
② 배기가스 중 NO_2 양이 증가한다.
③ 부식이 촉진된다.
④ 연소온도가 낮아진다.

풀이) 공기비가 작을 경우 불완전연소가 되어 가스의 폭발위험과 매연 발생이 크다.

54
휘발성 유기화합물(VOCs) 제어기술로 가장 거리가 먼 것은?

① 활성탄 흡착(Activated Carbon Adsorption)
② 응축(Condensation)
③ 수은환원(Mercury Reduction)
④ 흡수(Absorption)

풀이) 휘발성 유기화합물(VOCs)의 제어기술
㉠ 직접 화염소각법   ㉡ 열소각법
㉢ 촉매소각법   ㉣ 흡수법
㉤ 흡착법   ㉥ 생물여과법
㉦ 응축

55
원추하부반경이 30cm인 사이클론에서 배출가스의 접선속도가 600m/min일 때 분리계수는?

① 3.0 ② 3.4
③ 30   ④ 34

풀이) 분리계수(S) = $\dfrac{원심력}{중력} = \dfrac{V_\theta^2}{R \times g}$

$= \dfrac{(600\text{m/min} \times \text{min}/60\text{sec})^2}{0.3\text{m} \times 9.8\text{m/sec}^2}$

$= 34.0$

56 여과집진장치에서 처리가스 중 SO_2, HCl 등을 함유한 200℃ 정도의 고온 배출가스를 처리하는 데 가장 적합한 여재는?

① 목면(Cotton)
② 유리섬유(Glass Fiber)
③ 나일론(Nylon)
④ 양모(Wool)

풀이) 목면이나 양모 등의 자연섬유와 나일론, 흑연화 섬유는 산성 물질에 약한 여재들이며 유리섬유는 최고사용온도가 250℃ 정도로 SO_2, HCl 등 내산성에 양호한 편이다.

57 유해가스 성분을 제거하기 위한 흡수제의 구비조건 중 옳지 않은 것은?

① 흡수제는 화학적으로 안정해야 하며, 빙점은 높고, 비점은 낮아야 한다.
② 흡수제의 손실을 줄이기 위하여 휘발성이 적어야 한다.
③ 적은 양의 흡수제로 많은 오염물을 제거하기 위해서는 유해가스의 용해도가 큰 흡수제를 선정한다.
④ 흡수율을 높이고 범람(Flooding)을 줄이기 위해서는 흡수제의 점도가 낮아야 한다.

풀이) 흡수제는 화학적으로 안정해야 하며, 빙점은 낮고, 비점은 높아야 한다.

58 유입계수 0.75, 속도압 $25mmH_2O$일 때, 후드의 압력손실(mmH_2O)은?

① 16.5   ② 17.6
③ 18.8   ④ 19.4

풀이) $\Delta P = F \times VP$

$F = \dfrac{1}{C_e^2} - 1 = \dfrac{1}{0.75^2} - 1 = 0.777$

$= 0.777 \times 25mmH_2O$
$= 19.44mmH_2O$

59 다음 중 탄화도가 가장 작은 것은?

① 역청탄   ② 이탄
③ 갈탄   ④ 무연탄

풀이) 탄화도의 크기
무연탄 > 역청탄 > 갈탄 > 이탄

60 760mmHg, 20℃이고, 공기 동점성계수 $1.5 \times 10^{-5} m^2/sec$일 때 관 지름을 50mm로 하면 관로의 풍속(m/sec)은?(단, 레이놀즈수는 21,667)

① 1.2   ② 4.5
③ 6.5   ④ 9.0

풀이) $Re = \dfrac{DV}{\nu}$

$V = \dfrac{Re \times \nu}{D}$

$= \dfrac{21,667 \times 1.5 \times 10^{-5} m^2/sec}{0.05m}$

$= 6.5 m/sec$

Answer: 56 ② 57 ① 58 ④ 59 ② 60 ③

제4과목 대기환경관계법규

61 대기환경보전법상 배출허용기준의 준수 여부 등을 확인하기 위해 환경부령으로 지정된 대기오염도 검사기관으로 옳은 것은?(단, 국가표준기본법에 따른 인정을 받은 시험·검사기관 중 환경부장관이 정하여 고시하는 기관은 제외한다.)

① 지방환경청
② 대기환경기술진흥원
③ 한국환경산업기술원
④ 환경관리연구소

풀이 대기오염도 검사기관
   ㉠ 국립환경과학원
   ㉡ 특별시·광역시·특별자치시·도·특별자치도의 보건환경연구원
   ㉢ 유역환경청, 지방환경청 또는 수도권대기환경청
   ㉣ 한국환경공단

62 다음 중 대기환경보전법상 특정대기유해물질에 해당하는 것은?

① 오존　　　② 아크롤레인
③ 황화에틸　④ 아세트알데히드

풀이 아세트알데히드는 특정대기유해물질이 아니다

63 대기환경보전법상 "기타 고체연료 사용시설"의 설치기준으로 틀린 것은?

① 배출시설의 굴뚝높이는 100m 이상이어야 한다.
② 연료와 그 연소재의 수송은 덮개가 있는 차량을 이용하여야 한다.
③ 연료는 옥내에 저장하여야 한다.
④ 굴뚝에서 배출되는 매연을 측정할 수 있어야 한다.

풀이 기타 고체연료 사용시설
   ㉠ 배출시설의 굴뚝높이는 20m 이상이어야 한다.
   ㉡ 연료와 그 연소재의 수송은 덮개가 있는 차량을 이용하여야 한다.
   ㉢ 연료는 옥내에 저장하여야 한다.
   ㉣ 굴뚝에서 배출되는 매연을 측정할 수 있어야 한다.

64 다음 중 대기환경보전법상 휘발성 유기화합물 배출규제대상 시설이 아닌 것은?

① 목재가공시설
② 주유소의 저장시설
③ 저유소의 저장시설
④ 세탁시설

풀이 휘발성유기화합물 배출규제대상 시설
   ㉠ 석유정제를 위한 제조시설, 저장시설 및 출하시설과 석유화학제품 제조업의 제조시설, 저장시설 및 출하시설
   ㉡ 저유소의 저장시설 및 출하시설
   ㉢ 주유소의 저장시설 및 주유시설
   ㉣ 세탁시설
   ㉤ 그 밖에 휘발성유기화합물을 배출하는 시설로서 환경부장관이 관계 중앙행정기관의 장과 협의하여 고시하는 시설

65 대기환경보전법령상 위임업무 보고사항 중 자동차연료 제조기준 적합 여부 검사현황의 보고 횟수기준으로 옳은 것은?

① 수시　　② 연 1회
③ 연 2회　④ 연 4회

풀이 위임업무 보고사항

업무내용	보고 횟수	보고 기일	보고자
환경오염 사고 발생 및 조치 사항	수시	사고발생 시	시·도지사, 유역환경청장 또는 지방환경청장
수입자동차 배출가스 인증 및 검사현황	연 4회	매 분기 종료 후 15일 이내	국립환경과학원장
자동차 연료 및 첨가제의 제조·판매 또는 사용에 대한 규제 현황	연 2회	매 반기 종료 후 15일 이내	유역환경청장 또는 지방환경청장
자동차 연료 또는 첨가제의 제조기준 적합 여부 검사 현황	• 연료 : 연 4회 • 첨가제 : 연 2회	• 연료 : 매 분기 종료 후 15일 이내 • 첨가제 : 매 반기 종료 후 15일 이내	국립환경과학원장
측정기기관리대행업의 등록(변경등록) 및 행정처분 현황	연 1회	다음 해 1월 15일까지	유역환경청장, 지방환경청장 또는 수도권대기환경청장

66 대기환경보전법령상 대기오염물질 배출시설의 설치가 불가능한 지역에서 배출시설의 설치허가를 받지 않거나 신고를 하지 아니하고 배출시설을 설치한 경우의 1차 행정처분기준으로 옳은 것은?

① 조업정지 ② 개선명령
③ 폐쇄명령 ④ 경고

풀이 배출시설의 설치가 불가능한 지역일 경우 배출시설 설치허가를 받지 않거나 신고를 하지 아니하고 배출시설을 설치한 경우의 1차 행정처분기준은 폐쇄명령이다.

67 대기환경보전법령상 유해성 대기감시물질에 해당하지 않는 것은?

① 불소화물 ② 이산화탄소
③ 사염화탄소 ④ 일산화탄소

풀이 이산화탄소는 유해성 대기감시물질과 관련이 없다.

68 대기환경보전법령상 비산먼지 발생사업 신고 후 변경신고를 하여야 하는 경우로 옳지 않은 것은?

① 사업장의 명칭 또는 대표자를 변경하는 경우
② 비산먼지 배출공정을 변경하려는 경우
③ 건설공사의 공사기간을 연장하려는 경우
④ 공사중지를 한 경우

풀이 비산먼지 발생사업 신고 후 변경신고 대상
 ㉠ 사업장의 명칭 또는 대표자를 변경하는 경우
 ㉡ 비산먼지 배출공정을 변경하는 경우
 ㉢ 사업의 규모를 늘리거나 그 종류를 추가하는 경우
 ㉣ 비산먼지 발생억제시설 또는 조치사항을 변경하는 경우
 ㉤ 공사기간을 연장하는 경우(건설공사의 경우에만 해당한다)

69 환경정책기본법령상 납(Pb)의 대기환경기준($\mu g/m^3$)으로 옳은 것은?(단, 연간 평균치)

① 0.5 이하 ② 5 이하
③ 50 이하 ④ 100 이하

풀이 납(Pb)의 대기환경기준
 연간 평균치 : $0.5\mu g/m^3$ 이하

Answer 66 ③ 67 ② 68 ④ 69 ①

70 다음은 대기환경보전법규상 비산먼지의 발생을 억제하기 위한 시설의 설치 및 필요한 조치에 관한 엄격한 기준 중 "싣기와 내리기" 작업 공정이다. ( ) 안에 알맞은 것은?

- 최대한 밀폐된 저장 또는 보관시설 내에서만 분체상물질을 싣거나 내릴 것
- 싣거나 내리는 장소 주위에 고정식 또는 이동식 물뿌림시설(물뿌림 반경 (㉠) 이상, 수압 (㉡) 이상)을 설치할 것

① ㉠ 5m, ㉡ 3.5kg/cm²
② ㉠ 5m, ㉡ 5kg/cm²
③ ㉠ 7m, ㉡ 3.5kg/cm²
④ ㉠ 7m, ㉡ 5kg/cm²

🔎 비산먼지발생억제조치(엄격한 기준) : 싣기와 내리기
㉠ 최대한 밀폐된 저장 또는 보관시설 내에서만 분체상물질을 싣거나 내릴 것
㉡ 싣거나 내리는 장소 주위에 고정식 또는 이동식 물뿌림시설(물뿌림 반경 7m 이상, 수압 5kg/cm² 이상)을 설치할 것

71 악취방지법규상 위임업무 보고사항 중 악취검사기관의 지정, 지정사항 변경보고 접수 실적의 보고횟수 기준은?

① 수시   ② 연 1회
③ 연 2회   ④ 연 4회

🔎 위임업무의 보고사항
㉠ 업무내용 : 악취검사기관의 지정, 지정사항 변경보고 접수실적
㉡ 보고횟수 : 연 1회
㉢ 보고기일 : 다음 해 1월 15일까지
㉣ 보고자 : 국립환경과학원장

72 대기환경보전법상 환경부장관은 대기오염물질과 온실가스를 줄여 대기환경을 개선하기 위하여 대기환경개선종합계획을 수립하여야 한다. 이 종합계획에 포함되어야 할 사항으로 거리가 먼 것은?(단, 그 밖의 사항 등은 고려하지 않음)

① 시, 군, 구별 온실가스 배출량 세부명세서
② 대기오염물질의 배출현황 및 전망
③ 기후변화로 인한 영향평가와 적응대책에 관한 사항
④ 기후변화 관련 국제적 조화와 협력에 관한 사항

🔎 대기환경개선종합계획 수립 시 포함사항
㉠ 대기오염물질의 배출현황 및 전망
㉡ 대기 중 온실가스의 농도변화 현황 및 전망
㉢ 대기오염물질을 줄이기 위한 목표설정과 이의 달성을 위한 분야별·단계별 대책
㉣ 대기오염이 국민건강에 미치는 위해 정도와 이를 개선하기 위한 위해 수준의 설정에 관한 사항
㉤ 유해성 대기감시물질의 측정 및 감시·관찰에 관한 사항
㉥ 특정대기 유해물질을 줄이기 위한 목표 설정 및 달성을 위한 분야별·단계별 대책
㉦ 환경분야 온실가스 배출을 줄이기 위한 목표 설정과 이의 달성을 위한 분야별·단계별 대책
㉧ 기후변화로 인한 영향평가와 적응대책에 관한 사항
㉨ 대기오염물질과 온실가스를 연계한 통합대기환경 관리체계의 구축
㉩ 기후변화 관련 국제적 조화와 협력에 관한 사항
㉪ 그 밖에 대기환경을 개선하기 위하여 필요한 사항

73 대기환경보전법령상 사업장의 분류기준 중 4종 사업장의 분류기준은?

① 대기오염물질발생량의 합계가 연간 20톤 이상 50톤 미만인 사업장
② 대기오염물질발생량의 합계가 연간 10톤 이상 20톤 미만인 사업장
③ 대기오염물질발생량의 합계가 연간 2톤 이상 10톤 미만인 사업장
④ 대기오염물질발생량의 합계가 연간 1톤 이상 10톤 미만인 사업장

풀이 사업장 분류기준

종별	오염물질발생량 구분
1종 사업장	대기오염물질발생량의 합계가 연간 80톤 이상인 사업장
2종 사업장	대기오염물질발생량의 합계가 연간 20톤 이상 80톤 미만인 사업장
3종 사업장	대기오염물질발생량의 합계가 연간 10톤 이상 20톤 미만인 사업장
4종 사업장	대기오염물질발생량의 합계가 연간 2톤 이상 10톤 미만인 사업장
5종 사업장	대기오염물질발생량의 합계가 연간 2톤 미만인 사업장

74 대기환경보전법령상 초과부과금 산정기준에서 다음 오염물질 중 오염물질 1킬로그램당 부과금액이 가장 적은 것은?

① 먼지
② 황산화물
③ 불소화물
④ 암모니아

풀이 초과부과금 산정기준

오염물질 \ 구분	오염물질 1킬로그램당 부과금액
황산화물	500
먼지	770
질소산화물	2,130
암모니아	1,400
황화수소	6,000
이황화탄소	1,600
특정유해물질 — 불소화물	2,300
특정유해물질 — 염화수소	7,400
특정유해물질 — 시안화수소	7,300

※ 법규 변경사항이므로 해설의 내용으로 학습하시기 바랍니다.

75 대기환경보전법규상 배출시설에서 발생하는 오염물질이 배출허용기준을 초과하여 개선명령을 받은 경우, 개선해야 할 사항이 배출시설 또는 방지시설인 경우 개선계획서에 포함되어야 할 사항으로 거리가 먼 것은?

① 굴뚝 자동측정기기의 운영, 관리 진단계획
② 배출시설 또는 방지시설의 개선명세서 및 설계도
③ 대기오염물질의 처리방식 및 처리효율
④ 공사기간 및 공사비

풀이 개선계획서(배출시설 또는 방지시설인 경우)
개선명령을 받은 경우로서 개선하여야 할 사항이 배출시설 또는 방지시설인 경우
㉠ 배출시설 또는 방지시설의 개선명세서 및 설계도
㉡ 대기오염물질의 처리방식 및 처리효율
㉢ 공사기간 및 공사비
㉣ 다음의 경우에는 이를 증명할 수 있는 서류
  • 개선기간 중 배출시설의 가동을 중단하거나 제한하여 대기오염물질의 농도나 배출량이 변경되는 경우
  • 개선기간 중 공법 등의 개선으로 대기오염물질의 농도나 배출량이 변경되는 경우

Answer 73 ③ 74 ② 75 ①

76
대기환경보전법규상 환경부장관이 그 구역의 사업장에서 배출되는 대기오염물질을 총량으로 규제하려는 경우 고시하여야 할 사항으로 거리가 먼 것은?(단, 그 밖의 사항 등은 제외)

① 총량규제구역
② 총량규제 대기오염물질
③ 대기오염방지시설 예산서
④ 대기오염물질의 저감계획

[풀이] 대기오염물질을 총량으로 규제하려는 경우 고시 사항
 ㉠ 총량규제구역
 ㉡ 총량규제 대기오염물질
 ㉢ 대기오염물질의 저감계획
 ㉣ 그 밖에 총량규제구역의 대기관리를 위하여 필요한 사항

77
다음은 대기환경보전법령상 변경신고에 따른 가동개시신고의 대상규모기준에 관한 사항이다. ( ) 안에 알맞은 것은?

배출시설에서 "대통령령으로 정하는 규모 이상의 변경"이란 설치허가 또는 변경허가를 받거나 설치신고 또는 변경신고를 한 배출구별 배출시설 규모의 합계보다 ( ) 증설(대기배출시설 증설에 따른 변경신고의 경우에는 증설의 누계를 말한다.)하는 배출시설의 변경을 말한다.

① 100분의 10 이상   ② 100분의 20 이상
③ 100분의 30 이상   ④ 100분의 50 이상

[풀이] 배출시설에서 "대통령령으로 정하는 규모 이상의 변경"이란 설치허가 또는 변경허가를 받거나 설치신고 또는 변경신고를 한 배출구별 배출시설 규모의 합계보다 100분의 20 이상 증설(대기배출시설 증설에 따른 변경신고의 경우에는 증설의 누계를 말한다.)하는 배출시설의 변경을 말한다.

78
환경정책기본법령상 오존(O_3)의 대기환경기준으로 옳은 것은?(단, 1시간 평균치)

① 0.03ppm 이하   ② 0.05ppm 이하
③ 0.1ppm 이하   ④ 0.15ppm 이하

[풀이] 대기환경기준

항목	기준	측정방법
오존(O_3)	• 8시간 평균치 : 0.06ppm 이하 • 1시간 평균치 : 0.1ppm 이하	자외선 광도법 (U.V. Photo-metric Method)

79
실내공기질 관리법규상 "장례식장"의 "이산화질소" 실내공기질 권고기준은?

① 0.01ppm 이하   ② 0.05ppm 이하
③ 0.3ppm 이하   ④ 0.5ppm 이하

[풀이] 실내공기질 관리법상 권고기준(2019년 7월부터 적용)

오염물질 항목 다중이용시설	이산화질소 (ppm)	라돈 (Bq/m³)	총휘발성 유기화합물 (μg/m³)	곰팡이 (CFU/m³)
지하역사, 지하도상가, 철도역사의 대합실, 여객자동차터미널의 대합실, 항만시설 중 대합실, 공항시설 중 여객터미널, 도서관·박물관 및 미술관, 대규모점포, 장례식장, 영화상영관, 학원, 전시시설, 인터넷컴퓨터게임시설 제공업의 영업시설, 목욕장업의 영업시설	0.1 이하	148 이하	500 이하	—
의료기관, 어린이집, 노인요양시설, 산후조리원	0.05 이하		400 이하	500 이하
실내주차장	0.3 이하		1,000 이하	—

※ 법규 변경사항이므로 해설의 내용으로 학습하시기 바랍니다.

Answer 76 ③ 77 ② 78 ③ 79 ②

80 대기환경보전법규상 비산먼지 발생을 억제하기 위한 시설의 설치 및 필요한 조치에 관한 기준 중 "야외 녹 제거 배출공정" 기준으로 옳지 않은 것은?

① 야외 작업 시 이동식 집진시설을 설치할 것. 다만, 이동식 집진시설의 설치가 불가능할 경우 진공식 청소차량 등으로 작업현장에 대한 청소작업을 지속적으로 할 것
② 풍속이 평균초속 8m 이상(강선건조업과 합성수지선건조업인 경우에는 10m 이상)인 경우에는 작업을 중지할 것
③ 야외 작업 시에는 간이칸막이 등을 설치하여 먼지가 흩날리지 아니하도록 할 것
④ 구조물의 길이가 30m 미만인 경우에는 옥내작업을 할 것

풀이 비산먼지 발생을 억제하기 위한 시설의 설치 및 필요한 조치에 관한 기준(야외 녹 제거)
  ㉠ 탈청구조물의 길이가 15m 미만인 경우에는 옥내작업을 할 것
  ㉡ 야외 작업 시에는 간이칸막이 등을 설치하여 먼지가 흩날리지 아니하도록 할 것
  ㉢ 야외 작업 시 이동식 집진시설을 설치할 것. 다만, 이동식 집진시설의 설치가 불가능할 경우 진공식 청소차량 등으로 작업현장에 대한 청소작업을 지속적으로 할 것
  ㉣ 작업 후 남은 것이 다시 흩날리지 아니하도록 할 것
  ㉤ 풍속이 평균초속 8m 이상(강선건조업과 합성수지선건조업인 경우에는 10m 이상)인 경우에는 작업을 중지할 것
  ㉥ 가목부터 마목까지와 같거나 그 이상의 효과를 가지는 시설을 설치하거나 조치하는 경우에는 가목부터 마목까지 중 그에 해당하는 시설의 설치 또는 조치를 제외한다.

Answer 80 ④

2021년 제4회 CBT 복원·예상문제

제1과목 대기오염개론

01 다음 대기오염과 관련된 역사적 사건 중 주로 자동차 등에서 배출되는 오염물질로 인한 광화학반응에 기인한 것은?

① 뮤즈(Meuse) 계곡 사건
② 런던(London) 사건
③ 로스앤젤레스(Los Angeles) 사건
④ 포자리카(Pozarica) 사건

[풀이] 로스앤젤레스(Los Angeles) 사건
광화학적 산화반응
$HC + NOx + h\nu \rightarrow$ 산화형 smog

02 다음 국제적인 환경 관련 협약 중 오존층 파괴물질인 염화불화탄소의 생산과 사용을 규제하려는 목적에서 제정된 것은?

① 람사협약 ② 몬트리올의정서
③ 바젤협약 ④ 런던협약

[풀이] 몬트리올 의정서
1987년 9월 오존층 파괴물질의 생산 및 소비감축, 즉 생산, 소비량을 규제하기 위해 채택된 의정서이다.

03 대기오염현상 중 광화학스모그에 대한 설명으로 거리가 먼 것은?

① 미국 로스앤젤레스에서 시작되어 자동차 운행이 많은 대도시지역에서도 관측되고 있다.

② 일사량이 크고 대기가 안정되어 있을 때 잘 발생된다.
③ 주된 원인물질은 자동차배기가스 내 포함된 SO_2, CO 화합물의 대기확산이다.
④ 광화학산화물인 오존의 농도는 아침에 서서히 증가하기 시작하여 일사량이 최대인 오후에 최대의 경향을 나타내고 다시 감소한다.

[풀이] 주된 원인물질은 자동차배기가스 내 포함된 질소산화물, 탄화수소이다.

04 유효굴뚝높이가 130m인 굴뚝으로부터 SO_2가 30g/sec로 배출되고 있고, 유효고 높이에서 바람이 6m/sec로 불고 있다고 할 때, 다음 조건에 따른 지표면 중심선의 농도는?(단, 가우시안형의 대기오염 확산방정식 적용, σ_y : 220m, σ_z : 40m)

① $0.92\mu g/m^3$ ② $0.73\mu g/m^3$
③ $0.56\mu g/m^3$ ④ $0.33\mu g/m^3$

[풀이] 가우시안식

$$C(x,y,z,H) = \frac{Q}{2\pi\sigma_y\sigma_z U}\exp\left[-\frac{1}{2}\left(\frac{y}{\sigma_y}\right)^2\right]$$
$$\times\left[\exp\left\{-\frac{1}{2}\left(\frac{z-H}{\sigma_z}\right)^2\right\} + \exp\left\{-\frac{1}{2}\left(\frac{z+H}{\sigma_z}\right)^2\right\}\right]$$

중심선상($y=0$)의 지표농도($z=0$)를 대입하면

$$C = \frac{Q}{\pi U\sigma_y\sigma_z}\exp\left(-\frac{H^2}{2\sigma_z^2}\right)$$
$$= \frac{30g/sec \times 10^6 \mu g/sec}{3.14 \times 6m/sec \times 220m \times 40m}\exp\left[-\frac{1}{2}\left(\frac{130m}{40m}\right)^2\right]$$
$$= 0.92\mu g/m^3$$

Answer 01 ③ 02 ② 03 ③ 04 ①

05 대기의 상태가 약한 역전일 때 풍속은 3m/s이고, 유효굴뚝 높이는 78m이다. 이때 지상의 오염물질이 최대 농도가 될 때의 착지거리는?(단, Sutton의 최대 착지거리의 관계식을 이용하여 계산하고, K_y, K_z는 모두 0.13, 안정도 계수(n)는 0.33을 적용할 것)

① 2,123.9m ② 2,546.8m
③ 2,793.2m ④ 3,013.8m

풀이
$$X_{max} = \left(\frac{H_e}{K_z}\right)^{\frac{2}{2-n}}$$
$$= \left(\frac{78m}{0.13}\right)^{\frac{2}{2-0.33}} = 2,123.87m$$

06 "수용모델"에 관한 설명으로 가장 거리가 먼 것은?

① 새로운 오염원, 불확실한 오염원과 불법 배출 오염원을 정량적으로 확인 평가할 수 있다.
② 지형, 기상학적 정보 없이도 사용 가능하다.
③ 측정자료를 입력자료로 사용하므로 시나리오 작성이 용이하다.
④ 현재나 과거에 일어났던 일을 추정하여 미래를 위한 계획을 세울 수 있으나 미래 예측은 어렵다.

풀이 수용모델은 측정자료를 입력자료로 사용하므로 시나리오 작성이 곤란하다.

07 다음은 대기오염물질이 인체에 미치는 영향에 관한 설명이다. ( ) 안에 가장 적합한 것은?

( )은(는) 혈관 내 용혈을 일으키며, 두통, 오심, 흉부 압박감을 호소하기도 한다. 10ppm 정도에 폭로되면 혼미, 혼수, 사망에 이른다. 대표적 3대 증상으로는 복통, 황달, 빈뇨가 있으며, 만성적인 폭로에 의한 국소 증상으로는 손·발바닥에 나타나는 각화증, 각막궤양, 비중격 천공, 탈모 등을 들 수 있다.

① 납   ② 수은
③ 비소 ④ 망간

풀이 비소(As)
㉠ 대표적 3대 증상으로는 복통, 황달, 빈뇨가 있다.
㉡ 만성적인 폭로에 의한 국소증상으로는 손·발바닥에 나타나는 각화증, 각막궤양, 비중격 천공, 탈모 등을 들 수 있다.
㉢ 급성폭로는 섭취 후 수분 내지 수 시간 내에 일어나며 오심, 구토, 복통, 피가 섞인 심한 설사를 유발한다.
㉣ 급성 또는 만성중독 시 용혈을 일으켜 빈혈, 과빌리루빈혈증 등이 생긴다.
㉤ 급성중독일 경우 치료방법으로는 활성탄과 하제를 투여하고 구토를 유발시킨다.
㉥ 쇼크의 치료에는 강력한 수액제와 혈압상승제를 사용한다.

08 다음 대기오염물질 중 아래와 같이 식물에 대한 특성을 나타내는 것으로 가장 적합한 것은?

- 피해증상 : 잎의 선단부나 엽록부에 피해를 주는 방식으로 나타남
- 피해성숙도 : 매우 적은 농도에서의 피해를 주며, 어린 잎에 현저하게 나타나는 편임
- 저항력이 약한 것 : 글라디올러스
- 저항력이 강한 것 : 명아주, 질경이 등

① SO_2 ② O_3
③ PAN   ④ 불소화합물

풀이 불소 및 불소화합물
㉠ 주로 잎의 끝이나 가장자리의 발육부진이 두드러지며 균에 의한 병이 발생하며 어린 잎에 피해가 현저한 편이다.(잎의 선단부나 엽록부에 피해)

ⓒ HF에 저항성이 강한 식물 : 자주개나리, 장미, 콩, 담배, 목화, 라일락, 시금치, 토마토, 민들레, 명아주, 질경이 등
ⓒ HF에 민감한(약한) 식물 : 글라디올러스, 옥수수, 살구, 복숭아, 어린 소나무, 메밀, 자두 등

09 연소과정 중 고온에서 발생하는 주된 질소 화합물의 형태로 가장 적합한 것은?

① N_2 ② NO
③ NO_2 ④ NO_3

🔍 연소과정 중 고온에서 발생하는 질소산화물은 NO와 NO_2이며, 대부분이 NO이다.

10 다음 오염물질에 관한 설명으로 가장 적합한 것은?

이 물질의 직업성 폭로는 철강제조에서 매우 많다. 생물의 필수금속으로서 동·식물에서는 종종 결핍이 보고되고 있으며 인체에 급성으로 과다폭로되면 화학성 폐렴, 간 독성 등을 나타내며, 만성 폭로 시 파킨슨 증후군과 거의 비슷한 증후군으로 진전되어 말이 느리고 단조로워진다.

① 납   ② 불소
③ 구리   ④ 망간

🔍 망간(Mn)
철강제조에서 직업성 폭로가 가장 많고 합금, 용접봉의 용도를 가지며 계속적인 폭로로 전신의 근무력증, 수전증, 파킨슨 증후군이 나타나며 금속열을 유발한다.

11 다음 반사영역이 고려된 가우시안 확산모델에서 각 항에 대한 설명으로 옳지 않은 것은?

$$C(x, y, z) = \frac{Q}{2\pi u \sigma_y \sigma_z} \left[\exp\left(\frac{-y^2}{2\sigma_y^2}\right) \right]$$
$$\times \left[\exp\left\{\frac{-(z-H)^2}{2\sigma_z^2}\right\} + \exp\left\{\frac{-(z+H)^2}{2\sigma_z^2}\right\} \right]$$

① y : 수직방향의 확산폭이다.
② z : 농도를 구하려는 지점의 높이로서 농도 지점과 지표면으로부터의 수직거리이다.
③ u : 굴뚝높이의 풍속을 말한다.
④ H : 유효굴뚝높이다.

🔍 y는 수평방향의 확산폭이다.

12 다음 중 기후·생태계 변화유발물질과 가장 거리가 먼 것은?

① 육불화황
② 메탄
③ 수소염화불화탄소
④ 염화나트륨

🔍 기후·생태계 변화유발물질
기후온난화 등으로 생태계의 변화를 가져올 수 있는 기체상 물질로서 온실가스(이산화탄소, 메탄, 아산화질소, 수소불화탄소, 과불화탄소, 육불화황) 및 환경부령이 정하는 것(염화불화탄소, 수소염화불화탄소)을 말한다.

13 다음 특정물질 중 오존 파괴지수가 가장 큰 것은?

① HCFC-261   ② HCFC-221
③ CFC-115   ④ CCl_4

Answer 09 ② 10 ④ 11 ① 12 ④ 13 ④

풀이) 특성물질 중 오존층 파괴지수

	특성물질의 종류	화학식	오존 파괴지수
①	HCFC-261	$C_3H_5FCl_2$	$0.002-0.02$
②	HCFC-221	C_3HFCl_6	$0.015-0.07$
③	CFC-115	C_2F_5Cl	0.6
④	사염화탄소	CCl_4	1.1

14 염화수소의 주요 배출 관련 업종과 가장 거리가 먼 것은?

① 냉동공장
② 금속제련
③ 쓰레기소각장
④ 플라스틱 공장

풀이) 냉동공장에서는 암모니아가 주로 배출된다.

15 가시도(Visibility)에 관한 설명으로 옳지 않은 것은?

① 빛의 흡수와 분산으로 가시도가 감소한다.
② 가시거리는 습도에 의하여 크게 영향을 받는다.
③ COH(Coefficient of Haze)는 깨끗한 여과지에 먼지를 모아 빛전달률의 감소를 측정함으로써 결정된다.
④ 강도가 I인 빛으로 X거리에서 조명하여 d_x거리를 통과하는 동안 흡수와 분산으로 빛의 강도가 dI만큼 감소할 때 $dI = \dfrac{\sigma(I)^2}{(d_x)^2}$ 이다. (여기서, σ : 소광계수)

풀이) 강도가 I인 빛으로 X거리에서 조명하여 d_x거리를 통과하는 동안 흡수와 분산으로 빛의 강도가 dI만큼 감소할 때 $dI = -\sigma I d_x$ 이다. (σ : 소광계수)

16 굴뚝 유효고도가 75m에서 100m로 높아졌다면 굴뚝의 풍하 측 중심축상 지상최대 오염농도는 75m일 때의 것과 비교하면 몇 %가 되겠는가?(단, Sutton의 확산 관련식을 이용)

① 약 25%
② 약 56%
③ 약 75%
④ 약 88%

풀이) $C_{max} \propto \dfrac{1}{H_e^2}$

$\dfrac{\left(\dfrac{1}{100^2}\right)}{\left(\dfrac{1}{75^2}\right)} \times 100 = 56.25\%$

17 인위적인 원인에 의한 시정장애와 관련된 현상과 물질에 대한 설명으로 옳지 않은 것은?

① 시정장애 현상의 직접적인 원인은 주로 미세먼지 때문이다.
② 시정장애는 특히 $0.01\sim 0.1\mu m$ 크기의 미세먼지들에 의한 빛의 산란 및 흡수현상이다.
③ 대부분 대기 중에서 1차 오염물질들이 서로 반응, 응축, 응집하여 생성·성장하기 때문에 2차 오염물질이라고 불린다.
④ 이들 2차 오염물질의 입경분포, 화학성분, 수분함량 등의 여러 인자들이 시정장애 현상에 영향을 미친다.

풀이) 시정장애는 $0.1\sim 1\mu m$ 크기의 미세먼지들에 의한 빛의 산란 및 흡수현상이다.

Answer 14 ① 15 ④ 16 ② 17 ②

제7편 기출문제 풀이

18 상대습도가 70%일 때 분진의 농도가 0.04 mg/m³인 지역이 있다. 이 지역의 가시거리(km)는?(단, 상수 $A = 1.2$이다.)

① 4
② 16
③ 30
④ 42

풀이) 가시거리(km) = $\dfrac{A \times 10^3}{G}$

= $\dfrac{1.2 \times 10^3}{0.04 \text{mg/m}^3 \times 10^3 \mu\text{g/mg}}$

= 30km

19 최대 에너지가 복사될 때 이용되는 파장(λ_m : μm)과 흑체의 표면온도(T : 절대온도단위)의 관계를 나타내는 복사이론에 관한 법칙은?

$\lambda_m = a/T$ (단, 비례상수 $a = 0.2898$cm·K)

① 스테판-볼츠만의 법칙
② 빈의 변위법칙
③ 플랑크의 법칙
④ 알베도의 법칙

풀이) 복사이론에 관한 법칙
㉠ 스테판-볼츠만의 법칙 : 주어진 온도에서 이론상 최대에너지를 복사하는 가상적인 물체를 흑체라 할 때 흑체복사를 하는 물체에서 방출되는 복사에너지는 절대온도(K)의 4승에 비례한다는 법칙이다.
㉡ 빈의 변위법칙 : 복사에너지 중 파장에 대한 에너지 강도가 최대가 되는 파장 λ(m)과 흑체의 표면온도 λ(m) = $2,897/T$의 관계를 나타낸다.
㉢ 플랑크의 법칙 : 방정식을 사용하여 복사에너지의 강도를 표면온도와 파장의 함수로 나타낸 것이다.

20 대기압력이 950mb인 높이에서의 온도가 11.6℃이었다. 온위는 얼마인가?

$\left[\text{단, } \theta = T\left(\dfrac{1,000}{P}\right)^{0.288}\right]$

① 288.8K
② 297.4K
③ 309.5K
④ 320.3K

풀이) 온도(θ) = $T\left(\dfrac{1,000}{P}\right)^{0.288}$

= $(273 + 11.6) \times \left(\dfrac{1,000}{950}\right)^{0.288}$

= 288.83K

제2과목 대기오염공정시험기준(방법)

21 농도 0.02mol/L의 H_2SO_4 25mL를 중화하는 데 필요한 N/10 NaOH의 용량은?

① 1mL
② 5mL
③ 10mL
④ 25mL

풀이) 중화적정공식 이용
$N_1 V_1 = N_2 V_2$
$0.04\text{N} \times 25\text{mL} = 0.1\text{N} \times V_2$
$V_2 = \dfrac{0.04\text{N} \times 25\text{mL}}{0.1\text{N}} = 10\text{mL}$

22 비분산 적외선 분석계의 성능기준으로 옳지 않은 것은?

① 재현성은 동일 측정조건에서 제로가스와 스팬가스를 번갈아 3회 도입하여 각각의 측정값의 평균으로부터 편차를 구하고, 이 편차는 전체 눈금의 ±2 이내이어야 한다.

Answer 18 ③ 19 ② 20 ① 21 ③ 22 ③

② 응답시간(Response Time)은 제로 조정용 가스를 도입하여 안정된 후 유로를 스팬가스로 바꾸어 기준유량으로 분석계에 도입하여 그 농도를 눈금 범위 내의 어느 일정한 값으로부터 다른 일정한 값으로 갑자기 변화시켰을 때 스텝(Step) 응답에 대한 소비시간이 1초 이내이어야 한다.
③ 제로드리프트(Zero Drift)는 동일 조건에서 제로가스를 연속적으로 도입하여 고정형은 8시간, 이동형은 4시간 연속 측정하는 동안에 전체 눈금의 ±1% 이상의 지시 변화가 없어야 한다.
④ 강도는 전체 눈금의 ±1% 이하에 해당하는 농도변화를 검출할 수 있는 것이어야 한다.

(풀이) 제로드리프트(Zero Drift)
동일 조건에서 제로가스를 연속적으로 도입하여 고정형은 24시간, 이동형은 4시간 연속 측정하는 동안에 전체 눈금의 ±2% 이상의 지시 변화가 없어야 한다.

23 굴뚝 배출 가스상 물질 시료 채취 장치에 관한 설명으로 옳지 않은 것은?

① 도관은 가능한 한 수직으로 연결해야 한다.
② 채취관은 안지름 6~25mm 정도의 것을 쓴다.
③ 도관의 안지름은 4~25mm로 한다.
④ 도관의 길이는 되도록 길게 하되 10m를 넘지 않도록 한다.

(풀이) 도관(연결관)의 길이는 되도록 짧게 하되 76m를 넘지 않도록 한다.

24 환경대기 중의 질소산화물 농도 측정방법 중 자동연속측정방법에 해당하지 않는 것은?

① 화학발광법
② 흡광차분광법
③ 살츠만(Saltzman)법
④ 야콥스-호흐하이저법

(풀이) 환경대기 중의 질소산화물 농도 측정방법
  ㉠ 자동연속측정방법
    • 화학발광법(Chemiluminescent Method)
    • 살츠만(Saltzman)법
    • 흡광차분광법(DOAS : Differential Optical Absorption Spectroscopy)
  ㉡ 수동연속측정방법
    • 야콥스-호흐하이저법
    • 수동살츠만법

25 일정한 굴뚝을 거치지 않고 외부로 비산배출되는 먼지측정을 위한 하이볼륨에어샘플러(High Volume Air Sampler)법에 관한 설명으로 옳지 않은 것은?

① 풍속이 0.5m/초 미만 또는 10m/초 이상 되는 시간이 전 채취시간의 50% 미만일 때 풍속보정계수는 1.0을 적용한다.
② 전 시료채취 시간 중 주 풍향이 45~90° 변할 때 풍향보정계수는 1.2로 적용한다.
③ 따로 시료채취하는 동안에 따로 그 지역을 대표할 수 있는 지점에 풍향풍속계를 설치하여 전 채취시간 동안의 풍향풍속을 기록하지만, 연속기록 장치가 없을 경우에는 적어도 1시간 간격으로 같은 지점에서의 3회 이상 풍향풍속을 측정하여 기록한다.
④ 시료채취장소는 원칙적으로 측정하려고 하는 발생원의 부지경계선상에 선정하여 풍향을 고려하여 그 발생원의 비산먼지 농도가 가장 높을 것으로 예상되는 지점 3개소 이상을 선정한다.

(풀이) 따로 시료채취를 하는 동안에 따로 그 지역을 대표할 수 있는 지점에 풍향풍속계를 설치하여 전 채취시간 동안의 풍향풍속을 기록한다. 단, 연속기록 장치가 없을 경우에는 적어도 10분 간격으로 같은 지점에서의 3회 이상 풍향풍속을 측정하여 기록한다.

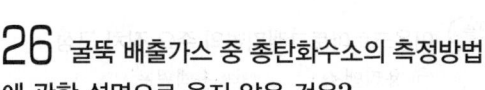

26 굴뚝 배출가스 중 총탄화수소의 측정방법에 관한 설명으로 옳지 않은 것은?

① 교정가스는 농도를 알고 있는 희석가스를 사용한다.
② 반응시간은 오염물질농도의 단계변화에 따라 최종값의 90%에 도달하는 시간으로 한다.
③ 스팬값을 측정기기의 측정범위는 보통 배출허용기준의 0.5~1.2배를 적용한다.
④ 스팬값으로 측정범위가 없는 경우에는 예상농도의 1.2~3배의 값을 사용한다.

풀이) 스팬값
측정기의 측정범위는 배출허용기준 이상으로 하며, 보통 기준의 1.2~3배를 적용한다. 만일 측정범위가 없는 경우에는 예상농도의 1.2~3배의 값을 사용한다.

27 자외선 가시선 분광법에 의해 배출가스 중 비소를 분석하고자 할 경우에 관한 설명으로 옳지 않은 것은?

① 정량범위 2~10μg이며, 정밀도는 2~10%이다.
② 채취시료를 전처리하는 동안 비소의 손실 가능성이 있으므로 전처리 방법으로 마이크로파산분해법이 권장된다.
③ 황화수소의 영향은 아세트산납으로 제거 가능하다.
④ 메틸 비소화합물은 pH 10에서 메틸염화비소(Methyl-arsine)를 생성하여 흡수용액과 착물을 형성하고 이의 영향은 아세트산납으로 제거 가능하다.

풀이) 메틸 비소화합물은 pH 1에서 메틸수소화비소(Methyl-arsine)를 생성하여 흡수용액과 착물을 형성하고 총 비소 측정에 영향을 줄 수 있다.

28 다음 중 4-아미노 안티피린용액과 페리시안산 칼륨용액을 가하여 얻어진 적색액의 흡광도를 측정하여 정량하는 오염물질은?

① 포름알데하이드
② 페놀화합물
③ 클로로포름
④ 벤젠

풀이) 페놀화합물
4-아미노 안티피린용액과 페리시안산 포타슘(헥사사이아노철(Ⅲ)산포타슘)용액을 가하여 얻어진 적색액의 흡광도를 측정하여 정량한다.

29 휘발성 유기화합물질(VOC) 누출 확인을 위한 휴대용 측정기기의 규격 및 성능기준으로 옳지 않은 것은?

① 기기의 계기눈금은 최소한 표시된 누출농도의 ±5%를 읽을 수 있어야 한다.
② 기기의 응답시간은 30초보다 작거나 같아야 한다.
③ VOC 측정기기의 검출기는 시료와 반응하지 않아야 한다.
④ 교정 정밀도는 교정용 가스값의 10%보다 작거나 같아야 한다.

풀이) 휘발성 유기화합물질(VOC) 측정기기의 검출기는 시료와 반응하여야 한다.

30 기체크로마토그래피법과 관계가 있는 것만으로 옳게 나열된 것은?

① 보유시간, 분리관오븐, 수소염이온화검출기
② 보유용량, 열전도도검출기, 단색화장치
③ 운반가스, 중공음극램프, 검출기오븐
④ 시료도입부, 회전섹터, 감도조정부

풀이) 보유시간, 분리관오븐, 수소염이온화검출기(불꽃이온화검출기)는 기체크로마토그래피법과 관계가 있으며 단색화장치는 흡광광도법, 중공음극램프는 원자흡광광도법, 회전섹터는 비분산적외선분석법과 관련이 있다.

31 굴뚝 배출가스 내의 휘발성 유기화합물질(VOC)의 시료채취방법 중 흡착관법에 관한 장치 구성에 대한 설명으로 거리가 먼 것은?

① 채취관 재질은 유리, 석영, 불소수지 등으로, 120℃ 이상까지 가열이 가능한 것이어야 한다.
② 응축기는 가스가 앞쪽 흡착관을 통과하기 전 가스를 50℃ 이하로 낮출 수 있는 용량이어야 하고 상단 연결부는 밀봉그리스(Sealing Grease)를 사용하여 누출이 없도록 연결해야 한다.
③ 밸브는 불소수지, 유리 및 석영재질로 밀봉그리스(Sealing Grease)를 사용하지 않고 가스의 누출이 없는 구조이어야 한다.
④ 흡착관은 사용 전 반드시 안정화시켜서 사용해야 하며, 안정화온도는 흡착제마다 다르며, Carbotrap은 350℃, 100mL/min의 유량으로 한다.

풀이) 응축기는 가스가 앞쪽 흡착관을 통과하기 전 가스를 20℃ 이하로 낮출 수 있는 용량이어야 하고 상단 연결부는 밀봉그리스(Sealing Grease)를 사용하지 않고도 누출이 없도록 연결해야 한다.

32 다음 각 장치 중 이온크로마토그래피법의 주요 장치 구성과 거리가 먼 것은?

① 용리액조 ② 송액펌프
③ 서프레서 ④ 회전섹터

풀이) 이온크로마토그래피법의 주요 장치 구성
㉠ 용리액조   ㉡ 송액펌프
㉢ 시료주입장치 ㉣ 분리관
㉤ 서프레서   ㉥ 검출기
㉦ 기록계

33 대기오염물질의 시료 채취에 사용되는 그림과 같은 기구를 무엇이라 하는가?

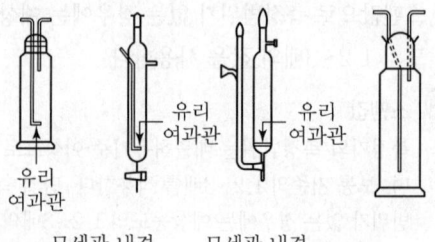

① 흡수병 ② 진공병
③ 채취병 ④ 채취관

풀이) 시료 채취에 사용되는 흡수병을 나타낸 그림이다.

34 흡광광도법에 이용되는 램버트 비어(Lambert-Beer)의 법칙을 옳게 나타낸 식은? (단, I_o : 입사광 강도, I_t : 투사광 강도, c : 농도, l : 빛의 투사거리, ε : 흡광계수)

① $I_o = I_t \cdot 10^{-\varepsilon cl}$ ② $I_o = I_t \cdot 100^{-\varepsilon cl}$
③ $I_t = I_o \cdot 10^{-\varepsilon cl}$ ④ $I_t = I_o \cdot 100^{-\varepsilon cl}$

> 램버트 비어(Lambert-Beer)의 법칙
> 강도 I_o 되는 단색광속이 그림과 같이 농도 c, 길이 l이 되는 용액층을 통과하면 이 용액에 빛이 흡수되어 입사광의 강도가 감소한다.

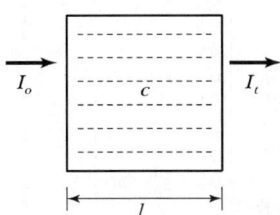

[흡광도 분석방법 원리도]

$$I_t = I_o \cdot 10^{-\varepsilon d}$$

여기서, I_o : 입사광의 강도
I_t : 투사광의 강도
c : 농도
l : 빛의 투사거리
ε : 비례상수로서 흡광계수(吸光係數)라 하고, $c=1$mol, $l=10$mn일 때의 ε의 값을 몰흡광계수라 하며 K로 표시한다.

35 굴뚝 배출가스 중 금속화합물을 자외선/가시선 분광법으로 분석할 때 다음 중 측정하는 흡광도의 파장값(nm)이 가장 큰 금속화합물은?

① 아연　　② 수은
③ 구리　　④ 니켈

> 흡광도파장값(자외선/가시선 분광법)
> ① 아연 : 535nm
> ② 수은 : 490nm
> ③ 구리 : 400nm
> ④ 니켈 : 450nm

36 환경대기 중의 탄화수소 농도를 자동연속(불꽃이온화검출기법)으로 측정하는 방법과 가장 거리가 먼 것은?

① 총탄화수소 측정법
② 비메탄 탄화수소 측정법
③ 광산란 탄화수소 측정법
④ 활성 탄화수소 측정법

> 환경대기 중 탄화수소 측정방법(자동연속측정법)
> ㉠ 총탄화수소 측정법
> ㉡ 비메탄탄화수소 측정법(주 시험방법)
> ㉢ 활성탄화수소 측정법

37 굴뚝, 덕트 등을 통하여 대기 중으로 배출되는 가스상 물질을 분석하기 위한 시료채취방법에 관한 설명으로 옳지 않은 것은?

① 채취관은 흡인가스의 유량, 채취관의 기계적 강도, 청소의 용이성 등을 고려하여 안지름 6~25mm 정도의 것을 쓴다.
② 도관은 가능한 한 수직으로 연결해야 하고, 부득이 구부러진 관을 쓸 경우에는 응축수가 흘러나오기 쉽도록 경사지게(5° 이상) 한다.
③ 도관의 안지름은 도관의 길이, 흡입가스의 유량, 응축수에 의한 막힘, 또는 흡인펌프의 능력 등을 고려하여 4~25mm로 한다.
④ 채취부의 수은 마노미터는 대기와 압력차가 150mmHg 이하인 것을 쓴다.

> 채취부의 수은 마노미터는 대기와 압력차가 100mmHg 이상인 것을 쓴다.

Answer 35 ① 36 ③ 37 ④

38 환경대기 중 일산화탄소를 비분산 적외선 분석법(자동연속측정)으로 분석할 경우 측정기의 성능기준으로 옳지 않은 것은?

① 스팬가스를 흘려보냈을 때 정상적인 지시 변동의 범위는 최대눈금치의 ±2% 이내여야 한다.
② 제로교정 및 스팬교정을 한 후 중간눈금 부근의 교정용 가스를 주입시켰을 때 이에 대응하는 일산화탄소 농도에 대한 지시오차는 최대눈금치의 ±5% 이내여야 한다.
③ 시료대기의 유량이 표시된 설정유량에 대하여 ±5% 이내로 변동해도 지시변화는 최대눈금치의 ±2% 이내여야 한다.
④ 대기압 변화에 대한 안정성은 대기압의 1% 변화에 대하여 동일 시료농도의 측정치의 차가 5% 이내여야 한다.

풀이) 대기압 변화에 대한 안정성은 대기압의 1% 변화에 대하여 동일 시료농도의 측정치의 차가 1% 이내여야 한다.

39 환경대기 중 가스상 물질의 시료채취방법에 해당하지 않는 것은?

① 용매포집법 ② 용기포집법
③ 고체흡착법 ④ 고온흡수법

풀이) 환경대기 중 가스상 물질의 시료채취방법
㉠ 직접채취법 ㉡ 용기포집법
㉢ 용매포집법 ㉣ 고체흡착법
㉤ 저온응축법 ㉥ 포집여지에 의한 방법

40 분석대상가스가 이황화탄소인 경우 사용할 수 있는 채취관 및 도관의 재질로 부적당한 것은?

① 경질유리 ② 석영
③ 불소수지 ④ 스테인리스강

풀이) 분석대상가스의 종류별 채취관 및 도관 등의 재질

분석대상가스, 공존가스	채취관, 연결관의 재질	여과재	비고
암모니아	①②③④⑤⑥	ⓐⓑⓒ	① 경질유리
일산화탄소	①②③④⑤⑥⑦	ⓐⓑⓒ	② 석영
염화수소	①② ⑤⑥⑦	ⓐⓑⓒ	③ 보통강철
염소	①② ⑤⑥⑦	ⓐⓑⓒ	④ 스테인리스강
황산화물	①④⑤⑥⑦	ⓐⓑⓒ	⑤ 세라믹
질소산화물	①② ④⑤⑥	ⓐⓑⓒ	⑥ 불소수지
이황화탄소	①② ⑥	ⓐⓑ	⑦ 염화비닐수지
포름알데하이드	①② ⑥	ⓐⓑ	⑧ 실리콘수지
황화수소	①② ④⑤⑥⑦	ⓐⓑⓒ	⑨ 네오프렌
불소화합물	④ ⑥	ⓒ	ⓐ 알칼리 성분이 없는 유리솜 또는 실리카솜
시안화수소	①② ④⑤⑥⑦	ⓐⓑⓒ	
브롬	①②	ⓐⓑ	
벤젠	①② ⑥	ⓐⓑ	ⓑ 소결유리
페놀	①② ④ ⑥	ⓐⓑ	ⓒ 카보런덤
비소	①② ④⑤⑥⑦	ⓐⓑⓒ	

제3과목 대기오염방지기술

41 미분탄연소의 장점으로 거리가 먼 것은?

① 연소량의 조절이 용이하다.
② 비산먼지의 배출량이 적다.
③ 부하변동에 쉽게 응할 수 있다.
④ 과잉공기에 의한 열손실이 적다.

풀이) 미분탄연소
석탄을 잘게 부수어 분말상으로 한 다음 1차 연소용 공기와 함께 버너로 분출시켜 연소시키는 방법으로 연도에서 비산분진의 배출이 많은 것이 단점에 해당한다.

42 원형관에서 유체의 흐름을 파악하는 데 레이놀즈수(N_{Re})가 사용되는데, 다음 중 레이놀즈수와 거리가 먼 것은?

① 관의 직경 ② 유체 점도
③ 입자의 밀도 ④ 유체 평균유속

풀이 레이놀즈수는 관성력과 점성력의 비로 무차원수 이다.

$$N_{Re} = \frac{관성력}{점성력} = \frac{DV\rho}{\mu} = \frac{DV}{\nu}$$

여기서, D : 관의 직경
ν : 유체 평균유속
ρ : 가스(유체) 밀도
μ : 가스(유체) 점도

43 세정집진장치에서 관성충돌계수를 크게 하는 조건이 아닌 것은?

① 먼지의 밀도가 커야 한다.
② 먼지의 입경이 커야 한다.
③ 액적의 직경이 커야 한다.
④ 처리가스와 액적의 상대속도가 커야 한다.

풀이 관성충돌계수가 크려면 액적의 직경은 작아야 하며, 분진의 입경은 커야 한다.

44 공극률이 20%인 분진의 밀도가 1,700kg/m³이라면, 이 분진의 겉보기 밀도(kg/m³)는?

① 1,280 ② 1,360
③ 1,680 ④ 2,040

풀이 겉보기 밀도 = 밀도 × (1-공극률)
= 1,700kg/m³ × (1-0.2)
= 1,360kg/m³

45 배출가스 중 황산화물 처리방법으로 가장 거리가 먼 것은?

① 석회석 주입법 ② 석회수 세정법
③ 암모니아 흡수법 ④ 2단 연소법

풀이 2단 연소법은 질소산화물 처리방법이다.

46 직경 20cm, 길이 1m인 원통형 전기집진 장치에서 가스유속이 1m/s이고, 먼지입자의 분리속도가 30cm/s라면 집진율은 얼마인가?

① 93.63% ② 94.24%
③ 96.02% ④ 99.75%

풀이 $\eta = 1 - \exp\left(-\frac{A \times W_e}{Q}\right)$

$A = 3.14 \times 0.2\text{m} \times 1\text{m} = 0.628\text{m}^2$

$Q = \left(\frac{3.14 \times 0.2^2}{4}\right)\text{m}^2 \times 1\text{m/sec}$

$= 0.0314\text{m}^3/\text{sec}$

$= 1 - \exp\left(-\frac{0.628\text{m}^2 \times 0.3\text{m/sec}}{0.0314\text{m}^3/\text{sec}}\right)$

$= 0.9975 \times 100\% = 99.75\%$

47 여과집진장치에 사용되는 여과재에 관한 설명 중 가장 거리가 먼 것은?

① 여과재의 형상은 원통형, 평판형, 봉투형 등이 있으나 원통형을 많이 사용한다.
② 여과재는 내열성이 약하므로 가스온도 250℃를 넘지 않도록 주의한다.
③ 고온가스를 냉각시킬 때에는 산노점(dew point) 이하로 유지하도록 하여 여과재의 눈막힘을 방지한다.
④ 여과재 재질 중 유리섬유는 최고사용온도가 250℃ 정도이며, 내산성이 양호한 편이다.

풀이 초층의 눈막힘을 방지하기 위해 처리가스의 온도를 산노점 이상으로 유지한다.

48 직경이 203.2mm인 관에 35m³/min의 공기를 이동시키면 이때 관 내 이동 공기의 속도는 약 몇 m/min인가?

Answer 43 ③ 44 ② 45 ④ 46 ④ 47 ③ 48 ④

① 18m/min ② 72m/min
③ 980m/min ④ 1,080m/min

풀이 $Q = A \times V$

$V = \dfrac{Q}{A}$

$= \dfrac{35\text{m}^3/\text{min}}{\left(\dfrac{3.14 \times 0.2032^2}{4}\right)\text{m}^2}$

$= 1,080.25\text{m/min}$

49 일산화탄소 1Sm^3를 연소시킬 경우 배출된 건연소가스양 중 $(CO_2)_{max}$(%)는?(단, 완전연소)

① 약 28% ② 약 35%
③ 약 52% ④ 약 57%

풀이 $CO + 0.5O_2 \rightarrow CO_2$

$CO_{2\max}(\%) = \dfrac{CO_2 \text{양}}{G_{od}} \times 100$

$G_{od} = 0.79 A_o + CO_2$

$= \left(0.79 \times \dfrac{0.5}{0.21}\right) + 1$

$= 2.88 \text{Sm}^3/\text{Sm}^3$

$= \dfrac{1\text{Sm}^3/\text{Sm}^3}{2.88\text{Sm}^3/\text{Sm}^3} \times 100$

$= 34.71\%$

50 점도에 관한 설명으로 옳지 않은 것은?

① 유체이동에 따라 발생하는 일종의 저항이다.
② 단위는 P(poise) 또는 cP를 사용하며, 20℃ 물의 점도는 약 1cP이다.
③ 순물질의 기체나 액체에서 점도는 온도와 압력의 함수이다.
④ 물질 특유의 성질에 해당한다.

풀이 순물질의 기체나 액체에서 점도는 온도의 영향을 받지만 압력과 습도의 영향은 거의 받지 않는다.

51 연료에 대한 설명으로 거리가 먼 것은?

① 액체연료는 대체로 저장과 운반이 용이한 편이다.
② 기체연료는 연소효율이 높고 검댕이 거의 발생하지 않는다.
③ 고체연료는 연소 시 다량의 과잉 공기를 필요로 한다.
④ 액체연료는 황분이 거의 없는 청정연료이며, 가격이 싼 편이다.

풀이 액체연료는 황분이 많이 포함되어 있고, 가격이 비싼 편이다.

52 중량 조성이 탄소 85%, 수소 15%인 액체 연료를 매시 100kg 연소한 후 배출가스를 분석하였더니 분석치가 CO_2 12.5%, CO 3%, O_2 3.5%, N_2 81%이었다. 이때 매 시간당 필요한 공기량 (Sm^3/hr)은?

① 약 13 ② 약 157
③ 약 657 ④ 약 1,271

풀이 $A = m \times A_o$

$m = \dfrac{N_2}{N_2 - 3.76(O_2 - 0.5CO)}$

$= \dfrac{81}{81 - 3.76[3.5 - (0.5 \times 3)]} = 1.102$

$A_o = \dfrac{1}{0.21}[(1.867 \times 0.85) + (5.6 \times 0.15)]$

$= 11.557 \text{Sm}^3/\text{kg}$

$A = 1.102 \times 11.557 \text{Sm}^3/\text{kg} \times 100\text{kg/hr}$

$= 1,273.58 \text{Sm}^3/\text{hr}$

53 다음 연료 중 황(S) 성분의 함량 순서로 가장 적합한 것은?

① 중유>경유>등유>휘발유>LPG
② 중유>등유>경유>휘발유>LPG
③ 중유>석탄>등유>경유>휘발유
④ 석탄>중유>등유>경유>휘발유

풀이 황(S) 성분의 함량 순서
중유>경유>등유>휘발유>LPG
※ 황 성분 포함 시 연료의 질이 저하되며 매연이 발생된다.

54 흡수법에 관한 다음 설명 중 옳지 않은 것은?

① 흡수제는 휘발성이 커야 한다.
② 충전탑은 액분산형 흡수장치에 해당한다.
③ 재생가치가 있는 물질이나 흡수제의 재사용은 탈착이나 Stripping을 통해 회수 또는 재생한다.
④ 흡수제의 빙점은 낮고, 비점은 높아야 한다.

풀이 흡수제는 휘발성이 작아야 한다.

55 다음 중 SOx와 NOx를 동시에 제어하는 기술로 거리가 먼 것은?

① Filter Cage 공정
② 활성탄 공정
③ NOXSO 공정
④ CuO 공정

풀이 SOx와 NOx를 동시에 제어하는 기술
㉠ 활성탄 공정
㉡ NOXSO 공정
㉢ CuO 공정
㉣ 전자선 조사공정

56 연소계산에서 연소 후 배출가스 중 산소농도가 6.2%라면 완전연소 시 공기비는?

① 1.15
② 1.23
③ 1.31
④ 1.42

풀이 $m = \dfrac{21}{21-O_2} = \dfrac{21}{21-6.2} = 1.42$

57 CO를 백금계 촉매를 사용하여 CO_2로 완전 산화시켜 처리할 때 촉매의 수명을 단축시키는 물질과 가장 거리가 먼 것은?

① Zn
② Pb
③ S
④ NOx

풀이 NOx는 촉매의 수명을 단축시키는 물질, 즉 촉매독이 아니다.

58 평판형 전기집진장치에서 입자의 이동속도가 5cm/sec, 방전극과 집진극 사이의 거리가 4.5cm, 배출가스의 유속이 3m/sec인 경우 층류 영역에서 집진율이 100%가 되는 집진극의 길이는?

① 1.9m
② 2.7m
③ 3.3m
④ 5.4m

풀이 집진극 길이(m) $= \dfrac{R \times V}{W_e}$

$= \dfrac{0.045m \times 3m/sec}{0.05m/sec} = 2.7m$

59 다음 질소화합물 중 일반적으로 공기 중에서의 최소감지농도(ppm)가 가장 낮은 것은?

① 삼메틸아민
② 피리딘
③ 아닐린
④ 암모니아

풀이) 최소감지농도(ppm)
① 삼메틸아민 : 0.0001
② 피리딘 : 0.063
③ 아닐린 : 0.0015
④ 암모니아 : 0.1

60 어떤 0차 반응에서 반응을 시작하고 반응물의 1/2이 반응하는 데 40분이 걸렸다. 반응물의 90%가 반응하는 데 걸리는 시간은?

① 66분 ② 72분
③ 133분 ④ 185분

풀이) 0차 반응식
$C_t - C_o = -K \cdot t$
$0.5 - 1 = -K \times 40\min$
$K = 0.0125\min^{-1}$
$0.1 - 1 = -0.0125\min^{-1} \times t$
$\therefore t = 72\min$

제4과목 대기환경관계법규

61 대기환경보전법상 운행차의 정밀검사 방법·기준 및 검사대상 항목기준(일반기준)에 관한 설명으로 틀린 것은?

① 관능 및 기능검사는 배출가스검사를 먼저 한 후 시행하여야 한다.
② 휘발유와 가스를 같이 사용하는 자동차는 연료를 가스로 전환한 상태에서 배출가스검사를 실시하여야 한다.
③ 운행차의 정밀검사는 부하검사방법을 적용하여 검사를 하여야 하지만, 상시 4륜구동 자동차는 무부하검사방법을 적용할 수 있다.
④ 운행차의 정밀검사는 부하검사방법을 적용하여 검사를 하여야 하지만, 2행정 원동기 장착자동차는 무부하검사방법을 적용할 수 있다.

풀이) 배출가스검사는 관능 및 기능검사를 먼저 한 후 시행하여야 한다.

62 대기환경보전법상 III지역에 대한 기본부과금의 지역별 부과계수는?(단, III지역은 국토의 계획 및 이용에 관한 법률에 따른 녹지지역·관리지역·농림지역 및 자연환경보전지역이다.)

① 0.5 ② 1.0
③ 1.5 ④ 2.0

풀이) 기본부과금 지역별 부과계수

구분	지역별 부과계수
I 지역	1.5
II 지역	0.5
III 지역	1.0

63 환경정책기본법상 대기환경기준이 설정되어 있지 않은 항목은?

① O_3 ② Pb
③ PM-10 ④ CO_2

풀이) 대기환경 기준 설정 항목
㉠ 아황산가스(SO_2)
㉡ 일산화탄소(CO)
㉢ 이산화질소(NO_2)
㉣ 미세먼지(PM-10)
㉤ 미세먼지(PM-2.5)
㉥ 오존(O_3)
㉦ 납(Pb)
㉧ 벤젠(C_6H_6)

64 대기환경보전법상 대기오염방지시설이 아닌 것은?

① 흡수에 의한 시설
② 소각에 의한 시설
③ 산화·환원에 의한 시설
④ 미생물을 이용한 처리시설

풀이 대기오염 방지시설
㉠ 중력집진시설
㉡ 관성력집진시설
㉢ 원심력집진시설
㉣ 세정집진시설
㉤ 여과집진시설
㉥ 전기집진시설
㉦ 음파집진시설
㉧ 흡수에 의한 시설
㉨ 흡착에 의한 시설
㉩ 직접연소에 의한 시설
㉪ 촉매반응을 이용하는 시설
㉫ 응축에 의한 시설
㉬ 산화·환원에 의한 시설
㉭ 미생물을 이용한 처리시설
㉮ 연소조절에 의한 시설

65 실내공기질 관리법령상 실내공간 오염물질에 해당하지 않는 것은?

① 이산화탄소(CO_2)
② 일산화질소(NO)
③ 일산화탄소(CO)
④ 이산화질소(NO_2)

풀이 실내공기 오염물질
㉠ 미세먼지(PM-10)
㉡ 이산화탄소(CO_2 ; Carbon Dioxide)
㉢ 포름알데하이드(Formaldehyde)
㉣ 총부유세균(TAB ; Total Airborne Bacteria)
㉤ 일산화탄소(CO ; Carbon Monoxide)
㉥ 이산화질소(NO_2 ; Nitrogen Dioxide)
㉦ 라돈(Rn ; Radon)
㉧ 휘발성유기화합물(VOCs ; Volatile Organic Compounds)
㉨ 석면(Asbestos)
㉩ 오존(O_3 ; Ozone)
㉪ 미세먼지(PM-2.5)
㉫ 곰팡이(Mold)
㉬ 벤젠(Benzene)
㉭ 톨루엔(Toluene)
㉮ 에틸벤젠(Ethylbenzene)
㉯ 자일렌(Xylene)
㉰ 스티렌(Styrene)

66 악취방지법령상 위임업무 보고사항 중 "악취검사기관의 지정, 지정사항 변경보고 접수 실적"의 보고 횟수 기준은?

① 연 1회
② 연 2회
③ 연 4회
④ 수시

풀이 위임업무의 보고사항
㉠ 업무내용 : 악취검사기관의 지정, 지정사항 변경보고 접수실적
㉡ 보고횟수 : 연 1회
㉢ 보고기일 : 다음 해 1월 15일까지
㉣ 보고자 : 국립환경과학원장

67 악취방지법령상 악취방지계획에 따라 악취방지에 필요한 조치를 하지 아니하고 악취배출시설을 가동한 자에 대한 벌칙기준은?

① 1년 이하의 징역 또는 1천만 원 이하의 벌금
② 500만 원 이하의 벌금
③ 300만 원 이하의 벌금
④ 100만 원 이하의 벌금

풀이 악취방지법 제28조 참조

Answer 64 ② 65 ② 66 ① 67 ③

68 대기환경보전법령상 자동차에 온실가스 배출량을 표시하지 아니하거나 거짓으로 표시한 자에 대한 과태료 부과기준으로 옳은 것은?

① 500만 원 이하의 과태료
② 300만 원 이하의 과태료
③ 200만 원 이하의 과태료
④ 100만 원 이하의 과태료

(풀이) 대기환경보전법 제94조 참조

69 악취방지법규상 배출허용기준 및 엄격한 배출허용기준의 설정범위와 관련한 다음 설명 중 옳지 않은 것은?

① 배출허용기준의 측정은 복합악취를 측정하는 것을 원칙으로 하지만 사업자의 악취물질 배출 여부를 확인할 필요가 있는 경우에는 지정악취물질을 측정할 수 있다.
② 복합악취의 시료 채취는 사업장 안에 지면으로부터 높이 5m 이상의 일정한 악취배출구와 다른 악취발생원이 섞여 있는 경우에는 부지경계선 및 배출구에서 각각 채취한다.
③ "배출구"라 함은 악취를 송풍기 등 기계장치 등을 통하여 강제로 배출하는 통로(자연환기가 되는 창문·통기관 등을 제외한다)를 말한다.
④ 부지경계선에서 복합악취의 공업지역에서의 배출허용기준(희석배수)은 1,000 이하이다.

(풀이) 복합악취 배출허용기준 및 엄격한 배출허용기준

구분	배출허용기준 (희석배수)		엄격한 배출허용기준의 범위(희석배수)	
	공업지역	기타지역	공업지역	기타지역
배출구	1,000 이하	500 이하	500~1,000	300~500
부지 경계선	20 이하	15 이하	15~20	10~15

70 대기환경보전법상 장거리이동대기오염물질 대책위원회에 관한 사항으로 옳지 않은 것은?

① 위원회는 위원장 1명을 포함한 25명 이내의 위원으로 성별을 고려하여 구성한다.
② 위원회와 실무위원회 및 장거리이동대기오염물질 연구단의 구성 및 운영 등에 관하여 필요한 사항은 환경부령으로 정한다.
③ 위원장은 환경부차관으로 한다.
④ 위원회의 효율적인 운영과 안건의 원활한 심의 지원을 위해 실무위원회를 둔다.

(풀이) 위원회와 실무위원회 및 장거리이동대기오염물질 연구단의 구성 및 운영 등에 관하여 필요한 사항은 대통령령으로 정한다.

71 대기환경보전법규상 특정대기유해물질이 아닌 것은?

① 히드라진
② 크롬 및 그 화합물
③ 카드뮴 및 그 화합물
④ 브롬 및 그 화합물

(풀이) 브롬 및 그 화합물은 특정대기유해물질이 아니다.

72 대기환경보전법령상 "사업장의 연료사용량 감축 권고" 조치를 하여야 하는 대기오염 경보 발령단계 기준은?

① 준주의보 발령단계
② 주의보 발령단계
③ 경보발령단계
④ 중대경보 발령단계

풀이 경보발령단계별 조치사항
㉠ 주의보 발령 : 주민의 실외활동 및 자동차 사용의 자제 요청 등
㉡ 경보 발령 : 주민의 실외활동 제한 요청, 자동차 사용의 제한 및 사업장의 연료사용량 감축 권고 등
㉢ 중대경보 발령 : 주민의 실외활동 금지 요청, 자동차의 통행금지 및 사업장의 조업시간 단축 명령 등

73 다음은 대기환경보전법규상 자동차의 규모기준에 관한 설명이다. ( ) 안에 알맞은 것은?(단, 2015년 12월 10일 이후)

> 소형승용자동차는 사람을 운송하기 적합하게 제작된 것으로, 그 규모기준은 엔진배기량이 1,000cc 이상이고, 차량총중량이 (㉠)이며, 승차인원이 (㉡)

① ㉠ 1.5톤 미만, ㉡ 5명 이하
② ㉠ 1.5톤 미만, ㉡ 8명 이하
③ ㉠ 3.5톤 미만, ㉡ 5명 이하
④ ㉠ 3.5톤 미만, ㉡ 8명 이하

풀이 소형승용자동차
㉠ 정의 : 사람을 운송하기에 적합하게 제작된 것
㉡ 규모 : 엔진배기량이 1,000cc 이상이고, 차량총중량이 3.5톤 미만이며, 승차인원이 8명 이하

74 악취방지법상 악취배출시설에 대한 개선명령을 받은 자가 악취배출허용기준을 계속 초과하여 신고대상시설에 대해 시·도지사로부터 악취배출시설의 조업정지명령을 받았으나, 이를 위반한 경우 벌칙기준은?

① 1년 이하 징역 또는 1천만 원 이하의 벌금
② 2년 이하 징역 또는 2천만 원 이하의 벌금
③ 3년 이하 징역 또는 3천만 원 이하의 벌금
④ 5년 이하 징역 또는 5천만 원 이하의 벌금

풀이 악취방지법 제26조 참조

75 대기환경보전법령상 시·도지사는 부과금을 부과할 때 부과대상 오염물질량, 부과금액, 납부기간 및 납부장소 등에 기재하여 서면으로 알려야 한다. 이 경우 부과금의 납부기간은 납부통지서를 발급한 날부터 얼마로 하는가?

① 7일 ② 15일
③ 30일 ④ 60일

풀이 부과금 납부기간은 납부통지서를 발급한 날부터 30일 이내로 한다.

76 대기환경보전법규상 위임업무의 보고사항 중 수입자동차 배출가스 인증 및 검사현황의 보고기일 기준으로 옳은 것은?

① 다음 달 10일까지
② 매 분기 종료 후 15일 이내
③ 매 반기 종료 후 15일 이내
④ 다음 해 1월 15일까지

풀이 위임업무 보고사항

업무내용	보고 횟수	보고 기일	보고자
환경오염 사고 발생 및 조치 사항	수시	사고발생 시	시·도지사, 유역환경청장 또는 지방환경청장
수입자동차 배출가스 인증 및 검사현황	연 4회	매 분기 종료 후 15일 이내	국립환경과학원장

Answer 73 ④ 74 ③ 75 ③ 76 ②

자동차 연료 및 첨가제의 제조·판매 또는 사용에 대한 규제 현황	연 2회	매 반기 종료 후 15일 이내	유역환경청장 또는 지방환경청장
자동차 연료 또는 첨가제의 제조기준 적합 여부 검사 현황	• 연료 : 연 4회 • 첨가제 : 연 2회	• 연료 : 매 분기 종료 후 15일 이내 • 첨가제 : 매 반기 종료 후 15일 이내	국립환경과학원장
측정기기관리대행업의 등록(변경등록) 및 행정처분 현황	연 1회	다음 해 1월 15일까지	유역환경청장, 지방환경청장 또는 수도권대기환경청장

77 대기환경보전법규상 개선명령과 관련하여 이행상태 확인을 위해 대기오염도 검사가 필요한 경우 환경부령으로 정하는 대기오염도 검사기관과 거리가 먼 것은?

① 유역환경청
② 환경보전협회
③ 한국환경공단
④ 시·도의 보건환경연구원

(풀이) 대기오염도 검사기관
  ㉠ 국립환경과학원
  ㉡ 특별시·광역시·특별자치시·도·특별자치도의 보건환경연구원
  ㉢ 유역환경청, 지방환경청 또는 수도권대기환경청
  ㉣ 한국환경공단

78 다음은 대기환경보전법상 장거리이동 대기오염물질 대책위원회에 관한 사항이다. ( ) 안에 알맞은 것은?

위원회는 위원장 1명을 포함한 (㉠) 이내의 위원으로 성별을 고려하여 구성한다. 위원회의 위원장은 (㉡)이 된다.

① ㉠ 25명, ㉡ 환경부장관
② ㉠ 25명, ㉡ 환경부차관
③ ㉠ 50명, ㉡ 환경부장관
④ ㉠ 50명, ㉡ 환경부차관

(풀이) 장거리이동 대기오염물질 대책위원회
  ㉠ 위원회는 위원장 1명을 포함한 25명 이내의 위원으로 성별을 고려하여 구성한다.
  ㉡ 위원회의 위원장은 환경부차관이 된다.

79 대기환경보전법령상 규모별 사업장의 구분 기준으로 옳은 것은?

① 1종 사업장 – 대기오염물질발생량의 합계가 연간 70톤 이상인 사업장
② 2종 사업장 – 대기오염물질발생량의 합계가 연간 20톤 이상 80톤 미만인 사업장
③ 3종 사업장 – 대기오염물질발생량의 합계가 연간 10톤 이상 30톤 미만인 사업장
④ 4종 사업장 – 대기오염물질발생량의 합계가 연간 1톤 이상 10톤 미만인 사업장

(풀이) 사업장 분류기준

종별	오염물질발생량 구분
1종 사업장	대기오염물질발생량의 합계가 연간 80톤 이상인 사업장
2종 사업장	대기오염물질발생량의 합계가 연간 20톤 이상 80톤 미만인 사업장
3종 사업장	대기오염물질발생량의 합계가 연간 10톤 이상 20톤 미만인 사업장
4종 사업장	대기오염물질발생량의 합계가 연간 2톤 이상 10톤 미만인 사업장
5종 사업장	대기오염물질발생량의 합계가 연간 2톤 미만인 사업장

Answer 77 ② 78 ② 79 ②

80 다음은 대기환경보전법규상 배출시설별 배출원과 배출량 조사에 관한 사항이다. ( ) 안에 알맞은 것은?

> 시·도지사, 유역환경청장, 지방환경청장 및 수도권대기환경청장은 법에 따른 배출시설별 배출원과 배출량을 조사하고, 그 결과를 ( )까지 환경부장관에게 보고하여야 한다.

① 다음 해 1월 말   ② 다음 해 3월 말
③ 다음 해 6월 말   ④ 다음 해 12월 31일

〈풀이〉 시·도지사, 유역환경청장, 지방환경청장 및 수도권대기환경청장은 배출시설별 배출원과 배출량을 조사하고, 그 결과를 다음 해 3월 말까지 환경부장관에게 보고하여야 한다.

Answer 80 ②

2022년 제1회 CBT 복원·예상문제

제1과목 대기오염개론

01 자동차 배출가스 발생에 관한 설명으로 가장 거리가 먼 것은?

① 일반적으로 자동차의 주요 유해배출가스는 CO, NOx, HC 등이다.
② 휘발유 자동차의 경우 CO는 가속 시, HC는 정속 시, NOx는 감속 시에 상대적으로 많이 발생한다.
③ CO는 연료량에 비하여 공기량이 부족할 경우에 발생한다.
④ NOx는 높은 연소온도에서 많이 발생하며, 매연은 연료가 미연소하여 발생한다.

[풀이] 휘발유 자동차의 경우 CO는 공전 시, HC는 감속 시, NOx는 가속 시에 상대적으로 많이 발생한다.

02 경도모델(또는 K-이론모델)을 적용하기 위한 가정으로 거리가 먼 것은?

① 연기의 축에 직각인 단면에서 오염의 농도분포는 가우스분포(정규분포)이다.
② 오염물질은 지표를 침투하지 못하고 반사한다.
③ 배출원에서 오염물질의 농도는 무한하다.
④ 배출원에서 배출된 오염물질은 그 후 소멸하고, 확산계수는 시간에 따라 변한다.

[풀이] 경도모델(또는 K-이론모델)의 가정
  ㉠ 오염배출원에서 무한히 멀어지면 오염농도는 0이 된다.
  ㉡ 오염물질은 지표를 침투하지 못하고 반사한다.
  ㉢ 배출된 오염물질은 소멸하거나 생성되지 않고 계속 흘러만 갈 뿐이다.
  ㉣ 배출원에서 배출된 오염물질량 및 오염물질의 농도는 무한하다.
  ㉤ 연기의 축에 직각인 단면에서 오염물질의 농도 분포는 가우스분포이다.
  ㉥ 풍하 측으로 지표면은 평형하고 균일하다.
  ㉦ 대기안정도 및 확산계수는 일정하다.

03 공기 중에서 직경 $2\mu m$의 구형 매연입자가 스토크스 법칙을 만족하며 침강할 때, 종말 침강속도는?(단, 매연입자의 밀도는 $2.5g/cm^3$, 공기의 밀도는 무시하며, 공기의 점도는 1.81×10^{-4} g/cm·sec)

① 0.015cm/s   ② 0.03cm/s
③ 0.055cm/s   ④ 0.075cm/s

[풀이]
$$V_g(cm/sec) = \frac{d_p^2(\rho_p - \rho)g}{18\mu}$$
$$= \frac{(2\times 10^{-6}m)^2 \times 2,500kg/m^3 \times 9.8m/sec^2}{18\times 1.81\times 10^{-5}kg/m\cdot sec}$$
$$= 3.023\times 10^{-4}m/sec \times 100cm/m$$
$$= 0.0302cm/sec$$

04 기본적으로 다이옥신을 이루고 있는 원소 구성으로 가장 옳게 연결된 것은?(단, 산소는 2개이다.)

① 1개의 벤젠고리, 2개 이상의 염소
② 2개의 벤젠고리, 2개 이상의 불소
③ 1개의 벤젠고리, 2개 이상의 불소
④ 2개의 벤젠고리, 2개 이상의 염소

Answer 01 ② 02 ④ 03 ② 04 ④

풀이 다이옥신은 2개의 벤젠고리, 2개의 산소, 2개 이상의 염소가 있는 형태이다.

05 경도모델(K-이론모델)의 가정으로 옳지 않은 것은?

① 오염물질은 지표를 침투하며 반사되지 않는다.
② 배출원에서 오염물질의 농도는 무한하다.
③ 풍하 측으로 지표면은 평평하고 균등하다.
④ 풍하 쪽으로 가면서 대기의 안정도는 일정하고 확산계수는 변하지 않는다.

풀이 오염물질은 지표를 침투하지 못하고 반사한다.

06 어떤 대기오염 배출원에서 아황산가스를 0.7%(V/V) 포함한 물질이 47m³/s로 배출되고 있다. 1년 동안 이 지역에서 배출되는 아황산가스의 배출량은?(단, 표준상태를 기준으로 하며, 배출원은 연속가동된다고 한다.)

① 약 29,644t   ② 약 48,398t
③ 약 57,983t   ④ 약 68,000t

풀이 아황산가스양
$= 47m^3/sec \times 0.007 \times \dfrac{64kg}{22.4Sm^3} \times ton/10^3kg$
$\times 60sec/min \times 60min/hr \times 24hr/day$
$\times 365day/year$
$= 29,643.84$

07 오존 전량이 330DU이라는 것을 오존의 양을 두께로 표시하였을 때는 어느 정도인가?

① 3.3mm   ② 3.3cm
③ 330mm   ④ 330cm

풀이 오존층의 두께를 표시하는 단위는 돕슨(Dobson)이다. 지구대기 중의 오존 총량을 표준상태에서 두께로 환산했을 때 1mm를 100돕슨으로 정하고 있다.

08 다음 대기오염물질과 주요 배출 관련 업종의 연결이 잘못 짝지어진 것은?

① 염화수소 - 소다공업, 활성탄 제조
② 질소산화물 - 비료, 폭약, 필름제조
③ 불화수소 - 인산비료공업, 유리공업, 요업
④ 염소 - 용광로, 식품가공

풀이 염소배출업종
소다공법, 농약제조, 화학공업

09 다음에서 설명하는 오염물질로 가장 적합한 것은?

광부나 석탄연료 배출구 주위에 거주하는 사람들의 폐 중 농도가 증대되고, 배설은 주로 신장을 통해 이루어진다. 뼈에 소량 축적될 수 있고, 만성폭로 시 설태가 끼이며, 혈장 콜레스테롤치가 저하될 수 있다.

① 구리   ② 카드뮴
③ 바나듐   ④ 비소

풀이 바나듐(V)
㉠ 은회색의 전이금속으로 단단하나 연성(잡아 늘이기 쉬운 성질)과 전성(펴 늘일 수 있는 성질)이 있고 주로 화석연료, 특히 석탄 및 중유에 많이 포함되고 코·눈·인후의 자극을 동반하여 격심한 기침을 유발한다.
㉡ 원소 자체는 반응성이 커서 자연상태에서는 화합물로만 존재하며 산화물 보호피막을 만들기 때문에 공기 중 실온에서는 잘 산화되지 않으나 가열하면 산화된다.

Answer 05 ① 06 ① 07 ① 08 ④ 09 ③

ⓒ 바나듐에 폭로된 사람들에게는 인지질 및 지방분의 합성, 혈장 콜레스테롤치가 저하되며, 만성폭로 시 설태가 낄 수 있다.

10 1984년 인도의 보팔시에서 발생한 대기오염사건의 주원인 물질은?

① 황화수소
② 황산화물
③ 멀캡탄
④ 메틸이소시아네이트

풀이 보팔시 대기오염사건
인도의 보팔시에 있는 비료공장 저장탱크에서 메틸이소시아네이트(MIC) 가스가 유출되어 발생한 사건이다.

11 PAN(Peroxyacetyl Nitrate)의 생성반응식으로 옳은 것은?

① $CH_3COOO + NO_2 \rightarrow CH_3COOONO_2$
② $C_6H_5COOO + NO_2 \rightarrow C_6H_5COOONO_2$
③ $RCOO + O_2 \rightarrow RO_2 \cdot + CO_2$
④ $RO \cdot + NO_2 \rightarrow RONO_2$

풀이 PAN(Peroxyacetyl Nitrate)의 생성반응식
$CH_3COOO + NO_2 \rightarrow CH_3COOONO_2$
대기 중 탄화수소로부터의 광화학 반응으로 생성된다.

12 다음 중 2차 대기오염물질과 가장 거리가 먼 것은?

① NaCl   ② H_2O_2
③ PAN   ④ SO_3

풀이 2차 대기오염물질
대부분 광산화물로서 O_3, PAN($CH_3COOONO_2$), H_2O_2, NOCl, 아크롤레인(CH_2CHCHO), SO_3, NO_2 등이 여기에 속한다.
※ NaCl은 1차 대기오염물질이다.

13 다음 국제협약 중 질소산화물 배출량 또는 국가 간 이동량의 최저 30% 삭감에 관한 국가 간 장거리 이동 대기오염조약의 의정서(협약)에 해당하는 것은?

① 몬트리올 의정서   ② 런던 협약
③ 오슬로 협약   ④ 소피아 의정서

풀이 소피아 의정서(1988년 불가리아 소피아)
질소산화물 배출량 또는 국가 간 이동량의 최저 30% 삭감에 관한 국가 간 장거리 이동오염조약의 의정서이다.

14 특정물질의 종류와 그 화학식의 연결로 옳지 않은 것은?

① CFC - 214 : $C_3F_4Cl_4$
② Halon - 2402 : $C_2F_4Br_2$
③ HCFC - 133 : CH_3F_3Cl
④ HCFC - 222 : $C_3HF_2Cl_5$

풀이 HCFC - 133 : $C_2H_2F_3Cl$

15 다음 중 인체의 폐포 침착률이 가장 큰 입경범위는?

① 0.001~0.01μm ② 0.01~0.1μm
③ 0.1~1.0μm ④ 10~50μm

풀이 인체의 폐포 침착률이 가장 큰 입경범위는 0.1~1.0μm이다.

16 London형 스모그 사건과 비교한 Los Angeles형 스모그 사건에 관한 설명으로 옳은 것은?

① 주 오염물질은 SO_2, smoke, H_2SO_4, 미스트 등이다.
② 주오염원은 공장, 가정난방이다.
③ 침강성 역전이다.
④ 주로 아침, 저녁에 발생하고, 환원반응이다.

🔹 ①, ②, ④는 London형 스모그 사건에 대한 내용이며 침강성 역전은 Los Angeles형 스모그 사건의 역전형태이다.

17 대기가 매우 불안정할 때 주로 나타나며, 맑은 날 오후에 주로 발생하기 쉽고, 또한 풍속이 매우 강하여 혼합이 크게 일어날 때 발생하게 되며, 굴뚝이 낮은 경우에는 풍하 쪽 지상에 강한 오염이 생기며, 저·고기압에 상관없이 발생하는 연기의 형태는?

① 원추형　　② 환상형
③ 부채형　　④ 구속형

🔹 Looping(환상형)
　㉠ 공기의 상층으로 갈수록 기온이 급격히 떨어져서 대기상태가 크게 불안정하게 되며, 연기는 상하좌우 방향으로 크고 불규칙하게 난류를 일으키며 확산되는 연기 형태이다.
　㉡ 대기가 불안정하여 난류가 심할 때, 즉 풍속이 매우 강하여 혼합이 크게 일어날 때 발생한다.
　㉢ 오염물질의 연직 확산이 굴뚝 부근의 지표면에서는 국지적, 일시적인 고농도 현상이 발생되기도 한다.(순간 농도는 가장 높음)
　㉣ 지표면이 가열되고 바람이 약한 맑은 날 낮(오후)에 주로 일어난다.
　㉤ 과단열감률조건(환경감률이 건조단열감률보다 큰 경우)일 때, 즉 대기가 불안정할 때 발생한다.

18 다음 중 주로 O_3에 의한 피해인 것은?

① 고무의 노화　　② 석회석의 손상
③ 금속의 부식　　④ 유리제조품의 부식

🔹 오존(O_3)
타이어나 고무절연제 등 고무제품에 노화를 초래하여 균열을 일으키며 착색된 각종 섬유를 탈색(퇴색)시킨다.

19 대기 중 오존(O_3)에 관한 설명으로 옳지 않은 것은?

① 인체에 미치는 영향으로 유전인자에 변화를 일으키며, 염색체 이상이나 적혈구 노화를 초래한다.
② 2차 대기오염물질에 해당하고, 온실가스로 작용한다.
③ 대기 중 오존의 배경농도는 0.01~0.02ppb 정도로 알려져 있다.
④ 산화력이 강하여 인체의 눈을 자극하고 폐수종 등을 유발시킨다.

🔹 대기 중 오존의 배경농도는 0.01~0.02ppm(0.02~0.05ppm) 정도로 알려져 있다.

20 다음 그림은 고도에 따른 기온구배를 나타낸 것이다. 이 중 굴뚝에서 배출되는 연기의 확산폭이 가장 큰 기온 구배는?

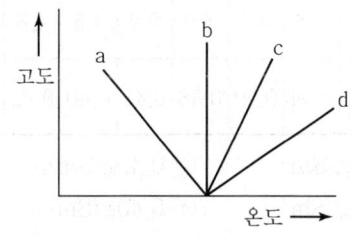

① a　　② b
③ c　　④ d

Answer ▶ 16 ③　17 ②　18 ①　19 ③　20 ①

풀이
㉠ 확산폭이 가장 큰 기온구배 : a(불안정 상태)
㉡ 확산폭이 가장 작은 기온구배 : b(안정 상태)

제2과목 대기오염공정시험기준(방법)

21 원형 굴뚝의 반경이 1.8m인 경우 먼지측정을 위한 측정점 수는?

① 8   ② 12
③ 16 ④ 20

풀이 원형 연도의 측정점 수

굴뚝 직경 $2R$(m)	반경 구분 수	측정점 수
1 미만	1	4
1~2 미만	2	8
2~4 미만	3	12
4~4.5 미만	4	16
4.5 이상	5	20

22 단면모양이 정사각형인 어떤 굴뚝을 동일한 면적으로 n개의 등분할 면적으로 각각 구분하여 각 측정점마다 유속과 먼지의 농도를 측정하였더니 다음과 같은 값을 얻었다. 이 전체 먼지의 평균농도는?

구분	1	2	3	4	5	6	7
유속 (m/s)	4.3	4.7	5.0	5.2	4.5	4.6	5.0
농도 (g/Sm³)	0.54	0.50	0.48	0.45	0.40	0.42	0.39

① 0.48g/Sm³   ② 0.45g/Sm³
③ 0.42g/Sm³   ④ 0.40g/Sm³

풀이 총 평균 먼지농도는 다음 식으로 구한다.

$$\overline{C_n} = \frac{C_{N1} \cdot V_1 + C_{N2} \cdot V_2 + \cdots + C_{Nn} \cdot V_n}{V_1 + V_2 + \cdots + V_n}$$

$$= \frac{\begin{array}{c}(0.54 \times 4.3) + (0.50 \times 4.7) + (0.48 \times 5.0) \\ + (0.45 \times 5.2) + (0.40 \times 4.5) \\ + (0.42 \times 4.6) + (0.39 \times 5.0)\end{array}}{4.3 + 4.7 + 5.0 + 5.2 + 4.5 + 4.6 + 5.0}$$

$$= 0.45 \text{g/Sm}^3$$

23 굴뚝 배출가스 내 휘발성 유기화합물질(VOC) 시료채취방법 중 흡착관법에 의한 시료 채취 장치에 관한 설명으로 가장 거리가 먼 것은?

① 채취관 재질은 유리, 석영, 불소수지 등으로 120℃ 이상까지 가열이 가능한 것이어야 한다.
② 시료 채취관에서 응축기 및 기타 부분은 연결관은 가능한 한 짧게 하고, 불소수지 재질의 것을 사용한다.
③ 밸브는 스테인리스 재질로 밀봉그리스(Sealing Grease)를 사용하여 가스의 누출이 없는 구조이어야 한다.
④ 응축기 및 응축수 트랩은 유리재질이어야 하며, 응축기는 가스가 앞쪽 흡착관을 통하기 전 가스를 20℃ 이하로 낮출 수 있는 용량이어야 한다.

풀이 밸브는 불소수지, 유리 및 석영재질로 밀봉 그리스(Sealing Grease)를 사용하지 않고 가스의 누출이 없는 구조이어야 한다.

24 배출가스상 물질시료채취 방법 중 채취부에 관한 설명으로 옳지 않은 것은?

① 수은 마노미터는 대기와 압력차가 50mmHg 이상인 것을 쓴다.
② 유리로 만든 가스건조탑을 쓰며, 건조제로는 입자상태의 실리카겔, 염화칼슘 등을 쓴다.

Answer 21 ② 22 ② 23 ③ 24 ①

③ 펌프는 배기능력 0.5~5L/분인 밀폐형인 것을 쓴다.
④ 가스미터는 일회전 1L의 습식 또는 건식 가스미터로 온도계와 압력계가 붙어 있는 것을 쓴다.

[풀이] 수은 마노미터는 대기와 압력차가 100mmHg 이상인 것을 쓴다.

25 연도 배출가스 중 오염물질의 연속 측정에 사용하는 비분산 정필터형 적외선 가스 분석계의 구성에 관한 설명으로 옳지 않은 것은?

① 광원은 원칙적으로 니크롬선 또는 탄화규소의 저항체에 전류를 흘려 가열한 것을 사용한다.
② 회전섹터는 시료가스 중에 포함되어 있는 간섭성분가스의 흡수파장역의 적외선을 흡수제거하기 위하여 사용한다.
③ 광학필터에는 가스필터와 고체필터가 있으며 단독 또는 적절히 조합하여 사용한다.
④ 비교셀은 아르곤과 같은 불활성 기체를 봉입하여 사용한다.

[풀이] 회전섹터는 시료광속과 비교광속을 일정주기로 단속시켜, 광학적으로 변조시키는 것으로 단속방식에는 1~20Hz의 교호단속 방식과 동시단속 방식이 있다.

26 다음은 지하공간 및 환경대기 중의 벤조(a)피렌농도 측정을 위한 형광분광광도법이다. ( ) 안에 알맞은 것은?

| 표준물질과 시료의 진한 황산용액을 무형광셀에 넣고 여기광파장을 (㉠)nm에서 설정하여 (㉡)nm의 형광강도를 구한다. |

① ㉠ 340, ㉡ 450
② ㉠ 470, ㉡ 540
③ ㉠ 560, ㉡ 620
④ ㉠ 650, ㉡ 710

[풀이] 표준물질과 시료의 진한 황산용액을 무형광셀에 넣고 여기광파장을 470nm에 설정하여 540nm의 형광강도를 구한다.

27 기체크로마토그래피법에서 분리관 내경이 4mm일 경우 사용되는 흡착제 및 담체의 입경 범위로 옳은 것은?(단, 기체-고체 크로마토그래피법)

① 110~125μm
② 149~177μm
③ 177~250μm
④ 280~350μm

[풀이] 흡착형 충전물

분리관 내경(mm)	흡착제 및 담체의 입경 범위(μm)
3	149~177(100~80mesh)
4	177~250(80~60mesh)
5~6	250~590(60~28mesh)

28 다음은 이온크로마토그래피법 중 서프레서에 관한 설명이다. ( ) 안에 알맞은 것은?

| 서프레서는 (㉠)과 이온교환막형이 있으며, (㉠)은 음이온에는 스티롤계 (㉡) 수지가, 양이온에는 스티롤계 강염기형의 수지가 충진된 것을 사용한다. |

① ㉠ 덤벨형, ㉡ 강산형
② ㉠ 덤벨형, ㉡ 약산형
③ ㉠ 관형, ㉡ 강산형
④ ㉠ 관형, ㉡ 약산형

[풀이] 서프레서는 관형과 이온교환막형이 있으며, 관형은 음이온에는 스티롤계 강산형(H^+) 수지가, 양이온에는 스티롤계 강염기형(OH^-)의 수지가 충진된 것을 사용한다.

Answer 25 ② 26 ② 27 ③ 28 ③

29 다음 ( ) 안에 알맞은 것으로 짝지어진 것은?

> 굴뚝 배출가스 중 시안화수소를 피리딘 피라졸론법으로 분석할 때에는 ( ), ( ) 등의 영향을 무시할 수 있는 경우에 적용한다.

① 철, 동
② 할로겐, 황화수소
③ 알루미늄, 철
④ 인산염, 황산염

풀이 굴뚝 배출가스 중 시안화수소를 피리딘 피라졸론법으로 분석할 때에는 할로겐 등의 산화성 가스와 황화수소 등의 영향을 무시할 수 있는 경우에 적용한다.

30 굴뚝의 150℃인 배출가스를 피토관으로 측정한 결과 동압이 20mmH$_2$O였을 때 유속은? (단, 습한 배출가스 밀도는 1.3kg/m^3, 피토관 계수는 0.8790이다.)

① 1.48m/s
② 17.4m/s
③ 19.0m/s
④ 21.6m/s

풀이
V(m/sec)
$= C\sqrt{\dfrac{2gh}{\gamma}}$

$= 0.8790 \times \sqrt{\dfrac{2 \times 9.8\text{m/sec}^2 \times 20\text{mmH}_2\text{O}}{1.3\text{kg/Sm}^3 \times \dfrac{273}{273+150}}}$

$= 19.0\text{m/sec}$

31 굴뚝 배출가스 중 황화수소를 요오드 적정법으로 분석할 때 적정시약은?

① 황산용액
② 싸이오황산나트륨 용액
③ 싸이오시안산암모늄 용액
④ 수산화나트륨 용액

풀이 황화수소(아이오딘 적정법)
시료 중의 황화수소를 아연아민착염 용액에 흡수시킨 다음 염산산성으로 하고, 아이오딘 용액을 가하여 과잉의 아이오딘을 싸이오황산소듐 용액으로 적정한다.

32 환경대기 중 벤조(a)피렌 측정을 위한 주 시험방법은?

① 기체크로마토그래피법
② 이온전극법
③ 형광분광광도법
④ 열탈착분광법

풀이 환경대기 중의 벤조(a)피렌 시험방법의 종류
기체크로마토그래피법, 형광분광광도법이 있으며, 기체크로마토그래피법을 주 시험방법으로 한다.

33 분석대상가스가 이황화탄소(CS$_2$)인 경우 다음 보기에서 사용되는 채취관, 연결관의 재질로 가장 적합한 것은?

① 보통강철
② 석영
③ 염화비닐수지
④ 네오프렌

풀이 분석대상가스의 종류별 채취관 및 연결관 등의 재질

분석대상가스, 공존가스	채취관, 연결관의 재질	여과재	비고
암모니아	①②③④⑤⑥	ⓐⓑⓒ	① 경질유리
일산화탄소	①②③④⑤⑥⑦	ⓐⓑⓒ	② 석영
염화수소	①② ⑤⑥⑦	ⓐⓑⓒ	③ 보통강철
염소	①② ⑤⑥⑦	ⓐⓑⓒ	④ 스테인리스강
황산화물	①② ④⑤⑥⑦	ⓐⓑⓒ	⑤ 세라믹
질소산화물	①② ④⑤⑥	ⓐⓑⓒ	⑥ 불소수지
이황화탄소	①② ⑥	ⓐⓑ	⑦ 염화비닐수지
포름알데하이드	①② ⑥	ⓐⓑ	⑧ 실리콘수지
황화수소	①② ④⑤⑥⑦	ⓐⓑⓒ	⑨ 네오프렌
불소화합물	④ ⑥	ⓒ	ⓐ 알칼리 성분이 없는 유리솜 또는 실리카솜
시안화수소	①② ④⑤⑥⑦	ⓐⓑⓒ	
브롬	①② ⑥	ⓐⓑ	
벤젠	①② ⑥	ⓐⓑ	ⓑ 소결유리

분석대상가스, 공존가스	채취관, 연결관의 재질	여과재	비고
페놀	①② ④ ⑥	ⓐ ⓑ	ⓒ 카보런덤
비소	①② ④⑤⑥⑦	ⓐ ⓑ ⓒ	

34
공사장에서 발생되는 비산먼지를 고용량 공기포집기를 이용하여 측정하고자 한다. 이때 측정을 위한 대조지점이 1개소일 때 원칙적으로 농도가 가장 높은 것으로 예상되는 측정지점 몇 개소 이상을 선정하여야 하는가?

① 1개소 이상
② 2개소 이상
③ 3개소 이상
④ 5개소 이상

풀이 시료채취장소
원칙적으로 발생원의 부지경계선상에 선정하며 풍향을 고려하여 그 발생원의 비산먼지 농도가 가장 높을 것으로 예상되는 지점 3개소 이상을 선정하여야 한다.

35
휘발성 유기화합물질(VOC) 누출확인방법에 사용되는 측정기기의 규격, 성능기준 요구사항으로 거리가 먼 것은?

① 기기의 응답시간은 30초보다 작거나 같아야 한다.
② 교정정밀도는 교정용 가스값의 10%보다 작거나 같아야 한다.
③ 기기의 계기눈금은 최소한 표시된 누출농도의 ±10%를 읽을 수 있어야 한다.
④ 기기는 펌프를 내장하고 있어야 하고 일반적으로 시료유량은 0.5~3L/min이다.

풀이 기기의 계기눈금은 최소한 표시된 누출농도의 ±5%를 읽을 수 있어야 한다.

36
황분 1.6% 이하를 함유한 액체연료를 사용하는 연소시설에서 배출되는 황산화물(표준산소 농도를 적용받는 항목)을 측정한 결과 710 ppm이었다. 배출가스 중 산소농도는 7%, 표준산소농도는 4%이다. 시험성적서에 명시해야 할 황산화물의 농도는?

① 584ppm
② 635ppm
③ 862ppm
④ 926ppm

풀이 농도(ppm) $= C_a \times \dfrac{21-O_s}{21-O_a}$

$= 710\text{ppm} \times \dfrac{21-4}{21-7} = 862.14\text{ppm}$

37
굴뚝 배출가스 중 페놀화합물을 흡광광도법으로 측정할 때 시료용액 4-아미노 안티피린 용액과 페리시안산 포타슘용액을 가한 경우 발색된 색은?

① 황색
② 황록색
③ 적색
④ 청색

풀이 페놀화합물(흡광광도법)
시료 중의 페놀류를 수산화소듐용액(0.4W/V%)에 흡수시켜 포집한다. 이 용액의 pH는 10±0.2로 조절한 후 여기에 4-아미노 안티피린 용액과 페리시안산 포타슘용액을 순서대로 가하여 얻어진 적색액을 510nm의 가시부에서의 흡광도를 측정하여 페놀류의 농도를 산출한다.

38
원자흡수분광광도법으로 Zn을 분석할 때의 측정파장으로 적합한 것은?

① 213.8nm
② 248.3nm
③ 324.8nm
④ 357.9nm

Answer 34 ③ 35 ③ 36 ③ 37 ③ 38 ①

풀이 원자흡수분광광도법 측정파장
   ㉠ Zn : 213.8nm ㉡ Fe : 248.5nm
   ㉢ Cu : 324.8nm ㉣ Cr : 357.9nm

39 시험의 기재 및 용어에 대한 설명 중 옳지 않은 것은?

① 시험 조작 중 "즉시"란 10초 이내에 표시된 조작을 하는 것을 뜻한다.
② "감압 또는 진공"이라 함은 따로 규정이 없는 한 15mmHg 이하를 뜻한다.
③ 액체 성분의 양을 "정확히 취한다"라 함은 홀피펫, 메스플라스크 또는 이와 동등 이상의 정확도를 갖는 용량계를 사용하여 조작하는 것을 뜻한다.
④ "정확히 단다"라 함은 규정한 양의 검체를 취하여 분석용 저울로 0.1mg까지 다는 것을 뜻한다.

풀이 시험 조작 중 "즉시"란 30초 이내에 표시된 조작을 하는 것을 뜻한다.

40 다음은 환경대기 중 알데하이드류-고성능액체크로마토그래피법에서 적용되는 내부 정도관리방법 중 방법검출한계에 관한 설명이다. ( ) 안에 알맞은 것은?

> 방법검출한계(MDL ; Method Detection Limit)는 알데하이드류 표준용액을 측정하며 i-발레르알데하이드로서 1ppb 이하이어야 한다. 방법검출한계를 결정하기 위해서는 검출한계에 다다를 것으로 생각되는 농도의 표준시료를 (㉠) 반복측정한 후 이 농도값을 바탕으로 하여 얻은 표준편차에 (㉡)를 곱한다.

① ㉠ 5번, ㉡ 3
② ㉠ 5번, ㉡ 3.14
③ ㉠ 7번, ㉡ 3
④ ㉠ 7번, ㉡ 3.14

풀이 환경대기 중 알데하이드류-고성능액체크로마토그래피법에서 방법검출한계에 대한 설명이다.

제3과목 대기오염방지기술

41 배출가스 중 질소산화물의 처리방법인 촉매환원법에 적용하고 있는 일반적인 환원가스와 거리가 먼 것은?

① H_2S ② NH_3
③ CO_2 ④ CH_4

풀이 환원제의 종류
   ㉠ H_2S ㉡ NH_3 ㉢ CH_4 ㉣ H_2 ㉤ HC

42 전기집진장치에서 방전극과 집진극 사이의 거리가 10cm, 처리가스의 유입속도가 2m/sec, 입자의 분리속도가 5cm/sec일 때, 100% 집진 가능한 이론적인 집진극의 길이(m)는?(단, 배출가스의 흐름은 층류이다.)

① 2   ② 4
③ 6   ④ 8

풀이 집진극 길이(L) = $\dfrac{R \times V}{W_e}$

= $\dfrac{0.1\text{m} \times 2\text{m/sec}}{0.05\text{m/sec}}$ = 4m

43 같은 화학적 조성을 갖는 먼지의 입경이 작아질 때 입자의 특성변화에 관한 설명으로 가장 적합한 것은?

① Stokes 식에 따른 입자의 침강속도는 커진다.
② 중력집진장치에서 집진효율과는 무관하다.

Answer 39 ① 40 ④ 41 ③ 42 ② 43 ④

③ 입자의 원심력은 커진다.
④ 입자의 비표면적은 커진다.

풀이 ① Stokes 식에 따른 입자의 속도는 작아진다.
② 중력집진장치에서 집진효율과 밀접한 관계가 있다.
③ 입자의 원심력은 작아진다.

44 다음 연소장치 중 대용량 버너 제작이 용이하나 유량조절범위가 좁아(환류식 1 : 3, 비환류식 1 : 2 정도) 부하변동에 적응하기 어려우며, 연료 분사범위가 15~2,000L/hr 정도인 것은?

① 회전식 버너   ② 건타입 버너
③ 유압분무식 버너   ④ 고압기류 분무식 버너

풀이 유압분무식 버너
㉠ 연료분사범위(연소용량) : 30~3,000L/hr
  (또는 15~2,000L/hr)
㉡ 유량조절범위 : 환류식 1 : 3, 비환류식 1 : 2로 유량조절범위가 좁아 부하변동에 적응하기 어렵다.
㉢ 유압 : 5~30kg/cm² 정도
㉣ 분사(분무)각도 : 40~90° 정도의 넓은 각도

45 가로, 세로 높이가 각 0.5m, 1.0m, 0.8m인 연소실에서 저발열량이 8,000kcal/kg인 중유를 1시간에 10kg 연소시키고 있다면 연소실 열발생률은?

① 2.0×10^5 kcal/h · m³
② 4.0×10^5 kcal/h · m³
③ 5.0×10^5 kcal/h · m³
④ 6.0×10^5 kcal/h · m³

풀이 연소실 열발생률(Q)

$$Q = \frac{G \times H_l}{V}(\text{kcal/m}^3 \cdot \text{hr})$$

$$= \frac{10\text{kg/hr} \times 8,000\text{kcal/kg}}{(0.5 \times 1.0 \times 0.8)\text{m}^3}$$

$$= 2.0 \times 10^5 \text{kcal/m}^3 \cdot \text{hr}$$

46 세정집진장치의 장점과 가장 거리가 먼 것은?

① 입자상 물질과 가스의 동시 제거가 가능하다.
② 친수성, 부착성이 높은 먼지에 의한 폐쇄 염려가 없다.
③ 집진된 먼지의 재비산 염려가 없다.
④ 연소성 및 폭발성 가스의 처리가 가능하다.

풀이 세정집진장치는 친수성, 부착성이 높은 먼지에 의한 폐쇄 발생 우려가 있다.

47 전기집진장치의 집진극에 대한 설명으로 옳지 않은 것은?

① 집진극의 모양은 여러 가지가 있으나 평판형과 관(管)형이 많이 사용된다.
② 처리가스양이 많고 고집진효율을 위해서는 관형 집진극이 사용된다.
③ 보통 방전극의 재료와 비슷한 탄소함량이 많은 스테인리스강 및 합금을 사용한다.
④ 집진극면이 항상 깨끗하여야 강한 전계를 얻을 수 있다.

풀이 처리가스양이 많고 고집진효율을 위해서는 평판형 집진극을 사용한다.

48 원심력 집진장치(Cyclone)에 관한 설명으로 옳지 않은 것은?

① 저효율 집진장치 중 압력손실은 작고, 고집진율을 얻기 위한 전문적 기술이 요구되지 않는다.

Answer 44 ③   45 ①   46 ②   47 ②   48 ①

② 구조가 간단하고, 취급이 용이한 편이다.
③ 집진효율을 높이는 방법으로 blow down 방법이 있다.
④ 고농도 함진가스 처리에 유리한 편이다.

(풀이) 저효율 집진장치 중 압력손실은 크고, 고집진율을 얻기 위한 전문적 기술이 요구된다.

49 프로판(C_3H_8)과 부탄(C_4H_{10})의 용적비가 4 : 1로 혼합된 가스 1Sm³을 연소할 때 발생하는 CO_2양(Sm³)은?(단, 완전연소)

① 2.6
② 2.8
③ 3.0
④ 3.2

(풀이) $C_3H_8 + 5O_2 \rightarrow 3CO_2 + 4H_2O : \frac{4}{4+1}$

$C_4H_{10} + 6.5O_2 \rightarrow 4CO_2 + 5H_2O : \frac{1}{4+1}$

CO_2양 $= \left(3 \times \frac{4}{5}\right) + \left(4 \times \frac{1}{5}\right) = 3.2 Sm^3/Sm^3$

50 가스겉보기 속도가 1~2m/sec, 액가스비는 0.5~1.5L/m³, 압력손실이 10~50mmH₂O 정도인 처리장치는?

① 제트 스크러버
② 분무탑
③ 벤투리 스크러버
④ 충전탑

(풀이) 분무탑(Spray Tower)
㉠ 원리 : 다수의 분사노즐을 사용하여 세정액을 미립화시켜 오염가스 중에 분무하는 방식이다.
㉡ 가스유속 : 0.2~1m/sec
㉢ 액기비 : 2~3L/m³
㉣ 압력손실 : 2(10)~20(50)mmH₂O

51 에탄(C_2H_6) 5kg을 연소시켰더니 154,000 kcal의 열이 발생하였다. 탄소 1kg을 연소할 때 30,000kcal 열이 생긴다면, 수소 1kg을 연소시킬 때 발생하는 열량은?

① 28,000kcal
② 30,000kcal
③ 32,000kcal
④ 34,000kcal

(풀이) C_2H_6 분자량 $= (12 \times 2) + (1 \times 6) = 30$

$154,000 kcal/5kg = \left(30,000 kcal/kg \times \frac{24}{30}\right) + \left(H kcal/kg \times \frac{6}{30}\right)$

$H(kcal) = 34,000 kcal/kg \times 1kg = 34,000 kcal$

52 A중유보일러의 배출가스를 분석한 결과 부피비가 CO 3%, O_2 7%, N_2 90%일 때, 공기비는 약 얼마인가?

① 1.3
② 1.65
③ 1.82
④ 2.19

(풀이) 공기비$(m) = \frac{N_2}{N_2 - 3.76(O_2 - 0.5CO)}$

$= \frac{90}{90 - 3.76[7 - (0.5 \times 3)]} = 1.3$

53 염소가스를 함유하는 배출가스를 45kg의 수산화나트륨이 포함된 수용액으로 처리할 때 제거할 수 있는 염소가스의 최대 양은?

① 약 20kg
② 약 30kg
③ 약 40kg
④ 약 50kg

(풀이) $Cl_2 + 2NaOH \rightarrow NaCl + NaOCl + H_2O$
71kg : 2×40kg
Cl_2(kg) : 45kg

$Cl_2(kg) = \frac{71kg \times 45kg}{2 \times 40kg} = 39.94kg$

54 연료의 성질에 관한 설명 중 옳지 않은 것은?

① 휘발분의 조성은 고탄화도 역청탄에서는 탄화수소가스 및 타르 성분이 많아 발열량이 높다.
② 석탄의 탄화도가 저하하면 탄화수소가 감소하며 수분과 이산화탄소가 증가하여 발열량은 낮아진다.
③ 고정탄소는 수분과 이산화탄소의 합을 100에서 제외한 값이다.
④ 고정탄소와 휘발분의 비를 연료비라 한다.

(풀이) 고정탄소는 수분, 휘발분, 회분의 합을 100에서 제외한 값이다.

55 다음 악취물질 중 "자극적이며, 새콤하고 타는 듯한 냄새"와 가장 가까운 것은?

① CH_3SH ② CH_3CH_2CHO
③ CH_3SSCH_3 ④ $(CH_3)_2S$

(풀이) 악취물질 중 자극적이며, 새콤하고 타는 듯한 냄새가 나는 화합물은 알데히드류이다.
  ㉠ 아세트알데히드(CH_3CHO)
  ㉡ 프로피온알데히드(CH_3CH_2CHO)
  ㉢ n-뷰틸알데히드($CH_3(CH_2)_2CHO$)
  ㉣ i-뷰틸알데히드(($CH_3)_2CHCHO$)

56 중력침강실 내의 함진가스의 유속이 2m/sec인 경우, 바닥면으로부터 1m 높이(H)로 유입된 먼지는 수평으로 몇 m 떨어진 지점에 착지하겠는가?(단, 층류기준, 먼지의 침강속도는 0.4m/sec)

① 2.5 ② 3.5 ③ 4.5 ④ 5.0

(풀이) $L = \dfrac{V \times H}{V_g} = \dfrac{2m/sec \times 1m}{0.4m/sec} = 5.0m$

57 세정집진장치에서 입자와 액적 간의 충돌 횟수가 많을수록 집진효율은 증가되는데 관성충돌계수(효과)를 크게 하기 위한 조건으로 옳지 않은 것은?

① 분진의 입경이 커야 한다.
② 분진의 밀도가 커야 한다.
③ 액적의 직경이 커야 한다.
④ 처리가스의 점도가 낮아야 한다.

(풀이) 액적의 직경이 작아야 한다.

58 전기집진기의 집진율 향상에 관한 설명으로 옳지 않은 것은?

① 분진의 겉보기 고유저항이 낮을 경우 NH_3 가스를 주입한다.
② 분진의 비저항이 $10^5 \sim 10^{10}(\Omega \cdot cm)$ 정도의 범위이면 입자의 대전과 집진된 분진의 탈진이 정상적으로 진행된다.
③ 처리가스 내 수분은 그 함유량이 증가하면 비저항이 감소하므로, 고비저항의 분진은 수증기를 분사하거나 물을 뿌려 비저항을 낮출 수 있다.
④ 온도 조절 시 장치의 부식을 방지하기 위해서는 노점 온도 이하로 유지해야 한다.

(풀이) 온도 조절 시 장치의 부식을 방지하기 위해서는 노점 온도 이상으로 유지해야 한다.

59 비중 0.9, 황 성분 1.6%인 중유를 1,400 L/h로 연소시키는 보일러에서 황산화물의 시간당 발생량은?(단, 표준상태 기준, 황 성분은 전량 SO_2로 전환된다.)

① $14Sm^3/h$ ② $21Sm^3/h$
③ $27Sm^3/h$ ④ $32Sm^3/h$

Answer 54 ③ 55 ② 56 ④ 57 ③ 58 ④ 59 ①

풀이) $S + O_2 \rightarrow SO_2$
32kg : 22.4Sm³
1,400L/hr × 0.90kg/L × 0.016 : SO₂(Sm³/hr)

$$SO_2(Sm^3/hr) = \frac{1,400L/hr \times 0.90kg/L \times 0.016 \times 22.4Sm^3}{32kg}$$
$$= 14.11 Sm^3/hr$$

60 연료에 있어 매연의 발생에 대한 설명으로 옳지 않은 것은?

① 연료 중의 C/H 비가 클수록 발생하기 쉽다.
② 탄소결합을 절단하는 것보다 탈수소가 쉬운 쪽이 매연이 생기기 쉽다.
③ 탈수소, 중합 및 고리화합물 등과 같이 반응이 일어나기 쉬운 탄화수소일수록 잘 생긴다.
④ 분해나 산화되기 쉬운 탄화수소일수록 발생량은 많다.

풀이) 분해나 산화되기 쉬운 탄화수소일수록 발생량은 적다.

제4과목 대기환경관계법규

61 대기환경보전법상 100만 원 이하의 과태료 부과대상인 자는?

① 황함유기준을 초과하는 연료를 공급·판매한 자
② 비산먼지의 발생억제시설의 설치 및 필요한 조치를 하지 아니하고 시멘트·석탄·토사 등 분체상 물질을 운송한 자
③ 배출시설 등 운영상황에 관한 기록을 보존하지 아니한 자
④ 자동차의 원동기 가동제한을 위반한 자동차의 운전자

풀이) 대기환경보전법 제94조 참조

62 대기환경보전법상 연료를 연소하여 황산화물을 배출하는 시설에서 연료의 황함유량이 0.5% 이하인 경우 기본부과금의 농도별 부과계수 기준으로 옳은 것은?(단, 대기환경보전법에 따른 측정 결과가 없으며, 배출시설에서 배출되는 오염물질 농도를 추정할 수 없다.)

① 0.1
② 0.2
③ 0.4
④ 1.0

풀이) 기본부과금의 농도별 부과계수

구분	연료의 황함유량(%)		
	0.5% 이하	1.0% 이하	1.0% 초과
농도별 부과계수	0.2	0.4	1.0

63 환경정책기본법상 일산화탄소의 대기환경기준으로 옳은 것은?

① 1시간 평균치 25ppm 이하
② 8시간 평균치 25ppm 이하
③ 24시간 평균치 9ppm 이하
④ 연간 평균치 9ppm 이하

풀이) 대기환경기준

항목	기준	측정방법
일산화탄소 (CO)	• 8시간 평균치 9ppm 이하 • 1시간 평균치 25ppm 이하	비분산적외선 분석법 (Non-Dispersive Infrared Method)

Answer 60 ④ 61 ④ 62 ② 63 ①

64 대기환경보전법상 자동차연료 제조기준 중 경유의 황 함량기준은?(단, 기타의 경우는 고려하지 않음)

① 10ppm 이하　② 20ppm 이하
③ 30ppm 이하　④ 50ppm 이하

[풀이] 자동차 연료 제조기준(경유)

항목	제조기준
10% 잔류탄소량(%)	0.15 이하
밀도 @15℃(kg/m³)	815 이상 835 이하
황 함량(ppm)	10 이하
다환방향족(무게 %)	5 이하
윤활성(μm)	400 이하
방향족 화합물	30 이하
세탄지수(또는 세탄가)	52 이상

65 대기환경보전법령상 초과부과금 산정 시 다음 오염물질 1kg당 부과금액이 가장 큰 오염물질은?

① 불소화물　② 황화수소
③ 이황화탄소　④ 암모니아

[풀이] 초과부과금 산정기준

오염물질	구분	오염물질 1킬로그램당 부과금액
황산화물		500
먼지		770
질소산화물		2,130
암모니아		1,400
황화수소		6,000
이황화탄소		1,600
특정 유해물질	불소화물	2,300
	염화수소	7,400
	시안화수소	7,300

66 대기환경보전법령상 시·도지사가 설치하는 대기오염 측정망의 종류에 해당하지 않는 것은?

① 도시지역의 대기오염물질 농도를 측정하기 위한 도시대기측정망
② 도로변의 대기오염물질 농도를 측정하기 위한 도로변대기측정망
③ 대기 중의 중금속 농도를 측정하기 위한 대기중금속측정망
④ 도시지역의 휘발성유기화합물 등의 농도를 측정하기 위한 광화학대기오염물질측정망

[풀이] 시·도지사가 설치하는 대기오염측정망의 종류
　㉠ 도시지역의 대기오염물질 농도를 측정하기 위한 도시대기측정망
　㉡ 도로변의 대기오염물질 농도를 측정하기 위한 도로변대기측정망
　㉢ 대기 중의 중금속 농도를 측정하기 위한 대기중금속측정망

67 대기환경보전법령상 2016년 1월 1일 이후 제작자동차 중 휘발유를 연료로 사용하는 최고속도 130km/h 미만 이륜자동차의 배출가스 보증기간 적용기준으로 옳은 것은?

① 2년 또는 20,000km
② 5년 또는 50,000km
③ 6년 또는 100,000km
④ 10년 또는 192,000km

[풀이] 2016년 1월 1일 이후 제작 자동차

사용연료	자동차의 종류	적용기간
휘발유	경자동차, 소형 승용·화물자동차, 중형 승용·화물자동차	15년 또는 240,000km

Answer ▶ 64 ① 65 ② 66 ④ 67 ①

사용 연료	자동차의 종류	적용기간	
휘발유	대형 승용·화물자동차, 초대형 승용·화물자동차	2년 또는 160,000km	
	이륜자동차	최고속도 130km/h 미만	2년 또는 20,000km
		최고속도 130km/h 이상	2년 또는 35,000km

68 환경정책기본법령상 오존(O_3)의 대기환경 기준으로 옳은 것은?(단, 8시간 평균치 기준)

① 0.10ppm 이하   ② 0.06ppm 이하
③ 0.05ppm 이하   ④ 0.02ppm 이하

풀이 대기환경기준

항목	기준	측정방법
오존 (O_3)	• 8시간 평균치 0.06ppm 이하 • 1시간 평균치 0.1ppm 이하	자외선 광도법 (U.V. Photometric Method)

69 대기환경보전법규상 대기환경규제지역으로 지정된 경우, 당해 지역의 시·도지사가 당해 지역의 환경기준을 달성·유지하기 위한 실천계획 수립 시 포함하여야 할 사항으로 가장 거리가 먼 것은?

① 일반 환경 현황
② 대기오염 저감효과를 측정하기 위한 연도별 측정망 확충계획
③ 배출량 조사결과 및 대기오염 예측모형을 이용하여 예측한 대기오염도
④ 대기보전을 위한 투자계획과 대기오염물질 저감효과를 고려한 경제성 평가

풀이 실천계획 수립 시 포함하여야 할 사항
㉠ 일반 환경 현황
㉡ 조사 결과 및 대기오염 예측모형을 이용하여 예측한 대기오염도
㉢ 대기오염원별 대기오염물질 저감계획 및 계획의 시행을 위한 수단
㉣ 계획달성연도의 대기질 예측 결과
㉤ 대기보전을 위한 투자계획과 대기오염물질 저감효과를 고려한 경제성 평가
㉥ 그 밖에 환경부 장관이 정하는 사항

70 대기환경보전법령상 대기오염물질발생량의 합계에 따른 사업장 종별 구분 시 다음 중 "3종 사업장" 기준은?

① 대기오염물질발생량의 합계가 연간 20톤 이상 80톤 미만인 사업장
② 대기오염물질발생량의 합계가 연간 20톤 이상 50톤 미만인 사업장
③ 대기오염물질발생량의 합계가 연간 10톤 이상 20톤 미만인 사업장
④ 대기오염물질발생량의 합계가 연간 2톤 이상 10톤 미만인 사업장

풀이 사업장 분류기준

종별	오염물질발생량 구분
1종 사업장	대기오염물질발생량의 합계가 연간 80톤 이상인 사업장
2종 사업장	대기오염물질발생량의 합계가 연간 20톤 이상 80톤 미만인 사업장
3종 사업장	대기오염물질발생량의 합계가 연간 10톤 이상 20톤 미만인 사업장
4종 사업장	대기오염물질발생량의 합계가 연간 2톤 이상 10톤 미만인 사업장
5종 사업장	대기오염물질발생량의 합계가 연간 2톤 미만인 사업장

71 대기환경보전법규상 환경기술인의 준수사항 및 관리사항을 이행하지 아니한 경우 각 위반차수별 행정처분기준(1차~4차)으로 옳은 것은?

① 선임명령-경고-경고-조업정지 5일
② 선임명령-경고-조업정지 5일-조업정지 30일
③ 변경명령-경고-조업정지 5일-조업정지 30일
④ 경고-경고-경고-조업정지 5일

> 행정처분기준
> 1차(경고) → 2차(경고) → 3차(경고) → 4차(조업정지 5일)

72 대기환경보전법규상 휘발성 유기화합물 배출규제와 관련된 행정처분기준 중 휘발성 유기화합물 배출억제·방지시설 설치 등의 조치를 이행하였으나 기준에 미달하는 경우 위반차수(1차-2차-3차)별 행정처분기준으로 옳은 것은?

① 개선명령-개선명령-조업정지 10일
② 개선명령-조업정지 30일-폐쇄
③ 조업정지 10일-허가취소-폐쇄
④ 경고-개선명령-조업정지 10일

> 행정처분기준
> 1차(개선명령) → 2차(개선명령) → 3차(조업정지 10일)

73 대기환경보전법규상 자동차연료·첨가제 또는 촉매제의 검사를 받으려는 자가 국립환경과학원장 등에게 검사신청 시 제출해야 하는 항목으로 거리가 먼 것은?

① 검사용 시료
② 검사 시료의 화학물질 조성비율을 확인할 수 있는 성분분석서
③ 제품의 공정도(촉매제만 해당함)
④ 제품의 판매계획

> 자동차연료·첨가제 또는 촉매제의 검사절차 시 제출항목
> ㉠ 검사용 시료
> ㉡ 검사 시료의 화학물질 조성비율을 확인할 수 있는 성분분석서
> ㉢ 최대 첨가비율을 확인할 수 있는 자료(첨가제만 해당한다.)
> ㉣ 제품의 공정도(촉매제만 해당한다.)

74 대기환경보전법령상 자동차제작자는 부품의 결함 건수 또는 결함 비율이 대통령령으로 정하는 요건에 해당하는 경우 환경부장관의 명에 따라 그 부품의 결함을 시정해야 한다. 이와 관련하여 ( ) 안에 가장 적합한 건수기준은?

> 같은 연도에 판매된 같은 차종의 같은 부품에 대한 부품결함 건수(제작결함으로 부품을 조정하거나 교환한 건수를 말한다.)가 ( )인 경우

① 5건 이상 ② 10건 이상
③ 25건 이상 ④ 50건 이상

> 자동차제작자는 다음 각 호의 모두에 해당하는 경우에는 그 분기부터 매 분기가 끝난 후 90일 이내에 결함 발생원인 등을 파악하여 환경부장관에게 부품결함 현황을 보고하여야 한다.
> ㉠ 같은 연도에 판매된 같은 차종의 같은 부품에 대한 결함시정 요구 건수가 50건 이상인 경우
> ㉡ 결함시정 요구율이 4퍼센트 이상인 경우

75 대기환경보전법규상 자동차연료 제조기준 중 휘발유의 황 함량기준(ppm)은?

① 2.3 이하 ② 10 이하
③ 50 이하 ④ 60 이하

자동차연료 제조기준(휘발유)

항목	제조기준
방향족화합물 함량(부피%)	24(21) 이하
벤젠 함량(부피%)	0.7 이하
납 함량(g/L)	0.013 이하
인 함량(g/L)	0.0013 이하
산소 함량(무게%)	2.3 이하
올레핀 함량(부피%)	16(19) 이하
황 함량(ppm)	10 이하
증기압(kPa, 37.8℃)	60 이하
90% 유출온도(℃)	170 이하

76 다음은 대기환경보전법규상 비산먼지의 발생을 억제하기 위한 시설의 설치 및 필요한 조치에 관한 엄격한 기준이다. ( ) 안에 알맞은 것은?

"싣기와 내리기 공정"인 경우 싣거나 내리는 장소 주위에 고정식 또는 이동식 물뿌림시설(물뿌림 반경 (㉠) 이상, 수압 (㉡) 이상)을 설치할 것

① ㉠ 1.5m, ㉡ 2.5kg/cm²
② ㉠ 1.5m, ㉡ 5kg/cm²
③ ㉠ 7m, ㉡ 2.5kg/cm²
④ ㉠ 7m, ㉡ 5kg/cm²

[풀이] 비산먼지발생억제조치(엄격한 기준) : 싣기와 내리기
㉠ 최대한 밀폐된 저장 또는 보관시설 내에서만 분체상물질을 싣거나 내릴 것
㉡ 싣거나 내리는 장소 주위에 고정식 또는 이동식 물뿌림시설(물뿌림 반경 7m 이상, 수압 5kg/cm² 이상)을 설치할 것

77 대기환경보전법규상 관제센터로 측정결과를 자동전송하지 않는 사업장 배출구의 자가측정 횟수기준으로 옳은 것은?(단, 제1종 배출구이며, 기타 경우는 고려하지 않음)

① 매주 1회 이상
② 매월 2회 이상
③ 2개월마다 1회 이상
④ 반기마다 1회 이상

[풀이] 자가측정의 대상·항목 및 방법
관제센터로 측정결과를 자동전송하지 않는 사업장의 배출구

구분	배출구별 규모	측정횟수	측정항목
제1종 배출구	먼지·황산화물 및 질소산화물의 연간 발생량 합계가 80톤 이상인 배출구	매주 1회 이상	별표 8에 따른 배출허용기준이 적용되는 대기오염물질. 다만, 비산먼지는 제외한다.
제2종 배출구	먼지·황산화물 및 질소산화물의 연간 발생량 합계가 20톤 이상 80톤 미만인 배출구	매월 2회 이상	
제3종 배출구	먼지·황산화물 및 질소산화물의 연간 발생량 합계가 10톤 이상 20톤 미만인 배출구	2개월 마다 1회 이상	
제4종 배출구	먼지·황산화물 및 질소산화물의 연간 발생량 합계가 2톤 이상 10톤 미만인 배출구	반기마다 1회 이상	
제5종 배출구	먼지·황산화물 및 질소산화물의 연간 발생량 합계가 2톤 미만인 배출구	반기마다 1회 이상	

78
대기환경보전법규상 대기환경규제지역 지정 시 상시 측정을 하지 않는 지역은 대기오염도가 환경기준의 얼마 이상인 지역을 지정하는가?

① 50퍼센트 이상   ② 60퍼센트 이상
③ 70퍼센트 이상   ④ 80퍼센트 이상

풀이 상시 측정을 하지 않는 지역은 대기오염물질배출량을 기초로 산정한 대기오염도가 환경기준의 80퍼센트 이상인 지역을 대기환경규제지역으로 지정할 수 있다.

79
실내공기질 관리법규상 실내공기 오염물질에 해당하지 않는 것은?

① 아황산가스   ② 일산화탄소
③ 폼알데하이드   ④ 이산화탄소

풀이 실내공기 오염물질
- 미세먼지(PM-10)
- 이산화탄소(CO_2 ; Carbon Dioxide)
- 포름알데하이드(Formaldehyde)
- 총부유세균(TAB ; Total Airborne Bacteria)
- 일산화탄소(CO ; Carbon Monoxide)
- 이산화질소(NO_2 ; Nitrogen dioxide)
- 라돈(Rn ; Radon)
- 휘발성유기화합물(VOCs ; Volatile Organic Compounds)
- 석면(Asbestos)
- 오존(O_3 ; Ozone)
- 미세먼지(PM-2.5)
- 곰팡이(Mold)
- 벤젠(Benzene)
- 톨루엔(Toluene)
- 에틸벤젠(Ethylbenzene)
- 자일렌(Xylene)
- 스티렌(Styrene)

※ 법규 변경사항이므로 해설의 내용으로 학습하시기 바랍니다.

80
대기환경보전법규상 위임업무 보고사항 중 "환경오염사고 발생 및 조치사항"의 보고횟수 기준은?

① 연 1회   ② 연 2회
③ 연 4회   ④ 수시

풀이 위임업무 보고사항

업무내용	보고 횟수	보고 기일	보고자
환경오염 사고 발생 및 조치 사항	수시	사고발생 시	시·도지사, 유역환경청장 또는 지방환경청장
수입자동차 배출가스 인증 및 검사현황	연 4회	매 분기 종료 후 15일 이내	국립환경과학 원장
자동차 연료 및 첨가제의 제조·판매 또는 사용에 대한 규제 현황	연 2회	매 반기 종료 후 15일 이내	유역환경청장 또는 지방환경청장
자동차 연료 또는 첨가제의 제조 기준 적합 여부 검사 현황	• 연료 : 연 4회 • 첨가제 : 연 2회	• 연료 : 매 분기 종료 후 15일 이내 • 첨가제 : 매 반기 종료 후 15일 이내	국립환경과학 원장
측정기기관리대행업의 등록(변경 등록) 및 행정처분 현황	연 1회	다음 해 1월 15일까지	유역환경청장, 지방환경청장 또는 수도권대기환경청장

Answer ► 78 ④ 79 ① 80 ④

2022년 제2회 CBT 복원 · 예상문제

제1과목 대기오염개론

01 A공장에서 배출되는 가스양이 480m³/min (아황산가스 0.20%(V/V)를 포함)이다. 연간 25% (부피기준)가 같은 방향으로 유출되어 인근 지역의 식물생육에 피해를 주었다고 할 때, 향후 8년 동안 이 지역에 피해를 줄 아황산가스 총량은? (단, 표준상태 기준, 공장은 24시간 및 365일 연속가동된다고 본다.)

① 약 2,548톤 ② 약 2,883톤
③ 약 3,252톤 ④ 약 3,604톤

풀이 아황산가스 총량(ton)
= 480m³/min × 0.002 × 0.25 × 64kg/22.4Sm³
× ton/10³kg × 8year × 365day/year × ton/
10³kg × 8year × 365day/year × 24hr/day
× 60min/hr
= 2,883.29ton

02 라디오존데(Radiosonde)는 주로 무엇을 측정하는 데 사용되는 장비인가?

① 고층대기의 초고주파의 주파수(20kHz 이상) 이동상태를 측정하는 장비
② 고층대기의 입자상 물질의 농도를 측정하는 장비
③ 고층대기의 가스상 물질의 농도를 측정하는 장비
④ 고층대기의 온도, 기압, 습도, 풍속 등의 기상요소를 측정하는 장비

풀이 라디오존데(radiosonde)
대기 상층의 기상요소를 자동적으로 측정하여 소형 송신기에 의해 지상으로 송신하는 장치이다.

03 포스겐에 관한 설명으로 가장 적합한 것은?

① 분자량 98.9이고, 수분 존재 시 금속을 부식시킨다.
② 물에 쉽게 용해되는 기체이며, 인체에 대한 유독성은 약한 편이다.
③ 황색의 수용성 기체이며, 인체에 대한 급성 중독으로는 과혈당과 소화기관 및 중추신경계의 이상 등이 있다.
④ 비점은 120℃, 융점은 58℃ 정도로서 공기 중에서 쉽게 가수분해되는 성질을 가진다.

풀이 ② 물에 쉽게 용해되지 않는 기체이며, 인체에 대한 유독성이 강한 편이다.
③ 무색의 기체이며 인체에 대한 급성중독증상으로는 최루 · 흡입에 의한 재채기, 호흡곤란, 폐수종 등이 있다.
④ 비점은 8.2℃, 융점은 -128℃ 정도로서 벤젠, 톨루엔에 쉽게 용해되는 성질을 가진다.

04 다음 중 복사역전(Radiation Inversion)이 가장 잘 발생하는 계절과 시기는?

① 여름철 맑은 날 정오
② 여름철 흐린 날 오후
③ 겨울철 맑은 날 이른 아침
④ 겨울철 흐린 날 오후

Answer 01 ② 02 ④ 03 ① 04 ③

풀이 복사역전(Radiation Inversion)은 바람이 약하고 맑게 개인 새벽부터 이른 아침과 습도가 적은 가을부터 봄에 걸쳐서 잘 발생한다.

05 다음 중 "CFC – 114"의 화학식 표현으로 옳은 것은?

① CCl_3F
② $CClF_2 \cdot CClF_2$
③ $CCl_2F \cdot CClF_2$
④ $CCl_2F \cdot CCl_2F$

풀이 CFC – 114 화학식
$C_2F_4Cl_2[CClF_2 \cdot CClF_2]$
※ 114에서 4는 F의 수를 의미한다.

06 주변환경 조건이 동일하다고 할 때, 굴뚝의 유효고도가 1/2로 감소한다면 하류 중심선의 최대지표농도는 어떻게 변화하는가?(단, Sutton의 확산식을 이용)

① 원래의 1/4   ② 원래의 1/2
③ 원래의 4배   ④ 원래의 2배

풀이 $C_{max} \propto \dfrac{1}{H_e^2} = \dfrac{1}{(1/2)^2} = 4$ (4배로 증가)

07 교토의정서상 온실효과에 기여하는 6대 물질과 거리가 먼 것은?

① 이산화탄소   ② 메탄
③ 과불화규소   ④ 아산화질소

풀이 6대 온실가스
이산화탄소, 메탄, 아산화질소, 수소불화탄소, 과불화탄소, 육불화황

08 정상적인 대기의 성분을 농도(V/V%)순으로 표시하였다. 올바른 것은?

① $N_2 > O_2 > Ne > CO_2 > Ar$
② $N_2 > O_2 > Ar > CO_2 > Ne$
③ $N_2 > O_2 > CO_2 > Ar > Ne$
④ $N_2 > O_2 > CO_2 > Ne > Ar$

풀이 대기 성분의 부피비율(농도)
$N_2 > O_2 > Ar > CO_2 > Ne > He > H_2 > CO > Kr > Xe$

09 다이옥신에 대한 설명으로 가장 거리가 먼 것은?

① PCB의 불완전연소에 의해서 발생한다.
② 저온에서 촉매화 반응에 의해 먼지와 결합하여 생성된다.
③ 수용성이 커서 토양오염 및 하천오염의 주원인으로 작용한다.
④ 다이옥신은 두 개의 산소, 두 개의 벤젠, 그 외에 염소가 결합된 방향족 화합물이다.

풀이 다이옥신은 증기압이 낮고, 물에 대한 용해도가 극히 낮으나 벤젠 등에 용해되는 지용성이다.

10 가솔린자동차의 엔진작동상태에 따른 일반적인 배기가스 조성 중 감속 시에 가장 큰 농도 증가를 나타내는 물질은?(단, 정상운행 조건대비)

① NO_2 ② H_2O
③ CO_2 ④ HC

풀이 감속 시에는 HC가 가장 많이 배출되며 공회전 시에는 CO, 정속주행 시에는 NOx 농도가 높다.

Answer 05 ② 06 ③ 07 ③ 08 ② 09 ③ 10 ④

11 단열압축에 의하여 가열되어 하층의 온도가 낮은 공기와의 경계에 역전층을 형성하고 매우 안정하며 대기오염물질의 연직확산을 억제하는 역전현상은?

① 전선역전 ② 이류역전
③ 복사역전 ④ 침강역전

풀이 침강역전은 고기압 중심부분에서 기층이 서서히 침강하면서 기온이 단열압축으로 승온되어 발생하는 현상이다.

12 지상 10m에서의 풍속이 5m/s라면 지상 50m에서의 풍속(m/s)은?(단, Deacon식 적용, 대기는 심한 역전상태($P=0.4$)임)

① 8.5 ② 9.5
③ 10.5 ④ 11.5

풀이 $U = U_1 \times \left(\dfrac{Z_2}{Z_1}\right)^P$

$= 5\text{m/sec} \times \left(\dfrac{50\text{m}}{10\text{m}}\right)^{0.4} = 9.52\text{m/sec}$

13 다음 (　) 안에 알맞은 것은?

(　)이란 적도무역풍이 평년보다 강해지며, 서태평양의 해수면과 수온이 평년보다 상승하게 되고, 찬 해수의 용승현상 때문에 적도 동태평양에서 저수온 현상이 강화되어 나타나는 현상으로, 해수면의 온도가 6개월 이상 0.5℃ 이상 낮은 현상이 지속되는 것을 말한다.

① 엘니뇨 현상 ② 사헬 현상
③ 라니냐 현상 ④ 헤들리셀 현상

풀이 라니냐(La Nina) 현상
㉠ 라니냐란 스페인어로 '여자아이'라는 뜻으로 엘니뇨 현상의 반대의미이다.
㉡ 라니냐가 발생하는 이유는 적도무역풍이 평년보다 강해지며, 서태평양의 해수면과 수온이 평년보다 상승하게 되고, 찬 해수의 용승현상 때문에 적도 동태평양에서 저수온 현상이 강화되어 나타난다.
㉢ 해수면의 온도가 6개월 이상 0.5℃ 이상 낮은 현상이 지속되어 엘니뇨 현상과 마찬가지로 기상이변의 주요원인이 된다.

14 도시 대기에서 하루 중 최고 농도가 가장 빠른 시간에 나타나는 물질은?

① NO ② NO_2
③ O_3 ④ HNO_3

풀이 광화학스모그의 형성과정에서 하루 중 농도의 최대치가 나타나는 시간대가 일반적으로 빠른 순서는 $NO > NO_2 > O_3$이다.

15 다음 특정물질 중 오존파괴지수가 가장 큰 것은?

① $CHFCl_2$ ② CF_2BrCl
③ $CHFClCF_3$ ④ CHF_2Br

풀이 오존파괴지수
① $CHFCl_2$: 0.04
② CF_2BrCl : 3.0
③ $CHFClCF_3$: 0.022
④ CHF_2Br : 0.74

16 다음 중 지표 부근 건조대기의 일반적인 부피농도를 크기순으로 옳게 배열한 것은?

① $Ne > CO_2 > CO$
② $CO_2 > CO > Ne$
③ $Ne > CO > CO_2$
④ $CO_2 > Ne > CO$

풀이) 지표 건조대기 부피농도 순서
$N_2 > O_2 > Ar > CO_2 > Ne > CO > Kr > Xe$

17 분산모델에 관한 설명으로 가장 거리가 먼 것은?

① 미래의 대기질을 예측할 수 있다.
② 2차 오염원의 확인이 가능하다.
③ 지형 및 오염원의 조업조건에 영향을 받지 않는다.
④ 새로운 오염원이 지역 내에 생길 때, 매번 재평가를 해야 한다.

풀이) 지형 및 오염원의 조업조건에 따라 영향을 받는다는 것이 분산모델의 단점이다.

18 다음 특정물질의 오존파괴지수를 크기순으로 옳게 배열한 것은?

① $C_2F_3Cl_3 < CF_2BrCl < C_2HF_4Cl < CCl_4$
② $CCl_4 < CF_2BrCl < C_2HF_4Cl < C_2F_3Cl_3$
③ $C_2HF_4Cl < C_2F_3Cl_3 < CCl_4 < CF_2BrCl$
④ $C_2F_3Cl_3 < CCl_4 < CF_2BrCl < C_2HF_4Cl$

풀이) 오존파괴지수
㉠ C_2HF_4Cl : 0.02~0.04
㉡ $C_2F_3Cl_3$: 0.8
㉢ CCl_4 : 1.1
㉣ CF_2BrCl : 3.0

19 Deacon 법칙을 이용하여 지표높이 10m에서의 풍속이 4m/s일 때, 상공의 풍속이 12m/s인 경우의 높이는?(단, $P = 0.4$)

① 약 156m
② 약 217m
③ 약 258m
④ 약 324m

풀이) $U = U_1 \times \left(\dfrac{Z_2}{Z_1}\right)^p$

$12\text{m/sec} = 4\text{m/sec} \times \left(\dfrac{Z_2}{10\text{m}}\right)^{0.4}$

$Z_2 = 10\text{m} \times \left(\dfrac{12\text{m/sec}}{4\text{m/sec}}\right)^{\frac{1}{0.4}} = 155.88\text{m}$

20 상온 25℃에서 가스의 체적이 400m³이었다. 이때 기온이 35℃로 상승하였다면 가스의 체적은 얼마가 되는가?

① 408.2m^3
② 410.1m^3
③ 413.4m^3
④ 424.8m^3

풀이) 가스체적(m³) $= V_1 \times \dfrac{T_2}{T_1}$

$= 400\text{m}^3 \times \dfrac{273 + 35}{273 + 25}$

$= 413.42\text{m}^3$

제2과목 대기오염공정시험기준(방법)

21 배출가스 중 금속화합물을 자외선/가시선 분광법으로 분석할 경우 해당 이온성분을 디티존에 반응시켜 클로로폼에 추출한 후 그 흡광도를 측정하여 정량하는 것으로 옳게 짝지어진 것은?

① 납, 카드뮴
② 비소, 크롬
③ 구리, 니켈
④ 구리, 수은

Answer ▶ 16 ④ 17 ③ 18 ③ 19 ① 20 ③ 21 ①

풀이 배출가스 중 금속화합물(납, 카드뮴) – 자외선/가시선 분광법
해당 이온성분을 디티존에 반응시켜 클로로폼에 추출한다.

22 다음 중 굴뚝배출가스 내 베릴륨 시험방법에 해당하는 것은?

① 디티즌법
② 고체흡착 용매추출법
③ 몰린형광광도법
④ 차아염소산염법

풀이 굴뚝배출가스 내 베릴륨 시험방법
㉠ 원자흡광광도법
㉡ 몰린형광광도법

23 다음은 굴뚝 배출가스 중 비소화합물의 자외선/가시선분광법(흡광광도법)에 대한 설명이다. ( ) 안에 알맞은 것은?

시료용액 중의 비소를 수소화비소로 하여 발생시키고 이를 다이에틸다이티오카바민산은의 클로로폼 용액에 흡수시킨 다음 생성되는 (㉠) 용액의 흡광도를 (㉡)에서 측정하여 비소를 정량한다.

① ㉠ 등황색, ㉡ 510nm
② ㉠ 등황색, ㉡ 400nm
③ ㉠ 적자색, ㉡ 510nm
④ ㉠ 적자색, ㉡ 400nm

풀이 시료용액 중의 비소를 수소화비소로 하여 발생시키고 이를 다이에틸다이티오카바민산은의 클로로폼 용액에 흡수시킨 다음 생성되는 적자색 용액의 흡광도를 510nm에서 측정하여 비소를 정량한다.

24 배출가스 중 금속화합물 분석을 위한 시료가 '셀룰로오스 섬유제 여과지를 사용한 것'일 때의 처리방법으로 가장 적합한 것은?

① 저온회화법
② 마이크로파 산분해법
③ 질산-과산화수소수법
④ 질산법

풀이 시료의 성상 및 처리방법

성상	처리방법
타르 기타 소량의 유기물을 함유하는 것	질산-염산법, 질산-과산화수소수법, 마이크로파 산분해법
유기물을 함유하지 않는 것	질산법, 마이크로파 산분해법
• 다량의 유기물 유리탄소를 함유하는 것 • 셀룰로오스 섬유제 여과지를 사용한 것	저온 회화법

25 환경대기 중 휘발성 유기화합물(VOCs)의 시험방법 중 흡착관의 안정화(Conditioning) 방법으로 가장 적합한 것은?

① 흡착관을 사용하기 전에 열탈착기에 의해서 보통 350°C에서 질소가스 50mL/min으로 적어도 2hr 동안 안정화시킨 후 사용한다.
② 흡착관을 사용하기 전에 열탈착기에 의해서 보통 350°C에서 헬륨가스 50mL/min으로 적어도 2hr 동안 안정화시킨 후 사용한다.
③ 흡착관을 사용하기 전에 열탈착기에 의해서 보통 850°C에서 헬륨가스 5mL/min으로 적어도 1hr 동안 안정화시킨 후 사용한다.
④ 흡착관을 사용하기 전에 열탈착기에 의해서 보통 850°C에서 질소가스 5mL/min으로 적어도 1hr 동안 안정화시킨 후 사용한다.

풀이 흡착관의 안정화(Conditioning)
흡착관을 사용하기 전에 열탈착기에 의해서 보통 350℃(흡착제별로 사용최고온도를 고려하여 조정)에서 헬륨가스 50mL/min으로 적어도 2시간 동안 안정화시킨 후 사용한다. 시료채취 이전에 흡착관의 안정화 여부를 사전 분석을 통하여 확인해야 한다.

26 굴뚝 배출가스 중 납화합물 분석을 위한 자외선 가시선 분광법에 관한 설명으로 옳은 것은?

① 납착염의 흡광도를 450nm에서 측정하여 정량하는 방법이다.
② 시료 중 납이온이 디티존과 반응하여 생성되는 납 디티존 착염을 사염화탄소로 추출한다.
③ 납착염의 흡광도는 시간이 경과하면 분해되므로 20℃ 이하의 빛이 차단된 곳에서 단시간에 측정한다.
④ 시료 중 납성분 추출 시 시안화칼륨 용액으로 세정조작을 수회 반복하여도 무색이 되지 않는 이유는 다량의 비소가 함유되어 있기 때문이다.

풀이 ① 납착염의 흡광도를 520nm에서 측정하여 정량하는 방법이다.
② 시료 중 납이온이 디티존과 반응하여 생성되는 납 디티존 착염을 클로로폼으로 추출한다.
④ 시료 중 납성분 추출 시 시안화포타슘 용액으로 세정조작을 수회 반복하여도 무색이 되지 않는 이유는 다량의 비스무트가 함유되어 있기 때문이다.

27 상온 상압의 공기유속을 피토관으로 측정한 결과, 그 동압이 6mmH₂O이었다. 공기유속은? (단, 피토관계수 = 1.5, 중력가속도 = 9.8m/sec², 습배기가스 단위 체적당 무게 = 1.3kg/m³)

① 13.2m/sec ② 14.3m/sec
③ 15.2m/sec ④ 16.5m/sec

풀이 $V(\text{m/sec})$
$= C\sqrt{\dfrac{2gh}{\gamma}}$
$= 1.5 \times \sqrt{\dfrac{2 \times 9.8\,\text{m/sec}^2 \times 6\,\text{mmH}_2\text{O}}{1.3\,\text{kg/m}^3}}$
$= 14.27\,\text{m/sec}$

28 굴뚝 배출가스상 물질 시료채취를 위한 도관(연결관)에 관한 설명으로 옳지 않은 것은?

① 도관(연결관)은 가능한 한 수평으로 연결해야 하고, 하나의 도관으로 여러 개의 측정기를 사용할 경우 각 측정기 앞에서 도관을 직렬로 연결하여 사용한다.
② 도관(연결관)의 안지름은 도관의 길이, 흡인가스의 유량, 응축수에 의한 막힘 또는 흡인펌프의 능력 등을 고려해서 4~25mm로 한다.
③ 도관(연결관)의 길이는 되도록 짧게 하고, 부득이 길게 해서 쓰는 경우에는 이음매가 없는 배관을 써서 접속 부분을 적게 하고 76m를 넘지 않도록 한다.
④ 도관(연결관)으로 부득이 구부러진 관을 쓸 경우에는 응축수가 흘러나오기 쉽도록 경사지게 (5° 이상) 하고 시료 가스는 아래로 향하게 한다.

풀이 도관(연결관)은 가능한 한 수직으로 연결해야 하고, 하나의 도관(연결관)으로 여러 개의 측정기를 사용할 경우 각 측정기 앞에서 도관(연결관)을 병렬로 연결하여 사용한다.

29 분석대상가스가 불소화합물인 경우, 시료채취를 위한 채취관 및 연결관의 재질(㉠)과 여과재의 재질(㉡)로 가장 알맞은 것은?

① ㉠ 경질유리, ㉡ 소결유리
② ㉠ 석영, ㉡ 실리카솜
③ ㉠ 스테인리스강, ㉡ 카아보란덤
④ ㉠ 불소수지, ㉡ 알칼리 성분이 없는 유리솜

[풀이] 분석대상가스가 불소화합물인 경우 채취관과 연결관의 재질은 스테인리스강, 불소수지 등이고, 여과재의 재질은 카아보란덤이다.

30 일정한 굴뚝을 거치지 않고 외부로 비산되는 먼지를 하이볼륨에어샘플러법으로 측정할 때의 시료채취기준에 관한 설명으로 가장 거리가 먼 것은?

① 발생원의 비산먼지 농도가 가장 높을 것으로 예상되는 지점 3개소 이상을 측정점으로 선정한다.
② 시료채취 위치는 부근에 장애물이 없고 바람에 의하여 지상의 흙모래가 날리지 않아야 한다.
③ 풍속이 0.5m/초 미만으로 바람이 거의 없을 때는 원칙적으로 시료채취를 하지 않는다.
④ 시료채취는 1회 2시간 이상 연속 채취하며, 풍하방향에 대상 발생원의 영향이 없을 것으로 추측되는 곳에 대조위치를 선정한다.

[풀이] 시료채취는 1회 1시간 이상 연속 채취하며, 풍상방향에 대상 발생원의 영향이 없을 것으로 추측되는 곳에 대조위치를 선정한다.

31 비분산 적외선 분석법(Nondispersive Infrared Analysis)에 관한 설명으로 가장 거리가 먼 것은?

① 비분산 검출기(Nondispersive Detector)를 이용하여 적외선의 분산 변화량을 측정하여 시료 중 목적 성분을 구하는 방법이다.
② 회전섹터의 단속방식에는 1~20Hz의 교호단속 방식과 동시단속 방식이 있다.
③ 광학필터에는 가스필터와 고체필터가 있다.
④ 광원은 원칙적으로 니크롬선 또는 탄화규소의 저항체에 전류를 흘려 가열한 것을 사용한다.

[풀이] 비분산 적외선 분석법(Nondispersive Infrared Analysis)
선택성 검출기를 이용하여 시료 중의 특정 성분에 의한 적외선의 흡수량 변화를 측정하여 시료 중에 들어 있는 특정 성분의 농도를 구하는 방법으로 대기 및 연도 배출가스 중의 오염물질을 연속적으로 측정하는 비분산 정필터형 적외선 가스 분석계에 대하여 적용한다.

32 아황산가스(SO_2) 25.6g을 포함하는 2L 용액의 몰농도(M)는?

① 0.01M ② 0.02M
③ 0.1M   ④ 0.2M

[풀이] SO_2 몰농도(mol/L) = 질량/부피 × mol/분자량
= 25.6g/2L × mol/64g
= 0.2mol/L(M)

33 환경대기 중의 시료채취를 위한 하이볼륨 에어샘플러법의 장치구성에 관한 설명으로 옳은 것은?

① 유량측정부 : 공기흡인부에 붙어 있고, 장착 및 탈착이 쉬운 부자식 유량계를 사용
② 공기흡인부 : 무부하일 때 흡인유량이 약 0.2m³/분이고, 48시간 이상 연속측정 가능
③ 여과지홀더 : 구성요소 중 패킹은 연성플라스틱으로 만들어진 것으로 크기는 프레임보다 커야 함
④ 포집용 여과지 : 0.1μm 되는 입자를 99% 이상 포집할 수 있으며 압력손실이 적고 흡수성이 좋아야 하며, 네오프렌 수지가 사용됨

② 공기흡인부 : 무부하일 때 흡인유량이 약 2m³/분이고, 24시간 이상 연속측정할 수 있는 것이어야 한다.
③ 여과지홀더 : 구성요소 중 패킹은 독립기포로 발포시킨 합성고무로 만들어진 것으로 그 크기는 프레임에 합치시킨다.
④ 포집용 여과지 : 0.3μm 되는 입자를 99% 이상 포집할 수 있으며 압력손실이 적고 흡수성이 적어야 하며, 유리섬유, 석영섬유, 폴리스티렌, 니트로셀룰로오스, 불소수지 등으로 되어 있다.

34 환경대기 중의 아황산가스 농도를 측정하기 위한 시험방법으로서 주시험방법만으로 연결된 것은?

① 파라로자닐린법(수동) – 용액전도율법(자동)
② 산정량 수동법(수동) – 불꽃광도법(자동)
③ 파라로자닐린법(수동) – 자외선형광법(자동)
④ 산정량 반자동법(반자동) – 흡광차분법(자동)

풀이) 환경대기 중 아황산가스 측정방법
㉠ 수동(반자동)측정법 중 주 시험방법 : 파라로자닐린법
㉡ 자동연속측정방법 중 주 시험방법 : 자외선형광법

35 원형 굴뚝 단면의 반경이 2.2m인 경우 측정점 수는?

① 8   ② 12
③ 16   ④ 20

풀이) 원형 연도의 측정점 수

굴뚝 직경 2R(m)	반경 구분 수	측정점 수
1 미만	1	4
1~2 미만	2	8
2~4 미만	3	12
4~4.5 미만	4	16
4.5 이상	5	20

36 대기오염공정시험기준에서 따로 규정이 없는 한 시약의 조건으로 적합하지 않은 것은?

① HCl : 농도 35.0~37.0%, 비중 1.18
② H_2SO_4 : 농도 85.0%, 비중 1.80
③ HNO_3 : 농도 60.0~62.0%, 비중 1.38
④ H_3PO_4 : 농도 85.0% 이상, 비중 1.69

풀이) 시약의 농도

명칭	화학식	농도(%)	비중(약)
염산	HCl	35.0~37.0	1.18
질산	HNO_3	60.0~62.0	1.38
황산	H_2SO_4	95% 이상	1.84
초산(Acetic Acid)	CH_3COOH	99.0% 이상	1.05
인산	H_3PO_4	85.0% 이상	1.69
암모니아수	NH_4OH	28.0~30.0 (NH_3로서)	0.90
과산화수소	H_2O_2	30.0~35.0	1.11
불화수소산	HF	46.0~48.0	1.14
요오드화수소산	HI	55.0~58.0	1.70
브롬화수소산	HBr	47.0~49.0	1.48
과염소산	$HClO_4$	60.0~62.0	1.54

37 자동기록식 광전분광광도계의 파장교정에 사용되는 흡수 스펙트럼은?

① 홀뮴유리   ② 석영유리
③ 플라스틱   ④ 방전유리

풀이) 자동기록식 광전분광광도계의 파장교정에 사용되는 흡수 스펙트럼은 홀뮴유리이다.

38 다음 계산식은 브롬화합물을 적정법(차아염소산법)으로 분석하여 나타낸 것이다. 이 농도값(C)을 올바르게 설명한 것은?

$$C = \frac{0.133 \times (a-b)}{V_s} \times 0.140 \times 1{,}000$$

여기서, a : 적정에 소비된 N/100 티오황산나트륨용액량(mL)
b : 바탕시험에 소비된 N/100 티오황산나트륨 용액량(mL)
V_s : 건조시료 가스양(L)

① 분석시료 중의 총 브롬(Br_2로 환산)의 농도 (mg/m^3)
② 분석시료 중의 총 브롬(Br_2로 환산)의 농도 (V/V ppm)
③ 분석시료 중의 총 브롬(HBr로 환산)의 농도 (mg/m^3)
④ 분석시료 중의 총 브롬(HB_2로 환산)의 농도 (V/V ppm)

풀이) 브롬화합물 – 적정법(차아염소산법) 농도값
분석시료 중의 총브롬(Br_2로 환산)의 농도(V/V ppm)

39 환경대기 내의 아황산가스 농도의 자동 연속 측정방법 중 주 시험방법에 해당하는 것은?

① 용액전도율법 ② 불꽃광도법
③ 자외선형광법 ④ 화학발광법

풀이) 환경대기 중 아황산가스 측정방법
㉠ 수동(반자동)측정법 중 주 시험방법 : 파라로자닐린법
㉡ 자동연속측정방법 중 주 시험방법 : 자외선형광법

40 대기오염공정시험기준상 굴뚝 배출가스 중의 일산화탄소 분석방법과 거리가 먼 것은?

① 비분산적외선 분석법
② 정전위 전해법
③ 음이온 전극법
④ 기체크로마토그래피법

풀이) 굴뚝배출가스 중 일산화탄소 분석방법
㉠ 비분산적외선 분석법
㉡ 정전위 전해법
㉢ 기체크로마토그래피법

제3과목 대기오염방지기술

41 다음은 무엇에 관한 설명인가?

굵은 입자는 주로 관성충돌작용에 의해 부착되고, 미세한 분진은 확산작용 및 차단작용에 의해 부착되어 섬유의 올과 올 사이에 가교를 형성하게 된다.

① 브리지(Bridge) 현상
② 블라인딩(Blinding) 현상
③ 블로 다운(Blow Down) 효과
④ 디퓨저 튜브(Diffuser Tube) 현상

풀이) 브리지(Bridge) 현상
굵은 입자($1\mu m$ 이상)는 주로 관성충돌작용에 의해 부착되고 미세분진($0.1\mu m$ 이하)은 확산과 차단작용에 의해 부착되어 섬유의 올과 올 사이에 가교를 형성하게 되는 현상을 말한다.

42 벤젠을 함유한 유해가스의 일반적 처리방법은?

① 세정법 ② 선택환원법
③ 접촉산화법 ④ 촉매연소법

풀이 벤젠의 일반적인 처리방법
   ㉠ 촉매연소법
   ㉡ 활성탄흡착법

43 자동차 배출가스에서 질소산화물(NOx)의 생성을 억제시키거나 저감시킬 수 있는 방법과 가장 거리가 먼 것은?

① 배기가스 재순환장치(EGR)
② De-NOx촉매장치
③ 터보차저 및 인터쿨러 사용
④ 외관 도장 실시

풀이 외관 도장 실시는 질소산화물 저감과 관련이 없다.

44 중유 1kg에 수소 0.15kg, 수분 0.002kg이 포함되어 있고, 고위발열량이 10,000kcal/kg일 때, 이 중유 3kg의 저위발열량은 대략 몇 kcal인가?

① 29,990 ② 27,560
③ 10,000 ④ 9,200

풀이 $H_l = H_h - 600(9H + W)$
 $= 10,000 - 600[(9 \times 0.15) + 0.002]$
 $= 9,188.8 \text{kcal/kg} \times 3\text{kg}$
 $= 27,566.4 \text{kcal}$

45 97% 집진효율을 갖는 전기집진장치로 가스의 유효 표류속도가 0.1m/sec인 오염공기 180m³/sec를 처리하고자 한다. 이때 필요한 총집진판 면적(m²)은?(단, Deutsch-Anderson식에 의함)

① 6,456 ② 6,312
③ 6,029 ④ 5,873

풀이 $\eta = 1 - \exp\left(-\dfrac{A \times W_e}{Q}\right)$

$A = -\dfrac{A}{W}\ln(1-\eta)$

$= -\dfrac{180\text{m}^3/\sec}{0.1\text{m}/\sec} \times \ln(1-0.97)$

$= 6,312 \text{m}^2$

46 분쇄된 석탄의 입경 분포식 $[R(\%) = 100 \exp(-\beta d_p{}^n)]$에 관한 설명으로 옳지 않은 것은?(단, n : 입경지수, β : 입경계수)

① 위 식을 Rosin Rammler식이라 한다.
② 위 식에서 $R(\%)$은 체상누적분포(%)를 나타낸다.
③ n이 클수록 입경분포 폭은 넓어진다.
④ β가 커지면 임의의 누적분포를 갖는 입경 d_p는 작아져서 미세한 분진이 많다는 것을 의미한다.

풀이 n은 입경지수로 입경분포 범위를 의미하며, 클수록 입경분포 폭은 좁아진다.

47 후드의 유입계수와 속도압이 각각 0.87, 16mmH₂O일 때 후드의 압력 손실은?

① 약 3.5mmH₂O ② 약 5mmH₂O
③ 약 6.5mmH₂O ④ 약 8mmH₂O

Answer ◀ 42 ④ 43 ④ 44 ② 45 ② 46 ③ 47 ②

풀이 후드압력손실$(\Delta P) = F \times VP$

$$F = \frac{1}{C_e^2} - 1$$
$$= \frac{1}{0.87^2} - 1 = 0.32$$
$$= 0.32 \times 16 = 5.13 \text{mmH}_2\text{O}$$

48 어떤 가스가 부피로 H_2 9%, CO 24%, CH_4 2%, CO_2 6%, O_2 3%, N_2 56%의 구성비를 갖는다. 이 기체를 50%의 과잉공기로 연소시킬 경우 연료 1Sm³당 요구되는 공기량은?

① 약 1.00Sm³ ② 약 1.25Sm³
③ 약 1.70Sm³ ④ 약 2.55Sm³

풀이 $A = m \times A_o$

$$A_o = \frac{1}{0.21}(0.5H_2 + 0.5CO + 2CH_4 - O_2)$$
$$= \frac{1}{0.21} \times [(0.5 \times 0.09) + (0.5 \times 0.24) + (2 \times 0.02) - 0.03]$$
$$= 0.833 \text{Sm}^3/\text{Sm}^3$$
$$m = 1.5$$
$$= 1.5 \times 0.833 \text{Sm}^3/\text{Sm}^3$$
$$= 1.25 \text{Sm}^3/\text{Sm}^3 \times 1\text{Sm}^3 = 1.25\text{Sm}^3$$

49 승용차 1대당 1일 평균 50km를 운행하며 1km 운행에 26g의 CO를 방출한다고 하면 승용차 1대가 1일 배출하는 CO의 부피는?(단, 표준상태)

① 1,625L/day ② 1,300L/day
③ 1,180L/day ④ 1,040L/day

풀이 CO = 26g/km × 50km/대 · day × 22.4L/28g
= 1,040L/day · 대

50 전기집진장치의 장점과 거리가 먼 것은?

① 집진효율이 높다.
② 압력손실이 낮은 편이다.
③ 전압변동과 같은 조건변동에 적응하기 쉽다.
④ 고온(약 500℃ 정도) 가스처리가 가능하다.

풀이 전기집진장치는 전압변동과 같은 조건변동에 쉽게 적응하기 어렵다.

51 중량비가 C = 75%, H = 17%, O = 8%인 연료 2kg을 완전연소시키는 데 필요한 이론공기량(Sm^3)은?(단, 표준상태 기준)

① 약 9.7   ② 약 12.5
③ 약 21.9 ④ 약 24.7

풀이 $A_o = \dfrac{O_o}{0.21}$

$$O_o = (1.867 \times 0.75) + (5.6 \times 0.17) - (0.7 \times 0.08)$$
$$= 2.296 \text{Sm}^3/\text{kg}$$
$$= \frac{2.296 \text{Sm}^3/\text{kg}}{0.21} \times 2\text{kg} = 21.87\text{Sm}^3$$

52 황 함유량이 5%이고, 비중이 0.95인 중유를 300L/hr로 태울 경우 SO_2의 이론발생량(Sm^3/hr)은 약 얼마인가?(단, 표준상태 기준)

① 8   ② 10
③ 12 ④ 15

풀이 $S + O_2 \rightarrow SO_2$
32kg : 22.4Sm³
300L/hr × 0.95kg/L × 0.05 : SO_2(Sm³/hr)

$$SO_2(\text{Sm}^3/\text{hr}) = \frac{300\text{L/hr} \times 0.95\text{kg/L} \times 0.05 \times 22.4\text{Sm}^3}{32\text{kg}}$$
$$= 9.98 \text{Sm}^3/\text{hr}$$

Answer: 48 ② 49 ④ 50 ③ 51 ③ 52 ②

53 연소에 있어서 등가비(ϕ)와 공기비(m)에 관한 설명으로 옳지 않은 것은?

① 공기비가 너무 큰 경우에는 연소실 내의 온도가 저하되고, 배가스에 의한 열손실이 증가한다.
② 등가비(ϕ) < 1인 경우, 연료가 과잉인 경우로 불완전연소가 된다.
③ 공기비가 너무 적을 경우 불완전연소로 연소효율이 저하된다.
④ 가스버너에 비해 수평수동화격자의 공기비가 큰 편이다.

풀이) 등가비(ϕ) < 1인 경우, 공기가 과잉인 경우 완전연소가 기대되며 CO는 최소가 된다.

54 총집진효율 90%를 요구하는 A공장에서 50% 효율을 가진 1차 집진장치를 이미 설치하였다. 이때 2차 집진장치는 몇 % 효율을 가진 것이어야 하는가?(단, 장치 연결은 직렬 조합임)

① 70 ② 75
③ 80 ④ 85

풀이) $\eta_T = \eta_1 + \eta_2(1-\eta_1)$
$0.9 = 0.5 + \eta_2(1-0.5)$
$\eta_2 = 0.8 \times 100 = 80\%$

55 다음 중 액화석유가스(LPG)에 관한 설명으로 옳지 않은 것은?

① 천연가스에서 회수되기도 하지만 대부분은 석유정제 시 부산물로 얻어진다.
② 보통 LNG보다 발열량이 낮으며, 착화온도는 200~250℃이다.
③ 비중이 공기보다 무거워 누출될 경우, 인화·폭발성의 위험이 있다.
④ 액체에서 기체로 될 때, 증발열이 있으므로 사용하는 데 유의할 필요가 있다.

풀이) LPG는 LNG보다 발열량이 높다.(LPG 발열량: 20,000~30,000kcal/Sm³, LNG 발열량: 10,000kcal/Sm³)

56 유체가 흐르는 관의 직경을 2배로 하면 나중 속도는 처음 속도 대비 어떻게 변화되는가?(단, 유량 변화 등 다른 조건은 변화 없다고 가정한다.)

① 처음의 1/8로 된다.
② 처음의 1/4로 된다.
③ 처음의 1/2로 된다.
④ 처음과 같다.

풀이) $Q = A \times V = \dfrac{3.14 \times D^2}{4} \times V$

$V = \dfrac{Q}{\left(\dfrac{3.14 \times D^2}{4}\right)} \rightarrow V \propto \dfrac{1}{D^2}$

속도변화 $= \dfrac{1}{2^2} = \dfrac{1}{4}$ 배(처음의 1/4로 된다.)

57 50m³/min의 공기를 직경 28cm인 원형관을 사용하여 수송하고자 할 때 관 내의 속도압(mmH₂O)을 구하면?(단, 공기의 비중은 1.2)

① 8.6 ② 9.6
③ 11.2 ④ 15.6

풀이) $VP = \dfrac{\gamma V^2}{2g}$

$V = \dfrac{Q}{A} = \dfrac{50\text{m}^3/\text{min} \times \text{min}/60\text{sec}}{\left(\dfrac{3.14 \times 0.28^2}{4}\right)\text{m}^2}$

$= 13.52\text{m/sec}$

$= \dfrac{1.2 \times (13.52\text{m/sec})^2}{2 \times 9.8\text{m/sec}^2} = 11.21\text{mmH}_2\text{O}$

Answer) 53 ② 54 ③ 55 ② 56 ② 57 ③

58 다음은 기체연료에 관한 설명이다. ( ) 안에 가장 적합한 것은?

( )는 가열된 석탄 또는 코크스에 공기와 수증기를 연속적으로 주입하여 부분적으로 산화반응시킴으로써 얻어지는 기체연료로서 가연성분은 CO(25~30%), 수소(10~15%) 및 약간의 메탄이다. 또한 이 가스는 제조상 공기 공급에 의해 다량의 질소를 함유하고 있다.

① 발생로가스 ② 수성가스
③ 도시가스   ④ 합성천연가스(SNG)

풀이 발생로가스
가열된 석탄 또는 코크스에 공기와 수증기를 연속적으로 주입하여 부분적으로 산화반응시킴으로써 얻어지는 기체연료로서 가연성분은 CO(25~30%), 수소(10~15%) 및 약간의 메탄이다. 또한 이 가스는 제조상 공기공급에 의해 다량의 질소를 함유하고 있다.

59 벤투리 스크러버에 관한 설명으로 옳지 않은 것은?

① 가압수식 중에서 집진율이 매우 높아 광범위하게 사용된다.
② 액가스비는 일반적으로 먼지의 입경이 작고, 친수성이 아닐수록 작아진다.
③ 먼지와 가스의 동시 제거가 가능하고, 점착성 먼지 제거가 용이하나 압력손실이 크다.
④ 먼지부하 및 가스유동에 민감하고 대량의 세정액이 요구된다.

풀이 액가스비는 일반적으로 먼지의 입경이 작고, 친수성이 아닐수록 커진다.

60 A석유의 원소조성(질량)비가 탄소 78%, 수소 21%, 황 1%이다. 이 석유 1.5kg을 완전연소시키는 데 필요한 이론공기량은?

① 12.6Sm³   ② 18.9Sm³
③ 25.6Sm³   ④ 47.3Sm³

풀이
$$A_o = \frac{O_o}{0.21}$$
$$= \frac{1}{0.21}[(1.867 \times 0.78) + (5.6 \times 0.21) + (0.7 \times 0.01)]$$
$$= 12.57 Sm^3/kg \times 1.5kg = 18.86 Sm^3$$

제4과목 대기환경관계법규

61 대기환경보전법상 수도권대기환경청장, 국립환경과학원장 또는 한국환경공단이 설치하는 대기오염측정망의 종류에 해당하지 않는 것은?

① 도시지역 또는 산업단지 인근지역의 특정대기 유해물질(중금속을 제외한다)의 오염도를 측정하기 위한 유해대기물질측정망
② 산성 대기오염물질의 건성 및 습성 침착량을 측정하기 위한 산성강하물측정망
③ 도로변의 대기오염물질 농도를 측정하기 위한 도로변대기측정망
④ 장거리이동 대기오염물질의 성분을 집중 측정하기 위한 대기오염집중측정망

풀이 수도권대기환경청장, 국립환경과학원장 또는 한국환경공단이 설치하는 대기오염측정망의 종류
㉠ 대기오염물질의 지역배경농도를 측정하기 위한 교외대기측정망
㉡ 대기오염물질의 국가배경농도와 장거리이동 현황을 파악하기 위한 국가배경농도측정망

© 도시지역 또는 산업단지 인근지역의 특정대기유해물질(중금속을 제외한다)의 오염도를 측정하기 위한 유해대기물질측정망
② 도시지역의 휘발성 유기화합물 등의 농도를 측정하기 위한 광화학대기오염물질측정망
③ 산성 대기오염물질의 건성 및 습성 침착량을 측정하기 위한 산성강하물측정망
④ 기후·생태계 변화유발물질의 농도를 측정하기 위한 지구대기측정망
⑤ 장거리이동 대기오염물질의 성분을 집중측정하기 위한 미세먼지성분측정망
⑥ 미세먼지(PM-2.5)의 성분 및 농도를 집중측정하기 위한 미세먼지성분측정망

62 대기환경보전법상 환경부장관은 장거리이동 대기오염물질피해방지를 위하여 5년마다 관계 중앙행정기관의 장과 협의하고 시·도지사의 의견을 들은 후 장거리이동대기오염물질 대책위원회의 심의를 거쳐 종합대책을 수립하여야 하는데, 이 종합대책에 포함되어야 하는 사항으로 틀린 것은?

① 종합대책 추진실적 및 그 평가
② 장거리이동대기오염물질피해 방지를 위한 국내 대책
③ 장거리이동대기오염물질피해 방지 기금 모음
④ 장거리이동대기오염물질 발생 감소를 위한 국제협력

풀이 장거리 이동대기오염물질의 종합대책에 포함되어야 하는 사항
  ⊙ 장거리이동대기오염물질 발생 현황 및 전망
  ⊙ 종합대책 추진실적 및 그 평가
  ⊙ 장거리이동대기오염물질피해 방지를 위한 국내 대책
  ⊙ 장거리이동대기오염물질 발생 감소를 위한 국제협력
  ⊙ 그 밖에 장거리이동대기오염물질피해 방지를 위하여 필요한 사항

63 다음 중 대기환경보전법상 대기오염경보에 관한 설명으로 틀린 것은?

① 대기오염경보 대상 지역은 시·도지사가 필요하다고 인정하여 지정하는 지역으로 한다.
② 환경기준이 설정된 오염물질 중 오존은 대기오염경보의 대상오염물질이다.
③ 대기오염경보의 단계별 오염물질의 농도기준은 시·도지사가 정하여 고시한다.
④ 오존은 농도에 따라 주의보, 경보, 중대경보로 구분한다.

풀이 대기오염경보의 단계별 오염물질의 농도기준은 환경부령이 정하여 고시한다.

64 대기환경보전법상 신고를 한 후 조업 중인 배출시설에서 나오는 오염물질의 정도가 배출허용기준을 초과하여 배출시설 및 방지시설의 개선명령을 이행하지 아니한 경우의 1차 행정처분기준은?

① 경고   ② 사용금지명령
③ 조업정지   ④ 허가취소

풀이 행정처분기준
  1차(조업정지) → 2차(허가취소 또는 폐쇄)

65 다음은 대기환경보전법령상 총량규제구역의 지정사항이다. ( ) 안에 가장 적합한 것은?

(㉠)은/는 법에 따라 그 구역의 사업장에서 배출되는 대기오염물질을 총량으로 규제하려는 경우에는 다음 각 호의 사항을 고시하여야 한다.
1. 총량규제구역
2. 총량규제 대기오염물질
3. (㉡)
4. 그 밖에 총량규제구역의 대기관리를 위하여 필요한 사항

① ㉠ 대통령, ㉡ 총량규제부하량
② ㉠ 환경부장관, ㉡ 총량규제부하량
③ ㉠ 대통령, ㉡ 대기오염물질의 저감계획
④ ㉠ 환경부장관, ㉡ 대기오염물질의 저감계획

풀이 대기오염물질을 총량으로 규제하려는 경우 고시사항
㉠ 총량규제구역
㉡ 총량규제 대기오염물질
㉢ 대기오염물질의 저감계획
㉣ 그 밖에 총량규제구역의 대기관리를 위하여 필요한 사항
※ 대기환경보전법상 환경부장관이 그 구역의 사업장에서 배출되는 대기오염물질을 총량으로 규제하려는 경우 고시한다.

66
대기환경보전법령상 자동차제작자는 자동차배출가스가 배출가스 보증기간에 제작차배출허용기준에 맞게 유지될 수 있다는 인증을 받아야 하는데, 이 인증받은 내용과 다르게 자동차를 제작하여 판매한 경우 환경부장관은 자동차제작자에게 과징금의 처분을 명할 수 있다. 이 과징금은 최대 얼마를 초과할 수 없는가?

① 500억 원 ② 100억 원
③ 10억 원   ④ 5억 원

풀이 환경부장관은 인증을 받지 아니하고 자동차를 제작하여 판매한 경우 등에 해당하는 때에는 그 자동차제작자에 대하여 매출액에 100분의 5를 곱한 금액을 초과하지 아니하는 범위에서 과징금을 부과할 수 있다. 이 경우 과징금의 금액은 500억 원을 초과할 수 없다.

67
다음은 대기환경보전법령상 오염물질 초과에 따른 초과부과금의 위반횟수별 부과계수이다. ( ) 안에 알맞은 것은?

위반횟수별 부과계수는 각 비율을 곱한 것으로 한다.
• 위반이 없는 경우 : (㉠)
• 처음 위반한 경우 : (㉡)
• 2차 이상 위반한 경우 : 위반 직전의 부과계수에 (㉢)을(를) 곱한 것

① ㉠ 100분의 100, ㉡ 100분의 105, ㉢ 100분의 105
② ㉠ 100분의 100, ㉡ 100분의 105, ㉢ 100분의 110
③ ㉠ 100분의 105, ㉡ 100분의 110, ㉢ 100분의 110
④ ㉠ 100분의 105, ㉡ 100분의 110, ㉢ 100분의 115

풀이 초과부과금의 위반횟수별 부과계수
㉠ 위반이 없는 경우 : 100분의 100
㉡ 처음 위반한 경우 : 100분의 105
㉢ 2차 이상 위반한 경우 : 위반 직전의 부과계수에 100분의 105를 곱한 것

68
환경정책기본법령상 초미세먼지(PM−2.5)의 ㉠ 연간평균치 및 ㉡ 24시간 평균치 대기환경기준으로 옳은 것은?(단, 단위는 $\mu g/m^3$)

① ㉠ 50 이하, ㉡ 100 이하
② ㉠ 35 이하, ㉡ 50 이하
③ ㉠ 20 이하, ㉡ 50 이하
④ ㉠ 15 이하, ㉡ 35 이하

풀이 미세먼지(PM−2.5) 환경기준
㉠ 연간 평균치 : $15\mu g/m^3$ 이하
㉡ 24시간 평균치 : $35\mu g/m^3$ 이하

Answer ◀ 66 ① 67 ① 68 ④

69 대기환경보전법령상 인증을 생략할 수 있는 자동차에 해당하지 않는 것은?

① 항공기 지상 조업용 자동차
② 주한 외국 군인의 가족이 사용하기 위하여 반입하는 자동차
③ 훈련용 자동차로서 문화체육관광부장관의 확인을 받은 자동차
④ 주한 외국 군대의 구성원이 공용 목적으로 사용하기 위한 자동차

[풀이] 인증을 생략할 수 있는 자동차
㉠ 국가대표 선수용 자동차 또는 훈련용 자동차로서 문화체육관광부장관의 확인을 받은 자동차
㉡ 외국에서 국내의 공공기관 또는 비영리단체에 무상으로 기증한 자동차
㉢ 외교관 또는 주한 외국 군인의 가족이 사용하기 위하여 반입하는 자동차
㉣ 항공기 지상 조업용 자동차
㉤ 인증을 받지 아니한 자가 그 인증을 받은 자동차의 원동기를 구입하여 제작하는 자동차
㉥ 국제협약 등에 따라 인증을 생략할 수 있는 자동차
㉦ 그 밖에 환경부장관이 인증을 생략할 필요가 있다고 인정하는 자동차

70 대기환경보전법규상 자동차연료(휘발유)제조기준으로 옳지 않은 것은?

항목	구분	제조기준
㉠	벤젠 함량(부피%)	0.7 이하
㉡	납 함량(g/L)	0.013 이하
㉢	인 함량(g/L)	0.058 이하
㉣	황 함량(ppm)	10 이하

① ㉠ ② ㉡
③ ㉢ ④ ㉣

[풀이] 자동차연료 제조기준(휘발유)

항목	제조기준
방향족화합물 함량(부피%)	24(21) 이하
벤젠 함량(부피%)	0.7 이하
납 함량(g/L)	0.013 이하
인 함량(g/L)	0.0013 이하
산소 함량(무게%)	2.3 이하
올레핀 함량(부피%)	16(19) 이하
황 함량(ppm)	10 이하
증기압(kPa, 37.8℃)	60 이하
90% 유출온도(℃)	170 이하

71 다음은 실내공기질 관리법령상 이 법의 적용대상이 되는 "대통령령으로 정하는 규모"기준이다. ( ) 안에 가장 알맞은 것은?

의료법에 의한 연면적 (㉠) 이상이거나 병상수 (㉡) 이상인 의료기관

① ㉠ 2천 제곱미터, ㉡ 100개
② ㉠ 1천 제곱미터, ㉡ 100개
③ ㉠ 2천 제곱미터, ㉡ 50개
④ ㉠ 1천 제곱미터, ㉡ 50개

[풀이] 의료법에 의한 연면적 2천 제곱미터 이상이거나 병상 수 100 이상인 의료기관은 실내공기질 관리법상 적용대상이다.

72 실내공기질 관리법규상 신축 공동주택의 실내공기질 권고기준으로 틀린 것은?

① 벤젠 : $30\mu g/m^3$ 이하
② 톨루엔 : $1,000\mu g/m^3$ 이하
③ 자일렌 : $700\mu g/m^3$ 이하
④ 에틸벤젠 : $300\mu g/m^3$ 이하

Answer 69 ④ 70 ③ 71 ① 72 ④

풀이) 신축공동주택의 실내공기질 권고기준(2019년 7월부터 적용)
㉠ 폼알데하이드 : 210㎍/㎥ 이하
㉡ 벤젠 : 30㎍/㎥ 이하
㉢ 톨루엔 : 1,000㎍/㎥ 이하
㉣ 에틸벤젠 : 360㎍/㎥ 이하
㉤ 자일렌 : 700㎍/㎥ 이하
㉥ 스티렌 : 300㎍/㎥ 이하
㉦ 라돈 : 148Bq/㎥

73 대기환경보전법상 이 법에서 사용하는 용어의 뜻으로 옳지 않은 것은?

① "공회전제한장치"란 자동차에서 배출되는 대기오염물질을 줄이고 연료를 절약하기 위하여 자동차에 부착하는 장치로서 환경부령으로 정하는 기준에 적합한 장치를 말한다.
② "촉매제"란 배출가스를 증가시키기 위하여 배출가스증가장치에 사용되는 화학물질로서 환경부령으로 정하는 것을 말한다.
③ "입자상물질(粒子狀物質)"이란 물질이 파쇄·선별·퇴적·이적(移積)될 때, 그 밖에 기계적으로 처리되거나 연소·합성·분해될 때에 발생하는 고체상 또는 액체상의 미세한 물질을 말한다.
④ "온실가스 평균배출량"이란 자동차제작자가 판매한 자동차 중 환경부령으로 정하는 자동차의 온실가스 배출량의 합계를 해당 자동차 총 대수로 나누어 산출한 평균값(g/km)을 말한다.

풀이) "촉매제"란 배출가스를 줄이는 효과를 높이기 위하여 배출가스 저감장치에 사용되는 화학물질로서 환경부령으로 정하는 것을 말한다.

74 대기환경보전법상 저공해자동차로의 전환 또는 개조 명령, 배출가스저감장치의 부착·교체 명령 또는 배출가스 관련 부품의 교체 명령, 저공해엔진(혼소엔진을 포함한다)으로의 개조 또는 교체 명령을 이행하지 아니한 자에 대한 과태료 부과기준은?

① 500만 원 이하의 과태료
② 300만 원 이하의 과태료
③ 200만 원 이하의 과태료
④ 100만 원 이하의 과태료

풀이) 대기환경보전법 제94조 참조

75 대기환경보전법규상 배출시설을 설치·운영하는 사업자에 대하여 조업정지를 명하여야 하는 경우로서 그 조업정지가 주민의 생활 등 그 밖에 공익에 현저한 지장을 줄 우려가 있다고 인정되는 경우 조업정지처분을 갈음하여 과징금을 부과할 수 있다. 이때 과징금의 부과기준에 적용되지 않는 것은?

① 조업정지일수
② 1일당 부과금액
③ 오염물질별 부과금액
④ 사업장 규모별 부과계수

풀이) 과징금은 행정처분기준에 따라 조업정지일수에 1일당 부과금액과 사업장 규모별 부과계수를 곱하여 산정한다.

76 환경정책기본법령상 이산화질소(NO_2)의 대기환경기준으로 옳은 것은?

① 연간 평균치 0.03ppm 이하
② 24시간 평균치 0.05ppm 이하
③ 8시간 평균치 0.3ppm 이하
④ 1시간 평균치 0.15ppm 이하

풀이 대기환경기준

항목	기준	측정방법
이산화질소 (NO_2)	• 연간 평균치 : 0.03ppm 이하 • 24시간 평균치 : 0.06ppm 이하 • 1시간 평균치 : 0.10ppm 이하	화학발광법 (Chemiluminescence Method)

77 다음은 대기환경보전법상 과징금 처분에 관한 사항이다. ( ) 안에 가장 적합한 것은?

> 환경부장관은 인증을 받지 아니하고 자동차를 제작하여 판매한 경우 등에 해당하는 때에는 그 자동차제작자에 대하여 매출액에 (㉠)을/를 곱한 금액을 초과하지 아니하는 범위에서 과징금을 부과할 수 있다. 이 경우 과징금의 금액은 (㉡)을 초과할 수 없다.

① ㉠ 100분의 3, ㉡ 100억 원
② ㉠ 100분의 3, ㉡ 500억 원
③ ㉠ 100분의 5, ㉡ 100억 원
④ ㉠ 100분의 5, ㉡ 500억 원

풀이 환경부장관은 인증을 받지 아니하고 자동차를 제작하여 판매한 경우 등에 해당하는 때에는 그 자동차제작자에 대하여 매출액에 100분의 5를 곱한 금액을 초과하지 아니하는 범위에서 과징금을 부과할 수 있다. 이 경우 과징금의 금액은 500억 원을 초과할 수 없다.

78 대기환경보전법상 저공해자동차로의 전환 또는 개조 명령, 배출가스저감장치의 부착·교체 명령 또는 배출가스 관련 부품의 교체 명령, 저공해엔진(혼소엔진을 포함한다.)으로의 개조 또는 교체 명령을 이행하지 아니한 자에 대한 과태료 부과기준은?

① 1,000만 원 이하의 과태료
② 500만 원 이하의 과태료
③ 300만 원 이하의 과태료
④ 200만 원 이하의 과태료

풀이 대기환경보전법 제94조 참조

79 대기환경보전법규상 위임업무의 보고사항 중 '수입자동차 배출가스 인증 및 검사현황'의 보고 횟수 기준으로 적합한 것은?

① 연 1회 ② 연 2회
③ 연 4회 ④ 연 12회

풀이 위임업무 보고사항

업무내용	보고 횟수	보고 기일	보고자
환경오염 사고 발생 및 조치 사항	수시	사고발생 시	시·도지사, 유역환경청장 또는 지방환경청장
수입자동차 배출가스 인증 및 검사현황	연 4회	매 분기 종료 후 15일 이내	국립환경과학원장
자동차 연료 및 첨가제의 제조·판매 또는 사용에 대한 규제 현황	연 2회	매 반기 종료 후 15일 이내	유역환경청장 또는 지방환경청장

Answer 76 ① 77 ④ 78 ③ 79 ③

업무내용	보고 횟수	보고 기일	보고자
자동차 연료 또는 첨가제의 제조기준 적합 여부 검사 현황	• 연료 : 연 4회 • 첨가제 : 연 2회	• 연료 : 매 분기 종료 후 15일 이내 • 첨가제 : 매 반기 종료 후 15일 이내	국립환경과학원장
측정기기관리대행업의 등록(변경등록) 및 행정처분 현황	연 1회	다음 해 1월 15일까지	유역환경청장, 지방환경청장 또는 수도권대기환경청장

80 대기환경보전법령상 배출시설 설치허가를 받거나 설치신고를 하려는 자가 시·도지사 등에게 제출할 배출시설 설치허가신청서 또는 배출시설 설치신고서에 첨부하여야 할 서류가 아닌 것은?

① 배출시설 및 방지시설의 설치명세서
② 방지시설의 일반도
③ 방지시설의 연간 유지관리계획서
④ 환경기술인 임명일

〔풀이〕 배출시설 설치허가를 받거나 신고를 하려는 자가 배출시설 설치허가신청서 또는 배출시설 설치신고서에 첨부해야 하는 서류
㉠ 원료(연료를 포함한다.)의 사용량 및 제품 생산량과 오염물질 등의 배출량을 예측한 명세서
㉡ 배출시설 및 방지시설의 설치명세서
㉢ 방지시설의 일반도
㉣ 방지시설의 연간 유지관리 계획서
㉤ 사용 연료의 성분 분석과 황산화물 배출농도 및 배출량 등을 예측한 명세서(배출시설의 경우에만 해당한다.)
㉥ 배출시설설치허가증(변경허가를 신청하는 경우에만 해당한다.)

Answer 80 ④

2022년 제4회 CBT 복원·예상문제

제1과목 대기오염개론

01 대류권에서 광화학 대기오염에 영향을 미치는 중요한 태양 및 흡수기체의 흡수성에 관한 설명으로 옳지 않은 것은?

① 오존은 200~320nm의 파장에서 강한 흡수가, 450~700nm에서는 약한 흡수가 있다.
② 이산화황은 파장 340nm 이하와 470~550nm에 강한 흡수를 보이며, 대류권에서 쉽게 광분해된다.
③ 알데하이드는 313nm 이하에서 광분해한다.
④ 케톤은 300~700nm에서 약한 흡수를 하며 광분해한다.

풀이) SO_2는 280~290nm에서 강한 흡수를 보이지만 대류권에서는 거의 광분해되지 않는다.

02 다음 특정물질 중 오존파괴지수가 가장 낮은 것은?

① CFC-115
② 사염화탄소
③ Halon-2402
④ Halon-1301

풀이) 오존파괴지수
① CFC-115 : 0.6
② 사염화탄소 : 1.1
③ Halon-2402 : 6.0
④ Halon-1301 : 10.0

03 다음 중 방사역전(Radiation Inversion)이 가장 잘 발생하는 계절과 시기는?

① 여름철 맑은 날 정오
② 여름철 흐린 날 오후
③ 겨울철 맑은 날 이른 아침
④ 겨울철 흐린 날 오후

풀이) 방사역전은 복사역전과 같은 의미이며 겨울철 맑은 날 이른 아침에 주로 발생한다.

04 실제 굴뚝높이가 100m이고, 안지름이 1.2m인 굴뚝에서 아황산가스를 포함하는 연기가 12m/s의 속도로 배출되고 있다. 배출가스 중 아황산가스의 농도가 3,000ppm일 때, 유효굴뚝높이는?(단, 풍속은 2m/s, 수직 및 수평 확산계수는 모두 0.1, $H = D\left(\dfrac{V_s}{U}\right)^{1.4}$를 이용하며, 연기와 대기의 온도차는 무시한다.)

① 약 15m   ② 약 55m
③ 약 115m ④ 약 155m

풀이) $H_e = H + \Delta H$

$\Delta H = 1.2\text{m} \times \left(\dfrac{12\text{m/sec}}{2\text{m/sec}}\right)^{1.4} = 14.74\text{m}$

$= 100 + 14.74 = 114.74\text{m}$

Answer 01 ② 02 ① 03 ③ 04 ③

05 역전현상에 관한 설명으로 거리가 먼 것은?

① 기온역전은 접지역전과 공중역전으로 나눌 수 있다.
② 침강성 역전과 전선형 역전은 공중역전에 속한다.
③ 복사역전은 주로 밤부터 이른 아침 사이에 일어난다.
④ 굴뚝의 높이 상하에서 각각 침강역전과 복사역전이 동시에 발생하는 경우 플룸(Plume)의 형태는 훈증형(Fumigation)으로 된다.

풀이) 굴뚝의 높이 상하에서 각각 침강역전과 복사역전이 동시에 발생하는 경우 플룸(Plume)의 형태는 구속형(Trapping)으로 된다.

06 대체연료 자동차에 관한 설명으로 옳지 않은 것은?

① 전기자동차는 1회 충전당 주행거리가 휘발유자동차의 10배 정도이다.
② 메탄올 자동차는 발열량이 휘발유의 절반 정도이므로 연료탱크의 크기를 2배로 하면 1회 충전당 얻을 수 있는 항속거리를 휘발유자동차와 유사하게 할 수 있다.
③ 메탄올자동차는 메탄올의 윤활기능이 휘발유에 비해 매우 약하므로 금속이나 플라스틱 재료 모두를 침식시킨다.
④ 수소자동차는 다른 에너지원에 비해 밀도가 낮으므로 생산된 단위에너지당 연료 무게가 낮으므로 생산된 단위에너지당 연료 무게가 작고, 연소에 의해 배출되는 가스상 오염물질의 양이 매우 적은 장점을 가지고 있다.

풀이) 전기자동차는 1회 충전당 주행거리가 짧은 단점이 있다.

07 염소를 배출하는 공장이 있다. 이 공장에서 배출하는 염소농도가 0℃, 1기압에서 0.75ppm일 때 $\mu g/m^3$ 농도를 환산하면?

① 2,254
② 2,377
③ 2,438
④ 2,536

풀이) 농도($\mu g/Sm^3$)
$= 0.75 mL/Sm^3 \times \dfrac{71mg}{22.4mL} \times 10^3 \mu g/mg$
$= 2,377.23 \mu g/Sm^3$

08 대기오염물질의 확산과 관련된 스모그 현상과 기온역전에 관한 설명으로 옳지 않은 것은?

① 로스앤젤레스 스모그 사건은 광화학 스모그에 의한 침강성 역전이다.
② 런던 스모그 사건은 산화반응에 의한 것으로 습도는 70% 이하 조건에서 발생하였다.
③ 침강성 역전은 고기압권 내에서 공기가 하강하여 생기며, 주야 구분 없이 발생할 수 있다.
④ 방사성 역전은 밤과 아침 사이에 지표면이 냉각되어 공기온도가 낮아지기 때문에 발생한다.

풀이) 런던 스모그 사건은 환원반응을 통하여 스모그가 형성되었으며 습도가 90% 이상으로 높은 상태에서 발생하였다.

09 다음 중 기후·생태계 변화유발물질과 거리가 먼 것은?

① 육불화황
② 메탄
③ 수소염화불화탄소
④ 염화나트륨

기후 · 생태계 변화 유발물질
기후온난화 등으로 생태계의 변화를 가져올 수 있는 기체상 물질로서 온실가스(이산화탄소, 메탄, 아산화질소, 수소불화탄소, 과불화탄소, 육불화황) 및 환경부령이 정하는 것(염화불화탄소)을 말한다.

10 오염물질의 피해에 관한 설명 중 [보기]에서 가장 적합한 것은?

[보기]
- 섬유의 인장강도를 아주 크게 떨어뜨리는 물질로 알려져 있다.
- 이물질의 미세한 액적이 나일론 섬유에 침적하여 섬유의 강도를 약화시킨다.
- 셀룰로오스 섬유, 면(Cotton), 레이온 등에 피해를 입힌다.

① 라돈 ② 오존
③ 황산화물 ④ 이산화질소

황산화물(SOx)
㉠ 양모, 면, 나일론, 셀룰로오스 섬유 등의 각종 섬유는 황산화물에 의해 섬유색깔이 탈색 또는 퇴색되며 인장력이 감소된다. 즉, 인장강도를 크게 떨어뜨린다.
㉡ 금속을 부식시키며, 습도가 높을수록 부식률은 증가한다.

11 다음 중 대기오염물질인 Mn, Zn 및 그 화합물이 인체에 미치는 영향으로 가장 알맞은 것은?

① 기형 ② 비중격천공
③ 발열 ④ 간암

Mn, Zn 및 그 화합물은 발열반응을 일으켜 인체에 금속열 증상을 유발한다.

12 '고온'의 연소과정 시 화염 속에서 주로 생성되는 질소산화물은?

① NO ② NO_2
③ NO_3 ④ N_2O_5

화석연료 연소 시 배출되는 NO와 NO_2의 개략적인 발생비율은 90 : 10 정도이다.

13 다음 중 지구온난화의 주 원인물질로 가장 적합하게 짝지어진 것은?

① $CH_4 - CO_2$ ② $SO_2 - NH_3$
③ $CO_2 - HF$ ④ $NH_3 - HF$

온실기체의 지구온난화에 대한 기여도
CO_2가 대기 중 존재량이 가장 많아 약 61%로 가장 높고, N_2O가 약 6%로 가장 낮으며, CFC가 12%, 메탄이 15%, 기타가 약 12%인 것으로 나타나고 있다.

14 소용돌이 확산모델(Eddy Diffusion Model)의 기본방정식으로 적합한 것은?

① Hook의 방정식 ② Fick의 방정식
③ Plank의 방정식 ④ Kelvin의 방정식

소용돌이 확산모델(Eddy Diffusion Model)은 Fick의 확산방정식으로 설명된다.

15 시골지역의 먼지에 이한 빛 흡수율을 조사하기 위하여 직경 120mm인 여과지에 500L/분의 속도로 10시간 동안 포집하여 빛 전달률을 측정하니 60%였다. 1,000m당 Coh는?

① 0.84 ② 1.42
③ 2.43 ④ 3.68

Answer ◀ 10 ③ 11 ③ 12 ① 13 ① 14 ② 15 ①

풀이) $Coh = \dfrac{\log\dfrac{1}{t}/0.01}{L} \times 1,000$

$\log\dfrac{1}{t} = \log\dfrac{1}{0.6} = 0.2218$

$L = V \times t$

$V = \dfrac{Q}{A} = \dfrac{0.5\text{m}^3/\text{min}}{\left(\dfrac{3.14 \times 0.12^2}{4}\right)\text{m}^2}$

$= 44.21\text{m/min}$

$= 44.21\text{m/min} \times 10\text{hr} \times 60\text{min/hr}$

$= 26,526\text{m}$

$= \dfrac{0.2218/0.01}{26,526\text{m}} \times 1,000 = 0.836$

16 다음 중 광화학 스모그(Photochemical Smog)에 대한 설명으로 옳은 것은?

① 태양광선 중 주로 적외선에 의해 강한 광화학 반응을 일으켜 광화학 스모그를 생성한다.
② 대기 중의 PBN(Peroxybutyl Nitrate)의 농도는 PAN과 비슷하며, PPN(Peroxypropionyl Nitrate)은 PAN의 약 2배 정도이다.
③ 과산화기가 산소와 반응하여 오존이 생성될 수도 있다.
④ PAN은 안정한 화합물이므로 광화학반응에 의해 분해되지 않는다.

풀이) ① 태양광선 중 주로 자외선에 의해 강한 광화학반응을 일으켜 광화학 스모그를 생성한다.
② 대기 중의 PBN 농도는 PAN, PPN과 비슷하다.
④ PAN은 불안정한 화합물이므로 광화학반응에 의해 분해된다.

17 굴뚝의 현재 유효고가 55m일 때, 최대 지표 농도를 절반으로 감소시키기 위해서는 유효고도(m)를 얼마만큼 더 증가시켜야 하는가?(단, Sutton식을 적용하고, 기타 조건은 동일하다고 가정)

① 77.8m ② 32.0m
③ 22.8m ④ 11.4m

풀이) $C_{max} \propto \dfrac{1}{H_e^2}$

$C_{max} : \dfrac{1}{(55\text{m})^2} = \dfrac{1}{2} C_{max} : \dfrac{1}{H_e^2}$

$H_e = \sqrt{(55\text{m})^2 \times 2} = 77.78\text{m}$

증가 높이(m) = 77.78 − 55 = 22.78m

18 최대혼합고(MMD)에 관한 설명으로 옳지 않은 것은?

① 오후 2시를 전후로 해서 일중 최대치를 나타낸다.
② 실제 최대혼합고는 지표위 수 km까지의 실제 공기의 온도종단도를 작성함으로써 결정된다.
③ 과단열감률이 생기면 반드시 대류현상이 있게 되고, 이때 대류가 이루어지는 최대고도를 최대혼합고라 한다.
④ 최대혼합고가 높으면 높을수록 오염물질이 넓게 퍼져서 더 많은 피해를 입힌다.

풀이) 최대혼합고가 높을수록 오염물질이 넓게 퍼져서 농도가 낮아지므로 피해가 줄어든다.

19 각 오염물질이 식물에 미치는 영향에 관한 설명으로 가장 거리가 먼 것은?

① 불화수소는 어린 잎에 현저하며 지표식물로는 글라디올러스, 메밀 등이 있다.
② 일산화탄소의 중독증상으로 엽록체를 파괴하고, 잎 전체를 갈변시키며, 토마토, 해바라기, 메밀 등은 25ppm 정도에서 1시간 접촉 시 현저한 피해증상을 보인다.
③ 에틸렌은 이상낙엽, 새 나뭇가지의 성장 저해 및 생장 억제를 일으킨다.

④ 황화수소는 일반적으로 독성은 약하나 어린 잎과 새싹에 피해가 많은 편이며, 지표식물로는 코스모스, 클로버 등이 있다.

[풀이] 식물에 미치는 영향(일산화탄소)
㉠ 식물에는 큰 영향을 미치지 않는다.
㉡ 약 500ppm 정도에서는 토마토 잎에 피해를 준다.
㉢ 100ppm까지는 1~3주간 노출되어도 고등식물에 대한 피해는 약하다.

20 파장 5,320Å인 빛 속에서 밀도가 0.95g/cm³, 직경 0.42μm인 기름방울의 분산면적비가 4.5일 때 먼지 농도가 0.4mg/m³이라면, 가시거리는 약 몇 km인가?(단, $V = \left[\dfrac{(5.2 \times \rho \times r)}{(k \times G)}\right]$)

① 0.33km ② 0.38km
③ 0.58km ④ 0.82km

[풀이] 시정거리 $= \dfrac{5.2 \times \rho \times r}{k \times G}$

$\rho = 0.958/cm^3 \times 10^6 cm^3/m^3$
$= 0.95 \times 10^6 g/m^3$
$r = 0.42\mu m \times 0.5 = 0.21\mu m$
$G = 0.4mg/m^3 \times 10^3 \mu g/mg$
$= 4 \times 10^2 \mu g/m^3$

$= \dfrac{5.2 \times (0.95 \times 10^6)g/m^3 \times 0.21\mu m}{4.5 \times 4 \times 10^2 \mu g/m^3}$

$= 576.33m \times km/1,000m = 0.58km$

제2과목 대기오염공정시험기준(방법)

21 다음 중 대기오염공정시험기준에서 아래의 조건에 해당하는 규정농도 이상의 것을 사용해야 하는 시약은?(단, 따로 규정이 없는 상태)

• 농도 : 85% 이상   • 비중 : 약 1.69

① HClO₄ ② H₃PO₄
③ HCl   ④ HNO₃

[풀이] 인산(H₃PO₄)
㉠ 규정농도 : 85.0% 이상
㉡ 비중 : 약 1.69

22 기체크로마토그래피의 충전물에서 고정상 액체의 구비조건에 대한 설명으로 거리가 먼 것은?

① 분석대상 성분을 완전히 분리할 수 있는 것이어야 한다.
② 사용온도에서 증기압이 높은 것이어야 한다.
③ 화학적 성분이 일정한 것이어야 한다.
④ 사용온도에서 점성이 작은 것이어야 한다.

[풀이] 고정상 액체는 사용온도에서 증기압이 낮은 것이어야 한다.

23 다음은 측정용어의 정의이다. ( ) 안에 가장 적합한 용어는?

• (㉠)(은)는 측정결과에 관련하여 측정량을 합리적으로 추정한 값의 산포 특성을 나타내는 인자를 말한다.
• (㉡)(은)는 측정의 결과 또는 측정의 값이 모든 비교의 단계에서 명시된 불확도를 갖는 끊어지지 않는 비교의 사슬을 통하여 보통 국가표준 또는 국제표준에 정해진 기준에 관련시켜질 수 있는 특성을 말한다.
• 시험분석 분야에서 (㉡)의 유지는 교정 및 검정곡선 작성과정의 표준물질 및 순수물질을 적절히 사용함으로써 달성할 수 있다.

① ㉠ 대수정규분포도, ㉡ (측정의) 유효성
② ㉠ (측정)불확도, ㉡ (측정의) 유효성

③ ㉠ 대수정규분포도, ㉡ (측정의) 소급성
④ ㉠ (측정)불확도, ㉡ (측정의) 소급성

풀이 측정용어
㉠ (측정)불확도(Uncertainty)
측정결과와 관련하여, 측정량을 합리적으로 추정한 값의 산포 특성을 나타내는 인자를 말한다.
㉡ (측정의) 소급성(Traceability)
측정의 결과 또는 측정의 값이 모든 비교의 단계에서 명시된 불확도를 갖는 끊어지지 않는 비교의 사슬을 통하여, 보통 국가표준 또는 국제표준에 정해진 기준에 관련될 수 있는 특성을 말한다.
㉢ 시험분석 분야에서 소급성의 유지는 교정 및 검정곡선 작성과정의 표준물질 및 순수물질을 적절히 사용함으로써 달성할 수 있다.

24 자동기록식 광전분광광도계의 파장교정에 사용되는 흡수 스펙트럼은?

① 홀뮴유리   ② 석영유리
③ 플라스틱   ④ 방전유리

풀이 자동기록식 광전분광광도계의 파장교정에 사용되는 흡수 스펙트럼은 홀뮴유리이다.

25 굴뚝 배출가스 중 질소산화물의 연속자동측정방법으로 가장 거리가 먼 것은?

① 화학발광법   ② 이온전극법
③ 적외선흡수법   ④ 자외선흡수법

풀이 굴뚝배출가스 중 질소산화물(연속자동측정방법)
㉠ 화학발광법
㉡ 적외선흡수법
㉢ 자외선흡수법

26 자외선/가시선분광법에 관한 설명으로 거리가 먼 것은?

① 흡수셀의 재질 중 유리제는 주로 가시 및 근적외부 파장범위, 석영제는 자외부 파장범위를 측정할 때 사용한다.
② 광전광도계는 파장 선택부에 필터를 사용한 장치로 단광속형이 많고 비교적 구조가 간단하여 작업 분석용에 적당하다.
③ 파장의 선택에는 일반적으로 단색화장치(Monochromator) 또는 필터(Filter)를 사용하고, 필터에는 색유리 필터, 젤라틴 필터, 간접필터 등을 사용한다.
④ 광원부의 광원에는 중공음극램프를 사용하고, 가시부와 근적외부의 광원으로는 주로 중수소방전관을 사용한다.

풀이 광원부에서 가시부와 근적외부의 광원으로는 주로 텅스텐램프를 사용하고 자외부의 광원으로는 주로 중수소방전관을 사용한다.

27 배출가스 중 크롬을 원자흡수분광광도법으로 정량할 때 측정 파장은?

① 217.0nm   ② 228.8nm
③ 232.0nm   ④ 357.9nm

풀이 배출가스 중 금속화합물 – 원자흡수분광광도법 정량 시 파장

측정 금속	측정 파장(nm)
Cu	324.8
Pb	217.0/283.3
Ni	232.0
Zn	213.8
Fe	248.3
Cd	228.8
Cr	357.9

Answer 24 ① 25 ② 26 ④ 27 ④

28 황화수소를 아이오딘 적정법으로 정량할 때, 종말점의 판단을 위한 지시약은?

① 아르세나조Ⅲ ② 염화제이철
③ 녹말용액 ④ 메틸렌 블루

🔍 황화수소 분석방법 중 아이오딘 정량법의 종말점은 무색이며 판단 지시약은 녹말용액이다.

29 환경대기 내의 탄화수소 농도 측정방법 중 총탄화수소 측정법에서의 성능기준으로 옳지 않은 것은?

① 응답시간 : 스팬가스를 도입시켜 측정치가 일정한 값으로 급격히 변화되어 스팬가스 농도의 90%가 변화할 때까지의 시간은 2분 이하여야 한다.
② 지시의 변동 : 제로가스 및 스팬가스를 흘려보냈을 때 정상적인 측정치의 변동은 각 측정단계(Range)마다 최대 눈금치의 ±1%의 범위 내에 있어야 한다.
③ 예열시간 : 전원을 넣고 나서 정상으로 작동할 때까지의 시간은 6시간 이하여야 한다.
④ 재현성 : 동일 조건에서 제로가스와 스팬가스를 번갈아 3회 도입해서 각각의 측정치의 평균치로부터 구한 편차는 각 측정단계(Range)마다 최대 눈금치의 ±1%의 범위 내에 있어야 한다.

🔍 예열시간
전원을 넣고 나서 정상으로 작동할 때까지의 시간은 4시간 이하여야 한다.

30 다음은 환경대기 내의 유해휘발성 유기화합물(VOCs)시험방법 중 고체흡착법에 사용되는 용어의 정의이다. ( ) 안에 알맞은 것은?

| 일정농도의 VOC가 흡착관에 흡착되는 초기 시점부터 일정시간이 흐르게 되면 흡착관 내부의 상당량의 VOC가 포화되기 시작하고 전체 VOC 양의 ( )가 흡착관을 통과하게 되는데, 이 시점에서 흡착관 내부로 흘러간 총 부피를 파과부피라 한다. |

① 0.1% ② 5%
③ 30% ④ 50%

🔍 환경대기 중 유해 휘발성 유기화합물(VOCs) 시험방법 중 고체흡착법 용어(파과부피)
일정 농도의 VOC가 흡착관에 흡착되는 초기시점부터 일정 시간이 흐르게 되면 흡착관 내부에 상당량의 VOC가 포화되기 시작하고 전체 VOC양의 5%가 흡착관을 통과하게 되는데, 이 시점에서 흡착관 내부로 흘러간 총 부피를 파과부피라 한다.

31 굴뚝반경이 2.2m인 원형 굴뚝에서 먼지를 채취하고자 할 때의 측정점 수는?

① 8   ② 12
③ 16 ④ 20

🔍 원형 연도의 측정점 수

굴뚝 직경 2R(m)	반경 구분 수	측정점 수
1 미만	1	4
1~2 미만	2	8
2~4 미만	3	12
4~4.5 미만	4	16
4.5 이상	5	20

32 0.1N H_2SO_4 용액 1,000mL를 제조하기 위해서는 95% H_2SO_4를 약 몇 mL 취하여야 하는가?(단, H_2SO_4의 비중은 1.84)

① 약 1.2mL ② 약 3mL
③ 약 4.8mL ④ 약 6mL

Answer 28 ③ 29 ③ 30 ② 31 ③ 32 ②

[풀이] $X(\text{mL}) = 0.1\text{eq/L} \times 1\text{L} \times 49\text{g}/1\text{eq} \times \dfrac{100}{95}$
$\times \text{mL}/1.84\text{kg}$
$= 2.8\text{mL}$

33 자외선/가시선분광법에 관한 설명으로 옳지 않은 것은? (단, I_o : 입사광의 강도, I_t : 투사광의 강도, C : 용액의 농도, l : 빛의 투사길이, ε : 비례상수(흡광계수))

① 램버트-비어의 법칙을 응용한 것이다.
② $\dfrac{I_t}{I_o}$ = 투과도라 한다.
③ 투과도$\left(t = \dfrac{I_t}{I_o}\right)$를 백분율로 표시한 것을 투과 퍼센트라 한다.
④ 투과도$\left(t = \dfrac{I_t}{I_o}\right)$의 자연대수를 흡광도라 한다.

[풀이] 흡광도$(A) = \log \dfrac{1}{\frac{I_t}{I_o}} = \log \dfrac{I_o}{I_t}$

34 황산 25mL를 물로 희석하여 전량을 1L로 만들었다. 희석 후 황산용액의 농도는?(단, 황산 순도는 95%, 비중은 1.84이다.)

① 약 0.3N   ② 약 0.6N
③ 약 0.9N   ④ 약 1.5N

[풀이] $X(\text{N : eq/L})$
$= 25\text{mL/L} \times 0.95 \times 1.84\text{kg/L} \times 1\text{eq}/49\text{g}$
$\times 1,000\text{g/kg} \times \text{L}/10^3\text{mL}$
$= 0.89\text{eq/L(N)}$

35 굴뚝 배출가스 중 페놀화합물을 자외선/가시선분광법으로 측정할 때 시료액에 4-아미노안티피린용액과 헥사사이아노철(Ⅲ)산포타슘 용액을 가한 경우 발색된 색은?

① 황색   ② 황록색
③ 적색   ④ 청색

[풀이] 페놀화합물(흡광광도법)
시료 중의 페놀류를 수산화소듐용액(0.4W/V%)에 흡수시켜 포집한다. 이 용액의 pH를 10±0.2로 조절한 후 여기에 4-아미노 안티피린 용액과 페리시안산포타슘 용액을 순서대로 가하여 얻어진 적색액을 510nm의 가시부에서의 흡광도를 측정하여 페놀류의 농도를 산출한다.

36 자외선가시선분광법에서 장치 및 장치 보정에 관한 설명으로 옳지 않은 것은?

① 가시부와 근적외부의 광원으로는 주로 텅스텐램프를 사용하고 자외부의 광원으로는 주로 중수소 방전관을 사용한다.
② 일반적으로 흡광도 눈금의 보정은 110℃에서 3시간 이상 건조한 과망간산포타슘(1급 이상)을 N/10 수산화소듐 용액에 녹인 과망간산소듐 용액으로 보정한다.
③ 광전관, 광전자증배관은 주로 자외 내지 가시파장 범위에서 광전지는 주로 가시파장 범위 내에서의 광전측광에 사용된다.
④ 광전광도계는 파장 선택부에 필터를 사용한 장치로 단광속형이 많고 비교적 구조가 간단하여 작업분석용에 적당하다.

[풀이] 일반적으로 흡광도 눈금의 보정은 110℃에서 3시간 이상 건조한 다이크롬산포타슘(1급 이상)을 N/20 수산화포타슘 용액에 녹인 다이크롬산포타슘용액으로 보정한다.

37 다음은 굴뚝 배출가스 중 크롬화합물을 자외선가시선분광법으로 측정하는 방법이다. ( ) 안에 알맞은 것은?

> 시료용액 중의 크롬을 과망간산포타슘에 의하여 6가로 산화하고, (㉠)을/를 가한 다음, 아질산소듐으로 과량의 과망간산염을 분해한 후 다이페닐카바자이드를 가하여 발색시키고, 파장 (㉡)nm 부근에서 흡수도를 측정하여 정량하는 방법이다.

① ㉠ 아세트산, ㉡ 460
② ㉠ 요소, ㉡ 460
③ ㉠ 아세트산, ㉡ 540
④ ㉠ 요소, ㉡ 540

풀이 시료용액 중의 크롬을 과망간산포타슘에 의하여 6가로 산화하고, 요소를 가한 다음, 아질산소듐으로 과량의 과망간산염을 분해한 후 다이페닐카바자이드를 가하여 발색시키고, 파장 540nm 부근에서 흡수도를 측정하여 정량하는 방법이다.

38 다음은 굴뚝에서 배출되는 먼지측정방법에 관한 설명이다. ( ) 안에 알맞은 말을 순서대로 옳게 나열한 것은?

> "수동식 채취기를 사용하여 굴뚝에서 배출되는 기체 중의 먼지를 측정할 때 흡입가스양은 원칙적으로 (㉠)여과지 사용 시 포집면적 1cm²당 (㉡)mg 정도이고, (㉢)여과지 사용 시 전체 먼지포집량이 (㉣)mg 이상이 되도록 한다."

① ㉠ 원통형, ㉡ 0.5, ㉢ 원형, ㉣ 1
② ㉠ 원통형, ㉡ 1, ㉢ 원형, ㉣ 5
③ ㉠ 원형, ㉡ 0.5, ㉢ 원통형, ㉣ 1
④ ㉠ 원형, ㉡ 1, ㉢ 원통형, ㉣ 5

풀이 흡입가스양은 원칙적으로 채취량이 원형 여과지일 때 채취면적 1cm²당 1mg 정도, 원통형 여과지일 때는 전체 채취량이 5mg 이상 되도록 한다.

39 굴뚝 배출가스 중 납화합물 분석을 위한 자외선가시선분광법에 관한 설명으로 옳은 것은?

① 납착염의 흡광도를 450nm에서 측정하여 정량하는 방법이다.
② 시료 중 납이온이 디티존과 반응하여 생성되는 납 디티존 착염을 사염화탄소로 추출한다.
③ 납착물은 시간이 경과하면 분해되므로 20℃ 이하의 빛이 차단된 곳에서 단시간에 측정한다.
④ 시료 중 납성분 추출 시 시안화포타슘 용액으로 세정조작을 수회 반복하여도 무색이 되지 않는 이유는 다량의 비소가 함유되어 있기 때문이다.

풀이 ① 납착염의 흡광도를 520nm에서 측정하여 정량하는 방법이다.
② 시료 중 납이온이 디티존과 반응하여 생성되는 납 디티존 착염을 클로로포름으로 추출한다.
④ 시료 중 납성분 추출 시 시안화포타슘 용액으로 세정조작을 수회 반복하여도 무색이 되지 않는 이유는 다량의 비스무트(Bi)가 함유되어 있기 때문이다.

40 환경대기 중 먼지를 고용량 공기시료 채취기로 채취하고자 한다. 이 방법에 따른 시료채취 유량으로 가장 적합한 것은?

① 10~300L/min
② 0.5~1.0m³/min
③ 1.2~1.7m³/min
④ 2.2~2.8m³/min

풀이 유량은 보통 1.2~1.7m³/min 정도 되도록 하고 유량계의 눈금은 유량계 부자의 중앙부를 읽는다.

Answer 37 ④ 38 ④ 39 ③ 40 ③

제3과목　대기오염방지기술

41 직경 400mm, 유효높이 12m인 원통형 백필터를 사용하여 먼지농도 6g/m³인 배출가스를 20m³/sec으로 처리하고자 한다. 겉보기 여과속도를 1.2cm/sec로 할 때 필요한 백필터의 수는?

① 105개　　② 111개
③ 116개　　④ 121개

풀이 백필터 수 = $\dfrac{\text{처리가스양}}{\text{여과백 하나당 가스양}}$

$= \dfrac{20\text{m}^3/\text{sec}}{(3.14 \times 0.4\text{m} \times 12\text{m}) \times 0.012\text{m}/\text{sec}}$

$= 110.5 (111개)$

42 전기집진기의 방전극과 집진극의 거리가 0.06m, 공기의 유속이 3.5m/s, 입자의 집진극으로 이동속도가 5cm/s일 때, 이 입자를 100% 제거하기 위한 집진극의 길이(m)는?

① 0.042m　　② 0.42m
③ 4.2m　　④ 42m

풀이 집진극 길이$(L) = \dfrac{R \times V}{W_e}$

$= \dfrac{0.06\text{m} \times 3.5\text{m}/\text{sec}}{0.05\text{m}/\text{sec}} = 4.2\text{m}$

43 촉매를 사용하여 공기 중의 오염물질을 산화 제거하는 촉매연소방법에 관한 설명으로 옳지 않은 것은?

① 악취성분을 촉매에 의해 약 500~650℃ 정도의 저온에서 산화분해하고, 메탄과 물로 변화시켜 무취화하는 방법이다.
② 적용 가능한 성분으로는 가연악취성분, 황화수소, 암모니아 등이 있다.
③ 직접 연소법에 비해 질소산화물 발생량이 적고, 낮은 농도로 배출된다.
④ 할로겐 원소, 납, 아연, 비소 등은 촉매에 바람직하지 않은 성분이다.

풀이 촉매연소방법
악취성분을 촉매에 의해 약 250~400℃ 정도의 저온에 의해 산화분해하고, 이산화탄소와 물로 변화시켜 무취화하는 방법이다.

44 연소조절에 의한 질소산화물(NOx) 저감대책으로 거리가 먼 것은?

① 과잉공기량을 크게 한다.
② 배출가스를 재순환시킨다.
③ 연소용 공기의 예열온도를 낮춘다.
④ 2단 연소법을 사용한다.

풀이 과잉공기량을 적게 해야 질소산화물의 생성이 저감된다.

45 다음 악취 중 공기 중에서의 최소감지농도(ppm)가 가장 높은 것은?

① 페놀　　② 아세톤
③ 초산　　④ 염소

풀이 최소감지농도

화학물질명	농도(ppm)
페놀	0.00028
아세톤(Acetone)	42
초산(Acetic acid)	0.0057

46 다음에서 먼지 중 진비중/겉보기 비중이 가장 큰 것은?

① 카본블랙   ② 미분탄보일러
③ 시멘트 원료분   ④ 골재 드라이어

풀이) 먼지 중 진비중/겉보기 비중
  ㉠ 카본블랙 : 76
  ㉡ 미분탄보일러 : 4.0
  ㉢ 시멘트 원료분 : 5.0
  ㉣ 골재 드라이어 : 2.7

47 입경측정방법 중 간접측정방법이 아닌 것은?

① 표준체측정법   ② 관성충돌법
③ 액상침강법   ④ 광산란법

풀이) 간접측정방법
  ㉠ 관성충돌법   ㉡ 액상침강법
  ㉢ 광산란법   ㉣ 공기투과법

48 액화프로판 440kg을 기화시켜 $8Sm^3/hr$로 연소시킨다면 약 몇 시간 사용할 수 있는가? (단, 표준상태 기준)

① 10시간   ② 18시간
③ 24시간   ④ 28시간

풀이) 시간$(t) = \dfrac{440kg \times \left(\dfrac{22.4Sm^3}{44kg}\right)}{8Sm^3/hr} = 28hr$

49 세정식 집진장치에서 회전원판에 의해 분무액이 미립화될 경우 원심력과 표면장력에 의해 물방울 직경을 측정할 수 있다. 회전원판의 반경 4cm, 회전수 3,600rpm일 때 물방울 직경은?

① 약 $123\mu m$ ② 약 $186\mu m$
③ 약 $278\mu m$ ④ 약 $396\mu m$

풀이) 물방울 직경$(d_w : \mu m) = \dfrac{200}{N\sqrt{R}} \times 10^4$

$= \dfrac{200}{3{,}600rpm \times \sqrt{4cm}}$

$= 277.78\mu m$

50 A공장의 전기집진장치에서 원통형 집진극의 반경이 8cm이고, 길이가 1.5m이다. 처리가스의 유속을 1.5m/sec로 하고 먼지입자가 집진극을 향하여 이동하는 이동분리 속도가 10cm/sec라면 먼지제거 효율은?

① 약 92%   ② 약 94%
③ 약 96%   ④ 약 98%

풀이) $\eta = 1 - \exp\left(-\dfrac{AW_e}{Q}\right)$

$A = 3.14 \times 0.16m \times 1.5m = 0.754m^2$
$W_e = 0.1m/sec$
$Q = \left(\dfrac{3.14 \times 0.16^2}{4}\right)m^2 \times 1.5m/sec$
$\quad = 0.03m^3/sec$

$= \left[1 - \exp\left(-\dfrac{0.754 \times 0.1}{0.03}\right)\right] \times 100$
$= 91.9\%$

51 A배출시설의 배출가스양은 $200{,}000Sm^3/hr$이고, 이 배출가스에 함유된 질소산화물(NO)은 280ppm이었다. 이 질소산화물을 암모니아에 의한 선택적 족매환원법(산소 공존 없이)으로 처리할 경우 암모니아의 이론소요량(kg/hr)은? (단, 배출가스 중 질소산화물은 모두 NO로 계산하고, 표준상태를 기준으로 한다.)

① 약 28   ② 약 38
③ 약 43   ④ 약 48

Answer ◀ 46 ① 47 ① 48 ④ 49 ③ 50 ① 51 ①

풀이) $6NO + 4NH_3 \rightarrow 5N_2 + 6H_2O$
$6 \times 22.4 Sm^3 : 4 \times 17 kg$
$200,000 Sm^3/hr \times 280 mL/m^3 \times m^3/10^6 mL$
$: NH_3(kg/hr)$
$NH_3(kg/hr)$
$= \dfrac{200,000 Sm^3/hr \times 280 mL/m^3 \times m^3/10^6 mL \times (4 \times 17) kg}{6 \times 22.4 Sm^3}$
$= 28.33 kg/hr$

52 표준상태에서 염화수소 함량이 0.1%인 배출가스 1,000m³/hr를 수산화칼슘(Ca(OH)₂)액으로 처리하고자 한다. 염화수소가 100% 제거된다고 할 때, 1시간당 필요한 수산화칼슘의 이론적인 양은?

① 0.42kg
② 0.83kg
③ 1.24kg
④ 1.65kg

풀이) $2HCl + Ca(OH)_2 \rightarrow CaCl_2 + 2H_2O$
$2 \times 22.4 Sm^3 : 74 kg$
$1,000 m^3/hr \times 0.001 : Ca(OH)_2(kg/hr)$
$Ca(OH)_2 = \dfrac{1,000 m^3/hr \times 0.001 \times 74 kg}{2 \times 22.4 Sm^3}$
$= 1.65 kg/hr$

53 다음은 어떤 흡수장치에 관한 설명인가?

> 고압의 노즐로부터 분무되는 세정액과 오염가스를 접촉시키는 방식으로, 송풍기가 불필요하고 효율은 좋으나 소요액량이 10~100L/m³로 많다.

① 분무탑
② 벤투리 스크러버
③ 제트 스크러버
④ 포종탑

풀이) 제트 스크러버(Jet scrubber)
㉠ 송풍기를 사용하지 않음(세정액의 고압분무에 의한 승압효과로 배기가스를 장치 내로 유압시키기 때문)
㉡ 처리가스양이 많은 경우에는 효과가 낮은 편이므로 사용하지 않음
㉢ 다량세정액 사용(다른 세정장치의 10~20배)으로 유지관리비 증가(액기비 약 10~50(100) L/m³)

54 다음 중 석탄의 탄화도가 증가할수록 가지는 성질로 옳지 않은 것은?

① 수분 및 휘발분이 감소한다.
② 고정탄소 및 산소의 양이 증가한다.
③ 발열량이 증가하고, 착화온도가 높아진다.
④ 연료비가 증가한다.

풀이) 탄화도가 증가할수록 고정탄소의 함량은 증가하지만 산소의 양은 감소한다.

55 흡착에 의한 탈취방법에서 활성탄을 흡착제로 사용할 경우 효과가 거의 없는 것은?

① 페놀류
② 유기염소화합물
③ 메탄
④ 에스테르류

풀이) 활성탄에 의한 흡착법으로 효과적으로 제거 가능한 것은 유기염소화합물, 에스테르류 등이며, 거의 효과가 없는 것은 암모니아, 메탄, 메탄올 등이다.

Answer 52 ④ 53 ③ 54 ② 55 ③

56
원형 덕트에서 길이 L, 마찰계수 f, 직경 D, 유속 v일 때 압력손실(H_f)의 비례관계 표현으로 옳은 것은?(단, g : 중력가속도)

① $H_f \propto \dfrac{DLv^2}{g}$ ② $H_f \propto f\dfrac{gLv}{D}$

③ $H_f \propto f\dfrac{Lv^2}{gD}$ ④ $H_f \propto f\dfrac{Dv^2}{gL}$

[풀이] 원형 직선 Duct의 압력손실
$\Delta P = F \times VP$(mmH$_2$O) : Darcy-Weisbach식
여기서, F : 압력손실계수 $= 4 \times f \times \dfrac{L}{D}\left(= \lambda \times \dfrac{L}{D}\right)$
  λ : 관마찰계수(무차원)
   ($\lambda = 4f$: f는 페닝마찰계수)
  D : 덕트직경(m)
  L : 덕트길이(m)
  VP : 속도압 $= \dfrac{\gamma \cdot V^2}{2g}$ (mmH$_2$O)
  γ : 비중(kg/m^3)
  V : 공기속도(m/sec)
  g : 중력가속도(m/sec^2)

57
다음 흡수장치 중 가스분산형 흡수장치에 해당하는 것은?

① 벤투리 스크러버
② 기포탑
③ 젖은 벽탑
④ 분무탑

[풀이] 가스분산형 흡수장치
  ㉠ 단탑(Plate Tower)
   • 포종탑(Tray Tower)
   • 다공판탑(Sieve Plate Tower)
  ㉡ 기포탑

58
전형적인 자동차 배기가스를 구성하는 다음 물질 중 가장 많은 양(부피%)을 차지하고 있는 것은?(단, 공전상태 기준)

① HC   ② CO
③ NOx   ④ SOx

[풀이] 공전상태기준으로는 자동차 배기가스 중 CO가 가장 많이 배출되고 있다.

59
액체연료의 버너 중 그 유량의 조절범위가 가장 큰 것은?

① 유압식 버너   ② 회전식 버너
③ 로터리식 버너 ④ 고압공기식 버너

[풀이] 고압공기식 버너의 유량 조절범위(1 : 10)가 가장 크다.

60
아래 표는 전기로에 부설된 Bag Filter의 유입구 및 유출구의 가스양과 먼지농도를 측정한 것이다. 먼지통과율을 구하면?

구분	유입구	유출구
가스양(Sm^3/h)	11.4	16.2
먼지농도(g/Sm^3)	13.25	1.24

① 3.32%   ② 6.65%
③ 10.3%   ④ 13.3%

[풀이] 통과율(%) = 100 − 집진효율(%)
$$\eta(\%) = \left(1 - \dfrac{Q_0 C_0}{Q_i C_i}\right) \times 100$$
$$= \left(1 - \dfrac{16.2 \times 1.24}{11.4 \times 13.25}\right) \times 100$$
$$= 86.7\%$$
$$= 100 - 86.7 = 13.3\%$$

Answer ◀ 56 ③ 57 ② 58 ② 59 ④ 60 ④

제4과목　대기환경관계법규

61 대기환경보전법령상 초과부과금 산정 시 다음 오염물질 1kg당 부과금액이 가장 큰 오염물질은?

① 불소화물　　② 황화수소
③ 이황화탄소　④ 암모니아

풀이 초과부과금 산정기준

오염물질	구분	오염물질 1킬로그램당 부과금액
황산화물		500
먼지		770
질소산화물		2,130
암모니아		1,400
황화수소		6,000
이황화탄소		1,600
특정 유해물질	불소화물	2,300
	염화수소	7,400
	시안화수소	7,300

62 실내공기질 관리법령상 실내공간 오염물질에 해당하지 않는 것은?

① 이산화탄소(CO_2)　② 일산화질소(NO)
③ 일산화탄소(CO)　　④ 이산화질소(NO_2)

풀이 실내공기 오염물질
㉠ 미세먼지(PM-10)
㉡ 이산화탄소(CO_2 ; Carbon Dioxide)
㉢ 포름알데하이드(Formaldehyde)
㉣ 총부유세균(TAB ; Total Airborne Bacteria)
㉤ 일산화탄소(CO ; Carbon Monoxide)
㉥ 이산화질소(NO_2 ; Nitrogen Dioxide)
㉦ 라돈(Rn ; Radon)
㉧ 휘발성유기화합물(VOCs ; Volatile Organic Compounds)
㉨ 석면(Asbestos)
㉩ 오존(O_3 ; Ozone)
㉪ 미세먼지(PM-2.5)
㉫ 곰팡이(Mold)　㉬ 벤젠(Benzene)
㉭ 톨루엔(Toluene)
㉮ 에틸벤젠(Ethylbenzene)
㉯ 자일렌(Xylene)　㉰ 스티렌(Styrene)

63 대기환경보전법령상 위임업무 보고사항 중 자동차연료 제조기준 적합 여부 검사현황의 보고 횟수기준으로 옳은 것은?

① 수시　　② 연 1회
③ 연 2회　④ 연 4회

풀이 위임업무 보고사항

업무내용	보고 횟수	보고 기일	보고자
환경오염 사고 발생 및 조치 사항	수시	사고발생 시	시·도지사, 유역환경청장 또는 지방환경청장
수입자동차 배출가스 인증 및 검사현황	연 4회	매 분기 종료 후 15일 이내	국립환경과학원장
자동차 연료 및 첨가제의 제조·판매 또는 사용에 대한 규제 현황	연 2회	매 반기 종료 후 15일 이내	유역환경청장 또는 지방환경청장
자동차 연료 또는 첨가제의 제조기준 적합 여부 검사 현황	• 연료 : 연 4회 • 첨가제 : 연 2회	• 연료 : 매 분기 종료 후 15일 이내 • 첨가제 : 매 반기 종료 후 15일 이내	국립환경과학원장
측정기기관리대행업의 등록(변경 등록) 및 행정처분 현황	연 1회	다음 해 1월 15일까지	유역환경청장, 지방환경청장 또는 수도권대기환경청장

Answer　61 ②　62 ②　63 ④

64. 대기환경보전법령상 청정연료를 사용하여야 하는 대상시설의 범위로 옳지 않은 것은?

① 산업용 열병합 발전시설
② 건축법 시행령에 따른 공동주택으로서 동일한 보일러를 이용하여 하나의 단지 또는 여러 개의 단지가 공동으로 열을 이용하는 중앙집중난방방식으로 열을 공급받고, 단지 내의 모든 세대의 평균 전용면적이 40.0m²를 초과하는 공동주택
③ 전체 보일러의 시간당 총 증발량이 0.2톤 이상인 업무용 보일러(영업용 및 공공용 보일러를 포함하되, 산업용 보일러는 제외)
④ 집단에너지사업법 시행령에 따른 지역냉난방사업을 위한 시설(단, 지역냉난방사업을 위한 시설 중 발전폐열을 지역냉난방용으로 공급하는 산업용 열병합발전시설로서 환경부장관이 승인한 시설은 제외)

풀이 청정연료를 사용하여야 하는 대상 시설
㉠ 건축법 시행령에 따른 공동주택으로서 동일한 보일러를 이용하여 하나의 단지 또는 여러 개의 단지가 공동으로 열을 이용하는 중앙집중난방방식으로 열을 공급받고, 단지 내의 모든 세대의 평균 전용면적이 40.0m²를 초과하는 공동주택
㉡ 전체 보일러의 시간당 총 증발량이 0.2톤 이상인 업무용 보일러(영업용 및 공공용 보일러를 포함하되, 산업용 보일러는 제외한다.)
㉢ 집단에너지사업법 시행령에 따른 지역냉난방사업을 위한 시설(단, 지역냉난방사업을 위한 시설 중 발전폐열을 지역냉난방용으로 공급하는 산업용 열병합 발전시설로서 환경부장관이 승인한 시설은 제외)
㉣ 발전시설. 다만, 산업용 열병합 발전시설은 제외한다.

65. 환경정책기본법령상 초미세먼지(PM-2.5)의 ㉠ 연간평균치 및 ㉡ 24시간 평균치 대기환경기준으로 옳은 것은?(단, 단위는 μg/m³)

① ㉠ 50 이하, ㉡ 100 이하
② ㉠ 35 이하, ㉡ 50 이하
③ ㉠ 20 이하, ㉡ 50 이하
④ ㉠ 15 이하, ㉡ 35 이하

풀이 미세먼지(PM-2.5) 환경기준
㉠ 연간 평균치 : 15μg/m³ 이하
㉡ 24시간 평균치 : 35μg/m³ 이하

66. 대기환경보전법령상 인증을 생략할 수 있는 자동차에 해당하지 않는 것은?

① 항공기 지상 조업용 자동차
② 주한 외국 군인의 가족이 사용하기 위하여 반입하는 자동차
③ 훈련용 자동차로서 문화체육관광부장관의 확인을 받은 자동차
④ 주한 외국 군대의 구성원이 공용 목적으로 사용하기 위한 자동차

풀이 인증을 생략할 수 있는 자동차
㉠ 국가대표 선수용 자동차 또는 훈련용 자동차로서 문화체육관광부장관의 확인을 받은 자동차
㉡ 외국에서 국내의 공공기관 또는 비영리단체에 무상으로 기증한 자동차
㉢ 외교관 또는 주한 외국 군인의 가족이 사용하기 위하여 반입하는 자동차
㉣ 항공기 지상 조업용 자동차
㉤ 인증을 받지 아니한 자가 그 인증을 받은 자동차의 원동기를 구입하여 제작하는 자동차
㉥ 국제협약 등에 따라 인증을 생략할 수 있는 자동차
㉦ 그 밖에 환경부장관이 인증을 생략할 필요가 있다고 인정하는 자동차

67 대기환경보전법령상 대기오염물질발생량의 합계에 따른 사업장 종별 구분 시 다음 중 "3종 사업장" 기준은?

① 대기오염물질발생량의 합계가 연간 20톤 이상 80톤 미만인 사업장
② 대기오염물질발생량의 합계가 연간 20톤 이상 50톤 미만인 사업장
③ 대기오염물질발생량의 합계가 연간 10톤 이상 20톤 미만인 사업장
④ 대기오염물질발생량의 합계가 연간 2톤 이상 10톤 미만인 사업장

풀이 사업장 분류기준

종별	오염물질발생량 구분
1종 사업장	대기오염물질발생량의 합계가 연간 80톤 이상인 사업장
2종 사업장	대기오염물질발생량의 합계가 연간 20톤 이상 80톤 미만인 사업장
3종 사업장	대기오염물질발생량의 합계가 연간 10톤 이상 20톤 미만인 사업장
4종 사업장	대기오염물질발생량의 합계가 연간 2톤 이상 10톤 미만인 사업장
5종 사업장	대기오염물질발생량의 합계가 연간 2톤 미만인 사업장

68 대기환경보전법상 장거리이동대기오염물질 대책위원회에 관한 사항으로 옳지 않은 것은?

① 위원회는 위원장 1명을 포함한 25명 이내의 위원으로 성별을 고려하여 구성한다.
② 위원회와 실무위원회 및 장거리이동대기오염물질 연구단의 구성 및 운영 등에 관하여 필요한 사항은 환경부령으로 정한다.
③ 위원장은 환경부차관으로 한다.
④ 위원회의 효율적인 운영과 안건의 원활한 심의 지원을 위해 실무위원회를 둔다.

풀이 위원회와 실무위원회 및 장거리이동대기오염물질 연구단의 구성 및 운영 등에 관하여 필요한 사항은 대통령령으로 정한다.

69 악취방지법규상 위임업무 보고사항 중 악취검사기관의 지정, 지정사항 변경보고 접수 실적의 보고횟수 기준은?

① 수시   ② 연 1회
③ 연 2회   ④ 연 4회

풀이 위임업무의 보고사항
㉠ 업무내용 : 악취검사기관의 지정, 지정사항 변경보고 접수실적
㉡ 보고횟수 : 연 1회
㉢ 보고기일 : 다음 해 1월 15일까지
㉣ 보고자 : 국립환경과학원장

70 대기환경보전법상 5년 이하의 징역이나 5천만 원 이하의 벌금에 처하는 기준은?

① 연료사용 제한조치 등의 명령을 위반한 자
② 측정기기 운영·관리기준을 준수하지 않아 조치명령을 받았으나, 이 또한 이행하지 않아 받은 조업정지명령을 위반한 자
③ 배출시설을 설치금지 장소에 설치해서 폐쇄명령을 받았으나 이를 이행하지 아니한 자
④ 첨가제를 제조기준에 맞지 않게 제조한 자

풀이 대기환경보전법 제90조 참조

71 대기환경보전법상 이 법에서 사용하는 용어의 뜻으로 옳지 않은 것은?

① "공회전제한장치"란 자동차에서 배출되는 대기오염물질을 줄이고 연료를 절약하기 위하여 자

Answer 67 ③ 68 ② 69 ② 70 ① 71 ②

동차에 부착하는 장치로서 환경부령으로 정하는 기준에 적합한 장치를 말한다.
② "촉매제"란 배출가스를 증가시키기 위하여 배출가스증가장치에 사용되는 화학물질로서 환경부령으로 정하는 것을 말한다.
③ "입자상물질(粒子狀物質)"이란 물질이 파쇄·선별·퇴적·이적(移積)될 때, 그 밖에 기계적으로 처리되거나 연소·합성·분해될 때에 발생하는 고체상 또는 액체상의 미세한 물질을 말한다.
④ "온실가스 평균배출량"이란 자동차제작자가 판매한 자동차 중 환경부령으로 정하는 자동차의 온실가스 배출량의 합계를 해당 자동차 총 대수로 나누어 산출한 평균값(g/km)을 말한다.

풀이) "촉매제"란 배출가스를 줄이는 효과를 높이기 위하여 배출가스 저감장치에 사용되는 화학물질로서 환경부령으로 정하는 것을 말한다.

72 대기환경보전법령상 자동차제작자는 부품의 결함 건수 또는 결함 비율이 대통령령으로 정하는 요건에 해당하는 경우 환경부장관의 명에 따라 그 부품의 결함을 시정해야 한다. 이와 관련하여 ( ) 안에 가장 적합한 건수기준은?

> 같은 연도에 판매된 같은 차종의 같은 부품에 대한 부품결함 건수(세작결함으로 부품을 조정하거나 교환한 건수를 말한다.)가 ( )인 경우

① 5건 이상 ② 10건 이상
③ 25건 이상 ④ 50건 이상

풀이) 자동차제작자는 다음 각 호의 모두에 해당하는 경우에는 그 분기부터 매 분기가 끝난 후 90일 이내에 결함 발생원인 등을 파악하여 환경부장관에게 부품 결함 현황을 보고하여야 한다.
㉠ 같은 연도에 판매된 같은 차종의 같은 부품에 대한 결함시정 요구 건수가 50건 이상인 경우
㉡ 결함시정 요구율이 4퍼센트 이상인 경우

73 대기환경보전법규상 자동차연료 제조기준 중 휘발유의 황 함량기준(ppm)은?

① 2.3 이하 ② 10 이하
③ 50 이하 ④ 60 이하

풀이) 자동차연료 제조기준(휘발유)

항목	제조기준
방향족화합물 함량(부피%)	24(21) 이하
벤젠 함량(부피%)	0.7 이하
납 함량(g/L)	0.013 이하
인 함량(g/L)	0.0013 이하
산소 함량(무게%)	2.3 이하
올레핀 함량(부피%)	16(19) 이하
황 함량(ppm)	10 이하
증기압(kPa, 37.8℃)	60 이하
90% 유출온도(℃)	170 이하

74 대기환경보전법령상 시·도지사는 부과금을 부과할 때 부과대상 오염물질량, 부과금액, 납부기간 및 납부장소 등에 기재하여 서면으로 알려야 한다. 이 경우 부과금의 납부기간은 납부통지서를 발급한 날부터 얼마로 하는가?

① 7일 ② 15일
③ 30일 ④ 60일

풀이) 부과금 납부기간은 납부통지서를 발급한 날부터 30일 이내로 한다.

75 대기환경보전법규상 환경부장관이 그 구역의 사업장에서 배출되는 대기오염물질을 총량으로 규제하려는 경우 고시하여야 할 사항으로 거리가 먼 것은?(단, 그 밖의 사항 등은 제외)

① 총량규제구역
② 총량규제 대기오염물질

Answer 72 ④ 73 ② 74 ③ 75 ③

③ 대기오염방지시설 예산서
④ 대기오염물질의 저감계획

풀이) 대기오염물질을 총량으로 규제하려는 경우 고시사항
㉠ 총량규제구역
㉡ 총량규제 대기오염물질
㉢ 대기오염물질의 저감계획
㉣ 그 밖에 총량규제구역의 대기관리를 위하여 필요한 사항

76 다음은 대기환경보전법규상 비산먼지 발생을 억제하기 위한 시설의 설치 및 필요한 조치에 관한 기준이다. ( ) 안에 알맞은 것은?

> 싣기 및 내리기(분체상 물질을 싣고 내리는 경우만 해당한다.) 배출공정의 경우, 싣거나 내리는 장소 주위에 고정식 또는 이동식 물을 뿌리는 시설(살수반경 (㉠) 이상, 수압 (㉡) 이상)을 설치·운영하여 작업하는 중 다시 흩날리지 아니하도록 할 것(곡물작업장의 경우는 제외한다.)

① ㉠ 3m, ㉡ $1.5kg/cm^2$
② ㉠ 3m, ㉡ $3kg/cm^2$
③ ㉠ 5m, ㉡ $1.5kg/cm^2$
④ ㉠ 5m, ㉡ $3kg/cm^2$

풀이) 싣기 및 내리기(분체상 물질을 싣고 내리는 경우만 해당한다.) 배출공정의 경우, 싣거나 내리는 장소 주위에 고정식 또는 이동식 물을 뿌리는 시설(살수반경 5m 이상, 수압 $3kg/cm^2$ 이상)을 설치·운영하여 작업하는 중 다시 흩날리지 아니하도록 할 것(곡물작업장의 경우는 제외한다.)

77 대기환경보전법상 저공해자동차로의 전환 또는 개조 명령, 배출가스저감장치의 부착·교체 명령 또는 배출가스 관련 부품의 교체 명령, 저공해엔진(혼소엔진을 포함한다.)으로의 개조 또는 교체 명령을 이행하지 아니한 자에 대한 과태료 부과기준은?

① 1,000만 원 이하의 과태료
② 500만 원 이하의 과태료
③ 300만 원 이하의 과태료
④ 200만 원 이하의 과태료

풀이) 대기환경보전법 제94조 참조

78 대기환경보전법규상 위임업무의 보고사항 중 '수입자동차 배출가스 인증 및 검사현황'의 보고 횟수기준으로 적합한 것은?

① 연 1회 ② 연 2회
③ 연 4회 ④ 연 12회

풀이) 위임업무 보고사항

업무내용	보고 횟수	보고 기일	보고자
환경오염사고 발생 및 조치 사항	수시	사고발생 시	시·도지사, 유역환경청장 또는 지방환경청장
수입자동차 배출가스 인증 및 검사현황	연 4회	매 분기 종료 후 15일 이내	국립환경과학원장
자동차 연료 및 첨가제의 제조·판매 또는 사용에 대한 규제 현황	연 2회	매 반기 종료 후 15일 이내	유역환경청장 또는 지방환경청장
자동차 연료 또는 첨가제의 제조기준 적합 여부 검사 현황	• 연료 : 연 4회 • 첨가제 : 연 2회	• 연료 : 매 분기 종료 후 15일 이내 • 첨가제 : 매 반기 종료 후 15일 이내	국립환경과학원장

업무내용	보고 횟수	보고 기일	보고자
측정기기관리대행업의 등록(변경등록) 및 행정처분 현황	연 1회	다음 해 1월 15일까지	유역환경청장, 지방환경청장 또는 수도권대기환경청장

79 대기환경보전법규상 휘발유를 연료로 사용하는 소형 승용자동차의 배출가스 보증기간 적용기준은?(단, 2016년 1월 1일 이후 제작 자동차)

① 2년 또는 160,000km
② 5년 또는 150,000km
③ 10년 또는 192,000km
④ 15년 또는 240,000km

[풀이] 2016년 1월 1일 이후 제작 자동차

사용 연료	자동차의 종류	적용기간	
휘발유	경자동차, 소형 승용·화물자동차, 중형 승용·화물자동차	15년 또는 240,000km	
	대형 승용·화물자동차, 초대형 승용·화물자동차	2년 또는 160,000km	
	이륜자동차	최고속도 130km/h 미만	2년 또는 20,000km
		최고속도 130km/h 이상	2년 또는 35,000km

80 다음은 대기환경보전법규상 배출시설별 배출원과 배출량 조사에 관한 사항이다. ( ) 안에 알맞은 것은?

> 시·도지사, 유역환경청장, 지방환경청장 및 수도권대기환경청장은 법에 따른 배출시설별 배출원과 배출량을 조사하고, 그 결과를 (   )까지 환경부장관에게 보고하여야 한다.

① 다음 해 1월 말
② 다음 해 3월 말
③ 다음 해 6월 말
④ 다음 해 12월 31일

[풀이] 시·도지사, 유역환경청장, 지방환경청장 및 수도권대기환경청장은 배출시설별 배출원과 배출량을 조사하고, 그 결과를 다음 해 3월 말까지 환경부장관에게 보고하여야 한다.

Answer 79 ④ 80 ②

2023년 제1회 CBT 복원·예상문제

제1과목 대기오염개론

01 다음이 설명하는 굴뚝 연기 형태는?

굴뚝의 높이보다도 더 낮게 지표 가까이에 역전층이 이루어져 있고, 그 상공에는 대기가 비교적 불안정상태일 때 발생한다. 따라서 이러한 조건은 주로 고기압 지역에서 하늘이 맑고 바람이 약한 경우에 발생하기 쉽다.

① Looping   ② Lofting
③ Fumigation   ④ Coning

[풀이] Lofting(지붕형)
㉠ 굴뚝의 높이보다 더 낮게 지표 가까이에 역전층(안정)이 이루어져 있고, 그 상공의 대기가 불안정한 상태일 때 주로 발생한다.
㉡ 고기압 지역에서 하늘이 맑고 바람이 약한 늦은 오후(초저녁)나 이른 밤에 주로 발생하기 쉽다.
㉢ 연기에 의한 지표의 오염도는 가장 적게 되며 역전층 내에서 지표배출원에 의한 오염도는 크게 나타난다.

02 B-C유 보일러 배출가스 중 SO_2 농도가 표준상태에서 560ppm으로 측정되었다면 같은 조건에서는 몇 mg/Sm^3인가?

① 392   ② 1,600
③ 3,200   ④ 3,870

[풀이] $SO_2(mg/Sm^3) = 560mL/Sm^3 \times \dfrac{64mg}{22.4mL}$
$= 1,600mg/Sm^3$

03 Aerodynamic Diameter의 정의로 가장 적합한 것은?

① 본래의 먼지보다 침강속도가 작은 구형입자의 직경
② 본래의 먼지와 침강속도가 동일하며, 밀도 $1g/cm^3$인 구형입자의 직경
③ 본래의 먼지와 밀도 및 침강속도가 동일한 구형입자의 직경
④ 본래의 먼지보다 침강속도가 큰 구형입자의 직경

[풀이] 공기역학적 직경(Aerodynamic Diameter)
측정하고자 하는 입자상 물질과 동일한 침강속도를 가지며 밀도가 $1g/cm^3$인 구형입자의 직경을 말한다.

04 A공장에서 배출되는 이산화질소의 농도가 770ppm이다. 이 공장의 시간당 배출 가스양이 $108.2Sm^3$이라면 하루에 발생되는 이산화질소는 몇 kg인가?(단, 표준상태 기준, 공장은 연속 가동됨)

① 1.89   ② 2.58
③ 4.11   ④ 4.56

[풀이] $NO_2(kg/day) = 108.2Sm^3/hr \times 770mL/m^3$
$\times 46mg/22.4mL \times kg/10^6 mg$
$\times 24hr/day$
$= 4.106 kg/day$

05 다음 그림에서 '가' 쪽으로 부는 바람은?

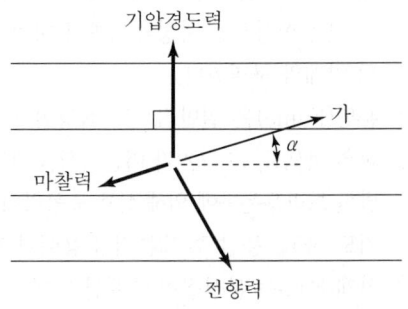

① Geostropic Wind ② Fohn Wind
③ Surface Wind   ④ Gradient Wind

🔑 마찰력에 의한 지상풍

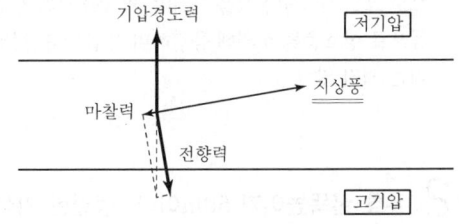

06 다이옥신의 특징 중 ( ) 안에 가장 적합한 것은?

- 수용성은 (㉠).
- 증기압은 (㉡).
- 안전분해 후 연소가스 배출 시 (㉢)℃ 정도의 범위에서 재생성이 활발하다.

① ㉠ 높다, ㉡ 낮다, ㉢ 1,200~1,300
② ㉠ 높다, ㉡ 높다, ㉢ 300~400
③ ㉠ 낮다, ㉡ 낮다, ㉢ 300~400
④ ㉠ 낮다, ㉡ 높다, ㉢ 1,200~1,300

🔑 다이옥신
증기압이 낮고, 물에 대한 용해도가 극히 낮으나 벤젠 등에 용해되는 지용성이며 300~400℃ 정도의 범위에서 재생(재합성)하는 특징이 있다.

07 대기오염물질의 확산에 관한 설명으로 옳은 것은?

① 굴뚝에서 연기가 나올 때 굴뚝연기 배출속도가 바람의 속도보다 크면 다운드래프트 현상을 일으킨다.
② 굴뚝높이를 주변의 건물보다 1.5배 높게 하여 다운드래프트 현상을 방지한다.
③ 유효굴뚝높이는 굴뚝높이에 연기의 수직상승 높이를 뺀 것이다.
④ 다운워시 현상을 없애려면 굴뚝에서의 수직배출속도를 굴뚝 높이 풍속의 2배 이상이 되도록 토출속도를 높인다.

🔑 ① 굴뚝에서 연기가 나올 때 굴뚝연기 배출속도가 바람의 속도보다 작으면 다운드래프트 현상을 일으킨다.
② 굴뚝높이를 주변의 건물보다 2.5배 높게 하여 다운드래프트를 방지한다.
③ 유효굴뚝높이는 굴뚝높이에 연기의 수직상승 높이를 더한 것이다.

08 일산화탄소에 관한 설명으로 가장 거리가 먼 것은?

① 난용성이므로 강우에 의한 영향을 거의 받지 않는다.
② 대기 중에서 일산화탄소의 평균체류시간은 발생량과 대기 중 평균농도로부터 5~10년 정도로 추정된다.
③ 위도별로 보면 북위 50도 부근에서 최대치를 보이는 경향이 있다.
④ 토양박테리아의 활동에 의하여 이산화탄소로 산화됨으로써 대기 중에서 제거된다.

🔑 일산화탄소의 대기 중 평균 체류시간은 발생량과 대기 중 평균농도로부터 약 1~3개월 정도로 추정된다.

Answer ◀ 05 ③ 06 ③ 07 ④ 08 ②

09 CFC-12의 화학식으로 옳은 것은?

① $CHFCl_2$
② CF_3Br
③ CF_3Cl
④ CF_2Cl_2

[풀이] 프레온가스(CFC) 명명법(예 : CFC-12)
㉠ 영문기호 뒤에 붙어 있는 숫자에 90을 더한다.
㉡ 숫자 세 자리는 순서대로 각각 탄소(C)수, 수소(H)수, 불소(F)수를 나타낸다.
12+90=102(1 : 탄소 1개, 0 : 수소 0개, 2 : 불소 2개)

10 경도풍은 다음의 3가지 힘이 평형을 이루면서 부는 바람을 말한다. 이와 관련이 가장 적은 힘은?

① 마찰력
② 기압경도력
③ 원심력
④ 전향력

[풀이] 경도풍(Gradient Wind)
㉠ 등압선이 곡선인 경우, 원심력·기압경도력·전향력의 세 힘이 평형을 이루는 상태에서 등압선을 따라 부는 바람이다.
㉡ 북반구의 저기압에서는 시계 반대방향으로 회전하면서 위쪽으로 상승하면서 불고 고기압에서는 시계방향으로 회전하면서 분다.
㉢ 경도풍은 일반적으로 지상 500~700m 높이에서 등압선을 따라 불며 고기압일 때 경도풍의 힘의 평형은 [전향력=기압경도력+원심력]이고 저기압일 때 경도풍의 힘의 평형은 [기압경도력=전향력+원심력]이다.

11 입자상 물질에 관한 설명으로 옳지 않은 것은?

① 미스트(Mist)는 미립자 등의 핵 주위에 증기가 응축하여 생기는 경우와 큰 물체로부터 분산하여 생기기도 하는 입자로서 통상적인 입경범위는 0.01~10μm 정도이다.
② 헤이즈(Haze)는 박무라고도 하며, 아주 작은 다수의 건조입자(습도 70% 이하)가 대기 중에 떠 있는 현상으로 시정을 나쁘게 하며, 색깔로써 안개와 구별한다.
③ 훈연(Fume)은 일반적으로 직경이 10μm 이하의 것으로, 그 크기가 비균질성을 가지며, 활발한 브라운운동에 의해 상호 충돌하여 응집하기도 하고, 응집 후 재분리가 용이한 편이다.
④ 안개(Fog)는 분산질이 액체인 눈에 보이는 입자상 물질을 주로 뜻하며, 통상 응축에 의해 생긴다.

[풀이] 훈연(Fume)은 일반적으로 직경이 1μm 이하의 것으로 그 크기가 균질성을 가지며, 활발한 브라운 운동으로 상호충돌에 의해 응집하며 응집한 후 재분리는 쉽지 않다.

12 유효 굴뚝높이가 50m이다. 동일한 기상 조건에서 최대지표농도를 1/4로 감소시키기 위해서는 유효굴뚝높이를 얼마만큼 더 증가시켜야 하는가?(단, 중심축 기준)

① 25m
② 50m
③ 75m
④ 100m

[풀이]
$C_{max} \propto \dfrac{1}{H_e^2}$

$C_{max} : \dfrac{1}{(50m)^2} = \dfrac{1}{4} C_{max} : \dfrac{1}{H_e^2}$

$H_e = \sqrt{(50m)^2 \times 4} = 100m$

증가시켜야 할 높이 = 100-50 = 50m

13 대류권에 관한 설명으로 옳지 않은 것은?

① 대기의 4개 층 중 가장 얇지만, 질량의 80%가 이곳에 존재한다.
② 대류권의 두께는 2~5km 범위로 변화하며, 열

대지역은 극지역보다 그 두께가 얇다.
③ 대류권의 상부에서 다른 층으로 전이되는 영역을 대류권계면이라 부르며, 이 지역에서는 고도에 따른 온도감소가 나타나지 않는다.
④ 대류권에서 고도에 따라 온도가 감소함에도 불구하고 때로는 온도가 고도에 따라 증가하는 역전층이 나타나는 경우도 있다.

(풀이) 대류권은 평균 12km(위도 45도의 경우) 정도이며, 극지방으로 갈수록 낮아진다.

14 다음 중 실내 건축재료에서 배출되고 있는 실내공간오염물질이 아닌 것은?

① 석면 ② 안티몬
③ 포름알데하이드 ④ 휘발성 유기화합물

(풀이) 실내공간오염물질
미세먼지(PM-10), 이산화탄소, 포름알데하이드, 총부유세균, 일산화탄소, 이산화질소, 라돈, 휘발성유기화합물, 석면, 오존, 미세먼지(PM-2.5), 곰팡이, 벤젠, 톨루엔, 에틸벤젠, 자일렌, 스티렌

15 어떤 공장의 배출가스 중 아황산가스(SO_2) 농도는 400ppm이다. 이 공장의 시간당 배출가스양이 80m^3이라면 하루에 배출되는 SO_2의 양(kg)은?(단, 표준상태 기준)

① 1.1kg ② 2.2kg
③ 3.5kg ④ 4.2kg

(풀이) SO_2(kg/day)
$= 80m^3/hr \times 400mL/m^3 \times \dfrac{64mg}{22.4mL}$
$\times kg/10^6 mg \times 24hr/day$
$= 2.19 kg/day$

16 다음 중 광화학반응에 의해 생성된 2차 오염물질로만 연결된 것은?

① $SO_3 - NH_3$ ② $H_2O_2 - O_3$
③ $NO_2 - HCl$ ④ $NaCl - SO_3$

(풀이) 대표적 산화물질(옥시던트)
㉠ H_2O_2 ㉡ PAN
㉢ PBN ㉣ PPN
㉤ O_3 ㉥ 알데하이드

17 A공장에서 배출되는 아황산가스의 농도가 500ppm이고, 시간당 배출가스양이 80m^3이라면 하루에 총 배출되는 아황산가스양(kg/day)은?(단, 표준상태 기준 및 24시간 연속 가동)

① 1.26 ② 2.74
③ 3.77 ④ 4.52

(풀이) 아황산가스양(kg/day)
$= 80m^3/hr \times 500mL/m^3 \times \dfrac{64mg}{22.4mL}$
$\times kg/10^6 mg \times 24hr/day$
$= 2.74 kg/day$

18 SO_2의 착지농도를 감소시키기 위한 방법으로 옳지 않은 것은?

① 배출가스 온도를 가능한 한 낮춘다.
② 굴뚝 배출가스의 배출속도를 높인다.
③ 저유황유를 사용한다.
④ 굴뚝 높이를 높게 한다.

(풀이) 최대착지농도를 감소시키기 위해서는 배출가스온도를 가능한 한 높게 한다.

Answer ▶ 14 ② 15 ② 16 ② 17 ② 18 ①

19 다음 대기분산모델 중 미국에서 개발되었으며, 바람장모델로 주로 바람장을 계산, 기상예측에 사용된 것은?

① ADMS
② AUSPLUME
③ MM5
④ SMOGSTOP

풀이 MM5
㉠ 미국에서 개발되었으며, 기상예측에 주로 사용된다.
㉡ 바람장모델로 바람장을 계산하는 모델이다.

20 냄새물질의 특성에 관한 설명으로 옳지 않은 것은?

① 화학물질이 냄새물질로 되기 위한 조건으로 친유성기와 친수성기의 양기를 가져야 한다.
② 냄새물질이 비교적 저분자인 것은 휘발성이 높은 것을 의미한다.
③ 냄새물질의 골격이 되는 탄소 수는 고분자일수록 관능기 특유의 냄새가 강하고 자극적이며 20~25에서 가장 향기가 강하다.
④ 분자 내 수산기의 수는 1개일 때 가장 강하고 그 수가 증가하면 약해져서 무취에 이른다.

풀이 냄새물질의 골격이 되는 탄소 수는 저분자일수록 관능기 특유의 냄새가 강하고 자극적이나 8~13에서 가장 향기가 강하다.

제2과목 대기오염공정시험기준(방법)

21 굴뚝 배출가스 중 불소화합물 분석방법으로 옳지 않은 것은?

① 자외선/가시선분광법은 시료가스 중에 알루미늄(Ⅲ), 철(Ⅱ), 구리(Ⅱ) 등의 중금속 이온이나 인산이온이 존재하면 방해효과를 나타내므로 적절한 증류방법에 의해 분리한 후 정량한다.
② 자외선/가시선분광법은 증류온도를 145±5℃, 유출속도를 3~5mL/min으로 조절하고, 증류된 용액이 약 220mL가 될 때까지 증류를 계속한다.
③ 적정법은 pH를 조절하고 네오트린을 가한 다음 수산화바륨용액으로 적정한다.
④ 자외선/가시선분광법의 흡수파장은 620nm를 사용한다.

풀이 적정법은 pH를 조절하고 네오트린을 가한 다음 질산소듐용액으로 적정한다.

22 휘발성 유기화합물(VOCs) 누출확인방법에서 사용하는 용어 정의 중 "응답시간"은 VOCs가 시료채취장치로 들어가 농도 변화를 일으키기 시작하여 기기 계기판의 최종값이 얼마를 나타내는 데 걸리는 시간을 의미하는가?(단, VOCs 측정기기 및 관련장비는 사양과 성능기준을 만족한다.)

① 80%
② 85%
③ 90%
④ 95%

풀이 휘발성 유기화합물질(VOCs) 누출확인방법 – 응답시간
VOCs가 시료채취장치로 들어가 농도변화를 일으키기 시작하여 기기계기판의 최종값이 90%를 나타내는 데 걸리는 시간이다.

23 배출가스 중 납화합물을 자외선/가시선분광법으로 분석할 때 사용되는 시약 또는 용액에 해당하지 않는 것은?

① 디티존
② 클로로폼
③ 시안화포타슘 용액
④ 아세틸아세톤

풀이 굴뚝배출가스 중 납화합물(자외선/가시선 분광법)
납 이온이 시안화포타슘 용액 중에서 디티존과 반응하여 생성되는 납 디티존 착염을 클로로폼으로 추출하고, 과량의 디티존은 시안화포타슘 용액으로 씻어내어, 납착염의 흡광도를 520nm에서 측정하여 정량하는 방법이다.

24 환경대기 시료채취방법에 관한 설명으로 옳지 않은 것은?

① 용기채취법은 시료를 일단 일정한 용기에 채취한 다음 분석에 이용하는 방법으로 채취관-용기 또는 채취관-유량조절기-흡입펌프-용기로 구성된다.
② 용기채취법에서 용기는 일반적으로 진공병 또는 공기주머니(air bag)를 사용한다.
③ 용매채취법은 측정대상 기체와 선택적으로 흡수 또는 반응하는 용매에 시료가스를 일정유량으로 통과시켜 채취하는 방법으로 채취관-여과재-채취부-흡입 펌프-유량계(가스미터)로 구성된다.
④ 직접채취법에서 채취관은 PVC관을 사용하며, 채취관의 길이는 10m 이내로 한다.

풀이 환경대기 시료채취방법(직접채취법)
㉠ 채취관은 일반적으로 4불화에틸렌수지(Teflon), 경질유리, 스테인리스강제 등으로 된 것을 사용한다.
㉡ 채취관의 길이는 5m 이내로 되도록 짧은 것이 좋으며, 그 끝은 빗물이나 곤충 기타 이물질이 들어가지 않도록 되어 있는 구조이어야 한다.
㉢ 채취관을 장기간 사용하여 내면이 오염되거나 측정 성분에 영향을 줄 염려가 있을 때는 채취관을 교환하든가 잘 씻어 사용한다.

25 환경대기 중의 아황산가스 측정을 위한 시험방법이 아닌 것은?

① 불꽃광도법
② 용액전도율법
③ 파라로자닐린법
④ 나프틸에틸렌디아민법

풀이 환경대기 중 아황산가스 측정방법(자동연속측정법)
㉠ 수동 및 반자동측정법
  • 파라로자닐린법(Pararosaniline Method) (주 시험방법)
  • 산정량 수동법(Acidimetric Method)
  • 산정량 반자동법(Acidimetric Method)
㉡ 자동연속측정법
  • 용액 전도율법(Conductivity Method)
  • 불꽃광도법(Flame Photometric Detector Method)
  • 자외선형광법(Pulse U.V. Fluorescence Method)(주 시험방법)
  • 흡광차분광법(Differential Optical Absorption Spectroscopy : DOAS)

26 휘발성 유기화합물(VOCs) 누출확인을 위한 휴대용 측정기기의 규격 및 성능기준으로 옳지 않은 것은?

① 기기의 계기눈금은 최소한 표시된 노출농도의 ±5%를 읽을 수 있어야 한다.
② 기기의 응답시간은 30초보다 작거나 같아야 한다.

Answer 23 ④ 24 ④ 25 ④ 26 ③

③ VOCs 측정기기의 검출기는 시료와 반응하지 않아야 한다.
④ 교정 정밀도는 교정용 가스값의 10%보다 작거나 같아야 한다.

풀이) VOCs 측정기기의 검출기는 시료와 반응하여야 한다.

27 다음 중 분석대상가스가 이황화탄소(CS_2)인 경우 사용되는 채취관, 도관의 재질로 가장 적합한 것은?

① 보통강철   ② 석영
③ 염화비닐수지 ④ 네오프렌

풀이) 분석물질의 종류별 채취관 및 연결관(도관) 등의 재질

분석대상가스, 공존가스	채취관, 연결관의 재질	여과재	비고
암모니아	①②③④⑤⑥	ⓐⓑⓒ	① 경질유리
일산화탄소	①②③④⑤⑥⑦	ⓐⓑⓒ	② 석영
염화수소	①② ⑤⑥⑦	ⓐⓑⓒ	③ 보통강철
염소	①② ⑤⑥⑦	ⓐⓑⓒ	④ 스테인리스강
황산화물	①② ④⑥⑦	ⓐⓑⓒ	⑤ 세라믹
질소산화물	①② ④⑤⑥	ⓐⓑⓒ	⑥ 불소수지
이황화탄소	①② ⑥	ⓐⓑ	⑦ 염화비닐수지
포름알데하이드	①② ⑥	ⓐⓑ	⑧ 실리콘수지
황화수소	①② ④⑤⑥⑦	ⓐⓑⓒ	⑨ 네오프렌
불소화합물	④ ⑥	ⓒ	ⓐ 알칼리 성분이 없는 유리솜 또는 실리카솜
시안화수소	①② ④⑤⑥⑦	ⓐⓑⓒ	
브롬	①② ⑥	ⓐⓑ	ⓑ 소결유리
벤젠	①② ⑥	ⓐⓑ	ⓒ 카보런덤
페놀	①② ④ ⑥	ⓐⓑ	
비소	①② ④⑤⑥⑦	ⓐⓑⓒ	

28 굴뚝 배출가스 중 가스상 물질 시료채취 시 주의사항에 관한 설명으로 옳지 않은 것은?

① 습식가스미터를 이동 또는 운반할 때에는 반드시 물을 빼고, 오랫동안 쓰지 않을 때에도 그와 같이 배수한다.
② 가스미터는 250mmH$_2$O 이내에서 사용한다.
③ 시료가스의 양을 재기 위하여 쓰는 채취병은 미리 0℃ 때의 참부피를 구해둔다.
④ 시료채취장치의 조립에 있어서는 채취부의 조작을 쉽게 하기 위하여 흡수병, 마노미터, 흡입펌프 및 가스미터는 가까운 곳에 놓는다.

풀이) 굴뚝 배출가스 중 가스상 물질 시료 채취 시 가스미터는 100mmH$_2$O 이내에서 사용한다.

29 환경대기 중 먼지 측정방법 중 저용량 공기시료채취기법에 관한 설명으로 가장 거리가 먼 것은?

① 유량계는 여과지홀더와 흡입펌프의 사이에 설치하고, 이 유량계에 새겨진 눈금은 20℃, 1기압에서 10~30L/min 범위를 0.5L/min까지 측정할 수 있도록 되어 있는 것을 사용한다.
② 흡입펌프는 연속해서 10일 이상 사용할 수 있고, 진공도가 낮은 것을 사용한다.
③ 여과지 홀더의 충전물질은 불소수지로 만들어진 것을 사용한다.
④ 멤브레인필터와 같이 압력손실이 큰 여과지를 사용하는 진공계는 유량의 눈금값에 대한 보정이 필요하기 때문에 압력계를 부착한다.

풀이) 흡입펌프는 연속해서 30일 이상 사용할 수 있고 진공도가 높은 것을 사용한다.

30 굴뚝 배출가스 내 폼알데하이드 및 알데하이드류의 분석방법 중 고성능액체크로마토그래피(HPLC)에 관한 설명으로 옳지 않은 것은?

① 배출가스 중의 알데하이드류를 흡수액 2,4-다이나이트로페닐하이드라진(DNPH, dinitro-phenylhydrazine)과 반응하여 하이드라존 유도체(Hydrazone Derivative)를 생성한다.

Answer 27 ② 28 ② 29 ② 30 ②

② 흡입노즐은 석영제로 만들어진 것으로 흡입노즐의 꼭짓점은 45° 이하의 예각이 되도록 하고 매끈한 반구모양으로 한다.
③ 하이드라존(Hydrazone)은 UV영역, 특히 350~380nm에서 최대 흡광도를 나타낸다.
④ 흡입관은 수분응축 방지를 위해 시료가스 온도를 100℃ 이상으로 유지할 수 있는 가열기를 갖춘 보로실리케이트 또는 석영 유리관을 사용한다.

[풀이] 굴뚝 배출가스 내 폼알데하이드 및 알데하이드 분석방법 중 고성능액체크로마토그래피(HPL) 흡입노즐
흡입노즐은 스테인리스강 또는 유리제로 만들어진 것으로 다음과 같은 조건을 만족시키는 것이어야 한다.
㉠ 흡입노즐의 안과 밖의 가스흐름이 흐트러지지 않도록 흡입노즐 내경(d)은 3mm 이상으로 한다.
㉡ 흡입노즐의 꼭짓점은 30° 이하의 예각이 되도록 하고 매끈한 반구모양으로 한다.
㉢ 흡입노즐의 내외면은 매끄럽게 되어야 하며 급격한 단면의 변화와 굴곡이 없어야 한다.

31 굴뚝 배출가스 중 황화수소(H_2S)를 자외선/가시선분광법(메틸렌블루법)으로 측정했을 때 농도범위가 5~100ppm일 때 시료채취량 범위로 가장 적합한 것은?

① 10~100mL ② 0.1~1L
③ 1~10L   ④ 50~100L

[풀이] 굴뚝배출가스 황화수소(H_2S)-자외선/가시선분광법(메틸렌블루법)의 시료채취량 및 흡입속도

분석방법	황화수소 농도 (ppm)	(5~100)		(100~2,000)	
		채취량	흡입속도	채취량	흡입속도
메틸렌블루법		(1~10)L	(0.1~0.5) L/min	(0.1~1)L	0.1 L/min

32 500mmH₂O는 약 몇 mmHg인가?

① 19mmHg   ② 28mmHg
③ 37mmHg   ④ 45mmHg

[풀이] 압력(mmHg)
$= 500mmH_2O \times \dfrac{760mmHg}{10,332mmH_2O}$
$= 36.78mmHg$

33 원자흡수분광광도법으로 배출가스 중 Zn을 분석할 때의 측정파장으로 적합한 것은?

① 213.8nm   ② 248.3nm
③ 324.8nm   ④ 357.9nm

[풀이] 원자흡수분광광도법 측정파장
㉠ Zn : 213.8nm ㉡ Fe : 248.5nm
㉢ Cu : 324.8nm ㉣ Cr : 357.9nm

34 환경대기 내의 옥시던트(오존으로서) 측정방법 중 알칼리성 요오드화칼륨법에 관한 설명으로 가장 거리가 먼 것은?

① 대기 중에 존재하는 저농도의 옥시던트(오존)를 측정하는 데 사용된다.
② 이 방법에 의한 오존 검출한계는 0.1~65μg이며, 더 높은 농도의 시료는 중성 요오드화칼륨법으로 측정한다.
③ 대기 중에 존재하는 미량의 옥시던트를 알칼리성 요오드화칼륨용액에 흡수시키고 초산으로 pH 3.8의 산성으로 하면 산화제의 당량에 해당하는 요오드가 유리된다.
④ 유리된 요오드를 파장 352nm에서 흡광도를 측정하여 정량한다.

Answer ▶ 31 ③ 32 ③ 33 ① 34 ②

풀이 이 방법에 의한 오존의 검출한계는 1~16μg이며, 더 높은 농도의 시료는 흡수액으로 적당히 묽혀 사용할 수 있다.

35 대기오염공정시험기준에서 정의하는 기밀용기(機密容器)에 관한 설명으로 옳은 것은?

① 물질을 취급 또는 보관하는 동안에 이물이 들어가거나 내용물이 손실되지 않도록 보호하는 용기
② 물질을 취급 또는 보관하는 동안에 외부로부터의 공기 또는 다른 가스가 침입하지 않도록 내용물을 보호하는 용기
③ 물질을 취급 또는 보관하는 동안에 내용물이 광화학적 변화를 일으키지 않도록 보호하는 용기
④ 물질을 취급 또는 보관하는 동안에 기체 또는 미생물이 침입하지 않도록 내용물을 보호하는 용기

풀이 용기의 종류

구분	정의
밀폐용기	취급 또는 저장하는 동안에 이물질이 들어가거나 또는 내용물이 손실되지 아니하도록 보호하는 용기
기밀용기	취급 또는 저장하는 동안에 밖으로부터의 공기 또는 다른 가스가 침입하지 아니하도록 내용물을 보호하는 용기
밀봉용기	취급 또는 저장하는 동안에 기체 또는 미생물이 침입하지 아니하도록 내용물을 보호하는 용기
차광용기	광선이 투과하지 않는 용기 또는 투과하지 않게 포장한 용기이며 취급 또는 저장하는 동안에 내용물이 광화학적 변화를 일으키지 아니하도록 방지할 수 있는 용기

36 굴뚝 내의 배출가스 유속을 피토관으로 측정한 결과 그 동압이 2.2mmHg이었다면 굴뚝 내의 배출가스의 평균유속(m/sec)은?(단, 배출가스 온도 250℃, 공기의 비중량 1.3kg/Sm³, 피토관 계수 1.2이다.)

① 8.6   ② 16.9
③ 25.5   ④ 35.3

풀이 배출가스 평균유속(V)

$$= C \times \sqrt{\frac{2gh}{\gamma}}$$

$$h = 2.2\text{mmHg} \times \frac{10,332\text{mmH}_2\text{O}}{760\text{mmHg}}$$
$$= 29.91\text{mmH}_2\text{O}$$

$$\gamma = 1.3\text{kg/Sm}^3 \times \frac{273}{273+250}$$
$$= 0.6786\text{kg/m}^3$$

$$= 1.2 \times \sqrt{\frac{2 \times 9.8\text{m/sec}^2 \times 29.91\text{mmH}_2\text{O}}{0.6786\text{kg/m}^3}}$$
$$= 35.27\text{m/sec}$$

37 대기오염공정시험기준에서 정하고 있는 온도에 대한 설명으로 옳지 않은 것은?

① 냉수 : 15℃ 이하
② 찬 곳은 따로 규정이 없는 한 0~15℃의 곳
③ 온수 : 35~50℃
④ 실온 : 1~35℃

풀이 냉수는 15℃ 이하, 온수는 60~70℃, 열수는 약 100℃를 말한다.

38 비분산적외선분광분석법에 관한 설명으로 옳지 않은 것은?

① 선택성 검출기를 이용하여 적외선의 흡수량 변화를 측정하여 시료 중 성분의 농도를 구하는 방법이다.
② 광원은 원칙적으로 니크롬선 또는 탄화규소의 저항체에 전류를 흘려 가열한 것을 사용한다.
③ 대기 중 오염물질을 연속적으로 측정하는 비분산 정필터형 적외선 가스분석계에 대하여 적용한다.
④ 비분산(Nondispersive)은 빛을 프리즘이나 회절격자와 같은 분산소자에 의해 충분히 분산하는 것을 말한다.

풀이) 비분산은 빛을 프리즘이나 회절격자와 같은 분산소자에 의해 분산하지 않는 것을 말한다.

39 다음은 환경대기 시료 채취방법에 관한 설명이다. 가장 적합한 것은?

> 이 방법은 측정 대상 기체와 선택적으로 흡수 또는 반응하는 용매에 시료가스를 일정 유량으로 통과시켜 채취하는 방법으로 채취관 – 여과재 – 채취부 – 흡입펌프 – 유량계(가스미터)로 구성된다.

① 용기체취법
② 채취용 여과지에 의한 방법
③ 고체흡착법
④ 용매채취법

풀이) 환경대기 시료 채취방법 중 용매채취법에 대한 내용이다.

40 환경대기 중 아황산가스 농도를 측정함에 있어 파라로자닐린법을 사용할 경우 알려진 주요 방해물질과 거리가 먼 것은?

① Cr
② O_3
③ NOx
④ NH_3

풀이) 환경대기 중 아황산가스 농도 측정 시 주요 방해물질
질소산화물(NOx), 오존(O_3), 망간(Mn), 철(Fe), 크롬(Cr)

제3과목 대기오염방지기술

41 다음 중 유해가스 처리에 사용되는 세정액 선택 시 고려할 사항으로 그 정도가 높을수록 좋은 것은?

① 점도
② 휘발성
③ 용해도
④ 압력 손실

풀이) 흡수액은 용해도가 클수록 좋다.

42 다음 중 탄화도가 가장 큰 것은?

① 이탄
② 갈탄
③ 역청탄
④ 무연탄

풀이) 양질의 연료일수록 탄화도가 크다. 석탄의 종류 중 가장 양질의 연료는 무연탄이다.

43 Venturi Scrubber의 액가스비 범위로 가장 적합한 것은?

① 0.3~1.5L/m³
② 3.0~4.5L/m³
③ 5.0~10.0L/m³
④ 10.0~20.0L/m³

[풀이] 벤투리 스크러버의 액가스비
  ㉠ 친수성 입자 또는 굵은 먼지입자 : 0.3~0.5L/m³
  ㉡ 소수성 입자 또는 미세입자 : 0.5~1.5L/m³

44 Methane과 Propane이 용적비 1 : 1의 비율로 조성된 혼합가스 1Sm³을 완전연소시키는데 20Sm³의 실제공기가 사용되었다면 이 경우 공기비는?

① 1.05 ② 1.20
③ 1.34 ④ 1.46

[풀이] $CH_4 + 2O_2 \rightarrow CO_2 + 2H_2O$
$C_3H_8 + 5O_2 \rightarrow 3CO_2 + 4H_2O$

$$m = \frac{A}{A_o}$$

$$A_o = \frac{1}{0.21}[(2 \times 0.5) + (5 \times 0.5)]$$
$$= 16.67 Sm^3/Sm^3$$
$$= \frac{20}{16.67} = 1.20$$

45 C, H, S의 중량분율이 각각 85%, 12%, 3%인 중유를 공기비 1.2로 완전연소시킬 때 습윤연소가스 중 SO_2의 부피(%)는?

① 0.10% ② 0.15%
③ 0.25% ④ 0.30%

[풀이] $SO_2(\%)$

$$= \frac{SO_2}{G_w} \times 10^2 = \frac{0.7 \times S}{G_w} \times 10^2$$

$$G_w = G_{ow} + (m-1)A_o$$
$$G_{ow} = 0.79A_o + CO_2 + H_2O + SO_2$$

$$A_o = \frac{1}{0.21}[(1.867 \times 0.85)$$
$$+ (5.6 \times 0.12)$$
$$+ (0.7 \times 0.03)]$$
$$= 10.857 Sm^3/kg$$
$$= (0.79 \times 10.857)$$
$$+ (1.867 \times 0.85)$$
$$+ (11.2 \times 0.12)$$
$$+ (0.7 \times 0.03)$$
$$= 11.53 Sm^3/kg$$
$$= 11.53 + [(1.2-1) \times 10.857]$$
$$= 13.7 Sm^3/kg$$

$$= \frac{0.7 \times 0.03}{13.7 Sm^3/kg} \times 10^2 = 0.15\%$$

46 흡수장치의 총괄이동 단위높이(H_{OG})가 1.0m이고 제거율이 95%라면, 이 흡수장치의 높이는 약 몇 m로 하여야 하는가?

① 1.2m ② 3.0m
③ 3.5m ④ 4.2m

[풀이] $H = H_{OG} \times N_{OG}$
$$= 1.0m \times \ln\left(\frac{1}{1-0.95}\right) = 3.0m$$

47 유해가스를 처리하기 위한 흡수액의 구비 요건으로 옳지 않은 것은?

① 용해도가 높아야 한다.
② 휘발성이 커야 한다.
③ 점성이 비교적 작아야 한다.

Answer 43 ① 44 ② 45 ② 46 ② 47 ②

④ 용매의 화학적 성질과 비슷해야 한다.

풀이 흡수액의 구비조건
㉠ 용해도가 클 것
㉡ 휘발성이 적을 것
㉢ 부식성이 없을 것
㉣ 점성이 작고 화학적으로 안정되고 독성이 없을 것
㉤ 가격이 저렴하고 용매의 화학적 성질과 비슷할 것

48 흡착에 대한 다음 설명으로 옳은 것은?

① 화학적 흡착은 흡착과정이 가역적이므로 흡착제의 재생이나 오염가스의 회수에 매우 편리하다.
② 물리적 흡착은 흡착과정에서의 발열량이 화학적 흡착보다 많다.
③ 일반적으로 물리적 흡착에서 흡착되는 양은 온도가 낮을수록 많다.
④ 물리적 흡착은 분자 간의 결합이 화학적 흡착에서보다 더 강하다.

풀이 ① 화학적 흡착은 흡착과정이 비가역적이므로 흡착제의 재생이나 오염가스의 회수는 곤란하다.
② 물리적 흡착은 흡착과정에서의 발열량이 화학적 흡착보다 작다.
④ 물리적 흡착은 분자 간의 결합이 화학적 흡착보다 약하다.

49 배출가스 중 황산화물을 처리하기 위해 물을 사용하는 충전탑으로 처리한 결과 순환수의 황산함량은 0.049g/L이었다. 이 순환수의 pH는?

① 1　　　　② 2
③ 2.7　　　④ 3

풀이 $H_2SO_4 \rightarrow 2H^+ + SO_4^{2-}$
$H_2SO_4(mol/L) = 0.049g/L \times mol/98g$
$= 5.0 \times 10^{-4} mol/L$
$pH = -\log[H^+]$
$= -\log[2 \times 5 \times 10^{-4}] = 3.0$

50 액체연료 1kg을 완전연소하는 데 필요한 이론공기량 A_o(Sm³/kg)의 계산식으로 옳은 것은?(단, C, H, O, S는 연료 1kg 중 각 성분 원소의 중량분율을 나타낸다.)

① $A_o = \dfrac{1}{0.21}\left(\dfrac{22.4}{12}C + \dfrac{11.2}{2}\left(H - \dfrac{O}{8}\right) + \dfrac{22.4}{32}S\right)$

② $A_o = 0.21\left(\dfrac{22.4}{12}C + \dfrac{22.4}{2}\left(H - \dfrac{O}{8}\right) + \dfrac{22.4}{32}S\right)$

③ $A_o = \dfrac{1}{0.21}\left(\dfrac{22.4}{12}C + \dfrac{22.4}{2}\left(H - \dfrac{O}{8}\right) + \dfrac{22.4}{32}S\right)$

④ $A_o = 0.21\left(\dfrac{22.4}{12}C + \dfrac{11.2}{2}\left(H - \dfrac{O}{8}\right) + \dfrac{22.4}{32}S\right)$

풀이 고체·액체연료 1kg의 연소 시 이론공기량(A_o)의 부피식

$A_o = \dfrac{1}{0.21}\left[\dfrac{22.4}{12}C + \dfrac{11.2}{2}\left(H - \dfrac{O}{8}\right) + \dfrac{22.4}{32}S\right]$

$= \dfrac{1}{0.21}(1.867C + 5.6H - 0.7O + 0.7S)$

$= 8.89C + 26.67H - 3.33O + 3.33S \, Sm^3/kg$

51 다음 중 전기집진장치의 방전극의 재질로서 가장 거리가 먼 것은?

① 폴노늄　　② 티타늄 합금
③ 고탄소강　　④ 스테인리스

Answer▶ 48 ③ 49 ④ 50 ① 51 ①

풀이 전기집진장치의 방전극의 재질
코로나 방전이 용이하도록 직경 0.13~0.38cm 정도로 가늘고, 부식에 강한 티타늄 합금, 고탄소강, 스테인리스, 알루미늄 등이 사용된다.

52 다음 중 충전탑의 액가스비의 범위로 가장 적합한 것은?

① 0.5~1.5L/m³
② 2~3L/m³
③ 10~20L/m³
④ 20~30L/m³

풀이 충전탑(Packed Tower)의 액가스비 범위는 1~10L/m³(2~3L/m³) 정도이다.

53 악취물질을 직접불꽃소각 방식에 의해 제거할 경우 다음 중 가장 적합한 연소온도 범위는?

① 100~200℃
② 200~300℃
③ 300~450℃
④ 600~800℃

풀이 직접불꽃소각 방식의 연소온도는 600~800℃로 연소온도가 가장 높다.

54 다음에서 설명하는 실내오염물질은?

VOC의 한 종류이며 가장 일반적인 오염물질 중 하나이고, 건물 내부에서 발견되는 오염물질 중 가장 심각한 오염물질이다. 각종 광택제와 풀, 발포성 단열재, 카펫, 합판틀, 파티클보드 선반 및 가구 등의 새 자재에서 주로 방출된다.

① HCHO
② Carbon Tetrachloride
③ Trimethylbenzene
④ Styrene

풀이 포름알데하이드(HCHO)
㉠ 상온에서 자극성 냄새를 갖는 가연성 무색기체로 폭발의 위험성이 있으며 비중은 약 1.03이고, 합성수지공업, 피혁공업 등이 주된 배출업종이다.
㉡ VOC의 한 종류로 가장 일반적인 오염물질 중 하나이고, 건물 내부에서 발견되는 오염물질 중 가장 심각한 오염물질이다.
㉢ 방부제, 옷감, 잉크, 페놀수지의 원료로서 발포성 단열재, 실내가구, 가스난로의 연소, 광택제, 카펫, 접착제 등의 새 자재에서 주로 방출된다.

55 메탄의 고위발열량이 9,340kcal/Sm³일 때 저위발열량은?

① 8,140kcal/Sm³
② 8,380kcal/Sm³
③ 8,670kcal/Sm³
④ 8,810kcal/Sm³

풀이 $CH_4 + 2O_2 \rightarrow CO_2 + 2H_2O$
$H_l = H_h - 480 \times H_2O$
$= 9,340 - (480 \times 2) = 8,380 kcal/Sm^3$

56 여과집진장치에서 배출가스 중 먼지의 유입농도는 8g/m³이고, 유출농도는 0.5g/m³이며, 백필터의 여과속도를 1.0cm/sec로 운전하고 있다. 먼지부하가 160g/m²에 도달할 때 먼지를 탈락시킨다면 먼지층을 몇 분마다 털어야 하는가?

① 21.2분
② 26.5분
③ 30.4분
④ 35.6분

풀이 먼지부하$(L_d) = C_i \times V_f \times \eta \times t$
$t = \dfrac{160g/m^2}{8g/m^3 \times 0.01m/sec \times 0.9375}$
$= 2,133.33 sec \times min/60sec$
$= 35.6 min$

57
A집진장치의 입구농도 $6{,}000\text{mg/m}^3$, 입구 유입가스양 $10\text{m}^3/\text{min}$이며, 출구농도 0.3g/m^3, 출구 배출가스양이 $11\text{m}^3/\text{min}$일 때 이 집진장치의 효율은?

① 94.5% ② 93.7%
③ 92.4% ④ 91.7%

풀이)
$$\eta(\%) = \left(1 - \frac{Q_o C_o}{Q_i C_i}\right) \times 100$$
$$= \left(1 - \frac{11\text{m}^3 \times 0.3\text{g/m}^3}{10\text{m}^3 \times 6\text{g/m}^3}\right) \times 100$$
$$= 94.5\%$$

58
필요한 총 여과면적이 371m^2일 때 직경 10cm, 길이 5m인 여과백을 사용하면 몇 개의 여과백이 소요되는가?

① 26 ② 47
③ 237 ④ 474

풀이) 여과백 소요 개수 = $\dfrac{\text{전체 여과 면적}}{\text{여과포 하나당 면적}}$
$$= \frac{371\text{m}^2}{3.14 \times 0.1\text{m} \times 5\text{m}}$$
$$= 236.31\,(237\text{개})$$

59
다음 중 석탄의 탄화도 증가에 따라 증가하지 않는 것은?

① 고정탄소 ② 비열
③ 발열량 ④ 착화온도

풀이) 석탄의 탄화도가 증가함에 따라 비열, 산소의 양, 매연 발생률, 수분, 휘발분은 감소한다.

60
니트로글리세린과 같은 물질의 연소형태로서 공기 중의 산소 공급 없이 연소하는 것은?

① 자기연소 ② 분해연소
③ 증발연소 ④ 표면연소

풀이) 자기연소(내부연소)
㉠ 외부공기 없이 고체 자체의 산소분해에 의하여 연소하면서 내부로 연소가 폭발적으로 진행되는 연소방법이다.
㉡ 예로는 니트로글리세린, 화약, 폭약

제4과목 대기환경관계법규

61
다음은 대기환경보전법령상 총량규제구역의 지정사항이다. ( ) 안에 가장 적합한 것은?

(㉠)은/는 법에 따라 그 구역의 사업장에서 배출되는 대기오염물질을 총량으로 규제하려는 경우에는 다음 각 호의 사항을 고시하여야 한다.
1. 총량규제구역
2. 총량규제 대기오염물질
3. (㉡)
4. 그 밖에 총량규제구역의 대기관리를 위하여 필요한 사항

① ㉠ 대통령, ㉡ 총량규제부하량
② ㉠ 환경부장관, ㉡ 총량규제부하량
③ ㉠ 대통령, ㉡ 대기오염물질의 저감계획
④ ㉠ 환경부장관, ㉡ 대기오염물질의 저감계획

풀이) 대기오염물질을 총량으로 규제하려는 경우 고시사항
㉠ 총량규제구역
㉡ 총량규제 대기오염물질
㉢ 대기오염물질의 저감계획
㉣ 그 밖에 총량규제구역의 대기관리를 위하여 필요한 사항

※ 대기환경보전법상 환경부장관이 그 구역의 사업장에서 배출되는 대기오염물질을 총량으로 규제하려는 경우 고시한다.

62 대기환경보전법령상 시·도지사가 설치하는 대기오염 측정망의 종류에 해당하지 않는 것은?

① 도시지역의 대기오염물질 농도를 측정하기 위한 도시대기측정망
② 도로변의 대기오염물질 농도를 측정하기 위한 도로변대기측정망
③ 대기 중의 중금속 농도를 측정하기 위한 대기중금속측정망
④ 도시지역의 휘발성유기화합물 등의 농도를 측정하기 위한 광화학대기오염물질측정망

[풀이] 시·도지사가 설치하는 대기오염측정망의 종류
㉠ 도시지역의 대기오염물질 농도를 측정하기 위한 도시대기측정망
㉡ 도로변의 대기오염물질 농도를 측정하기 위한 도로변대기측정망
㉢ 대기 중의 중금속 농도를 측정하기 위한 대기중금속측정망

63 악취방지법령상 위임업무 보고사항 중 "악취검사기관의 지정, 지정사항 변경보고 접수 실적"의 보고 횟수 기준은?

① 연 1회   ② 연 2회
③ 연 4회   ④ 수시

[풀이] 위임업무의 보고사항
㉠ 업무내용 : 악취검사기관의 지정, 지정사항 변경보고 접수실적
㉡ 보고횟수 : 연 1회
㉢ 보고기일 : 다음 해 1월 15일까지
㉣ 보고자 : 국립환경과학원장

64 대기환경보전법령상 유해성 대기감시물질에 해당하지 않는 것은?

① 불소화물   ② 이산화탄소
③ 사염화탄소   ④ 일산화탄소

[풀이] 이산화탄소는 유해성 대기감시물질과 관련이 없다.

65 대기환경보전법령상 장거리이동대기오염물질 대책위원회에 관한 사항으로 거리가 먼 것은?

① 위원회는 위원장 1명을 포함한 25명 이내의 위원으로 성별을 고려하여 구성한다.
② 위원회의 위원장은 환경부차관이 된다.
③ 위원회와 실무위원회 및 장거리이동대기오염물질 연구단의 구성 및 운영 등에 관하여 필요한 사항은 환경부령으로 정한다.
④ 소관별 추진대책의 수립·시행에 필요한 조사·연구를 위하여 위원회에 장거리이동대기오염물질 연구단을 둔다.

[풀이] 위원회와 실무위원회 및 장거리이동대기오염물질 연구단의 구성 및 운영 등에 관하여 필요한 사항은 대통령령으로 정한다.

66 대기환경보전법령상 사업장별 환경기술인의 자격기준으로 거리가 먼 것은?

① 전체배출시설에 대하여 방지시설 설치면제를 받은 사업장은 5종사업장에 해당하는 기술인을 둘 수 있다.
② 4종사업장에서 환경부령에 따른 특정대기유해물질이 포함된 오염물질을 배출하는 경우에는 3종사업장에 해당하는 기술인을 두어야 한다.
③ 공동방지시설에서 각 사업장의 대기오염물질

Answer 62 ④ 63 ① 64 ② 65 ③ 66 ③

발생량의 합계가 4종 및 5종 사업장의 규모에 해당하는 경우에는 4종 사업장에 해당되는 기술인을 둘 수 있다.
④ 대기오염물질배출시설 중 일반 보일러만 설치한 사업장과 대기오염물질 중 먼지만 발생하는 사업장은 5종사업장에 해당하는 기술인을 둘 수 있다.

(풀이) 공동방지시설에서 각 사업장의 대기오염물질 발생량의 합계가 4종 사업장과 5종 사업장의 규모에 해당하는 경우에는 3종 사업장에 해당하는 기술인을 두어야 한다.

67 대기환경보전법규상 자동차연료(휘발유) 제조기준으로 옳지 않은 것은?

항목	구분	제조기준
㉠	벤젠 함량(부피%)	0.7 이하
㉡	납 함량(g/L)	0.013 이하
㉢	인 함량(g/L)	0.058 이하
㉣	황 함량(ppm)	10 이하

① ㉠
② ㉡
③ ㉢
④ ㉣

(풀이) 자동차연료 제조기준(휘발유)

항목	제조기준
방향족화합물 함량(부피%)	24(21) 이하
벤젠 함량(부피%)	0.7 이하
납 함량(g/L)	0.013 이하
인 함량(g/L)	0.0013 이하
산소 함량(무게%)	2.3 이하
올레핀 함량(부피%)	16(19) 이하
황 함량(ppm)	10 이하
증기압(kPa, 37.8℃)	60 이하
90% 유출온도(℃)	170 이하

68 대기환경보전법규상 환경기술인의 준수사항 및 관리사항을 이행하지 아니한 경우 각 위반 차수별 행정처분기준(1차~4차)으로 옳은 것은?

① 선임명령-경고-경고-조업정지 5일
② 선임명령-경고-조업정지 5일-조업정지 30일
③ 변경명령-경고-조업정지 5일-조업정지 30일
④ 경고-경고-경고-조업정지 5일

(풀이) 행정처분기준
1차(경고) → 2차(경고) → 3차(경고) → 4차(조업정지 5일)

69 대기환경보전법규상 특정대기유해물질이 아닌 것은?

① 히드라진
② 크롬 및 그 화합물
③ 카드뮴 및 그 화합물
④ 브롬 및 그 화합물

(풀이) 브롬 및 그 화합물은 특정대기유해물질이 아니다.

70 대기환경보전법상 환경부장관은 대기오염물질과 온실가스를 줄여 대기환경을 개선하기 위하여 대기환경개선종합계획을 수립하여야 한다. 이 종합계획에 포함되어야 할 사항으로 거리가 먼 것은?(단, 그 밖의 사항 등은 고려하지 않음)

① 시, 군, 구별 온실가스 배출량 세부명세서
② 대기오염물질의 배출현황 및 전망
③ 기후변화로 인한 영향평가와 적응대책에 관한 사항
④ 기후변화 관련 국제적 조화와 협력에 관한 사항

Answer 67 ③ 68 ④ 69 ④ 70 ①

풀이 **대기환경개선종합계획 수립 시 포함사항**
㉠ 대기오염물질의 배출현황 및 전망
㉡ 대기 중 온실가스의 농도변화 현황 및 전망
㉢ 대기오염물질을 줄이기 위한 목표설정과 이의 달성을 위한 분야별단계별 대책
㉣ 대기오염이 국민건강에 미치는 위해 정도와 이를 개선하기 위한 위해 수준의 설정에 관한 사항
㉤ 유해성 대기감시물질의 측정 및 감시·관찰에 관한 사항
㉥ 특정대기 유해물질을 줄이기 위한 목표 설정 및 달성을 위한 분야별·단계별 대책
㉦ 환경분야 온실가스 배출을 줄이기 위한 목표 설정과 이의 달성을 위한 분야별·단계별 대책
㉧ 기후변화로 인한 영향평가와 적응대책에 관한 사항
㉨ 대기오염물질과 온실가스를 연계한 통합대기환경 관리체계의 구축
㉩ 기후변화 관련 국제적 조화와 협력에 관한 사항
㉪ 그 밖에 대기환경을 개선하기 위하여 필요한 사항

71 대기환경보전법상 저공해자동차로의 전환 또는 개조 명령, 배출가스저감장치의 부착·교체 명령 또는 배출가스 관련 부품의 교체 명령, 저공해엔진(혼소엔진을 포함한다)으로의 개조 또는 교체 명령을 이행하지 아니한 자에 대한 과태료 부과기준은?

① 500만 원 이하의 과태료
② 300만 원 이하의 과태료
③ 200만 원 이하의 과태료
④ 100만 원 이하의 과태료

풀이 대기환경보전법 제94조 참조

72 실내공기질 관리법규상 PM-10의 실내공기질 유지기준이 $100\mu g/m^3$ 이하인 다중이용시설에 해당하는 것은?

① 실내주차장   ② 대규모 점포
③ 산후조리원   ④ 지하역사

풀이 **실내공기질 관리법상 유지기준(2019년 7월부터 적용)**

다중이용시설 \ 오염물질 항목	미세먼지 (PM-10) ($\mu g/m^3$)	미세먼지 (PM-2.5) ($\mu g/m^3$)	이산화탄소 (ppm)	폼알데하이드 ($\mu g/m^3$)	총부유세균 (CFU/m^3)	일산화탄소 (ppm)
지하역사, 지하도상가, 철도역사의 대합실, 여객자동차터미널의 대합실, 항만시설 중 대합실, 공항시설 중 여객터미널, 도서관·박물관 및 미술관, 대규모점포, 장례식장, 영화상영관, 학원, 전시시설, 인터넷컴퓨터게임시설제공업의 영업시설, 목욕장업의 영업시설	100 이하	50 이하	1,000 이하	100 이하		10 이하
의료기관, 산후조리원, 노인요양시설, 어린이집	75 이하	35 이하		80 이하	800 이하	
실내주차장	200 이하	—		100 이하		25 이하
실내 체육시설, 실내 공연장, 업무시설, 둘 이상의 용도에 사용되는 건축물	200 이하					

※ 법규 변경사항이므로 해설의 내용으로 학습하시기 바랍니다.

73 대기환경보전법규상 배출시설을 설치·운영하는 사업자에 대하여 조업정지를 명하여야 하는 경우로서 그 조업정지가 주민의 생활 등 그 밖에 공익에 현저한 지장을 줄 우려가 있다고 인정되는 경우 조업정지처분을 갈음하여 과징금을 부과할 수 있다. 이때 과징금의 부과기준에 적용되지 않는 것은?

Answer 71 ② 72 해설 확인 73 ③

① 조업정지일수
② 1일당 부과금액
③ 오염물질별 부과금액
④ 사업장 규모별 부과계수

[풀이] 과징금은 행정처분기준에 따라 조업정지일수에 1일당 부과금액과 사업장 규모별 부과계수를 곱하여 산정한다.

74 다음은 대기환경보전법규상 비산먼지의 발생을 억제하기 위한 시설의 설치 및 필요한 조치에 관한 엄격한 기준이다. ( ) 안에 알맞은 것은?

"싣기와 내리기 공정"인 경우 싣거나 내리는 장소 주위에 고정식 또는 이동식 물뿌림시설(물뿌림 반경 (㉠) 이상, 수압 (㉡) 이상)을 설치할 것

① ㉠ 1.5m, ㉡ 2.5kg/cm^2
② ㉠ 1.5m, ㉡ 5kg/cm^2
③ ㉠ 7m, ㉡ 2.5kg/cm^2
④ ㉠ 7m, ㉡ 5kg/cm^2

[풀이] 비산먼지발생억제조치(엄격한 기준) : 싣기와 내리기
㉠ 최대한 밀폐된 저장 또는 보관시설 내에서만 분체상물질을 싣거나 내릴 것
㉡ 싣거나 내리는 장소 주위에 고정식 또는 이동식 물뿌림시설(물뿌림 반경 7m 이상, 수압 5kg/cm^2 이상)을 설치할 것

75 대기환경보전법규상 위임업무의 보고사항 중 수입자동차 배출가스 인증 및 검사현황의 보고기일 기준으로 옳은 것은?

① 다음 달 10일까지
② 매 분기 종료 후 15일 이내
③ 매 반기 종료 후 15일 이내
④ 다음 해 1월 15일까지

[풀이] 위임업무 보고사항

업무내용	보고 횟수	보고 기일	보고자
환경오염 사고 발생 및 조치 사항	수시	사고발생 시	시·도지사, 유역환경청장 또는 지방환경청장
수입자동차 배출가스 인증 및 검사현황	연 4회	매 분기 종료 후 15일 이내	국립환경과학원장
자동차 연료 및 첨가제의 제조·판매 또는 사용에 대한 규제 현황	연 2회	매 반기 종료 후 15일 이내	유역환경청장 또는 지방환경청장
자동차 연료 또는 첨가제의 제조기준 적합 여부 검사 현황	• 연료 : 연 4회 • 첨가제 : 연 2회	• 연료 : 매 분기 종료 후 15일 이내 • 첨가제 : 매 반기 종료 후 15일 이내	국립환경과학원장
측정기기관리대행업의 등록(변경등록) 및 행정처분 현황	연 1회	다음 해 1월 15일까지	유역환경청장, 지방환경청장 또는 수도권대기환경청장

76 다음은 대기환경보전법령상 변경신고에 따른 가동개시신고의 대상규모기준에 관한 사항이다. ( ) 안에 알맞은 것은?

배출시설에서 "대통령령으로 정하는 규모 이상의 변경"이란 설치허가 또는 변경허가를 받거나 설치신고 또는 변경신고를 한 배출구별 배출시설 규모의 합계보다 ( ) 증설(대기배출시설 증설에 따른 변경신고의 경우에는 증설의 누계를 말한다.)하는 배출시설의 변경을 말한다.

① 100분의 10 이상 ② 100분의 20 이상
③ 100분의 30 이상 ④ 100분의 50 이상

Answer 74 ④ 75 ② 76 ②

풀이) 배출시설에서 "대통령령으로 정하는 규모 이상의 변경"이란 설치허가 또는 변경허가를 받거나 설치신고 또는 변경신고를 한 배출구별 배출시설 규모의 합계보다 100분의 20 이상 증설(대기배출시설 증설에 따른 변경신고의 경우에는 증설의 누계를 말한다.)하는 배출시설의 변경을 말한다.

77 대기환경보전법상 거짓으로 배출시설의 설치허가를 받은 후에 시·도지사가 명한 배출시설의 폐쇄명령까지 위반한 사업자에 대한 벌칙기준으로 옳은 것은?

① 7년 이하의 징역이나 1억 원 이하의 벌금
② 5년 이하의 징역이나 3천만 원 이하의 벌금
③ 1년 이하의 징역이나 500만 원 이하의 벌금
④ 300만 원 이하의 벌금

풀이) 대기환경보전법 제89조 참조

78 실내공기질 관리법령상 이 법의 적용대상이 되는 다중이용시설로서 "대통령령으로 정하는 규모의 것"의 기준으로 옳지 않은 것은?

① 공항시설 중 연면적 1천5백 제곱미터 이상인 여객터미널
② 연면적 2천 제곱미터 이상인 실내주차장(기계식 주차장은 제외한다.)
③ 철도역사의 연면적 1천5백 제곱미터 이상인 대합실
④ 항만시설 중 연면적 5천제곱미터 이상인 대합실

풀이) 철도역사의 연면적 2천 제곱미터 이상인 대합실

79 대기환경보전법령상 배출시설 설치허가를 받거나 설치신고를 하려는 자가 시·도지사 등에게 제출할 배출시설 설치허가신청서 또는 배출시설 설치신고서에 첨부하여야 할 서류가 아닌 것은?

① 배출시설 및 방지시설의 설치명세서
② 방지시설의 일반도
③ 방지시설의 연간 유지관리계획서
④ 환경기술인 임명일

풀이) 배출시설 설치허가를 받거나 신고를 하려는 자가 배출시설 설치허가신청서 또는 배출시설 설치신고서에 첨부해야 하는 서류
㉠ 원료(연료를 포함한다.)의 사용량 및 제품 생산량과 오염물질 등의 배출량을 예측한 명세서
㉡ 배출시설 및 방지시설의 설치명세서
㉢ 방지시설의 일반도
㉣ 방지시설의 연간 유지관리 계획서
㉤ 사용 연료의 성분 분석과 황산화물 배출농도 및 배출량 등을 예측한 명세서(배출시설의 경우에만 해당한다.)
㉥ 배출시설설치허가증(변경허가를 신청하는 경우에만 해당한다.)

80 대기환경보전법규상 환경기술인을 임명하지 아니한 경우 4차 행정처분기준으로 옳은 것은?

① 경고
② 조업정지 5일
③ 조업정지 10일
④ 선임명령

풀이) 행정처분 기준
1차(선임명령) → 2차(경고) → 3차(조업정지 5일) → 4차(조업정지 10일)

Answer 77 ① 78 ③ 79 ④ 80 ③

2023년 제2회 CBT 복원 · 예상문제

제1과목 대기오염개론

01 경도모델(또는 K - 이론모델)의 가정으로 옳지 않은 것은?

① 오염물질은 지표를 침투하며 반사되지 않는다.
② 배출원에서 오염물질의 농도는 무한하다.
③ 풍하 측으로 지표면은 평평하고 균등하다.
④ 풍하 쪽으로 가면서 대기의 안정도는 일정하고 확산계수는 변하지 않는다.

(풀이) 경도모델(또는 K - 이론모델)의 가정
  ㉠ 배출원에서 오염물질의 농도는 무한하다.
  ㉡ 풍하 측으로 지표면은 평평하고 균등하다.
  ㉢ 풍하 쪽으로 가면서 대기의 안정도는 일정하고 확산계수는 변하지 않는다.
  ㉣ 배출원에서 무한히 멀어지면 오염농도는 0이 된다.
  ㉤ 오염물질은 지표를 침투하지 못하고 반사한다.
  ㉥ 오염물질은 생성되거나 소멸되지 않는다.
  ㉦ 연기축에 직각인 단면에서 오염물질의 농도분포는 가우스분포이다.

02 다음 역사적 대기오염사건 중 주로 자동차 배출가스의 광화학반응으로 생긴 사건은?

① 런던 사건
② 도노라 사건
③ 보팔 사건
④ 로스앤젤레스 사건

(풀이) 로스앤젤레스형 스모그는 자동차의 배출가스가 주오염원으로 작용하였다.

03 지구상에 분포하는 오존에 관한 설명으로 옳지 않은 것은?

① 오존량은 돕슨(Dobson) 단위로 나타내는데, 1Dobson은 지구 대기 중 오존의 총량을 0℃, 1기압의 표준상태에서 두께로 환산하였을 때 0.01cm에 상당하는 양이다.
② 몬트리올 의정서는 오존층 파괴물질의 규제와 관련한 국제협약이다.
③ 오존의 생성 및 분해반응에 의해 자연 상태의 성층권 영역에는 일정 수준의 오존량이 평형을 이루게 되고, 다른 대기권역에 비해 오존의 농도가 높은 오존층이 생긴다.
④ 지구 전체의 평균오존전량은 약 300Dobson이지만, 지리적 또는 계절적으로 그 평균값의 ±50% 정도까지 변화하고 있다.

(풀이) 오존량은 돕슨(Dobson) 단위로 나타내는데 1Dobson은 지구 대기 중 오존의 총량을 0℃, 1기압의 표준상태에서 두께로 환산하였을 때 0.001cm에 상당하는 양이다.

04 체적이 100m³인 지하 복사실의 공간에서 오존의 배출량이 0.2mg/min인 복사기를 연속으로 작동하고 있다. 복사기를 사용하기 전의 실내 오존의 농도가 0.05ppm이라고 할 때 6시간 사용 후 오존농도는?(단, 표준상태 기준)

① 283ppb
② 386ppb
③ 430ppb
④ 520ppb

Answer 01 ① 02 ④ 03 ① 04 ②

[풀이] 오존농도
= 복사기 사용 전 농도 + 복사기 사용으로 증가된 농도

- 사용 전 농도(ppb)
  = $0.05 \text{ppm} \times 10^3 \text{ppb/ppm}$
  = 50ppb
- 증가농도
  = $\dfrac{0.2 \text{mg/min} \times 6\text{hr} \times 60\text{min/hr}}{100 \text{m}^3}$
  = 0.72mg/m^3
- 증가농도(ppb)
  = $0.72 \text{mg/m}^3 \times \dfrac{22.4 \text{mL}}{48 \text{mg}} \times 10^3 \text{ppb/ppm}$
  = 336ppb
= 50 + 336 = 386ppb

05 다음 배출오염물질 중 '석유정제, 포르말린제조, 도장공업'이 주된 배출 관련 업종인 것은?

① NOx　　② Pb
③ C_6H_6　　④ NH_3

[풀이] C_6H_6(벤젠) 배출원
포르말린제조, 도장공업, 석유정제

06 흑체에서 복사되는 에너지 중 파장 λ와 $\lambda + \Delta\lambda$ 사이에 들어 있는 에너지양(E_λ)을 아래 식으로 표현하는 것과 관련한 법칙은?

$$E_\lambda = C_1 \lambda^{-5} [\exp(C_2/\lambda T) - 1]^{-1}$$
(단, T는 흑체의 온도, C_1, C_2는 상수)

① 스테판-볼츠만의 법칙
② 빈의 변위법칙
③ 플랑크의 법칙
④ 베버-페흐너의 법칙

[풀이] 플랑크의 법칙
방정식을 사용하여 복사에너지의 강도를 표면온도와 파장의 함수로 나타낸 것이다.

07 바람에 관한 설명으로 옳지 않은 것은?

① 북반구의 경도풍은 저기압에서는 시계바늘 진행 방향으로 회전하면서 아래로 침강하면서 분다.
② 낮에 바다에서 육지로 부는 해풍은 밤에 육지에서 바다로 부는 육풍보다 보통 강하다.
③ 산풍은 보통 곡풍보다 더 강하다.
④ 푄풍은 산맥의 정상을 기준으로 풍상 쪽 경사면을 따라 공기가 상승하면서 건조단열변화를 하기 때문에 평지에서보다 기온이 약 1℃/100m의 율로 하강한다.

[풀이] 북반구의 경도풍은 저기압에서는 시계바늘 반대방향으로 회전하면서 위쪽으로 상승하면서 분다.

08 다음 중 대기오염물질 중 2차 오염물질에 해당하는 것은?

① SiO_2　　② H_2O_2
③ 방향족 탄화수소　　④ CO_2

[풀이] 2차 오염물질의 종류
대부분 광산화물로서 O_3, PAN($CH_3COOONO_2$), H_2O_2, NOCl, 아크롤레인(CH_2CHCHO) 등

09 다음 오염물질 중 사지 감각 이상, 구음장애, 청력장애, 구심성 시야협착, 소뇌성 운동질환 등의 주요 증상이 특징적이고 Hunter-Russel 증후군으로도 일컬어지고 있는 오염물질은?

① 메틸수은　　② 납
③ 크롬　　④ 카드뮴

풀이 수은에 의한 중독증상
일반적으로 Hunter–Russel 증후군으로 일컬어지며 특징적인 증상은 구내염, 근육진전, 정신증상, 청력장애, 구심성 시야협착 등이다.

10 파장 5,210Å인 빛 속에 밀도가 1.25g/cm³이고, 직경 0.3μm 인 기름방울의 분산 면적비가 4일 때 먼지농도가 0.4mg/m³이라면 가시거리 (V)는?(단, 가시거리 $(V) = \dfrac{5.2\rho r}{KC}$ 를 이용)

① 609m ② 805m
③ 1,000m ④ 1,230m

풀이 $V = \dfrac{5.2\rho r}{K \cdot C} = \dfrac{5.2 \times 1.25 \times 0.15}{4 \times 0.4 \times 10^{-3}} = 609.38\text{m}$

여기서, K : 비분산 면적
C : 분진농도(g/m³)
ρ : 분진의 밀도(g/cm³)
r : 분진의 반경(μm)

11 자동차 배출가스가 발생되는 가솔린 기관의 작동 원리 중 4행정 사이클의 기본 동작에 해당되지 않는 것은?

① 흡입행정 ② 압축행정
③ 폭발행정 ④ 누출행정

풀이 4행정 사이클의 기본 동작
㉠ 흡입행정 ㉡ 압축행정
㉢ 폭발행정 ㉣ 배기행정

12 다음 ( ) 안에 알맞은 것은?

( )이란 적도무역풍이 평년보다 강해지며, 서태평양의 해수면과 수온이 평년보다 상승하게 되고, 찬 해수의 용승현상 때문에 적도 동태평양에서 저수온 현상이 강화되어 나타나는 현상으로, 해수면의 온도가 6개월 이상 0.5℃ 이상 낮은 현상이 지속되는 것을 말한다.

① 엘니뇨 현상 ② 사헬 현상
③ 라니냐 현상 ④ 해들리셀 현상

풀이 라니냐(La Nina) 현상
㉠ 라니냐란 스페인어로 '여자아이'라는 뜻으로 엘니뇨 현상의 반대의미이다.
㉡ 라니냐가 발생하는 이유는 적도무역풍이 평년보다 강해지며, 서태평양의 해수면과 수온이 평년보다 상승하게 되고, 찬 해수의 용승현상 때문에 적도 동태평양에서 저수온 현상이 강화되어 나타난다.
㉢ 해수면의 온도가 6개월 이상 0.5℃ 이상 낮은 현상이 지속되어 엘니뇨 현상과 마찬가지로 기상이변의 주요원인이 된다.

13 광화학적 스모그(Smog)의 3대 주요 원인요소와 거리가 먼 것은?

① 아황산가스 ② 자외선
③ 올레핀계 탄화수소 ④ 질소산화물

풀이 광화학 스모그(Smog)의 3대 주요 원인요소
㉠ 자외선(햇빛)
㉡ 올레핀계 탄화수소
㉢ 질소산화물

14 오존(O_3)에 관한 설명 중 옳지 않은 것은?

① 폐수종과 폐충혈 등을 유발시키며, 섬모운동의 기능장애를 일으킨다.
② 식물의 경우 주로 어린잎에 피해를 일으키며, 오존에 강한 식물로는 시금치, 파 등이 있다.
③ 오존에 약한 식물로는 담배, 자주개나리 등이 있다.

Answer 10 ① 11 ④ 12 ③ 13 ① 14 ②

④ 인체의 DNA와 RNA에 작용하여 유전인자에 변화를 일으킬 수 있다.

（풀이） 식물의 경우 주로 성장한 잎에 피해를 일으키며 오존에 강한 식물에는 양파, 해바라기, 국화, 아카시아 등이 있다.

15 다음 대기상태에 해당되는 연기의 형태는?

> 굴뚝의 높이보다 더 낮게 지표 가까이에 역전층이 이루어져 있고, 그 상공에는 대기가 불안정한 상태일 때 주로 발생하며, 고기압 지역에서 하늘이 맑고 바람이 약한 늦은 오후나 이른 밤에 주로 발생하기 쉽다.

① Looping　　② Lofting
③ Fanning　　④ Coning

（풀이） Lofting(지붕형)
㉠ 굴뚝의 높이보다 더 낮게 지표 가까이에 역전층(안정)이 이루어져 있고, 그 상공의 대기가 불안정한 상태일 때 주로 발생한다.
㉡ 고기압 지역에서 하늘이 맑고 바람이 약한 늦은 오후(초저녁)나 이른 밤에 주로 발생하기 쉽다.
㉢ 연기에 의한 지표의 오염도는 가장 적게 되며 역전층 내에서 지표배출원에 의한 오염도는 크게 나타난다.

16 오염원 영향평가 방법 중 분산모델에 관한 설명으로 옳지 않은 것은?

① 점, 선, 면 오염원의 영향을 평가할 수 있다.
② 2차 오염원의 확인이 가능하다.
③ 새로운 오염원이 지역 내에 신설될 때 매번 재평가하여야 한다.
④ 지형 및 오염원의 조업조건에 영향을 받지 않는다.

（풀이） 분산모델의 특징
㉠ 2차 오염원의 확인이 가능하다.
㉡ 지형 및 오염원의 작업조건에 영향을 받는다.
㉢ 미래의 대기질을 예측할 수 있다.
㉣ 새로운 오염원이 지역 내에 생길 때, 매번 재평가를 하여야 한다.
㉤ 점, 선, 면 오염원의 영향을 평가할 수 있다.
㉥ 단기간 분석 시 문제가 된다.
㉦ 특정오염원의 영향을 평가할 수 있는 잠재력을 가지고 있으나 기상과 관련하여 대기 중의 무작위적인 특성을 적절하게 묘사할 수 없으므로 결과에 대한 불확실성이 크다.

17 대기의 연직구조에 대한 설명으로 거리가 먼 것은?

① 대류권은 보통 저위도 지방이 고위도 지방에 비하여 높다.
② 대류권은 지표에서부터 약 11km까지의 높이로서 구름이 끼고 비가 오는 등의 기상현상은 대류권에 국한되어 나타난다.
③ 기상요소의 수평분포는 위도, 해륙분포 등에 의하며 지역에 따라 다르게 나타나지만 연직방향에 따른 변화가 더욱 크다.
④ 성층권의 고도는 약 11km에서 50km까지이고, 이 권역에서는 고도에 따라 온도가 증가하고, 하층부의 밀도가 작아서 불안정한 상태를 나타낸다.

（풀이） 성층권의 고도는 약 11km에서 50km까지이고, 이 권역에서는 고도에 따라 온도가 증가하고, 하층부의 밀도가 커서 안정한 상태를 나타낸다.

18 코리올리힘(C, 전향력)의 크기를 옳게 나타낸 것은?(단, Ω : 지구자전 각속도, θ : 위도, U : 물체의 속도)

① $2\Omega\cos\theta U$　　② $2\Omega\sin\theta U$
③ $2\Omega\tan\theta U$　　④ $2\Omega\cot\theta U$

풀이 전향력(Coriolis Force)
$C = V \times f = 2\Omega \sin\phi V$
여기서,
  C : 코리올리의 힘(전향력)
  V : 물체(단위질량을 갖는 공기덩어리)의 속도
  f : 코리올리 인자(전향 인자)
    $f = 2\Omega \sin\phi$
  Ω : 지구자전 각속도(7.27×10^{-5}rad/sec)
  ϕ : 물체가 있는 지점의 위도 극지방에서 최대, 적도지방에서 최솟값(0)을 가짐

19 확산계수 $K_y = K_z = 0.11$, 풍속 $U = 15$m/sec, 굴뚝의 유효고 100m, 오염물질의 배출률 $Q = 30,000$Sm³/h이고, 가스 중 황산화물 농도가 1,500ppm이라고 할 때, 지상에 나타나는 황산화물의 최대 지표농도는 몇 ppm인가?(단, Sutton의 확산식을 이용한다.)

① 약 0.01 ② 약 0.02
③ 약 0.03 ④ 약 0.04

풀이 C_{max}
$= \dfrac{2Q}{\pi e u H_e^2}\left(\dfrac{K_z}{K_y}\right)$
$= \dfrac{2 \times 30,000\text{Sm}^3/\text{hr} \times \text{hr}/3,600\text{sec} \times 1,500\text{ppm}}{3.14 \times 2.72 \times 15\text{m/sec} \times (100\text{m})^2} \times \left(\dfrac{0.11}{0.11}\right)$
$= 0.02$ppm

20 대기압력이 870mb인 높이에서의 온도가 17℃였다. 온위(Potential Temperature, K)는 얼마인가?

① 267.54 ② 280.15
③ 301.87 ④ 311.62

풀이 온위$(\theta) = T\left(\dfrac{1,000}{P}\right)^{0.288}$
$= (273 + 17) \times \left(\dfrac{1,000}{870}\right)^{0.288}$
$= 301.87$K

제2과목 대기오염공정시험기준(방법)

21 다음은 배출가스 중의 페놀류의 기체크로마토그래피 분석방법을 설명한 것이다. ( ) 안에 알맞은 것은?

> 배출가스를 (㉠)에 흡수시켜 이 용액을 산성으로 한 후 (㉡)(으)로 추출한 다음 기체크로마토그래피로 정량하여 페놀류의 농도를 산출한다.

① ㉠ 증류수, ㉡ 과망간산칼륨
② ㉠ 수산화소듐용액, ㉡ 과망간산칼륨
③ ㉠ 증류수, ㉡ 아세트산에틸
④ ㉠ 수산화소듐용액, ㉡ 아세트산에틸

풀이 굴뚝배출가스 중 페놀류 분석방법(기체크로마토그래피)
배출가스 중의 페놀류를 측정하는 방법으로서 배출가스를 수산화소듐용액에 흡수시켜 이 용액을 산성으로 한 후 아세트산에틸로 추출한 다음 기체크로마토그래피로 정량하여 페놀류의 농도를 산출한다.

22 화학분석 일반사항에 관한 설명으로 옳지 않은 것은?

① "약"이란 그 무게 또는 부피에 대하여 ±5% 이상의 차가 있어서는 안 된다.
② 표준품을 채취할 때 표준액이 정수로 기재되어 있어도 실험자가 환산하여 기재수치에 "약" 자

Answer 19 ② 20 ③ 21 ④ 22 ①

를 붙여 사용할 수 있다.
③ "방울수"라 함은 20℃에서 정제수 20방울을 떨어뜨릴 때 그 부피가 약 1mL 되는 것을 뜻한다.
④ 시험에 사용하는 표준품은 원칙적으로 특급시약을 사용하며 표준액을 조제하기 위한 표준용 시약은 따로 규정이 없는 한 데시케이터에 보존된 것을 사용한다.

(풀이) "약"이란 그 무게 또는 부피에 대하여 ±10% 이상의 차가 있어서는 안 된다.

23 배출가스 중 입자상 물질 시료채취를 위한 분석기기 및 기구에 관한 설명으로 옳지 않은 것은?

① 흡입노즐은 스테인리스강 재질, 경질유리 또는 석영 유리제로 만들어진 것으로 사용한다.
② 흡입노즐의 안과 밖의 가스흐름이 흐트러지지 않도록 흡입노즐 내경(d)은 3mm 이상으로 한다.
③ 흡입관은 수분응축을 방지하기 위해 시료가스 온도를 120±14℃로 유지할 수 있는 가열기를 갖춘 보로실리케이트, 스테인리스강 재질 또는 석영유리관을 사용한다.
④ 흡입노즐의 꼭짓점은 60° 이하의 예각이 되도록 하고 매끈한 반구모양으로 한다.

(풀이) 흡입노즐의 꼭짓점은 30° 이하의 예각이 되도록 하고 매끈한 반구모양으로 한다.

24 다음은 유류 중의 황 함유량 분석방법 중 연소관식 공기법에 관한 설명이다. ( ) 안에 알맞은 것은?

이 시험기준은 원유, 경유, 중유의 황 함유량을 측정하는 방법을 규정하며 유류 중 황 함유량이 질량분율 0.01% 이상의 경우에 적용한다. (㉠)로 가열한 석영재질 연소관 중에 공기를 불어넣어 시료를 연소시킨다. 생성된 황산화물을 과산화수소 3%에 흡수시켜 황산으로 만든 다음, (㉡) 표준액으로 중화적정하여 황 함유량을 구한다.

① ㉠ 450~550℃, ㉡ 질산칼륨
② ㉠ 450~550℃, ㉡ 수산화소듐
③ ㉠ 950~1,100℃, ㉡ 질산칼륨
④ ㉠ 950~1,100℃, ㉡ 수산화소듐

(풀이) 연료용 유류 중의 황 함유량 분석방법(연소관식 공기법)
㉠ 원유, 경유, 중유의 황 함유량을 측정하는 방법을 규정하며 유류 중 황 함유량이 질량분율 0.01% 이상인 경우에 적용한다.
㉡ 950~1,100℃로 가열한 석영재질 연소관 중에 공기를 불어넣어 시료를 연소시킨다.
㉢ 생성된 황산화물을 과산화수소(3%)에 흡수시켜 황산으로 만든 다음, 수산화소듐 표준액으로 중화적정하여 황 함유량을 구한다.

25 일반적으로 환경대기 중에 부유하고 있는 총부유먼지와 10μm 이하의 입자상 물질을 여과지 위에 채취하여 질량농도를 구하거나 금속 등의 성분분석에 이용되며, 흡입펌프, 분립장치, 여과지홀더 및 유량측정부의 구성을 갖는 분석방법으로 가장 적합한 것은?

① 고용량 공기시료채취기법
② 저용량 공기시료채취기법
③ 광산란법
④ 광투과법

(풀이) 저용량 공기시료채취법(Low Volume Air Sampler법)
㉠ 원리 및 적용범위 : 일반적으로 이 방법은 대기 중에 부유하고 있는 10μm 이하의 입자상 물질을 저용량 공기시료채취기를 사용하여 여과지 위에 채취하고 질량농도를 구하거나 금속 등의 성분분석에 이용한다.

Answer 23 ④ 24 ④ 25 ②

ⓛ 장치의 구성 : 저용량 공기시료채취기의 기본 구성은 흡입펌프, 분립장치, 여과지 홀더 및 유량측정부로 구성된다.

26 다음은 배출가스 중 수은화합물 측정을 위한 냉증기 원자흡수분광광도법에 관한 설명이다. ( ) 안에 알맞은 것은?

> 배출원에서 등속으로 흡입된 입자상과 가스상 수은은 흡수액인 (㉠)에 채취된다. Hg^{2+} 형태로 채취한 수은은 Hg^0 형태로 환원시켜서, 광학셀에 있는 용액에서 기화시킨 다음 원자흡수분광광도계로 (㉡)에서 측정한다.

① ㉠ 산성 과망간산포타슘 용액, ㉡ 193.7nm
② ㉠ 산성 과망간산포타슘 용액, ㉡ 253.7nm
③ ㉠ 다이메틸글리옥심 용액, ㉡ 193.7nm
④ ㉠ 다이메틸글리옥심 용액, ㉡ 253.7nm

풀이 냉증기 – 원자흡수분광광도법

배출원에서 등속으로 흡입된 입자상과 가스상 수은은 흡수액인 산성 과망간산포타슘 용액에 채취된다. Hg^{2+} 형태로 채취한 수은을 Hg^0 형태로 환원시켜서, 광학셀에 있는 용액에서 기화시킨 다음 원자흡광분광광도계로 253.7nm에서 측정한다.

27 굴뚝연속자동측정기 설치방법 중 도관 부착방법으로 가장 거리가 먼 것은?

① 냉각 도관 부분에는 반드시 기체-액체 분리관과 그 아래쪽에 응축수 트랩을 연결한다.
② 응축수의 배출에 쓰는 펌프는 충분히 내구성이 있는 것을 쓰며, 이때 응축수 트랩은 사용하지 않아도 좋다.
③ 냉각도관은 될 수 있는 대로 수평으로 연결한다.
④ 기체-액체 분리관은 도관의 부착위치 중 가장 낮은 부분 또는 최저 온도의 부분에 부착하여 응축수를 급속히 냉각시키고 배관계의 밖으로 방출시킨다.

풀이 냉각도관은 될 수 있는 대로 수직으로 연결한다.

28 "항량이 될 때까지 건조한다"에서 "항량"의 범위는 벗어나지 않는 것은?

① 검체 8g을 1시간 더 건조하여 무게를 달아 보니 7.9975g이었다.
② 검체 4g을 1시간 더 건조하여 무게를 달아 보니 3.9989g이었다.
③ 검체 1g을 1시간 더 건조하여 무게를 달아 보니 0.9999g이었다.
④ 검체 100mg을 1시간 더 건조하여 무게를 달아 보니 99.9mg이었다.

풀이 '항량이 될 때까지 건조한다'는 같은 조건에서 1시간 더 건조 또는 강열할 때 전후 무게의 차가 g당 0.3mg 이하이다.

① $\dfrac{(8-7.9975)g}{8g} = \dfrac{0.3125mg}{g}$

② $\dfrac{(4-3.9989)g}{4g} = \dfrac{0.275mg}{g}$

③ $\dfrac{(1-0.999)g}{1g} = \dfrac{1mg}{g}$

④ $\dfrac{(100-99.9)mg}{100mg} = \dfrac{1mg}{g}$

29 NaOH 20g을 물에 용해시켜 800mL로 하였다. 이 용액은 몇 N인가?

① 0.0625N
② 0.625N
③ 6.25N
④ 62.5N

풀이 N(eq/L) = 20g/0.8L × 1eq/40g
= 0.625eq/L(N)

Answer 26 ② 27 ③ 28 ② 29 ②

30 다음 중 원자흡수분광광도법에서 광원부로 가장 적합한 장치는?

① 텅스텐램프 ② 플라즈마젯
③ 중공음극램프 ④ 수소방전관

🔍 원자흡수분광광도법의 장치구성 중 중공음극램프
   ㉠ 원자흡광 스펙트럼선의 선폭보다 좁은 선폭을 갖고 휘도가 높은 스펙트럼을 방사하는 중공음극램프가 많이 사용된다.
   ㉡ 중공음극램프는 양극(+)과 중공원통상의 음극(-)을 저압의 회유가스 원소와 함께 유리 또는 석영제의 창판을 갖는 유리관 중에 봉입한 것으로 음극은 분석하려고 하는 목적의 단일원소, 목적원소를 함유하는 합금 또는 소결합금으로 만들어져 있다.

31 기체크로마토그래피에 관한 설명으로 옳지 않은 것은?

① 일정유량으로 유지되는 운반가스(Carrier Gas)는 시료도입부로부터 분리관 내를 흘러서 검출기를 통하여 외부로 방출된다.
② 시료의 각 성분이 분리되는 것은 분리관을 통과하는 성분의 흡광성에 의한 속도변화 차이 때문이다.
③ 일반적으로 무기물 또는 유기물의 대기오염물질에 대한 정성, 정량 분석에 이용된다.
④ 기체시료 또는 기화한 액체나 고체시료를 운반가스(Carrier Gas)에 의하여 분리, 관 내에 전개시켜 기체상태에서 분리되는 각 성분을 크로마토그래피적으로 분석하는 방법이다.

🔍 시료도입부로부터 기체, 액체 또는 고체시료를 도입하면 기체는 그대로, 액체나 고체는 가열 기화되어 운반가스에 의하여 분리관 내로 송입되고 시료 중의 각 성분은 충전물에 대한 각각의 흡착성 또는 용해성의 차이에 따라 분리관 내에서의 이동속도가 달라지기 때문에 각각 분리되어 분리관 출구에 접속된 검출기를 차례로 통과하게 된다.

32 환경대기 중 아황산가스의 농도를 산정량수동법으로 측정하여 다음과 같은 결과를 얻었다. 이때 아황산가스의 농도는?

- 적정에 사용한 0.01N - 알칼리 용액의 소비량 : 0.2mL
- 시료가스 채취량 : 1.5m³

① $43\mu g/m^3$ ② $58\mu g/m^3$
③ $65\mu g/m^3$ ④ $72\mu g/m^3$

🔍 농도$(\mu g/m^3) = \dfrac{32,000 \times N \times v}{V}$

$= \dfrac{32,000 \times 0.01 \times 0.2}{1.5}$

$= 42.67 \mu g/m^3$

여기서, N : 알칼리의 규정농도(0.01N)
v : 적정에 사용한 알칼리의 양(mL)
V : 시료가스채취량(m^3)

33 시험의 기재 및 용어에 대한 정의로 옳지 않은 것은?

① 용액의 액성표시는 따로 규정이 없는 한 유리전극법에 의한 pH 미터로 측정한 것을 뜻한다.
② 액체성분의 양을 정확히 취한다 함은 홀피펫, 눈금플라스크 또는 이와 동등 이상의 정도를 갖는 용량계를 사용하여 조작하는 것을 뜻한다.
③ 항량이 될 때까지 건조한다 함은 따로 규정이 없는 한 보통의 건조방법으로 1시간 더 건조할 때 전후 무게의 차가 매 g당 0.5mg 이하일 때를 뜻한다.
④ 바탕시험을 하여 보정한다 함은 시료에 대한 처리 및 측정을 할 때 시료를 사용하지 않고 같은

방법으로 조작한 측정치를 빼는 것을 뜻한다.

풀이) 항량이 될 때까지 건조한다 함은 따로 규정이 없는 한 보통의 건조방법으로 1시간 더 건조할 때 전후 무게의 차가 매 g당 0.3mg 이하일 때를 뜻한다.

34 굴뚝 배출가스 내 휘발성유기화합물질(VOCs) 시료채취방법 중 흡착관법의 시료채취장치에 관한 설명으로 가장 거리가 먼 것은?

① 채취관 재질은 유리, 석영, 불소수지 등으로, 120℃ 이상까지 가열이 가능한 것이어야 한다.
② 시료채취관에서 응축기 및 기타 부분의 연결관은 가능한 한 짧게 하고, 불소수지 재질의 것을 사용한다.
③ 밸브는 스테인리스 재질로 밀봉윤활유를 사용하여 기체의 누출이 없는 구조이어야 한다.
④ 응축기 및 응축수 트랩은 유리재질이어야 하며, 응축기는 기체가 앞쪽 흡착관을 통과하기 전 기체를 20℃ 이하로 낮출 수 있는 부피이어야 한다.

풀이) 밸브는 불소수지, 유리 및 석영재질로 밀봉그리스를 사용하지 않고 가스의 누출이 없는 구조이어야 한다.

35 외부로 비산 배출되는 먼지를 고용량공기 시료채취법으로 측정한 조건이 다음과 같을 때 비산먼지의 농도는?

- 대조위치의 먼지농도 : 0.15mg/m³
- 채취먼지량이 가장 많은 위치의 먼지농도 : 4.69mg/m³
- 전 시료채취 기간 중 주 풍향이 90° 이상 변했으며, 풍속이 0.5m/s 미만 또는 10m/s 이상 되는 시간이 전 채취시간의 50% 미만이었다.

① 4.54mg/m³
② 5.45mg/m³
③ 6.81mg/m³
④ 8.17mg/m³

풀이) 비산먼지 농도(mg/m³)
$= (C_H - C_B) \times W_D \times W_S$
$= (4.69 - 0.15) \times 1.5 \times 1.0$
$= 6.81 \text{mg/m}^3$

36 링겔만 매연 농도표를 이용한 방법에서 매연 측정에 관한 설명으로 옳지 않은 것은?

① 농도표는 측정자의 앞 16cm에 놓는다.
② 농도표는 굴뚝배출구로부터 30~45cm 떨어진 곳의 농도를 관측 비교한다.
③ 측정자의 눈높이에 수직이 되게 관측 비교한다.
④ 매연의 검은 정도를 6종으로 분류한다.

풀이) 매연 측정 시 농도표는 측정자의 앞 16m에 놓는다.

37 굴뚝배출가스 중의 아황산가스 측정방법 중 연속자동측정법이 아닌 것은?

① 용액전도율법
② 적외선형광법
③ 정전위전해법
④ 불꽃광도법

풀이) 굴뚝배출가스 중의 아황산가스 측정방법의 종류
㉠ 용액전도율법 ㉡ 적외선흡수법
㉢ 자외선흡수법 ㉣ 정전위전해법
㉤ 불꽃광도법

38 대기오염공정시험기준상 용기에 관한 용어 정의로 옳지 않은 것은?

① 용기라 함은 시험용액 또는 시험에 관계된 물질을 보존, 운반 또는 조작하기 위하여 넣어두는 것으로 시험에 지장을 주지 않도록 깨끗한 것을 뜻한다.

Answer 34 ③ 35 ③ 36 ① 37 ② 38 ③

② 밀폐용기라 함은 물질을 취급 또는 보관하는 동안에 이물이 들어가거나 내용물이 손실되지 않도록 보호하는 용기를 뜻한다.
③ 기밀용기라 함은 광선을 투과하지 않는 용기 또는 투과하지 않게 포장을 한 용기로서 취급 또는 보관하는 동안에 내용물의 광화학적 변화를 방지할 수 있는 용기를 뜻한다.
④ 밀봉용기라 함은 물질을 취급 또는 보관하는 동안에 기체 또는 미생물이 침입하지 않도록 내용물을 보호하는 용기를 뜻한다.

[풀이] 기밀용기
물질을 취급 또는 보관하는 동안에 외부로부터의 공기 또는 다른 가스가 침입하지 않도록 내용물을 보호하는 용기를 뜻한다.

39 아황산가스(SO_2) 25.6g을 포함하는 2L 용액의 몰농도(M)는?

① 0.02M ② 0.1M
③ 0.2M   ④ 0.4M

[풀이] $M(mol/L) = \dfrac{질량}{부피} \times \dfrac{mol}{분자량}$
$= 25.6g/2L \times mol/64g$
$= 0.2 mol/L(M)$

40 굴뚝 배출가스 중 먼지 채취 시 배출구(굴뚝)의 직경이 2.2m의 원형 단면일 때, 필요한 측정점의 반경 구분 수와 측정점 수는?

① 반경 구분 수 1, 측정점 수 4
② 반경 구분 수 2, 측정점 수 8
③ 반경 구분 수 3, 측정점 수 12
④ 반경 구분 수 4, 측정점 수 16

[풀이] 원형 연도의 측정점 수

굴뚝 직경 $2R$(m)	반경 구분 수	측정점 수
1 미만	1	4
1~2 미만	2	8
2~4 미만	3	12
4~4.5 미만	4	16
4.5 이상	5	20

제3과목 대기오염방지기술

41 흡수에 관한 설명으로 거리가 먼 것은?

① O_2, NO, NO_2 등은 물에 대한 용해도가 적은 가스에 해당한다.
② 용해도가 적은 기체의 경우에는 헨리의 법칙이 성립한다.
③ 물에 대한 헨리정수값(atm · m³/kmol)은 30℃ 기준으로 CH_4 > $HCHO$이다.
④ 세정흡수효율은 세정수량이 클수록, 가스의 용해도가 적을수록 또 헨리정수가 클수록 커진다.

[풀이] 세정흡수효율은 세정수량이 클수록, 가스의 용해도가 클수록 또 헨리정수가 작을수록 커진다.

42 다음 연료 중 일반적으로 착화온도가 가장 높은 것은?

① 목탄   ② 무연탄
③ 갈탄(건조) ④ 역청탄

[풀이] 탄화도가 클수록 착화온도가 크기 때문에 무연탄의 착화온도가 가장 높다.

Answer 39 ③ 40 ③ 41 ④ 42 ②

43 배연탈황을 하지 않는 시설에서 중유 중의 황성분이 중량비로 $S(\%)$, 중유사용량이 매 시 $W(L)$이다. 하루 8시간씩 가동한다고 할 때 황산화물의 배출량(Sm^3/day)은?(단, 중유의 비중은 0.9, 표준상태를 기준으로 하며 황산화물은 전량 SO_2로 계산한다.)

① $0.0063 \times S \times W$
② $0.0504 \times S \times W$
③ $0.12 \times S \times W$
④ $0.224 \times S \times W$

풀이 $S + O_2 \rightarrow SO_2$
$32kg : 22.4Sm^3$
$WL/hr \times 0.01S \times 0.9kg/L \times 8hr/day$
$: SO_2(Sm^3/day)$

$$SO_2 = \frac{WL/hr \times 0.01S \times 0.9kg/L \times 8hr/day \times 22.4Sm^3}{32kg}$$
$$= 0.0504 \times W \times S (Sm^3/day)$$

44 사이클론 원추하부의 반경이 25cm, 배출 가스의 접선속도가 6m/sec일 때 분리계수는?

① 14.7
② 16.9
③ 21.3
④ 24.0

풀이 분리계수(S) $= \frac{V_\theta^2}{R \times g}$
$= \frac{(6m/sec)^2}{0.25m \times 9.8m/sec^2} = 14.69$

45 전기집진장치에서 처음에는 99.6%의 먼지를 제거하였는데 성능이 떨어져 98%밖에 제거하지 못한다면 먼지의 배출농도는 처음의 몇 배가 되는가?

① 1.6배
② 3.2배
③ 5배
④ 162배

풀이 $C_o = C_i \times (1 - \eta)$
㉠ 99.6%일 때
$C_o = C_i \times (1 - 0.996) = 0.004 C_i$
㉡ 96%일 때
$C_o = C_i \times (1 - 0.98) = 0.02 C_i$
농도비 $= \frac{0.02 C_i}{0.004 C_i} = 5$배

46 탄소 87%, 수소 13%의 연료를 완전연소 시 배기가스를 분석한 결과 O_2는 5%였다. 이때 과잉공기량은?

① $1.3Sm^3/kg$
② $3.5Sm^3/kg$
③ $4.6Sm^3/kg$
④ $6.9Sm^3/kg$

풀이 과잉공기량 $= (m-1)A_o$
$m = \frac{21}{21 - O_2} = \frac{21}{21-5} = 1.31$
$A_o = \frac{1}{0.21}[(1.867 \times 0.87) + (5.6 \times 0.13)]$
$= 11.20 Sm^3/kg$
$= (1.31-1) \times 11.20 Sm^3/kg$
$= 3.47 Sm^3/kg$

47 다음 설명하는 연소장치로 가장 적합한 것은?

| 기체연료의 연소장치로서 천연가스와 같은 고발열량 연료를 연소시키는 데 사용되는 버너 |

① 선회버너
② 방사형 버너
③ 유압분무식 버너
④ 건식버너

풀이 방사형 버너
천연가스와 같은 고발열량 연료를 연소시키는 데 가장 적합한 버너이다.

Answer ◀ 43 ② 44 ① 45 ③ 46 ② 47 ②

48 다음 중 C/H의 크기순으로 옳게 배열된 것은?

① 올레핀계 > 나프텐계 > 아세틸렌 > 프로필렌 > 프로판
② 나프텐계 > 올레핀계 > 아세틸렌 > 프로판 > 프로필렌
③ 올레핀계 > 나프텐계 > 프로필렌 > 프로판 > 아세틸렌
④ 나프텐계 > 아세틸렌 > 올레핀계 > 프로판 > 프로필렌

풀이) C/H 크기순서
방향족 > 올레핀계 > 나프텐계 > 아세틸렌 > 프로필렌 > 프로판

49 세정식 집진장치에서 입자가 포집되는 원리로 거리가 먼 것은?

① 가스의 증습에 의하여 입자가 서로 응집하는 원리
② 가스의 선회운동으로 입자를 분리 포집하는 원리
③ 액적 등에 입자가 관성 충돌하여 부착하는 원리
④ 미립자의 확산에 의하여 액적과의 접촉을 양호하게 하는 원리

풀이) 가스의 선회운동으로 입자를 분리 포집하는 것은 원심력 집진장치의 포집원리이다.

50 탄소 1kg 연소 시 이론적으로 30,000kcal의 열이 발생하고, 수소 1kg 연소 시 이론적으로 34,100kcal의 열이 발생된다면 에탄 2kg 연소 시 이론적으로 발생되는 열량은?

① 30,820kcal   ② 55,600kcal
③ 61,640kcal   ④ 74,100kcal

풀이) 에탄(C_2H_6) 분자량 = $(12\times2)+(1\times6)=30$

$C = 30,000\text{kcal/kg} \times \dfrac{24}{30} \times 2\text{kg}$
$ = 48,000\text{kcal}$

$H = 34,100\text{kcal/kg} \times \dfrac{6}{30} \times 2\text{kg}$
$ = 13,640\text{kcal}$

이론적 발생열량 $= 48,000 + 13,640$
$ = 61,640\text{kcal}$

51 다음 중 LPG의 주성분으로 나열된 것은?

① C_3H_8, C_4H_{10} ② C_2H_6, C_3H_6
③ CH_4, C_3H_6 ④ CH_4, C_2H_6

풀이) LPG의 주성분 : 프로판(C_3H_8), 부탄(C_4H_{10})

52 다음은 원심력 송풍기의 유형 중 어떤 유형에 관한 설명인가?

> 축차의 날개는 작고 회전축자의 회전방향 쪽으로 굽어 있다. 이 송풍기는 비교적 느린 속도로 가동되며, 이 축차는 때로 "다람쥐축차"라고도 불린다. 주로 가정용 화로, 중앙난방장치 및 에어컨과 같이 저압 난방 및 환기 등에 이용된다.

① 방사 날개형   ② 전향 날개형
③ 방사 경사형   ④ 프로펠러형

풀이) 전향 날개형(다익형) 송풍기
㉠ 전향 날개형(전곡 날개형(Forward-Curved Blade Fan))이라고 하며 익현 길이가 짧고 깃폭이 넓은 36~64매나 되는 다수의 전경깃이 강철판의 회전차에 붙여지고, 용접해서 만들어진 케이싱 속에 삽입된 형태의 팬으로, 시로코 팬이라고도 한다.
㉡ 송풍기의 임펠러가 다람쥐 쳇바퀴 모양으로 회전날개가 회전방향과 동일한 방향으로 설계되어 있으며 축차의 날개는 작고 회전축자의 회전방향 쪽으로 굽어 있다.

Answer 48 ① 49 ② 50 ③ 51 ① 52 ②

53. 유체 내를 입자가 자유낙하할 때 입자의 종말침강속도(Terminal Settling Velocity) 계산 시 관계되는 힘과 가장 거리가 먼 것은?

① 항력　　② 관성력
③ 부력　　④ 중력

풀이
㉠ 힘의 평형식
　중력 = 부력 + 항력
㉡ 입자에 작용하는 세 힘, 즉 중력, 부력, 항력이 균형을 이루어 침강하는 속도를 종말침강속도라 한다.

54. 프로판과 부탄이 부피비 2 : 1로 혼합된 가스 $1Sm^3$을 이론적으로 완전연소시킬 때 발생되는 예상 CO_2의 양(Sm^3)은?

① 약 $2.0Sm^3$　　② 약 $3.3Sm^3$
③ 약 $4.4Sm^3$　　④ 약 $5.6Sm^3$

풀이
$C_3H_8 + 5O_2 \rightarrow 3CO_2 + 4H_2O$
$C_4H_{10} + 6.5O_2 \rightarrow 4CO_2 + 5H_2O$
CO_2 양 $= \left(3 \times \dfrac{2}{3}\right) + \left(4 \times \dfrac{1}{3}\right)$
$\qquad = 3.3Sm^3/Sm^3 \times 1Sm^3 = 3.3Sm^3$

55. 다음 먼지의 입경측정방법 중 간접 측정법과 가장 거리가 먼 것은?

① 관성충돌법　　② 액상침강법
③ 표준체측정법　　④ 공기투과법

풀이 간접 측정방법
㉠ 관성충돌법　㉡ 액상침강법
㉢ 광산란법　　㉣ 공기투과법

56. 황 성분이 1.6%인 벙커C유를 매시 1,000kg 완전연소할 때 이론적으로 생성되는 SO_2의 양은?(단, 벙커C유의 황 성분은 전부 SO_2로 된다.)

① $45.0 Sm^3/hr$　　② $32.4 Sm^3/hr$
③ $22.4 Sm^3/hr$　　④ $11.2 Sm^3/hr$

풀이
$S + O_2 \rightarrow SO_2$
$32kg\ :\ 22.4Sm^3$
$1,000kg/hr \times 0.016 : SO_2(Sm^3/hr)$
$SO_2(Sm^3/hr) = \dfrac{1,000kg/hr \times 0.016 \times 22.4Sm^3}{32kg}$
$\qquad = 11.2Sm^3/hr$

57. 다음 유압식 Burner의 특징으로 옳은 것은?

① 분무각도는 40~90° 정도이다.
② 유량조절범위는 1 : 10 정도이다.
③ 소형가열로의 열처리 비용으로 주로 쓰이며, 유압은 1~2kg/cm² 정도이다.
④ 연소용량은 2~5L/h 정도이다.

풀이
② 유량조절범위는 환류식(1 : 3), 비환류식(1 : 2) 정도이다.
③ 유압은 5~30kg/cm² 정도이다.
④ 연소용량(연료분사범위)은 30~3,000L/hr (또는 15~2,000 L/hr) 정도이다.

58. 탄소, 수소의 중량 조성이 각각 90%, 10%인 액체연료가 매시 20kg 연소되고, 공기비는 1.2라면 매시 필요한 공기량(Sm^3/hr)은?

① 약 215　　② 약 256
③ 약 278　　④ 약 292

Answer ◀ 53 ② 54 ② 55 ③ 56 ④ 57 ① 58 ②

풀이) $A = m \times A_o$

$A_o = \dfrac{1}{0.21}[(1.867 \times 0.9) + (5.6 \times 0.1)]$

$\quad = 10.67 Sm^3/kg$

$\quad = 1.2 \times 10.67 Sm^3/kg$

$\quad = 12.8 Sm^3/kg \times 20 kg/hr$

$\quad = 256.03 Sm^3/hr$

59 연료 중 탄수소비(C/H비)에 관한 설명으로 옳지 않은 것은?

① 액체연료의 경우 중유 > 경유 > 등유 > 휘발유 순이다.
② C/H비가 작을수록 비점이 높은 연료는 매연이 발생되기 쉽다.
③ C/H비는 공기량, 발열량 등에 큰 영향을 미친다.
④ C/H비가 클수록 휘도는 높다.

풀이) C/H비가 클수록 비교적 비점이 높고 매연이 발생되기 쉽다.

60 다음 중 전기집진장치에서 입자에 작용하는 전기력의 종류로 가장 거리가 먼 것은?

① 대전입자의 하전에 의한 쿨롱력
② 전계강도에 의한 힘
③ 브라운 운동에 의한 확산력
④ 전기풍에 의한 힘

풀이) 입자에 작용하는 전기력 종류
㉠ 대전입자의 하전에 의한 쿨롱력(가장 지배적으로 작용)
㉡ 전계강도에 의한 힘
㉢ 입자 간의 흡인력
㉣ 전기풍에 의한 힘

제4과목 대기환경관계법규

61 대기환경보전법규상 개선명령과 관련하여 이행상태 확인을 위해 대기오염도 검사가 필요한 경우 환경부령으로 정하는 대기오염도 검사기관과 거리가 먼 것은?

① 유역환경청
② 환경보전협회
③ 한국환경공단
④ 시·도의 보건환경연구원

풀이) 대기오염도 검사기관
㉠ 국립환경과학원
㉡ 특별시·광역시·특별자치시·도·특별자치도의 보건환경연구원
㉢ 유역환경청, 지방환경청 또는 수도권대기환경청
㉣ 한국환경공단

62 대기환경보전법령상 자동차제작자는 자동차배출가스가 배출가스 보증기간에 제작차배출허용기준에 맞게 유지될 수 있다는 인증을 받아야 하는데, 이 인증받은 내용과 다르게 자동차를 제작하여 판매한 경우 환경부장관은 자동차제작자에게 과징금의 처분을 명할 수 있다. 이 과징금은 최대 얼마를 초과할 수 없는가?

① 500억 원   ② 100억 원
③ 10억 원   ④ 5억 원

풀이) 환경부장관은 인증을 받지 아니하고 자동차를 제작하여 판매한 경우 등에 해당하는 때에는 그 자동차제작자에 대하여 매출액에 100분의 5를 곱한 금액을 초과하지 아니하는 범위에서 과징금을 부과할 수 있다. 이 경우 과징금의 금액은 500억 원을 초과할 수 없다.

Answer 59 ② 60 ③ 61 ② 62 ①

63 대기환경보전법령상 2016년 1월 1일 이후 제작자동차 중 휘발유를 연료로 사용하는 최고속도 130km/h 미만 이륜자동차의 배출가스 보증기간 적용기준으로 옳은 것은?

① 2년 또는 20,000km
② 5년 또는 50,000km
③ 6년 또는 100,000km
④ 10년 또는 192,000km

풀이 2016년 1월 1일 이후 제작 자동차

사용연료	자동차의 종류	적용기간	
휘발유	경자동차, 소형 승용·화물자동차, 중형 승용·화물자동차	15년 또는 240,000km	
	대형 승용·화물자동차, 초대형 승용·화물자동차	2년 또는 160,000km	
	이륜자동차	최고속도 130km/h 미만	2년 또는 20,000km
		최고속도 130km/h 이상	2년 또는 35,000km

64 악취방지법령상 악취방지계획에 따라 악취방지에 필요한 조치를 하지 아니하고 악취배출시설을 가동한 자에 대한 벌칙기준은?

① 1년 이하의 징역 또는 1천만 원 이하의 벌금
② 500만 원 이하의 벌금
③ 300만 원 이하의 벌금
④ 100만 원 이하의 벌금

풀이 악취방지법 제28조 참조

65 대기환경보전법령상 비산먼지 발생사업 신고 후 변경신고를 하여야 하는 경우로 옳지 않은 것은?

① 사업장의 명칭 또는 대표자를 변경하는 경우
② 비산먼지 배출공정을 변경하려는 경우
③ 건설공사의 공사기간을 연장하려는 경우
④ 공사중지를 한 경우

풀이 비산먼지 발생사업 신고 후 변경신고 대상
㉠ 사업장의 명칭 또는 대표자를 변경하는 경우
㉡ 비산먼지 배출공정을 변경하는 경우
㉢ 사업의 규모를 늘리거나 그 종류를 추가하는 경우
㉣ 비산먼지 발생억제시설 또는 조치사항을 변경하는 경우
㉤ 공사기간을 연장하는 경우(건설공사의 경우에만 해당한다)

66 환경정책기본법령상 납(Pb)의 대기환경기준($\mu g/m^3$)으로 옳은 것은?(단, 연간 평균치)

① 0.5 이하
② 5 이하
③ 50 이하
④ 100 이하

풀이 납(Pb)의 대기환경기준
연간 평균치 : $0.5\mu g/m^3$ 이하

67 악취방지법규상 악취검사기관의 검사시설·장비 및 기술인력 기준에서 대기환경기사를 대체할 수 있는 인력요건으로 거리가 먼 것은?

①「고등교육법」에 따른 대학에서 대기환경분야를 전공하여 석사 이상의 학위를 취득한 자
② 국·공립연구기관의 연구직공무원으로서 대기환경연구분야에 1년 이상 근무한 자
③ 대기환경산업기사를 취득한 후 악취검사기관

Answer 63 ① 64 ③ 65 ④ 66 ① 67 ③

에서 악취분석요원으로 3년 이상 근무한 자
④ 「고등교육법」에 의한 대학에서 대기환경분야를 전공하여 학사학위를 취득한 자로서 같은 분야에서 3년 이상 근무한 자

풀이) 대기환경산업기사를 취득한 후 악취검사기관에서 악취분석요원으로 5년 이상 근무한 사람

68 다음은 실내공기질 관리법령상 이 법의 적용대상이 되는 "대통령령으로 정하는 규모" 기준이다. ( ) 안에 가장 알맞은 것은?

| 의료법에 의한 연면적 (㉠) 이상이거나 병상수 (㉡) 이상인 의료기관 |

① ㉠ 2천 제곱미터, ㉡ 100개
② ㉠ 1천 제곱미터, ㉡ 100개
③ ㉠ 2천 제곱미터, ㉡ 50개
④ ㉠ 1천 제곱미터, ㉡ 50개

풀이) 의료법에 의한 연면적 2천 제곱미터 이상이거나 병상 수 100 이상인 의료기관은 실내공기질 관리법상 적용대상이다.

69 대기환경보전법규상 휘발성 유기화합물 배출규제와 관련된 행정처분기준 중 휘발성 유기화합물 배출억제·방지시설 설치 등의 조치를 이행하였으나 기준에 미달하는 경우 위반차수(1차 – 2차 – 3차)별 행정처분기준으로 옳은 것은?

① 개선명령 – 개선명령 – 조업정지 10일
② 개선명령 – 조업정지 30일 – 폐쇄
③ 조업정지 10일 – 허가취소 – 폐쇄
④ 경고 – 개선명령 – 조업정지 10일

풀이) 행정처분기준
1차(개선명령) → 2차(개선명령) → 3차(조업정지 10일)

70 대기환경보전법령상 "사업장의 연료사용량 감축 권고" 조치를 하여야 하는 대기오염 경보 발령단계 기준은?

① 준주의보 발령단계 ② 주의보 발령단계
③ 경보발령단계   ④ 중대경보 발령단계

풀이) 경보발령단계별 조치사항
㉠ 주의보 발령 : 주민의 실외활동 및 자동차 사용의 자제 요청 등
㉡ 경보 발령 : 주민의 실외활동 제한 요청, 자동차 사용의 제한 및 사업장의 연료사용량 감축 권고 등
㉢ 중대경보 발령 : 주민의 실외활동 금지 요청, 자동차의 통행금지 및 사업장의 조업시간 단축 명령 등

71 대기환경보전법령상 사업장의 분류기준 중 4종 사업장의 분류기준은?

① 대기오염물질발생량의 합계가 연간 20톤 이상 50톤 미만인 사업장
② 대기오염물질발생량의 합계가 연간 10톤 이상 20톤 미만인 사업장
③ 대기오염물질발생량의 합계가 연간 2톤 이상 10톤 미만인 사업장
④ 대기오염물질발생량의 합계가 연간 1톤 이상 10톤 미만인 사업장

풀이) 사업장 분류기준

종별	오염물질발생량 구분
1종 사업장	대기오염물질발생량의 합계가 연간 80톤 이상인 사업장
2종 사업장	대기오염물질발생량의 합계가 연간 20톤 이상 80톤 미만인 사업장
3종 사업장	대기오염물질발생량의 합계가 연간 10톤 이상 20톤 미만인 사업장

종별	오염물질발생량 구분
4종 사업장	대기오염물질발생량의 합계가 연간 2톤 이상 10톤 미만인 사업장
5종 사업장	대기오염물질발생량의 합계가 연간 2톤 미만인 사업장

72 다음은 악취방지법규상 악취검사기관과 관련한 행정처분기준이다. ( ) 안에 가장 적합한 처분기준은?

> 검사시설 및 장비가 부족하거나 고장 난 상태로 7일 이상 방치한 경우 4차 행정처분기준은 ( )이다.

① 경고   ② 업무정지 1개월
③ 업무정지 3개월   ④ 지정취소

풀이 각 위반차수별 행정처분기준(1차~4차순)
경고 – 업무정지 1개월 – 업무정지 3개월 – 지정취소

73 대기환경보전법규상 다음 정밀검사대상 자동차에 따른 정밀검사 유효기간으로 옳지 않은 것은?(단, 차종의 구분 등은 자동차관리법에 의함)

① 차령 4년 경과된 비사업용 승용자동차 : 1년
② 차령 3년 경과된 비사업용 기타자동차 : 1년
③ 차령 2년 경과된 사업용 승용자동차 : 1년
④ 차령 2년 경과된 사업용 기타자동차 : 1년

풀이 정밀검사대상 자동차 및 정밀검사 유효기간

차종		정밀검사대상 자동차	검사 유효기간
비 사업용	승용자동차	차령 4년 경과된 자동차	2년
	기타자동차	차령 3년 경과된 자동차	
사업용	승용자동차	차령 2년 경과된 자동차	1년
	기타자동차	차령 2년 경과된 자동차	

74 환경정책기본법령상 이산화질소(NO_2)의 대기환경기준으로 옳은 것은?

① 연간 평균치 0.03ppm 이하
② 24시간 평균치 0.05ppm 이하
③ 8시간 평균치 0.3ppm 이하
④ 1시간 평균치 0.15ppm 이하

풀이 대기환경기준

항목	기준	측정방법
이산화질소 (NO_2)	• 연간 평균치 : 0.03ppm 이하 • 24시간 평균치 : 0.06ppm 이하 • 1시간 평균치 : 0.10ppm 이하	화학발광법 (Chemiluminescence Method)

75 대기환경보전법규상 비산먼지 발생을 억제하기 위한 시설의 설치 및 필요한 조치에 관한 기준 중 수송공정의 측면 살수시설설치 규격기준으로 옳은 것은?

① 살수길이는 수송차량 전체길이의 1.5배 이상, 살수압은 1.5kg/cm² 이상으로 한다.
② 살수길이는 수송차량 전체길이의 1.5배 이상, 살수압은 3kg/cm² 이상으로 한다.
③ 살수길이는 수송차량 전체길이의 3배 이상, 살수압은 1.5kg/cm² 이상으로 한다.
④ 살수길이는 수송차량 전체길이의 3배 이상, 살수압은 3kg/cm² 이상으로 한다.

풀이 측면 살수시설을 설치 규격기준
㉠ 살수높이 : 수송차량의 바퀴부터 적재함 하단부까지
㉡ 살수길이 : 수송차량 전체길이의 1.5배 이상
㉢ 살수압 : 3kg/cm² 이상

Answer 72 ④ 73 ① 74 ① 75 ②

76
대기환경보전법규상 관제센터로 측정결과를 자동전송하지 않는 사업장 배출구의 자가측정 횟수기준으로 옳은 것은?(단, 제1종 배출구이며, 기타 경우는 고려하지 않음)

① 매주 1회 이상
② 매월 2회 이상
③ 2개월마다 1회 이상
④ 반기마다 1회 이상

풀이) 자가측정의 대상·항목 및 방법
관제센터로 측정결과를 자동전송하지 않는 사업장의 배출구

구분	배출구별 규모	측정횟수	측정항목
제1종 배출구	먼지·황산화물 및 질소산화물의 연간 발생량 합계가 80톤 이상인 배출구	매주 1회 이상	별표 8에 따른 배출허용기준이 적용되는 대기오염물질. 다만, 비산먼지는 제외한다.
제2종 배출구	먼지·황산화물 및 질소산화물의 연간 발생량 합계가 20톤 이상 80톤 미만인 배출구	매월 2회 이상	
제3종 배출구	먼지·황산화물 및 질소산화물의 연간 발생량 합계가 10톤 이상 20톤 미만인 배출구	2개월마다 1회 이상	
제4종 배출구	먼지·황산화물 및 질소산화물의 연간 발생량 합계가 2톤 이상 10톤 미만인 배출구	반기마다 1회 이상	
제5종 배출구	먼지·황산화물 및 질소산화물의 연간 발생량 합계가 2톤 미만인 배출구	반기마다 1회 이상	

77
다음은 대기환경보전법상 장거리이동 대기오염물질 대책위원회에 관한 사항이다. ( ) 안에 알맞은 것은?

> 위원회는 위원장 1명을 포함한 (㉠) 이내의 위원으로 성별을 고려하여 구성한다. 위원회의 위원장은 (㉡)이 된다.

① ㉠ 25명, ㉡ 환경부장관
② ㉠ 25명, ㉡ 환경부차관
③ ㉠ 50명, ㉡ 환경부장관
④ ㉠ 50명, ㉡ 환경부차관

풀이) 장거리이동 대기오염물질 대책위원회
㉠ 위원회는 위원장 1명을 포함한 25명 이내의 위원으로 성별을 고려하여 구성한다.
㉡ 위원회의 위원장은 환경부차관이 된다.

78
환경정책기본법령상 오존(O_3)의 대기환경기준으로 옳은 것은?(단, 1시간 평균치)

① 0.03ppm 이하
② 0.05ppm 이하
③ 0.1ppm 이하
④ 0.15ppm 이하

풀이) 대기환경기준

항목	기준	측정방법
오존 (O_3)	• 8시간 평균치 : 0.06ppm 이하 • 1시간 평균치 : 0.1ppm 이하	자외선 광도법 (U.V. Photometric Method)

79 다음은 대기환경보전법규상 주유소 주유시설의 휘발성유기화합물 배출 억제·방지시설 설치 및 검사·측정결과의 기록보존에 관한 기준이다. ( ) 안에 알맞은 것은?

> • 유증기 회수배관은 배관이 막히지 아니하도록 적절한 경사를 두어야 한다.
> • 유증기 회수배관을 설치한 후에는 회수배관 액체막힘 검사를 하고 그 결과를 ( ) 기록·보존하여야 한다.

① 1년간 ② 2년간
③ 3년간 ④ 5년간

풀이 유증기 회수배관을 설치한 후에는 회수배관 액체막힘검사를 하고 그 결과를 5년간 기록·보존하여야 한다.

80 대기환경보전법규상 한국환경공단이 환경부장관에게 행하는 위탁업무 보고사항 중 "자동차 배출가스 인증생략현황"의 보고횟수 기준으로 옳은 것은?

① 연 4회 ② 연 2회
③ 연 1회 ④ 수시

풀이 위탁업무 보고사항

업무내용	보고횟수	보고기일
수시검사, 결함확인검사, 부품결함 보고서류의 접수	수시	위반사항 적발 시
결함확인검사 결과	수시	위반사항 적발 시
자동차배출가스 인증생략 현황	연 2회	매 반기 종료 후 15일 이내
자동차 시험검사 현황	연 1회	다음 해 1월 15일까지

Answer 79 ④ 80 ②

2023년 제4회 CBT 복원·예상문제

제1과목 대기오염개론

01 1985년 채택된 오존층 보호를 위한 국제협약은?

① 제네바 협약 ② 비엔나 협약
③ 기후변화 협약 ④ 리우 협약

[풀이] 오존층 보호를 위한 국제협약
비엔나 협약(1985), 몬트리올 의정서(1987), 런던 회의(1990), 코펜하겐 회의(1992) 등

02 다음 중 분산모델의 특징으로 가장 거리가 먼 것은?

① 지형 및 오염원의 조업조건에 영향을 받는다.
② 2차 오염원의 확인이 가능하다.
③ 점, 선, 면 오염원의 영향을 평가할 수 있다.
④ 지형, 기상학적 정보 없이도 사용 가능하다.

[풀이] 지형, 기상학적 정보 없이도 사용 가능한 것은 수용모델의 장점이다.

03 1984년 인도의 보팔시에서 발생한 대기오염사건의 주원인 물질은?

① H_2S ② SOx
③ CH_3CNO ④ CH_3SH

[풀이] 1984년 인도 중부지방의 보팔시에서 발생한 대기오염사건의 원인물질은 메틸이소시아네이트(MIC, CH_3CNO)이다.

04 원형굴뚝의 반경이 1.5m, 배출속도가 7m/sec, 평균풍속은 3.5m/sec일 때, 다음 식을 이용하여 Δh(유효 상승고)를 계산한 값은?(단, $\Delta h = 1.5 \left(\dfrac{V_s}{u} \right) \times D$ 이용)

① 18.0m ② 9.0m
③ 6m ④ 4.5m

[풀이] $\Delta h = 1.5 \left(\dfrac{V_s}{U} \right) \times D$
$= 1.5 \times \left(\dfrac{7 \text{m/sec}}{3.5 \text{m/sec}} \right) \times 3\text{m} = 9.0\text{m}$

05 다음은 라돈에 관한 설명이다. ( ) 안에 알맞은 것은?

라돈은 (㉠)의 기체이며, 그 반감기는 (㉡)으로 라듐의 핵 분열 시 생성되는 물질이다.

① ㉠ 무색·무취, ㉡ 2.5일간
② ㉠ 무색·무취, ㉡ 3.8일간
③ ㉠ 적갈색, 자극성, ㉡ 2.5일간
④ ㉠ 적갈색, 자극성, ㉡ 3.8일간

[풀이] 라돈(Rn)
㉠ 주기율표에서 원자번호가 86번으로 화학적으로 불활성 물질(거의 반응을 일으키지 않음)이며 흙 속에서 방사선 붕괴를 일으키는 자연방사능 물질이다.
㉡ 무색, 무취의 사람이 매우 흡입하기 쉬운 기체로 액화되어도 색을 띠지 않는 물질이며, 토양, 콘크리트, 대리석, 지하수, 건축자재 등으로부터 공기 중으로 방출된다.
㉢ 반감기는 3.8일이다.

06 다음 가스상 대기오염물질 중 식물에 영향이 가장 크며, 잎의 끝 또는 가장자리가 타거나 발육부진 등 특히 식물의 어린 잎에 피해가 큰 물질은?

① 오존
② 아황산가스
③ 질소산화물
④ 플루오르화수소

(풀이) 불소 및 불소화합물(플루오르화수소 : HF)
㉠ 주로 잎의 끝이나 가장자리의 발육부진이 두드러지며 균에 의한 병이 발생하며 어린 잎에 피해가 현저한 편이다.(잎의 선단부나 엽록부에 피해)
㉡ HF에 저항성이 강한 식물 : 자주개나리, 장미, 콩, 담배, 목화, 라일락, 시금치, 토마토, 민들레, 명아주, 질경이 등
㉢ HF에 민감한(약한) 식물 : 글라디올러스, 옥수수, 살구, 복숭아, 어린소나무, 메밀, 자두 등

07 굴뚝의 유효고도가 40m이다. 일반적인 조건이 같을 때 최대 지표농도를 절반으로 감소시키려면 유효고도를 얼마만큼 증가시켜야 하는가?

① 10m ② 17m
③ 22m ④ 28m

(풀이) $C_{max} = \dfrac{1}{H_e^2}$

$C_{max} : \dfrac{1}{(40m)^2} = \dfrac{1}{2} C_{max} : \dfrac{1}{(H_e)^2}$

$H_e = \sqrt{(40m)^2 \times 2} = 56.57m$

증가높이 = 56.57 − 40 = 16.57m

08 열섬효과(Heat Island Effect)에 관한 설명으로 옳지 않은 것은?

① 도시 외곽지역에서는 도시중심지역에 비하여 고온의 공기층을 형성하게 되는데 이를 열섬(Heat Island)현상이라고 한다.
② 도시지역과 교외지역은 풍속이나 대기안정도의 특성이 서로 다르고, 열섬의 규모와 현상은 시공간적으로 다양하게 나타난다.
③ 열섬현상의 원인으로서는 인공열 발생 증가, 건물 등 구조물에 의한 거칠기 변화, 지표면에서의 증발잠열 차이 등이다.
④ 도시지역에서의 풍속은 교외지역에 비하여 평균적으로 25~30% 감소하며, 대기오염물질이 응결핵으로 작용하여 운량과 강우량의 증가 현상이 나타날 수 있다.

(풀이) 도시 중심지역에서는 도시 외곽지역에 비하여 고온의 공기층을 형성하게 되는데 이를 열섬(Heat Island)현상이라고 한다.

09 A사업장 굴뚝에서의 암모니아 배출가스가 30mg/m³로 일정하게 배출되고 있는데 향후 이 지역 암모니아 배출허용기준이 20ppm으로 강화될 예정이다. 방지시설을 설치하여 강화된 배출허용기준치의 70%로 유지하고자 할 때 이 굴뚝에서 방지시설을 설치하여 저감해야 할 암모니아의 농도는 몇 ppm인가?(단, 모든 농도조건은 표준상태로 가정)

① 11.5ppm ② 16.8ppm
③ 20.8ppm ④ 25.5ppm

풀이) 저감농도
= 현재농도(배출농도) − 배출기준농도
현재농도 $= 30\text{mg/m}^3 \times \dfrac{22.4\text{mL}}{17\text{mg}}$
$= 39.53\text{ppm}$
배출기준농도 $= 20\text{ppm} \times 0.7 = 14\text{ppm}$
$= 39.53 - 14 = 25.53\text{ppm}$

10 대류권 내 공기의 구성물질을 '농도가 가장 안정된 물질, 쉽게 농도가 변하지 않는 물질, 쉽게 농도가 변하는 물질'의 3가지로 분류할 때, 다음 중 '쉽게 농도가 변하는 물질'에 해당하는 것은?

① Ne ② NO_2
③ Ar ④ CO_2

풀이) 공기의 구성물질
㉠ 농도가 가장 안정된 물질 : 산소, 질소, 이산화탄소, 아르곤
㉡ 쉽게 농도가 변하지 않는 물질 : 네온, 헬륨, 크롬, 제논, 수소, 에탄, 일산화질소
㉢ 쉽게 농도가 변하는 물질 : 이산화황, 이산화질소, 암모니아, 오존, 과산화수소

11 다음의 대기오염물질 중 2차 오염물질과 가장 거리가 먼 것은?

① N_2O_3 ② PAN
③ O_3 ④ NOCl

풀이) 2차 오염물질의 종류
대부분 광산화물로서 O_3, PAN($CH_3COOONO_2$), H_2O_2, NOCl, 아크로레인(CH_2CHCHO) 등
※ N_2O_3는 1차 오염물질이다.

12 다음 그림은 탄화수소가 존재하지 않는 경우 NO_2의 광화학사이클(Photolytic Cycle)이다. 그림의 A가 O_2일 때 B에 해당하는 물질은?

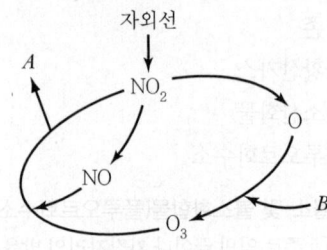

① NO   ② CO_2
③ NO_2 ④ O_2

풀이) NO_2의 광화학반응(광분해) Cycle

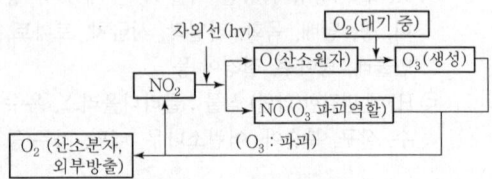

13 대기오염원의 영향평가 시 분산모델을 이용하기 위해 일반적으로 요구되는 입력자료로서 가장 거리가 먼 것은?

① 오염물질의 배출속도
② 굴뚝의 직경 및 재질
③ 오염원의 가동시간 및 방지시설의 효율
④ 오염물질 배출측정망 설치시기

풀이) 대기오염원의 영향평가 시 분산모델을 이용하기 위해 일반적으로 요구되는 입력자료
㉠ 배출량
㉡ 배출원의 위치
㉢ 배출원의 높이
㉣ 유효 굴뚝고
㉤ 배출가스 온도
㉥ 배출가스 습도
㉦ 굴뚝 직경

14 다음의 기온역전 중 공중역전과 가장 거리가 먼 것은?

① 침강역전 ② 전선역전
③ 해풍역전 ④ 이류성 역전

풀이 ㉠ 접지(지표)역전 : 복사역전, 이류역전
㉡ 공중역전 : 침강역전, 전선형 역전, 해풍형 역전, 난류역전

15 직경이 25cm인 관에서 유체의 점도가 $1.75 \times 10^{-5} kg/m \cdot sec$이고, 유체의 흐름속도가 2.5m/sec라고 할 때 이 유체의 레이놀즈수(NRe)와 흐름 특성은?(단, 유체밀도는 $1.15kg/m^3$이다.)

① 2,245, 층류 ② 2,350, 층류
③ 41,071, 난류 ④ 114,703, 난류

풀이
$$Re = \frac{\rho VD}{\mu}$$
$$= \frac{1.15 kg/m^3 \times 2.5 m/sec \times 0.25m}{1.75 \times 10^{-5} kg/m \cdot sec}$$
$$= 41,071.42$$
$Re > 4,000$이므로 흐름 특성은 난류이다.

16 연기형태에 관한 설명으로 옳지 않은 것은?

① Lofting형은 주로 고기압 지역에서 하늘이 맑고 바람이 약한 경우에 초저녁으로부터 아침에 걸쳐 발생하기 쉽다.
② Coning형은 대기가 중립조건일 때 발생하며, 이 연기 내에서는 오염의 단면분포가 전형적인 가우시안 분포를 이루고 있다.
③ Fumigation형은 보통 고기압 지역에서 상공이 침강역전층이 있고, 지표 부근에 복사역전이 있는 경우 역전층 사이에서 오염물질이 배출될 때 발생한다.
④ Looping형은 맑은 날 오후에 발생하기 쉽고, 풍속이 매우 강하여 상하층 간에 혼합이 크게 일어날 때 발생하게 된다.

풀이 Fumigation(훈증형)
대기의 하층은 불안정, 그 상층은 안정상태일 경우에 나타나는 연기의 형태로서 상층에서 역전이 발생하여 굴뚝에서 배출되는 연기가 아래쪽으로만 확산된다.

17 다음 대기분산모델 중 벨기에서 개발되었으며, 통계모델로서 도시지역의 오존농도를 계산하는 데 이용했던 것은?

① ADMS(Atmospheric Dispersion Ozone Model System)
② OCD(Offshore and Coastal Ozone Dispersion Model)
③ SMOGSTOP(Statistical Models Of Ground level Short Term Ozone Pollution)
④ RAMS(Regional Atmospheric Ozone Model System)

풀이 SMOGS TOP(Statistical Models of Ground level Term Ozone Pollution)
㉠ 벨기에서 개발한 모델이다.
㉡ 통계모델로서 도시지역의 오존농도를 계산하는 데 이용된다.

18 황화합물에 관한 설명으로 옳지 않은 것은?

① 황화합물은 산화상태가 클수록 증기압은 커지고, 용해성은 감소한다.
② 해양을 통해 자연적 발생원 중 아주 많은 양의 황화합물이 DMS[$(CH_3)_2S$] 형태로 배출된다.
③ 대기 중 유입된 SO_2는 입자상 물질의 표면이나 물방울에 흡착된 후 비균질반응에 의해 대부분

Answer 14 ④ 15 ③ 16 ③ 17 ③ 18 ①

황산염(SO_4^{2-})으로 산화되어 제거된다.
④ 카르보닐황(OCS)은 대류권에서 매우 안정하기 때문에 거의 화학적인 반응을 하지 않는다.

[풀이] 황화합물은 산화상태가 클수록 증기압이 커지고 용해성도 증가한다.

19 다음은 어떤 오염물질에 관한 설명인가?

이 오염물의 만성 폭로 시 가장 흔한 증상은 단백뇨이다. 신피질에서 이 물질이 임계농도에 이르면 처음에는 저분자량의 단백질의 배설이 증가하는데, 계속적으로 폭로되면 아미노산뇨, 당뇨, 고칼슘뇨증, 인산뇨 등의 증상을 가지는 Fanconi씨 증후군으로 진행된다.

① As ② Hg
③ Cr ④ Cd

[풀이] 카드뮴(Cd)
㉠ 만성 폭로 시 가장 흔한 증상은 단백뇨(신장기능 장해 : 신결석증)이며 골격계 장해(골연화증), 폐기능 장해도 유발한다.
㉡ 급성폭로로는 화학성 폐렴(폐에 강한 자극 증상) 및 구토, 설사, 급성위장염 등이 나타난다.
㉢ 신피질에서 임계농도에 이르면 처음에는 저분자량의 단백질의 배설이 증가하는데, 계속적으로 폭로되면 아미노산뇨, 당뇨, 고칼슘뇨증, 인산뇨 등의 증상을 가지는 Fanconi씨 증후군으로 진행된다.

20 다음 물질 중 보통 자동차 운행 때와 비교하여 감속할 경우 특징적으로 가장 크게 증가하는 것은?

① NOx ② CO_2
③ H_2O ④ HC

[풀이] 자동차배기가스
㉠ NOx : 가속 시
㉡ CO : 공회전 시
㉢ HC : 감속 시

제2과목 대기오염공정시험기준(방법)

21 램버트 비어(Lambert-Beer)의 법칙에 대한 설명으로 옳지 않은 것은?(단, I_o=입사광의 강도, I_t=투사광의 강도, c=농도, l=빛의 투사거리, ε=흡광계수, t=투과도)

① $I_t = I_o \cdot 10^{-\varepsilon cl}$로 표현한다.
② $\log(1/t)=A$를 흡광도라 한다.
③ ε는 비례상수로서 흡광계수라 하고, c=1mmol, l=1mm일 때의 ε의 값을 몰 흡광계수라 한다.
④ $\dfrac{I_t}{I_o}=t$를 투과도라 한다.

[풀이] ε는 비례상수로서 흡광계수라 하고 c=1mol, l=10mm일 때의 ε의 값을 몰흡광계수라 한다.

22 환경대기 중의 탄화수소 농도를 측정하기 위한 주 시험법은?

① 총탄화수소 측정법
② 비메탄 탄화수소 측정법
③ 활성 탄화수소 측정법
④ 비활성 탄화수소 측정법

[풀이] 환경대기 중 탄화수소 측정방법
㉠ 비메탄 탄화수소 측정법(주 시험법)
㉡ 총탄화수소 측정법
㉢ 활성 탄화수소 측정법

23 기체크로마토그래피에서 A, B 성분의 보유시간이 각각 2분, 3분이었으며, 피크폭은 32초, 38초이었다면 이때 분리도(R)는?

① 1.1　　② 1.4
③ 1.7　　④ 2.2

풀이 분리도(R) = $\dfrac{2(tR_2 - tR_1)}{W_1 + W_2}$

= $\dfrac{2(3 \times 60 - 2 \times 60)}{32 + 38}$ = 1.71

24 다음은 배출가스 중 황화수소 분석방법에 관한 설명이다. ( ) 안에 알맞은 것은?

> 배출가스 중 황화수소를 (㉠)용액으로 흡수하여 P-아미노다이메틸아닐린 용액과 (㉡)용액을 첨가하고 황화이온과 반응하여 생성하는 (㉢)의 흡광도를 측정하여 황화수소를 정량한다.

① ㉠ 메틸렌블루　㉡ 아이오딘　㉢ 아연아민착염
② ㉠ 아연아민착염　㉡ 염화철(Ⅲ)　㉢ 메틸렌블루
③ ㉠ 아연아민착염　㉡ 메틸렌블루　㉢ 아이오딘
④ ㉠ 메틸렌블루　㉡ 염화철(Ⅲ)　㉢ 아이오딘

풀이 배출가스 중 황화수소분석방법 : 자외선/가시선 분광법(메틸렌블루법)
배출가스 중 황화수소를 아연아민착염 용액으로 흡수하여 P-아미노다이메틸아닐린 용액과 염화철(Ⅲ) 용액을 첨가하고 황화이온과 반응하여 생성하는 메틸렌블루의 흡광도를 측정하여 황화수소를 정량한다.

25 굴뚝반경이 3.2m인 원형 굴뚝에서 먼지를 채취하고자 할 때의 측정점 수는?

① 8　　② 12
③ 16　　④ 20

풀이 원형 연도의 측정점 수

굴뚝 직경 $2R$(m)	반경 구분 수	측정점 수
1 미만	1	4
1 이상 2 미만	2	8
2 이상 4 미만	3	12
4 이상 4.5 미만	4	16
4.5 이상	5	20

26 원자흡수분광광도법에 사용하는 불꽃 조합 중 불꽃의 온도가 높기 때문에 불꽃 중에서 해리하기 어려운 내화성 산화물(Refractory Oxide)을 만들기 쉬운 원소의 분석에 가장 적합한 것은?

① 아세틸렌-공기 불꽃
② 수소-공기 불꽃
③ 아세틸렌-아산화질소 불꽃
④ 프로판-공기 불꽃

풀이 원자흡수분석장치 시료원자화부 불꽃
　㉠ 수소-공기와 아세틸렌-공기 : 거의 대부분의 원소분석에 유효하게 사용
　㉡ 수소-공기 : 원자 외 영역에서의 불꽃 자체에 의한 흡수가 적기 때문에 이 파장영역에서 분석선을 갖는 원소의 분석
　㉢ 아세틸렌-아산화질소 : 불꽃의 온도가 높기 때문에 불꽃 중에서 해리하기 어려운 내화성 산화물(Refractory Oxide)을 만들기 쉬운 원소의 분석
　㉣ 프로판-공기 : 불꽃온도가 낮고 일부 원소에 대하여 높은 감도를 나타냄

Answer ◀ 23 ③ 24 ② 25 ④ 26 ③

27 흡광차분광법에서 측정에 필요한 광원으로 적합한 것은?

① 200~900nm 파장을 갖는 중공음극램프
② 200~900nm 파장을 갖는 텅스텐램프
③ 180~2,850nm 파장을 갖는 중공음극램프
④ 180~2,850nm 파장을 갖는 제논램프

풀이 흡광차분광법
이 방법은 일반적으로 빛을 조사하는 발광부와 50~1,000m 정도 떨어진 곳에 설치되는 수광부(또는 발·수광부와 반사경) 사이에 형성되는 빛의 이동경로(Path)를 통과하는 가스를 실시간으로 분석하며, 측정에 필요한 광원은 180~2,850nm 파장을 갖는 제논(Xenon) 램프를 사용한다.

28 다음은 형광분광광도법를 이용한 환경대기 내의 벤조(a)피렌 분석을 위한 박층판을 만드는 방법이다. ( ) 안에 알맞은 것은?

알루미나에 적당량의 물을 넣고 Slurry로 만들고 이것을 Applicator에 넣고 유리판 위에 약 250μm의 두께로 피복하여 방치한다. 이 Plate를 100℃에서 (㉠) 가열 활성하여 보통 황산수용액에서 상대습도를 약 45%로 조정시킨 진공 데시케이터 안에 넣고 (㉡) 보존시킨 것을 사용한다.

① ㉠ 30분간, ㉡ 2시간 이상
② ㉠ 30분간, ㉡ 3주 이상
③ ㉠ 2시간, ㉡ 2시간 이상
④ ㉠ 2시간, ㉡ 3주 이상

풀이 환경대기 중 벤조(a)피렌 분석방법 중 형광분광광도법 박층판 만드는 방법
알루미나에 적당량의 물을 넣고 slurry로 만들고 이것을 Applicator에 넣고 유리판 위에 약 250μm의 두께로 피복하여 방치한다. 이 Plate를 100℃에서 30분간 가열 활성하여 보통 황산수용액에서 상대습도를 약 45%로 조성시킨 진공데시케이터 안에 넣고 3주 이상 보존시킨 것을 사용한다.

29 다음은 자외선/가시선 분광법을 사용한 브롬화합물 정량방법이다. ( ) 안에 알맞은 것은?

배출가스 중 브롬화합물을 수산화소듐 용액에 흡수시킨 후 일부를 분취해서 산성으로 하여 (㉠)을 사용하여 브롬으로 산화시켜 (㉡)으로 추출한다.

① ㉠ 중성요오드화포타슘 용액, ㉡ 헥산
② ㉠ 중성요오드화포타슘 용액, ㉡ 클로로폼
③ ㉠ 과망간산포타슘 용액, ㉡ 헥산
④ ㉠ 과망간산포타슘 용액, ㉡ 클로로폼

풀이 배출가스 중 브롬화합물 분석방법 중 자외선/가시선 분광법
㉠ 배출가스 중 브롬화합물을 수산화소듐 용액에 흡수시킨 후 일부를 분취해서 산성으로 하여 과망간산 포타슘 용액을 사용하여 브롬으로 산화시켜 클로로포름으로 추출한다.
㉡ 클로로포름 층에 물과 황산제이철암모늄용액 및 사이오시안산 제2수은 용액을 가하여 발색한 물층의 흡광도를 측정해서 브롬을 정량하는 방법이다. 흡수파장은 460nm이다.

30 배출가스 중 금속화합물 분석을 위한 시료가 '셀룰로오스 섬유제 여과지를 사용한 것'일 때의 처리방법으로 가장 적합한 것은?

① 저온회화법
② 마이크로파 산분해법
③ 질산-과산화수소수법
④ 질산법

풀이 시료의 성상 및 처리방법

성상	처리방법
타르 기타 소량의 유기물을 함유하는 것	질산-염산법, 질산-과산화수소수법, 마이크로파 산분해법
유기물을 함유하지 않는 것	질산법, 마이크로파 산분해법
• 다량의 유기물 유리탄소를 함유하는 것 • 셀룰로오스 섬유제 여과지를 사용한 것	저온 회화법

31 분석대상가스가 질소산화물인 경우 흡수액으로 가장 적합한 것은?(단, 페놀디술폰산법 기준)

① 황산+과산화수소+증류수
② 수산화소듐(0.5%) 용액
③ 아연아민착염 용액
④ 아세틸아세톤함유흡수액

풀이 질소산화물의 분석방법 및 흡수액
㉠ 아연환원 나프틸에틸렌다이아민법-물
㉡ 페놀디술폰산법-산화흡수제(황산+과산화수소)

32 대기오염공정시험기준 중 원자흡수분광광도법에서 사용되는 용어의 정의로 옳지 않은 것은?

① 슬롯버너 : 가스의 분출구가 세극상으로 된 버너
② 충전가스 : 중공음극램프에 채우는 가스
③ 선프로파일 : 파장에 대한 스펙트럼선의 강도를 나타내는 곡선
④ 근접선 : 목적하는 스펙트럼선과 동일한 파장을 갖는 같은 스펙트럼선

풀이 근접선
목적하는 스펙트럼선에 가까운 파장을 갖는 다른 스펙트럼선

33 다음 중 특정 발생원에서 일정한 굴뚝을 거치지 않고 외부로 비산 배출되는 먼지를 고용량공기시료채취법으로 측정하여 농도계산 시 "전 시료채취 기간 중 주 풍향이 45°~90° 변할 때"의 풍향보정계수로 옳은 것은?

① 1.0 ② 1.2
③ 1.5 ④ 1.8

풀이 풍향에 대한 보정

풍향변화범위	보정계수
전 시료채취 기간 중 주 풍향이 90° 이상 변할 때	1.5
전 시료채취 기간 중 주 풍향이 45°~90° 변할 때	1.2
전 시료채취 기간 중 풍향이 변동이 없을 때(45° 미만)	1.0

Answer 30 ① 31 ① 32 ④ 33 ②

34 굴뚝 배출가스 중 아황산가스를 연속적으로 분석하기 위한 시험방법에 사용되는 정전위전해분석계의 구성에 관한 설명으로 옳지 않은 것은?

① 가스투과성 격막은 전해셀 안에 들어 있는 전해질의 유출이나 증발을 막고 가스투과성 성질을 이용하여 간섭성분의 영향을 저감시킬 목적으로 사용하는 폴리에틸렌 고분자격막이다.
② 작업전극은 전해셀 안에서 산화전극과 한 쌍으로 전기회로를 이루며 아황산가스를 정전위전해 하는 데 필요한 산화전극을 대전극에 가할 때 기준으로 삼는 전극으로서 백금전극, 니켈 또는 니켈화합물전극, 납 또는 납화합물전극 등이 사용된다.
③ 전해액은 가스투과성 격막을 통과한 가스를 흡수하기 위한 용액으로 약 0.5M 황산용액으로 사용한다.
④ 정전위전원은 작업전극에 일정한 전위의 전기에너지를 부가하기 위한 직류전원으로 수은전지가 이용된다.

(풀이) 정전위전해분석계의 전해셀 중 작업전극은 전해질 안으로 확산 흡수된 아황산가스가 전기에너지에 의해 산화될 때 그 농도에 대응하는 전해전류가 발생하는 전극으로 백금전극, 금전극, 팔라듐전극 또는 인듐전극 등이 있다.

35 굴뚝 배출가스 중 이황화탄소를 자외선/가시선분광법으로 측정 시 분석파장으로 가장 적합한 것은?

① 560nm ② 490nm
③ 435nm ④ 235nm

(풀이) 배출가스 중 이황화탄소(자외선/가시선분광법) 다이에틸아민구리 용액에서 시료가스를 흡수시켜 생성된 다이에틸다이티오카바민산구리의 흡광도를 435nm의 파장에서 측정하여 이황화탄소를 정량한다.

36 어느 지역에 환경기준시험을 위한 시료채취 지점 수(측정점 수)는 약 몇 개소인가?

- 그 지역 거주지 면적 = 80km^2
- 그 지역 인구밀도 = 1,500명/km^2
- 전국평균인구밀도 = 450명/km^2
  (단, 인구비례에 의한 방법 기준)

① 6개소 ② 11개소
③ 18개소 ④ 23개소

(풀이) 인구비례에 의한 방법

측정점 수
$= \dfrac{\text{그 지역 거주지 면적}}{25km^2} \times \dfrac{\text{그 지역 인구밀도}}{\text{전국 평균인구밀도}}$
$= \dfrac{80km^2}{25km^2} \times \dfrac{1,500명/km^2}{450명/km^2}$
$= 10.66 ≒ 11(개소)$

37 비분산적외선분광분석법 분석계의 최저 눈금값을 교정하기 위하여 사용하는 가스는?

① 비교가스 ② 제로가스
③ 스팬가스 ④ 혼합가스

(풀이) 분석계의 최저 눈금값을 교정하기 위하여 사용하는 가스는 제로가스이다.

38 굴뚝에서 배출되는 염소가스를 분석하는 오르토톨리딘법에서 분석용 시료의 시험온도로 가장 적합한 것은?

① 약 0℃ ② 약 10℃
③ 약 20℃ ④ 약 50℃

풀이 약 20℃에서 5~20min 사이에 분석용 시료를 10mm 셀에 취한다.

39 다음 중 배출가스유량 보정식으로 옳은 것은?(단, Q : 배출가스유량(Sm³/일), O_s : 표준산소농도(%), O_a : 실측산소농도(%), Q_a : 실측배출가스유량(Sm³/일))

① $Q = Q_a \div \dfrac{21 - Q_s}{21 - O_a}$

② $Q = Q_a \times \dfrac{21 - O_s}{21 - O_a}$

③ $Q = Q_a \div \dfrac{21 + O_s}{21 + O_a}$

④ $Q = Q_a \times \dfrac{21 + O_s}{21 + O_a}$

풀이 ㉠ 배출가스 유량 보정식

$$Q = Q_s \div \dfrac{21 - O_s}{21 - O_a}$$

㉡ 오염물질 농도 보정식

$$C = C_s \times \dfrac{21 - O_s}{21 - O_a}$$

40 다음은 굴뚝 배출가스 중의 질소산화물을 아연 환원 나프틸에틸렌디아민법으로 분석 시 시약과 장치의 구비조건이다. ( ) 안에 알맞은 것은?

질소산화물 분석용 아연분말은 시약 1급의 아연분말로서 질산이온의 아질산이온으로의 환원율이 (㉠) 이상인 것을 사용하고, 오존발생장치는 오존이 (㉡) 정도의 오존농도를 얻을 수 있는 것을 사용한다.

① ㉠ 65%, ㉡ 부피분율 0.1%
② ㉠ 90%, ㉡ 부피분율 0.1%
③ ㉠ 65%, ㉡ 부피분율 1%
④ ㉠ 90%, ㉡ 부피분율 1%

풀이 질소산화물 분석용 아연분말은 시약 1급의 아연분말로서 질산이온의 아질산이온으로의 환원율이 90% 이상인 것을 사용하고, 오존발생장치는 오존이 부피분율 1% 정도의 오존농도를 얻을 수 있는 것을 사용한다.

제3과목 대기오염방지기술

41 집진장치의 압력손실이 240mmH₂O, 처리 가스양이 36,500m³/h이면 송풍기 소요동력(kW)은?(단, 송풍기 효율 70%, 여유율 1.2)

① 30.6 ② 35.2
③ 40.9 ④ 44.5

풀이 소요동력(kW)

$$= \dfrac{Q \times \Delta P}{6,120 \times \eta} \times \alpha$$

$$= \dfrac{(36,500\text{m}^3/\text{hr} \times \text{hr}/60\text{min}) \times 240}{6,120 \times 0.7} \times 1.2$$

$$= 40.89\text{kW}$$

42 배출 가스양 3,000m³/min인 함진 가스를 여과속도 4cm/sec로 여과하는 백필터의 소요 여과면적은?

① 1,000m² ② 1,250m²
③ 1,500m² ④ 2,000m²

풀이 여과면적$(A) = \dfrac{Q}{V}$

$$= \dfrac{3,000\text{m}^3/\text{min} \times \text{min}/60\text{sec}}{0.04\text{m/sec}}$$

$$= 1,250\text{m}^2$$

43 통풍방식 중 압입통풍에 관한 설명으로 틀린 것은?

① 연소용 공기를 예열할 수 있다.
② 송풍기의 고장이 적고 점검 및 보수가 용이하다.
③ 흡인통풍식보다 송풍기의 동력소모가 적다.
④ 노내압이 부(-)압으로 역화의 우려가 없다.

풀이 노내압이 정(+)압으로 역화의 우려가 있다.

44 흡착에 의한 유해가스의 처리에 있어 돌파현상이 일어날 때 발생하는 현상에 관한 설명으로 가장 적합한 것은?

① 배출가스의 양이 갑자기 감소한다.
② 배출가스의 양이 갑자기 증가한다.
③ 배출가스 중 오염물질 농도가 갑자기 감소한다.
④ 배출가스 중 오염물질 농도가 갑자기 증가한다.

풀이 돌파현상(파과점)
흡착탑 출구에서 오염물질 농도가 급격히 증가되기 시작되는 현상(시작하는 점)이다.

45 다음 연료의 상부 주입식(Overfeed Type) 소각로에서 용적 구성비(%) 중 CO에 해당하는 곡선은 어느 것인가?

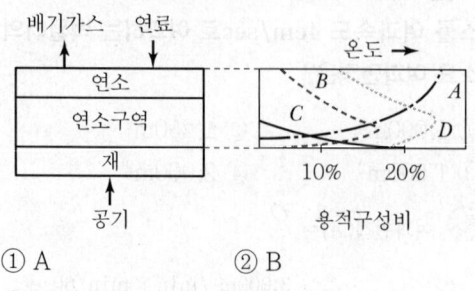

① A
② B
③ C
④ D

풀이 A(CO), B(CO$_2$), C(O$_2$), D(NOx)

46 다음은 배가스 탈황, 탈질공정에 관한 설명이다. ( ) 안에 가장 적합한 것은?

( )은 덴마크의 Haldor Topsoe사가 개발한 것으로, 305MW 규모의 발전소에 시험되었으며, 탈황과 탈질이 별도의 반응기에서 독립적으로 일어난다. 먼저 배가스에 있는 분진을 완전히 제거한 다음 배가스에 암모니아를 주입시킨 후 SCR 촉매 반응기를 통과시키는데, 이 공정은 SO$_2$와 NOx를 95% 이상 제거할 수 있으며, 부산물로 판매 가능한 황산을 얻을 수 있고, 폐기물이 배출되지 않는 장점을 가지고 있다.

① 전자빔공정
② 산화구리공정
③ DESONOX 공정
④ WSA-SNOX 공정

풀이 WSA-SNOX 공정을 설명하고 있다.

47 염소농도가 0.68%인 배기가스 2,500Sm^3/hr을 Ca(OH)$_2$의 현탁액으로 세정 처리하여 염소를 제거하려 한다. 이론적으로 필요한 Ca(OH)$_2$ 양(kg/hr)은?

① 약 56
② 약 66
③ 약 76
④ 약 86

풀이 $2Cl_2 + 2Ca(OH)_2 \rightarrow CaCl_2 + Ca(OCl)_2 + 2H_2O$
$2 \times 22.4 Sm^3 : 2 \times 74 kg$
$2,500 Sm^3/hr \times 0.0068 : Ca(OH)_2 (kg/hr)$

$Ca(OH)_2 (kg/hr)$
$= \dfrac{2,500 Sm^3/hr \times 0.0068 \times (2 \times 74) kg}{2 \times 22.4 Sm^3}$
$= 56.16 kg/hr$

Answer 43 ④ 44 ④ 45 ① 46 ④ 47 ①

48 배출가스 중의 HCl을 충전탑에서 수산화칼슘 수용액과 향류로 접촉시켜 흡수 제거한다. 충전탑의 높이가 2.5m일 때 90%의 흡수효율을 얻었다면 높이를 4m로 높이면 흡수효율은 몇 %인가?(단, 이동단위 수 $N = \ln\left(\dfrac{1}{1-E/100}\right)$로 계산되고, E는 효율이며 H_{OG}는 일정하다.)

① 92.5 ② 94.5
③ 95.3 ④ 97.5

[풀이] $h = H_{OG} \times N_{OG} = H_{OG} \times \ln\dfrac{1}{1-\eta}$

$2.5 = H_{OG} \times \ln\dfrac{1}{1-0.9} \rightarrow H_{OG} = 1.086\text{m}$

$4 = 1.086 \times \ln\dfrac{1}{1-\eta} \rightarrow \ln\dfrac{1}{1-\eta} = 3.683$

$e^{3.683} = \dfrac{1}{1-\eta}$

$\eta = 97.49(\%)$

49 배출가스 0.4m³/s를 폭 5m, 높이 0.2m, 길이 10m의 중력식 침강집진장치로 집진 제거한다면 처리가스 내의 입경 10μm 먼지의 집진효율은?(단, 먼지밀도 1.10g/cm³, 배출가스밀도 1.2kg/m³, 처리가스점도 1.8×10^{-4}g/cm·s, 단수 1, 집진효율 $\eta_f = \dfrac{g(\rho_p - \rho_s)n\,WLd_p^2}{18\mu Q}$)

① 약 52% ② 약 42%
③ 약 63% ④ 약 81%

[풀이] $\eta_f = \dfrac{g(\rho_p - \rho_s)n\,WLd_p^2}{18\mu Q}$

$= \dfrac{9.8\text{m/sec}^2 \times (1{,}100 - 1.2)\text{kg/m}^3 \times 1 \times 5\text{m} \times 10\text{m} \times (10 \times 10^{-6})^2\text{m}^2}{18 \times 1.8 \times 10^{-5}\text{kg/m·sec} \times 0.4\text{m}^3/\text{sec}}$

$= 0.4154 \times 100 = 41.54\%$

50 다음 중 석회석 주입에 의한 황산화물 제거방법으로 옳지 않은 것은?

① 대형보일러에 주로 사용되며, 배기가스의 온도가 떨어지는 단점이 있다.
② 연소로 내에서 아주 짧은 접촉시간과 아황산가스가 석회분말의 표면 안으로 침투되기 어려우므로 아황산가스 제거효율이 낮은 편이다.
③ 석회석 값이 저렴하므로 재생하여 쓸 필요가 없고 석회석의 분쇄와 주입이 필요한 장비 외에 별도의 부대시설이 크게 필요 없다.
④ 배기가스 중 재와 석회석이 반응하여 연소로 내에 달라붙어 압력손실을 증가시키고 열전달을 낮춘다.

[풀이] 소형보일러에 주로 사용되며, 배기가스를 높게 유지할 수 있다.

51 국소환기에 있어서 후드를 설계할 때 고려 사항에 대한 설명으로 가장 거리가 먼 것은?

① 후드는 난기류의 영향을 고려하여 외부식으로 한다.
② 후드는 가급적 발생원에 가까이 설치한다.
③ 충분한 제어속도를 유지한다.
④ 후드의 개구면적을 가능한 한 작게 한다.

[풀이] 후드는 난기류의 영향을 고려하여 가능한 한 발생원을 포위할 수 있는 포위식 또는 부스식 후드를 설치한다.

52 A액체연료를 완전연소한 결과 습연소가스양이 15Sm³/kg이었다. 이 연료의 이론공기량이 12Sm³/kg일 때 이론습배출가스양이 13Sm³/kg이었다면 공기비(m)는?

Answer ▶ 48 ④ 49 ② 50 ① 51 ① 52 ②

① 약 1.01   ② 약 1.17
③ 약 1.29   ④ 약 1.57

풀이 $G_w = G_{ow} + (m-1)A_o$

$15 Sm^3/kg = 13 Sm^3/kg + (m-1) \times 12 Sm^3/kg$

$m = \dfrac{14 Sm^3/kg}{12 Sm^3/kg} = 1.17$

53
부피비로 CH_4 80%, O_2 10%, N_2 10%인 연료가스 $1.5Sm^3$을 완전연소시키기 위해 필요한 이론공기량(Sm^3)은?

① 약 $7.1Sm^3$ ② 약 $9.0Sm^3$
③ 약 $10.7Sm^3$ ④ 약 $14.2Sm^3$

풀이 $CH_4 + 2O_2 \rightarrow CO_2 + 2H_2O$

$A_o = \dfrac{1}{0.21}[(2 \times 0.8) - 0.1]$

$= 7.14 Sm^3/Sm^3 \times 1.5 Sm^3 = 10.71 Sm^3$

54
석회석을 사용하는 배연탈황법의 특성으로 가장 거리가 먼 것은?

① 석회석을 가루로 만들어 연소로에 직접 주입하는 방법으로 초기 투자비가 적다.
② 아주 짧은 시간에 아황산가스와 반응해야 하므로 흡수효율은 낮으며, 연소로 내에서 Scale을 생성한다.
③ 이 반응은 pH의 영향을 많이 받으므로 흡수액의 pH는 9로 지정하고, SO_3의 산화는 pH 10 이상에서 진행된다.
④ 소규모 보일러나 노후된 보일러에 추가로 설치할 때 사용된다.

풀이 탈황률의 유지 및 스케일 형성을 방지하기 위해 pH를 6.5 정도로 조정하는 탈황방법은 석회세정법이다.

55
다음은 중질유의 탈황방법이다. ( ) 안에 가장 적합한 것은?

( )은 상압잔유를 강압증류에 의하여 증류하고 얻어진 감압경유를 수소화탈황에 의해 탈황화하며, 이 탈황된 경유와 감압잔유를 혼합하여 황이 적은 제품을 생산하는 방법이다.

① 직접탈황법   ② 간접탈황법
③ 중간탈황법   ④ 다단탈황법

풀이 중질유의 탈황방법
  ㉠ 직접탈황법 : 수소첨가촉매(CO-Ni-Mo)로 250~450℃에서 압력을 30~150kg/cm² 정도로 가하여 황성분을 H_2S, S, SO_2 형태로 제거하는 방법
  ㉡ 간접탈황법 : 상압잔유를 감압증류에 의하여 증류하고 얻어진 감압경유를 수소화탈황에 의해 탈황화하며 이 탈황된 경유와 감압잔유를 혼합하여 황이 적은 제품을 생산하는 방법
  ㉢ 중간탈황법 : 상압증류에서 얻은 증류를 감압증류시켜 경유 및 감압잔유를 얻어 이 감압잔유를 프로판 또는 분자량이 큰 탄화수소를 이용하여 아스팔트와 잔유로 분리 후 이 잔유와 감압경유 혼합, 탈황 후 아스팔트분과 재혼합하여 저황유를 만드는 방법

56
송풍기의 유효정압(P_s)을 나타내는 식으로 옳은 것은?(단, P_{si} : 입구정압, P_{so} : 출구정압, P_{vi} : 동압)

① $P_s = P_{so} - P_{si} - P_{vi}$
② $P_s = P_{si} - P_{so} - P_{vi}$
③ $P_s = P_{si} - P_{so} + P_{vi}$
④ $P_s = P_{si} + P_{so} + P_{vi}$

풀이 송풍기의 유효정압(P_s)
$P_s = P_{so} - P_{si} - P_{vi}$

57 배가스 탈질기술 중 습식법에 관한 설명으로 가장 거리가 먼 것은?

① 배가스 중에 있는 먼지의 영향이 적고 SO_2와 동시에 제거할 수 있다.
② 질산염 등의 부산물 생성이 적어 2차 처리가 불필요하다.
③ 고가의 산화제 및 환원제가 다량 소모된다.
④ 흡수산화법은 NOx제거에 KM_nO_4, H_2O_2나 $NaClO_2$ 등과 같은 산화제를 포함하는 흡수액에 흡수시켜 산화제거한다.

풀이) 습식탈질법은 질산염 등의 부산물 생성이 많아 2차 처리가 필요하다.

58 송풍관(Duct)에서 흄(Fume) 및 매우 가벼운 건조 먼지(예 : 나무 등의 미세한 먼지와 산화아연, 산화알루미늄 등의 흄)의 반송속도로 가장 적합한 것은?

① 2m/s   ② 10m/s
③ 25m/s ④ 50m/s

풀이) 반송속도

유해물질	예	반송속도 (m/sec)
가스, 증기, 흄 및 매우 가벼운 물질	각종 가스, 증기, 산화아연 및 산화알루미늄 등의 흄, 목재 분진, 고무분, 합성수지분	10
가벼운 건조 먼지	원면, 곡물분, 고무, 플라스틱, 경금속 분진	15
일반 공업 분진	털, 나무부스러기, 대패부스러기, 샌드블라스트, 글라인더 분진, 내화벽돌 분진	20
무거운 분진	납분진, 주조 및 모래털기 작업 시 먼지, 선반작업 시 먼지	25
무겁고 비교적 큰 입자의 젖은 먼지	젖은 납 분진, 젖은 주조작업 발생 먼지	25 이상

59 다음 유해가스 처리법 중 염화수소 제거에 가장 적합한 것은?

① 흡착법   ② 수세흡수법
③ 연소법   ④ 촉매연소법

풀이) 염소 및 염화수소 가스는 물에 대한 용해도가 매우 크기 때문에 세정식 집진장치(벤투리 스크러버)나 충전탑을 이용하여 처리한다. 즉, 수세흡수법이 적합하다.

60 원추하부 지름이 20cm인 Cyclone에서 가스접선 속도가 5m/sec이면 분리계수는?

① 25.5   ② 18.5
③ 12.8   ④ 9.7

풀이) 분리계수$(S) = \dfrac{V_\theta^2}{g \cdot R_2}$

$= \dfrac{(5\text{m/sec})^2}{9.8\text{m/sec}^2 \times 0.1\text{m}} = 25.51$

제4과목 대기환경관계법규

61 대기환경보전법령상 대기오염물질 배출시설의 실치가 불가능한 지역에서 배출시설의 설치허가를 받지 않거나 신고를 하지 아니하고 배출시설을 설치한 경우의 1차 행정처분기준으로 옳은 것은?

① 조업정지   ② 개선명령
③ 폐쇄명령   ④ 경고

풀이) 배출시설의 설치가 불가능한 지역일 경우 배출시설 설치허가를 받지 않거나 신고를 하지 아니하고 배출시설을 설치한 경우의 1차 행정처분기준은 폐쇄명령이다.

62 대기환경보전법령상 기본부과금 산정을 위해 확정배출량 명세서에 포함되어 시·도지사 등에게 제출해야 할 서류목록으로 거리가 먼 것은?

① 황 함유분석표 사본
② 연료사용량 또는 생산일지
③ 조업일지
④ 방지시설개선 실적표

풀이) 확정배출량 명세서에 포함되어 시·도지사에게 제출해야 할 서류목록
  ㉠ 황 함유분석표 사본(황 함유량이 적용되는 배출계수를 이용하는 경우에만 제출하며, 해당 부과기간 동안의 분석표만 제출한다)
  ㉡ 연료사용량 또는 생산일지 등 배출계수별 단위 사용량을 확인할 수 있는 서류 사본(배출계수를 이용하는 경우에만 제출한다)
  ㉢ 조업일지 등 조업일수를 확인할 수 있는 서류 사본(자가측정 결과를 이용하는 경우에만 제출한다)
  ㉣ 배출구별 자가측정한 기록 사본(자가측정 결과를 이용하는 경우에만 제출한다)

63 다음은 대기환경보전법령상 오염물질 초과에 따른 초과부과금의 위반횟수별 부과계수이다. ( ) 안에 알맞은 것은?

> 위반횟수별 부과계수는 각 비율을 곱한 것으로 한다.
> • 위반이 없는 경우 : (㉠)
> • 처음 위반한 경우 : (㉡)
> • 2차 이상 위반한 경우 : 위반 직전의 부과계수에 (㉢)을(를) 곱한 것

① ㉠ 100분의 100, ㉡ 100분의 105, ㉢ 100분의 105
② ㉠ 100분의 100, ㉡ 100분의 105, ㉢ 100분의 110
③ ㉠ 100분의 105, ㉡ 100분의 110, ㉢ 100분의 110
④ ㉠ 100분의 105, ㉡ 100분의 110, ㉢ 100분의 115

풀이) 초과부과금의 위반횟수별 부과계수
  ㉠ 위반이 없는 경우 : 100분의 100
  ㉡ 처음 위반한 경우 : 100분의 105
  ㉢ 2차 이상 위반한 경우 : 위반 직전의 부과계수에 100분의 105를 곱한 것

64 환경정책기본법령상 오존(O_3)의 대기환경기준으로 옳은 것은?(단, 8시간 평균치 기준)

① 0.10ppm 이하
② 0.06ppm 이하
③ 0.05ppm 이하
④ 0.02ppm 이하

풀이) 대기환경기준

항목	기준	측정방법
오존 (O_3)	• 8시간 평균치 : 0.06ppm 이하 • 1시간 평균치 : 0.1ppm 이하	자외선 광도법 (U.V. Photometric Method)

65 대기환경보전법령상 자동차에 온실가스 배출량을 표시하지 아니하거나 거짓으로 표시한 자에 대한 과태료 부과기준으로 옳은 것은?

① 500만 원 이하의 과태료
② 300만 원 이하의 과태료
③ 200만 원 이하의 과태료
④ 100만 원 이하의 과태료

풀이) 대기환경보전법 제94조 참조

Answer ▶ 62 ④ 63 ① 64 ② 65 ①

66 악취방지법규상 배출허용기준 및 엄격한 배출허용기준의 설정범위와 관련한 다음 설명 중 옳지 않은 것은?

① 배출허용기준의 측정은 복합악취를 측정하는 것을 원칙으로 하지만 사업자의 악취물질 배출 여부를 확인할 필요가 있는 경우에는 지정악취물질을 측정할 수 있다.
② 복합악취의 시료 채취는 사업장 안에 지면으로부터 높이 5m 이상의 일정한 악취배출구와 다른 악취발생원이 섞여 있는 경우에는 부지경계선 및 배출구에서 각각 채취한다.
③ "배출구"라 함은 악취를 송풍기 등 기계장치 등을 통하여 강제로 배출하는 통로(자연환기가 되는 창문·통기관 등을 제외한다)를 말한다.
④ 부지경계선에서 복합악취의 공업지역에서의 배출허용기준(희석배수)은 1,000 이하이다.

복합악취 배출허용기준 및 엄격한 배출허용기준

구분	배출허용기준 (희석배수)		엄격한 배출허용기준의 범위(희석배수)	
	공업지역	기타 지역	공업지역	기타 지역
배출구	1,000 이하	500 이하	500~1,000	300~500
부지경계선	20 이하	15 이하	15~20	10~15

67 다음은 대기환경보전법규상 비산먼지의 발생을 억제하기 위한 시설의 설치 및 필요한 조치에 관한 엄격한 기준 중 "싣기와 내리기" 작업 공정이다. ( ) 안에 알맞은 것은?

- 최대한 밀폐된 저장 또는 보관시설 내에서만 분체상물질을 싣거나 내릴 것
- 싣거나 내리는 장소 주위에 고정식 또는 이동식 물뿌림시설(물뿌림 반경 (㉠) 이상, 수압 (㉡) 이상)을 설치할 것

① ㉠ 5m, ㉡ 3.5kg/cm²
② ㉠ 5m, ㉡ 5kg/cm²
③ ㉠ 7m, ㉡ 3.5kg/cm²
④ ㉠ 7m, ㉡ 5kg/cm²

비산먼지발생억제조치(엄격한 기준) : 싣기와 내리기
㉠ 최대한 밀폐된 저장 또는 보관시설 내에서만 분체상물질을 싣거나 내릴 것
㉡ 싣거나 내리는 장소 주위에 고정식 또는 이동식 물뿌림시설(물뿌림 반경 7m 이상, 수압 5kg/cm² 이상)을 설치할 것

68 환경정책기본법령상 각 항목에 대한 대기환경기준으로 옳은 것은?

① 아황산가스의 연간 평균치 : 0.03ppm 이하
② 아황산가스의 1시간 평균치 : 0.15ppm 이하
③ 미세먼지(PM-10)의 연간 평균치 : 100μg/m³ 이하
④ 오존(O_3)의 8시간 평균치 : 0.1ppm 이하

풀이
① 아황산가스의 연간평균치 : 0.02ppm 이하
③ 미세먼지(PM-10)의 연간평균치 : 50μg/m³ 이하
④ 오존(O_3)의 8시간 평균치 : 0.06ppm 이하

69 실내공기질 관리법규상 신축 공동주택의 실내공기질 권고기준으로 틀린 것은?

① 벤젠 : 30μg/m³ 이하
② 톨루엔 : 1,000μg/m³ 이하
③ 자일렌 : 700μg/m³ 이하
④ 에틸벤젠 : 300μg/m³ 이하

신축공동주택의 실내공기질 권고기준(2019년 7월부터 적용)
㉠ 폼알데하이드 : 210μg/m³ 이하

Answer 66 ④ 67 ④ 68 ② 69 ④

ⓒ 벤젠 : 30μg/m³ 이하
ⓒ 톨루엔 : 1,000μg/m³ 이하
ⓔ 에틸벤젠 : 360μg/m³ 이하
ⓜ 자일렌 : 700μg/m³ 이하
ⓑ 스티렌 : 300μg/m³ 이하
ⓢ 라돈 : 148Bq/m³

70 대기환경보전법규상 자동차연료 · 첨가제 또는 촉매제의 검사를 받으려는 자가 국립환경과학원장 등에게 검사신청 시 제출해야 하는 항목으로 거리가 먼 것은?

① 검사용 시료
② 검사 시료의 화학물질 조성비율을 확인할 수 있는 성분분석서
③ 제품의 공정도(촉매제만 해당함)
④ 제품의 판매계획

🔍 자동차연료 · 첨가제 또는 촉매제의 검사절차 시 제출항목
ⓐ 검사용 시료
ⓑ 검사 시료의 화학물질 조성비율을 확인할 수 있는 성분분석서
ⓒ 최대 첨가비율을 확인할 수 있는 자료(첨가제만 해당한다.)
ⓓ 제품의 공정도(촉매제만 해당한다.)

71 다음은 대기환경보전법규상 자동차의 규모기준에 관한 설명이다. ( ) 안에 알맞은 것은?(단, 2015년 12월 10일 이후)

소형승용자동차는 사람을 운송하기 적합하게 제작된 것으로, 그 규모기준은 엔진배기량이 1,000cc 이상이고, 차량총중량이 (㉠)이며, 승차인원이 (㉡)

① ㉠ 1.5톤 미만, ㉡ 5명 이하
② ㉠ 1.5톤 미만, ㉡ 8명 이하
③ ㉠ 3.5톤 미만, ㉡ 5명 이하
④ ㉠ 3.5톤 미만, ㉡ 8명 이하

🔍 소형승용자동차
㉠ 정의 : 사람을 운송하기에 적합하게 제작된 것
㉡ 규모 : 엔진배기량이 1,000cc 이상이고, 차량총중량이 3.5톤 미만이며, 승차인원이 8명 이하

72 악취방지법상 악취배출시설에 대한 개선명령을 받은 자가 악취배출허용기준을 계속 초과하여 신고대상시설에 대해 시 · 도지사로부터 악취배출시설의 조업정지명령을 받았으나, 이를 위반한 경우 벌칙기준은?

① 1년 이하 징역 또는 1천만 원 이하의 벌금
② 2년 이하 징역 또는 2천만 원 이하의 벌금
③ 3년 이하 징역 또는 3천만 원 이하의 벌금
④ 5년 이하 징역 또는 5천만 원 이하의 벌금

🔍 악취방지법 제26조 참조

73 대기환경보전법규상 배출시설에서 발생하는 오염물질이 배출허용기준을 초과하여 개선명령을 받은 경우, 개선해야 할 사항이 배출시설 또는 방지시설인 경우 개선계획서에 포함되어야 할 사항으로 거리가 먼 것은?

① 굴뚝 자동측정기기의 운영, 관리 진단계획
② 배출시설 또는 방지시설의 개선명세서 및 설계도
③ 대기오염물질의 처리방식 및 처리효율
④ 공사기간 및 공사비

🔍 개선계획서(배출시설 또는 방지시설인 경우)
개선명령을 받은 경우로서 개선하여야 할 사항이 배출시설 또는 방지시설인 경우

㉠ 배출시설 또는 방지시설의 개선명세서 및 설계도
㉡ 대기오염물질의 처리방식 및 처리효율
㉢ 공사기간 및 공사비
㉣ 다음의 경우에는 이를 증명할 수 있는 서류
 • 개선기간 중 배출시설의 가동을 중단하거나 제한하여 대기오염물질의 농도나 배출량이 변경되는 경우
 • 개선기간 중 공법 등의 개선으로 대기오염물질의 농도나 배출량이 변경되는 경우

74 대기환경보전법규상 석유정제 및 석유 화학제품 제조업 제조시설의 휘발성유기화합물 배출억제・방지시설 설치 등에 관한 기준으로 옳지 않은 것은?

① 중간집수조에서 폐수처리장으로 이어지는 하수구(Sewer line)는 검사를 위해 대기 중으로 개방되어야 하며, 금・틈새 등이 발견되는 경우에는 30일 이내에 이를 보수하여야 한다.
② 휘발성유기화합물을 배출하는 폐수처리장의 집수조는 대기오염공정시험방법(기준)에서 규정하는 검출불가능 누출농도 이상으로 휘발성유기화합물이 발생하는 경우에는 휘발성유기화합물을 80퍼센트 이상의 효율로 억제・제거할 수 있는 부유지붕이나 상부덮개를 설치・운영하여야 한다.
③ 압축기는 휘발성유기화합물의 누출을 방지하기 위한 개스킷 등 봉인장치를 설치하여야 한다.
④ 개방식 밸브나 배관에는 뚜껑, 브라인드프렌지, 마개 또는 이중밸브를 설치하여야 한다.

⊙풀이⊙ 중간집수조에서 폐수처리장으로 이어지는 하수구가 대기 중으로 개방되어서는 아니 되며, 금・틈새 등이 발견되는 경우에는 15일 이내에 이를 보수하여야 한다.

75 다음은 대기환경보전법상 과징금 처분에 관한 사항이다. ( ) 안에 가장 적합한 것은?

> 환경부장관은 인증을 받지 아니하고 자동차를 제작하여 판매한 경우 등에 해당하는 때에는 그 자동차제작자에 대하여 매출액에 (㉠)을/를 곱한 금액을 초과하지 아니하는 범위에서 과징금을 부과할 수 있다. 이 경우 과징금의 금액은 (㉡)을 초과할 수 없다.

① ㉠ 100분의 3, ㉡ 100억 원
② ㉠ 100분의 3, ㉡ 500억 원
③ ㉠ 100분의 5, ㉡ 100억 원
④ ㉠ 100분의 5, ㉡ 500억 원

⊙풀이⊙ 환경부장관은 인증을 받지 아니하고 자동차를 제작하여 판매한 경우 등에 해당하는 때에는 그 자동차제작자에 대하여 매출액에 100분의 5를 곱한 금액을 초과하지 아니하는 범위에서 과징금을 부과할 수 있다. 이 경우 과징금의 금액은 500억 원을 초과할 수 없다.

76 대기환경보전법규상 대기환경규제지역 지정 시 상시 측정을 하지 않는 지역은 대기오염도가 환경기준의 얼마 이상인 지역을 지정하는가?

① 50퍼센트 이상
② 60퍼센트 이상
③ 70퍼센트 이상
④ 80퍼센트 이상

⊙풀이⊙ 상시 측정을 하지 않는 지역은 대기오염물질배출량을 기초로 산정한 대기오염도가 환경기준의 80퍼센트 이상인 지역을 대기환경규제지역으로 지정할 수 있다.

Answer ◀ 74 ① 75 ④ 76 ④

77 실내공기질 관리법규상 실내공기 오염물질에 해당하지 않는 것은?

① 아황산가스   ② 일산화탄소
③ 폼알데하이드   ④ 이산화탄소

[풀이] 실내공기 오염물질
- 미세먼지(PM-10)
- 이산화탄소(CO_2 ; Carbon Dioxide)
- 포름알데하이드(Formaldehyde)
- 총부유세균(TAB ; Total Airborne Bacteria)
- 일산화탄소(CO ; Carbon Monoxide)
- 이산화질소(NO_2 ; Nitrogen dioxide)
- 라돈(Rn ; Radon)
- 휘발성유기화합물(VOCs ; Volatile Organic Compounds)
- 석면(Asbestos)
- 오존(O_3 ; Ozone)
- 미세먼지(PM-2.5)
- 곰팡이(Mold)
- 벤젠(Benzene)
- 톨루엔(Toluene)
- 에틸벤젠(Ethylbenzene)
- 자일렌(Xylene)
- 스티렌(Styrene)

※ 법규 변경사항이므로 해설의 내용으로 학습하시기 바랍니다.

78 대기환경보전법령상 규모별 사업장의 구분 기준으로 옳은 것은?

① 1종 사업장 – 대기오염물질발생량의 합계가 연간 70톤 이상인 사업장
② 2종 사업장 – 대기오염물질발생량의 합계가 연간 20톤 이상 80톤 미만인 사업장
③ 3종 사업장 – 대기오염물질발생량의 합계가 연간 10톤 이상 30톤 미만인 사업장
④ 4종 사업장 – 대기오염물질발생량의 합계가 연간 1톤 이상 10톤 미만인 사업장

[풀이] 사업장 분류기준

종별	오염물질발생량 구분
1종 사업장	대기오염물질발생량의 합계가 연간 80톤 이상인 사업장
2종 사업장	대기오염물질발생량의 합계가 연간 20톤 이상 80톤 미만인 사업장
3종 사업장	대기오염물질발생량의 합계가 연간 10톤 이상 20톤 미만인 사업장
4종 사업장	대기오염물질발생량의 합계가 연간 2톤 이상 10톤 미만인 사업장
5종 사업장	대기오염물질발생량의 합계가 연간 2톤 미만인 사업장

79 대기환경보전법규상 비산먼지 발생을 억제하기 위한 시설의 설치 및 필요한 조치에 관한 기준 중 "야외 녹 제거 배출공정" 기준으로 옳지 않은 것은?

① 야외 작업 시 이동식 집진시설을 설치할 것. 다만, 이동식 집진시설의 설치가 불가능할 경우 진공식 청소차량 등으로 작업현장에 대한 청소작업을 지속적으로 할 것
② 풍속이 평균초속 8m 이상(강선건조업과 합성수지선건조업인 경우에는 10m 이상)인 경우에는 작업을 중지할 것
③ 야외 작업 시에는 간이칸막이 등을 설치하여 먼지가 흩날리지 아니하도록 할 것
④ 구조물의 길이가 30m 미만인 경우에는 옥내작업을 할 것

[풀이] 비산먼지 발생을 억제하기 위한 시설의 설치 및 필요한 조치에 관한 기준
[야외 녹 제거]
가. 탈청구조물의 길이가 15m 미만인 경우에는 옥내작업을 할 것
나. 야외 작업 시에는 간이칸막이 등을 설치하여 먼지가 흩날리지 아니하도록 할 것
다. 야외 작업 시 이동식 집진시설을 설치할 것.

다만, 이동식 집진시설의 설치가 불가능할 경우 진공식 청소차량 등으로 작업현장에 대한 청소작업을 지속적으로 할 것
라. 작업 후 남은 것이 다시 흩날리지 아니하도록 할 것
마. 풍속이 평균초속 8m 이상(강선건조업과 합성수지선건조업인 경우에는 10m 이상)인 경우에는 작업을 중지할 것
바. 가목부터 마목까지와 같거나 그 이상의 효과를 가지는 시설을 설치하거나 조치하는 경우에는 가목부터 마목까지 중 그에 해당하는 시설의 설치 또는 조치를 제외한다.

80 대기환경보전법규상 환경부령으로 정하는 바에 따라 사업자 스스로 방지시설을 설계·시공하고자 하는 사업자가 시·도지사에게 제출해야 하는 서류로 가장 거리가 먼 것은?

① 기술능력현황을 적은 서류
② 공사비내역서
③ 공정도
④ 방지시설의 설치명세서와 그 도면

(풀이) 자가방지설비를 설계·시공하고자 하는 사업자가 시·도지사에게 제출해야 하는 서류
  ㉠ 배출시설의 설치명세서
  ㉡ 공정도
  ㉢ 원료(연료를 포함한다) 사용량, 제품생산량 및 대기오염물질 등의 배출량을 예측한 명세서
  ㉣ 방지시설의 설치명세서와 그 도면
  ㉤ 기술능력현황을 적은 서류

2024년 제1회 CBT 복원·예상문제

제1과목　대기오염개론

01 다음 대기오염물질 중 2차 오염물질에 해당하는 것은?

① NaCl　　② H_2S
③ SiO_2　　④ NOCl

> 2차 오염물질
> 에어로졸(H_2SO_4 mist), O_3, PAN(CH_3COONO_2), 염화니트로실(NOCl), 과산화수소(H_2O_2), 아크롤레인(CH_2CHCHO), PBN($C_6H_5COOONO_2$), 알데히드(Aldehydes ; RCHO), SO_2

02 180℃ 1atm에서 이산화황의 농도가 $2g/m^3$이다. 표준상태에서 몇 ppm인가?

① 1,162　　② 1,754
③ 1,968　　④ 2,018

> $2,000 mg/m^3 \times \dfrac{23.4 mL}{64 mg} \times \dfrac{273+180}{273}$
> $= 1,161.54 ppm$

03 다음 오염물질 중 수산기를 포함하는 것은?

① Chloroform
② Benzene
③ Methyl Mercaptan
④ Phenol

> Phenol(C_6H_5OH)은 $-OH$(수산기)를 포함하고 있다.

04 다음 그림은 탄화수소가 존재하지 않는 경우 NO_2의 광화학사이클(Photolytic Cycle)이다. 그림의 A 및 B에 해당되는 물질은?

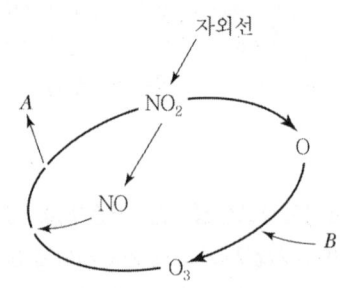

① A=NO_2, B=NO
② A=O_2, B=CO_2
③ A=NO, B=NO_2
④ A=O_2, B=O_2

> NO_2의 광화학반응(광분해) Cycle
>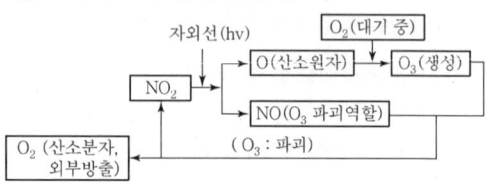
> (생성 O_3 모두 NO에 의해 파괴되어 대기 중 O_3 축적은 발생하지 않음)

05 열섬현상에 관한 설명으로 옳지 않은 것은?

① 도시의 건물 등 구조물에 의한 거칠기 길이의 변화도 원인이 된다.
② 도시 지역의 인구 집중에 따른 인공열 발생의 증가도 원인이 된다.
③ 도시의 온도증가에 따른 상승기류로 인하여 운량과 강우량이 감소한다.
④ 직경 10km 이상의 도시에서 잘 나타나는 현상이다.

풀이) 도시의 온도증가에 따른 상승기류로 인하여 대기오염물질이 응결핵으로 작용하여 운량과 강우량이 증가한다.

ㄹ. 훈증형과 마찬가지로 일시적으로 나타나는 과도기적인 형상이다.
ㅁ. 고도에 따른 온도분포가 Fumigation형에 대한 조건과 반대이다.

06 냄새물질의 특성에 관한 설명으로 가장 거리가 먼 것은?

① 냄새물질이 비교적 저분자인 것은 휘발성이 높은 것을 의미한다.
② 냄새물질은 화학반응성이 풍부한 편이다.
③ 냄새물질은 실온에서 대다수가 액상이다.
④ 화학물질이 냄새물질로 되기 위해서는 대부분 친수성의 단일기를 가져야 한다.

풀이) 화학물질이 냄새물질로 되기 위해서는 친유성기와 친수성기의 양기를 가져야 한다. 또한 냄새물질의 골격이 되는 탄소수는 저분자일수록 관능기 특유의 냄새가 강하고 자극적이나 8~13에서 가장 향기가 강하다.

07 굴뚝의 높이보다 낮게 지표 가까이에 역전층이 이루어져 있고, 그 상공에는 비교적 불안정 상태일 때 발생하며, 주로 고기압지역에서 맑고 바람이 약한 경우 초저녁부터 아침에 걸쳐 잘 발생되기 쉬운 연기형태는?

① Looping형
② Fumigation형
③ Fanning형
④ Lofting

풀이) Lofting(지붕형)
ㄱ. 굴뚝의 높이보다 더 낮게 지표 가까이에 역전층(안정)이 이루어져 있고, 그 상공에는 대기가 불안정한 상태일 때 주로 발생한다.
ㄴ. 고기압 지역에서 하늘이 맑고 바람이 약한 늦은 오후(초저녁)나 이른 밤에 주로 발생하기 쉽다.
ㄷ. 연기에 의한 지표에 오염도는 가장 적게 되며 역전층 내에서 지표배출원에 의한 오염도는 크게 나타난다.

08 대기오염물질의 확산에 관한 설명으로 옳은 것은?

① 굴뚝에서 연기가 나올 때 굴뚝연기 배출속도가 바람의 속도보다 크면 다운드래프트 현상을 일으킨다.
② 굴뚝높이를 주변의 건물보다 1.5배 높게 하여 다운드래프트 현상을 방지한다.
③ 유효굴뚝 높이는 굴뚝높이에 연기의 수직상승 높이를 더한 것이다.
④ 다운드래프트 현상을 방지하기 위해서는 배출가스의 온도를 낮추어 부력을 감소시켜야 한다.

풀이) ① 굴뚝에서 연기가 나올 때 굴뚝연기 배출속도가 바람의 속도보다 작으면 Down Wash 현상을 일으킨다.
② 굴뚝높이를 주변의 건물보다 2.5배 높게 하여 다운드래프트 현상을 방지한다.
④ 다운드래프트 현상을 방지하기 위해서는 배출가스의 온도를 높여 부력을 증가시켜야 한다.

09 다음 대기오염물질 중 대기 내의 평균 체류시간이 1~4일 정도로 짧고, 지구규모보다는 산성비와 같은 국지적인 환경오염에의 기여가 큰 것은?

① SO_2
② O_3
③ CO_2
④ N_2O

풀이) 대기 중 SO_2는 약 30% 정도가 황산염으로 전환되며, 평균체류시간은 약 1~5일 정도로 짧고 시간당 약 0.1~0.2%씩 태양광선에 의해 산화되어 매우 작은 입자를 형성하기도 한다.

Answer ◀ 06 ④ 07 ④ 08 ③ 09 ①

10 실내공기오염물질인 라돈(Rn)에 관한 설명으로 옳지 않은 것은?

① 무색, 무취의 기체로 폐암을 유발한다.
② 자연계에는 존재하지 않으며, 공기에 비해 약 3배 정도 무겁다.
③ 반감기는 3.8일 정도이고 호흡기로 흡입이 현저하다.
④ 토양, 콘크리트, 대리석 등으로부터 공기 중으로 방출된다.

풀이) 라돈은 흙속에서 방사선 붕괴를 일으키는 자연방사능물질이며, 공기에 비해 약 9배 정도 무거워 지하 공간에 농도가 높게 나타난다.

11 지면에서의 평균 풍속이 4m/sec, 안정도 등급이 B등급인 노천에서 소각물의 배출량이 109.9g/sec라면 이때 연기 중심선상을 따라 2km 풍하거리 지면에서의 PM10 농도를 옳게 계산한 것은?(단, 가우시안형의 연기확산식을 적용하고 표준상태를 기준으로 수평 및 수직확산계수는 각각 250m와 350m, 소각물 중 PM10의 배출률은 전체 소각물 배출량의 40%라고 가정한다.)

① $10\mu g/m^3$
② $20\mu g/m^3$
③ $30\mu g/m^3$
④ $40\mu g/m^3$

풀이) $C(x, 0, 0, 0)$
$= \dfrac{Q}{\pi u \sigma_y V_2}$
$= \dfrac{109.9 \times 10^6 \mu g/sec \times 0.4}{3.14 \times 4m/sec \times 250m \times 350m}$
$= 40\mu g/m^3$

12 지상 100m에서 풍속이 20m/sec라면, 지상 15m에서의 풍속은?(단, Deacon 식을 적용하고, 풍속지수 값은 0.3)

① 약 6m/sec
② 약 11m/sec
③ 약 16m/sec
④ 약 21m/sec

풀이) $U_2 = U_1 \times \left(\dfrac{Z_2}{Z_1}\right)^P = 20 \times \left(\dfrac{15}{100}\right)^2$
$= 11.32 m/sec$

13 다음 중 연기 내에서 오염의 단면분포가 전형적인 가우시안분포(Gaussian Distribution)를 보이는 것은?

① Conning
② Looping
③ Fanning
④ Lofting

풀이) Conning(원추형)
㉠ 대기상태가 중립인 경우 연기의 배출형태이다.
㉡ 바람이 다소 강하거나 구름이 많이 낀 날에 자주 관찰된다.
㉢ 연기 Plume 내의 오염물의 단면분포가 전형적인 가우시안분포를 나타낸다.
㉣ 연기의 이동이 수직보다 수평으로 크기 때문에 오염물질이 먼 거리까지 이동할 수 있다.

14 다음 오염물질이 인체에 미치는 영향으로 가장 거리가 먼 것은?

① 알루미늄 화합물은 불소의 흡수를 억제하고 칼슘과 철 화합물의 흡수를 감소시키며, 소장에서 인과 결합하여 인 결핍과 골연화증을 유발한다.
② 알루미늄 독성작용으로 인간에게서 입증된 2개의 주요조직은 뼈와 뇌이고, 알루미늄열은 결막염, 습진, 상기도 자극 등을 유발할 수 있다.
③ 셀레늄의 만성기중 폭로 시 주로 설태가 끼며, 혈장 콜레스테롤치가 저하한다.
④ 셀레늄은 주로 폐, 위장관 혹은 손상된 피부를 통해 흡수되고, 간에서 유기 셀레늄의 형태로 대사된다.

풀이) 만성적인 대기 중 폭로 시 오심과 소화불량 같은 위장관 증상도 호소하며 결막염을 일으키는데, 이를 'Rose eye'라고 부른다.
바나듐에 폭로되면 인지질 및 지방분의 합성, 혈장 콜레스테롤치가 저하되며, 만성 폭로 시 설태가 낄 수 있다.

15 다음 반사영역이 고려된 가우시안 확산모델에서 각 항에 대한 설명으로 옳지 않은 것은?

$$C(x,y,z) = \frac{Q}{2\pi u \sigma_y \sigma_z} \left[\exp\left(\frac{-y^2}{2\sigma_y^2}\right) \right] \left[\exp\left\{\frac{-(z-H)^2}{2\sigma_z^2}\right\} + \exp\left\{\frac{-(z+H)^2}{2\sigma_z^2}\right\} \right]$$

① Q : 오염원의 배출량으로서 단위는 질량/시간이다.
② Z : 농도를 구하려는 지점의 굴뚝으로부터의 풍하방향의 수평거리를 말한다.
③ u : 굴뚝높이의 풍속을 말한다.
④ H : 유효굴뚝높이다.

풀이) Z는 농도를 구하려는 지점의 굴뚝으로부터의 풍하방향의 수직거리를 말한다.

16 뮤즈계곡, 도노라, 런던스모그 사건과 같은 내기오염 사건에서 공통적으로 발생한 환경조건을 나열한 것으로 옳은 것은?

① 무풍, 기온역전, 황산화물
② 광화학반응, 기온역전, 오존
③ 강한 바람, 과단열상태, 황산화물
④ 광화학반응, 과단열상태, 오존

17 광화학반응에 관한 일반적인 설명으로 옳지 않은 것은?

① 광화학반응의 생성물로 PAN, CH_3ONO_2, 케톤 등이 있다.
② 광화학반응이 일어나면서 NO_2가 감소하고 여기에 대응하여 NO가 증가한다.
③ NO에서 NO_2로의 산화가 거의 완료되고, NO_2가 최고농도에 도달하기 직전부터 O_3가 생성되기 시작한다.
④ 알데히드는 O_3 생성에 앞서 반응 초기부터 생성되며 탄화수소의 감소에 대응한다.

풀이) 광화학반응이 일어나면서 NO가 감소하고 여기에 대응하여 NO_2가 증가한다.

18 높이가 40m인 굴뚝으로부터 20m/sec로 연기가 배출되고 있다. 굴뚝 반지름은 2m, 굴뚝 주위로 풍속은 4m/sec, 배출가스의 열방출률은 4,000kJ/sec일 때, 아래의 식을 이용하여 유효굴뚝의 높이를 계산하면?[단, Holland의 식은 아래와 같고, Q_h는 열방출률(kJ/sec), $\Delta H(m) = \frac{V_s \cdot d}{U} \times \left(1.5 + 0.0096 \times \frac{Q_h}{V_s \cdot d}\right)$]

① 약 25m   ② 약 40m
③ 약 65m   ④ 약 80m

풀이) $\Delta H = \frac{V_s \cdot d}{U} \times \left(1.5 + 0.0096 \times \frac{Q_h}{V_s \cdot d}\right)$
$= \frac{20 \times 4}{4} \times \left[1.5 + \left(0.0096 \times \frac{4,000}{20 \times 4}\right)\right]$
$= 39.6m$
$He = H + \Delta H$
$= 40 + 39.6 = 79.6m$

Answer: 15 ② 16 ① 17 ② 18 ④

19 최근 문제시되고 있는 석면에 관한 설명으로 옳지 않은 것은?

① 석면은 자연계에서 산출되는 길고, 가늘고, 강한 섬유상 물질이다.
② 석면에 폭로되어 중피종이 발생되기까지의 기간은 일반적으로 폐암보다는 긴 편이나 20년 이하에서 발생하는 예도 있다.
③ 석면은 화학약품에 대한 저항성이 약하고, 전기절연성이 없다.
④ 석면의 발암성은 청석면이 온석면보다 강하다.

풀이) 석면은 자연계에서 산출되는 길고 가늘며 강한 섬유상 물질로서 굴절성, 내열성, 내압성, 절연성, 불활성이 높고 산·알칼리 등 화학약품에 대한 저항성이 강하다(석면이나 광물성 섬유들은 장력강도와 열 및 전기적인 절연성이 크고, 화학적으로 분해가 잘 되지 않는다).

20 다음 중 인체의 폐 속으로의 침투도가 최대가 될 뿐 아니라 빛의 산란도 역시 최대가 되어 가시도 감소에 큰 영향을 주는 먼지의 입경범위로 적합한 것은?

① 0.001~0.01㎛　② 0.01~0.1㎛
③ 0.1~1.0㎛　　④ 10~50㎛

풀이) 가시도의 감소는 작은 입자의 농도에 관계되며 0.1~1㎛의 작은 입자는 빛의 산란에 가장 크게 작용한다.

제2과목 대기오염공정시험기준(방법)

21 다음은 환경대기 중 휘발성 유기화합물(유해 VOCs 고체흡착법) 분석에 사용되는 용어의 정의이다. (㉠) 안에 알맞은 것은?

> 시료채취 안전부피(SSV, Safe Sampling Volume)는 파과부피의 2/3배를 취하거나(직접적인 방법) 머무름 부피의 (㉠) 정도를 취한다(간접적인 방법).

① 1/2　　② 2배
③ 5배　　④ 10배

풀이) 안전부피
파과부피의 2/3배를 취하거나(직접적인 방법) 머무름 부피의 1/2 정도를 취함으로써(간접적인 방법) 얻어진다.

22 다음은 이온크로마토그래피의 장치구성 중 어떤 것에 관한 설명인가?

> 전해질을 물 또는 저전도도의 용매로 바꿔줌으로써 전기 전도도 셀에서 목적이온 성분과 전기 전도도만을 고감도로 검출할 수 있게 해주는 것이다.

① 용리액조　　② 서프레서
③ 검출기　　　④ 분리관

풀이) 서프레서
용리액에 사용되는 전해질 성분을 제거하기 위하여 분리관 뒤에 직렬로 접속시킨 것으로서 전해질을 물 또는 저전도도의 용매로 바꿔줌으로써 전기 전도도 셀에서 목적이온 성분과 전기 전도도만을 고감도로 검출할 수 있게 해주는 것이다.

23 원통 여지의 포집기를 사용하여 배출가스 중의 먼지를 포집하였다. 측정치가 다음과 같다고 할 때 먼지농도는 약 몇 mg/Sm³인가?

- 대기압 : 765mmHg
- 가스미터의 흡인가스온도 : 15℃
- 가스게이지압 : 4mmHg
- 15℃의 포화수증기압 : 12.87mmHg
- 먼지 포집 전의 원통여지무게 : 6.2721g
- 먼지 포집 후의 원통여지무게 : 6.2821g
- 습식가스미터에서 흡인한 습윤가스양 : 55.2L

① 212 ② 205
③ 200 ④ 192

$$V_N' = V_m \times \frac{273}{273+\theta_m} \times \frac{P_a+P_m-P_v}{760} \times 10^{-3}$$

$$= 55.2 \times \frac{273}{273+15} \times \frac{765+4-12.87}{760} \times 10^{-3}$$

$$= 0.052 Sm^3$$

먼지농도(mg/Sm³)

$$= \frac{md}{V_N'} = \frac{\text{포집된 먼지의 무게(g)}}{\text{표준상태의 흡인건조 배출가스양(Sm}^3\text{)}}$$

$$= \frac{(6.2821-6.2721)g \times 1,000 mg/g}{0.052 Sm^3}$$

$$= 192.31 mg/Sm^3$$

24 다음 시약 조합 중 불소화합물 분석방법에 사용되는 것은?

① p-아미노디메틸아닐린 용액 – 염화제이철 용액
② 오르토 톨리딘 – 염산용액
③ 피리딘피라졸론 – p-디메틸 아미노 벤질리덴 로다닌의 아세톤 용액
④ 란탄늄 – 알리자린콤플렉슨용액

불소화합물 분석방법
㉠ 자외선/가시선 분광법(란탄늄 – 알리사린 콤플렉손법)
㉡ 이온크로마토그래피
㉢ 이온선택 전극법
㉣ 연속흐름법

25 0.02M의 황산 30mL를 중화시키는 데 필요한 0.1N 수산화나트륨 용액의 양(mL)은?

① 3mL ② 6mL
③ 12mL ④ 20mL

0.02M H_2SO_4 → 0.04N
NV = N'V'
0.1N × V(mL) = 0.04N × 30mL
V(mL) = 12mL

26 다음은 굴뚝 배출가스 중의 페놀류의 기체크로마토그래피 분석방법이다. ( ) 안에 알맞은 것은?

시료 중의 페놀류를 흡수액에 흡수시켜 포집한다. 이 용액을 (㉠)으로 한 후 (㉡)(으)로 용매를 추출하여 기체크로마토그래피로 분석한다.

① ㉠ 산성, ㉡ 아세트산에틸
② ㉠ 산성, ㉡ 차아염소산나트륨용액
③ ㉠ 염기성, ㉡ 아세트산에틸
④ ㉠ 염기성, ㉡ 차아염소산나트륨용액

배출가스를 수산화소듐용액에 흡수시켜 이 용액을 산성으로 한 후 아세트산에틸로 추출한 다음 기체크로마토그래피로 정량하여 페놀화합물의 농도를 산출한다.

27 단면이 원형인 굴뚝의 굴뚝반경이 1.7m인 경우 측정점 수로 옳은 것은?

① 20   ② 16
③ 12   ④ 8

🔑 원형 굴뚝의 반경구분 수 및 측정점 수

굴뚝직경(m)	반경구분 수	측정점 수
1 이하	1	4
1 초과 2 이하	2	8
2 초과 4 이하	3	12
4 초과 4.5 이하	4	16
4.5 초과	5	20

28 원자흡수분광광도법으로 배출가스 중 Cu를 분석할 때의 측정파장으로 적합한 것은?

① 324.7nm   ② 217.0nm
③ 232.0nm   ④ 213.9nm

🔑 Pb(217.0/283.3nm), Ni(232.0nm), Zn(213.9nm)

29 다음은 굴뚝 배출가스 내의 질소산화물 분석방법 중 아연환원 나프틸에틸렌디아민법에 관한 설명이다. ( ) 안에 알맞은 것은?

> 시료 중의 질소산화물을 오존 존재하에서 (㉠)에 흡수시켜 (㉡)으로 만든 후 분말금속아연을 사용하여 (㉢)으로 환원한 후 설파닐 아미드 및 나프틸에틸렌디아민을 반응시켜 착색시킨다.

① ㉠ NaOH용액, ㉡ 질산이온, ㉢ 아질산이온
② ㉠ H₂SO₄용액, ㉡ 아질산이온, ㉢ 질산이온
③ ㉠ NaOH용액, ㉡ 아질산이온, ㉢ 질산이온
④ ㉠ 흡수액, ㉡ 질산이온, ㉢ 아질산이온

🔑 자외선/가시선 분광법 – 아연환원 나프틸에틸렌디아민법

시료 중의 질소산화물을 오존 존재하에서 흡수액에 흡수시켜 질산이온으로 만든다. 이 질산이온을 분말금속아연을 사용하여 아질산이온으로 환원한 후 설파닐 아미드(Sulfonilic Amide) 및 나프틸에틸렌디아민(Naphthyl Ethylene Diamine)을 반응시켜 얻어진 착색의 흡광도로부터 질소산화물을 정량하는 방법으로서 배출가스 중의 질소산화물을 이산화질소로 하여 계산한다.

30 기체크로마토그래피에서 A, B 성분의 보유시간이 각각 2분, 3분이었으며, 피크 폭은 32초, 38초였다면 이때 분리도는?

① 1.2   ② 1.5
③ 1.7   ④ 1.9

🔑 분리도$(R) = \dfrac{2(t_{R2} - t_{R1})}{W_1 + W_2}$

$= \dfrac{2(3 \times 60 - 2 \times 60)}{32 + 38} = 1.71$

31 압력단위를 환산한 것으로 옳지 않은 것은?

① 1atm = 760mmHg
② 1mmHg = 13.6mmH₂O
③ 1mmAq = 14.7psi
④ 1mmH₂O = 1kg/m²

🔑 14.79psi = 10,332mmAq

32 굴뚝 배출가스 중의 비소화합물을 흑연로 원자흡수분광광도법으로 분석할 때의 설명으로 옳은 것은?

① 적자색 용액의 흡광도를 193.7nm에서 측정

② 황색 용액의 흡광도를 400nm에서 측정
③ 청색 용액의 흡광도를 520nm에서 측정
④ 적색 용액의 흡광도를 435nm에서 측정

풀이 비소 속빈음극램프를 점등하여 안정화시킨 후, 전처리한 시료용액을 흑연로에 주입하고 비소화합물을 원자화시켜 파장 193.7nm에서 원자흡수분광광도법에 따라 조작을 하여 시료용액의 흡광도 또는 흡수 백분율을 측정하는 방법이다.

33 기체크로마토그래프의 각 장치에 관한 설명으로 옳지 않은 것은?

① 가스 시료도입부는 가스계량관(통상 0.5~5μL) 및 가스성분 분석부와 유로변환기구로 구성된다.
② 방사성 동위원소를 사용하는 검출기를 수용하는 검출기 오븐에 대하여는 온도조절기구와는 별도로 독립작용할 수 있는 과열방지기구를 설치해야 한다.
③ 가스를 연소시키는 검출기를 수용하는 검출기 오븐은 그 가스가 오븐 내에 오래 체류하지 않도록 된 구조이어야 한다.
④ 분리관 오븐의 온도조절 정밀도는 ±0.5℃의 범위 이내 전원 전압변동 10%에 대하여 온도변화 ±0.5℃ 범위 이내(오븐의 온도가 150℃ 부근일 때)이어야 한다.

풀이 가스 시료도입부는 가스계량관(통상 0.5~5mL)과 유로변환기구로 구성된다.

34 환경대기 중의 옥시단트(오존으로서) 농도 측정법 중 화학발광법(자동연속측정법)의 측정원리 및 성능에 대한 설명으로 옳지 않은 것은?

① 주 방해물질로는 SO_x, NO_x 등이고, 수분에 대하여는 거의 영향을 받지 않는다.

② 오존과 에틸렌가스가 반응할 때 생기는 발광도가 오존농도와 비례관계가 있다는 것을 이용한다.
③ 최저감지농도는 0.003ppm이다.
④ 측정범위는 원칙적으로 0.5ppm O_3로 한다.

풀이 방해물질로는 수분에 대해 약간 영향을 받으나 다른 물질에 대하여는 영향을 받지 않는다.

35 흡광광도법에 이용되는 램버트 비어(Lambert-Beer)의 법칙을 옳게 나타낸 식은? (단, I_o : 입사광 강도, I_t : 투사광 강도, c : 농도, l : 빛의 투사거리, ε : 흡광계수)

① $I_o = I_t \cdot 10^{-\varepsilon cl}$ ② $I_o = I_t \cdot 100^{-\varepsilon cl}$
③ $I_t = I_o \cdot 10^{-\varepsilon cl}$ ④ $I_t = I_o \cdot 100^{-\varepsilon cl}$

풀이 램버트 비어(Lambert-Beer)의 법칙
강도가 I_o인 단색광속이 그림과 같이 농도 c, 길이 l이 되는 용액층을 통과하면 이 용액에 빛이 흡수되어 입사광의 강도가 감소한다.

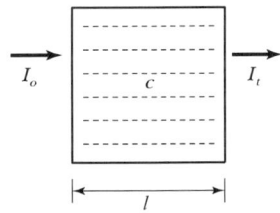

[흡광광도 분석방법 원리도]

$I_t = I_o \cdot 10^{-\varepsilon cd}$

여기서, I_o : 입사광의 강도
I_t : 투사광의 강도
c : 농도
l : 빛의 투사거리
ε : 비례상수로서 흡광계수(吸光係數)라 하고, $c=1mol$, $l=10nm$일 때의 ε의 값을 몰흡광계수라 하며 K로 표시한다.

36 환경대기 중의 아황산가스 농도를 측정함에 있어 파라로자닐린법을 사용할 경우 알려진 주요 방해물질이 아닌 것은?

① Cr
② O_3
③ NO_x
④ NH_3

풀이 간섭물질
㉠ 주요 방해물질은 질소산화물(NO_x), 오존(O_3), 망간(Mn), 철(Fe) 및 크롬(Cr)이다.
㉡ NO_x의 방해는 설퍼민산(NH_2SO_3H)을 사용함으로써 제거할 수 있다.
㉢ 오존의 방해는 측정기간을 늦춤으로써 제거된다.
㉣ EDTA(Ethylene Diamine Tetra Acetic Acid Disodium Salt) 및 인산은 위의 금속성분들의 방해를 방지한다.
㉤ 10mL의 흡수액 중에 적어도 60μg Fe^{3+} 10μg Mn^{2+} 및 10μg Cr^{3+}는 이 방법에서 아황산가스 측정에 방해를 주지 않는다.
㉥ Cr^{3+} 10μg 또는 22μg V^{4+}도 위의 조건에서 크게 방지하지 않는다.
㉦ 암모니아, 황화물(Sulfides) 및 알데히드는 방해되지 않는다.

37 고용량공기시료채취법으로 비산먼지 측정 시 시료채취장소 및 위치선정으로 가장 적합한 것은?

① 풍하방향에 대상 발생원의 영향이 없을 것으로 추측되는 곳에 대조위치를 선정한다.
② 발생원의 비산먼지 농도가 가장 낮을 것으로 예상되는 지점 2개소 이상을 선정한다.
③ 측정하려고 하는 발생원의 부지경계선상에서 선정한다.
④ 풍향은 고려하지 않아도 된다.

풀이 측정위치의 선정
㉠ 시료채취장소는 원칙적으로 측정하려고 하는 발생원의 부지 경계선상에 선정하며 풍향을 고려하여 그 발생원의 비산먼지 농도가 가장 높을 것으로 예상되는 지점 3개소 이상을 선정한다.
㉡ 시료채취 위치는 부근에 장애물이 없고 바람에 의하여 지상의 흙모래가 날리지 않아야 하며 기타 다른 원인의 영향을 받지 않고 그 지점에서의 비산먼지농도를 대표할 수 있는 위치를 선정한다.
㉢ 별도로 발생원의 위(Upstream)인 바람의 방향을 따라 대상 발생원의 영향이 없을 것으로 추측되는 곳에 대조위치를 선정한다.

38 굴뚝 배출가스 내의 산소농도 측정을 위한 산소측정기 중 덤벨형(Dumb-Bell) 자기력 분석계에 관한 설명으로 옳지 않은 것은?

① 피드백코일은 편위량을 없애기 위하여 전류에 의하여 자기를 발생시키는 것으로 일반적으로 백금선이 이용된다.
② 덤벨은 자기화율이 큰 유리 등으로 만들어진 중공의 구체를 막대 양 끝에 부착한 것으로 헬륨 또는 아르곤을 봉입한 것을 사용한다.
③ 편위검출부는 덤벨의 편위를 검출하기 위한 것으로 광원부와 덤벨봉에 달린 거울에서 반사하는 빛을 받는 수광기로 된다.
④ 측정셀은 시료 유통실로서 자극 사이에 배치하여 덤벨 및 불균형 자계발생 자극편을 내장한 것을 사용한다.

풀이 덤벨은 자기화율이 적은 석영 등으로 만들어진 중공의 구체를 막대 양 끝에 부착한 것으로 질소 또는 공기를 봉입한 것을 사용한다.

39 환경대기 중의 탄화수소 농도를 측정하기 위한 주 시험법은?

① 총탄화수소 측정법
② 비메탄 탄화수소 측정법
③ 활성 탄화수소 측정법
④ 비활성 탄화수소 측정법

Answer 36 ④ 37 ③ 38 ② 39 ②

풀이 환경대기 중의 탄화수소 농도를 측정하기 위한 주시험법은 비메탄 탄화수소 측정법이다.

40 굴뚝 배출가스 중 황화수소 측정방법인 것은?

① 메틸렌블루법
② 질산토륨-네오트린법
③ 다이페닐카바지드법
④ 디티존법

풀이 굴뚝배출가스 중 황화수소 측정방법
㉠ 자외선/가시선 분광법(메틸렌블루법)
㉡ 기체크로마토그래피법

제3과목 대기오염방지기술

41 흡착법에 관한 설명으로 옳지 않은 것은?

① 흡착제는 기체의 흐름에 대한 압력손실이 커야 한다.
② 물리적 흡착은 보통 가용한 피흡착제의 표면적이 비례한다.
③ 화학적 흡착은 분자 간의 결합력이 강하고 흡착 과정에서 발열량도 많다.
④ 점토나 이온교환수지 등의 흡착제는 탈색에도 이용되고 Ag, Cu, Zn 등의 무기침가제를 포함한 특수한 탄소는 가스 마스크 등에도 이용된다.

풀이 흡착제는 흡착탑 내에서 기체흐름에 대한 저항(압력손실)이 작아야 한다.

42 액체연료 1kg을 완전연소하는 데 필요한 이론공기량 A_0(Sm³/kg)의 계산식으로 옳은 것은?(단, C, H, O, S는 연료 1kg 중 각 성분원소의 중량분율을 나타낸다.)

① $A_0 = \frac{1}{0.21}\left[\frac{22.4}{12}C + \frac{11.2}{2}\left(H - \frac{O}{8}\right) + \frac{22.4}{32}S\right]$

② $A_0 = 0.21\left[\frac{22.4}{12}C + \frac{22.4}{2}\left(H - \frac{O}{8}\right) + \frac{22.4}{32}S\right]$

③ $A_0 = \frac{1}{0.21}\left[\frac{22.4}{12}C + \frac{22.4}{2}\left(H - \frac{O}{8}\right) + \frac{22.4}{32}S\right]$

④ $A_0 = 0.21\left[\frac{22.4}{12}C + \frac{11.2}{2}\left(H - \frac{O}{8}\right) + \frac{22.4}{32}S\right]$

풀이 고체, 액체연료 1kg의 연소 시 이론공기량(A_0)
㉠ 부피식
$A_0 = \frac{1}{0.21}\left[\frac{22.4}{12}C + \frac{11.2}{2}\left(H - \frac{O}{8}\right) + \frac{22.4}{32}S\right]$
$= \frac{1}{0.21}(1.867C + 5.6H - 0.7O + 0.7S)$
$= 8.89C + 26.67H - 3.33O + 3.33S\,(\text{Sm}^3/\text{kg})$

㉡ 중량식
$A_0 = \frac{1}{0.232}\left[\frac{32}{12}C + \frac{16}{2}\left(H - \frac{O}{8}\right) + \frac{32}{32}S\right]$
$= \frac{1}{0.232}(2.667C + 8H - O + S)$
$= 11.49C + 34.48H - 4.31O + 4.31S\,(\text{kg/kg})$

43 메탄 1mol이 공기비 1.4로 연소하는 경우 등가비(ϕ)는?

① 0.71   ② 2.8
③ 13.33 ④ 24.14

풀이 등가비(ϕ) $= \frac{1}{m} = \frac{1}{1.4} = 0.71$

44 충전탑의 가스 겉보기 속도(공탑속도) 범위로 가장 적합한 것은?

① 0.1~1cm/sec   ② 0.01~0.1m/sec
③ 0.3~1m/sec   ④ 10~30m/sec

풀이 충전탑 내 이동속도는 0.3~1m/sec, 액기비는 1~10L/m³이 적합하다.

Answer 40 ① 41 ① 42 ① 43 ① 44 ③

45 유해가스 제거를 위한 흡수제의 구비조건으로 옳지 않은 것은?

① 용해도가 크고, 무독성이어야 한다.
② 액가스비가 작으며, 점성은 커야 한다.
③ 착화성이 없으며, 비점은 높아야 한다.
④ 휘발성이 적어야 한다.

풀이 흡수제 구비조건
㉠ 용해도가 커야 한다.
㉡ 점도(점성)가 작고 화학적으로 안정해야 한다.
㉢ 독성이 없고 휘발성이 낮아야 한다.
㉣ 착화성, 부식성이 없어야 한다.
㉤ 빙점(어는점)은 낮고 비점(끓는점)은 높아야 한다.
㉥ 가격이 저렴하고 사용이 편리해야 한다.
㉦ 용매의 화학적 성질과 비슷해야 한다.

46 다음 중 유해가스 처리방법으로 옳지 않은 것은?

① 시안화수소 – 물에 의한 세정
② 아크로레인 – 물에 의한 세정
③ 벤젠 – 촉매연소
④ 비소 – 알칼리액에 의한 세정

풀이 아크로레인 그대로 흡수가 불가능하며 NaClO 등의 산화제를 혼입한 NaOH용액으로 흡수 · 제거한다.

47 어떤 액체연료를 보일러에서 완전연소시켜 그 배기가스를 Orsat 분석 장치로 분석한 결과 CO_2 13%, O_2 3%의 결과를 얻었다. 이때 공기비는?

① 약 1.2 ② 약 1.6
③ 약 1.9 ④ 약 2.2

풀이 공기비(m) = $\dfrac{N_2}{N_2 - 3.76 O_2}$

$= \dfrac{84}{84 - (3.76 \times 3)} = 1.16$

48 악취처리기술에 관한 설명으로 옳지 않은 것은?

① 흡착제를 이용한 방법을 사용할 경우 흡착제를 재생하려면 증기를 사용하여 충전층을 340℃ 정도로 가열하거나 용질을 제거할 때에는 역방향으로 충전층 내부로 서서히 유입시킨다.
② 통풍 및 희석에 의한 방법을 사용할 경우 가스토출속도는 50cm/sec 정도로 하고, 그 이하가 되면 다운워시 현상을 일으킨다.
③ 흡수에 의한 처리방법을 사용할 경우 흡수에 의해 제거되는 가스상 오염물질은 세정액에 대해 가용성이어야 하고, H_2S의 경우는 에탄올과 아민 등에 흡수된다.
④ 흡수에 의한 처리방법을 사용할 경우 단탑은 충전탑에서 가스액의 분리가 문제될 때 유용하다.

풀이 통풍 및 희석에 의한 방법을 사용할 경우 Down Draft 및 Down Wash 현상이 생기지 않도록 굴뚝 높이를 주위건물의 2.5배 이상, 연돌 내 토출속도를 18m/sec 이상으로 해야 한다.

49 사이클론과 전기집진장치를 직렬로 연결한 어느 집진장치에서 포집되는 먼지량이 각각 300kg/hr(사이클론), 197.5kg/hr(전기집진장치)이고, 최종 배출구로부터 유출되는 먼지량이 2.5kg/hr이면, 이 집진장치의 총합집진효율은? (단, 기타조건은 동일하며, 처리과정 중 소실되는 먼지는 없다.)

① 98.5% ② 99.0%
③ 99.5% ④ 99.9%

Answer 45 ② 46 ② 47 ① 48 ② 49 ③

(풀이) 총집진효율(η_T)
$C_i = 300 + 197.5 + 2.5 = 500 \text{kg/hr}$
$C_o = 2.5 \text{kg/hr}$
$\eta_T = \left(1 - \dfrac{C_o}{C_i}\right) \times 100$
$= \left(1 - \dfrac{2.5}{500}\right) \times 100 = 99.5\%$

50 다음 중 배출가스 중의 NO_x 제거방법으로 가장 거리가 먼 것은?

① 선택적 촉매환원법
② 선택적 비촉매환원법
③ 황산흡수법
④ 석회석 주입법

(풀이) 석회석 주입법은 SO_2를 $CaSO_4$으로 반응, 집진장치에서 제거하는 방법이다. 즉, 석회석 주입법은 SO_x 제거방법이다.

51 배출가스 중 황산화물을 처리하기 위해 물을 사용하는 충전탑으로 처리한 결과 순환수의 황산함량은 0.049g/L이었다. 이 순환수의 pH는?

① 1 ② 2
③ 2.7 ④ 3

(풀이) $H_2SO_4 \rightarrow 2H^+ + SO_4^{2-}$
   1M   2M
황산 몰농도(M) 1M : 98g/L
        x(M) : 0.049g/L
$x(M) = \dfrac{1M \times 0.049 \text{g/L}}{98 \text{g/L}}$
$= 0.0005M$
수소이온농도 $= 0.0005M \times 2 = 0.001M$
$pH = -\log[H^+] = -\log[0.001] = 3$

52 다음 연소장치 중 대용량 버너 제작이 용이하고, 유량조절범위가 좁아(환류식 1:3, 비환류식 1:2 정도) 부하변동에 적응하기 어려우며, 연료 분사범위가 15~2,000L/h 정도인 것은?

① 회전식 버너
② 고압기류 분무식 버너
③ 유압분무식 버너
④ 건타입 버너

(풀이) 유압분무식 버너의 특징
  ㉠ 연료분사범위(연소용량)
     30~3,000L/hr(또는 15~2,000L/hr)
  ㉡ 유량조절범위
     환류식 1:3, 비환류식 1:2 로 유량조절범위가 좁아 부하변동에 적응하기 어렵다.
  ㉢ 유압
     5~30 kg/cm² 정도
  ㉣ 분사(분무) 각도
     ⓐ 40~90° 정도의 넓은 각도
     ⓑ 연료유의 분사각도는 기름의 압력, 점도 등으로 약간 달라진다.

53 가솔린 자동차 엔진작동상태 중 일반적으로 가장 많은 양의 연소되지 않은 탄화수소(HC, ppm)를 배출하는 경우는?

① 차가 정속(다소 저속)으로 운행할 때
② 차가 정속(다소 고속)으로 운행할 때
③ 차의 속도가 감속될 때
④ 차의 속도가 가속될 때

(풀이) 차의 속도가 감속될 때 가장 많은 양의 미연소 HC가 배출되어 HC농도가 높다.

Answer 50 ④ 51 ③ 52 ③ 53 ③

54 원소구성비(무게)가 C = 75%, O = 9%, H = 10%, S = 6%인 석탄 1kg을 완전연소시킬 때 필요한 이론산소량은?

① 1.94kg ② 2.23kg
③ 2.66kg ④ 2.77kg

(풀이) 이론산소량 O_0(kg/kg)
= $2.667C + 8H - O + S$
= $(2.667 \times 0.75) + (8 \times 0.1) - 0.09 + 0.06$
= 2.77kg/kg × 1kg = 2.77kg

55 니트로글리세린과 같은 물질의 연소형태로서 공기 중의 산소 공급 없이 연소하는 것은?

① 자기연소 ② 분해연소
③ 증발연소 ④ 표면연소

(풀이) 니트로글리세린, 화약(폭약) 등은 자기연소를 한다. 자기연소는 외부 공기 없이 고체 자체의 산소분해에 의하여 연소하면서 내부로 연소가 폭발적으로 진행되는 방법이다.

56 처리가스양 1,200m³/min, 처리속도 2cm/sec인 함진가스를 직경 25cm, 길이 3m의 원통형 여과포를 사용하여 집진하고자 할 때 필요한 원통형 여과포의 수는?

① 524개 ② 425개
③ 323개 ④ 223개

(풀이) 여과포 개수
= $\dfrac{\text{처리가스양}}{\text{여과포 하나당 가스양}}$
= $\dfrac{1{,}200\text{m}^3/\text{min} \times \text{min}/60\text{sec}}{(\pi \times 0.25\text{m} \times 3\text{m}) \times 2\text{cm}/\text{sec} \times \text{m}/100\text{cm}}$
= 424.6(425개)

57 배출가스 내 먼지의 입도분포를 대수확률방안지에 Plot한 결과 직선이 되었고, 84.13% 입경과 50% 입경이 각각 $4.5\mu m$와 $9.5\mu m$이었다. 이때 기하평균입경은?

① $4.5\mu m$ ② $7.0\mu m$
③ $9.5\mu m$ ④ $14.0\mu m$

(풀이) 기하평균은 누적분포에서 50% 입경에 해당하는 값이다.

58 수소 12.5%, 수분 0.3%인 중유의 고위발열량이 10,500kcal/kg이다. 이 중유의 저위발열량은?

① 9,823kcal/kg ② 9,535kcal/kg
③ 9,300kcal/kg ④ 9,018kcal/kg

(풀이) $Hl = Hh - 600(9H + W)$
= $10{,}500 - 600[(9 \times 0.125) + 0.003]$
= 9,823.2kcal/kg

59 다음 세정식 집진장치 중 송풍기를 계통적으로 설치할 수 없는 상황에서 비교적 처리가스양이 적을 때 쓰이며, 사용수량이 다른 세정장치에 비해 10~20배 정도, 액가스비가 10~50L/m³ 정도인 것은?

① Cyclone Scrubber ② Venturi Scrubber
③ Jet Scrubber ④ Hydro Filter

(풀이) Jet Scrubber
㉠ 송풍기를 사용하지 않음(세정액의 고압분무에 의한 승압효과로 배기가스를 장치 내로 유입시키기 때문)
㉡ 처리가스양이 많은 경우에는 효과가 낮은 편이므로 사용하지 않음
㉢ 다량세정액 사용으로 유지관리비 증가
㉣ 기본유속이 클수록 집진율 높음

60 반경 4.5cm, 길이 1.2m인 원통형 전기집진장치에서 가스유속이 2.2m/sec이고, 먼지입자의 분리속도가 22cm/sec일 때 집진율은?

① 98.6%   ② 99.1%
③ 99.5%   ④ 99.9%

풀이) 제거효율$(\eta) = 1 - e^{-2VL/RU}$

$$= 1 - \exp\left(-\frac{2lW}{RV_g}\right)$$

$W : 22cm \times sec \times m/100cm = 0.22m/sec$
$l : 1.2m$
$R : 4.5cm \times m/100cm = 0.045m$
$V_g : 2.2m/sec$

$$= 1 - \exp\left(-\frac{2 \times 1.2 \times 0.22}{0.045 \times 2.2}\right)$$
$$= 0.9952 \times 100$$
$$= 99.52\%$$

제4과목 대기환경관계법규

61 대기환경보전법규상 환경기술인의 교육기준으로 옳지 않은 것은?

① 보수교육은 신규교육을 받은 날을 기준으로 3년마다 1회 받는다.
② 교육 대상자가 그 교육을 받아야 하는 기한의 마지막 날 이전 2년 이내에 동일한 교육을 받았을 경우에는 해당 교육을 받은 것으로 본다.
③ 정보통신매체를 이용하여 원격교육을 하는 경우를 제외한 환경기술인의 교육기간은 5일 이내로 한다.
④ 환경기술인은 환경보전협회, 환경부장관 또는 시·도지사가 교육을 실시할 능력이 있다고 인정하여 위탁하는 기관에서 실시하는 교육을 정기적으로 받아야 한다.

풀이) 교육기간은 4일 이내로 한다. 다만, 정보통신매체를 이용하여 원격교육을 하는 경우에는 환경부장관이 인정하는 기간으로 한다.

62 대기환경보전법상 장거리이동대기오염물질 대책위원회에 관한 사항으로 옳지 않은 것은?

① 위원회는 위원장 1명을 포함한 25명 이내의 위원으로 성별을 고려하여 구성한다.
② 위원회와 실무위원회 및 장거리이동대기오염물질 연구단의 구성 및 운영 등에 관하여 필요한 사항은 환경부령으로 정한다.
③ 위원장은 환경부차관으로 한다.
④ 위원회의 효율적인 운영과 안건의 원활한 심의 지원을 위해 실무위원회를 둔다.

풀이) 위원회와 실무위원회 및 장거리이동대기오염물질 연구단의 구성 및 운영 등에 관하여 필요한 사항은 대통령령으로 정한다.

63 환경정책기본법령상 SO_2의 대기환경기준은?(단, 24시간 평균치)

① 0.02ppm 이하   ② 0.05ppm 이하
③ 0.06ppm 이하   ④ 0.15ppm 이하

풀이) 대기환경기준치 및 측정방법

항목	기준	측정방법
아황산가스 (SO_2, ppm)	연간 0.02ppm 이하	자외선형광법 (Pulse U.V. Fluorescence Method)
	24시간 0.05ppm 이하	
	1시간 0.15ppm 이하	
일산화탄소 (CO, ppm)	8시간 9ppm 이하	비분산적외선분석법 (Non-Dispersive Infrared Method)
	1시간 25ppm 이하	

Answer ◁ 60 ③ 61 ③ 62 ② 63 ②

항목	기준	측정방법
이산화질소 (NO₂, ppm)	연간 0.03ppm 이하	화학발광법 (Chemiluminescent Method)
	24시간 0.06ppm 이하	
	1시간 0.10ppm 이하	
미세먼지 (PM-10, $\mu g/m^3$)	연간 50$\mu g/m^3$ 이하	베타선흡수법 (β-Ray Absorption Method)
	24시간 100$\mu g/m^3$ 이하	
미세먼지 (PM-2.5, $\mu g/m^3$)	연간 15$\mu g/m^3$ 이하	중량농도법 또는 이에 준하는 자동측정법
	24시간 35$\mu g/m^3$ 이하	
오존 (O₃, ppm)	8시간 0.06ppm 이하	자외선광도법 (U.V Photometric Method)
	1시간 0.1ppm 이하	
납 (Pb, $\mu g/m^3$)	연간 0.5$\mu g/m^3$ 이하	원자흡광광도법 (Atomic Absorption Spectrophotometry)
벤젠 (Benzene, $\mu g/m^3$)	연간 5$\mu g/m^3$ 이하	기체크로마토그래피법 (Gas Chromatography)

64 대기환경보전법규상 공동방지시설을 운영기구 대표자가 공동방지시설을 설치하고자 할 때 제출하여야 하는 공동방지시설의 위치도로 옳은 것은?

① 축척 5천분의 1의 지형도
② 축척 1만분의 1의 지형도
③ 축척 2만5천분의 1의 지형도
④ 축척 5만분의 1의 지형도

풀이) 공동 방지시설(이하 "공동 방지시설"이라 한다)을 설치·운영하려는 경우에는 공동 방지시설 운영기구(이하 "공동 방지시설 운영기구"라 한다)의 대표자가 다음 각 호의 서류를 시·도지사에게 제출하여야 한다.
① 공동 방지시설의 위치도(축척 2만 5천분의 1의 지형도를 말한다)
② 공동 방지시설의 설치명세서 및 그 도면
③ 사업장별 배출시설의 설치명세서 및 대기오염물질 등의 배출량 예측서
④ 사업장별 원료사용량과 제품생산량을 적은 서류와 공정도
⑤ 사업장에서 공동 방지시설에 이르는 연결관의 설치도면 및 명세서
⑥ 공동 방지시설의 운영에 관한 규약

65 대기환경보전법규상 사업자가 배출시설을 운영할 때에 나오는 오염물질을 자가측정한 기록과 측정시 사용한 여과지 및 시료채취기록지의 보존기간은 얼마인가?

① 환경오염공정시험기준에 따라 최종 기재하거나 측정한 날부터 3개월로 한다.
② 환경오염공정시험기준에 따라 최종 기대하거나 측정한 날부터 6개월로 한다.
③ 환경오염공정시험기준에 따라 최종 기대하거나 측정한 날부터 1년으로 한다.
④ 환경오염공정시험기준에 따라 최종 기대하거나 측정한 날부터 3년으로 한다.

풀이) 자가측정 시 사용한 여과지 및 시료채취기록지의 보존기간은 환경오염공정기준에 따라 측정한 날부터 6개월로 한다.

66 대기환경보전법상 7년 이하의 징역이나 1억 원 이하의 벌금에 해당되는 자는?

① 거짓으로 배출시설 설치 신고를 하고 배출시설을 설치하거나 그 배출시설을 이용하여 조업한 자
② 방지시설 설치대상이지만 방지시설을 설치하지 아니하고 배출시설을 설치·운영한 자

Answer 64 ③ 65 ② 66 ②

③ 배출오염물질의 배출허용기준 준수여부 확인을 위한 측정기기의 부착 등의 조치를 하지 아니한 자
④ 연료의 공급지역이나 시설에 황함유 기준 초과와 관련하여 연료사용 제한조치 등의 명령을 위반한 자

[풀이] 법 제89조 벌칙 참조

67 대기환경보전법령상 연료를 연소하여 황산화물을 배출하는 시설에서 연료의 황함유량이 1.0%를 초과하는 경우 기본부과금의 농도별 부과계수로 옳은 것은?(단, 황산화물의 배출량을 줄이기 위하여 방지시설을 설치한 경우와 생산공정상 황산화물의 배출량이 줄어든다고 인정하는 경우를 제외한다.)

① 0.2 ② 0.4
③ 1.0 ④ 1.5

[풀이] 기본부과금의 농도별 부과계수
연료를 연소하여 황산화물을 배출하는 시설(황산화물의 배출량을 줄이기 위하여 방지시설을 설치한 경우와 생산공정상 황산화물의 배출량이 줄어든다고 인정하는 경우는 제외한다)

구분	연료의 황함유량(%)		
	0.5% 이하	1.0% 이하	1.0% 초과
농도별 부과계수	0.2	0.4	1.0

68 실내공기질 관리법규상 "장례식장"의 "이산화질소" 실내공기질 권고기준은?

① 0.01ppm 이하 ② 0.1ppm 이하
③ 0.3ppm 이하 ④ 0.5ppm 이하

[풀이] 실내공기질 관리법상 권고기준

오염물질 항목 다중이용시설	이산화질소 (ppm)	라돈 (Bq/m³)	총휘발성 유기화합물 (μg/m³)	곰팡이 (CFU/m³)
지하역사, 지하도상가, 철도역사의 대합실, 여객자동차터미널의 대합실, 항만시설 중 대합실, 공항시설 중 여객터미널, 도서관·박물관 및 미술관, 대규모점포, 장례식장, 영화상영관, 학원, 전시시설, 인터넷컴퓨터게임시설제공업의 영업시설, 목욕장업의 영업시설	0.1 이하	148 이하	500 이하	—
의료기관, 어린이집, 노인요양시설, 산후조리원	0.05 이하		400 이하	500 이하
실내주차장	0.3 이하		1,000 이하	

69 대기환경보전법상 위임업무 보고사항 중 "측정기기 관리대행업의 등록, 변경등록 및 행정처분 현황"에 대한 유역환경청장의 보고 횟수 기준은?

① 수시 ② 연 4회
③ 연 2회 ④ 연 1회

[풀이] 위임업무 보고사항

업무내용	보고 횟수	보고 기일	보고자
환경오염 사고 발생 및 조치 사항	수시	사고발생 시	시·도지사, 유역환경청장 또는 지방환경청장
수입자동차 배출가스 인증 및 검사현황	연 4회	매 분기 종료 후 15일 이내	국립환경과학원장

Answer 67 ④ 68 ② 69 ④

업무내용	보고 횟수	보고 기일	보고자
자동차 연료 및 첨가제의 제조·판매 또는 사용에 대한 규제 현황	연 2회	매 반기 종료 후 15일 이내	유역환경청장 또는 지방환경청장
자동차 연료 또는 첨가제의 제조기준 적합 여부 검사 현황	• 연료 : 연 4회 • 첨가제 : 연 2회	• 연료 : 매 분기 종료 후 15일 이내 • 첨가제 : 매 반기 종료 후 15일 이내	국립환경과학원장
측정기기관리대행업의 등록(변경등록) 및 행정처분 현황	연 1회	다음 해 1월 15일까지	유역환경청장, 지방환경청장 또는 수도권대기환경청장

70 대기환경보전법규상 대기오염방지시설에 해당하지 않는 것은?(단, 기타 사항은 제외)

① 미생물을 이용한 처리시설
② 음파집진시설
③ 촉매반응을 이용하는 시설
④ 화학적 침강시설

[풀이] 대기오염방지시설
1. 중력집진시설   2. 관성력집진시설
3. 원심력집진시설   4. 세정집진시설
5. 여과집진시설   6. 전기집진시설
7. 음파집진시설   8. 흡수에 의한 시설
9. 흡착에 의한 시설
10. 직접연소에 의한 시설
11. 촉매반응을 이용하는 시설
12. 응축에 의한 시설
13. 산화·환원에 의한 시설
14. 미생물을 이용한 처리시설
15. 연소조절에 의한 시설

71 대기환경보전법령상 "사업장의 연료사용량 감축 권고" 조치를 하여야 하는 대기오염 경보 발령단계 기준은?

① 준주의보 발령단계
② 주의보 발령단계
③ 경보발령단계
④ 중대경보 발령단계

[풀이] 경보발령단계별 조치사항
  ㉠ 주의보 발령
    주민의 실외활동 및 자동차 사용의 자제 요청 등
  ㉡ 경보 발령
    주민의 실외활동 제한 요청, 자동차 사용의 제한 및 사업장의 연료사용량 감축 권고 등
  ㉢ 중대경보 발령
    주민의 실외활동 금지 요청, 자동차의 통행금지 및 사업장의 조업시간 단축명령 등

72 대기환경보전법상 비산먼지의 발생을 억제하기 위한 시설의 설치나 조치의 이행 또는 개선명령을 이행하지 아니한 자에 대한 벌칙기준으로 옳은 것은?

① 7년 이하의 징역이나 1억 원 이하의 벌금
② 5년 이하의 징역이나 3천만 원 이하의 벌금
③ 1년 이하의 징역이나 500만 원 이하의 벌금
④ 300만 원 이하의 벌금

[풀이] 대기환경보전법 제92조 참조

73 대기환경보전법규상 시·도지사 등은 사업장 등의 대기오염물질 배출규제를 위해 배출시설별 배출원과 배출량을 조사하고 그 결과를 언제까지 환경부장관에게 보고하여야 하는가?

① 그 해 12월 말까지
② 다음 해 1월 말까지

③ 다음 해 3월 말까지
④ 다음 해 6월 말까지

풀이 시·도지사, 유역환경청장, 지방환경청장 및 수도권대기환경청장은 배출시설별 배출원과 배출량을 조사하고, 그 결과를 다음 해 3월 말까지 환경부장관에게 보고하여야 한다.

74
대기환경보전법령상 사업자 과실로 확정 배출량을 잘못 산정하여 제출 후 부과금 납부명령을 받은 사업자가 부과금 조정을 신청할 경우 조정 신청기간은 부과금납부통지서를 받은 날부터 얼마 이내에 하여야 하는가?

① 7일 이내에 하여야 한다.
② 15일 이내에 하여야 한다.
③ 30일 이내에 하여야 한다.
④ 60일 이내에 하여야 한다.

75
대기환경보전법규상 특정대기유해물질이 아닌 것은?

① 리튬   ② 아크릴로니트릴
③ 에틸렌옥사이드 ④ 아세트알데히드

풀이 특정대기유해물질
1. 카드뮴 및 그 화합물   2. 시안화수소
3. 납 및 그 화합물   4. 폴리염화비페닐
5. 크롬 및 그 화합물   6. 비소 및 그 화합물
7. 수은 및 그 화합물   8. 프로필렌 옥사이드
9. 염소 및 염화수소   10. 불소화물
11. 석면   12. 니켈 및 그 화합물
13. 염화비닐   14. 다이옥신
15. 페놀 및 그 화합물   16. 베릴륨 및 그 화합물
17. 벤젠   18. 사염화탄소
19. 이황화메틸   20. 아닐린
21. 클로로포름   22. 포름알데히드
23. 아세트알데히드   24. 벤지딘
25. 1,3-부타디엔
26. 다환 방향족 탄화수소류
27. 에틸렌옥사이드
28. 디클로로메탄
29. 스틸렌
30. 테트라클로로에틸렌
31. 1,2-디클로로에탄
32. 에틸벤젠
33. 트리클로로에틸렌
34. 아크릴로니트릴
35. 히드라진

76
대기환경보전법령상 연간 대기오염물질 발생량에 따른 사업장 구분으로 옳은 것은?

① 대기오염물질발생량의 합계가 연간 3톤인 사업장은 5종 사업장에 해당한다.
② 대기오염물질발생량의 합계가 연간 15톤인 사업장은 4종 사업장에 해당한다.
③ 대기오염물질발생량의 합계가 연간 25톤인 사업장은 2종 사업장에 해당한다.
④ 대기오염물질발생량의 합계가 연간 60톤인 사업장은 1종 사업장에 해당한다.

풀이 사업장 분류기준

종별	오염물질발생량 구분
1종 사업장	대기오염물질발생량의 합계가 연간 80톤 이상인 사업장
2종 사업장	대기오염물질발생량의 합계가 연간 20톤 이상 80톤 미만인 사업장
3종 사업장	대기오염물질발생량의 합계가 연간 10톤 이상 20톤 미만인 사업장
4종 사업장	대기오염물질발생량의 합계가 연간 2톤 이상 10톤 미만인 사업장
5종 사업장	대기오염물질발생량의 합계가 연간 2톤 미만인 사업장

Answer ▶ 74 ④ 75 ① 76 ③

77 대기환경보전법규상 자동차연료 제조기준 중 황함량(ppm) 기준으로 옳은 것은?(단, 휘발유, 2009년 1월 1일부터 적용)

① 0.7 이하 ② 2.3 이하
③ 10 이하 ④ 60 이하

풀이 자동차 연료 제조기준(휘발유)

기준항목 \ 적용기간	2009년 1월 1일부터
방향족화합물함량(부피 %)	24(21) 이하
벤젠함량(부피 %)	0.7 이하
납함량(g/L)	0.013 이하
인함량(g/L)	0.0013 이하
산소함량(무게 %)	2.3 이하
올레핀함량(부피 %)	16(19) 이하
황함량(ppm)	10 이하
증기압(kPa, 37.8℃)	60 이하
90% 유출온도(℃)	170 이하

78 대기환경보전법규상 환경기술인의 준수사항 및 관리사항을 이행하지 아니한 경우 각 위반차수별 행정처분기준(1~4차)으로 옳은 것은?

① 선임명령 - 경고 - 경고 - 조업정지 5일
② 선임명령 - 경고 - 조업정지 5일 - 조업정지 30일
③ 변경명령 - 경고 - 조업정지 5일 - 조업정지 30일
④ 경고 - 경고 - 경고 - 조업정지 5일

풀이 행정처분기준
1차(경고) → 2차(경고) → 3차(경고) → 4차(조업정지 5일)

79 대기환경보전법규상 자동차 연료형 첨가제의 종류에 해당하지 않는 것은?

① 매연억제제 ② 엔진진동억제제
③ 세탄가향상제 ④ 세척제

풀이 자동차연료형 첨가제의 종류
㉠ 세척제 ㉡ 청정분산제
㉢ 매연억제제 ㉣ 다목적첨가제
㉤ 옥탄가향상제 ㉥ 세탄가향상제
㉦ 유동성 향상제 ㉧ 윤활성 향상제
㉨ 그 밖에 환경부장관이 배출가스를 줄이기 위하여 필요하다고 정하여 고시하는 것

80 대기환경보전법령상 대기오염물질 중 기본부과금의 부과대상이 되는 오염물질은?

① 황산화물, 먼지, 질소산화물
② 먼지, 황화수소
③ 황산화물, 암모니아, 질소산화물
④ 황산화물, 오존

풀이 기본부과금의 부과대상이 되는 오염물질은 황산화물, 먼지, 질소산화물이다.

2024년 제2회 CBT 복원·예상문제

제1과목 대기오염개론

01 주어진 온도에서 이론상 최대에너지를 복사하는 가상적인 물체를 흑체라 할 때 흑체복사를 하는 물체에서 방출되는 복사에너지는 절대온도의 4승에 비례한다는 법칙은?

① 비인의 변위법칙
② 플랑크의 법칙
③ 알베도의 법칙
④ 스테판-볼츠만의 법칙

풀이 스테판-볼츠만의 법칙(Stefan-Boltzmann's Law)
복사에너지 중 파장에 대한 에너지 강도가 최대가 되는 파장과 흑체의 표면온도의 관계를 나타내는 법칙, 즉 흑체 복사를 하는 물체에서 방출되는 복사강도는 그 물체의 절대온도의 4승에 비례한다.

02 분산모델의 특성에 관한 설명으로 가장 거리가 먼 것은?

① 지형, 기상학적 정보 없이도 사용 가능하다.
② 점, 선, 면 오염원의 영향을 평가할 수 있다.
③ 새로운 오염원이 지역 내에 신설될 때 매번 재평가하여야 한다.
④ 오염발생원의 운영 및 방지장치의 설계특성을 평가할 수 있다.

풀이 분산모델은 지형 및 오염원의 작업조건에 영향을 받으며 단시간 분석 시 문제가 된다.

03 Panofsky에 의한 리차드슨 수(Richardson Number)의 크기와 대기 혼합 간의 관계로 옳지 않은 것은?

① $R=0$: 기계적 난류가 존재하지 않는다.
② $R<-0.04$: 대류에 의한 혼합이 기계적 혼합을 지배한다.
③ $0.25<R$: 수직방향의 혼합은 없다.
④ $-0.03<R<0$: 기계적 난류와 대류가 존재하나 기계적 난류가 주로 혼합을 일으킨다.

풀이 $R=0$은 중립상태로 분산이 줄어들어 기계적 난류가 지배적인 상태이다.

04 지상 20m에서의 풍속이 3.9m/sec라면 60m에서의 풍속은?(단, Deacon법칙 적용, 대기안정도에 따른 $p=0.4$)

① 약 4.7m/sec
② 약 5.1m/sec
③ 약 5.8m/sec
④ 약 6.1m/sec

풀이 $U_2 = U_1 \times \left(\dfrac{Z_2}{Z_1}\right)^p = 3.9 \times \left(\dfrac{60}{20}\right)^{0.4}$
$= 6.05 \text{m/sec}$

05 바람에 관한 다음 설명 중 옳지 않은 것은?

① 산악지방에서 밤에 정상 부근에서부터 불어 내려오는 바람을 산풍이라 한다.
② 지표면으로부터의 마찰효과가 무시될 수 있는 층(1km 이상)에서 기압경도력과 전향력이 평형을 이루고 있을 때 부는 수평바람을 지균풍이라 한다.

Answer◀ 01 ④ 02 ① 03 ① 04 ④ 05 ④

③ 저기압 주변에서 등압선이 곡선을 그릴 때 곡선의 바깥쪽으로 향하는 원심력이 생기고, 이 힘이 코리올리 힘과 합쳐져서 기압경도력과 평형을 이루게 되는데, 이와 같은 힘이 평형을 유지하면서 부는 바람을 경도풍이라 한다.

④ 육풍은 해안에서 멀리 떨어진 내륙 쪽 8~15km 정도까지 영향을 미치며, 해풍에 비해 풍속이 크고, 수직, 수평적인 영향범위가 넓다.

풀이) 육풍은 바다의 온도 냉각률이 육지에 비해 작아서 기압차에 의해 육지에서 바다 쪽 5~6km 정도까지 바람이 불어 해풍에 비하여 풍속이 작고, 수직·수평적인 영향범위가 넓은 편이다.

06 다음 중 대기 중에서 최고농도가 나타나는 시간이 가장 이른 것은?(단, 하루 중 일변화)

① NO
② NO_2
③ O_3
④ PAN

풀이) 광화학스모그의 형성과정에서 하루 중 농도의 최대치가 나타나는 시간대가 빠른 순서는 NO > NO_2 > O_3이다.

07 다음 중 굴뚝의 통풍력 증가조건으로 가장 거리가 먼 것은?

① 외기주입량이 많을수록
② 굴뚝의 높이가 높을수록
③ 굴뚝 내의 굴곡이 없을수록
④ 배출가스 온도가 높을수록

풀이) 외기주입량이 없을수록 통풍력이 증가한다.

08 25℃, 1기압에서 측정한 NO_2 농도가 4.76mg/m³이다. 이 농도를 표준상태의 ppm으로 옳게 환산한 것은?

① 2.24
② 2.53
③ 2.72
④ 2.98

풀이) $4.76 mg/m^3 \times \dfrac{22.4 mL}{46 mg} \times \dfrac{273+25}{273}$
= 2.53ppm

09 A사업장 굴뚝에서의 암모니아 배출가스가 30mg/m³로 일정하게 배출되고 있는데, 향후 이 지역 암모니아 배출허용기준이 20ppm으로 강화될 예정이다. 방지시설을 설치하여 강화된 배출허용기준치의 70%로 유지하고자 할 때, 이 굴뚝에서 방지시설을 설치하여 저감해야 할 암모니아의 농도는 몇 ppm인가?(단, 모든 농도조건은 표준상태로 가정)

① 11.5ppm
② 16.8ppm
③ 20.8ppm
④ 25.5ppm

풀이) 농도(ppm) = $30 mg/m^3 \times \dfrac{22.4 mL}{17 mg}$
= 39.53ppm
유지배출허용기준치 = 20ppm × 0.7 = 14ppm
저감해야 할 농도(ppm)
= 39.53 − 14 = 25.53ppm

10 대기권의 오존층과 관련된 설명으로 가장 거리가 먼 것은?

① 290nm 이하의 단파장인 UV-C는 대기 중의 산소와 오존분자 등의 가스 성분에 의해 그 대부분이 흡수되어 지표면에 거의 도달하지 않는다.
② 오존의 생성 및 분해반응에 의해 자연 상태의 성층권영역에서는 일정한 수준의 오존량이 평형을 이루고, 다른 대기권 영역에 비해 오존 농도가 높은 오존층이 생긴다.

③ 오존농도의 고도분포는 지상 약 35km에서 평균적으로 약 10ppb의 최대농도를 나타낸다.
④ 지구 전체의 평균 오존량은 약 300Dobson 전후이지만, 지리적으로 또는 계절적으로는 평균치의 ±50% 정도까지 변화한다.

풀이) 오존층(Ozonosphere)은 지상 약 20~30km에 위치하며 오존의 최대 농도는 약 10ppm이다.

11 대기오염물질의 확산과 관련된 스모그현상과 기온역전에 관한 설명으로 옳지 않은 것은?

① 로스앤젤레스 스모그사건은 광화학스모그에 의한 침강성 역전이다.
② 런던스모그 사건은 산화반응에 의한 것으로 습도는 70% 이하 조건에서 발생하였다.
③ 침강성역전은 고기압권 내에서 공기가 하강하여 생기며, 주·야 구분 없이 발생할 수 있다.
④ 방사성역전은 밤과 아침 사이에 지표면이 냉각되어 공기온도가 낮아지기 때문에 발생한다.

풀이) 런던스모그는 열적환원반응에 의한 것이며 발생 시 습도는 85% 이상이다(연기+안개 → 환원형 Smog).

12 파장 5,210Å인 빛 속에서 밀도가 1.25g/cm³이고, 직경 0.3μm인 기름방울의 분산면적비가 4일 때 먼지농도가 0.4mg/m³이라면 가시거리(V)는?[단, 가시거리(V) = $\frac{5.2\rho r}{KC}$ 를 이용]

① 609m ② 805m
③ 1,000m ④ 1,230m

풀이) $L_v(m) = \frac{5.2 \times \rho \times r}{K \cdot C}$

$= \frac{5.2 \times 1.25 \text{g/cm}^3 \times 0.15\mu m}{4 \times (0.4 \text{mg/m}^3 \times \text{g}/1,000\text{mg})}$

$= 609.38\text{m}$

13 실내공기를 오염시키는 물질에 관한 설명으로 옳지 않은 것은?

① 유기용제(VOC) 중 가장 독성이 강한 것은 스틸렌 > 자일렌 > 톨루엔 > 에틸벤젠 순서이다.
② 폼알데하이드는 자극취가 있는 무색의 기체이며, 40% 수용액을 포르말린이라고 한다.
③ 라돈은 액화되어도 색을 거의 띠지 않는 물질이며, 화학적으로는 거의 반응을 일으키지 않고 흙 속에서 방사선 붕괴를 일으킨다.
④ 석면은 굴절성이 있고, 불연성인 섬유물질로 분리되며 대개 길이와 직경의 비가 크다.

풀이) 가장 독성이 강한 순서
톨루엔 > 크실렌 > 에틸벤젠

14 다음은 어떤 대기오염물질에 대한 설명인가?

• 독특한 풀냄새가 나는 무색(시판용품은 담황녹색)의 기체(액화가스)로 끓는점은 약 8℃이다.
• 건조 상태에서는 부식성이 없으나, 수분이 존재하면 가수분해되어 금속을 부식시킨다.

① $Pb(C_2H_5)_4$ ② H_2S
③ HCN ④ $COCl_2$

풀이) 포스겐($COCl_2$)
분자량이 98.9이며, 독특한 풀냄새가 나는 무색(시판용품은 담황녹색)의 기체(액화가스)로 끓는점은 약 8.2℃, 융점은 -128℃이며 화학반응성, 인화성, 폭발성 및 부식성이 강하다.

Answer 11 ② 12 ① 13 ① 14 ④

15 특정물질의 오존파괴지수를 크기순으로 옳게 배열한 것은?

① $C_2F_3Cl_3 < CF_2BrCl < CHFClCF_3 < CCl_4$
② $CCl_4 < CF_2BrCl < CHFClCF_3 < C_2F_3Cl_3$
③ $CHFClCF_3 < C_2F_3Cl_3 < CCl_4 < CF_2BrCl$
④ $C_2F_3Cl_3 < CCl_4 < CF_2BrCl < CHFClCF_3$

[풀이] 특정물질의 오존파괴지수 크기 순서
$CHFClCF_3(0.222) < C_2F_3Cl_3(0.8) < CCl_4(1.1) < CF_2BrCl(3.0)$

16 대기오염과 관련된 설명으로 옳지 않은 것은?

① 환경대기 중 미세먼지는 황산화물과 공존하면 더 큰 피해를 준다.
② 도노라 사건은 포자리카 사건 이후에 발생하였으며 1차 오염물질에 의한 사건이다.
③ 카르보닐황은 대류권에서 매우 안정하기 때문에 거의 화학적인 반응을 하지 않고 서서히 성층권으로 유입된다.
④ 멕시코의 포자리카 사건은 황화수소의 누출에 의해 발생한 것이다.

[풀이] 도노라 사건(1948)은 포자리카 사건(1950) 이전에 발생하였으며 2차 오염물질에 의한 사건이다.

17 대기권의 특성에 관한 설명으로 옳지 않은 것은?

① 대류권은 고도가 1km 상승함에 따라 온도는 약 6.5℃ 비율로 감소하므로 대류현상이 일어나기 쉽다.
② 성층권의 오존층에서는 오존의 생성과 소멸이 계속적으로 일어나면서 오존의 농도를 유지하며 또한 지표면의 생물체에 유해한 자외선을 흡수한다.
③ 중간권에서는 고도에 따라 온도가 상승하므로 하층부의 밀도가 커서 매우 안정한 상태를 유지한다.
④ 열권은 $0.1\mu m$ 이하의 자외선을 흡수하고, 이 권역은 분자들이 전리상태에 있으므로 전리층이라고도 한다.

[풀이] 중간권에서는 고도에 따라 온도가 낮아지며, 대기층에서 가장 낮은 온도를 나타내는 부분은 중간권의 상층부분으로 약 $-90℃$에 달한다.

18 다음 중 지표부근 건조대기의 일반적인 부피농도 크기순으로 옳은 것은?

① $Ne > CO_2 > CO$
② $CO_2 > CO > Ne$
③ $Ne > CO > CO_2$
④ $CO_2 > Ne > CO$

[풀이] 지표부근 건조대기의 일반적인 부피농도 크기 순서
$N_2 > O_2 > Ar > CO_2 > Ne > He > CH_4 > CO$

19 대기오염물질과 관련 배출 업종과의 연결로 가장 거리가 먼 것은?

① 벤젠 – 석유정제, 포르말린제조, 도장공업
② 질소산화물 – 내연기관, 폭약, 비료제조
③ 암모니아 – 소오다공업, 화학공업, 농약제조
④ 시안화수소 – 가스공업, 화학공업, 제철공업

[풀이] 암모니아의 관련 배출 업종
냉동공업, 비료공업, 나일론 제조업, 도금공업 표백 및 색소공장

20 풍하방향으로 가까이 있는 건물 높이가 60m라고 할 때, 다운드래프트 현상을 방지하기 위한 굴뚝의 높이는 최소 몇 m 이상 되어야 하는가?

① 60m ② 90m
③ 120m ④ 150m

풀이) 다운드래프트 현상을 방지하기 위해서는 연돌높이를 건물 또는 지형보다 2.5배 이상 높게 해야 한다.
60m × 2.5 = 150m

제2과목 대기오염공정시험기준(방법)

21 굴뚝 배출가스상 물질의 시료채취를 위한 채취부의 구성요건으로 옳지 않은 것은?

① 수은 마노미터는 대기와 압력차가 100mmHg 이상인 것을 쓴다.
② 펌프는 배기능력 0.5~5L/hr인 개방형인 것을 쓴다.
③ 펌프를 보호하기 위해서 유리로 만든 가스건조탑을 사용한다.
④ 가스미터는 일회전 1L의 습식 또는 건식 가스미터로 온도계와 압력계가 붙어 있는 것을 쓴다.

풀이) 펌프는 배기능력 0.5~5L/hr인 밀폐형인 것을 쓴다

22 다음은 분석장치에 관한 설명이다. ( ) 안에 알맞은 것은?

> ( )의 분석장치는 분석기와 광원부로 나누어지며, 분석기 내부는 분광기, 샘플 채취부, 검지부, 분석부, 통신부 등으로 구성된다.

① 흡광차분광법
② 원자흡광광도법
③ 자외선/가시선 분광법
④ ICP분광법

풀이) 흡광차분광법의 분석장치는 분석기와 광원부로 나뉘며, 분석기 내부는 분광기, 샘플 채취부, 검지부, 분석부, 통신부 등으로 구성된다.

23 굴뚝 배출가스 중 황산화물의 침전적정 분석방법에 관한 설명으로 옳지 않은 것은?

① 흡수액으로 과산화수소수(1+9)를 사용하며 이 용액은 어둡고 서늘한 곳에 보관한다.
② N/100초산 바륨용액의 표정 시 종말점은 액의 청색이 1분간 계속되는 점으로 한다.
③ 아르세나조Ⅲ의 분자식은 $C_{12}H_9As_2N_4O_4S_2$ 이다.
④ 아르세나조Ⅲ 지시약은 갈색병에 보관하고 1개월 이상 지나면 사용할 수 없다.

풀이) 아르세나조Ⅲ의 분자식
$C_{22}H_{18}As_2N_4O_{14}S_2$

24 자동연속측정기에 의한 아황산가스의 불꽃광도측정법에서 시료를 공기 또는 질소로 묽힌 후 수소 불꽃 중에 도입하여 발광광도를 측정하여야 하는 파장은?

① 265nm 부근
② 394nm 부근
③ 470nm 부근
④ 560nm 부근

Answer 20 ④ 21 ② 22 ① 23 ③ 24 ②

풀이) **불꽃광도법(Automatic Method With Flame Photometer Detector)**
환원성 수소 불꽃 안에 도입된 아황산가스가 불꽃 속에서 환원될 때 발생하는 빛 중 394nm 부근의 파장영역에서 발광의 세기를 측정하여 시료기체 중의 아황산가스 농도를 연속적으로 측정하는 방법으로, 이 시험방법의 측정범위는 아황산가스 0~0.01−0~1.0μmol/mol이며, 이 상한과 하한 사이의 적당한 범위를 선정한다. 검출한계는 측정범위 최대눈금의 1% 이하이어야 한다.

25 다음 중 오염물질과 그 측정방법의 연결로 옳지 않은 것은?

① 수은 : 디티존법
② 질소산화물 : 페놀디술폰산법
③ 브로민화합물 : 질산토륨−네오트린법
④ 벤젠 : 메틸에틸케톤법

풀이) **브로민화합물의 측정방법**
  ㉠ 자외선/가시선 분광법
  ㉡ 적정법
  ㉢ 이온크로마토그래피

26 굴뚝반경이 3.2m인 원형 굴뚝에서 먼지를 채취하고자 할 때의 측정점수는?

① 8 ② 12
③ 16 ④ 20

풀이) **원형단면의 측정점**

굴뚝직경 2R(m)	반경구분수	측정점수
1 이하	1	4
1 초과 2 이하	2	8
2 초과 4 이하	3	12
4 초과 4.5 이하	4	16
4.5 초과	5	20

27 기체크로마토그램에서 2개의 접근한 봉우리의 분리 정도(봉우리 1이 먼저 분리)를 나타내기 위하여 정량적으로 정의한 분리계수와 분리도와의 식으로 옳은 것은?(단, t_{R1} : 시료도입점으로부터 봉우리 1의 최고점까지 길이, t_{R2} : 시료도입점으로부터 봉우리 2의 최고점까지 길이, W_1 : 봉우리 1의 좌우 변곡점에서의 접선이 자르는 바탕선의 길이, W_2 : 봉우리 2의 좌우 변곡점에서의 접선이 자르는 바탕선의 길이)

① 분리계수 = $\dfrac{t_{R1}}{t_{R2}}$, 분리도 = $\dfrac{2(t_{R2}-t_{R1})}{(W_2-W_1)}$

② 분리계수 = $\dfrac{t_{R1}}{t_{R2}}$, 분리도 = $\dfrac{2(t_{R2}-t_{R1})}{(W_1+W_2)}$

③ 분리계수 = $\dfrac{t_{R2}}{t_{R1}}$, 분리도 = $\dfrac{2(t_{R2}-t_{R1})}{(W_2-W_1)}$

④ 분리계수 = $\dfrac{t_{R2}}{t_{R1}}$, 분리도 = $\dfrac{2(t_{R2}-t_{R1})}{(W_1+W_2)}$

풀이) **분리능**
  ㉠ 분리계수 $d = \dfrac{t_{R2}}{t_{R1}}$
  ㉡ 분리도 $R = \dfrac{2(t_{R2}-t_{R1})}{W_1+W_2}$

여기서, t_{R1} : 시료도입점으로부터 봉우리 1의 최고점까지의 길이
t_{R2} : 시료도입점으로부터 봉우리 2의 최고점까지의 길이
W_1 : 봉우리 1의 좌우 변곡점에서의 접선이 자르는 바탕선의 길이
W_2 : 봉우리 2의 좌우 변곡점에서의 접선이 자르는 바탕선의 길이

Answer 25 ③ 26 ④ 27 ④

28 굴뚝 배출가스 중 자동측정기에 의한 산소 측정법에 관한 설명으로 옳지 않은 것은?

① 자기식방법은 체적자화율이 큰 가스(일산화질소)의 영향을 무시할 수 있는 경우에 적용할 수 있다.
② 자기식인 자기풍 방식에는 덤벨형과 압력검출형이 있다.
③ 전기화학식은 질코니아 방식과 전극방식으로 나눌 수 있다.
④ 자동측정기에 의한 방법은 자기식과 전기화학식으로 나눌 수 있다.

풀이) 자기식 중 자기력 방식을 덤벨형과 압력검출형으로 나눌 수 있다.

29 공기를 사용하는 중유 연소 보일러의 굴뚝 배출가스의 유속을 피토우관으로 측정하였더니, 동압이 10mmH$_2$O였다. 이때 측정점에서의 유속은?(단, 표준상태에서의 배출가스의 밀도는 1.3kg/Sm^3, 굴뚝 배출가스 온도는 227℃, 1기압, 정압은 0, 피토우관 계수는 1.0이다.)

① 5.6m/sec ② 7.5m/sec
③ 16.6m/sec ④ 19.5m/sec

풀이) $V = \sqrt{\dfrac{2gPv}{\gamma}} = \sqrt{\dfrac{2 \times 9.8 \times 10}{1.3 \times \dfrac{273}{273+227}}}$

$= 16.62 \text{m/sec}$

30 액의 농도를 (1 → 5)로 표시한 것으로 가장 적합한 것은?

① 고체 1mg을 용매 5mL에 녹인 농도
② 액체 1g을 용매 5mL에 녹인 농도
③ 액체 1 용량에 물 5 용량을 혼합한 것
④ 고체 1g을 용매에 녹여 전량을 5mL로 하는 비율

풀이) 액의 농도(1 → 2), (1 → 5)
용질의 성분이 고체일 때는 1g을, 액체일 때는 1mL을 용매에 녹여 전량을 각각 2mL 또는 5mL로 하는 비율

31 자외선/가시선 분광법의 장치구성에 관한 설명으로 옳지 않은 것은?

① 일반적인 장치구성 순서는 시료부 – 광원부 – 파장선택부 – 측광부 순이다.
② 단색장치로는 프리즘, 회절격자 또는 이 두 가지를 조합시킨 것을 사용하며 단색광을 내기 위하여 슬릿(Slit)을 부속시킨다.
③ 광전관, 광전자증배관은 주로 자외 내지 가시 파장 범위에서, 광전도셀은 근적외 파장범위에서 사용한다.
④ 광전분광광도계에는 미분측광, 2파장측광, 시차측광이 가능한 것도 있다.

풀이) 흡광광도 장치구성 순서
광원부 – 파장선택부 – 시료부 – 측광부

32 굴뚝 단면이 상·하 동일 단면적인 직사각형 굴뚝의 직경 산출방법으로 옳은 것은?(단, 가로 : 굴뚝내부 단면 가로치수 / 세로 : 굴뚝내부 단면 세로치수)

① 환산직경 = $\dfrac{(가로 \times 세로)}{(가로 + 세로)}$

② 환산직경 = $2 \times \dfrac{(가로 \times 세로)}{(가로 + 세로)}$

③ 환산직경 = $4 \times \dfrac{(가로 \times 세로)}{(가로 + 세로)}$

④ 환산직경 = $8 \times \dfrac{(가로 \times 세로)}{(가로 + 세로)}$

Answer 28 ② 29 ③ 30 ④ 31 ① 32 ②

> 굴뚝단면이 사각형인 경우(상·하 동일 단면적의 정사각형 또는 직사각형)
> 굴뚝단면이 상·하 동일 단면적인 사각형 굴뚝의 직경산출은 다음과 같다.
>
> 환산직경 $= 2 \times \left(\dfrac{A \times B}{A+B}\right) = 2 \times \left(\dfrac{가로 \times 세로}{가로 + 세로}\right)$
>
> 여기서, A : 굴뚝 내부 단면 가로규격
> B : 굴뚝 내부 단면 세로규격

33. 시멘트 공장, 석탄 야적장 등 일정한 굴뚝을 거치지 않고 외부로 비산 배출되는 먼지 측정방법에 관한 설명으로 옳지 않은 것은?

① 분석방법의 종류로는 고용량 공기시료채취법, 저용량 공기시료채취법, 베타선법, 광학기법이 있다.
② 시료채취 장소는 비산먼지 농도가 가장 높은 것으로 예상되는 1개 지점 이상을 선정한다.
③ 시료채취는 1회 1시간 이상 연속채취한다.
④ 대상발생원의 조업이 중단되었을 때는 원칙적으로 시료채취를 하지 않는다.

> 시료채취 장소는 발생원 부지경계선상에서의 풍향을 고려하여 농도가 가장 높을 것으로 예상되는 지점을 3개소 이상 선정한다.

34. 굴뚝 배출가스 중의 페놀화합물을 기체크로마토그래피법으로 분석하는 방법에 관한 설명으로 옳지 않은 것은?

① 측정범위는 시료 10L를 용매 추출했을 때 시료 중의 페놀류의 농도가 0.01~0.1V/Vppm 범위의 분석에 적합하다.
② 수산화소듐 용액(0.4W/V%)을 흡수액으로 포집한다.
③ 채취병법은 기체시료 중의 페놀 성분이 수증기에 용해되어 채취 후 바로 채취용기의 기벽에 물방울이 응축하므로 적합하지 않다.
④ 고순도(99.8%)의 시약이나 용매를 사용하면 방해물질을 최소화할 수 있다.

> 10L의 시료를 용매에 흡수하여 채취할 경우 시료 중 페놀화합물의 농도가 0.20~300.0ppm 범위의 분석에 적합하다.

35. 아황산가스(SO_2) 12.8g을 포함하는 2L 용액의 몰농도(M)는?

① 0.01M ② 0.02M
③ 0.1M   ④ 0.2M

> $SO_2 (mol/L) = 12.8g \times 1mol/64g \times \dfrac{1}{2L}$
> $= 0.1M$

36. 굴뚝 배출가스 중 무기 불소화합물을 용량법으로 분석하여 1.2ppm의 HF 농도를 얻었다. 이 농도를 F 농도($\mu g/m^3$)로 환산하면?

① $1,017 \mu g/m^3$ ② $1,071 \mu g/m^3$
③ $1,017 \mu g/m^3$ ④ $1,071 \mu g/m^3$

> $F(\mu g/m^3) = 1.2 mL/m^3 \times 19mg/22.4mL$
> $\times 10^3 \mu g/mg$
> $= 1,017.86 \mu g/m^3$

37. 다음은 기체크로마토그래피법에서 정성분석을 위한 보유치에 관한 기준이다. ( ) 안에 알맞은 것은?

> 일반적으로 5~30분 정도에서 측정하는 봉우리의 머무름시간은 반복시험을 할 때 (　)이어야 한다.

Answer 33 ② 34 ① 35 ③ 36 ③ 37 ②

① ±5% 오차 범위 이내
② ±3% 오차 범위 이내
③ ±2% 오차 범위 이내
④ ±1% 오차 범위 이내

풀이 머무름 값
  ㉠ 종류
   - 머무름시간(Retention Time)
   - 머무름부피(Retention Volume)
   - 머무름비(Retention Ratio)
   - 머무름지표(Retention Indicator)
  ㉡ 머무름시간 측정
   3회 측정하여 평균치를 구한다.
  ㉢ 일반적으로 5~30분 정도에서 측정하는 봉우리의 머무름시간은 반복시험을 할 때 ±3% 오차범위 이내이어야 한다.
  ㉣ 머무름 값의 표시
   무효부피(Dead Volume)의 보정 유무를 기록하여야 한다.

38 이온크로마토그래피법에서 사용되는 검출기의 종류와 가장 거리가 먼 것은?

① 적외선 흡수 검출기
② 가시선 흡수 검출기
③ 전기 화학적 검출기
④ 전기 전도도 검출기

풀이 이온크로마토그래피법에서 사용되는 검출기의 종류
  ㉠ 전기전도도 검출기
  ㉡ 자외선 흡수 검출기
  ㉢ 가시선 흡수 검출기
  ㉣ 전기 화학적 검출기

39 휘발성유기화합물질(VOC) 누출확인을 위한 휴대용측정기기의 규격 및 성능기준으로 옳지 않은 것은?

① 기기의 계기눈금은 최소한 표시된 누출농도의 ±5%를 읽을 수 있어야 한다.
② 기기의 응답시간은 30초보다 작거나 같아야 한다.
③ VOC측정기기의 검출기는 시료와 반응하지 않아야 한다.
④ 교정 정밀도는 교정용 가스값의 10%보다 작거나 같아야 한다.

풀이 휘발성유기화합물질(VOC) 누출확인을 위한 휴대용측정기기의 규격 및 성능기준
 1. 규격
  ㉠ VOC 측정기기의 검출기는 시료와 반응하여야 한다. 여기에서 촉매산화, 불꽃이온화, 적외선 흡수, 광이온화 검출기 및 기타 시료와 반응하는 검출기 등이 있다.
  ㉡ 기기는 규정에 표시된 누출농도를 측정할 수 있어야 한다.
  ㉢ 기기의 계기눈금은 최소한 표시된 누출농도의 ±5%를 읽을 수 있어야 한다.
  ㉣ 기기는 펌프를 내장하고 있어 연속적으로 시료가 검출기로 제공되어야 한다. 일반적으로 시료유량은 0.5~3L/분이다.
  ㉤ 기기는 폭발 가능한 대기 중에서의 조작을 위하여 근본적으로 안전해야 한다.
  ㉥ 기기는 채취관 및 연결관 연결이 가능하여야 한다.
 2. 성능 기준
  ㉠ 측정될 개별 화합물에 대한 기기의 반응인자(Response Factor)는 10보다 작아야 한다.
  ㉡ 기기의 응답시간은 30초보다 작거나 같아야 한다.
  ㉢ 교정 정밀도는 교정용 가스값의 10%보다 작거나 같아야 한다.

40 굴뚝에서 배출되는 염소가스를 오르토 톨리딘법으로 정량 시(흡광도 측정 시) 흡광도 측정 파장은?

① 415nm ② 425nm
③ 435nm ④ 445nm

풀이) 검정곡선 작성용 표준용액은 바탕시료를 제외하고 3개 이상의 농도로 조제하고 이 용액의 일부를 10분 이내에 흡수셀에 넣고 435nm 부근의 파장에서 흡광도를 측정하여 검정곡선을 작성한다.

제3과목 대기오염방지기술

41 A굴뚝 배출가스 중 염소농도가 80mL/m³이다. 이 염소농도를 20mg/Sm³로 저하시키기 위하여 제거해야 할 염소농도(mL/Sm³)는?

① 약 44mL/Sm³ ② 약 54mL/Sm³
③ 약 64mL/Sm³ ④ 약 74mL/Sm³

풀이) 나중농도 = $20\text{mg/Sm}^3 \times \dfrac{22.4\text{mL}}{71\text{mg}}$
= 6.31mL/Sm^3
제거해야 할 염소농도(mL/Sm³)
= 초기농도 − 나중농도
= $80 - 6.31 = 73.69\text{mL/Sm}^3$

42 다음 중 다이옥신의 광분해에 가장 효과적인 파장범위는?

① 150~220nm ② 250~340nm
③ 360~540nm ④ 600~850nm

풀이) 자외선 광분해법
자외선 파장(250~340nm)을 이용하여 배기가스에 조사하여 다이옥신의 결합을 분해하는 방법이다.

43 다음 중 일반적으로 착화온도가 가장 높은 것은?

① 메탄 ② 수소
③ 목탄 ④ 중유

풀이) 착화온도
㉠ 메탄 : 650~750℃
㉡ 수소 : 550℃
㉢ 목탄 : 320~400℃
㉣ 중유 : 530~580℃

44 탄소 1kg 연소 시 이론적으로 30,000kcal의 열이 발생하고 수소 1kg 연소 시 이론적으로 34,100kcal의 열이 발생한다면, 에탄 2kg 연소 시 이론적으로 발생되는 열량은?

① 30,820kcal ② 55,600kcal
③ 66,140kcal ④ 74,100kcal

풀이) C_2H_6 : C의 발열량 = 30,000kcal/kg × 2
= 60,000kcal/kg
H의 발열량 = 34,100kcal/kg × 6
= 204,600kcal/kg
C_2H_6 발열량(kcal) = $\dfrac{60,000 + 204,600}{2+6}$ kcal/kg
= 33,075kcal/kg × 2kg
= 66,150kcal

45 순수한 Propane 500kg을 액화시켜 만든 LPG가 기화될 때 이 기체의 용적은?(단, 표준상태 기준)

① 약 329Sm³ ② 약 255Sm³
③ 약 205Sm³ ④ 약 191Sm³

풀이) 기체용적(Sm³) = $500\text{kg} \times \dfrac{22.4\text{Sm}^3}{44\text{kg}} = 255\text{Sm}^3$

Answer: 40 ③ 41 ④ 42 ② 43 ① 44 ③ 45 ②

46
중량조성이 탄소 85%, 수소 15%인 액체연료를 매시 100kg 연소한 후 배출가스를 분석하였더니 분석치가 CO_2 12.5%, CO 3%, O_2 3.5%, N_2 81%였다. 이때 매시간당 필요한 공기량(Sm^3/hr)은?

① 약 13 ② 약 157
③ 약 657 ④ 약 1,271

풀이
$$m = \frac{N_2}{N_2 - 3.76(O_2 - 0.5CO)}$$
$$= \frac{81}{81 - 3.76(3.5 - 0.5 \times 3)}$$
$$= 1.07$$

$$A_0 = \frac{1}{0.21}[(1.867 \times 0.85) + (5.6 \times 0.15)]$$
$$= 11.56 Sm^3/kg$$

실제공기량(A) $= m \times A_0$
$= 1.07 \times 11.56 Sm^3/kg \times 100 kg/hr$
$= 1,236.92 Sm^3/hr$

47
표준상태에 있는 A 시료의 체적은 61.7 Sm^3이다. 25℃, 820mmHg에서의 체적은 얼마인가?

① 43.6m^3 ② 51.6m^3
③ 54.8m^3 ④ 62.4m^3

풀이
체적(m^3) $= 61.7 Sm^3 \times \frac{273 + 25}{273} \times \frac{760}{820}$
$= 62.42 Sm^3$

48
연소계산에서 연소 후 배출가스 중 산소농도가 6.2%라면 완전연소 시 공기비는?

① 1.15 ② 1.23
③ 1.31 ④ 1.42

풀이 공기비(m) $= \frac{21}{21 - O_2} = \frac{21}{21 - 6.2} = 1.42$

49
배출가스 중 NO_x를 선택적 접촉환원법으로 처리할 때 사용되는 촉매의 종류 중 SO_2, SO_3, O_2와 가장 쉽게 반응하여 황산염을 형성하고, 촉매의 활성이 저하되는 것은?

① Al_2O_3 ② Fe_2O_3
③ TiO_2 ④ Pb_2O_3

풀이 SCR에서 Al_2O_3계(알루미나계)의 촉매는 SO_2, SO_3, O_2와 반응하여 황산염이 되기 쉽고 촉매의 활성이 저하된다.

50
Venturi Scrubber의 액가스비 범위로 가장 적합한 것은?

① 0.3~1.5L/m^3 ② 3.0~4.5L/m^3
③ 5.3~10.0L/m^3 ④ 10.0~20.0L/m^3

풀이 액가스비는 10μm 이하 미립자 또는 친수성 입자가 아닌 입자, 즉 소수성 입자의 경우는 1.5L/m^3 정도를 필요로 한다(0.3~1.5L/m^3).

51
석회석을 연소로에 주입하여 SO_2를 제거하는 건식탈황방법의 특징으로 옳지 않은 것은?

① 연소로 내에서 긴 접촉시간과 아황산가스가 석회분말의 표면 안으로 쉽게 침투되므로 아황산가스의 제거효율이 비교적 높다.
② 석회석과 배출가스 중 재가 반응하여 연소로 내에 달라 붙어 열전달을 낮춘다.
③ 연소로 내에서의 화학반응은 주로 소성, 흡수, 산화의 3가지로 나눌 수 있다.
④ 석회석을 재생하여 쓸 필요가 없어 부대시설이 거의 필요없다.

풀이 연소로 내에서 아주 짧은 접촉시간과 아황산가스가 석회분말의 표면 안으로 침투되기 어려워 제거효율이 낮은 편이다.

Answer 46 ④ 47 ④ 48 ④ 49 ① 50 ① 51 ①

52 세정집진장치의 입자 포집원리에 관한 설명으로 옳지 않은 것은?

① 액적에 입자가 충돌하여 부착한다.
② 미립자의 확산에 의하여 액적과의 접촉을 쉽게 한다.
③ 입자를 핵으로 한 증기의 응결에 따라 응집성을 감소시킨다.
④ 배기증습에 의하여 입자가 서로 응집한다.

> 풀이) 세정집진장치 포집원리
> ㉠ 액적에 입자가 충돌하여 부착한다.
> ㉡ 배기가스 증습에 의하여 입자가 서로 응집한다 (증습하면 입자의 응집이 높아짐).
> ㉢ 미립자 확산에 의하여 액적과의 접촉을 쉽게 한다.
> ㉣ 액막과 기포에 입자가 충돌하여 부착된다.
> ㉤ 입자를 핵으로 한 증기의 응결에 따라 응집성을 촉진시킨다.

53 중력집진장치에 관한 설명으로 옳지 않은 것은?

① 침강실의 높이가 낮고 길이가 길수록 집진율은 높아진다.
② 침강실의 입구폭이 클수록 유속이 느려지며 미세한 입자가 포집된다.
③ 침강실 내의 처리가스 속도가 작을수록 미립자가 포집된다.
④ 침강실이 다단일 경우 단수가 증가될수록 집진효율은 감소하나 압력손실은 작아진다.

> 풀이) 침강실이 다단일 경우 단수가 증가될수록 집진효율과 압력손실은 증가한다.

54 세정집진장치에 관한 설명으로 옳지 않은 것은?

① 로타형, 가스 분수형 등은 유수식에 속하며, 유수식은 보유액을 순환시키기 때문에 보충액량이 적은 것이 특징이다.
② 충전탑, 분무탑은 가압수식에 해당한다.
③ 벤투리스크러버에서 물방울 입경과 먼지 입경의 비는 5 : 1 정도가 좋다.
④ 타이젠와셔는 회전식에 해당한다.

> 풀이) 벤투리스크러버에서 물방울 입경과 먼지 입경의 비는 150 : 1 전후이다.

55 탈취방법별 특징으로 옳지 않은 것은?

① BALL 차단법 : 밀폐형 구조물을 설치할 필요가 없고 크기와 색상이 다양하며, 미관이 수려한 편이다.
② 염소주입법 : 페놀이 다량 함유될 경우 클로로페놀을 형성하여 2차 오염문제를 발생시킨다.
③ 약액세정법 : 산성 또는 염기성 가스를 별도 처리할 필요가 없고, 조작이 어려우며, 일부 악취물질에만 적용이 가능하다.
④ 액상촉매법 : 악취가스의 완전분해가 가능하므로 2차 오염처리대책이 거의 불필요하며, 촉매의 수명이 길다.

> 풀이) 약액세정법은 중화・산화 반응 등 물리적인 흡수법이며 일반적으로 널리 사용된다. 조작이 간단하고, 대상악취물질에 대한 제한성이 작으며 산성가스 및 염기성가스의 별도처리가 필요하다.

56 배연탈황법 중 V_2O_5, K_2SO_4 등을 사용하여 배기 중의 아황산가스를 진한 황산으로 회수할 수 있는 방법은?

① 흡착법   ② 알칼리법
③ 접촉산화법   ④ 환원법

Answer▶ 52 ③ 53 ④ 54 ③ 55 ③ 56 ③

풀이 **접촉촉매 산화법**
V_2O_5, K_2SO_4 등의 촉매를 이용하여 배기가스 중 SO_2를 SO_3로 산화 후 탑 내에서 세정하여 진한 H_2SO_4, $(NH_4)_2SO_4$로 회수하는 방법이다.

57 사이클론의 직경이 56cm, 유입가스의 속도가 5.5m/sec일 경우 분리계수는?

① 5.5 ② 11
③ 23 ④ 46

풀이 $R_2 = 56cm/2 \times m/100cm = 0.28m$

분리계수(S) $= \dfrac{V_\theta^2}{g \cdot R_2} = \dfrac{(5.5)^2}{9.8 \times 0.28} = 11.02$

58 전기집진장치에서 2차 전류가 주기적으로 변하거나 불규칙적으로 흐르는 장애현상이 발생할 때의 대책으로 가장 거리가 먼 것은?

① 충분하게 분진을 탈리시킨다.
② 조습용 스프레이의 수량을 늘린다.
③ 방전극과 집진극을 점검한다.
④ 1차 전압을 스파크가 안정되고 전류의 흐름이 안정될 때까지 낮추어 준다.

풀이 조습용 스프레이의 수량증가는 2차 전류가 현저하게 떨어질 때의 대책이다.

59 다음 기체연료 중 발열량(kcal/Sm³)이 가장 높은 것은?

① 메탄가스 ② 프로판가스
③ 고로가스 ④ 수소

풀이 **기체연료의 발열량**
㉠ CH_4 : 8,500~9,500kcal/Sm^3
㉡ C_3H_8 : 21,700~23,600kcal/Sm^3
㉢ 고로가스 : 900kcal/Sm^3
㉣ 수소 : 3,050~2,570kcal/Sm^3

60 다음은 중질유의 탈황방법이다. ( ) 안에 가장 적합한 것은?

( )은 상압잔유를 감압증류에 의하여 증류하고 얻어진 감압경유를 수소화탈황에 의해 탈황화하며 이 탈황된 경유와 감압잔유를 혼합하여 황이 적은 제품을 생산하는 방법이다.

① 직접탈황법 ② 간접탈황법
③ 중간탈황법 ④ 다단탈황법

풀이 **중질유의 탈황방법**
㉠ 직접탈황법
수소첨가촉매(CO-Ni-Mo)로 250~450℃에서 압력을 30~150kg/cm² 정도로 가하여 황성분을 H_2S, S, SO_2 형태로 제거하는 방법
㉡ 간접탈황법
상압잔유를 감압증류에 의하여 증류하고 얻어진 감압경유를 수소화탈황에 의해 탈황화하며 이 탈황된 경유와 감압잔유를 혼합하여 황이 적은 제품을 생산하는 방법
㉢ 중간탈황법
상압증류에서 얻은 증류를 감압증류시켜 경유 및 감압잔유를 얻어 이 감압잔유를 프로판 또는 분자량이 큰 탄화수소를 이용하여 아스팔트의 잔유로 분리 후 이 잔유와 감압경유 혼합, 탈황 후 아스팔트분과 재혼합하여 저황유를 만드는 방법

제4과목 대기환경관계법규

61 대기환경보전법상 온실가스와 가장 거리가 먼 것은?

① 아산화질소   ② 수소불화탄소
③ 사불화탄소   ④ 육불화황

풀이) "온실가스"란 적외선 복사열을 흡수하거나 다시 방출하여 온실효과를 유발하는 대기 중의 가스상태 물질로서 ① 이산화탄소, ② 메탄, ③ 아산화질소, ④ 수소불화탄소, ⑤ 과불화탄소, ⑥ 육불화황을 말한다.

62 다음은 대기환경보전법규상 휘발성유기화합물 배출억제·방지시설 설치 등에 관한 기준 중 석유정제 및 석유화학제품 제조업의 기준이다. ( ) 안에 알맞은 것은?

> 출하시설은 (㉠)방식에 적합한 구조로 하여야 하며, (㉠)방식에 적합하지 아니한 차량이나 주유소의 시설에 대하여는 제품을 출하하여서는 아니 된다. 다만, 자일렌 함유 에폭시수지, 초산 등 상온(25℃)에서 점도가 (㉡) 이상으로 물질흐름이 정지되는 특성 때문에 싣는 작업이 불가능한 휘발성유기화합물질의 경우에는 그러하지 아니하다.

① ㉠ 상부적하(Top Loading),
   ㉡ 2,000Centipoise
② ㉠ 상부적하(Top Loading),
   ㉡ 10,000Centipoise
③ ㉠ 하부적하(Bottom Loading),
   ㉡ 2,000Centipoise
④ ㉠ 하부적하(Bottom Loading),
   ㉡ 10,000 Centipoise

풀이) 휘발성유기화합물 배출억제·방지시설 설치 등에 관한 기준 중 석유정제 및 석유화학제품 제조업(출하시설)
1. 출하시설은 하부적하(Bottom Loading)방식에 적합한 구조로 하여야 하며, 하부적하방식에 적합하지 아니한 차량이나 주유소의 시설에 대하여는 제품을 출하하여서는 아니 된다. 다만, 자일렌 함유 에폭시수지, 초산 등 상온(25℃)에서 점도가 10,000센티푸아즈(Centipoise) 이상으로 물질흐름이 정지되는 특성 때문에 하부로 싣는 작업이 불가능한 휘발성유기화합물질의 경우에는 그러하지 아니하다.
2. 사업자 또는 운영자는 저유소, 주유소 등으로부터 출하시에 회수된 휘발성유기화합물은 공정 중에서 재이용하거나 소각 등의 방법으로 환경적으로 안전하게 처리하여야 한다.
3. 위 2.에 따른 회수처리시설 중 소각시설의 처리효율은 95퍼센트 이상이어야 한다.
4. 출하시 포장을 하는 공간에는 국소배기장치 및 휘발성유기화합물 방지시설을 설치하여 대기로 배출되는 것을 방지하여야 한다.

63 대기환경보전법상 연소할 때 생기는 유리(遊離)탄소가 응결하여 입자의 지름이 1미크론 이상 되는 입자상 물질로 정의되는 것은?

① 검댕   ② 매연
③ 먼지   ④ 가스

풀이) 검댕
연소할 때 생기는 유리탄소가 응결하여 입자의 지름이 1미크론 이상 되는 입자상 물질을 말한다.

64 대기환경보전법규상 대기오염방지시설에 해당하지 않는 것은?(단, 기타 사항은 제외)

① 미생물을 이용한 처리시설
② 응축에 의한 시설

Answer 61 ③ 62 ④ 63 ① 64 ④

③ 흡착에 의한 시설
④ 전기투석에 의한 시설

풀이) 대기오염 방지시설
1. 중력집진시설   2. 관성력집진시설
3. 원심력집진시설 4. 세정집진시설
5. 여과집진시설   6. 전기집진시설
7. 음파집진시설   8. 흡수에 의한 시설
9. 흡착에 의한 시설 10. 직접연소에 의한 시설
11. 촉매반응을 이용하는 시설
12. 응축에 의한 시설
13. 산화 · 환원에 의한 시설
14. 미생물을 이용한 처리시설
15. 연소조절에 의한 시설

65 대기환경보전법상 측정기간의 부착 · 운영 등과 관련된 행정처분기준 중 교정가스 또는 교정액의 표준값을 거짓으로 입력하거나 부적절한 교정가스 또는 교정액을 사용한 경우 위반차수별(1~4차) 행정처분기준으로 옳은 것은?

① 경고 – 조업정지 10일 – 조업정지 30일 – 허가취소 또는 폐쇄
② 경고 – 조업정지 10일 – 조업정지 15일 – 조업정지 30일
③ 경고 – 경고 – 조업정지 5일 – 조업정지 10일
④ 경고 – 조치명령 – 허가취소 – 폐쇄

풀이) 법 제84조 행정처분의 기준 참조

66 대기환경보전법령상 휘발성유기화합물의 규제를 위해 휘발성유기화합물 배출시설 설치신고를 해야 하는 "대통령령으로 정하는 시설"과 가장 거리가 먼 것은?(단, 기타 사항은 제외)

① 저유소의 저장시설 및 출하시설
② 폐수처리시설
③ 세탁시설
④ 석유정제를 위한 제조시설

풀이) 휘발성유기화합물의 규제에서 "대통령령으로 정하는 시설"
㉠ 석유정제를 위한 제조시설, 저장시설 및 출하시설과 석유화학제품 제조업의 제조시설, 저장시설 및 출하시설
㉡ 저유소의 저장시설 및 출하시설
㉢ 주유소의 저장시설 및 출하시설
㉣ 세탁시설
㉤ 그 밖에 휘발성유기화합물을 배출하는 시설로서 환경부장관이 관계 중앙행정기관의 장과 협의하여 고시하는 시설

67 대기환경보전법상 수도권대기환경청장, 국립환경과학원장 또는 한국환경공단이 설치하는 대기오염측정망의 종류에 해당하지 않는 것은?

① 도시지역 또는 산업단지 인근지역의 특정대기유해물질(중금속을 제외한다)의 오염도를 측정하기 위한 유해대기물질측정망
② 산성 대기오염물질의 건성 및 습성 침착량을 측정하기 위한 산성강하물측정망
③ 도로변의 대기오염물질 농도를 측정하기 위한 도로변대기측정망
④ 장거리이동 대기오염물질의 성분을 집중 측정하기 위한 대기오염집중측정망

풀이) 수도권대기환경청장, 국립환경과학원장 또는 한국환경공단이 설치하는 대기오염측정망의 종류
㉠ 대기오염물질의 지역배경농도를 측정하기 위한 교외대기측정망
㉡ 대기오염물질의 국가배경농도와 장거리이동 현황을 파악하기 위한 국가배경농도측정망
㉢ 도시지역 또는 산업단지 인근지역의 특정대기유해물질(중금속을 제외한다)의 오염도를 측정하기 위한 유해대기물질측정망

Answer 65 ③ 66 ② 67 ③

ⓔ 도시지역의 휘발성 유기화합물 등의 농도를 측정하기 위한 광화학대기오염물질측정망
ⓜ 산성 대기오염물질의 건성 및 습성 침착량을 측정하기 위한 산성강하물측정망
ⓗ 기후·생태계 변화유발물질의 농도를 측정하기 위한 지구대기측정망
ⓢ 장거리이동 대기오염물질의 성분을 집중측정하기 위한 미세먼지성분측정망
ⓞ 미세먼지(PM-2.5)의 성분 및 농도를 집중측정하기 위한 미세먼지성분측정망

68. 대기환경보전법령상 2016년 1월 1일 이후 제작자동차 중 휘발유를 연료로 사용하는 최고속도 130km/h 미만 이륜자동차의 배출가스 보증기간 적용기준으로 옳은 것은?

① 2년 또는 20,000km
② 5년 또는 50,000km
③ 6년 또는 100,000km
④ 10년 또는 192,000km

풀이 2016년 1월 1일 이후 제작 자동차

사용연료	자동차의 종류	적용기간	
휘발유	경자동차, 소형 승용·화물자동차, 중형 승용·화물자동차	15년 또는 240,000km	
휘발유	대형 승용·화물자동차, 초대형 승용·화물자동차	2년 또는 160,000km	
	이륜자동차	최고속도 130km/h 미만	2년 또는 20,000km
		최고속도 130km/h 이상	2년 또는 35,000km

69. 대기환경보전법상 과태료의 부과기준으로 옳지 않은 것은?

① 일반기준으로서 위반행위의 횟수에 따른 부과기준은 최근 1년간 같은 위반행위로 과태료 부과처분을 받은 경우에 적용한다.
② 일반기준으로서 부과권자는 위반행위의 동기와 그 결과 등을 고려하여 과태료 부과금액의 80% 범위에서 이를 감경한다.
③ 개별기준으로서 제작차배출허용기준에 맞지 않아 결함시정명령을 받은 자동차제작자가 결함시정 결과보고를 아니한 경우 1차 위반 시 과태료 부과금액은 100만 원이다.
④ 개별기준으로서 제작차배출허용기준에 맞지 않아 결함시정명령을 받은 자동차제작자가 결함시정결과보고를 아니한 경우 3차 위반 시 과태료 부과금액은 200만 원이다.

풀이 일반기준으로서 부과권자는 위반행위의 동기와 그 결과 등을 고려하여 과태료 부과금액의 2분의 1 범위에서 이를 감경한다.

70. 대기환경보전법령상 초과부과금 산정 시 다음 오염물질 1kg당 부과금액이 가장 큰 오염물질은?

① 불소화물
② 황화수소
③ 이황화탄소
④ 암모니아

풀이 초과부과금 산정기준

오염물질	오염물질 1kg당 부과금액
황산화물	500
먼지	770
질소산화물	2,130
암모니아	1,400
황화수소	6,000

오염물질	구분	오염물질 1kg당 부과금액
이황화탄소		1,600
특정 유해물질	불소화물	2,300
	염화수소	7,400
	시안화수소	7,300

71 실내공기질 관리법규상 PM10의 실내공기질 유지기준이 200μg/m³ 이하인 다중이용시설에 해당하는 것은?

① 실내주차장   ② 대규모 점포
③ 산후조리원   ④ 지하역사

(풀이) 실내공기질 관리법상 유지기준

다중 이용시설 \ 오염물질 항목	미세먼지 (PM-10) (μg/m³)	미세먼지 (PM-2.5) (μg/m³)	이산화 탄소 (ppm)	폼알데 하이드 (μg/m³)	총 부유세균 (CFU/m³)	일산화 탄소 (ppm)
지하역사, 지하도상가, 철도역사의 대합실, 여객자동차터미널의 대합실, 항만시설 중 대합실, 공항시설 중 여객터미널, 도서관·박물관 및 미술관, 대규모점포, 장례식장, 영화상영관, 학원, 전시시설, 인터넷컴퓨터게임시설제공업의 영업시설, 목욕장업의 영업시설	100 이하	50 이하	1,000 이하	100 이하	-	10 이하
의료기관, 산후조리원, 노인요양시설, 어린이집	75 이하	35 이하		80 이하	800 이하	
실내주차장	200 이하	-		100 이하	-	25 이하
실내 체육시설, 실내 공연장, 업무시설, 둘 이상의 용도에 사용되는 건축물	200 이하					

72 대기환경보전법규상 특정대기유해물질에 해당하지 않는 것은?

① 시안화수소   ② 석면
③ 다이옥신   ④ 메르캅탄류

(풀이) 특정대기유해물질
1. 카드뮴 및 그 화합물   2. 시안화수소
3. 납 및 그 화합물   4. 폴리염화비페닐
5. 크롬 및 그 화합물   6. 비소 및 그 화합물
7. 수은 및 그 화합물   8. 프로필렌 옥사이드
9. 염소 및 염화수소   10. 불소화물
11. 석면   12. 니켈 및 그 화합물
13. 염화비닐   14. 다이옥신
15. 페놀 및 그 화합물   16. 베릴륨 및 그 화합물
17. 벤젠   18. 사염화탄소
19. 이황화메틸   20. 아닐린
21. 클로로포름   22. 포름알데히드
23. 아세트알데히드   24. 벤지딘
25. 1,3-부타디엔
26. 다환 방향족 탄화수소류
27. 에틸렌옥사이드   28. 디클로로메탄
29. 스틸렌
30. 테트라클로로에틸렌
31. 1,2-디클로로에탄   32. 에틸벤젠
33. 트리클로로에틸렌   34. 아크릴로니트릴
35. 히드라진

73 다음은 대기환경보전법규상 비산먼지 발생을 억제하기 위한 시설의 설치 및 필요한 조치에 관한 기준이다. ( ) 안에 알맞은 것은?

> 야적(분체상물질을 야적하는 경우에만 해당한다)공정에서는 야적물질의 최고저장높이의 (㉠) 이상의 방진벽을 설치하고, 최고저장높이의 (㉡)배 이상의 방진망(막)을 설치해야 한다.

① ㉠ 1/3, ㉡ 1   ② ㉠ 1/3, ㉡ 1.25
③ ㉠ 1/4, ㉡ 1   ④ ㉠ 1/4, ㉡ 1.25

Answer 71 ① 72 ④ 73 ②

> 풀이) 비산먼지 발생을 억제하기 위한 시설의 설치 및 필요한 조치에 관한 기준 중 야적공정에서는 야적물질의 최고저장높이의 1/3 이상의 방진벽을 설치하고, 최고저장높이의 1.25배 이상의 방진망(막)을 설치해야 한다.

74. 대기환경보전법규상 위임업무 보고사항 중 "환경오염사고 발생 및 조치사항"의 보고횟수 기준은?

① 연 1회 ② 연 2회
③ 연 4회 ④ 수시

> 풀이) 위임업무 보고사항

업무내용	보고 횟수	보고 기일	보고자
환경오염 사고 발생 및 조치 사항	수시	사고발생 시	시·도지사, 유역환경청장 또는 지방환경청장
수입자동차 배출가스 인증 및 검사현황	연 4회	매 분기 종료 후 15일 이내	국립환경과학원장
자동차 연료 및 첨가제의 제조·판매 또는 사용에 대한 규제 현황	연 2회	매 반기 종료 후 15일 이내	유역환경청장 또는 지방환경청장
자동차 연료 또는 첨가제의 제조기준 적합여부 검사 현황	• 연료: 연 4회 • 첨가제: 연 2회	• 연료: 매 분기 종료 후 15일 이내 • 첨가제: 매 반기 종료 후 15일 이내	국립환경과학원장
측정기기관리대행업의 등록(변경등록) 및 행정처분 현황	연 1회	다음 해 1월 15일까지	유역환경청장, 지방환경청장 또는 수도권대기환경청장

75. 대기환경보전법상 100만 원 이하의 과태료 부과대상인 자는?

① 황함유기준을 초과하는 연료를 공급·판매하거나 사용한 자
② 비산먼지의 발생억제시설의 설치 및 필요한 조치를 하지 아니하고 시멘트·석탄·토사 등 분체상 물질을 운송한 자
③ 배출시설 등 운영상황에 관한 기록을 보존하지 아니한 자
④ 자동차의 원동기 가동제한을 위반한 자동차의 운전자

> 풀이) 법 제94조 과태료 참조

76. 악취방지법규상 위임업무 보고사항 중 악취검사기관의 지정, 지정사항 변경보고 접수 실적의 보고횟수 기준은?

① 수시 ② 연 1회
③ 연 2회 ④ 연 4회

> 풀이) 위임업무 보고사항

업무내용	보고 횟수	보고기일	보고자
악취검사기관의 지정, 지정사항 변경보고 접수 실적	연 1회	다음 해 1월 15일까지	국립환경과학원장
악취검사기관의 지도·점검 및 행정처분 실적	연 1회	다음 해 1월 15일까지	

77. 환경정책기본법령상 일산화탄소의 대기환경 기준으로 옳은 것은?

① 1시간 평균치 25ppm 이하
② 8시간 평균치 25ppm 이하
③ 24시간 평균치 9ppm 이하
④ 연간 평균치 9ppm 이하

Answer 74 ④ 75 ④ 76 ② 77 ①

풀이 대기의 환경기준

항목	기준	측정방법
아황산가스 (SO_2, ppm)	연간 0.02ppm 이하	자외선형광법 (Pulse U.V. Fluorescence Method)
	24시간 0.05ppm 이하	
	1시간 0.15ppm 이하	
일산화탄소 (CO, ppm)	8시간 9ppm 이하	비분산적외선분석법 (Non-Dispersive Infrared Method)
	1시간 25ppm 이하	
이산화질소 (NO_2, ppm)	연간 0.03ppm 이하	화학발광법 (Chemiluminescent Method)
	24시간 0.06ppm 이하	
	1시간 0.10ppm 이하	
미세먼지 (PM-10, $\mu g/m^3$)	연간 $50\mu g/m^3$ 이하	베타선흡수법 (β-Ray Absorption Method)
	24시간 $100\mu g/m^3$ 이하	
미세먼지 (PM-2.5, $\mu g/m^3$)	연간 $15\mu g/m^3$ 이하	중량농도법 또는 이에 준하는 자동측정법
	24시간 $35\mu g/m^3$ 이하	
오존 (O_3, ppm)	8시간 0.06ppm 이하	자외선광도법 (U.V Photometric Method)
	1시간 0.1ppm 이하	
납 (Pb, $\mu g/m^3$)	연간 $0.5\mu g/m^3$ 이하	원자흡광광도법 (Atomic Absorption Spectrophotometry)
벤젠 (Benzene, $\mu g/m^3$)	연간 $5\mu g/m^3$ 이하	기체크로마토그래피법 (Gas Chromatography)

78 대기환경보전법규상 자동차 연료·첨가제 또는 촉매제의 검사를 받으려는 자는 자동차의 연료·첨가제 또는 촉매제 검사신청서에 시료 및 서류를 첨부하여 국립환경과학원장 등에게 제출하여야 하는데, 다음 중 제출해야 할 시료 또는 서류로 가장 거리가 먼 것은?

① 검사용 시료
② 검사시료의 화학물질 조성 비율을 확인할 수 있는 성분분석서
③ 제품의 공정도(촉매제만 해당한다)
④ 최소첨가비율을 확인할 수 있는 자료(촉매제만 해당한다)

풀이 자동차연료·첨가제 또는 촉매제의 검사신청서 첨부시료 및 서류
  ㉠ 검사용 시료
  ㉡ 검사시료의 화학물질 조성 비율을 확인할 수 있는 성분분석서
  ㉢ 최대 첨가비율을 확인할 수 있는 자료(첨가제만 해당한다)
  ㉣ 제품의 공정도(촉매제만 해당한다)

79 대기환경보전법상 이 법에서 사용하는 용어의 뜻으로 옳지 않은 것은?

① "공회전제한장치"란 자동차에서 배출되는 대기오염물질을 줄이고 연료를 절약하기 위하여 자동차에 부착하는 장치로서 환경부령으로 정하는 기준에 적합한 장치를 말한다.
② "촉매제"란 배출가스를 증가시키기 위하여 배출가스증가장치에 사용되는 화학물질로서 환경부령으로 정하는 것을 말한다.
③ "입자상물질(粒子狀物質)"이란 물질이 파쇄·선별·퇴적·이적(移積)될 때, 그 밖에 기계적으로 처리되거나 연소·합성·분해될 때에 발생하는 고체상 또는 액체상의 미세한 물질을 말한다.
④ "온실가스 평균배출량"이란 자동차제작자가 판매한 자동차 중 환경부령으로 정하는 자동차의 온실가스 배출량의 합계를 해당 자동차 총 대수로 나누어 산출한 평균값(g/km)을 말한다.

Answer 78 ④ 79 ②

풀이 "촉매제"란 배출가스를 줄이는 효과를 높이기 위하여 배출가스 저감장치에 사용되는 화학물질로서 환경부령으로 정하는 것을 말한다.

80 대기환경보전법규상 환경기술인의 준수사항으로 가장 거리가 먼 것은?

① 배출시설 및 방지시설을 정상가동하여 대기오염물질 등의 배출이 배출허용기준에 맞도록 할 것
② 배출시설 및 방지시설의 운영에 관한 업무일지를 사실에 기초하여 작성할 것
③ 자가측정한 결과를 사실대로 기록할 것
④ 대기환경 관련 학회 및 세미나에 적극 참석할 것

풀이 환경기술인의 준수사항
① 배출시설 및 방지시설을 정상가동하여 대기오염물질 등의 배출이 배출허용기준에 맞도록 할 것
② 배출시설 및 방지시설의 운영기록을 사실에 기초하여 작성할 것
③ 자가측정은 정확히 할 것(법 제39조에 따라 자가측정을 대행하는 경우에도 또한 같다)
④ 자가측정한 결과를 사실대로 기록할 것(자가측정을 대행하는 경우에도 또한 같다)
⑤ 자가측정 시에 사용한 여과지는 「환경분야 시험·검사 등에 관한 법률」 환경오염공정시험기준에 따라 기록한 시료채취기록지와 함께 날짜별로 보관·관리할 것(자가측정을 대행한 경우에도 또한 같다)
⑥ 환경기술인은 사업장에 상근할 것. 다만, 「기업활동 규제완화에 관한 특별조치법」 환경기술인을 공동으로 임명한 경우 그 환경기술인은 해당 사업장에 번갈아 근무하여야 한다.

Answer 80 ④

2024년 제3회 CBT 복원·예상문제

제1과목 대기오염개론

01 바람에 관한 설명 중 옳지 않은 것은?

① 마찰의 영향이 무시되는 상층에서 코리올리 힘과 기압경도력의 두 힘만으로 평형을 이루고 있을 때 부는 수평바람을 지균풍이라고 한다.
② 마찰층 내의 바람은 높이에 따라 시계방향으로 각 천이가 생겨 위로 올라갈수록 변하는 양이 증가하여 실제 풍향은 경도풍에 가까워진다.
③ 육지와 바다는 서로 다른 열적 성질 때문에 주간에는 바다로부터, 야간에는 육지로부터 바람이 분다.
④ 산악지형의 경우 일출이 시작되면 산 정상에서의 가열이 더 크므로 기류는 산의 사면을 따라 상승하는 곡풍이 생긴다.

[풀이] 마찰층 내의 바람은 높이에 따라 항상 시계방향으로 각 천이가 생기며 위로 올라갈수록 변하는 양은 감소하여 실제 풍향은 천천히 지균풍에 가까워진다.

02 대기오염물질의 성질 및 인체에 미치는 영향으로 가장 거리가 먼 것은?

① NO는 O_3보다 독성이 수십 배 더 강한 적갈색의 기체이고, 혈중 헤모글로빈과의 결합력은 CO보다 수백 배 더 강하다.
② SO_2는 자극성이고, 질식성인 가스로 호흡기의 상기도에 많은 영향을 미친다.
③ 일반적으로 1% HbCO(Carboxyhemoglobin) 이하에서 인체에 대한 영향은 아주 미약한 편이다.
④ 납의 중독증상으로는 조혈기능장애로 인한 빈혈이며, 이 증상이 계속되면 신경계통을 침해하여 간이나 신경에 나쁜 영향을 미친다.

[풀이] NO는 주로 연소 시에 배출되는 무색의 기체로 물에 난용성이며 독성은 O_3의 1/10~1/15 정도, NO_2의 1/5 정도이다.

03 다음 특정물질 중 오존파괴지수가 가장 낮은 것은?

① CCl_4
② $C_2F_4Br_2$
③ $CHFBr_2$
④ $C_2H_3F_2Cl$

[풀이] 각 특정물질의 오존파괴지수
㉠ CCl_4(사염화탄소) : 1.1
㉡ $C_2F_4Br_2$(Halon-2402) : 6.0
㉢ $CHFBr_2$(디브로모플루오르메탄) : 1.0
㉣ $C_2H_3F_2Cl$(HCFC-142) : 0.008~0.07

04 고속도로상의 교통밀도가 20,000대/hr이고, 차량의 평균속도가 100km/hr이다. 차량 한 대의 탄화수소는 배출량이 0.05g/s·대일 때, 고속도로에서 방출되는 탄화수소의 총량은 몇 g/s·m인가?

① 10^{-1}
② 10^{-2}
③ 10^{-3}
④ 10^{-4}

[풀이] 탄화수소총량(g/s·m)
$= \dfrac{0.05\text{g/sec·대} \times 20,000\text{대/hr}}{100,000\text{m/hr}}$
$= 0.01\text{g/s·m}\,(10^{-2}\text{g/s·m})$

Answer 01 ② 02 ① 03 ④ 04 ②

05 대기가 매우 불안정할 때 주로 나타나며, 맑은 날 오후에 주로 발생하기 쉬우며, 또한 풍속이 매우 강하여 혼합이 크게 일어날 때 발생하게 되며, 굴뚝이 낮은 경우에는 풍하쪽 지상에 강한 오염이 생기며, 저·고기압에 상관없이 발생하는 연기의 형태는?

① 원추형　　② 환상형
③ 부채형　　④ 구속형

풀이 Looping(환상형)
㉠ 공기의 상층으로 갈수록 기온이 급격히 떨어져서 대기상태가 크게 불안정하게 되며, 연기는 상하 좌우방향으로 크고 불규칙하게 난류를 일으키며 확산되는 연기 형태이다.
㉡ 대기가 불안정하여 난류가 심할 때, 즉 풍속이 매우 강하여 혼합이 크게 일어날 때 발생한다.
㉢ 오염물질의 연직 확산이 굴뚝 부근의 지표면에서는 국지적, 일시적인 고농도 현상이 발생되기도 한다(순간 농도는 가장 높음).
㉣ 지표면이 가열되고 바람이 약한 맑은 날 낮(오후)에 주로 일어난다.
㉤ 과단열감률조건(환경감률이 건조단열감률보다 큰 경우)일 때, 즉 대기가 불안정할 때 발생한다.
㉥ 연기는 상·하층 공기의 혼합운동을 하기 때문에 오염물질 농도는 빨리 희석(확산)되며 지표면까지 이동한다.
㉦ 최대착지거리는 가까워지며 최대착지농도는 높게 나타난다.
㉧ 굴뚝이 낮은 경우에는 풍하쪽 지상에 강한 오염이 생기며, 고·저기압에 상관없이 발생한다. 즉, 굴뚝 가까운 곳에서 지표농도가 높게 나타날 수 있다.

06 어느 사업장 내 굴뚝 TMS에서의 이산화질소 배출량을 계산하려고 한다. 굴뚝에서의 이산화질소 배출농도가 표준상태에서 224ppm이고, 배출유량이 10,000Sm³/hr일 때 단위시간당 배출량(kg/hr)으로 환산하면?(단, 표준상태)

① 3.2　　② 3.8
③ 4.6　　④ 5.2

풀이 배출농도(mg/m³) $= 224\text{ppm} \times \dfrac{46g}{22.4L}$
$= 460\text{mg/m}^3$

시간당 배출량(kg/hr)
$= 10,000\text{Sm}^3/\text{hr} \times 460\text{mg/m}^3 \times \text{kg}/10^6\text{mg}$
$= 4.6\text{kg/hr}$

07 다음 중 건조대기(공기)의 부피농도(%) 크기 순서로 옳은 것은?

① $O_2 > CO_2 > Ar$　　② $CO_2 > O_2 > Ar$
③ $CO_2 > Ar > O_2$　　④ $O_2 > Ar > CO_2$

풀이 균질층 대기성분의 부피비율(표준상태에서 건조공기 조성)
$N_2 > O_2 > Ar > CO_2 > Ne > He$

08 아연광석의 채광이나 제련 과정에서 부산물로 생성되며, 만성폭로의 가장 흔한 증상은 단백뇨이며, 신결석증과 골연화증을 수반하는 오염물질은?

① 카드뮴　　② 납
③ 수은　　④ 석면

풀이 카드뮴
㉠ 발생원
　• 아연광석의 채광이나 제련과정에서 나오는 부산물
　• 카드뮴 축전기 제조

ⓒ 만성 폭로 시 가장 흔한 증상은 단백뇨(신장기능 장해 : 신결석증)이며 골격계 장해(골연화증), 폐기능 장해도 유발한다. 또한 후각신경의 마비와 동맥경화증이나 고혈압증의 유발요인이 되기도 한다.
ⓒ 급성폭로로는 화학성 폐렴(폐에 강한 자극 증상) 및 구토, 복통, 설사, 급성위장염 등이 나타나며 기관지염증을 일으키는 경우도 있다.

09 할로겐화 탄화수소류(Halogenated Hydro-carbons)에 관한 설명으로 옳지 않은 것은?

① 할로겐화 탄화수소는 탄화수소 화합물 중 수소원소가 할로겐원소로 치환된 것으로 가연성과 폭발성이 강하고, 비점이 200℃ 이상으로 높아 상온에서는 안정하다.
② 대부분의 할로겐화 탄화수소 화합물은 중추신경계 억제작용과 점막에 대한 중등도의 자극 효과를 가진다.
③ 사염화탄소는 가열하면 포스겐이나 염소로 분해되며, 신장장애를 유발하며, 간에 대한 독작용이 심하다.
④ 할로겐화 탄화수소의 독성은 화합물에 따라 차이는 있으나, 다발성이며 중독성이다.

풀이 할로겐화 탄화수소는 탄화수화합물(CH_4, C_2H_6, C_3H_8 등) 중 수소원자의 하나 또는 하나 이상이 할로겐화 원소(Cl, F, Br, I 등)로 치환된 화합물이며 표준비점은 약 -90℃~80℃ 정도이다.

10 상대습도가 70%이고, 상수를 1.2로 정의할 때, 가시거리가 10km라면 먼지 농도는 대략 얼마인가?

① $50\mu g/m^3$
② $120\mu g/m^3$
③ $200\mu g/m^3$
④ $280\mu g/m^3$

풀이 상대습도 70%일 때 가시거리(L)

$L = \dfrac{1{,}000 \times A}{G}$ 이므로

$G = \dfrac{1{,}000 \times 1.2}{10km} = 120\mu g/m^3$

11 다음 중 분산모델의 특징으로 가장 거리가 먼 것은?

① 지형 및 오염원의 조업조건에 영향을 받는다.
② 2차 오염원의 확인이 가능하다.
③ 점, 선, 면 오염원의 영향을 평가할 수 있다.
④ 지형, 기상학적 정보 없이도 사용 가능하다.

풀이 분산모델의 특징
ⓐ 2차 오염원의 확인이 가능하다.
ⓑ 지형 및 오염원의 작업조건에 영향을 받는다.
ⓒ 미래의 대기질을 예측할 수 있다.
ⓓ 새로운 오염원이 지역 내에 생길 때, 매번 재평가를 하여야 한다.
ⓔ 점, 선, 면 오염원의 영향을 평가할 수 있다.
ⓕ 단기간 분석 시 문제가 된다.
ⓖ 특정오염원의 영향을 평가할 수 있는 잠재력을 가지고 있으나 기상과 관련하여 대기 중의 무작위적인 특성을 적절하게 묘사할 수 없으므로 결과에 대한 불확실성이 크다.

수용모델의 특징
ⓐ 새로운 오염원이나 불확실한 오염원을 정량적으로 확인, 평가할 수 있다.
ⓑ 지형, 기상학적 정보가 없이도 사용 가능하다.
ⓒ 현재나 과거에 일어났던 일을 추정하여 미래를 위한 전략을 세울 수 있으나, 미래 예측은 어렵다.
ⓓ 오염원의 조업 및 운영상태에 대한 정보 없이도 사용 가능하다.
ⓔ 측정자료를 입력자료로 사용하므로 시나리오 작성이 곤란하다.
ⓕ 수용체 입장에서 평가가 현실적으로 이루어질 수 있다.
ⓖ 환경과학 전반(입자상 및 가스상 물질, 가시도 문제 등)에 응용 가능하다.

12 지구상에서 분포하는 오존에 관한 설명으로 옳지 않은 것은?

① 오존량은 돕슨(Dobson) 단위로 나타내는데, 1Dobson은 지구 대기 중 오존의 총량을 0℃ 1기압의 표준상태에서 두께로 환산하였을 때 0.01cm에 상당하는 양이다.
② 몬트리올 의정서는 오존층 파괴물질의 규제와 관련한 국제협약이다.
③ 오존의 생성 및 분해반응에 의해 자연상태의 성층권 영역에는 일정 수준의 오존량이 평형을 이루게 되고, 다른 대기권역에 비해 오존의 농도가 높은 오존층이 생긴다.
④ 지구 전체의 평균오존전량은 약 300Dobson 이지만, 지리적 또는 계절적으로 그 평균값의 ±50% 정도까지 변화하고 있다.

[풀이] 1Dobson은 지구 대기 중 오존의 총량을 0℃, 1기압의 표준상태에서 두께로 환산 시 0.01mm에 상당하는 양이다.

13 최대혼합고(MMD)에 관한 설명으로 옳지 않은 것은?

① 오후 2시를 전후로 해서 일중 최대치를 나타낸다.
② 실제 최대혼합고는 지표위 수 km까지의 실제 공기의 온도종단도를 작성함으로 결정된다.
③ 과단열감률이 생기면 반드시 대류현상이 있게 되고, 이때 대류가 이루어지는 최대고도를 최대혼합고라 한다.
④ 최대혼합고가 높으면 높을수록 오염물질이 넓게 퍼져서 더 많은 피해를 입힌다.

[풀이] 오염물질의 농도는 최대혼합고의 3승에 반비례한다. 즉, 최대혼합고가 높을수록 농도는 낮아져 오염물질이 넓게 퍼져서 피해를 줄일 수 있다.

14 유효 굴뚝높이가 120m인 굴뚝으로부터 배출되는 SO_2가 지상 최대의 농도를 나타내는 지점은?[단, Sutton 식을 적용하며, 수평 및 수직 확산계수는 0.05, 안정도계수(n)는 0.25]

① 7,296m ② 6,824m
③ 5,647m ④ 4,457m

[풀이] 최대착지거리(X_m)

$$X_m = \left(\frac{He}{\sigma_z}\right)^{\frac{2}{2-n}} = \left(\frac{120}{0.05}\right)^{\frac{2}{2-0.25}}$$
$$= 7,296.23m$$

15 다음 중 "CFC-114" 식의 표현으로 옳은 것은?

① CCl_3F ② $CClF_2CClF_2$
③ $CCl_2F \cdot CClF_2$ ④ $CCl_2F \cdot CCl_2F$

[풀이] CFC-114(트리클로로트리플루오르에탄)의 화학식
$C_2F_4Cl_2 \rightarrow CClF_2 \cdot CClF_2$

16 코리올리 힘에 관한 설명으로 옳지 않은 것은?

① 지구의 자전운동에 의하여 생긴다.
② 운동의 방향만 변화시키고 속도에는 영향을 미치지 않는다.
③ 지구의 극지방에서 최소가 된다.
④ 힘의 방향은 경도력과 반대이다.

[풀이] 코리올리 힘(전향력)은 극지방에서 최대가 되고 적도지방에서는 최소가 되며, 지구자전에 의한 전향력 때문에 북반구에서는 항상 움직이는 물체의 운동방향의 오른쪽 직각방향으로 작용한다.

17 체적이 100m³인 복사실의 공간에서 오존(O_3)의 배출량이 분당 0.2mg인 복사기를 연속 사용하고 있다. 복사기 사용 전 실내 오존의 농도가 0.13ppm이라고 할 때, 2시간 30분 사용 후 복사실의 오존농도(ppb)는?(단, 0℃, 1기압 기준, 환기 없음)

① 270ppb ② 380ppb
③ 410ppb ④ 520ppb

풀이 사용 전 농도 = 0.13ppm × 10^3 = 130ppb
사용 증가된 농도
$$= \frac{0.2\text{mg/min} \times 150\text{min} \times \frac{22.4}{48}}{100\text{m}^3} \times 10^3$$
= 140ppb
현재 오존의 농도
= 복사기 사용 전 농도 + 복사기 사용으로 증가된 농도
= 130ppb + 140ppb = 270ppb

18 다음 중 가장 낮은 농도의 불화수소(HF)에 쉽게 피해를 받는 지표식물은?

① 장미 ② 라일락
③ 글라디올러스 ④ 양배추

풀이 HF에 민감한 (지표)식물
글라디올러스, 옥수수, 살구, 복숭아, 어린 소나무 등

19 공기역학직경(Aerodynamic Diameter)의 정의로 옳은 것은?

① 원래의 먼지와 밀도 및 침강속도가 동일한 구형 입자의 직경
② 원래의 먼지와 침강속도가 동일하며, 밀도가 1g/cm³인 구형입자의 직경
③ 먼지의 한쪽 끝 가장자리와 다른 쪽 끝 가장자리 사이의 거리
④ 먼지의 면적과 동일한 면적을 갖는 원의 직경

풀이 공기역학적 직경(Aerodynamic Diameter)
대상먼지와 침강속도가 같고 단위밀도가 1g/cm³이며, 구형인 먼지의 직경으로 환산된 직경이다. (측정하고자 하는 입자상 물질과 동일한 침강속도를 가지며 밀도가 1g/cm³인 구형 입자의 직경)

20 과거의 역사적으로 발생한 대기오염사건 중 London형 Smog의 기상 및 안정도 조건으로 옳지 않은 것은?

① 무풍상태 ② 습도는 85% 이상
③ 침강성 역전 ④ 접지 역전

풀이 London Smog와 LA Smog의 비교

구분	London형	LA형
특징	Smoke+Fog의 합성	광화학작용(2차성 오염물질의 스모그 형성)
반응·화학반응	• 열적 환원반응 • 연기 + 안개 → 환원형 Smog	• 광화학적 산화반응 • HC + NOx + hv → 산화형 Smog
발생시 기온	4℃ 이하	24℃ 이상(25~30℃)
발생시 습도	85% 이상	70% 이하
발생시간	새벽~이른 아침, 저녁	주간(한낮)
발생 계절	겨울(12~1월)	여름(7~9월)
일사량	없을 때	강한 햇빛
풍속	무풍	3m/sec 이하
역전 종류	복사성 역전(방사형); 접지 역전	침강성 역전(하강갱)
주오염 배출원	• 공장 및 가정난방 • 석탄 및 석유계 연료	• 자동차 배기가스 • 석유계 연료
시정거리	100m 이하	1.6~0.8km 이하
Smog 형태	차가운 취기가 있는 농무형	회청색의 농무형
피해	• 호흡기 장애, 만성기관지염, 폐렴 • 심각한 사망률(인체에 대해 직접적 피해)	• 점막자극, 시정악화 • 고무제품 손상, 건축물 손상

Answer 17 ① 18 ③ 19 ② 20 ③

제2과목 대기오염공정시험기준(방법)

21 다음과 같은 조건일 때 건조시료 가스상 물질의 시료채취량(L)은?

- 가스미터로 측정한 흡인 가스양 : 20L
- 가스미터의 온도 : 40℃
- 측정공 위치의 대기압 : 758mmHg
- 가스미터의 게이지압 : 15mmHg
- 40℃에서의 포화수증기압 : 55mmHg
※ 채취부로 흡수병, 바이패스용 세척병, 펌프, 건식 가스미터를 조립하여 사용하였다.

① 약 15L ② 약 18L
③ 약 22L ④ 약 25L

풀이 시료채취량(V_n')

$$V_n' = V_m' \times \frac{273}{273+\theta_m} \times \frac{P_a+P_m}{760}$$
$$= 20L \times \frac{273}{273+40} \times \frac{758+15}{760}$$
$$= 17.74L$$

22 다음은 흡광차분광법(Differential Optical Absorption Spectroscopy ; DOAS)에 관한 설명이다. ( ) 안에 알맞은 것은?

일반적으로 빛을 조사하는 발광부와 (㉠)m 정도 떨어진 곳에 설치하는 수광부 사이에 형성되는 빛의 이동경로(Path)를 통과하는 가스를 실시간으로 분석하며, 측정에 필요한 광원은 (㉡)nm 파장을 갖는 제논(Xenon)램프를 사용하여 아황산가스, 질소산화물, 오존 등의 대기오염물질 분석에 적용한다.

① ㉠ 50~1,000, ㉡ 50~170
② ㉠ 10~50, ㉡ 50~170
③ ㉠ 10~50, ㉡ 180~2,850
④ ㉠ 50~1,000, ㉡ 180~2,850

풀이 흡광차분광법 원리
일반적으로 빛을 조사하는 발광부와 50~1,000m 정도 떨어진 곳에 설치되는 수광부(또는 발·수광부와 반사경) 사이에 형성되는 빛의 이동경로(Path)를 통과하는 가스를 실시간으로 분석하며, 측정에 필요한 광원은 180~2,850nm 파장을 갖는 제논(Xenon) 램프를 사용한다.

23 대기오염공정시험기준상 링겔만 매연 농도표를 이용한 배출가스 중 매연 측정에 관한 설명으로 옳지 않은 것은?

① 농도표는 측정자의 앞 16cm에 놓는다.
② 매연의 검은 정도를 6종으로 분류한다.
③ 링겔만 매연 농도표는 매연의 정도에 따라 색이 진하고 연하게 나타난다.
④ 굴뚝배출구에서 30~45cm 떨어진 곳의 농도를 측정자의 눈높이의 수직이 되게 관측 비교한다.

풀이 매연 측정 시 농도표는 측정자의 앞 16m에 놓는다.

24 다음 중 암모니아 시료채취 시 채취관으로 가장 적합한 재질은?

① 염화비닐수지   ② 실리콘수지
③ 보통강철   ④ 네오프렌

풀이 암모니아 시료채취 시 채취관재질
㉠ 경질유리   ㉡ 석영
㉢ 보통강철   ㉣ 스테인리스강
㉤ 세라믹   ㉥ 불소수지

Answer 21 ② 22 ④ 23 ① 24 ③

25 굴뚝 배출가스 중 질소산화물의 연속자동 측정방법으로 가장 거리가 먼 것은?

① 화학발광법 ② 이온전극법
③ 적외선 흡수법 ④ 자외선 흡수법

🔹 굴뚝 배출가스 중 질소산화물의 연속자동 측정방법
  ㉠ 화학발광법   ㉡ 적외선 흡수법
  ㉢ 자외선 흡수법 ㉣ 정전위전해법

26 대기오염공정시험기준 총칙에 관한 사항으로 옳지 않은 것은?

① 냉수는 15℃ 이하, 온수는 60~70℃, 열수는 약 100℃를 말한다.
② 기체 중의 농도를 mg/m³로 표시했을 때는 m³은 표준상태(0℃, 1기압)의 기체용적을 뜻하고 Sm³로 표시한 것과 같다.
③ "냉후"(식힌 후)라 표시되어 있을 때는 보온 또는 가열 후 표준상태 온도까지 냉각된 상태를 뜻한다.
④ 시험에 사용하는 물은 따로 규정이 없는 한 정제증류수 또는 이온교환수지로 정제한 탈염수를 사용한다.

🔹 냉후(식힌 후)라 표시되어 있을 때는 보온 또는 가열 후 실온까지 냉각된 상태를 뜻한다.

27 환경대기 중에 부유하고 있는 10μm 이하의 입자상 물질을 여과지 위에 포집하여 질량농도를 구하거나 금속 등의 성분 분석에 이용되며, 흡인펌프, 분립장치, 여과지홀더 및 유량측정부의 구성을 갖는 분석방법은?

① 고용량 공기시료채취기법
② 저용량 공기시료채취기법
③ 광산란법
④ 광투과법

🔹 저용량 공기시료채취법(Low Volume Air Sampler법)
  ㉠ 원리 및 적용범위
    일반적으로 이 방법은 대기 중에 부유하고 있는 10m 이하의 입자상 물질을 저용량 공기시료채취기를 사용하여 여과지 위에 채취하고 질량농도를 구하거나 금속 등의 성분분석에 이용한다.
  ㉡ 장치의 구성
    저용량 공기시료채취기의 기본구성은 흡입펌프, 분립장치, 여과지 홀더 및 유량측정부로 구성된다.

28 굴뚝 배출가스 중의 아황산가스를 연속적으로 자동측정하는 방법으로 거리가 먼 것은?

① 용액전도율법 ② 적외선 흡수법
③ 불꽃광도법   ④ 광투과법

🔹 굴뚝 배출가스 중의 아황산가스를 연속적으로 자동 측정하는 방법
  ㉠ 용액전도율법 ㉡ 적외선 흡수법
  ㉢ 자외선 흡수법 ㉣ 정전위전해법
  ㉤ 불꽃광도법

29 굴뚝 배출가스 중의 수분을 측정한 결과, 건조배출가스 1Sm³당 50.6g이었다면 건조배출가스에 대한 수분의 용량비는?

① 2.6% ② 3.8%
③ 5.0% ④ 6.3%

🔹 수분량 $= 50.6g \times \dfrac{22.4L}{18g} = 62.97L$

건조가스양 $= 1,000L$

수분의 용량비(%) $= \dfrac{\text{수분량(부피)}}{\text{건조가스양(부피)}} \times 100$

$= \dfrac{62.97}{1,000} \times 100 = 6.29\%$

30 다음은 환경대기 중 중금속화합물 동시분석을 위한 유도결합플라즈마분광법에 사용되는 용어 정의이다. ( ) 안에 알맞은 것은?

> 검출한계는 지정된 공정시험방법(기준)에 따라 시험하였을 때 바탕용액 농도의 오차범위와 통계적으로 다르게 나타나는 최소의 측정 가능한 농도를 의미하며, 보통 신호대 잡음비(S/N)가 (㉠)(이)가 되는 시료의 농도를 의미한다. 실제로는 바탕용액의 농도를 여러 번 측정하여, 이 값의 표준편차의 (㉡)을(를) 곱한 농도로 산출한다.

① ㉠ 1, ㉡ 2
② ㉠ 2, ㉡ 3
③ ㉠ 5, ㉡ 10
④ ㉠ 10, ㉡ 10

[풀이] 검출한계
바탕용액 농도의 오차범위와 통계적으로 다르게 나타나는 최소의 측정 가능한 농도를 의미하며, 보통 신호대 잡음비(S/N)가 2가 되는 시료의 농도를 의미한다. 실제로는 바탕용액의 농도를 여러 번 측정하여, 이 값의 표준편차에 3을 곱한 농도로 산출한다.

31 굴뚝 배출가스 중 포름알데히드를 측정하기 위해 적용되는 분석방법은?

① 페놀디술폰산법
② 중화법
③ 오르토톨리딘법
④ 크로모트로핀산법

[풀이] 굴뚝 배출가스 중 포름알데히드 분석방법
㉠ 아세틸아세톤법(자외선/가시선 분광법)
㉡ 크로모토르핀산법(자외선/가시선 분광법)
㉢ 고성능 액체크로마토그래피(HPLC)

32 비중이 1.84인 95wt% H_2SO_4의 몰농도(mol/L)는?

① 8.9
② 17.8
③ 26.7
④ 35.6

[풀이] H_2SO_4의 1몰 농도(1M) = 98g/L

1M : 98g/L

xM : $1.84 \times 10^3 \text{g/L} \times \dfrac{95}{100}$

$x(\text{M}) = \dfrac{1\text{M} \times 1.84 \times 10^3 \text{g/L} \times \dfrac{95}{100}}{98\text{g/L}}$

= 17.84M

(비중 $1.84 = 1.84\text{kg/L} = 1.84 \times 10^3 \text{g/L}$)

33 다음은 굴뚝 등에서 배출되는 매연을 링겔만 매연농도표(Ringelmenn Smoke Chart)에 의해 비교 측정하는 시험방법에 관한 설명이다. ( ) 안에 알맞은 것은?

> 될 수 있는 한 무풍(無風)일 때 연돌구 배경의 검은 장해물을 피해 연기의 흐름에 직각인 위치에 태양광선을 측면에서 받는 방향으로부터 농도표를 측정치의 앞 (㉠)m에 놓고 (㉡)m 이내(가능하면 연돌구에서 16m)의 적당한 위치에 서서 연도배출구에서 (㉢)cm 떨어진 곳의 농도를 측정자의 눈높이에 수직이 되게 관측 비교한다.

① ㉠ 5, ㉡ 200, ㉢ 15~20
② ㉠ 16, ㉡ 200, ㉢ 30~45
③ ㉠ 16, ㉡ 100, ㉢ 15~20
④ ㉠ 5, ㉡ 100, ㉢ 30~45

[풀이] 측정위치의 선정
될 수 있는 한 바람이 불지 않을 때 굴뚝 배경의 검은 장해물을 피한다. 연기의 흐름에 직각인 위치에 태양광선을 측면으로 받는 방향으로부터 농도

표를 측정치의 앞 16m에 놓고 200m 이내(가능하면 연돌구에서 16m)의 적당한 위치에 서서 굴뚝 배출구에서 30~45cm 떨어진 곳의 농도를 측정자의 눈높이의 수직이 되게 관측 비교한다.

34 다음 중 원자흡수분광광도법에서 시료 중의 분석원소 농도를 구하는 정량법과 가장 거리가 먼 것은?

① 절대검정곡선법 ② 넓이백분율법
③ 표준물첨가법   ④ 상대검정곡선법

🔑 원자흡광광도법에서 정량법
  ㉠ 절대검정곡선법
  ㉡ 표준물첨가법
  ㉢ 상대검정곡선법

35 굴뚝 배출가스 내의 페놀류의 분석방법 중 4-아미노안티피린법에 관한 설명으로 옳지 않은 것은?

① 시료 중의 페놀류를 붕산용액(0.5W/V%)에 흡수시켜 포집한다.
② 흡수액의 pH를 10±0.2로 조절한 후 여기에 4-아미노안티피린 용액과 헥사사이아노철(Ⅲ)산포타슘용액을 가한다.
③ 510nm의 가시부에서의 흡광도를 측정하여 페놀류의 농도를 산출한다.
④ 시료가스 채취량이 20L인 경우 시료 중의 페놀류의 농도가 1.0ppm 이상의 분석에 적합하다.

🔑 굴뚝 배출가스 내의 페놀류의 분석방법 중 4-아미노안티피린법은 시료 중의 페놀류를 수산화소듐에 흡수시켜 포집하고 이 용액의 pH를 10±0.2로 조절하여 분석한다.

36 철강공장의 아크로와 연결된 개방형 여과집진시설에서 배출되는 먼지채취방법에 대한 규정으로 가장 거리가 먼 것은?

① 등속흡인할 필요가 없으며 채취관은 대구경 흡인노즐(보통 10mm 정도)이 연결된 흡인관을 사용한다.
② 흡인관을 측정점까지 밀어넣고 출강에서 다음 출강 개시 전까지를 먼지 배출상태를 고려하여 적당한 시간간격으로 나누어 시료를 채취하여 구한 먼지농도를 출강에서 다음 출강개시 전까지의 평균먼지농도로 간주한다.
③ 시료채취시 측정공을 헝겊 등으로 밀폐할 필요는 없으며 건옥백하우스의 경우는 장입 및 출강 시 20±5L/min의 유속으로 배출가스를 흡인한다.
④ 한 개의 원통형 여과지에 포집된 1회 먼지포집량은 20mg 이상 50mg 이하로 함을 원칙으로 한다.

🔑 한 개의 원통형 여과지에 포집된 1회 먼지포집량은 2mg 이상 20mg 이하로 함을 원칙으로 한다.

37 기체크로마토그래피법에서 TCD 또는 FID에 일반적으로 사용하는 운반가스(Carrier Gas)의 종류로 가장 거리가 먼 것은?

① 헬륨   ② 질소
③ 수소   ④ 산소

🔑 기체크로마토그래피법에 사용되는 운반가스
  ㉠ 열전도형 검출기(TCD)
    순도 99.8% 이상의 수소나 헬륨
  ㉡ 수소염이온화 검출기(FID)
    순도 99.8% 이상의 질소 또는 헬륨

38 배출가스를 피토관으로 측정한 결과, 동압이 6mmH₂O일 때 배출가스 평균 유속(m/s)은? (단, 피토관 계수 = 1.5, 중력가속도 = 9.8m/s², 굴뚝 내 습한 배출가스 밀도 = 1.3kg/m³)

① 12.8 ② 14.3
③ 15.8 ④ 16.5

풀이
$$V(\text{m/sec}) = C\sqrt{\frac{2gh}{\gamma}}$$
$$= 1.5 \times \sqrt{\frac{2 \times 9.8\text{m/sec}^2 \times 6\text{mmH}_2\text{O}}{1.3\text{kg/m}^3}}$$
$$= 14.27\text{m/sec}$$

39 환경대기 중의 입자상 물질 측정에 사용되는 저용량 공기시료채취기법(Low Volume Air Sampler) 장치 중 흡입펌프가 갖추어야 하는 조건으로 거리가 먼 것은?

① 연속해서 30일 이상 사용할 수 있어야 한다.
② 진공도가 높아야 한다.
③ 맥동이 고르게 작동되어야 한다.
④ 유량이 크고 운반이 용이하여야 한다.

풀이 저용량 공기시료채취기법의 흡입펌프 조건
㉠ 진공도가 높을 것
㉡ 유량이 클 것
㉢ 맥동 없이 고르게 작동할 것
㉣ 운반이 용이할 것

40 굴뚝 배출가스 중 황화수소의 메틸렌블루 분석방법에서 흡수액 제조 시 사용되는 시약이 아닌 것은?

① 수산화소듐 ② 황산아연
③ 수산화칼륨 ④ 황산암모늄

풀이 굴뚝 배출가스 중 황화수소의 메틸렌블루 분석방법의 흡수액 제조
황산아연(ZnSO₄·7H₂O) 5g을 물 약 500mL에 녹이고 여기에 수산화소듐 6g을 물 약 300mL에 녹인 용액을 가한다. 이어 황산암모늄 70g을 저으면서 가하고 수산화아연의 침전이 녹으면 물을 가하여 전량을 1L로 한다.

제3과목 대기오염방지기술

41 다음 중 C/H의 크기순으로 옳게 배열된 것은?

① 올레핀계 > 나프텐계 > 아세틸렌 > 프로필렌 > 프로판
② 나프텐계 > 올레핀계 > 아세틸렌 > 프로판 > 프로필렌
③ 올레핀계 > 나프텐계 > 프로필렌 > 프로판 > 아세틸렌
④ 나프텐계 > 아세틸렌 > 올레핀계 > 프로판 > 프로필렌

풀이 석유계 액체연료의 탄수소비(C/H)
㉠ C/H비가 클수록 이론공연비는 감소한다.
㉡ C/H비가 클수록 방사율이 크며(장염 발생) 휘도가 높아진다.
㉢ C/H비가 클수록 비교적 비점이 높고 매연이 발생되기 쉽다(파라핀계가 매연 발생량이 가장 적음).
㉣ 중질연료일수록 C/H비가 크다(중유 > 경유 > 등유 > 휘발유).
㉤ C/H는 연소공기량 및 발열량, 연료의 연소특성에 영향을 준다.
㉥ C/H비 크기순서는 올레핀계 > 나프텐계 > 아세틸렌 > 프로필렌 > 프로판이다.
㉦ 석유의 비중이 커지면 C/H비가 증가하고 발열량은 감소한다.

42 A전기로에 설치된 Bag Filter의 입구 및 출구에서의 가스양과 먼지농도가 아래 표와 같을 때 먼지의 통과율은?

- 입구가스양 : 11,400Sm³/hr
- 출구가스양 : 15,200Sm³/hr
- 입구먼지농도 : 15.6g/Sm³
- 출구먼지농도 : 0.8g/Sm³

① 약 5%   ② 약 7%
③ 약 9%   ④ 약 11%

풀이
$$\eta(\%) = \left(1 - \frac{Q_o C_o}{Q_i C_i}\right) \times 100$$
$$= \left(1 - \frac{15,200 \times 0.8}{11,400 \times 15.6}\right) \times 100 = 93.16\%$$
통과율(%) = 100 - 93.16 = 6.84%

43 불화수소를 함유하는 배기가스를 충전 흡수탑을 이용하여 흡수율 92.5%로 기대하고 처리하고자 한다. 기상총괄이동단위높이(H_{OG})가 0.44m일 때 충전높이는?(단, 흡수액상 불화수소의 평형분압은 0이다.)

① 1.01m   ② 1.14m
③ 1.3m   ④ 1.5m

풀이
$$H = H_{OG} \times N_{OG}$$
$$= H_{OG} \times \ln\left(\frac{1}{1-n}\right)$$
$$= 0.44\text{m} \times \ln\left(\frac{1}{1-0.925}\right) = 1.14\text{m}$$

44 다음 중 황산화물 처리방법으로 가장 거리가 먼 것은?

① 석회수세정법   ② 산화구리법
③ 활성탄흡착법   ④ 저산소연소법

풀이 황산화물 처리방법
1. 습식법
   ㉠ 석회세정법   ㉡ 암모니아흡수법
   ㉢ 나트륨흡수법 ㉣ 마그네슘흡수법
2. 건식법
   ㉠ 석회석주입법 ㉡ 활성산화망간법
   ㉢ 활성탄흡착법 ㉣ 산화·환원법
   ㉤ 산화구리법   ㉥ 전자빔을 이용한 방법

45 가솔린엔진과 디젤엔진에 관한 설명 중 옳지 않은 것은?

① 일반적인 연소개념으로 보면 가솔린은 예혼합연소, 디젤은 확산연소에 가깝다.
② 디젤엔진의 연소는 화염전파속도 변화폭이 크지 않기 때문에 고속 엔진회전속도에서도 화염면이 벽면까지 충분하게 전파되어 연소를 원활히 마치기 위해서는 연소실의 크기에 제한(실린더 직경 160mm 이하)이 있다.
③ 디젤엔진은 공급공기가 많기 때문에 배기가스의 온도가 낮아 엔진내구성에 유리하다.
④ 가솔린엔진의 경우 공연비 제어가 용이하고 삼원촉매를 적용할 수 있어 배출가스 제어에 유리하다.

풀이 디젤엔진에서는 연소실 크기가 제한이 없고, 가솔린엔진에서는 노킹현상 때문에 일반적으로 160mm 이하로 한다.

46 C와 H의 발열량이 각각 28,000kcal/kg, 30,500kcal/kg이다. 부탄 1kg 완전연소 시 발생되는 발열량(kcal)은?

① 23,934   ② 28,431
③ 30,763   ④ 33,015

Answer 42 ② 43 ② 44 ④ 45 ② 46 ②

풀이 부탄(C_4H_{10})의 분자량 : 58

$$C = \frac{48}{58} \times 28{,}000 = 23{,}172.4\,kcal$$

$$H = \frac{10}{58} \times 30{,}500 = 5{,}258.6\,kcal$$

발열량(kcal) = 23,172.4 + 5,258.6
= 28,431 kcal

47
지름이 40μm인 입자의 최종 침전속도가 15cm/s라고 할 때 중력침전실의 높이가 1.25m 이면 입자를 완전히 제거하기 위해 소요되는 이론적인 중력침전실의 길이는?(단, 가스의 유속은 1.8m/s)

① 12m ② 15m
③ 18m ④ 20m

풀이 $\eta = \dfrac{L \cdot V_s}{H \cdot V}$ 이므로

$$L = \eta \times \frac{H \times V}{V_s}$$

$$= 1.0 \times \frac{1.25m \times 1.8m/sec}{0.15m/sec} = 15m$$

48
A 여과집진장치의 설치 초기에는 99%의 집진효율을 보였으나 6개월 후에는 집진효율이 95%로 떨어졌다. 6개월 후 이 집진장치를 통과하여 배출되는 먼지의 농도는 설치 초기에 비해 얼마나 증가하였는가?(단, 기타 조건은 고려하지 않음)

① 2배 ② 3배
③ 4배 ④ 5배

풀이 초기통과량 = 100 - 99 = 1%
나중통과량 = 100 - 95 = 5%

배출농도비 = $\dfrac{나중통과량}{초기통과량} = \dfrac{5}{1}$
= 5배(초기의 5배 배출농도 증가)

49
미분탄연소의 장점으로 거리가 먼 것은?

① 부하변동에 쉽게 응할 수 있다.
② 연소량의 조절이 용이하다.
③ 과잉공기에 의한 열손실이 적다.
④ 비산먼지의 배출량이 적다.

풀이 미분탄연소는 비산분진의 배출량 및 재비산이 많고 집진장치가 필요하다.

50
메탄올 2kg을 완전연소할 때 필요한 이론 공기량(Sm³)은?

① 2.5 ② 5.0
③ 10.0 ④ 15.0

풀이 CH_3OH 연소반응식

$CH_3OH + 1.5O_2 \rightarrow CO_2 + 2H_2O$

32kg : 1.5 × 22.4 Sm³
2kg : O_2(Sm³)

$$O_0(Sm^3) = \frac{2kg \times (1.5 \times 22.4)Sm^3}{32kg}$$

$$= 2.1\,Sm^3$$

$$A_0(Sm^3) = \frac{2.1}{0.21} = 10\,Sm^3$$

51
냄새물질에 관한 다음 설명 중 옳지 않은 것은?

① 냄새는 화학적 구성보다는 구성 그룹배열에 의해 나타나는 물리적 차이에 의해 결정된다는 견해가 지배적이다.
② Moncrieff는 원소이든 화합물이든 간에 적린, 글리콜 등과 같이 복합제를 형성하면 냄새가 더 강해진다고 주장했다.
③ 냄새는 통상 분자 내부 진동에 의존한다고 가정되므로 라만변이와 냄새는 서로 관련이 있다.
④ 냄새를 일으키는 물질은 적외선을 강하게 흡수한다.

Answer 47 ② 48 ④ 49 ④ 50 ③ 51 ②

분자량이 큰 물질은 냄새강도가 분자량에 반비례하여 단계적으로 약해지는 경향이 있고 특정물질은 냄새가 거의 없다.

52 연료에 관한 다음 설명 중 가장 거리가 먼 것은?

① 중유는 인화점을 기준으로 하여 주로 A, B, C 중유로 분류된다.
② 기체연료는 연소 시 공급연료 및 공기량을 밸브를 이용하여 간단하게 임의로 조절할 수 있어 부하변동범위가 넓다.
③ 4℃ 물에 대한 15℃ 중유의 중량비를 비중이라 하며, 중유 비중은 보통 0.92~0.97 정도이다.
④ 인화점이 낮을수록 연소는 잘되나 위험하며, C중유는 보통 70℃ 이상이다.

중유는 점도에 따라 A중유, B중유, C중유의 3가지로 분류된다(C중유>B중유>A중유).

53 유입공기 중 염소가스의 농도가 80,000ppm이고, 흡수탑의 염소가스 제거효율은 80%이다. 이 흡수탑 3개를 직렬로 연결했을 때 유출공기 중 염소가스의 농도는?

① 460ppm ② 540ppm
③ 640ppm ④ 720ppm

$\eta_t = 1 - (1-\eta_c)^n = 1 - (1-0.8)^3$
$\quad = 0.992$
제거농도(ppm) $= 80,000 \times 0.992 = 79,360$ ppm
유출농도(ppm) $= 80,000 - 79,360 = 640$ ppm

54 중유 1kg 속에 수소 0.15kg, 수분 0.002kg이 들어 있고, 이 중유의 고위발열량이 10,000 kcal/kg일 때 이 중유 3kg의 저위발열량은 대략 몇 kcal인가?

① 29,990 ② 27,560
③ 10,000 ④ 9,200

H 함유량 $= \dfrac{0.15\text{kg}}{1\text{kg}} \times 100 = 15\%$

W 함유량 $= \dfrac{0.002\text{kg}}{1\text{kg}} \times 100 = 0.2\%$

$Hl = Hh - 600(9H + W)$
$\quad = 10,000\text{kcal/kg} - 600[(9 \times 0.15) + 0.002]$
$\quad = 9,188.8\text{kcal/kg} \times 3\text{kg} = 27,566.4\text{kcal}$

55 프로판 432kg을 기화시킨다면 표준상태에서 기체의 용적은?

① 560Sm³ ② 540Sm³
③ 280Sm³ ④ 220Sm³

기체용적(Sm³) $= 432\text{kg} \times \dfrac{22.4\text{Sm}^3}{44\text{kg}}$
$\quad = 219.93\text{Sm}^3$

56 시간당 10,000Sm³의 배출가스를 방출하는 보일러에 먼지 50%를 제거하는 집진장치가 설치되어 있다. 이 보일러를 24시간 가동했을 때 집진되는 먼지량은?(단, 배출가스 중 먼지농도는 0.5g/Sm³이다.)

① 50kg ② 60kg
③ 100kg ④ 120kg

포집먼지량(kg) $= 10,000\text{Sm}^{3/\text{hr}} \times 0.5\text{g/Sm}^3$
$\quad\quad \times 0.5 \times 24\text{hr}$
$\quad = 60,000\text{g} \times \text{kg}/1,000\text{g}$
$\quad = 60\text{kg}$

Answer 52 ① 53 ③ 54 ② 55 ④ 56 ②

57 송풍기의 크기와 유체의 밀도가 일정(상사 제1법칙)할 때 풍압과 회전속도에 관한 설명으로 옳은 것은?

① 풍압은 송풍기의 회전속도의 3승에 비례한다.
② 풍압은 송풍기의 회전속도의 2승에 비례한다.
③ 풍압은 송풍기의 회전속도에 정비례한다.
④ 풍압은 송풍기의 회전속도에 반비례한다.

송풍기 크기가 같고 유체(공기)의 비중이 일정할 때
㉠ 풍량은 송풍기 회전속도(회전수) 비에 비례한다.

$$\frac{Q_2}{Q_1} = \frac{N_2}{N_1}$$

여기서, Q_1 : 회전수 변경 전 풍량(m^3/min)
Q_2 : 회전수 변경 후 풍량(m^3/min)
N_1 : 변경 전 회전수(rpm)
N_2 : 변경 후 회전수(rpm)

㉡ 풍압(전압)은 송풍기 회전속도(회전수) 비의 제곱에 비례한다.

$$\frac{FTP_2}{FTP_1} = \left(\frac{N_2}{N_1}\right)^2$$

여기서, FTP_1 : 회전수 변경 전 풍압(mmH$_2$O)
FTP_2 : 회전수 변경 후 풍압(mmH$_2$O)

㉢ 동력은 송풍기 회전속도(회전수) 비의 세제곱에 비례한다.

$$\frac{kW_2}{kW_1} = \left(\frac{N_2}{N_1}\right)^3$$

여기서, kW_1 : 회전수 변경 전 동력(kW)
kW_2 : 회전수 변경 후 동력(kW)

58 다음 집진장치 중 일반적으로 압력손실이 가장 작은 것은?

① 중력집진장치   ② 사이클론스크러버
③ 충전탑   ④ 여과집진장치

㉠ 중력집진장치 압력손실 : 5~15mmH$_2$O
㉡ 사이클론스크러버 압력손실 : 100~200mmH$_2$O
㉢ 충전탑 압력손실 : 50~100mmH$_2$O
㉣ 여과집진장치 압력손실 : 100~200mmH$_2$O

59 다음 세정식 집진장치 중 고정 및 회전 날개로 구성된 다익형의 날개차를 고속으로 선회하여 함진가스와 세정수를 교반시켜 먼지를 제거하는 장치로 미세먼지도 99% 정도까지 제거 가능하고, 별도 송풍기가 필요 없으며, 액가스비가 0.5~2 L/m^3 정도인 것은?

① 제트스크러버   ② 임펄스스크러버
③ 타이젠와셔   ④ 사이클론스크러버

타이젠와셔(Theisen Washer)
㉠ 원리 : 고정 및 회전 날개로 구성된 다익형 날개차를 350~750rpm으로 고속선회하여 배기가스와 세정수를 교반시켜 먼지를 제거하는 방식이다.
㉡ 액기비 : 0.5(0.7)~2L/m^3
㉢ 압력손실 : -50~-150mmH$_2$O
㉣ 특징 : 미세먼지에 대한 효율이 99% 정도이며, 별도의 송풍기는 필요 없으나 동력비는 많이 든다.

60 전기집진장치의 유지관리에 관한 설명으로 가장 거리가 먼 것은?

① 시동 시에는 배출가스를 도입하기 최소 1시간 전에 애관용 히터를 가열하여 애자관 표면에 수분이나 먼지의 부착을 방지한다.
② 시동 시에는 고전압 회로의 절연저항이 100MΩ 이상이 되어야 한다.
③ 운전 시에 2차 전류가 매우 적을 때에는 먼지농도가 높거나 먼지의 겉보기 저항이 이상적으로 높은 경우이므로 조습용 스프레이의 수량을 늘려 겉보기 저항을 낮추어야 한다.
④ 정지 시에는 접지저항을 적어도 연 1회 이상 점검하고 10Ω 이하로 유지한다.

Answer 57 ② 58 ① 59 ③ 60 ①

[풀이] 시동 시에는 배출가스 도입하기 최소 6시간 전에 애관용 히터를 가열하여 애자관 표면에 수분이나 먼지의 부착을 방지한다.

제4과목 대기환경관계법규

61 대기환경보전법령상 초과부과금 대상이 되는 대기오염물질에 해당되지 않는 것은?

① 일산화탄소 ② 암모니아
③ 먼지 ④ 염화수소

[풀이] 초과부과금 산정기준

오염물질	구분	오염물질 1kg당 부과금액
황산화물		500
먼지		770
질소산화물		2,130
암모니아		1,400
황화수소		6,000
이황화탄소		1,600
특정 유해물질	불소화물	2,300
	염화수소	7,400
	시안화수소	7,300

62 다음은 대기환경보전법규상 자동차의 규모기준에 관한 설명이다. ( ) 안에 알맞은 것은?(단, 2015년 12월 10일 이후)

소형승용자동차는 사람을 운송하기 적합하게 제작된 것으로, 그 규모기준은 엔진배기량이 1,000cc 이상이고, 차량총중량이 (㉠)이며, 승차인원이 (㉡)

① ㉠ 1.5톤 미만, ㉡ 5명 이하
② ㉠ 1.5톤 미만, ㉡ 8명 이하
③ ㉠ 3.5톤 미만, ㉡ 5명 이하
④ ㉠ 3.5톤 미만, ㉡ 8명 이하

[풀이] 소형승용자동차
㉠ 정의
사람을 운송하기에 적합하게 제작된 것
㉡ 규모
엔진배기량이 1,000cc 이상이고, 차량총중량이 3.5톤 미만이며, 승차인원이 8명 이하

63 대기환경보전법령상 자동차제작자는 부품의 결함 건수 또는 결함 비율이 대통령령으로 정하는 요건에 해당하는 경우 환경부장관의 명에 따라 그 부품의 결함을 시정해야 한다. 이와 관련하여 ( ) 안에 가장 적합한 건수기준은?

같은 연도에 판매된 같은 차종의 같은 부품에 대한 부품결함 건수(제작결함으로 부품을 조정하거나 교환한 건수를 말한다)가 ( )인 경우

① 5건 이상
② 10건 이상
③ 25건 이상
④ 50건 이상

[풀이] 자동차제작자는 다음의 모두에 해당하는 경우에는 그 분기부터 매 분기가 끝난 후 90일 이내에 결함 발생원인 등을 파악하여 환경부장관에게 부품결함 현황을 보고하여야 한다.
㉠ 같은 연도에 판매된 같은 차종의 같은 부품에 대한 결함시정 요구 건수가 50건 이상인 경우
㉡ 결함시정 요구율이 4퍼센트 이상인 경우

Answer 61 ① 62 ④ 63 ④

64 악취방지법규상 배출허용기준 및 엄격한 배출허용기준의 설정범위와 관련한 다음 설명 중 옳지 않은 것은?

① 배출허용기준의 측정은 복합악취를 측정하는 것을 원칙으로 하지만 사업자의 악취물질 배출 여부를 확인할 필요가 있는 경우에는 지정악취물질을 측정할 수 있다.
② 복합악취의 시료 채취는 사업장 안에 지면으로부터 높이 5m 이상의 일정한 악취배출구와 다른 악취발생원이 섞여 있는 경우에는 부지경계선 및 배출구에서 각각 채취한다.
③ "배출구"라 함은 악취를 송풍기 등 기계장치등을 통하여 강제로 배출하는 통로(자연환기가 되는 창문·통기관 등을 제외한다)를 말한다.
④ 부지경계선에서 복합악취의 공업지역에서의 배출허용기준(희석배수)은 1,000 이하이다.

[풀이] 복합악취 배출허용기준 및 엄격한 배출허용기준

구분	배출허용기준 (희석배수)		엄격한 배출허용기준의 범위(희석배수)	
	공업지역	기타지역	공업지역	기타지역
배출구	1,000 이하	500 이하	500~1,000	300~500
부지경계선	20 이하	15 이하	15~20	10~15

65 대기환경보전법규상 특정대기 유해물질에 해당하지 않는 것은?

① 클로로포름 ② 포름알데히드
③ 벤지딘   ④ 브롬

[풀이] 특정대기 유해물
1. 카드뮴 및 그 화합물 2. 시안화수소
3. 납 및 그 화합물   4. 폴리염화비페닐
5. 크롬 및 그 화합물   6. 비소 및 그 화합물
7. 수은 및 그 화합물   8. 프로필렌 옥사이드
9. 염소 및 염화수소   10. 불소화물
11. 석면   12. 니켈 및 그 화합물
13. 염화비닐   14. 다이옥신
15. 페놀 및 그 화합물 16. 베릴륨 및 그 화합물
17. 벤젠   18. 사염화탄소
19. 이황화메틸   20. 아닐린
21. 클로로포름   22. 포름알데히드
23. 아세트알데히드   24. 벤지딘
25. 1,3-부타디엔
26. 다환 방향족 탄화수소류
27. 에틸렌옥사이드   28. 디클로로메탄
29. 스틸렌   30. 테트라클로로에틸렌
31. 1,2-디클로로에탄 32. 에틸벤젠
33. 트리클로로에틸렌 34. 아크릴로니트릴
35. 히드라진

66 대기환경보전법상 저공해자동차로의 전환 또는 개조 명령, 배출가스저감장치의 부착·교체 명령 또는 배출가스 관련 부품의 교체 명령, 저공해엔진(혼소엔진을 포함한다)으로의 개조 또는 교체 명령을 이행하지 아니한 자에 대한 과태료 부과기준은?

① 500만 원 이하의 과태료
② 300만 원 이하의 과태료
③ 200만 원 이하의 과태료
④ 100만 원 이하의 과태료

[풀이] 대기환경보전법 제94조 참조

67 대기환경보전법령상 특별대책지역에서 휘발성유기화합물을 배출하는 시설로서 대통령령으로 정하는 시설은 환경부장관 등에게 신고하여야 하는데 다음 중 "대통령령으로 정하는 시설"로 가장 거리가 먼 것은?

Answer 64 ④ 65 ④ 66 ② 67 ①

① 목재가공시설
② 주유소의 저장시설
③ 저유소의 출하시설
④ 세탁시설

(풀이) 특별대책지역에서 휘발성유기화합물을 배출하는 시설로서 대통령령으로 정하는 시설
  ㉠ 석유정제를 위한 제조시설·저장시설 및 출하시설과 석유화학제품 제조업의 제조시설, 저장시설 및 출하시설
  ㉡ 저유소의 저장시설 및 출하시설
  ㉢ 주유소의 저장시설 및 주유시설
  ㉣ 세탁시설
  ㉤ 그 밖에 휘발성유기화합물을 배출하는 시설로서 환경부장관이 관계 중앙행정기관의 장과 협의하여 고시하는 시설

68 악취방지법상 악취의 배출허용기준을 초과하여 받은 개선명령을 이행하지 아니한 자에 대한 벌칙기준으로 옳은 것은?

① 3년 이하의 징역 또는 2천만 원 이하의 벌금
② 1년 이하의 징역 또는 1천만 원 이하의 벌금
③ 500만 원 이하의 벌금
④ 300만 원 이하의 벌금

(풀이) 악취방지법상 300만 원 이하의 벌칙인 경우
  ㉠ 개선명령을 이행하지 아니한 자
  ㉡ 관계공무원의 출입·채취 및 검사를 거부 또는 방해하거나 기피한 자

69 대기환경보전법령상 사업장별 환경기술인의 자격기준으로 거리가 먼 것은?

① 전체배출시설에 대하여 방지시설 설치면제를 받은 사업장은 5종 사업장에 해당하는 기술인을 둘 수 있다.
② 4종 사업장에서 환경부령에 따른 특정대기유해물질이 포함된 오염물질을 배출하는 경우에는 3종 사업장에 해당하는 기술인을 두어야 한다.
③ 공동방지시설에서 각 사업장의 대기오염물질 발생량의 합계가 4종 및 5종 사업장의 규모에 해당하는 경우에는 4종 사업장에 해당되는 기술인을 둘 수 있다.
④ 대기오염물질배출시설 중 일반 보일러만 설치한 사업장과 대기오염물질 중 먼지만 발생하는 사업장은 5종사업장에 해당하는 기술인을 둘 수 있다.

(풀이) 공동방지시설에서 각 사업장의 대기오염물질 발생량의 합계가 4종 사업장과 5종 사업장의 규모에 해당하는 경우에는 3종 사업장에 해당하는 기술인을 두어야 한다.

70 대기환경보전법규상 자동차연료 제조기준 중 현행 황함량 기준으로 옳은 것은?(단, 휘발유 기준)

① 10ppm 이하   ② 50ppm 이하
③ 70ppm 이하   ④ 90ppm 이하

(풀이) 자동차연료 제조기준(휘발유)

기준항목	적용기간 2009년 1월 1일부터
방향족화합물 함량(부피 %)	24(21) 이하
벤젠 함량(부피 %)	0.7 이하
납 함량(g/L)	0.013 이하
인 함량(g/L)	0.0013 이하
산소 함량(무게 %)	2.3 이하
올레핀 함량(부피 %)	16(19) 이하
황 함량(ppm)	10 이하
증기압(kPa, 37.8℃)	60 이하
90% 유출온도(℃)	170 이하

Answer 68 ④ 69 ③ 70 ①

71. 대기환경보전법규상 기상조건 등을 검토하여 해당 지역이 대기자동측정소 오존농도가 0.3ppm 이상일 때 대기오염발령 경보단계 기준으로 옳은 것은?

① 주위보
② 경보
③ 중대경보
④ 심각경보

풀이 대기오염경부단계별 대기오염물질의 농도기준

경보단계	발령기준	해제기준
주의보	기상조건 등을 검토하여 해당 지역의 대기자동측정소 오존농도가 0.12ppm 이상일 때	주의보가 발령된 지역의 기상조건 등을 검토하여 대기자동측정소의 오존농도가 0.12ppm 미만일 때
경보	기상조건 등을 검토하여 해당 지역의 대기자동측정소 오존농도가 0.3ppm 이상일 때	경보가 발령된 지역의 기상조건 등을 검토하여 대기자동측정소의 오존농도가 0.12ppm 이상 0.3ppm 미만일 때에는 주의보로 전환
중대경보	기상조건 등을 검토하여 해당 지역의 대기자동측정소 오존농도가 0.5ppm 이상일 때	중대경보가 발령된 지역의 기상조건 등을 검토하여 대기자동측정소의 오존농도가 0.3ppm 이상 0.5ppm 미만일 때에는 경보로 전환

72. 대기환경보전법령상 오염물질 발생량에 따른 종별사업장의 연결로 옳은 것은?

① 대기오염물질 발생량의 합계가 연간 72톤인 사업장 – 1종 사업장
② 대기오염물질 발생량의 합계가 연간 22톤인 사업장 – 3종 사업장
③ 대기오염물질 발생량의 합계가 연간 7톤인 사업장 – 5종 사업장
④ 대기오염물질 발생량의 합계가 연간 42톤인 사업장 – 2종 사업장

풀이 사업장 분류기준

종별	오염물질 발생량 구분
1종 사업장	대기오염물질 발생량의 합계가 연간 80톤 이상인 사업장
2종 사업장	대기오염물질 발생량의 합계가 연간 20톤 이상 80톤 미만인 사업장
3종 사업장	대기오염물질 발생량의 합계가 연간 10톤 이상 20톤 미만인 사업장
4종 사업장	대기오염물질 발생량의 합계가 연간 2톤 이상 10톤 미만인 사업장
5종 사업장	대기오염물질 발생량의 합계가 연간 2톤 미만인 사업장

73. 대기환경보전법규상 개선명령과 관련하여 이행상태 확인을 위해 대기오염도 검사가 필요한 경우 환경부령으로 정하는 대기오염도 검사기관과 거리가 먼 것은?

① 유역환경청
② 환경보전협회
③ 한국환경공단
④ 시·도의 보건환경연구원

풀이 대기오염도 검사기관

㉠ 국립환경과학원
㉡ 특별시·광역시·특별자치시·도·특별자치도의 보건환경연구원
㉢ 유역환경청, 지방환경청 또는 수도권대기환경청
㉣ 한국환경공단

74. 대기환경보전법규상 관제센터로 측정결과를 자동전송하지 않는 사업장 배출구의 자가측정 횟수기준으로 옳은 것은?(단, 제1종 배출구이며, 기타 경우는 고려하지 않음)

① 매주 1회 이상
② 매월 2회 이상
③ 2개월마다 1회 이상
④ 반기마다 1회 이상

Answer 71 ② 72 ④ 73 ② 74 ①

💡 자가측정의 대상·항목 및 방법
관제센터로 측정결과를 자동전송하지 않는 사업장의 배출구

구분	배출구별 규모	측정횟수	측정항목
제1종 배출구	먼지·황산화물 및 질소산화물의 연간 발생량 합계가 80톤 이상인 배출구	매주 1회 이상	별표 8에 따른 배출 허용 기준이 적용되는 대기오염물질. 다만, 비산먼지는 제외한다.
제2종 배출구	먼지·황산화물 및 질소산화물의 연간 발생량 합계가 20톤 이상 80톤 미만인 배출구	매월 2회 이상	
제3종 배출구	먼지·황산화물 및 질소산화물의 연간 발생량 합계가 10톤 이상 20톤 미만인 배출구	2개월 마다 1회 이상	
제4종 배출구	먼지·황산화물 및 질소산화물의 연간 발생량 합계가 2톤 이상 10톤 미만인 배출구	반기마다 1회 이상	
제5종 배출구	먼지·황산화물 및 질소산화물의 연간 발생량 합계가 2톤 미만인 배출구	반기마다 1회 이상	

75 대기환경보전법규상 배출시설에서 발생하는 오염물질이 배출허용기준을 초과하여 개선명령을 받은 경우, 개선해야 할 사항이 배출시설 또는 방지시설인 경우 개선계획서에 포함되어야 할 사항으로 거리가 먼 것은?

① 굴뚝 자동측정기기의 운영, 관리 진단계획
② 배출시설 또는 방지시설의 개선명세서 및 설계도
③ 대기오염물질의 처리방식 및 처리효율
④ 공사기간 및 공사비

💡 개선계획서(배출시설 또는 방지시설인 경우)
개선명령을 받은 경우로서 개선하여야 할 사항이 배출시설 또는 방지시설인 경우
㉠ 배출시설 또는 방지시설의 개선명세서 및 설계도
㉡ 대기오염물질의 처리방식 및 처리효율
㉢ 공사기간 및 공사비
㉣ 다음의 경우에는 이를 증명할 수 있는 서류
  • 개선기간 중 배출시설의 가동을 중단하거나 제한하여 대기오염물질의 농도나 배출량이 변경되는 경우
  • 개선기간 중 공법 등의 개선으로 대기오염물질의 농도나 배출량이 변경되는 경우

76 환경정책기본법령상 이산화질소(NO_2)의 대기환경기준으로 옳은 것은?

① 연간 평균치 0.03ppm 이하
② 24시간 평균치 0.05ppm 이하
③ 8시간 평균치 0.3ppm
④ 1시간 평균치 0.15ppm

💡 대기환경기준

항목	국가기준	측정방법
아황산가스 (SO_2, ppm)	연간 0.02ppm 이하	자외선형광법 (Pulse U.V. Fluorescence Method)
	24시간 0.05ppm 이하	
	1시간 0.15ppm 이하	
일산화탄소 (CO, ppm)	8시간 9ppm 이하	비분산적외선분석법 (Non-Dispersive Infrared Method)
	1시간 25ppm 이하	
이산화질소 (NO_2, ppm)	연간 0.03ppm 이하	화학발광법 (Chemiluminescent Method)
	24시간 0.06ppm 이하	
	1시간 0.10ppm 이하	

Answer ◀ 75 ① 76 ①

항목	국가기준	측정방법
미세먼지 (PM-10, $\mu g/m^3$)	연간 $50\mu g/m^3$ 이하	베타선흡수법 (β - Ray Absorption Method)
	24시간 $100\mu g/m^3$ 이하	
미세먼지 (PM-2.5, $\mu g/m^3$)	연간 $15\mu g/m^3$ 이하	중량농도법 또는 이에 준하는 자동측정법
	24시간 $35\mu g/m^3$ 이하	
오존 (O_3, ppm)	8시간 0.06ppm 이하	자외선광도법 (U.V Photometric Method)
	1시간 0.1ppm 이하	
납 (Pb, $\mu g/m^3$)	연간 $0.5\mu g/m^3$ 이하	원자흡광광도법 (Atomic Absorption Spectrophotometry)
벤젠 (Benzene, $\mu g/m^3$)	연간 $5\mu g/m^3$ 이하	기체크로마토그래피법 (Gas Chromatography)

77 대기환경보전법규상 전기만을 동력으로 사용하는 자동차의 1회 충전 주행거리가 "80km 이상 160km 미만"인 경우 해당 종별 구분기준으로 옳은 것은?

① 제1종　② 제2종
③ 제3종　④ 제4종

풀이 전기만을 동력으로 사용하는 자동차 구분

구분	1회 충전 주행거리
제1종	80km 미만
제2종	80km 이상 160km 미만
제3종	160km 이상

78 다음은 대기환경보전법령상 변경신고에 따른 가동개시신고의 대상규모기준에 관한 사항이다. ( ) 안에 알맞은 것은?

배출시설에서 "대통령령으로 정하는 규모 이상의 변경"이란 설치허가 또는 변경허가를 받거나 설치신고 또는 변경신고를 한 배출구별 배출시설 규모의 합계보다 ( ) 증설(대기배출시설 증설에 따른 변경신고의 경우에는 증설의 누계를 말한다) 하는 배출시설의 변경을 말한다.

① 100분의 10 이상　② 100분의 20 이상
③ 100분의 30 이상　④ 100분의 50 이상

풀이 배출시설에서 "대통령령으로 정하는 규모 이상의 변경"이란 설치허가 또는 변경허가를 받거나 설치신고 또는 변경신고를 한 배출구별 배출시설 규모의 합계보다 100분의 20 이상 증설(대기배출시설 증설에 따른 변경신고의 경우에는 증설의 누계를 말한다)하는 배출시설의 변경을 말한다.

79 다음은 대기환경보전법규상 비산먼지의 발생을 억제하기 위한 시설의 설치 및 필요한 조치에 관한 엄격한 기준이다. ( ) 안에 알맞은 것은?

"싣기와 내리기 공정"인 경우 싣거나 내리는 장소 주위에 고정식 또는 이동식 물뿌림시설 [물뿌림 반경 (㉠) 이상, 수압 (㉡) 이상]을 설치할 것

① ㉠ 1.5m, ㉡ 2.5kg/cm²
② ㉠ 1.5m, ㉡ 5kg/cm²
③ ㉠ 7m, ㉡ 2.5kg/cm²
④ ㉠ 7m, ㉡ 5kg/cm²

풀이) 비산먼지의 발생을 억제하기 위한 시설의 설치 및 필요한 조치에 관한 엄격한 기준

배출공정	시설의 설치 및 조치에 관한 기준
야적	• 야적물질을 최대한 밀폐된 시설에 저장 또는 보관할 것 • 수송 및 작업차량 출입문을 설치할 것 • 보관·저장시설은 가능하면 3면이 막히고 지붕이 있는 구조가 되도록 할 것
싣기와 내리기	• 최대한 밀폐된 저장 또는 보관시설 내에서만 분체상물질을 싣거나 내릴 것 • 싣거나 내리는 장소 주위에 고정식 또는 이동식 물뿌림시설(물뿌림반경 7m 이상, 수압 5kg/cm² 이상)을 설치할 것
수송	• 적재물이 흘러내리거나 흩날리지 아니하도록 덮개가 장치된 차량으로 수송할 것 • 다음 규격의 세륜시설을 설치할 것 금속지지대에 설치된 롤러에 차바퀴를 닿게 한 후 전력 또는 차량의 동력을 이용하여 차바퀴를 회전시키는 방법 또는 이와 같거나 그 이상의 효과를 지닌 자동물뿌림장치를 이용하여 차바퀴에 묻은 흙 등을 제거할 수 있는 시설 • 공사장 출입구에 환경전담요원을 고정배치하여 출입차량의 세륜·세차를 통제하고 공사장 밖으로 토사가 유출되지 아니하도록 관리할 것 • 공사장 내 차량통행도로는 다른 공사에 우선하여 포장하도록 할 것

풀이) 정밀검사대상 자동차 및 정밀검사의 유효기간

차종		정밀검사대상 자동차	검사유효기간
비사업용	승용자동차	차령 4년 경과된 자동차	2년
	기타자동차	차령 3년 경과된 자동차	1년
기타자동차	승용자동차	차령 2년 경과된 자동차	1년
	기타자동차	차령 2년 경과된 자동차	1년

80 대기환경보전법규상 정밀검사대상 자동차 및 정밀검사 유효기간 기준으로 옳지 않은 것은?

① 비사업용 승용자동차로서 차령 4년 경과된 자동차의 검사유효기간은 2년이다.
② 비사업용 기타자동차로서 차령 3년 경과된 자동차의 검사유효기간은 1년이다.
③ 사업용 승용자동차로서 차령 2년 경과된 자동차의 검사 유효기간은 2년이다.
④ 사업용 기타자동차로서 차령 2년 경과된 자동차의 검사 유효기간은 1년이다.

Answer◀ 80 ③

대기환경산업기사 필기

발행일 | 2013. 1. 20 초판 발행
2014. 1. 15 개정 1판1쇄
2015. 1. 15 개정 2판1쇄
2016. 1. 15 개정 3판1쇄
2017. 1. 15 개정 4판1쇄
2018. 1. 15 개정 5판1쇄
2019. 1. 15 개정 6판1쇄
2020. 1. 15 개정 7판1쇄
2020. 8. 20 개정 8판1쇄
2021. 1. 15 개정 9판1쇄
2022. 1. 15 개정 10판1쇄
2023. 1. 15 개정 11판1쇄
2023. 2. 10 개정 11판2쇄
2024. 1. 10 개정 12판1쇄
2025. 1. 10 개정 13판1쇄

저 자 | 서영민
발행인 | 정용수
발행처 | 예문사

주 소 | 경기도 파주시 직지길 460(출판도시) 도서출판 예문사
T E L | 031) 955-0550
F A X | 031) 955-0660
등록번호 | 11-76호

- 이 책의 어느 부분도 저작권자나 발행인의 승인 없이 무단 복제하여 이용할 수 없습니다.
- 파본 및 낙장은 구입하신 서점에서 교환하여 드립니다.
- 예문사 홈페이지 http : //www.yeamoonsa.com

정가 : 48,000원
ISBN 978-89-274-5570-7 13530